ATZ/MTZ-Fachbuch

In der Reihe ATZ/MTZ-Fachbuch vermitteln Fachleute, Forscher und Entwickler aus Hochschule und Industrie Grundlagen, Theorien und Anwendungen der Fahrzeug- und Verkehrstechnik. Die komplexe Technik, die moderner Mobilität zugrunde liegt, bedarf eines immer größer werdenden Fundus an Informationen, um die Funktion und Arbeitsweise von Komponenten sowie Systemen zu verstehen. Fahrzeuge aller Verkehrsträger sind ebenso Teil der Reihe, wie Fragen zu Energieversorgung und Infrastruktur.

Metin Ersoy · Stefan Gies · Günther Prokop · Christian Schimmel
(Hrsg.)

Fahrwerkhandbuch

Grundlagen – Fahrdynamik – Fahrverhalten– Fahrwerkkomponenten – Elektronische Systeme – Fahrerassistenz – Autonomes Fahren – Entwicklungsprozesse – Perspektiven

6. Auflage

Springer Vieweg

Hrsg.
Metin Ersoy
Walluf, Deutschland

Stefan Gies
Braunschweig, Deutschland

Günther Prokop
Dresden, Deutschland

Christian Schimmel
Ingolstadt, Deutschland

ISSN 2628-104X ISSN 2628-1058 (electronic)
ATZ/MTZ-Fachbuch
ISBN 978-3-658-48103-2 ISBN 978-3-658-48104-9 (eBook)
https://doi.org/10.1007/978-3-658-48104-9

10.1007/978-3-658-48104-9

Die Deutsche Nationalbibliothek verzeichnet diese Publikation in der Deutschen Nationalbibliografie; detaillierte bibliografische Daten sind im Internet über ► http://dnb.d-nb.de abrufbar.

Planung/Lektorat: Eric Blaschke
Springer Vieweg ist ein Imprint der eingetragenen Gesellschaft Springer Fachmedien Wiesbaden GmbH und ist ein Teil von Springer Nature.
Die Anschrift der Gesellschaft ist: Abraham-Lincoln-Str. 46, 65189 Wiesbaden, Germany

Vorwort

Auf Anregung des Vieweg Verlags wurde die renommierte Reihe ATZ/MTZ-Fachbuch 2007 um ein Handbuch zum Thema Fahrwerktechnik ergänzt, welches gleichermaßen die Grundlagen des Fahrwerks und der Fahrdynamik sowie die Fahrwerkkomponenten, Fahrwerkentwicklung, Fahrkomfort, Fahrwerkelektronik und Fahrerassistenzsysteme aber auch zukünftiger Tendenzen des Fahrwerks aufzeigt. Dabei sollten die Belange von Automobilherstellern, Zulieferern und Hochschulen Berücksichtigung finden. Zudem wurde besonderer Wert auf Aktualität und leichte Lesbarkeit gelegt. Unter dieser Zielsetzung wird nun die sechste Auflage dieses Handbuchs vorgelegt, in dem die genannten Themen mit zahlreichen Bildern und Tabellen systematisch, verständlich und übersichtlich dargestellt sind. Der Detaillierungsgrad ist so gehalten, dass den Fahrwerkentwicklern ein kompletter Überblick über das Arbeitsgebiet, den Applikationsingenieuren der Einblick in die Fahrdynamik moderner Automobile und Studenten eine vollständige Wissensbasis für den späteren Beruf an die Hand gegeben wird. Gleichzeitig wird ein Ausblick in die Zukunft des Fahrwerks ermöglicht.

In einem ersten Teil werden Konzepte, Auslegung und Aufbau, die physikalischen Grundlagen der Längs-, Vertikal- und Querdynamik erklärt und die Fahrwerkkenngrößen mit deren Bedeutung für das Fahrverhalten erläutert. Diesen folgen Fahrverhalten, Fahrkomfort mit NVH und Elastomerlager.

Im Kapitel Fahrwerkentwicklung werden die Entwicklungsmethoden und -werkzeuge des Entwicklungsingenieurs, welche die Planungs- bis Serieneinführungsphase, das Simulieren und Entwerfen bis zum Validieren des Fahrwerkumfangs umfassen dargestellt.

Es schließen sich umfangreiche Beschreibungen aller Bestandteile des Fahrwerks nämlich Antriebsstrang, Bremsen, Lenkung, Federung, Dämpfung, Radführung, Radmodul bis zu den Reifen und Rädern an.

Danach folgt die Darstellung der Achsen und Radaufhängungen. Die Systeme, welche die aktuellen Sicherheits- und Komfortansprüche im Fahrwerk erfüllen und dem Fahrer bei der Fahrzeugführung assistieren, werden zuerst mit ihren Grundlagen und dann mit aktuellen Anwendungen vorgestellt; sie umfassen alle elektronischen und mechatronischen Fahrwerksysteme, die aktiv, semi-aktiv, adaptiv oder durch X-by-wire funktionieren, sowie fahrwerkrelevanten Fahrerassistenzsysteme.

Das letzte Kapitel beschäftigt sich mit dem Beitrag des Fahrwerks zur Emissionsreduzierung durch Gewichts-, Fahrwiederstands- und Verbrauchssenkungen. Abschließend werden Konzepte und Systeme für das Fahrwerk von morgen sowie Fahrwerke für Hybrid- und Elektrofahrzeuge untersucht. Vorausschauende und intelligente Fahrwerke und das automatisierte Fahren sowie die Visionen der „e-corner" werden diskutiert.

Mit der sechsten Auflage wurde das Buch nochmals komplett überarbeitet. Fortschritte der letzten 7 Jahre in der Fahrwerktechnik wurden einbezogen. Zudem wurden mehrere neue Abschnitte über Lenksysteme, Elektrofahrwerke und Fahrerassistenzsysteme, hinzugefügt. Mit den aktuellen Fahrwerkentwicklungen und 900 Literaturhinweisen – ein Großteil davon nach 2024 veröffentlicht – wurde der Stand der Technik im Jahre 2024 umfassend wiedergegeben. Zur besseren Verständlichkeit technischer Erläuterungen wurden 1400 überwiegend Farbabbildungen und 85 Tabellen beigefügt.

Die wichtigsten Erweiterungen beziehen sich auf die Wirkungen der Elektrifizierung und Softwarefunktionen der Fahrzeuge auf das Fahrwerk. Um für diese Aktualisierung Platz zu schaffen, wurden die Themen, die das Fahrwerk nicht unmittelbar betreffen oder nicht mehr aktuell sind, reduziert.

In der sechsten Auflage hat sich die Herausgeberanzahl um zwei neue Fachleute erweitert, weil nach dieser Auflage die bisherigen Herausgeber Prof. Dr. Stefan Gies und Prof. Dr. Metin Ersoy nicht mehr weiterwirken werden und so die beiden neuen Herausgeber Prof. Dr. Günther Prokop und Dr. Christian Schimmel für weitere Auflagen vorbereiten können.

In diesem Handbuch haben seit 2007 in 6 Auflagen 65 namhafte Fachexperten von Automobilherstellern, Zulieferern und Universitäten ihr aktuelles Wissen zu Papier gebracht. Neben den namentlich erwähnten Autoren haben viele weitere Fachleute -sei es durch fachliche Diskussion oder Beratung- zum Gelingen des Handbuchs tatkräftig beigetragen; Kurzbeiträge, Empfehlungen, Korrekturen und die Bereitschaft zum fachlichen Gegenlesen haben dabei geholfen.

Nicht unerwähnt bleiben sollte die unermüdliche Unterstützung unserer Office-Mannschaft in den Hochschulen (RWTH-Aachen, Uni Dresden), der Industrie (Audi, Bosch, Continental, Mubea, Schaeffler KG, FAG, VW, ZF Friedrichshafen AG) und im Springer Vieweg Verlag bei allen organisatorischen Aufgaben. Allen sagen wir an dieser Stelle ein herzliches Dankeschön.

Prof. Dr.-Ing. Metin Ersoy
Prof. Dr.-Ing. Stefan Gies
Prof. Dr.-Ing. Günther Prokop
Dr.-Ing. Christian Schimmel
Walluf Braunschweig Dresden Ingolstadt
März 2025

Autorenverzeichnis (Alle Autoren von 1. bis 6. Auflage)

Alphabetisch nach Namen geordnet

Albers, Ingo, Dr.-Ing.	Porsche AG, Weissach	► www.porsche.com
Angrick, Christian, Dr. Ing.	Audi AG	► www.audi.com
Bach, Wolfgang, Dipl.-Ing	ZF AG/Schweinfurt	► www.zf.com
Bachmann, Christian, Dipl.-Ing	FKA, Forschungsgesellschaft Kraftfahrwesen, Aachen	► www.fka.de
Becherer, Thomas, Dr.-Ing.	Continental AG/Hannover	► www.conti.de
Binner, Peter, Dipl.- Ing.	Boge- Rubber-Plastics	► www.boge.tech
Brändle, Markus, Dr.- Ing	damals TU München (FTM)	► www.ftm.tum.de
Buchmann, Volker, Dipl.-Ing	Volkswagen AG/Wolfsburg	► ww.volkswagen.de
Burgstaler, Andree, Dipl.-Ing.	ZF AG/Lemförde	► www.zf.com
Carlitz, Andreas, Dr.-Ing.	Lucid Motors	► www.lucidmotors.com
Causemann, Peter, Dr.-Ing.	früher: ZF AG/Schweinfurt	► www.zf.com
Elbers, Christoph, Dr.-Ing.	ZF AG/Lemförde	► ww.zf.com
Ersoy, Metin, Prof. Dr.-Ing.	früher: ZF AG/Lemförde	► www.zf.com
Eulenbach, Hans-Dieter, Dr.-Ing.	früher: ZF AG/Schweinfurt	► www.zf.com
Gies, Stefan, Prof. Dr.-Ing.	früher: Volkswagen AG/Wolfsburg	► www.volkswagen.de
Gilsdorf, Hans-Jo., Dipl.-Ing	ZF AG - FEZ, Friedrichshafen	► www.zf.com
Gold, Henning, Prof. Dr.-Ing	früher: FH Bingen	► www.zf.com
Greis, Christian, Dipl.- Ing.	VW AG Wolfsburg	► www.volkswagen.de
Greuel, Roland, Dipl.- Ing.	Bosch-Lenksysteme/Schwäbisch Gmünd	► www.bosch-automotive.com
Gross, Alexander, Dr.-Ing.	ZF AG/Schweinfurt	► www.zf.com
Gruber, Steffen, Dipl.-Ing.	Continental AG/Frankfurt a. M.	► ww.contiteves.com
Heißing, Bernd, Prof. Dr.-Ing.	früher: Lehrstuhl für Fahrzeugtechnik (FTM)	► www.ftm.mw.tum.de
Hirzmann, Guido, Dr.-Ing.	ZF AG/TRW Aschaffenburg	► www.trw.com
Hoffmann, Carsten, Dr.-Ing.	Porsche AG, Weissach	► www.porsche.com
Hüsemann, Thomas, Dr. Ing.	Porsche AG, Weissach	► www.porsche.com

Jördens, Ernst-Günter, Dipl.-Ing.	früher: ZF AG/Damme	▶ www.zf.com
Kramer, Klaus, Dipl.-Ing.	früher: ZF AG/Damme	▶ ww.zf.com
Krimmel, Horst, Dr. rer. nat.	ZF AG/FEZ-TE/Friedrichshafen	▶ www.zf.com
Lingg, Michael, Dipl.- Ing.	Volkswagen AG/Wolfsburg	▶ www.volkswagen.de
Lützlow, Jörn, Dipl.-Ing	FKA, Forschungsgesellschaft Kraftfahrwesen, Aachen	▶ www.fka.de
Mayer, Ralph, Dr.- Ing.	damals: Lehrstuhl für Fahrzeugtechnik (FTM)	▶ www.ftm.mw.tum.de
Meitinger, Karl-Heinz, Dr.-Ing.	damals: Lehrstuhl für Fahrzeugtechnik (FTM)	▶ www.ftm.mw.tum.de
Mundl, Reinhard, Dipl.-Ing.	früher: Continental AG/Hannover	▶ www.conti.de
Negele, Hans-Jürgen, Dr.-Ing	damals: Lehrstuhl für Fahrzeugtechnik (FTM)	▶ www.ftm.mw.tum.de
Neubrand, Jörg, Dr.-Ing.	Mubea Fahrwerksfedern GmbH/Attendorn	▶ ww.mubea.com
Ocvirk, Norbert, Dipl.-Ing.	Continental AG/Frankfurt a. M.	▶ ww.contiteves.com
Partheymüller, Peter, Dr.-Ing.	früher: Schaeffler KG FAG / Schweinfurt	▶ www.fag.com
Plank, Robert, Dr.-Ing.	früher: Schaeffler KG FAG / Schweinfurt	▶ www.fag.com
Prokop, Günther, Prof. Dr.-Ing.	TU Dresden Lehrstuhl KFZ Technik, LKT	▶ www.tu-dresden
Recker, Carla, Dr.-Ing.	Continental AG/Hannover	▶ www.conti.de
Remfrey, James, Dipl.-Ing.	früher: Continental AG/Frankfurt a. M.	▶ www.conti-corporation.com
Rieger, Wolfgang, Dipl.-Ing.	früher: ZF Lenksysteme/ Schwäbisch Gmünd	▶ www.zf.com
Rosemeier, Thomas, Dr.-Ing.	ZF AG/FEZ-TE/Friedrichshafen	▶ www.zf.com
Sauer, Wolfgang, Dr.-Ing.	Novisys/Bad Soden	▶ www.novisys.de
Schäfer, Burkhardt, Dipl.-Ing.	Bosch-Lenksysteme/Bremen	▶ www.bosch-automotive.com
Schlereth, Werner, Dipl.- Ing.	früher: Schaeffler KG FAG / Schweinfurt	▶ www.fag.com
Schüller, Klaus, Dipl.-Ing	ZF AG/Lemförde	▶ ww.zf.com
Siebendritt, Harry, Dipl.-Ing.	damals: Lehrstuhl für Fahrzeugtechnik (FTM)	▶ www.ftm.mw.tum.de
Schick, Bernhard, Dipl.-Ing.	Hochschule angewandte Wissenschaften Kempten	▶ www.hs-kempten.de

Schimmel, Christian, Dr.-Ing.	Audi AG/Ingolstadt	► www.audi.com
Schlereth, Werner, Dipl.-Ing.	früher: Schaeffler KG FAG / Schweinfurt	► www.fag.com
Schröder, Carsten, Dipl.-Ing.	Continental AG/Hannover	► www.conti.de
Siemer, Hubert, Dipl.- Ing.	Boge- Rubber-Plastics	► www.boge.tech
Stebner, Frank, Dipl.- Ing.	Volkswagen AG/Wolfsburg	► ww.volkswagen.de
Stingl, Hanno, Dipl. Ing.	Audi AG/Ingolstadt	► www.audi.com
Sonnenberg, Reinhard, Dr.-Ing.	ZF AG/Schweinfurt	► www.zf.com
Stretz, Anja, Dr.-Ing.	ZF AG/Schweinfurt	► www.zf.com
Reif, Dominik, Dr.-Ing	Schaeffler AG/ Herzogenaurach	► ww.schaeffler.de
Vogel, Volker, Dipl.-Ing.	ZF AG/FEZ-TE/Friedrichshafen	► www.zf.com
Volk, Heiner, Dipl.- Ing.	Continental AG Wien	► www.conti.de
Vortmeyer, Jens, Dipl.- Ing.	ZF AG/Lemförde	► www.zf.com
Wegener, Daniel, Dipl.-Ing	FKA, Forschungsgesellschaft Kraftfahrwesen, Aachen	► www.fka.de
Wesenberg, Andre, Dr.-Ing	Audi AG/Ingolstadt	► www.audi.com
Wies, Burkhard, Dr.-Ing.	Continental AG/Hannover	► www.conti.de

Inhaltsverzeichnis

Abkürzungsverzeichnis

µC/µP	Microcomputer/Microprocessor
4Motion	Permanenter Allradantrieb von VW
4WS	Four Wheel Steering
8D	Eight Disciplines Problem Solving
AAS	Adaptive Air Suspension
ABA	Active Brake Assist
Abb.	Abbildung
ABC	Active Body Control
ABS	Anti-Blockiersystem
ABV	Anti-Blockiervorrichtung
ACC	Autonomous / Adaptive Cruise Control
ACE	Active Cornering Enhancement
AD	Autonomous Driving
ADAS	Advanced Driver Assistance Systems
ADC	Active Dynamic Control
ADR	Automatische Distanzregelung
ADS	Adaptives Dämpfungssystem
ADS	Air Damping System
AEB	Autonomous Emergency Braking
AFS	Active Front Steering
AFS	Aktive Fahrwerkstabilisierung
AGCS	Active Geometry Control Suspension
AGR	Adaptive Geschwindigkeitsanlage
AHK	Aktive Hinterachskinematik
AICC	Autonomous Intelligent Cruise Control
AKC	Active Kinematic Control
ALC	Automatic Linear Guidance Control
AMR	Antriebsmoment Regelung
ANB	Automatische Notbremsung
AOS	Adaptive Off-Road Stabilizer
APAS	Advance Parking Assist System
APB	Aktive Parkbremse – Active Parking Brake
APQP	Advanced Product Quality Planning
APS	Automatic Parking System
ARK	Active Rear Axle Kinematics
ARM	Active Roll Mitigation
ARP	Active Rollover Control
ARS	Active Roll Stability
ART	Abstandsregeltempomat
ASC	Automatic Stability Control
ASCA	Active Suspension via Control Arm
ASCS	Active Suspension Control System
ASCx	Automatic Stability Control x (Allwheel)
ASD	Amplitudenselektive Dämpfung
ASIC	Application Specific Integrated Circuit
ASIL	Automotive Safety Integrity Level
ASL	Anhänger-Schlingern-Logik
ASM	Asynchron Maschine (Motor)
ASMS	Autom. Stabilitätsmanagementsystem
ASPICE	Automotive SPICE
ASR	Antriebsschlupfregelung
ASTC	Advanced Stability Control
ATB	Automatische Teilbremsung
ATC	Active Tilt Control
ATTC	Active Tire Tilt Control
ATTS	Active Torque Transfer System
AUN	Allgemeiner Unebenheitsindex
AUTOSAR	Automotive Open System Architecture
AUV	Advanced Urban Vehicle

AWD	All Wheel Drive
AWS	All Wheel Steering
AYC	Active Yaw Control
BA	Bremsassistent
BAB	Bundesautobahn
BAS	Bremsassistenz
BASR	Bremsen-Antriebs-Schlupf-Regelung
BBA	Betriebsbremsanlage
BBC	Brake Boost Control
BbW	Brake by Wire
BDW	Brake Disc Wiping
BEW	Batterie Electric Vehicle
BFD	Brake Force Display
Bj.	Baujahr
BKV	Bremskraftverstärker
BLIS	Blind Spot Information System
BMR	Bremsmomentenregelung
BSA	Baustellen Assistent
BSD	Blind Spot Detection
BSW	Brems-Scheiben-Wischer
C2C	Car to Car
C2C	Car to Car (Communication)
CAD	Computer Aided Design
CAE	Computer Aided Engineering
CAM	Computer Aided Manufacturing
CAN	Controller Area Network
CAS	Collusion Avoidance System
CASE	Computer Aided Software Engineering
CATS	Computer Active Technology Suspension
CBC	Cornering Brake Control
CBS	Combined Brake System
CCD	Charged Couple Devices
CCS	Continuous Controlled Suspension
CDC	Continuous Damper Control
CDL	Collision Danger Level
CEN	European Committee for Standardization
CES	Electronic Suspension
CFD	Continuous Fluid Dynamics
CFD	Continuous Fluid Dynamics
CKD	Completely Knocked Down
CMOS	Complimentary Metal Oxid Semiconductor
CMS	Collusion Mitigation System
CSW	Curve Speed Warning
CTA	Cross Traffic Assist
CTW	Cross Traffic Warning
DBC	Dynamic Brake Control
DBS	Dynamic Brake Support
DbW	Drive by Wire
DC	DaimlerChrysler
DD	Dynamic Drive
DDE	Digitale Dieselelektronik
DDS	Deflation Detection System
DDS	Dresden Driving Simulator
DIN	Deutsches Institut für Normung
DME	Digitale Motorelektronik
DMU	Digital Mock Up
DOE	Design of Experiment
DQL	Doppelquerlenker
DRC	Dynamic Ride Control
DReaM	Driver Reaction Model
DRS	Drehratensensor
DSA	Distance and Speed Alarm
DSC	Dynamic Stability Control (BMW)
DSCT	Dynamic Stability and Traction Control
DSP	Dynamisches Stabilitätsprogramm
DSR	Driver Steering Recommendation
DTC	Dynamic Traction Control
DWS	Drehwinkelsensor
DXC	Dynamic x(Allrad) Control
E/E	Elektrik/Elektronik
eABC	Electromechanical Active Body Control
EAS	Electronic Active Steering Assistant
EASS	Electric Active Stabilizer Suspension System
EBA	Elektronischer Bremsassistent
EBA	Emergency Brake Assist

EBC	Electronic Body Control
EBD	Electronic Brake Distribution
EBM	Elektronisches Bremsen-Management
EBS	Electronically Controlled Braking System
EBV	Elektronische Bremskraftverteilung
ECD	Electronic Controlled Deceleration
ECE	Economic Commission for Europe
ECM	Electronic Chassis Management
ECU	Electronic Control Unit
EDC	Electronic Damper Control
EDS	Elektronische Differenzialsperre
E-Gas	Elektronisches Gas- Pedal
EGS	Elektronische Getriebesteuerung
EHB	Elektrohydraulische Bremse
EHCB	Elektro-hydraulisches Combi-Bremssystem
EMB	Elektromechanische Bremse
EMC	Electro Magnetic Compatibility
EMF	Elektromechanische Feststellbremse
EMP	Elektronische Parkbremse
EPB	Elektrische Park- Bremse
EPH	Einparkhilfe
EPS	Electric Power Steering
EPSapa	EPS mit achsparallelem Antrieb
EPSc	EPS mit Lenksäulenantrieb
EPSdp	EPS mit Doppelritzelantrieb
EPSer	EPS mit koaxialem Antrieb
EPSp	EPS mit Servoantrieb am Ritzel
ESA	Emergency Steer Assist
ESAS	Electric Steer Assisted System
ESD	Electrostatic Discharge
ESP	Elektronisches Stabilitätsprogramm
ESS	Emergency Stop Signal
ETC	Electronic Traction Control
EV	Electric (Driven) Vehicle
FAS	Fahrerassistenz-Systeme
FDR	Fahrdynamikregelung
FEA	Finite-Elemente-Analyse
FEM	Finite-Elemente-Methode
FFT	Fast Fourier Transformation
FGR	Fahrgeschwindigkeitsregler
FKV	Faser-Kunststoff-Verbund
Flexray	Seriell-deterministisches Bus System
FMEA	Fehlermöglichkeits- und Einflussanalyse
FMI	Functional Mock-up Interface
FMVSS	Federal Motor Vehicle Safety Standards
FPDS	Ford Product Development System
FPM	Fahrpedal-Modul
FSR	Fahrstabilitätsregelung
FSRA	Full Speed Range ACC
FWS	Four Wheel Steering
GCC	Global Chassis Control
GFD	Gas-Feder-Dämpfereinheit
GFK	Glasfaserverstärkter Kunststoff
ggf.	gegebenfalls
Gl., Gln.	Gleichung, Gleichungen
GM	General Motors
GMR	Giermomentenregelung
GPS	Global Positioning System
GRA	Geschwindigkeitsregelanlage
HA	Hinterachse
HAD	High Way Driving Assist
HAD	Highly Automated Driving
HAQ	Hinterachs-Quersperre
HBA	Hydraulischer Bremsassistent
HBM	Hydraulisches Bremsenmanagement
HCU	Hydraulic Control Unit
HDC	Hill Descent Control
HECU	Hydraulic Electronic Control Unit
HHC	Hill Hold Control
HICAS	High Capacity Actively Controlled Suspen.

HIL	Failure Insertion Unit
HiL	Hardware in the Loop
HMI	Human Machine Interface
HRB	Hydraulic Rear Wheel Boost
HUD	Head up Display
IATF	International Automotive Task Force
IBA	Intelligent Brake Assist
iBrake	Intelligent Brake
iBRS	Intelligentes Brems-System
ICC	Intelligent Cruise Control
ICCS	Integrated Chassis Control System
ICD	Intelligent Controlled Damper
ICM	Integrated Chassis Management
IDS	Interaktives Dynamisches Fahrsystem
IPAS	Intelligent Parking assist System
IR	Individual(Einzelrad)-Regelung
IR	Infra Rot
ISA	Intelligent Speed Assist
ISAD	Integrated Starter Alternator Damper
ISG	Integrated Starter Generator
ISO	International Standard Organization
IWD	Intelligent Wheel Dynamics
K&C	Kinematics and Compliances
KAS	Kreuzungsassistenz
KQA	Kreuzungs- /Querverkehrassistent
KSB	Konzeptsystemprototyp
KVP	Kontinuierlicher Verbesserungsprozess
LbW	Leveling by Wire
LCA	Lane Change Assist
LCC	Lane Change Control
LDP	Line Departure Prevention
LDW	Lane Departure Warning
LFD	Luft-Feder-Dämpfereinheit
LG	Lane Guidance
LIDAR	Light Detection and Ranging
LIN	Local Interconnected Network
LKA	Line Keeping Assistance
LKS	Lane Keeping Support
LRR	Long Range Radar
LSD	Limited-slip differential
LWS	Lenkwinkelsensor
MagneRide	Magneto-Rheologische Dämpfung
MASR	Motorregelung der ASR
MB	Mercedes Benz
MBA	Mechanischer Bemsassistent
MBC	Magic Body Control
MBS	Multi Body System / Simulation (MKS)
BU	Motorbremsmomentunterstützung
MBU	Motorbremsmomentunterstützung
MiL	Model in the Loop
MKS	Multikörpersimulationssystem
MMI	Man Machine Interface
MPV	Multi Purpose Vehicle
MRR	Middle Range Radar
MSR	Motor Schleppmomentenregelung mSTARS
NCAP	New Car Assessment Program
NHTSA	National Highway Traffic Safety Admin.
NVH	Noise Vibration Harshness
OCP	Optimized Contact Patch
OEM	Original Equipment Manufacturer
OFW	Oberflächenwellen
OTA	Overtake Assist
PBA	Pneumatischer Bremsassistent
PBA	Pneumatischer Bremsassistent
PCA	Pre-Collusion Assistant
PCB	Printed Circuit Board
PCS	Pre Collusion System
PCW	Predictive Collusion Warning
PDC	Park Distance Control
PDC	Pneumatic Damper Control

PDCA	Plan-Do-Check-Act
PDM	Product Data Management
PDM	Pull Drift Migration
PEP	Produktentstehungsprozess
PLM	Product Life-cycle Management
PM	Projektmanagement
PPAP	Product Part Approval Process
PSD	Power Spectral Density
PSM	Permanent erregte Synchron Machine
PSS	Predictive Safety System
PTO	Power Take-Off
PVL	Produktionsvorläufer
Quattro	Audi Allrad-System
HMI	Human Machine Interface
RADAR	Radio Detection and Ranging
RCTA	Rear Cross Traffic Alert
RDK	Reifendruckkontrolle
RGP	Remote Garage Parking
RIM	Radindividuelle Momentenregelung
RLDC	Road Load Data Collections
ROP	Roll Over Protection
RSC	Roll Stability Control
RSP	Roll Stability Control
RTE	Real Time Environment
RZA	Roadwork Zone Assist
S&G	Stop and Go
s.	siehe
SAE	Society of Automotive Engineers
S-AWC	Super All Wheel Control
SBA	Simulator Brake Actuator
SBC	Sensotronic Brake Control
SbW	Steer by Wire
SCB	Slip-Control-Boost
SCM	Stochastic Cognitive Model
SE	Simultaneous Engineering
SIL	Safety Integrity Level
SiL	Software in the Loop
SLA	Short-Long-Arm Axle
SLS	Self-Leveling Suspension
SMR	Schleppmomentenregelung
SoP	Start of Production
SOTIF	Safety of the Intended Functionality
SPC	Statistical Process Control
SPICE	Software Process Improvement and Capa-
SRR	Short Range Radar
SSP	Strassensimulationsprüfstand
STA	Stauassistent
STC	Stability Traction Control
STC	Steer Torque Control
SUC	Sport Utility Cabriolet
SUV	Sport Utility Vehicle
SW	Software
TA	Trailer Assist
TARA	Thread Analysis and Risk Assessment
TC(S)	Traction Control (System)
TCM	Traffic Channel Message
TMC	Tandem Main Cylinder
TOD	Torque on Demand
TPA	Trailer Parking Assist
TPMS	Tire Pressure Monitoring System
TSA	Traffic Sign Assist
TSA	Trailer Stability Assist
TSC	Torque Steer Compensation
TSR	Traffic Sign Recognition
TTC	Time to Collision
TT-CAN	Time Triggert CAN
TTP	Time Triggered Protocol
TWD	Totwinkeldetektion
TWE	Totwinkelerkennung
TWIN	Integrierte Spur- und Sturzverstellung
TWR	Tread Wear Indication
UCL	Under Steer Control Logic
ÜLL	Überlagerungslenkung
UMTS	Universal Mobile Telecommunication Sys.
UUT	Unit under Test
V2V	Vehicle to Vehicle
VA	Vorderachse
vAGB	virtuelle Architekturbaugruppe
vBBG	virtuelle Bestätigungsbaugruppe
VDC	Vehicle Dynamic Control

vEBG	virtuelle Entwicklungsbaugruppe
VGRS	Variable Gear Ratio Steering
ViL	Vehicle in the Loop
VIMM	Vehicle Inertia Measurement Machine
vKGB	virtuelle Konzeptbaugruppe
VM	Verbrennungsmotor
VPE	Virtual Product Environment
VSA	Vehicle Stability Assist
VSC	Vehicle Stability Control
VTD	Variable Torque Distribution
VTG	Verteilergetriebe
VW	Volkswagen
VZE	Verkehr Zeichen Erkennung
WSS	Wheel Speed Sensor
XbW	X by Wire
xDRIVE	Allrad System von BMW

Einleitung und Grundlagen

Metin Ersoy, Stefan Gies, Bernd Heißing und Christian Schimmel

Inhaltsverzeichnis

M. Ersoy et al. (Hrsg.), *Fahrwerkhandbuch*,
ATZ/MTZ-Fachbuch, https://doi.org/10.1007/978-3-658-48104-9_1

1

Wenn in den Fachkreisen der Fahrzeugtechnik über Pkw geredet wird, werden Worte wie Mobilität, Antriebsleistung, Verbrauch, Umweltschutz, Fahrzeugklasse, Sicherheit, Fahrkomfort, Fahrdynamik, elektronische Systeme benutzt. Aktuell sind auch Begriffe wie *Agilität, CO_2-Emission, Elektrifizierung, Hybridantrieb, Connectivity, Fahrerassistenz, Autonomes Fahren* geläufig.

Das Fahrwerk spielt dabei immer die wesentlichste Rolle, wenn es um Fahrsicherheit, Fahrkomfort, Fahrdynamik, autonomes Fahren und Agilität geht. Alle fahrsicherheits- und komfortrelevanten elektronischen Regel- und Assistenzsysteme findet man im Fahrwerk integriert.

Das Gesamtfahrzeug besteht traditional aus drei Hauptgruppen: Antrieb, Fahrgestell und Aufbau.

Der Antrieb sichert mit den Elementen des Antriebsstrangs den Vortrieb des Fahrzeugs.

Der Aufbau bietet Platz für Personen und Gepäck.

Das Fahrgestell sorgt für deren Beförderung bzw. Mobilität, obwohl durch die tragenden Karosseriestrukturen das Fahrgestell nicht mehr alleine alle für das Fahren wichtigen Komponenten umfasst.

Das Fahrgestell hat Karl Blau bereits im 1906 wie folgt beschrieben: „Das Fahrgestell baut sich aus den Wagenrädern mit dem federnd aufgesetzten Stahlrahmen auf, der den Motor mit allem Zubehör für die Übertragung und den regelmäßigen Betrieb aufnimmt“ [1].

Heute ermöglicht nur noch bei einigen Pick-ups, Light-Trucks und Geländefahrzeugen der Chassisrahmen ein fahrbereites Fahrgestell (◘ Abb. 1.1).

Der Begriff Fahrgestell erlebt jedoch bei den aktuellen elektrisch angetriebenen Autos seine Wiedergeburt.

Neben Antrieb und Aufbau gehört das wichtigste Teil des Fahrgestells, nämlich das Fahrwerk zu den Hauptbestandteilen des Automobils und besteht aus Reifen, Rädern, Radträgern, Radlagern, Bremsen, Bremsanlage, Radführung, Achsträger, Federung, Stabilisator, Dämpfung, Lenkgetriebe, Lenkgestänge, Lenksäule, Lenkrad, Fußhebelwerk, Aggregatelagerung, Seitenwellen, Achsgetriebe und Fahrwerksregelung, bzw. Fahrerassistenzsystemen (◘ Abb. 1.2). Diese umfassen in der Grundausstattung

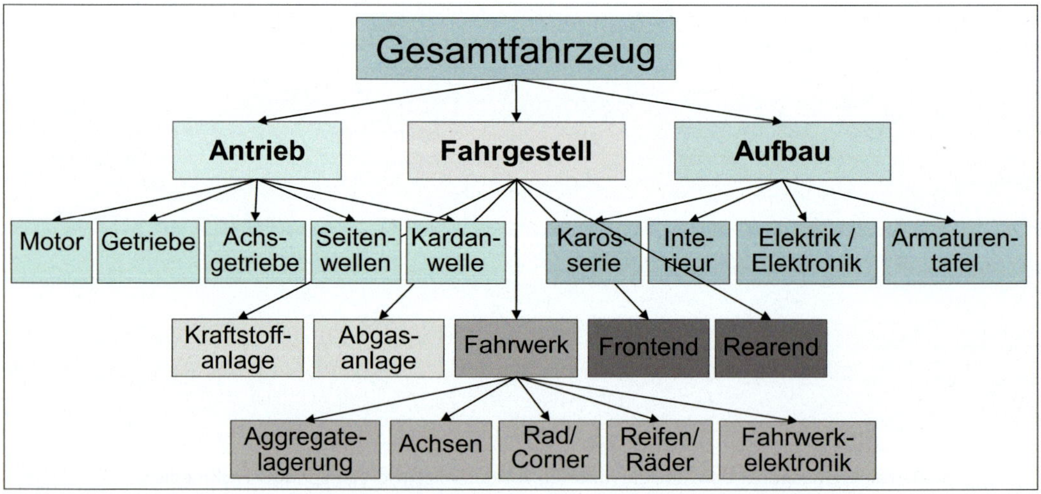

◘ **Abb. 1.1** Hauptbaugruppen des Gesamtfahrzeugs

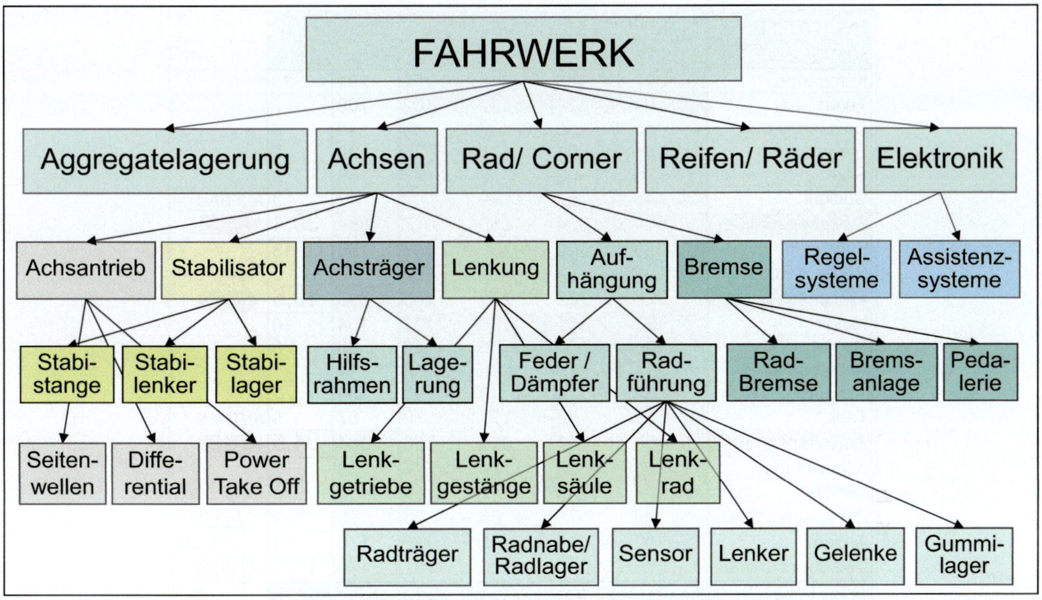

Abb. 1.2 Bestandteile eines Modernen Fahrwerks

eines Mittelklassenfahrzeuges mit Verbrennermotor ca. 20 % des Gesamtgewichtes und beanspruchen (ohne Elektronik und Batterie) ca. 15 % der Herstellkosten [2] (Abb. 1.3).

Das Fahrwerk ist die Verbindung des Fahrzeugs zur Straße und realisiert alle Hauptfunktionen, die zum Fahren und Führen des Fahrzeuges erforderlich sind: Antriebsmoment auf die Fahrbahn übertragen (Fahrwiderstände überwinden, Beschleunigen), Bremsen, Räder führen, Lenken, Federn und Dämpfen.

Das vorliegende Buch ist konzipiert als wissenschaftliches Handbuch für die Fachleute aus dem Fahrwerkbereich sowie für Lehrende und Studierende an den Hochschulen mit viel Bilder und Literaturhinweise. Es behandelt Theorie und Grundlagen, den Stand der Technik und Innovationen. Zudem gibt es einen Ausblick auf das Fahrwerk der Zukunft.

Als Grundlagen wird im ► Kap. 1 zuerst das Fahrwerk mit dessen Geschichte, Kenngrößen, Konzepten und Auslegungen beschrieben.

In den folgenden ► Kap. 2, 3 und 4 werden „Fahrdynamik“, „Fahrverhalten“, „Fahrkomfort“ und all ihre Aspekte sehr ausführlich dargestellt.

► Kap. 5 „Fahrwerkentwicklung“ beleuchtet Prozesse der Produkt-Entstehungsphasen für das Fahrwerk, von der Planung, Entwicklung, virtuellen Simulation, reeller Validierung, Projektmanagement bis hin zur Serieneinführung.

In den folgenden 8 Kap. werden die „Bestandteile des Fahrwerks“ d. h. „Achsantrieb“, „Bremse“, „Lenkung“, „Federung“, „Dämpfung“, „Radführung“, „Radträger, Radmodul“ sowie „Reifen und Räder“ mit ihren Systemen, Modulen und Komponenten beschrieben.

Der ► Kap. 14 widmet sich den „Achsen“ und „Radaufhängungen“.

Die meisten Fahrwerksmodule umfassen Elektronikumfänge. Die Grundlagen der Fahrwerkselektronik werden in ► Kap. 15 beschrieben. Weiterführende Aspekte folgen in ► Kap. 16. ► Kap. 17 beschreibt zusätzlich „Fahrwerkrelevanten Fahrerassistenzsysteme“.

HERSTELLER	Volvo	Ford	Ford	Toyota	Durchschnitt		
MODELL	S80	Taurus	Mondeo	Camry	kg	%	
Karosserie	301	286	276	299	291	20	
Türen	90	111	97	102	100	7	
Glassscheiben	55	56	36	45	48	3	
Stoßstangen	31	31	28	23	28	2	
Sitze	78	69	72	59	69	5	
Cockpit	48	52	40	49	47	3	AUFBAU
Zwischensumme	604	604	550	577	584	39,4	
Fahrwerk	233	180	191	187	198	13	
Räder + Reifen	94	92	87	97	93	6	FAHRWERK
Zwischensumme	326	272	279	285	290	19,6	
Motor	167	157	156	137	154	10	
Getriebe	101	103	86	89	95	6	
Antriebswellen	14	13	16	15	14	1	
Auspuff	38	30	40	26	34	2	
Tank	80	63	56	70	67	5	ANTRIEB
Zwischensumme	400	366	355	336	364	24,5	
Klimaanlage	28	29	26	27	28	2	
Elektrik	57	49	40	46	48	3	AGGREGAT
Zwischensumme	85	77	66	73	75	5,1	
Andere	196	210	115	157	170	11	SONSTIGES
Zwischensumme	196	210	115	157	170	11,4	
TOTAL kg	1611	1530	1365	1428	1483	100	

Abb. 1.3 Gewichtsverteilung der Hauptbaugruppen ausgewählter Pkw-Modelle (Modelljahr 2000)

Mit dem ► Kap. 18 „Zukunftsaspekte des Fahrwerks", in dem u. a. Hybrid- und Elektrofahrzeuge sowie Autonomesfahren, eingegangen wird, schließt das Buch.

1.1 Geschichte, Definition, Bedeutung

Metin Ersoy

1.1.1 Entstehungsgeschichte

Die Geschichte des Fahrwerks und des Fahrzeuges beginnt vor über 6000 Jahren mit der Erfindung des Rades. Das Rad gilt als eine der wichtigsten Erfindungen der Menschheit. An Prunkwagen der Sumerer (2700 v. Chr.) befanden sich vier geteilte Scheibenräder mit einem metallischen Reif, die drehbar auf den zwei festen *Achsen* befestigt waren (Abb. 1.4). Die zwei Achsen sollten die Stabilität und Tragfähigkeit des Wagens und der Metallreif die Lebensdauer des Rades erhöhen. Die Radlager waren mit Öl oder tierischem Fett geschmiert.

1800 bis 800 v. Chr. wurden die ersten *Lenkungen* an der Vorderachse bekannt; die Achse war nicht mehr fest, sondern an ihrer Mitte drehbar am Wagenkasten befestigt.

Die Römer trennten den Wagenkasten vom Fahrgestell. Sie befestigten den Wagenkasten, die spätere Karosserie, mit Ketten oder mit Lederriemen hängend am Fahrgestell um die Stöße, die von der Fahrbahn kommen, zu reduzieren [3]. Somit entstand die erste *Aufhängung*.

Die ersten *gefederten* Wagen mit *Lenkung* und *Bremsen* entstanden im zehnten Jahrhundert in Mitteleuropa (Abb. 1.5); Blattfedern dienten als Federungselement, ein an einer Kette hängender Bremsschuh am Rad als Bremse und die in der Mitte drehbar gelagerte Achse als Mühlenlenkung. Die Fahrzeugmasse war somit in einen *gefederten* und einen *ungefederten* Anteil

Abb. 1.4 Prunkwagen der Sumerer 2700 v. Chr

Abb. 1.5 Pferdekutsche mit Aufhängung, Federung, Bremse und Lenkung

getrennt; erste Voraussetzung, um schneller d. h. auch über 30 km/h zu fahren.

Der Fahrkomfort konnte im 18 Jahrhundert durch die Eigendämpfung der elliptischen Blattfederpakete weiter verbessert werden; die Reibung zwischen den Blättern wirkte als Schwingungsdämpfer. Die Blattfedern übernahmen auch die Aufgabe der Radführung; damit waren die schweren Stützbalken zwischen den Achsen nicht mehr notwendig.

Mit dem Ende des Römischen Reiches wurden die befestigten Wege stark vernachlässigt. Erst mit dem Bau eines befestigten Straßennetzes *(Fahrbahn)* in England durch MacAdam, mit dem Einsatz von *Speichenrädern* durch Walter Hancock (1830) und der Einführung von *Luftrei-*

fen durch John Boyd Dunlop (1888) nach der Erfindung von Robert William Thomson (1845), waren alle Voraussetzungen für komfortables und schnelles Fahren auf der Straße geschaffen.

Eine andere Erfindung von 1816 ist die *Achsschenkellenkung,* ein Patent von Georg Lankensperger, Kutschenbauer aus München, und seinem Lizenznehmer in London, Rudolph Ackermann [4, 5]. Sie ermöglichte, dass sich beim Lenken nicht die gesamte Achse, sondern nur die Räder mit eigenem beweglichem Bolzen drehten. Durch die Verbindung der gelenkten Räder mit einem Gestänge, erhielt jedes Rad einen eigenen Lenkwinkel. Bei nicht parallelem Einschlag schneiden sich die senkrechten Linien zu den vier Radmitten in der horizontalen Ebene an einem Punkt. Dieses Prinzip ist als *„Ackermann-Prinzip"* immer noch ein wichtiger Parameter für die Lenkungsauslegung (s. ◘ Abb. 1.50).

Im 18. Jahrhundert kamen erste Fahrzeuge mit einem eigenen Antrieb durch Dampfmaschinen auf die Straße (1769 Nicolas Joseph Cugnot, 1784 James Watt, 1802 Richard Trevithick) mit zum Teil fortschrittlichen Fahrwerken. Diese erste Art des mobilen Fortbewegens mit eigenem Antrieb war jedoch nicht das Vorbild für heutige Automobile mit einem Verbrennungsmotor.

Erst nach der Erfindung des Gasmotors 1860 durch Étienne Lenoir und dessen Weiterentwicklung zum Viertakter (1876 August Otto, Gottlieb Daimler, Wilhelm Maybach) und dem Einsatz von Petroleum als Kraftstoff [6] (schnell laufender Benzinmotor) durch Daimler im Jahr 1883, war es Karl Benz möglich, im Oktober 1885 das erste selbst fahrende Fahrzeug mit *Verbrennungsmotor* als Urvater heutiger Automobile zu bauen (◘ Abb. 1.6). Dafür erhielt KarlBenz am 29. Januar 1886 das Patent für das erste selbsfahrendes Fahrzeug [7]. ◘ Abb. 1.7 zeigt der erste Daimler „Motorkutsche" (1886).

Die Autopioniere haben das Fahrwerk, wie vieles andere auch, zuerst unverändert aus dem Kutschenbau übernommen: Speichenräder mit Flachbettfelge und Wulstreifen, Kuhschwanzlenkung, elliptische Blattfederung, Klotzbremsen, Lederriemenschwingungsdämpfer und Star-

◘ **Abb. 1.6** Das erste Automobil (Karl Benz 1885)

Abb. 1.7 Der erste Daimler „Motorkutsche" (1886)

rachsen. Aber schon bald veränderten sich diese Komponente und orientierten sich zunehmend an die Anforderungen der schnell fahrenden Automobile.

Sehr schnell entwickelte sich ein besserer Antriebsstrang und eine bessere Fahrwerksanordnung ähnlich dem heutigen Standardantrieb, wie z. B. der Mercedes F 188 aus dem Jahr 1910 zeigt (Abb. 1.8).

Die Entwicklungsgeschichte des Fahrwerks ist eng verbunden mit dessen Trennung der Funktionen, die vorher durch dieselben Bauteile erfüllt wurden [7]:

- Trennung der Karosserie und Fahrgestell,
- Trennung der gefederten/ungefederten Massen,
- Trennung der Radführung und Federung,
- Trennung der Federung und Dämpfung,
- Trennung Rad und Achse (Einzelradaufhängung),
- Trennung der Felgen und Reifen,
- Trennung der Lenker (Mehrlenkerachsen),
- Trennung der Achse und Karosserie durch einen Achsträger.

Zu den bedeutendsten Erfindungen der ersten 100 Jahreder Fahrwerktechnik zählen Radialgürtelreifen, Schrauben- und Luftfederung, hydraulische Schwingungsdämpfer, Kugelgelenke, Gummilager, Zahnstangenservolenkung, hydraulische Allradbremse, Scheiben- bremse, Wälz- statt Gleitlagerung des Rades, Trennung von Radführung und Federung, Einzelradaufhängungen.

Mehrlenkerachsen, Frontantrieb, Allradantrieb, Elektrolenkung und elektronische Systeme (z. B. ABS, ASR, EBV, ESP, ACC, EPS …). Deren Einsatz in diversen Evolutionsschritten der Fahrzeugkonzepte ist nachfolgend beschrieben, aufgeteilt nach Baugruppen.

Antriebskonzepte

Die Kutschen besaßen keinen Antrieb an den Achsen, sie wurden stets gezogen. Die ersten Automobile hatten den Verbrennungsmotor auf der Hinterachse, den Antrieb unmittelbar auf den Hinterrädern und wurden somit geschoben. Das Antreiben der Vorderräder war wegen der Lenkung schwer umsetzbar. Das hatte jedoch den Nachteil, dass die Hinterräder deutlich hö-

Abb. 1.8 Das Automobil mit eigenem, von dem Kutschenimage abgekoppeltem Aussehen (Mercedes 1910)

her belastet waren als die Vorderräder. Vorteilhaft war dagegen die niedrigere Belastung der Vorderachse aber wegen der Verringerung der erforderlichen Lenkkräfte.

Die für die Fahrdynamik sehr wichtige gleichmäßigere Achslastverteilung, war erst mit einer Anordnung des Motors über der Vorderachse und durch die Weiterleitung des Antriebsmomentes über eine Kardanwelle zur Hinterachse zu erreichen. Erste Fahrzeuge mit diesem, später als *Standardantrieb* bezeichneten Antriebskonzept wurden von Renault (1896), Daimler (Phönix-Wagen 1898 [7]) und Horch (1902) gebaut (Abb. 1.9).

Ähnlich war auch das legendäre T-Modell von Ford (1908) aufgebaut. Es war zudem das erste Auto, das am Fließband in sehr hohen Stückzahlen montiert wurde. Durch die niedrigen Herstellkosten wurde der Erwerb eines Autos ab diesem Zeitpunkt an auch für die Durchschnittsverdiener erschwinglich (Abb. 1.10).

Ein Antrieb über die Vorderräder war zu dieser Zeit wegen fehlender homokinematischer Gelenke mit der erforderlichen Winkelbeweglichkeit nicht serienfähig. Frontantriebsfahrzeuge mit längs eingebautem Motor in größeren Stückzahlen konnten daher erst viel später gebaut werden (1931 DKW F1, 1934 Citroen Traction).

Im Jahr 1959 ging Mini mit einem quer angeordneten Frontmotor in die Serie. Diese Anordnung (heute mit einem Anteil von weltweit über 75 %) brachte besonders für kleinere Fahrzeuge viele wichtige Vorteile wie geringes Gewicht, kompakte Maße, größere Innenräume, gutmütiges Fahrverhalten und vor allem niedrigere Kosten.

Das Antreiben von beiden Achsen – besonders bei hochmotorisierten Motoren und schwierigen Fahrbahnbedingungen – bringt Vorteile, verursacht jedoch mehr Kosten, Gewicht und Verbrauch. Abgesehen von Gelände- und Militärfahrzeugen wurden erste Pkws mit Allradantrieb mit dem Jensen FF in Kleinserie (1966) und dem Subaru Leone 4WD in Großserie (1972) produziert.

Als erster Großserien-Personenwagen mit permanentem Allradantrieb wurde der Audi Quattro im März 1980 auf dem Gen-

Abb. 1.9 Der älteste erhaltene Horch, ein sogenanntes „Tonneau“ mit Standardantrieb aus dem Jahr 1902

Abb. 1.10 Das erste in Serie gefertigte Volumenauto. Ford T-Modell „Tinny Lizy“ aus dem Jahr 1908

fer Autosalon vorgestellt. Heute (2024) werden in Deutschland 25 %, in EU nur 16 % aber in den USA 60 % aller Zulassungen, besonders die SUVs serienmäßig mit Allradantrieb angeboten.

Bremse

Die Klotzbremsen der ersten Autos mit Leder als Bremsbelag wurden schnell durch die deutlich wirkungsvolleren Backenbremsen, die mechanisch direkt auf die Außen-

oder Innenfläche einer am Rad befestig- ten Trommel wirkten, abgelöst.

Das Problem der ungleichmäßige Bremskraftverteilung an allen Rädern durch Seilzugbetätigungen wurde 1920 mit dem Patent von Malcolm Lockheed in Kalifornien gelöst, bei dem durch Bremsflüssigkeit betätigte hydraulische Radbremszylinder vorgesehen waren. Das erste Serienautomobil mit hydraulischem Bremssystem war ein Chrysler 70 Baujahr 1920.

Um die Sicherheit gegen den Ausfall der Hydraulik zu gewährleisten, waren Zweikreis-Bremsanlagen bereits in den 30er Jahren üblich. Bei schwereren Fahrzeugen wurde zudem die Betätigungskraft durch einen Unterdruck-Bremskraftverstärker unterstützt.

Die Teilbelag-Scheibenbremse, die seit 1952 von Jaguar erfolgreich im Rennsport eingesetzt wurde, wurde das erste Mal 1957 auf der Internationalen Automobil-Ausstellung in Frankfurt von der Fa. Dunlop für Serienanwendungen ausgestellt und setzte sich bei Serienfahrzeugen zuerst an den Vorderrädern schnell durch. Die ersten Scheibenbremsen hatten einen festen Sattel mit Bremskolben von beiden Seiten der Bremsscheibe mit den Nachteilen eines relativ großen Platzbedarfs. Der Schwimmrahmensattel mit einem nur auf der Innenseite wirkenden Bremskolben beseitigte diese Probleme. Ab 1978 löste der Faustsattel, der eine deutlich höhere Steifigkeit aufweist, den Schwimmrahmensattel ab [8].

Die eigentliche Revolution am Bremssystem war jedoch die Einführung der elektronischen Bremsregelung (1965) im Jensen C-V8 FF als *ABS (Antiblockiersystem)* zur Verhinderung des Blockierens der Räder. Das moderne, auf frei programmierbarer Elektronik und Raddrehzahlmessung basierende System von Fritz Oswald [9] wurde von Bosch zur Serienreife entwickelt und kam 1978 bei Mercedes-Benz Modellen zum Einsatz. Im Jahre 1987 wurde die Umfangsschlupfregelung als ASR *(Antriebs-Schlupf-Regelung)* auch zur Regelung des Antriebsschlupfes eingesetzt.

Ab 1995 vervollständigte das *ESP (elektronisches Stabilitäts-Programm)* die Sicherheitstechnologie weiter durch Stabilisierung des Fahrzeugs in Grenzsituationen mit Brems- und Motoreingriff. Auch die *EBV (elektronische Bremskraftverteilung)* 1994 und der *BAS (Bremsassistent)* 1996 gehören zu den wichtigsten elektronischen Bremsregelsystemen.

■ Lenkung

Bereits das Dampfbus „Enterprise“ des Engländers Walter Hancock in 1833 hatte ein Lenkrad. Mit der Einführung der Achsschenkellenkung war auch die erste Zahnstangenlenkung bereits 1878 von Amédée Bollée in seinem Dampfauto „La Mancelle“ eingebaut. Die Zahnstange und das Ritzel der Zahnstangenlenkung ermöglichten eine Übersetzung zwischen Lenkrad und Radeinschlag, um die Betätigungskraft klein zu halten. Jedoch erforderte der volle Radeinschlag mehrere Umdrehungen am Lenkrad (◘ Abb. 1.11).

Schon sehr früh, im Jahre 1902, ließ L. Megy, ein Amerikaner, die Zahnstange gleichzeitig als Spurstange arbeiten; somit wurde bereits vor über 100 Jahren die noch heute mit Abstand gängigste Zahnstangenlenkung erfunden. Sie wurde jedoch wegen des schlechten Wirkungsgrades noch lange Zeit durch die Schnecke und Walze von Henry Marles (1913) oder durch die Schnecke und Finger von Bishop (bekannt als Ross-Lenkung 1923) verdrängt. Die hohe Reibung der Schnecke wurde in den dreißiger Jahren von Saginaw Steering Division durch eine, mit umlaufenden Kugeln gelagerte Spindel deutlich reduziert. Diese sogenannte Kugelmutterlenkung setzte sich bis zu den sechziger Jahren überall durch (bei Mercedes sogar bis in die neunziger Jahre).

Mit der Einführung der *Servolenkung* 1951 in den USA, erst im Chrysler dann bei GM und durch optimierte Materialien, Fer-

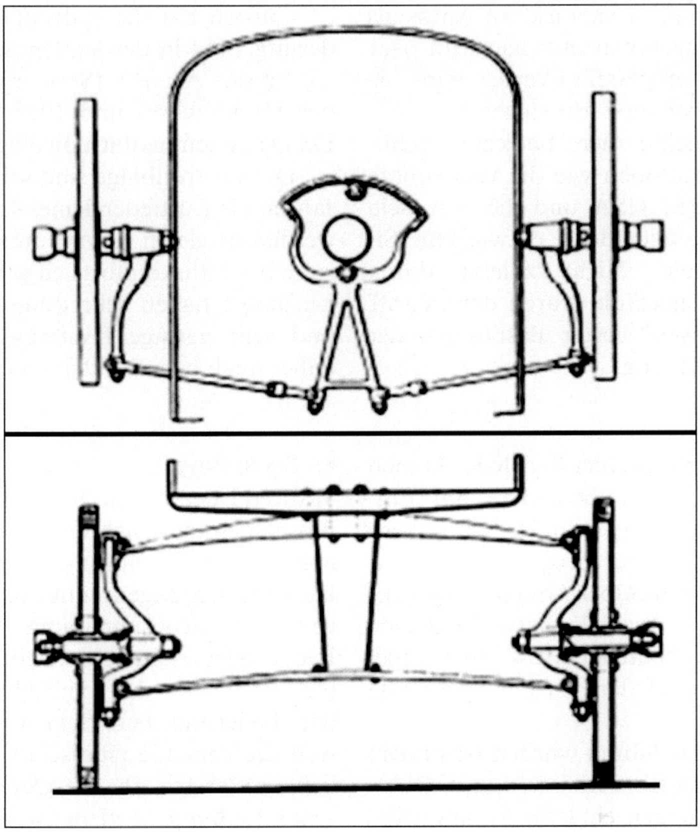

Abb. 1.11 Die Vorderachse des Bolleè's Dampfauto „La Mancelle“ (1878) mit Zahnstangenlenkung (oben) und Doppelquerlenker Blattfederaufhängung (unten)

tigungsverfahren, deutlich reduzierte Herstellkosten, hat diese Zahnstangenlenkung die teurere Kugelmutterlenkung beim Pkw vollständig abgelöst.

Der wichtigste Fortschritt im Lenksystem ist relativ jung. Nach langem Einsatz von hydraulischen Servolenkungen kamen nach 1988 die Serienanwendungen der Zahnstangenlenkung, die durch einen Elektromotor angetrieben wird; zuerst in Kleinwagen eher als Parkierhilfe, dann auch in den Volumenmodellen der Mittelklasse (z. B. in VW Golf ab 2002) für alle Fahrsituationen. Diese werden EPS *(electric powered steering)* genannt. Der wesentliche Vorteil des elektrischen Antriebs liegt darin, die Lenkung adaptiv auszulegen um dadurch Assistenzsysteme ermöglichen und die passive Sicherheit zu erhöhen. Aber auch die Kraftstoffreduzierung von bis zu 0,5 l/100 km/h durch den Elektroantrieb ist von großer Bedeutung.

Die Lenkung war immer Teil der Vorderachse, weil die Führung eines Fahrzeugs bei höheren Geschwindigkeiten nur mittels Hinterachslenkung jeden Fahrer überfordern würde, obwohl ein Fahrzeug mit Hinterachslenkung deutlich wendiger ist. Die Vorteile von Vorder- und Hinterradlenkung wurden bereits vor hundert Jahren als Allrad- oder Vierradlenkung kombiniert. Nachdem die Vierradlenkung in den neunziger Jahren in einigen japanischen Autos als Serienlösung angeboten und nach ein paar Jahren wieder eingestellt wurde, wird sie heutzutage wieder verstärkt eingesetzt.

Zur Geschichte der Lenkung gehören auch Innovationen wie die verstellbare Lenksäule in den USA und die von Bèla Barèny für Daimler-Benz entwickelte Sicherheitslenksäule. Nicht zuletzt durch die Sicherheitslenksäule wurde der Begriff *„passive Sicherheit"* fester Bestandteil der Fahrzeugentwicklung.

■ **Federung**

Nach der halbelliptischen Blattfeder kamen Drehstab oder Schraubenfeder zum Einsatz. Die Entwicklungen an der Schraubenfeder mit gewünschter progressiver Kennlinie sind auf Jean Alber Grègorie zurückzuführen; Lloyd Arabella hatte 1959 eine derartige Schraubenfeder. 1978 führte Opel mit der Miniblockfeder den Platz sparende Version ein.

In den letzten Jahren wurden besonders die Federwerkstoffe verbessert und Oberflächenbehandlungen eingeführt, damit die Federn höher belastbar, langlebiger und kleiner wurden. Drehstabtorsionsfedern sind zwar Platz sparend und nachjustierbar, aber deutlich teurer. Deshalb werden sie heute so gut wie nie eingesetzt.

Dafür wird diese Federart aber seit 1949 als Stabilisator zur Erhöhung der Wanksteifigkeit besonders an den einzeln aufgehängten Vorderrädern benutzt. Der Stabilisator stützt in der Kurve den Aufbau ab, reduziert dadurch die Wankneigung und beeinflusst aber auch das Eigenlenkverhalten (Unter- und Übersteuern) des Wagens.

Die reine Gasfederung ist dagegen sehr alt und seit 1845 als Pferdewagenfederung bekannt. Die hydropneumatische Federung ist sogar seit 1816 in der Lokomotive von George Stephenson zu finden. Der Amerikaner Westinghouse (1920) war jedoch der Entwickler der ersten brauchbaren Kfz-Luftfederung.

Citroen hat die hydropneumatische Federung 1954 in der letzten Serie des 15 CV „Traction Avant" (Sonderausstattung an der Hinterachse) und 1955 im legendären DS als Serienausstattung eingeführt.

Die Luftrollbälge sind seit den dreißiger Jahren als Luftfederelement im Einsatz und werden in vielen Luxusautos zur Verbesserung des Fahrkomforts eingebaut. Moderne Luftbälge haben sehr dünne Wandstärken und sehr geringe Hysterese. Sie sprechen daher auch bei sehr kleinen Amplituden gut an.

■ **Dämpfung**

Während der ersten 50 Jahre des Automobils gab es keine richtigen geschwindigkeitsabhängigen Dämpfungselemente. Die bekannten Lösungen funktionierten vorwiegend mit Trockenreibung, basierend auf Leder oder Asbest als Reibbelag. Sie verhinderten aber das feinfühlige Ansprechen der Federung bei kleinen Unebenheiten, weil die ruhende (statische) Reibung deutlich größer ist, als die gleitende (dynamische) Reibung. Zudem ist die gewünschte Steigerung der Dämpfungsrate mit der Einfedergeschwindigkeit nicht möglich. Auch die weiterentwickelten Reibungsdämpfer, wie die um 1920 sehr bekannten Gabriel-Snubber mit Leder als Dämpfungselement, erfüllten die Aufgabe nicht zufriedenstellend. Houdaille hatte bereits 1906 als Dämpfungselement die Hydraulikflüssigkeit vorgeschlagen, die zwischen den zwei Kammern einer Drehpumpe über einem Ventil hin und her transportiert wurde [10]. Diese hydraulischen Rotationsdämpfer wurden ab 1915 eingesetzt, bis die ersten translatorischen Dämpfer mit doppelwandigen hydraulischen Teleskoprohren in den USA durch die Fa. Monroe kostengünstig in Großserie hergestellt wurden (1934).

In Europa fanden diese drucklosen Teleskopstoßdämpfer im Zweirohrsystem erst Mitte der Fünfziger breiteren Einsatz. Derartige Dämpfer lassen nur einen begrenzten Einbauwinkel zu und es besteht immer die Gefahr der inneren Emulsionsbildung. Diese Nachteile konnten am Ende der vierziger Jahre durch die Entwicklung eines Einrohr-Gasdruckdämpfer durch den Franzosen Christian Bourcier de Carbon beseitig werden, in dem ein Gasdruckpolster den Volumenunterschied beim Ein- und Ausfahren des Kolbens ausglich. Hans Bilstein kaufte die Rechte von de Carbon und entwickelte in Zusammenarbeit mit Mercedes 1953 den ersten hochwertigen Einrohrdämpfer.

Die verstellbaren Dämpfer, die bei Aufbau- und Radresonanzfrequenzen automatisch zu einer harten Dämpferrate umschalten, wurden zu Beginn der achtziger Jahre von Kayaba und Tokico in Japan vorgestellt. In Europa hat Boge die ersten Dämpfer dieser Art für Mercedes entwickelt. Diesen folgten mehrstufige Dämpfer, die durch einen auf der Kolbenstange sitzenden Schrittmotor umschaltbar waren. Seit 1994 sind durch ein Proportionalventil betätigte stufenlose Dämpfer *CDC* (*Continuous Damper Control*) verfügbar. In Zug- und Druckrichtung separate und individuell ansteuerbare Ventile in sogenannten *semiaktiven Zweiventildämpfern* sind die heute komplexeste Ausbaustufe der Dämpfung.

- **Radführung**

Mit der Umstellung von der Blattfederung zur Schrauben-, Drehstab- oder Luftfederung und von der Starrachse zur Einzelradaufhängung begann um 1930 das Zeitalter der modernen Radführung bzw. Radaufhängung.

Vorher gab es schon die ersten Parallelschubführungen der Räder entlang der Achsschenkel, wie 1898 im „Motorwagen Wartburg", oder entlang der Lenkgabel, wie bei Stephens (◘ Abb. 1.12). Die senkrechte Teleskop Vorderradführung kam später in 1922 im Lancia Lambda, zum Serieneinsatz [11].

Auch das 1952 eingeführte wartungsfreie Kugelgelenk als Ersatz für die Achsschenkellagerung vereinfachte die Radaufhängung und erleichterte die Optimierung der Lenkkinematik [1].

Die Doppellängskurbel des VW Käfers und die Doppelquerlenkeraufhängung der Mercedes Typ 380 von 1933 waren die ersten modernen Einzelradaufhängungen. Die weit verbreitete McPherson *(Federbein)* Vorderachsaufhängung, die in 1926 in einem Fiat Patent beschrieben und im Jahre 1948 bei den Ford Modellen „Consul" und „Anglia" eingeführt wurde, sowie die

◘ Abb. 1.12 Vertikalvorderradführung von Stepens 1898

in dem Patent von Fritz Oswald 1958 beschriebenen Mehrlenkerachsen [9], sind die gängigsten Einzelradaufhängungen.

Durch die erste, bei Citroen und Opel eingeführte *„selbsttragende Karosserie"* (1934),wurde der Begriff „Achse" mit dem Begriff „Radaufhängung" ergänzt.

Für die nicht angetriebene Hinterachse wurde 1975 im Audi 50 den Platz und Kosten sparende Verbundlenkerachse eingeführt. Diese bildet immer noch die Standard-

hinterachse für kleine, frontgetriebene Automobile. Für obere Fahrzeugklassen sind die Mehrlenkerhinterachsen mit mehr Potential für Fahrkomfort und Fahrverhalten weit verbreitet. Außerdem können sie angetrieben werden, haben jedoch auch Nachteile in Bezug auf Einbauraum, Gewicht und Kosten.

Durch die geschickte kinematische Anordnung der Lenker und Gelenke konnten vorteilhafte Eigenschaften erzielt werden, wie z. B. ein negativer Lenkrollradius (1958 patentiert von Fritz Oswald, Erstserieneinsatz 1972 im Audi 80), der das Bremsverhalten und die Spurhaltung in der Kurve deutlich verbesserte.

Kugelgelenke mit drei Rotationsfreiheiten waren in den Geburtsjahren des Automobils noch nicht bekannt. Zum Lenken der Räder baute man einen Lenkzapfen mit zwei Drehlagern. Erst 1922 wurde dem deutschen Ingenieur Fritz Faudi ein Reichspatent mit dem Titel „Kugelgelenk, für die Lenkvorrichtung von Kraftfahrzeugen" erteilt [1]. Ein Stahlkugelzapfen war zwischen zwei Stahlschalen gelagert. Mit der Einführung des Kugelgelenks konnte der Achsschenkel durch einen Radträger ersetzt werden. Die wartungsfreien Kugelgelenke mit Kunststofflagerschale der Firma Ehrenreich sind seit 1952 bekannt.

Die Gummilager wurden zum ersten Mal in den dreißiger Jahren in den USA unter den Namen „Floating Power" als Motorlagerung eingeführt. Später wurden sie auch als Gelenk an der Lenkerverbindung zur Karosserie benutzt. Sie waren zuerst gedacht, um die Geräusche, Schwingungen und Rauhigkeiten, die von der Straße kommen, zu isolieren. Diese wurden dann später gezielt als elastische Elemente der Radaufhängung so ausgelegt, dass die Aufhängungskinematik sich deutlich verbesserte. Damit wurde in der Fahrwerkauslegung seit 1955 neben der Kinematik auch der Begriff „Elastokinematik" eingeführt.

■ Radlagerung

Die Räder sind auf dem Achsträger gelagert. Es waren zuerst Gleitlagerungen im Einsatz, trotz hoher Reibverluste und Spielneigung durch Verschleiß. Obwohl die Kelten schon 1000 v. Chr., Wälzlager mit Nadeln aus Holzstiften als Radlagerung einsetzten [11], wurde dies nicht weiterverfolgt. Die Erfindung der Wälzlager aus Stahl mit niedrigen Reibverlusten, Verschleißanfälligkeiten und Spielfreiheiten kam viel später, und danach wurden diese Wälzlager, die sich in Fahrrädern als Nabenlagerung bewährt hatten, auch bei Kraftfahrzeugen als Radlagerung eingesetzt, zuerst als zweireihige Kegellager (in USA) und später als zweireihige Schrägkugellager (in Europa).

■ Reifen

Der Luftreifen hat seinen Ursprung im Fahrrad: Das Patent des Schotten Dunlop im Jahr 1888 fand seine Anwendung zuerst ausschließlich an Fahrrädern, die zu der Zeit als Federungselement nur den Reifen aufwiesen. Im Auto war damals der hohle Massivgummireifen im Einsatz, mit max. Geschwindigkeiten nur bis zu 30 km/h. Die ersten Luftreifen in Autos waren die Wulstreifen auf Flachbettfelgen, basierend auf dem Patent des Amerikaners William Bartlett. Fa. Michelin entwickelte die ersten abnehmbaren Luftreifen auf Basis des Bartlett-Patents. Diese Reifen waren aus Kautschuk mit innen liegendem, gekreuztem Gewebe. Sie hatten aber eine sehr geringe Lebensdauer und das bei einer Reparatur notwendige Ausziehen aus dem Felgenwulst war sehr umständlich. So kam die abnehmbare „Stepney“- Felge und schließlich das abnehmbare „Rudge-Withworth“- Rad.

Der Einsatz von Naturkautschuk als Gummi war erst durch die Vulkanisation möglich, was durch den Zusatz von Sulfat realisierbar war und von Fa. Goodyear erfunden wurde. Die schlechte Abriebfestigkeit dieses Gummis konnte später um den Faktor 10 verbessert werden, als die Fa. Pirelli im Jahr 1907 Ruß zum Gummi einmischte.

Wegen der harten Hochdruckreifen ließ der Fahrkomfort auf den schlechten Straßen und bei steigenden Geschwindigkeiten dennoch zu wünschen übrig. Mit einem Überdruck von nur 2,5 bar montierte Michelin 1923 an einem Citroen den ersten Niederdruckreifen auf einer Tiefbettfelge, den sogenannten *„Ballonreifen“.* Die diagonale Kordlagenstruktur, eine Erfindung von Palmer aus dem Jahr 1908, vermied die Selbsterhitzung des Reifens, weil der zugfeste Kord die inneren Relativverschiebungen der Gummischichten bei jeder Einfederung stark einschränken konnte. Damit wurde die Reifenlebensdauer nochmals um den Faktor 10 gesteigert. Die dehnfeste Kordeinlage steigerte auch die Seitenstabilität des Reifens. In den dreißiger Jahren wurde der Baumwollkord durch das wesentlich reißfestere synthetische Rayon (Kunstseide) ersetzt.

Die ersten Luftreifen hatten zuerst einen innen liegenden Schlauch, um die Luft nach außen hin abzudichten. Dies war aber nicht unbedingt notwendig, weil der Reifenwulst am Felgenhorn luftdicht aufliegt. Die ersten schlauchlosen Reifen wurden von Dunlop 1938 und Goodrich 1948 in den USA eingeführt und lösten ab 1960 den Schlauch vollständig ab.

Der nächste, vielleicht wichtigste Fortschritt beim Reifen war der *Radialgürtelreifen,* der von Michelin 1946 patentiert und 1949 im Citroen 2CV in Serie ging. Dieser Reifen hatte ein um den Wulstkern quer zur Fahrtrichtung geschwungenes Textilgewebe, welches dem Reifen seine Festigkeit gegen inneren Druck verleihen und für höhere Seitenstabilität sorgen sollte. Ein umfangsteifer Gürtel aus Stahldrähten verstärkte den Reifen unterhalb der Lauffläche. Damit waren die Relativbewegungen der gekreuzt gewebten Diagonalkarkassenfäden, die durch Reibung die Lebensdauer reduzierten, wesentlich verringert. Der Stahlgürtel, der jetzt die Trägerfunktion übernahm, ließ deutlich höhere Geschwindigkeiten zu. Außerdem war es damit nun möglich, statt ballonförmige, auch flachere Reifenquerschnitte herzustellen, die einen deutlich größeren Reifenlatsch haben, um höhere Seitenkräfte zuzulassen.

Die weiteren Entwicklungen am Reifen waren die Anbringung von Profilen und eine quer angeordnete Feinprofilierung (erfunden vom deutschen Robert Sommer in 1932), um die Griffigkeit auf Eis, Schnee oder Nässe zu erhöhen oder der Silika-Zusatz zum Gummi, um den Rollwiderstand (1/3 des Kraftstoffverbrauches) zu senken. Schließlich fanden die schon seit den zwanziger Jahren bekannten Sicherheitsreifen, die auch bei einem luftleeren Reifen noch weiter betrieben werden können, ihren Serieneinsatz bei der Ober- und Mittelklasse. Die Weiterentwicklung des Reifens zu einem mechatronischen System erfolgte durch die Einführung von direkt oder indirekt messenden Verfahren zur kontinuierlichen Überwachung des Reifenluftdrucks, v. a. für den Fall eines plötzlichen Duckverlusts und die aktive Warnung des Fahrzeugführenden.

- **Räder**

Die ersten Räder im Automobil waren die von den Kutschen bekannten Speichenräder mit Draht- bzw. Holzspeichen. Die Speichenenden verliefen an der Nabe konisch und fest aneinander liegend. Bei den Drahtspeichenrädern wurden sich kreuzende Stahldrähte als Speichen verwendet. Sie wurden vor allem aus Gewichtsgründen und zur Bremsbelüftung bei Renn- und

Sportwagen eingesetzt. Dazwischen waren auch gegossene oder gepresste Speichenräder im Einsatz, um die höheren Radlasten zu tragen. Vor den Luftreifen waren auch federnde Räder mit festem Reif üblich, die jedoch zu aufwendig waren. Die bekannte Felge aus gepresstem Stahlblech und mit nach innen gebogenen Hörnern kam als Flachbettfelge mit dem Wulstreifen und dann als Tiefbettfelge mit dem Ballonreifen auf den Markt. Am Ende der Zwanzigerjahre wurde dann die Tiefbettfelge mit Bolzenzentrierung, auf der ein Niederdruckreifen mit Ventil montiert war, eingeführt.

- **Fahrwerkentwicklung**

Während der ersten 50 Jahre des Automobils wurden die Fahrwerke mehr intuitiv, handwerklich und eher improvisierend entwickelt. Es waren Tüftler und Erfinder am Werk. Die ersten Automobile von Benz (1885) und Daimler (1886) hatten gar keine Radaufhängung; die Räder waren direkt am Achskörper befestigt. Nur die Sitzbank war gefedert, um ein Mindestmaß an Fahrkomfort zu gewährleisten.

Ein leichtes autark arbeitendes Antriebsaggregat war am Anfang der Automobilgeschichte Mittelpunkt der Automobilentwicklung. Die Entwicklung des Fahrwerks hinkte bis vor vierzig Jahren deutlich hinter der des Antriebs hinterher, wobei Karl Benz derjenige war, der viel Sorgfalt auch auf die Entwicklung des Fahrwerks verwendete. Erst die, mit den leistungsstarken Antriebsaggregaten steigenden Fahrgeschwindigkeiten und die notwendigen Sicherheits- (insbesondere in den Kurven und beim Bremsen), Komfort- sowie Zuverlässigkeitsverbesserungen, lenkten den Entwicklungsschwerpunkt auch zum Fahrwerk.

Entsprechend kleiner waren die Fahrwerksabteilungen der großen Automobilhersteller in den fünfziger Jahren besetzt; kaum eine hatte mehr als 50 Ingenieure und technische Zeichner, sodass sich lange Entwicklungszeiten für alle Fahrwerkskomponenten ergaben. Es dauerte von 1956 bis 1965 volle zehn Jahre, die z. B. die Mercedes S-Klasse W108/109 von der ersten Planung bis zur Serieneinführung brauchte [9]. Heute muss dieses schon innerhalb von weniger als 5 Jahren geschehen, wenn der Autohersteller wettbewerbsfähig bleiben will und das obwohl die Anzahl der zu entwickelnden Modelle und Derivate sich verzehnfacht hat.

Erst mit dem Einsatz von CAD um 1970 konnte mehr und mehr vom Reißbrett zur ungleich effektiveren Workstation gewechselt werden. Die Konstrukteure waren nicht nur in der Lage, die komplizierten Radbewegungen am Bildschirm durchzuspielen, sehr schnell Einau- und Kollisionsuntersuchungen durchzuführen, sondern auch den Änderungs- und Optimierungsaufwand drastisch zu reduzieren. Die Zunahme des Wissens über das dynamische Verhalten des Automobils und die Einführung CAE-Modelle während der letzten 35 Jahre sorgte für hohe Fahrsicherheit und hohen Fahrkomfort.

Die Vernetzung der mechanischen Grundfunktionen mit Sensorik, Elektrik und Elektronik ist heute der aktuelle Stand in der Fahrwerktechnik. Verfeinerte, hydraulische und elektrische Regelsysteme der Lenkung, Federung, Dämpfung und Bremse und vor allem das aktuelle Aufkommen der Regelelektronik ebnen den Weg hin zum „intelligenten" Fahrwerk.

Eine Hauptrolle spielt dabei künftig das Vernetzen der vielen Einzelsysteme, um synchronisierte Eingriffe zu gewährleisten bis hin zum autonomen Fahren.

■ Tab. 1.1 zeigt eine Zusammenfassung wichtiger Erfindungen und Fortschritte in der Geschichte des Pkw-Fahrwerks.

1.1.2 Definition und Abgrenzung

Das Fahrwerk ist die Summe der Systeme im Fahrzeug, die zum Erzeugen der Kräfte

Tab. 1.1 Wichtigste Erfindungen bzw. Premieren in der Geschichte des Pkw-Fahrwerks A: Antrieb, B; Bremse, D: Dämpfung, F: Federung, L: Lenkung, R: Reifen, RF: Radführung, RL: Radlagerung, S: Sonstiges

Erfindung/Fortschritt	Land	Erfinder/Einführungsmodell	Jahr	Kategorie
Achsschenkellenkung	D/UK	Lankenspergel/Ackermann	1816	L
Befestigtes Straßennetz	UK	MacAdam	1830	S
Speichenrad/Luftreifen	UK	Hancock/Thomsen	1845	R
Zahnstangenlenkung	F	A. Bollee	1878	L
Erstes Automobil mit Ottomotor	D	Karl Benz	1886	A
Kugellager im Fahrwerk und Motor	D	Lutzmann	1894	RL
Auto mit Standardantrieb	F	Renault	1896	A
Kegelrollenlager	USA	Timken	1898	RL
Zahnstange als Spurstange	USA	L. Megy	1902	L
Rotations-Hydrodämpfer	F	Hodaille	1906	D
Hydraulische Bremse	USA	Malcom Lockheed/Chrysler 70	1920	B
Luftfederung	USA	Westinghouse	1920	F
Kugelgelenk	D	Fritz Gaudi	1922	RF
Ross Lenkung	USA	Bishop/ZF in Europa	1923	L
McPhersonaufhängung	I	Fiat-Patent/Ford Consul, Anglia	1926	RF
Kugelumlauflenkung	USA	Saginaw	1930	L
Frontantrieb mit Frontlängsmotor	D	DKW F1	1931	A
Einzelradaufhängung	D	Mercedes DQL	1933	RF
Teleskopdämpfer	USA	Monreo	1934	D
Selbstragende Karosserie	I, F, D	Lancia, Citroen, Opel	1934	S
Schlauchloser Reifen	USA	Dunlop, Goodrich	1938	R
Radial (Gürtel) Reifen	F	Michelin/Citroen 2CV	1949	R
Hydraulische Servolenkung	USA	Francis Davis/Chyrsler Imperial	1951	L
Teilbelagscheibenbremse	UK	Jaguar	1952	B
Kugelgelenk-Wartungsfrei	D	Ehrenreich	1952	RF
Einrohrdämpfer	F/D	B.de Carbon, Bielstein/Mercedes	1953	D
Hydropneumatische Federung	F	Citroen 15CV und DS	1954	F
Frontantrieb mit Frontquermotor	UK	Mini	1959	A
Schraubenfeder (Progressive)	F/D	Jean Gregorie /Lloyd Arabella	1959	F
Anti- Blockier System ABS	UK	Dunlop Maxaret	1965	B
Verbundlenkerachse	D	Audi 50	1975	RF
Freiprogrammiertes ABS	D	F.Oswald/ Bosch	1978	B
Antriebs-Schlupfregelung ASR	D	Bosch/Mercedes	1987	B
Elektromechanische Servolenkung	J	Suzuki Servo	1988	L

(Fortsetzung)

1

Tab. 1.1 (Fortsetzung)

Erfindung/Fortschritt	Land	Erfinder/Einführungsmodell	Jahr	Kategorie
ESP Elektronische Stabilitätsprogram	D	Bosch/Mercedes	1995	B
EPS Electrical Powered Steering	D	In Grossserie VW/ZF (EPSdp)	2003	L

zwischen Fahrbahn und Reifen und zu deren Übertragung zum Fahrzeug dienen, um das Fahrzeug zu beschleunigen, zu lenken, zu bremsen, zu federn und um die Schwingungen zu dämpfen.

Im Einzelnen sind das Rad/Reifen, Radlagerung, Radträger, Bremsen, Radaufhängung, Federung, Dämpfung Lenkung, Stabilisatoren, Achsträger, Achsgetriebe, Seitenwellen, Fußhebelwerk (Pedalerie), Lenksäule, Lenkrad, Aggregatelagerung und alle Regelsysteme zur Unterstützung der Fahrwerksaufgaben sowie fahrwerkrelevanten Fahrerassistenzsysteme [12].

1.1.3 Aufgabe und Bedeutung

Das Fahrwerk stellt die Verbindung zwischen dem Fahrzeug – samt Insassen und Gepäck – und der Fahrbahn her. Mit Ausnahme der Massenkräfte und der aerodynamischen Einflüsse werden alle äußeren Kräfte und Momente in das Fahrzeug über die Kontaktfläche Fahrbahn/Reifen eingeleitet. Das wichtigste Kriterium beim Fahren ist, dass der Kontakt zwischen Fahrzeug und Fahrbahn am Reifenlatsch nie unterbrochen wird, weil sonst keine Bahnführung, Beschleunigung, Bremsung und Seitenkraftübertragung (Lenkung) möglich sind.

Die Aufgabe wäre einfach zu realisieren, wenn die Fahrbahn ohne Hindernisse immer geradeaus führen würde, immer trocken und griffig wäre und es keine Unebenheiten und keine externen Störungen gäbe. Dann wäre bei Geradeausfahrt die einzige Eigenschaft des Fahrwerks, das Fahrzeug zu beschleunigen, auf der Spur zu halten und zu bremsen. Selbst die Erfüllung dieser Aufgabe wird schwierig, wenn die Fahrgeschwindigkeit steigt. Auch ein Serienauto kann 440 km/h erreichen (Bugatti Chiron Super Sport 300 + mit 1176 kW, 1650 Nm [13]).

Die Aufgabe des Fahrwerks ist aber auch deshalb so schwierig, weil die Fahrbahn weder stets gerade verläuft, eine glatte, griffige Oberfläche ohne Unebenheiten hat, noch frei von Hindernissen bleibt. Mit steigender Geschwindigkeit steigen auch die Anforderungen an die Kraftübertragung in den Radaufstandsflächen immens, weil die zu beherrschende Energie (Fahrzeugmasse mal Quadrat der Fahrzeuggeschwindigkeit) exponentiell steigt.

Der Fahrer beeinflusst die Bewegungen des Fahrzeugs in Längs- und Querrichtung. In senkrechter Richtung zur Fahrbahn folgt das Automobil hingegen den Straßenunebenheiten ohne aktiven Eingriff des Fahrers.

Um Komfort und Sicherheit beim Fahren zu gewährleisten, sollen die Fahrbahnunebenheiten und Fahr-bahnunterschiede so gering wie möglich auf das Fahrzeug übertragen werden [12].

Die Aufgaben des Fahrwerks sind daher vielseitig und lassen sich im Überblick wie folgt auflisten [14]:

- Das Fahrzeug bewegen, rollen, festhalten.
- Das Fahrzeug beim Fahren stets in Spur halten.
- Die Fahrzeugmasse abstützen, federn und ihre Schwingungen dämpfen.
- Geräusche, Schwingungen dämpfen bzw. isolieren.
- Die externen Störgrößen kompensieren.

- Das Antriebsmoment auf die Fahrbahn bringen.
- Die Räder lagern, führen, lenken und bremsen.
- Dem Fahrer eine sichere und komfortable Fahrzeugführung gewährleisten.

Insgesamt ist das Fahrwerk verantwortlich für das dynamische Fahrzeugverhalten, für Fahrsicherheit und Fahrkomfort. Damit gehört es neben Motor und Getriebe zu den wichtigsten und technisch anspruchsvollsten Bestandteilen jedes Fahrzeugs. Die Bedeutung und Vielseitigkeit der Fahrwerktechnik kommt aber auch daher, weil sie nicht nur Funktionsgruppen bündelt, sondern auch die Regelung der einzelnen Funktionsgruppen und ihrer Wechselwirkungen untereinander umfasst.

Ein fahrdynamisch optimal abgestimmtes Auto ist für den Fahrer mit geringem Aufwand zu fahren, weil es die von ihm eingegebenen Befehle unmittelbar, vorhersehbar und präzise umsetzt. Es vermittelt ein Gefühl der Sicherheit und wird als fahraktiv empfunden. Dieses Gefühl wird auch mit „Freude am Fahren" beschrieben und ist ein Kaufkriterium. Die Fahrdynamik eines Fahrzeugs ermöglicht dem Fahrer ganz wesentlich, kritische Situationen zu beherrschen oder zu vermeiden.

Das Fahrwerk verleiht dem Automobil seine Fahrsicherheit in allen Fahrsituationen. Hoher Fahrkomfort wird nicht nur subjektiv als angenehm empfunden, sondern hat auch einen nachgewiesenen Einfluss auf das physische und psychische Leistungsvermögen des Fahrers.

Die Unfallstatistiken zeigen, dass 36 % aller Unfälle mit Todesfolge entstehen, weil das Fahrzeug (bei Unachtsamkeit des Fahrers, bei überhöhter Geschwindigkeit oder schlechten Straßenverhältnissen) von der Fahrbahn abkommt. Die Wahrscheinlichkeit, dass das Fahrzeug in der Spur bleibt ist größer, je besser und sicherer ein Fahrwerk funktioniert.

Das Fahrwerk hat aber auch einen wesentlichen Einfluss auf Raumausnutzung, Gewicht, Aerodynamik und die Gesamtkosten des Fahrzeugs.

Der Leichtbau spielt beim Fahrwerk eine wesentlich größere Rolle als bei allen anderen Baugruppen, da die gesamte ungefederte Masse des Fahrzeuges (Räder, Reifen, Radträger, Radlagerung, Bremse, anteilig Feder, Dämpfer, Radaufhängung) sich im Fahrwerk befindet. Durch die Reduzierung dieser Masse können die Fahreigenschaften deutlich beeinflusst werden.

Je kleiner die ungefederten Massen sind, desto weniger wird der Aufbau von Radschwingungen beeinflusst und desto einfacher wird das ständige in Kontakthalten des Fahrzeugs mit der Fahrbahn. Es entstehen so weniger Störgrößen, welche den Fahrkomfort und besonders die Fahrsicherheit beeinträchtigen.

Fast alle Fahrerassistenzsysteme wirken über das Fahrwerk auf die Kurshaltung und Stabilisierung des Fahrzeugs. Damit wird ebenfalls die Bedeutung des Fahrwerks für moderne Fahrzeuge unterstrichen.

1.2 Fahrwerkaufbau

Metin Ersoy

Bevor der Fahrwerkaufbau beschrieben wird, sind zwei übergeordnete Klassifizierungen des Pkw, nämlich Fahrzeugklassen und Antriebskonzepte zu erläutern, weil diese eine wesentliche Rolle bei der Festlegung und Diskussion des Fahrwerks spielen.

1.2.1 Fahrzeugklassen

Pkw-Klassen werden nach deren Einsatz und Außenabmessungen definiert. Vor 60 Jahren waren es wenige unterschiedliche

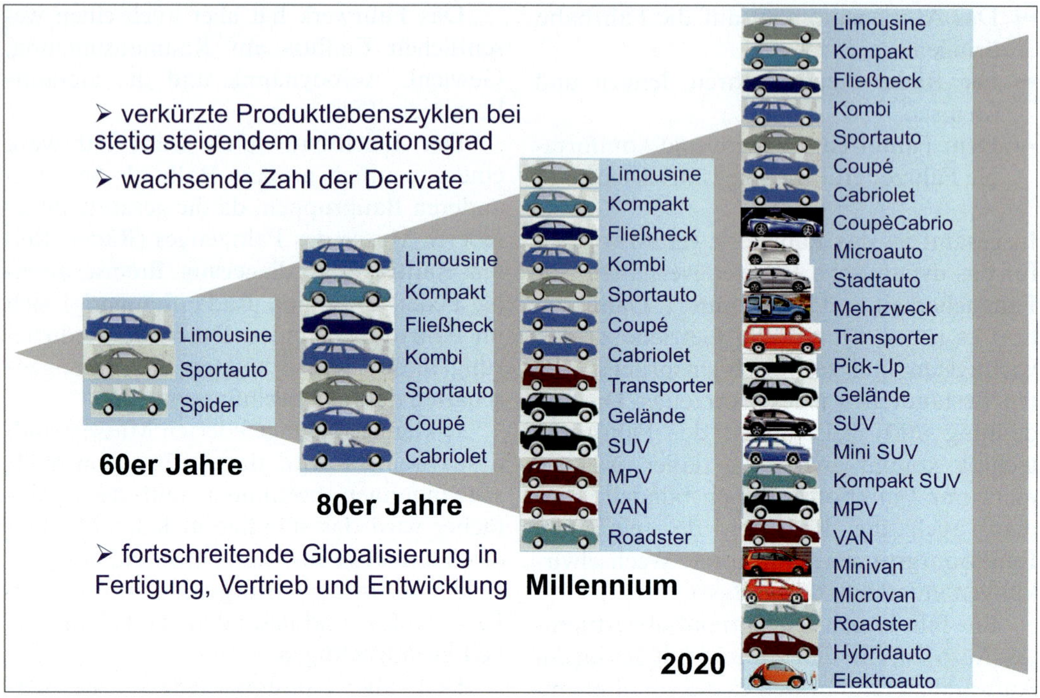

Abb. 1.13 Wachsende Anzahl der Fahrzeugmodelle

Typen: Limousinen der Kompakt-, Mittel- und Oberklasse und einige Derivate wie Kombi, Fließheck, Coupé, Cabriolet, Sportwagen.

Heute ist es nicht mehr so übersichtlich, weil in den letzten Jahren Elektro- und Hybridfahrzeuge, neue Modellvarianten und sogenannte „Cross-overs“ entstehen (Abb. 1.13). Dementsprechend gibt es unterschiedlich detaillierte Klassifizierungen. Tab. 1.2 listet die, in diesem Buch benutzte Klassifizierung auf.

Die Fahrwerkkonzepte für Module oder Plattformen richten sich nach den Baureihen und deren Marktpreis. Damit nicht für jede dieser Variante ein komplett neues Fahrwerk entwickelt werden muss, wurden Modul oder Plattformstrategien eingeführt; jeder OEM hat weltweit nur eine überschaubare Anzahl unterschiedlicher Antriebs- und Fahrwerkkonzepte, die er dann mit Anpassungen an die modellspezifische Spur, den Radstand und die Radlasten als ein Baukastensystem bei allen seinen Modellen anwenden kann.

Es gibt am unteren Ende ein kostengünstig herstellbares Konzept (alle für Front-Quer-Motor mit Frontantrieb, vorne McPherson, hinten Verbundlenkerachse) und am oberen Ende ein technisch aufwendiges, luxseriöses und teures Konzept (Allradantrieb, vorne und hinten Mehrlenkerachsen wahlweise mit Luftfederung und aktiven Fahrwerk- und Fahrerassistezsystemen).

Sport Utility Vehicles (SUVs) sind Personenkraftwagen, die mit einer min. 100 mm größere Bodenfreiheit, bis zu 40° Böschungswinkel und Allradantrieb an das Erscheinungsbild von Geländewagen angelehnt sind, jedoch eine selbsttragenden Karosserie haben. Der Fahrkomfort ähnelt

Tab. 1.2 Fahrzeugklassen

Segment		Fahrzeugbeispiele
0	MICRO	Fiat-Panda/Topolino; MB-Smart-Fortwo; Opel-Karl; Renault-Twizy, Toyoto-IQ; VW-UP
1	MINI	Citroen-C1; Dacia-Sandero; Fiat-500; Ford-KA; Hyundai-i10; Opel-Adam: Peugeot-108; Renault-Twingo; Toyota-Aygo; VW-Lupo
2	SMALL	Alfa-Mito; Audi-A1; Citroen-C3; Dacia-Sandero; Fiat-Punto; Ford-Fiesta; Honda-Jazz; Hyundai-i20; Mazda-2; Nissan-Micra/Note; Opel-Corsa; Peugeot-208; Renault-Clio; Toyota-Yaris; VW-Polo
3	LOWER MEDIUM	Alfa-Giulietta; Audi-A3; BMW-1'er/2'er; Citroen-C4; Fiat-Aegea; Ford-Focus; Honda-Civic; Hyundai-i30; Mazda-3; MB-A/B Klasse; Mini-One/Clubman; Mitsubishi-Lancer; Nissan-Pulsar; Opel-Astra; Peugeot-308/3008; Renault-Megane; Toyota-Corolla/Auris; Volvo-C40; VW-Golf/Jetta/Beetle
4	MEDIUM	Alfa-Giulia; Audi-A4, A5; BMW-3'er; Citroen-C5/DS5; Ford-Mondeo; Hyundai-i40; Jaguar-XE; Mazda-6; MB-C Klasse; Opel-Insignia; Peugeot-508; Renault-Talisman; Toyota-Avensis; Volvo-S. 60/V60; VW-Passat
5	UPPER MEDIUM	Audi-A6/A7; BMW-5'er; Ford-Taurus, Honda-Accord. Hyundai-Genesis; Jaguar-XF; Masserati-Ghibli; MB-E Klasse; Nissan-Maxima, Peugeot-607; Porsche-PanameraRenault-Latitude; Volvo-V70/S. 80/S. 90; VW-Phaeton
6	LUXURY	Aston Martin-Rapide; Audi-A8; Bentley-Flying Spur/Continental; BMW-6'er /7'er, Jaguar-XJ; Lexus-LS, Maseratti-Quattroporte; MB-S Klasse; Rolls Royce-Ghost/ Phantom; VW-Phaeton,
7	SPORT	Audi-TT; BMW-Z4/Z8; Honda-NSX; Hyundai-Veloster; Jaguar F-Type; Mazda-MX5/RX8; MB-SLK; Nissan- Z; Jaguar-XK; Porsche-911/Cayman; Renault-Wind; Toyoto-GT86
8	UPPER SPORT	Alfa-4 C; Aston Martin-Vantage/DB9; Audi-R8; Ferrari-488/F12/FF; Ford-Mustang; Lamborghini-Huracan/ Aventador; Maserati-GT; McLaren-570 s; MB-SL; Nissan-GTR; Porsche-911 Turbo; Bugatti-Chiron,
A	MINIVAN	Fiat-Doblo/Cubo; Ford- Tourneo; MB-B Klasse; Opel-Meriva; Peugeot-Partner; Renault-Scenic /Kangoo; Seat-Altea/Leon/Toledo; Toyota-Hijet/Urban Cruser; VW-Caddy
B	VAN	BMW-2'er GT; Citroen-Grand C4; Dacia-Lodgy; Fiat-Freemont/Scudo; Ford-B-/C-/S-Max/Galaxy/ Tourneo; Hyundai-H1; Mercedes-Vito/Citan/Viano; Opel-Zafira/Meriva; Peugeot-5008; Renault-Traffic/Espace; Toyoto-Verso; VW-Touran/Sharan/Multivan/Crafter
C	COUPÈ	AUDI-A5; BMW-4'er/6'er, Mercedes-CLS; Porsche-Panamera; Volkswagen-CC
D	CABRIO-LET	Alfa-4 C Spider; Aston Martin-Vantage/DB9/Vanquish; Audi-A3/A5/TT; BMW ix2/ix3/ix4/ix5/ix7; Citroen-e-C4/c4x Ferrari-California/488: Ford-Mustang C; Jaguar-F; Masserati-GC: Mazda-MX5; MB E/SLC/SLS; Nissan 370Z Roadster; Opel-Cascade; Porsche-Boxer/911; Roll Royce-Dawn; VW-Golf/Beetle Cabrio

(Fortsetzung)

1

Tab. 1.2 (Fortsetzung)

Segment		Fahrzeugbeispiele
E	ELECTRO	Audi Q-tron-Q4/Q6/RS; BMW-i2/i3/i4/i5/i7/i8; Citroen-C Zero; Dacia-Spring; Jaguar-I-Pace;; Hyundai-KKona/Ioniq; Mazda-MX-30; MB-EQA/EQB/EQS/EQV; Mitsubishi-i-MIEV; Nissan-Leaf; Opel e-Corsa /Astra /Mokka; Peugeot-e-208/e-308/e-2008; Polestar-2/3; Porsche-Taycan; Renault-ZOE/Twingo; Scoda-Enjaq; Smart-#1/#2; Tesla-Model 3/7/S/XS; Toyota-bZ4X; Volvo-EX30/CX40/EX90; VW-ID.3/4/5/7/Buzz
F	FUELCELL	Honda-FCEV; Hyundai-Ioniq 5; Toyota-Mirai G2; BMW-iX5-next (nicht in Serie)
H	HYBRID	BMW-330e; Dacia-Jogger; Honda-Insight; Ford-PHEV-Kuga/Puma; Honda HEV-CRV/Jazz/Civic/HRV; Hyundai-Kona/Tucson/Ioniq/ Santa FE; Kia-Nio/Sportage/Sorrento Lexus-ES300/LS500/LC500/ NX350/RX 450; Mazda-ZH; MB-A250e/GLE: Mitsubischi ASX; Nissan-Qashqai e-Power/x-Trail; Opel-Grandland X; Porsche-Cayenne E; Toyota-Yaris/Corolla/cC-HR/RAV4/Highländer; Volco- XC40 PiH Opel-Ampera; Porsche-Panamera Hybrid; Toyota-Prius/ Auris
G	GELÄNDE	Jeep-Rubicon; MB-G; Land Rover-Range rover; Toyota-Land Cruiser, Subaru-Forester, Suziki-Jimny
M	MPV	Fiat-Ulysse; Ford-S Max/ Galaxy; Nissan-NV200; MB-R Klasse/ Viano; Opel-Vivaro; Peugeot-807; Renault-Espace; VW-Sharan/ Multivan
P	PICK-UP	Fiat-Strada; Ford F-Series/Ranger; MB-X-Klase; Toyota-Hilux; Dodge-Ram/ Dakota; VW-Amarok
N	MINI SUV	Audi-Q1; Citroen-Cactus; Honda-HRV; Ford-Ecosport; Mazda CX3; Mitsubishi-ASX, Nissan-Juke; Opel-MokkaX; Renault-Captur: Lada-Taiga; Skoda-Kamiq; Volvo XC40; VW-T-Cross/ Taiga
R	COMPACT SUV	Audi-Q3/Q5; BMW-X1/X3/4; Dacia-Duster; Fiat-500X; Ford-Kuga/ Edge; Honda-CRV; Hyundai-Tucson; Land Rover- Freelander/Evouque; Mazda-CX5; MB-GLA/GLB/GLC; Mini Paceman; Nissan-Qashqai; Opel-Mokka; Porsche-Macan; Renault- Kadjar; Toyota-RAV; Volvo-XC60; VW-Tiguan/T-Roc
S	FULLSIZE SUV	Audi-Q7; BMW-X5/X6/X7; Fiat-Sedici; Ford-Edge; Hyundai-Santa Fee; Land Rover-Range Rover/Discovery/Velar; Mazda-CX7; MB-GLE/GLS; Nissan-Pathfinder; Opel-Antara; Porsche-Cayenne; Renault-Koleos; Toyota-Land Cruiser; Volvo-XC70/XC90; VW-Touareg/ Atlas,
T	TRANS-PORTER	Citroen-Berlingo, Dacia-Dockker; Fiat-Ducato/Sucudo; Ford-Transit; MB-Sprinter; Opel-Vivaro; Toyota-Hiace; Peugeot-Boxer; VW-T5/ Crafter/Caravelle

dem einer Limousine. Die Geländegängigkeit ist aber von Modell zu Modell sehr unterschiedlich, nicht alle Modelle werden mit Allradantrieb angeboten weil viele Fahrzeughalter ihre SUV überwiegend oder ausschließlich im Straßenverkehr nutzen. In der BRD hatten sie im 2023 25 % Neuzulassungsanteil.

Die Verwendung der Bezeichnung SUV und der wachsende kommerzielle Erfolg dieser Fahrzeuggattung begannen in den 1990er Jahren mit dem Toyota RAV4 und dem Land Rover Freelander.

Auch innerhalb der SUVs gibt es über sechs unterschiedliche Größen, abgeleitet von Plattformklassen: (BMW: X1, X2, X3, X5, X6, X7, Audi: Q1, Q2, Q3, Q5, Q7, Q9, Mercedes: GLA, GLB, GLC, GLE, GLS [15]).

VANs mit 7,6 % Neuzulassungsanteil in Deutschland (2022) sind die Limousinen-Derivate, die durch die großen komfortablen Innenmaße und durch die Auslegung für mehr als 5 Personen gekennzeichnet sind. VANs können in der Regel auch hinten mit Einzelsitzen sowie einer hohen Silhouette deutlich variabler nutzen lässt als ein herkömmlicher Kombi. Auch hier gibt es Mikro-, Mini-, Mittelklasse- und sogar Oberklasse-VANs. Kleinere Exemplare werden auch als multi-purpose vehicle (MPV) bezeichnet, die sich von den Minivans vor allem dadurch unterscheiden, dass sie flacher sind.

Stark im Kommen sind die Stadtfahrzeuge mit den Merkmalen klein, kompakt, wendig, sparsam, niedrigste CO_2-Emissionen und kostengünstig. Ein erstes dieser Fahrzeugklasse war das Smart aus dem Jahr 1998. Heute gibt viele Wettbewerber: Toyota iQ/Urban Cruiser, Fiat 500, Seat Mii, Skoda Citigo, Suzuki Alto, Nissan Pixo, Hyundai i10, Ford KA, Opel Adam/Karl, Renault Twizy, VW Up, Kia Syrus etc.

Eine ganz neue Antriebsklasse bilden die Hybrid-, Fuel Cell und Elektrofahrzeuge, die zuerst auf Basis vorhandener Plattformen angeboten wurden. Nach den lange schleppenden Verkaufszahlen, werden seit 2013 und besonders seit 2020 zahlreiche neue Modelle angeboten. Die Gründe sind Verbrennerverbot in der EU ab 2035, Kaufprämien, deutlich steigende Kraftstoffpreise aber auch die erhöhte Umweltbewusstsein (CO_2 Senkung). Damit werden die weltweite Verkaufszahlen für Fahrzeuge mit Alternativantrieben einen großen Aufschub bekommen (Prognose für 2023 18 %, für 2030 56 %, für 2040 sogar 70 % der Neufahrzeuge [16]).

Die Transporter bieten viel Platz für Passagiere, aber auch für den kommerziellen Transport von Lasten. Sie umgehen damit die Geschwindigkeitseinschränkungen von Lkws. Sie sind schnell, wendig und kostengünstig, bieten jedoch entsprechend weniger Komfort. Die US-Alternative zum europäischen Transporter sind die Pick-ups, die neben den zumeist 3 Passagieren auch mittels einer großen, offenen Ladefläche sperrige und schwere Gegenstände transportieren können.

Obwohl es keine strikten Regeln gibt, die bestimmen, welche Fahrzeugklassen welche Fahrwerkkonzepte haben müssen, existieren sinnvolle Zuordnungen zwischen Fahrzeugklassen und Fahrwerkkonzepten.

1.2.2 Antriebskonzepte

Der zweitwichtigste Fahrwerk bestimmende Faktor ist das Antriebskonzept, das die Lage des Antriebsaggregats und der angetriebenen Achsen vorgibt.

Es gibt drei grundsätzliche Anordnungen [17]:

- Frontmotoranordnung,
- Mittelmotoranordnung,
- Heckmotoranordnung,

Zwei Motoreinbaurichtungsvarianten:

- Längseinbau,
- Quereinbau

sowie drei Möglichkeiten der Antriebsachsen:

- Antreiben der Vorderräder (Frontantrieb),
- Antreiben der Hinterräder (Heckantrieb) und
- Antreiben aller Räder (Allradantrieb).

1

Daraus ergeben sich 3× 2 × 3 = 18 Möglichkeiten. Davon machen viele technisch-wirtschaftlich keinen Sinn. Serienfahrzeuge haben die folgenden Kombinationen:

1. Front-Quer-Motoranordnung mit Frontantrieb,
2. Front-Quer-Motoranordnung mit Allradantrieb,
3. Front-Längs-Motoranordnung mit Frontantrieb,
4. Front-Längs-Motoranordnung mit Heckantrieb,
5. Front-Längs-Motoranordnung mit Allradantrieb,
6. Heck-Quer-Motoranordnung mit Heckantrieb,
7. Heck-Längs-Motoranordnung mit Heckantrieb,
8. Heck-Längs-Motoranordnung mit Allradantrieb,
9. Mitte-Längs-Motoranordnung mit Heckantrieb.

Aktuell werden in Großserienautos nur sechs dieser 9 Antriebskonzepte bevorzugt eingesetzt (◘ Abb. 1.14):

- Front-Quer-Motoranordnung mit Frontantrieb bei bis zur Mittelklasse, wegen der Wirtschaftlichkeit, Fahrstabilität, Seitenwindunempfindlichkeit, Gutmütigkeit, wintertauglichem Fahrverhalten, einfache Allraderweiterung und Raumökonomie,
- Front-Längs-Motoranordnung mit Frontantrieb bei Fahrzeugen ab der Mittelklasse wegen der Fahrstabilität, Gutmütigkeit, wintertauglichem Fahrverhalten und Einbaumöglichkeit von großen Motoren und einfache Allraderweiterung,
- Front-Längs-Motoranordnung mit Heckantrieb bei PKWs ab der oberen Mittelklasse wegen der Fahr- sicherheit, Fahrdynamik, günstigen Achslastverteilung, der von Antriebseinflussen freien Lenkung, Agilität und schließlich der Einbaumöglichkeit von großen Motoren,
- Allradversionen der drei oberen Anordnungen wegen der Benutzung der gleichen Plattform in Modellen, insbesondere SUVs und wegen der Beschränkung des übertragbaren Drehmoments über nur eine Achse bei hochmotorisierten Varianten,

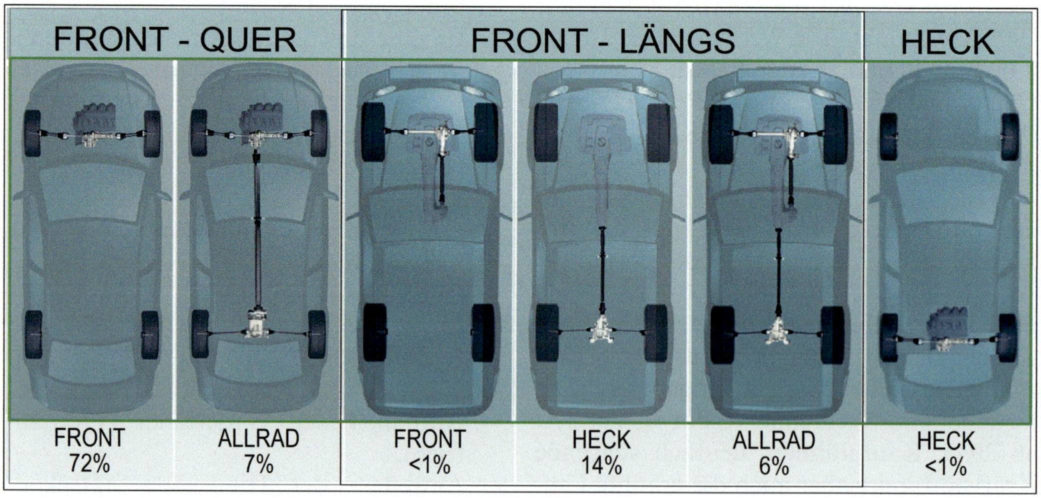

◘ **Abb. 1.14** Gegenüberstellung der Antriebsarten und deren weltweiten prozentualen Marktanteile in 2015

- Längseinbau von Mittel oder Heckmotoren mit Heckantrieb bei kleinen, sportlichen Fahrzeugen zur Steigerung der Traktion und Fahreigenschaften. Wegen der Einschränkungen an Variabilität und der hohen Kosten ist diese Variante jedoch nicht als Plattform für weitere Derivate geeignet.

Durch die kompakte Bauweise und den Wegfall einiger Bauteile bietet der Frontantrieb 3 % bis 5 % Gewichtsvorteil gegenüber der Standardbauweise. Dagegen ist der Vorderachslastanteil mit 56 % bis 65 % ungünstig bezüglich Lenkkräfte, Bremskraftverteilung und Untersteuern im Grenzbereich [17]. Vorteilhaft ist dagegen der größere Innenraum und die bessere Traktion sowie Fahrstabilität im Wesentlichen bei niedrigen Reibwerten.

Der Bestand heutiger Fahrzeuge wird durch vier Antriebsarten und die dazugehörigen Fahrwerkkonzepte geprägt: Front-Quer-Motor mit Frontantrieb (weltweit 72 % aller Fahrzeuge), Front-Längs-Motor mit Heckantrieb (14 %) und deren Allradversionen (13 %). Alle anderen Konzepte zusammen liegen weit unter 2 %.

- **Front-Quer-Motor mit Frontantrieb (◘ Abb. 1.15)**

Diese Kombination findet die weitaus größte Verbreitung in der Fahrzeugpopulation. Die Vorteile sind: niedrige Kosten, viel Innenraum durch kompakte, leichte Bauweise, stabiles und gutmütiges Fahrverhalten und gute Traktion auch auf schlechten, winterlichen Straßen.

Nachteilig sind durch die bei Zuladung sinkende Traktion und Steigfähigkeit sowie bei der Unterbringung größerer Motoren wegen des begrenzten Beugewinkels der Seitenwellen eingeschränkten Radlenkwinkelanschlags. Als Fahrwerk hat dieses Antriebskonzept vorne ein McPherson-Federbein, weil dieses kostengünstig, Platz sparend und mit guten Fahreigenschaften gebaut werden kann.

Die kinematischen Nachteile (Störkrafthebelarm) bei stärkeren Motorvarianten lassen sich z. B. durch die Auflösung der unteren 3-Punkt-Lenker und die zweiteilige Gestaltung der Radträger reduzieren (s. ◘ Abb. 14.101).

An der Hinterachse wird meist die kostengünstige und platzsparende Verbundlenkerachse eingesetzt. Die fahrdynamischen

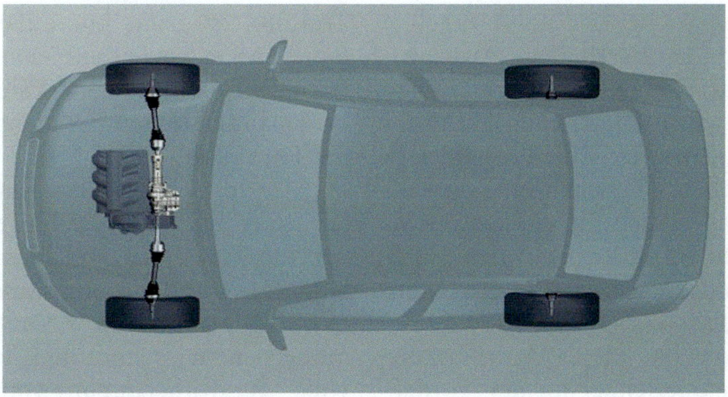

◘ Abb. 1.15 Front-Quer-Motor mit Frontantrieb

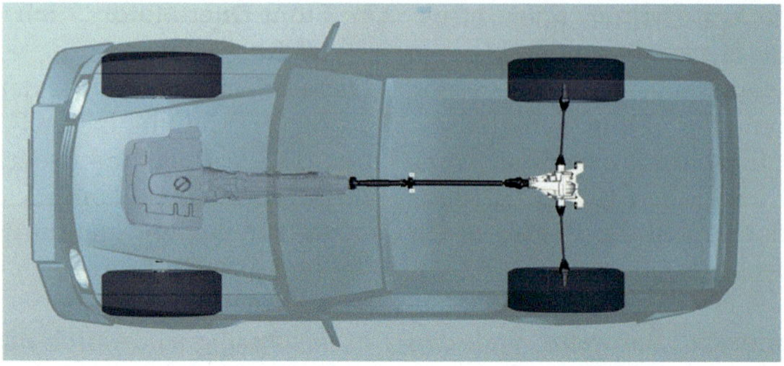

■ **Abb. 1.16** Front-Längs-Motor mit Heckantrieb

Grenzen der Verbundlenkerachsen werden ab der unteren Mittelklasse häufig durch Verwendung von Mehrlenkerachsen (ein Längslenker und drei Querlenker) ausgeglichen, jedoch mit Kosten-, Gewicht- und Raumnachteilen.

- **Front-Längs-Motor mit Heckantrieb (■ Abb. 1.16)**

Diese Kombination wird häufig für die Fahrzeuge oberhalb der Mittelklasse verwendet. Sie ist ab der oberen Mittelklasse als Standard zu sehen, weil sie Packagevorteile bei der zwanglosen Unterbringung von großvolumigen Motoren und fast beliebigen Schalt- und Automatikgetriebevarianten aufweist. Durch die Trennung von gelenkten und angetriebenen Rädern ergeben sich Vorteile im Lenkverhalten. Ausgewogene Gewichts- und Komfortverhältnisse und gute Traktion auf trockenen Fahrbahnen unabhängig von der Zuladung oder in Anhängerbetrieb ermöglichen eine sportliche Fahrdynamik. Auch für die passive Sicherheit (Frontalaufprall) bietet der Längseinbau mit langen Knautschzonen gute Voraussetzungen.

Als Fahrwerk hat dieses Antriebskonzept oft Doppelquerlenker an der Vorderachse, z. T. mit der oberen Lenkerebene oberhalb des Reifens und unten mit aufgelösten Lenkern (Trag- und Führungslenker getrennt).

An der Hinterachse sind Mehrlenkerachsen in unterschiedlichen Varianten zu finden; mit fünf Lenkern, mit einem 4-Punkt-Trapezlenker plus je einem oberen Querlenker und unteren Schräglenker, alle gelagert auf einem Achsträger, um den Komfort zu steigern.

- **Front-Motor mit Allradantrieb (■ Abb. 1.17)**

Seit der erfolgreichen Einführung des Audi Quattro wird der Allradantrieb immer beliebter. Mit dem Allradantrieb können die Vorteile eines Front- und Heckantriebs kombiniert werden, jedoch zu höheren Kosten, Gewicht und Kraftstoffverbrauch. Die mit Allradradantrieb erheblich verbesserte Traktion ist nicht nur außerhalb der festen Straßen vorteilhaft, sondern auch bei Nässe und winterlichen Fahrbahnen sowie bei leistungsstarken Fahrzeugen auf trockener Fahrbahn.

Mit fortschreitender Entwicklung von leichteren und leistungsfähigeren Pkws werden die Traktions- und Fahrverhaltensvorteile des Allradantriebs immer häufiger genutzt: Die sehr hohen Drehmomente der modernen Dieselmotoren erschweren die volle Kraftübertragung vom Reifen zur Fahrbahn, wenn nur eine Achse angetrieben wird. Bei einem Durchschnitt-PKW lässt sich schon bei einem Drehmoment ab 220 Nm. auf einer nassen Straße (bitte

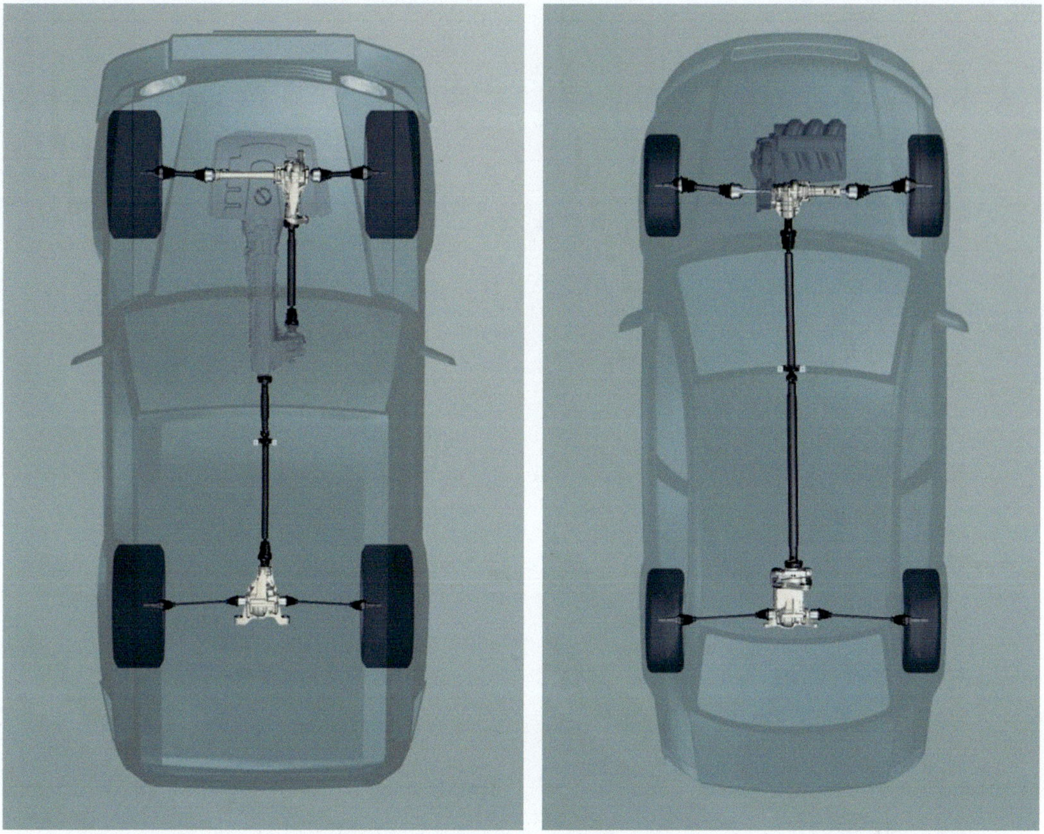

Abb. 1.17 Gängige aktuelle Allradantriebskonzepte, links: Front-Längs-Motor, rechts: Front-Quer-Motor

vom gelöschten Text übernehmen) und ab 350 Nm. auf der trockener Fahrbahn erst ab dem 2. Gang das volle Drehmoment auf die Fahrbahn übertragen werden können.

Die Fahrwerke beim Allradantrieb ergeben sich aus der Kombination der frontangetriebenen Vorderachsvarianten (Quer- bzw. Längsmotor) und der Hinterachsvarianten des Heckantriebs.

Der Allradantrieb findet in den letzten Jahren zunehmend Verbreitung. Alle Hersteller bieten Allradversionen vieler ihrer Modelle an. Der Anteil liegt z. B. bei Volvo und BMW bei ca. 50 %.

Tab. 1.3 zeigt die Beurteilung der Antriebskonzepte für die relevanten Merkmale und Kriterien [17].

- **Antriebstopologien für Elektroantrieb** (Abb. 1.18)

Elektrofahrzeuge bieten neue Gestaltungsmöglichkeiten für die Antriebstopologie. Die häufig kompakte Bauform der Antriebsmaschinen ermöglicht eine Achsintegrierte Anordnung. Der Bauraum zwischen den Achsen wird im Unterboden vorrangig für die Traktionsbatterie und deren Peripherie (z.B. Kühlung, Crashelemente) vorgehalten.

Elektrofahrzeuge wurden zuerst in den oberen Preissegmenten eingeführt. Daher waren Allradantriebe üblich (s. Abb. 1.18 am Beispiel eines Audi Q6 e-tron). Die Erweitung des Angebots in niedrigere Segmente führte auch zu Angeboten mit

Tab. 1.3 Vergleiche der Merkmale der in Serie gebauten Varianten der Antriebsanordnung für Pkw [17]

Motoranordnung		Front-Längs-			Front-Quer-		Heck-		Mittel-	
Antriebsachse		**Front**	**Heck**	**Beide**	**Front**	**Beide**	**Heck**	**Beide**	**Heck**	**Beide**
Außenabmessungen Außenabmessungen	1	+	+	+	++	+	+	+	–	–
Innenraumnutzung	2	+	+	o	++	+	–	–	–	–
Kofferraumgröße	3	++	+	+	++	++	–	–	o	–
Raumaufteilung	4	+	0	0	++	+	–	–	–	–
Plattformstrategie	5	+	++	+	++	+	0	0	0	0
Herstellkosten	6	+	0	–	++	0	+	0	+	–
Leergewicht	7	+	0	–	++	–	+	–	+	–
Zuladung	8	o	+	++	0	++	+	++	+	++
Achslastverteilung	9	+	++	++	+	++	+	++	++	++
Traktion, trocken	10	+	++	++	+	++	++	++	++	++
Traktion, glatt	11	+	–	++	+	++	+	++	0	++
Traktion, Kurven	12	++	o	++	++	++	+	++	+	++
Traktion, Steigungen	13	o	+	++	o	++	+	++	+	++
Lenkungskomfort	14	o	++	+	o	+	++	+	++	+
Geradeausfahrt	15	++	+	++	++	++	–	0	0	+
Seitenwindstabilität	16	++	+	++	++	+	–	0	–	0
Lenkverhalten	17	+	+	++	+	++	+	++	+	++
Bremsverhalten	18	+	++	++	+	++	++	++	+	++

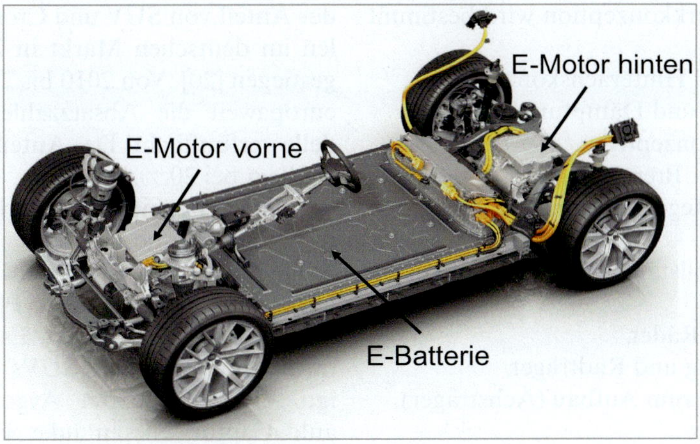

Abb. 1.18 Antriebskonzept eines modernen Elektrofahrzeugs, Audi Q6 e-tron Bj.2024

lediglich eine angetriebene Achse (vorne oder hinten). Hierzu entfällt an einer Achse die Antriebsmaschine.

1.2.3 Fahrwerkkonzeption

Der Begriff „Fahrwerkkonzeption" wird hier mit Absicht benutzt, weil das Fahrwerk eine Komposition unterschiedlicher Systeme bedeutet. Das Fahrwerk hat kein eigenes Konzept aber eine Konzeption, die durch das Zusammenwirken der Konzepte der einzelnen Fahrwerksysteme entsteht.

In den Lastenheften moderner Pkw-Modelle stehen für die Anforderungen an das Fahrwerk stets ähnliche Formulierungen [17, 18], nur deren Gewichtungen differenzieren sich je nach Fahrzeugklasse und Fahrzeughersteller deutlich voneinander:

- sicheres, stabiles, voraussehbares Fahrverhalten und Beherrschbarkeit bei allen Fahrbedingungen bis an die physikalischen Grenzen,
- stabile und komfortable Geradeausfahrt in Bezug auf Seitenwind und Fahrbahnunebenheiten,
- präzises (direktes und exaktes), intuitives Lenkverhalten, das komfortabel und leichtgängig ist und das Gefühl für die Straße vermittelt,
- fein dosierbares, Vertrauen vermittelndes und standfähiges Bremsverhalten: kurze Bremswege, hohe Standfestigkeit, aktive Unterstützung in Notsituationen durch elektronische Radschlupfsysteme,
- komfortables Abrollen bei guter Kontrolle der Aufbaubewegungen; sanftes Schweben über unebenen Straßen,
- ein harmonisches Zusammenspiel aller Eigenschaften, das sowohl Fahrvergnügen als auch ein entspanntes Fahrerlebnis vermittelt.

Das Erreichen dieser Anforderungen hängt davon ab, ob die richtigen Konzepte für jedes Fahrwerksystem ausgewählt, zueinander angepasst und abgestimmt sind. Die Festlegung der einzelnen Systemkonzepte für das Fahrwerk wird sehr stark beeinflusst von der gewählten Fahrzeugklasse, dem Antriebskonzept, den Außen- und Innenabmessungen, den Komfortanforderungen sowie vom angestrebten Fahrdynamik- und Fahrkomfortverhalten. Dazu kommen auch die üblichen Anforderungen wie niedriges Gewicht, niedrige Kosten, Montierbarkeit, Service und Reparaturfreundlichkeit, Recycelbarkeit usw.

Die Fahrwerkkonzeption wird bestimmt durch:

- Vorder- und Hinterachskonzepte,
- Federungs- und Dämpfungskonzept,
- Lenkungskonzept,
- Konzept der Bremsanlage,
- Fahrwerk-Regelungskonzept.

Sie wird vervollständigt durch die Festlegungen von:

- Reifen und Räder,
- Radlagerung und Radträger,
- Anbindung zum Aufbau (Achsträger),
- Achsantrieb,
- Pedalerie, Lenkrad (Bedienelemente),
- Aggregatelagerung.

In den Folgekapiteln werden diese Konzepte und Komponenten ausführlich beschrieben.

1.2.4 Trends in der Fahrwerkkonzeption

Nachdem lange Zeit der Automobilgeschichte nur wenige konventionelle Fahrzeugkonzepte, wie die Stufen- oder Schräghecklimousine, die Kombilimousine oder der Sportwagen den Schwerpunkt der Fahrzeugentwicklung bildeten, werden heute zunehmend stärker an die Kundenbedürfnisse angepasste (diversifizierte) Fahrzeugkonzepte, realisiert. Vielfalt bestimmt das Angebot. Allein in Deutschland gab es 2024 über 180 Neuheiten, davon 37 SUV, 10 Cross-over, 28 PHEV, 69 Elektro- und 3 Fuelcell Modelle [18] (■ Tab. 1.4). Nach einer späteren Auflistung [19] sind es 119 neue und erneuerte Modelle mit 52 Elektro, 25 PHEV und nur 42 Verbrenner sind. Die Gewinner sind die Elektrofahrzeuge.

Der Trend in allen Fahrzeugklassen geht eindeutig weg von klassischen Limousinen, Stufenheck oder Kombis hin zu SUVs und Cross-over Modellen. Nach der Welle mit MPVs sowie die Micro- und Mini-Vans ist der Anteil von SUV und Cross-over Modellen im deutschen Markt in 2023 auf 30 % gestiegen [20]. Von 2010 bis 2016 haben sich europaweit die Absatzzahlen dieser Modelle verfünffacht. Der Anteil von Trendautos liegt bei 20 %.

Bei SUVs mit 25 % Marktanteil in Europa (2015) und Weltweit 26 Mio. Fahrzeuge (2016) haben sich neben den bekannten großen auch kleineren Plattformen dieser Modelle durchgesetzt. Es gibt nun viele mittlere und kleinere SUVs (z. B. VW Taigo, T-Rock, Toyota Aygo, Yaris, Renauld Captur, Nissan Juke, Fiat 500x, Seat Arona, Kia Stonik, Skoda Kamiq, Ford Puma [21].

„Cross-over" ist die Bezeichnung für Mischmodelle wie z. B. Sport-Tourer (eine Mischung von Oberklassen-Limousine, Van und Off-Road – z. B. Mercedes GLS-, BMW X6), Off-Road und Coupé (Mini Paceman, Range Rover Evoque), Off-Road, SUV Cabriolet, oder Mischung von Coupé und Kombi (Porsche Panamera Sport Turismo, Mercedes CLS Shooting Brake).

Die um 100 bis 150 mm höher gesetzten Versionen der Volumenmodelle mit großzügigem und variablem Platz in Innenraum gehören ebenfalls zu den Trend-Autos (Ford B-Max, C-Max und S-Max, Mercedes A- und B-Klasse, Opel Meriva und Zafira, Honda FRV, Hyundai Matrix, Peugeot 2008 und 3008, Renault Scènic, Skoda Roomster, Toyota Verso, VW Touran).

Die Popularität der Cabriolets stieg durch die Einführung der versenkbaren Hardtops statt Stoffverdeck. Nach Mercedes-SLK (1997) bieten jetzt viele Automobilhersteller (VW EOS, Ford FocusCC, Peugeot 307CC) auch ein Cabriolet-Modell mit versenkbarem Dach. Hier ist jedoch seit Jahren eine Marktsättigung zu beobachten.

Steigend in den Stückzahlen sind auch die sehr kostengünstigen Fahrzeuge (VK-Preis um 10.000 €) der Kompakt-Klasse, die sogenannte Low Budget Fahrzeuge wie Dacia Logan/Sandero, Fiat 500 C/Tipo,

Tab. 1.4 Pkw-Neuigkeiten 2024 in Deutschland (ohne Hersteller mit nur eine Neuigkeit) [18]

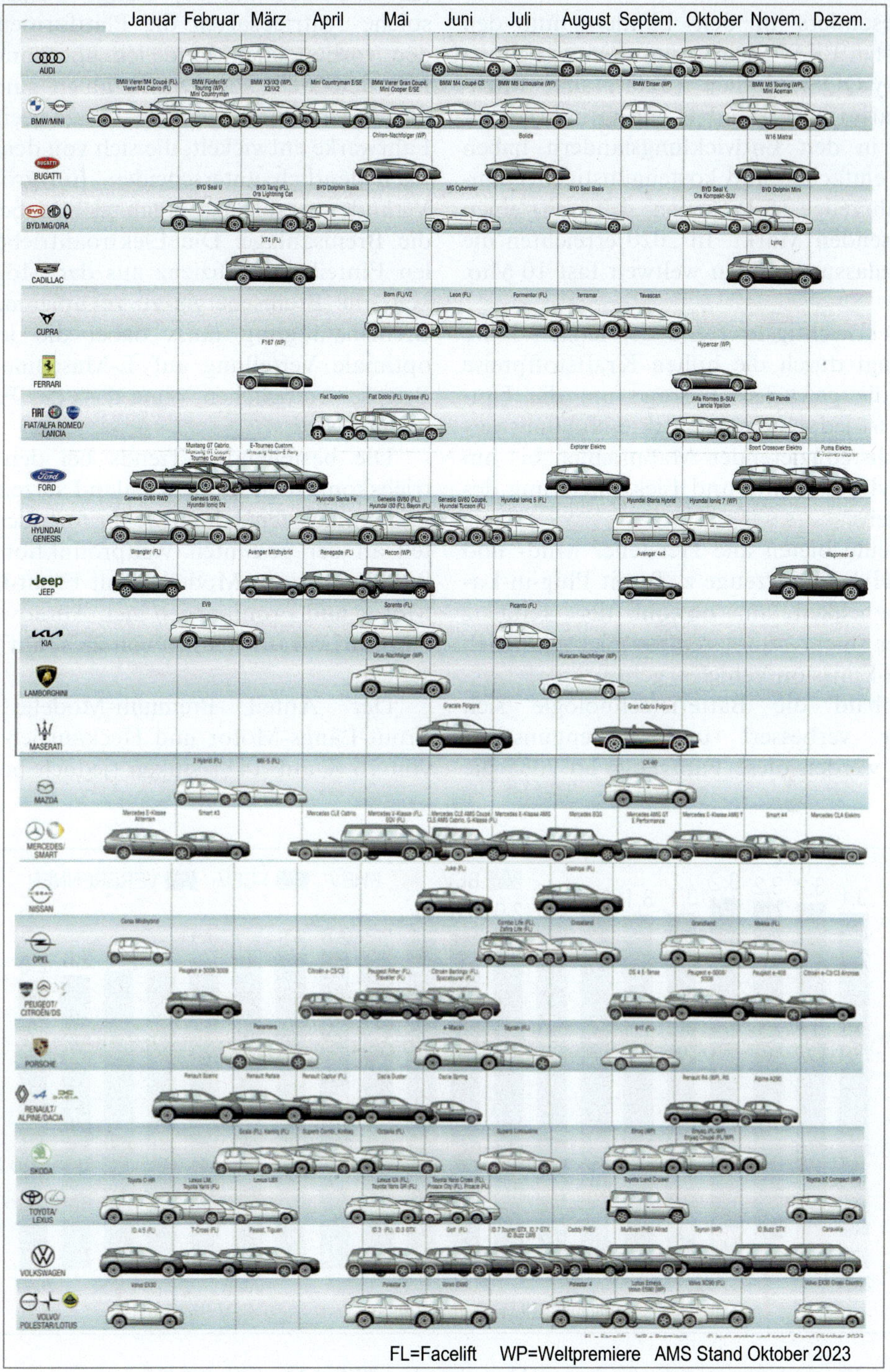

1

Kia Stonic, Renault Twingo, Opel Adam, Toyoto Urban Curiser.

Besonders in den Ländern mit den höchsten PKW-Steigerungsraten wie China (Chery-QQ3), Indien (Tata-Nano, Suzuki-Maruti), Russland (Lada-Granta), aber auch in den Entwicklungsländern haben diese einfachen und kostengünstigen Familienfahrzeuge (5 Personen, 4 Türen) einen wachsenden Markt. In 2020 erreichten die Neuzulassungszahlen weltweit fast 10 Mio. [22].

Der wichtigste Trend der letzten Jahre (bedingt durch die hohen Kraftstoffpreise und die gewachsene Sorge um die Umwelt) ist jedoch die verstärkte Nutzung verbrauchsreduzierender Maßnahmen bis hin zu Hybridisierung und Elektrifizierung des Antriebs.

Heute bieten alle Hersteller Mild- und Full-Hybridfahrzeuge z. T. mit Plug-in-Lademöglichkeit an, obwohl der Tendenz immer mehr zum reinen Elektroantrieb (Zero-Emission Vehicles) geht.

Sobald die Batterietechnologie sich weiter verbessert und kostengünstiger wird, werden diese Fahrzeuge ab 2035 die höchsten Marktanteile (>50 %) erobern (Abb. 1.19) [23, 24]. Lange werden für solche Antriebsarten die Plattformen aus den vorhandenen Modellen übernommen. Mit den steigenden Stückzahlen sind für die Elektrofahrzeuge neue, besser geeignete Fahrwerke entwickelt, die sich von den heutigen deutlich unterscheiden. Ein größerer Veränderungsbedarf ergab sich dabei für die Bremsanlage. Die Elektroantriebe holen Einteil der Effizienz aus der Möglichkeit, die Bremsenergie zu rekupieren. Die Bremsbetätigung muss dabei die jeweils optimale Verteilung auf E-Maschine und Bremse ermöglichen, ohne dass der Fahrer irritiert wird.

Die bestehenden Trends bei den Antriebskonzepten in Deutschland setzen sich in den nächsten Jahren weiter fort: der Anteil an der gesamten Weltproduktion von kostengünstigen Modellen mit Front-Quer-Motor und Frontantrieb incl. Allradversionen wird voraussichtlich von 25 % auf 30 % steigen.

Der Anteil Premium-Modelle mit Front-Längs-Motor und Heckantrieb wird von 16 % auf 14 % sinken (jedoch bei un-

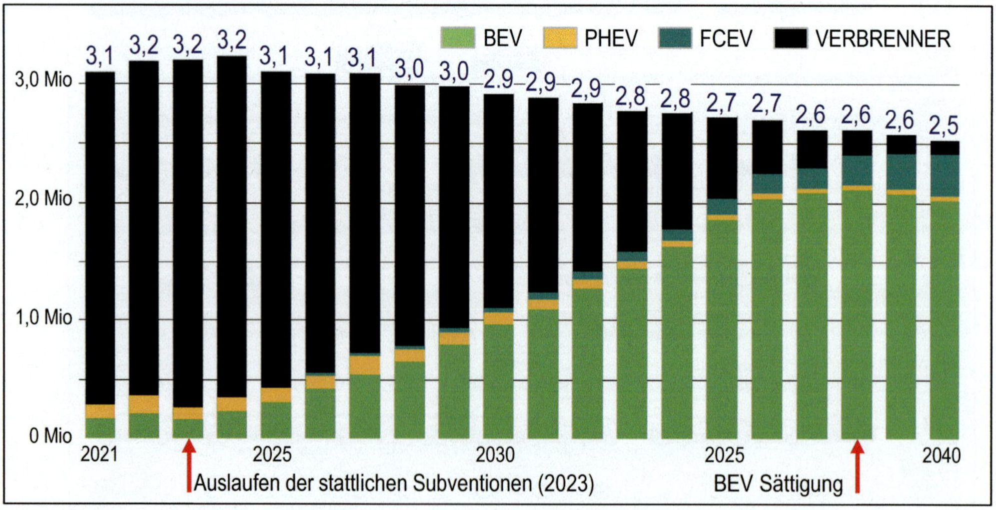

Abb. 1.19 Ausblick zum Fahrzeugabsatz in Deutschland bis 2040 in Mio Einheiten [24]

veränderten Stückzahlen) aber deren Allradversionen auf 6 % steigen. Alle Allradmodelle werden weltweit insgesamt einen Anteil von 14–15 % erreichen.

Die Absatzentwicklung der PKW Segmente in Deutschland im ▣ Abb. 1.20 nach Umweltbundesamtes von 2013 bis 2023 zeigen diese Trends sowohl zu kleineren Fahrzeugen, vor allem aber zu Geländewagen und SUVs. Der Bestand der kleineren Pkw ist in den letzten Jahren um 2 % gestiegen, die Zahl der Vans, SUVs und Utilities sogar um 80 %, Deren Anteil am Gesamtbestand stieg damit von 18 % und 2013 auf 29 % im Jahr 2023. Die Pkw im Mittelklasse-Segment wurden in der letzten 10 Jahren weniger nachgefragt mit einem sinkenden Anteil von 23 % auf 16 % [25].

1.3 Struktur des Fahrwerks

Metin Ersoy, Bernd Heißing und Christian Schimmel

Da die Struktur des Fahrwerks sich sowohl nach Funktion als auch nach Gestalt definieren lässt, ergibt sich eine, nicht immer überschneidungsfrei Systematik. Daher werden beide Strukturen parallel betrachtet.

1.3.1 Funktionelle Struktur des Fahrwerks

Die Funktionen des Fahrwerks sind:

- (Rad)führen,
- Lenken,
- Federn,
- Dämpfen,
- Bremsen,
- Antreiben,
- (Rad)lagern,
- Kontakt zur Fahrbahn herstellen (Reifen),
- Fahrerbefehle an Aktuatoren weiterleiten (HMI),
- Fahrwerkfunktionen regeln und koordinieren,
- (Fahrer) assistieren
- (Demnächst auch) Fahrzeug autonom führen.

Diese Funktionen werden von Teilsystemen des Fahrwerks erfüllt, wie Achssystem, Lenkungssystem, Federungssystem,

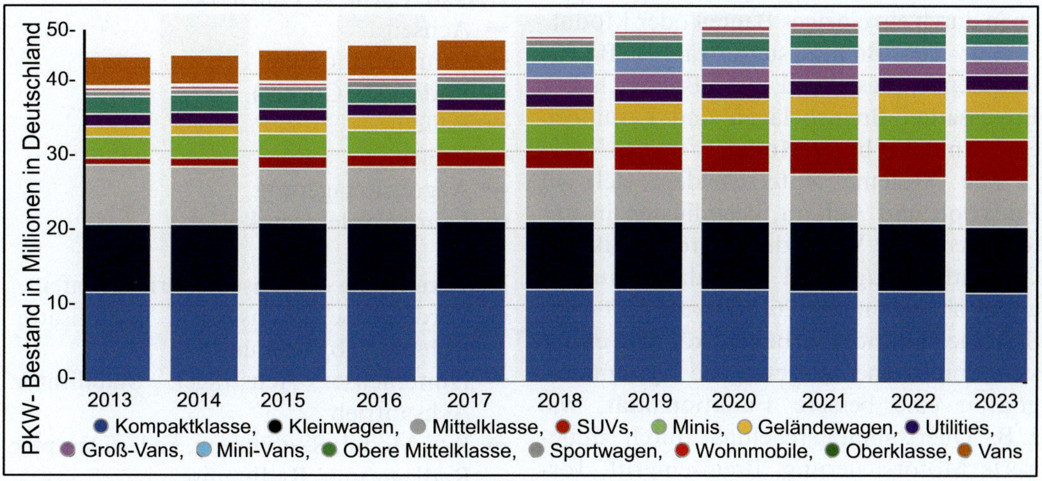

▣ **Abb. 1.20** PKW Bestand in Deutschland 2013 bis 2023 [25]

Dämpfungssystem, Bremssystem, Antriebssystem, Reifensystem, Fahrdynamiksystem, Fahrerassistenzsystem.

Die physikalischen Komponenten zur Realisierung der Funktionen lassen sich meist nicht unabhängig von anderen Systemkomponenten betrachten. Sie sind nicht immer als vormontierbare Module zusammenzufassen.

Zum Bremssystem gehören z. B. Bremspedal, Bremskraftverstärker, Bremszylinder, Bremskraftverteiler, ABS/ESP Hydrauliksteuerblock, Bremssattel, Bremsscheiben, Bremsflüssigkeit, Hydraulikleitungen, Bremssensorik, Bremsregelungselektronik. Diese müssen zwar zusammen entwickelt, getestet und freigegeben werden, haben eine gemeinsame Regelungsstrategie und Steuerungssoftware, befinden sich aber räumlich nicht in unmittelbarer Nähe zueinander. Das Layout der Funktionsstruktur hat bei der Entwicklung und Funktionserfüllung eine große Bedeutung. Es leitet sich aber weniger aus den Notwendigkeiten der Fertigung und Montage der Bauteile ab. Der Grund ist einerseits die bedienungs- und funktionsbedingte, räumlich voneinander getrennte Unterbringung der Komponenten und andererseits, die wegen der Teileintegration entstandene Erfüllung mehrere Funktionen durch ein einziges Bauteil oder Modul.

Für das Bremssystem wäre z. B. die Radbremse bestehend aus Bremsscheibe, Bremssattel, Bremsbelägen und Leitungen ein vormontierbares Modul.

Die Systeme unterscheiden sich in Funktion und Aufbau, beeinflussen in unterschiedlicher Weise die Fahrdynamik des Gesamtfahrzeugs und sind daher aufeinander abzustimmen [26]. Obwohl jedes der Systeme autonom arbeiten könnte, ergibt sich durch eine ausgewogene Systemintegration eine bessere Funktionalität, wie z. B. Querstabilitätsregelung durch integrierte Motorsteuerung, Bremseingriff, Torque Vectoring bzw. Lenkung. Deshalb werden die Funktionen in einer übergeordneten Funktionsebene zusammengeführt, die „Domänen" genannt werden.

Das Fahrzeug hat drei funktionelle Domänen:

- *Längsdynamik* (Antrieb, Bremsen, Reifen),
- *Vertikaldynamik* (Federung, Dämpfung, Reifen),
- *Querdynamik* (Lenkung, Einzelradbremsung, Einzelradantrieb, Eigenlenkverhalten, Reifen).

Die einzelnen Systeme können nach ihrer primären Funktion diesen drei fahrdynamischen Domänen zugeordnet werden, sind aber funktional nicht auf eine Domäne beschränkt [27].

1.3.2 Modulare Struktur des Fahrwerks

Die Funktionsstruktur des Fahrwerks ist für dessen konstruktiven Aufbau und Montage nicht zweckmäßig, deshalb muss parallel dazu eine montagegerechte Modulstruktur definiert werden. Die vormontierbaren Module des Fahrwerks bestimmen dessen gestalterische Struktur. Diese lassen sich entsprechend der Montagereihenfolge in mehreren Ebenen aufteilen (◘ Abb. 1.21):

Oberste Ebene → Fahrwerk

- Achsen
- Fahrwerkmodule
- Rad/Ecke (Corner)
- Reifen
- Felgen
- Aggregatelagerung
- Fahrwerkelektronik

Mittlere Ebene → Achsen, Corner, Reifen

- Vorderachse: Achsträger, Stabilisator. Achsantrieb, Lenkung
- Hinterachse: Achsträger, Stabilisator, Achsantrieb
- Rad Modul; Radführung, Feder/Dämpfer, Radlagerung, Radbremse
- Reifen, Räder: Für Vorder- und Hinterachse.

Untere Ebene → Module und Komponenten

- Achsträger: Hilfsrahmen, Hilfsrahmenlagerung,
- Stabilisator: Stabilisatorstange, -lagerung, -lenker,
- Aggregatelagerung: Gummilager, Hydrolager, Drehmomentenstütze,
- Fahrwerk-Antriebsstrang: Achsgetriebe, Differenzial, Seitenwellen, Achsantriebslagerung,
- Lenkung: Spurstange, Lenkgetriebe, Leitungen, Lenkwelle, Lenksäule, Lenkrad, Lenksensorik,
- Feder/Dämpfer: Feder, Federteller, Dämpfer, Dämpferlagerung,
- Bremsmodul: Bremskraftverstärker, Bremszylinder, Bremsmodulation, Bremskraftregler, Pedalerie,
- Radbremse: Bremssattel, Bremsbeläge, Bremsscheibe, Betriebsbremse, Bremsleitungen,
- Radführung: Lenker, Gelenken, Radträger, Radnabe, Radlager, Raddrehzahlsensor,
- Radmodul: Radlager, ABS Sensor, Radträger,
- Reifen, Räder: Felgen Reifen, Reifendrucksensor.

1.4 Fahrwerkauslegung

Metin Ersoy, Stefan Gies und Bernd Heißing

Die Auslegung des Fahrwerks für neue Modelle basiert auf dem Lastenheft für das Fahrwerk, das aus dem Lastenheft für das Gesamtfahrzeug abgeleitet und mit den fahrwerkspezifischen Anforderungen ergänzt wird. Bei der Festlegung der Anforderungen sind aktuelle und zukünftige gesetzliche Bestimmungen, Kundenpräferenzen sogar die Megatrends der Gesellschaft zu berücksichtigen (s. ◘ Abb. 18.1).

Das Fahrzeug wird für ein bestimmtes Marktsegment und eine Käuferschicht vorgesehen und muss in diesem Segment den aktuell üblichen Merkmalen [28] und

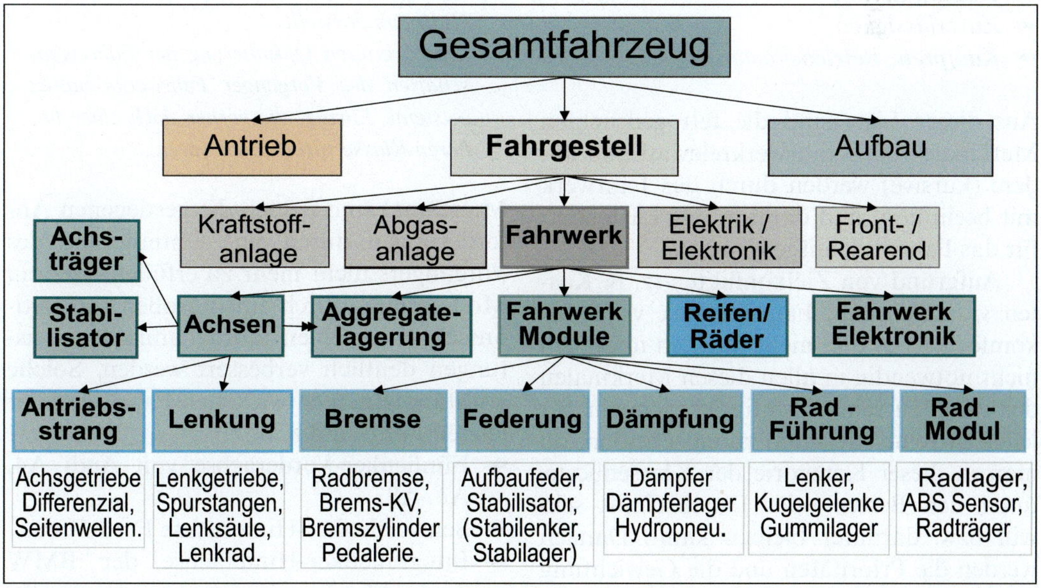

◘ **Abb. 1.21** Modulare Struktur des Fahrwerks

Abmessungen [12] entsprechen oder diese übertreffen (◘ Tab. 1.5). Zum Vergleich werden sowohl Benchmark-Fahrzeuge des Wettbewerbs als auch die eigenen Referenz-Modelle genutzt.

Die Gesamtfahrzeugeigenschaften lassen sich in folgende für die Fahrwerksgestaltung wichtigen Merkmale untergliedern:

- **passive und aktive Sicherheit,**
- Innen- und Außenabmessungen, Kofferraum,
- Ergonomie, *Bedienkomfort,*
- aerodynamische Merkmale,
- **Fahrdynamik,**
- Emission,
- *Antriebskonzept,*
- *fahrdynamische Leistung,*
- Antriebsleistung,
- Verbrauch,
- **Fahrsicherheit,**
- **NVH** (Geräusch/Schwingung),
- **Fahrkomfort,**
- *Elektrik/Elektronik,*
- *Gewicht,*
- *Design Kompatibilität (Modularität),*
- Fixkosten, Recycling,
- Design, Styling,
- *Zuverlässigkeit,*
- *Kaufpreis, Betriebskosten.*

Aus dieser Liste sind die fett gedruckten Merkmale 100 % fahrwerkrelevant und andere (kursive) werden durch das Fahrwerk mit beeinflusst und dann in das Lastenheft für das Fahrwerk aufgenommen.

Aufgrund von Zielkonflikten (z. B. Kosten vs. Leichtbau, Fahrdynamik vs. Fahrkomfort) ist es nun nicht möglich und auch nicht notwendig in allen diesen Merkmalen der Beste zu sein. Wichtig ist vielmehr für jedes einzelne Merkmal zu entscheiden, ob man in dieser Kategorie der Klassenbeste, unter den Besten oder Durchschnitt sein will bzw. darunter bleiben kann. Danach werden die Prioritäten und die Gewichtung der einzelnen Merkmale festgelegt. Die ausgewählten Wettbewerbs- und Eigenmodelle werden nach diesen Merkmalen analysiert und vermessen, um viele objektive Werte für jedes Merkmal festzulegen.

Einige weitere wiederum beeinflussen in sehr großem Umfang das Fahrwerk, wie z. B. Antriebsart und Gewichtsverteilung auf die Achsen.

In der Regel wird das Fahrwerk heute bei einer neuen Fahrzeuggeneration nicht immer wieder neu definiert, sondern weiterentwickelt bzw. angepasst. Das erkennt man auch an den Berichten über das Fahrwerk der neuen Modelle:

> » *... alle Entwicklungsaktivitäten für das Fahrwerk sind daraufhin ausgerichtet, das hohe Niveau an aktiver Fahrsicherheit des Vorgängers nochmals zu steigern und markentypische Fahrwerkseigenschaften sicherzustellen ...*
> *... das erfolgreiche Konzept des Vorgängers wurde übernommen und weiterentwickelt ...*

> » *.. aufbauend auf den Qualitäten des Vorgängermodells und den neueren Erkenntnissen und Kriterien, die aus der Entwicklung von Schwestermodellen resultieren, wurde ein Fahrwerkkonzept entwickelt, das ein Optimum darstellt ...*
> *...zur weiteren Optimierung der Fahreigenschaften des Vorgänger Fahrwerks halten Systeme Einzug, die vorher noch einer höheren Klasse vorbehalten waren....*

Manchmal sind jedoch die gestiegenen Anforderungen durch eine Optimierung des Vorgängers nicht mehr zu erfüllen oder ein Modell muss durch einen großen Innovationsschub in seinen fahrdynamischen Leistungen deutlich verbessert werden. Solche vollständig neu entwickelten Fahrwerke der letzten Jahre sind z. B.:

- Fünflenker-Vorderachse von Audi A4, A6, A8,
- Schwertlenker-Hinterachse Ford-Focus,
- Integrallenker-Hinterachse der BMW 7er und 5er,
- Mehrlenker-Hinterachse Volvo S. 80,
- Mehrlenker-Hinterachse VW Golf 5,

Tab. 1.5 Marksegmente, typische Merkmale und Abmessungen der Pkws

	Mini/Klein	Kompakt	Oberklasse	Luxus	Sport/Coupe	SUV	Gelände/Rally
Design	schnuckelig	vielseitig	exklusiv	repräsentativ	schnittig	kräftig	funktionell
Leistung	50/75 kW	75/100 kW	150 kW	>200 kW	>150 kW	>150 kW	max. Leistung
Image	zweckmäßig	funktionell	Prestige	exklusiv	Fun to drive	viel Zweck	max. Handling
Verbrauch	sehr sparsam	sparsam	vernünftig	normal	weniger wichtig	akzeptabel	weniger wichtig
Preis	sehr günstig	günstig	annehmbar	normal	zweitrangig	normal	weniger wichtig
Fahrwerk	akzeptabel	gut	sehr gut	komfortabel	sportlich	gut	geländegängig
Gewicht	leicht	Minimum	akzeptabel	weniger wichtig	gutes kW/kg	akzeptabel	niedrig
NVH	akzeptabel	gut	sehr gut	extrem gut	gut in max. v	gut	weniger wichtig
Sitze	2/4	4/5	4/5	4/5	2 + 2	5/6/7	4/5
Raum	akzeptabel	ausreichend	großzügig	im Überfluss	zweitrangig	großzügig	gut
Länge [mm]	3600–3800	3800–4400	4300–4700	4700–5100	3700–4600	4500–4800	4400–4800
Radstand [mm]	2350–2500	2500–2700	2600–2900	2700–3200	2400–2700	2700–3000	2500–2800
Breite [mm]	1550–1650	1670–1750	1670–1770	1800–1900	1600–1760	1700–1900	1700–1900
Schulterbreite	1250–1360	1340–1440	1340–1460	1450–1500	1300–1450	1450–1650	1450–1600
Fußraum hinten	700–850	750–880	800–920	900–1000	750–900	800–900	800–1000
Höhe [mm]	1350–1480	1350–1440	1360–1430	1400–1500	1350–1450	1600–1800	1600–1800
Gepäckraum [l]	200–400	250–550	330–550	500–600	200–500	250–1200	500–1000
Leergewicht [kg]	800–1300	1200–1600	1500–1800	2000–2600	1200–1800	1800–2900	1800–2600

- Fünflenker-Hinterachse BMW 1er und 3er.
- Komplett neue Elektroplattformen aller Hersteller.

1.4.1 Anforderungen an das Fahrwerk

Die Anforderungen an das Fahrwerk lassen sich nach folgenden Fahrzeugmerkmalen zusammenfassen [29] (◘ Abb. 1.22):
- Fahrdynamik,
- Fahrkomfort,
- Fahrsicherheit,
- Fahrzeugbedienung,
- Plattformstrategie,
- Fahrwerk-Gewicht,
- Fahrwerk-Kosten,
- Fahrwerk-Zuverlässigkeit, Robustheit.

Sie werden wiederum sehr stark beeinflusst von anderen Fahrzeugmerkmalen wie:
- Schwerpunktlage, Achslastverteilung,
- Antriebsanordnung,
- Außenabmessungen,
- Kofferraum, Tankinhalt,
- Fahrleistungen (z. B. Höchstgeschwindigkeit, Motordrehmoment),
- Aerodynamik (Auftriebsbeiwerte),
- Karosseriesteifigkeit.

Die **Fahrdynamik** bestimmende Faktoren sind:
- Anlenkverhalten,
- Zielgenauigkeit,
- Pendelstabilität,
- Traktion,
- Eigenlenkverhalten,
- Lastwechselreaktionen,
- Handlichkeit,
- Geradeauslauf,
- Lenk-/Bremsverhalten,
- Verreißsicherheit,
- Federungslenken,
- Aufbaukontrolle.

Den **Fahrkomfort** bestimmende Faktoren sind:
- Aufbaubeschleunigung,
- Wankfederverhalten,
- Kopierverhalten der Einzelräder,
- Anfahr-/Bremsnicken, Raddämpfung,
- Kantenempfindlichkeit,
- Prellen (7 bis 25 Hz),
- Schluckvermögen,
- Reiten/Anfedern,
- Stuckern (7 bis 15 Hz),
- Aufbauzittern (0,5 bis 5 Hz),
- Lenkungszittern,
- Lenkstößigkeit.

Die **Fahrsicherheit** bestimmende Faktoren sind:
- Beherrschbarkeit in den Kurven,
- Beherrschbarkeit bei hoher Geschwindigkeit,

◘ **Abb. 1.22** Beurteilungsmerkmale des Fahrwerks in Hinblick auf Dynamik, Komfort und Sicherheit [30]

- Beherrschbarkeit auf schlechter Fahrbahn,
- Beherrschbarkeit auf glatter Fahrbahn,
- Gutmütiges Verhalten im Grenzbereich,
- Vorhersehbarkeit des Fahrzeugverhaltens,
- Gefühl für die Straße,
- Bremsweg, Dosierbarkeit der Bremse, Radschlupf Regelungssysteme,
- Fahrerassistenzsysteme (aktive Unterstützung bei normalen Fahrsituationen).

■ Abb. 1.23 stellt eine Zusammenfassung aller Anforderungen und deren Wirkungen am Fahrwerk dar. Diese Anforderungen werden erfüllt durch das Zusammenwirken der Fahrwerksysteme und Komponenten wie:

- Vorderradaufhängung,
- Hinterradaufhängung,
- Federung und Dämpfung,
- Bremssystem,
- Lenksystem,
- Radführung, Radträger, Radlagerung,
- Räder und Reifen,
- Fahrwerkregelsysteme,
- Pedalerie, Lenkrad,
- Aggregatelagerung.

1.4.2 Fahrwerk-Kinematikauslegung

Die Fahrwerkauslegung wird nach der Verabschiedung des Fahrwerklastenheftes und Festlegung der Konzepte definiert. In diesem Prozess erfolgt die Festlegung der Abmessungen, Toleranzen, Materialien, Oberflächen, Fertigungsverfahren, Verbindungsverfahren aller Baugruppen und Einzelteile.

Im ersten Schritt wird die Kinematik ausgelegt und optimiert, was eine funktionelle Konstruktion bedeutet. Im nächsten Schritt werden die einzelnen Komponenten

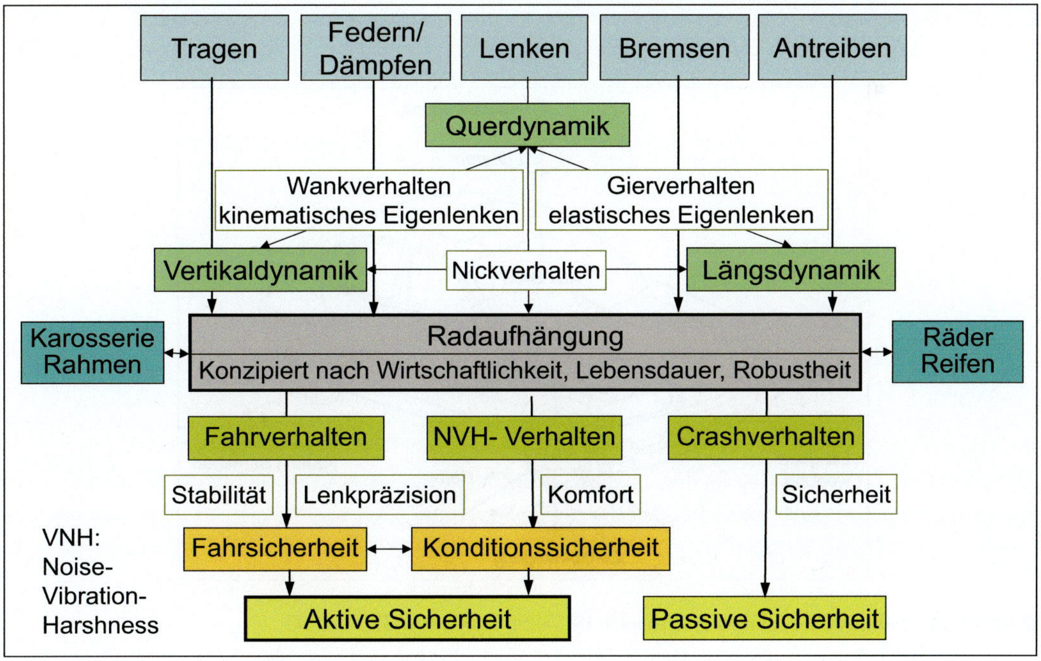

■ **Abb. 1.23** Zusammenstellung der Anforderungen an das Fahrwerk [31]

1

(Lenker & Gelenke) mit ihren Bauräumen entsprechend den Belastungen sowie Steifigkeiten dimensioniert und in mehreren Iterationen optimiert, was eine gestalterische Konstruktion bedeutet.

Die Kinematikauslegung des Fahrwerks ist gleichbedeutend mit der Kinematik der Radaufhängung und Lenkung, weil diese eine kinematische Kette bilden.

1.4.3 Kinematik der Radaufhängung

Wegen der Bedeutung der Stellung des Reifens zur Fahrbahn spielt die kinematische Analyse der Aufhängung eine sehr wichtige Rolle. Sie steht am Anfang der Fahrwerkentwicklung, unmittelbar nach der Festlegung des Radaufhängungskonzepts [32].

Für weitere Beschreibungen ist zuerst ein Koordinatensystem für das Fahrzeug zu definieren, auf das sich dann die Anordnung der Radaufhängung bezieht.

◘ Abb. 1.24 zeigt das rechtshändige, fahrzeuggebundene Koordinatensystem nach ISO 88551.3/DIN 70000.

Die x-Achse weist in der Fahrzeugmittelebene nach vorn, die y-Achse nach links und die z-Achse nach oben.

Der Koordinatenmittelpunkt befindet sich meist in der Vorderachsebene, auf der Fahrbahn oder Vorderradmittenhöhe. Andere Mittelpunktlagen sind der vorderste Karosseriepunkt oder für fahrdynamische Untersuchungen der Fahrzeugschwerpunkt.

Für die Beschreibung der Radkinematik wird das Koordinatensystem auf die Mitte der Radaufstandfläche in Konstruktionslage und auf die Radachse parallel verschoben, um die Radbewegungen ausgehend aus der Radruhelage zu beschreiben.

Die Kinematik der Radaufhängung bestimmt die räumliche Bewegung des Rades bei Federung und Lenkung.

Das Aufhängungskonzept bestimmt Anzahl und Relativanordnung (Topologie) der Kinematikpunkte. Die weiteren Daten aus

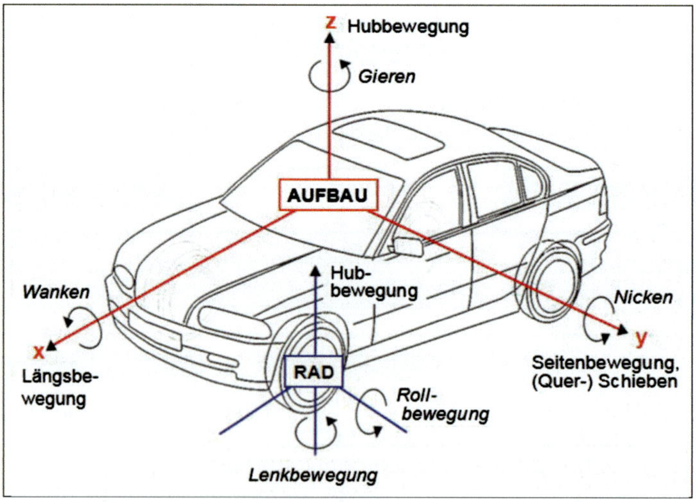

◘ **Abb. 1.24** Fahrzeugkoordinatensystem nach ISO 8855 70.000 bzw. DIN 70000

dem Fahrwerklastenheft (Radstand, Spurweite, Reifen-, Felgengrößen) ermöglichen die Positionierung der Kinematikpunkte relativ zum Fahrzeug.

Zur Berechnung einiger Kenngrößen wie Wank- und Nickausgleich usw. werden außerdem die Lage des Schwerpunkts, Achslasten, Bremskraft- und Antriebskraftverteilung (bei Allradantrieb) benötigt.

Da die Kinematik sich mit der Beladung ändert, wird für die Auslegung eine Referenzlage definiert (Lage mit Fahrer, Beifahrer und ca. 50 kg Zuladung), die *Konstruktionslage* oder kurz *„K0-Lage“* genannt wird.

1.4.3.1 Kenngrößen des Fahrwerks am Fahrzeug

Im Folgenden werden alle fahrwerkspezifischen Kenngrößen beschrieben und erläutert.

- **Radaufstandspunkt *(wheel contact point, point de contact de la roue avec la chausée)***

Schnittpunkt der Radmittelebene mit der Projektion der Raddrehachse auf die Fahrbahnebene.

- **Radstand *l (wheelbase, empattement)***

Abstand der Radaufstandspunkte der Vorder- und Hinterräder in der *x–y-* Ebene (■ Abb. 1.25).

Langer Radstand bedeutet:
- mehr Raum für Passagiere,
- besserer Fahrkomfort (geringes Nicken),
- bessere Fahrsicherheit (geringer Giermomentaufbau)

Kurzer Radstand dagegen bedeutet:
- bessere Handlichkeit (Kurvenfahrten, Parken),
- geringere Kosten und Gewicht.

Typische Werte:
- 2100 bis 3500 mm, Mittelwert: 2500 mm
- Radstand/Fahrzeuglänge: 0,6 ± 0,07

Allgemeine Empfehlung Der Radstand/Fahrzeuglängenverhältnis sollte möglichst groß sein. Für Kleinfahrzeuge soll dieses Verhältnis nahe 0,7 liegen.

- **Radstandsänderung *(wheelbase changes, modification de l´empattement)***

Durch die Federbewegung des Rades (Längsfederung) können sich der Aufstandspunkt und damit der Radstand ändern (■ Abb. 1.26).

Vorteile (wenn sich das Rad nach hinten bewegt):
- Fahrwerk weicht den horizontalen Stößen aus,
- positiv (komfortabel) für die Federung,
- Verbesserung des Abrollkomforts.

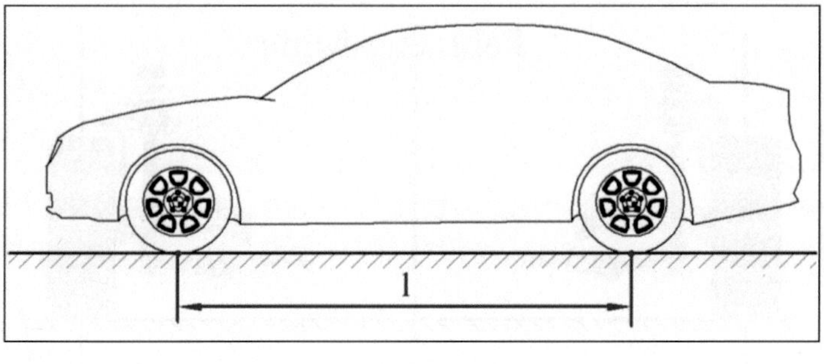

■ **Abb. 1.25** Radstand l nach ISO 612/DIN

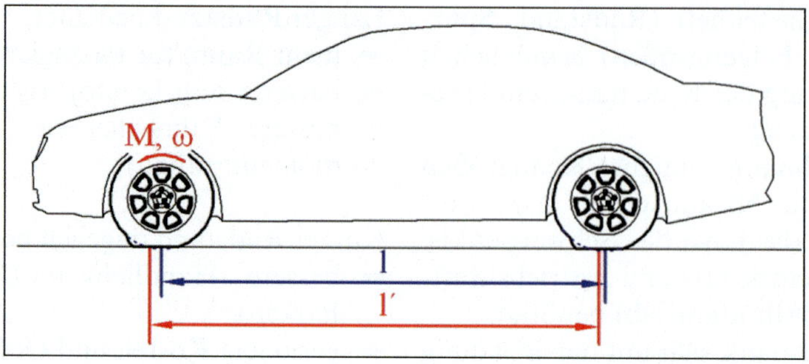

Abb. 1.26 Radstandsänderung

Nachteile:
- Ständig leicht schwankende Raddrehzahlen,
- Drehschwingungen im Antriebsstrang,
- Raddrehzahlsignale (ABS) verfälscht,
- Bremstrampeln kann angefacht werden.

Typische Werte:
- im Allgemeinen sehr klein, bis 20 mm.

Bemerkung: In Längsrichtung elastisch weich gelagerte Achsträger vergrößern die Radstandsänderungen.

- **Spurweite *s* *(track width, écartement des roues)***

Abstand der Radaufstandspunkte einer Achse in der Projektion auf die *y*–*z*-Ebene (Abb. 1.27).

Vorteile einer breiten Spurweite:
- besseres Fahrverhalten,
- besserer Fahrkomfort (geringes Wanken),
- besseres Design.

Nachteile:
- große Fahrzeugbreite und damit mehr Gewicht,
- höherer Luftwiderstand,
- stärkeres Verziehen bei ungleichen Bremskräften.
- Typische Werte:
- 1210 bis 1650 mm,
- Spurweite/Fahrzeugbreite: 0,80 bis 0,86.

Bemerkung: Spurweite der Vorder- bzw. Hinterräder können unterschiedlich sein.

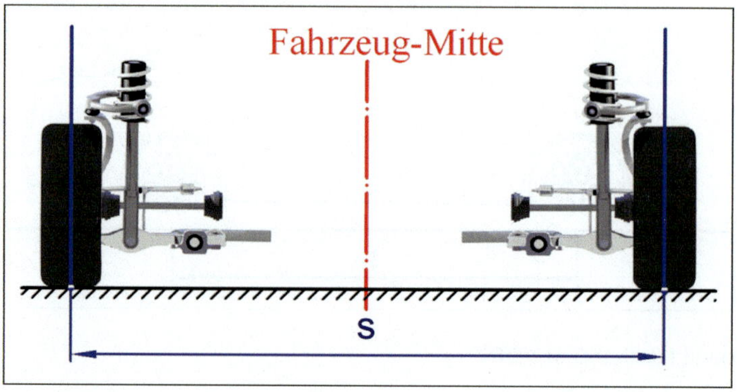

Abb. 1.27 Spurweite *s* nach ISO 612/DIN 70000

- **Spurweitenänderung *(wheel track change, modification de l´écartement des roues)***

Durch Sturzänderung des Rades und kinematische Einflüsse während der Radbewegung ändert sich der Aufstandspunkt und damit die Spurweite (◘ Abb. 1.28).

Nachteile:

- Querschlupf am Reifenlatsch beeinträchtigt die Kraftübertragung,
- Geradeausfahrt wird gestört,
- Reifenverschleiß erhöht sich,
- Rollwiderstand steigt,
- negative Rückwirkungen auf die Lenkung entstehen.

Typische Werte:

- im Allgemeinen sehr klein, bis 20 mm.

Allgemeine Empfehlung: Spurweitenänderung besonders um die K0 Lage herum möglichst gering halten.

- **Fahrzeug Schwerpunktlage *S (center of gravity, position du centre de gravité)***

Der fiktive Punkt, in dem die Gesamtfahrzeugmasse auf einem Punkt konzentriert angenommen werden kann (◘ Abb. 1.29).

Niedrige Schwerpunktlage bedeutet:

- gutes Fahrverhalten und hohe Fahrsicherheit,

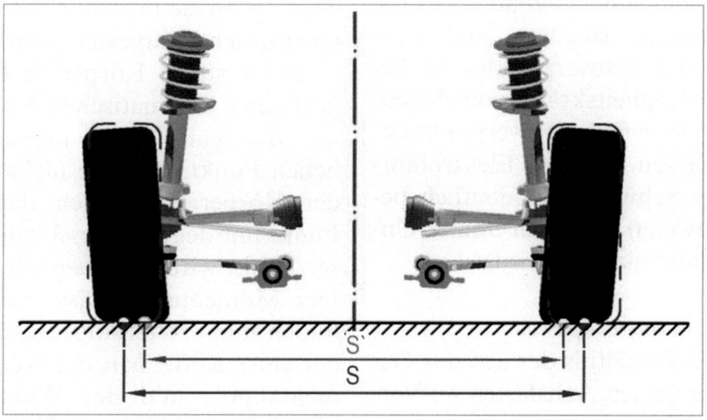

◘ **Abb. 1.28** Spurweitenänderung

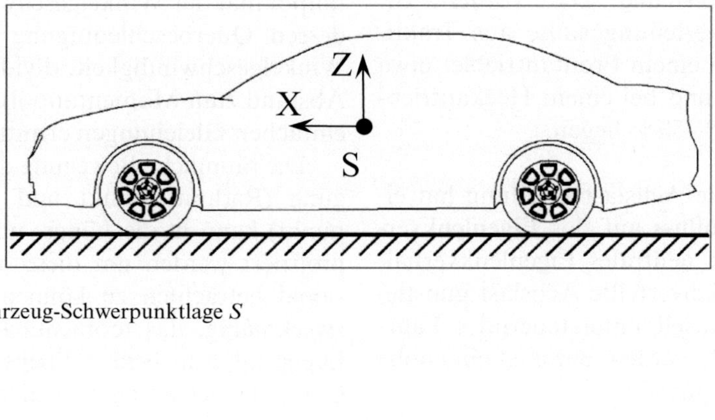

◘ **Abb. 1.29** Fahrzeug-Schwerpunktlage *S*

- geringes Wanken und Nicken,
- geringe Radlastschwankung bei Steigungen und beim Bremsen oder Beschleunigen.

Hohe Schwerpunktlage ergibt:

- bessere Hinterachsbelastung bei Steigung.

  Typische Werte:
- 1000 bis 1750 mm hinter der Vorderachse,
- 300 bis 750 mm über der Fahrbahn.

Bemerkungen Die Schwerpunktlage ist abhängig von der Fahrzeugbeladung und bestimmt die Achslastverteilung. Die Achslasten wiederum bestimmen die Höhe der auf die Fahrbahn übertragbaren Kräfte beim Beschleunigen, Bremsen und Lenken. Die Lage des Schwerpunktes ist besonders für die Trägheitskräfte von Bedeutung, weil diese immer am Schwerpunkt des Fahrzeugs einwirken. Bei den Elektrofahrzeugen liegt der Schwerpunkt deutlich tiefer, weil der schweren Batterien immer Unter der Bodenplatte platziert wird.

▪ **Achslastverteilung**

Das prozentuale Verhältnis der auf das Gesamtgewicht bezogenen Achslasten an Vorder- und Hinterachse.

Typische Werte in der K0-Lage sind:

- 45 %: 55 % bis 60 %: 40 %.

Allgemeine Empfehlung Die Vorder- zur Hinterachslastverteilung sollte aus Traktionsgründen bei einem Frontantriebler etwa bei 55 %/45 % und bei einem Heckantriebler etwa bei 50 %/50 % liegen.

Anmerkung Die Achslastverteilung hat einen großen Einfluss auf das Eigenlenkverhalten. Für ein neutrales Eigenlenkverhalten ist eine gleichverteilte Achslast günstig. Soll ein tendenziell untersteuerndes Fahrverhalten erzielt werden, dann ist eine hohe Vorderachslast günstig.

Diese grundlegenden Daten sind Voraussetzungen für die kinematische Auslegung der Radaufhängung.

Ziel der Auslegung ist die Ermittlung aller Kinematikpunkte, die auch als *hard points* bekannt sind, sodass die Anforderungen an das Fahrwerk erfüllt werden. Mit der Festlegung der Kinematikpunkte liegen auch die Lenkerlängen, jedoch noch nicht die Lenkerverläufe, Lenkerquerschnitte und das Package fest.

1.4.3.2 Momentanpole der Radaufhängung

Die meisten Einzelradaufhängungen führen komplizierte räumliche Bewegungen aus. Diese Bewegungen lassen sich veranschaulichen, wenn sie in zwei Ebenen (Seiten- und Queransicht) dargestellt werden [33].

Jeder starre Körper (z. B. der Radträger) einer kinematischen Kette hat bei seiner Bewegung einen momentanen räumlichen Punkt, der sich nicht bewegt ($v=0$); der Körper dreht sich dann um diesen Punkt mit der Drehgeschwindigkeit ω. Dieser Punkt wird *„Momentanpol P“* genannt. Der Momentanpol lässt sich sehr einfach finden und ersetzt augenblicklich alle Glieder einer Kette. Mit der Kenntnis des Momentanpols und der Winkelgeschwindigkeit, kann man nun die Bewegungsrichtung eines jeden Punktes auf dem Bauteil (senkrecht zur Linie zum Momentanpol), dessen Geschwindigkeit (Abstand zum Momentanpol mal der Winkelgeschwindigkeit) und dessen Querbeschleunigung (Quadrat der Winkelgeschwindigkeit, dividiert durch den Abstand zum Momentanpol) mit Hilfe sehr einfachen Gleichungen ermitteln.

Die räumliche Bewegung der Radaufhängung (Radmittelpunkt und Radaufstandspunkt) kann in die Längs- und Querebenen projiziert werden um diese auch 2-Dimensional betrachten zu können. Es ist daher zweckmäßig, das momentane Zentrum der Drehpunkte in beiden Ebenen (Längs- und Querpole) des Rades, zu kennen.

Da die Momentanpole sich gegenüber dem Aufbau nicht bewegen, können sie als die Verbindungsstellen der Radaufhängung zum Aufbau angenommen werden, d. h. der Aufbau stützt sich über diese Punkte auf die Räder bzw. Fahrbahn ab (◘ Abb. 1.30).

1.4.3.3 Radhubkinematik

Die Radbewegung lässt sich im einfachsten Fall auf eine Linear- oder Drehbewegung zurückführen. Diese Art der Radbewegung wird erreicht, wenn das Rad sich linear/vertikal bewegt (Drehschubgelenk) oder um die Quer-, Längs- oder Schrägachse mit einem Längs-, Quer- oder Schräglenker dreht. Bei diesen simplen Radaufhängungen (◘ Abb. 1.31) werden die Lenker am Radträger ohne Gelenk (unmittelbar) fest verbunden. Die Radmitte bewegt sich in einer Ebene entlang einer, durch die Drehachsen bestimmter Kurve.

Eine derartige einfache Radaufhängung kann aber die Anforderungen an das heutige Fahrwerk nicht erfüllen. Bessere Komfort und Fahrdynamik wird erreicht, wenn der Lenker gelenkig am Radträger befestigt wird und weitere Radführungselemente hinzukommen.

Dann entsteht z. B. eine McPherson-Aufhängung (ein Dreieckslenker und ein Drehschubgelenk, das sogenannte „Federbein") (◘ Abb. 1.32a) oder eine Doppelquerlenkeraufhängung (zwei Querlenker

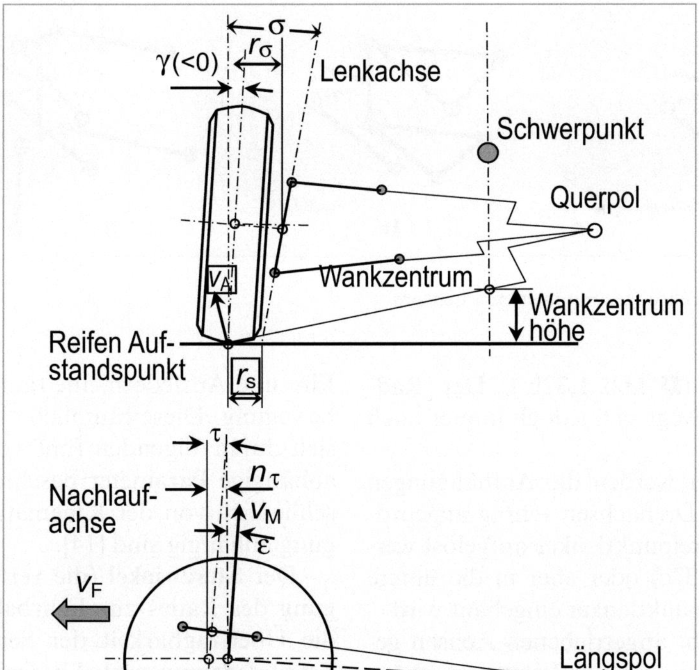

◘ **Abb. 1.30** Längs- / Querpole der Radaufhängung [12]

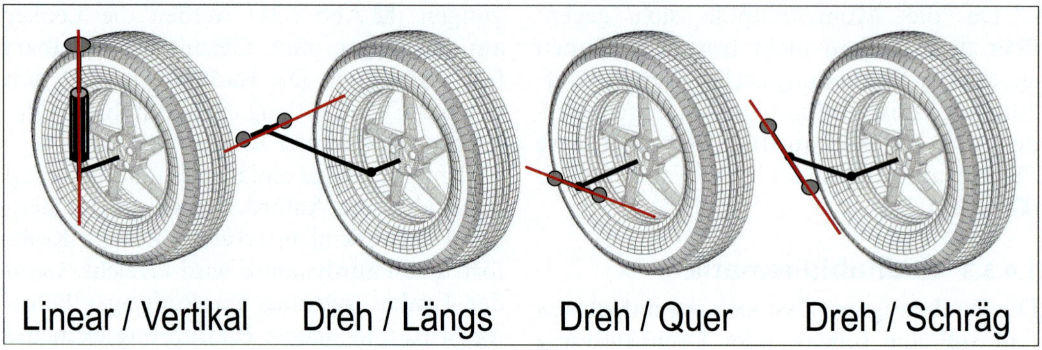

Abb. 1.31 Radführungen mit einem Lenker

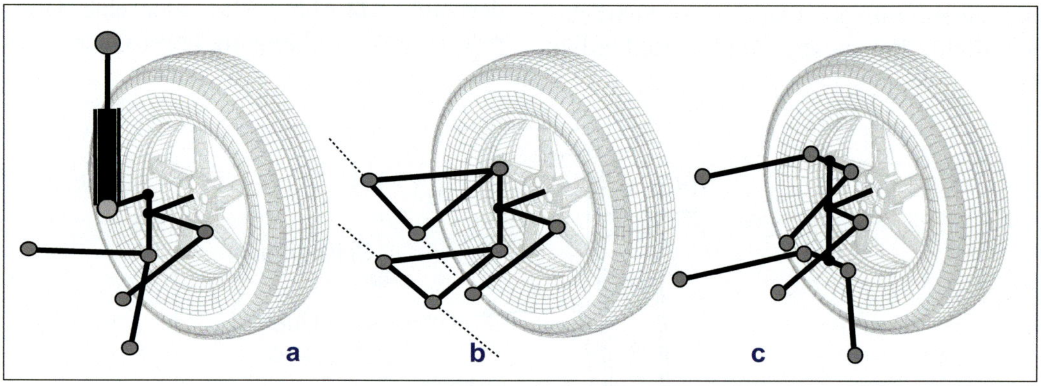

Abb. 1.32 Radführungen mit mehreren Lenkern

übereinander) (Abb. 1,32b). Der Radmittelpunkt bewegt sich jedoch immer noch in einer Ebene.

Aufwendiger werden die Aufhängungen [14], wenn die Drehachsen schräg angeordnet sind, die Dreipunktlenker aufgelöst werden (Abb. 1.32c) oder aber in die untere Ebene ein Vierpunktlenker eingebaut wird.

Für die nicht angetriebenen Achsen genügen die ebenen oder sphärischen Aufhängungen (s. Abb. 14.34), weil die dabei frei wählbaren zwei bzw. drei voneinander unabhängige Parameter ausreichen, die Kinematik der Aufhängung zu optimieren.

Bei den Radführungen an angetriebenen Achsen durchläuft der Radträger beim Ein- und Ausfedern eine räumliche Koppelbewegung. Diese räumliche Bewegung lässt sich durch folgenden fünf voneinander unabhängige Parameter beschreiben, die ausschließlich von der Kinematik der Aufhängung abhängig sind [14].

Der **Sturzwinkel** (die vertikale Querneigung des Rades zur Fahrbahn) beeinflusst die Übertragbarkeit der Seitenkräfte. Der **Schrägfederungswinkel** beeinflusst die Übertragung der Längskräfte. Der **Wankpol** sagt etwas über die Art der Seitenkraftabstützung bei der Kurvenfahrt. Die **Vorspuränderung** bestimmt das Eigenlenkverhalten beim Ein- und Ausfedern und zusammen mit der **Sturzänderung** beeinflusst sie das Seitenfüh-

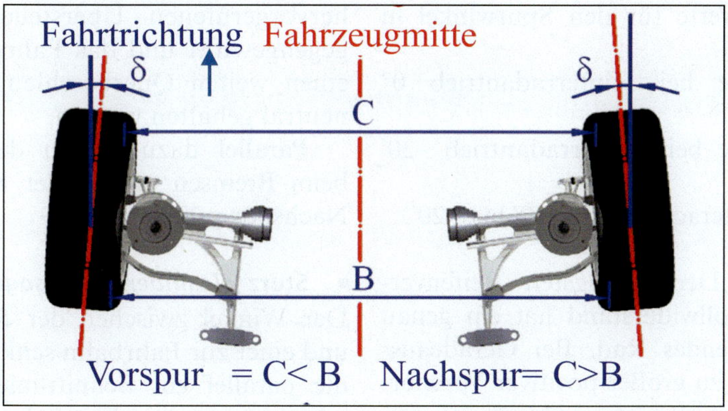

Abb. 1.33 Spurwinkel δ Vorspur C < B, Nachspur C > B, (Felgengrößenabhängig) nach ISO 612/DIN 70000

rungsvermögen der Radaufhängung in den Grenzsituationen. Sie ist von erheblicher Bedeutung für die Fahrstabilität [12, 14]. Um diese Zusammenhänge besser zu verstehen, werden zuerst diese Kenngrößen definiert und deren Einfluss und Bedeutung erläutert.

1.4.3.4 Kenngrößen der Radhubkinematik

Die Lage des Rades wird durch mehrere Kenngrößen definiert. Diese sind abhängig von der Art der Kinematikkette, den kinematischen Abmessungen und von dem momentanen Federungsstand des Rades [30].

- **Radhub *s (wheel travel, course de la roue)* (oder Radfederweg)**

Der vertikale Verschiebeweg s des Radmittelpunktes, den das Rad von der Konstruktionslage aus zurücklegt. Positiv beim Einfedern, negativ beim Ausfedern des Rades.

Typische Werte der maximalen Federwege:
- Einfederung 60 bis 100 mm,
- Ausfederung 70 bis 120 mm.

Bemerkungen Die SUVs und Geländefahrzeuge haben deutlich größere Federwege (>100 mm Einfederweg). Auch die Fahrzeuge der Premiumklasse haben aus Komfortgründen größere Federwege, weil dadurch die Aufbaufeder weicher ausgelegt wird ohne bei höheren Lasten zu früh in den Einsatzbereich der Zusatzfeder (Endanschläge) zu kommen. Eine Niveauregelung gleicht den Federwegverlust durch Beladung aus. Die Radhübe können dann kleiner ausgelegt werden und die Änderungen der kinematischen Kenngrößen bleiben geringer.

- **Spurwinkel δ *(toe angle, angle de pincement)***

Der Winkel zwischen den Schnittlinien der Radmittelebenen beider Räder mit der Fahrbahnebene ohne Lenkeinschlag. Positiv wenn die Winkelspitze in die Fahrtrichtung zeigt (Abb. 1.33).

- **Vorspur *(toe-in, pincement des roues)***

Differenz der Abstände der Felgenhörner hinter und vor den Radmittelpunkten der Räder einer Achse, wenn der Abstand vorn kleiner ist als der Abstand hinten.

- **Nachspur *(toe-out, contre pincement des roues)***

Wie oben, jedoch ist der Abstand der Felgenhörner vorn größer als der Abstand hinten.

Die Spur beeinflusst die Geradeausfahrt, das Kurvenverhalten und die Fahrwerkabstimmung.

1

Typische Werte für den Spurwinkel in der K0-Lage:

- Vorderachse bei Hinterradantrieb 0° bis + 30',
- Vorderachse bei Vorderradantrieb –30' bis + 20',
- für die Hinterachse max. –10' bis + 20'.

Anmerkungen Den geringsten Reifenverschleiß und Rollwiderstand hat ein genau geradeaus rollendes Rad. Bei Geradeausfahrt führt ein zu großer positiver Vorspurwinkel zu einem Reifenverschleiß auf den Außenschultern. Häufig wird bewusst ein geringer statischer Vorspurwinkel eingestellt und damit die Lenkkette vorgespannt, um die Fahrstabilität während des Geradeausfahrens zu verbessern. Wenn für jedes Rad auch ein eigener Spurwinkel definiert wird ist der Gesamtspurwinkel die Summe beider Radspurwinkel.

Allgemeine Empfehlung An der Hinterachse sollte beim Bremsen und bei Kurvenfahrt das kurvenäußere Rad in Vorspur gehen. Dadurch kann einer durch die veränderte Achslastverteilung beim Bremsen hervorgerufenen Übersteuertendenz entgegengewirkt und das Fahrverhalten über einen weiten Querbeschleunigungsbereich neutral gehalten werden.

Parallel dazu sollten die Vorderräder beim Bremsen und in der Kurvenfahrt in Nachspur gehen.

- **Sturz** γ ***(camber, carrossage)***

Der Winkel zwischen der Radmittelebene und einer zur Fahrbahn senkrechten Ebene, die parallel zur Schnittlinie der Radmittelebene mit der Fahrbahnebene verläuft (◘ Abb. 1.34). Der Sturz beeinflusst den Seitenkraftaufbau und die Querdynamik.

Der Sturz ist positiv definiert, wenn das Rad nach außen und ist negativ, wenn das Rad nach innen geneigt ist.

Ein negativer Sturz am Kurvenaußenrad erzeugt Sturzseitenkräfte, die die Querführung der Achse verbessern.

Für eine gute Seitenkraftübertragung sollte das Rad auch unter Seitenkraft nie in positiven Sturz gehen.

Ein größerer Sturzwinkel verursacht Reifenverschleiß und höheren Rollwiderstand.

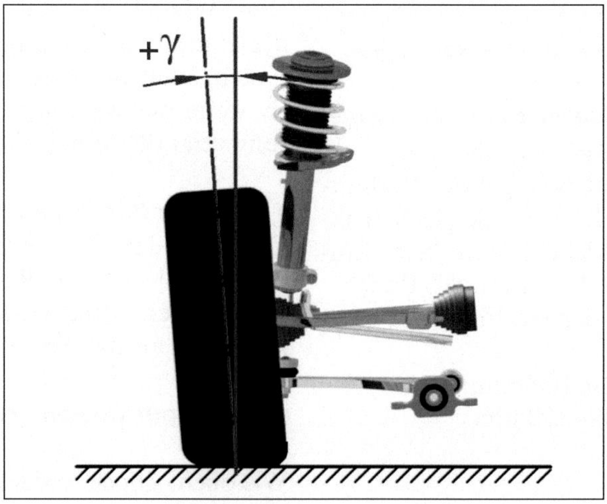

◘ **Abb. 1.34** Sturz γ nach ISO 612/DIN 70000

Typische Werte in der Konstruktionslage [3]:

- −2° bis 0°.

Bemerkungen Der negative Sturz trägt zur Reifenseitenführung in den Kurven bei. Der Sturz ändert sich bei einer Einzelradaufhängung mit der Federbewegung, daher auch mit der Beladung.

Sturzseitenkraft und Sturzmoment entstehen, weil durch den Sturzwinkel der Reifen wie ein Kegel um den Schnittpunkt zwischen Fahrbahn und Radachse rollt. Das Rad ist dann bestrebt, mit einem Kreisbogen um die Spitze des Kegels zu rollen (◘ Abb. 1.35).

Durch einen positiven Sturz ergeben sich Sturzseitenkräfte nach außen. D. h., um die Lenkachse wird ständig ein kleines Giermoment erzeugt, das dann dem Flattern des Rades, das um die Lenkachse wegen des Spiels oder der Elastizitäten am Lenkstrang entstehen kann, entgegenwirkt (Vorspannen).

Unter Einfluss der Längs- und Querneigung der Lenkachse ändert sich der Sturz auch beim Lenken. Die Lenkachsenquerneigung verursacht in der Kurve an den beiden gelenkten Rädern eine Änderung des Radsturzes in positiver Richtung. Für das Kurveninnenrad wirkt es günstig, weil der negative Sturz, der durch die Wankbewegung des Aufbaues entsteht, kompensiert wird.

Für das Kurvenaußenrad überlagern sich beide Effekte und es entsteht ein größerer positiver Sturz, der die Spursteife des Reifens senkt.

Die Lenkachsenlängsneigung verursacht beim Kurvenaußenrad einen negativen, jedoch beim Kurveninnenrad einen positiven Sturz. Die ungünstigen Auswirkungen auf das Außenrad werden dadurch verringert. *Allgemeine Empfehlung:* Um das Rad bei Kurvenfahrt auch unter Wankwinkel möglichst Vertikal zur Fahrbahn zu halten, sollte über dem Einfedern ein zunehmender negativer Sturz eingestellt werden. Damit kann eine Beeinträchtigung der Seitenführung durch zu hohe Sturzwinkel verhindert werden.

- **Wankpol *(roll center, centre de roulis):***

Wankpol oder Momentanzentrum ist der momentane Drehpunkt des Aufbaus in einer Achsebene, um den sich der Aufbau bei Wankbewegungen seitlich neigt (◘ Abb. 1.36 und 1.37).

Hoher Wankpol (oberhalb der Fahrbahn) bedeutet:

- Aufbau wankt weniger, weil der Hebelarm Wankpol zum Schwerpunkt klein ist.

Tiefer Wankpol (an oder unter der Fahrbahn) erzeugt:

- geringe Spurweiten und Sturzänderung.

Typische Werte in der Konstruktionslage:

- an der Hinterachse 80 bis 250 mm,
- an der Vorderachse 0 bis 130 mm.

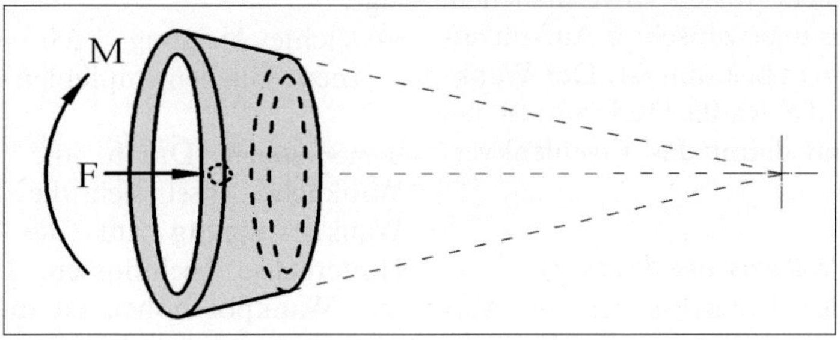

◘ **Abb. 1.35** Sturzseitenkraft F_γ und Sturzmoment M_γ

1

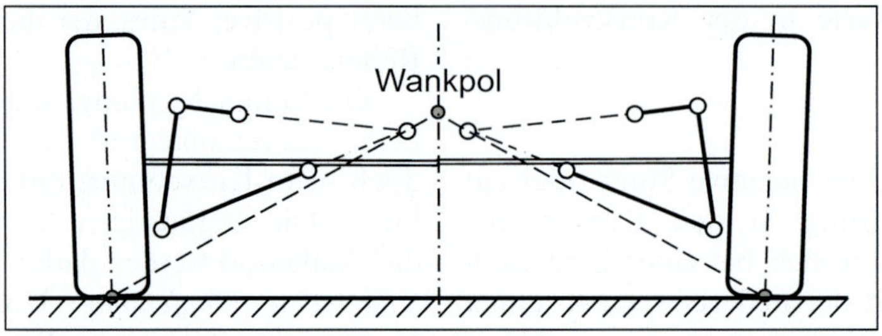

Abb. 1.36 Wankpol der Aufbau für eine Achse

Abb. 1.37 Fahrzeugwankwinkel um Wankpol ca. 8°

Bemerkungen Bei Einzelradaufhängungen bewegen sich die Wankpole mit einseitiger Federung seitlich, zum Kurveninneren hin und die Seitenkraft am kurvenäußeren Rad kann ein Ausfedern verursachen, welches auch als unerwünschter Aufstützeffekt (*Jacking force*) bekannt ist. Der Wankpol beeinflusst die Radlaständerungen bei Kurvenfahrt und damit das Eigenlenkverhalten.

- **Wankachse *(roll axis, axe de roulis):***

Wankachse oder Rollachse ist die Verbindungslinie der vorderen und hinteren Wankpole (Abb. 1.38). Der Aufbau wankt um diese Achse, wenn an dem Schwerpunkt Seitenkräfte (Fliehkraft in den Kurven etc.) eingeleitet werden.

Typische Werte in der Konstruktionslage:

- leichte Neigung nach vorne max. 6° (neue Quellen empfehlen 0°).

Bemerkungen Durch die Neigung der Wankachse lässt sich die Verteilung der Wankabstützung auf die Vor-der- und Hinterachse beeinflussen. Liegt der hintere Wankpol höher, ist die Wankabstützung hinten auch höher, dadurch entstehenden höheren Radlastdifferenzen an

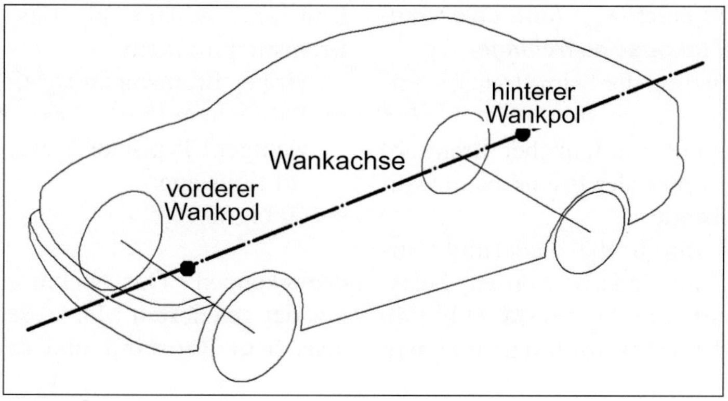

Abb. 1.38 Wankachse Aufbau/Fahrbahn

der Hinterachse, die wiederum das Seitenführungspotenzial reduzieren. Das Eigenlenkverhalten verändert sich in Richtung Übersteuern.

Da die Wankpole sich beim Federn ändern, ändert sich auch die Wankachsenneigung mit dem Beladungszustand. Dies muss bei der kinematischen Auslegung berücksichtigt werden.

- **Schrägfederung** ε ***(diagonal springing, suspension oblique)***

Winkel auf der x–z-Ebene zwischen der Bewegungsrichtung des Radmittelpunktes beim Federn und der z-Achse (Abb. 1.39).

Bemerkungen Eine Schrägfederung, bei der sich das Rad beim Einfedern nach hinten bewegt und so dem Hindernis ergänzend zur Längsfederung nachgibt, unterstützt einen guten Fahrkomfort.

An der Vorderachse steht diese Auslegung allerdings einen guten Bremsnickausgleich im Wege. Bei normalen Geschwindigkeiten auftretende, hochfrequente Stöße können allein durch die Schrägfederung nicht ausgeglichen werden.

Sie stellt aber den Antriebsstützwinkel für den Antrieb über die Gelenkwellen dar und kann die Radaufhängung von Momenten freihalten.

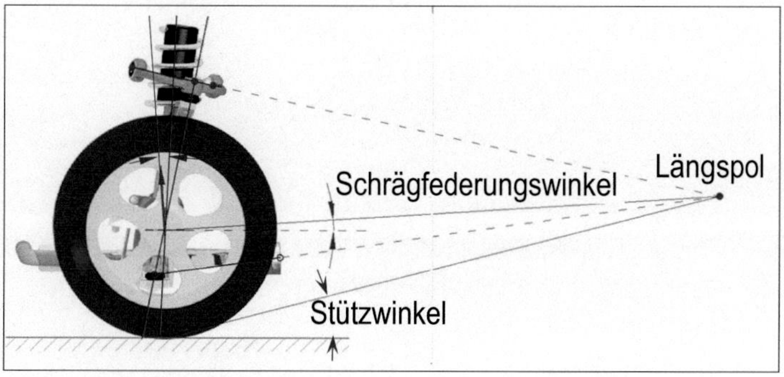

Abb. 1.39 Schrägfederungswinkel ε

1

- **Bremsnickausgleich X_{BR} *(anti dive, compensation du tangage au freinage)***

Anteil der Abstützung der beim Bremsen entstehenden Nickmomente durch die Lenker der Radaufhängung (tatsächlicher Bremsabstützwinkel bzw. optimaler Bremsabstützwinkel). Der verbleibende

Anteil wird durch die Federung aufgefangen (vordere Federn werden belastet und die hinteren entlastet) (Abb. 1.40 und 1.41). Der Federkraftdifferenz mal dem Radstand entspricht das unabgestützte Bremsnickmoment.

Hoher Bremsnickausgleich bedeutet:

- Fahrzeugaufbau nickt beim Bremsen weniger. Typische Werte in der Konstruktionslage:
- 60 bis 80 %.

Bemerkungen Das Nickmoment ergibt sich aus der gefederten Masse, der Schwerpunktlage, dem Radstand und der Verzögerung.

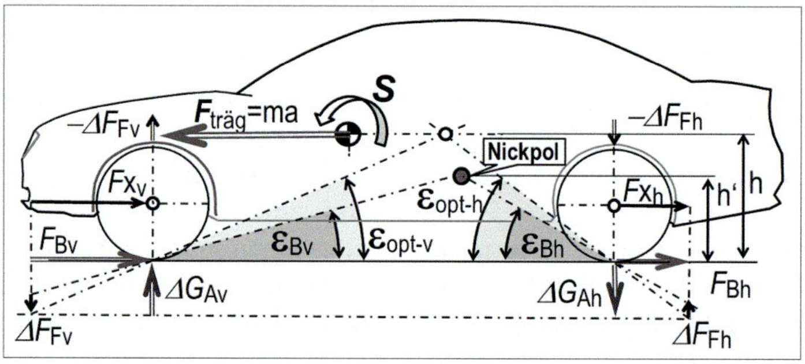

Abb. 1.40 Bremsnickausgleich X_{BR}

Abb. 1.41 Nicken des Fahrzeugs beim Bremsen

Beim Bremsen entsteht eine Radlastverschiebung, die ohne Bremsnickausgleich die Aufbaufederung vorne zum Ein- und hinten zum Ausfedern veranlasst. Die Bremskräfte am Radaufstandspunkt und deren Hebelarme um den kinematischen Längspol der Radaufhängung wirken der Nickbewegung entgegen.

Die Bremskraft führt bei positivem Bremsstützwinkel an der Vorderachse zu einem ausfedernden Moment und an der Hinterachse zu einem einfedernden Moment.
Der Bremsstützwinkel hängt allein von der Kinematik der Aufhängung ab und beschreibt die Neigung des Pol-strahls vom Radaufstandspunkt zum Längspol.

- **Anfahrnickausgleich X_{AN} *(anti squat, compensation du tangage à l´accélération)***

Anteil der Abstützung der beim Beschleunigen entstehenden Nickmomente durch die Lenker (tatsächlicher Anfahrabstützwinkel bzw. optimaler Anfahrabstützwinkel) (■ Abb. 1.42). Den verbleibenden Anteil fängt die Federung auf (das Fahrzeug nickt nach hinten).

Hoher Anfahrnickausgleich bedeutet:
- Fahrzeug nickt beim Anfahren weniger.

Typische Werte in der Konstruktionslage:
- 60 bis 80 %.

Bemerkungen Die Antriebskraft greift über die Gelenkwelle an der Radmitte an. Das Versatzmoment von der Radmitte zum Radaufstandspunkt ist das Antriebsmoment und wird am Achsgetriebe abgestützt. Das Rad bleibt gegenüber der Aufhängung drehbar und der Radaufstandspunkt dreht sich nicht mehr um den Längspol, sondern bewegt sich parallel zur Radmitte. Wie beim Bremsnickausgleich wird auch beim Anfahrnickausgleich die Antriebskraft genutzt um einem Aus-, bzw. Einfedern entgegenzuwirken.

Entsprechend wirkt der Anfahrausgleich nur an einer angetriebenen Achse. Der Anfahrstützwinkel beschreibt die Neigung der Polstrahls von Radmittelpunkt (bei Starrachse von Radaufstandspunkt) zum Längspol der Radaufhängung. Bei Starrachsen stützt sich das Antriebmoment am Achskörper ab, daher bleiben Antriebstützwinkel und Bremsstützwinkel identisch.

1.4.3.5 Kenngrößen der Lenkkinematik

Die Vorderräder sind um eine senkrechte Lenkachse drehbar gelagert. Deshalb muss die Vorderradaufhängung einen zusätzlichen Freiheitsgrad aufweisen. Die Lenkung muss nicht nur die Führung des Fahrzeugs ermöglichen, sondern auch ständig eine Rückmeldung über Fahrzustand und Seitenkräfte

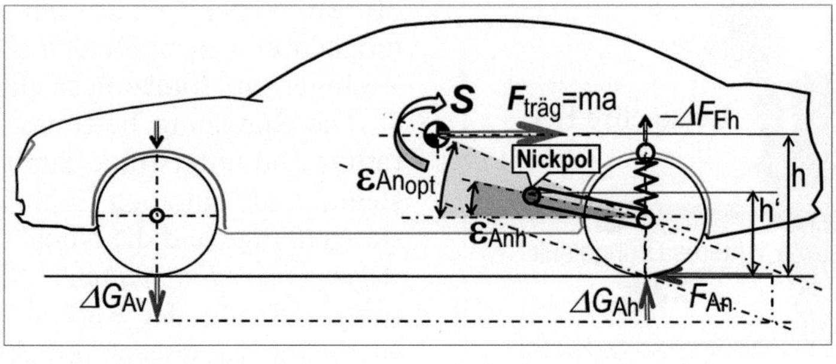

■ **Abb. 1.42** Anfahrnickausgleich X_{AN}

an den Fahrer geben, um ihm die Fahrzeugführung zu erleichtern. Dies lässt sich vor allem mit einer ausgewogenen Anordnung der Lenkdrehachse erreichen [30].

- **Lenkachse *(king pin axis, essieu directeur)***

die (virtuelle) Achse, um die sich das Rad beim Lenken dreht (frühere Achsschenkelachse) (◘ Abb. 1.43).

Bemerkungen Die Lenkachse ergibt sich bei üblichen Vorderachsen durch die Verbindungslinie zwischen den oberen und unteren Drehgelenkpunkten (Kugelgelenke). Sie liegt in der Regel konstruktionsbedingt immer an der Radinnenseite, räumlich leicht geneigt zur Vertikalachse.

Die Neigung ist zweckmäßigerweise nach hinten und nach innen gerichtet, um dem Fahrzeug hohe Fahrstabilität zu verleihen und Lenkradrückstellung zu gewährleisten. Die Lage und die Neigungen der Lenkachse werden mit den Kenngrößen Spreizungswinkel, Lenkrollradius, Nachlaufwinkel und Nachlaufstrecke definiert.

- **Lenkachsenspreizung σ *(king pin inclination, inclination de pivot de fusée)***

Neigungswinkel der Lenkachse zur Senkrechten auf der Fahrbahn in der y–z-Ebene

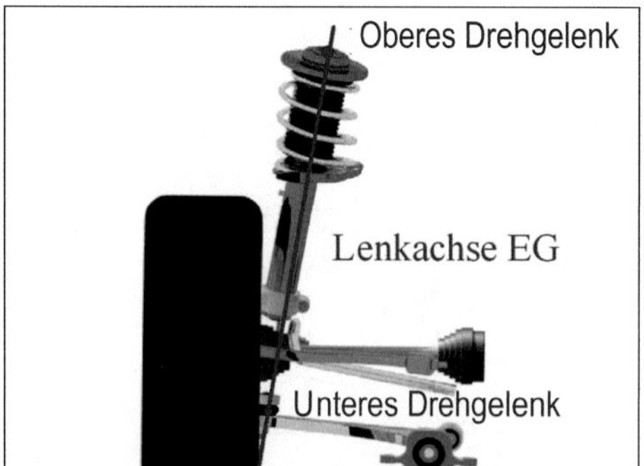

◘ **Abb. 1.43** Lenkachse (Achsschenkelachse)

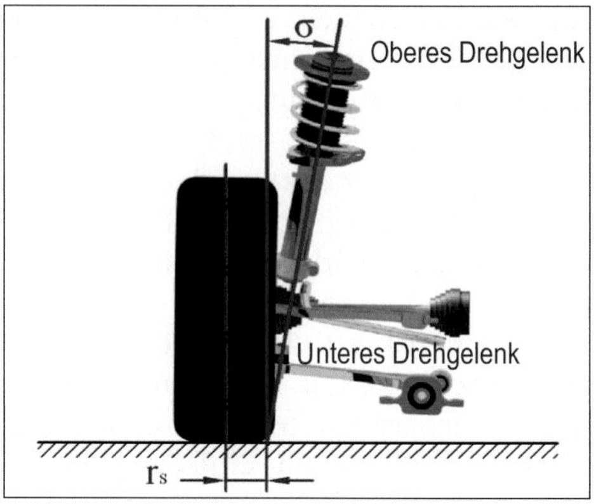

◘ **Abb. 1.44** Spreizung σ, Lenkrollradius r_s

(◘ Abb. 1.44). Positiv, wenn die Achse nach innen geneigt ist.

Typische Werte in der Konstruktionslage:

- Hinterradantrieb mit Motor vorn 5 bis 9°,
- Hinterradantrieb mit Motor hinten 5 bis 13°,
- Vorderradantrieb mit Motor vorn 8 bis 16°.

Bemerkungen Der Abstand der Lenkachse zur Radmittelebene sollte klein gehalten werden, um die Hebelarme der am Rad angreifenden Kräfte gering zu halten. Deshalb wird der untere, in der Radschüssel liegende Gelenkpunkt soweit wie möglich nach außen gelegt.

Je nach Aufhängungstyp ist dies beim oberen Gelenkpunkt nur eingeschränkt möglich und es ergibt sich schon aus diesen Zwängen ein Spreizungswinkel.

Die Spreizung bestimmt den Lenkrollradius und unterstützt damit die Lenkrückstellung. Sie hat auch Einfluss auf die Spurstangenlänge und die Nachlaufänderung.
Allgemeine Empfehlung: Die Spreizung sollte sich mit der Radfederung möglichst wenig ändern, da sich mit einer Spreizungsänderung der Störkrafthebelarm verändert. Bei unterschiedlichen Einfederungen

links/ rechts, z. B. bei Kurvenfahrt können dann unerwünschte Lenkmomente entstehen (*Torquesteer*).

- **Lenkrollradius r_s *(scrub radius, déport au sol)***

Abstand des Schnittpunktes der Lenkachse mit der Fahrbahnebene zur Schnittlinie der Radmittelebene mit der Fahrbahn (◘ Abb. 1.44).

Positiver Lenkrollradius, wenn der Lenkachsenschnittpunkt mit der Fahrbahn von der Radmittelebene aus nach innen, negativer Lenkrollradius, wenn er von der Radmittelebene aus nach außen liegt.

Typische Werte in der Konstruktionslage:
- –20 bis + 80 mm.

Bemerkungen Durch den negativen Lenkrollradius bei μ-Split-Bremsung wird ein Lenkmoment und damit ein Lenkwinkel erzeugt, der dem durch μ-Split entstehenden Giermoment entgegenwirkt und das Fahrzeug stabilisiert (◘ Abb. 1.45). Der Lenkrollradius kann sich für unterschiedliche Reifenbreiten ändern.

Einfluss des Rollradius beim μ-Split; links: Fahrbahn hoher Griffigkeit, rechts: Fahrbahn niedriger Griffigkeit.

Allgemeine Empfehlung: Heute wird der Lenkrollradius wegen ABS meist nahe 0 mm (*center point steering*) eingestellt, um den Einfluss der individuellen Radregelungen (ABS) auf das Lenkmoment auszuschalten.

- **Nachlaufwinkel τ *(caster angle, angle de chasse)***

Neigungswinkel der Lenkachse zur Senkrechten auf die Fahrbahn in der x–z-Ebene (◘ Abb. 1.46). Positiv definiert, wenn die Achse nach hinten geneigt ist.

Typische Werte in der Konstruktionslage:
- Hinterradantrieb mit Motor vorn 1 bis 10°,
- Hinterradantrieb mit Motor hinten 3 bis 15°,
- Vorderradantrieb mit Motor vorn 1 bis 5°.

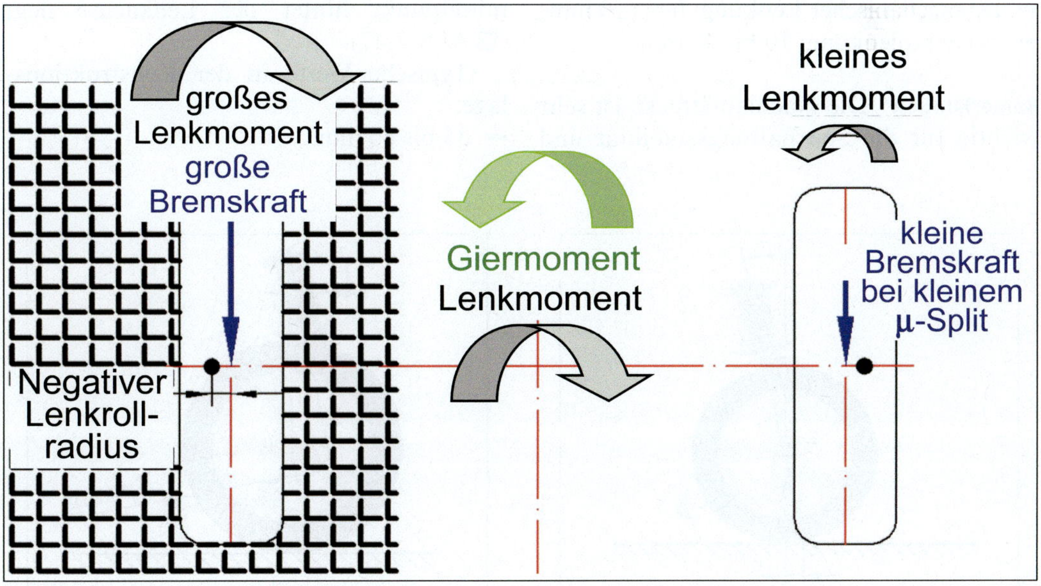

◘ **Abb. 1.45** Einfluss des Rollradius beim μ-Split; links: Fahrbahn hoher Griffigkeit, rechts: Fahrbahn niedriger Griffigkeit

Bemerkungen Durch Nachlauf und Spreizung wird der Aufbau beim Lenken angehoben, wodurch ein (Gewichts-) Lenkrückstellmoment erzeugt wird.

Der Nachlaufwinkel bestimmt zusammen mit dem Nachlaufversatz die Nachlaufstrecke. Dieser Winkel erzeugt am kurvenäußeren eingeschlagenen Rad einen negativen Sturz, der die Seitenkraftübertragung begünstigt.

Allgemeine Empfehlung: Der Nachlaufwinkel sollte sich mit der Radfederung möglichst wenig ändern, weil sich zugleich die Nachlaufstrecke ändert.

- **Nachlaufstrecke (Nachlauf)** ***n*** ***(caster trail, chasse)***

Abstand in x-Richtung zwischen dem Durchstoß der Lenkachse mit der Fahrbahn und der Senkrechten zur Fahrbahn am Radaufstandspunkt (◘ Abb. 1.46). Der Nachlauf wird positiv definiert, wenn der Schnittpunkt vor dem Radaufstandspunkt liegt.

Typische Werte in der Konstruktionslage:

- bei mechanischer Lenkung: 0 bis 10 mm,
- bei Servolenkung: 10 bis 40 mm.

Bemerkungen Die Nachlaufstrecke ist sehr wichtig für die Spurhaltungsstabilität und die Lenkrückstellung, weil beim positiven Nachlauf das Rad genau wie bei einem Nachlaufrad, hinter der Lenkachse und dadurch immer in der Spur bleibt. Dieser Effekt entsteht durch ein Rückstellmoment infolge der Querkräfte, die am Reifenlatsch angreifen.

Die Nachlaufstrecke gewährleistet über die Seitenkräfte bei Kurvenfahrt die Lenkrückstellung. Mit zunehmen-dem Lenkwinkel reduziert sich die Nachlaufstrecke, weshalb bei großen Lenkausschlägen auf ausreichende Rückstellung geachtet werden muss. Ein zu großer Nachlauf verschlechtert auf der anderen Seite die Seitenwindempfindlichkeit und das Zurückschlagen der Lenkung bei der Fahrt über ein Hindernis in der Kurve, was als „*kick back*“ bezeichnet wird.

- **Nachlaufversatz (Radversetzung)** l_{NLV} ***(spindle off-set, déport de chasse)***

horizontaler Abstand, der sich zwischen dem Radmittelpunkt und der Lenkachse auf der x–z-Ebene am Radmittelpunkt ergibt. Er wird positiv gezählt, wenn der Radmittelpunkt hinter der Lenkachse liegt (◘ Abb. 1.47).

Typische Werte in der Konstruktionslage:

- 35 bis 65 mm.

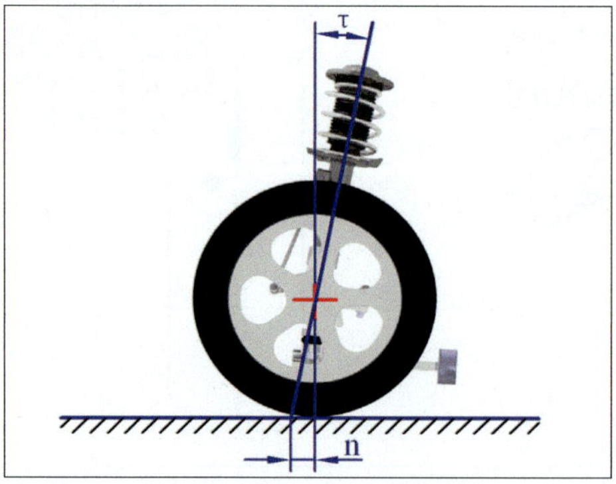

◘ **Abb. 1.46** Nachlaufwinkel τ, Nachlaufstrecke n

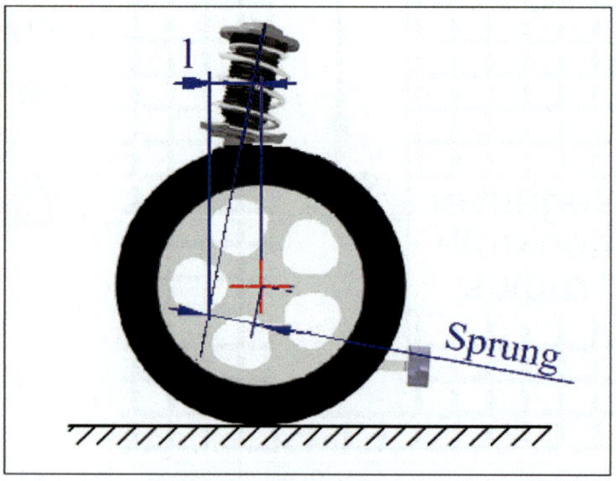

◘ **Abb. 1.47** Nachlaufversatz l_{NLV}, Sprung s_{NLV}

Nachlauf unabhängig vom Nachlaufwinkel auszulegen. Beim Durchfedern dreht sich der Radträger in der Seitenansicht um seinen Längspol; Nachlaufwinkel und -strecke ändern sich. Diese sind zu begrenzen, um das Rückstellverhalten nicht zu sehr zu beeinflussen, indem der Längspol weit genug entfernt von der Radmitte liegt. Dies schränkt aber die Größe der Stützwinkel ein.

- **Störkrafthebelarm r_{BR} und r_{AN} (lateral offset on the ground, bras de levier de la force perturbatrice)**

Störkrafthebelarm beim Bremsen $r_{BR:}$ der senkrechte Abstand vom Radaufstandspunkt zur Lenkachse. Der Störkrafthebelarm entspricht dem Lenkrollradius multipliziert mit dem Kosinus des Nachlaufwinkels und des Spreizungswinkels (◘ Abb. 1.48). Störkrafthebelarm beim Antreiben $r_{AN:}$ der senkrechte Abstand vom Radmittelpunkt zur Lenkachse. Die beim Bremsen und Anfahren.

entstehenden Längskräfte verursachen ein Drehmoment um die Lenkachse, die dann um die Lenkachse, die dann störend auf das Lenksystem wirken. Diese sind proportional abhängig von den Störkrafthebelarmen.

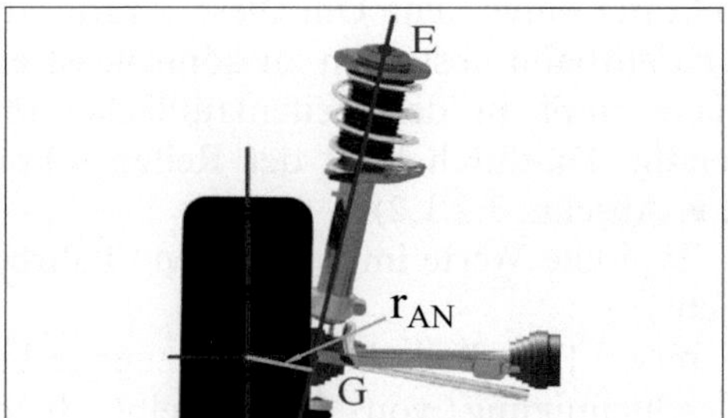

◘ Abb. 1.48 Störkrafthebelarm beim Bremsen $_{(rBR)}$ und beim Antreiben (r_{AN})

Typische Werte in der Konstruktionslage:
- 10 bis 50 mm.

Bemerkungen Die in der Kurvenfahrt auftretende Antriebsmomentdifferenz zwischen den Rädern verursacht durch den Störkrafthebelarm Lenkmomente und Lenkradschwingungen. Ein kleiner Störkrafthebelarm ist daher besonders bei den frontangetriebenen Fahrzeugen erwünscht, um die Lenkstörungen zu minimieren.

- **Spurstangenweg (tie rod stroke, course de la barre de direction)**

der Verschiebeweg, den die Zahnstange der Lenkung (resp. Innengelenk der Spurstange) aus der 0-Position zurücklegt.

Er ist positiv, wenn die Bewegung nach links und negativ, wenn diese nach rechts zeigt.

Typische Werte in der Konstruktionslage:
- 140 bis 180 mm Gesamtweg.

Bemerkungen Der Spurstangenweg ist indirekt von Bedeutung, wichtiger sind die Radlenkwinkel die sich zusammen mit den Spurhebelarmen ergeben. Große Wege bedeuten lange und schwere Lenkgetriebe und dementsprechend kurze Spurstangen, die zu vermeiden sind.

- **Radlenkwinkel δ *(steer angle, angle de braquage des roues)***

Winkel zwischen der x-Achse des Fahrzeugkoordinatensystems und der Schnittlinie der Radmittelebene mit der Fahrbahnebene (◘ Abb. 1.49).

Die mit einer Radführung maximal möglichen Radlenkwinkel zeigen, wie stark die Räder zu lenken sind. Wegen der Lenkkinematik und der Ackermann-Bedingung haben die beiden Räder einer gelenkten Achse voneinander abweichende Lenkwinkel.

Typische Werte für die maximalen Lenkwinkel in der Konstruktionslage:
- 33° bis 43° in beiden Richtungen.

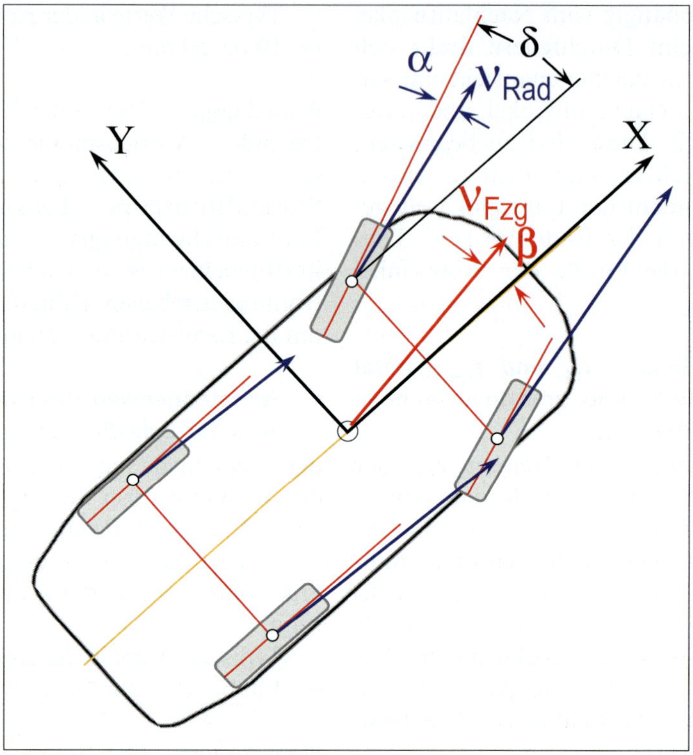

Abb. 1.49 Radlenkwinkel δ, Schräglaufwinkel α, Schwimmwinkel β

Bemerkungen Ein großer Radlenkwinkel reduziert den Wendekreis, erleichtert das Parken. Er ist aber begrenzt möglich (Radkasten, Seitenkräfte) und benötigt größere Lenkraddrehungen. Die Lenkraddrehwinkel und Lenkgetriebeübersetzung bestimmen den Radlenkwinkel. Der Radlenkwinkel wird begrenzt durch den Freiraum im Radkasten, durch die Anordnung der Aufhängung sowie den zulässigen Beugewinkeln der Seitenwellen.

- **Schräglaufwinkel** α ***(tire side slip angle, inclinaison de l´ace – pivot d´essieu)***

der Winkel zwischen dem Geschwindigkeitsvektor des Rades entlang der Radmittelebene und der tatsächlichen Bewegungsrichtung des Fahrzeugs im Radaufstandspunkt (Abb. 1.49).

Der Schräglaufwinkel entsteht immer dann, wenn an der Radaufstandsfläche Seitenkräfte einwirken. Um diese Kräfte auf der Fahrbahn abstützen zu können, ist ein Querschlupf in der Reifenlauffläche notwendig. Da-durch läuft der Reifen schräg (s. ► Abschn. 2.2.1.2).

Typische Werte im „normalen" Fahrbetrieb:

- max. 12°. Bei einer Fahrzeugquerbeschleunigung von 0,4 g bleibt dieser Wert unter 4°.

Bemerkungen Der Schräglaufwinkel entsteht sobald gelenkt wird und bestimmt, zusammen mit den Reifen- und Fahrbahneigenschaften sowie der Radlast, die Höhe der Seitenkraft. Das Eigenlenkverhalten wird durch das Zusammenspiel der Seitenkräfte an allen vier Rädern bestimmt.

- **Schwimmwinkel** β ***(vehicle side slip angle, Angle de flottement)***
der Winkel zwischen dem Geschwindigkeitsvektor des Fahrzeugschwerpunktes und der Fahrzeuglängsachse (Abb. 1.49). Der Schwimmwinkel entsteht, wenn während der Kurvenfahrt der Momentanpol nicht auf der Höhe des Schwerpunktes liegt, was ohne Hinterradlenkung immer der Fall ist.

- **Ackermannwinkel** δ_{AM} ***(Ackerman angle, angle de Jeantaud)***
der Vorderradlenkwinkel, um ein frontgelenktes Fahrzeug ohne Seitenkraft und damit ohne Schräglaufwinkel, (bei langsamer Fahrt), um eine Kurve zu führen (Abb. 1.50). Da die beiden Räder auf unterschiedlichen Kurvenradien laufen, müssen auch unter-schiedliche Ackermannwinkel aufweisen (Lenkwinkel am Innenrad muss größer sein als am Außenrad).

Der Ackermann-Anteil ist das prozentuale Verhältnis aus tatsächlich vorhandenem Lenkdifferenzwinkel und dem nach Ackermann berechneten Differenzwinkel:

$$\frac{(\delta_{\text{innen}} - \lambda_{\text{außen}})}{(\delta_{\text{innen}} - \lambda_{\text{AM außen}})}$$

Bemerkungen Die Einhaltung des Ackermann-Gesetzes erhöht den Wendekreis, da der Einschlagwinkel des Innenrades ($\delta_{innen-max}$) durch den Radkasten begrenzt ist (sonst wäre der Fußraum zur Seite hin eingeschränkt). Beim Vorderradantrieb bestimmen die zulässigen Beugungswinkel

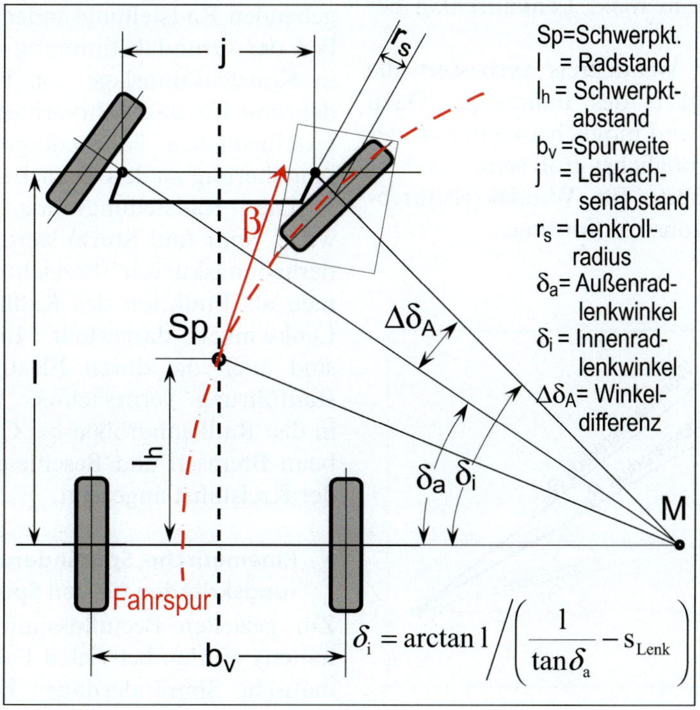

Abb. 1.50 Ackermannwinkel δ_{AM}

der Antriebsgelenke den maximalen Lenkwinkel. Deshalb wird eine Abweichung von 10 % oder bis zu 3° bewusst in Kauf genommen, weil pro Grad Lenkfehler eine Wendekreisverkürzug ca. 0,1 m erreicht wird. Außerdem kann das weniger eingeschlagene Außenrad nur eine kleinere Seitenkraft übertragen [34].

Der in der Kurvenfahrt entstehende Schräglaufwinkel reduziert den Ackermannwinkel, sodass der Fehler dann nicht so sehr von Bedeutung ist (s. Abb. 2.109 +und Abb. 2.111).

- **Wendekreisradius R_w *(turning radius, cercle de braquage)***

der Kreisbogen, den die am weitesten nach außen vorstehenden Fahrzeugteile beim größten Lenkanschlag beschreiben (Abb. 1.51).

- **Spurkreisradius R_S**

der Kreisbogen, den der äußere Radaufstandspunkt beim max. Lenkanschlag beschreibt.

Ein kleiner Wendekreis verbessert die Manövrierfähigkeit des Fahrzeugs. Dazu muss der Radstand möglichst klein und der Lenkanschlag möglichst groß sein.

Typische Werte für Wendekreisdurchmesser in der Konstruktionslage:

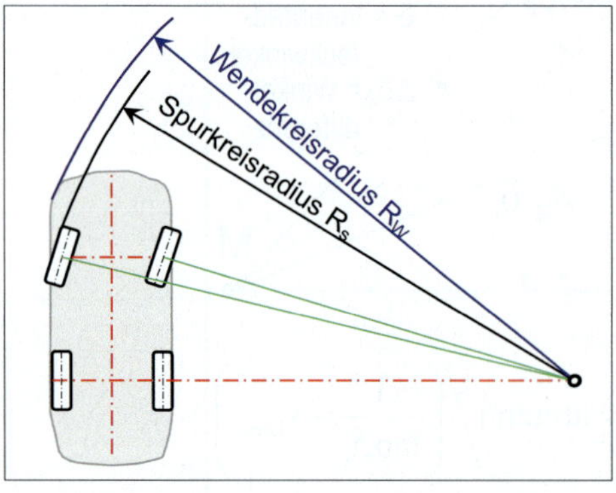

Abb. 1.51 Wendekreisradius R_w, Spurkreisradius R_S

- 10 bis 12 m, jedoch abhängig von Radstand,
- Wendekreisdurchmesser/Radstand: 4,0 bis 4,2.

1.4.3.6 Kinematische Kennwerte Fahrzeugmodelle

Die Tab. 1.6 zeigt eine Auswahl der kinematischen Kennwerte aktueller Fahrzeuge und verdeutlicht die Unterschiede der ausgewählten Modelle. Da nicht alle Kenngrößen in der freien Literatur zu finden sind, sind viele Felder leer. Die Hersteller verfügen aber intern über eine vollständige Kennwerte-Datenbank der eigenen und Wettbewerbsfahrezeuge.

1.4.3.7 Raderhebungskurven

Die meisten der oben erläuterten kinematischen Kenngrößen sind nicht konstant, sondern ändern sich entsprechend der kinematischen Auslegung mit dem Durchfedern und Lenken des Rades. Die sich damit ergebenden Radstellungsänderungen sind neben der Grundabstimmung des Fahrwerks in Konstruktionslage von besonderer Bedeutung für das Fahrverhalten in den unterschiedlichen Fahrbedingungen und bei Annäherung an den Grenzbereich.

Die Radstellungsänderungen (Spurweite, Spur und Sturz) werden in als „Raderhebungskurven" bezeichneten Diagrammen als Funktion des Radhubes oder des Lenkwinkels dargestellt. Im Abb. 1.52 sind auch die durch Elastizitäten in der Radführung verursachten Veränderungen in den Radkenngrößen bei Geradeausfahrt, beim Bremsen und Beschleunigen sowie in der Kreisfahrt angezeigt.

- **Kinematische Spuränderung – Optimierungskriterien für den Spurverlauf**

Zur gezielten Beeinflussung des Lenkverhaltens werden bei vielen Fahrzeugen kinematische Spuränderungen beim Einfedern eingesetzt.

Tab. 1.6 Kinematische Kennwerte einiger ausgewählter europäischer Fahrzeugmodelle (Fortsetzung)

Marke		BMW				Audi			Mercedes Benz					Opel		
Modell		3-er	5-er	7-er	X5	A4	A6	A8	A-Class	C-Class	E-Class	S-Class	M-Class	Astra	Vectra	Signum
Plattform		E90	E60	E65	E53	PL46	PL55	PL63	BR	BR	BR	BR	BR	T3000	Epsilo	Epsilo
FAHRZEUG	**Einheit**	2005	2003	2001	2001	2000	2002	2002	2003	2000	2002	1998	2004	2002	2002	2003
Radstand	mm	2760	2888	2990	2820	2660	2648	2948	2568	2715	2854	2965	2915	2614	2700	2830
Aussenabmessungen [Länge/ Breite/ Höhe]	mm	4520 / 1815 / 1420	4840 / 1845 / 1470	5040 / 1900 / 1490	4665 / 1870 / 1720	4585/ 1772/ 1428	4915 / 1855 / 1460	5050 / 1895 / 1440	3840 / 1765 / 1595	4525 / 1730 / 1430	4820 / 1820 / 1450	5045 / 1855 / 1450	4780 / 1911 / 1815	4250 / 1755 / 1460	4595 / 1800 / 1460	4635 / 1795 / 1460
GVW	kg	1525	1670	1895	2275	1300	1520	1670	1325	1535	1835	1735	2185	1230	1390	1490
Achslastverteilung	%	46	46	48	46	52	50	52	53	50	48	48		50	51	51
Zulässige Achslast VA	kg	935	1070	1295	1265	1130	1295	1395	935	1060	1165	1270	1550	870	1025	1135
Zulässige Achslast HA	kg	1085	1275	1410	1485	1030	1300	1285	845	1055	1240	1355	1800	860	980	1080
VORDERACHSE																
Technische Daten																
Achstype	-	McPherson	McPherson	McPherson	McPherson	Mehr Lenker	Mehr Lenker	Mehr Lenker	McPherson	McPherson	Mehr Lenker	Mehr Lenker	DQL	McPherson	McPherson	McPherson
Angetriebene Achse	-				●	●	●	●	●				●	●	●	●
Spurweite	mm	1500	1558	1578	1576	1527	1612	1628	1556	1505	1577	1574	1630	1488	1535	1524
Spurweitenänderung	mm/mm					0,20	0,20	0,20								
Vorspur pro Rad	min	7,00	4,00	5,00	9,00	10,00	9,00	5,00				16,00	16,20		0,00	
Vorspuränderung	min/mm					-0,21	-0,37	-0,16								
Einfederweg	mm	95	100	99		105	110	102		74		105	120		93	
Ausfederweg	mm	100	110	108		-90	-110	-113		100		100	110		89	
Lenkübersetzung	-					16,20	16,1	16		16,10		17,8				
Wendekreis	m	11,00	11,44	12,10	12,10	11,10	11,90	12,10	11,00	10,76	11,40	11,71	11,60	10,60	10,71	11,90
Rad Einpreßtiefe	mm	34,00	20,00	20-24	40					37,00		44	56			
Reifenradius	mm	291	300	341									335			
Spurkreis	m	10,46	10,70	11,31												
Radeinschlag innen	deg	41,08	34,01	41,00						43,10		42,60	40,99			
Radeinschlag außen	deg	33,30	43,37	33,00						34,10		33,70	34,94			
Kinematische Daten																
Stat. Spurwinkel	deg		0,13	0,17	0,30	0,33	0,30			0,17	0,33	0,35	0,27	0	0	0,00
Stat. Sturzwinkel	deg	-0,30	-0,20	-0,10	0,20	-0,65	-0,87	-0,93		-0,59	0,58	1,00	-0,53	0,50	1,00	1,03
Sturzänderung	/mm					-0,01	-0,01	-0,016								
Wankpolhöhe	mm	84,10	96,00	95,00						22,77			200,1			
Momentanzentrum	mm					75,4	71,9	78,2				110				
Bremsabstützwinkel	deg	3,90	3,06	3,41												
Anfahrabstützwinkel	deg															
Anfahrnickausgleich	%					10,1	9,4	2,8					-2,9			
Nachlaufwinkel	deg	7,09	7,85	8,11	7,10	3,50	3,2	3,5		10,98	10,70	9,20	5,82	4,00	3,40	2,73
Nachlaufstrecke	mm	19,70	27,98	26,00		23,40	23,1	24,3		33,14		31,7	34,43			
Nachlaufversatz	mm									-22,32		18	0			
Spreizungswinkel	deg	14,11	14,54	15,43		4,10	4,5	5,2		14,41		6	10,74			
Lenkrollradius	mm	6,10	2,00	0,00		-7,50	-1,7	1,8		-24,10		-0,63				
Spreitzungsversatz	mm															
Radlasthebelarm	mm	5,7	7,54	6,86												
Störkrafthebelarm An	mm	77,8	78,81			11	17,7	25,3		44,96		26,4				
Störkrafthebelarm Br	mm			88,10		11,20						26,4				
Schrägfederung	deg	1,00	1,37	1,48						-0,35		3,6	0,84			
HINTERACHSE																
Technische Daten																
Achstype	-	Mehr Lenker	Integr. Lenker	Integr. Lenker	Mehr Lenker	Trap.-Lenker	Trap.-Lenker	Trap.-Lenker	Parabel	Mehr Lenker	Mehr Lenker	Mehr Lenker	Mehr Lenker	Verb-Lenker	Mehr Lenker	Mehr Lenker
Angetriebene Achse	-	●	●	●	●		●	●		●	●	●	●			
Spurweite	mm	1513	1582	1582	1576	1520	1618	1615	1551	1476	1570	1575	1619	1488	1525	1525
Spurweitenänderung	mm/mm					0,40	0,40	0,30								
Vorspur pro Rad	min	9,00	9,00	9,00		10,00	9,00	12,00	15,60			20,00	12,60		14,00	
Vorspuränderung	min/mm		-0,031	0		0,09	0,05	0,12								
Max. Achslast	kg		1275	1410	4085	1030	1300	1285	845	1055	1240	1355	1800	860	980	1080
Einfederweg	mm		100	100		134	144	123	100			110	120		133	
Ausfederweg	mm		120	120		-76	-86	-99	-100			120	110		97	
Rad Einpreßtiefe	mm	34	20		40								56			
Reifenradius	mm	291	300										335			
Kinematische Daten																
Stat. Spurwinkel	deg		0,30	0,30	0,30	0,50	0,30			0,55	0,42	0,68	0,21	0,17		
Stat. Sturzwinkel	deg	-1,50	-2,00	-1,50	1,83	-1,17	-0,83	-1,25	1,5	1,40	1,07	1,10	-1,3	1,25	1,50	
Sturzänderung	/mm		-0,016	-0,018		-0,01	-0,01	-0,014								
Wankpolhöhe	mm	100	78,20	82,10									191,8			
Momentanzentrum	mm					115,1	114,3	105,6	280			108				
Bremsabstützwinkel	deg	22,20	21,50	22,40												
Bremsnickausgleich	%					16,5	16,6	0,4	60			50	40,18			
Anfahrabstützwinkel	deg	5,4														
Anfahrnickausgleich	%					49,7	51,3	50,9				70	7,05			
Schrägfederung	deg		6,60	6,50									1,71			

Bei konzeptbedingt zum Übersteuern neigenden Fahrzeugen lässt sich die für die Fahrstabilität günstige Untersteuerungstendenz durch Optimierung der Spuränderung sicherstellen; die Radaufhängungen so ausgelegt, dass die Vorderräder beim Einfedern in die Nachspur und die Hinterräder in die Vorspur gehen.

Bei Kurvenfahrt treten auf den Rädern durch die Wankneigung des Aufbaus kinematische Spuränderungen auf, die gezielt das Eigenlenkverhalten des Fahrzeugs beeinflussen [35].

An der Hinterachse sollen beim Ein- und Ausfedern die Lenkwinkeländerungen möglichst gering gehalten werden, da sich durch übermäßige Radstellungsänderungen das Geradeauslaufverhalten verschlechtern kann. Ein kinematisches Wanklenken der Hinterräder ist dann sinnvoll, wenn dadurch unerwünschte Lenkeffekte durch Elastizitäten, kompensiert

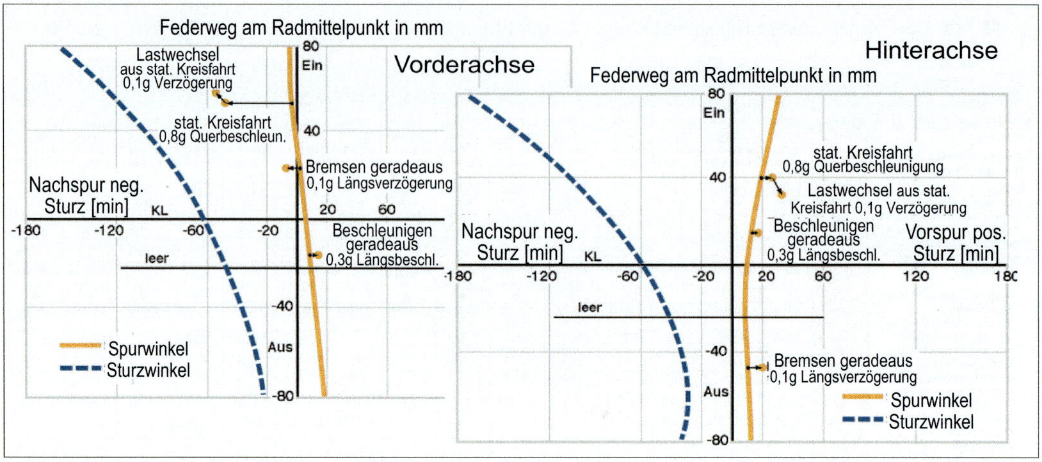

Abb. 1.52 Spur- und Sturzänderung, abhängig von Radhub (Audi A4, Vorder- und Hinterachse)

werden können. Bei der kinematischen Auslegung ist ein Optimum durch Zusammenwirken von Wank- und Elastizitätslenken zufinden.

Im Allgemeinen gilt es, dass die Spuränderungen möglichst klein gehalten werden (weniger als 0,5°) und beim Einfedern und beim Bremsen an der Vorderachse in die Nachspur und an der Hinterachse in die Vorspur gehen sollen (Abb. 1.52).

- **Kinematische Sturzänderung – Optimierungskriterien für den Sturzverlauf**

Gehen die Räder bei Kurvenfahrt kurvenaußen in negativen Sturz, werden die Seitenkräfte an der Achse um die durch den Sturz zusätzlich übertragbaren Seitenkräfte erhöht und der Schräglaufwinkel nimmt ab. Diese Tendenz sorgt, bezogen auf das Gesamtfahrzeug, bei negativem Sturz an der Vorderachse für weniger und an der Hinterachse für mehr Untersteuern. Um eine gute Seitenführung zu erzielen sollte durch Optimierung der Radaufhängungskinematik am kurvenäußeren Rad ein negativer Sturz entstehen (Abb. 1.52). Dies bedeutet eine starke, negative Sturzänderung, die bei Einfederungen in Geradeausfahrt mit Nachteilen wie Reifenverschleiß und Lenkungsunruhe verbunden sein kann.

Im Allgemeinen gilt die Empfehlung, dass die Sturzänderung beim Einfedern sowohl an der Vorderachse als auch an der Hinterachse ins Negative gehen. In der Konstruktionslage um 0° soll der Sturz möglichst kleine Änderungen erfahren.

Pkws mit Heckantrieb, die unter Einfluss von Antriebskräften konzeptionell zum Übersteuern tendieren, weisen in der Regel negative Sturzwinkel an den Hinterrädern auf. Zur Erhöhung der Untersteuertendenz sind daher nur geringe kinematische Sturzänderungen erforderlich, wenn in der Konstruktionslage bereits relativ große negative Sturzwinkel vorgesehen wurden [36].

1.4.3.8 Software zur Radkinematikberechnung

Da die Radaufhängung eine definierte kinematische Kette darstellt, lässt sie sich mit mathematischen Ansätzen exakt beschreiben. Ein mit Hilfe der von Matschinsky [14] aufgestellten Vektorrechnungen geschriebenes Excel-Programm in [34, 35] und [37, 38] zu finden.

1.4.4 Elastokinematik und Bauteilelastizitäten der Radaufhängung

Bisher wurden die Gelenke und Lenker als Starr betrachtet. Im Fahrwerk werden jedoch gern statt starrer Drehlager, elastische Gummilager eingesetzt, die der Radaufhängung gewisse Nachgiebigkeiten verleihen, die zum Abbau der niederfrequenten Stoßkräfte und zur Körperschallisolation dienen (◘ Abb. 1.53).

Die erwähnten Längsstöße erfordern für eine komfortable Auslegung eine elastische Längsfederung bis zu ±20 mm. Ein Großteil dieser Elastizität wird durch die Gummilager in den Lenkern und Achsträgern erreicht.

Ein kleiner Anteil ergibt sich durch die Elastizitäten der Lenker unter Belastung. Dagegen erlaubt die gewünschte steife Auslegung in der Querrichtung nur geringe Gummilager- und Lenker-Elastizitäten.

Diese Elastizitäten verändern die zwangsläufigen Bewegungen der kinematischen Kette und damit die Radkennwerte, abhängig von der Höhe der Kräfte.

In den Diagrammen in ◘ Abb. 1.52 sieht man auch die elastokinematische Spuränderung, die neben den Raderhebungskurven als Punkte dargestellt sind.

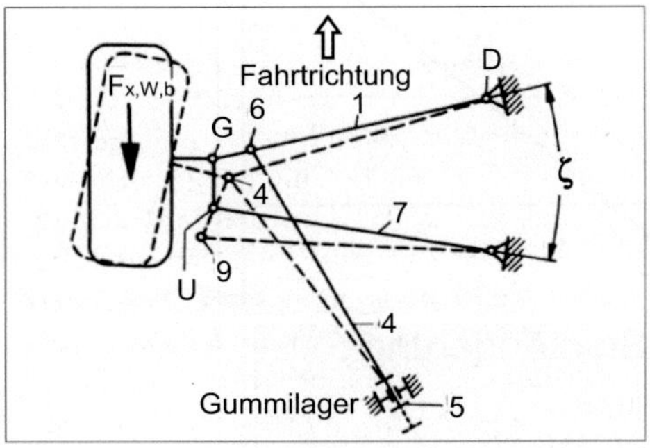

◘ **Abb. 1.53** Kinematikänderungen durch das Lager Nr. 5

Diese werden verursacht durch die Längskräfte am Reifenlatsch, die beim Bremsen oder Beschleunigen entstehen, oder durch die Querkräfte, die sich bei Kurvenfahrt aufbauen. Wie die Diagramme zeigen, können die elastokinematischen Eigenschaften das Spurverhalten deutlich stärker beeinflussen als die kinematische Radstellungsänderung.

Die Berechnung und Optimierung der Radaufhängung unter Berücksichtigung der Elastizitäten durch Kräfte heißt **„Elastokinematik“.** Darunter versteht man eine sorgfältige Abstimmung der Elastizitäten aller Aufhängungskomponenten (Gelenke, Lenker) sowie der betroffenen Fahrwerk- (Achsträger) und Aufbauteile (Karosseriesteifigkeit).

Das Ziel der Elastokinematik ist, die durch die Elastizitäten entstehenden Verformungen unter äußerer Belastung zu kompensieren oder diese sogar in gewünschte Bewegungen umzuwandeln [14].

Da die Eingangsgrößen nicht nur Radhub und Lenkwinkel sind, sondern auch von der Belastung und dem Fahrmanöver abhängen, lässt sich die Elastokinematik nicht mehr mit relativ einfachen Excel-Programmen berechnen. Dazu werden MKS-Programme (Mehr-Körper-Simulation) ADAMS oder SIMPAC eingesetzt.

Obwohl die Gummilager seit den 30er Jahren im Fahrwerk zu finden sind, ist eine genaue mathematische Analyse und Simulation der Elastokinematik durch nichtlineare Simulationsprogramme erst seit den 70er Jahren möglich. Die elastokinematische Auslegung der Radaufhängung beginnt beim ersten Entwurf der Radaufhängungskinematik [14]. Dadurch lässt sich nicht nur der Fahrkomfort, sondern auch das Fahrverhalten deutlich verbessern, indem Spur, Sturz, Wankpol, Brems- und Antriebsnickausgleich etc. durch die Federraten der Gummilager positiv beeinflusst werden.

1

Es sind nicht nur die Gummilagerelastizitäten, die die Elastokinematik bestimmen, sondern auch die Nachgiebigkeiten der Lenker unter Last. Wenn diese steif ausgelegt werden, werden sie groß, schwer und teuer. Deshalb ist eine Optimierung aller Bauteile nach Steifigkeit und Spannung (FEM-Analyse) unumgänglich.

Wenn die Lenker nur auf Druck und Zug belastet werden (gerade 2-Punkt-Lenker), können sie in der Regel als starr betrachtet werden. Wenn aber Biegung, Torsion auftritt, dann können sie,

wegen deutlich höheren Nachgiebigkeiten nicht mehr als starr angenommen werden.

Abb. 1.54 zeigt einen deutlichen Unterschied von 40 % an der berechneten Sturzänderung eines Rades, wenn diese mit und ohne Radträgerelastizität (mit ADAMS/Flex oder ADAMS/Car) simuliert wird.

Zu beachten ist auch das Alterungsverhalten des Gummis, das sich mit der Zeit setzt und verhärtet, während die Metallteile ihre Elastizität beibehalten. Gummilager sind sehr gut für die Schwingungsisolation geeignet, weil die Materialdämpfung von Gummi erheblich höher ist als von Metall.

Es ist einleuchtend, dass bei einer Mehrlenkeraufhängung mit fünf Stablenkern die Bauteilsteifigkeiten kaum eine Rolle spielen. Dazu kommt der Vorteil, dass diese Aufhängung mit den fünf voneinander unabhängigen Lenkern sich für eine optimale elastokinematische Abstimmung am besten eignet. In den Lastenheften für das Fahrwerk werden deshalb auch Zielwerte für die von den Steifigkeiten abhängige Kenngrößenveränderungen pro einwirkende Kraft (mm/kN, Grad/kN) angegeben:

- Längsfederung beim Bremsen, Rollen in mm/kN,
- Längsfederung beim Stoß in mm/kN,
- Spuränderung beim Bremsen, Rollen in °/kN,
- Radquernachgiebigkeit in mm/kN,
- Spur- und Sturzänderung bei Querbelastung in °/kN.

Ausgehend von diesen Zielwerten werden die notwendigen Nachgiebigkeiten an den Gummilagern, Kugelgelenken und Lenkern bestimmt. Diese Zielwert Kaskadierung wird meist iterativ durchgeführt. Mit Optimierungsprogrammen kann diese Aufteilung automatisch berechnet werden, und zwar so, dass die Lenkergewichte minimal bleiben [39].

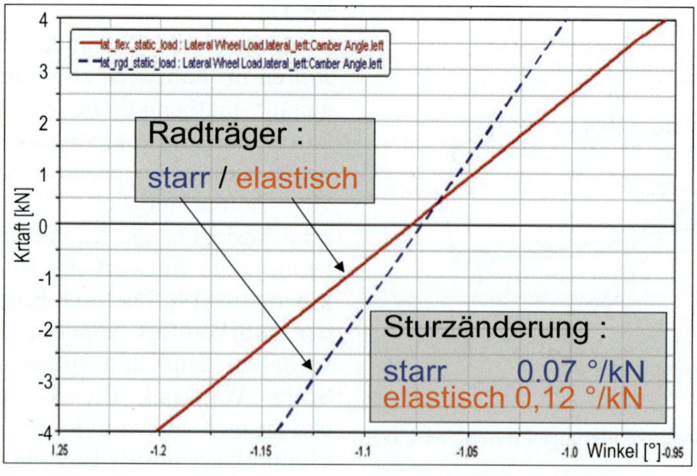

Abb. 1.54 Sturzänderungen mit und ohne Berücksichtigung der Radträgerelastizität

1.4.5 Zielwerte für die Kenngrößen

Vor der Fahrwerkauslegung werden für die kinematischen Kenngrößen quantitative Zahlen als Zielwert zugeordnet, die dann während der Auslegung (Synthese) zu erreichen sind. Sie sind abhängig von dem gewählten Fahrzeugkonzept, der Fahrzeugklasse und dem Aufhängungskonzept. Diese Zielwerte sind die Ergebnisse der eigenen Erfahrungen oder Werte, die aus den Messungen der Wettbewerbsfahrzeuge gewonnen sind. Entsprechen die Kenngrößen der Radaufhängung diesen Werten, so zeigt die Erfahrung, dass dann auch die oben genannten Anforderungen an das Fahrwerk weitgehend erfüllt werden.

◘ Tab. 1.7 zeigt beispielhaft die Zielwerte für ein Auto der oberen Mittelklasse mit McPherson-Vorderradaufhängung, Front-Quermotor, Mehrlenker-Hinterradaufhängung und Allradantrieb.

1.4.6 Synthese der Radaufhängungen

Neben den im ► Abschn. 1.3.1 erwähnten Anforderungen, spielen bei der Synthese der Aufhängung auch weitere, nicht immer ausdrücklich festgeschriebene Gesichtspunkte eine wichtige Rolle. Wie Maßstäbe und aktuelle Trends, die durch den Wettbewerb gesetzt sind, Firmentradition und Erfahrung mit den Vorgängermodellen, die Weiterentwicklung der Antriebsaggregate des Vorgängermodells, verfügbare Fertigungseinrichtungen, Möglichkeiten der Fertigungskontrolle, aber auch neue Aufgabenstellungen und Erkenntnisse, denen das Vorgängerkonzept nicht entsprechen kann.

Obwohl der Fahrzeugkäufer von seinem neuen Auto ein komfortables und sicheres Fahrverhalten erwartet, bleibt ihm der technische Aufwand, wie das Fahrwerk selbst, vor seinen Augen verborgen (◘ Abb. 1.55). Er ist deshalb nicht bereit, eine fahrwerktechnisch gute, innovative aber leider auch teurere Lösung genauso gut zu honorieren wie z. B. die innere oder äußere Ausstattung.

Die Vorhaben der Fahrwerkentwicklung kollidieren zudem regelmäßig mit denen anderer Bereiche, wenn es um die Verteilung des Einbauraumes, die Festlegung der Montagesequenzen und Entwicklungsressourcen geht [14].

Daher wird oftmals das Fahrwerk des Vorgängermodells nur an den Stand der Technik angepasst mit notwendigen Optimierungen weitergeführt.

Unter der Synthese der Aufhängung ist nun (entsprechend den Anforderungen, dem ausgewählten Konzept, der Zielwerte für die Kenngrößen) die Festlegung folgende für die Fertigung notwendige Angaben zu verstehen:
- Festlegung des Bauraums,
- Festlegung der Kinematikpunkte,
- Festlegung der Gummilagerfederraten,
- Festlegung der Kräfte, Wege, Winkel,
- Festlegung der notwendigen Steifigkeiten,
- Festlegung der Werkstoffe, Fertigungsverfahren,
- Festlegung der Bauteilquerschnitte,
- Sicherstellung des kollisionsfreien Verlaufs aller Bauteile mit Sicherheitsabstand,
- Optimierung der Gewichte,
- Festlegung der Toleranzen,
- Festlegung der Oberflächenbeschichtungen,
- Festlegung der Verbindungen, Verschraubungen und Anziehmomente.

Viele dieser Punkte werden in den folgenden Kapiteln behandelt. Hier wird nur auf einige der wichtigsten konstruktiven Auslegungskriterien hingewiesen [40]:
- Entkopplung von Funktionen, um die sich gegenseitig beeinflussenden Anforderungen unabhängig voneinander optimieren zu können,

1

Tab. 1.7 Radaufhängung: Zielwerte für einen Pkw der oberen Mittelklasse (Beispiel) in Konstruktionslage

Kenngrößen	Einheit	Vorderachse	Hinterachse
Spurbreite	mm	1564	1554
Ausfederung	mm	85	100
Einfederung	mm	100	130
Spur/Rad	°	–0,2	–0,2
Sturz	°	–1	–0,8
Spreizung	°	8 … 15	–
Nachlaufwinkel	°	4 … 5	–
Nachlauf-Versatz	mm	35 … 60	–
Lenkrollradius	mm	–15 … + 5	–
Nachlauf	mm	12 … 15	–
Bremsnickausgleich	%	15 … 40	> 70
Spuränderung	min/mm	–0,24	0,06
Sturzänderung	min/mm	–0,9	0,1. 0,15
Nachlaufänderung	′/mm	0 … 0,6	0 … 0,6
Wankpolhöhe	mm	50 … 80	80 … 120
Aufbau Federrate	N/mm	20 … 22	18 … 20
Federrate	N/mm	23 … 25	20 … 23
Reifenfederrate	N/mm	200 … 250	200 … 220
Wankrate	N/mm	600 … 900	700 … 800
Längselastizität Br	mm/kN	4 … 8	8 … 16/g
Stabilisatoranteil	%	< 50	< 50
Längselastizität R	mm/kN	3 … 4	4 … 10/g
Längsspurelast. Br	°/kN	0,1 … 0,2	0,05
Längsspurelast. R	°/kN	0 … 0,5	0,03
Rad-Querelastizität	mm/kN	< 2,0	< 1,5
Spur-Querelastizität	°/kN	–0,08	0,01
Sturz-Querelastizität	°/kN	< 0,3	< 1,0

- Stetigkeit aller Abläufe sichern, nach Möglichkeit auf die Linearität der Systemeigenschaften achten,
- hohe Struktursteifigkeit der Anbindungspunkte; Realisierung der gewünschten Nachgiebigkeiten und Isolationen durch die Gummilager,
- minimale Reibung an allen Gelenken/Führungen,
- geringe dynamische Radlastschwankungen,
- niedrigste Aufbauvertikalbeschleunigungen,
- geringe Wank-/ Nickwinkel in allen Fahrsituationen,
- Vermeidung von Nebenfederraten,
- Gummilagerauslegung für lange Lebensdauer,

Abb. 1.55 Fahrwerk im Verborgenen

- Vermeidung der Übertragung hoher Kräfte von der Aufhängung direkt zur Karosserie,
- schnelle und nachvollziehbare Rückmeldung des Fahrwerks über die Fahrsituation zum Fahrer,
- möglichst große Quersteifigkeit und Längselastizität des Fahrwerks,
- neutrales oder leicht untersteuerndes Eigenlenken,
- negativer Sturz beim Einfedern,
- ausreichende Radhübe, damit die Endanschläge nicht oder nur sehr selten erreicht werden,
- direkte, präzise und spielfreie Lenkung,
- große Lenkübersetzung bei kleinen und kleine Lenkübersetzung bei großen Lenkwinkeln,
- Lenkachse möglichst nahe zur Radmitte,
- kleiner Lenkrollradius,
- Robustheit gegenüber fertigungs- oder einsatzbedingten Parameterschwankungen,
- Einsatz der nur für die Serientauglichkeit geprüften und freigegebenen Innovationen,
- möglichst kleine Teileanzahl, einfache Bauteilgeometrien und niedrige Gewichte,
- ständige Beachtung der Kosten/Nutzen Verhältnisse.

Literatur

1. Fecht, N.: Fahrwerktechnik für Pkw. Verlag Moderne Industrie, Landsberg am Lech (2004)
2. Ersoy, M.: Konstruktionskataloge für Pkw Leichtbauachsen. HdTEssen, Fahrwerktechnik in München am 6/7 Juni 2000 (2000)
3. Arkenbosch, M., Mom, G., Neuwied, J.: Das Auto und sein Fahrwerk, Bd. 1. Motorbuch, Stuttgart (1992)
4. Gillespie, T. D.: Fundamentals of Vehicle Dynamics, Warrendale: SAE (1992)
5. Dixon, J. C.: Tires, Suspension, Handling, Warrendale: SAE (1996)
6. Schönfeld, M.: Die Geschichte des Automobils. Internet: ► www.learnline.de, 2005
7. Seiffert, R.: Die Ära Gottlieb Daimlers. Vieweg+-Teubner, Wiesbaden (2009)
8. Breuer, B.: Bill, K.H.: Bremsenhandbuch, Wiesbaden: Springer Vieweg Verlag (2012)
9. Automobil Industrie Jubiläumsausgabe. Würzburg: Vogel, AI 6 (2005)
10. Dixon, John: Shock Absorber Handbook, Warrendale: SAE (1999)
11. Genta, G., Morello, L.: The Automotive Chassis, Bd. 1. Springer, Heidelberg (2009)
12. Braess, H.H., Seiffert, U.: Handbuch Kraftfahrzeugtechnik, 6. Aufl. Vieweg+Teubner, Wiesbaden (2011)
13. Sattler, L.: Die schnellsten Serien Autos der Welt. ► www.automobil-industrie.vogel.de/die-schnellsten-serien-autos-der-welt-a-1069105/?cmp=n-199&uuid (2021). Zugegriffen: 27. Oct. 2021
14. Matschinsky, W.: Radführungen der Straßenfahrzeuge, Berlin. Springer, Heidelberg (1998)
15. Björn,:► http://mein-auto-blog.de/die-mercedes-suv-familie-bekommt-neue-namen-61621.html (2014). Zugegriffen: 25. Aug. 2014
16. Langenbucher, T.: Elektroauto-Plattformen werden entscheidender Erfolgsfaktor, Autoindustrie (31.08.2023)
17. Preukscheid, A.: Fahrwerktechnik: Antriebsarten, Würzburg: Vogel (1988)
18. Wolkenstein, P.: Auto Motor und Sport Nr 25/2023, S. 32–40, Alle Neuheiten (2024)
19. Belluomo, C.: Autokalender, AMS-MOOVE Electric Mobility, S.7–8, 1/2024 (2024)
20. Priemer, B.: Trend-Wetter. In: Auto-Motor-Sport, S. 72–73 (08/2003)
21. ► www.adac.de/rund-ums-fahrzeug/autokatalog/marken-modelle/auto/mini-suv/ (08/2024)
22. Otto, Ch.; Krepper, D.: Günnel, T.: Low Budget Cars: Einfach ist schwer. Automobil Industrie 30.06.15

1

23. ► https://www.t-online.de/auto/technik/id_88462926 (2023). Zugegriffen: 16. Nov. 2023
24. Braess, H.-H.: Seiffert, U.: Vieweg Handbuch Kraftfahr zeugtechnik. 8. Auflage. Wiesbaden: Springer Vieweg Verlag (2016)
25. ► www2.deloitte.com/de/de/pages/consumer-industrial-products/articles/elektromobilitaet-in-deutschland.html
26. ► www.umweltbundesamt.de/daten/verkehr/verkehrsinfrastruktur-fahrzeugbestand#stark-steigende-tendenz-bei-suvs-und-gelandewagen
27. Müller, A.: Aktive Fahrwerksregelung. Vortrag aus der CTI Veranstaltung am 21.09.2004. N. N. (2004)
28. Howard, G.; Whitehead, J. P.: Car Suspension and Handling. In: SAE International, Warrendale: SAE (2004)
29. Bleck, U. N.: Fahrzeugeigenschaften, Fahrdynamik und Fahrkomfort. In ATZ/AMZ, Sonderausgabe März 2004, S. 76–78, Wiesbaden: Vieweg (2004)
30. Heißing, B.: Grundlagen der Fahrdynamik. Seminar, Haus der Technik, Berlin (2002)
31. Piepereit: Fahrwerk und Fahrsicherheit. Vorlesungsumdruck, FH Osnabrück (2003)
32. Wallentowitz, H.: Quer- und Vertikaldynamik von Fahrzeugen. Vorlesungsumdruck Kraftfahrzeuge 1, IKA Aachen, FKA-Verlag (1998)
33. Volmer, J.: Getriebetechnik, Leitfaden. VEB Verlag Technik, Berlin (1974)
34. Stoll, H.: Lenkanlagen und Hilfskraftlenkungen. Würzburg: Vogel (1992)
35. Elbers, C.: Mathematische Abbildung von Kinematik und Elastokinematik aus Prüfstandsmessung. Dissertation RWTH Aachen, IKA. Aachen, D 82 (2001)
36. Zomotor, A.: Fahrwerktechnik: Fahrverhalten, 2. Auflage. Würzburg: Vogel (1991)
37. Vemireddy, K.; Dittmar, T.; Eckstein, L.; Hesse, L.; Rettweiler, P.: Development of a driving dynamics oriented suspension design during the early concept phase. ChassisTech 16–17.6 2015, S: 233–255, München (2015)
38. Ersoy, M.: Neue Entwicklungswerkzeuge für Pkw-Achsen. Haus der Technik Essen: Fahrwerktechnik. München am 3./4. Juni 2003 (2023)
39. Taboada, M.: Automatisierte Targetkaskadierung, Dissertation, FH Berlin (2006)
40. Gies, S.: Entwicklungsschritte bei der Realisierung einer Hinterachse. HdT-Seminar, 24.11.1998, Essen (1998)

Fahrdynamik

Christoph Elbers, Metin Ersoy, Jörn Lützlow, Thomas Hüsemann, Christian Bachmann, Ingo Albers, Daniel Wegener, Christian Schimmel und Carsten Hoffmann

Inhaltsverzeichnis

M. Ersoy et al. (Hrsg.), *Fahrwerkhandbuch*,
ATZ/MTZ-Fachbuch, https://doi.org/10.1007/978-3-658-48104-9_2

Die Fahrdynamik beschreibt die Bewegungen des Fahrzeugs im Raum sowie die auf das Fahrzeug einwirkenden Kräfte und Momente. Fahrzeugbewegungen wie Geradeaus-, Kurvenfahrten, Brems- und Beschleunigungsvorgänge sowie Vertikal-, Gier-, Nick- und Wankbewegungen werden durch entsprechende Wege, Geschwindigkeiten, Beschleunigungen, Winkel, Winkelbeschleunigungen und Drehraten beschrieben. Auch die dabei entstehenden Schwingungen und Kräfte zählen zu diesem komplexen dynamischen System.

Die Kräfte, die auf das Fahrzeug wirken, sind die Trägheitskräfte, die beim Beschleunigen, Bremsen und während der Kurvenfahrt entstehen sowie das Eigengewicht des Fahrzeugs samt dessen Beladung. Diese können als am Fahrzeugschwerpunkt wirkend betrachtet werden. Hinzu kommen aerodynamische Kräfte und Motorantriebsmomente.

Diese Kräfte und Momente werden über die vier Radaufstandsflächen – Reifenlatsch genannt- als Vertikal- und Horizontalkräfte auf die Fahrbahn übertragen.

Die Fahrdynamik von Kraftfahrzeugen wird klassisch getrennt nach den drei verschiedenen translatorischen Bewegungsfreiheitsgraden des Fahrzeugaufbaus betrachtet (s. ◘ Abb. 1.22). Bei Untersuchung der Bewegungsvorgänge in Fahrzeuglängsrichtung, also Antreiben und Bremsen, spricht man von der Längsdynamik des Fahrzeugs. Hierbei sind vor allem die Fahrwiderstände mit dem daraus resultierenden Leistungs- und Energiebedarf des Fahrzeugantriebs Gegenstand der Untersuchungen. Weiterhin von Interesse bei Betrachtung der Fahrzeuglängsdynamik sind die Brems- und Traktionseigenschaften des Fahrzeugs auf verschiedenen Fahrbahnbelägen und -zuständen.

Das Schwingungsverhalten des Aufbaus in Richtung der Fahrzeughochachse wird als *Vertikaldynamik* bezeichnet. Hierbei geht es vor allem um die Abstimmung des Federungs- und Dämpfungsverhaltens, um einerseits die Aufbaubeschleunigungen gering zu halten und somit den Fahrkomfort für die Insassen zu erhöhen, auf der anderen Seite aber ebenfalls durch Reduzierung der dynamischen Vertikalradlastschwankungen an allen vier Rädern, die Fahrsicherheit zu verbessern.

Der zweite Bewegungsfreiheitsgrad des Fahrzeugs in horizontaler Ebene, die Bewegungen quer zur Fahrzeuglängsachse, wird durch den Begriff *Querdynamik* zusammengefasst. Beschrieben werden hierbei vor allem Vorgänge, welche die Fahrstabilität, das Kurvenverhalten und die Spurführung bzw. Kurshaltung generell betreffen. Von großer Bedeutung ist das querdynamische Verhalten besonders bei der Auslegung von Fahrerassistenz- und Fahrdynamikregelsystemen.

Hauptaugenmerk liegt dabei auf dem Zusammenspiel und der gemeinsamen Abstimmung der einzelnen Fahrwerkkomponenten wie Reifen, Federung, Dämpfung. Lenkung, Radaufhängungskinematik und Elastokinematik sowie Fahrwerksregelsystemen (◘ Abb. 2.1).

2.1 Fahrwiderstände und Energiebedarf

Christoph Elbers, Metin Ersoy, Jörn Lützlow und Thomas Hüsemann

Bei der Auslegung des Antriebsstrangs eines Fahrzeugs ist die genaue Kenntnis der während des Fahrbetriebs auftretenden Fahrwiderstände notwendig. Der Energie- bzw. Leistungsbedarf und damit der Kraftstoffverbrauch sowie das Beschleunigungsvermögen werden hierdurch festgelegt.

2.1.1 Fahrwiderstände

Man unterscheidet zwischen Fahrwiderständen bei stationärer sowie bei instationärer Fahrt. Im stationären Fall, also bei Fahrt

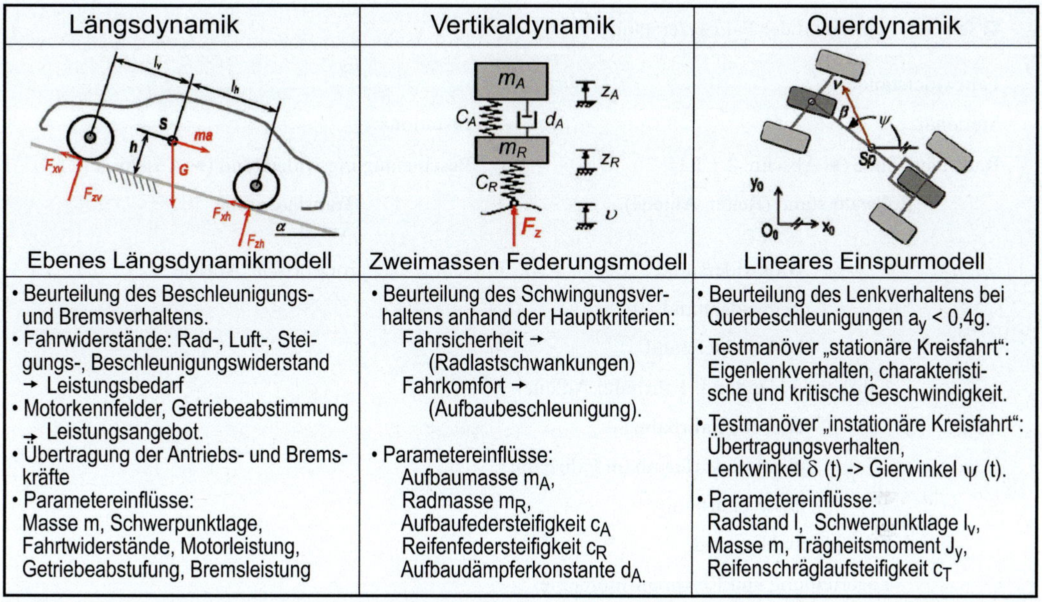

Abb. 2.1 Domänen und Modelle der Fahrdynamik

mit konstanter Geschwindigkeit treten Rad- Luft- und Steigungswiderstände auf.

Im instationären Fall, also bei beschleunigter Fahrt, kommen Widerstandskräfte aufgrund der Massenträgheiten des Fahrzeugs hinzu. Die stationären Fahrwiderstände wirken hier weiter (Tab. 2.1).

Der vom Antrieb des Fahrzeugs zu überwindende Gesamtfahrwiderstand F entspricht einer Bedarfskraft $F_{Bed,}$ die an den angetriebenen Rädern des Fahrzeugs zur Verfügung gestellt werden muss, damit die Fahrt in dem entsprechenden Betriebszustand ermöglicht werden kann:

$$F = F_{Bed} = F_L + 4 \times F_R + F_{St} + F_C \tag{2.1}$$

mit den Anteilen:

- Gesamtfahrwiderstand F,
- Bedarfskraft der Antriebsräder F_{Bed},
- Radwiderstand eines Rades F_R,
- Luftwiderstand F_L,
- Steigungswiderstand F_{St},
- Beschleunigungswiderstand F_C.

Nachfolgend werden die letzten vier Fahrwiderstände im Einzelnen detaillierter betrachtet.

2.1.1.1 Radwiderstände

Der Radwiderstand F_R fasst die am rollenden Rad entstehenden Widerstandskräfte $F_{R,i}$ zusammen. Der Gesamtradwiderstand F_R setzt sich aus den folgenden Anteilen zusammen:

- Anteil des Reifens (Rollwiderstand) $F_{R,T}$,
- Anteil durch die Fahrbahn $F_{R,Tr}$,
- Anteil durch Schräglauf $F_{R,\alpha}$,
- Anteil durch Lagerreibung und Restbremsmomente $F_{R,fr}$.

Gemäß den vorausgegangenen Betrachtungen berechnet sich der Gesamtradwiderstand F_R aus der Summe seiner Teilwiderstände:

$$F_R = F_{R,T} + F_{R,\,Tr} + F_{R,\alpha} + F_{R,fr} \tag{2.2}$$

Der Reifen-Rollwiderstand $F_{R,T}$ seinerseits setzt sich wiederum aus drei Anteilen zusammen [1]:

Tab. 2.1 Übersicht der Fahrwiderstände

Fahrwiderstände				
Stationär			Instationäre	
Radwiderstände (▶ Abschn. 2.1.1.1)			Beschleunigungswiderstand (▶ Abschn. 2.1.1.4)	
	Rollwiderstand (Reifen Anteile)			Translatorische Anteile
		Walkwiderstand		rotatorische Anteile
		Reibwiderstand		
		Lüfterwiderstand		
	Fahrbahnwiderstand (Fahrbahn Anteile)			
		unebene Fahrbahn		
		plastisch verformbare Fahrbahn		
		nasse Fahrbahn		
	Schräglaufwiderstand			
	Lagerreibung und Restbremsmomente			
Luftwiderstand (2.1.1.2)				
Steigungswiderstand (2.1.1.3)				

- Walkwiderstand $F_{\mathrm{R,T,Walk}}$,
- Lüfterwiderstand $F_{\mathrm{R,T,L}}$ und
- Reibungswiderstand $F_{\mathrm{R,T,fr}}$.

Für den Reifen-Rollwiderstand $F_{\mathrm{R,T}}$ ergibt sich:

$$F_R = F_{\mathrm{R,T,W}alk} + F_{\mathrm{R,L}} + F_{\mathrm{R,fr}} \tag{2.3}$$

Bei Geradeausfahrt auf trockener Straße – Grundlage der meisten Fahrwiderstandsberechnungen – kann der Radwiderstand F_{R} dem Reifen-Rollwiderstand $F_{\mathrm{R,T}}$ gleichgesetzt werden [1], da einerseits die Lagerreibwiderstände vergleichsweise gering ausfallen und andererseits davon ausgegangen wird, dass sich weder die Fahrbahn plastisch verformt noch das Rad unter Einfluss von Schräglauf- oder Sturzwinkel läuft.

Die Anteile des Gesamtradwiderstandes F_{R} werden nachfolgend detaillierter beleuchtet.

Anteil des Reifens $F_{\mathrm{R,T}}$

Rollt das luftbereifte Rad auf einer idealen Fahrbahn (eben und trocken) im Geradeauslauf, so entsteht eine Widerstandskraft entgegen der Laufrichtung [1]. Diese Widerstandskraft wird als Reifen-Rollwiderstand $F_{\mathrm{R,T}}$ bezeichnet.

Die Rollwiderstandskraft $F_{\mathrm{R,T}}$ des Reifens hängt im Wesentlichen von seinem konstruktiven Aufbau und den Werkstoffeigenschaften ab.

Walkwiderstand $F_{\mathrm{R,T,Walk}}$

Auf befestigten Straßen ergibt sich der Rollwiderstand fast ausschließlich aus der Reifen-Walkverlustarbeit [2], durch periodischen Einfedern des Reifens auf der Kontaktfläche auf der Fahrbahn. Er beträgt ca. 80 bis 95 % des Gesamtradwiderstands [3]. Maßgebend sind hierbei die Walkamplitude, bestimmt durch die Einfederung s_{T}, die Radlast $F_{Z,W}$ und den Innendruck p_T sowie die Walkfrequenz, bestimmt durch die Radumfangsgeschwindigkeit v_W [4].

Hauptursache für die Entstehung des Rollwiderstands aus der Walkverlustarbeit sind dabei die viskoelastischen Eigenschaften des Reifengummis, vergleichbar mit denen eines mechanischem Feder-Dämpfer-Systems: Nach Verformung kehrt ein viskoelastischer Körper zwar in seine Ursprungsform zurück, benötigt hierfür jedoch eine gewisse Zeit. Dieses Phänomen wird als „Hysterese" bezeichnet. (Hysterese: *Wirkungsfortdauer nach Beendigung der Ursache* [3]). Dieser zeitliche Verzug der Verformungsrückstellung ist direkt an einen Energieverlust gekoppelt [3].

Die viskoelastischen Eigenschaften der Gummi-Werkstoffe sind auf der anderen Seite aber hauptverantwortlich für gute Haftungseigenschaften eines Reifens auf der Fahrbahnoberfläche. Daher muss für jeden Reifen ein Kompromiss zwischen geringem Rollwiderstand einerseits und guten Kraftübertragungscharakteristiken andererseits gefunden werden.

Unter Einwirkung äußerer Kräfte verformt sich ein Reifen. Rollt das Rad unter dieser Belastung mit der Drehzahl ω, wiederholt sich der Vorgang des Ein- und Ausfederns kontinuierlich für jeden Punkt des Reifenumfangs. Neben einer Einfederung Δh in radialer Richtung kommt es dabei auch zu einer Stauchung des Umfangs um die Länge Δs. Zur Veranschaulichung dient das Radersatzmodell aus ◘ Abb. 2.2, dessen Umfang durch lineare Feder-Dämpfer-Elemente gegen die Felge abgestützt ist. Zusätzlich kann man sich auch den Reifengürtel aus Elementarfedern und -dämpfern zusammengesetzt vorstellen. Diese Feder-Dämpfer-Elemente repräsentieren die viskoelastischen Hysterese Eigenschaften des Reifengummis sowie seines Strukturaufbaus [1].

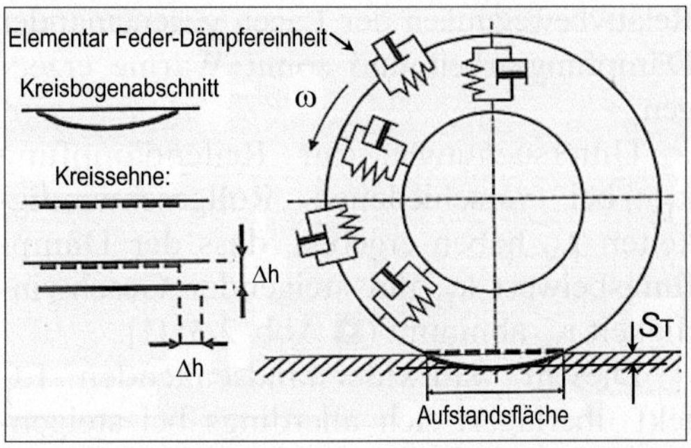

◘ **Abb. 2.2** Radersatzmodell zur Darstellung der viskoelastischen Feder-Dämpfereigenschaften der Reifenstruktur [1]

Beim Umlauf des Ersatzmodells mit der Drehzahl ωwird in jedem „Elementar-Schwingungsdämpfer" ein Teil der Einfederungsarbeit aufgrund der viskoelastischen Werkstoffeigenschaften als Dämpfungsarbeit in Wärme umgewandelt.

Im Gegensatz zur elastischen Verformungsarbeit, die beim Reifenausfedern zurückgewonnen wird, muss die irreversible Umwandlung der Dämpfungsarbeit in Wärme als Verlust gewertet werden. Der dadurch hervorgerufene Walkwiderstand $F_{R,T,Walk}$ des Reifens entspricht dem Quotienten aus geleisteter Dämpfungsarbeit $W_{D,T,Walk}$ und zurückgelegter Wegstrecke s_T:

$$F_{R,T,Walk} = F_{R,T,Walk,radial} + F_{R,T,Walk,Umfang}$$

mit

$$F_{R,T,Walk,\,radial} = \frac{W_{D,T,Walk,radial}}{\Delta h}$$

$$F_{R,T,Walk,\,Umfang} = \frac{W_{D,T,Walk,Umfang}}{\Delta s} \qquad (2.4)$$

Im Allgemeinen weist bei der Gegenüberstellung von Reifen aus gleichen Lagenmaterialien, der Reifen mit der größeren Lagenzahl die höhere Dämpfung k_D auf, da die

Relativbewegungen der Lagen gegeneinander Dämpfungsarbeit und somit Wärme erzeugen.

Untersuchungen zur Reifendämpfung k_D bei verschiedenen Rollgeschwindigkeiten v_W haben ergeben, dass der Dämpfungsbeiwert k_D mit steigender Geschwindigkeit v_W abnimmt (◘ Abb. 2.3) [1].

Diesem walkwiderstandsenkenden Effekt überlagert sich allerdings bei steigender Geschwindigkeit v_W eine entgegengesetzte Wirkung: Die Einfederung s_T sowie die Verzwängung der Profilstollen im Reifenlatsch des unter Last rollenden Rades verursachen wegen der mit der Geschwindigkeit zunehmenden Bedeutung der Massenkräfte ein Nachschwingen des Reifengürtels C_R auf der Latschaustrittsseite. Dieses Phänomen wird als Deformationswellenbildung bezeichnet. Das Abklingen dieser Schwingung infolge der Reifendämpfung k_D erzeugt Wärme, wodurch der Walkwiderstand $F_{R,T,Walk}$ weiter zunimmt (◘ Abb. 2.4).

Der Vorgang der Ausbildung der Deformationswelle außerhalb der Reifenaufstandsfläche überwiegt dabei den Effekt der sinkenden Reifendämpfung k_D in seinem Einfluss auf den geschwindigkeitsabhängigen Verlauf des Walkwiderstands $F_{R,T,Walk.}$ Er steigt mit zunehmender Geschwindigkeit

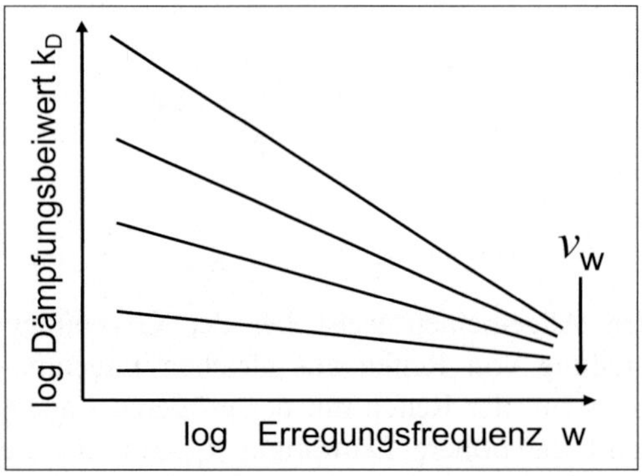

◘ **Abb. 2.3** Dämpfungsbeiwerte abhängig von der Erregungskreisfrequenz und der Fahrgeschwindigkeit [1]

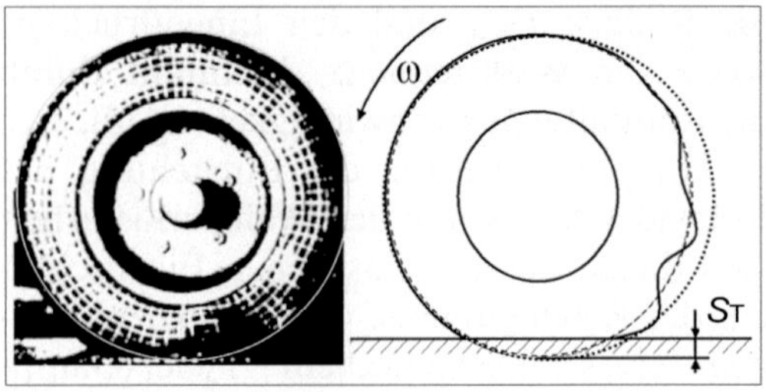

◘ **Abb. 2.4** Deformationswellenbildung [1]

mit geringer Progressivität linear an, um ab etwa 35 m/s Fahrgeschwindigkeit stark progressiv zuzunehmen.

Der Walkwiderstand $F_{R,T,Walk}$ ist, wie erwähnt, der wesentlichste Teil des Reifenrollwiderstandes $F_{R,T}$ [1].

- **Reibwiderstand $F_{R,T,fr}$**

In dem in ◘ Abb. 2.2 gezeigten Radersatzmodell durchlaufen die Feder-Dämpfer-Elemente des Laufstreifens den Reifenlatsch. Dabei wird der Kreisbogenabschnitt des Reifenumfangs auf die Länge seiner Sehne, die Aufstandsflächenlänge, gestaucht. Dadurch kommt es im Reifenlatsch zu Relativbewegungen zwischen Fahrbahn und Laufstreifen, dem sogenannten Teilgleiten, sowohl in Längs- als auch in Querrichtung. Dieses Teilgleiten verursacht Abrieb. Dabei wird Energie umgesetzt, die vom Antrieb als zusätzlicher Reibwiderstand $F_{R,T,fr}$ überwunden werden muss [1].

- **Lüfterwiderstand $F_{R,T,L}$**

Die Luftwiderstandskraft F_L, die auf einen sich in einem Fluid (Gas oder Flüssigkeit) bewegenden Körper einwirkt, nimmt mit dem Quadrat der Relativgeschwindigkeit v_{Rel} zwischen Körper und dem ihn umgebendem Medium zu.

$$F_L \sim v_{Rel}^2 \qquad (2.5)$$

Gleiches gilt für einen Reifen. Durch die Abrollbewegung des Reifens während der

Fahrt ergeben sich Strömungsverluste, die jedoch sinnvolle Weise nur im Zusammenhang mit der Luftumströmung des gesamten Fahrzeugs betrachtet werden. Sie werden deshalb meist dem Gesamtluftwiderstand zugeschlagen.

- **Rollwiderstandsbeiwert k_R**

Der durch den Reifen verursachte Rollwiderstand $F_{R,T}$ ist die Summe aus Walkwiderstand $F_{R,T,Walk}$, Reibwiderstand $F_{R,T,fr}$ und Lüfterwiderstand $F_{R,T,L}$.

$$F_{R,T} = F_{R,T,Walk} + F_{R,T,L} + F_{R,T,fr} \quad (2.6)$$

Diese Zusammenfassung ist zweckmäßig, da die einzelnen Anteile von Walk- und Reibwiderstand in der Praxis ohnehin nicht getrennt gemessen werden können. Im Allgemeinen wird der gesamte Radwiderstand F_R dem Reifenrollwiderstand $F_{R,T}$ gleichgesetzt:

$$F_R \approx F_{R,T} \quad (2.7)$$

Angesichts eines nahezu linearen Verlaufs der Rollwiderstandskraft F_R über der Radlast $F_{Z,W}$ kann eine lastbezogene Kennzahl definiert werden, der dimensionslose Rollwiderstandsbeiwert k_R:

$$k_R = \frac{F_R}{F_{Z,W}} \quad (2.8)$$

$$F_{R,T} = k_{R,T} \cdot F_{Z,W} \approx F_R = k_R \cdot F_{Z,W} \quad (2.9)$$

Im Rahmen üblicher Berechnungen wird dieser Rollwiderstandsbeiwert k_R als konstant über Radlast $F_{Z,W}$ und Fahrgeschwindigkeit v_W angenommen.

Die genauere Betrachtung verdeutlicht, dass sowohl eine Last-, eine Innendruck-, eine Zeit-, eine Temperatur- als auch eine Geschwindigkeitsabhängigkeit vorliegen. ◘ Abb. 2.5 zeigt einen degressiv ansteigenden Verlauf der Rollwiderstandskraft F_R über der Radlast $F_{Z,W}$ für einen Radialreifen.

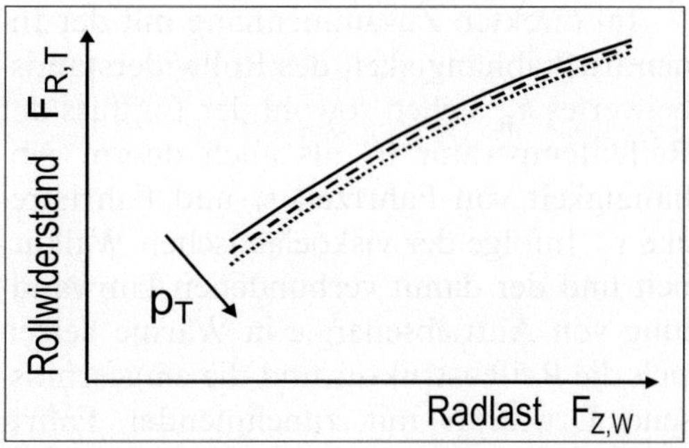

◘ **Abb. 2.5** Reifenrollwiderstandskraft $F_{R,T}$ als Funktion der Radlast $F_{Z,W}$ und des Reifenfülldrucks p_T

Daraus resultiert ein mit steigender Radlast $F_{Z,W}$ sinkender Rollwiderstandsbeiwert k_R, (◘ Abb. 2.6). In diesem Bild ist auch der Einfluss des Reifendruckes p_T auf den Rollwiderstandsbeiwert k_R dargestellt. Es ergibt sich ein mit steigendem Luftdruck p_T sinkender Rollwiderstandsbeiwert k_R. Der Grund hierfür läst sich wie folgt erklären: Da erhöhter Innendruck p_T zu einer Versteifung des Reifens führt, nimmt die Einfederung bei gleichbleibender Radlast $F_{Z,W}$ ab. Dies verringert die zur Drehung des Rades aufzuwendende Walkarbeit und reduziert wegen der kleineren Reifenlatschfläche ebenfalls den Reibwiderstandsanteil [1].

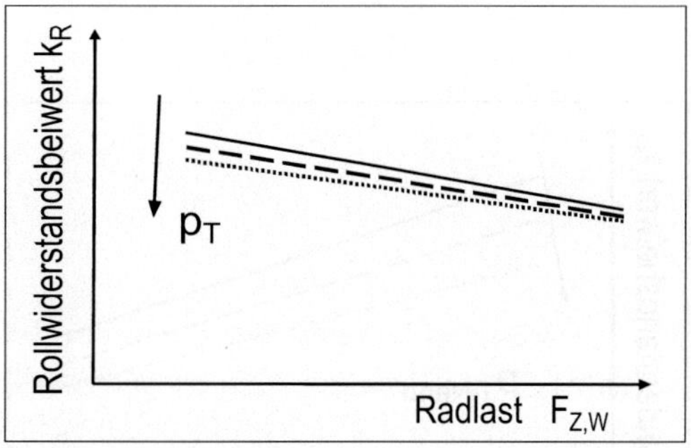

◘ **Abb. 2.6** Rollwiderstandsbeiwert k_R eines Radialreifens als Funktion der Radlast $F_{Z,W}$ und desInnendrucks p_T

2

Im direkten Zusammenhang mit der Innendruckabhängigkeit des Rollwiderstandsbeiwertes k_R stehen sowohl der Einfluss der Reifentemperatur θ_T als auch dessen Abhängigkeit von Fahrtzeit t_T und Fahrtstrecke s_T. Infolge der viskoelastischen Walkarbeit und der damit verbundenen Umwandlung von Antriebsenergie in Wärme heizen sich die Reifenstruktur und die eingeschlossene Druckluft mit zunehmender Fahrtzeit t_T und -strecke s_T auf; der Innendruck p_T und die Reifentemperatur θ_T steigen. Da mit zunehmendem Innendruck p_T der Rollwiderstandsbeiwert k_R abnimmt, führt auch eine Steigerung der Reifentemperatur θ_T zu sinkendem Rollwiderstand (◻ Abb. 2.7). Je nach Betriebszustand, charakterisiert durch Radlast $F_{Z,W}$, Fahrgeschwindigkeit v_W, (im kalten Zustand eingestellten) Reifen-Nenndruck $p_{T,Nenn}$ und Umgebungstemperatur θ_U stellt sich nach einer bestimmten Fahrtzeit t_T bzw. Fahrtstrecke s_T ein Gleichgewicht zwischen zugeführtem Wärmestrom (Walkarbeit) und abgeführtem Wärmestrom ein:

$$\dot{Q}_{zu} = \frac{d\,W_{D,T,Walk}}{d\,t} = \dot{Q}_{ab} \tag{2.10}$$

Die Wärmeabfuhr erfolgt dabei über die Straße, die Felge und die Umgebungsluft bzw. den Kühlluftstrom des Fahrtwindes. Dieser Gleichgewichtszustand führt dazu, dass sich bei Konstantfahrt ebenfalls ein konstanter Rollwiderstandsbeiwert k_R, ein konstanter Innendruck p_T und eine konstante Reifentemperatur θ_T ausbilden. Diese sind charakteristisch für den Reifen in dem jeweiligen Betriebszustand (◻ Abb. 2.8).

Beim Messen des Reifen-Rollwiderstands ohne Verfälschung ist es von großer Bedeutung, zunächst eine Konditionierungsphase zu durchlaufen, nach der sich der jeweilige Gleichgewichtszustand eingestellt hat.

Den Geschwindigkeitseinfluss auf den Rollwiderstandsbeiwert k_R gibt ◻ Abb. 2.9 wieder.

Der zunächst nur langsam steigende Verlauf des Rollwiderstandsbeiwertes k_R mit zunehmender Rollgeschwindigkeit v_W ist auf die mit der Geschwindigkeit wachsende Auswirkung der Deformationswellenbildung (s. ◻ Abb. 2.4), auf den Walkwiderstand $F_{R,T,Walk}$ und somit den gesamten Rollwiderstand F_R zurückzuführen. Der Einfluss des mit zunehmender Rollgeschwindigkeit v_W kleiner werdenden Reifendämpfungsbeiwerts k_D auf den Gesamtrollwiderstand F_R wird durch den Effekt der *Deformationswellenbildung* überkompensiert.

Der Zusammenhang zwischen Fahrgeschwindigkeit v_W und Rollwiderstandsbei-

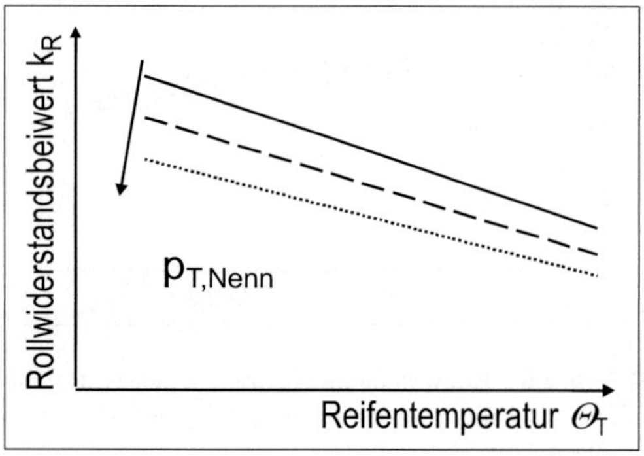

◻ **Abb. 2.7** Rollwiderstandsbeiwert k_R abhängig von der Reifentemperatur mit Einfluss des Nenn-Innendrucks $p_{T,Nenn}$

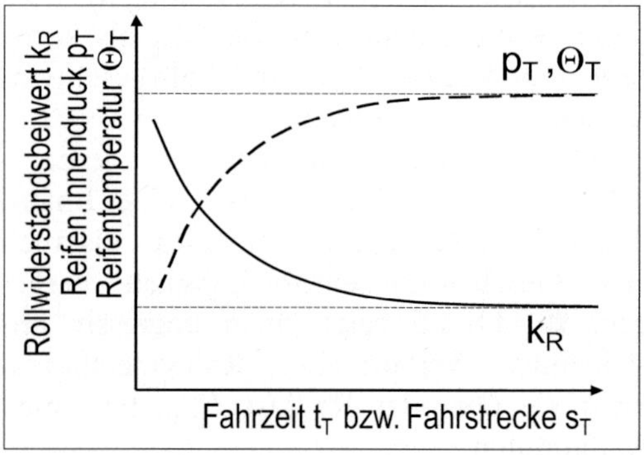

◻ **Abb. 2.8** Einfluss von Fahrtzeit und Fahrstrecke auf Rollwiderstand, Reifentemperatur, Reifeninnendruck

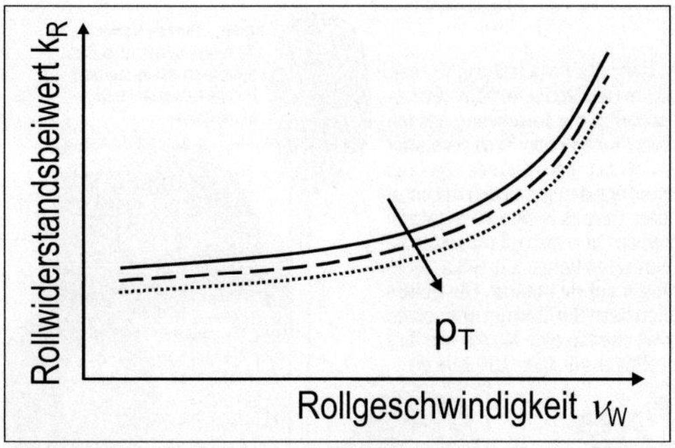

Abb. 2.9 Rollwiderstandsbeiwert k_R in Abhängigkeit der Rollgeschwindigkeit mit Einfluss des Reifeninnendrucks p_T

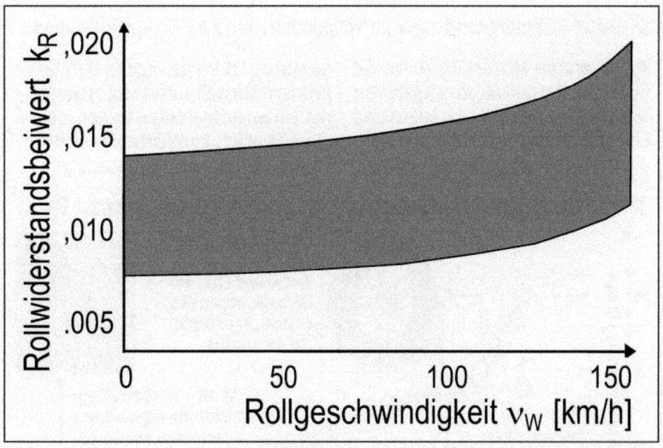

Abb. 2.10 Streuband Rollwiderstandsbeiwerte abhängig von der Fahrgeschwindigkeit für Pkw-Reifen [4]

wert k_R läst sich rechentechnisch durch ein Polynom 4. Ordnung annäher [1, 2]:

$$k_R = k_{R0} + k_{R1} \cdot \left(\frac{v_W}{100\ \text{km/h}}\right) + k_{R4} \cdot \left(\frac{v_W}{100\ \text{km/h}}\right)^4 \quad (2.11)$$

Bei niedrigen Geschwindigkeiten $v_W < 80$ km/h entspricht k_R in etwa dem Wert k_{R0}. Dieser liegt im Allgemeinen bei $k_{R0} \approx 0{,}01$.

Typische Rollwiderstandsbeiwerte k_R und deren Streuband für verschiedene Typen von Pkw-Radial- sowie Diagonalreifen in Abhängigkeit der Fahrgeschwindigkeit v_W zeigt das Abb. 2.10.

Der Rollwiderstandsbeiwert k_R von Fahrzeugreifen ist im Laufe der letzten 120 Jahre deutlich reduziert worden. Abb. 2.11 zeigt diese Entwicklung für Pkw- und Lkw-Reifen. Zum Vergleich ist der Rollwiderstandsbeiwert k_R von Eisen- und U-Bahnreifen aufgetragen.

Spezialreifen für Verbrauchswettfahrten beispielsweise liegen heute auf dem Niveau von Eisenbahnstahlrädern ($k_R \approx 0{,}001$) [3].

Neue rollwiderstandsoptimierte Reifen (Abb. 2.12) erreichen im unteren Geschwindigkeitsbereich durchaus Werte von $k_R = 0{,}008$ mit dem Ausblick $k_R = 0{,}004$ im

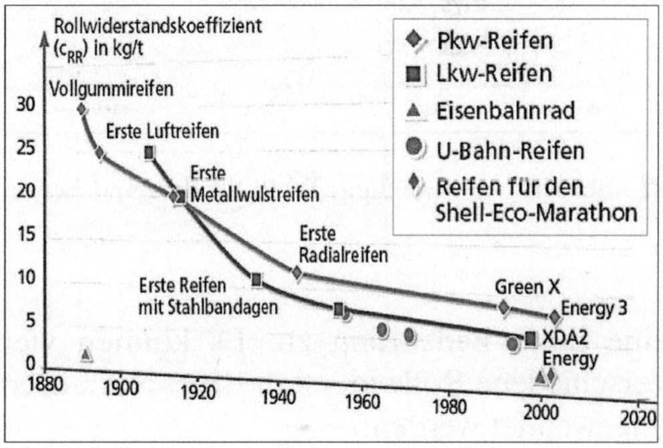

Abb. 2.11 Geschichtliche Entwicklung der Rollwiderstandsbeiwerte k_R von Fahrzeugreifen seit 1890 [3]

2030 [5]. Bei höheren Geschwindigkeiten um $v_W = 150$ km/h werden dagegen bereits Werte von $k_R = 0{,}017$ erreicht [4].

Reifenrollwiderstände F_{RT} bzw. deren Beiwerte $k_{R,T}$ werden auf speziellen Prüfständen (s. Abb. 13.73) experimentell ermittelt. Im Allgemeinen sind sie Außentrommel-Reifenprüfstände mit Durchmessern von 1,5 m bis 3,0 m. Die Prüftrommeln verfügen dabei über glatte bzw. definiert texturierte Laufbahnen. Neben der Umgebungstemperatur θ_U sind die thermische Konditionierung, die Aufwärmphase sowie die Prüfgeschwindigkeiten vW exakt festgelegt. Der Reifendruck p_T wird nicht reguliert. Daher kommt der Aufwärmphase

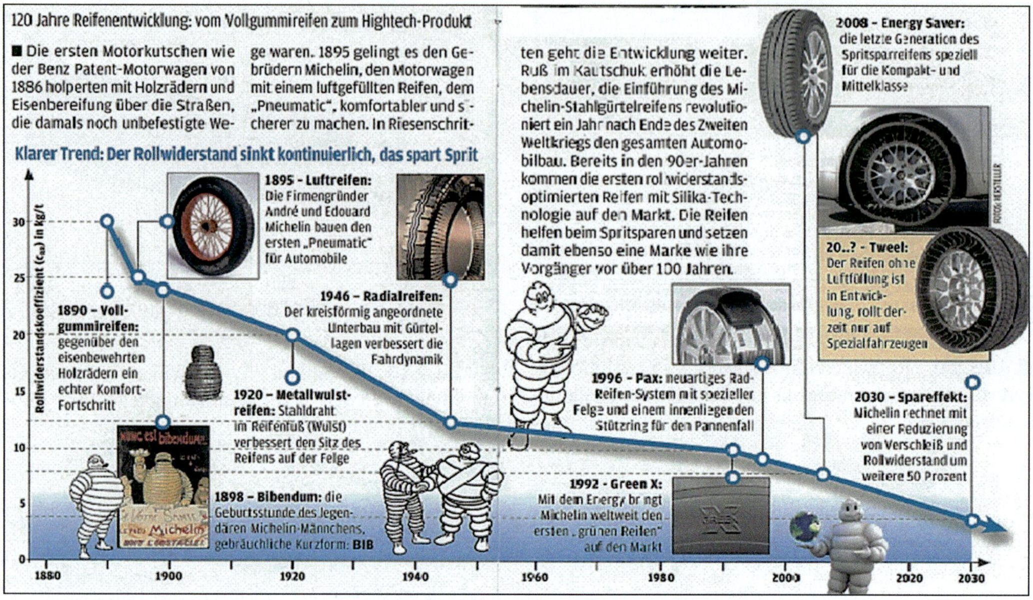

Abb. 2.12 Entwicklung der Rollwiderstandsbeiwerte k_R von Reifen bis zum Jahre 2030 [5]

eine hohe Bedeutung zu. Es können vier verschiedene Rollwiderstandsmessverfahren angewendet werden:

- Kraftmessung in der Radnabe,
- Verzögerungsmessung,
- Messung des Trommel-Antriebsmoments sowie
- Messung der Leistungsaufnahme der Trommel-Antriebsmaschine.

Die Messverfahren sind nach ISO 8767 für Pkw-Reifen und nach ISO 9948 für Transporter-, Lkw- und Busreifen genormt [6]. Weitere Rollwiderstandsmessprozeduren sind in den SAE-Normen J 1269 und J 2452 definiert [7].

■ Anteil der Fahrbahn $F_{R,Tr}$

Nach Gl. (2.1) trägt neben dem Reifen auch die Fahrbahn zum Radrollwiderstand F_R bei. Ursache hierfür sind zusätzliche Walk-, Reibungs-, Verdichtungs- und Verdrängungswiderstände durch unebene, nasse und plastische verformbare Fahrbahnen. Für den zusätzlichen Radwiderstand durch Fahrbahneinfluss kann daher geschrieben werden:

$$F_{R,Tr} = F_{R,U} + F_{R,pl} + F_{R,Schwall} \tag{2.12}$$

mit den Anteilen:

- unebene Fahrbahn $F_{R,U}$,
- plastische verformbare Fahrbahn $F_{R,pl}$ und
- Schwallwiderstand $F_{R,Schwall}$.

■ Widerstand durch unebene Fahrbahn $F_{R,U}$

Kleine Fahrbahnunebenheiten werden vom Reifen aufgefangen, gedämpft und somit als Anregungssignal für vertikale Aufbaubeschleunigungen herausgefiltert.

Diese Eigenschaft des Reifens wird auch als *„Schluckvermögen"* bezeichnet. Darüber hinaus federt zusätzlich das gesamte Rad relativ zur Karosserie über die Aufbau-

Feder-Dämpferelemente ein. Dabei wird sowohl im Reifen als auch im Aufbaudämpfer Energie aufgrund der viskoelastischen Eigenschaften (Walken, Dämpfkraft) in Wärme umgewandelt. Die beim Ausfedern von Reifen und Radaufhängung zurückgewonnene Federarbeit des Reifeninnendrucks und der Aufbautragfeder ist um die Dämpfungsarbeit ΔW (Walken, Dämpfkraft) geringer als die zuvor beim Einfedern aufgewendete Arbeit. Diese zusätzliche Dämpfungsarbeit ΔW muss alleine vom Antrieb des Fahrzeugs kompensiert werden und ergibt, bezogen auf die dabei zurückgelegte Wegstrecke s_T, den Radwiderstandsanteil durch unebene Fahrbahn $F_{R,U}$:

$$F_{R,U} = \frac{\sum_0^{s_T} \Delta W}{s_T} \tag{2.13}$$

- **Widerstand durch plastisch verformbare Fahrbahn**

Nur im Gelände spielt der Verformungswiderstand des Untergrunds eine wesentliche Rolle; er kann bei weichem Boden allerdings auch mehr als 15 % der Fahrzeuggewichtskraft $m_{V,t} \cdot g$ betragen [4]. Durch das Fahren auf plastischen Fahrbahnen kann dabei ein Radwiderstand $F_{R,pl}$ entstehen, der das 10- bis 100-fache des eigentlichen Rollwiderstands $F_{R,T}$ beträgt [3].

Bei der Fahrt auf unbefestigtem Gelände (Erde, Sand, Gras oder Schnee) sinkt der Reifen ein. Die Fahrbahn wird dabei bleibend plastisch verformt und es entstehen zusätzliche Reibkräfte zwischen Reifenseitenwand und Fahrbahn [1, 2]. Hierbei wird eine zusätzliche Radwiderstandskraft $F_{R,pl}$ erzeugt (◘ Abb. 2.13), die sich im Wesentlichen aus den drei Hauptanteilen Verdichtungswiderstand $F_{R,pl,dicht}$, Verdrängungs- oder „Bulldozing“-Widerstand $F_{R,pl,Bull}$ sowie der Seitenwandreibung in Spurrillen $F_{R,pl,Spur}$ zusammensetzt:

$$F_{R,pl} = F_{R,pl,dicht} + F_{R,pl,Bull} + F_{R,pl,Spur} \tag{2.14}$$

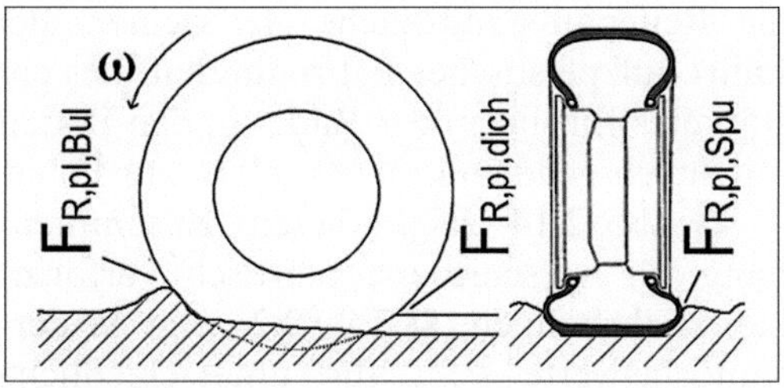

◘ **Abb. 2.13** Radwiderstände auf plastischer Fahrbahn [1]

Die Energie ΔWpl, die vom Antrieb eines Fahrzeugs aufgewendet werden muss, um die Fahrbahn plastisch zu verformen, sei es durch Verdichtung oder Verdrängung sowie um den Reifen durch eine Spurrille zu treiben, ist den Fahrwiderständen zuzurechnen. Analog zum Radwiderstand auf unebener Fahrbahn $F_{R,U}$ kann daher auch hier geschrieben werden:

$$F_{R,pl} = \frac{\sum_0^{s_T} \Delta W_{pl}}{s_T} \tag{2.15}$$

Analog zum Rollwiderstand F_R auf ebener, ideal steifer Fahrbahn kann auch für den zusätzlichen Radwiderstand auf plastisch verformbarem Untergrund ein Widerstandsbeiwert $k_{R,pl}$ definiert werden, da sich ein nahezu linearer Zusammenhang zwischen der Radlast $F_{Z,W}$ und der Widerstandskraft $F_{R,pl}$ einstellt.

$$k_{R,pl} = \frac{F_{R,pl}}{F_{Z,W}} \tag{2.16}$$

Bei Radwiderstandsberechnungen kann der Beiwert $k_{R,pl}$ dem Reifen-Rollwiderstandbeiwert $k_{R,T}$ zugeschlagen werden:

$$F_R = F_{R,T} + F_{R,pl} = F_{Z,W} \cdot (k_{R,T} + k_{R,pl}) \tag{2.17}$$

Der Zusatzwiderstand auf plastischen Fahrbahnen $F_{R,pl}$ steigt auf ideal steifem Bodenbelag mit zunehmendem Reifenluftdruck p_T an. Mit zunehmendem Innendruck p_T wird bei konstanter Radlast $F_{Z,W}$

2

die Reifenaufstandsfläche A_T kleiner. Bei Fahrt auf plastischer Fahrbahn hat dies ein stärkeres Einsinken des Rades in den Boden mit zunehmendem Innendruck p_T zur Folge.

Abb. 2.14 zeigt diesen Zusammenhang für verschiedene plastisch verformbare Fahrbahnen. Tab. 2.2 zeigt Widerstandsbeiwerte $k_{R,pl}$ für unterschiedliche Fahrbahntypen [1].

Widerstand durch nasse Fahrbahn $F_{R,Schwall}$

Um auf nassen Straßen ausreichend Fahrbahnkontakt herstellen zu können, muss der Reifen Wasser verdrängen. Durch die hierfür erforderlichen Verdrängungskräfte erhöht sich der Reifen-Rollwiderstand gegenüber der Fahrt auf trockenem, ideal steifen Fahrbahnbelag um den Schwallwiderstand $F_{R,Schwall}$. Er hängt von dem pro Zeiteinheit zu verdrängenden Wasservolumen ab. Dieses wiederum bestimmt sich aus der Reifenbreite B, der Fahrgeschwindigkeit v_W und der Wasserfilmhöhe H (Abb. 2.15) [2].

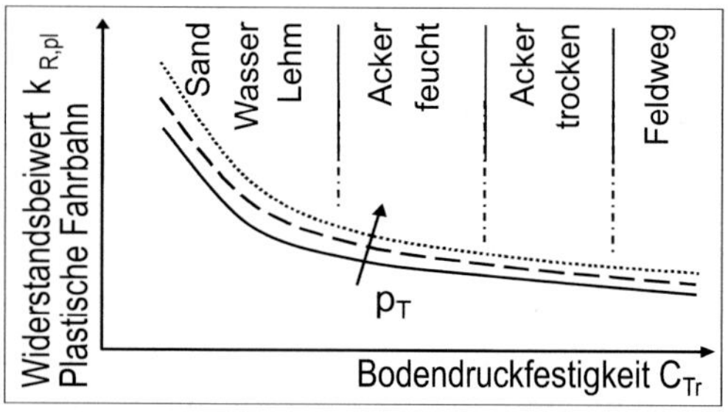

Abb. 2.14 Widerstandsbeiwerte plastischer Fahrbahnen

Tab. 2.2 Widerstandsbeiwerte Fahrbahnen $k_{R,pl}$ [1]

Fahrbahn	Beiwert $k_{R,pl}$
Asphalt, Beton, Kopfsteinpflaster	0,005–0,015
Fester Schotter	0,02–0,03
Geteerter Schotter	0,04–0,04
Sehr gute Erdwege	0,05–0,15
Nasse aufgeweichte Böden, Sand, Lehm	0,15–0,35

Der folgende empirische Zusammenhang zwischen dem Schwallwiderstand $F_{R,Schwall}$, der Reifenbreite B, der Fahrgeschwindigkeit v_W, der Wasserfilmhöhe H ist experimentell ermittelt worden [1, 2]:

$$F_{R,Schwall} = \frac{B}{10} \cdot \left(\frac{v_W}{N(H)}\right)^{E(H)} \tag{2.18}$$

mit den folgenden Bezeichnungen:

- $F_{R,Schwall}$ Schwallwiderstand [N],
- B Reifenbreite [cm],
- v_W Geschwindigkeit [km/h],
- H Wasserfilmhöhe [mm],
- $N(H)$ empirische Kenngröße als Funktion von H,
- $E(H)$ empirische Kenngröße als Funktion von H.

Reifenbauart, Luftdruck p_T oder Radlast $F_{Z,W}$ haben keinen oder nur sehr geringen Einfluss auf den Schwallwiderstand $F_{R,Schwall}$. Abb. 2.16 zeigt den Zusammenhang zwischen Wasserfilmhöhe H und den empirischen Kenngrößen $N(H)$ und $E(H)$ [1].

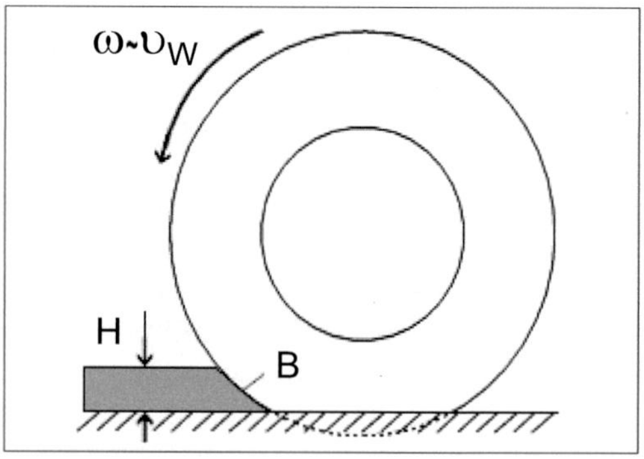

Abb. 2.15 Schwallwiderstand infolge Wasserverdrängung [1]

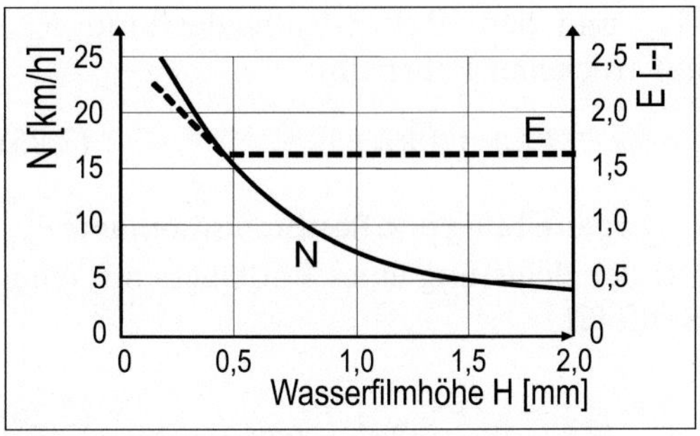

Abb. 2.16 Abhängigkeit der Kenngrößen *N* und *E* von der Wasserfilmhöhe *H* [1]

Bei größeren Geschwindigkeiten v_W und Wasserfilmhöhen *H* sowie bei geringen Profiltiefen ist der Schwallwiderstand $F_{R,Schwall}$ unabhängig von der Fahrgeschwindigkeit v_W, da der Reifen in diesem Fall den Wasserfilm nicht mehr durchdringen kann [2]. Er schwimmt auf. Man spricht in diesem Fall von *Aquaplaning*. Der resultierende Gesamt-Radwiderstand auf nasser Fahrbahn F_R ergibt sich als Summe aus der Schwallwiderstandskraft $F_{R,Schwall}$ und dem Reifen-Rollwiderstand $F_{R,T}$ auf trockener Fahrbahn:

$$F_R = F_{R,T} + F_{R,Schwall} \quad (2.19)$$

- **Anteil durch Schräglauf $F_{R,\alpha}$**

In den zuvor angestellten Betrachtungen des Rad- und Reifen-Rollwiderstands ist davon ausgegangen worden, dass sich die Mittelebene des rollenden Rades exakt in Fahrtrichtung erstreckt. Im allgemeinen Fall ist dies nicht zutreffend, da Räder einer Achse aufgrund der Achsgeometrie mit einem gewissen (Gesamt-) Vorspurwinkel $\delta_{V,0}$ zur Fahrzeuglängsachse ausgerichtet sein können. Aufgrund dieses (Gesamt-)Vorspurwinkels werden die Reifen bei Geradeausfahrt in einen (Gesamt-) Schräglaufwinkel α gezwängt, der dann dem (Gesamt-) Vorspurwinkel $\delta_{V,0}$ entspricht.

Rollt ein Reifen mit der Schräglaufsteifigkeit C_α (s. auch ▶ Abschn. 2.2.1.2) unter einen Schräglaufwinkel α/2, dann erzeugt er eine Seitenkraft $F_{Y,W}$ der Größe:

$$F_{Y,W} = C_\alpha \cdot \frac{\alpha}{2} \quad (2.20)$$

Dieser Zusammenhang ist nur für kleine Winkel α gültig (im Allgemeinen bis α/2 < 2°). Die Seitenkraft $F_{Y,W}$ wirkt dabei immer senkrecht zur Reifenmittelebene bzw. im Winkel von 90° – α/2 zur Rollrichtung des Rades. Bei vektorieller Betrachtung dieser Reifenseitenkraft $F_{Y,W}$ wird daher deutlich, dass auch immer ein Anteil der Reifenseitenkraft $F_{Y,W}$ entgegen der Fahrtrichtung von Rad und Fahrzeug wirkt. Diesen Zusammenhang zeigt ◘ Abb. 2.17.

Die der Bewegungsrichtung entgegenwirkende zusätzliche Rad-Widerstandskraft $F_{R,\alpha}$ erhält man aus den entsprechenden Sinus-Komponenten der Seitenkraft $F_{Y,W}$ und dem Reifenschräglaufwinkel α/2 zu [1]:

$$F_{R,a} = \sin(\alpha/2) \cdot F_{Y,W} = \sin(\alpha/2) \cdot C_\alpha \cdot \alpha/2 \quad (2.21)$$

Der Schräglaufwinkel α entspricht in diesem Fall dem Achs-Vorspurwinkel $d_{V,0}$. Rad-Vorspurwinkel liegen im Allgemeinen im Bereich sehr kleiner Winkel $\delta_{V,0}/2 < 20'$. Entsprechend kann für den zusätzlichen Radwiderstand $F_{R,\alpha}$ infolge Schräglauf α bzw. Vorspur $d_{V,0}$ formuliert werden:

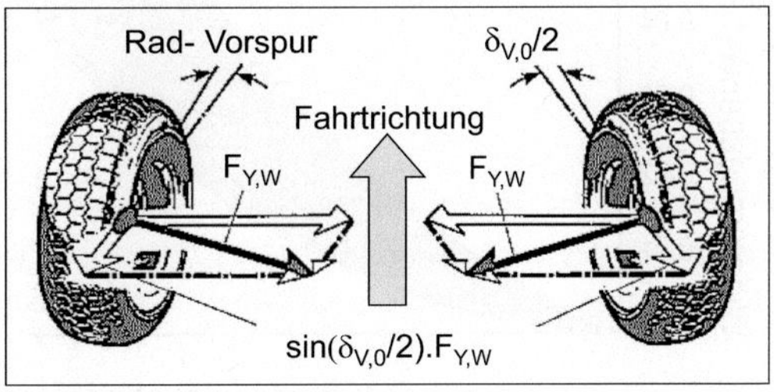

Abb. 2.17 Vorspurwiderstand $F_{R,a}$ durch Vorspurwinkel $\delta_{V,0}$ [1]

2

$$F_{R,\alpha} = \left(\frac{\alpha}{2}\right)^2 \cdot C_\alpha = \left(\frac{\delta_{V,0}}{2}\right)^2 \cdot C_\alpha \quad (2.22)$$

Für den Vorspur- bzw. Schräglaufradwiderstand $F_{R,\alpha}$ kann mit der radlastspezifischen Schräglaufsteifigkeit.

$$C_\alpha^* = C_\alpha \, / \, F_{Z,W} \quad (2.23)$$

ein Widerstandsbeiwert $k_{R,\alpha}$ definiert werden [1]:

$$k_{R,\alpha} = \frac{F_{R,\alpha}}{F_{Z,W}} = \frac{\left(\frac{\delta_{V,0}}{2}\right)^2 \cdot C_\alpha}{F_{Z,W}} = \left(\frac{\delta_{V,0}}{2}\right)^2 \cdot C_\alpha^* \quad (2.24)$$

In ◘ Abb. 2.18 ist ein Streuband für Schräglaufwiderstandsbeiwerte $k_{R,\alpha}$ verschiedener Fahrzeugreifen ausgewertet aus Messungen der Schräglaufsteifigkeit zu sehen.

Verglichen mit dem Streuband für Reifen-Rollwiderstandsbeiwerte k_R bei Geradeausfahrt ergibt sich, dass Radwiderstände aus Schräglauf bereits ab etwa 2° Schräglaufwinkel die gleiche Größenordnung erreichen können wie die Rollwiderstände bei Geradeausfahrt [1]. Der resultierende Gesamt-Radwiderstand F_R für ein unter Vorspur rollendes Rad ergibt sich als Summe aus der Vorspurwiderstandskraft $F_{R,\alpha}$ und dem Reifen-Rollwiderstand $F_{R,T}$ auf trockener Fahrbahn:

$$F_R = F_{R,T} + F_{R,\alpha} \quad (2.25)$$

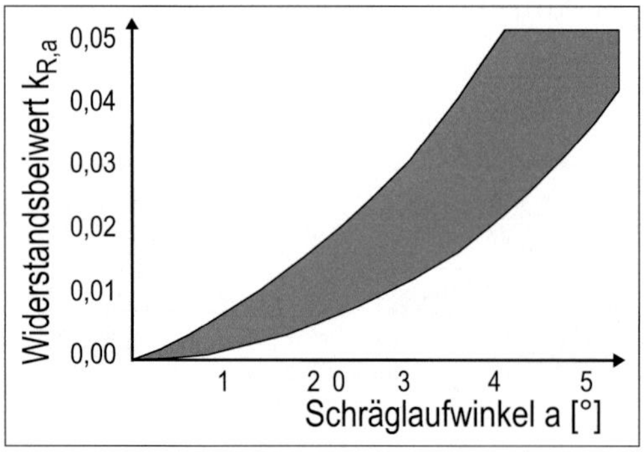

◘ **Abb. 2.18** Streuband Schräglaufwiderstandsbeiwert $k_{R,\alpha}$ in Abhängigkeit vom Schräglaufwinkel α [1]

- **Lagerreibung und Restbremsmomente $F_{R,fr}$**

Bei der Belastung eines Radlagers mit einer Kraft [2]

$$F_{Lager} = \sqrt{F_{X,W}^2 + F_{Z,W}^2}, \quad (2.26)$$

die sich aus einer vertikalen Radkraft $F_{Z,W}$ und einer horizontalen Radkraft $F_{X,W}$ zusammensetzt, ergibt sich zusammen mit

- dem Lagerradius r_{Lager},
- dem Radhalbmesser r_{dyn} und
- dem Lagerreibbeiwert μ_{Lager}

für die zusätzliche Radwiderstandskraft $F_{R,fr}$ infolge Lagerreibung [2]:

$$F_{R,fr} = \mu_{Lager} \cdot \frac{r_{Lager}}{r_{dyn}} \sqrt{F_{X,W}^2 + F_{Z,W}^2} \quad (2.27)$$

Der Anteil durch Lagerreibung ist gegenüber dem Reifen-Rollwiderstand $F_{R,T}$ vergleichsweise gering und kann daher im Allgemeinen vernachlässigt werden. Eine Ausnahme tritt an Gleitlagern während des Anfahrvorgangs auf. Dort kann $F_{R,fr}$ sogar größer als $F_{R,T}$ werden. Kraftfahrzeuge werden aber fast ausschließlich mit Wälzlagern als Radlager ausgerüstet.

Nicht zu vernachlässigen ist dagegen das Restbremsmoment $M_{B,Re}$ von – vor allem älteren – Scheibenbremsen. Dieses Moment kann selbst dann anliegen, wenn das hydraulische System nach Lösen des Bremspedals bereits völlig drucklos ist [2]. Die Formel für die zusätzliche Radwiderstandskraft $F_{R,fr}$ ist:

$$F_{R,fr} = \frac{M_{B,Re}}{r_{dyn}} \quad (2.28)$$

Bezogen auf die aktuelle Radlast $F_{Z,W}$ kann daraus ein Widerstandskoeffizient $k_{R,fr}$ abgeleitet werden:

$$k_{R,fr} = \frac{F_{R,fr}}{F_{Z,W}} = \frac{M_{B,Re}}{r_{dyn} \cdot F_{Z,W}} \tag{2.29}$$

Das ◘ Abb. 2.19 zeigt den experimentell ermittelten Widerstandskoeffizienten $k_{R,fr}$ infolge Restbremsmoment $M_{B,Re}$ im Vergleich zum Reifen-Rollwiderstandsstreuband aus ◘ Abb. 2.10. Hieraus wird deutlich, dass die Verluste aus k_R,fr nicht zu vernachlässigen sind. Das Schleifen wird durch Schwingungen verringert, die bei Fahrten auf unebenen Straßen oder bei Reifenungleichförmigkeiten auftreten [2].

2.1.1.2 Luftwiderstand

Bewegt sich ein geschlossener Körper mit einer konstanten Geschwindigkeit durch eine Flüssigkeit (Wasser) oder ein Gas (Luft) so müssen zur Aufrechterhaltung seines Bewegungszustandes Strömungswiderstände überwunden werden. In erster Linie handelt es sich dabei um die Widerstandsformen

- Druckwiderstand und
- Reibungswiderstand.

Da es sich bei einem Kraftfahrzeug nicht um einen geschlossenen Körper handelt, kommt hier noch der innere Luftwiderstand hinzu. Der innere Luftwiderstand beschreibt die Durchströmung (z. B. zur Motorkühlung) des Fahrzeugs. Weiterhin werden durch die Bewegung des Fahrzeugkörpers durch die ihn umgebende Luft Verwirbelungen erzeugt, die zusätzlich als induzierter Luftwiderstand bezeichnet werden.

Nach dem neuen WLTP-Zyklus zur Messung des Durchschnittverbrauchs hat der Luftwiderstand ein Anteil von ca. 30 %. Dieses wird wiederum zu 40 % durch die Proportionen der Karosserie verursacht, 30 % durch das Rad und Radhaus, 20 % durch den Unterboden und 10 % durch die Funktionsöffnungen [8].

Ziel zur Verbesserung der Luftwiderstand ist ein Abreisen der Luftströmung zu verhindern, z. B. mit einer durchgehender Bodenverkleidung, mit weniger (besser gar keine) Anbauteile und geschickte Gestaltung der Radkasten.

Beim Druckwiderstand handelt es sich um den hauptsächlich durch den Staudruck $p\infty$ sowie die Heckabrisszone eines Fahrzeugs erzeugten Luftwiderstand $F_{L,}\infty$. Auch der induzierte Luftwiderstand wird dem Druckwiderstand zugerechnet. Allgemein berechnet sich der Staudruck $p\infty$ aus der Dichte der Luft ϕ_L und der Anströmgeschwindigkeit v_∞ zu:

$$p_\infty = \frac{\rho_L}{2} \cdot v_\infty^2 \tag{2.30}$$

Bei Luft handelt es sich um ein ideales Gas. Die Dichte der Luft errechnet sich dabei in Abhängigkeit von der Umgebungstemperatur θ_U, dem Umgebungsluftdruck p_U und der Gaskonstante von Luft R_L zu:

$$p_\infty = \frac{\rho_L}{2} \cdot v_\infty^2 \tag{2.31}$$

Bei Betrachtung dieses Zusammenhangs wird deutlich, dass der Luftwiderstand eines Fahrzeugs auch von den aktuellen Umgebungsbedingungen abhängt. Multipliziert man den Staudruck $p\infty$ mit der Stirnfläche A_L des Fahrzeugs und dem dimensionslosen Luftwiderstandsbeiwert c_w ergibt sich für den Druckwiderstand $F_{L,}\infty$:

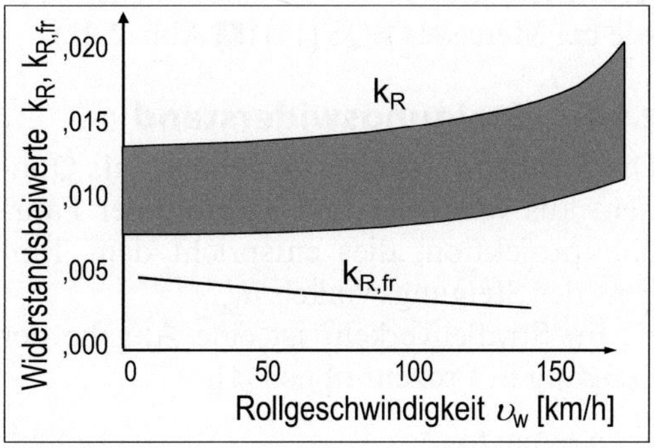

◘ **Abb. 2.19** Radwiderstand $k_{R,fr}$ infolge Restbremsmoment im Vergleich zu Rollwiderständen k_R [2]

2

$$F_{L,\infty} = p_\infty \cdot c_W \cdot A_L = \frac{\rho_L}{2} \cdot v_\infty^2 \cdot c_W \cdot A_L \tag{2.32}$$

Beim fahrenden Fahrzeug wird die Anströmgeschwindigkeit $v\infty$ durch die Kombination aus Fahrzeuggeschwindigkeit v_X und Windgeschwindigkeit v_L beschrieben.

$$v_\infty = v_X \pm v_L \tag{2.33}$$

Das Vorzeichen für die Windgeschwindigkeit v_L ergibt sich aus der Windrichtung: Bei Gegenwind wird die Windgeschwindigkeit v_L addiert, bei Rückenwind subtrahiert. Die Größe der Windgeschwindigkeit v_L beträgt im Mittel $v_L \approx 4{,}7$ m/s = 17 km/h. Die Richtung der Windgeschwindigkeit zur Fahrzeuglängsachse ist zufällig und damit stochastisch verteilt, da sie vom Straßenverlauf und von der Windrichtung abhängt [2].

Durch Einführung des dimensionslosen Luftwiderstandsbeiwertes c_w werden der Reibungs- und der innere Luftwiderstand dem Druckwiderstand zugeschlagen. Der Reibungswiderstand spielt vor allem bei langen Fahrzeugen wie Bussen oder Lkw eine Rolle. Der Luftwiderstandsbeiwert c_w charakterisiert außerdem die jeweilige Karosserieform: Fahrzeuge unterschiedlicher Gestalt aber gleicher Stirnflächengröße A_L erzeugen bei gleichen Umgebungsbedingungen unterschiedliche Luftwiderstandskräfte FL.

Stirnflächen von Pkw liegen im Bereich von $1{,}5\ m^2 < A_L < 2{,}5\ m^2$ und für Lkw und Busse von $4\ m^2 < A_L < 9\ m^2$. Luftwiderstandsbeiwerte von Pkw-Karosserien liegen zwischen $c_w = 0{,}2$ und $c_w = 0{,}4$.

Als Durchschnittswert von Pkw wurde beispielsweise im Jahr 2002 $c_w = 0{,}32$ ermittelt. Bei Lkw und Bussen betragen die c_w-Werte im Allgemeinen $0{,}4 < c_w < 0{,}9$ [3, 4].

Als Grundgleichung zur Berechnung der Luftwiderstandskraft F_L kann wie folgt formuliert werden:

$$F_L = \frac{p_U}{2 \cdot R_L \cdot \theta_U} \cdot (v_x \pm v_L)^2 \cdot c_W \cdot A_L \tag{2.34}$$

Der Luftwiderstandsbeiwert c_w wird experimentell für jedes Fahrzeug im Windkanal bestimmt.

Eine kurze Darstellung der Entwicklung des Luftwiderstandsbeiwertes c_w von Pkw-Karosserien in den letzten 80 Jahren zeigt ◘ Abb. 2.20 [9].

Aus vielen Grundsatzuntersuchungen ist bekannt, dass mit Körpern in den Abmessungen von Pkws theoretisch ein Widerstandsbeiwert von $c_w = 0{,}15$ möglich ist [2].

Da bei schnellen Fahrten der Luftwiderstand Hauptkraftstoffverbraucher ist, werden in der letzten Zeit immer mehr Autos mit sehr niedrigem Luftwiederstand vorgestellt. Aktuell halten den besten Wert mit 0,22 Audi A4, 5er BMW, Mercedes CLA Coupe und A-Klasse Limosine. Ziel liegt bei 0,20.

Ein Mercedes Konzeptfahrzeug hat nun den niedrigsten Wert von 0,19 erreicht, allerdings mit Maßnahmen, die aus Kosten Gründen in der Serie wohl nicht anwendbar bleiben. So fährt z. B. bei schneller Fahrt eine aufwendige Heckverkleidung aus, erkennbar ganz links am Bild (◘ Abb. 2.21) [10].

Die Einführung der batterieangetriebenen Fahrzeuge brachte weitere Verbesserungen durch kürzere Haube und damit flacher gestaltete Frontscheibe, Wegfall der Kühlungsschlitze vorne sowie durchgehend glatter Unterboden. Hier sind heute, dank Elektroantrieb, die Werte von 0,20 möglich z. B. wie bei Mercedes EQS [11] (◘ Abb. 2.22).

2.1.1.3 Steigungswiderstand

Die Straßensteigung p ist definiert als Quotient aus vertikaler und horizontaler Fahrbahnprojektion, dies entspricht dem Tangens des Steigungswinkels α_{St}.

Im Straßenverkehr ist eine Angabe der Steigung in Prozent üblich [1].

$$p = \tan(\alpha_{St}) \tag{2.35}$$

Beim Befahren von Steigungen bzw. Gefällestrecken wird die Gesamtgewichtskraft

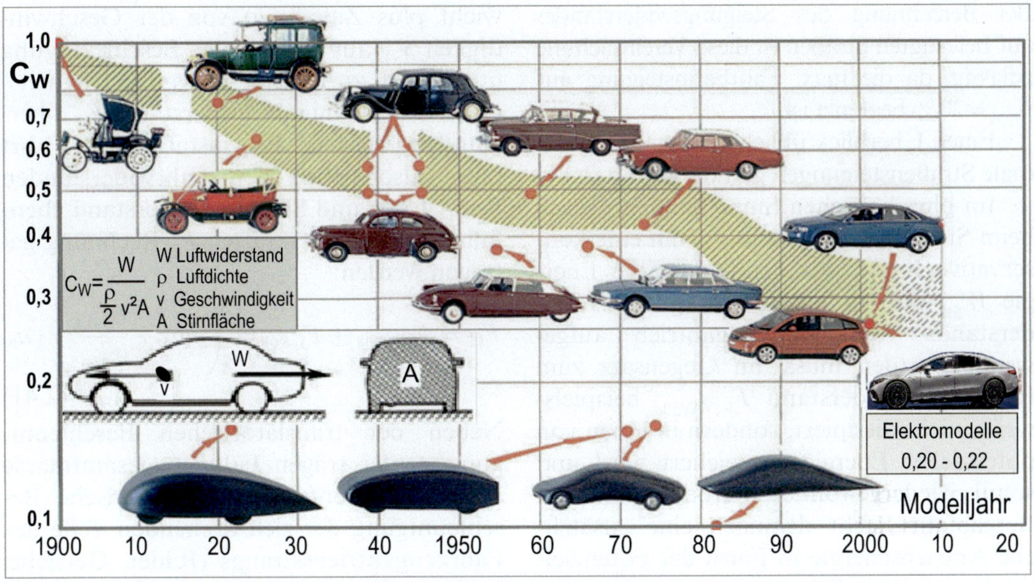

Abb. 2.20 Geschichtliche Entwicklung des Luftwiderstandsbeiwertes c_w [9]

Abb. 2.21 Mercedes Konzeptfahrzeug mit Cw = 0,19

Abb. 2.22 Mercedes EQS SUV mit Cw = 0,20

$F_{Z,V,t}$ aufgrund der Neigung α_{St} des Fahrzeugs im Erdschwerefeld anteilig zu einer Fahrwiderstandskraft F_{St} bzw. einer zu einer zusätzlichen Antriebskraft F_{St}.

$$F_{Z,V,t} = m_{V,t} \cdot g \tag{2.36}$$

Der Sinusanteil der Gesamtgewichtskraft $F_{Z,V,t}$ wirkt auf Steigungen in Fahrzeuglängsrichtung. Folglich errechnet sich der Steigungswiderstand F_{St} zu:

$$F_{St} = F_{Z,V,t} \cdot \sin(\alpha_{St}) = m_{V,t} \cdot g \cdot \sin(\alpha_{St}) \tag{2.37}$$

Bei Verwendung der Straßensteigung p statt Steigungswinkels α_{St} ergibt sich aus den Gl. (2.35) und (2.37):

$$F_{St} = m_{V,t} \cdot g \cdot \sin(\arctan(p)) \tag{2.38}$$

Bis zu einer Steigung von $p = 30\,\%$, dies entspricht in etwa $\alpha_{St} = 17°$, kann in Gl. (2.37) bei einem max. Fehler von weniger als 5 % geschrieben werden [2]:

$$\sin(\alpha_{St}) \approx \tan(\alpha_{St}) = p \tag{2.39}$$

Der Ausdruck in Gl. (2.38) vereinfacht sich dann zu:

$$F_{St} = m_{V,t} \cdot g \cdot p \quad (\text{mit } p < 30\,\%) \tag{2.40}$$

Bei Berechnung des Steigungswiderstandes auf befestigten Straßen ist diese Vereinfachung zulässig, da die max. Fahrbahnsteigung auf $p_{max} = 30\,\%$ begrenzt ist.

Einen Überblick üblicher Werte für maximale Straßensteigungen gibt die ◘ Tab. 2.3.

Im physikalischen Sinne handelt es sich beim Steigungswiderstand F_{St} um eine konservative Kraft, das heißt, dass die Energie W_{St}, die zur Überwindung dieses Widerstands vom Fahrzeugantrieb aufgewendet werden muss, im Gegensatz zum Reifen-Walkwiderstand $F_{R,T,Walk}$ beispielsweise, nicht dissipiert, sondern in Form von potenzieller Energie gespeichert wird und somit wiedergewonnen werden kann. Bei Bergabfahrt steht demnach eine zusätzliche Antriebsenergie in Form der potenziellen Energie der Fahrzeuggesamtmasse $m_{V,t}$ zur Verfügung. Moderne Elektro- und Hybridfahrzeuge machen sich diesen Umstand zu Nutze und können bei Bergabfahrt eine Rekuperation betreiben, um Kraftstoff einzusparen.

2.1.1.4 Beschleunigungswiderstand

Um den Bewegungszustand eines Fahrzeugs mit der Gesamtmasse $m_{V,t}$ (Leergewicht plus Zuladung) von der Geschwindigkeit v_{x1} auf v_{x2} mit der Beschleunigung $a_x = dv_x / d_t$ zu ändern, muss der Trägheits- oder Beschleunigungswiderstand F_C überwunden werden. Bei instationärer Fahrt muss also neben den Fahrwiderständen Rad-, Luft- und Steigungswiderstand ebenfalls den Trägheitskräften F_C Rechnung getragen werden:

$$F_C = F_{C,trans} + F_{C,rot} = \left(m_{V,t} + \frac{\theta_{red,i}}{r_{dyn}^2} \right) \cdot a_x \tag{2.41}$$

Neben der translatorischen Beschleunigung a_x der trägen Fahrzeuggesamtmasse $m_{V,t}$ muss ebenfalls eine rotatorische Beschleunigung der sich drehenden Teile des Fahrzeugantriebsstrangs (Räder, Getriebe, Motor) erfolgen. Diese findet in Gl. (2.41) Berücksichtigung durch das auf das Rad reduzierte Massenträgheitsmoment $\Theta_{red,i}$ der gesamten Wuchtgruppe vom Motor über das Getriebe (im Gang *i*) bis zu den Rädern.

Der dabei anden Antriebsrädern zu überwindende rotatorische Trägheitswiderstand $F_{C,rot}$ errechnet sich aus der Drehbeschleunigung am Rad a_R, dem Radhalbmesser r_{dyn}

◘ **Tab. 2.3** Zulässige Steigungen [RAS-L1, 1]

Straßenlage	Straßenart	v [km/h]	P_{max} [%]
Straßen außerhalb bebauter Gebiete	Kreisstraße	40	10,0
	Landstraße	60	6,5
	Bundesstraße	80	5,0
		100	4,5
	Bundesautobahn	100	4,5
		120	4,0
		140	4,0
Stadtstraßen	mehrspurig	–	5–6
	Anlieger	–	10,0
	Wohnwege	–	10,0
Alpenstraßen		–	30,0

und dem reduzierten Massenträgheitsmoment der Wuchtgruppe $\Theta_{red,i}$ zu:

$$F_{C,rot} = \frac{\theta_{red,i} \cdot a_R}{r_{dyn}} \tag{2.42}$$

Die Drehbeschleunigung am Rad a_R wird mithilfe von Gl. (2.43) durch die translatorische Beschleunigung a_x und dem den dynamischen Radradius r_{dyn} dargestellt:

$$a_R = \frac{a_x}{r_{dyn}} \tag{2.43}$$

Das auf die Antriebsräder eines Fahrzeugs reduzierte Massenträgheitsmoment des gesamten Antriebsstrangs $\Theta_{red,i}$ mit dem im Getriebe eingelegten Gang i wird mit Gl. (2.44) berechnet [1]:

$$\begin{aligned}\theta_{red,i} = \theta_R + i_{h(v)}^2 \cdot \theta_{Antr} + \\ + i_{h(v)}^2 \cdot i_{G,i}^2 \cdot \left(\theta_{Mot} + \theta_K + \theta_{G,i}\right)\end{aligned} \tag{2.44}$$

mit:

- dem Massenträgheitsmoment aller vier Fahrzeugräder Θ_R,
- dem Massenträgheitsmoment der Antriebswellen Θ_{Antr},
- dem Massenträgheitsmoment des Motors Θ_{Mot},
- dem Massenträgheitsmoment der Kupplung Θ_K,
- dem Massenträgheitsmoment des Getriebes $\Theta_{G,i}$,
- der Getriebeübersetzung $i_{G,i}$ im Gang i,
- der Achsgetriebeübersetzung $i_{h(v)}$, mit h für Hinterachs- und v für Vorderachsantrieb.

Die Gl. (2.44) kann weiter vereinfacht werden, indem man das reduzierte Massenträgheitsmoment $\Theta_{red,i}$ im Gang i durch einen sogenannten Massenfaktor e_i im Gang i der Fahrzeugleermasse $m_{V,ul,0}$ zuschlägt. Die Fahrzeuggesamtmasse $m_{V,t}$ muss hierzu in seine Anteile Leermasse und Zuladung zerlegt werden:

$$m_{V,t} = m_{V,ul,0} + m_{zu} \tag{2.45}$$

Der Massenfaktor e_i im Gang i wird definiert als:

$$e_i = \frac{\theta_{red,i}}{m_{V,ul,0} \cdot r_{dyn}^2} + 1 \tag{2.46}$$

Durch Einsetzen der Gl. (2.46) und (2.45) in Gl. (2.41) ergibt sich für den Beschleunigungswiderstand F_C [1]:

$$F_C = \left(e_i \cdot m_{V,ul,0} + m_{zu}\right) \cdot a_x \tag{2.47}$$

Da die Getriebeübersetzung i_G in die Ermittlung des reduzierten Massenträgheitsmomentes $\Theta_{red,i}$ quadratisch eingeht, kann der Massenfaktor e_i in einem breiten Bereich streuen. So ist beispielsweise bei Gelände- oder Nutzfahrzeugen mit extrem hoch übersetztem Kriechgang (*Crawler*) ein höherer Kraftbedarf für die Beschleunigung α der rotierenden Massen erforderlich, als für die rein translatorische Beschleunigung a_x des Fahrzeugs [1]. Bei normalen Pkws ist dieser Faktor allerdings relativ klein. Beim 1. Gang beträgt es ca. 1,1 und beim 6. Gang liegt er nahezu bei der Null.

Abschließend zeigt ◘ Abb. 2.23 den Streubereich von Massenfaktoren e_i für verschiedene Pkw in verschiedenen Gängen i.

Genau wie beim Steigungswiderstand F_{St} handelt es sich auch beim Beschleunigungswiderstand F_C um eine konservative Kraft. Die zum Beschleunigen des Fahrzeugs und seiner rotatorischer Massen erforderliche Energie W_C wird in Form kinetischer Energie W_{kin} im aktuellen Bewegungszustand gespeichert.

$$W_C = W_{kin} = \frac{1}{2} \cdot \left(e_i \cdot m_{V,ul,0} + m_{zu}\right) \cdot v_x^2 \tag{2.48}$$

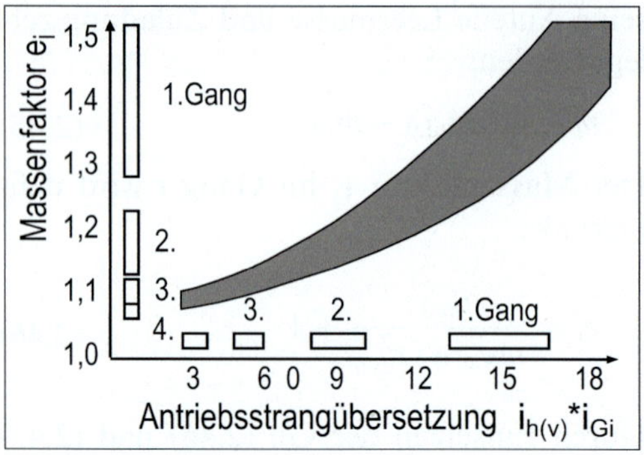

Abb. 2.23 Streubereich für Massenfaktoren *ei* in Abhängigkeit von Antriebsübersetzung und Fahrgang *i* [2]

Durch Rekuperation kann diese Energie W_{kin} bei Abbremsung des Fahrzeugs wiedergewonnen und dem Antrieb für den nächsten Anfahrvorgang zur Verfügung gestellt werden. Hybrid- und Elektrofahrzeuge machen sich diesen Umstand zu Nutze und können regenerativ Bremsen, indem die elektrische Antriebsmaschine als Generator verwendet wird. Die dabei zurückgewonnene Energie kann in Li-Ionen Batterien der elektrifizierten Autos zwischengespeichert werden. Allerdings lässt sich nur ein Teil der Bremsenergie zurückgewinnen, weil es bei hohen Strömen (z. B. bei einer Bremsung über 0,5 g) es z.Z. physikalisch nicht möglich ist.

2.1.1.5 Gesamtfahrwiderstand

Der Gesamtfahrwiderstand F_{Bed} eines Fahrzeugs setzt sich aus den Anteilen Luftwiderstand F_L, Gesamt-Radwiderstand F_R (4 Räder), Steigungswiderstand F_{St} und Beschleunigungswiderstand F_C zusammen.

$$F = F_{Bed} = F_L + F_R + F_{St} + F_C \quad (2.49)$$

Diese Einzelwiderstände haben bei Fahrten auf verschiedenen Straßenarten unterschiedlich starke Anteile am Gesamtfahrwiderstand. Eine typische Verteilung auf den „Stadt", „Landstraße" und „Autobahn" zeigt nachfolgend das Diagramm in Abb. 2.24.

Setzt man die in den ► Abschn. 2.1.1.1 bis 2.1.1.4 hergeleiteten Zusammenhänge für die einzelnen Fahrwiderstandsanteile in Gl. (2.49) ein, erhält man die Grundgleichung zur Fahrwiderstandsberechnung:

$$\begin{aligned} F_{Bed} = &\frac{p_U}{2 \cdot R_L \cdot \theta_U} \cdot (v_x \pm v_L)^2 \cdot c_w \cdot A_L \\ &+ \sum_j k_{R,j} \cdot F_{Z,V,t} + m_{V,t} \cdot g \cdot \sin(\alpha_{St}) \\ &+ \left(e_i \cdot m_{V,ul,0} + m_{zu}\right) \cdot a_x \end{aligned} \quad (2.50)$$

Multipliziert mit der aktuellen Fahrgeschwindigkeit v_x ergibt sich aus Gl. (2.50) die Leistung P_{Bed}, die an den Antriebsrädern des Fahrzeugs zur Verfügung stehen muss, um den Fahrzustand aufrecht zu erhalten.

$$P_{Bed} = \left(\begin{aligned} &\frac{p_U}{2 \cdot R_L \cdot \theta_U} \cdot (v_x \pm v_L)^2 \cdot c_w \cdot A_L \\ &+ \sum_j k_{R,j} \cdot F_{Z,V,t} + m_{V,t} \cdot g \cdot \sin(\alpha_{St}) \\ &+ \left(e_i \cdot m_{V,ul,0} + m_{zu}\right) \cdot a_x \end{aligned} \right) \cdot v_x \quad (2.51)$$

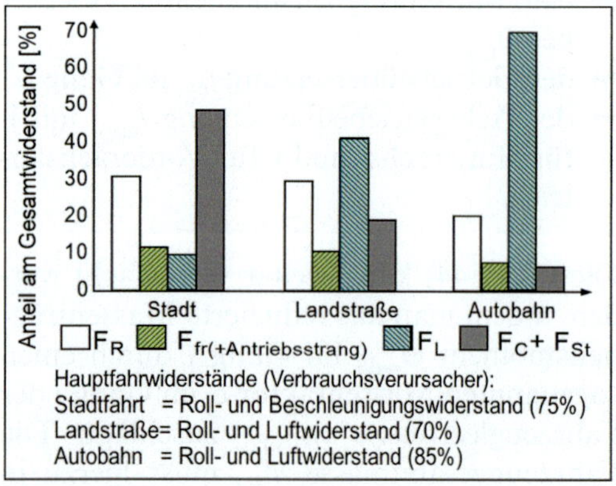

Abb. 2.24 Typische Anteile der Einzelfahrwiderstände bei Fahrt auf unterschiedlichen Straßen [3]

2.1.2 Seitenwindkräfte

Die Seitenwindempfindlichkeit eines Kraftfahrzeugs ist seit jeher Untersuchungsgegenstand in den Entwicklungsabteilungen. Vielfach musste aber eine Reduktion der Seitenwindempfindlichkeit der Berücksichtigung anderer kritischer Fahrsituationen Platz machen, die in ihrer Bedeutung höher eingestuft wurden [12, 13].

Die Reaktion von Fahrzeugen als Folge von einwirkendem Seitenwind, kurz als Seitenwindempfindlichkeit bezeichnet [14], betrifft in erster Linie das Geradeauslaufverhalten und damit den Spurbreitenbedarf eines Kraftfahrzeugs. Fahrstabilität und Fahrsicherheit werden aus diesem Grund maßgeblich durch die Seitenwindempfindlichkeit beeinflusst.

Der auf öffentlichen Straßen auftretende natürliche Seitenwind lässt sich als Grundströmung mit überlagerten stochastischen Anteilen beschreiben (■ Abb. 2.25) [14].

Typische Windgeschwindigkeiten in Deutschland und deren jährliche Vorkommensdauer zeigt ■ Abb. 2.26.

Die Seitenwindempfindlichkeit wird heute noch vielfach durch Vorbeifahrt an Seitenwindanlagen auf Teststrecken untersucht. Dabei wird das Lenkrad in Geradeausstellung festgehalten (Open-Loop-Manöver), während der Seitenwind mit konstanter Geschwindigkeit auf das untersuchte Fahrzeug einwirkt.

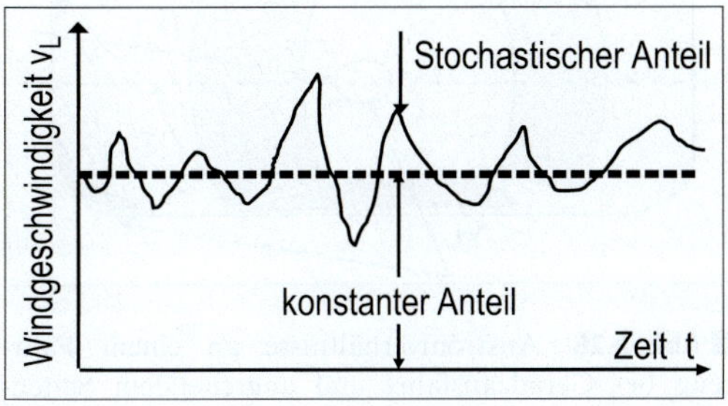

■ **Abb. 2.25** Erscheinungsbild der Windgeschwindigkeit v_L bei natürlichem Seitenwind bestehend aus einem konstanten und einem überlagerten Anteil [12, 15]

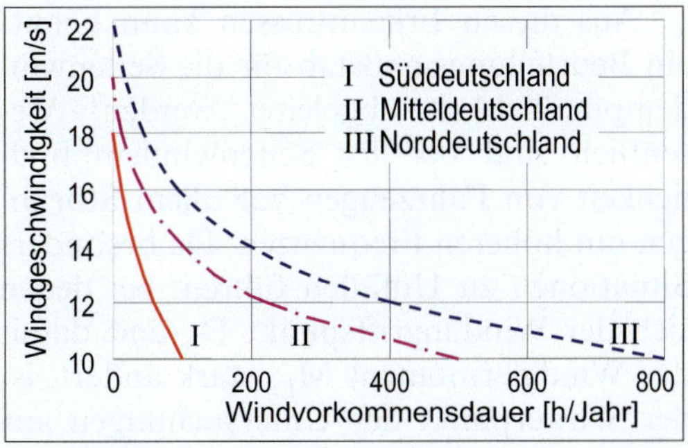

■ **Abb. 2.26** Natürliches Windaufkommen in verschiedenen Regionen Deutschlands [11]

Daneben werden aber auch Untersuchungen zum Closed-Loop-Verhalten durchgeführt, um z. B. eine Unterscheidung hinsichtlich des Fahrerlenkaufwands zur Korrektur der Seitenwindstörung zu treffen [14].

Die Vorbeifahrt an einer Seitenwindanlage testet das Fahrzeugverhalten vor allem nur bei sehr geringen Störfrequenzen, weshalb die Aussagekraft derartiger Versuche nicht besonders groß ist [13].

Messungen unter wechselnden Windverhältnissen, wie sie bei natürlichem Seitenwind auftreten, beinhalten größere Windrichtungsänderungen, sodass hier eine größere Spanne von Anströmwinkeln τ durchlaufen wird, auf die Fahrzeuge in unterschiedlichem Ausmaßreagieren können.

Deshalb stellt die Untersuchung der Seitenwindempfindlichkeit von Fahrzeugen bei natürlichem Seitenwind unter realen Verkehrsbedingungen, gerade im Hinblick auf die Fahrsicherheit, die beste Annäherung an die Erfordernisse der Praxis dar. Komplexe Fahrmanöver wie beispielsweise das Vorbeifahren an Lkws oder das Unterfahren von Brücken unter Seitenwindeinfluss werden hier am besten berücksichtigt [13].

Aus diesen Erkenntnissen kann bereits ein Beurteilungsmaßstab für die Seitenwindempfindlichkeit abgeleitet werden: Wesentlich sind bei der Seitenwindempfindlichkeit von Fahrzeugen vor allem Störungen mit höheren Frequenzen. Da besonders Situationen zu Unfällen führen, bei denen sich der Windangriffspunkt D_p und damit das Windgiermoment M_{Lz} stark ändert, ist der Schwerpunkt der Untersuchungen auf die Fahrzeug-Gierreaktion zu legen [14].

Bei den heutigen Fahrzeugen mit Elektrolenkung wird die Wirkung des Seitenwinds duch entgegengesetzten Lenkinkel automatisch ausgeglichen.

■ **Rechnerische Grundlagen**

In erster Linie verursacht ein auf ein Fahrzeug einwirkender Seitenwind ein Giermoment M_{Lz} und eine Querkraft F_{Lz}. Werden keine Korrekturen z. B. durch eine Lenkwinkeländerung des Fahrers vorgenommen, erfährt das Fahrzeug hierbei eine Seiten- und Winkelabweichung vom vorgegebenen Kurs. Hierdurch entstehen an den Reifen windverursachte Querkräfte, die der Gierbewegung des Fahrzeugs entgegenwirken.

Inwieweit sich das windverursachte Giermoment M_{Lz} auswirkt, hängt im Wesentlichen von der Fahrwerksauslegung des Fahrzeugs und der Lage von Schwerpunkt S_p und Wind-Druckpunkt D_p zueinander ab [14].

Das in ◘ Abb. 2.27 dargestellte Einspurmodell stellt die geometrischen Beziehungen bezüglich des Angriffspunktes Dp einer Windseitenkraft F_{Ly} dar. Die Reaktion eines Fahrzeugs auf seitlich angreifende Luftkräfte hängt von der Lage des Druckmittelpunktes D_p und der Größe der Kraft F_{Ly} ab. Die auf das Fahrzeug wirkende Luftseitenkraft wird, wie in ◘ Abb. 2.28 gezeigt, als Resultierende im Druckmittelpunkt dargestellt. Dieser befindet sich in einem Abstand e_{Sp} vor dem Fahrzeugschwerpunkt.

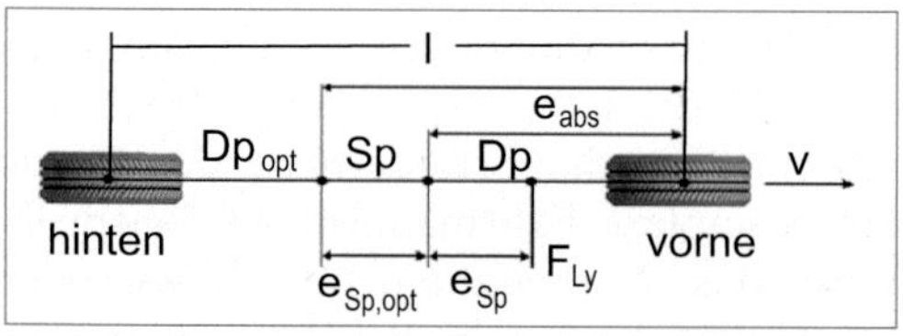

◘ Abb. 2.27 Geometrische Druck- und Schwerpunktverhältnisse am Einspurmodell eines Fahrzeugs [15]

Hieraus resultiert das Windgiermoment M_{Lz} um das Fahrzeug z-Achse [15]. Bei einer in Fahrtrichtung verlaufenden Anströmung hat die in Fahrzeuglängsrichtung wirkende Windkraft keinen direkten Einfluss auf die Kurshaltung. Bei Schräganströmung folgt aus der Vektoraddition der Fahrzeuggeschwindigkeit v_x und der Windgeschwindigkeit v_L (◘ Abb. 2.28) eine Anströmgeschwindigkeit v_{res} mit einem Anströmwinkel τ_L zur Symmetrieachse des Fahrzeugs.

Die auf das Fahrzeug wirkenden Kräfte F_{Ly} und Momente M_{Lz} werden durch folgende Gleichungen ausgedrückt [12, 14]:

$$F_{Ly} = c_y(\tau_L) \cdot A_{quer} \cdot \frac{\rho_L}{2} v_{res}^2 \tag{2.52}$$

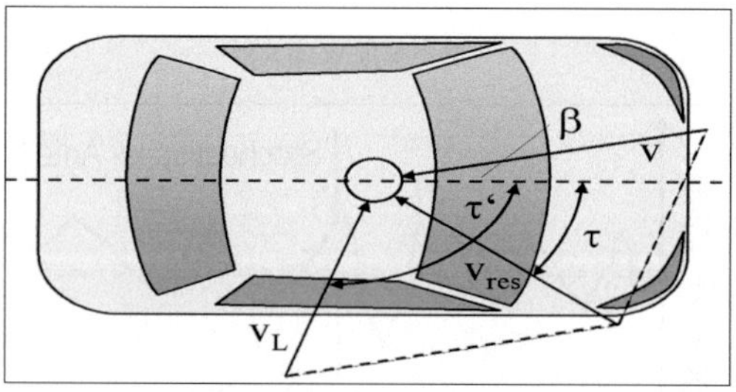

◘ Abb. 2.28 Anströmverhältnisse an einem Fahrzeug bei Geradeausfahrt und angreifendem Seitenwind [12] *V*: Fahrgeschwindigkeit, v_L: Absolutgeschwindigkeit, v_{res}: Relativgeschwindigkeit, τ : Windanströmwinkel, τ rel. Fahrzeuganströmwinkel, ß: Schwimmwinkel

$$M_{Lz} = F_{Ly} \cdot e_{Sp} = c_y(\tau_L) \cdot A_{quer} \cdot \frac{\rho_L}{2} v_{res}^2 \cdot e_{Sp}$$
$$= c_{Mz}(\tau_L) \cdot A_{quer} \cdot l \cdot \frac{\rho\_L}{2} v_{res}^2 \tag{2.53}$$

- e_{Sp} Abstand zwischen Sp und Dp
- A_{quer} Querspantfläche
- ρ_L Dichte der Luft
- v_{res} resultierende Anströmgeschwindigkeit
- τ_L Anströmwinkel
- c_y aerodynamischer Seitenwindkraftbeiwert als Funktion von τ_L
- c_{Mz} aerodynamischer Seitenwindgiermomentbeiwert als Funktion von τ_L

Messtechnisch ermittelte Seitenwindbeiwerte c_y und c_{Mz} für ein Beispielfahrzeug zeigt ◘ Abb. 2.29.

Hier sieht man deutlich, dass bis zu einem Wert von $\tau_L \approx 20°$ der Anstieg des Luftbeiwertes c_y über dem Anströmwinkel τ_L linearisiert werden kann [13].

$$c_y(\tau_L) = c_y \cdot \tau_L \tag{2.54}$$

Damit vereinfachen sich die Beziehungen der seitlich angreifenden Luftkraft F_{Ly} und das Moment M_{Lz} um die Hochachse des Fahrzeugschwerpunktes Sp zu:

$$F_{Ly} = c_y \cdot \tau_L \cdot A_{quer} \cdot \frac{\rho_L}{2} v_{res}^2 = k_y \cdot \tau_L \cdot v_{res}^2 \tag{2.55}$$

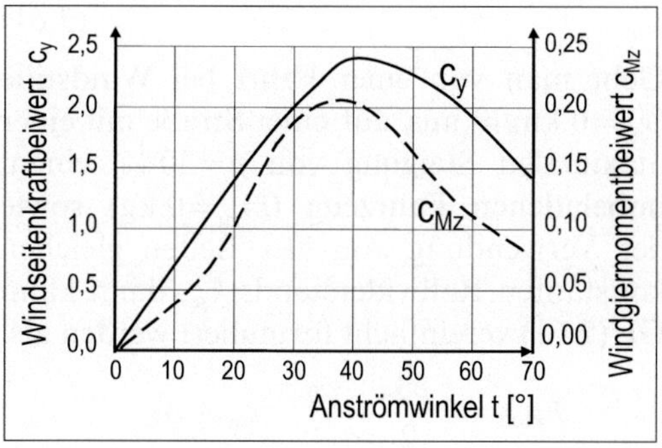

◘ **Abb. 2.29** Seitenwindbeiwerte c_Y und c_{Mz} in Abhängigkeit des Anströmwinkels v_L [12]

$$M_{Lz} = F_{Ly} \cdot e_{Sp} = k_y \cdot \tau_L \cdot v_{res}^2 \cdot e_{Sp} \tag{2.56}$$

$$k_y = c_y \cdot A_{quer} \cdot \frac{\rho_L}{2} \tag{2.57}$$

$$\tau_L \cdot v_{res}^2 \tag{2.58}$$

Die Größen k_y und e_{Sp} sind charakteristische Fahrzeugkonstanten. Damit ist der Ausdruck unten (2.58) ein Maß für die von außen wirkende Windstörung.

Der Windgiermomentbeiwert c_{Mz} kann ebenfalls bis zu $\tau_L \approx 20°$ ohne relevante Genauigkeitseinbußen linearisiert werden. Aus den Gl. (2.52) und (2.53) ergeben sich für den Momentenbeiwert:

$$c_y(\tau_L) \cdot e_{Sp} = c_{Mz}(\tau_L) \cdot l \tag{2.59}$$

Diese Beziehung liefert für verschiedene Anströmwinkel den oben beschriebenen Druckpunktabstand e_{Sp}, der bis zu einem Anströmwinkel von $\tau_L = 20°$ etwa konstant bleibt und anschließend mit weiter zunehmendem Anströmwinkel in Richtung Fahrzeugheck wandert. Zur Untersuchung des Fahrzeuggierverhaltens im gesamten Seitenwindanregungsspektrum wird das Gierübertragungsverhalten herangezogen. Es ist definiert als:

$$\left| \frac{\dot{\Psi}}{(\tau_L \cdot v_{res}^2)} \right| \tag{2.60}$$

◘ Abb. 2.30 zeigt ein typisches Gierübertragungsverhalten im Frequenzspektrum bei Seitenwindanregung mit Fahrereinfluss (Closed-Loop) und ohne Fahrereinfluss (Open-Loop).

Bei Betrachtung des Gierübertragungsverhaltens wird deutlich, dass sich der Fahrereinfluss bis ca. 0,5 Hz Seitenwindanregung positiv auswirkt, während er im Bereich der Fahrzeuggiereigenfrequenz um ca. 1,0 Hz die Fahrzeug-Gierreaktionen deutlich verstärkt. Ab 1,5 Hz ist kein nennenswerter Fahrereinfluss mehr feststellbar.

2

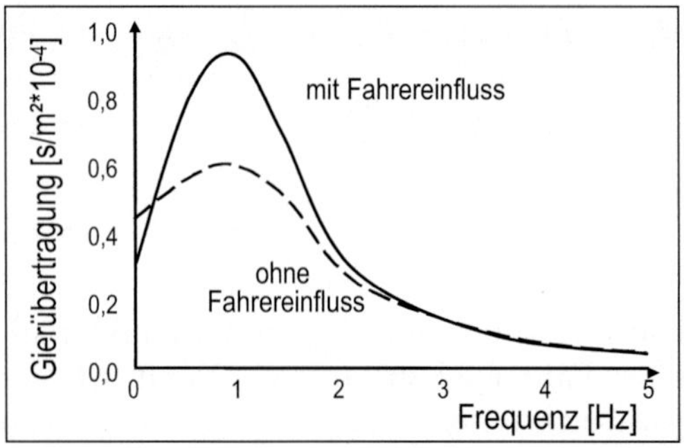

Abb. 2.30 Gierübertragungsverhalten Amplitudespektrum ohne / mit Fahrerlenkeinfluss bei 150 km/h [14]

Die c_w-Optimierung führt bei modernen Fahrzeugen (insbesondere bei Fließheckfahrzeugen) teils zu einer Vergrößerung der Windgiermomentenbeiwerte c_{Mz}. Hierbei verändert sich das Seitenwindverhalten und dies kann zu einer größeren Seitenwindempfindlichkeit und damit verbundener erhöhter Giergeschwindigkeitsreaktion führen, die aus subjektiver Sicht des Fahrers eine negative Fahrzeugeigenschaft darstellt. Da lediglich das Zeitverhalten der Gierbewegung und nicht das Giergeschwindigkeitsmaximum ausschlaggebend ist, führt eine Vergrößerung der Gierträgheit nur zu einer geringfügigen Verbesserung des Seitenwindverhaltens.

Großen Einfluss hat die Heckform eines Fahrzeugs auf das Seitenwindverhalten. Bei einem Fahrzeug mit Vollheck tritt im Heckbereich ein größerer Druckunterschied zwischen der dem Wind zugewandten und der dem Wind abgewandten Seite auf als bei einem Fließheckfahrzeug. Das Vollheckfahrzeug besitzt eine größere seitliche Kraftangriffsfläche im hinteren Bereich, wodurch sich der Kraftangriffspunkt e_{Sp} in Richtung Heck verlagert (der Druckpunkt Dp liegt in der Regel vor dem Fahrzeug-Schwerpunkt Sp). Hieraus resultieren eine größere, hintere Seitenkraft und ein reduziertes Giermoment. Das Fließheckfahrzeug weist dementsprechend eine geringere auftretende Seitenkraft, jedoch ein größeres Giermoment auf. Ein Stufenheckfahrzeug liegt bezüglich des Seitenwindverhaltens zwischen Vollheck und Fließheck. Selbst bei einer großen c_wReduzierung bei Vollheckfahrzeugen ist kein wesentlich stärkeres Seitenwindverhalten zu erwarten [16].

Eine c_w- (bzw. c_x-) Optimierung stellt sich jedoch bei Vollheckfahrzeugen schwieriger dar als bei Fließheckfahrzeugen. [14]

Der Einfluss des Seitenwindes auf die Fahrstabilität lässt sich heute bei Fahrzeugen mit einer elektromechanischen Lenkung aktiv ausgleichen, daher stellt er kein wichtiger Untersuchungsschwerpunkt mehr ► Abschn. 17.6.2).

2.1.3 Leistungs- und Energiebedarf

Die Grundgleichung zur Berechnung der zur Aufrechterhaltung eines beliebigen Fahrzustands erforderlichen Gesamtantriebskraft F_{Bed} ergibt sich gemäß Gl. (2.61):

$$\begin{aligned} F_{Bed} = & \frac{p_U}{2 \cdot R_L \cdot \theta_U} \cdot (v_x \pm v_L)^2 \cdot c_w \cdot A_L \\ & + \sum_j k_{R,j} \cdot F_{Z,V,t} + m_{V,t} \cdot g \cdot \sin(\alpha_{St}) \\ & + \left(e_i \cdot m_{V,ul,0} + m_{zu}\right) \cdot a_x \end{aligned} \tag{2.61}$$

Geht man von einer Fahrt bei Windstille ($v_L = 0$ km/h) aus, auf einer Straße mit einer maximalen Steigung von $p = 30\,\%$, einem unbeladenen Fahrzeug ($m_{zu} = 0$ kg) sowie der Verwendung von vier Reifen gleichen konstanten Rollwiderstands k_R, dann kann Gl. (2.61) vereinfacht formuliert werden als:

$$\begin{aligned} F_{Bed} = & \frac{\rho L}{2} \cdot v_x^2 \cdot c_w \cdot A_L \\ & + m_{V,t} \cdot g \cdot \left(k_R + p + e_i \frac{a_x}{g}\right) \end{aligned} \tag{2.62}$$

Während der Fahrt legt das Fahrzeug die Wegstrecke s_x zurück. Zur Überwindung der dabei in Abhängigkeit der Streckenkoordinate s auftretenden Fahrwiderstände $F_{Bed}(s)$ ist an den Antriebsrädern die Energie E_{Bed} umgewandelt worden:

$$E_{\mathrm{Bed}} = \int_0^{s_x} F_{\mathrm{Bed}}(s) \cdot \mathrm{d}s \qquad (2.63)$$

Da sich die Fahrwiderstände F_{Bed} zu einem Teil aus konservativen und zum anderen Teil aus nicht konservativen Kräften zusammensetzen, kann ein Teil $E_{Bed,konserv}$ der an der Rädern umgesetzten Antriebsenergie E_{Bed} durch Rekuperation zurückgewonnen werden. Der Rest $E_{Bed,dissip}$ dissipiert:

$$E_{\mathrm{Bed}} = E_{\mathrm{Bed,konserv}} + E_{\mathrm{Bed,dissip}} \qquad (2.64)$$

$$E_{\mathrm{Bed,konserv}} = \int_0^{s_x} [F_{\mathrm{St}}(s) + F_{\mathrm{C}}(s)] \cdot \mathrm{d}s \qquad (2.65)$$

$$E_{\mathrm{Bed,dissip}} = \int_0^{s_x} [F_{\mathrm{L}}(s) + F_{\mathrm{R}}(s)] \cdot \mathrm{d}s \qquad (2.66)$$

Die rekuperierbare Energie $E_{Bed,konserv}$ kann durch die kinetische und die potenzielle Energie der gesamten Fahrzeugmassenträgheit (translatorische und rotatorische Massen) bei der Fahrgeschwindigkeit v_x und der überwundenen Höhendifferenz h im Erdschwerefeld g ausgedrückt werden:

$$E_{\mathrm{Bed,konserv}} = \frac{e_{\mathrm{i}} \cdot m_{\mathrm{V,ul,0}} + m_{\mathrm{zu}}}{2} \cdot v_x^2 + m_{\mathrm{V,t}} \cdot g \cdot h \qquad (2.67)$$

Da sich das Fahrzeug mit einer bestimmten Fahrgeschwindigkeit v_x bewegt, muss der Fahrwiderstand F_{Bed} mit dieser Geschwindigkeit v_x überwunden werden. Hierfür ist an den Antriebsrädern die Leistung P_{Bed} aufzubringen:

$$P_{\mathrm{Bed}} = \frac{\mathrm{d}(E_{\mathrm{Bed}}(t))}{\mathrm{d}\,t} = F_{\mathrm{Bed}}(v_x) \cdot v_x \qquad (2.68)$$

Unter Verwendung von Gl. (2.61) erhält man:

$$\begin{aligned} P_{\mathrm{Bed}} = {} & \frac{p_{\mathrm{U}}}{2 \cdot R_{\mathrm{L}} \cdot \theta_{\mathrm{U}}} \cdot (v_x \pm v_{\mathrm{L}})^3 \cdot c_{\mathrm{w}} \cdot A_{\mathrm{L}} \\ & + \sum_j k_{\mathrm{R,j}} \cdot F_{\mathrm{Z,V,t}} \cdot v + m_{\mathrm{V,t}} \cdot g \cdot \sin(\alpha_{\mathrm{St}}) \cdot v_x \\ & + (e_{\mathrm{i}} \cdot m_{\mathrm{V,ul,0}} + m_{\mathrm{zu}}) \cdot a_x \cdot v_x \end{aligned} \qquad (2.69)$$

Mit den Vereinfachungen in ▶ Gl. 2.62 lässt sich der Leistungsbedarf an den Antriebsrädern P_{Bed} folgendermaßen ausdrücken:

$$\begin{aligned} P_{\mathrm{Bed}} = {} & \frac{\rho\,\mathrm{L}}{2} \cdot v_x^3 \cdot c_{\mathrm{w}} \cdot A_L \\ & + m_{\mathrm{V,t}} \cdot g \cdot \left(k_{\mathrm{R}} + p + e_i \frac{a_x}{g}\right) \cdot v_x \end{aligned} \qquad (2.70)$$

Mithilfe des aktuellen Leistungsbedarf P_{Bed} der Antriebsräder kann für die nach der Fahrtzeit t_x am Rad umgewandelte Gesamtenergie E_{Bed} (▶ Gl. 2.63) geschrieben werden:

$$E_{\mathrm{Bed}} = \int_0^{s_x} F_{\mathrm{Bed}}(s) \cdot \mathrm{d}s = \int_0^{t_x} P_{\mathrm{Bed}}(t) \cdot \mathrm{d}t \qquad (2.71)$$

Der Leistungsbedarf ist dabei ebenfalls abhängig von der aktuellen Streckenkoordinate s bzw. der Zeitkoordinate t. Diese sind voneinander abhängig und damit ineinander überführbar.

Bei niedrigen Fahrgeschwindigkeiten, beispielsweise im Stadtverkehr, spielen der Beschleunigungswiderstand F_C und ggf. der Steigungswiderstand F_{St} die Hauptrolle. Da es sich hierbei um konservative Kräfte handelt, wird eine Rekuperation besonders interessant.

Durch den überproportionalen Einfluss der Fahrgeschwindigkeit v_x ($P_L \sim v^3$) auf die Fahrwiderstandsleistung wird der Luftwiderstand F_L bei Konstantfahrten auf Autobahnen und Landstraßen zum hauptsächlichen Fahrwiderstand. Auch die überproportionale Zunahme des Reifenrollwiderstands F_R auf Grund der Deformationswellenbildung und dem damit verbundenen zusätzlichen Walkwiderstand (s. ◘ Abb. 2.4) trägt dazu bei, dass bei hohen Fahrgeschwindigkeiten große Antriebsleistungen erforderlich werden.

Die zur Überwindung des Luft- und des Rollwiderstands aufgewendete Leistung dissipiert in Form von Wärme [3].

2.1.4 Kraftstoffverbrauch

Um die Fahrwiderstände F_{Bed} überwinden und den damit verbundenen Leistungsbedarf P_{Bed} abdecken zu können, muss das Fahrzeug mit der Energie E aus einer entsprechenden Energiequelle versorgt werden. Aufgrund der sehr hohen Energiedichte (Energieeinheit pro Masseneinheit) haben sich in der Kraftfahrzeugtechnik fossile Brennstoffe in Form flüssiger Kohlenwasserstoffverbindungen durchgesetzt. Diese lassen sich heute noch kostengünstig aus Erdöl herstellen und sind weltweit verfügbar, obwohl CO_2 Abgabe und in absehbarer Zeit die sinkende Erdölreserven Öl immer verteuerert.

Im Einzelnen handelt es sich bei den flüssigen Kohlenwasserstoffverbindungen um sogenannte Otto-Kraftstoffe („Normal-Benzin" und „Super") bzw. Diesel-Kraftstoffe. Die Energie ist in chemischer Form in den Atombindungen der Kohlenwasserstoff-Moleküle gespeichert. Diese wird bei Oxidation des Brennstoffs mit Sauerstoff als Wärme freigesetzt. Als Nebenprodukte entstehen Wasser H_2O und CO_2. Das Treibhausgas CO_2 wird zu einem großen Teil mitverantwortlich für die globale Klimaerwärmung gemacht. Die EU-Gesetzgebung hat deshalb einen Flotten-CO_2-Emissionsgrenze von 130 g/km für die Autohersteller bis 2012 und ab 2020 sogar nur noch 95 g/km vorgeschrieben [17]. Sowohl aus Gründen der Ressourcenknappheit und Wirtschaftlichkeit als auch zur Klimaschonung ist es ein Ziel bei der Entwicklung von Fahrzeugen, den Kraftstoffverbrauch so weit wie möglich zu reduzieren.

Dies kann einerseits durch Reduktion der Fahrwiderstände (z. B. durch rollwiderstandsarme Reifen oder geringe c_w-Luftwiderstandsbeiwerte), durch Energierückgewinnung, Start-Stop-Automatik, als auch durch die Optimierung der motorinternen Prozesse sowie Verbesserung der Wirkungsgrade des Antriebsstrangs erzielt werden.

Darüber hinaus kann über den Einsatz alternativer Energieträger nachgedacht werden. Beispiele für weitere Energieträger- und Energiespeichermöglichkeiten sowie deren Energiedichte zeigt die ◘ Tab. 2.4 [1, 3, 4]. Auf Basis der Energiedichte eines Speichermediums kann der Kraftstoffverbrauch B [kg] eines Fahrzeugs berechnet werden. Im Allgemeinen wird ein spezifischer Kraftstoffverbrauch angegeben. Dieser ist bezo-

◘ Tab. 2.4 Energiespeicherdichte verschiedener Medien [1, 3, 4]; 1 Wh = 3600 J

Energiespeicher	*Energiedichte [Wh/kg]*
Einfache Brennstoffe	
Wasserstoff	33326
Kohlenstoff	9101
Fossile Brennstoffe (Kohlenwasserstoffe)	
Otto-Kraftstoffe	12080
Diesel-Kraftstoff	11800
Flüssiggas (LPG)	12185
Methanol	5450
Elektrische Speicher	
Blei-Säure-Akku	30-50
Nickel-Metallhydrid-Akku	60-80
Nickel-Cadmium-Akku	40-60
Natrium-Nickel-Chlorid-Akku	80-100
Lithium-Ionen-Akku	90-120
Lithium-Polymer-Akku	150
Zink-Luft-Akku	100-220
Superkondensator	1-7
Brennstoffzelle	>1000
Mechanische Speicher	
Schwungrad	5-11
Hydraulische/pneumatische Speicher	
Druckspeicher	<0.7
Wärmespeicher	
Salz-Kristallisation	>30

gen auf die Fahrtstrecke s_x [m] und wird mit B_e [kg/m] bezeichnet. Die Energie E_{Bed}, [J] die zur Zurücklegung der Fahrstrecke s_x [m] benötigt ist, berechnet sich bei Kenntnis der Fahrwiderstände F_{Bed}, der Bedarfsleistung P_{Bed} [W] zu [4]

$$E_{\text{Bed}} = \int_0^{s_x} F_{\text{Bed}}(s) \cdot \mathrm{d}s = \int_0^{t_x} P_{\text{Bed}}(t) \cdot \mathrm{d}t \tag{2.72}$$

Der Zusammenhang zwischen dem Streckenverbrauch B_e [kg/m] und der aufgewendeten Arbeit E_{Bed} [J] bestimmt sich bei Verwendung einfacher oder fossiler Brennstoffe über den massenspezifischen Heizwert H_u [J/kg] des jeweiligen Energieträgers. Die Heizwerte von Otto- und Dieselkraftstoff sowie weiterer fossiler Kraftfahrzeug-Treibstoffe zeigt die ◘ Tab. 2.5.

Die Umwandlung und Übertragung der chemisch im Kraftstoff gespeicherten Energie in mechanische Antriebsenergie an den Rädern des Fahrzeugs ist verlustbehaftet. Einerseits entstehen prozess-, reibungs- und kühlungsbedingte Verluste im Verbrennungsmotor des Fahrzeugs, andererseits müssen Reibungsverluste im Antriebsstrang (Getriebe, Lager) hingenommen werden.

Zur Berechnung des Kraftstoffverbrauchs B werden mittlere Verlustwerte angenommen, die durch den mittleren Motorwirkungsgrad $\eta_{med,M}$ und den mittleren Antriebsstrangwirkungsgrad $\eta_{med,A}$ beschrieben werden. Typische Verluste im Antriebsstrang eines Fahrzeugs zeigt ◘ Abb. 2.31.

Daraus wird deutlich, dass das Produkt aus mittlerem Motorwirkungsgrad $\eta_{med,M}$ und mittlerem Antriebs-strangwirkungsgrad $\eta_{med, A}$ lediglich ca. 10–15 % beträgt. Von der getankten Energie lassen sich also nur ca. 10–15 % zur Überwindung der Fahrwiderstände nutzen.

Aus der für den Personennahverkehr eingesetzten Primärenergie entstehen durchschnittlich sogar nur ca. 9,5 % mechanischer Antriebsenergie, die tatsächlich zur Übewindung der Fahrwiderstände genutzt werden [1]. Der Rest dissipiert größtenteils als Reibung und Wärme.

Damit den Antriebsrädern die geforderte Energiemenge E_{Bed} zur Überwindung der Fahrwiderstände F_{Bed} auf der Strecke s_x Verfügung gestellt werden kann (s. ► Gl. 2.72), muss im Motor die Kraftstoffmasse B mit dem Heizwert H_u eingesetzt werden [2].

$$E_{\text{Bed}} = \eta_{\text{med,M}} \cdot \eta_{\text{med,A}} \cdot B \cdot H_{\text{u}} \tag{2.73}$$

Der streckenspezifische Verbrauch B_e ergibt sich [18]:

$$B_{\text{e}} = \frac{B}{s_{\text{x}}} = \frac{1}{\eta_{\text{med,M}} \cdot \eta_{\text{med,A}} \cdot H_{\text{u}} \cdot s_{\text{x}}} \cdot E_{\text{ Bed}} \tag{2.74}$$

◘ **Tab. 2.5** Massen- und volumenspezifische Heizwerte und Dichten fossiler Brennstoffe [18]

Kraftstoff	**Otto**	**Diesel**	**LPG**	**Erdgas**
Heizwert pro kg: [J/kg] [Wh/kg]	43.500 12.080	42.500 11.800	46.100 12.185	47.700 13.240
Kraftstoffdichte: [kg/l]	0,755	0,845	0,540	[kg/m³] 0,654
Heizwert pro l: [J/l] [Wh/l]	32.800 9120	35.900 9970	24.900 6920	[kg/m³] 31.200 8660

2

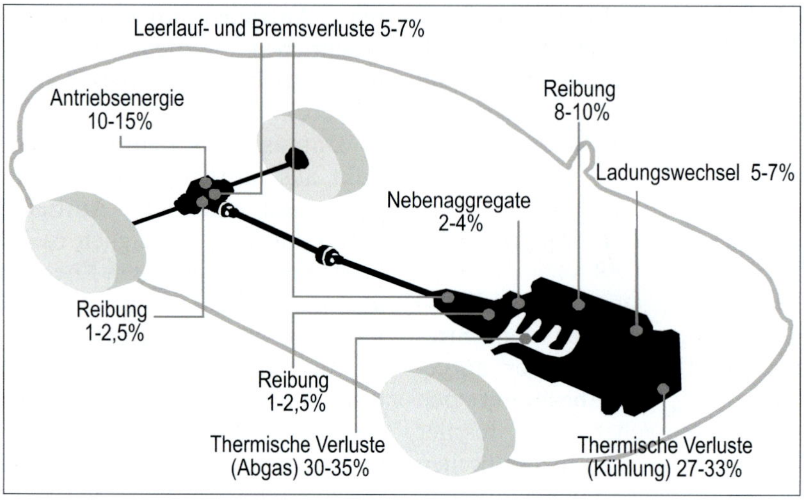

Abb. 2.31 Verluste im Fahrzeugantriebsstrang [1]

Die geforderte Radantriebsenergie E_{Bed} bestimmt sich aus dem Fahrwiderständen F_{Bed} (s. Gl. (2.62)). Ein Teil der Fahrwiderstandskräfte sind konservative Kräfte (Steigungs- und Beschleunigungswiderstand). Der Anteil der Radantriebsenergie, der für die Überwindung dieser Kräfte aufgewendet werden muss, wird in Form kinetischer und potenzieller Energie gespeichert. Bei Abbremsung des Fahrzeugs kann die kinetische Energie

$$E_{\mathrm{Bed,kin}} = \frac{e_{\mathrm{i}} \cdot m_{\mathrm{V,ul,0}} + m_{\mathrm{zu}}}{2} \cdot v_{\mathrm{x}}^2 \qquad (2.75)$$

durch Rekuperation zurückgewonnen werden und nach Zwischenspeicherung in einer Batterie, dem Fahrzeug wieder zur Verfügung gestellt werden. Dies ist eine Möglichkeit zur Kraftstoffeinsparung.

Das Abb. 2.32 zeigt die Verbrauchsanteile der wichtigsten Fahrzeugaggregate [19]. Es ist klar ersichtlich, dass insbesondere im Verbrennungsmotor noch mit 19 % das meiste Optimierungspotenzial steckt.

Die Verwendung von Kraftstoffen mit höherer Energiedichte führt nur zu einem geringeren Massenverbrauch, nicht jedoch zu einem niedrigeren Energieverbrauch.

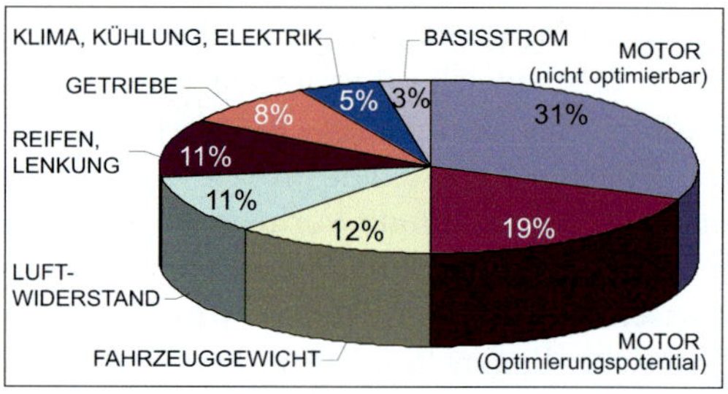

Abb. 2.32 Verbrauchsanteile und Ersparnispotential bei einem PKW mit Otto-Motor [19]

Neben dem Verbrauch sind auch die Emissionswerte von Bedeutung, vor allem die Emission von CO_2, (wegen Umweltschutz) aber auch NO_x (wegen Krebsgefahr).

Bei einem Verbrennungsmotor sind sie abhängig von Kraftstoffverbrauch. Bei Elektrofahrzeugen sind sie jedoch abhängig davon, wie viel CO_2 beim Stromerzeugen emittiert wird: die Elektrofahrzeuge emissionsfreundlich.

(zero emission), wenn der Strom ausschließlich aus den wiedererneuerbaren Energiequellen erzeugt werden.

Weitere Verbrauchseinsparpotenziale während des Fahrzeugbetriebs bieten folgende Maßnahmen:

- hoher Antriebsstrangwirkungsgrad ηA,
- großer Motorwirkungsgrad ηM,
- Downsizing des Motorhubraums, der Zylinderzahl,
- Verwendung von Leichtlauf-Motorölen,
- Vermeidung von Fahrten unter 2 km (Verbrauch des kalten Motors bis zu 30 l/10 0 km),
- Start/Stop-Automatik, Abschalten des Motors bei stehendem Fahrzeug,
- Betrieb des Motors bei optimalem Wirkungsgrad,
- Ausschalten von Nebenverbrauchern (z. B. Klimaanlage, Heckscheibenheizung),
- Nebenaggregate mit „power on demand“ (elektrische Lenkung, Bremse, Ventilsteuerung usw.)
- Verwendung rollwiderstandsarmer Reifen,
- Fahrt mit 0,2 bis max. 0,5 bar höherem Reifenfülldruck p_T (aber nicht im Winter),
- Einstellung der korrekten Achsgeometrie,
- Fahrt auf trockener, befestigter Straße mit möglichst wenigen, kleinen Bodenunebenheiten,
- Verwendung sauberer, geschmierter Radlager,
- Einstellung großen Bremsenlüftspiels,
- möglichst geringes Fahrzeuggesamtgewicht $m_{V,t}$,
- Verzicht auf unnötige Zuladung m_{zu},
- möglichst geringe rotatorische Massenträgheiten Θ_{red} sowie kleine Massenfaktoren e_i,
- Fahrt in der jeweils höchsten Gangstufe i (schnell Hochschalten),
- Getriebe mit breiter Spreizung (> 7),
- Vermeidung zu hohen Geschwindigkeiten,
- gleichmäßige Fahrt bei konstanter v (Tempomat),
- Fahrzeug mit kleinem Luftwiderstand ($c_w \cdot A_L$),
- Verzicht auf unnötige Anbauteile,
- Hybrid- oder Elektroantrieb (Bremsenergierückgewinnung, niedrige Cw-Werte).

2.2 Kraftübertragung zwischen Reifen und Fahrbahn

Christian Bachmann und Thomas Hüsemann

Der Reifen ist eine entscheidende Komponente für das längs-, quer- und vertikaldynamische Fahrzeugfahrverhalten. Abgesehen von den aerodynamischen Einflüssen werden sämtliche Kräfte und Momente, die auf den Fahrzeugaufbau einwirken, in der Radaufstandsfläche von der Fahrbahn über die Reifen auf das Fahrzeug übertragen. Den Aufbau eines Luftreifens zeigt Abb. 2.33.

Die Eigenschaften des Reifens hängen stark von den lokalen Effekten in der Reifen-Fahrbahnkontaktzone ab [20]. Die Kraftübertragung findet dabei reibschlüssig statt. Verantwortlich ist das Zusammenspiel der Reibungspartner Straße und Reifenlaufstreifen.

Man unterscheidet zwischen zwei hauptsächlichen Reibungsvorgängen, die die Kraftübertragung zwischen Fahrbahn und Reifen ermöglichen [21]:

- Adhäsionsreibung (intermolekulare Haftkräfte),
- Hysteresereibung (Verzahnungskräfte schluss).

Kohäsions- und Viskosereibung spielen dabei keine Rolle. Die Hyteresereibungseigenschaften, also das Verzahnungsverhalten zwischen Reifenlaufstreifen und Fahrbahnrauigkeiten, werden durch das viskoelastische Werkstoffverhalten von Gummi be-

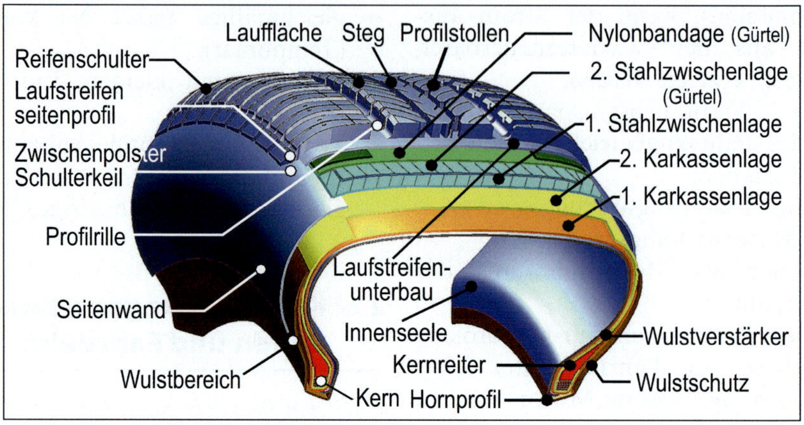

Abb. 2.33 Querschnitt eines Pkw-Reifens [20, 22]

stimmt (s. auch ► Abschn. 2.1.1.1). Eine große Dämpfung im Gummiwerkstoff des Laufstreifens führt zu einem hohen Hysteresereibungskoeffizienten.

Adhäsionsreibung nach dem van der Wall'schen Gesetz, findet auf molekularer Ebene zwischen den Reibpartnern statt und erfordert einen direkten Kontakt (Größenordnung 10^{-5} mm [21]) der beiden Reibungspartner Straße und Reifenlaufstreifen. Neben dem Abstand hat auch die Art der Moleküle einen großen Einfluss auf die Größe der Adhäsionskraft.

Abb. 2.34 zeigt anschaulich den Unterschied zwischen Hysterese- und Adhäsionskräften im Reifenlatsch. Auf trockener Fahrbahn ist die Adhäsionskomponente maßgeblich. Liegt ein viskoses Zwischenmedium vor, wie z. B. Wasser, Öl, Eisschicht, Blätter usw., was den direkten Kontakt der Gummimoleküle mit dem Straßenbelag verhindert, so können keine intermolekularen Haftkräfte und somit keine Adhäsionsreibung aufgebaut werden.

In diesem Fall überträgt ausschließlich die Hysteresereibung Kräfte zwischen Rad und Fahrbahn. Um die Hysteresekomponente nutzen zu können, muss jedoch eine ausreichende Straßenrauigkeit vorliegen.

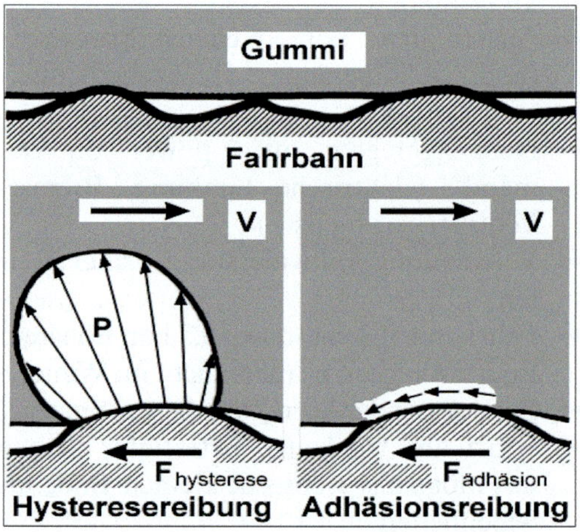

Abb. 2.34 Hysterese- und Adhäsionsreibung: vergrößerte Darstellung des Fahrbahnkontaktes [20, 22]

Diese liegt normalerweise in der Größenordnung von 10 mm bis 0,001 mm [3].

Der Einfluss der Adhäsionsreibungskomponente bei nasser Fahrbahn wird durch die Laufstreifenprofilierung sowie Drainageeigenschaften der Straße vergrößert. Verdrängen diese den Wasserfilm zwischen Laufstreifen und Fahrbahn, erst dann können die intermolekularen Bindungskräfte zwischen Reifengummi und Fahrbahn voll wirken.

Bei sehr niedrigen Umgebungstemperaturen und Fahrt auf Schnee und Eis spielen wiederum Adhäsionskräfte die Hauptrolle, da der Gummiwerkstoff hier nahezu Glastemperatur erreicht hat und sich ähnlich wie Glas verhält. Er ist dann nicht mehr ausreichend viskoelastisch, um die Verzahnung zum Untergrund aufrechtzuerhalten. Daher haben die Winterreifen eine Gummimischung mit deutlich niedrigerer Glasstemperatur, um auch bei Minustemperaturen die Hysteresereibung zu ermöglichen. Zusätzlich können hier spezielle Profilierungen des Laufstreifens eine zusätzliche Abhilfe schaffen (beispielsweise durch Lamellenprofilierung).

Darüber hinaus spielen der lokale Druck und die lokale Gleitgeschwindigkeit eine wichtige Rolle. Je geringer und gleichmäßiger die lokalen Drücke sind, desto höher ist der Kraftschlussbeiwert (Reibkoeffizient).

Den typischen Zusammenhang zwischen der Flächenpressung im Profilstollen und dem Kraftschlussbeiwert zeigt ◘ Abb. 2.35. Hier ist ein µ-Streuband für verschiedene Profilgummimischungen auf Safety-Walk-Belag gezeigt.

Je nachdem ob zwischen den Reibpartnern (zwischen den einzelnen Stollen der Reifen und der Fahrbahn) eine Relativbewegung herrscht, entsteht eine Haft- oder Gleitreibung. Der Übergang von „Haften“ in „Gleiten“ wird durch die Gleitgeschwindigkeit zwischen Profilund Fahrbahn bestimmt.

Den entsprechenden Zusammenhang zwischen Kraftschlussbeiwert und lokaler Gleitgeschwindigkeit zeigt das Diagramm in ◘ Abb. 2.36.

Im Allgemeinen sollen Flächenpressung und Gleitgeschwindigkeit zur Erzielung eines möglichst großen Kraftschlussbeiwerts μ gleichmäßig verteilt sein und sich auf niedrigem Niveau bewegen. Daher muss der (Gummi-)Werkstoff des Reifens bestmöglich an die im normalen Fahrbetrieb auftretenden Umgebungstemperaturen, die Druckbelastungen, Fahrgeschwindigkeiten und Anregungsfrequenzen angepasst werden.

Neben der reibschlüssigen Kraftübertragung zwischen Laufstreifen und Fahrbahn wird das Kraftübertragungsverhalten von Fahrzeugreifen durch Profilstollendeformationen in Längs- und Querrichtung bestimmt. Die Summe der Deformationskräfte an den Profilstollen wirkt auf den Reifengürtel, der sich dadurch ebenfalls deformiert und seine Lage relativ zur Felge ändert. Wegen dieser Wirkungskette werden die Deformationen in:

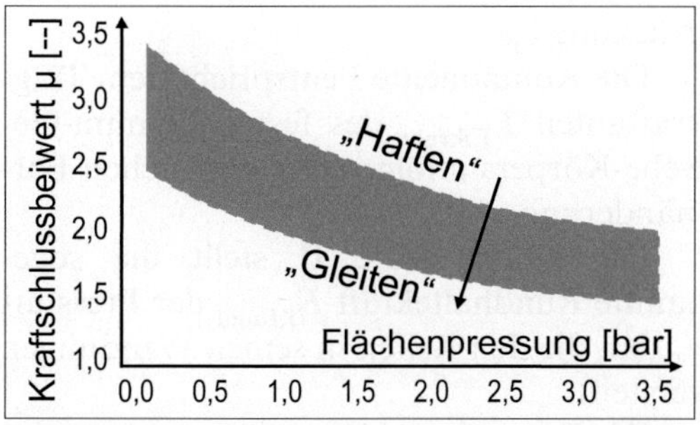

◘ **Abb. 2.35** Streubereich der Kraftschlussbeiwerte μ für Laufstreifengummimischungen in Abhängigkeit der lokalen Flächenpressung; ermittelt an Gummiproben auf Safety-Walk-Belag [23, 24]

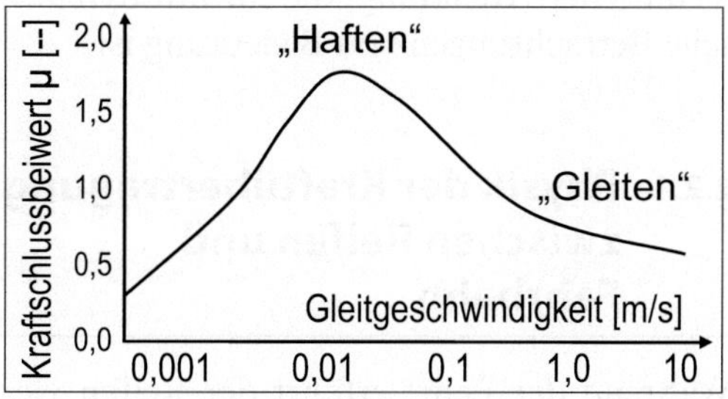

◘ **Abb. 2.36** Einfluss der Gleitgeschwindigkeit auf den Kraftschlussbeiwert μ [24, 25]

- lokale Profildeformationen und
- globale Reifen-(Gürtel-) Deformationen

zu unterteilen. Da sich die Kraftübertragungsmechanismen in den unterschiedlichen Betriebszuständen voneinander unterscheiden, bietet es sich ferner an, zwischen

- freiem Rollen,
- vertikaler Belastung,
- Bremsen/Antreiben und
- Kurvenfahren.

zu unterscheiden. Für diese Betriebszustände werden die grundsätzlichen Kraftübertragungsmechanismen nachfolgend beschrieben [19].

Die Übertragung von Kräften in der Aufstandsfläche des rollenden Reifens ist demnach immer mit elastischer Profil- und Strukturdeformationen des Reifens verbunden. Diese Deformationen sind für fahrdynamische Betrachtung wichtig. Sie dienen neben den Parametern Radlast, Temperatur, Fülldruck und Fahrgeschwindigkeit als Eingangsgröße für das Kraftübertragungselement Reifen. Abhängig von dieser „Eingangsgrößen" erzeugt der Reifen die zur Fahrzeugfortbewegung und -Spurhaltung erforderlichen Kräfte zwischen Laufstreifen und Fahrbahn.

Die beiden nachfolgenden Abschnitte beschäftigen sich detaillierter mit der Kraftübertragung im Reifenlatsch und den globalen Reifenkräften sowie deren rechentechnischer Abbildung, die für fahrdynamische Betrachtungen von Bedeutung ist.

2.2.1 Physik der Kraftübertragung zwischen Reifen und Fahrbahn

Während der Fahrt erfährt der Reifen vier verschiedene Belastungsarten, die im allgemeinen Fall kombiniert auftreten. Hierbei handelt es sich um

- freies Rollen,
- vertikale Kraftübertragung,
- Bremsen/Antreiben und
- Kurvenfahrt (Schräglauf / Sturz).

Freies Rollen

Im Falle des freien Rollens wirken in erster Linie Rollwiderstandskräfte auf den Reifen. Dies ist bereits in ► Abschn. 2.1.1.1 behandelt worden.

Vertikale Kraftübertragungseigenschaften

Die vertikale Belastung des Reifens erfolgt selbstverständlich auch im Falle des freien Rollens. An dieser Stelle soll jedoch auf die statischen und höherdynamischen vertikalen Federungseigenschaften eines Reifens eingegangen werden.

Bei Luft- und Vollgummireifen handelt es sich um viskoelastische Bauteile. Eine Belastung $F_{Z,W}$ in vertikaler Richtung z wird der Reifen mit einer entsprechenden globalen Deformation s_T in derselben Richtung beantworten. Der Reifen kann als Feder beschrieben werden. Die Federsteifigkeit c_T ist dabei abhängig vom Fülldruck pT, dem konstruktiven Aufbau des Reifens, der Rollgeschwindigkeit v_W, der Radlast $F_{Z,W}$ und der Frequenz f der Reifenbelastung.

■ Abb. 2.37 zeigt beispielhaft die Anteile der Last aufnehmenden Komponenten der Reifenstruktur als Funktion der Eindrückung s_T.

Die Komponente I entspricht dem Tragkraftanteil $F_{T,Strukt}$ des festen Gummi-Gewebe-Körpers infolge einer elastischen Formänderung.

Die Komponente II stellt die sogenannte Rundhaltekraft $F_{T,Rund}$ der Pressluft p_T dar, die den Reifen in seinen Wandungen versteift.

Die Komponente III stellt den sehr geringen Anteil der Luftkompression $F_{T,press}$ dar.

Die Komponente IV stellt den Hauptanteil dar, der auf Anpassung der Bodenaufstandsfläche A_T an die vertikale Belastung

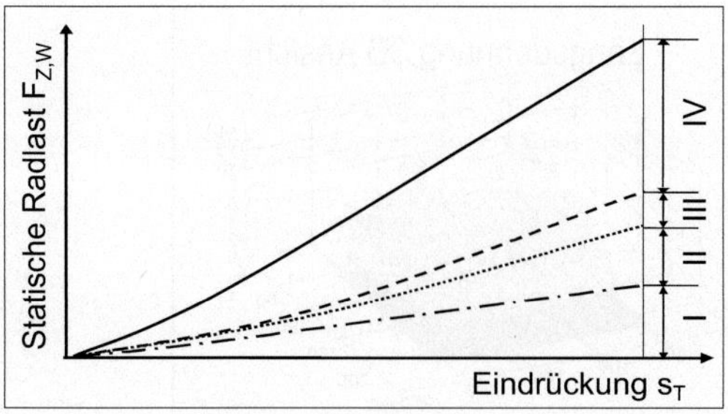

Abb. 2.37 Vertikale Federkennlinie eines Luftreifens [21]. I Tragkraft leeren Reifens, II Rundhaltekraft der Luft, III Kompressionsanteil der Luft, IV Tragkraft der Luft

$F_{Z,W}$ beruht und als „Tragkraft der Luft" bezeichnet werden kann [20]:

$$F_{Z,W} = p_T \cdot A_T + F_{T,press} + F_{T,Strukt} + F_{T,Rund} \tag{2.76}$$

Die Latschfläche A_T beschreibt die gesamte von der Umrandung des Latsches eingefasste Fläche. Je nach Profilpositivanteil $l_{T,pos}$ von 60 bis 80 % kann die tatsächliche Profilaufstandsfläche $A_{T,tat}$ sehr viel kleiner ausfallen.

Der lokale Druck auf die Profilstollen kann daher höher als der Reifeninnendruck p_T werden. Der mittlere Druck im tatsächlichen Kontaktbereich kann dabei 1 bis 2 bar über dem Fülldruck liegen.

Einen weiteren Beitrag zur Erhöhung des lokalen Drucks im Reifenlatsch leistet die Rauhigkeit der Straße. Die tatsächliche Kontaktfläche kann hierdurch nochmals auf ca. 7 bis 60 % des Profilpositivanteils absinken.

Dies führt bei Pkw-Reifen zu lokalen Druckspitzen von bis zu 45 bar [3]. Je größer die Radlast $F_{Z,W}$, umso mehr vergrößert sich der Reifenlatsch A_T. Mit abnehmendem Innendruck p_T vergrößert sich die Latschfläche ebenfalls. Die Größe, insbesondere Länge der Latschfläche A_T ist direkt an die Reifeneinfederung s_T gekoppelt.

Eine typische Druckverteilung im Reifenlatsch zeigt Abb. 2.38. Die genaue Ausformung des Druckgebirges im Reifenlatsch wird durch die Radlast $F_{Z,W}$, den Fülldruck p_T, die Struktureigenschaften und die Profilgestaltung bestimmt. Deutlich zu sehen ist der Einfluss der Reifenseitenwände auf das Druckgebirge.

Je gleichmäßiger die Druckverteilung und je geringer.

das Druckniveau in der Aufstandsfläche ist, desto größer ist das Kraftübertragungspotenzial des Reifens (s. auch Abb. 2.38).

Den Einfluss des Reifenfülldrucks p_T auf die vertikale Federkennlinie eines Pkw Reifens zeigen qualitativ die Abb. 2.39 und 2.40. Die Federkennlinien weisen im Arbeitsbereich einen linearen Verlauf auf. Aus der Änderung der Vertikallast $F_{Z,W}$ als Funktion der Einfederung s_T (Absenkung der Radachse) lässt sich die Federkonstante des Reifens c_T ermitteln:

$$c_T = \frac{\mathrm{d}\left(F_{Z,W}(s_T)\right)}{\mathrm{d}\, s_T} \tag{2.77}$$

Im Arbeitsbereich des Reifens ist der Zusammenhang zwischen Vertikalkraft $F_{Z,W}$ und Reifeneinfederung s_T fast linear. Dort kann vereinfacht mit einer konstanten Reifenfedersteifigkeit c_T gerechnet werden.

Zusammen mit den ungefederten Radmassen $m_{U,R}$ (Felge, Radträger, Radbremse anteilig Lenker und Feder /Dämpfer) ergibt sich aus der Reifenfedersteifigkeit c_T und der jeweiligen Aufbaufederrate c ein schwingfähiges Feder-Masse-Teilsystem. Seine Eigenfrequenz liegt im Allgemeinen bei 10–15 Hz. Der Reifenfülldruck p_T beeinflusst diese Eigenfrequenz. Bei Fahrbahnanregungen in diesem Frequenzbereich kommt es zu Resonanzerscheinungen. Diese müssen vom Aufbaudämpfer bedämpft werden, um die resultierenden dynamischen Radlastschwankungen so gering wie möglich zu halten. Geschieht dies nicht, reduzieren sich der Fahrkomfort und das Kraftübertragungspotenzial des Reifens.

2

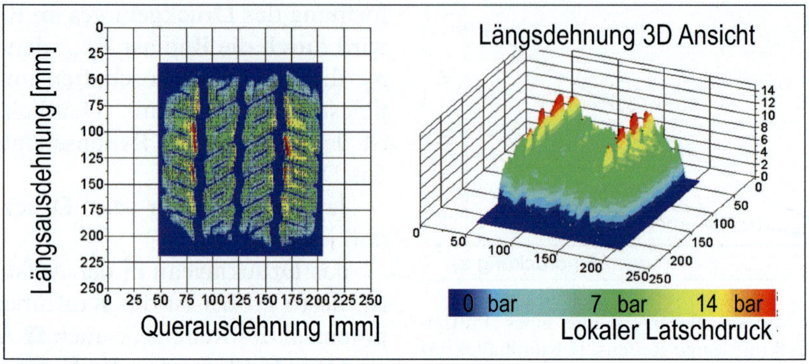

Abb. 2.38 Typische Druckverteilung in der Reifenaufstandsfläche [22]

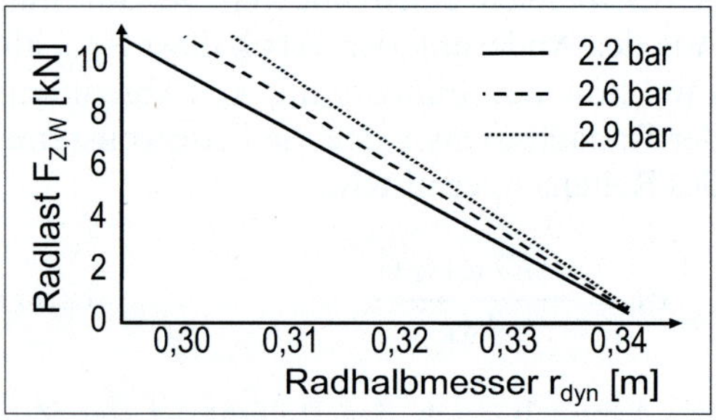

Abb. 2.39 Einfluss verschiedener Fülldrücke p_T auf die vertikale Federkennlinie eines Pkw-Reifens

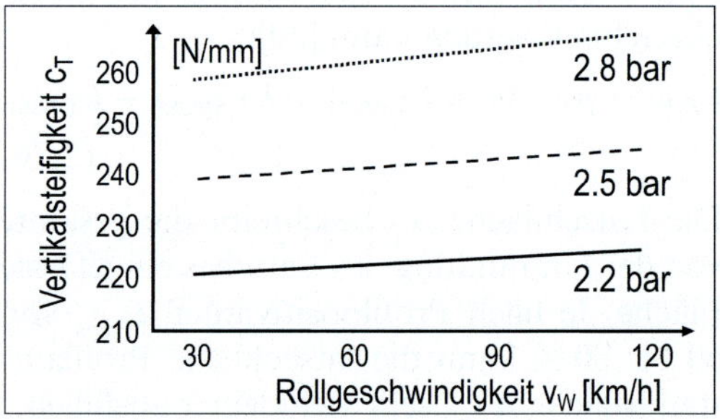

Abb. 2.40 Einfluss verschiedener Fülldrücke p_T und verschiedener Rollgeschwindigkeiten $\bar{\omega}_W$ auf die vertikaler Reifenfedersteifigkeit c_T eines Pkw-Reifens

Typische Vertikalfedersteifigkeiten c_T von Pkw-Luftreifen liegen im Bereich von 200 bis 350 N/mm. Neben dem Reifenfülldruck p_T hat ebenfalls die aktuelle Rollgeschwindigkeit v_W einen Einfluss auf die vertikale Reifenfedersteifigkeit c_T. Mit steigender Raddrehzahl ω nehmen die an der Masse des Reifengürtels angreifenden Beschleunigungskräfte zu. Diese führen zu einer „Versteifung" des Reifens. Abb. 2.40 zeigt den Einfluss von Fülldruck p_T und Rollgeschwindigkeit v_W auf die Vertikalfedersteifigkeit eines Pkw-Reifens.

Aufgrund des viskoelastischen Verhaltens des Gummiwerkstoffs und somit der Reifenstruktur verfügt der Reifen neben den Federungs- auch über Dämpfungseigenschaften. Diese sind wiederum von verschiedenen Rand- und Betriebsbedingungen abhängig. Da diese Dämpfungsbeiwerte im Vergleich zum Aufbauschwingungsdämpfer des Fahrzeugs sehr klein sind, können sie entweder durch eine Konstante $k_{D,T}$ angenähert oder für bestimmte Betrachtungen sogar vernachlässigt werden.

Für $k_{D,T}$ kann im Bereich normaler Betriebsbedingungen näherungsweise ein Wert von 50 bis 100 Ns/m angenommen werden. Relevanz hat die Reifendämpfung $k_{D,T}$ bei Betrachtung des Reifenrollwiderstands $F_{R,T}$

(s. ► Abschn. 2.1.1.1) und bei der Zunahme der Reifenfedersteifigkeit c_T bei dynamischer Anregung.

Eigenfrequenzen des Fahrwerks abgestimmt werden, um komfortmindernde Resonanzen zu vermeiden. Die Eigenfrequenzen des Fahrwerks werden maßgeblich durch die Gummilager und die Massen der einzelnen Bauteile bestimmt.

Messtechnisch untersucht werden die Komforteigenschaften eines Reifens, also sein Schluckvermögen und das Eigenschwingverhalten durch Hindernisüberfahrten (Schlagleisten) und Modalanalysen. Durch impulsförmige bzw. breitbandige Anregungen wird die Reifenstruktur in Schwingungen versetzt. Diese werden in Form von Kraft- oder Beschleunigungsmessungen ausgewertet und auf die Anregungssignale bezogen.

Schlagleistenüberfahrten werden im Allgemeinen auf Trommelprüfständen durchgeführt. Der vertikale Bewegungsfreiheitsgrad des Rades wird nach Einstellung der korrekten Radlast festgesetzt, sodass lediglich die Reifenstruktur elastisch verformt wird, ohne dass sich die Radmitte bewegt. Auf der Lauftrommel wird eine Metallleiste definierter Abmessungen senkrecht oder schräg zur Laufrichtung befestigt.

■ Abb. 2.41 zeigt ein typisches Messergebnis einer Schlagleistenüberfahrt im Zeit- und Frequenzbereich für die drei Reifenkräfte $F_{x,H}$, $F_{y,H}$ und $F_{z,H}$. Einerseits kann hiermit das Schluckvermögen durch die Höhe des ersten Kraftpeaks beurteilt werden, andererseits erhält man Auskunft über das Eigenschwingverhalten der Struktur durch Betrachtung der abklingenden Vibration nach Verlassen des Fahrbahnhindernisses. Im direkten Zusammenhang mit den Hindernisüberfahrten des Reifens stehen die Ergebnisse einer Reifenmodalanalyse. Daraus lassen sich direkt die Frequenzen und Dämpfungen der einzelnen charakteristischen Modalforen ablesen.

Die bisherige Betrachtung der vertikalen Reifenkräfte bezog sich auf die Einfederung

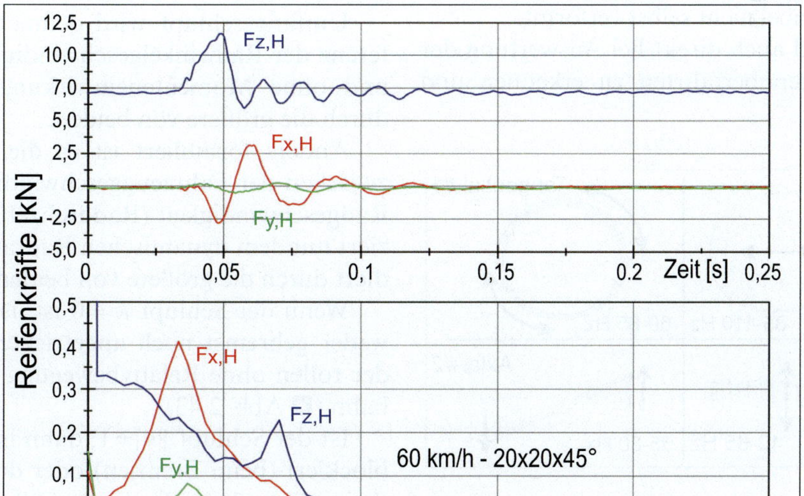

■ **Abb. 2.41** Ergebnis einer Schlagleistenüberfahrt im Zeit- und Frequenzbereich

des gesamten Reifenlatsches, also auf Bodenunebenheiten, die mindestens der Länge des Latsches entsprechen. Fahrbahnunebenheiten bzw. Fahrbahnhindernisse können allerdings auch sehr viel kleiner ausfallen. Aufgrund der Elastizität des Reifengürtels, des Profils und der Seitenwände ist der Reifen in der Lage, Unebenheiten, die im Vergleich zur Latschlänge klein sind, zu „schlucken", ohne dass eine globale Rad- bzw. Achseinfederung erforderlich ist.

Diese Eigenschaft verbessert den Abroll-und Fahrkomfort des Fahrwerks.

Relevant für den Fahrkomfort ist neben dem Schluckvermögen eines Reifens auch sein Eigenschwingverhalten. Der Reifengürtel ist massebehaftet und ergibt daher mit den entsprechenden Steifigkeiten der Reifenstruktur (Fülldruck, Seitenwände, Biegesteifigkeit des Gürtels selbst) ein schwingfähiges Feder-Masse-System. Die Eigenfrequenzen des Reifens müssen daher mit den Dargestellt sind in ◘ Abb. 2.42 beispielhaft die ersten Eigenschwingformen eines unbelasteten Luftreifens. Es handelt sich um sogenannte „Starrkörpermoden", da der Reifengürtel als starrer Körper relativ zur Felge schwingt und sich dabei nicht selbst verformt.

Sie sind auch direkt bei Auswertung der Schlagleistenüberfahrten zu erkennen und

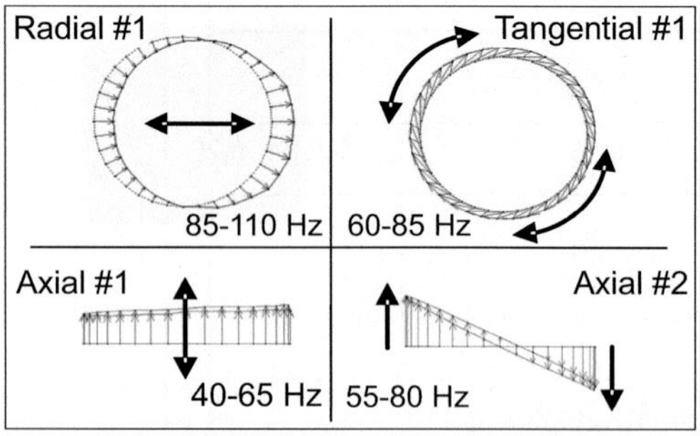

◘ **Abb. 2.42** Typische Starrkörperschwingformen eines Pkw-Reifens

hauptverantwortlich für das Nachschwingen des Reifens nach Verlassen des Hindernisses. Die Frequenzen der Starrkörpermoden liegen je nach Reifengröße und Fülldruck bei 30 bis 100 Hz.

Die höherfrequenten Eigenmoden eines Reifens beruhen auf elastischen Gürtelverformungen in axialer, radialer und tangentialer Richtung, spielen aber bei fahrdynamischen Betrachtungen keine Rolle. Sie betreffen vielmehr die akustischen Reifeneigenschaften, wie z. B. das Abrollgeräusch.

2.2.1.1 Bremsen und Antreiben

Die Übertragung einer horizontalen Kraft $F_{X,W}$ oder $F_{Y,W}$ in der Radaufstandsfläche AT ist aufgrund der in ◘ Abb. 2.34 gezeigten viskoelastischen Reibungsmechanismen immer mit Schlupf verbunden. Nur bei einer Relativbewegung zwischen dem elastischen Reifengummi und der Fahrbahn können sich die Reifenprofilstollen über den Mechanismus der Hysteresereibung an den Fahrbahnrauhigkeiten abstützen und so eine Horizontalkraft erzeugen.

Umfangsschlupf wird definiert als Differenz der Radwinkelgeschwindigkeiten mit und ohne Momenteneinwirkung dividiert durch die größere von beiden.

Anders formuliert ist es die Differenz zwischen der Fahrzeuggeschwindigkeit und Radgeschwindigkeit (Raddrehzahl multipliziert mit dem dynamischen Radradius) dividiert durch die größere von beiden.

Wenn der Schlupf $k = 0$ ist, ist das Rad weder gebremst noch angetrieben, die Räder rollen ohne Relativbewegung zur Fahrbahn (◘ Abb. 2.43).

Ist der Schlupf $[]|\kappa| = 1$, dann ist das Rad blockiert (beim Bremsen) oder dreht durch (beim Antreiben). In diesen Fällen herrscht am Reifenlatsch reine Gleitreibung.

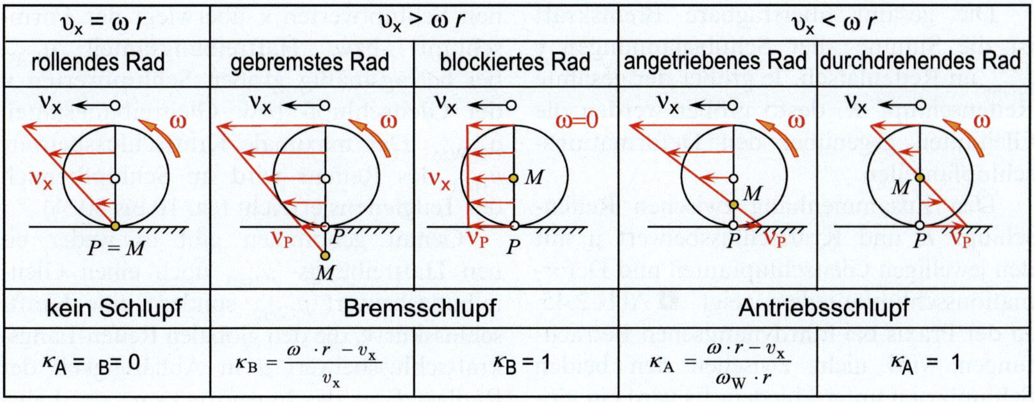

Abb. 2.43 Definition des Umfangschlupfes am starren Rad [25]. v = Aufbau Geschwindigkeit, ω = Radwinkelgeschwindigkeit, A = Antrieb, B = Bremsen, M = Momentanpol P = Kontaktpunkt

Die höchste Kraftübertragung wird bei einem Schlupfwert von ca. $\kappa = 0{,}1$–$0{,}3$ erreicht und wird kritischer Schlupf genannt.

Beim Bremsen drehen sich die Räder lansamer. Läuft ein Profilstollen in den Reifenlaatsch ein, haftet dieser auf der Fahrbahn und bleibt haften. Da aber das Rad weiterrollt, baut sich im Gummi eine Schubspannung und das Profil dehnt sich, solange die Zugkraft noch kleiner ist als die Haftkraft. Wird die Zugkraft größer als die Haftkraft (ca. Latschmitte im ◘ Abb. 2.44 bei maximum Kraftschlussbeiwert τ_{max}), rutscht der Stollen auf der Fahrbahn und zieht sich zu seiner Ursprunglänge zurück. Dadurch entsteht einen Schlupf (Relativbewegung) zwischen dem Reifenlatsch und der Fahrbahn.

Der Schlupf setzt sich aus Formschlupf (Verzahnung und Profilstollendeformation bei haftendem Rad) und Gleitschlupf (Relativbewegung Reifen – Straße) zusammen.

◘ Abb. 2.44 zeigt die Schubspannungsverteilung τ_{Brems} im Reifenlatsch infolge Profilstollendeformation unter Einwirkung einer Bremskraft $F_{X,W.}$ Dargestellt ist ein Schlupfzustand, bei dem Teilgleiten auftritt. Wird die durch den jeweiligen Haftreibwert

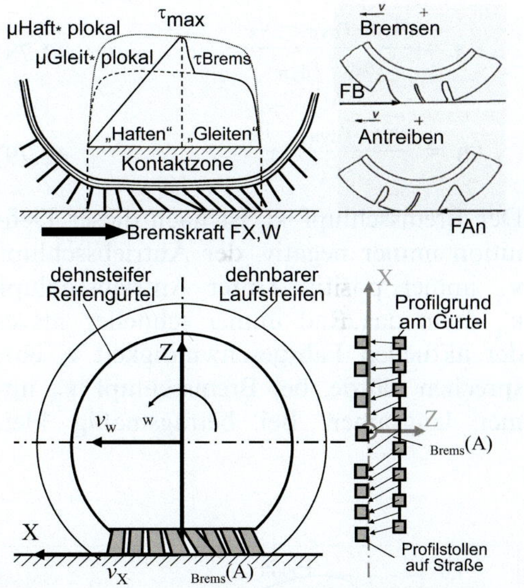

Abb. 2.44 Profilstollendeformation und resultierende Schubspannungsverteilung τ_{Brems} im Reifenlatsch [20]

μ_{Haft} und die lokale Flächenpressung p_{lokal} maximal übertragbare Schubspannung τ_{max} überschritten, steht zur weiteren Kraftübertragung nur noch der Gleitreibwert μ_{Gleit} zur Verfügung, der jedoch ca. 25 % geringer ist als der Haftreibwert μ_{Haft}.

Die gesamt übertragbare Bremskraft ist die Summe aller Schubspannungen τ_{Brems} im Reifenlatsch. Je größer der gesamte Reifenschlupf K, desto größer werden die Gleitanteil gegenüber den Deformationsschlupfanteilen.

Den Zusammenhang zwischen Reifenschlupf K und Kraftschlussbeiwert μ mit den jeweiligen Gleitschlupfanteil und Deformationsschlupfanteilen zeigt ◘ Abb. 2.45. In der Praxis bei fahrdynamischen Betrachtungen wird nicht zwischen den beiden Schlupfarten unterschieden. Es wird ein globaler Reifenschlupf jeweils für die Reifenlängs- und Reifenquerrichtung definiert.

Bei der Übertragung von Längskräften unterscheidet man zwischen Antriebsschlupf K_A und Bremsschlupf K_B.

$$\kappa_A = \frac{\omega_W \cdot r_{dyn} - v_x}{\omega_W \cdot r_{dyn}} \tag{2.78}$$

$$\kappa_B = \frac{\omega_W \cdot r_{dyn} - v_x}{v_x} \tag{2.79}$$

Der Bremsschlupf κ_B ist nach dieser Definition immer negativ, der Antriebsschlupf κ_A immer positiv. Unter Antriebsschlupf κ_A dreht das Rad immer schneller, als es der aktuellen Fahrgeschwindigkeit v_x entsprechen würde, bei Bremsschlupf κ_B immer langsamer. Bei betragsmäßig kleinen Schlupfwerten κ überwiegt der Formschlupf- bzw. Haftreibungsanteil $\mu_{X,W}$, bei betragsmäßig großen Schlupfwerten κ der Gleitschlupf- bzw. Gleitreibungsanteil $\mu_{X,W,lo}$. Der maximale Kraftschlussbeiwert μ_{Haft} des Reifens wird im Schlupfbereich des Teilgleitens erreicht (ca. 10 bis 30 %).

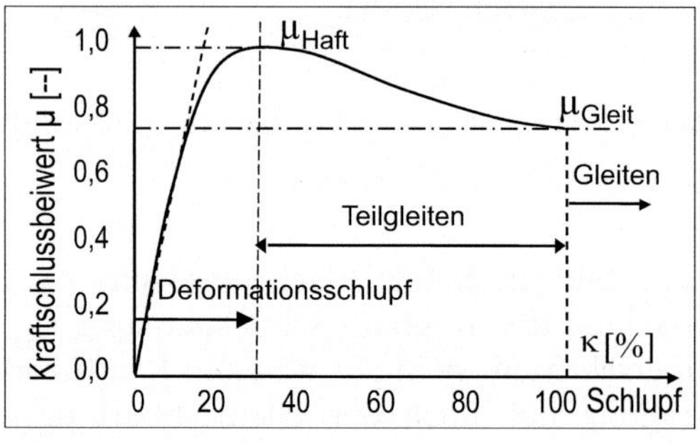

◘ **Abb. 2.45** Teilgleiten und Gleiten bestimmen den Verlauf des Kraftschlussbeiwerts μ

Genau genommen gibt es weder einen Haftreibungs- μ_{Haft} noch einen Gleitreibungsbeiwert μ_{Gleit}, sondern eine Kraftschlusskurve, die den globalen Reifen-Längskraftschlussbeiwert μ in Abhängigkeit der Radlast $F_{Z,W}$, des Innendrucks p_T, der Fahrgeschwindigkeit v_x, des Schlupfes κ und des Fahrbahnbelages beschreibt.

◘ Abb. 2.46 zeigt den Streubereich des Reifen-Längskraftschlussbeiwerts μ bei verschiedenen Fahrbahnbelägen und -zuständen in Abhängigkeit des Bremsschlupfs κ_B. Darüber hinaus sind in der ◘ Tab. 2.6 die

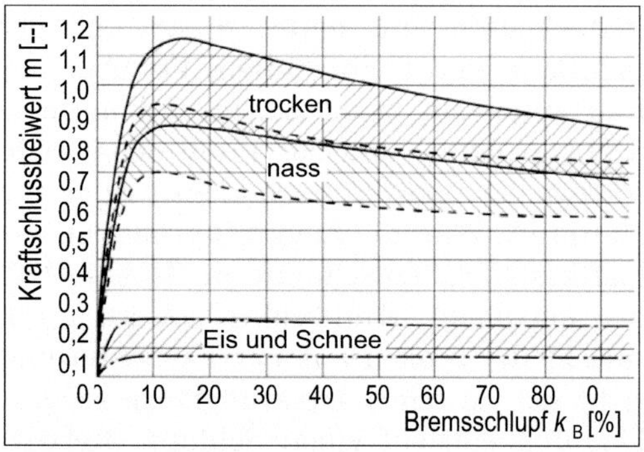

◘ **Abb. 2.46** Zusammenhang zwischen Umfangsschlupf und Kraftschlussbeiwert [2]

◘ **Tab. 2.6** Kraftschlussbeiwerte μ nicht befestigter Fahrbahnen [2]

Fahrbahn	*Kraftschlussbeiwert μ*
Grasnarbe feucht	0,55 – 0,25
Lehm trocken bis nass	0,45 – 0,50
Lehm/Ton trocken bis nass	0,55 – 0,30
Mutterboden trocken – nass	0,40 – 0,30
Kiesweg fest bis locker	0,35 – 0,30
Sandweg fest bis locker	0,30 – 0,35

Kraftschlussbeiwerte verschiedener unbefestigter Fahrbahnen aufgelistet. Auf unbefestigten Fahrbahnen beeinflusst die Strukturfestigkeit des Untergrunds maßgeblich den Kraftschlussbeiwert μ.

Den Einfluss verschiedener Fahrgeschwindigkeiten μ_x auf den Kraftschlussbeiwert μ zeigt das Diagramm in ▪ Abb. 2.47. Je höher die Fahrgeschwindigkeit v_x wird, desto größer wird die Relativgeschwindigkeit im Gleitbereich des Reifenlatsches. Infolge dessen sinkt dort der Gleitreibungsbeiwert μ_{Gleit}.

Der Einfluss der Fahrgeschwindigkeit v_x macht sich daher im Bereich hoher Schlupfwerte (Teilgleiten und Gleiten, s. ▪ Abb. 2.45) bemerkbar. Bei genauer Kenntnis der μ-Schlupfkurve kann die für den jeweiligen Fahrzustand übertragbare Längskraft $F_{X,W}$ in Abhängigkeit vom Schlupf K für den untersuchten Reifen berechnen:

$$F_{X,W}(\mu, F_{Z,W}, \kappa) = \mu(\kappa, F_{Z,W}) \cdot F_{Z,W} \tag{2.80}$$

Ein typisches Bremskraft $F_{X,W}$ Bremsschlupf K_B Kennfeld bei unterschiedlichen Radlasten $F_{Z,W,}$ aufgenommen auf einem Reifenprüfstand mit Außentrommellaufbahn zeigt ▪ Abb. 2.48. In erster Näherung, besonders bei nicht laufrichtungsgebundenem Laufstreifenprofil, kann von Symmetrie zwischen

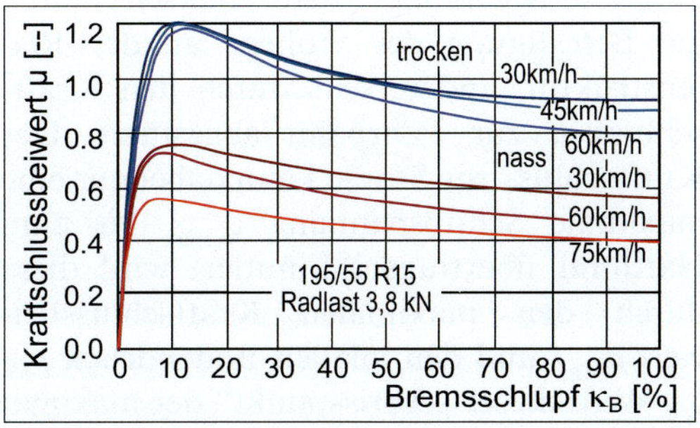

▪ **Abb. 2.47** Zusammenhang zwischen Umfangsschlupf K_B und Kraftschlussbeiwert μ für verschiedene Fahrgeschwindigkeiten $\bar{\omega}_x$ (Streubereiche) bei konstanter Radlast $F_{Z,W}$ [2]

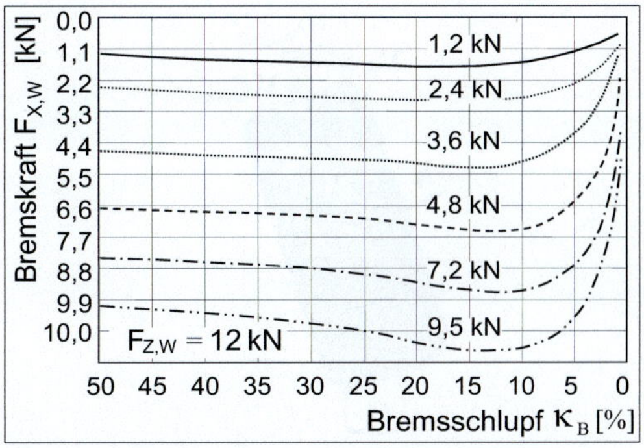

▪ **Abb. 2.48** Bremskraft-Bremsschlupf-Kennfeld für einen Pkw-Luftreifen bei verschiedenen Radlasten

den Charakteristiken der Bremskraft- und Antriebskraftübertragung eines Reifens ausgegangen werden.

2.2.1.2 Kurvenfahrt

Die Übertragung einer Seitenkraft $F_{Y,W}$ in der Radaufstandsfläche AT erfolgt in ähnlicher Weise, wie die einer Kraft in Umfangsrichtung. Aufgrund der Profil- und Struktur-Elastizitäten in Reifenquerrichtung kann die Kraftübertragung nur bei gleichzeitiger elastischer Verformung des Reifens erfolgen. Diese macht sich in Form eines Querschlupfes S_α bemerkbar. Der Querschlupf S_α wird auch als Schräglaufwinkel α bezeichnet, da das Rad bei Kurvenfahrt unter Seitenkraft $F_{Y,W}$ um den Winkel α abweichend schräg zur Fahrzeug-, bzw. Rad-Rollrichtung v_x bzw. v_W läuft. Die Skizze in ▪ Abb. 2.49 verdeutlicht diesen Zusammenhang.

Ähnlich Längs- und Umfangsschlupf kann auch ein Querschlupf S_α definiert werden: Die durch die Seitenkrafteinwirkung hervorgerufene Quergeschwindigkeitskomponente $v_{W,quer}$ wird zur kräftefreien Rollgeschwindigkeit $v_{W,längs}$ ins Verhältnis gesetzt:

$$S_\alpha = \frac{v_{W,quer}}{v_{W,längs}} = \frac{v_W \cdot \sin(\alpha)}{v_W \cdot \cos(\alpha)} = \tan(\alpha) \tag{2.81}$$

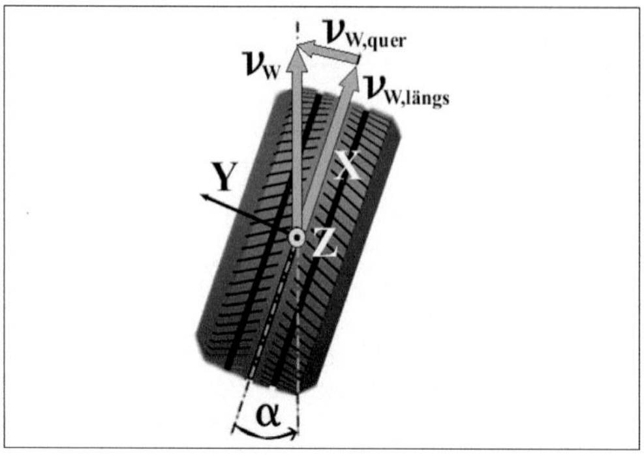

■ **Abb. 2.49** Definition des Schräglaufwinkels α

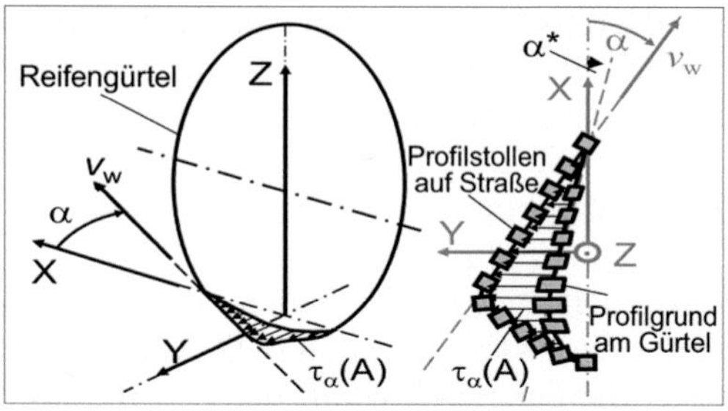

■ **Abb. 2.50** Profilverformung im Latsch bei Schräglauf: Haft- und Gleitreibung [20]; Profilschräglaufwinkel α* weicht vom Radschräglaufwinkel α ab [3, 22, 24]

Ein unter $\alpha = 45°$ Schräglauf rollendes Rad hätte demnach den Querschlupf $S_\alpha = 100\,\%$. Diese Betrachtungsweise ermöglicht einen Vergleich der Kraftübertragungsmechanismen in Reifens Längs- und Querrichtung.

In der Praxis allerdings werden die Seitenkräfte $F_{Y,W}$ und die Rückstellmomente $M_{Z,W}$ über dem Schräglaufwinkel α und nicht über dem Querschlupf S_α aufgetragen. Dies hat mehrere Gründe:

- Theoretisch sind Schräglaufwinkel größer als $\alpha = 45°$ denkbar (querrutschendes Rad $\alpha = 90°$).
- Die Messung von Reifencharakteristiken und Kraftschlussbeiwerten [2] bei großen Schräglaufwinkeln ($|\alpha| > 20°$) ist schwer reproduzierbar.
- Der im „normalen" Fahrbetrieb auftretende Schräglaufwinkel ist selten größer als $|\alpha| > 12°$.

Entsprechend der Analogie zwischen Längs- und Querschlupf, kann auch die zum Aufbau der Reifenseitenkräfte $F_{Y,W}$ verantwortliche Profilstollenverformung mit resultierender Schubspannungsverteilung in der Reifenaufstandsfläche mit der zum Kraftaufbau der Radumfangskraft $F_{X,W}$ verglichen werden.

■ Abb. 2.50 skizziert die Profilstollenverformung bei Einwirken einer Seitenkraft $F_{Y,W}$ am rollenden Rad: Bei Einlauf des Profilstollens in den Reifenlatsch A_T haftet dieser zunächst bedingt durch den lokalen Bodendruck p_{lokal} und den Kraftschlussbeiwert μ_{Haft} auf der Fahrbahn und folgt dabei der Fahrtrichtung u_W kinematisch. Aufgrund des Schräglaufwinkels α zwischen Fahrtrichtung v_W und Reifenmittelebene wird der Profilstollen dabei relativ zur Reifenmittelebene und somit zum Reifengürtel, an dem er befestigt ist, ausgelenkt.

Diese elastische Auslenkung ruft eine Schubspannung t_α im Gummiwerkstoff des Stollens hervor. Der Profilstollen unterliegt Deformationsschlupf. Je weiter er den Latsch durchläuft, desto größer wird die kinematische Auslenkung und somit die wirkende Schubspannung t_α.

Diese Spannung t wird einerseits durch die Befestigung des Stollens an der Reifenstruktur, andererseits durch den Kraftschluss μ zur Fahrbahn abgestützt. Der Kraftschluss zur Straße kann dabei nur eine maximale Schubspannung $t_{\alpha,max}$ bis zum Haftlimit übertragen. Limitiert wird diese durch den maximalen Kraftschlussbeiwert μ_{Haft} und den lokalen Bodendruck p_{lokal}. Wird dieser „Abrisspunkt" der maximal übertragbaren Schubspannung $t_{\alpha,max}$ auf der „Haftlimit"- Kurve erreicht, wird der Haftbereich verlassen und die Stollenoberfläche geht ins vollständige Gleiten über

(„Gleitlimit"). Da der Gleitreibwert μ_{Gleit} kleiner als der Haftreibwert μ_{Haft} ausfällt, ist die entsprechende Schubspannung t_α und somit die Profilstollenauslenkung kleiner als im Haftbereich. Folglich relaxiert die Stollen auslenkung bis zu einem Punkt, an dem die Schubspannung t_α wieder mit dem lokalen Bodendruck p_{lokal} und dem Kraftschlussbeiwert μ_{Haft} korrespondiert.

Geschieht dieser Wechsel zwischen Haften und Gleiten mit hoher Frequenz, so spricht man von *„stick–slip"* Effekten, welche sich durch spürbare Vibrationen und durch laute Geräusche bemerkbar machen.

Summiert man die bei einem unter Schräglauf α rollenden Rad wirkenden Schubspannungen $\tau\alpha(A)$ über der Reifenaufstanfläche A_T auf, erhält man die Seitenkraft $F_{Y,W}$:

$$F_{Y,W} = \int_{A_T} \tau_\alpha(A) \cdot dA \qquad (2.82)$$

Für sehr kleine Schräglaufwinkel (α < 3°) entspricht die Form der Schubspannungsverteilung t_α einem Dreieck, da der Abrisspunkt auf der „Haftlimit"- Kurve noch nicht erreicht wird und reiner Deformationsschlupf vorliegt. Der Zusammenhang zwischen Seitenkraft $F_{Y,W}$ und Schräglaufwinkel α ist linear. Bei zunehmendem Schräglaufwinkel wird der Gleitanteil am Gesamtschlupf jedoch immer größer. Die Dreieckform der Schubspannungsverteilung im Haftbereich wird durch einen Teil ergänzt, der in seiner Form der Vertikaldruckverteilung im Gleitbereich entspricht.

Der Verlauf der Seitenkraft $F_{Y,W}$ bei großen Schräglaufwinkeln wird daher zunehmend degressiv, bis er schließlich auf ein konstantes Niveau bei reinem Gleiten abfällt. ■ Abb. 2.51 zeigt ein typisches Kennlinienfeld für die Seitenkraft $F_{Y,W}$ und dem Schräglaufwinkel α für einen Pkw-Reifen.

Auf trockener Fahrbahn ist der Zusammenhang zwischen der Seitenkraft $F_{Y,W}$ und dem Schräglaufwinkel α im Bereich

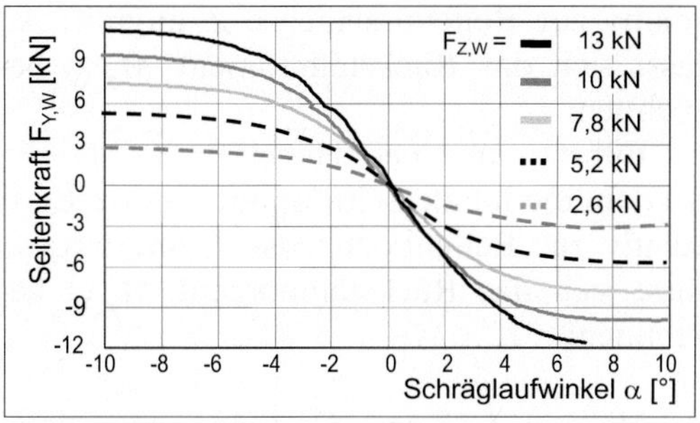

■ **Abb. 2.51** Seitenkraft-Schräglaufwinkel-Kennfeld für einen Pkw-Reifen bei verschiedenen Radlasten $F_{Z,W}$

bis|α| < 3° nahezu linear (dies entspricht in etwa einer Fahrzeugquerbeschleunigung von $a_y = 0{,}4$ g).

Die Berechnung der Seitenkraft $F_{Y,W}$ aus dem wirkenden Schräglaufwinkel α kann im linearen Bereich mithilfe der Schräglaufsteifigkeit c_α erfolgen:

$$c_\alpha = \left.\frac{d(F_{Y,W})}{d\,\alpha}\right|_{\alpha=0^\circ} \qquad (2.83)$$

$$F_{Y,W} = c_\alpha \cdot \alpha \text{mit} |\alpha| < 3^\circ \qquad (2.84)$$

Aufgrund der zur Reifenquer- bzw. Drehachse (Y-Achse) asymmetrischen Schubspannungsverteilung im Reifenlatsch ist die Erzeugung einer Seitenkraft $F_{Y,W}$ immer mit der Entstehung eines Rückstellmoments $M_{Z,W}$ um die Reifenhochachse Z verbunden. Die Seitenkraft $F_{Y,W}$ greift im Schwerpunkt der Fläche der Schubspannungsverteilung an. Dieser ist um den sogenannten Reifennachlauf n_T zur Reifenquerachse versetzt. Die Seitenkraft $F_{Y,W}$ greift dabei hinter der Reifen-Querachse Y im Latsch an. Dies führt zu dem Rückstellmoment $M_{Z,W}$, welches das Bestreben hat, den Schräglaufwinkel des Rades aufzuheben und es gerade in Fahrtrichtung zustellen. Führt man einen Hebelarm $x_T(A)$ ein, an dem die lokale Schubspannung $\tau\alpha(x_T, A)$

relativ zur Reifenhochachse Z angreift, so lässt sich das Rückstellmoment $M_{Z,W}$ berechnen:

Führt man einen Hebelarm $x_T(A)$ ein, an dem die lokale Schubspannung $\tau\alpha(x_T,A)$ relativ zur Reifenhochachse Z angreift, so lässt sich das Rückstellmoment $M_{Z,W}$ berechnen:

$$M_{Z,W} = \int_{A_T} \tau_\alpha(x_T, A) \cdot x_T(A) \cdot dA \quad (2.85)$$

Dividiert man das Rückstellmoment $M_{Z,W}$ durch die Seitenkraft $F_{Y,W}$ erhält man den Reifennachlauf n_T für den aktuellen Betriebszustand.

$$n_T = \frac{M_{Z,W}}{F_{Y,W}} \quad (2.86)$$

Abb. 2.52 zeigt das zum Seitenkraftkennfeld in Abb. 2.51 gehörende Kennfeld für das Rückstellmoment $M_{Z,W}$

zum Schräglauf α Kennfeld für einen Pkw-Reifen. Der Kurvenverlauf des Rückstellmoments $M_{Z,W}$ hat ein ausgeprägtes Maximum bei α=3 bis 6° Schräglaufwinkel. Die weitere Zunahme der Seitenkraft $F_{Y,W}$ reicht nicht aus, um die Verkürzung des Reifennachlaufs n_T zu kompensieren. Bei sehr großen Schräglaufwinkeln α kann das Rückstellmoment das Vorzeichen wechseln und so zu einem Zustellmoment werden, welches das Bestreben hat, die Räder weiter einzuschlagen.

- **Einfluss eines Sturzwinkels**

Seitenkräfte $F_{Y,W}$ in der Reifenaufstandsfläche können ebenfalls erzeugt werden, indem das rollende Rad in seiner Längsebene relativ zur Straße geneigt wird. Man spricht vom Stürzen des Rades. Der Sturzwinkel γ ist als Winkel zwischen Reifenlängsebene und der Fahrbahnnormalen definiert (Abb. 2.53). Die Sturzseitenkraft wirkt dabei immer in Neigungsrichtung des Rades. Im „normalen“ Betrieb liegt bis ca. γ=10° Sturzwinkel ein nahezu linearer Zusammenhang zwischen der Seitenkraft $F_{Y,W}$ und dem Sturzwinkel γ vor.

Die Ursache dafür sind die relativ kleinen Profilverformungen und die damit verbundenen geringeren Schubspannungenτγ. Beim geradeaus rollenden, gestürzten Rad liegt fast nur Deformationsschlupf und kein Gleiten vor. Die durch einen bestimmten Sturzwinkel γ erzeugbaren Seitenkräfte $F_{Y,W}$ sind bei Schräglauf α gleicher Größe für einen Pkw-Reifen ca. 5 bis 10-fach kleiner.

Sturzseitenkräfte entstehen folgendermaßen: Bei Einlauf in den Reifenlatsch haftet der Profilklotz auf der Fahrbahn und folgt kinematisch der Fahrzeugbewegung. Verantwortlich hierfür sind wiederum der lokale Bodendruck p_{lokal} auf der Fahrbahn haften lassen. Beim Durchlaufen des Reifenlatsches folgt der Profilstollen fortwährend der Bewegungsrichtung des Fahrzeugs. Durch die Neigung der Reifenstruktur (der Reifengürtel ist bei Seitenansicht kreisför-

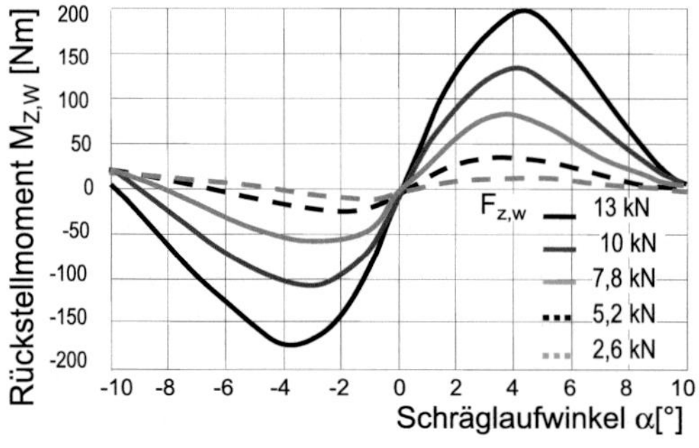

Abb. 2.52 Rückstellmoment-Schräglauf-Kennfeld

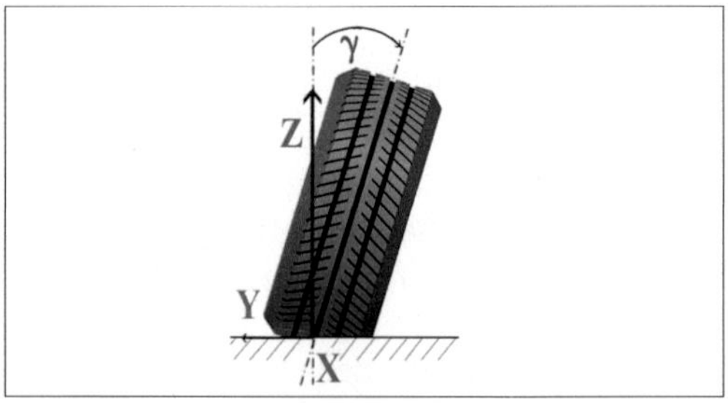

Abb. 2.53 Definition des Sturzwinkels γ

mig) relativ zur Straße verformt sich diese elastisch relativ zu den auf der Fahrbahn haftenden Profilklötzen. Es entsteht eine Schubspannungsverteilung $\tau_\gamma(A)$, die immer symmetrisch zur Reifenhochachse ausgebildet ist. Summiert man die Schubspannungsverteilung τ_γ im Reifenlatsch A_T auf, so erhält man die Sturzseitenkraft $F_{Y,W}$:

$$F_{Y,W} = \int_{A_T} \tau_\gamma(A) \cdot dA \tag{2.87}$$

Obwohl die Sturzseitenkraft $F_{Y,W}$ immer in Latschmitte auf Höhe der Radhochachse angreift, wirkt bei gestürztem Rad dennoch ein Moment $M_{Z,W}$ um die Hochachse Z (hier: Fahrbahnnormale). Dies resultiert aus der Verdrehung der Stollen relativ zum Gürtel bei Durchlaufen des Reifenlatsches (■ Abb. 2.54).

Wirken Schräglauf- und Sturzwinkel gleichzeitig, so müssen die aus beiden Einzeleffekten resultierenden Schubspannungsverteilungen $\tau\alpha$ und $\tau\gamma$ unter Berücksichtigung der maximal übertragbaren Schubspannung τ_{max} (p_{lokal}, μ_{Haft}) superpositioniert werden.

Die ■ Abb. 2.55 und 2.56 zeigen den Einfluss der Radlast $F_{Z,W}$ auf ein Schräglauf-Seitenkraft-Kennfeld bei einem konstanten Reifensturzwinkel.

Die Seitenkraftkurven $F_{Y,W}$ werden in erster Näherung (Schräglaufwinkel im Bereich bis ca. $|\alpha| < 8°$) durch Sturzeinfluss mit einen Kraftoffset versehen.

Gleiches gilt für das Rückstellmoment $M_{Z,W}$, hier jedoch für den gesamten Schräglaufwinkelbereich. Bei betragsmäßig großen Schräglaufwinkeln kann mit einem entsprechenden überlagerten Sturzwinkel (positiv bei negativem Schräglauf, negativ bei positivem Sch räglauf) die maximal übertragbare Seitenkraft $F_{Y,W}$ geringfügig erhöht werden. Dies gilt für trockene Straße, zum Teil für Nässe, nicht jedoch für vereiste Fahrbahn (■ Abb. 2.56) [2].

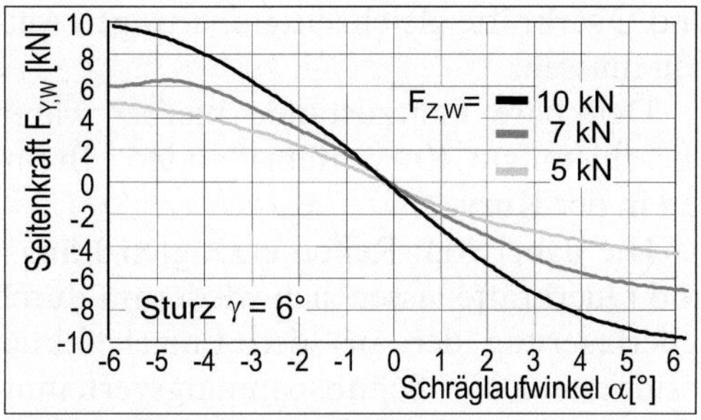

■ **Abb. 2.55** Seitenkraft-Schräglaufkennfeld für einen Pkw-Luftreifen bei verschiedenen Radlasten $F_{Z,W}$ und konstantem positivem Sturzwinkel γ

▪ Kombinierter Schlupf

„Kombinierter Schlupf" bezeichnet den Betriebszustand des Reifens, in dem Längs-

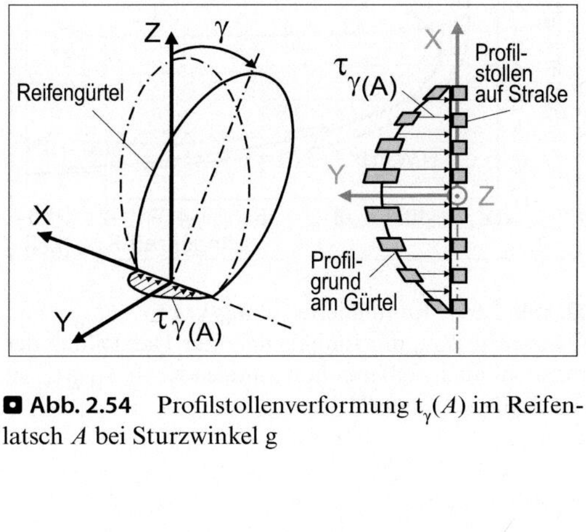

■ **Abb. 2.54** Profilstollenverformung $t_\gamma(A)$ im Reifenlatsch A bei Sturzwinkel g

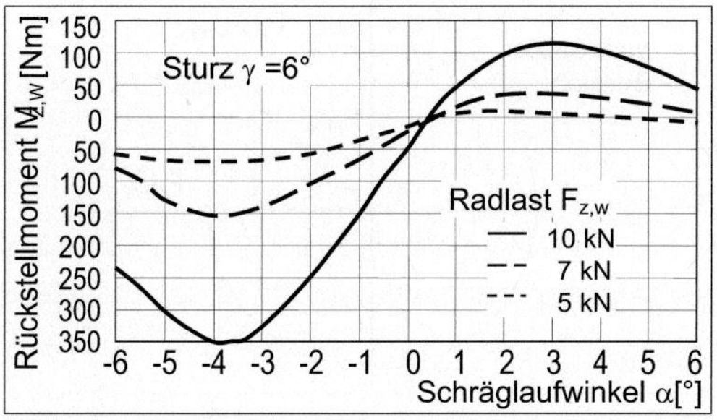

■ **Abb. 2.56** Rückstellmoment Schräglauf-Kennfeld für einen Pkw-Luftreifen bei verschiedenen Radlasten $F_{Z,W}$ und konstantem positivem Sturzwinkel γ

und Querkräfte gleichzeitig übertragen werden müssen.

Denkbare Fahrzustände hierbei wären „beschleunigte Kurvenfahrt" oder „Bremsen in der Kurve".

Die dabei vom Reifen erzeugten Längs- und Querkräfte lassen sich wiederum durch Überlagerung der aus den Einzeleffekten resultierenden Schubspannungsverteilungen $\tau\alpha$ (Schräglaufseitenkraft), $\tau\gamma$ (Sturzseitenkraft) und τ_{Brems} bzw. $\tau_{Antrieb}$ (Umfangskräfte) unter Berücksichtigung der maximal übertragbaren Schubspannung $\tau_{max}(p_{lokal}, \mu_{Haft})$ bestimmen.

Vereinfacht kann dieser Zustand dargestellt werden, wenn man davon ausgeht, dass in der Reifenaufstandsfläche in horizontaler Ebene eine maximale Kraft $F_{H,W}$ übertragen werden kann, die von der aktuellen Radlast $F_{Z,W}$ und dem maximalen Kraftschlussbeiwert μ_{Haft} abhängt und sich vektoriell aus Umfangskraft $F_{X,W}$ und Seitenkraft $F_{Y,W}$ zusammensetzt:

$$F_{H,W}(F_{Z,W}, \mu) = \sqrt{F_{X,W}^2 + F_{Y,W}^2} \qquad (2.88)$$

Dieser Zusammenhang lässt sich grafisch im ◘ Abb. 2.57 gezeigten Kamm'schen Kreis verdeutlichen.

Der Kamm'sche Kreis kann dabei als Einhüllende der Längskraft / Querkraft-Kennlinien bei kombiniertem Schlupfzustand verstanden werden. Diese Reifenkennlinien werden bei Bremsversuchen mit konstantem Schräglaufwinkel α ermittelt (◘ Abb. 2.58). Trägt man die Seitenkräfte $F_{Y,W}$ aus dem in ◘ Abb. 2.57 über den Umfangskräften $F_{X,W}$ auf, ergibt sich das Diagramm nach Krempel (◘ Abb. 2.59).

Zeichnet man eine Einhüllende um die Kraftkennlinien ein, ergibt sich der Kamm'sche Kreis $F_{H,W,max}$ aus ◘ Abb. 2.57.

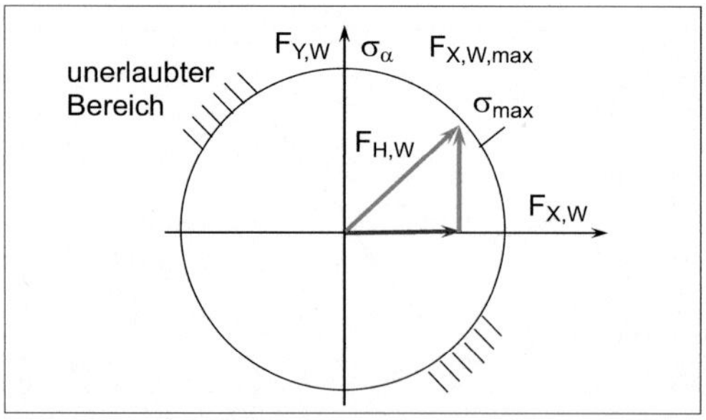

◘ **Abb. 2.57** Kraftübertragungsgrenze bei kombiniertem Längs- und Querschlupf (Kamm'scher Kreis) [3, 22]

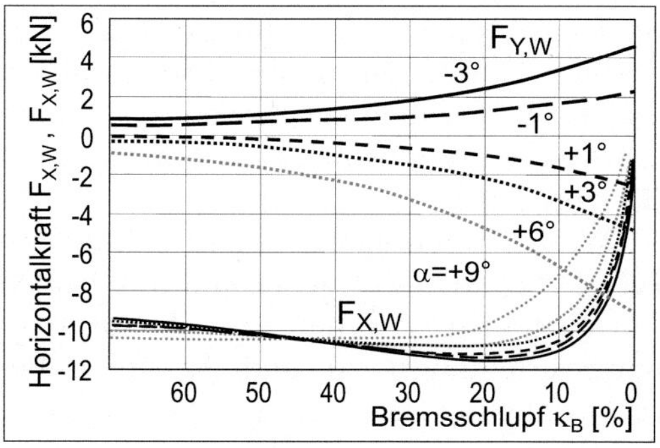

◘ **Abb. 2.58** Kombinierter Längs- und Querschlupf: Umfangskräfte $F_{X,W}$ und Seitenkräfte $F_{Y,W}$ bei verschiedenen konstanten Schräglaufwinkeln a in Abhängigkeit des Längsschlupfs K bei konstanter Radlast $F_{Z,W}$

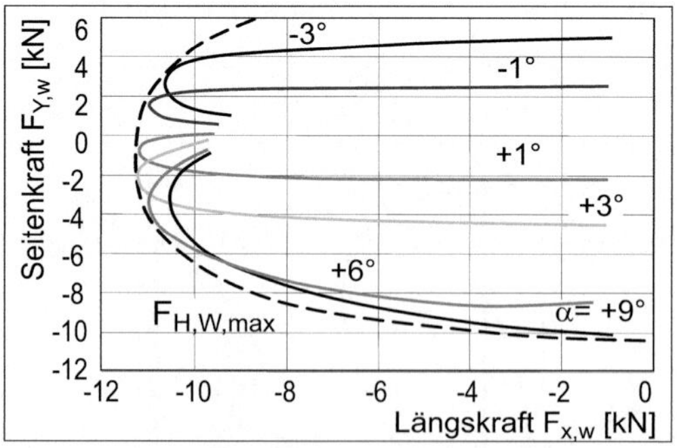

◘ **Abb. 2.59** Kombinierte Längskräfte $F_{X,W}$ und Querkräfte $F_{Y,W}$ mit Einhüllender zur Darstellung der maximal übertragbaren horizontalen Kraft $F_{H,W,max}$ in der Reifenaufstandsfläche

Aufgrund Fadenlagen in der Reifenkarkasse und die kraftübertragenden Karkassfäden nur Kräfte in Zugrichtung übernehmen können, dominieren bei einem kombinierten Schlupfzustand die Umfangskräfte. Dies führt dazu, dass bei einem blockierten Rad fast ausschließlich nur noch Umfangskräfte übertragen werden können, wobei es zu einem nahezu vollständigen Verlust der Seitenführungskräfte kommt.

Aus diesem Grund wurde das ABS-System eingeführt, welches ein vollständiges Blockieren der Räder verhindert und somit zu jeder Zeit ein gewisses Maß an Seitenkraftpotential zur Verfügung steht. Mit ABS kann auch bei getretener Bremse eine Kursänderung vorgenommen werden.

▪ Transientes Reifenverhalten

Die zuvor angestellten Betrachtungen zum Reifenkraft-Übertragungsverhalten gelten genau genommen nur für stationäre bzw. quasistationäre Fälle, in denen die Größen Schräglauf, Sturz, Umfangsschlupf sowie Reifenkräfte und Momente zeitlich konstant bleiben bzw. sich nur mit geringer Geschwindigkeit ändern. Bei Untersuchung dynamischer Vorgänge im Reifenlatsch (z. B. Lenkwinkel- bzw. Schräglaufwinkelsprung, ABS-Bremsung), bei denen sich der Schräglauf $\alpha(t)$ und der Umfangsschlupf $K(t)$ als Funktion der Zeit schnell ändern, muss der Zeitlich verzögerte Aufbau der entsprechenden Radkräfte $F_{X,W}$ und $F_{Y,W}$ und Momente $M_{X,W}$ und $M_{Z,W}$ Berücksichtigung finden. Dies kann durch einen Verzögerungsansatz erster Ordnung geschehen. Aus regelungstechnischer Sicht verhält sich ein Reifen damit wie PT1-Glied. Die entsprechenden Differenzialgleichungen, die den zeitlich Aufbau der Kräfte beschreiben zeigen für $F_{Y,W}$ die Gl. (2.89) und für $F_{X,W}$ die Gl. (2.90).

$$\frac{c_\alpha}{c_y \cdot v_x} \cdot \frac{dF_{Y,W}}{dt} + F_{Y,W} = F_{Y,W,stat.} \quad (2.89)$$

$$\frac{c_\kappa}{c_x \cdot v_x} \cdot \frac{dF_{X,W}}{dt} + F_{X,W} = F_{X,W,stat.} \quad (2.90)$$

Die dabei verwendeten Variablen beschreiben folgende Reifenparameter und Betriebsgrößen:

- Schräglaufsteifigkeit $c\alpha$ mit

$$c_\alpha = \left.\frac{d(F_{Y,W})}{d\alpha}\right|_{\alpha=0°}$$

- statische Reifenseitensteifigkeit c_y
- stationäre Seitenkraft $F_{Y,W}$ bei α
- Längsschlupfsteifigkeit $c\kappa$ mit

$$c_\kappa = \left.\frac{d(F_{X,W})}{d\kappa}\right|_{\kappa=0\%}$$

- statische Reifenlängssteifigkeit c_x
- stationäre Längskraft $F_{X,W}$ bei κ
- Fahrgeschwindigkeit v_x.

Der verzögerte Aufbau der Kräfte ist wegabhängig. Dieser Umstand wird durch die jeweiligen Einlauflängen α_α für die Seitenkraft $F_{Y,W}$ und α_k für die Umfangskraft $F_{X,W}$ charakterisiert:

$$\sigma_\alpha = \frac{c_\alpha}{c_y} \text{und} \sigma_\kappa = \frac{c_\kappa}{c_x} \quad (2.91)$$

Die Einlauflängen α beschreiben den Weg, den der Reifen zurücklegen muss, um ca. 2/3 der stationären Reifenkraft aufzubauen.

Bei Vorgabe eines Schräglaufwinkelsprungs $\alpha_0(t)$ gemäß ◘ Abb. 2.60 für die Differenzialgleichung in Gl. (2.87) antwortet ein Reifen mit der Schräglaufsteifig keit $c\alpha$ und der Einlauflänge $\sigma\alpha$ bei einer Fahrgeschwindigkeit v_x mit einem Kraftaufbau $F_{Y,W}(t)$, der sich durch eine exp-Funktion beschreiben lässt:

$$F_{Y,W}(t) = c_\alpha \cdot \alpha_0 \cdot \left(1 - e^{-(v_x \cdot t/\sigma_\alpha)}\right) \quad (2.92)$$

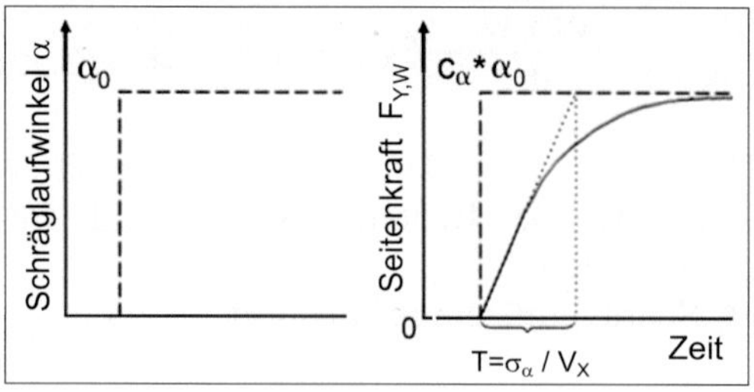

Abb. 2.60 Zeitverlauf der Seitenkraft $F_{\mathrm{Y,W}}$ bei Schräglaufwinkelsprungvorgabe α

2.2.2 Reifenkräfte im Detail

Nachdem im letzen Abschnitt die grundsätzlichen Zusammenhänge der Entstehung der Kräfte in der Reifenaufstandsfläche sowie deren wesentliche Einflussparameter erläutert wurden, soll nun eine detaillierte Berechnung der Kräfte und Momente ermöglicht werden.

Aufgrund der Vielzahl von Wirkparametern, angefangen bei den Basisgrößen wie Radlast $F_{\mathrm{Z,W}}$, Schräglaufwinkel α, Sturzwinkel γ, Umfangsschlupf k und Fülldruck p_{T} bis hin zu Einflüssen wie Reifentemperatur θ T, Profiltiefe und -gestaltung, Fahrbahnbeschaffenheit und Reibwert μ sowie Rollgeschwindigkeit v_{W} ist die detaillierte Abbildung der Reifeneigenschaften nur mit komplexen Rechenmodellen möglich. Hinzu kommt das ausgeprägt nichtlineare Verhalten der Kraftübertragungseigenschaften von Fahrzeugreifen. Mithilfe einfacher linearer Gleichungen kann lediglich das Reifenverhalten bei kleinen Schräglauf-, Sturzwinkeln, Umfangsschlupfwerten so wie Radlastvariationen in der Nähe des eigentlichen Betriebspunktes des Reifens abgebildet werden. Die Reifenkräfte und Momente werden in diesem Fall basierend auf linearisierten „Steifigkeiten“ bzw. Beiwerten berechnet:

$$F_{\mathrm{Z,W}} = c_{\mathrm{T}} \cdot s_{\mathrm{T}} \tag{2.93}$$

$$F_{\mathrm{Y,W}} = c_{\alpha} \cdot \alpha + c_{\gamma} \cdot \gamma \tag{2.94}$$

$$F_{\mathrm{X,W}} = c_{\kappa} \cdot \kappa + k_{\mathrm{R}} \cdot F_{\mathrm{Z,W}} \tag{2.95}$$

$$M_{\mathrm{Z,W}} = c_{\mathrm{Mz},\alpha} \cdot \alpha + c_{\mathrm{Mz},\gamma} \cdot \gamma \tag{2.96}$$

Für rechentechnische Grundsatzuntersuchungen der Fahrzeug-Querdynamik mit dem linearisierten Einspurmodell ist diese Beschreibung des Reifenverhaltens zunächst ausreichend. Die entsprechenden „Steifigkeiten“ und Beiwerte müssen messtechnisch ermittelt oder können aus Datenbanken basierend auf Erfahrungswerten verwendet werden.

Sollen Berechnungen den Grenzbereich der Fahrdynamik eines Fahrzeugs untersuchen, kommt man nicht umhin, die nichtlinearen Reifeneigenschafen mit hoher Genauigkeit abzubilden. Dies ist theoretisch mit der Hinterlegung von gemessenen Reifen-Kennfeldern möglich.

Will man allerdings echtzeitfähige Berechnungen, beispielsweise im Rahmen einer Fahrdynamikregelung durchführen, ist dieses Verfahren weniger gut geeignet. Außerdem lassen kennfeldbasierte Rechnungen keine Extrapolation über die gemessenen Größen hinaus zu. Hohe Genauigkeiten erfordern einen hohen Messaufwand. Darüber hinaus ist es praktisch unmöglich, die Reifenkennfelder für alle denkbaren Fahrbahntypen, Reibwertzustände und bei allen möglichen Reifenfülldrücken messtechnisch zu erfassen und in Kennfeldern abzulegen. Aus diesem Grunde bedient man sich bei simulationstechnischen Fahrdynamikuntersuchungen sogenannter Reifenmodelle (Abb. 2.61), die sich je nach Anwendungsfall (z. B. Berechnung des Eigenlenkverhaltens oder Bestimmung von Betriebslasten) in verschiedenen Detaillierungsgraden und Komplexitäten voneinander unterscheiden.

Modellierung des Reifenverhaltens

Zur rechnerischen Untersuchung des fahrdynamischen Verhaltens von Gesamtfahrzeugen ist die modelltechnische Abbildung

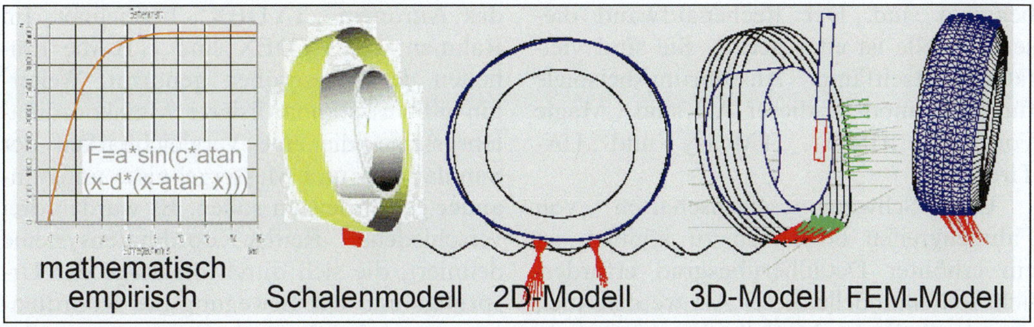

Abb. 2.61 Modellierungsansätze zur simulationstechnischen Abbildung des Reifenverhaltens [26]

der Kraftübertragungseigenschaften der verwendeten Reifen von großer Bedeutung. Aufgrund vieler Einflussparameter und der starken Nicht-linearität des Reifenverhaltens ist eine sehr komplexe simulationstechnische Abbildung erforderlich. Für diesen Fall kann der Reifen als „Black-Box" betrachtet werden, die in Abhängigkeit bestimmter Eingangsgrößen wie Radlast $F_{Z,W}$, Schlupf k, Schräglauf α und Sturz γ die entsprechenden Reifenkräfte und Momente realistisch berechnen kann (Abb. 2.62).

Mit zunehmendem Detaillierungsgrad können die Reifenmodelle die Reifenkräfte nicht nur im quasistationären Bereich, sondern auch bei höherfrequenten Anregungen auf Basis der modalen Schwingungsformen der Reifenstruktur berechnen (► Abschn. 2.2). Dadurch werden Komfort-, Schlechtweg- und Betriebslastensi-mulationen möglich. Die „einfachsten" Reifenmodelle berechnen die Reifenkräfte auf Basis von linearen „Steifigkeiten" und Beiwerten. Die Gl. (2.93) bis (2.96) stellen daher bereits ein einfaches Reifenmodell dar, das sich für Fahrdynamikuntersuchungen mit dem linearen Einspurmodell eignet.

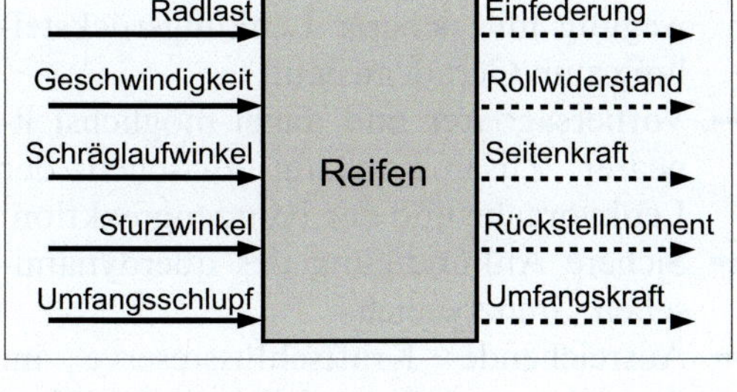

Abb. 2.62 Modellierung des Reifenverhaltens: Eingangs- und Ausgangsgrößen

Die nächste Stufe zunehmender Detaillierung stellen mathematische bzw. empirische Reifenmodelle dar. Diese können vielfach sämtliche Kräfte und Momente berechnen und dabei bereits Nichtlinearitäten im Kraftverlauf berücksichtigen. Kombinierter Schlupf und der sowie Echtzeitfähigkeit (s. auch ► Abschn. 13.4.2).

Einfluss von Sturzwinkeln wird ebenfalls erfasst. Auch das transiente Reifenverhalten ist vielfach enthalten. Diese Modelle sind mit freien Parametern ausgestattet, die an zuvor durchgeführte Reifenmessungen angepasst Einfluss von Sturzwinkeln wird ebenfalls erfasst.

Auch das transiente Reifenverhalten ist vielfach enthalten. Diese Modelle sind mit freien Parametern ausgestattet, die an zuvor durchgeführte Reifenmessungen angepasst werden müssen. Die Parameter stehen dabei im Allgemeinen nicht für die physikalischen Reifeneigenschaften, sondern sind eher abstrakter Natur. Je größer der durchgeführte Messumfang, desto höher die Genauigkeit des Reifenmodells, da auch hier die Extrapolationseigenschaften begrenzt sind. Der Rechenaufwand dieser Modelle ist eher gering. Sie sind vielfach echtzeitfähig. Ausführungsbeispiele für Reifenmodelle dieser Art sind „Magic Formula“, „HSRI“, „TMeasy“ und „UA-Tire“.

Um Schwingungseigenschaften von Fahrzeugreifen berechnen zu können, ist ein erhöhter Detaillierungsgrad erforderlich. Reifenmodelle dieser Art werden auch als physikalische Modelle bezeichnet, da ihr Modellierungsansatz die Feder-Masse-Dämpfungseigenschaften der Reifenstruktur abbildet. Diese Modelle sind derart aufgebaut, dass sie den Reifengürtel als starren oder flexiblen, massebehafteten Körper über Feder-Dämpfer-Elemente an die ebenfalls starre Felge anbinden. Hierdurch wird beispielsweise die Berechnung der Starrkörpermoden möglich. Physikalische Reifenmodelle können dabei beispielsweise die Überfahrt von Fahrbahnhindernissen mit anschließendem Nachschwingen der Reifenstruktur simulieren. Rollwiderstandsberechnungen werden ebenfalls möglich. Der Rechenaufwand dieser Modelle ist deutlich größer, als bei mathematischen bzw. empirischen Modellen. Echtzeitfähigkeit ist im Allgemeinen nicht mehr möglich. Ausführungsbeispiele sind FTire, RMOD-K, SWIFT und CDTire.

Abschließend sollen an dieser Stelle noch FEM-Reifenmodelle erwähnt werden. Diese spielen allerdings für fahrdynamische Untersuchungen keine Rolle. Sie werden im Entwicklungsprozess der Reifen eingesetzt.

▪ Koordinatensysteme zur Beschreibung des Reifenverhaltens

Um die verschiedenen Reifenmodelle in verschiedenen Simulationsumgebungen verwenden zu können und um Messungen der Reifeneigenschaften miteinander vergleichen zu können, ist ein Datenaustauschstandard entwickelt worden. Dieses *„Tyre Data Exchange Format“* wird durch das Akronym „TYDEX“ bezeichnet. Im Rahmen von TYDEX sind z. B. die Einheiten der Messgrößen genormt. Weiterhin gibt es standardisierte Messkoordinatensysteme, die eine Vergleichbarkeit der Simulations- und Messergebnisse untereinander gewährleisten sollen. Es wurden drei verschiedene Reifen-Koordinatensysteme definiert, die sich durch die Lage des Ursprungs und der Bewegung des Koordinatensystems bei Reifenbewegungen voneinander unterscheiden:

- *TYDEX-W:* Ursprung in der Mitte des Reifenlatsches auf der Fahrbahn, schwenkt bei Schräglauf mit, bleibt bei Sturz senkrecht zur Fahrbahn;
- *TYDEX-H:* Ursprung in Radmitte, schwenkt bei Schräglauf mit, bleibt bei Sturz senkrecht zur Fahrbahn;
- *TYDEX-C:* Ursprung in Radmitte, schwenkt bei Sturz und Schräglauf mit.

2.2.3 Wirkung der Reifenkräfte auf die Fahrstabilität

Die Stabilität des gesamten Fahrzustands eines Fahrzeugs wird ganz entscheidend durch die verwendeten Reifen bestimmt. Die Fahrstabilität bezieht sich in diesem Zusammenhang hauptsächlich auf die folgenden Fahreigenschaften bzw. -zustände:

- Geradeauslaufverhalten, Spurrillenempfindlichkeit
- Anlenkverhalten bzw. Ansprechverhalten der querdynamischen Fahrzeugbewegung mit sicherer Lenkungsrückstellung zum Geradeauslauf
- Vorhersagbarer und dabei möglichst linearer Zusammenhang zwischen der Lenkvorgabe und der Fahrzeugreaktion
- Sichere Ankündigung des querdynamischen Grenzbereichs
- Ausreichende Kraftschlussreserve im Antriebs- und Bremsfall bzw. bei Kurvenfahrt auf trockener und nasser Fahrbahn

- Geringer Einfluss dynamischer Radlastschwankungen auf die Kraftschlussreserve
- Sichere Beherrschbarkeit des Fahrzeugs im Falle von Reifenversagen.

Das Geradeauslaufverhalten eines Fahrzeugs wird wesentlich durch Reifeneigenschaften beeinflusst, die sich durch Ungleichförmigkeiten (Non-Uniformities) sowie Ply-Steer-Kräfte und -momente ergeben. Ferner bestimmt der Reifennachlauf n_T durch seine die Lenkung zurückstellende Wirkung den Geradeauslauf des Fahrzeugs. Hohe Profilsteifigkeiten und vor allem breite Reifen mit vornehmlich Längsrillenprofilgestaltung folgen gerne Fahrbahnlängsrillen. Insbesondere Reifen mit einer hohen Sturz-Seitenkraftsteifigkeit c_γ zeigen dabei große Spurrillenempfindlichkeiten [27, 28].

Reifen mit großen Schräglaufsteifigkeiten c_α (► Gl. 2.94) bei gleichzeitig kurzer Relaxations- bzw. Einlauflänge σ_α (siehe hierzu ► Gl. 2.91 und 2.92) führen im Hinblick auf das Gesamtfahrzeug zu einem besseren Ansprech- und Anlenkverhalten der querdynamsichen Fahrzeugbewegung. Erreicht wird diese Eigenschaft u. a. durch eine hohe statische Reifenquerfedersteifigkeit c_y (z. B. durch Verwendung von Niederquerschnittsreifen oder auch von Run-Flat-Reifen mit verstärkten Seitenwänden; siehe hierzu ◘ Abb. 13.58). Werden diese Reifeneigenschaften zu extrem ausgelegt, so führt dies zu einem nervösen Geradeauslauf, da das Fahrzeug zu empfindlich auf Lenkbewegungen reagiert.

Die Schräglaufsteifigkeiten σ_α der Reifen beeinflussen maßgeblich sowohl das quasistationäre Eigenlenkverhalten eines Fahrzeugs in Form des Schwimmwinkelaufbaus und des Eigenlenkgradienten (s. hierzu ► Abschn. 2.5.3.2 sowie die ► Gl. 2.278) als auch dessen dynamische Eigenschaften wie die Giereigenfrequenz (s. ► Gl. 2.269) und Gierbedämpfung (s. ► Gl. 2.270).

Ein in weiten Bereichen „lineares" Fahrverhalten lässt sich durch die Verwendung von Reifen realisieren, die bis in hohe Schräglauf-, Schlupf- und Sturzbereiche hinein einen proportionalen Zusammenhang zwischen der jeweiligen Schlupf- und der entsprechenden Reifenkraftgröße aufweisen.

Aus Sicht einer rechtzeitigen Ankündigung des querdynamischen Grenzbereichs (Kraftschlussgrenze bzw. maximal erzielbare Fahrzeugquerbeschleunigung a_Y) an den Fahrer ist es jedoch ebenso wünschenswert, dass die Reifenkennlinien relativ früh einen degressiven Verlauf aufweisen und in die Kraftsättigung übergehen. Diese Charakteristiken künden dem Fahrer durch den weniger stark ansteigenden Lenkmomentbedarf bzw. sogar durch eine Abnahme des Lenkmoments den Grenzbereich des Fahrzeugs sicher an.

Vor allem im Hinblick auf kurze Anhaltewege eines Fahrzeugs ist ein hohes Kraftschlusspotenzial μ_{max} der Reifen sowohl auf trockener als auch auf nasser Fahrbahn anzustreben. Ferner sollten die längsdynamischen Relaxationslängen bzw. Einlaufstrecken σ_k (s. ► Gl. 2.91) kurz ausfallen, um in Falle der hochdynamischen ABS-Bremspulsation einen schnellen Reifenbremskraftaufbau $F_{X,W}$ zu gewährleisten. Dies wird durch Reifen mit großer statischer Umfangssteifigkeit c_x erreicht. Mit aus diesem Grund haben sich Stahlgürtelreifen durchgesetzt. Damit das ABS seine volle Wirkung entfalten kann, ist es außerdem sehr wichtig, dass die Reifen im ABS-Schlupfregelbereich noch genügend große Seitenkräfte aufbauen können (s. ◘ Abb. 2.55).

In Bezug auf die Fahrstabilität kommt dem direkten Reifen-Fahrbahn-Kontakt in Form der wirkenden Radaufstandskraft $F_{Z,W}$ eine wichtige Rolle zu. Reifen können die erforderlichen horizontalen Längs- $F_{X,W}$ und Querkräfte $F_{Y,W}$ nur dann aufbauen, wenn eine vertikale Radlast $F_{Z,W}$ vorliegt. Aufgrund der lediglich degressiven Zunahme der horizontalen Reifenkräfte mit steigender Radlast (s. ◘ Abb. 2.145 und ◘ Abb. 2.146) sowie wegen ihres transient verzögerten Aufbaus (PT_1-Verhalten) bedingt durch die Einlaufstrecken σ_k und σ_α, sind dynamische Radlaständerungen insgesamt so gering wie möglich zu halten. Hierzu tragen neben den Federungs- und Dämpfungseigenschaften des gesamten Fahrwerks auch die radialen Reifenfedersteifigkeiten c_T sowie die ungefederten Rad- bzw. Reifenmassen m_T bei (s. hierzu die Diagramme der dynamischen Radlastschwankungen in ◘ Abb. 2.96 und 2.97 sowie den ▶ Abschn. 2.6.1). Im Sinne einer hohen Fahrstabilität sind dabei möglichst geringe dynamische Radlastschwankungen anzustreben.

Aus Sicht des Reifens wird diese Anforderung durch geringes Gewicht m_T sowie durch relativ niedrige radiale Steifigkeiten c_T erzielt.

Diese werden vor allem durch den Reifenfülldruck p_T beeinflusst. Allerdings kann der Fülldruck p_T nicht beliebig weit reduziert werden. Grenzen werden hier durch den Rollwiderstand, den Verschleiß und die Hochgeschwindigkeitsfestigkeit gesetzt.

Auch im Falle des vollständigen Fülldruckverlustes in einem Reifen ist es möglich, die Fahrstabilität aufrechtzuerhalten. Dies wird durch Reifen mit Notlaufeigenschaften gewährleistet.

Die größte Verbreitung im Markt haben dabei *„Run-Flat"*-Reifen mit verstärkten Seitenwänden gefunden. Das Konstruktionsprinzip eines solchen Reifens ist in den ◘ Abb. 13.58 und 13.59 gezeigt. Die Seitenwände des Reifens sind dabei durch einen zusätzlichen Gummikeil dahingehend verstärkt, dass der Reifen auch ohne die Pressluft in seinem Inneren für zumindest eine bestimmte Wegstrecke seine Formstabilität behält und die erforderlichen Reifenkräfte übertragen kann [29]. Dadurch werden kritische Fahrsituationen vermieden und die nächste Werkstatt kann sicher erreicht werden (◘ Abb. 2.63).

◘ **Abb. 2.63** Run-Flat- (oben) und Standardreifen (unten) bei gleicher Seitenkraft. Selbst ohne Fülldruck behält ein Run-Flat-Reifen die gewünschte Formstabilität [29]

2.3 Längsdynamik

Ingo Albers, Christoph Elbers und Jörn Lützlow

Bei Untersuchung der Bewegungsvorgänge in Fahrzeuglängsrichtung, also Antrieben und Bremsen, spricht man von der **Längsdynamik** des Fahrzeugs. Hier sind die Fahrwiderstände, Leistungs- und Energiebedarf des Antriebs sowie die Brems- und Traktionseigenschaften auf verschiedenen Fahrbahnbelägen und -zuständen Gegenstand der Untersuchungen.

Die Längsdynamik bildet für die Antriebsentwickler das Hauptaugenmerkmal.

Für die Fahrwerksentwickler ist die Übertragung der Brems- und Antriebskräften auf die Fahrbahn im Vordergrund, jedoch nicht so sehr die Leistungsbedarf, Wirkungsgrad, Höchstgeschwindigkeit, Elastizität oder Steigungsvermögen.

2.3.1 Anfahren und Bremsen

Beim Anfahren und Bremsen wirken äußere Kräfte auf ein Kraftfahrzeug. Antriebs- oder Bremskräfte wirken als Radumfangskräfte, während das Gesamtfahrzeug der Trägheit unterliegt und daher die Trägheitskraft im Gesamtschwerpunkt angreift.

Bei modernen Fahrzeugen wird die Gesamtbremskraft auf Vorder- und Hinterachse gemäß einer Bremskraftverteilung (s. ► Abschn. 7.4.1) aufgeteilt, sodass die Umfangskräfte an allen Rädern angreifen.

Beim Antreiben ist nur die angetriebene Achse zu betrachten. Handelt es sich um ein allradgetriebenes Fahrzeug, so wird die Gesamtantriebskraft gemäß der Antriebskraftverteilung auf allen Rädern aufgeteilt.

Zusammen mit dem Abstand des Fahrzeugschwerpunktes zur Fahrbahn ergibt sich beim Anfahren und Bremsen ein Nickmoment, welches durch Radlastverschiebungen kompensiert wird.

Somit stehen Trägheitskraft, Reifenumfangskräfte sowie die resultierenden Radlastdifferenzen im statischen Gleichgewicht. Beim Bremsen findet eine Radlastverschiebung nach vorn statt, während beim Beschleunigen die hinteren Radlasten ansteigen.

Eine steigende Radlast bringt zunächst eine verbesserte Kraftübertragung mit sich, wenn man den Coulomb'-schen Reibungskoeffizienten und somit den linearen Zusammenhang zwischen der Vertikal- und Horizontalkraft betrachtet. Da die Reifeneigenschaften einen degressiven Verlauf über steigender Radlast bis hin zu einer Sättigung der übertragbaren Kraft zeigen, führt eine Radlasterhöhung im Grenzbereich des Reifens nicht notwendigerweise zu einer erhöhten übertragbaren Umfangskraft (s. ► Abschn. 2.6.1). Die entstehenden Radlastdifferenzen beim Antreiben und Bremsen führen zu einer Nickbewegung des Aufbaus, die jedoch durch geeignete Maßnahmen an der Radkinematik durch die Abstützung in der Radaufhängung abgeschwächt bzw. gar kompensiert werden kann (◻ Abb. 2.64).

Diese von der Aufhängungskinematik abhängigen Maßnahmen werden Anfahr- bzw. Bremsnickausgleich bezeichnet. Die Punkte L_v und L_h bilden die Längspole, die momentan ortsfest bleiben (s. ► Abschn. 1.4.3.2).

2.3.1.1 Bremsnickausgleich

Beim Bremsen greift die Trägheitskraft im Schwerpunkt an und zeigt in Fahrtrichtung nach vorn.

$$F_{\text{Träg}} = m \cdot a_x \tag{2.97}$$

Diese Trägheitskraft entspricht die Summe der wirksamen Bremskräfte in Umfangsrichtung am Reifenlatsch.

$$F_{\text{Träg}} = F_{\text{Brems,ges}} = F_{\text{Brems,v}} + F_{\text{Brems,h}} \tag{2.98}$$

Die Bremskräfte stehen im Verhältnis der Bremskraftverteilung zueinander, die bei

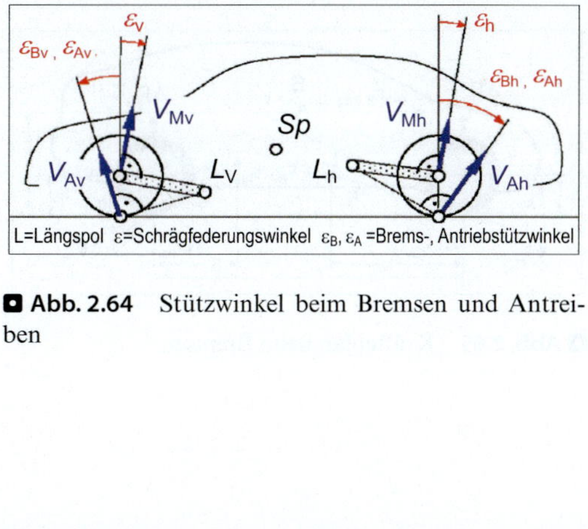

◻ **Abb. 2.64** Stützwinkel beim Bremsen und Antreiben

älteren Fahrzeugen starr durch die Querschnittsverhältnisse im Bremskraftverteiler vorgegeben ist aber bei modernen Fahrzeugen elektronisch geregelt wird, und sogar die Änderungen an Zuladung mitberücksichtigt.

$$k_{\text{Brems}} = \frac{F_{\text{Brems,v}}}{F_{\text{Brems,h}}} \tag{2.99}$$

Aus der Trägheitskraft und den Bremskräften in Radumfangsrichtung resultiert die Radlastverschiebung ΔG, die in die dargestellte Richtung zeigt. System Fahrzeug ist damit statisch bestimmt.

Um sich interne Vorgänge im Fahrwerk beim Bremsvorgang anzuschauen, wird eine Bilanz um den Radmittelpunkt formuliert (◘ Abb. 2.65).

Die Resultierende aus Bremskraft sowie Radlastdifferenz greift im Reifenaufstandspunkt (Latsch) an. Die Wirkungslinie der Resultierenden zeigt den optimalen Bremsabstützwinkel $\varepsilon_{\text{Brems}}$ zur Horizontalen an.

Liegt der tatsächliche Nickpol einer Achse außerhalb dieser Wirkungslinie, so verursacht die Resultierende im Reifenlatsch ein Moment, welches über eine Federkraftänderung ΔF_{F} kompensiert werden muss. Die resultierende Reifenkraft teilt sich also auf in einen Anteil, der direkt von der Radaufhängung gestützt wird, sowie eine Kraftkomponente, die in Richtung der Aufbaufeder wirkt und daher für eine Federbewegung verantwortlich ist.

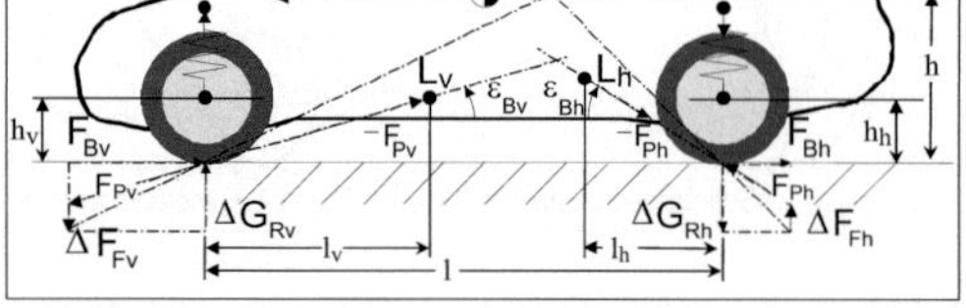

◘ **Abb. 2.65** Kräfteplan beim Bremsen

Der optimale Bremsabstützwinkel wird geometrisch sowie über ein Momentengleichgewicht beschrieben:

$$\tan\left(\varepsilon_{\text{opt,v}}\right) = \frac{h}{l} \cdot \left(1 + \frac{1}{F_{\text{Bv}}/F_{\text{Bh}}}\right) \tag{2.100}$$

$$\tan\left(\varepsilon_{\text{opt,h}}\right) = \frac{h}{l} \cdot \left(1 + F_{\text{Bv}}/F_{\text{Bh}}\right) \tag{2.101}$$

Eine Momentenbilanz um den tatsächlichen Längspol L einer Achse, der sich aus der Konstruktion und der kinematischen Lage ergibt, zeigt den Grad des Bremsnickausgleichs X an. [20]

$$X \cdot \Delta G_{\text{v}} \cdot l_{\text{v}} = F_{\text{Bv}} \cdot h_{\text{v}} \tag{2.102}$$

$$X = \frac{F_{\text{Bv}}}{\Delta G_{\text{v}}} \cdot \frac{h_{\text{v}}}{l_{\text{v}}} = \frac{\tan\left(\varepsilon_{\text{tats}}\right)}{\tan\left(\varepsilon_{\text{opt}}\right)} \cdot 100\% \tag{2.103}$$

Eine analoge Berechnung gilt für die Hinterachse.

Für den Bremsnickausgleich X werden also der tatsächliche sowie der optimale Bremsabstützwinkel in Relation gesetzt. Der optimale Stützwinkel ist dabei eine Größe, die über Fahrzeugparameter charakterisiert wird, während der tatsächliche Bremsabstützwinkel einen kinematischen Kennwert einer Achse darstellt.

2.3.1.2 Anfahrnickausgleich

Für das Anfahren gelten prinzipiell die gleichen Betrachtungen wie beim Bremsen. Allerdings wird das Antriebsmoment in der Regel über eine Antriebswelle zum Rad übertragen und somit direkt über den Antriebsstrang an der Karosserie abgestützt. Im Gegensatz zum Bremsvorgang wird also beim Antreiben kein Moment in den Radträger eingeleitet.

Bei der Kräftebilanz ◘ Abb. 2.66b wird die Rechnung getragen, indem das Kräftepaar in den Radaufstandspunkt verschoben wird. Das am Reifenlatsch entstehende An-

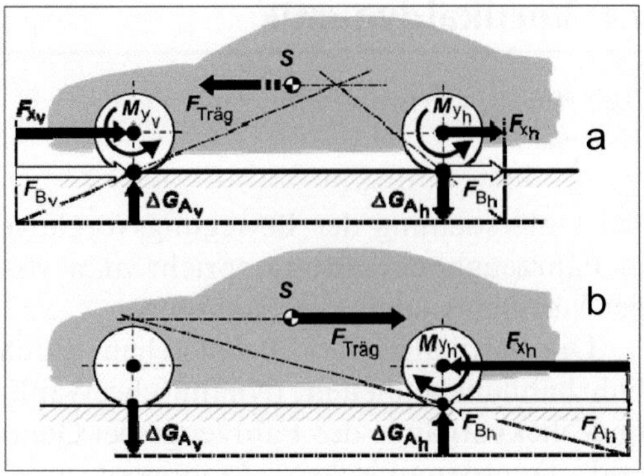

Abb. 2.66 Kräfteplan beim Bremsen (a) und Antreiben mit Heckantrieb (b)

triebsmoment wird nicht am Radträger abgestützt, sodass die Fahrwerkkomponenten nur die horizontalen Kraftanteile abzustützen haben [20]. Somit wird zunächst über die globale Kräftebilanz des Fahrzeugs die.

Wirkungslinie der resultierenden Kraft aus Antriebskraft und Radlastdifferenz berechnet und die Wirkungslinie in den Radmittelpunkt verschoben.

Die gleichen Betrachtungen finden wie beim Bremsvorgang statt. Der Winkel zwischen der Wirkungslinie der Resultierenden und der Fahrbahn wird als optimaler Anfahrabstützwinkel bezeichnet und kann über die Fahrzeugdaten berechnet werden, wobei analog zur Bremskraftverteilung die Verteilung des Anfahrmomentes auf Vorder- und Hinterachse bekannt sein muss.

$$\tan\left(\varepsilon_{\mathrm{An,opt,v}}\right) = \frac{h}{l} \cdot \left(1 + \frac{1}{M_{\mathrm{An,v}}/M_{\mathrm{An,h}}}\right) \tag{2.104}$$

$$\tan\left(\varepsilon_{\mathrm{An,opt,h}}\right) = \frac{h}{l} \cdot \left(1 + M_{\mathrm{An,v}}/M_{\mathrm{An,h}}\right) \tag{2.105}$$

Auch beim Anfahrvorgang kann ein Momentengleichgewicht um den tatsächlichen Längspol aufgestellt werden, womit sich der Anteil des Anfahrnickausgleichs berechnen lässt. Die Komponente der resultierenden Kraft im Reifenlatsch, welche nicht direkt über den Längspol und damit über das Fahrwerk abgestützt wird, verursacht eine resultierende Federkraftänderung und damit einen Federweg, der das Fahrzeug nicken lässt.

$$X_{\mathrm{v}} = \frac{\tan\left(\varepsilon_{\mathrm{An,tats,v}}\right)}{\tan\left(\varepsilon_{\mathrm{An,opt,v}}\right)} \cdot 100\% \tag{2.106}$$

Ein hoher Nickausgleich beim Anfahren oder Bremsen ist voraussetzung, um auch auf schlechten Fahrbahnen hohe Umfangskräfte übertragen zu können, ohne die Federung durchschlägt. Damit kann die Feder weiterhin gemäß den Auslegungszielen weich dargestellt werden. Weiterhin führt eine reduzierte Nickneigung des Aufbaus zu einer erhöhten Fahrsicherheit und Erhöhung des Komforts bei längsdynamischen Vorgängen [30].

Die dynamischen Achslastverschiebungen bleiben durch Maßnahmen zum Nickausgleich allerdings unberührt.

Beim Anfahren spielen Antriebsart und -achse eine große Rolle. Beim Einzelachsantrieb kann der Antriebskraft nur an einer Achse wirken. Wenn der Motordrehmoment nicht an nur einer Achse auf die Straße übertragen werden kann, sind beide Achsen anzutreiben (Allradantrieb). ◘ Abb. 4.67 zeigt den Kräfteplan für Allrad-, Hinterrad, und Vorderradantrieb.

2.3.1.3 Lastwechsel bei Geradeausfahrt

Ähnliche Aspekte wie bei einer Bremsung sind auch bei einem Lastwechsel bei Geradeausfahrt zu sehen. Als Lastwechsel wird der Moment bezeichnet, in dem der Fahrer das Fahrpedal zurücknimmt bzw. dieses ruckartig freigibt. Wenn dabei der Triebstrang noch mit den Antriebsrädern

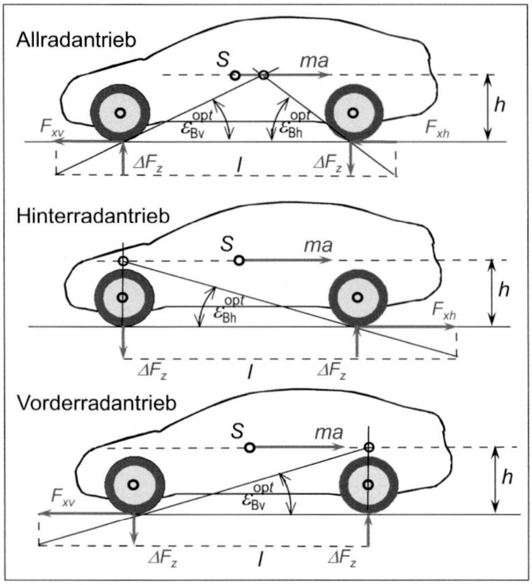

Abb. 2.67 Kräfteplan beim Anfahren mit den drei unterschiedlichen Antriebsarten

verbunden (eingekuppelt) ist, wirkt das Schlepp- und Reibmoment des Motors als Bremsmoment auf die angetriebenen Räder. Dieses Bremsmoment sorgt für eine Verzögerung, dadurch kommt es wie bei einem normalen Bremsvorgang zu dynamischen Radlastverschiebungen nach vorn somit zu einer Nickbewegung des Aufbaus. Jedoch stützt sich auch hier das Verzögerungsmoment nicht am Radträger ab (Abb. 2.67).

Besondere Bedeutung kommt diesem Lastwechsel bei Kurvenfahrt zu, was in ► Abschn. 2.6.2.3 erläutert wird.

Ein Brems- oder Beschleunigungsvorgang verursacht Federbewegungen an beiden Achsen. Dabei kann es zu kinematischen Einflüssen der Radaufhängung kommen, vor allem, wenn z. B. durch Beschleunigen in der Kurve die kinematischen Bewegungen auf der Innen- /Außenseite nicht identisch sind. So kann ein unterschiedlicher Sturzwinkel für zusätzliche, asymmetrische Seitenkräfte sorgen. Ein unterschiedlicher Nachlauf an einer angetriebenen Vorderachse kann die Lenkung stören.

2.4 Vertikaldynamik

Ingo Albers, Christoph Elbers und Daniel Wegener

Bei Untersuchung der Bewegungsvorgänge in Fahrzeughochrichtung spricht man von der **Vertikaldynamik** des Fahrzeugs.

Die vertikalen Kräfte entstehen durch Fahrbahnunebenheiten, dynamische Wank- und Nickvorgänge des Fahrzeugs bei Quer- und längsdynamischen Manövern oder aber durch interne Anregungen (Antriebsstrang, Rad-Reifen). Diese wirken zwischen Fahrwerk und Aufbau. Vor allem die resultierenden Kräfte aus Fahrbahnunebenheiten erzeugen vertikale Störgrößeneinträge in das Fahrzeugschwingsystem.

Ziele einer gelungenen Vertikaldynamik sind unter anderem geringe Aufbaubeschleunigungen, geringe Wank- und Nickbewegungen, geringe dynamische Radlastschwankungen sowie ein beladungsunabhängiges Fahrzeugschwingungsverhalten [4].

Abb. 2.68 fasst die Ziele, Komponenten und Parameter der Vertikaldynamik zusammen.

Die Vertikalkräfte bestehen im Wesentlichen aus Feder- und Dämpferkräften, die dafür sorgen, dass der Aufbau relativ zum Fahrwerk abgestützt wird sowie die Bewegungen des Fahrzeugs relativ zur Fahrbahn in Grenzen gehalten werden.

Zur Untersuchung des Schwingungsverhaltens von Kraftfahrzeugen werden geeignete Ersatzmodelle erstellt, auf die, die allgemeinen Methoden der Schwingungslehre anwendbar sind. In diesem Kapitel werden Schritt für Schritt gängige Ersatzmodelle vorgestellt, mit denen sich die unterschiedlichen Anwendungsfälle berechnen lassen.

Die untersuchten Modelle bestehen aus verschiedenen Massen, die ggf. trägheitsbehaftet sind, und enthalten jeweils Feder- und Dämpferelemente. Aus den Modellen

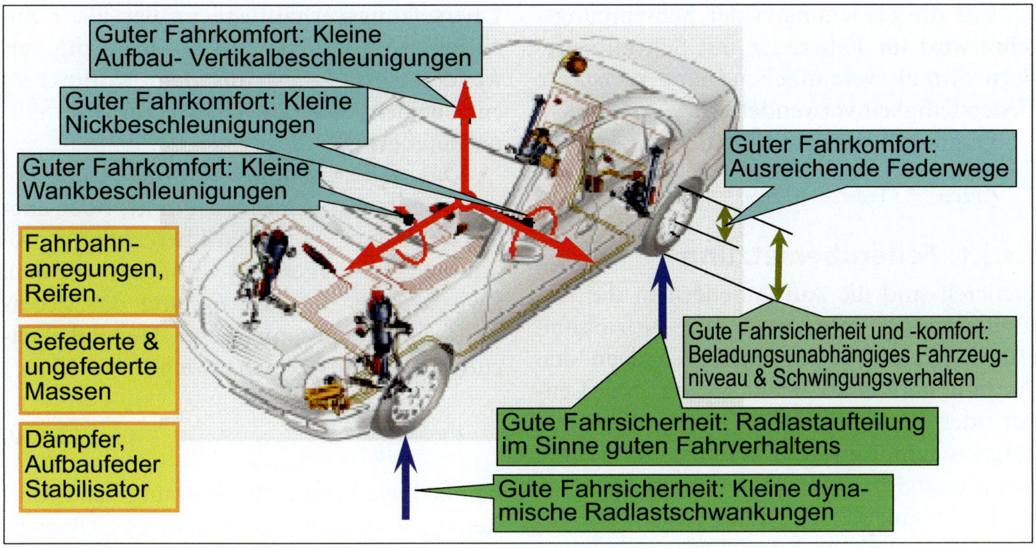

Abb. 2.68 Vertikaldynamik, Ziele, Komponenten und Parameter

lassen sich so Schwingungsgleichungen, Eigenfrequenzen und Dämpfungsmaße ableiten.

Zunächst werden jedoch die Komponenten der Schwingungsmodelle beschrieben.

2.4.1 Aufbaufedern

Unter Aufbaufedern werden hier die Teile der Radaufhängungen von Kraftfahrzeugen behandelt, die bei einer elastischen Verformung Rückstellkräfte liefern. Neben den konventionellen Schrauben-, Blatt- und Torsionsstabfedern können dies auch Gasfedern sein. Die verschiedenen Bauteile werden in ► Kap. 9 dargestellt.

Allen Aufbaufedern ist gemeinsam, dass sich abhängig von der Einfederung Δz eine rückstellende Federkraft F_{Feder} ergibt [20] (Abb. 2.69).

Aus dieser Darstellung lässt sich die Federkonstante ableiten. Ist der Federkraftverlauf nicht linear, ist die Federkonstante

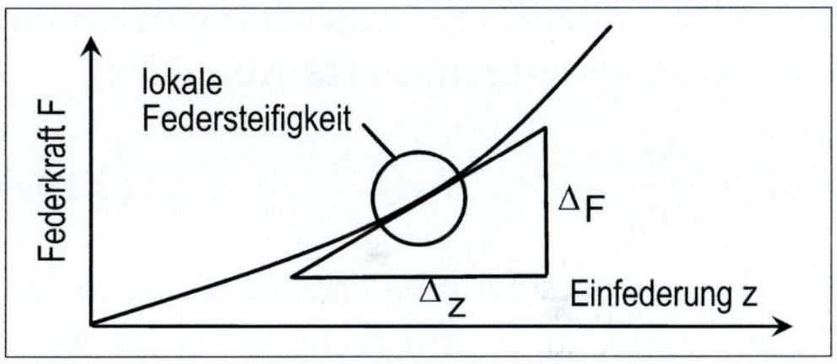

Abb. 2.69 Definition der Federsteifigkeit c_{Feder}

nur für den jeweiligen Arbeitspunkt gültig und ergibt sich dem Gradienten:

$$c_{Feder} = \frac{dF}{dz} \qquad (2.107)$$

Schraubenfedern weisen generell einen linearen Verlauf auf, es sei denn, es werden besondere konstruktive Merkmale wie veränderliche Schraubensteigung, veränderlicher Windungsdurchmesser oder Ähnliches eingestellt. Dann sind auch mit Schraubenfedern nichtlineare Federkennungen erreichbar.

2

Für die Gleichungen der Schwingungslehre wird für Fahrzeuge mit Schraubenfedern oftmals vereinfachend eine konstante Federsteifigkeit verwendet.

Damit gilt mit dem Einfederweg Δf:

$$F_{\text{Feder}} = c_{\text{Feder}} \cdot \Delta f_{\text{Feder}} \tag{2.108}$$

2.4.1.1 Federübersetzung

Generell sind die Aufbaufedern in die Radaufhängung integriert. Im Normalfall stützt sich die Feder einerseits gegen den Aufbau und andererseits gegen den Lenker oder direkt am Radträger ab, an dessen achsseitigem Ende die Radlast als äußere Kraft angreift.

In Abhängigkeit von der Kinematik der Radaufhängung und der Federanordnung besteht zwischen einer Einfederbewegung des Radaufstandspunktes Δz_R und der entsprechenden Zusammendrückung der Aufbaufeder Δf bei Einzelradaufhängungen ein Übersetzungsverhältnis i (▪ Abb. 2.70):

$$i = \frac{\Delta f}{\Delta z_R} \tag{2.109}$$

Das Federübersetzungsverhältnis i ist in der Regel kleiner als 1 und nicht konstant, sondern von der Lage der Radaufhängungskinematik, also vom momentanen Einfederungszustand abhängig. In der Literatur ist die Definition nicht einheitlich. Daher sind Übersetzungsverhältnisse größer als 1 anzutreffen, wenn Gl. (2.109) reziprok verwendet wird. Es ist aus dem Kontext zu entscheiden, wie das Übersetzungsverhältnis definiert ist.

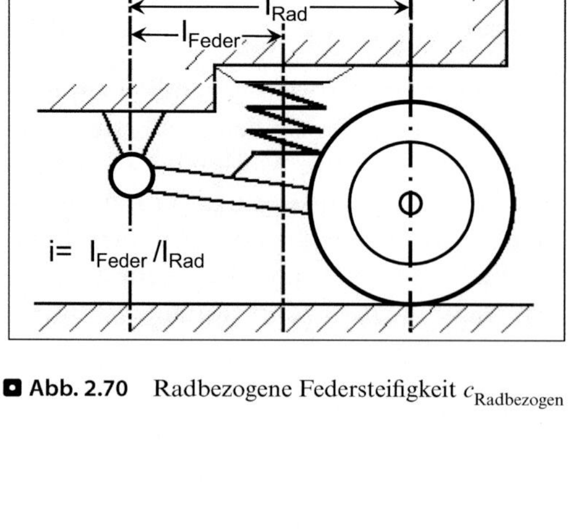

▪ **Abb. 2.70** Radbezogene Federsteifigkeit $c_{\text{Radbezogen}}$

Das Übersetzungsverhältnis kann sowohl analytisch für einen Punkt, oder aber aus einem Kinematikberechnungsprogramm rechnergestützt ermittelt werden. Zwischen der Radlast F_R und der Federkraft F_F besteht mit dieser Hebelübersetzung i folgendes Gleichgewicht:

$$F_F = \frac{F_R}{i} \tag{2.110}$$

Ähnlich wie bei der Bestimmung der Federsteifigkeit kann nun also über das Übersetzungsverhältnis auch die radbezogene Federsteifigkeit als lokale Steigung der resultierenden Federkraft über dem Federweg berechnet werden, denn (nur) diese fließt in die schwingungstechnischen Gleichungen ein. Bei gegebenem Übersetzungsverhältnis gilt für einen bestimmten Einfederungszustand z_R [20]:

$$\begin{aligned} c_{\text{radbezogen}} &= \frac{dF_R}{dz_R} = \frac{d(F_F \cdot i)}{dz_R} \\ &= \frac{dF_F}{dz_R} \cdot i + \frac{di}{dz_R} \cdot F_F \\ &= \frac{dF_F}{df} \cdot \frac{df}{dz_R} \cdot i + \frac{di}{dz_R} \cdot F_F \\ &= c \cdot i^2 + \frac{di}{dz_R} \cdot F_F \end{aligned} \tag{2.111}$$

Eine gewünschte progressive Kennlinie der Federung kann also u. U. auch durch entsprechende kinematische Auslegung der Radaufhängung erzielt werden.

2.4.1.2 Eigenfrequenzen

Interessante Erkenntnisse zeigt der Vergleich der prinzipbedingten Eigenfrequenzen der verschiedenen Federarten vor allem unter veränderlicher Beladung. Mithilfe der allgemeinen Berechnung der Eigenfrequenz können die einzelnen Federn näher charakterisiert werden.

$$\omega = \sqrt{\frac{c}{m}} \tag{2.112}$$

Generell weisen Stahlfedern eine konstante Federsteifigkeit auf. Eine steigende Beladung geht über die anteilig zu berücksichtigende Masse m linear in die Berechnung ein, sodass effektiv die Eigenfrequenz bei steigender Beladung mit der Quadratwurzel der Beladung sinkt.

Bei der Luftfeder kann diese Varianz der Eigenfrequenz prinzipbedingt nahezu verhindert werden. Dazu wird die Federsteifigkeit der Luftfeder ermittelt sowie die Beladung durch den Luftfederinnendruck ausgedrückt [20].

$$\omega_{\mathrm{e}} = \sqrt{\frac{c}{m}} = \sqrt{\frac{c \cdot g}{(p - p_{\mathrm{a}}) \cdot A}} \tag{2.113}$$

Mit der Federsteifigkeit, der theoretischen Federhöhe

$$c(f) = A \cdot n \cdot p(f) \cdot \frac{l}{h_{\mathrm{th}}} \tag{2.114}$$

$$h_{\mathrm{th}} = \frac{V(f)}{A} \tag{2.115}$$

ergibt sich:

$$\omega_{\mathrm{e}} = \sqrt{\frac{g \cdot n \cdot p}{h_{\mathrm{th}} \cdot (p - p_{\mathrm{a}})}} \tag{2.116}$$

Bei verhältnismäßig kleinen Federdurchmessern wird $p >> p_{\mathrm{a}}$, sodass die Eigenfrequenz nur durch konstante Ausdrücke beschrieben wird:

$$\omega_{\mathrm{e}} \approx \sqrt{\frac{g \cdot n}{h_{\mathrm{th}}}} \tag{2.117}$$

Dadurch ist die Eigenfrequenz der Luftfeder konstant. Dieses gilt jedoch nicht für eine Gasfeder mit konstantem Gasgewicht (z. B. hydropneumatische Feder), da sich die Federsteifigkeit unterschiedlich darstellt.

Den prinzipiellen Vergleich zeigt ◘ Abb. 2.71. Der ► Abschn. 9.6 enthält eine detaillierte Beschreibung.

2.4.2 Schwingungsdämpfer

Ein weiteres, wichtiges Element der schwingungstechnischen Ersatzmodelle ist der Schwingungsdämpfer. Er gewährleistet sowohl die Fahrsicherheit als auch den Fahrkomfort eines Fahrzeugs, zu optimieren (s. ► Abschn. 10.1).

Die Fahrsicherheit wird stark durch die Bodenhaftung der Räder beeinflusst. Die Radmassen zusammen mit den anteiligen Massen der Radaufhängung werden als ungefederte Massen bezeichnet, da sie nur über die Reifenfeder und nicht über die Aufbaufedern (c_{R} >> c_{A}) abgefedert sind. Die Schwingungen der nicht gefederten Massen sind daher stark zu bedämpfen (◘ Abb. 2.72).

Ein zufriedenstellender Fahrkomfort erfordert zwar einerseits kleine Aufbauschwingungsamplituden durch eine stärkere Dämpfung, andererseits aber auch geringe Aufbaubeschleunigungen, die auch von den

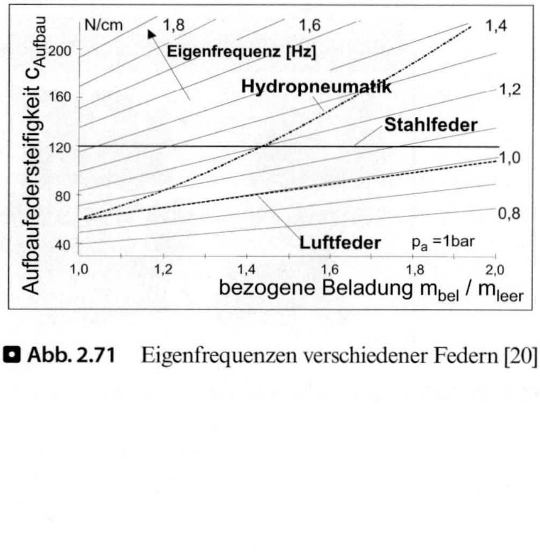

◘ **Abb. 2.71** Eigenfrequenzen verschiedener Federn [20]

2

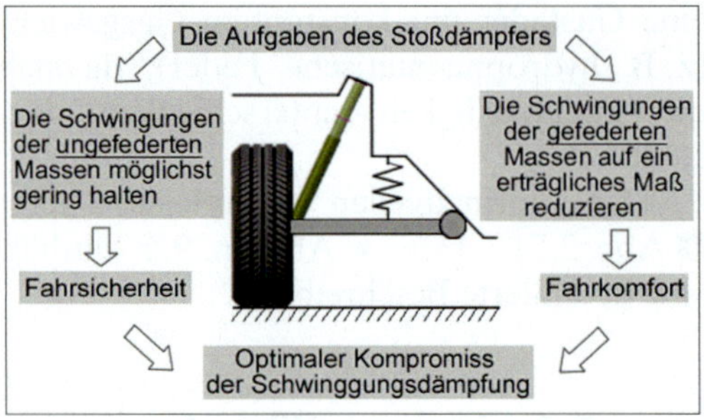

Abb. 2.72 Aufgaben des Stoßdämpfers [20]

Dämpferkräften verursacht werden, was eher eine schwache Dämpfung bedingt.

Bei der Dämpferauslegung ist daher ein Kompromiss zwischen harter Sicherheitsdämpfung und weicher Komfortdämpfung anzustreben.

Schwingungsdämpfer unterscheiden sich grundsätzlich durch die Art, wie die Dämpferkraft erzeugt wird, welche die Umwandlung von Schwingungsenergie in Wärme bewirkt (Abb. 2.73). Die unterschiedlichen Dämpferkonzepte und -bauarten werden im ► Abschn. 10.2 und 10.6 detailliert erläutert.

Wie die Federelemente aus ► Abschn. 2.4.1 werden auch die Dämpfer in die Radführung integriert und stützen sich zumeist zwischen einem Fahrwerklenker und dem Aufbau ab. Dadurch ist auch hier die Umrechnung der Dämpferkonstanten vom reinen Komponentenkennwert auf einen für die Schwingungslehre nutzbaren Kennwert notwendig. Dazu muss der Kennwert wie eine Federkonstante auf das Rad bezogen werden, man spricht auch hier von einer radbezogenen **Dämpferkonstante.** Diese Umrechnung unterliegt den gleichen Bedingungen wie die im ► Abschn. 2.4.1 für die Aufbaufedern beschriebenen.

Im ► Kap. 10 über Dämpfer wird sichtbar, dass analog zu den verschiedenen Federbauarten der Schwingungsdämpfer im Regelfall eine nicht konstante bzw. nicht lineare Charakteristik aufweist. Dennoch wird für allgemeine Schwingungsuntersuchungen ein konstanter Wert für die Dämpfungseigenschaft angenommen.

Im Gegensatz zur Aufbaufederung ist die Dämpferkraft nicht proportional vom Verfahrweg (Radhub) abhängig, sondern folgt der vereinfachten Gleichung:

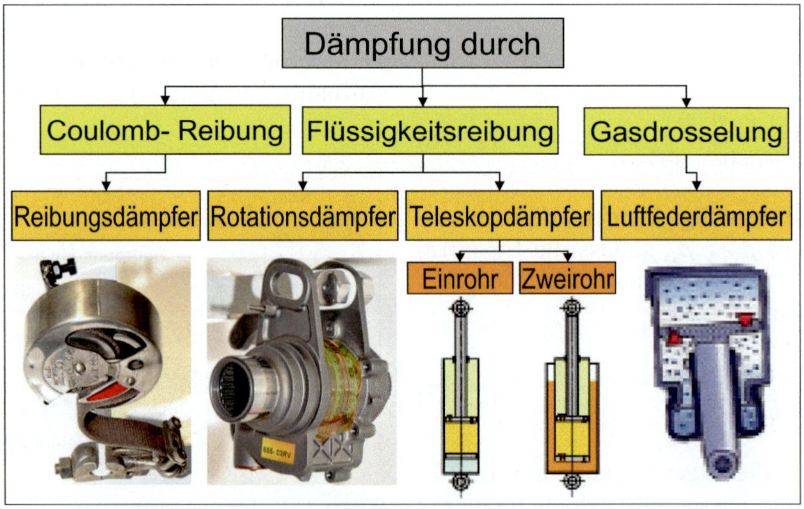

Abb. 2.73 Verschiedene physikalische Prinzipien zur Erzeugung einer Dämpfwirkung

$$F_{D,\text{lämpfers}} = k_{D,\text{lämpfers}} \cdot \Delta \dot{f}_{D,\text{lämpfers}} \quad (2.118)$$

Somit ist die Dämpferkraft geschwindigkeits- bzw. frequenzabhängig, während die Aufbaufederkraft stets wegabhängig ist.

2.4.3 Fahrbahn als Anregung

Die Fahrbahnunebenheiten stellen im Frequenzbereich bis etwa 30 Hz die intensivste Erregerquelle für das Schwingungssystem Kraftfahrzeug dar. Die Fahrbahn regt einerseits durch Unebenheiten Vertikalbewegungen an und wird andererseits als deren Wirkung durch Radlastschwankungen beansprucht [20].

Im Allgemeinen treten Fahrbahnunebenheiten als Anregung mit unterschiedlicher Amplitude und Wellenlänge in unregelmäßigen Abständen auf. Man spricht von einer stochastischen Fahrzeuganregung. Um die Wirkung der Fahrbahnunebenheiten auf das Schwingungssystem Kraftfahrzeug untersuchen zu können, müssen diese zunächst mathematisch beschrieben werden [20].

Da die Beschreibung stochastischer Unebenheitsanregungen bis hin zur spektralen Leistungsdichte leider nur wenig anschaulich ist, wird zunächst die generelle Vorgehensweise dargestellt (◘ Abb. 2.74).

◘ **Abb. 2.74** Schrittweise Herleitung der Beschreibung von Fahrbahnunebenheiten [20]

2.4.3.1 Harmonische Anregungen

Geht man im einfachsten Fall von einem harmonischen (sinusförmigen) Unebenheitsverlauf aus, bei dem die Fahrbahnunebenheiten mit der Amplitude $h\hat{}$ in gleichen Abständen L aufeinander folgen, so ergibt sich ein Unebenheitsverlauf gemäß ◘ Abb. 2.75.

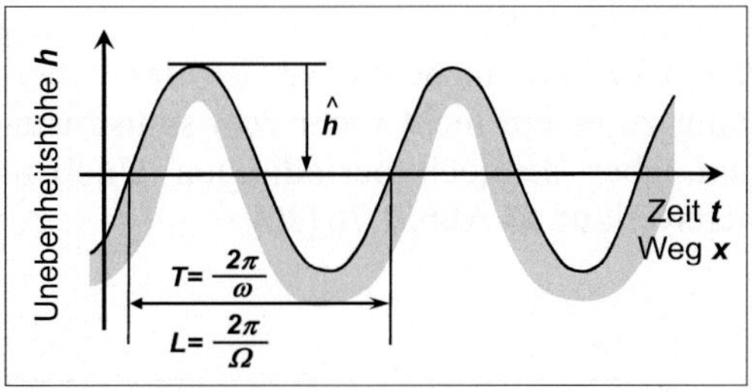

◘ **Abb. 2.75** Sinusförmiger Unebenheitsverlauf [20]

Diese Unebenheitshöhe lässt sich beschreiben:

$$h(x) = \hat{h} \cdot \sin(\Omega x) \quad (2.119)$$

mit $\Omega = \Pi/L$als Wegkreisfrequenz und der Wellenlänge L. Der Zusammenhang zwischen dem Weg x und der Zeit t wird durch $x = vt$ beschrieben.

Für weiterführende Betrachtungen wird die komplexe Schreibweise eingeführt

2

$$h(x) = \hat{h} \cdot \sin(\Omega x) = \underline{\hat{h}} \cdot e^{j\Omega x} \quad (2.120)$$

Beim Befahren dieser Fahrbahn mit konstanter Geschwindigkeit $\bar{\Omega}$ lässt sich der wegabhängige Unebenheitsverlauf in einen zeitabhängigen umformulieren:

$$h(t) = \hat{h} \cdot \sin(\omega t) \quad (2.121)$$

mit ω als Zeitkreisfrequenz. In komplexer Schreibweise ergibt sich:

$$h(t) = \hat{h} \cdot \sin(\omega t) = \underline{\hat{h}} \cdot e^{j\omega t} \quad (2.122)$$

Da die gleiche Unebenheit beschrieben wird, gilt die Gleichheit von $h(x)$ und $h(t)$. Es ergibt sich nach Gleichsetzen von Gl. (2.120) und Gl. (2.122):

$$\omega t = \Omega x \quad (2.123)$$

und mit der Beziehung

$$x = vt \quad (2.124)$$

folgt die Zeitkreisfrequenz zu:

$$\omega = v \cdot \Omega = 2\pi \frac{v}{L} \quad (2.125)$$

2.4.3.2 Periodische Unebenheiten

Der nächste Schritt bei der Beschreibung der Fahrbahnunebenheiten ist der Übergang zu einem nicht mehr rein sinusförmigen, aber dennoch periodischen Unebenheitsverlauf, ◘ Abb. 2.76 [20].

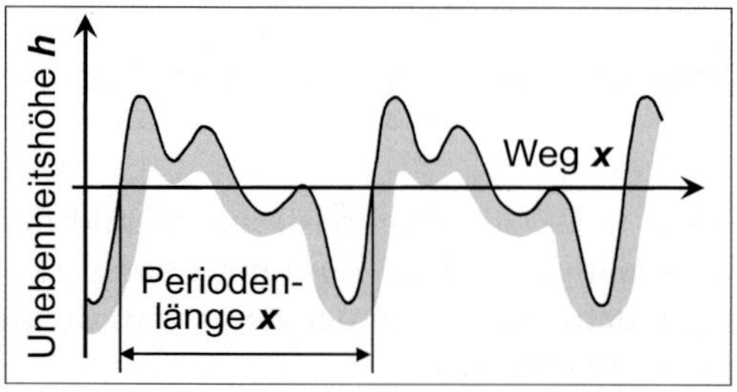

◘ **Abb. 2.76** Periodischer Unebenheitsverlauf [20]

Solche periodische Anregungsfunktionen lassen sich als Summe einzelner Sinusschwingungen beschreiben. Diese wird als Fourier-Reihe bezeichnet. Die wegabhängige Unebenheitsfunktion lautet nach [2].

$$\begin{aligned} h(x) = &h_0 + \hat{h}_1 \cdot \sin(\Omega x + \varepsilon_1) \\ &+ \hat{h}_2 \cdot \sin(2\Omega x + \varepsilon_2) + \ldots \\ &+ \hat{h}_k \cdot \sin(k\Omega x + \varepsilon_k) + \ldots \end{aligned} \quad (2.126)$$

Zusammengefasst ergibt sich:

$$h(x) = h_0 + \sum_{k=1}^{\infty} \hat{h}_k \cdot \sin(\Omega x + \varepsilon_k) \quad (2.127)$$

Aus der wegabhängigen ergibt sich die zeitabhängige Unebenheitsfunktion für periodische Anregungen:

$$\begin{aligned} h(t) = &h_0 + \hat{h}_1 \cdot \sin(\omega t + \varepsilon_1) \\ &+ \hat{h}_2 \cdot \sin(2\omega t + \varepsilon_2) + \ldots \\ &+ \hat{h}_k \cdot \sin(k\omega t + \varepsilon_k) + \ldots \end{aligned} \quad (2.128)$$

$$h(t) = h_0 + \sum_{k=1}^{\infty} \hat{h}_k \cdot \sin(\omega t + \varepsilon_k) \quad (2.129)$$

mit:

$\hat{h}_k$ – Amplitude, $\Omega = \Pi / X$, $\omega = v \cdot \Omega$

ε_k – Phasenverschiebung

X – Periodenlänge.

Die Erregungen durch periodische Fahrbahnunebenheiten können auch in komplexer Schreibweise formuliert werden [2].

$$h(x) = \sum_{k=1}^{\infty} \underline{\hat{h}}_k \cdot e^{jk\Omega x} \quad (2.130)$$

bzw. im Zeitbereich

$$h(t) = \sum_{k=1}^{\infty} \underline{\hat{h}}_k \cdot e^{jk\omega t} \quad (2.131)$$

Trägt man die einzelnen Amplituden $\hat{h}_k$ der Fourier-Reihe über der Frequenz auf, ergibt sich das zu dem periodischen Unebenheitsverlauf gehörende diskrete Amplitudenspektrum (Linienspektrum) ◘ Abb. 2.77.

2.4.3.3 Stochastische Unebenheiten

Auf realen Fahrbahnen gibt es im Allgemeinen keinen periodischen Unebenheitsverlauf. Um dennoch die Funktionen der periodischen Anregungen zu verwenden, muss man die Periodenlänge X stark anwachsen lassen bis die Periodenlänge unendlich groß wird. Dadurch wird der Schritt von der regelmäßigen, periodischen Unebenheitsfunktion zur völlig unregelmäßigen, stochastischen Unebenheitsfunktion vollzogen [2]. Im Grenzfall der unendlich großen Periodenlänge X wird aus der Summenformel ein Integral [31].

$$h(x) = \int_{-\infty}^{+\infty} \underline{\hat{h}}(\Omega) \cdot e^{j\Omega x} d\Omega \qquad (2.132)$$

$$h(x) = \int_{-\infty}^{+\infty} \underline{\hat{h}}(\Omega) \cdot e^{j\Omega x} d\Omega \qquad (2.132)$$

So ergibt sich das kontinuierliche Amplitudenspektrum:

$$\underline{\hat{h}}(\Omega) = \frac{1}{2\pi} \int_{-\infty}^{+\infty} h(x) \cdot e^{-j\Omega x} dx \qquad (2.133)$$

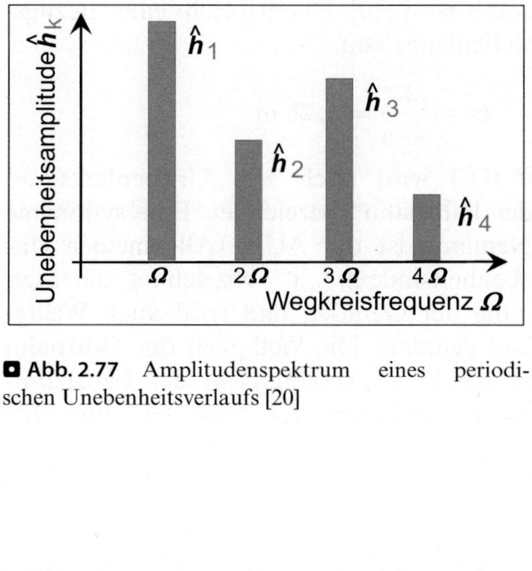

◘ **Abb. 2.77** Amplitudenspektrum eines periodischen Unebenheitsverlaufs [20]

Die zeitabhängige Unebenheitsfunktion erhält man wieder durch Einsetzen der Verknüpfungen aus Gl. (2.124) und Gl. (2.125) [2].

$$\begin{aligned} h(t) &= \int_{-\infty}^{+\infty} \underline{\hat{h}}(\Omega) \cdot e^{j\omega t} d\Omega \\ &= \int_{-\infty}^{+\infty} \underline{\hat{h}}(\Omega) \cdot e^{j\omega t} \cdot \frac{1}{v} d\omega \qquad (2.134) \\ &= \int_{-\infty}^{+\infty} \underline{\hat{h}}(\omega) \cdot e^{j\omega t} d\omega \end{aligned}$$

Daraus sind folgende Zusammenhänge ersichtlich:

$$\underline{\hat{h}}(\Omega) d\Omega = \underline{\hat{h}}(\omega) d\omega \qquad (2.135)$$

$$\underline{\hat{h}}(\omega) = \frac{1}{v} \cdot \underline{\hat{h}}(\Omega) \qquad (2.136)$$

Es ist also wichtig, dass zwischen dem wegfrequenzabhängigen Spektrum und dem zeitfrequenzabhängigen Spektrum ein Unterschied besteht.

2.4.3.4 Spektrale Dichte der Fahrbahnuneben- heiten

Für theoretische Untersuchungen der durch Fahrbahnunebenheiten verursachten Fahrzeugschwingungen ist die Kenntnis des Unebenheitsverlaufs als Funktion der Zeit oder des zurückgelegten Weges in der Regel weniger wichtig. Es interessiert vielmehr, welche Anregungen beim Befahren einer unebenen Fahrbahn im statistischen Mittel bei bestimmten Fahrbahnen auftreten, d. h. welche Amplituden und welche Häufigkeit Fahrbahnunebenheiten haben, die in bestimmten festen Abständen aufeinander folgen. Man bildet dazu den quad ratischen Mittelwert, der im Allgemeinen wie folgt definiert ist:

$$\overline{g}^2 = \frac{1}{T} \int_0^T g^2(t)\, dt \qquad (2.137)$$

Setzt man nun Gl. (2.134) in diese Gleichung ein und führt einige Umformungen durch [2], so ergibt sich der quadratische Mittelwert der Fahrbahnunebenheiten.

$$\overline{h}^2 = \int_0^\infty \lim_{T\to\infty} \frac{4\pi}{T} \left(\hat{h}(\omega)\right)^2 \mathrm{d}\omega \qquad (2.138)$$

Die hier auftretenden Grenzwerte besagen, dass diese einfachen Ausdrücke nur für sehr große Zeitspannen T bzw. Weglängen X gelten. Die Integrandenfunktion

$$\Phi_\mathrm{h}(\omega) = \lim_{T\to\infty} \frac{4\pi}{T} \left(\hat{h}(\omega)\right)^2 \qquad (2.139)$$

wird als Leistungsdichtespektrum für Unebenheiten bezeichnet. Um eine Aussage über die Unebenheitscharakteristik zu erhalten, ist die bisher hergeleitete spektrale Dichte wegkreisfrequenzabhängig zu definieren, da ansonsten Aussagen über die Fahrgeschwindigkeit enthalten sind. Es gilt analog [2]:

$$\Phi_\mathrm{h}(\Omega) = \lim_{X\to\infty} \frac{4\pi}{X} \left(\hat{h}(\Omega)\right)^2 \qquad (2.140)$$

$$\hat{h}(\omega) = \frac{1}{v} \cdot \hat{h}(\Omega) \qquad (2.141)$$

$$X = v \cdot T \qquad (2.142)$$

Eingesetzt in Gl. (2.140) ist ersichtlich, dass zwischen der wegkreisfrequenzabhängigen sowie der zeitabhängigen spektralen Leistungsdichte der folgende Zusammenhang gilt (◘ Abb. 2.78):

$$\Phi_\mathrm{h}(\Omega) = v \cdot \Phi_\mathrm{h}(\omega) \qquad (2.143)$$

Die wegkreisfrequenzabhängige spektrale Dichte (a) kann anhand verschiedener Fahrgeschwindigkeiten (b) in die zeitkreisfrequenzabhängige spektrale Dichte (c) überführt werden. Diese ist dann abhängig von der Erregerkreisfrequenz sowie der Fahrgeschwindigkeit.

2.4.3.5 Gemessene, reale Fahrbahnunebenheiten

Misst man die Leistungsdichtespektren $\Phi_\mathrm{h}(\Phi)$ verschiedener Straßen und trägt diese

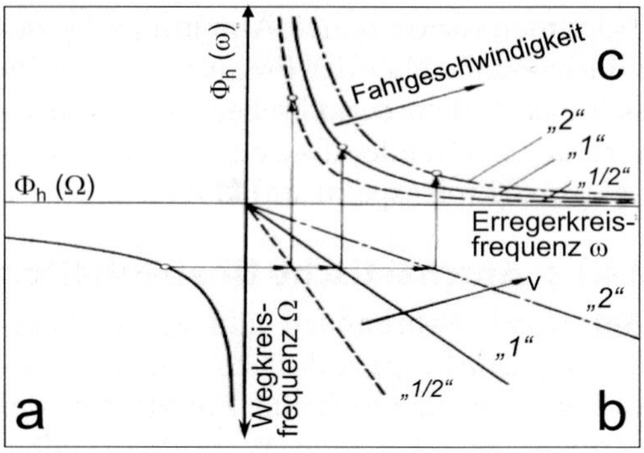

◘ **Abb. 2.78** Zusammenhang zwischen weg- und zeitabhängiger spektraler Leistungsdichte [2]

in doppeltlogarithmischem auf, so ergeben sich für alle Fahrbahnen ähnliche Verläufe (◘ Abb. 2.79). Generell sinkt die Unebenheitsdichte mit steigender Wegkreisfrequenz bzw. mit sinkender Unebenheitswellenlänge. Das bedeutet, dass generell die spektrale Dichte langwelliger Unebenheiten höher ist.

In dieser Darstellung lassen sich die Leistungsdichtespektren durch Geraden annähern, die dann durch folgende Gleichung beschrieben werden können:

$$\Phi_\mathrm{h}(\Omega) = \Phi_\mathrm{h}(\Omega_0)\left(\frac{\Omega}{\Omega_0}\right)^{-\mathrm{w}} \qquad (2.144)$$

Hierin ist $\Phi_\mathrm{h}(\Omega_0)$ die spektrale Leistungsdichte bei einer Bezugswegkreisfrequenz Ω_0, die i. d. R. zu $\Omega_0 = 10^{-2}\,\mathrm{cm}^{-1} = 1\,\mathrm{m}^{-1}$ gewählt wird [20]. Es entspricht einer Bezugswellenlänge von.

$$L_0 = \frac{2\pi}{\Omega_0} = 6{,}28\ \mathrm{m}.$$

$\Phi_\mathrm{h}(\Omega_0)$ wird auch als „Unebenheitsgrad der Fahrbahn“ bezeichnet. Eine synonyme Nennung ist der AUN (Allgemeiner Unebenheitsindex). „*w*“ bezeichnet die Steigung der Geraden und wird auch Welligkeit genannt. Die Welligkeit der Fahrbahn schwankt in Abhängigkeit der Fahrbahnbauart zwischen 1,7 und 3,3. Im Mit-

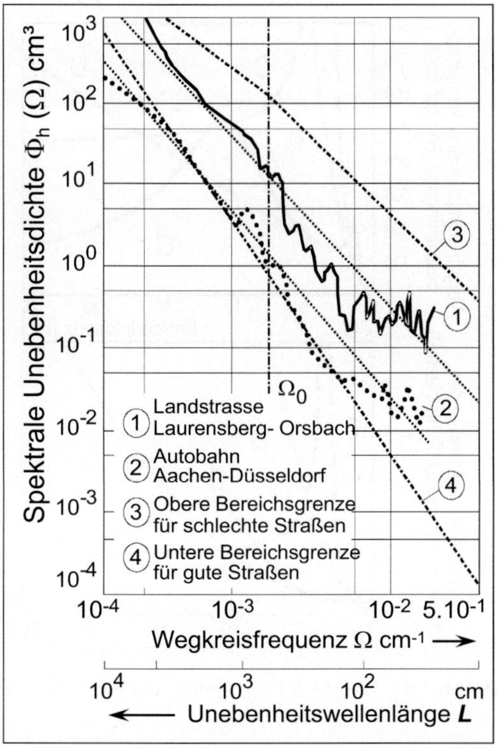

Abb. 2.79 Spektrale Leistungsdichte der Unebenheiten in Abhängigkeit von der Wegkreisfrequenz für eine Landstraße und eine Autobahn [20]

tel über verschiedene Fahrbahnen beträgt die Welligkeit $w=2$ und wird für die „Normstraße“ angesetzt [32].

Unebenheitsgrad und Welligkeit gelten als Beurteilungskriterien für die Beschaffenheit einer Fahrbahn. Eine Zunahme von Φh(Ω0) entspricht einer größeren Unebenheit der Fahrbahn, während eine Zunahme von w einem höheren Anteil langer Wellen entspricht.

Abb. 2.80 zeigt den Zusammenhang für den Verlauf der spektralen Dichte bei einer Zunahme des Unebenheitsgrades Φh(Ω0) bzw. der Welligkeit w.

Für bundesdeutsche Fernstraßen sind Kenngrößen für die Unebenheit und Welligkeit festgelegt. Der AUN-Zielwert zur Abnahme für Neubaufernstraßen beträgt <1,5 cm³. Der Warnwert beträgt 3,5 cm³.

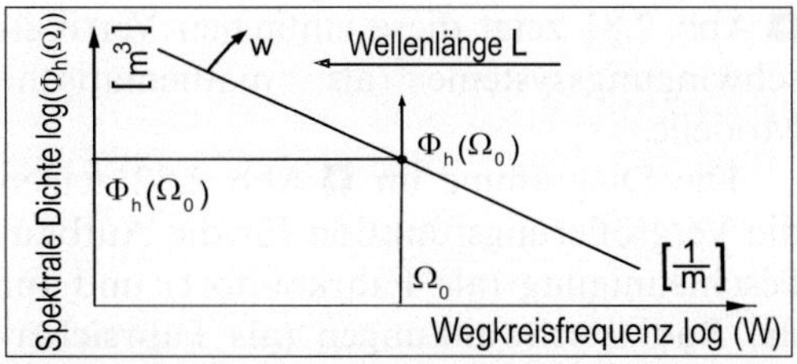

Abb. 2.80 Vereinfachte Darstellung der spektralen Leistungsdichte in Abhängigkeit von der Wegkreisfrequenz

Beim Erreichen des Warnwertes werden eine intensive Beobachtung sowie eine Analyse des Fahrbahnzustandes veranlasst. Der Schwellwert ist mit 4,5 cm³ definiert. Beim Erreichen des Schwellwertes wird die Prüfung baulicher oder verkehrsmindernder Maßnahmen angeordnet [33].

2.4.4 Zweimassen Feder-Dämpfersysteme mit dem Reifen als Federelement

Christoph Elbers und Metin Ersoy

Mit einfachen Gleichungen und Schwingungsdiagrammen lässt sich erläutern, warum ein Zweimassen Feder-Dämpfersystem mit Aufbaufeder und Raddämpfer sowie mit dem Reifen ebenfalls als Feder-Dämpferelement für die Fahrzeugaufhängung das komfortabelste und sicherste System ist.

Es werden vier mögliche Auf hängungssysteme untereinander verglichen. Diese sind:

a) ungefedertes Fahrzeug (z. B. Prunkwagen der Sumerer im Abb. 1.4 mit Holzrädern),
b) gefedertes Fahrzeug ohne Reifenfeder (z. B. Pferdekutsche im Abb. 1.5 mit Holzrädern),
c) nur auf Reifen schwingendes Fahrzeug (Fahrrad),
d) doppelt abgefedertes (aktuelles) Fahrzeug.

Abb. 2.81 zeigt diese einfachen Vertikalschwingungssysteme als mathematische Modelle.

Die Diagramme im Abb. 2.82 zeigen die Vergrößerungsfunktion für die Aufbaubeschleunigung (als Fahrkomfort) und für die Radlastschwankungen (als Fahrsicherheit) für eine harmonische Erregerfrequenz von 0 bis 25 Hertz (Fahrgeschwindigkeiten bis zu 150 km/h.).

Für die Berechnungen benutzte Parameterwerte sind (Aufbaumasse ist hier ¼ des Fahrzeuggewichts):

Massen [kg]	$m_A = 256$	$m_R = 31$
Steifigkeiten [kN/m]	$c_A = 20{,}2$	$c_R = 128$
Dämpfung [kNs/m]	$k_A = 1{,}140$	$k_R = 0{,}0$

Aus den Kurvenverläufen im Abb. 2.82 lassen sich die einzelnen Modelle wie folgt kommentieren [23]:

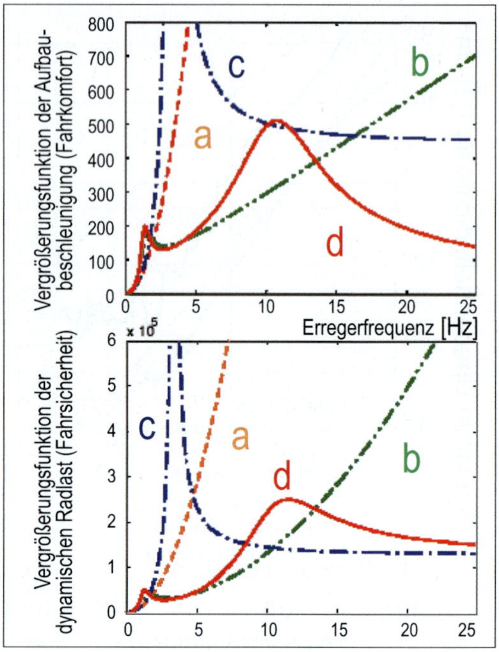

Abb. 2.82 Vergleich Fahrkomfort und Fahrsicherheit

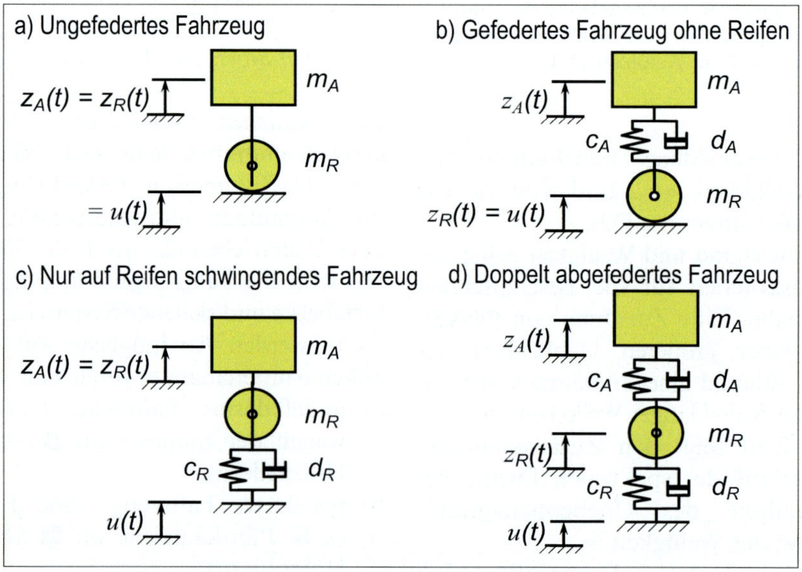

Abb. 2.81 Vergleich einfacher Schwingungsmodelle [23]

a) Ungefedertes Fahrzeug

Da die gesamte Fahrzeugmasse dem Verlauf der Unebenheiten folgen muss, treten ab kleinen Erregerfrequenzen stark ansteigende Amplituden der Beschleunigung und der dynamischen Radlast auf. Das Rad hebt ab niedrigen Geschwindigkeiten von der Fahrbahn ab; keine sichere Fahrt.

b) Gefedertes Fahrzeug ohne Reifenfeder

Hier muss nur die Radmasse m_R dem Verlauf der Unebenheiten folgen. Oberhalb der Resonanzstelle bei der Aufbau-Eigenfrequenz f_A gleicht der Verlauf qualitativ demjenigen von (a), jedoch zu höheren Frequenzen hin verschoben. Gegenüber (a) können höhere Fahrgeschwindigkeiten realisiert werden. Für Straßenfahrt ist dieses System dennoch ebenfalls ungeeignet. Für Schienenfahrzeuge (geringere Welligkeit der Fahrbahn) ist es nur bei nicht zu großen Fahrgeschwindigkeiten brauchbar (einfacher zweiachsiger Güterwagen).

c) Nur auf Reifen schwingendes Fahrzeug

Wegen der sehr kleinen Reifendämpfung tritt ein ausgeprägtes Resonanzmaximum auf, das ebenfalls zu unzulässigen Beschleunigungs- und Radlastamplituden führt. Auch ein solches Fahrzeug ist für eine schnelle Fahrt (> 30 km/h) ungeeignet.

d) Doppelt abgefedertes Fahrzeug

Es treten zwei Resonanzmaxima bei der Aufbau- (f_A typisch 0,8–1,5 Hz) und Radeigenfrequenz (f_R typisch 10–15 Hz) auf. Gegenüber (c) können die Resonanzspitzen durch einen stark wirkenden Aufbaudämpfer klein gehalten werden. Die zusatzfederung durch den Luftreifen ermöglicht ein schnelles Fahren.

Aus diesen Erläuterungen lässt sich folgende Zusammenfassung eindeutig formulieren:

» *Nur die doppelte Abfederung wie im Modell (d) führt zu begrenzten maximalen Amplituden der Vertikalbeschleunigung und der Radlastschwankungen und ermöglicht dadurch schnelles und komfortables Fahren der Fahrzeuge.*

2.4.5 Federungsmodelle

Nachdem die für das Erstellen von schwingungstechnischen Ersatzmodellen notwendigen einzelnen Komponenten vorgestellt sind, können nun schrittweise die Ersatzmodelle vorgestellt werden.

2.4.5.1 Einmassen-Ersatzsystem

Das einfachste Fahrzeugmodell ist das Einmassen-Ersatzsystem gemäß ◘ Abb. 2.83. Die Masse entspricht der des Anteils der Aufbaumasse, der auf das betrachtete Fahrzeugrad entfällt. Die Achsmasse ist mit dem Aufbau ungefedert verbunden. Die Federung – z. B. bei Baumaschinen oder Muldenkippern – wird vom Reifen übernommen. Als Dämpfung wirkt lediglich die Reifendämpfung [20].

Folgende Bewegungsgleichung beschreibt das Schwingungssystem:

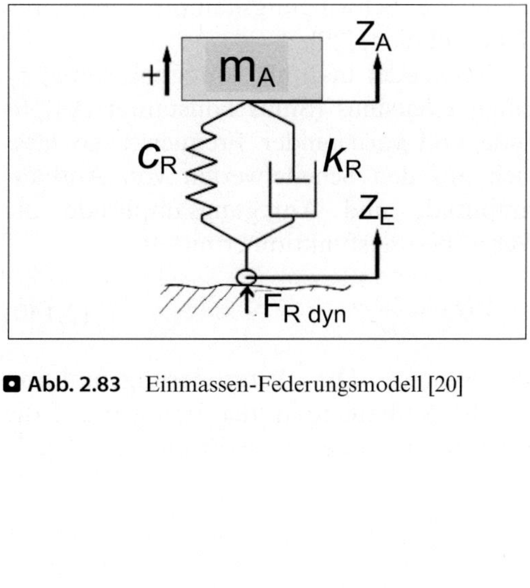

◘ **Abb. 2.83** Einmassen-Federungsmodell [20]

2

$$m_A \cdot \ddot{z}_A = -k_R \cdot (\dot{z}_A - \dot{z}_E) - c_R \cdot (z_A - z_E) \tag{2.145}$$

$$\ddot{z}_A = -\frac{k_R}{m_A} \cdot (\dot{z}_A - \dot{z}_E) - \frac{c_R}{m_A} \cdot (z_A - z_E) \tag{2.146}$$

Die Eigenfrequenz ω_e und das Dämpfungsmaß D ergeben sich bei Vernachlässigung der Fußpunkterregung z_E, d. h. durch Lösung des homogenen Teiles dieser Differentialgleichung mittels des Ansatzes $z = z_0 \cdot e^{\omega t}$ zu

$$\omega_e = \sqrt{cR/_{mA}} \tag{2.147}$$

$$D = \frac{k_R}{k_{krit}} = \frac{k_R}{2 \cdot m_A \cdot \omega_e} \tag{2.148}$$

Dabei besteht zwischen ungedämpfter Eigenkreisfrequenz ω_e, gedämpfter Eigenkreisfrequenz $\omega_{em.D}$ und Dämpfung D folgender Zusammenhang:

$$\omega_{em.D} = \omega_e \sqrt{1 - D^2} \tag{2.149}$$

Zur Ermittlung des Schwingungsverlaufes des Aufbaus $z_A(t)$ sowie der Feder- und Dämpferkräfte bei beliebig vorgegebener Erregung (z. B. gemessenes Fahrbahnprofil) eignen sich Simulationsumgebungen, insbesondere dann, wenn Nichtlinearitäten zu berücksichtigen sind (z. B. Reifenabheben, geknickte Schwingungsdämpfer- und Federkennlinien) [20].

Verwendet man als Anregungssignal z_E einen Gleitsinus (Sinus konstanter Amplitude und variierender Frequenz), so lässt sich aus den Scheitelwerten von Aufbauamplitude und Anregungsamplitude die Vergrößerungsfunktion ermitteln:

$$V(f) = \frac{z_A}{z_E} \tag{2.150}$$

Bemerkung: Die Vergrößerungsfunktion für die Aufbauamplituden bezogen auf die Erregeramplituden z_A/z_E ist mit der Vergrößerungsfunktion für die Aufbaubeschleunigung bezogen auf die Erregerbeschleunigungen $\ddot{z}_A/\ddot{z}_E$ identisch, da aus der zweifachen Differentiation einer Sinusschwingung folgt:

$$\begin{aligned} \ddot{z}_E(t) &= -\omega^2 \cdot z_E(t) \\ \ddot{z}_A(t) &= -\omega^2 \cdot z_A(t) \end{aligned} \tag{2.151}$$

$$\frac{z_A(t)}{z_E(t)} = \frac{\ddot{z}_A(t)}{\ddot{z}_E(t)} \tag{2.152}$$

Die Vergrößerungsfunktion des Einmassen-Federungsmodells ist im ◘ Abb. 2.84 aufgetragen.

Wegen geringer Eigendämpfung der Reifen tritt eine ausgeprägte Resonanzamplitude auf. Dabei liegt die Eigenfrequenz der Reifen resultierend aus anteiliger Aufbau- und Achsmasse und der Reifenfederkonstante mit 3 bis 4 Hz in einem Frequenzbereich hoher Schwingungsempfindlichkeit des Menschen [20].

2.4.5.2 Zweimassen-Ersatzsystem

Übliche Kraftfahrzeuge haben nicht nur Reifenfedern, sondern auch Aufbaufedern. Das einfachste Ersatzsystem, das jedoch bereits wesentliche Merkmale einer realen

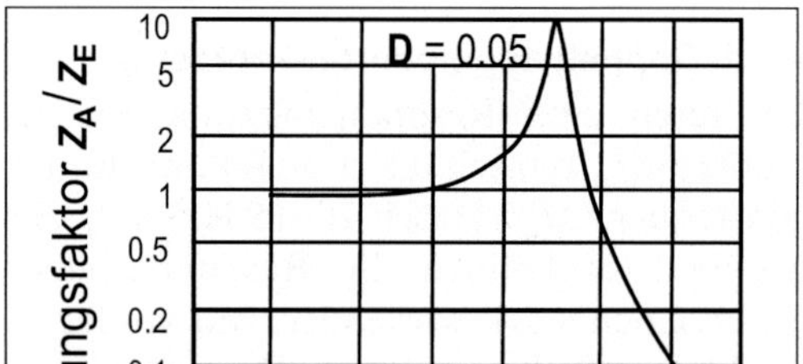

◘ **Abb. 2.84** Vergrößerungsfunktion des Einmassen-Federungsmodells [20]

Fahrzeugfederung aufweist, ist das Zweimassen-Ersatzsystem. Es entsteht durch Reduktion aus einem Vierradfahrzeug, indem als Aufbaumasse der auf das betrachtete Rad entfallende Anteil eingesetzt wird. Dabei wird der Einfluss von Massenkopplung vernachlässigt.

Die Struktur eines Zweimassen-Ersatzsystems zeigt ◘ Abb. 2.85. Das System besteht aus der anteiligen Aufbaumasse, einer Rad- bzw. Achsmasse, den Aufbaufedern und -dämpfern sowie der Reifenfederung und -dämpfung [20].

Die das System beschreibenden Differentialgleichungen ergeben sich durch Formulierung des Kräftegleichgewichts an der Aufbau- und der Radmasse:

$$m_A \cdot \ddot{z}_A = -k_A \cdot (\dot{z}_A - \dot{z}_R) - c_A \cdot (z_A - z_R) \tag{2.153}$$

$$\begin{aligned} m_R \cdot \ddot{z}_R = &- k_A \cdot (\dot{z}_R - \dot{z}_A) - c_A \cdot (z_R - z_A) \\ &- k_R \cdot (\dot{z}_R - \dot{z}_E) - c_R \cdot (z_R - z_E) \end{aligned} \tag{2.154}$$

Die beiden Differentialgleichungen sind über die Aufbaufederung bzw. die Aufbaudämpfung miteinander gekoppelt. Zur näherungsweisen Bestimmung der beiden Eigenkreisfrequenzen ω_e und Dämpfungen D soll die Kopplung der beiden Differentialgleichungen vernachlässigt werden, sodass nur die homogenen Teile der Differentialgleichungen betrachtet werden [20].

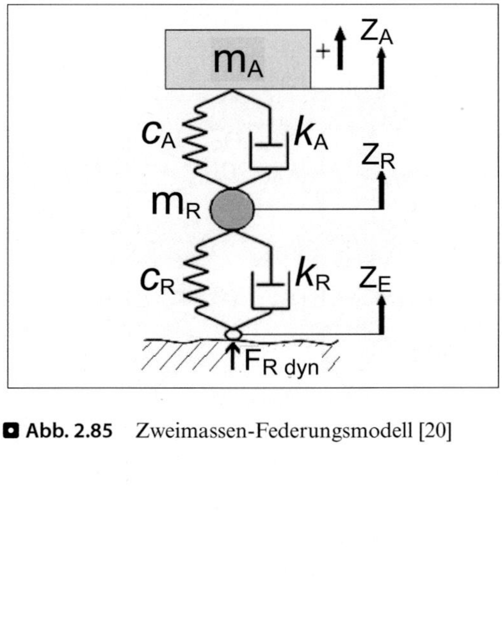

◘ **Abb. 2.85** Zweimassen-Federungsmodell [20]

Für die Aufbaumasse m_A ergibt sich damit:

$$m_A \cdot \ddot{z}_A + k_A \cdot \dot{z}_A + c_A \cdot z_A = 0 \tag{2.155}$$

Eigenkreisfrequenz ω_{eA} und Dämpfung D_A sind dann:

$$\omega_{eA} = \sqrt{\frac{c_A}{m_A}} \tag{2.156}$$

$$D_A = \frac{k_A}{2\, m_A\, \omega_{eA}} \tag{2.157}$$

Ebenso ergibt sich bei der Radmasse m_R aus

$$m_R \cdot \ddot{z}_R + (k_R + k_A) \cdot \dot{z}_R + (c_R + c_A) \cdot z_R = 0 \tag{2.158}$$

Eigenkreisfrequenz ω_{eR} und Dämpfung D zu:

$$\omega_{eR} = \sqrt{\frac{c_R + c_A}{m_R}} \tag{2.159}$$

$$D_R = \frac{k_A + k_R}{2\, m_R\, \omega_{eR}} = \frac{k_A + k_R}{2\sqrt{m_R\,(c_R + c_A)}} \tag{2.160}$$

Des Weiteren lässt sich durch eine Formulierung des Kräftegleichgewichts am Radaufstandspunkt und mithilfe der Gl. (2.153) und (2.154) ein Ausdruck für die auf die Fahrbahn wirkenden Reifenkräfte ermitteln, d. h. eine Gleichung für die dynamische Radlast $F_{R,dyn}$:

$$\begin{aligned} F_{R,dyn} &= -k_R \cdot (\dot{z}_R - \dot{z}_E) - c_R \cdot (z_R - z_E) \\ &= m_A \cdot \ddot{z}_A + m_R \cdot \ddot{z}_R \end{aligned} \tag{2.161}$$

Mithilfe dieser Gleichung lässt sich durch Messen der jeweiligen Beschleunigung von Aufbau- und Radmasse und in Kenntnis der

Massen ein Verfahren zur indirekten Messung der dynamischen Radlast herleiten [20].

2

Die Vergrößerungsfunktion wurde beim Einmassen-Ersatzsystem ermittelt, indem das System mit einem Gleitsinus als Anregungssignal z_E beaufschlagt wurde und die Scheitelwerte der Aufbauamplitude z_A berechnet wurden. Es ist auch möglich, das System mit einer synthetisch erzeugten Fahrbahn anzuregen und daraus auf die Vergrößerungsfunktion zu schließen [20].

2.4.5.3 Erweiterung um Sitzfederung

Eine Erweiterung des bisher betrachteten Zweimassen-Ersatzsystems um die Sitzfederung führt zu einem Dreimassen-Ersatzsystem (◘ Abb. 2.86).

Dabei stellt die hinzugefügte Masse, die Masse des gefederten Teiles des Sitzes und des darauf sitzenden Menschen dar. Wegen der im Verhältnis zur Aufbaumasse geringen hinzugefügten Masse kann die Rückwirkung auf den Aufbau im Allgemeinen vernachlässigt werden. Man kann daher von einem Zweimassen-System mit aufgesetztem einfachem Schwinger ausgehen. [20]

2.4.5.4 Einspur-Federungsmodell

Bei den Einspur-Federungsmodellen wird der Aufbau nicht mehr als Punktmasse, sondern als ein mit Masse behafteter Balken angesehen. Im einfachsten Fall handelt es sich um das Modell eines zweiachsigen Fahrzeuges mit starrem Aufbau, d. h. um einen biegesteifen Balken, ◘ Abb. 2.87 [20].

Zunächst müssen wieder die Differentialgleichungen formuliert werden.

Das Einspur-Federungsmodell für ein zweiachsiges Fahrzeug nach ◘ Abb. 2.87 hat vier Freiheitsgrade:

- Heben und Nicken des Aufbaus,
- Heben der Vorder- und Hinterachse.

Für den Schwerpunkt des Aufbaus gilt:

$$\begin{aligned} m_A \ddot{z}_A = &- k_{Av} \cdot (\dot{z}_{Av} - \dot{z}_{Rv}) - c_{Av} \cdot (z_{Av} - z_{Rv}) \\ &- k_{Ah} \cdot (\dot{z}_{Ah} - \dot{z}_{Rh}) - c_{Ah} \cdot (z_{Ah} - z_{Rh}) \end{aligned} \quad (2.162)$$

$$\begin{aligned} \theta_A \ddot{\vartheta}_A = &l_v \cdot k_{Av} \cdot (\dot{z}_{Av} - \dot{z}_{Rv}) + l_v \cdot c_{Av} \cdot (z_{Av} - z_{Rv}) \\ &- l_h \cdot k_{Ah} \cdot (\dot{z}_{Ah} - \dot{z}_{Rh}) - l_h \cdot c_{Ah} \cdot (z_{Ah} - z_{Rh}) \end{aligned} \quad (2.163)$$

Vorder- und Hinterachse gehorchen den Gleichungen:

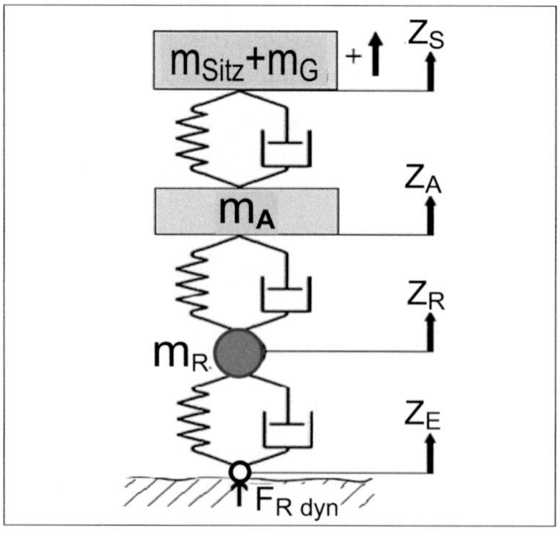

◘ **Abb. 2.86** Struktur eines Dreimassen-Federungsmodells [20]

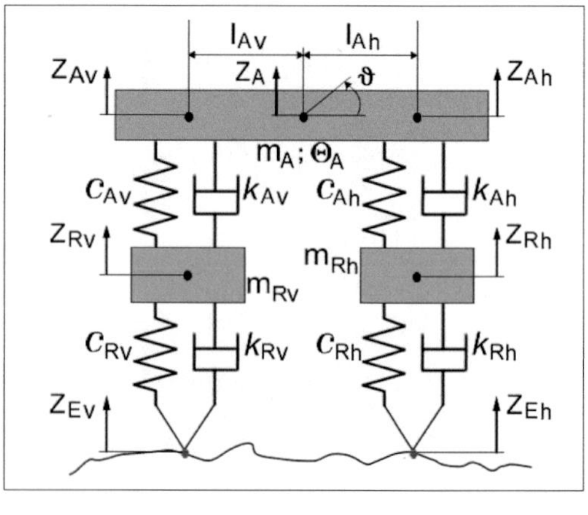

◘ **Abb. 2.87** Einspur-Federungsmodell [20]

$$m_{Rv}\ddot{z}_{Rv} = k_{Av}\cdot(\dot{z}_{Av}-\dot{z}_{Rv}) + c_{Av}\cdot(z_{Av}-z_{Rv}) \\ -k_{Rv}\cdot(\dot{z}_{Rv}-\dot{z}_{Ev}) - c_{Rv}\cdot(z_{Rv}-z_{Ev}) \tag{2.164}$$

$$m_{Rh}\ddot{z}_{Rh} = k_{Ah}\cdot(\dot{z}_{Ah}-\dot{z}_{Rh}) + c_{Ah}\cdot(z_{Ah}-z_{Rh}) \\ -k_{Rh}\cdot(\dot{z}_{Rh}-\dot{z}_{Eh}) - c_{Rh}\cdot(z_{Rh}-z_{Eh}) \tag{2.165}$$

Dabei bestehen zwischen den Aufbaubewegungen über den Achsen z_{Av} und z_{Ah}, der Bewegung des Aufbauschwerpunktes z_A und dem Nickwinkel ϑ folgende Zusammenhänge:

$$z_{Av} = z_A - l_v\cdot\vartheta \tag{2.166}$$

$$z_{Ah} = z_A + l_h\cdot\vartheta \tag{2.167}$$

Wie bei dem Einrad-Federungsmodell lassen sich auch für das Einspur-Federungsmodell aus den Differentialgleichungen die Eigenkreisfrequenzen und Dämpfungsmaße angeben, falls die Kopplung der Differentialgleichungen vernachlässigt wird (◘ Tab. 2.7). Man geht also davon aus, dass alle Freiheitsgrade, bis auf den betreffenden blockiert sind [20]. Die achsanteiligen Aufbaumassen ergeben sich aus der Schwerpunktslage:

$$m_{Av} = m_A\frac{l_{Ah}}{l_{Av}+l_{Ah}} \tag{2.168}$$

$$m_{Ah} = m_A\frac{l_{Av}}{l_{Av}+l_{Ah}} \tag{2.169}$$

◘ Tab. 2.7 Übersicht über verschiedene Eigenfrequenzen und Dämpfungsmaße [20],

	Eigenkreisfrequenz	**Dämpfungsmaß**
Hub	$\sqrt{\frac{c_{Av}+c_{Ah}}{m_A}}$	$\frac{k_{Av}+k_{Ah}}{2\sqrt{m_A\cdot(c_{Av}+c_{Ah})}}$
Aufbau vorn	$\sqrt{\frac{c_{Av}}{m_{Av}}}$	$\frac{k_{Av}}{2\sqrt{m_{Av}\,c_{Av}}}$
Aufbau hinten	$\sqrt{\frac{c_{Ah}}{m_{Ah}}}$	$\frac{k_{Ah}}{2\sqrt{m_{Ah}\,c_{Ah}}}$
Nicken	$\sqrt{\frac{l_{Av}^2\,c_{Av}+l_{Ah}^2\,c_{Ah}}{\theta_A}}$	$\frac{l_{Av}^2\,k_{Av}+l_{Ah}^2\,k_{Ah}}{2\sqrt{\theta_A\cdot(l_{Av}^2\,c_{Av}+l_{Ah}^2\,c_{Ah})}}$
Vorderachse	$\sqrt{\frac{c_{Av}+c_{Rv}}{m_{Rv}}}$	$\frac{k_{Av}+k_{Rv}}{2\sqrt{m_{Rv}\cdot(c_{Av}+c_{Rv})}}$
Hinterachse	$\sqrt{\frac{c_{Ah}+c_{Rh}}{m_{Rh}}}$	$\frac{k_{Ah}+k_{Rh}}{2\sqrt{m_{Rh}\cdot(c_{Ah}+c_{Rh})}}$

Im Hinblick auf den Federungskomfort sollte die Nickeigenfrequenz niedrig sein. Bei vorgegebenen Federsteifen für die Hubfederung ist eine gezielte Beeinflussung allerdings schwierig, da die übrigen Einflussparameter in der Regel nach anderen Gesichtspunkten festgelegt werden (Schwerpunktslage, Radstand) oder sich mehr oder weniger aus dem Fahrzeugkonzept ergeben (Trägheitsmoment) [20].

2.4.5.5 Zweispur-Federungsmodell

Ein weiter detailliertes Schwingungsmodell ist das Zweispurmodell mit der Aufbaumasse sowie vier Radmassen. Der Aufbau mit der Masse mA und den Trägheitsmomenten J_y (Querachse) und J_x (Längsachse) stützt sich jeweils über ein Feder- und Dämpferelement an den 4 Rädern ab. Die Räder stützen sich wiederum über die Reifenfeder und die Reifendämpfer auf der Fahrbahn ab [20]. Damit weist dieses Ersatzmodell mehr Freiheitsgrade auf als die bisher gezeigten Modelle. Für die Untersuchung der Vertikaldynamik bewegen sich die vier Räder hauptsächlich in vertikaler Richtung.

Neben einer ebenfalls vertikal gerichteten translatorischen Bewegung kann der Fahrzeugaufbau rotatorische Schwingungen um die Längsachse (Wanken, manchmal auch als Rollen bezeichnet) oder um die Querachse (Nicken) ausführen. Weitere Freiheitsgrade bzw. Detaillierungsgrade sind durchaus denkbar. So kann beispielsweise die Aufbaumasse weiter aufgeteilt werden, wobei die entstehenden Teilmassen (Antrieb, Fahrer und Sitz, Fahrerhaus beim

2

Lkw) wiederum mit Feder- und ggf. Dämpferelementen anzubinden sind.

Abb. 2.88 zeigt das Zweispur-Federungsmodell einer Starrachse, welche die ersten Betrachtungen etwas erleichtert. Wie zu erkennen ist, kann sich bei einer solchen Anordnung der Fahrzeugaufbau relativ zur Radaufhängung drehen. Dieses geschieht um einen Momentanpol der Bewegung, der durch konstruktive bzw. kinematische Methoden bestimmt werden kann. Dieser Momentanpol wird auch als Wankpol und die Bewegung selbst wird als „Wanken“ bezeichnet.

In Abb. 2.89 werden die Kräfte eingezeichnet, die bei Kurvenfahrt unter Querbeschleunigung entstehen. Zu erkennen ist hier das Wankmoment des Aufbaus, welches über die beiden Aufbaufedern abgestützt wird.

Das Wankmoment entsteht durch die am Aufbauschwerpunkt angreifende Fliehkraft der Aufbaumasse, als Hebelarm gilt der Abstand des Aufbauschwerpunktes zur Wankachse (Δh). Die Wankachse ist die Verbindungslinie von vorderem und hinterem Wankpol und kann daher eine Neigung in Längsrichtung aufweisen. Diese Neigung wird hier jedoch zunächst vernachlässigt.

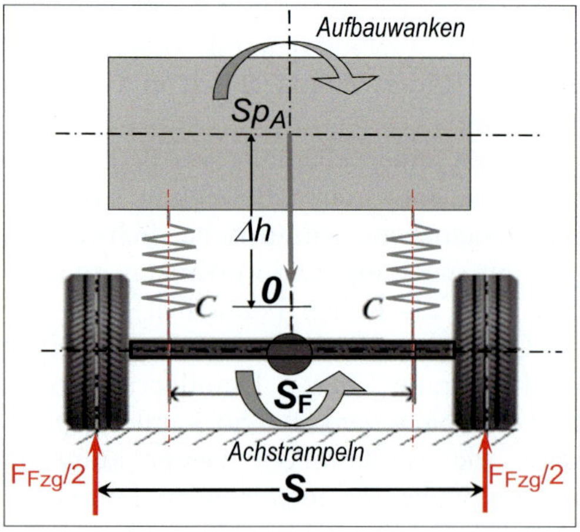

Abb. 2.88 Zweispur-Federungsmodell [20]

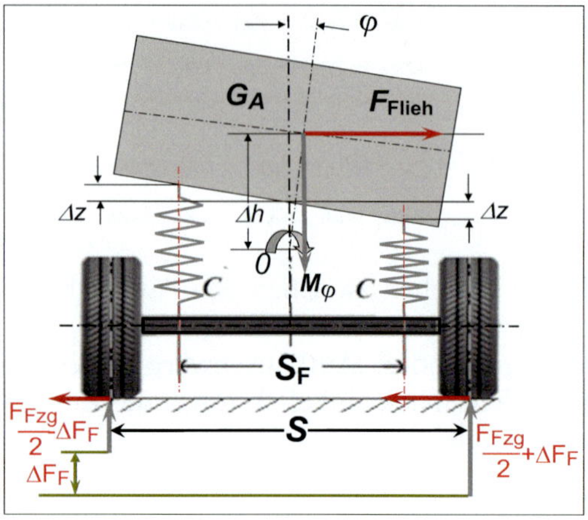

Abb. 2.89 Kräfteplan des Zweispurmodells unter Querbeschleunigung ohne Stabilisator

Demnach gilt für das Wankmoment:

$$M_\varphi = F_{\text{Flieh,A}} \cdot \Delta h \cdot \cos(\varphi) + m_A \cdot g \cdot h \cdot \sin(\varphi) \tag{2.170}$$

Die Auslenkung des Schwerpunkts bei einem Wank-winkel wird auch vernachlässigt, da diese vor allem bei Pkw sehr gering ist ($\cos(\varphi \approx 1$). Daher wird vereinfachend von folgendem Wankmoment ausgegangen:

$$M_\varphi = F_{\text{Flieh,A}} \cdot \Delta h \tag{2.171}$$

Dieses Wankmoment ist über die Aufbaufederung (vorn und hinten) abzustützen. Es wird folgendes Momentengleichgewicht aufgestellt.

$$F_{\text{Flieh,A}} \cdot \Delta h = 2 \cdot \frac{s_{\text{Fv}}}{2} \cdot c_{\text{Av}} \cdot f_{\text{Fv}} + 2 \cdot \frac{s_{\text{Fh}}}{2} \cdot c_{\text{Ah}} \cdot f_{\text{Fh}} \tag{2.172}$$

Die jeweilige Federspurweite (lateraler Abstand zwischen den Federanlenkpunkten) wird als s_F bezeichnet, die jeweiligen Federwege als f_F.

Zwischen den Federwegen und dem Wankwinkel φ besteht folgender, geometrischer Zusammenhang

$$f_\mathrm{F} = \varphi \cdot \frac{s_\mathrm{F}}{2} \qquad (2.173)$$

Eingesetzt in Gl. (2.172) erhält man eine Beziehung für den Wankwinkel φ

$$\varphi = \frac{2 \cdot \Delta h}{c_\mathrm{Av} \cdot s_\mathrm{Fv}^2 + c_\mathrm{Ah} \cdot s_\mathrm{Fh}^2} \cdot F_\mathrm{Flieh,A} \qquad (2.174)$$

Der Wankwinkel hängt damit von den Aufbaufedersteifigkeiten und insbesondere quadratisch von den Federspurweiten ab. Da der Wankwinkel bei Kurvenfahrt möglichst klein zu halten ist, sollten die Federspurweiten möglichst groß sein.

Die hier dargestellten Aufbaufedern wirken der Wankneigung des Aufbaus entgegen. Die Aufbaufedern können dabei von einem Stabilisator unterstützt werden.

Dabei handelt es sich um ein zusätzliches Bauteil in der Radaufhängung, welches in der Draufsicht im Allgemeinen eine U-Form hat (◘ Abb. 2.90).

Die Enden des Stabilisators sind ggf. über Verbindungselemente mit dem linken und rechten Teil der Radaufhängung verbunden, ◘ Abb. 2.91.

Bei einer gleichsinnigen Einfederbewegung bewegt sich der Stabilisator passiv und ohne Wirkung mit. Kommt es zu gegensinnigen Federbewegungen an der rechten und linken Seite, so wird der Stabilisator verdrillt. Da er als Torsionsfeder wirkt, liefert er dadurch ein Rückstellmoment, welches proportional zum Verdrehwinkel ist. Dieses Rückstellmoment wirkt der Wankbewegung entgegen und reduziert damit den Wankwinkel (◘ Abb. 2.92).

Die Stabilisatorsteifigkeit kann auf die Spurweite des Fahrzeugs bezogen werden oder aber mit einer sogenannten Stabilisatorspurweite verknüpft werden. Die Stabilisatorkraft geht wie die Aufbaufederkraft in das Momentengleichgewicht in Gl. (2.175) ein, von daher kann man direkt folgende Auswirkung auf den Wankwinkel herleiten:

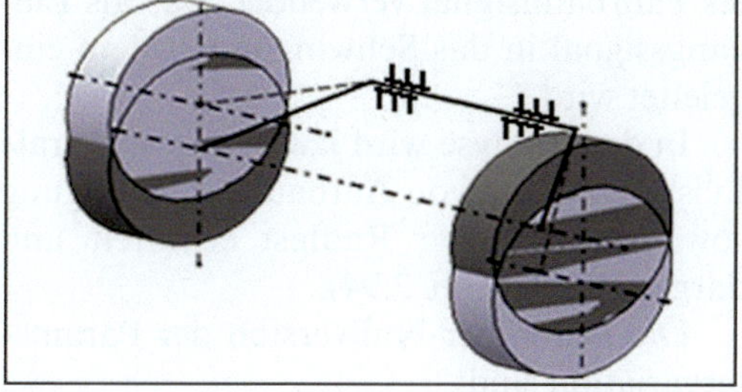

◘ **Abb. 2.90** Prinzip eines Stabilisators [20]

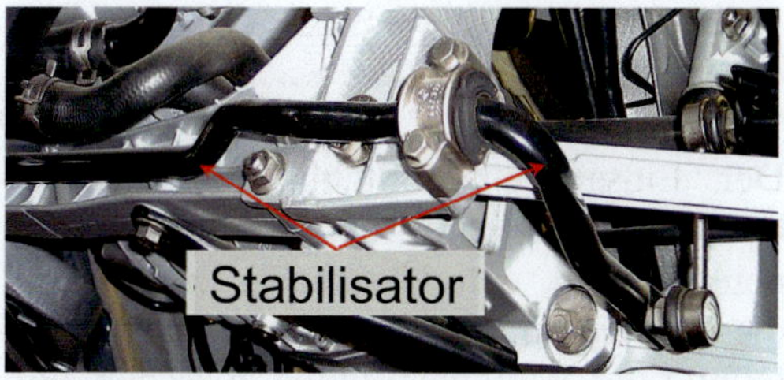

◘ **Abb. 2.91** Hinterer Stabilisator (Porsche 911 / 996)

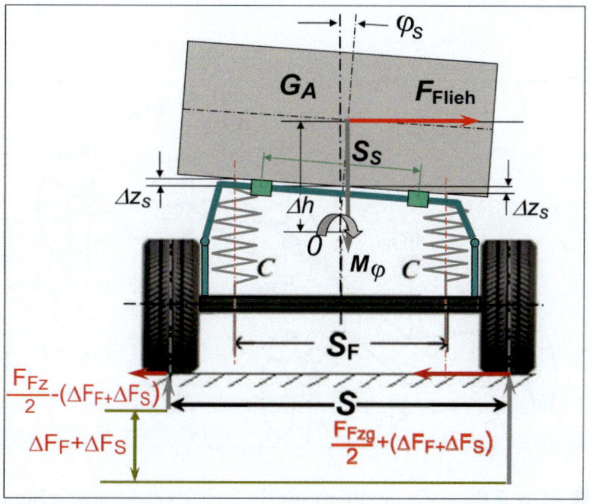

◘ **Abb. 2.92** Kräfteplan des Zweispurmodells unter Querbeschleunigung mit Stabilisator

$$\varphi = \frac{2 \cdot \Delta h \cdot F_{\text{Flieh,A}}}{c_{\text{Av}} \cdot s_{\text{Fv}}^2 + c_{\text{Ah}} \cdot s_{\text{Fh}}^2 + c_{\text{Stab,v}} \cdot s_{\text{Stab,v}}^2 + c_{\text{Stab,h}} \cdot s_{\text{Stab,h}}^2} \tag{2.175}$$

2

Der Einsatz eines Stabilisators hat neben der Reduzierung des Wankwinkels einen weiteren, entscheidenden Einfluss auf die Fahrdynamik. Mit einer gezielten Aufteilung der Wankabstützung zwischen Vorder- und Hinterachse kann das sogenannte Eigenlenkverhalten beeinflusst werden (s. ► Abschn. 2.5.7.4, Variante 4).

Bisher wurde angenommen, dass der Fahrzeugaufbau verwindungssteif ist. Dies gilt vor allem für moderne Pkw. Im Nutzfahrzeugbereich können aber andere Anforderungen gelten, sodass sogar ein verwindungsweicher Fahrzeugrahmen erforderlich wird (Baustellenfahrzeug). Bei solchen torsionsweichen Fahrgestellen bzw. Aufbauten werden daher zwei Teilsysteme betrachtet, die jeweils einen eigenen Wankwinkel aufweisen. Die Teilsysteme sind über eine virtuelle Torsionsfeder (c_{tor}) miteinander verbunden (◘ Abb. 2.93).

Bei diesem Modell wird erforderlich, zwei einzelne Gleichungen für den Wankwinkel aufzustellen.

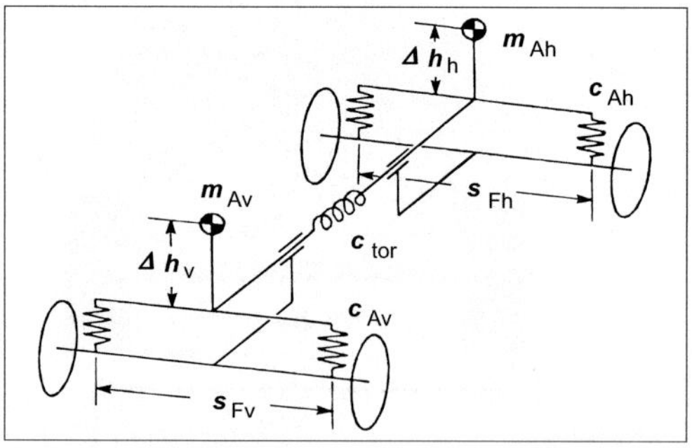

◘ Abb. 2.93 Zweispurmodell bei torsionsweichem Rahmen

$$m_{\text{Av}} \cdot a_{\text{y}} \cdot \Delta h_{\text{v}} = \varphi_{\text{v}} \cdot \frac{s_{\text{Fv}}^2}{2} \cdot c_{\text{Av}} + (\varphi_{\text{v}} - \varphi_{\text{h}}) \cdot c_{\text{tor}} \tag{2.176}$$

$$m_{\text{Ah}} \cdot a_{\text{y}} \cdot \Delta h_{\text{h}} = \varphi_{\text{v}} \cdot \frac{s_{\text{Fh}}^2}{2} \cdot c_{\text{Ah}} + (\varphi_{\text{h}} - \varphi_{\text{v}}) \cdot c_{\text{tor}} \tag{2.177}$$

2.4.6 Parametervariation

Die hergeleiteten Zusammenhänge aus den Federungsmodellen werden in einer Parametervariation vertieft.

Dazu wird ein Zweimassen-Modell schrittweise variiert. Es werden jeweils die Aufbaubeschleunigung und die dynamischen Radlaständerungen analysiert [20].

Die Aufbaubeschleunigung gilt als Maß für den Insassenkomfort bzw. für die Ladegutbeanspruchung und ist auch ohne die Sitzmasse ein wichtiges Kriterium.

Die Bodenhaftung und damit die Fahrsicherheit wird durch die dynamischen Radlaständerungen charakterisiert. Hohe dynamische Radlastschwankungen verursachen hohe Schwankungen in der Übertragbarkeit von Horizontalkräften des Reifens, im Extremfall hat ein Reifen keinen Bodenkontakt mehr und kann daher überhaupt keine Kräfte übertragen.

Die Modellgleichungen des Zweimassen-Ersatzsystems aus ► Abschn. 2.4.5.2 werden für die Parametervariation in einem Simulationsprogramm umgesetzt. Als Anregungsprofil wird ein synthetisch erzeugtes Fahrbahnsignal verwendet, was als Eingangssignal in das Schwingungssystem eingeleitet wird.

In der Analyse wird jeweils die spektrale Leistungsdichte von Aufbaubeschleunigung sowie dynamischer Radlast ermittelt und dargestellt (◘ Abb. 2.94).

Die Daten der Nullversion der Parametervariation sind:

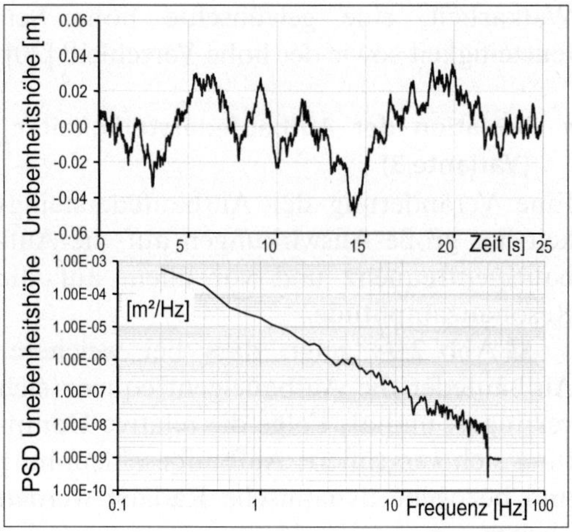

Abb. 2.94 Synthetisches Fahrbahnsignal; Unebenheitsgrad AUN = 3,7 10–6 m^3 und Welligkeit w = 2,14 [20]

Radmasse	$m_R = 40$ kg
Anteilige Aufbaumasse	$m_A = 400$ kg
Reifensteifigkeit	$c_R = 150.000$ N/m
Aufbaufedersteifigkeit	$c_A = 21.000$ N/m
Reifendämpfung	$k_R = 100$ Ns/m
Aufbaudämpfung	$k_A = 1500$ Ns/m

Für die Ausgangsversion ergeben sich folgende Ergebnisse (zur besseren Übersichtlichkeit sind die jeweiligen Linien für Aufbau, Straße und Rad vertikal verschoben). Sehr deutlich zu erkennen ist die im Vergleich zur Schwingungsbandbreite der Straße sehr kleine Amplitude der Aufbauvertikalbeschleunigung. Hier hat vor allem der Aufbaudämpfer seine Funktion der Bedämpfung von Schwingungen erfüllt (Abb. 2.95).

- **Variation der Radmasse m_R (Variante 1)**

In Variante 1 wird der singuläre Einfluss verschiedener Radmassen ermittelt. Die Aufbaueigenfrequenz wird durch diese Maßnahme genauso wenig tangiert wie die Amplitude der Aufbauresonanzerhöhung.

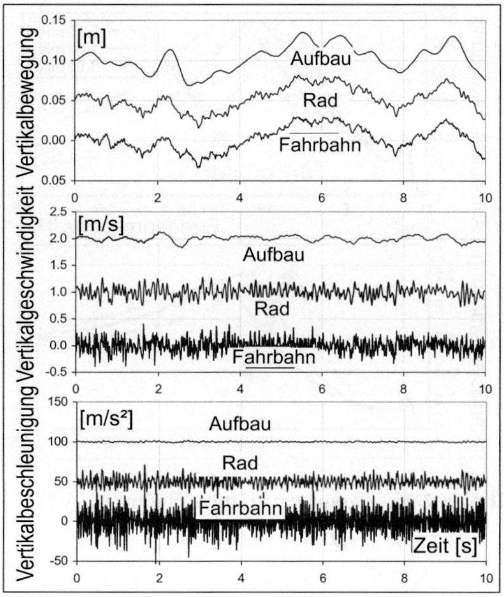

Abb. 2.95 Wege, Geschwindigkeiten, Beschleunigungen von Straße, Rad und Aufbau der Ausgangsvariante

Vor allem in der Betrachtung der Bodenhaftung fällt auf, dass mit steigender Radmasse die Resonanzerhöhung im Bereich der Radeigenfrequenz deutlich zunimmt. Dies liegt daran, dass eine größere Masse von gleich gebliebenen Dämpfern beruhigt werden muss [2].

Daher ist eine kleine Radmasse im Sinne der Fahrsicherheit unbedingt anzustreben. Zum Komfort hat die Radmasse keinen großen Einfluss. Generell sind die ungefederten Massen gering zu halten (Abb. 2.96).

- **Variation der Reifensteifigkeit c_R (Variante 2)**

Die Ergebnisse der unterschiedlichen Reifensteifigkeiten in Abb. 2.97 zeigen, dass diese Variation ebenfalls keine Auswirkung auf die Aufbaueigenfrequenz und die Aufbauresonanzerhöhung hat. Im Bereich der Radeigenfrequenz zeigen sich jedoch Auswirkungen.

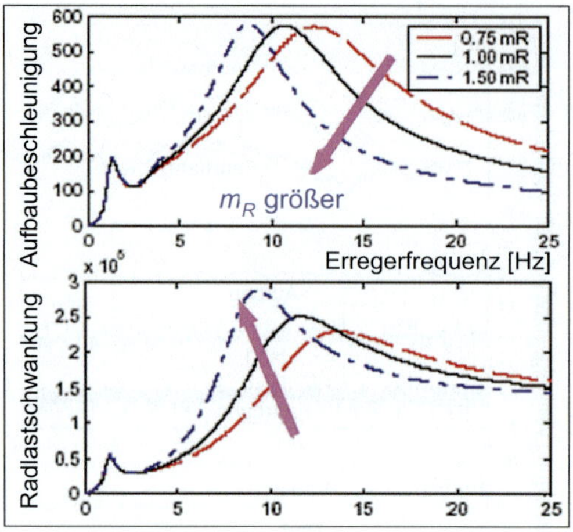

Abb. 2.96 Parametervariation: Radmasse (V1)

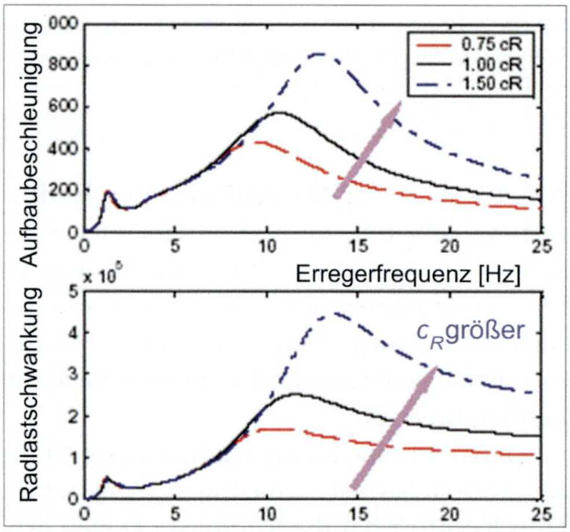

Abb. 2.97 Parametervariation: Reifenfedersteifigkeit (V2)

Eine niedrige Reifenfedersteifigkeit führt zu einer positiven Veränderung des Schwingverhaltens. Vor allem die Bodenhaftung wird durch weichere Reifen im Bereich der Radeigenfrequenz erheblich erhöht. Allerdings zwingen andere Umstände dazu, die Reifen nicht allzu weich auszulegen wie z. B. der Rollwiderstand, die hohe Walkarbeit, eine gewünschte hohe Seitensteifigkeit sowie der hohe Verschleiß [20].

- **Variation der Aufbaufedersteifigkeit c_A (Variante 3)**

Eine Veränderung der Aufbaufedersteifigkeit hat große Auswirkungen auf die Aufbaueigenfrequenz und vor allem auf die Resonanzamplitude.

Abb. 2.98 zeigt, dass bei weicherer Aufbaufeder die Aufbaueigenfrequenz sich verringert und als Folge die relative Dämpfung sich vergrößert; Aufbaubeschleuniung und bezogene dynamische Radlast werden kleiner.

Durch die kleinere Resonanzamplitude vergrößert sich die relative Dämpfung im Bereich der Aufbaueigenfrequenz. Die Aufbaubeschleunigung sowie die dynamischen Radlaständerungen werden deutlich kleiner.

Auch hier sprechen äußere Umstände gegen eine allzu weiche Auslegung der Aufbaufedern. Zum einen wären dafür große Federwege notwendig, sodass der Bauraum bedarf sehr hoch wäre. Weiterhin begren-

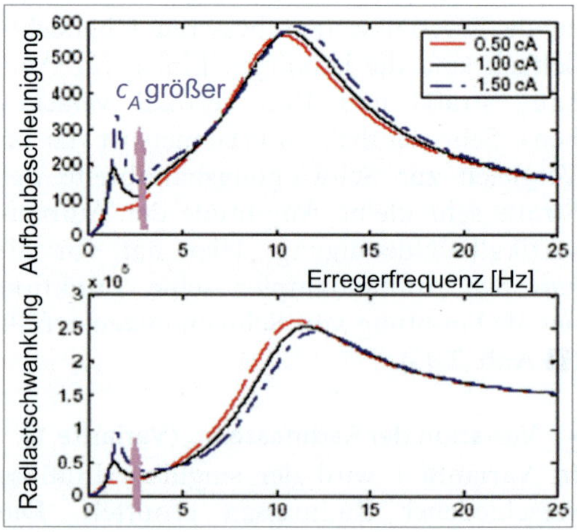

Abb. 2.98 Parametervariation: Aufbaufedersteifigkeit (V3)

zen die Niveauänderung durch Beladung, Nickvorgänge beim Beschleunigen oder Bremsen sowie eine dann sehr hohe Kurvenneigung die Möglichkeiten einer weichen Aufbaufederauslegung.

- **Variation der Aufbaudämpfung k_A (Variante 4)**

Im Bereich der Aufbaueigenfrequenz wird erwartungsgemäß die Resonanzamplitude in der Aufbaubeschleunigung aber auch bei den dynamischen Radlasten durch eine hohe Aufbaudämpfung stark reduziert. Allerdings verursacht eine starke Aufbaudämpfung über einen großen Frequenzbereich außerhalb der Eigenfrequenzen eine Anhebung des Niveaus der Aufbaubeschleunigung sowie der dynamischen Radlaständerung. Hier wirkt sich ein weicher Aufbaudämpfer positiv aus (◘ Abb. 2.99).

Eine starre Aufbaudämpferauslegung kann also nur eine Kompromisslösung sein. Eine Auflösung dieses Zielkonfliktes ist z. B. durch geregelte, aktive Dämpfer mit verschiedenen Kennlinien möglich.

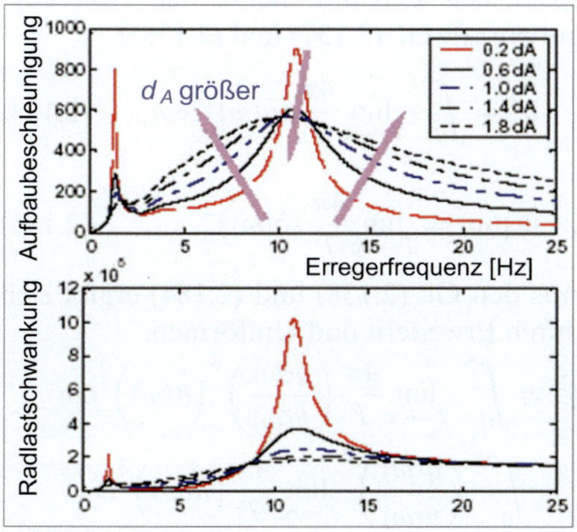

◘ **Abb. 2.99** Parametervariation: Aufbaudämpfung (V4)

- **Variation der Aufbaumassen m_A (Variante 5)**

Sowohl im Bereich der Aufbau- als auch Radeigenfrequenz wird die Resonanzamplitude in der Aufbaubeschleunigung durch eine hohe Aufbaumasse stark reduziert. Die Aufbaumasse hat dagegen auf die dynamische Radlaständerung fast gar keinen Einfluss. Aufbaumasse wirkt sich daher für den Fahrkomfort sehr positiv aus. Nachteil ist natürlich der steigende Kraftstoffverbrauch und höhere Belastung aller Fahrwerkteile (◘ Abb. 2.100).

◘ Tab. 2.8 fasst die durch die singulären Parametervariationen ermittelten Ergebnisse zusammen.

2.4.7 Verknüpfung Fahrbahn–Fahrzeug

Die Auswirkungen von Fahrbahnunebenheiten auf das komplette Schwingungssystem können nun analysiert werden, indem diese mit dem Schwingungssystem des Fahrzeugs verknüpft werden.

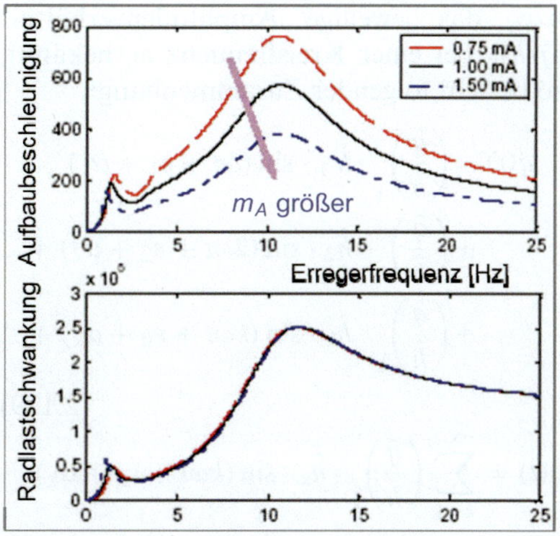

◘ **Abb. 2.100** Parametervariation: Aufbaumasse (V5)

2

Tab. 2.8 Auswirkung der Änderungen am Federungssystem auf Fahrsicherheit und Fahrkomfort

	Fahrsicherheit		**Fahrkomfort**	
Erregung	langwellig	kurzwellig	langwellig	kurzwellig
Maßnahme:				
Aufbaufeder weich	↑ ↑		↑ ↑	
Aufbaumasse groß			↑ ↑	↑ ↑
Dämpfer weich	↓	↓	↓	↑
Reifen weicher		↑ ↑		↑ ↑
Radmasse leichter		↑		
Empfehlung:				
Aufbaufeder	weich	kaum Einfluss	weich	kaum Einfluss
Aufbaumasse	kaum Einfluss	kaum Einfluss	schwer	schwer
Dämpfung	stark	stark	stark	schwach
Reifen Steifigkeit	kaum Einfluss	weich	kaum Einfluss	weich
Radmasse	kaum Einfluss	leicht	kaum Einfluss	kaum Einfluss

Eingeführt wird dazu die Antwort $q(t)$ des Fahrzeugs auf Erregerschwingungen $h(t)$, welche als Fahrbahnunebenheiten in das Schwingungssystem „Fahrzeug" eingehen. Erneut wird zunächst eine periodische Schwingung betrachtet [2].

$$q(t) = \hat{q}_1 \cdot \sin(\omega t + \delta_1) + \hat{q}_2 \cdot \sin(2\omega t + \delta_2) + + \hat{q}_\mathrm{k} \cdot \sin(k\omega t + \delta_\mathrm{k}) + \ldots \tag{2.178}$$

Ist aus der Schwingungsanalyse des Systems „Fahrzeug" die Vergrößerungsfunktion bzw. das jeweilige Amplitudenverhältnis $(\hat{q}/\hat{h})_\mathrm{k}$ bei einer Kreisfrequenz ω_i bekannt, so besteht folgender Zusammenhang:

$$\begin{aligned} q(t) =& \left(\frac{\hat{q}}{\hat{h}}\right)_1 \cdot \hat{h}_1 \cdot \sin(\omega t + \varepsilon_1 + \alpha_1) \\ &+ \left(\frac{\hat{q}}{\hat{h}}\right)_1 \cdot \hat{h}_2 \cdot \sin(2\omega t + \varepsilon_2 + \alpha_2) + \ldots \\ &+ \left(\frac{\hat{q}}{\hat{h}}\right)_\mathrm{k} \cdot \hat{h}_\mathrm{k} \cdot \sin(k\omega t + \varepsilon_\mathrm{k} + \alpha_\mathrm{k}) + \ldots \end{aligned} \tag{2.179}$$

$$\begin{aligned} q(t) &= \sum_{k=1}^{\infty} \left(\frac{\hat{q}}{\hat{h}}\right)_\mathrm{k} \cdot \hat{h}_\mathrm{k} \cdot \sin(k\omega t + \varepsilon_\mathrm{k} + \alpha_\mathrm{k}) \\ &= \sum_{k=1}^{\infty} \hat{q}_\mathrm{k} \cdot \sin(k\omega t + \varepsilon_\mathrm{k} + \alpha_\mathrm{k}) \end{aligned} \tag{2.180}$$

α_k ist der Phasenwinkel des Schwingungssystems „Fahrzeug". Gemäß Gl. (2.131) wird zur komplexen Schreibweise gewechselt:

$$q(t) = \sum_{k=1}^{\infty} \left(\frac{\underline{\hat{q}}}{\underline{\hat{h}}}\right)_\mathrm{k} \cdot \underline{\hat{h}}_\mathrm{k} \cdot \mathrm{e}^{\mathrm{j}k\omega t} = \sum_{k=1}^{\infty} \underline{\hat{q}}_\mathrm{k} \cdot \mathrm{e}^{\mathrm{j}k\omega t} \tag{2.181}$$

Im Wegbereich ergibt sich analog dazu:

$$q(x) = \sum_{k=1}^{\infty} \underline{\hat{q}}_\mathrm{k} \cdot \mathrm{e}^{\mathrm{j}k\Omega x} \tag{2.182}$$

Um den Schritt von einer periodischen hin zu einer stochastischen Anregung zu vollziehen, nimmt die Perioden dauer T bzw. die Periodenlänge X den Grenzfall der unendlichen Größe an. Die Antwortfunktion des Fahrzeugs auf stochastische Fahrbahnunebenheiten ergibt sich im Zeitbereich also zu:

$$\begin{aligned} q(t) &= \int_{-\infty}^{+\infty} \left(\frac{\underline{\hat{q}}}{\underline{\hat{h}}}\right) \cdot \underline{\hat{h}}(\omega) \cdot \mathrm{e}^{\mathrm{j}\omega t}\,\mathrm{d}\omega \\ &= \int_{-\infty}^{+\infty} \underline{\hat{q}}(\omega) \cdot \mathrm{e}^{\mathrm{j}\omega t}\,\mathrm{d}\omega \end{aligned} \tag{2.183}$$

Der quadratische Mittelwert führt zur spektralen Leistungsdichte der Fahrzeugantwort (s. Gl. (2.137) und (2.138)).

$$\overline{q}^2 = \int_0^{\infty} \lim_{T\to\infty} \frac{4\pi}{T} \left(\hat{q}(\omega)\right)^2 \mathrm{d}\omega \tag{2.184}$$

$$\Phi_\mathrm{q}(\omega) = \lim_{T\to\infty} \frac{4\pi}{T} \left(\hat{q}(\omega)\right)^2 \tag{2.185}$$

Aus den Gl. (2.138) und (2.184) ergibt sich durch Erweitern und Umformen:

$$\begin{aligned} \overline{q}^2 &= \int_0^{\infty} \lim_{T\to\infty} \frac{4\pi}{T} \left(\frac{\hat{q}(\omega)}{\hat{h}(\omega)}\right)^2 \left(\hat{h}(\omega)\right)^2 \mathrm{d}\omega \\ &= \int_0^{\infty} \left(\frac{\hat{q}(\omega)}{\hat{h}(\omega)}\right)^2 \lim_{T\to\infty} \frac{4\pi}{T} \left(\hat{h}(\omega)\right)^2 \mathrm{d}\omega \end{aligned} \tag{2.186}$$

Verwendet wird nun die Vergrößerungsfunktion V. Damit lässt sich Gl. (2.186) umformen [2]:

$$\begin{aligned}\overline{q}^2 &= \int_0^\infty \left(\frac{\hat{q}(\omega)}{\hat{h}(\omega)}\right)^2 \lim_{T\to\infty} \frac{4\pi}{T}\left(\hat{h}(\omega)\right)^2 \mathrm{d}\omega \\ &= \int_0^\infty V^2(\omega) \lim_{T\to\infty} \frac{4\pi}{T}\left(\hat{h}(\omega)\right)^2 \mathrm{d}\omega \end{aligned} \quad (2.187)$$

Für die spektralen Dichten ergibt sich:

$$\Phi_\mathrm{q}(\omega) = \left(\frac{\hat{q}(\omega)}{\hat{h}(\omega)}\right)^2 \cdot \Phi_\mathrm{h}(\omega) = V^2(\omega) \cdot \Phi_\mathrm{h}(\omega) \quad (2.188)$$

$V^2(\omega)$ ist hier das Quadrat der reellen Vergrößerungsfunktion zwischen Erregerschwingung h sowie der Antwort des schwingungsfähigen Systems q [2].

2.4.7.1 Spektrale Dichte der Aufbaubeschleunigung

Die bisher hergeleiteten Zusammenhänge können nun angewendet werden, um die spektrale Dichte der Aufbaubeschleunigung zu ermitteln.

In den entsprechenden Kapiteln ist die spektrale Leistungsdichte der Fahrbahnunebenheiten hergeleitet. Diese kann auch als das Leistungsdichtespektrum der Erregungsamplitude (Unebenheitshöhe) betrachtet werden. Fahrbahnunebenheiten gehen allerdings als Erregerschwingung in das schwingungsfähige System „Fahrzeug" ein. Daher muss die spektrale Dichte der Erregerbeschleunigung berechnet werden. Für einen allgemeinen Schwingungsansatz in der Form

$$z(t) = A \cdot \cos(\omega t) + B \cdot \sin(\omega t) \quad (2.189)$$

kann die Doppeldifferentiation durchgeführt werden:

$$\begin{aligned}\dot{z}(t) &= -A \cdot \omega \cdot \sin(\omega t) + B \cdot \omega \cdot \cos(\omega t) \\ \ddot{z}(t) &= -A \cdot \omega^2 \cdot \cos(\omega t) - B \cdot \omega^2 \cdot \sin(\omega t) \\ &= -\omega^2 (A \cdot \cos(\omega t) + B \cdot \sin(\omega t))\end{aligned} \quad (2.190)$$

Daraus folgt:

$$\ddot{z}(t) = -\omega^2 \cdot z(t) \quad (2.191)$$

Der Zusammenhang zwischen quadratischem Mittelwert sowie der spektralen Unebenheitsdichte ist in den Gl. (2.138) und (2.139) gegeben.

$$\begin{aligned}\overline{h}^2 &= \int_0^\infty \lim_{T\to\infty} \frac{4\pi}{T}\left(\hat{h}(\omega)\right)^2 \mathrm{d}\omega \\ &= \int_0^\infty \Phi_\mathrm{h}(\omega)\mathrm{d}\omega\end{aligned} \quad (2.192)$$

Ein analoger Zusammenhang wird für das Leistungsdichtespektrum der Erregerbeschleunigung postuliert.

$$\begin{aligned}\overline{\ddot{h}}^2 &= \int_0^\infty \lim_{T\to\infty} \frac{4\pi}{T}\left(\hat{\ddot{h}}(\omega)\right)^2 \mathrm{d}\omega \\ &= \int_0^\infty \Phi_{\ddot{\mathrm{h}}}(\omega)\mathrm{d}\omega\end{aligned} \quad (2.193)$$

Wird nun in Gl. (2.193) der Zusammenhang aus Gl. (2.191) eingesetzt, so ergibt sich:

$$\begin{aligned}\overline{\ddot{h}}^2 &= \int_0^\infty \Phi_{\ddot{\mathrm{h}}}(\omega)\mathrm{d}\omega = \int_0^\infty \lim_{T\to\infty} \frac{4\pi}{T}\left(\hat{\ddot{h}}(\omega)\right)^2 d\omega \\ &= \int_0^\infty \lim_{T\to\infty} \frac{4\pi}{T}\left(-\omega^2 \cdot \hat{h}(\omega)\right)^2 \mathrm{d}\omega \\ &= \int_0^\infty \omega^4 \cdot \underbrace{\lim_{T\to\infty} \frac{4\pi}{T}\left(\hat{h}(\omega)\right)^2}_{\Phi_\mathrm{h}(\omega)} \mathrm{d}\omega\end{aligned} \quad (2.194)$$

Daraus ist der Zusammenhang zwischen dem PSD (Power-Spectral-Density) der Erregungsamplitude und der Erregerbeschleunigung direkt ersichtlich [20].

$$\Phi_{\ddot{\mathrm{h}}}(\omega) = \omega^4 \cdot \Phi_\mathrm{h}(\omega) \quad (2.195)$$

Aus der Gl. (2.188) ist klar, dass die Vergrößerungsfunktion V des Schwingungssystems „Fahrzeug" quadratisch in die Beziehung zwischen der spektralen Dichte der Erregeramplitude und der Antwort des Fahrzeugs eingeht. Wie gezeigt wird, bleibt dieser Zusammenhang auch für die Betrachtung der spektralen Beschleunigungsdichten bestehen [20]. Mit Gl. (2.195) gilt:

$$V^2 = \left(\frac{\ddot{q}}{\ddot{h}}\right)^2 = \frac{\Phi_{\mathrm{q}}(\omega)}{\Phi_{\mathrm{h}}(\omega)} = \frac{\omega^{-4} \cdot \Phi_{\ddot{\mathrm{q}}}(\omega)}{\omega^{-4} \cdot \Phi_{\ddot{\mathrm{h}}}(\omega)} = \frac{\Phi_{\ddot{\mathrm{q}}}(\omega)}{\Phi_{\ddot{\mathrm{h}}}(\omega)} \tag{2.196}$$

■ Abb. 2.101 zeigt, wie schrittweise die spektrale Leistungsdichte der Aufbaubeschleunigung qualitativ hergeleitet wird. Die grafische Ermittlung der spektralen Dichte erfolgt in mehreren Schritten und findet in doppeltlogarithmischen Diagrammen statt, wodurch einige Betrachtungen vereinfacht werden.

Zunächst wird das PSD der Erregeramplitude in ein PSD der Erregerbeschleunigung überführt. Dabei entsteht ein Wechsel der Steigung von negativ nach positiv. Es wird das PSD der Erregeramplitude im Wegbereich betrachtet. Die Betrachtung im Zeitbereich ist dazu gemäß Gl. (2.143) analog. Verwendet wird die angenäherte Formel aus Gl. (2.144), da die angenäherte Betrachtung für qualitative Herleitungen völlig ausreichend ist.

$$\begin{aligned}
\log[\Phi_{\mathrm{h}}(\Omega)] &= \log\left[\Phi_{\mathrm{h}}(\Omega_0) \cdot \left(\frac{\Omega}{\Omega_0}\right)^{-w}\right] \\
&= \underbrace{\log[\Phi_{\mathrm{h}}(\Omega_0)]}_{=:\,c_1} + \log\left[\frac{\Omega}{\Omega_0}\right]^{-w} \\
&= c_1 - w \cdot \log\left[\frac{\Omega}{\Omega_0}\right] = c_1 - w \cdot \left(\log\Omega - \underbrace{\log\Omega_0}_{=:\,c_2}\right) \\
&= \underbrace{c_1 + w \cdot c_2}_{=:\,c_3} - w \cdot \log\Omega \\
&= c_3 - w \cdot \log\Omega
\end{aligned} \tag{2.197}$$

$$\Rightarrow \log[\Phi_{\mathrm{h}}(\omega)] = \underbrace{-w}_{<0} \cdot \log\omega + c_4 \tag{2.198}$$

Wie beschrieben, gilt für Normstraßen die Welligkeit $w=2$, was der (negativen) Steigung der Annäherungsfunktion im ■ Abb. 2.101 (oben links) entspricht.

Im ■ Abb. 2.101 (oben rechts) ist das PSD der Erregerbeschleunigung dargestellt. Mit den Gl. (2.193) und (2.198) gilt folgender Zusammenhang:

$$\begin{aligned}
\log\left[\Phi_{\ddot{\mathrm{h}}}(\omega)\right] &= \log\left[\omega^4 \cdot \Phi_{\mathrm{h}}(\omega)\right] \\
&= \log\left[\omega^4\right] + \log[\Phi_{\mathrm{h}}(\omega)] \\
&= 4 \cdot \log\omega + c_4 - w \cdot \log\omega \\
&= \underbrace{(4 - w)}_{>0} \cdot \log\omega + c_4
\end{aligned} \tag{2.199}$$

Da w größer Null ist (Normstraße $w=2$), kommt hier zu einem Wechsel der Steigung von „–2“ zu „ + 2“.

Im ■ Abb. 2.101 (unten rechts) ist eine typische Vergrößerungsfunktion eines Kraftfahrzeugs aufgetragen. Ein solcher Verlauf ergibt sich z. B. aus der Schwingungsanalyse eines gedämpften Zweimassen-Ersatzsystems.

Wie zu erkennen ist, liegt bei ca. 1 Hz die Aufbaueigenfrequenz mit einer Amplitudenüberhöhung. Nur leicht sichtbar wird in der Vergrößerungsfunktion die Radeigenfrequenz bei ca. 10 bis 12 Hz. Diese weist hier nur eine geringe Amplitude auf. Gemäß Gl. (2.196) werden nun die Diagramme c) und b) im ■ Abb. 2.101(unten rechts und oben rechts) zum Diagramm im ■ Abb. 2.101 (unten links) verknüpft.

$$\Phi_{\ddot{\mathrm{q}}}(\omega) = \underbrace{\left[V^2\right]}_{\mathrm{c)}} \cdot \underbrace{\left[\Phi_{\ddot{\mathrm{h}}}(\omega)\right]}_{\mathrm{b)}} \tag{2.200}$$

Diese Multiplikation wird im logarithmischen Bereich zur Addition:

$$\log\left[\Phi_{\ddot{\mathrm{q}}}(\omega)\right] = \log\underbrace{\left[V^2\right]}_{\mathrm{c)}} + \log\underbrace{\left[\Phi_{\ddot{\mathrm{h}}}(\omega)\right]}_{\mathrm{b)}} \tag{2.201}$$

Damit lassen sich die Diagramme b) und c) sehr einfach miteinander verknüpfen: Es entsteht das Diagramm für die spektrale Dichte der Aufbaubeschleunigung d) (unten rechts). Es ist deutlich zu erkennen,

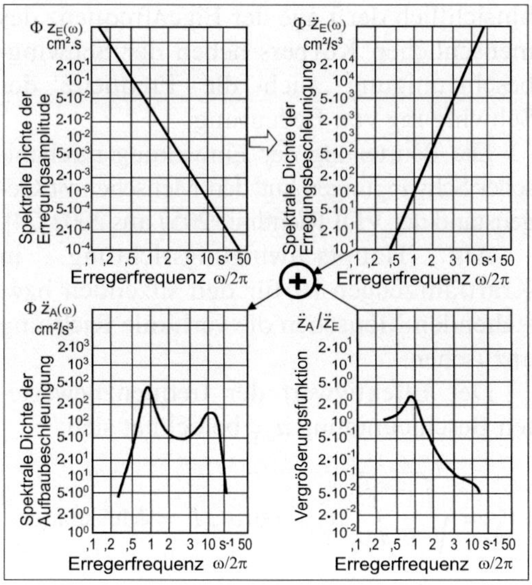

Abb. 2.101 Ermittlung der spektralen Dichte der Aufbaubeschleunigung

dass durch die Addition der beiden Diagramme die Amplituden bei wachsender Frequenz vergrößert werden. Gerade die spektrale Dichte bei Radeigenfrequenz bekommt eine viel höhere Bedeutung, als dies in der Vergrößerungsfunktion *V* (c) zu erkennen ist. Die Abbildung der spektralen Leistungsdichte der Aufbaubeschleunigung lässt der Einfluss verschiedener Fahrbahnen anhand der Unebenheitsgrad und Welligkeit untersuchen.

Beispielsweise würde eine Fahrbahn mit einem sehr hohen Anteil an kurzwelligen Anregungen (geringe Welligkeit *w*, also geringe negative Steigung in a) aufgrund der Herleitung in den Gl. (2.198) und (2.197) zu einer hohen spektralen Dichte der Erregerbeschleunigung bei hohen Frequenzen (größere Steigung in b) führen.

Damit käme es bei der Betrachtung der spektralen Leistungsdichte der Aufbaubeschleunigung zu einer überproportional großen Resonanzerhöhung im Bereich der Radeigenfrequenz, während andererseits der Bereich der Aufbaueigenfrequenz eine geringere Amplitude aufzeigen würde [20].

2.4.7.2 Spektrale Dichte der Radlastschwankungen

Analog zu dieser Betrachtung kann die spektrale Dichte der dynamischen Radlastschwankungen bezogen auf die Erregeramplituden hergeleitet werden (**Abb.** 2.102).

Diese Vergrößerungsfunktion wird auf die statische Radlast normiert und folgt direkt aus der spektralen Dichte der Erregeramplitude [20].

$$V^2 = \left(\frac{F_{\mathrm{R,\,dyn}}}{F_{\mathrm{R,\,stat}} \cdot h}\right)^2 = \frac{\Phi_{F_{\mathrm{R,dyn}}/F_{\mathrm{R,stat}}}(\omega)}{\Phi_{\mathrm{h}}(\omega)} \tag{2.202}$$

2.4.8 Menschliche Schwingungsbewertung

Die quantitative Bewertung des Schwingungskomforts setzt einen Maßstab und eine Bezugsfahrbahn für die Schwingungseinwirkung voraus. Hierfür wurden die

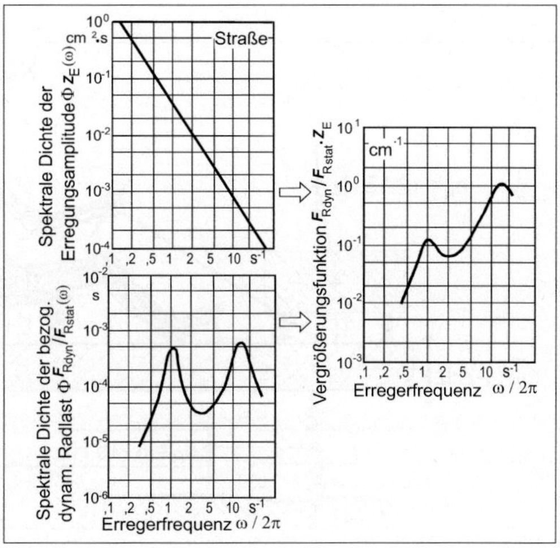

Abb. 2.102 Spektrale Dichte der bezogenen dynamischen Radlastschwankungen [20]

Richtlinie VDI 2057 Blatt 1 und Blatt 2 [34] erarbeitet. In diesen Richtlinien werden zwischen der Wahrnehmungsstärke und der Einwirkdauer differenziert.

Die im Kraftfahrzeug auftretenden Schwingungen sind in Allgemeinen zurückzuführen auf:

- Massenkräfte/Momente des Antriebsaggregates,
- Fahrmanöver und
- Fahrbahnunebenheiten.

Einen wesentlichen Einfluss auf das menschliche Empfinden bzw. den subjektiven Wahrnehmungsgrad von Schwingungen haben:

- Frequenz,
- Intensität,
- Einwirkungsort,
- Einwirkungsrichtung,
- Einwirkungszeit,
- Körperhaltung des Menschen.

Der Fahrzeuginsasse ist unter schwingungstechnischem Aspekt als ein „Schwinger“ mit mehreren Resonanzfrequenzen anzusehen (◘ Abb. 2.103). Für die Beurteilung der Schwingungsbeanspruchung ist daher hinsichtlich der Lage der Eigenfrequenz des menschlichen Körpers neben der Schwingbeschleunigung auch die Frequenz der Schwingung von Bedeutung.

Die Beurteilung der Einwirkung mechanischer Schwingungen auf den Menschen ist Gegenstand der VDI Richtlinie 2057 aus 2002 [34].

Als Hauptschwingungsrichtung in Kraftfahrzeugen ist für den sitzenden bzw. stehenden Menschen die vertikale Richtung anzusehen.

Der Effektivwert der frequenzbewerteten Beschleunigung a_{wT} berechnet sich:

$$a_{\mathrm{wT}} = \sqrt{\frac{1}{T}\int_0^T a_{\mathrm{wi}}^2(t)\,\mathrm{d}t \mathrm{mit} T = \mathrm{Messdauer}} \tag{2.203}$$

Die partielle energieäquivalente frequenzbewertete Beschleunigung a_{wi} für jeden Frequenzanteil bzw. jedes Frequenzband errechnet sich aus der Multiplikation der gemessenen anteiligen Beschleunigung a_{i} mit dem Bewertungsfaktor W_{i} für diesen Frequenzanteil. W_{i} ist abhängig von der Erregerfrequenz und berücksichtigt die frequenzabhängigen Wirkungen auf den

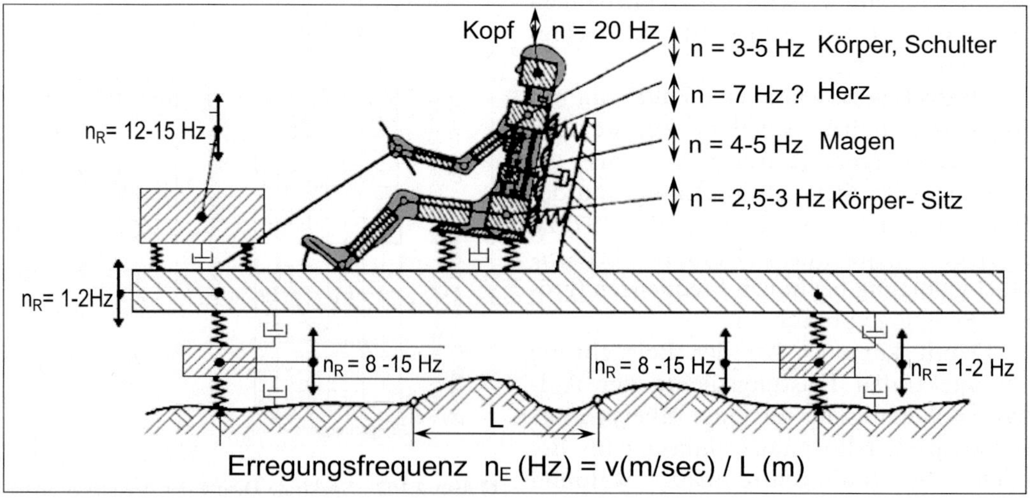

◘ **Abb. 2.103** Schwingungsmodell Kraftfahrzeug – Sitz – Mensch [34]

menschlichen Körper oder seiner Teilbereiche.

Abb. 2.104 zeigt, dass die stärkste Bewertung für Vertikalbeschleunigungen im Frequenzbereich 4 bis 10 Hz und für Horizontalbeschleunigung zwischen 1 und 2 Hz. vorgenommen wird. Generell sind bis ca. 3 Hz sowohl Mensch als auch Fahrzeug amplitudenempfindlich: Der Mensch will wissen, wo er ist, um seine Motorik zu steuern. Die Fahrzeugfahrdynamik wird durch Aufbau und Radbewegungen beeinflusst. Von 3 bis 8 Hz werden einzelne Organe vom Menschen und einzelne Baugruppen von Fahrzeug in Resonanz angeregt. Das ist unkomfortabel und muss gedämpft werden. Von 8 bis 14 Hz ist der Mensch beschleunigungsempfindlich, während das Fahrzeug amplitudenempfindlich bleibt: Das Rad neigt dazu, von der Fahrbahn abzuheben und verschlechtert dadurch die Fahrdynamik. Oberhalb von 14 Hz. beeinflussen die Beschleunigungen den Fahrkomfort [35].

Neben der Erregungsintensität und -frequenz ist auch die Einwirkdauer T für das menschliche Wohlbefinden von Bedeutung. Damit ist eine Abschätzung von Einschränkungen des Wohlbefindens, der Leistungsfähigkeit und des Risikos für Gesundheitsschädigungen möglich. Aufschluss über die Gesundheitsgefährdung in Abhängigkeit von der frequenzbewerteten Beschleunigung und der Einwirkdauer gibt Abb. 2.105. Es zeigt die Zone erhöhter Gesundheitsgefährdung bei Langzeiteinwirkung:

1. Beurteilungsbeschleunigung $aw(8) =$ 0,45 m/s,
2. Beurteilungsbeschleunigung $aw(8) =$ 0,80 m/s.

Die als frequenzbewertete Beschleunigung klassifizierte Beanspruchung beinhaltet auch eine subjektive Wahrnehmung der Schwingungen. Diese reicht von einer Fühl- oder Wahrnehmungsschwelle, unterhalb der eine Wahrnehmung nicht mehr möglich ist, bis zu einer Schmerzgrenze, oberhalb der die Wahrnehmung in Schmerz übergeht. Fühl- und Schmerzschwelle sind individuell verschieden und hängen darüber hinaus von den Umgebungsbedingungen ab.

Tab. 2.9 zeigt den Zusammenhang zwischen der frequenzbewerteten Beschleunigung und der subjektiven Wahrnehmung. Auf eine genaue Definition muss aber aus erwähnten Gründen verzichtet werden.

Bei einer Expositionsdauer von mehr als 4 h unter gut spürbaren Beschleunigungen sind gesundheitliche Schädigungen möglich [34].

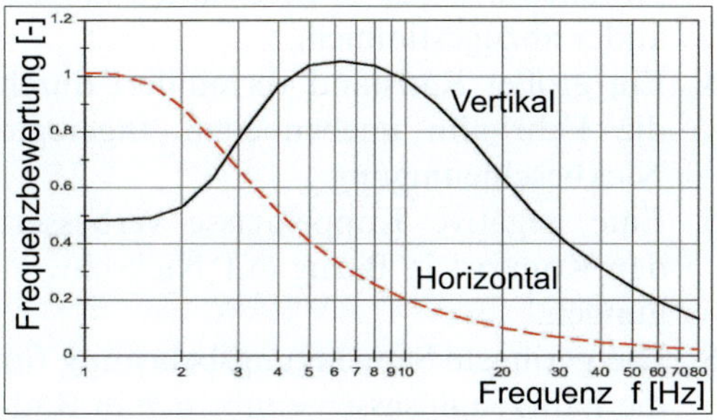

Abb. 2.104 Frequenzbewertungskurve für horizontale und vertikale Schwingungen für sitzenden oder stehenden Menschen nach VDI 2057 (2002) [34]

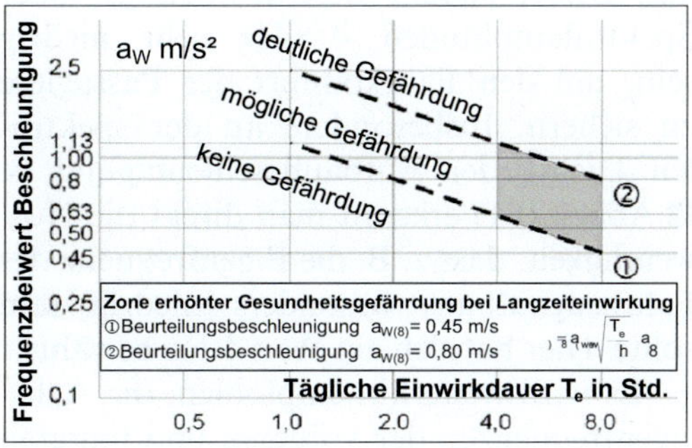

Abb. 2.105 Gesundheitsgefährdung in Abhängigkeit von a_w und T_e [34]

2

Tab. 2.9 Zusammenhang zwischen frequenzbewerteter Beschleunigung subjektiver Wahrnehmung

Effektivwert a_{wT} der Beschleunigung $a_w(t)$	Beschreibung der Wahrnehmung
< 0,010 m/s²	Nicht spürbar
0,015 m/s²	Wahrnehmungsschwelle
0,020 m/s²	Gerade spürbar
0,080 m/s²	Gut spürbar
0,315 m/s²	Stark spürbar
>0,315 m/s²	Sehr stark spürbar

2.4.9 Erkenntnisse aus den vertikaldynamischen Grundlagen

Aus den im ► Abschn. 2.4.7 hergeleiteten Zusammenhängen für das gesamte Schwingungssystem mit den Erregerschwingungen durch Fahrbahnunebenheiten lassen sich einige wichtige Bedingungen für den Aufbau von Kraftfahrzeugen postulieren.

Wie der ► Abschn. 2.4.8 zeigt, hat der Mensch als Passagier eines Kraftfahrzeugs bestimmte Schwingungswahrnehmungen und -bewertungen. Besonders im Bereich 4–8 Hz, wo Eigenfrequenzen einiger menschlicher Organe liegen, weist er die höchste Schwingungsempfindlichkeit auf. Daher sollten Beschleunigungs- oder Spektralamplituden 4–8 Hz sehr niedrig sein, um den Fahrkomfort der Passagiere zu sichern. Insbesondere an der spektralen Dichte der Aufbaubeschleunigung (s. ◘ Abb. 2.101) erkennt man direkt die Notwendigkeit, dass z. B. die Eigenfrequenz des Fahrzeugaufbaus besonders niedrig sein sollte. Hier hat sich ein Wert 1 Hz bewährt.

Es wird weiterhin empfohlen, die Achseigenfrequenzen der vorderen und hinteren Achsen voneinander leicht abweichend auszulegen, um deren gegenseitige Beeinflussung zu unterdrücken.

Da die Vertikalschwingungen von der Fahrzeuggeschwindigkeit abhängig sind, muss bei der schwingungstechnischen Auslegung des Fahrzeugs ein Geschwindigkeitsbereich festgelegt werden, auf den das Komfortverhalten eines Fahrzeugs bevorzugt abgestimmt wird.

Geschwindigkeiten unter 50 km/h sind weniger interessant, weil in diesem Bereich keine großen Schwingungen auftreten. Hier beeinflussen Abrollkomfort und Kantenempfindlichkeit der Reifen im Zusammenspiel mit den elastischen Fahrwerkslagern den Langsam-Fahrkomfort. Die obere Grenze liegt vorwiegend bei 150 km/h, auch wenn das Fahrzeug schneller fahren kann [2]. Jedoch variiert dieser Geschwindigkeitsbereich je nach Fahrzeugklasse.

Einige wesentliche Ergebnisse aus theoretischen Grundlagenarbeiten seien wie folgt zusammengefasst [2]:

1. Für einen guten Schwingungskomfort sollte die Aufbaufrequenz möglichst klein sein (jedoch nicht unter 0,9 Hz), vorausgesetzt die Räder haben einen ausreichenden Federweg.
2. Für die Aufbaudämpfung muss ein Kompromiss zwischen Komfort einerseits (*D* um 0,3) und Radlastschwankungen (*D* um 0,4) andererseits unter Berücksichtigung der zur Verfügung stehenden Radfederwege gefunden werden.
3. Die Teilsysteme vorn und hinten sind im Hinblick auf das Nickverhalten aufeinander abzustimmen.
4. Ein großer Radstand vermindert durch die Fahrbahn unebenheiten angeregte Nickbeschleunigung.
5. Eine negative Koppelmasse verbessert den Komfort in Bezug auf Nickschwingungen.
6. Die geringste Schwingungsbelastung für die Fahrzeuginsassen ergibt sich in Radstandmitte.
7. Die richtige Wahl der Radaufhängung vermindert oder gar unterbindet Bremsnicken.

8. Ein im Aufbau elastisch gelagertes Antriebsaggregat kann den Komfort bei Unebenheit, speziell bei periodischer Anregung (Stuckern) beeinträchtigen.

Guten Komfort in Bezug auf Wankschwingungen erhält man durch niedrige Aufbauwankeigenfrequenz (Nachteil besteht in der großen Aufbauneigung bei Kurvenfahrten) und ein kleines Aufbauwankdämpfungsmaß.

2.5 Querdynamik

Ingo Albers, Christoph Elbers, Metin Ersoy, Jörn Lützlow und Christian Schimmel

Die Querdynamik umfasst alle quer zur Fahrtrichtung entstehenden Bewegungen des Fahrzeugs und dadurch resultierende Drehbewegungen um die Fahrzeughochachse. Die Querbewegungen des Fahrzeugs kommen nur durch die Wirkung von Querkräften zustande, die hauptsächlich durch Lenkbewegungen des Fahrers verursacht werden und eine Querbeschleunigung des Fahrzeugs zur Folge haben. Die Querkräfte sind in erster Linie die Seitenführungskräfte an den Rädern und die Fliehkräfte, die in jeder Kurvenfahrt entstehen. Außerdem verursachen Seitenwindkräfte, einseitige Fahrbahnunebenheiten und die Fahrbahnseitenneigung Querkräfte.

All diese auf das Fahrzeug wirkenden Querkräfte müssen über die Radaufstandsflächen auf die Fahrbahn über.

tragen werden. Solange diese Kräfte geringer sind als die maximal übertragbaren Seitenkräfte, folgt das Fahrzeug den Lenkbewegungen des Fahrers. Diese werden jedoch bei Annäherung an den Grenzbereich zunehmend durch das Eigenlenkverhalten des Fahrzeugs überlagert.

Jede Lenkbewegung ist verbunden mit einem querdynamischen Vorgang. Insofern kann die Querdynamik als die Beurteilung des Lenkverhaltens eines Fahrzeugs beschrieben werden. Zwei sehr wichtige Testmanöver werden zu dieser Beurteilung benutzt: Die stationäre und die instationäre Kreisfahrt. In diesen Fahrmanövern werden die Reaktionen des Fahrzeugs auf Lenkbewegungen gemessen und bewertet. Jedoch dienen zahlreiche weitere Fahrsituationen mit kombinierten Lenk-, Beschleunigungs- und Bremsvorgängen zur Abstimmung der querdynamischen Eigenschaften.

2.5.1 Anforderungen an das Fahrverhalten

Wie bei allen nicht spurgebundenen Fahrzeugen obliegt dem Fahrer eines Kraftfahrzeugs nicht nur die Steuerung bzw. Regelung der Fahrgeschwindigkeit, sondern auch die der Fahrtrichtung [20]. Die Regeltätigkeit des Fahrers bei der Fahrtverlaufbestimmung umfasst drei kybernetische Aufgaben (◘ Abb. 2.106).

1. Aus den angebotenen Fahrtrouten ist eine Strecke nach Kriterien wie Zeitbedarf oder Streckenlänge auszuwählen.
2. Innerhalb der gewählten Route ist der Sollkurs festzulegen, wobei die während der Fahrt aufgenommenen Informationen (Mit- und Gegenverkehr, Signalanlagen, Streckenführung) bewertet werden.

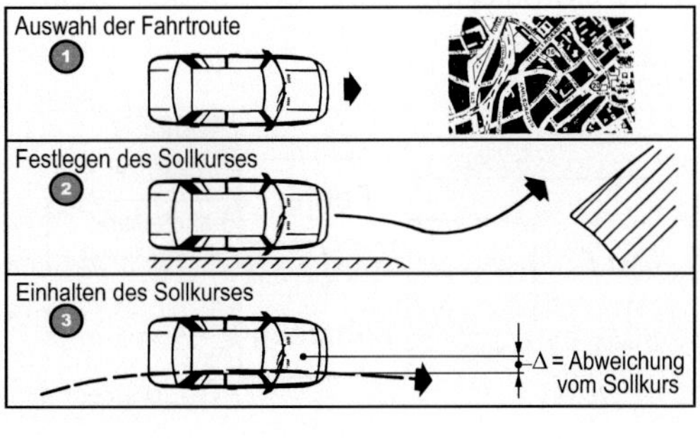

◘ Abb. 2.106 Kybernetische Aufgaben des Menschen bei der Führung eines Kraftfahrzeuges [20]

3. Das Fahrzeug ist mittels seiner Stellglieder (Bedienungselemente) auf gewähltem Sollkurs zu halten.

Mit der dritten Aufgabe übernimmt der Mensch die Funktion eines Reglers im Sinne der Fahrstabilität. Regelstrecke ist das Fahrzeug, sodass sich die Wechselwirkungen zwischen Fahrerhandlungen und Fahrzeugreaktionen als Vorgänge in einem geschlossenen Regelkreis auffassen lassen (◘ Abb. 2.107). In diesem Regelkreis wirken Störgrößen auf Fahrer (z. B. Relativbewegung Fahrer-Fahrzeug, Sichtbehinderung, Fahrerermüdung) und Fahrzeug (z. B. Seitenwind, Fahrbahnunebenheiten).

Stellgröße ist bei Betrachtung der Fahrzeug-Querdynamik insbesondere der Lenkradwinkel und die Regelabweichung wird vom Fahrer als Differenz zwischen Soll- und Ist-Kurs wahrgenommen.

Der geschlossene Regelkreis ist ein dynamisch arbeitendes System. Da die Adaptionsmöglichkeiten des Reglers „Fahrer" begrenzt sind, hängt es wesentlich von den Gesetzmäßigkeiten des Fahrzeugverhaltens ab, ob sich das Gesamtsystem Fahrer-Fahrzeug beim schnellen Ausregeln großer Kursabweichungen unter dem Einfluss von Störgrößen in Bezug auf die Kurshaltung stabil verhält.

Die Eigenschaften der Regelstrecke „Fahrzeug" müssen den Fähigkeiten des Reglers „Fahrer" angepasst sein. Die Güte dieser Anpassung wird durch den Begriff *„Fahrverhalten"* charakterisiert. In Hinblick auf ein „gutes Fahrverhalten" sind an die Fahrzeugeigenschaften [20] folgende Anforderungen zu stellen:

- Es muss ein sinnvoller und für den Fahrer überschaubarer Zusammenhang zwischen Lenkwinkeländerung und Kursänderung bestehen (Übertragungsverhalten der Regelstrecke „Fahrzeug", Fahrstabilität).
- Der Fahrer muss sinnvolle Informationen über den Bewegungszustand des Fahrzeuges erhalten (z. B. Änderung der Lenkmomentcharakteristik, Anwachsen von Schwimmwinkel und Reifengeräusch vor Erreichen des physikalischen Grenzbereichs der Fahrstabilität).
- Auf das Fahrzeug wirkende Störungen (z. B. Windkräfte) sollten möglichst keine oder nur geringe Kursabweichungen verursachen (Eigenstabilität der Regelstrecke Fahrzeug).

Erreichbare Kurvengeschwindigkeit und Querbeschleunigung eines Fahrzeugs sollten im Hinblick auf Fahrsicherheit und Fahrleistung hoch sein (Stabilitätsreserve der Regelstrecke Fahrzeug).

Gesetzliche Vorschriften zum Fahrverhalten liegen z.Z. noch nicht vor [20], jedoch haben sich inzwischen einige Bewertungsverfahren zur aktiven Sicherheit im Rahmen der NCAP (New Car Assessment Program) etabliert (z. B. Rollover Resistance, NHTSA) [36].

Im Rahmen des Abschnitts Querdynamik werden im Folgenden mit Blick auf die genannten Anforderungen die Gesetzmäßigkeiten und Wirkungsmechanismen des querdynamischen Fahrzeugverhaltens beschrieben, indem die Regelstrecke „Fahrzeug" getrennt vom Regler „Fahrer" untersucht wird. Als Grundlage für die Betrachtungen zur Fahrdynamik gelten zunächst die Reifeneigenschaften, die im ▶ Abschn. 2.2 ausführlich behandelt wurden.

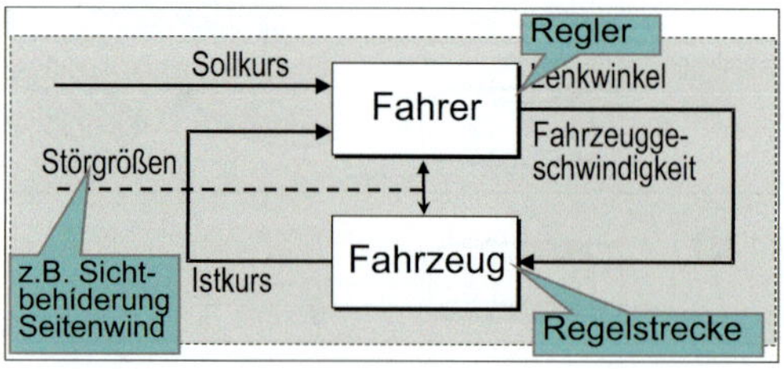

◘ **Abb. 2.107** Regelkreis Fahrer – Fahrzeug [20]

Um dem Fahrzeug bzw. dem Fahrer die Möglichkeit zur Spurführung zu geben, ist ein lateraler Freiheitsgrad notwendig. Dieser existiert in Form lenkbarer Räder, wobei bei schnellen Kraftfahrzeugen die Lenkung an der Vorderachse zum Einsatz kommt, die durch eine Hinterradlenkung mit geringen Lenkwinkeln unterstützt werden kann. Bei Sonderkraftfahrzeugen sind auch Lenkungen an der Hinterachse oder an beiden Achsen denkbar.

Nachfolgend werden zunächst die kinematischen Lenkeigenschaften beschrieben, bevor die grundsätzlichen physikalischen Zusammenhänge der querdynamischen Fahrzeugbewegung anhand von Fahrzeugmodellen dargestellt werden.

2.5.2 Lenkkinematik

Für den lateralen Freiheitsgrad ist eine Lenkung notwendig, die vom Fahrer durch ein Lenkrad bedient bzw. geführt wird. Die Zuordnung der Radlenkwinkel zum Lenkradwinkel und der Radlenkwinkel untereinander wird durch nichtlineare Zusammenhänge beschrieben, da diese Zuordnung von der momentanen Winkellage der Bauteile des Lenkgestänges zueinander abhängt und die Zusammenhänge damit Winkelfunktionen enthalten. Man spricht dabei von einer Lenkfunktion, und die Bauteile einer Lenkung können als Bestandteile eines Lenkgetriebes aufgefasst werden.

Soweit die konstruktionstechnischen Randbedingungen (Bauraum, Gelenkanzahl, Lenkgetriebebauart) dies zulassen, können diese Zusammenhänge durch entsprechende Anordnung und Abmessungen der Gestängebauteile gezielt ausgelegt werden (◘ Abb. 2.108).

Die Auslegung kann unter Berücksichtigung von Anforderungen an das statische (ohne Reifenseitenkrafteinfluss) oder das dynamische (mit Reifenseitenkrafteinfluss) Radlenkverhalten vorgenommen werden.

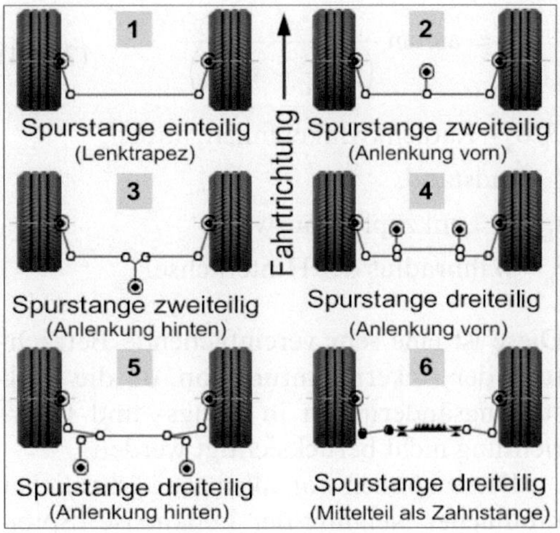

◘ **Abb. 2.108** Lenkgestängebauarten [37]

2.5.2.1 Statische Lenkungsauslegung

Bei geringer Fahrgeschwindigkeit rollen die Räder bei Kurvenfahrt schräglaufwinkelfrei und damit Seitenkraftfrei ab, wenn die Verlängerungen aller Raddrehachsen sich in einem Punkt, dem Kurvenmittelpunkt, schneiden (Ackermann. 1816) (◘ Abb. 2.109). Die geometrischen Zusammenhänge für dieses Abrollen der Räder ohne Zwangskräfte führen auf folgende Sollfunktionen für den Radlenkwinkel kurveninnen δ_i in Abhängigkeit vom Radlenkwinkel kurvenaußen δ_a:

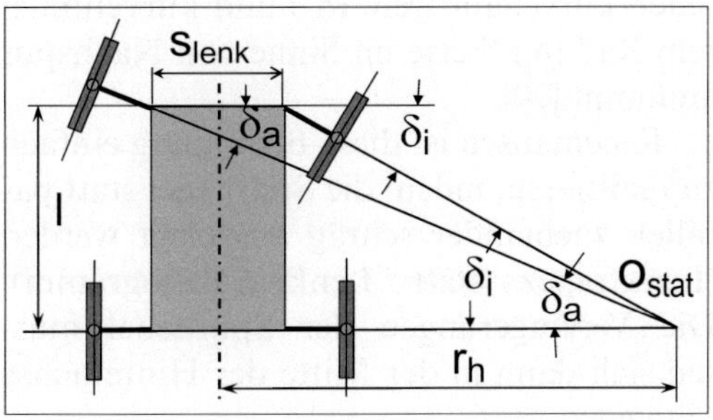

◘ **Abb. 2.109** Geometrische Bedingung für schräglauffreies Abrollen in der Kurvenfahrt (Ackermann-Bedingung)

$$\delta_i = \arctan \frac{l}{\left(\frac{l}{\tan \delta_a} - s_{Lenk}\right)} \quad (2.204)$$

2

δ_i, δ_a – Radlenkwinkel innen, außen,
l – Radstand,
s_{Lenk} – Lenkzapfenspurweite,
r_h – Bahnradius der Hinterachse.

Diese ist eine sehr vereinfachende Betrachtung der Ackermannfunktion, da die Radstellungsänderungen in Längs- und Querrichtung nicht berücksichtigt werden.

Diese können vor allem bei erheblicher räumlicher Neigung der Lenkachse (Spreizung) einer lenkbaren Radaufhängung signifikant sein [30].

$$\delta_i = \arctan \frac{x_i + l_h}{(x_a + l_h) \cdot \cot(\delta_a) + y_a - y_i} \quad (2.205)$$

Hier werden die Koordinaten x und y des inneren und äußeren Vorderrades berücksichtigt. Die Räder rollen bei Einhaltung dieser Ackermann-Bedingung ohne Schräglaufwinkel bei langsamer Fahrt ohne Querbeschleunigung ab. Dann liegt der Kurvenmittelpunkt genau auf Höhe der Hinterachse, wie im ◘ Abb. 2.109.

Während bei Geradeausfahrt die Radebenen der gelenkten Räder parallel zueinander in Fahrtrichtung liegen, ergibt sich aus der Ackermann-Bedingung, dass bei Kurvenfahrt der Spurdifferenzwinkel zwischen kurvenäußerem (δ_a) und kurveninnerem Rad (δ_i) Werte im Sinne von Nachspur annimmt [20].

Kinematisch ist diese Bedingung einfach zu realisieren, indem die Spurhebel statt parallel, zueinander schräg ausgelegt werden (Lenktrapez statt Lenkparallelogramm). Die Verlängerungen der Spurhebel müssen sich dann in der Mitte der Hinterachse schneiden.

Günstig ist wenn das Lenkgetriebe vor der Achse liegt. Die Spurhebel bei gleichem Getriebe können nämlich dann länger sein. Beim Federn des Rades kommt es zu geringeren Lenkwinkeländerungen (◘ Abb. 2.110) [38].

2.5.2.2 Dynamische Lenkungsauslegung

Bei Kurvenfahrt mit höherer Fahrgeschwindigkeit treten an den Rädern Schräglaufwinkel auf, aus denen die zur Abstützung der Fliehkraft erforderlichen Reifenseitenkräfte resultieren. Der Kurvenmittelpunkt ergibt sich in diesem Fall als der Schnittpunkt der Normalen auf die Bewegungsrichtungen der Räder in deren Radaufstandspunkten (◘ Abb. 2.111).

Unter Querbeschleunigung wandert der Kurvenmittelpunkt (Momentanpol der Fahrzeugbewegung) nach vorn und liegt nicht mehr auf Höhe der Hinterachse.

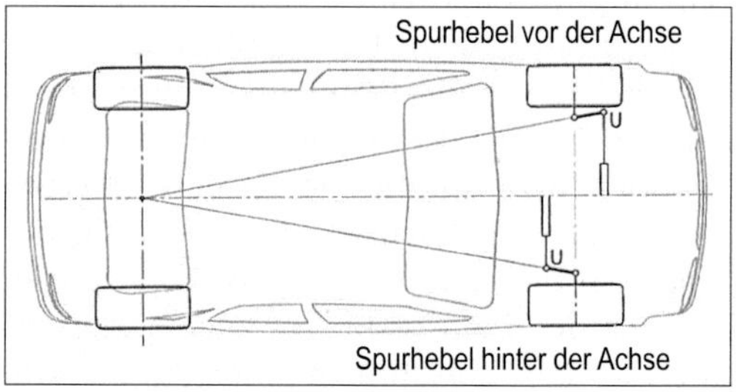

◘ **Abb. 2.110** Lenkkinematik mit Ackermanns Bedingung erfüllende Auslegung [38]

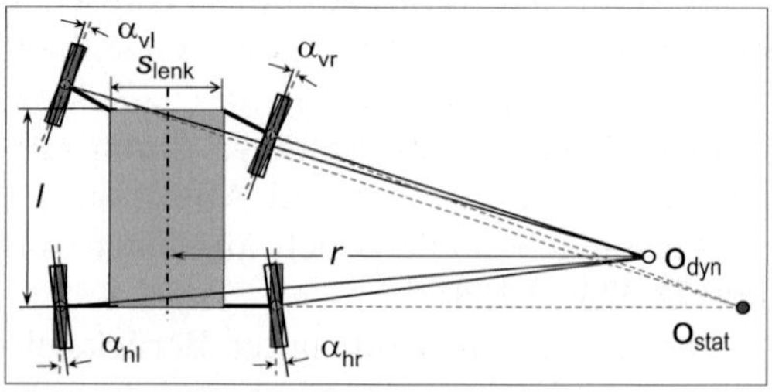

◘ **Abb. 2.111** Zusammenhang von Radlenkwinkeln, Schräglaufwinkeln und Kurvenmittelpunktlage

Bei der Lenkkinematik nach der Ackermann-Bedingung (■ Abb. 2.109) sind die kurvenäußeren Lenkwinkel kleiner als die kurveninneren. Um an den vertikal höher belasteten kurvenäußeren Rädern den gleichen Kraftschlussbeiwert auszunutzen wie an den kurveninneren, sollten die Schräglaufwinkel kurvenaußen größer sein als die kurveninneren [39].

Eine dynamische Lenkungsauslegung erfordert daher ein Abweichen von der Ackermann-Bedingung, sodass die Räder eher parallel eingeschlagen werden als mit zunehmender Nachspur und bietet darüber hinaus den Vorteil, dass sie kinematisch einfacher realisierbar ist.

In der Praxis strebt man Paralleleinschlag der gelenkten Räder (dynamische Auslegung) bis zu einem Lenkwinkel von ca. 20° an und verwirklicht erst bei größeren Einschlagwinkeln eine Annäherung an die Ackermann-Auslegung (■ Abb. 2.112).

Die größeren Radeinschlagwinkel werden nicht nur im Fahrbetrieb, sondern auch für den Rangierbetrieb benötigt und auch dort ist ein schlupffreies Verhalten im Sinne der Ackermann-Bedingung anzustreben.

2.5.3 Fahrzeugmodellierung

Ähnlich wie in der Vertikaldynamik werden auch in der Querdynamik Modelle für die Simulation erstellt. Diese werden vorwiegend für Handlingsimulationen oder für die Simulation von Fahrdynamikreglern verwendet. Zunächst soll das einfache Einspurmodell vorgestellt werden, welches schrittweise mit einem höheren Detaillierungsgrad ausgestattet wird.

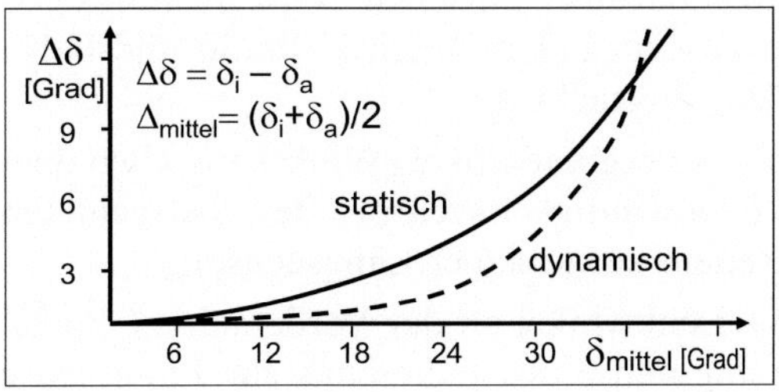

■ **Abb. 2.112** Spurdifferenzwinkel als Funktion des mittleren Lenkeinschlags für eine statische und dynamische Lenkungsauslegung [20]

2.5.3.1 Einfaches Einspurmodell

Das auch heutzutage sehr häufig verwendete einfache Einspurmodell ist bereits 1940 von den beiden Ingenieuren Dr. Riekert und Dr. Schunck erstellt worden [40] und wird daher auch als „Einspurmodell von Riekert-Schunck" bezeichnet. Es ist das einfachste Modell zur Beurteilung des Lenkverhaltens und beschreibt die Reaktion des Fahrzeugs auf Lenkbewegungen.

Das Einspurmodell beinhaltet einige Vereinfachungen, die allerdings die grundsätzliche Analyse des Fahrverhaltens vor allem bei Betrachtungen im linearen Fahrdynamikbereich nicht wesentlich beeinträchtigen, aber die Anzahl der Freiheitsgrade des Systems deutlich reduziert. Damit erlaubt es die schnelle Erfassung und Analyse des Fahrverhaltens sowie die einfache Umsetzung in einem Simulationsprogramm.

Die wesentlichen Vereinfachungen sind:

- Es wird angenommen, dass der Gesamtschwerpunkt des Fahrzeugs auf Fahrbahnhöhe liegt. Dadurch entstehen keine Radlastunterschiede zwischen der Innen- und Außenseite bei schneller Kurvenfahrt. Eine Unterscheidung in innere und äußere Radübertragungskräfte wird damit hinfällig. Die Radaufstandspunkte werden achsweise zusammengeführt, das Fahrzeug besteht nur aus einem Vorder- und Hinterrad bzw. nur noch einer Spur. Weiterhin wird angenommen, dass das Fahrzeug wegen der auf der Fahrbahn liegende Lage des Schwerpunkts nicht wankt (■ Abb. 2.113).

2

- Die Bewegungsgleichungen des Einspurmodells werden linearisiert. Das gilt für die Betrachtung der Winkelfunktionen ($\sin(\alpha) \approx \alpha$ sowie $\cos(\alpha) \approx 1$, da kleine Winkel α vorausgesetzt werden). Des Weiteren wird ein lineares Reifenverhalten vorausgesetzt. Diese Linearisierung ist bis etwa 3° bis 4° gültig. Über diese Grenze hinausgehend werden die Betrachtungen fehlerbehaftet, da die Reifencharakteristik einen stark degressiven Verlauf zeigt. Für den betrachteten Bereich gilt der lineare Zusammenhang für die Reifenseiten kraft (für konstant angenommene Schräglaufsteife c_α und Radlast):

$$F_\alpha = c_\alpha \cdot \alpha \tag{2.206}$$

Unter diesen Vereinfachungen und Voraussetzungen (◘ Abb. 2.113) lassen sich die geometrischen Zusammenhänge des Einspurmodells aufstellen (◘ Abb. 2.114).

Im Schwerpunkt des Fahrzeugs lassen sich folgende Gleichungen für das Kräfte- und Momentengleichgewicht aufstellen:

- Newtonsche Bewegungsgleichung für die Fahrzeugquerrichtung:

$$m \cdot a_y = F_{sv} + F_{sh} \tag{2.207}$$

- Drallsatz um die z-Achse durch den Fahrzeugschwerpunkt:

$$\theta \cdot \ddot{\Psi} = F_{sv} \cdot l_v - F_{sh} \cdot l_h \tag{2.208}$$

Die im Fahrzeugschwerpunkt angreifende Trägheitskraft $m \cdot a_y$ entspricht der aus der momentanen Bahnkrümmung resultierenden Fliehkraft:

$$m \cdot a_y = m \cdot \frac{v^2}{r} = m \cdot \frac{v}{r} \cdot \dot{\nu} \cdot r = m \cdot v \cdot \left(\dot{\psi} - \dot{\beta}\right) \tag{2.209}$$

v – Fahrgeschwindigkeit,

r – Bahnradius (momentan).

$\dot{\nu}$ – Bahnwinkelgeschwindigkeit der Bewegung des Fahrzeugschwerpunktes,

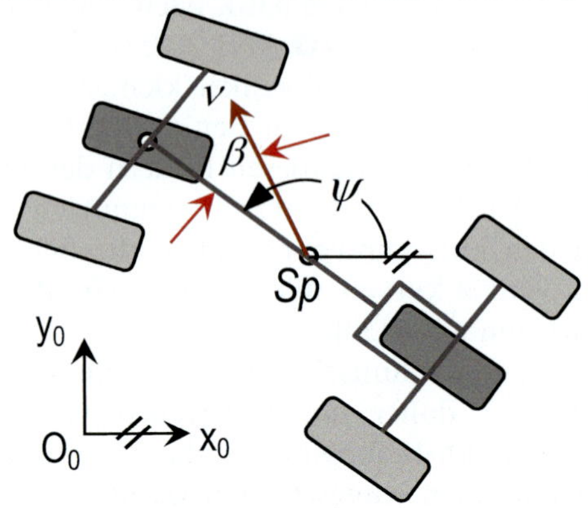

- Radaufstandspunkte sind achsweise in der Fahrzeugmitte zusammengefasst,
- Nur zwei Freiheitsgrade; Gierbewegung (ψ) und Schwimmbewegung (β).
- Querbeschleunigung weniger als 0,4 g.
- Fahrgeschwindigkeit v= *constant* (keine Beschleunigung in Fahrtrichtung).
- Keine Wankbewegung, keine Radlastdifferenzen innen und außen Räder.
- Keine Hub und Nickbewegungen, konstante Radlasten an beiden Achsen.
- Keine Lenk- und Schräglaufwinkel, lineare Reifenseitenkraftkennlinien.
- Keine Reifennachlaufe, Rückstellmomente infolge der Schräglaufwinkel.
- Keine Umgangskräfte an den Reifen.

◘ **Abb. 2.113** Annahmen für das Einspurmodell [41]

$\dot{\psi}$ – Giergeschwindigkeit (Winkelgeschwindigkeit des Fahrzeuges um die z-Achse),

$\dot{\beta}$ – Schwimmwinkelgeschwindigkeit (Winkeländerung zwischen Geschwindigkeitsvektor im Fahrzeugschwerpunkt und Fahrzeuglängsachse),

α – Schräglaufwinkel (Winkel zwischen dem Geschwindigkeitsvektor des betrachteten Reifens sowie seiner Längsachse),

δ – Lenkwinkel an der Vorderachse (Winkel Längsachse des Fahrzeugs zur Längsachse des Reifens).

Es wird grundsätzlich das fahrzeugfeste horizontierte Koordinatensystem nach

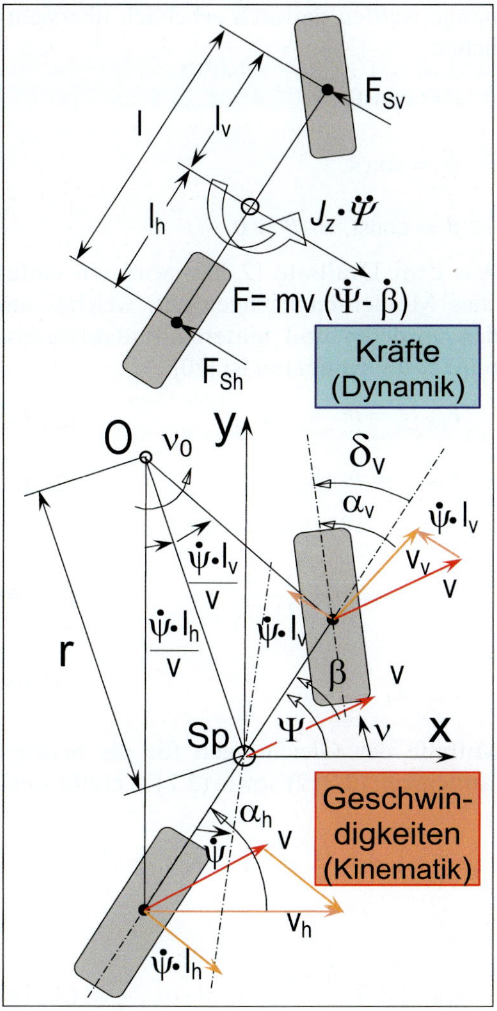

◘ Abb. 2.114 Geometrische Zusammenhänge Einspurmodell [20]

DIN70000 verwendet. In diesem System zeigt die x-Achse in Fahrzeugrichtung nach vorn, die y-Achse nach links sowie die z-Achse senkrecht von der Fahrbahn nach oben. Der Koordinatenursprung ist der Gesamtschwerpunkt des Fahrzeugs (s. ◘ Abb. 1.22). In der Literatur sowie in einigen einschlägigen Simulationsprogrammen werden auch andere Orientierungen verwendet, sodass hier beim Abgleich oder Vergleich das jeweilig verwendete Koordinatensystem beachtet werden muss.

Die o. g. Winkel zur Beschreibung der kinematischen Vorgänge unterliegen ebenfalls unterschiedlichen Definitionen in der Literatur, sodass auch hier darauf geachtet werden muss, welche Definition verwendet wird. In der vorliegenden Version des Einspurmodells wird die Definition gewählt, bei der bei schneller Kurvenfahrt nach links alle verwendeten Größen positiv sind. Eine solche schnelle Kurvenfahrt nach links ist in ◘ Abb. 2.114 zu sehen.

Wie dort zu erkennen ist, wird der Schräglaufwinkel ausgehend von seinem Geschwindigkeitsvektor bis zur Längsachse des Reifens (vertikale Querschnittsebene in Umfangsrichtung des Reifens) definiert.

Der Lenkwinkel wird ausgehend von der Fahrzeuglängsachse hin zur Längsachse des Reifens gemessen und hat eine positive Winkelorientierung gegen den Uhrzeigersinn. Die Bahnwinkelgeschwindigkeit $\dot{\nu}$sowie die Gierwinkelgeschwindigkeit $\dot{\psi}$ werden ebenfalls positiv gegen den Uhrzeigersinn gerichtet, sodass diese bei einer Linkskurve positive Werte aufweisen. Für den Schwimmwinkel gilt, dass dieser ausgehend von einer langsamen Kurvenfahrt ohne Querbeschleunigung und damit einhergehend auch ohne Reifenseitenkräfte hin zu einer schnellen Kurvenfahrt mit entstehenden Reifenseitenkräften einen Vorzeichenwechsel durchläuft. Dieses geschieht, weil der Kurvenmittelpunkt von der Hinterachslinie (s. Ackermann-Bedingung) in Fahrtrichtung nach vorn wandert. In dem Moment, in dem die Höhe des Schwerpunktes durchlaufen wird, findet der Vorzeichenwechsel statt. In der vorliegenden Definition wird der Schwimmwinkel nach dem Vorzeichenwechsel als.

positiv betrachtet. Der Schwimmwinkel wird ausgehend vom Geschwindigkeitsvektor hin zur Längsachse des Fahrzeugs gemessen und ist bei schneller Kurvenfahrt

2

(Linkskurve) positiv. Für die Reifenseitenkräfte gilt:

$$F_{\mathrm{sv}} = c_{\mathrm{sv}} \cdot \alpha_{\mathrm{v}} \quad (2.210)$$

$$F_{\mathrm{sh}} = c_{\mathrm{sh}} \cdot \alpha_{\mathrm{h}} \quad (2.211)$$

$c_{\text{s ist die}}$ resultierende Schräglaufsteife, die die Elastizitäten der Radaufhängung berücksichtigt [20]. Die Schräglaufwinkel können gemäß ◼ Abb. 2.114 formuliert werden:

$$\alpha_{\mathrm{v}} = \delta + \beta - \frac{l_{\mathrm{v}} \cdot \dot{\psi}}{v} \quad (2.212)$$

$$\alpha_{\mathrm{h}} = \beta + \frac{l_{\mathrm{h}} \cdot \dot{\psi}}{v} \quad (2.213)$$

mit

$\dot{\psi}$ – Gierwinkelgeschwindigkeit (Gierwinkel: Winkel zwischen Fahrzeuglängsachse und der *X*-Achse),

β – Schwimmwinkel (Winkel zwischen Fahrzeuglängsachse und dem Geschwindigkeitsvektor im Schwerpunkt),

α – Schräglaufwinkel am Rad (Winkel zwischen Geschwindigkeitsvektor im Radaufstandspunkt und der Radumfangsrichtung),

δ – Lenkwinkel am Rad (Winkel zwischen Radumfangsrichtung und der Fahrzeuglängsachse).

2.5.3.2 Einfache Fahrdynamikbetrachtungen

Mit den dargestellten Gleichungen des einfachen Einspurmodells lassen sich bereits erste Betrachtungen durchführen. Ein sehr einfaches Fahrmanöver ist die stationäre Kreisfahrt. Dabei wird ein Kreis mit einem vorgegebenen Radius mit konstanter Fahrgeschwindigkeit befahren. Dadurch ist die Gierwinkelgeschwindigkeit konstant und auch der Schwimmwinkel stellt sich konstant ein. Die mathematischen Zusammenhänge werden dadurch erheblich übersichtlicher.

$$v = \text{const.}$$

$$\dot{\psi} = \text{const.}$$

$$\beta = \text{const.} \Rightarrow \dot{\beta} = 0$$

Aus dem Drallsatz (2.208) wird ein einfaches Momentengleichgewicht, welches um den vorderen und hinteren Radaufstandspunkt zu formulieren ist [20].

$$F_{\mathrm{sv}} \cdot l = m \cdot a_{\mathrm{y}} \cdot l_{\mathrm{h}} \quad (2.214)$$

$$F_{\mathrm{sh}} \cdot l = m \cdot a_{\mathrm{y}} \cdot l_{\mathrm{v}} \quad (2.215)$$

Mit Gl. (2.210) sowie Gl. (2.211) erhält man:

$$c_{\mathrm{sv}} \cdot \alpha_{\mathrm{v}} = m \cdot a_{\mathrm{y}} \cdot \frac{l_{\mathrm{h}}}{l} \quad (2.216)$$

$$c_{\mathrm{sh}} \cdot \alpha_{\mathrm{h}} = m \cdot a_{\mathrm{y}} \cdot \frac{l_{\mathrm{v}}}{l} \quad (2.217)$$

Mithilfe der Gleichungen für die Schräglaufwinkel, (2.212) sowie (2.213) ergibt sich

$$c_{\mathrm{sv}} \cdot \left(\delta + \beta - \frac{l_{\mathrm{v}} \cdot \dot{\psi} \cdot}{v}\right) = m \cdot a_{\mathrm{y}} \cdot \frac{l_{\mathrm{h}}}{l} \quad (2.218)$$

$$c_{\mathrm{sh}} \cdot \left(\beta + \frac{l_{\mathrm{h}} \cdot \dot{\psi}}{v}\right) = m \cdot a_{\mathrm{y}} \cdot \frac{l_{\mathrm{v}}}{l} \quad (2.219)$$

Da die Schwimmwinkelgeschwindigkeit bei der stationären Kreisfahrt Null ist, entspricht die Gierwinkelgeschwindigkeit der Bahnwinkelgeschwindigkeit, siehe Gl. (2.209).

$$\dot{\psi} = \dot{\nu} = \frac{v}{r} \quad (2.220)$$

Setzt man die beiden Gleichungen (2.218) sowie (2.219) gleich, erhält man durch einfaches Umformen:

$$\delta = \frac{m}{l} \cdot a_\text{y} \cdot \left(\frac{l_\text{h}}{c_\text{sv}} - \frac{l_\text{v}}{c_\text{sh}} \right) + \frac{\dot{\psi}}{v} \cdot (l_\text{v} + l_\text{h}) \tag{2.221}$$

Mit Gl. (2.220) ergibt sich daraus die Bedingung für den Lenkwinkelbedarf bei einem bestimmten Fahrzustand bei der stationären Kreisfahrt [20].

$$\delta = \frac{l}{r} + \frac{m}{l} \cdot \left(\frac{l_\text{h}}{c_\text{sv}} - \frac{l_\text{v}}{c_\text{sh}} \right) \cdot a_\text{y} \tag{2.222}$$

Diese Gleichung gibt wesentliche Aussagen über den Lenkwinkelbedarf zum Befahren einer Kurve. Man erkennt, dass der Lenkwinkelbedarf immer aus einem stationären Anteil *l*/*r* besteht. Dieser Grundbedarfswinkel resultiert nur aus den geometrischen Daten des Fahrzeugs (Radstand *l*) sowie dem Kurvenradius *r*.

Dieser Winkel δ wird auch *„Ackermannwinkel"* genannt.

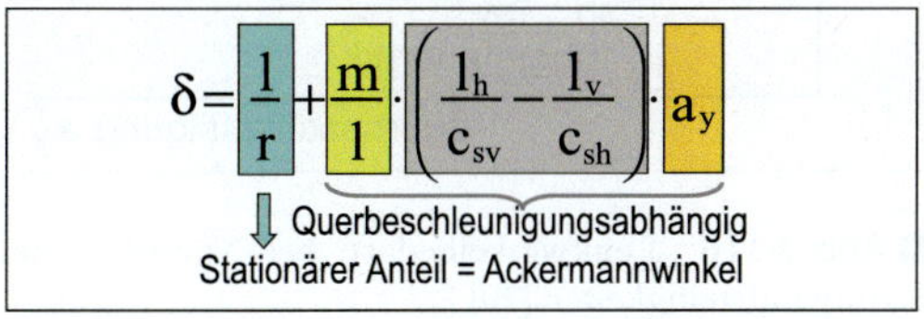

Darüberhinaus besteht Lenkwinkelbedarf aus einem Winkel, der linear von der Querbeschleunigung abhängt. Der Proportionalfaktor hängt ebenfalls von den Eigenschaften des Fahrzeugs ab, nämlich von der Gesamtmasse, dem Radstand, der Lage des Schwerpunkts sowie den effektiven Schräglaufsteifigkeiten an der Vorder- und Hinterachse. [20]. Der querbeschleunigungsabhängige Anteil kann sowohl negative als auch positive Werte annehmen, sodass der Lenkwinkelbedarf ausgehend vom stationären Ackermannwinkel unter Querbeschleunigung erhöht oder auch gesenkt werden kann.

Darauffolgende Zusammenhänge zeigt ◘ Tab. 2.10.

◘ Tab. 2.10 Einfluss von Schwerpunktlage und Schräglaufsteifigkeiten auf den Lenkwinkelbedarf

Lenkwinkelbedarf wird unter Querbeschleunigung …	Bedingung
vergrößert	$\frac{l_\text{h}}{c_\text{sv}} > \frac{l_\text{v}}{c_\text{sh}}$
verkleinert	$\frac{l_\text{h}}{c_\text{sv}} < \frac{l_\text{v}}{c_\text{sh}}$
nicht verändert	$\frac{l_\text{h}}{c_\text{sv}} = \frac{l_\text{v}}{c_\text{sh}}$

Diese hat einen wesentlichen Einfluss auf die Betrachtung der Fahrdynamik: Der Fahrer muss einen Lenkwinkel einstellen, der nicht nur von der Form der Kurve abhängt, sondern auch von der Querbeschleunigung.

Dafür verantwortlich ist, dass sich in der Regel an Vorder- und Hinterachse unterschiedliche Schräglaufwinkel einstellen. Für diese Betrachtung wird die sogenannte Schräglaufwinkeldifferenz eingeführt.

$$\Delta\alpha = \alpha_\text{v} - \alpha_\text{h} \tag{2.223}$$

Mithilfe der Gl. (2.212) und (2.213) ergibt sich

$$\begin{aligned}\Delta\alpha &= \left(\delta + \beta - \frac{l_\text{v} \cdot \dot{\psi}}{v} \right) - \left(\beta + \frac{l_\text{h} \cdot \dot{\psi}}{v} \right) \\ &= \delta - \frac{l_\text{v} \cdot \dot{\psi} + l_\text{h} \cdot \dot{\psi}}{v} = \delta - \frac{\dot{\psi} \cdot l}{v}\end{aligned} \tag{2.224}$$

Mit Gl. (2.220) ergibt sich eine Vereinfachung:

$$\Delta\alpha = \delta - \frac{l}{r} \tag{2.225}$$

Formt man die Gleichung (2.222) um, so erkennt man diese Schräglaufwinkeldifferenz wieder.

$$\Delta\alpha = \frac{m}{l} \cdot \left(\frac{l_\text{h}}{c_\text{sv}} - \frac{l_\text{v}}{c_\text{sh}} \right) \cdot a_\text{y} \tag{2.226}$$

In Kurzform gilt also für den Lenkwinkelbedarf bei Kurvenfahrt

2

$$\delta = \frac{l}{r} + \Delta\alpha \qquad (2.227)$$

Diese Gleichung zeigt, dass der Fahrer neben dem geometrischen Lenkwinkelbedarf einen Lenkwinkel zur Kurshaltung aufprägen muss, der die entstehende Schräglaufwinkeldifferenz $\Delta\alpha$ kompensiert.

Die Schräglaufwinkeldifferenz hängt von den Fahrzeug- und Reifenparametern ab und wird als „*Eigenlenkverhalten*“ bezeichnet [20]. Die Schräglaufwinkeldifferenz kann herangezogen werden, um das Lenkverhalten zu charakterisieren. Eine klassische Definition gibt es von *Olley* von 1934 (◘ Tab. 2.11) [20].

Mit dieser Definition wird der absolute Lenkwinkelverlauf betrachtet und nicht der Lenkwinkelgradient. Nach Olley benötigt der Fahrer zum Befahren eines Kreises bei einem untersteuernden Fahrzeug einen größeren Lenkwinkel als bei einem neutralen Fahrzeug (◘ Abb. 2.115).

Im ◘ Abb. 2.116 wird der Schwerpunkt exakt in die Mitte des Radstands gesetzt und die Schräglaufsteifigkeiten variiert. Es ist leicht zu erkennen, dass es zu einem untersteuernden Fahrzeugverhalten kommt, wenn die hintere effektive Schräglaufsteifigkeit höher ist als die vordere. Der vordere Schräglaufwinkel wird daher größer sein als der hintere.

◘ Tab. 2.11 Fahrzustandsbeurteilung nach Olley

Zustand	Bedingung
Übersteuern	$\Delta\alpha = \alpha_v - \alpha_h < 0$
Neutral	$\Delta\alpha = \alpha_v - \alpha_h = 0$
Untersteuern	$\Delta\alpha = \alpha_v - \alpha_h > 0$

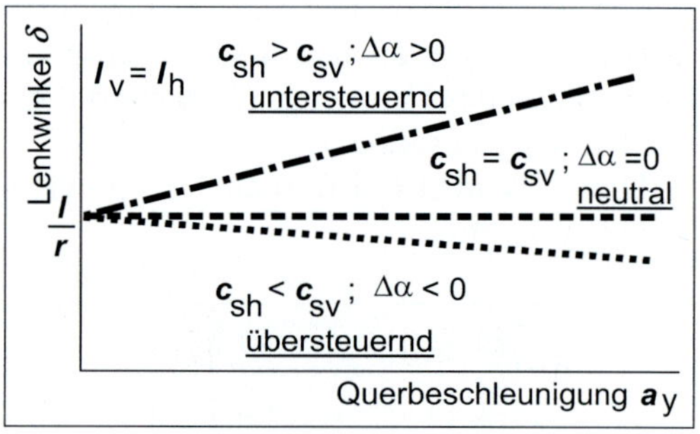

◘ Abb. 2.116 Lenkwinkelbedarf bei Variation der Schräglaufsteifigkeiten [20]

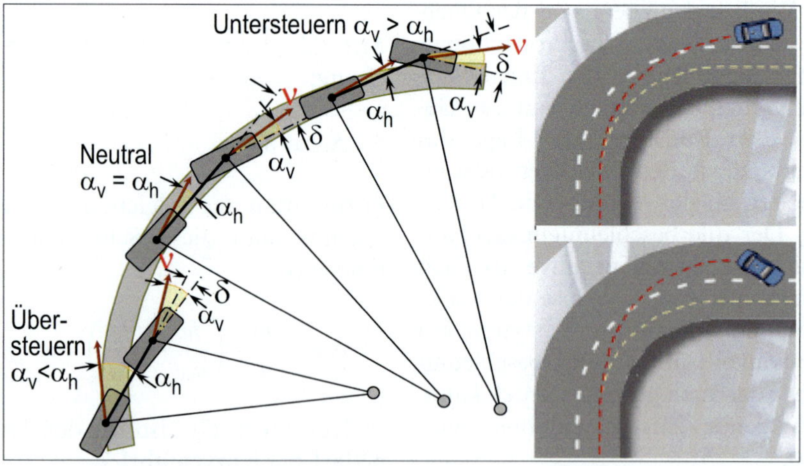

◘ Abb. 2.115 Illustration der Fahrzustandsbeurteilung nach Olley

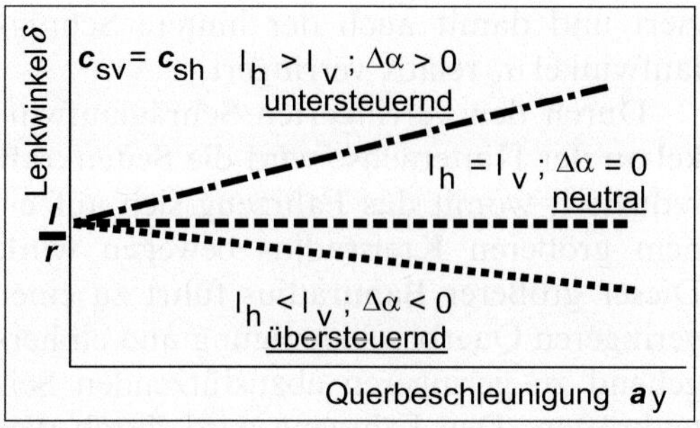

Abb. 2.117 Lenkwinkelbedarf bei Variation der Schwerpunktlage [20]

In **Abb. 2.117** wird eine gleiche Schräglaufsteifigkeit an der Vorder- und Hinterachse angenommen und die Schwerpunktlage variiert. Eine Verlagerung des Schwerpunktes nach vorn führt ebenfalls zu einem untersteuernden Fahrverhalten.

Wichtiger als die Absolutwerte der Schräglaufwinkeldifferenz und des Lenkwinkels ist für die Beurteilung des Eigenlenkverhaltens der augenblickliche Wert des Gradienten $d\delta / da_y$ beim Befahren einer Kurve.

Die Definition des Eigenlenkverhaltens nach Olley ist daher nur begrenzt sinnvoll und nur in Bereichen kleiner Querbeschleunigungen aussagekräftig.

Das Reifenverhalten zeigt vielmehr veränderte Schräglaufsteifigkeiten in den Bereichen hoher Seitenkräfte, die unter hohen Querbeschleunigungen erforderlich werden. Der lineare Zusammenhang zwischen der Schräglaufdifferenz und der Querbeschleunigung und damit auch zwischen dem erforderlichen Lenkwinkel und der Querbeschleunigung ist in diesen Bereichen nicht mehr gültig.

Bei einem von Haus aus übersteuernden Fahrzeug kann durch geeignete Maßnahmen ein untersteuerndes Verhalten erzielt werden. Bei höheren Querbeschleunigungen ändern sich aber insbesondere die in den jeweiligen Betriebspunkten der Reifen wirksamen Schräglaufsteifigkeiten. Dadurch geht der lineare Zusammenhang zwischen Schräglaufwinkeldifferenz und Querbeschleunigung bzw. erforderlichem Lenkwinkel und Querbeschleunigung verloren. Das Vorzeichen des Gradienten $d\delta / da_y$ stimmt nicht unbedingt mit dem Vorzeichen der Schräglaufwinkeldifferenz überein. Somit kann es auch in Bereichen, die nach Olley ein untersteuerndes Fahrverhalten anzeigen, zu lokal negativen Gradienten kommen, **Abb. 2.118** [20] (s. auch Abb.3–18).

Im Bereich des hier gezeigten Lenkwinkelmaximums kommt es relativ rasch zu einer Verminderung des notwendigen Lenkwinkels. Der Fahrer muss Lenkradwinkel zurücknehmen, sobald hier ein übersteuernder Fahrzustand herrscht. Diese Beurteilung nach *Bergmann* hat sich daher durchgesetzt (**Tab. 2.12**).

In Gl. (2.222) wird der Lenkwinkelbedarf in Abhängigkeit von Reifen- und Fahrzeugeigenschaften beschrieben. In differentieller Form gilt dieser auch unter Zugrundelegung nichtlinearer Reifeneigenschaften.

$$F_{sv} = \int_0^{\alpha_v} c_{sv}(\alpha) d\alpha \tag{2.228}$$

$$F_{sh} = \int_0^{\alpha_h} c_{sh}(\alpha) d\alpha \tag{2.229}$$

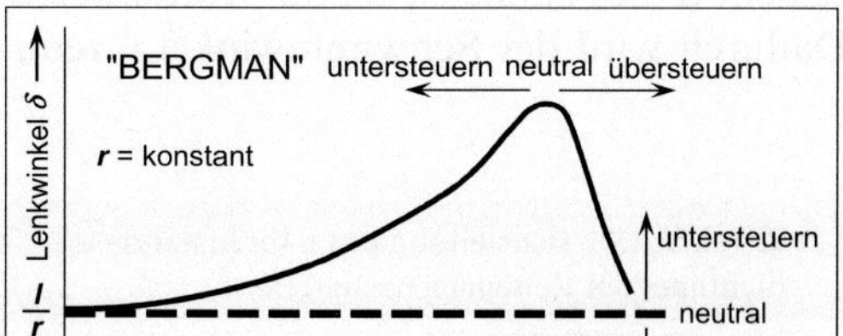

Abb. 2.118 Definition nach Bergmann [20]

2

■ Tab. 2.12 Fahrzustandbeurteilung nach Bergmann

Zustand	Bedingung
Übersteuern	$\mathrm{d}\delta/\mathrm{d}a_y < 0$
Neutral	$\mathrm{d}\delta/\mathrm{d}a_y = 0$
Untersteuern	$\mathrm{d}\delta/\mathrm{d}a_y > 0$

Eingesetzt ergibt sich die differentielle Form des Lenkwinkelbedarfs

$$\frac{\mathrm{d}\,\delta}{\mathrm{d}\,a_y} = \frac{m}{l} \cdot \left(\frac{l_h}{c_{sv}(\alpha_v)} - \frac{l_v}{c_{sh}(\alpha_h)} \right) \quad (2.230)$$

Damit lässt sich auch bei differentieller Betrachtung das Fahrverhalten beurteilen (■ Tab. 2.13).

2.5.3.3 Bewegungsvorgänge beim Über- und Untersteuern

Anhand der Zusammenhänge aus dem einfachen Einspurmodell können die Bewegungsvorgänge beim Unter- und Übersteuern erläutert werden.

Bei Kurvenfahrt entstehen Fliehkräfte, welche aus der Querbeschleunigung resultieren und über die Reifenseitenkräfte abgestützt werden müssen. An der Achse, an der zuerst die Kraftschlussgrenze erreicht wird, steigt der Schräglaufwinkel unkontrolliert an.

Bei einem untersteuernden Fahrzeug geschieht dieses zunächst an der Vorderachse. Dadurch wird der Schwimmwinkel β reduziert und damit auch der hintere Schräglaufwinkel α_h relativ verringert.

Durch den verringerten Schräglaufwinkel an der Hinterachse wird die Seitenkraft reduziert, womit das Fahrzeug sich auf einem größeren Kreisradius bewegen wird. Dieser größerer Bahnradius führt zu einer geringeren Querbeschleunigung und einhergehend zu geringeren abzustützenden Seitenkräften. Das Fahrzeug wird durch diesen Untersteuereffekt stabilisiert.

Anders verhält sich ein übersteuerndes Fahrzeug: Hier steigt der hintere Schräglaufwinkel bei Erreichen der Kraftschlussgrenze schnell an und erhöht dadurch den Schwimmwinkel β. Der vordere Schräglaufwinkel α_v wird in Folge relativ vergrößert und sorgt damit für eine Seitenkraftzunahme an der Vorderachse. Das Fahrzeug wird in einem kleineren Bahnradius bewegt und die Schleudertendenz wird drastisch erhöht. Es handelt, sich dabei im negativen Sinne um einen Selbstverstärkungseffekt, da bei gleichbleibender Geschwindigkeit die Querbeschleunigung mit sinkendem Bahnradius steigt. Das Fahrzeug kann nur dadurch stabilisiert werden, indem.

der Fahrer den Lenkwinkel zurücknimmt oder gar gegenlenkt. So würde das Fahrzeug wieder auf einen größeren und damit sicheren Bahnradius gebracht werden.

Viele Normalfahrer sind mit dieser Fahraufgabe leider überfordert, sodass hier die Motivation für die Entwicklung aktiver Stabilisierungssysteme liegt. Entsprechende aktive Brems- bzw. Lenksysteme sind seit einiger Zeit in Fahrzeugen enthalten und werden detailliert im ► Abschn. 15.6.1 beschrieben.

Das Fahrzeug im ■ Abb. 2.119 ist eindeutig im übersteuernden Bereich und rutsch in der Kurve nach außen. Der (Test-) Fahrer lenkt das Fahrzeug trotzdem zum Kurvenaußen hin, wie die Reifenstellung dies klar zeigt. Somit bleibt das Fahrzeug auf der Spur.

■ Tab. 2.13 Beurteilung des Fahrzustands mit nichtlinearen Reifeneigenschaften

Zustand	Bedingung
Übersteuern	$c_{sh}(\alpha_h) \cdot l_h < c_{sv}(\alpha_v) \cdot l_v$
Neutral	$c_{sh}(\alpha_h) \cdot l_h = c_{sv}(\alpha_v) \cdot l_v$
Untersteuern	$c_{sh}(\alpha_h) \cdot l_h > c_{sv}(\alpha_v) \cdot l_v$

Abb. 2.119 Fahrzeuglenkung in einer übersteuernden Situation

Um von vornherein den Fahrer bei der Erledigung seiner Stabilisierungsaufgabe zu entlasten, wird stets ein neutrales oder leicht untersteuerndes Eigenlenkverhalten in der Fahrzeugentwicklung angestrebt.

Zusammengefasst kann man sagen, dass ein Fahrzeug ein Eigenlenktendenz zum Übersteuern hat, wenn:
- der hinterer Schräglaufwinkel großer ist als vordere,
- die Schräglaufsteifigkeit hinten kleiner ist als vorne,
- der Schwerpunkt näher zur Vorderachse liegt,
- der hintere Stabilisator ist steifer als der vordere.

2.5.3.4 Erweitertes Einspurmodell mit Hinterradlenkung

Es hat in der Vergangenheit immer wieder Entwicklungen gegeben, auch die Hinterachse eines schnellen Kraftfahrzeuges lenkbar zu gestalten (s. ► Abschn. 8.7), weil die Hinterachslenkung in zweierlei Hinsicht helfen kann die Fahreigenschaften zu verbessern.

Der nahe liegende Grund ist die Verbesserung der Wendigkeit des Kraftfahrzeugs durch einen der Lenkrichtung entgegen gesetzten Hinterachslenkwinkel. Dadurch wird der minimale Wendekreis deutlich verkleinert, was gerade im Stadt- bzw. Parkierbetrieb für den Fahrer sehr entlastend ist.

Der zweite wichtige Aspekt hinsichtlich der Verbesserung der Fahreigenschaften betrifft die Fahrstabilität des Kraftfahrzeuges. Die erhöhte Stabilität wird bei höheren Geschwindigkeiten durch einen in Relation zum Vorderachslenkwinkel gleichsinnig gerichteten Hinterachslenkwinkel erreicht.

Durch einen solchen zusätzlichen Lenkwinkel ergeben sich im Gegensatz zum konventionell gelenkten Fahrzeug deutliche Unterschiede in den kinematischen Beziehungen. Wie **Abb. 2.120** zeigt, wird durch einen gleichsinnigen Lenkeinschlag der Momentanpol der Bewegung nach hinten verlagert.

Durch diese Verlagerung des Kurvenmittelpunktes nach hinten wird der Radstand scheinbar verlängert, wodurch die Fahrstabilität deutlich erhöht wird [42]. Durch das

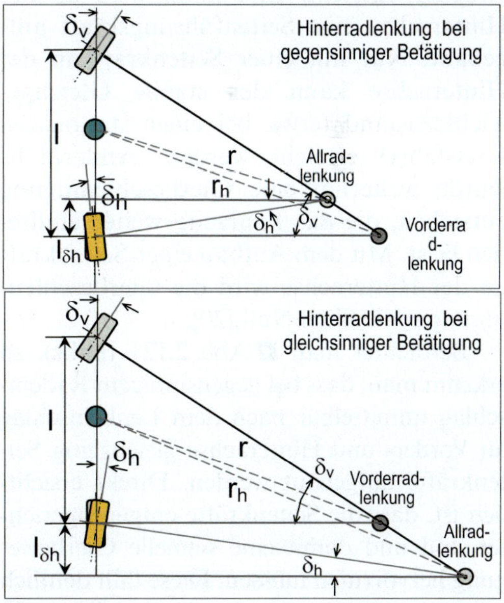

Abb. 2.120 Veränderung der Lage des Momentanpols bei gegensinnigem und gleichsinnigem Lenkeinschlag

gleichsinnige Lenken der Räder an Vorder-und Hinterachse kommt es bei einer Lenkbewegung zu einer deutlichen Giermomentabschwächung, da die entstehenden Schräglaufseitenkräfte an Vorder- und Hinterachse zwar in die gleiche Richtung zeigen, damit aber um den Schwerpunkt entgegen gesetzte Giermomente erzeugen.

Eine zusätzliche Hinterradlenkung hat den entscheidenden Vorteil, dass der Aufbau von Seitenkräften unmittelbar erfolgt und nicht wie bei einem normalgelenkten Fahrzeug erst bei einem Aufbau des Schwimmwinkels [20]. Physikalisch werden bei einer schnellen Lenkbewegung zunächst nur an der Vorderachse Seitenkräfte aufgebaut, während die Hinterachse zunächst an der Drehung des Fahrzeugs nicht beteiligt ist [20].

Das Fahrzeug beginnt dann mit einer überlagerten Quer- und Gierbewegung, sodass ein Schwimmwinkel und direkt einhergehend ein Schräglaufwinkel an der Hinterachse entsteht. Erst dann wird an der Hinterachse eine Seitenführungskraft aufgebaut. Nur mit einer Seitenkraft an der Hinterachse kann der stabile Gleichgewichtszustand (etwa bei einer stationären Kreisfahrt) erreicht werden. Andernfalls würde weiterhin eine Gierbeschleunigung entstehen, die das Fahrzeug weiter eindrehen lässt. Mit dem Aufbau einer Seitenkraft an der Hinterachse wird die Gierbeschleunigung schließlich Null [20].

Betrachtet man ◘ Abb. 2.121 (links), so erkennt man, dass bei gegensinnigem Radeinschlag unmittelbar nach dem Lenkeinschlag an Vorder- und Hinterachse gleichzeitig Seitenkräfte aufgebaut werden. Direkt ersichtlich ist, dass die Seitenkräfte entgegengerichtet sind und damit eine schnelle Gierbewegung hervorrufen müssen. Diese fällt deutlich höher aus als bei einem konventionell gelenkten Fahrzeug (◘ Abb. 2.121, Mitte).

Die resultierende Querbeschleunigung ist zunächst allerdings geringer, da die Kräfte entgegengerichtet sind. Eine solche

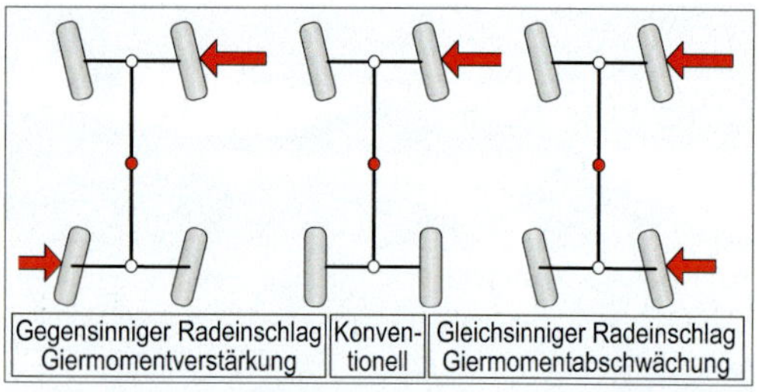

◘ **Abb. 2.121** Seitenkraftaufbau unmittelbar nach einem schnellen Lenkeinschlag [43]

Strategie zum Einsatz einer Hinterradlenkung würde bei Geschwindigkeiten oberhalb des Wende- und Parkierbereichs und insbesondere bei hohen Fahrgeschwindigkeiten zu sehr hohen Überschwingern in der Giergeschwindigkeit des Fahrzeugs bei gleichzeitig nur verzögertem Querbeschleunigungsaufbau führen [20].

Im Sinne der Fahrstabilität ist insbesondere bei höheren Fahrgeschwindigkeiten die Strategie des gleichsinnigen Lenkeinschlags die wesentlich bessere Variante. Dabei werden an der Vorder- und Hinterachse gleichzeitig Seitenkräfte in gleichgesetzter Richtung erzeugt, die für einen schnellen Anstieg der Querbeschleunigung sorgen (◘ Abb. 2.121, rechts). Die Giergeschwindigkeit wird dagegen nur langsam aufgebaut und die Überschwinger werden deutlich geringer ausfallen als bei einem konventionellen Fahrzeug.

Mit einer Hinterachslenkung ändern sich auch die Gleichungen des einfachen Einspurmodells. Zusätzlich zum vorderen Lenkwinkel wird ein hinterer Lenkwinkel eingeführt. Analog zu den Gleichungen aus ► Abschn. 2.5.3.1 wird auch in diesem Fall der Schwerpunktsatz und Drallsatz für das Einspurmodell aufgestellt.

Das erweiterte lineare Einspurmodell hat die gleichen Annahmen wie das einfache Einspurmodell (Schwerpunkthöhe Null, achsweise zusammengefasste Kräfte, linear angenommene Schräglaufsteifigkeit) und wird um den hinteren Lenkwinkel erweitert (◘ Abb. 2.122).

Es gelten selbstverständlich die grundsätzlichen Zusammenhänge aus den Gl. 2.206 ff. Die Seitenkraft durch Schräglauf wird linear angenommen:

$$F_\alpha = c_\alpha \cdot \alpha \tag{2.231}$$

Aus Newtonscher Bewegungsgleichung und Drallsatz ergeben sich:

$$\theta \cdot \ddot{\psi} = F_{\text{sv}} \cdot l_\text{v} - F_{\text{sh}} \cdot l_\text{h} \tag{2.232}$$

$$\theta \cdot \ddot{\psi} = F_{\text{sv}} \cdot l_\text{v} - F_{\text{sh}} \cdot l_\text{h} \tag{2.233}$$

Während die geometrischen und kinematischen Zusammenhänge an der Vorderachse sich nicht vom einfachen Einspurmodell unterscheiden (s. Gl. (2.212))

$$\alpha_\text{v} = \delta_\text{v} + \beta - \frac{l_\text{v} \cdot \dot{\psi}}{v} \tag{2.234}$$

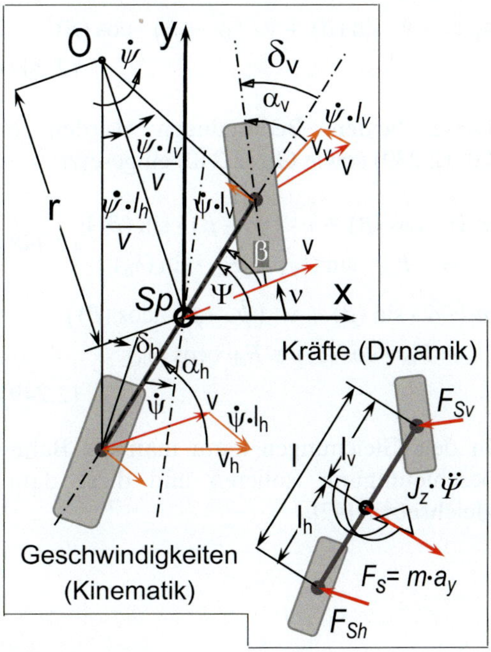

◘ **Abb. 2.122** Lineares Einspurmodell mit Hinterradlenkung [42]

wird die Gleichung für die Hinterachse (Gl. (2.213)) um einen zusätzlichen Lenkwinkel erweitert:

$$\alpha_\text{h} = \delta_\text{h} + \beta + \frac{l_\text{h} \cdot \dot{\psi}}{v} \tag{2.235}$$

Für die Fliehkraft gilt der Zusammenhang aus Gl. (2.209):

$$m \cdot a_\text{y} = m \cdot \frac{v^2}{r} = m \cdot \frac{v}{r} \cdot \dot{v} \cdot r = m \cdot v \cdot (\dot{\psi} - \dot{\beta}) \tag{2.236}$$

Setzt man die Gl. (2.284) und (2.235) unter Verwendung von Gl. (2.236) in die Newtonsche Bewegungsgleichung (Gl. (2.232)) ein, so ergibt sich eine Differentialgleichung für den Schwimmwinkel:

$$\dot{\beta} = \left(-\frac{c_{\text{sv}} + c_{\text{sh}}}{m \cdot v}\right) \cdot \beta + \left(1 - \frac{c_{\text{sh}} \cdot l_\text{h} - c_{\text{sv}} \cdot l_\text{v}}{m \cdot v^2}\right) \cdot \dot{\psi} - \left(\frac{c_{\text{sv}}}{m \cdot v}\right) \cdot \delta_\text{v} - \left(\frac{c_{\text{sh}}}{m \cdot v}\right) \cdot \delta_\text{h} \tag{2.237}$$

Setzt man die gleichen Bedingungen in den Drallsatz nach Gl. (2.233) ein, so entsteht eine weitere Differentialgleichung für die Gierwinkelbeschleunigung.

$$\ddot{\psi} = \left(-\frac{c_{\text{sv}} \cdot l_\text{v}^2 + c_{\text{sh}} \cdot l_\text{h}^2}{\theta \cdot v}\right) \cdot \dot{\psi} + \left(\frac{c_{\text{sv}} \cdot l_\text{v} - c_{\text{sh}} \cdot l_\text{h}}{\theta}\right) \cdot \beta + \left(\frac{c_{\text{sv}} \cdot l_\text{v}}{\theta}\right) \cdot \delta_\text{v} - \left(\frac{c_{\text{sh}} \cdot l_\text{h}}{\theta}\right) \cdot \delta_\text{h} \tag{2.238}$$

Diese beiden Zusammenhänge dienen dazu, den Schwimmwinkel sowie die Gierwinkelgeschwindigkeit zu berechnen, wenn Lenkwinkel, Fahrgeschwindigkeit und die genannten Fahrzeug- und Reifenparameter bekannt sind [42].

2.5.3.5 Nichtlineares Einspurmodell

Bisher wurden linearisierte Einspurmodelle dargestellt. Es wurde angenommen, dass nur kleine Winkel auftreten, sodass einige trigonometrische Vereinfachungen getroffen werden konnten.

Falls die Situationen betrachtet werden, bei denen Schwimmwinkel größer als

10° auftreten können, so ist diese linearisierte Darstellung nicht mehr ausreichend genau [42]. Weiterhin werden bei in diesen Schwimmwinkelbereichen sicherlich Schräglauf winkel größer als 3–4° erreicht, sodass die Linearisierung der Schräglaufsteifigkeiten ebenfalls den zulässigen Bereich verlässt. Daher werden nun die nichtlinearen Zusammenhänge im Einspurmodell dargestellt.

Bisher wurden die Reifenseitenkräfte jeweils orthogonal zur Fahrzeuglängsachse angesetzt, In der Realität greifen diese jedoch senkrecht zur Radlängsachse an, sodass diese in den jeweiligen Newtonschen Bewegungsgleichungen winkelkorrigiert eingehen. Daher wird erneut das ◘ Abb. 2.109 verwendet, in dem die Reifenseitenkräfte bereits mit dem jeweiligen Radlenkwinkel versehen sind. Dadurch entstehen im Gegensatz zu den linearisierten Einspurmodellgleichungen Kraftanteile in Längsrichtung, welche in diesem Fall als Verzörung auf den Schwerpunkt wirken [42].

$$m \cdot a_\mathrm{x} = -F_\mathrm{sv} \cdot \sin(\delta_\mathrm{v}) - F_\mathrm{sh} \cdot \sin(\delta_\mathrm{h}) \tag{2.239}$$

Die schon aus den Gl. (2.207) und (2.232) bekannte Bewegungsgleichung in lateraler Richtung wird durch die Winkelfunktionen entsprechend erweitert.

$$m \cdot a_\mathrm{y} = F_\mathrm{sv} \cdot \cos(\delta_\mathrm{v}) + F_\mathrm{sh} \cdot \cos(\delta_\mathrm{h}) \tag{2.240}$$

Die Beschleunigung eines Massepunktes in der Ebene wird mit einer Tangential- und einer Normalkomponente dargestellt [44]

$$\vec{a} = \dot{v} \cdot \vec{e}_\mathrm{t} + \frac{v^2}{r} \cdot \vec{e}_\mathrm{n} \tag{2.241}$$

In einem Fahrzustand gemäß ◘ Abb. 2.122 mit der entsprechenden Definition für die Winkelrichtung des Schwimmwinkels ergeben sich dabei die folgenden Tangential- und Normalkomponenten [44]:

$$\vec{e}_\mathrm{t} = \begin{pmatrix} \cos(\beta) \\ -\sin(\beta) \end{pmatrix} \tag{2.242}$$

$$\vec{e}_\mathrm{n} = \begin{pmatrix} \sin(\beta) \\ \cos(\beta) \end{pmatrix} \tag{2.243}$$

Damit ergeben sich folgende Beschleunigungskomponenten in x- und y-Richtung des Fahrzeugs

$$a_\mathrm{x} = \dot{v} \cdot \cos(\beta) + \frac{v^2}{r} \cdot \sin(\beta) \tag{2.244}$$

$$a_\mathrm{y} = -\dot{v} \cdot \sin(\beta) + \frac{v^2}{r} \cdot \cos(\beta) \tag{2.245}$$

Es werden erneut die Zusammenhänge aus Gl. (2.209) verwendet.

$$a_\mathrm{x} = \dot{v} \cdot \cos(\beta) + v \cdot \left(\dot{\psi} - \dot{\beta}\right) \cdot \sin(\beta) \tag{2.246}$$

$$a_\mathrm{y} = -\dot{v} \cdot \sin(\beta) + v \cdot \left(\dot{\psi} - \dot{\beta}\right) \cdot \cos(\beta) \tag{2.247}$$

Diese beiden Bedingungen werden in Gl. (2.239) sowie Gl. (2.240) eingesetzt:

$$\begin{aligned} m \cdot \left(\dot{v} \cdot \cos(\beta) + v \cdot \left(\dot{\psi} - \dot{\beta}\right) \cdot \sin(\beta)\right) \\ = -F_\mathrm{sv} \cdot \sin(\delta_\mathrm{v}) - F_\mathrm{sh} \cdot \sin(\delta_\mathrm{h}) \end{aligned} \tag{2.248}$$

$$\begin{aligned} m \cdot \left(-\dot{v} \cdot \sin(\beta) + v \cdot \left(\dot{\psi} - \dot{\beta}\right) \cdot \cos(\beta)\right) \\ = F_\mathrm{sv} \cdot \cos(\delta_\mathrm{v}) + F_\mathrm{sh} \cdot \cos(\delta_\mathrm{h}) \end{aligned} \tag{2.249}$$

In den Gleichungen kann man die Bahnbeschleunigung isolieren und diese dann gleichsetzen [42].

$$\frac{F_{sv}\cdot\cos(\delta_v)+F_{sh}\cdot\cos(\delta_h)}{m\cdot\sin(\beta)} - \frac{F_{sv}\cdot\sin(\delta_v)+F_{sh}\cdot\sin(\delta_h)}{m\cdot\cos(\beta)} = v\cdot\left(\dot{\psi}-\dot{\beta}\right)\cdot\left[\frac{\cos(\beta)}{\sin(\beta)}+\frac{\sin(\beta)}{\cos(\beta)}\right] \quad (2.250)$$

Mit den Additionstheorem

$$\sin^2(\beta)+\cos^2(\beta)=1 \quad (2.251)$$

sowie Erweiterung des ersten Terms gilt

$$\frac{[F_{sv}\cdot\cos(\delta_v)+F_{sh}\cdot\cos(\delta_h)]\cdot\cos(\beta)}{m\cdot\sin(\beta)\cdot\cos(\beta)} - \frac{[F_{sv}\cdot\sin(\delta_v)+F_{sh}\cdot\sin(\delta_h)]\cdot\sin(\beta)}{m\cdot\sin(\beta)\cdot\cos(\beta)} = \frac{v\cdot\left(\dot{\psi}-\dot{\beta}\right)}{\sin(\beta)\cdot\cos(\beta)} \quad (2.252)$$

$$\Leftrightarrow \frac{F_{sv}\cdot[\cos(\delta_v)\cdot\cos(\beta)-\sin(\delta_v)\cdot\sin(\beta)]}{m\cdot\sin(\beta)\cdot\cos(\beta)} + \frac{F_{sh}\cdot[\cos(\delta_h)\cdot\cos(\beta)-\sin(\delta_h)\cdot\sin(\beta)]}{m\cdot\sin(\beta)\cdot\cos(\beta)} = \frac{v\cdot\left(\dot{\psi}-\dot{\beta}\right)}{\sin(\beta)\cdot\cos(\beta)} \quad (2.253)$$

Mit einem weiteren Additionstheorem

$$\cos(\alpha+\beta)=\cos(\alpha)\cdot\cos(\beta)-\sin(\alpha)\cdot\sin(\beta) \quad (2.254)$$

Ergibt sich hieraus für den Schwimmwinkel:

$$\dot{\beta}=\dot{\psi}-\frac{1}{m\cdot v}\cdot\left[F_{sv}\cdot\cos(\delta_v+\beta)+F_{sh}\cdot\cos(\delta_h+\beta)\right] \quad (2.255)$$

Der bisherige, linearisierte Drallsatz aus Gl. (2.233) wird unter der Berücksichtigung der Lenkwinkel an Vorder- und Hinterachse zu:

$$\theta\cdot\ddot{\psi}=F_{sv}\cdot l_v\cdot\cos(\delta_v) - F_{sh}\cdot l_h\cdot\cos(\delta_h) \quad (2.256)$$

Werden nun die Winkelzusammenhänge aus den Gl. (2.234) und (2.235) in diese beiden Gl. (2.255) sowie (2.256) eingesetzt, so entstehen die beiden Differentialgleichungen für die Schwimmwinkelgeschwindigkeit sowie für die Gierwinkelbeschleunigung.

$$\dot{\beta}=\dot{\psi}-\frac{1}{m\cdot v}\cdot\left[c_{sv}\cdot\left(\delta_v+\beta-\frac{l_v\cdot\dot{\psi}}{v}\right)\cdot\cos(\delta_v+\beta) + c_{sh}\cdot\left(\delta_h+\beta+\frac{l_h\cdot\dot{\psi}}{v}\right)\cdot\cos(\delta_h+\beta)\right] \quad (2.257)$$

$$\ddot{\psi}=\frac{1}{\theta}\left[c_{sv}\cdot\left(\delta_v+\beta-\frac{l_v\cdot\dot{\psi}}{v}\right)\cdot l_v\cdot\cos(\delta_v) - c_{sh}\cdot\left(\delta_h+\beta+\frac{l_h\cdot\dot{\psi}}{v}\right)\cdot l_h\cdot\cos(\delta_h)\right] \quad (2.258)$$

Diese Bewegungsgleichungen beschreiben die Zusammenhänge zwischen den verschiedenen Bewegungsgrößen eines nicht-linearen Einspurmodells und der Fahrzeug- und Reifenparameter.

2.5.3.6 Instationäre Betrachtungen des einfachen Einspurmodells

Die bisherigen Betrachtungen zum Einspurmodell beziehen sich nur auf den stationären Fahrzustand, z. B. für eine stationäre Kreisfahrt. Um auch instationäre Fahrzustände beschreiben und analysieren zu können, werden die Gleichungen des einfachen Einspurmodells herangezogen und schrittweise für die instationäre Betrachtung verwendet. Diese werden z. B. für die Analyse des Über gangsverhaltens angewendet. Um die Bewegungsgleichungen nach Newton und Euler vollständig zu notieren, werden die Gl. (2.209), (2.210) sowie (2.211) herangezogen und in (2.207) und (2.208) eingesetzt. Es werden dabei die Schräglaufwinkeldefinitionen aus den Gl. (2.234) und (2.235) verwendet, die einen zusätzlichen hinteren Lenkwinkel bereits beinhalten. Falls das instationäre Fahrverhal-

2

ten eines konventionellen Fahrzeugs ohne Hinterachslenkung betrachtet werden soll, sind die entsprechenden Terme zu Null zu setzen.

$$m \cdot v \cdot \left(\dot{\psi} - \dot{\beta}\right) = c_{sv} \cdot \left(\delta_v + \beta - \frac{l_v}{v} \cdot \dot{\psi}\right) + c_{sh} \cdot \left(\delta_h + \beta + \frac{l_h}{v} \cdot \dot{\psi}\right) \tag{2.259}$$

$$\theta_Z \cdot \ddot{\psi} = c_{sv} \cdot \left(\delta_v + \beta - \frac{l_v}{v} \cdot \dot{\psi}\right) \cdot l_v - c_{sh} \cdot \left(\delta_h + \beta + \frac{l_h}{v} \cdot \dot{\psi}\right) \cdot l_h \tag{2.260}$$

Aus der Newtonschen Bewegungsgleichung (2.259) kann eine Beziehung für die Gierrate isoliert werden.

$$m \cdot v \cdot \dot{\psi} - m \cdot v \cdot \dot{\beta} = \beta \cdot (c_{sv} + c_{sh}) + c_{sv} \cdot \delta_v + c_{sh} \cdot \delta_h + \dot{\psi} \cdot \left(c_{sh} \cdot \frac{l_h}{v} - c_{sv} \cdot \frac{l_v}{v}\right) \tag{2.261}$$

$$\Leftrightarrow \dot{\psi} = \frac{m \cdot v \cdot \dot{\beta} + (c_{sv} + c_{sh}) \cdot \beta + c_{sv} \cdot \delta_v + c_{sh} \cdot \delta_h}{m \cdot v + c_{sv} \cdot \frac{l_v}{v} - c_{sh} \cdot \frac{l_h}{v}} \tag{2.262}$$

Um diese Gleichung zu differenzieren, gilt die Voraussetzung, dass die Geschwindigkeit konstant ist [20].

$$\ddot{\psi} = \frac{m \cdot v \cdot \ddot{\beta} + (c_{sv} + c_{sh}) \cdot \dot{\beta} + c_{sv} \cdot \dot{\delta}_v + c_{sh} \cdot \dot{\delta}_h}{m \cdot v + c_{sv} \cdot \frac{l_v}{v} - c_{sh} \cdot \frac{l_h}{v}} \tag{2.263}$$

Mit diesen Beziehungen für die Gierwinkelgeschwindigkeit und Gierwinkelbeschleunigung kann der Drallsatz aus Gl. (2.260) erweitert werden.

Es wird folgende Vereinbarung zur mathematischen Vereinfachung der Umformung getroffen

$$A := m \cdot v + c_{sv} \cdot \frac{l_v}{v} - c_{sh} \cdot \frac{l_h}{v} \tag{2.264}$$

Damit ergibt sich eine Differentialgleichung für den Schwimmwinkel β:

$$\begin{aligned}\Leftrightarrow \ddot{\beta} &+ \left[\frac{c_{sv} + c_{sh}}{m \cdot v} + \frac{c_{sv} \cdot l_v^2 + c_{sh} \cdot l_h^2}{\theta \cdot v}\right] \cdot \dot{\beta} \\ &+ \left[\frac{c_{sh} \cdot l_h - c_{sv} \cdot l_v}{\theta} + \frac{c_{sv} \cdot c_{sh} \cdot l^2}{\theta \cdot m \cdot v^2}\right] \cdot \beta \\ &= [-c_{sv} \cdot \theta] \cdot \dot{\delta}_v + [-c_{sh} \cdot \theta] \cdot \dot{\delta}_h \\ &+ \left[\frac{c_{sv} \cdot l_v}{\theta} - \frac{c_{sv} \cdot c_{sh} \cdot l \cdot l_h}{\theta \cdot m \cdot v^2}\right] \cdot \delta_v \\ &- \left[\frac{c_{sh} \cdot l_h}{\theta} + \frac{c_{sv} \cdot c_{sh} \cdot l \cdot l_v}{\theta \cdot m \cdot v^2}\right] \cdot \delta_h\end{aligned} \tag{2.265}$$

Damit ist für den Schwimmwinkel β eine inhomogene Differentialgleichung DGL 2. Ordnung entstanden [20] Der inhomogene (rechte) Teil der Gleichung besteht aus den Radlenkwinkeln sowie den Radlenkwinkelgeschwindigkeiten an Vorder- und Hinterachse. Diese werden als Störgrößen betrachtet. Reale Störgrößen wie Bodenunebenheiten sowie Seitenwind sind hier nicht berücksichtigt. Setzt man den Radlenkwinkel sowie die Radlenkwinkelgeschwindigkeit der Hinterachse zu Null, so erhält man die entsprechende DGL 2. Ordnung für ein konventionelles Einspurmodell [20].

Betrachtet wird nun der homogene Teil dieser DGL.

$$\ddot{\beta} + \underbrace{\left[\frac{c_{sv} + c_{sh}}{m \cdot v} + \frac{c_{sv} \cdot l_v^2 + c_{sh} \cdot l_h^2}{\theta \cdot v}\right]}_{=:P} \cdot \dot{\beta} + \underbrace{\left[\frac{c_{sh} \cdot l_h - c_{sv} \cdot l_v}{\theta} + \frac{c_{sv} \cdot c_{sh} \cdot l^2}{\theta \cdot m \cdot v^2}\right]}_{=:Q} \cdot \beta = 0 \tag{2.266}$$

Zur Vereinfachung werden die Definitionen P und Q eingeführt.

$$\Rightarrow \ddot{\beta} + P \cdot \dot{\beta} + Q \cdot \beta = 0 \tag{2.267}$$

Der homogene Teil der DGL hat die Form einer gewöhnlichen gedämpften Schwingungsgleichung

$$\ddot{\beta} + 2\sigma \cdot \dot{\beta} + \omega_e^2 \cdot \beta = 0 \qquad (2.268)$$

mit der Abklingkonstanten σ und der ungedämpften Eigenkreisfrequenz ω_e. Das bedeutet, dass das Fahrzeug in der Horizontalebene Schwingungen ausführen kann, die gedämpft sind.

Durch Koeffizientenvergleich von Gl. (2.266) mit Gl. (2.268) ergibt sich für die ungedämpfte Eigenkreisfrequenz des Systems:

$$\omega_e = \sqrt{\frac{c_{sh} \cdot l_h - c_{sv} \cdot l_v}{\theta} + \frac{c_{sv} \cdot c_{sh} \cdot l^2}{\theta \cdot m \cdot v^2}} \qquad (2.269)$$

Für das Dämpfungsmaß D einer allgemeinen Schwingungsgleichung gilt:

$$D = \frac{\sigma}{\omega_e} \qquad (2.270)$$

$$D = \frac{1}{2\omega_e} \cdot \left[\frac{c_{sv} + c_{sh}}{m \cdot v} + \frac{c_{sv} \cdot l_v^2 + c_{sh} \cdot l_h^2}{\theta \cdot v} \right] \qquad (2.271)$$

Der Vollständigkeit halber kann auch die gedämpfte Eigenkreisfrequenz dargestellt werden.

$$\omega_{em.D} = \omega_e \cdot \sqrt{1 - D^2} \qquad (2.272)$$

Das Dämpungsmaß und die Eigenkreisfrequenz wurden aus der Differentialgleichung für den Schwimmwinkel ermittelt. Dennoch spricht man in diesem Fall von Giereigenfrequenz und Gierdämpfungsmaß [20].

Da sowohl der Gierwinkel als auch der Schwimmwinkel einen Winkel um die Hochachse des Fahrzeuges beschreiben und die Gierbeschleunigung unter Vernachlässigung der Bahnbeschleunigung gleich der Schwimmwinkelbeschleunigung (Gl. (2.273)) ist, kann in die DGL für den Schwimmwinkel (Gl. (2.265), der Schwimmwinkel durch den Gierwinkel ersetzt werden. Der homogene Teil der DGL, aus dem das Dämpfungsmaß und die ungedämpfte Eigenkreisfrequenz gewonnen werden, ist dann vollkommen identisch zu Gl. (2.266). Eine Schwingung um die Hochachse kann für den Schwimmwinkel und den Gierwinkel nur eine gemeinsame Eigenkreisfrequenz und ein gemeinsames Dämpfungsmaß haben.

$$\nu = \psi - \beta \quad \Rightarrow \quad \ddot{\psi} = \ddot{\beta} \text{mit} \ddot{\nu} \approx 0 \qquad (2.273)$$

Anhand der Zusammenhänge aus der Differentialgleichung für den Schwimmwinkel und von Giereigenfrequenz sowie Gierdämpfung lassen sich interessante Analysen des instationären Fahrverhaltens ableiten. Dazu wird eine Simulation von drei verschiedenen Fahrzeugkonfigurationen durchgeführt. Für ein Standardfahrzeug werden drei verschiedene hintere Schräglaufsteifigkeiten verwendet. Es wurden die Fahrzeugdaten aus ◘ Tab. 2.14 verwendet.

Die unterschiedlichen Schräglaufsteifigkeiten für die Hinterachse werden so gewählt, dass nach der stationären Fahrzustandsbetrachtung nach Olley Untersteuern und Übersteuern vorkommen (◘ Tab. 2.15).

Damit ergeben sich für diese drei Varianten Giereigenfrequenz und Gierdämpfung gemäß den Diagrammen in den ◘ Abb. 2.123 und 2.124.

Es ist zu erkennen, dass für das übersteuernde Fahrzeug bei einer bestimmten Fahrgeschwindigkeit die ungedämpfte Giereigenfrequenz gegen Null geht. Einhergehend fällt die Gierdämpfung ebenfalls auf Null ab. Diese Fahrgeschwindigkeit wird auch als *kritische Fahrgeschwindigkeit* v_{krit} bezeichnet. Schwingungstechnisch bedeutet dies, dass das Fahrzeug ab dieser Geschwindigkeit eine ungedämpfte Schwingung auf eine Gieranregung ausführt. Die Gierbewegung kann also nicht mehr abklingen. Das Fahrzeug beginnt zu schleudern und ist nicht mehr kursstabil.

2

Tab. 2.14 Verwendete Fahrzeuggrößen [20]

Radstand	$l = 2{,}5$ **m**
Schwerpunktabstand vorn	$l_v = 1{,}3$ m
Schwerpunktabstand hinten	$l_h = 1{,}2$ m
Fahrzeugmasse	$m = 1300$ kg
Trägheitsmoment um z-Achse	$\Theta_z = 1960$ kgm^2
Schräglaufsteifigkeit vorn	$c_{sv} = 30.000$ N/rad

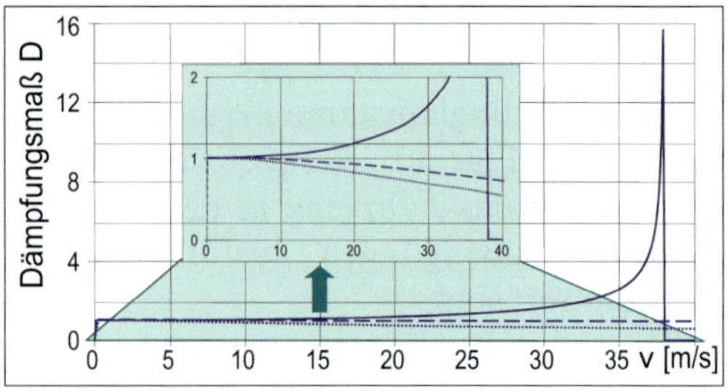

Abb. 2.124 Gierdämpfung als Funktion der Fahrgeschwindigkeit [20]

Tab. 2.15 Variable Schräglaufsteifigkeit hinten

$c_{sh} = 30.000$ N/rad	$c_{sh} \cdot l_h < c_{sv} \cdot l_v^2$	über-steuern
$c_{sh} = 35.000$ N/rad	$c_{sh} \cdot l_h > c_{sv} \cdot l_v^2$	unter-steuern
$c_{sh} = 40.000$ N/rad	$c_{sh} \cdot l_h > c_{sv} \cdot l_v^2$	unter-steuern

Für die beiden dargestellten untersteuernden Fahrzeugvarianten gilt, dass die Gierdämpfung bei steigender Fahrgeschwindigkeit abnimmt, aber nicht gegen Null geht. Somit werden eingeleitete Gierbewegungen stets bedämpft.

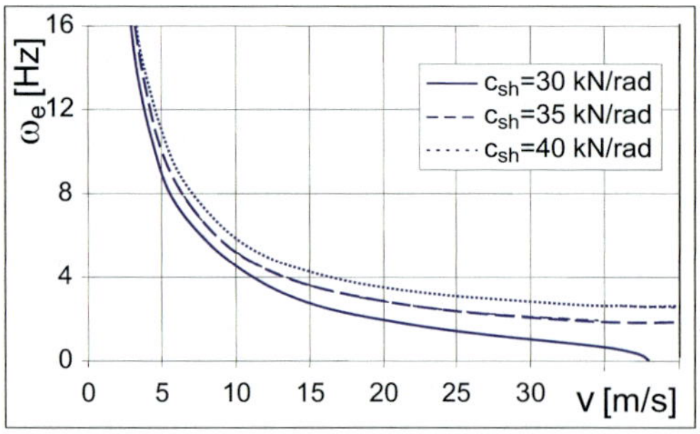

Abb. 2.123 Giereigenfrequenz als Funktion der Fahrgeschwindigkeit [20]

Eine kritische Fahrgeschwindigkeit existiert für das untersteuernd ausgelegte Fahrzeug nicht.

Dementsprechend ist hier ein weiterer Grund gegeben, Fahrzeuge durch eine geschickte Wahl der Fahrzeugparameter untersteuernd auszulegen.

Allerdings können auch bei grundsätzlich untersteuernd ausgelegten Fahrzeugen Fahrsituationen entstehen, in denen es zu einem dynamischen Übersteuern kommen kann. Dies ist dann der Fall, wenn der Reifen durch Radlastverlagerungen (z. B. Lastwechsel) oder die Überlagerung von Längs- und Querkräften einer hohen Kraftschlussbeanspruchung unterliegt und sich somit Betriebspunkte einstellen, die dem Fahrzeug eine Übersteuertendenz verleihen [45].

Hinsichtlich Giereigenfrequenz und -dämpfung gibt es innerhalb der bisher dargestellten Fahrzeuge verschiedene Konfigurationen (**Abb. 2.125**). Sie gelten für die Geschwindigkeiten zwischen 20 und 30 m/s.

Eine optimale Auslegung hinsichtlich des Fahrverhaltens ist leider nicht immer möglich, da viele wichtige Parameter durch andere Anforderungen ebenfalls eingeschränkt werden. So muss also je nach Anwendungsfall und Anforderungen an das Fahrzeug ein gelungener Kompromiss gefunden werden.

2.5.4 Die Regelstrecke „Fahrzeug" im Regelkreis

Wie zu Beginn des ► Abschn. 2.5 erwähnt, ist das System „Fahrzeug" ein Teil des Regelkreises „Fahrer–Fahrzeug". Zur Untersuchung der Regelstrecke „Fahrzeug" wird eine Eingangsgröße (hier der Lenkwinkel) in die Regelstrecke gegeben und die Antwort der Regelstrecke (Querbeschleunigung und Gierrate) betrachtet. Zu diesem Zweck wird auf das einfache Einspurmodell aus ► Abschn. 2.5.3.1 zurückgegriffen. In Gl. (2.222) findet man den Zusammenhang für den Lenkwinkelbedarf:

$$\delta = \frac{l}{r} + \frac{m}{l} \cdot \left(\frac{l_\mathrm{h}}{c_\mathrm{sv}} - \frac{l_\mathrm{v}}{c_\mathrm{sh}} \right) \cdot a_\mathrm{y} \qquad (2.274)$$

Der Lenkwinkel gilt als Eingangsgröße der Regelstrecke „Fahrzeug". Als Antwort bzw. Ausgangsgröße wird die resultierende Gierwinkelgeschwindigkeit verwendet. Das Verhältnis aus Ausgangsgröße zu Eingangsgröße wird als stationärer Gierverstärkungsfaktor bezeichnet [20].

$$\left(\frac{\dot{\psi}}{\delta} \right)_\mathrm{stat} = \frac{\dot{\psi}}{\frac{l}{r} + \frac{m}{l} \cdot \left(\frac{l_\mathrm{h}}{c_\mathrm{sv}} - \frac{l_\mathrm{v}}{c_\mathrm{sh}} \right) \cdot a_\mathrm{y}} \qquad (2.275)$$

Mit den Zusammenhängen für die Gierrate sowie für die Querbeschleunigung.

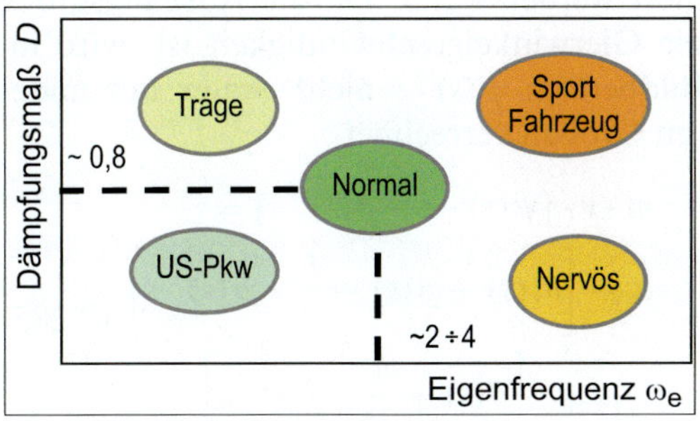

Abb. 2.125 Auslegungsvarianten in Bezug auf Giereigenfrequenz und Gierdämpfung [20]

$$\dot{\psi} = \frac{v}{r} \text{sowie} a_\mathrm{y} = \frac{v^2}{r}. \qquad (2.276)$$

ergibt sich der stationäre Gierverstärkungsfaktor:

$$\left(\frac{\dot{\psi}}{\delta} \right)_\mathrm{stat} = \frac{v}{l + \frac{m}{l} \cdot \left(\frac{l_\mathrm{h}}{c_\mathrm{sv}} - \frac{l_\mathrm{v}}{c_\mathrm{sh}} \right) \cdot v^2} \qquad (2.277)$$

In dieser Gleichung befindet sich der sogenannte *„Eigenlenkgradient"* (*EG*), welcher sich auf die Gleichung für den Lenkwinkelbedarf (2.274) bezieht.

$$\frac{\mathrm{d}\delta}{\mathrm{d}\, a_\mathrm{y}} = \frac{m}{l} \cdot \left(\frac{l_\mathrm{h}}{c_\mathrm{sv}} - \frac{l_\mathrm{v}}{c_\mathrm{sh}} \right) =: EG \qquad (2.278)$$

Damit wird aus Gl. (2.277):

$$\left(\frac{\dot{\psi}}{\delta} \right)_\mathrm{stat} = \frac{v}{l + EG \cdot v^2} \qquad (2.279)$$

Abb. 2.126 zeigt die Abhängigkeit des stationären Gierverstärkungsfaktors für Fahrzeuge mit verschiedenen Eigenlenkgradienten. Auch hier findet sich diese kritische Fahrgeschwindigkeit v_krit wieder.

Bei einem übersteuerndem Fahrzeug ($EG < 0$) geht der stationäre Gierverstärkungsfaktor in einer Polstelle gegen Unendlich: d.h, die Gierbewegungen werden so weit verstärkt, dass eine Stabilisierung nicht mehr möglich ist.

Bei einem untersteuernden Fahrzeug hingegen bleibt der Gierverstärkungsfaktor in einem niedrigen Bereich. Auch hier ist er abhängig von der Fahrge schwindigkeit und weist ein Maximum auf. Die dazugehörige Geschwindigkeit wird als charakteristische Geschwindigkeit v_char bezeichnet. Mathematisch lässt sich v_char durch einfache Differentiation und Maximalwertbildung von Gl. (2.279) ermitteln.

$$\frac{\mathrm{d}}{\mathrm{d}\, v} \left(\frac{\dot{\psi}}{\delta} \right)_\mathrm{stat} = \frac{l + EG \cdot v^2 - 2 \cdot EG \cdot v^2}{\left(l + EG \cdot v^2 \right)^2} \stackrel{!}{=} 0 \qquad (2.280)$$

2

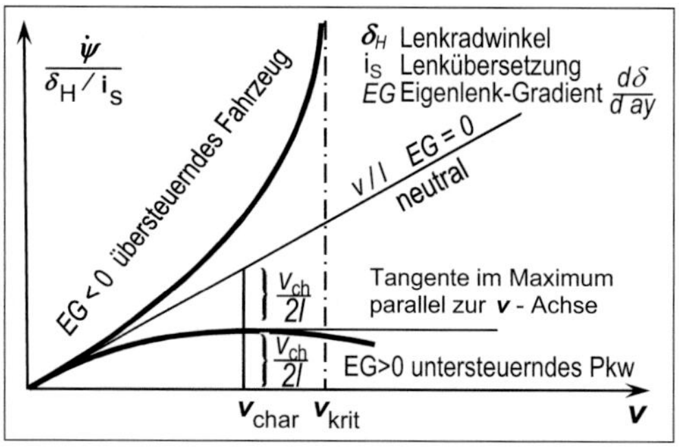

Abb. 2.126 Gierverstärkungsfaktor bei verschiedenen Eigenlenkgradienten [45]

$$\Rightarrow v_{\text{char}}^2 = \frac{l}{EG} \tag{2.281}$$

Eingesetzt in Gl. (2.279) ergibt sich mit v_{char}

$$\left(\frac{\dot{\psi}}{\delta}\right)_{\text{stat}} = \frac{v}{l \cdot \left(1 + \frac{v^2}{v_{\text{char}}^2}\right)} \tag{2.282}$$

Somit kann unter Kenntnis der *charakteristischen Geschwindigkeit* sehr schnell die resultierende stationäre Gierrate ermittelt werden, wenn der aufgeprägte Lenkwinkel sowie die Fahrgeschwindigkeit bekannt sind.

Die charakteristische Geschwindigkeit kann im Fahrversuch durch stationäre Kreisfahrt bei verschiedenen Fahrgeschwindigkeiten ermittelt werden. Bei der charakteristischen Geschwindigkeit weist ein Fahrzeug für den stationären Betrieb die höchste Lenkempfindlichkeit bzw. die Gierfreudigkeit auf.

Das Auslegungsziel für v_{char} für moderne Kraftfahrzeuge liegt zwischen 65 und 100 km/h [20, 45, 46]. Mittels des Eigenlenkgradienten *EG* in Gl. (2.279) kann die dafür benötigte Untersteuertendenz abgeschätzt werden.

2.5.4.1 Dynamisches Verhalten der Regelstrecke Fahrzeug

Um das dynamische Verhalten der Regelstrecke „Fahrzeug“ zu betrachten, werden die instationären Bewegungsgleichungen (2.259 ff.) aus ► Abschn. 2.5.3.6 verwendet Auch hier ist die Antwort der Regelstrecke auf eine Eingangsgröße von Interesse. Ausgangsgröße ist erneut die Gierwinkelgeschwindigkeit, Eingangsgröße bleibt der vordere Radlenkwinkel. Die Übertragungsfunktion lässt sich im Bildbereich der Laplace-Transformation [47] herleiten.

Dazu wird zunächst der hintere Radlenkwinkel in den instationären Bewegungsgleichungen (2.259) und (2.260) zu Null gesetzt, da das Übertragungsverhalten von vorderem Radlenkwinkel zur Gierwinkelgeschwindigkeit ermittelt wird.

$$m \cdot v \cdot (\dot{\psi} - \dot{\beta}) = c_{\text{sv}} \cdot \left(\delta_{\text{v}} + \beta - \frac{l_{\text{v}}}{v} \cdot \dot{\psi}\right) + c_{\text{sh}} \cdot \left(\beta + \frac{l_{\text{h}}}{v} \cdot \dot{\psi}\right) \tag{2.283}$$

$$\theta_{\text{Z}} \cdot \ddot{\psi} = c_{\text{sv}} \cdot \left(\delta_{\text{v}} + \beta - \frac{l_{\text{v}}}{v} \cdot \dot{\psi}\right) \cdot l_{\text{v}} - c_{\text{sh}} \cdot \left(\beta + \frac{l_{\text{h}}}{v} \cdot \dot{\psi}\right) \cdot l_{\text{h}} \tag{2.284}$$

Diese werden so in den Bildbereich transformiert, dass der Schwimmwinkel eliminiert werden kann. Da die Ausgangsgröße die Gierwinkelgeschwindigkeit ist, wird im Bildbereich $\psi(s) \cdot s$ nicht weiter mit anderen Größen verrechnet.

$$m \cdot v \cdot [\psi(s) \cdot s - \beta(s) \cdot s] = c_{\text{sv}} \cdot \left[\delta_{\text{v}}(s) + \beta(s) - \frac{l_{\text{v}}}{v} \cdot \psi(s) \cdot s\right] + c_{\text{sh}} \cdot \left[\beta(s) + \frac{l_{\text{h}}}{v} \cdot \psi(s) \cdot s\right] \tag{2.285}$$

$$\theta_Z \cdot \psi(s) \cdot s^2 = c_{sv} \cdot \left[\delta_v(s) + \beta(s) - \frac{l_v}{v} \cdot \psi(s) \cdot s\right] \cdot l_v - c_{sh} \cdot \left[\beta(s) + \frac{l_h}{v} \cdot \psi(s) \cdot s\right] \cdot l_h \tag{2.286}$$

Diese beiden Gleichungen lassen sich nach dem Schwimmwinkel β(*s*) auflösen und gleichsetzen. Damit erhält man eine Gleichung, die nur noch $\psi(s) \cdot s$ und $\delta_v(s)$ enthält, womit direkt die Übertragungsfunktion aufgestellt werden kann. Die Übertragungsfunktion im Bildbereich ergibt sich zu:

$$\left(\frac{\psi(s) \cdot s}{\delta_v(s)}\right) = \frac{(m \cdot v \cdot s + c_{sv} + c_{sh}) \cdot c_{sv} \cdot l_v - c_{sv}^2 \cdot l_v + c_{sv} \cdot c_{sh} \cdot l_h}{N_1} \tag{2.287}$$

Mit dem Nenner N_1

$$N_1 := (m \cdot v \cdot s + c_{sv} + c_{sh}) \cdot \theta_Z \cdot s + \frac{m \cdot v \cdot s + c_{sv} + c_{sh}}{v} \cdot \left(c_{sv} \cdot l_v^2 + c_{sh} \cdot l_h^2\right) + m \cdot v \cdot (c_{sh} \cdot l_h - c_{sv} \cdot l_v) - \frac{1}{v} \cdot (c_{sv} \cdot l_v - c_{sh} \cdot l_h)^2 \tag{2.288}$$

Durch umfangreiche Umformungen [44] und unter Verwendung der folgenden, markanten Zusammenhänge für das instationäre Einspurmodell wird die dynamische Übertragungsfunktion hergeleitet.

Stationärer Gierverstärkungsfaktor aus Gl. (2.277):

$$\left(\frac{\dot{\psi}}{\delta}\right)_{stat} = \frac{v}{l + \frac{m}{l} \cdot \left(\frac{l_h}{c_{sv}} - \frac{l_v}{c_{sh}}\right) \cdot v^2} \tag{2.289}$$

Ungedämpfte Giereigenkreisfrequenz aus Gl. (2.269):

$$\omega_e = \sqrt{\frac{c_{sh} \cdot l_h - c_{sv} \cdot l_v}{\theta} + \frac{c_{sv} \cdot c_{sh} \cdot l^2}{\theta \cdot m \cdot v^2}} \tag{2.290}$$

sowie Gierdämpfungsmaß aus Gl. (2.271):

$$D = \frac{1}{2\omega_e} \cdot \left[\frac{c_{sv} + c_{sh}}{m \cdot v} + \frac{c_{sv} \cdot l_v^2 + c_{sh} \cdot l_h^2}{\theta \cdot v}\right] \tag{2.291}$$

Mit diesen Ausdrücken kann die komplexe Gleichung aus Gl. (2.287) in eine anschauliche Form gebracht werden.

$$\left(\frac{\psi(s) \cdot s}{\delta_v(s)}\right) = G(s) = \left(\frac{\dot{\psi}}{\delta}\right)_{stat} \cdot \frac{1 + \frac{m \cdot v \cdot l_v}{c_{sh} \cdot l} \cdot s}{1 + \frac{2 \cdot D}{\omega_e} \cdot s + \frac{1}{\omega_e^2} \cdot s^2} \tag{2.292}$$

Nennt man nun der Term im Zähler Zeitkonstanten T_z

$$T_z = \frac{m \cdot v \cdot l_v}{c_{sh} \cdot l}, \tag{2.293}$$

dann ergibt sich eine Übertragungsfunktion der Giergeschwindigkeit in einer Form, in der sich weiterführende Betrachtungen insbesondere hinsichtlich des Verhaltens in einem schwingfähigen Regelkreis durchführen lassen.

$$\left(\frac{\psi(s) \cdot s}{\delta_v(s)}\right) = G(s) = \left(\frac{\dot{\psi}}{\delta}\right)_{stat} \cdot \frac{1 + T_z \cdot s}{1 + \frac{2 \cdot D}{\omega_e} \cdot s + \frac{1}{\omega_e^2} \cdot s^2} \tag{2.294}$$

Vergleicht man diese Übertragungsfunktion mit bekannten Gliedern aus der Regelungstechnik [47], so erkennt man, dass *G*(*s*) aus zwei in Reihe geschalteten, linearen Regelkreisgliedern besteht, nämlich einem PT_2-Glied und einem PD-Glied. Die einzelnen Übertragungsfunktionen lauten:

$$G_{PT2}(s) = \frac{k_1}{T_1 \cdot T_2 \cdot s^2 + (T_1 + T_2) \cdot s + 1} \tag{2.295}$$

$$G_{PD}(s) = k_2 \cdot (1 + T_v \cdot s) \tag{2.296}$$

$$G(s) = G_{PT2}(s) \cdot G_{PD}(s) = \frac{k_1 \cdot k_2 \cdot (1 + T_v \cdot s)}{T_1 \cdot T_2 \cdot s^2 + (T_1 + T_2) \cdot s + 1} \tag{2.297}$$

Durch Koeffizientenvergleich mit Gl. (2.214) ergeben sich direkt die einzelnen Konstanten

2

$$k_1 \cdot k_2 = \left(\frac{\dot{\psi}}{\delta}\right)_{\text{stat}} \tag{2.298}$$

$$T_\text{v} = T_\text{z} = \frac{m \cdot v \cdot l_\text{v}}{c_\text{sh} \cdot l} \tag{2.299}$$

$$T_1 \cdot T_2 = \frac{1}{\omega_\text{e}^2} \tag{2.300}$$

$$T_1 + T_2 = \frac{2 \cdot D}{\omega_\text{e}} \tag{2.301}$$

Werden die instationären Bewegungsgleichungen in (2.259) und (2.260) für die Querbeschleunigung anstatt für die Gierwinkelgeschwindigkeit formuliert, so lässt sich über eine Laplace-Transformation die Übertragungsfunktion für die Querbeschleunigung aufstellen [45].

$$\frac{a_\text{y}}{\delta} = G'(s) = \left(\frac{a_\text{y}}{\delta}\right)_{\text{stat}} \cdot \frac{1 + T_1 \cdot s + T_2 \cdot s^2}{1 + \frac{2 \cdot D}{\omega_\text{e}} \cdot s + \frac{1}{\omega_\text{e}^2} \cdot s^2} \tag{2.302}$$

Auch hier wird aus der stationären Übertragungsfunktion von Querbeschleunigung zu Radlenkwinkel der stationäre Verstärkungsfaktor verwendet.

Bei T_1 und T_2 handelt es sich erneut um Zeitkonstanten (nicht identisch mit T_1 und T_2 aus Gl. 2.300 f.) mit:

$$T_1 = \frac{l_\text{h}}{v} \tag{2.303}$$

$$T_2 = \frac{\theta}{c_\text{sh} \cdot l} \tag{2.304}$$

Mittels dieser Übertragungsfunktionen können nun Methoden aus der Regelungstechnik [47] angesetzt werden, um das dynamische Fahrverhalten eines Fahrzeugs zu untersuchen. Die Regelstrecke „Fahrzeug“ wird dabei verschiedenen, speziellen Eingangssignalen unterworfen. Die Antwort (Ausgangssignal) des Systems „Fahrzeug“ wird dabei untersucht und beurteilt. In der Modellabbildung können die Fahrzeugantworten analytisch über die in diesen Kapiteln gegebenen Zusammenhänge ermittelt werden. Mit einem realen Fahrzeug werden standardisierte Fahrmanöver durchgeführt. Die wichtigsten Testverfahren sind „Lenkwinkelsprung“ und „Sinuslenken“.

▪ Lenkwinkelsprung

Beim Lenkwinkelsprung wird eine Sprungfunktion als Eingangssignal (Lenkwinkel) verwendet. Mit dem Sinuslenken wird der Frequenzgang ermittelt. Im ◘ Abb. 2.127 (links oben) ist die Eingangsfunktion für den Lenkwinkelsprung dargestellt. Wichtige Kenngrößen oder Zeitpunkte sind markiert. Die Antwort des Fahrzeugs ist als Gierwinkelgeschwindigkeit, Schwimmwinkel sowie Querbeschleunigung gegeben. Die *Peak Response Time* ($T\dot{\psi}$, max) ist eine wichtige Kenngröße bei der Beurteilung eines Lenkwinkelsprungs.

Es handelt sich dabei um die Zeitspanne zwischen dem Zeitpunkt des halben maximalen, statischen Lenkwinkels sowie dem Zeitpunkt, bei dem die Giergeschwindigkeit das Maximum erfährt (◘ Abb. 2.127).

Einerseits soll ein Fahrzeug der Forderung nach einer schnellen Lenkbewegung folgen, andererseits besteht die Anforderung, dass das Fahrzeug in den Bewegungsgrößen möglichst nicht überschwingt. Auch hier ist also (wie in der gesamten Fahrzeugauslegung) ein gelungener Kompromiss zu finden. Die übliche Peak Response Time liegt zwischen 200 und 400 ms [20].

▪ Sinuslenken

Die Übertragungsfunktion für die Giergeschwindigkeit (Gl. (2.294)) nimmt für die sinusförmige Eingangsgröße eine andere Form an [20].

$$G(i \cdot \omega) = \left(\frac{\dot{\psi}}{\delta}\right)_{\text{stat}} \cdot \frac{1 + T_\text{z} \cdot i \cdot \omega}{1 + \frac{2 \cdot D}{\omega_\text{e}} \cdot i \cdot \omega - \frac{\omega^2}{\omega_\text{e}^2}} \tag{2.305}$$

Analog dazu wird die Übertragungsfunktion für die Querbeschleunigung in diese Form gebracht:

$$G'(i \cdot \omega) = \left(\frac{a_y}{\delta}\right)_{stat} \cdot \frac{1 + T_1 \cdot i \cdot \omega - T_2 \cdot \omega^2}{1 + \frac{2 \cdot D}{\omega_e} \cdot i \cdot \omega - \frac{\omega^2}{\omega_e^2}} \tag{2.306}$$

Man erkennt, dass die jeweiligen Amplitudenverhältnisse frequenzabhängig sind.

$$|G(i \cdot \omega)| = \frac{\hat{\dot{\psi}}}{\hat{\delta}} \tag{2.307}$$

$$\left|G'(i \cdot \omega)\right| = \frac{\hat{a}_y}{\hat{\delta}} \tag{2.308}$$

Neben der Betrachtung der Amplitudenverhältnisse ist auch der Phasengang bzw. die -verschiebung von Interesse, die das sinusförmige Ausgangssignal gegenüber dem sinusförmigen Eingangssignal aufweist. Diese Phasenverschiebung wird folgendermaßen berechnet:

$$\varphi(i \cdot \omega) = \arctan \frac{\mathrm{Im}\,(G(i \cdot \omega))}{\mathrm{Re}\,(G(i \cdot \omega))} \tag{2.309}$$

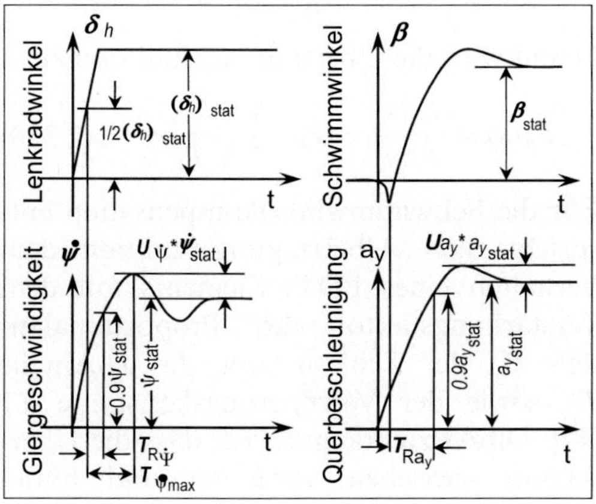

Abb. 2.127 Fahrzeugverhalten bei einem Lenkwinkelsprung [46]; TR$\dot{\psi}$, TRay: 90 % Response Time; $T\dot{\psi}$ max: Peak Response Time; $U\dot{\psi}$, U_{ay}: bez. Überschwingweiten; TB = $T\dot{\psi}$ max · βstat; v = const

Hinsichtlich der Frequenzgänge wird, wie erwähnt, eine Fahrzeugauslegung angestrebt, mit der einerseits der Abfall des Querbeschleunigungsamplitudengangs nicht bei zu niedrigen Frequenzen einsetzt (wichtig für eine schnelle Lenkreaktion bei schneller Lenkbewegung), andererseits die Überhöhung des Giergeschwindigkeitsamplitudengangs nicht zu stark ist [48].

Wird die Phasenverschiebung in beiden Phasengängen zu groß, steigen die Anforderungen an den Fahrer im Sinne eines Reglers für die Fahrstabilität (s. ► Abschn. 3.6.4). Da die beiden Übertragungsfunktionen von Giergeschwindigkeit sowie Querbeschleunigung allerdings unmittelbar miteinander verkoppelt sind, ist es nicht möglich, diese vollständig getrennt auszulegen. Eine Kompromisslösung ist anzustreben, die die Vorgaben und Anforderungen an das Fahrverhalten möglichst gut abdeckt [46].

2.5.4.2 Schwimmwinkelkompensation mittels Hinterradlenkung

Die aus ► Abschn. 2.5.3.4 gewonnenen Erkenntnisse kann man direkt für einen ersten Ansatz zur Verwendung einer Hinterradlenkung nutzen.

Im Sinne der Fahrstabilität bei hohen Geschwindigkeiten ist in ► Abschn. 2.5.3.4 der gleichsinnige Lenkeinschlag an Vorder- und Hinterachse als Einsatzstrategie vorgeschlagen. Damit wurde zunächst die Richtung des Lenkeinschlags der Hinterradlenkung vorgegeben.

Nun sollen Überlegungen zum gezielten Einsatz mit funktionaler Verknüpfung zum Vorderradlenkwinkel dargestellt werden [20]. Eine direkt ersichtliche Möglichkeit, die Hinterradlenkung sinnvoll einzusetzen, ist die einer Schwimmwinkelkompensation, s. Gl. (2.235).

Der Fahrer ist schnell damit überfordert, die Zusammenhänge des Fahrverhaltens richtig und vor allem in kritischen

2

Fahrsituationen in kürzester Zeit richtig abzuschätzen. Im Grenzbereich tritt oft eine große Änderung des Schwimmwinkels auf, die der Fahrer aus seinen normalen Alltagssituationen nicht kennt und daher nicht kennt und daher nicht einzuschätzen vermag. Man kann den Fahrer in seiner Funktion als Regler im Sinne der Fahrstabilität dadurch unterstützen, dass man das Fahrverhalten bis in den Grenzbereich als vorhersehbar und vertraut gestaltet. Eine Schwimmwinkelkompensation ist ein erster Ansatz dazu [20].

Wie eine solche Schwimmwinkelkompensation zu realisieren ist, wird anhand der Bewegungsgleichungen des Einspurmodells gezeigt. Verwendet werden die Bewegungsgleichungen aus (2.259) und (2.260). Gemäß der Forderung nach einer Schwimmwinkelkompensation werden der Schwimmwinkel sowie die Schwimmwinkelgeschwindigkeit zu Null gesetzt. Dadurch entstehen die folgenden Zusammenhänge:

$$m \cdot v \cdot \ddot{\psi} = c_{\mathrm{sv}} \cdot \left(\delta_{\mathrm{v}} - \frac{l_{\mathrm{v}}}{v} \cdot \dot{\psi}\right) + c_{\mathrm{sh}} \cdot \left(\delta_{\mathrm{h}} + \frac{l_{\mathrm{h}}}{v} \cdot \dot{\psi}\right) \tag{2.310}$$

$$\theta_{\mathrm{Z}} \cdot \ddot{\psi} = c_{\mathrm{sv}} \cdot \left(\delta_{\mathrm{v}} - \frac{l_{\mathrm{v}}}{v} \cdot \dot{\psi}\right) \cdot l_{\mathrm{v}} - c_{\mathrm{sh}} \cdot \left(\delta_{\mathrm{h}} + \frac{l_{\mathrm{h}}}{v} \cdot \dot{\psi}\right) \cdot l_{\mathrm{h}} \tag{2.311}$$

Mittels einer Laplace-Transformation lassen sich die Differentialgleichungen vereinfacht lösen [20, 45]. So wird aus Gl. (2.310):

$$\psi(s) \cdot \left[m \cdot v \cdot s + c_{\mathrm{sv}} \cdot \frac{l_{\mathrm{v}}}{v} \cdot s - c_{\mathrm{sh}} \cdot \frac{l_{\mathrm{h}}}{v} \cdot s\right] = c_{\mathrm{sv}} \cdot \delta_{\mathrm{v}}(s) + c_{\mathrm{sh}} \cdot \delta_{\mathrm{h}}(s) \tag{2.312}$$

und aus Gl. (2.311) entsteht folgende Gleichung:

$$\psi(s) \cdot \left[\theta_{\mathrm{Z}} \cdot s^2 + c_{\mathrm{sv}} \cdot \frac{l_{\mathrm{v}}}{v} \cdot s + c_{\mathrm{sh}} \cdot \frac{l_{\mathrm{h}}}{v} \cdot s\right] = c_{\mathrm{sv}} \cdot l_{\mathrm{v}} \cdot \delta_{\mathrm{v}}(s) - c_{\mathrm{sh}} \cdot l_{\mathrm{h}} \cdot \delta_{\mathrm{h}}(s) \tag{2.313}$$

Diese können jeweils nach $\psi(s)$ isoliert und dann gleichgesetzt werden. Dadurch entsteht eine Gleichung, die den vorderen und hinteren Lenkwinkel in einen funktionalen Zusammenhang setzt.

Durch umfangreiche Umformungen gelangt man zur Übertragungsfunktion des hinteren Lenkwinkels in Bezug auf den vorderen Lenkwinkel.

$$F_{\delta}(s) = \frac{\delta_{\mathrm{h}}(s)}{\delta_{\mathrm{v}}(s)} = -\frac{c_{\mathrm{sv}} \cdot c_{\mathrm{sh}} \cdot l_{\mathrm{h}} \cdot l - c_{\mathrm{sv}} \cdot l_{\mathrm{v}} \cdot m \cdot v^2}{c_{\mathrm{sv}} \cdot c_{\mathrm{sh}} \cdot l_{\mathrm{v}} \cdot l + c_{\mathrm{sh}} \cdot l_{\mathrm{h}} \cdot m \cdot v^2} \cdot \frac{1 + \frac{\theta_{\mathrm{Z}} \cdot v}{c_{\mathrm{sh}} \cdot l_{\mathrm{h}} \cdot l - l_{\mathrm{v}} \cdot m \cdot v^2} \cdot s}{1 + \frac{\theta_{\mathrm{Z}} \cdot v}{c_{\mathrm{sv}} \cdot l_{\mathrm{v}} \cdot l + l_{\mathrm{h}} \cdot m \cdot v^2} \cdot s} \tag{2.314}$$

Zur besseren Übersichtlichkeit werden folgende Proportionalkonstanten und Zeitkonstanten definiert:

$$P_{\mathrm{h}} = -\frac{c_{\mathrm{sv}} \cdot c_{\mathrm{sh}} \cdot l_{\mathrm{h}} \cdot l - c_{\mathrm{sv}} \cdot l_{\mathrm{v}} \cdot m \cdot v^2}{c_{\mathrm{sv}} \cdot c_{\mathrm{sh}} \cdot l_{\mathrm{v}} \cdot l + c_{\mathrm{sh}} \cdot l_{\mathrm{h}} \cdot m \cdot v^2} \tag{2.315}$$

$$T_{\mathrm{D}} = \frac{\theta_{\mathrm{Z}} \cdot v}{c_{\mathrm{sh}} \cdot l_{\mathrm{h}} \cdot l - l_{\mathrm{v}} \cdot m \cdot v^2} \tag{2.316}$$

$$T_1 = \frac{\theta_{\mathrm{Z}} \cdot v}{c_{\mathrm{sv}} \cdot l_{\mathrm{v}} \cdot l + l_{\mathrm{h}} \cdot m \cdot v^2} \tag{2.317}$$

Damit wird die Übertragungsfunktion zu:

$$F_{\delta}(s) = \frac{\delta_{\mathrm{h}}(s)}{\delta_{\mathrm{v}}(s)} = P_{\mathrm{h}} \cdot \frac{1 + T_{\mathrm{D}} \cdot s}{1 + T_1 \cdot s} \tag{2.318}$$

Für die Schwimmwinkelkompensation entspricht diese Übertragungsfunktion dem Verhalten eines PDT1-Elements mit dem Verstärkungsfaktor des Proportionalanteils P_{h}, der Zeitkonstante des *D*-Anteils T_{D} sowie der Verzögerungskonstante $T1$ [47]. Direkt zu erkennen ist, dass die Übersetzung zwischen vorderem und hinterem Lenkwinkel geschwindigkeitsabhängig ist.

In ◘ Abb. 2.128 wird ein Kennfeld dargestellt, welches nur für positive Schwimmwinkel gilt. Für instationäre Fahrzustände (Einlenken, Lenkwinkelsprung usw.) ist gemäß Gl. (2.318) ein spezifisches Zeitverhalten in der Ansteuerung erforderlich. Zu beachten ist bei der gesamten Herleitung, dass die Zusammenhänge auf modellhaften Vorstellungen basieren und z. B. das nichtlineare Verhalten der Reifen oder elastokinematische Vorgänge noch nicht berücksichtigt sind.

In ◘ Abb. 2.129 werden experimentelle Ergebnisse eines Fahrzeugs mit einer Hinterradlenkung zur Schwimmwinkelkompensation dargestellt. Durch das gegensinnige Einlenken an der Hinterachse ist per se ein größerer Lenkwinkelbedarf an der Vorderachse vorhanden, da durch die geometrischen Zusammenhänge bereits der stationäre Gierverstärkungsfaktor verringert wird.

Dieses ist durch eine direktere Lenkübersetzung an der Vorderachse zu kompensieren.

Im Bereich der Giereigenfrequenz zeigt das Fahrzeug ohne Hinterradlenkung einen sehr deutlichen Überschwinger, was auf eine geringe Gierdämpfung hinweist.

Das Fahrzeug wird bei schnellen Lenkbewegungen dazu tendieren, nachzuschwingen, was natürlich die Fahrstabilität beeinträchtigt [20]. Beim Fahrzeug mit Hinterradlenkung sieht man ein komplett verschiedenes Ergebnis.

Eine Resonanzerhöhung ist praktisch nicht vorhanden, die Gierdämpfung ist sehr hoch. Sehr deutlich werden die Unterschiede im Phasengang der Querbeschleunigung. Der Phasenverzug ist bei einem konventionellen Fahrzeug sehr groß (z. B. 90^0 bei ca. 1,1 Hz), während er bei gleicher Frequenz nur 15^0 mit einer zusätzlichen Hinterradlenkung beträgt. Der Effekt des Nachdrängens des Fahrzeugs ist also weniger stark ausgeprägt [20].

Zusammenfassend kann gesagt werden, dass eine zusätzliche Hinterradlenkung ein großes Potential hat, das Fahrverhalten entscheidend zu verändern, und somit den Fahrer bei seiner Stabilisierungsaufgabe sehr stark entlasten kann. Die hier dargestellte Schwimmwinkelkompensation ist nur eine von vielen Möglichkeiten, wie eine Hinterradlenkung in das Fahrzeugkonzept eingebunden werden kann. Insbesondere vor dem Hintergrund der stetig wachsenden Verbreitung aktiver, elektronischer Fahrdynamikregelsysteme kann die Hinterradlenkung in den Verbund der aktiven Reglersysteme aufgenommen werden und einen wichtigen

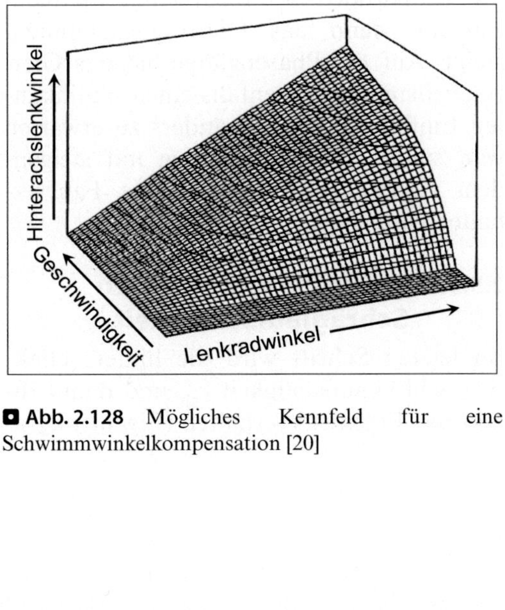

◘ **Abb. 2.128** Mögliches Kennfeld für eine Schwimmwinkelkompensation [20]

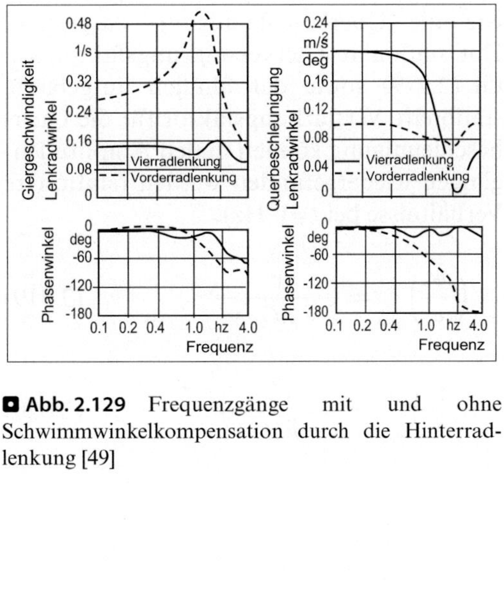

◘ **Abb. 2.129** Frequenzgänge mit und ohne Schwimmwinkelkompensation durch die Hinterradlenkung [49]

Beitrag zur Verbesserung der Fahrstabilität liefern. Die rasante Entwicklung im Bereich der elektrischen Lenksysteme (s. ► Abschn. 8.4 und 8.8), die ohne hydraulische Versorgung auskommen, macht den Einsatz der Hinterachslenkung noch attraktiver.

2.5.5 Frequenzgangbetrachtung bei variierten Fahrzeugparametern

Mithilfe des Programmpakets Matlab/Simulink werden die Übertragungsfunktionen für die Giergeschwindigkeit sowie für die Querbeschleunigung in der Rechensimulation abgebildet. Für die Betrachtung der Variationen werden die Parameter Fahrgeschwindigkeit, Gierträgheitsmoment sowie Schräglaufsteifigkeit der Hinterachse schrittweise verändert [20].

2.5.5.1 Variation der Fahrgeschwindigkeit

Zunächst wird in der Simulation die Fahrgeschwindigkeit variiert, sodass die Abhängigkeit der Fahrzeugantwort auf die Fahrgeschwindigkeit sichtbar wird. Es wird jeweils der Amplituden- und Phasengang für die Gierwinkelgeschwindigkeit sowie die Querbeschleunigung dargestellt. Der stationäre Gierverstärkungsfaktor aus Gl. (2.279) sowie der ähnlich aufgebaute stationäre Verstärkungsfaktor für die Querbeschleunigung können in den Amplitudengängen wiedergefunden werden (stationäre Verhältnisse bei $f = 0$ Hz).

$$\left(\frac{\dot{\psi}}{\delta}\right)_{\text{stat}} = \frac{v}{l + EG \cdot v^2} \tag{2.319}$$

$$\left(\frac{a_{\text{y}}}{\delta}\right)_{\text{stat}} = \frac{v^2}{l + EG \cdot v^2} \tag{2.320}$$

Wie aus Gl. (2.319) sowie in ◘ Abb. 2.130 zu erkennen ist, steigt der stationäre Gierverstärkungsfaktor mit steigender Fahrgeschwindigkeit. Beide Amplitudenkurven fallen mit steigenden Frequenzen ab und gehen asymptotisch gegen einen Grenzwert. Die Phasenverzüge steigen in beiden Phasengängen mit steigender Geschwindigkeit. Das bedeutet, dass das Fahrzeug mit steigender Fahrgeschwindigkeit träger auf Lenkwinkeleingaben reagiert.

2.5.5.2 Variation des Gierträgheitsmoments

Die nächste Simulationsvariante variiert das Gierträg-heitsmoment in drei Schritten (◘ Abb. 2.131):

Betrachtet man die stationären Verstärkungsfaktoren aus Gl. (2.319) und Gl. (2.320), so ist zu sehen, dass das Gierträgheitsmoment keinen Einfluss auf die stationären Zustände hat. Daher sind diese bei $f = 0$ Hz gleich groß.

Die Amplitudengänge fallen generell bei steigender Erregerfrequenz ab und gehen auch hier asymptotisch gegen einen Grenzwert. Der Einfluss des Gierträgheitsmoments ist sichtbar. Die Maxima der beiden Amplitudengänge verändern sich mit steigendem Trägheitsmoment zu kleineren Erregerfrequenzen. Im Umkehrschluss fallen die Amplituden bei niedrigeren Frequenzen ab, wenn das Gierträgheitsmoment steigt. Auf die Phasengänge hat das Gierträgheitsmoment ebenfalls einen signifikanten Einfluss. Wie nicht anders zu erwarten war, steigt der Phasenverzug mit steigendem Gierträgheitsmoment. Das Fahrverhalten wird träger.

2.5.5.3 Variation der hinteren Schräglaufsteifigkeit

Im letzten Schritt wird die hintere effektive Schräglaufsteifigkeit c_{sh} und damit direkt das Eigenlenkverhalten (Eigenlenkgra-

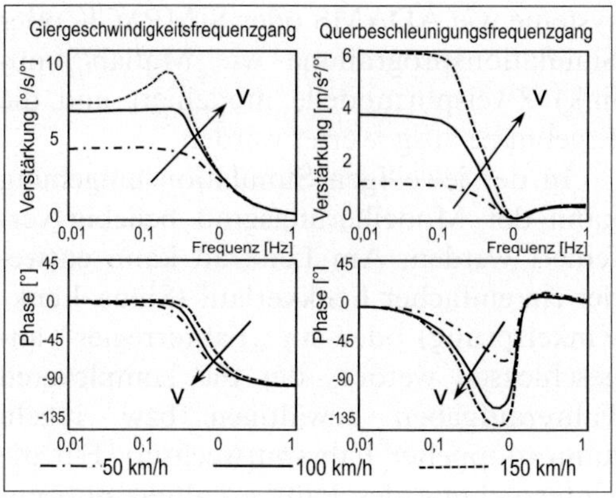

Abb. 2.130 Frequenzgang, Variation der Fahrgeschwindigkeit [20]

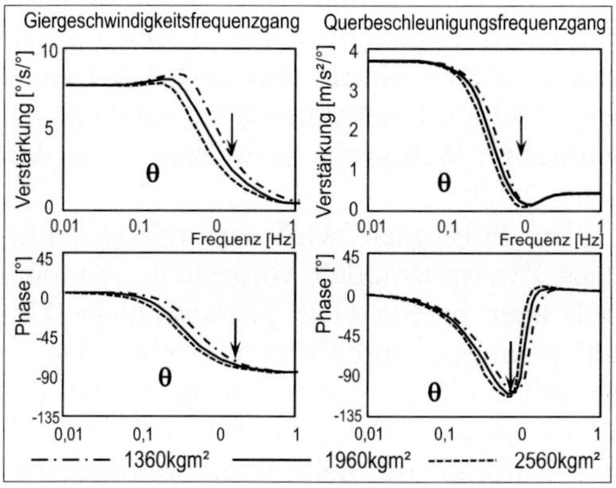

Abb. 2.131 Frequenzgangfunktionen unter Variation des Gierträgheitsmomentes [20]

dient *EG*) variiert. Welche Einflüsse dieses auf die Übertragungsfunktionen hat, wird in den folgenden Frequenzgängen sichtbar, Abb. 2.132.

Der Eigenlenkgradient hat Einfluss auf die stationären Verstärkungsfaktoren, siehe die Gl. (2.319), (2.320). Dementsprechend haben die Amplitudengänge jeweils

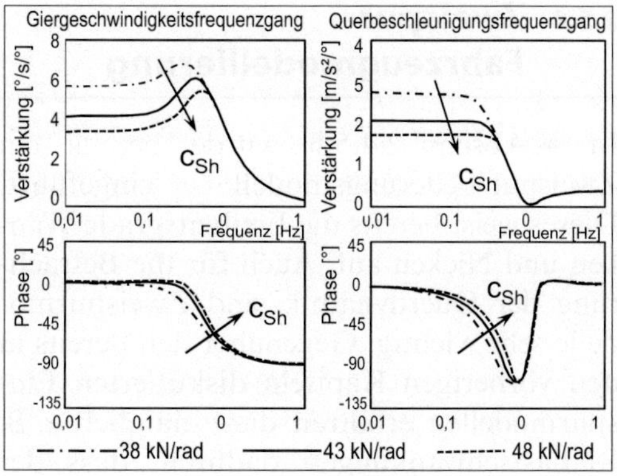

Abb. 2.132 Frequenzgangfunktionen unter Variation der hinteren Schräglaufsteifigkeit [20]

einen unterschiedlichen Startwert bei unterschiedlicher Schräglaufsteife. Mit steigender hinterer Schräglaufsteifigkeit steigt die Untersteuerneigung, sodass einhergehend die Gierverstärkung und die Übertragungsfunktion der Querbeschleunigung niedrigere Amplituden aufweist.

Die Phasenverzüge weisen ebenfalls geringere Werte bei steigender Untersteuertendenz auf. Damit erfüllt die Variante mit der höchsten hinteren Schräglaufsteifigkeit die Anforderung, dass der Phasenverzug möglichst erst bei höheren Frequenzen stattfinden soll. Allerdings ist im Amplitudengang der Gierverstärkung der höchste Überschwinger bei dieser Konfiguration sichtbar.

Generell ist bei diesen Simulationen zu beachten, dass sie „nur“ für die dargestellten Modellgleichungen gelten.

Reale Fahrzeuge haben eine Vielzahl weiterer Einflussgrößen, die hauptsächlich nicht-linear das Fahrverhalten beeinflussen. Insbesondere gilt dies für die nichtlinearen Reifeneigenschaften.

2.5.6 Zweispur-Fahrzeugmodellierung

In ► Abschn. 2.4.5.5 wurde bereits ein Zweispur-Federungsmodell eingeführt. Dieses weist bereits die Freiheitsgrade Wanken und Nicken auf. Auch für die Betrachtung der Querdynamik sind Zweispurmodelle sehr wichtig. Gegenüber den bereits in den vorherigen Kapiteln diskutierten Einspurmodellen erfahren diese nämlich z. B. Radlastschwankungen dadurch, dass der Schwerpunkt nun nicht mehr auf Fahrbahnhöhe angenommen wird. Der Aufbau wankt, sodass der Einsatz von Stabilisatoren diskutiert wird, was sehr entscheidende Auswirkungen auf das Fahrverhalten hat.

Im Zweispurmodell sind weiterhin Betrachtungen von radselektiven Eingriffen im Gegensatz zum Einspurmodell möglich. So kann z. B. ein bremsenbasiertes Stabilisierungsprogramm (ESP) im Zweispurmodell angewendet bzw. untersucht werden. Eine radselektive Bremskraft führt im Zweispurmodell direkt zu einem (korrigierenden) Giermoment.

Einhergehend mit der stärkeren Detailtreue werden für Zweispurmodelle in der Simulation und Berechnung nichtlineare Reifenmodelle (► Abschn. 2.2.2) verwendet, die insbesondere im Zusammenspiel mit dem Stabilisator einen wichtigen Einfluss auf die Betrachtung der Fahrdynamik im Grenzbereich haben. Je nach Anwendungsfall wird das Zweispurmodell um wichtige Eigenschaften wie Elastokinematik oder Elastizitäten im Lenkstrang erweitert. Das Einspurmodell weist zwar nicht diesen Detaillierungsgrad auf, dafür können insbesondere die linearisierten Einspurmodelle analytisch untersucht werden (► Abschn. 2.5.3.1). Dieser analytischen Untersuchungsmöglichkeit entzieht sich das nun vorgestellte Zweispurmodell, da es dafür zu komplex ist. Allerdings können mithilfe moderner Rechenprogramme (Mehrkörpersysteme wie ADAMS oder SIMPACK oder Simulationsprogramme wie Matlab/Simulink) Zweispurmodelle modelliert und die Ergebnisse ausgewertet werden.

In der jeweiligen Simulationsumgebung kann der Modellierungsgrad beliebig verfeinert werden. Am Lenkrad kann entweder ein einfacher Lenkverlauf (Sinus, Lenkwinkelsprung) oder ein „Fahrerregler“ angeschlossen werden, der die komplexeren Fahreraufgaben bewältigen bzw. regeln kann (doppelter Fahrspurwechsel). Für die Untersuchung des Fahrverhaltens notwendigen und passenden Fahrmanöver sind in ► Abschn. 3.2 beschrieben.

Am Radaufstandspunkt können beliebige Fahrbahnprofile oder Fahrbahnunebenheiten angreifen. Diese können sogar stochastischer Natur sein und dabei einen gewünschten Unebenheitsgrad und eine gewünschte Welligkeit aufweisen, s. ► Abschn. 2.4.3.5.

Im Folgenden wird ein relativ einfaches Zweispurmodell vorgestellt, mit dem sich aber bereits viele grundsätzliche Untersuchungen durchführen lassen. Wie in ◘ Abb. 2.133 zu erkennen ist, weist das Fahrzeug an Vorder- und Hinterachse einen Wankpol auf. Beim Wankpol handelt es sich um den achsenspezifischen Momentanpol der Bewegung der zu dieser Achse gehörenden Räder. Dieser Momentanpol ist zugleich bei Kraft- und Momentengleichgewichten als Kraftan griffspunkt aufzufassen, über den Kräften zwischen Radaufhängung und dem Aufbau übertragen werden.

Der Wankpol ist der Punkt, um den der Fahrzeugaufbau unter Querbeschleunigung seinen Wankwinkel aufbaut [30]. Die Verbindungslinie zwischen dem vorderen und dem hinteren Wankpol wird als Wankachse bezeichnet. Mit dem Abstand des Schwerpunkts zur Wankachse wird der Fahrzeugaufbau ein Wankmoment um diese Wankachse aufbauen, ◘ Abb. 2.134 (s. auch Abb. 1.36).

An den einzelnen Rädern wirken die jeweiligen Seitenkräfte sowie die Radlastdifferenzen. Bei den Radlastdifferenzen handelt es sich um diejenigen Kraftanteile, die durch Änderungen des Fahrzustands gegenüber dem Ausgangszustand entstehen. So führt eine Verzögerung oder eine Beschleunigung zu einer Achslastverschiebung zwischen Vorder- und Hinterachse.

Zu einer Radlastverschiebung zwischen der linken und rechten Fahrzeugseite kommt es, wenn das Fahrzeug unter Querbeschleunigung fährt. Die statischen Radlasten sowie die Gesamtmasse, wie sie im Ausgangszustandvorliegen, werden der Übersichtlichkeit halber in den folgenden Betrachtungen herausgerechnet.

Im Schwerpunkt greift die Fliehkraft an, die durch die Querbeschleunigung entsteht. Diese wird direkt in die beiden Anteile für den vorderen und hinteren Aufbauteil aufgeteilt, sodass eine achsweise Betrachtung der resultierenden Effekte möglich wird. Die vorderen und hinteren Achssysteme weisen jeweils auch eine Masse auf, die natürlich ebenfalls die Fliehkraft unterliegt.

Es wird vereinfachend angenommen, dass sich die Lage der Wankpole bei einer Einfederbewegung nicht ändert und dass lineare Federkennungen vorliegen.

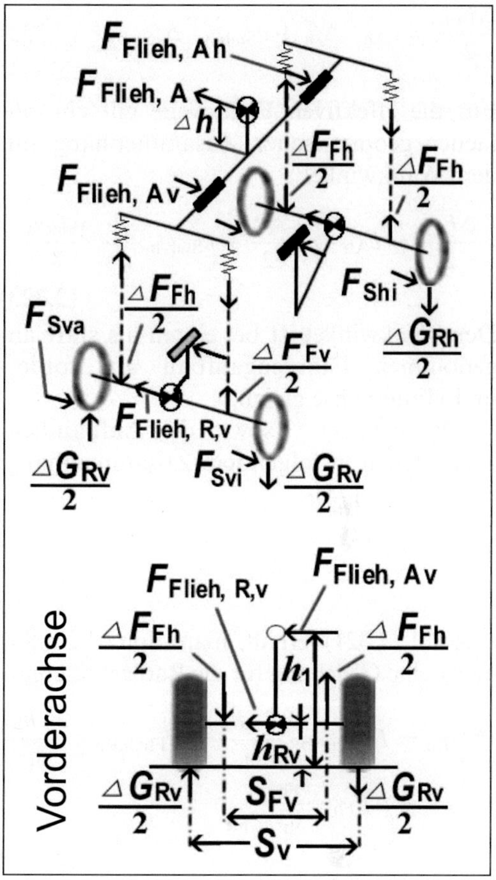

Abb. 2.134 Kräfte am Zweispurmodell

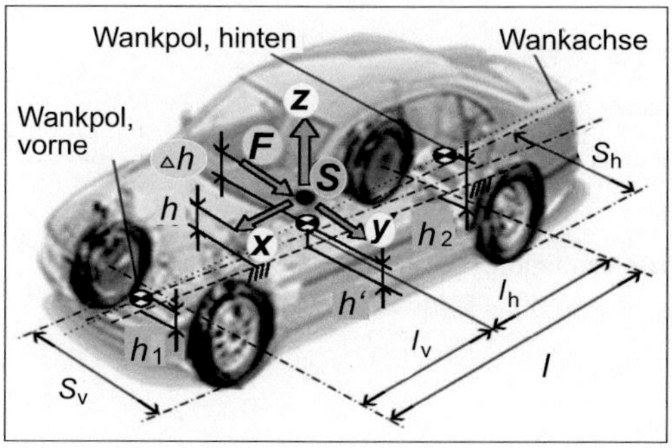

Abb. 2.133 Zweispurmodell für die Untersuchung des Fahrverhaltens

Weiterhin wird bei den Bewegungen von kleinen Winkeln ausgegangen [20].

Mit den in Abb. 2.134 dargestellten Kräften lassen sich für Vorder- und Hinterachse Momentengleichgewichte aufstellen. Unter der Verwendung von Größen aus Tab. 2.16 gilt für die Hinterachse:

$$\sum M_{\mathrm{HA}} \stackrel{!}{=} 0 = F_{\mathrm{Flieh,Ah}} \cdot h_2 + F_{\mathrm{Flieh,Rh}} \cdot h_{\mathrm{Rh}} + 2 \cdot \frac{\Delta F_{\mathrm{Fh}}}{2} \cdot \frac{s_{\mathrm{Fh}}}{2} - 2 \cdot \frac{\Delta G_{\mathrm{Rh}}}{2} \cdot \frac{s_{\mathrm{h}}}{2} \tag{2.321}$$

$$\frac{\Delta F_{\text{Fh}}}{2} = c_{\text{Ah}} \cdot \Delta f_{\text{h}} + c_{\text{Stab,h}} \cdot \Delta f_{\text{Stab,h}} \quad (2.322)$$

2

Für die effektiven Federwege gilt ein einfacher geometrischer Zusammenhang mit dem Wankwinkel:

$$\frac{\Delta F_{\text{Fh}}}{2} = c_{\text{Ah}} \cdot \varphi \cdot \frac{s_{\text{Fh}}}{2} + c_{\text{Stab,h}} \cdot \varphi \cdot \frac{s_{\text{Stab,h}}}{2} \quad (2.323)$$

Der Wankwinkel ist bei einem als starr angenommen Fahrzeugaufbau an Vorder- und Hinterachse gleich.

Wankwinkel φ sowie die Aufbaufliehkraft stehen in folgendem Zusammenhang, siehe Gl. (2.175).

$$\varphi = \frac{2 \cdot \Delta h \cdot F_{\text{Flieh,A}}}{c_{\text{Av}} \cdot s_{\text{Fv}}^2 + c_{\text{Ah}} \cdot s_{\text{Fh}}^2 + c_{\text{stab,v}} \cdot s_{\text{stab,v}}^2 + c_{\text{stab,h}} \cdot s_{\text{stab,h}}^2} \quad (2.324)$$

Aus Gl. (2.321) erhält man durch Umformung eine Gleichung für die Radlastdifferenz:

$$\Delta G_{\text{Rh}} = F_{\text{Flieh,Ah}} \cdot \frac{2 \cdot h_2}{s_{\text{h}}} + F_{\text{Flieh,Rh}} \cdot \frac{2 \cdot h_{\text{Rh}}}{s_{\text{h}}} + \Delta F_{\text{Fh}} \cdot \frac{s_{\text{Fh}}}{s_{\text{h}}} \quad (2.325)$$

Zusammen mit Gl. (2.323) ergibt sich folgende, wichtige Gleichung zur Radlastdifferenz an der Hinterachse:

$$\Delta G_{\text{Rh}} = F_{\text{Flieh,Ah}} \cdot \frac{2 \cdot h_2}{s_{\text{h}}} + F_{\text{Flieh,Rh}} \cdot \frac{2 \cdot h_{\text{Rh}}}{s_{\text{h}}} + c_{\text{Ah}} \cdot \varphi \cdot \frac{s_{\text{Fh}} \cdot s_{\text{Fh}}}{s_{\text{h}}} + c_{\text{Stab,h}} \cdot \varphi \cdot \frac{s_{\text{Stab,h}} \cdot s_{\text{Fh}}}{s_{\text{h}}} \quad (2.326)$$

Für die Vorderachse gilt eine identische Herleitung:

$$\Delta G_{\text{Rv}} = F_{\text{Flieh,Av}} \cdot \frac{2 \cdot h_1}{s_{\text{v}}} + F_{\text{Flieh,Rv}} \cdot \frac{2 \cdot h_{\text{Rv}}}{s_{\text{v}}} + c_{\text{Av}} \cdot \varphi \cdot \frac{s_{\text{Fv}}^2}{s_{\text{v}}} + c_{\text{Stab,v}} \cdot \varphi \cdot \frac{s_{\text{Stab,v}} \cdot s_{\text{Fv}}}{s_{\text{v}}} \quad (2.327)$$

Die effektive, resultierende Radlast setzt sich wie erwähnt pro Rad aus einem stationären (Ausgangszustand) und einem dynamischen Anteil (Längs- und Querdynamik) zusammen. Generell gilt:

$$G_{\text{ij}} = \frac{1}{2} \cdot G_{\text{stat,j}} \pm \frac{1}{2} \cdot \Delta G_{\text{dyn,j}} \quad (2.328)$$

Tab. 2.16 Verwendete Größen

$F_{\text{Flieh,Ah}}$	**Abzustützender Anteil der Aufbaufliehkraft an der Hinterachse. Es gilt:** $F_{\text{Flieh,Ah}} = m_{\text{A}} \cdot a_y \cdot l_v / l$
h_2	Wankpolhöhe an der Hinterachse
$F_{\text{Flieh,Rh}}$	Fliehkraft der Hinterachsmasse. Es gilt: $F_{\text{Flieh,Rh}} = m_{\text{Rh}} \cdot a_y$
h_{Rh}	Achsschwerpunkt Hinterachse über Fahrbahn
ΔF_{Fh}	Federkraftdifferenz an der Hinterachse bei einer Wankbewegung
s_{Fh}	Hinterachse Spurweite zwischen den Federn
ΔG_{Rh}	Hinterachse Radlastdifferenz unter Querbeschleunigung
s_{h}	Spurweite an der Hinterachse
c_{Ah}	Federrate der Aufbaufedern an der Hinterachse
Δf_{h}	Differenz der Federwege an der Hinterachse
$c_{\text{Stab,h}}$	Federrate des Stabilisators an der Hinterachse
$\Delta f_{\text{Stab,h}}$	Differenz der Federwege der Stabilisatorschenkel an der Hinterachse
$s_{\text{Stab,h}}$	Spurweite zwischen den Stabilisatorenden an der Hinterachse

Die jeweilige stationäre Achslast ergibt sich aus dem Gesamtgewicht sowie der Gesamtschwerpunktlage in Längsrichtung. Für die einzelnen Radlasten gilt für vorne außen:

$$G_{\mathrm{Rva}} = \frac{1}{2} \cdot m_{\mathrm{ges}} \cdot g \cdot \frac{l_{\mathrm{h}}}{l} + \frac{1}{2} \cdot \Delta G_{\mathrm{Rv}} \quad (2.329)$$

vorne innen:

$$G_{\mathrm{Rvi}} = \frac{1}{2} \cdot m_{\mathrm{ges}} \cdot g \cdot \frac{l_{\mathrm{h}}}{l} - \frac{1}{2} \cdot \Delta G_{\mathrm{Rv}} \quad (2.330)$$

hinten außen:

$$G_{\mathrm{Rha}} = \frac{1}{2} \cdot m_{\mathrm{ges}} \cdot g \cdot \frac{l_{\mathrm{v}}}{l} + \frac{1}{2} \cdot \Delta G_{\mathrm{Rh}} \quad (2.331)$$

hinten innen:

$$G_{\mathrm{Rhi}} = \frac{1}{2} \cdot m_{\mathrm{ges}} \cdot g \cdot \frac{l_{\mathrm{v}}}{l} - \frac{1}{2} \cdot \Delta G_{\mathrm{Rh}} \quad (2.332)$$

Das bedeutet, dass die Räder an der Außenseite der Kurve die deutlich höheren Seitenkräfte abzustützen haben, da die Radlast hier jeweils wesentlich höher ist als an der kurveninneren Seite.

$$\sum F_{\mathrm{sv}} = F_{\mathrm{svi}} + F_{\mathrm{sva}} = F_{\mathrm{Flieh,ges}} \cdot l_{\mathrm{h}}/l \quad (2.333)$$

$$\sum F_{\mathrm{sh}} = F_{\mathrm{shi}} + F_{\mathrm{sha}} = F_{\mathrm{Flieh,ges}} \cdot l_{\mathrm{v}}/l \quad (2.334)$$

Wichtig ist bei dieser Betrachtung, dass über die Seitenkräfte aller Räder die Fliehkraft des kompletten Fahrzeugs abzustützen ist.

Vereinfachend wird zunächst davon ausgegangen, dass die Schräglaufwinkel an beiden Rädern einer Achse gleich groß sind. Somit lassen sich mit der statischen Achslast sowie der entstehenden Radlastdifferenz entweder die erreichbaren Reifenseitenkräfte ermitteln oder bei gegebener Querbeschleunigung (damit gegebener Fliehkraft) die notwendigen Schräglaufwinkel.

Der hier dargestellte Verlauf der Seitenführungskraft durch Schräglaufwinkel ist typisch für normale Fahrzeugreifen. Die Seitenkraft ist ab einem bestimmten Bereich stark degressiv über der Radlast bzw. über dem Schräglaufwinkel. In der Praxis heißt dies, dass es bei höheren Radlasten zu einer Seitenkraftsättigung kommt und ab dem Seitenkraftmaximum die Seitenkraft sogar wieder abnimmt.

Ausgehend von einem theoretischen, symmetrischen Ruhezustand könnten die beiden Reifen einer Achse jeweils die gleiche Seitenführungskraft übertragen (hier $F_{\alpha,\mathrm{sym}}$). Bewegt man sich nun von diesem Arbeitspunkt mit den Radlastdifferenzen nach rechts und links, so lässt sich getrennt für jedes Rad die jeweilige Seitenführungskraft ablesen. Man erkennt direkt, dass man im degressiven Bereich des Reifenkennfeldes auf jeden Fall mit sinkender Radlast (kurveninnen) mehr Seitenführungskraft reduziert als man mit steigender Radlast (kurvenaußen) hinzugewinnt. Es gilt also:

$$2 \cdot F_{\alpha,\mathrm{sym}} > F_{\alpha\mathrm{i}} + F_{\alpha\mathrm{a}} \quad (2.335)$$

Das bedeutet, dass durch eine große Radlastdifferenz an einer betrachteten Fahrzeugachse zwangsläufig das Seitenkraftpotential absinken muss (◘ Abb. 2.135).

2.5.7 Parametervariation

Zur Verdeutlichung der fahrdynamischen Zusammenhänge beim Zweispur-Modell wird eine Parametervariation vorgestellt [1].

Der Grundzustand (Variation 0) hat folgende Daten:

Gesamtmasse des Fahrzeugs:	$m$ges	=	1678 kg
Radmasse:ad	mR	=	35 kg
Radstand:	l	=	2680 mm
Spurweite vorn/ hinten:	$s_{\mathrm{v}} = s$h	=	1520 mm
Schwerpunktlage:	l_{v}	=	1080 mm
	lh	=	1600 mm

Schwerpunkthöhe:	h	=	520 mm
Wankpolhöhen:	$h1 = h2$	=	0 mm

Wankwinkel:	φ	=	$f(a_y)$
Gierwinkelgeschwindigkeit:	$\dot{\psi}$	=	$f(a_y)$

Abb. 2.136 zeigt die Simulationsergebnisse für die Nullversion bei stationärer Kreisfahrt. Zur Beschreibung der stationären Lenkeigenschaften werden folgende Größen betrachtet:

Lenkradwinkel:	ψH	=	$f(a_y)$
Schwimmwinkel:	β	=	$f(a_y)$

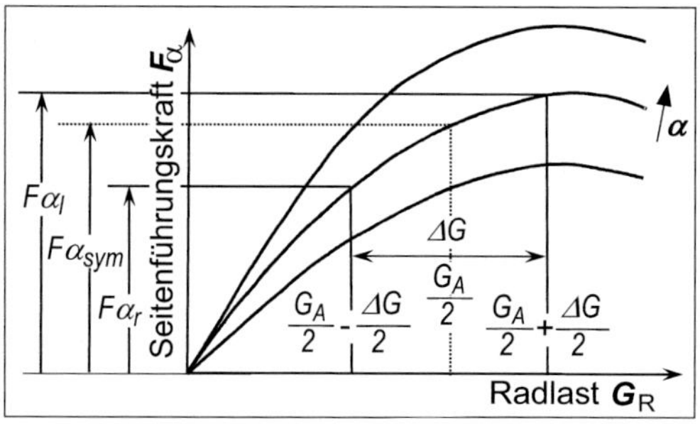

Abb. 2.135 Auswirkungen von Radlastdifferenzen

Die stationäre Kreisfahrt wird zunächst dazu verwendet, den Lenkwinkelbedarf unter steigender Querbeschleunigung zu ermitteln. Wie in Abb. 2.136 oben links zu erkennen ist, steigt der Lenkwinkel zunächst zwar linear an, wird dann aber bei höherer Querbeschleunigung stark progressiv. Die Ausgangsversion dieser Parameterstudie ist also untersteuernd ausgelegt.

Aus dem linearen Teil der Kurve für den Lenkwinkelbedarf lässt sich gemäß Gl. (2.278) der Eigenlenkgradient EG unter Berücksichtigung der Lenkübersetzung ($i_{\text{Lenk}} = 13$) ablesen: $EG = 0{,}0017$ rad/(m/s^2). Der stationäre Gierverstärkungsfaktor nach Abb. 2.137 ist hier ebenfalls abzulesen. Im linearen Bereich der Fahrdynamik gilt:

$$\left(\frac{\dot{\psi}}{\delta}\right)_{\text{stat}} = \frac{v}{l + EG \cdot v^2} \tag{2.336}$$

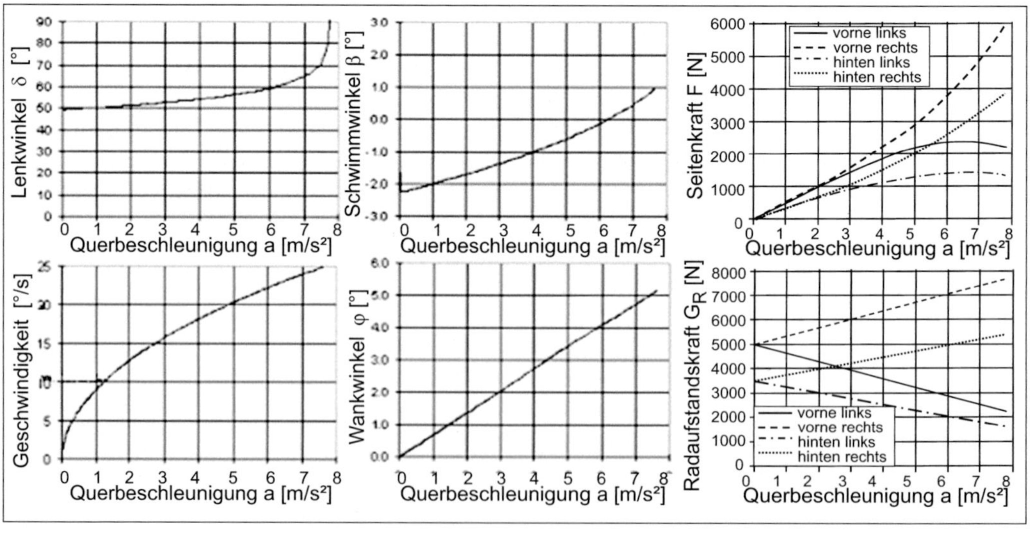

Abb. 2.136 Simulationsergebnisse bei stationärer Kreisfahrt der Ausgangsversion [20]

Damit ergibt sich der folgende Verlauf des Gierverstärkungsfaktors über der Geschwindigkeit (◘ Abb. 2.137).

Das Maximum dieser Kurve und damit die gierfreudigste Geschwindigkeit liegen leicht oberhalb der eigentlich geforderten 65 bis 100 km/h.

Weiterhin ist der Schwimmwinkelverlauf dargestellt. Wie ◘ Abb. 2.136 zeigt, ist der Schwimmwinkel bei langsamer Kurvenfahrt zunächst negativ und wird erst bei höheren Querbeschleunigungen einen Nulldurchgang aufweisen. Dann befindet sich der Kurvenmittelpunkt vor der Schwerpunktlinie. Bei Beginn der Kurvenfahrt folgt der Schwimmwinkel der einfachen geometrischen Beziehung:

$$\beta_0 = \frac{l_\mathrm{h}}{r} = -2,2^\circ \qquad (2.337)$$

Der Nulldurchgang wird im vorliegenden Fall erst bei ca. 6 m/s² erreicht. Dann liegen Fahrzeuglängsachse und Bahntangente auf einer gemeinsamen Geraden. Darüber hinaus zeigt die Fahrzeuglängsachse bei höheren Querbeschleunigungen in den Bahnradius hinein, der Schwimmwinkel wird gemäß Definition positiv.

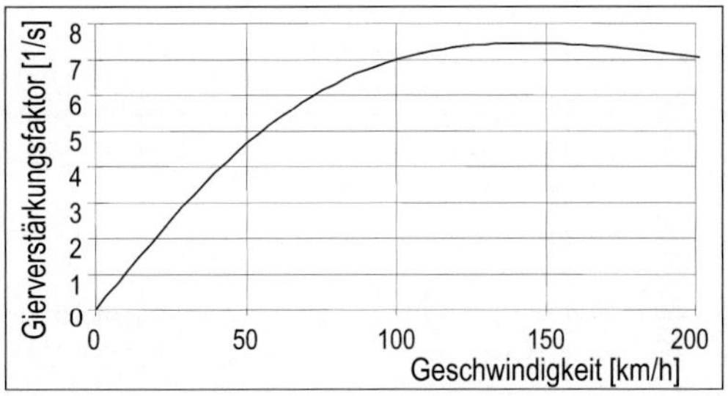

◘ **Abb. 2.137** Gierverstärkungsfaktor als Funktion der Fahrgeschwindigkeit [20]

2.5.7.1 Variation der Schwerpunkthöhe (V1)

Die Schwerpunkthöhe bis auf die Fahrbahn abgesenkt und entspricht damit den Zuständen beim Einspurmodell.

Die Simulationsergebnisse sind in Folge dargestellt im ◘ Abb. 2.138. Signifikant ist der Unterschied im Eigenlenkverhalten bzw. im dargestellten Lenkwinkelbedarf. Gegenüber der Nullversion zeigt die Version 1 eine wesentlich geringer ausgeprägte Untersteuertendenz.

Dieses Verhalten entspricht in etwa dem eines Einspurmodells. Im Zeitbereich sind bei der Version 1 geringer ausgeprägte Überschwinger in der Giergeschwindigkeit und im Schwimmwinkel zu erkennen, was auf eine höhere Gierdämpfung hindeutet. Grund dieses Verhalten ist bereits im ► Abschn. 2.5.6 erklärt. Durch das Absenken der Schwerpunkthöhe werden die entstehenden Radlastdifferenzen ausgehend vom realen Wert bis auf Null abgesenkt. Durch hohe Radlastdifferenzen sinkt das übertragbare Seitenkraftpotential, die effektive Schräglaufsteifigkeit sinkt ebenfalls mit steigender Radlastdifferenz und macht sich daher hier deutlich bemerkbar.

2.5.7.2 Variation der Schwerpunktlage in Längsrichtung (V2)

In dieser Variante wird der Schwerpunkt gegenüber der Nullversion in Längsrichtung zurückverlegt, befindet sich aber immer noch im vorderen Teil des Fahrzeugs. Hier ist eine leichte Minderung der Untersteuertendenz gegenüber der Nullvariante zu erkennen. Im Zeitbereich ist eine etwas bessere Gierdämpfung zu sehen (◘ Abb. 2.139). Auch hier ist das degressive Reifenverhalten für dieses Verhalten verantwortlich. Durch eine Vergrößerung des Schwerpunktabstands von der Vorderachse wird die Achslast an der Vorderachse verringert, der Ausgangspunkt bezüglich der Radlast wandert im Reifenkennfeld nach links. Die effektive Schräglaufsteifigkeit an

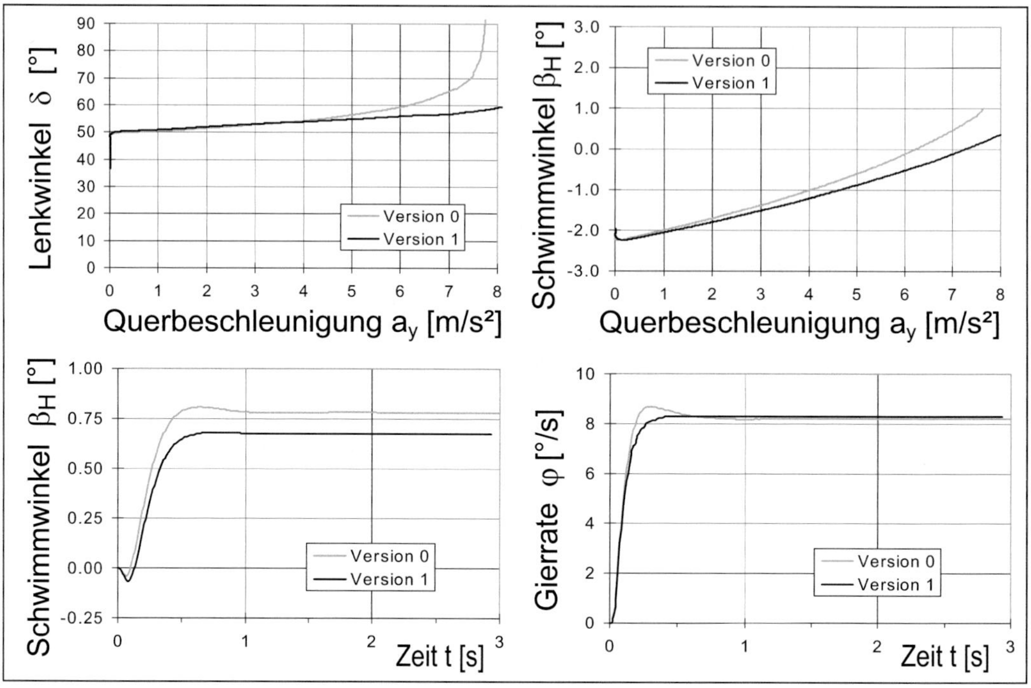

■ **Abb. 2.138** Simulationsergebnisse bei abgesenkter Schwerpunkthöhe (Variante 1) [20]

der Vorderachse nimmt dadurch zu, weil der Einfluss des degressiven Bereichs kleiner wird. Die Zunahme ist allerdings nicht so groß wie die Zunahme des Schwerpunktabstands.

2.5.7.3 Variation der Wankachse (V3)

Wie beschrieben wird sich der Aufbau unter Querbeschleunigung um die sogenannte Wankachse neigen. Bei der Nullversion liegen die Wankpole auf der Fahrbahn, daher liegt auch die Wankachse auf Fahrbahnhöhe. In dieser Variante wird der vordere Wankpol auf 0,15 m über der Fahrbahn angehoben. Damit ist die Wankachse nach hinten abfallend.

Da die Schwerpunkthöhe konstant bleibt, wird der Hebelarm Δh der Aufbaufliehkraft um die Wankachse gegenüber der Nullversion kleiner. Die direkten Folgen sind klar ersichtlich, ■ Abb. 2.140. Der resultierende Wankwinkel wird gemäß Gl. (2.324) bei gleicher Querbeschleunigung kleiner. Wie in Gl. (2.326) sowie Gl. (2.327) zu erkennen ist, wird die Radlastdifferenz ebenfalls kleiner, da alle anderen Parameter der Radlastdifferenzgleichungen identisch bleiben.

Gemäß den Gl. (2.321 ff.) muss die gesamte Fahrzeugfliehkraft über die Summe der Radlastdiffe renzen an Vorder- und Hinterachse kompensiert werden. Da also die Radlastdifferenz wegen des geringeren Wankwinkels und der ansonsten gleich bleibenden Parameter an der Hinterachse kleiner wird, muss die Radlastdifferenz an der Vorderachse entsprechend größer werden, s. Gl. (2.326) sowie (2.327). Daher nimmt also die Untersteuertendenz bei der Variante 3 noch weiter zu, da die effektive Schräglauf-

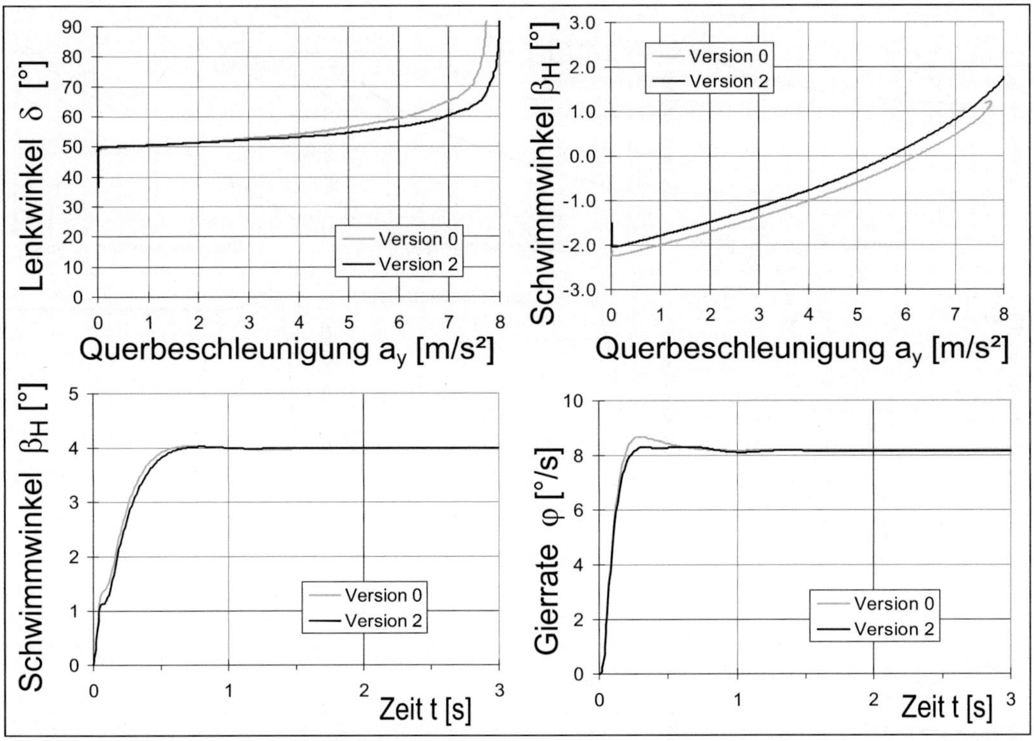

Abb. 2.139 Simulationsergebnisse bei veränderter Schwerpunktlage (Variante 2) [20]

steifigkeit der Vorderachse weiter abgesenkt wird. Die Gierdämpfung nimmt entsprechend auch etwas ab.

2.5.7.4 Variation der Wankfederverteilung (V4)

Gegenüber der Nullversion wird in dieser Variante die Stabilisatorsteifigkeit an der Vorderachse erhöht (Abb. 2.141). Eine Erhöhung einer der beiden Stabilisatorsteifigkeiten führt per se in einem Fahrzeug zu einem niedrigeren Wankwinkel, s. Gl. (2.315). Allerdings hat der Einbauort der erhöhten Stabilisatorsteifigkeit einen entscheidenden Einfluss auf das Fahrverhalten und insbesondere auf das Eigenlenkverhalten.

Die Gl. (2.326), (2.327) werden erneut zur Abschätzung für die Radlastdifferenz herangezogen. Bei einer Erhöhung der Stabilisatorsteifigkeit an der Vorderachse wird die Radlastdifferenz an der Hinterachse kleiner, da hier nur der Wankwinkel verändert wird (Gl. (2.326). In Folge muss die Radlastdifferenz an der Vorder.

achse in gleichem Maße ansteigen, um weiterhin die gleiche Gesamtfliehkraftabzustützen. Den Einfluss einer höheren Stabilisatorsteifigkeit zeigt Abb. 2.142.

Ein Stabilisator vergrößert de facto die Radlastdifferenzen an der betreffenden Achse und verringert daher ihre wirksame Schräglaufsteifigkeit.

Die Simulationsergebnisse zeigen daher eine Erhöhung der Untersteuertendenz gegenüber der Nullversion. Wie bereits erwähnt, hat der Stabilisator einen entscheidenden Einfluss auf das Fahrverhalten.

2

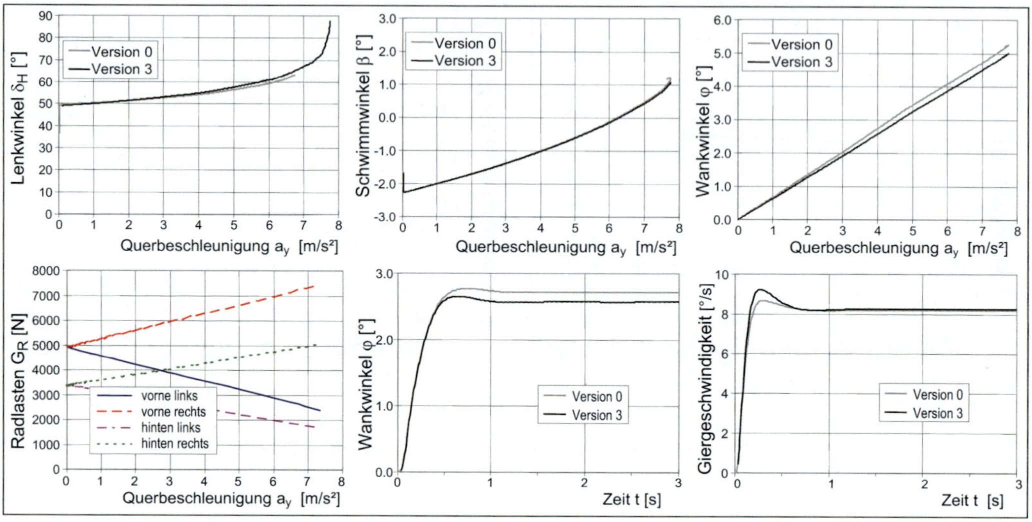

Abb. 2.140 Simulationsergebnisse bei veränderter Wankachse (Variante 3) [20]

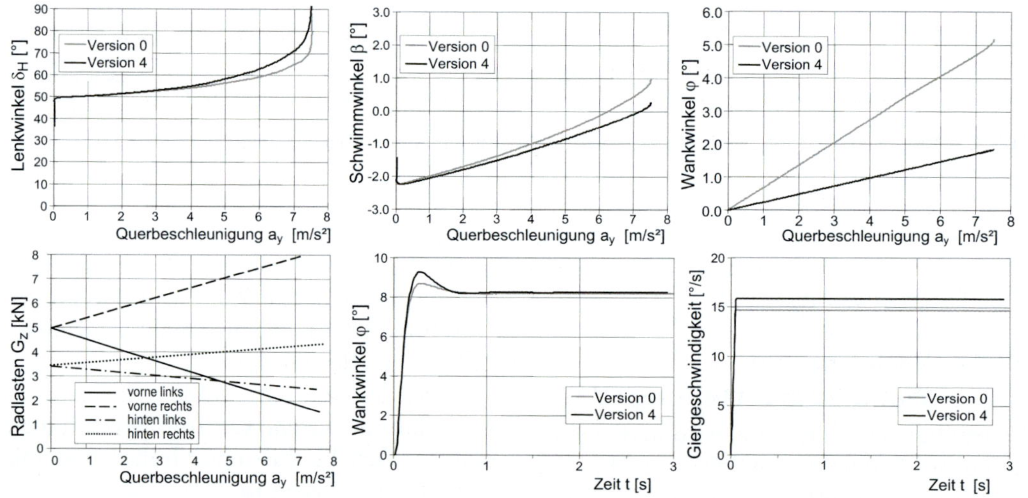

Abb. 2.141 Variation der Stabilisatorsteifigkeit (Variante 4) [20]

Er verringert nicht nur den resultierenden Wankwinkel, sondern kann durch geschickten Einsatz auch dazu verwendet werden, das Eigenlenkverhalten des Fahrzeugs entscheidend zu verändern.

Eine Erhöhung der Stabilisatorsteifigkeit an der Vorderachse erhöht die Untersteuertendenz, eine Erhöhung an der Hinterachse dagegen verringert diese.

2.5.7.5 Variation des Antriebskozepts (V5)

Man kann bereits in der Variante 1 erkennen, dass der Lenkwinkelbedarf mit steigender Querbeschleunigung ansteigt. Dies lässt sich mit Einflüssen aus dem Antrieberklären. Eine steigende Querbeschleunigung geht direkt einher mit einer erhöhten Fahrgeschwindigkeit und da- mit auch mit erhöhten Fahrwiderständen durch Luft- und Reibungswiderstand. Diese erhöhten Fahrtwiderstände sind durch eine höhere Antriebskraft an der angetriebenen Achse zu kompensieren. Wie im ► Abschn. 2.2.1.2, ◘ Abb. 2.57 (Krempeldiagramm), dargestellt, beeinflussen sich Längs- und Querkraft des Reifens, d. h., dass das Seitenkraftpotential unter erhöhter Längskraft reduziert wird. Dadurch wird die effektive Schräglaufsteifigkeit an der angetriebenen Achse reduziert. Dieser Effekt ist bei kleinen Kurvengeschwindigkeiten und niedrigen Querbeschleunigungen noch sehr gering, wird aber bei höheren Querbeschleunigungen deutlich spürbar (◘ Abb. 2.143). Bei einem Fahrzeug mit Vorderradantrieb wird daher die Untersteuertendenz noch durch das Antriebskonzept verstärkt [20]. Ein durch eine geeignete Parameterauswahl tendenziell untersteuerndes heckgetriebenes Fahrzeug kann dagegen durchaus ein Lokal übersteuerndes Verhalten nach Bergmann (s. ◘ Abb. 2.118) aufweisen.

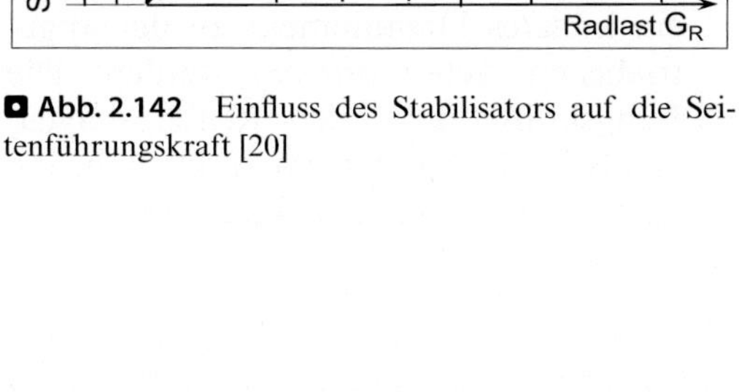

◘ **Abb. 2.142** Einfluss des Stabilisators auf die Seitenführungskraft [20]

Das hier zu beobachtende lokale Übersteuerverhalten ist dadurch zu erklären, dass die effektive Schräglaufsteifigkeit an der Hinterachse stärker reduziert wird als an der Vorderachse. An der Hinterachse wird diese durch steigende Radlastdifferenz sowie durch die Erhöhung der Umfangskräfte (erhöhter Fahrtwiderstand) herabgesetzt, an der Vorderachse allein durch die steigende Radlastdifferenz.

Der Schräglaufwinkel an der Hinterachse steigt dadurch stark an, wodurch ein sehr großer Schwimmwinkel des Fahrzeugs resultiert. In Folge muss der Lenkwinkel an der Vorderachse zurückgenommen werden, um das Fahrzeug kursstabil zu halten.

Bei einem frontgetriebenen Fahrzeug setzt ein selbstsichernder Effekt ein. Die Untersteuertendenz nimmt immer weiter zu, der Bahnradius erhöht sich dabei.

Dadurch sinken die Querbeschleunigung und damit die einhergehende abzustützende Seitenkraft. Die Vorderachse verlässt unter diesem Einfluss den gesättigten.

Bereich der Seitenführungskraft und befindet sich wieder in einem stabilen Zustand.

Wie in ► Abschn. 2.5.3.3 beschrieben, zeigt das übersteuernde Fahrzeug ein Selbstverstärkungsverhalten im negativen Sinne. Durch das Einlenken in die Kurve wird der Übersteuereffekt in kürzester Zeit verstärkt. Ohne ein schnelles Gegenlenken ist das Fahrzeug instabil und beginnt unkontrolliert zu schleudern.

Bei Fahrzeugen mit Allradantrieb hängt das Verhalten im Grenzbereich davon ab, wie die Antriebsmomente auf Vorder- und Hinterachse verteilt werden [20]. Generell lässt sich allerdings mit einem Allradfahrzeug eine etwas höhere Querbeschleunigung erreichen, da die Antriebskräfte auf beide Achsen verteilt werden.

In der Fahrzeugentwicklung wird bestrebt, die Querbeschleunigungsfähigkeit der Fahrzeuge permanent zu erhöhen. Bei Betrachtung der grundsätzlichen theoreti-

2

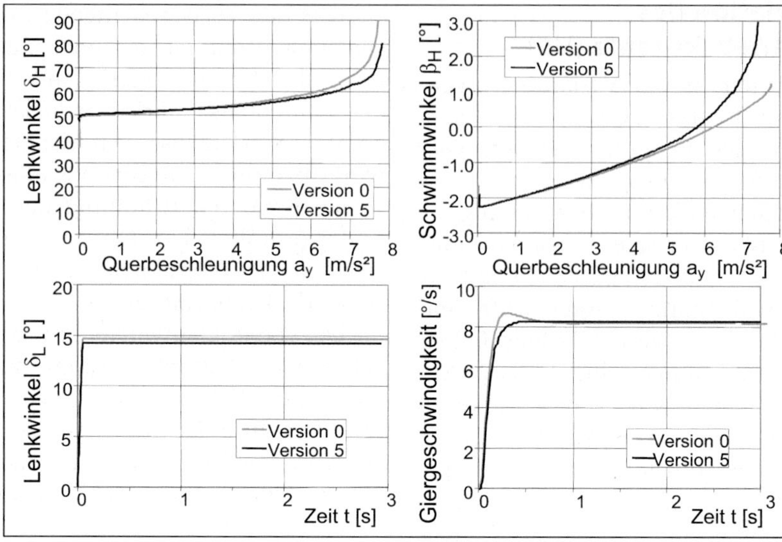

Abb. 2.143 Variation des Antriebskonzeptes (Variante 5) [20]

schen Zusammenhänge ist allerdings zu beachten, dass der Übergang vom Grenzbereich in den Bereich, in dem eine Kurshaltung praktisch nicht mehr möglich ist, dabei immer abrupter erfolgen muss. Die erreichbare Grenzquerbeschleunigung wird nämlich immer weiter der theoretisch möglichen Querbeschleunigung angenähert, die nur vom Reibwert abhängt. Es bleibt Aufgabe des Fahrwerkentwicklers, dass der Fahrer bei der Einschätzung des Grenzbereichs nicht überfordert wird. Weiterhin kann der Fahrer durch aktive Fahrwerksysteme bei seiner Fahraufgabe im Sinne eines Kursreglers unterstützt werden, was bei neuen, mit Antischleudersystemen (ESP) ausgestatteten Fahrzeugen der Fall ist.

2.5.7.6 Zusammenfassung Parametervariationen

1. Eine Senkung der Schwerpunkthöhe reduziert die Untersteuertendenz und erhöht die Gierdämpfung.
2. Die Verlegung der Schwerpunktlage nach hinten mindert ebenfalls die Untersteuertendenz und verbessert die Gierdämpfung, allerdings schwächer als bei der Senkung der Schwerpunkthöhe. Dafür ist das degressive Reifenverhalten verantwortlich.
3. Wird die Wankachse vorne erhöht, d. h. nach Hinten abfällt, wird der Wankwinkel kleiner, nimmt die Untersteuertendenz zu und die Gierdämpfung etwas ab.
4. Eine Erhöhung der beiden Stabilisatorsteifigkeiten führt zu niedrigem Wankwinkel. Allerdings hat der Einbauort einen entscheidenden Einfluss auf das Fahrverhalten und Eigenlenkverhalten. Ein Stabilisator vergrößert die Radlastdifferenzen an der betroffenen Achse und verringert ihre wirksame Schräglaufsteifigkeit. Eine Erhöhung der Stabilisatorsteifigkeit an der Vorderachse erhöht die Untersteuertendenz des Fahrzeugs und umgekehrt.
5. Bei steigender Kurvengeschwindigkeit steigen auch die Querbeschleunigung und Fahrwiederstände, die nur durch ein höheres Drehmoment an der angetriebenen Achse erreicht werden. Die Längskräfte unter den Reifen steigen, das Seitenkraftpotenzial sinkt, d. h. die effektive Schräglaufsteifigkeit an der an-

getriebenen Achse wird reduziert. Ein Vorderradantrieb erhöht die Untersteuertendenz und Hinterradantrieb die Übersteuertendez. Bei Allradantrieb hängt das Verhalten im Grenzbereich von der Antriebsmomentverteilung ab. Generell lässt sich mit Allrad etwas höhere Querbeschleunigung erreichen.

2.6 Allgemeine Fahrdynamik

Metin Ersoy, Carsten Hoffmann, Thomas Hüsemann, Jörn Lützlow und Christian Schimmel

Bisher wurde jeweils nur eine der drei Fahrdynamikdomänen betrachtet. Um die Vorgänge vereinfacht zu erklären und zu verstehen, wurden dabei jeweils die Einflüsse anderer Domänen außer Acht gelassen. Bei einer normalen Fahrt ist es jedoch sehr selten der Fall, dass nur Vertikal-, Längs- oder Querkräfte auftreten. Bei der Geradeausfahrt auf einer Schlechtwegstrecke entstehen z. B. neben den Längskräften auch dynamische Radlaständerungen. Das bedeutet gleichzeitiges Wirken von längs- und vertikaldynamischen Bewegungen. Während der Geradeausfahrt auf einer Fahrbahn mit rechts und links unterschiedlicher Reibkoeffizienten entstehen neben den Längskräften auf Querkräfte, wenn dabei gebremst oder beschleunigt wird. Während der Kurvenfahrt oder beim Spurwechsel entstehen Quer- und Längskräfte, wenn dabei gebremst, beschleunigt oder ein Lastwechsel durchlaufen wird. Eine Kurvenfahrt auf einer unebenen Fahrbahn verursacht Kräfte in allen drei Fahrdynamikdomänen.

Für die Fahrsicherheit sind besonders die Fälle mit Längs- und Querkräften interessant, da nur diese Kräfte die Stabilität des Fahrzeugs beeinflussen.

Die Erklärung der Situation ist am einfachsten mithilfe von Horizontalkräften unter den Reifen und Momenten um die z-Achse am Fahrzeugschwerpunkt (Drallsatz) verständlich (◘ Abb. 2.144). Die Längs- und Querkräfte wirken immer Längs oder Quer zum Reifen und diese müssen in Gleichgewicht mit dem immer am Schwerpunkt nach Kurvenaussen wirkende Fliehkraft sein. Die Summe der durch die Längs- und Querkräfte erzeugten Momente um den Schwerpunkt ist dann der Giermoment, der das Fahrzeug um seine Hochachse dreht. Dieser Giermoment ist verantwortlich dafür, dass das Fahrzeug in die Kurve gezwungen wird. Ist er zu hoch, übersteuert sich das Fahrzeug und ist es zu niedrig, untersteuert sich das Fahrzeug.

2.6.1 Wechselwirkungen zwischen Vertikal-, Längs- und Querdynamik

Im allgemeinen Fall, nämlich bei einer Fahrt entlang eines beliebigen Kurses auf beliebiger Fahrbahn kann die Vertikal-, Längs- und Querdynamik des Fahrzeugs nicht getrennt voneinander betrachtet werden. Es existieren Wechselwirkungen unter-

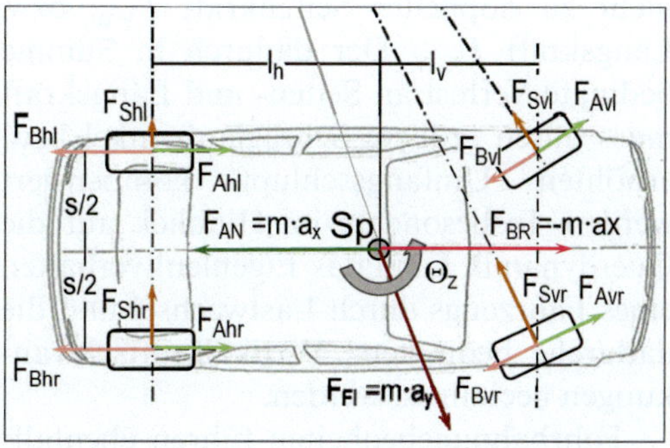

◘ **Abb. 2.144** Kräfte und Momente am Fahrzeug, Sp: Schwerpunkt, A: Antriebskraft, B: Bremskraft, S: Seitenkraft, Fl: Fliehkraft, θ_z: Giermoment, v: vorn, h: hinten, r: rechts, l: links / Radstand, s: Spurlänge einander, die das Fahrverhalten zum Teil erheblich beeinflussen. Bereits bei Betrachtung des Kraftübertragungsverhaltens von Fahrzeugreifen wurde deutlich, dass kombinierte Schlupfzustände, wie beispielsweise Beschleunigen oder Bremsen in der Kurve einen starken Einfluss auf den Seiten- und Längskraftaufbau haben, der den fast vollständigen Verlust der Seitenkraft zur Folge haben kann. Im Weiteren sollen daher folgende Wechselwirkungen näher untersucht werden:

- Vertikalkraftschwankungen und deren Einfluss auf die Reifen-Horizontalkräfte,
- Einfluss längsdynamischer Vorgänge auf die Querdynamik.

2.6.1.1 Vertikalkraftschwankungen

Bei Fahrt auf unebener Straße, im Gelände oder beim Überrollen von Fahrbahnhindernissen treten Schwankungen im Verlauf der Radlast $F_{Z,W}$ auf. Darüber hinaus führen Beschleunigungs- und Bremsvorgänge sowie Kurvenfahrten in Folge dynamischer Massenkräfte zu Veränderungen der Radlast $F_{Z,W}$. Der Zusammenhang zwischen der Vertikalkraft $F_{Z,W}$ in der Reifenaufstandsfläche A_T und der übertragbaren Horizontalkraft $F_{H,W}$ ist nicht linear; die Horizontalkraft $F_{H,W}$ nimmt bei steigender Radlast $F_{Z,W}$ degressiv zu (◻ Abb. 2.145).

Doppelte Radlast $F_{Z,W}$ führt demnach nicht zu doppelter Seitenkraft $F_{Y,W}$ bzw. Längskraft $F_{X,W}$. Der dadurch in Summe bedingte Verlust an Seiten- und Längskraft muss durch größere Schräglaufwinkel bzw. erhöhten Umfangsschlupf kompensiert werden. Insbesondere im Hinblick auf die Querdynamik kann das Eigenlenkverhalten eines Fahrzeugs durch Lastwechsel und die dadurch bedingten Vertikalkraftschwankungen beeinflusst werden.

Fahrbahnunebenheiten führen ebenfalls zu dynamischen Vertikalkraftschwankungen. Bedingt durch den nichtlinearen Zusammenhang zwischen Radlast und Seitenkraftaufbau führen diese wiederum zum Verlust von Seitenkraftübertragungspotenzial wie ◻ Abb. 2.146 dies am Beispiel einer sinusförmigen Vertikalkraftschwankung verdeutlicht. Die übertragbare Gesamtseitenkraft ist geringer als sie es bei konstanter Radlast wäre. Umgekehrt gilt für das Rückstellmoment. Es nimmt im Mittel zu.

Ein weiterer Effekt dynamischer Radlastschwankungen ist der Horizontalkraftverlust in Folge des transienten Reifenverhaltens (s. ► Abschn. 2.2.1 und ◻ Abb. 2.59). Abnehmende Radlast $F_{Z,W}$ macht sich im selben Moment durch entsprechenden Verlust von Umfangskraft $F_{X,W}$ bzw. Seitenkraft $F_{Y,W}$ bemerkbar. Zum Neuaufbau der Horizontalkräfte $F_{H,W}$ nach steigender Radlast $_{FZ,W}$ vergeht aufgrund des transienten Verhaltens und einer Reifen-Einlauflänge (PT_1-Verzögerer) eine gewisse Wegstrecke σ und somit Zeit.

Dieser Effekt ist nicht nur für Schlupf- und Schräglaufänderungen gültig, sondern betrifft auch Radlastschwankungen. Die im zeitlichen Mittel bei dynamischen Radlastschwankungen übertragbare Horizontalkraft *F*H,W liegt daher auch aufgrund des Einlaufverhaltens unter der, die bei konstanter Radlast erzeugbar wäre.

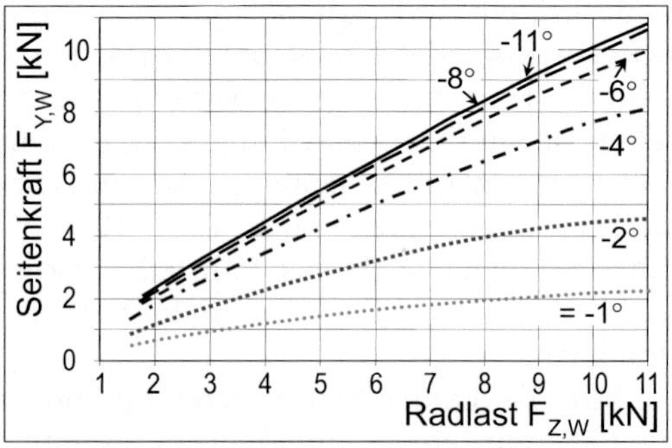

◻ **Abb. 2.145** Degressiver Anstieg übertragbarer Seitenkräfte $F_{Y,W}$ mit zunehmender Radlast $F_{Z,W}$ [20]

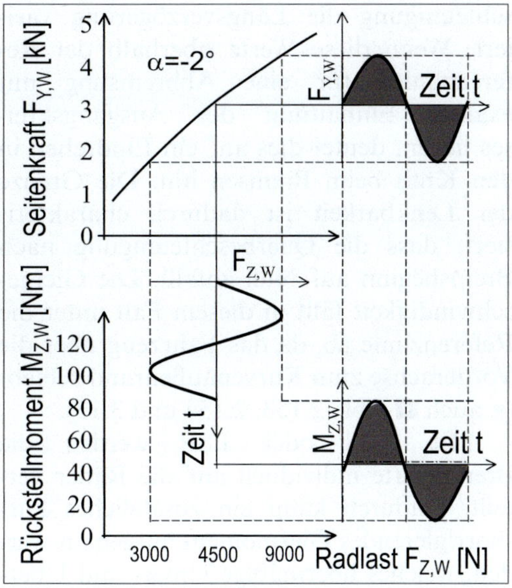

Abb. 2.146 Seitenkraftverlust und Rückstellmomentänderung Folge dynamischer Vertikalkraftänderungen [20]

Ein Fahrzeug ohne Fahrbahnkontakt lässt sich weder lenken noch bremsen bzw. beschleunigen (Abb. 2.147). Ziel der Fahrwerkauslegung sollte es daher sein, durch geschickte Auswahl der Aufbaufederung und Aufbaudämpfung, durch Reduktion ungefederter Massen sowie Optimierung des einzustellenden Reifenfülldrucks, dynamische Radlastschwankungen in Folge Fahrbahnunebenheiten so gering wie möglich zu halten. Ebene Fahrbahnen tragen ebenso dazu bei, die Fahrsicherheit durch optimale Kraftschlussausnutzung zu erhöhen.

2.6.2 Kritische Fahrsituationen

Betrachtet man die Wechselwirkungen zwischen Längs-, Quer- und Vertikaldynamik, so sind vor allem die folgenden Fahrsituationen von Interesse:

- Bremsen in der Kurve,
- Beschleunigen in der Kurve,
- Lastwechsel (Gaswegnahme, Auskuppeln),
- Vertikalanregung durch Fahrbahnunebenheiten bei Kurvenfahrt,
- Bremsen/Anfahren auf einer inhomogenen Fahrbahnoberfläche (z. B. μ-Split).

Die ersten drei Fahrmanöver verursachen bei einer Kurvenfahrt eine querdynamische Fahrzeugreaktion, die vom Fahrer durch Lenkkorrekturen kompensiert werden muss [20]. Beim Bremsen bzw. Anfahren auf einer μ-Split-Fahrbahnoberfläche wirkt, hervorgerufen durch verschieden große Bremskräfte auf der linken und rechten Fahrzeugseite, ein Störgiermoment auf das Fahrzeug, dem der Fahrer ebenfalls durch Lenkkorrekturen entgegenwirken muss. Die vier aufgeführten Fahrmanöver sollen nun im Folgenden genauer betrachtet werden.

2.6.2.1 Bremsen in der Kurve

Bei der Betrachtung der Fahrzeugreaktion beim Bremsen in der Kurve ist zwischen geringen bis mittleren Verzögerungen und hohen Verzögerungen zu unterscheiden. Beim Bremsen mit geringer bis mittlerer Verzögerung wird die Wirkung des dem Bremsbeginn vorangegangenen Lastwechsels verstärkt, d. h. das Fahrzeug dreht sich stärker

Abb. 2.147 Fahrzeug ohne Fahrbahnkontakt

in die Kurve hinein (übersteuert). Die Fahrzeugreaktion wird wie beim Lastwechsel im Wesentlichen durch das übersteuernd wirkende Giermoment bestimmt, welches durch die dynamische Achslastverlagerung hervorgerufen wird.

Beim Bremsen mit mittleren bis hohe Verzögerungen hängt die Fahrzeugreaktion dagegen in zunehmendem Maße vom Einfluss der Reifenumfangskräfte auf die gleichzeitig übertragbaren Reifenseitenkräfte ab.

Je nach Bremskraftverteilung zwischen Vorder- und Hinterachse sind zwei Grenzfälle der Fahrzeugreaktion zu unterscheiden. Wird beim Bremsen in der Kurve die Hinterachse überbremst (d. h. der an der Hinterachse ausgenutzte Kraftschlussbeiwert ist größer als der an der Vorderachse), dann bricht das Fahrzeug bei Erreichen der Kraftschlussgrenze mit dem Heck aus (übersteuert) und verliert damit die Gierstabilität. Wird dagegen die Vorderachse überbremst, verliert das Fahrzeug bei Erreichen der Kraftschlussgrenze zwar die Lenkbarkeit, behält aber die Gierstabilität und ist nach Lösen der Bremse wieder zu beherrschen [20]. Um die Gierstabilität zu gewährleisten, ist demnach eine Bremskraftverteilung mit einem ausreichenden Sicherheitsabstand zwischen der Kurve der installierten Bremskraftverteilung (s. Abb.7-5) und der Parabel der idealen Bremskraftverteilung bei Geradeausbremsung vorzusehen bzw. ein Bremskraftregler einzusetzen, der die Bremskraftverteilung in Abhängigkeit von der Verzögerung steuern kann.

Mithilfe eines Anti-Blockier-Systems erreicht man, dass die Lenkbarkeit auch während einer Vollbremsung erhalten bleibt. Als Bewertungskriterium werden die Werte der Bewegungsgrößen 1s. nach Bremsbeginn (Reaktionszeit des Fahrers) bei stationärer Kreisfahrt mit fixiertem Lenkrad herangezogen.

Als Parameter wird neben dem Ausgangsradius und der Ausgangsquerbeschleunigung die Längsverzögerung variiert. Wenn diese Werte oberhalb der Referenzlinien für eine Abbremsung mit exakter Einhaltung des Ausgangskreises liegen, deutet dies auf ein Eindrehen in den Kreis beim Bremsen hin. Die Grenze der Lenkbarkeit ist dadurch charakterisiert, dass die Querbeschleunigung nach Bremsbeginn auf Null abfällt. Die Giergeschwindigkeit fällt in diesem Fall unter die Referenzlinie ab, da das Fahrzeug über die Vorderachse zum Kurvenaußenrand schiebt (s. auch ◘ Abb. 2.153, 2.154 und 3.13).

Mit ABS oder ESP werden die Bremskräfte individuell auf die Räder verteilt. Dadurch kann ein zusätzliches kurskorrigierendes Giermoment aufgebaut werden, welches übermäßige Unter- und Übersteuereffekte verhindert (◘ Abb. 2.148).

2.6.2.2 Beschleunigte Kurvenfahrt

Beim Beschleunigen eines Fahrzeugs wird durch die dynamische Achslastverlagerung die Vorderachse entlastet und die Hinterachse im selben Maß belastet. Ohne Lenkkorrektur schieben auf griffiger Fahrbahn sowohl Fahrzeuge mit Hinterradantrieb als auch Fahrzeuge mit Frontantrieb über die Vorderachse zum Kurvenaußenrand (untersteuernd), da die resultierende Seitenkraft an der Vorderachse mit der Achslast abnimmt, die abzustützende Querbeschleunigungskraft jedoch mit der Fahrgeschwindigkeit beim Beschleunigen zunimmt.

Bei Fahrzeugen mit Frontantrieb sind in der Regel höhere Lenkkorrekturen erforderlich, da durch die an der Vorderachse übertragenen Antriebskräfte die gleichzeitig übertragbaren Seitenkräfte reduziert und dadurch die dynamische Untersteuertendenz zusätzlich verstärkt wird.

Als Bewertungsmaßstab für die Fahrzeugreaktion beim Beschleunigen in der Kurve kann die Giergeschwindigkeitsdifferenz zum Zeitpunkt Δt nach Beschleunigungs beginn herangezogen werden, die sich mit festgehaltenem Lenkrad beim

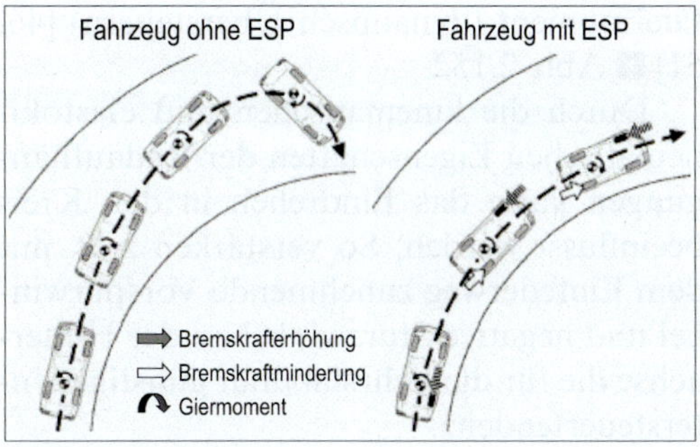

Abb. 2.148 Bremsen in der Kurve mit vs. ohne ESP [50]

Übergang von einer stationären Kreisfahrt mit R_0=const. zur beschleunigten Kreisfahrt ergibt.

Abb. 2.149 zeigt die Giergeschwindigkeitsdifferenz nach t = 1 s in Abhängigkeit von der Längsbeschleunigung a_y für verschiedene Antriebskonzepte auf griffiger Fahrbahn [20, 46].

Die Referenzgerade in **Abb. 2.149** kennzeichnet die Giergeschwindigkeitszunahme, die aus der Fahrgeschwindigkeitszunahme resultieren würde, wenn beim Beschleunigen keine Abweichung vom Ausgangsradius auftreten würde.

Auf Eis sind die Fahrzeugreaktionen deutlicher ausgeprägt, **Abb. 2.150**. Das durch die kombinierte Schlupfsituation hervorgerufene dynamische Übersteuern der Fahrzeuge mit Hinterradantrieb führt hier zu einem Eindrehen in den Ausgangskreis (übersteuern). Die Vorteile der Aufteilung der Antriebskräfte auf alle vier Räder beim Allradantrieb werden auf rutschiger Fahrbahn deutlich. Auf trockener Fahrbahn sind die Unterschiede dagegen eher auf die Auslegung der stationären Lenkverhaltens (geringe Untersteuertendenz) zurückzuführen als auf das Antriebskonzept.

Mit ESP werden Kursabweichungen bei Beschleunigungsvorgängen durch radindividuelle Bremseingriffe ausgeglichen.

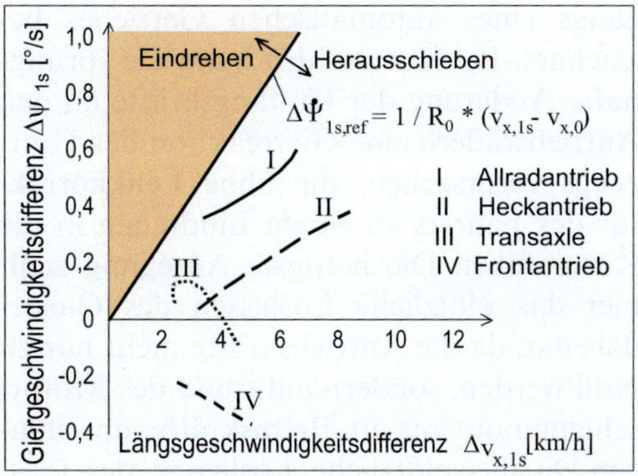

Abb. 2.149 Giergeschwindigkeitsabweichung beim Beschleunigen in einer rutschigen Kurve [43]; I: Allradantrieb, II: Heckantrieb, III: Transaxle, IV: Frontantrieb; 1-Sekundenwert der Giergeschwindigkeitsdifferenz $\Delta\phi_{1s} = -\Delta\phi\ 0$ nach Beschleunigung aus stationärer Kreisfahrt auf Eis $R_0 = 45$ m, $a_{y,0} = 1{,}2$ m/s²

Abb. 2.151 zeigt dies am Beispiel eines eindrehenden Fahrzeugs auf rutschiger Fahrbahn.

2.6.2.3 Lastwechsel in der Kurve

Mit Lastwechsel wird die sprunghafte Änderung der Antriebskräfte beim schnellen Wechsel der Gaspedalstellung, beim Auskuppeln oder zu Beginn des Schaltvor-

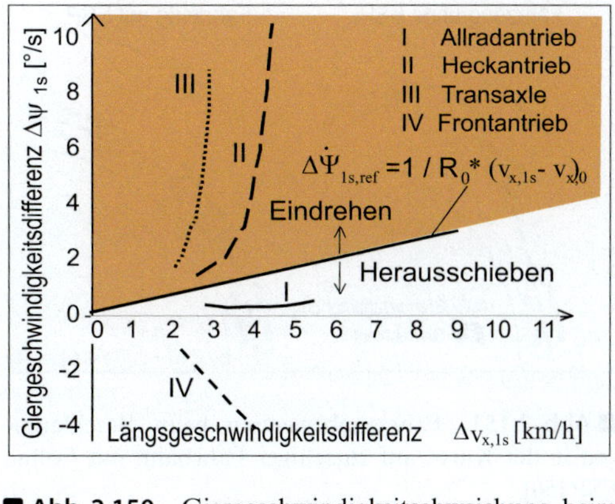

Abb. 2.150 Giergeschwindigkeitsabweichung beim Beschleunigen in einer rutschigen Kurve [43]

gangs eines automatischen Getriebes bezeichnet. Bei Kurvenfahrt kann die sprunghafte Änderung der Umfangskräfte an den Antriebsrädern eine Gierreaktion des Fahrzeugs verursachen, die ohne Lenkkorrektur des Fahrers zu einem Eindrehen in die Kurve führt. Die heftigste Anregung stellt hier das plötzliche Loslassen des Gaspedals dar, da die Antriebskräfte nicht nur zu Null werden, sondern aufgrund des Motorschleppmoments in Bremskräfte umschlagen.Da das plötzliche Loslassen des Gaspedals eine natürliche Reaktion des Fahrers beim zu schnellen Anfahren einer sich im weiteren Verlauf verengenden Kurve darstellt, hat die Lastwechselreaktion eine große Bedeutung für die aktive Sicherheit.

Den weitaus größten Einfluss auf die Lastwechselreaktion hat die dynamische Achslastverlagerung, die zu einer zusätzlichen Belastung der Vorderachse und Entlastung der Hinterachse führt. Diese dynamische Achslastverlagerung bewirkt eine Seitenkraftzunahme an der Vorderachse und gleichzeitig eine Seitenkraftabnahme an der Hinterachse. Die Seitenkraftänderungen verursachen unabhängig vom Antriebskonzept ein in die Kurve eindrehendes Giermoment (dynamisch Übersteuern) [46, 51] ◻ Abb. 2.152.

Durch die kinematischen und elastokinematischen Eigenschaften der Radaufhängungen kann das Eindrehen in den Kreis beeinflusst werden. So verstärken z. B. mit dem Einfederweg zunehmende Vorspurwinkel und negative Sturzwinkel an der Hinterachse die für die Fahrstabilität günstige Untersteuertendenz.

Beim Lastwechsel federt jedoch die Hinterachse aufgrund der dynamischen Achslastverschiebung aus. Die momentan wirksamen Seitenkräfte durch negativen Sturz und Vorspur werden damit bei einem Fahrzeug mit entsprechend ausgelegter Hinterachskinematik abgebaut und verstärken dort den Seitenkraftverlust an der Hinterachse durch die Achslastverschiebung und somit die Lastwechselreaktion.

Eine Abschwächung der Lastwechselreaktion ist dagegen durch eine entsprechende Auslegung der elastokinematischen Eigenschaften der Antriebsachse zu erzielen.

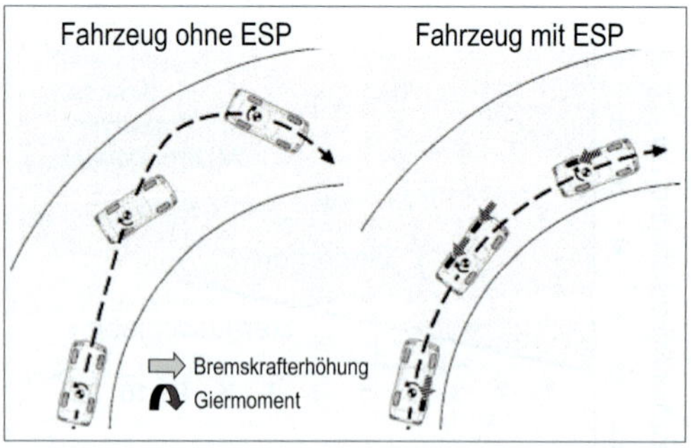

◻ **Abb. 2.151** Fahrzeugbewegung beim Beschleunigen in der Kurve auf rutschiger Fahrbahn mit / ohne ESP [50]

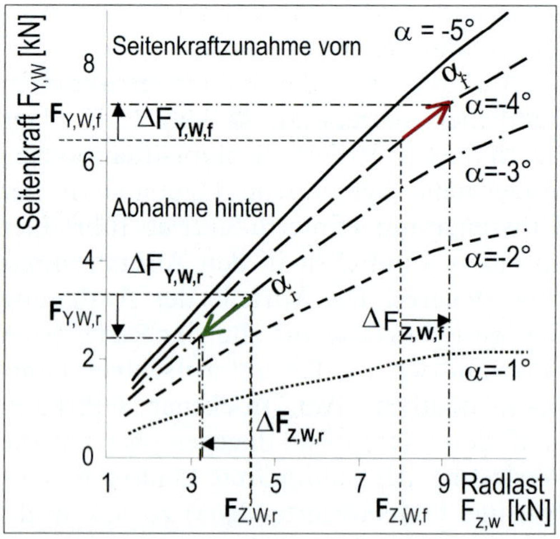

◻ **Abb. 2.152** Seitenkraftänderungen beim Lastwechsel

Wird z. B. bei einem Fahrzeug mit Hinterradantrieb das kurvenäußere Hinterrad von Antriebskräften in Nachspur und von Bremskräften in Vorspur gedrückt, dann wirkt dieser durch den Wechsel der Reifen-Umfangskraft gesteuerte Eigenlenkeffekt der Lastwechselreaktion entgegen. Als Bewertungskriterium einer Lastwechselreaktion dient die Abweichung der Schwerpunktbahn vom Ausgangskreis R_0 nach einem Lastwechsel bei stationärer Kreisfahrt mit fixiertem Lenkrad (■ Abb. 2.153) sowie die Abweichung der Bewegungsgrößen von den Ausgangswerten 1 s nach dem Lastwechsel (Reaktionszeit des Fahrers). Als Parameter werden Ausgangsradius und Ausgangsquerbeschleunigung variiert (■ Abb. 2.154).

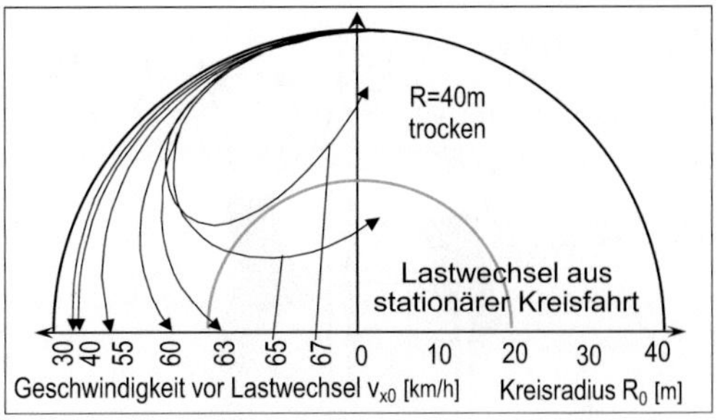

■ **Abb. 2.153** Abweichung der Schwerpunktbahn beim Lastwechsel [46]

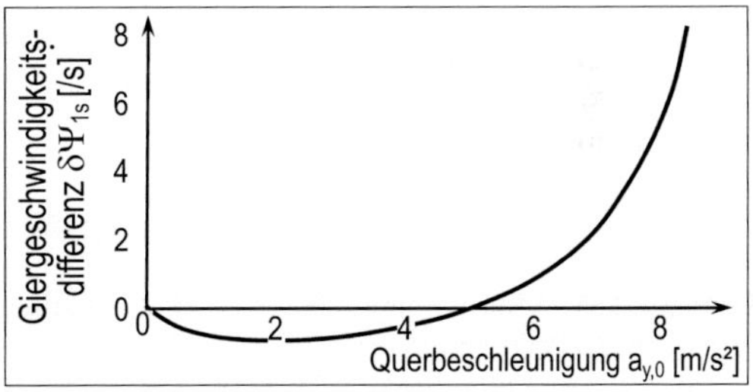

■ **Abb. 2.154** Giergeschwindigkeitsabweichung 1 s nach einem Lastwechsel aus stationärer Kreisfahrt auf trockener Fahrbahn $R = 40$ m, Frontantrieb; 1 s-Wert der Giergeschwindigkeitsdifferenz $\Delta\phi_{1s} = \phi_{1s} - \Delta\phi_{1s}$ 0 [46]

2.6.2.4 Vertikalanregung durch

- **Fahrbahnunebenheiten bei Kurvenfahrt**

Die Fahrbahnunebenheiten verursachen dynamische Radlastschwankungen. Da aber die übertragbare Horizontalkraft am Reifenlatsch von der Radlast abhängt, ändern sich unter den einzelnen Rädern auch die Kraftübertragungsgrenzen. Dadurch wird die Kurshaltung beeinflusst und in kritischen Fällen kann ein Rad ins Rutschen geraten, wenn die Radlast zu sehr zurückgeht.

2.6.2.5 Bremsen und Anfahren auf einer inhomogenen Fahrbahnoberfläche (μ-Split)

Beim Bremsen auf einer Fahrbahn mit unterschiedlich griffigen Fahrspuren (z. B. Fahrbahn mit vereistem Rand) resultiert aus der Bremskraftdifferenz zwischen rechter und linker Fahrzeugseite ein Giermoment, welches das Fahrzeug zur griffigeren Fahrspur eindreht. Um dieses Giermoment zu kompensieren, muss ein Kräftepaar aus einer Seiten). kraft an der Vorderachse und einer entgegengerichteten Seitenkraft an der Hinterachse wirksam werden (■ Abb. 2.155 Der hierzu erforderliche Schräglaufwinkel an der Hinterachse kann nur aufgebaut werden, wenn das Fahrzeug sich während der Bremsung mit dem Schwimmwinkel β zur Fahrtrichtung bewegt. An der Vorderachse ist ein Lenkwinkel in Richtung der weniger griffigen Fahrspur erforderlich.

Zu Beginn der Bremsung, noch bevor die Reaktionszeit des Fahrers abgelaufen ist und ein Gegenlenken einsetzt, kann durch eine geschickte elastokinematische Auslegung des Fahrwerks bereits ein Giermoment aufgebaut werden, welches der durch die Bremskraftdifferenz hervorgerufenen Gierdrehung entgegenwirkt.

2

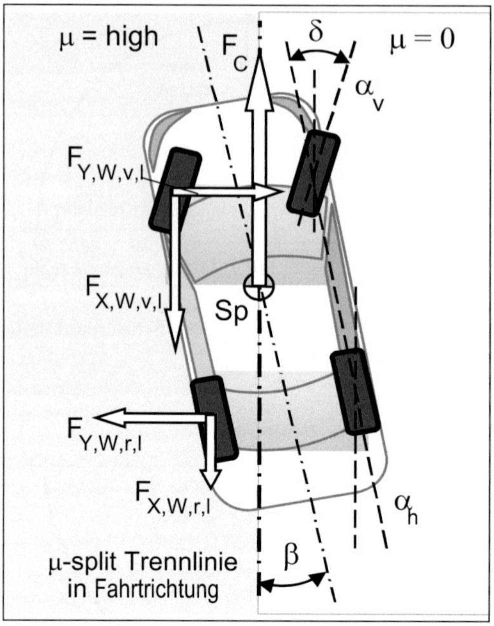

Abb. 2.155 Giermomentenbilanz beim Bremsen unter μ-Split-Bedingungen [52]

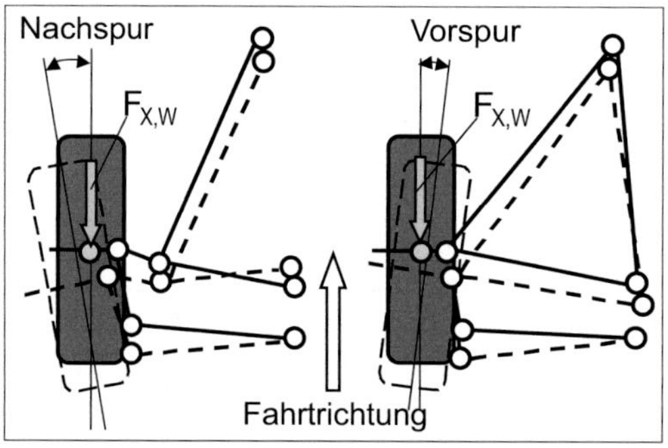

Abb. 2.156 Elastokinematische Auslegung der Vorderradaufhängung zur Verbesserung der Bremsstabilität unter μ-Split-Bedingungen [53]

Die Bremsstabilität wird verbessert, wenn die Elastokinematik der Radaufhängung so ausgelegt ist, dass das auf griffigem Grund laufende Vorderrad in die Vorspur geht **Abb. 2.156**). Dabei ist allerdings zu beachten, dass dies beim Bremsen in der Kurve das Eindrehen des Fahrzeugs in die Kurve begünstigt. ABS ist weitere Möglichkeit, das Fahrverhalten beim Bremsen auf μ-Split für den Fahrer beherrschbar zu machen. Wird das auf hohem Reibwert laufende Vorderrad, durch ABS zunächstbewusst unterbremst, dann wird das durch die Bremskraftdifferenz hervorgerufene Giermoment verzögert aufgebaut und dem Fahrer ein rechtzeitiges Gegenlenken erleichtert [20].

Literatur

1. Wallentowitz, H.: Längsdynamik von Kraftfahrzeugen. 2. Auflage, Schriftenreihe Automobiltechnik, Aachen (1998)
2. Mitschke, M., Wallentowitz, H.: Dynamik der Kraftfahrzeuge, 4. Aufl. Springer-Verlag, Berlin Heidelberg (2005)
3. N.N.: Der Reifen – Rollwiderstand und Kraftstofersparnis. Jubiläumsausgabe, Erstauflage, Société de Technologie Michelin, Michelin Reifenwerke KgA, Karlsruhe (2005)
4. Braess, H.-H., Seiffert, U.: Handbuch Kraftfahrzeugtechnik, 6. Aufl. Vieweg+Teubner Verlag, Braunschweig, Wiesbaden (2011)
5. N.N.: Ratgeber Reifen –Spritsparen mit moderner Reifentechnik. Beilage zur Auto Bild von Michelin in der Ausgabe Reifen-Spezial (2008)
6. ISO-Norm 8767, Pkw-Reifen – Methoden der Rollwiderstandsmessung: 1992; ISO-Norm 9948, Lkw- und Busreifen – Methoden der Rollwiderstandsmessung (1992)
7. SAE-Norm J1269, Rollwiderstands-Messverfahren für Pkw-, Leicht-Lkw- und Schwer-Lkw-Reifen. REAF SEP2000; SAE-Norm J2452, Methode der „schrittweisen Verlangsamung" zur Rollwiderstandsmessung von Reifen, Juni (1999)
8. Napp, A.: Mit frischem Wind zum Spritzsparen. Auto Motor und Sport Heft 2 s. 48–54 (01.2016)
9. Hucho, W.-H: Aerodynamik des Automobils, ATZ/MTZ-Fachbuch S. 1–67, (13.09. 2013)
10. Karcher, G.: So fährt das Aerodynamik-Wunder. Autobild.de, 28.11.2015 (2015)
11. Stegmaler, G.: ► www.auto-motor-und-sport.de/tech-zukunft/cw-wert-rekorde-bei-elektroautos-reichweite-mercedes-eqs-vergleich-s-klasse (06.04. 2021)
12. Wallentowitz, H.; Holtschulze, J.; Holle, M.: Fahrer-Fahrzeug-Seitenwind. VDI-Tagung Reifen-Fahrwerk-Fahrbahn, Hannover (2001)
13. Wallentowitz, H.: Fahrer-Fahrzeug-Seitenwind. Dissertation, TU Braunschweig (1979)
14. Brand, W.: Untersuchungen zur Seitenwindempfindlichkeit verschiedener Pkw unter natürlichen Windbedingungen. Diplomarbeit, RWTH Aachen (2001)

15. Schaible, S.: Fahrzeugseitenwindempfindlichkeit unter natürlichen Bedingungen. Dissertation, RWTH Aachen, (1998)
16. Sorgatz, U., Buchheim, R.: Untersuchung zum Seitenwindverhalten zukünftiger Fahrzeuge. In: Automobiltechnische Zeitschrift 1/84, S. 11–18 (1992)
17. Mit Vollgas in den Klimakollaps? Wolfgang Tiefensee. ► www.n-tv.de/762862.html, 8.2.2007
18. Heizwert siehe: de.wikipedia.org/wiki/Heizwert, 5.3.2007 (2007)
19. NN. Firmen Informationsblatt AUDI – Ingolstadt 2007
20. Wallentowitz, H.: Vertikal-/Querdynamik von Kraftfahrzeugen. 4. Auflage, Schriftenreihe Automobiltechnik, Aachen (2000)
21. Holtschulze, J.; Goertz, H.; Hüsemann, T.: A Simplified Tyre Model for Intelligent Tyres. 3rd International Tyre Colloquium, Vol. 24, No. 4 (2004)
22. Holtschulze, J.: Analyse der Reifenverformung für eine Identifikation des Reibwerts und weiterer Betriebsgrößen zur Unterstützung von Fahrdynamikregelsystemen. Dissertation, RWTH Aachen (2006)
23. Ammon, D.; Gnadler, R.; Mäckle, G.; Unrau H.-J.: Ermittlung der Reibwerte von Gummistollen. In: Automobiltechnische Zeitschrift, 7–8 Jahrgang 106, Wiesbaden: Vieweg Verlag (2004)
24. Möckle, G.; Schirle, T.: Active Tyre Tilt Control ATTC – Das neue Fahrwerkkonzept des F400 Carving. 11. Aachener Kolloquium Fahrzeug- und Motorentechnik 2002, Band 1, S. 395–408 (2002)
25. Kummer, H. W.: Unified Theory of Rubber and Tyre Friction. Engineering Research Bulletin B-94 The Pennsylvania State University (1966)
26. Bösch, P.; Ammon, D.*; Klempau, F.*: Reifenmodelle – Wunsch und Wirklichkeit aus Sicht der Fahrzeugentwicklung. DaimlerChrysler AG, Research&Technology, 4. Darmstädter Reifenkolloquium, Oktober (2002)
27. Holtschulze, J.: Die Bedeutung des Reifens in der Fahrwerksentwicklung. 6. Tag des Fahrwerks am Institut für Kraftfahrwesen ika der RWTH Aachen, Oktober (2008)
28. Leister, G.: Fahrzeugreifen und Fahrwerkentwicklung, ATZ/ MTZ Fachbuch, 1. Aufl. Vieweg Verlag, GWV Fachverlage GmbH, Wiesbaden (2009)
29. Hein, R.; Baer, T.: Die Runflat Reifentechnologie – Der BMW Weg zu noch besserer Mobilität und noch höherer aktiver Sicherheit. 15. Aachener Kolloqium Fahrzeug- und Motorentechnik 2006, Band 2, S. 867–880 (2006)
30. Matschinsky, W.: Radführungen der Straßenfahrzeuge, 2. Aufl. Springer-Verlag, Berlin Heidelberg (1998)
31. Schlitt, H.: Systemtheorie für regellose Vorgänge. Springer-Verlag, Berlin Heidelberg (1960)
32. Braun, H.: Untersuchungen über Fahrbahnunebenheiten. Deutsche Kraftfahrtforschung und Verkehrstechnik, Düsseldorf: VDI Verlag, Heft 186
33. Maerschalk, G., Ueckermann, A, Heller, S.: Bewertetes Längsprofil. S. 65–68. Bericht der Bundesanstald für Strassenwesen (bast), Heft S 73 (2011)
34. N.N.: Frequenzbewertete Aufbaubeschleunigung. VDI Richtlinie 2057 (2002)
35. Gold, H.: Gas-Feder-Dämpfereinheit: Interessant für hochwertige Kompaktfahrzeuge auch mit Radnabenmotor. 6. CTI Konferenz Federung & Dämpfung im Kfz. 26./27. Januar Stuttgart (2012)
36. Diermeyer, F.: Methode zur Abstimmung von Fahrdynamikregelsystemen hinsichtlich Überschlagsicherheit und Agilität. Dissertation, TU München (2008)
37. Forkel, D.: Ein Beitrag zur Auslegung von Kraftfahrzeuglenkungen. In: Deutsche Kraftfahrtforschung und Verkehrstechnik, Heft 145, (1961)
38. Pfeffer, P., Harrer, M.: Lenkungshandbuch, 2. Aufl. Springer Vieweg Verlag, Wiesbaden (2013)
39. Fiala, E.: Kraftkorrigierte Lenkgeometrie unter Berücksichtigung des Schräglaufwinkels. In: ATZ 61, S. 29–32 (1959)
40. Mitschke, M.: Das Einspurmodell von Riekert-Schunck. In: ATZ Nr. 107 11/2005 (2005)
41. Wöhman M.: Manuskript zur Vorlesung, FH Wismar (2007)
42. Pruckner, A.: Nichtlineare Fahrzustandsbeobachtung und -regelung einer Pkw-Hinterradlenkung. Dissertation an der RWTH Aachen, Forschungsgesellschaft Kraftfahrwesen Aachen, Aachen, (2001)
43. Wallentowitz, H.: Hydraulik in Lenksystemen für 2 und 4 Räder. HDT Tagung T-30-302-056-9, (1989)
44. Adomeit, G.: Dynamik I. Unterlagen zur Vorlesung an der RWTH Aachen, (1989)
45. Zamow, J.: Beitrag zur Identifikation unbekannter Parameter für fahrdynamische Simulationsmodelle. VDI Berichte Reihe 12, Nr. 217, (1994)
46. Rompe, K., Heißing, B.: Objektive Testverfahren für die Fahreigenschaften von Kraftfahrzeugen. Verlag TÜV Rheinland, Köln (1984)
47. Rake, H.: Regelungstechnik A. Umdruck zur Vorlesung an der RWTH Aachen, 22. Auflage, Aachener Forschungsgesellschaft Regelungstechnik, (1998)
48. Bantle, M.; Braess, H.-H.: Fahrwerkauslegung und Fahrverhalten des Porsche 928. In: ATZ (1977)
49. Berkefeld, V.: Theoretische Untersuchungen zur Vierradlenkung, Stabilität und Manövrierbarkeit. HDT Tagung T-30930–056–9, (1989)

50. Reif, K.: Automobilelektronik. ATZ/MTZ Fachbuch. 4. Auflage. Wiesbaden: Vieweg+Teubner Verlag, Springer Fachmedien Wiesbaden GmbH, (2012)
51. Bleck, U.; Heißing, B.; Meyer, B.: Analyse der Lastwechselreaktionen mittels Simulation und Messung. VDI-Bericht Nr.699 (1988)
52. Burckhart, M.: Der Einfluss der Reifenkennlinien auf Signalgewinnung und Regelverhalten auf Fahrzeuge mit ABS. In: Automobil-Industrie 3/87
53. Bismis, E.: Testverfahren für das instationäre Lenkverhalten. In: Entwicklungsstand der objektiven Testverfahren. Kolloquiumsreihe „Aktive Fahrsicherheit“, Köln: Verlag TÜV Rheinland (1978)

Fahrverhalten

Bernd Heißing, Christian Schimmel und Metin Ersoy

Inhaltsverzeichnis

M. Ersoy et al. (Hrsg.), *Fahrwerkhandbuch*,
ATZ/MTZ-Fachbuch, https://doi.org/10.1007/978-3-658-48104-9_3

Neben den emotional belegten Bereichen Design und Image, ist das stark technisch bestimmte Fahrverhalten nach wie vor eines der wesentlichen Kriterien für die Entscheidung über den Kauf eines bestimmten Fahrzeugs. Die Abstimmung des Kompromisses zwischen Agilität, Sicherheit und Komfort kann für eine Marke ein wesentliches Differenzierungsmerkmal sein, weil es für den Kunden schon bei der ersten Probefahrt unmittelbar wahrnehmbar, also „erfahrbar" ist. Hinzu kommt auch das sichtbar werden der Fahrverhaltensabstimmung in den Bewertungen der Populär- und Fachpresse, in denen Tests zur Fahrsicherheit und Fahrdynamik (Agilität) ein großes Gewicht haben.

Das Fahrverhalten ist definiert als „die Fahrzeugreaktion auf Fahrerhandlungen und auf das Fahrzeug einwirkende Störungen während der Fahrbewegung, beschrieben durch die Bewegungsgrößen" [1].

Gutes Fahrverhalten ist insbesondere die Möglichkeit der exakten Kurshaltung im Sinne der Führungsaufgabe und damit ein Teil der Regelgüte des Gesamtsystems. Eng verknüpft mit der Fahrzeugreaktion ist das Schluckvermögen des Fahrzeugs bezüglich der Störungen, die dem Komfort zugeordnet werden müssen (z. B. Schwingungen, Lenkunruhe). Wichtig ist, dass zur Bewertung des Fahrverhaltens stets der Fahrer einbezogen sein muss, um die Einflüsse des Komforts bei seiner Bewertung herausfiltern zu können [2].

Die grundsätzliche Aufgabe des Fahrwerks und speziell der Radaufhängung ist die Verbindung von Straße und Fahrzeugaufbau. Es sollte möglichst leicht sein und bei größtmöglichem Fahrkomfort die Fahrsicherheit zu jedem Zeitpunkt gewährleisten. Die exakte Führung der Räder zählt ebenso dazu, wie eine präzise und leichtgängige Lenkung, die dem Fahrer ein gutes Gefühl für den Fahrbahnkontakt vermittelt.

Das Fahrverhalten muss durch die Kinematik und Elastokinematik der Achsen und der Radaufhängung für den Fahrer vorhersehbar sein und durch gezielte konstruktive Maßnahmen unterstützend in der Fahraufgabe wirken. Weiterhin soll das Fahrwerk eine geringe Empfindlichkeit gegenüber Fahrbahn-, Beladungs- und Umwelteinflüssen aufweisen.

Als weitere Komfortanforderung gilt es, Abroll- und Fahrwerksgeräusche vom Fahrzeuginnenraum fernzuhalten, um einen guten Akustik- und Schwingungskomfort zu bieten.

- **Anforderungen an das Fahrverhalten**
  - hohes Niveau an Fahrsicherheit, durch ein neutrales bis leicht untersteuerndes Eigenlenkverhalten,
  - sicheres, stabiles Fahrverhalten und Beherrschbarkeit bei allen Fahrbedingungen bis in den Grenzbereich,
  - geringe Empfindlichkeit gegenüber Lastwechselreaktionen,
  - gute Seitenführung,
  - gute Rückmeldung über Fahrzeugreaktion und Fahrbahnbeschaffenheit,
  - Rückmeldung über die Annäherung an den physikalischen Grenzbereich,
  - ruhiger, stabiler und komfortabler Geradeauslauf in Bezug auf Seitenwind und Fahrbahnprofil,
  - komfortables Abrollen bei guter Kontrolle der Aufbaubewegungen,
  - gutes Schwing- und Akustikverhalten,
  - präzises, intuitives Lenkverhalten, das sowohl komfortabel und leichtgängig ist und ein Gefühl für die Straße vermittelt.

Die genannte Aufgabenvielfalt sollte das Fahrwerk mit geringem Aufwand an Gewicht, Bauraum und Kosten erfüllen und dies möglichst konstant über die gesamte Lebensdauer des Fahrzeugs. Des Weiteren sollte es einen geringen Fertigungsaufwand, sowie eine hohe Montage- und Reparaturfreundlichkeit aufweisen.

Wegen der Vielfalt der Anforderungen an das Fahrverhalten und der subjektiv geprägten Wahrnehmung durch den Kunden wird die letztendliche Freigabe eines Fahrwerks auch heute noch durch das Subjektivurteil von Testfahrern bestimmt. Auch ein großer Teil der Entwicklungs- und Abstimmungsarbeit erfolgt im Rahmen von Testfahrten mit anschließender Subjektivbeurteilung. Da aber die theoretischen Grundlagen zum Entwurf und zur Grundabstimmung von Fahrzeugen zunehmend erschlossen werden, wird die subjektive Beurteilung mehr und mehr durch quantifizierbare Simulations- und Messergebnisse gestützt und somit objektivierbar.

Das folgende Kapitel befasst sich daher mit den Methoden und Testabläufen zur subjektiven und objektiven Beurteilung des Fahrverhaltens, wie sie heute üblich sind. Als Grundlage werden zunächst die fahrzeugseitigen Bestimmungsgrößen und die wichtigsten Abstimmungsmöglichkeiten an einer bestimmten Fahrzeugkonfiguration vorgestellt. Die verschiedenen gebräuchlichen Methoden und Fahrmanöver zur Fahrverhaltensabstimmung bilden das Handwerkszeug für die im Anschluss erwähnten Einzelkriterien zur Beurteilung des Fahrverhaltens.

3.1 Beurteilung des Fahrverhaltens

Bernd Heißing und Christian Schimmel

Ziel der Fahrverhaltensbeurteilung ist die Prüfung und Abstimmung der Fahreigenschaften eines Fahrzeugs über den gesamten Bereich der fahrdynamisch möglichen Zustände im Hinblick auf den oben dargestellten Anforderungskomplex. Dazu wird im Verlauf des Entwicklungsprozesses ein Mix aus subjektiven und objektiven Methoden eingesetzt. Grundsätzlich kann festgestellt werden, dass im Bereich der Auslegung und Grundabstimmung zunehmend objektive Mess- und Simulationsmethoden im offenen Regelkries zum Einsatz Kommen. Die endgültige Feinabstimmung erfolgt jedoch immer noch im geschlossenen Regelkreis und durch das Subjektivurteil der Testfahrer.

Für die zahlreichen Einzelkriterien der Fahrverhaltensbeurteilung etablieren sich im Zuge einer Standardisierung zusehends genormte Fahrmanöver und Testbedingungen (ISO TC22/SC9). Da die Detailabstimmung aber stark vom Anspruch des Fahrzeugherstellers an das Fahrverhalten abhängt, sind viele unterschiedliche und nicht normierte Einzelmanöver üblich. Es hat sich dennoch in der Automobilindustrie ein vergleichbares Repertoire an Beurteilungskriterien herausgebildet, welches im Folgenden vorgestellt wird.

3.1.1 Objektive und subjektive Beurteilung

Da die Wahrnehmungsfähigkeit und das Fahrempfinden des Menschen in seiner großen Bandbreite noch weit davon entfernt sind, vollständig objektiv erfasst zu sein, findet ein großer Teil der Fahrverhaltensbeurteilung durch Testfahrer statt. Die Beurteilung der vielfältigen Einzelkriterien in einer für den Entwicklungsprozess geeigneten Form entzieht sich zudem dem Normalfahrer, weshalb die Tests von sogenannten „Skilled Drivers", also geschulten Fahrern oder Entwicklungsingenieuren durchgeführt werden. Die Testfahrer als „Sensor Mensch" unterliegen trotz ihrer Professionalität psychisch und physisch bedingten Mess- und Beurteilungsschwankungen. Zudem unterliegen die Auflösungsgenauigkeit und die Trennschärfe der menschlichen Sinnesorgane Grenzen, die eine vollständige

Beurteilung nicht immer zulassen. Da am Ende jedoch das Fahrverhalten in seiner Gesamtheit auf den Menschen wirkt, ist diese Methode bislang nicht zu ersetzen [2].

Wo durch Grundlagenuntersuchungen der Wirkzusammenhang zwischen fahrdynamischen Messgrößen und dem Fahrerempfinden hergestellt werden konnte, kommen zunehmend objektive Methoden zum Einsatz.

Die Abbildung des subjektiven Empfindens in Mess- und abgeleiteten Kennwerten ist vor dem Hintergrund der frühzeitigen Absicherung der Fahreigenschaften im Entwicklungsprozess ein Hauptanliegen der Fahrwerksentwicklung. Nur wenn dieser Zusammenhang geschaffen wurde, können zu einem frühen Zeitpunkt z. B. Simulationsmethoden zur Optimierung des Konstruktionsstandes eingesetzt werden. Dies kann einen wertvollen Beitrag zur Verkürzung der Entwicklungszeiten und zur Verbesserung der ersten Prototypenstände leisten.

Objektive Tests können in Form von Testfahrten mit Messausrüstung oder durch Simulation bestimmter Fahrmanöver mit Dokumentation der Fahrzeugreaktionen erfolgen.

Zur Verknüpfung zwischen Messwerten und Subjektivurteil hat sich allgemein ein Auswerteprozedere etabliert, welches diesen Zusammenhang mithilfe von Methoden aus der Korrelations- und Regressionsstatistik herzustellen versucht [1, 3, 4].

3.1.2 Offener und geschlossener Regelkreis

Die Unterscheidung zwischen Messungen im offenen und geschlossenen Regelkreis betreffen die Art der Betätigung der Bedienelemente zur Längs- und Querdynamikregelung. Während im geschlossenen Regelkreis der Mensch das Fahrzeug durch Längsführung und Kursregelung bewegt, sind die Bedieneingaben im offenen Regelkreis fest vorgegeben und damit besser reproduzierbar (◘ Abb. 3.1).

Messungen im geschlossenen Regelkreis zielen in erster Linie auf das Zusammenspiel der Regelstrecke Fahrzeug mit dem Regler Mensch in seiner ganzen Komplexität ab. Dabei stehen Stabilitäts- und Lenkfähigkeitsuntersuchungen im Vordergrund. Es wird also die Regelgüte des Gesamtsystems Fahrer-Fahrzeug-Umwelt unter den Einschränkungen der Regelfähigkeit des Menschen beurteilt [2].

Im offenen Regelkreis soll der Fahrereinfluss minimiert oder ausgeschaltet werden.

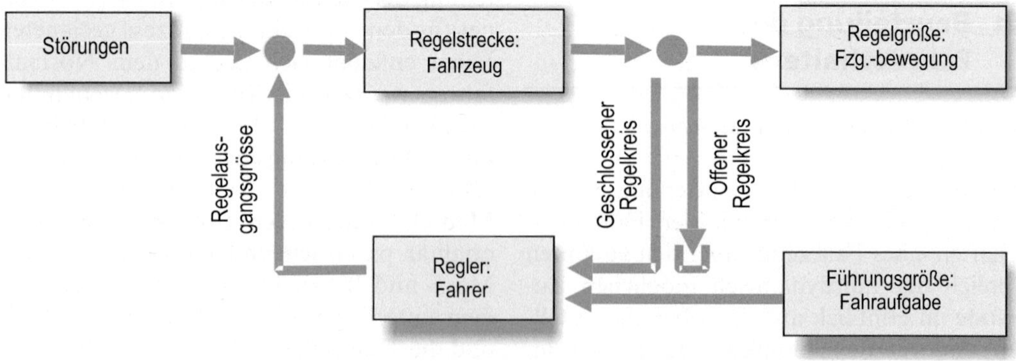

◘ **Abb. 3.1** Regelkreis Fahrer–Fahrzeug– Umwelt [5]

Es wird dabei die Reaktion des Fahrzeugs auf festgelegte Lenk- bzw. Längsdynamikeingaben beurteilt, ungeachtet der sich ergebenden Fahrspur. Mit dieser Methode werden auch die für das Fahrzeug charakteristischen physikalischen Grenzbereiche ermittelt. Diese Methoden können detailliert untergliedert werden [2]:

Geschlossener Regelkreis

(auch *Closed Loop* oder Fahrleistungstest)

- Fahrzeug wird durch den Fahrer im Normalfahrbereich oder im Grenzbereich geführt, die fahrdynamischen Eigenschaften werden subjektiv beurteilt,
- Fahrzeug wird durch den Fahrer in standardisierten Fahrmanövern geführt mit Messung und Analyse der Bewegungsgrößen.

Offener Regelkreis

(auch *Open Loop* oder Fahrverhaltenstest)

- Fahrversuch mit standardisierten Eingaben für die Betätigungselemente (Lenkrad, Fahr- und Bremspedal), Messung und Analyse der Bewegungsgrößen.

Zusätzlich werden häufig zwei Spezialfälle des offenen Regelkreises genannt:

- Fixed Control: vorgegebene Funktion für den Lenkwinkel, z. B. fixiertes Lenkrad beim Seitenwind-verhalten,
- Free Control: freigegebenes Lenkrad.

3.2 Fahrmanöver

Metin Ersoy, Bernd Heißing und Christian Schimmel

Die Fahrversuche sollen möglichst den gesamten späteren Einsatzbereich eines Pkw abdecken, damit das Verhalten des Fahrzeugs auch in anormalen und extremen Situationen bekannt ist. ◘ Tab. 3.1 stellt eine Systematik für die Möglichkeiten dar, ein Fahrzeug aktiv durch Lenk-, Fahr- und Bremspedaleingaben zu bewegen. Um alle im späteren Alltaggebrauch vorkommenden Situationen abzudecken, wird ein Teil der Manöver zusätzlich in dem in ► Abschn. 3.3 beschriebenen Parameterraum gefahren. Auf speziellen Schlechtwegstrecken erfolgt dort z. B. die Überlagerung der Tests zur Quer- und Längsdynamik unter Einfluss einer vertikaldynamischen Anregung. Verschiedene Reibschlussverhältnisse müssen ebenso betrachtet werden, wie unterschiedliche Beladungszustände,

◘ Tab. 3.1 Systematik der Fahrmanöver [5]

	Längsdynamik (Längsbeschleunigung a_x)				
Querdynamik (Lenkwinkel (δ))		$a_x = 0$	$a_x \neq 0$, Lastwechsel	$a_x > 0$, Beschleunigen	$a_x < 0$ Bremsen
	$\delta = 0$	Stationär			
	$\delta \neq 0$, free control				
	$\delta \uparrow$, ansteigend	Instationär			
	$\delta \neq 0$, regellos				
	$\delta \neq 0$, sinusförmig				
	$\delta \neq 0$, impulsförmig				

Bereifungsvarianten und das Seitenwindverhalten [2].

3.2.1 Kategorisierung der Fahrmanöver

Die quantitative Ausführung der Manöver (Fahrgeschwindigkeit, Kurvenradien etc.) ist trotz fortschreitender Standardisierung (ISO-TC22/SC9) bei verschiedenen OEM und Testinstituten noch unterschiedlich. In die Normungsarbeit werden umfassende „Closed-Loop-Verfahren" aber erst dann aufgenommen, wenn der Einfluss des Fahrers auf die Versuchsergebnisse separiert bzw. eliminiert werden kann. Solange es nicht möglich ist, beschränkt sich die Normung auf die Festlegung der Rahmenbedingungen, z. B. der Fahrgassenführung [6].

3.2.2 Einzelmanöver im Überblick

In der Praxis gebräuchliche Fahrmanöverkombinationen listet ◘ Tab. 3.2. Sie zeigt auch die Zuordnung, ob ein Manöver für die subjektive Beurteilung oder für die Messung verwendet wird. In den einzelnen Manövern werden Lenkwinkelamplitude, -frequenz, Beschleunigungen und Verzögerungen und schließlich die Fahrgeschwindigkeit variiert, um möglichst alle Alltagsbedingungen abzudecken. Die gebräuchlichsten Lenkwinkeleingaben für Open-Loop-Manöver zeigt ◘ Abb. 3.2.

In den folgenden Bildern werden die gängigsten Fahrmanöver graphisch dargestellt und erläutert:

VDA Ausweichtest (Elchtest) (◘ Abb. 3.3) Bei diesem Test wird mit leerem und beladenem Fahrzeug gefahren. Er soll eine Kippneigung bei einem abrupten Ausweichmanöver mit anschließendem wieder einfädeln in die ursprüngliche Fahrspur aufdecken.

Hochbauende VANs und SUVs mit weit oben liegendem Schwerpunkt sind hier zwar prinzipiell gefährdet, doch durch das Einwirken des ESP wird die kritische Situation im Ansatz vermieden.

Doppelter Spurwechsel auf Nässe (◘ Abb. 3.4) Bei diesem Test gilt es, bei Landesstraßengeschwindigkeit auf nasser Fahrbahn einem Hindernis auszuweichen und anschließend wieder in die Fahrspur zurückzulenken.

ISO Wedeltest (◘ Abb. 3.5) Wie ein Fahrzeug sich bei einem schnellen Ausweichmanöver auf der Autobahn verhält, kann mit dem sogenannten ISO-Wedeltest beurteilt werden. Dieser Test lässt außerdem Aussagen über Spurtreue und Lenkverhalten zu.

μ-Split Bremsen (◘ Abb. 3.6) Eine Teil- oder Vollbremsungμ auf unterschiedlichem Straßenbelag kann Kursabweichungen auslösen, deren Ausmaß in dieser Testsituation beurteilt wird. Diese Situation kann auch auftreten, wenn mit zwei Rädern auf einem rutschigen Seitenstreifen, mit den anderen beiden auf Asphalt gebremst wird.

Slalomtest (◘ Abb. 3.7) Spurtreue, Lenkverhalten in Wechselkurven und Fahrstabilität können mit dem Slalomtest beurteilen. Meist im Abstand von 18 m aufgestellten Pylonen werden, wie auch bei anderen Fahrdynamiktests, mit leerem und vollbeladenem Fahrzeug umfahren. Je höher die Geschwindigkeit, bei der das Fahrzeug ohne Berührung der Pylonen auf dem Slalomkurs bleibt, desto besser wird die Fahrstabilität beurteilt.

Stationäre Kreisfahrt (◘ Abb. 3.8) Auf nasser und trockener Fahrbahn wird das Fahrzeug in der Grenzbereich angefahren, bei dem Über- oder Untersteuern einsetzt. Die Geschwindigkeit wird konstant gehalten.

Tab. 3.2 Einzelne Fahrmanöver im Überblick [5]

Kategorie	Manöver (KF Kreisfahrt, LW Lenkwinkel)	Stationär	Instationär	Open Loop	Closed Loop	Subjektiv	Objektiv
Freie Fahrt	Handlingkurs, Teststrecke		X		X	X	
	Öffentliche Straßen		X		X	X	
Geradeausfahrt	Ebene Fahrbahn	X		X	X	X	X
	Unebene Fahrbahn		X	X	X	X	X
	Bremsen		X	X	X	X	X
	Beschleunigen		X	X	X	X	X
	Lastwechselreaktion		X	X	X	X	X
	Wechsellenken um Nulllage		X		X	X	
	Seitenwind (Kursregelung)		X		X	X	
	Anlenken (Lenkkraftniveau Mittellage)		X		X	X	
Kreisfahrt	Stationäre Kreisfahrt „KF“	X					X
	Bremsen aus stationärer KF		X	X	X	X	X
	Lastwechsel aus stationärer KF		X	X	X	X	X
	Beschleunigen aus stationärer KF		X	X	X	X	X
	Lenkrückstellverhalten aus stat. KF		X	X	X	X	X
	Hindernisüberfahrt in stationärer KF		X	X	X	X	X

(Fortsetzung)

Tab. 3.2 (Fortsetzung)

Kategorie	Manöver (KF Kreisfahrt, LW Lenkwinkel)	Stationär	Instationär	Open Loop	Closed Loop	Subjektiv	Objektiv
Sinusförmiges Lenken	Slalom (18 m, 36 m) Lastfrequenz „LW“		X		X	X	
	Wedelfahrt: LW-frequenz wird erhöht		X	X			X
	Wedelfahrt: LW-amplitude wird erhöht		X	X			X
	Freies Wedeln (Proportionalbereich)		X		X	X	
	Sinuslenken über eine Periode		X	X			X
	Sinuslenken eingeschwungen		X	X			X
Wechsellenken	Einfacher Spurwechsel „SP“		X		X	X	X
	Doppelter SP, schnell ISO Wedeltest		X		X	X	X
	Doppelter SP, langsam (Elchtest)		X		X	X	X
	Fishhook-Manöver		X	X			X
	Lenkradfreigabe nach Wechsellenken		X		X	X	
	Regelloser Lenkeinschlag		X	X			X
	Parkieren		X		X	X	X
Lenkwinkelsprung	Gerade → Kreis		X	X			X
	Kreis → Kreis		X	X			X
	Wiederholter Lenkwinkelsprung		X	X			X
Lenkimpulse	Rechteckimpuls		X	X			X
	Dreiecksimpuls		X	X			X
	Anreißen (Dämpfungsmaß Anhänger)		X	X	X	X	X

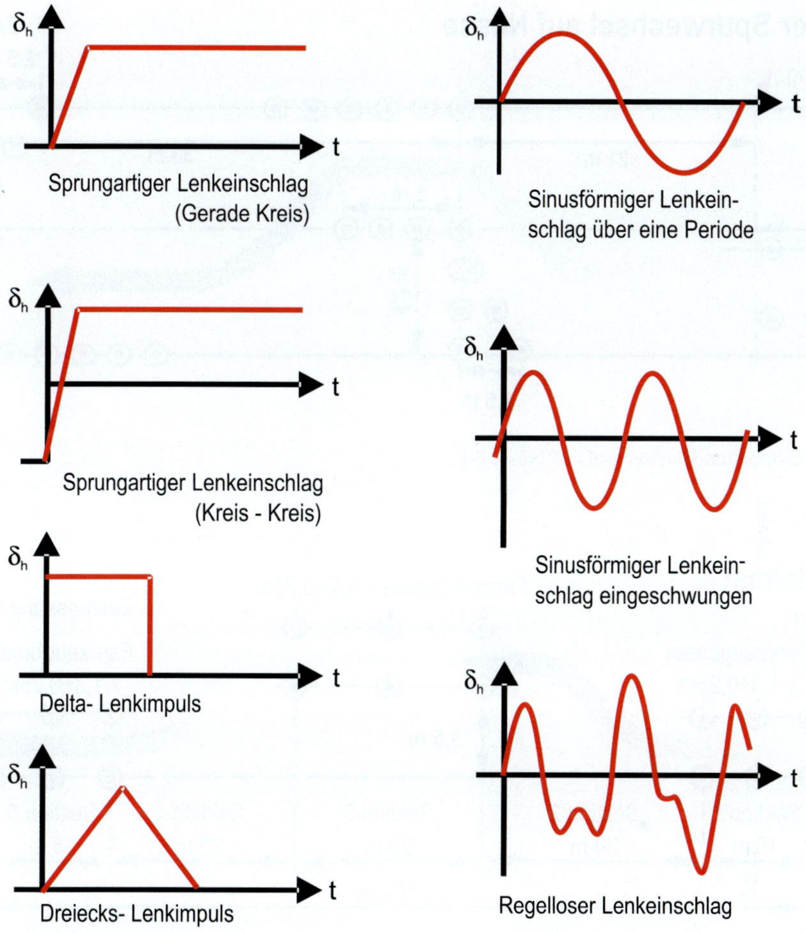

Abb. 3.2 Gängige Lenkwinkelfunktionen [5]

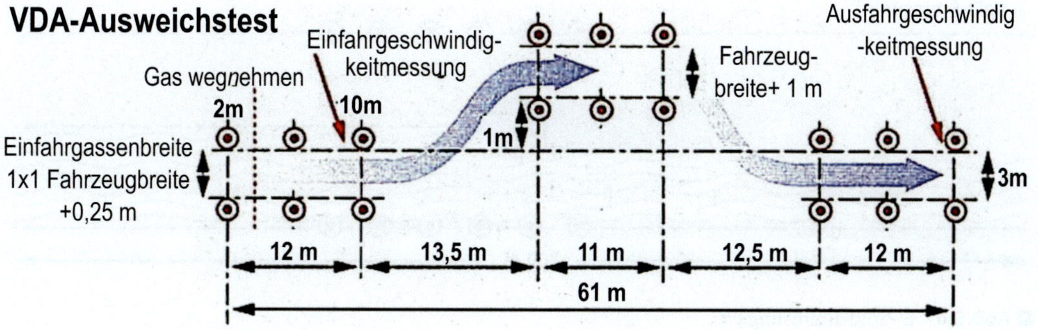

Abb. 3.3 VDA-Ausweich- (Elch-) test [7]

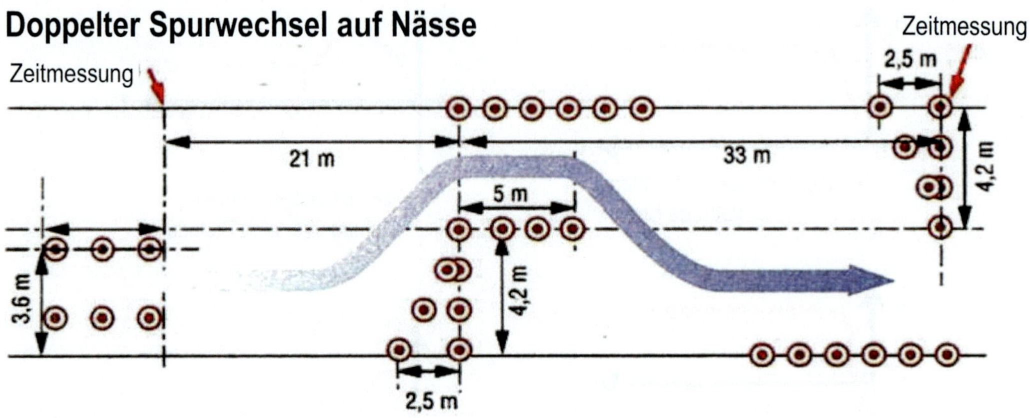

Abb. 3.4 Doppelter Spurwechsel auf Nässe [7]

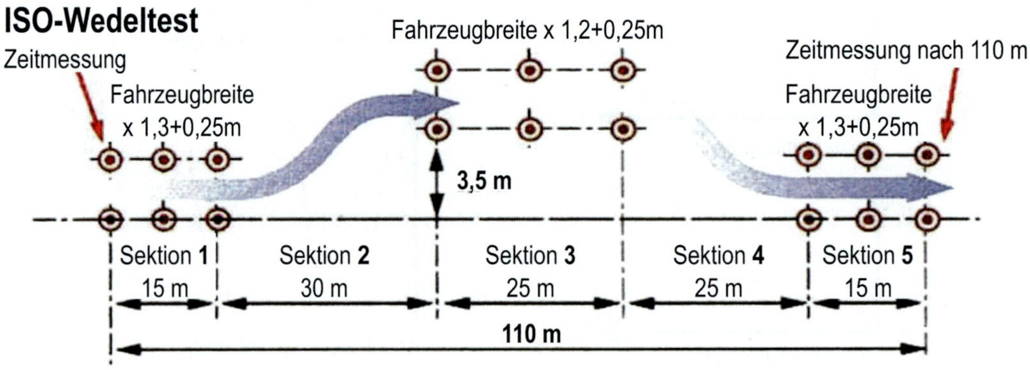

Abb. 3.5 ISO-Wedeltest [7]

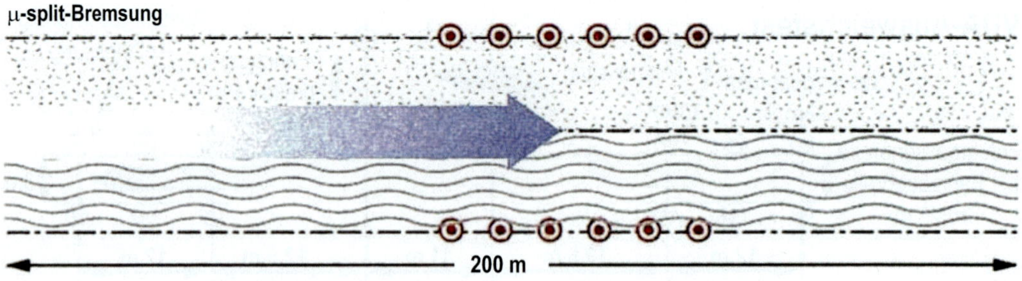

Abb. 3.6 μ -Split-Bremsung [7]

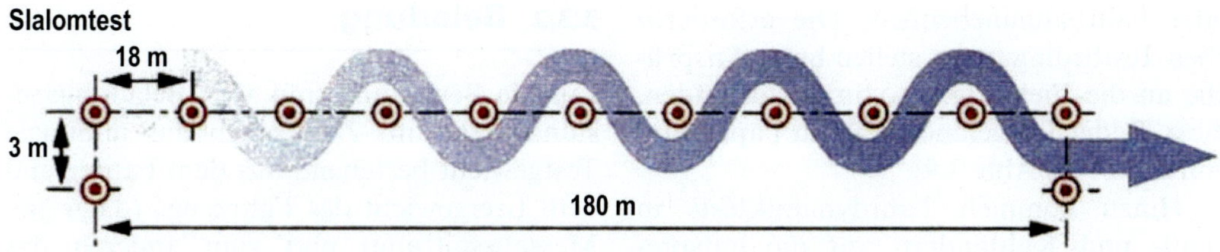

Abb. 3.7 Slalomtest [7]

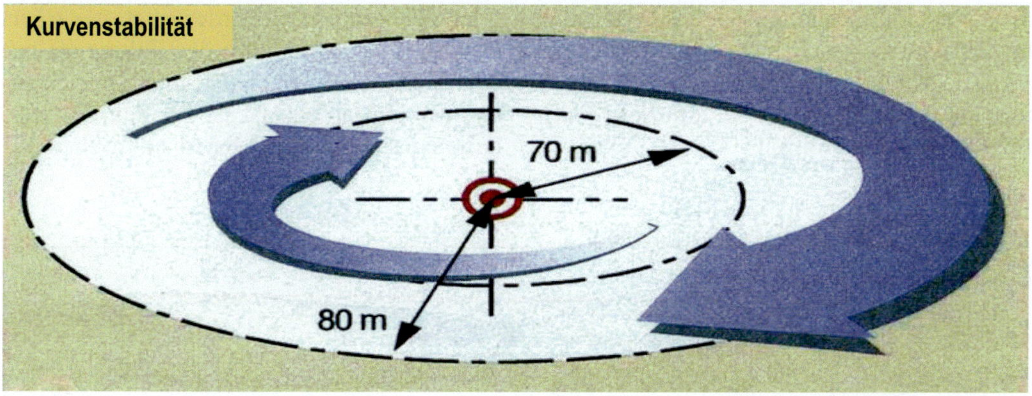

Abb. 3.8 Stationäre Kreisfahrt [7]

Übliche Radien der Kreisbahn sind 70, 80 aber auch 100 und 200 m.

3.3 Fahrmanöver Parameterraum

Bernd Heißing

Die genannten Fahrmanöver bilden die Möglichkeiten ab, ein Fahrzeug längs- und querdynamisch zu bewegen. Einige werden auf Fahrbahnen mit unterschiedlichen und teilweise wechselnden Reibbeiwerten durchgeführt, um Fahrverhalten und Regelsysteme für das gesamte im Alltag auftretende Spektrum an Fahrsituationen zu testen.

Verschiedenartige, durch die Fahrbahnbeschaffenheit hervorgerufene Vertikalanregungen vervollständigen den Parameterraum seitens der Fahrbahn.

Nachfolgend sind die fahrzeugseitigen Variationsmöglichkeiten beschrieben. Dies betrifft in erster Linie die Bereifung, Dach- und Anhängelasten und als wichtigsten Parameter unterschiedliche Fahrzeuggewichte durch Zuladung sowie Ausstattung. Darüber hinaus müssen zumindest alle Closed-Loop Fahrmanöver mit mehreren Testfahrern durchfahren werden, um fahrerseitige Einflüsse zu identifizieren, sofern die Versuche nicht mit Fahrrobotern durchgeführt werden.

3.3.1 Fahrbahn

Die Vielzahl der Testmanöver erfordert unterschiedliche Streckenformen und -eigenschaften und unterschiedliche Randbedingungen hinsichtlich Reibbeiwert, Steigung oder Fahrbahnunebenheit. Die erforderlichen Testbedingungen stellen hohe Ansprüche an die Vielseitigkeit von Testgeländen, die z. B. die Testgelände ATP in Papenburg voll erfüllt (◘ Abb. 3.9).

Hinzu kommen Fahrdynamiktests in Heiß- und Kaltländern, da die entsprechenden Fahrbahnbedingungen wie z. B. Schnee- und Eisfahrbahnen sonst nicht zuverlässig erzeugt werden können. In ◘ Tab. 3.3 sind die gebräuchlichen Teststrecken zur Fahrverhaltensabstimmung kurz beschrieben.

◘ Tab. 3.4 listet die weltweit bekanntesten, mietbaren Testgelände, um diese Fahrzeugtests durchzuführen.

3.3.2 Beladung

Für die Bewertung sind zwei Beladungszustände relevant. Zum einen das minimale Testgewicht bestehend aus dem Fahrer und dem Leergewicht des Fahrzeugs (dazu ggf. Messausstattung) und zum anderen das maximale Testgewicht, welches durch das zulässige Gesamtgewicht bestimmt wird. Dieser Zustand kann durch das Ausnutzen entweder der zulässigen Hinterachslast oder der zulässigen Vorderachslast variiert werden. Die Auslastung des Fahrzeugs mit zulässigem Gesamtgewicht und zugleich zulässiger Hinterachslast ist für den Fahrverhaltenstest als der kritischste anzusehen [9].

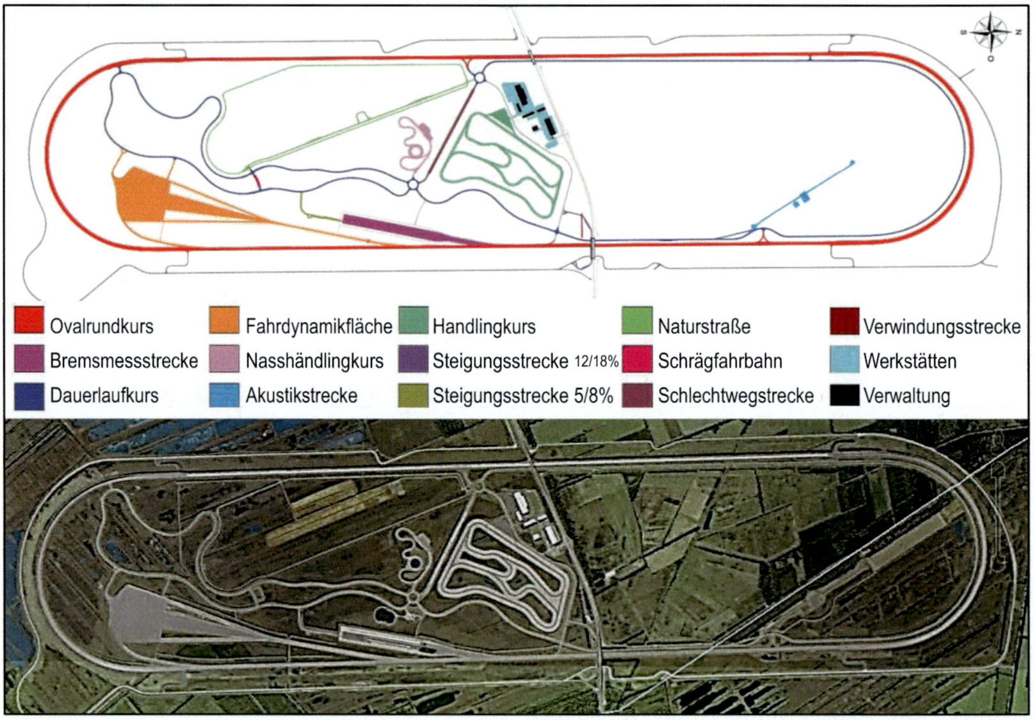

◘ **Abb. 3.9** Testgelände in Papenburg (ATP) mit seinem sehr vielfältigen Strecken für alle Fahrverhaltensprüfungen [8]

◘ Tab. 3.3 Gebräuchliche Teststrecken zur Fahrverhaltensbeurteilung

Öffentliche Strecken	Autobahnen: Hochgeschwindigkeitstests und ggf. Tests für elektronische Regelsysteme, die andere Verkehrsteilnehmer bei hohen Geschwindigkeiten erfordern (ACC)
	Bergstrecken und Pässe: Anhängerbetrieb und Bremsentests (bergab) auch mit Anhänger
	Stadtstrecken: Handlichkeit, Parkiermanöver und Übersichtlichkeit (Karosserie)
	Überlandstrecken: Normaler Fahrbetrieb, Alltagstests von seriennahen Prototypen
Fahrdynamikteststrecken	Kreisfahrtstrecke [2] (Trocken, nass): Stationäres und instationäres Kurven- und Lenkverhalten, Brems-, Beschleunigungs- und Lastwechselverhalten
	Fahrdynamikfläche [2] (Trocken, nass): Stationäres und instationäres Kurven- und Lenkverhalten
	Schnellfahrbahn [2] (Trocken, nass): Hochgeschwindigkeitsverhalten, Dauerbelastungstests (Antriebsstrang)
	Verschiedene Straßendecken wie Blaubasalt, Asphalt, Beton (Trocken, nass): Traktion, Bremsen, Kurven- und Lenkverhalten, Regelverhalten von Regelsystemen
	Handlingkurs (unterschiedliche Kurvenradien, Wechselkurven) [2] (Trocken, nass): Kurven- und Lenkverhalten, Traktion
	Seitenwindprüfstrecke [2]: Seitenwindverhalten mit und ohne Anhänger
	Steigungsstrecke (trocken, nass, Schnee, Eis): Traktion, Schlupfregelsysteme
Niedrigreibwertstrecken	Eis, Schnee: Kurven-, Lenk-, Brems-, Beschleunigungs- und Lastwechselverhalten
	Eis, Schneematsch auf Asphaltfahrbahn: Kurven- und Lenkverhalten, Brems-, Beschleunigungs- und Lastwechselverhalten
	Gemischter Reibwert µ-Split, µ-Jump (gerade, mit Kurven): Traktion, Brems-, Beschleunigungsverhalten, Regelgüte von Regelsystemen
	Überflutete Straße: Aquaplaning
Fahrkomfortteststrecken	Verschiedene Straßendecken wie Blaubasalt, Asphalt, Beton (trocken, nass): Geräusche und Schwingungen
	Unebene Fahrbahnen mit unterschiedlichen Fahrbodenoberflächen (gleichzeitige versetzte Wellen, Löcher, Querrinnen): Geräusche und Schwingungen
	Schlechtwegstrecke eben oder mit Gefälle (Schotter, Geröll): Geräusche und Schwingungen

Ein weiterer Beladungszustand ist die der „Konstruktionslage" zugrunde liegende Besetzung des Fahrzeugs mit zwei oder 5 Personen und 80 kg Zuladung im Kofferraum. Für die Beladungszustände sind mit Wasser gefüllte Ballast-Dummies (meist 68, 75, 80 kg) als Mitfahrerersatz üblich (◘ Abb. 3.10).

Vor den Testfahrten ist der Zustand des Fahrzeugs nach DIN 70020 und 70.027 zu dokumentieren. Diese umfasst das Fahrzeuggewicht, die Achslasten, die Kennwerte

3

Tab. 3.4 Liste öffentlicher Testgelände, weltweit

Aberdeen Test Center	Magna Steyr
ACTS	MAG Research
Arctic Falls AB	Michigan Proving Groung
Arjeplog Test Center	Millbrook
ATP Papenburg	Neveda Automotive Test Center
Australien Automot- Research Centre	PMG Technologies
Bosch Boxberg	Prodrive
CERAM	Prototipo
Dayton T. Brown	Smirthers Winter Test Center
Defiance testing and engg	Southwest Research Institute
IDIADA	Southern Hemisphere PG
Keweenow Resarch Cent	TNO Otomotive
Lommel	Transportation Research Center

der Radstellung, relevante Fahrwerksdaten, die Reifenart und -druck sowie die Fahrzeugvariante mit der Ausstattung. Die Terminologie, Hinweise und Messvorschriften sind ebenfalls dort zu finden.

3.3.3 Reifen

Zur Schaffung einer vergleichbaren Bewertungsbasis werden in den verschiedenen Vorschlägen der ISO-Normungsgruppe [10] neue Reifen empfohlen, die 150 bis 200 km in der üblichen Anordnung am Testfahrzeug ohne übermäßig harten Einsatz eingefahren wurden. Es können aber auch Reifen mit einem beliebigen Abnutzungszustand eingesetzt werden, solange das Profil eine Mindesttiefe von 1,6 mm am gesamten Reifenumfang nicht unterschreitet. Vor dem Test sind die Reifen warm zu fahren. Dazu werden verschiedene stationäre und instationäre Manöver benutzt (s. ISO 4138, ISO/DIS 7975, [10]). Der Reifenluftdruck ist vor der Fahrt genau einzustellen und nach der Fahrt erneut zu messen.

Abb. 3.10 Ballast-Dummy

3.4 Abstimmungsmaßnahmen

Bernd Heißing

Durch die Auswahl der Achs- und Lenkungskonzepte wird schon bei der Konzeption eines Fahrzeugs das mögliche Eigenschaftsspektrum des fertigen Fahrzeugs bestimmt. Die Vor- und Nachteile der einzelnen Achs- und Lenkungskonstruktionen werden in ► Kap. 14 behandelt. Hier sollen beispielhaft die Möglichkeiten benannt werden, die sich dem Fahrwerksingenieur bieten, ein Fahrzeug mit einem bestehenden Achs- und Lenkungskonzept abzustimmen ohne die Konzepte zu ändern. Dabei ist streng darauf zu achten, dass an der Karosserie keinerlei Änderungen vorgenommen werden müssen, weil diese sehr zeit- und kostenintensiv sind.

Am Beispiel des für die Grundabstimmung des Fahrverhaltens sehr wichtigen Manövers der stationären Kreisfahrt sollen die wichtigsten Maßnahmen gezeigt werden.

3.4.1 Abstimmungsmaßnahmen zum stationären Lenkverhalten

Die Abstimmung des stationären Lenkverhaltens wird durch die Beeinflussung der Kräfte und Kraftverhältnisse in den vier Radaufstandsflächen erreicht. In der Regel wird durch die Veränderung der Achslasten oder die Veränderung der Radlastunterschiede zwischen kurveninnerem und kurvenäußerem Rad der Schräglaufwinkelbedarf einer Achse in die gewünschte Richtung verändert. Eine Erhöhung des Schräglaufwinkelbedarfs an der Vorderachse verändert das Fahrverhalten zur untersteuernd, eine Verringerung entsprechend zur übersteuernd. Die Aussagen gelten umgekehrt für die Hinterachse.

▣ Tab. 3.5 beschreibt isoliert die Auswirkung der Einzelmaßnahme für das Eigenlenkverhalten in stationärer Kreisfahrt mit den dabei auftretenden Radlastunterschieden. Jede Maßnahme hat in der Regel zusätzliche Auswirkungen auf das Fahrverhalten. Diese sind für eine Ausprägung einer Maßnahme an einer Achse beschrieben. An der anderen Achse, bzw. in entgegen gesetzter Ausprägung umgesetzt, bewirkt sie das Gegenteil.

▣ Tab. 3.6 gibt einen Überblick über die vielfältigen konstruktiven Möglichkeiten zur Einflussnahme auf das Fahrverhalten. Für das Gesamtfahrzeug sind dies die Änderungen beim Radstand, der Spurweite, der Schwerpunktlage, des Antriebskonzepts und der Aerodynamik.

Für jedes Fahrwerksystem sind in der Tabelle Merkmale bzw. Parameter aufgelistet, durch deren Variation das Fahrverhalten beeinflusst werden kann. Viele dieser Maßnahmen beeinflussen sich gegenseitig und erschweren eine nachträgliche Abstimmung des Fahrverhaltens.

3.5 Subjektive Fahrverhaltensbeurteilung

Bernd Heißing und Christian Schimmel

Für die subjektive Fahrverhaltensbeurteilung gibt es bisher keine einheitlichen oder standardisierten Fahrmanöver, Beurteilungskriterien und Bewertungsskalen. Fahrzeughersteller und Zulieferer, Testinstitute und Fachzeitschriften verwenden meist selbst entwickelte Verfahren mit einer eigenen Terminologie. Nur in wenigen Fällen wurde der einer Beurteilung zu Grunde liegende Verlauf der Fahrspur standardisiert (z. B. doppelter Fahrspurwechsel nach [4]).

3

Tab. 3.5 Grundlegende Abstimmungsmaßnahmen für das stationäre Lenkverhalten [5] VA: Vorderachse, HA: Hinterachse, 4WD: Allradantrieb

Maßnahme	Physikalische Auswirkung	Effekt
Reifenbreite VA vergrößern	Schräglaufwinkelbedarf VA sinkt	Übersteuern
Achslast VA erhöhen	Seitenkraftbedarf steigt massenproportional, übertragbare Summenseitenkraft der Räder pro Schräglaufwinkel steigt degressiv mit der Radlast. Daraus resultiert erhöhter Schräg-laufwinkelbedarf an der VA	Untersteuern
Spurweite VA vergrößern	Radlastunterschiede sinken, Schräglaufwinkelbedarf sinkt	Übersteuern
Momentanpol VA tiefer legen	Verringerung der Wankmomentenabstützung, Radlastunterschiede sinken, Schräglaufwinkelbedarf sinkt	Übersteuern
Federrate VA erhöhen	Radlastunterschiede VA und Schräglaufwinkelbedarf VA steigen Radlastunterschiede HA und Schräglaufwinkelbedarf HA sinken	Untersteuern
Stabilisator VA härter	Radlastunterschiede VA und Schräglaufwinkelbedarf VA steigen Radlastunterschiede HA und Schräglaufwinkelbedarf HA sinken	Untersteuern
Ausgleichsfeder HA verstärken, Hubfederrate verringern	Radlastunterschiede HA sinken, Schräglaufwinkelbedarf HA sinkt	Untersteuern
Vorspur VA erhöhen	Schräglaufwinkel außen steigt, Schräglaufwinkel innen sinkt → Schräglaufwinkelbedarf VA sinkt	Übersteuern
Positiven Radsturz VA verringern oder negativen Radsturz VA vergrößern	Sturzseitenkraft steigt außen → Schräglaufwinkelbedarf VA sinkt	Übersteuern
Wanklenken nach kurveninnen	Zusätzlichem Lenkwinkel an VA bei Aufbau des Wankwinkels	Übersteuern
Seitenkraftlenken nach kurveninnen in VA	Zusätzlicher Lenkwinkel nach Aufbau der Querbeschleunigung	Übersteuern
Aerodynamischen Auftrieb an der HA vermindern	Höhere Normalkräfte an HA → übertragbare Seitenkräfte steigen → Schräglaufwinkelbedarf sinkt	Untersteuern
Lenkgesetz Richtung Ackermann-auslegung verändern	Geringerer effektiver Lenkwinkel durch Verringerung der Vorspur	Untersteuern
Nachlaufwinkel der VA vergrößern	Verringerung des Radlenkwinkels durch Elastizitäten	Untersteuern
Bremskraftanteil der VA erhöhen	Größerer Bedarf an Kraftschlusspotenzial durch Längskräfte → Weniger Potenzial für Querkräfte zur Verfügung → Schräglaufwinkelbedarf steigt (Effekt beim Bremsen wirksam)	Untersteuern
Antriebskraftanteil der VA bei 4WD erhöhen	Größerer Bedarf an Kraftschlusspotenzial durch Längskräfte → Weniger Potenzial für Querkräfte zur Verfügung →Schräglaufwinkelbedarf steigt (nur unter Vortrieb wirksam)	Untersteuern

Tab. 3.6 Möglichkeiten zur Einflussnahme auf das Fahrverhalten

Baugruppe	Maßnahme
Gesamtfahrzeug	Radstand, Spurweite, Achslastverteilung, Schwerpunktlage, Massenträgheitsmomente des Aufbaus
	Dynamische Achslastverlagerung (v. a. bei Längsbeschleunigungen)
	Antriebskonzept und Antriebsmomentenverteilung (Allrad)
	Aerodynamische Eigenschaften (v. a. im Hochgeschwindigkeitsbereich)
Bremsen	Bremsenkonzept, -dimensionierung und –ausführung
	Bremskraftverteilung
	Auslegung Bremskraftregler
	Bremsbelagcharakteristik
Achsen	Achskonzept und -ausführung
	Ausführung und Abstimmung von Federung, Stabilisierung, Dämpfung und Zusatzfedern
	Kinematik und Elastokinematik der Achsen (Längs- und Seitenkraftlenken)
	Längs- und Querelastizitäten von Vorderachse und Hinterachse
	Dynamische Radlastverlagerung
	Nickkinematik der Achsen (Anfahrstützwinkel: Anti-Squat, Bremsnickausgleich: Anti-Dive)
	Wankkinematik der Achsen (Lage Wankachse, Wankabstützung durch Federung, Zusatzfedern, Stabilisierung und Dämpfung)
	Verteilung der Wankabstützung zwischen Vorder- und Hinterachse
Radstellung	Nachlaufwinkel, -strecke, -versatz, Spreizung, Spur, etc.
	Raderhebungskurven und Änderung der Radstellung beim Federn
Lenkung	Konzept und Ausführung Lenksystem, Ausführung Lenkgetriebe Statische und dynamische Lenkübersetzung
	Bauart und Lenkungskennfeld der Servounterstützung
	Lenkungscharakteristik (Lenkmomente, Übersetzung)
	Elastizitäten, Trägheitsmomente und Dämpfung im Lenkungsstrang
	Störkrafthebelarm, Lenkrollradius, Anordnung der Spurstangen (Pfeilung)
	Auslegung kinematische Lenkrückstellung (Nachlauf, Spreizung)
Reifen	Dimensionierung von Rad und Reifen
	Profilgestaltung
	Schräglaufsteifigkeit
	Reifenfülldruck
	Mischbereifung
Antriebstrang	Konstruktive Anordnung der Aggregate und deren Lagerung
	Elastizitäten und Dämpfung des Antriebsstrangs
	Motorcharakteristik (Momentenverlauf Schleppmoment-Charakteristik)

(Fortsetzung)

3

Tab. 3.6 (Fortsetzung)

Baugruppe	Maßnahme
	Getriebeübersetzung, Wandlercharakteristik
	Länge und Torsionssteifigkeit der Antriebswellen
	Sperrcharakteristik der Differenziale
	Charakteristik der Gaspedalbetätigung
Regel- systeme	Die Auslegungen der Antriebs-Schlupf-Regelsysteme, Brems- und Fahrstabilitätssysteme sind grundsätzlich Aufgabe der Fahrverhaltensabstimmung und besitzen ein eigenes komplexes Parameterfeld zur Abstimmung. Dies gilt insbesondere unter dem Gesichtspunkt der Vernetzung der Regelsysteme in einem Integrated Chassis Management

Nachfolgend sind deshalb die gebräuchlichen Beurteilungskriterien zur Fahrverhaltensabstimmung und die dazu verwendeten Fahrmanöver qualitativ beschrieben. Ebenso wird die in der Industrie übliche Beurteilungsskala für die Subjektivbeurteilung vorgestellt. Ein Teil dieser Kriterien wird auch objektiv beurteilt.

3.5.1 Bewertungsmethoden und Darstellung

Die Beurteilung der Kriterien des Fahrverhaltens erfolgt in einem Notensystem. Die Noten bewegen sich zwischen 1 und 10, wobei 10 die beste Bewertung darstellt (Tab. 3.7). Die Noten 1 bis 4 werden als „unter dem Industriestandard" bezeichnet und sind für ein Serienfahrzeug nicht akzeptabel.

Für eine bessere Qualifizierung der Aussage können in dem meist benutzten Bereich, zwischen 5 und 9 Halbe- und zwischen 6 und 8 Viertelnoten vergeben werden, obwohl die Wahrnehmung von Viertelnotenunterschieden an die Grenzen der Beurteilungsfähigkeit führt und durch zusätzliche Vergleichsbeurteilungen mit Referenzfahrzeugen gestützt werden muss.

Die Vergabe der Benotungen ist abhängig von der Fahrzeugklasse, weil z. B. in der Oberklasse andere Anforderungen hinsichtlich des Komforts gelten als bei einem Kompaktfahrzeug. Außerdem unterliegt die Bewertung einer Veränderung über der Zeit, um den fortschreitenden Stand der Technik zu berücksichtigen und den resultierenden Verbesserungen in Fahrverhalten und Komfort Rechnung zu tragen. Als groben Richtwert insbesondere für die Komfortdisziplinen kann man 0,5 Noten Abwertung für einen 2-Jahres-Turnus annehmen [11].

3.5.2 Anfahrverhalten

Das Anfahrverhalten beschreibt die Auswirkungen der Antriebskräfte beim Anfahren auf die Quer-, Längs-, Vertikaldynamik des Fahrzeugs, sowie die Rückwirkungen auf das Lenksystem (Tab. 3.8). Hinzu kommen die Kriterien Traktion und Beschleunigungsvermögen, die jedoch meist objektiv erfasst werden. Das Anfahrverhalten wird nach den Kriterien Anfahrnicken, Anfahrpendeln, Anfahrschütteln, Verlenken, Lenkungsklemmen, Traktion und Regelverhalten der Traktionskontrollsysteme beurteilt.

Tab. 3.7 Zweistufiges Bewertungssystem zur subjektiven Beurteilung von Fahrzeugeigenschaften [11]

1. Stufe	2. Stufe				3. Stufe	
Bewertung	**Bewertung**	**Mangel**	**Wahrnehmbar durch**	**Note**		
Eigenschaft im Industriestandard	Optimal	Nicht wahrnehmbar	Ausgebildete Beobachter	10		8,25
	Sehr gut	Kaum wahrnehmbar	Ausgebildete Beobachter	9	8,5	
	Gut	Äußerst gering	Ausgebildete Beobachter kritische Kunden	8	7,5	7,75
	Noch gut	Sehr gering	Kritische Kunden	7		7,25
					6,5	6,75
	Befriedigend	Gering	Kritische Kunden	6		6,25
	Genügend	Gut	Kritische Kunden und Normalkunden	5	5,5	5,75
Eigenschaft unter Industriestandard	Mangelhaft	Unangenehm, Reklamation, Verbesserung erforderlich	Normalkunden	4		
	Schlecht	Nicht akzeptabel Bauteil fehlerhaft	Alle Kunden	3		
	Sehr schlecht	Nicht akzeptabel, Bauteil bedingt funktionsfähig	Alle Kunden	2		
	Völlig ungenügend	Nicht akzeptabel Bauteil ohne Funktion	Alle Kunden	1		

3.5.3 Bremsverhalten

Die Abstimmung des Bremsverhaltens bezieht sich auf die Beurteilung der Bremsanlage samt deren Betätigungscharakteristik und die fahrdynamischen Auswirkungen von Verzögerungskräften auf die Fahrzeugbewegung (◘ Tab. 3.9). Ein wichtiges Kriterium ist bei den Testmanövern im geschlossenen Regelkreis der Regelaufwand zur Kurshaltung bei der Bremsung.

Es kann unterschieden werden zwischen Tests bei Geradeausfahrt mit dem Fokus auf Bremsenfunktion und Fahrstabilität und Tests in Kurvenfahrt mit dem Fokus Fahrverhalten bei Bremsung. Dazu kommen Tests zu Ergonomie und Komfort der Bremsbetätigung und der Rückwirkung auf den Fahrer insbesondere bei Bremsregelsystemen. Ausschlaggebend für die Abstimmung der eigentlichen Fahrdynamik sind die Bremstests in Kurvenfahrt mit den Kriterien: Kurvenlauf, Lenkbarkeit und Gierstabilität.

Die allgemeinen Beurteilungskriterien sind Bremsverzögerung, Standfestigkeit, Geradeauslauf, Kurvenverhalten, Lenkbarkeit, µ-Split Bremsung, Bremsnicken, Pedalkraftaufwand, Pedalgefühl, Pedalrückwirkung, Pedalmoving (beide mit ABS/ESP), Bremsenrubbeln, Bremstrampeln und Bremsgeräusche.

3

Tab. 3.8 Kriterien zur Beurteilung des Anfahrverhaltens [5, 11]

Kriterium	Fahrmanöver	Entwicklungsziel
Anfahrnicken	Anfahren, Beschleunigen aus langsamer Fahrt unterschiedliche Beschleunigungen, µ-high	Der zeitliche Nickwinkelverlauf und die Nickgeschwindigkeit sollten möglichst gering sein
Anfahrpendeln	Anfahren, Beschleunigen aus langsamer Fahrt, unterschiedliche Beschleunigungen, µ-high, ausgeprägte Fahrbahnunebenheiten	Die aus den Fahrbahnunebenheiten resultierenden Ungleichförmigkeiten in der Kraftübertragung sollen möglichst nicht zu Wank- oder Gierbewegungen führen und keinen hohen Aufwand zur Kursregelung erfordern
Anfahrschütteln	Anfahren, Beschleunigen aus langsamer Fahrt, unterschiedliche Beschleunigungen Fahrbahnen mit gemischten Griffigkeiten	Ungleichförmigkeiten durch Elastizitäten im Antriebsstrang sollen möglichst nicht zu Komfort mindernden Schwingungen am Lenkrad oder der Karosserie führen
Verlenken	Anfahren, Beschleunigen aus langsamer Fahrt, hohe Beschleunigungen unebene Fahrbahn mit µ-high oder µ-Split	Durch die Fahrbahn induzierte unterschiedliche Antriebskräfte zwischen linker und rechter Fahrzeugseite sollen möglichst geringe Gierbewegungen des Fahrzeugs bedingen, und damit einen möglichst geringen Regelungsaufwand am Lenkrad verursachen
Torque Steer	Anfahren, Beschleunigen aus langsamer Fahrt, hohe Beschleunigungen unebene Fahrbahn oder µ-split	Unsymmetrien im Antriebsstrang (Lenkungselastizitäten, ungleich lange Antriebswellen etc.) sollten möglichst nicht zu zusätzlichen Gierwinkeln und damit zu einem erhöhten Regelungsaufwand führen
Lenkungsklemmen (Frontantrieb)	Hohe Beschleunigungen aus dem Stand oder aus langsamer Fahrt µ-high	Die auftretenden Traktionskräfte sollten möglichst wenig Einfluss auf die Betätigungskräfte am Lenkrad haben. Lenkungsrückstellung und Mittellagengefühl sollten erhalten bleiben
Traktion	Beschleunigung aus dem Stand oder langsamer Fahrt µ-high, µ-low, µ-Split, µ-Jump	Möglichst hohe Traktion und gutes Beschleunigungsvermögen. Bewertung erfolgt in erster Linie objektiv
Regelverhalten (Schlupfregelung)	Beschleunigen aus dem Stand oder vorgegebenen konstanten Fahrgeschwindigkeiten Fahrbahnen mit unterschiedlichen, wechselnden Reibwertverhältnissen Ggf. Kurven- und Steigungsstrecken	Das Eingreifen von Regelsystemen zur Traktionskontrolle sollte möglichst weich erfolgen, eine gute Beschleunigung ermöglichen und einen geringen zusätzlichen Lenkaufwand erfordern
Pedalrückwirkung (Schlupfregelung)	Beschleunigen aus dem Stand oder vorgegebenen konstanten Fahrgeschwindigkeiten Fahrbahnen mit unterschiedlichen, wechselnden Reibwertverhältnissen	Die Rückwirkungen des Regelsystems am Fahrpedal können Informationen über die Traktionsverhältnisse vermitteln, sollten dabei aber nicht Komfort mindernd wirken. Heute nur noch optische Anzeige des Regeleingriffs

Tab. 3.9 Kriterien zur Beurteilung des Bremsverhaltens [5, 11]

Kriterium	Fahrmanöver	Entwicklungsziel
Bremsverzögerung	Vollbremsungen auf ebener Fahrbahn, µ-high, µ-low, µ-Split, µ-Jump	Beurteilt werden die erreichbare Verzögerung und der Regelaufwand für Kurshaltung; Kriterium wird eher objektiv beurteilt.
Standfestigkeit	Vollbremsungen in der Ebene oder im Gefälle, µ-high	Subjektive Bewertung von Veränderungen im Pedalgefühl und Pedalkraftaufwand; Bremsweg wird jedoch objektiv bewertet
Geradeaus-lauf	Bremsen ohne Blockieren mit unterschiedlicher Verzögerung, unterschiedliche Reibbeiwerte	Möglichst geringer Regelaufwand zur Kurshaltung, Möglichst geringe Kursabweichungen
Kurvenlauf	Bremsen in Kurvenfahrt mit unterschiedlichen Verzögerungen aus unterschiedlichen Geschwindigkeiten, unterschiedliche Radien, µ-high, µ-low	Fahrzeugreaktion soll über den gesamten Parameterbereich qualitativ gleich sein. Fahrzeugreaktion sollte den Fahrer während Lenk-Brems-Manövern unterstützen, indem die Situation durch leichtes Eindrehen in die Kurve entschärft wird.
Lenkbarkeit	Bremsung aus Geradeausfahrt mit gleichzeitigem Lenken, unterschiedliche Reibbeiwerte	Die Fahrzeugreaktion sollte bei der Bremsung ähnlich sein, wie ohne Einfluss der Verzögerung.
Gierstabilität	Bremsen aus Geradeausfahrt aus verschiedenen Geschwindigkeiten mit verschiedenen Verzögerungen, µ-high, µ-low, µ-Split	Der Lenkaufwand zur Kurshaltung sollte möglichst gering sein. Fahrzeugreaktionen sollten nicht überraschend und leicht korrigierbar sein.
Bremsnicken	Bremsen auf µ-high	Nickwinkel und Nickwinkelgeschwindigkeit sollten möglichst gering sein.
Pedalkraftaufwand	Bremsen auf µ-high	Zur Fahrzeugcharakteristik passender Pedalkraft- aufwand. Kriterium wird teilweise durch Messung der Pedalkraft ergänzt.
Pedalgefühl	Bremsung aus Geradeausfahrt aus unterschiedlichen Geschwindigkeiten und unterschiedlichen Verzögerungen, Bremsbetätigung schnell, langsam, unterschiedliche Reibbeiwerte.	Eindeutige, intuitive Zuordnung des Kraft-Weg-Verlaufs am Bremspedal zu Bremsverzögerung muss möglich sein.
Pedalrückwirkung (ABS)	Bremsung aus Geradeausfahrt mit unterschiedlichen Geschwindigkeiten und Verzögerungen mit ABS-Regelung, Reibwerte und Reibwertübergänge	Pedalbewegungen sollten dem Fahrer Information über den Fahrbahnkontakt übermitteln, sollten jedoch nicht Komfort mindernd sein.
Pedalmoving (ABS)	Bremsungen aus Geradeausfahrt aus unterschiedlichen Geschwindigkeiten und mit unterschiedlichen Verzögerungen mit ABS-Regelung, unterschiedliche Reibwerte und Reibwertübergänge	Niederfrequente Bewegungen (Verschiebungen) des Bremspedals während der ABS-Regelbremsung sollten so gering wie möglich sein.
Bremsenrubbeln	Geradeausbremsung bei hohen Geschwindigkeiten mit verschiedenen Verzögerungen	Es sollten keine durch Bremsenrubbeln ausgelöste Komfort mindernde Schwingungen am Lenkrad, in der Bodengruppe oder am Sitz auftreten.

(Fortsetzung)

3

■ Tab. 3.9 (Fortsetzung)

Kriterium	Fahrmanöver	Entwicklungsziel
Bremsgeräusche	Bremsen bei Geradeaus- und Kurvenfahrt bei unterschiedlichen Geschwindigkeiten und Verzögerungen, Stop&Go beim niedrigen Bremsdrücken.	Es sollten keine Bremsgeräusche (Quietschen, Buhen, Brummen, Knarren) auftreten.

3.5.4 Lenkverhalten

Die Beurteilung bezieht sich auf das Lenkverhalten bei Geradeausfahrt und bei Kurvenfahrt sowie auf das Lenkkraftniveau und die Beurteilung von Lenkradschwingungen (■ Tab. 3.10). Es kann unterschieden werden zwischen Manövern, die sich mit dem Lenken aus der Nulllage heraus, oder um die Nulllage herum befassen und solchen, die das Lenkverhalten während der Kurvenfahrt beschreiben. Weitere Kriterien werden das Zurücklenken in die Nulllage, das Lenkkraftniveau und der Fahrbahnkontakt beurteilt. Dieser ist für den Fahrer eine wichtige Informationsquelle über den Zustand der Fahrbahnoberfläche und die herrschenden Reibverhältnisse.

Die Beurteilungskriterien sind, angefangen von Anlenk- und Ansprechverhalten, Mittengefühl, Lenkkraftniveau in unterschiedlichen Situationen bis hin zu Zielgenauigkeit, Fahrbahnkontakt, Handlichkeit sowie Lenkungsrücklauf.

Diese sind durch vier Oberbegriffe zusammenzufassen:

- Lenkverhalten bei Geradeausfahrt,
- Lenkkraftverhalten,
- Lenkschwingungen und
- Lenkverhalten bei Kurvenfahrt.

3.5.5 Kurvenverhalten

Das Kurvenverhalten beschreibt das Gierverhalten und die Zusatzbewegungen, die dem Fahrzeug bei Kurvenfahrt unter dem Einfluss von Quer- und Längsbeschleunigungen aufgeprägt werden (■ Tab. 3.11).

Dieses Verhalten wird maßgeblich von der Eigenschaft der Reifen beeinflusst, Längs- und Seitenkräfte nur unter Schlupf übertragen zu können. Dadurch und wegen der unter Krafteinwirkung sowie bei Aufbaubewegungen auftretenden Radstellungsänderungen entsteht die Mehrzahl der in der Tabelle aufgeführten Eigenlenkeffekte (z. B. Über- oder Untersteuern).

Ein typisches Kriterium der objektiven Beurteilung ist das Eigenlenkverhalten. Trotz zahlreicher Kennwerte zu diesem Kriterium wird es immer auch einer Subjektivbeurteilung unterzogen. Beurteilt werden das Eigenlenkverhalten und der Regelaufwand zur Kurshaltung.

Insbesondere werden die Höhe und die Änderung des erforderlichen Lenkradwinkels in Abhängigkeit von der Querbeschleunigung bewertet. Die Lenkarbeit zur Kurshaltung sollte gering und vorhersehbar sein.

3.5.6 Geradeausfahrt

Die Geradeausfahrt wird durch Störkräfte als Folge von Bodenunebenheiten, aerodynamischen Einflüssen, nicht zur Kurshaltung erforderlichen Lenkbewegungen (Fahrerrauschen) und inneren Kräften sowie Momenten im Antriebsstrang bzw. in der Radführung beeinflusst (■ Tab. 3.12).

Bewertet wird, in welchem Ausmaß der Geradeauslauf durch Richtungsänderungen und Seitenversatz gestört wird und wie

Tab. 3.10 Kriterien zur Beurteilung des Lenkverhaltens [5, 11]

Kriterium	**Fahrmanöver**	**Entwicklungsziel**
Anlenkverhalten	Anlenken aus Geradeausfahrt bei unterschiedlichen Geschwindigkeiten. Trockene und nasse Fahrbahn. Variiert werden Lenkwinkel und Lenkwinkelgeschwindigkeit	Möglichst spontane und proportionale Reaktion auf Lenkeingaben, Phasenverzug und Überreaktion sollten geringgehalten werden
Ansprechverhalten	Sinusförmiges oder regelloses Anlenken aus Geradeausfahrt mit größer werdenden Amplituden, bis eine deutliche Gierreaktion eintritt Trockene und nasse Fahrbahn, ggf. Längsrillen. Variiert wird die Fahrgeschwindigkeit	Reaktion bereits auf kleine Lenkradwinkel, bei niedrigen und mittleren Geschwindigkeiten. Geradeausstabilität bei hohen Geschwindigkeiten durch progressiv ansteigenden Lenkwinkelbedarf
Überschwingen bei Lenkungsrücklauf	Übergang von Kurvenfahrt zu Geradeauslauf Lenkrad freigeben oder durch Fahrerhand zurück gleiten lassen	Möglichst geringe Amplitude von Lenkradüberschwingern, Überschwingen soll schnell abklingen
Nachschwingen nach Richtungswechsel	Einmaliges sinusförmiges Anlenken im Bereich der Wankeigenfrequenz	Gierschwingungen sollten möglichst schnell abklingen
Nachlenken nach Kurvenfahrt	Aus Kurvenfahrt in Geradeausfahrt übergehen. Verschiedene Querbeschleunigungen und Lenkgeschwindigkeiten	Möglichst keine Lenkmomentschwankungen, keine Nachlenkeffekte durch Seitenkraft bzw. Querelastizitäten
Zielgenauigkeit	Kurvenfahrt mit unterschiedlichen Radien (Handlingkurs, Autobahn) unterschiedliche Geschwindigkeiten	Fahrzeug folgt dem eingeschlagenen Kurs störungsfrei, geringer Nachlenkbedarf, Störungen sind leicht auszuregeln
Grabeneffekt	Spurwechsel bzw. zügiges Anlenken aus Geradeausfahrt bei mittleren bis hohe Geschwindigkeiten	Merklicher Lenkmomentanstieg beim Übergang von Geradeausfahrt zu Lenkphase bei höheren Geschwindigkeiten. Gut spürbare Selbstzentrierung. Harmonischer Übergang zwischen Geradeausfahrt und Lenkphase
Mittengefühl *(center point feeling)*	Leichtes Anlenken Geschwindigkeiten > 120 km/h	Kein Spiel, keine Hysterese bei kleinen Lenkradwinkeln im Hochgeschwindigkeitsbereich. Nach dem Anlenken gute Selbstzentrierung und hohe Geradeausstabilität
Fahrbahnkontakt	Geraden oder Kurven Unterschiedliche Geschwindigkeiten und Querbeschleunigungen bis zur Haftgrenze Trocken und nasse Fahrbahnen mit unterschiedlicher Unebenheit	Deutliche, aber nicht Komfort mindernde Informationen über Querbeschleunigung, Fahrbahnoberfläche, Reibwertverhältnisse und Haftgrenzreserve aus dem Verlauf des Lenkmoments
Lenkungsrücklauf	Kurven mit unterschiedlichen Radien. obere Geschwindigkeiten, unterschiedliche Querbeschleunigung	Nach der Kurvenfahrt selbstständiges Rücklaufen der Lenkung in die Geradeausstellung. Kein negatives Rückstellmoment (selbstständiges Einlenken)

(Fortsetzung)

3

■ Tab. 3.10 (Fortsetzung)

Kriterium	Fahrmanöver	Entwicklungsziel
Lenkkrafthöhe	Wechsellenken μ-high (trocken, nass) Geschwindigkeiten von 0 bis v_{max} Verschiedene Querbeschleunigungen	Hysteresefreier, proportionaler Verlauf des Lenkmoments bei allen Geschwindigkeiten und Lenkmanövern, geringer Unterschied zwischen Lenk- und Haltemomenten, Rückmeldung über Reibwertverhältnisse und Seitenführung, Abnahme des Lenkmoments bei Annäherung an die Haftgrenze
Lenkungsüberholen	Schnellstmögliches Wechsellenken aus Geradeausfahrt Unterschiedliche Fahrgeschwindigkeiten	Kein Nacheilen oder Aussetzen der Lenkungsunterstützung
Handlichkeit	Kurven mit unterschiedlichen Radien Niedrige bis hohe Geschwindigkeiten Gesamter Querbeschleunigungsbereich	Möglichst agiler Gesamteindruck mit spontanem Ansprechen bei geringem Lenkaufwand

hoch der Aufwand zur Ausregelung der Störung ist. Free control, fixed control und Kursregelung durch den Fahrer sind die Möglichkeiten der Lenkradbetätigung, die bei der Beurteilung des Geradeauslaufs verwendet werden. Als Entwicklungsziel gilt, dass sich das Fahrzeug möglichst selbsttätig und stetig zentriert, sodass nur geringe Haltekräfte und Korrekturbewegungen am Lenkrad erforderlich sind.

3.5.7 Fahrkomfort (subjektiv)

Die Untersuchungen zum Fahrkomfort beschäftigen sich hauptsächlich mit der Fähigkeit des Fahrwerks, vertikaldynamische Anregungen jeglicher Art so zu verarbeiten, sodass sie sich für die Insassen nicht unangenehm auswirken. Dazu werden Schwingungen und Geräusche in den verschiedenen Frequenzbereichen subjektiv und objektiv beurteilt. Der Fahrkomfort muss im Zusammenhang mit den Fahreigenschaften eines Fahrzeugs beurteilt werden [2]. Der Testfahrer sollte jedoch bei der subjektiven Beurteilung des Handlings versuchen, die Einflüsse der Vertikaldynamik auszusondieren.

Die subjektiven Fahreindrücke, insbesondere Komfortbewertungen werden zum großen Teil von Geräuschen mitgeprägt [12].

Bei der subjektiven Schwingungsbeurteilung von Fahrzeugen lassen sich dominierende Frequenzbereiche gängigen Begriffen zuordnen. Für den Fahrwerk interessieren etwa folgende Schwingungsbereiche [11]:

- Aufbauschwingungen 0,5–5 Hz
- Anfedern, Reiten 2–5 Hz
- Stuckern 5–15 Hz
- Prellen 7–25 Hz
- Zittern 15–40 Hz
- Dröhnen 30–70 Hz
- Abrollakustik 30–300 Hz

Die teilweise Überdeckung von Frequenzbereichen resultiert aus der dominanten Einleitungsrichtung der Störkräfte. So beinhaltet Prellen große Anteile von.

Längsbeschleunigungen, die beim Überfahren von Einzelhindernissen entstehen, während den restlichen Begriffen überwiegend harmonische Beschleunigungen in Vertikalrichtung zugeordnet werden können.

Tab. 3.11 Kriterien zur Beurteilung des Kurvenverhaltens [5, 11]

Kriterium	Fahrmanöver	Entwicklungsziel
Eigenlenkverhalten	Kreisbahn mit unterschiedlichen Radien und unterschiedlichen Geschwindigkeiten Verschiedene Reibwerte (trocken, nass, Eis)	Gut vorhersehbares Gierverhalten bei Kurvenfahrt, möglichst geringe Lenkarbeit zur Kurshaltung Ziel: Neutrales bis leicht untersteuerndes Eigenlenkverhalten bis zu mittleren Querbeschleunigungen. Darüber sollte die Untersteuertendenz überproportional zunehmen
Einlenkverhalten	Übergang von Geraden zu Kurven unterschiedlicher Radien Unterschiedliche Fahrgeschwindigkeit und Giergeschwindigkeit. Trocken, nass	Gierwinkel und Gierbeschleunigung möglichst proportional zum Lenkwinkel bei allen Lenkwinkelgeschwindigkeiten. Möglichst kein Zeit- bzw. Phasenverzug, keine Überreaktion
Seitenkraftaufbau	Übergang von Geraden zu Kurven unterschiedlicher Radien bei unterschiedlichen Fahrgeschwindigkeiten, Querbeschleunigungen. Trocken, nass	Seitenkraftaufbau und -abstützung spontan und ohne Phasenverzug zwischen Vorder- und Hinterachse. Möglichst keine Querelastizitäten und Anlegeeffekte spürbar
Giergeschwindigkeitsaufbau	Einfache und doppelte Fahrspurwechsel Trocken, nass	Giergeschwindigkeitsaufbau proportional zur Lenkgeschwindigkeit. Keine Unstetigkeiten, Trägheiten, Phasenverzug
Querführungsvermögen	Wechselkurven mit unterschiedlichen Radien Unterschiedliche Geschwindigkeiten und Querbeschleunigung bis in den Grenzbereich. Trocken, nass	Querführungsvermögen möglichst groß. Gute Balance zwischen Vorder- und Hinterachse unabhängig von Reibwert und Querbeschleunigung. Rückmeldung über Annäherung an Grenzbereich, Übergang in Grenzbereich ohne hektische Gierreaktion
Wankverhalten	Geraden und Wechselkurven Unterschiedliche Geschwindigkeiten, Querbeschleunigungen und Lenkwinkelgeschwindigkeiten	Wankreaktion möglichst gering und proportional zur Querbeschleunigung. Wankwinkel soll Rückmeldung über aufgebaute Seitenkraft geben
Diagonales Tauchen	Geraden und Wechselkurven. Unterschiedliche Geschwindigkeiten und bewusst unharmonische und sprungartige Lenkeinschläge	Wankbewegung möglichst nur um Fahrzeug-Längsachse. Kein gegenphasiges Federn von Vorder- und Hinterachse, sodass keine diagonalen Federbewegungen spürbar werden
Aufstützen	Geraden und Wechselkurven Unterschiedliche Geschwindigkeiten und bewusst unharmonische und sprungartige. Lenkeinschläge	Möglichst keine Unwilligkeit zum Einfedern kurvenaußen spürbar, die durch „Aushebeln" des Fahrzeugs die Spurhaltung beeinträchtigen kann
Wankschrauben	Kurvenfahrt mit mindestens einer Bodenwelle oder-senke Unterschiedliche Geschwindigkeiten	Aufbauhubfederbewegungen bei Bodenwelle möglichst parallel zur Fahrbahn. Keine Überlagerung von Hub- und Gierbewegung durch Unsymmetrien in der Achskinematik
Spurwechselverhalten	Einfache und doppelte Fahrspurwechsel. Mehrere Geschwindigkeiten. Unterschiedlich schnelle Fahrspurwechsel bis in den Grenzbereich. Trocken, nass, Eis, Schnee	Möglichst präzise und verzugsfreie Reaktion auf die Lenkeingabe. Keine großen Lenkkorrekturen durch Überreaktion oder Trägheit
Lenk-Bremsverhalten	Bremsungen aus Kurvenfahrt mit mittleren bis hohe Verzögerungen (mit ABV auch im Regelbereich). Kurven mit unterschiedlichen Radien. Bis Höchstgeschwindigkeit	Hohe Richtungsstabilität. Möglichst geringe, korrigierbare Gierreaktionen

(Fortsetzung)

Tab. 3.11 (Fortsetzung)

Kriterium	Fahrmanöver	Entwicklungsziel
Lenk-Beschleunigungsverhalten	Beschleunigung aus konstanter Kreisfahrt auf Kreisbahnen mit unterschiedlichen Radien und Fahrbahnoberflächen. Unterschiedlich starke Betätigung des Fahrpedals. Mehrere Geschwindigkeiten und Querbeschleunigungen bis zur Haftgrenze	Mäßig reduziertes Untersteuern (Leistungsübersteuern). Unabhängig vom Fahrzustand und Fahrbahn vorhersehbare und leicht zu korrigierende Gierreaktion
Lastwechselverhalten	Sprungartiges Loslassen des Fahrpedals aus stationärer Kreisfahrt. Variation des Motorbremsmoments durch Gangwahl. Kreisbahn mit unterschiedlichen Radien und Oberflächen. Unterschiedliche Querbeschleunigungen bis zur Haftgrenze	Mäßiges Eindrehen in den Kreis. Unabhängig vom Fahrzustand und Fahrbahn vorhersehbare und leicht zu korrigierende Gierreaktion
Fahrbahneinflüsse	Gerade und kurvige Strecken. Beschleunigen und Bremsen bei unterschiedlichen Geschwindigkeiten. Besonders breite Variation der Reibwerte und Fahrbahnoberflächen	Charakteristik des Lenk- und Fahrverhaltens sollte unverändert bleiben (Rückmeldung aber über Lenkradmoment)

In Tab. 3.13 sind die üblichen Kriterien zur Beurteilung des Fahrkomforts zusammengefasst.

3.6 Objektive Fahrverhaltensbeurteilung

Bernd Heißing und Christian Schimmel

Dieser Abschnitt befasst sich mit der auf Messungen beruhenden Beurteilung des Fahrverhaltens. Dazu werden zunächst die für die Ableitung der Kenngrößen erforderlichen Messgrößen vorgestellt.

Die Beurteilungskriterien sind wie bei „Subjektive Beurteilung“ gegliedert. Anzahl und Art der verwendeten Beurteilungsgrößen sind zum Teil stark unterschiedlich.

Hier wird ein Überblick über einige etablierte Größen und Ihre Interpretation gegeben. Ziel dieser Größen ist, mittels Messung ein dem Empfinden des Fahrers entsprechendes Maß zur Beurteilung zu schaffen. Sehr deutlich wird dies im Fall des Eigenlenkverhaltens. Die ursprüngliche Definition des Eigenlenkverhaltens nur über die Schräglaufwinkel an Vorder- und Hinterachse wurde aufgegeben, weil der Zusammenhang mit dem Fahrergefühl nicht gegeben war. Heute wird das Eigenlenkverhalten mittels des Eigenlenkgradienten beurteilt, der gut mit dem Subjektivurteil übereinstimmt (s. Abb. 2.118).

Um vergleichbare Messergebnisse zu erzeugen, ist es notwendig, auch die Eingabegrößen für den Fahrvorgang reproduzierbar zu gestalten. Dazu wird entweder der Fahrer durch Hilfsmittel unterstützt oder es werden Lenk- bzw. Bremsmaschinen eingesetzt, welche den Fahrer ganz ersetzen (Abb. 3.11). Die Eingaben sind damit unabhängig von der Fahrzeugreaktion immer gleich und die Ergebnisse stets reproduzierbar.

3.6.1 Messgrößen

Zur Bildung der Kennwerte werden hauptsächlich die Bewegungsgrößen des Fahrzeugs und deren Ableitungen verwendet

Tab. 3.12 Kriterien zur Beurteilung der Geradeausfahrt [5, 11]

Kriterium	Fahrmanöver	Entwicklungsziel
Geradeauslauf	Gerade Strecke, breit variierte Reibwerte, Oberflächenbeschaffenheiten und Unebenheiten, Geschwindigkeiten von 80 km/h bis v_{max}, Geringer Seitenwind	Selbstständiges, stetiges Zentrieren, sodass nur geringe Haltekräfte und Korrekturbewegungen erforderlich sind
Federungslenken	Gerade Fahrbahn, μ-high, Unterschiedliche Bodenunebenheiten, Geschwindigkeiten von 80 km/h bis v_{max}	Möglichst keine Gierbewegungen oder Bewegungen am Lenkrad auch bei starkem Durchfedern
Wanklenken	Gerade Fahrbahn, μ-high; Unterschiedliche, auch einseitige Bodenunebenheiten, Geschwindigkeiten von 80 km/h bis v_{max}	Möglichst keine Gierbewegungen oder Bewegungen am Lenkrad auch bei starken Wankbewegungen
Lenkungspendeln	Geradeausfahrt mit sinusförmigem Lenken steigender Frequenz bis zur Eigenfrequenz, geringe Amplituden, dann Freigabe des Lenkrads aus eingeschwungenem Zustand, Mittlere bis hohe Geschwindigkeiten, Alternativ: Anreißen aus Geradeausfahrt und Freigeben des Lenkrads	Möglichst kein Lenkungspendeln, auch bei Anregung durch Unebenheiten. Lenkrückstellkräfte sollten harmonischer Anregung entgegenwirken, Pendelbewegung soll möglichst schnell ausklingen, Möglichst schnelles Zurückkehren in Nulllage, ohne starkes Überschwingen
Längsfugenempfindlichkeit	Geradeausfahrt, μ-high; Konstante mittlere bis hohe Geschwindigkeiten; Überfahren ausgeprägter Längsfugen im spitzen Winkel	Keine durch Längsfugen induzierte Lenkbewegungen, Lenkmomentschwankungen und Kursänderungen
Spurrinnenempfindlichkeit	Geradeausfahrt, μ-high, Konstante mittlere bis hohe Geschwindigkeit, Überfahren Spurrinnen im spitzen Winkel	Keine durch Spurrinnen induzierten Lenkbewegungen, Lenkmomentschwankungen und Kursänderungen
Lastwechselsteuern	Geradeausfahrt mit plötzlichem Loslassen/vollständigem Durchtreten des Fahrpedals, Trocken, nass, Eis, Schnee, Konstante mittlere bis hohe Geschwindigkeiten	Keine durch den Lastwechsel induzierten Lenkbewegungen, Lenkmomentschwankungen und Kursänderungen
Seitenwindverhalten	Geradeausfahrt, μ-high, Konstante mittlere bis hohe Geschwindigkeit, Natürlicher Seitenwind oder Seitenwindanlage	Möglichst geringe Richtungsänderung und Spurversatz, Dämpfung auftretender Störungen, Möglichst geringer Lenkaufwand zur Kurskorrektur
Windempfindlichkeit	Geradeausfahrt mit Überholen und Überholt werden, um in die Wirbelschleppen anderer Fahrzeuge (wie Busse und Lkw) zu geraten, Unterschiedliche Geschwindigkeiten	Möglichst keine Fahrzeugreaktion durch Wirbelschleppen, Möglichst geringer Aufwand zur Kursregelung
Pendelstabilität mit Anhänger	Geradeausfahrt auf μ-high bis zur kritischen Geschwindigkeit. Sinusförmige Lenkbewegungen mit Eigenfrequenz der Anhänger-Pendelbewegung und geringer Amplitude; Kurzes Anreißen aus Geradeausfahrt	Gespann muss gesetzlich vorgeschriebene Geschwindigkeit sicher erreichen, Siehe auch „Objektive Fahrverhaltensbeurteilung“

3

Tab. 3.13 Kriterien zur Beurteilung des Fahrkomforts [5, 11]

Kriterium	Fahrmanöver	Entwicklungsziel
Federungskomfort	Fahrt mit unterschiedlichen Geschwindigkeiten (50 km/h bis v_{max}), unterschiedliche Beladungszustände	Harmonisierung von Aufbaubeschleunigungen abhängig von Fahrzeugpositionierung im Lastenheft. Häufig verschiedene Fahrwerkvarianten (Sport-, Normal- und Komfortfahrwerk)
Nickfederverhalten	Fahrt mit unterschiedlichen Geschwindigkeiten (50 km/h bis v_{max}), unterschiedliche Beladungszustände	Weitestgehende Reduktion von Nicken bei Erhalt der sicheren Fahrzeugführung
Wankfederverhalten	Fahrt mit unterschiedlichen Geschwindigkeiten (50 km/h bis v_{max}), unterschiedliche Beladungszustände	Weitestgehende Reduktion von Wanken bei Erhalt der sicheren Fahrzeugführung. Kompromiss zwischen Anfedern einseitiger Bodenwellen und straffer Führung bei schnellen Lenkeingaben
Aufbaudämpfung	Fahrt mit unterschiedlichen Geschwindigkeiten (50 km/h bis v_{max}), unterschiedliche Beladungszustände	Minimierung der Aufbaubeschleunigungen ohne Nachschwingen, sichere Fahrzeugführung
Abrollkomfort	Fahrt mit unterschiedlichen Geschwindigkeiten (20 km/h bis v_{max})	Minimierung hochfrequenter Aufbaubeschleunigungen ohne Nachschwingen oder Springen der Räder
Rauigkeit (Harshness)	Fahrt mit unterschiedlichen Geschwindigkeiten (20 km/h bis v_{max}) bei verschiedenen Lastzuständen (Zug, Teillast, Schub)	Minimierung des hör- und fühlbaren Schwingungspegels. Gute Abstimmung wird als geschmeidig abrollend und gut isolierend bezeichnet
Abrollgeräusch	Fahrt mit unterschiedlichen Geschwindigkeiten (20 km/h bis v_{max})	Minimierung wahrnehmbarer Innenraumgeräusche
Kantenempfindlichkeit	Fahrt mit unterschiedlichen Geschwindigkeiten (20 km/h bis v_{max})	Minimierung des Geräuschpegels und spürbarer Aufbaubeschleunigungen. Maßgebliche Beeinflussung des Gesamtkomforteindrucks durch Kantenempfindlichkeit
Dröhnen	Fahrt mit unterschiedlichen Geschwindigkeiten (20 km/h bis v_{max})	Vermeidung von Schwingungsüberhöhungen im Bereich zwischen 30 und 70 Hz
Dämpferpoltern	Schrittgeschwindigkeit und Langsamfahrt bis 40 km/h auf Straßen mit geringer Oberflächengüte	Eliminierung von Poltergeräuschen
Prellen	Fahrt mit unterschiedlichen Geschwindigkeiten (50 bis 150 km/h) über Einzelhindernisse	Eliminierung von Nachschwingungen an Rädern und Achsbauteilen
Schluckvermögen	Fahrt mit unterschiedlichen Geschwindigkeiten (50 bis 150 km/h) auf Straßen mit klein- und mittelwelligen Unebenheiten	Minimierung von Aufbaubeschleunigungen und -stößen ohne große Karosseriebewegungen

(Fortsetzung)

Tab. 3.13 (Fortsetzung)

Kriterium	Fahrmanöver	Entwicklungsziel
Aushängen	Fahrt im Geschwindigkeitsbereich von 30 km/h bis v_{max} auf Strecken, die Räder zum Abheben veranlassen	Vermeidung von Fahrbahnkontaktverlust. Kursabweichungen, Abhebegeräusche und Beschleunigungsspitzen durch Abheben der Räder sind bei hohen Geschwindigkeiten zu vermeiden
Puffereinsatz	Fahrten im Geschwindigkeitsbereich zwischen 30 km/h und v_{max} mit unterschiedlichen Beladungszuständen auf Strecken mit großen Bodenwellen oder Sprunghügeln	Harmonische Begrenzung der Einfederbewegung durch Zusatzfedern ohne Kraftspitzen
Zurückwerfen	Fahrten im Geschwindigkesitsbereich zwischen 30 km/h und v_{max} mit unterschiedlichen Beladungszuständen auf Strecken mit großen Bodenwellen oder Sprunghügeln	Vermeidung zu großer und zu schneller Ausfederbewegungen und Kraftspitzen nach dem Einfedern
Reiten	Fahrten im Geschwindigkeitsbereich von 60 km/h bis v_{max} auf Stecken, die Resonanzschwingungen in Hochrichtung auslösen (Bsp.: Plattenbeton Los Angeles)	Vermeidung störender Resonanzerscheinungen bei Sinusanregungen und periodischen Rechtecksignalen
Anfedern	Fahrten im Geschwindigkeitsbereich von 40 bis 120 km/h auf Stecken mittlerer Oberflächengüte mit unregelmäßiger Anregung	Geschmeidiges Überrollen von Fahrbahnunebenheiten
Stuckern	Fahrten im Geschwindigkeitsbereich zwischen 30 und 120 km/h mit geringem Vortrieb unter Fahrzuständen, die Resonanzschwingungen in der Bodengruppe anregen	Eliminierung störender Resonanzphänomene durch Fahrbahnkoppelschwingungen zwischen 5 und 15 Hz
Lastwechselschlag	Positive und negative Lastwechsel bei verschiedenen Motordrehzahlen und unterschiedlichen Fahrstufen/Gängen	Eliminierung von wahrnehmbaren Effekten aus dem Lastwechsel am Antriebsaggregat und den Betätigungselementen
Aufbauzittern	Fahrten im Geschwindigkeitsbereich zwischen 50 und 150 km/h auf homogenen Oberflächen mit Einzelhindernissen	Vermeidung von komfortvermindernden Schwingungen zwischen 15 und 40 Hz nach Einzelhindernissen
Lenkungszittern	Fahrt mit unterschiedlichen Geschwindigkeiten (50 km/h bis v_{max})	Minimierung von translatorischen Schwingungen in Folge von Einzelhindernissen
Lenkungsflattern	Fahrten mit präparierten Reifen (Unwuchtgewichte oder Uniformity-Abweichungen) in unterschiedlichen Geschwindigkeitsbereichen im Bereich der Radeigenfrequenzen	Unempfindlichkeit gegenüber Unwuchten und Toleranzen der Serienfertigung

(Fortsetzung)

Tab. 3.13 (Fortsetzung)

Kriterium	Fahrmanöver	Entwicklungsziel
Lenkungsstößigkeit	Gerade und kurvige Strecken mit möglichst einseitiger Überfahrt von Einzelhindernissen (Kanaldeckel, Querfugen, Kanten) mit und ohne Seitenkrafteinwirkung	Vermeidung von stoßförmigen Drehimpulsen am Lenkrad durch Längs- und Seitenkräfte an den Einzelhindernissen
Lenkungsrückschlagen	Kurvige Strecken mit Einzelhindernissen, die mit wechselnder Geschwindigkeit, Fahrstufe, oder Motordrehzahl unter Vortriebs- und Bremskräften durchfahren werden	Eliminierung rückschlagender Impulse in die Lenkung aufgrund von dynamischer Kurvenfahrt
Lenkungsklappern	Gerade und kurvige Strecken mit schlechter Oberflächengüte werden bevorzugt mit geringer Geschwindigkeit durchfahren. Zunächst erfolgen minimale Lenkradwinkeleingaben, die anschließend gesteigert werden	Eliminierung mechanischer Klappergeräusche beim Lenken auf schlechter Fahrbahnoberfläche

Abb. 3.11 Inertiales Mess- System (hier Fa. OXTS) und Lenkmaschine

(Tab. 3.14). Ein inzwischen überholtes Messgerät zur Erfassung der translatorischen Beschleunigungen und der Lagewinkel im Fahrzeug ist die kreiselstabilisierte Plattform. Die gleiche Funktionalität ist neuerdings auch durch elektronische Geräte ohne bewegte Teile realisiert, die robuster und schneller in der Inbetriebnahme sind. Für die Messung von Positionsdaten werden heute die Daten aus inertialen Messsystemen mit globalen Messdaten (z. B. GPS) verknüpft, um eine höhere Genauigkeit zu erreichen.

3.6.2 Anfahrverhalten

Beim Anfahren werden hauptsächlich die Kriterien Traktion und Beschleunigungsvermögen auf unterschiedlichen Reibwerten objektiv bewertet.

Tab. 3.14 Messgrößen zur Bestimmung des objektiven Fahrverhaltens [3, 13]

Variable	Formelzeichen
Längsbeschleunigung, Querbeschleunigung, Vertikalbeschleunigung	a_x, a_y, a_x
Längsgeschwindigkeit, Quergeschwindigkeit	v_x, v_y
Gierwinkel, Giergeschwindigkeit, Gierbeschleunigung	ψ, $\dot{\psi}$, $\ddot{\psi}$
Wankwinkel	ϕ
Nickwinkel	δ
Schwimmwinkel	β
Bremsweg	s_{Bx}
Kursabweichung (seitliche Fahrzeugkursabweichung von einem Referenzkurs)	s_{kA}
Koordinaten des Fahrzeugschwerpunktes in der Fahrbahnebene	X, Y, Z
Knickwinkel zwischen Zugfahrzeug und Anhänger (nur bei Pkw-Zügen)	$\Delta\psi$

Es kann die Traktion im Stillstand mit fester Anbindung des Versuchsfahrzeugs und bei langsamer Fahrt gegen eine Seilbremse oder ein gebremstes Messfahrzeug objektiv beurteilt werden. Dazu werden die durch das Testfahrzeug aufgebrachten Zugkräfte gemessen. Der Test wird typischerweise auf trockenem, nassem und vereistem Untergrund durchgeführt.

Neben dem Zusammenspiel der Radlastverteilung mit dem Antriebskonzept kann auch die Art der Radaufhängung einen Einfluss auf die Traktion haben.

Außer der Zugkraft kann noch das Beschleunigungsvermögen durch Zeitstoppen gemessen werden. Dabei wird die Zeit bis zum Erreichen einer vorgegebenen Geschwindigkeit gemessen und die entsprechende Beschleunigung abgeleitet oder gemessen.

Zugleich kann bei diesem Manöver (optimale Ausnutzung der Motorleistung bzw. der Reibwertverhältnisse) auch der Aufwand für die Lenkkorrektur zur Kurshaltung *(Free Control)* und der Gierwinkel bei festgehaltenem Lenkrad *(Fixed Control)* gemessen werden [10].

3.6.3 Bremsverhalten

Hier werden verschiedene Bremssituationen diskutiert.

- **Bremsen aus stationärer Kreisfahrt**

Da die Fahrsituation „Bremsen in der Kurve" bei kleinen Kurvenradien eine besondere Rolle im Unfallgeschehen spielt, hat diese Testmanöver eine besondere Bedeutung. Dabei spielt zudem das Zusammenwirken von Bremsung und gleichzeitigem Lenkeinschlag eine Rolle. Es werden deshalb Versuchsvarianten getestet, bei denen der Lenkeinschlag während des gesamten Manövers festgehalten wird, und solche, bei denen mit der Bremsung auch ein Lenkeinschlag erfolgt. Beide Varianten sind Open-Loop-Manöver. Beim Versuch wird bei konstantem Kreisbahnradius aus verschiedenen Ausgangsquerbeschleunigungen die Bremse gegen Anschläge unter dem Bremspedal betätigt. Dabei wird ausgekuppelt, um den Motor nicht abzuwürgen und Überlagerungen mit dem Lastwechsel zu vermeiden.

Bei dem Manöver ist besonders zwischen dem Verhalten bei kleiner bzw. mittlerer und dem bei maximaler Verzögerung zu unterscheiden. Bis zu mittleren Verzögerungen tritt ein maximales Giermoment bei den durch die Radlastverlagerungen bedingten Veränderungen der Querkräfte in der Reifenaufstandsfläche auf. Es ergibt sich durch die höheren Vorderachslasten ein reduzierter Schräglaufwinkel an der Vorderachse und zugleich ein erhöhter Schräglaufwinkel an der Hinterachse. Der Momentanpol (◘ Abb. 3.12) der befahrenen Kreisbahn verschiebt sich nach vorne und näher an das Fahrzeug heran, sodass sich ein kleinerer Kurvenradius im Vergleich zum Ausgangszustand ergibt (Übersteuern). Um auf dem ursprünglichen Kurs zu bleiben ist eine Lenkkorrektur (Lenkwinkelzurücknahme) erforderlich.

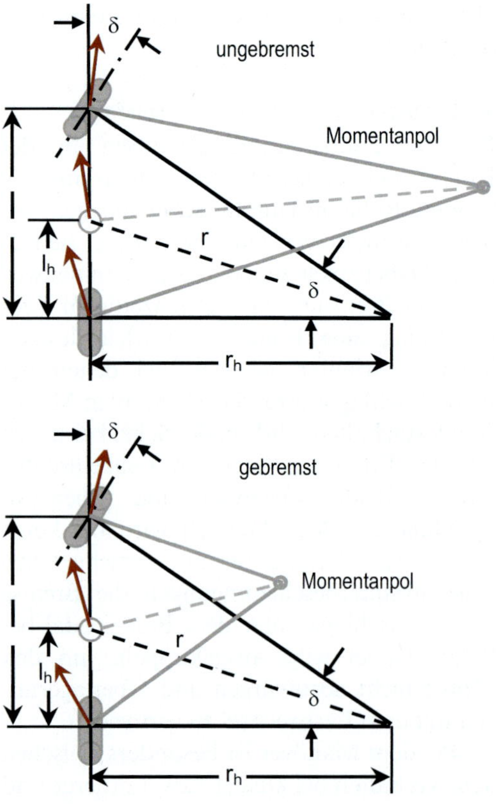

◘ **Abb. 3.12** Einspurmodell: Bremsen aus stationärem Kreisfahrt [5]

Das Verhalten bei maximaler Verzögerung wird dagegen durch die Blockierreihenfolge der Räder und somit durch die Bremskraftverteilung bestimmt.

Durch die Einführung von automatischen Blockierverhinderern (ABV) ist diese Unterscheidung für die meisten modernen Fahrzeuge aber nicht mehr relevant. Da bei diesem Manöver die stärksten Achslastverlagerungen auftreten, wird der Beladungszustand so variiert, dass neben dem maximal zulässigen Gesamtgewicht auch die Extrempunkte maximale Vorder- bzw. Hinterachslast abgetestet werden. Die Bewertung der Fahrzeugreaktion bezieht sich auf die seitliche Abweichung von dem durch den Lenkeinschlag beabsichtigten Kurs und auf die Größe des auftretenden Gier- bzw. Schwimmwinkels und damit auf die Gierstabilität. Neben den Maximalwerten z. B. der Giergeschwindigkeit werden auch die Abweichungen vom Wunschkurs und abgeleitete Größen zum Zeitpunkt der üblichen Fahrerreaktion (in der Regel 1 s, ggf. 0,5 oder 2 s, ◘ Abb. 3.13) zur Beurteilung ermittelt.

Diese Werte zum Beobachtungszeitpunkt für Giergeschwindigkeit bzw. Querbeschleunigung werden auf den Ausgangswert bei stationärer Kreisfahrt bezogen.

Auch Schwimmwinkeldifferenz und Fahrgeschwindigkeitsdifferenz können bewertet werden. Alle Größen werden in Abhängigkeit von der Bremsverzögerung dargestellt [5, 10]:

$$\bar{a}_{x,t} = \frac{\Delta V_x}{t} \text{ und } \frac{\dot{\psi}_{\mathrm{t,ref}}}{\dot{\psi}_{\mathrm{t0}}} = \frac{V_{\mathrm{t}}/R_0}{\dot{\psi}_{\mathrm{t0}}} \tag{3.1}$$

■ **Bremsen bei Geradeausfahrt**

Das Manöver dient zur Beurteilung der Bremsverzögerung und der Fahrstabilität während des Bremsvorgangs bei Geradeausfahrt. Der Bremsdruck kann durch den Fahrer oder durch mechanische Hilfsmittel wie Pedalstützen oder Bremsmaschinen eingeregelt werden. Die Lenkradbetätigung

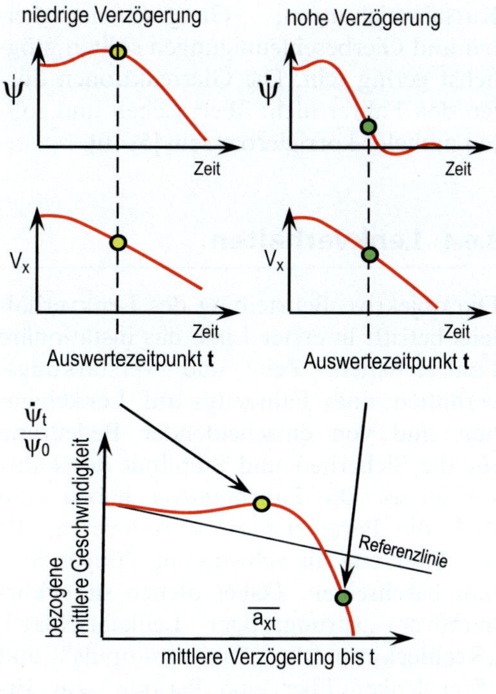

Abb. 3.13 Kennwertbildung beim Bremsen aus

kann durch den Fahrer als Kursregelung oder als *Free Control* bzw. *Fixed Control* erfolgen. Die Fahrbahnbedingungen sind entweder einheitlich trocken, nass oder auf Niedrigreibwertstrecken mit Schnee und Eis. Die Bremsungen bei µ-Split und µ-Jump werden hauptsächlich zur Beurteilung der Funktion von automatischen Blockierverhinderern (ABS und ESP) und dem erforderlichen Regelaufwand für den Fahrer bei der Regelbremsung herangezogen [10].

- **Verzögerungsmessung**

Bei der Durchführung der Verzögerungsmessung ist darauf zu achten, dass der Bremsdruckaufbau sehr schnell erfolgt. Mindestens 90 % des Bremsdrucks sollten in weniger als 0,4 s erreicht werden. Wichtige Versuchsparameter sind die Fahrbahngriffigkeit und die Bremsentemperatur, die daher genau zu erfassen und konstant zu halten sind. Die Bremsdauer und der Bremsweg sind vom Erreichen von 5 % des maximalen Bremsdrucks bis zum Stillstand zu messen. Die Bremsverzögerung wird dabei berechnet zu:

$$a_x = \frac{1}{2} \cdot \frac{v_{x,0}^2}{s_{B,x}} \tag{3.2}$$

mit der Ausgangslängsgeschwindigkeit $v_x, 0$ und dem Bremsweg $s_{B,x}$.

Für das Verzögerungsvermögen selbst existieren mehrere Kenngrößen:

- der Bremsweg als Funktion der Ausgangsgeschwindigkeit,
- die mittlere Verzögerung als Funktion des Bremsdrucks (oder: Bremspedalkraft oder Bremspedalweg),
- die Bremspedalkraft als Funktion der mittleren Verzögerung,
- die maximale Verzögerung als Funktion des Bremsdrucks (alternativ: Bremspedalkraft oder Pedalweg).

Kennzeichnend für die Güte einer Bremsanlage ist die sogenannte Kraftschlussausnutzung, also das Verhältnis des maximalen Verzögerungsvermögens bestimmt durch den Kraftschlussbeiwert μ. Daneben ist der Verlauf von Bremspedalkraft über dem Bremspedalweg und die resultierende Verzögerung ein wichtiges Merkmal für das Empfinden des Fahrers hinsichtlich Sicherheit und Fahrzeugcharakteristik. Dieses Kriterium unterliegt aber eher der subjektiven Beurteilung [10].

- **Fahrstabilität und Kurshaltung**

Zur Beurteilung von Fahrstabilität und Kurshaltung wird entweder der Regelaufwand um das Fahrzeug auf Kurs zu halten *(Closed Loop)* oder die Spurabweichung des Fahrzeugs bei *Free Control* oder *Fixed Control* herangezogen.

Es werden folgende Kenngrößen ermittelt [10]:

- die Seitenabweichung über dem Bremsweg,
- die Giergeschwindigkeit zum Beobachtungszeitpunkt T als Funktion der bis zum Zeitpunkt T mittleren Verzögerung,
- die Querbeschleunigung zum Beobachtungszeitpunkt T als Funktion der bis zum Zeitpunkt T mittleren Verzögerung,
- die maximale Gierbeschleunigung zum Beobachtungszeitpunkt T als Funktion der bis zum Zeitpunkt T mittleren Verzögerung.

Bremsen auf μ-Split

Das Manöver zur Bremsung auf μ-Split wird auf einer präparierten Fahrbahn mit einseitig niedriger Griffigkeit (μ-Split) durch Schnee bzw. Eis, Glasbausteine, Kunststofffolie oder Bitumenschlemme durchgeführt. Dabei erfolgt aus Geschwindigkeiten meist zwischen 60 und 120 km/h eine Geradeausbremsung mit unterschiedlichen Verzögerungen. Die Gierstabilität wird bewertet durch die ohne Lenkkorrekturen während der Bremsung auftretenden Kursabweichungen, Giergeschwindigkeiten und Gierbeschleunigungen oder die zur Kurshaltung notwendigen Lenkkorrekturen. Auftretende Kursabweichungen, Giergeschwindigkeiten und Gierbeschleunigungen sollten möglichst gering sein. Die Gierreaktionen dürfen den Fahrer nicht überraschen und sollten mühelos korrigierbar sein [5, 10].

3.6.4 Lenkverhalten

Die objektive Beurteilung des Lenkverhaltens betrifft in erster Linie das instationäre Lenkverhalten. Zeit- und Verstärkungsverhalten eines Fahrzeugs auf Lenkeingaben sind von entscheidender Bedeutung für die Sicherheit und Stabilität des Fahrverhaltens. Die Fahrmanöver haben zum Ziel, die Parameter zu identifizieren, die das Fahrzeug als schwingungsfähiges System beschreiben. Dabei dienen die Fahrmanöver „sprungartiger Lenkeinschlag", „Rechteckimpuls", „Dreiecksimpuls" und „Sinuslenken über eine Periode" zur Ermittlung der Übertragungsfunktion. Das Eingeschwungene Sinuslenken dient zur Bestimmung von Amplitudenverhältnis und Phasengang. ◘ Abb. 3.14 zeigt die Veränderung der Größen Dämpfungsmaß und gedämpfte Eigenfrequenz.

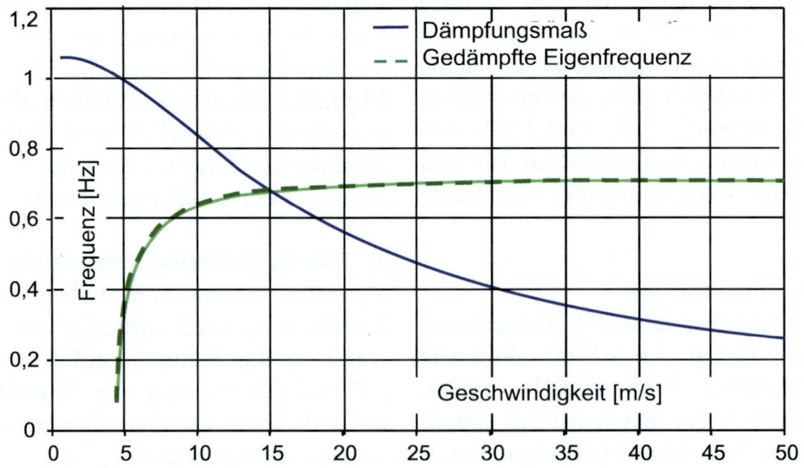

◘ **Abb. 3.14** Dämpfungsmaß und gedämpfte Eigenfrequenz für das Einspurmodell [5]

- **Lenkwinkelsprung**

Kennzeichnend für die Sprungantwort des Fahrzeugs ist die Verzögerung im Aufbau der Giergeschwindigkeit. Diese wird durch den Wert $TR\psi$, 90 % und den Wert $TR\psi$,-max beschrieben (■ Abb. 3.15).

Bei der Abstimmung des Fahrverhaltens ist eine möglichst geringe Verzögerung beim Aufbau der Giergeschwindigkeit, ein geringes Überschwingen und ein schnelles Abklingen der Giergeschwindigkeitsschwingung wünschenswert. Die gleichzeitige Optimierung dieser Kenngrößen erzeugt Zielkonflikte hinsichtlich Fahrdynamik und Komfort.

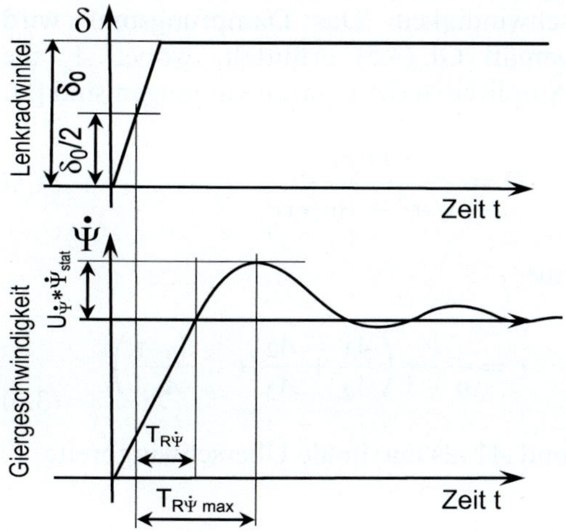

■ **Abb. 3.15** Lenkwinkelsprung und Ansprechverhalten

- **Sinuslenken**

Die Ermittlung des Frequenzgangs als Verhältnis von Fahrzeugreaktion zu Lenkradwinkeleingabe erfolgt durch Stellen eines sinusförmigen Lenkradwinkels mit Frequenzen zwischen 0,2 und 4 Hz. Das Manöver wird mit einer vorher festgelegten Amplitude für alle Frequenzen und bei jeweils konstanten Fahrgeschwindigkeiten zwischen 50 und 150 km/h gefahren.

Die Eingabe kann durch einen Testfahrer mit speziellen Hilfseinrichtungen zur Unterstützung der Sinusschwingung oder durch eine Lenkmaschine erfolgen.

Zur Auswertung werden mithilfe der Zeitschriebe das Amplitudenverhältnis und die Phasenverschiebung zwischen Lenkradwinkel und Giergeschwindigkeit ermittelt (■ Abb. 3.16).

Die günstige Auslegung von Amplitudenverhältnis und Phasenverzug ist sehr komplex und wird in [10] ausführlicher behandelt. Generell lässt sich sagen, dass die Auslegung den regelungstechnischen Fähigkeiten des Menschen nicht zuwiderlaufen sollte.

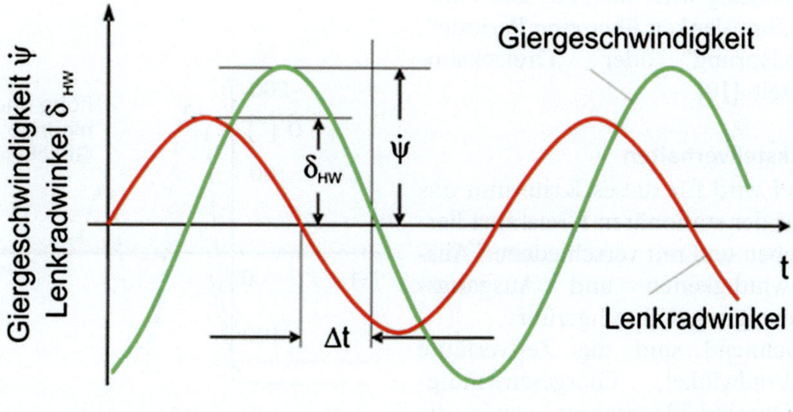

■ **Abb. 3.16** Sinuslenken zur Bestimmung von Amplitudenverhältnis und Frequenzgang [5]

Das erfordert zunächst, einen möglichst geringen Phasenverzug in dem für den Menschen zugänglichen Frequenzbereich bis 2 Hz.

- 0 Hz bis 0,4 Hz: Im Bereich der zur Fahrzeugführung wichtigen Lenkbewegungen kann der Fahrer auftretende Schwingungen zu 100 % ausregeln. In diesem Bereich soll das Fahrzeug mit möglichst wenig Phasenverzug reagieren.
- 0,4 Hz bis 2 Hz: Der Fahrer kann die Schwingung nur bedingt ausregeln, 2 Hz sind die Obergrenze für Aktionen des Fahrers.
- Über 2 Hz: Der Fahrer hat keine Möglichkeit, selbst auszuregeln und schaukelt die Schwingung durch gegenphasiges Lenken ggf. noch auf. Anregungen über dieser Frequenz z. B. durch Fahrbahnstörungen sollen vom Fahrzeug möglichst träge beantwortet werden. Das Amplitudenverhältnis sollte möglichst klein sein.

Amplitudenverhältnis und Phasenwinkel beim Sinuslenken:

$$\frac{\hat{\dot{\psi}}}{\hat{\delta}_H} \text{ (Amplitudenverhältnis)} \tag{3.3}$$

$$\alpha = f \cdot \Delta t \cdot 360^\circ \text{ (Phasenwinkel)} \tag{3.4}$$

Der Frequenzgang wird auch aus den Fahrmanövern „Sinuslenken über eine Periode", „Lenkwinkelsprung" oder. „Dreiecksimpuls" ermittelt. [10].

■ **Lenkrückstellverhalten**

In der Regel wird für dieses Kriterium das Lenkrad aus der stationären Kreisfahrt heraus freigegeben und mit verschiedenen Ausgangsgeschwindigkeiten und Ausgangsquerbeschleunigungen durchgeführt.

Kennzeichnend sind die Zeitverläufe von Lenkradwinkel, Giergeschwindigkeit und Querbeschleunigung, sowie die Zeit, bis sich nach der Freigabe die Giergeschwindigkeit Null einstellt (◘ Abb. 3.17). Aus dem Zeitverlauf des Lenkradwinkels werden außerdem die maximale Überschwingbreite und das Dämpfungsmaß ermittelt [5]. Wünschenswert für die Abstimmung sind das möglichst schnelle Abklingen der Lenkraddrehschwingung und eine geringe Überschwingbreite.

Die maximale Amplitude nimmt dabei mit steigender Geschwindigkeit und steigender Beschleunigung zu.

Das Dämpfungsmaß dagegen sinkt mit steigenden Querbeschleunigung bzw. Geschwindigkeit. Das Dämpfungsmaß wird gemäß Gl. (3.5) ermittelt, wobei A_n die Amplituden der Gierschwingungen sind [5].

$$D = \frac{\ln(r)}{\sqrt{\pi^2 + (\ln(r))^2}} \tag{3.5}$$

mit

$$r = \frac{1}{n-1}\left(\frac{A_1}{A_2} + \frac{A_2}{A_3} + \ldots \frac{A_{n-1}}{A_n}\right) \tag{3.6}$$

und $A1$ als maximale Überschwingbreite.

3.6.5 Kurvenverhalten

Die objektive Beurteilung des Kurvenverhaltens bezieht sich auf die Eigenschaften

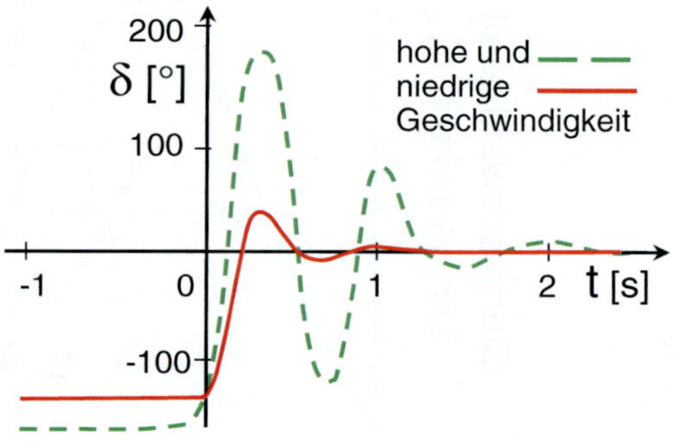

◘ **Abb. 3.17** Lenkrückstellverhalten bei unterschiedlichen Geschwindigkeiten [5]

bei stationärer Kreisfahrt sowie auf die Lastwechselreaktionen und das Verhalten bei Beschleunigung aus stationärer Kreisfahrt. Das Manöver wird genauer in DIN 70000 beschrieben.

- **Stationäres Lenkverhalten**

In der stationären Kreisfahrt werden primär das Eigenlenkverhalten und der Gierverstärkungsfaktor bestimmt. Zusätzlich werden die Verläufe von Lenkwinkel, Lenkmoment sowie Wank- und Schwimmwinkel gemessen. Die Kenngrößen werden meist in Abhängigkeit von der Querbeschleunigung ermittelt und daher aus der sogenannten quasistationären Kreisfahrt gewonnen. Dabei wird die Längsgeschwindigkeit bei konstantem Radius langsam stufenweise vom querkraftfreien Ausgangszustand bis zur maximalen Querbeschleunigung erhöht [10]. Die Messung erfolgt jeweils mindestens 3 s nachdem ein stationärer Zustand von Fahrgeschwindigkeit, Giergeschwindigkeit und Querbeschleunigung erreicht ist. In dem Manöver werden Kreisbahnen mit unterschiedlicher Geschwindigkeit und Radius befahren, wobei die Fahrt mit konstantem Radius am gebräuchlichsten ist.

- **Eigenlenkverhalten und Eigenlenkgradient *EG***

Das Eigenlenkverhalten wird durch die Abhängigkeit des Lenkradwinkels δ_H von der Querbeschleunigung definiert. Dazu wird auf einem konstanten Radius schrittweise beschleunigt und der Lenkwinkel für die verschiedenen Stufen der sich einstellenden Querbeschleunigung gemessen. Der Eigenlenkgradient ergibt sich aus der Steigung der Lenkwinkelkurve (◘ Abb. 3.18).

Diese Kenngröße beschreibt die Tendenz eines Fahrzeugs zum Unter- bzw. Übersteuern bei Kurvenfahrt und ist ein wichtiges Kriterium für die Grundauslegung des Fahrverhaltens. Da das Ausbrechen des Hecks als Folge eines stark übersteuernd ausgelegten Kurvenverhaltens schwer beherrschbar ist, sind heute alle Fahrzeuge grundsätzlich leicht untersteuernd aus-gelegt. Der Einsatz von stabilisierenden Assistenzsystemen erlaubt es, moderne Fahrzeuge wieder mehr in Richtung übersteuernd abzustimmen, um die Agilität zu verbessern.

- **Definition des Eigenlenkgradienten**

$$EG = \frac{1}{i_S} \cdot \frac{d\delta_H}{da_y} - \frac{d\delta_A}{da_y} \qquad (3.7)$$

Ziel der Definition der Kenngröße ist es, eine Übereinstimmung mit dem Fahrerempfinden hinsichtlich Unter- und Übersteuerns zu erreichen. Sie beschreibt das Verhalten des erforderlichen Lenkwinkels bei der Steigerung der Querbeschleunigung. Bei Durchführung mit konstantem Radius entfällt der zweite Term.

Aus der Definition ergeben sich drei Bereiche [5]:

- $EG > 0$: Untersteuern
- $EG = 0$: Neutralsteuern,
- $EG < 0$: Übersteuern.

Bei höheren Querbeschleunigungen ergibt sich eine nichtlineare Abhängigkeit des Eigenlenkgradienten von der Querbeschleunigung, die in erster Linie auf die Sättigung der Reifenkennlinie zurückzuführen ist.

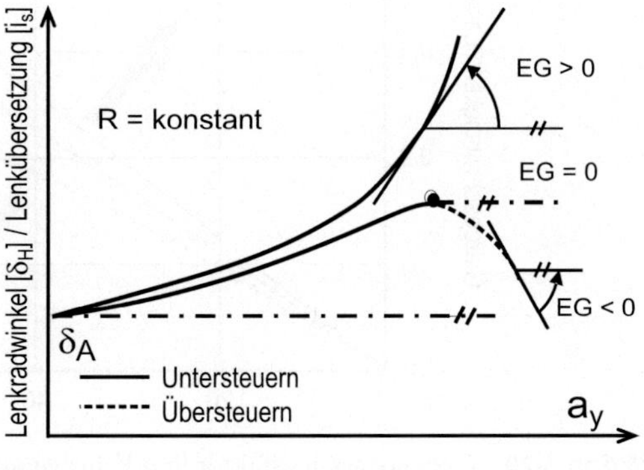

◘ **Abb. 3.18** Lenkcharakteristik und Eigenlenkverhalten aus stationärer Kreisfahrt [5]

3

■ **Gierverstärkungsfaktor**

Der Gierverstärkungsfaktor ist die Giergeschwindigkeit bezogen auf den Lenkwinkel. Aus der Abhängigkeit des Gierverstärkungsfaktors von der Fahrgeschwindigkeit werden die Kenngrößen „charakteristische Geschwindigkeit" υ_{char} und „kritische Geschwindigkeit" υ_{krit} abgeleitet (■ Abb. 3.19) [14].

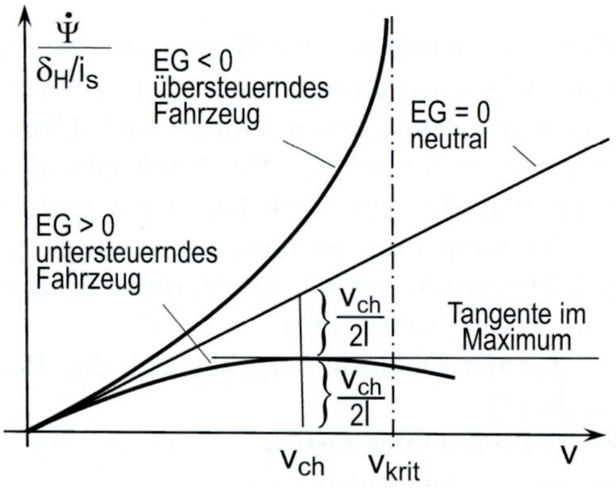

■ **Abb. 3.19** Gierverstärkungsfaktor bei verschiedenen Eigenlenkgradienten – kritische und charakteristische Geschwindigkeit

■ **Definitionen der Geschwindigkeiten**

Charakteristische Geschwindigkeit: die Geschwindigkeit für ein untersteuerndes Fahrzeug, bei der der Gierverstärkungsfaktor ein Maximum erreicht.

Kritische Geschwindigkeit: die Geschwindigkeit für ein übersteuerndes Fahrzeug, bei der der Gierverstärkungsfaktor bei stationärer Kreisfahrt gegen unendlich geht.

Da übersteuernde Fahrzeuge heute nur noch selten vorkommen, ist die kritische Geschwindigkeit praktisch nicht von Bedeutung. Dagegen ist die charakteristische Geschwindigkeit, nämlich diejenige bei der das Fahrzeug am empfindlichsten auf Lenkeingaben reagiert, für die Abstimmung sehr wohl relevant (■ Abb. 3.20) [14].

■ **Lastwechselreaktion aus stationärer Kreisfahrt**

Mit dem Fahrmanöver zur Erfassung der Lastwechselreaktion wird die fahrdynamische Reaktion des Fahrzeugs bei einer plötzlichen Umkehr der Kraftrichtung in der Radaufstandsfläche unter Einfluss von Querbeschleunigungen untersucht. Es wird

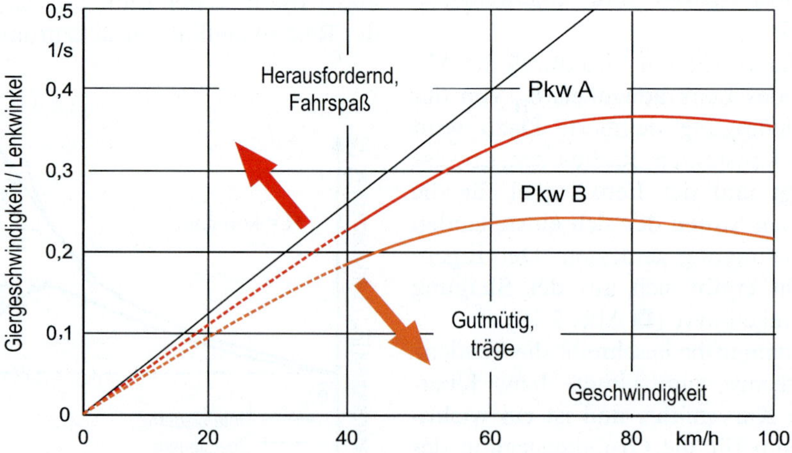

■ **Abb. 3.20** Gierverstärkungsfaktor und Fahrdynamikbewertung

als Open-Loop-Manöver getestet, d. h. der Lenkradwinkel wird bei der Messung konstant gehalten.

Aus der stationären Kreisfahrt wird das Fahrpedal losgelassen, sodass sich eine Verzögerung einstellt. Bei diesem Manöver werden Querbeschleunigung und die Ausgangsbedingungen des Lastwechsels, also Fahrstufe und Fahrgeschwindigkeit variiert, um das Ausmaß der Änderung der Umfangskräfte zu verändern. Wie bei allen instationären Manövern ist die Fahrzeugreaktion stark von der Beladung und dem Reibbeiwert abhängig und wird bei entsprechenden Bedingungen getestet.

Die Beschreibung des Fahrverhaltens erfolgt über die Größen Giergeschwindigkeit, Gierbeschleunigung,

Querbeschleunigung, Fahrspurradius und Fahrspurkrümmung. Ein Kennwert kann über die Veränderung der Giergeschwindigkeit (üblicherweise 1 s = Passivzeit des Fahrers) nach Einleitung des Lastwechsels in Abhängigkeit von der Veränderung der Längsgeschwindigkeit im selben Zeitraum oder in Abhängigkeit von der Querbeschleunigung erfolgen.

Es ist auch möglich, die Veränderung der Giergeschwindigkeit auf den Ausgangszustand oder auf den hypothetischen Wert eines Fahrzeugs ohne Lastwechselreaktion zu beziehen.

Ein Gütekriterium für die Beurteilung des Fahrverhaltens ist die aus der Gierreaktion folgende Kursänderung des Fahrzeugs. Eine möglichst geringe Abweichung vom ursprünglichen Radius bei moderatem Eindrehen in den Kreis ist wünschenswert (■ Abb. 3.21).

Der Fahrer hat so die Möglichkeit, durch Zurücknahme des Lenkwinkels den ursprünglichen Kurs wiederherzustellen. Zudem erfolgt durch die erhöhten Schräglaufwinkel eine Abbremsung des Fahrzeugs [10].

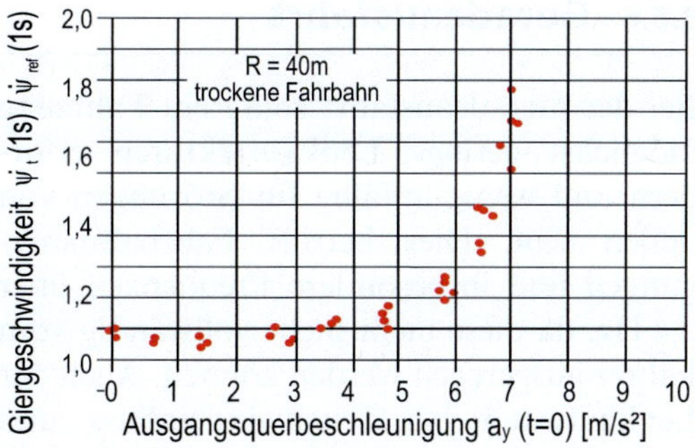

■ **Abb. 3.21** Lastwechsel aus stationärer Kreisfahrt [5]

- **Beschleunigen aus stationärer Kreisfahrt**

Mit dem Fahrmanöver zur Messung des Fahrverhaltens beim Beschleunigen wird die fahrdynamische Reaktion des Fahrzeugs bei einer plötzlichen Zunahme der Antriebskräfte unter Einfluss von Querbeschleunigungen untersucht. Es wird als Open-Loop Manöver getestet. Aus der stationären Kreisfahrt wird das Fahrpedal gegen einen verstellbaren Anschlag bewegt. Bei dem Manöver werden Querbeschleunigung und die Höhe der Antriebskräfte variiert.

Die Beschreibung des Fahrverhaltens kann über die Veränderung der Giergeschwindigkeit (üblicherweise 1 und 2 s) nach Beschleunigungsbeginn in Abhängigkeit von der Veränderung der Längsgeschwindigkeit im selben Zeitraum erfolgen.

Ein Gütekriterium für die Beurteilung des Fahrverhaltens ist die aus der Gierreaktion folgende Kursänderung des Fahrzeugs. Eine möglichst geringe Abweichung vom ursprünglichen Radius ist wünschenswert. Der Kennwert ist bei hohen Reibschlussbeiwerten hauptsächlich vom Eigenlenkverhalten des Fahrzeugs abhängig. Erst in zweiter Linie und verstärkt bei niedrigen Reibwerten kommt das Antriebskonzept zum Tragen. Dort zeigt der Allradantrieb Vorteile gegenüber Front- oder Heckantrieb [10].

3

3.6.6 Geradeausfahrt

Bei der Geradeausfahrt sollte ein Fahrzeug möglichst geringe Lenkkorrekturen erfordern und wenig anfällig für Störungen von außen sein. Dies betrifft Fahrbahnanregungen und insbesondere Frequenzen über 0,4 Hz, da diese nicht mehr vollständig vom Fahrer ausgeregelt werden können. Auch der Lenkaufwand bei Seitenwindeinfluss und das Verhalten im Anhängerbetrieb sind Beurteilungskriterien für den Geradeauslauf.

Es sind drei Arten der Lenkradbetätigung üblich. Neben der Kursregelung durch den Fahrer kann das Lenkrad auch freigegeben oder in Geradeausposition fixiert werden, wobei dann die Kursabweichung als Gütekriterium gilt. Bei den letzten beiden Arten der Betätigung ist nur eine Beurteilung des Einflusses von Störungen möglich, nicht jedoch der Regelaufwand zur Kurshaltung.

Wenn der Fahrer Kursregelt erfolgt die objektive Beurteilung mit zwei Verfahren. Dazu werden aus den Zeitverläufen der Lenkwinkel zum einen die Häufigkeitsverteilung und zum anderen die frequenzabhängige Darstellung als spektrale Leistungsdichte abgeleitet.

Die Häufigkeitsverteilung des Lenkradwinkels ist ein Maß für den zur Geradeausfahrt notwendigen Regelaufwand (■ Abb. 3.22). Da diese Verteilung aber nicht nur von externen Störungen wie den Fahrbahnunebenheiten, sondern auch stark vom Fahrer, dessen Spurabweichungstoleranz und dessen Tagesform abhängig ist, kann es zu erheblich unterschiedlichen Ergebnissen für Fahrzeug und Fahrer kommen.

Mittels der spektralen Leistungsdichte werden in diesem Zusammenhang die auftretenden Lenkwinkel im Frequenzbereich beschrieben. Dies erlaubt eine Verknüpfung mit den Fahrbahnanregungen, die oberhalb von 0,4 Hz Einfederungen und damit gekoppelte Radlenkwinkel im Bereich der Aufbaueigenfrequenz verursachen können. Dieser Zusammenhang wird in charakteristischer Weise von der Art der Radaufhängung geprägt. Grundsätzlich ist eine niedrige Leistungsdichte besonders im Bereich bis 0,4 Hz wünschenswert.

Auch hier ist die Abhängigkeit vom Fahrer und dessen Tagesform noch sehr groß, was eine sinnvolle Beurteilung nur mit genauer Kenntnis des Fahrerverhaltens ermöglicht [10].

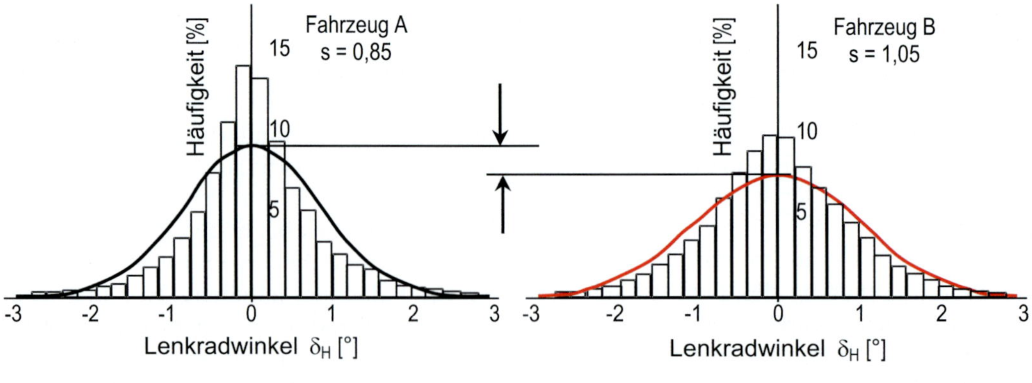

■ **Abb. 3.22** Häufigkeitsverteilung Lenkradwinkel bei Geradeausfahrt $\upsilon = 150$ km/h, BB (Fahrzeug B ist besser) [5]

- **Anhängerbetrieb**

Das Verhalten von Pkws mit Anhängern wird als ein Teil der Untersuchungen zur Geradeausfahrt betrachtet. Beim Fahrbetrieb mit Anhängern, insbesondere mit Wohnwagen, kann es mit zunehmender Geschwindigkeit zu Pendelerscheinungen kommen. Es wird daher untersucht, bis zu welcher Geschwindigkeit keine oder stark gedämpfte Pendelschwingungen am Anhänger auftreten.

Bei der Beurteilung des Fahrverhaltens von Pkw-Anhänger Gespannen ist die Dämpfung die entscheidende Kenngröße. Zur Ermittlung der bestimmenden Parameter für das Verhalten eines Anhängers kann analog zum Einspurmodell ein Einradmodell hergeleitet werden.

Im Model nach Abb. 3.23 wird das Pkw-Anhänger Gespann als schwingungsfähiges System beschrieben. Zur Vereinfachung werden die Räder einer Achse zu einem Rad zusammengezogen und der Aufbau in die Fahrbahnebene projiziert. Zudem wird vereinfachend angenommen, dass die Masse des Anhängers keine Rückwirkung auf die Masse des Pkw hat ($m_{Pkw} >> m_{Hanger}$).

Der formelmäßige Zusammenhang für die Dämpfung des Gespanns lautet (Tab. 3.15):

$$D = \frac{c_{S,A}}{2 \cdot V \cdot \sqrt{\frac{c_{S,A}((\theta_{z,A}/l^2)+m_A)}{l}}} \quad (3.8)$$

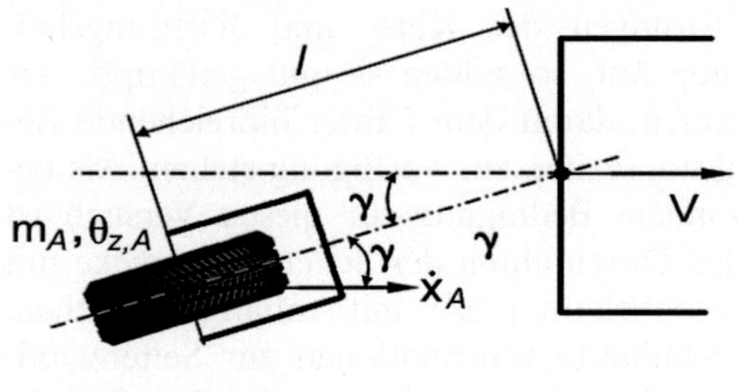

Abb. 3.23 Einradmodell des Anhängers [5]

Tab. 3.15 Formelzeichen zur Beschreibung der Dämpfung des Pkw-Anhänger-Gespanns

Beschreibung	Zeichen
Anhänger-Achsschräglaufsteifigkeiten	$c_{S,A}$
Längsgeschwindigkeit im Kupplungspunkt	V
Gierträgheitsmoment des Anhängers	Θ
Masse des Anhängers	m_A
Deichsellänge (Kupplung-Schwerpunkt)	l

Der Fahrversuch findet auf einer ebenen, geraden Fahrbahn mit hoher Griffigkeit statt. Aus der Geradeausfahrt mit gleichmäßiger Geschwindigkeit, die in Stufen bis zur Nähe der kritischen Geschwindigkeit o-der bis zur Höchstgeschwindigkeit variiert wird, kann das Lenkrad in verschiedener Weise betätigt werden.

Zunächst werden leichte sinusförmige Lenkbewegungen um die Mittellage mit unterschiedlicher Frequenz ausgeführt, um die Eigenfrequenz der Pendelbewegung des Anhängers zu ermitteln. Danach wird das Gespann bei dieser Eigenfrequenz angeregt. Die Amplituden der Lenkbewegung sind sehr gering. Die Versuche werden immer bei niederen Geschwindigkeiten begonnen. Die Geschwindigkeit wird in kleinen Schritten gesteigert. Nimmt die Pendelbewegung deutlich zu, nähert sich das Gespann der kritischen Geschwindigkeit und auf eine weitere Steigerung der Geschwindigkeit ist unbedingt zu verzichten. Bei Fahrt mit der kritischen oder höheren Geschwindigkeit schaukelt sich das Gespann auf und ist auch für den erfahrenen Fahrer nicht mehr abzufangen.

Ein Alternativverfahren zur Dämpfungsbestimmung ist die Anregung des Gespanns mit einem impulsförmigen Lenkeinschlag mit einer kurzen Gegenlenkbewegung, um das Gespann wieder auf Geradeausfahrt zu bringen. Das Dämpfungsmaß wird dann rechnerisch aus den Verhältnissen der abklingenden Amplituden des Knickwinkels analog dem Dämpfungsmaß des Lenkrückstellverhaltens (s. Gl. (3.5)) berechnet. Die Versuche sind mit verschiedenen Beladungszuständen im Rahmen der zulässigen Lasten sowohl des Zugfahrzeugs als auch des Anhängers durchzuführen.

Das Ziel ist, dass das Gespann auch mit einem ungünstigen Massenverhältnis zwischen Zugfahrzeug und Anhänger die gesetzlich zulässige Höchstgeschwindigkeit sicher erreichen muss. Damit ein ausreichender Abstand von der kritischen Geschwindigkeit gewährleistet ist, sollte diese so hoch wie möglich sein.

Gängige objektive Kenngrößen sind (◘ Abb. 3.24):

- die Geschwindigkeit, bei der die Dämpfung 0,05 beträgt,
- die Geschwindigkeit, bei der die Dämpfung 0 beträgt (kritische Geschwindigkeit), das Dämpfungsmaß bei 100 km/h.

Zur Verbesserung der Pendelstabilität helfen die in ◘ Tab. 3.16 aufgeführten Maßnahmen.

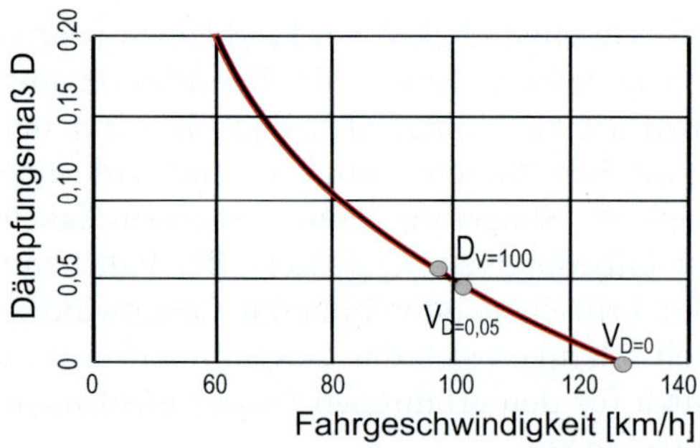

◘ **Abb. 3.24** Dämpfungsmaß der Knickwinkelschwingung in Abhängigkeit von der Fahrgeschwindigkeit

◘ **Tab. 3.16** Maßnahmen zur Verbesserung der Pendelstabilität von Pkw-Anhänger-Gespannen

Am Zugfahrzeug	Am Anhänger
Größere Masse	Geringere Masse
Größerer Radstand	Größere Deichsellänge
Geringerer Kupplungsüberhang	Größere Stützlast (Optimum vorhanden)
Größeres Gierträgheitsmoment	Geringeres Gierträgheitsmoment
Größere Schräglaufsteife	Größere Schräglaufsteife
Allradantrieb	Knickwinkeldämpfung
Größere Wanksteifigkeit	Größere Wanksteifigkeit
ESP und ABS	Stabilitätssteigerndes Kupplungskonzept

▪ Seitenwindverhalten

Unter Einfluss von Seitenwind kann das Fahrzeug eine Richtungsänderung und einen Kursversatz erfahren.

Bewertet werden das Ausmaß der Störung, wie schnell die Störungen abklingen und der Lenkaufwand, der erforderlich ist, das Fahrzeug geradeaus zu führen. Dazu wird das Lenkrad während der geregelten Geradeausfahrt zeitweise freigegeben oder festgehalten.

Die Störung des Geradeauslaufs durch die Einwirkung von Seitenwind kann je nach Schwere als Komfort oder Sicherheitsthema betrachtet werden.

Wünschenswert für die Auslegung des Fahrverhaltens ist eine möglichst geringe Fahrzeugreaktion auf diese Störung bzw. ein möglichst geringer Effektivwert des Lenkradwinkels zur Kursregelung. Treten Störungen der Kurs- und Richtungshaltung auf, so sollten sie gut gedämpft verlaufen, damit dem Fahrer hinreichende Reaktionszeiten zur Verfügung stehen. Als besondere Bedingung für diesen Versuch ist das Durchfahren der Seitenwindstrecke mit Dachbeladung bzw. mit Anhänger zu sehen. Detaillierte Informationen zum Seitenwindverhalten sind in ► Abschn. 2.1.2 zu finden.

3.6.7 Fahrkomfort (objektiv)

Die wichtigsten Kriterien zur Beurteilung des Fahrkomforts sind in ▶ Abschn. 3.5.7 angeführt und die Physik der Vertikaldynamik ist in ▶ Abschn. 2.4 sehr ausführlich beschrieben. Der Fahrkomfort umfasst die Gesamtheit aller auf die Insassen einwirkenden Mechanismen und akustischen Schwingungen, die in ▶ Abschn. 4.1 behandelt werden.

Die wesentlichen, für die objektive Beurteilung des Fahrkomfort ermittelbaren Größen sind die Geräusche im Fahrgastraum, gemessen in der Nähe des Ohrs des Fahrers, und Aufbaubeschleunigungen, gemessen an den Stellen, an denen der Fahrer mit dem Aufbau direkt in Kontakt steht, nämlich dem Sitz [15], dem Bodenblech, dem Lenkrad und dem Schaltungsknauf.

Der Fahrkomfort wird wie die ◘ Tab. 2.8 zeigt, beeinflusst durch die Festlegung der Parameter Aufbaumasse, Aufbau- und Reifenfedersteifigkeiten und -dämpfungskonstanten. Auch eine gute Isolierung von Schwingungen, die vom Fahrwerk und Antrieb zum Aufbau gelangen, mit Hilfe von Gummi-Metalllagern und Dämmatten verbessern den Fahrkomfort deutlich.

Neben den Vertikalbeschleunigungen sind auch die Wank- und Nickbeschleunigungen komfortrelevant.

3.7 Aktive und passive Sicherheit

Metin Ersoy und Christian Schimmel

Es wird zwischen aktiven und passiven Fahrzeugsicherheit unterschieden: Aktive Sicherheitssysteme wirken unter normalen Fahrsituationen. Passive Sicherheitssysteme greifen erst bei einem Zusammenstoß.

Zu einer aktiven Fahrsicherheit gehören hauptsächlich Bremsanlage (ABS, ESP), Reifendrucküberwachung usw. Zu den passiven Systemen gehören dagegen Kopfstütze, teleskopierende Lenksäule, Sicherheitsgurt, Airbag, Karosseriesteifigkeit (Knautschzone) usw.

Ziel der Sicherheitssysteme ist die Vermeidung bzw.

Reduzierung der Fahrzeugunfälle und damit Verminderung der Unfallfolgen wie Verletzten und Todesopfer.

Die Zahl der im Straßenverkehr getöteten Personen in Deutschland ist seit 1970 rückläufig (◘ Abb. 3.25). Dies ist besonders bemerkenswert, da in der gleichen Zeitspanne eine deutliche Steigerung des Verkehrsaufkommens stattfand. Signifikante Verringerungen wurden beispielsweise durch die Einführung der Höchstgeschwindigkeit auf Landstraßen (1972) und die Gurtpflicht (1984) erreicht. Neben diesen Rahmenbedingungen des Gesetzgebers tragen Innovationen der aktiven und passiven Sicherheit von Pkw einen hohen Anteil zur gestiegenen Verkehrssicherheit bei [16].

In den Corona Jahren 2020 und 2021 mit 2719 bzw. *2562* wurden in den im Straßenverkehr getöteten jeweils neue Tiefstände erreicht, weil durch die Corona bedingten Einschränkungen weniger gefahren wurde. Erwartungsgemäß stieg dann die Fahrleistung in 2022 4,5 % und damit erhöhten sich auch die Verkehrstotenzahlen erneut auf 2788. Vermutlich dürfte erst 2024 das Niveau vor der Pandemie wieder erreicht sein [17].

Deutschland liegt in der EU bei der Anzahl der Verkehrstoten pro 1 Mrd. km Fahrleistung mit 1,9 im Mittelfeld (niedrigste Dänemark 0,8 und höchste 5,3 in Litauen: Werte von 2019) [18]. Dieses Ranking zeigt, dass Deutschland trotz unbeschränkter Geschwindigkeit in 70 % der Autobahnstrecken nicht unbedingt höhere Totenzahlen nachweist.

Der Anteil der Autobahn Todesopfer liegt bei 11,7 % (356 Personen). Dagegen entfallen 57,7 % der Verkehrstoten (1757 Perso-

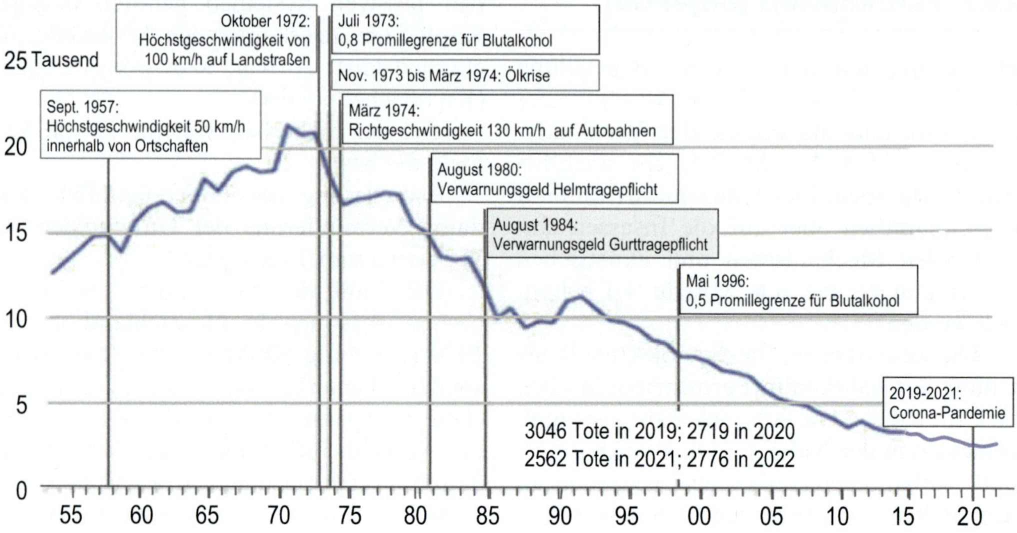

Abb. 3.25 Entwicklung der Zahl der im Straßenverkehr getöteten Personen in Tausend von 1953 bis 2022 [16]

nen) auf Landstraßen und 30,6 % (932 Personen) im 2019 auf Innerortsunfällen [18].

Die Integration von aktiver und passiver Sicherheit ist ein zentrales Thema im Bereich der Unfallverhütung und Unfallfolgenminderung. Passive Sicherheitssysteme verringern im Falle eines Unfalls die Unfallfolgen, wohingegen aktive Systeme durch einen Eingriff in den Fahrvorgang versuchen, den Unfall zu verhindern oder die Unfallschwere zu verringern.

Die passive Sicherheit zur Unfallfolgenminderung ist seit Jahren zu immer größerer Perfektion entwickelt worden. Neben Verbesserungen der Karosserie und einer Zunahme der Airbags innerhalb des Fahrzeugs sind hier auch Systeme zur Verbesserung des Unfallverhaltens bei Fußgängerkollisionen durch die geeignete Gestaltung der Aufprallflächen und Airbags auf Motorhaube und Windschutzscheibe zu nennen.

Neue Gesetzesvorgaben für den Fußgängerschutz erfordern eine kontinuierliche Weiterentwicklung der passiven und aktiven Systeme. Neben der optimalen Gestaltung der sich deformierenden Blechen mit großen Abständen zu harten Motorteilen, werden auch aktive Systeme eingesetzt, die Kollisionsfolgen abmildern.

Abb. 3.26 zeigt die Entwicklung des Ausrüstungsgrads mit Sicherheits- und Assistenzsystemen von Neu- und Gebrauchtwagen in Deutschland im Vergleich zu Fahrzeugen im Bestand im Jahre 2015 [19].

Systeme wie Aktivlenkung, ABS, ESP und Airbags weisen sowohl bei Bestands-, als auch Neu- und Gebrauchtwagen Ausstattungsquote von über 80 % auf.

Diese tragen daher einen erheblichen Anteil an der Sicherheitssteigerung im Straßenverkehr. Deutlich erhöhte Ausstattungsraten (100 %) bei Neuwagen weisen Seiten-Airbags und das ESP auf. In den USA und EU ist nach der Reifendruckmessung im Jahr 2000 auch das ESP seit 2011 verpflichtend. Daher ist ein zunehmender Einfluss diese Systeme zusehen, da vor allem Unfälle durch Schleudern vermieden werden können.

Heute (2019) weisen bei allen Autos die höchsten Durchdringungsraten mit mehr

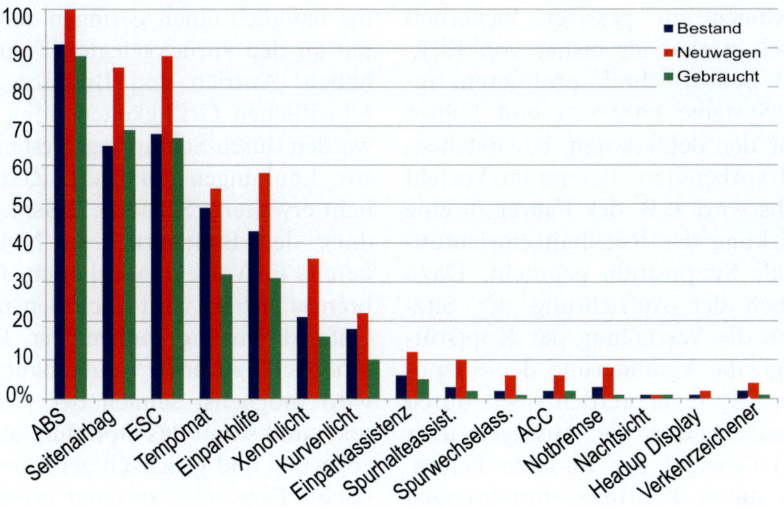

Abb. 3.26 Ausstattungsgrad mit Sicherheits- und Assistenzsystemen in 2015 (DAT – Deutsche Automobil Treuhand) [19]

als 80 % Airbag (Front, Seiten, Kopf), Sicherheitsgurt (mit Gurtstraffer, Gurtkontrolle), ABS, ESP. Dann folgen mit 70–40 % Kopfairbag, Einparkhilfe, Tagfahrleuchte, Reifendruckkontrolle und Tempomat wie das **Abb. 3.27** aufzeigt [20].

Die gesetzlich verpflichtenden Fahrerassistenzsysteme für alle neu zugelassenen Pkw in EU ab Juli 2024, werden deren Marktdurchdringung deutlich erweitern um Fahrsicherheit weiter zu erhöhen. Es sind die folgenden Systeme, die demnächst verpflichtet sein werden [21]:

1. Intelligenter Geschwindigkeitsassistent,
2. Automatischer Notbremsassistent,
3. Notfall-Spurhalteassistent,
4. Müdigkeitswarner,
5. Rückfahrassistent,
6. Notbremslicht,
7. Ereignisbezogene Datenaufzeichnung,
8. Vorrichtung einer Alkohol-Wegfahrsperre.

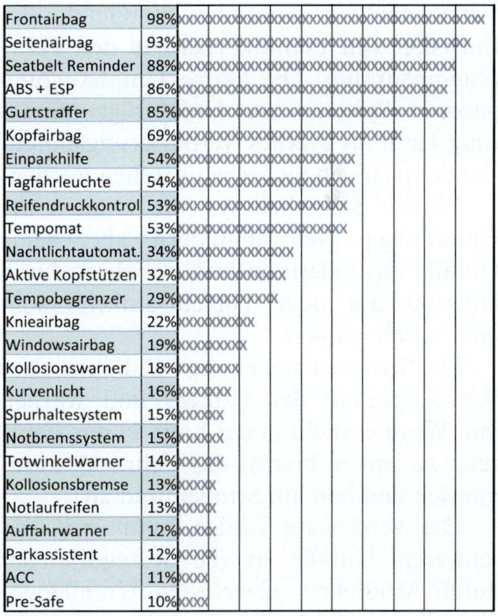

Abb. 3.27 Markdurchdringung von Sicherheitssystemen für PKW-Bestand in Deutschland (2019) [20]

Die Funktionen zur passiven Sicherheit werden noch stärker als bisher von Elektronik und Sensortechnik profitieren, indem diese Systeme Fahrzeug und Fahrer optimal auf den detektierten, bevorstehenden Unfall vorbereiten. Bereits im Vorfeld eines Crashs wird z. B. der Fahrer in eine für die Wirkung der Rückhalteeinrichtungen optimale Sitzposition gebracht. Dazu zählen neben der Aufrichtung der Sitzlehnen auch die Verstellung der Kopfstützen und ggf. die Veränderung der Sitzposition. Diese Systeme werden noch durch Sensoren aufgewertet, die Aussagen über Größe und Gewicht der Insassen liefern. Dies kann durch Kraftmesseinrichtungen am Sitzgestell oder in der Sitzfläche erfolgen. Die Position des Insassen kann dann ebenso wie die Auslösegeschwindigkeit und -intensität des Airbags angepasst werden. Automatisches Schließen von Fenstern und Schiebedächern vermindert die Gefahr der Intrusion von Fremdkörpern in den Fahrzeuginnenraum. Die aktive Unterstützung passiver Systeme zur Unfallfolgenminderung kann als größtes Verbesserungspotenzial der passiven Sicherheit gesehen werden.

Passive Sicherheitssysteme können die Unfallfolgen zwar abmildern, aber keine Unfälle verhindern, wenn der Fahrer durch Übermüdung oder Unachtsamkeit nicht oder falsch reagiert.

Die Sensoren stellen die Müdigkeit oder Schwächeanfall des Fahrers und warnen ihn. Wenn er nicht in der Lage ist das Fahrzeug zu lenken bremst das Fahrzeug automatisch und hält am Straßenrand an.

Die Versicherer zählen rund 25 % der schweren Unfälle in die Kategorie der durch Müdigkeit ausgelösten Unfallereignisse. Weitere 14 % aller Unfälle werden der Unachtsamkeit der Fahrer zugeschrieben. In diesen Zahlen zeigt sich die hohe Bedeutung aktiver Sicherheitssysteme für die Vision vom unfallfreien Fahren.

Moderne Sicherheitssysteme unterstützen Normalfahrer zudem in Situationen, die lediglich einen geringen zeitlichen Anteil an den zurückgelegten Fahrkilometern haben. Antrieb und Bremsen auf unterschiedlichen Griffigkeiten links und rechts werden durch Schlupfregelsysteme oder aktive Lenkungen korrigiert. Zudem ermöglicht erweiterte Sensorik (beispielsweise Radar), den Bremsdruck in Notsituationen bereits im Vorfeld zu erhöhen. Durch Notbremsassistenz wird nach Sensierung einer Gefahrbremsung zudem der Bremsdruck erheblich schneller aufgebaut. Dadurch wird möglichst schnell der ABS-Regelbereich und somit das Optimum an Längsverzögerung und gleichzeitiger Lenkbarkeit erreicht. Dies trägt zu einer erheblichen Reduktion des Anhaltewegs bei.

Literatur

1. Becker, K. (Hrsg.): Subjektive Fahreindrücke sichtbar machen III.Expert, Renningen – Malmsheim (2006)
2. Bundesministerium für Forschung und Technologie (Hrsg.): Technologien für die Sicherheit im Straßenverkehr.Umschau, Frankfurt/Main (1976)
3. *Becker, K.* (Hrsg.): Subjektive Fahreindrücke sichtbar machen I.Expert, Renningen – Malmsheim (2000)
4. *Becker, K.* (Hrsg.): Subjektive Fahreindrücke sichtbar machen II.Expert, Renningen – Malmsheim (2002)
5. *Heißing, B.*: Vorlesung „Dynamik der Straßenfahrzeuge“. Manuskript zur Vorlesung, Lehrstuhl für Fahrzeugtechnik-TU München (2006)
6. VDA (Hrsg.): Auto Jahresbericht 2002. Frankfurt a. M
7. N. N.: Fahrdynamik-Tests. Auto Bild **14**, 51 (2007)
8. ► www.atp-papenburg.de
9. Henker, E.: Fahrwerktechnik – Grundlagen, Bauelemente, Auslegung. Vieweg, Braunschweig/Wiesbaden (1993)
10. Rompe, K.; Heißing, B.: Objektive Testverfahren für die Fahreigenschaften von Kraftfahrzeugen. Verlag TÜV Rheinland, Köln (1984)
11. Heißing, B., Brandl, H.J.: Subjektive Beurteilung des Fahrverhaltens, 1. Aufl. Vogel, Würzburg (2002)
12. Stall, E., Bensinger, J., Van Dest, J.C.: Neue Gelenke zur Isolation von Motoranregungen beim Frontantrieb. ATZ **95**, 204–209 (1993)
13. *Adomeit, G.*: Dynamik I. Unterlagen zur Vorlesung an der RWTH Aachen (1989)

14. Zomotor, A.: Fahrwerktechnik: Fahrverhalten, 1. Aufl. Vogel Buchverlag, Würzburg (1987)
15. Haldenwanger, H.G.: Entwicklung und Erprobung von Sitzen. ATZ **84**, 437–446 (1982)
16. Statistisches Bundesamt (Destatis) Wiesbaden (2022) (▶ www.destatis.de)
17. Dümmer, K.: Verkehrstote 2022: Mehr tödliche Verkehrsunfalle in Deutschland 12.07.2023 (▶ www.adac.de/news/bilanz-verkehrstote-2022)
18. *N.N.*: Verkehrstote in Deutschland: Zahlen, Entwicklung, Ansatzpunkte 11.08.2023 (▶ www.mobile.de/magazin/artikel/verkehrstote-auf-der-deutschen-strassen-44180)
19. *DAT Deutsche Automobil Treuhand Jahresbericht 2015 (2016)*
20. *Gruschwitz, D., Pirsig, T., Hölscher, J.:* Markdurchdringung von Fahrzeugsicherheitssysteme 2019. Berichte der Bundesanstalt für Straßenwesen-Mensch und Sicherheit Heft M 327
21. N.N.: Diese Fahrerassistenzsysteme für PKW sind ab 2022/2024 verpflichtend. 22.11.1923 (▶ www.autorevue.at/ratgeber/vepflichtende-assistentsysteme)

Fahrkomfort

Metin Ersoy, Wolfgang Sauer, Peter Binner, Klaus Kramer und Hubert Siemer

Inhaltsverzeichnis

M. Ersoy et al. (Hrsg.), *Fahrwerkhandbuch*,
ATZ/MTZ-Fachbuch, https://doi.org/10.1007/978-3-658-48104-9_4

Der Fahrkomfort umfasst die Gesamtheit aller auf die Insassen einwirkenden mechanischen und akustischen Schwingungen [1] in allen Fahrsituationen.

Der Fahrkomfort wird bestimmt durch die Abstimmung der Federung (weich oder hart), die Fahreigenschaften (weich oder hart gedämpft), die Geräuschentwicklung (leise oder laut) und die Ausstattung, die dem Fahrer die Arbeit des Fahrens erleichtert [2] (z. B. Servohilfen für Lenkung, Automatikgetriebe, Assistenzsysteme u. a.) bzw. den Insassen ein entspanntes Reisen ermöglicht (z. B. einfache Bedienung, bequeme Sitze, behagliche Temperierung etc.).

Der Fahrkomfort wird im Allgemeinen definiert durch ein geringes Beschleunigungsniveau der am Gesamtfahrzeug und an Fahrzeugkomponenten auftretenden Schwingungen. Neben den translatorischen Bewegungen gelten niedrige Nick- (beim Bremsen und Beschleunigen) und Wankbeschleunigungen (während der Kurvenfahrt) als weitere Komfortmerkmale.

Außer den fühlbaren Schwingungen trägt auch die Geräuschentwicklung im Innenraum zum Komforteindruck bei. Je teurer ein Automobil ist, desto geringere Innengeräusche werden erwartet. Obwohl der Name „Fahrkomfort" sich auf ein fahrendes Fahrzeug bezieht, ist der Komfort auch beim stehenden Fahrzeug von Bedeutung, insbesondere bei laufendem Motor (Leerlauf).

Ein hohes Gesamtgewicht und große Radstände sowie Spurweiten sind wichtige Voraussetzungen für guten Fahrkomfort. Bei hohem Aufbaugesamtgewicht ändert sich die Aufbaueigenfrequenz durch Beladung wenig und die vertikalen Radlastschwankungen beeinflussen den Aufbau geringer, weil das Verhältnis Aufbaumasse zu Radmasse günstig ist. Großer Radstand und große Spurweite verursachen kleinere Nick- und Wankwinkel und geringere Nick- sowie Wankbeschleunigungen.

Ein wesentlicher Beitrag zu gutem Komfortverhalten wird jedoch durch eine optimale Abstimmung der Federsteifigkeiten und Dämpferkonstanten erreicht. Der Fahrkomfort lässt sich deutlich verbessern, wenn die Feder- und Dämpferparameter sich aktiv an jede Fahrsituation anpassen lassen (s. ► Abschn. 15.4).

Die Schwingungen und Geräusche von Fahrbahn, Fahrwerk und Antriebsaggregaten, die sich über die Bauteile in den Fahrgastraum übertragen, können durch die zwischengeschalteten viskoelastischen Übergänge *(Gummi-Verbundteile)* deutlich reduziert oder vollständig eliminiert werden.

In diesem Kapitel werden nach den Grundlagen, verschiedene Ausführungen von Gummiverbundteilen beschrieben, die in Pkws als einfache und geregelte Bauteile ein breites Anwendungsgebiet als Aggregatelagerung, Lenkerlagerung, Achsträgerlagerung, Federbeinlagerung, Verbundlenkerlagerung haben. Das Kapitel wird mit der Diskussion über die zukünftigen Bauteilausführungen abgeschlossen.

4.1 Grundlagen, Mensch und NVH

Metin Ersoy und Wolfgang Sauer

Der Fahrkomfort lässt sich umschreiben als das Wohlbefinden der Insassen während der Fahrt. In erster Linie sind es die Schwingungen in der Fahrgastzelle, die das Wohlbefinden beeinträchtigen, sei es als Vibrationen, Geräusche oder beides zusammen. Da die Schwingungsquellen wie Fahrbahn, Fahrwerk, Antriebsstrang sich außerhalb der Fahrgastzelle befinden, kann deren Weiterleitung und Eindringen in die Fahrgastzelle mit Einsatz geeigneter Bauelemente verhindert werden.

4.1.1 Begriffe und Definitionen

Aus der Perspektive der Fahrwerktechnik umfasst der Fahrkomfort im Allgemeinen alle auf die Insassen einwirkenden Schwingungsphänomene. Aus dem Englischen hat sich für diesen Bereich der fahrzeugspezifischen Schwingungstechnik auch die Kurzform NVH verbreitet. Die Abkürzung steht für *Noise, Vibration and Harshness*und umfasst akustische und mechanische Schwingungen und ihre subjektiven Wahrnehmungen durch den Menschen.

In ◘ Abb. 4.1 ist die Zuordnung der Frequenzbereiche zu den drei Begriffen Vibration, Rauigkeit (Abrollkomfort) und Geräusche dargestellt [3]..

Neben der messtechnischen Erfassung und Analyse der verschiedenen Schwingungseinflüsse, werden die Einwirkungen auf die Fahrzeuginsassen subjektiv beurteilt. Gängige Begriffe und Umschreibungen der komfortrelevanten NVH-Einflüsse werden dominierenden Frequenzbereichen zugeordnet, für die aber keine klare Trennung möglich ist, da in der Regel frequenzgemischte Signale auftreten und der Mensch gleichzeitig einwirkende Geräusche und Vibrationen sehr unterschiedlich fühlt und bewertet (◘ Tab. 4.1).

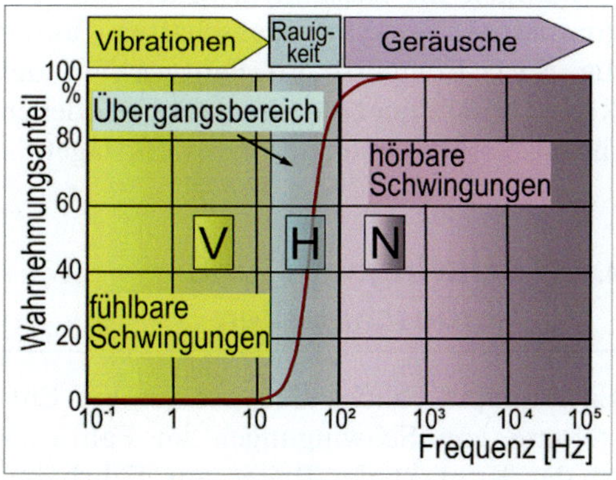

◘ Abb. 4.1 Zusammenhang der Schwingungsfrequenz zur Wahrnehmung als Vibration, Rauigkeit und Geräusch [3]

Der Begriff der Rauigkeit (*Harshness*) beschreibt typischerweise hör- und fühlbar wahrgenommene Schwingungen, die in einem Frequenzbereich von 20 bis 100 Hz auftreten (◘ Abb. 4.1).

Antriebsgeräusche werden hier nur in dem interessierenden Bereich der Fahrwerksakustik betrachtet, die als primäre Körperschallübertragung einen wichtigen Anteil am NVH-Komfortverhalten des Fahrzeugs haben.

Im Fahrwerk spielen Gummi-Verbundkomponenten als elastokinematische Verbindungselemente eine wichtige Rolle bei der Übertragung von Einwirkungen, die dem Bereich NVH zugeordnet werden können. Die elastomeren Fahrwerkslager beeinflussen nicht nur die dynamischen Übertragungseigenschaften aller Fahrwerkskomponenten, sondern werden auch als vibroakustische Abstimmglieder für die psychoakustischen und fahrdynamischen Spezifikationen der Fahrzeughersteller genutzt, um die Entwicklungsziele wie z. B. eine unverwechselbare Soundcharakteristik des Antriebs, eine hohe Fahrsicherheit sowie Sportlichkeit und Agilität zu erreichen.

Die quasistatischen und dynamischen Übertragungseigenschaften der Fahrwerkslager werden im Wesentlichen durch die Materialeigenschaften und die Bauteilgeometrie festgelegt. Die Materialparameter der elastomeren Werkstoffe zeigen eine signifikante Abhängigkeit von der Art der Anregung, dem Einfluss durch die Umgebung (Temperatur, Vorspannung, chemische Reaktionen mit Umgebungsmedien) und der Belastungshistorie (Alterung, Setzung, Vordeformation, Überlastung und Missbrauch).

Die Elastomerwerkstoffe werden den technischen Anforderungen entsprechend für die jeweiligen Einbaupositionen der Fahrwerkslager entwickelt. Im Gegensatz zu metallischen Werkstoffen besitzen Elastomerwerkstoffe hyperelastische und inhärente Dämpfungseigenschaften, die für

Tab. 4.1 Einflüsse auf den Fahrkomfort [4]

Schwingungs phänomen	Anregung				
	f (Hz) von-bis		Fahrbahn	Unwucht	Antriebstrang
Aufbauschwingung	0,5	5	++		
Reiten, Freeway Hop	2	5	++		
Längsruckeln	4	10			++
Stuckern, Shake	7	15	++	+	
Prellen	7	25	++		
Lastwechselschlag	8	20			++
Achsschwingungen	10	15	++	+	
Lenkunruhe	10	20		+	
Bremsrubbeln	15	25		+	
Zittern, Schütteln	15	40			++
Leerlaufschütteln	20	30			++
Abgasanlage	20	1000			++
Dröhnen	30	70	++	+	++
Achsrauigkeit	30	80	++		
Abrollen	30	300	++		
Motorgeräusche	200	5000			++
Getriebegeräusche	400	500			++

die Schwingungs- und Geräuschisolation konstruktiv verwendet werden können.

Dennoch reicht das Dämpfungsvermögen der Gummiwerkstoffe nicht bei jeder Schwingungsisolation im Fahrwerk aus. Dies führte zur Entwicklung hydraulisch dämpfender Elastomerlager (*Hydrolager*),- die neben der Dämpfung durch Massenträgheit und Reibung einer angekoppelten Fluidbewegung zusätzliche Dissipation im Übertragungspfad (*noise path*) erzeugen.

Das Übertragungsverhalten der Fahrwerkslager wird durch die Messung der statischen Federraten und der dynamischen Steifigkeiten als Funktion der Anregungsamplitude und -frequenz in den sechs Schwingungsfreiheitsgraden (je drei translatorische und rotatorische Freiheitsgrade) analysiert und mit den Komfortkriterien des Gesamtfahrzeugs verglichen (subjektive Fahrzeugbeurteilung hinsichtlich eines Rating Systems).

Durch die stochastischen Anregungsprofile und die partiell großen Bauteilverformungen im Zusammenwirken mit den komplexen Werkstoffeigenschaften führen die NVH-Ereignisse im Fahrwerk in der Regel zu nichtlinearen Simulationsmodellen für die Vorauslegung der Fahrwerkslager.

4.1.2 Schwingungs- und Geräuschquellen

Eine hauptsächliche Ursache für die Entstehung von Schwingungen im Fahrwerk ist der Kontakt der Reifen zur Fahrbahn. Beim Überfahren von Straßenunebenheiten folgt das Rad der Fahrbahntopographie in Abhängigkeit von den eigenen Parametern wie Reifenhalbmesser, ungefederte Massen und Verformungsverhalten. Fahrbahnen mit verkehrsüblichen Streckenführungen (Autobahnen, Stadt- und Landstraßen) werden durch die standardisierte Messung der spektralen Amplitudendichte (*Power Spectral Density*) über der Wellenlänge klassifiziert. Für die Beeinträchtigung des Fahrkomforts und für die Auslegung der Bauteilfestigkeiten sind in dem niederfrequenten Frequenzbereich bis 50 Hz Fahrbahnwellenlängen von 150 mm bis 90 m relevant, wenn die Fahrgeschwindigkeiten 30 bis zu 200 km/h erreichen (s. ▶ Abschn. 2.4.9).

Diese statistische Beschreibung des Anregungszustandes erfasst aber nicht die regellosen Hindernisse wie einerseits Schlaglöcher in Reifengröße und andererseits scharfkantige Hindernisse mit einer nur 5 mm hohen Stufe oder Vertiefung wie bei Stoßfugen. Gerade diese Störungen führen zu Anregungen der Fahrwerksstruktur, durch die mechanischen Schwingungen und Körperschall auf unterschiedlichen Pfaden in den Innenraum weitergeleitet und dort als Vibration im Sitz, Lenkrad oder Karosserieboden gefühlt werden.

Das Rollgeräusch entsteht an der Kontaktfläche des Reifens zur Fahrbahnoberfläche. Die komplexe Struktur des Reifens schwingt mit einer Vielzahl von Eigenformen bei unterschiedlichen Frequenzen (s. ◘ Abb. 13.46). Die Körperschallschwingungen werden über die Felge, die Radaufhängung und den eventuell vorhandenen Achsträger in die Karosserie übertragen und schließlich an den Oberflächen des Innenraums als Luftschall abgestrahlt.

Gleichzeitig werden die Reifenschwingungen an seiner Oberfläche als Luftschall an die Umgebung abgestrahlt, der wiederum Karosserie- und Fensterteile zu Schwingungen anregen kann, die nach erneuter Abstrahlung vom Insassen als Geräusch wahrgenommen werden.

Eine weitere dominante Quelle für Schwingungen und Geräusche, die den Fahrkomfort beeinflussen, ist der Antriebsstrang des Fahrzeugs, dessen Aggregate wie Motor, Getriebe und Abgasanlage über Elastomerlager mit dem Aufbau oder der Fahrwerksstruktur verbunden sind. Die elastische Aggregatelagerung trägt nicht nur die anteiligen Aufbaugewichte, sondern unterdrückt durch Werkstoff- oder hydraulische Dämpfung störende Schwingungen (z. B. Motorstuckern) und entkoppelt Körperschall vom Innenraum.

Die Gas- und Massenkräfte, die bei der Verbrennung im Motor entstehen, prägen die Anregungsspektren, die in Abhängigkeit von der Motorordnung und der Resonanzfähigkeit der schwingungsfähigen Strukturen des Fahrwerks und der Karosserie zu Komforteinbußen führen. Aber auch Reib- und Kontaktvorgänge im Getriebe, in Wälzlagern und Kupplungen sind Quellen für die Schwingungs- und Geräuschentstehung.

Mit dem NVH-Komfort eng verbunden sind die Anforderungen an die marken- und modellspezifische Fahrzeugakustik, die durch ein Sounddesign gezielt moduliert wird. Obwohl im ersten Schritt der Gesamtpegel reduziert und Störanteile herausgefiltert werden, kann dies bedeuten, einzelne Geräuschanteile bewusst anzuheben, um einen unverwechselbaren Klang des Antriebs zu erzeugen.

Auch die Übertragungscharakteristika der Fahrwerkslager werden für diese Optimierungen entsprechend abgestimmt, da der Körperschall durch ihre Spektralfilterfunktion wirkungsvoll modifiziert werden kann.

Eine weitere Quelle für Schwingung und Geräusche ist die Fahrwerksstruktur selbst. Elastisch verbundene, gelenkige und massebehaftete Komponenten der Radaufhängung, der Achse und der Lenkung, in denen im Betrieb Reibungs- und Kontaktereignisse vorkommen, erzeugen eine Vielzahl von gekoppelten Schwingungsformen und Eigengeräuschen.

Der Kontakt zwischen Reifen und Fahrbahn und der Antrieb als Störquellen regen die gewichtsoptimierten Fahrwerksstrukturen in den Resonanzbereichen an, sodass die Intensität der übertragenen Schwingungen vermindert (*Tilger*) oder verstärkt (*Resonator*) wird.

4.1.3 Wahrnehmungsgrenzen des Menschen

Über die Wahrnehmungsempfindlichkeit des menschlichen Körpers gibt es mehrere wissenschaftliche Untersuchungen. Alle zeigen, dass es keinen absoluten Standard gibt, der durch physikalische, messbare Parameter wie zum Beispiel Wegamplituden oder Beschleunigungen bei einer gegebenen Frequenz ausgedrückt werden könnte [5].

Dennoch gibt es genügend Testdaten aus verschiedenen Studien, die statistisch ausgewertet Wahrnehmungsbereiche abgrenzen, in denen die Schwingungs- und Geräuschbelastung von Testpersonen als schmerzhaft, sehr unangenehm, spürbar oder nicht mehr wahrnehmbar beurteilt wird (◘ Abb. 4.2). Im Vordergrund standen bei diesen Studien mehr die medizinischen Aspekte der Schwingungseinwirkungen auf den menschlichen Körper als die Komfortkriterien sitzender Menschen in Kraftfahrzeugen [6].

Bei der akustischen Wahrnehmung sind die Grenzen noch viel weiter gesteckt. Der Schalldruck bei der menschlichen Schmerzgrenze ist 10^6- bis 10^7-mal größer als bei der Hörgrenze (◘ Abb. 4.3).

Das menschliche Gehör nimmt nicht alle Frequenzen gleich stark wahr. Es werden Bewertungsfilter verwendet, die die Empfindlichkeit des Gehörs nachbilden.

In der Automobilindustrie wird vorwiegend die A-Bewertung verwendet. Dabei werden in einer breitbandigen Geräuschanregung die Anteile unter 1 kHz abgeschwächt, d. h. Dröhn- und Brummgeräusche werden nicht so stark wahrgenommen wie Pfeif- oder Zischgeräusche.

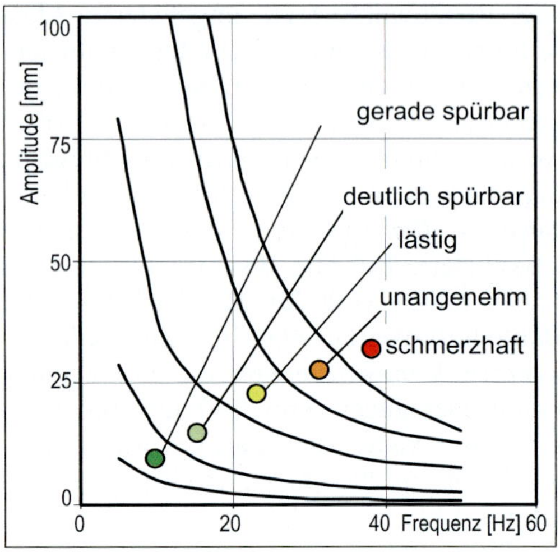

◘ **Abb. 4.2** Wahrnehmungsbereiche des Menschen, vertikale Körperbewegung [6, 7]

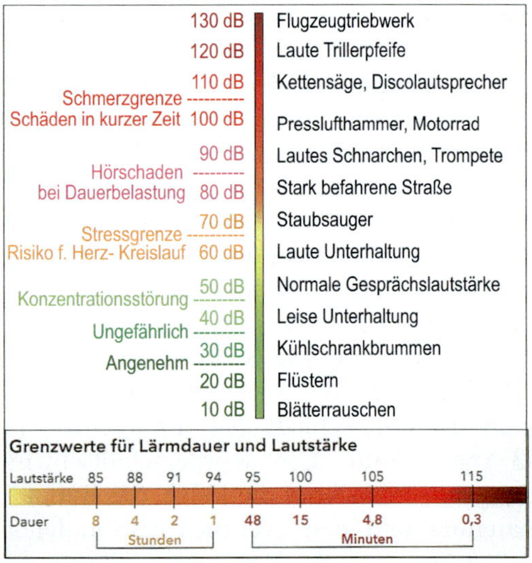

◘ **Abb. 4.3** Schalldruckwahrnehmung und Schmerzempfindlichkeit des menschlichen Gehörs

Für die Differenzierung der verschiedenen Fahrzeugklassen werden auch die Anforderungen an die maximal zulässigen Geräuschpegel im Innenraum sehr genau spezifiziert. Darüber hinaus wird die psychoakustische Wahrnehmung der Fahrzeuginsassen durch weitere Parameter wie

Lautheit, Schärfe, Rauigkeit, Tonhaltigkeit und Klangbild beschrieben.

Studien zeigen, dass die subjektive Beurteilung von fühlbaren Schwingungen mit kleinen Amplituden in der Gegenwart von hohem Innengeräusch zu schlechteren Ergebnissen führt. Aber Vibrationen mit großen Amplituden erhalten bessere Beurteilungen, wenn hohe Geräuschpegel gleichzeitig einwirken. Der Fahrkomfort wird im Allgemeinen auch höherwertig eingestuft, wenn das Innengeräusch geringere Intensität besitzt und im unteren Frequenzbereich dominiert [8].

Auch das Altern des Menschen spielt bei der Beurteilung komfortrelevanter Einflussgrößen eine nicht zu vernachlässigende Rolle. Zwischen dem 25. und 50. Lebensjahr verliert der Mensch ca. 30 bis 40 dB Hörempfindlichkeit im Bereich größer 3 kHz. Für die Abstimmung des Fahrkomforts sollten demnach auch das Alter der NVH-Ingenieure und der Zielgruppen mitberücksichtigt werden.

In weiteren Untersuchungen wurde der Einfluss der Phasendifferenz zwischen unterschiedlichen, aber gleichzeitigen Schwingungseinwirkungen auf den menschlichen Körper nachgewiesen. Wird der Sitz und Boden einer sitzenden Person vertikal mit 4 Hz beschleunigt und besteht eine Phasendifferenz von bis zu 180° zwischen beiden Anregungen, wird der Komfort schlechter beurteilt als bei synchroner Schwingungseinleitung. Der Effekt verschwindet wieder bei Beschleunigungen über etwa 0,6 m/s² [4].

4.1.4 Das Wohlbefinden des Menschen

Eine Übersicht über die biologischen und psychischen Effekte, die zu erwarten sind, wenn der menschliche Körper Schwingungen verschiedener Frequenzen und Amplituden ausgesetzt wird, ist in ◘ Abb. 4.4 zusammengestellt [7] (s. ► Abschn. 2.4.8).

Das Wohlbefinden des Menschen, das sich bedingt durch die Gesundheit, die Stimmung und die aktuelle Situation schnell und grundlegend ändern kann, eignet sich kaum als Beurteilungsskala, um den Fahrkomfort für ein ganzes Fahrzeugleben abzustimmen.

Da bisher objektive Messgrößen nur eine unzureichende Bewertung über angenehme oder unangenehme Schwingungen oder Geräusche zulassen, wird das zielgruppenorientierte akustische und fühlbare Schwingungsprofil durch eine Vielzahl von subjektiven Beurteilungen erarbeitet.

Für das Fahrwerk eines leistungsstarken Sportwagens ist es beispielsweise wichtig, dass Fahrbahnunebenheiten gezielt an den Fahrer übertragen werden, um eine gute Rückmeldung über Fahrbahnbeschaffenheit und Fahrzustand zuzulassen. Eine moderate Schwingungsübertragung wird hier als angenehm empfunden, erhöht das Gefühl der Sicherheit und trägt zum Fahrspaß bei.

Da das psychische Wohlbefinden des fahrenden Menschen nur begrenzt einschätzbar ist, sollte der medizinische Aspekt der körperlichen Beeinträchtigung in

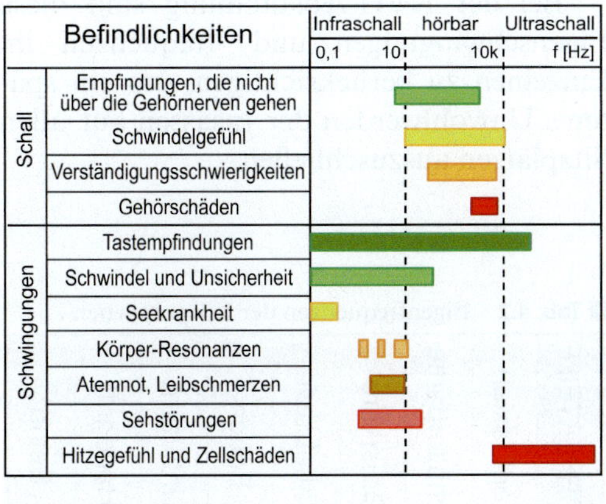

◘ **Abb. 4.4** Schwingungseinwirkungen auf den menschlichen Körper

die Komfortuntersuchungen einbezogen werden, um insbesondere Langzeitwirkungen besser vorhersehen zu können. Einzelne Organe und Körperteile besitzen im nachgiebigen Gewebe eine Beweglichkeit, die bei entsprechender Anregung zu Resonanzerscheinungen führen kann (s. ◘ Abb. 2.105). Andauernde Belastungszustände können die Körperpartien in Mitleidenschaft ziehen und führen in letzter Konsequenz zu Unwohlsein oder sogar Krankheit.

Umfangreiche Untersuchungen über die Schwingungsfähigkeit der menschlichen Körperteile zeigen, dass er über einen großen Frequenzbereich zu Eigenschwingungen seiner Körperpartien besitzt (◘ Tab. 4.2) [7].

Auf den menschlichen Körper einwirkenden Schwingungen werden bei sitzenden Menschen über Gesäß und Oberschenkel in die oberhalb des Sitzes befindlichen Körperteile über den Fahrzeugboden in die Füße und Unterschenkel sowie über das Lenkrad oder über die Armlehne in Hände und Arme geleitet. Dabei sind im Allgemeinen die eingeleiteten Bewegungen verschieden groß.

Es treten neben diesen translatorischen Bewegungen in vertikaler Richtung noch Nick- und Wankdrehungen um die Mittelachse des Oberkörpers auf [4].

Bei der NVH-Abstimmung sind diese Eigenschwingungen und -frequenzen im Einzelnen zu berücksichtigen, um ein späteres Unwohlwerden der Insassen auf allen Sitzplätzen auszuschließen.

◘ **Tab. 4.2** Eigenfrequenzen der Körperpartien

KÖRPERTEILE	Kopf (axial)	Schulterpartie	Brustkorb	Wirbelsäule	Bauch	Unterarm	Handgriff	Beine
Hz	ca. 25	4-5	ca. 60	10-12	4-8	16-30	50-200	ca. 2

4.1.5 Maßnahmen gegen Schwingungen und Geräusche

Die Auslegung des Fahrkomforts erfolgt auf der Basis der im Lastenheft eines Fahrzeugs definierten Marktpositionierung mit den möglichen Ausprägungen wie „sportlich agil“, „komfortorientiert“ oder „geschmeidig kompakt“. Mit der Positionierung des Fahrzeugs wird auch festgelegt, in welchem Umfang Schwingungsbelastungen auf die Fahrzeuginsassen zugelassen werden, um eine fühlbare Rückmeldung über den Fahrbahnkontakt an den Fahrer zu erreichen.

Der Fahrkomfort wird durch das Zusammenspiel aller Radführungs-, Federungs- und Dämpfungselemente und der Karosserie mit Anbauteilen bestimmt. Im Hinblick auf die fahrdynamischen Anforderungen entsteht häufig ein Zielkonflikt mit den NVH- Komfortansprüchen, der nur durch eine simultane Erprobung und Beurteilung aller Kriterien in einen akzeptablen Kompromiss aufgelöst werden kann.

Um Maßnahmen zur NVH-Abstimmung ergreifen zu können, müssen alle Komponenten der Fahrzeugteilsysteme auf dem Übertragungsweg betrachtet und gegebenenfalls modifiziert werden. Diese sind:

- Reifen,
- Federung, Stabilisierung, Zusatzfedern,
- Schwingungs- und Stoßdämpfer,
- elektronische Fahrwerksregelsysteme,
- Reibung der Radaufhängung,
- elastische Fahrwerkslager,
- Aggregatelager,
- lokale/globale Karosseriesteifigkeiten,
- Schalldämmungsauskleidung,
- Sitzfederung und -dämpfung.

Im Fahrwerk werden vorzugsweise die elastischen Fahrwerkslager zur NVH-Feinabstimmung genutzt, weil dadurch in nur begrenzt vorhandenen Bauräumen eine gezielte Steifigkeits- und Dämpfungsvariation mit vertretbarem Änderungsaufwand möglich ist.

Durch die hyperelastischen Eigenschaften des Werkstoffs Gummi werden im Vergleich zu metallischen Werkstoffen große Verformungsenergiedichten erreicht. Federkennlinien mit linearem Anteil, weichem Übergang in die Anschlagprogression und definierten Maximalverformungen an der jeweiligen Einbauposition lassen eine große Abstimmungsbandbreite zu.

Die Federkennlinien und -steifigkeiten in den radialen, axialen und kardanischen Drehrichtungen können weitgehend unabhängig voneinander eingestellt werden, um z. B. die Nebenfederraten von Radlenkerlagern zu minimieren (Verringerung der Hystereseverluste) und dennoch hohe Radialsteifigkeiten für die Fahrdynamik zur Verfügung zu stellen.

Durch konstruktive Anordnung der Gummifederpakete wird eine Reihen- oder Parallelschaltung erzeugt, um die Kraftübertragung auch über unterschiedliche Wege zu realisieren. Die Federpakete können unabhängig voneinander ausgelegt werden, um eventuell Körperschall durch eine hochelastische Feder mit geringer dynamischer Verhärtung zu dämmen und mechanische Stoß- und Schwingungseinwirkungen durch eine harte Feder mit hoher Dämpfung (auch hydraulische Dämpfung) von der Karosserie zu entkoppeln.

Treten lokal Strukturschwingungen in einem schmalen Frequenzbereich auf, die den Fahrkomfort beeinträchtigen, kann gezielt mit einer elastisch aufgehängten Masse die Störung getilgt werden. Elastomertilger werden im Antriebsstrang als Drehschwingungstilger, in der Karosserie und im Fahrwerk als Translationstilger in zahlreichen Einbaupositionen verwendet.

Um den steigenden Anforderungen an den Fahrkomfort Rechnung zu tragen, werden Elastomerlager mit erweiterter Funktionalität entwickelt. Zur angekoppelten Funktion hydraulischer Dämpfung kommen auch geschaltete Motorlager und aktive Lagersysteme in Betracht. Bei adaptiven oder geschalteten Lagern wird zwischen zwei Übertragungscharakteristika in Abhängigkeit von einem lagerexternen Steuersignal hin- und hergeschaltet. (z. B. hydraulisch dämpfendes Motorlager mit Leerlaufentkopplung). Bei aktiven Lagern werden durch externer Aktuatorkräfte in den Übertragungsweg des Lagers die dynamischen Steifigkeiten über einen großen Frequenz- und Amplitudenbereich beeinflusst.

Für bestimmte Fahrbetriebszustände wie Leerlauf, Ausrollen, Schubbetrieb mit Zylinderabschaltung wird eine weiche, den Körperschall isolierende Übertragungssteifigkeit eingeregelt. In Fahrsituationen, in denen Fahrdynamik, Sicherheit und Sportlichkeit dominieren, werden die Lager durch härtere Übertragungssteifigkeiten und höhere Dämpfung direkter an die Anschlusselemente angekoppelt.

In den weiteren Kapiteln werden die unterschiedlichen Bauformern und Anwendungsbereiche der elastomeren Lager erläutert und die Auslegung hinsichtlich der Anforderungen an den Fahrkomfort vertieft.

Mit der steigenden Anzahl von Elektroautos muss auch die NVH Betrachtungen überarbeitet werden. Diese Antriebe verursachen deutlich niedrige Geräusche und Schwingungen. Auch der Antriebsstrang verursacht weniger NVH Probleme als beim Verbrenner Antrieben.

4.1.6 Vorgehen bei der NVH-Optimierung

Metin Ersoy

In der Beurteilung von Geräusch und Schwingungskomfort von Fahrzeugen gibt es eine Reihe von bekannten Phänomenen, die in der ◘ Tab. 4.1 zusammengefasst sind. Die Störungsbeseitigung wird durch die Ermittlung der Ursachen und Einführung der

Abhilfemaßnahmen vorgenommen [9]. Der Ansatz geht dabei in der Regel von vier Schritten aus:

1. Feststellung der Geräuschquelle,
2. Optimierung der Geräuschquelle,
3. Optimierung des Übertragungspfades,
4. Optimierung des Gesamtsystemverhaltens.

Der erste Schritt beschäftigt sich mit dem Aufspüren der Anregung und den Geräuschquellen. Die Anregung kann in Antriebsstrang (Motor, Getriebe, Hilfsaggregate, Kardanwelle, Achsgetriebe, Seitenwellen), Hydraulik, elektrische Aktuatoren, Fahrbahn oder Unwuchten entstehen.

Zunächst wird die Frequenzbandbreite des Geräusches gemessen und eine Frequenzanalyse durchgeführt. Je nach der festgelegten Anregungsquelle und gemessenen Störfrequenz kann in vielen Fällen die Anzahl der als Hauptgeräuschquelle infrage kommenden Komponenten stark eingeschränkt werden (◘ Abb. 4.5).

Der zweite Schritt des Lösungsansatzes bezieht sich auf die Verbesserung der als Quelle definierten Komponenten. Der Optimierung der Komponenten geht eine Bestimmung der modalen Eigenschaften der Komponenten voraus. Die Eigenfrequenzen und dazugehörigen Schwingformen werden mithilfe der Modalanalyse entweder rein experimentell oder computergestützt durch Simulation ermittelt. Eine anschließende CAE- Sensitivitätsanalyse gibt Aufschluss über das Potential unterschiedlicher geometrischer Parameter für eine Verbesserung der modalen Eigenschaften.

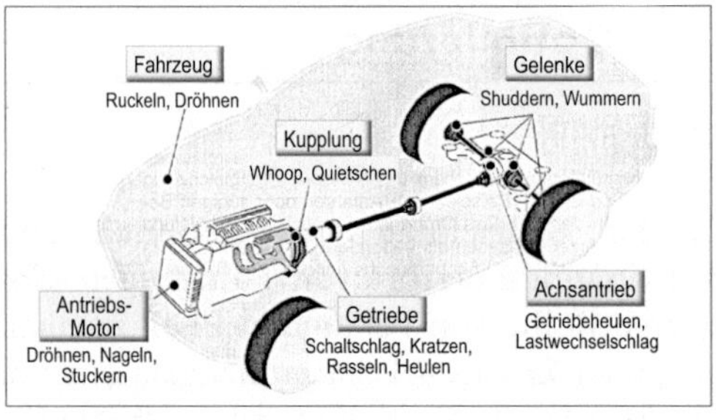

◘ Abb. 4.5 Beispiele für Geräuschphänomene in einem Pkw[10]

Die Resonanzen der Komponenten lassen sich vermeiden, wenn deren Eigenfrequenzen deutlich unter oder noch besser über der Anregungsfrequenz liegen [9].

Nicht alle der gefundenen Parameter (z. B. Bauteilabmessungen, Massen, Werkstoffe, Wanddicken, Geometrien, Biege- und Torsionsmoden) lassen sich beliebig variieren. Die Sensitivitätsanalyse beurteilt in einem iterativen Verfahren die durch die einzelnen Maßnahmen erreichbaren Verbesserungen und stellt im Anschluss eine geeignete Auswahl von Parametern und deren Variationen zusammen.

Im dritten Schritt wird die Schnittstelle zum Gesamtfahrzeug bzw. zur Karosserie untersucht. Hierbei wird häufig auf das Mittel der experimentellen Transferpfadanalyse zurückgegriffen, welche Auskunft über den Hauptschallübertragungspfad gibt. Ebenso kommen Abkoppelungstests zum Einsatz, bei denen gezielt Pfade getrennt werden, um deren Einfluss auf die Übertragung der Schwingungen in den Innenraum zu bestimmen.

Nach Identifikation des Hauptübertragungspfads werden mithilfe CAE gezielte Verbesserungen an den betroffenen Komponenten vorgenommen. Dies betrifft die Gestaltung von Lenkeranbindungsstellen, Achsträger und dessen Verbindung zum Aufbau bis hin zu Karosserieteilen oder gesamten Karosseriegruppen, wie z. B. der Bodengruppe [9]. Geräusche, die auch als Luftschall an die Karosseriewände und von da aus in den Innenraum übertragen werden können, können mittels geeigneter Dämmstoffe stark reduziert werden.

Im vierten Schritt wird auf das Gesamtsystemverhalten eingegangen. Hier wird das Zusammenspiel der einzelnen Komponenten untersucht und es werden Mechanismen, die das Geräuschverhalten beeinflussen, ermittelt. Als geeignetes Hilfsmittel dient dabei die Betrieb-schwingformanalyse, mit deren Hilfe die Bewegungen einzelner Komponenten phasengerecht dargestellt werden können. Aus den damit gewonnenen Erkenntnissen werden weitere Optimierungen auf Gesamtsystemebene abgeleitet.

Eine geeignete Maßnahme kann z. B. der Einsatz von Gummimetalllager sein, deren Dämpfungseigenschaften in allen drei Bewegungsrichtungen optimal ausgelegt sind, oder aber eine Anpassung der Hebelarme der Lagerung, um eine Anbindung an Stellen mit lokalen Schwingungs- oder Kraftüberhöhungen zu vermeiden.

Bei einem Hinterachsdifferential ergeben sich z. B. größere Drehmomente an den Ausgängen, d. h. zu der Anbindung an die Seitenwellen als an der Eingangswelle (Kardanwelle). Die Stützweite der Differenziallagerung in der Längsrichtung muss daher entsprechend groß gewählt werden, um die Momente an den Seitenwellen optimal abzustützen.

Dieses Beispiel zeigt, dass nicht nur die optimale Auslegung der Gummiverbundteile, sondern auch der Ort der Lagerungsstellen eine wichtige Rolle spielen [9].

Eine weitere Möglichkeit, die Schwingungsparameter zu beeinflussen, ist der Einsatz von „*Tilgern*", die jedoch aus Kosten- und Gewichtsgründen immer als letzte Maßnahme in Betracht gezogen werden.

4.2 Gummiverbundteile

Wolfgang Sauer

Gummiverbundteile sind Bauteile, in denen ein Gummiwerkstoff mit einem Metall- oder Kunststoffteil durch Vulkanisieren fest verbunden ist. Durch die feste Verbindung werden die Schwingungen vom Metall oder Kunststoffteil auf den Gummi übertragen und hier gedämpft bzw. isoliert.

4.2.1 Funktion der Gummiverbundteile

Die wesentlichen Funktionen der Gummiverbundteile mit den gegenseitigen Wechselwirkungen sind im ◘ Abb. 4.6 dargestellt.

4.2.1.1 Kräfte übertragen

Gummilager werden zur Verbesserung des Fahrkomforts, der Fahrsicherheit und der Fahrdynamik eingesetzt und so ergibt sich zwangsläufig die Anforderung, die Kraftübertragung über der Lebensdauer des Fahrzeugs sicherzustellen. Neben der mechanischen Überbelastung eines Bauteiles, welches sich durch Risse im Gummitragkörper zeigt, ist der Verlust der Haftung zwischen dem Metall oder Kunststoffteilen und dem Elastomer eine mögliche Ausfallursache.

Weitere Bauteilschädigungen können durch die Alterung des Elastomers auftreten. Bei nicht ausreichend vorhandenem Alterungsschutz nach langjährigem Einsatz, können an der Bauteiloberfläche Risse auftreten.

4.2.1.2 Definierte Bewegungen ermöglichen

Bewegungen unter Krafteinleitung zu ermöglichen, hat mit der Weiterentwicklung

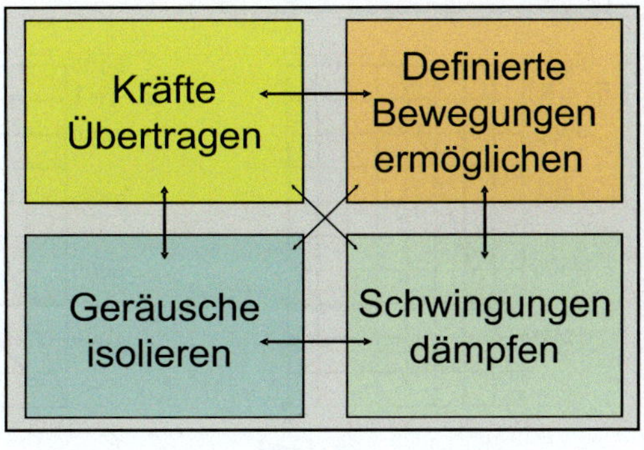

◘ **Abb. 4.6** Wechselseitige Beziehungen zwischen den Anforderungen an Gummiverbundteilen

der Fahrwerkdynamik die Auslegung von Gummilagern ein sehr großes Stellen wert gewonnen. Die Fahrwerkdynamiker fordern für die Bauteile in fast allen Richtungen genau abgestimmte Kennlinien, die erhebliche Anforderungen an die Lagergestaltung stellen.

4

◘ Abb. 4.7 zeigt ein Lager für eine Verbundlenkerachse. Für einen guten Abrollkomfort wird eine relativ weiche Kennlinie in Fahrzeuglängsrichtung F_L gefordert. Gleichfalls soll für ein gutes Ansprechen der Federung die Torsionssteifigkeit gering sein. Für die Erreichung einer hohen Fahrsicherheit ist hingegen eine große Steifigkeit in Fahrzeugquerrichtung notwendig.

4.2.1.3 Geräusche isolieren

Die Betrachtung von Geräuschproblemen hat in den vergangenen Jahren im Kraftfahrzeugbau stark an Bedeutung gewonnen. Durch diese Entwicklung wurde der Geräuschpegel in den Fahrzeugen insgesamt stark abgesenkt, sodass nun u. U. einzelne Geräuschprobleme stärker herausragen. Die Gummilager müssen zum Erreichen eines derart niedrigen Geräuschpegels vielfach den Zielkonflikt aus fahrwerksdynamischen und akustischen Anforderungen lösen.

Grundsätzlich wird bei der Geräuschausbreitung zwischen *Luftschall*und *Körperschall*unterschieden, wobei letzterer im Zusammenhang mit Gummi-Verbundteilen betrachtet wird. Der Definition nach ist Schall eine mechanische Schwingung in einem elastischen Medium. Körperschall ist somit Schall in Festkörpern.

Für eine theoretische Betrachtung der „akustischen Güte" wird zunehmend der gesamte Geräuschpfad von Quelle bis zum Fahrerohr berücksichtigt. Bei der akustischen Auslegung eines Gummi-Verbundelementes muss die umgebende Struktur betrachtet werden, um wirksame Lösungen anbieten zu können. So ist z. B. mit der ge-

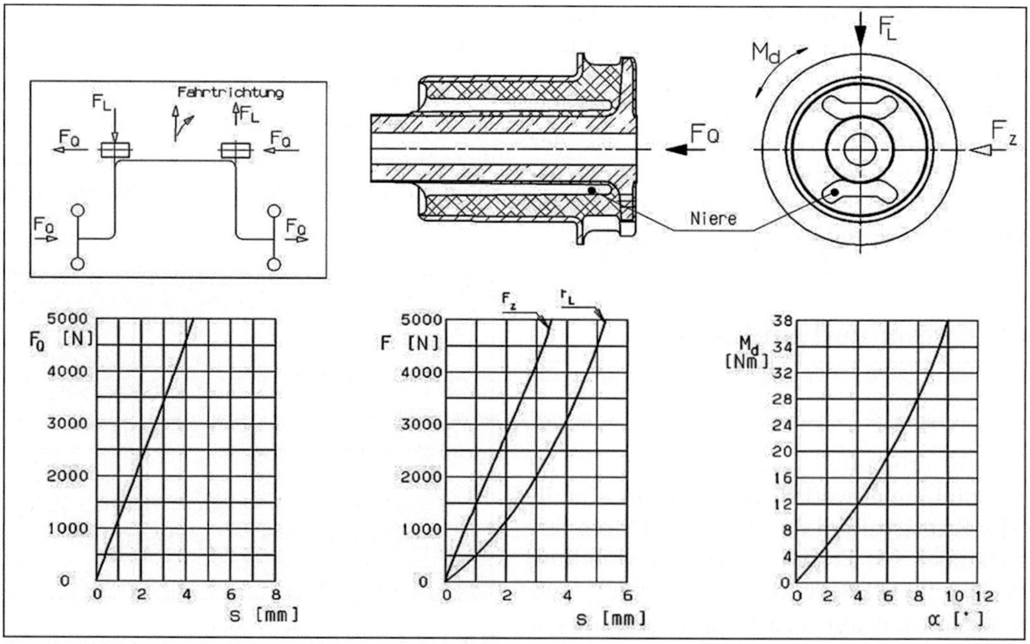

◘ **Abb. 4.7** Gummilager für eine Verbundlenkerhinterachse

läufigen Methode der elastischen Lagerung nur dann eine gute Isolation zu erreichen, wenn die mechanische Impedanz (Quotient von Kraft und Geschwindigkeit) des Gummilagers wesentlich kleiner ist als die aller angeschlossenen Bauelemente. Das heißt, die frequenzabhängigen komplexen mechanischen Impedanzen müssen bekannt sein.

Neben der elastischen Lagerung mit und ohne Dämpfung werden zur Körperschalldämmung auch Massen als Tilger und Kombinationen aus beiden verwendet.

Die hochfrequenten Eigenschaften von Gummi-Verbundelementen selbst sind zum einen von den Materialeigenschaften der verwendeten Gummimischungen und zum anderen von den Geometrien und dem Aufbau der Gummi-Verbundelemente abhängig. Zu den Materialeigenschaften zählen die frequenzabhängige Dämpfung und der frequenzabhängige Elastizitätsmodul beziehungsweise Schubmodul, wodurch die Bauteile eine mit der Frequenz steigende Steifigkeit aufzeigen.

Für eine gute akustische Isolation ist es ein Entwicklungsziel, eine möglichst geringe dynamische Verhärtung zu erreichen.

Ein weiterer akustisch wirksamer Materialparameter des Gummis ist die im Vergleich zu Metallen sehr niedrige Schallgeschwindigkeit (◘ Tab. 4.3).

Im Zusammenhang mit der Geometrie (großvolumige Bauteile) und dem Aufbau (z. B. Zwischenbleche im Gummivolumen) können Resonanzeffekte zu frequenzabhängigen Einbrüchen in der Isolierwirkung führen. Ein Gummi-Verbundelement kann in diesen Frequenzbereichen nicht mehr nur durch eine Steifigkeitsfunktion und eine Dämpfungsfunktion pro Freiheitsgrad beschrieben werden, sondern muss mittels Vierpoltheorie und einer komplexen Steifigkeitsmatrix betrachtet werden.

◘ Tab. 4.3 Schallübertragungsgeschwindigkeiten

Werkstoff	Schallgeschwindigkeit
Stahl	5050 m/s
Aluminium	5200 m/s
Gummi hart	ca. 300 m/s
Gummi weich	ca. 50 m/s

4.2.1.4 Schwingungen dämpfen

Für eine gute Schwingungsdämpfung wäre, bei einer gleich bleibenden bekannten Anregungsfrequenz eine hochelastische Lagerung anzustreben. Gemäß ◘ Abb. 4.8 ergibt sich ab einem Verhältnis $\eta > 2$ von Erregerfrequenz zur Eigenfrequenz eine Isolation, die bei geringer Dämpfung besonders ausgeprägt ist. In der Fahrwerkdynamik treten jedoch die unterschiedlichsten Anregungsfrequenzen auf, sodass insbesondere für eine Stoßanregung oder das Durchfahren der Eigenfrequenz eine Mindestdämpfung notwendig ist.

Für die Erfüllung dieser vier Funktionen ergibt sich somit eine Reihe von unterschiedlichen sich z. T. widersprechenden Forderungen, die sich wie folgt darstellen:

- Kräfte übertragen:
  - hartes Lager geringe Einfederung,
  - niedrige Dämpfung,
- Fahrkomfort:
  - weiche Lager in Fahrzeuglängsrichtung,
  - harte Lager in Fahrzeugquerrichtung,
  - niedrige Torsionssteifigkeit,

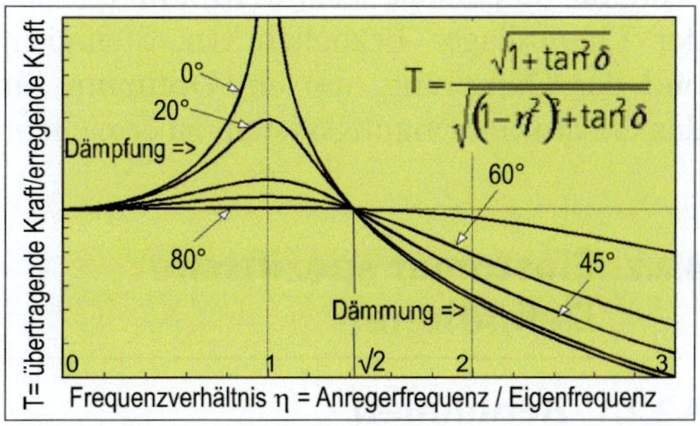

◘ Abb. 4.8 Vergrößerungsfunktion in Abhängigkeit von Dämpfung und Anregungsfrequenz

- Geräusche isolieren:
  - weiches Lager,
  - niedrige Dämpfung,
- Schwingungen dämpfen:
  - hohe Dämpfung.

Für die verschiedenen Zielkonflikte ist bei der Fahrzeugabstimmung ein entsprechender Kompromiss zu finden, wobei dieser je nach Fahrzeugart z. B. Sportwagen oder Limousine deutlich unterschiedlich ausfallen kann.

Die Funktion „Kräfte übertragen", und definierte Bewegungen ausführen, werden heute durch die Fahrwerksimulation vor der Teileherstellung relativ gut abgebildet. Vor der Herstellung von Mustern kann somit ausreichend genau bewertet werden, in welchem Umfang die Gummiverbundteile diese Anforderungen erfüllen.

Für Fahrzeuglager (Motorlager seien hier ausgenommen) können die sinnvollen Dämpfungswerte für die einzelnen Lagerstellen durch eine Simulationsrechnung jedoch noch nicht ausreichend genau bestimmt werden. Eine Simulationsrechnung für die Geräuschübertragung und Geräuschentstehung des gesamten Fahrwerkes benötigt eine genaue physikalische Beschreibung des dynamischen Verhaltens aller Einzelkomponenten.

Dieses ist zwar theoretisch möglich, doch die Ausführung der einzelnen Bauteile weicht von den Annahmen häufig noch zu stark ab. Die akustische Feinoptimierung des Fahrwerks erfordert dann ggf. vor dem Serienanlauf nochmals leichte Modifikationen der Gummilager bezüglich der Steifigkeit und der Dämpfung, um ein Optimum für das Gesamtschwingungssystem zu erreichen.

4.2.2 Elastomer spezifische Definitionen

4.2.2.1 Kennlinien

Neben der Geometrie ist die Kennlinie eine Hauptcharakteristik zur Beschreibung der Gummiverbundteile.

Da die Eigenschaften des Elastomers temperatur- und geschwindigkeitsabhängig sind, bedarf es einer genauen Festlegung zu den Umfeldbedingungen als auch zum Messaufbau. In der Automobilindustrie wurden hierzu entsprechende Prüfvorschriften erarbeitet, deren wesentliche Vorgaben sich auf die Anzahl der Vorbelastungen, die Messgeschwindigkeit, Raumtemperatur, Lagerzeit, Teileherstellung und Prüfaufnahme beziehen. Für die genaue Ermittlung der Steifigkeiten von harten Bauteilen (ca. > 1500 N/mm) ist die Steifigkeit der Prüfaufnahme und der Messmaschine von besonderer Bedeutung, um vergleichbare Kenndaten auf verschiedenen Prüfeinrichtungen zu erhalten.

Die Kennlinienverläufe ergeben sich aufgrund des Materials (Härte) und der Bauteilgeometrie und ermöglichen dem Konstrukteur einen großen Gestaltungsfreiraum. Durch FE-Berechnungen können die Charakteristiken virtuell sehr genau voraus bestimmt werden.

Alle Kennlinien eines Elastomerbauteiles haben eine mehr oder minder stark ausgeprägte Hysteresis. Die Größe der Hysteresis ist im Wesentlichen durch die Dämpfung des Elastomers und dessen Bauart bedingt. Für Radführungs- sowie Lenkungsbauteile ist es wichtig, die nicht konstante Nullpunktposition bei der Fahrwerkauslegung mit zu berücksichtigen.

4.2.2.2 Dämpfung

Die viskoelastischen Eigenschaften der Elastomerwerkstoffe lassen sich durch einen geeigneten Aufbau der Mischungsrezeptur auf die jeweiligen NVH-Anforderungen einstellen. Die inhärente Dämpfung des Elastomerwerkstoffes wird durch den Phasenverschiebungswinkel zwischen der übertragenen Kraft und der Anregung durch beispielsweise einen sinusförmigen Federweg charakterisiert (◘ Abb. 4.9). Für den Phasenverschiebungswinkel hat sich in der Automobilindustrie der Begriff Verlustwinkel δ als Maß für die Materialdämpfung ge-

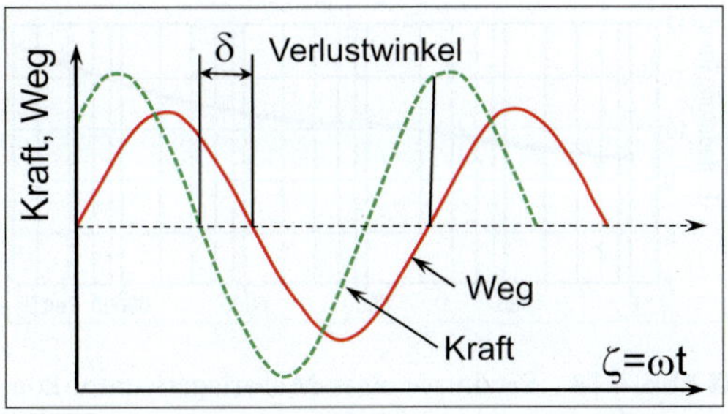

Abb. 4.9 Weg- und Kraftverlauf in Abhängigkeit vom Phasenwinkel ωt

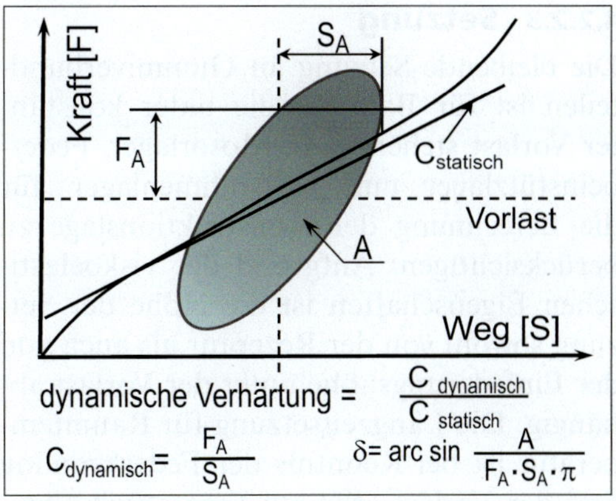

Abb. 4.10 Statische Kennlinie mit Hysterese-schleife einer dynamischen Schwingung

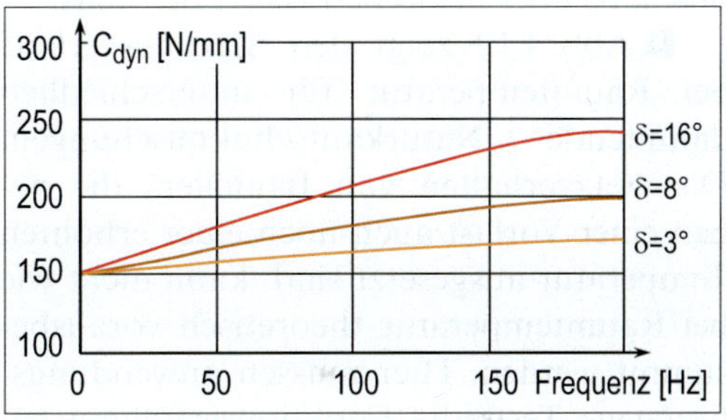

Abb. 4.11 Frequenzabhängigkeit der dynamischen Steifigkeit unterschiedlich dämpfender Mischungen

genüber anderen Größen (logarithmisches Dekrement, Dämpfungskonstante D) etabliert.

Für kleine Verlustwinkel ($\delta < 5°$) wird durch die vereinfachende Annahme einer linearisierten Verformung des Elastomerkörpers das Dämpfungsverhalten hinreichend genau beschrieben. Es wird aber darauf hingewiesen, dass die vom viskoelastischen Elastomerwerkstoff geleistete Dämpfungsarbeit, insbesondere bei nicht linearen Bewegungen mit hoher Dämpfung, aus der Hysterese einer Kraft-Weg-Kennlinie ermittelt werden kann.

Der Verlustwinkel kann von 2° (weiche Naturkautschukmischungen) bis zu ca. 20° (Butyl-Mischungen) variiert werden. Eine für die Schwingungsdämpfung sinnvolle Erhöhung des Verlustwinkels führt zu einer Verschlechterung der Bauteillebensdauer, der akustischen Entkoppelung sowie des Kriechverhaltens und ist sorgfältig bei der Bauteilerprobung zu bewerten.

Die Messung des Verlustwinkels erfolgt auf servohydraulischen Prüfmaschinen mit einer sinusförmigen Schwingungsanregung. Die Auswertprogramme errechnen aus den die Hystereseschleife beschreibenden Messpunkten den Verlustwinkel und die dynamische Steifigkeit (Abb. 4.10). Durch die viskoelastischen Materialeigenschaften ergibt sich eine zur Geschwindigkeit proportionale dynamische Steifigkeit, die zu einem Anstieg des Verhärtungsfaktors über der Frequenz führt (Abb. 4.11).

Die dynamische Steifigkeit bzw. die Höhe der dynamischen Verhärtung ist bei der Lagerauslegung ein wesentliches Kriterium für die Beurteilung der akustischen Güte.

Für die Bewertung des Verlustwinkels und der dynamischen Steifigkeit hat sich in der Fahrwerkentwicklung eine Messamplitude von 0,5 bis 1,0 mm bei einer Frequenz von 15 bis 20 Hz etabliert. Die Kraft wird dabei möglichst auf den Vorlastwert im Fahrbetrieb eingestellt. Die dynamische Verhärtung liegt dabei im Bereich von 1,1 für hochelastische, weiche Naturkautschukmischungen und bis zu 2,5 für hochdämpfende Synthesemischungen.

4.2.2.3 Setzung

Die bleibende Setzung an Gummiverbundteilen ist für Bauteile, die unter konstanter Vorlast stehen, z. B. Motorlager, Federbeinstützlager und Hilfsrahmenlager, für die Berechnung der Konstruktionslage zu berücksichtigen. Aufgrund der viskoelastischen Eigenschaften ist die Höhe der Setzung sowohl von der Rezeptur als auch von der Einfederungshöhe unter der Vorlast abhängig. Die Langzeitsetzung für Raumtemperatur ist bei Kenntnis der Federkennung und der Vorlast sehr gut theoretisch abzuschätzen.

In der logarithmischen Zeitauftragung ist die Setzkurve eine lineare Funktion und ermöglicht die Berechnung der Konstruktionsmaße über die Lebensdauer des Teils.

◘ Abb. 4.12 zeigt den Setzungsverlauf bei Raumtemperatur für unterschiedlich dämpfende Naturkautschukmischungen. Das Setzverhalten von Bauteilen, die neben einer Vorlast auch noch einer erhöhten Temperatur ausgesetzt sind, kann nicht wie bei Raumtemperatur theoretisch vorausbestimmt werden. Hier müssen anwendungsbezogene Tests die Funktionserfüllung bestätigen. Dabei sind die Voraussetzungen wie ein wärmebeständiger Mischungsaufbau und möglichst geringe spezifische Belastungen bei geringen Einfederungen anzustreben.

◘ Abb. 4.13 zeigt den Setzungsverlauf eines Motorlagers bei konstanter Temperatur. Die Setzkurve macht deutlich, dass erst nach ca. 6000 s ein stärkeres Setzen stattfindet als in den ersten drei Zeitintervallen. Eine besonders hohe Anforderung an die Mischungs- und Bauteilentwicklung stellen wechselnde Temperaturprofile dar und können bei weichen Lagerungen zu Setzbeträgen von einigen Millimetern führen.

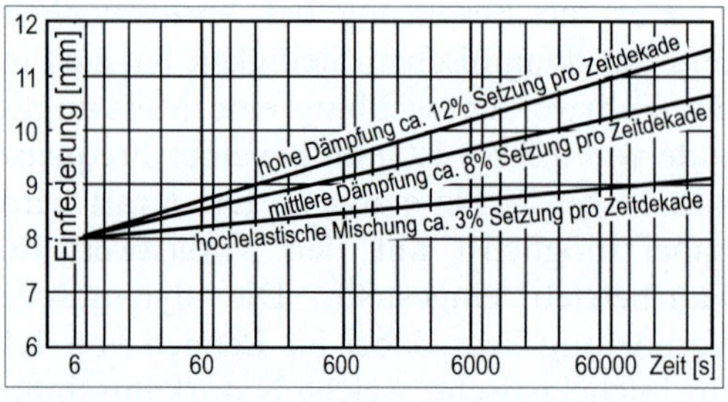

◘ **Abb. 4.12** Setzkurven für unterschiedlich dämpfende Mischungen bei Raumtemperatur

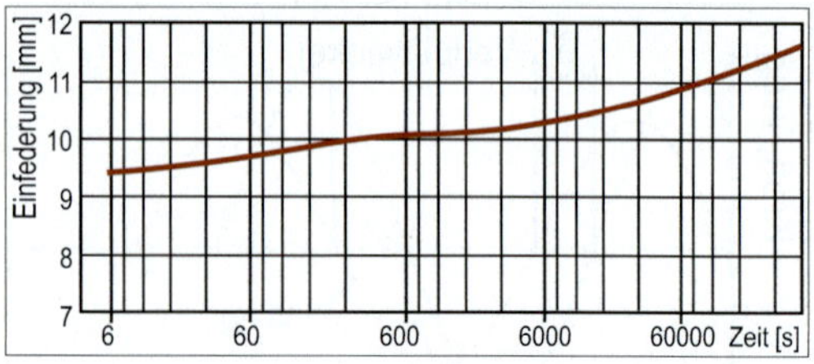

◘ **Abb. 4.13** Setzkurve eines Motorlagers unter konstanter Temperatur von 80 °C

4.3 Aggregatelager

Peter Binner

Die Motor-Getriebe-Einheit eines Fahrzeugs wird häufig als Aggregat bezeichnet. Diese Antriebseinheit wird durch Motorlager, Getriebelager und Drehmomentstützen im Fahrzeug elastisch gelagert.

Die Basis dieser Lager sind Gummi-Metall-Verbindungen. Die Komplexität dieser Aggregatelager reicht von konventionellen über hydraulisch dämpfende bis hin zu aktiven Gummi-Metall-Lagern.

Die Aggregatelager nehmen die statische Last der Motor-Getriebe-Einheit auf und begrenzen maximale Wege bei Lastwechseln oder hohen Drehmomenten. Die niederfrequenten Triebwerksschwingungen können durch frequenzselektive Dämpfung deutlich reduziert werden. Zusätzlich wird die Einleitung von Körperschall durch die Motor- und Getriebeanregung in die Karosserie wirkungsvoll unterdrückt, um die Vibrationen und den Innengeräuschpegel über den gesamten Drehzahlbereich des Motors für die Insassen des Fahrzeugs komfortabel zu gestalten.

Die sich zum Teil widersprechenden Anforderungen, hohe Dämpfung bei niedrigen Frequenzen und großen Anregungsamplituden sowie gute Körperschallisolation bei kleinen Anregungsamplituden und hohen Frequenzen, können durch die Entwicklung von fahrzeugspezifisch abgestimmten Aggregatelagern erfüllt werden.

Insgesamt lassen sich die Funktionen der Aggregatelager in drei Punkten zusammenfassen:

- tragen (quasistationär),
- dämpfen (niederfrequent, große Anregungsamplituden),
- isolieren (hochfrequent, kleine Anregungsamplituden).

Für die Auslegung von Elastomerlagern sind einige Parameter von großer Bedeutung, die auf die Bauform und Ausführung des Lagers einen großen Einfluss haben:

- Einbaulage des Aggregates,
- Bauraum,
- Belastungsart,
- maximale Kräfte,
- Freiwege, Wegbegrenzungen,
- Kennlinien, Progressionen.

Als Belastungsarten können an den Lagern Kräfte in axialer und radialer Richtung und Momente als Torsion und Kardanik auftreten [11].

Die Motor-Getriebe-Einheit kann als Folge der elastischen Lagerung translatorische und rotatorische Bewegungen ausführen. Dadurch wirkt das Aggregat mit seinen Lagern als Feder-Masse-System. Alle Lager eines Aggregates beeinflussen sich gegenseitig und müssen deshalb aufeinander abgestimmt werden.

Auf dem Pkw-Markt haben sich heute zwei Antriebssysteme mehrheitlich durchgesetzt:

- Quereinbau des Aggregates mit Vorderachsantrieb: Diese Anordnung findet bei den meisten Kleinwagen aber auch in der Mittelklasse Anwendung. Diese Antriebsstränge benötigen weder ein Hinterachsgetriebe noch eine Kardanwelle.
- Längseinbau des Aggregates mit Hinterachs- oder Vierradantrieb: In Fahrzeugen der Oberklasse und den SUVs werden die Vorteile dieses Antriebsstranges genutzt. Außerdem lassen sich bei dieser Anordnung auch große Motoren und Getriebe verbauen.

◘ Abb. 4.14 zeigt die Aggregatelagerung eines typischen Quereinbaus (Blick von vorne in den Motorraum eines VW Golf). Motor- und Getriebelager nehmen zusammen die statische Last des Aggregates auf. Durch das Antriebsmoment des Motors dreht sich das Aggregat im Fahrzeug. Die Drehmomentstütze begrenzt diese Drehbewegung.

◘ Abb. 4.15 zeigt die Lagerung eines längs eingebauten Aggregates (AUDI A4 Quattro). Typisch für diese Anordnung sind

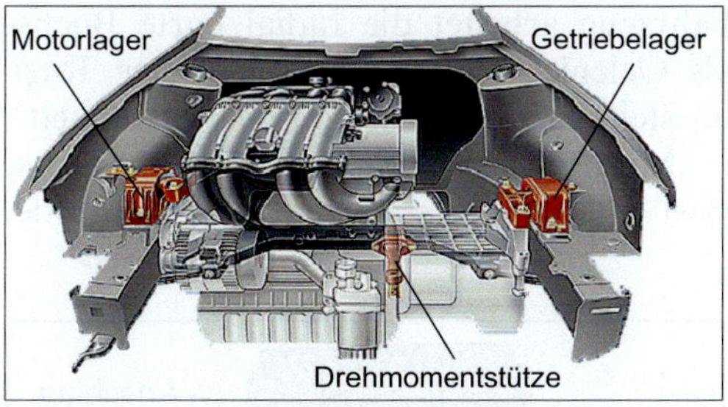

◘ Abb. 4.14 Aggregatelagerung Quereinbau

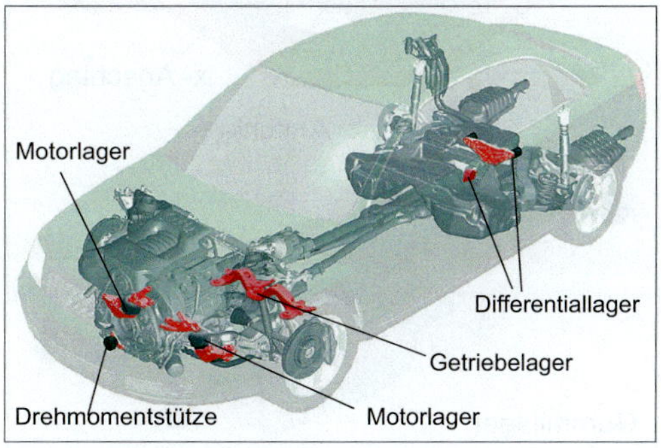

◘ Abb. 4.15 Aggregatelagerung Längseinbau

zwei Motor- und ein Getriebelager als Traglager. Eine zusätzliche Drehmomentstütze verhindert zu starke Aggregatebewegungen, da in diesem Fall die maximalen Wege nicht über die Motorlager eingegrenzt werden [12]. Bei angetriebener Hinterachse ist auch eine Lagerung des Hinterachsdifferentials nötig.

Als Getriebelager werden häufig konventionelle Gummi-Metall-Lager eingesetzt. ◘ Abb. 4.16 zeigt ein Keillager eines Fahrzeugs mit am Heck längs eingebautem Motor, welches mit dem Getriebequerträger Wegbegrenzungen in alle Raumrichtungen ermöglicht.

Die in ◘ Abb. 4.17 gezeigte Bauform einer Drehmomentstütze findet in vielen Fahrzeugen mit quereingebautem Aggregat Anwendung. In der Regel bestehen diese Drehmomentstützen aus einer harten und einer weichen Gummi-Metall-Buchse, die in eine metallische Stütze eingepresst sind. Je nach Anordnung und Befestigung im Fahrzeug arbeitet die radial harte Buchse als Gelenk mit möglichst niedriger Torsionssteifigkeit bzw. kardanischer Steifigkeit.

Mithilfe der weichen großen Buchse lässt sich die statische Kennung der

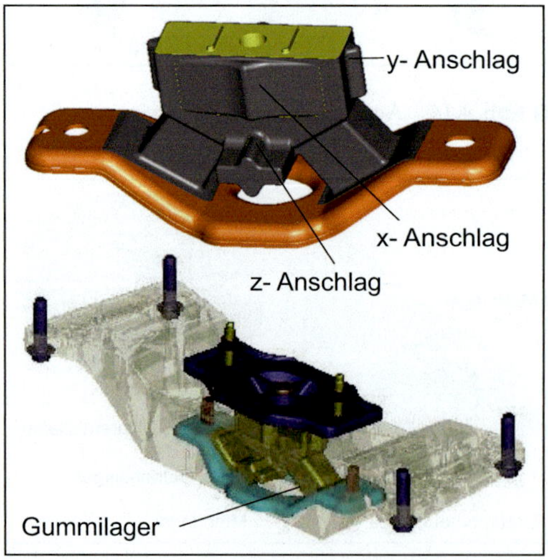

◘ **Abb. 4.16** Konventionelles Getriebelager [13]

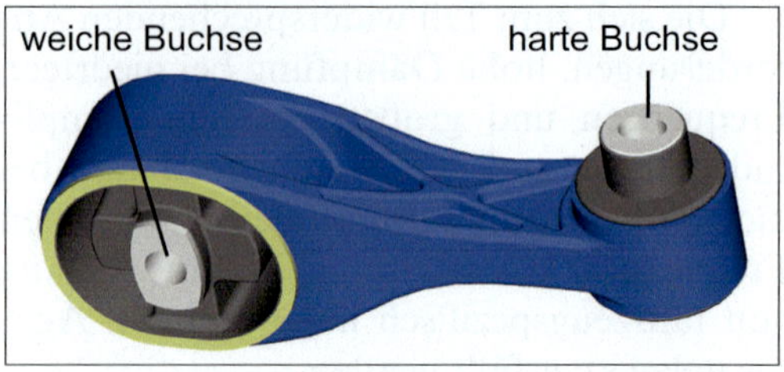

◘ **Abb. 4.17** Drehmomentstütze [13]

Drehmomentstütze exakt auf jedes Aggregat abstimmen. Ziel ist es, im unbelasteten Zustand eine geringe Steifigkeit darzustellen, um eine optimale Isolation zu gewährleisten. Sobald sich das Aggregat durch das abgebende Drehmoment des Motors aus seiner statischen Ruhelage im Fahrzeug dreht, ist diese Bewegung durch eine geeignete Anschlagsprogression in der Gummikontur zu begrenzen.

4.3.1 Hydraulisches Motorlager

Motorlager werden in den meisten Fahrzeugen als hydraulisch dämpfende Lager ausgeführt. Der Tragkörper bildet die Gummi-Metall-Kontur. Zwischen dem Tragkörper und dem Balg ist das Lager mit Dämpfflüssigkeit gefüllt. Dieser Flüssigkeitsraum ist durch ein Kanalsystem in zwei Arbeitsräume aufgeteilt. Durch dynamische Anregungen des Tragkörpers wird Flüssigkeit durch den geometrisch abgestimmten Kanal von einer Arbeitskammer in die andere gepumpt. Die dabei erzeugte Dämpfung wird meistens als Verlustwinkel angegeben und lässt sich frequenzgenau abstimmen.

Da die hydraulische Dämpfung gleichzeitig zu einem Anstieg der dynamischen Steifigkeit des Lagers im mittleren und höheren Frequenzbereich führt, wird zwischen den beiden Arbeitskammern ein Entkopplungssystem integriert. Diese Entkopplungsmembranen können so abgestimmt werden, dass bei kleinen Anregungsamplituden die Isolationswirkung des Lagers im akustisch relevanten Frequenzbereich stark verbessert wird.

Abb. 4.18 stellt exemplarisch die Übertragungsfunktion eines hydraulischen Motorlagers dar.

Die dynamische Steifigkeit c_{dyn} wird in [N/mm] und der Verlustwinkel δ in [°] angegeben. Da aus akustischen Gründen die Steifigkeiten der Lager möglichst gering eingestellt werden, ergeben sich für elastisch gelagerte Aggregate Resonanzen um etwa 10 Hz in vertikaler Richtung. Durch Unebenheiten der Fahrbahn können bei entsprechender Fahrgeschwindigkeit Aggregatschwingungen angeregt werden. Das sogenannte „Stuckern" lässt sich durch eine frequenzstabile Dämpfung schon bei kleinen Amplituden gezielt unterdrücken.

Abb. 4.19 zeigt das hydraulische Motorlager eines heckgetriebenen Pkws mit längseingebautem Motor.

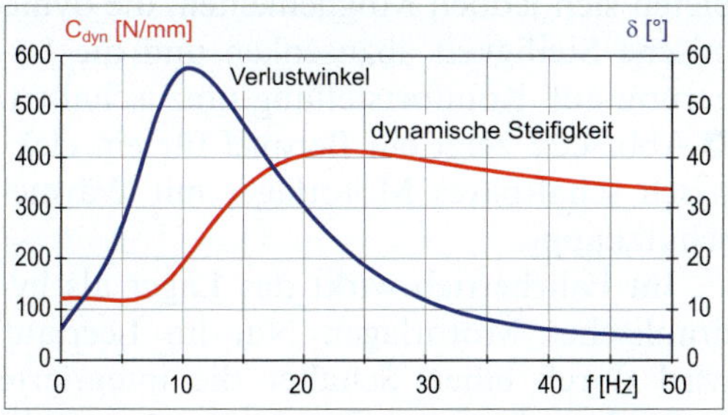

Abb. 4.18 Übertragungsfunktion Hydrolager

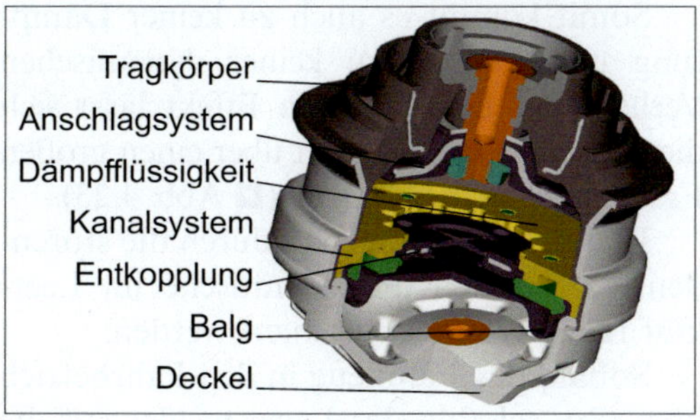

Abb. 4.19 Hydraulisches Motorlager [13]

Abb. 4.20 zeigt ebenfalls ein hydraulisches Motorlager. Dieses Lager wird als Zusammenbau des eigentlichen Hydrolagers, des Motor-Tragarms und des außenliegenden Anschlagsystems geliefert.

Diese Bauform ist typisch für Fahrzeuge mit quer eingebautem Aggregat. Bei diesen Lagern hat die Abstimmung der Anschlagprogressionen in Fahrzeuglängsrichtung eine hohe Bedeutung. Unter hoher Last wird die Drehbewegung des Aggregates durch die Drehmomentstütze gestoppt, was zu Reaktionskräften in Motor- und Getriebelagern führt und damit die beiden Traglager radial in ihre Anschläge verschiebt. Durch diesen Eingriff des Anschlagpuffers kann ein zusätzlicher Geräuschpfad die Komfortkriterien nachteilig beeinflussen.

Im Laufe des Entwicklungsprozesses eines Fahrzeugs werden die Aggregatelager individuell auf jedes Aggregat abgestimmt. In den Versuchsabteilungen werden die Fahrzeuge hinsichtlich Fahrdynamik und Akustik beurteilt. Neben der subjektiven Beurteilung werden objektive Messergebnisse genutzt, um Geräuschpfade oder Störquellen aufzudecken.

In Abb. 4.21 ist eine „Color Map" wiedergegeben. In diesem Fall ist die Messung der Beschleunigungen in vertikaler Fahrzeugrichtung an der Sitzschiene des Fahrers dargestellt.

Die in einem 4-Zylinder-Diesel-Fahrzeug während der Versuchsfahrt im Zeitbe-

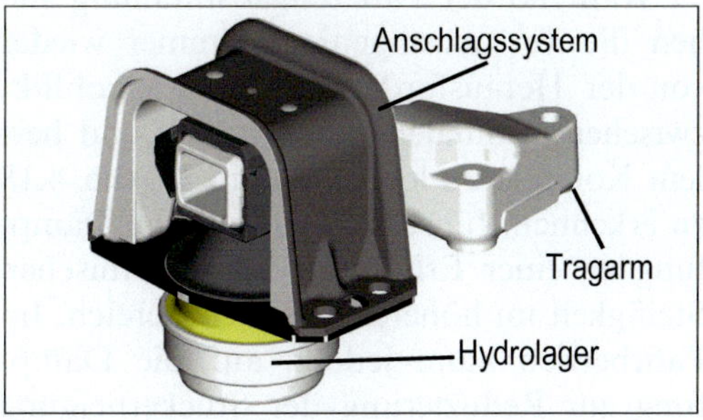

Abb. 4.20 Hydraulisches Motorlager mit Tragarm [13]

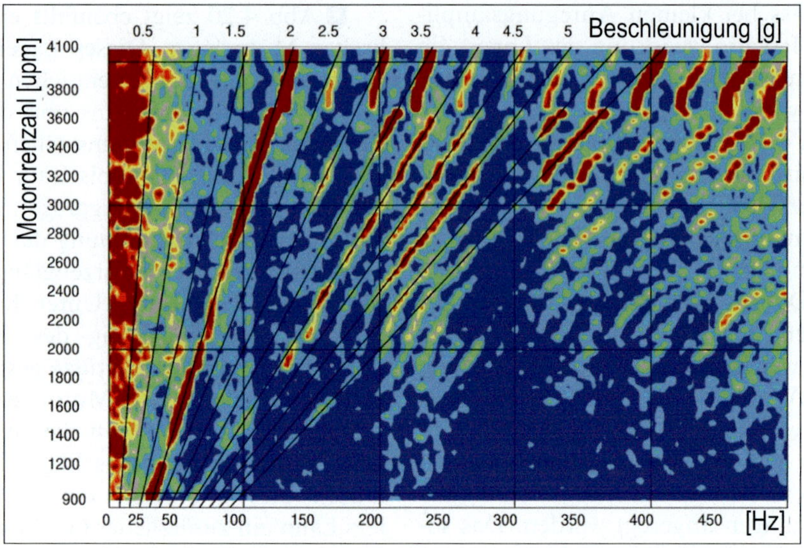

Abb. 4.21 Beschleunigungen an der Sitzschiene

reich aufgenommenen Daten wurden durch Fast-Fourier-Transformation (FFT) in den Frequenzbereich überführt. Für den untersuchten Motor sticht, wie für 4-Zylinder üblich, die zweite Motorordnung heraus.

Motoren verschiedener Bauarten, Zylinder oder Verbrennungsprozesse zeigen unterschiedliche Anregungen. Aus diesem Grunde sind die Aggregatelager jeder Motor-Getriebe-Einheit anzupassen. Entwicklungsziel ist jedoch immer, durch eine geschickte Baukastenlösung die Variantenanzahl der Lager einzugrenzen und somit die Werkzeug- und Bauteilkosten zu reduzieren.

Während der Fahrzeugabstimmung stehen die Versuchsingenieure immer wieder vor der Herausforderung den Zielkonflikt zwischen optimaler Fahrdynamik und bestem Komfort zu lösen. Wie in Abb. 4.18 zu erkennen, führt die hydraulische Dämpfung zu einer Erhöhung der dynamischen Steifigkeit im höheren Frequenzbereich. Im Fahrbetrieb kann jedoch auf die Dämpfung zur Reduzierung der Stuckerneigung nicht verzichtet werden.

4.3.2 Schaltbares Hydrolager

Für den Leerlaufbetrieb eines Fahrzeugs bieten sich jedoch Möglichkeiten, die dynamische Steifigkeit abzusenken und die Lagerung auf Komfortstellung umzuschalten. Abb. 4.22 zeigt ein Beispiel für ein elektrisch schaltbares Motorlager mit Wärmeschutzkappe.

Im Fahrbetrieb wirkt das Lager als hydraulisches Motorlager. Nur im Leerlauf wird durch einen Schalter die integrierte Luftfeder aktiviert. Durch diese zusätzliche Nachgiebigkeit in der Arbeitskammer des Lagers wird keine Flüssigkeit durch den Kanal gepumpt.

Somit kommt es auch zu keiner Dämpfung und folglich zu keiner dynamischen Verhärtung. Durch diesen Effekt lässt sich die dynamische Steifigkeit über einen großen Frequenzbereich absenken (Abb. 4.23).

In der Folge können dadurch die störenden Vibrationen und Geräusche im Leerlauf reduziert oder eliminiert werden.

Sobald das Fahrzeug in den Fahrbetrieb übergeht, schaltet das Lager wieder auf die

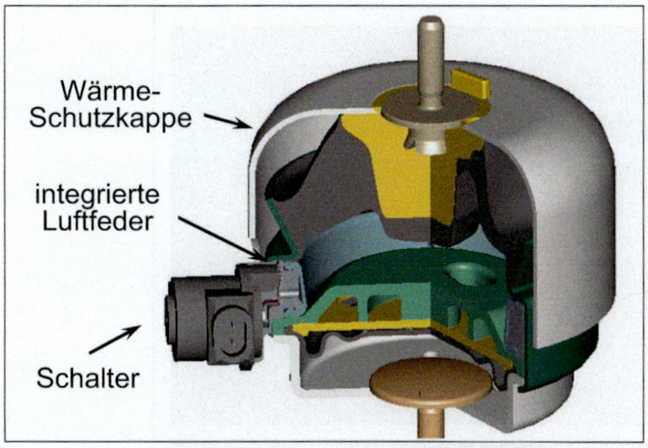

Abb. 4.22 Schaltbares Motorlager [13]

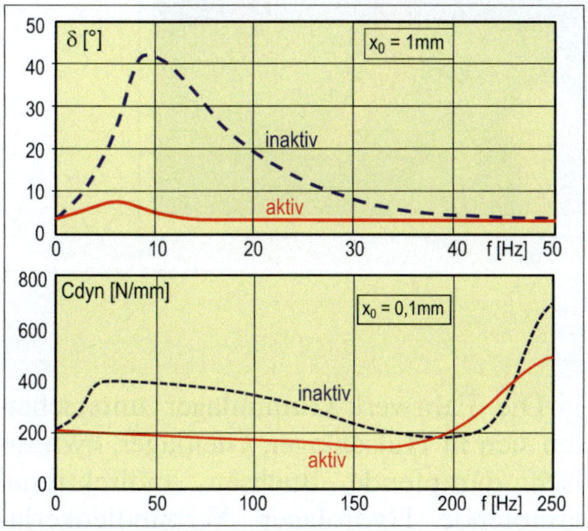

Abb. 4.23 Übertragungsfunktion schaltbares Lager

Fahrdynamik-Stellung und liefert die notwendige Dämpfung.

Statt der elektrisch schaltbaren Motorlagern sind auch pneumatisch schaltbare Motorlager im Einsatz. Außerdem gibt es neben Schaltung der Volumensteifigkeit auch schaltbare Lager mit Bypass-Schaltung.

In diesen Lagern wird im Leerlauf ein zusätzlicher Kanal (Bypass) aufgezogen. Dadurch wird die Dämpfung zu höheren Frequenzen verschoben, um die dynamische Verhärtung des Lagers hinter die Frequenz der dominanten Motorordnung zu schieben (Abb. 4.24).

Um in Zukunft den steigenden NVH-Anforderungen noch besser gerecht werden zu können, wird in den Entwicklungsabteilungen an aktiven Lagern gearbeitet.

Trotz erster Serieneinsätze solcher Systeme ist noch erheblicher Entwicklungsaufwand zu leisten, um den Schwingungs- und Geräuschkomfort in den unterschiedlichen Fahrsituationen zu verbessern [14]. Neben dem hohen Gewicht und den hohen Kosten für aktive Systeme stehen auch die komplexe Auslegung der Regler und die hohe Leistungsaufnahme der Lager einem breiten Einsatze bisher im Wege. Zusätzlich wird an aktiven Strukturelementen und Tilgersystemen zur Verbesserung des NVH-Verhaltens gearbeitet [15].

An den Stellen, wo sehr hohe Temperaturen herrschen, kann Silikon den Gummi ersetzen. Abb. 4.25 zeigt den Prototype eines Silikon-Hydromotorlager [13].

Ein weiteres Potential für NVH-Verbesserung wird in der optimalen Integration aller schwingungs- und komfortrelevanten Systeme inclusive Fahrwerk-Gummilager gesehen. Im Fokus stehen z. B. Lageranbindungssteifigkeiten am Fahrwerk und die Steifigkeitsbetrachtung im gesamten Geräuschpfad.

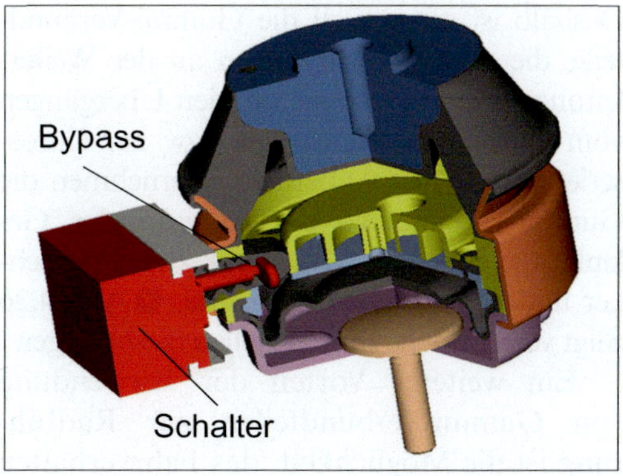

Abb. 4.24 Schaltbares Motorlager (Bypass) [13]

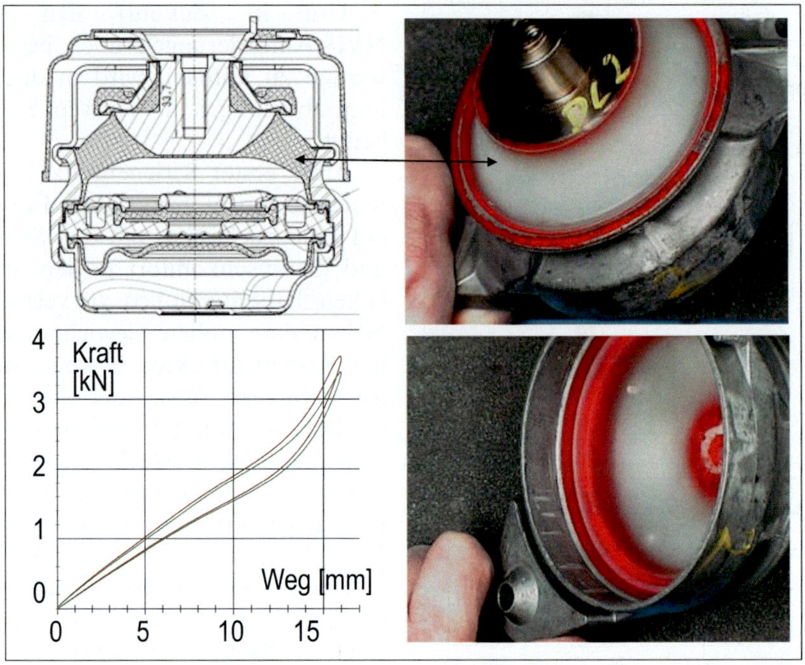

Abb. 4.25 Silikonmotorlager [13]

4.4 Fahrwerklager

Klaus Kramer

Die Lenker verbinden die Räder und Radträger mit dem Aufbau. Die Schwingungen, die von der Fahrbahn bzw. vom Rad kommen, gehen als erstes über diese Bauteile zum Aufbau. Deshalb ist es sinnvoll die Gummi-Verbundteile, die diese Schwingungen an der Weiterleitung verhindern sollen, an den Übergängen vom Lenker zum Achsträger bzw. zur Karosserie einzubauen. Außerdem übernehmen die Gummi-Verbundteile die Aufgabe der Gelenke, die wegen der Kinematik zwischen Lenker und Aufbau notwendig sind. Abb. 4.26 zeigt verschiedene Einbaustellen dieser Lager.

Ein weiterer Vorteil der Verwendung von Gummi-Verbundteilen zur Radführung ist die Möglichkeit, das Fahrverhalten durch eine gezielte Auslegung der Gummisteifigkeiten elastokinematisch zu beeinflussen (s. auch ▶ Abschn. 11.4).

Die Fahrwerk-Gummilager unterscheiden sich in Hülsenlager, Gleitlager, hydraulisch dämpfende Buchsen, bidirektional dämpfende Hydrolager, Verbundlenkerlager, Federbeinstützlager und Achsträgerlager. In den folgenden werden diese Lagerausführungen erläutert.

4.4.1 Hülsenlager

Der Begriff Hülsenlager wird im Fahrzeugbau für Gummiverbundteile verwandt, die im Allgemeinen ein zylindrisches Innenrohr mit einer zylindrischen Außenkontur aufweisen. Neben Hülsenlager sind die Begriffe Lenkerlager, Silentbloc, Rundlager oder auch nur Gummilager gebräuchlich.

Abb. 4.27 zeigt verschiedene Hülsenlagerausführungen und lässt erkennen, dass je nach Anforderung unterschiedlichste Lösungsprinzipien möglich sind.

Abb. 4.26 Verschiedene Einbaustellen von Fahrwerk-Gummilager bei einem Transporter Bj. 2010 [13]

Hülsenlager der Ausführung A stellt die einfachste und kostengünstigste Lösung dar. Das Bauteil wird in die Lenkeraufnahme eingepresst und wird durch die radiale Vorspannung und die seitlichen Anlageringe fixiert. Die Übertragung von axialen Kräften und die Abstimmung der Radial-, Axial- und Torsionsrate sind im Vergleich zu anderen Hülsenlagern nur begrenzt möglich.

Dadurch dass die Aufnahmebohrung unbearbeitet bleibt und keine Außenhülse notwendig ist, ergeben sich deutliche Kosteneinsparungen.

Ausführung B ermöglicht eine wesentlich genauere Abstimmung der Radial- und Axialraten zueinander. Durch das Höhen zu Längenverhältnis des Elastomerkörpers und einer Kalibrierung des Außenrohres, der Gummikörper wird hierbei vorgespannt, kann das Federratenverhältnis c_{radial}/c_{axial} von 1:4 bis 1:10 eingestellt werden.

Ausführung B, C und D sind vom grundsätzlichen Aufbau identisch, wobei C einen axialen Anschlag und D Nieren zur Erzielung unterschiedlicher Radialraten aufweist.

Für moderne Fahrzeuge wird zunehmend die Mehrlenkerachse mit bis zu 10 Hülsenlagern je Rad eingesetzt.

Zur präzisen Radführung werden sehr hohe Radialfederraten bei einer möglichst geringen Torsionsrate zur Reduzierung der Nebenfederraten des Gesamtfahrzeuges gefordert. Um dies zu erreichen werden Zwischenhülsen eingesetzt, wodurch sich die Radialrate bei gleicher Mischungshärte bei annähernd unveränderter Axial- und Torsionsrate mehr als verdoppelt. Ausführung E, F und G zeigen dazu einige Bauformen: E und F werden im Herstellungsprozess kalibriert bzw. die Innenhülsen aufgeweitet. Ausführung G erhält die Lagerverspannung bei der Montage. Das Bauteil wird lageorientiert über eine Konushülse eingepresst. Die Hauptbelastung soll aber 90° zum Schlitz erfolgen.

Ausführung H ist ein Hülsenlager, das für große kardanische Beanspruchungen bei einer hohen Radialsteifigkeit entwickelt wurde. Zur Gewichtsreduzierung wurde eine Hohlkugel als Fließpressteil eingesetzt.

Abb. 4.28 zeigt zwei Lagerausführungen, die Radialraten von 18 kN/mm bei

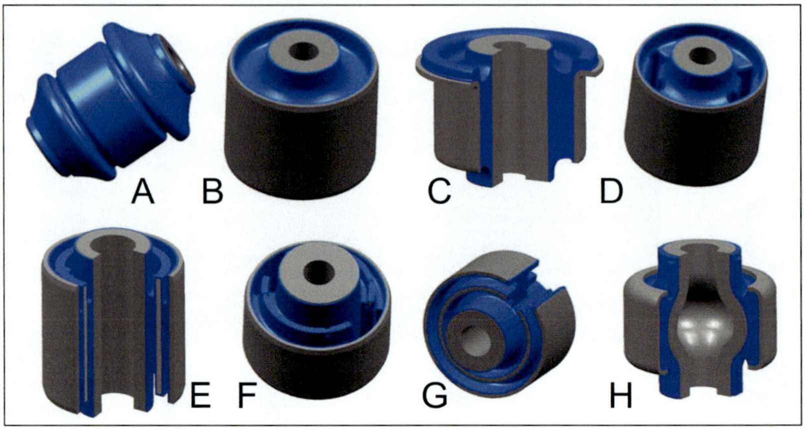

Abb. 4.27 Verschiedene Ausführungen der Hülsenlager [13]

einer Torsionsrate von 0,8 Nm/ Grad aufzeigen und damit eine besonders extreme Optimierung im Verhältnis Steifigkeit zu niedriger Torsionsrate erreichen.

Durch eine Kalibrierung der Außenhülse und eine Aufweitung der Innenhülse wurde mit Ausführung A diese Vorgabe erreicht. Ausführung B erreicht vergleichbare Werte, wobei das Zwischenrohr entfiel und die Charakteristik durch eine spezielle Modifikation des Innen- und Außenteils erzielt wurde. Grundvoraussetzung für diese Extremwerte ist ein möglichst kleiner Durchmesser der Bauteile.

Ist für eine Mehrlenker Hinterachse die Auslegung der Radial- und Torsionssteifigkeit der Gummilager vorrangig, stellt sich für die Lager der Vorderachse eine zusätzliche Anforderung bezüglich der Wahrnehmung von Schwingungen durch die direkte Verbindung Rad zum Lenkrad.

Für einen guten Fahrkomfort ist eine Nachgiebigkeit des Rades in Fahrzeuglängsrichtung gewünscht, die durch weiche Gummilager erreichbar ist. Gleichzeitig führen Fahrbahnunebenheiten, Radunwuchten und Ungleichmäßigkeiten in der Bremsscheibe zu einer Schwingungsanregung in Hochrichtung des Feder-Massesystems Vorderachse,

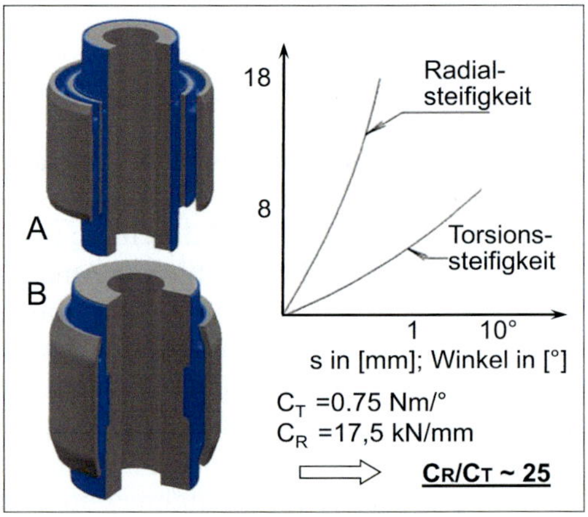

Abb. 4.28 Vergleich zweier Hülsenlagerausführungen mit gleichen Kenndaten [13]

welche am Lenkrad unmittelbar wahrgenommen werden. Zur Schwingungsdämpfung ist somit eine ausreichende Dämpfung der Lager notwendig und führte in der Vergangenheit zum Einsatz von Mischungen mit einem Verlustwinkel von bis zu 16 Grad. Zum Vergleich: für normale Fahrwerkslager wird eine hochelastische Naturkautschukmischung mit einem Verlustwinkel von 3 bis 6 Grad eingesetzt.

■ Abb. 4.29 zeigt eine McPherson-Vorderachse mit der Einbaustelle einer hochdämpfenden Buchse oder eines Hydrolagers. Nachteilig bei der Ausführung als hochdämpfende Buchse sind die größere Lagersetzneigung und die geminderte Lebensdauer sowie die schlechte akustische Entkopplung. Dieser Zielkonflikt hat zu der Entwicklung der hydraulisch dämpfenden Buchsen für diese Lagerung geführt.

Beträgt die Zugfestigkeit einer guten Naturkautschukmischung 25 bis 30 N/mm^2, kann die Druckbelastung in einem optimal ausgelegten Hülsenlager für Stoßbelastung bis zu 40 N/mm^2 betragen, ohne zu einer Schädigung zu führen, wobei für die Dauerbelastung 8 N/mm^2 nicht zu überschreiten ist. Überträgt man diese Relation auf ein Metallbauteil, werden die besonderen Vorzüge des Elastomerwerkstoffes erkennbar.

4.4.2 Gleitlager

Erlangt die Anforderung einer geringen Torsionsrate bei Hülsengummilagern eine besondere Bedeutung, dann kommen Gleitlager zum Einsatz. Hier wird die Torsionsbewegung von der Bewegung des Elastomerkörpers getrennt. Die Gummilagerkenndaten können unabhängig von der Torsionskennung definiert werden.

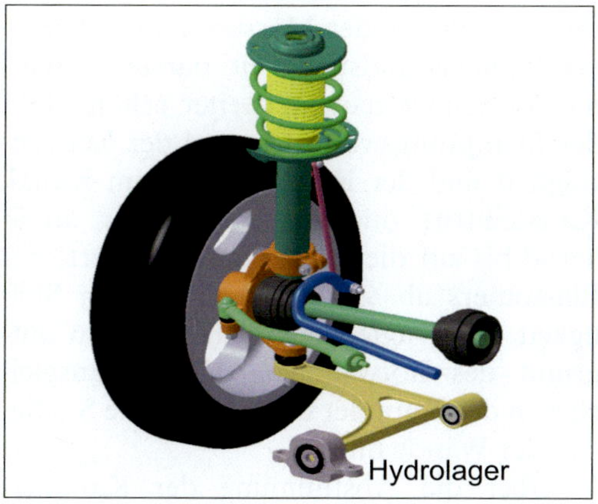

■ **Abb. 4.29** McPherson-Federbein mit einem hydraulisch dämpfenden Lager (Hydrolager)

■ Abb. 4.30 zeigt die heute gebräuchlichsten Ausführungen von Gleitlagern: Bei Ausführung A wird in ein besonders maßhaltiges Innenrohr ein kunststoffumspritztes mit Fetttaschen ausgeführtes Innenteil eingeschoben. Dichtlippen und Dichtkappen verhindern den Schmutzeintrag und das Auswandern des Fettes. Die axialen Dichtkappen erlauben gleichzeitig die Übertragung einer geringen Axialkraft. Ausführung B stellt ein kostenoptimiertes Lager dar. Gleit- und Dichtfunktion werden durch das aus speziellem Kautschuk hergestellte innere Gummiteil übernommen. Die dynamische Belastbarkeit ist jedoch gegenüber der Ausführung A etwas geringer.

Bei Ausführung C wird in die Zwischenhülse eine PTFE Gleitbuchse eingepresst. Das drehbare Innenteil ist besonders maßhaltig und oberflächenbehandelt. Die Abdichtung erfolgt durch Gummibälge, wie sie aus den Kugelgelenken bekannt sind (s. ► Abschn. 11.3.5).

Mit dieser Ausführung lassen sich die geringsten Torsionsraten erreichen, da die Funktionsweise ein Spiel von 0,02 bis 0,06 mm zwischen den Gleitpartnern erfordert.

Dieses Spiel kann bei Wechselbelastungen Geräusche verursachen und in ungünstigen Fällen auch ein frühen Lagerausfall bewirken. Durch die Optimierung der Torsionsrate bei konventionellen Hülsenlagern und wegen den hohen Herstellungskosten der Gleitlager ist die Anwendungshäufigkeit dieser Lagerart relativ gering und bleibt nur besonderen Anwendungsfällen vorbehalten.

4.4.3 Hydraulisch dämpfende Buchsen

Die ersten hydraulisch dämpfenden Buchsen wurden um 1980 in McPherson-Vor-

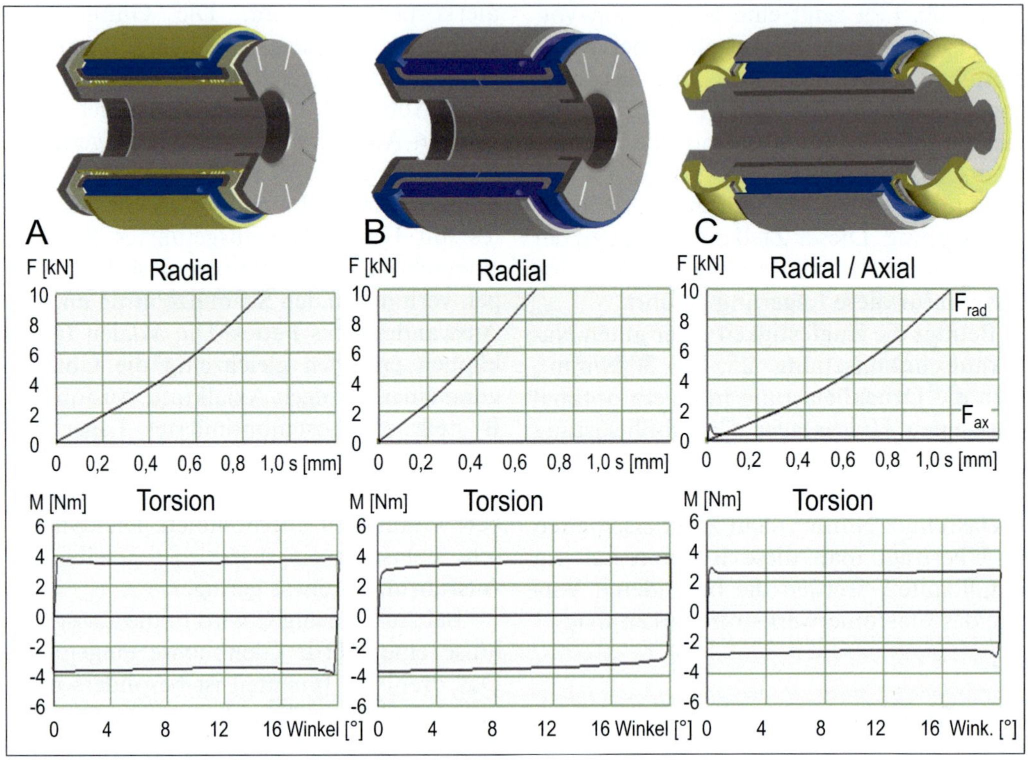

Abb. 4.30 Ausführungsbeispiele zu elastischen Drehgleitlagern [13]

derachsen eingesetzt. Die grundsätzlichen Auslegungsprinzipien waren von den Motorlageranwendungen bekannt und wurden auf die Buchsengeometrie übertragen. Der prinzipielle Aufbau der Lager ist im Abb. 4.31 dargestellt. Zwei mit Flüssigkeit, einem Wasser-Glykolgemisch, gefüllte Kammern stehen über einen Kanal in Verbindung. Bei einer Schwingungsanregung in Richtung über die Kammern, muss ein Volumenausgleich erfolgen. Die Flüssigkeit fließt durch den Kanal und stellt eine schwingende Masse dar.

Bei der quasistatischen Messung werden die Kenndaten des Lagers fast ausschließlich durch die Tragfedern bestimmt, das Lager verhält sich annähernd einem konventionellen Bauteil. Mit steigender Anregungsfrequenz beginnt die Flüssigkeit in Zusammenwirken mit der Steifigkeit der Kammerwände als Feder-Masse-System zu schwingen. Die maximale Dämpfung wird bei der Anregung des Lagers mit der Frequenz erreicht, die die Eigenfrequenz des Feder-Massesystems Flüssigkeitkammerwandsteifigkeit darstellt. Wird die Anregungsfrequenz weiter erhöht, fällt der Dämpfungswert aufgrund der Massenträgheit und der Reibungswerte im Kanal, Kanaleintritt und -austritt wieder annähernd bis auf die reinen Werkstoffwerte des Elastomers ab. Zu der dynamischen Steifigkeit der Tragfeder addiert sich nun aufgrund des notwendigen Volumenausgleiches in der Kammer die dynamische Steifigkeit der Wände hinzu.

Über die Abstimmung der Kammerwände, der Wirkfläche und der Kanalgeometrie lassen sich die Kennwerte der Hydrobuchse auf die Anforderungen der

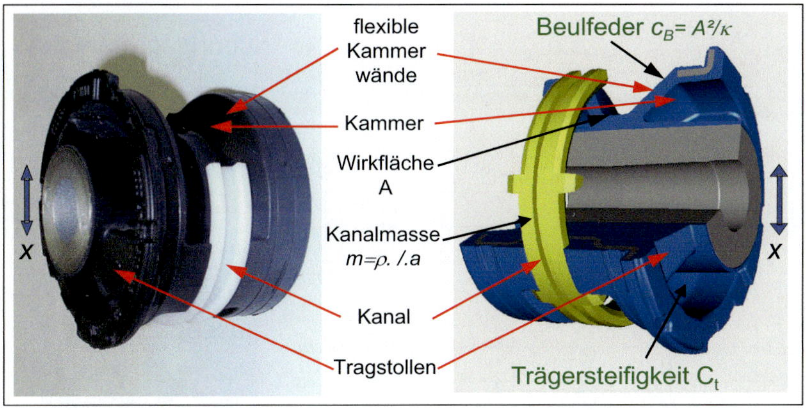

Abb. 4.31 Aufbau einer Hydrolagerbuchse (ohne Außenrohr) [13]

jeweiligen Anwendung im Fahrzeug abstimmen. Auslegungsziel ist es, das Dämpfungsmaximum auf die störenden Anregungsfrequenzen im Fahrzeug abzustimmen. Abb. 4.32 zeigt die Kennwerte für zwei unterschiedlich ausgeführte Kanalversionen: masse- und reibungsgedämpft.

Die sogenannte massedämpfende Buchse hat einen langen, relativ großen Kanalquerschnitt. Das Dämpfungsmaximum ist relativ schmalbandig und hoch. Die dynamische Verhärtung ist im Vergleich zur Ausführung mit einem sehr kurzen Kanal aufgrund der weichen Kammerwände niedriger.

Hydrobuchsen mit einem sehr kurzen Kanal, sogenannte reibungsgedämpfte Lager, sind in der Dämpfung breitrandiger bei einem geringem Verlustwinkel und einer höheren dynamischen Verhärtung. Die breitbandige Dämpfung wird vorzugsweise dann angewandt, wenn aufgrund von verschiedenen Reifengrößen, Bremsscheibenausführungen und anderen Bauteilschwankungen die störenden Anregungsfrequenzen nicht konstant sind. Nachteilig ist jedoch die höhere dynamische Verhärtung, die sich durch die härtere Kammerwandsteifigkeit oberhalb der Frequenz für die maximale Dämpfung eingestellt.

Die hohe dynamische Steifigkeit ist bei akustischer Anregung, d. h. bei Schwingungen mit kleinen Amplituden ungünstig. Bei Motorlagern hat das zu verschiedensten Bauformen geführt, die bei kleinen Schwingungsamplituden zu keinem Volumenausgleich über den Kanal zwischen den Kammern führt (s. hydraulische Motorlager, ► Abschn. 4.3.2). Bei Buchsenlagern ist aufgrund des beengten Bauraumes bislang noch keine sogenannte „akustische Entkoppelung" integriert worden.

Zur Berechnung der dynamischen Kenndaten und zur Bewertung der Lebensdauertüchtigkeit von Hydrobuchsen ist eine FE-Analyse der Bauteile notwendig. Durch die relativ weiche Steifigkeit der Buchsen im Arbeitsbereich, mit ca. 200 bis 600 N/mm sind häufig zur Aufnahme der Maximalkräfte Endanschläge notwendig, die intern oder extern durch Aufstecken von Kunststoffringen realisiert werden.

Die Standardausführung der hydraulisch dämpfenden Buchse ist das radial dämpfende Lager, welches horizontal verbaut wird. Abb. 4.33 zeigt einige Beispiele.

Variante A hat einen kombinierten außenliegenden Kunststoff-Celasto-Anschlag um einen weichen Kennlinienübergang in den Progressionsanstieg zu erreichen.

Die Gleitbewegung bei torsionaler Auslenkung erfolgt zwischen dem Werkstoff

4

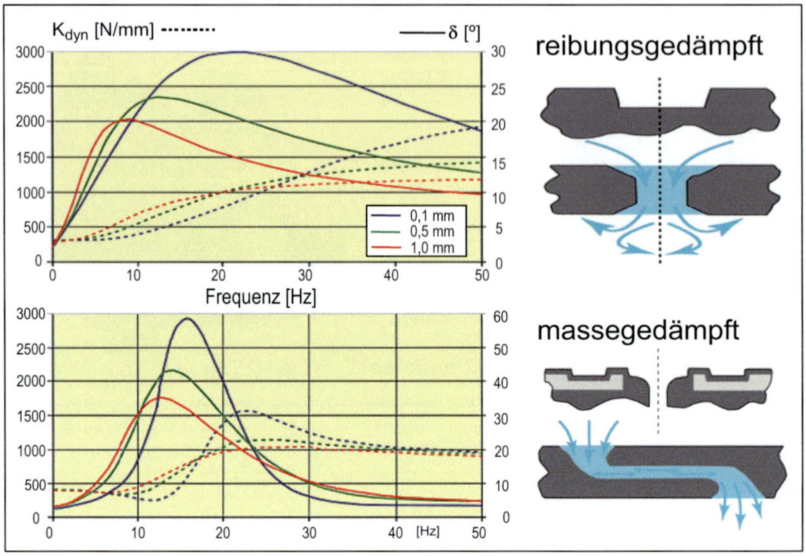

■ **Abb. 4.32** Einstellbarkeit von Hydrolagern durch Kanalgeometrien [13]

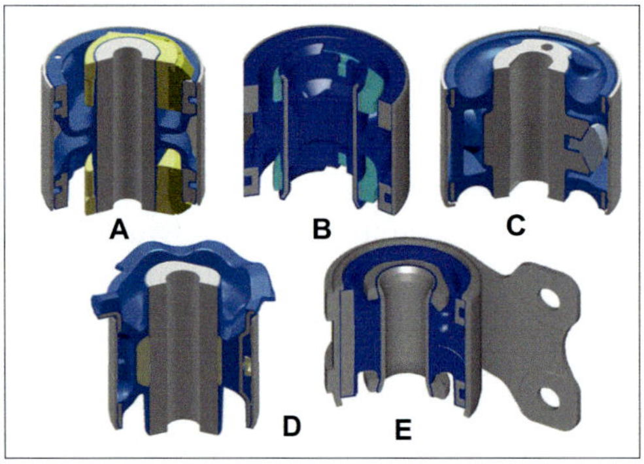

■ **Abb. 4.33** Ausführungsbeispiele zu hydraulisch dämpfenden Buchsen [13]

Celasto und der Gummikontur. Das Bauteil wird in den Lenker eingepresst und die Verschraubung erfolgt horizontal karosserieseitig.

Bei Ausführung B wurde ein außen liegender Gummianschlag zur Erreichung eines günstigen Progressionsanstieges eingesetzt. Die Verbindung zum Querlenker erfolgt durch Aufpressen auf einen unbearbeiteten Zapfen, wobei der Toleranzausgleich über die Gummikontur in der Innenhülse des Lagers erfolgt.

Bei Ausführung C wurde der Anschlag zur Wegbegrenzung durch einen in eine Aufnahmebohrung am Innenteil eingepressten Kunststoffstopfen realisiert.

Durch die Integration des Anschlages in das Lager können größere Kammervolumen (höhere Dämpfungswerte) erzielt werden und die Gleitfläche Anschlag-Außenteil unterliegt keinen Umwelteinflüssen.

Ausführung D weist neben dem innen liegenden radialen Anschlag einen umlaufenden Kragen mit einer Gummierung auf, der axiale Kräfte über die karosserieseitige Anschlagfläche aufnimmt. Eine weitere Besonderheit ist der eingelegte Kunststoffclip, der die Kanalgeometrie bestimmt. Für unterschiedliche Fahrzeugmodelle werden verschiedene Kanalvarianten eingesetzt.

Bei Ausführung E wurde das Gummielement unmittelbar in einen Bügel eingepresst und das üblicherweise eingesetzte Außenrohr entfällt. Die Verbindung zum Querlenker erfolgt durch Aufpressen des Innenrohres auf den bearbeiteten Zapfen des Lenkers.

Bei allen Ausführungsbeispielen kommt es bei starken Einfederungen zum Einsatz des Anschlages und zu Gleitbewegungen. Dieses kann unter besonderen Umständen zur Geräuschentstehung führen und ist im Rahmen der Fahrzeugerprobung zu bewerten.

Je nach Anordnung oder Ausführung kann es in Sonderfällen erforderlich sein, eine axial dämpfende Buchse, wie im ◘ Abb. 4.34 dargestellt, einzusetzen.

Das klassische Hülsengummilager wird um die axial dämpfende Einheit ergänzt. Aufgrund des deutlich höheren Aufwandes ist jedoch diese Lösung nur Einzelanwendungen vorbehalten.

Eine weitere Sonderlösung für eine Hydrobuchse ist in ◘ Abb. 4.35 dargestellt. Die zuvor beschriebenen Lager sind für einen horizontalen Verbau ausgelegt. Die Radeinfederung erzeugt eine für die Lebensdauer des Bauteiles unkritische Torsionsbewegung im Lager. Die horizontale Verschraubung des Bauteiles ist jedoch aufwendig und es ergibt sich somit die Anforderung, die Hydrobuchse für eine vertikale Montage auszulegen.

Die Radbewegungen erzeugen bei dieser Gestaltung für die Lebensdauer des Teiles relativ kritische kardanische Auslenkungen, die insbesondere bei den Kammerwänden zu vorzeitigen Ausfällen führen. Der Lebensdauer dieses Ausführungsbeispiels wurde mittels FE-Analyse optimiert und erreicht annähernd das Niveau einer horizontalen Hydrobuchse.

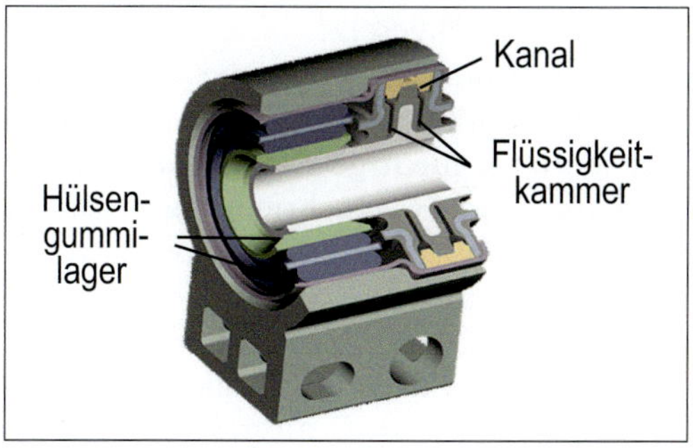

◘ **Abb. 4.34** Axial dämpfende Hydrobuchse [13]

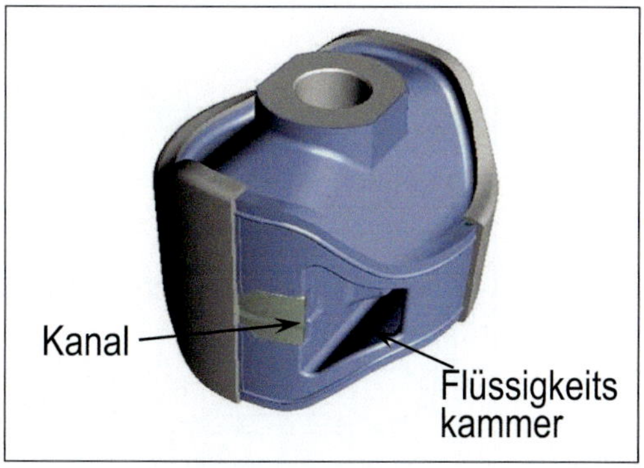

◘ **Abb. 4.35** Hydraulisch dämpfende Buchse für vertikale Montage [13]

Da hydraulisch dämpfende Buchsen im Vergleich zu konventionellen Gummilagern eine kritische Lebensdauer haben und deutlich höhere Kosten verursachen, ist deren breitere Einführung bisher nicht gelungen.

4.4.4 Verbundlenkerlager

Als raumsparende und kostengünstige Konstruktion wird die Verbundlenkerhinterachse vielfach für Klein- und Mittelklassefahrzeuge eingesetzt. Da die Kinematik der Achse nur durch zwei Elastomerlager beeinflusst werden kann, sind die Anforderungen besonders hoch. Neben den fahrdynamischen Forderungen sind gleichzeitig die akustischen Belange zu berücksichtigen, was fast immer zu der Verwendung einer hochelastischen Mischung führt. Im ► Abschn. 4.2.1.2 wurden die grundsätzlichen Kennlinienanforderungen an das Bauteil bereits aufgeführt.

◘ Abb. 4.36 zeigt einige Ausführungsbeispiele von relativ „einfachen", kostengünstigen Lösungen (A) bis hin zu einer „sehr aufwändigen" Gleitlageranwendung (D).

Bei der Ausführung A wird die Abstimmung der Radial- und Axialkennung durch die Härte des Elastomers, Einbringung von Nieren und einer radialen Kalibrierung eingestellt. Der gewünschte

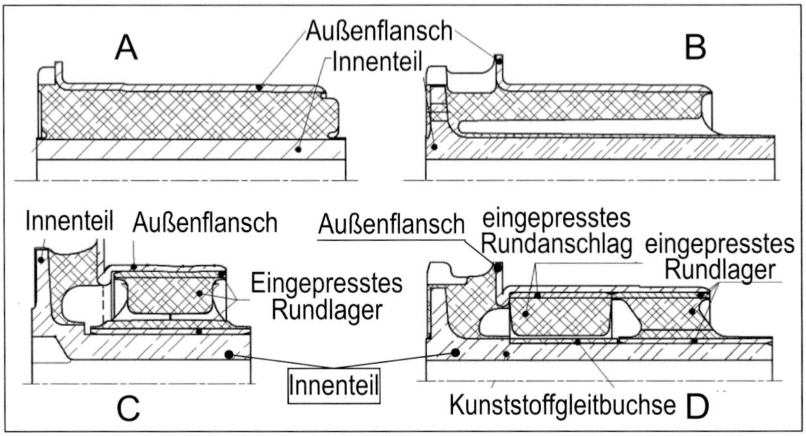

Abb. 4.36 Verschiedene Ausführungen für eine Verbundlenkerhinterachse

schnelle progressive Anstieg der Axialkennung wird durch den Anlauf des Puffers auf dem Außenflansch an die karosserieseitige Aufnahme erreicht. Nachteilig ist, dass bei einer Einfederung der Achse eine Relativbewegung zwischen Puffer und Aufnahmeflansch entsteht, die zu Geräuschen führen kann. Ausführung B vermeidet diesen Nachteil durch die Integration des Axialanschlages in das Bauteil, die Verdrehbewegung erfolgt im Elastomer.

Zwischen notwendiger Gummihöhe zur Ermöglichung einer torsionsweichen Verdrehbewegung und einer ausreichenden Axialsteifigkeit ist ein Kompromiss zu finden. Axial- und Radialraten stehen durch die Formgebung sehr stark in Wechselwirkung. Mit der Ausführung nach C können die Axial- und Radialraten durch den Verbau zweier Einzellager, weitgehend unabhängig voneinander abgestimmt werden. Bei dem Lager nach Ausführung D wurde das Radiallager in zwei Bauteile aufgetrennt, um durch den Einsatz einer gefetteten Kunststoffgleitbuchse die Torsionsrate des Radialanschlages bei größeren Einfederungen zu reduzieren. Das gleichfalls stirnseitig eingepresste Rundlager bestimmt die Radialrate um die Nulllage und dient gleichzeitig als Abdichtung für das Gleitelement.

4.4.5 Achsträgerlager

Achsträgerlager, die auch Fahrschemel-, Hilfsrahmen- oder Vorder- bzw. Hinterachsträgerlager genannt, bieten den Vorteil, Aggregate- und Fahrbahngeräusche, bei gleichzeitiger Komfortverbesserung, besonders gut zu isolieren. Durch die Massenträgheit des Achsträgerlagers werden hochfrequente Schwingungen von der Fahrbahn oder vom Motor nicht oder nur sehr stark gedämmt über die Achsträgerlager in den Aufbau weitergeleitet. Außerdem bieten die Achsträgerlager den Vorteil, dass die Achsen als fertige Baugruppe in die Fahrzeugmontage einfließen können. Trotz der Mehrkosten für die Achsträgerlager als auch die Gummilager wird diese Fahrwerkskonstruktion sich bereits ab der Kompaktklasse durchgesetzt.

Die Anforderungen an die Achsträgerlager sind: hohe Steifigkeit in Fahrzeugquerrichtung, niedrige Steifigkeit in Fahrzeuglängs- und Hochrichtung, geringe dynamische Verhärtung, für eine gute Geräuschisolation.

Um diese Anforderungen zu erfüllen, sind Achsträgerlager im Vergleich zu Hülsenlagern relativ groß ausgeführt (Durchmesser 70 bis 100 mm), und es kommen hochelastische, weiche Mischungen zum Einsatz.

Gummikonturgestaltung wird die gewünschte Federratenspreizung in den Radialrichtungen erreicht.

■ Abb. 4.37 zeigt ein Achsträgerlager mit einer Gummierung des Außenteiles und einen durch die Konturgebung des Innenteiles integrierten Progressionsanschlag in Fahrzeughochrichtung. Die Gummierung der Außenhülse ermöglicht einen guten Toleranzausgleich und erübrigt so eine Bearbeitung des Aufnahmeauges.

Im Reparaturfall lässt sich das Bauteil im Fahrzeug demontieren, da die Auszugskräfte durch die Abstimmung der Gummi-Aufnahmegeometrie begrenzt sind.

Über die Achsträgerlager werden die Aggregate als auch Fahrzeugteilgewichte und die Radführungskräfte in die Karosserie eingeleitet. Die Gewichtskräfte er-zeugen eine konstante Vorlast, die bei relativ weichen Lagern zu hohen axialen Einfederungen und dementsprechend zu großen Setzwerten führen kann. Bezüglich der gewünschten freien Schwingwege in Fahrzeughochrichtung ist dieses unbedingt bei der Auslegung der Konstruktionslage zu berücksichtigen.

Wie auch bei den Hülsenlagern ergibt sich bei den Achsträgerlagern der Zielkonflikt einer guten Geräuschisolation und einer ausreichenden Schwingungsdämpfung. Zur Lösung dieses Konfliktes kommen hydraulisch dämpfende Lager zum Einsatz.

Besondere Sorgfalt ist bei der Auslegung der hydraulischen Achsträgerlager auf die Erfüllung der Bauteillebensdauer zu legen. Große radiale und axiale Auslenkungen bei den relativ weichen Lagercharakteristiken machen Endanschläge zur Wegbegrenzung bei hohen Kräften erforderlich.

■ Abb. 4.38 zeigt Achsträgerlager in konventioneller (A- bis C) und hydraulisch radialdämpfender Bauart (D bis F) dar. Ausführung A hat als Außenteil einen Kunststoffring, der bei der Montage um ca. 3 % kalibriert wird. Hierdurch ergibt sich ein Abbau der Schrumpfspannungen, als auch eine ausreichende Pressverbindung. Zur weiteren Absicherung gegen Auswandern dient der durch die Aufnahmebohrung gepresste umlaufende Gummiwulst, der in Verbindung mit dem pilzförmigen Innenteil eine Keilwirkung bei axialer Auslenkung bewirkt. Die axiale Begrenzung wird durch Anlage an die

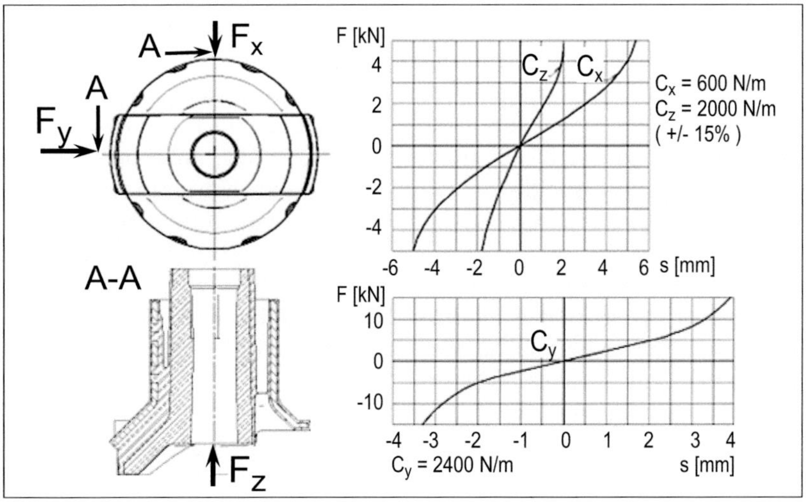

■ **Abb. 4.37** Statische Steifigkeiten und Kenndaten eines konventionell dämpfenden Achsträgerlagers

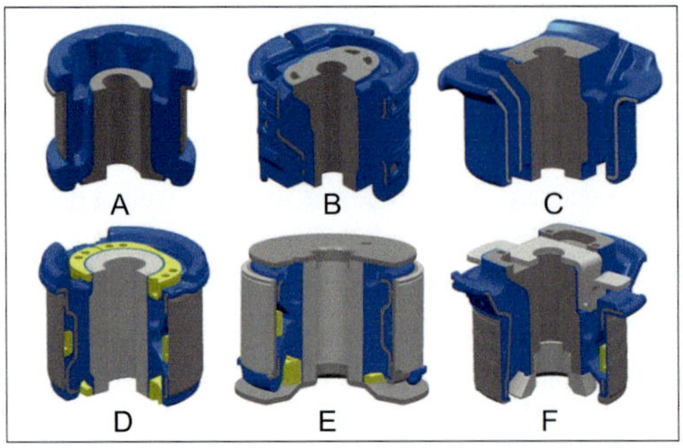

Abb. 4.38 Ausführungsvarianten von konventionellen und hydraulisch dämpfenden Achsträgerlagern [13]

Karosserie, Gummiwulst-Pilzinnenteil, bzw. durch einen bei der Montage zugefügten Anschlagteller erreicht.

Bei Ausführung B erzeugen zwei Halbschalen, die bei der Montage zusammengepresst werden, die notwendigen Vorspannkräfte für die Verbindung. Gleichzeitig wird durch die Vorspannung der Gummistege die Ab-Stimmung der unterschiedlichen Radialkennlinien vor-genommen. Die Halbschalen sind außen vollständig gummiert und erleichtern die Montage als auch die Demontage im Reparaturfall. Ein- und Auspresskräfte können innerhalb definierter Grenzen gehalten werden und Umwelteinflüsse bewirken eine nur sehr geringe Veränderung. Um bei den gewünschten weichen Radialraten eine ausreichende Axialsteifigkeit zu erzielen, wird durch die Konturgebung der Halbschalen als auch des Innenteiles eine Schub-Druckbelastung erzeugt. Die axiale Wegbegrenzung erfolgt wie zu Ausführung A.

Ausführung C hat zur Erreichung einer hohen Spreizung der beiden Radialraten in einer Richtung Zwischenbleche, wodurch ein Ratenverhältnis von ca. 10:1 erreicht wird. Die Axialrate wird durch die Winkelstellung des Innen- als auch Außenteiles entsprechend eingestellt. Durch den Progressionsanstieg des großflächig ausgelegten Druckpuffers übernimmt dieser gleichzeitig die Funktion der maximalen axialen Wegbegrenzung.

Ausführung D zeigt ein hydraulisch dämpfendes Achsträgerlager mit einem eingelegten Kunststoffkanal. Der kann aufgrund des etwas größer zur Verfügung stehenden Bauraumes im Vergleich zu Buchsenlagern eingesetzt werden und hat sich für die Abstimmungsmodifikation sehr bewährt. Im Zusammenwirken mit den außen angebrachten Kunststoffringen dient der Kanal gleichzeitig als radialer Endanschlag. Die axiale Wegbegrenzung erfolgt karosserieseitig bzw. durch Anschlagteller.

Ausführung E entspricht von der Grundkonzeption Lager D, wobei die axialen Anschlagteller bereits vormontiert sind um die Montage zu vereinfachen. Durch die Pressverbindung der Anschlagscheiben ist eine Bauraumvergrößerung von ca. 3 mm im Durchmesser bei gleicher Teileperformance notwendig. Die Außenrohre zu Ausführungen D und E sind glatte, oberflächenbeschichtete Rohre, die bei dem Zusammenbau des Lagers unter Flüssigkeit auf das Gummiteil aufgeschoben werden und zum Abbau der Schrumpfspannungen und zur Verbesserung der Dichtigkeit geringfügig kalibriert werden.

Ausführung F zeigt die hydraulische Lagerausführung zur Variante C. Um für die filigranere Geometrie der Kammerwände Dauerfestigkeit zu erzielen, ist eine sorgfältige Abstimmung der axialen Freiwege notwendig und führt zu den beidseitig auf das Innenteil aufgepressten Anschlägen. Die Radialwegbegrenzung in Dämpfungsrichtung wird durch die Doppelfaltung des Axialanschlages erreicht. Das Außenteil ist gummiert, um bei der Montage des Lagers in den Achsträger Maß- und Formabweichungen ausgleichen zu können.

4.4.6 Federbeinstützlager

Die Bezeichnungen *Federbeinstützlager*und *Dämpferlager*beschreiben die verschiedenen

Belastungen der Bauteile: Bei einem Dämpferlager („*Kopflager*" oder „*Top-Mount*") werden ausschließlich Dämpferkräfte übertragen. Das Fahrzeuggewicht sowie dynamische Fahrwerkskräfte werden über die Tragfeder getrennt vom Dämpferlager in Aufbau eingeleitet.

Bei einem Federbeinstützlager werden neben der Dämpferkraft auch die Tragfederkräfte über eine Gummifeder in die Karosserie eingeleitet. Werden Dämpferkraft und Federkraft in einem Bauteil über unterschiedliche Gummifedern in das Chassis eingeleitet, spricht man von einem entkoppelten oder mehrpfadigen Federbeinstützlager.

Ausführung A in ◘ Abb. 4.39 zeigt ein Federbeinstützlager, welches für eine McPherson-Aufhängung eingesetzt wird. Dämpfer, Tragfeder und Zusatzfeder stützen sich gemeinsam über eine Elastomerfeder gegenüber der Karosserie ab. Das Kugellager ermöglicht die bei einem Lenkausschlag entstehende Drehbewegung der Feder. Die Federtellergeometrie ist mit der Kontur des Elastomerlagers abgestimmt und ergibt bei hohen Kräften einen progressiven Kennlinienverlauf.

Die Federraten im Arbeitsbereich liegen im Bereich von 200 bis 500 N/mm. Da sich das Fahrzeuggewicht über die Lager abstützt, ergibt sich je nach Kennlinie eine relativ hohe statische Einfederung. Setzen und schwankende Fahrzeuggewichte (variierte Motorisierung, Ausstattung, Passagiere) führen zu unterschiedlichen Einfederungswegen, die bezüglich des Progressionseinsatzes genau zu ermitteln sind, um Komfortverschlechterungen bei maximaler Einfederung zu minimieren. Bei sehr großen Vorlastschwankungen über die Fahrzeugbaureihe hat es sich bewährt, über eine entsprechende Vorhaltung des Innenteiles gegenüber dem Außenflansch die Reduzierung des freien Schwingweges zu kompensieren und je nach Gewicht Lagervarianten einzusetzen.

Weich abgestimmte Fahrzeuge werden im Allgemeinen bei geringer Zuladung besser in der Fahrbeurteilung bewertet. Bei maximaler Zuladung dagegen treten deutliche Komfortverschlechterungen auf, da das Federbeinstützlager verstärkt im Progressionsanschlag arbeitet. Bei hart abgestimmten Fahrzeugen bleibt die Fahrbeurteilung auch bei höherer Zuladung gleich, da die

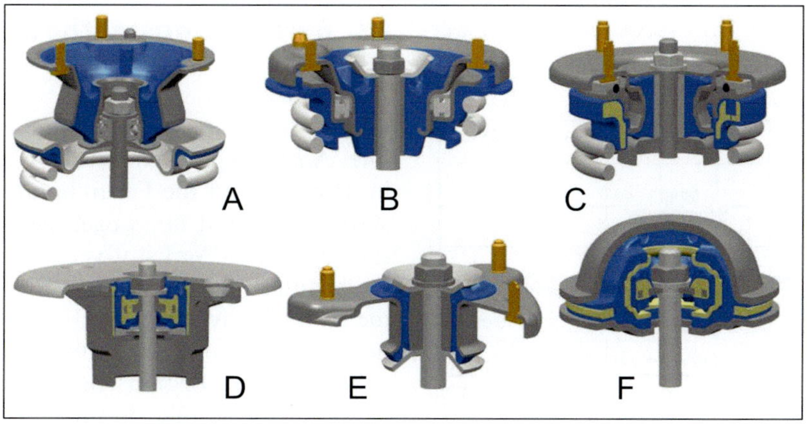

◘ **Abb. 4.39** Verschiedene Ausführungen von Dämpfer- und Federbeinstützlagern [13]

4

Veränderung der Federungsrate gering ist. Im ◘ Abb. 4.40 sind diese Einflüsse erkennbar.

Ausführung B in ◘ Abb. 4.39 zeigt ein entkoppeltes Federbeinstützlager. Dämpfer und Zusatzfeder stützensich über die Elastomerfeder gegenüber der Karosserie ab. Die Tragfeder wird über ein zusätzliches Elastomerlager und dem Kugellager gegenüber dem Außenflansch des Stützlagers abgestützt. Die Charakteristik des Elastomersteiles für den Dämpfer kann somit ohne die Berücksichtigung der Tragfederabstützung abgestimmt werden. Dämpferlager haben um den Nullpunkt einen relativ weichen freien Schwingweg von ca. 3 bis 4 mm mit einem anschließend starken Progressionsanstieg zur Begrenzung der maximalen Schwingwege.

Das Übertragungsverhalten eines Hydraulikdämpfers zeigt für sehr geringe Amplituden, ca. 0,1 mm, als auch für hohe Anregungsamplituden deutliche Kraftüberhöhungen. Ohne ein Dämpferlager würden die Rollgeräusche in diesem Frequenzbereich wie bei einer starren Verbindung in die Karosserie eingeleitet.

Ausführung C zeigt gleichfalls ein entkoppeltes Federbeinstützlager, wobei der Unterschied zur Ausführung B darin besteht, dass die hohen Kräfte der Zusatzfeder direkt über eine Gummiauflage am Flansch in die Karosserie eingeleitet werden. Die Kräfte der Zusatzfeder in der Ausführung B werden über das Gummielement in den Außenflansch übertragen und belasten das Lager deutlich höher.

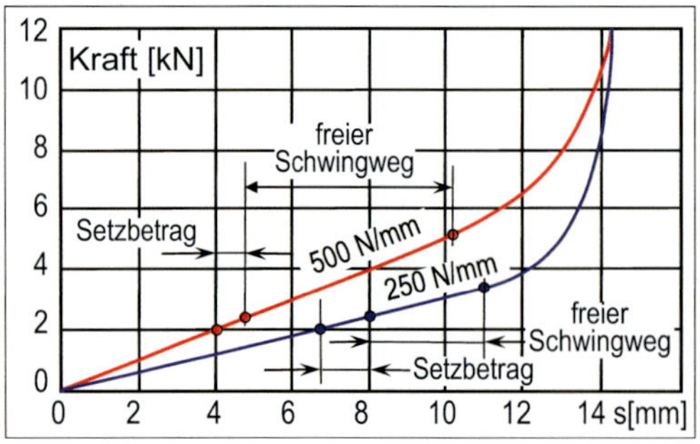

◘ **Abb. 4.40** Kennlinien von Federbeinstützlagern mit unterschiedlichen Steifigkeiten

Bei den Dämpferlagern D und E wird der progressive Kennlinienverlauf durch integrierte Anschläge bzw. durch auf die Kolbenstange aufgelegte Scheiben erreicht. Bei den Ausführungen werden die Kräfte der Zusatzfeder über den Außenflansch direkt in die Karosserie eingeleitet. Bei Ausführung E wurde durch das Einbringen von Nieren in den Gummikörper in der Hauptwinkelrichtung eine weichere Kardanikrate erreicht, um ein möglichst geringes Moment für die Kolbenstange des Dämpfers zu erzielen.

Ausführung F stellt eine Sonderausführung eines Dämpferlagers gemäß C dar. Das innere Element ist von der grundsätzlichen Ausführung identisch dem Lager nach C. Um dieses innere Dämpferlager ist ein zweites äußeres, durch zwei Halbschalen gebildetes Gummilager gesetzt worden. Dieses Lagerelement gleicht die Karosserietoleranzen der oberen und unteren Blechelemente aus und ermöglicht bei sehr hohen Kräften einen zusätzlichen Federweg, wodurch sich eine deutlich verbesserte Lebensdauer erzielen lässt.

4.5 Berechnungsmethoden

Hubert Siemer

Die Auslegung eines Gummi-Metallteiles im Hinblick auf die Federcharakteristik gestaltet sich nicht nur wegen des nichtlinearen Elastomer-Werkstoffverhaltens und der Gestaltungsvariabilität der Elastomergeometrie als schwierig, sondern auch durch den Umstand, dass die kundenseitigen Vorgabedaten zu Beginn einer Entwicklung häufig unvollständig sind und sich mit fortschreitender Entwicklungsdauer erheblich verändern.

In der Vergangenheit wurden vorwiegend analytische Berechnungswerkzeuge, wie sie zum Beispiel in [11, 16] beschrieben sind, eingesetzt. Mit ihrer Hilfe lassen sich tendenzielle Eigenschaften eines Gummilagers abschätzen. Die Qualität einer Auslegung hängt in erheblichem Maße von der Erfahrung des Entwicklungsingenieurs bezüglich der Definition der Berechnungsmodelle und der Interpretation der Berechnungsergebnisse ab. Häufig sind nachfolgende Iterationsschritte, verbunden mit zeit- und kostenintensiven Mustervariationen bis zur endgültigen Bauteilgestaltung notwendig (◘ Abb. 4.41).

Nach Einführung der CAD-unterstützten Bauteilkonstruktion ist es heute möglich, mithilfe der Finite-Elemente-Methode (FEM) der Kundenforderung nach kürzeren, kostengünstigeren und genaueren Entwicklungsergebnissen gerecht zu werden (◘ Abb. 4.42).

Diese Methode hat sich im praktischen Einsatz bei der Entwicklung von Gummi-Metallteilen bewährt. Hiermit können nicht nur die Federcharakteristiken eines per CAD gestalteten Bauteils, sondern auch die spezifischen Werkstoffbelastungen simuliert werden. Die Genauigkeit der Berechnungsergebnisse ist jedoch von der Güte des Materialmodells und der Werkstoffparameter, die der Berechnung zugrunde gelegt werden, abhängig.

Mit dem Materialmodell werden die nichtlinearen Werkstoffeigenschaften bei quasistatischer und bei dynamischer Verformung mathematisch beschrieben.

Dafür gibt es verschiedene Ansätze, die das quasistatische Verhalten schon recht gut beschreiben, Verbesserungspotenziale gibt es aber insbesondere im Bereich des viskoelastischen Materialverhaltens.

Je nach Qualität der technischen Vorgaben lassen sich schon vor der eigentlichen Prototypenbau Konstruktionsschwächen sowie Sollabweichungen identifizieren und korrigieren. Korrekturen können durch manuelle Nachbesserungen am Bauteilmodell iterativ erfolgen, es besteht aber auch die Möglichkeit der Nutzung computerunterstützter Optimierungswerkzeuge, wie zum Beispiel die Methode des „Biologischen Wachstums“:

Zunächst werden die kritischen Belastungs- und Verformungszustände des zu betrachtenden Bauteiles identifiziert, dann wird das Bauteil mithilfe der FEM diesem Belastungszustand unterworfen. Im nächsten Schritt wird mit der Methode des Biologischen Wachstums Volumenaufbau in Bereichen hoher Spannungen und Volumenabbau in Bereichen minimaler Spannungen

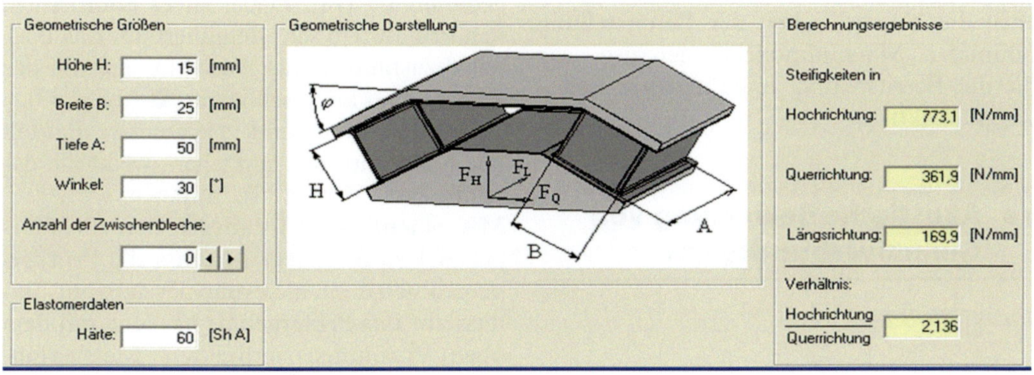

◘ **Abb. 4.41** Eingabemaske mit Ersatzbild einer analytischen Berechnungssoftware für Keillager [13]

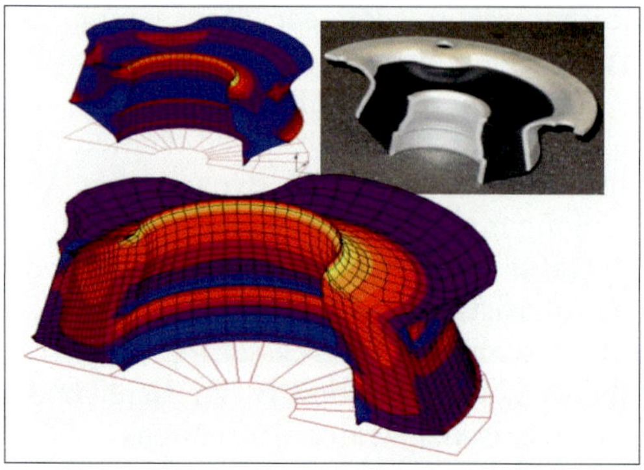

Abb. 4.42 Abb. 4.42: Schnitt durch belastetes und unbelastetes FE-Modell eines Federbeinstützlagers

softwareunterstützt vorgenommen, bis sich ein Optimum der Spannungsverteilung einstellt. Ergeben sich keine negativen Beeinflussungen auf andere Belastungszustände, ist die optimale Elastomerkontur gefunden.

Die Fortschritte in der Fahrzeugentwicklung, weg vom versuchsbasierten hin zu der simulationsunterstützten Entwicklung ermöglichen, dass zu Beginn immer mehr Informationen bezüglich Belastungen und deren Häufigkeiten vorliegen. Diese werden gemeinsam mit den FEM- Berechnungsmethoden und mit begleitenden Werkstoffuntersuchungen genutzt, Berechnungsgrundlagen zu schaffen, die fundierte Voraussagen über die Gebrauchstüchtigkeit von Gummi-Metallteilen voraussagen.

Erfolgversprechende Ansätze unterstreichen die Notwendigkeit der Bereitstellung optimaler Materialmodelle genauso wie die der Bereitstellung realitätsnaher Belastungskollektive.

4.6 Akustische Bewertung von Gummiverbundteilen

Hubert Siemer

Wie bereits erwähnt, unterscheidet man zwischen Luft- und Körperschallübertragung bei der Geräuschübertragung, wobei im Falle von Gummi-Metallbauteilen für Fahrwerk- und Aggregataufhängungen lediglich die Körperschallübertragung relevant ist. Die Körperschalltransferpfade in einem Fahrzeug sind äußerst komplex und mannigfaltig, sodass der Einfluss eines Gummi-Metallteiles auf die Isolierwirkung zwischen Schallquelle und Schallempfänger, nämlich dem menschlichen Körper in der Fahrgastzelle, sehr unterschiedlich sein kann und auch sehr schwer zu ermitteln ist.

Schon in der Fahrzeugauslegungsphase werden dynamische Bauteil-, Modul- und Systemsimulationen durchgeführt, um relevante Transferpfade und kritische Frequenzen frühzeitig zu erkennen und positiv beeinflussen zu können. Am fertigen Fahrzeug bedient man sich verschiedenster messtechnischer Hilfsmittel, wie Komponentenanregung mithilfe von Impulshammer oder Shaker, zur Ermittlung von Übertragungsfunktionen und Eigenmoden oder auch Gesamtfahrzeuganregungen über Pulser oder Shaker zwecks Durchführung von Strukturanalysen.

Will man ein Gummimetallteil allein bewerten, so ermittelt man zunächst den Transfersteifigkeitsverlauf des Prüflings, zum Beispiel mithilfe des direkten oder indirekten Messverfahrens [17] und bestimmt die Qualität der Isolierwirkung mit Hilfe des Isolationsgrades, der Schnell-Pegeldifferenz, der übertragenen Leistung oder der Einfügedämmung [18]. Dabei ist es erforderlich, den Prüfaufbau sehr detailliert auf das Bauteil abzustimmen, um Auswirkungen auf das Prüfergebnis auszuschließen (Abb. 4.43).

Diese kosten- und zeitintensive Bauteilanalyse kann man umgehen, wenn die dynamischen Werkstoffparameter vorliegen. Mit einem speziell ausgelegten Prüfkörper, der so ausgelegt ist, dass die Prüfkörpergeometrie einen vernachlässigbaren Einfluss auf das Prüfergebnis hat, und mit dem oben erwähnten indirekten Messverfahren werden die Werkstoffkenngrößen dynamischer Speicher- und Verlustmodul als Funktion der Frequenz ermittelt.

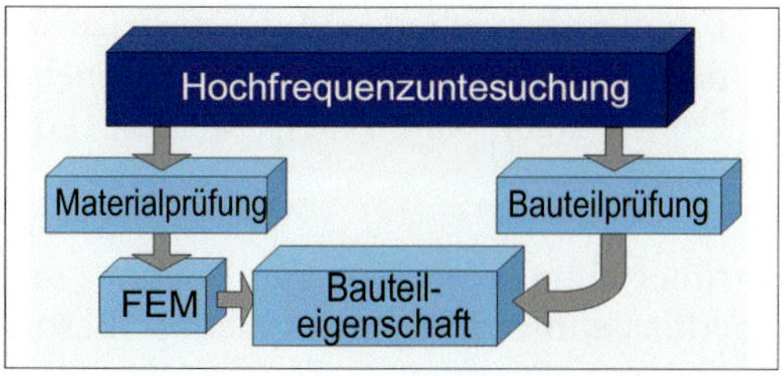

Abb. 4.43 Möglichkeiten der Hochfrequenzunter-suchung von Gummi-Metallteilen

Mit Hilfe der FEM und dem vorliegenden CAD-Modell des Bauteiles lässt sich nun eine Frequenzgangsimulation bis ca. 2000 Hz mit ausreichender Genauigkeit durchführen. Als Ergebnis sind sowohl die Transfersteifigkeit als auch die Frequenzlage der Steifigkeitsüberhöhungen interessant. Der Abgleich mit detektierten Problemfrequenzen aus dem Fahrzeug kann Aufschluss über den Einfluss des betrachteten Gummi-Metallteiles auf das Problem und über mögliche Abstellmaßnahmen geben (Abb. 4.44).

4.7 Zukünftige Bauteilausführungen

Hubert Siemer

In den bisherigen Abschnitten wurde die Komplexität der Anforderungen an Gummi-Metallteile und die daraus resultierende Vielfalt ihrer Ausführungen beschrieben. Gummilager übertragen demnach Kräfte und nehmen Verformungen in alle Freiheitsgradrichtungen auf, sowohl quasistatisch als auch dynamisch, in nieder- und hochfrequentem Bereich. Sie sind wichtige Konstruktionselemente, die die Charakteristik eines Fahrzeuges, ja zum Teil sogar einer Fahrzeugmarke, nicht nur im Hinblick auf Komfort sondern auch in Bezug auf Fahrdynamik maßgeblich prägen.

Daraus lassen sich die Anforderungen an Gummimetallteile ableiten. Die Bauteile sollen:

- aus Komfortgründen möglichst weich sein und mit wachsender Belastungsfrequenz bei kleinen Auslenkungen nicht versteifen,

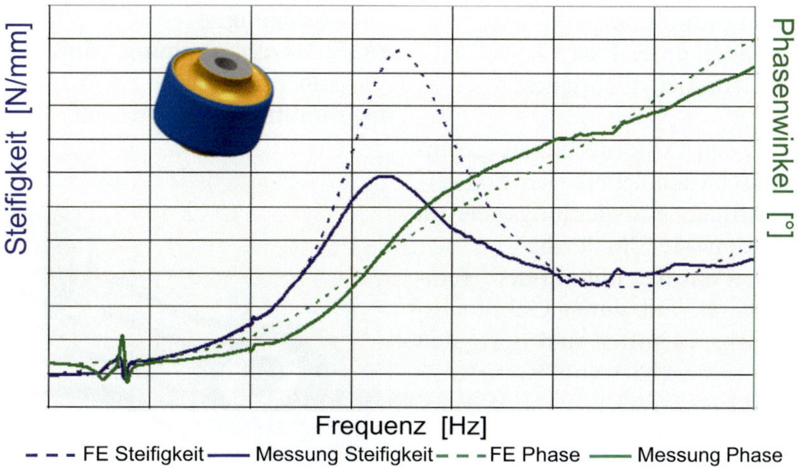

Abb. 4.44 Vergleich von berechnetem und gemessenem Transfersteifigkeits- und Phasenwinkelverlauf [13]

- aus Fahrdynamikgründen möglichst hart sein,
- im Bereich von Achs- oder Bauteileigenfrequenzen möglichst dämpfende Eigenschaften haben,
- den heutigen Temperaturanforderungen im Fahrwerksbereich gerecht werden,
- möglichst raumsparend sein,
- möglichst wenig kosten,
- gute Gebrauchstüchtigkeit mitbringen,
- ihre Eigenschaften über die Lebensdauer des Fahrzeuges nicht verändern,
- immer häufiger ihr mechanisch-kinematisches Verhalten der Beladungssituation und / oder Fahrsituation anpassen.

Nach wie vor werden im Bereich der Aggregate- und der Fahrwerklagerungen Gummimischungen auf Naturkautschukbasis eingesetzt. Diese bringen neben ihren positiven Eigenschaften grundsätzliche problematische Verhaltensweisen mit sich:

- begrenzte Temperaturstabilität (je nach Mischungsrezeptur und Härte zwischen 60 °C und 100 °C),
- dynamische Verhärtung mit wachsender Belastungsfrequenz,
- dynamische Verhärtung mit abnehmender Belastungsamplitude,
- Kriechverhalten unter Last,
- begrenzte Gebrauchstüchtigkeit.

Aus diesen zu den Anforderungen gegenläufigen Eigenschaften leiten sich Schwerpunkte zukünftiger Entwicklungsziele in Bezug auf Gummi-Metallteile ab:

- Elastomerwerkstoffe mit hoher Temperaturstabilität, mit guten Gebrauchstüchtigkeitseigenschaften und der guten elastischen Eigenschaft von Naturkautschuk,
- Elastomerwerkstoffe und Bauteile mit niedrigster dynamischer Verhärtung,
- schaltbare, hydraulische Gummilager mit deren Hilfe die dämpfenden Eigenschaften eines Hydrolagers in niedrigen Frequenzbereichen und die niedrige dynamische Verhärtung konventioneller Gummilager kombiniert werden können.

Darüber hinaus werden für Sonder- und Oberklasseanwendungen folgende Besonderheiten nachgefragt:

- steifigkeitsschaltbare Gummilager, mit deren Hilfe die Nachgiebigkeit signifikant verändert bzw. eingeschränkt werden kann, sowie
- aktive Gummilager, die durch integrierte aktive Tilger eingeleitete Schwingungen weitgehend bis gänzlich kompensieren können.

Neben diesen technologischen Entwicklungstendenzen ist insbesondere dem ökonomischen Anspruch an zukünftige Bauteilausführungen Aufmerksamkeit zu schenken. Kostenreduzierungen lassen sich bei der Bauteilauslegung unter anderem erreichen durch:

- geeignete Werkstoffwahl (Kunststoff statt Metall, ◘ Abb. 4.45),
- Massenreduzierung durch Einsatz komplexer Berechnungsmethoden bei der Auslegung,
- Stückzahlerhöhung durch Bauteilvereinheitlichung,
- Funktionsintegrationen.

◘ **Abb. 4.45** Gummilager mit Kunststoffkoppelstange [13]

Zum Schluss werden im Folgenden als zukünftige Bauteilausführungen „schaltbare sowie regelbare Fahrwerklager“ erörtert.

4.7.1 Schaltbare Fahrwerklager

Fahrwerklager haben auf verschiedenste im Fahrzeug auftretende störende Schwingungen einen mehr oder weniger großen Einfluss. Das Bremsrubbeln oder das unangenehme Lenkradzittern, ungleichförmige Brems-kräfte an den Vorderrädern oder auch Antriebsschwingungen, die über die Achsträgerlager an Hinter- bzw. Vorderachse übertragen werden, seien hier als Beispiele genannt. Häufig treten diese Schwingungen in einem relativ schmalen Frequenzbereich auf, sodass sie über hydraulisch dämpfende Gummilager reduziert oder gar eliminiert werden können. Vorteil dieser hydraulisch arbeitenden Lager ist die Einstellbarkeit einer frequenzabhängigen Dämpfung. Nachteilig ist aber, dass oberhalb der Dämpfungsfrequenz eine starke Zunahme c_{BK} der dynamischen Steifigkeit des Bauteiles akzeptiert werden muss (◘ Abb. 4.46).

Diesem Nachteil kann man durch den Einsatz schaltbarer Lager begegnen. Schaltet man die Dämpfung aus oder verschiebt sie in nicht relevante Frequenzbereiche, dann erfolgt auch nicht mehr der dynamische Steifigkeitssprung. Deshalb arbeitet

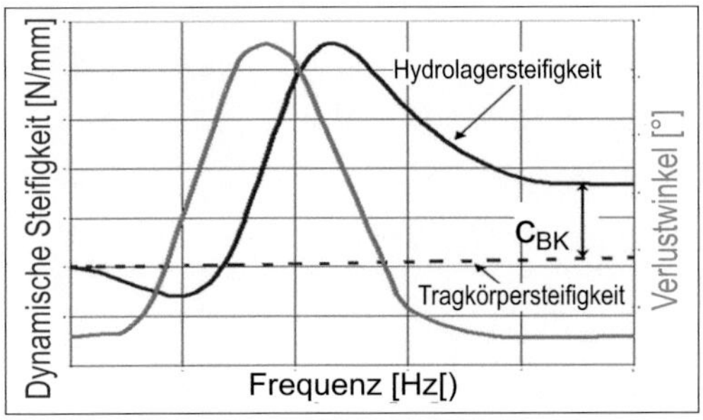

◘ **Abb. 4.46** Typische Charakteristik eines hydraulisch dämpfenden Gummilagers

man, wie bei den Aggregatlagern, auch bei hydraulisch dämpfenden Fahrwerklagern an Lösungen, die sich je nach äußerer Anregung bzw. nach Fahrsituation zwischen o. g. beiden Schaltstellungen hin- und herschalten lassen.

Die Funktion eines Hydrolagers wurde bereits in den ► Abschn. 5.3 und 5.4.3 beschrieben.

Danach lässt die Frequenzlage $f_{\partial\mathrm{max}}$ der max. Dämpfung sich entsprechend folgender Beziehung einstellen:

$$f_{\partial max} \sim \frac{1}{2\pi} \cdot \sqrt{\frac{a_k}{\kappa \cdot r \cdot l_k}} \tag{4.1}$$

mit der Kanalquerschnittsfläche a_k, der Kanallänge l_k, der Volumennachgiebigkeit κ und der Flüssigkeitsdichte ρ. Die Volumennachgiebigkeit ist umgekehrt proportional zur Beulfederrate c_{BK}, die ursächlich für den oben beschrieben Steifigkeitssprung ist.

$$C_{BK} \sim 1/\kappa \tag{4.2}$$

Eine Möglichkeit der Schaltbarkeit ist die Vergrößerung des Kanalquerschnittes a_k durch Zuschaltung eines zweiten Kanals mit großer Querschnittsfläche und kleiner Länge. Hierdurch lässt sich die Frequenzlage des Verlustwinkelmaximums in nicht relevante Frequenzbereiche verschieben. Die dynamische Steifigkeit im relevanten Frequenzbereich kann auf dem Steifigkeitsniveau der Tragkörpersteifigkeit gehalten werden, bei geschickter Verschiebung des Verlustwinkelmaximums leicht oberhalb der Arbeitsfrequenz ist sogar eine Absenkung möglich. Derzeit wird mit Hochdruck an schaltbaren Lenkerlagern gearbeitet.

Ähnlich wie bei der Dämpferauslegung existiert auch bei der Gummilagerauslegung für die Lenker immer der Konflikt zwischen der steifen Lagerung für die Fahrdynamik und der weichen Lagerung für den Fahrkomfort. Um diese Aufgabe ohne Kompromiss zu lösen braucht man einen Lenker mit schaltbarem Hydrolager.

4

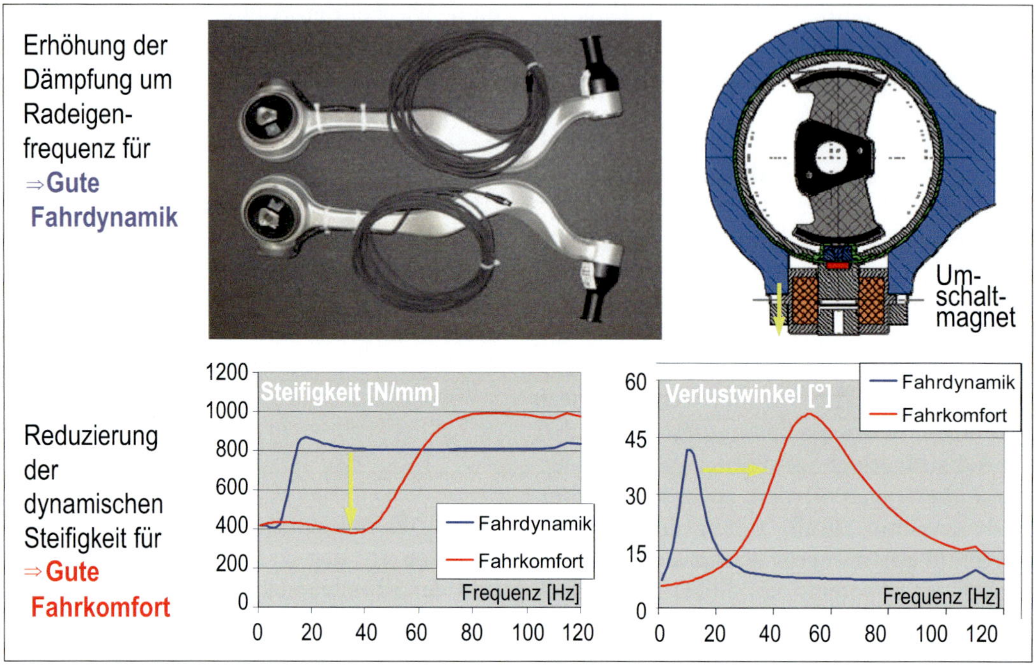

Abb. 4.47 Schaltbares Fahrwerklager [13]

Abb. 4.47 zeigt ein Fahrwerklager für einen Spurlenker, dessen Steifigkeit je nach der gemessenen Lenkungsbeschleunigung durch eine Magnetspule zwischen weich und hart umgeschaltet wird. Abb. 4.48 zeigt den Frequenzgang des Hydrolagers.

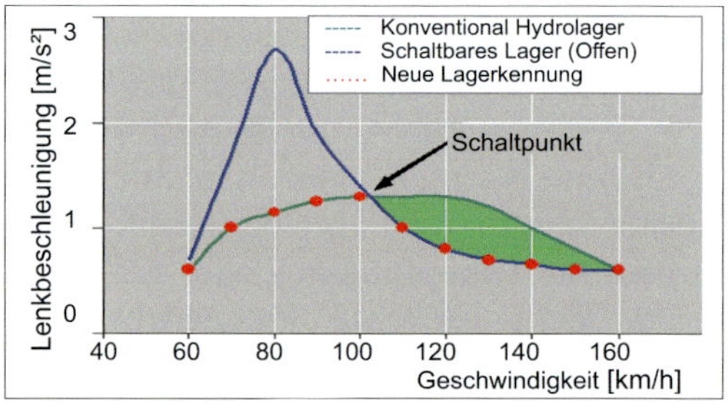

Abb. 4.48 Schaltbares Spurlenkerhydrolager [13]

4.7.2 Regelbares Fahrwerklager

Die schaltbaren Lager ermöglichen nur zwei Zustände. Wenn man die Steifigkeit je nach der gemessenen Frequenz stufenlos variieren will, braucht man ein regelbares Lager. Die Regelung muss sehr dynamisch sein (2–3 Hz), um den Regeleffekt fühlbar zu machen.

Dazu eignen sich magnetorheologische Flüssigkeiten, wie sie auch beim Dämpfer eingesetzt werden. Eine Magnetspule um den Schwingkanal zwischen den beiden Kammern des Hydrolagers beeinflusst die Dämpfung sehr schnell und stufenlos in Abhängigkeit von der geregelten Magnetfeldstärke (Abb. 4.49).

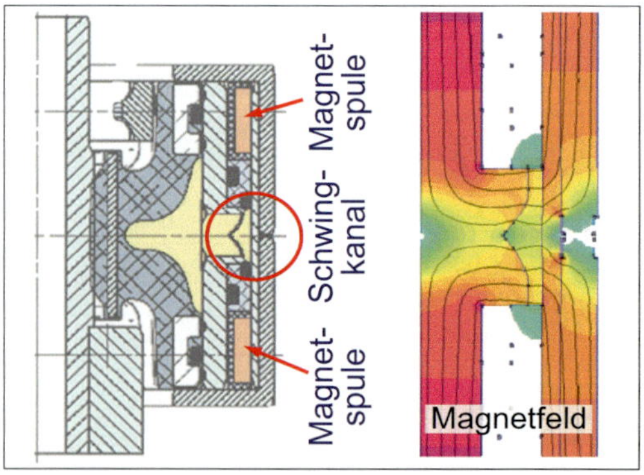

Abb. 4.49 Regelbares Hydrolager [13]

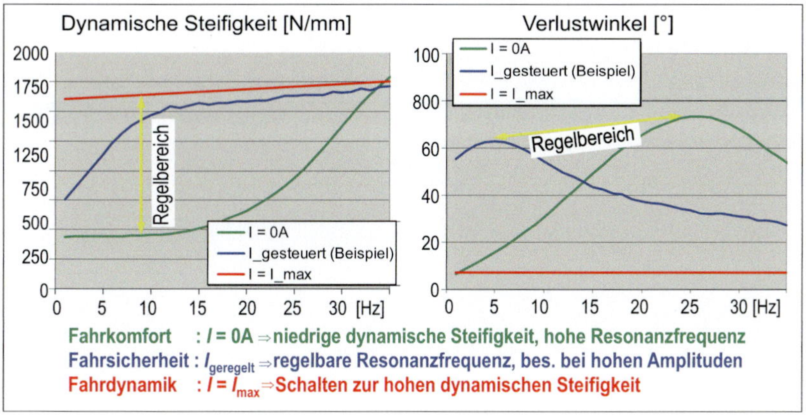

Abb. 4.50 Kennlinien von geregelten Hydrolagern [13]

In Abb. 4.50 sind die Kennlinienverläufe für die dynamische Steifigkeit und den Verlustwinkel (Dämpfung) abhängig von der Frequenz gezeigt. Die drei Kurvenentsprechen den drei Anwendungsfällen: Die grünen Linien (stromlos) entsprechen der Grundkennung des Hydrolagers und sind ausgelegt für einen guten Fahrkomfort. Die roten Linien (max. Strom) entsprechen der harten Auslegung für ein sehr sportliches Verhalten. Situationsabhängig kann nun zwischen den grünen und roten Kennlinien geregelt werden. Eine Beispielkennung stellen die blauen Linien dar.

Literatur

1. Heißing, B., Brandl, H.J.: Subjektive Beurteilung des Fahrverhaltens. Vogel Verlag, Würzburg (2002)
2. N.N.: ► https://de.wikipedia.org/wiki/Komfort. Zugegriffen: 06. Jan. 2016
3. Hieronimus, K.: Anforderungen an Schwingung- und Akustikberechnungen aus Sicht der Fahrzeugentwicklung. VDI-Bericht Nr. 186. Düsseldorf (1990)
4. Mitschke, M.; Wallentowitz, H.: Dynamik der Kraftfahrzeuge. Springer (1997)
5. Bastow, D.; Howard, G.; Whitehead, J. P.: Car Suspension and Handling, 4th ed.SAE International, Warrendale (2004)
6. Gillespie, T. D.: Fundamentals of Vehicle Dynamics.SAE International, Warrendale (1999)
7. Bishop, R.E.D.: Schwingungen in Natur und Technik. Teubner, Stuttgart (1985)
8. Hempel, J.: Schwingungstechnik für Automobile. Vibracoustic GmbH, Weinheim (2002)
9. Biermann, J. W.; Graef, L.: Beeinflussungsmöglichkeiten des NVH-Verhaltens von Kardanwellen. IFA Symposium, Haldensleben: 21./22 (Juni 2007)
10. Exner, W.: Antriebsstrang NVH – eine Detektivarbeit – Ursachenanalyse und Bekämpfung von Antriebsstranggeräuschen und -schwingungen. 6. Aachener Kolloquium Fahrzeug- und Motorentechnik, Aachen (1997)
11. Göbel, E.F.: Gummifedern, Berechnung und Gestaltung. Springer, Heidelberg (1969)
12. Becker, K.; Bukovics, J.; Kosanke, D.; Ohlendorf, J.; Schrey, A. C.; Verweyen, K.: Entwicklung von Akustik und Schwingungskomfort am neuen Audi A6. Sonderausgabe ATZ und MTZ (2004)
13. N.N.: ZF Friedrichshafen AG / Boge-Elastmetall. Firmeninterne Informationsschriften. Damme (2004–2010)
14. Sauer, W.; Krug, P. E.: Aktive Systeme zur Aggregatelagerung im Pkw. VDI Berichte Nr. 1416. Düsseldorf (1998)
15. Marienfeld, P. M.; Karkosch, H. J.; Svariok, F.: Mechatronische Systeme zur Komfortsteigerung in Kfz in Serieneinsatz. Tagung Autoreg März 2006 in Wiesloch, S. 293–302.VDI, Düsseldorf (2006)
16. Battermann, W.; Köhler, R.: Elastomere Federung, Elastische Lagerung: Grundlagen ingenieurmäßiger Berechnung und Konstruktion. Ernst & Sohn (1982)
17. DIN Deutsche Institut für Normung e.V.: DIN EN ISO 10846. Beuth Verlag GmbH
18. Cremer, L., Heckl, M.: Körperschall, Physikalische Grundlagen und technische Anwendungen, 2. Springer, Auflage (1996)

Fahrwerkentwicklung

Metin Ersoy, Günther Prokop, Christian Schimmel, Bernhard Schick und Dominik Reif

Inhaltsverzeichnis

Die Originalversion des Kapitels wurde revidiert. Ein Erratum ist verfügbar unter
► https://doi.org/10.1007/978-3-658-48104-9_19

M. Ersoy et al. (Hrsg.), *Fahrwerkhandbuch*,
ATZ/MTZ-Fachbuch, https://doi.org/10.1007/978-3-658-48104-9_5

Automobile stellen komplexe technische Systeme dar. Sie müssen in großer Stückzahl zu für Endkunden akzeptablen Kosten angeboten werden können. Die Marktverfügbarkeit eines neu entwickelten Fahrzeugs ist in hohen Stückzahlen zeitlich sehr genau darzustellen. Fahrzeuge werden meist für weltweite Märkte entwickelt, müssen also vielen – oft voneinander abweichenden – Regularien zu Umweltverträglichkeit und Produktsicherheit entsprechen. Die Automobilindustrie befindet sich weltweit in starkem Wettbewerb, sodass die exakte Einhaltung von Zeit- und Kostenvorgaben sowie die möglichst genaue Darstellung kundenrelevanter Soll-Eigenschaften sehr essenziell sind. An den Entwicklungsprozess (Produktidee bis Fähigkeit zur Volllast-Produktion) sind demnach folgende hohe Anforderungen zu stellen:

- kurze Entwicklungszeit
- geringe Entwicklungskosten
- hohe Entwicklungsqualität
- hohe Resilienz gegenüber Störungen im Entwicklungsablauf oder Änderung der Entwicklungsziele
- Durchführbarkeit mit der vorhandenen Entwicklungsmannschaft
- Durchführbarkeit mit den im Hause vorhandenen Technologie-, Baukasten- und Architekturlösungen
- gleichzeitige Entwicklung von Produkteigenschaften und Fertigungsanlagen.

Dies ist darzustellen bei stetig steigender Technikkomplexität, hoher Organisationskomplexität sowie sehr hohen und in verschiedenen Märkten deutlich unterschiedlichen Produktanforderungen von Kunden, Verbraucherschutz und Gesetzgebung.

Zur Beherrschung dieser Anforderungen und Komplexitäten haben sich in der Automobilentwicklung mehrere methodische Ansätze des Systems Engineering durchgesetzt, über die im Folgenden ein Überblick gegeben und deren Ineinandergreifen im Produktentstehungsprozess (PEP) erläutert werden soll.

▪ Systemgrenzen und Systemebenen des Produkts

Produkt der Automobilentwicklung ist das Gesamtfahrzeug mit seinen geometrischen und funktionalen Eigenschaften. Das Gesamtfahrzeug bildet die *Systemebene 1*, (◻ Abb. 5.1). Aus Sicht eines Fahrzeugherstellers bildet das Gesamtfahrzeug die Systemgrenze des zu entwickelnden Umfangs.

Das Gesamtfahrzeug bewegt sich in einer Infrastruktur (Fahrbahn, Umgebungsverkehr, Kommunikations- und Energieinfrastruktur). Die Infrastruktur wird im Folgenden als *Systemebene 0* bezeichnet. Sie wird in der Regel extern zur Verfügung gestellt und ist somit nicht Bestandteil der Entwicklungsaufgabe. Jedoch ist die Infrastruktur mit ihren Funktionalitäten und Schnittstellen in der Entwicklung zu berücksichtigen, da sie wesentlich die Funktion des Gesamtfahrzeugs beeinflusst.

Das Gesamtfahrzeug (Systemebene 1) wird aus Systemen (*Systemebene 2*) gebildet. Typische Systeme im Automobil sind Karosserie, Antrieb, Fahrwerk, Elektrik-/Elektronik-System. Oft werden Antriebsstrang und Fahrwerk zum „Fahrsystem" zusammengefasst. Dies ist insbesondere zweckmäßig bei batterieelektrischen Fahrzeugen, die diesbezüglich eine hohe Funktionsintegration aufweisen.

Systemebene 3 sind Teilsysteme, aus denen die Systeme gebildet werden. Im Fall des Systems Fahrwerk sind dies z. B. Vorder-/Hinterachse, Lenksystem, Bremssystem.

Komponenten (*Systemebene 4*) und Bauteile (*Systemebene 5*) folgen bei weite-

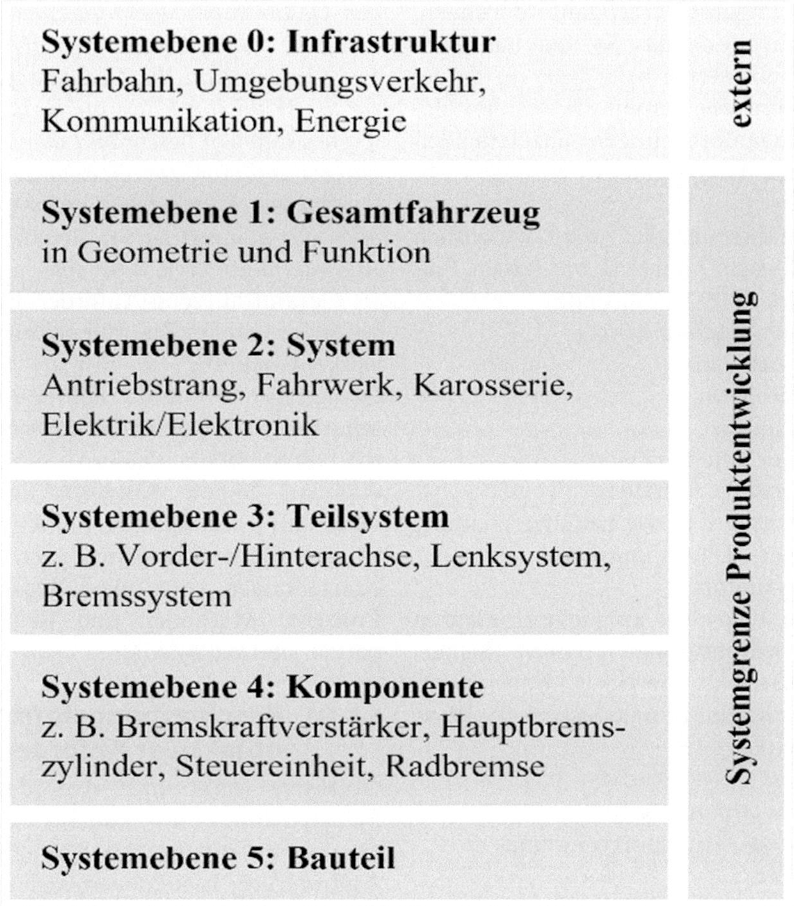

Abb. 5.1 Systemebenen bei der Fahrzeugentwicklung

rer Detaillierung als unterste Systemebenen. Beispiele für Komponenten des Die Systemebenen-Definition bildet eine wichtige Metrik zur Beschreibung von Entwicklungsprozessen. Sie erlaubt es, systematisch funktionale Anforderungen auf Produktebene zu definieren und diese im Weiteren im Sinne einer Funktionsintegration systematisch ebenenweise zu detaillieren („Target cascading“). Absicherungsseitig bestehen damit in jeder Systemebene funktionale Anforderungen, gegen die die Eigenschaften des entwickelten (Teil-)Produkts abgeglichen werden können.

5.1 Eingangsgrößen und Randbedingungen für die Fahrwerkentwicklung

Metin Ersoy, Günther Prokop und Christian Schimmel

5.1.1 Funktionale und geometrische Anforderungen

Funktionale und geometrische Anforderungen an das Fahrwerk entstehen in der

Regel aus Gesamtfahrzeuganforderungen, zu deren Erfüllung das System Fahrwerk und seine Teilsysteme beitragen. Im Target Cascading Prozess werden die aus den Gesamtfahrzeuganforderungen abzuleitenden System- und Teilsystemanforderungen abgeleitet.

Gesamtfahrzeugziele, die wesentlich durch das System Fahrwerk mit seinen Teilsystemen beeinflusst sind, sind:

Funktionale Anforderungen:

- Anfahrverhalten
- Bremsverhalten
- Lenkverhalten
- Kurvenverhalten
- Geradeausfahrverhalten
- Fahrerassistenz, aktive Unfallvermeidung
- Federungs-, Dämpfungskomfort
- Akustikkomfort
- Beiträge Fahrwerk zu nicht originären Fahrwerk-Funktionen (passive Sicherheit, Akustik, Gewicht, Emissionen, Verbrauch, funktionale Sicherheit, Wirtschaftlichkeit)

Geometrische Anforderungen:

- Innenraum-, Transportvolumina
- Ladebreite
- Package (insbesondere Vorderwagen)

Daraus leiten sich die funktionalen und geometrischen Anforderungen an die Fahrwerk-Teilsysteme ab. Diese sind z. B.:

- Bauräume
- Elastokinematik
- Eigenfrequenzen und Dämpfungen
- achsbezogene Schräglaufsteifigkeiten

Die Teilsystem-Anforderungen sind so weit als möglich unabhängig von technischen Lösungskonzepten zu formulieren. Letztere ergeben sich entweder direkt aus den vorhandenen Baukästen (s. ► Abschn. 5.1.3) oder als Lösungskonzepte aus den Anforderungen.

Beispiel: Anforderungen an die Elastokinematik einer Achse entstehen wesentlich aus den Gesamtfahrzeuganforderungen an Querdynamik, Schwingungs- und Akustikkomfort. Jedoch sind die Gestaltungsspielräume für die Wahl von Kinematikpunkten und Bewegungsräumen beschränkt durch die verfügbaren Bauräume. Das Achskonzept kann nun anhand von Baukasten-Vorgaben ausgewählt oder durch konstruktive Ableitung aus den Anforderungen erstellt werden.

Gesamtfahrzeug-Anforderungen – insbesondere die im Zusammenhang mit Fahrwerkentwicklung vorrangig adressierten Querdynamik- und Fahrkomfort-Eigenschaften – sind oft nicht umfassend objektiv beschreibbar, sondern „nur“ subjektiv erlebbar. Neben ständigen Bemühungen, diese Anforderungen zu objektivieren, sind in den Entwicklungsprozessen Subjektivbeurteilungen vorzusehen. Dazu passende Prozesse, Methoden und Beurteilungsexpertise sind vorzuhalten.

5.1.1.1 Beschreibungsform objektiver Anforderungen

Objektive funktionale Anforderungen an Fahrdynamik und Fahrkomfort werden manöverbasiert beschrieben. Eine solche Anforderung besteht demnach aus folgenden Elementen:

- Beschreibung des Manövers bzw. der Fahrsituation
- Zielgröße (in Form physikalisch beschreib- und messbarer Größen)
- Zielwert oder Zielbereich

Zur Definition der Manöver in der Fahrverhaltensbeurteilung s. ► Abschn. 3.2. Zu objektiven Zielgrößen in Fahrverhalten und Fahrkomfort s. ► Abschn. 3.6 und ◘ Tab. 3.7 bis 3.12.

5.1.1.2 Beschreibungsform subjektiver Anforderungen

Subjektive Anforderungen werden in der Fahrzeugindustrie oft mithilfe einer 10er-Notenskala beurteilt (◘ Abb. 5.2), [1, 2].

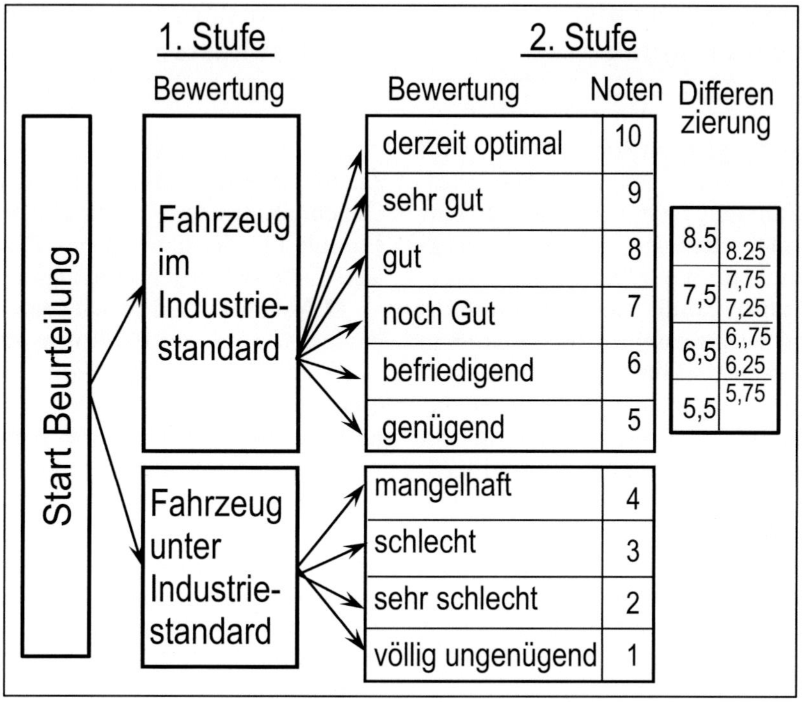

Abb. 5.2 10er-Notenskala zur Subjektivbewertung von Fahrzeugeigenschaften nach [2]. (Quelle: [1])

Objektive und subjektive Kriterien werden in Anforderungskatalogen zusammengefasst, die somit alle kundenwerten Funktionen und Eigenschaften des Gesamtfahrzeugs enthalten.

Zur subjektiven Beurteilung der Anforderungen an Fahrverhalten und Fahrkomfort (s. ► Abschn. 3.5 und Tab. 3.7 bis 3.12) sowie [1].

5.1.1.3 Funktions-Reifegrade im zeitlichen Verlauf der Entwicklung

Konstruktive Konzepte und einige der für die Auslegung relevanten Parameter sind im Gesamtfahrzeug konzeptbestimmend, andere nicht. Die Kenntnis darüber, welche Auslegungsparameter im Gesamtfahrzeug konzeptbestimmend und welche das nicht sind, entscheidet darüber, wann im zeitlichen Verlauf des Entwicklungsprozesses welche Auslegungsparameter festzulegen sind.

Kombiniert man diese Kenntnis mit einem möglichst lückenlosen physikalischen Verständnis der Wirkketten zwischen Auslegungsparametern, Teilsystemfunktionen und Gesamtfahrzeugfunktionen, so können daraus für jede Gesamtfahrzeug-Anforderung entwicklungsmethodisch ein Funktionsreife-Verlauf über der Entwicklungszeit und die zur Erhöhung der Funktionsreife verwendeten Auslegungsparameter festgelegt werden.

Die so definierten Reifegrad-Verläufe werden im Reifegrad-Management (s. ► Abschn. 5.4.3) verwendet.

5.1.2 Fahrzeuggene als Randbedingung

Fahrzeugkonzepte werden mit einer Fülle von Anforderungen entworfen. Das Fahrzeugkonzept enthält jedoch Grundparameter (=„Fahrzeuggene"), die die für eine stimmige Integration der in der Fahrwerkentwicklung dominanten Eigenschaftsbereiche Fahrdynamik und Fahrkomfort grundlegend beeinflussen, jedoch aus Sicht der Fahrwerkentwicklung von außen vorgegeben sind. Ungünstige Wahl der Fahrzeuggene kann also die Auslegung der Fahrdynamik- und Fahrkomfort-Eigenschaften erschweren und dazu führen, dass diese nur mit hohem technischem Aufwand (erhöhte mechanische Komplexität und/oder Einsatz von Fahrdynamikregelsystemen) akzeptabel darstellbar sind.

Die für Fahrdynamik und Fahrkomfort relevanten Fahrzeuggene sind:

- Radstand,
- Spurweiten vorne/hinten,
- Fahrzeuggewicht,
- Position des Schwerpunkts (x-, y-, z-Richtungen),
- Trägheitsmomente des Gesamtfahrzeugs (Gieren, Nicken, Wanken),
- Raddimensionen (passen zu ungefederten Massen),
- Bauraumvorgaben für Teilsysteme des Fahrwerks,
- aerodynamische Auftriebsbeiwerte vorne/hinten.

Während der Anforderungsdefinition (s. ▶ Abschn. 5.2.1) sind in der Diskussion mit der Gesamtfahrzeug-Konzeptentwicklung die Wahl der Fahrzeuggene so sicherzustellen, dass die gewünschten Fahrdynamik- und Fahrkomforteigenschaften realisierbar sind. Dies geschieht mithilfe einfacher physikalischer Konzeptbetrachtungen (z. B. Berechnung von Eigenfrequenzen, „Static Stability Factor" etc.) sowie Simulationsrechnungen an Einspur- und Zweispurmodellen [3–5]

5.1.3 Standardarchitekturen, Baukästen

Metin Ersoy

Zu den Standardarchitekturen zählen die Gleichteilestrategie, Baukastenstrategie, Module und Systeme sowie *„Plattformstrategie"*, die sich gegenseitig ergänzen.

◘ Abb. 5.3 verdeutlich den Übergang von der Modul- zur Plattformstrategie [6].

Eine modulare Plattform besteht aus drei Hauptteilen [7]:

1. Eine Reihe bestimmter Abmessungen, die nicht verändert werden dürfen;
2. Komponenten, die unabhängig von anderen Faktoren in das endgültige Fahrzeugdesign einbezogen werden müssen;
3. Parameter, die anders als die oben genannten, an die Bedürfnisse eines bestimmten Modells angepasst werden können.

Die Plattform enthält folgende Funktionsgruppen [7, 8]:

Motor, Batterie, Getriebe und deren Lagerung, Komplette Fahrwerk nach ◘ Abb. 1.2: Vorder- und Hinterachse, Lenkung und Lenksäule, Schaltung und Fußhebelwerk, Bremsanlage, Kraftstoffbehälter und Abgasanlage, Räder (Größen), Reifen, Vorderwagen (Längsträger, Radhäuser), Front End (inkl. Heizung und Klima), Mittelboden (Boden vorn), Hinterwagen (Boden hinten, Längsträger und Radhäuser innen), Sitzgestelle sowie Verkabelung genannter Komponenten. Die restlichen Teile des Fahrzeuges werden in Hut-Teile und Systemteile unterteilt. Der „Hut" ist dann z. B. die Rohkarosse, die sich erheblich unterscheiden kann. Systemteile sind eigentlich Gleichteile, die übernommen, aber der jeweiligen Konzern-Marke angepasst werden. Beispiele: Radzierblende oder das Airbagmodul völlig gleich, nur anderes Markensymbol [8]. So könnten zum Beispiel eine Limousine, ein SUV und eine Fließhecklimousine auf

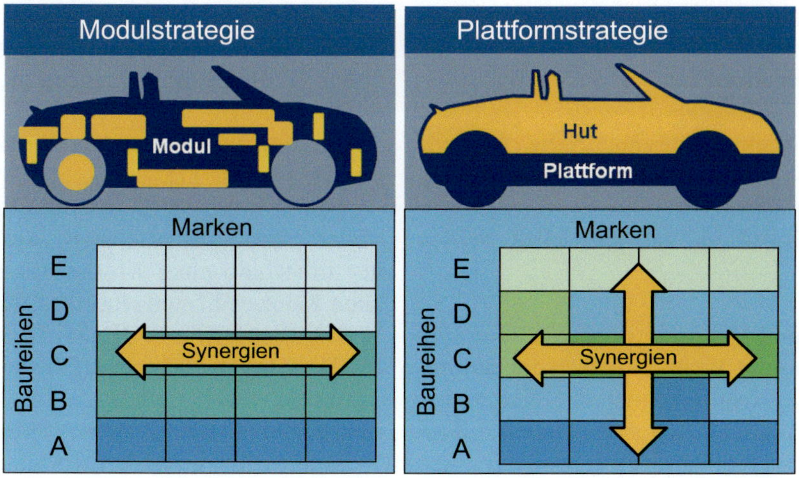

Abb. 5.3 Von der Modul- zur Plattformstrategie [6]

der gleichen Plattform basieren, obwohl sie sich durch den Hut stilistisch voneinander unterscheiden. So ist es deutlich effizienter als die Entwicklung dreier unterschiedlicher Fahrzeuge.

Die modulare Plattform bestimmt in den meisten Fällen alle Fragen im Zusammenhang mit der Bodengruppe, d. h. dem unteren Teil des Fahrzeugs, der den Ausgangspunkt für das restliche Design bildet. Dieser Ansatz zeichnet sich u. a. durch eine höhere Flexibilität im Vergleich zu den bisher verwendeten Lösungen aus. Dies liegt daran, dass viele Komponenten modifiziert werden können, wobei das genaue Ausmaß der Änderungen vom jeweiligen Hersteller abhängt.

Die Einführung von Plattformen schafft ein Produktordnungssystem. Es umfasst die Analyse der Produkt- und Funktionsstrukturen, wozu auch die Aufnahme der Variantenvielfalt auf externer (Endprodukt) sowie interner Ebene (Bauteile / Komponenten) zählen. Um die Beziehungen der Bauteile untereinander zu bewerten, wird außerdem eine Schnittstellenanalyse durchgeführt [9].

Die Ermittlung der Kundenanforderungen schließt die Analyse der Marktsegmente mit ein.

Aufbauend auf den gewonnenen Erkenntnissen werden technische Lösungen erarbeitet und bewertet. Zur Festlegung der Produktarchitektur werden mögliche Plattformen, Module, Systeme, Baukästen und Gleichteile diskutiert und nach der gewünschten Varianz festgelegt [9].

Hauptziel der Plattformstrategie ist eine „Plattform“ für mehrere verschiedene Fahrzeugmodelle zu nutzen. Sie kann das Fahrwerk, den Antriebsstrang, die Elektronik und andere wesentliche Komponenten umfassen.

Die gemeinsame Nutzung der Komponente ermöglicht Entwicklungskosten zu senken, Skaleneffekte zu erzielen und die Launch-Zeiten neuer Modelle zu verkürzen.

Die Vorteile der Plattformstrategie sind [9, 10]:

Kosteneffizienz Die gemeinsame Nutzung von Komponenten und Technologien führt zu erheblichen Kosteneinsparungen in der Entwicklung und Produktion.

Skaleneffekte Größere Produktionsvolumina einzelner Teile ermöglichen es, die Stückkosten zu senken.

Schnellere Markteinführung Neue Modelle können schneller entwickelt und auf den Markt gebracht werden, da nicht jedes Modell von Grund auf neu entwickelt werden muss.

Flexibilität und Anpassungsfähigkeit Hersteller können eine Vielzahl von Modellen anbieten, die auf unterschiedliche Kundenbedürfnisse zugeschnitten sind, ohne die Kosten und den Aufwand einer vollständigen Neuentwicklung jedes Modells.

Verbesserte Qualität Durch die Standardisierung und Massenproduktion von Komponenten kann eine konsistent hohe Qualität gewährleistet werden.

Die Umsetzung dieser Strategie umfasst mehrere Schritte und erfordert eine sorgfältige Planung und Koordination:

Entwicklung der Plattform Der erste Schritt besteht in der Entwicklung einer modularen und skalierbaren Plattform, die verschiedene Fahrzeuggrößen, Antriebe und Technologien unterstützen kann.

Modularität Jede Plattformstrategie setzt auf Modularität, sodass verschiedene Komponenten und Module flexibel kombiniert und angepasst werden können.

Standardisierung Die Standardisierung von Komponenten und Prozessen ist entscheidend, um Skaleneffekte zu erzielen und die Komplexität zu reduzieren.

Integration neuer Technologien Eine Plattform muss flexibel genug sein, um neue Technologien wie Elektromobilität, autonomes Fahren und fortschrittliche Fahrerassistenzsysteme zu integrieren.

Aber auch Herausforderungen und Risiken sind vorhanden, wie z. B. anspruchsvolle Komplexitätsmanagement, Markendifferenzierung trotz gleicher Plattform, Anpassung neue Technologien und Erstinvestitionen [10, 11].

Heute haben alle große Automobilhersteller Standardplattformen, die sie nicht nur innerhalb einer Marke, sondern durch allen Konzernfirmen einsetzen. Einige sind:

VOLKSWAGEN: MQB, MEB, MLB, PPE

BMW: CLAR-Plattform (Cluster Architecture)

MERCEDES-BENZ: MRA (Modular rear architecture), MFA (Modular front architecture) und EVA (Electric Vehicle Architecture)

PSA: CMP (Common Modular Platform)

RENAULT: CMF-EV (Common Modul Family EV

TOYOTA: TNGA (Toyota New Global Architecture).

Plattformstrategie ist besonders für die Elektrofahrzeuge unerlässlich aber auch einfacher umzusetzen. Denn mit der Elektrifizierung der Modellpaletten wächst auf der einen Seite der Kostendruck und damit die Notwendigkeit hoher Stückzahlen und auf der anderen Seite wächst die Flexibilität (◘ Abb. 5.4). Weil die elektrischen Architekturen in der Regel an ein Skateboard mit Achsen und Antrieben an den Außenseiten und der Batterie dazwischen erinnern, lassen sich Leistungsdaten genauso variabel gestalten wie die Zahl der Motoren, die Wahl der angetriebenen Achsen und die Batteriekapazität [11].

Elektroplattformen der nächsten Generation heißen [11, 12]: bei VW *Scalable System Platform* (SSP), bei BMW *Neue Klasse,* bei Mercedes *Mercedes-Benz Elektro Architecture* (MB.EA) + AMG.EA für mehr Performance.

Abb. 5.4 Volkwagen Elektro-Plattform mit darauf basierenden Modelle nach [12]. (Quelle: Volkswagen)

5.1.4 Unternehmens-Organisation

Günther Prokop

Die etablierte Automobilindustrie in Europa, Asien und Nordamerika organisiert die Unternehmen nach ähnlichen Ordnungsprinzipien. Die wesentlichen Geschäftsbereiche sind:

- Konzernzentralbereich inkl. Portfolioplanung
- Baureihen oder Modellreihen
- Finanz
- Vertrieb
- Beschaffung oder Einkauf
- Produktion
- Personal und Betriebsrat
- Entwicklung

Die Entwicklungsstart erfolgt nach zentralem Unternehmensauftrag aus dem *Konzernzentralbereich* mit der *Portfolioplanung*. Der Auftrag wird an gesamtunternehmerisch Verantwortliche übertragen, die meist als *Baureihen* oder *Modellreihen* bezeichnet werden. Diese verantworten vollumfänglich das Fahrzeugprojekt, vom Start bis zum Ende des Lebenszyklus.

Eines der wesentlichen Aufgaben ist die Erreichung der Zielvorgaben der *Finanzabteilung*. Der wirtschaftliche Erfolg eines Fahrzeugprojekts wird entsprechend der Unternehmensstrategie in wirtschaftlichen Zielen vereinbart und verfolgt.

Der *Vertrieb* ist üblicherweise in einer Doppelfunktion tätig. In frühen Projektphasen plant er den Absatz des Fahrzeugs entsprechend der Märkte und prognostiziert Einbauraten. Dies sind wesentliche Eingangsgrößen für die Wirtschaftlichkeitsberechnung oder die Verhandlungen mit Lieferanten. In späten Projektphasen organisiert der Vertrieb die weltweite Markteinführung, organisiert Händlerschulungen und steuert Produktion und Handelsorganisation nach unterschiedlichen Kriterien wie z. B. Werkauslastung oder Marktbedürfnissen.

In enger Zusammenarbeit mit der Entwicklung bildet die *Beschaffung* bzw. der *Einkauf* die Schnittstelle zwischen der hausinternen Entwicklung und den Entwicklungspartnern. Zur Erreichung der Qualitäts- und Wirtschaftlichkeitsziele ist der Einkauf ein Schlüsselressort. Hier werden wesentliche Festlegungen getroffen und in Verträgen mit Partnern vereinbart. Eine hohe Bedeutung hat daher auch die sog. Beschaffungsfreigabe. Dieser Meilenstein löst i. d. R. die Bestellung von Werkzeugen bei Zulieferern aus. Änderungen nach diesem Zeitpunkt sind in Folge sehr kostenintensiv und sollten auf ein Minimum begrenzt werden.

Die *Produktion* bildet den Kern eines Automobilherstellers im eigentlichen Sinne. Typischerweise verfügen die Firmen über mehrere Werke, die im Produktionsressort gebündelt werden. Hier erfolgt neben der Fertigung selbst u. a. auch die Planung der Fertigungsschritte oder von neuen Fabriken. Neue Standorte wurden in den vergangenen Jahren im Wesentlichen wegen der Steigerung der weltweit verkauften Automobile erschlossen oder wegen besonderer Eigenschaften von Einzelmärkten. So sind eigene Werke in Nordamerika auch für europäische Hersteller üblich, um den dortigen Vorgaben für eine lokale Fertigungsquote zu entsprechen. Im chinesischen Markt war es bis ca. Mitte der 2020er Jahre vorgeschrieben, ausschließlich in Joint-Venture-Unternehmen Werke zu betreiben. Darüber hinaus galt eine hohe Lokalisierungsquote, weswegen in China in hohem Maße die CKD (Completely Knocked Down) Werke aufgebaut wurden. Diese Werke bauen Fahrzeuge vor Ort in China aus Bausätzen zusammen, haben also einen etwas reduzierten Fertigungsumfang im Vergleich zu regulären Werken.

Personalabteilung und *Betriebsrat* sind für die Belegschaft der Unternehmen von hoher Wichtigkeit. Sie repräsentieren die Bedarfe der Mitarbeiterinnen und Mitarbeiter, steuern Personalentwicklung und sorgen im Sinne der Mitarbeitenden für ausgleichende Argumente bei wirtschaftlich anspruchsvollen Entscheidungen.

Das Ressort *Entwicklung* ist häufig nach der Produktion der größte Bereich eines Automobilunternehmens. Hier erfolgen alle Entwicklungstätigkeiten entsprechend der spezifischen Entwicklungstiefe des Herstellers.

Die Fahrwerkentwicklung ist eine Untermenge des Entwicklungsressorts. Diese sind in der Regel nach Hauptsystemen weiter untergliedert. In vielen Häusern ist auch heute noch das Fahrwerk eine eigene Berichtsebene innerhalb der Entwicklung. Die Steuerung der verschiedenen Hauptsysteme zu einer ganzheitlichen Entwicklung erfolgt häufig durch einen Gesamtfahrzeugbereich.

Die Fahrwerkentwicklung wurde historisch entlang der wesentlichen Baugruppen wie Achsen, Bremsen, Lenkungen etc. untergliedert. Eine Sonderrolle ist üblicherweise für die Abstimmungsingenieure eingerichtet, die sämtliche Systeme des Fahrwerks in ihrer Gesamtheit so auslegen und feinabstimmen, dass bestmögliche und positionierungskonforme Fahreigenschaften realisiert werden. Da das Fahrwerk die Fahreindrücke so maßgeblich prägt, ist die Verantwortung für das Zusammenwirken aller Systeme bzgl. des Fahrverhaltens häufig beim Fahrwerk mit angesiedelt. Dies führt. u. a. auch dazu, dass Vorgaben für ein anderes Hauptsystem vom Fahrwerk erfolgen können, z. B. bei der Anforderung von aerodynamischen Eigenschaften zur Erreichung eines sicheren Fahrverhaltens.

Die Verantwortlichkeiten im Fahrwerk folgen in der Regel nach zwei Hauptprinzipien:
- Modularisierung
- Funktionale Zuordnung

Die *Modularisierung* orientiert sich an Baugruppen, die typischerweise auch geometrisch klar verortet werden können. Ein Beispiel ist das Lenksystem. Dieses Modul wird zentral verantwortet inkl. Mechanik, Elektronik und der Software auf dem Lenkungssteuergerät. Dabei sind auch Anforderungen von anderen Fachbereichen zu berücksichtigen, wie z. B. von Fahrerassistenzsystemen, die Zugriff auf Schnittstellen und Daten der Lenkung benötigen, oder eine gewisse garantierte Verfügbarkeit fordern, beispielsweise für autonome Fahrfunktionen.

Die *Funktionale Zuordnung* ist häufig nicht geometrisch erkennbar. Je nach Elektronikarchitektur und Entwicklungsstrategie des Herstellers sind Funktionen teilweise über mehrere Module verteilt realisiert. Im Fahrwerkbereich ist es inzwischen z. B. üblich, die Regelung des Fahrwerks in einem zentralen Steuergerät ablaufen zu lassen. Die dort generierten Stellgrößen werden an die jeweiligen Module weitergesendet. Nur durch Orchestrierung aller zur Funktion nötigen Module entsteht das gewünschte Fahrverhalten. Funktionen erstrecken sich also häufig über mehrere Module hinweg.

Zur Synchronisation der Matrix aus Baureihen und Entwicklungsabteilung gibt es unterschiedliche Arten von Projektgesprächen. Diese sind, je nach Phase des Projekts, teils klassische Zielkonfliktgespräche. In späteren Phasen aber auch Analysen von Simulationsergebnissen zur Darstellung von Zielkonflikten und den Lösungsoptionen zu Entscheidung durch die Baureihe. Hierbei werden zunehmend auch Fahrsimulatoren genutzt, um Simulationen erlebbar und nachvollziehbar für die Entscheider zu gestalten. In späten Projektphasen werden aber auch die verschiedenen Prototypen gemeinsam einer Bewertung in Prüfgeländen und knapp vor der Freigabe auf öffentlichen Straßen unterzogen. Neben der finalen Freigabe erfolgen hier letzte Optimierungen, um z. B. auf sich während der Entwicklung veränderte Randbedingungen, wie z. B. neue Wettbewerbsfahrzeuge, zu reagieren. Das fertig entwickelte Fahrzeug wird anschließend von der Baureihe mit z. B. Produktion, Beschaffung und Vertrieb in den Märkten eingeführt.

Die Vernetzung zwischen den einzelnen Geschäftsbereichen erfolgt auf verschiedenen Ebenen. Eine wesentliche Ebene hat sich in fast allen Automobilfirmen in ähnlicher Weise durchgesetzt. In sogenannten SE-Teams (Simultaneous Engineering) arbeiten Mitglieder verschiedener Geschäftsbereiche interdisziplinär zusammen und bringen ihr Fachwissen zur Entwicklung ein. Die SE-Teams bilden somit die unternehmensweise Matrixorganisation aus und sichern so den Erfolg eines Fahrzeugprojekts.

Neue Wettbewerber wie Startups oder viele der jungen Fahrzeughersteller in den USA oder China weichen von diesen Organisationsformen ab. Dies hat unterschiedliche Gründe, wird aber insbesondere durch den technologischen Wandel von Verbrennungsmotoren hin zur Elektromobilität ermöglicht. Besonders der Entfall der hohen Komplexität der Otto-, Diesel- oder gar Hybridtriebstränge inkl. Abgasnachbehandlung und der damit einzuhaltenden, weltweit nicht einheitlichen Gesetzesvorgaben, ermöglicht andere Abläufe und Organisationsformen. Einige der Firmen basieren auf Grundstrukturen, die eher von Software- und Elektronikentwicklung abstammen. So sind Abläufe nach agilen Methoden entworfen und Teams sind eher interdisziplinär einem Projekt zugeordnet, weniger einem Geschäftsbereich. Dies fördert schnelle Entscheidungswege, die mit weniger Hierarchiestufen zu treffen sind. Als Kernkompetenz wird in diesen Unternehmen die Softwareentwicklung interpretiert, inkl. einer hohen Entwicklungstiefe für Softwarefunktionen.

Traditionelle Hersteller setzen solche Aspekte häufig in Zusammenarbeit mit großen Entwicklungspartnern, weniger in vollständiger Eigenentwicklung.

Die geringere Anzahl an angebotenen Fahrzeugen inkl. der Varianten innerhalb eines Fahrzeugs ermöglicht zudem schlankere Organisationen bei jungen Firmen. Dies wird auch dadurch weiterbefördert, dass erhebliche Teile der Hardwareentwicklung an Entwicklungspartner ausgelagert werden und somit nur ein fokussierter Teil der Entwicklung und Produktion selbst vorgenommen wird.

In einigen Fällen verzichten die Hersteller sogar vollständig auf den Aufbau einer eigenen Fertigung. Diese wird vielmehr ebenfalls als Dienstleistung zugekauft. Dies ermöglicht eine hohe Flexibilität und bindet weniger Personal- und Investitionskosten als bei traditionellen Herstellern mit einer Produktion mit eigenen Mitarbeitern. Auch im Vertrieb gehen die jungen Unternehmen teils neue Wege mit einer starken Reduktion der eigenen Vertriebsmitarbeitenden. Der Verkauf erfolgt (wie im Beispiel Tesla) vollständig direkt über die Homepage des Herstellers. Ein Händler ist nicht zwischengeschaltet. Traditionelle Hersteller erproben diesen Vertriebsweg seit ca. 2024 auch in unterschiedlichen Ausprägungen des sogenannten Agenturmodells.

5.1.5 Vorentwicklung

Günther Prokop

In den meisten Automobilfirmen wird im Fahrwerkbereich Vorentwicklung betrieben. Dies umfasst den Übergang von Forschungsaktivitäten hin zur beginnenden Serienentwicklung.

Große Hersteller oder deren Konzernzusammenschlüsse betreiben häufig zentrale Forschungseinrichtungen. Diese haben auch heute noch Aspekte der Fahrwerksentwicklung zum Inhalt, da das Fahrerlebnis durch sich weiterentwickelnde Kundenanforderungen und z. B. durch Zwänge wie Gesetzgebungen einem stetigen Innovationsbedarf unterliegt. Es werden neue Entwicklungsmethoden untersucht und zur prototypischen Umsetzung gebracht oder neue Technologien (z. B. neue Aktoren an Fahrwerkbauteilen) erstmalig getestet. Diese Arbeiten erfolgen teilweise auch in Kooperation mit Universitäten. Die Forschung stellt die Ergebnisse und Technologien im Konzern zur weiteren Entwicklung bereit.

Die Vorentwicklung greift diese Impulse auf oder generiert eigene Methodik- oder Technologieinnovationen. Dies geschieht in der Regel noch ohne konkrete Zuordnung zu einem Fahrzeugprojekt. Typischerweise haben diese Innovationen aber ein Zielsegment. Mögliche Untersuchungsgestände sind die Einführung von günstigen Alternativtechnologien in kostengünstigeren Segmenten bei Erhalt des funktionalen Mehrwerts (z. B. preiswerter Beladungsausgleich als Alternative zu geregelten Luftfedersystemen) oder die Steigerung des Fahrkomforts im obersten Segment (z. B. durch den Einsatz von weiter verbesserten vollaktiven Fahrwerken).

Diese Innovationsaufträge werden soweit vorentwickelt, dass eine belastbare Entscheidung in Fahrzeugprojekten möglich ist. Es müssen also zumindest die Einbauerfordernisse klar sein, insbesondere für einen Einsatz in bestehenden oder lediglich evolutionär weiterentwickelten Plattformen. Darüber hinaus muss eine verlässliche Kostenindikation vorliegen. Dazu wird in der Regel auch bereits mit einem Entwicklungspartner gemeinsam entwickelt und ein Business Case anhand der vom Vertrieb prognostizierten Stückzahlen abgeleitet.

Gerade im Fahrwerkbereich ist aber häufig auch der Fahreindruck einer Innovation dafür von hoher Relevanz, ob ein System in einem Fahrzeugprojekt zum Einsatz kommt. Neben Simulationsergebnissen werden, gerade bei aufwendigen und teuren Innovationen, häufig Technologiedemonstratoren aufgebaut. Die höchste Ausbaustufe dieser Demonstratoren sind fahr- und erlebbare Fahrzeuge, die in der Regel aber nur in Prüfgeländen verwendet werden können. Diese Fahrzeuge sind typischerweise Umbauten von Serienfahrzeugen. In diesen wird die neue Technologie integriert. Zudem wird eine Ansteuerung entworfen, meist unter Nutzung von Rapid Prototyping Methoden und Werkzeugen, wie z. B. dSpace Autobox und vergleichbaren Systemen. Der Vorteil dieser Systeme ist, dass mit im Ingenieurbereich üblichen Entwicklungstools wie z. B. Matlab/Simulink Regelungsalgorithmen entworfen werden können, die einfach auf dem Demonstrationsfahrzeug ablaufen können.

Die Vorentwicklung arbeitet in dieser Phase vergleichbar mit einer Serienentwicklung, wenn auch in kleineren Teams und mit schnelleren Zyklen. Zunächst wird in der Vollsimulation der Algorithmus unter Berücksichtigung der Stelldynamik (z. B. Schnelligkeit und Verzugszeiten von Aktoren) in einer Kopplung zwischen Regelung und Fahrzeugmodell (je nach Aufgabenstellung Einspurmodelle bis hin zu Mehrkörpermodellen) entworfen und anhand von objektiven Kriterien (z. B. die erwartete Steigerung der maximalen Querbeschleunigung) optimiert.

Die Stelldynamik wird vorab an Prüfständen separat ermittelt und in der Simulation entsprechend parametriert. Die letzte Phase ist die Übertragung des Algorithmus mit einer Erstbedatung in das Demonstratorfahrzeug.

Der Algorithmus mit Parametrierung wird direkt auf dem Rapid Prototyping System kompiliert und in Echtzeit berechnet. Die Ausgänge des Systems sind heutzutage häufig Bus-Signale, die im Fahrzeugnetzwerk von den entsprechenden Smart Actuators empfangen und umgesetzt werden. Mit dem Demonstrator werden Feinabstimmungen der Parametrierungen erarbeitet, um das Gesamtsystem möglichst umfangreich abzubilden.

Ein solches Demonstrationsfahrzeug dient auf den unterschiedlichen Unternehmensebenen als Entscheidungsgrundlage, gemeinsam mit den Kostenimplikationen.

Die Freigabe, ein vorentwickeltes System in Serie zu bringen, bildet den Abschluss einer Vorentwicklung.

Dies geschieht entweder in einem Einzelprojekt, oder deutlich häufiger in einer Plattform, die von mehreren Fahrzeugprojekten genutzt wird. So können die Entwicklungskosten auf mehrere Fahrzeuge umgelegt und die Stückzahlen gesteigert werden. Dadurch wird der Business Case optimiert und die Vorteile der Innovation können von einer erhöhten Zahl an Kunden erlebt werden und die Begeisterung für das Fahrverhalten erhöhen. Auch wenn nicht alle Innovationsprojekte direkt in einem Serieneinsatz münden, ist die Vorentwicklung eine wichtige Vorinstanz vor der Serienentwicklung. Innovationen müssen für den Einsatz in einem Fahrzeug bereits soweit vorentwickelt sein, dass sie zu Projektbeginn bzgl. Kosten, Package und Kundennutzen ausgereift sind und in der Zeit eines Fahrzeugentwicklungszyklus die Industrialisierung erfolgreich abgeschlossen werden kann.

5.2 Entwicklungsprozess (V-Modell)

Günther Prokop

Mit den in ► Abschn. 5.1 beschriebenen Eingangsgrößen und Randbedingungen liegen die anforderungsseitigen, organisatorischen und technologischen Voraussetzungen für die Fahrwerkentwicklung vor.

Bei den meisten Fahrzeugherstellern hat sich in der Fahrzeugentwicklung der sogenannte V-Prozess als logisches Ablaufmodell durchgesetzt (◘ Abb. 5.5). Dazu wird zu Beginn auf Systemebene 1 (Gesamtfahrzeug) ein umfangreicher, mehrere tausend Eigenschaften umfassender Anforderungskatalog erstellt.

Diese Anforderungen werden im Zielableitungsprozess immer weiter detailliert bzw. den Teilsystemen und Komponenten Zielbeiträge zugeordnet. Während der Zielableitung entstehen mithilfe der Baukästen und

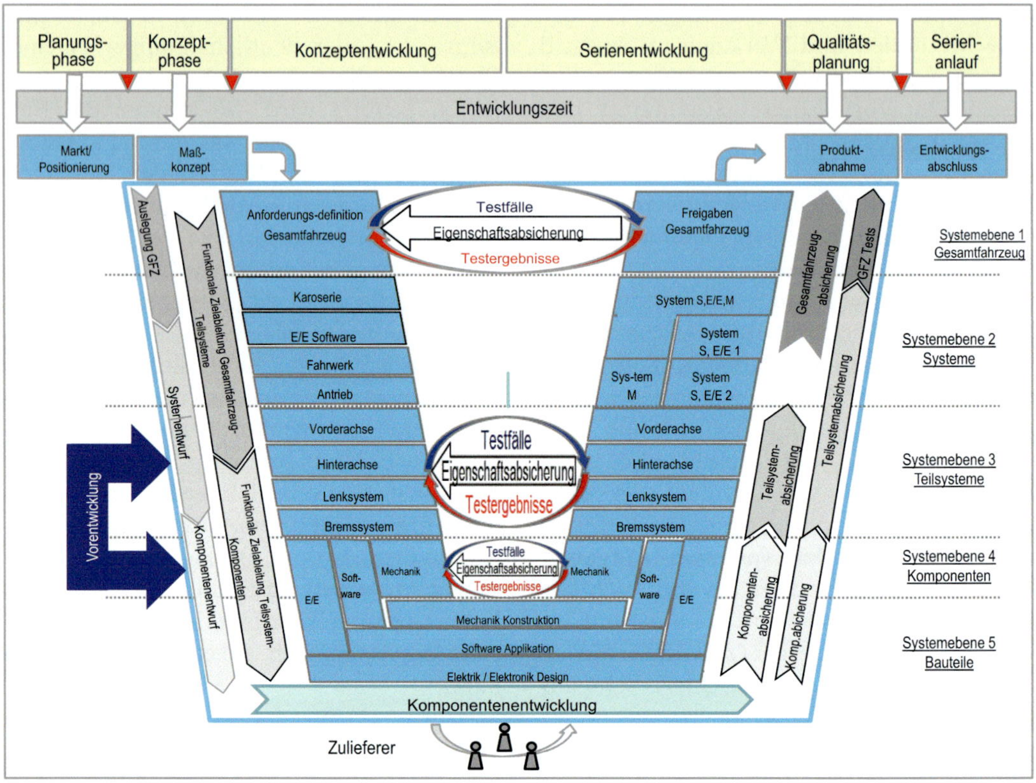

Abb. 5.5 V Model der Entwicklung

Standardarchitekturen sowie der aus der Vorentwicklung stammenden Technologien sukzessive die technischen Konzepte für die konkret zu entwickelnden Fahrzeugderivate.

Diese werden in der Komponentenentwicklungs- und Konstruktionsphase detailliert konstruiert und alle Softwareumfänge appliziert.

In der Absicherungsphase werden – zunächst auf Komponenten-, später auf Teilsystem- und Gesamtfahrzeugebene – die entstandenen funktionalen Eigenschaften (s. Anforderungskatalog) berechnet und erprobt.

So wird in mehreren Entwicklungsschleifen die Erfüllung der Anforderungen sichergestellt. Dabei dienen in den Systemebenen 2 bis 5 die aus der funktionalen Zielableitung gewonnenen System-, Teilsystem-, Komponenten- und Bauteilanforderungen als Testfälle und Zielgrößen/-werte. In Systemebenen 0 und 1 werden Testfälle und Zielgrößen/-werte direkt dem Anforderungskatalog entnommen.

Vorteil des V-Prozesses gegenüber anderen Prozessmodellen ist der sehr systematische, hierarchische Aufbau, der in der funktionalen Zielableitung ein klar reglementiertes Vorgehen „vom Groben ins Feine" sowie in der Absicherung eine sukzessive Erhöhung der Systemkomplexitäten – von Komponenten bis zum Gesamtfahrzeug in infrastruktureller Umgebung – zulässt. Die stringente Systematik des V-Modells trägt wesentlich zur Komplexitätsbeherrschung bei.

Die hohe Systematik des V-Modells stellt gleichzeitig seine Hauptnachteile dar: Entwicklung nach V-Modell gilt als zeitintensiv und wenig flexibel. Das V-Modell wird deshalb ergänzt durch flexibilisierende Methoden und Prozessabläufe.

5.2.1 Anforderungsdefinition und funktionale Zielableitung (Target Cascading)

Anforderungsdefinition und funktionale Zielableitung werden zumeist für eine Fahrzeugplattform durchgeführt, aus der mehrere Derivate ausgeleitet werden.

5.2.1.1 Anforderungsdefinition

Um eine erfolgversprechende Fahrwerkentwicklung zu ermöglichen, müssen während der Anforderungsdefinition für das Gesamtfahrzeug im Sinne günstiger Fahrzeuggene geschaffen werden. Dies geschieht methodisch anhand einfacher physikalischer Überlegungen an Einspur- und Zweispurmodellen, an einfachen Vertikaldynamikmodellen sowie an erfahrungsbasierten Kennfeldern. Prozessual werden diese Erkenntnisse in den Anforderungsmanagement-Prozess eingesteuert. So können bereits auf Gesamtfahrzeugebene günstige Voraussetzungen für die Gestaltung der Fahrdynamik-/Fahrkomfort-Eigenschaften geschaffen werden.

Beispiel: Die Forderung nach guter Hochgeschwindigkeitsstabilität des Fahrzeugs bedingt, dass Giereigenfrequenz und -dämpfung sowie die stationäre Gierverstärkung sich nur in vertretbaren Grenzen mit der Fahrgeschwindigkeit verändern. Es liegt nahe, dazu die Schwerpunktposition und die aerodynamischen Auftriebe an Vorder- und Hinterachse im Verhältnis zueinander entsprechend günstig zu gestalten. Die zugehörigen physikalischen Zusammenhänge sind in einem um aerodynamischen Auftrieb und radlastabhängige Schräglaufsteifigkeiten erweiterten Einspurmodell enthalten. Die zu fordernden aerodynamischen Auftriebsbeiwerte und ihr Verhältnis zueinander (vorne/hinten) können so quantifiziert werden, ohne bereits die Fahrwerkkonzepte festlegen zu müssen. Gemeinsam mit Aerodynamikingenieuren und Designern kann somit in einer sehr frühen Phase überlegt werden, inwieweit die Beiwerte durch eine Heckabrisskante realisierbar sind oder – z. B. aus Design-Erwägungen – aktive Aerodynamikmaßnahmen erfordern.

5.2.1.2 Funktionale und geometrische Zielableitung

Ausgehend vom Gesamtfahrzeug-Anforderungskatalog werden die funktionalen Zielvorgaben für die Systeme, deren Teilsysteme und Komponenten abgeleitet. Zusammen mit den Bauraum- und Baukastenvorgaben entstehen synchron dazu die System-, Teilsystem- und Komponentenkonzepte.

Die funktionale und geometrische Zielableitung kann grob in zwei Schritte eingeteilt werden:

1. Ableitung von Teilsystem-Anforderungen aus Gesamtfahrzeug-Anforderungen (Systemebenen 1 → 3)
2. Ableitung von Komponenten-Anforderungen aus Teilsystem-Anforderungen (Systemebenen 3 → 4)

Im Schritt 1. kommt es darauf an, das Zusammenspiel der Systeme und Teilsysteme optimal im Sinne der Gesamtfahrzeugfunktion zu gestalten. Idealerweise geschieht dies unabhängig von den konstruktiven Konzepten der Teilsysteme. Somit sind die Teilsystem-Anforderungen konzeptunabhängig zu formulieren.

Die funktionale und geometrische Zielableitung erfolgt meist simulationsgestützt. Die dazu verwendeten Simulationswerkzeuge sind so zu gestalten, dass sie globale, konzeptunabhängig beschriebene Teilsystemeigenschaften als Eingangsparameter nutzen und diese auf die in den Gesamtfahrzeuganforderungen beschriebenen Eigenschaften abbilden. Dazu sind konzepthafte Simulationsmodelle mit phasenadäquaten (tendenziell niedrigen) Detaillierungsgraden benötigt. Der Aufbau der Simulationsmodelle erfordert profundes Verständnis der physikalischen Wirkketten auf Gesamtfahrzeugebene und großes Erfahrungswissen bezüglich der Ausprägung funktionaler Eigenschaften im Entwicklungsprozess (s. ► Abschn. 5.3.1).

Um die simulationsgestützte funktionale und geometrische Zielableitung auch für subjektive Anforderungen durchführen zu können, kommen Fahrsimulatoren (funktional: Fahrverhalten, Fahrkomfort, Fahrerassistenz, Fahrautomatisierung) und Virtual-Reality-Darstellungen (geometrisch: Bauräume, Ergonomie, Sicht) zum Einsatz (s. ► Abschn. 5.3.4).

Beispiel: Die Fahreigenschaften des Gesamtfahrzeugs werden stark von den Kinematik- und Elastokinematik- Eigenschaften der Teilsysteme Vorder-/Hinterachse und von den Steifigkeitseigenschaften der Karosserie beeinflusst. Zu geringe Steifigkeiten der Karosserie – vor allem im Bereich der Federbein-Anbindungen – begrenzen die Spielräume in der Fahrwerkabstimmung. Bauraum--Beschränkungen begrenzen oft die zur Verfügung stehenden Federwege und die Lage der (Achs-)Kinematikpunkte.

Dire Maßnahmen zur Lösung für diese Zielkonflikte sind:

- *Steifigkeitsanforderungen an die Karosserie,*
- *Bauraumvorgaben für Vorder- und Hinterachse,*
- *ungefederte Massen,*
- *Achskinematik in Form von Vorgaben für Raderhebungskurven und Lenkkinematik,*
- *Elastokinematik in Form von auf den Radaufstandspunkt bezogenen Vorgaben für Steifigkeit, Dämpfung und Achsreibung, Wahl der Bereifung,*
- *Einsatz, Grundauslegung von Fahrdynamik-Regelsystemen.*

Zur Zielableitung werden in diesem Fall Simulationsmodelle verwendet, die die genannten Lösungsparameter auf die im Gesamtfahrzeug-Anforderungskatalog festgelegten Fahrdynamik- und Fahrkomforteigenschaften abbilden. Hilfreich sind an dieser Stelle auch physikalisch gut interpretierbare Zwischengrößen, z. B. Achsschräglaufsteifigkeiten, Achseinlauflängen. Modellseitig ist dazu die aus Querdynamikbetrachtungen gängige Zweispur-Fahrdynamikmodellierung mit einfachen Modellansätzen zu erweitern um Karosserieelastizitäten, ungefederte Massen, Fahrwerkreibung und Konzeptmodelle der Regelsysteme. Eine komponentenweise Modellierung der Achskinematik und –Elastokinematik ist in diesem Schritt nicht erforderlich. Für detailliertere Betrachtungen (s. Abschn. 5.3.1).

Zur Ableitung von Komponentenanforderungen aus Teilsystemanforderungen (Schritt 2) wird analog verfahren. Im Unterschied zu Schritt 1 sind nun jedoch Simulationsmodelle erforderlich, die Komponentenparameter auf Teilsystemeigenschaften abbilden. Im Bereich der Fahrwerkentwicklung kommen dafür meist Mehrkörpersimulationsmodelle (MKS) und Finite-Elemente-Modelle (FEM) zum Einsatz. Manche Fragestellungen (z. B. Bremsenkühlung) erfordern Strömungssimulationen (CFD, Continuous Fluid Dynamics).

Beispiel: Die im vorherigen Beispiel gefundenen Teilsystemanforderungen an Vorder- und Hinterachse müssen jetzt in eine funktionierende, bauraumkonforme Konstruktion umgesetzt werden. Unter Rückgriff auf in den Unternehmens-Baukästen vorhandene Achskonzepte werden MKS-Simulationen davon aufgebaut. Diese erlauben für ein gegebenes Achskonzept die Untersuchung der o. g. Teilsystemeigenschaften unter Variation der Komponentenparameter (Bauteilmassen, Position der Kinematikpunkte, Steifigkeiten und Dämpfungen der Elastomerlager, Dämpfer- und Lagerreibung, Fahrwerkabstimmung), (s. Abschn. 5.3.1).

Die beispielhaft für Vorder- und Hinterachse beschriebenen Vorgehensweisen in beiden Schritten zur geometrischen und funktionalen Zielableitung werden in Analogie ebenso für die übrigen zum Fahrwerk gehörenden Teilsysteme durchgeführt. Im Ergebnis liegen damit alle Anforderungen auf Teilsystem- und Komponentenebene und die konstruktiven Lösungskonzepte in Form von Lastenheften vor.

5.2.2 Komponentenentwicklung, Konstruktion

Metin Ersoy

Für die eigentliche Serienentwicklungsphase (Konstruktion und Erprobung) sind in der Regel 24 Monate vorgesehen. Hier kann man keine grundlegenden Änderungen mehr vornehmen. Hauptaugenmerk ist die Auslegung der Bauteile, Sicherstellung der Betriebsfestigkeiten, Optimierung der Funktionen und Einhaltung der Terminpläne sowie der Kostenziele. Es ist auch deshalb keine grundlegende Änderung mehr möglich, weil die Produktion bereits mit der Planung der Produktionsanlagen und Serienwerkzeuge angefangen hat (Industrialisierung). Die Hauptstrategien und wesentlichen Maßnahmen sind dabei [13]:

- strukturierte Kopplung an einen Gesamtfahrzeugentwicklungsablauf mit definierten Schnittstellen und Synchronisierungspunkten,
- rationelle Bauteilentwicklung durch gezielten Einsatz von Simulations- und Berechnungsverfahren, die vollständige Modellierung der Teile in 3D-CAD, die Nutzung von Digital Mockup (DMU), sowie die Verkürzung der Prototypenherstellung durch Rapid-Prototyping,
- strukturierte Funktionsabsicherung für Fahrdynamik, Reifen und Regelsysteme und simultane Bearbeitung der Teilprozesse der Funktionsentwicklung durch klar definierte und gemeinsam genutzte Fahr-werkstände, sowie durch übergreifende Abgleiche der getrennt erarbeiteten Entwicklungsstände.

Die Serienentwicklungsphase beginnt mit der konstruktiven Überarbeitung aller Bauteile auf Basis der gewonnenen Erkenntnisse aus der funktionalen und geometrischen Zielableitung. Die Bauteilschwachstellen werden beseitigt, deren Gewicht und Kosten weiter optimiert. Außerdem werden alle Voraussetzungen für eine fertigungs- und montagegerechte Konstruktion erfüllt. In dieser Phase wird sehr eng mit dem Zulieferer der Rohteile (Schmieden, Gießereien, Blechumformer, Kaltfließpresser usw.) und mit der Endfertigung dieser Teile zusammengearbeitet. Auch die richtige Oberflächenbehandlung des Bauteils muss jetzt festgelegt sein. Die hier wesentlichen Zielkonflikte bestehen im Wesentlichen aus Bauteilfunktion, Herstellkosten und Betriebsfestigkeit/Haltbarkeit unter allen Belastungen und Umweltbedingungen.

Die Auslegung der kraftübertragenden Bauteile im Fahrwerk wird mithilfe von Simulationen durchgeführt (◘ Abb. 5.6). Zuerst wird der Bauraum, der zur Verfügung steht, aus dem CAD-Modell des Gesamtsystems entnommen: das „Bauraummodell-“. Dann werden die Krafteinleitungspunkte und Restriktionen (Gelenkfreiheiten) festgehalten, die einwirkenden Kräfte (Lasten bzw. Lastkollektiven) berechnet und die Optimierungs- ziele (nach Festigkeit, Steifigkeit, Eigenfrequenz) definiert. Es ist auch wichtig zu wissen, für welches Fertigungsverfahren das Bauteil geplant ist.

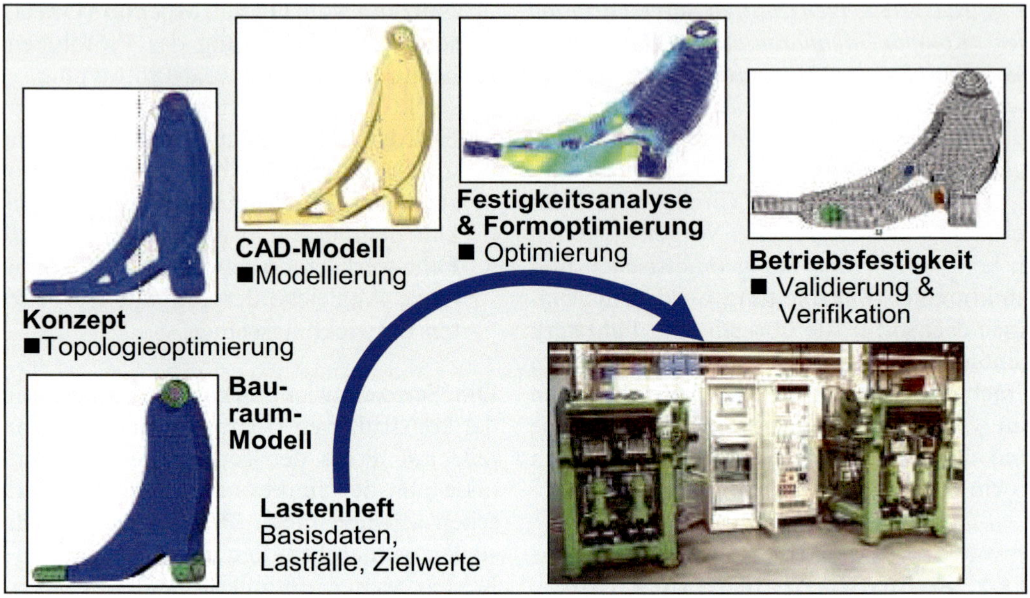

Abb. 5.6 CAD-unterstütztes Vorgehen beim Auslegen der optimierten Fahrwerkbauteile. (Quelle ZF Lemförder)

Mit diesen Daten wird eine Topologieoptimierung durchgeführt (s. ► Abschn. 5.3.1.4). Der Topologievorschlag muss geglättet und unter Berücksichtigung der Fertigungseinschränkungen überarbeitet werden, d. h., konstruktiv umgesetzt werden. In einem anschließenden FEM-Simulationslauf wird die Konstruktion nach Spannungen und Steifigkeiten berechnet, um Festigkeit und Lebensdauer sicherzustellen.

Um die kosten- und gewichtsoptimierte Lösung zu finden, wird das Bauteil für unterschiedliche Werkstoffe und Fertigungsverfahren parallel ausgelegt, angefragt, mit Unterlieferanten diskutiert, überarbeitet und kalkuliert. Dazu kommen auch die Änderungen an Kinematikpunkten, Lastdaten oder Bauraum, die mehrere Varianten (Z. t. bis zu 10) für dasselbe Bauteil notwendig machen. Abb. 5.7 zeigt beispielhaft die unterschiedlichen Fertigungs- und Werkstoffalternativen, aus denen nach einer Bewertung die beste Lösung ausgewählt wird.

Da in CAD alle Teile mit ihren Nennmaßen modelliert werden, ist es notwendig, die Gesamtkonstruktion beim Auftreten der ungünstigsten Fertigungstoleranzen zu untersuchen. Betrachtet werden sowohl geometrische (Maßabweichungen), als auch funktionale Fertigungstoleranzen (z. B. abweichende Shore-Härten in Elastomerlagern) sowie ihre Auswirkungen auf die funktionalen Eigenschaften und auf Kollisionsfreiheit im Betrieb. Dabei werden nicht die in der Zeichnung stehenden Max. Toleranzen, sondern die vom Fertigungsverfahren üblichen, statistischen Toleranzstreuungen angenommen.

Effiziente numerische Methoden zur Durchführung von Toleranzanalysen existieren als in CAD-Umgebungen integrierte Werkzeuge (statische geometrische Toleranzkettenanalyse), und als Kombinationen aus MKS- und DMU-Werkzeugen (dynamische geometrische Freigangs-Untersuchungen) [14].

VARIANTE	Stahlblech	Alu Druckguss	Alu- Schmiede	Mg- Druckguss	Alu- IHU
MODELL	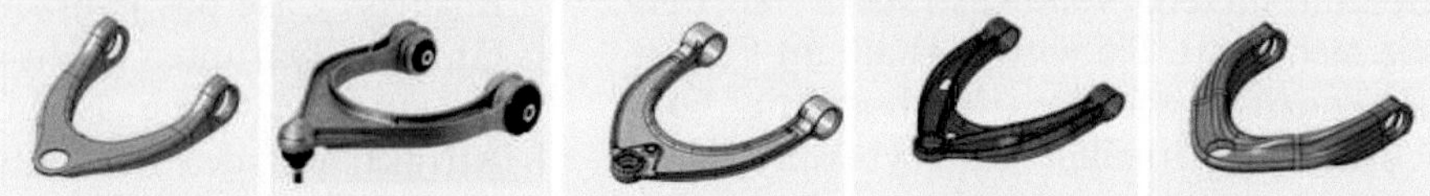				
Kosten	75%	90%	**100%**	110%	120%
Gewicht	1360 g	620 g	620 g	520 g	600 g
Steifigkeit	2,7 kN/mm	2,2 kN/mm	2,3 kN/mm	2 kN/mm	1,4 kN/mm
Festigkeit	+	+	++	**0**	**0**
Knicklast	**0**	+	+	-	+
Bauraum	-	+	++	+	-

Abb. 5.7 Auslegungsvarianten für einen oberen Querlenker. (Mit Bearbeitung, ohne Gelenke)

Ein wichtiges Gebot der Konstruktion ist die frühe Erkennung und Beseitigung der Schwachstellen.

Die zu diesem Zweck angewandte FMEA-Methode (*Fehlermöglichkeits- und Einflussanalyse*) ist ein Hauptbestandteil der Konstruktionsarbeit und dient zum systematischen Entdecken, Erfassen und Abstellen der potentiellen Fehler. Dabei unterscheidet man je nach Anwendungsfeld zwischen System-FMEA, Konstruktions-FMEA oder einer Prozess-FMEA [15]. Standard-Softwarepakete wie IQ-FMEA, Plato mit integrierter Datenbank erleichtern, ähnlich wie die Expertensysteme, die Durchführung der FMEA.

5.2.3 Funktionale Absicherung

Günther Prokop

Die funktionale Absicherung dient zur Sicherstellung der Zielerreichung gemäß Anforderungskatalog und spezifischer Zielgrößen – vor allem auf Teilsystem- und Komponentenebene, – die nicht aus der Zielkaskadierung resultieren, sondern auf den jeweiligen Systemebenen formuliert sind (z. B. Fertigbarkeit, Montierbarkeit, Anforderungen aus Konstruktions- und System-FMEA). Nach erfolgter Bauteilkonstruktion-wäre ein direkter Zusammenbau zu einem Gesamtfahrzeug-Prototypen mit direkter Erprobung naheliegend. Wegen der hohen Systemkomplexität des Entwicklungsgegenstands erschient diese Vorgehensweise jedoch nicht zielführend. Vielmehr muss die Funktionsabsicherung stufenweise in den Systemebenen erfolgen. Begonnen wird auf den Bauteil- und Komponentenebenen. Sind alle relevanten Komponenten eines Teilsystems abgesichert, erfolgt der Zusammenbau zu Teilsystem-Versuchsträgern, das dann ebenfalls abgesichert wird. Sind alle relevanten Teilsysteme des Fahrzeugs abgesichert, werden Gesamtafahrzeug-Versuchsträger erstellt, die funktional erprobt werden.

Ein Versuchsträger kann dabei physisch (als funktionsfähiger Prototyp, s. ▶ Abschn. 5.3.2 und 5.3.3), virtuell (als Simulationsmodell, s. ▶ Abschn. 5.3.1) oder cyberphysisch (komponenten- oder teilsystemweise Mischung aus funktionsfähiger Hardware und Simulationsmodellen, s. ▶ Abschn. 5.3.4).

Eine Absicherung auf der Ebene „System" (Systemebene 2) findet in heutiger Praxis wegen der hohen Versuchs- und

Prüfstandkomplexitäten im Vergleich zu Gesamtfahrzeug-Versuchsträgern so gut wie nicht statt. Sie wird deshalb im Folgenden nicht betrachtet. Methodische Fortschritte in virtuellen und cyberphysischen Absicherungsmethoden könnten dies jedoch im Sinne minimierter Produktrisiken in Zukunft interessant machen.

Mit zunehmender Bedeutung von Fahrerassistenz- und Fahrautomatisierungsfunktionen, zu deren Funktion die Wahrnehmung der Fahrumgebung und die Kommunikation mit umgebender Infrastruktur erforderlich sind, sind Absicherungsschritte auf Systemebene 0 unbedingt erforderlich. Seit einigen Jahren finden in Industrie und Forschung intensive Bemühungen statt, um dafür effiziente Absicherungsmethoden zu entwickeln, [16].

Als Testfälle, Zielgrößen, Zielkriterien zur stufenweisen Absicherung dienen auf den unterschiedlichen Systemebenen die während der funktionalen Zielableitung gefundenen Teilsystem- und Komponentenziele (s. ◘ Abb. 5.5) sowie Kriterien zur Erfüllung der spezifischen Teilsystem und Komponentenanforderungen. Eine stringente, gut dokumentierte und mit hohem physikalischem Wirkketten- und Systemverständnis durchgeführte Zielkaskadierung während der funktionalen Zielableitung (► Abschn. 5.2.1) ist also unabdingbare Voraussetzung für die gestufte funktionale Absicherung, und damit für die Minimierung von Entwicklungszeit und -risiken im Gesamtprozess.

Alle Anforderungen können in Produktrisikoklassen eingeordnet werden. Eine übliche Klassifikation dafür ist:

- **Risikoklasse 1:** unternehmensgefährdende Produktrisiken. Darunter fallen alle Anforderungen, die zu Gesetzeserfüllung, Produktsicherheit (=Relevanz für Produkthaftung), Vermeidung von Anlaufgefährdungen erforderlich sind.
- **Risikoklasse 2:** Produktrisiken, die den Business Case des Fahrzeugprojekts gefährden. Darunter fallen alle Anforderungen, bei deren Nichterfüllung die Attraktivität des Produkts stark beeinträchtigt wäre, die Herstellkosten stark steigen würden (z. B. durch nachträgliche Sondermaßnahmen zur Erfüllung) oder die Gewährleistungskosten signifikant erhöht würden. letzteres geht in der Regel mit einem Abfall der Kundenzufriedenheit und einem Abfall der Markenattraktivität einher.
- **Risikoklasse 3:** alle Produktrisiken, die nicht in Risikoklassen 1 oder 2 fallen. Betroffen sind in der Regel Anforderungen, deren Nichterfüllung als mit mäßig aufwendigen Sonderabläufen beherrschbar oder als nicht direkt vom Kunden wahrnehmbar eingestuft werden.

Anforderungen der Risikoklasse 1 sind stets mit höchster Priorität funktional abzusichern. Ihre Erfüllung, die Entwicklungsschritte und die zur Absicherung durchgeführten Tests und Ergebnisse sind stets rechtssicher zu dokumentieren.

Anforderungen der Risikoklassen 2 und 3 können als grundsätzlich im Unternehmen verhandelbar gelten. Sie können einer Abwägung zwischen Entwicklungszeit/-kosten einerseits und Produktrisiken andererseits unterzogen werden (s. ► Abschn. 5.4.3).

Grundsätzlich kann bei allen Absicherungsschritten auf allen Systemebenen die Absicherungsmethode frei gewählt werden. Insbesondere besteht die Wahl zwischen virtuellen, physischen oder cyberphysischen Absicherungsmethoden (s. ► Abschn. 5.3). Zur Methodenauswahl werden Zeit- und Kostenabschätzungen zur Methodenanwendung, die erwartete Ergebnisqualität, die Risikoklasse und die in ► Abschn. 5.1.1.3 eingeführten Funktions-Reifegrade mit ihren zeitlichen Verläufen während der Entwicklungszeit berücksichtigt. Zur Risiko- und Zeit-/Kostenoptimalen Planung der Absicherungsmethoden existieren Meta-Methoden (s. ▶ Abschn. 5.4.3).

5.2.3.1 Komponentenabsicherung

Mechanische Bauteile und Komponenten sind zunächst bezüglich Festigkeit und Lebensdauereigenschaften sowie ihrem Verhalten bei Sonder- und Missbrauchsereignissen abzusichern. Es folgen die aus der funktionalen Zielableitung gewonnenen Komponentenanforderungen.

Beispiele: Im Fall eines Elastomerlagers sind dies die Steifigkeitskennlinien und die frequenz- und amplitudenabhängigen Charakteristika von Steifigkeit und Dämpfung in den verschiedenen Raumrichtungen. Ein Prüfstand und damit vermessene Charakterisierungen von Aggregatelagern ist in Abb. 5.8 dargestellt.

Bei Dämpfern sind belastungsabhängig und ggf. abhängig von der Dämpferbestromung (bei geregelten Dämpfern) die Dämpf-, Feder- und Reibungskräfte zu ermitteln und mit den Zielwerten abzugleichen.

Software-Komponenten werden zunächst auf Programmcode-Ebene abgesichert.

Dafür stellen die Software-Entwicklungsumgebungen Werkzeuge bereit. Funktional kann Software meist nur im Kontext mit ihrer dynamischen Umgebung abgesichert werden. Dafür werden vereinfachte Simulationsmodelle der Fahrzeugdynamik in Echtzeit mit der abzusichernden Software-Komponente gekoppelt. Dies geschieht je nach Entwicklungsstand der Software mehrstufig:

- **Model in the Loop – MiL:** Die abzusichernde Software besteht aus einer abstrahierten Logik-Repräsentation (z. B. Blockdiagramm in MATLAB-Simulink-Umgebung).
- **Software in the Loop – SiL:** Die abzusichernde Software besteht aus dem für das Steuergerät vorgesehenen maschinenlesbaren Code, wird aber auf einem Laborrechner betrieben.

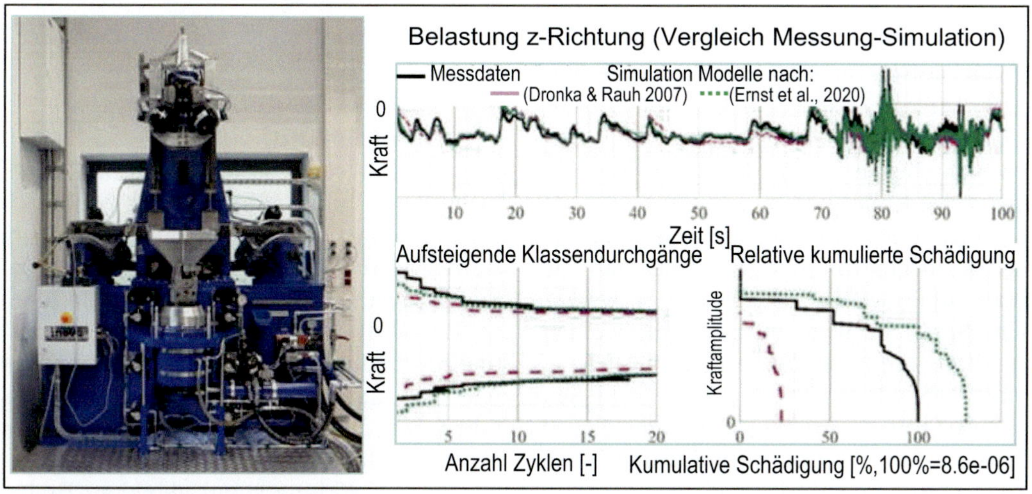

Abb. 5.8 Komponentenprüfstand zur Absicherung von Elastomerlagern und Lebensdauervorhersagen im Vergleich Messung-Simulation. (Quellen: TU Dresden, [17])

- **Hardware in the Loop – HiL:** Die abzusichernde Software bildet zusammen mit dem für das Fahrzeug vorgesehenen Steuergerät eine vollständige Komponente und wird über die selben Schnittstellen mit dem Fahrzeug-Simulationsmodell verbunden wie am realen Fahrzeug vorgesehen.

MiL, SiL und HiL erlauben einen schrittweisen Komplexitätsaufbau bei der Absicherung der softwaredefinierten Komponente. So werden zuerst die Funktionslogikenalleine (MiL), später die Compiler-Eigenschaften (SiL) und dann die Hardware-Software-Interaktionen (HiL) nacheinander abgesichert. Detaillierte Informationen zu MiL-, SiL- und HiL-Methoden siehe ► Abschn. 5.3.4.

5.2.3.2 Teilsystemabsicherung

Sind alle Komponenten eines Teilsystems auf diese Weise abgesichert, so werden sie zum Teilsystem integriert. Dieses ist analog zu den Komponenten in seinen aus dem Anforderungskatalog abgeleiteten und seinen spezifischen Zieleigenschaften abzusichern. Spezifische Zielgrößen ergeben sich aus Lebensdauer- und Betriebsfestigkeitsanforderungen sowie aus den System-FMEA. Zudem spielen auf Teilsystemebene Anforderungen der funktionalen Sicherheit und der Gebrauchssicherheit eine große Rolle.

Teilsysteme in heutigen Fahrzeugen stellen mechatronische Systeme dar, deren Funktionen und Eigenschaften wesentlich durch Software mitbestimmt werden. Die Software-Funktionen sind meist in einem Verbund von Steuergeräten und Sensoren/Aktoren vernetzt. Für viele abzusichernde Anforderungen und Funktionen/Eigenschaften des Teilsystems ist es deshalb bei Prüfstand-Absicherung erforderlich, zum Teilsystemtest das Restfahrzeug und teilweise auch die Fahrumgebung bzw. die Kommunikation mit anderen Steuergeräten parallel zum Prüflauf in Echtzeit zu simulieren und daraus das zu prüfende Teilsystem anzuregen.

Bei Teilsystemversuchen darauf zu achten, dass Eigendynamik, Regelung und Einspannbedingungen des verwendeten Prüfstands eine systemdynamisch realistische Anregung des zu prüfenden Teilsystems zulassen, [18].

Aus den genannten Gründen ist die Absicherung auf Teilsystemebene sehr aufwendig und bezüglich der Ergebnisqualität mit Unsicherheiten behaftet. Andererseits bieten gekoppelte Teilsystem-Prüfaufbauten („cyberphysisches Testen") große Möglichkeiten, die Teilsystem- und Gesamtfahrzeugabsicherungen stark zu flexibilisieren und damit schnellere und effizientere Absicherungsprozesse zu erhalten (s. ► Abschn. 5.3.4). Die Teilsystemabsicherung stellt überdies einen notwendigen Schritt der Systemintegration dar. Sie bietet die Möglichkeit, gezielt Schnittstellen und Wechselwirkungen zwischen mehreren Komponenten untereinander und zwischen Teilsystemen untereinander in Laborumgebung zu erproben, bevor Gesamtfahrzeug-Erprobungsträger aufgebaut werden.

5.2.3.3 Gesamtfahrzeugabsicherung

Die Absicherung auf Gesamtfahrzeugebene kann durch Simulation, Prüfstandversuch oder Fahrversuch erfolgen. Dazu werden virtuelle und/oder physische Erprobungsträger des Gesamtfahrzeugs benötigt.

Ein virtueller Erprobungsträger („virtueller Prototyp") besteht aus mehreren Simulationsmodellen des Gesamtfahrzeugs, die in Summe die funktionalen Eigenschaften konsistent für einen gegebenen Entwicklungsstand abbilden. Er bedient sich dabei des vollständigen Repertoires an Simulationsmethoden und –modellen (s. ► Abschn. 5.3.1). Um Konsistenz der

Simulationsmodelle untereinander und zum Entwicklungsstand sicherzustellen, ist ein zentrales Produktdatenmanagement unabdingbar. Nur so kann gewährleistet werden, dass die in den Simulationsmodellen abgebildeten physikalischen Wirkketten auf den jeweils aktuellsten Entwicklungsstand angewendet werden.

Virtuelle Prototypen werden in unterschiedlichen Baustufen erstellt (Die Baustufenbezeichnungen sind unter den Fahrzeugherstellern nicht einheitlich, hier wurde beispielhaft die Nomenklatur eines Herstellers gewählt. Die Entwicklungsabläufe ähneln sich jedoch. Die Bezeichnungen sind somit leicht übertragbar.):

- **virtuelle Architekturbaugruppe (vABG):** Dient zur Absicherung der Fahrzeugarchitektur und der zugehörigen Baukästen. Im Vordergrund steht die Frage nach der Eignung der zu entwickelnden Standardarchitektur und Baukästen für das geplante Derivatespektrum nach Funktion und Herstellkosten, s. ▶ Abschn. 5.1.3.
- **virtuelle Konzeptbaugruppe (vKBG):** Wird zur funktionalen und geometrischen Zielableitung und Konzeptfindung verwendet.
- **virtuelle Entwicklungsbaugruppe (vEBG):** Stellt einen virtuellen Ersatz (manchmal Ergänzung) der sonst physischen EBG-Erprobung dar, s. u.
- **virtuelle Bestätigungsbaugruppe (vBBG):** Stellt einen virtuellen Ersatz (manchmal Ergänzung) der sonst physischen BBG-Erprobung dar, s. u.

Physische Prototypen der aufeinanderfolgenden Baustufen sind:

- **Konzeptsystemprototyp (KSP):** Wird synchron zur vKBG aufgebaut, um einzelne Funktionen abzusichern oder erlebbar zu machen. KSP wird dann eingesetzt, wenn mit diesen Funktionen zu wenig Erfahrung besteht, um Konzeptentscheidungen ausschließlich aus Simulation abzuleiten.
- **Entwicklungsbaugruppe (EBG):** Stellt den ersten Gesamtfahrzeugaufbau während der Serienentwicklung dar. Dient zur Absicherung der nominell definierten Fahrzeuganforderungen.
- **Bestätigungsbaugruppe (BBG):** Dient zur Verfeinerung/Abstimmung der nominellen Gesamtfahrzeugfunktionen und zur Sicherstellung der Funktionen in einem breiten Feld von Umgebungs- und Nutzungsbedingungen (Kälte, Hitze, Witterung, Höhe, Stadt, Gebirge, Anhängerbetrieb etc.).
- **Produktionsvorläufer, Vorserie (PVL, VS):** Ist primär vorgesehen zur Absicherung der Fertigungsqualität im Werk. Wird auch verwendet zur funktionalen Feinabstimmung und kundennahen Erprobung.

Seit ca. zwei Jahrzehnten ist ein deutlicher Trend zur Virtualisierung der Entwicklung – und damit der Absicherungsabläufe – erkennbar. Physische Prototypenfahrzeuge der Baustufen KSP, EBG und BBG konnten so deutlich reduziert, in vielen Fahrzeugprojekten auch vollständig eingespart werden.

Produktentwicklung und Fertigungsvorbereitung enden mit dem Meilenstein „Start of Production – SoP“, der den Anlauf der Serienfertigung markiert.

5.3 Auslegungs- und Absicherungsmethoden

Günther Prokop und Metin Ersoy

Die Effizienz der Entwicklungsarbeit hängt stark von den in den einzelnen Prozessschritten eingesetzten Methoden zur Eigenschaftsauslegung und -absicherung ab. Diese lassen sich zunächst klassifizieren in

Simulation, Prüfstandversuch und Fahrversuch. Grundsätzlich sind diese untereinander kombinierbar. Eine Echtzeitkopplung der unterschiedlichen Methoden wird als cyberphysische Testumgebung oder cyberphysischer Prototyp bezeichnet.

5.3.1 Simulation

In der Konzeptphase wird versucht, die Aufgaben möglichst durch virtuelle Simulationen zu lösen. Unter der virtuellen Simulation versteht man alle rechnerunterstützten numerischen Berechnungsmethoden.

Die virtuelle Simulation bietet dabei enorme Zeit- und Kostenersparungspotenziale und führt im allgemeinem zu einer erhöhten Entwicklungsqualität. Durch die schnelle Änderung am Modell und erneute Simulationen, kann auch an deren Optimierung gearbeitet werden, lange bevor die ersten Prototypenfahrzeuge oder Bauteile für Tests zur Verfügung stehen. Für den Begriff virtuelle Simulation wird im internationalen Sprachgebrauch die Abkürzung CAE (*Computer Aided Engineering*) verwendet.

Gleichwohl ist anzumerken, dass trotz sehr leistungsfähiger Simulationstools auf physikalische Tests in der Automobilentwicklung auf lange Sicht nicht verzichtet werden kann. So sollten die verwendeten CAE-Modelle frühestmöglich mit realen Versuchen validiert werden. Zudem wird es trotz sich weiter entwickelnder Soft- und Hardware Kriterien geben, die sich nicht virtuell abtesten lassen. Hier seien die subjektive Beurteilung des Fahrverhaltens und des Fahrkomforts beispielsweise genannt.

5.3.1.1 CAD und Digitaler Mock-up

Das wichtigste Hilfsmittel für die Fahrwerkentwicklung ist die 3D-CAD-Software. Sie ermöglicht die Gestaltmodellierung des zukünftigen Produktes und beinhaltet neben geometrischen Informationen (Abmessungen, Toleranzen) auch Struktur- (Baustruktur, Stücklisten) und Fertigungsinformationen (Werkstoff, Fertigungsverfahren, Oberflächen- und Wärmebehandlung). Alle Bauteile, Zusammenbauten, Module bis zum Gesamtfahrzeug werden mit 3D-CAD modelliert. Dieses Modell wird DMU (Digital Mock Up) genannt. DMU für das Gesamtfahrzeug (Außenabmessungen, Radstand, Spurweiten, Fahrgastraum, Bodengruppe, Antriebsaggregat, Hardpoints für Achsen etc.) entsteht bereits vor der Planungsphase, obwohl in dieser Zeit noch keine genauen Bauteilmodelle vorhanden sind. Stattdessen werden vereinfachte Modelle als Platzhalter einkopiert. Im Laufe der Entwicklung werden diese ständig konkretisiert und optimiert. Größter Vorteil des DMU ist die ständige Koordination unterschiedlicher Entwicklungsbereiche, um Bauraumkonflikte zu vermeiden. Außerdem bildet DMU das Grundmodell für alle Simulationen, Package- und Freiraumuntersuchungen, Kinematikanalysen aber auch für die Herstellung von Rapid-Prototypen oder Prototypen- und Serienwerkzeugen. DMU kann nur dann diese Anforderungen erfüllen, wenn alle Daten in einer nativen Sprache vorliegen; d. h., nicht nur alle Bereiche beim OEM, sondern auch alle externen Entwickler (Ingenieurbüros, Zulieferer) dieselbe CAD-Software und dieselben Softwareeinstellungen benutzen.

In der Automobilindustrie sind derzeit folgende CAD-Softwarepakete zu finden:
- Catia (V5, V6, 3DEXPERIENCE),
- SolidWorks,
- PTC Creo,
- Siemens NX.

Alle vier sind parametrische Solidmodeller, d. h., die Modelle sind durch Parameter definiert, die untereinander nach Konstruktionsregeln in Beziehung stehen. Das Modell lässt sich dann einfach ändern, indem die Zahlenwerte der Parameter geändert werden.

In diesen CAD-Paketen werden immer mehr Module integriert, damit der Konstrukteur ohne Datenaustausch und -anpassung auch Stücklisten generieren, Gewichte ermitteln, Kinematik und Kollisionen untersuchen, FEM berechnen, PDM (Product Data Management) und die CNC-Programmierung durchführen kann. Alle vier CAD-Programme lassen simultane kinematischen Untersuchungen zu, um in jeder Radstellung die Bauteile nach Kollision oder Sicherheitsabständen (Freiräume) zu prüfen.

PDM oder dessen Erweiterung PLM (Product Life-cycle Management) ist das Modul, das alle Anwender im gesamten Unternehmen vernetzt. So kann jeder parallel mit derselben Datenversion arbeiten. Es ist die Anwenderoberfläche für Informationssuche, Produktsimulation und Zusammenarbeit in einer Echtzeit 3D-Umgebung, d. h., jeder Anwender kann jedes CAD-Modell ändern, ohne zu wissen, wie es erstellt wurde.

5.3.1.2 Konzeptsimulation

Vor allem in den frühen Phasen der Entwicklung und bei Troubleshooting-Aufgaben kommen konzepthafte Modellansätze zum Einsatz. Sie bieten gegenüber den MKS- und FEM-Methoden den Vorteil einfacher, analytisch gut verstehbarer Modelltiefe, eines vergleichsweise geringen Parametrieraufwands und mit kostengünstiger Hardware darstellbarer Echtzeitfähigkeit. Nachteilig ist, dass sie oft nicht absolut genaue, sondern „nur" relativgenaue Ergebnisse liefern. So sind sie das Mittel der Wahl zur Vorbereitung von Konzeptentscheiden und zur Erzeugung von physikalischem Wirkkettenverständnis.

Konzeptmodelle werden oft in der Umgebung MATLAB/Simulink oder in C++dargestellt (Beispiele dafür siehe Einspur- und Zweispurmodelle in ► Abschn. 2.5.3 und 2.5.6 sowie die Federungsmodelle 1/4-Fahrzeug, 1/2-Fahrzeug in ► Abschn. 2.4.5).

Seit einigen Jahren existieren auch Modelle, bei denen übliche Zweispurmodelle um ungefederte Massen und auf die Radaufstandpunkte reduzierte Steifigkeits-, Dämpfungs- und Reibungseigenschaften sowie Aggregat- und Achsträgerschwingungen erweitert werden. Diese erlauben bereits in der Konzeptphase Beurteilungen von Eigenschaften in primary und secondary ride, [19].

5.3.1.3 Mehrkörpersimulation (MKS)

Die Simulation von Mehrkörpersystemen wird eingesetzt, um das Bewegungsverhalten komplexer Systeme zu untersuchen, die aus einer Vielzahl gekoppelter beweglicher Teile bestehen. Mit MKS lassen sich neben den Bewegungen auch Schnittkräfte und -momente bestimmen, die durch Bewegungen des Fahrzeugs entstehen [20].

Es gibt viele Standard MKS-Softwarepakete: ADAMS, SIMPACK, SimulationX usw. In der Fahrwerkentwicklung ist die MSC-Software ADAMS weit verbreitet. Die Software ADAMS/Car beinhaltet u. a. eine Datenbank gebräuchlicher Radaufhängungskonzepte (z. B. McPherson, Doppelquerlenker etc.). Diese sogenannten „Templates" lassen sich ohne großen Aufwand an die jeweilige Fahrzeuggeometrie anpassen.

Dies ermöglicht auch einen weitgehend problemlosen Austausch von Fahrzeug- oder Fahrwerkmodellen zwischen den an einem Projekt beteiligten Firmen.

- **Mehrkörpersystem**

Ein Mehrkörpersystem ist der Zusammenbau starrer und/oder flexibler massebehafteter Körper, die durch Gelenke (für Translation, Rotation, kardanische Gelenke), Federn, Dämpfer, Gummilager verbunden sind. Diese werden von externen (eingeprägten) Kräften und Momenten oder externen Führungsbewegungen angetrieben und mathematisch durch ein System von differential-algebraischen Gleichungen (DAE) beschrieben.

- **Mehrkörpersimulation**

Die Mehrkörpersimulation ist ein Berechnungsverfahren zur rechnergestützten Lösung oben genannter DAEs mit dem Ziel, die folgenden Größen bereitzustellen:

- Lage-, Geschwindigkeits-, Beschleunigungsvektoren (Translation und Rotation) für die Schwerpunkte und Anbindungspunkte zwischen den Körpern des Systems,
- Trajektorien (Kraft über Einfederung, Längskraft über Querkraft, Spur über Einfederung etc.) und insbesondere auch Schnittkräfte und Schnittmomente an den Anbindungspunkten für die Lastenkaskadierung.

- **Mehrkörpersimulation mit starren und flexiblen Körpern**

Kommerzielle MKS-Software bietet die Option, Elastizitäten massebehafteter Körper zu berücksichtigen. Dazu werden die Verformungen mittels einer Modalanalyse zerlegt und durch wenige Modalkoordinaten und Modalformen angenähert [21]. Da Elastizitäten von Achsträgern, Querlenkern und Dämpferbeinen die Schnittlasten bei hochdynamischen Fahrmanövern signifikant beeinflussen können, findet die Integration von Elastizitäten in die Modellbildung immer größere Verbreitung. Für die Betriebsfestigkeitsanalysen von Fahrwerkskomponenten liefern Starrkörper-MKS-Modelle in der Regel nicht ausreichend genau berechnete Schnittlasten.

Daher sind Lastenkaskadierungen grundsätzlich mit flexiblen ADAMS/Car-Modellen durchzuführen. Die Unterschiede zwischen den beiden Modellen sind aus ◘ Abb. 5.9 und beispielhaft für die Belastungen bei Schlaglochdurchfahrt aus ◘ Abb. 5.10 ersichtlich.

Modellreduktionen durch eine Umwandlung von (einzelnen oder mehrerer) flexiblen Komponenten in Starrkörper sind nur zu empfehlen, sofern der Einfluss der Modellreduktion im Rahmen einer Sensitivitätsanalyse quantifiziert wurde. Für die Sensitivitätsanalyse sind Simulationen mit transienten Fahrversuchslasten oder äquivalenten synthetischen Lasten durchzuführen. Die Verwendung vollständig flexibler MKS-Modelle gegenüber Starrkörpermodellen führt allerdings zu deutlich erhöhten Simulationszeiten.

- **Kinematik, Elastokinematik**

Die Elastokinematik einer Achse mit ihren wesentlichen Kenngrößen Spur, Sturz, Nachlauf, Radaufstandspunktsverschiebungen,

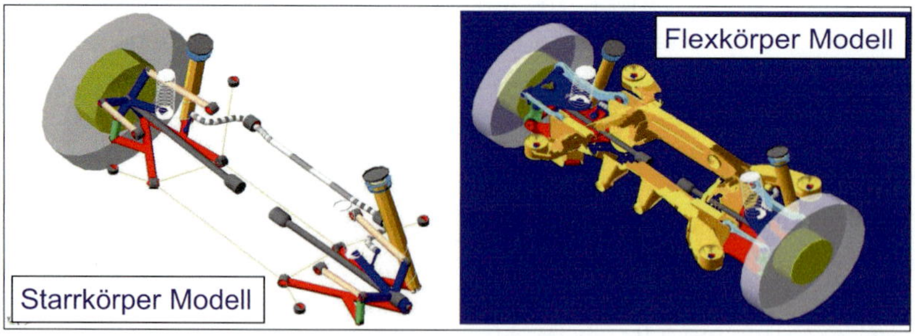

◘ Abb. 5.9 Vorderachse als Starrkörpermodell ADAMS/Car und zugeordnetes ADAMS-Modell mit flexiblen Körpern [22]

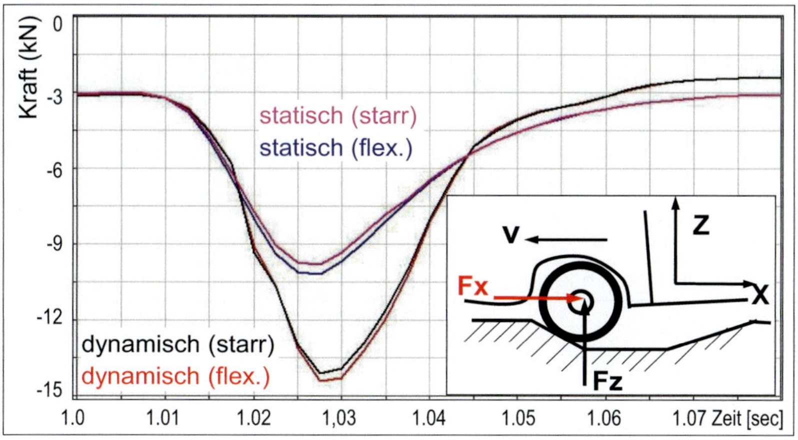

Abb. 5.10 Einfluss der Starr- oder Flexkörpersimulation auf die statischen und dynamischen Kräfte [22]

etc., ist wesentlicher Einflussfaktor für die Fahrdynamik eines Fahrzeuges. Bei deren Ermittlung gilt der Elastokinematik-Prüfstand (Kinematics & Compliance Rig, K&C Rig) als maßgeblich. Man kann dabei in kinematische und elastokinematische Kenngrößen unterscheiden.

- **Kinematische Tests:** Die Achse ist fest eingespannt: die Räder werden gleich- und wechselseitig ein- und ausgefedert sowie bei gelenkten Achsen zwischen beiden Lenkanschlägen durchgelenkt. Dabei werden im Allgemeinen Spur, Sturz sowie Radaufstands- und Radmittelpunktbewegungen aufgezeichnet.
- **Elastokinematische Tests:** Die Achse ist fest eingespannt: an den Radaufstandspunkten werden Längs- und Querkräfte aufgebracht. Es werden im Allgemeinen Spur, Sturz sowie Radaufstands- und Radmittelpunktsbewegungen aufgezeichnet. Hier – wie auch bei dynamischen Lastfällen im Gesamtfahrzeug – ist auf ausreichend genaue Modellierung der Elastomerbauteile zu achten.

Typische Kennlinien für Kinematik und Elastokinematik sind in ◘ Abb. 5.11 dargestellt. Gut zu erkennen sind die Messabweichungen zwischen verschiedenen Prüfständen sowie zwischen Prüfstandmessung und Simulation.

- **Fahrdynamiksimulation**

Zur Simulation des Fahrdynamik- und Eigenlenkverhaltens benötigt man neben einem Vollfahrzeugmodell auch ein Fahrbahnmodell, Reifenmodell und die Definition der Fahrmanöver. Die zu einzelnen Fahrmanövern erforderlichen Modellinhalte sind in DIN ISO 11010-1 zusammengefasst, [23]. Siehe dazu auch ◘ Tab. 3.7 bis 3.12.

- **Schwingungskomfort, Lastdatensimulation**

MKS-Modelle eignen sich auch zur Simulation von Eigenschaften des niederfrequenten Schwingungskomforts bis ca. 25 Hz. Um quantitative Aussagefähigkeit der Simulationen darzustellen, sind die Modelle um folgende Detaillierungen zu erweitern:

- dynamische Reifenmodelle, z. B. SWIFT [24], FTire [25], CDTire [26];
- bezüglich dynamischem Steifigkeits- und Dämpfungsverhalten optimierte Modelle

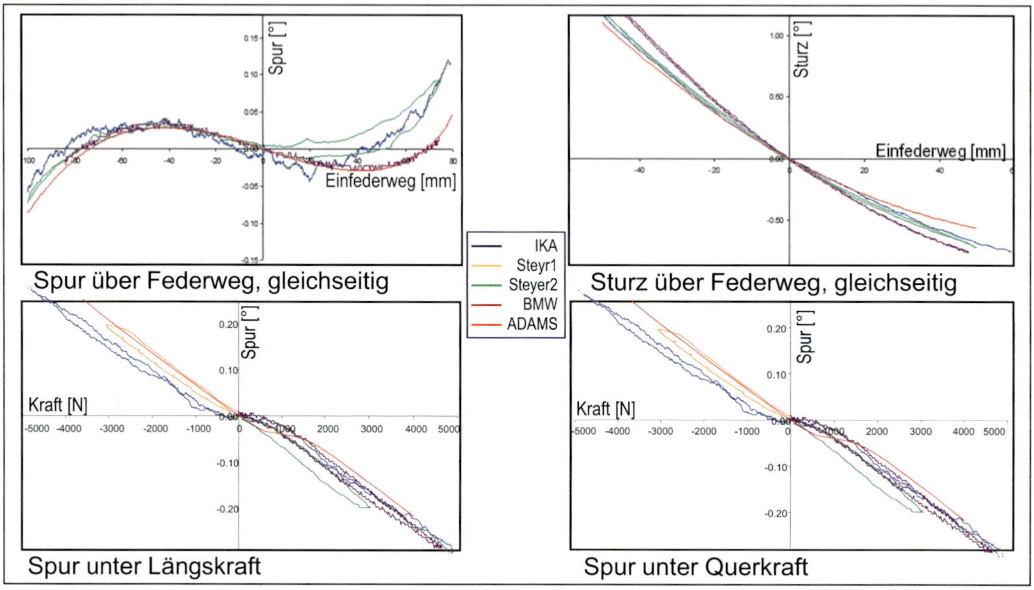

Abb. 5.11 Ergebnisdarstellungen aus Kinematik- und Elastokinematik-Analysen (Vergleich verschiedener Prüfstände mit MKS-Simulation in ADAMS) [22]

der Elastomerlager, insbesondere der Hydrolager. Für Lastdatensimulation auch bei sehr hohen Lastamplituden, z. B. [27];
- Modellierung der Massen- und Reibungseffekte in Dämpfern und Luftfedern, z. B. [27–29];
- Elastische Modellierung aller Strukturbauteile, deren erste Eigenfrequenzen im eingebauten Zustand im Bereich bis 30 Hz liegen.

Als Fahrmanöver bzw. Anregungen werden virtuelle Vierstempelanlagen, Schlechtwegestrecken, Schlaglochdurchfahrten und Hindernisüberfahrten herangezogen.

5.3.1.4 Finite-Elemente-Methoden (FEM)

Die FEM ist ein numerisches Verfahren, das allgemeine Feldprobleme näherungsweise löst, indem das betrachtete Kontinuum durch eine endliche (finite) Anzahl kleiner Elemente angenähert (diskretisiert) wird. Zweck der Festigkeits- und Verformungsanalysen mittels FEM ist es, ein Bauteil oder eine Baugruppe aus einem definierten Entwicklungsstand im Hinblick auf seine mechanischen Eigenschaften unter realen oder angenommenen Beanspruchungen zu beurteilen, bevor aufwendige Prüfstandversuche initiiert werden. Der linear- bzw. nichtlinearstatische Kontext der FE-Analyse berücksichtigt Beanspruchungen ohne Zeitabhängigkeit (d. h. ohne Dynamik), aber mit nichtlinearen Parametern (z. B. Kontakte, elastisch-plastisches Werkstoffverhalten), [30]. Mit der FEM jedoch können auch dynamische Schwingungsprobleme analysiert und Betriebsfestigkeitsanalysen durchgeführt werden.

- **Klassifizierung der Analysen**

Statische FE-Berechnungen können zunächst in lineare und nichtlineare Analysen eingeteilt werden. Lineare Analysen sind – von der Vernetzung eines Bauteils abgesehen – schneller und einfacher durchzuführen, berücksichtigen jedoch keine nichtlinearen Aspekte wie z. B. große Verformungen, elastisch-plastisches Werkstoffverhalten oder Kontaktbereiche. Sie können daher nur dann sinnvoll verwendet werden, wenn entweder die Beanspruchungen hinreichend gering sind, lineares Werkstoffverhalten vorausgesetzt werden kann oder das Verlassen des linearen Bereiches erkannt und berücksichtigt wird. Folgende Fragestellungen sind Beispiele hierfür:

- Wird die Fließgrenze eines metallischen Werkstoffs überschritten, treten Spannungen oberhalb der Fließgrenze auf? Bis zur Fließgrenze wird ein linearer Zusammenhang zwischen Dehnungen und Spannungen angenommen.
- Wie groß sind die elastischen (reversiblen) Verformungen des Bauteils/der Baugruppe unter einer gegebenen Beanspruchung (Steifigkeitsanalyse)?
- Welche Bereiche eines Bauteils sind potenziell kritisch, d. h. unterliegen lokalen Spannungsüberhöhungen? Es werden primär die Orte identifiziert, an denen relativ hohe Spannungen vorliegen; die Höhe der Spannungen ist von sekundärem Interesse.

Nichtlineare Analysen sind sowohl numerisch (Rechenzeiten) als auch in der Modellierung erheblich aufwendiger, decken aber wesentlich mehr Aspekte der Realität ab, wie z. B. Kontaktbereiche, elastischplastisches Werkstoffverhalten, große Verformungen. Durch nichtlineare Analysen können daher komplexere Probleme detaillierter beurteilt werden, als dies mit einer linearen Analyse möglich ist. Beispiele für nichtlineare Standardberechnungen sind:

- Wie groß ist die maximal übertragbare Kraft im Druckbereich eines Zweipunkt-Lenkers oder einer Spurstange? Es handelt sich hierbei um ein Knickproblem, das durch sehr große Verformungen und in der Regel Dehnungen weit im plastischen Bereich gekennzeichnet ist.
- Welche Beanspruchungen treten im Presssitz eines Kugelzapfens auf? Kontakte stellen sogenannte nichtlineare Randbedingungen dar.
- Wie verhalten sich Elastomerteile (Gummilager). Es liegt nichtlineares Werkstoffverhalten vor.

Die Entscheidung über die Analyseklasse ist daher unter Einbezug des Analyseziels, einer Aufwandsabschätzung und des Entwicklungsstadiums der Baugruppe oder des Bauteils zu treffen. Sie ist von Fall zu Fall zu aktualisieren; generell gilt, dass die Detaillierung einer FE-Aufgabenstellung zur Detaillierung und Reife der Baugruppe bzw. des Bauteils korrelieren sollte.

Innerhalb dieser Berechnung soll zwischen Festigkeits- und Steifigkeitsanalysen unterschieden werden.

▪ Festigkeitsanalysen

Die Festigkeit ist die wichtigste Frage bei der Dimensionierung tragender Bauteile. Im Rahmen von Festigkeitsanalysen stehen die Beanspruchungen des Bauteils bzw. des Werkstoffes unter einer definierten Beanspruchung im Vordergrund. Mögliche Ergebnisse der FE-Analyse sind z. B. Spannungen, Dehnungen oder Flächenpressungen, deren lokale oder absolute Maximalwerte mit bekannten und gesicherten Werkstoffkennwerten verglichen werden. Aus diesem Vergleich können Aussagen über Versagenswahrscheinlichkeit, Werkstoffausnutzung oder Optimierungspotenzial getroffen werden (◘ Abb. 5.12).

Die Genauigkeit der Ergebnisse hängt von der Güte des Modells und dessen Diskretisierungsgrad sowie von genauer Beschreibung der Belastungen ab.

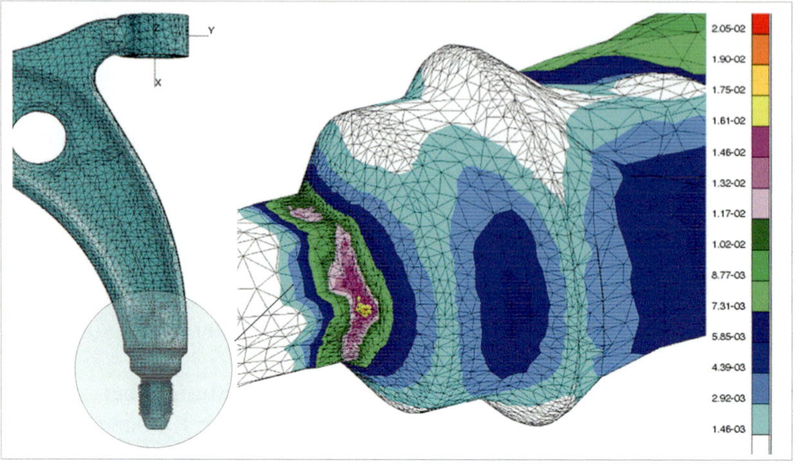

Abb. 5.12 Mit FEM berechneter Lenkerarm. (Quelle ZF)

- **Steifigkeitsanalysen**

Immer mehr Komponenten im Fahrwerk müssen nach Steifigkeitsanforderungen dimensioniert werden. Bei Steifigkeitsanalysen werden im Wesentlichen die Verschiebungen, die an den Krafteinleitungspunkten unter einer definierten Beanspruchung auftreten, betrachtet.

Mögliche Ergebnisse sind z. B. Kraft-Verschiebungskurven, deren Steigungen ein Maß für die Steifigkeit bzw.

Nachgiebigkeit des Bauteils an den betrachteten Punkten (z. B. Kinematikpunkten) darstellen. Die Genauigkeit liegt im Bereich der Messgenauigkeit, die Prognosegüte ist daher so hoch, dass die Beurteilung der Bauteilsteifigkeiten rein virtuell erfolgen kann.

Steifigkeiten spielen eine besondere Rolle bei der Elastokinematik einer Baugruppe. Es können auch dynamische Steifigkeiten ermittelt werden. Wegen des statischen Charakters sind jedoch dynamische Effekte wie Schwingungen und Resonanzerscheinungen mit den Steifigkeitsanalysen nicht ermittelbar.

- **Eigenfrequenzanalysen**

Die FEM-Software kann gleichzeitig die Eigenform der Bauteile unter den Betriebslasten ermitteln. Besonders die erste Eigenform des Bauteils ist für das NVH-Verhalten von großer Bedeutung und wird in den Bauteillastenheften sehr häufig mit angegeben. Ziel ist immer mit der ersten Eigenfrequenz unter der geforderten Schwingzahl zu bleiben, um spätere Körperschallübertragungsprobleme und Eigenfrequenzschwingungen zu vermeiden.

- **Lebensdauer-Betriebsfestigkeit**

Wie die Spannungen und die Steifigkeiten lassen sich mit FEM-Software auch die Lebensdauer- bzw. Betriebsfestigkeiten vorausberechnen. Grundlage der Berechnung ist die Abbildung des Ermüdungsverhaltens von Bauteilen mit mathematischen Modellen. Diese beziehen sich ausschließlich auf die Bauteile unter schwingenden Beanspruchungen mit dem Versagenskriterium Bauteilbruch bzw. Bauteilanriss. Diese Modelle werden anhand von experimentellen Beobachtungen ermittelt (Abb. 5.13).

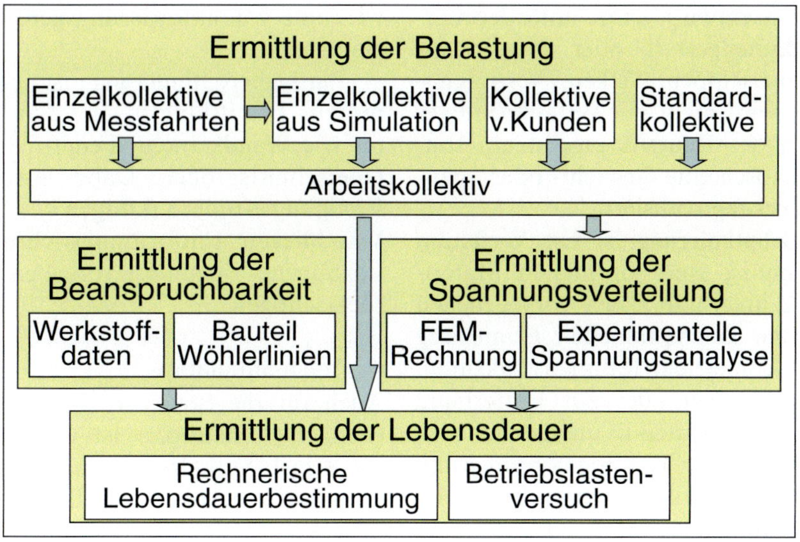

Abb. 5.13 Ermittlung von Lebensdauermodellen

Das **Nennspannungskonzept** ist leicht anwendbar, benötigt aber Bauteil-Wöhlerlinien, die experimentell bestimmt werden müssen. Es ist gut geeignet für die in ähnlicher Form häufig vorkommende Bauteile.

Das **örtliche Konzept** benutzt allgemein bekannte bauteilunabhängige Werkstoff-Wöhlerlinien, dessen Ergebnisse jedoch nicht genau sind. Jedoch ist es gut geeignet für komplexe Beanspruchungsfälle.

Das **Strukturspannungskonzept** ist zur Berücksichtigung der speziellen Randbedingungen bei Schweißnähten geeignet. Für jede Last-Zeit-Folge wird von Umkehrpunkt zu Umkehrpunkt die komplette Last-Dehnung ermittelt. Daraus lässt sich mithilfe der Wöhlerlinie die zugehörende Versagensspielzahl und die Bereiche größter Schädigung ermitteln (Abb. 5.14).

Die Genauigkeit der Betriebsfestigkeitssimulationen zur Lokalisierung der schwächsten Stellen (Rissanfang) ist hoch, nicht aber die der ermittelten Lebensdauerzyklen.

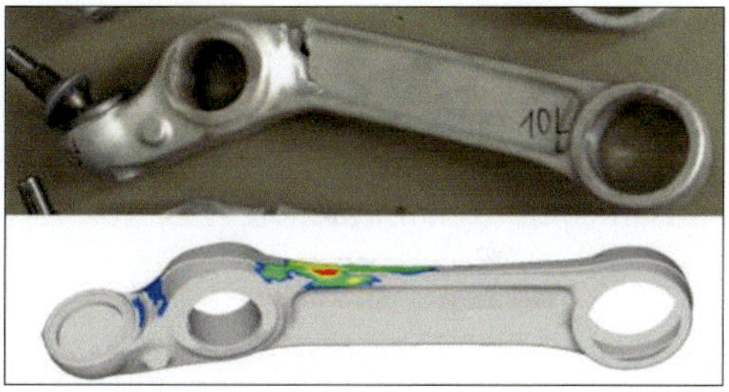

Abb. 5.14 Berechnete und tatsächliche Dauerbruchstelle eines Traglenkers (Quelle ZF Lemförder)]

- **Topologie- und Formoptimierung**

FEM-Software wird nicht nur für die Berechnungen an konstruierten Bauteilen eingesetzt, sondern auch für die optimierte Gestaltung dieser Bauteile. Unter Angabe von Lasten und Randbedingungen sowie geforderten Entwicklungszielen (max. Steifigkeit, hohe Eigenfrequenz, min. Masse, max. zulässige Spannungen) ermittelt auf Basis der FEM geschriebene Topologieoptimierungssoftware bereits vor dem ersten

Konstruktionsentwurf eine anforderungsgerechte Bauteilgestalt oder ideale Anordnung von Rippen, Sicken, Verprägungen. Damit wird nicht nur zeitaufwendiges Modellieren des Bauteils umgangen, sondern automatisch eine Gewicht- oder Spannungsoptimierung realisiert.

Topologieoptimierung ist ein Verfahren zur Bestimmung einer optimalen Materialverteilung innerhalb eines vorgegebenen Bauraums zur konzeptionellen Ermittlung optimaler Geometrien, Rahmenstrukturen, Rippenanordnungen oder zur Entfernung von unterbeanspruchten Bauteilbereichen.

Das Ergebnis der Topologieoptimierung ist eine ideale Bauteilgeometrie, die jedoch so noch nicht herstellbar ist. Dieses Modell wird zur CAD zurückgeführt und entsprechend der Feinheiten des Herstellungsverfahrens überarbeitet. Anschließend muss es mit herkömmlichen FEM erneut nach Spannungen und Steifigkeiten berechnet werden (◘ Abb. 5.15).

Topografieoptimierung ist ein Verfahren zur Ermittlung von Verprägungsmustern bei dünnwandigen Bauteilen z. B. zur Entwicklung von anforderungsgerechten Versickungen.

Parameteroptimierung ist ein Verfahren zur Ermittlung idealer Bauteilparameter wie Wandstärken, Feder-, Balken oder Querschnittsgrößen. Dabei lassen sich die Fertigungseinschränkungen (minimale Wanddicken, Entformungsrichtungen, Versickungen, Symmetrievorgaben etc.) berücksichtigen.

▪ Crash-Simulation

Auch für die Strukturteile des Fahrwerks (Lenker, Achsträger) ist die Analyse deren Crash-Verhaltens von Bedeutung. Im Gegensatz zu oben erklärten FE-Methoden, die auf implizierten numerischen Verfahren beruhen, wird zur Nachbildung der Crash-Abläufe die explizite FE-Methode angewandt.

Es wird zu jedem Zeitpunkt und an jeder Stelle der FE-Struktur das dynamische Gleichgewicht gebildet. Unter bestimmten Annahmen wird die Gleichung für die Steifigkeitsmatrix implizit gelöst, um hochgradig nichtlineare Probleme mit vertretbarer

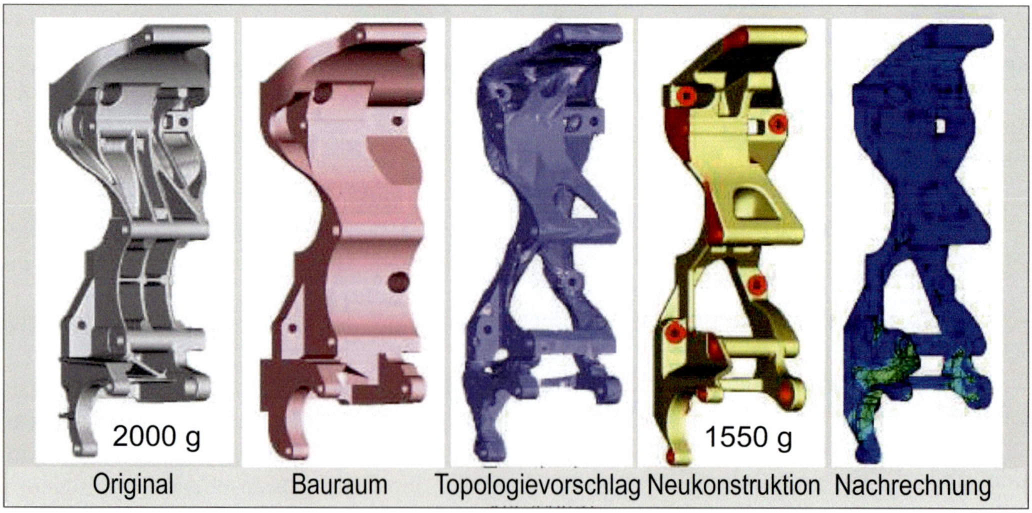

◘ **Abb. 5.15** Beispiele für Optimierung, Anpassung und Nachberechnung eines Fahrwerkbauteils [31]

Rechenzeit zu bearbeiten. Die notwendigen Werkstoffkennwerte müssen jedoch auch deren Hochgeschwindigkeitsverhalten wiedergeben, die nicht überall in der Literatur zu finden sind.

Die Methode vereint die Vorteile der FEM- und MKS-Verfahren. In die Crash-Simulation lassen sich auch die Insassen und Fußgänger mit einbeziehen, um den Verletzungsgrad zu simulieren. Zur Auswertung werden Beschleunigungsverläufe, Energieaufnahme und örtliche Deformationen herangezogen. Damit lassen sich sehr teure und zeitintensive Crashversuche einsparen.

5.3.1.5 Simulation mechatronischer Systeme

Funktionsrelevante Software-Bestandteile liegen im Lauf des Entwicklungsprozesses zunächst als Reglerlogik (Model-in-the-Loop – MiL), später als ausführbarer Softwarecode (Software-in-the-Loop – SiL) und schließlich als im Steuergerät implementierte Funktion (Hardware-in-the-Loop – HiL) vor. Letztere werden nach definierten Integrationsstufen (I-Stufen) entwickelt (s. ► Abschn. 5.4.2).

Die Anbindung von MiL- und SiL-Komponenten an Simulationsmodelle erfolgt über geeignete Simulationsstandards. Die größte Verbreitung besitzt der FMI (Functional Mock-up Interface), [32]. Er erlaubt es, Teilmodelle der meisten gängigen Software-Umgebungen in Echtzeit zu koppeln. So kann z. B. eine in der Umgebung MATLAB/Simulink vorliegende Logik eines Fahrdynamik-Regelsystems problemlos mit MKS-Modellen der mechanischen Fahrwerksteilsysteme, die beispielsweise in den Umgebungen ADAMS oder Simpack modelliert sind, gekoppelt werden. Für Hardware-in-the-Loop Tests (s. ► Abschn. 5.3.4.1).

Da Softwarebestandteile oft bei Systemlieferanten entwickelt werden, ist darauf zu achten, dass prozessseitig die jeweils aktuellen Entwicklungsstände mit FMI-kompatiblen Schnittstellen auch vorliegen. OEM und Systemlieferant müssen dazu Vereinbarungen treffen und ihre Entwicklungsprozesse sehr eng aufeinander abstimmen.

5.3.1.6 Fahrerverhaltensmodelle

In ► Abschn. 3.1 wurde bereits auf die Unterscheidung zwischen open-loop und closed-loop Fahrmanövern eingegangen. Um closed-loop Manöver in der Simulation nachzuvollziehen sowie um die Wirkung von Fahrerassistenzsystemen und Fahrautomatisierungsfunktionen in der Simulation beurteilen zu können, werden Modelle des Fahrerverhaltens benötigt. Das Fahrerverhalten wird nach Donges [33] in die Aufgaben Navigation, Bahnführung und Stabilisierung unterteilt. Fahrerverhaltensmodelle können damit nach den Fahraufgaben kategorisiert werden, die sich aus der zu simulierenden Fahrsituation ergibt.

- **Bahnfolge:** Das Fahrerverhalten wird abgebildet als technischer Regler, der das Fahrzeug möglichst genau mit vorgegebenen Geschwindigkeiten auf vorgegebener Trajektorie führen soll. Regelziel ist ausschließlich die möglichst exakte Bahnführung. Es wird keine Abbildung menschlicher Reglereigenschaften angestrebt.
  Bahnfolgeregler werden z. B. bei Betriebslastensimulationen des Gesamtfahrzeugs eingesetzt. Ihre Aufgabe hier ist es, Störungen durch äußere Anregungen möglichst schnell auszuregeln, um die Reproduzierbarkeit und Interpretierbarkeit der Ergebnisse zu erhöhen.
- **Manöverregelung:** Für ein vorgegebenes closed-loop Fahrmanöver (z. B. doppelter Spurwechsel) oder eine zu befahrende Strecke wird antizipativ eine Soll-Fahrtrajektorie ermittelt, der dann mittels eines Stabilisierungsreglers gefolgt wird. Fahrerverhaltensmodelle

dieser Art bilden vollständig die Stabilisierungsebene und Teile der Bahnführungsebene, nämlich die Trajektorienplanung, nach. Beispiele sind [34, 35]. Menschähnliches Verhalten wird dabei durch Einbezug psychologischer Konzepte der Wahrnehmung, Situationsbeurteilung und Handlungsableitung bei regelbasiertem und fertigkeitsbasiertem Verhalten [36] angenähert und in Fahrsimulatoren verifiziert. Einsatzzweck dieser Modelle sind z. B. Untersuchungen zur Fahrstabilität in closed-loop Manövern und Rundenzeitsimulationen in Motorsport-Anwendungen.

- **Kognitive Fahrerverhaltensmodelle** bilden das Verhalten des Menschen im Verkehr nach, insbesondere auch diskrete Entscheidungen. Dazu gehören z. B. Fahrspurwahl, Reaktion auf andere Verkehrsteilnehmer, Abbiegevorgänge etc. Ebenso enthalten sind Reaktionszeiten, Wahrnehmungs- und Reaktionsdefizite. Das menschliche Verhalten wird dort meist statistisch nachgebildet, um der Streuung der Individuen Rechnung zu tragen. Ziel der Modellierung ist es, im mikroskopischen Verkehrsverhalten realistisches Verhalten der einzelnen Agenten und in makroskopischer Betrachtung realistische Einschätzungen zu Stau- oder Unfallhäufigkeiten zu erzeugen. So können Stau- und Unfall-Entstehungsmechanismen verstanden und durch Gestaltung von Fahrerassistenz (ADAS) und Fahrautomatisierung (HAD) verbessert werden.
  Im Fahrzeugentwicklungsprozess entstehen daraus szenarienbasierte Testansätze, die zur Vorhersage der Wirksamkeit eines ADAS- oder HAD-Systems in Bezug auf sein Unfallvermeidungs- oder -mitigationspotenzial vorhersagen.
  Das „Stochastic Cognitive Model“ (SCM) stellt ein kognitives Fahrermodell für Autobahnverkehr dar, [37, 38].
  Ein weiteres kognitives Fahrerverhaltensmodell ist „Driver Reaction Model“ (DReaM), [39]. DReaM bildet das Fahrerverhalten in urbanen Szenarien ab, beinhaltet also zusätzlich Kreuzungs- und Abbiegemanöver sowie die Interaktion mit vulnerablen Verkehrsteilnehmern (Fußgänger, Radfahrer). ◘ Abb. 5.16 zeigt beispielhaft ein Szenario aus DReaM.

Die Abbildungen in den farbigen Kreisen geben die mentalen Modelle der jeweiligen Fahrer wieder, die auf deren Wahrnehmung und Relevanz wahrgenommener Agenten für die Fahraufgabe sowie einem Vergessenshorizont basieren.

5.3.1.7 Verkehrssimulation

In ◘ Abb. 5.16 ist neben der Fahrerverhaltensmodellierung auch die Simulation einer Verkehrsumgebung ersichtlich. Diese wird dadurch charakterisiert, dass mehrere Agenten (Fahrzeuge, sonstige Verkehrsteilnehmer) in definierter Infrastruktur miteinander und mit der Fahrumgebung interagieren. Verkehrssimulationen sind nötig, um Fahrzeugfunktionen der Systemebene 0, also in Interaktion mit Umgebungsverkehr und Infrastruktur in der Simulation zu erproben. Gegenüber einer Gesamtfahrzeugsimulation finden folgende Erweiterungen statt:

- Fahrerverhaltensmodelle,
- Modelle der statischen und dynamischen Fahrumgebung,
- Modelle der im Fahrzeug verbauten Umgebungssensoren,
- Modelle der Funkkommunikation (v2x).

5.3.2 Prüfstandversuch

Prüfstandversuche erlauben es, auf allen Systemebenen funktionale Eigenschaften der in Hardware ausgeführten Prüflinge zu

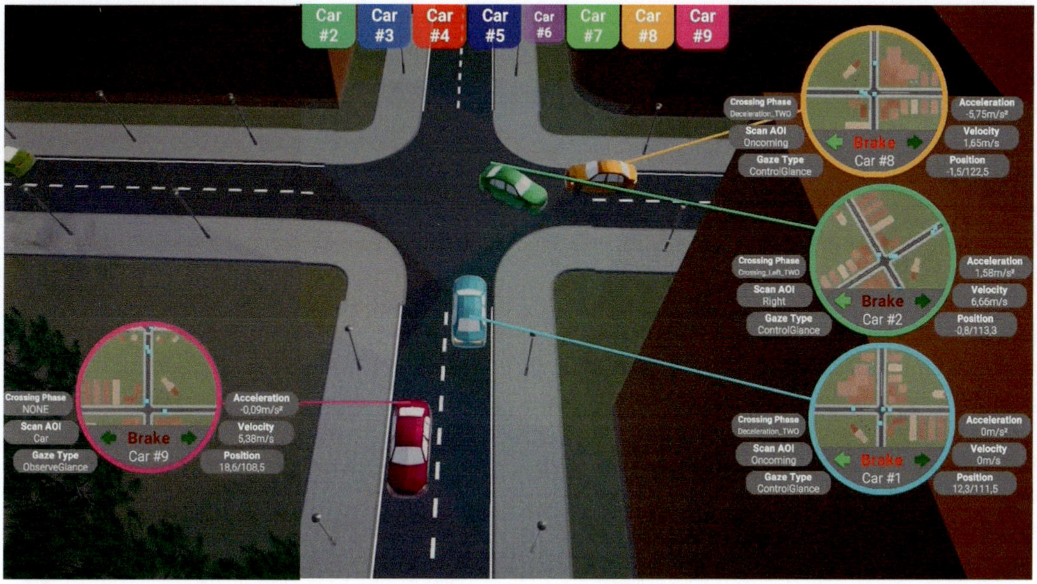

Abb. 5.16 Beispielszenario aus DReaM – Driver Reaction Model, [39]

ermitteln. Das auf Prüfständen gemessene Verhalten kann entweder direkt mit den aus dem Anforderungskatalog abgeleiteten Zielgrößen verglichen und damit abgesichert werden, oder zur Parametrierung und Validierung von Simulationsmodellen werden. Prüfstandmessungen eignen sich auch gut zum Aufbau von physikalischem Systemverständnis, da die Einzelfunktion des Prüflings aus dem Kontext des Gesamtsystems freigeschnitten werden kann.

5.3.2.1 Ermittlung, Absicherung funktionaler Eigenschaften

Zu den in Abb. 5.5 dargestellten Eigenschaftsabsicherungen auf Gesamtfahrzeug-, Teilsystem- und Komponentenebene können Prüfstandversuche eingesetzt werden. Bei Entwurf und Ausführung des Versuchsaufbaus ist darauf zu achten, dass die durch den Prüfstand auf den Prüfling aufgebrachten Anregungen, die Einspannbedingungen des Prüflings und die Prüfstandregelung eine zum Geschehen im realen Fahrzeug möglichst ähnliche Belastungssituation ergeben. Bei mechanischen Prüfständen müssen folgende Bedingungen erfüllt sein, um gute Vergleichbarkeit zwischen Prüfstandversuch und Realfahrt herzustellen:

- **statisch**
Einspannbedingungen und Belastungen sind so zu wählen, dass der statische Kräftehaushalt für den Prüfling möglichst ähnlich zu dem im Realfahrbetrieb ist. Dies ist z. B. dann schwierig, wenn Massenkräfte und -momente als äußere Anregungen nachzubilden sind.

- **dynamisch**
Bei Entwurf und Aufbau des Prüfstands ist zu entscheiden, in welchem Frequenz- und Amplitudenbereich Ergebnisse erzeugt werden sollen. Das Frequenzband, für den ein Prüfstand geeignet ist, wird nach oben begrenzt durch die Dynamikbegrenzungen seiner Aktuatoren und der Aktuatorregelung sowie die Struktursteifigkeit (= erste

Eigenfrequenz) des Prüfstandaufbaus. In der Regel erfolgt oberhalb einer aus der Prüfstandauslegung resultierenden Grenzfrequenz die Prüfstandanregung nicht mehr ausreichend phasen- und amplitudentreu. Eine untere Schranke für den an mechanischen Prüfständen abbildbaren Frequenzbereich ergibt sich meist aus Beschränkungen möglicher Bewegungsamplituden.

Einspannbedingungen und Prüfstandregelung verfälschen grundsätzlich die dynamischen Eigenschaften des Prüflings gegenüber dem Realfahrbetrieb. Um diese Verfälschung zu minimieren, wurden Verfahren zum systemdynamischen Abgleich des Prüfstandaufbaus mit der Realfahrt entwickelt [37]. Die in [37] beschriebene Methodik basiert auf einer Linearisierung der Systemdynamik des Prüflings. Die sich durch Modalanalyse ergebenden Eigenwerte und Eigenformen werden mit denen des Prüflings unter realen Einspannbedingungen verglichen. Aus den Abweichungen wird ein Gütemaß ermittelt, das durch mechanische Veränderung der Einspannbedingungen oder Optimierung der Aktuatorregelung minimiert werden kann.

Der Einsatz von Prüfstandversuchen als Entwicklungswerkzeug erfordert meist hohe Initialaufwände (Prüfstandinvestition, Methodenentwicklung).

5.3.2.2 Parametrierung und Validierung von Simulationsmodellen

Zur Ermittlung und Validierung von Simulationsmodellen sind hochgenaue Prüfstandversuche erforderlich. Um zuverlässig prognosefähige Simulationsmodelle zu erhalten, müssen Prüfrandbedingungen und Messgenauigkeit des Prüfaufbaus im Voraus bekannt sein. Insbesondere für Validierungsmessungen gilt, dass die Modellgenauigkeit der Simulation die Messgenauigkeit der Validierungsmessung nicht übersteigen kann.

Beispielhaft wird die Parametrierung und Validierung von Zweispurmodellen für Fahrdynamik- und Fahrkomforteigenschaften näher erläutert (■ Abb. 5.17) [38]. Vorgestellt wird eine Abfolge von Prüfstandaufbauten, die zur Parametrierung von Zweispurmodellen mit Modellerweiterungen für Fahrkomfort- und Längsdynamikbetrachtungen geeignet sind. Hierzu wird zunächst das Gesamtfahrzeug wie folgt vermessen:

- statische Radstellungsgrößen (Vorspur, Sturz, Radstand, Spurweiten): Hierzu erfolgt eine standardisierte Radstellungsmessung.
- Massen- und Trägheitsparameter (Gesamtmasse, Schwerpunktkoordinaten, Trägheitstensor in Haupt- und Nebendiagonalelementen): Die Ermittlung erfolgt mit der Vehicle Inertia Measurement Machine – VIMM. Für Informationen zu Versuchsaufbau und Messprozedur [39].
- Fahrwerkparameter (Radaufstandspunktbezogene kinematische Raderhebungskurven, Lenkungskinematik, Aufhängungssteifigkeiten, -dämpfungen, wirksame ungefederte Massen, Parameter zur Achsreibung): Um diese Größen zu messen, werden dynamische Kinematics & Compliance-Prüfstände benötigt, [40]. Versuchsaufbau und Versuchsdurchführung sind in [41, 42] sowie in [43] beschrieben.
- Reifenparameter (Längskraft-, Querkraftkennlinien unter Sturzeinfluss, Einlauflängen, Parameter zu Reifen-Eigenschwingungen und statischem Umschließungsverhalten): Auf Trommel- und Flachbahnreifenprüfständen werden alle zur Bedatung Aktuatorregelung sowie die Struktursteifigkeit (= erste Eigenfrequenz) des Prüfstandaufbaus.
- In der Regel erfolgt oberhalb einer aus der Prüfstandauslegung resultierenden Grenzfrequenz die Prüfstandanregung nicht mehr ausreichend phasen- und

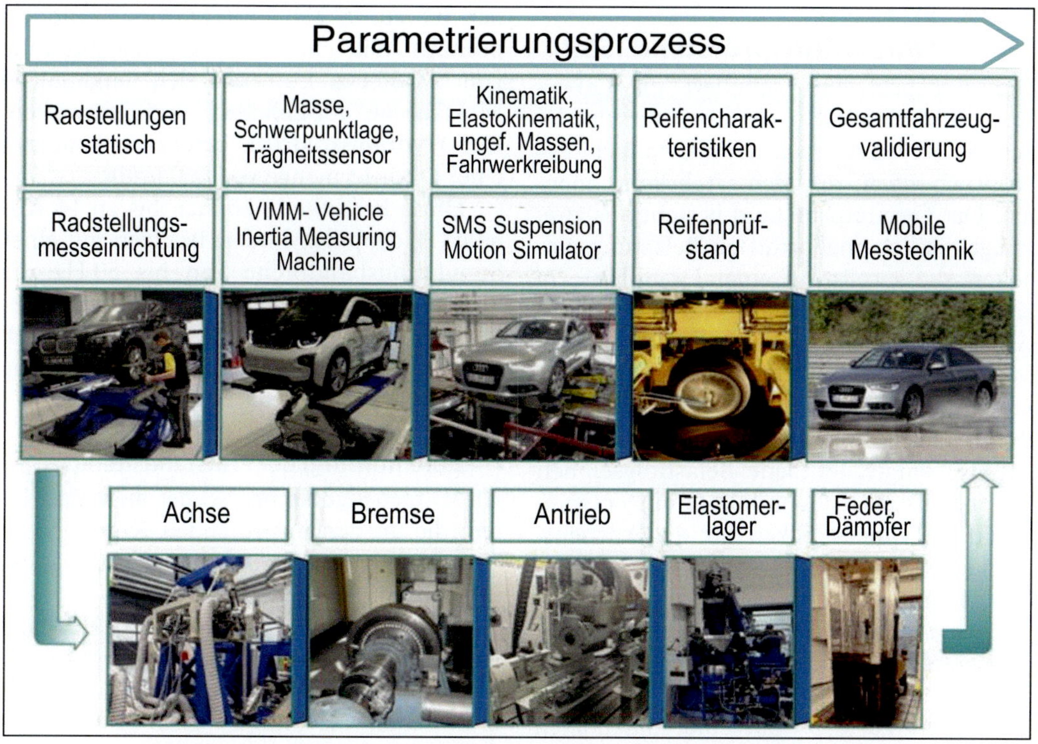

Abb. 5.17 Prozess zur Parametrierung und Validierung von Zweispurmodellen [38]. (Quelle: TU Dresden)

amplitudentreu. Eine untere Schranke für den an mechanischen Prüfständen abbildbaren Frequenzbereich ergibt sich meist aus Beschränkungen möglicher Bewegungsamplituden.

Einspannbedingungen und Prüfstandregelung verfälschen grundsätzlich die dynamischen Eigenschaften des Prüflings gegenüber dem Realfahrbetrieb. Um diese Verfälschung zu minimieren, wurden Verfahren zum systemdynamischen Abgleich des Prüfstandaufbaus mit der Realfahrt entwickelt [40].

Die in [40] beschriebene Methodik basiert auf einer Linearisierung der Systemdynamik des Prüflings. Die sich durch Modalanalyse ergebenden Eigenwerte und Eigenformen werden mit denen des Prüflings unter realen Einspannbedingungen verglichen. Aus den Abweichungen wird ein Gütemaß ermittelt, welches durch mechanische Veränderung der Einspannbedingungen oder Optimierung der Aktuatorregelung minimiert werden kann.

- Validierung: Mit möglichst umfassender mobiler Messtechnik werden Validierungsmessungen durchgeführt. Die Ergebnisse werden mit den Simulationsmodellen abgeglichen. Als Validierungsmanöver werden vornehmlich die in ► Abschn. 3.6 beschriebenen Fahrmanöver und Kriterien herangezogen.
- Sollen detaillierte Modelle einzelner Teilsysteme in den Simulationsmodellen abgebildet werden, so ist eine Validierung an Teilsystemprüfständen erforderlich (Abb. 5.17 unteres Teil).

5.3.2.3 Straßen-Simulationsprüfstand (SSP)

Der Achsprüfstand simuliert im Laborversuch realitätsnahe die bei verschiedenen Schlechtwegstrecken auftretenden Beanspruchungen an den Achskomponenten. Der Gesamtprüfstand besteht aus zwei spiegelbildlich angeordneten Belastungseinheiten, die jeweils auf einer Drehplattform angeordnet sind, um die Prüfung auch von gelenkten Achsen zu ermöglichen. Dazu werden am Radaufstandspunkt Längskräfte, Seitenkräfte, Vertikalkräfte sowie Brems- und Sturzmomente in die Achsstruktur eingeleitet. Jede Belastungseinheit besteht aus einer Grundplatte mit entsprechenden Zylinderböcken für die Antriebszylinder, der Krafteinleitungskinematik sowie einem Radersatz.

Neben der Kraft-, Lenk- und Antriebsmomenteinleitung ist auch eine Lenkwinkelsimulation möglich, die Lenkwinkeleinschläge bis zu ±40° mit einer maximalen Winkelgeschwindigkeit von 50°/s. ermöglicht. Die Drehung des Lenkrads wird von einem servogeregelten Hydromotor ausgeführt (◘ Abb. 5.18). Diese Prüfstände können bis zu 16 Kanäle (Hydropulszylinder) besitzen mit einer Simulationsbandbreite von bis 50 Hz. Es lassen sich maximal 60 Messkanäle anschließen und auswerten. Der Hydrauliköldruck beträgt 210 bar mit einer Ölfördermenge von 460 l/min.

Diese Prüfstände können bis zu 16 Kanäle (Hydropulszylinder) besitzen mit einer Simulationsbandbreite von bis 50 Hz. Es lassen sich bis zu 60 Messkanäle anschließen und auswerten. Der Hydrauliköldruck beträgt 210 bar mit einer Ölfördermenge von 460 l/min.

▪ Durchführung der Prüfstandsiteration

Als Target-Signale bezeichnet man Lastdaten, die an der zu prüfenden Komponente bzw. dem System im Fahr- oder Prüfstandsversuch aufgenommen werden.

Leider geben diese Target-Signale keine Auskunft über den Last-Zeit-Verlauf an den Krafteinleitungspunkten der servohydraulischen Zylinder. Deswegen müssen entsprechende Signale für die Prüfstandsanregung berechnet werden, die man als Drive-Signale bezeichnet. Da ein mehraxialer Prüfstand aus mehreren Zylindern

◘ Abb. 5.18 Straßen-Simulationsprüfstand für komplette Achsen. (Quelle ZF Lemförder)

besteht, die sich gegenseitig beeinflussen und durch hochamplitudige Belastungen ein nichtlineares Prüfteil- und Prüfstandsverhalten verursachen, ist ein spezieller Prozess für die Drive Signalgenerierung nötig.

Dieser Vorgang gliedert sich in zwei Phasen:

- **Systemidentifikation**

Bei der Systemidentifikation wird das dynamische Verhalten des gesamten Systems, inklusive Prüfstand, Prüfling, PID-Regler (Proportional-Integral-Differenzial-Regler) und der gesamten Messeinrichtung mathematisch beschrieben. Hierzu werden die Zylinder mit definierten Steuersignalen angeregt.

Aus den Eingangs- und Ausgangsgrößen lässt sich die Übertragungscharakteristik mittels einer Frequenz-Antwort-Funktion errechnen. Nach einer ersten Beaufschlagung von Drive-Signalen ist darüber zu entscheiden, ob die errechnete Übertragungsfunktion, auch Modell genannt, das Prüfstandsverhalten hinreichend wiedergibt, oder ob eine weitere Beaufschlagung von definierten Rausch-Signalen notwendig ist. Je öfter die Übertragungsfunktion aktualisiert wird, umso genauer gibt die Übertragungsfunktion das Prüfstandsverhalten wieder. Diese Prozedur macht die Systemidentifikation zwar etwas zeitaufwendiger, reduziert aber die Anzahl der Iterationen bei der Target-Simulation.

- **Target-Simulation**

Das Model aus der Systemidentifikation beschreibt den linearen Zusammenhang des Gesamtprüfstandes. Da sich aber das gesamte System stark nichtlinear verhält, sind die Steuer-Signale während der Target-Simulation iterativ zu errechnen. Dazu wird die wahre systembeschreibende Übertragungscharakteristik, also das Modell aus der Identifikationsphase übernommen.

5.3.3 Fahrversuch

Fahrversuch bildet gegenüber Simulation und Prüfstandversuch Fahrumgebung und Belastungen sehr realistisch ab. Jedoch leiden Genauigkeit und Reproduzierbarkeit der Messmethoden. Ebenso sind die Analysemöglichkeiten, um physikalisches Wirkkettenverständnis aufzubauen, eingeschränkt. Da Fahrversuche nicht in vordefinierter Laborumgebung stattfinden, bieten sie die Möglichkeit, nicht vorhergesehene – und deshalb meist unerwünschte – Produkteigenschaften offenzulegen.

5.3.3.1 Subjektivbeurteilung

Der subjektiven Bewertung von Fahr- und Komforteigenschaften kommt trotz aller Bemühungen zur Entwicklung objektivierter Beurteilungskriterien noch immer große Bedeutung zu.

Versuchsvorbereitung, -durchführung und –auswertung für Subjektivbeurteilungsversuche sind in ► Abschn. 3.5, ◘ Tab. 3.7 bis 3.12 sowie in [1] beschrieben.

Die in PVL- und VS-Phasen zur Absicherung der Fertigungsprozesse ohnehin aufgebauten Fahrzeuge werden im Rahmen kundennaher Tests ausgiebig auf Robustheit der Eigenschaften gegenüber Schwankungen der Umgebungs- und Nutzungsbedingungen hin geprüft.

5.3.3.2 Objektive manöverbasierte Fahrdynamik/ Fahrkomfort-Erprobung

Um simulationsgestützt entwickeln zu können, wurden für Fahrdynamik und Fahrkomfort in den letzten Jahrzehnten Manöver- und Kriteriendefinitionen für objektivierte Fahrversuche entwickelt, siehe ► Abschn. 3.6. Diese sind in zahlreichen Normen standardisiert und sind somit uneingeschränkt als Zielgrößen im Anforderungskatalog und für objektivierte Fahrversuche nutzbar. Versuchsvorbereitung, -durchführung und –auswertung sind in ► Abschn. 3.6 beschrieben.

Gesondert zu erwähnen ist, dass Ansteuer- und Messgenauigkeit in den letzten Jahren durch verbreiteten Einsatz von Fahrrobotern und (z. B. GPS-basierter) Messtechnik deutlich präziser und in der Handhabung vereinfacht werden konnte. In Konsequenz kann festgestellt werden, dass objektiver und subjektiver Fahrversuch eine sehr kostengünstige und flexibel einsetzbare Möglichkeit der Eigenschaftsbewertung ist, sofern Prototypenfahrzeuge ohnehin vorhanden sind. Wegen der hohen Aussagekraft und der eindeutigen Kostenvorteile virtueller Methoden werden zur EBG- und BBG-Phasen heute kaum mehr Prototypen-Fahrzeuge aufgebaut.

Zur objektiven Erprobung von Fahrerassistenzfunktionen und Funktionen der aktiven Sicherheit wurden von Zulassungs-Gesetzgebung und Verbraucherschutz-Organisationen weltweit zahlreiche Test- und Bewertungsverfahren entwickelt. Ihnen allen ist gemein, dass neben der Fahrzeugeigenbewegung vor allem die Reaktion auf umgebende Objekte geprüft und bewertet wird. Dazu werden unter Zuhilfenahme spezieller Target-Objekte manöverbasierte Testverfahren entwickelt. [44, 45] geben einen aktuellen Überblick über die weltweit verbreiteten Testverfahren (Stand 2024).

5.3.3.3 Szenarienbasiertes Testen und Naturalistic Driving

Manöverbasierte Testverfahren bieten den Vorteil hoher Reproduzierbarkeit und Genauigkeit der Testergebnisse. Ihr Nachteil besteht darin, dass sie einerseits eine starke Abstraktion gegenüber der Realität darstellen, andererseits wenig Variabilität in der Situationsvielfalt bieten. Sollen Funktionalitäten getestet werden, die stark auf der Interaktion mit dem umgebenden Verkehr beruhen, so müssen Variationsbreite (Anzahl der getesteten logischen Szenarien), Variationstiefe (statistische Variation der die Situation beschreibenden Parameter, z. B. Fahrgeschwindigkeiten, Relativabstände) und Realitätsgrad gegenüber manöverbasierter Testung deutlich erhöht werden. Nur so ist gewährleistet, dass sich die getesteten Systeme im realen Straßenverkehr robust und vorhersehbar verhalten. Die Testszenarien werden teilweise anhand der intendierten Funktionen synthetisch generiert, teilweise aus Realfahrdaten und Unfalldaten abgeleitet und zu Szenarienkatalogen zusammengefasst, [46, 47].

Zur Generierung der Realfahrdaten werden groß angelegte Realfahrstudien (Naturalistic Driving) durchgeführt. Dazu wird eine Fahrzeugflotte mit Umgebungssensorik (i. d. R. Kamera, LIDAR, Radar), Sensoren zur Aufzeichnung der Fahrzeugeigenbewegung und –bedienung ausgestattet.

Außerdem wird die Bus- und ggf. Funkkommunikation aufgezeichnet. Die so ausgerüsteten Fahrzeuge werden in ausgedehnten Versuchen in Normalfahrt im öffentlichen Verkehr bewegt. Aus den dabei erzeugten Daten werden mit geeigneten Algorithmen Szenarienkataloge zur szenarienbasierten Entwicklung und Absicherung von Außerdem wird die Bus- und ggf. Funkkommunikation aufgezeichnet. Die so ausgerüsteten Fahrzeuge werden in Fahrerassistenz- und Fahrautomatisierungsfunktionen generiert [48].

Wegen der großen Anzahl an abzuprüfenden Szenarien kann szenarienbasiertes Testen ausschließlich in Kombination von Fahrversuch mit virtuellen und cyberphysischen Methoden erfolgen, s. ► Abschn. 5.3.4.3 und 5.3.4.4.

Im Ergebnis liefert szenarienbasiertes Testen sowohl die Möglichkeit, im konkreten Entwicklungsprojekt Fahrerassistenz- und Fahrautomatisierungsfunktionen zu entwickeln und abzusichern, als auch eine prospektive Wirksamkeitsanalyse bezüglich deren Sicherheitsbeitrag durchzuführen. Sie bildet damit die Grundlage für den Nachweis einer positiven Risikobilanz der Funktion, der im Rahmen der Typzulassung konkret geführt werden muss.

5.3.4 Cyberphysische Methoden

Ergänzend zu ausschließlich hardwarebasierten Versuchs- und reinen Simulationsmethoden entsteht seit einigen Jahren mit cyberphysischen Methoden eine neue Klasse von Auslegungs- und Absicherungsmethoden, die virtuelle und physische Testkomponenten kombiniert. Cyberphysische Methoden schaffen neue Freiheitsgrade zur Flexibilisierung, und damit zur Verkürzung der Entwicklungsprozesse.

Die vielfältige und vielzählige Sensorik, Steuergeräte und Aktoren mit vernetzten Funktionen müssen beherrscht werden und erhöhen deutlich die Komplexität im Entwicklungsprozess. Die Vielzahl hochkomplexer und stark vernetzter Komponenten muss im ganzheitlichen Zusammenspiel mit dem Fahrzeug und der Umgebung möglichst früh in der Entwicklung abgesichert werden.

Frontloading im Entwicklungsprozess, die Wiederverwendbarkeit und Standardisierung von Testumgebungen, Modelle, Testfälle, Kalibriermethoden, Daten und Ergebnissen sind zentrale Erfolgsfaktoren für qualitativ hochwertige Soft- und Hardware im Fahrzeug. Der Anspruch ist, effektiv zu entwickeln, Fehler früh zu finden, den Reifegrad deutlich zu steigern, Eigenschaften früh und zuverlässig abzusichern, dabei aber Doppelarbeit zu vermeiden. Die modellbasierte Entwicklungsmethodik spielt hierzu eine entscheidende Rolle. Hier werden durch Einsatz verschiedener Modellansätze und Simulationen gezielt Verifikations- und Validierungsumfänge in die frühe Phase der Entwicklung verlagert. Dabei kommen verschiedene in-the-Loop Testumgebungen zum Einsatz. Das Hardware-in-the Loop Prinzip spielt hierbei eine zentrale Rolle.

5.3.4.1 X-in-the-Loop Simulation

Bernhard Schick

Bei der in-the-Loop Testumgebung unterscheidet man zunächst, ob das Testobjekt (Unit under Test – UUT) als Modell, Softwarekomponente oder als Hardware vorliegt und in die Testumgebung eingebunden ist. Weiterhin unterscheidet man, um welche Komponente oder welches Teilsystem es sich handelt. Die generische Architektur ist dabei grundsätzliche gleich.

▣ Abb. 5.19 zeigt den schematischen Funktionsaufbau und den Unterschied zwischen Model-in-the-Loop (*MiL*), Software-in-the-Loop (*SiL*) und Hardware-in-the-Loop (*HiL*). Das Testobjekt liegt entweder als Modell, ECU-Software oder als komplette und vollfunktionsfähige *ECU* – Electronic Control Unit (Hardware mit Software) vor und ist in die Testumgebung entsprechend eingebunden.

Die restlichen Komponenten wie Sensoren, Aktoren und die Regelstrecke (Fahrer, Fahrzeug und Umgebung) sind virtuell als Modelle dargestellt. Das Fahrer-, Fahrzeug- und Umgebungsmodell wird hierbei als Fahrdynamikmodell bezeichnet. Mit dem gewonnenen Versuchsaufbau lassen sich die Testobjekte wie zum Beispiel ESP, EPS, CDC, ARS, AWD, ABC, ACC, LKA usw. in eine MiL/SiL/HiL-Testumgebung integrieren und im geschlossenen Regelkreis im Gesamtfahrzeug testen. Zur Integration der UUT sind geeignete Schnittstellen notwendig. Für einen MiL-Aufbau eine Modellschnittstelle wie durch MATLAB/SIMULINK oder ASCET.

Für einen SiL-Aufbau ist eine Softwareschnittstelle notwendig, um den Serien-Steuergeräte-Code als C-Code oder als DLL (Dynamic Link Library) einzubinden.

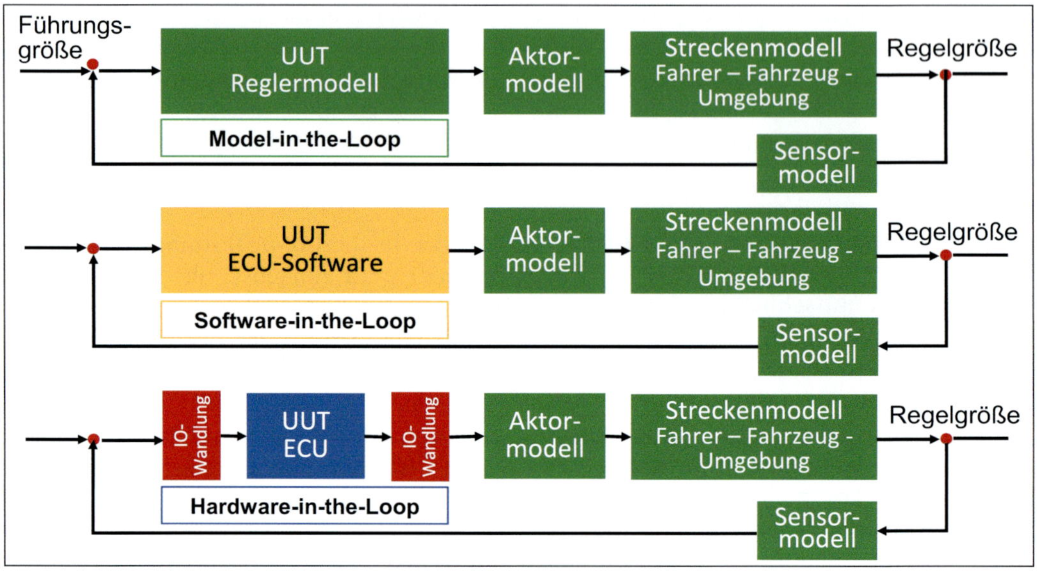

Abb. 5.19 Software- und Hardware-in-the-Loop Prinzip (vereinfachte Darstellung)

Bei einem HiL-Aufbau sind hingegen die UUT's als ECU oder Prüfstand über elektrische Schnittstellen anzubinden. Hierzu müssen die Modellsignale mittels I/O-Karten in elektrische Größen gewandelt werden, um den Signal- und Informationsaustausch mit den Steuergeräten oder dem Prüfstand zu ermöglichen.

Die elektrischen Schnittstellen sind dabei mannigfaltig und können z. B. Digital/Analog, Analog/Digital, Digital/Digital, Puls, Frequenz, CAN-, FlexRay-, LIN oder EtherCAT-Bussysteme u. v. m. sein.

Da beim MiL und SiL die integrierten Modelle oder Softwarefunktionen im selben Zyklus mit dem Streckenmodell bzw. Fahrdynamikmodell aufgerufen werden, müssen diese nicht in Echtzeit ausgeführt werden. Die Ausführung kann dabei schneller oder langsamer als Echtzeit erfolgen.

Im Gegensatz dazu müssen die Modelle am HiL Millisekunden genau – im Fachjargon auch harte Echtzeit genannt – mit einem Echtzeitrechner ausgeführt werden, da die ECU einen eignen Echtzeittakt besitzt. Beide Systeme müssen demnach gleich schnell in genauer Echtzeit laufen, um die Signale und Informationen synchron austauschen zu können. Selbst kleinste temporäre Verzögerungen in der Signal- oder Informationsantwort des Fahrdynamikmodells, auch als Jitter (Taktzittern) bekannt, führen schnell zu Fehlereinträgen im Steuergerät und lassen keinen fehlerfreien Test zu. Die Architektur von Echtzeitcomputern unterscheidet sich von gewöhnlichen PC's dadurch, dass zum einen ein Echtzeitbetriebssystem wie Linux Realtime verwendet wird und dass sich die I/O-Module über geeignete Busschnittstellen wie PCI, PCI Express etc. einbinden und ansprechen lassen. Abb. 5.20 zeigt schematisch den Aufbau eines HiL-Systems.

- **Steuergeräte-Integration**

Das ESP (elektronisches Stabilitätsprogramm) gilt als das zentrale Fahrwerkregelsystem und ist innerhalb der EU für Pkw und Lkw verpflichtend vorgeschrieben.

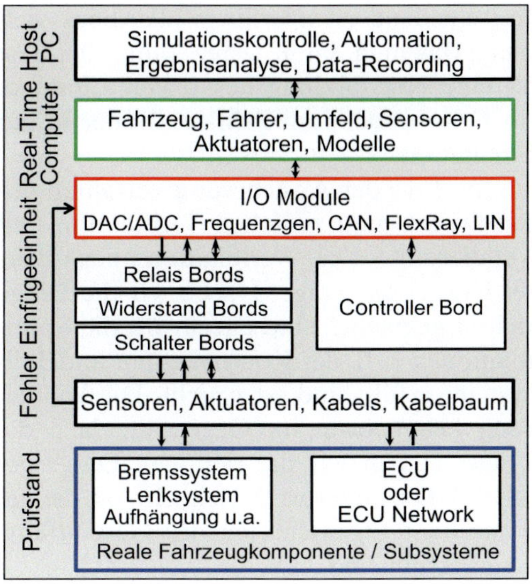

Abb. 5.20 Aufbau des Hardware-in-the-Loop Systems

Primär stellt ESP die Fahrstabilität in Lenk-, Kurven, Brems- und Beschleunigungsmanövern sicher. Am Beispiel ESP soll nachfolgend die Steuergeräteintegration, die Schnittstellen, der Signalaustausch und der geschlossene Regelkreis mit dem Fahrdynamikmodellverdeutlich werden.

Abb. 5.21 zeigt den schematischen Aufbau. Dabei liefert das Fahrdynamikmodell die Sensorsignale für Raddrehzahlen, Gierrate, Querbeschleunigung, Betätigungsdruck im Bremssystem und den Lenkwinkel. Diese virtuellen Sensorsignale werden über die I/O-Module in elektrische Signale bzw. in CAN-Botschaften gewandelt und an das ESP-Steuergerät über einen Kabelbaum und einem originalen Stecker angelegt. Die Raddrehzahlen werden dabei von einem speziellen I/O-Modul als Impulse – entsprechend eines Impulsgebers am realen Rad – generiert. Betätigt der virtuelle Fahrer beispielsweise auf glatter Fahrbahn die Bremse und ein oder mehrere Räder am virtuellen Fahrzeug blockieren, wird dies durch die Raddrehzahlmessung vom realen ESP-Steuergerät erkannt. Daraufhin reduziert das ESP-Steuergerät den hydraulischen Druck am jeweiligen Rad, indem es

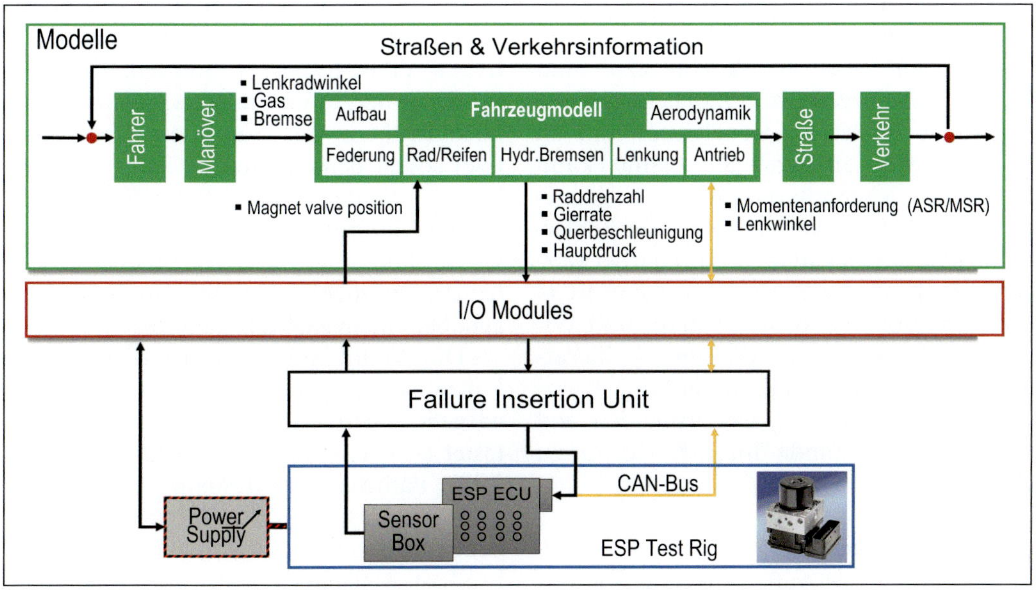

Abb. 5.21 ESP-Steuergeräte Integration am Hardware-in-the-Loop (vereinfachte Darstellung)

die Hydraulikventile betätigt. Mittels einer Hall-Sensorbox wird der aktivierte Spulenstrom der Hydraulikventile gemessen. Daraus kann die entsprechende Ventilposition errechnet werden. Diese Ventilposition wird zurück an das Fahrdynamikmodell bzw. an dessen hydraulischen Bremssystem übergeben. Die virtuellen Ventile am hydraulischen Bremsenmodell werden entsprechend geöffnet. Durch den Druckabbau am Rad stellen sich am Fahrdynamikmodell neue Zustände für Raddrehzahlen, Geschwindigkeit, Gierrate und Querbeschleunigung ein, die neuerlich vom ESP-Steuergerät als Fahrzeug-Rad-Zustand erfasst werden. Damit ist der Regelkreis geschlossen. Dasselbe Funktionsprinzip ergibt sich bei einer Kurvenfahrt, in einer Unter- oder Übersteuerung. Erkennt das ESP-Steuergerät über die Sensorsignale ein Unter- oder Übersteuern, greift bei vorgegebener Schwelle das reale ESP-Steuergerät in die Bremse ein. Diese Aktivitäten werden wie oben beschrieben wieder zurück an die hydraulische Bremse des Fahrdynamikmodells geliefert. Durch die gezielte Regelung der einzelnen Räder wird das virtuelle Fahrzeug stabilisiert.

5

Eine „Failure Insertion Unit" im HiL-Aufbau wie in ◘ Abb. 5.20 und ◘ Abb. 5.21 dargestellt, ermöglicht gezielte elektrische Fehler im Kabelbaum und an Kontaktstellen zu erzeugen. Damit kann das Fehlersicherheitsverhalten, Diagnoseverhalten und die Abschaltpfade im Fehlerfall genau untersucht werden. Hierbei werden die elektrischen Anschlüsse der ECU über eine Box mit Relais-, Schalt- und Widerstandskarten geroutet, um Fehlerarten wie Kabelbruch, falsche Polung, Kurzschluss, lose Kontakte, Isolierschäden und Übergangswiderstände durch Korrosion zu überprüfen.

- **Testmethoden**

Bisher wurden der Aufbau und die Funktionsweise der verschiedenen MiL-, SiL- und HiL-Entwicklungsumgebungen dargestellt. Entscheidend ist allerdings allerdings vielmehr was man damit testen kann. Der Test ist eine Nachbildung des realen Einsatzes im Fahrversuch, am Prüfstand oder in der Simulation.

Im Zuge der Absicherungsverfahren unterscheidet man zwischen Verifikation und Validierung. Die Verifikation beantwortet hierbei die Frage: Haben wir die Dinge richtig gemacht? Dies checkt ob die Spezifikationen z. B. der Komponenten und Teilsysteme erfüllt sind oder nicht. Die Validierung beantwortet im Gegensatz dazu die Frage: Haben wir die richtigen Dinge gemacht? Dies überprüft vielmehr ob die gewünschten Eigenschaften des Gesamtfahrzeugs erfüllt sind.

Im Allgemeinen werden die Tests für mechatronische Systeme in 3 Testgruppen (◘ Abb. 5.22) aufgeteilt. Die Verifikation der Sicherheitssoftware überprüft das Fehlersicherheitsverhalten, wenn unerwünschte Defekte oder Fehler auftreten und ob diese richtig erkannt, abgefangen, angezeigt und in der Diagnose eingetragen werden. Die Funktionstests verifiziert ob Funktionen richtig implementiert sind und wie vorgesehen aktiviert (true-positive) oder deaktiviert (True-negative) werden. Fehlauslösungen der Funktion (false-positve) oder Nichtauslösen der Funktion (false-negative) sollen beim Testen gefunden und behoben werden. Bei Performance-Tests werden hingegen die Eigenschaften des Gesamtfahrzeuges wie der Bremsweg, Untersteuergradient oder die Rundenzeit gegenüber einem Zielwert validiert.

Die Verifikation und Validierung von Fahrwerkregelsystemen werden heute überwiegend nach Fahrmanöverkatalogen getestet (s. ► Abschn. 3.6 und ◘ Tab. 3.7 bis 3.12). Fahrmanöver deshalb, weil dadurch nicht nur Tests von der Teststrecke mit einem Fahrdynamikmodell nachbildbar sind, sondern weil damit realistische Bedingungen im Kundeneinsatz rekonstruierbar sind. Hierbei spricht man von manöverbasiertem

Abb. 5.22 Beispiel Testgruppen zur Verifikation und Validierung

Testen. Diese Fahrmanöver können allerdings sehr komplex sein. Insbesondere dann, wenn zu genau definierten Fahr- oder Systemzustände, beispielsweise eine Fehleraufschaltung zum Zeitpunkt des Regeleingriffs erfolgen soll. Diese Fahrmanöver werden von der Straße auf die MiL-, SiL- und HiL-Umgebungen verlagert. Entscheidend dabei ist, dass durchgängig dieselben Fahrmanöver und Bewertungskriterien zur Anwendung kommen. Die Ergebnisse der Bewertung werden mit den erwarteten Ergebnissen verglichen und als bestanden (passed) oder nicht bestanden (failed) mittels Ampelschaltung dargestellt (Abb. 5.23).

Der Vollständigkeit halber sei erwähnt, dass es Fahrmanöver sowohl als Open-Loop als auch als Closed-Loop und temporären Closed/Open Loop durchgeführt werden (s. ► Abschn. 3.1). Im Closed-Loop Fahrmanöver ist der Fahrer im Regelkreis Fahrer-Fahrzeug-Umwelt als Längs- und Querregler eingebunden. Im Open-Loop Fahrmanöver hingegen erfolgt lediglich eine zeitgesteuerte Lenkwinkel- oder Betätigungsvorgabe von Gas, Bremse, Kupplung und Gang.

5.3.4.2 Cyberphysischer Gesamtfahrzeug-Prototyp

Klassisch kommt das Hardware-in-the-Loop Prinzip aus dem Steuergerätetest. Dies bedeutet, dass die UUT als ECU vorliegt. Man könnte auch sagen es handelt sich um einen ECU-HiL. Steuergeräte können hierbei entweder als einzelne ECU's oder als ganze ECU-Netzwerke aufgebaut sein. Große HiL-Integrationsprüfstände können dabei mehr als 50 Steuergeräte umfassen, die in ihrem Zusammenspiel getestet werden. Grundsätzlich besagt der Name Hardware-in-the-Loop allerdings nur, dass die UUT als Hardware vorliegt. Dies kann demnach auch jede beliebige mechanische Komponente, wie ein konventioneller Dämpfer oder ein mechatronisches System wie ein komplettes Lenksystem oder ein geregeltes Differential sein.

Abb. 5.24 zeigt schematisch und beispielhaft verschiedenen Varianten und Ausprägungen von HiL-Systemen. Mehr und mehr geht man dazu über ganze mechatronische Systeme als HiL aufzubauen, um das Zusammen spiel der Mechanik (z. B. Zahnstange, Lenkgetriebe und Lenksäule) mit der Elektronik (Drehmomentsensor,

Abb. 5.23 Prinzip der durchgängigen Verifikation und Validierung

Lenkwinkelsensor, ECU, E-Motor zur Lenkunterstützung) im Gesamtfahrzeug zu untersuchen. Als Erweiterung muss hier neben dem Steuergerät auch ein Signalaustausch mit der Prüfstandregelung erfolgen.

Der zusätzliche Signalaustausch zwischen der Prüfstandsregelung mit dem Fahrdynamikmodell soll hier an einem Steering-in-the-Loop Prüfstand (Abb. 5.25) vereinfacht dargestellt werden. Das Lenksystem ist lagekorrekt, wie im Fahrzeug, auf einem Lenkprüfstand aufgebaut und gefesselt. Die Zahnstangen sind jeweils mit Längsaktuatoren (kraft-/wegegeregelt) und das Lenkrad mit einem Lenkroboter (winkel- und drehmomentgeregelt) gekoppelt. Die Integration des realen Lenksystems in ein Fahrdynamikmodell erfolgt über dieselben Schnittstellen als im realen Fahrzeug.

Die Schnittstelle zum Fahrer ist als Lenkwinkel- oder Lenkmomenteingabe definiert und wird mittels Lenkroboter auf das Lenkrad aufgebracht. Der Lenkroboter erhält seine Vorgabe vom Fahrer oder von der Manöversteuerung des Fahrdynamikmodells. Die Signalübertragung kann über die I/O-Module analog oder als CAN-Botschaften erfolgen. Die Lenkradbetätigung verursacht über die Mechanik eine Zahnstangenbewegung. Diese wird durch einen Wegsensor am Prüfstand gemessen.

Diese Zahnstangenposition wird auf die Achsschnittstelle der Lenkung des Fahrdynamikmodells aufgeprägt. Dies verursacht über die Achs- bzw. Lenkkinematik einen entsprechenden Radeinschlagwinkel. Daraus resultieren ein Schräglaufwinkel und eine Seitenkraft am Reifen, woraus sich über die Achskinematik wiederum

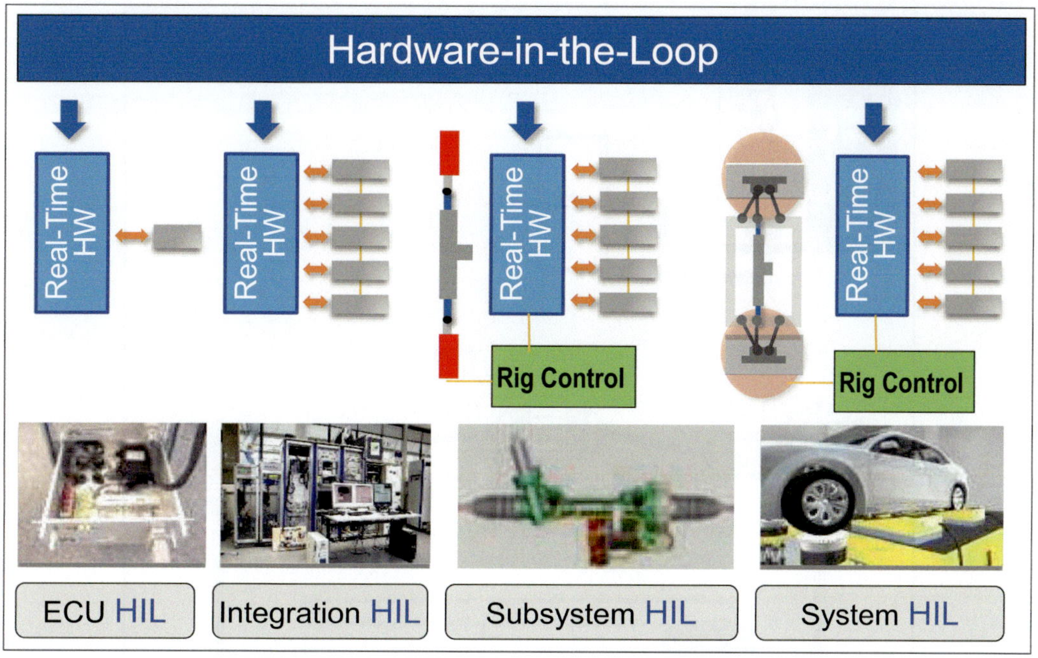

Abb. 5.24 Varianten und Ausprägungen von HiL-Systemen

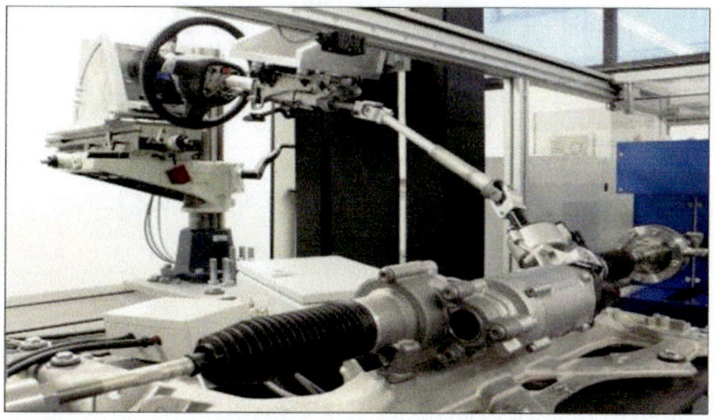

Abb. 5.25 Steering-in-the-Loop Prüfstand (TH München)

eine Spurstangenkraft ergibt. Die simulierte Spurstangenkraft wird wiederum an den Prüfstand übergeben und von der Prüfstandsregelung über die Linearaktuatoren an den Spurstangen eingeregelt. Der Signalaustausch erfolgt dabei zyklisch in jeder Millisekunde.

Ein Beispiel einer cyberphysischen Testumgebung für komplexe Teilsysteme auf Systemebene 2 (Abb. 5.1) ist der Antriebsstrang-Prüfstand der TU Dresden, [40, 49], der zum Teilsystemtest elektrisch angetriebener Fahrzeugachsen als UUT konzipiert ist. Abb. 5.26 zeigt den prinzipiellen Aufbau: Die UUT wird an den Achsträger- und Domlagern am Prüfstand befestigt. Zur Ansteuerung der die Antriebsmotoren speisenden Inverter dient eine Gleichstromquelle, die eine durch ein Echtzeit-Simulationsmodell gesteuerte Spannungslage und Stromabgabe erlaubt (Batteriesimulation). Die an den angetriebenen Rädern anliegende mechanische Leistung wird durch zwei Synchron-Abtriebsmotoren abgenommen.

Die Abtriebsmotoren werden ebenfalls aus dem Echtzeit-Simulationsmodell gesteuert und geben die Fahrwiderstände und die im Reifen-Fahrbahn-Kontakt entstehenden dynamischen Anregungen wieder. Analog zu Abb. 5.20 erfolgt die Berechnung der Fahrzeugdynamik im Echtzeit-Simulationsmodell.

5

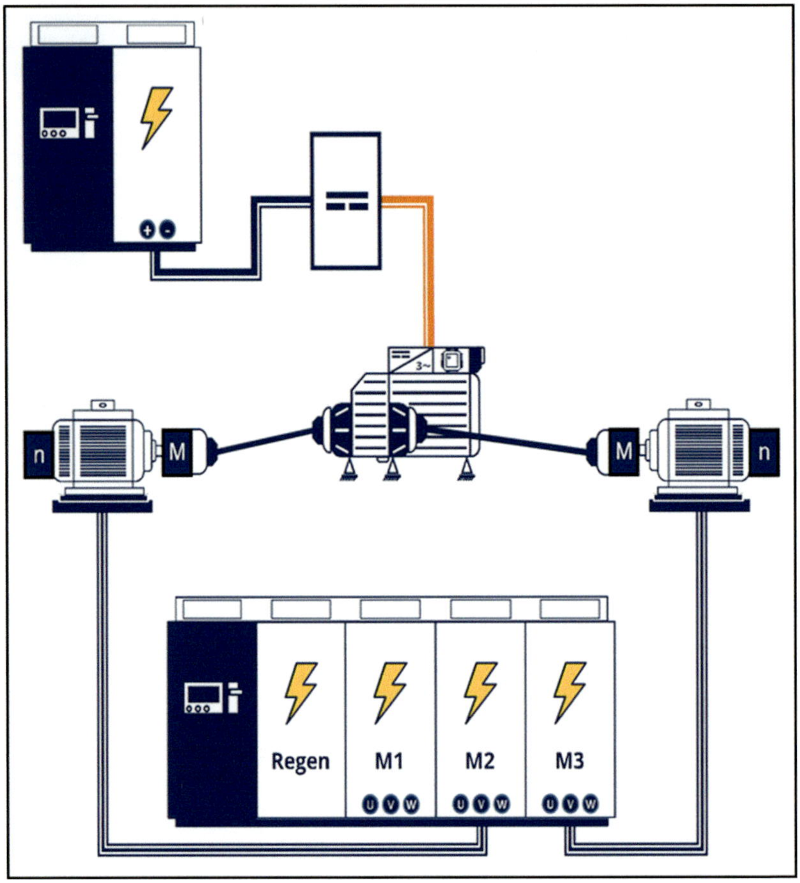

Abb. 5.26 Cyberphysischer Testaufbau für elektrisch angetriebene Achsen. (Quellen: [49], TU Dresden)

Der Austausch physikalischer Größen zwischen Simulation und Hardware erfolgt im Takt einer Millisekunde.

Der Antriebsstrang-Prüfstand wird zur Verifikation und Validierung längsdynamischer Fahrzeugeigenschaften wie Fahrbarkeit, Energiemanagement, Systemwirkungsgraden im Fahrbetrieb sowie für gekoppelte Längs-/Querdynamikmanöver, dort zur Applikation und Absicherung von Torque-Vectoring-Systemen, eingesetzt.

Beim Aufbau cyberphysischer Testumgebungen sind als Schwierigkeit die nennenswerten Signallaufzeiten beim Austausch physikalischer Größen und die oft begrenzende Regelungsdynamik gängiger Prüfstandregelungen zu beachten. Die Signallaufzeiten liegen in der Regel bei mehreren Millisekunden. Werden Signale in beide Richtungen (vom Simulationsmodell zum Prüfstand und umgekehrt) ausgetauscht, was üblicherweise der Fall ist, so werden durch diese Latenzen höherfrequente Dynamiken ab ca. 10 Hz maßgeblich verfälscht. Um im gekoppelten Betrieb der cyberphysischen Testumgebung die nötige Phasentreue der Signale wiederherzustellen, sind vorausschauende modellbasierte Reglerkonzepte für die Prüfstandregelung zu entwickeln.

5.3.4.3 Fahrsimulation

Das reale Fahrerlebnis im Fahrversuch „aus Sicht des Kunden“ bietet nach wie vor wesentliche Erkenntnisse für Ingenieure und Management, um die Markenziele der Fahreigenschaften für die Kunden erreichen zu können. Viele an Fahrdynamik und Fahrkomfort zu stellenden Anforderungen sind deshalb subjektiv formuliert, siehe ► Abschn. 3.5 und 5.1.1.2.

Fahrsimulatoren haben das Potenzial, subjektive Fahreindrücke bereits aus der Simulation heraus zu vermitteln. Sie können Ingenieuren und Endnutzern die Möglichkeit geben, die subjektiven Fahreindrücke neuer Funktionen, Systeme, Komponenten, Applikationen und deren Fahreigenschaften bereits in der frühen virtuellen Phase zu erleben und agil zu optimieren und damit schneller zu entwickeln (◘ Abb. 5.27). Ziel ist es, mehr Sicherheit in die Entscheidungen zu bringen und in der frühen Phase den Reifegrad erhöhen zu können, noch bevor die ersten Prototypenfahrzeuge zur Verfügung stehen. Damit kann der Fahrversuch bei einem höheren Reifegrad starten, die Versuchsvarianten verringern und effizienter, agiler und schneller entwickelt werden [50].

Fahrsimulatoren haben grundsätzlich die Aufgabe die visuelle, vestibuläre, auditive und taktile Wahrnehmung der Testperson zu stimulieren. Eine Erkenntnis ist, dass die Simulatoren für bestimmte Anwendungsfälle optimiert werden müssen, Daher sind nicht alle Simulatoren gleich, haben sehr unterschiedliche Leistungsmerkmale sowie Vor- und Nachteile (◘ Abb. 5.28).

◘ **Abb. 5.27** Fahrsimulatoren in der Fahrwerkentwicklung

- **Hochdynamik-Fahrsimulatoren**

Für die Fahrwerkentwicklung kommen speziell für Experten/Entwicklungsingenieure die mittlere, hochdynamische Simulatorklasse als Entwicklungswerkzeug (ExpertSim) immer mehr in den Fokus (◘ Abb. 5.28). Diese kann die 6D Bewegung der Fahrdynamik, insbesondere im wichtigen „On-Center Bereich“ bis zu Frequenzen von 50 Hz sehr präzise abbilden und verfügt dabei über ausreichend Bewegungsraum, um typische fahrdynamische Fahrmanöver darstellen zu können. Zudem lässt sich dieser Simulatortyp schnell auf verschiedenen Anwendungen anpassen. Fahrdynamikmodelle berechnen dabei in Echtzeit die 6D Bewegung des Fahrzeugaufbaus auf Basis der Lenkeingabe des Fahrers. Diese 6D Bewegung wird an den Simulator weitergeben. Dieser skaliert und filtert mittels Motion Cueing die 6D Bewegungsdaten entsprechend, der zur Verfügung stehenden Verfahrwege. Daraus berechnet und stellt dieser die Positionen der Bewegungsaktoren, die von der Testperson als Fahrzeugbewegung wahrgenommen wird. Mittels Projektionstechnik aus Projektoren oder LED-Walls lässt sich die Szene für den visuellen Eindruck visualisieren. Ergänzend lassen sich HiL-Prüfstände wie Lenkung, Bremse etc., wie in ► Abschn. 5.3.4.1 dargestellt, integrieren. Voraussetzung dafür ist ein zyklusgenaues Echtzeitverhalten.

Identifizierte Anwendungsfälle in den Bereichen Fahrwerk, Quer- und Längsdynamik sind z. B.:

- Reifenentwicklung [51]
- Lenkungsentwicklung mit ECU-Applikation [52],

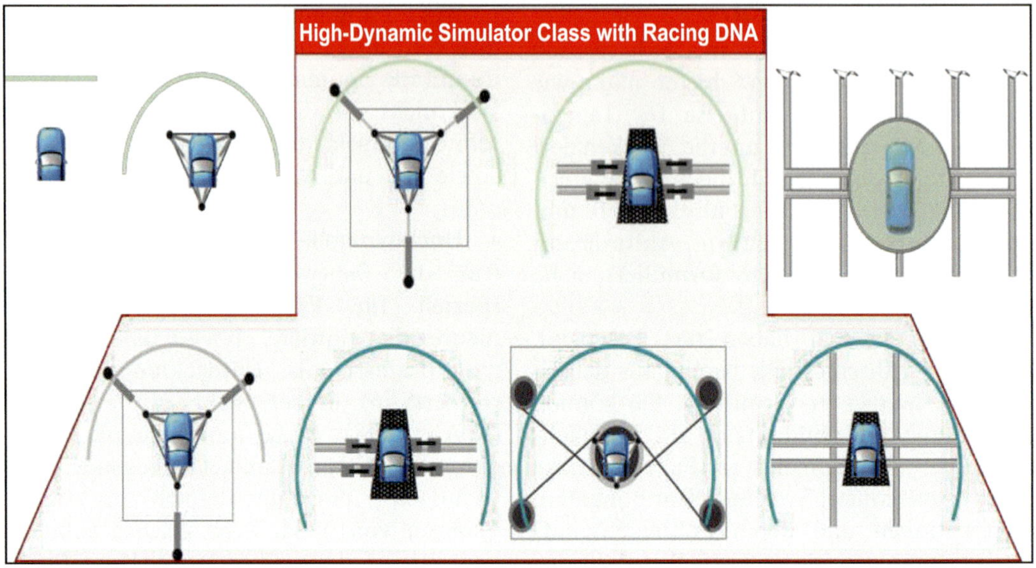

■ **Abb. 5.28** Simulatorkonfigurationen

- ESC-Entwicklung mit ECU-Applikation [53],
- Beherrschbarkeit im Fehlerfall von mechanischen und elektrischen Fehlern von Fahrwerkskomponenten [54, 55]
- Erzeugung von Trainingsdaten für KI-Modelle und Validierung von KI-Modellen
- Fahrwerksabstimmungen von konventionellen und aktiven Federungssystemen in der Spreizung Handling und Komfort
- Bewertung und Optimierung von Fahrwerkskonzepte
- Komfortbewertung beim automatisierten Fahren

■ High-End Fahrsimulatoren

Zur realistischen Abbildung urbaner Fahrsituationen sind Fahrsimulatoren mit sehr großen Bewegungsräumen (>20 m) in translatorischen Richtungen und unendlicher Drehbarkeit um die Hochachse (Gieren) erforderlich. Fahrsimulatoren dieser Klasse werden zur Entwicklung und Absicherung von Fahrerassistenz- und Fahrautomatisierungsfunktionen verwendet. Viele High-End Fahrsimulatoren werden derzeit bei verschiedenen Fahrzeugherstellern und in Forschungseinrichtungen aufgebaut, [56–59].

Die dabei vorherrschende Bauart sind Schienensysteme, wie in ■ Abb. 5.29 dargestellt. Auf dem Schienensystem befindet

■ **Abb. 5.29** High-End Fahrsimulator mit Schlittensystem, Hexapodplattform und Giergelenk. (Quelle: BMW)

sich eine Hexapod-Plattform, die – meist gekoppelt mit einem Drehgelenk um die Gierachse – den Projektionsdom trägt. Im Dom befindet sich der Proband/die Probandin in einem Fahrzeug („*Mock-up*").

Auf die Innenseite des Projektionsdoms wird mittels Projektoren die virtuelle Welt dargestellt, in der das Fahrzeug sich bewegt. Das aus Schlittensystem, Hexapodplattform und Giergelenk bestehende System dient dazu, vor allem die Vestibulärwahrnehmungen des Probanden zu stimulieren. Die maximale Größe solcher Systeme ist wegen der hohen zu bewegenden Massen auf ca. 25 m x 25 m begrenzt. Die zu beschleunigenden Massen betragen ca. 80 bis 90 t.

Sollen größere Bewegungsräume und höhere Dynamiken erschlossen werden, bieten sich selbstfahrende, reifenbasierte Fahrsimulatorkonzepte an. Als derzeit weltweit einziges System dieser Art wurde der *Dresden Driving Simulator – DDS* entwickelt (▣ Abb. 5.30) [59]. Bei diesem Konzept wird das Schienensystem durch ein mit vier Rädern bestücktes Fahrwerk ersetzt. Jedes Rad wird durch einen Radnabenmotor angetrieben und kann einzeln gelenkt werden. Das Gerät weist eine Grundfläche von 5 m x 5 m auf und erschließt einen theoretisch unbegrenzten Bewegungsraum. In der Praxis ist es sinnvoll dafür eine Fläche von etwa 80 m x 80 m vorzusehen. So wird der Realitätseindruck des Probanden (*Immersion*) für die vestibuläre Wahrnehmung deutlich gesteigert. Die bewegte Masse des Systems beträgt 5 t.

5.3.4.4 Ausblick: Cyberphysische Verkehrssimulation

Mit zunehmender Bedeutung von Fahrerassistenz- und Fahrautomatisierungsfunktionen entsteht auch beim cyberphysischen Testen – analog zu Rechnersimulation

▣ **Abb. 5.30** Selbstfahrender, reifenbasierter Fahrsimulator. (Quelle: TU Dresden) [59]

und Fahrversuch – der Bedarf, Fahrumgebung und Kommunikationsanbindung des Gesamtfahrzeugs (Systemebene 0) mit zu betrachten. Über bestehende Vehicle-in-the-Loop-Ansätze hinaus sind Testumgebungen aufzubauen, in denen Verkehrsszenarien mit vielen Verkehrsteilnehmenden erlebbar und in Bezug auf die technischen Sensoren und Fahrzeugsysteme realistisch dargestellt werden. Dabei werden einzelne Verkehrsteilnehmende wahlweise physisch oder virtuell dargestellt. Die dazu nötigen Technologien existieren weitgehend. Derzeitige Forschungsarbeiten beziehen sich darauf, cyberphysische Verkehrssimulationen bezüglich Realitätstreue der Abbildung, Sicherheit bei der Versuchsdurchführung, Anwendungsflexibilität und Prozesssicherheit in Fahrzeugentwicklungsprozessen einsatzfähig zu machen, [59].

5.4 Entwicklungsplanung

Metin Ersoy, Günther Prokop und Christian Schimmel

Die Entwicklungsplanung umfasst 4 Hauptschritte:

Der Architekturprozess inkl. Derivateableitung bildet die Ausgangsbasis für das Durchlaufen des Produktentstehungsprozesses und dessen Entwicklungsmeilensteinen. Absicherungs- und Versuchsträgerplanung strukturiert die späteren Phasen des Entwicklungsprozesses.

Allen Schritten ist gemeinsam, dass sie in modernen Automobilunternehmen als Mischung aus agilen Methoden und klassisch strukturierten Prozessen ablaufen.

5.4.1 Architekturprozess und Derivateausleitung

Der Architekturprozess bildet den Startpunkt einer Entwicklung. Vollständige Neuentwicklungen von Architekturen sind für ein Fahrzeugprojekt selten, außer es handelt sich um junge Firmen, die komplett neu entwickelte Produkte auf den Markt bringen.

In solchen Fällen wird ein vollständiger Architekturprozess durchlaufen. In allen anderen Fällen wird er angepasst. Neu zu entwickelnde Umfänge durchlaufen den gesamten Ablauf, andere werden übernommen und nur deren Schnittstellen abgesichert.

Eingangsbedingungen bilden in allen Fällen die Kunden- und Markterfordernisse sowie die Produktmission inkl. der relevanten Benchmark-Fahrzeuge. Diese Anforderungen werden in messbare Ziele übersetzt und die dafür nötigen Baugruppeneigenschaften, Softwarefunktionen und die zugrunde liegende Elektronikarchitektur in einem iterativen Verfahren bestimmt. Das Ende einer solchen Architekturphase ist ein konfliktfreies Lastenheft für sämtliche Funktionen und Bauteile. Anhand dieser Vorgaben erfolgt die Detailentwicklung als Folgeschritt des Architekturprozesses.

Bevor aber eine neue oder angepasste Architektur entwickelt wird, erfolgt (besonders bei etablierten Firmen mit bestehenden Plattformen) die Einordnung in eine vorhandene Synergiefamilie. Diese werden typischerweise sehr frühzeitig geplant, nicht alle Derivate werden aber zum Beginn einer solchen Architektur bereits entwickelt.

Für eine derartige Plattform oder Synergiefamilie wird ein führendes, sogenanntes *Lead-Projekt* definiert. Dies ist der Ersteinsetzer der beschlossenen neuen Architektur. Das bringt den Vorteil mit sich, als erstes Fahrzeug die neue Architektur und die damit möglichen Funktionen und Kundenfeatures anzubieten. Gerade für kommunikativ gezielt gesetzte Highlights und Leuchttürme im Portfolio ist die Rolle des Lead-Projekts sehr vorteilhaft. Im Umkehrschluss sind in Lead-Projekten die umfangreichsten Entwicklungstätigkeiten nötig und die Risiken im Prozess am höchsten. Daher fokussieren die Firmen ihre Ressourcen stark auf solche Lead-Projekte.

Es werden die meisten internen und externen Ressourcen in ein solches Projekt geplant und die absichernden Prüfinstanzen inkl. Versuchsfahrzeugen zeitlich und monetär eingeplant. Sämtliche Freigaben müssen von Grund auf getätigt werden, da es keine nutzbaren Freigaben von Vorgängerfahrzeugen gibt, die mit reduziertem Testaufwand verifiziert werden können. Die Zahl der Versuchsfahrzeuge kann in einem Lead-Projekt durchaus um den Faktor 3 höher ausfallen, als in einem später einsetzenden Folgeprojekt.

Die sogenannten *Folgeprojekte* oder *-derivate* nutzen die bereits bestehende Architektur eines Lead-Projekts. Im Fall eines abweichenden Karosserie-Derivats können so viele Elektronikumfänge und Softwarefunktionen übernommen werden. Das reduziert den Entwicklungs- und Absicherungsaufwand drastisch. Solche Derivate sind in der Entwicklung deutlich günstiger.

Die Kombination von Lead- und Folgederivaten in einer Synergiefamilie zum wirtschaftlichen Erfolg zu führen, ist typischerweise die Aufgabe einer Baureihe. Es ist üblich, auch auf bereits bestehenden älteren Plattformen neue Derivate in den Markt zu bringen. Die Entwicklungszeit für Derivate ist deutlich kürzer und die vielen Synergien führen zu stark reduzierten Gesamtkosten für ein solchen Folgeprojekt. Schafft es ein Unternehmen, ein markenstarkes Produkt so im Markt zu etablieren, kann es einen wesentlichen Beitrag zur Profitabilität leisten.

Derivatableitungen können jedoch nur selten vollständig ohne einen Derivat-Architekturprozess ablaufen. Häufig gibt es neue oder andere Anforderungen als beim Lead-Projekt. Im besten Fall konnten diese im Lead-Projekt bereits berücksichtigt werden. Eine Umsetzung erfordert dann lediglich geplante Anpassungen. Bei größeren Änderungen ist aber die Projekt-spezifische Anpassung der Architektur notwendig. In dem Fall erfolgen dieselben Schritte wie im regulären Architekturprozess, allerdings nur für die betroffenen Hauptsysteme, Baugruppen und Funktionen. Zudem können die Schritte teilweise deutlich kürzer ausfallen, da Voruntersuchungen existieren.

Typische Beispiele sind die Integration eines Luftfeder-Systems für später einsetzende Derivate oder die Integration einer neuen Generation von Interieur- und Displaykonzept in einer Plattform. Durch die neuen Teiltechnologien müssen Rechenkapazitäten angepasst werden, neue Signale definiert und neue Bauräume abgesichert werden.

Gerade bei Verbrenner- und Hybridtriebsträngen ist zudem weiterhin die Antriebseinheit ein wesentlicher Aspekt der Architekturarbeit. Mit der Entwicklung eines solchen Triebstrangsystems wird für die darauf geplanten Fahrzeuge ein wesentlicher Teil der Architektur zentral festgelegt. Es wird das Ziel verfolgt, eine Antriebsarchitektur unverändert in möglichst vielen Derivaten anzubieten.

Sport-Derivate der Haupt-Baureihen sind eine besondere Form der Folgeeinsetzer. Diese zeichnen sich typischerweise nicht durch neuen Kundenfeatures abseits des Fahrerlebnisses aus, sondern übernehmen typischweise Bedienung und Features in weiten Teilen von den Hauptbaureihen. Die Differenzierung erfolgt neben der gesteigerten Antriebsleistung wesentlich im Fahrwerksbereich. Es werden andere Systeme zur Vertikaldynamik verwendet (z. B. das Dynamic Ride Control System im Audi RS6), neue Querdynamikfeatures eingesetzt (z. B. zusätzliche Differenzialsperren in den BMW M Modellen), Versteifungsmaßnahmen eingebracht (z. B. Audi RS Q8 oder BMW M5) und in nahezu allen Fällen spezifische Sportbereifung mit höheren Breiten, die oft auch Anpassungen an Karosseriebauteilen erfordern. Dieser hohe Änderungsumfang gegenüber den Basis-Fahrzeugen führt zu gesteigerten Entwicklungs- und Absicherungsaufwänden. Auch darin ist die höhere Preisposition dieser Modelle begründet.

5.4.2 Entwicklungsmeilensteine im PEP

Die Fahrwerkentwicklungsschritte werden zeitlich synchronisiert mit den anderen Fahrzeugshauptsystemen bearbeitet. Die Teilschritte der Vorgehensweise lauten für das Fahrwerk analog des Gesamtfahrzeugs [60]:

- Planung und Definition,
- Konzeption,
- Konstruktion und Simulation,
- Prototypenbau und Validierung,
- Abstimmung, Optimierung und letztendlich
- Serieneinführung.

Dieser Gesamtprozess wird oft als „*Produktentstehungsprozess*", kurz „PEP" bezeichnet (◘ Abb. 5.31) [61].

Der PEP wird in Phasen unterteilt, innerhalb derer *Quality Gates* oder *Meilensteine* definiert sind, die wiederum mehrere *Check Points* beinhalten.

Meilensteine und Checkpoints stellen innerhalb des Projektes terminlich festgelegte Kontrollpunkte dar, bis zu denen alle vorgesehenen Aktivitäten dokumentiert und erfolgreich abgeschlossen werden müssen. An diesen Punkten werden die Arbeitsergebnisse den vorgegebenen Anforderungen gegenübergestellt. Die Erfüllung der Anforderungen ist die Voraussetzung für die Freigabe nachfolgender Arbeitsschritte.

Der Entwicklungsprozess kann auch in Form des V-Modells (◘ Abb. 5.3) dargestellt werden, der sich über die Systemebenen 1 bis 5 erstreckt, siehe ► Abschn. 5.2.

Das Gesamtprojekt wird in Unterprojekte aufgeteilt. Entsprechend existieren für das Fahrwerk mehrere Projektteams; beim

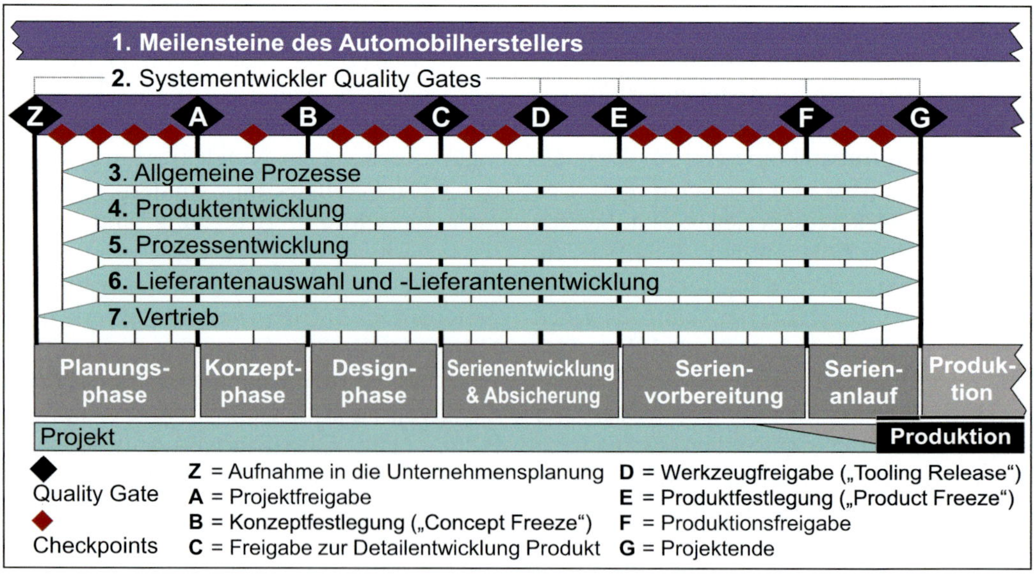

◘ **Abb. 5.31** Produktentstehungsprozess (PEP), nach [61]

Fahrzeughersteller und bei den Entwicklungsdienstleistern und Entwicklungslieferanten, die koordiniert und zueinander abgestimmt werden müssen (*Projekt-Management*).

Über alle Projektphasen des PEP hinweg erstrecken sich diese Teilprozesse:

- allgemeine Prozesse,
- Produktentwicklung,
- (Fertigungs-)Prozessentwicklung,
- Lieferantenauswahl und Lieferantenentwicklung,
- Vertrieb.

Sehr ausführlich sind die Entwicklungsschritte im FPDS (Ford Product Development System) beschrieben, das seit 1998 weltweit bei allen neuen Ford-Fahrzeugprogrammen angewandt wird (◘ Abb. 5.32) [62].

Die programmspezifische Arbeit fängt mit KO *Kick-Off* an und endet mit **Job #1 (SOP)**, und soll für ein neues Modell 42 Monate dauern.Dazwischen befinden sich zwei Haupthaltepunkte:

ST *Surface Transfer* nach 16 Monaten: Styling eingefroren und das Programm endgültig freigegeben.

CP *Confirmation Prototypes* nach 27 Monaten: alle Bauteile und Systeme in seriennahen Prototypen eingebaut und freigegeben.

Die Reihenfolge der Meilensteine dazwischen ist:

- **KO** *Kick Off*,
- **PS** *Pre-strategic Intent*: Planung abgeschlossen,
- **SI** *Strategic Intent*: Fahrzeugkonzept, Zielkunden, Wettbewerbsmodelle, Programmlogistik, Ressourcen, Arbeitsplan, Montagewerke sind festgelegt,
- **SC** *Strategic Confirmation*: Ziele für alle Ebenen festgeschrieben, Systemlieferanten definiert,
- **PH** *Proportions & Hardpoints*: Abmessungen, Design, Kinematikpunkte eingefroren,
- **PA** *Program Approval*: Projekt freigegeben,
- **ST** *Surface Transfer*: Styling festgelegt,
- **PT** *Powertrain complete;* Antriebsstrang fertig,
- **PR** *Product Readiness*: Fertig für Prototypenbau,
- **CP** *Confirmation Prototypes*,

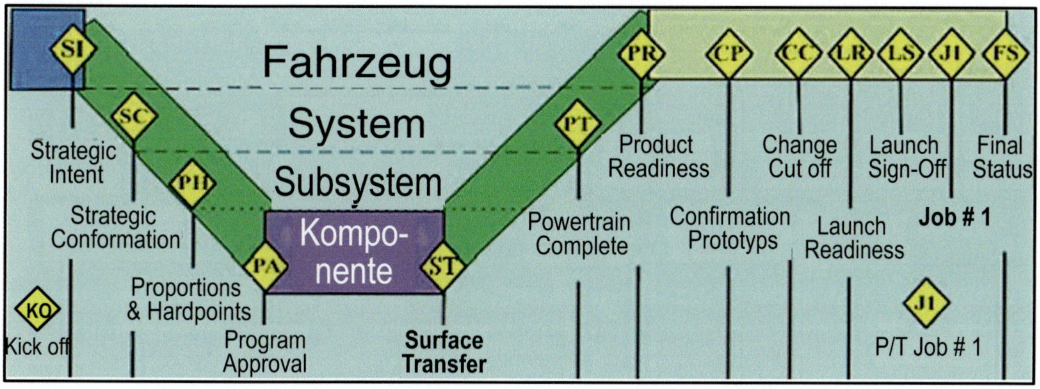

◘ **Abb. 5.32** FPDS (Ford product Development System) [62]

- **CC** *Change Cut-off*: keine konstruktive Änderungen mehr zulässig,
- **LR** *Launch Readiness*: Freigabe der Fertigungswerkzeuge und Einrichtungen,
- **LS** *Launch Sign-of*: Montagelinie und alle Bauteile fertig für die Montage,
- **J1 Job #1** Produktionsstart.

Die hohe Komplexität von Fahrzeugen erfordert eine systematische Gliederung nach Hauptsystemen bis zur Modul-Komponenteneben (◘ Abb. 5.33).

Auch wenn die Hersteller individuelle Einteilungen vornehmen, so sind die in der Automobilbranche sehr ähnlich. Dies ist auch darin begründet, dass es eine hohe Vernetzung der Firmen gibt, z. B. durch die Zusammenarbeit mit den gleichen Entwicklungspartnern.

Porsche beschreibt die Abläufe zur Fahrwerkentwicklung, wie sie in ◘ Abb. 5.34 darstellt sind [13], in drei Hauptphasen: Definitionsphase, Konzeptabsicherungsphase und Serienentwicklungsphase, die insgesamt ebenfalls in 42 Monaten abgearbeitet werden, davon lediglich 24 Monate für die Serienentwicklung. Ähnliche Entwicklungsabläufe findet man bei der VW Gruppe, BMW oder Daimler.

Im ◘ Abb. 5.35 wird als repräsentatives Beispiel die Reifegradentwicklung innerhalb des Fahrwerks bei AUDI dargestellt [63]. Diese ist ebenfalls in drei Hauptphasen geteilt: Definition, Realisierung und Launch (Serienanlauf), die insgesamt 60 Monate dauert, je zu Hälfte für Definition und Realisierung und 3 Monate für Launch.

Die ersten 18 Monate sind beginnend mit dem Produktplanungsstart (PPS) über den Richtungsentscheid (RE) für die Produktplanung vorgesehen.

Nach einem positiven Produktentscheid (PE) übernimmt die Modellreihenorganisation das Projekt.

◘ **Abb. 5.33** Fahrzeug-Funktionsebenen

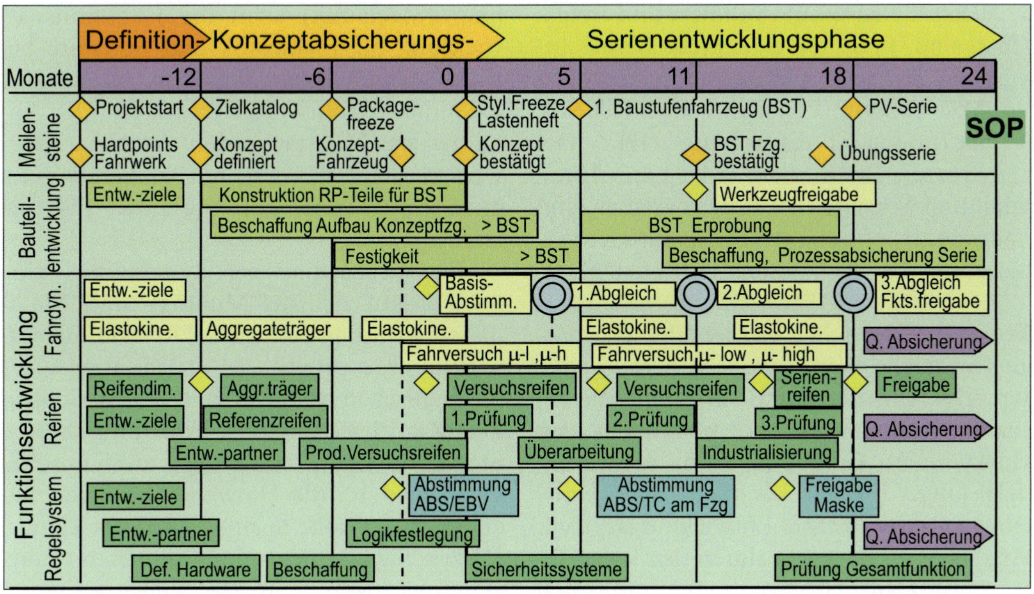

Abb. 5.34 Bauteil- und Funktionsentwicklungsablauf im Fahrwerk bei Porsche [13]

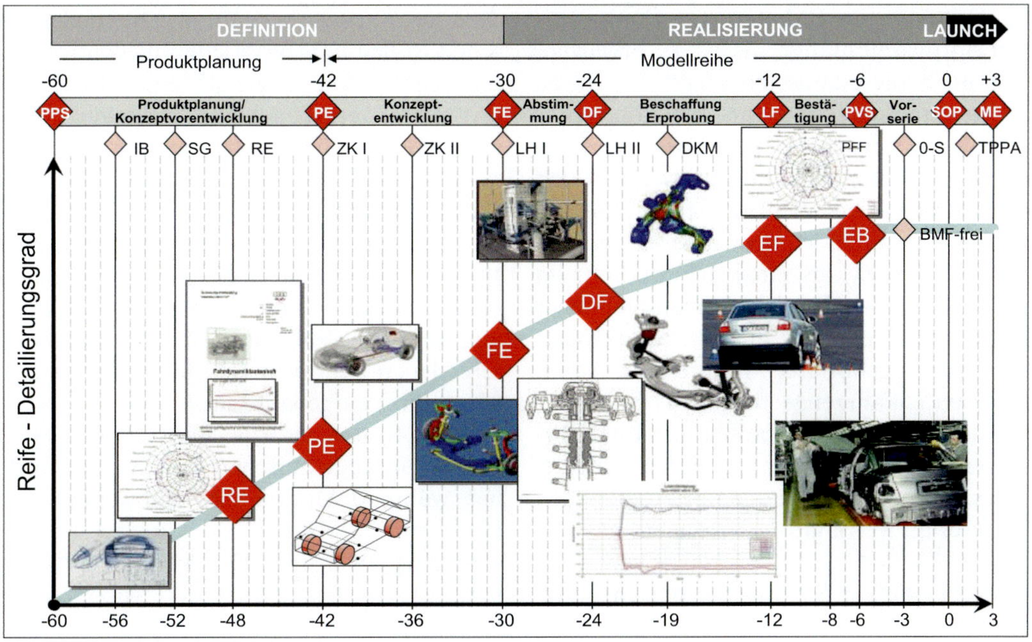

Abb. 5.35 Ablaufplan der Fahrwerkentwicklung bei AUDI [63]

Wenn die Konzepte validiert und freigegeben sind, fängt die eigentliche Serienentwicklung an. Sie besteht aus den Abschnitten Abstimmung (FE: Fahrzeugentscheid), Beschaffung und Erprobung (DF: Design freeze), Bestätigung (LF: Launchfreigabe) und Vorserie (PVS). Dazwischen sind Checkpoints eingebaut wie IB: Interieurbestätigung, ZK: Zielkatalog, LH: Lastenheft.

Die etablierten Entwicklungszyklen traditioneller Hersteller werden derzeit massiv von neuen Wettbewerbern herausgefordert. Der Umstieg auf Elektromobilität reduziert Komplexität und vereinfacht den Markteintritt. Gerade in China entwickeln viele junge Firmen komplett neue Fahrzeuge in sehr kurzen Entwicklungszyklen. Möglich wird dies u. a. durch den verstärkten Einsatz virtueller Methoden und durch die stärkere Übernahme von traditionellen Baugruppen wie Fahrwerken von Systemlieferanten. Die neuen Firmen fokussieren ihre Entwicklungsleistung stärker auf die Umfänge im Rahmen der Funktions- und Softwareumfänge. Es ist zu erwarten, dass auch die etablierten Hersteller durch diesen externen Druck ihre Abläufe weiter optimieren werden, da ansonsten die Zykluszeiten für Entwicklungen mit der neuen Konkurrenz nicht Schritt halten. Gerade im sehr relevanten Markt China ist eine Reduktion der Zykluszeiten erforderlich, da der Markt durch die vielen neuen Hersteller grundsätzlich ein sehr junges Produktportfolio im Angebot hat. 4 Jahre alte, kaum angepasste Fahrzeuge fallen aus Sicht der Kunden aus dem relevanten Set an Fahrzeugen heraus, wenn es deutlich jüngere, neuer wirkende Fahrzeuge mit zusätzlichen Features im Mark gibt.

- **Prozessablauf für (mechatronische) Systeme**

Bedingt durch die Durchdringung des Fahrwerks mit Elektronik und Regelungstechnik, muss parallel zur Bauteilentwicklung (Mechanik) auch die Funktionsentwicklung für Elektronik und Software berücksichtigt werden, die fester Bestandteil jedes mechatronischen Systems ist. Der Anteil solcher Systeme in den aktuellen Fahrwerken steigt ständig und hat bereits jetzt etwa 30 % Wertschöpfungsanteil [64] erreicht.

Die mechatronischen Systeme im Fahrwerk lassen sich als Minimal- und Maximalentwicklung festlegen: Die Minimalentwicklung beschreibt die Verknüpfung eines mechanischen Bauteils mit einem Sensor. Das Ziel der Minimalentwicklung ist eine messtechnische Erfassung mechanischer Größen, d. h., die Umwandlung einer mechanischen Größe in eine elektrische Größe. Dieses Signal dient dann anderen Fahrzeugfunktionen, z. B. der Leuchtweitenregulierung in Abhängigkeit der Einfederung.

Die Maximalentwicklung beschreibt ein aktives Fahrwerk. Es werden nicht nur mechanische Eigenschaften gemessen, sondern auch gezielt beeinflusst. Die in elektrische Größen umgewandelten mechanischen Größen werden innerhalb einer Funktion (Software) verarbeitet und in weitere elektrische Größen überführt, die über die Stellsysteme wieder in mechanische Größen zurückgewandelt werden [64].

Ein mechatronisches System bildet eine Integration von Mechanik, Elektrik/Elektronik mit Software und Sensorik und kann aus weiteren Subsystemen und/oder verschiedenen Modulen (Hardware, Software, Mechanik) aufgebaut sein.

Den Systemen bzw. Subsystemen werden die mechatronischen Systeme zugeordnet, während Module bzw. Submodule nur Hardware, Mechanik oder Software, zusammengesetzt sind. Die Minimalentwicklung ist ein Bestandteil der Maximalentwicklung.

Diese drei Module werden nach dem V-Modell parallel zueinander entwickelt und ineinander integriert.

5.4.3 Absicherungs- und Versuchsträgerplanung

Der Planung von Absicherungsmethoden und Versuchsträgern kommt im Vorfeld einer Fahrzeugentwicklung besondere Bedeutung zu. Insbesondere die Versuchsträger stellen einen sehr großen Kostenfaktor in der Entwicklung dar. Ihre Zahl zu reduzieren rechtfertigt demnach einen durchaus hohen Aufwand in der Planungsphase.

Als Grundlagen für die Absicherungs- und Versuchsträgerplanung dienen die in ► Abschn. 5.1 dargestellten Entwicklungs-Randbedingungen:

- Anforderungskatalog, der auf Systemebene 1 (Gesamtfahrzeug) mehrere tausend einzelne Funktionsanforderungen enthält. Für alle Funktionsanforderungen sind gemäß ► Abschn. 5.1.1.3 zeitliche Verläufe der Funktionsreifegrade über der Entwicklungszeit festgelegt. Diese orientieren sich daran, welche Gestaltungsparameter mit Einfluss auf die jeweilige Funktion wann im Entwicklungsprozess endgültig festzulegen sind.
- Unternehmensorganisation: Die zu entwickelnden Baugruppen (Modulverantwortung) und die Verantwortung für die Erfüllung einzelner Funktionsanforderungen (Funktionsverantwortung) sind eindeutig einzelnen Organisationseinheiten zugewiesen. Sie werden gelebt in Form von Freigabe- (für Baugruppen) und Freizeichnungsverantwortung (für Gesamtfahrzeugfunktionen).
- Vorentwicklung: Es wird davon ausgegangen, dass neue, aus der Vorentwicklung stammende Technologien für das Fahrzeugprojekt mit dem Status „Konzeptreife" bereitgestellt werden. Der Tatsache, dass der Ersteinsatz mehrerer neuer Technologien insgesamt die Entwicklungsrisiken erhöht, ist durch adäquate Methodenwahl bei der Absicherung Rechnung zu tragen.
- Die Absicherungsschritte werden zu mehreren Entwicklungsstufen synchronisiert. Zu jeder Entwicklungsstufe erfolgt eine Funktionsabsicherung aller im Anforderungskatalog enthaltenen Gesamtfahrzeugfunktionen. Eine Entwicklungsstufe besteht entweder aus mehreren physisch aufgebauten Prototypen von Fahrzeugen und Teilsystemen oder vielen Simulationsmodellen zur Darstellung/Vorhersage der Anforderungserfüllung in den Gesamtfahrzeugeigenschaften.

◘ Abb. 5.36 zeigt exemplarisch für eine Gesamtfahrzeug-Anforderung den zeitlichen Verlauf des Funktionsreifegrads. Dargestellt sind vier Entwicklungsstufen und der SOP (Start of Production). Zu jeder Entwicklungsstufe findet für jede im Anforderungskatalog spezifizierte Funktion eine Bewertung der funktionalen Reife anhand einer geeigneten Absicherungsmethode statt. Die zu fordernde Aussageschärfe (= Prognosegüte) der gewählten Absicherungsmethode hängt vom geforderten Funktionsreifegrad der Gesamtfahrzeuganforderung

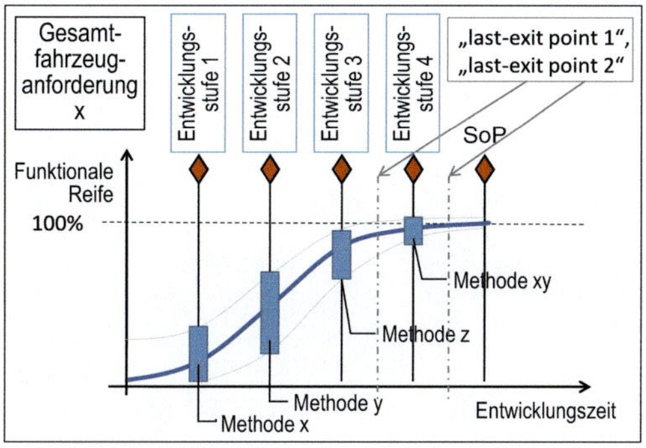

◘ **Abb. 5.36** Entwicklung der funktionalen Reife einer Gesamtfahrzeugfunktion bis zum SOP. Die blauen Balken geben die tolerierte Fehlerbreite der gewählten Absicherungsmethode an. Konstruktive Änderungen sind nur noch mit Sonderabläufen („last-exit point 1") bzw. mit SOP-Verschiebung („last-exit point 2") möglich

5

zur jeweiligen Entwicklungsstufe ab: Je höher der geforderte Reifegrad, desto präziser muss die Aussage zur Erreichung des geforderten Funktionsreifegrads sein. Bei hohen geforderten Reifegraden, wie das üblicherweise in späten Entwicklungsstufender Fall ist, ist also hohe Prognosegüte der gewählten Absicherungsmethode zu fordern. Spätestens in der letzten Entwicklungsstufe vor SoP muss diese absolut genau sein. Demgegenüber sind bei niedrigeren Funktionsreifegraden höhere Fehlerbreiten tolerierbar, die Absicherungsmethode kann also einfacher gewählt werden.

Die zu den Entwicklungsstufen zu fordernden Funktionsreifegrade ergeben sich aus den zu erwartenden Risiken, die sich bei einer Nichterfüllung der Funktion realisieren würden, aus den Beschaffungszeitpunkten der Fertigungswerkzeuge und aus der Konzeptrelevanz der abzusichernden Funktion und der an der Funktion beteiligten Teilsysteme. ◘ Abb. 5.37 zeigt die Risikokaskade im Entwicklungsprozess, also mit fortschreitender Entwicklungszeit sich verändernde und tendenziell wachsende Produktrisiken.

Bis „last-exit point1“ kann von regulären Entwicklungsarbeiten gesprochen werden. Wird er überschritten, ohne die geforderte Funktionsreife zu erreichen, sind späte Änderungen erforderlich, die in der Regel mit Sonderabläufen (z. B. „Task forces“) einhergehen. „last exit-point 2“ markiert den Punkt, ab dem eine Verschiebung des SoP unumgänglich ist. Werden geforderte Produkteigenschaften selbst bis zum SOP nicht erreicht, so realisieren sich Produktrisiken vor Kunde. Die Risikokaskade und die in ► Abschn. 5.2.3 eingeführten Risikoklassen bestimmen wesentlich den zeitlichen Verlauf der Funktionsreifegrade und damit die Wahl der Absicherungsmethoden zu den aufeinanderfolgenden Entwicklungsstufen.

Die zur Verfügung stehenden Absicherungsmethoden wurden in ► Abschn. 5.3 ausführlich beschrieben. Zusammengefasst stehen für jede im Anforderungskatalog spezifizierte Funktion zu jeder Entwicklungsstufe grundsätzlich die folgenden Methoden

- Fahrversuch (s. ► Abschn. 5.3.3),
- Prüfstandversuch Gesamtfahrzeug (s. ► Abschn. 5.3.2),
- Prüfstandversuch Teilsystem (s. ► Abschn. 5.3.2) und
- Simulation (s. ► Abschn. 5.3.1)

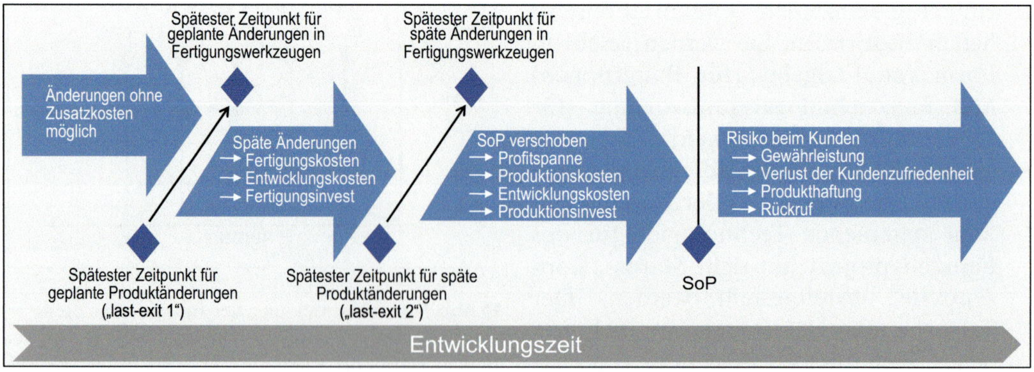

◘ **Abb. 5.37** Risikokaskade im Entwicklungsprozess, angegeben sind auch die Punkte, ab denen konstruktive Änderungen nur noch mit Sonderabläufen („last-exit 1“) bzw. mit SOP-Verschiebung („last-exit 2“) möglich sind zur Verfügung, sofern sie vorab durch Methodenentwicklung bzw. Investition in geeignete Test- und Messeinrichtung bereitgestellt wurde. ◘ Abb. 5.38 zeigt exemplarisch ein Bewertungsschema, mit dem Verfügbarkeit, Prognosegüte und Kosten einer Absicherungsmethode erfasst werden können.

Für jede abzusichernde Eigenschaft wird zu jeder Entwicklungsstufe nach diesem Schema eine Absicherungsmethode ausgewählt. Gelingt es, in einer Entwicklungsstufe für möglichst viele abzusichernde Eigenschaften auf virtuelle Methoden oder Teilsystem-Prüfstandversuche zurückzugreifen, so kann die Anzahl der physischen Prototypenfahrzeuge entsprechend reduziert werden.

Auch eine vollständig prototypenfreie Absicherung ist so möglich. Die gleichzeitige Bewertung der Prognosegüte lässt eine simultane Risikobewertung des Absicherungsprozesses zu. Aggregiert auf ein gesamtes Fahrzeug-Entwicklungsprojekt kann so eine Kosten-/Risiko-Betrachtung angestellt und durch Berechnung der Pareto-Front (◘ Abb. 5.39) die Wahl der Absicherungsmethoden optimiert werden.

Die gibt an, zu welchen Absicherungskosten welche verbleibenden Produktrisiken in Kauf genommen werden müssen. Sie stellt eine elementare Basisgröße im Businessplan eines Fahrzeugentwicklungsprojekts dar.

Beispiel	Methode Verfügbar?	Prognosegüte	Anwendungskosten T€	Invest-Kosten T€
Fahrversuch	✓	95 %	60	120
Prüfstandversuch Gesamtfahrzeug	x	-	-	-
Prüfstandversuch Teilsystem	✓	70 %	100	1.500
Simulation	✓	75 %	50	500

◘ **Abb. 5.38** Bewertung von Absicherungsmethoden für eine exemplarische Gesamtfahrzeugeigenschaft bezüglich Verfügbarkeit, Prognosegüte und Kosten

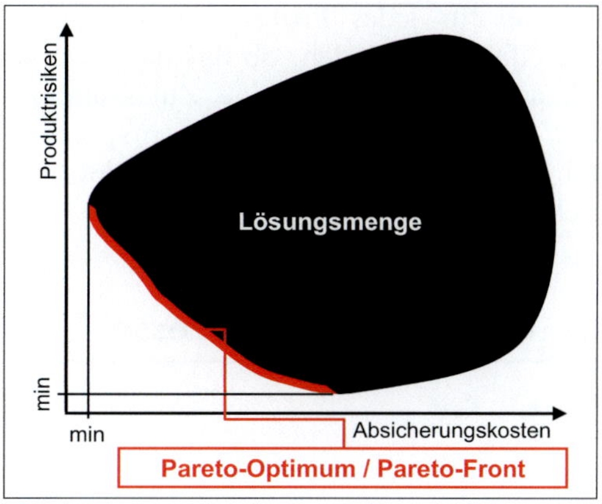

◘ **Abb. 5.39** Kosten-/Risikobetrachtung bei der Gesamtfahrzeugabsicherung zur Optimierung der Methodenauswahl

Gezielte Analysen der Pareto-Front und ihrer Sensitivitäten gegenüber der Wahl der Absicherungsmethoden liefern außerdem objektivierte Entscheidungsgrundlagen für die Investition in Prüfgelände, Prüfstände, Messeinrichtungen und Methodenentwicklungsprojekte.

Nach erfolgter Auswahl der Absicherungsmethoden für alle im Anforderungskatalog aufgeführten Gesamtfahrzeugfunktionen wird für jede Entwicklungsstufe anhand der Anzahl der physisch am Gesamtfahrzeug durchzuführenden Absicherungsversuche eine Prototypenplanung erstellt. Zur weiteren Reduktion der Anzahl der Prototypenfahrzeuge wird für jedes geplante Fahrzeug eine Durchlaufplanung erstellt, aus der hervorgeht, in welcher Reihenfolge und zu welchen Zeiträumen das jeweilige Fahrzeug für welche Entwicklungs- und Absicherungsschritte verwendet wird, wann es also welcher Fachabteilung zur Verfügung steht. Anhand des Durchlaufplans wird für jedes Fahrzeug die nötige Ausstattung optimiert. So wird zum

Beispiel für jedes Prototypenfahrzeug im Einzelfall entschieden, ob das dafür vorgesehene Testprogramm eine Zulassung für den öffentlichen Verkehr mit entsprechender Ausstattung und zulassungsrelevanten Sicherheitsüberprüfungen erfordert.

5.5 Übergreifende Prozesse

Dominik Reif

5.5.1 Qualität

Unter Qualität versteht man die Erfüllung aller Anforderungen an ein Produkt. Aufgrund der hohen Komplexität der Fahrzeuge und der zunehmenden Elektrifizierung in der Automobilindustrie nimmt das Thema Sicherstellung der Qualität eine herausragende Rolle ein. Deshalb hat sich, ausgehend von der ISO 9001 [65], ein breites Spektrum an Normen und Regelwerken entwickelt, welches in der IATF 16949 gemündet ist (▪ Abb. 5.40) [66, 67].

Für den Großteil der rein mechanischen Fahrwerkskomponenten bildet dieser Standard die Basis. Ein umfassendes Planungsmodell zur Sicherstellung der Produktqualität in der Entwicklung bietet der „Advanced Product Quality Planning" (APQP) Ansatz [68]. Der „Product Part Approval Process" (PPAP) ist das wichtige Regelwerk zur Freigabe von Serienfertigungen nach Abschluss der Entwicklung. Weitere wichtige Methoden sind MSA (Measurement System Analysis), SPC (Statistical Process Control) und 8D (Eight Disciplines Problem Solving). (▪ Abb. 5.41).

Durch den vermehrten Einzug von Elektronik in das Fahrwerk wurde die Entwicklung von mechatronischen Systemen und insbesondere die hohe Komplexität von Softwareentwicklung immer entscheidender.

Die ISO330xx-Reihe [69] umfasst Standards, welche die Bewertung und Verbesserung von Prozessen in IT-Unternehmen zum Ziel haben. In der Automobilindustrie findet das darauf aufbauende Modell Automotive SPICE 4.0 [70] breite Anwendung.

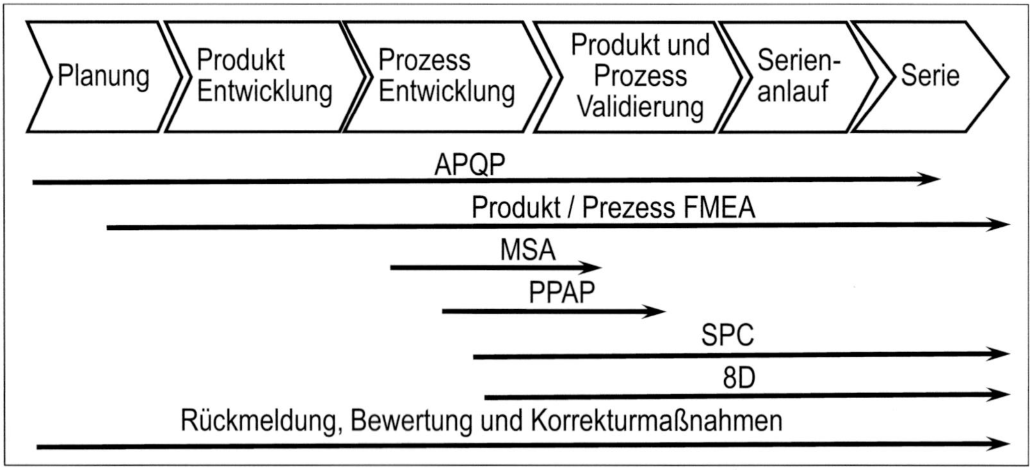

▪ **Abb. 5.40** Entwicklung der IATF 16949. (In Anlehnung an [67])

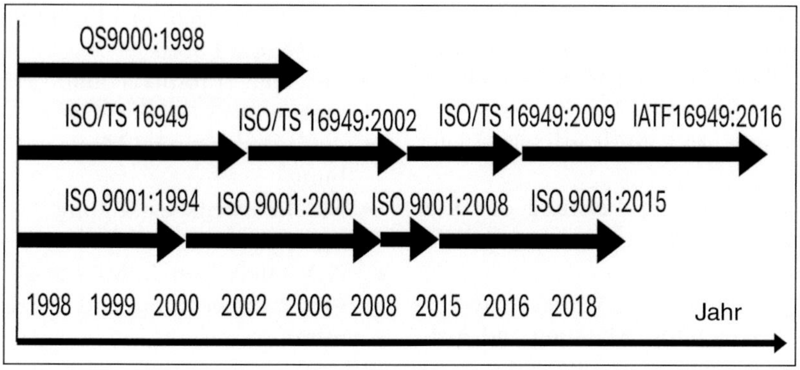

Abb. 5.41 Hauptwerkzeuge der AIAG. (In Anlehnung an [68])

- **ISO 9001 – Das Qualitätsmanagementsystem als Grundlage**

Die ISO 9001 [71] ist die weltweit bekannteste Norm für Qualitätsmanagementsysteme (QMS). In der Automobilentwicklung wird sie als Fundament für die Implementierung eines standardisierten Qualitätsmanagementsystems verwendet. Sie legt die Anforderungen an ein effektives Management von Prozessen, Dokumentationen und kontinuierlichen Verbesserungsmaßnahmen fest. Grundlage der Norm und aller darauf aufbauenden Themen ist ein sogenannter „Plan-Do-Check-Act" (PDCA) Zyklus, ebenso wie eine risikoorientierte Vorgehensweise. Der ISO 9001 Standard basiert dabei auf den Managementprinzipien, die in der ISO 9000 definiert sind:

- Kundenorientierung
- Leadership
- Einbeziehung der Menschen
- Prozessorientierter Ansatz
- Verbesserungen
- Faktenbasierte Entscheidungsfindung
- Beziehungsmanagement

- **IATF 16949– Die Spezifikationen für die Automobilindustrie**

Die ISO/TS 16949 [72], die mittlerweile in die IATF 16949 (International Automotive Task Force) [68] übergegangen ist, ist eine normierte Qualitätsspezifikation. Sie vereint die Anforderungen der ISO 9001 mit den speziellen Anforderungen der Automobilbranche, wie z. B. für Zulieferer und Fertigungseinrichtungen. Die wesentlichen Inhalte sind:

- Allgemeines:
  - 0 Verbesserung.
- Kundenorientierung:
  - Fokussierung auf die Bedürfnisse und Erwartungen der Kunden. Festlegung von Mechanismen zur Messung der Kundenzufriedenheit.
- Managementverantwortung:
  - Verpflichtung des Managements zur Unterstützung und Förderung des Qualitätsmanagementsystems.
  - Regelmäßige Überprüfung des Systems durch das Management.
- Risikomanagement:
  - Identifikation und Bewertung von Risiken im Zusammenhang mit Qualitätsprozessen.
  - Implementierung von Maßnahmen zur Risikominimierung.
- Prozessorientierter Ansatz:
  - Integration und Interaktion von Prozessen im gesamten Unternehmen.
- Identifikation von Schlüsselprozessen und deren Leistungsüberwachung. Produktentwicklung:

  - Anforderungen an die Planung und Entwicklung von Produkten, die den Qualitätsanforderungen entsprechen.
- Lieferantenmanagement:
  - Bewertung und Auswahl von Lieferanten.
  - Überwachung der Leistung der Lieferanten und Management von Lieferantenrisiken.
- Messung, Analyse, und Verbesserung:
  - zur Überwachung, Messung und Analyse von Prozessen und Produkten.
  - Anforderungen an die kontinuierliche Verbesserung von Produktqualität und -prozessen.

APQP (Advanced Product Quality Planning)

APQP [68] ist ein strukturiertes Verfahren zur Planung und Sicherstellung der Qualität in der Produktentwicklung. Es umfasst alle Phasen der Produktentwicklung von der Konzeptphase bis hin zur Serienproduktion. Folgende Phasen sind darin definiert:

- Planungs- und Definitionsphase
- Produktdesign- und Entwicklungsphase
- Prozessdesign- und Entwicklungsphase
- Produkt- und Prozessvalidierung
- Rückmeldung, Bewertung und Korrekturmaßnahmen

Die wesentlichen Ergebnisse aus ▶ Abschn. 5.2 sind:

- Design-Fehlermöglichkeits- und Einfluss-Analyse (DFMEA)
- Herstellbares, montierbares und servicefähiges Design
- Verifiziertes Design
- Entwurfsprüfung
- Prototypenbau und Kontrollplan
- Entwicklungszeichnungen
- Entwicklungsspezifikationen
- Materialspezifikationen
- Zeichnungen und Spezifikationen von Änderungen
- Anforderungen an Equipment, Werkzeuge und Fabrik
- Spezielle Produkt- und Prozessmerkmale
- Anforderungen an Mess- und Testumgebung
- Machbarkeitsbestätigung

ISO 330xx und Automotive SPICE 4.0 – Prozessbewertung und Prozessmanagement

Die ISO 330xx-Reihe [69], auch bekannt als SPICE (**S**oftware **P**rocess **I**mprovement and **C**apability **D**etermination), definiert standardisierte Modelle zur Bewertung der Reife und Fähigkeit von Entwicklungsprozessen. In der Automobilindustrie wird die ISO 330xx zur Bewertung und Verbesserung der Entwicklungsprozesse von Software, Elektronik und komplexen Systemen verwendet. Aufgrund der zunehmenden Elektrifizierung des Fahrwerks durch Systeme wie aktive Federn und Dämpfer, Hinterachslenkungen und Wankstabilisierung gewinnt diese Norm zunehmend an Bedeutung und muss in der Entwicklung eingehalten werden.

Das heute gängige Prozessmodell Automotive SPICE (ASpice) [70] baut sich auf der ISO/IEC 330xx Normenreihe und ist zu dessen Basisnormen konform. Automotive SPICE hat, basierend auf der neuesten Version der ISO/IEC 330xx, ein eigenes Prozess-Referenz-Modell (PRM) und Prozess-Assessment-Modell (PAM) definiert. In diesen Modellen werden die Prozesse sowie als auch Indikatoren zur einheitlichen Bewertung dieser Prozesse beschrieben.

Es enthält Prozessbeschreibungen zu allen wichtigen Phasen in der Entwicklung von Automotive Systemen, Hardware und Software (◘ Abb. 5.42). In der Prozessbeschreibung sind für jedes Prozessgebiet sogenannte Base Practices (BP) sowie deren Arbeitsergebnisse (Outcome) definiert.

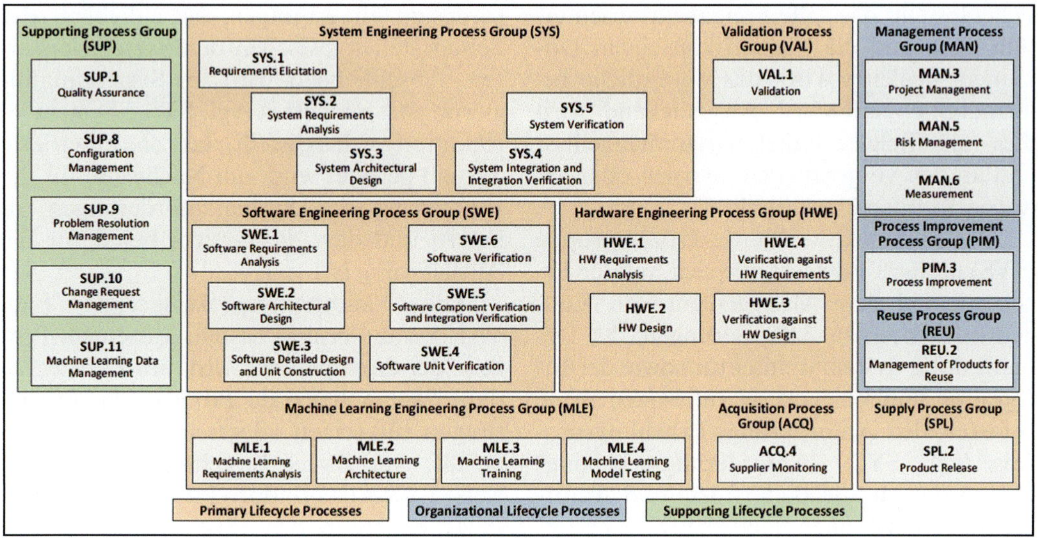

Abb. 5.42 Übersicht ASpice Prozessgebiete [70]

Die Kategorie der primären Lebenszyklusprozesse besteht aus Prozessen, die für einen Käufer von Produkten von einem Lieferanten gelten können oder für die Produktentwicklung, wenn diese selbst durchgeführt wird. Die Erfüllung von Stakeholder-Bedürfnissen und die Lieferung von Produkten, einschließlich der notwendigen technischen Prozesse für Spezifikation, Design, Implementierung, Integration und Verifikation sind der wesentliche Inhalt.

Die Kategorie der primären Lebenszyklusprozesse, besteht aus folgenden Gruppen:

- Beschaffungsprozessgruppe
- Lieferprozessgruppe
- Systementwicklung-Prozessgruppe
- Validierungsprozessgruppe
- Softwareentwicklungs-Prozessgruppe
- Maschinelle Lerntechnik-Prozessgruppe
- Hardware-Technik-Prozessgruppe

Die letzten beiden sind zur neuesten Auflage von ASpice 4.0 hinzugekommen.

Die Akquiseprozessgruppe (vgl. ACQ.4 Lieferantenüberwachung) [70] besteht aus einem Prozess, der von einem Kunden oder aber Lieferanten ausgeführt wird, sofern dieser als Kunde für eigene Lieferanten auftritt, um ein Produkt und/oder eine Dienstleistung zu erwerben. In diesem Prozess werden alle Themen rund um Verhandlung und Festlegung von Vertragsdetails, insbesondere der Definition von Anforderung und Abnahmekriterien festgelegt. Es umfasst auch die Überwachung der Lieferanteperformance und Maßnahmen zur Risikominimierung. Ebenso Review und Abschluss des Vertrages sowie der Kommunikation dessen an alle relevanten Teilnehmer.

Die Lieferprozessgruppe (vgl. SPL.2 Produktfreigabe) besteht aus einem Prozess, der vom Lieferanten durchgeführt wird, um ein Produkt und/oder eine Dienstleistung zu liefern. Die Produktfreigabe umfasst die Definition der Funktionen und Inhalte einer Produktversion sowie deren eindeutige Kennzeichnung. Vor der Auslieferung wird sichergestellt, dass alle Freigabekriterien erfüllt sind, und die Version von einem Dokument begleitet wird, das wesentliche Informationen erläutert. Abschließend wird dies als Release-Paket zusammengefasst und an den vorgesehenen internen oder externen Kunden übermittelt.

Die Systementwicklungs-Prozessgruppe (SYS) umfasst Prozesse, die sich mit der Erhebung und dem Management von Kunden- und internen Anforderungen, der Definition der Systemarchitektur sowie der Integration und Verifikation auf Systemebene befassen. Im Anforderungs-Erhebungsprozess (vgl. SYS.1 Anforderungserhebung) geht es darum, die Bedürfnisse und Anforderungen der Stakeholder über den gesamten Lebenszyklus des Produkts und/oder der Dienstleistung zu erfassen, zu verarbeiten und zu verfolgen. Dies dient dazu, eine Anforderungsbasislinie festzulegen, die als Grundlage für die Definition der erforderlichen Arbeitsergebnisse dient. Anschließend werden in der Analyse der Systemanforderungen (vgl. SYS.2 Systemanforderungsanalyse), die definierten Stakeholder-Anforderungen in eine Reihe von Systemanforderungen überführt, die das Design des Systems bestimmen. Der Zweck einer Systemarchitekturplanung (vgl. SYS.3 Systemarchitekturdesign) ist es, ein Systemarchitekturdesign zu erstellen, festzulegen und die Systemanforderungen den Elementen des Systems zuzuweisen. Das Systemarchitekturdesign muss anhand definierter Kriterien bewertet werden. Im Prozessgebiet Systemintegration und Integrationstest (vgl. SYS.4 Systemintegration und Integrationsverifikation) geht es um die Integration von Systemelementen um ein integriertes System zu erzeugen, das mit der Systemarchitektur übereinstimmt. Zudem soll sichergestellt werden, dass die Systemelemente getestet werden, um Nachweise für die Übereinstimmung der integrierten Systemelemente mit dem Systemarchitekturdesign zu erbringen, einschließlich der Schnittstellen zwischen den Systemelementen. Abschließend wird im Systemqualifizierungstestprozesses (vgl. SYS.5 Systemverifikation) sichergestellt, dass das integrierte System getestet wird, um Nachweise für die Einhaltung der Systemanforderungen zu liefern und dass das System bereit für die Auslieferung ist.

Die Validierungsprozessgruppe (vgl. VAL.1 Validierung) besteht aus einem Prozess, der durchgeführt wird, um zu belegen, dass das zu liefernde Produkt die Erwartungen für seinen vorgesehenen Gebrauch erfüllt. Der Zweck besteht darin, nachzuweisen, dass das Endprodukt die Nutzungserwartungen in der vorgesehenen Einsatzumgebung erfüllt.

Die Softwareentwicklungs-Prozessgruppe (SWE) umfasst Prozesse zur Verwaltung von Softwareanforderungen, die aus den Systemanforderungen abgeleitet wurden, der Entwicklung der entsprechenden Softwarearchitektur und -design sowie der Implementierung, Integration und Verifikation der Software.

- SWE.1 Softwareanforderungsanalyse
- SWE.2 Softwarearchitekturdesign
- SWE.3 Softwaredetailliertes Design und Konstruktion von Einheiten
- SWE.4 Softwareeinheitenverifikation
- SWE.5 Softwarekomponentenverifikation und Integrationsverifikation
- SWE.6 Softwareverifikation

Die Prozessgruppe für maschinelles Lernen (ML) beinhaltet Prozesse, die sich mit dem Management von ML-Anforderungen, die aus den Softwareanforderungen abgeleitet wurden, der Entwicklung der entsprechenden ML-Architektur, dem Training von ML-Modellen und dem Testen von ML-Modellen gegen ML-Anforderungen befassen.

- MLE.1 Anforderungsanalyse maschinelles Lernen

- MLE.2 Maschinenlernarchitektur
- MLE.3 Maschinelles Lerntraining
- MLE.4 Modelltest des maschinellen Lernens

Die Hardwareentwicklungs-Prozessgruppe (HWE) umfasst Prozesse, die sich mit dem Management von Hardware-Anforderungen befassen, die sich aus den Systemanforderungen ableiten, der Entwicklung der entsprechenden Hardwarearchitektur und -design sowie der Verifikation der Hardware.

- HWE.1 Hardwareanforderungsanalyse
- HWE.2 Hardwaredesign
- HWE.3 Verifikation gegen Hardwaredesign
- HWE.4 Verifikation gegen Hardwareanforderungen

Die Kategorie der unterstützenden Lebenszyklusprozesse [70] besteht aus Prozessen, die bei jedem der oben aufgezählten Prozesse zu verschiedenen Zeitpunkten im Lebenszyklus eingesetzt werden können.

- SUP.1 Qualitätssicherung
- SUP.8 Konfigurationsmanagement
- SUP.9 Problembehebungsmanagement
- SUP.10 Änderungsanfragenmanagement
- SUP.11 Datenmanagement für maschinelles Lernen

Die Kategorie der organisatorischen Lebenszyklusprozesse besteht aus Prozessen, die Prozess-, Produkt- und Ressourcen-Assets entwickeln, die, wenn sie von Projekten in der Organisation genutzt werden, der Organisation helfen können, ihre Geschäftsziele zu erreichen.

- Managementprozessgruppe
- Prozessverbesserungsprozessgruppe
- Wiederverwendungsprozessgruppe

Die Managementprozessgruppe (MAN) besteht aus Prozessen, die von jedem genutzt werden können, der irgendein Projekt oder einen Prozess innerhalb des Lebenszyklus verwaltet.

- MAN.3 Projektmanagement
- MAN.5 Risikomanagement
- MAN.6 Messungen der Prozesse und Organisation

Das Risikomanagement (MAN.5) spielt eine zentrale Rolle im Qualitätsmanagement [70] der Automobilentwicklung. Hierbei geht es um präventive Maßnahmen, welche Risiken identifizieren und minimieren. Gängige Methoden, die hierbei zum Einsatz kommen, um die Sicherheit und Funktionsfähigkeit von Produkten zu gewährleisten sind:

- FMEA
- FMECA
- FTA
- Pareto-Analyse

Die Prozessverbesserungsgruppe (vgl. PIM.3 Prozessverbesserung) [70] umfasst einen Prozess, der Praktiken zur Verbesserung aller in der Organisationseinheit durchgeführten Prozesse enthält.

Methoden, die hier oft zum Einsatz kommen sind:

- PDCA (Plan-Do-Check-Act)
- Kaizen
- Lean Management

Die Wiederverwendungsprozessgruppe (REU) umfasst einen Prozess, um systematisch Wiederverwendungsmöglichkeiten im Produktportfolio der Organisation auszuschöpfen.

- REU.2 Management von Produkten zur Wiederverwendung
- Die enge Verzahnung von Qualitätsnormen wie ISO 9001, IATF 16949, Automotive SPICE 4.0 und APQP ist ein maßgeblicher Erfolgsfaktor für die Sicherstellung einer hohen Produktqualität und Sicherheit von passiven und aktiven Komponenten des Fahrwerks.

5.5.2 Produktsicherheit

In der Automobilentwicklung sind Produktsicherheit und insbesondere funktionale Sicherheit relevante Themengebiete, um ein hohes Maß an Sicherheit und Zuverlässigkeit zu gewährleisten. Das Produktsicherheitsgesetz und das Produkthaftungsgesetz sind hierbei die Basis in Deutschland. Generell sind die Gesetze von allen Ländern, in denen das Fahrzeug in Verkehr gebracht wird zu berücksichtigen [73].

Die ISO 26262 [74] ist die relevante Norm für funktionale Sicherheit in der Automobilindustrie. Aufgrund von zunehmenden Anforderungen als Folge der Einführung des automatisierten Fahrens wurde die ISO 21448 (SOTIF Safety of the intended function) [75] erarbeitet. Die immer höhere Vernetzung führt zudem dazu, dass das Thema Cybersicherheit eine enorm wichtige Rolle einnimmt. Insbesondere aktive Fahrwerkssysteme können durch externe Angriffe zur Gefahr werden. Die Anforderung daran sind in der ISO/SAE 21434 (Cybersicherheit) zu finden [76].

▪ Produktsicherheitsgesetzt (ProdSG)

Dem ProdSG (§ 3 Abs. 2) [77] ist folgendes zu entnehmen: „Ein Produkt darf (….), nur auf dem Markt bereitgestellt werden, wenn es bei bestimmungsgemäßer oder vorhersehbarer Verwendung die Sicherheit und Gesundheit von Personen nicht gefährdet." Eine mögliche Definition von Sicherheit ist hierbei ein Zustand frei von unvertretbaren Risiken. Wobei als Risiko oft das Schadensausmaß mal Eintrittswahrscheinlichkeit definiert wird. Da das Gesetz die Bereiche der Sicherheit nicht detailliert, sind bei der Entwicklung von Fahrwerkssystemen Themen aus den verschiedensten Bereichen zu berücksichtigen.

Beispiele (ohne Anspruch auf Vollständigkeit) sind:

- Mechanische und elektrische Sicherheit
- EMV-Sicherheit
- Gebrauchssicherheit
- Chemische Sicherheit
- Funktionale Sicherheit
- Cyber Sicherheit

Ist dem Endkunden ein Schaden entstanden, so haftet der Produkthersteller dafür. Im Produkthaftungsgesetz (§ 1 Abs. 1) [78] heißt es hierzu: „Wird durch den Fehler eines Produkts jemand getötet, sein Körper oder seine Gesundheit verletzt oder eine Sache beschädigt, so ist der Hersteller des Produkts verpflichtet, dem Geschädigten den daraus entstehenden Schaden zu ersetzen." Und weiterhin in (§ 1 Abs. 2): „Die Ersatzpflicht des Herstellers ist ausgeschlossen, wenn der Fehler nach dem Stand der Wissenschaft und Technik in dem Zeitpunkt, in dem der Hersteller das Produkt in den Verkehr brachte, nicht erkannt werden konnte." Bei der Entwicklung von Fahrwerkssystemen ist daher stets der Stand der Wissenschaft und Technik zu berücksichtigen. Ein wesentlicher Punkt hierbei ist, dass es nicht reicht sich rein auf veröffentlichte Normen und Richtlinien zu verlassen (◘ Abb. 5.43).

Trotz allem ist die Einhaltung von Normen und Verordnungen die Basis in der Entwicklung von Automobilen und Fahrwerkssystemen. Europa hat mit der Einführung von ECE-Verordnungen einheitliche Standards für den Fahrzeugbau geschaffen [79]. Eine Liste der für die Fahrwerksentwicklung relevanten ECE Normen ist in ◘ Abb. 5.44 zu finden.

In den Vereinigten Staaten von Amerika werden Anforderungen an die Sicherheit von Kraftfahrzeugen und Komponenten von der National Highway Traffic Saf-

Unbestimmte Rechtsbegriffe technischer Sachverhalte			
Begriff	Anerkannte Regeln der Technik	Stand der Technik	Stand von Wissenschaft und Technik
Definition	Die von der Mehrheit der Fachleute anerkannten • Wissenschaftlich begründeten, • Ausreichend erprobten Regeln zum Lösen technischer Aufgaben (BVG-Urteil „Kalkar")	Das Fachleuten verfügbare Fachwissen, das • Wissenschaftlich begründet, • Praktisch erprobten Regeln zum Lösen technischer Aufgaben • (BVG-Urteil „Kalkar")	Der neusten Stand wissenschaftlich-technische Erkenntnisse, der • nachprüfbar begründet, • technisch durchführbar, • allgemein zugänglich aber noch ohne praktische Bewährung ist (EG Richtlinie Produkt-haftungsgesetzt)
Praxisbeispiele	DIN-, DIN-EN, DIN-EN-ISO-Normen, VDI Richtlinien, VDE Vorschriften, Regeln technisch-wissenschaftlicher Vereine	Einzelnachweise nach übereinstimmende Bewertung in • Zeitschriftenbeiträgen, • Fachliteratur, • Sachverständigengutachten.	Zeitpunktbezogene Darstellungen in • Wissenschaftlichen Veröffentlichungen, • Kongressberichten, • Schutzrechtschriften

Abb. 5.43 Unbestimmte Rechtsbegriffe technischer Sachverhalte [68]

ECE - Regelung	Thema	Beschreibung
Nr.13	Bremsanlagen	Änderungen an Brems- und Verzögerungssysteme einschließlich Systeme wie ABS und ESC
Nr.14	Sicherheitsgurte und Verankerungen	Relevanz für Befestigung und Stabilität der Verankerungspunkte am Fahrzeugrahmen
Nr.79	Lenkung	Vorgaben für die Funktionalität und Sicherheit von mechanischen und elektronischen Lenkungssystemen
Nr.54	Reifen	Anforderungen an Reifen von Notfahrzeugen
Nr.123	Räder und Felgen	Anforderungen an Räder und Felgen, einschließlich Belastbarkeit und Montagesicherheit
Nr. 90	Ersatzbremsanlage	Sicherstellung der Komptabilität von Ersatzbremsbelägen mit der Fahrdynamik & Bremssystemen
Nr. 89	Geschwindigkeitsbegrenzer	Anforderungen an Geschwindigkeitsbegrenzer, die sich auf die Fahrzeugdynamik und indirekt auf das Fahrwerk auswirken
Nr. 123	Scheinwerfersysteme Leuchtweitenregelung	Sicherstellung der Komptabilität von Ersatzbremsbelägen mit der Fahrdynamik & Bremssystemen
Nr. 48	Fahrzeugbeleuchtung und Sichtbarkeit	Fahrwerksänderungen (z.B. durch Tieferlegung), die die Beleuchtung und Sichtbarkeit beeinflussen

Abb. 5.44 Übersicht ECE-Regelungen [79]

ety Administration (NHTSA) festgelegt. Die Anforderungen sind hier in Federal Motor Vehicle Safety Standards (FMVSS) definiert [80]. Eine Übersicht über das Fahrwerk betreffende Regelungen ist in ◘ Abb. 5.45 zu sehen.

- **ISO 26262: Funktionale Sicherheit im Autosektor**

Die ISO 26262 [74] ist die maßgebliche Norm für funktionale Sicherheit in der Automobilindustrie und beschreibt Anforderungen und Prozesse zur Minimierung von Risiken durch Systemfehler. Aufgrund der zunehmenden Elektrifizierung des Fahrwerks durch aktive Systeme nimmt diese Norm eine immer größer werdende Relevanz in der Fahrwerkentwicklung ein [75].

Die Norm besteht in ihrer letzten Ausgabe aus zwölf Teilen. Einen Überblick über die Inhalte der verschiedenen Teile liefert ◘ Abb. 5.46.

Die wichtigsten Schritte in der Entwicklung eines aktiven Fahrwerkssystems nach ISO 26262 ist in ◘ Abb. 5.47 zu sehen. Zuerst erfolgt eine klare Abgrenzung

FMVSS Regelung	Thema	Beschreibung
FMSSV 105	Hydraulic und Electric Brake Systems	Anforderungen an Bremsanlagen für Pkw und Leicht Nkw, einschließlich Vorgaben für Bremsleistung und Systemausfall
FMSSV 121	Air Berake Systems	Regelt Bremszeit, Bremskraftverteilung und Leistungsanforderungen für Druckluftbremsanlagen insbesondere für schwere Fahrzeuge (Busse, Lkw)
FMSSV 126	Electric Stability Control (ASC)	Anforderungen an ESC-Systeme die das Fahrzeug in kritischen Fahrsituationen stabilisieren und in die Fahrdynamik eingreifen
FMSSV 135	Passenger Car Brake Systems	Betrifft die Leistung von Scheiben- und Trommelbremsen sowie Anforderungen an hydraulische und elektrische Bremsen bei Pkw und Leicht Nkw
FMSSV 138	Tire Pressure Monitoring (TPMS)	Vorschrift zur Ausstattung von Fahrzeugen mit Reifendrucküberwachungssystemen zur Sicherheit und Leistungsüberwachung von Reifen im Fahrwerkkontent
FMSSV 205	Glazing Materials	Indirekten Relevanz für Fahrwerke, da veränderte Fahrzeugneigungen die Sicht beeinflussen können
FMSSV 119/139	Tires for Trucks and Passenger Cars	Anforderungen an Reifen von Nkw (FMSSV 119) und Pkw (FMSSV 139) mit Spezifikationen zur Tragfähigkeit und Geschwindigkeit. Die die Interaktion mit dem Fahrwerk beeinflussen
FMSSV 214	Side Impact Protection	Indirekte Relevanz für Fahrwerkdesign, insbesondere hinsichtlich Fahrzeugneigung und Stabilität während einer seitlicher Kollusion
FMSSV 217	Bus Emergency Exits & Window Retention	Anforderungen an Chassis und Fahrwerk von Bussen zur sicheren Evakuierung im Notfall

◘ Abb. 5.45 Übersicht FMVSS-Regelungen [80]

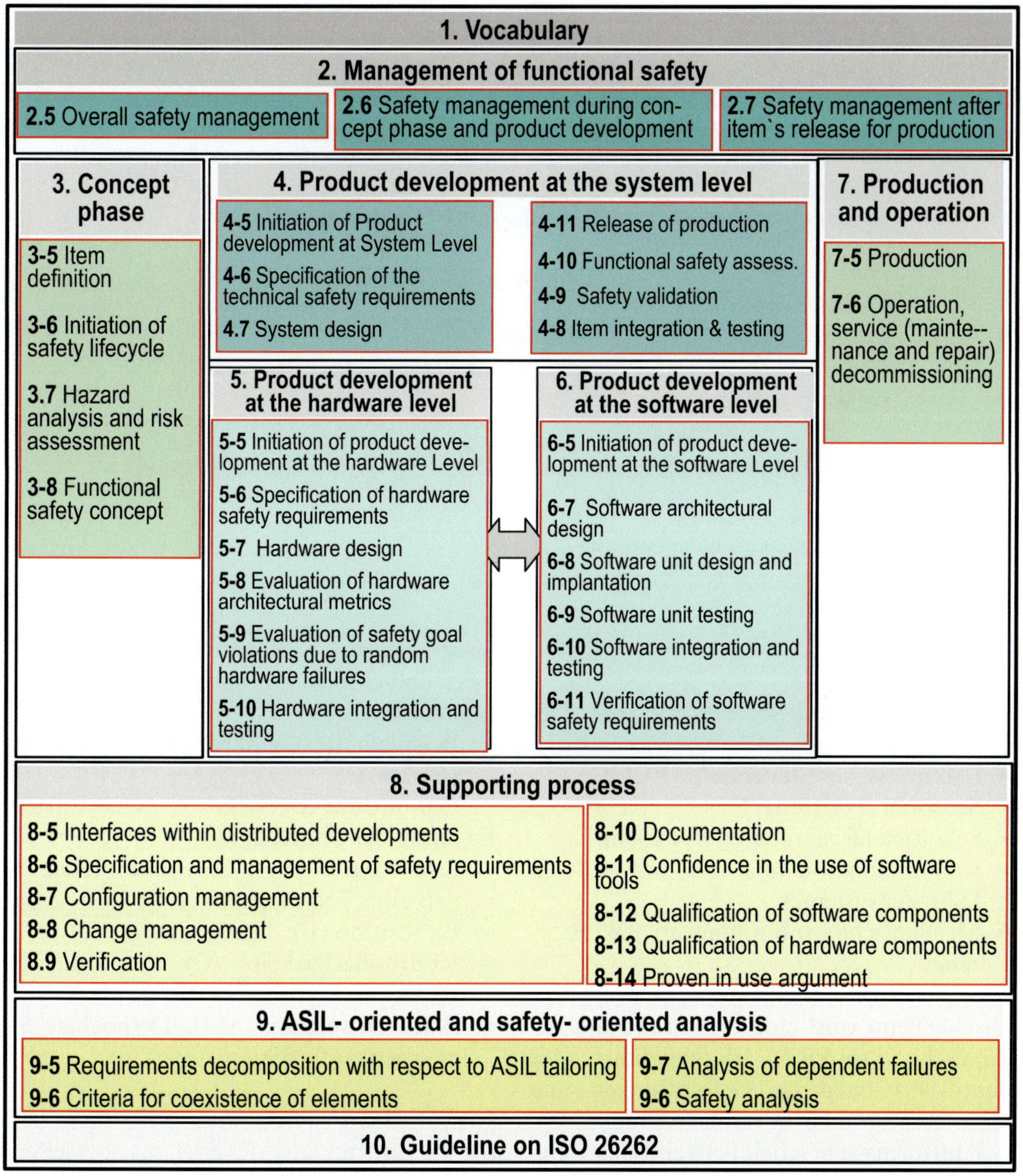

Abb. 5.46 Übersicht ISO 26262 Serie [74]

des Entwicklungsumfanges in Form einer *Systembeschreibung* (Item Definition). Folgend soll eine Hinterachslenkung beispielhaft grob erläutert werden.

Die Hinterachslenkung verbessert die Fahrdynamik und Stabilität, indem sie die Hinterräder je nach Geschwindigkeit und Lenkwinkel des Fahrers ansteuert.

Entwicklungsschritt	ISO 26262	Relevante Abschnitte
Systembeschreibung	Teil 3	Abschnitt 6
Gefahren- & Risikoanalyse	Teil 3	Abschnitt 7
Funktionales Sicherheitskonzept	Teil 3 & Teil 4	T4 Abschnitt 7 T4 Abschnitt 6
Technisches Sicherheitskonzept	Teil 4	Abschnitt 6 & 8
Hardware-Anforderungen	Teil 5	Abschnitt 5 & 9
Software-Anforderungen	Teil 6	Abschnitt 5 & 6 & 9
Verifizierung und Validierung	Teil 4 bis 6 & Teil 8	Bei allen Teilen Abschnitt 9

Abb. 5.47 Beispielhafte Entwicklungsschritte

Sie besteht aus:
- Aufbau:
- Aktuator (z. B. Servomotor und Getriebe)
- Elektronisches Steuergerät (ECU)
- Sensoren (Position)
- Schnittstelle zu anderen Systemen:
- Kommunikation über Bus mit anderen Fahrzeugsystemen
- Mechanische Anbindung an das Fahrzeug

Anschließend wird eine Gefahren- und Risikoanalyse (HARA) durchgeführt. Sie identifiziert mögliche Gefährdungen und bewertet diese anhand von Schweregrad (S),

Auftretenswahrscheinlichkeit (E) und Kontrollierbarkeit (C). Im Ergebnis entsteht eine Einstufung in ein ASIL-Level von A bis D, wobei D die höchste Kritikalität aufweist. Ist das System nicht sicherheitskritisch wird es als QM eingestuft. Die Einstufung hat anschließend im weiteren Verlauf der Norm Auswirkungen auf die anzuwendenden Methoden und zu erfüllenden Metriken. Für jedes mögliche Gefährdungsszenario wird ein Safety Goal definiert und diesem ein entsprechender ASIL zugewiesen.

Beispielhafte Gefährdung einer Hinterachslenkung:

Gefährdungsszenario 1: Unerwartete Lenkung des Fahrzeuges.
- Schweregrad (S): 3 (kritische Verletzungen oder Tod möglich)
- Exposition (E): 4 (häufig)
- Kontrollierbarkeit (C): 2 (manuell schwer zu kontrollieren)
- ASIL-Bewertung: ASIL D (höchste Sicherheitsanforderung)

Anschließend werden die Sicherheitsziele für die Entwicklung des Systems abgeleitet:
- Sicherheitsziel 1: Unerwartete Lenkwinkeländerung vermeiden – ASIL D

Ausgehend von den Sicherheitszielen wird nun das funktionale und technische Sicherheitskonzept erstellt. In der Praxis geschieht dies iterativ unter Berücksichtigung der gewählten Systemarchitektur bis schließlich technische Sicherheitsanforderungen an die

Hard und Software gestellt werden können. Die notwendigen Aktivitäten sind in der ISO 26262-3 und 4 beschrieben.

Die technischen Sicherheitsanforderungen spezifizieren die technische Umsetzung der funktionalen Sicherheitsanforderungen auf ihrem jeweiligen hierarchischen Niveau. Dabei werden sowohl die Definition des Elements als auch das Systemarchitekturdesign berücksichtigt. Anforderungen hinsichtlich Erkennung latenter Fehler, Fehlervermeidung, Sicherheitsintegrität sowie Aspekte des Betriebs und des Service werden abgeleitet. Das Systemarchitekturdesign ist die ausgewählte Lösung auf Systemebene, die von einem technischen System umgesetzt wird. Das Systemarchitekturdesign zielt darauf ab, sowohl die zugewiesenen technischen Sicherheitsanforderungen als auch die nicht sicherheitsrelevanten Anforderungen zu erfüllen.

Beispielhafte Sicherheitsanforderungen /-maßnahmen:

- Zwei Lenkwinkelsensoren mit Cross-Check-Algorithmus.
- Plausibilitätsprüfung zwischen Fahrzeuggeschwindigkeit und gestelltem Lenkwinkel.
- Watchdog-Timer auf der ECU überwacht die korrekte Funktionalität des Steuergerätes.
- Strom- und Positionsüberwachung des Motors.
- Im Fehlerfall: Deaktivierung des Aktuators und mechanische Arretierung.

Anschließend werden nach Teil 5 der ISO die Anforderungen an die Hardware abgeleitet.

Beispielhafte Anforderungen an die Hardware:

- Zwei unabhängige physikalische Positionssensoren.
- Der Motorstrom soll redundant gemessen werden.
- Der Mikrocontroller soll n. ASIL D entwickelt sein.
- Der Mikrokontroller soll eine Lockstep Funktionalität zur Verfügung stellen.
- Ein externer Powermanagement IC soll die korrekte Ausführung der Softwarefunktionen überwachen.
- Fehlertoleranzzeit (FTTI): ECU muss innerhalb von 2 ms auf Abschaltbefehl der Software reagieren.
- Auf Basis einer FMEDA soll eine FIT Rate von 10 FIT für ASIL D Sicherheitsziele eingehalten werden.
- EMV-Schutz: Schutz gegen elektromagnetische Störungen.

Die **Anforderungen an die Software** werden nach Teil 6 der ISO 26262 abgeleitet. Die Software-Architektur muss ASIL D entsprechen und robuste Maßnahmen zur Fehlererkennung und -behandlung umfassen.

Beispielhafte Anforderungen an die Software:

- ISO 26262–5 konforme Entwicklung: Modellbasierte Entwicklung (z. B. mit MATLAB/Simulink).
- Periodische Selbsttests der Softwaremodule.
- Watchdog-Integration für Echtzeit-Überwachung.
- Eine Soll/Ist Abweichung des Lenkwinkels soll mit ASIL D überprüft werden.
- Ein ungewolltes Motormoment soll über die Diagnose des Phasenstroms mit ASIL D erkannt werden.
- Fehlertoleranzzeit (FTTI): Software muss innerhalb von 8 ms einen Abschaltbefehl bei Erkennung eines Fehlers geben.
- Die Toolkette (Build Umgebung, Compiler) zur Erzeugung der Software ist mit ASIL D zu qualifizieren.

Die Verifizierung und Validierung stellen sicher, dass das System gemäß ISO 26262 entwickelt wurde. Anforderung sind in verschiedenen Teilen der Norm zu finden.

Beispiel für Anforderungen sind:

- Hardware-in-the-Loop (HiL) Tests für die Simulation realer Szenarien.
- Fehlerinjektionstests, um Reaktionen auf defekte Sensoren/Aktuatoren zu prüfen.
- ASIL-D-konforme Testabdeckung (z. B. 100 % aller Entscheidungen und Bedingungen wurden getestet).

- **ISO 21448: SOTIF – Safety of the Intended Functionality**

SOTIF (Safety of the Intended Functionality) gemäß der Norm ISO 21448 [75] befasst sich mit der Sicherheit von Funktionen und Systemen, die in automatisierten und teilautomatisierten Fahrzeugen implementiert sind. Während die ISO 26262 [74] die funktionale Sicherheit von Systemen in Bezug auf Fehler und Ausfälle behandelt, legt die ISO 21448 [75] den Fokus darauf, sicherzustellen, dass ein System auch unter den beabsichtigten Betriebsbedingungen sicher ist, selbst wenn es keine technischen Mängel aufweist (s. Abb. 5.48).

Die Norm bietet Richtlinien zur Identifizierung und Minderung potenzieller Gefahren, die durch die beabsichtigte Nutzung eines Systems entstehen können, wie z. B. durch unvorhersehbare Benutzerinteraktionen oder ungünstige Umgebungsbedingungen. Ziel von SOTIF ist es, ein hohes Niveau an Sicherheit für Systeme zu gewährleisten, die in autonom fahrenden Fahrzeugen eingesetzt werden, und die Herausforderungen im Zusammenhang mit deren komplexen Verhaltensweisen zu adressieren.

- **ISO 21434: Cyber Security in der Autoentwicklung**

Die ISO 21434 [76] ist eine internationale Norm, die sich mit der Cybersicherheit von

Source of Hazzard	Cause of hazzardous events	Within scope of
System	E/E system faults	ISO 26262 series
	Functional insufficiencies	This document
	Incorrect and inadequate HMI design (inappropriate user situational awareness, e.g. user confusion, overload, inattentiveness)	This document, European statements of Principles on HMI
	Functional insufficiencies of AI based algorithms	This document
	System Technologies as eye damage from the beam of a lidar	Specific standards Example: IEC 608225
External factor	Reasonably foreseeable misuse by other road participants	This document, The ISO 26262 series
	Attack exploiting vehicle security vulnerabilities	ISO/SAE 21434
	Impact from active infrastructure and/or vehicle to vehicle communication, and external systems	This document, ISO 20077& 26262 and IEC 61508 series
	Impact from vehicle surroundings (e.g. other users, passive infrastructure, whether, electromagnetic interferences)	This document, ISO 26262 & 7637-2 & 7637-3 & 11452-2 & 11452-4 & 10605 series and other relevant standards

Abb. 5.48 Übersicht Sicherheitsrelevante Inhalte der unterschiedlichen Normen [75]

Straßenfahrzeugen befasst, Anforderungen und Leitlinien für den gesamten Lebenszyklus von Automobilanwendungen bietet.

Ziel der Norm ist es, Risiken im Zusammenhang mit der Sicherheit von Fahrzeugnetzwerken und -systemen zu identifizieren, zu bewerten und zu mindern, um potenzielle Bedrohungen durch Cyberangriffe zu vermeiden.

Die Norm behandelt Aspekte wie die Sicherheitsanforderungen, das Risikomanagement, die Testmethoden und die Überprüfung von Sicherheitsmaßnahmen in der Entwicklungsphase, während des Betriebs und auch nach dem Inverkehrbringen des Fahrzeugs. Ein wesentlicher Bestandteil ist die „Thread Analysis and Risk Assessment" Methode (TARA). Sie identifiziert mögliche Schadenszenarien, Bedrohungen und Angriffswege hinsichtlich Zugänglichkeit und Auswirkungen. Auf Basis der Analysen werden die Risiken der Bedrohungen bestimmt und geeignete Optionen zur Risikominimierung ausgewählt. Diese fließen anschließend als Anforderungen in die Produktentwicklung ein.

Literatur

1. Heißing, B., Brandl, H.-J.: Subjektive Beurteilung des Fahrverhaltens, 1. Aufl. Vogel Fachbuchverlag, Würzburg (2002)
2. Aigner, J.: Zur zuverlässigen Beurteilung von Fahrzeugen. ATZ Automobiltechnische Zeitschrift **84**(9), 447–450 (1982)
3. Abel, H.: Entwicklung einer Fahrwerkauslegungsmethode für Pkw zur Anwendung in der Konzeptphase; Schriftenreihe Kraftfahrzeugtechnik, Bd. 11, Cuvillier-Verlag (2019)
4. Angrick, Ch.: Subsystemmethodik für die Auslegung des niederfrequenten Schwingungskomforts von Pkw; Schriftenreihe Kraftfahrzeugtechnik, Bd. 5, Cuvillier-Verlag (2017)
5. National Highway Traffic Safety Administration: A Demonstration of the Dynamic Test Developed NHTSA's NCAP Rollover Rating System; DOT HS 809 705 August 2004
6. ► www.irman.de/glossar/plattform/. Zugegriffen: Februar 2025
7. knaufautomotive.com/de/fahrzeugplattformen-was-sind-sie-und-wie-sind-sie-gestaltet/. Zugegriffen: Februar 2025
8. de.wikipedia.org/wiki/Plattform_(Automobil) Zugegriffen: Februar 2025
9. ► https://www.tcw.de/beratungsleistungen/innovationsmanagement/plattformstrategie-84. Zugegriffen: Februar 2025
10. automotive-technology.de/plattformstrategien-in-der-automobilindustrie/. Zugegriffen: Februar 2025
11. ► https://automotive-technology.de/bev-plattformen-in-der-automobilindustrie-effizienz-und-innovation-fuer-e-autos/. Zugegriffen: Februar 2025
12. ► www.automobil-produktion.de/technologie/das-sind- die-zukunftsplattformen-der-autohersteller-945.html. Zugegriffen: Februar 2025
13. Berkefeld, V.; Döllner, G.; Söffge, F.: Fahrwerkentwicklung in 24 Monaten. Tag des Fahrwerks, s 128 Institut für Kraftfahrwesen, RWTH Aachen. Aachen (2000)
14. Großberger, A., Reisner, M., Prokop, G.: Relative summarized voxelization: a novel approach to predict collision probabilities in suspensions. In: Kulzer, A.C., Reuss, H.C., Wagner, A. (Hrsg) Stuttgart International Symposium on Automotive and Engine Technology. ISSYM 2024. Proceedings. Springer Vieweg, Wiesbaden (2024)
15. Verband der Automobilindustrie e.V. (VDA): Sicherung der Qualität vor Serieneinsatz. Frankfurt a. M. (1986)
16. Baumann, G.; Riemer, T.; Liedecke, C.; Rumbolz, P.; Schmidt, A.: How to built Europe´s largest eight-axes motion simulator. Driving Simulation Conference 2012, Paris
17. Ernst, S., Büttner, K., Prokop, G.: New modelling method with focus on high dynamic loads, hydraulic damping and multi-axial excitation for use in load data determination using multi-body simulation. Fourth International Conference on Material and Component Performance under Variable Amplitude Loading, S. 447–456, DVM e. V., Berlin (2020)
18. Schmidt, H., Prokop, G.: Experimental Analysis of Powertrain Test Bed Dynamometers for Black Box-Based Digital Twin Generation, –,: IEEE Transportation Electrification Conference & Expo (ITEC). Detroit, MI, USA **2023**, 1–6 (2023). ► https://doi.org/10.1109/ITEC55900.2023.10187073
19. Angrick, C., Prokop, G., Knauer, P.: Design of ride comfort characteristics on subsystem level in the product development process. In: Winner, H., Prokop, G., Maurer, M. (Hrsg) Automotive Systems Engineering II. Springer, Cham. ► https://doi.org/10.1007/978-3-319-61607-0_1
20. Rill, G., Castro, A.: Road Vehicle Dynamics – CRC-Press, Taylor&Francis Group (2020)

5

21. Schwertassek, R., Wallrapp, O.: Dynamik flexibler Mehrkörpersysteme. Braunschweig, Vieweg + Teubner (2014)
22. ZF Friedrichshafen AG / Lemförde: Zielwertkaskadierung. Interner Bericht (2003)
23. ISO 11010-1:2022: Passenger cars – Simulation model classification. Part 1: Vehicle dynamics, Edition 1 (2022)
24. Besselink, I. J. M.; Schmeitz, A. J. C.; Pacejka, H. B.: An improved Magic Formular/Swift tyre model that can handle inflation pressure changes. Vehicle System Dynamics, Vol. 48 (2010)
25. Gipser, M.: FTire, ein Reifenmodell für Handling, Komfort- und Lebensdauersimulation. Seminar Fahrwerktechnik, Haus der Technik, Osnabrück (2001)
26. Bäcker, M., Gallrein, A., Roller, M.: Noise, vibration, harshness model of a rotating tyre. Veh. Syst. Dyn. **54**(4), 474–491 (2016)
27. Ernst, S., Thüringer, T., Töpel, E., Büttner, K., Prokop, G.: "Multiaxial characterisation and modelling of complex elastomeric mount properties for determining virtual spectrum load data" – International Journal of Fatigue, Vol. 150 (2021), 106312, ISSN 0142-1123
28. Deubel, C, Prokop, G.: Friction of a MacPherson suspension system at various load cases. J. Vibration and Control. **30**(1–2), 14–26 (2024)
29. Pfitzer, K., Rath, L., Kolmeder, S., Corves, B., Prokop, G.: A General Mechanical Formulation of Two-Dimensional Bristle Friction Models with a Focus on the Lugre Model and its Dynamics (submitted January 18, 2025)
30. Pischinger, S., Seiffert, U.: Vieweg Handbuch Kraftfahrzeugtechnik, 9. Aufl. Springer Vieweg Verlag, Wiesbaden (2021)
31. Meyer-Prüßner, R.: Die Topologieoptimierung im Einsatz bei VW. Altair User Meeting Stuttgart (2001)
32. Blochwitz, T., Otter, M. et al.: Functional Mockup Interface 2.0: The Standard for Tool independent Exchange of Simulation Models. Proceedings of the 9th International MODELICA Conference; September 3–5; 2012; Munich; Germany
33. Donges, E.: A conceptual framework for active safety in road traffic. In: Proc. of 4th Int. Symp. on Advanced Vehicle Control (AVEC '98), Tokyo, Sept. 14±18, paper No. 002, 1998
34. Sharp, R.S., Casanova, D., Symonds, P.: A mathematical model for driver steering control, with design, tuning and performance results. Vehicle Syst. Dyn. **33**(5), 289–326 (2000)
35. Prokop G.: "Modeling human vehicle driving by model predictive online optimization" – Vehicle Syst. Dyn. **35(**1), 19–54 (2001)
36. Rasmussen, J.: Skills, rules, and knowledge; signals, signs, and symbols, and other distinctions in human performance models. IEEE Trans.Syst. Man Cybern. **SMC-13**, 257–266 (1983)
37. Fries, A., Lemberg, L., Fahrenkrog, F., Mai, M., Das, A.: Modeling driver behavior in critical traffic scenarios for the safety assessment of automated driving. Traffic Inj. Prev. **24**(sup1), S105–S110 (2023)
38. Witt, M., Kompass, K., Wang, L., Kates, R., Mai, M., Prokop, G.: Driver profiling – Data-based identification of driver behavior dimensions and affecting driver characteristics for multi-agent traffic simulation. Transport. Res. F: Traffic Psychol. Behav. **64**, 361–376 (2019)
39. Siebke, C., Prokop, G.: DReaM – Ein Fahrerverhaltensmodell für die virtuelle Sicherheitsbewertung von Advanced Driving Assistance Systems (ADAS) und Highly Automated Driving (HAD) – VDI-Berichte, Vol. 2426, Fahrzeugsicherheit 2023, S. 177–188, VDI-Verlag, Düsseldorf (2023)
40. Schmidt, H., Prokop, G.: "Characterization of a Powertrain Test Bed in the Context of Virtual Validation of Driveability" – J. Tongji Univ. (Nat. Sci.), **52**(S1) 9–19 (2024)
41. Prokop, G., Deubel, C., Zimmermann, R.: Cyberphysical attribute testing in vehicle dynamics, adas, and automated driving. In: Kulzer, A., Reuss, H.C., Wagner, A. (eds) 24. Internationales Stuttgarter Symposium. Proceedings. Springer Vieweg, Wiesbaden (2024)
42. Technische Universität Dresden: ► https://tu-dresden.de/bu/verkehr/iad/kft/die-professur/ausstattung/suspension-motion-simulator. Zugegriffen: 17. Januar 2025)
43. Liu, C., Deubel, C., Zhou, J., Gerhard, A. et al.: Experimental Analysis of Suspension Kinematics and Compliance Characteristics of Sensitivities and Combined Load Cases with the Suspension Motion Simulator, SAE Technical Paper 2019-01-0852 (2019)
44. Hoffmann, R., Reuter, R.: Safety Companion 2024 – carhs.taining GmbH, Alzenau (2024)
45. Hoffmann, R., Reuter, R.: ADAS/ADS Companion 2024/2025 – carhs.taining GmbH, Alzenau (2024)
46. Weber, H., Bock, J., Klimke, J., Roesner, Ch., Hiller, J., Krajewski, R., Zlocki, A., Eckstein, L.: A framework for definition of logical scenarios for safety assurance of automated driving. – 26th International Technical Conference on the Enhanced Safety of Vehicles (ESV) (2019)
47. Mai, M., Bäumler, M., Lehmann, M., Siebke, C., Blenz, K., Prokop, G., Bönninger, J., Höpping, K.: Die Dresdner Methode – Ein Baukasten zur ganzheitlichen Bewertung aktiver Sicherheits- und automatisierter Fahrfunktionen – VDI-Berichte, Vol. 2387, Fahrzeugsicherheit 2022, S. 327–340, VDI-Verlag, Düsseldorf (2022). doi.org/► https://doi.org/10.51202/9783181023877

48. Bäumler, M., Lehmann, M., Prokop, G.: Generating representative test scenarios: TheFUSE for Representativity (FUSE4Rep) process model for collecting and analysing traffic observation data – 27th Int. Technical Conference on the Enhanced Safety of Vehicles (ESV), Yokohama, Japan, April 3–6, 2023, S. 23–0122
49. Schmidt, H.: Charakterisierung eines Antriebsstrangprüfstands im Kontext der Virtuellen Absicherung am Beispiel Fahrzeuglängsruckeln; Dissertation, Cuvillier-Verlag (2025) (in Druck)
50. Schick, B. et al.: Use of driving simulators in chassis development – applications and potentials, VDI-Tagung Reifen-Fahrwerk-Fahrbahn, Aachen (2022)
51. Sedlan, K. el.al.: „Methoden, Nutzen und Potenziale von Fahrsimulatoren in der Reifen- und Fahrwerkabstimmung“ Reifen-Fahrwerk-Fahrbahn, Karlsruhe (2023)
52. Böhle, M. et al.: “Driving experience in virtual development through next level DiL simulation”, International Symposium on Development Methodology, Wiesbaden (2021)
53. Park, H. et al.: “Implementation of Real-Time ESC Simulation Environment into a Dynamic Driving Simulator (SiL/HiL/DiL), chassis-tech plus (2024)
54. Kersten, T. et al.: “Study to assess the controllability after chassis component damages on the dynamic driving simulator”, 12th International Munich Chassis Symposium (2021)
55. Schurmann, R. et al.: “Investigation of the failure criticality of axle components of a four-link rear axle on the driving simulator” Reifen-Fahrwerk-Fahrbahn, Aachen (2022)
56. Kolff M.; Jacumet R.; Venrooij J.; Wagner S.; Schwienbacher M.; Peller M.; Pool D.M., Mulder M.: Motion Cueing in BMW’s Driving Simulation Center: Experiences Versus Common Knowledge In: Proceedings of the Driving Simulation Conference 2024 Europe VR, Driving Simulation Association, Strasbourg, France, 2024, S. 119–125
57. Colombet, F.: ROADS, the world's most powerful immersive simulation tool; VDI-Expertenforum “Sicherheit beim automatisierten Fahren”, Dresden Automotive Symposium – DDAS ’24, Freital, 26th Sep. 2024
58. Tischer, W., Prokop, G.: Self-propelled highly dynamic driving simulator. US Patent 10,403,164 B2. Sep. 3rd, 2019
59. Prokop, G., Deubel, C., Zimmermann, R.: „Cyberphysical Attribute Testing in Vehicle Dynamics, ADAS, and Automated Driving” – Kulzer, A., Reuss, HC., Wagner, A. (eds) 24. Internationales Stuttgarter Symposium. Proceedings. Springer Vieweg, Wiesbaden (2024)
60. Ersoy, M.: Konstruktionsmethodik für die Automobilindustrie. Konstruktionsmethodik – Quo vadis? Symposium des Instituts für Konstruktionslehre, TU Braunschweig, Bericht Nr. 55. Braunschweig (1999)
61. Fecht, N.: Fahrwerktechnik für Pkw. Verlag Moderne Industrie, Landsberg am Lech (2004)
62. Oberhausen, A.: Ford Product Development System. VDI-Berichte Nr. 1398, S 355–374. Düsseldorf (1998)
63. N.N.: Fahrwerkentwicklungsschritte bei VW / AUDI (2005)
64. Entwicklungsmethodik für mechatronische Systeme. VDI-Richtlinie 2205. VDI-Verlag Düsseldorf (2004)
65. International Organization for Standardization.: ISO 9001:2015: Quality Management Systems – Requirements. ISO (2015)
66. Brückner, Claudia.: Qualitätsmanagement – Das Praxishandbuch für die Automobilindustrie. Carl Hanser Verlag GmbH & Co. KG (2019)
67. International Organization for Standardization: And International Electrotechnical Commission: ISO/IEC 330xx:2019: Information Technology – Process Assessment. ISO/IEC, Geneva (2019)
68. AIAG.: Advanced Product Quality Planning (APQP) – 3rd Edition. Automotive Industry Action Group (2016)
69. Hösker und Braasch.: IATF und ISO 9001 – Stand der Technik und Haftungsfragen. Bergisches Qualitätsforum, 2021. ► https://www.bqf.uni-wuppertal.de/fileadmin/site/bqf-gqw/14BQF/BQF_Haftung_BLD_IQZ_final.pdf. . Zugegriffen: Januar 2025
70. VDA Working Group 13.: Automotive SPICE® Process Reference Model – Process Assessment Model – Version 4.0 (2023)
71. ISO 9001:2008: Qualitätsmanagementsysteme – Anforderungen
72. International Organization for Standardization: ISO/TS 16949:2009: Quality Management Systems – Particular Requirements for the Application of ISO 9001:2008 for Automotive Production and Relevant Service Part Organization
73. Ross, Hans-Leo.: Funktionale Sicherheit im Automobil. Carl Hanser Verlag GmbH & Co. KG (2019)
74. International Organization for Standardization.: ISO 26262:2018: Road Vehicles – Functional Safety. ISO (2018)
75. International Organization for Standardization: ISO 21448:2021: Road Vehicles – Safety of the Intended Functionality. ISO, Geneva (2021)
76. International Organization for Standardization: ISO/SAE 21434:2021: Road Vehicles – Cybersecurity Engineering. ISO, Geneva (2021)
77. Deutschland.: Gesetz über die Bereitstellung von Produkten auf dem Markt (ProdSG). BGBl. I S. 1186 (2011)
78. Deutschland.: Gesetz über die Haftung für fehlerhafte Produkte (ProdHaftG). 1990. BGBl. I S. 2182. AIAG.: Advanced Product Quality Planning

(APQP) – 3rd Edition. Automotive Industry Action Group (2016)
79. European Automobile Manufacturers Association (ACEA).: The Automotive Regulatory Guide. 2023. ► www.acea.auto/files/ACEA-Regulatory-Guide-2023.pdf. Zugegriffen: Jan. 2025
80. ► https://en.wikipedia.org/wiki/Federal_Motor_Vehicle_ Safety_ Standards

Fahrwerk Antriebsstrang

Metin Ersoy, Thomas Rosemeier, Christian Schimmel und Volker Vogel

Inhaltsverzeichnis

M. Ersoy et al. (Hrsg.), *Fahrwerkhandbuch*,
ATZ/MTZ-Fachbuch, https://doi.org/10.1007/978-3-658-48104-9_6

In den ► Kap. 1 bis 5 wurden die Grundlagen und Kennzahlen des Fahrwerks, Fahrdynamik, Fahrverhalten, Fahrkomfort und Fahrwerkentwicklung behandelt.

In den folgenden Kap. 6 bis 13 werden die Fahrwerkbestandteile, nämlich Achsantrieb, Bremse, Lenkung, Federung, Dämpfung, Radaufhängung, Radmodul sowie Rad und Reifen beschrieben, um nun das Fahrwerkswissen zu vervollständigen.

Unter dem Begriff *Bestandteile* sind die Untersysteme des Fahrwerks und dessen Module und Bauteile zu verstehen. Diese werden mit deren Aufgaben, Bedeutung, Ausführungen und Funktionen vorgestellt.

Dabei stehen mehr die modularen als die funktionellen Aspekte im Vordergrund. Die Komponenten und Module, die unmittelbar passive und semiaktive Funktionen bestimmen, werden in diesen Kapiteln mitbeschrieben.

Die fortschrittlichen elektronischen Systeme des Fahrwerks werden dagegen aufgeteilt in drei Domänen Längs-, Vertikal und Querdynamik sowie X-by-Wire Systeme im ► Kap. 16 behandelt.

Alle fahrwerkrelevante Fahrerassistenzsysteme dagegen werden in ► Kap. 17 beschrieben.

6.1 Aufgaben und Komponente

Metin Ersoy und Thomas Rosemeier

Die Komponenten Motor, Kupplung, Getriebe, Antriebswelle und Achsdifferential bezeichnet man zusammen als *Antriebsstrang*. Sie haben die Aufgabe, das Fahrzeug durch die vom Motor generierte Leistung in Bewegung zu bringen [1]. Über die Antriebswelle werden die Antriebskräfte auf das Achsdifferenzial übertragen. In diesen auch „Achsgetriebe" genannten Komponenten ist eine starre – also nicht mit Gangstufen versehene – Übersetzung eingerichtet, die die Antriebskräfte ideal auf die Räder überträgt.

Die Anforderungen an den Antriebsstrang sind dabei natürlich recht umfangreich. Der Antriebsstrang soll:

- die Motorleistung übertragen,
- die Antriebskräfte auf die Räder verteilen,
- gleichzeitig zuverlässig und komfortabel arbeiten,
- wenig verschleißen,
- sowie leise und möglichst effizient arbeiten.

Motor, Getriebe und Kardanwelle gehören zum Antrieb. Rest der Antriebsstrang dagegen gehört zum Fahrwerkumfang (■ Abb. 6.1) [2]. Dazu zählen die *Längsdifferenziale* zur Verteilung der Leistung auf verschiedene Antriebsachsen (bezeichnet als Verteilergetriebe),die *Querdifferenziale* zur Verteilung der Leistung auf die Antriebsräder einer Achse (bezeichnet als Ausgleichsgetriebe) und die Seitenwellen.

Die Querdifferenziale sind meist im Endantrieb des Antriebsstrangs integriert und die *Seitenwellen*verbinden die Querdifferenziale mit den Rädern. ■ Abb. 6.2 zeigt einige Getriebebeispiele [3].

Bei den Differenzialgetrieben wird unterschieden in:

- Längsdifferenzial = Verteilergetriebe: Längsverteilung (in Fahrtrichtung gesehen) der Leistung auf mehrere angetriebenen Achsen,
- Querdifferenzial = Ausgleichsgetriebe: Querverteilung der Leistung auf die Antriebsräder einer Achse.

Auf diese Weise werden unterschiedliche Drehzahlen der angetriebenen Räder bzw. Achsen ausgeglichen. Ein Differenzialgetriebe ist ein Getriebe, das im Gegensatz zu einem starren Durchtrieb ohne geteilte Antriebswelle einen freien Drehzahl- und Kräfteausgleich erlaubt. Damit werden Verspan-

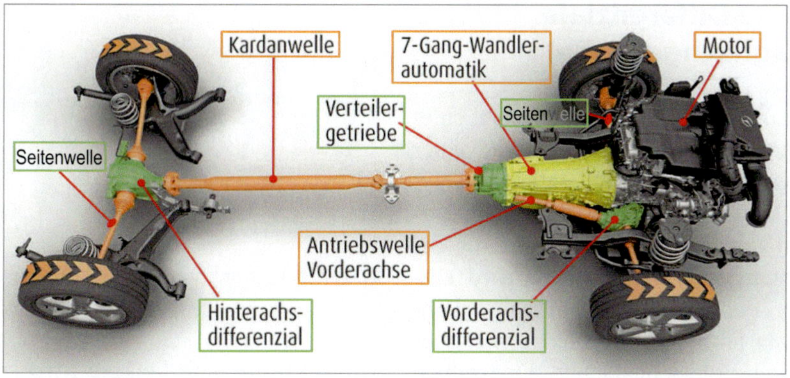

Abb. 6.1 Antriebsstrang (Mercedes Vito Allrad 2008). Grün umrahmten Komponenten gehören zum Fahrwerk [2]

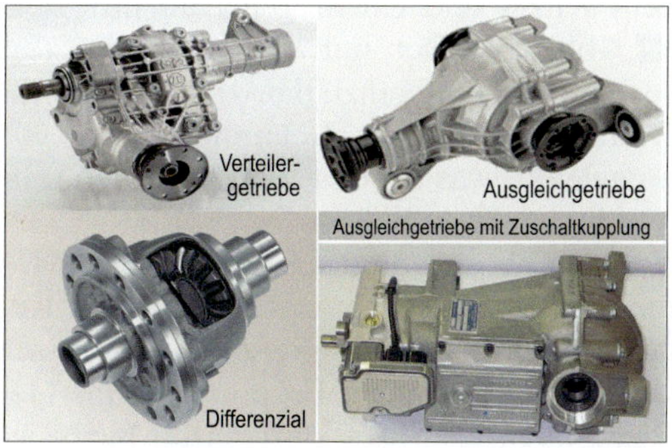

Abb. 6.2 Getriebebeispiele im Fahrwerk-Antriebsstrang: Verteilergetriebe (oben links), Ausgleichgetriebe (oben rechts), Differenzial (unten links), Hinterachsgetriebe mit Zuschaltkupplung (unten rechts) [3]

nungen im Antriebsstrang und Reifenverschleiß wegen fehlendem Drehzahlausgleich bei Kurvenfahrten verhindert.

Das Ausgleichsgetriebe muss eine Querverteilung des Antriebsmoments im Verhältnis 50 %: 50 % auf das linke und rechte Treibrad vornehmen.

Der Längsausgleich durch Verteilergetriebe kann auch mit unsymmetrischer Momentenverteilung dargestellt werden. Dies ist abhängig von Traktionspotential der Achsen und gewünschtem Fahrverhalten. Geläufige Werte für Allrad-Pkw sind Verhältnisse von 50 %: 50 % oder auch 33 %: 67 % für Vorder- bzw. Hinterachse [4].

6.2 Differenziale

Metin Ersoy , Thomas Rosemeier und Volker Vogel

Für den Zusammenhang zwischen Fahrwerk und Antriebsstrang ist die Lage des Motors und der angetriebenen Achse wesentlich. Hier werden nur die zwei wichtigsten Grundtypen von Antriebsstranganordnungen betrachtet: zum einen der Frontantrieb mit vorne quer angeordnetem Motor, zum andern den Heckantrieb mit Frontlängsmotor (Standardantrieb) und deren Allradvarianten (s. Abb. 1.14, 1.15, 1.16, 1.17).

Beim Frontantrieb mit Quermotor ist das vordere Differenzial im Schaltgetriebe integriert und die Räder sind über Seitenwellen mit dem Getriebeausgang verbunden.

Beim Standardantrieb befindet sich der Achsantrieb in der Hinterachse. Die Verbindung zwischen Hauptgetriebeausgang und Achsgetriebeeingang übernimmt eine Kardanwelle, die nicht zum Fahrwerkumfang gehört.

6.2.1 Offene Differenziale (Ausgleichgetriebe)

Im Normalfall wird das Antriebsmoment eines Kraftfahrzeuges über die beiden Räder einer angetriebenen Achse auf die Straße gebracht, d. h. zu den beiden Rädern (quer) verteilt. Dabei findet in der Regel eine Übersetzung ins Langsame statt, das Drehmoment wird entsprechend größer. Damit das Fahrzeug problemlos Kurven fahren kann, müssen sich aber die Räder mit unterschiedlichen Drehzahlen bewegen können (s. ◘ Abb. 1.48, 1.50).

6

Es werden daher Differenzialgetriebe zur Verteilung des Eingangdrehmomentes zu den Rädern eingesetzt, die es nahezu symmetrisch in zwei gleichgroße Ausgangsmomente auf die beiden Seitenwellen weiterleiten und dabei auch einen Drehzahlausgleich ermöglichen (daher der Name Ausgleichsgetriebe). Dies sind oft Planetengetriebe aus Kegelrädern mit der Übersetzung $i_0 = -1$.

Erste Skizzen zu einer solchen Einrichtung (◘ Abb. 6.3) existieren schon von Leonardo da Vinci [5].

In ◘ Abb. 6.4 wird das Funktionsprinzip des Differenzialgetriebes dargestellt. Die kurvenäußeren Räder, die während der Kurvenfahrt eine längere Strecke zurücklegen müssen, drehen entsprechend schneller und setzen weniger Momente ab [6].

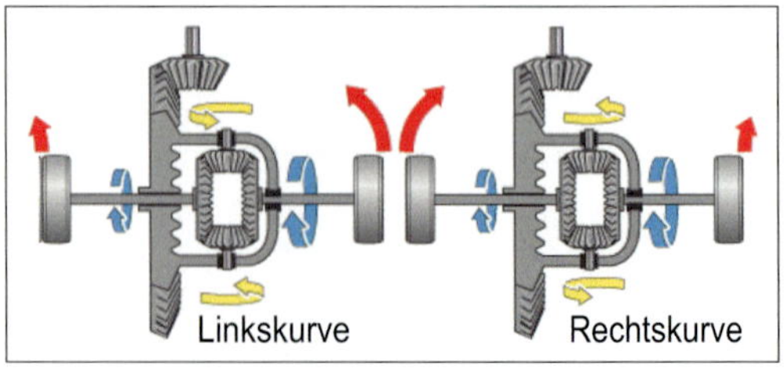

◘ **Abb. 6.4** Funktionsprinzip des Differenzials [6]

In das Differenzialgetriebe wird zusätzlich ein Kegelradsatz bestehend aus einem Ritzel und einem Tellerrad integriert (◘ Abb. 6.5). Der mit dem Tellerrad fest verbundene Differenzialkorb dreht sich mit. Dadurch wird das Drehmoment um 90° umgelenkt, was bei den Längsmotoren notwendig ist (◘ Abb. 6.6).

Bei Quermotoren Umlenken des Moments nicht nötig. Es wird statt einem Kegelradsatz ein Schrägverzahnungsradsatz vorgesehen und beim Frontantrieb ins Getriebe integriert. Das Differenzial bleibt jedoch gleich.

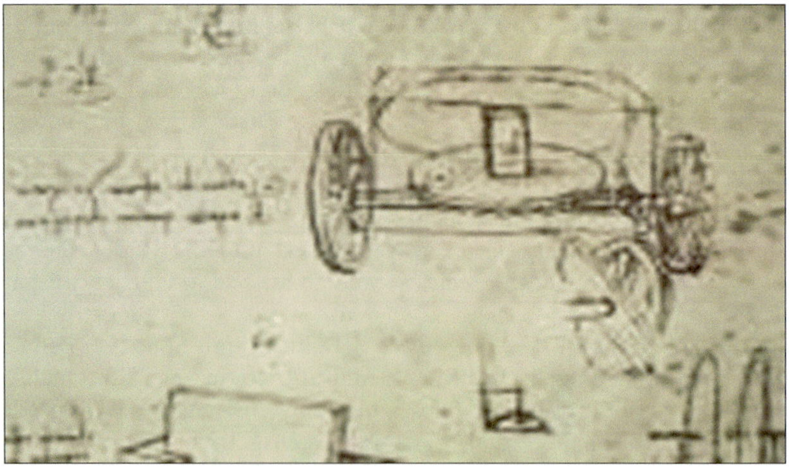

◘ **Abb. 6.3** Zeichnung Leonardo da Vincis [5]

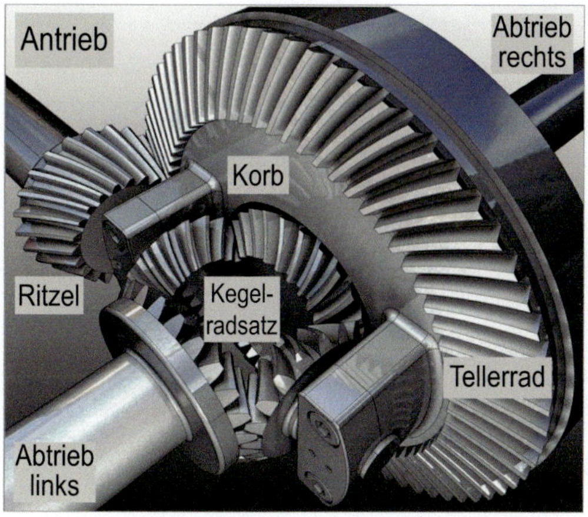

Abb. 6.5 Innenleben eines Differenzials [8]

Abb. 6.6 Moderne Differenzial, Porsche Cayenne [9]

Die Verzahnung der Kegelräder ist meist recht grob (kostengünstig durch Präzisionsschmieden hergestellt) ausgeführt. Dies führt zwar zu einem schlechten Wirkungsgrad, tritt aber nur bei Drehzahldifferenz auf und führt dann zu einer Sperrwirkung von ca. 10–11 % in Neuzustand und 6–8 % im eingelaufenen Zustand.

Bei 1000 Nm Antriebsmoment am Tellerrad werden im Neuzustand in einer Rechtskurve ca. 550 Nm auf das kurveninnere rechte Rad geleitet und 450 Nm auf das kurvenäußere linke Rad (untersteuernde Wirkung).

Die mögliche Drehmomentdifferenz, dividiert durch das Gesamtmoment wird als „*S*“ (1 %...100 %) Sperrgrad oder Sperrwert des Differenzials bezeichnet. Sperrwirkung TBR (Torque Bias Ratio) ist dagegen die Division größeres Moment durch kleineres Moment (1...∞) [7].

Problematisch wird die Momentenverteilung durch ein Differenzial, wenn ein Rad stark entlastet ist oder auf einer Fahrbahn mit niedrigem Reibwert steht und dadurch das zugeteilte Moment nur noch teilweise oder gar nicht übertragen werden kann. Bei unterschiedlicher Traktion der beiden Antriebsräder (einseitig glatte Fahrbahn, Schlamm, Sand, Kies) oder bei extremer Schrägstellung kann es dadurch zu folgendem Effekt kommen: Eines der angetriebenen Räder dreht wegen fehlender Vortriebskraftübertragung durch, das andere setzt durch die Funktion des Differenzials nur noch ein dem schlupfenden Rad ähnliches Moment ab und kommt somit leicht zum Stillstand. Das Fahrzeug kann dann wegen fehlendem Vortrieb nicht mehr bewegt werden.

In solchem Fall wird eine wirtschaftliche Lösung, der ohne Eingriff ins Differenzial auskommt, durch aktives Bremsen erreicht: Beginnt ein Rad durchzudrehen, wird es durch seine Betriebsbremse abgebremst, wodurch zwangsläufig mehr Moment über das serienmäßige Differenzial an das andere Rad geleitet wird.

Dieses System (Antriebschlupfregelung ASR genannt) bewirkt eine Verbesserung der Traktion beim An- und Kurvenfahrten ohne Beeinträchtigung der Fahrstabilität, besonders auf Fahrbahnen mit stark unterschiedlichen Reibwerten (μ-Split, s. ► Abschn. 7.7.3.3).

6.2.2 Formschlüssige Sperrdifferenziale

Im einfachsten Fall bewirkt eine formschlüssige Differenzialsperre (Ausgleichssperre) mittels einer mechanisch oder elektrisch manuell geschalteten Klauenkupplung, dass die im Differenzial getrennten Achswellen über Gehäuse und Tellerrad wieder verbunden werden. Unterschiedliche Drehzahlen der beiden Antriebsräder sind dann nicht mehr möglich (◘ Abb. 6.7).

Eine solche Kupplung führt zu einer Sperrwirkung von 100 % d. h. TBR (Torque Bias Ratio = größeres Moment/kleineres Moment) ist unendlich groß und muss im Bedarfsfall manuell aktiviert werden.

Diese Vorrichtungen sind nur auf rutschigem Untergrund verwendbar, auf trockener Straße führt sie leicht zu einem unerwünschten Verspannen des Antriebsstrangs und eignet sich daher nur für Geländebetrieb.

6.2.3 Selbstregelnde Sperrdifferenziale

Sperrdifferenziale für die Längsverteilung mit selbstregelnder Wirkung arbeiten auf

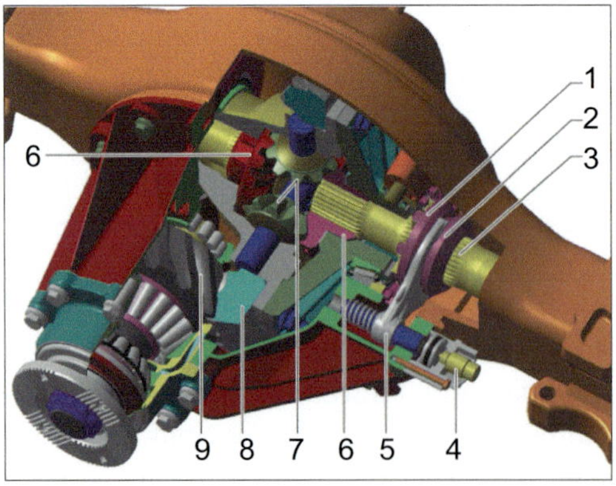

◘ **Abb. 6.7** Sperrdifferenzial mit Klauenkupplung 1 Sperre (Klauenkupplung), 2 Schaltmuffe, 3 Verzahnung, 4 Schaltelement, 5 Schaltgabel, 6 Achswellenräder, 7 Ausgleichskegelräder, 8 Tellerrad, 9 Antriebskegelrad [6]

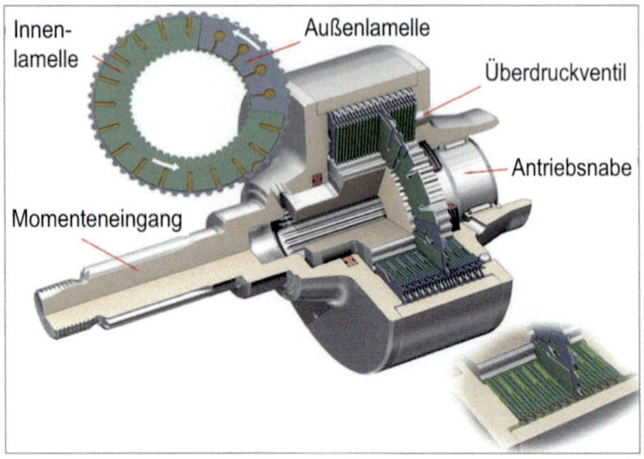

◘ **Abb. 6.8** Visco-Lamellenkupplung

der Basis von Drehzahlunterschieden (z. B. Visco- Lamellenkupplung ◘ Abb. 6.8, Haldex [10] ◘ Abb. 6.9) oder Drehmomenten unterschieden (z. B. Torsen 4 *Torque Sensing*) (s. ◘ Abb. 6.12).

Neben der Verbesserung der Traktion haben solche Systeme auch einen Einfluss auf die Fahrdynamik. Sind die Radantriebsmomente innerhalb einer Achse nicht mehr gleich verteilt, erzeugt das Kräftepaar der beiden Reifenlängskräfte ein direktes Drehmoment bezüglich des Fahrzeugschwerpunktes um die Hochachse, ein sogenanntes Giermoment (◘ Abb. 6.10).

Solches Giermoment entsteht auch durch die Seitenkräfte der Räder beim Lenken oder durch radindividuelle Bremseingriffe der etablierten Fahrdynamikregelsysteme. Bei gewöhnlicher Kurvenfahrt wird dabei Moment vom schnelleren äußeren Rad auf das langsamer innere Rad verschoben, es entsteht ein Kurven ausdrehendes Giermoment, das stabilisierend, aber agilitätshemmend wirkt.

Erst bei höheren Querbeschleunigungen und hohen Antriebsmomenten wirken Selbstsperrdifferenziale förderlich auf die Querdynamik und erlauben höhere Kurvengeschwindigkeiten.

Viele Arten selbstregelnder Differenziale, die die Lastverteilung ohne Steuerung selbst regeln, existieren [4]:

- drehzahlfühlende Sperrdifferenzial

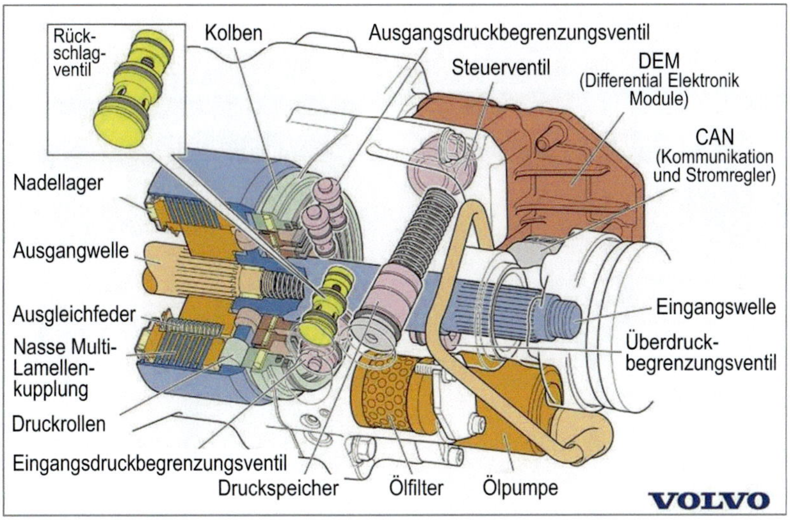

Abb. 6.9 Elektronisch regelbares Differenzial mit Hydraulikpumpe nach „Haldex" Generation II [10]

- lastabhängige Sperrdifferenzial mit Lamellenkupplungen,
- lastabhängige Sperrdifferenzial mit Schneckenräder
- schlupfabhängige Sperrdifferenzial mit Fluidkupplung
- elektronisch gesteuerte Sperrdifferenziale mit druckbeaufschlagten Lamellenkupplungen und
- Kurven-Selbstsperr differenziale.

6.2.3.1 Drehzahlabhängige Sperren [11]

Diese als *Haldex* bekannte Kupplung besteht aus einer, in einem geschlossenen Gehäuse untergebrachten, hydraulisch bedienten Lamellenkupplung zwischen einer Hydraulikpumpe und einem Regelventil im Bypass des Hydraulikölstromes. Es gibt weiterhin ein Überdruckventil sowie eine Steuereinrichtung für das Regelventil.

Alle Komponenten wie Pump- und Arbeitszylinder, Bypass und Ventile sitzen auf einer der Wellen und drehen sich mit ihr. Ursprünglich war die Hydraulikpumpe eine durch eine Nockenscheibe der Eingangswelle angetriebene, auf der Ausgangswelle sitzende Kolbenpumpe.

Diese Ringkolbenpumpe gerät durch Drehzahlunterschiede zwischen Ein- und Ausgangswelle durch die Nockenscheibe selbsttätig in Betrieb.

Es existieren 5 Generationen an Haldex-Kupplungen. Das Drehmoment der Haldex-Kupplungen Generation 1 bis 3 wird hauptsächlich gesteuert vom Drehzahlunterschied der angetriebenen Achsen. Generation 4 hat eine elektrische Ölpumpe mit Druckspeicher und kann zur Steigerung der Fahrdynamik eingesetzt werden, Generation 5 ist leichter, kompakter und unkomplizierter zu integrieren. Mithilfe eines elektro-hydraulischen Fliehkraft-bypass-Ventils wird die Leistung zwischen Vorder- und Hinterrädern verteilt.

Das Haldex-System ersetzte die Visco-Kupplung, die weder selbststeuernd noch steuerbar und daher nicht kompatibel zu Fahrerassistenzsystemen war.

Drehzahlfühlende Differenzialsperren reagieren auf den Drehzahlunterschied der Abtriebe. Das geschieht entweder durch eine dem normalen Kegelradmechanismus parallelgeschaltete Visco-Kupplung (Abb. 6.8) oder durch eine Ringkolbenpumpe, die erst bei einer Differenzdrehzahl

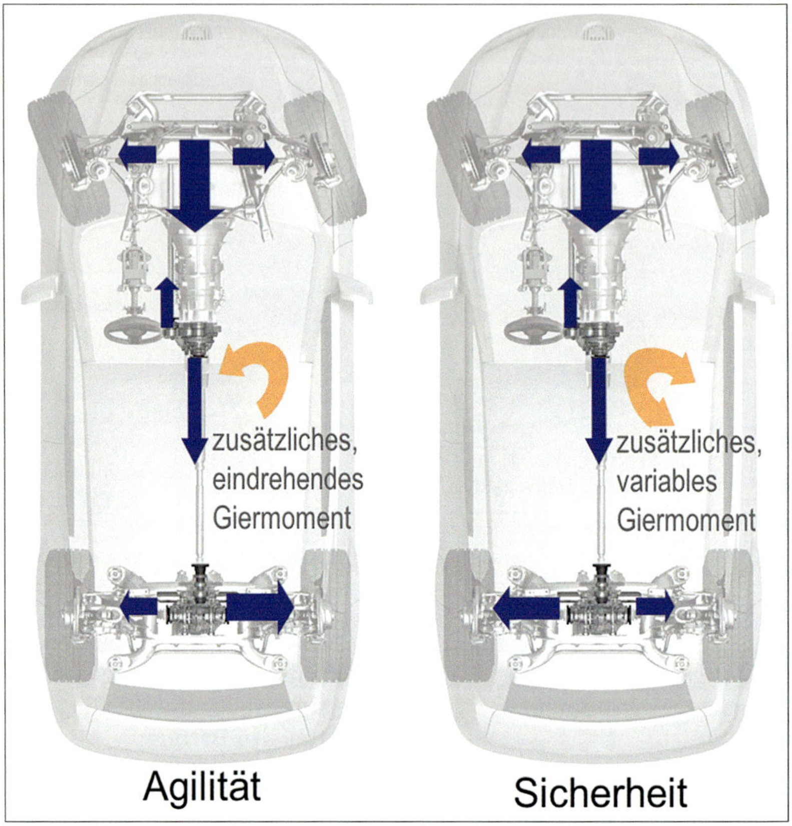

Abb. 6.10 Giermomentenaufbau durch unterschiedliche Drehmomentenverteilung an die Räder

sich eingeschaltet, abhängig von dem Signal eines elektronischen Steuergeräts den Öldruck aufbaut. Der wiederum ein das Differential sperrendes Lamellenpaket betätigt (Abb. 6.9). Nicht nur die absolute Größe des Kopplungsmoments ändert sich mit der Differenzdrehzahl, sondern auch der in Prozent angegebene Sperrwert „S" und das TBR (beide können durchaus hohe Werte erreichen). Drehzahlfühlende Sperren sind konstruktionsbedingt etwas träger als drehmomentabhängige.

6.2.3.2 Drehmomentabhängige Sperren [11]

Man kann hier zwischen Lamellensperren und Schraub- oder Schneckenradgetrieben unterscheiden.

Lamellensperre ist die klassische Differentialsperre für sportliche Anwendungen. Sie stellt ein wichtiges Stellglied für die Fahrwerksabstimmung dar. In Differential mit Lamellensperre ist der Käfig geteilt, die Trennebene verläuft genau durch die Achse

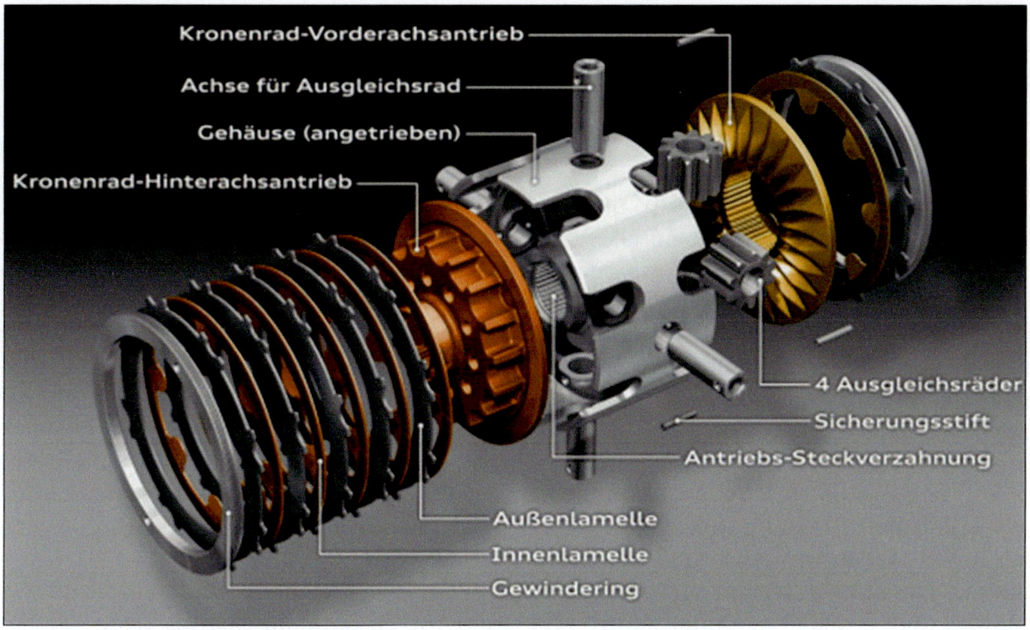

Abb. 6.11 Momentenabhängiges Kronendifferenzial Audi RS5 Quattro [12]

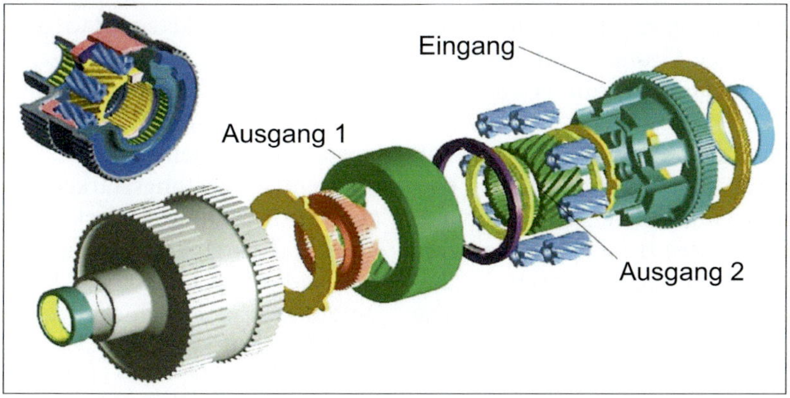

Abb. 6.12 Momentsensierend regelbares Differenzial nach „Torsen" Type C [13]

der Planetenräder. Ausnehmungen in den Käfighälften nehmen die Achse auf, diese Ausnehmungen sind aber nicht genau halbrund, sondern laufen in Richtung der Trennebene als Rampen aus. Unter Last wird die Achse gegen die Rampen gedrückt und drückt damit ihrerseits die Käfighälften auseinander. Als Folge werden die dahinter angeordneten Lamellenpakete aktiviert. Diese Lamellenpakete stellen den Kraftschluss zwischen dem Käfig und den Abtrieben dar, sie sind also die eigentlichen Sperrelemente. Die Rampenwinkel bestimmen den Sperrwert solcher Differentiale. Dieser Wert kann für Zug und Schub unterschiedlich sein, er bleibt aber jeweils konstant.

Obwohl Lamellensperren sehr oft vorkommen, gibt es durchaus technische Variationen dieses Sperrprinzips. So werden die Lamellenpakete manchmal durch kegelförmige Reibflächen ersetzt oder macht man sich direkt die Verzahnungskraft zunutze: Zwei im Eingriff stehende Zahnräder drücken sich unter Last voneinander weg, ein Effekt der sich für Differentialsperren geradezu anbietet. Dieses, als *Kronenraddifferential* bekannte Lösung in einigen jüngeren RS-Modellen von Audi Quattro ist ein Beispiel für das Aktivieren von Lamellenpaketen durch die Verzahnungskraft [12] (◘ Abb. 6.11).

Im normalen Fahrbetrieb drehen sich die beiden Kronenräder so schnell wie das Gehäuse. Aufgrund ihrer speziellen Geometrie ergeben sich gezielt ungleiche Hebelwirkungen: In der Grundverteilung gehen 60 % des Motormoments zur Hinter- und 40 % nach Vorderachse.

Wenn sich die Momente verschieben, weil der Grip an einer Achse nachlässt, entstehen unterschiedliche Drehzahlen und axiale Kräfte im Inneren des Differenzials und führen dazu, dass die benachbarten Lamellenpakete aneinander gepresst werden. Die entstehende Selbstsperrwirkung leitet nun das Hauptanteil des Antriebsmoments auf die Achse mit der besseren Traktion d. h. bis zu 85 % fließen nach hinten. Im umgekehrten Fall – wenn die Hinterachse weniger Grip hat – vollzieht sich dieser Vorgang in umgekehrter Richtung, jetzt fließen bis zu 70 % der Momente an die Vorderachse.

Schraub- oder Schneckenraddifferentiale, bekannt als *Torsen-Differentiale* (TORque-SENsing; Drehmomentfühlend) sind ebenfalls weit verbreitet. Sie bestehen aus vier Schnecken und einer Antriebswelle. Die auf diesen Wellen befestigten Stirnräder sind mit den gegenüberliegenden Stirnrädern im Eingriff (◘ Abb. 6.12) [13].

Die Wellen mit den Schneckenradpaaren laufen um die Schnecke der Antriebswelle, ohne dass diese sich selbst drehen. Bei unterschiedlichen Drehzahlen der Antriebswellen drehen sich die Schneckenräder, dadurch entsteht zwischen Schnecke und Schneckenrädern Reibung, die von dem Antriebsmoment abhängig ist. Je höher dieses Antriebsmoment ist, desto höher ist die Reibung und auch die Sperrwirkung. Die Sperrwirkung kommt hier durch eine gewisse Selbsthemmung ihrer stark schrägverzahnten Zahnräder zustande. Der Sperrwert beträgt 20–80 %.

Torsen-Differentiale sind verschleißfester und wirken harmonischer als Lamellensperren, jedoch schalten sie sich nur in einer Richtung ein. Sie lassen sich nicht ohne weiteres mit Festwertsperrelementen Ausrüsten, weil sonst die Sperrwirkung komplett zusammenbricht, sobald ein Rad den Fahrbahnkontakt verliert, d. h. wenn ein Mindestgegenmoment für die Selbsthemmung fehlt.

Torsen-Differentiale werden eingesetzt wegen ihrer Eigenschaften als Vorderachsdifferential leistungsstarker Fronttriebler, aber auch zahlreiche Hecktriebler – darunter der Toyota GT86. Außerdem verwendet Audi diese Bauart seit 1986 als Mitteldifferential in verschieden quattro-Modellen (◘ Abb. 6.13) [14].

6.2.4 Aktive Sperrdifferenziale

Die einfachsten und am weitest verbreiteten elektronischen Differentialsperren sind technisch gesehen nicht mehr als eine Software-Plug-In für ABS oder ESP. Das offene Kegelraddifferential bleibt komplett unberührt.

Detektiert das Steuergerät ein durchdrehendes Rad, so wird es einfach mit der

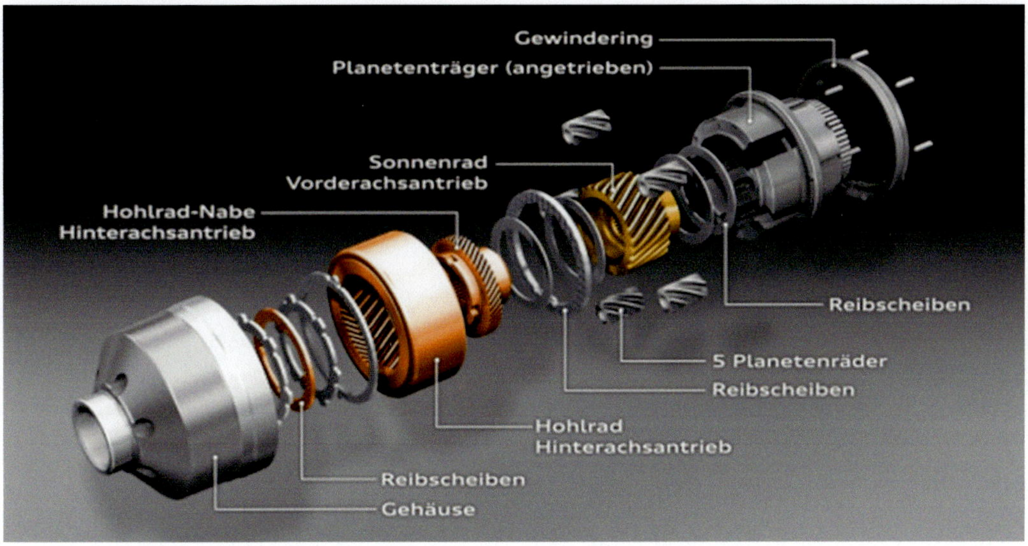

Abb. 6.13 Selbstsperrendes Mittendifferenzial nach Torsen im Audi RS7 Quattro [14]

normalen Radbremse beseitigt. Durch diesen Eingriff ergibt sich für das Differential ein größerer Widerstand an dem vormals schnell drehenden Rad, was bedeutet, dass nun an beiden Rädern eine entsprechend größere Kraft übertragen werden kann.

So gelingt es dieser simplen Sperre, dem Rad mit den besseren Haftungsverhältnissen mehr Drehmoment zuzuteilen, allerdings zum Preis der Leistung, die auf der gebremsten Seite in Form von Bremsenwärme verloren geht. Das ist zwar nicht ideal und weniger elegant als die Arbeitsweise einer mechanischen Sperre, aber durch optimierte Regelstrategien ist es durchaus wettzumachen.

Aufwendigere elektronische Sperren verfügen über die üblichen Lamellenkupplungen innerhalb des Differentials, verlassen sich aber nicht auf deren passiven Aktivierung durch mechanische Systeme. Stattdessen steuern sie alles über elektrische Stellglieder, die ihre Befehle von Steuergeräten bekommen. Wann und wie stark gesperrt wird ist komplett programmierbar, trotzdem gibt es keine ineffizienten Eingriffe der Radbremse.

Die Sperrwirkung heute gebräuchlicher Ausführungen beruht auf kraftschlüssiger Reibung um die Ausgleichsbewegung zu verhindern. Sie wird erzeugt durch Reibelemente zwischen den Antriebswellen worüber je nach Bauform bzw. Fahrzustand verschieden großes Drehmoment übertragen werden kann. Durch den Einsatz geregelter, meist elektrohydraulisch oder elektromechanisch betätigter. Aktuatoren, lässt sich bei Differenzdrehzahl jederzeit ein Sperrmoment einstellen. Die Ansteuerung ist situationsgerecht und kann sowohl für Traktion als auch für Fahrdynamikverbesserung eingesetzt werden. Das Moment lässt sich aber nur vom schnelleren auf das langsamere Rad verschieben (Abb. 6.14).

6.2.5 Torque-Splitting und Torque-Vectoring

Sperrdifferentiale können immer nur ein Kompromiss zwischen Traktion- und Fahrstabilitätsvebesserung darstellen, mit den Nachteilen bei der Lenkwilligkeit sowie

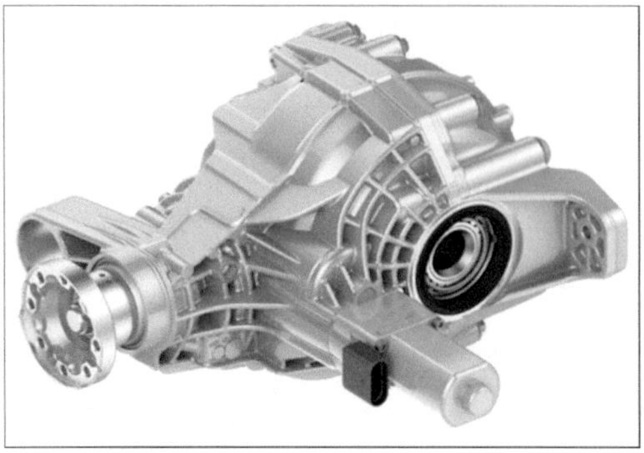

■ **Abb. 6.14** Aktives Sperrdifferenzial für SUV [3]

■ **Abb. 6.15** Torque Splitter mit zwei Kupplungen ZF [3]

eventuelle Verspannungen des Antriebsstrangs [4].

Bessere Lösungen zielen darauf auf, den Antriebsmoment frei wählbar und bedarfsgerecht (Torque on Demand) zwischen den einzelnen Rädern zu verteilen.

Dazu sind drei Lösungsmöglichkeiten gegeben [4]:
- Elektronisch geregeltes Sperrdifferenzial,
- Torque-Splitting,
- Torque-Vectoring.

Elektronisch geregeltes Sperrdifferenzial wurde bereits im ► Abschn. 6.2.4 behandelt.

Beim Torque-Splitting wird kein Querdifferenzial mehr verbaut. Die Momentübertragung zu den Rädern erfolgt rein über schlüpfend geregelte Reibkupplungen und somit voll variabel. Bei nicht betätigten Kupplungen kann jedes Rad frei und unabhängig voneinander drehen. Obwohl diese Systeme recht einfach realisierbar sind, zeigen Schwächen beim Wirkungsgrad und Ausfallsicherheit: fällt Kupplungsregelung aus, geht auch der Kraftschluss zu den Rädern verloren. Deshalb werden sie oft zum Antrieb der zweiten Achse verwendet, bei denen die Primäre Antriebsachse mit einem konventionellen Ausgleichsgetriebe ausgestattet ist.

Mit den im ► Abschn. 6.2.4 erläuterten Sperrsystemen wird Moment vom schnelleren Rad zum langsamen hin verschoben. Zum Einsatz in einem Fahrdynamikregler wäre es aber wünschenswert, das Vorzeichen des durch das Achsgetriebe erzeugten Giermomentes frei wählen zu können. Dieses gezielte Vorgeben von Antriebsmomenten an einzelnen Rädern des Fahrzeuges wird allgemein als „Torque Vectoring“ bezeichnet.

Dazu gibt es prinzipiell zwei Ansätze: Entweder wird das Antriebsmoment ohne Differenzial über zwei regelbare Kupplungen auf die Räder verteilt (■ Abb. 6.15). Oder wird parallel zum Differenzial in einem zweiten Verbindungsstrang zwischen den Rädern und dem Differenzialkorb oder zwischen den Abtrieben zu den Rädern direkt Drehmoment übertragen, was als „Überlagerungsgetriebe“ genannt wird (■ Abb. 6.16). ■ Abb. 6.17 zeigt den Innenaufbau eines Überlagerungsgetriebes.

Sowohl die Drehmomentverteilung mittels Kupplungen als auch das Überlagerungsgetriebe sind schon seit dem Anfang des 20. Jahrhunderts von Kettenfahrzeugen her bekannt, bei denen durch Antreiben zweier Ketten nicht nur der Antrieb aber auch die Lenkung realisiert wird. Dort spielt jedoch weniger die Momentenverteilung,

■ **Abb. 6.16** Überlagerungsgetriebe von ZF [3]

sondern eher der kinematische Aspekt eine Rolle: es wird die mittlere Kettendrehzahl (Fahrgeschwindigkeit) parallel zur relativen Drehzahldifferenz (Kurvenradius) festgelegt.

Aus diesem Bereich stammt auch eine der einfachsten Varianten für ein Überlagerungsgetriebe, das sogenannte Cletrac-System (*Cleveland Tractor Company*, Hersteller historischer kettengetriebener Traktoren). Dort sind zwei Differenziale ineinander verschachtelt und die Abtriebe des Äußeren werden auf feststehende Bremsen geführt (■ Abb. 6.18).

Bei schlupfender Betätigung wird ein Drehmoment verschoben, blockierend wird ein Drehzahlverhältnis aufgezwungen. Durch unterschiedliche Verhältnisse der Zähnezahlen von Ausgleichsrädern und Abtriebkranz in den beiden Differenzialen kann das Verhältnis von Überlagerungsmoment und gleichzeitigem Bremsmoment in geringem Maße verbessert werden.

Der Vorteil der direkten Kupplungen ist der einfache Aufbau und der Nachteil

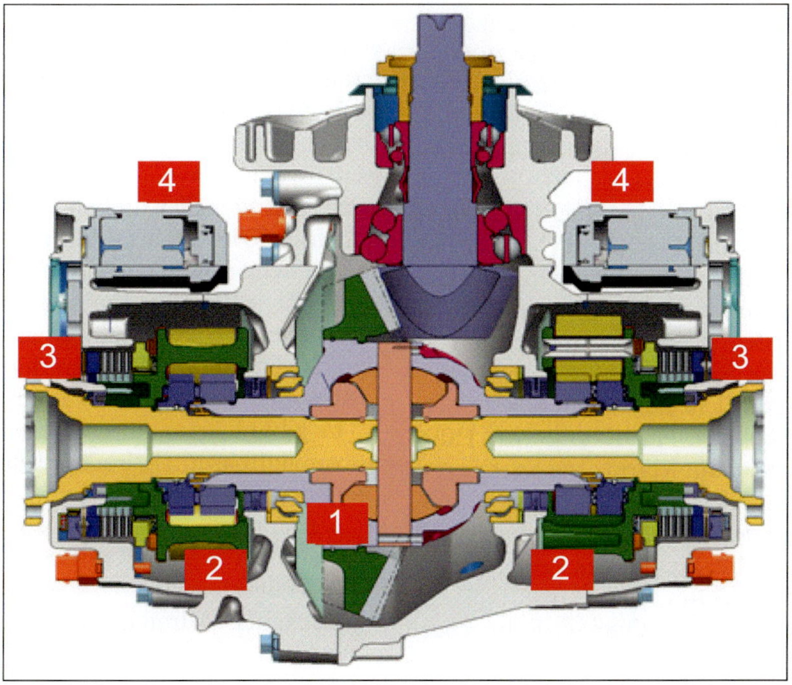

■ **Abb. 6.17** Überlagerungsgetriebe mit Differenzial (1), Planetgetriebe (2), Kugelrampe (3) und E-Motor (4) [3]

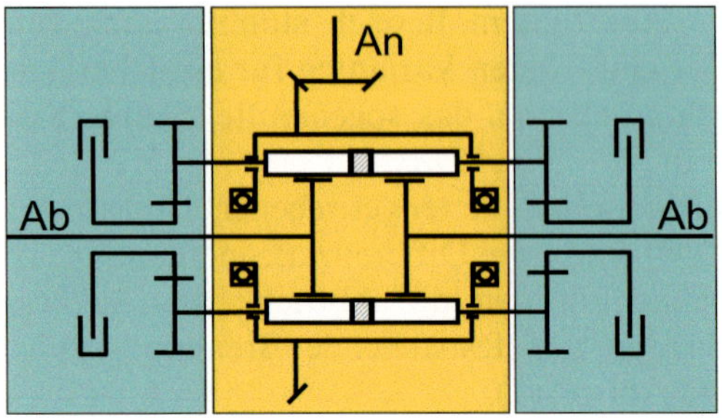

Abb. 6.18 Cletrac-Getriebe mit Stirnradausführung

6

ist die Abhängigkeit vom Antriebsmoment, ohne das nur Sperrenbetrieb möglich ist.

Das Überlagerungsmoment kann dagegen bei Überlagerungsgetrieben unabhängig vom Antriebsmoment gestellt werden, prinzipiell sind diese Systeme sogar an einer nicht angetriebenen Achse möglich. Damit bei den Überlagerungsgetrieben Moment mit Kupplungen in die gewünschte Richtung verschoben werden kann, muss ein entsprechend geringfügiger Übersetzungsfehler dargestellt werden. Ist dieser zu groß, nehmen die Verluste stark zu. Bei zu kleinem Übersetzungsfehler ist die Funktion bei engen Kurvenradien eingeschränkt.

Torque Vectoring Systeme bieten prinzipiell die Möglichkeit, das querdynamische Fahrverhalten eines Fahrzeugs (beschrieben beispielsweise durch den Lenkwinkelbedarf in Abhängigkeit von der Querbeschleunigung) in weiten Bereichen zu beeinflussen und damit softwaretechnisch zu modellieren. Dies ermöglicht zum einen eine höhere Flexibilität bei der Platzierung von Fahrzeugplattformen am Markt, andererseits erlaubt es einen gleitenden Übergang zu nötigen Bremseingriffen und verhindert somit das unerwünschte Gefühl des „eingebremst Werdens". Insgesamt bietet sich hier ein großes Potenzial um Fahrspaß, Fahrsicherheit und Fahrkomfort gleichermaßen zu erhöhen [15–17].

6.3 Allradantrieb

Metin Ersoy , Thomas Rosemeier , Volker Vogel und Christian Schimmel

Früher wurde Allradantrieb hauptsächlich aus Traktionsgründen und in entsprechenden Spezialfahrzeugen eingesetzt. Heutzutage spielen dagegen immer mehr Fahrdynamik und Fahrsicherheit als Argumente für den Allradantrieb die wesentliche Rolle. Entscheidend ist hierbei auch die zunehmende Leistung der Fahrzeuge in der Oberklasse, deren volle Drehmomente kaum noch über eine Achse auf die Straße zu bringen sind.

6.3.1 Allradantrieb (nur Längsverteiler)

Wird das Fahrzeug über mehrere Achsen angetrieben, muss das Antriebsmoment mit einem Zentraldifferenzial (auch Mittendifferenzial genannt) oder mit einer Kupplung auch zwischen den Achsen (längs) verteilt werden. Dies ist auch deshalb notwendig, weil in der Kurve die Räder der Vorderachse sich schneller drehen als die der Hinterachse. Die Drehzahldifferenz entsteht ebenso beim sehr schnellen Beschleunigen.

Dafür gilt dann ähnliches wie für die Querverteilung innerhalb einer Achse, um durch die Drehzahlunterschiede entstehende Verspannungen zu vermeiden.

Es gibt mehrere Allradantriebskonzepte:

- zuschaltbarer Allradantrieb (manuell gesteuert),
- permanenter Allradantrieb mit fester und mit variabler Kraftverteilung (differenzialgesteuert),
- geregelter Allradantrieb (kupplungsgesteuert).

Der *manuell zuschaltbare Allradantrieb* verteilt nur bei Bedarf und nach manueller Betätigung das Motormoment an beide Achsen. Er wird wegen der niedrigen Kosten und eingeschränkten Funktion nur bei preiswerten Allradfahrzeugen verwendet. Vorder- und Hinterachse werden durch eine einfache Kupplung und ohne Zentraldifferenzial manuell miteinander verbunden.

Permanenter Allradantrieb mit fester Kraftverteilung ist für einen Frontantriebler einfach zu realisieren, wenn in das Schaltgetriebe ein Zentraldifferenzial integriert wird (wie bei den ersten Audi Quattro). Das Zentraldifferenzial zweigt nicht nur ein Teil des Drehmoments zur Hinterachse sondern gleicht bei Kurvenfahrt entstehende Drehzahlunterschiede zwischen den Rädern aus. Die Drehmomentverteilung ist durch das Zentraldifferenzial fest vorgegeben (für eine bessere Traktion sollte sie hinten etwas mehr sein z. B.: 50:50, 45:55, 40:60, 25:75). Zusätzlich kann ein Momententransfer durch Bremseneingriff oder manuelles Sperren des Mitten- und Hinterachsdifferenzials die Traktion verbessern. Bei der Mercedes E-Klasse 4Matic z. B. übernehmen die aktivselektiven Bremseingriffe die Funktion der Differenzialsperren und der Fahrdynamikregelung [18].

Permanenter Allradantrieb mit variabler Kraftverteilung haben ein Zentraldifferenzial mit Visco-Sperre (◘ Abb. 6.8), ein Torsen-Differenzial (◘ Abb. 6.12) oder eine Lamellenkupplung (z. B. Haldex ◘ Abb. 6.9), die die Verteilung des Antriebsmoments an die beiden Achsen in Abhängigkeit vom Eingangs- und Abgangsdrehmoment automatisch regeln. Diese Systeme arbeiten unabhängig vom Fahrer und sind ABS verträglich.

Allradsysteme mit regelbarer Kraftverteilung (z. B. ◘ Abb. 6.19) haben elektronisch regelbare Lamellenkupplungen, die hydraulisch, elektromotorisch oder elektromagnetisch betätigt werden. Sie lassen stufenlos und situationsabhängig jede Kraftverteilung zwischen beiden Achsen zu. Bei solchen Systemen ist es beim Einsatz als Längsverteiler oder Zentraldifferenzial möglich, durch Abweichung von der Standübersetzung -1 die Verteilung des Antriebsmomentes stärker auf die Vorder- oder Hinterachse zu verlagern (◘ Abb. 6.20).

Diese Längsverteilung des Antriebsmoments bestimmt das Fahrverhalten des Fahrzeuges über die Beeinflussung des verbleibenden Seitenkraftpotenzials der jeweiligen Achse bei höheren Querbeschleunigungen oder auf niedrigem Reibwert (◘ Abb. 6.21). Eine Antriebsmomentverlagerung zur Hinterachse wirkt gegen Untersteuern und eine Antriebsmomentreduzierung an der Hinterachse wirkt gegen

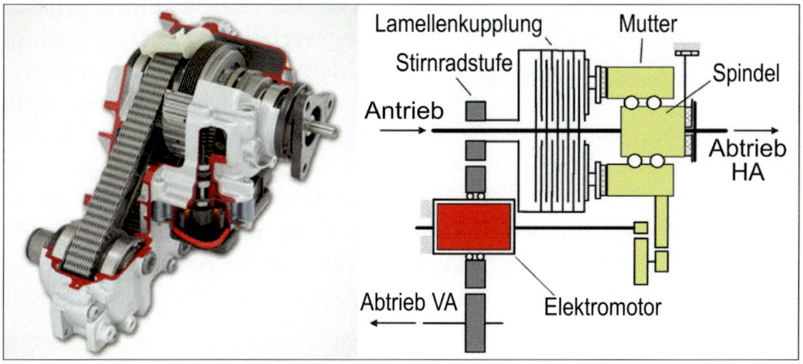

◘ **Abb. 6.19** Regelbares Verteilergetriebe von Fa. Magna

■ **Abb. 6.20** Porsche Traction Management (PTM)

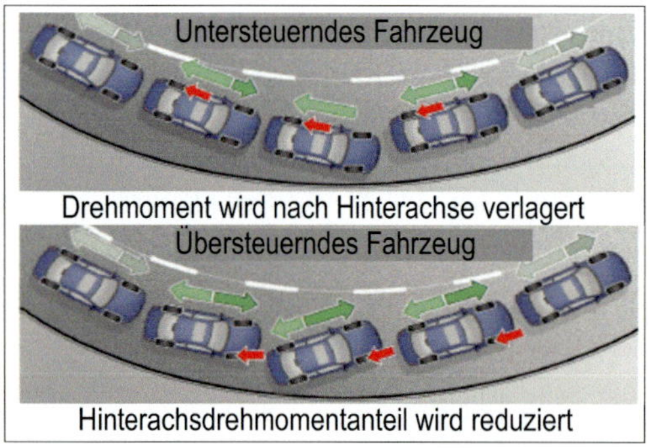

■ **Abb. 6.21** Fahrdynamikbeeinflussung durch Längsverteilung des Antriebsmoments [19]

Übersteuern. Bei Systemen mit regelbarer Kupplung zur stufenlosen Drehmomentverteilung zu einer der beiden Antriebsachsen besteht die Möglichkeit einer Fahrdynamikregelung. Allerdings weniger ausgeprägt als durch das direkte Giermoment einer Drehmomentquerverteilung (Torque Vectoring).

Ein wichtiger Unterschied zu den oben beschriebenen Achsgetrieben sind die Differenzen in den Drehzahlen der beiden Abtriebe bei Kurvenfahrt. Diese fallen bei Längsverteilern deutlich geringer aus (die Vorderachse ist dabei schneller). Als derartige Längsverteiler dienen Lamellenkupplungen (regelbare Lamellenkupplung in Visco-Kupplung (s. ■ Abb. 6.8), Haldex Kupplung (s. ■ Abb. 6.9), oder Borg Warner Kupplung ■ Abb. 6.22), die eine Umverteilung des Antriebsmoments in Abhängigkeit von der Differenzdrehzahl bewirken.

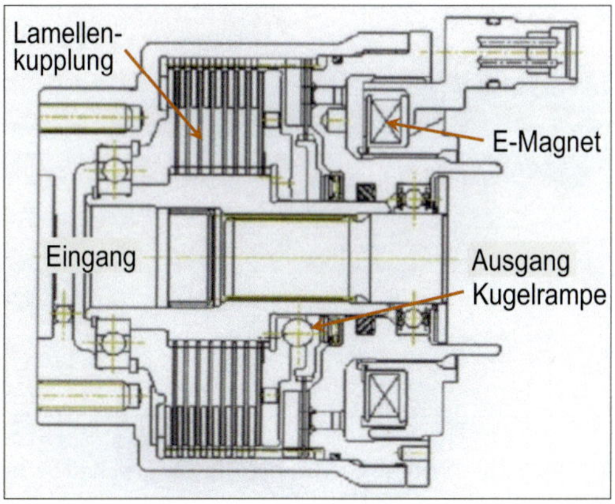

Abb. 6.22 Elektronisch regelbare Lamellenkupplung mit elektromagnetischem Aktuator: Borg Warner [20]

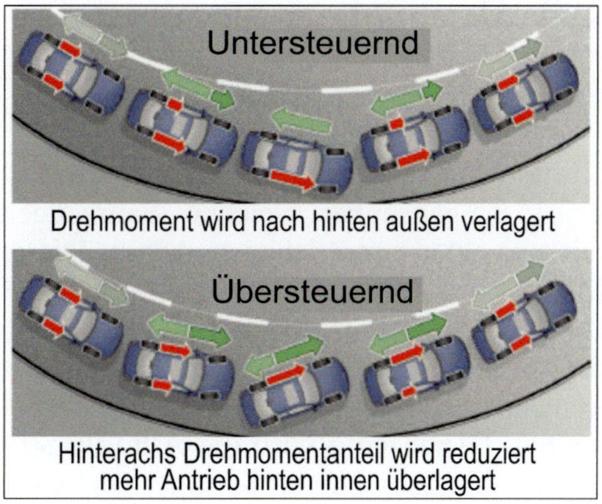

Abb. 6.23 Fahrdynamikbeeinflussung durch Längs- und Querverteilung des Antriebsmoments [19]

6.3.2 Allradantrieb (Längs-/Querverteiler)

Es kann in einem Allradfahrzeug das Drehmoment (vorzugsweise an der Hinterachse) natürlich auch querverteilt werden um die Agilität zu erhöhen. Abb. 6.23 zeigt die Längs- und Querverteilung der Antriebsmomente im Verlauf einer Kurve für ein untersteuerndes und ein übersteuerndes Fahrzeug. Eine weitere Steigerung des Giermomentenaufbaus wird erreicht, wenn neben der Drehmomentenverteilung bestimmte Räder gezielt gebremst werden.

Abb. 6.24 fasst die Möglichkeiten des Giermomentenaufbaus durch radselektives Antreiben und Bremsen zusammen: Links wird nur das Drehmoment zwischen den beiden Rädern verteilt, in der Mitte wird darüber hinaus das Drehmoment von einem Rad zum anderen überlagert (Torque Vectoring) und schließlich rechts durch ein zusätzliches Bremsen an einem Rad der Giermomentenaufbau verstärkt. Diese Methode ist jedoch nur bedingt leistungsfähig, da der fahrgeschwindigkeitsreduzierender Bremseingriff nur in wenigen Fahrsituationen durch Antriebsmoment kompensiert werden kann.

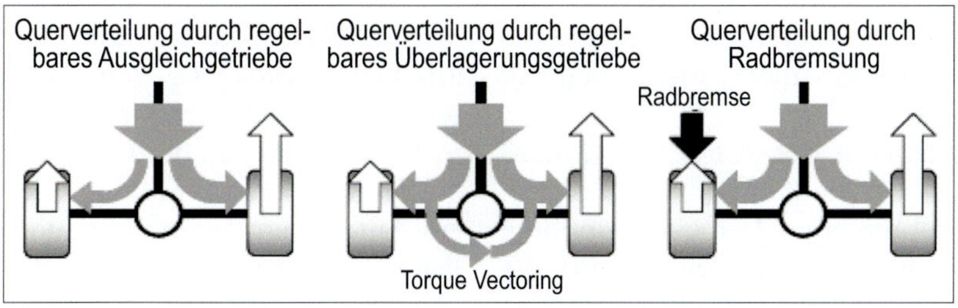

Abb. 6.24 Möglichkeiten des Giermomentenaufbaus durch Variation der Antriebs- und Bremskräfte an den Rädern einer Achse [19]

6.3.3 Abschaltbare Allradsysteme

Fahrzeuge mit permanent angetriebenen Allradsystemen haben einen typischen Kraftstoff-Mehrverbrauch von ca. 4 % bis 15 % gegenüber gleichen Fahrzeugen mit nur einer angetriebenen Achse. Dieser Mehrverbrauch entsteht durch zusätzliches Gewicht, Schlepp- und Planschverlusten in den Getrieben und reduziertem Gesamtwirkungsgrad durch zusätzliche Allradkomponenten. Gleichzeitig wird die Allradfunktionalität insbesondere im Sommer nur selten benötigt, sodass sich hier als Optimierungsmöglichkeit der Ansatz anbietet, den sekundären Teil des Allradstrangs während der Fahrt zum Stillstand zu bringen. Da der abgetrennte Teil des Antriebsstrangs keine Verluste mehr verursacht, können 2 % bis 5 % Treibstoff eingespart werden.

6

Solche Systeme findet man bereits in vielen US-amerikanischen Pickups und SUVs realisiert. Möglich wird das durch eine Trennstelle im Allradverteilergetriebe und einer Trennstelle im Achsgetriebe der abschaltbaren Sekundärachse. Diese Systeme erlauben per Knopfruck ein langsames Zu- und Wegschalten des Allradstrangs.

Neuartige Systeme gehen hier einen Schritt weiter. Durch Mechatronik kann die Sekundärachse in jeder Fahrsituation blitzschnell innerhalb von 300 ms. zugeschaltet werden. Durch permanente Überwachung der Fahrsituation wird das Allrad automatisch ein- und ausgelegt und die Zuschaltung erfolgt nicht mehr manuell (◘ Abb. 6.25).

Zum Aktivieren der Allradfunktionalität muss zunächst die Kardanwelle aus dem Stillstand mithilfe einer Lamellenkupplung aufsynchronisiert werden. Dann wird die Klaue geschlossen und die Kupplung mit Traktionsmoment beaufschlägt. Dies passiert so schnell, dass der Fahrer im Falle einen Allradantrieb fordernde Fahrsituation, immer die Fahrzeugperformance eines Allradfahrzeugs hat, auch wenn er z. B. im Sommer 98 % der Fahrstrecke mit der Primärachse zurücklegt [21, 22].

◘ **Abb. 6.25** Seitenwellenkupplung für abschaltbaren Allradantrieb von ZF [3]

6.3.4 Betriebsstrategien

Die aufgezeigten aktiven Antriebsstrangsysteme mit der Möglichkeit, das Antriebsmoment gezielt in Quer- und Längsrichtung zu verteilen, können dazu genutzt werden, fahrdynamisch auf das Fahrzeug einzuwirken.

Je nach Eingriffsart erfordert dies eine mehr oder weniger umfassende Betriebsstrategie, die auch mit dem Motormanagement und ESP zu vernetzen ist.

Grundlage der Ansteuerung bildet eine Vorsteuerung, die bei der Verteilung des am Getriebeausgang gemeldeten Momentes auf die angetriebenen Räder die dynamischen Radlasten berücksichtigt.

Zur Agilitätssteigerung wird dann noch ein Anteil dazu genommen, der im Wesentlichen auf der Lenkradwinkelgeschwindigkeit und damit dem Fahrerwunsch nach Änderung der Gierrate beruht. Die Sollgierrate für den verwendeten Gierratenregler muss an das gesteigerte fahrdynamische

Potenzial des Fahrzeugs angepasst werden. Wenn es dennoch zu erhöhtem Schlupf an einzelnen Rädern kommt, wird deren Kraftübertragung durch einen Schlupfregler gewährleistet (s. auch ▶ Abschn. 15.3.1 und 7.7.3).

Abb. 6.26 zeigt die Ergebnisse einer Messung des Eigenlenkverhaltens bei stationärer Kreisfahrt. Dabei sind zum einen die Messwerte für den Lenkwinkelbedarf eines konventionellen Allradfahrzeuges und zum anderen die Messergebnisse nach Umbau auf einen Antriebsstrang mit drei regelbaren Kupplungen (eine zur Vorderachse, zwei in der Hinterachse zu den Rädern) dargestellt. Zusätzlich ist die dabei verwendete Momentenverteilung an der Hinterachse aufgetragen.

Gefahren wird ein 100 m Kreis mit zunehmender Geschwindigkeit und damit ansteigender Querbeschleunigung. Gewünscht ist in diesem Manöver eine schwache lineare Zunahme des Lenkradwinkels über einen großen Querbeschleunigungsbereich. Erst bei Annäherung an den Grenzbereich sollte die Untersteuertendenz überproportional ansteigen.

Dieses Verhalten ist mit den drei regelbaren Kupplungen (Torque-Vectoring-Antriebsstrang) gut einzustellen, während das konventionelle Allradfahrzeug eine zu starke Zunahme der Untersteuertendenz zeigt und zudem eine niedrigere Grenzquerbeschleunigung erreicht.

Der schraffierte Bereich ist den Bereich, innerhalb dessen das Eigenlenkverhalten vorgegeben werden kann.

6.3.5 Aktuelle Allradsysteme

Als Beispiel werden hier fünf aktuelle und doch sehr unterschiedliche Systeme vorgestellt: Mercedes 4Matic [18], Audi Quattro [23], BMW xDrive [24], Mitsubishi AYC [25] und VW 4 Motion [30] (s. auch ▶ Abschn. 16.2.1).

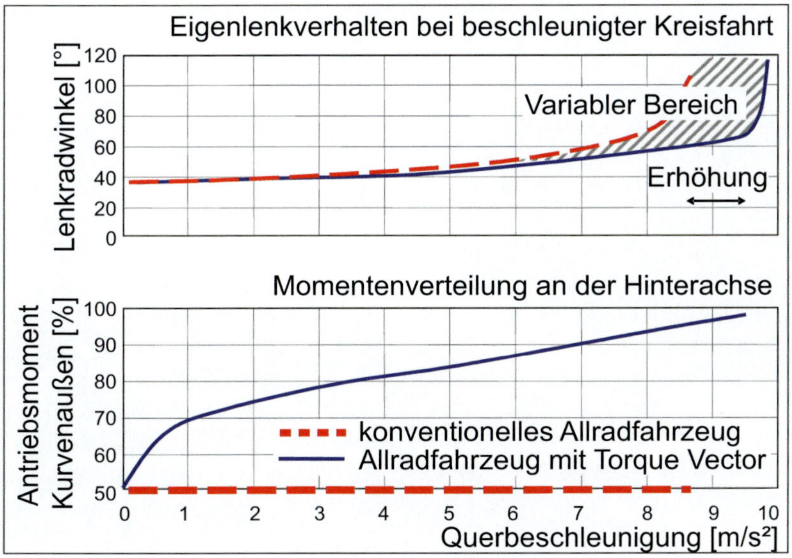

Abb. 6.26 Messungen des Lenkradwinkels und Antriebsmoments mit konventionellen- und Torque-Vectoring- Antriebsstrang bei stationärer Kreisfahrt

6.3.5.1 Mercedes 4Matic

Der Antriebsstrang des **Mercedes 4Matic** ◘ Abb. 6.27) hat einen permanenten Längsverteiler mit offenem Zentraldifferenzial in Planetenbauweise und fest definierter Momentenverteilung 45:55 zwischen Vorder- und Hinterachse.

Die Lamellenkupplungen vor und parallel zur Verteilergetriebe (◘ Abb. 6.28) unterstützen das Anfahren und Beschleunigen auf vereisten Fahrbahnen. Querverteilung des Momentes an der Hinterachse wird durch Bremseingriffe realisiert. Um mit reinem Hinterradantrieb zu fahren, wird das Zentraldifferenzial gesperrt und die Vorderachse weggeschaltet. Je nach Stellung der beiden Kupplungen (offen/geschlossen) sind Betriebsarten: reiner Hinterradantrieb, Allradantrieb mit Längsausgleich, Allradantrieb mit Längssperre möglich (◘ Abb. 6.29).

Die elektronische Steuerung wertet die ABS-Daten aus und wählt die Antriebsart.

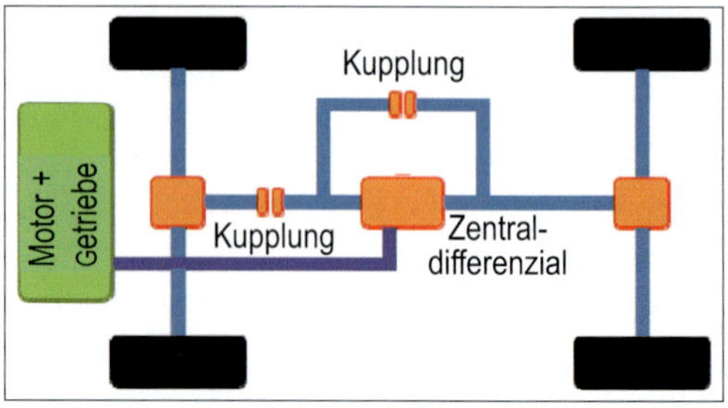

◘ **Abb. 6.28** Schematische Darstellung 4Matic Allradsystem von Mercedes in W124 mit 2 Kupplungen [9]

Das 4Matic-System wurde auch nach dem W124 weiter optimiert und für alle Nachfolgemodell übernommen.

Diese einfache aber doch wirksame Lösung spart Gewicht (70 statt 120kg), Kraftstoffmehrverbrauch (0,4 l/100 km/h) und Kosten. In Kauf genommen wird dabei das langsamer werden des Fahrzeugs durch

◘ **Abb. 6.27** 4Matic Allradsystem von Mercedes [18]

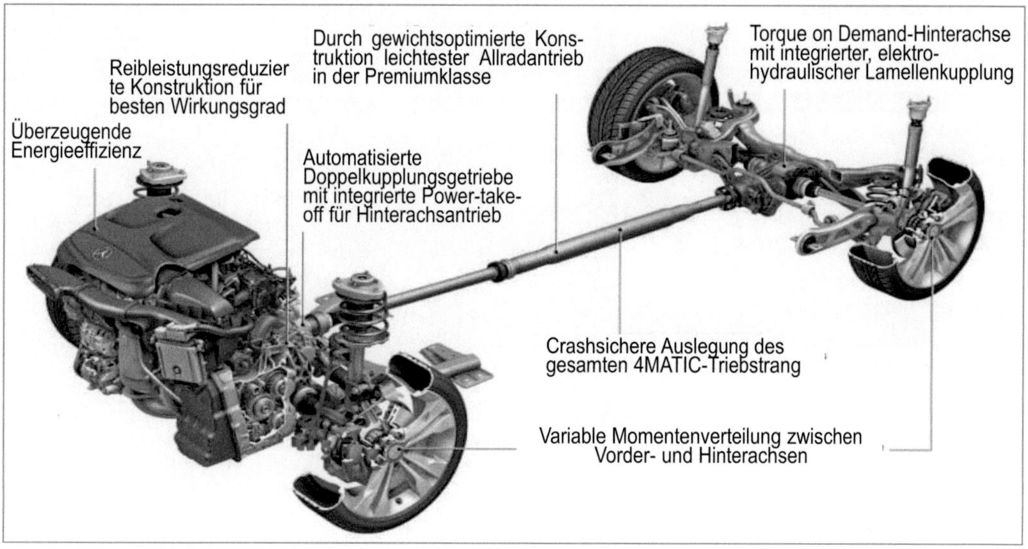

Abb. 6.29 Mercedes 4Matic Allradantrieb mit Zentraldifferenzial und Torque on Demand [26]

Bremseneingriff zur Drehmoment-Querverteilung, statt der Beschleunigung wie bei Torque Vectoring Systemen.

6.3.5.2 Quattro von Audi

Im **Quattrovon Audi** wird ein Frontantriebler durch Hinzufügen eines elektronisch geregelten Zentraldifferenzials mit Planetengetriebe und Lamellenkupplungen, und eines Hinterachsdifferenzial zu einem Allradfahrzeug gewandelt (Abb. 6.30). Das aktive Zentraldifferenzial kann das Antriebsdrehmoment von 40 bis 100 % zur Hinterachse leiten.

Dabei wird eine Drehzahldifferenz von maximal 2 % zwischen Vorder- und Hinterrädern eingehalten, die durch aktives Schließen der Lamellenkupplung am Zentraldifferenzial erreicht wird. Die leichte Untersteuertendenz des Basisfahrzeugs (60: 40 %) kann durch einen Transfer der Antriebskräfte auf die Hinterachse zu einer moderaten Übersteuertendenz (bis 0: 100 %) gewandelt werden. Dies erhöht die Kurvenagilität des Fahrzeuges. Gleichzeitig wird, besonders auf rutschigen Fahrbahnen eine verbesserte Traktion erzielt, weil die Stabilisierung des Fahrzeuges nicht durch Drehmomentreduzierung, d. h. durch Bremsen, sondern durch eine Modulation der Antriebskräfte erreicht wird.

6.3.5.3 xDrive von BMW

Das dritte Beispiel ist der **BMW xDrive**. Hier werden sowohl als Längs- als auch als Querverteiler aktive Sperrdifferenziale eingesetzt. Das System hat eine Lamellenkupplung, die die Antriebskräfte zwischen Vorder- und Hinterachse variabel verteilt. Die Verteilung der Antriebskräfte geschieht stufenlos und wird permanent an die Fahrsituation angepasst. Bei Bedarf kann die gesamte Kraft auch voll zu einer Achse geleitet werden.

Beim xDrive existiert eine starre Hauptwelle zur Hinterachse, auf der sich die regelbare nasse Lamellenkupplung befindet. Dort wird das Drehmoment stufenlos variabel zur Vorderachse zurückgeleitet (Abb. 9.31).

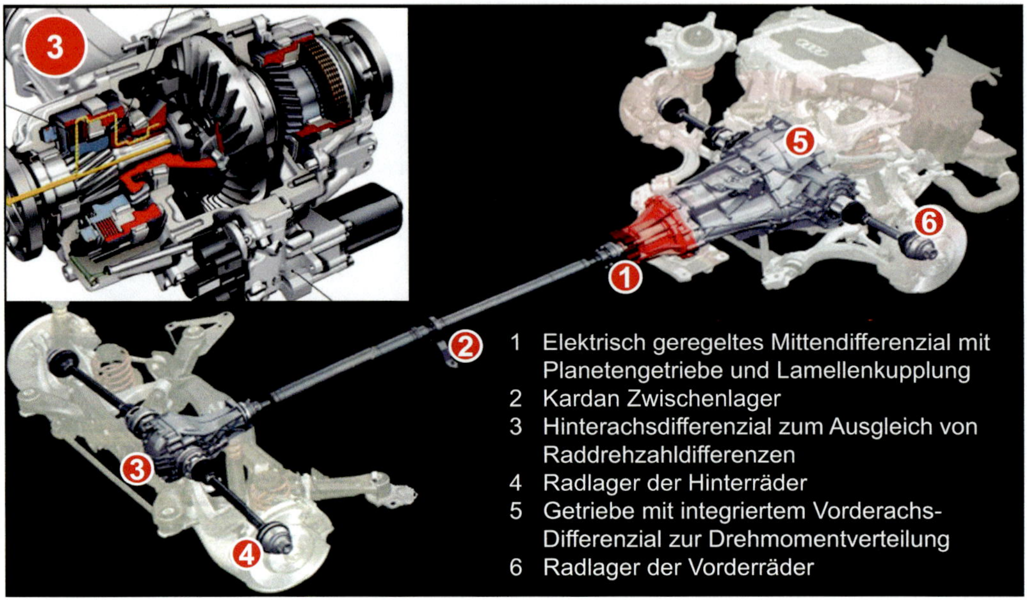

Abb. 6.30 Quattro-Antrieb mit Torque Vectoring von Audi [23]

6

Der Drehmomenttransfer zur Vorderachse erfolgt über eine Zahnlaschen-Wiegegelenkkette. Das Antriebsmoment wird im Verteilergetriebe von der Getriebeeingangswelle (1) im starren Durchtrieb zur Hinterachse geleitet (2) und im Verzweigungspfad über die regelbare Kupplung zur Vorderachse (3). Das Aktuatormodul bedient über die Steuerscheibe den Spreizmechanismus mit Scherenhebel und Kugelrampensystem (**Abb. 6.31, 6.32**).

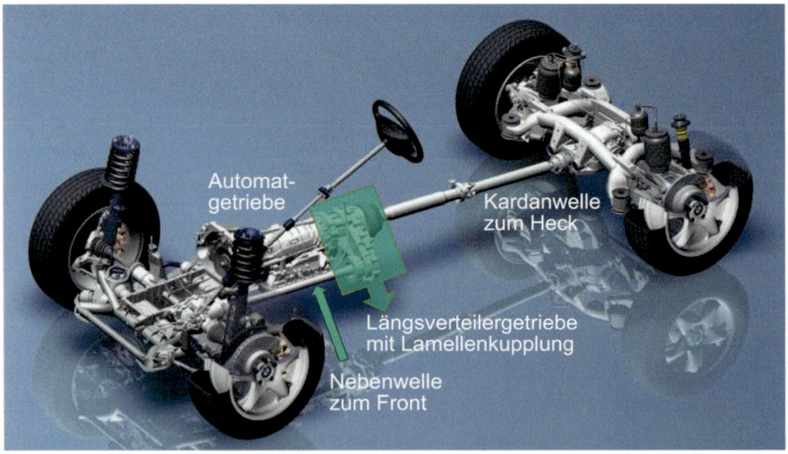

Abb. 6.31 Antriebsarchitektur des xDrive-Systems am Beispiel des BMW X5 [27]

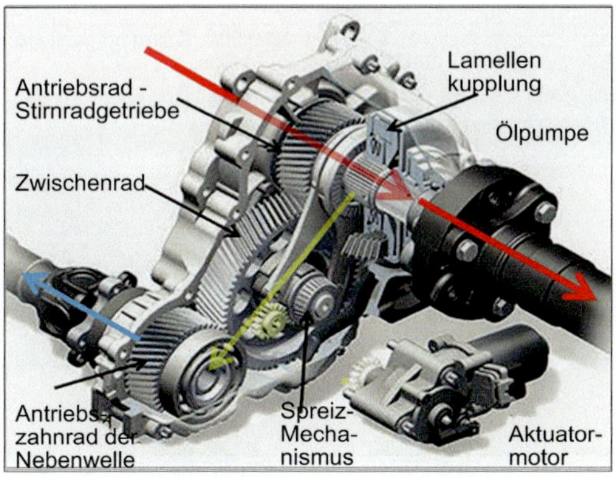

Abb. 6.32 Verteilergetriebe der 3 und 5er BMW [24]

Die Axialkraft auf die Lamellenkupplung liefert das gewünschte Vorderachsmoment. Im Verteilergetriebe von X3, X5 übernimmt ein Kettentrieb den Abtrieb zur Vorderachse (s. Abb. 16.3), kommt im 3er und 5er ein Stirnradgetriebe mit Schrägverzahnung zum Einsatz [24] (s. Abb. 6.32 und Abb. 16.4).

Zum Erkennen der Fahrsituation arbeitet das System mit der dynamischen Stabilitätskontrolle (DSC: ESP von BMW), zusammen und erhält hierüber ständig die notwendigen Informationen. So kann zum Beispiel ein Unter- oder Übersteuern frühzeitig erkannt und durch entsprechende Anpassung der Antriebsmomentenverteilung verhindert werden. Durch Öffnen der Kupplung gelangt mehr Leistung zur Hinterachse und reduziert so die Untersteuertendenz, ein Schließen der Kupplung wiederum mindert Übersteuern.

Das Hinterachsgetriebe ist dabei ein Torque Vectoring Getriebe (s. Abb. 6.17), welches das Drehmoment 0 bis 100 % zwischen beiden Rädern verteilen kann. Die Drehmomentverteilung von einem zum anderen Rad steht auch ohne Antriebsdrehmoment (z. B. während der Schubabschaltung) zur Verfügung.

Das System kann je nach Bedarf ein beliebiges Drehmoment an jedes Rad verteilen und erzielt die maximale Wirkung. Natürlich sind dabei höhere Kosten, Gewicht und Verbrauch in Kauf genommen.

Beim 2er Active Tourer gibt es viele Unterschiede, die sich schon konzeptionell aus der Architektur ableiten. 2er Tourer ist ein Frontantriebler, das Allrad ist also ein sogenanntes hang-on-rear-Konzept. Daher musste man hier bereits erläutertes xDrive System von heckangetriebenen Modellen verlassen und an der Hinterachse eine Haldex-Kupplung (s. Abb. 6.9) implementieren. Damit lässt sich die Hinterachse voll elektronisch und stufenlos hinzukoppeln (Abb. 6.33) [9].

6.3.5.4 Active Yaw Control (AYC)

Im Gegensatz zum Standard xDrive-System setzt Mitsubishi in seinem Modell Lancer Evo IV bis IX eine aktive Antriebsmomentenverteilung (*Active Yaw Control*, AYC) ein, welche das Antriebsmoment auch zwischen rechtem und linkem Hinterrad verteilt. Die Asymmetrie zwischen den beiden Rädern ist bis zu 70:30 möglich.

Beim Anbremsen in einer Kurve, vor allem bei nasser oder welliger Fahrbahn, sperrt das aktive Mittendifferenzial, der größere Teil des Verzögerungsmomentes wird durch das Hinterachsdifferenzial auf das kurveninnere Hinterrad verschoben. Im Kurveneingang reduziert sich die Sperrwirkung des Mittendifferenzials in Abhängigkeit von Lenkwinkel und Fahrgeschwindigkeit, während das Antriebsmoment an der Hinterachse zum überwiegenden Teil dem kurvenäußeren Rad zugeteilt wird. Nähert sich das Fahrzeug dem Kurvenausgang, erhöht sich die Sperrwirkung des Mittendifferenzials in Abhängigkeit von der Beschleunigung wieder.

Durch Zuteilung des größeren Teils des Antriebsmomentes zum kurvenäußeren Hinterrad resultierendes Giermoment um die Hochachse reduziert die Untersteuerneigung beim Herausbeschleunigen und sorgt für ein neutrales Kurvenverhalten [25].

6

Abb. 6.33 Aufbau der xDrive in frontangetriebenen 2er Active Tourer Bj. 2014 [9]

Als Eingangsgrößen für das Steuergerät werden folgenden Sensorsignale erfasst: Lenkradwinkel, Gaspedalstellung, Raddrehzahle, Längs- und Querbeschleunigung.

Wie in Abb. 6.34 zu sehen, benötigt das Steuergerät neben den Sensorgrößen viele weitere Informationen.

Aufgrund der internen Übersetzung dreht die linke Kupplung langsamer als die rechte Antriebswelle. Daher transferiert die rechte Antriebswelle ein Moment in Richtung des Differenzials zur linken Antriebswelle, wenn die linke Kupplung schließt (Abb. 6.35 rechts). Hieraus resultiert ein

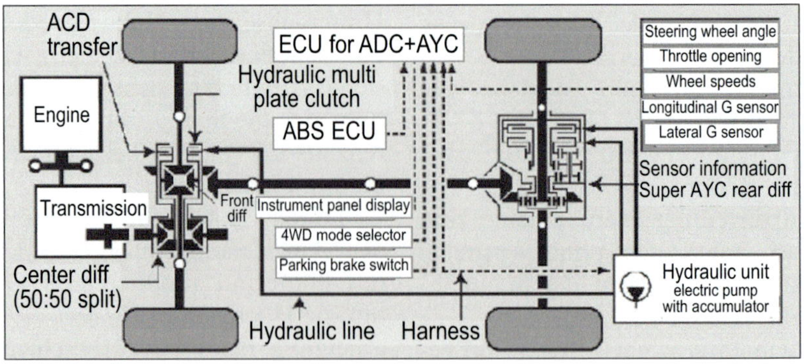

Abb. 6.34 Konzept des Active Yaw Control (AYC) von Mitsubishi

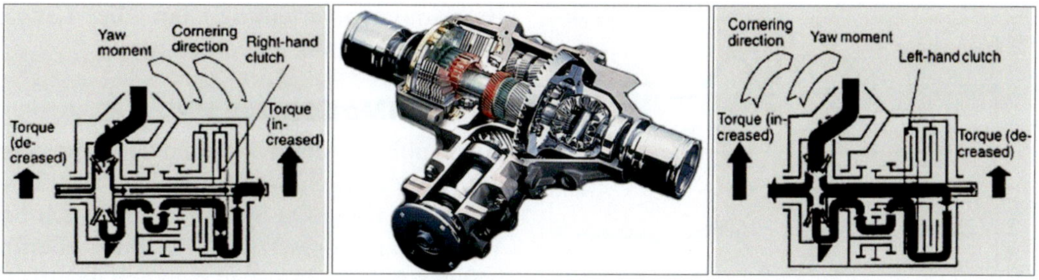

Abb. 6.35 Aktives Verteilergetriebe AYC: rechtsdrehendes (rechts) und (links) linksdrehendes Giermoment

rechtsdrehendes Giermoment um die Fahrzeughochachse (**Abb.** 6.35 links).

Im Mitsubishi Lancer Evo VII wurde eine Aktualisierung des AYC in gleiche Funktionsweise mit der Bezeichnung Super-AYC eingeführt. Durch die Verwendung eines Planetengetriebes als Differenzial kann das neue Differenzial im Super-AYC ein doppelt so hohes Antriebsmoment zwischen den Hinterrädern übertragen (Abb. 6.36).

Die Weiterentwicklung des S-AYC unter der Bezeichnung S-AWC (*Super All Wheel Control*) integriert das Bremssystem in das S-AYC um sowohl die Antriebs- als auch die Bremskräfte an allen Rädern aufgeteilt und geregelt werden. Dadurch wird das System nicht nur bei beschleunigter Kurvenfahrt, sondern auch bei konstanter oder gebremster Kurvenfahrt effektiv eingesetzt (Abb. 6.37) [25]. Die Messkurven in Abb. 6.38 zeigen die erhöhte Agilität bei der Kurvenfahrt des S-AYC mit S-AWC

Abb. 6.36 Aktives Verteilergetriebe (Super-AYC)

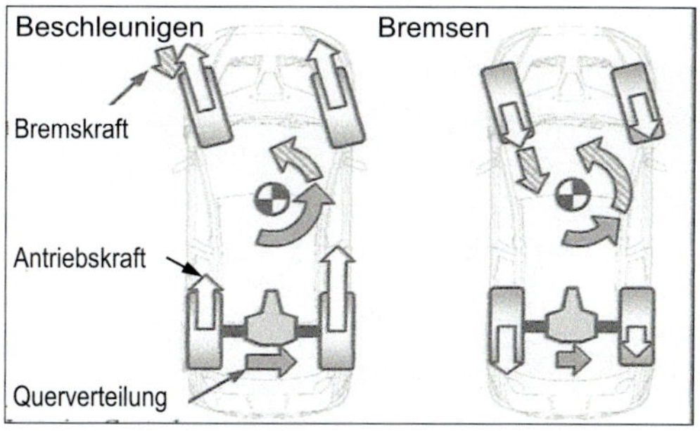

Abb. 6.37 Giermomentenverteilung durch Antriebs- und Bremskräfte [25]

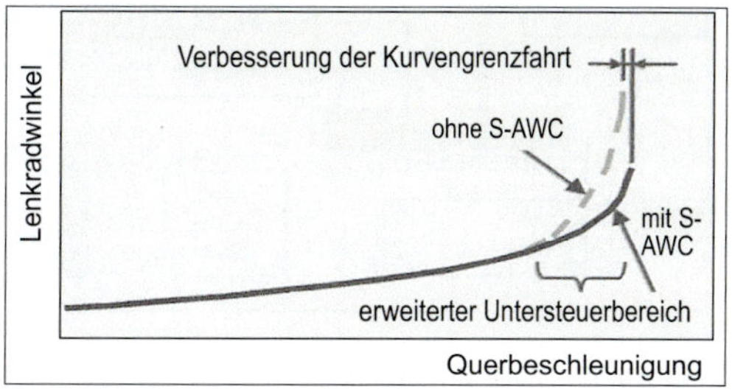

Abb. 6.38 Kurvenfahrt mit und ohne S-AWC [25]

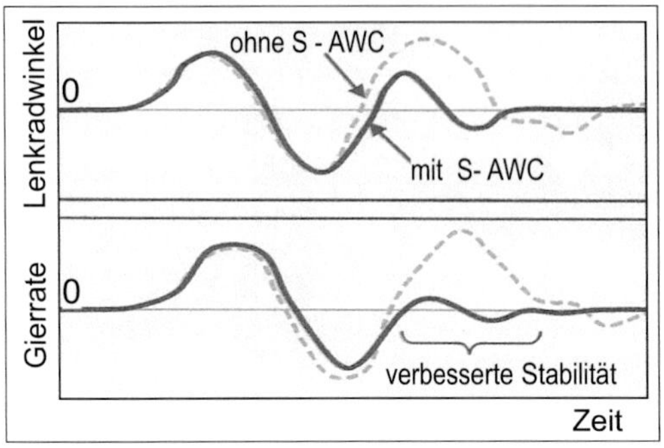

Abb. 6.39 Spurwechsel auf Schnee mit und ohne S-AWC [25]

6

Regelalgorithmus. In **Abb. 6.39** werden die Vorteile beim Spurwechsel auf Schnee verdeutlicht. **Abb. 6.40** zeigt die Systemkonfiguration des neuen S-AWC Systems im Mitsubishi Lancer Evo X. Das System berücksichtigt die speziellen Eigenschaften der Längsantriebs-, Querantriebs- und Bremsmomentverteilung, um die Längs- und Querdynamik zu verbessern.

6.3.5.5 4Motion von VW

Heute übliche Allradversionen der Fahrzeuge mit Motorquereinbau haben ein Antriebsstrang als Hang-On-System, wie es auch bei VW Tiguan umgesetzt ist (*4Motion*). Hierfür befindet sich direkt neben dem Schaltgetriebe der Allradwinkeltrieb, der über eine Steckverzahnung mit dem Vorderachsdifferenzialkorb gekoppelt ist.

Die Zuschaltung der Hinterachse erfolgt über eine Haldex-Kupplung der 4. Generation, die eine elektro-hydraulische Betätigung besitzt [29]. Dieses System erlaubt eine deutliche Reduzierung des Ansprechverhaltens gegenüber den früheren Generationen der Haldex-Kupplungen, da der Druckaufbau zur Kupplungsbetätigung unabhängig von der Differenzdrehzahl zwischen den beiden Achsen ist (**Abb. 6.41**).

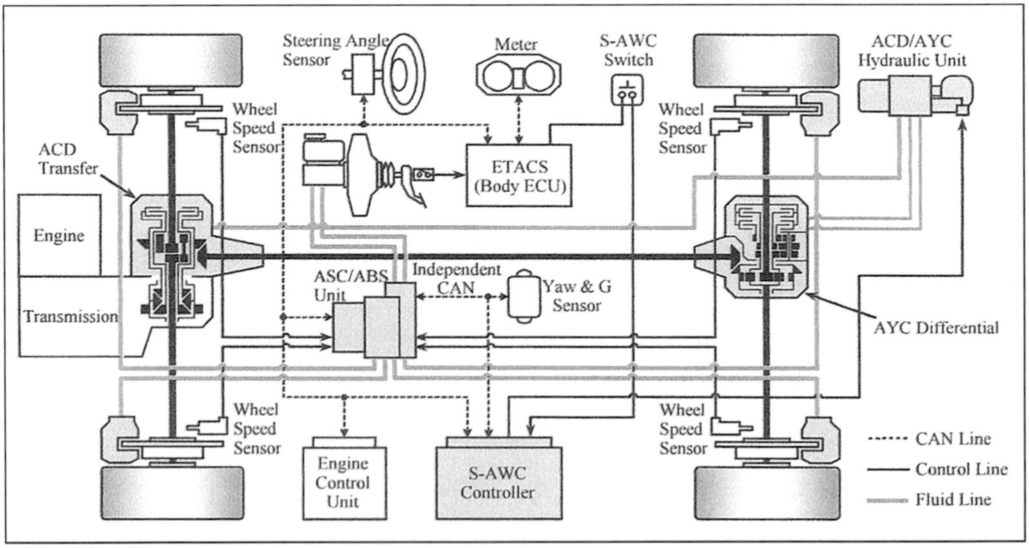

Abb. 6.40 Systemkonfiguration des S-AWC Systems des Mitsubishi Lancer Evo X [28]

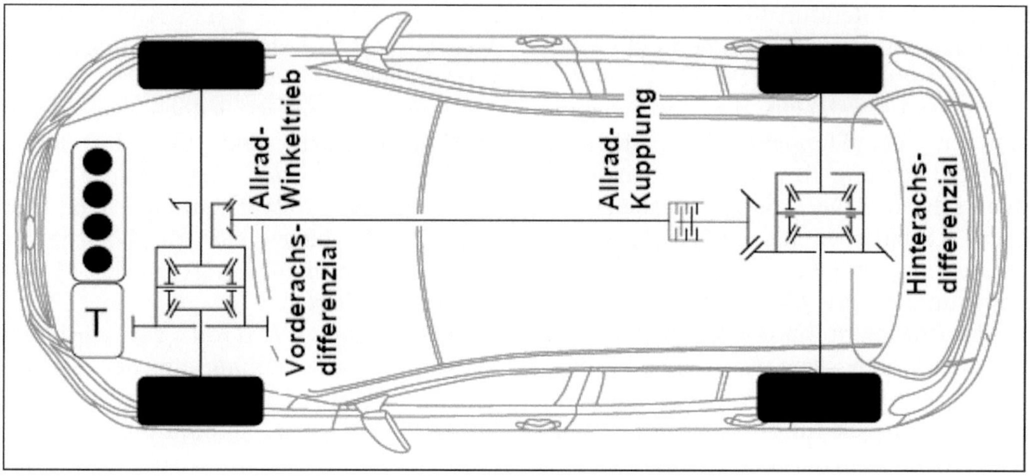

Abb. 6.41 4Motion-Allradantieb VW Tiguan GT [30]

6.3.6 Weitere aktive Allradantriebssysteme

Es gibt weitere ähnliche Allradantriebssysteme (**Abb. 6.42**) wie z. B. Mercedes 4Matic, Honda SH-AWD, Nissan Attesa E-TS. Diese Systeme sind in [31] sehr ausführlich und systematisch zusammengestellt und beschrieben.

6.3.6.1 Systeme mit Frontantrieb-Querverteiler und Überlagerungsdifferenzial

Im Jahr 1996 wurde im Honda Prelude mit dem Namen ATTS (*Active Torque Transfer System*) ein Überlagerungsdifferenzial zur Querverteilung des Motormoments an der Vorderachse eingesetzt. Dieses System hatte aber großen Störkrafthebelarm, dadurch

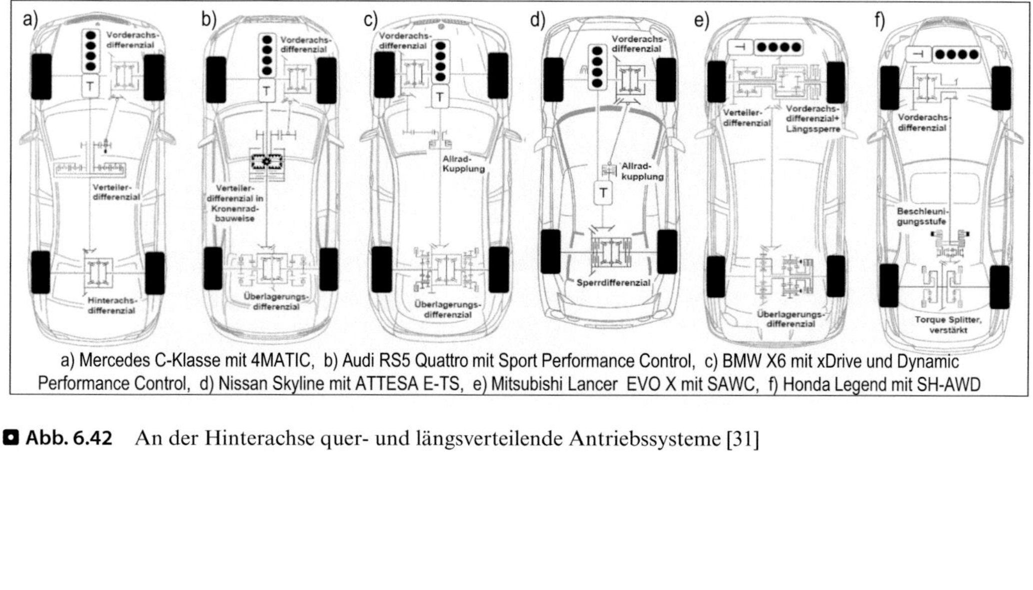

a) Mercedes C-Klasse mit 4MATIC, b) Audi RS5 Quattro mit Sport Performance Control, c) BMW X6 mit xDrive und Dynamic Performance Control, d) Nissan Skyline mit ATTESA E-TS, e) Mitsubishi Lancer EVO X mit SAWC, f) Honda Legend mit SH-AWD

Abb. 6.42 An der Hinterachse quer- und längsverteilende Antriebssysteme [31]

entstehende unterschiedliche Drehmomente an den Seitenwellen haben die Lenkung negativ beeinflusst (Torque Steer).

Honda hat versucht, dies durch die Optimierung der Doppelquerlenker-Kinematik (Reduzierung des Störkrafthebelarms) zu entschärfen. Der frontangetriebene Ford Focus RS hat ebenfalls ein Überlagerungsdifferenzial zum Quertransfer der Drehmomente an die beiden Räder. Hier wurde der Störkrafthebelarm an der McPherson-Aufhängung durch das „Revo-Knuckle-Prinzip“ (s. ▶ Abschn. 14.3.9.5) reduziert. Die weiteren Beispiele für die Anwendung querverteilender Systeme in frontangetriebenen Fahrzeugen sind Ford Kuga, Alfa Romeo mit dem Kürzel Q2 und der Mini Cooper.

Die Vorteile des Allradantriebs hinsichtlich des Traktionspotentials auf Fahrbahnen mit niedrigem Reibwert sind unbestritten. Liegt jedoch der Focus auf die Fahreigenschaften unter normalen Bedingungen sowie der Sportlichkeit, sind querverteilende Antriebssysteme in einachsgetriebenen Fahrzeugen eine vielversprechende Alternative. Zumal sie kaum Mehrgewichts, Mehrkosten und den Kraftstoffverbrauch verursachen.

Voraussetzung ist jedoch ein kleiner Störkrafthebelarm und eine das Kraftschlusspotential der Vorderachse nicht übersteigende Motorleistung. Überlagerungsgetriebe bieten hier das höchste Potential, da sie unabhängig von der Motorleistung arbeiten.

Auch beim VW Golf VII wird eine Quermomentenverteilung an der Vorderachse angeboten. Das Querverteilergetriebe mit nur einer Lamellenkupplung ist zusammen mit dem Differenzial sehr platz- und kostensparend in das Hauptgetriebe integriert [30, 32]. ◘ Abb. 6.43 zeigt Borg Warner Front-Sperrdifferential (FXD), das auch in Golf GTI Einsatz findet [33].

Erst die Allradfahrzeuge mit einem Überlagerungsdifferenzial können den Abstand zu den fahrdynamischen Leistungen derart ausgestatteter frontangetriebener Fahrzeuge herstellen.

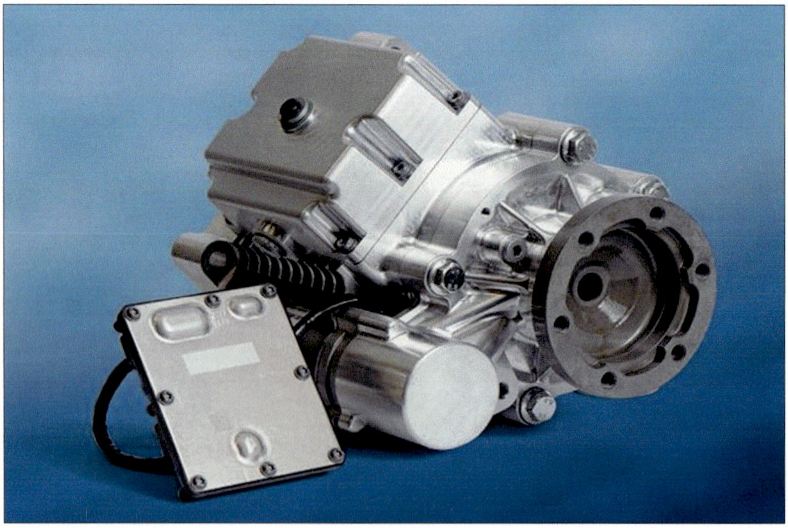

◘ **Abb. 6.43** Front-Sperrdifferenzial (Borg Warner) [32]

6.3.6.2 Allrad und Torque Vectoring bei Elektrofahrzeugen

Neben der Möglichkeit der mechanischen Momentenverteilung bietet sich durch die zunehmende Elektrifizierung von Fahrzeugen, die Antriebsmomente durch den Einsatz mehrerer E-Motoren zu verteilen. Beispielsweise besitzt der Audi e-tron Quattro drei E-Maschinen, eine an der Vorderachse und je eine an jedem Hinterrad. Somit lassen sich die Antriebsmomente unabhängig voneinander und vollvariable einerseits zwischen Vorder- und Hinterachse und andererseits zwischen dem rechten und linken Hinterrad verteilen (◘ Abb. 6.44 und 6.45) [34].

Ebenso sind die Verwendung von vier individuellen E-Motoren (z. B. Mercedes-Benz SLS AMG e-drive) oder die variable Längsmomentverteilungen bei der Kombination von E-Motoren und konventionellem Verbrennungsmotoren (z. B. BMW i8, Porsche 918 Spyder) möglich.

Anwendung der E-Motoren führen zu einer Steigerung der Dynamik oder Stabilität und zu einer Verbesserung der Wirkungsgrade bei der Momentenverteilung, da die Dissipation durch die Reibung in Kupplungen entfällt. Ebenso ergeben sich positive Auswirkungen auf das Package, da z. B. die Kardanwelle entfällt. Außerdem ist das Ansprechverhalten der E-Maschinen deutlich schneller als das der konventionellen Systeme.

Noch einfacher wird der Antriebsstrang, wenn die Radnabenmotoren soweit entwickelt sind und in größeren Serien in PKW eingesetzt werden. Dann verlagern sich der Antrieb (E-Motor) mit Getriebe in die Radfelge und benötigt außer Strom- und Steuerleitungen keine Verbindungen mehr zum anderen Komponenten: damit entfällt der gesamte Antriebseinheit inklusive Antriebsstrang samt dazugehörigen Getrieben (s. ► Abschn. 18.3.2.4).

Da die E-Motoren in jedem Rad sich stufenlos steuern lassen wird auch Fahrzeugstabilisieung deutlich vereinfacht und verbessert (Torque-Vectoring etc.).

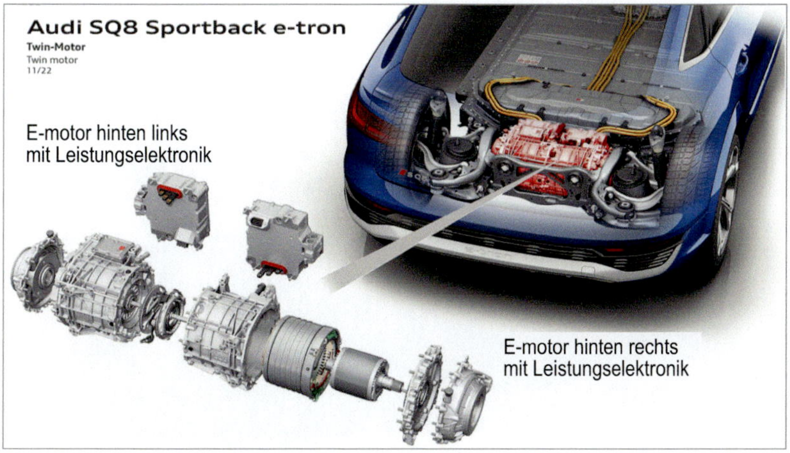

◘ **Abb. 6.44** Allradantrieb von Audi e-tron S Sportback mit ein E-Motor für die Vorder- und zwei für die Hinterachse [34]

6.4 Seitenwellen

Metin Ersoy

Die Seitenwellen übertragen das Antriebsmoment von den Achsdifferenzialen auf die Räder (◘ Abb. 6.46) [36]. Die Wellen enthalten an den beiden Enden homokinematische Gelenke, bei denen Eingang- und Ausgangdrehung immer synchron laufen. Deshalb heißen diese Gelenke auch Gleichlaufgelenke.

6

An der Hinterachse gleichen die Seitenwellen mit den Radhüben und elastokinematischen Radstellungsänderungen entstehenden Winkel- und Längenänderungen aus (◘ Abb. 6.47).

An der Vorderachse gestalten sich die Seitenwellen aufwendiger als an der Hinterachse, weil sie hier zusätzlich die, durch den Radeinschlag bedingten Beugewinkel ausgleichen müssen (◘ Abb. 6.48).

Von der Elektrifizierung werden auch die Seitenwellen betroffen, weil das Drehmoment, der aus einem E-Motor kommt stärker und direkter (Kupplung vom Motor zur Seitenwelle fehlt) ist. Außerdem löst die Rekuperation ein negatives Drehmoment auf die Seitenwelle aus. Deswegen müssen die Seitenwellen deutlich stärker ausgelegt werden als bei den Verbrennern [37].

Seitenwellen bestehen aus folgenden Elementen:

- radseitiges Festgelenk
- getriebeseitiges Gleichlaufgelenk
- Verbindungswelle
- Anti-Blockier-Systemring
- Schwingungsdämpfer.

Die Gleichlaufgelenke sind fest (radseitig) oder verschiebbar (getriebeseitig) in den Ausführungen Rzeppa- oder Tripodegelenk lieferbar.

Rzeppagelenke bestehen aus einem Außen- und Innenring mit gegenläufigen Schrägnuten und aus sechs oder.

acht Kugeln, die in einem Käfigring gehalten werden (◘ Abb. 6.49). Alle Teile sind aus Wälzlagerstahl, gehärtet und geschlif-

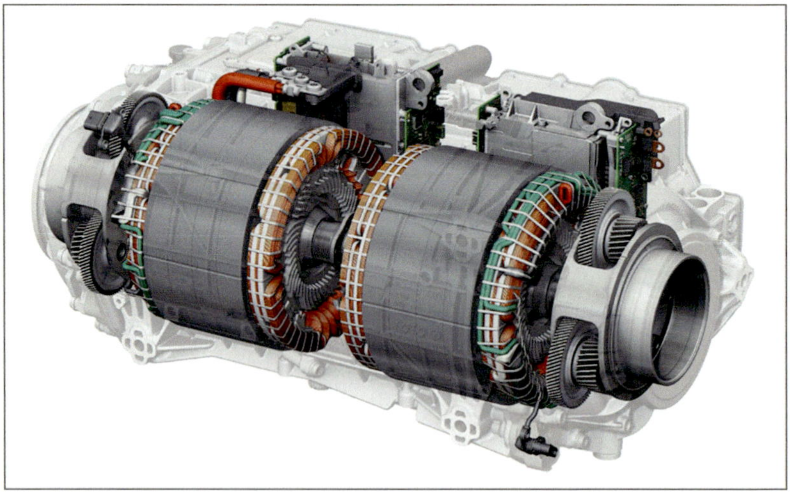

◘ Abb. 6.45 Doppelmotor Hinten von Audi e-tron S [35]

Abb. 6.46 Ausführungen der Seitenwellen [36]

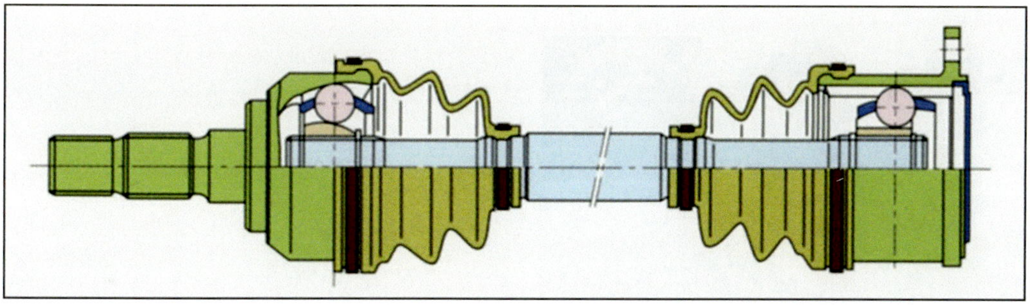

Abb. 6.47 Seitenwelle für die angetrieben Hinterachse [38]

fen. Ein Faltenbalg schützt das Gelenk gegen Schmutz und Feuchtigkeit. Beugewinkel bis 48° und Verschiebewege bis 50 mm sind möglich [38].

Die Tripodegelenke bestehen aus einem Innenring mit drei sternförmig angeordneten Lagerzapfen, auf denen Rollen gelagert sind, und einer Außenglocke mit drei Längsbahnen für die Führung der Rollen. Diese lassen größere Verschiebewege zu und weisen eine bessere Standabkopplung auf, haben jedoch kleinere Beugewinkel von max. 26° (Abb. 6.50).

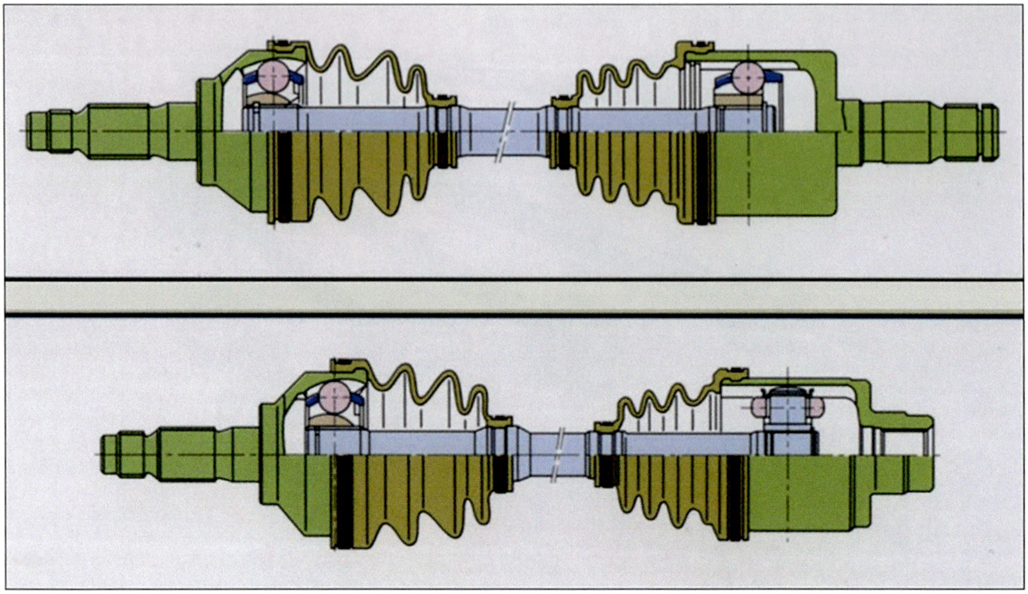

■ **Abb. 6.48** Seitenwelle für die angetrieben Vorderachse [38]

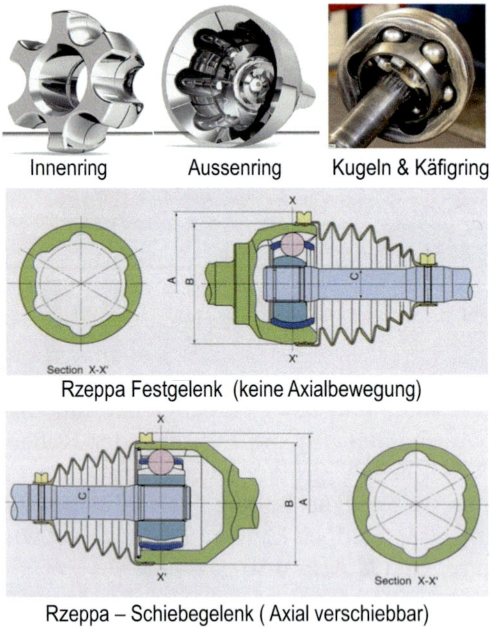

■ **Abb. 6.49** Rzeppa-Art Gleichlaufkugelgelenk [38]

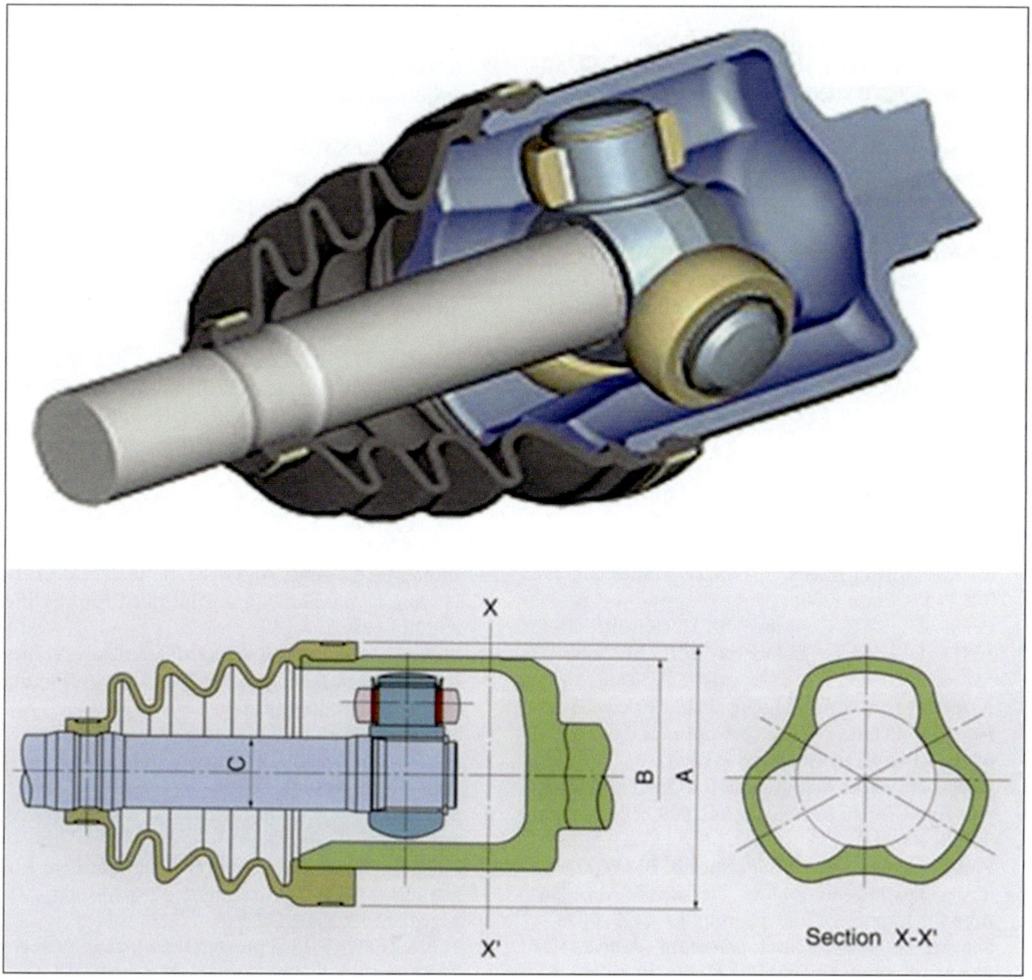

Abb. 6.50 Gleichlauf-Tripodegelenk verschiebbar [38]

Literatur

1. ► www.mein-autolexikon.de/antriebsstrang.html
2. ► www.promobil.de/einzeltest/fahrbericht-mercedes-vito-mit-allradantrieb-test-auf-glatten-strassen/
3. ZF Friedrichshafen AG, Firmeninformationsmaterial
4. Naunheimer, H., Bertsche, B., Lechner, G.: Fahrzeuggetriebe: Grundlagen, Auswahl, Auslegung und Konstruktion 2. Springer, Auflage (2007)
5. Museo Nazionale della Scienza e della Tecnologi Leonardo da Vinci (► www.museoscienza.org) Mailand, Italien
6. N.N.: Grundlagen der Nutzfahrzeugtechnik. MAN Presseabteilung München (2008)
7. ► https://de.wikipedia.org/wiki/Sperrdifferential
8. ► https://www.ingenieurkurse.de/fahrzeugtechnik/antriebe/antriebsstrang-eines-kraftfahrzeugs/differenzial.html
9. Wikipedia, Stichwort „Differenzialgetriebe", „Allradantrieb" und „xDrive"
10. Herlin, U.: Mechanical v.s. electronical intelligence for safety on road. 9. Grazer Allradkongress, S. 16/1–16/5 Graz, (2004)
11. Schantl, G.; ► https://autorevue.at/ratgeber/differentialsperre. Zugegriffen: 24. Mai. 2022
12. ► https://www.audi-technology-portal.de/de/antrieb/quattro/kronenraddifferenzial
13. Sacchettini, P.: Torsen Center Differenzial. 7. Grazer Allradkongress, S. 14/1–14/9. Graz, (2006)

14. ► https://www.audi-technology-portal.de/de/antrieb/quattro/selbstsperrendes-mittendifferenzial
15. Granzow, C.; Peter, R.; Gruhle, W.-D.; Spieß, M.; Denzler, R.; Baasch, D.: Grazer Allradkongress April 2007, Fahrpräzision durch Torque Vectoring – Das neue Achsgetriebe von ZF
16. Peter, R.; Granzow, C.: 2. International CTI Forum Allrad 2007, ZF Vector Drive – mehr Fahrdynamik und Fahrsicherheit durch Torque Vectoring
17. Granzow, C.; Denzler, R.; Peter, R.; Spieß, M.; Zdych, R.: VDI-Getriebe-Tagung 2008, ZF Vector Drive® – vom technischen Getriebekonzept zur fahrdynamischen Fahrzeugfunktion
18. Fuchs, S. et al.: Allradantrieb mit Fahrstabilität, Komfort und Dynamik. ATZ Extra. Die neue E-Klasse, S. 144–149 Stuttgart, Motorverlag Januar 2009
19. Dirndörfer, A.: The New Generation of BMW All-WheelDrives. 2. Grazer Allradkongress, Graz, April (2009)
20. Schuermans, R.: Development of 4WD System for new Toyota RAV8. 7. Grazer Allradkongress, S. 5/1–5/6. Graz, (2006)
21. Peter, R.: SAE Congress 2013, Detroit, USA: AWD Disconnect Solutions „ZF ECOnnect", 13PFL-0720
22. Arzner, M.: Getriebetagung 2012, Friedrichshafen: ZF ECOnnect – The cost-optimized evolution of the ZF-AWD-Disconnect system
23. Ippen, H.: Elektrisch gesteuerter Quattro-Antrieb von Audi. In: Auto Zeitung 14/2009. Zugegriffen: 9. Juli. 2009
24. Pfau, Rastel, Nistler, Billig, Straub: BMW xDrive in der 3er- und 5er-Reihe – Der BMW-Allradantrieb für Limousine und Touring. In ATZ 2005
25. Sawase, K. et al.: Development of Active Yaw Control System. In: JSAE, Vol. 50, 1996, No. 11, S. 52–57
26. ► https://www.kunzmann.de/de/services/lexikon/allrad/4matic/
27. *BMW Lexikon:xDrive,* ► https://www.BMW.de/de/footer/publicationslinks/technologie-guide/xdrive.html
28. Sawase, K.: S-AWC, Integrated Vehicle Dynamics Control for high performance All-Wheel-Drive vehicles. 9. Euro-pean All-Wheel Congress. Graz, April (2009)
29. Metzner, F. T.; Heilenkötter, D.; Gröhlich, H.: Die Getriebe – Hochwertig schalten, auch mit 4Motion-Allradantrieb. In: ATZ MTZ Extra. Der Tiguan. S. 66–73, Sept. (2009)
30. Frömmig, L.; Pawallek, T.; Henze, R.; Kücükay, F.: Vergleich unterschiedlicher Systeme zur aktiven Antriebsmomentenquerverteilung. In: ATZ, 2010, Heft 06, S. 468–473
31. Frömmig, L.; Pawallek, T.; Kücükay, F.: Systematische Analyse quer und längsverteilender Antriebssysteme, S. 705–731. 19. Aachener Kolloquium. Aachen, Okt. (2010)
32. Frömmig, L., Apel, A., Gieße, S.: Golf VII GTI – Driving Dynamics with a Controlled Front Differential Lock. 22
33. N.N.: Elektronisches Sperrdifferenzial Verbessert Traktion, Handling und Stabilität. Automobil Konstruktion, Zugegriffen: 12. Febr. 2014
34. ► www.thairath.co.th/news/auto/evcar/2599616
35. ► www.audi-mediacenter.com/en/photos/detail/audi-e-tron-s-91941
36. ► https://www.mein-autolexikon.de/antriebsstrang/antriebswelle.html
37. Falk, B.: Seitenwellen: Was hat sich mit dem Einzug der E-Mobilität geändert? Next Mobility. Zugegriffen: 13. Febr. 2024
38. N.N.: NTN Firmenprospekt Constant Velocity Universal Joints. Cat No 5601-II, (2000)

6

Bremse

Andree Burgstaler, Metin Ersoy, Steffen Gruber, Michael Lingg, Norbert Ocvirk, James Remfrey und Frank Stebner

Inhaltsverzeichnis

M. Ersoy et al. (Hrsg.), *Fahrwerkhandbuch*,
ATZ/MTZ-Fachbuch, https://doi.org/10.1007/978-3-658-48104-9_7

Die beim Bremsen eines Fahrzeugs hervorgerufenen Kräfte zwischen Fahrbahn und Reifen werden über die Komponenten des Bremssystems auf die Komponenten des Fahrwerks übertragen.

Durch die in den letzten Jahren eingeführten elektronisch geregelten Funktionserweiterungen der Bremssysteme zur Verbesserung der Fahrzeugstabilität auch außerhalb des eigentlichen Bremsvorgangs (z. B. das elektronische Stabilitätsprogramm ESP) wird nicht nur die Längs-, sondern zunehmend auch die Quer- und Vertikaldynamik des Fahrzeuges beeinflusst. Dies hat Auswirkungen auf die Dimensionierung der Komponenten des Fahrwerks.

Wichtige Schritte zu heutigen Radbremsensystemen:

- **1924** Einführung hydraulisch betätigte Trommelbremsen, davor ausschließlich mechanisch betätigte Trommelbremsen
- **1950** Einführung unterdruckunterstützter Bremskraftverstärker (Hilfskraftbremse),
- **ca. 1957** hydraulische Teilbelagsscheibenbremse ausgeführt als Festsattel,
- **1965** erste Vorläufer des ABS (Einkanal-ABS),
- **1972** Schwimmrahmensattel für Fahrzeuge mit negativem Lenkrollradius,
- **1978** Faustsattel löst Schwimmrahmensattel ab,
- **1978** elektronisch geregeltes ABS-System,
- **1987** Antriebs-Schlupf-Regelsysteme (ASR),
- **1994** elektronische Bremskraftverteilung (EBV),
- **1995** elektronisches Stabilitätsprogramm (ESP),
- **1996** Bremsassistent (BAS),
- **2001** Elektrohydraulische Bremse (EHB),
- **2002** elektrische Parkbremse (EPB)
- **2002** Fahrzeuge mit Bremsenergierückgewinnung.
- **2016** 1-Box System mit Simulator
- **2015** Hybridsystem mit nasser Vorderachsbremse und EMB an der Hinterachse.

7.1 Aufgaben und Grundlagen

James Remfrey, Steffen Gruber und Norbert Ocvirk

Die Funktionstüchtigkeit der Bremsen bestimmt maßgeblich die Sicherheit jedes Fahrzeuges und seiner Insassen, sowie die Sicherheit anderer Verkehrsteilnehmer. Die Komponenten des Bremssystems zählen daher zu den Sicherheitsteilen und unterliegen strengen gesetzlichen Bestimmungen.

Grundsätzliche Funktionen eines Bremssystems sind:

- Verringern der Geschwindigkeit, gegebenenfalls bis zum Stillstand an gewünschter Stelle (Verzögerungsbremse),
- Verhindern ungewollter Beschleunigung z. B. bei Talfahrt (Beharrungsbremse),
- Vermeidung unerwünschter Bewegung des ruhenden Fahrzeugs (Feststellbremse).

■ Abb. 7.1 zeigt die Wirkkette des Bremssystems von der Fußpedalbetätigung bis zum Aufbau des Bremsmoments am Rad. Die wichtigsten vier Blöcke sind HMI (Mensch-Maschine-Schnittstelle), Betätigung, Übertragung/Modulation und Bremskraftgenerierung (Radbremse).

Bei Personenwagen wird der Begriff „Bremse" im Allgemeinen für hydraulisch betätigte Rad-Reibungsbremsen verwendet, darüber hinaus werden heute auch die sogenannten regenerativen Bremssysteme zur Energierückgewinnung in Pkws eingesetzt. Dauerbremsen, etwa Motorbremse oder Retarder sind nur bei schweren Nutzfahrzeugen verbreitet.

Für Bremssystemkomponenten bestehen hohe Anforderungen hinsichtlich Robustheit, Funktionssicherheit bei unter-

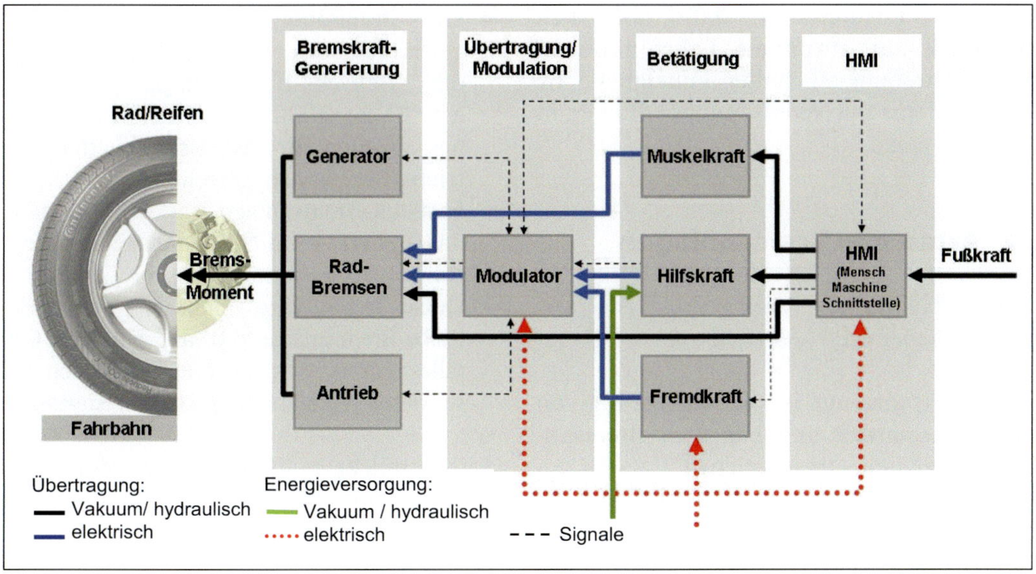

Abb. 7.1 Wirkkette Bremssystem im Pkw [1]

schiedlichsten Umweltbedingungen, Umweltverträglichkeit, NVH *(noise, vibration, harshness)*, Ausfallsicherheit, Einbaugröße und Einbaugewicht.

Aufgrund zunehmender Fahrzeuggeschwindigkeiten und Gewichte wurde die Leistungsfähigkeit des Bremssystems und die Funktionssicherheit stetig verbessert.

Darüber hinaus wurde ihr Funktionsumfang deutlich erhöht. Vor allem der Einsatz von Elektronik brachte einen Technologiesprung, der zusammen mit komplexen hydraulischen Regeleinheiten die Entwicklung von Radschlupf-Regelsystemen wie ABS (Antiblockiersystem), EBV (elektronische Bremskraftverteilung), ASR (Antriebsschlupfregelung) und ESP (elektronisches Stabilitätsprogramm) ermöglichte und damit weit über die ursprüngliche Bremsenfunktion hinausgeht:

- **ABS** *(Antiblockiersystem)* erhält beim Bremsen mit bestmöglicher Verzögerung Fahrstabilität und Lenkbarkeit durch Vermeidung von blockierenden/sillstehenden Rädern.
- **EBV** *(Elektronische Bremskraftverteilung)* verhindert zur Sicherung der Fahrstabilität ein Überbremsen (überhöhter Radschlupf) der Hinterachse.
- **ASR** *(Antriebsschlupfregelung)* verbessert die Fahrstabilität durch Bremsen und Motoreingriff bei durchdrehenden Antriebsrädern – vor allem bei seitenweise unterschiedlichen Reibbeiwerten.
- **ESP** *(Elektronisches Stabilitätsprogramm)* unterstützt unabhängig vom Fahrzustand eine möglichst genaue Umsetzung des vom Fahrer gewünschten querdynamischen Fahrverhaltens (Richtungsstabilität).

Mit der Einführung von Fahrzeugen mit elektrischen Antriebsmaschinen und Energierückgewinnung (HEV- und BEV-Fahrzeuge) wurde die Komplexität des Bremssystems weiter erhöht. Rekuperative Bremssysteme müssen mechanische und generatorische Bremsung kombinieren und mittels Brake Blending den Fahrerwunsch ohne Pedalrückwirkung umsetzen.

Als ein Lösungsansatz dafür, aber auch mit Blick auf autonome Fahrfunktionen ohne Fahrereingriff, halten zunehmend by Wire Systeme mit Pedalsimulator Einzug in die Fahrzeuge.

7.2 Arten von Bremsanlagen

Michael Lingg, Frank Stebner, James Remfrey, Steffen Gruber und Norbert Ocvirk

Für Kraftfahrzeuge ist die Ausrüstung von zwei voneinander unabhängigen Bremsanlagen gesetzlich vorgeschrieben.

7

Unterschieden werden hinsichtlich ihrer Funktion:

- **Betriebs-Bremsanlage** wird über das Bremspedal betätigt und dient zum Halten der Fahrgeschwindigkeit im Gefälle und zur Verzögerung des Fahrzeuges bis zum Stillstand.
- **Hilfs-Bremsanlage** muss die Verzögerbarkeit des Fahrzeugs bei Ausfall der Betriebs-Bremsanlage sicherstellen. Diese Funktion wird mithilfe eines zweiten Bremskreises in der Betriebs-Bremsanlage erreicht.
- **Feststell-Bremsanlage** hat die Aufgabe, das Fahrzeug im Stillstand gegen Wegrollen abzusichern (► Abschn. 7.6.8.3).
- **Dauer-Bremsanlage** entlastet die Betriebs-Bremsanlage z. B. auf längeren Gefällestrecken, wird aber ausschließlich bei schweren Nutzfahrzeugen (Lkw) eingesetzt.

Herkömmliche bzw. konventionelle Bremssysteme bestehen im Wesentlichen aus folgenden Komponenten (■ Abb. 7.2):

- Bremskraftverstärker,
- Hauptbremszylinder mit Ausgleichbehälter,
- Bremskraftregler (mechanisch oder mechatronisch) für die Hinterachse,

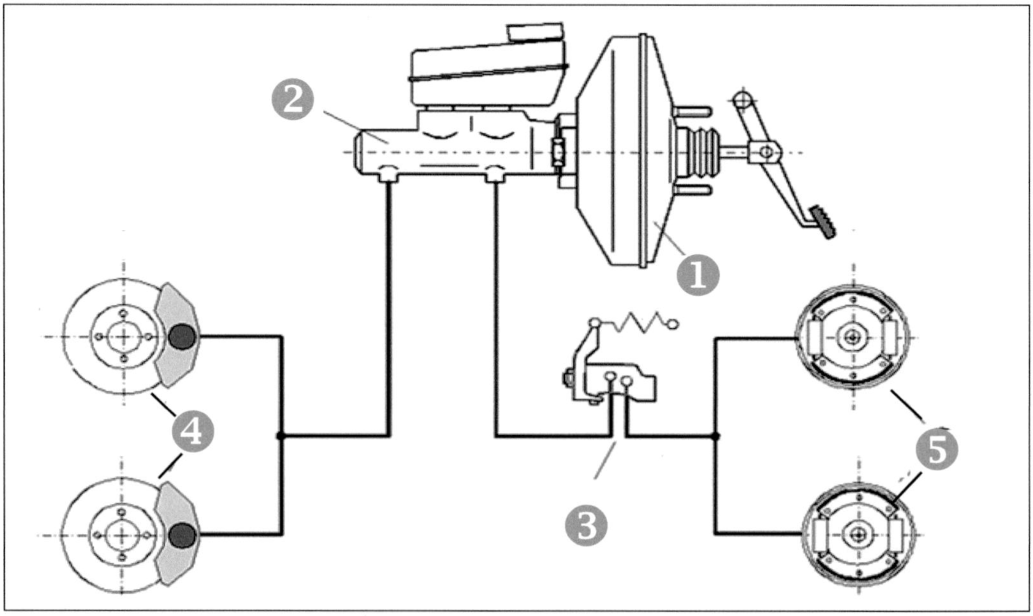

■ **Abb. 7.2** Komponenten des hydraulischen Bremssystems. **1** Unterdruck-Bremskraftverstärker **2** Tandem-Hauptbremszylinder **3** Bremskraftregler **4** Radbremsen vorn **5** Radbremsen hinten

- Elektronisches Schlupf-Regelsystem (nicht gezeigt),
- Radbremsen vorn (hier als Scheibenbremse),
- Radbremsen hinten (hier als Trommelbremse).

7.2.1 Allgemeine Anforderungen

Betriebs- und Hilfsbremsanlagen müssen in ihrer Wirkung vom Fahrzeugführer dosierbar sein. Die Bremsanlagen müssen so gebaut sein, dass die geforderte Bremswirkung zuverlässig erreicht wird. Der Zustand der Bauteile muss leicht nachprüfbar sein. Verschleißteile sind so zu bemessen, dass sie erst nach angemessener Betriebsdauer nachgestellt oder ausgewechselt werden müssen. Zur Verschleißkompensation sind Nachstelleinrichtungen vorzusehen.

Die Anlagen müssen vom Fahrersitz ergonomisch und zeitlich unmittelbar betätigt werden können. Beeinträchtigungen beim Führen des Fahrzeuges sind dabei nicht zulässig. Auf Grund unterschiedlicher Fahrzeug-Achslastverteilungen und Schwerpunktlagen ergeben sich verschiedene Möglichkeiten zu den Aufteilungen der Bremskreise (s. auch DIN 74000). Am häufigsten sind:

7.2.1.1 Vorder-/Hinterachs-Bremskreisaufteilung

(„schwarz /weiß“: S/W-Aufteilung):

Hierbei werden Vorderräder und Hinterräder des Fahrzeugs jeweils von einem separaten Bremskreis versorgt. Wesentliche Aspekte sind:

- kein Schiefziehen des Fahrzeugs bei Kreisausfall,
- Einsatzmöglichkeit eines gestuften Tandem-Hauptzylinders (bei Kreisausfall: unterschiedliche „äußere Übersetzung“ für Vorder- und Hinterachse),
- Einsparung einer zweiten Bremsleitung zur Hinterachse (bei Fahrzeugen ohne ASR/ESP),
- verbleibende Hinterachsbremswirkung bei Dampfblasenbildung im Vorderachsbremskreis (thermische Überlastung der Vorderachse).

7.2.1.2 Diagonale Bremskreisaufteilung

(„X-Aufteilung“, „X-Split“):

Bei dieser Anordnung werden jeweils die diagonal gegenüber liegenden Bremsen von einem Bremskreis versorgt. Wesentliche Aspekte sind:

- Höherer Bremskraftanteil der Vorderachse wird dabei auch bei einem Kreisausfall immer an einem Rad genutzt.
- Schiefziehen des Fahrzeugs bei Kreisausfall infolge der links und rechts unsymmetrischen Bremskraftverteilung kann durch entsprechende Achskonstruktion, z. B. durch einen negativen Lenkrollradius, entgegengewirkt werden.
- Die diagonale Bremskraftaufteilung wird vorwiegend in Fahrzeugen mit höherem Vorderachslastanteil verwendet, um den gesetzlichen Mindestverzögerungsanforderungen bei Kreisausfall zu genügen.

7.2.1.3 Einfluss von „negativem Lenkrollradius“ auf Bremssysteme

Als Lenkrollradius r_s wird der Abstand zwischen dem Angriffspunkt der zwischen Reifen und Fahrbahn wirkenden Kräfte im Reifenlatsch und dem virtuellen Durchstoßpunkt der Lenkachse durch die Fahrbahn bezeichnet (◘ Abb. 7.3).

Liegt der Kraftangriffspunkt W gegenüber dem genannten Durchstoßpunkt in Richtung Fahrzeugmitte, so spricht man von einem negativen Lenkrollradius. Greift dann im Kraftangriffspunkt eine Bremskraft an, dreht sich das Rad geringfügig um die Lenkachse ein und er-zeugt einen positiven Spurwinkel, d. h. das Rad geht in Vorspur (s. auch ◘ Abb. 1.31). Es sei angemerkt, dass dies nur eine tendenzielle Aus-

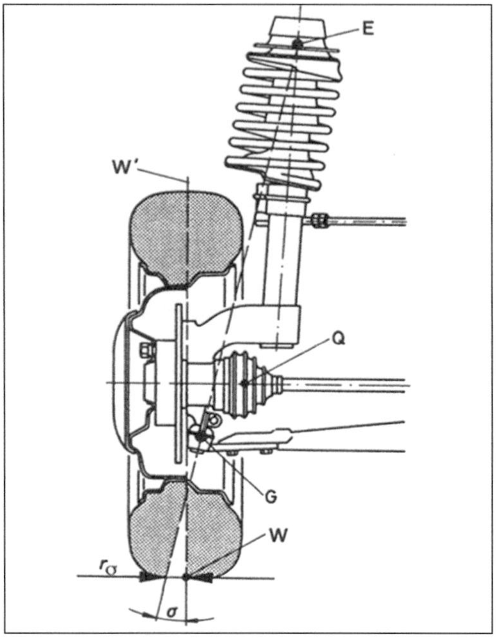

Abb. 7.3 Negativer Lenkrollradius [2]

sage darstellt, da sich diesem Vorgang je nach Achsauslegung zusätzliche elastokinematische Effekte überlagern können.

Wie bereits erläutert, haben sich vor allem die zwei Bremskreisaufteilungen „diagonal“ und „schwarz/weiß“ durchgesetzt. Bei einer Diagonalaufteilung führt ein Kreisausfall im Allgemeinen zu asymmetrischen Bremskraftverhältnissen am Fahrzeug. Man beachte, dass aufgrund dynamischer Achslastverlagerung das Vorderrad höhere Bremskräfte übertragen kann als das Hinterrad. Somit entsteht in dem Ausfall-Szenario beim Bremsen ein Giermoment um die Hochachse des Fahrzeugs. Diesem kann ein negativer Lenkrollradius entgegenwirken: Dadurch, dass das gebremste Vorderrad in Vorspur geht, wird eine Seitenkraft am Rad aufgebaut, die einen das ungewünschte Giermoment abschwächenden Lenkeffekt erzeugt. Zur Erhöhung der Fahrstabilität beim Bremsen bei Fahrzeugen mit Diagonalaufteilung ist daher ein negativer Lenkrollradius erstrebenswert (s. auch Abb. 1.42).

7.3 Gesetzliche Vorschriften

Michael Lingg, Frank Stebner und James Remfrey

In der EU müssen Bremsanlagen der ECE R 13 (für LKW) und der ECE R13-H (für PKW) entsprechen. Diese Regelungen für Bremsanlagen sind seit dem 01. 11. 2014 aufgrund der Verordnung (EG) Nr. 661/2009 des Europäischen Parlaments und des Rates vom 13. 07. 2009 (General Safety Regulation) nunmehr gültig und haben die bisherige Reglung 71/320/EWG abgelöst. Sie dürfen von allen Staaten angewendet werden, die das Abkommen von 1958 zur gegenseitigen Anerkennung von Typgenehmigungen gezeichnet haben. Die ECE R 13 H (H steht für „harmonisiert“) stellt eine Angleichung US-amerikanischer und europäischer Vorschriften dar. Japan und Australien haben inzwischen ihre nationalen Bremsengesetze durch die ECE R 13 H abgelöst.

Die USA haben eigene Richtlinien und auch ein eigenes Zulassungsverfahren. Anstelle des weltweit üblichen Typgenehmigungsverfahrens ist in den USA eine Selbstzertifizierung üblich. Für Pkw-Bremsen ist in den USA die FMVSS 135 vorgeschrieben, deren Anforderungen etwa denen der ECE R 13 H entsprechen.

In den Vorschriften ist in der Regel eine Abbremsung oder ein Bremsweg bei einer maximalen Fußkraft vorgeschrieben. Die geforderten Werte sind nach Bremsanlage und Fahrzeugklasse gestaffelt. Für die Betriebsbremsanlage von Pkw wird z. B. in Europa eine Abbremsung von 0,6 g bei 500 N Fußkraft gefordert. In den Vorschriften ist hierfür auch die Prüfmethode festgelegt.

Neben der geforderten Abbremsung wird in den meisten Vorschriften aus Fahrstabilitätsgründen noch eine Blockierreihenfolge gefordert. So darf z. B. in Europa die Hinterachse zur Sicherstellung der Fahrzeugstabilität bei Verzögerungen zwischen 0,15 g und 0,8 g nicht vor der Vorderachse blockieren. Fahrzeuge mit ABS müssen diese Vorschriften nicht erfüllen, da hier ein Blockieren der Räder generell verhindert wird.

In der Europäischen Union ist für alle neu homologierten Fahrzeuge ab 2012 und für alle Neufahrzeuge ab 2014 das Elektronische Stabilitätsprogramm ESP gesetzlich vorgeschrieben.

Ab 2026 wird in der Europäischen Union weiterhin die Emission von Feinstaub in Form von Bremsenabrieb im Rahmen der EU-7 Gesetzgebung einer Regulierung unterworfen (EU2024/1257)

7.4 Auslegung der Bremsanlage

James Remfrey, Steffen Gruber und Norbert Ocvirk

Fahrzeuggewicht, Gewichtsverteilung und Fahrleistung sind fahrzeugseitig relevante Größen bei der Auslegung eines Bremssystems [3].

Für die Dimensionierung der Bremssystemkomponenten sind Angaben zu folgenden Einflussparametern not-wendig:
- Leistungsanforderungen an Fahrzeug und Bremsanlage,
- Leergewicht und zulässiges Gesamtgewicht,
- Lastverteilung auf Vorder- und Hinterachse leer und beladen,
- Maximalgeschwindigkeit und Beschleunigungsvermögen,
- Radstand,
- Schwerpunktposition von Fahrzeug und Beladung,
- Rad-/Felgengröße, Reifentyp,
- Aerodynamik im Radhaus, Kühlbedingungen, (Hilfs-Energieversorgung für Bremssystem (z. B. Unterdruck aus dem Verbrennungsmotor für Bremskraftverstärker).

Gegebenenfalls zusätzlich:
- regionale gesetzliche Anforderungen,
- Marken- und segmentspezifische Merkmale (z. B. Bremspedalcharakteristik).
- Antriebstopologie und Rekuperationsvermögen

Für Fahrzeuge mit hohem zulässigem Gesamtgewicht, hohem Schwerpunkt, kurzem Radstand und großer Maximalgeschwindigkeit stellt dies bei begrenzter Felgengröße und damit begrenztem Bremsscheibendurchmesser eine technische Herausforderung dar.

7.4.1 Bremskraftverteilung

Ziel der Bremskraftverteilung ist ein neutrales bzw. stabiles Fahrverhalten auf homogener Fahrbahnoberfläche im gebremsten Zustand [4]. Dafür ist idealerweise bei jeder Verzögerung an allen Rädern die gleiche Ausnutzung des zur Verfügung stehenden Kraftschlusses zwischen Reifen und Fahrbahn anzustreben.

Die auf die Fahrbahn übertragbaren Bremskräfte sind abhängig von den in der jeweiligen Fahrsituation vorhandenen Radaufstandskräften. Die Abbremsung des Fahrzeuges verursacht in Abhängigkeit von der Verzögerung eine Veränderung der Radaufstandskräfte.

Die Belastung der Vorderachse nimmt zu, die der Hinterachse ab (dynamische Achslastverlagerung). Für ein Fahrzeug lässt sich damit für jeden Beladungszustand und jede Verzögerung eine optimale achsenspezifische Bremskraft ermitteln, die ideale Bremskraftverteilung.

Das Bremskraftverteilungsdiagramm verdeutlicht Abhängigkeiten zwischen Fahrbahnreibwert, dynamischer Achslast und Fahrzeugverzögerung. Es bildet die Grundlage für die Auslegung von Bremsanlagen und wird ausschließlich von geometrischen Fahrzeugdaten und der Achslastverteilung bestimmt.

Üblicherweise werden in der Bremssystemauslegung einige Größen dimensionslos dargestellt. Dazu gehört die Abbremsung z als Verhältnis der Fahrzeugverzögerung b zur Erdbeschleunigung g:

$$z = b/g \tag{7.1}$$

7

Außerdem werden die Größen ψ als Verhältnis von Schwerpunktlage in Längsrichtung l_v zum Radstand l, sowie χ als Verhältnis von Schwerpunktlage in vertikaler Richtung h_s zum Radstand l verwendet (◼ Abb. 7.4).

$$\Psi = lv/l \tag{7.2}$$

$$X = hs/l \tag{7.3}$$

Damit lassen sich die idealen Bremskräfte für Vorder- und Hinterachse (F_{Bv} und $F_{Bh)}$ bezogen auf die Fahrzeuggewichtskraft G darstellen:

$$\frac{F_{BV}}{G} = [1 - \psi + z \cdot \chi] \cdot z \tag{7.4}$$

$$\frac{F_{BH}}{G} = [\psi - z \cdot \chi] \cdot z \tag{7.5}$$

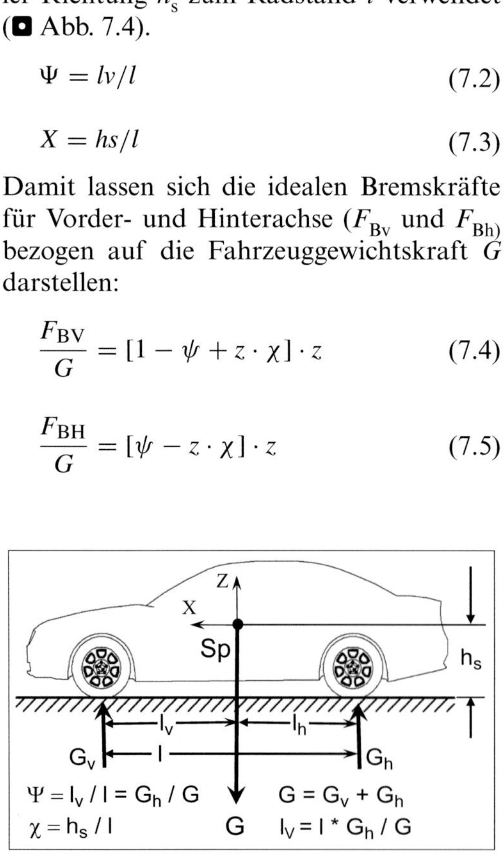

◼ **Abb. 7.4** Prinzipskizze Schwerpunktlage

Unter Zuhilfenahme dieser Gleichungen lässt sich die ideale Bremskraftverteilung (ideale Hinterachsbremskraft als Funktion der Vorderachsbremskraft) herleiten. Die ideale Bremskraftverteilung (◼ Abb. 7.5) ist eine nichtlineare Funktion (Wurzelfunktion zuzüglich eines linearen Anteils):

$$\frac{F_{BH}}{G} = \sqrt{\frac{(1-\psi)^2}{4 \cdot \chi^2} + \frac{1}{\chi} \cdot \frac{F_{BV}}{G}} - \frac{1-\psi}{2 \cdot \chi} - \frac{F_{BV}}{G} \tag{7.6}$$

Die ideale Bremskraftverteilung errechnet sich aus den Fahrzeugdaten (Achslasten, Schwerpunkthöhe, etc.). Gemeinsam mit den fahrsituationsspezifischen Reifen-Fahrbahn-Kraftschlusskennlinien begrenzt sie den fahr-dynamisch stabilen Bremsbereich des Fahrzeugs (Beispiel dargestellt in grau). Dagegen ergibt sich die installierte Bremskraftverteilung über die an Vorder- und Hinterachse installierten hydraulischen Radbremskomponenten. Ein ABS mit elektronischer Bremskraftverteilung sorgt bei Bedarf durch Regeleingriffe (=> Anpassen der installierten Bremskraftverteilung), dass das Fahrzeug stets im stabilen Betriebsbereich bleibt.

Mit dieser installierten Bremskraftverteilung ist es jedoch nicht bei allen Fahrzeugbeladungszuständen möglich, beide Achsen im gesamten Reibwert- und Verzögerungsbereich gleichzeitig bis zur Blockiergrenze abzubremsen.

Die installierte Bremskraftverteilung schneidet meist vorher die Idealverteilung (sogenannte kritische Abbremsung $z_{kritisch}$). Laut Gesetzgebung muss aber sichergestellt sein, dass bis zu einer Fahrzeugverzögerung von 0,8 g die Vorderachse immer vor der Hinterachse blockiert, da eine blockierende Hinterachse leicht zu instabilem Fahrverhalten führen kann. Wie aus ◼ Abb. 7.5 ersichtlich verhindert eine „Elektronische Bremskraftverteilung" (EBV) beladungsunabhängig ein Ansteigen des Hinterachsbremsdrucks über die ideale Druckverteilung hinaus und verhindert

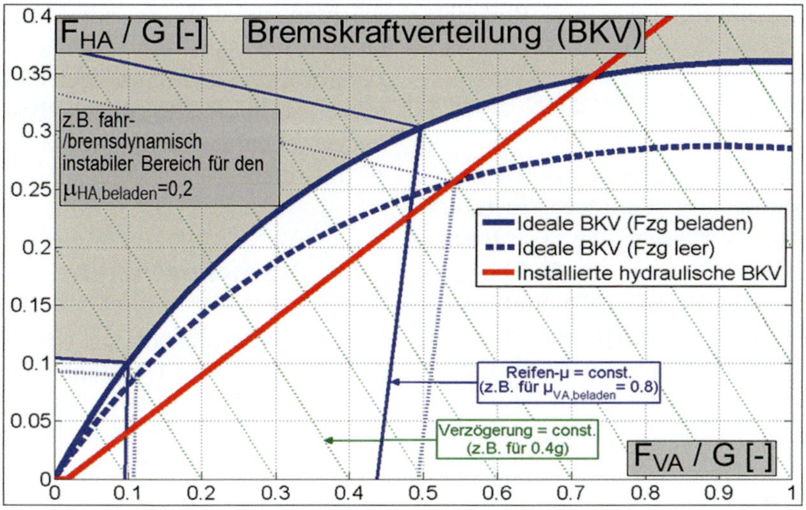

Abb. 7.5 Ideale und installierte Bremskraftteilung (dimensionslose Darstellung Bremskraft dividiert durch Gewichtskraft)

so ein Blockieren der Hinterräder. Analog zur Bremskraftverteilung lässt sich auch die Bremsdruckverteilung mit den hydraulischen Bremsdrücken von Vorder- und Hinterachse darstellen.

Bei Kurvenfahrt verteilen sich die idealen Bremskräfte zusätzlich ungleich auf die Bremsen einer Achse, da sich wegen der Querbeschleunigung die Radlasten – ähnlich wie in Längsrichtung die Achslasten – verändern. Durch den Einsatz von elektronischen Schlupfregelsystemen mit EBV lässt sich die installierte Bremskraftverteilung radindividuell in jeder Fahrsituation auf die ideale Bremskraftverteilung begrenzen, um die fahrdynamische Stabilität aufrecht zu erhalten.

7.4.2 Dimensionierung

Bremsanlagen werden in heutigen Fahrzeugen so aus-gelegt, dass sie eine wesentlich höhere Abbremsung leisten können, als durch die gesetzlichen Vorschriften gefordert wird. Der Bremskraftübertragung wird letztendlich durch die begrenzte Reibung zwischen Reifen und Fahrbahn eine physikalische Grenze gesetzt. Unter Berücksichtigung von Reifen-Fahrbahnreibwert μ, Erdbeschleunigung g, Fahrzeugmasse m, aerodynamischem Abtrieb F_{aero} und der Eigenverzögerungskraft F_{EV} lässt sich die maximal mögliche Fahrzeugverzögerung abschätzen:

$$\ddot{x}_{\max} = \mu \cdot g + \frac{\mu \cdot F_{\text{aero}}}{m} + \frac{F_{\text{EV}}}{m} \tag{7.7}$$

Damit kann über die dynamische Achslastverlagerung die maximal übertragbare Vorderachsbremskraft ermittelt werden:

$$F_{\max,\text{V}} = \mu \cdot \left(G \cdot \frac{l_{\text{H}}}{l} + F_{\text{aero,V}} + m \cdot \ddot{x}_{\max} \cdot \frac{h_{\text{s}}}{l} \right) \tag{7.8}$$

Die Radbremse ist nun so auszulegen, dass dieser Wert problemlos zu erreichen ist. Bei hydraulisch betätigten

Scheibenbremsen errechnet sich die jeweils (radseitig) erzeugte Bremskraft als Funktion von hydraulischem Druck p, Radbremszylinderkolbenfläche A_{RBZ}, Sattelwirkungsgrad η_{Sattel}, Bremskoeffizient C^*, wirksamem Reibradius r_{reib} und Reifenabrollradius R:

$$F_{\text{B,Rad}} = p \cdot A_{\text{RBZ}} \cdot \eta_{\text{Sattel}} \cdot C^* \cdot \frac{r_{\text{reib}}}{R} \qquad (7.9)$$

Die maximale Hinterachsbremskraft hängt von der jeweils am Fahrzeug installierten Bremskraftverteilung ab (s. Bremskraftverteilungsdiagramm im ◘ Abb. 7.5). Meist bestimmen Felgengröße und Felgeninnenkontur den verfügbaren Einbauraum für die Radbremse und damit die für ein bestimmtes Fahrzeug möglichen Kombinationen von Sattel, Bremsbelag und Bremsscheibe. Aufgrund ihrer Elastizitäten nimmt die Bremsanlage unter Druckbeaufschlagung weiteres Ölvolumen auf, welches von der Betätigungseinheit bereitzustellen ist. Die Volumenaufnahme des Bremssystems (Bremssättel, Schläuche, Rohrleitungen, etc.) bestimmen Durchmesser und Hub (Ausstoßvolumen) des Tandem-Hauptzylinders THZ.

7

Bei der Bremsung wird kinetische Energie über Reibung in Wärme umgewandelt und kurzfristig in den entsprechend dimensionierten Bauteilen zwischengespeichert, bevor die Wärme an die Umgebung abgegeben wird. Die thermische Belastung der Bremse wird dabei in erster Linie durch das Beschleunigungsvermögen, die Höchstgeschwindigkeit aber auch die Bremsenabkühlbedingungen beeinflusst. Je schneller das Fahrzeug ist, desto mehr kinetische Energie muss in Wärme umgesetzt werden.

Das zweite wesentliche Kriterium für die thermische Auslegung ist die Dauer der Bremsung (z. B. bei Passabfahrt wird die Bremsscheibe über längere Zeit bei geringer Verzögerung stark aufgeheizt, ohne dass diese durch ausreichende Zufuhr von Kühlluft an die Umgebung wieder abgekühlt werden kann).

Die Bremsen sind so ausgelegt, dass für Bremsscheiben und -beläge vom Hersteller festgelegte Grenztemperaturen unter realistischen Extrembelastungen nicht überschritten werden, da sonst mit nachlassender Bremsleistung (*Fading*) bis hin zur Zerstörung der Bremse gerechnet werden muss. Für heutige Bremsscheiben aus Gussmaterial können Temperaturen bis über 700 °C auftreten.

7.4.3 Bremskoeffizient

Der Bremskoeffizient C^* (Bremskennung) charakterisiert die Umsetzung der eingeleiteten Spannkraft in eine Umfangskraft innerhalb der Radbremse. In ◘ Abb. 7.6 sind die Verläufe der Bremskoeffizienten für verschiedene Bremsenbauarten in Abhängigkeit vom Reibwert vergleichend aufgezeichnet.

Die Scheibenbremse hat danach mit näherungsweise $C^* = 2\mu$ den geringsten Verstärkungsfaktor. Hier wird die Bremsscheibe von zwei Seiten mit der Spannkraft beaufschlagt und die Umfangskraft ergibt sich aus der Spannkraft auf beiden Seiten der Bremsscheibe, multipliziert mit dem Reibkoeffizient.

Bei Trommelbremsen ergibt sich ein Selbstverstärkungsfaktor; die Bremsbacke

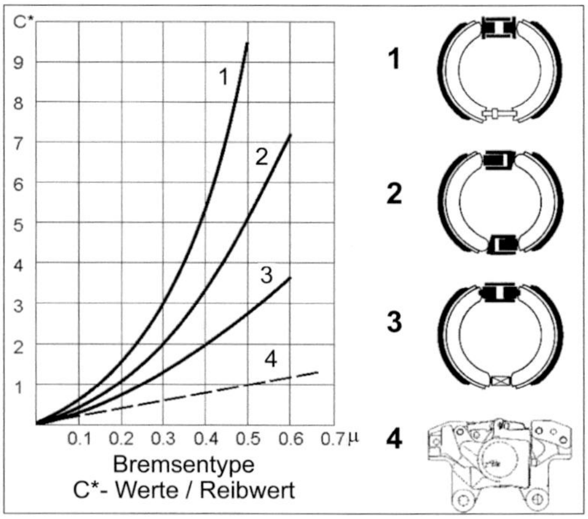

◘ **Abb. 7.6** C^*-Werte von Bremsen: 1) Duo-Servo Trommelbremse, 2) Duplex-Trommelbremse, 3) Simplex-Trommelbremse, 4) Scheibenbremse

wird mit dem Kontakt an der Trommelinnenwand von ihr mitgeschleppt und diese Mitnahmekraft verstärkt die Umfangkraft (Selbstverstärkungseffekt). Die Höhe der Verstärkung, ist abhängig von der Trommelbremsenbauart und liegt im Allgemeinen wesentlich höher als bei Scheibenbremsen (◘ Abb. 7.7) [5].

Es wird deutlich, dass sich Reibkoeffizientschwankungen, auch „Bremsenempfindlichkeit" genannt, bei Bremsen mit hoher Selbstverstärkung in stärkerem Maße auf die Umfangkraft auswirken als bei Bremsen geringerer Selbstverstärkung.

Es ist aber für einen Bremsvorgang ohne eine Giermomentenerzeugung notwendig, dass die Bremsenumfangkräfte bei sich ändernden Reibkoeffizienten nicht zu stark variieren, d. h., die Bremsenempfindlichkeit sollte möglichst konstant und klein sein. Dies ist nur bei Scheibenbremsen der Fall und es ist damit der wichtigste Grund, warum Scheibenbremsen sich gegen-über Trommelbremsen durchgesetzt haben. Für die Feststellbremse dagegen ist es erwünscht, mit möglichst kleiner Handkraft eine sehr hohe Haltewirkung zu erzielen. Dies ist nur mit einer großen Selbstverstärkung möglich. Daher werden an den Hinterrädern als Feststellbremsen Duo-Duplex Trommelbremsen bevorzugt.

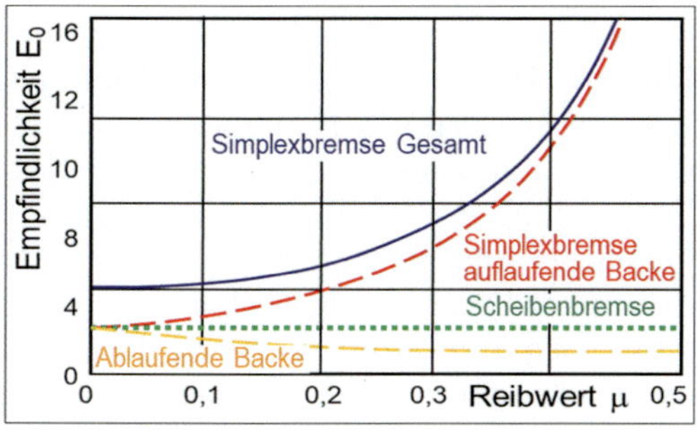

◘ **Abb. 7.7** Empfindlichkeit in Abhängigkeit vom Reibwert für Scheibenbremse und Simplex-Bremse

7.5 Bremsmomente und Dynamik

James Remfrey, Steffen Gruber und Norbert Ocvirk

7.5.1 Bremsmomente

Das erforderliche Bremsmoment ergibt sich aus dem Fahrzeuggewicht und der zu erreichenden Verzögerung. Dieses Bremsmoment muss durch die Zuspannkraft des Bremssattels über den wirksamen Radius der Bremsscheibe aufgebracht werden. ◘ Abb. 7.8 zeigt eine exemplarische Übersicht über die Höhe solcher Bremsmomente bei 1 g Verzögerung. 1 g-*Verzögerungen* sind statistisch gesehen jedoch eher die Ausnahme. Der „Normal-Fahrer" bewegt sich bei der Bremsbetätigung in den meisten Fällen im sogenannten „Komfortbereich" (bis 0,3 g).

◘ Abb. 7.9 zeigt eine exemplarische Summenhäufigkeitsverteilung von Bremsungen bei unterschiedlichen Verzögerungen über ein Fahrzeugleben (ca. 1,2 Mio. Bremsmanöver). Die Gesamtanzahl der Bremsungen ist jedoch von der Fahrzeugnutzung abhängig; sie kann z. B. bei einem Taxi weit über 2 Mio. liegen.

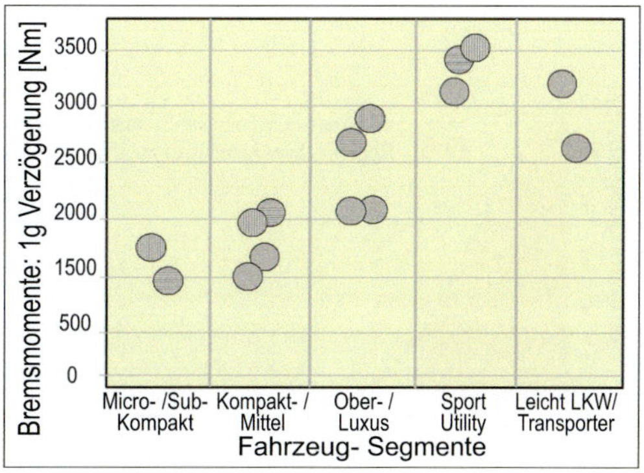

◘ **Abb. 7.8** Exemplarische Bremsmomente an der Vorderachse für unterschiedliche Fahrzeugsegmente (beladen)

7

Die „Hybrid-Fahrzeuge", die stärker auf den Markt kommen, verfügen neben dem Verbrennungsmotor auch über einen zusätzlichen Elektromotorantrieb.

Dieser Elektromotor kann im Generatorbetrieb auch für sogenanntes „regeneratives Bremsen" genutzt werden. Dabei wird ein entsprechend ausgelegtes Batteriesystem des Fahrzeugs beim Bremsen aufgeladen. Die Nutzung der Generatorfunktion wird heute im Allgemeinen auf Verzögerungen bis ca. 0,3 g beschränkt (◘ Abb. 7.9).

Die Gründe dafür liegen in der Größe des Generators, der Bordnetzstruktur, der Batteriekapazität und der begrenzten Möglichkeit, die beim Bremsen konvertierten Energiemengen kurzfristig zwischenzuspeichern. Neue Entwicklungsfortschritte in der der Batterie- und Elektromotorensteuerung führen zu einer signifikanten Verbesserung der Effizienz bei der Energierückgewinnung.

Es sei angemerkt, dass sich die beim regenerativen Bremsen erzeugten Bremskräfte nicht am Fahrwerk, sondern an den Getriebe- bzw. Motorlagern abstützen und somit deren Lastkollektiv beeinflussen können.

7.5.2 Bremsdynamik

Das durch die Radbremsen auf die Fahrwerkskomponenten übertragene Lastkollektiv wird nicht nur durch die statische Krafteinleitung, sondern auch durch dynamische Effekte bestimmt. Diese sind abhängig von der Geschwindigkeit mit der der Fahrer das Bremspedal betätigt und der Übertragungsgeschwindigkeit der Pedalkräfte bis zur Radbremse. Bremspedalhebelübersetzung, Bremskraftverstärkung, Umwandlung von Kraft in Druck, hydraulische Übersetzung vom Betätigungs-Zylinder zum Radbremszylinder, Massenträgheiten, Reibungswiderstände, Drosselwirkung von Bremsleitung, Schläuchen und Ventilbeblendung (Druckaufbau) sowie die Bremsscheibengröße bestimmen die Übertragungsgeschwindigkeit zwischen Krafteinleitung durch den Fahrer und Bremsmomentaufbau am Rad.

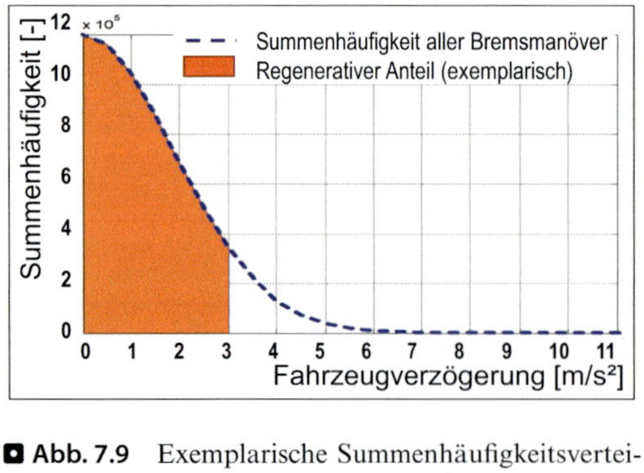

◘ Abb. 7.9 Exemplarische Summenhäufigkeitsverteilung von Bremsmanövern während eines Fahrzeuglebens, der orangefarbige Bereich zeigt den Anteil des regenerativen Bremsens

Der Bremsdruckaufbau hängt zunächst von der Fahrerantrittsgeschwindigkeit, den Strömungswiderständen und der Volumenaufnahme des Hydrauliksystems ab. Bei autonomen Bremseingriffen durch Assistenzsysteme muss der hydraulische Druck evtl. ohne Pedalbetätigung allein durch die HCU-Pumpe (HCU: *Hydraulic Control Unit*) oder den aktiven fremdangesteuerten) Booster bewerkstelligt werden.

Aus ◘ Abb. 7.10 ist ersichtlich, dass ein Fahrer zwar sehr schnell antreten kann, höhere Drücke aber nur eingeschränkt und verzögert aufbringen kann.

Der Druckaufbau der technischen Systeme verhält sich eher umgekehrt. Die Dynamik insbesondere der HCU lässt sich durch sogenannte „Prefill-Funktionen" optimieren: Hier wird, ausgelöst durch bestimmte Sensorik (z. B. Umfeldsensoren), das Hydrauliksystem vorbefüllt (Lüftspielüberwindung der Scheibenbremse), um ein schnelleres Ansprechen der Bremsanlage zu realisieren. Die Messergebnisse zeigen den autonomen Druckaufbau durch die jeweilige Komponente ohne überlagerten Fahrerantritt.

◘ Abb. 7.11 zeigt den Aufbau der Fahrerfußkraft und den Druckverlauf (Momentenverlauf) in den Radbremsen sowie

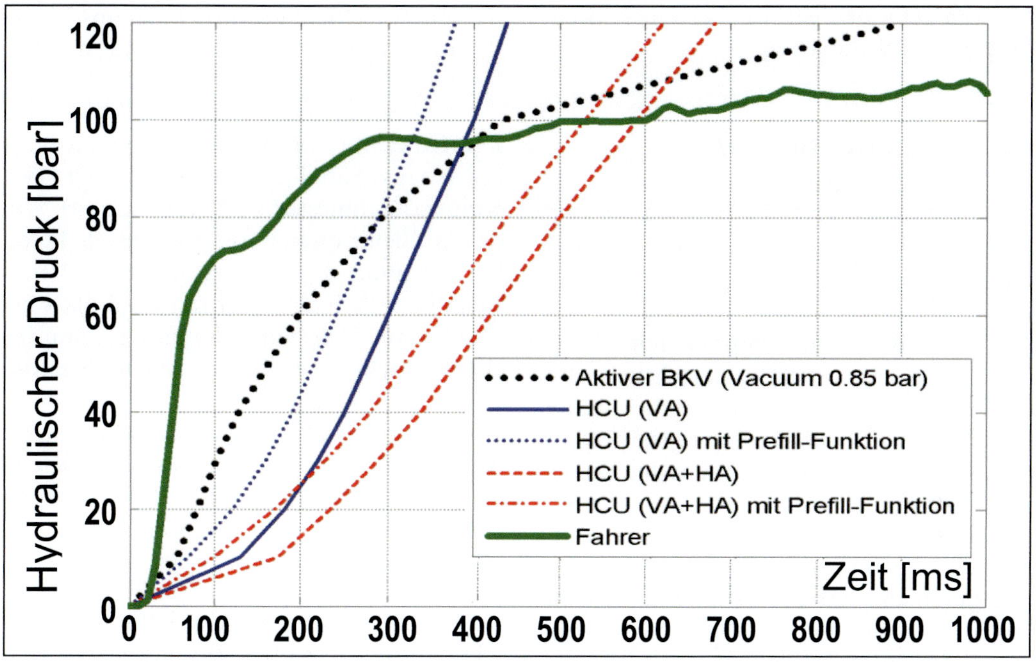

Abb. 7.10 Exemplarischer Vergleich der Druckaufbaudynamik von Fahrer, aktivem Bremskraftverstärker und HCU *(Hydraulic Control Unit)* (VA: Vorderachse, HA: Hinterachse)

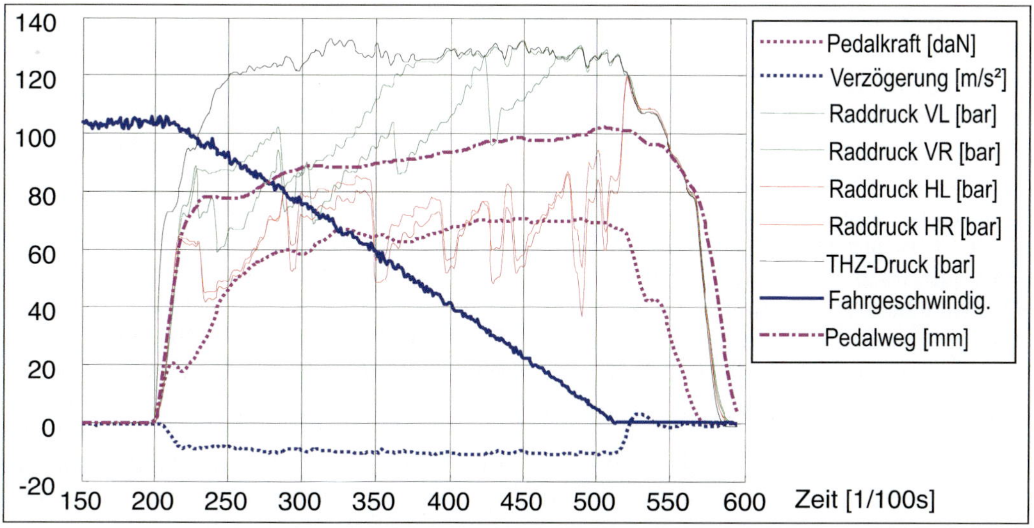

Abb. 7.11 Charakteristische Messgrößen einer Pkw-Vollbremsung aus 100 km/h

die Fahrzeugverzögerung bei einer Bremsung mit ABS-Funktion.

7.6 Komponenten des Bremssystems

James Remfrey, Frank Stebner, Steffen Gruber und Norbert Ocvirk

An die Radbremskomponenten bestehen hohe Ansprüche hinsichtlich Robustheit, Funktionssicherheit bei unterschiedlichen Umweltbedingungen, Akustik (NVH = noise, vibration, harshness) und Ausfallsicherheit.

Die Funktionssicherheit über der Fahrzeuglebensdauer wird jedoch auch wesentlich durch die Art der Anbindung an die Fahrwerkskomponenten beeinflusst. Einfluss haben unter anderem:

- Fertigungstoleranzen oder zu großes Radlagerspiel führen zu Scheibenschlag (Planlaufabweichung). Als Folge sind Komforteinbußen durch Rückwirkung auf das Bremspedal beim Bremsen (Bremsenrubbeln) und ungleichmäßiger Verschleiß von Scheibe und Bremsbelag zu nennen. Reibwertschwankungen zwischen Bremsscheibe und Bremsbelag können beim Bremsen Schwingungen verursachen, die durch Fahrwerkskomponenten soweit gedämpft werden sollten, dass sie sich nicht störend auf Fahrzeuginsassen auswirken.
- Ausreichende Kühlung der Scheiben- oder Trommelbremsen durch Fahrtwind muss unter allen Betriebsbedingungen gewährleistet sein. Fahrwerkskomponenten, die den auftretenden hohen Bremstemperaturen nicht standhalten, sind durch geeignete Maßnahmen (z. B. Werkstoffauswahl, Wärmeschutzbleche) zu schützen.
- Der Zugang zu den Bremsenkomponenten zur Verschleißprüfung, Entlüftung des Bremssystems und zum Austausch von Verschleißteilen (z. B. Bremsbeläge) sollte ohne großen Aufwand möglich sein.

Die Gewichte von Bremssätteln liegen für Sphäroguss Sättel je nach Ausführung (Typ, Kolbendurchmesser, Kolbenanzahl) in der Größenordnung von 3 kg bis zu 12 kg. Dazu kommt das Haltergewicht zur Befestigung am Achsschenkel mit ca. 2 bis 4 kg. Die Verwendung von Aluminium kann bei Bremssätteln eine deutliche Gewichtsreduzierung ermöglichen.

Die Bremsscheibengewichte sind durchmesserabhängig und liegen bei Kleinfahrzeugen bei ca. 4 kg. Bei Hochleistungsfahrzeugen mit entsprechend großer Bremsscheibe können sie auch bis ca. 14 kg erreichen. Hier ist durch Einsatz von z. B. C/SiC-Scheiben (s. ◘ Abb. 7.26) eine Gewichtseinsparung über 60 % erreichbar.

7.6.1 Bremssattel

Metin Ersoy und James Remfrey

Mit Hilfe von Scheibenbremsen werden Bremskräfte am Rad erzeugt. Nahezu alle Pkw-Vorderradbremsen sind Scheibenbremsen. Bei heutigen Fahrzeugen sind sehr häufig auch die Hinterachsbetriebsbremsen als Scheibenbremsen ausgeführt.

Scheibenbremsen sind Axialbremsen. Die Zuspannkräfte des Bremssattels werden über hydraulische Zylinder in axialer Richtung auf die Bremsbeläge aufgebracht, die beidseitig auf die Planreibflächen der Bremsscheibe (auch „*Rotor*“ genannt) wirken. Die Kolben und Beläge sind in einem sattelartig über den Außendurchmesser der Scheibe greifenden Gehäuse untergebracht. Die Beläge stützen sich während einer Bremsung in Drehrichtung der Scheibe an dem am Achsschenkel befestigten Halter ab. Die Bremsbelagflächen bedecken jeweils einen Teil einer ebenen Ringfläche (Teilbelagscheibenbremse). Im Allgemeinen ist unter dem Begriff *„Scheibenbremse“* immer eine Teilbelagscheibenbremse zu verstehen. Vollbelagscheibenbremsen, bei denen die gesamte Scheibe mit einem ringförmigen Belag in Berührung gebracht wird, sind im Pkw-Bau nicht gebräuchlich, weil dadurch die Abkühlung der Bremsscheiben deutlich verschlechtert wird.

Bei Scheibenbremsen werden Fest-, Rahmen- und Faustsättel unterschieden: Festsättel beinhalten Kolben zu beiden Seiten der Bremsscheibe (s. ◘ Abb. 7.14); die verschiebbar gelagerten Schwimmrahmen- und Faustsättel nur auf einer Seite (s. ◘ Abb. 7.15 und 7.18).

Der Bremskoeffizient C^* einer Scheibenbremse ist linear abhängig vom Belagreibwert (s. ◘ Abb. 7.6).

Weitere Merkmale sind:

- hohe thermische Belastbarkeit,
- geringe Empfindlichkeit gegenüber Reibwertschwankungen des Belags,
- gleichmäßiges Ansprechen (Reproduzierbarkeit),
- gleichmäßiger Belagverschleiß,
- einfache (selbsttätige) Nachstellung,
- einfacher Belagwechsel.

Die Abdichtung der Kolben im Sattel erfolgt durch Kolbendichtringe mit quadratischem Querschnitt in einer profilierten Gehäusenut (◘ Abb. 7.12). Sie erzeugen nach dem Bremsvorgang ein Zurückziehen des Kolbens (*roll back*) und sorgen dadurch für ein sogenanntes „Lüftspiel“ (geringes Rest-Bremsmoment). Bei starker axialer Verformung und Verschiebung der Bremsscheibe (z. B. Radlagerspiel) wird mit der Dichtungsgeometrie das Wiedervorziehen des Kolbens erreicht *(knock back)*.

Ergänzend dazu können aktive Rückstellelemente den Belag gezielt weg von der Scheibe gegen den Kolben drücken, um ein definiertes Lüftspiel einzustellen und damit das Restbremsmoment zu minimieren.

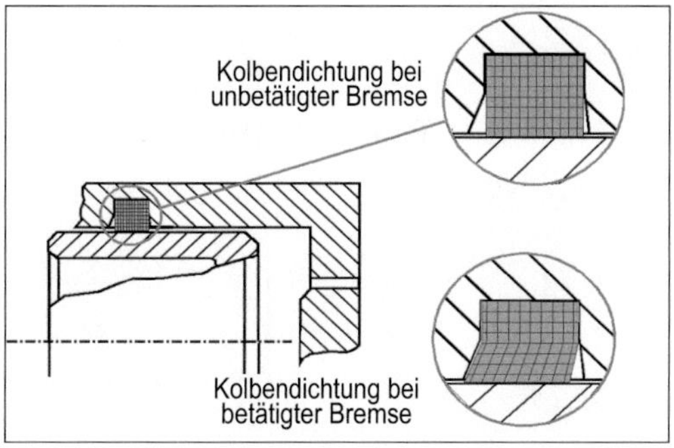

◘ **Abb. 7.12** Verformung des Kolbendichtrings

Diese Rückstellelemente sind so ausgeführt, dass eine elastische Verformung den Belag zurückzieht, während eine plastische Verformungskomponente den Belagverschleiß ausgleicht.

Eine Schutzkappe sichert den Bereich zwischen Kolben und Gehäusebohrung gegen das Eindringen von Feuchtigkeit und Schmutz. Die Faltenbalgform der Schutzkappe passt sich dem veränderlichen Hub an, der durch Verschleiß der Beläge und der Scheibenreibflächen sowie axiale Toleranzen entsteht.

An der höchstgelegenen Stelle des Zylinders ist zum Entlüften der Bremsanlage eine Entlüftungsschraube angebracht, um eventuell eingedrungene Luft aus der Bremshydraulik zu entfernen.

7.6.1.1 Sattel-Werkstoffe

Die Gehäuse der Faustsättel werden im Allgemeinen aus Kugelgraphitguss in den Qualitäten GGG50…60 gegossen. Bei Anforderungen an geringes Gewicht setzt man verschraubte Gehäuse ein, wobei die Zylinderseite aus hochfestem Aluminiumguss und die Gehäusepratze, die über die Scheibe auf den Belag der Felgenseite führt, aus hochwertigem Kugelgraphitguss besteht. Bei besonderen Anforderungen an geringes Gewicht wird das gesamte Gehäuse als ein Teil in Aluminium ausgeführt (s. ◘ Abb. 7.17 Faustrahmensättel).

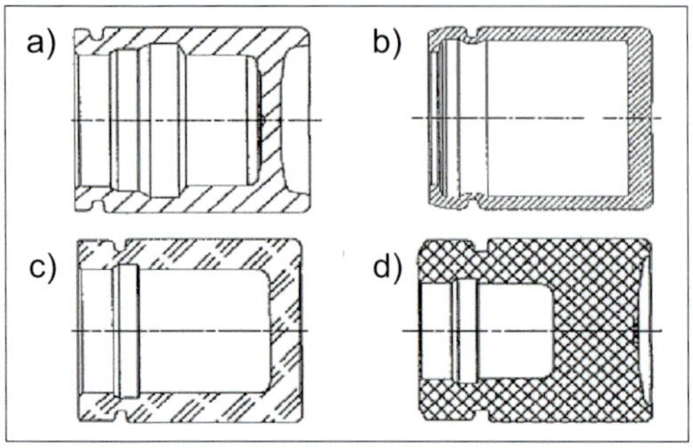

Abb. 7.13 Bremssattelkolben aus verschiedenen Werkstoffen, a) Grauguss, b) Stahl, c) Aluminium-Legierung, d) einspritzbare Kunststoffe

Bremskolben werden aus Grauguss, Stahl, Aluminium-Legierungen und Kunststoffen hergestellt (Abb. 7.13).

Bei Stahlkolben ist Tiefziehen und Fließpressen üblich.

Um die erforderliche Oberflächengüte und vor allem die Durchmessertoleranz sicherzustellen, ist ein Schleifen des Außendurchmessers notwendig.

7.6.1.2 Bremssattelauslegung

Hier verwendet man einen C^* Wert, der sich aus dem Verhältnis von Reibkraft F_U und Zuspannkraft des Kolbens F_S ergibt: (A_K = Kolbenfläche, p = hydraulischer Druck, μ = Belagreibwert):

$$C^* = 2\frac{F_U}{F_S} \quad (7.10)$$

mit $F_U = A_K\, p\, \mu$ und $F_S = A_K\, p$ gilt:

$$C^* = 2\mu \quad (7.11)$$

Die Zuspannkraft wird in der Kolbenmitte angreifend angenommen. Übliche Reibwerte für Scheibenbremsen liegen zwischen $\mu = 0{,}35$ bis $0{,}50$ (d. h. $C^* = 0{,}7\ldots 1{,}0$), wobei μ als mittlerer Betriebsreibwert der Belagmischung definiert ist. Er kann in Abhängigkeit von Scheiben- und Belagtemperatur, Fahrzeuggeschwindigkeit, Flächenpressung, etc. schwanken.

Die Steifigkeit eines Bremssattels wird indirekt über seine Fluidaufnahme über dem hydraulischen Druck im Zylinder definiert, die sogenannte „Volumenaufnahme“. Man berechnet die Volumenaufnahme mittels 3D-Modellen auf dem Computer und überprüft dies durch Messungen im Versuch.

Der auf das Fahrzeugleben bezogene Festigkeitsnachweis eines Faustsattelgehäuses erfolgt durch hydraulische Druckbeaufschlagung mit pulsierender Belastung. Diese Erprobung erfolgt im praktischen Versuch mit genau definierten Parametern.

7.6.1.3 Bremssattelausführungen

- **Festsattel**

Festsättel sind durch beidseitig der Scheibenreibflächen angeordnete Bremszylinder und durch ein feststehendes Gehäuse gekennzeichnet (Abb. 7.14).

Das Gehäuse besteht häufig aus zwei Hälften, die axial miteinander verschraubt sind. Die auf beiden Scheibenseiten befindlichen Kolben sind durch Kanalbohrungen in den Gehäusehälften oder zusätzliche Leitungen hydraulisch miteinander verbunden. Die Kanalbohrungen sind an der Kontaktfläche mit Dichtungen nach außen abgedichtet. Der Übergang dieser Bohrungen über den Scheibenaußendurchmesser ist thermisch sensibel. Besondere Maßnahmen zur Kühlluftführung und ausreichend gute Bemessung der Scheibe verhindern eine

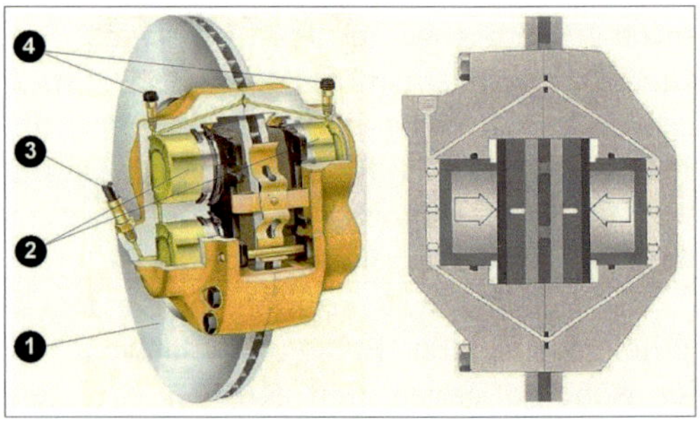

Abb. 7.14 Festsattel: 1) Bremsscheibe, 2) Bremskolben, 3) Hydraulischer Anschluss, 4) Entlüftung

Dampfblasenbildung, die den notwendigen Bremsdruckaufbau nicht ermöglicht (=„pedal to floor"). Die Beläge stützen sich tangential an Anschlagführungen seitlich der Kolben ab. Vorteil dieser Sattelkonstruktion ist die durch hohe Steifigkeit bedingte geringe Volumenaufnahme.

▪ Rahmensattel

Bei Rahmensattel befindet sich nur auf der inneren Seite des Sattels ein Kolben. Die Reaktionskraft des Kolbens wird mit einem beweglichen Rahmen über die Scheibe auf den felgenseitigen Belag übertragen. Dadurch, lässt sich die Bremsscheibe axial tiefer in die Felgenschüssel (d. h. zur Felgenaußenseite) verlagern. Dies erleichtert im Allgemeinen die Realisierung eines negativen Lenkrollradius. Das Zylindergehäuse ist im Rahmen befestigt (◘ Abb. 7.15).

Beide Beläge stützen ihre jeweiligen tangentialen Bremsumfangskräfte unmittelbar auf zwei Arme des mit der Radnabe bzw. Achsschenkels fest verschraubten Halters ab. Der Vorteil von Rahmensätteln gegenüber dem Festsattel ist die niedrige Bremsflüssigkeitstemperatur im Zylinder, da die Bremsflüssigkeit nicht über die Bremsscheibe geführt wird und der große, offene Belagschacht eine gute Kühlung der Beläge sicherstellt.

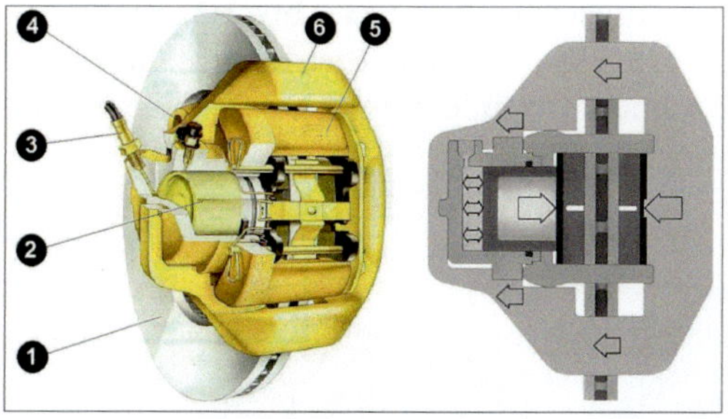

◘ **Abb. 7.15** Schwimmrahmensattel: 1) Bremsscheibe, 2) Kolben, 3) Hydraulik-Anschluss, 4) Entlüftungsschraube, 5) Halter (fest), 6) Rahmen

▪ Faustsattel

Faustsättel bieten die gleichen Einbauvorteile wie Rahmensättel. Weitere wesentliche Vorteile sind:

- großflächige Beläge,
- optimale Belagform mit an die Belagmechanik angepasster Geometrie,
- geringes Gewicht,
- kleine Baugröße.

Die Reaktionskraft des Kolbens wird hier nicht über den Rahmen, sondern über den Halter übertragen. Der meist einteilige Rahmen gleitet auf zwei Armen eines fest geschraubten Halters oder des Achsschenkels selbst. Die beiden Halterarme können auf der Felgenseite mit einer angegossenen Brücke oder über hakenförmige Enden der Belagträgerplatte verbunden sein.

Auf diese Weise ist es möglich, die Beläge beim Bremsvorgang zumindest teilweise als gezogene Beläge auszuführen (Pull–Push-Prinzip ◘ Abb. 7.16). Die axialen Reibungskräfte in den Halterführungen liegen auf der Scheibeneinlaufseite. Mit dieser Bauweise werden zwei wesentliche Funktionsvorteile erreicht: zum einen „schmiegen" sich die Beläge gleichmäßig an die Scheibenreibfläche an, was zum parallelen Belagverschleiß (gewünscht) wesentlich beiträgt; zum anderen werden Geräusche reduziert.

In ◘ Abb. 7.17 zeigt nur die bewegliche Faust von oben und unten mit eingebautem Hydraulikzylinder.

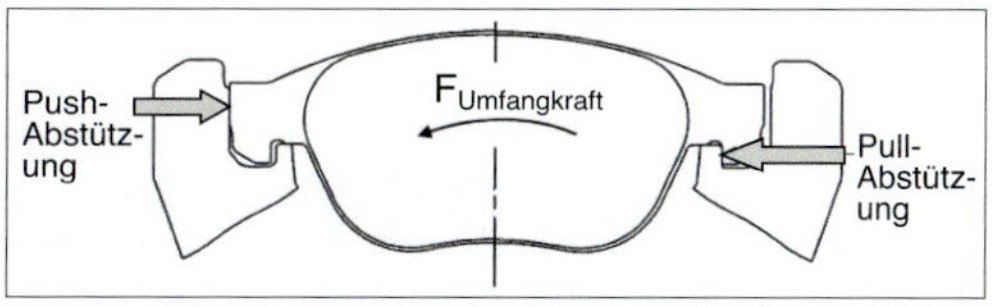

◘ **Abb. 7.16** Belagabstützung nach Push–Pull-Prinzip

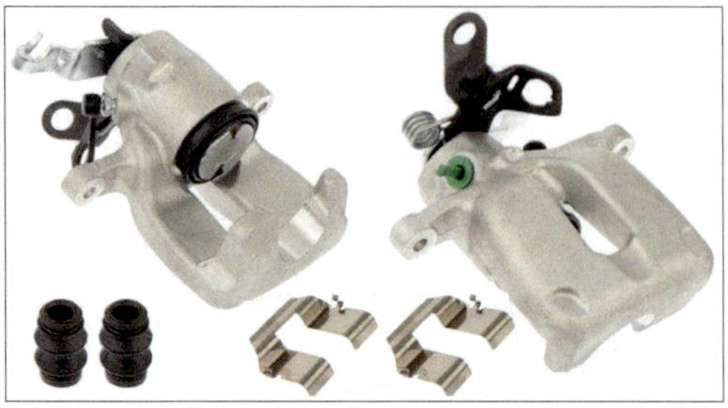

■ **Abb. 7.17** Faustsattelkomponenten von oben und unten

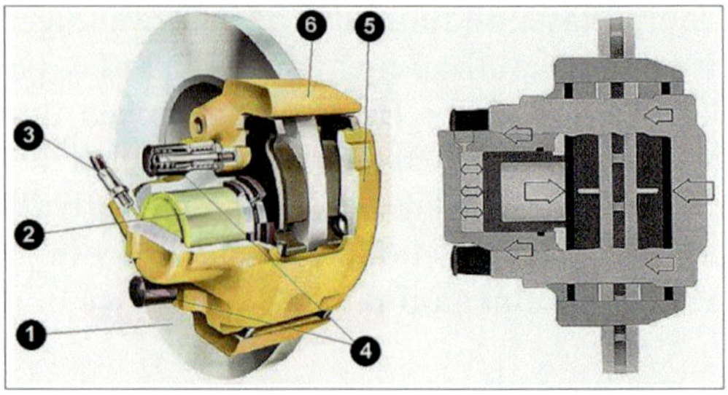

■ **Abb. 7.18** Faustsattel Bauart Continental FN: 1) Bremsscheibe, 2) Bremskolben, 3) Hydraulik-Anschluss, 4) Dämpfungshülsen, 5) Halter (fest), 6) Rahmen

7

■ **Faustsattel FN**

Durch eine spezielle Faustsattelkonstruktion (FN-Ausführung) lassen sich größere Reibradien und damit höhere Bremsmomente bei gleichem Bremsdruck realisieren. Die Gehäusebrücke kann an der engsten Konturenstelle in der Felge sehr lang und deshalb dünn gehalten werden, ohne dass die Sattelsteifigkeit (Volumenaufnahme) sich verschlechtert (■ Abb. 7.18).

■ **Faustrahmensattel FNR**

Im Vergleich zum Faustsattel FN ist eine weitere Vergrößerung des Scheibenaußendurchmessers ist bei Einsatz eines Faustrahmensattels FNR möglich (■ Abb. 7.19). Hierbei wird die Gehäusebrücke, wie beim Faustsattel beschrieben, ebenfalls nach außen um die beiden Halterarme herumgeführt. Darüber hinaus werden die Haltearme felgenseitig mit der mittleren Gehäusepratze zu einem einzigen Gussstück fest verbunden.

■ **Bremssattel mit Doppelkolben**

Für Fahrzeuge mit hoher Bremsleistung und dementsprechend großen Bremsbelagflächen werden Mehrkolben-Bremssättel zur homogenen Belaganpressung verbaut (Beispiel ■ Abb. 7.20).

7.6.1.4 Kombinierter Faustsattel

Beim Kombi-Faustsattel FNc (■ Abb. 7.21) werden die Funktionen von Betriebs- und Feststellbremse in einem Scheibenbremssattel zusammengefasst, wobei dieselben Reibpartner für beide Aufgaben genutzt werden.

Die Betriebsbremse funktioniert analog der des Faustsattels. Die Feststellbremse wird über einen Bowdenzug aktiviert, welcher über einen Hebelmechanismus die Betätigungswelle (6) im ■ Abb. 7.22 verdreht.

Da eine Scheibenbremse im Gegensatz zu einer Trommelbremse über keine Selbst-

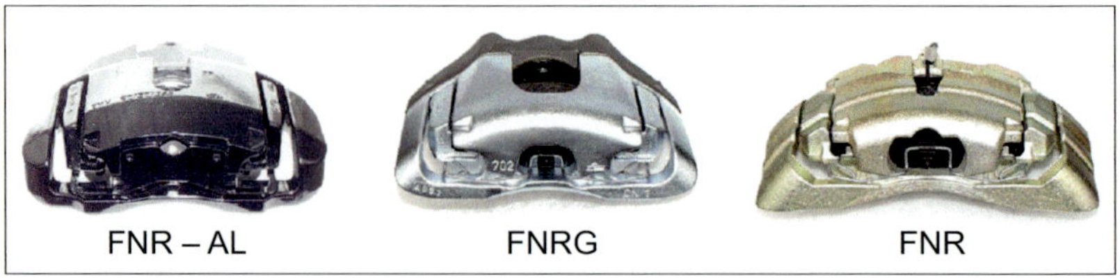

■ **Abb. 7.19** Varianten der Faustrahmensättel: FNR-AL Aluminium, FNRG Composite (Halter aus Aluminium, Brücke und Sattel aus Grauguss), FNR Grauguss

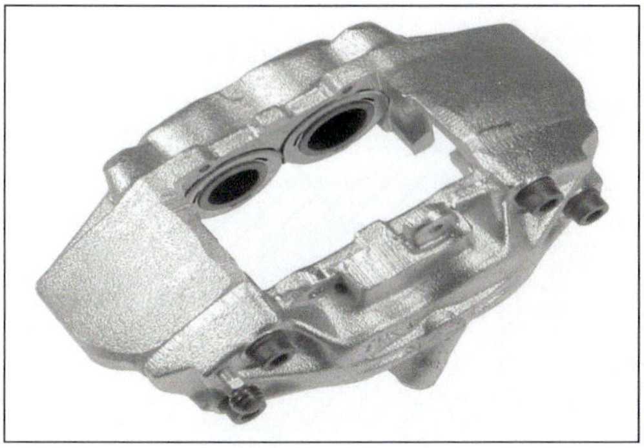

■ **Abb. 7.20** Festssattel mit Doppelkolben

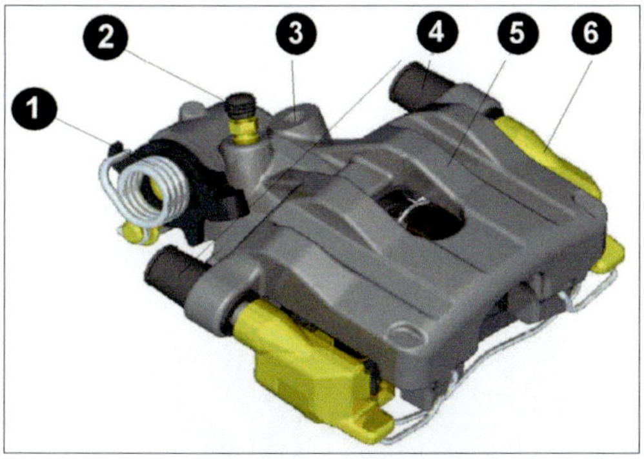

■ **Abb. 7.21** Kombi-Faustsattel FNc: 1) Spannvorrichtung, 2) Entlüftungsschraube, 3) Hydraulik-Anschluss, 4) Dämpfungshülsen, 5) Halter, 6) Rahmen

verstärkung verfügt, ist für die Feststellbremsfunktion eine erhöhte Kraft auf den Bremskolben aufzubringen. Die Betätigung erfolgt entweder klassisch über einen Handbremshebel (s. ■ Abb. 7.32) oder immer häufiger über einen elektrisch betriebenen Zentralaktuator („cable puller", s. ■ Abb. 7.42).

Tritt während einer Bremsung zusätzlich zu Belagkompression und Verformungen des Gehäuses noch Verschleiß auf, kann dieser Verschleißweg durch Gehäuseentlastung, bzw. durch die Rückstellfähigkeit des Dichtrings, nicht vollständig kompensiert werden. Es erfolgt eine Verschleißnachstellung.

Die Spindel (2) wird dann durch die Kraft der Rückstellfeder (4) wieder zur Anlage am Druckstück (5) gebracht.

Da aber die Rückstellfederkraft etwa der dreifachen Antriebsfederkraft entspricht, wird die Nachstellmutter (1) von der Spindel (2) mitgenommen, und der Reibkonus öffnet sich. Die Nachstellmutter wird durch die Antriebsfeder zur Drehung veranlasst und schließt den Reibkonus wieder. Damit ist ein axialer Längenausgleich (Nachstellung) erfolgt (■ Abb. 7.22).

7.6.2 Bremsscheibe

Metin Ersoy, James Remfrey, Michael Lingg und Frank Stebner

Der weitaus größte Teil der beim Bremsen umgesetzten Energie geht zunächst in die Scheibe und wird von dort an die Umgebungsluft weitergegeben. Im Reibring werden, z. B. bei wiederholten Bremsungen aus höherer Geschwindigkeit (Bergabfahrten), Temperaturen bis zu 700 °C erreicht. Um eine noch höhere Wärmeaufnahmekapazität zu erreichen, gibt es Entwicklungskonzepte für Systeme mit Doppelbremsscheiben. Diese haben sich bis jetzt nur bei Nutzfahrzeugen durchsetzen können.

7.6.2.1 Innenbelüftete Bremsscheibe

Innenbelüftete Bremsscheiben können die gespeicherte Wärmeenergie effizienter abgeben. Auf dem europäischen Markt haben sich aufgrund gängiger Leistungsanforderungen diese Bremsscheiben an der Vorderachse etabliert. An der Hinterachse kommen abhängig von fahrzeugvariantenspezifischen Parametern (Fahrzeugmasse, Achslastverteilung, Motorisierung, Marketingaspekte) wahlweise massive oder innenbelüftete Bremsscheiben oder Bremstrommeln zum Einsatz.

Eine weitere Maßnahme zur Verbesserung der Kühlung und des Ansprechverhaltens bei Nässe (Wasserempfindlichkeit) bildet der Einsatz von gelochten oder genute-

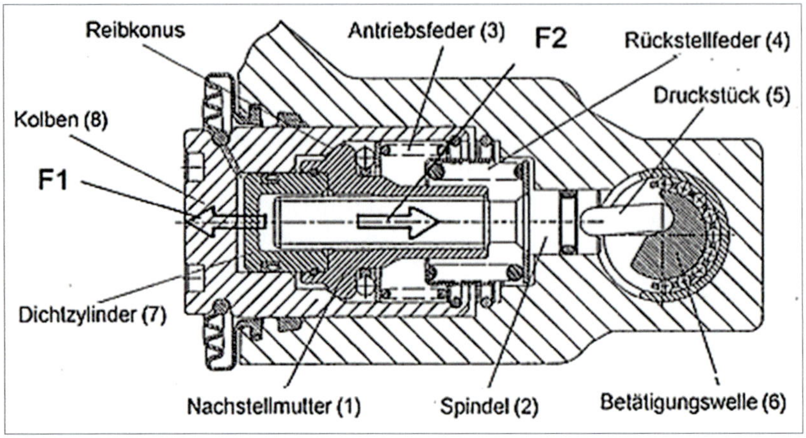

Abb. 7.22 Bremsbelag Verschleißnachstellung

ten Bremsscheiben. Allerdings ist dies mit höheren Kosten und u. U. einer stärkeren Geräuschbildung verbunden.

Derartige Nachteile werden vermieden, durch die sogenannte „ATE Power Disc", in deren Ringflächen eine Endlosnut eingearbeitet ist (Abb. 7.23).

Weitere Vorteile dieser Multifunktionsnut sind:

- optische Erkennung der Verschleißgrenze,
- verbessertes Bremsen bei Nässe und
- riefenfreies Verschleißbild von Belag/Scheibe.

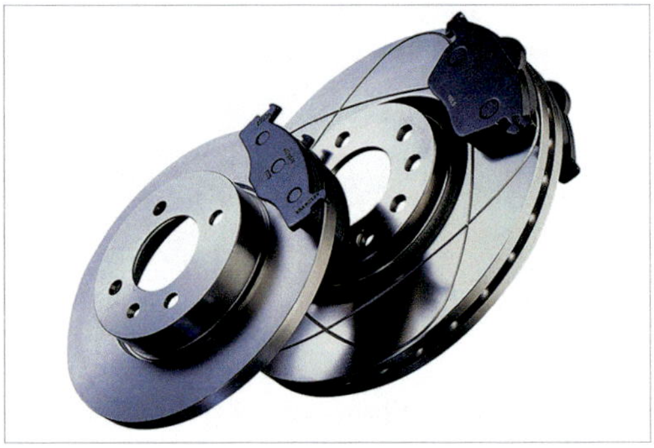

Abb. 7.23 Massive Bremsscheibe (links) und innenbelüftete ATE Power Disc (rechts) mit Bremsbelägen

7.6.2.2 Schirmung

Aufgrund der im Allgemeinen unsymmetrischen Anbindung des Reibrings an den Bremsscheibentopf kommt es bei Erwärmung zur sogenannten Schirmung der Bremsscheibe. Das heißt, die Reibflächengeometrie geht von einer Planfläche in eine Kegelfläche über. Das kann zu ungleichem Belag-/Scheibenverschleiß durch inhomogene Anlage der Belagreibfläche an den Reibring führen. Schirmung kann eine Ursache für Geräuschentwicklung und Rubbeln sein (für weitere Ursachen siehe z. B. [1] (Aufl. 4, Kap. 28). Als Rubbeln wird eine Kombination von Lenkradschwingung, Pedalpulsation und niederfrequenter Geräuschbildung bezeichnet. Durch konstruktive Maßnahmen kann die Schirmung reduziert werden (Abb. 7.24).

Zum Erreichen einer guten Bremsenqualität werden hohe Anforderungen an die Fertigungsgenauigkeit von Bremsscheiben gestellt. Ferner sind im Fahrzeugentsprechende Laufgenauigkeit der Scheibenanflanschfläche und optimiertes Lagerspiel sicherzustellen.

7.6.2.3 Schwimmend gelagerte Bremsscheiben

Schwimmend gelagerte Bremsscheiben bestehen aus zwei Einheiten: ein völlig pla-

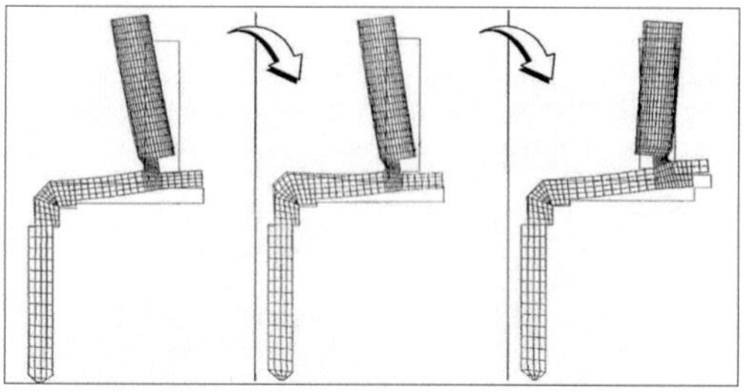

Abb. 7.24 FE-Analyse zur Reduzierung der Scheibenschirmung

ner äußerer Reibring ist in axialer Richtung verschiebbar auf einem inneren, nabenfesten Scheibenträger angebracht.

Vorteile sind:

- keine Schirmung,
- minimierte Wärmeleitung in die Radlagerung,
- reduziertes Lüftspiel, da die beweglich gelagerte Scheibe nicht die Beläge zurückdrückt.

Schwimmend gelagerte Bremsscheiben werden in Kombination mit Festsätteln eingesetzt, sie finden vorwiegend bei Motorrädern, Nkws und Hochleistungsfahrzeugen Verwendung.

7.6.2.4 Bremsscheiben-Werkstoffe

Für Standard-Bremsscheiben werden Legierungen auf Basis von Gusseisen mit Lamellengraphit eingesetzt (siehe z. B. EN 1561 oder DIN 1691), davon meist die Qualitäten EN-GJL-150…250 (bzw. GG15…GG25). Der im vorwiegend perlitischen Grundgefüge als Graphit vorliegende Kohlenstoff hat dabei im Wesentlichen eine lamellare Form. Spezielle Legierungszusätze wie Chrom, Kupfer, Molybdän, etc. ermöglichen eine Anpassung an spezielle Anforderungen für Bremsscheiben.

Um den Verschleiß zu verringern, insbesondere aber zur Reduktion der Feinstaubemission aus Bremsenabrieb (→ EU7), werden zunehmend Hartmetallbeschichtung auf GG-Bremsscheiben aufgebracht. Dabei handelt es sich in der Regel um Hartmetallpartikel in einer Edelstahlmatrix, die mittels Laser-Auftragsschweißen auf den Reibring aufgebracht werden.

So lassen sich Werkstoffeigenschaften wie Belastungsmechanik, Wärmeleitfähigkeit, Bearbeitbarkeit, Korrosions- und Verschleißverhalten verbessern.

In der Serienfertigung werden Bremsscheiben vorzugsweise aus Lammellengraphit (z. B. Grauguss GG 15) gefertigt. Die Eigenschaften von Grauguss kann man durch Zugabe unterschiedlichster Materialien verbessern. Molybdän und Chrom verbessern das Wärmerissverhalten und die Verschleißfestigkeit der Legierung. Die Wärmeaufnahmefähigkeit wird durch die Erhöhung des Kohlenstoffgehaltes verbessert.

Zweiteilige Bremsscheiben

Wesentliches Ziel zweiteiliger Bremsscheiben ist es, Gewicht zu reduzieren. Sie bestehen aus einem Bremsscheibentopf aus Aluminium und einem hochgekohlten Reibring aus Grauguss. Beide Bauteile werden an der Fügestelle durch Edelstahlnieten gesichert um die Übertragbarkeit relativ hoher Drehmomente zu gewährleisten und damit sich der Reibring bei Erwärmung unabhängig vom Scheibentopf axial ausdehnen kann. Somit werden thermische Verspannungen minimiert und Hitzerisse am Übergang vom Reibring zum Scheibentopf reduziert (Abb. 7.25) [6].

Durch den Einsatz von Aluminium am Bremsscheibentopf wird das Gewicht der Bremsscheibe um bis zu 20 % verringert.

Neben der Gewichtsreduzierung haben diese Bremsscheiben noch folgende Vorteile:

- Reduzierung des Kraftstoffverbrauchs und damit nachprüfbare CO_2-Einsparungen
- Verbesserte Wärmeleitfähigkeit reduziert den thermischen Verzug und minimiert das Bremsenrubbeln
- Höhere Belastbarkeit

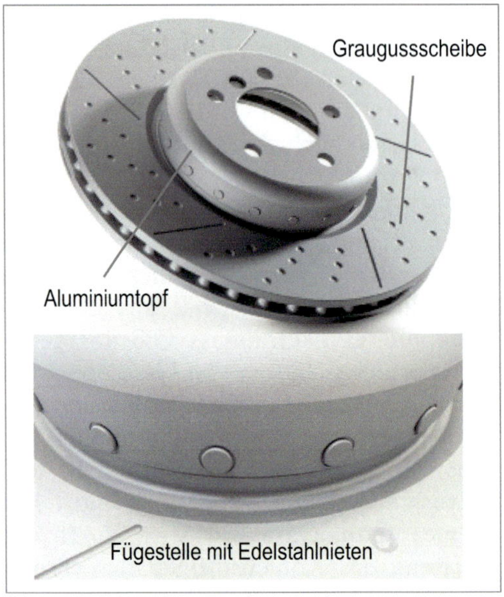

Abb. 7.25 Zweiteilige Bremsscheibe von Hella [6]

Abb. 7.26 C/SiC-Bremsscheibe – innenbelüftet (Foto: SGL Carbon)

- Reduzierung der Geräusche bzw. Vibrationen durch Entkopplung von Reibring und Scheibentopf
- Verbesserung der Fahreigenschaften durch Reduzierung der ungefederten Masse der Bremsanlage

Bremsscheiben aus C/SiC

Bei sehr hohen Standfestigkeitsanforderungen an die Bremsanlage (z. B. Hochleistungssportwagen, Rennbetrieb) können für die Reibringe der Bremsscheiben auch Carbon-Keramik-Materialien eingesetzt werden, welche über eine Flanschverbindung mit dem (metallischen) Scheibentopf verbunden werden (Abb. 7.26).

Ein solcher Verbundwerkstoff-Reibring besteht aus Kohlenstofffasern (Verstärkung), sowie Siliziumkarbid und metallischem Silizium (Matrix). Diese C/C-SiC-Kombination resultiert einerseits in einer hohen mechanischen Festigkeit, andererseits aber auch in einer hohen Härte des Werkstoffs bei relativ geringem Gewicht, was einige deutliche Vorteile gegenüber konventionellen Grauguss-Bremsscheiben hervorbringt:

- Sehr hohe Verschleißfestigkeit mit einer Lebensdauer bis 300.000 km.
- Extreme Temperaturwechselbeständigkeit im Vergleich zu GG-Werkstoffen.
- Korrosionsbeständigkeit (dadurch Entfall einiger begleitender Nachteile von GG-Scheiben, wie z. B. Bremsstaubbildung oder festrostende Bremsbeläge).
- Verringerung der ungefederten Massen.

Allerdings sind solche Carbon-Keramik-Bremsscheiben erheblich teurer als GG-Bremsscheiben. Das dabei eingesetzte LSI-Verfahren (Liquid Silicon Infiltration) gliedert sich im Wesentlichen in das Warmpressen eines Rohlings, dessen Karbonisierung/Pyrolyse und das anschließende Silizieren [7]. Diese Prozessschritte finden teilweise bei sehr hohen Temperaturen und Schutzgas- bzw. Vakuum-Atmosphäre statt, was zu einem sehr hohen technischen und zeitlichen Aufwand für die Herstellung führt.

Bremsscheiben mit Hartbeschichtung

Der „Green Caliper“ ist ein Vorderachsen-Bremssattel mit fortschrittlichen Funktionen zur Verbesserung des Restwiderstands und der Möglichkeit, Gleitschienen mit einer speziellen Oberflächenbehandlung für geringe Reibung zu verwenden. Die Belagfläche ist unter Berücksichtigung der Rekuperation reduziert, und das Gewicht des Bremssattels ist optimiert. Eine weitere Gewichtsoptimierung ist durch Reduzierung der Belagstärke für Elektrofahrzeuge möglich.

Staub, der durch Bremsen entsteht (Feinstaubemissionen von Scheiben-/Trommel- und Bremsbelag sowie Bremsbackenabrieb), soll in der Zukunft reduziert werden, um die Gesamtpartikelemissionen des Fahrzeugs zu senken. Bei Bremssätteln ist einer der aktuellen Ansätze das Auftragen einer Hartbeschichtung auf die Bremsscheibe, was den Abrieb reduziert. Diese Lösung ist jedoch wegen der kostenintensiven Beschichtung teuer. Dennoch sind Bremssättel eine attraktive Wahl, insbesondere an der Vorderachse und für schwere Fahrzeuge. Daher ist es notwendig auch Bremssättel für hartbeschichtete Scheiben zu entwickeln, die die Partikelemissionen reduzieren. Um auch die Restreibung der Bremsbacken zu verringern, die nach dem Bremsvorgang in Kontakt mit der Scheibe bleiben, ist ein Bremssatteldesign mit einem größeren Luftspalt zwischen Scheibe und Belag sowie eine Lösung zum aktiven Zurückziehen der Bremsbeläge realisiert (◘ Abb. 7.27) [8].

◘ **Abb. 7.27** Bremsscheibe mit hartbeschichteter Oberfläche (rechts)zur Reduzierung der Feinstaubemmision [8]

7.6.3 Bremsbelag

James Remfrey

Der wesentliche Faktor für die Wirksamkeit einer Bremse ist der Bremsbelag [9, 10]. Seine physikalischen und chemischen Eigenschaften bestimmen die Qualität einer Bremsanlage entscheidend. Anforderungen an einen Bremsbelag sind u. a.:

- Reibwertniveau μ,
- Reibwertkonstanz (z. B. bei unterschiedlicher Temperatur, Nässe, Salz oder Schmutz),
- geringer Belagverschleiß sowie geringer Verschleiß des Reibpartners (Trommel/Scheibe),
- minimale Geräuschbildung bzw. hohe Geräuschdämpfung, z. B. gegen (hochfrequentes) Quietschen und (niederfrequentes) Rubbeln,
- geringe Kompressibilität.

Belagwerkstoffe sind Mischungen aus Metallen (bis 65 %) wie Eisen, Kupfer und Messing sowie Graphit und Bindemittel zur Erzeugung der Formstabilität.

Weiter kommen Fasern aus Glas, Karbon und Gummi zum Einsatz. Diese werden auf eine Trägerplatte aus Metall oder Sinterwerkstoff aufgebracht und durch hohe Temperaturen und Druck miteinander verklebt.

Das früher verwendete Asbest darf seit dem Erlass der Asbestverordnung in der EU in 1990 nicht mehr eingesetzt werden. Ersetzt wurde dieser Werkstoff durch Metall- und Faseranteile.

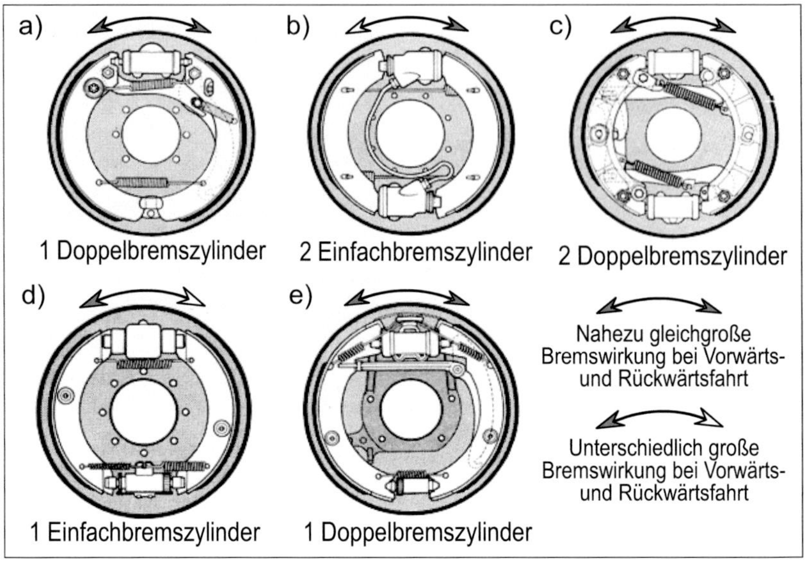

Abb. 7.28 a) Simplex-Trommelbremse, b) Duplex-Trommelbremse, c) Duo-Duplex-Trommelbremse, d) Servo-Trommelbremse, e) Duo-Servo-Trommelbremse

7.6.4 Trommelbremse

Metin Ersoy und James Remfrey

Trommelbremsen sind Radialbremsen. Sie haben zwei Bremsbacken, die durch hydraulische Radzylinderbetätigung beim Bremsen nach außen gegen die Reibfläche der Trommel gedrückt werden. Bei Beendigung der Bremsung ziehen Federn die Bremsbacken wieder nach innen, sodass zwischen Trommelreibfläche und Bremsbelägen ein „Lüftspiel" entsteht. Im heutigen Automobilbau werden hauptsächlich die Simplex-Trommelbremse (Abb. 7.28a) und die Duo-Servo-Trommelbremse (Abb. 7.28e) eingesetzt.

Durch die sehr hohen Anforderungen (thermische Belastbarkeit, Dosierbarkeit) an Vorderachsbremsen werden Trommelbremsen ausschließlich an der Hinterachse verbaut.

Der Einsatz von Trommelbremsen beschränkt sich beim Pkw auf die kleineren Fahrzeuge. Interessant wird die Trommelbremse wieder für E- und Hybridfahrzeuge. Wegen der Rekuperation (s. ► Abschn. 7.7.5) werden die mechanischen Bremsen hier erfahrungsgemäß weniger genutzt als bei Verbrennern. Einen Teil der Verzögerung übernimmt der Elektromotor, der in diesem Fall als Generator zum Einsatz kommt und Bremsenergie in die Batterie zurückspeist. Das wiederum entlastet die Bremse, die im Falle der Scheibenbremse bei wenig Nutzung gerne Rost ansetzt. Auf lange Sicht kann das dazu führen, dass die mechanischen Bremsen wegen zu tiefer Roststellen auf den Bremsscheiben nicht mehr gleichmäßig wirken – das Auto zieht beim Bremsen zur Seite. Damit es nicht so weit kommt, müssen die Bremsscheiben der meisten Elektroautos häufiger getauscht werden.

Die Trommelbremse ist diesbezüglich robuster. Ihre Bauteile sind vor Schmutz und Wasser geschützt. Selbst wenn man sie wenig nutzt, gibt es kaum Probleme durch Rost [11]. Ein weiterer Vorteil, gerade bei einem Elektroauto z. B. wie dem ID.3, ist das Gewicht der Trommelbremse. Im Vergleich zur Scheibenbremse ist die Trommelbremse deutlich leichter, was der

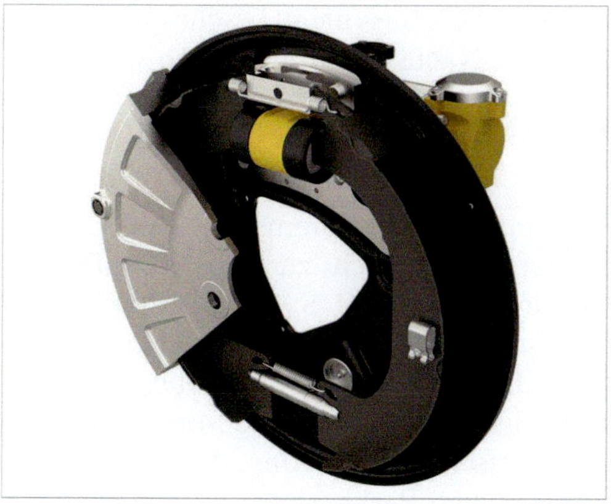

■ **Abb. 7.29** Trommelbremse für Elektroautos [11]

elektrischen Reichweite zugutekommt (■ Abb. 7.29).

7.6.4.1 Simplex-Trommelbremse

Bei Personenwagen kann diese Bauart an der Hinterachse aus Kostengründen (Integration der Feststellbremsfunktion) eingesetzt werden. Das erzeugte Bremsmoment ist nur wenig von Reibwertschwankungen abhängig ($C^*=2{,}0$ bis 2,3, s. ■ Abb. 7.7), sodass eine gleichmäßige Bremswirkung (links/rechts) erreicht wird und damit das Fahrverhalten während der Bremsung ausreichend stabil ist.

Die in Fahrtrichtung vorn liegende Bremsbacke, die Primärbacke, erzeugt rund 65 % des Bremsmomentes, die hinten liegende Sekundärbacke nur etwa 35 %. Der Primärbelag wird daher zum Verschleißausgleich dicker ausgeführt, oder der Umfangswinkel beider Backen wird unterschiedlich groß gewählt. Er ist der Winkel, über den der Belag Kontakt mit der Trommel hat.

7.6.4.2 Duo-Servo-Trommelbremse

Diese Bremse (■ Abb. 7.28e) erzeugt ein sehr hohes Bremsmoment, da das Nacheinanderschalten der beiden Bremsbacken eine besonders wirksame Selbstverstärkung erzeugt ($C^*=3{,}5$ bis 6,5). Duo-Servo-Trommelbremsen werden daher häufig in Fahrzeugen mit hoher Nutzlast, etwa kleinen bis mittleren Lkw, verbaut.

Durch Befestigung eines Hebels an der Sekundärbacke und einer Druckstange zur Übertragung einer Reaktionskraft auf die Primärbacke lässt sich eine Feststelleinrichtung leicht integrieren. Zweckmäßig ist der Einsatz der Duo-Servo-Trommelbremse in Kombination mit einer Scheibenbremse (= *drum-in-hat)* (■ Abb. 7.30).

Die nur mechanisch betätigte Trommelbremse übernimmt hierbei die Funktion der Feststellbremse und die Scheibenbremse den Betriebsbremsanteil der Hinterachse. Ein Vorteil dieser Kombination ist, dass die Beläge für Feststell- und Betriebsbremse

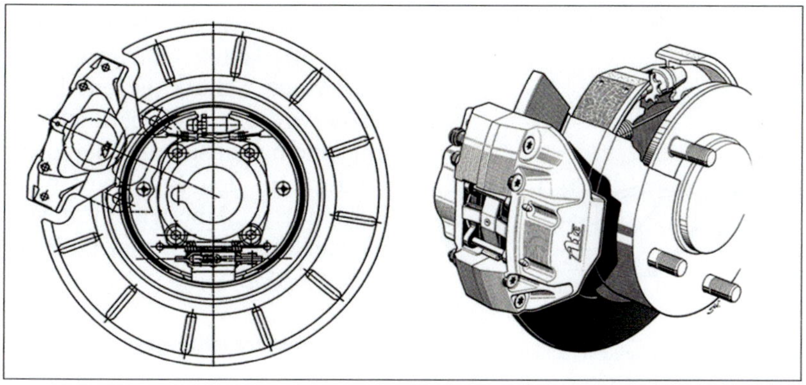

■ **Abb. 7.30** Kombination aus Scheiben- und Duo-Servo-Trommelbremse (Topf-Bremse)

unabhängig voneinander optimal ausgelegt werden können.

7.6.4.3 Bremstrommel-Werkstoffe

Aufgrund der kostengünstigen Herstellung sind Bremstrommeln aus Grauguss heute gerade in Fahrzeugender unteren Gewichtsklasse allgemein verbreitet. Für besondere Anwendungen gibt es gewichtsoptimierte Lösungen. Beispiele hierzu sind:

- Zweiteilig in Verbundguss hergestellt: Der äußere Bereich besteht aus einer Aluminiumlegierung, innen ist wegen der geeigneteren Reibpaarung ein Graugussring eingesetzt.
- Matrix aus Keramik bzw. Aluminiumoxid eingegossen in Aluminiumtrommel.

Diese Verbund-Bremstrommeln aus Aluminium sind anspruchsvoll in der Herstellung und haben wegen der niedrigen Temperaturbeständigkeit einen eingeschränkten Leistungsbereich. Am besten eignen sie sich daher für Hinterachsbremsen besonders leichter Fahrzeuge.

7.6.4.4 Nachstellung

Reibbelagverschleiß bei Trommelbremsen kann durch manuelle Nachstellung mit einfachen Werkzeugen ausgeglichen werden (◘ Abb. 7.31).

Da die Wartungsintervalle moderner Fahrzeuge aber immer länger werden und sich dadurch bis zur Nachstellung unerwünschter Bremspedalhub einstellen würde, werden auch hier nicht beschriebene automatische Nachstelleinrichtungen verbaut.

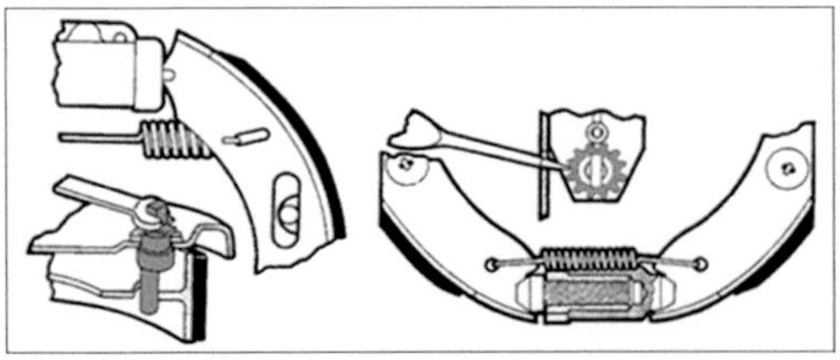

◘ **Abb. 7.31** Manueller Reibbelagverschleißausgleich von Trommelbremsen durch Exzenter- (links) und Zahnradnachstellung (rechts)

7.6.4.5 Mechanische Feststellbremsen

Mit einer Trommelbremse ist die Feststellbremsfunktion leicht zu realisieren. Die Betätigungskraft wird Systeme mit rein mechanischer Betätigung über Hand oder Fußhebel in Gebrauch (◘ Abb. 7.32). Sie werden jedoch zunehmend von einer elektromotorischen Betätigung, der sogenannten „elektrischen Parkbremse“ (EPB) ersetzt (s. ► Abschn. 7.6.8.3).

7.6.5 Bremsleitungen und -schläuche

James Remfrey

Zur Verbindung der hydraulischen Komponenten eines Bremssystems werden hochdruckfeste Bremsrohr-, Bremsschlauch- und armierte Schlauchleitungen (Flexleitungen) verwendet. Wesentliche Anforderungen sind Druckfestigkeit, mechanische Belastbarkeit, geringe Volumenaufnahme, chemische Beständigkeit zum Beispiel gegen Öl, Kraftstoffe und Salzwasser sowie thermische Unempfindlichkeit.

Bremsrohrleitungen stellen die hydraulische Verbindung zwischen unbeweglichen Anschlusspunkten dar. Sie bestehen aus doppelt gewickelten, hartgelöteten Stahlrohren. Zum Schutz gegen Umgebungseinflüsse wird die Rohroberfläche verzinkt und mit einem Kunststoff überzogen. Die Verbindung zu den Bremsenkomponenten erfolgt durch „Überwurfmuttern“ nach unterschiedlichen Normen (z. B. DIN 74234/ JASO F402).

Bremsschlauchleitungen finden sich an den Übergängen zu beweglichen, dynamisch stark beanspruchten Teilen wie

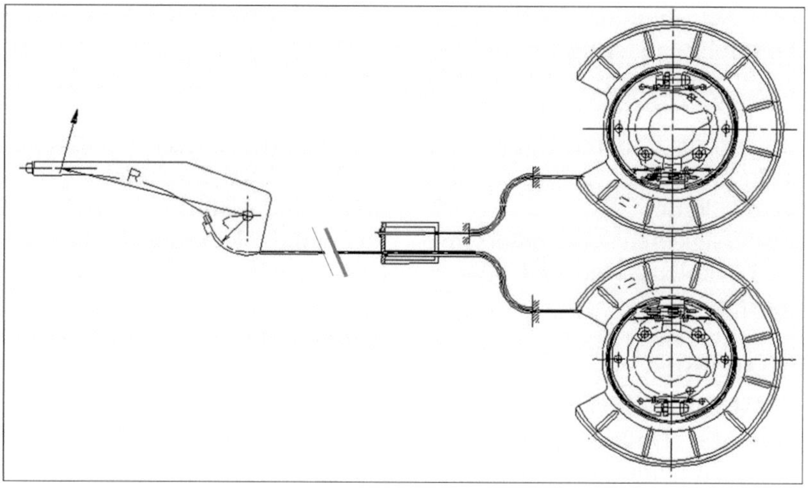

Abb. 7.32 Konventionelle Betätigungsmechanismus der Feststellbremse („Handbremse")

Achsschenkel oder Bremssattel. Sie stellen die einwandfreie Weiterleitung des Flüssigkeitsdrucks zu den Bremsen auch unter extremen Bedingungen sicher. Bremsschlauchleitungen bestehen aus einem Innenschlauch, einem zweilagigen Geflecht als Druckträger und einer äußeren Gummischicht zum Schutz des Druckträgers vor äußeren Einflüssen. Hier erfolgt die Verbindung zu den Bremsenkomponenten durch eine Schlauchgewindearmatur.

Armierte Bremsschlauchleitungen (Flexleitungen) werden ähnlich wie Bremsschlauchleitungen an den Übergängen zu dynamisch beanspruchten Teilen verbaut. Sie bestehen aus Poly-Tetrafluor-Ethylen (PTFE) Leitungen mit Edelstahlgeflecht als Druckträger und ggf. einem anderen thermoplastischen Elastomer als äußere Schutzschicht. Dadurch ergibt sich eine gewisse Flexibilität, sodass Flexleitungen nur für Verbindungen mit geringer Bewegung genutzt werden, wie sie zum Beispiel durch Belagverschleiß an den Bremssätteln auftreten. Flexleitungen dämpfen die Körperschallübertragung und werden deshalb auch zur Verbesserung des akustischen Komforts, zum Beispiel zwischen Tandem-Hauptzylinder und Hydraulikeinheit eingebaut.

7.6.6 Bremsflüssigkeit

James Remfrey

Im hydraulischen Teil der Bremsanlage ist Bremsflüssigkeit das Medium für die Kraftübertragung zwischen Tandem-Hauptzylinder, hydraulischer Regeleinheit und den Radbremsen. Zusätzlich hat sie die Aufgabe, bewegte Teile wie z. B. Dichtungen, Kolben und Ventile zu schmieren und vor Korrosion zu schützen.

Bremsflüssigkeit muss auch bei Tieftemperaturen (bis zu −40°C) gute Fließeigenschaften besitzen (geringe Viskosität), um sowohl ein gutes Ansprech- und Löseverhalten der Bremsen als auch eine gute Funktion der elektronischen Regelsysteme zu ermöglichen. Darüber hinaus muss die Bremsflüssigkeit eine hohe Siedetemperatur aufweisen, damit es selbst bei stärkster thermischer Belastung der Bremsanlage nicht zur Dampfblasenbildung kommt. Die Kompressibilität von Dampfblasen würde dazu führen, dass wegen des begrenzten Ausstoßvolumens des Tandem-Hauptzylinders kein ausreichend hoher Druck mehr aufgebaut werden kann.

Bei Bremsflüssigkeiten wird unterschieden zwischen Glykolbasierten und Silikonbremsflüssigkeiten.

7.6.6.1 Einbau von Übertragungselementen

Die Elastizität des Hydrauliksystems ist möglichst gering zu halten, um eine direkte Anbindung der Betätigungselemente an die radseitige Aktorik zu gewährleisten.

Luft-/Gasblasen sind somit im Hydrauliksystem unerwünscht. Daher sind nach Montagearbeiten am Bremssystem Entlüftungsprozeduren vorgeschrieben.

Zur Durchführung dieser Prozeduren und für den normalen Betrieb ist es notwendig, dass sich an keiner Stelle im Hydrauliksystem Gasblasen ansammeln können, was durch eine entsprechende Leitungsführung *(Routing)* erreicht werden kann. Somit sind alle flüssigkeitsführenden Leitungen wie Bremsleitungen und Schläuche so zu verlegen, dass ggf. Gasblasen ungehindert den höchsten Punkt des Bremssystems (Ausgleichsbehälter) erreichen und entweichen können.

Aufgrund der mechanischen Belastung von Leitungen und Schläuchen gelten darüber hinaus Mindestbiegeradien, die bei der Verlegung nicht unterschritten wer-den dürfen. Bremsschläuche werden in Bereichen ein-gesetzt, in denen eine flexible Verbindung (besonders Radhubkinematik und Lenkeinschlag) zwischen den Bremskomponenten erforderlich ist. Sie dürfen im Wesentlichen nur auf Biegung (z. T. auch Torsion) beansprucht werden. Zugbeanspruchung ist nicht zulässig.

7.6.7 Bremskraftverstärker

Metin Ersoy und James Remfrey

Bremskraftverstärker verstärken die Fußkraft am Pedal durch eine sogenannte „Hilfskraft". Sie erhöhen damit den Bedienkomfort und die Fahrsicherheit. Es werden heute hauptsächlich zwei Bauarten verwendet:

- Vakuum-Bremskraftverstärker,
- Hydraulik-Bremskraftverstärker

7.6.7.1 Vakuum-Bremskraftverstärker

Der Unterdruck-Bremskraftverstärker – auch Vakuum-Booster genannt – hat sich bisher trotz seiner deutlich größeren Abmessungen gegenüber dem Hydraulik-Bremskraftverstärker behaupten können. Wesentliche Gründe hierfür sind seine kostengünstige Bauart sowie die Tatsache, dass in der Vergangenheit bei den meisten Saugmotoren Unterdruck ohnehin zur Verfügung stand. Aktuelle Trends in der Motorentwicklung (Dieselmotoren, direkteinspritzende Ottomotoren und Ottomotoren mit signifikant reduzierten Ansaugverlusten) erfordern mittlerweile externe Quellen zur Vakuumerzeugung (s. ▶ Abschn. 7.6.7.2).

Die Funktionen des Vakuum-Bremskraftverstärkers können entsprechend der vier Stellungen aus dem ◘ Abb. 7.33 erläutert werden:

▪ Lösestellung

In dieser Stellung herrscht auf beiden Seiten des Membrantellers der gleiche Unterdruck. Die Gerätefeder hält den Membranteller gegen den auf den Querschnitt des Steuergehäuses wirkenden Atmosphärendruck in seiner Ausgangsstellung.

▪ Teilbremsstellung

Bei Betätigung der Kolbenstange mittels Bremspedals schließt das Tellerventil zu-

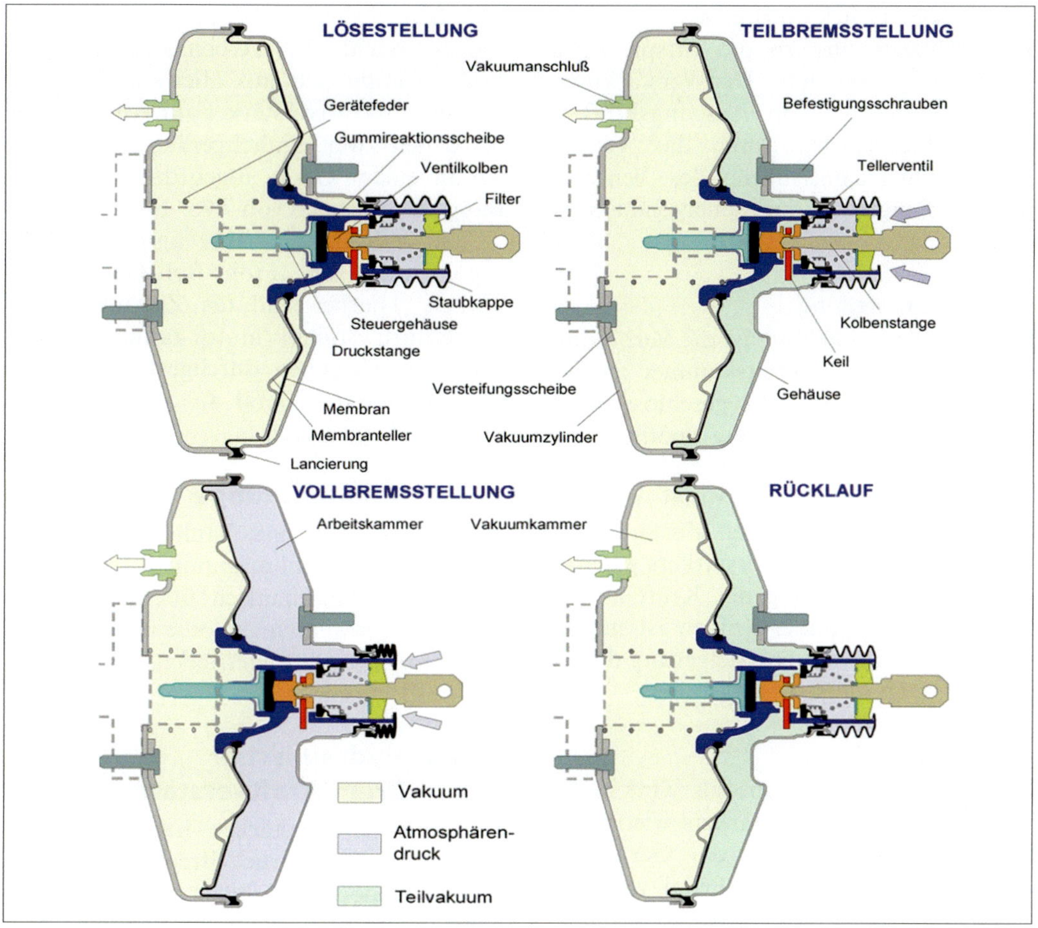

Abb. 7.33 Betriebsstellungen eines Einfach-Vakuum-Bremskraftverstärkers

nächst die Vakuumverbindung der pedalseitigen Arbeitskammer. Im weiteren Verlauf der Bewegung wird der Außenluftkanal geöffnet. Dadurch baut sich vor dem Membranteller atmosphärischer Druck auf. Zwischen dem vorderen und dem hinteren Raum des Verstärkers entsteht so ein Druckunterschied, der den Membranteller in Richtung Tandem-Hauptzylinder zieht und so die Fußkraft unterstützt. Die Hilfskraft ist dabei das Produkt aus Druckdifferenz und Membrantellerfläche. Im Tandem-Hauptzylinder baut sich durch die Vorwärtsbewegung der Kolben hydraulischer Druck auf. Bei konstanter Fußkraft kommen die Kolben im Tandem-Hauptzylinder, die Druckstange und der Ventilkolben nach einer von der Höhe der Fußkraft abhängigen Verschiebung zum Stillstand. Jetzt bewirkt die Gummireaktionsscheibe, dass sich der Ventilkolben auf das Tellerventil setzt und die Zufuhr von Außenluft stoppt. Damit ist eine sogenannte „Bereitschaftsstellung“ erreicht, die bei jeder Änderung der Pedalkraft eine Vergrößerung bzw. Verkleinerung der Druckdifferenz zwischen beiden Seiten des Membrantellers bewirkt. Es wird analog zur Pedalkraft der hydraulische Druck im Bremssystem erhöht bzw. reduziert und so die entsprechende Verzögerung eingestellt. Der Verstärkungsfaktor (Verhältnis von Ausgangskraft zu Eingangskraft) wird durch das Verhältnis der Querschnittsfläche des Ventilkolbens zur Ringfläche des Steuergehäuses bestimmt.

- **Vollbremsstellung**

In der Vollbremsstellung ist die Verbindung der pedal-seitigen Arbeitskammer zur Vakuumkammer vollständig geschlossen und der Außenluftkanal ständig geöffnet. Damit wirkt auf den Membranteller der Atmosphärendruck, die maximal mögliche Hilfskraft erreicht. Dieser Zustand wird „Aussteuerpunkt" des Verstärkers genannt. Eine weitere Erhöhung der Kraft auf die Tandem-Hauptzylinder-Kolben ist nun alleinig durch eine weitere Steigerung der Betätigungskraft möglich.

- **Rücklauf**

Beim Lösen des Bremspedals wird in beiden Kammern des Verstärkers wieder Unterdruck aufgebaut und die Gerätefeder stellt Membranteller und Pedal wieder in die Ausgangsposition zurück.

Neben der oben dargestellten Bauart sind auch Bremskraftverstärker in Zugankerbauart verbreitet.

Bei diesem Gerät wird die bei Betätigung auftretende Zugkraft nicht über die Gehäuseschalen übertragen, sondern über Bolzen (Zuganker), die das Gerät inklusive Membran und Membranteller vollständig durchdringen. Diese Konstruktion erlaubt deutlich dünnwandigere und aus anderen Materialien (Aluminium, Kunststoff) gefertigte Gehäuse und damit erhebliche Gewichtseinsparungen. Darüber hinaus wird die Aufweitung des Gehäuses (Dehnung) minimiert.

Als Boostergröße wird üblicherweise der Durchmesser des Verstärkers in Zoll angegeben. Gängige Gerätegrößen liegen zwischen 7″ und 11″. Bei größeren Fahrzeugen reicht das Arbeitsvermögen der Einfachgeräte nicht aus. Hier kommen Tandem-Bremskraftverstärker zur Anwendung, bei denen zwei Einfachgeräte hintereinander in einem Gerät angeordnet sind. Die Baugrößen reichen von 7″/8″ bis 10″/10″.

Für bestimmte Fahrzeugmontagekonzepte wurden sog. „Front-Bolt-Geräte" entwickelt. Hierbei sind die Zuganker hohl ausgeführt, sodass motor-raumseitig Befestigungsschrauben durchgesteckt werden können, um das Gerät an der Fahrzeugspritzwand zu fixieren.

7.6.7.2 Vakuumpumpe

Vakuumpumpen sind baulich als Flügelzellen- oder Membranpumpen ausgeführt und können mechanisch über eine Zapfwelle am Verbrennungsmotor oder bedarfsgerecht elektrisch angetrieben werden (power-on-demand).

7.6.7.3 Hydraulischer Bremskraftverstärker

Hydraulische Verstärker haben im Vergleich zu Unterdruck-Bremskraftverstärkern Vorteile im Hinblick auf die erzeugbare Hilfskraft (deutlich höherer Aussteuerpunkt) bei gleichzeitig höherer Energiedichte. Dem stehen die höheren Kosten und die im Vergleich zum Vakuum-Bremskraftverstärker unterschiedliche Pedalcharakteristik (kein Springer) gegenüber.

Hydraulische Verstärker (◘ Abb. 7.34) werden in schweren Pkws (z. B. gepanzerten Sonderschutzfahrzeugen) eingesetzt. Hier ist die hohe Verstärkungskraft vorrangig einer optimalen Pedalcharakteristik.

7.6.7.4 Elektrischer Bremskraftverstärker

Mit der zunehmenden Elektrifizierung der Fahrzeugflotten und dem steigenden Bedarf an leistungsfähigeren Assistenzsystemen wird die Elektrifizierung des Brems-

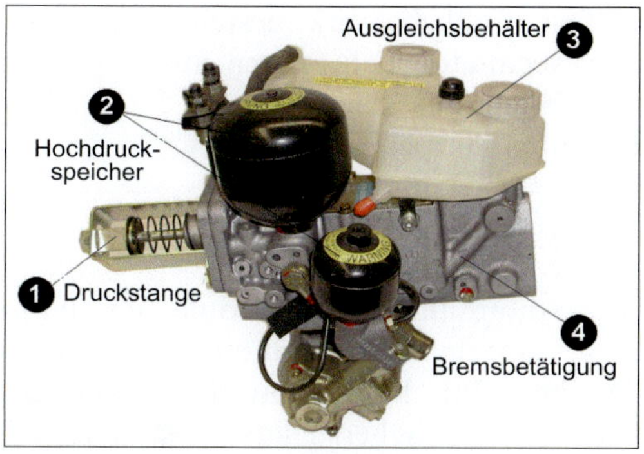

Abb. 7.34 Hydraulik-Bremskraftverstärker für Sonderschutzfahrzeuge: 1) Druckstange, 2) Hochdruckspeicher, 3) Ausgleichsbehälter, 4) Bremsbetätigung

kraftverstärkers notwendig. Der elektronische Bremskraftverstärker (eBKV) bietet gegenüber dem konventionellen Unterdruckverstärker mehrere Vorteile. Er ist unterdruckunabhängig, diagnosefähig und elektromechanisch regelbar. Der größte Vorteil zeigt sich jedoch in Kombination mit einem hybriden bzw. elektrischen Antrieb, da er so optimal für die Bremsrekuperation und das Brake Blending genutzt werden kann. Damit kann das generatorische Drehmoment der Antriebsmaschine verwendet werden, um das Fahrzeug zu verzögern, ohne die hydraulische Bremse zu betätigen. In diesem Fall muss der eBKV die fehlende hydraulische Gegenkraft im Bremspedal regelungstechnisch kompensieren.

Der eBKV bleibt mechanisch mit dem hydraulischen Bremssystem verbunden und kann auch ohne Versorgungsspannung, wenn auch mit erhöhter Fußkraft, betätigt werden. In Verbindung mit dem ESP spricht man in der Regel von einem „2-Box-System".

7.6.7.5 Ausgleichbehälter

Der Ausgleichbehälter eines Bremssystems

- beinhaltet das Reservevolumen für die zusätzliche Volumenaufnahme durch Belagverschleiß,
- reduziert das Aufschäumen der Bremsflüssigkeit,
- gewährleistet den Volumenausgleich innerhalb der Bremsanlage in allen Fahrzuständen und unter allen Umgebungsbedingungen,
- verhindert bei unterschiedlichen Fahrsituationen das Ansaugen von Luft in das Bremssystem,
- trennt bei absinkendem Flüssigkeitsspiegel das Reservevolumen der beiden Hauptzylinderkreise und zeigt dieses mit der Bremsenwarnlampe dem Fahrer an.

7.6.7.6 Tandem-Hauptzylinder

Der Tandem-Hauptzylinder wandelt die Ausgangskraft des Bremskraftverstärkers in hydraulischen Druck um. Auf Grund der gesetzlich geforderten Zweikreisigkeit der Bremsanlage werden Einfach-Hauptzylinder nur in Sonderfällen (z. B. Rennfahrzeugen) eingesetzt (Abb. 7.35).

Der heute generell eingesetzte Tandem-Hauptzylinder (THz) entspricht einer Kombination zweier hintereinander geschalteter Hauptzylinder in einem Gehäuse. Er ermöglicht den Druckaufbau und -abbau in der Bremsanlage. Bei Volumenänderungen im Bremssystem, z. B. bei Temperaturänderungen oder Verschleiß der Bremsbeläge, wird bei nicht betätigtem Bremspedal über die Ausgleichbohrung

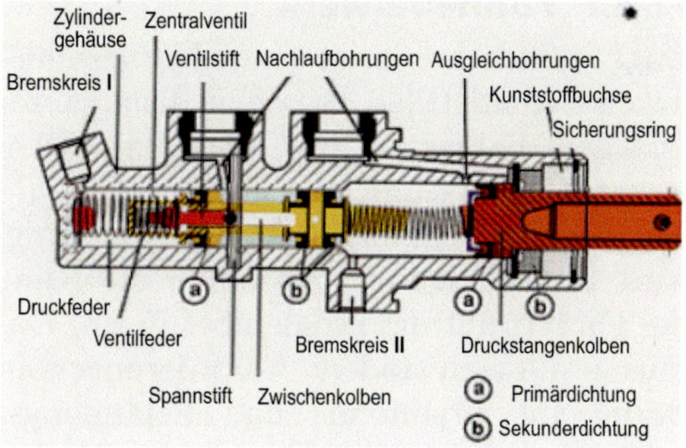

Abb. 7.35 Gestufte Tandem Hauptbremszylinder [12]

und den Ausgleichbehälter der Volumenausgleich sichergestellt.

Die Kolben begrenzen zwei Kammern, die des Primärkreises (auch Druckstangenkreis genannt) und des Sekundärkreises (auch Schwimmkreis genannt). Fällt ein Kreis aus (z. B. durch *Leckage*),wird dies über einen verlängerten Pedalweg spürbar, da der jeweilige Kolben bis zum Anschlag vorgeschoben werden muss, bevor sich im anderen, intakten Bremskreis Druck aufbauen kann. Je nach Bauart werden unterschieden:
- Schnüffelloch-Tandem-Hauptzylinder,
- Zentralventil-Tandem-Hauptzylinder,
- Plunger-Tandem-Hauptzylinder.

7.6.8 Mensch-Maschine-Schnittstelle (HMI)

Andree Burgstaler, Metin Ersoy und Frank Stebner

Als HMI oder auch Human Maschine Interface wird in die Bedieneinheit oder das Bedienteil an einem System bezeichnet, an dem der Mensch das System steuert. Für das Bremssystem eines Fahrzeugs sind es das Fußhebelwerk (Fußpedal für die Hauptbremse), an dem meist auch Kupplung- und Gaspedal mit integriert ist und der Feststellbremshebel (heute eher Handbremsschalter).

7.6.8.1 Fußhebelwerk

Das Fußhebelwerk ist eine der verschiedenen Schnittstellen zwischen dem Fahrer und dem Fahrzeug. Im Gegensatz zu den weiteren Fahrzeugschnittstellen wie zum Beispiel der Lenkung oder der Schaltung, wird die Betätigungskraft durch die Beine des Fahrers auf die Pedale übertragen. Daraus resultieren andere Anforderungen in Bezug auf Ergonomie und Betätigungskräfte als auf Schnittstellen, welche mit den Händen bedient werden.

Das Fußhebelwerk besteht bei manuell geschalteten Fahrzeugen aus folgenden Hauptkomponenten:
- Kupplungspedalmodul,
- Bremspedalmodul,
- Gaspedalmodul.

Die Anordnung der Module im Fahrzeug, einzeln oder kombiniertes Modul (■ Abb. 7.36), hängt von den Bedürfnissen des Fahrzeugherstellers ab. ■ Abb. 7.37 zeigt ein modernes Pedal-Modul aus Kunststoff (Porsche Cayenne, VW Touareg).

Ist keine manuelle Schaltung des Fahrzeuges vorgesehen (z. B. Automatgetriebe, CVT, Doppelkupplungsgetriebe oder automatisiertes Schaltgetriebe) entfällt das Kupplungspedalmodul.

Zur Befestigung des Fußhebelwerks werden steife Fahrzeugstrukturen benötigt, welche unerwünschten Deformationen reduzieren und somit zu einem definierten Pedalgefühl führen. Die Befestigung wird in der Regel über die Verschraubung der Fahrzeugstirnwand mit dem Bremskraftverstärker sowie weiteren Abstützungen an einem Lenkungsträger, dem Fahrzeugquerträger oder dem Wasserkasten erreicht.

Da das Fußhebelwerk im Innenraum des Fahrzeugs befestigt ist, werden die technischen Auslegungen für die Einzelteile, sowie die notwendigen Prüfungen während der Entwicklung in einem Temperaturbereich von –40 bis + 80°C vorgesehen.

■ Kupplungspedalmodul

Das Kupplungspedalmodul dient zur Übertragung des Pedalwegs auf die Druckplatte der Kupplung und somit zum Öffnen und Schließen der Drehmomentübertragung (■ Abb. 7.38). Das Kupplungspedal ist zumeist hängend angeordnet. Der Betätigungskomfort hängt von der Pedalcharakteristik, d. h. von der Pedalkraft als Funktion Pedalwegs sowie der Fuß- und Unterschenkelstellung, ebenfalls als Funk-

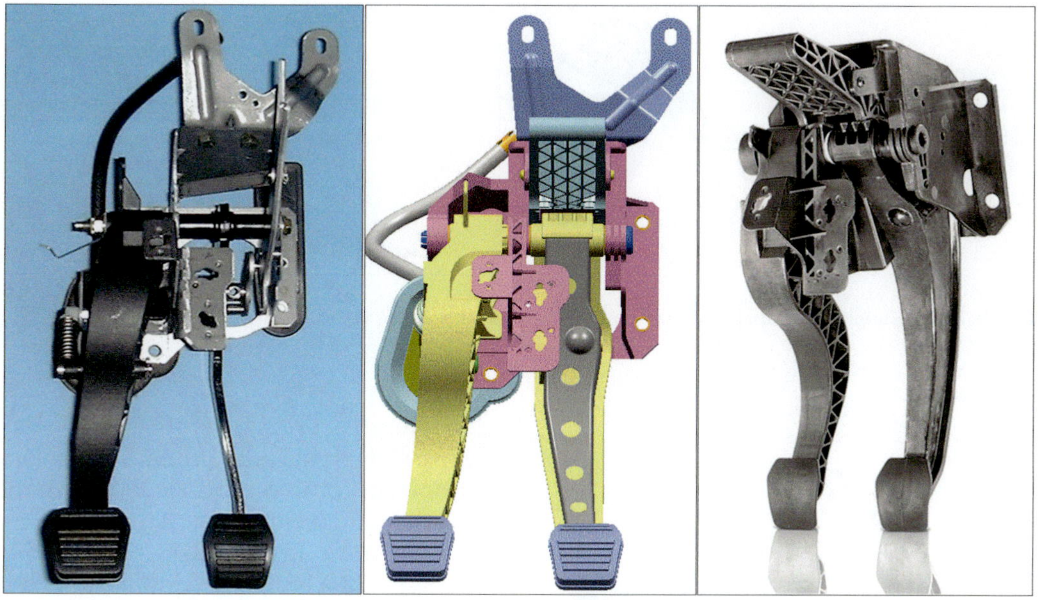

Abb. 7.36 Kombiniertes Pedalmodul (Kupplung und Bremse) in Metallausführung (links), in gewichtsoptimierter Kunststoffausführung (mitte) und in der Serienausführung (rechts)

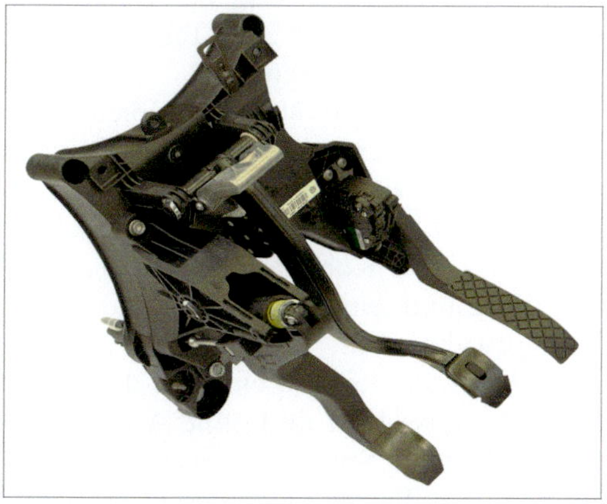

Abb. 7.37 Kombiniertes Pedalmodul aus Kunststoff

tion des Pedalwegs, ab. Der Fuß soll sich auf der Ferse abstützen können, und seine Schwenkbewegung darf nicht zu Verspannungen führen. Weiterhin soll sich die Kupplung in voll ausgekuppelter Position ermüdungsarm halten lassen. Eine komfortable Pedalcharakteristik ist mit 80 bis 90 N Pedalkraft und ca. 140 bis 160 mm Pedalweg erreicht. Als Konstruktionswerkstoffe für das Kupplungspedalmodul werden aufgrund der relativ geringen Missbrauchskräfte von 1000 N Stahlblech, Aluminium oder aber Kunststoffe eingesetzt.

Das Kupplungspedalmodul besteht im Wesentlichen aus folgenden Einzelkomponenten (Abb. 7.39):

- Kupplungspedal mit Pedalkappe,
- Lagergehäuse mit Befestigungselementen,
- Rückstellfeder oder Übertotpunktfedersystem,
- Kupplungsgeberzylinder,
- Schalter.

Bremspedalmodul

Mit Hilfe des Bremspedals wird über die Druckstange die Fahrerfußkraft auf das Bremsgerät übertragen. Das Bremspedal ist

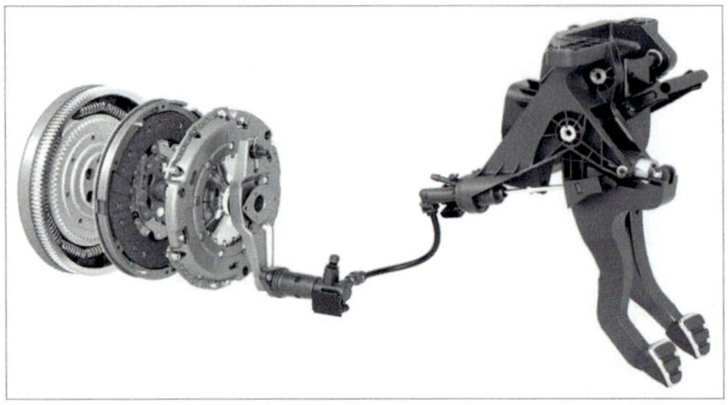

■ **Abb. 7.38** Kupplungsbetätigungssystem mit Gaspedal

■ **Abb. 7.40** Hybridbremspedal

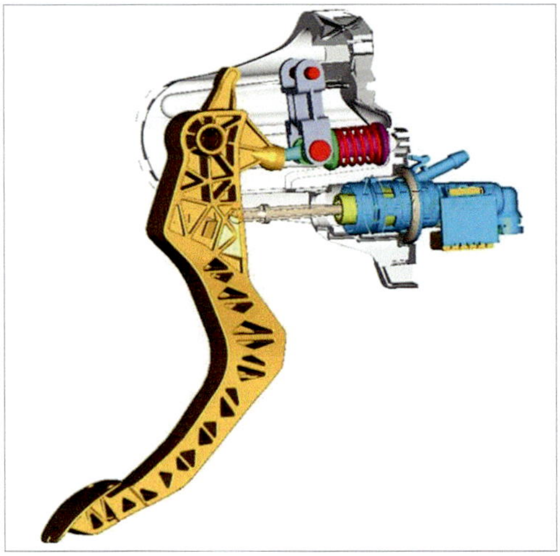

■ **Abb. 7.39** Kupplungspedalmodul aus Kunststoff

zumeist hängend angeordnet. Über die Pedalcharakteristik (funktionaler Zusammenhang zwischen Pedalkraft, -weg und Verzögerung) erfolgt eine Rückmeldung über die Bremsung und den Zustand der Bremsanlage. Die Pedalcharakteristik ist stark abhängig von den Vorgaben des Fahrzeugherstellers. Grundsätzlich sind folgende Eckwerte anzustreben:

- maximaler Pedalweg: 150 mm,
- Pedalweg bis Vollbremsung: 80 bis 90 mm,
- Pedalkraft bis Vollbremsung: 200 bis 250 N.

Als Konstruktionswerkstoffe für das Bremspedal werden aufgrund der hohen Missbrauchskräfte von bis zu 3000 N Stahl oder Aluminium eingesetzt. Alternativ werden auch erste Bremspedale in „Hybridbauweise" (■ Abb. 7.40) entwickelt. Diese sollen die Vorteile zweier Werkstoffgruppen (Stahl: hohe Festigkeit; Kunststoff: freiere Formgebung) vereinen. Hybridbauweise hilft nicht nur Gewicht zu sparen, sondern auch die Kosten zu senken, weil durch integrale Bauweise mit nur zwei Teilen mehrere Schweißteile gespart werden.

Neuerdings wird statt Stahlblech sog. „Organoblech" eingesetzt um das Gewicht weiter zu reduzieren und die Haftung zum Kunststoff zu verbessern. Organoblech ist eine Glas- oder Kohlefasermatte, die in einem Polyamid eingetränkt und zu einem Blech gewalzt wird.

■ Abb. 7.41 zeigt so ein Teil, der nur in einem Arbeitsschritt und ohne Abfall in einer vertikalen Spritzgussmaschine gefertigt wird [13]. Dieses Leichtbau-Bremspedal wiegt, ohne Einbußen in der Belastbarkeit, ein Drittel weniger als ein Pedal aus Stahl.

Für das Lagergehäuse wird vermehrt auch auf den Werkstoff Kunststoff zurückgegriffen. Hier spielt der Wunsch nach Gewichtseinsparung sowie Kostenreduzierung eine wesentliche Rolle.

Das Bremspedalmodul besteht im Wesentlichen aus folgenden Einzelkomponenten:

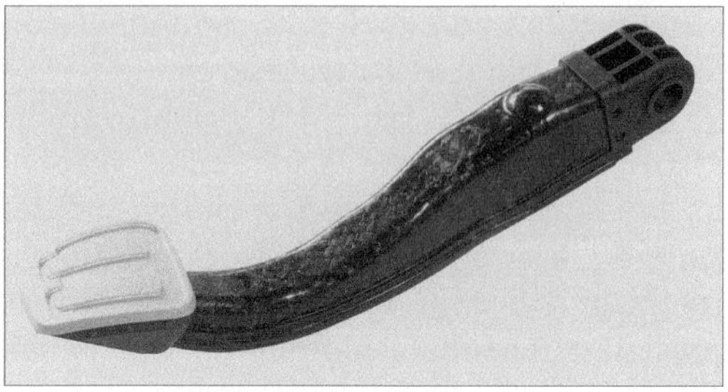

Abb. 7.41 Leichtbau-Bremspedal aus Organoblech [13]

- Bremspedal mit Pedalkappe,
- Lagergehäuse mit Befestigungselementen,
- Schalter.

■ **Gaspedalmodul**

Das elektronische Gaspedal hat sich heute zu 100 % im Markt durchgesetzt. Die wesentlichen Vorteile gegenüber den mechanischen Gaspedalen bestehen in dem Entfall des meist verwendeten Seilzugs. Der Seilzug ist bezüglich der Übertragung von Schall wie auch Vibrationen problematisch. Weiterhin ist auch die wünschenswerte freie Positionierung des Gaspedals durch den Verlauf des Seilzugs eingeschränkt.

Das Gaspedal ist hängend oder stehend angeordnet. Die Betätigungskräfte werden nach Antrittskraft (16 bis 19 N), Vollgaskraft (22 bis 27 N) sowie Kickdown-Kraft (bis 40 N) unterschieden. Die Ergonomie soll so gewählt werden, dass sich der Fahrerfuß über die Ferse abstützt und seine Schwenkbewegung nicht zu Verspannungen führt. Der max. Pedalweg ist ca. 50 mm.

Als Konstruktionswerkstoff für das elektronische Gaspedalmodul hat sich Kunststoff durchgesetzt, da die Missbrauchskräfte am Endanschlag mit 1000 N sehr niedrig liegen.

Die Bauteile des Gaspedalmoduls sind:

- Pedalkörper,
- Lagergehäuse,
- Elektronikeinheit,
- Kickdown Schalter (optional).

7.6.8.2 Elektronisches Bremspedal

Die vollständige mechanisch/hydraulische Entkopplung des Bremspedals vom bremskraftverstärkenden/-erzeugenden Aggregat ist Teil der Brake by Wire – Technologie und wird mit einem elektronischen Bremspedal umgesetzt. Dabei spielt es keine Rolle, ob die Ansteuerung der Radbremsen noch mit flüssigem Medium oder sogar komplett trocken erfolgt. Die Verzögerungsanforderung des Fahrers wird nicht in Form von Pedalkraft und -weg über die Druckstange des Bremskraftverstärkers, sondern als elektrisches Signal an das Bremsaggregat direkt übertragen.

Für die Abbildung der Mensch-Maschine Schnittstelle bekommt das elektronische Bremspedal eine neue Bedeutung: Die Betätigungscharakteristik, kurz Pedalgefühl, muss hier im elektronischen Bremspedal erzeugt werden, im sogenannten Pedal- oder auch Haptiksimulator. Bei gekoppelten Bremssystemen ist das Pedalgefühl maßgeblich von der Auslegung des gesamten Bremssystems abhängig, wie z. B. das mechanische Pedalübersetzungsverhältnis, die Verstärkungskennlinie, die Volumenaufnahme der Bremse, die hydraulische Übersetzung usw. Durch die Entkopplung des Pedals spielen diese Dinge keine Rolle mehr. Dem Fahrer wird durch Federn, Elastomeren, Reibelementen und weiteren Bauteilen ein Pedalgefühl kreiert, das sich immer gleich anfühlt und verhält.

Die mechanisch/hydraulische Entkopplung des Bremspedals vom Bremsaggregat hebt außerdem den Zwang auf, dass Bremsaggregat im Motorraum an der Stirnwand positionieren zu müssen. Im Gegenzug kann auch die Positionierung des Bremspedals an der Stirnwand im Fahrzeuginnraum optimaler gewählt werden. In der Folge können mit geometrisch einfacheren Hebeldesigns Gewicht und Kosten gespart werden.

Ein weiterer Vorteil für den Fahrzeuginnenraum ist, dass kein zusätzlicher Pedalweg für den Fall eines Bremskreisausfalls vorgehalten werden muss. Deshalb kann das gesamte Fußhebelwerk kompakter im Fahrzeug positioniert, und ein zusätzlicher Platz im Fußraum für den Fahrer gewonnen werden.

Neben den Vorteilen und Freiheitsgraden bei Pedalgefühl, Kinematik und Bauraum gibt es beim elektronischen Bremspedal Herausforderungen bei der Umsetzung von Sicherheitsanforderungen und der Erkennung, sowie Übertragung des Fahrerbremswunsches. Die Erkennung der Pedalhebelposition wird am elektronischen Bremspedal durch Sensorik umgesetzt, welche Drehwinkel, translatorische Bewegungen, Druck, bzw. Kraft erkennen und diese in ein elektronisches Signal umwandeln können. Bei der Wahl der Sensorik spielen neben Kosten auch Genauigkeit, automobile Eignung, Messprinzip und Übertragungsrate/-Geschwindigkeit eine Rolle.

Aus Sicht der funktionalen Sicherheit nach ISO 26262 ergibt die Klassifikation der Erkennung und Übertragung der Pedalbetätigung ASIL D, weil ein Ausfall des elektronischen Bremspedals auch ein Ausfall des gesamten Bremssystems bedeutet und durch den Fahrer nicht handhabbar und lebensgefährlich ist. Dies erfordert eine im automobilen Bereich entsprechende ASIL-klassifizierte Sensorik mit entsprechenden Sicherheitsbetrachtungen und Validierungen.

Außer der Verlagerung von Anforderungen und Funktionen in das elektronische Bremspedal muss auch die Einhaltung von Vorschriften und Gesetzen weiterhin sichergestellt sein. Der Ausfall des Fahrzeug-Bremssystems ist in diversen Gesetzgebungen im Ein-Fehler-Fall nicht zulässig (z. B. UN ECE R13H). Daraus leiten sich Redundanzen ab, die ein elektronisches Bremspedal entlang der Wirkkette von der Pedalbetätigung bis zur Ausgabe des Betätigungssignals erfüllen muss, z. B. die redundante Erfassung der Betätigung durch die Sensorik ist Vorgabe, eine redundante Spannungsversorgung muss gewährleistet werden und auch eine redundante Signalübertragung ist zu realisieren.

Grundsätzlich ist das elektronische Bremspedal die erste Stufe einer mechanisch/hydraulischen Entkoppelung, auf der weitere konzeptionelle Bremspedaltechnologien wie zum Beispiel drucksensitive, quasi feststehende Pedalplatten oder auch Joystick-Lösungen folgen können.

7.6.8.3 Feststellbremse

Die Betätigung der Feststellbremse erfolgt traditionell noch weitgehend über mechanische Hand- oder Fußhebel. Über diese Hebel und unter dem Fahrzeugboden verlegte Bowdenzüge erfolgt die mechanische Betätigung der Hinterachsbremsen (s. ◘ Abb. 7.32).

- **Elektrische Parkbremse (EPB)**

Im Hinblick auf die stetige Erhöhung der aktiven Sicherheit sowie die Verbesserung der Bediensicherheit und des Komforts wird die mechanische Handbremse zunehmend durch ein elektromechanisches System ersetzt.

Sobald die Zündung ausgeschaltet ist, wird die elektrische Parkbremse aktiviert. In Autos mit Start-Stopp-Automatik verhindert das Bremssystem automatisch das Wegrollen auf abschüssiger Fahrbahn.

Ein weiterer Vorteil besteht darin, dass die Bremse auch die tatsächlich angezogen wird, was bei der normalen Handbremse bei großer Hektik und Eile oft nicht der Fall ist. Für viele Fahrer ist es eine große Hilfe, wenn die elektrische Parkbremse auch beim Anfahren am Berg automatisch blockiert, bis der Motoranfahrmoment so stark ist, dass die Räder nicht mehr zurückrollen können.

Für viele Fahrer ist es außerdem eine große Hilfe, wenn die elektrische Parkbremse beim Anfahren am Berg automatisch blockiert, bis der Motoranfahrmoment so stark ist, dass die Räder nicht mehr zurückrollen können. In Autos mit

Start-Stopp-Automatik verhindert das Bremssystem automatisch das Wegrollen auf abschüssiger Fahrbahn.

Es gibt zwei Systeme auf dem Markt:

Das **CP-System (Cable-Puller)** betätigt über einen Elektromotor die Seilzüge der Feststell-Bremse. Im groben das gleiche Prinzip wie bei der Handbremse.

Vorteil: Die konventionellen Bremskomponenten müssen nicht ausgetauscht werden (◘ Abb. 7.42). Sie lassen sich als Add-on-Lösung mit der Cable-Puller-Variante zu elektrischen Feststellbremsen aufrüsten.

Das **CI-System (Caliper-Integrated)** aktiviert per Knopfdruck elektrische Stellmotoren, die direkt im Bremssattel liegen und diesen dann schließen. Der Vorteil liegt in der einfachen Montage, denn die Steuerkabel können einfach und flexibel verlegt werden (◘ Abb. 7.43, 7.44).

Darüber hinaus ist die Montage einfacher, denn die Steuerkabel können einfach und flexibel verlegt werden.

Des Weiteren sind diese Systeme im Vergleich zu mechanischen Feststellbremsen generell weniger störanfällig, da es nicht wie bei der Handbremse Handbremsseile gibt, die einfrieren oder reißen können. ◘ Abb. 7.45 zeigt ein Foto der Elektrische Feststellbremse der Fa Brembo für schwere Fahrzeuge.

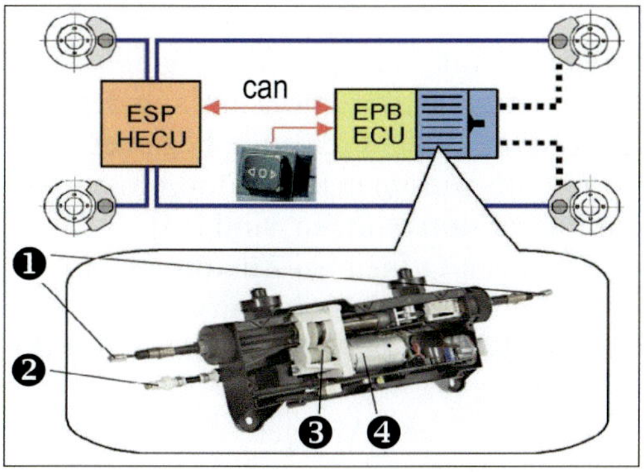

◘ **Abb. 7.42** Layout elektrischer Parkbremse 1) Verbindung zu den Hinterachs-Radbremsen (Bowdenzüge), 2) Notentriegelung, 3) Getriebe, 4) E-Motor

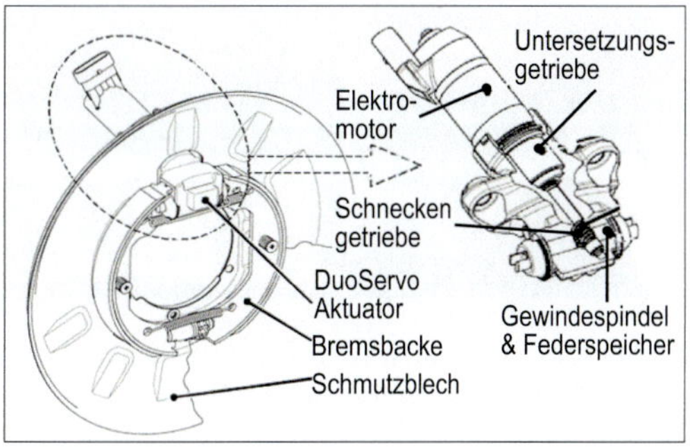

◘ **Abb. 7.43** EPB integriert im Duo-Servo-Aktor [14]

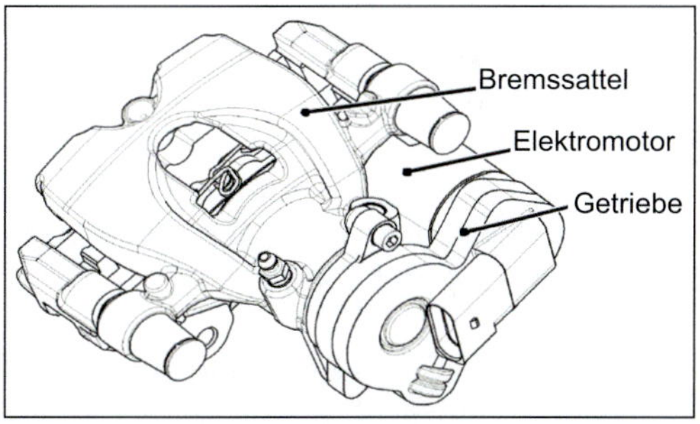

◘ **Abb. 7.44** EPB integriert in einem Kombisattel [11]

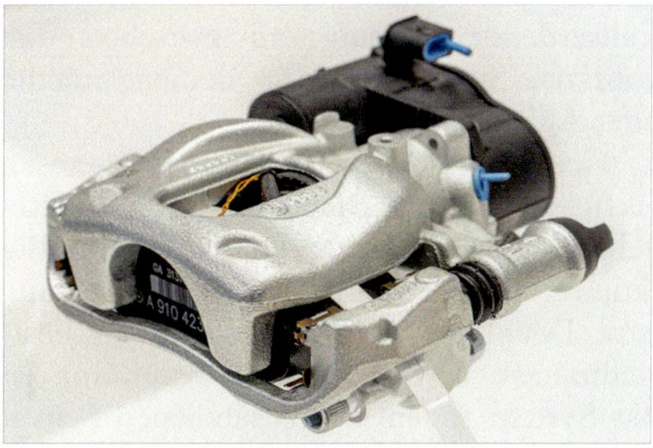

◘ **Abb. 7.45** EPB integriert in einem Kombisattel [15]

Bei der elektrischen Parkbremse wird der Handbremshebel der mechanischen Feststellbremse durch einen Schalter im Zugriffbereich des Fahrers ersetzt

Abb. 7.46 Handbremsschalter am Cockpit (links) oder an der Mittelkonsole (rechts) [16]

(Abb. 7.46) und steuert über ein elektronisches Steuergerät:

- Zentralaktor der die Hinterradbremse (Duo-Servo-Aktor oder Kombibremssattel) über einen Bowdenzug betätigt (Abb. 7.43) oder
- elektromechanische Aktoren (integriert in Duo-Servo-Aktor oder Kombibremssattel) innerhalb der Radbremse (Abb. 7.44 und 7.45).

Der Nachteil elektrisch funktionierender Systeme ist jedoch, daß eine leere Batterie das System außer Betrieb setzt. Für diesen Fall bieten einige Hersteller eine Notentriegelungsfunktion an. Der Vorteil dagegen ist der durch Wegfall des Handbremshebels freiwerdende Einbauraum zwischen den vorderen Sitzen z. B. für Bedienelemente oder Ablagen.

Heutige elektrische Feststellbremsen verfügen über ein Steuergerät für die Regelung, Steuerung und Diagnose. Ein Betätigungstaster ermöglicht die Aktivierung bzw. Deaktivierung der elektrischen Feststellbremse. Je nach Funktionsumfang ist das System zudem mit zusätzlichen Sensoren und Tastern zur Aktivierung von Anfahrhilfen ausgestattet.

Dank der Integration der EPB mit dem ESC-System wird die Leistung der Feststellbremse unter den schwierigsten Bedingungen im Vergleich zu herkömmlichen Lösungen entscheidend verbessert: Die angewandte Technologie kann die Temperatur der Bremsscheiben, die Neigung der Straße und andere Betriebsbedingungen schätzen [15].

Als Grundfunktion stellt die EPB auf Wunsch des Fahrers das „Schließen" und „Öffnen" der Bremse zur Verfügung; im Stillstand als „statischer Mode" bzw. während der Fahrt als „dynamischer Mode".

Im statischen Mode ist ein „Schließen" der EPB auch bei ausgeschalteter Zündung erlaubt, wobei ein „Öffnen" bei „Zündung aus" nicht zugelassen wird.

Im dynamischen Mode lässt sich die Aktivierung in zwei Varianten unterteilen:

In Variante 1 werden das „Schließen" und „Öffnen" über den EPB Aktor umgesetzt (nur einige aktuelle mechanische Realisierungen können diese Funktionen ausführen). Dabei gibt es zwei Möglichkeiten:

- Ohne Kraftregelung: Der Fahrer dosiert selbst direkt über das Bedienelement die Verzögerung.
- Mit Kraftregelung: Der Fahrer wird mit einem Regelalgorithmus unterstützt, der das Blockieren der Hinterräder verhindert.

Im dynamischen Mode Variante 2 werden das „Schließen" und „Öffnen" hydraulisch über ein elektronisches Bremsensteuergerät (ABS, ESP) eingeleitet. Dies hat den Vorteil, dass die Dosierung des Bremsmomentes bzw. der Verzögerung nicht nur an den Hinterrädern, sondern an allen vier Rädern erfolgen kann, entsprechend komfortabel ist und der volle Funktionsumfang des ABS und ESP aktiv die Bremsung begleitet.

Weitere automatische Funktionen, die den Fahrer unterstützen, sind [14]:

- Schließen/Öffnen bei Zündung aus,
- Schließen/Öffnen bei Motor aus,
- Schließen bei fehlgeschlagenem Anfahrvorgang,
- Schließen bei Anlegen der Stufe „P" (Parkieren),
- Schließen/Öffnen über BUS-System,
- Schließen im Stillstand als Rückfallebene zum ESP oder sobald der Fahrer

das Fahrzeug verlässt (solange der Fahrer sich im Fahrzeug befindet, wird hydraulisch über ESP gebremst),
- Lösen bei erkanntem Anfahrvorgang.

Mechanische Selbsthemmung in den Aktoren sichert die Feststellbremsfunktion auch nach Ausschalten der Zündung. Über den elektronischen Regler werden folgende Funktionen ermöglicht:
- Steuerung der Zuspannkräfte,
- Belagverschleißerkennung,
- Alarmfunktion bei nicht betätigter Feststellbremse vor Verlassen des Fahrzeuges,
- Sicherheitslogik,
- Ansteuerung der Warn- und Kontroll-Leuchte im Armaturenbrett,
- Diagnose-Funktionen.

Neben der Zündschlosstellung erfasst der elektronische Regler über einen Wipptaster den Wunsch zum Parken sowie über eine Schnittstelle zum übergeordneten ABS/ESP-Regler den Fahrzustand. Das Einbringen einer Antiblockierfunktion bei einer Betätigung der EPB während der Fahrt bedeutet eine Integration einer Betriebsbremsfunktion in die Feststellbremsfunktion und geht damit in die Richtung der übergeordneten Funktionalitäten einer aktiven Parkbremse (APB).

Das Funktionsspektrum reicht ausgehend von der einfachen Feststellung oder Wegrollsperre (Automatikgetriebe) über eine dosierte Anfahrhilfe am Berg (Hill-Holder) bis zur Diebstahlssperre und zur Einparkunterstützung in Verbindung mit Abstandssensorik [14].

7.6.8.4 Bremspedalcharakteristik (Ergonomie)

Die Bremspedalcharakteristik ist durch Maßnahmen an Betätigung, Radbremse und Pedalmodul beeinflussbar (Abb. 7.47). Fahrzeughersteller nutzen die Pedalcharakteristik (d. h. das Verhältnis

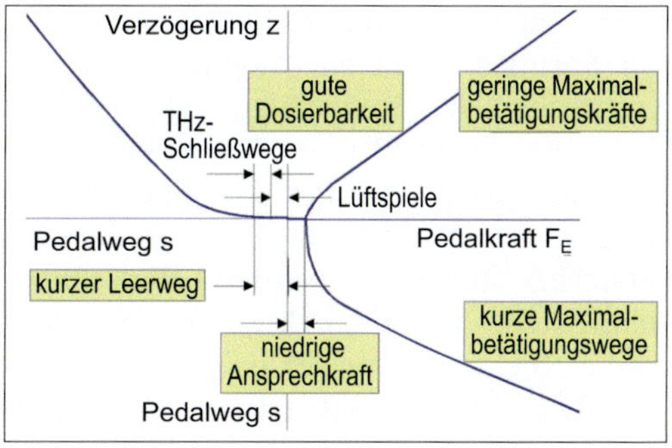

Abb. 7.47 Anforderungen an die Pedalcharakteristik

von Pedalweg, -kraft und Fahrzeugverzögerung) zur marken- und modellspezifischen Ausprägung ihrer Fahrzeuge, wobei das „subjektive Pedalgefühl“ anhand der quasistatischen und dynamischen Zusammenhänge zwischen Pedalweg, Pedalkraft und Fahrzeugverzögerung bewertet wird [17].

Die wesentlichen (fest)Pedalwegverlängerung und Pedalkrafterhöhung bei Fading sind dabei:
- Ansprech- und Löseverhalten,
- Leerwege,
- Verstärkung (Pedalkraftverzögerung),
- Hysterese,
- Pedalweg,
- Pedalweg und Pedalkraft im Aussteuerpunkt (das Erreichen der baugrößenabhängigen Begrenzung der Bremskraftunterstützung durch den BKV),
- Pedalwegverlängerung und Pedalkrafterhöhung bei Fading.
- Springer (Die Füllung der Bremsanlage durch den Bremskraftverstärker beginnt bereits bei Bremspedalbetätigung, um die sonst zu einem „stumpfen Pedal“ führende Wirkung der Dichtungsreibung zu verhindern. Eine Dosierung des Bremsdruckes erfolgt in diesem Bereich ausschließlich über den Pedalweg).

Die Weiterentwicklung von Bremsbetätigungen (Pedalwerk, Bremskraftverstärker und Hauptzylinder) geht zu kurzen Leerwegen, niedrigen Ansprechkräften und hohen Springern, um ein möglichst direktes Ansprechen der Bremsanlage zu erreichen. Über die Auswahl von Verstärkungsfaktor und Pedalweg kann der Betätigungskomfort den Anforderungen des Fahrzeugherstellers angepasst werden. Wesentliche Schnittstelle zwischen Mensch und Maschine (hier die Bremse) ist das Bremspedal. Die Pedalcharakteristik, das sogenannte „Pedalgefühl", gibt eine Rückmeldung über die Bremsung und den Zustand der Bremsanlage.

7.6.8.5 Verstellbares Pedalwerk

Verstellbare Pedalwerke wurden Ende der neunziger Jahre im amerikanischen Markt eingeführt. Sie ermöglichen, im Wesentlichen in horizontaler Richtung, eine Justierung der Pedalausgangsposition. Neben einer Optimierung des Komforts durch verbesserte Ergonomie und Zugänglichkeit der Bedienelemente bieten sich auch Vorteile bei der Fahrzeugauslegung für verschiedene Fahrergrößen. Ein wesentlicher Punkt ist der verbesserte Insassenschutz, da für kleine Personen ein Mindestabstand zum Airbag sichergestellt werden kann. Außerdem bieten sich Vorteile bei der Innenraumkonzeption durch den geringeren Sitzverstellweg (◘ Abb. 7.48). Der Einsatz verstellbarer Pedalwerke erfolgt hauptsächlich bei SUVs, da hier die Vorteile für kleine Personen am deutlichsten zutage treten.

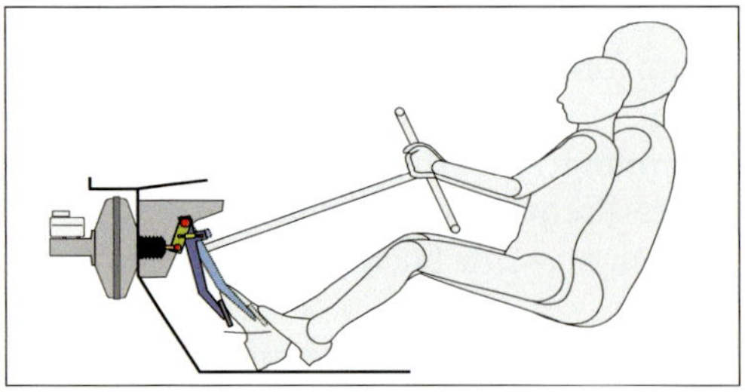

◘ Abb. 7.48 Verstellbares Pedalwerk, Prinzipbild

7.6.8.6 Crashkompatibilität

Der Pedalbock hat in seiner den Motorraum und den Fußraum verbindenden Funktion eine besonders hohe Bedeutung bei Crashsituationen. Um die starre Einheit zwischen den im Motorraum befindlichen Bremsen-komponenten und dem Pedal zu entkoppeln, wurde ein Pedalbock entwickelt, bei dessen Verformung eine Knickstütze die für diese Funktion speziell ausgelegte Verbindungsstange zwischen Pedal und Bremskraftverstärker zerstört. Durch diese Entkopplung wird das Eindringen des Pedals in den Fußraum vermieden.

Bei anderen Systemen löst sich bei Verformung des Pedalbockes die Verbindung zum Bremspedal. Abhängig vom Crashtyp und der Fahrzeugumgebung wurden Lösungen entwickelt, die eine das Crashverhalten verbessernde Deformation bewirken. Dies geschieht durch seitliche Auslenkung des Tandem-Hauptzylinders durch eine angeformte Rampe oder eine Pendelstütze. Erleichtert wird das Ausknicken durch eine minimierte Wanddicke des Druckstangenkolbens (◘ Abb. 7.49).

7.7 Bremsregelsysteme

James Remfrey, Frank Stebner, Steffen Gruber und Norbert Ocvirk

Mit den Bremsregelsystemen wird in erster Linie die Längsdynamik beeinflusst, sie übernehmen auch viele wichtige Querstabilisierungsfunktionen.

Die ersten Systeme waren ABS (Anti Blockier System), ASR (Antriebs-Schlupf Regelung) und BA (Bremsassistent).

Die Fahrdynamikregelung für Bremssysteme geht in ihren Möglichkeiten weit über ABS und die Kombination von ABS, ASR und BA hinaus. Sie baut auf deren weiterentwickelten Komponenten auf und ermöglicht ein aktives Bremsen aller Räder mit hoher Dynamik. Diese brem-

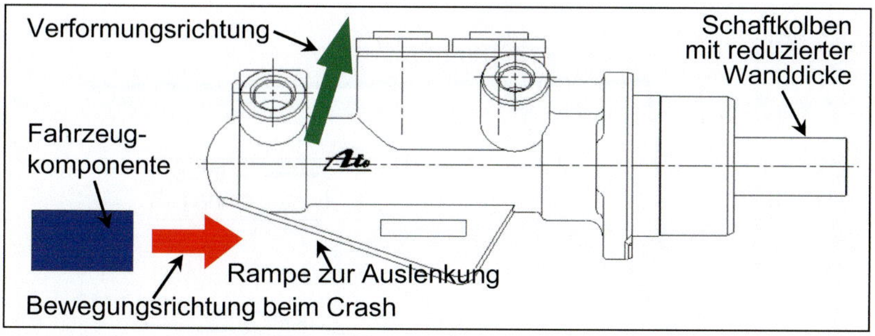

Abb. 7.49 Tandem-Hauptzylinder mit Crashrampe

senbasierten Regler werden häufig als FDR (*Fahrdynamikregler*), ESP (*Elektronisches Stabilitätsprogramm*),DSC (*Dynamic Stability Control*) bezeichnet. Die ABS + ASR und AB-Funktionen sind heute meist dem Fahrdynamikregler untergeordnet.

Zur Beurteilung des momentanen Fahrzustandes besitzt das Fahrdynamikregelsystem verschiedene Sensoren, (Abb. 7.50). Neben den Raddrehzahlen und dem Lenkradwinkel werden auch die Gierwinkelgeschwindigkeit (Fahrzeugdrehgeschwindigkeit um die Hochachse) und die Querbeschleunigung des Fahrzeugs gemessen.

7.7.1 Bremsassistent (EBA, HBA)

Der Bremsassistent (BA) ist ein System zur Fahrerunterstützung bei Gefahr- bzw. Notbremsungen [18]. Der BA greift automatisch in den Bremsablauf ein, sobald er

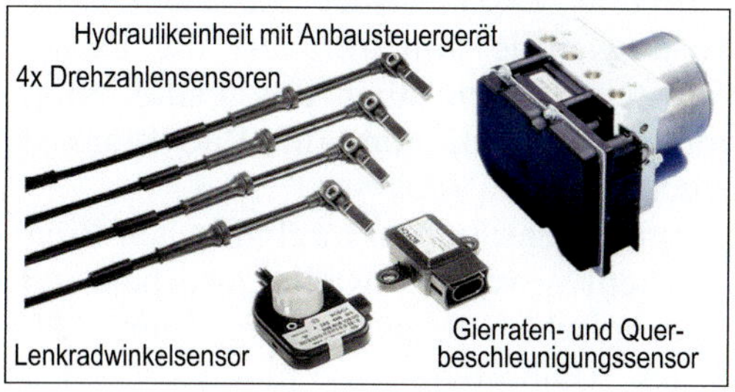

Abb. 7.50 Sensorik des Fahrdynamikregelsystems [19]

eine Notbremssituation erkennt, auf die der Fahrer nicht ausreichend reagiert. Diese Situation wird erkannt, indem das Betätigungsmuster des Bremspedals – bei elektronischen Systemen in Kombination mit der Fahrzeuggeschwindigkeit – bewertet wird.

Der Einsatz des Bremsassistenzsystems verkürzt in einem derartigen Fall den Bremsweg, indem schnellstmöglich die volle Bremskraft aufgebaut wird (durchgezogene Verzögerungslinie in Abb. 7.51).

Die Bremsassistenzfunktion wird derzeit durch die nachfolgend beschriebenen Systeme realisiert:

7.7.1.1 Elektronischer Bremsassistent

Beim elektronischen Bremsassistent (EBA) wird die Notsituation mithilfe eines Wegsensors über die Betätigungsgeschwindigkeit erkannt. Dann löst ein Magnetantrieb im Bremskraftverstärker die Verstärkung der Fahrerfußkraft aus.

Für viele Funktionserweiterungen moderner Bremssysteme werden elektrisch ansteuerbare, sogenannte *„aktive Booster“* eingesetzt (Abb. 7.52):

- in ESP Systemen (► Abschn. 7.7.3.5) als Vorladung der Pumpe zur Gewährleistung einer hohen Druckaufbaudynamik, insbesondere bei tiefen Temperaturen,
- als Vollbremshilfe in Notsituationen,
- beim *Adaptive Cruise Control* (ACC) zum Einregeln einer von einer Bremspe-

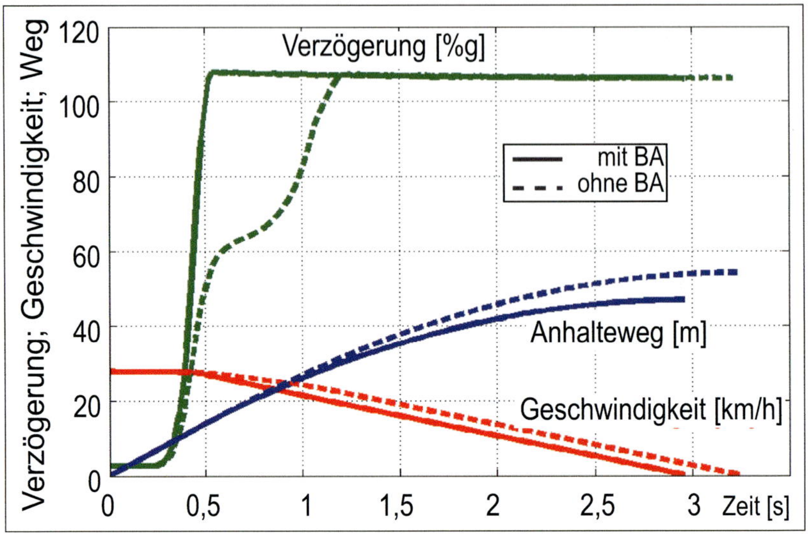

7

Abb. 7.51 Geschwindigkeit und Bremsweg über der Zeit mit und ohne Bremsassistent

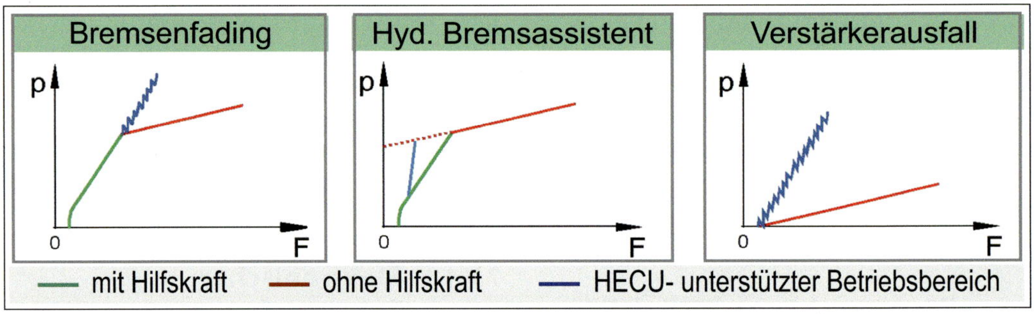

Abb. 7.52 Unterstützungs-funktionen für den Bremskraftverstärker durch eine hydraulisch/elektronische Regeleinheit (HECU)

dalbetätigung unabhängigen und komfortablen Teilbremsung.

7.7.1.2 Hydraulischer Bremsassistent

Die Fähigkeit der ESP-Hydraulik, unabhängig von der Bremspedalbetätigung Druck in den Radbremsen aufzubauen, wird auch für den sogenannten *„hydraulischen Bremsassistent“* (HBA) verwendet, ebenso die vorhandene Sensorik. Drucksensorsignale dienen dem elektronischen Regler zur Erkennung einer Vollbremsung in Notsituationen. Wird ein eingestellter kritischer Druckgradient überschritten, schließt der elektronische Regler die ASR-Trennventile (s. Abb. 7.54, 7.55 und 7.63), öffnet die elektrischen Ansaugventile und aktiviert die Pumpe. Sie steigert den über das Pedal eingebrachten Druck nun auf Rad-Blockierdruckniveau.

Im Gegensatz zum mechanischen Bremsassistent wird der Radbremsdruck vom elektronischen Regler analog zum THz-Druck (Fahrerwunsch) moduliert. Beim Unterschreiten eines Mindestdrucks schaltet sich die HBA-Funktion wieder ab.

7.7.1.3 Erweiterte Bremskraftverstärkerfunktionen

Bremskraftverstärker können mit zusätzlicher Sensorik ausgerüstet werden, die den Aussteuerpunkt erkennt. Der Druck in beiden oder einer (Unterdruck-) Kammer wird über einem Sensor im Vergleich zum Atmosphärendruck gemessen. Mit einer Unterstützungsfunktion für den Bremskraftverstärker lässt sich der hydraulische Druck in den Radbremsen über den Druck im THz hinaus erhöhen. Hierzu wird die Verbindung zwischen THz und Hydraulikeinheit über Magnetventile getrennt, die Pumpe angesteuert und der Druck in den Radbremskreisen moduliert. Hiermit können Unterstützungsfunktionen für folgende Betriebszustände dargestellt werden (◘ Abb. 7.52):

- **Bremsenfading:** Durch die hydraulische Unterstützung wird die Verstärkung über den Aussteuerpunkt des Vakuum-Bremskraftverstärkers hinaus aufrechterhalten,
- **hydraulischer Bremsassistent,**
- **reduziertes Vakuum** in der Kaltstartphase des Verbrennungsmotors,
- **Verstärkerausfall:** Durch Druckaufbau mithilfe der ABS/ESP-Einheit wird der Ausfall des Bremskraftverstärkers kompensiert.

7.7.2 Hydraulisch/Elektronische Regeleinheit (HECU)

Die hydraulisch/elektronische Regeleinheit heutiger ABS/ASR/ESP-Anlagen (z. B. Continental MK 100, ◘ Abb. 7.53) besteht aus einem zentralen Hydraulikblock mit Magnetventilen, einer integrierten Pumpe mit einem angeflanschten Elektromotor (HCU, *hydraulic control unit*) und einem Spulenträger einschließlich der darin enthaltenen Elektronik (ECU, *electronic control unit*).

Der Spulenträger wird mittels eines sogenannten „magnetischen Steckers“ (unteres Teil im ◘ Abb. 7.53) aufgesetzt. Die hydraulisch/elektronische Regeleinheit ist durch zwei Hydraulikleitungen mit den Bremskreisen des THz verbunden, von der HCU führen Bremsleitungen zu Radbremsen (◘ Abb. 7.54, 7.55).

7.7.2.1 Ventile

Die elektromagnetischen Ein- /Auslassventile sind im Hydraulikblock zusammengefasst. Diese ermöglichen die Modulation der Radbremsdrücke. Jedem geregelten Bremskreis sind ein Einlassventil mit parallel geschaltetem Rückschlagventil sowie ein Auslassventil zugeordnet. Wie in ◘ Abb. 7.55 gezeigt, ist das Einlass-ventil im ungeschalteten Zustand offen (stromlos offen, SO), das Auslassventil geschlossen (stromlos geschlossen, SG).

7.7.2.2 Pumpe

Während der ABS-Regelung wird das aus den Radbremsen entnommene Volumen in den Niederdruckspeicher zwischengespeichert. Die integrierte Zweikreis-Kolbenpumpe fördert dieses Bremsflüssigkeitsvolumen aus dem Niederdruckspeicher zu-

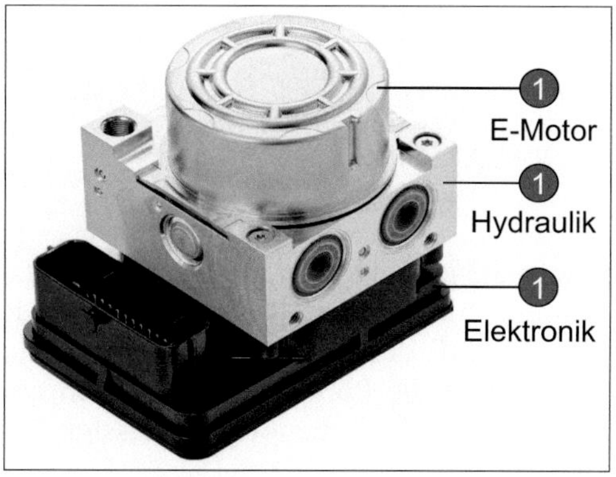

◘ **Abb. 7.53** ABS-Anlage mit angeflanschtem E-Motor (1), Hydraulikblock (2) und Spulenträger mit Elektronik (3)

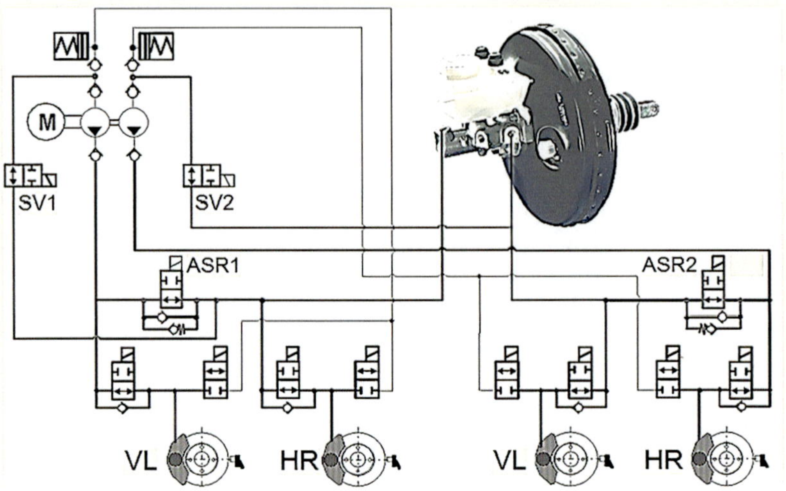

Abb. 7.54 ABS-Hydraulikschaltbild (schwarz) mit Zusatzkomponenten für ASR (grau); Pkw mit Frontantrieb, diagonaler Bremskreisaufteilung

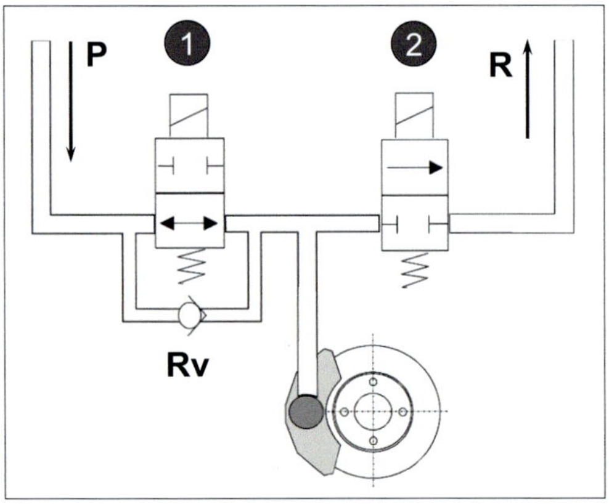

Abb. 7.55 ABS-Ventilkonfiguration: 1) Einlassventil (SO), 2) Auslassventil (SG), P Anschluss zur Betätigung, R Rücklauf, Rv Rückschlagventil

rück in die jeweiligen Bremskreise des THz. Während aktiver Regelvorgänge der ASR oder des ESP, die ohne Pedalbetätigung ablaufen, stellt die Pumpeneinheit das in der Druckaufbauphase benötigte Flüssigkeitsvolumen zur Verfügung.

7.7.2.3 Elektronische Regeleinheit für Bremsregelsysteme

Auf Basis von Sensorinformationen (Raddrehzahlen, Gierrate, Lenkradwinkel, etc.) berechnet der elektronische Regler (ECU) in einer komplexen Regellogik die Steuerung der Stellglieder für den Bremsen- und Motoreingriff. Ziel dieser Eingriffe ist, dass sich die Räder mit dem für den jeweiligen Fahrzustand optimalen Schlupf drehen. Weitere wichtige Aufgaben des elektronischen Reglers sind die Pegelanpassung und Wandlung der Ein- und Ausgangssignale, die Sicherheitsüberwachung des elektronischen Regelsystems und die Fehlerdiagnose. Der Regler ist als Mikroprozessorsystem ausgeführt.

Eingangsgrößen sind z. B.:

- Sensorsignale (Raddrehzahl, Pumpenmotordrehzahl, Lenkradwinkel, Gierrate, etc.),
- Schaltsignale (zum Beispiel Bremslichtschalter),
- Betriebsspannung

- Informationen vom Fahrzeugmotor für die in das Motormanagement eingreifenden Regelsysteme.

Ausgangsgrößen sind z. B.:
- Schaltsignale (Magnetventile, Pumpenmotor, Warn-und Funktionsleuchten),
- Signale zur Anpassung des Schlepp- oder des Antriebsmoments des Verbrennungsmotors,
- Signale zur Überwachung sicherheitsrelevanter Baugruppen,
- Informationen über Fehlerzustände.

Die in der Regellogik realisierte Struktur hat ein adaptives Verhalten. D. h., der Arbeitspunkt wird durch Suchverfahren kontinuierlich an das

jeweilige Optimum der Regelstrecke angepasst. Die Regellogik beinhaltet:
- vom jeweiligen Fahrzeug unabhängige grundlegende Algorithmen,
- Algorithmen, die durch geeignete Einstellung von Parametern auf verschiedene Fahrzeugmodelle angepasst werden,
- Maßnahmen, die speziell für einen Fahrzeughersteller oder ein Modell entwickelt wurden.

Die Algorithmen werden in der Programmierhochsprache „C" erstellt und sind in zahlreiche Module aufgeteilt. Das erlaubt eine schnelle Anpassung der Software, die Wartbarkeit der Software bei vertretbarer Komplexität und die Kombinierbarkeit verschiedener Module wie z. B. ABS, ASR und GMR.

7.7.2.4 Raddrehzahlsensor

Der Raddrehzahlsensor erfasst die aktuelle Drehzahl eines Rades. Je nach Bauart können Signale bis zum Stillstand erfasst und ggf. die Drehrichtung sensiert werden. Ein am Achsschenkel befestigter Sensor und das sich mit dem Rad drehende Impulsrad (Zahnrad, Encoderrad) bilden eine

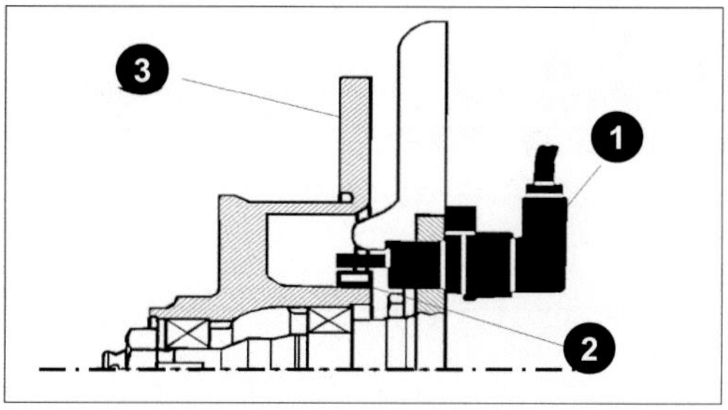

Abb. 7.56 Radial angeordneter Raddrehzahlsensor: 1) Sensor, 2) Impulsrad, 3) Bremsscheibe

Sensoreinheit (Abb. 7.56) s. auch ► Abschn. 12.2.4).

Bei Fahrzeugen mit Hinterachsantrieb und ausschließlicher ABS-Funktion lassen sich die Raddrehzahlen der Hinterachse auch mit nur einem Sensor erfassen. Er befindet sich antriebsseitig im Differenzial. Das Sensorsignal entspricht in diesem Fall dem arithmetischen Mittel beider Hinterraddrehzahlen. Je nach Einbau und Ausführung des Impulsrades wird der Sensor axial oder radial angeordnet.

Es werden zwei Sensor-Bauarten (passiv oder aktiv) unterschieden.

- **Induktive (passive) Raddrehzahlsensoren**

Durch die vorbeilaufenden Zähne des Impulsrades aus ferromagnetischem Material verändert sich der magnetische Fluss. Durch die magnetische Induktion entsteht eine Wechselspannung (Abb. 7.57), deren Frequenz proportional der Drehzahl des Rades ist. Sie kann vom elektronischen Regler nur ausgewertet werden, wenn die Amplitude innerhalb eines vorgegebenen Spannungsbereichs liegt. Um diesen Spannungsbereich sicherzustellen, ist ein festgelegter Abstand (Luftspalt) zwischen Sensor und Impulsrad einzuhalten.

Passive Raddrehzahlsensoren arbeiten nach dem Induktionsprinzip. Im Sensorkopf befinden sich ein wasserdicht

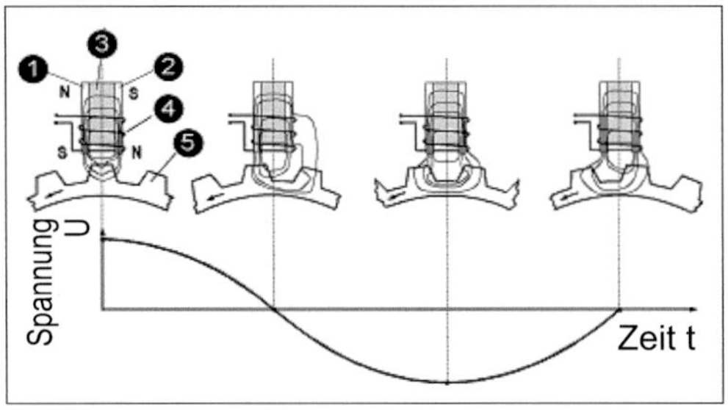

Abb. 7.57 Funktionsweise des induktiven Raddrehzahlsensors: N Nordpol, S Südpol, 1) und 2) Permanentmagnete, 3) Weicheisenkern, 4) Spule, 5) Impulsrad

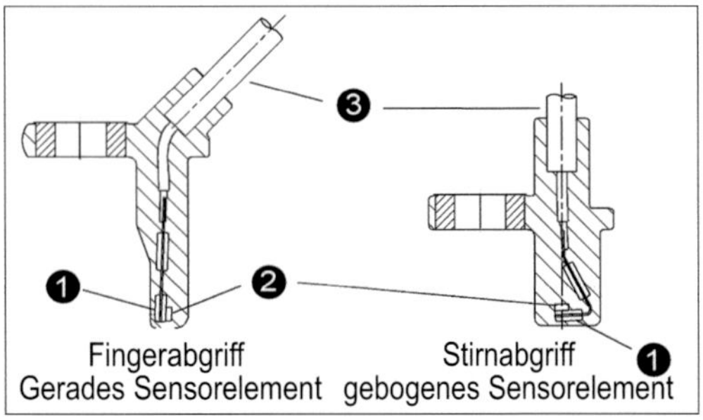

Abb. 7.59 Magnetoresistiver Raddrehzahlsensor: 1) Sensorelement, 2) Stützmagnet, 3) Kabelverbindung

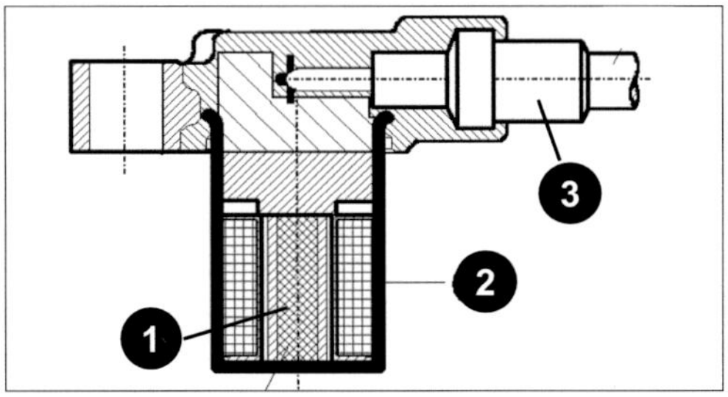

Abb. 7.58 Induktiver Raddrehzahlsensor: 1) Permanentmagnet, 2) Spule, 3) Kabelverbindung

mit Kunststoff umspritzter Dauermagnet, eine Spule und eine Kabelverbindung (Abb. 7.58).

Magnetoresistive (aktive) Raddrehzahlsensoren

Heutzutage werden üblicherweise magnetoresistive Raddrehzahlsensoren eingesetzt. Die Sensorbaugruppe (Abb. 7.59) besteht aus der Kombination einer Brückenanordnung dünner magnetoresistiver Metallschichten (Elementarsensoren) mit einer elektronischen Folgeschaltung zur Signalaufbereitung.

Das Wirkprinzip des Elementarsensors beruht darauf, dass sich der elektrische Widerstand der magnetoresistiven Schichten ändert, sobald sich ein parallel durch diese Schichten verlaufendes Magnetfeld ändert.

Es gibt zwei Varianten aktiver Raddrehzahlsensoren. Bei der ersten wird dem Elementarsensor zur Erzeugung des Magnetfeldes ein Permanentmagnet hinterlegt. Die Änderung der Feldstärke im Substrat ergibt sich durch ein ferromagnetisches Impulsrad, das zum Beispiel als Zahnrad ausgeführt sein kann.

Bei der zweiten Variante rotiert ein magnetischer Encoder vor dem Sensor, der das Sensorelement und einen kleinen Stützmagneten enthält. Das erzeugte Stützfeld verhindert einen Frequenzverdoppelungseffekt im Sensorelement bei kleinen Luftspalten.

Eine Folge gleichartiger, einander abwechselnder Nord- und Südpol-Areale bildet die Encoderspur des magnetischen Encoders. Zwei aufeinander folgende Nord-/Südpole bilden ein Inkrement und entsprechen einem Zahn bei einem ferromagnetischen Impulsrad.

Der elektronische Regler versorgt die Sensoren im Betrieb mit elektrischer Energie. Die Sensoren erzeugen einen rechteckförmigen Signalstrom, dessen Frequenz proportional der Raddrehgeschwindigkeit ist. Die Vorteile von magnetoresistiven Raddrehzahlsensoren gegenüber induktiven sind unter anderem:

- Sensierung bis zum Stillstand ($v = 0$ km/h),
- Verbesserung der Signalqualität (digitales Signal mit hoher Auflösung ermöglicht großen Luftspalt),

- weitgehende Unempfindlichkeit des Signals gegenüber Temperatur und Vibrationen,
- Reduzierung von Gewicht und Bauraum.

7.7.3 Assistenzfunktionen des Bremssystems

7.7.3.1 Antiblockiersystem ABS

Zu starkes Bremsen ohne ABS verursacht je nach Fahrbahnzustand oder Fahrsituation ungünstig große Radschlupfwerte oder gar Blockieren der Räder. Ausbrechen des Fahrzeugs aus der Spur und eine Beeinträchtigung der Lenkbarkeit sind mögliche Folgen [20].

Abgesehen von wenigen Ausnahmefällen verlängert sich ohne ABS auch der Bremsweg. ABS erlaubt Vollbremsungen ohne blockierende Räder und ohne die daraus resultierenden Gefahren. Selbst überdurchschnittlich geübten Autofahrern gelingt es vor allem bei schwierigen Fahrbahnverhältnissen oder in gefährlichen Situationen nicht, das Blockieren der Räder zu verhindern. Nur mit Bremspedal ist die erforderliche individuelle Dosierung der optimalen Bremskraft an jedem Rad nicht möglich. Besonders deutlich wird dies auf unterschiedlich griffigem Untergrund, weil der optimale Bremsdruck an den einzelnen Rädern dann unterschiedlich groß ist. ABS verbessert:

- die **Fahrstabilität,** indem es das Blockieren der Räder verhindert, wenn bei einer Vollbremsung der Bremsdruck bis zur Blockiergrenze und darüber hinaus steigt. Eine Drehung des Fahrzeugs um die Fahrzeughochachse (Schleudern) bei Verlust der Seitenführungskräfte an der Hinterachse wird zum Beispiel verhindert.
- die **Lenkbarkeit** bei Vollbremsungen auch bei den unterschiedlichsten Fahrbahnzuständen. Trotz voll betätigter Bremse kann das Fahrzeug durch eine Kurve gelenkt werden oder einem Hindernis ausweichen.
- den **Bremsweg,** da es den jeweils verfügbaren Reibwert zwischen Reifen und Fahrbahn bestmöglich ausnutzt. Insbesondere reagiert es adaptiv auf Veränderungen der Fahrbahngriffigkeit, etwa von trockenem auf nassen Asphalt. Der Bremsweg mit ABS ist kürzer als bei einer Bremsung ohne ABS.
- den Reifenabrieb, weil die Bremsenergie in Bremsscheibe und nicht am Reifenlatsch abgebaut wird.

Außerdem verhindert ABS das Entstehen von Flachstellen auf der Lauffläche der Reifen (Bremsplatten) und entlastet den Fahrer bei extremen Bremsvorgängen: So kann die ganze Konzentration auf die Bewältigung des Verkehrsgeschehens gelenkt werden, da die optimale Dosierung der Bremsleistung vom ABS-System geregelt wird.

Grenzen des ABS Sonderfälle wie Neuschnee oder Kies, der bei blockierenden Rädern einen bremsenden Keil vor den Rädern bildet, sind im Alltag kaum relevante Ausnahmen. Hier ist die Verbesserung von Lenkbarkeit und Fahrstabilität durch ABS wichtiger als der kürzest möglicher Bremsweg bei blockierten Rädern. ABS kann die physikalischen Gesetzmäßigkeiten nicht außer Kraft setzen. Auf glatter Fahrbahn ist der Bremsweg auch mit ABS-Regelung länger als auf trockener, griffiger Straße, denn die höchstmögliche Bremskraft bestimmt stets der Reibwert zwischen Reifen und Fahrbahn. Bremsen bei zu hohen Kurvengeschwindigkeiten führt auch mit ABS dazu, dass das Fahrzeug aus der Kurve getragen wird.

Arbeitsbereich des ABS Der optimale Schlupf und damit die beste Bremswirkung wird nicht durch maximalen, sondern durch genau dosierten Bremsdruck erreicht

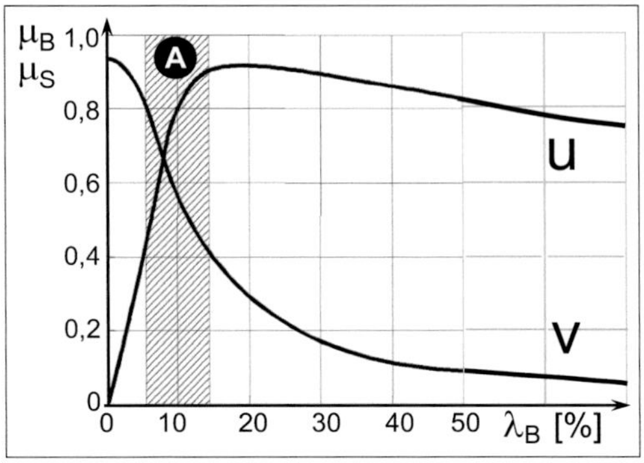

Abb. 7.60 Regelbereich des ABS mit λ_B Bremsschlupf, μ_B Bremskraftbeiwert (Verlauf 1), μ_S Seitenkraftbeiwert (Verlauf 2), A: ABS-Regelbereich

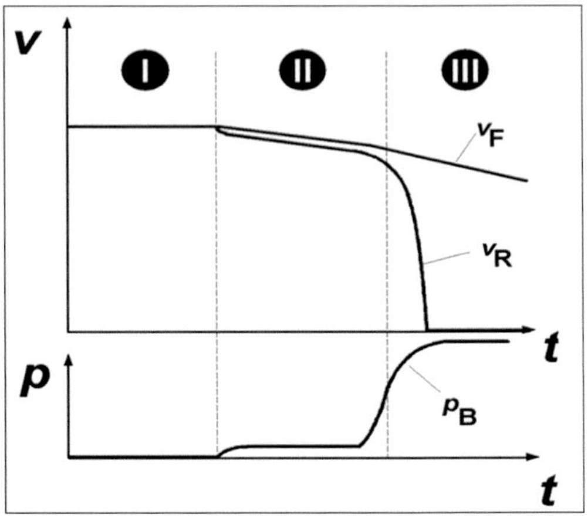

Abb. 7.61 Bremsung ohne ABS: *t* Zeit, π Geschwindigkeit, *p* Druck, I: ungebremste Fahrt, II: Teilbremsung, III: Vollbremsung ohne ABS, v_F Fahrzeuggeschwindigkeit, v_R Radumfangsgeschwindigkeit, p_B Betätigungsdruck

7

(Abb. 7.60). Ziel der ABS-Regelung ist es, den kritischen Schlupf nicht zu überschreiten, der von den jeweiligen Bedingungen zwischen Reifen und Fahrbahn bestimmt wird.

Der Arbeitsbereich der ABS-Regelung wird stets so ausgelegt, dass bestmögliche Fahrstabilität und gleichzeitige Lenkbarkeit gegeben sind. Wird ein Rad so abgebremst, dass es den Bereich optimalen Schlupfes überschreitet, beginnt die ABS-Regelung.

Abb. 7.61 zeigt einen Bremsvorgang ohne ABS-Regelung. Bereich I entspricht der ungebremsten Fahrt. Die Radumfangsgeschwindigkeit entspricht weitgehend der (konstanten) Fahrzeuggeschwindigkeit, es liegt kaum Radschlupf vor.

Im Bereich II ist die Bremse leicht betätigt, es liegt ein geringer Bremsdruck an. Daher ist die Radumfangsgeschwindigkeit um einen bestimmten Anteil geringer als die Fahrzeuggeschwindigkeit, die stetig abnimmt. Der Schlupf liegt im stabilen Bereich.

Bereich III entspricht einer Vollbremsung, bei der der Bremsdruck über die Rad-Blockiergrenze steigt. Die Radumfangsgeschwindigkeit verringert sich zunehmend bis zum Radstillstand. Die Fahrzeuggeschwindigkeit wird ebenfalls geringer, wobei der Blockierreibwert die Verzögerung bestimmt.

Die sehr rasche Drehzahlverringerung eines Rades ist charakteristisch für eine Blockierneigung, da die Radverzögerung größer ist als die maximale mögliche Fahrzeugverzögerung. Erkennt der elektronische Regler diesen rapiden Abfall der Raddrehzahl, gibt er entsprechende Befehle zur Bremsdruckmodulation an die Magnetventile. Jeweils zwei Ventilen pro Regelkreis; das in stromlosem Zustand offene Einlassventil und das stromlos geschlossene Auslassventil (s. Abb. 7.55), führen diese Modulation durch.

ABS-Regelungsphasen Der ABS-Regelungszyklus läuft prinzipiell in drei Phasen ab (Abb. 7.62).

Druck halten (Phase 1) Bei Pedalbetätigung steigt der Radbremsdruck an und die Radumfangsgeschwindigkeit verringert sich progressiv.

Zeigt die Radumfangsgeschwindigkeit eine Blockierneigung, wird das Einlassventil geschlossen. Selbst bei Erhöhung des Betätigungsdrucks kann der Radbremsdruck nicht weiter ansteigen.

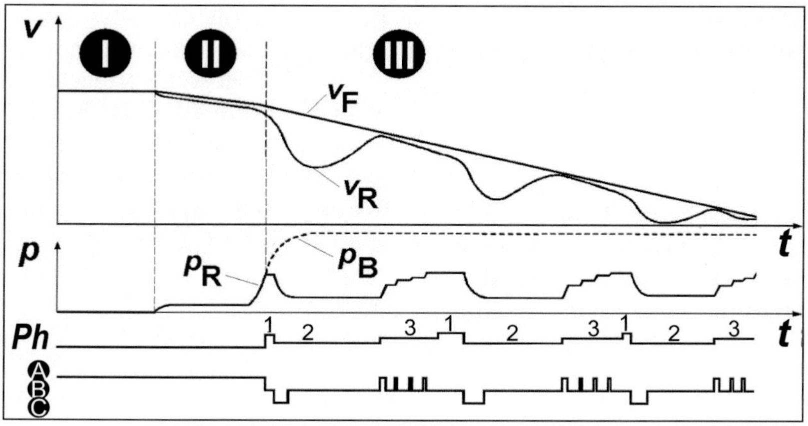

Abb. 7.62 Ablauf einer ABS-Regelung (einRad): *t* Zeit, *p* Druck, *v* Geschwindigkeit, *Ph* Phase, I: ungebremste Fahrt, II: Teilbremsung, III: ABS-Bremsung, $\nu_{F\ F}$ Fahrzeuggeschwindigkeit, p_B Betätigungsdruck, ν_R Radumfangsgeschwindigkeit, p_R Radbremsdruck, A: Druckaufbau, B: Druckhalten, C Druckabbau

Druckabbau (Phase 2) Nimmt die Radumfangsgeschwindigkeit trotz konstanten Bremsdrucks weiter ab, sodass der Radschlupf zunimmt, reduziert der Regler den Bremsdruck an diesem Rad. Das Einlassventil bleibt geschlossen und öffnet für kurze Zeit das Auslassventil zur Absenkung des Bremsdruckes.

Daraus folgt ein vermindertes Bremsmoment an der Radbremse. Mit Hilfe der beim Schlupfeinlauf erkannten Radverzögerung lässt sich abschätzen, wie lang dieser Druckabbaupuls sein muss, damit das Rad in einer angemessenen Zeit wieder beschleunigt (sogenannte „prädiktive Regelung“). Verhält sich das Rad nach Ablauf dieser Zeit nicht wie erwartet, kann der Regler einen weiteren Bremsdruckabbau einsteuern. In extremen Fällen wie etwa einem Reibwertsprung von Asphalt auf Eis, dauert dieser Phase bis zur gewünschten Wiederbeschleunigung des Rades länger.

Druckaufbau (Phase 3) Erhöht sich die Radumfangsgeschwindigkeit so weit, dass sie den Bereich des optimalen Schlupfes unterschreitet, baut der Regler wieder stufenweise Bremsdruck auf: Auslassventil bleibt geschlossen, das Einlassventil mehrfach kurz geöffnet.

Spezielle Regelalgorithmen Durch die permanente Auswertung der Radsensorsignale kann der Regler stets mit einer der Situation angemessenen Regelstrategie reagieren. Normalerweise werden bei Pkw die Vorderräder individuell geregelt. An den Hinterrädern kommt das „Select-low“-Prinzip zum Einsatz, das heißt: Das Hinterrad mit der stärkeren Blockiertendenz bestimmt das Druckniveau für beide Hinterräder.

So wird die Bremskraftausnutzung an der Hinterachse vermindert zugunsten höherer Seitenführungskraft und damit zu erhöhter Fahrstabilität. Besonderen Fahrbahn- und Fahrzustandsbedingungen wird der ABS-Regler durch speziell hierfür entwickelte Algorithmen gerecht. Zu nennen sind hier etwa Eis-Fahrbahnen, seitenweise unterschiedlich griffige Fahrbahnen (sogenanntes *„µ-Split“*), Kurvenfahrt, Schleudervorgänge, Einsatz von Noträdern und vieles mehr.

7.7.3.2 Elektronische Bremskraftverteilung (EBV)

Die elektronische Bremskraftverteilung ersetzt den hydraulischen Bremskraftverteiler durch einen zusätzlichen Softwarealgorithmus in der ABS-Software. Dieser Algorithmus ermöglicht im Teilbremsbereich eine optimierte Bremskraftverteilung zwischen Vorder- und Hinterachse. Damit wird die Kraftschlussausnutzung an der Hinterachse optimiert bei gleichzeitigem Erhalt der Fahrstabilität.

Hierzu nutzt der EBV-Algorithmus die vier gemessenen Radgeschwindigkeiten. Erkennt der elektronische Regler eine Überbremsungstendenz der Hinterachse, schließt er das entsprechende Hinterrad-Einlassventil und verhindert so einen weiteren Druckaufbau. Bei weiterer Überbremsung kann durch Öffnen des Hinterrad-Auslassventils Druck abgebaut werden. Zur best-möglichen Ausschöpfung des Kraftschlusspotenzials führt EBV den Druck der hinteren Radbremsen bei Unterbremsung wieder pulsweise an das Druckniveau im Hauptzylinder heran.

Die EBV-Funktion benötigt keine zusätzlichen Bauteile, sie nutzt die beim ABS vorhandenen Komponenten. Die Integration in das ABS-Sicherheitskonzept sorgt im Gegensatz zum hydraulischen Regler für die Überwachung der Wirksamkeit der Bremskraftverteilung.

Erweitertes Stabilitäts-Bremssystem (ABSplus) ABS plus sorgt durch gezielt unterschiedliches Einstellen von Bremskräften an beiden Fahrzeugseiten für ein korrigierendes Giermoment, sodass das Fahrzeug stabilisiert und die Lenkbarkeit verbessert wird [19].

7.7.3.3 Antriebsschlupfregelung (ASR)

ASR verhindert unnötiges Durchdrehen der Antriebsräder durch einen gezielten Bremseneingriff und/oder durch einen Eingriff in das Motormanagement.

Die Antriebsschlupfregelung basiert sowohl hardwareseitig (Hydraulik, Sensorik) als auch softwareseitig auf ABS [19]. Zum aktiven Druckaufbau ist eine Erweiterung der HCU um sogenannte Trenn- und Saugventile erforderlich (◘ Abb. 7.63).

Die Antriebsschlupfregelung (◘ Abb. 7.64):

- sichert Fahrstabilität heckgetriebener, Lenkbarkeit frontgetriebener Fahrzeuge,
- kann kurzfristig die Funktion eines Sperrdifferenzials darstellen,
- passt Antriebskraft den Fahrbahnbedingungen an,
- verringert Reifenverschleiß und
- warnt z. B. durch eine LED vor Erreichen der physikalischen Stabilitätsgrenze (etwa bei Glätte).

▪ Bremsenregelung der ASR

Auf unterschiedlich griffiger Fahrbahn (µ-*Split*) kann die auf der griffigen Fahrbahnseite mögliche Vortriebskraft nicht ausgenutzt werden. Die Ursache hierfür liegt im Differenzialgetriebe zwischen den Rädern der angetriebenen Achse, bei dem die Seite mit dem geringeren Kraftschlusspotenzial das Moment auf der gegenüber liegender Seite begrenzt.

Mithilfe der Raddrehzahlinformation wird das Überschreiten der Kraftschlussgrenze an einem Rad erkannt und das Durchdrehen mittels eines entsprechenden, aktiven Bremseneingriffs verringert. Das dadurch aufgebrachte Bremsmoment wirkt als zusätzliche Abstützung auf das Differenzial und steht somit am gegenüberliegenden Rad als Antriebsmoment zur Verfügung.

Bremsen-ASR regelt im Wesentlichen den Anfahrbereich. Zur Vermeidung einer thermischen Überlastung der Bremse, wird dabei durch einen elektronischen Regler über ein Temperaturmodell die Bremseneingriffsdauer begrenzt.

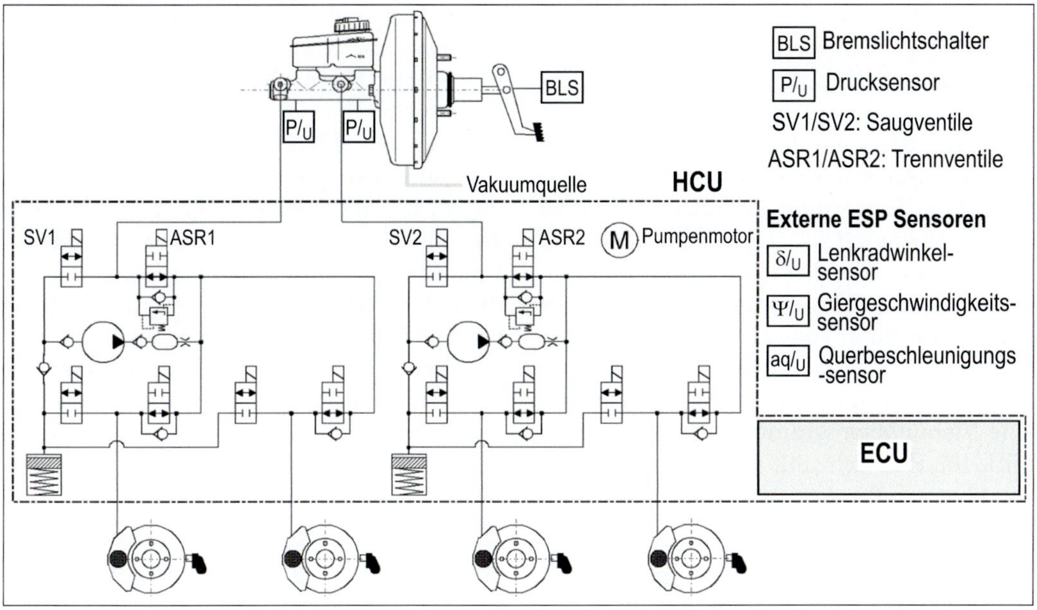

Abb. 7.63 Elektronisches Stabilitätsprogramm; SV1/SV2: Saugventile, ASR1/ASR2: Trennventile

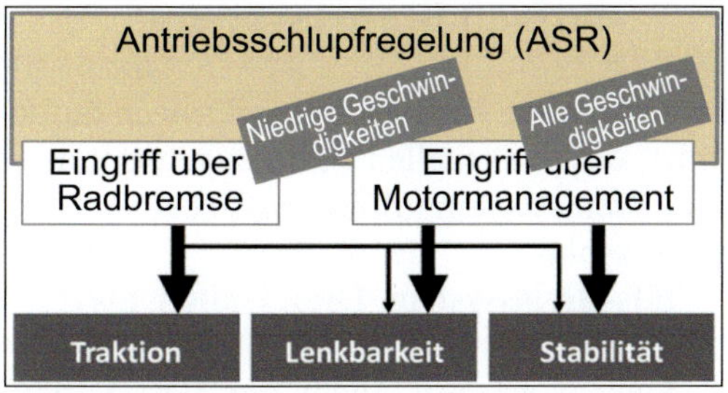

Abb. 7.64 Konzepte der Antriebsschlupfregelung als Unterfunktion von ESP

- **Motorregelung der ASR**

Zur Entlastung der Bremsen reduziert ASR bei niedrigen Geschwindigkeiten zusätzlich zur Bremsenregelung das Motordrehmoment so weit, dass auch ohne beidseitigen Bremseneingriff an den Antriebsrädern die bestmögliche Haftausnutzung für den Vortrieb erreicht wird. Ab etwa 40 km/h, kommt es kaum noch zu Bremseneingriffen, da die Motorregelung frühzeitig das Antriebsmoment reduziert, um die Fahrstabilität zu erhöhen.

7.7.3.4 Motor-Schleppmomentenregelung (MSR)

Hohes Motorschleppmoment, zum Beispiel bei Gaswegnahme oder Herunterschalten, erzeugt Bremsmomente an den angetriebenen Rädern, ohne dass die Bremse betätigt wird. Insbesondere bei niedrigen Reibwerten wird dadurch deutlicher Schlupf an den Antriebsrädern hervorgerufen. Vor allem bei heckangetriebenen Fahrzeugen kann es dadurch zu instabilem Fahrverhalten kommen. Die MSR reduziert durch dosiertes, aktives „Gasgeben" den durch das Motorschleppmoment generierten Schlupf. Der Eingriff ins Motormanagement erfolgt in aller Regel über CAN-Bus.

7.7.3.5 Elektronisches Stabilitätsprogramm (ESP/DSC/VSC/ESC ...)

Das elektronische Stabilitätsprogramm kombiniert die Funktionen der Radschlupfregelungen (ABS, EBV, ASR) mit der Giermomentenregelung (GMR) [20, 22]. Die Giermomentenregelung ist eine elektronische Regelung zur Verbesserung des querdynamischen Fahrverhaltens. Unabhängig von einer Pedalbetätigung sorgt sie für die Quer- und Längsstabilität des Fahrzeugs durch Bremsen- und Motoreingriff.

Die Fahrerwunscherfassung erfolgt auf Basis von Sensorinformationen z. B. über Fahrgeschwindigkeit, Lenkradwinkel und Bremsdruck. Aus diesen Informationen errechnet das elektronische Stabilitätsprogramm mithilfe von Echtzeitsimulationsmodellen das Fahrzeugsollverhalten. Den Fahrzeugistzustand erfasst das elektronische Stabilitätsprogramm mithilfe der Sensorik für Raddrehzahl, Gierrate und Querbeschleunigung. Vor allem bei schnellen Lenkbewegungen kann ein Fahrzeug den Lenkradeinschlag nicht mehr in die erwartete Richtungsänderung umsetzen. Es kann entweder zum Untersteuern, zum Übersteuern oder im Extremfall bis zum „Schleudern“ kommen. Die Abweichung zwischen Fahrerwunsch (Richtung, Geschwindigkeit, Fahrzeugsoll-verhalten) und Fahrzeugistzustand (Gierrate, Querbeschleunigung) wird ermittelt und durch die Giermomentenregelung mittels Bremseneingriff (an bis zu drei Rädern gleichzeitig) ausgeregelt.

Untersteuern korrigiert GMR primär durch Einbremsen des kurveninneren Hinterrades, Übersteuern durch Einbremsen des kurvenäußeren Vorderrades. Dieses selektive, aktive Bremsen baut einseitig wirkende Längskräfte und dadurch das stabilisierende Giermoment auf. Eine unterstützende Wirkung entsteht durch die gezielte Reduzierung von Seitenführungskräften infolge der über Bremsmomente aufgebauten Längskräfte. Zu hohes Antriebsmoment reduziert das elektronisches Stabilitätsprogramm durch Eingriff ins Motormanagement.

Die erweiterte ABS/ASR-Hydraulik mit dem integrierten elektronischen Regler ist Kernstück des elektronischen Stabilitätsprogramms. Sie ermöglicht den radindividuellen, aktiven Aufbau von Bremsdruck unabhängig von einer Betätigung des Bremspedals. Bei extremer Kälte ist wegen veränderter Bremsflüssigkeitsviskosität das Ansaugverhalten der Pumpe allein nicht ausreichend. Über verschiedene Vorladeeinrichtungen kann in solchen Situationen die notwendige Fördermenge der Pumpe erreicht werden. Ein extern ansteuerbarer Bremskraftverstärker (aktiver Booster) kann die bei extremer Kälte benötigte Vorladung für die Hydraulikpumpe sicherstellen.

Eine weitere Lösungsmöglichkeit ist eine elektrische Vorladepumpe, die Bremsflüssigkeit aus dem Ausgleichsbehälter ansaugt und am THz-Ausgang einspeist. Durch eine hydraulische Blende bildet sich ein Staudruck, der als Vorladedruck vor der Pumpe anliegt und somit die erforderliche Fördermenge sicherstellt.

7.7.4 Zusatzfunktionen der aktiven Bremssysteme

Im Folgenden sind *Zusatzfunktionen* aufgeführt, die in aktuellen Fahrzeugen mit aktivem Bremssystem implementiert sind:

- **ABSplus Erweitertes Stabilitäts-Bremssystem** Dieses auch als *Cornering Brake Control* CBC bekannte System erkennt allein aus den Verläufen der Raddrehzahlen die Fahrsituation ohne Gierraten- und Querbeschleunigungssensor. ABSplus optimiert den Bremsschlupf und damit die Bremskraftverteilung und bewirkt eine Gierratenkompensation ohne ESP.
- **Hydraulic Fading Compensation**: Die Fading-Kompensation bewirkt selbst bei extrem heiß gewordenen Bremsen eine unvermindert gute Bremswirkung: Bei extremer Beanspruchung der Bremse (z. B. bei langen Bergabfahrten mit beladenem Fahrzeug) können bei einer Vollbremsung Fading-Effekte auftreten; der Reibwert zwischen Reibbelag und Bremsscheibe sinkt vorübergehend bei sehr hohen Temperaturen. In einem sol-

chen Fall erfolgt eine aktive Erhöhung des Bremsdrucks, die über jenen Druck herausgeht, den der Fahrer über das Bremspedal aufbringt.

- **Giermomentabschwächung:** Bei einer Bremsung auf einer µ-Split-Oberfläche wird der Druck an dem µ-high-Vorderrad verzögert aufgebaut. Hierdurch entsteht ein langsamer Aufbau des Giermoments um die Fahrzeughochachse, wodurch der Fahrer durch eine entsprechende Lenkkorrektur das Fahrzeug stabilisieren kann.
- **Elektronische Differenzialsperre:** Beim Anfahren auf einer µ-Split-Oberfläche wird ein durchdrehendes µ-low-Rad durch einen gezielten Bremseingriff stabilisiert. Durch das Bremsmoment am µ-low-Rad kann das µ-high-Rad ein größeres Antriebsmoment übertragen. Hierdurch werden die Traktion und die Stabilität des Fahrzeugs verbessert.
- **Elektronische Parkbremse:** Bei einigen Fahrzeugen entfällt die mechanische Parkbremse und wird durch das aktive Bremssystem erzeugt (s. ► Abschn. 7.6.8.3).
- **Active Roll-Over Prevention (ARP):** Fahrzeuge mit kritischem Wankverhalten (z. B. hoher Schwerpunkt, „weiches" Fahrwerk) neigen unter Exrembedingungen zum Umkippen. Durch einen gezielten Bremseingriff wird dem Fahrzeug kinetische Energie entzogen und der Überschlag kann so verhindert werden. Mithilfe einer fahrzeugspezifischen Modellbildung sowie zusätzlicher Erkennungsmöglichkeiten (z. B. Wank-Sensorik) und geeigneter Algorithmen wird bei Kippgefahr das kurvenäußere Vorderrad überbremst, das Fahrzeug untersteuert. Durch die Reduzierung der Querkraft wird die Kippneigung reduziert.
- **Gespannstabilisierung:** Für Pkw-Gespanne existiert in Abhängigkeit der Fahrzeug- und Anhängerparameter eine kritische Fahrzeuggeschwindigkeit, bei der die Gierdämpfung des Systems zu Null wird. Überschreitet das Pkw-Gespann diese Geschwindigkeit, so beginnt der Anhänger zu pendeln; das Gespann wird instabil. Die Anhängerstabilisierungskontrolle erkennt gefährliches Pendeln und führt durch schnelles Abbremsen des Zugfahrzeuges (über die Auflaufbremse auch des Anhängers) das Gespann wieder in einen stabilen und sicheren Fahrzustand. Das System erkennt einen Anhänger, sobald die Stromversorgung des Hängers mit dem Fahrzeug verbunden ist, wird in Bereitschaft versetzt und kann ab einer Geschwindigkeit von 65 km/h eingreifen. Realisiert wird diese Funktion über Beobachtung des Giergeschwindigkeitssignals, das dem ESP-Steuergerät die Rotationsbewegung des Fahrzeugs übermittelt. Der Verlauf dieses Signals wird permanent überwacht. Ein pendelndes Gespann zeigt dabei einen typischen Signalverlauf, der vom Steuergerät erkannt wird. Bei Überschreiten bestimmter Grenzwerte wird das Motormoment kurzfristig auf ein Minimum reduziert und an allen vier Rädern ohne Zutun des Fahrers Bremsdruck für eine Verzögerung von 2,5 bis 4 m/s^2 aufgebaut. Durch die rasche Geschwindigkeitsabnahme beruhigt sich das Gespann in sehr kurzer Zeit.
- **Bremsscheibenreinigungsmodul:** Durch das zyklische Anlegen der Bremsbeläge bei Regen werden die Bremsscheiben getrocknet um das Ansprechen der Bremse bei nasser Witterung weiter zu optimieren.
- **Berganfahrhilfe:** Diese Funktion ermöglicht ein komfortables Anfahren an Steigungen ohne Betätigung der Feststellbremse: Dazu hält der Anfahrassistent nach dem Lösen der Bremse das Fahrzeug noch für eine kurze Zeit fest, um ein komfortables Anfahren zu ermöglichen, ohne die Handbremse zu betätigen. Zum Halten des Fahrzeugs erfor-

derlicher Bremsdruck wird für ca. 1,5 s automatisch im Bremssystem gehalten und beim Anfahren wieder verringert, wenn das Motormoment für den Anfahrvorgang ausreicht. Beim Gasgeben wird die Bremse automatisch freigegeben. Der Haltedruck im Bremssystem ist abhängig von der Steigung, die mithilfe eines Längsbeschleunigungssensors ermittelt wird und davon, ob ein Anhänger angekoppelt ist.

- **Bergabfahrhilfe:** Fahrstabilitätshilfe bei Bergabfahrten auf losem oder Untergrund mit niedrigem Reibwert. Die Funktion kontrolliert die Geschwindigkeit mithilfe der Bremseingriffe und dem Motorschleppmoment. Sie lässt sich bei einer Fahrgeschwindigkeit kleiner 35 km/h aktivieren und je nach Wunsch zwischen 6 und 30 km/h einstellen. Dabei reduziert das Fahrzeug seine Geschwindigkeit automatisch mit linearer Verzögerung auf rund 12 km/h und hält sie konstant. Sollte der Fahrer über das 35 km/h-Limit beschleunigen, geht die Funktion in den „Stand-by"-Modus über und ab 60 km/h wird die Funktion automatisch deaktiviert [23].
- **Vorgesteuerter Bremsdruckaufbau:** Bei drohender Instabilität des Fahrzeugs und großen Querbeschleunigungen wird das Lüftspiel an der Radbremse reduziert, um mögliche Bremseneingriffe schneller bewerkstelligen zu können.
- **Notbremsanzeige:** Um nachfolgende Verkehrsteilnehmer bei starken Bremsungen zu warnen, stellt ESP-Steuergerät die Auslösekriterien für eine spezielle Ansteuerung der Bremslichter oder für eine „car to car" Übermittlung bereit.
- **Soft-Stop:** Bei Bremsungen in den Stillstand erfolgt durch den Übergang der Gleit- in die Haftreibung auf der Bremsscheibe ein Halteruck, bei dem die Insassen eine erhöhte Verzögerung verspüren. Soft-Stop verringert den Bremsdruck bei leichten Bremsungen bis in den Stillstand automatisch: Bei mittlerer und Vollbremsung bleibt die Funktion ausgeschaltet [23].

7.7.5 Rekuperation – Brake Blending

Im Allgemeinen versteht man heute unter Rekuperation die Wandlung von mechanische in elektrische Energie mittels eines Elektro-Antriebes im generatorischen Betrieb. Je nach Antrieb und Energieaufnahmefähigkeit der elektrischen Batterie wird dies durch den Fahrer mehr oder minder deutlich als Verzögerung wahrgenommen. Wird Rekuperation im Fahrbetrieb aufgesteuert, kann dies additiv zu den Fahr- und Rollwiderständen bzw. zur Betätigung der Reibbremse erfolgen. Dadurch ergibt für den Fahrer ein nicht immer gleichmäßiges Bremsverhalten. Soll sich das Bremsverhalten für den Fahrer immer gleich gestalten, spricht man von der Sonderform der Rekuperation, dem sog. Brake Blending.

In diesem Fall werden die generatorischen Verzögerungsanteile und die Anteile der Reibbremse derart miteinander ausgeregelt, dass sich ein gleichbleibendes Verzögerungsgefühl einstellt. Der Verzögerungsanteil des Antriebs ist in der Regel gut bestimm- und regelbar. Im Gegensatz dazu ist das Verzögerungsverhalten einer Reibbremse nur auf Basis von Modelldaten berechenbar. Im Fahrzeug steht in der Regel nur der Bremsdruck als Führungsgröße zur Ermittlung der sich einstellenden Verzögerung/Bremsmomente zur Verfügung. Zur Berechnung des Verzögerungsanteils müssen daher das Reibwertverhalten bzw. die Wirkungsweise der Reibbremse hinreichend bekannt sein (◼ Abb. 7.65).

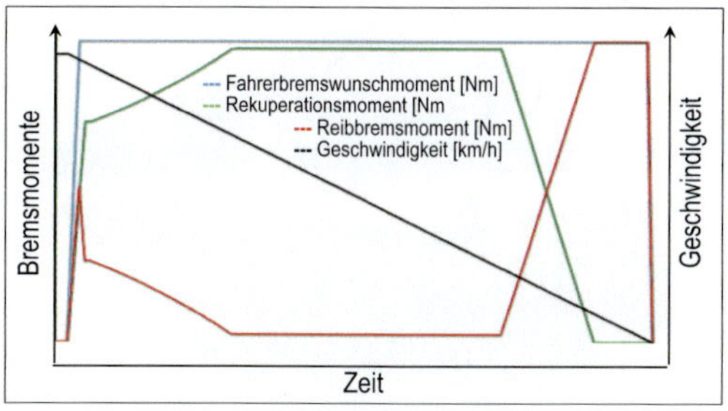

Abb. 7.65 Kennwerteverlauf während Rekuperation

7.7.6 Sensorik für die Bremssysteme

Um das Fahrzeug aktiv stabilisieren zu können, muss die ESP Steuerung das Fahrzeugsoll- und –Istzustand erkennen. Dazu werden neben den Fahrereingaben (Geschwindigkeit, Lenkwinkel), Raddrehzahlen auch Informationen über den Fahrzeugzustand benötigt. Folgende Sensoren liefern diese Informationen:

- **Beschleunigungssensor**

Der Beschleunigungssensor (Abb. 7.66) erzeugt ein zur Beschleunigung des Fahrzeugs proportionales Signal. Es gibt Varianten zur Erfassung der Fahrzeugbeschleunigung längs, quer oder kombiniert. Gemeinsam mit dem Gierratensensor liefert er die für die Giermomentenregelung des ESP benötigten Informationen über den querdynamischen Zustand des Fahrzeugs (s. ► Abschn. 15.8.5.1).

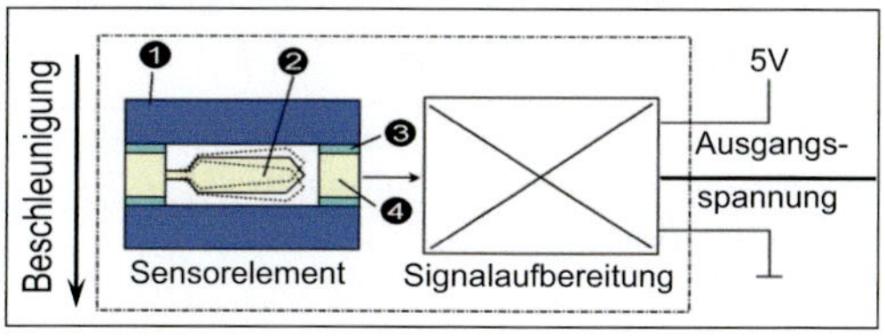

Abb. 7.66 Querbeschleunigungssensor; 1) Außenelektrode, 2) Biegebalken (seismische Masse), 3) Isolator + Verbindungselement für Elektroden, 4) Mittelelektrode

Der Beschleunigungssensor besteht aus einem mikromechanischen Biegebalken, der unter dem Einfluss der Beschleunigung seine Lage ändert und damit zu einer Kapazitätsänderung einer Kondensatoranordnung führt. Die Kapazitätsänderung wird elektronisch ausgewertet.

- **Gierratensensor**

Der Gierratensensor erfasst die Drehwinkelgeschwindigkeit eines Fahrzeugs um seine Hochachse, die sogenannte Gierrate. Dazu erzeugt er ein der Gierrate proportionales Signal und liefert damit – gemeinsam mit dem Querbeschleunigungssensor – die für die Giermomentenregelung des ESP benötigten Informationen über den Fahrzustand. Zwei miteinander verbundene, parallel zur Fahrzeughochachse angeordnete Quarz-Stimmgabeln bilden das Sensorelement.

Eine elektronische Schaltung regt die obere Stimmgabel zu sinusförmigen Schwingungen an. Beim Gieren des Fahrzeugs wirkt auf die Zinken der Stimmgabel eine von der Drehrate abhängige Corioliskraft. Diese wird auf die untere Stimmgabel übertragen, wo sie eine sinusförmige Schwingung erzeugt, die über eine Verstärkerschaltung in ein der Drehrate proportionales Signal umgewandelt wird. Das Schaltungskonzept beinhaltet außer der Schwingungserzeugung für die obere Stimmgabel die Signalverarbeitung und Sicherheitselemente zur Erkennung interner Sensorfehler. Der Gierratensensor befindet sich idealerweise im Fahrzeugschwerpunkt.

Die Kombination des Gierratensensors mit dem Querbeschleunigungssensor in einem gemeinsamen Gehäuse mit einem Stecker wird als „Cluster“ bezeichnet (Abb. 7.67). Als weitere Entwicklungsstufe werden die Fahrdynamiksensoren direkt in die ESP-Elektronik integriert. Analog der Erfassung der Gierrate wird das

■ Abb. 7.67 Sensorcluster – Beschleunigungs- und Gierratensensor in einem Gehäuse

gleiche Sensorprinzip auch für die Erfassung der Wankrate genutzt.

■ Lenkradwinkelsensor

Der Lenkradwinkelsensor übermittelt dem ESP-Steuergerät Informationen über den aktuellen Lenkwinkel und damit über die gewünschte Fahrtrichtung.

Der Lenkradwinkel wird durch eine geeignete Anordnung mehrerer Fotozellen und Lichtschranken optisch gemessen und in Datenworte übersetzt. Aus Sicherheitsgründen erfolgt die Übersetzung in zwei Mikroprozessoren. Über einen Bus gelangen die Datenworte an den elektronischen Regler.

Vom Lenkradwinkelsensor (■ Abb. 7.68) werden hohe Winkelauflösung, Sicherheit sowie Zuverlässigkeit und auch kompakte Abmessungen gefordert, da um die Lenksäule nur wenig Einbauraum zur Verfügung steht. Neuerdings werden kostengünstigere und genauere Winkelsensoren angeboten, die auf dem magnetoresistiven Hall Effekt zuzüglich einer entsprechenden Auswerteelektronik basieren.

■ Drucksensor

Der Drucksensor misst den über das Bremspedal eingesteuerten Bremsdruck. Dieser wird z. B. bei der ESP-Funktion zur Erfassung des Fahrerwunsches genutzt. Der Sensor besteht aus einer Keramikanordnung und verändert seine Kapazität bei Druckbeaufschlagung. Das keramische Messelement ist zusammen mit einer elektronischen Auswerteschaltung in einem Metallgehäuse untergebracht.

■ Abb. 7.68 Lenkradwinkelsensor

7.8 Neue und zukünftige Systemarchitekturen

Metin Ersoy, Michael Lingg, Steffen Gruber, Norbert Ocvirk, James Remfrey und Frank Stebner

Aktuelle Entwicklungstrends wie der verantwortungsvolle, d. h. genügsame Umgang mit fossilen Energieträgern, die Elektrifizierung des Antriebsstrangs und das automatisierte Fahren begünstigen oder erfordern neue Systemarchitekturen. In Folgenden werden ausgewählte Ausführungsbeispiele beschrieben.

7.8.1 Entkoppelte Bremssysteme: Brake by Wire

Metin Ersoy, Steffen Gruber, Norbert Ocvirk und James Remfrey

Bei den entkoppelten Bremssystemen besteht im Gegensatz zu konventionellen gekoppelten Hilfskraftbremsanlagen keine energetische Kopplung zwischen Betätigungs- und Übertragungseinrichtung.

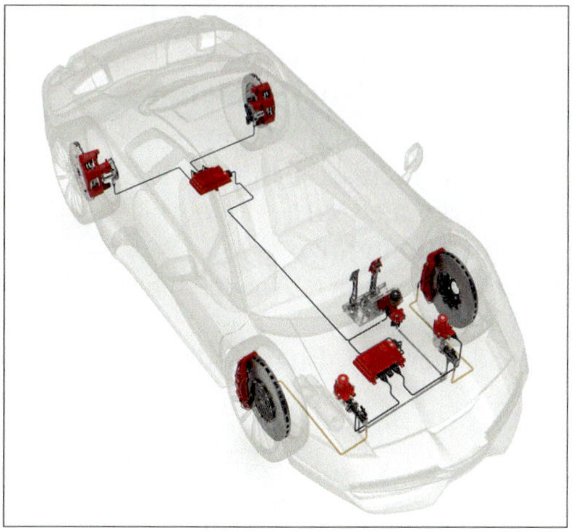

Abb. 7.69 Schematische Darstellung eines Brake-by- Wire System [24]

Man spricht bei solchen Systemen, bei denen der Betätigungswunsch ausschließlich elektronisch, also „per Draht", als Information an ein Steuergerät übertragen, die Energie zur eigentliche Bremsbetätigung aber ausschließlich einer mitzuführenden Energiequelle entnommen wird, auch von Fremdkraftbremsanlagen oder Brake-by-Wire-Systemen (BbW) (Abb. 7.69). BbW wird in ▶ Abschn. 16.7.1 detailliert erläutert.

Die Form der Energieübertragung zwischen Energiequelle und Radbremse variiert. So wurden im Pkw-Bereich Systeme mit hydraulischer Übertragung ebenso realisiert wie mit elektrischer Übertragung.

Ein BbW-System wird genauso wie die Hydraulikbremse durch Pedaldruck ausgelöst. Dabei misst ein Sensor gleichzeitig am Pedalweg die Position des Pedals und schickt diese Information an das Steuergerät.

Dem Fahrer gibt das Pedal das Gefühl einer ganz normalen Bremsung, so als wäre es eine hydraulische Bremse. Das Steuergerät wertet das Signal, das es vom Pedalsensor erhalten hat, aus und schickt ein Kommando an die Aktuatoren.

Der elektromechanische Aktuator wandelt den elektrischen Impuls, den er vom Steuergerät erhalten hat, in hydraulischen Druck bzw. Klemmkraft des Bremssattels um [24]. Der Bremssattel, der so aktiviert wird, kann entweder ein Sattel mit Hydraulikanschlüssen oder ein elektromechanischer Sattel sein, der direkt vom Steuergerät kontrolliert wird und die elektrische Energie aus der Batterie in Bremskraft umwandelt. Die Bremsscheibe hingegen ist eine konventionelle Scheibe aus Grauguss, Stahl oder Carbon-Keramik.

Im Falle eines Defekts erkennt das System das Defekt, und den nicht funktionierenden Bereich auszuschließen. Dank der individuellen Ansteuerung der einzelnen Räder kann sich Bremssystem „Brake by Wire" in diesem Fall von einem der Aktuatoren neu konfigurieren, indem es über die verbleibenden funktionsfähigen Aktuatoren agiert und damit trotzdem eine Verzögerung garantieren kann, die weit höher ist als vom Gesetzgeber verlangt (2,44 ms^2). Im Falle eines Komplettausfalls der Stromversorgung aktiviert sich hingegen das traditionelle hydraulische Bremssystem anstelle des „Brake by Wire", wodurch zumindest die vorderen Bremsen weiter funktionieren – damit wird den Ansprüchen des Gesetzgebers zum Thema Sekundärbremssystem gerecht [24].

Ist lediglich eine Achse des Fahrzeugs energetisch entkoppelt ausgeführt, während die zweite Achse konventionell gekoppelt abgebremst wird, spricht man auch von einem teilentkoppelten System.

Entkoppelte Bremssysteme ermöglichen im Umfeld von regenerativen bzw. rekuperativen Bremssystemen die Synthese (Brake Blending) der Reibbremswirkung mit der rekuperativen Bremswirkung, dass dem Fahrer stets ein authentisches, konsistentes und intuitiv bedienbares Bremsverhalten garantiert werden kann.

Durch noch stärkere Verknüpfung der beiden Bremsarten Reibungs- und Rekuperationsbremse, kann man die Art Auto zu fahren komplett verändern und ganz ohne Einsatz des Bremspedals bremsen; Sobald man vom Gaspedal geht, kann das BbW-System die Motor- oder Rekuperationsbremse automatisch einsetzen, um eine konstante Verzögerung herbeizuführen, mit der das Fahrzeug beim normalen Einsatz im Straßenverkehr abgebremst werden kann.

Einerseits ermöglicht die Integration von BbW in die Rekuperationssysteme eine verbesserte Energienutzung und hilft so dabei, die Ladezeit der Batterien von Elektro- oder Hybridautos zu verkürzen.

7

Andererseits bringt BbW auch bei Autos mit Verbrennungsmotor große Vorteile durch Verringerung des Phänomens, das „Restmoment" genannt wird. Dabei handelt es sich um einen unerwünschten Kontakt zwischen Bremsscheibe und Bremsbelag, wenn nicht gebremst wird. Das Fahrzeug wird dadurch ständig, wenn auch nicht spürbar, leicht abgebremst, was den Verschleiß und den Treibstoffverbrauch und damit auch die Emissionswerte erhöht.

Dieses Phänomen wird zwar schon durch die traditionellen, hydraulischen Festsättel auf ein Minimum reduziert, kann aber durch BbW voll eliminiert werden.

7.8.1.1 Elektro-Hydraulische Bremse (EHB) mit Hochdruckspeicher

Die elektrohydraulische Bremse ist ein Fremdkraftbremssystem [25]. Die wesentlichen Merkmale sind:
- geringe Baugröße,
- zeitoptimierten Ansprechverhaltenden Bremssystems
- modellierbare Bremspedal-Charakteristik.

Die EHB ist sowohl bei Normalbremsung als auch in der Radschlupfregelung ein von der Betätigung (Bremspedal) entkoppeltes und dadurch rückwirkungsfreies Bremssystem.

Es besteht aus den Baugruppen (◘ Abb. 7.70)
- Bremspedalcharakteristik-Simulator (Bremspedal mit Sensoren und Elementen für die synthetische Pedalcharakteristik-Erzeugung),
- hydraulisch/elektronische Regeleinheit (HECU = *hydraulic electronic control unit*),
- Hochdruckspeicher in Speicherladeschaltung,
- hydraulische Radbremsen.

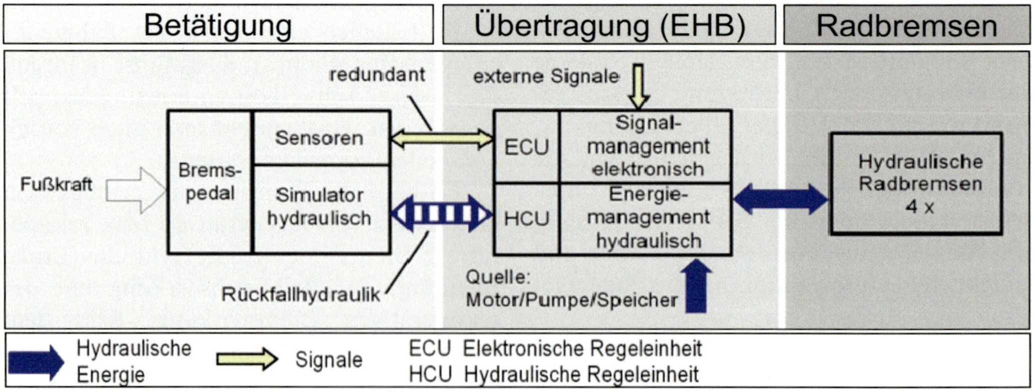

◘ **Abb. 7.70** EHB – Elektro-Hydraulisches Bremssystem

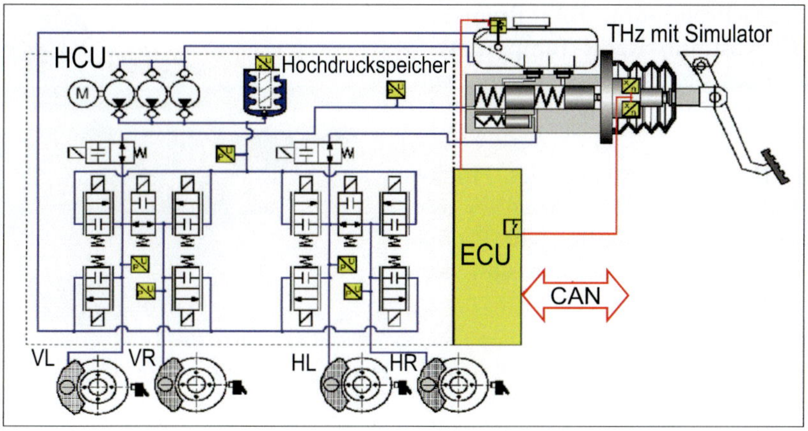

Abb. 7.71 Schaltbild EHB mit schematischer Darstellung der Systemkomponenten

Aus dem gemessenen Pedalwegsignal und dem im Simulator aufgebauten Druck wird die gewünschte Verzögerung abgeleitet. Der mit Magnetventil absperrbare Simulator nimmt einen Teil des Hauptzylindervolumens auf, um gemeinsam mit einem Federpaket die Bremspedalcharakteristik darzustellen (Abb. 7.71).

Weg- und Drucksignale sowie den Fahrzustand beschreibenden Sensorsignale (Raddrehzahlen, Lenkwinkel, Gierrate, Querbeschleunigung) werden „per Draht“ d. h. „by-wire“) an den elektronischen Regler weitergeleitet. Der elektronische Regler errechnet daraus die Vorgaben für hinsichtlich Bremsverhalten und Fahrstabilität radindividuell optimale Bremsdrücke.

Versorgt aus einem Druckspeicher wird mithilfe der hydraulischen Regeleinheit die Bremsenergie entsprechend dieser Vorgabe erzeugt. Die Vorladung des Druckspeichers erfolgt durch eine integrierte Motor-Pumpen-Einheit. Beim Bremsen wird die hydraulische Verbindung zwischen THz und hydraulischer Regeleinheit unterbrochen.

Der Bremsdruck im Rad wird aus der vorgeladenen Speichereinheit über Regelventile eingestellt. Neben den genannten Vorteilen ist das System geräuscharm, zeigt ein besseres Crashverhalten und ermöglicht eine verbesserte Pedalergonomie.

Vorteile für den Fahrzeughersteller sind:

- höhere Bremsdynamik (Druckspeichersystem)
- verbessertes Packaging und vereinfachte Montage durch Wegfall des Vakuum-Bremskraftverstärkers im Spritzwandbereich,
- Verwendung einheitlicher Baugruppen für unterschiedliche Fahrzeugvarianten, einfache Realisierung von Fremdbremseingriffen über externe Signale,
- vakuumunabhängig, daher optimale Eignung für saugverlustoptimierte Verbrennungsmotoren sowie für Hybrid- und reine Elektrofahrzeuge,
- einfache Vernetzbarkeit mit zukünftigen Verkehrsleitsystemen.

Der Aufbau der Regeleinheit ermöglicht die Integration aller heutigen Bremseingriffs- und Radschlupf-Regelfunktionen (z. B. ABS, EBV, ASR, ESP, BA, ACC, …) ohne weiteren Hardware-Aufwand (ABS: Anti-Blockier-System, EBV: Elektronische Bremskraftverteilung, ASR: Antriebs-Schlupf-Regelung, ESP: Elektronisches-Stabilitäts-Programm, BA: Bremsassistent, ACC: Abstands-Regel-Tempomat).

Bei Störungen des Systems stehen zwei Rückfallebenen zur Verfügung:

Erste Ebene Bei einem Ausfall des Hochdruckspeichers bleibt die *„Brake-by-wire"*-Funktion weiterhin erhalten, die Bremsen werden jedoch ausschließlich von der Pumpe versorgt.

Zweite Ebene Bei einer Störung der *„Brake-by-wire"*-Funktion (z. B. Ausfall der Energieversorgung) bleiben die hydraulischen Verbindungen des Hauptbremszylinders zu den beiden Radbremskreisen erhalten und es wird ohne Verstärkung proportional zur aufgebrachten Fußkraft in alle vier Radbremsen gebremst. Die Simulatorfunktion ist dabei vorzugsweise abgeschaltet. Die gesetzlich geforderte hydraulische Zweikreisigkeit des Bremssystems bleibt trotz Teilausfall erhalten.

7.8.1.2 Integriertes Bremssystem (iBRS)

Eine elektro-hydraulische /Bremsbetätigung mit elektrisch angetriebenem Zylinderkolben (z. B. MK C1 von Continental, (◘ Abb. 7.72) kann deutlich schneller als konventionelle hydraulische Systeme Bremsdruck aufbauen und ist Motorvakuumunabhängig. Sie erfüllt die gestiegenen Druckdynamikanforderungen von neuen Fahrerassistenzsystemen zur Unfallvermeidung und Fußgängerschutz. Des Weiteren kann das System die Anforderungen, die an ein rekuperatives Bremssystem gestellt werden, auf hohem Komfortniveau erfüllen.

Die Funktionen von Bremsbetätigung, Bremskraftverstärkung und Regelsystem (ABS, ESC) können in einem kompakten und gewichteinsparenden Bremsmodul zusammengefasst werden wie z. B. bei IBC von ZF (◘ Abb. 7.73) oder IPB von Bosch (◘ Abb. 7.74). Sie erfüllen die gestiegenen

◘ Abb. 7.72 Bremsmodul (MK C1 von Continental) [26]

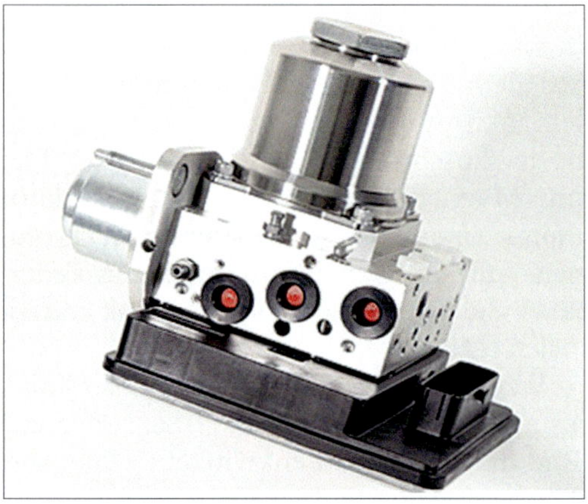

◘ Abb. 7.73 Multiplex Bremse (IBC von ZF) [27]

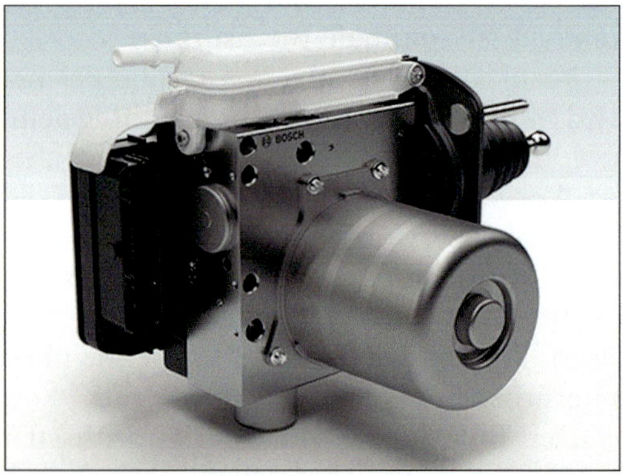

◘ Abb. 7.74 Bremsmodul der elektro-hydraulischen Bremsbetätigung (IPB von Bosch) [28]

Druckdynamikanforderungen von neuen Fahrerassistenzsystemen.

Das integrierte Bremsregelsystem (iBRS) kombiniert das klassische ESP mit einem elektronischen Bremskraftverstärker. Dies bietet vor allem Vorteile bei der Integration in den Fahrzeugbauraum, da nur noch ein Bremsgerät anstelle von zwei integriert werden muss. Dadurch ergeben sich sowohl Package- als auch Kostenvorteile im Vergleich zu einem 2-Box-System. Das iBRS wird als Brake-by-Wire-System bezeichnet, da der Fahrer im Normalbetrieb ausschließlich mit einer Simulationskammer verbunden ist. In dieser Kammer wird der Bremswunsch des Fahrers über einen Wegsensor erfasst und eine reproduzierbare Pedalkraft-Weg-Kennlinie eingestellt. Die gewünschte Fahrzeugverzögerung wird dann entsprechend eingestellt, sei es generatorisch, hydraulisch über einen Bremsdrucksteller oder durch eine Kombination beider Methoden (Brake Blending). Dank der hydraulischen Entkopplung des Fahrers können aufwendige Regelalgorithmen zur Einstellung einer gleichbleibenden Bremspedalcharakteristik in Abhängigkeit vom Bremsdruck entfallen. Bei einem Fehler in der Spannungsversorgung (z. B. Kurzschluss, Kabelbruch) wird der Fahrer durch ein spannungsfrei geöffnetes hydraulisches Ventil mit der Bremsenhydraulik verbunden und durch ein spannungsfrei geschlossenes Ventil von der Simulationskammer getrennt. Der Fahrer kann dann mit erhöhter Fußkraft und in der Regel mit einem verlängerten Pedalweg das Fahrzeug zum Stillstand bringen.

Diese Bremsmodule ersetzen alle konventionellen Bremskomponenten hinter dem Bremspedal und sind daher sehr platzsparend, hoch effizient, sehr dynamisch, kompakt und kostengünstig (■ Abb. 7.75, 7.76).

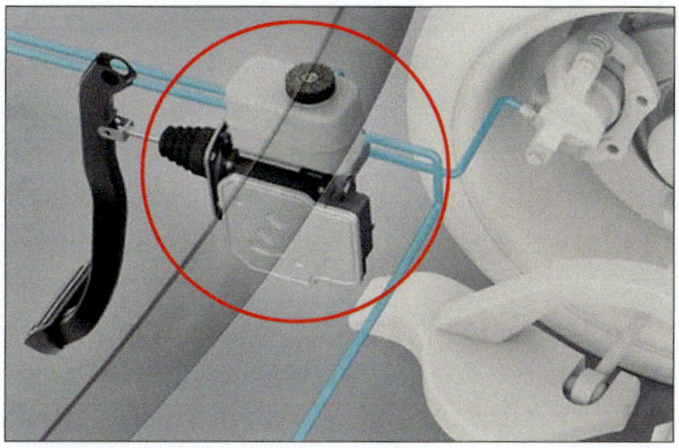

■ **Abb. 7.75** Bremsmodul der elektro-hydraulischen Bremsbetätigung (IPB von Bosch) im Einbauzustand [28]

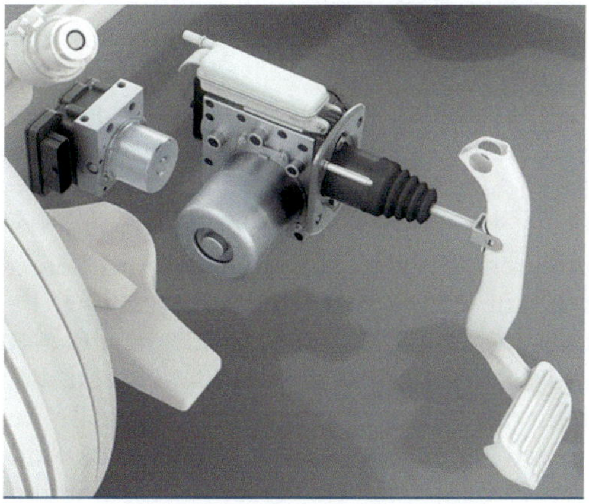

■ **Abb. 7.76** Komponenten der elektro-hydraulischen Bremsbetätigung (IPB von Bosch) [28]

7.8.1.3 Elektromechanische Bremse (EMB)

Die elektromechanische Bremse- auch *„trockenes Brake-by-Wire“* genannt- arbeitet ohne Bremsflüssigkeit (s. auch 16.7.1.2). Das System besteht aus einer Bremsbetätigung mit integrierter Steuerelektronik und vier elektromechanischen Radbremsmodulen. Die Übertragung von Bremssignalen und Bremsenergie erfolgt rein elektrisch/

elektronisch (◘ Abb. 7.77). Wie bei der EHB ist die Betätigung rückwirkungsfrei durch die Entkopplung des Pedals (Sollwertvorgabe) von den Radbremsen. Zur Sicherstellung der Zweikreisigkeit wird ein redundantes Signal- und Energienetz benötigt.

Wegen der für die Vorderachsbremsen benötigten höheren Leistung, ist eine 12-V-Architektur nicht mehr ausreichend. Die oben genannten Anforderungen bedingen neue E/E-Architekturen. Die Betätigung besteht aus einem elektronischen Bremspedal, welches als Bestandteil eines verstellbaren Pedalmoduls ausgeführt werden kann, dass neben dem Brems- auch das Gaspedal und die zentrale Elektronik enthält.

Das System besteht aus Radbremsen, Signalübertragung und -bearbeitung sowie Bremsbetätigung (◘ Abb. 7.78). Das elektronische Bremspedal setzt sich zusammen aus dem Pedalgefühlsimulator und Sensoren zur Fahrerwunscherfassung. Die Pedalweg- bzw. Pedalkraftsignale werden von der zentralen Elektronik mit weiteren, den Fahrzustand und Fremdbremseingriffe beschreibenden externen Signalen (z. B.: Raddrehzahlen, Gierrate, Querbeschleunigung) verarbeitet und in hinsichtlich Bremsverhalten und Fahrstabilität optimale radindividuelle Bremsenzuspannkräfte umgerechnet. Die entsprechenden elektrischen Informationen werden über ein redundantes Bussystem *(by wire)* an die Radbremsmodule übertragen. Jedes der elektromechanischen Radbremsmodule besteht aus einer Rad-bremsen-ECU und einem elektromechanischen Aktuator (Motor-Getriebeeinheit) (◘ Abb. 7.79, 7.80).

Wie bei der elektrohydraulischen Kombibremse (s. ▶ Abschn. 7.8.1.4) wird die Feststell-Bremsfunktion durch eine integrierte Arretiervorrichtung sichergestellt [29]. Die Ansteuerung erfolgt über einen Taster und eine rein elektrische Signalankopplung.

Bei Radschlupf-Regelungsvorgängen durch ABS, ASR, ESP ist die Bremsmomenten-Modulation dem vom Fahrer eingesteuerten Bremsenwunsch übergeordnet.

Das System hat gegenüber hydraulischen Bremssystemen folgende Vorteile:

- höhere Bremsdynamik,
- optimales Brems- und Stabilitätsverhalten
- einstellbare Bremspedalcharakteristik,
- keine Betriebsgeräusche,
- bessere Ergonomie durch verstellbares Pedalmodul,
- verbesserte Umweltverträglichkeit durch Entfall der Bremsflüssigkeit,
- keine Restbremsmomente, besseres Crashverhalten.

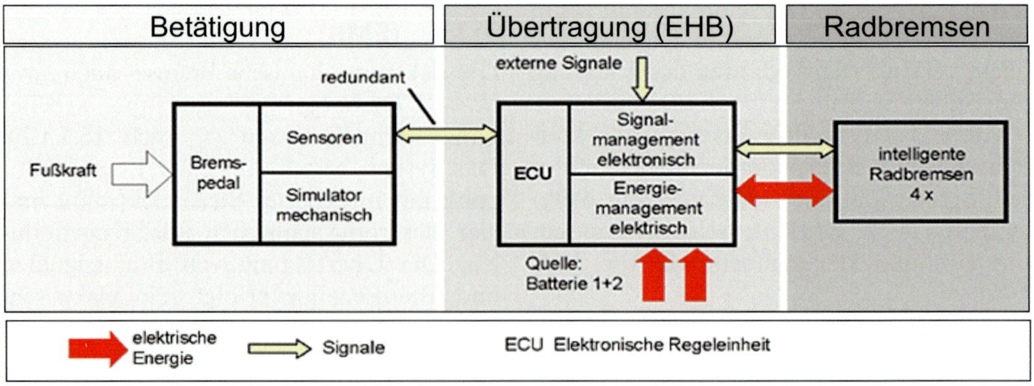

◘ **Abb. 7.77** EMB – Elektromechanisches Bremssystem

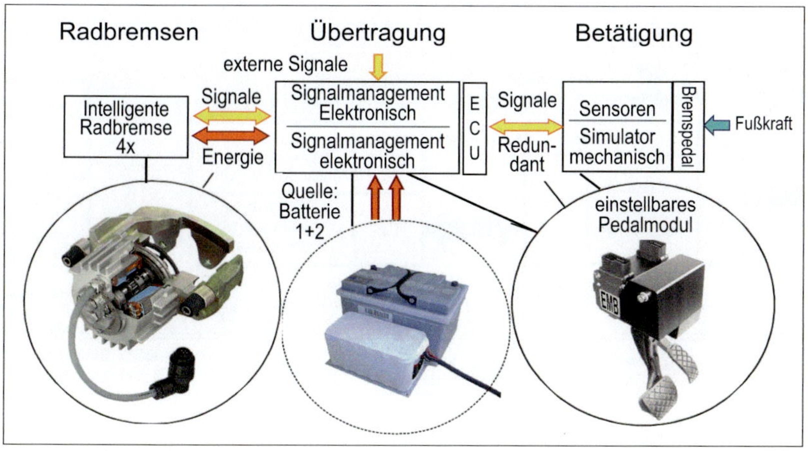

Abb. 7.78 Komponenten der elektromechanischen Bremse EMB [14]

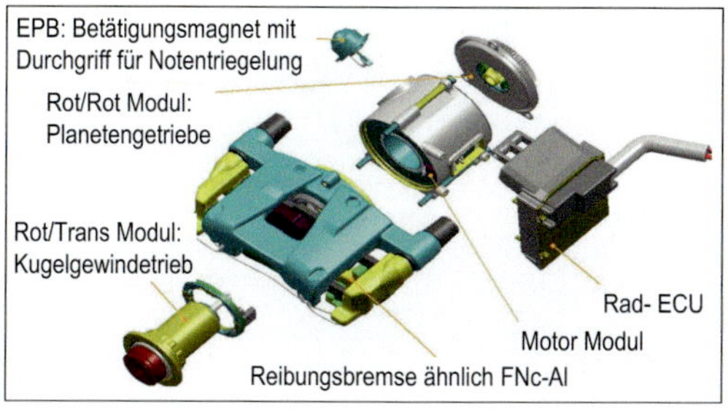

Abb. 7.79 Schnittbild des Hinterrad EMB Aktors

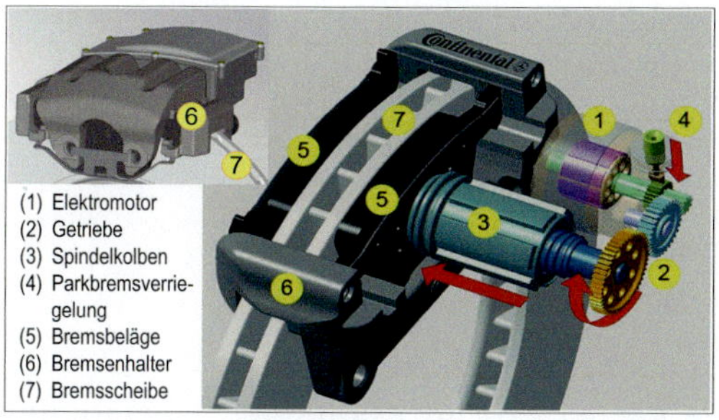

Abb. 7.80 Elektrohydraulische Combi-Bremse EHC von Conti

Vorteile für den Fahrzeughersteller sind:

- geringster Packaging- und Montageaufwand („plug & play“ anstelle „fill and bleed“),
- geringe Anzahl an Komponenten,
- vakuumunabhängig, daher optimale Eignung für saugverlustoptimierte Verbrennungsmotoren,
- einfache Vernetzbarkeit mit zukünftigen Verkehrsleitsystemen,
- Darstellbarkeit der Schnittstelle zu Assistenzsystemen (z. B. ACC Stop&Go, Einparkhilfe usw.) mit geringem Aufwand.
- Geringe Anzahl an Komponenten.

7.8.1.4 Elektrohydraulische Kombibremse (EHCB)

Als Vorstufe zur 4-Rad elektromechanischen Bremse (abhängig von einer 42-V-Elektronik-Architektur bei schwereren Fahrzeugen) wird mit der elektrohydraulischen Kombibremse EHCB ein System bezeichnet, bei dem die Zuspannkräfte für die Reibungsbremse an der Vorderachse hydraulisch und an der Hinterachse elektromechanisch erzeugt werden (Abb. 7.81, 7.82).

Dabei ermöglicht die elektromechanische Hinterachsbremse die Betriebs- und Feststell-Bremsfunktion in einem kompakten Bauteil. Eine integrierte Arretiervorrichtung sichert die Feststell-Bremsfunktion auch bei ausgeschalteter Zündung.

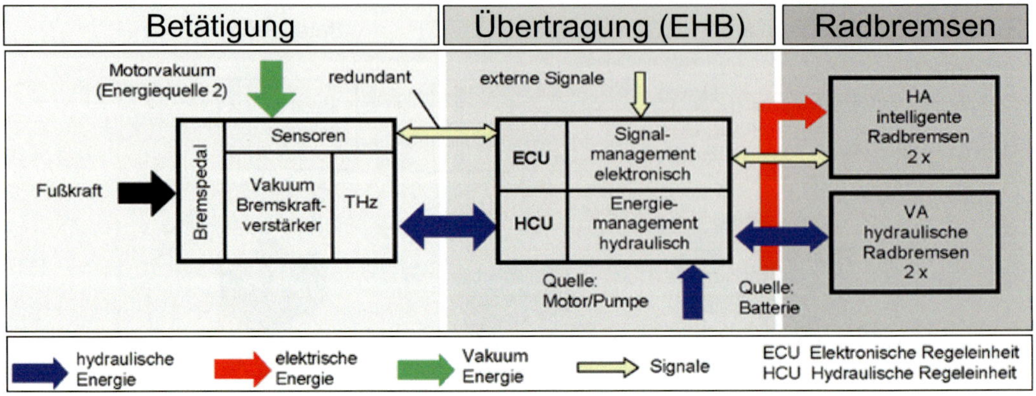

Abb. 7.81 EHCB – Elektrohydraulisches Kombibremssystem

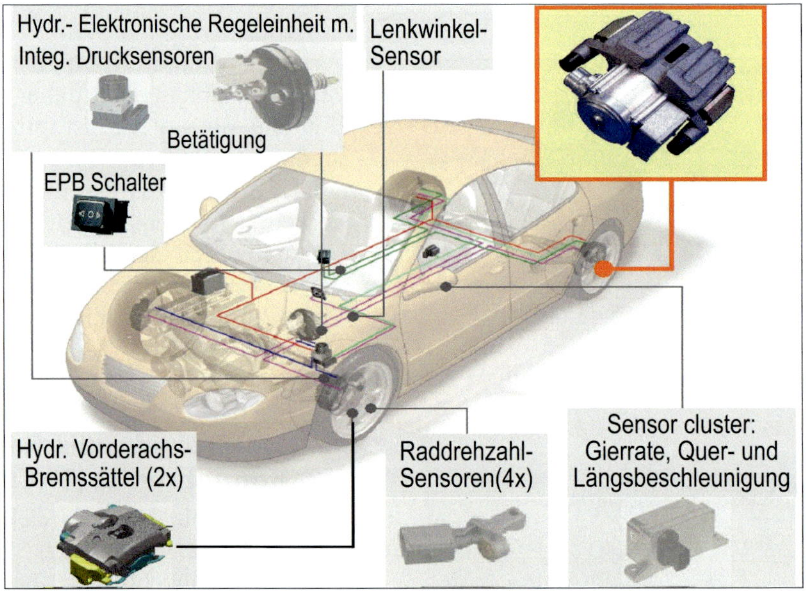

Abb. 7.82 Komponenten der elektrohydraulischen Kombibremse (EHCB) [14]

Je nach Bremskreisaufteilung (s. ► Abschn. 7.4.1) wird die Vorderachse über einen Hauptzylinder oder Tandem-Hauptzylinder mit Bremsdruck versorgt.

Die Bremskraft der Hinterräder wird abhängig vom Bremspedalweg bzw. -kraft elektronisch geregelt.

Das System bietet folgende Vorteile:

- kleiner dimensionierte Betätigung (Bremskraftverstärker und Tandem-Hauptzylinder),
- größen- und komponentenreduzierte elektronisch/hydraulische Regeleinheit,
- reduzierter Erstmontage- und Wartungsaufwand,

- kein Hinterachs-Restbremsmoment,
- minimierte ABS-Pedalrückmeldung,
- niedriges Geräuschniveau,
- Nutzung von vorhandener, nicht-redundanter 48 V- Bordnetzstruktur.

Assistenzfunktionen wie elektronische Bremskraftverteilung, Berganfahrhilfe, und elektrische Parkbremse sind durch Software-Erweiterungen realisierbar.

7.8.1.5 Vollelektrische Bremse

Voll elektrische Bremssystem war immer das Ziel viele Entwicklungen, wurde aber lange Zeit nicht realisiert. Wichtigste Grund war die sehr hohe Energiebedarf innerhalb von Millisekunden bei einer Vollbremsung. Das zu realisieren war die Bordspannung von 12 V zu gering und deshalb musste man große Elektromotoren einsetzen, die in der Felge sehr viel Platz in Anspruch nahmen und ungefederten Massen stark erhöhten. Daher waren die ersten Einsetze als Kombibremse an der Hinterachse, wo der Bremskräfte deutlich niedriger sind als an der Vorderachse.

Ein voll elektrisches System hat gegenüber hydraulischen Systemen viele Vorteile [30–32]:

- Verzicht auf Hydraulikleitungen, Flüssigkeiten,
- Kein Bremskraftverstärker notwendig,
- höhere Bremsdynamik,
- optimales Brems- und Stabilitätsverhalten
- einstellbare Bremspedalcharakteristik,
- Radselektiver Bremseingriffe möglich,
- keine Betriebsgeräusche,
- bessere Ergonomie via verstellbares Pedalmodul,
- Umweltschonend (Entfall der Bremsflüssigkeit),
- keine Restbremsmomente,
- geringster Packaging- und Montageaufwand („plug & play" anstelle „fill and bleed"),
- besseres Crashverhalten
- einfache Vernetzbarkeit mit Verkehrsleitsystemen,
- vakuumunabhängig, daher optimale Eignung für saugverlustoptimierte Verbrennungsmotoren,
- Geringe Anzahl an Komponenten,
- Darstellbarkeit der Schnittstelle zu Assistenzsystemen mit geringem Aufwand.

Die wenigen Nachteile dagegen sind:

- Höhere Bordnetzspannung (48 V) ist notwendig,
- Erhöhte Energieverbrauch,
- Höhere Komplexität,
- Höhere Entwicklungsaufwand (Software),
- Höhere Radmassen durch Aktuatorik.

▪ Keilbremse

Um den zur Erzeugung der hohen Bremskräfte am Rad notwendigen Energiebedarf zu reduzieren, kann das Prinzip der Keilbremse verwendet werden: Im Gegensatz zur herkömmlichen Bremsenbetätigung, bei der die Bremskraft hydraulisch direkt auf die Bremsklötze übertragen wird, kommt bei der Keilbremse ein Keil zum Einsatz, der zwischen Bremsklotz und Bremssattel gedrückt wird (◘ Abb. 7.83) [33, 34].

Um zu verhindern, dass die Bremse blockiert, weil der Keil in den Spalt gezogen wird, wird die Position des Keiles durch eine Steuer- und Regelungstechnik angepasst. Durch die Selbstverstärkung beim Bremsvorgang kann ein Teil der kinetischen Energie der Bremsscheibe zur Abbremsung genutzt werden. Dadurch

kann der Energie- und Leistungsbedarf des Bremsaktuators im Vergleich zur oben beschriebenen Ausführung einer EMB signifikant reduziert werden und den Betrieb mit einem 12 V-Bordnetz ermöglichen [35].

Obwohl die Keilbremsenentwicklung sehr fortgeschritten war (◘ Abb. 7.84), wurde sie nach der Übernahme von Siemens VDO durch Continental zurückgestellt

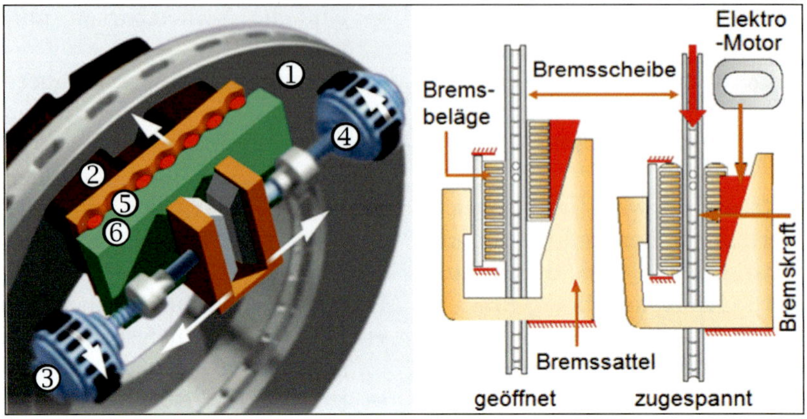

■ **Abb. 7.83** Prinzip der Keilbremse [33]

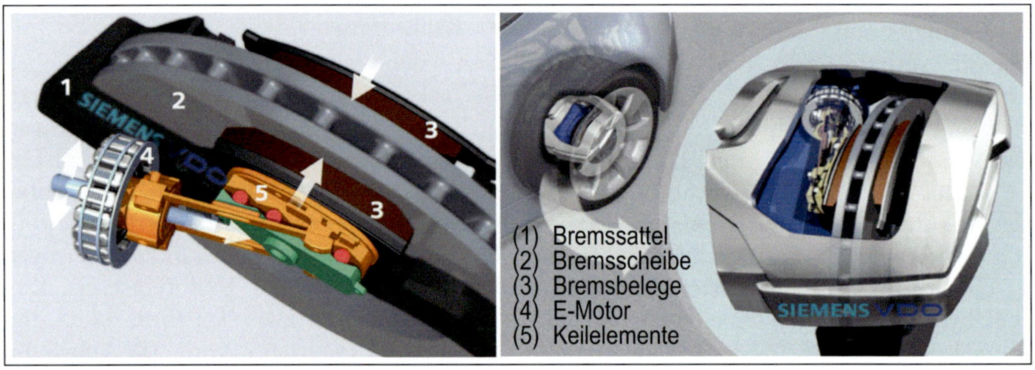

■ **Abb. 7.84** Letzter Stand der Keilbremse 1)Bremssattel, 2) Bremsscheibe, 3) Bremsbeläge, 4) E-Motor, 5) Keil [35]

■ Mechatronische Bremse

Die Keilbremse hat gezeigt, dass man die kinetische Energie der rollenden Räder als Bremskraft benutzen kann. Auch die von Lkw bekannten Dauerbremsen (elektrisch auf Wirbelstromprinzip oder hydraulisch auf Retardarprinzip) oder Rekuperationsbremsen in Hybrid- und Elektrofahrzeugen nutzen die kinetische Energie des Fahrzeugs als Bremsenergie (■ Abb. 7.85).

Ein vergleichbares Prinzip wird genutzt, wenn die Drehung des Rades über einen Elektromotor die Bremsbetätigung bewirkt. Der Aufbau dieser Radbremsanlagewird ähnlich sein wie die der Elektromechanischen Bremse, mit dem Unterschied, dass zwischen E-Motor und Spindelkolben eine (Lamellen-)Kupplung angeordnet werden muss, damit die Drehzahl und das Drehmoment des Rades geregelt an die Bremsspindel weitergegeben wird. Für die Regelung der Lamellenkupplung benötigt man, wie bei der Keilbremse einen E-Motor.

Über dieses Prinzip bestehen zwar mehrere Patentschriften [36], es ist aber noch kein fahrbares Testfahrzeug bekannt. Das Hauptproblem liegt dabei bei der sicheren Regelung der Bremskraft, ohne die Räder zu blockieren.

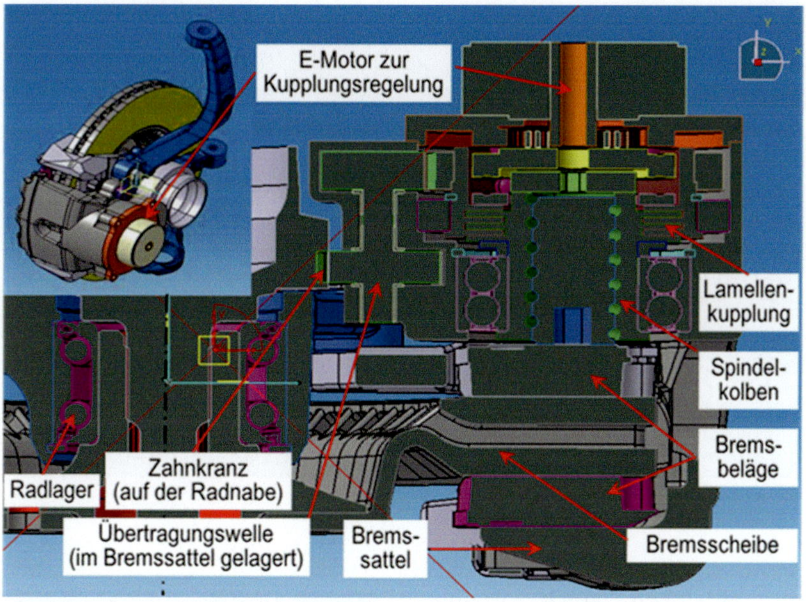

Abb. 7.85 Prinzip der mechatronischen Rad-Bremse [36]

7.8.1.6 Voll elektrische Brake by Wire Systeme

Die Elektrifizierung des Antriebes und damit Einsatz von Li-Ionenbatterien mit hohen Spannungen und Kapazitäten hat auch die Einführung voll elektrischen (trockenen) Bremssystemen erleichtert. Heute bieten fast alle First Tier Bremssystemhersteller solcher Systeme an, obwohl die Starttermine in einem Serienfahrzeug erst beginnen.

Gegenüber konventionellen Bremssystemen ermöglicht das neue Brake-by-Wire-System genauso wie das schon eingeführte Integrated Brake Control (IBC) kürzere Bremswege, bessere Rückgewinnung von Bremsenergie, sowie niedrigere Wartungskosten.

Hier werden nur drei von denen näher erläutert:

- **Brake by Wire Elektrobremse von ZF**

Wie bei allen Brake by Wire Systemen besteht das System von ZF aus 4 einzeln, mit Elektromotoren steuerbaren Radbremsmodulen, ein Bremspedalmodul und die Steuerungsmodul (Abb. 7.86) [37].

Bei dem „trockenen" Bremssystem ist keinerlei Bremsflüssigkeit mehr notwendig. Der Bremsdruck wird somit nicht mehr über den Druck von Flüssigkeiten erzeugt, sondern über Elektromotoren. Auch die Bremssignale vom Pedal bis zum Elektromotor werden rein elektrisch übertragen. Daher spricht man im Englischen von „dry Brake-by-Wire".

Bei einer automatischen Notbremsung kann der Bremsweg bei einer Geschwindigkeit von 100 km/h um bis zu neun Meter kürzer ausfallen als bei herkömmlichen Bremssystemen. Zudem können Elektroautos bis zu 17 % mehr Reichweite über die bessere Rückgewinnung (Rekuperation) von Bremsenergie erreichen.

Speziell bei trockenen Brake-by-Wire-Systemen können die Restschleifmomente, die bei konventionellen Bremssystemen durch ein minimales Anliegen der Bremsklötze auf den Bremsscheiben entstehen, auf nahezu Null verringert wer-

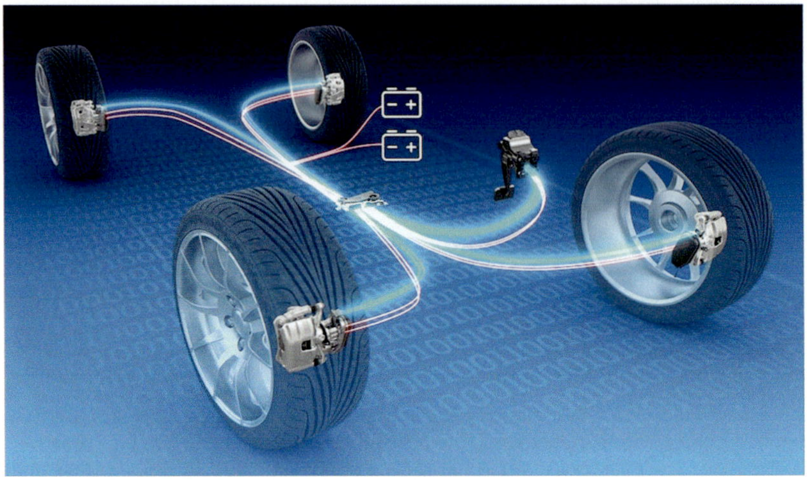

Abb. 7.86 Elektrobremse von ZF [37]

den. Somit entstehen noch weniger Feinstaub-Emissionen durch Bremsabrieb und durch den noch geringeren Widerstand beim Fahren wird Energie gespart bzw. Reichweite gewonnen.

Der Verzicht auf ein Hydrauliksystem bringt schon während der Fahrzeugproduktion einen signifikant niedrigeren Montage- und Logistikaufwand mit sich, da das System aus weniger Teilen besteht. Und während der Lebensdauer des Fahrzeugs profitiert der Nutzer, weil keine Bremsflüssigkeiten mehr gewechselt werden müssen und der Serviceaufwand verringert wird.

Auch wenn keine mechanische Verbindung mehr zwischen dem Bremspedal und den Bremsaktuatoren besteht, entspricht das Bremsgefühl dem einer Hydraulikbremse. Die Sicherheit der Datenübertragung und -verarbeitung sowie der Energieversorgung der Elektromotoren wird durch die Dopplung aller Verbindungen und Systeme gewährleistet, wie es auch bei by-Wire-Systemen in der Luftfahrt üblich ist (Abb. 7.87) [37].

Das Bremsgefühl bleibt für den Fahrer trotz der indirekten Übertragung des Impulses wie bei einer klassischen Bremse. Sicherheitsassistenten wie ABS und ESP sind

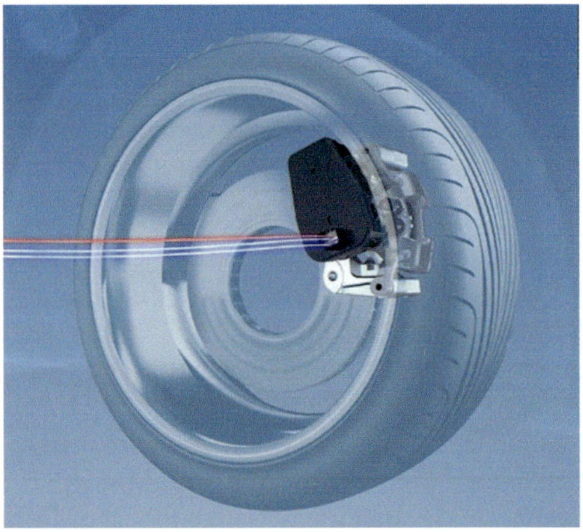

Abb. 7.87 Radbremsmodul mit Elektroaktuator [37]

von der Modifikation nicht betroffen, da die Sensoren an der Radnabe sitzen.

Zur Frage, wieso es so etwas erst jetzt gibt, wird wie folgt geantwortet: Zum einen waren bisher Aktuatoren mit einem ähnlich direkten, schnellen und energischen „Biss" nicht vorhanden, Bordnetzspannungen über 12 V nicht möglich und der Bedarf für die neuen Brake-by-Wire-Bremse entsteht erst jetzt [37].

- **Brake by Wire Elektrobremse von Bosch**

Bislang gab es immer eine direkte mechanische Verbindung zwischen Bremspedal und Betriebsbremse. Bald könnte das der Vergangenheit angehören. Bremsen, aber auch Lenkungen, werden in absehbarer Zeit nur von elektronischen Steuerimpulsen plus Aktuatoren bewegt, also „by Wire". Das Bremspedal ist dann ein Bediengerät, mit dem der Autofahrer die elektronischen Impulse nur auslöst. 3 bis 4 mal schneller als Mechanik.

Eine entscheidende Voraussetzung für alle By-Wire-Systeme ist die funktionale Sicherheit: Bremsen oder auch die Lenkung im Fahrzeug dürfen nie versagen, der Pkw muss auch bei einem Teil-Ausfall der Elektronik kontrollierbar bleiben. Zur Vermeidung eines kompletten Systemausfalls durch einen Einfachfehler müssen sowohl die Sensorik zur Erfassung des Fahrbremswunschs als auch die Übertragung der Signale entsprechend ausgelegt sein.

Unterschiedliche und damit unabhängige Messprinzipien sorgten dafür, um bei der Sensorik zum Beispiel eine Redundanz zu erzeugen. Bei der Datenübertragung seien redundante und voneinander getrennte Pfade zwingend erforderlich, um einen etwaigen Bruch oder Abriss eines Kabels kompensieren zu können. Ein ausgeklügelter Monitoringkonzept zur Absicherung aller Pfade ist die Grundvoraussetzung, um ein By-Wire-System sicher betreiben zu können.

Das alles garantiert Bosch an seinem Brake by Wire System, das in 2025 auf dem Markt kommt [38].

- **Brake by Wire Elektrobremse von Continental**

Aufbauend auf der Erfahrung mit der MK C1 (s. Abb. 7.72) hat Conti nun der Übergang zu einem vollständigen Brake-by-Wire-System übergegangen. Die MK C_2 kann sowohl mit einem mechanischen Pedal (und hydraulischer Rückfallebene) als auch mit einem elektronischen Pedal (ohne Rückfallebene als Ausführung MK C_2 EP) genutzt werden.

Die MK C_2 ist das Brake-by-wire-System der zweiten Generation von Continental (Abb. 7.88) [39]. Es geht 2022 in Serie. Das System integriert den Hauptzylinder, den Bremskraftverstärker und die Regelsysteme (ABS und ESC) in einem einzigen kompakten und leichten Modul. Die MK C_2 basiert auf der Multilogic Architecture, die die Funktionalität und Verfügbarkeit des Systems erhöht. Multi-Logic bedeutet, dass die MK C_2 über zwei Leiterplatten und zwei Prozessoren verfügt, mit denen sich im Fehlerfall mehr Funktionen aufrechterhalten lassen. Dadurch kann z. B. die Parkbremse redundant angesteuert werden.

Die MK C2 leistet mit 100 % regenerativem Bremsen einen wesentlichen Beitrag zum sicheren, dynamischen und umweltbewussten Fahren. Durch die Kombination des Systems mit einer hydraulischen Bremsverlängerung (HBE) verfügt die MK C2 über eine redundante Rückfallebene für hochautomatisiertes Fahren. Außerdem verfügt sie über aktuelle Cybersicherheitsfunktionen und Over-the-Air-Funktionalität, die leicht im Fahrzeug installiert werden kann.

Zukünftige Bremssysteme müssen einen Beitrag zur Effizienz des Fahrzeugs leis-

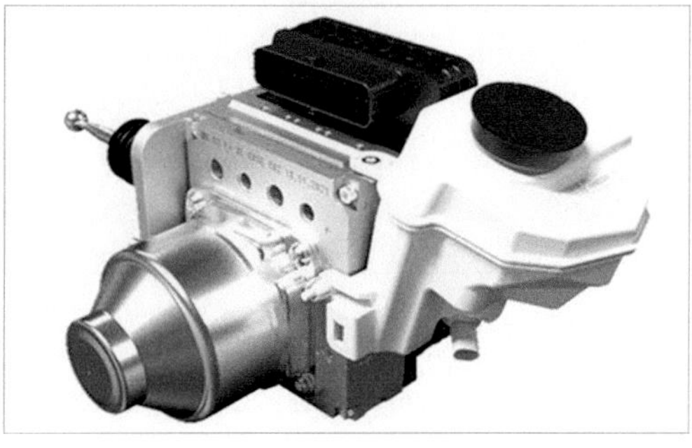

Abb. 7.88 MK C2 Elektrobremsmodul von Conti [39]

ten und neue Anforderungen für automatisiertes Fahren erfüllen. Dazu gehört, jederzeit hochdynamisch Bremsdruck bereitzustellen, wenn die aktive Fahrsicherheit das erfordert. In einem elektrifizierten Fahrzeug ermöglicht das nahtlose Überblenden von generatorischer Bremse (Rekuperation) und Radbremse bei der MK C2 eine um bis zu rund 30 % höhere Rekuperationseffizienz im Vergleich zu hybriden Bremssystemen ohne Simulatorpedal. Damit sind allein durch die MK C2 bis zu 5 g weniger CO_2-Ausstoß pro Kilometer Fahrstrecke erreichbar.

Je nach Kundenanforderung kann die MK C2 sowohl mit einem mechanischen Pedal (und hydraulischer Rückfallebene) als auch mit einem elektronischen Pedal (ohne hydraulische Rückfallebene als Ausführung MK C2 EP) ◻ Abb. 7.89) genutzt werden. Bei dieser Ausführung tritt der Fahrer auf ein entkoppeltes elektronisches Bremspedal. Sensoren erfassen den Bremswunsch des Fahrers, der Elektromotor des Systems erzeugt dann den hydraulischen Druck.

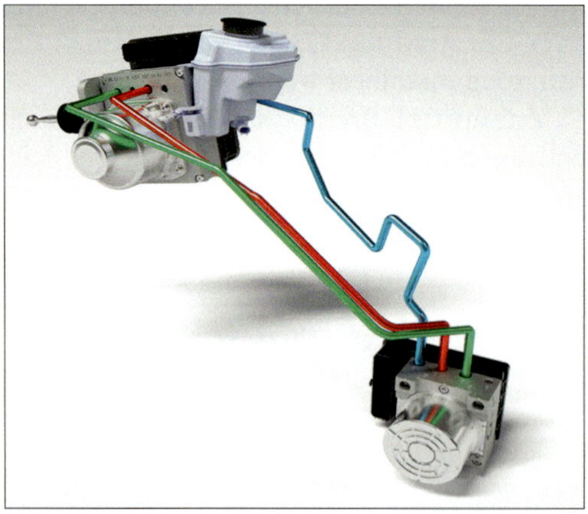

◻ Abb. 7.89 MK C2EP Elektrobremsmodul von Conti, erweitert mit einer zusätzlichen hydraulischen als redundante Rückfallebene [40]

7.8.1.7 Innovative Brake-by-Wire Systeme für Elektro Fahrzeuge

Die konventionellen Bremsen bringen einige Nachteile beim Einsatz für Elektro Fahrzeuge. Da wegen der Rekuperation diese Bremsen nur ca. 10 % der Bremsungen aktiviert werden, entsteht Rost an den Bremsscheiben, welche die Lebensdauer der Bremsbeläge reduzieren. Außerdem erhöht das Gewicht der Radbremse in der Felge die ungefederten Massen. Da die konventionellen Bremsen ungeschützt sind, gelang der gesundheitsschädliche Bremsstaub in die Umwelt. Schließlich erhöht der Fahrtwind, der als Kühlung durch die Bremse geführt, wird den Luftwiderstand.

Alle diese Nachteile lassen sich eliminieren, wenn die alle Bremskomponenten eingeschlossen werden, z. B. indem diese in die Gehäuse des E-Motor integriert werden. Das komplette Radbremssystem wird an die beiden Enden des Gehäuses angeflanscht [41].

Gerade diese Idee entwickelt Mercedes unter den Namen *„In-Drive-Brake"*. Eigentlich ist sie nicht neu, brachte bisher aber viele ungelöste Probleme, besonders mit der Kühlung der Bremsscheiben, die bei einer der seltenen Vollbremsungen bis 700 °C heiß werden.

Entgegen den konventionellen Bremsen hat dieses System zwei Bremsscheiben und nur einer Bremsbelagscheibe mit an beiden Seiten vollflächig mit Bremsbelegen bestückt ist. Diese Belagscheibe ist fest an der Antriebswelle montiert und dreht mit dem Rad. Links und rechts davon sind je eine Bremsscheibe, die an das Motorgehäuse befestigt sind deshalb sich nicht mitdrehen. Betätigt man das Bremspedal, werden die beiden Bremsscheiben zusammengeschoben und die Belagscheibe dazwischen „gedrückt". Dadurch entsteht die Bremswirkung. Im ◻ Abb. 7.90 links sind die beiden

Abb. 7.90 In-Drive-Brake System von Mercedes: links Bremskomponenten, rechts Seitenansicht mit dem E-Motor und Wasserkühlung (Bild Mercedes-Benz AG) [41]

Bremsscheiben und zwischen den beiden angeordneten Belagscheibe zu sehen [42].

Diese Anordnung bringt mehrere Vorteile mit sich: Der Bremsbelag wird durch die Wandlung zur Belagscheibe um ein Vielfaches seiner Fläche vergrößert. Dadurch lässt sich auch die Rekuperationsanteil mit dem neuen System gesteigern. Das gesamte Bremssystem kann zudem kompakter gebaut werden. Laut Mercedes werden damit bis zu 40 % der ungefederten Massen reduziert.

Je geringer diese Massen, desto agiler das Fahrverhalten und gleichzeitig komfortabler, weil die Federung flexibler agieren kann.

Nach den ersten Forschungsergebnissen verschleißt sie kaum, rostet nicht was das Hauptproblem mit den Bremsen bei den Elektroautos ist. Das geschlossene System ist nahezu wartungsfrei und macht sie sehr langlebig und zuverlässig. Das Service kann zum Großteil wegfallen, da das Bremssystem auf rund 300.000 km oder ungefähr 15 Jahre ausgelegt ist und die Betriebskosten senken. Dies entspricht das bereits der Lebensdauer eines Pkw.

Die Standfestigkeit der geschlossenen Bremse reduziert Bremsgeräusche und erübrigt die. Die Bremswirkung ist dabei gut zu dosieren und lässt auch unter hoher Belastung nicht nach.

Die komplett geschlossenen Felgen sorgen für eine verbesserte Aerodynamik, da keine Öffnungen zur Bremsenkühlung mehr nötig wären. Damit wäre auch das Problem mit dem Bremsenabrieb gelöst. Denn das neue System ist geschlossen, der Bremsstaub sammelt sich in einem großzügig dimensionierten Auffangbehälter im Antriebsblock und schont die Umwelt.

Es bestehen z.Z. nur Prototypen, die alle Bremsfunktionen bestätigen und Packaging ermöglichen. Es muss jedoch noch das Problem mit der Kühlung ohne den Fahrtwind gelöst werden. Dazu wird das Gesamtsystem als Ersatz für den Fahrtwind mit Wasser gekühlt.

Das System arbeitet natürlich ebenfalls Brake-by-Wire.

7.8.2 Regeneratives Bremssystem

Metin Ersoy und James Remfrey

Die Bremsenergierückgewinnung (Rekuperation bzw. regeneratives Bremsen) bietet Potenzial im Hinblick auf verbrauchsoptimiertes Fahren. Ziel dabei ist es, die

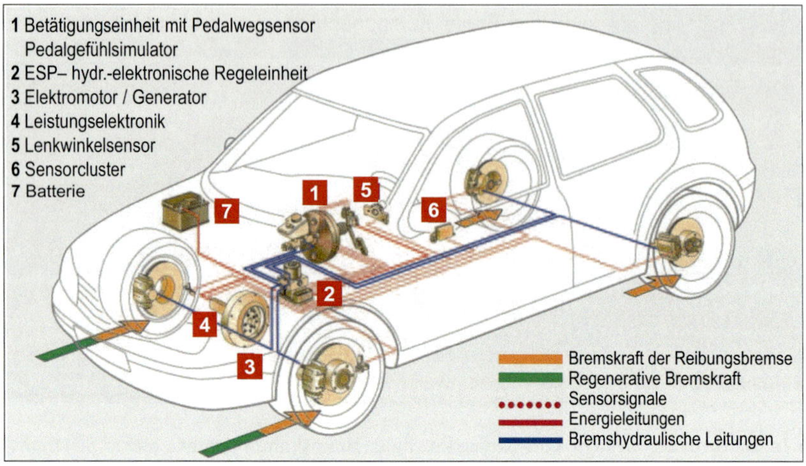

Abb. 7.91 Komponenten des Regenerativen Bremssystem [14]

Fahrzeugbewegungsenergie nicht ausschließlich in thermische Energie umzusetzen und an die Umgebung abzugeben. Vielmehr soll die Bewegungsenergie ganz oder teilweise in eine speicherbare Energieform überführt werden, die anschließend für den Antrieb des Fahrzeugs genutzt werden kann (Abb. 7.91).

Im Antriebsstrang integriert bietet ein Kurbelwellen-, ein Getriebe-Starter-Generator oder noch besser die Elektro- und Hybridfahrzeuge die Möglichkeit zur Unterstützung der Bremsfunktion (s. ▶ Abschn. 7.7.5).

Das Regenerative Bremssystem regelt bei jeder Bremsbetätigung den Energierückgewinnungsgrad und die Notwendigkeit zur Nutzung der konventionellen Reibungsbremse in Abhängigkeit vom Fahrerwunsch.

Erforderlich ist daher der Einsatz einer entsprechenden Betätigungseinheit zur Erfassung und Umsetzung des Fahrerbremswunsches. Außerdem ist für die Synthese (Brake Blending) von klassischem Reibungsbremsmoment und Generatorbremsmoment eine entsprechend komplexe Regelung notwendig (Abb. 7.92).

Sollen die Grundkomponenten und Baugruppen der konventionellen Bremse weitgehend beibehalten werden, ist die Verwendung eines „SBA-Systems“ (Simulator Brake Actuation, Abb. 7.93) sinnvoll basierend auf bewährten Komponenten der hydraulischen Bremse und ermöglicht als by-Wire-System viele Zusatzfunktionen. Der Bremsbefehl wird vom Pedalwinkelsensor (Abb. 7.92) erkannt, die Hydraulikeinheit baut dann by-Wire den zur Verzögerung erforderlichen Bremsdruck auf. Die Betätigungseinheit mit Pedalcharakteristik-Simulator SBA vermittelt dem Fahrer jederzeit ein optimales Pedalgefühl durch einen Pedalgefühlsimulator.

Zunächst übernimmt die Generatorfunktion des Hybridantriebs das Bremsen und erzeugt aus der kinetischen elektrischen Energie und lädt sie in die Batterie. Erst wenn diese Generator-Bremswirkung nicht ausreicht, wird über das Regenerative Bremssystem die konventionelle Bremse aktiviert (Brake Blending). Das System ist in allen Hybrid-Fahrzeugen sowie für Elektro- und Brennstoffzellenfahrzeuge einsetzbar.

7.8.2.1 Kurbelwellen-Starter-Generator Systeme

Das System (z. B. Integrated Starter Alternator Damper ISAD) kombiniert in einem leistungsfähigen Elektromotor die Generator- und Anlasserfunktion.

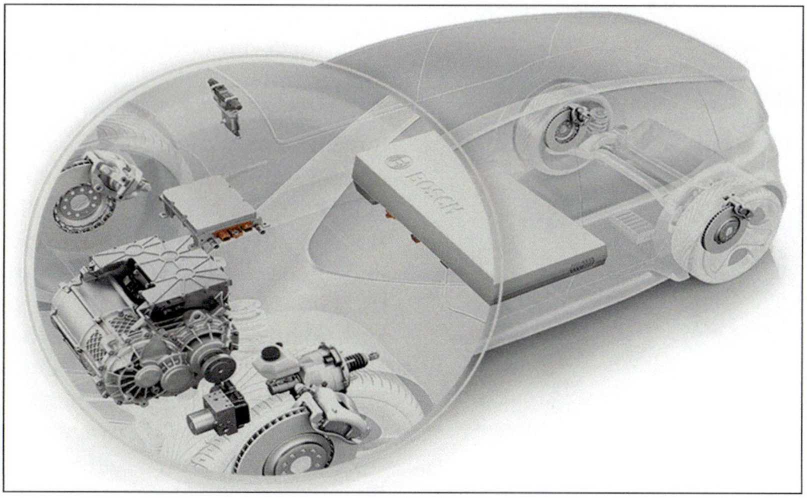

Abb. 7.92 Regeneratives Bremsen mit Bremspedalwinkelgeber [43]

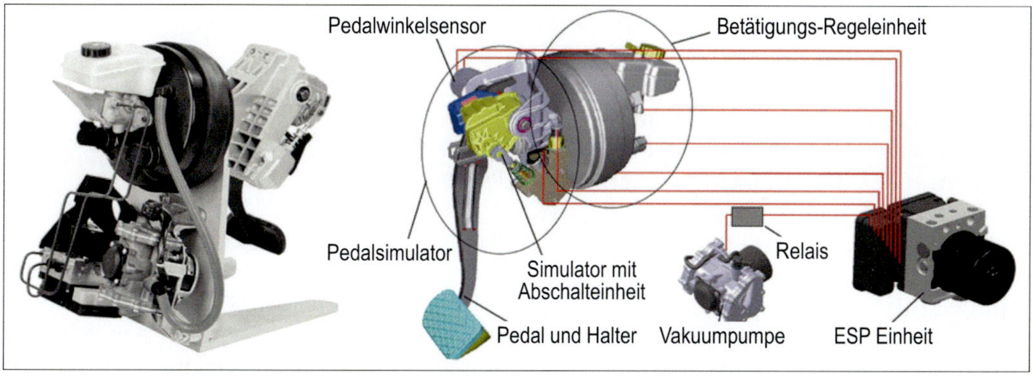

Abb. 7.93 Regeneratives Bremssystem: Betätigungseinheit, Simulatoreinheit, ESP-Modulator und Vakuumpumpe

Abhängig vom Batterie-Ladezustand wird das im Generatorbetrieb erzeugte Bremsmoment als elektrische

Energie der Batterie zugeführt. Reicht das Generatormoment nicht aus, um die vom Fahrer gewünschte und über das Bremspedal eingesteuerte Abbremsung zu erreichen, wird der fehlende Anteil über die hydraulische Reibungsbremse ergänzt. Je größer das bereitgestellte Bremsmoment des Generators ist, desto geringer ist der Anteil der Reibungsbremse. Für die situationsgerechte Verteilung der Bremsenergie auf Generator und Reibungsbremse sorgt eine Elektronik. Beim Beschleunigen ist das ISAD-System darüber hinaus in der Lage über einen von der Batterie-Ladung begrenzten Zeitraum die Antriebsleistung des Verbrennungsmotors mit einem zusätzlichen Antriebsmoment zu unterstützen. Damit bietet ein regeneratives Bremssystem wertvolles Potenzial zur Erfüllung der Verordnung der europäischen Automobilindustrie zur Senkung der CO_2-Emmission (Abb. 7.94) [45].

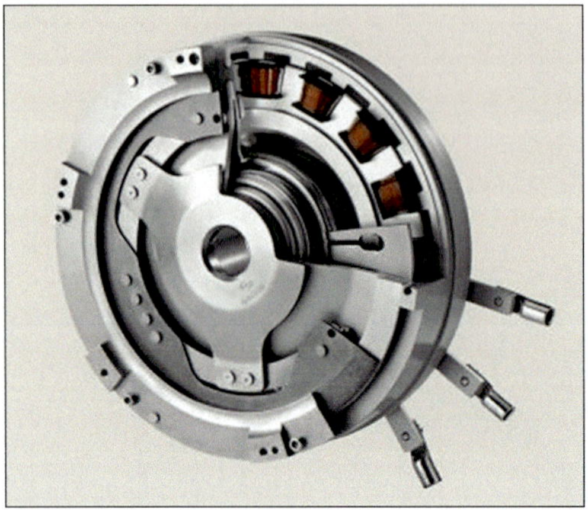

Abb. 7.94 Starter-Generator Dynastart von ZF [44]

Bei modernen Hybridelektrokraftfahrzeugen unterscheidet man zwei Arten von Startergeneratoren, riemengetriebene Startergeneratoren und integrierte Startergeneratoren. Üblicherweise sind es Synchron- oder Asynchronmaschinen, die mit Drehstrom arbeiten und über einen Umrichter mit dem Gleichspannungs-Bordnetz und der Batterie verbunden werden. Seit 2016 werden Fahrzeuge mit Riemenstartergeneratoren mit 48 Volt Betriebsspannung (Mildhybrid) in Serie gebaut. Durch die höhere Spannung können elektrische Leistungen bis zu 10 oder 15 kW realisiert werden.

An die Kurbelwelle oder an das Getriebe angeflanschte Startergeneratoren haben mit 80 % einen höheren Wirkungsgrad. Sie benötigen eine intelligente Steuerung.

Viele Funktionen welche heute Starter und Generator einzeln übernehmen, werden in einem System vereint.

Auch der Funktionsumfang wird verbessert und deutlich erweitert. Integrierte Startergeneratoren können ihren Vorteil besonders in 48 V Systemen ausspielen.

Da kein Ritzel beim Start einspuren muss, sind solche Systeme auch viel schneller und leiser, als herkömmliche Starter. Startergeneratoren können sowohl das Abgas und den Verbrauch reduzieren und auch noch die Drehschwingungen des Motors dämpfen.

Nach dem Motorstart kann der Startergenerator zusätzliches elektromotorisches Drehmoment zur Anfahr-Unterstützung bereitstellen. Dies wird als sogenannte Boost-Funktion bezeichnet. So ein System bietet auch eine Start-/Stop Automatik. Dies sind alles Vorteile, die sie für einen Hybridantrieb interessant machen.

Derartige Systeme können im Zusammenspiel mit einer kleinen Lithium-Ionen-Batterie dazu beitragen, den Kraftstoffverbrauch durch längere Stopp-Start-Phasen, Segeln auf der Autobahn und mehr Rekuperation auf dem Prüfstand um 13 % und im Stadtverkehr um mehr als 20 % zu reduzieren [45].

7.8.3 Vernetztes Chassis

Metin Ersoy, Steffen Gruber, Norbert Ocvirk und James Remfrey

In heutigen Fahrzeugen wirkt der Fahrer mit seinen Bedienelementen Lenkrad, Gaspedal und Bremspedal direkt auf die jeweiligen Systeme Lenkung, Antrieb und Bremse. Eine bedarfsgerechte, den Fahrerwunsch interpretierende Kombinationsregelung existiert bei dem aus dem Stabilitätssystem ESP initiierten Motoreingriff während der Traktions- bzw. Gierratenregelung.

Mit der Evolution der Einzelsysteme in Richtung computergesteuerter Fremdkraftsysteme ergeben sich neue Ansätze bei der Chassissystementwicklung. Dies gilt einerseits vor dem Hintergrund, zusätzliche, über die Einzelsystemfunktionen hinausgehende Gesamtsystemfunktionen zu erschließen, anderseits aber auch vor dem Hintergrund, ungewollte gegenseitige Beeinflussung der auf die gleichen Fahrzustandsgrößen wirkenden Regelkreise auszuschließen.

Als Beispiel sei hier das Gierverhalten genannt, das von allen drei Chassissystemen, Lenkung, Bremse und Fahrwerk sowie darüber hinaus auch vom Antrieb (speziell bei regelbaren Achsgetrieben) beeinflusst werden kann. Die weitere Optimierung des Fahr- Chassis mit fremdeingriffsfähigen Systemen bedingt folglich eine gesamtheitliche Betrachtung der Wirkkette.

Bei der Entwicklung von *Global Chassis Control* ist zu beachten, dass eine hohe Abhängigkeit zwischen Funktionalität, Softwarearchitektur und E/E-Architektur besteht. Dabei steht insbesondere eine klare Funktions- und Gerätehierarchie mit definierten, einheitlichen Schnittstellen im Vordergrund. *Global Chassis Control* erreicht ohne entsprechende Struktur sonst schnell einen Komplexitätsgrad, der einen nicht vertretbaren Entwicklungs- und Applikationsaufwand nach sich zieht (◘ Abb. 7.95) [46].

Die zunehmende Digitalisierung ermöglicht es, das gesamte System „Auto“ zentralisiert über wenige Rechner zu steuern. Ein elektrisches Bremssystem fügt sich in dieses digital-elektrische Universum nahtlos ein. Anfang des nächsten Jahrzehnts werden die ersten Serienfahrzeuge damit in Serie gehen. Allerdings ist nicht absehbar, daß Hydraulik-Bremsen von der neuen Technik vollständig verdrängt werden. Je nach Anforderung wird es wahrscheinlich rein hydraulische, rein elektrische oder auch Hybrid-Bremsen geben.

7.8.3.1 Gesamtbetrachtung Anhalteweg

Der Anhalteweg eines Fahrzeugs bei einer Notbremsung setzt sich zusammen aus dem Reaktionsweg, den das Fahrzeug ungebremst während der Zeit zurücklegt, die der Fahrer zum Reagieren benötigt, dem Schwellweg, der in der Übergangsphase von der Pedalberührung bis zur vollen Ausbildung der Bremsung zurückgelegt wird und dem sich daran anschließenden Bremsweg bis zum Stillstand (◘ Abb. 7.96).

Signifikante Anhaltewegverkürzungen kann man nur erreichen, wenn die beteiligten Komponenten und Prozesse in einem ganzheitlichen Ansatz gemeinsam optimiert werden. Durch den sinnvollen Zusammenschluss der technischen Möglichkeiten und des Know-hows auf der Reifenseite (s. ► Kap. 13), der Lenkungsseite (s. ► Kap. 8) und der Fahrwerkseite (s. ► Kap. 14) kann

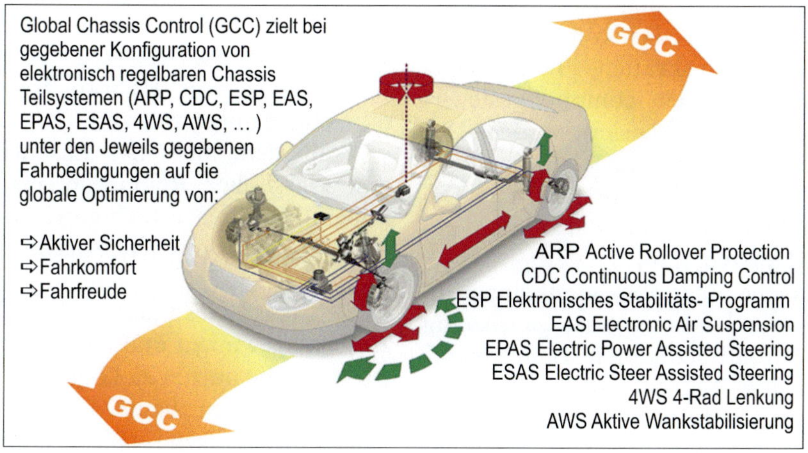

◘ **Abb. 7.95** Beispiel für ein vernetztes Chassis-System: das *Global Chassis Control* (GCC) von Continental [46]

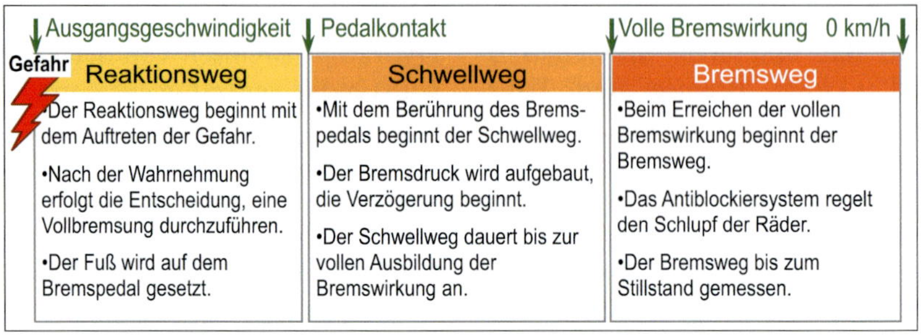

Abb. 7.96 Phasen des Anhalteweges

sowohl die Reaktionszeit als auch der Bremsweg in einer Notbremssituation 10 bis 15 % gegenüber dem heutigen Stand reduziert werden [47].

7.8.3.2 Erweitertes elektronisches Stabilitätsprogramm (ESP mit aktivem Lenkeingriff)

Als ein Beispiel für vernetztes Chassis, aufbauend auf dem heutigen Fahrdynamikregelsystem ESP lässt sich einer Notbremsung auf Fahrbahnen mit unterschiedlichen Reibwerten (μ-Split) der Vorteil der Vernetzung von Bremssystem und Lenkung (hier Überlagerungslenkung AFS oder ESAS) eindrucksvoll darstellen.

Steht im vernetzten System zusätzlich die aktive Lenkung zur Verfügung (Abb. 7.97), kann das von den unterschiedlichen Bremskräften herrührende Giermoment durch ein computergesteuertes Gegenlenken kompensiert werden. Der Fahrer kann das Lenkrad weitgehend gerade halten (Geradeausbremsung). Die Lenkradstellung entspricht also dem gewünschten Fahrzeugkurs.

Die schnelle Giermomentenkompensation durch die Lenkung lässt gleichzeitig einen nahezu unverzögerten Bremsdruckaufbau an den Rädern und eine modifizierte Hinterachs-Bremsdruckregelung zu. Der Bremsweg auf μ-Split reduziert sich dadurch erheblich.

7.9 Ausblick

Metin Ersoy und James Remfrey

Die Bestrebungen nach Verbrauchsoptimierungen der Antriebsaggregate führen dazu, dass die bisherige Hilfsenergiequelle »Motorvakuum« immer weniger zur Verfügung steht. D. h. für die Unterstützung des Fahrers durch Bremskraftverstärkung ist entweder das fehlende Vakuum durch entsprechende mechanisch oder elektrisch angetriebene Pumpen zu erzeugen, oder eine alternative Hilfsenergiequelle bereitzustellen. Beispiele hierzu wären Hydrauliksysteme mit Hochdruckspeicher oder elektromechanische Verstärkerlösungen. Zudem besteht die Notwendigkeit die heute ausschließlich hydraulischen Bremssysteme durch Systeme zu ersetzen, die an die Besonderheiten von Hybrid- bzw. Elektrofahrzeugen angepasst sind.

Außerdem muss das Zusammenwirken von klassischer Reibungsbremse und rekuperativer Generatorbremse mit innovativen mechatronischen Ansätzen (By-Wire-Systeme) realisiert werden, um die kinetische Energie des Fahrzeugs beim Bremsen zurückzugewinnen und diese später als Antriebsenergie nutzen zu können.

Dabei sollen heute übliche Bremspedalcharakteristiken (Pedalgefühl) erhalten bleiben. Auf dem Weg zur rein elektromechanischen Betriebsbremse mit den

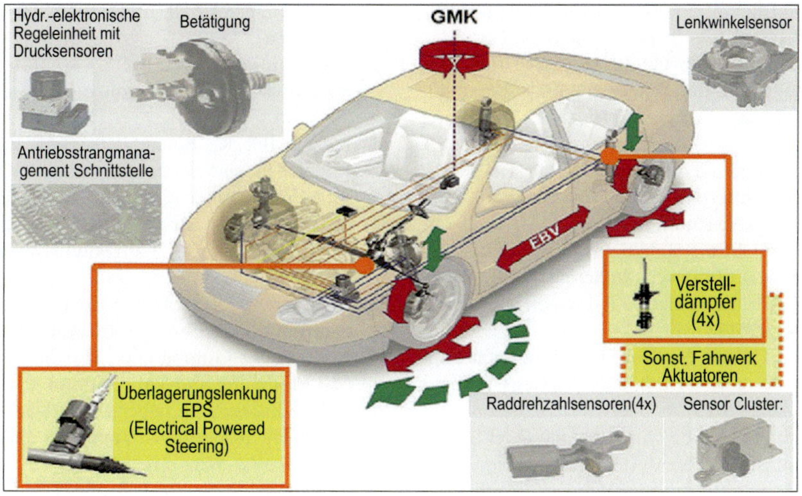

Abb. 7.97 ESP II: ESP kombiniert mit aktivem Lenk- und optionalem Fahrwerkseingriff [46]

damit einhergehenden hohen elektrischen Leistungsanforderungen ist eine Kombination aus hydraulischem Bremssystem an der Vorderachse und elektromechanischen Bremsen an der Hinterachse inklusive Feststellbremsfunktion bereits realisiert (s. Abb. 7.82).

Durch die steigenden Anforderungen hinsichtlich Verkehrssicherheit werden aktive und passive Fahrzeugsicherheitssystemen zunehmend miteinander vernetzt („Integrale Sicherheit"). Dabei spielt das effiziente Zusammenwirken von Sensoren und Algorithmen zur Umfelderkennung und Bremsdynamik eine größer werdende Rolle. Für weitere Informationen sei auf das „Handbuch Fahrerassistenzsysteme" [14] verwiesen.

Das Bremssystem mit den weitgehend standardisiert eingeführten Assistenzsystemen wie ABS, BA und ESP sorgt schon heute für ein stabiles, schleuderfreies Fahren mit kurzen Bremswegen. Dabei werden die Assistenzfunktionen durch die Vernetzung mit Umfeldsensorik immer umfassender und die Bedienhandlungen durch den Fahrer treten immer mehr zurück.

Auf dem Weg zum automatisierten Fahren spielen diese Assistenzsysteme eine wichtige Rolle, da neue Funktionen auf deren Vorhandensein aufbauen. Der Schritt vom assistierten zum automatisierten Fahren, vorerst jedoch nur für ausgewählte Fahraufgaben, ist bereits getan.

Literatur

1. Breuer, B.; Bill, K.-H.: Bremsenhandbuch. Wiesbaden: Springer Vieweg Verlag, 8. Aufl (2013)
2. Reimpell, J., Betzler, J.W.: Fahrwerktechnik: Grundlagen. Vogel Verlag, Würzburg (2000)
3. Strien, H.: Auslegung und Berechnung von Pkw-Bremsanlagen. Selbstverlag. Alfred Teves GmbH, Frankfurt/Main
4. Reimpel, J., Burckhardt, M.: Fahrwerktechnik: Bremsdynamik und Pkw-Bremsanlagen. Vogel Verlag, Würzburg (1991)
5. Gies, S.: Längsdynamik von Kraftfahrzeugen, Begleitbuch zur Vorlesung Kraftfahrzeuge II. 10.Aufl Aachen, (2010)
6. ► www.hella.com/techworld/de/Technik/Bremse/Zweiteilige-Bremsscheiben-9820/#Arten
7. Koch, D.: Entwicklung von Leichtbau-Bremskomponenten; VDI-Konferenz „Innovative Bremstechnik" Frankfurt/Main, (2014)
8. ► https://www.continental.com/de/presse/studien-publikationen/technologie-dossiers/green-caliper/

9. ► www.continental.com/de/presse/studien-publikationen/technologie-dossiers/lightweight-drum/
10. Oehl, K.-H.; Paul, H.-G.: Bremsbeläge für Straßenfahrzeuge. Bibliothek der Technik Band 42. Landsberg/Lech: Verlag Moderne Industrie, (1990)
11. Brecht, J.: Materialeigenschaften von Reibwerkstoffen. 23. Internationales μSymposium, 28. /29.3.2003 Bad Neuenahr
12. ► www.hako-lehrmittel.de/de/produktkatalog/hydraulischer-bremskraftverstaerker/
13. Rogowski, W.: we>move: ZF-Firmen-Zeitung s. 13 Ausgabe 5/2013
14. Winner, H.; Hakuli, S.; Wolf, G.: Handbuch Fahrerassistenzsysteme. Wiesbaden: Vieweg+Teubner Verlag, 3. Aufl, (2015)
15. ► www.brembo.com/de/company/news/elektromechanisches-feststellbremssystem-von-brembo-epb
16. ► www.club.autodoc.de/magazin/die-elektrische-feststellbremse-funktionen-und-aufbau/
17. Sendler, J.: Untersuchungen zur ergonomiegerechten Gestaltung der Mensch-Maschine-Schnittstellen von aktuellen Pkw-Bremsanlagen. Universitätsverlag, Ilmenau (2012)
18. Weisse, J.: Gibt es Verbesserungspotenzial für den Bremsassistenten? 23. Internationales μ-Symposium, 28./29.3.2003 Bad Neuenahr
19. Fennel, H.: ABS plus und ESP – Ein Konzept zur Beherrschung der Fahrdynamik. In: ATZ Automobiltechnische Zeitschrift (1998), Heft 4
20. Rieth, P.: Elektronisches Stabilitätsprogramm – Die Bremse, die lenkt. Bibliothek der Technik Band 223. Landsberg/Lech: Verlag Moderne Industrie, (2001)
21. Fennel, H.; Gräber, J.; Seibert, W.: Traction Control System with Teves ABS Mark II. SAE Doc. No. 860506, (1986)
22. Robert Bosch GmbH: Kraftfahrzeugtechnisches Taschenbuch. Vieweg+Teubner Verlag, Wiesbaden (2011)
23. N.N.: BMW Lexikon: xDrive, ► https://www.BMW.de/de/footer/publicationslinks/technologie-guide/xdrive.html Zugegriffen Okt. 2019
24. ► https://www.brembo.com/de/company/news/wir-stellen-vor-die-bremse-der-zukunft
25. ► https://www.de.wikipedia.org/wiki/Elektrohydraulische_Bremse
26. N.N.: Pressemitteilung Continental: Dynamischer und effizienter bremsen durch Integration, 30. September (2011)
27. Fuchslocher, G.: Integriertes Bremssystem von ZF geht,: In Serie. Automobil Produktion **20**(10), 2015 (2018)
28. ► www.bocsch-mobility.com/en/solutions/driving-safety/integrated-power-brake/
29. Schmittner, B.; Rieth, P.: Das Hybrid Bremssystem – Die Markteinführung der elektromechanischen Bremse EMB. brems.tech 2004, 2./3.9.2004, München
30. N.N.: Die elektrische Bremse kommt. In: Automobil-Entwicklung, Technology/Bremsentechnik, S. 50–52 März (1999)
31. Balz, J., Bill, K., Böhm, J., Scheerer, P., Semsch, M.: Konzept für eine elektromechanische Fahrzeugbremse. In: ATZ 98. Jahrgang, Nr.6. S. 328–333, (1996)
32. Schwarz, R.: Bremskraft-Rekonstruktion für elektromechanische Fahrzeugbremsen. In: ATZ, (1999)
33. Gombert, B., Hartmann, H.: e-brake© – Die mechatronische Keilbremse. In: AutoTec, (2003)
34. Roberts, R.; Gombert, B.; Hartmann, N.; Schaut, M.: Modelling and Validation of the Mechatronic Wedge Brake. SAE paper 2003.01-3331
35. Lang, H.; Roberts, R.; Jung, A.: The Road to 12 V Brake-by-Wire Technology. AutoReg 2006. VDI-Berichte Nr. 1931, S. 55–71 (2006)
36. N.N.: Mechatronische Bremse. Patentanmeldung, DE 134 259, 2003 – DE 102 43 399 – DE 101 10 738
37. ► https://www.autobild.de/artikel/zf-stellt-revolutionaere-elektrische-bremsanlage-brake-by-wire-vor-23472663.html
38. Köllner, Ch.: ► www.springerprofessional.de/fahrwerk/fahrzeugtechnik/stehen-brake-by-wire-systeme-vor-dem-durchbruch-/23935910. Zugegriffen: Juli. 2024
39. ► www.continental.com/de/presse/studien-publikationen/technologie-dossiers/bremssysteme-der-zukunft/. Zugegriffen: Juli. 2024
40. ► www.continental-automotive.com/de/komponenten/bremssysteme/elektronische-bremssysteme/mk-c2.html. Zugegriffen: Juli. 2024
41. ► www.automobil-industrie.vogel.de/-mercedes-benz-in-drive-brake-technologie-e-autos-a-254290701978e037180177f77ead8b3e/. Zugegriffen: Nov. 2024
42. ► https://mbpassion.de/2024/11/mercedes-arbeitet-an-der-nachhaltigen-in-drive-brake/. Zugegriffen: Nov. 2024
43. ► www.bosch-mobility.com/de/loesungen/fahrsicherheit/regenerative-bremssysteme/. Zugegriffen: Juli. 2024
44. ► www.kfztech.de/kfztechnik/elo/isad.htm
45. Tom Grünweg: Neue Spritspartechnologie: Hybrid für alle! In: Spiegel online. 19. Juni 2015. Zugegriffen: 31. Okt. 2016
46. Semmler, S.; Rieth, P.: Global Chassis Control – Das vernetzte Fahrwerk. 13. Aachener Kolloquium „Fahrzeug und Motorentechnik" 08.–06. Oktober 2004
47. Huinink, H.; Rieth, P.; Becker, A.: Maßnahmen zur Verkürzung des Anhaltewegs in Notbremssituationen – Das „30m Auto". VDA Technischer Kongress 26.-27. März 2001, Bad Homburg

Lenkung

Metin Ersoy, Guido Hirzmann, Roland Greuel, Christian Greis, Wolfgang Rieger, Burkhardt Schäfer und Andre Wesenberg

Inhaltsverzeichnis

M. Ersoy et al. (Hrsg.), *Fahrwerkhandbuch*,
ATZ/MTZ-Fachbuch, https://doi.org/10.1007/978-3-658-48104-9_8

Das Lenksystem dient dazu, ein Fahrzeug bei allen Fahrzuständen zielsicher zu führen. Dabei wird der Fahrerwunsch durch eine sinnfällige Drehbewegung am Lenkrad vermittelt und vom Lenksystem in einen Einschlagwinkel der gelenkten Räder übertragen. Das Lenksystem muss ausreichend robust, feinfühlig und präzise sein, um den Fahrer möglichst umfassend über verschiedenste Zustandsgrößen und ggf. deren Veränderungen informieren zu können.

Die Komponenten eines modernen Lenksystem zeigt ◘ Abb. 8.1 (Audi [1]): Es sind Lenkgetriebe (an der Vorder- und ggf. auch an der Hinterachse), Spurstangen, Lenksäule, Überlagerungsgetriebe, Lenkrad und Lenksteuergerät, die alle in diesem Kapitel erläutert werden.

8.1 Anforderungen und Bauformen

Metin Ersoy und Wolfgang Rieger

Einsteigend in die Funktion und Systematik von Lenkanlagen stellt sich die Frage nach deren primärer und vorrangiger Aufgabe. In der Vorstellung, dass ein Fahrer eines Fahrzeugs dieses nach seinen Vorstellungen und Wünschen über die Straßen und durch den Verkehr manövrieren möchte, leitet sich als erstes die Hauptaufgabe und Pflicht-Anforderung ab: die *Umsetzung* des Fahrerwunsches. Der Wunsch des Fahrers, das Fahrzeug in eine gewisse Spur oder Biegung zu steuern, verlangt zunächst, dass die Lenkanlage die Eingabe am Lenkrad rein mechanisch in entsprechende Rad-Bewegung umwandelt, sodass die Fahrzeugreaktion entsprechend erfolgen kann. Darauffolgend kommt die Aufgabe der *Unterstützung* des Fahrerwunsches. Die heute bis in Kleinstwagensegmente vorherrschende, sogenannte Servolenkung ist im Kern lediglich eine Komfort-Anforderung zur Entlastung des Fahrers und dessen Komforterhöhung. Als drittes folgt die *Assistierung* des Fahrers und seine Wünsche. Das Lenksystem oder auch z. B. das Lenkrad ist der ausführende Aktor einer Vielzahl von Fahrerassistenzsystemen.

Eine unter allen Betriebsbedingungen eindeutige, verlässliche, einfache und genaue Übertragung des Fahrerwunsches

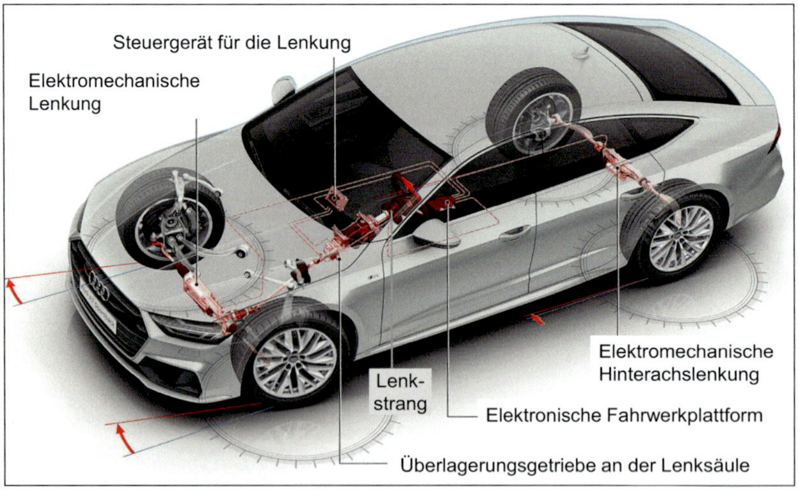

◘ **Abb. 8.1** Komponenten des elektrischen Servolenksystems [1]

durch Drehbewegung des Lenkrads und deren Weiterleitung über Lenksäule, Lenkwelle, Lenkgetriebe, Spurstange und Radlenkhebel auf die Räder fordert bereits der Gesetzgeber entsprechend der einschlägigen Gesetze und Richtlinien. Diese Vorschriften sollen für jedes Fahrzeug ein Fahrverhalten sicherstellen, dass der Fahrer einschätzen und vorhersehen kann, im Kern den Aspekt der Umsetzung des Fahrerwunsches fordernd. Hierzu abgegrenzt spricht der Gesetzgeber von Hilfskraft-Lenkanlagen und nennt neben allgemeinen Anforderungen Grenzwerte für die zulässige Betätigungskraft und Betätigungsdauer bei intakter wie auch fehlerbehafteter (Hilfskraft-) Lenkanlage (◘ Abb. 8.2) und sind natürlich Leitlinie für jede Neukonzeption von Lenksystemen. Einen beträchtlichen Anteil der gesetzlichen Richtlinien und Vorschriften nimmt mittlerweile die Umsetzung und Leistung von Fahrerassistenz-Systemen ein. Anforderungen an z. B. Regelgenauigkeit, Funktionsgrenzen oder Abbruchkriterien für Funktionen wie Spurverlassenswarnung, Spurführungsassistenz oder auch automatisierte Parkvorgänge nehmen Einfluss auf das Lenksystem als ausführendes Organ solcher Funktionen.

Darüber hinaus gibt der Pkw-Hersteller weitere „Technische Anforderungen“ an das Lenksystem vor. Diese umfassen etwa die Themenbereiche Systemkonzeption, Funktionsanforderungen mechanischer, elektrischer, hydraulischer und chemischer Natur, sowie weitere physikalische Anforderungen (z. B. Akustik) und schließlich Anforderungen an Lebensdauer, Zuverlässig-

70/311/EWG Anh. I — **Lenkanlagen**

4.2 **Besondere Vorschriften**

4.2.1 Betätigungseinrichtung der Lenkanlage

4.2.1.1 Wird die Betätigungseinrichtung der Lenkanlage direkt vom Fahrzeugführer bedient,

4.2.1.1.1 muß sie leicht zu handhaben sein,

4.2.1.1.2 muß die Bewegungsrichtung der Betätigungseinrichtung der Lenkanlage der beabsichtigten Fahrtrichtungsänderung des Fahrzeugs entsprechen,

4.2.1.1.3 muß mit Ausnahme von Hilfslenkanlagen eine kontinuierliche, gleichbleibende Beziehung zwischen dem Lenkwinkel der Betätigungseinrichtung und dem Einschlagwinkel der Räder bestehen.

4.2.2 Übertragungseinrichtung

4.2.2.1 Die Einstelleinrichtungen für die Lenkgeometrie müssen so beschaffen sein, daß nach der Einstellung eine formschlüssige Verbindung zwischen den einstellbaren Teilen durch geeignete Verriegelungseinrichtungen hergestellt werden kann.

Vorschriften für die Betätigungskraft

Fahrzeugklasse	Intakte Anlage			Gestörte Anlage		
	maximale Betätigungskraft (daN)	Zeit (s)	Wendekreisradius (m)	maximale Betätigungskraft (daN)	Zeit (s)	Wendekreisradius (m)
M_1	15	4	12	30	4	20
M_2	15	4	12	30	4	20
M_3	20	4	12[1)]	45	6	20
N_1	20	4	12	30	4	20
N_2	25	4	12	40	4	20
N_3	20	4	12[1)]	45[2)]	6	20

1) Oder Volleinschlag, falls dieser Wert nicht erreicht werden kann.
2) 50 bei Fahrzeugen ohne Gelenk mit zwei oder mehreren gelenkten Achsen außer reibungsgelenkten Achsen.

◘ **Abb. 8.2** Auszug aus EU-Richtlinie für Lenkungen [2]

keit, Kosten und an die Umweltverträglichkeit.

In der Umsetzung dieser strengen Anforderungen hat sich mittlerweile nahezu ausnahmslos die Grund-Bauform der Zahnstangenlenkung durchgesetzt. Andere Bauformen finden im Personenwagenbereich faktisch keine Verwendung mehr und gelten als historisch.

Mit zunehmenden Komfortansprüchen, dem Wunsch nach Unterstützung des Fahrers führte zunehmend zu einer Ablösung rein mechanischer Lenkgetriebe durch zunächst hydraulische Servolenkanlagen. Beginnend bereits in den 50er und 60erJahren hatte sich spätestens in den 80er Jahren die hydraulische Zahnstangenservolenkung als kostengünstigste Hilfslenkung auf allen Pkw-Märkten der Welt durchgesetzt (◘ Abb. 8.3). Seit den 1990er und 2000er Jahren lösen wiederum elektromechanische Lenkungen die hydraulischen ab (s. ► Abschn. 8.4) und sind inzwischen ebenso ausnahmslos im Einsatz.

Die verbleibende Spezies der Kugelmutter-Hydrolenkanlagen (◘ Abb. 8.4) dominieren heute nur noch im Nutzfahrzeugbereich. Hier belasten die höheren Systemkosten zwar die Fahrzeugkosten, es bieten jedoch bei schweren Bedingungen die extreme Robustheit und die höhere Einbauflexibilität zugunsten besserer Bodenfreiheit Vorteile. Dennoch ist es wichtig zu erwähnen, dass zunehmend elektromechanische

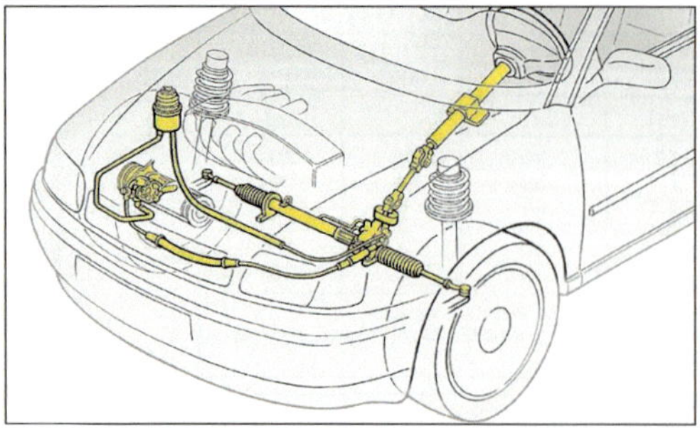

◘ **Abb. 8.3** Grundprinzip Zahnstangen-Hydrolenkung [3]

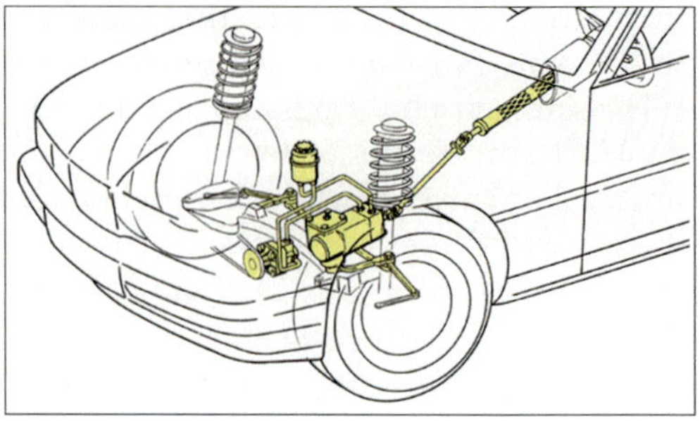

◘ **Abb. 8.4** Grundprinzip Kugelmutter-Hydrolenkung [3]

Lenkhilfen in das ansonsten weiter bestehende, konventionell-hydraulisch unterstützte System integriert werden. Es sollen so Vorteile wie erweiterte Applikationsmöglichkeiten des Lenkgefühls oder Nutzen von Fahrerassistenz- und Komfortfunktionen als auch schlicht der Sicherheitsaspekt einer verfügbaren Hilfskraft bei einem eventuellen Ausfall des hydraulischen Systems genutzt werden.

Mit dem Siegeszug der elektromechanischen Lenksysteme ist ein wesentlicher konzeptioneller Freiheitsgrad gewonnen worden: Ist die Umsetzung des Fahrerwunsches weiterhin konventionell an den klassischen Lenkstrang aus Lenkrad, -säule, -getriebe und Vorderachse gebunden, so ist die für die Servounterstützung und Assistierung zuständige elektromechanische Einheit in ihrer Anordnung nun variabel entlang des gesamten (!) Lenkstrangs denkbar. Die im Kapitel der elektromechanischen Lenksysteme genannten Bauformen und in der Zwischenzeit in Serie umgesetzten Varianten bestätigen dies eindrucksvoll.

Die Anordnung des Lenkgetriebes, in der nun vorherrschenden Bauform der Zahnstangenlenkung, im Fahrzeug bzw. innerhalb der Vorderachse ist hierbei fast ausnahmslos „unten liegend", das bedeutet ca. auf Höhe der Radmitte. Je nach Achs- und Motorraum-Layout kann die Lenkung dann vor oder hinter der Radmitte angeordnet werden. Neben dem Bauraum sind hier zum Teil wesentliche Unterschiede in der erreichbaren Lenkkinematik, also z. B. Verlauf des kinematischen Anteils der Lenkübersetzung, erreichbarer Radlenkwinkel aber auch fahrdynamisch relevante elastokinematische Einflüsse der Lenkungslage wichtige Aspekte bei der Entscheidung.

Umfangreiche Untersuchungen an Probanden haben gezeigt, dass besonders über die haptischen Rezeptoren des Fahrers aufgenommene Informationen selbst bei wenig geübten Fahrern sehr fein differenziert werden. Deshalb ist es von großer Bedeutung, stets eine eindeutige Zuordnung des Lenkradwinkels zur Stellung der Räder zu haben, nur geringste Spiele in der Kraftübertragungskette zwischen Lenkrad und Rädern zuzulassen, sowie den Fahrer durch reibungsarm miteinander gekoppelte Übertragungselemente mittels Lenkmoment permanent über die Kraftverhältnisse zwischen Reifen und Fahrbahn zu informieren. Eine gute haptische Informationsquelle für den Fahrer über das Lenkrad ist insbesondere bei hohen Fahrgeschwindigkeiten sehr wichtig, weil der Mensch auf haptische Reize deutlich schneller reagiert als andere wahrgenommene Informationen.

Damit wird verständlich, wie wesentlich das Lenksystem Hauptkriterien des Fahrwerks wie Fahrdynamik, Fahrsicherheit und Fahrkomfort beeinflusst und so den Gesamtcharakter des Fahrzeugs prägt.

Letztlich entscheidet die Qualität der angeführten Wunschmerkale eines Lenksystems in Verbindung mit Radführung, Federung und Dämpfung darüber, ob sich ein Fahrer im Fahrzeug sicher und komfortabel fühlt.

Dabei sind, die -möglichst geringe- Anzahl der Lenkradumdrehungen von Lenkanschlag zu oder auch die direkten Betätigungskräfte nur die oberflächlichsten Eigenschaften hierzu.

Die ◘ Tab. 8.1 zeigt die Anwendungsbereiche der Zahnstangen- und Kugelmutter-Hydrolenkanlagen, die hauptsächlich durch die notwendigen maximalen Lenkkräfte bestimmt werden. Die Tabelle gibt auch die exemplarischen Kennwerte der beiden Hydrolenkungsarten wieder. ◘ Tab. 8.2 zeigt eine Übersicht über verschiedene Arten der Zahnstangenlenkung, von der mechanischen bis zur elektromechanischen Lenkung, die in den Folgeabschnitten beschrieben werden.

Zurückkommend auf die hydraulische Zahnstangen-Servolenkung ist festzustellen, dass sich basierend auf diesem einfachen Grundprinzip, zunächst zwei prinzi-

◘ Tab. 8.1 Anwendungsbereiche und Kennwerte der Hydrolenkanlagen

Fahrzeugklasse	Kleinwagenklasse	Kompaktklasse	Mittelklasse	Oberklasse	Van/SUV	Geländewagen	Transporter	Leicht NKW	Mittel NKW	Schwer NKW	Baufahrzeuge
Lenkanlage	Zahnstangen - Hydrolenkung							Kugelmutter - Hydrolenkung			
Vorderlast kg	950	1150	1500	1700	1800	2000	2100	2500	5500	7500	9500
max. Zahnstangenkraft/ max. Moment	7kN	9kN	11kN	13kN	13kN	14kN	15kN	1700 Nm	5000 Nm	6500 Nm	8500 Nm
Zahnstangen ∅ mm	24	26	28	30	30	32	32	-			
Kolben ∅ mm	40	42	44	46	48	50	52	-			
Betriebsdruck bar	90 bis 120					120		120		175 bis 185	
Volumenstrom l/min	6	7,5	9	10	11	8	10	8	12	16	15
Zahnstangenhub / Schwenkwinkel	∓65 bis ∓85 mm							∓90 bis ∓100°			
Übersetzung	40 bis 60 mm/Umdrehung							Ca. 16:1 bis 26:1			

Tab. 8.2 Arten der Zahnstangenlenkungen [2] Mech.: Mechanisch, Hydr.: Hydraulisch, Elek.: Elektrisch, LG: Lenkgetriebe, SL: Servolenkung, V-Motor: Verbrennungsmotor, Sep: Separat.

<table>
<tr><th>Merkmal</th><th>Manuell</th><th colspan="8">Servo (Hilfskraftlenkungen)</th></tr>
<tr><td>Wirkprinzip</td><td>Mechanisch</td><td>Hydraulisch</td><td>Elektrohydr.</td><td colspan="6">Elektromechanisch</td></tr>
<tr><td>Antrieb</td><td>Manuell</td><td>V-Motor</td><td>E-Motor</td><td colspan="6">E-Motor</td></tr>
<tr><td>Primär Getriebe</td><td rowspan="2"></td><td>Riementrieb</td><td>Direktantrieb</td><td colspan="3">Schneckengetriebe</td><td>Kegelrad</td><td>Riemen</td><td>Direkt</td></tr>
<tr><td>Krafteinleitung</td><td>Hydr. Pumpe</td><td>Hydr. Pumpe</td><td>Lenksäule</td><td>Einzelritzel</td><td>Doppelritzel</td><td colspan="3">Kugelmutter-Zahnstange</td></tr>
<tr><td>Integration</td><td>Mech. LG</td><td>Sep. hydr. LG</td><td>Sep. hydr. LG</td><td>Sep. mech. LG</td><td colspan="5">LG mit integriertem elektrischem Antrieb</td></tr>
<tr><td>Benennung</td><td>Manuelle Lenkung</td><td>Hydr. SL</td><td>Elektrohydrl. SL</td><td>Lenksäulen EPS</td><td>Ritzel EPS</td><td>Doppelritzel EPS</td><td>Achsversetztes EPS</td><td>Achsparalleles EPS</td><td>Achszentri. ESP</td></tr>
<tr><td>Kürzel</td><td>MSG</td><td>HPS</td><td>EHPS</td><td>EPSc</td><td>EPSp</td><td>EPSdp</td><td>EPSrc</td><td>EPSapa</td><td>EPScr</td></tr>
</table>

piell unterschiedliche Versionen entwickelt haben:

Bei Fahrzeugen mit unten liegender Zahnstangenlenkung wurde eine vor oder hinter der Vorderachse positionierte Ausführung gewählt, deren Spurstangen an beiden Enden der Zahnstange befestigt sind. Die Position des Ritzels kann über oder unter der Zahnstange sein. So ist mit einem oben liegenden Ritzel der Drehsinn bei einer hinter der Achsmitte liegenden Lenkung sinnfällig erreicht. Bei einer vor der Achsmitte platzierten Lenkung gelingt dies dagegen mit einem unter der Zahnstange angeordneten Ritzel. In beiden Fällen handelt es sich um Zahnstangen-Servolenkungen mit seitlichem Abgang der Spurstangen. Dies nennt man Seitenabtrieb-Zahnstangen-Hydrolenkungen (◘ Abb. 8.3).

8.2 Hydraulische Zahnstangenlenkung

Wolfgang Rieger

Das klassische Pkw-Servolenkgetriebe bestand ab 1950 aus einer Zahnstangenlenkung mit hydraulischem Servozylinder. Dieser war zunächst parallel zur Zahnstange angeordnet und durch einen kräftigen Hebel mit der Zahnstange verschraubt. Über ein in der Lenkwelle an-geordnetes hydraulisches Steuerventil dosiert der Fahrer die von einer direkt am Verbrennungsmotor des Fahrzeugs angeflanschten Lenkpumpe erzeugte Hilfsenergie. Mittels Servozylinderkolben und dessen Übertragungshebel wurde die Zahnstangenbewegung in der jeweiligen Lenkrichtung unterstützt. Die maximale Servounterstützung ist dabei durch ein, in der Lenkungspumpe integriertes Druck- und Strombegrenzungsventil limitiert.

In den 70er Jahren des letzten Jahrhunderts gelang es durch Verbesserung von Werkstoffen, Fertigungsverfahren sowie den Einsatz porenarmer Alu-Druckguss Technologien sowohl das Lenkventil als auch den Servozylinder direkt in das Zahnstangenlenkgetriebe zu integrieren. So entstand das heutige, äußerst kompakt bauende, leichte, kostengünstige sowie hocheffiziente Servo-Block-Lenkgetriebe.

8.2.1 Technik und Funktion

Wenn man die Funktion „Lenken" in unterschiedlichen technischen Konzepten hinsichtlich der Eigenschaften Funktionsqualität, Sicherheit, Gewicht, Bauraum, Energieverbrauch, Umweltverträglichkeit und Kosten bewerten will, ist es wichtig, neben das Lenkgetriebe das ganze Lenksystem zu betrachten.

Die klassische Zahnstangen-Hydrolenkung arbeitet in einem System mit „offener hydraulischer Mitte“. Hier durchströmt ein bei laufendem Fahrzeugmotor durch die über Keilriemen angetriebene Flügelzellen- oder Rollenlenkhelfpumpe erzeugter Ölstrom (aus ATF-Ölen) einen in Neutralstellung des Lenkventils offenen Steuerspalt und gelangt fast drucklos zum Ölbehälter des Lenksystems zurück. Dort wird das ankommende Öl angesaugt und der permanent zirkulierende Ölkreislauf im Lenksystem aufrechterhalten (◘ Abb. 8.5).

Da dieser Ölförderstrom der Lenkhelfpumpe unabhängig davon ob Lenkarbeit geleistet wird, linear mit der Motordrehzahl steigt, ist die Energieeffizienz eines solchen „offenen Systems“ bei vielen Fahrzuständen ungünstig. Dies heißt, je weniger Lenkarbeit abgefordert wird und je höher dabei die Motordrehzahl ist (z. B. Autobahnfahrt), desto ungünstiger ist der energetische Wirkungsgrad dieses Systems (◘ Abb. 8.6).

Vorteilhaft jedoch sind die robuste, jahrzehntelang unter allen Einsatzbedingungen erprobte hydraulische Komponentenfunktion, die hohe Systemsteifigkeit, die jederzeit verzögerungsfrei abrufbare maximale Lenkleistung, die gute Abstimmbarkeit auf unterschiedliche Zielfahrzeuge sowie die wartungsfrei ein Fahrzeugleben überdauernde hohe Präzision.

Es gab in der Vergangenheit große Anstrengungen, den energetischen Nachteil klassischer Hydrolenksysteme zu verbessern.

Den besten theoretischen Ansatz bietet ein System mit „geschlossener hydraulischer Mitte“ mit einem Lenkventil, das bei Ventilneutralstellung hermetisch dichte Steuerspalte hat. Bei Lenk- bzw. Unterstützungsbedarf öffnen die Steuerspalte z. B. an mechanisch zwangsgesteuerten Sitzventilen und entsprechend der benötigten Lenkkraft sowie Lenkgeschwindigkeit wird aus dem in einem Speicher mit Druck vorgespannten Ölvolumen der erforderliche Ölstrom entnommen (◘ Abb. 8.7).

Sehr hohe Anforderungen an Bauteilwerkstoffe, Dichtheit (hohes Leckagerisiko), Verschleiß von beweglichen Dichtelementen, an Ölverschmutzung über Lebensdauer sowie an die Präzision von Ventilbauteilen haben eine wirtschaftliche Serienfertigung mit verfügbaren Fertigungstechnologien verhindert.

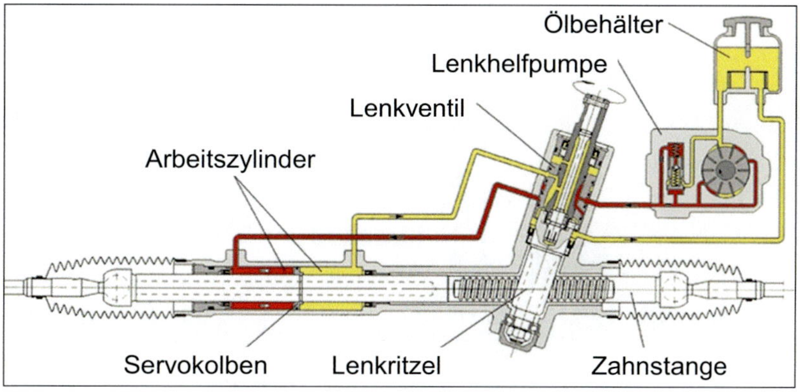

◘ **Abb. 8.5** Systemkonzept einer hydraulischen Zahnstangenservolenkung [3]

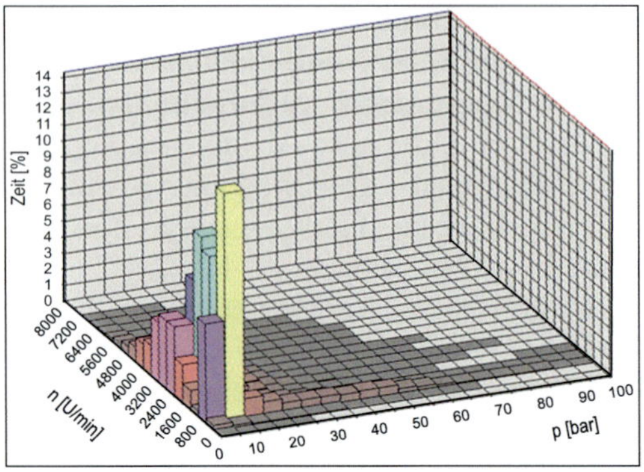

Abb. 8.6 Lenkleistung bei einem üblichen Fahrprofil für eine hydraulische Zahnstangenservolenkung [3]

8

Mit dem elektrohydraulischen Lenksystem (bei kleineren Fahrzeugen vor über 30 Jahren in Serie eingeführt) lässt sich die Energiebilanz eines Hydrolenksystems mit offener Mitte schon deutlich verbessern (Abb. 8.8).

Anstelle der direkt vom Motor angetriebenen Lenkungspumpe wird hier eine Druckversorgungseinheit (auch *Powerpack* genannt) eingesetzt, deren Pumpenaggregat (mit Zahnrad-, Flügelzellen-, Rollen-prinzip) von einem Elektromotor angetrieben wird.

In Verbindung mit einem Steuergerät und einem Ölbehälter lässt sich das Powerpack als kompaktes Einbaumodul gestalten, das unabhängig vom Verbrennungsmotor im Fahrzeug untergebracht werden kann.

Das Powerpack versorgt das Lenkaggregat mit Drucköl. Zwar besitzt das Lenkgetriebe ebenfalls ein Lenkventil mit offener Mitte; wird aber, wenn keine Lenkarbeit benötigt wird, nur ein geringer Standby-Ölstrom zirkuliert. Sobald Drucköl angefordert wird, stellt das Steuergerät das Fördervolumen der Lenkpumpe auf den vorliegenden Lenk- bzw. Fahrzustand ein.

Da bei sehr vielen Fahrzuständen (z. B. Autobahnfahrt) die tatsächlich erforderliche Lenkleistung relativ gering ist, je nach der im Steuergerät installierten „Software-Intelligenz" lässt sich gegenüber den klassischen Lenksystemen der Kraftstoffverbrauch 40 % bis 70 % reduzieren. Dies entspricht bei einem Mittelklassefahrzeug einer Einsparung von etwa 0,2 Liter auf 100 km.

Konzeptionell vorteilhaft beim elektrohydraulischen Lenksystem ist die Möglichkeit, das komplette System als sogenanntes Systemmodul in einer funktions-

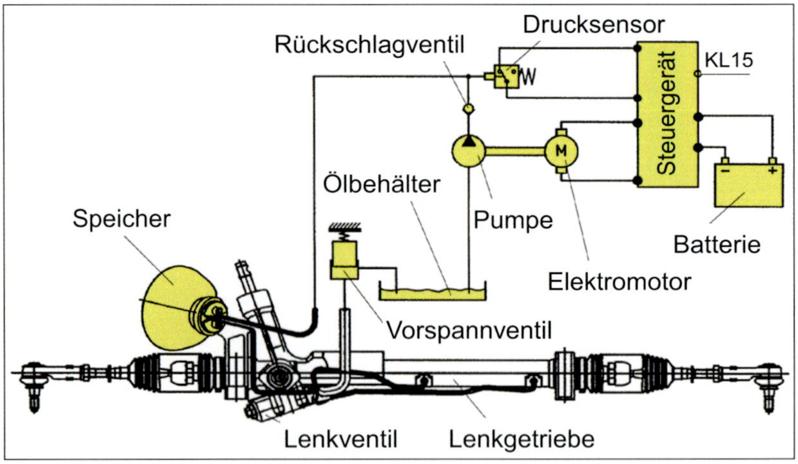

Abb. 8.7 Lenksystemkozept „geschlossene Mitte" [3]

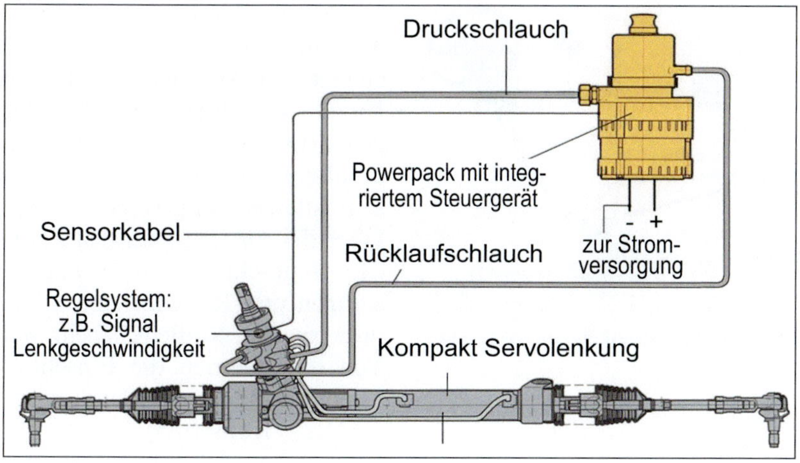

Abb. 8.8 Systemkonzept elektrohydraulische Lenkung [3]

geprüften Liefereinheit zusammenzufassen (Abb. 8.9).

Standardhydrauliklenkungen besitzen eine fest eingestellte Lenkcharakteristik. Sie stellt einen guten Kompromiss zwischen niedrigen Parkierkräften und ausreichend hohen Lenkmomenten bei Schnellfahrt dar. Für hochwertige Fahrzeuge ist eine sogenannte „Servotronic®"- oder „Parameterlenkung" entwickelt worden, die für jeden Fahrzustand eine eigene fahrzeugspezifische Lenkcharakteristik bereitstellt. Damit lässt sich das Fahrzeug leicht parkieren, bei mittlerer Fahrgeschwindigkeit zielsicher und komfortabel führen. Bei hoher Geschwindigkeit wird dank straffer Lenkmomente ein sehr sicheres Fahrgefühl vermittelt (Abb. 8.10).

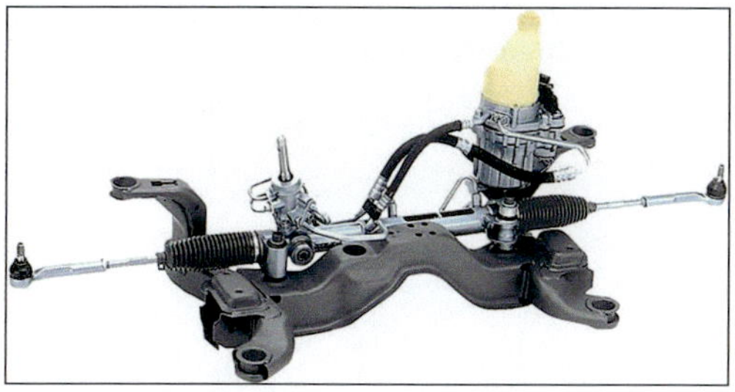

Abb. 8.9 Liefermodul eines elektrohydraulischen Lenksystems [3]

Da mittlerweile jedoch der Einsatz der elektromechanischen Servolenkung bis in das Oberklassesegment von Pkws möglich ist und sich damit eine noch höhere Kraftstoffeinsparung realisieren lässt, werden die hydraulisch betriebenen Lenksysteme heute nicht mehr eingesetzt.

8.2.2 Aufbau der Zahnstangenlenkung

Die hydraulische Zahnstangenlenkung in Blockversion umfasst die Hauptbauteile Lenkventil mit Ritzel, Zahnstange mit Kolben sowie Lenkgehäuse mit Ritzellagerung und Servozylinder. Die Lenkradbewegung betätigt die Eingangswelle, den sogenannten Drehschieber des.

Drehschieber-Lenkventils. Der über einen Drehstab im Ritzel abgestützte Drehschieber bildet mit der auf dem Ritzel fixierten Steuerbuchse variable Steuerspalte, die je nach Drehrichtung und Fahrwiderstand an den Rädern innerhalb mechani-

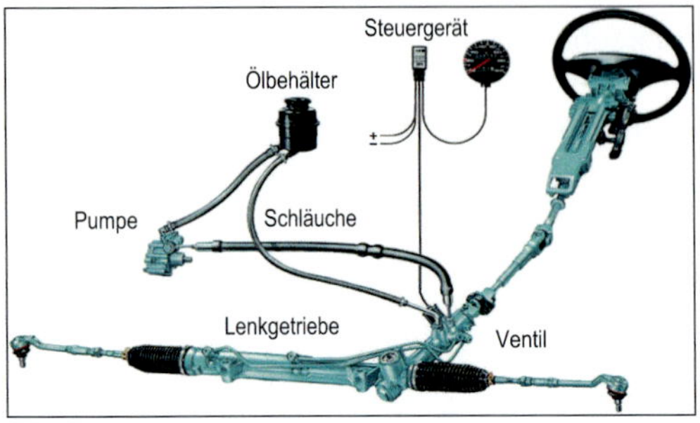

Abb. 8.10 Konzept Servotronic®-Lenksystem [4]

scher Begrenzungen geöffnet oder geschlossen werden.

Die Steuerspalte werden von 6, 8, 10 oder 12 korrespondierenden Steuernuten in Drehschieber und Steuerbuchse erzeugt. Über die schließenden Kannten wird der Pumpendruck angesteuert und der druckbeaufschlagte Ölstrom via abstimmbarer Druck- bzw. Dehnschläuche, interne Nuten, Rohrleitungen und Bohrungen dem Zylinderbereich zugeführt, der die jeweilige Lenkbewegung unterstützt. Über die öffnenden Steuerspalte ist ebenfalls durch Nuten, Bohrungen und Rücklaufleitungen der ausschiebende Zylinderteil mit dem Rücklauf zum Ölbehälter verbunden.

Der mechanische Kraftfluss führt von der Eingangswelle über Drehstab oder mechanischen Anschlag des Lenkventils zum Ritzel. Von dort wird über den Zahneingriff mit der Zahnstange die Lenkraddrehbewegung in eine Linearbewegung der Zahnstange umgewandelt (**Abb.** 8.11). Über die stirnseitig an den Zahnstangenenden angeschlossenen Axialgelenke, Spurstangen und Radialgelenke wird der Kraftfluss zu den Radlenkhebeln weitergeführt. Von dort werden die Einschlagwinkel der gelenkten Räder eingeleitet.

Die Konstruktion des Lenkgetriebes muss in der Lage sein, einerseits hohe Kräfte zu übertragen, andererseits geringste Spiele, wenig Elastizitäten und niedrige Reibung bei beweglichen Bauteilen aufweisen, um präzises Fahren mit guter Fahrbahnrückmeldung zu sichern. Dazu gehört ein in zwei steifen Wälzlagern im Lenkgehäuse abgestütztes gehärtetes Ritzel aus hochlegiertem Stahl, ebenso wie eine präzise geschliffene hochfeste Zahnstange, die zur Abstützung der Verzahnungskräfte von einem mit einer druckfesten Gleitfolie bestückten sogenannten jochförmigen Druckstück aus Metall oder Kunststoff im Verzahnungsbereich geführt wird. Die

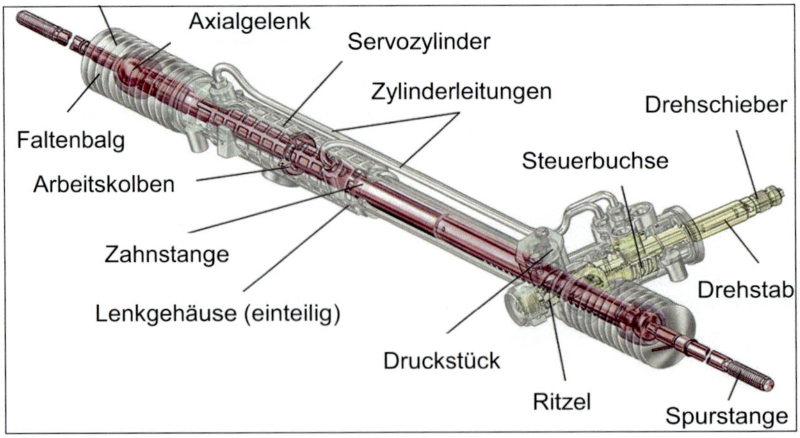

Abb. 8.11 Zahnstangenhydrolenkung; Darstellung des Lenkgetriebes (einteilige Blockversion) [3]

gegenüber liegende Lagerstelle der Zahnstange am Zylinderende besteht aus einem metallischen Gleitlager, das die Zahnstange ringförmig umfasst. Übliche Zahnstangendurchmesser betragen je nach Fahrzeuggröße 24 bis 32 mm (s. ◘ Tab. 8.1).

Das Handling eines Fahrzeugs wird erheblich von der zwischen Ritzel und Zahnstange gewählten Übersetzung beeinflusst. Sie legt den Hauptteil des Zusammenhangs zwischen Drehwinkel am Lenkrad und Schwenkwinkel der gelenkten Räder fest. In der Praxis legt man für jedes Fahrzeug ein individuelles Übersetzungsverhältnis für das Lenkgetriebe fest. Es trägt dem Charakter des Autos ebenso Rechnung wie der Fahrwerksgeometrie bzw. -kinematik.

Je nach Fahrzeugtyp empfindet man vom Anschlag zum Anschlag von ca. zwei bis i. d. R. drei Lenkradumdrehungen als komfortable Übersetzung. Vereinzelt findet man sogar wieder höhere Umdrehungszahlen: das veränderte Package neuzeitlicher Elektrofahrzeuge erlaubt teilweise merklich vergrößerte Radlenkwinkel, sodass bei noch verträglicher, nicht zu direkter Gesamtübersetzung der entsprechend lange Lenkhub bis zum erweiterten Lenkanschlag überwunden werden will. Anwendungen mit weiter reduzierten Lenkrad-Umdrehungen, ¾, oder gar lediglich eine halbe Umdrehung von der Mitte bis zum Anschlag führen am Ende zu überproportional direkten Übersetzungen und damit zu unangenehmem bis kritischem Fahrzeughandling. Hier ist das Spielfeld für Überlagerungsfunktionen oder später auch Steer-by-Wire eröffnet.

Die geometrische Auslegung der Verzahnung Ritzel-Zahnstange stellt hohe Ansprüche. Im Falle eines Ausfalls der Servounterstützung muss die Verzahnung sehr hohe mechanische Kräfte übertragen, um die gesetzlich geforderten Notlenkeigenschaften abzudecken.

Um mit Servounterstützung (Normalfall) beim Einparken aus der Mittelstellung nach 1 bis 1,5 Lenkradumdrehungen den Volleinschlag zu erreichen, dürfen auf dem Ritzel nur kleine Zähnezahlen (6–10) gewählt werden.

Dieser Kompromiss lässt sich am besten mit Evolventverzahnungen erreichen, wobei die Ritzelzähne mit profilverschobenen Zahnflanken und Schrägverzahnung ausgelegt sind. Die Modulgröße liegt bei ca. 2 mm.

Um mechanische Stöße von der Fahrbahn schadlos abzufangen und die Zahnstange möglichst kippfrei – damit ist die Verdrehbewegung um die Längsachse gemeint – von der Ritzelverzahnung durchschieben zu können, legt man Wert auf gute Überdeckungsgrade.

Außerdem ist es wünschenswert, hohe Eindrehwirkungsgrade für ein sensibles Lenkgefühl und niedrige Rückdrehwirkungsgrade zur Dämpfung von Fahrbahnstößigkeit bei der Verzahnungsauslegung zu erreichen.

Zur Optimierung dieser teilweise gegenläufigen Zielgrößen werden aufwendige Berechnungsmethoden bei der Verzahnungsauslegung eingesetzt.

Die feste Übersetzung der Standardlenkung lässt sich überlisten, wenn die Zahnstangenverzahnung mit einem variablen Modul und Eingriffswinkel hergestellt wird, wobei der Ritzel normal verzahnt bleibt. Im Mittenbereich der Zahnstange wird die direkte Übersetzung beibehalten. Bei steigendem Radlenkwinkel wird durch den variablen Übersetzungsverlauf der Verzahnung der Drehwinkel am Lenkrad erhöht und somit eine stetige Reduzierung der erforderlichen Lenkkraft erreicht, was besonders bei mechanischen Lenkungen von großem Vorteil ist.

Der Übersetzungsunterschied kann bis zu 30 % betragen; d. h. die Lenkung ist beim Einparken bis zu 30 % leichtgängiger ist als beim Geradeausfahren (◘ Abb. 8.12) [5]. Das Prinzip kann auch umgekehrt benutzt werden, um die Handlichkeit sportlicher Fahrzeuge im Stadtverkehr und auf kurvenreichen Landstraßen zu verbessern.

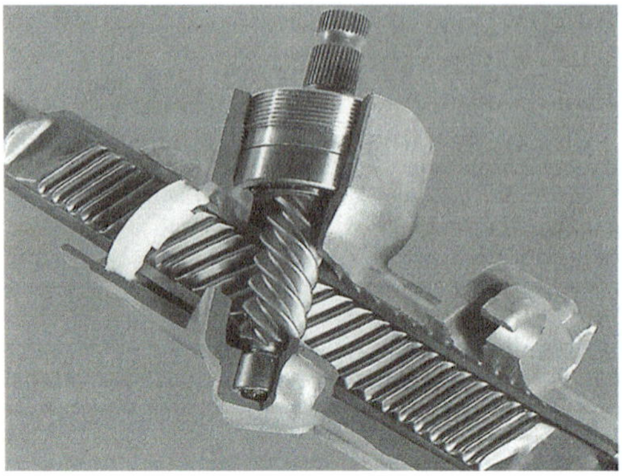

◘ Abb. 8.12 Zahnstange mit progressiver Übersetzung [5]

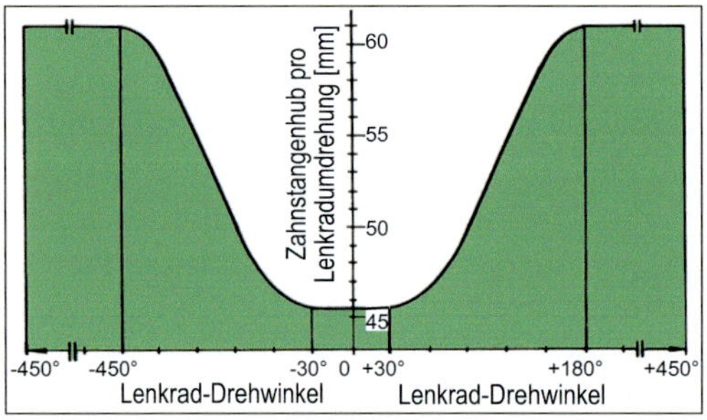

◘ Abb. 8.13 Übersetzungsverlauf bei variabler Übersetzung einer Servolenkung [4]

Dazu wird eine Evolventenverzahnung gewählt, deren Übersetzung im Mittenbereich eher etwas indirekter als bei konstanter Übersetzung ist. Zu den Endanschlägen hin wird das Übersetzungsverhältnis deutlich direkter. Damit erreicht man bei hohen Fahrgeschwindigkeiten ein weiches, nicht zu spontanes Anlenkverhalten aus der Mittellage heraus. Mit zunehmendem Lenkwinkel steigert sich der Radeinschlagwinkel progressiv, sodass schon mit 1 bis 1,5 Lenkradumdrehungen aus der Lenkungsmitte der volle Radeinschlag erreicht ist (50 % Variation bei 120° Lenkradumdrehung) (◘ Abb. 8.13).

Ein so ausgerüstetes Fahrzeug zeigt beim Fahren eine eindrucksvolle Agilität. Technisch erreicht wird dies über ein Lenkritzel mit Standard Evolventenverzahnung kombiniert mit einer variablen Zahnstangen-Evolventenverzahnung. Sie verändert vom Verzahnungsmittenbereich sowohl Eingriffswinkel als auch Teilung und Schrägungswinkel in Richtung Enden. Durch Wandern des Ritzel-Wälzkreises vom Zahnfuß bei Mittelstellung der Zahnstange in Richtung Zahnkopf beim Endanschlag ist der Hub der Zahnstange pro Ritzelumdrehung im Endanschlagbereich größer als im Mittelbereich und somit die Übersetzung direkter.

Dieses seit 1980 bekannte Konzept wurde erstmalig von Mercedes weiter optimiert und beginnend 2008 als „Direkt Lenkung“ serienmäßig eingebaut. Mittlerweile haben weitere Hersteller von Alfa Romeo und Audi über Porsche und Tesla bis Volkswagen immer wieder neu entworfene und modifizierte Übersetzungsverläufe im Angebot und auf Fahrzeugklassen von A0 bis D angewendet.

8.2.3 Komponenten der Zahnstangenlenkung

Während statische Abdichtungen zwischen 1 bar Unterdruck und Betriebsdrücken bis 130 bar mit Elastomer-Rundschnurdichtringen gesichert werden, sind für die Abdichtung von drehenden Bauteilen, wie z. B. die Eingangswelle, Wellendichtringe mit beweglicher Dichtlippe (◘ Abb. 8.14) eingesetzt. Die zylinderseitige Abdichtung der längsbeweglichen Zahnstange erfolgt über spezielle „Stangendichtringe“ (◘ Abb. 8.15). Sie müssen einerseits recht abriebfest, robust gegen Fremdkörper und eine hohe Dichtlippenflexibilität zum Ausgleich der Zahnstangenquerbewegung infolge Durchbiegung aufweisen, andererseits sehr reibungsarm sein, um in drucklosem

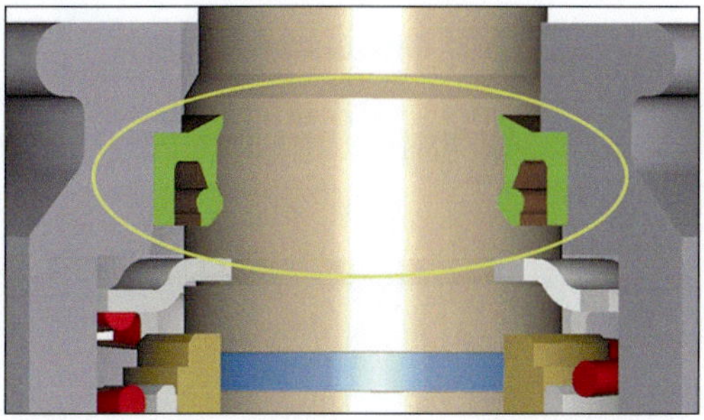

Abb. 8.14 Wellendichtring für drehender Bauteile

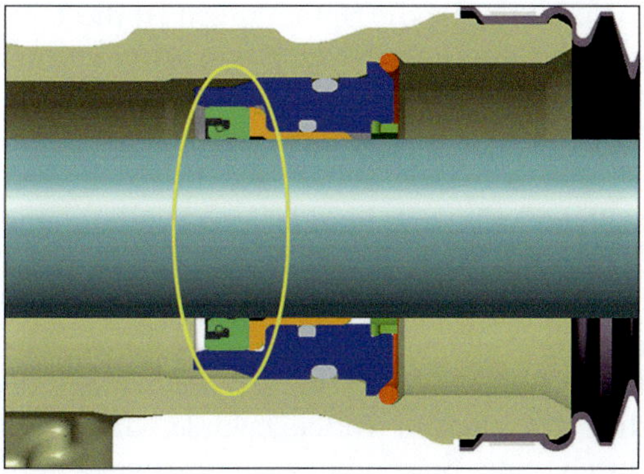

Abb. 8.15 Gleitdichtring zur Zahnstangenabdichtung

Zustand einen akzeptablen automatischen Lenkungsrücklauf bis zur Lenkungsmitte sicherzustellen.

Infolge völlig unterschiedlicher Anforderungen unterscheiden sich die Dichtringausführung für Wellendichtring und Stangendichtring aber im Detail, sind gegenseitig keinesfalls austauschbar und sogar herstellerspezifisch in Konstruktionsmerkmalen verschieden.

Ventilbauteile wie Steuerbuchse und Drehschieber werden gegeneinander mittels metallischer Abdichtung durch hochgenau geschliffene zylindrische Außen- bzw. Innendurchmesser abgedichtet. Abweichungen von der Rundheit sowie Zylindrizität und Spaltgröße betragen dabei nur wenige µm. Entsprechend hoch sind auch die Anforderungen an die Oberflächenqualität (Rauigkeit).

An den Enden des Lenkgehäuses im Bereich der Anschlüsse von linker und rechter Spurstange sind Faltenbälge montiert, die die Spurstangenaxialgelenke und die Zahnstangenendbereiche vor Schmutz und Feuchtigkeit schützen. Diese Bälge aus Elastomeren (Nitrilkautschuk, Polyurethan, Santoprene, Hytrel usw.) sind ebenfalls hochbelastete Dichtelemente mit anspruchsvollem Lastenheft. Unter allen Betriebsbedingungen müssen sie hermetisch abdichten, äußerst flexibel und formstabil gegenüber Unter- oder Überdruck im Innenbereich sein. Sie müssen auch gegen Beschädigung durch Steinschlag oder Witterungseinflüsse schützen. Die optimale konstruktive Auslegung der Falten wie Form, Höhe, Dicke und Anzahl erfordert sehr viel Fachkenntnis, da alle Balganforderungen bei jeder beliebigen Hubposition der Zahnstange zwischen den Anschlägen erfüllt werden.

Kritisch ist außerdem der Dichtsitz des Balges auf dem Spurstangenschaft. Trotz luftdichter Abdichtung des Balgraumes am Spurstangenschaft muss bei der Fahrzeugendmontage mit eingebautem Lenkgetriebe eine Spureinstellung möglich sein. Diese Einstellung erfolgt durch Drehung des Spurstangenschaftes gegenüber dem feststehenden, am Lenkgehäuse befestigten Faltenbalg. Dabei darf er weder verdrillt noch undicht werden.

8.2.4 Spurstangen für Zahnstangelenkung

Metin Ersoy

Die Zahnstange der Lenkung wird mithilfe der Spurstangen mit den Radträgern verbunden, um die Lenkbefehle des Fahrers zu den Rädern weiterzuleiten. Kinema-

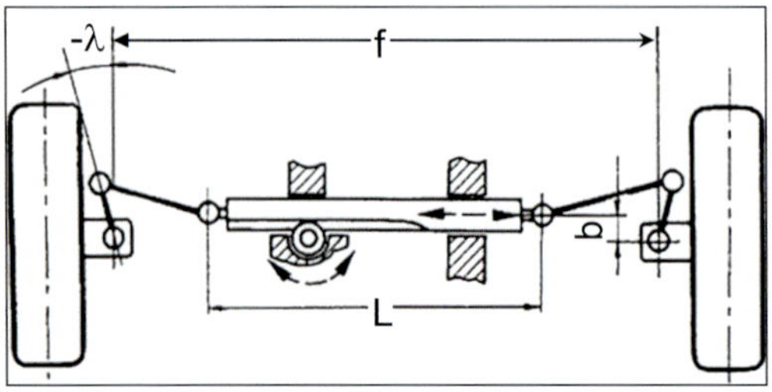

■ **Abb. 8.16** inematik der Zahnstangenlenkung

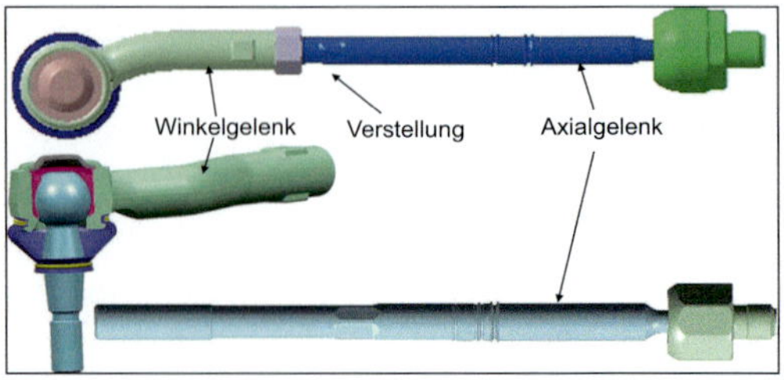

■ **Abb. 8.17** Eine einfache Spurstange [7]

tisch gesehen handelt es sich um ein Schubkurbelgetriebe mit einer Zahnstange als Schubglied und einem Radträger als Drehglied. Die Spurstange bildet dann das Koppelglied (■ Abb. 8.16). Da aber das Rad parallel zur Lenkachse auch federt, führt das Getriebe eine räumliche Bewegung durch. Deswegen braucht man an den Enden der Spurstangen Kugelgelenke statt Drehlager. Die Kugelgelenke sind so angeordnet, dass die größte Drehung um die Kugelzapfenachse stattfindet. Deshalb hat die Zahnstangenseite der Spurstange immer ein Axialkugelgelenk und die Radträgerseite ein Radialkugelgelenk. Das Axialgelenk wird auch als Innengelenk und das Radialgelenk als Außengelenk bezeichnet.

8

Aus räumlichen Gründen bedingt die Zahnstangenlenkung kurze Spurstangenlängen von 250 bis 300 mm. Die relativ kurzen Spurstangen benötigen daher eine hohe Winkelbeweglichkeit an den beiden Kugelgelenken. Die räumlichen Schwenkbewegungen der Kugelgelenke liegen im Bereich von ±30° bis ±40° [6].

Das ■ Abb. 8.17 zeigt eine Spurstange mit Radial- und Axialgelenk sowie die verstellbare Verbindung zwischen den beiden. Die Verbindung sollte Gerade laufen, damit an der Spurstange keine Biegung entsteht. Dies reduziert den notwendigen Stangenquerschnitt und sorgt für eine sehr steife Kraftübertragung. Es ist aber wegen mit axial geschlitztem Innengewinde mit konischer Außenfläche oder sehr aufwendig Bauraumeinschränkungen nicht immer zu realisieren. Der gebogene Lenker wird jedoch schwerer und teurer.

Wichtig für die Spurstangen ist die Längenverstellung im Bereich von ±15 mm, um die Vorspur an den beiden Rädern feinfühlig einzustellen. Deshalb bestehen die Spurstangen aus zwei Teilen, die durch ein Verstellgewinde miteinander verbunden sind (■ Abb. 8.18).

Die Verstellung kann in einfacher Weise mit Gewinde und Mutter ausgeführt sein, für sicherere Verbindungen mit einem radial geschlitzten Innengewinde, das dann durch eine Schraube zusammengeklemmt wird (■ Abb. 8.19).

Eine weitere Anforderung ist bei einem Crash die gezielte Verformung der Stange oder des Kugelzapfens, damit die Spurstange die Verschiebung der Frontteile nicht beeinträchtigt. Diese Nachgebung der Spurstange hat auch den Vorteil sich zu op-

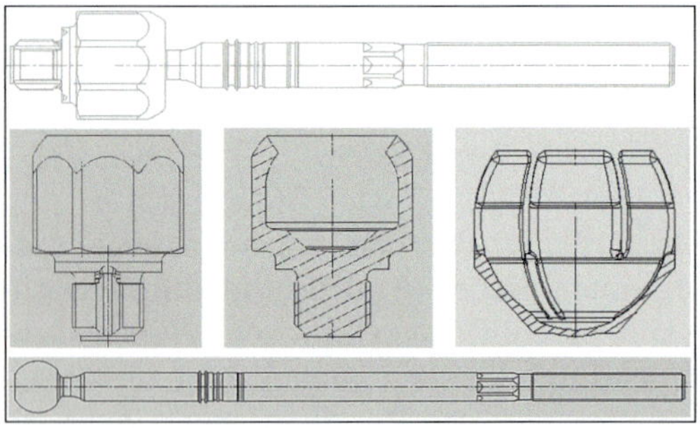

■ **Abb. 8.18** Aufbau eines Axialgelenkes [7]

Abb. 8.19 Ausführung verstellbarer Verbindung [7]

fern um die Schäden von angeschlossen teuren Bauteilen (Lenkgetriebe, Radträger) abzuhalten, weil die Spurstangen relativ kostengünstig sind und mit geringem Aufwand sich austauschen lassen. Eine verbogene Spurstange bemerkt der Fahrer sofort durch eine Schiefstellung des Lenkrads und schlechtes Geradeausfahren des Autos.

Die Knicklast ist natürlich deutlich höher als die größte Betriebslast, nämlich die sogenannte „Bordsteinbelastung". Die extremen Axialkräfte, wenn z. B. ein direkt am Bordstein geparktes Auto im Stand gelenkt wird, können bis auf ±25 kN steigen [8].

Unter normalen Betriebsbedingungen liegen die Zahnstangenkräfte, abhängig von der Fahrzeugklasse (genauer von der Vorderachslast) zwischen 6 und 15 kN. Die maximalen Kräfte entstehen beim Parkieren, wenn die Räder voll eingeschlagen werden. Entsprechend der Fahrzeugklasse werden auch die Kugelgelenkgrößen ausgewählt. Abb. 8.20 stellt diese Zuordnung dar.

Das innere Axialkugelgelenk besteht aus einem kalt-fließgepressten Gehäuse mit bodenseitigem Gewindezapfen, aus einem Kugelzapfen mit Schaft, einer Kunststoffkugelschale und einer Schmiermittelfüllung mit Synthetikfett. Mechanisch bearbeitet werden nur die Kugeloberfläche und der Halsbereich des Kugelzapfens. Alle Einzelteile werden wie geliefert zusammen montiert und die Gehäuseöffnung unter hoher Last plastisch soweit verformt, dass die Kugel bis 40 kN Zugkraft nicht herausgezogen werden kann, trotzdem die Kippmomente des Kugelgelenkes nicht über 3,5 Nm liegen.

Dies wird sichergestellt durch weg- und kraftgesteuertes, feinfühliges Schließen der Öffnung. Das Gelenk darf aber kein freies Spiel aufweisen, d. h., eine bestimmte Vorspannung, die ein Kippmoment von min. 0,5 Nm erzeugt, ist notwendig.

Deshalb werden die Gelenke nach dem Verschließen immer gemessen. Ist das Kippmoment zu niedrig, wird nachgepresst, ist es höher, wird durch Tempern das Kippmoment gesenkt (s. ► Abschn. 18.3.8.3).

Die Kippmomentschwankungen lassen sich reduzieren, wenn das Gehäuse zweiteilig gestaltet ist. Dann wird der Zusammenbau mit einer geregelten Axialkraft zusammengehalten und die beiden Gehäuseteile mit einer Laserwurzelschweißung festverbunden.

Um die Spielfreiheit auch nach langem Einsatz zu sichern, wird zwischen Schale und Gehäuse zusätzlich ein Gummiring eingelegt. Das Gehäuse hat an der Außenfläche Schlüsselflächen, am Boden und entlang der Gewindezapfen für spezielle Anwendungen Entlüftungs- oder Luftleitnuten. Wenn die Zahnstange eine durchgängige Bohrung im Kern besitzt, wird die Luft in den Faltenbalgräumen beim Lenken von einer Seite zur anderen geschoben, damit im Balg weder Unter- noch Überdruck entsteht (Abb. 8.21).

Gängige Kugeldurchmesser sind 26, 29 und 32 mm, der maximale Gesamtkippwinkel ist 63°. Der Schaft des Axialgelenkes hat meist mehrere umlaufende Rillen, um den Balg zu positionieren, eine 6-Kant-Schlüsselfläche und ein Gewinde am Ende (M 14 oder M 16 × 1,5 und

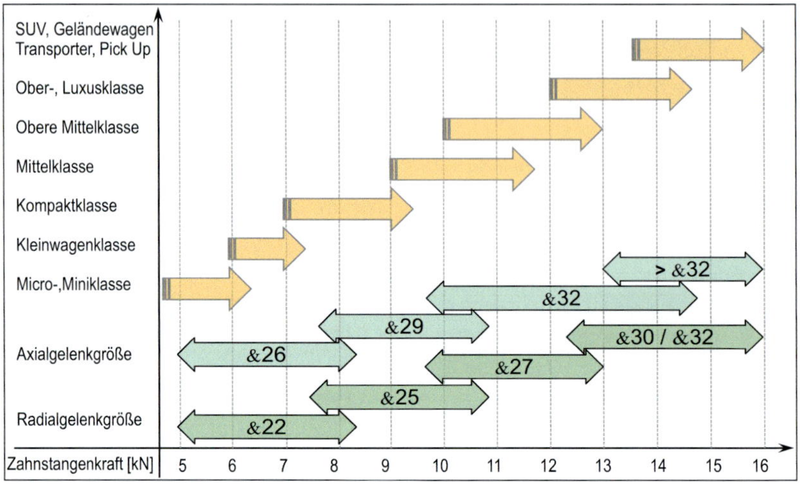

■ **Abb. 8.20** Zuordnung der Zahnstangenkräfte zu den Fahrzeugklassen auf Kugelgelenkgrößen [2]

8

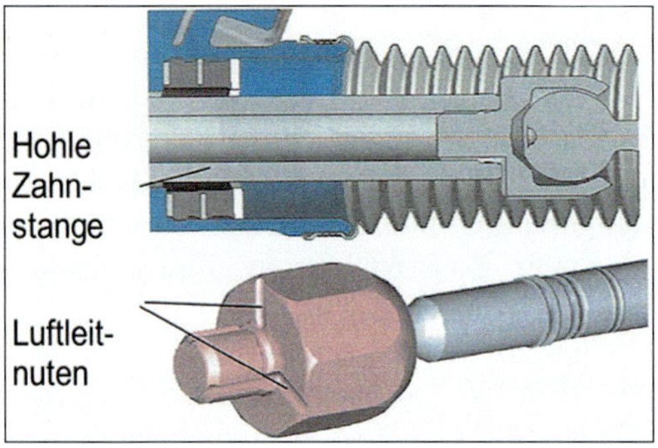

■ **Abb. 8.21** Luftleitnuten im Axialgelenkgehäuse [7]

75 mm lang), um die Spureinstellung zu ermöglichen.

■ Abb. 8.22 zeigt die üblichen Spezifikationen für die Axialgelenke.

Das äußere Ende der Spurstange bildet ein Radialkugelgelenk, das senkrecht zur Spurstange angeordnet ist (■ Abb. 8.23). Das Gehäuse ist ein Schmiede- oder Kaltfließpressteil mit einer Aufnahme für den Kugelzapfen und einem Innengewinde, in das der Schaft des Axialgelenkes eingeschraubt wird.

Die einfachste Lösung ist, wenn die Mittellinie des Gewindes durch die Kugelmitte verläuft. Da dies aber wegen den Einbaueinschränkungen nicht immer möglich ist, wird ein Versatz in einer oder in beiden Achsrichtungen notwendig (■ Abb. 8.24).

Auch der Verlauf der Gehäuse, der im Ideal fall gerade ist, muss in Ausnahmefällen gebogen ausgelegt sein. Hier ist die Auswahl des Querschnitts (in der Regel T-Form) von Bedeutung, damit die Spannungen entlang des Gehäuseschaftes etwa gleich bleiben.

Um Gewicht zu sparen kann außerdem das Winkelgelenkgehäuse aus Aluminium geschmiedet und T6-vergütet werden, was jedoch die Kosten deutlich erhöht.

Das Gehäuse ist geschmiedet oder kaltfließgepresst und mechanisch bearbeitet. Man kann aber das Gehäuse so genau fliesspressen, dass keinerlei Bearbeitung notwendig ist (■ Abb. 8.25). Diese Ausführung braucht jedoch einen Balg mit integriertem Spannring (s. ■ Abb. 8.67, Mitte), der keinen Nut benötigt.

Das Radialgelenk hat außerdem einen Kugelzapfen, eine Kunststoffschale und einen Verschlussdeckel um das Gelenk zu ver-

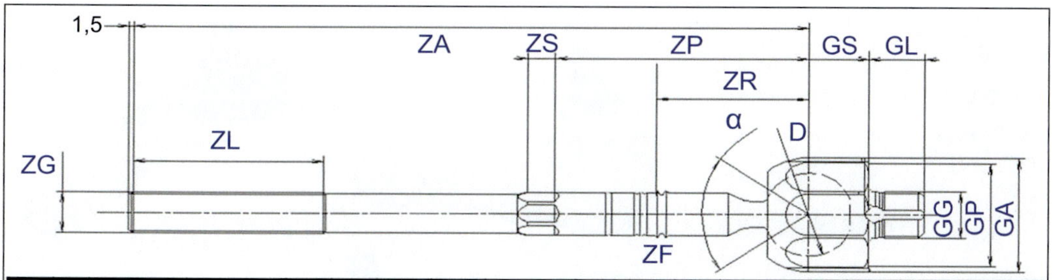

D	α	ZA	ZG	ZL	ZP	ZS	ZR	ZF	GG	GL	GA	GS	GP	Axiallast
mm	°	mm	mm	mm	mm	mm	mm	mm		mm	mm	8kt SW	mm	kN bei 80°C
26	63	168,190	M14x1,5	75	85	7 und 15		$14{,}2_{+0{,}3}$	M16 x1,5	15	37	durchgehend	32,5	100-LW bei F_{ax}=11
		212,234	M16x1,5				35	$16{,}5_{+0{,}3}$				partiell		
29		256,278	M14x1,5				65	$14{,}2_{+0{,}3}$			41	durchgehend	36,5	100-LW bei F_{ax}=15.5
		300,322	M16x1,5				85	$16{,}6_{+0{,}3}$				partiell		
32		344	M16x1,5					$16{,}6_{+0{,}3}$			44	durchgehend	39,5	F_{ax}=20

Abb. 8.22 Spezifikationen für Standard-Axialgelenke [7]

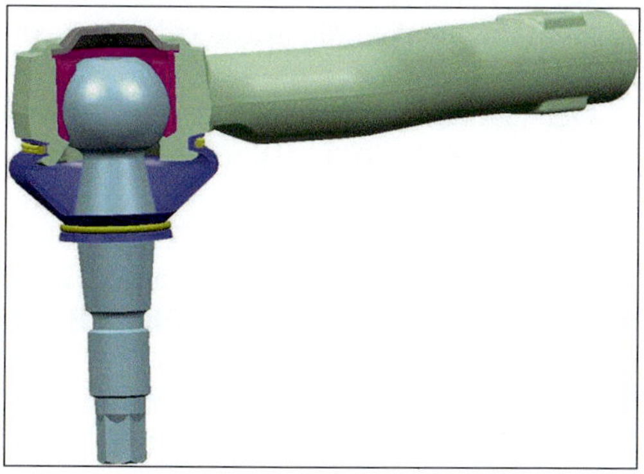

Abb. 8.23 Aufbau eines Radial- /Winkelgelenks [7]

schließen. Ein Gummibalg schützt den Zapfen gegen Schmutz und Feuchtigkeit. Als Verbindung zum Radträger wird ein Kegelzapfen mit Gewinde empfohlen. Um die Einbaulänge kurz zu halten, wird die Ausführung mit einem Zylinderschaft und Querverschraubung ausgewählt (Abb. 8.27).

Der Schlitz am Gelenkauge des Radträgers wirkt jedoch negativ auf die Korrosion des Schaftes, deshalb braucht diese Ausführung eine besondere Beschichtung des Kugelzapfens (Nitrocarburieren). Das Gelenk ist mit dem Zapfen nach unten anzuordnen, damit Wasser und Schmutz die Balgdichtung nicht zusätzlich belasten.

Ist der Radträger aus Aluminium, dann ist es notwendig, eine zusätzliche Kegelscheibe oder Einpressbuchse aus Stahl einzusetzen, um die Flächenpressung am Radträger zu reduzieren (Abb. 8.26 Rechts).

Für das Winkelgelenk reicht ein kleinerer Durchmesser als für das Axialgelenk. Das liegt daran, weil das Axialgelenk in Zugrichtung nicht so hoch belastbar ist (bedingt durch die kleine wirksame Ringfläche an der Zapfenöffnung), obwohl es in Druckrichtung deutlich höher belastbar bleibt. Bei den Winkelgelenken ist die Belastbarkeit in beiden Richtungen gleich groß. Daher sind für das Winkelgelenk die Kugeldurchmesser 22, 25, 27 mm üblich. Für schwere Fahrzeuge (SUVs, Transporter) werden auch die Kugelgrößen 30 und 32 mm angeboten.

Der räumliche Gesamtausschlagwinkel kann bis zu 50° betragen. Wird in einer Kipprichtung größerer Winkel notwendig,

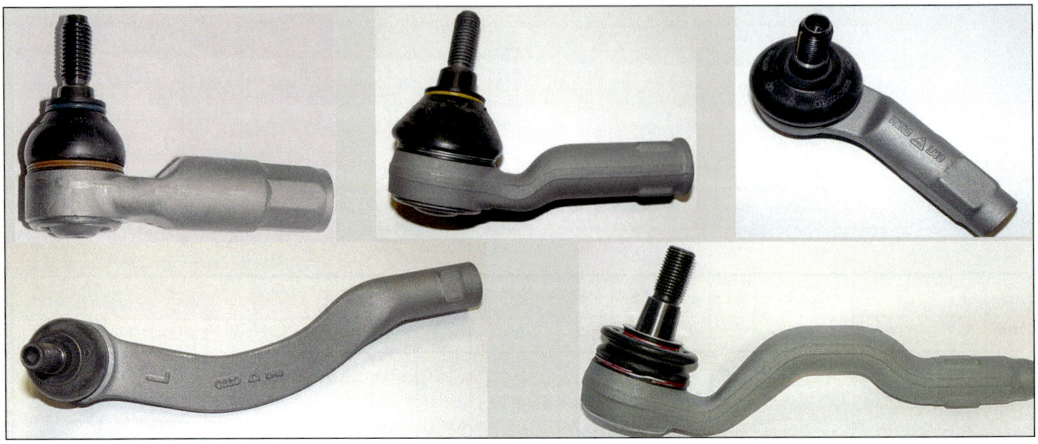

◘ Abb. 8.24 Winkelgelenk Gehäuseausführungen: ohne Versatz (oben links), Axialversatz (oben Mitte), Radialversatz (oben rechts), Bogenversatz (unten links), Doppelbogenversatz (unten rechts) [7]

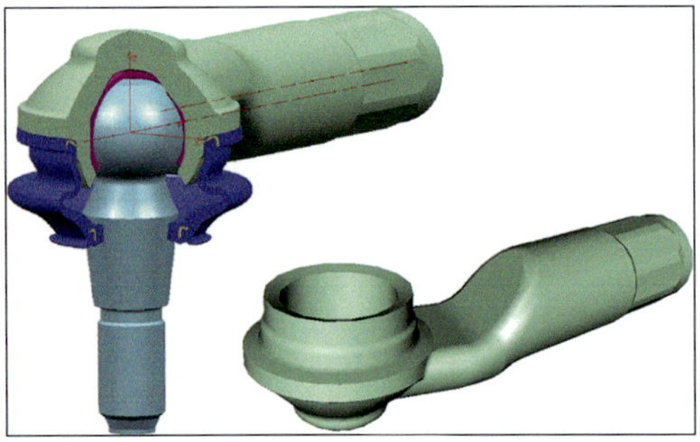

◘ Abb. 8.25 Radialgelenkgehäuse, kaltfliessgepresst [7]

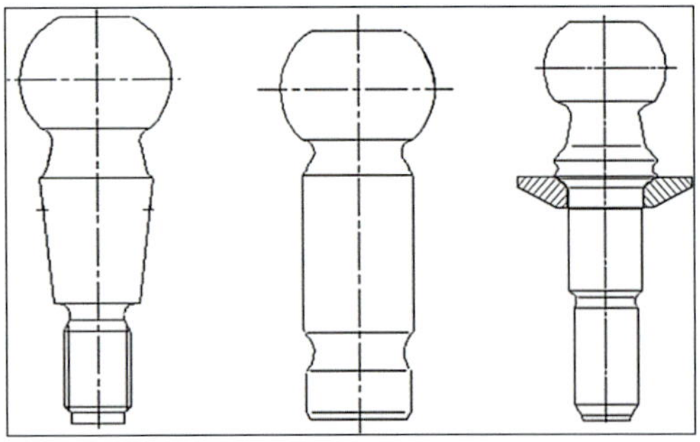

◘ Abb. 8.26 Radialgelenk Zapfenausführungen [7]

wird die Gehäuseöffnung oval gestaltet, um in einer Richtung bis zu 60° Kippwinkel zu erreichen (in Querrichtung dagegen nur 30°).

◘ Abb. 8.27 zeigt die Spezifikationen für Winkelgelenke, die standardmäßig angeboten werden.

Der zulässige übliche Temperaturbereich ist –40 bis + 85°C. Treten höhere Temperaturen oder Kräfte auf, wird die Kugelschale (das schwächste Teil jedes Kugelgelenkes) statt aus POM, aus PEEK hergestellt. PEEK kann 20 % höhere Belastungen bis zu 120°C aushalten.

Nicht nur wegen deutlich höheren Kosten für PEEK-Material gegenüber POM, auch wegen der Gehäusetoleranzen, die deutlich enger sein müssen, und schließlich wegen eines speziellen für PEEK geeigneten Synthetikfettes, liegen die Kosten der PEEK-Kugelgelenke höher.

Es sind oft hochfrequente Schwingungen, die über die Spurstange bis zum Lenkrad weitergeleitet werden. Sie lassen sich isolieren, wenn eine Gummilagerung im Axialgelenkgehäuse integriert wird (◘ Abb. 8.28). Damit die Lenkpräzision

D	α	K	A	B	H	E	G	T	Radiallast (100LW)	
mm	°	mm	mm	mm	mm	mm			kN bei **20**°C	kN bei **80**°C
22	44 / 54	16	23	16	21	26	M12x1,5	T40	$F_{rad}=27$	$F_{rad}=13$
25		18	24	16/18	21/23	16/26	M14x1,5		$F_{rad}=29$	$F_{rad}=17$
27		20	25	18/20	23/25	18/26			$F_{rad}=36$	$F_{rad}=20$
30	44	22	26	19	24	20	M16x1,5	T50	$F_{rad}=41$	$F_{rad}=23$
32		23	27	20	25				$F_{rad}=49$	$F_{rad}=26$

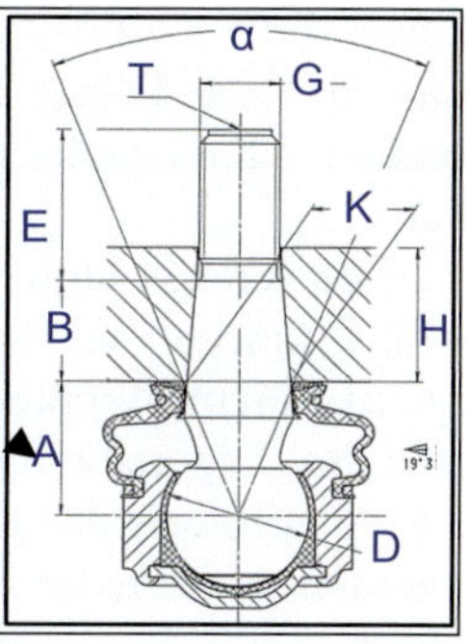

Abb. 8.27 Spezifikationen für Standard Radialgelenke [7]

nicht beeinträchtigt wird, muss dabei das Gummilager vom Gehäuse gut umschlossen sein, um unter hoher Last trotz Dämpfungswirkung noch ausreichende Steifigkeit aufzubauen.

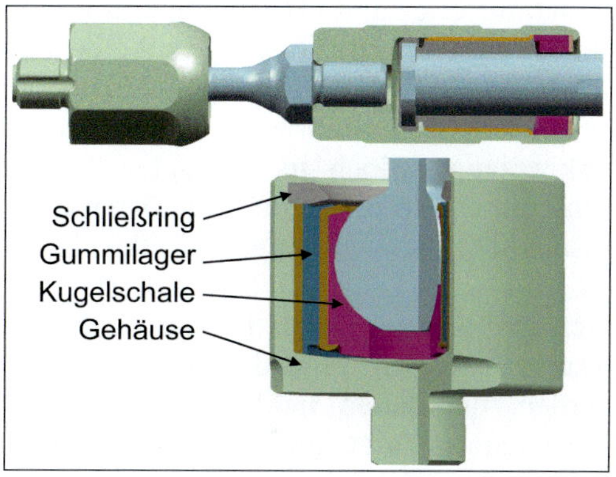

Abb. 8.28 Axialgelenke mit Gummilager [7]

8.3 Lenkstrang

Metin Ersoy, Christian Greis, Guido Hirzmann und Burkhardt Schäfer

8.3.1 Komponenten und Funktionseinheiten

Metin Ersoy

Die Lenksäule und im weiteren Verlauf die Lenkwelle verbindet das Lenkrad mit dem Lenkgetriebe und besteht aus mechanisch formschlüssigen Verbindungselemente wie Lenkwellen, Kreuzgelenke, elastische Kupplungen, Teleskop- sowie Kollapssystemen. Sie sorgt für die präzise und verlustfreie Übertragung von Lenkwinkeln und -momenten. Es bestand vom Gesetzgeber die Forderung, dass ein solcher mechanischer Lenkstrang vorhanden ist.

Der Wunsch nach Verbesserung der Insassensicherheit durch Verzicht auf die mechanische Lenksäule und die Vorteile, wenn die Betätigungseinrichtung für die Lenkanlage bei Fahrzeugen mit Linkslenkung bzw. Rechtslenkung auf der anderen Seite angebracht werden kann, haben zu einer Überprüfung dieser Forderung geführt, und die Regelung wurde im Jahr 2005 geändert [9]. Somit können neue Technologien, wie z. B. Steer-by-Wire, berücksichtigt werden. Es ist heute also auch möglich, Lenkanlagen ohne formschlüssige mechanische Verbindung zwischen der Betätigungseinrichtung und den Rädern zu konstruieren und freizugeben.

8.3.1.1 Gelenke und Kupplungen

Das *Kreuzgelenk* einer Lenksäule besteht aus je zwei Gelenkgabeln und einem darin eingeknöpften Gelenkkreuz, das in 4 Nadellagern abgedichtet um die beiden Kreuzachsen schwenken kann (◘ Abb. 8.29, links).

Die Kreuze sind in verschiedenen Herstellverfahren verfügbar. Heute werden sie in einem Arbeitsgang kaltfließgepresst und im Lagersitz nachkalibriert. Die axiale Spielfreiheit der Kreuze wird durch eine stirnseitige Anfederung in Form von separaten federnden Elementen einem Nadelbüchsenboden sichergestellt. Aufgrund gekapselter Motorräume und der Nähe zu Katalysatoren kommen vermehrt Hochtemperaturfette und Hochtemperaturdichtungen zum Einsatz. Kreuzgelenke ermöglichen den mehrfach gebeugten Verlauf des Lenkstranges im Fahrzeug. Das Kreuzgelenk erzeugt jedoch in gebeugter Anordnung unter Rotation ungleichförmige, sinusähnliche Schwankungen in der Lenkwinkel- und Lenkmomentenübertragung. Mehrere Kreuzgelenke können dann in kompensierender Anordnung verbunden werden, um diesen Fehler zu eliminieren oder wenigstens zu minimieren. Ein Restfehler, teilweise bewusst erzeugt, wird durch geeignete Position der Kreuzgelenke auf die Geradeausstellung symmetriert und für die Unterstützung des Zentriereffekts bzw. Geradeauslauf-Gefühls der Lenkung genutzt. Sind unzulässige Restfehler in einem Lenkstrang ermittelt, welche sich nicht über die mögliche Anordnung der Kreuzgelenke ausreichend kompensieren lassen (Allradfahrzeuge oder Links/ Rechts Lenkerstandardisierung), werden gleichlaufende Doppelkreuzgelenke mit Mittenzentrierung eingesetzt (◘ Abb. 8.29, rechts).

Eine *elastische Kupplung* entkoppelt und dämpft mittels Gummischeibe (◘ Abb. 8.30) oder Gummihülsenelement (◘ Abb. 8.31) Schwingungen und Geräusche des Fahrwerks und der Lenkung, die unangenehme Reaktionen im Lenkrad hervorrufen würden. Während Gummihülsenelemente kardanisch und axial steif bauen, sind Gummischeibenausführungen kardanisch und axial weich und können für kleine Winkel bis ca. 10° auch die Funktion eines Kreuzgelenkes übernehmen. Die Torsionssteifigkeit der Gummischeiben wird progressiv ausgelegt: von 2–4 Nm/° bei ± 5 Nm bis 5–8 Nm/° bei ± 50 Nm Lenkmoment. Die axiale Weichheit kann zusätzlich zum Dämpfen und Entkoppeln axialer Stöße aus dem Fahrwerk genutzt werden, insbesondere, wenn Vorderachse und Lenkung an gesondert entkoppelten Hilfsrahmen angeordnet sind.

Wird eine Gelenkscheibe zwischen 2 Kreuzgelenken angeordnet, ist diese aufgrund der kardanischen Unbestimmtheit mit einer Mittenzentrierung zu versehen.

Kreuzgelenke und Gummielemente haben Anschlussprofile mit Kerbverzahnung, Dreikant oder Zweiflach, die als Presssitz oder Klemmverbindung mit Anzieh-

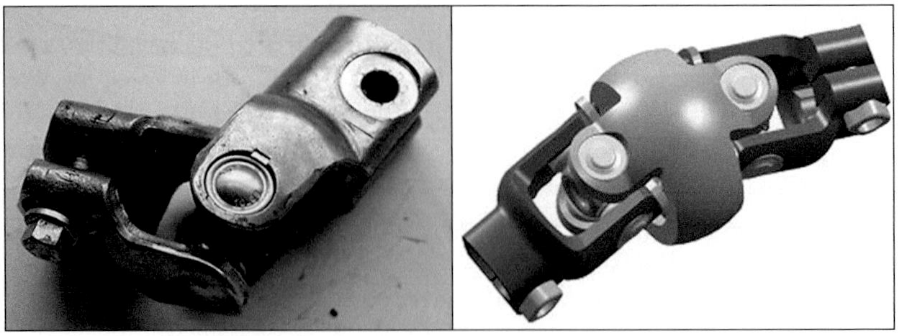

◘ Abb. 8.29 Einfach- und Doppelkreuzgelenk [10]

Abb. 8.30 Gummischeibe und Gummi-Scheibendoppelgelenk [11]

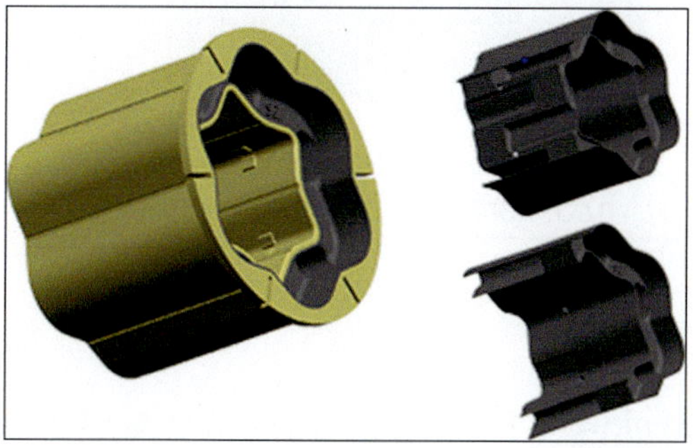

Abb. 8.31 Gummihülsen zum Einbau in Lenkwelle [11]

schraube die Befestigung zur Lenkwelle sichern.

8.3.1.2 Lenkzwischenwelle

Die *Lenkzwischenwelle,* der untere Teil der Lenksäule, wird durch die Spritzwanddichtung von der Fahrgastzelle zum Vorderwagen geführt. In die Spritzwanddichtung ist hierzu eine Lagerung eingeknöpft, welche als Labyrinth-Gleitlagerung ausgeführt bei geringer Reibung wind-, wasser- und geräuschdicht, meist auch gasdicht Motorraum und Fahrgastraum trennt. Die Spritzwanddichtung kann bei Bedarf doppelwandig und aus hochtemperaturfestem Materialausgeführt sein (Abb. 8.32). *Teleskopsysteme* ermöglichen die axiale Lenkradverstellung und Teleskop-/Kollapssysteme das Kollabieren des Stranges zum Schutze des Fahrers bei einem Fahrzeugcrash. Sofern es die Umgebungstemperaturen und Lenkmomente zulassen, werden Teleskopkollapssysteme mit Polygon-Wellen- und Rohrprofilen (Verzahnungen, Zweiflach, Dreikant, Vierflach etc.) und Kunststoffbeschichtungen oder -hülsen ausgelegt. Bei höheren Temperaturen bzw. höheren Momenten (Elektrolenkung mit Lenksäulenantrieb) kommen auch Systeme aus Stahl mit aufwendigen Kugellinearführungen zum Einsatz. Während Schiebesysteme mit Kräften 0 bis ca. 80 N arbeiten, intrudieren Kollapssysteme zwischen etwa 1000 bis 8000 N. Eine beispielhafte Klemmeinrichtung zeigt Abb. 8.33. Die Ausführung und der Einsatz als reines Teleskop- oder Kollapssystem liegt am jeweiligen Einsatzzweck und den Gegebenheiten der Fahrzeug-Crashanforderungen.

8.3.2 Lenksäule

Burkhardt Schäfer

Die Lenksäule stellt die mechanische Verbindung zwischen Lenkrad und Lenkgetriebe her. Der Lenkstrang ist in der oberen Lenksäule kugelgelagert und zur Verstellung bzw. Positionierung des Lenkrades im Mantelrohr geführt. Das *Mantelrohr* bildet den äußeren funktionalen Bereich der Lenksäule und beinhaltet die Lenkverriegelung (Lenkschloss) und Fahrerschutzeinrichtungen zur gezielten Energieabsorbtion

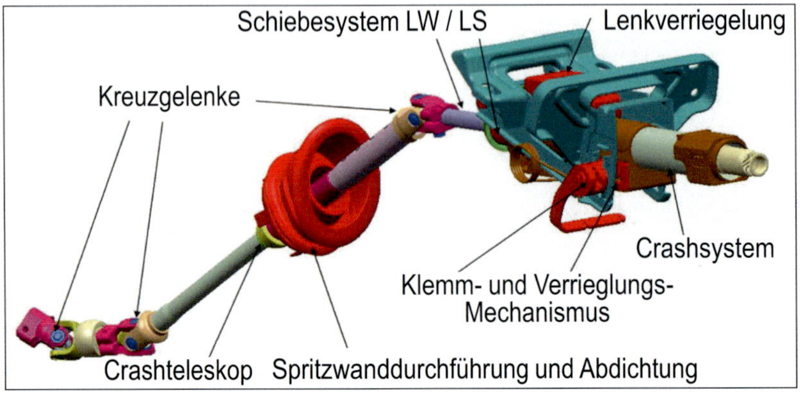

Abb. 8.32 Beispiel eines Lenkstranges mit mechanisch verstellbarer Lenksäule [3]

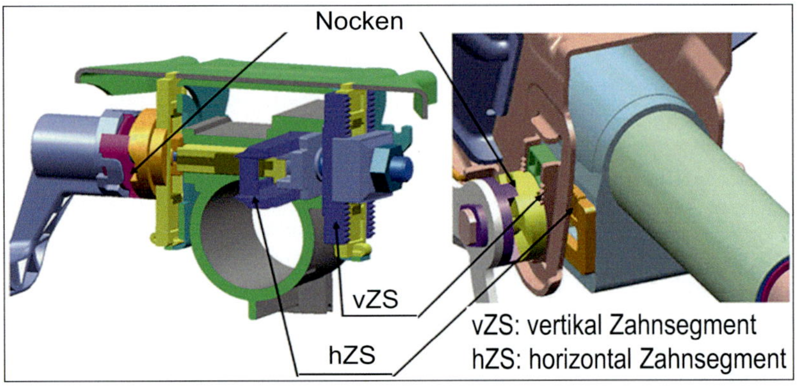

Abb. 8.33 Klemmeinrichtung einer mechanisch verstellbaren Lenksäule [3]

beim Crash. Das Mantelrohr nimmt auch das elektrische Schaltmodul zu dem Blinker oder Wischerbetätigung und Verkleidungsteile auf und dient als Träger für elektromechanische Antriebe und Steller zur Momenten- oder Winkelüberlagerung Am Mantelrohr wird auch der Schaltmodulkabelbaum über Kabelkanäle fixiert.

Das klassische mechanische *Lenkschloss* direkt vor dem Lenkrad greift über Schließmechanik und Sperrbolzen in die Sperrhülse der Lenkwelle und blockiert die Lenkung in verriegelter Stellung. Die Sperrhülse ist mit Toleranzring auf der Lenkwelle befestigt, rutscht aber bei Überschreiten eines Momentes >100 Nm (Gesetzesvorschrift) auf der Welle durch, um Vorschädigungen am Lenksystem zu verhindern, die bei einem späteren Betrieb zum Ausfall führen könnten. Hat die Sperrhülse mehrere Raststellungen am Umfang, wird sie häufig als Sperrstern bezeichnet.

Das mechanische Lenkschloss wird jedoch von einem elektrisch betätigten Lenkschloss verdrängt. Dessen mechanische Wirkung auf den Sperrstern und somit die Lenkung ist unverändert, rastet jedoch ohne direkte Betätigung des Fahrers elektrisch. Vorteile dieser Lösung sind die Einbeziehung der Funktion in den elektronischen Diebstahlschutz des Gesamtfahrzeugs, komfortabler schlüsselloser Betrieb über Start-/Stopp-Taster und Absicherung des Fahrzeugs mittels *keyless entry/ go*-Funktion. Deutlich sind auch die Vorteile der von der Reichweite des Fahrers unabhängige Positionierung der elektrischen Lenksäulenverriegelung für besseres Package und besseren Diebstahlschutz.

Die *Lenkungskonsole* fixiert das Mantelrohr bzw. den Lenkstrang durch Führungs- und Verstellmechanismen und stellt die Schnittstelle zu Fahrzeugkomponenten wie Modulquerträger (X-Beam), Pedalwerk, Stützstreben etc. dar. Das Mantelrohr nimmt weitere Aggregate im Cockpit auf oder stützt diese ab.

Für die dynamische Festigkeit ist die radiale Eigenfrequenz der Lenksäule im Fahrzeug von hoher Bedeutung, da Motoranregungen (besonders Leerlaufdrehzahl bei Dieselmotoren) und Radunwuchten zu unangenehmen Resonanzen im Lenkrad führen können. Das Lenkrad und die Lenksäule, die mit dem gesamten Cockpit, über den Querträger mit den A-Säulen der Karosse verbunden, stellen eine große Schwingungsmasse, aber mit vergleichsweise geringer dynamischer Steifigkeit dar.

Dies lässt sie entsprechend anfällig für Schwingungen während des Fahrbetriebs sein und bedeutet eine wesentliche Aufgabe zur Erreichung eines angenehmen Schwingungskomforts des Fahrzeuginnenraums.

Führungs-, Verstell- und Verriegelungsmechanismen sichern die Stabilität im Betriebs- und Crashfall ab. Reibschlüssige Klemmung und gleichzeitig formschlüssige Verriegelungen sorgen für die komfortable und gesicherte Positionierung der Lenksäule.

Weitere Komfortsteigerungen sind mit aktiven Lenksäulen bzw. Lenkradverstellungen möglich. Mit Elektromotor, Getriebe und Kupplung werden die beiden Verstellrichtungen abgefahren und mittels Sensorik im Verstellfeld, als auch in den Soft-Stop-Endanschlägen positioniert. Sensiert wird die Lenksäulenposition per Linearpotentiometer, *ripple counter* oder Hallsensoren. Hierbei sind Funktionen wie *easy entry* (Lenksäule verfährt zum vereinfachten Aussteigen in die oberste Stellung), *pre safe* (Lenksäule verfährt in die Crash optimale Position),*memory* (Lenksäule verfährt in die vom Fahrer gespeicherte Position) und Diagnosespeicher möglich. PWM (*pulse wide modulation*) basierte Ansteuerung des Verstellmotors ermöglichen Verstellungen mit weichen Starts und Stopps, geregelten Geschwindigkeiten und optimiertem Geräuschverhalten des Elektroantriebs.

Sofern die aktive Lenksäule nicht über ein zentrales Fahrzeug-Steuergerät angesteuert wird, kommt ein lokales an die Lenksäule gekoppeltes Steuergerät mit Reduzierung der Versorgungs- und Steuerleitungen zur Anwendung (◘ Abb. 8.34, 8.35). In dieser Lenksäule werden beide Verstellbewegungen durch nur einen E-Motor, aber mit zwei Kupplungen realisiert, um Kosten, Gewicht und Bauraum zu sparen.

8.3.2.1 Auslegung und Erprobung

Eine Lenksäule wird in 3D-CAD konstruiert, berechnet, simuliert und im 3D-Aufbau auf ihre Funktion abgeprüft. Hierbei spielen Packageanalysen eine zentrale Rolle, um den Einbau und modularen Aufbau über komplette Fahrzeugplattformen hinweg sicherzustellen.

Aufbauend auf Packagekonzepten finden Kinematikuntersuchungen der rotierenden und teleskopierenden Umfänge, FEM-Analysen zur statischen und dynamischen Festigkeit inklusive Schwingungsverhalten, kinetische Berechnungen des Lenkstranges und Crashsimulationen bzw. DOE *(design of experiment)* statt.

Begleitet werden diese Untersuchungen durch Prototypenerprobungsphasen und

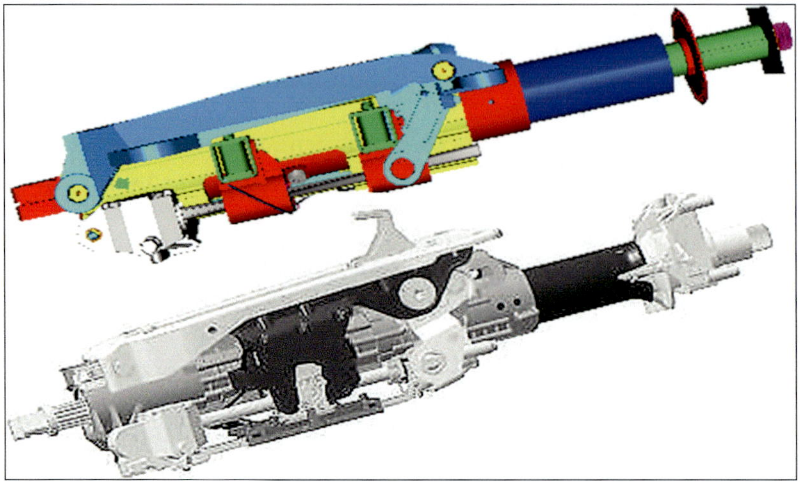

Abb. 8.34 CAD Model und Foto einer elektromotorisch verstellbaren Lenksäule [3]

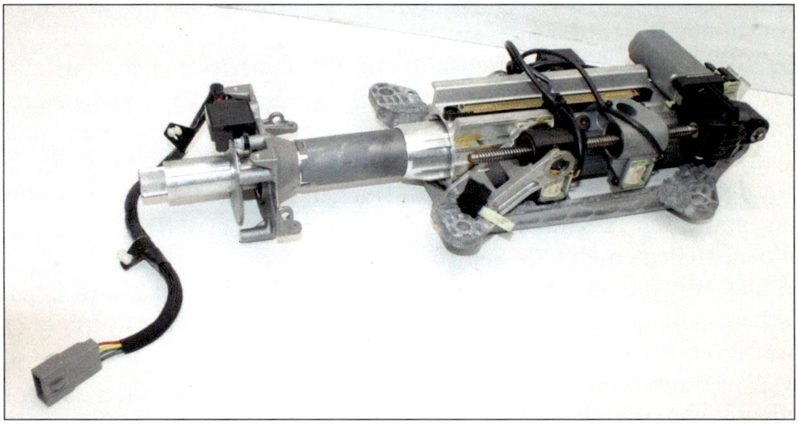

Abb. 8.35 Lenksäulenmodul mit elektrischer Verstelleinrichtung und adaptivem Crashsystem Jaguar XF X250

münden in die Beschaffung für Serienwerkzeuge.

Ziel hierbei ist es, mit einer Basislenksäule und optionalen An- und Umbauteilen komplette Modellpalette des Fahrzeugherstellers abzudecken, um Entwicklungs-Invest-, Logistik- und Produktionskosten zu optimieren, Entwicklungszeiten trotz steigender Fahrzeugapplikationen zu verkürzen.

Mit Serienwerkzeugen hergestellten Komponenten finden dann die Validierung und das Feintuning statt.

Da Lenkstränge zu den sicherheitsrelevanten Komponenten im Fahrzeug gehören, liegt ein besonderer Anspruch in der

Betriebsfestigkeit von Komponenten und deren Verbindungsstellen. Es werden Design-, System- und Prozess-FMEAs erstellt und deren Absicherungsmaßnahmen in den Fertigungsdokumenten speziell gekennzeichnet, regelmäßig überprüft und dokumentiert.

8.3.2.2 Crashanforderungen und Energieverzehrmechanismen

Die internationale Gesetzgebung definiert unterschiedliche Crash-Testszenarien zur Homologation von Neufahrzeugen. Beispiele sind: Europa ECE12, ECE R94/96/79/ EC, US FMVSS 203/204/208, Australien ADR10/ 69/73, Japan Article 18 usw.

Unabhängige Verbraucherschutzorganisationen im In- und Ausland fordern darüber hinaus weitere Crash-Testszenarien und testen und vergleichen Fahrzeuge öffentlich. Beispiele dafür sind: EURO-NCAP, US-NCAP, JNCAP, AMS, ADAC, IIHS (◘ Abb. 8.36). Fahrzeughersteller definieren zusätzliche hausinterne Anforderungen für Komponententests (z. B. Sled-Test, Drop-Test, Body-Block-Test). Diese Tests werden abgeleitet aus dem, im ◘ Abb. 8.37 dargestellten Häufigkeitsprofil der Zusammenstöße in Verkehrsunfällen nach statistischen Angaben.

Vorgenannte Anforderungen unterliegen zum Schutz der Fahrzeuginsassen und Fußgänger regelmäßigen Änderungen mit der Folge erhöhter Forderungen.

Ein weltweit vermarktetes Fahrzeug muss somit allen, teilweise konfliktbasierten Anforderungen aus unterschiedlichen Testkonfigurationen gerecht werden, wie z. B. *offset* versus *fullsize,* angeschnallt zu nicht angeschnallt, mit/ohne Knieairbag, 20 mph bis 64 km/h, 5 % percentile adult female versus 50 % percentile adult male, um nur wenige Parameter zu nennen.

Bezogen auf das Fahrer-Rückhaltesystem und die damit verbundenen Komponenten wie Gurt, Gurtstraffer, Gurtkraftbegrenzer, Fahrerairbag, energieabsorbierende Lenksäule, kollabierende Lenkzwischenwelle, Kniefänger, Knieairbag und deren Crashparameter folgen zahlreiche Abstimmungsrunden und Optimierungsschleifen zur Absicherung aller Anforderungen.

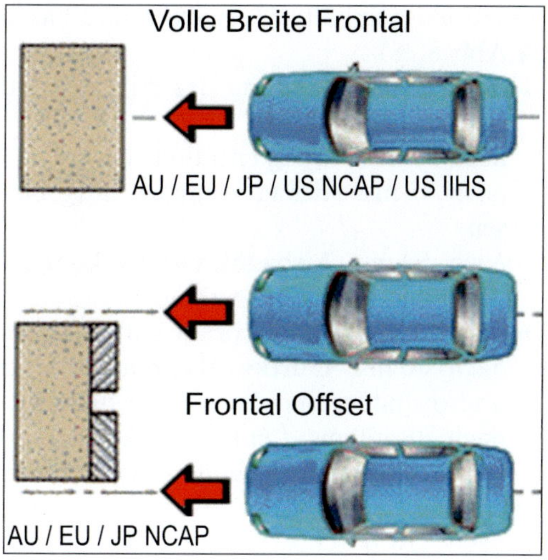

◘ **Abb. 8.36** Prinzipdarstellung Crashtestszenarien

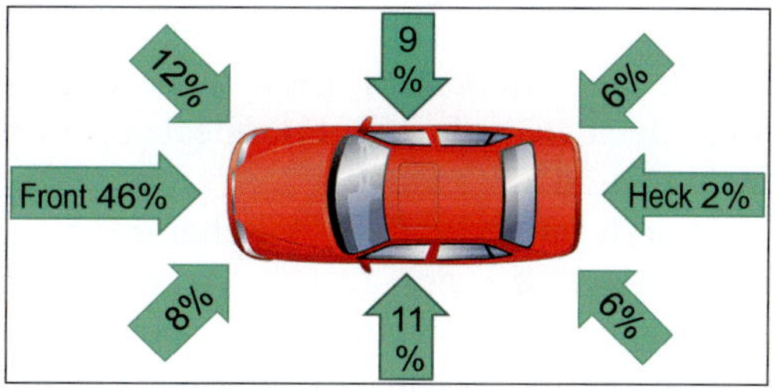

◘ **Abb. 8.37** Beispiel eines Crash-Anforderungsprofils Zusammenstöße in Verkehrsunfällen nach Statistik

Das Rückhaltesystem wird gesamtheitlich simuliert, in Teilsystemen erprobt, verifiziert (Fallturm, Schlitten) und im Gesamtsystem Fahrzeug validiert. Der Zeitablauf eines Frontalcrashs ist auf ca. 150 ms begrenzt und beinhaltet 8 signifikante Phasen (■ Abb. 8.38):

1) nach 15 ms: Zündung des Airbags und Gurtstraffers,
2) nach 30 ms: Airbag entfaltet sich,
3) nach 45 ms: Airbag komplett aufgeblasen,
4) nach 50 ms: Airbagöffnungen kontrollieren den Druck im Airbag,
5) nach 60 ms: Dummy prallt auf Airbag,
6) nach 70 ms: Gurtkraftbegrenzer wirkt und verhindert mögliche Rippenbrüche,
7) nach 70–120 ms: Lenksäule, Airbag und Gurtkraftbegrenzer fangen den Dummy ab,
8) nach 120–150 ms: Dummy fällt in den Sitz zurück.

Wichtig bei der Gestaltung und Auslegung des Lenk-stranges ist die weitestgehende Entkopplung zwischen Lenkgetrieberückverlagerung (Phase 1 bis max. 5) und freiem, unbehindertem Lauf (Vorverlagerung) des Lenkrades zur Energieabsorbtion (Phase 6 und 7).

Hierzu muss die Lenkzwischenwelle die Rückverlagerung des Lenkgetriebes durch Kollabieren ermöglichen und die obere Lenksäule die hierfür notwendige Gegenkraft ohne Rückverlagerung der Lenksäule gegenhalten.

Weiterhin dürfen die durch das Kollabieren der Lenkzwischenwelle in Phase 5 eingefrorenen neuen Bedingungen (neue Position, Vorlasten, Torsionsmomente etc.) keinen Einfluss auf die Start- und Laufbedingungen der Crashsysteme der Lenksäule haben.

In den Phasen 6 und 7 unterstützt die Lenksäule den Airbag und schafft durch ihr energieabsorbierendes Verhalten zusätzlichen Überlebensraum des im Airbag verzögerten Fahrers. Airbag und Lenksäule arbeiten somit zeitweise seriell und müssen in ihrem Kraft-Wegverhalten genau aufeinander abgestimmt sein.

Die Crashversuche werden je nach Gesetzgebung mit verschiedenen Dummys durchgeführt, an denen aufwendige Messtechnik Belastungen wie Beschleunigungen, Kräfte und Wege auf Kopf, Genick, Brust, Becken, Extremitäten etc. erfasst (■ Abb. 8.39).

Während eine Lenksäulenverstellung als Komfortmerkmal einfach und leichtgängig funktionieren soll, verlangt der Crash nach unbedingter Positionsbeibehaltung vertikal und axial. Eine reibungsgeklemmte Lenksäulenverriegelung kann diese Forderung nicht funktionssicher leisten; formschlüssige Verriegelungen mit Zahnleisten/-segmenten sind erforderlich. Die Belastungen

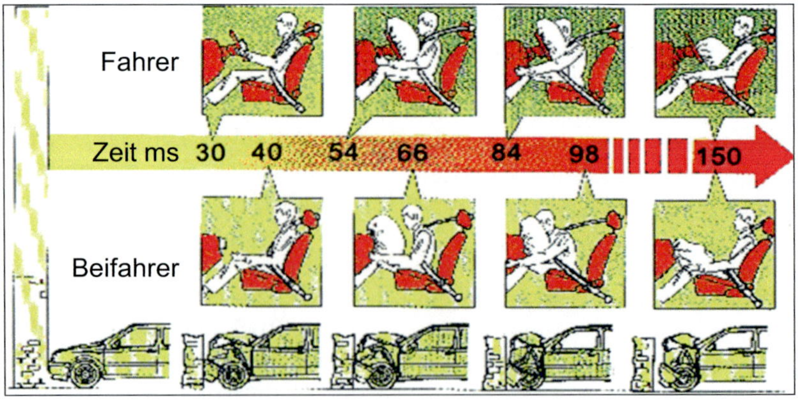

■ **Abb. 8.38** Zeitliche Abläufe eines Frontalcrashs

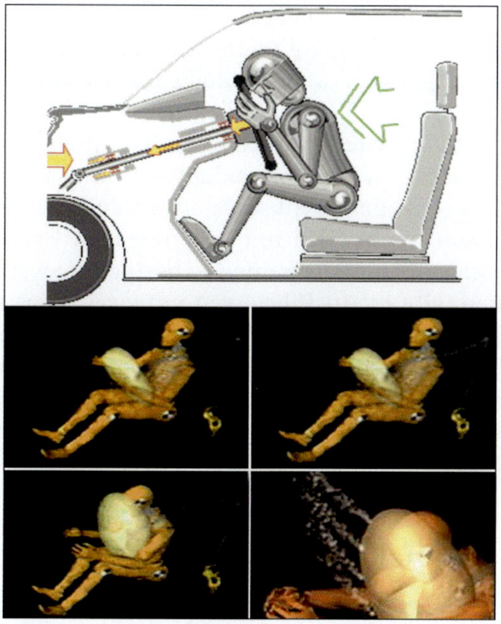

■ Abb. 8.39 Fotos von den ersten 4 Crashphasen mit einem Dummy

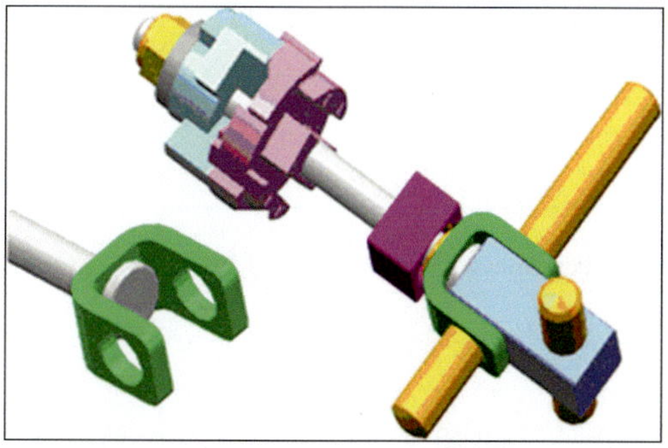

■ Abb. 8.40 Lenksäulen-Klemmeinrichtung nach dem Spindelprinzip [3]

im Crash in der Größenordnung von 12 kN axial, 8 kN vertikal am Lenkrad sind etwa 3-mal höher als die max. zulässige Betriebsbelastung oder 100-mal höher als die normale Betriebsbelastung (■ Abb. 8.40).

Die über den Airbag im Crash belastete Lenksäule wird heute noch meistens in Führungen bzw. Kulissen mittels energieabsorbierender Elemente komplett vom Fahrer weg verschoben. Dieses Konzept bedarf großer Packagefreiräume im Cockpitmodul und reagiert sensibel auf radial eindringende Elemente wie verformte Bleche, Unterverkleidungsteile, Luftkanäle bzw. eindringende Spritzwandkonturen durch Rückverlagerung der Antriebseinheit (■ Abb. 8.41).

Neuerdings sind Lenksäulenkonzepte im Einsatz, deren Korpus ortsfest im Fahrzeug verharrt. Ihre Energieabsorbtionselemente stützen direkt vorm Lenkrad ein Mantelrohrteleskop ab und nutzen den für die Lenkradrückverlagerung erforderlichen Packagefreiraum mit.

Vorteil dieser Lösung ist der unbehinderte Lauf des Teleskops mit gleichzeitig erhöhtem Freigang im Fußraum. Voraussetzung hierfür ist jedoch der Ersatz des klassischen mechanischen Lenkschlosses direkt vor dem Lenkrad durch eine elektrische Lenkverriegelung im lenkradabgewandten Bereich (■ Abb. 8.42).

Zur Absorption der Energie beim Lauf der Lenksäule, seriell zur Airbagkompression, werden meistens Metalldrahtelemente oder Blechstreifenelemente genutzt, die abgewickelt, gerissen oder gebogen und gezogen werden (■ Abb. 8.43).

Durch Wandstärken-, Durchmesser-, und/oder Breitenänderungen können hierbei konstante, steigende oder fallende bzw. gestufte Energieabsorbtionsniveaus erzeugt werden, um den für das Gesamtfahrzeug optimalen Verlauf zu erreichen. Da die finale Definition dieser Funktion erst sehr spät in der Fahrzeugentwicklung erfolgt und Fahrzeuge gleicher Plattform zu unterschiedlichen Definitionen führen können, ist eine flexible Auslegung in der Lenksäulenentwicklung zu berücksichtigen. Dies führte auch zur differenzialen Funktion der Energieabsorbtion, die in der früher eher integral (z. B. als Unterfunktion des Mantelrohres) zu finden war.

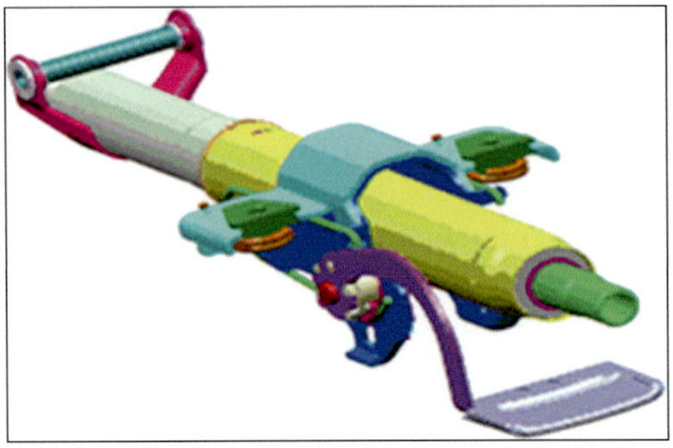

Abb. 8.41 Lenksäulenoberteil mit energieabsorbierenden Crashelementen [3]

Die für die Energieabsorbtion benutzten Metalle haben eng tolerierte Eigenschaften, sicherheitsrelevante Bauteile, die der Dokumentationspflicht unterliegen.

Eine weitere Verbesserung ist durch den Einsatz mehrstufiger/adaptiver Crashsysteme in der Lenksäule. Während heute schon Lenksäulen mit differierenden Energieabsorbtionselementen bestückt werden, gibt es Ausführungen mit zweistufigen Energieabsorbtionselementen, bei denen die zweite Stufe bedarfsgerecht pyrotechnisch ausgelöst wird, um die Energieabsorbtion dem aktuellen Crashszenario anzupassen (Abb. 8.44).

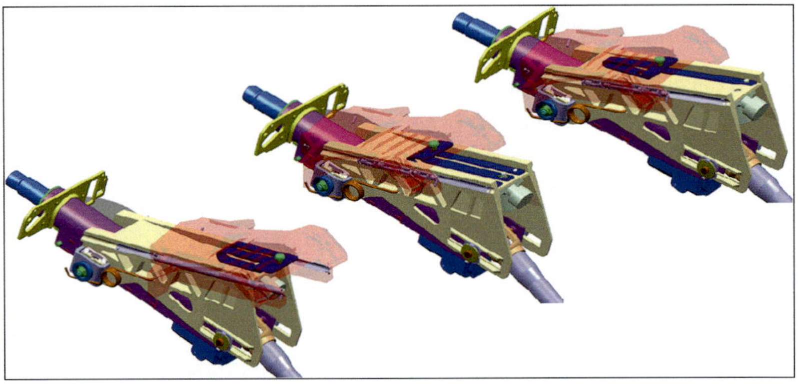

Abb. 8.42 Elektromotorisch verstellbare Lenksäulenmodule bei unterschiedlichen Crashphasen [3]

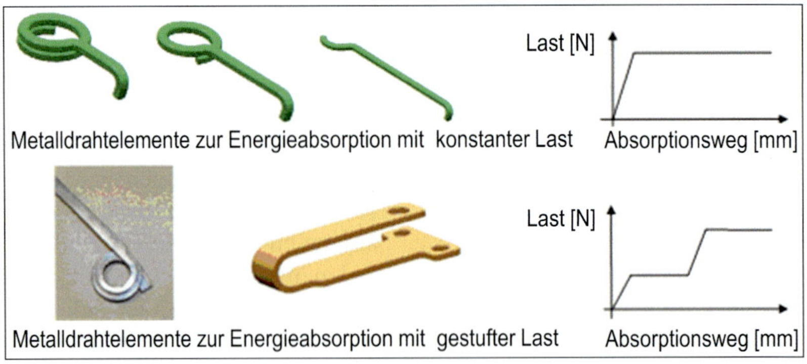

Abb. 8.43 Energieaufnehmende Metalldraht- oder Blechstreifenelemente [3]

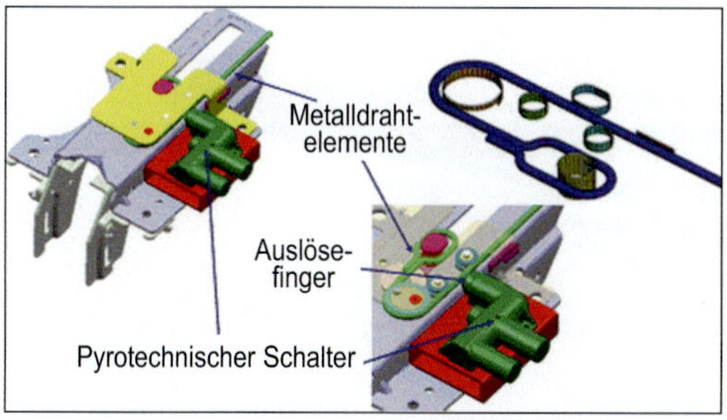

Abb. 8.44 Lenksäule mit pyrogesteuerten Metalldrahtelementen zur gestuften Energieabsorbtion [3]

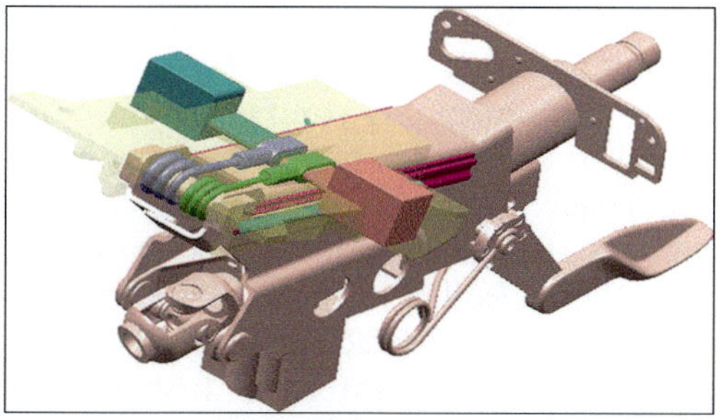

Abb. 8.45 Crashmodul mit pyrotechnisch angesteuerten Metalldrahtelementen [3]

Weitere Optimierungen sind durch mehrfach bzw. integral wirkende Pyroelemente in Kombination mit Energieabsorbtionselementen möglich, um jeden gewünschten Energieabsorbtionsverlauf zu erreichen.

Gegenwärtig sind die Grenzen hierbei jedoch in dem Aufwand für die Sensorik und Auslöseelektronik zu finden, um entsprechend kurzen Reaktionszeiten zu erreichen (Abb. 8.45).

8.3.2.3 Ausblick und Modularisierung

Zur Erhöhung der passiven und aktiven Sicherheit und Steigerung des Komforts werden in der Lenksäule verstärkt fahrdynamische Regler wie Aktivlenkung bzw. Handmomentensteller zur Anwendung kommen (Abb. 8.46). Die wichtigste Entwicklung ist und wird die Elektrolenkung mit Lenksäulenantrieb sein. Hier sind Lenksäule und der E-Antrieb der Servolenkung in einem Modul integriert, weil aus Packagegründen diese Systeme sich nur die obere Lenksäule integrieren lassen (s. Abb. 8.56).

Aufgrund sich weiter verschärfender internationaler Gesetzesanforderungen werden sukzessiv adaptive Crashsysteme angewandt. Bedienhebel zur manuellen Verstellung wird als bekannte *„Crash-Modifier“* verschwinden und durch kostengünstige elektrische Verriegelungen ersetzt werden. Neue stufenlos formschlüssige Verriegelungsmechanismen werden dann die gesteigerten Komfortansprüche abdecken müssen.

Der modulare Ansatz wird vertieft und großteils auf das gesamte Fahrzeugspektrum, also über alle Plattformen eines Fahrzeugherstellers, ausgedehnt werden.

Bei gleichzeitiger Erhöhung der Crash-Energieabsorbtionswege auf >100 mm folgen für alle Submodule weitere Packagebeschränkungen und somit weitere erforderliche Bauraum-Optimierungen. Die durch diese Umfänge entstehenden Mehrgewicht und Eigenfrequenzverschiebungen der Lenksäule müssen durch verstärkten Einsatz von Leichtmetallen bzw. Kunststoffen minimiert bzw. kompensiert werden.

8.3.3 Lenkrad

Guido Hirzmann, Metin Ersoy und Christian Greis

Das Lenkrad im Kraftfahrzeug ist das älteste und wohl wichtigste HMI (Human Maschine Interface) im Fahrzeug. Erstmals wurde ein Lenkrad von Alfred Vacheron im Jahre 1893 im Rennen Paris-Rouen eingesetzt. Vom einfachen Lenken entwickelt sich das Lenkrad im Laufe der Zeit

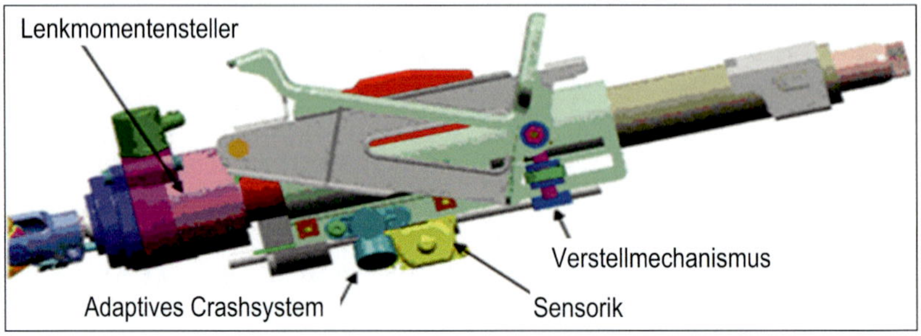

Abb. 8.46 Lenksäulenmodul mit elektrischer Verstelleinrichtung und adaptivem Crashsystem [3]

hin zum Sicherheitselement, zur Schaltzentrale und Designelement.

Das Lenkrad ist das Bindeglied zwischen Lenkstrang und Fahrer, über das der Fahrtrichtungswunsch durch entsprechende Drehbewegung auf die lenkbaren Räder übertragen wird. Die Zuordnung dieses vorwiegend fahrzeuginnenraumorientierten Bauteiles zum Fahrwerk ist historisch gewachsen aus der Zeit, als die Fahrzeuge noch hauptsächlich mit rein mechanischen Lenksystemen ausgestattet waren. Damals war der Durchmesser des Lenkrades eines der wesentlichen Kriterien für die leichte Betätigung der Lenkung. Mit Einführung der Servounterstützung ist diese Anforderung nicht mehr von entscheidender Wichtigkeit, denn schließlich ist man mit eben dieser in der Lage nahezu jedes Handkraft bzw. Lenkmomentenniveau für den Fahrer darzustellen.

Dennoch darf der Lenkraddurchmesser nicht aus dem Fokus geraten, denn er spielt bei der Fahrsicherheit und Fahrzeugbeherrschung im Fehlerfall eine Rolle. Bei der Zulassung von Fahrzeugen und der damit erforderlichen Erfüllung der ECE-R79 ist weiterhin eine maximale Lenkkraft am Lenkrad relevant. Hier darf sinngemäß die benötigte Lenkkraft für eine einfache Kurvenfahrt bei ausgefallener Servokraft einen gewissen Betrag nicht überschreiten. Seit der Einführung von hydraulischen und dann elektromechanischen Lenksystemen sowie den Fahrerassistenzsystemen7 ist der Lenkraddurchmesser und der damit für den Fahrer benötigte Kraftaufwand zentraler Bestandteil der Sicherheitsdiskussion.

Bei der Bewertung von Fehlerfolgen und Ausfallstrategien solcher Systeme spielt er mit seiner direkten Auswirkung auf die dann zu beherrschenden Lenkkräfte eine wesentliche Rolle. Hiervon hängt schlussendlich die Beherrschbarkeit des Fahrzeugs durch den Fahrer ab. Insbesondere große und schwere Fahrzeuge oder Fahrzeuge mit außergewöhnlich kleinem Lenkraddurchmesser spielen hier eine wichtige Rolle.

8.3.3.1 Aufgabe und Aufbau

Die Ursprüngliche Aufgabe vom Lenkrad, ein Lenkmoment vom Fahrer aufzunehmen und über die Lenksäule an die Lenkung zu übertragen, rückt heute eher in den Hintergrund. Die Attribute der Zeit sind:

- Design und Ergonomie,
- Sicherheit und Komfort,
- Funktionen und Sensoren,
- Umweltschutz und Mobilität

Moderne Lenkräder (Abb. 8.47) bestehen aus:

- einer tragenden Struktur, dem „Skelett“,
- einem Korpus und Lenkradkranz aus Poly-Urethan,
- einem System zur Erzeugung des Hupensignals,

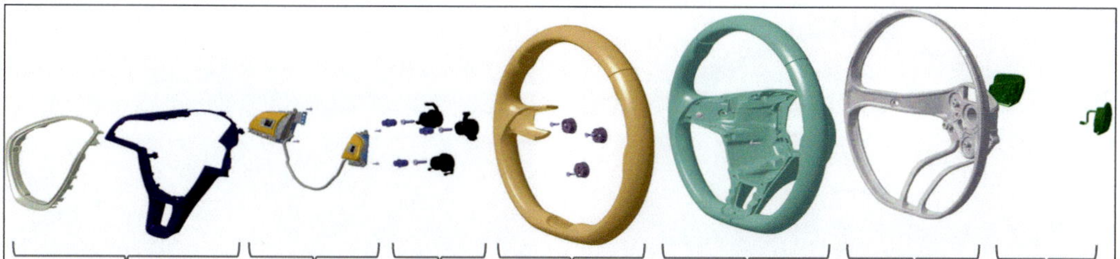

Abb. 8.47 Aufbau eines Lenkrades [12]

- Airbagmodul mit Luftsack, Luftsackhalteblech,
- Gasgenerator und Airbagkappe mit Logo.

Hinzu kommen folgende optionale Ausstattungen:

- Leder-, Holz- oder Carbon-Oberflächen
- Multifunktionsschalter, Gangwahlschalter und Elektronikmodul Lenkrad
- diversen Designelemente wie z. B. Blenden
- Lenkradkranzheizung im Lenkradkranz
- „Berührungserkennung γHands-on“ im Kranz
- Schwingungstilger zur Tilgung von Vibrationen, verursacht meist durch Dieselmotoren im Standgas,
- Unwuchtmotoren als haptisches Force-Feedback-System.

8.3.3.2 Lenkradskelett

Das Lenkradskelett wird unterteilt in 3 Hauptbereiche:

- Nabenboden
- Speichen
- Lenkradkranz

Das Lenkradskelett für PKW (Abb. 8.48) ist heute meist ein einteiliges Druckgußskelett aus einer Magnesium–Aluminium Legierung mit Nebenanschluss zur Lenksäule und Aufnahme vom Airbag-Modul.

Es gibt auch Skelette aus anderen Materialien oder auch aus Verbundstoffen. Bei kleineren Stückzahlen bzw. im „Aftermarket“ gibt es auch mehrteilige Skelette, die sich je nach Bedarf zusammenstellen lassen.

Je nach Styling hat das Lenkradskelett 1 bis 4 Speichen. Diese sind in ihrer Art, Lage und Form von großer Bedeutung, da sie, Lenkkräfte über die Fahrzeuglebensdauer, Stützkräfte vom Fahrer, aber auch vom sich öffnenden Airbag und dem dann eintauchenden Insassen aufnehmen müssen. Weiterhin müssen sie sich beim Unfall definiert verformen und Energie abbauen.

Da die Anforderungen an das Skelett sehr komplex sind, wird es für alle denkbaren Lastfälle simuliert bzw. berechnet und durch umfangreiche Tests verifiziert.

8.3.3.3 Lenkradkranz

Auf die Ausgestaltung des Lenkradkranzes wird großen Wert gelegt. Das Kranzprofil hat großen Einfluss auf die Griffergonomie. Jeder Fahrzeughersteller hat seine eigenen Vorstellungen. Auch unterscheiden sich die Kranzprofile je nach Fahrzeugklasse. Ein Sportwagen hat ein ganz anderes Profil als ein Geländewagen.

Der Lenkradkranz hat aber auch einen entscheidenden Einfluss auf das Massenträgheitsmoment. Das Massenträgheitsmoment ist u. a. wichtig für das Rückstellverhalten des Lenkrades aus der Kurve und noch viel mehr für das Ruheverhalten bei Geradeausfahrt. Es wird stets auf das jeweilige Fahrzeug abgestimmt. Um das

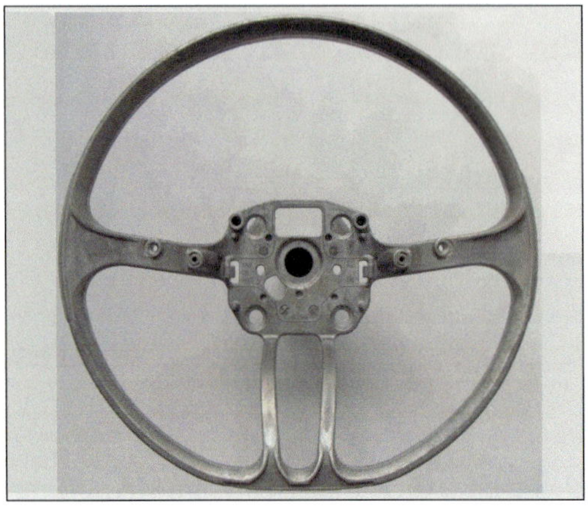

■ Abb. 8.48 Skelett eines Lenkrads aus Magnesiumdruckguss

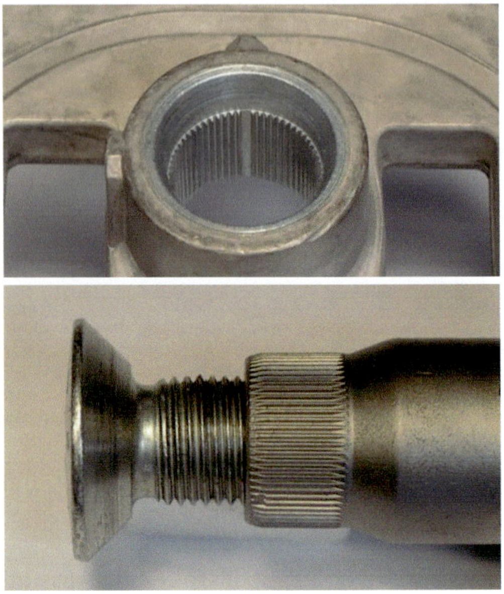

■ Abb. 8.49 Schnitt durch die Nabe [12]

8

Massenträgheitsmoment zu erhöhen, werden z. B. in den Lenkradkranz Zusatzmassen eingearbeitet.

Der Lenkradkranz dient neben den Einleitung und Übertragung des Lenkmomentes auch zum Abstützen den entfalteten Airbag: Zum einen Kräfte von dem entfaltenden Luftsack selber, zum anderen durch den Insassen, der bei einem Unfall in den Luftsack fällt.

8.3.3.4 Übergang Lenkrad zur Lenksäule

Die Druckgußskelette besitzen im sogenannten Nabenboden mindestens die mechanische Verbindungsstelle zur Lenksäule. Der mechanische Übergang Lenkrad zur Lenksäule ist immer sowohl form- als auch reibschlüssig, d. h. redundant ausgelegt: Primär wird das Drehmoment spielfrei über den Reibschluß übertragen. In der Regel ist dies eine kegelige Verbindung. Als Notlauf und zur besseren Montage gibt es noch eine formschlüssige Verbindung. Diese wird meistens als Feinzahnwelle ausgeführt (■ Abb. 8.49).

Dieser mechanisch hochbelastete Teil wird zur Verstärkung manchmal durch Einlegeteile oder Stahlbuchsen verstärkt. Es finden sich hier auch die Geometrien und Aufnahmepunkte für das Airbagmodul, in welches in der Regel auch der Kontakt- und Bewegungsmechanismus der Hupenbetätigung integriert ist. Ferner finden noch eventuelle Steuer- oder Kommunikationsmodule für die weiteren, in das Lenkrad integrierten Funktionen wie Schaltsteuerung, Heizung, Multifunktions-Bedienung usw. Platz und Befestigung. Deren Kabelverbindung zum Rest des Fahrzeugs erfolgt durch einen Durchlass im Nabenboden zur Verbindung zur Lenksäule. Der Airbag, der Daten-Bus und die anderen elektrischen Systeme brauchen eine konstante und sichere Verbindung zwischen dem sich drehenden Lenkrad und dem Fahrzeug. Ein System aus Schleifringen ist hier keine Lösung, da der Übergangswiderstand sehr stark schwankt, der elektrische Kontakt nicht sicher-gestellt werden kann und das System starke Schleifgeräusche verursacht. Die Lösung ist eine Wickelfeder (Clockspring). Sie besteht aus mehreren Kupferleitungen, die in einem FFC-Kabel (Foil Flat

Cable) zusammengefasst und wie eine Uhrfeder aufgewickelt werden. Diese Lösung lässt eine beschränkte Anzahl Drehungen ca. 3 nach links und nach rechts zu. Für aktuelle Fahrzeuge ist dies durchaus ausreichend. Was hier jedoch wichtig ist, dass die Wickelfeder und die Räder beim Einbau genau in der Mitte bzw. gerade aus stehen müssen.

8.3.3.5 Multifunktionsschalter

Im Rahmen des verbesserten Fahrkomforts und der Ausstattung der Fahrzeuge mit Radio, Telefon, Navigationsgeräten, Infotainment und mit diversen Fahrerassistenzsystemen (Geschwindigkeitsregelung, Spurhalte- und Abstandassistenz usw.) ergab sich der Wunsch nach Bedienung dieser Systeme über Multifunktionstasten im direkten Griffbereich des Fahrers – also im Lenkrad.

Damit dienen moderne Lenkräder gleichfalls als Trägerelement von bis zu 22 Tasten, möglichst im Sichtbereich ergonomisch, logisch und übersichtlich – und optisch ansprechend – angeordnet. Hierbei finden sich nicht mehr nur analoge Schalter und Taster, sondern auch berühr-empfindliche Sensorflächen bis hin zu vollständiger touch-Bedienung. Als durchaus herausfordernd stellt sich hier jedoch die sichere, intuitive Bedienung dar. Offensichtlich fehlt bei der Bedienung auf glatten, wenig konturierten touch-Flächen die zielgerichtete Orientierung, an welcher Stelle man gerade genau welche Schaltfläche bedient. Ebenso eine haptische (und gegebenenfalls akustische) Rückmeldung über den ausgeführten Tastvorgang ist technisch im Detail recht aufwendig und will zudem von Bedienung durch Wisch-Bewegungen ohne Rückmeldung sauber detektiert und getrennt werden. Wie sich herausstellt ein in Summe technisch sehr herausforderndes Unterfangen mit durchaus umstrittenem praktischem Nutzen.

Davon relativ unabhängig gibt es häufig den Wunsch für die schnelle und einfache Betätigung die Getriebe- oder Rekuperationssteuerung Schaltwippen in das Lenkrad zu integrieren (◘ Abb. 8.50).

Deshalb sind in modernen Fahrzeugen Schalter aller Art im Lenkrad nicht mehr weg zu denken. Sie erhöhen den Komfort und die Sicherheit erheblich, weil man dadurch Geräte im Fahrzeug bedienen, oder gar schalten kann, ohne die Händen vom Lenkrad zu nehmen.

Die Schalter werden auch zunehmend als Styling – Element eingesetzt. Die Anforderungen an sie sind hoch. Neben den „normalen" Schaltfunktionen müssen sie der Airbagauslösung und einem Kopfaufschlag standhalten ohne scharfkantig zu brechen oder gar sich heraus zu lösen und gefährdend umherzufliegen. Sie dürfen keine Gefahr für die Insassen auslösen.

Neben dem optischen Design müssen die Schaltelemente sich auch gut anfühlen. Die Autohersteller haben auch hier klare Vorstellungen an die Haptik.

Einige Anforderungen an die Schalter sind:

◘ Abb. 8.50 Multifunktionslenkrad mit Bedienknöpfen (VW Golf VI)

- Styling, Optik, Erscheinung, Farbe, Spaltmaße,
- Funktion,
- Haptik, Akustik, Störgeräusche,
- Beleuchtung, Farblage, Intensität,
- Lebensdauer, Temperatur, Feuchtigkeit,
- Missbrauch, Parkkralle, Getränke Zuckeranteil,
- Handcreme, Sonnencreme.

Je nach Anzahl der Funktionen ist es schwierig all die Signale durch die Wickelfeder ans Fahrzeug zu übertragen. Die Anzahl der elektrischen Leitungen sind aber begrenzt, sehr aufwendig, sehr kostspielig. Es gibt nur 3 elektrische Systeme mit einer festen Verdrahtung:

- direkt
- spannungscodiert
- digital, via gängige Standard LIN-Datenbus.

Oft kommt es vor, das einige Signale, wie z. B. für den Airbag, direkt vom Fahrzeug ins Lenkrad übertragen werden und andere über das Bus-System. Drahtlose Systeme werden aus vielen Gründen nicht eingesetzt.

Beginnend beim Motorsport und sportlichen Fahrzeugen werden mittlerweile in allen Fahrzeugklassen Schaltwippen (Lenkradschaltung) ans Lenkrad integriert. War es bisher üblich, damit die Gangwechsel und Getriebesteuerung manuell durchzuführen ohne das Volant verlassen zu müssen, so ist es sinnvollerweise bei einigen Elektrofahrzeugen eingerichtet, mit den Wippen den Antriebsmodus und Intensität der Rekuperation zu beeinflussen (◘ Abb. 8.51). So konzentriert sich die Bedienung des Fahrzeugs weitgehend auf das Lenkrad.

Doch ihren Durchbruch haben die Schaltwippen erst mit dem Siegeszug des Doppelkupplungsgetriebes gefeiert, das VW Anfang der 2000er-Jahre eingeführt hat. Das Doppelkupplungsgetriebe sollte neben dem geringeren Spritverbrauch auch für verbesserte Leistung und zackigere Gangwechsel sorgen. Wo klassische Wandlergetriebe auf Komfort abgestimmt ist, soll DSG-Getriebe die Parallelen zum Rennauto auch in Serie bringen.

Um eine von der Lenkradposition unabhängige, gleiche lokale Betätigung der Taster, Wippen und Rollsteller zu ermöglichen, gab es bei einem Fahrzeughersteller Lenkräder mit „feststehendem“ Mittelteil (◘ Abb. 8.52).

◘ **Abb. 8.51** Multifunktionslenkrad mit Schaltwippen am Lenkrad (in roten Kreisen rechte Wippe zum Hoch-. linke zum Runterschalten [14]

◘ **Abb. 8.52** Lenkrad mit feststehender Nabe (Citroen)

8.3.3.6 Lenkräder für autonom fahrendes Auto

Fährt das Auto (in der Zukunft) autonom, dann ist das Lenkrad nicht mehr ständig notwendig und es wird weggeklappt, um den Raum vor dem Fahrer nicht zu sperren. In diesem Fall spricht man von der verstaubaren Lenksäule („Stowable Steering Column“, SSC) [13].

Bei der SSC fährt das Lenkrad je nach Fahrzeugarchitektur statt üblichen 80–120 mm um bis zu 250 mm nach vorne und kann (je nach Anforderung) komplett im Cockpit verstaut werden.

Bei konventionellen Lenksäulen hat man Verstellgeschwindigkeiten von 10 bis 12 mm/s. Bei der SSC sind die Anforderungen an die Verstellgeschwindigkeit jedoch mit 40–60 mm/s deutlich höher. Solche Verstellantriebe gibt es noch gar nicht auf dem Markt [13].

Diese Anforderungen sind einfacher zu erfüllen, wenn autonomfahrende Autos auch Steer by Wire haben und damit keine Mechanische Verbindung zum Lenkgetriebe benötigen.

Ein Konzept für die autonom fahrenden Fahrzeuge der Zukunft zeigt ◘ Abb. 8.53. Der Airbag muss dann auf das Dach über die Windschutzscheibe oder an andere geeignete Orte verlegt werden.

Noch ein Stück weiter ist die Idee, das Lenkrad ganz zu eliminieren. Firma Hitachi Astemo entwickelt ein Steer by Wire system, das sich stat das Lenkrad mit Hilfe eines Computermauses, der sich mit finger betätigen lässt (◘ Abb. 8.54). Die Lenkbefehle werden durch das Gleiten des Fingers auf dem Maus gegeben. Diese Zukunftlenkung ist bereits in mehreren Testfahrzeugen installiert und funktioniert laut Berichten vielversprechend.

Die Maus läst sich nur mit einer Hand bedienen und belegt so gut wie keinen Platz. Sie generiert aber neben den

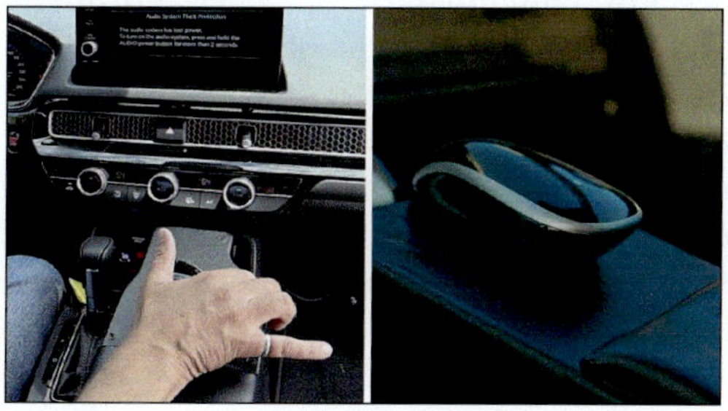

◘ Abb. 8.54 Maus als Lenkrad [16]

◘ Abb. 8.53 Faltbares Lenkrad während normale (links) und autonome (rechts) Fahrt [15]

Lenkbefehlen auch haptische Signale, die das Verhalten der Räder auf der Fahrbahn reproduziert, damit der Fahrer auch das Gefühl zur Strasse wahrnimmt [16].

8.3.3.7 Design und Ergonomie

Da das Lenkrad im ständigen Blickfeld des Fahrers liegt und bedingt durch die ständige Lenkaktivität im durchgehenden Handkontakt mit dem Fahrer steht, sind die heutigen Anforderungen an das Bauteil maßgeblich optischer, haptischer und ergonomischer Natur. Das Lenkrad ist ein wesentliches Designelement für den Innenraum, mit der zentralen Bedeutung für die optische und haptische Wahrnehmung des Innenraums.

Nach Festlegung des Grundlenkrades mit Durchmesser, Speichenanordnung und der Designkonzept obliegt die Gestalterische Aufgabe darin, bei gleichem Unter-baukomponenten vielseitige Designvarianten durch unterschiedliche Grundmaterialien wie PU-Schaum, Leder oder Holz sowie mithilfe unterschiedlicher Blenden, Applikationen, Farben, Ledersorten und -nähten eine Diversifizierung für verschiedene Ausstattungsvarianten zu erreichen, was möglich und auch üblich ist.

Zur Übertragung des Lenkwunsches muss das Lenkrad in erster Linie griffig bezüglich Kontur und Oberfläche sein. Wesentlich ist hier die Oberflächenqualität in Bezug auf Griffigkeit, Verschmutzungsverhalten und die Wirkung und Regulierung von Handschweiß zu beachten. Im Weiteren sollten Druckstellen an den Händen, speziell der Handballen und Handwurzel durch die Kranz- oder Speichenkontur oder auch durch die Nahtausführung bei Lederlenkrädern ausgeschlossen werden. Nur so ist bei langen Fahrten ein gleichermaßen entspanntes und konzentriertes Halten und Steuern der Fahrtrichtung erreichbar und ein sicheres Reagieren in Gefahrensituationen gesichert.

Durch die Auswahl eines geeigneten Leders (u. a. temperatur-, sonnenlicht- und handschweißbeständig) und die Ausführung des Lenkrades in entsprechender Shorehärte lässt sich im wahrsten Sinne des Wortes eine „Wohlfühleffekt“ herbeiführen. Ferner muss ein Kompromiss für die Kranzkontur gefunden werden, das für Fahrern mit großen bzw. kleinen Händen gleichermaßen geeignet ist. Dies ist zunehmend relevant, weil die Anzahl der Funktionen und deren Verbreitung über die Anzahl der Fahrzeuge weiter zunimmt und daher die Erreichbarkeit von Schaltern an Bedeutung behält.

Bereits in der Konzeptauslegung des Fahrzeugs ist die Position und Form des Lenkrades festzulegen. Das Lenkrad darf dabei weder den Einstieg in das Fahrzeug behindern noch die Sicht auf die Instrumente beeinträchtigen, ggf. kann eine Exzentrizität, zur Drehachse des Lenkrades beide Anforderungen begünstigen. Hilfreich ist auch ein Abflachen des unteren Lenkradkranzes, welches aufgrund der Optik meist jedoch sportlichen Fahrzeugen vorbehalten bleibt.

8.3.3.8 Passive Sicherheit und Komfort

Aufgrund der Nähe zum Fahrer bedarf es bei einem Unfall geeigneter Maßnahmen im Lenkrad, um die größtmögliche passive Sicherheit zu gewährleisten. Neben der Befestigung und Unterbringung eines Airbags im Lenkrad ist eine Energieaufnahmefähigkeit im Lenkradkranz und in den Speichen z. B. durch den Einsatz eines duktilen Werkstoffes erforderlich. Andererseits muss das Lenkrad aus Komfortgründen ausreichend steif ausgeführt sein, um eine solides Lenkgefühl sowie einen guten Schwingungskomfort darzustellen. Die Erfüllung dieser Anforderungen wird durch die Konstruktion des Lenkradskeletts mit der optimalen Speichenzahl und verwendetem Material bestimmt.

Airbag als nicht fahrwerkrelevantes passives Sicherheitselement, wird hier vollständigkeitshalber nur kurz erwähnt. Der Airbag wurde bereits 1951 durch Walter Linderer zum Patent angemeldet. Der Siegeszug des Airbags begann aber erst in den 80er Jahren. Zusammen mit den Sicherheitsgurten auf allen Plätzen, ist der Airbag das passive Sicherheitssystem im zwanzigsten Jahrhundert, welches die Zahlen der Verkehrstoten und Verletzten drastisch reduzieren konnte. Mittlerweile gibt es nahezu kein Fahrzeug mehr ohne Airbag.

In modernen Oberklassefahrzeugen gibt es eine ganze Anzahl Airbags mit ganz spezifischen Schutzaufgaben:

- Fahrer- und Beifahrer-Airbag
- Seiten-, Fenster- und Dach-Airbag
- Gurt-, Sitz- und Knie-Airbag
- Airbags zum Fußgänger- und Radfahrerschutz Außerhalb des Fahrzeuges.

Das Volumen eines Standard Fahrerairbags liegt bei ca. 60 Liter und ein Beifahrerairbag bei 100 bis 120 Liter.

◘ Abb. 8.55 zeigt den Schnitt eines Airbags, wie wir ihn heute kennen. Er besteht im Wesentlichen aus:

- Airbagkappe mit Sollbruchstellen, Scharnierlinien und Stoppern
- Luftsack (Airbag) mit und ohne Fangbänder, sowie Ausströmöffnungen
- Gasgenerator mit elektrischer Zündpille, in ein- oder zweistufig Ausführung
- diverse Befestigungselemente
- ggf. Kontaktsystem zur Hupenbetätigung

Die Abstimmung von Airbag auf die Insassenkinematik des Fahrzeuges ist sehr wichtig. Hierzu sind viele Simulationen am Computer, aber auch viel reale Crash-Tests notwendig. Eine Herausforderung für die Rückhalte Performance des Airbags und die eingesetzten Materialien stellt das große Temperaturband −35°C bis +85°C dar, in dem der Airbag sicher funktionieren muss.

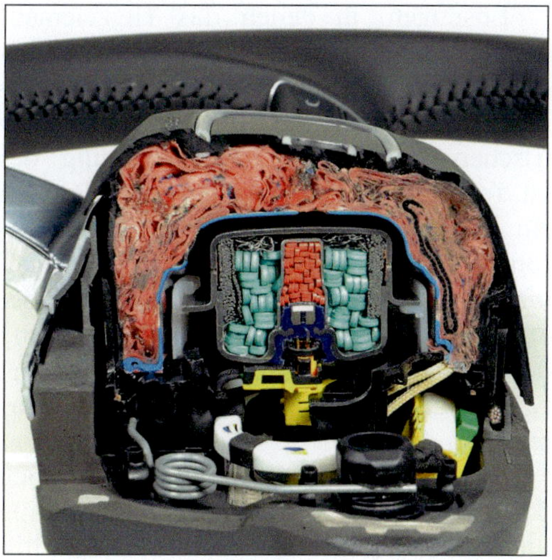

◘ **Abb. 8.55** Schnitt durch Airbag, Gasgenerator [12]

Der Treibstoff im Gasgenerator verbrennt extrem schnell. Die Fahrerairbag-Öffnungszeit liegt, von dem Zündimpuls bis „in Position“, bei ca. 30 ms.

Auch die Systemabstimmung von Airbag ist sehr aufwendig. Die Computersimulationen sind zwar auf einem hohen Stand. Trotzdem sind zur Absicherung noch viele Funktions- und Crash-Tests notwendig.

8.3.3.9 Sekundäre Funktionen und Sensoren

Im Zuge der steigenden Komfortansprüche sei noch auf die Lenkradheizung hingewiesen, die immer häufiger zu einer optionalen Mehrausstattung wird. Ziel ist hier eine möglichste schnelle Aufheizung des kalten Lenkrades bei begrenzt zur Verfügung stehendem elektrischem Strom, gefolgt von einer möglichst unauffälligen, konstanten Temperaturregelung.

Technologisch findet man hier ausschließlich Heizdrähte, welche entweder fest in den Schaum des Lenkradkranzes mit eingeschäumt, oder -fixiert durch eine Vliesmatte- direkt unter das Oberflächenleder verklebt und vernäht sind.

Lösungen, in denen das Heizelement flächig als Folie oder Lackschicht aufgetragen wird, haben sich bisher nicht durchgesetzt. Die Heizmatte besteht aus elektrischen Heizdrähten. Zur Messung der Ist-Temperatur ist im beheizten Bereich ein Thermoelement integriert. Eine Elektronik im Lenkrad oder im Fahrzeug regelt und kontrolliert die Heizung. Es gibt aber auch Anwendungen, die eine Steuerung der Heiztemperatur ohne direkte Messung, z. B. aufgrund von Temperaturmodellen erreichen.

Der Vollständigkeit halber muss noch die Unterbringung der Hupenbetätigung und die Berücksichtigung von Lenkradtilgern im Lenkrad zur Kompensation von Fahrzeug-/Fahrbahnanregungen auf den Lenkstrang genannt werden.

Oft übernimmt der Airbag die Funktion eines Schwingungstilgers. Entweder selbst mit seiner Masse oder als Träger eines im Innern befestigten Gewichts soll dieser dann unerwünschte Schwingungen des Lenkrades selbst oder des Lenkstranges tilgen. Die Hupenbetätigung erfolgt nahezu ausnahmslos über eine Betätigung in der Lenkradmitte. Hierzu dient in der Regel wiederum der Airbag, welcher zu diesem Zweck selbst federnd gelagert und mit elektrischen Kontakten versehen ist sowie eine entsprechend druckfest gestaltete Design-Abdeckkappe vorweist. Eine Betätigung über Hupenringe oder Tasten gehörten lange der Vergangenheit an.

Mit der Idee, ein besonders bereinigtes Innenraumdesign zu erreichen, aber auch durch strenge Funktionsreduktion Bauteilkosten radikal zu begrenzen gibt es mittlerweile wieder einzelne Hersteller, die alle erdenklichen Funktionen in ein zentrales Bediendisplay verlegen und lediglich simple Tastknöpfe für die Hupenbetätigung im Lenkrad überbehalten.

8.4 Elektromechanische Lenkung

Metin Ersoy, Wolfgang Rieger, Andre Wesenberg und Roland Greuel

Bei der elektromechanischen Servolenkung wird die Servowirkung durch ein elektrisch arbeitendes statt durch ein hydraulisches System erzeugt.

Ein Elektromotor, der das Servomoment erzeugt, überträgt mittels eines mechanischen Getriebes seine Leistung auf die Zahnstange oder in die Lenksäule. Ausgehend von dem Lenkmoment, das der Fahrer am Lenkrad ausübt, detektiert das System über eine Sensorik die aktuell erforderliche Lenkunterstützung, wertet sie in einer Steuerungselektronik aus und regelt über entsprechende elektronische Signale sowohl die erwartete Unterstützungsrichtung als auch deren Höhe am Elektromotor an. Von dort wird die abgerufene Lenkunterstützung über das Getriebe in das Lenksystem eingebracht. Über Spurstangen und Lenkhebel werden dann die Räder entsprechend des gewünschten Lenkeinschlages bewegt.

Eine elektrisch angetriebene Lenkung hat gegenüber einer hydraulischen den Hauptvorteil, dass sie die Energie nur bedarfsgerecht benötigt und daher bis zu 0,5 l/100 km Kraftstoff sparen kann. Ein weiterer Vorteil sind zusätzliche Funktionalitäten, die die Fahrsicherheit und Komfort sowie Fahrerassistenzmöglichkeiten erhöhen.

Schließlich werden elektrische Lenkungen als komplett montiertes, justiertes und geprüftes System ausgeliefert und erhöhen die Lieferqualität gegenüber dem Fahrzeughersteller. Im Gegensatz dazu werden hydraulische Lenkungen, die aus diversen Einzelkomponenten (Lenkgetriebe, Pumpe, Ölbehälter, Schläuche) bestehen, erst im Fahrzeug konfiguriert.

8.4.1 Bauformen der Elektrolenkung

Die Energiedichte ist aus physikalischen Gründen bei elektrischen Lenksystemen geringer als bei hydraulischen. Deshalb ist der Platzbedarf bzw. das sogenannte Package im Fahrzeug kritischer einzuschätzen. Da beim modernen Pkw der zugestandene Aggregatebauraum mit jedem neuen Modell erfahrungsgemäß kleiner wird, verschärft sich die Situation zusätzlich. Unterschiedliche Fahrzeugkonzepte und deren Platzverhältnisse im Vorderwagen üben auch einen starken Einfluss auf die konstruktive Gestaltung des elektromechanischen Lenkaggregates aus. Gleichzeitig möchte man die Vorteile eines kompletten Systemmoduls nutzen, der ähnlich der elektrohydraulischen Lösung voll funktionsbereit als endgeprüfte Baueinheit zur Engmontage angeliefert wird. Aus diesen Gründen, und den je nach Fahrzeugtyp unterschiedlichen Lenkleistungsanforderungen sowie Kostenaspekten haben sich unterschiedliche Bauformen entwickelt.

Aktuell gibt es 5 Varianten zu finden (◘ Abb. 8.56):

Die Variante mit „Lenksäulenantrieb“ (EPSc) ist die älteste Bauform am Markt. Sie erschien ca. 1988 zunächst als Parkierhilfe in japanischen Kleinwagen für den Stadtverkehr. Dabei verwendete man an eine vorhandene mechanische Zahnstangenlenkung und kombinierte diese mit einer im Fahrgastraum an der Lenksäule angebrachten elektrischen Servoeinheit mit Sensorik, Elektromotor, Steuergerät und Getriebe. Bei Parkiermanöver wurde damit das vom Fahrer über Lenkrad und Lenkwelle eingeleitete Handmoment soweit verstärkt, dass Parkieren bei griffiger Fahrbahn leichter von der Hand ging. Beim Fahren schneller als Schrittgeschwindigkeit war die Unterstützung abgeschaltet. So konnte das Sicherheitskonzept sehr einfach gestaltet sein, was natürlich für die erste Industrialisierungsphase der neuen Technologie vorteilhaft war (◘ Abb. 8.57).

Mit der Unterbringung der Servoeinheit im Fahrgast-raum lässt sich die Abdichtung der Bauelemente gegen Umwelteinflüsse erheblich vereinfachen. Auch die geringere Temperaturbelastung im Fahrgastraum verbilligt viele Bauteile. Nachteilig bei diesem Konzept ist die Einleitung des Servomomentes oben im Lenkstrang.

Es belastet die Lenkwelle, deren Kreuzgelenke sowie das Lenkritzel in hohem Maße. Bei schnellen Drehrichtungswechseln mit starker Belastung stören die dabei entstehenden elastischen Verformungen. Um diesen Nachteil unauffällig zu halten, werden Lenkwelle, Kreuzgelenke und Rit-

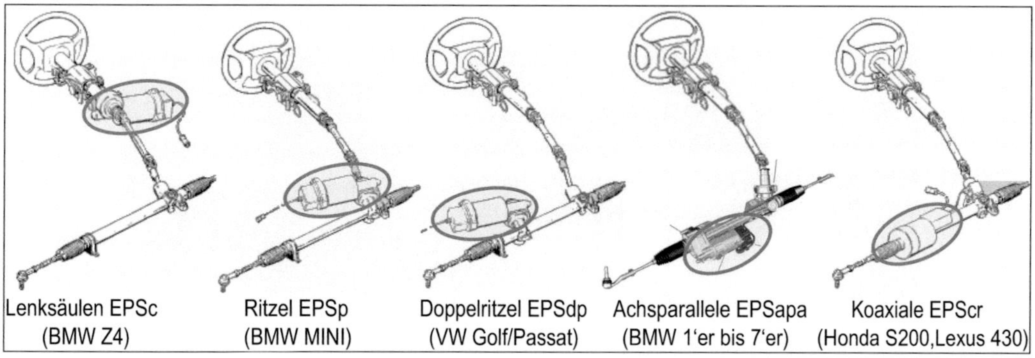

◘ **Abb. 8.56** Elektrische Servolenkungsarten nach Lage des Motoreinbaus [3]

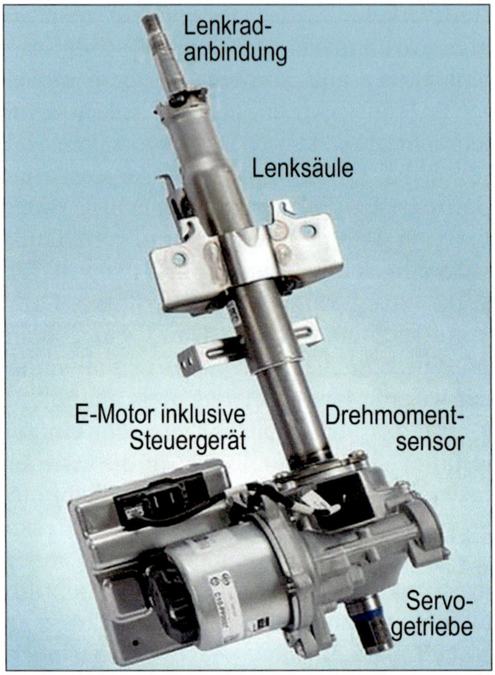

Abb. 8.57 Lenksäulenantrieb (EPSc) [12]

zelverzahnung größer dimensioniert als bei anderen Varianten. Dies verteuert die Herstellkosten, limitiert die Anwendung bis auf kompakte Fahrzeuge, erhöht das Systemgewicht und erschwert das Erreichen erstklassiger Lenkeigenschaften.

Durch die langjährige Erfahrung mit diesem Konzept wurden inzwischen viele Verbesserungen eingeführt. Mittlerweile entstand aus der ursprünglichen Parkierhilfe eine vollwertige elektrische Servolenkung, die bei allen Fahrzuständen den Fahrer unterstützt. In 2004 kam eine EPSc sogar zum ersten Mal mit einer erstaunlichen Lenkqualität in BMW Z4, zum Einsatz.

Wegen des niedrigen Herstellungskostens hat sich der Einsatz heute bis auf die obere Mittelklasse ausgedehnt, obwohl mit steigenden Crashanforderungen des Gesetzgebers sich steigende Leistungsanforderungen an das Lenkgetriebe und damit höhere Massen im Lenksäulenbereich nicht so einfach vereinbaren lassen.

Ein Elektrolenkungskonzept mit „Servoantrieb am Ritzel" (EPSp) stellt einen Kompromiss aus Leistungs-, Kosten- sowie Gewichtsaspekten dar (◘ Abb. 8.58).

Die nur mit der Fahrerlenkkraft beaufschlagte Lenkwelle mit Kreuzgelenken kann leicht und kostengünstig gestaltet werden. Lediglich bei der Auslegung des Lenkritzels muss eine Balance zwischen erforderlicher Lenkleistung und der für ein angenehmes Handling gewünschten Übersetzung gefunden werden. Oftmals ist diese Version in den Lenkeigenschaften einem Lenksäulenantrieb mit etwas höheren Herstellkosten überlegen. Den kritischen Punkt jedoch stellt die etwa innerhalb eines Halbkreises schwenkbare Anordnung der Servoeinheit im Ritzelbereich des Lenkgetriebes dar, befindet sie sich doch genau an der Stelle im Fahrzeug wo die Pedalerie mit

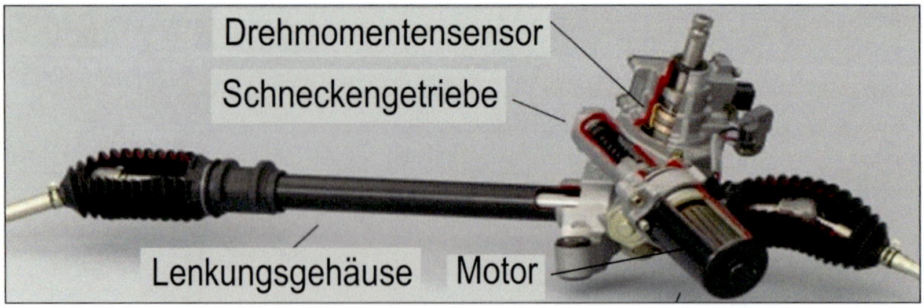

Abb. 8.58 Elektrische Servolenkung mit Einzelritzelantrieb (EPSp) [3]

Kupplungs-, Brems- und Gaspedal untergebracht werden müssen.

Im Falle eines Unfalls kann die konzentrierte Masse von Elektromotor plus Getriebe vor der Pedalerie ein hohes Verletzungsrisiko für die Beine des Fahrers darstellen. Auch das Package dieser Servoeinheit ist eine grundsätzlich schwierige Aufgabe und kaum zufrieden stellend lösbar, falls dies bei der Fahrzeugarchitektur nicht schon im frühen Stadium berücksichtigt wurde.

Um die störenden Massen von Elektromotor und Getriebe außerhalb des Bereichs der Pedale anzuordnen, ohne deshalb auf das Ritzelantriebskonzept zu verzichten, wurde in Abwandlung der Ritzelversion ein „Doppelritzelantrieb (EPSdp) konstruiert (◘ Abb. 8.59).

Diese Bauform entschärft die Crashproblematik, indem sie Elektromotor und Getriebe einschließlich Steuergerät mit einem separaten Antriebsritzel ausstattet. Der beispielsweise beim Linkslenkerfahrzeug pedalfreie Einbauraum rechts der Fahrzeugmitte wird benutzt, um dort spiegelbildlich zum manuellen Lenkantrieb für den Fahrer die Servoeinheit einschließlich des Motor-Ritzel-Antriebs unterzubringen. Damit lässt sich der Einbau vereinfachen, was natürlich in gleicher Weise analog für das Rechtslenkerfahrzeug gilt.

Durch eine um 360° um die Zahnstange schwenkbare Position dieser Einheit lassen sich auch schwierige Packagefälle lösen. Vorteilhaft sind die beiden voneinander unabhängigen links und rechts der Lenkungsmitte positionierten Verzahnungen, deren Übersetzung jeweils optimal für die unterschiedlichen Aufgaben ausgelegt werden kann.

Auf der Fahrerseite ist die Verzahnung auf bestes Handlingverhalten über das Lenkrad, auf der anderen Seite auf besten Wirkungsgrad und die Übertragung eines maximalen Servomomentes abgestimmt.

Damit kann eine Verbesserung des Wirkungsgrades von 10 % bis 15 % gegenüber Systemen mit dem Servoantrieb an der Lenksäule bzw. dem Lenkritzel erzielt werden.

Nachteilig bei dieser Bauform ist der Schneckentrieb zur Übertragung der Elektromotormomente auf das zweite Ritzel und damit die Zahnstange. In der Schnecke tritt bei Bewegung hauptsächlich Gleitreibung auf, welche in der Haptik deutlich negativer Spürbar ist als Wälz- oder Rollreibung.

Besser geeignet für Konzepte mit hohem haptischem Anspruch sind mechanische Übertragungen, die auf Rollreibung setzen. Das ist bei Lenksystemen mit achsparallelem Antrieb der Fall.

Um die störenden Massen von Elektromotor und Getriebe außerhalb des Bereichs der Pedale anzuordnen, ohne deshalb auf das Ritzelantriebskonzept zu

Mit einem „achsparallelen Antrieb“ (EPSapa) (◘ Abb. 8.60) bei dem der Elektromotor ebenfalls auf der dem Lenkra-

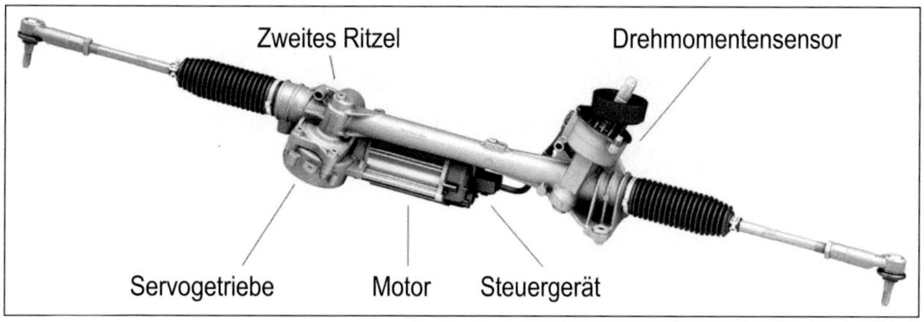

◘ **Abb. 8.59** Elektrische Servolenkung mit Doppelritzelantrieb (EPSdp) [3]

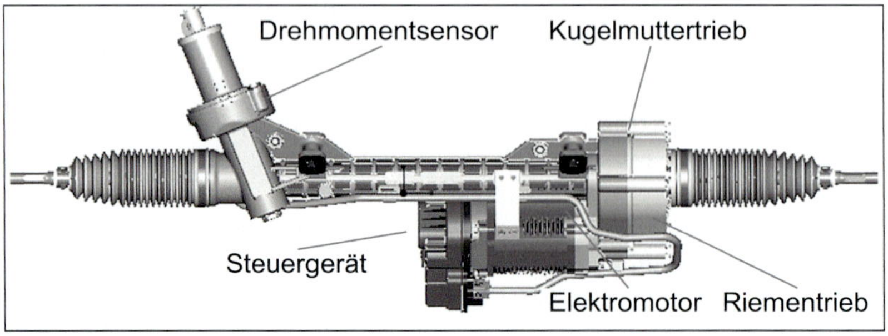

Abb. 8.60 Elektrische Servolenkung mit achsparallelem Antrieb (EPSapa) [3]

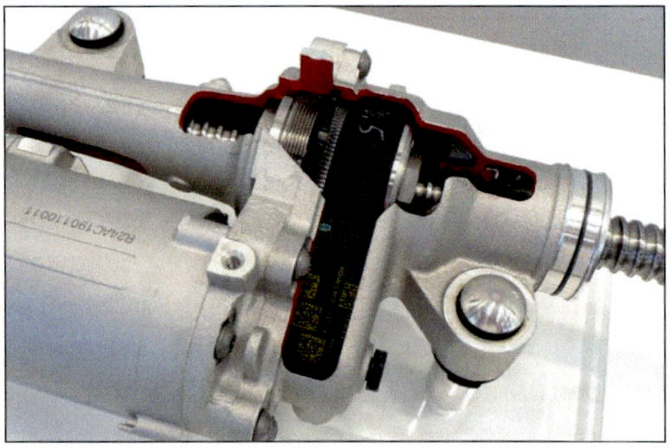

Abb. 8.61 Riementrieb einer achsparallelen Elektro-Servolenkung (EPSapa) [12]

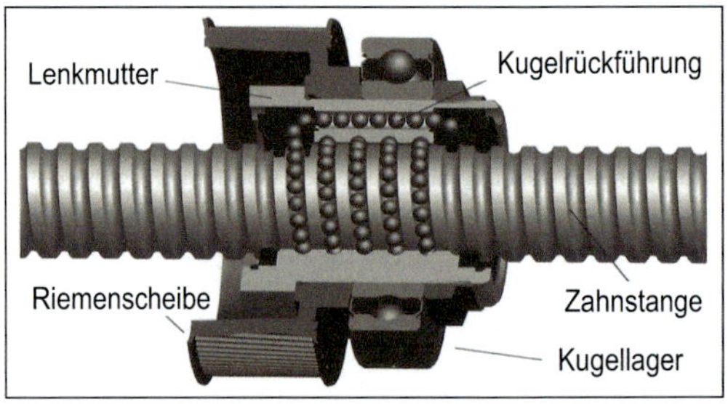

Abb. 8.62 Kugelgewindetrieb einer achsparallelen Elektro-Servolenkung (EPSapa) [3]

dantrieb gegenüber liegenden Seite der Lenkung angeordnet ist, wird über einen Zahnrad oder Riementrieb das vom Elektromotor erzeugte Servomoment auf einen ringförmig um die Zahnstange angeordneten Kugelumlaufmechanismus übertragen (Abb. 8.61).

Auf der Zahnstange befindet sich eine Kugelumlaufnut, sodass das Servomoment über eine Endloskette von gehärteten Stahlkugeln direkt von der Kugelmutter in die Zahnstange eingeleitet wird (Abb. 8.62). Der Kugelgewindetrieb eignet sich bei idealem Wirkungsgrad für die Übertragung größter Servomomente.

Eine weitere Variante dieser Anordnung wäre der Einsatz eines Kegelradsatzes anstelle des Riemenantriebs. In diesem Fall muss der Motor senkrecht zur Zahnstange angeordnet werden, was aus Packagegründen wenig Sinn macht und daher keine Anwendung hat [2].

Heute ist es möglich auch mit 14-V-Bordnetz, Fahrzeuge bis hin zur Oberklasse mit achsparallel angeordneten elektromotorischen Lenkungen auszustatten (EPSapa).

Für besondere Einbauverhältnisse mit hohem erforderlichem Servomoment kann auch eine Sonderbauform mit der Bezeichnung EPScr *(concentric on rack)* mit direktem motorischem „Antrieb des Kugelumlaufs an der Zahnstange" eingesetzt werden (Abb. 8.63).

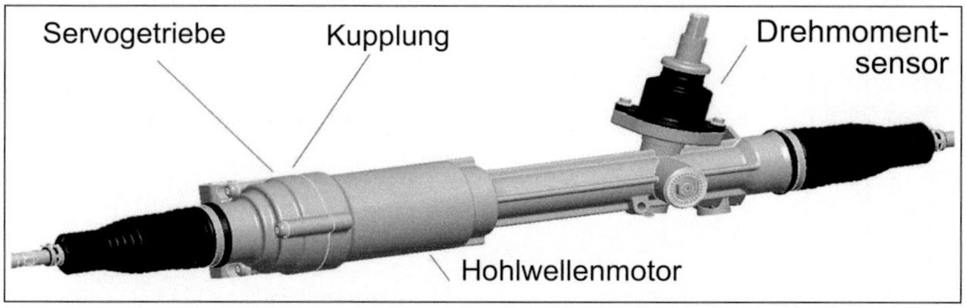

Abb. 8.63 Servolenkung mit Hohlwellenmotor und Zahnstangenantrieb (EPScr) [3]

Statt eines achsparallel angeordneten Motors verwendet man hier einen Elektromotor mit einem hohlen Rotor, der konzentrisch zur Zahnstange angebracht ist und am äußeren Motorende das Servomoment direkt an den Kugelumlauf und die Zahnstange weiterleitet. Der Vorteil ist der sehr kompakte Aufbau.

Bei diesem Konzept ist es jedoch nur schwer möglich, eine zusätzlich Getriebestufe zwischen Motor und Kugelumlauf unterzubringen. Hierfür würde sich einzig ein teures Planetengetriebe eignen.

Dieses jedoch über Lebensdauer spielfrei und somit akustisch unauffällig zu halten, ist nur mit erheblichen Maßnahmen möglich. Bedingt durch diese Einschränkung muss der Motor aufgrund der geringeren Gesamtübersetzung deutlich mehr Moment erbringen und somit größer bauen. Im groben Vergleich zu einer Servolenkung mit achsparallelem Antrieb, benötigt diese Lenkung einen ca. doppelt so großen Motor. Dies ist aus Kosten- und Gewichtsgründen nicht erstrebenswert. Die Röhrenbauform des Elektromotors verschlechtert weithin den konstruktiven Gestaltungsspielraum. Des-halb ist davon auszugehen, dass dieses Konzept in Zukunft eher selten eingesetzt wird.

8.4.2 Aufbau der Elektrolenkung

Das Kernelement der elektromechanischen Servolenkung ist der Elektromotor. Er soll leistungsstark, dynamisch, zuverlässig, sicher, leicht, kompakt und robust sein. Außerdem soll er in großen Stückzahlen kostengünstig fertigbar sein. Nur wenige Motortypen werden diesen Anforderungen gerecht. Für die ersten elektromechanischen Systeme wurden zunächst ausschließlich bürstenbehaftete Gleichstrommotoren mit Permanentmagneten eingesetzt. Diese können über eine sehr einfache Ansteuerung am Gleichspannungsnetz in Kraftfahrzeugen betrieben werden. Aufgrund der zunehmenden Leistungsanforderungen für mittlere und große Fahrzeugklassen und der rasanten Entwicklung auf dem Gebiet der Mikroprozessor- und Umrichtertechnik werden mittlerweile größtenteils bürstenlose Drehfeldmaschinen verwendet, die über einen Stromrichter und eine meist feldorientierte Ansteuerung betrieben werden.

Die zwei wesentlichen Motoren, die heute in elektrischen Lenksystemen zum Einsatz kommen, sind die Asynchronmaschine (ASM) und die permanent erregte Synchronmaschine (PSM).

Das bei der Asynchronmaschine durch ein elektrisches Drehfeld erzeugte Magnetfeld zum Antrieb des Rotors besitzt im Falle eines Kurzschlusses den Vorteil, dass es einfach abschaltbar ist. In der Folge arbeitet der Motor (entgegen den Permanentmagnetkonzepten) nicht als Generator, sondern kann nach Ausfall der Elektrik bei Notlenkmanövern gegen relativ geringen Widerstand über das Lenkrad vom Fahrer manuell durchgedreht werden.

Der Nachteil der Asynchronmaschine ist allerdings die schlechtere Leistungs-

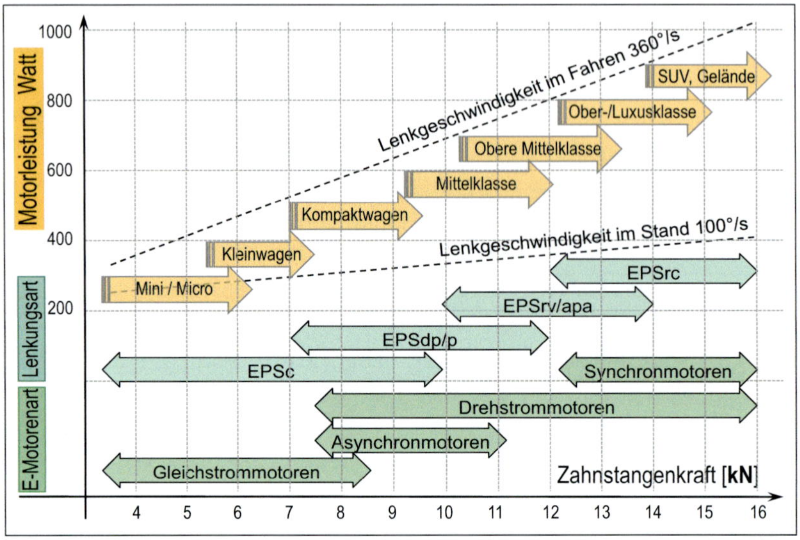

8

Abb. 8.64 Zuordnung der Zahnstangenkräfte zu den Elektrolenkungs- und E-Motorentypen [2]

dichte gegenüber PSM-Motoren und das damit verbundene höhere Gewicht.

Da das Motordrehmoment einer Synchronmaschine von der Stärke des Stator- und Rotormagnetfeldes und deren Relativwinkellage abhängt, eignet sich diese Bauart sehr gut zur feldorientierten Motoransteuerung und lässt sich sehr präzise und hochdynamisch betreiben. Auch das üblicherweise geringere Rotorträgheitsmoment der Synchronmaschine trägt zur dynamischen Ansteuerung bei.

PSM-Motoren zeichnen sich durch eine sehr hohe Leistungsdichte bei besserem Wirkungsgrad und kleinen Abmessungen aus. Gegenüber den ASM-Motoren sind allerdings zusätzliche Sicherheitsmaßnahmen notwendig, um zu verhindern, dass die Maschine im Fehlerfall den Fahrer beim Lenken behindert. Diese Sicherheitsmaßnahmen sind aber heute ohne weiteres realisierbar.

Die Auswahl der Bauart der Elektrolenkung und des Elektromotors hängt stark von der Vorderachslast und damit von der Fahrzeugklasse ab. Abb. 8.64 zeigt die grobe Zuordnung der Zahnstangenkräfte zu den Elektrolenkungs- und Elektromotorentypen [2]. In Abb. 8.65 wird die Zuordnung bildlich dargestellt [17].

Die zur korrekten Ansteuerung des Elektromotors erforderliche Sensorik muss ebenfalls hohen Sicherheitsstandards entsprechen. Bei aktuellen Elektrolenkungen sind nur noch berührungslose, verschleißfreie Sensorprinzipien im Einsatz. Neben einem berührungslosen Rotorlagesensor, der die Rotordrehzahl bzw. Rotorposition überwacht, ist als kombinierter Lenkwinkel- und Lenkmomentsensor ein magnetoresistiver Sensortyp gebräuchlich, der entweder in Analog- oder Digitalbauform den Torsionswinkel eines Drehstabs als Messgröße für das Anlenkmoment ermittelt.

Wie bei hydraulischer Servolenkung bestimmt der Fahrer über den Verdrehwinkel eines Drehstabes gegen den steigenden Torsionswiderstand die Höhe der Servounterstützung. Dabei ändert sich die Richtung der magnetischen Feldlinien eines Magnetringes, der mit einem Drehstabende fest verbunden ist, gegenüber einem Sensorchip, der auf dem anderen Drehstabende befestigt ist und die Richtungsänderung registriert. Der redundante Aufbau des Sensors und ein ständiger Austausch der doppelt

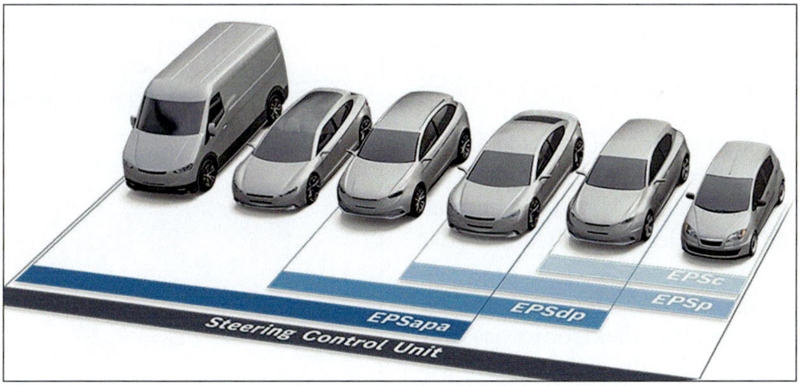

Abb. 8.65 Zuordnung der elektrischen Servolenkungsarten zu den Fahrzeugstypen [17]

detektierten Torsionswinkel garantiert eine zuverlässige Dosierung des Servomomentes (Abb. 8.66). Das über einen Verstärker aufbereitete Torsionswinkelsignal wird an das Steuergerät der Lenkung übermittelt und dort in eine Motoransteuergröße gewandelt.

Tritt ein Fehler auf, wird automatisch Art und Bedeutung des Fehlers in wenigen Millisekunden analysiert. Dann erfolgt abhängig vom Analyseergebnis entweder ein gestuftes Abschalten einzelner Funktionsgruppen oder der gesamten Servounterstützung. So wird sichergestellt, dass z. B. bei fehlerhaften Sensorinformationen nicht eine unplausible Servounterstützung oder gar ein gefährlicher aktiver Lenkeingriff ausgeführt wird.

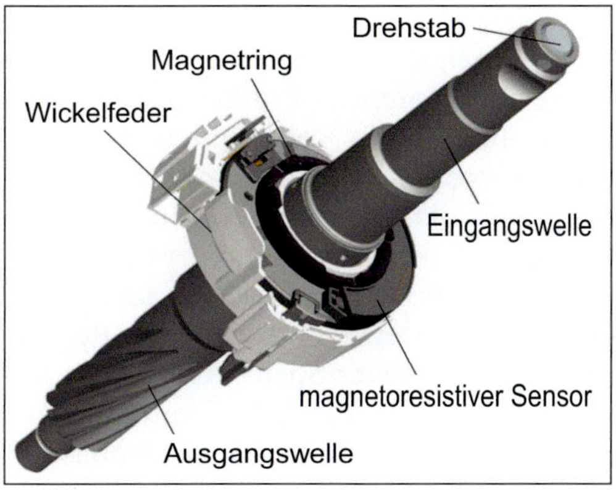

Abb. 8.66 Magnetoresistiver Drehmomentsensor [3]

Ein fehlerhafter Systemzustand wird dem Fahrer sofort durch entsprechende Warneinrichtungen (z. B. Displayanzeige oder Warnlampe) angezeigt. Er kann sich dann unmittelbar auf diese Situation einstellen. Über eine Diagnoseschnittstelle lassen sich die aufgetretenen Fehler beim Service auslesen. Das Steuergerät wird, um weniger elektrische Verluste und Fehlerrisiken einzugehen, Kosten und Gewicht zu sparen, möglichst direkt zum EPS-Motor angebaut (Anbausteuergerät).

Beim Einsatz im Motorraum mit Ritzel-, Doppelritzel- oder achsparallelem Antriebskonzept bedeutet dies höchste Anforderungen an die Elektronik bzgl. Umwelteinflüssen wie Temperatur und Vibration. Deshalb wurde das Steuergerät für Elektrolenkungen der Golf-Plattform in Mikrohybridtechnik ausgeführt.

Bei dieser Herstelltechnologie werden alle elektronischen Bauteile auf einem Keramiksubstrat bestückt. Dadurch wird eine besonders gute thermische Anbindung der Bauteile erreicht und eine hohe Vibrationfestigkeit der Bauteile gewährleistet. Durch die kontinuierliche Weiterentwicklung der Leiterplattentechnologie ist es aber mittlerweile auch möglich, konventionelle Leiterplatten in diesem Bauraum unter gleichen Umweltbedingungen einzusetzen. Dies hat den Vorteil, dass deutlich mehr Lieferanten für die Fertigung der Leiterplattentechnologie am Markt vorhanden sind, als das bei Microhybridtechnik der Fall ist.

Anspruchsvoll ist das Getriebekonzept, das das Moment des Elektromotors auf Ritzel oder Lenkwelle überträgt. Weil wegen der hohen Motordrehzahl beim Lenkvorgang eine große Übersetzung (ca. 30:1) gefordert ist, hohe Kräfte möglichst geräuscharm und spielfrei innerhalb einer großen Temperaturspanne sicher übertragen werden müssen und die Getriebebaugröße kleinstmöglich sein soll, kommen nur zwei Getriebebauformen bei Lenksäulen- und Ritzel bzw. Doppelritzelantrieb zur Anwendung. Beide Versionen, das „Schraubradgetriebe" und das „Globoidschneckengetriebe" sind Schneckengetriebe mit nur einer Übersetzungsstufe. Diese Art der Verzahnung hat gegenüber den Stirnrädern höheren Gleitanteil während der Bewegungsübertragung. Dadurch wird eine geräuscharme und gleichmäßige Bewegungsübertragung ermöglicht.

Allerdings geschieht dies auf Kosten des Wirkungsgrads und Verschleißes. Um das Verzahnungslaufgeräusch noch geringer zu halten und die Lenkungslebensdauer mit geringstem Zahnflankenverschleiß zu absolvieren, wählen die meisten Lenkungshersteller ein Schneckenrad mit Kunststoffzahnkranz, das mit einer gehärteten Stahlschnecke kämmt. Der Zahnkranz aus modifiziertem Hochleistungskunststoff ist das spezifisch höchstbelastete mechanische Teil einer elektrischen Servoeinheit. Zur Absicherung der dauerhaften Spielfreiheit im Zahneingriff wird die Schnecke häufig über eine Schraubenfeder mit definierter Vorspannung an das Schneckenrad angelegt (◘ Abb. 8.67). Um Laufgeräusche zu

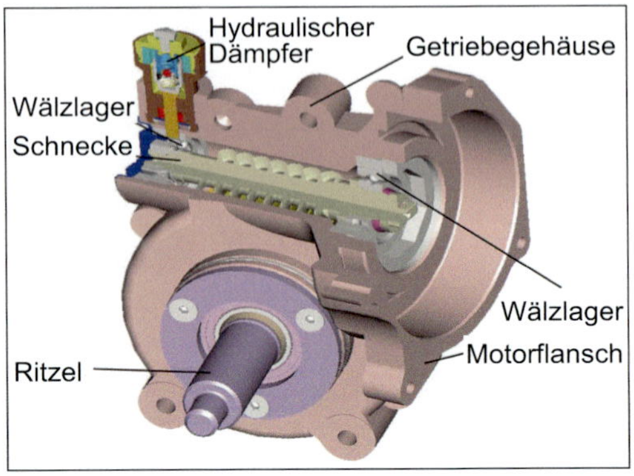

◘ Abb. 8.67 Schneckengetriebe einer Elektrolenkung [3]

optimieren, kann auch das Schneckenrad in einer elastischen Nabe gelagert werden. Zur Abstützung der Zahnstange im Bereich des Servoritzels wird dabei ein Druckstück eingesetzt um mechanische Klappergeräusche zu eliminieren, die bei den schnellwechselnden Belastungszuständen der Ritzelzahnstangenverzahnung auf z. B. rauer Fahrbahn entstehen.

Diese Anforderungen lassen sich nur mit einer redundanten Systemstruktur mit vieler Überwachungsfunktionen von Sensoren, Motor und Schnittstellen zu anderen Fahrzeugsystemen erfüllen. Wegen der Komplexität des Systems und einer gewissen Eigenintelligenz mancher Komponenten verfügen diese über eine Eigenüberwachung ihrer internen Funktionen, Schnittstellen und damit verknüpften Sensoren. Mithilfe spezieller Algorithmen wird darüber hinaus die Funktion des Mikrocontrollers laufend auf Plausibilität geprüft.

Ein weiteres Herzstück der Elektrolenkung ist das Steuergerät mit hohe Rechenleistung und großer Speicherkapazität. Darüber hinaus erfordert der Automobileinsatz wie schon erläutert hohe Robustheit und Zuverlässigkeit, um über den gesamten Fahrzeuglebenszyklus die Sicherheitskriterien zu erfüllen.

8.4.3 Vorteile der Elektrolenkung

Insgesamt betrachtet ist erheblicher technischer Aufwand notwendig, um eine Elektrolenkung auf das Niveau einer Hydrolenkung zu bringen. Trotzdem es lohnt, wenn man die Vorteile der Elektrolenkung betrachtet.

Der Entfall des hydraulischen Systems bedeutet für das Lenkgetriebe, dass Lenkventil, Lenkzylinder und Lenkungspumpe, Ölbehälter, Filter, Rohre, Schläuche sowie das Öl selbst entbehrlich werden. Der Systemeinbau und Abstimmung in einer modularen Baueinheit sind so erheblich vereinfacht, da wesentlich weniger Package-Varianten pro Fahrzeugbaureihe notwendig werden.

Der wesentliche Vorteil ist die große Energieeinsparung von bis zu 98 % gegenüber hydraulischen Systemen mit offener Mitte. Wie ◘ Abb. 8.6 zeigt, ist die durchschnittliche erforderliche Lenkleistung bei einem mittleren Fahrprofil recht gering. Während bei elektro-hydraulischen Anlagen trotz eines gewissen Stand-by-Ölstroms schon eine gute Energieeinsparung darstellbar ist, ist bei elektromechanischen Systemen die elektrische Verlustleistung durch einen niedrigen Stand-by-Strom in Phasen ohne Lenkbedarf nochmals deutlich geringer. Deshalb spricht man hier von bedarfsgerecht bereitgestellter Lenkleistung oder *„Power on demand"*. Weil die Lenkunterstützung unabhängig vom Fahrzeugmotor ist, kann in Sondersituationen wie z. B. beim Abschleppen eines defekten Autos noch mit voller Servounterstützung gelenkt werden.

Dank der intelligenten Steuerungselektronik lässt sich die elektrische Servolenkung an jedes einzelne Fahrzeugmodell anpassen. Ist im Steuergerät ausreichend Rechenleistung und Speicherplatz installiert, lassen sich in der Software eine große Zahl fahrzeugspezifischer Parameter und Daten codiert ablegen. Damit lässt sich problemlos ein sehr breit diversifiziertes Fahrzeugprogramm einer Baureihe individuell abdecken.

Durch eine Vernetzung mit anderen Fahrzeugsystemen z. B. über den CAN/Flex-Ray Bus können Daten mit anderen an Bord befindlichen Systemen wie z. B. ABS, ESP, ASR oder sonstigen Fahrerassistenzsystemen ausgetauscht werden. Damit ist es gelungen, nicht nur mittels der über die Sensorik ständig erfassten fahrdynamischen Parameter wie z. B. Fahrgeschwindigkeit, Lenkwinkel, Lenkmoment usw. das jeweils passende Servomoment zu bestimmen und am Motor anzusteuern, sondern den Fahrer unter Einbeziehung aller bordeigenen Assistenzsysteme mit dem in einer entsprechenden Sondersituation bestmöglich angepassten Lenkmoment zu unterstützen.

Beispiel dafür ist eine automatische Lenkmomentkorrektur bei konstant kräftigem Seitenwind oder bei geneigter Fahrbahn, damit kein ständig aktives „Gegenhalten" des Fahrers für stabilen Geradeauslauf nötig ist.

Ein einfaches Vernetzungsbeispiel unter Verwendung des Lenkwinkels wird heute schon mit dem Kurvenlicht praktiziert. Entsprechend dem ausgelesenen Lenkwinkel lassen sich Scheinwerfer synchron mit dem Radeinschlag schwenken, um Kurven gut auszuleuchten. Weitere Assistenzfunktionen allein über ein situationsgerecht moduliertes Lenkmoment sind zur Verbesserung von Fahrkomfort und Fahrsicherheit möglich. Mit entsprechender Sensorik wie z. B. Gierratensensor, Kamera zur Bildverarbeitung, Ultraschall-, Radar-, Lidar- oder Infrarottechnik im Fahrzeug lassen sich Funktionen wie aktives Abfangen schleudernder Fahrzeuge, präzise Spurhaltung oder automatisiertes Einparken darstellen, ohne dass deshalb dem Fahrer die Verantwortung für das entsprechende Fahrmanöver entzogen wird. Dies ist natürlich nach wie vor vom Gesetzgeber gefordert. Deshalb muss es für den Fahrer jederzeit möglich sein, das zu seiner Unterstützung aufbereitete Lenkmoment manuell zu „überstimmen“.

8.4.4 Regelung von Elektrolenkungen

8.4.4.1 Regelkreise

Die Umsetzung der Fahrereingabe am Lenkrad in eine Richtungsänderung des Fahrzeuges durch das Lenksystem kann dabei als Kaskadenregelung verstanden werden, bei der unterschiedliche Regelkreise ineinander greifen. Den äußersten Regelkreis bildet dabei der Fahrer als Regler an sich. Er bringt seinen Lenkwunsch über das Lenkrad auf und nimmt als Rückmeldung eine geänderte Querführung des Fahrzeuges und das Wirken von Störgrößen wahr. Diese Rückmeldung erhält er nach [18] auf optische, akustische, haptische und kinästhetische Weise. Weicht er vom gewünschten Kurs ab, regelt der Fahrer entsprechend am Lenkrad nach. Das ◘ Abb. 8.68 verdeutlicht diesen Zusammenhang.

Im tiefer liegenden Regelkreis erfasst ein Drehmomentensensor den Lenkwunsch des Fahrers und unterstützt diesen entsprechend durch Ansteuerung des Elektromotors. Diese Steuerung wiederum läuft über eine weitere Reglerkaskade, den Motorregler. ◘ Abb. 8.69 detailliert das Reglerschaubild deshalb nochmals. Die Ansteuersignale an den Elektromotor werden dazu von Softwarefunktionen berechnet, die unterschiedliche Eingangsinformationen zur Ermittlung der korrekten Ausgangssignale verwenden. Die Regelung von elektromechanischen Lenksystemen kann damit als logische Kette aus Signaleingabe, Informationsverarbeitung und Signalausgabe betrachtet werden (◘ Tab. 8.3).

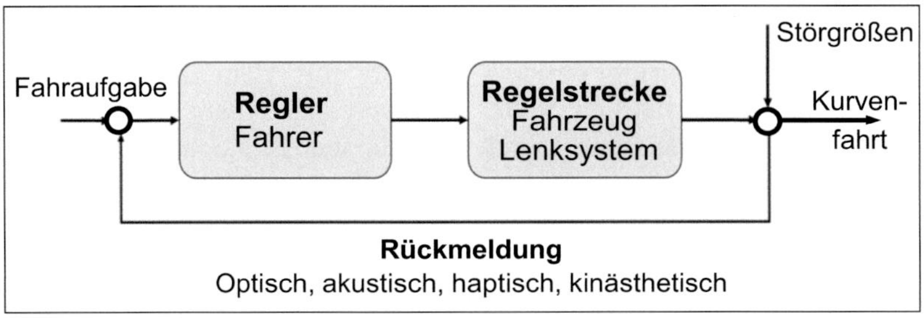

◘ **Abb. 8.68** Regelkette aus Fahrer und Fahrzeug mit Lenksystem [2]

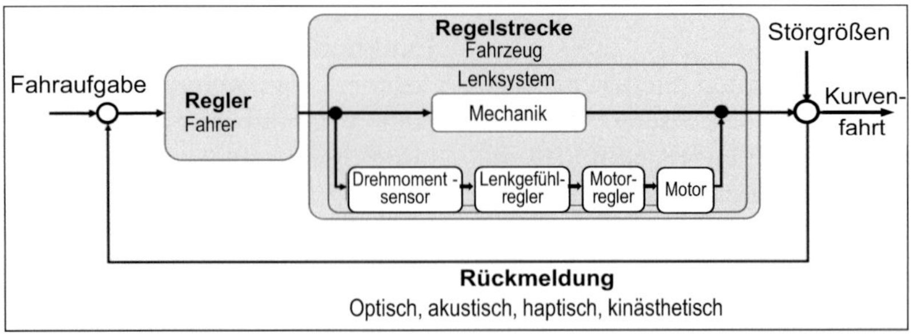

◘ **Abb. 8.69** Detaillierte Regelkette

Tab. 8.3 Eingabe – Verarbeitung – Ausgabe Logik für elektromechanische Lenksysteme

Eingabe	Verarbeitung	Ausgabe
Sensorsignal - Drehstabmoment	Software für Lenk-Funktionen: • Boost-Curve • Rückstellung • Reibung/Software	Motormoment
Rotorlagesensor		
Systemtemperatur		
Spannung	Software für Motor	
Phasenströme	Leistungselektronik	

Die Wirkkette elektromechanischer Lenksysteme hat nicht nur die Aufgabe, die Betätigungskräfte des Fahrers zu reduzieren und das Lenken damit komfortabler zu machen. Vielmehr sind aus den vergangenen Entwicklungsschritten an elektromechanischen Lenksystemen komplexe Reglerstrukturen entstanden, mit denen das Lenk- und Fahrgefühl eines Kraftfahrzeuges wesentlich beeinflusst werden kann.

Der folgende Abschnitt beschreibt qualitativ die wesentlichen Bestandteile dieser Wirkkette und versucht dabei insbesondere die Stellen hervor zu heben, die einen besonderen Einfluss auf das Lenkgefühl haben.

Zuerst ist zu erwähnen, dass es unterschiedliche Funktionsstrukturen für die Regelung einer elektromechanischen Lenkung gibt, die je nach Entwicklungslieferanten oder Fahrzeughersteller variieren können. Die hier beschriebene Struktur gilt deshalb nur beispielhaft.

Außerdem muss darauf verwiesen werden, dass die Reglerstrukturen individuell bedatbar sind und sich damit unterschiedliche Wahrnehmungen des Lenkgefühls einstellen lassen. Der Tiefgang dieser applikativen Freiheitsgrade bietet einen enormen Variantenreichtum unterschiedlicher Eigenschaften, soll aber hier nur gestriffen werden.

Die wichtigste Eingangsinformation der Regelung stellt das Lenkmoment des Fahrers dar. Es wird über einen Drehmomentensensor, der an der Lenkgetriebeeingangswelle montiert ist, erfasst. Bereits im Sensor erfolgt eine erste hardwarenahe Filterung zur Glättung des Signalverlaufes, bevor die Übergabe an das Steuergerät erfolgt. Dabei muss jedoch beachtet werden, dass die Güte der Glättung im Zielkonflikt zum entstehenden Signalalter steht. Das Drehstabmoment wird im weiteren Verlauf der Regelkette von Funktionen zur Generierung des Solllenkgefühls eingelesen. Diese Funktionen berechnen daraus unter anderem Unterstützungs- und Rückstellkräfte, Sollsignale zur Stabilisierung des Systems und Ausgangsgrößen zur Kompensation von Reibungen und Trägheiten. Diese Gruppe an Funktionen wird im Folgenden als Lenkgefühlregler bezeichnet.

Die Ausgangssignale des Lenkgefühlreglers werden von der Motoransteuerung eingelesen. Diese berechnet aus den Vorgaben die erforderlichen Ansteuersignale für die Leistungsendstufe des Steuergerätes. Die Endstufe kontrolliert die Phasenströme, aus denen im Elektromotor elektrische Felder entstehen, welche letztlich das gewünschte Drehmoment erzeugen.

Das **Abb. 8.70** stellt die beschriebene grobe Reglerstruktur dar.

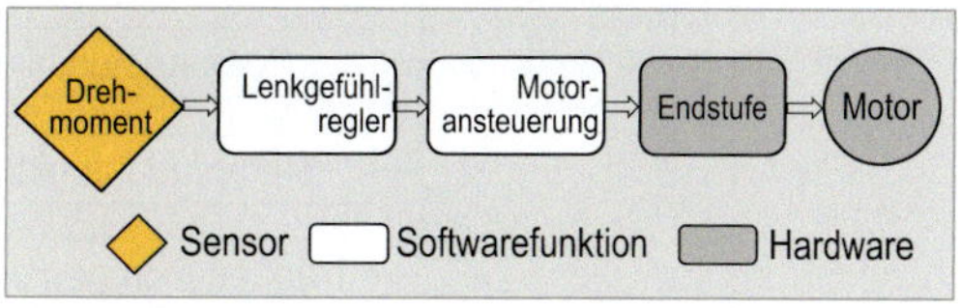

Abb. 8.70 Grobe Reglerstruktur mechatronisches Lenksystem

Mithilfe dieser Regelstrecke können nicht nur die Betätigungskräfte, die der Fahrer am Lenkrad aufbringen muss, gezielt reduziert werden. Vielmehr sind zahlreiche weitere Lenk- und Fahreigenschaften über die Softwarefunktionen beeinflussbar. Dabei kann in 3 Hauptwirkketten unterschieden werden.

- Primär geht es um die Umsetzung der Fahrervorgabe durch das Lenksystem. Das entspricht der beschriebenen Wirkkette von der Erfassung des Fahrerwunsches bis zur Generierung der Motormomente.
- Weiterhin kann die Erfassung von Fahrzustandsinformationen und ihre Verstärkung oder Abschwächung in der Fahrerwahrnehmung als weitere Wirkkette verstanden werden.
- Abschließend muss die Regelstrecke die Systemstabilität sowie eine ausreichende Lenkhaptik und -akustik sicherstellen.

8.4.4.2 Lenkgefühlregler

Der Lenkgefühlregler beinhaltet verschiedene Einzelfunktionen, mit denen die Betätigungskraftverläufe am Lenkrad beeinflusst werden können. Im Allgemeinen beinhaltet der Regler folgende Funktionen, die auch im ◘ Abb. 8.71 enthalten sind.

- Erzeugen der Lenkhilfskraft
- Erzeugen von Rückstellungkräften
- Reibungs- und Dämpfungsfunktion
- Trägheitskompensation
- Funktionen zur Stabilisierung und Agilisierung

Die Grundaufgabe des Lenksystems wird über die Teilfunktion zur Generierung der Lenkhilfskraft erfüllt. Sie liest in der Regel das Drehstabmoment und die Fahrzeuggeschwindigkeit ein. Das Drehstabmoment bildet dabei den Fahrerwunsch ab. In Abhängigkeit dieses Momentes wird eine Sollkraft für den Elektromotor erzeugt. Diese Zuordnung kann in Abhängigkeit der Fahrzeuggeschwindigkeit erfolgen. Generell gilt, dass höhere Drehstabmomente auch zu größeren Sollkräften führen. Steigende Fahrzeuggeschwindigkeiten wiederum führen zu sinkenden Sollvorgaben an den Elektromotor.

Diese Funktion ist als einfacher p-Regler zu verstehen.

Eine zweite wichtige Säule für das Lenkgefühl sind Funktionen zur Rückstellung. Die Ausgangssignale dieses SW-Moduls haben das Ziel, die Zahnstange in die Mittenposition zu bewegen. Im Auslenken, beispielsweise zu Beginn einer Kurvenfahrt, stehen diese Kräfte der Lenkbewegung des Fahrers entgegen und erschweren diese. Im Rücklenken, zum Beispiel beim Beenden der Kurvenfahrt, erfolgt die Lenkbe-

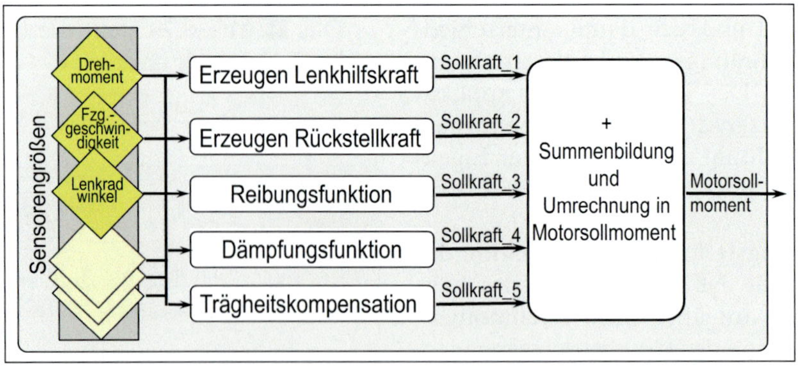

◘ **Abb. 8.71** Struktur des Lenkgefühlreglers

wegung dann hingegen in die gleiche Richtung der gestellten Sollkraft und die Lenkkräfte am Lenkrad reduzieren sich. Die Funktion erfüllt damit zwei Aufgaben. Im Rangierbetrieb und in Abbiegesituationen bis ca. 30 km/h wird dem Fahrer des Rücklenken deutlich erleichtert, bis hin zu einem eigenständig in die Mittenposition drehendem Lenkrad, falls dieses vom Fahrer losgelassen wird. Im Wechselspiel mit dem oben beschriebenen p-Regler zur Lenkhilfskraft kann außerdem in jedem Geschwindigkeitsbereich die Lenkhysterese der Handlenkkräfte zwischen Aus- und Rücklenken beeinflusst werden.

Damit ermöglichen beide Funktionen in Kombination zueinander eine Gestaltung der Handkraftverläufe Abhängig der Seitenführungskraft am Rad. Sie sind damit der wesentliche Bestandteil des Lenkgefühlreglers.

Neben diesen beiden Hauptfunktionen kann der Lenkgefühlregler weitere Teilfunktionen beinhalten, die zur Reibungs- und Trägheitskompensation oder der Generierung von Fahrbahnrückmeldung dienen können. Abschließend benötigt der Lenkgefühlregler auch Funktionen, die ein Aufschwingen der Regelstrecke verhindern.

Diese Funktionen können das Zeitverhalten des Reglers beeinflussen. Typischerweise kommen dabei Differenzierungsglieder zum Einsatz, die auf wesentliche Führungsgrößen wie beispielsweise das erfasste Handmoment wirken.

Die beschriebenen Einzelfunktionen des Lenkgefühlreglers werden weitgehend unabhängig voneinander berechnet und abschließend miteinander fusioniert. Es entsteht die Sollgröße für das Elektromotormoment. Dieses Sollmoment kann direkt über einen Steuerungsansatz an die Motoransteuerung übergeben werden. Es sind jedoch auch Umsetzungen möglich, bei denen das Sollmoment eingeregelt wird. Dazu wird von der Motoransteuerung des Motoristmoment ermittelt und die Differenz zum Sollmoment gebildet. Diese Abweichung wird dann beispielsweise über einen PID-Regler ausgeregelt.

8.4.4.3 Motoransteuerung

Ziel der Softwareglieder der Motoransteuerung ist die Erzeugung eines Drehmomentes durch den Elektromotor, das dem Sollmoment aus dem Lenkgefühlregler entspricht. In heutigen elektromechanischen Lenksystemen kommen üblicherweise dreiphasige Asynchronmotoren oder permanenterregte Synchronmotoren zum Einsatz. Die Ansteuerung des Elektromotors soll dabei mit einfachen Regelungsgliedern möglich sein. Gemäß [18] ist es v. a. für Synchronmaschinen sinnvoll, die komplexen Zusammenhänge im einfacher verständlichen q-/d-Koordinatensystem darzustellen. Deshalb erfolgt die Verarbeitung der Motorsollmomente aus dem Lenkgefühlregler in vielen Anwendungen zunächst im q-/d-Koordinatensystem, aus dem am Ende der Wirkkette dann in Sollgrößen für die 3 Motorphasen umgerechnet wird.

Im q-/d-System steht die d-Achse senkrecht auf der q-Achse und das entstehende zweidimensionale Koordinatensystem rotiert mit dem sich drehenden Rotor mit. Mithilfe der q-Achse kann das vom Rotor erzeugte Drehmoment beschrieben werden. Die d-Achse bildet die erzeugte magnetische Flussdichte im Rotor ab.

Die Ausgangsgrößen des Lenkgefühlreglers bilden die Führungsgröße für die Motoransteuerung. In der Regel werden sie, wie im oberen Kapitel beschrieben, als Motorsollmoment beschrieben. Entgegen der parallelen Struktur des Lenkgefühlreglers sind die einzelnen Funktionsblöcke der Motoransteuerung in Reihe miteinander verschalten (◘ Abb. 8.72). Zu Beginn wird das Motorsollmoment in Sollströme auf der q- und d-Achse verrechnet. Im darauffolgenden Funktionsblock erfolgt eine Weiterverarbeitung in Sollspannungen auf q- und d-Achse. Dieser Funktionsblock enthält einen Regler, der die Sollspannungen

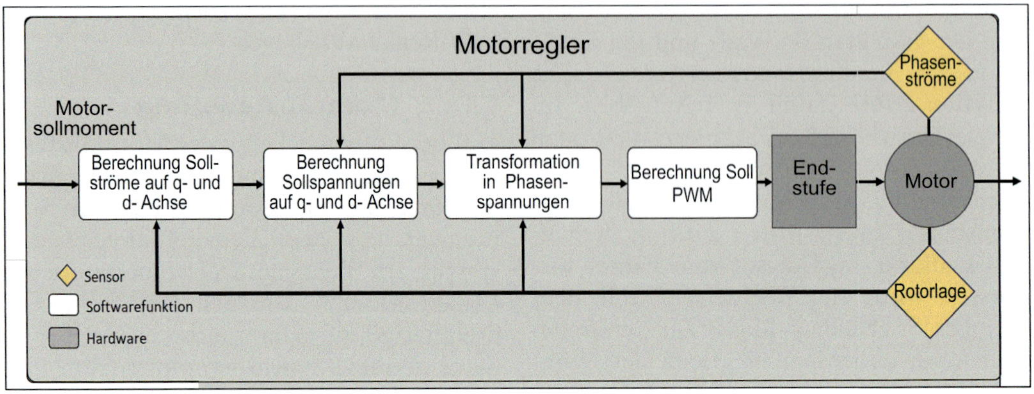

Abb. 8.72 Struktur Motorregler

gegen die Ist Spannungen vergleicht und die Reglerabweichung entsprechend ausregelt. Die Eigenschaften dieses Reglerblocks sind dabei sowohl für die Systemstabilität als auch für das Ansprechverhalten auf kleinste Veränderungen und damit für das Führungsverhalten des Fahrzeuges bei kleinen Lenkeingaben durch den Fahrer von entscheidender Bedeutung. In weiteren Funktionsblöcken werden die Sollsignale der q- und d-Spannungen in Sollspannungen der drei Motorphasen transformiert und dann in die zu stellenden Pulsweiten des Endstufentreibers gewandelt. Damit können in der Endstufe die elektronischen Schalter der B6-Brücke entsprechend geschalten werden.

8.4.5 Bedeutung der Lenkung für die Assistenzsysteme

Die Fortschritte auf dem Gebiet der Fahrzeugumfelderkennung sind eine Erklärung für den Bedeutungszuwachs von Fahrerassistenzsystemen. Diese liefern eine Vielzahl an Informationen, welche die Erkennung der Fahrzeugumgebung ermöglichen. Im Verbund mit der Sensorik für bremsenbasierte Stabilitätssysteme, ist die Basis für Anwendungen zur Steigerung des Fahrkomforts und der Fahrsicherheit geschaffen.

Ein elektromechanisches Lenksystem lässt zu, ein Überlagerungsmoment zu erzeugen, um in fahrdynamisch kritischen Situationen Hilfestellung durch Lenkmomentenempfehlung zu geben. So wird in Zuständen wie Unter- oder Übersteuern ein harmonisches, aber dennoch richtungweisendes Lenkmoment aufgebracht. Der Fahrer erhält dadurch eine erweiterte Rückmeldung über den Fahrzustand, die es ihm ermöglicht, schneller und direkter auf Instabilitäten zu reagieren und im weiteren Verlauf Überreaktionen zu vermeiden.

Gleichzeitig erfährt der Fahrer Unterstützung in µ-Split Situationen, in denen Brems- oder Beschleunigungsvorgänge auf Fahrbahnen mit unterschiedlichen Reibwerten unter rechten und linken Rädern zu ungewünschten Fahrzeugbewegungen führen. Auch hier zeigt eine Lenkmomentenempfehlung die Lenkrichtung zur Kompensation dieser Bewegung auf.

Ebenfalls auf dem Gebiet der Fahrsicherheit ist die Funktion der Spurverlassenswarnung zu sehen. Mithilfe der Umfeldsensorik wird dann die Annäherung des Fahrzeugs an die Spurmarkierungslinien sensiert. Ist durch die Fahrzeugbewegung oder den nicht gesetzten Blinker ausgeschlossen, dass die Nähe zum Fahrspurrand absichtlich erfolgt, wird dieser Umstand durch eine Vibration im Lenkmoment oder eine momentenrampe an den Fahrer zurückgemeldet.

Die Spurführungssysteme vereinen die Funktionalität der kontinuierlichen Spurhaltungaspekte der Fahrsicherheit und des Fahrkomforts. Diese Funktion wirkt nicht nur einem unabsichtlichen Spurverlassen entgegen, sondern zeigt schon mit harmonischem Lenkmomentenanstieg zum Fahrbahnrand hin eine von der idealen Fahrspur abweichende Fahrzeugbewegung auf. Dieses System wurde zur automatisierten Spurführung fortentwickelt, und zwar nicht nur im Niedergeschwindigkeitsbereich, wie z. B. im Stau, sondern auch im höheren Geschwindigkeitsbereich mit höheren Anforderungen an die Güte und Verfügbarkeit der Umfeldinformationen. Die Sensorfusion von Kamera, Radar und Navigation zeigt das weitere Potenzial zum Umfelderkennung auf.

Heute sind zahlreiche automatisierte Funktionalitäten in Serie umgesetzt wie z. B. autonomer Einparkassistenten.

Im Vorbeifahren wird vornehmlich durch Ultraschallsensorik der mögliche Parklückenraum untersucht. Ist eine ausreichend große Parklücke erkannt, wird der Lenkradwinkelverlauf in Abhängigkeit des Fahrweges berechnet und der Fahrer braucht lediglich die Fahrzeuglängsbewegung zu regeln. Die Lenkbewegung wird automatisch durch Ansteuerung der elektromechanischen Lenkung realisiert (s. ► Abschn. 17.7.6.3).

Alle diese Funktionalitäten leisten einen entscheiden-den Beitrag zur Erhöhung der Fahrsicherheit und des Fahrkomforts. Doch sollte man nicht außer Acht lassen, dass das Überlagerungsmoment jeder dieser Funktionen stets durch den Fahrer überlenkbar sein muss. Der Fahrer behält noch immer die Verantwortung der Fahrzeugführung und stellt trotz aller erwähnten Fortschritte die wesentliche Instanz zur Überwachung dar.

8.5 Überlagerungs- oder Aktivlenkung

Metin Ersoy, Roland Greuel und Wolfgang Rieger

Sollen haptische Rückmeldungen über das Lenkrad zum Fahrer oder autonome Assistenz- bzw. Stabilisierungsfunktionen realisiert werden, ist bei den Lenksystemen eine unabhängig vom Fahrer aktivierbare Lenkbeeinflussung erforderlich. Solche extern beeinflussbaren Lenksysteme werden auch als *„Aktiv- oder Dynamiklenkung"* bezeichnet. Prinzipiell kann die Lenkbeeinflussung durch die Überlagerung eines Lenkmomentes oder Lenkwinkels geschehen, welche zusätzlich zur eigentlichen servounterstützenden Funktion aktiviert und geregelt werden. Während zur Momentenüberlagerung in vergangenen Tagen bei einer hydraulischen Lenkung ein solcher Zusatzaktor unerlässlich war, kann bei den elektromechanischen Lenkungen der Motor der Servounterstützung die Aufgabe der Momentenüberlagerung mit übernehmen. Eine Überlagerung von Winkeln hingegen benötigt bei jeder Bauart von Lenksystemen einen zusätzlichen Aktor.

8.5.1 Winkelüberlagerung – Funktionsprinzip und Bauformen

Konventionelle Lenkungen arbeiten meist mit dem gleichen Übersetzungsverhältnis am Lenkritzel, z. B. 1:16 als Kompromiss für die kleine Lenkkorrekturen auf der Autobahn und kleinere Lenkradumdrehungen im Stand bzw. beim Parkieren. Durch die Überlagerung von Zusatzlenkwinkeln kann dieses Verhältnis aktiv und dynamisch von etwa 1:10 im Stand bis etwa 1:20 bei hohen Geschwindigkeiten variiert werden. Man benötigt dazu ein vollständiges Basis-Servolenksystem in klassischer hydraulischer oder elektromechanischer Konzeption. Im Lenkstrang zwischen Lenkrad und Ritzel des Servolenkgetriebes wird die Lenkwelle aufgetrennt. An der Trennstelle adaptiert man ein elektrisches Stellglied in Form eines Lenkwinkelaktuators, der über einen von einer Steuerelektronik angesteuerten Elektromotor und ein Getriebe bei Bedarf einen fahrerunabhängigen Lenkeingriff durchführen oder einen Zusatzlenkwinkel zu dem vom Fahrer vorgegebenen Lenkwinkel addieren oder subtrahieren kann. Wegen des überlagerten Lenkwinkels wird dieses System auch Überlagerungslenkung genannt.

Bei den Fahrzuständen, die kein Zusatzlenkwinkel erfordern, ist der Elektromotor des Lenkwinkelaktuators inaktiv und die an der Lenkwellentrennstelle befindliche Differenzwinkeleinheit wirkt als starrer Durchtrieb, analog einer nicht aufgetrennten Lenkwelle. Eine gleiche Wirkung stellt sich auch ein, wenn das elektrische Antriebssystem ausfallen oder abgeschaltet würde. Die Funktion einer vollwertigen Basis-Servolenkung mit direktem Durchgriff auf die Räder ist dann immer noch gegeben dank der zuverlässigen mechanischen Rückfallebene des Aktuators und des davon unabhängigen Basis-Servolenksystems. Man spricht dabei von einer *Fail-Safe-* oder *Fail-Silent*-Sicherheitsfunktion des elektrischen Stellglieds (◘ Abb. 8.73).

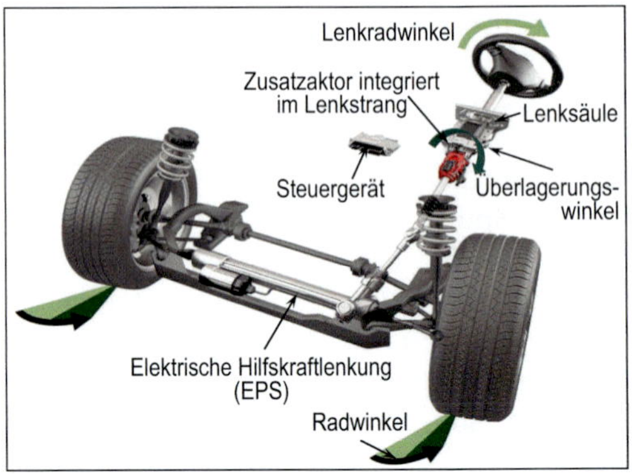

◘ Abb. 8.73 Momentenüberlagerung durch einen Zusatzaktor [19]

8.5.2 Überlagerung von Winkeln

Konventionelle Lenkungen arbeiten meist mit dem gleichen Übersetzungsverhältnis, z. B. 1:16 als Kompromiss für die kleine Lenkkorrekturen auf der Autobahn und kleinere Lenkradumdrehungen im Stand bzw. beim Parkieren. Durch die Überlagerung von Zusatzlenkwinkeln kann dieses Verhältnis aktiv und dynamisch von etwa 1:10 im Stand bis etwa 1:20 bei hohen Geschwindigkeiten variiert werden. Man benötigt dazu ein vollständiges Basis-Servolenksystem in klassischer hydraulischer oder elektromechanischer Konzeption. Im Lenkstrang zwischen Lenkrad und Ritzel des Servolenkgetriebes wird die Lenkwelle aufgetrennt. An der Trennstelle adaptiert man ein elektrisches Stellglied in Form eines Lenkwinkelaktuators, der über einen von einer Steuerelektronik angesteuerten Elektromotor und ein Getriebe bei Bedarf einen fahrerunabhängigen Lenkeingriff durchführen oder einen Zusatzlenkwinkel zu dem vom Fahrer vorgegebenen Lenkwinkel addieren oder subtrahieren kann. Wegen des überlagerten Lenkwinkels wird dieses System auch Überlagerungslenkung genannt (◘ Abb. 8.74).

Bei den Fahrzuständen, die kein Zusatzlenkwinkel erfordern, ist der Elektromotor des Lenkwinkelaktuators inaktiv und die an der Lenkwellentrennstelle befindliche Differenzwinkeleinheit wirkt als starrer Durchtrieb, analog einer nicht aufgetrennten Lenkwelle. Eine gleiche Wirkung stellt sich auch ein, wenn das elektrische Antriebssystem ausfallen oder abgeschal-

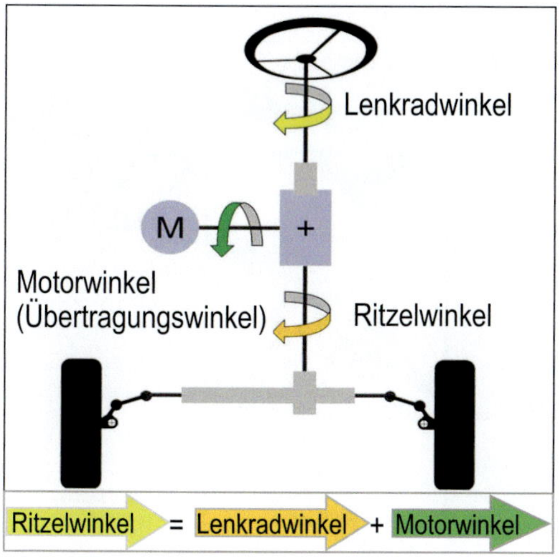

Abb. 8.74 Prinzipdarstellung einer Aktivlenkung [3]

tet würde. Die Funktion einer vollwertigen Basis-Servolenkung mit direktem Durchgriff auf die Räder ist dann immer noch gegeben dank der zuverlässigen mechanischen Rückfallebene des Aktuators und des davon unabhängigen Basis-Servolenksystems. Man spricht dabei von einer *Fail-Safe-* oder *Fail-Silent*-Sicherheitsfunktion des elektrischen Stellglieds.

8.5.3 Stellervarianten der Aktivlenkung

Abhängig von Fahrzeugarchitektur, Einbausituation, Funktionsumfang und Bauteilkosten lässt sich der Aktuator in das Lenkgetriebe integrieren oder er wird im Lenksäulenbereich hinter dem Armaturenbrett als getrennte modulare Baueinheit installiert, oder in das Lenkrad integriert.

Die Integration im Lenkgetriebe ist haptisch vorteilhaft, da die Reibung bis zum Lenkventil nicht beeinflusst wird und die akustische Abstrahlung zum Fahrgastraum geringer ist. Nachteilig sind jedoch die strengeren Umgebungsbedingungen des Einbauortes.

Ein getrenntes Einbaumodul im Lenksäulenbereich erfordert spezielle Vorkehrungen bezüglich des Crashverhaltens. Es bietet aber mehr Flexibilität bei Fahrzeugbaureihen mit hoher Diversifikation.

Abb. 8.75 zeigt die sinnvollen Motor-Einbauvarianten:

Variante 1 zeigt den quer eingebauten Elektromotor mit einem Schneckengetriebe zur Drehzahlanpassung.

Dieses selbsthemmende Getriebe verhindert die unerwünschte Rückdrehmöglichkeit im passiven Zustand.

Für die Integration ist in frühen Fahrzeugentwicklungsphasen ausreichend Einbauplatz vorzuhalten. Beim Einbau in die Lenksäule ist die Erfüllung von Package- und Crashforderungen schwieriger (Abb. 8.76).

Variante 2 zeigt die achsparallele Anordnung. Ein Zahnriemen verbindet den Motor mit der Lenkwelle. Vorteilhaft sind die geringere Motordrehzahl und damit verbundene akustische Vorteile. Alle bekannten Anwendungen dieser Art sind in der Lenksäule.

Variante 3 zeigt die koaxiale Anordnung. Dafür ist die Benutzung eines Hohlwellenmotors mit einem Wellgetriebe (*Harmonic Drive*) notwendig. Vorteilhaft ist die kompakte Bauweise, die sich besonders für die Integration in die Lenksäule empfiehlt.

8.5.3.1 Überlagerungsaktor am Lenkgetriebe

Das erstmals 2003 eingeführte Aktivlenksystem in der 5er BMW ist im Lenkgetriebe direkt hinter dem hydraulischen Lenkventil integriert. Dadurch konnte ein negativer Einfluss auf das Anlenkverhalten des Ventils bzw. auf das Lenkgefühl ver-

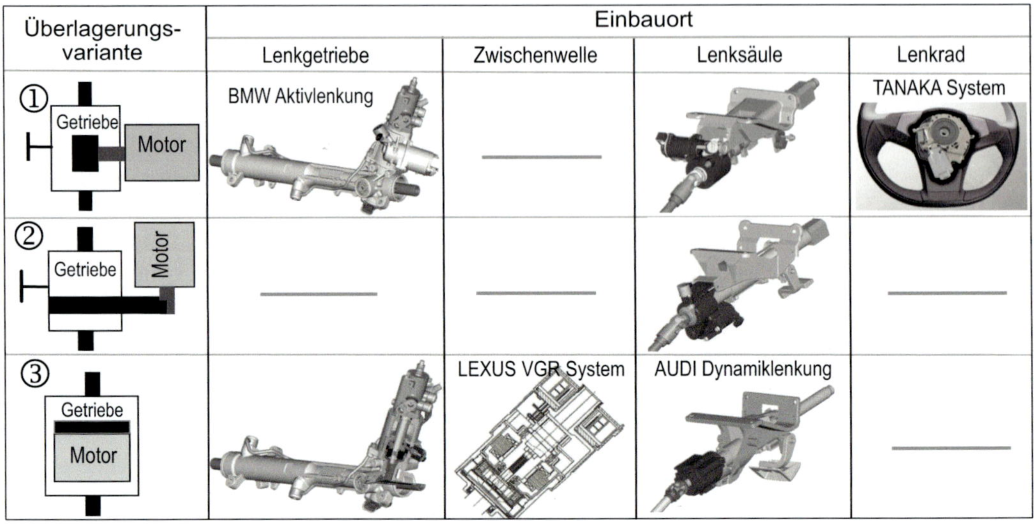

Abb. 8.75 Angewandte Einbauvarianten der Überlagerungslenkung

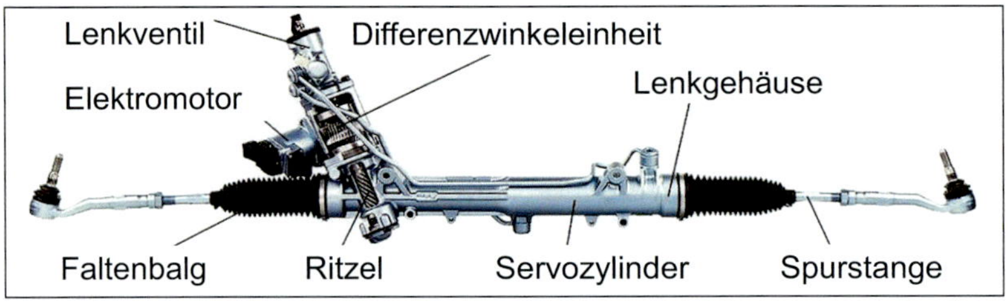

Abb. 8.76 Aktivlenkung mit integrierter Differenzwinkeleinheit [3]

mieden werden. Über ein im Fahrgastraum eingebautes Steuergerät in Leiterplattentechnik wird ein bürstenloser Gleichstrommotor mit hoher Dynamik angesteuert (Abb. 8.77).

Dank Motor- und Lenkwinkelsensoren in Lenksäule und Lenkgetriebe sowie Schnittstellen zu anderen Fahrdynamiksystemen wie ABS, ESP liegen ausreichend Daten und Fahrzustandsgrößen vor, um nach deren Auswertung den Elektromotor präzise anzusteuern.

Mittels Schneckentrieb wird ein Stufen-Planetengetriebe vom Elektromotor angetrieben, wobei das Schneckenrad gleichzeitig das Gehäuse des kompakten Planetengetriebes bildet. Der Kraftfluss des vom Fahrer über das Lenkgetriebe eingeleiteten Lenkmomentes wird durch den zentralen Lenkventilausgang, das obere Sonnenrad, auf drei Stufenplaneten im Innern des Schneckenrades übertragen, die ihrerseits wieder mit dem unteren Sonnenrad und damit dem Antriebsritzel im Eingriff stehen, das die Zahnstange des Servolenkgetriebes antreibt.

Somit wird die Lenkrad- und die Schneckenbewegung an diesem Antriebsritzel bzw. unteren Sonnenrad zusammengeführt. Bei gleichsinniger Bewegung von Schne-

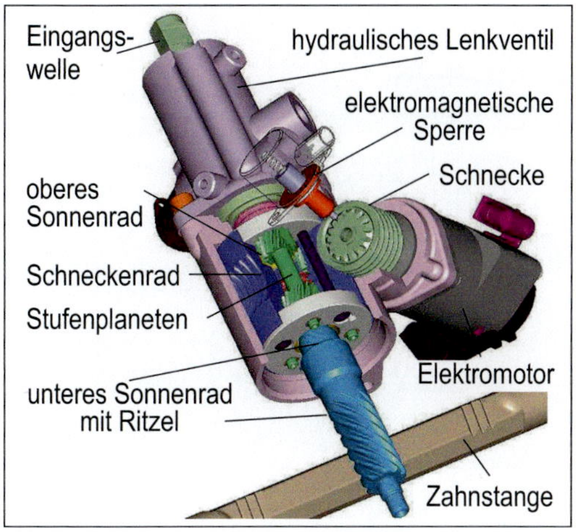

Abb. 8.77 Schnittbild der Differenzwinkeleinheit [3]

ckenrad und oberem Sonnenrad stellt sich ein kleinerer, bei gegensinniger Bewegung ein größerer wirksamer Lenkwinkel ein, als dies die Grundübersetzung des Lenkgetriebes vorsehen würde. Die Selbsthemmung des Schneckengetriebes und eine elektromechanische Sperre stellen sicher, dass nur ein aktivierter Elektromotor eine Schneckenbewegung bewirken kann (Abb. 8.77).

Die einzelnen Komponenten des Überlagerungsgetriebes werden in Abb. 8.78

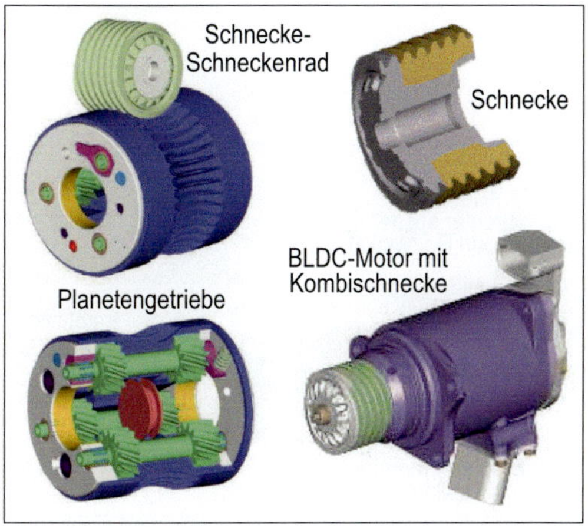

Abb. 8.78 Einzelne Komponente der Differenzwinkeleinheit [3]

illustriert. Die Stellwerte für die Differenzwinkeleinheit werden von zwei Mikroprozessoren des Steuergerätes gebildet, nachdem sie die Signale der angeschlossenen Lenkungs- und Fahrzeugsensorik ausgewertet haben. Über die ebenfalls im Steuergerät untergebrachten Leistungsendstufen werden Elektromotor, elektromechanische Sperre und das Servotronic®-Ventil samt Energiesparpumpe angesteuert.

8.5.3.2 Überlagerungsaktor in der Lenksäule

Die Komponenten sind vergleichbar zur vorigen Lösung. Der Aktor hier hinter der Lenkkonsole in der Lenksäule integriert (Audi Dynamiklenkung). Die kompakte Bauweise der koaxialen Anordnung mit Hohlwellenmotor und Wellgetriebe (Abb. 8.79) erlaubt der Einbau oberhalb des Fußraumes. Der Hohlwellenmotor ist ein elektronisch kommutierter Gleichstrommotor, der in stromlosem Zustand mit einer Sperre verriegelt werden muss.

Die lenkradseitige Welle ist mit dem flexiblen Getriebetopf (Flexspline) formschlüssig verbunden [20].

Die Drehbewegung des Lenkrads wird durch die Außenverzahnung des Flextopfes über das Hohlrad (Circularspline) auf die Antriebswelle lenkstrangseitig übertragen. Dieser Kraftverlauf entspricht dem mechanischen direkten Durchgriff zwischen Lenkrad und Lenkgetriebe, wenn der Motor gesperrt ist (Abb. 8.80).

Die Winkelübertragung erfolgt über die Hohlwelle des Elektromotors, die am getriebeseitigen Ende als elliptischer Innenläufer ausgeformt ist *(wave generator)*. Dieser verformt über ein flexibles Dünnring-Kugellager den mit der Lenkeingangswelle verbundenen Flextopf.

Die Außenverzahnung am Flextopf steht an den Hochachsen der Antriebsellipse im Eingriff mit dem Hohlrad der Antriebswelle. Der Zahnzahlunterschied zwischen Flextopf und Hohlrad erzeugt bei

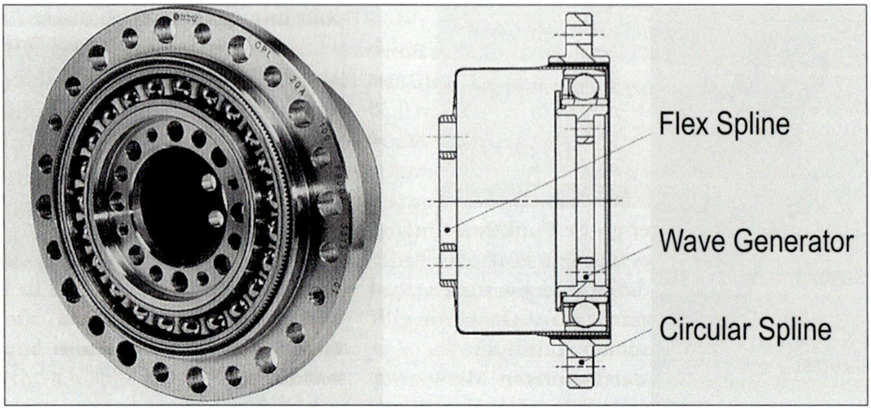

Abb. 8.79 Wellgetriebe (*Harmonic Drive*) [21]

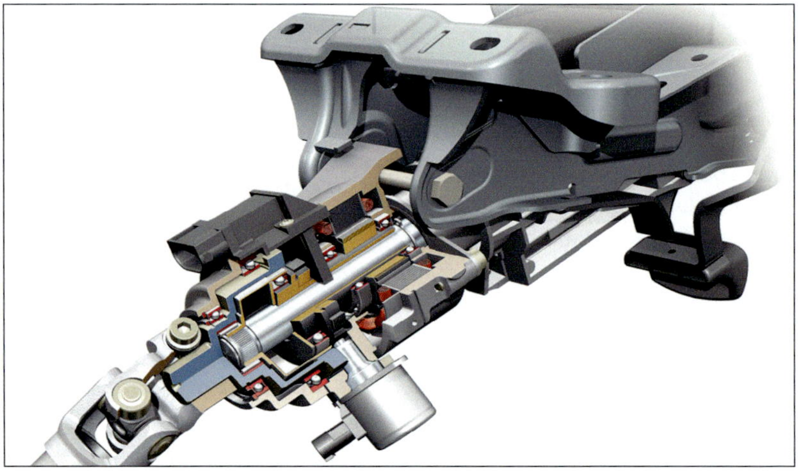

Abb. 8.80 Schnittbild des Aktors in der Lenksäule [20]

Rotieren der Antriebsellipse eine Überlagerung des Lenkwinkels (Abb. 8.81).

8.5.3.3 Überlagerungsaktor um Zwischenwelle

Die VGSR (Variable Gear Ratio System) von Lexus basiert ähnlich der Dynamiklenkung von Audi auf einer Lenkwinkelübertragung durch ein Wellgetriebe. Wobei hier ein Wellgetriebe mit doppeltem Circular Spline mit einer Untersetzung von 1:50 verwendet wird.

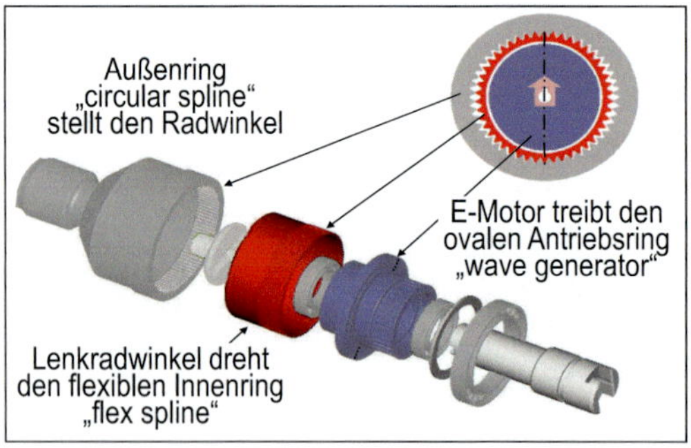

Abb. 8.81 Überlagerungsprinzip [20]

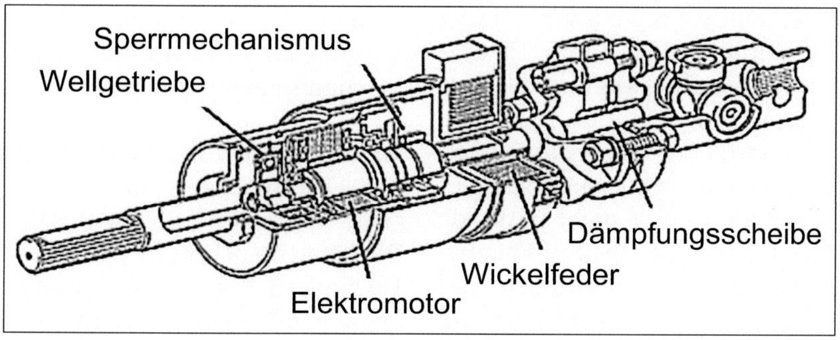

Abb. 8.82 Überlagerungsgetriebe angeordnet um die Zwischenwelle [2]

Der Aufbau ist ähnlich der Audi [2]. So sind Elektromotor und Verriegelungsmechanismus nicht als Hohlwellenbauform aufgeführt, sondern zentral inmitten eines drehenden Gesamtgehäuses angeordnet (Abb. 8.82).

8.5.3.4 Überlagerungsaktor im Lenkrad

In diesem neuen Konzept, der sich seit kurzem im Serieneinsatz befindet, ist der Überlagerungsaktor mit einem Schneckenradgetriebe und Sperrmagnet direkt ins Lenkrad integriert, daher ist es sehr platzsparend (Abb. 8.83). Der wesentliche Vorteil liegt jedoch darin, dass in der Lenksäule keine Änderungen notwendig sind, die Überlagerungslenkung lässt sich -einfachgesagt- durch Austausch des Lenkrades realisieren [22]. So lassen sich die Systemkosten deutlich senken. Abb. 8.84 zeigt den Aufbau.

Abb. 8.83 Überlagerungsaktor in dem Lenkrad [22]

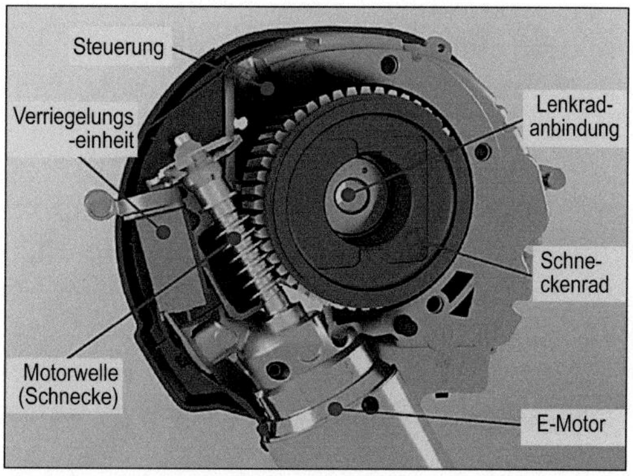

Abb. 8.84 Komponente der Überlagerungslenkung in Lenkrad [22]

8.5.3.5 Steuergerät und Sicherheitskonzept

Wie bei der elektromechanischen Lenkung sind auch hier hohe Sicherheitsanforderungen zu erfüllen. Alle Funktionen müssen zur Erfüllung der Sicherheitsforderungen diversitär, d. h. unabhängig doppelt entwickelt vorhanden sein. So überwachen sich beide Mikroprozessoren gegenseitig bezüglich korrekter Funktionen und leiten bei erkannten Fehlern innerhalb weniger Millisekunden geeignete Ersatzmaßnahmen ein.

Ebenso überwacht das Steuergerät stets alle angeschlossenen Komponenten auf ihren vorgesehenen Funktionszustand.

Am Anfang steht die Signalaufbereitung und Signalplausibilisierung durch Ermittlung der Fahrzeuggeschwindigkeit. Die variable Lenkübersetzungsfunktion liest diese Signale ein und berechnet die Lenkwinkelkorrektur. Außerdem synchronisiert dieses Modul harmonisch eine nicht passende Radstellung zum Lenkrad. Die Summe dieser Winkelteilwerte wird zusammen mit dem verarbeiteten ESP Teilsollwinkel im Koordinator zu einem Gesamtsollwinkel addiert.

Die Lageregelung und Motorkommutierung haben die Aufgabe, die Sollwinkel mit der erforderlichen Regelgüte an den Endstufentreiber weiterzuleiten. Das Steuergerät muss Fehlfunktionen elektronisch detektieren und negative Auswirkungen verhindern. Dafür muss es dreistufiges Sicherheitskonzept aufweisen.

In der ersten Stufe sind alle notwendigen Softwaremodule integriert, die aus funktioneller Sicht notwendig sind, inklusive der Signalplausibilisierung und der Fehlerstrategie. Alle chaotischen Pfade, die zu einer Fehlfunktion führen können, werden in der zweiten Stufe diversitär berechnet und es wird sichergestellt, dass sporadische Hardwarefehler nicht zu einer Fehlfunktion führen. Die dritte Stufe stellt den Programmablauf und ein korrektes Ausführen des Befehlssatzes sicher.

Um eine hohe Systemverfügbarkeit zu gewährleisten ist, entsprechend der auftretenden Fehler, eine schrittweise Degradierung der Systemfunktionen vorzunehmen [20]:

- Ansteuern einer konstanten Lenkübersetzung bei fehlenden Fahrgeschwindigkeitsinformationen,
- Sperrung externer stabilisierender Eingriffe bei absehbar geringer Performance,
- Systemdeaktivierung im Nulldurchgang des Lenkwinkels bei Fehlerverdacht, um ein schiefes Lenkrad zu vermeiden,
- Sofortige vollständige Systemdeaktivierung durch Phasenkurzschluss und mechanische Verriegelung.

Weiterhin muss die Verfügbarkeit nach einer Deaktivierung durch eine Initialisierung wiederherstellbarsein, ohne dass ein Werkstattbesuch notwendig ist. Neben dem Verhindern von Fehlfunktionen muss das Steuergerät auch weiterhin sicherheitsrelevante Signale für die anderen Fahrzeugregelsysteme liefern.

Ein hohes Maß an Flexibilität bei der Anpassung der Aktivlenkung an das jeweilige Fahrzeugmodell wird erwartet. Deshalb ist der Programmspeicher des Steuergerätes in Flashkonzeption aufzubauen, um in der Fahrzeugmontage erst am Bandende über eine zentrale Schnittstelle die gesamte aktuelle Software zu programmieren.

8.5.4 Funktionen der Aktivlenkung

Während bei hydraulischen Servolenkungen und in erweitertem Maße bei elektromechanischen Lenksystemen das Komfort- und Sicherheitsbedürfnis des Fahrers allein durch entsprechende Anpassung des Lenkmomentes bzw. der Lenkkräfte an den jeweiligen Betriebszustand unterstützt wird, bietet die Aktiv- oder Überlagerungslenkung durch ihren fahrerunabhängigen Lenkeingriff mittels Lenkwinkelkorrektur viele Möglichkeiten anderer Lenkassistenz- und Stabilisierungsfunktionen.

Die wichtigste Funktion ist durch die Beeinflussung der Lenkübersetzung gegeben. Die Übersetzungsveränderung ist bei der Überlagungslenkung nicht nur mit dem Lenkeinschlag wie bei Lenkungen mit variabler Zahnstangenverzahnung gekoppelt, sondern auch mit der Fahrgeschwindigkeit (■ Abb. 8.85).

Bei geringem Tempo erleichtert ein direktes, also ein kleines Übersetzungsver-

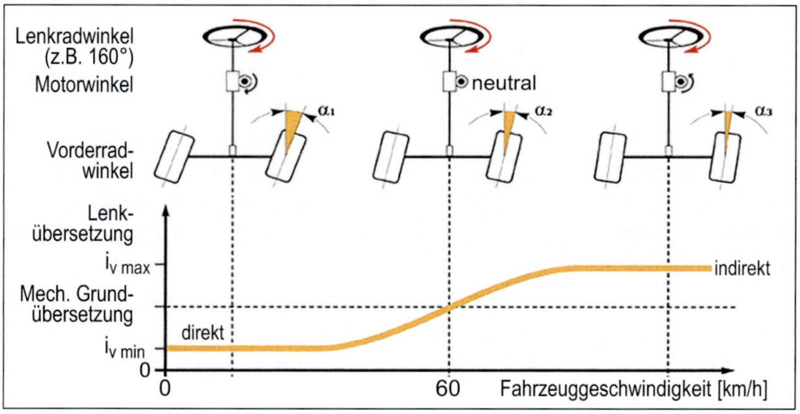

Abb. 8.85 Prinzipbild der variablen Lenkübersetzung bei Aktivlenkungen [3]

hältnis das Einparken und das durchfahren enger Kurven im Stadtverkehr. Das Auto wirkt spontan, handlich und agil. Mit zunehmender Geschwindigkeit wird die Übersetzung indirekter gestaltet, indem der Elektromotor den Lenkwinkel des Fahrers etwas zurücknimmt. Die Lenkung wirkt ruhiger, zeigt ein weiches Ansprechen. Bei hohem Tempo lässt sich Ausweichmanöver oder Spurwechsel leichter beherrschen.

Eine dem Komfort zuzuordnende Assistenzfunktion ist der Lenkvorhalt. Abhängig von der vom Fahrer am Lenkrad eingeleiteten Lenkgeschwindigkeit wird ein voreilender Zusatzlenkwinkel eingesteuert. Er steigert das Ansprechverhalten auf Lenkbefehle, sodass der Wagen spontaner und agiler reagiert. Dies wird eingesetzt, falls die Fahrwerkabstimmung sehr weich und komfortabel ausgelegt wurde und dadurch die Fahrdynamik spürbare Defizite erleiden würde (Abb. 8.86).

Der Ablauf der Lenkübersetzung lässt sich bei der aktiven Lenkung auch adaptiv so programmieren, dass der Fahrer selbst über eine komfortable oder dynamische Grundeinstellung entscheiden kann, um die Lenkung an seinen Fahrstil anzupassen.

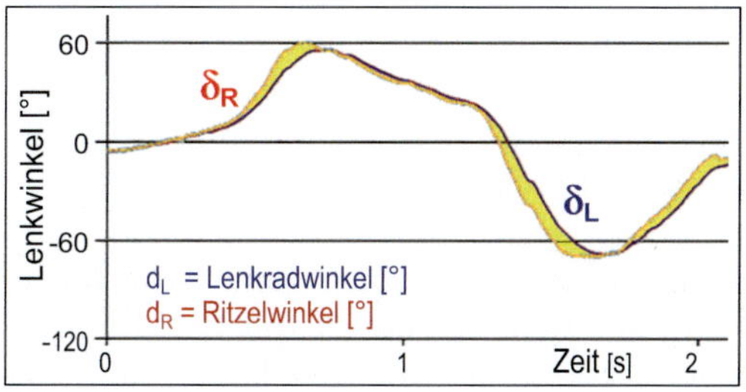

Abb. 8.86 Funktion des voreilenden Zusatzlenkwinkels (Lenkvorhalt bei Ausweichmanöver) [3]

Eine weitere Funktionalität wird über die Systemvernetzung mit dem Elektronischen Stabilitätsprogramm ermöglicht. Damit können kritische Situationen entschärft werden.

Beim Bremsen auf einem Untergrund mit sehr unterschiedlichen Reibwerten wie es z. B. häufig bei winterlichen Straßenverhältnissen vorkommt, entsteht meist ein Giermoment, das den Wagen aus der geplanten Fahrspur ausbrechen lässt. Dieses Unfallrisiko kann die Aktivlenkung weitgehend mit der Funktion „Giermomentenkompensation" eliminieren.

Bei einer Notbremsung auf einer nur teilweise griffigen Fahrbahn erkennt der Gierratensensor im Fahrzeug eine beginnende

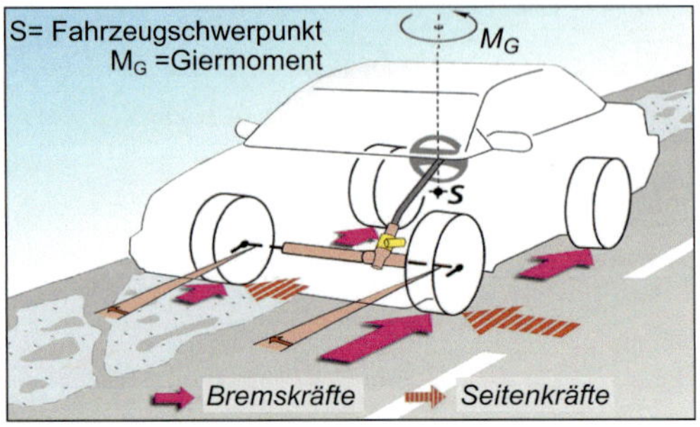

Abb. 8.87 Prinzipdarstellung von Entstehung und Kompensation eines Giermomentes im Fahrzeug [3]

Drehbewegung um die Fahrzeughochachse. Diese Sensoren mit feiner Auflösung sorgen dafür, dass der Beginn instabiler Fahrzustände blitzschnell erfasst wird und so unmittelbar aktive Lenkwinkelkorrekturen für eine dosierte automatische Gegenlenkbewegung eingeleitet werden, wie es selbst geübten Fahrer nicht gelingen würde.

Dieser Lenkeingriff, von dem der Fahrer nur über eine leichte Momentenschwankung am Lenkrad etwas spürt, läuft in einem geschlossenen Regelkreis ab, bis das Fahrzeug zum Stillstand gekommen ist. Damit bleibt das Fahrzeug während des gesamten Bremsvorganges ohne Zutun des Fahrers richtungsstabil, selbst wenn die Reibverhältnisse der Fahrbahn über den Bremsweg sich mehrfach ändern (Abb. 8.87).

Der Ablauf der Lenkübersetzung lässt sich bei der aktiven Lenkung auch adaptiv so programmieren, dass der Fahrer selbst über eine komfortable oder dynamische Grundeinstellung entscheiden kann, um die Lenkung an seinen Fahrstil anzupassen.

Mit der aktiven Lenkung lassen sich die Lenkstabilität beim Über- oder Untersteuern verbessern. Ein gezieltes, aktives Gegenlenken bei einem übersteuernden Fahrzeug kann die zu hohe Gierreaktion des Fahrzeugs vermindern bzw. kompensieren und ermöglicht besonders bei hohen Geschwindigkeiten eine schnelle Fahrzeugstabilisierung (Abb. 8.88). Da dabei weniger oder gar keine Bremseingriffe vorgenommen werden, wirkt die Stabilisierung harmonisch und das Fahrzeug bleibt agil. Bei untersteuernden Fahrzeugen ist die Wirksamkeit der Überlagerungslenkung begrenzt, weil hier das Seitenkraftpotential bereits ausgeschöpft ist. Allerdings lässt sich das maximale Kraftschlusspotential optimal ausnutzen, indem ein typisches

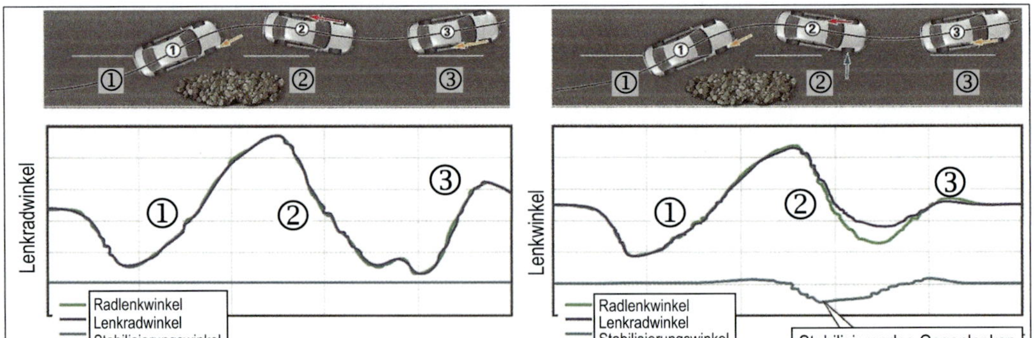

Abb. 8.88 Lenkstabilisierung bei einem einfachen Spurwechsel [20]

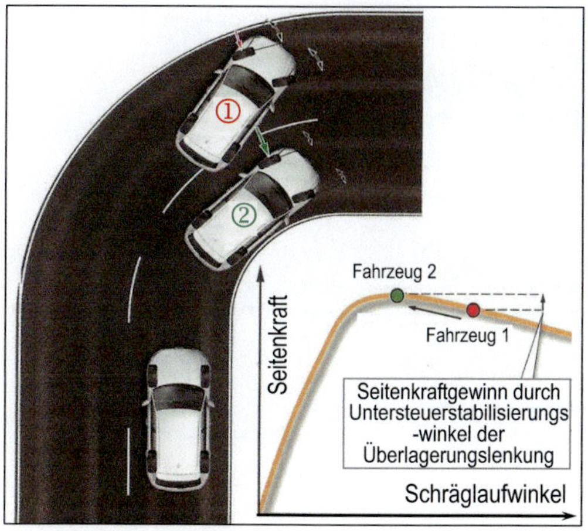

Abb. 8.89 Untersteuerfunktion der Überlagerungslenkung [20]

Überlenken des Fahrzeugs durch ein aktives Gegenlenken begrenzt wird.

Abb. 8.89 zeigt, dass beim Fahrzeug ohne Lenkstabilisierung der Punkt des maximalen Kraftschlusses an der Vorderachse durch einen zu großen Lenkwinkel überschritten wird. Das Fahrzeug schiebt über die Vorderräder aus der Kurve heraus. Mit Lenkstabilisierung wird allerdings die Untersteuersituation erkannt und durch eine gezielte Übersetzungsänderung ein Überziehen der Lenkung durch den Fahrer begrenzt [2, 20].

Eine dem Komfort zuzuordnende Assistenzfunktion ist der Lenkvorhalt. Abhängig von der vom Fahrer am Lenkrad eingeleiteten Lenkgeschwindigkeit wird ein voreilender Zusatzlenkwinkel eingesteuert.

Er steigert das Ansprechverhalten auf Lenkbefehle, sodass der Wagen spontaner und agiler reagiert. Dies wird eingesetzt, falls die Fahrwerkabstimmung sehr weich und komfortabel ausgelegt wurde und dadurch die Fahrdynamik spürbare Defizite erleiden würde.

Ein weites Feld von Stabilisierungsfunktionen mittels Aktivlenkung kann mit der Kompensation von vielerlei anderen Störgrößen umgesetzt werden. Diese sind z. B. die Kompensation von Windböen, von stark unterschiedlichen Fahrwiderständen zwischen linker und rechter Fahrspur wie z. B. zwischen Asphalt und Grasnarbe, sowie von unterschiedlichem Eigenlenkverhalten des Fahrzeugs je nach Beladungszustand oder je nach Bereifung bzw. Luftdruck in den Reifen.

Letztlich ist es ratsam, alle in der Fahrpraxis vorkommenden Störgrößen auf ihre Auswirkung bezüglich der Fahrstabilität zu untersuchen. Sind die Auswirkungen bei bestimmten Störgrößen signifikant, macht es Sinn, dafür Stabilisierungsfunktionen in Form von dosierten, geregelten Lenkeingriffen zu entwickeln. Alle verfügbaren Teilsysteme Bremse, Lenkung und Antriebsstrang können so für eine abgestufte Assistenz- und Stabilisierungsstrategie im Fahrzeug herangezogen werden. Abb. 8.90 zeigt als ein einfaches Beispiel, wie bei einer μ-Split Bremsung die Überlagerungslenkung und das Bremssystem zusammen wirken können [20], was heute zum Stand der Technik gehört.

Zur Realisierung eines komplett vernetzten Chassismanagements, muss z. B. ein übergeordnetes Steuergerät kritische Fahrzustände erkennen, sie analysieren und entsprechend der festgelegten Sicherheitsstrategien die Teilsysteme aktivieren, die situationsgerecht den besten Beitrag zur Gefahrenentschärfung beisteuern können.

Die möglichen Lenkassistenz- und Stabilisierungsfunktionen der Aktivlenkung lassen sich auszuweiten, wenn zusammen mit den Fahrzeugherstellern es recht früh abzuprüfen, welche dieser neuen Funktionen dem Fahrer tatsächlich von Nutzen sind und welche eher nicht.

Die Entscheidungsfindung, welche Funktionen tatsächlich komfort- und sicherheitssteigernd sind, kann nicht mehr allein von technischen Experten gemacht werden. Eine Reihe von wissenschaftlichen Untersuchungen durch Psychologen ist dazu notwendig.

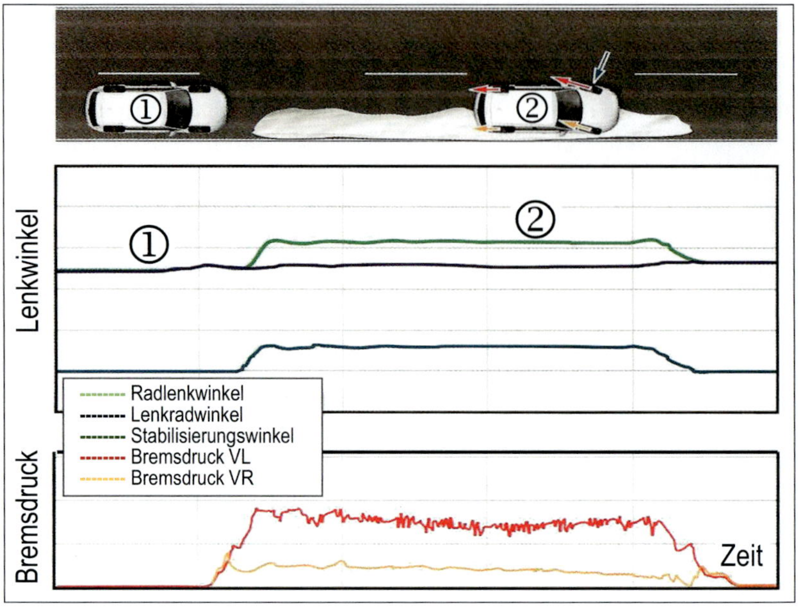

Abb. 8.90 Stabilisierung eines Fahrzeugs mit vernetzter Lenkstabilisierung bei einer μ-split Bremsung [20]

Dabei wird über praktische Fahrversuche mit einer Gruppe repräsentativer Probanden bewertet, ob und ggf. bis zu welcher Intensität ein fahrerunabhängiger Lenkeingriff an der Vorderachse einen beliebigen Fahrer grundsätzlich unterstützt. Die Erkenntnisse daraus bilden die Basis für die Einführung neuartiger Assistenz- und Stabilisierungsfunktionen ebenso wie für die Festlegung der Grenzwerte der Intensität des Lenkeingriffs [23, 24].

8.6 Zahnstangenservolenkung mit Momenten- und Winkelsteller

Metin Ersoy, Roland Greuel und Wolfgang Rieger

In den Abschnitten 8.2 Hydraulische Zahnstangenservolenkung, 8.4 Elektromechanische Lenkung, 8.5 Aktiv-sowie Überlagerungslenkung wurden drei wichtige Erkenntnisse herausgearbeitet:

1. Das Lenksystem kann einen wesentlichen Beitrag zur Fahrsicherheit und zum Fahrkomfort leisten.
2. Bestimmte Komfort- und Sicherheitsbeiträge sind nur über lenkungsspezifische Fahrerassistenz- oder Fahrstabilisierungsfunktionen erzielbar.
3. Um alle wichtigen lenkungsrelevanten Funktionen darzustellen, müssen sowohl das Lenkmoment als auch der Lenkwinkel aktiv modulierbar sein.

Zum Heben aller Vorteile ist also eine Kombination aus mechatronischem Lenkgetriebe und Überlagerungslenkung erforderlich (Abb. 8.91).

Mit elektromechanischer Lenkung ist allein über entsprechend der Fahrsituation angepasste Lenkmomente eine Vielzahl an fahrerunterstützenden Funktionen umsetzbar, wenn ein elektronisches Steuergerät mit

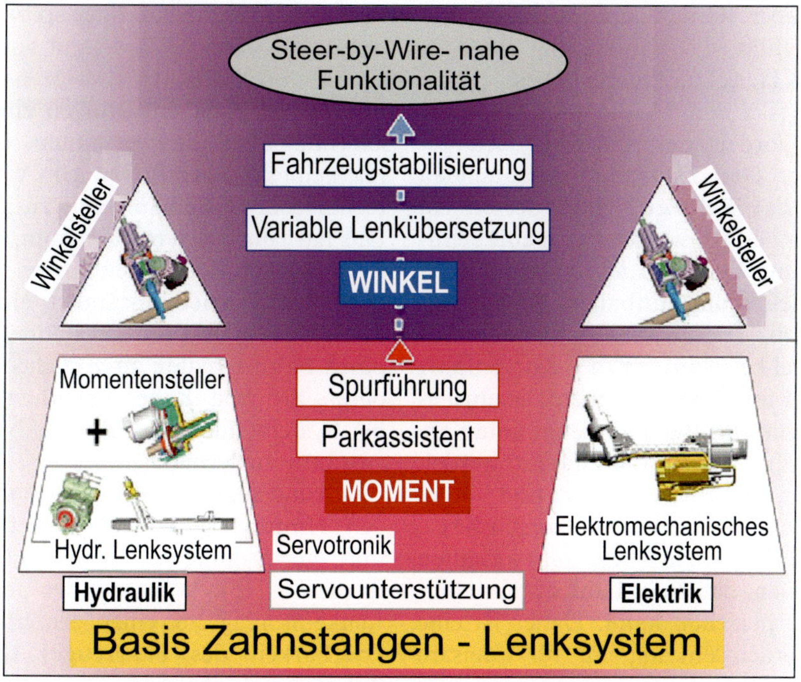

Abb. 8.91 Leistungsspektrum von Lenkungen mit Momenten- und Winkelvarianz [3]

über entsprechende Schnittstellen Zugriff auf anderer relevanter Fahrzeugteilsysteme bereitstellen kann.

Die Aktivlenkung mit der Möglichkeit des fahrerunabhängigen Lenkeingriffs zur Korrektur des vom Fahrer vorgegebenen Lenkwinkels unterstützt den Fahrzeuglenker besonders dort, wo er überfordert ist oder nicht schnell genug unfallvermeidende Maßnahmen eingeleitet hat. Auch dazu ist ein intelligentes elektronisches Steuergerät von Nöten, das z. B. über CAN/FlexRay-Bus-Schnittstellen Signale anderer bordeigener Systeme auswerten und in Stellgrößen für die Differenzwinkeleinheit umsetzen kann. Es gibt im Markt bereits die physische Zusammenfassung beider Lenkungstypen. Die Herausforderung dabei ist der erforderliche Energiebedarf im Vergleich zu der verfügbaren Bordnetzleistung im heutigen Pkw. Daher sind für diese Systeme meist zusätzliche Bordnetzmaßnahmen notwendig.

Ähnlich wie bei der heutigen Aktivlenkung lassen sich die elektrischen Stellglieder für Lenkmoment und Lenkwinkel wahlweise als modulare Baueinheiten ausführen und getrennt vom Lenkgetriebe innerhalb des Lenkstranges unterbringen.

8.7 Hinterrad- und Allradlenkung

Metin Ersoy und Wolfgang Rieger

Lenkt man ein Fahrzeug allein über die eingeschlagenen Räder an der Hinterachse, so führt das zu einem umgewöhnten Fahrverhalten. Zum Einleiten der Richtungsänderung schwenkt das Fahrzeugheck aus und zwingt die starren Vorderräder um die Kurve. Der dabei eingestellte Kurvenradius lässt sich nur mit viel Erfahrung einschätzen und vorhersehen. Das Fahrzeug wirkt zwar bei Kurvenfahrt überraschend wendig, zeigt aber wenig Geradeauslauf- und Kurvenstabilität, da man ständig ein Ausbrechen des Hecks befürchten muss.

Fahrphysikalisch ist die Idee, dass die gelenkten Vorderräder mit ihrer sich gegenüber der Geradeausfahrt aufbauenden Querkraft das Fahrzeug (und dessen ca. mittig liegenden Schwerpunkt) in eine seitliche Bewegung zwingen und die sogenannte Querbeschleunigung aufbauen. Im Gegenzug folgen die Hinterräder der sich einstellenden Drehbewegung bzw. Kurvenfahrt und stützen mit ihrer sich ebenfalls einstellenden Seitenkraft das Fahrzeug hinten ab, sodass die Kurve stabil durchfahren werden kann. Kurz: vorne wird gelenkt und vorgegeben, hinten wird geführt und stabilisiert.

Für alle Fahrzeuge ist ein Fahrverhalten sicherzustellen, dass sein Fahrer s einschätzen und vorhersehen kann. Daher ist eine reine Hinterachslenkung nur für langsam fahrende Fahrzeuge wie Gabelstapler oder Baustellenfahrzeuge zugelassen. Es macht trotzdem Sinn, die Fahrzeuge mit Hinterachslenkungen auszurüsten, um diese besondere Handlichkeit und Wendigkeit auszunutzen.

Beim Rückwärtseinparken nutzt man beispielsweise die Wendigkeit der Hinterradlenkung insofern, als man aus einem Frontlenker front-gelenkten, ein heck-gelenktes Fahrzeug macht. Obwohl man dabei einen recht indirekt übersetzten Rückwärtsgang benutzt, der nur geringe Fahrgeschwindigkeit zulässt, weiß man, wie schwer es selbst geübten Fahrern fällt, die vorgesehene Fahrroute präzise einzuhalten. Möchte man nun die Vorteile der Vorderradlenkung mit dem spezifischen Nutzen der Hinterradlenkung kombinieren, führt dies zur Allradlenkung. Wenn der Nutzen der Hinterradlenkung auf die Benutzung der besonderen Wendigkeit beschränkt bleibt und die Funktion bei höherer Fahrgeschwindigkeit abgeschaltet wird, ist dann nur ein Vorteil des Systems genutzt. Dies ist vermutlich der Grund warum eine solche Anwendung bisher nur für ein paar militärische Sonderprojekte oder spezielle Lieferwagen mit langem Radstand von Interesse ist.

Soll der mögliche Nutzen einer Allradlenkung über den gesamten Betriebsbereich eines Pkw verfügbar sein, ist ein hoher technischer Systemaufwand zu investieren. Das hat zum einen mit den komplexen fahrdynamischen Zusammenhängen zu tun, um bei allen Betriebszuständen ein sicheres, komfortables und für den Fahrer einschätzbares Fahrverhalten zu erreichen. Zum anderen zwingen hohe Sicherheitsstandards bei Systemfehlern unbeherrschbaren Fahrzustände zu vermeiden.

Grundsätzlich muss man bei den aktiven Hinterradlenkungen zwischen gleich- und gegensinnigem Lenkeinschlag differenzieren [25]. Während der gegensinnige Lenkeinschlag zu einer erhöhten Manövrierbarkeit des Fahrzeuges führt, wird durch die gleichsinnige Lenkung, aufgrund des scheinbar längeren Radstandes, die Fahrstabilität verbessert. Durch das gleichsinnige Mitlenken der Hinterachse wandert der momentane Drehpol des Gesamtfahrzeugs nach hinten, was dem gleichen Drehpol eines Standardfahrzeugs mit einem längeren Radstand entspricht [26] (◘ Abb. 8.92).

Die Maximalhinterradlenkwinkel bewegt sich bisher zwischen 0,5° und 6°wird Aber in aktuellsten Anwendungen schon bis 11° ausgedehnt. Große Lenkwinkel werden dann benötigt, wenn zur Minimierung des Wendekreisdurchmessers gegensinnig gelenkt wird [27].

8.7.1 Manövrieren bei langsamer Fahrt

Dazu sind die Hinterräder bis zu 5° entgegengesetzt zum Einschlag der Vorderräder, also gegenläufig, einzuschlagen. So stehen die Räder von Vorder- und Hinterachse auf einer gemeinsamen Kreisbahn und es ist Wenden auf kleinstem Raum, beispiels-

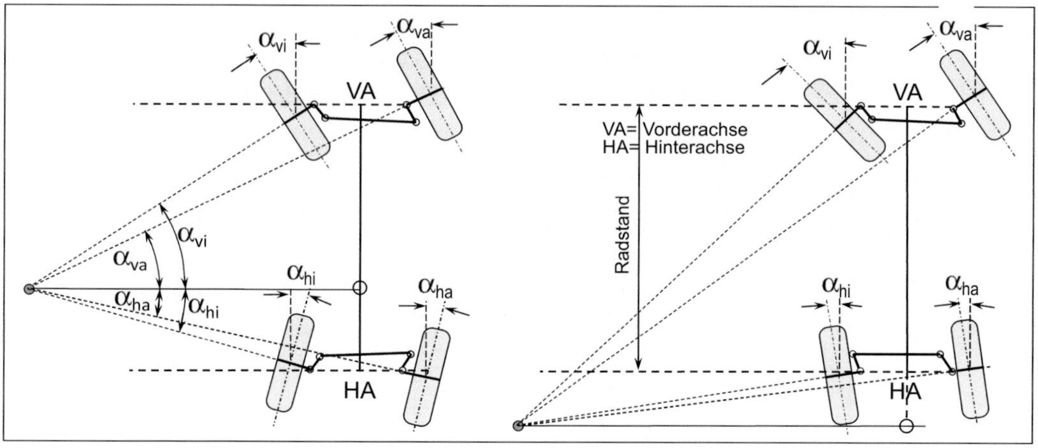

Abb. 8.92 Schema eines Wendemanövers mit Allradlenkung (gegenläufiger Radeinschlag, linkes Bild) und Schema eines Spurwechsels mit Allradlenkung (gleichläufiger Radeinschlag, rechtes Bild)

weise in engen verwinkelten Altstadtgassen, problemlos möglich (Abb. 8.92, links).

8.7.2 Spurwechsel mit höherer Geschwindigkeit

Hierzu müssen die Räder der Hinterachse bis zu 2° in gleicher Richtung wie die der Vorderachse, also gleichläufig, eingelenkt werden. Nur dann ist ein stabiles, komfortables und spurtreues Fahrverhalten erreichbar, das dem Fahrer ein sicheres Fahrgefühl vermittelt (Abb. 8.92, rechts).

Abb. 8.93 zeigt das Beispiel eines Kennlinienfeldes für die Allradlenkung. Sensoren erfassen Daten über den aktuellen Fahrzustand wie z. B. Vorderachslenkwinkel und Fahrgeschwindigkeit ggf. Gierrate. Sie werden ausgewertet und aus dem Kennlinienfeld zu den Steuerbefehlen zum Ansteuern des Hinterachsstellers umgewandelt. Zwei Mikroprozessoren, die sich gegenseitig auf Plausibilität und Funktionstüchtigkeit überwachen, steuern die Leistungsendstufe an, die bei Lösungen mit mechatronischen Aktuatoren einen dynamischen, leistungsfähigen Elektromotor zur Betätigung des Stellgliedes versorgt. Treten Fehler im System auf, muss das Steuergerät Art und Bedeutung des Fehlers analysieren und ebenfalls wie bei der Elektro- oder Aktivlenkung sofort Ersatzmaßnahmen einleiten.

Zwei Ersatzmaßnahmen sind je nach Situation zum Zeitpunkt des Ausfalls hilfreich: In einem Fall werden die eingeschlagenen Hinterräder langsam auf Geradeauslage zurückgefahren und in dieser Position verriegelt.

Im anderen Fall wird die momentane Einlenkposition der Hinterräder beibehalten und blitzschnell blockiert. Eine Warnlampe zeigt dem Fahrer zeitgleich einen Systemfehler an.

Wie bei der Vorderachslenkung werden auch für die Hinterachse bevorzugt elektromechanische Aktuatoren benutzt. Die beiden Hinterräder werden dabei miteinander verbunden. Da für viele Hinterachskonzepte die Unterbringung einer Verbindungsstange aus Platzgründen nicht möglich ist, können auch zwei voneinander unabhängige Aktuatoren verwendet werden

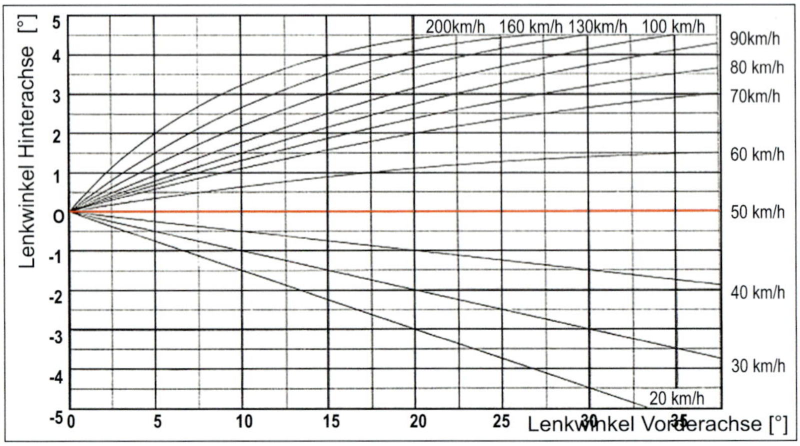

Abb. 8.93 Beispiel eines Kennfeldlinienfeldes für die Allradlenkung [3]

8

[28]. Die Anordnungsbeispiele für Hinterachssteller zeigt Abb. 8.94.

Seit 1984 sind hydraulische Hinterradlenkungen bekannt: Super-HICAS Vierradlenkung (Nissan),Active-Four-Vierradlenkung (Mitsubishi), Aktive Hinterachskinematik AHK (BMW) werden hier nicht beschrieben.

Aufgrund der hohen Komplexität, Gewicht und Kosten der Hydraulik setzten sich ab 1990 elektromechanische Systeme durch. Weniger komplexe Bauweise, Gewicht und geringere Fehleranfälligkeit sowie die beliebige Regelungsmöglichkeiten des Hinterradlenkwinkels sind die Vorteile elektromechanischer Systeme. Hierzu werden die Hinterräder mittels eines linear beweglichen, ölfreiem Stellers in einem kleinen Winkelbereich gelenkt. Basierend auf diversen Eingangsgrößen, berechnet ein Steuergerät eine Stellgröße und ein Elektromotor wird entsprechend gesteuert.

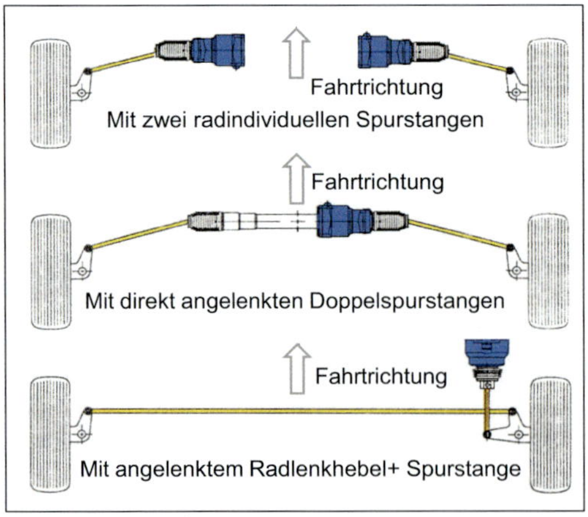

Abb. 8.94 Elektromechanische Hinterachssteller

Die zwischenzeitliche Einführung der elektromechanischen Vorderachslenkung und der Aktivlenkung erleichtert die Einführung ähnlich aufgebauter elektromechanischer Hinterachssteller. Ihre Systemkonzeption, alle Hauptbauteile wie Sensorik, Steuergerät, Elektromotor und Kugelumlaufgetriebe sind technisch vergleichbar und erfolgreich in Serie. Auch die nötige Infrastruktur wie z. B. das bordeigene Bus-Kommunikationssystem im Fahrzeug ist mittlerweile Stand der Technik. Dies alles verbessert die Kostensituation. Hydraulische Systeme wurden daher in der Zwischenzeit vollständig durch die kostengünstigeren, sparsameren und besser regelbaren elektromechanischen Systeme abgelöst.

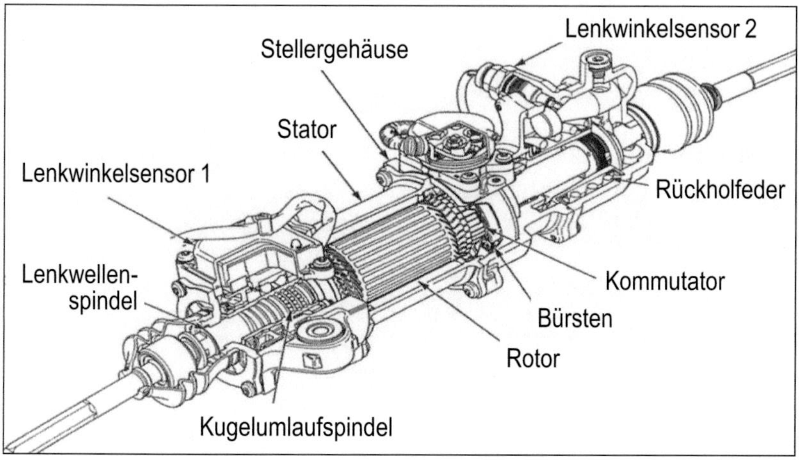

Abb. 8.95 Honda Prelude 4WS Hinterradlenkung [29]

8.7.3 Ausführungsbeispiele

- **Elektromechanische Hinterradlenkung von Honda (4WS)**

Einer der ersten Ausführungen dieser Lenkung führte Honda 1991 bei ihrem Modell Prelude ein. In Abb. 8.95 ist der relativ komplexe Systemaufbau dargestellt.

Ein Kugelumlaufgetriebe wandelt die Drehbewegung eines Hohlwellenmotors zur Linearbewegung um. Zwei Lenkwinkelsensoren überwachen den Ist-Zustand. Eine Rückholfeder bringt die Hinterräder bei einem Systemausfall in ihre Mittelstellung zurück [29].

- **4 Wheel Active Steer (FWAS) in Nissan Infinity**

Nissan hatte auch sehr früh (ab 1993) elektromechanische Hinterradlenkungen mit einem sehr interessanten mechanischen Konzept (Abb. 8.96) in ihren Modellen eingesetzt. Die rotatorische Bewegung des elektrischen Stellmotors wird über einen Hypoid-Zahnradsatz durch einen exzentrisch gelagerten Zapfen zu einer translatorischen Bewegung umgesetzt [30].

Aufbauend auf die lange Erfahrung mit den Hinterradlenkungen stellt derzeit Nissan eine umfassende und komplexe Form der Allradlenkung unter dem Namen *„4 Wheel Active Steer“* vor.

Bei diesem System, das im Infiniti G37 Coupé eingebaut ist, wird jedes Rad einzeln geregelt und gelenkt. Dabei werden alle mechanischen Bauteile wie Spurstangen und Lenkgetriebe sowie hydraulische oder elektrische Lenkgetriebe durch Aktuatoren ersetzt. Nicht nur, dass damit jedes Rad auf einer Ideallinie geführt werden kann, darüber hinaus ist in Notsituationen jedes Rad individuell und unabhängig voneinander einstellbar [31].

- **Aktive Hinterachskinematik von Hyundai (AGCS)**

(*Active Geometry Control Suspension,* (AGCS) Hyundai hat auf der IAA 2005 eine aktive Hinterachskinematik (keine dynamische) vorgestellt, um den Vorpurwinkel beider Räder fahrsituationsabhängig und abhängig von der Querbeschleunigung zu verstellen [32].

Dazu wird ein Hebel verwendet, der mit einem Elektromotor ca. ±15° von der Mit-

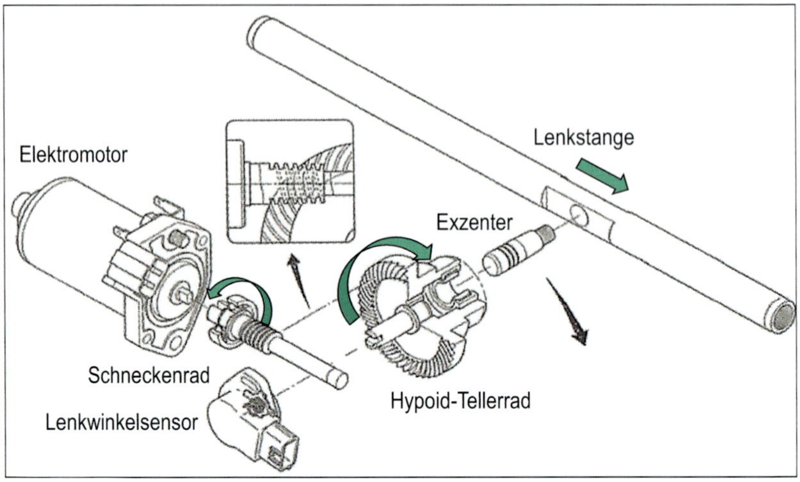

■ **Abb. 8.96** Wirkprinzip der Nissan 4WS Hinterradlenkung [30]

■ **Abb. 8.97** Elektromechanische Stelleinheit (rot) der Hyundai Hinterradlenkung [32]

tellage geschwenkt wird und damit die am Hebelende gelagerte Spurstange hin- und bewegt (■ Abb. 8.97). AGCS verbessert die Fahrstabilität beim Spurwechsel und reduziert die Wankbewegungen. Es verhindert ein Umkippen (Roll Over Prevention) des Fahrzeugs bei einem Ausweichmanöver (Fisch-Hook-Test).

- **Hinterradlenkung von Renault *„4Control"***

Im 2008 hat Renault eine Hinterradlenkung für die Verbundlenkerachse des Laguna GT und eine erweiterte Version davon im 2016 im Megane GT eingeführt.

Der Radträger ist am Längslenker nicht fest, sondern mit einem Scharniergelenk drehbar gelagert. Eine an die beweglichen Radträger befestigte Spurstange lenkt über einen Hebel und einen Elektromotor die beiden Räder parallel zueinander (■ Abb. 8.98) [33].

Der doppelseitige Hebel ist am Schubmittelpunkt des Querträgers der Verbundlenkerachse gelagert, weil dieser Punkt der einzige ist, der bei einseitigen Radbewegun-

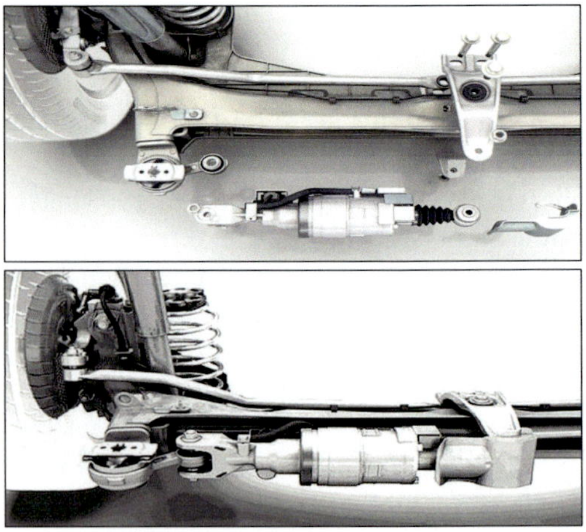

■ **Abb. 8.98** Verbundlenker Hinterachse mit Zentrallenkung „4Control" des Renault-Laguna GT [33]

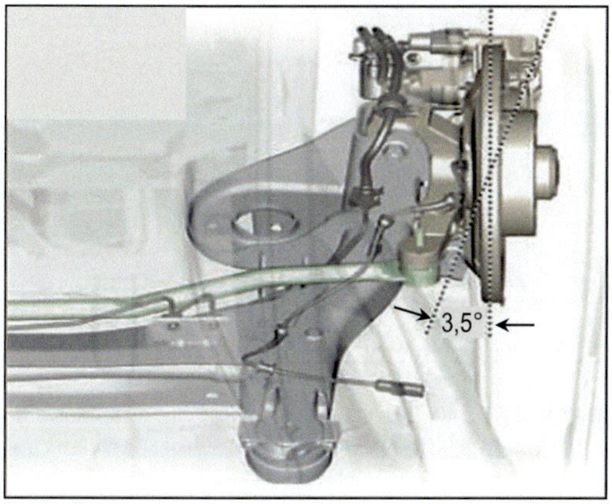

Abb. 8.99 Drehbarer Radträger mit Spurstange [33]

gen seine Lage nicht ändert. An dem anderen Ende des Hebels ist der Elektromotor mit einem Trapezspindelantrieb befestigt (Abb. 8.99).

Der Maximalwinkel der Räder beträgt 3,5° und reduziert den Wendekreisradius beim Manövrieren und Parken um 7 % (ca. 38 cm).

Bei einem Ausweichmanöver, µ-Split-Bremsung oder während der Kurvenfahrt mit einer Geschwindigkeit über 60 km/h lenken die Räder beider Achsen gleichsinnig, um das Fahrzeug stabil in der Spur zu halten. Damit wird das Fahrverhalten deutlich sicherer und agiler.

Seit 2016 hat Renault die 4Control-Technik weiter verfeinert und im Talisman und im Megane GT in Serie eingeführt. Die beiden Fahrzeuge haben groß dimensionierte Querstabilisatoren, modifizierten Mehrlenkaufhängungen und einen Aktor für die Ausführung Lenkbewegung. Jedoch erst die komplexe elektronische Steuerung verleiht dem System nicht nur Agilität, sondern auch erlebbaren praktischen Nutzen.

Integral Aktivlenkung von BMW

BMW führte ab 2008 eine elektromechanische Hinterradlenkung in neuen 7er und 5er Modellen ein. Es werden mit einem zentralen Elektroaktuator die beiden Hinterräder bis zu 3° aktiv gelenkt (Abb. 8.100) [34].

Diese Hinterradlenkung dient zur Verbesserung der aktiven Fahrsicherheit im gesamten Bereich möglicher Lenkmanöver. Der kleine Lenkwinkel der Hinterräder reduziert den Wendekreisradius um 6 % (33 cm) [35] und damit die Manövrierbarkeit beim Parken.

Der elektromechanische Steller besteht aus einem Hohlwellenmotor, der über eine Mutter mit Trapezgewinde eine Spindel verschiebt. Diese ist wiederum mit den hinteren Spurlenkern verbunden und überträgt so die Lenkbewegung auf die Räder (Abb. 8.101). Der Maximale Strombedarf mit 60 Amper ist gering, weil die Lenkkräfte relativ niedrig sind.

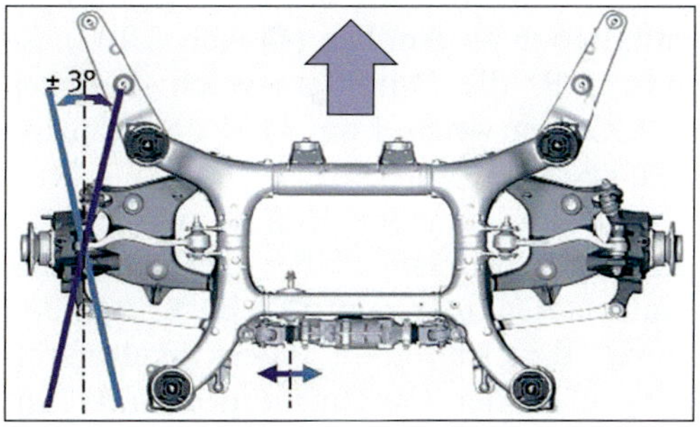

Abb. 8.100 Hinterradlenkung der BMWs [34]

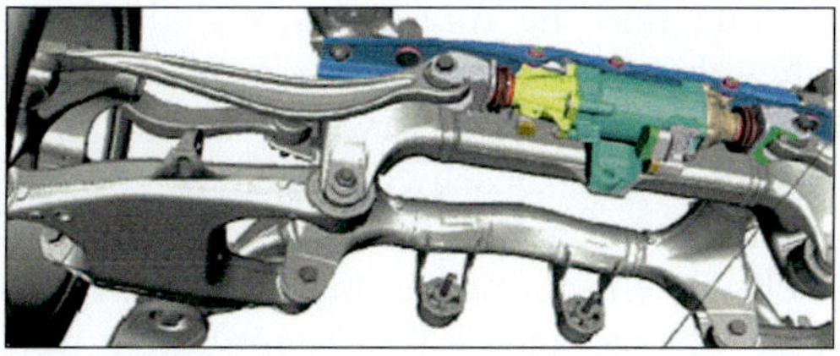

Abb. 8.101 Elektromechanische Hinterachslenkaktuator und an dessen beiden Enden gelagerte Spurlenker

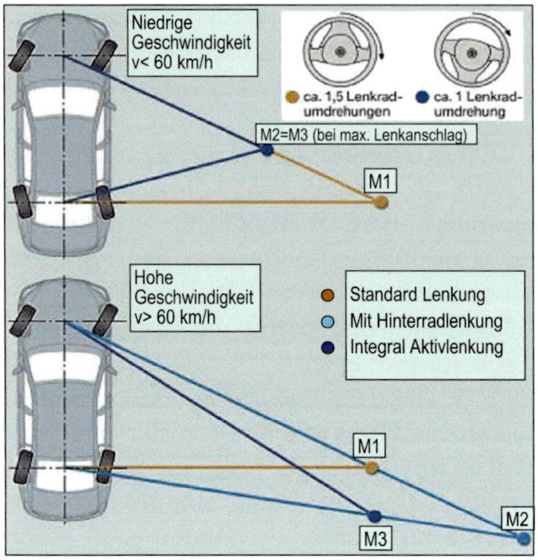

Abb. 8.102 Verlagerung des Momentanpols bei langsamer und schneller Fahrzeuggeschwindigkeit [35]

BMW „Integral Aktivlenkung" vernetzt die Überlagerungs- und die Hinterradlenkung miteinander, um das Fahrdynamikpotential noch zu erhöhen (Abb. 8.102). So kann z. B. die Durchfahrtgeschwindigkeit im ISO-Spurwechsel um 11 % auf Sportniveau gesteigert werden.

Eine anschauliche Erläuterung der Interaktion zwischen Überlagerungs- und Hinterradlenkung zeigt Abb. 8.103. Hier wurde die stationäre Gierwinkelverstärkung über der Geschwindigkeit für fünf unterschiedliche Systeme gegenübergestellt. Drei Kurven repräsentieren konventionelle Fahrzeuge mit sportlicher, normaler und gutmutiger Abstimmung. Die vierte Kurve zeigt das Fahrzeug nur mit der Hinterradlenkung und die fünfte das Verhalten mit Integral Aktivlenkung. Das Fahrzeug mit Hinterradlenkung (Kurve 4) verhält sich bei niedrigen Geschwindigkeiten wie ein sportlich, bei hohen Geschwindigkeiten jedoch wie ein gutmütig abgestimmtes Fahrzeug, was jedoch als träge empfunden werden kann [36].

Die Integral Aktivlenkung verbessert das Fahrdynamikverhalten auch bei hohen

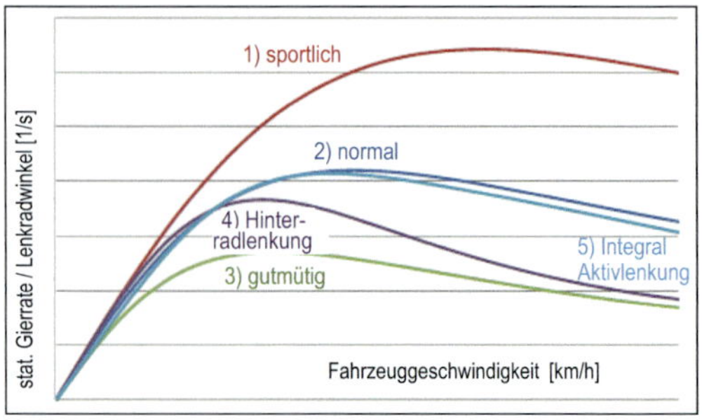

Abb. 8.103 Gierratenverstärkung unterschiedlicher ahrzeuge im Vergleich zu Integral Aktivlenkung [36]

Geschwindigkeiten ohne Beeinträchtigung der Fahrsicherheit (Kurve 5) [37].

Für weitere Informationen über Integral Aktiv Lenkung s. ► Abschn. 16.4: Elektronische Querdynamiksysteme

Wenn eine Überlagerungslenkung nicht vorhanden ist, lässt sich selber Effekt natürlich auch mit einer Elektrolenkung realisieren (Abb. 8.104). Aus diesem Grunde werden immer weniger teure Überlagerungslenkungen als Sonderausstattung angeboten.

- **Active Kinematics Control (AKC) von ZF**

Alle Hinterradlenkungen haben einen zentralen Steller. Wenn aber Hinterachspackage eine durchgehende Verbindung beider Räder nicht zulässt, ist jedes Rad durch eigenen Steller zu lenken. Das „AKC-System" hat für jedes Rad einen Steller. Sie sind als längenveränderliche „aktive" Spurstangen konzipiert (Abb. 8.105). Der Elektromotor mit einem Riemenantrieb und Trapezgewinde ist zwischen den Lenkpunkten der Spurlenker angeordnet. Der aufbauseitige Anlenkpunkt des Spurlenkers ist im Gehäuse integriert [38].

So kann die AKC-Einheit bei der Hinterachsaufhängungen ohne Platzprobleme den Spurlenker ersetzen. Der Steller bildet eine mechatronische Einheit mit integrierter Vorortsteuerung und den für die Hub-

■ Abb. 8.104 Integral Aktivlenkung mit vorne und Hinten elektromechanische Steller [36]

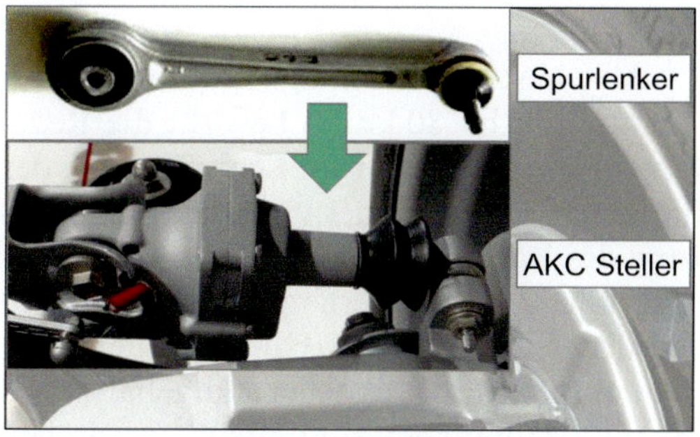

■ Abb. 8.105 Anordnung eines AKC-Stellers in einer ansonsten unveränderten Radaufhängung [39]

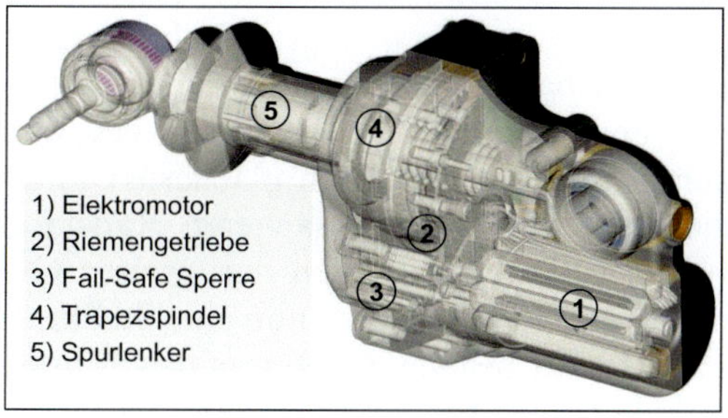

■ Abb. 8.106 Aufbau des AKC-Stellers [39]

messung und -synchronisierung notwendigen Sensoren sowie für die Fail-Safe-Funktion notwendigen Bauteile.

■ Abb. 8.106 zeigt den Aufbau des Stellers. Er ist ausgelegt mit einem 500 W E-Motor, hat einen Hub von ±20 mm (entspricht einem Lenkwinkel von ±6°) und weist eine Dynamik von 60 mm/s auf. Die maximale Vertellkraft beträgt 4 kN und die Missbrauchlast 24 kN.Das integrierte Steuergerät übernimmt die Ansteuerung der Aktuatoren und die Auswertung der Sensorik. Wichtige Funktionsmodule sind die Betriebsstrategie, die Motorregelung und die Systemüberwachung. Die Betriebsstrategie berechnet die Spurverstellung an der Hinterachse in Abhängigkeit der Fahrsituation.

In das Subsystem *'Powerpack'*, ist der Elektromotor und die ECU integriert. Die Kommunikation mit der ECU kann durch Flex-Ray oder durch CAN realisiert werden.

Die Drehmomentübertragung wird durch ein Zahnriementrieb realisiert. Das Trapezgewinde wurde selbst-hemmend ausgeführt und ist ein Baustein zur Erfüllung der hohen Anforderungen an das Sicherheit-Konzept.

Ein AKC Baukastensystem beinhaltet zusätzlich zu den Basisstellern auch einen Zentralsteller (■ Abb. 8.107).

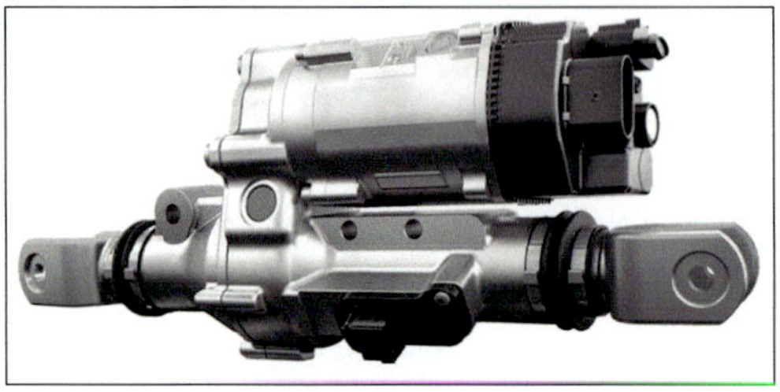

■ **Abb. 8.107** AKC-Applikation als Zentralsteller [7]

ZF stellt nun die zweite Generation dieser Zentralsteller vor. Das System, das ab Dezember 2020 in einer Oberklasse-Limousine zum Einsatz kommt, bietet 10° statt bisher 4,5 Lenkwinkel, der die Wendigkeit langer Fahrzeuge erhöht sowie Steer-by-wire, die Einbindung in automatisierte Fahrfunktionen vereinfacht. Damit unterstütze man vor allem Fahrzeugmodelle, die batterieelektrisch angetrieben werden und aufgrund der bei ihnen gewöhnlich zwischen den Achsen platzierten Energiespeicher über einen längeren Radstand verfügen. Die Aktuatoren der zweiten Generation der AKC bieten nun eine Stellkraft von 11 statt bislang 8 kN, was den Einsatz in Fahrzeugen bis 3,5 t Gewicht ermöglicht (■ Abb. 8.108) [41], [42].

8

■ PORSCHE 911 Hinterachslenkung

Aufgrund der speziellen Packageanordnung von Motor und Getriebe im 911 konnte nicht auf das Zentralsteller-System von ZF zurückgegriffen werden, sondern je einen Aktor pro Hinterrad in der Mehrlenkerhinterachse verbaut. Diese ermöglichen je nach Geschwindigkeit einen Lenkwinkeleinschlag von ± 2,8° (■ Abb. 8.109).

Im niedrigen Geschwindigkeitsbereich bis 50 km/h stellt die Aktorregelung einen gegensinnigen Lenkeinschlag zwischen Vorder- und Hinterrädern und bewirkt auf diese Weise eine Verschiebung des Fahrzeugmomentanpols auf der Längsachse des Fahrzeugs in Richtung der Vorderachse, die eine Verkürzung des virtuellen Radstandes des 911er um 250 mm zur Folge hat. Die dynamische Fahrt im Stadtverkehr profitiert von einem gesteigerten Einlenkverhalten, außerdem übt die Radstandverkürzung einen positiven Einfluss auf die Wendigkeit des Fahrzeugs aus.

Ab einer Geschwindigkeit von 50 km/h (bei 911 Turbo 80 km/h) bewirkt die Regelung einen gleichsinnigen Lenkeinschlag der hinteren Räder zu einer virtuellen Verlängerung des Radstandes um 500 mm führt.

Diese Radstandverlängerung wirkt sich stabilisierend auf das Fahrverhalten aus; Seitenkraft wird schneller aufgebaut und Gieren des Fahrzeugs im hochdynamischen Grenzbereich minimiert [38]. Zwischen den Grenzwerten von 50 bzw. 80 km/h erfolgt je nach Fahrsituation ein flexibles Abwechseln der Steuerungsmodi.

■ **Abb. 8.108** 2. Generation der Hinterachslenkung AKC [41]

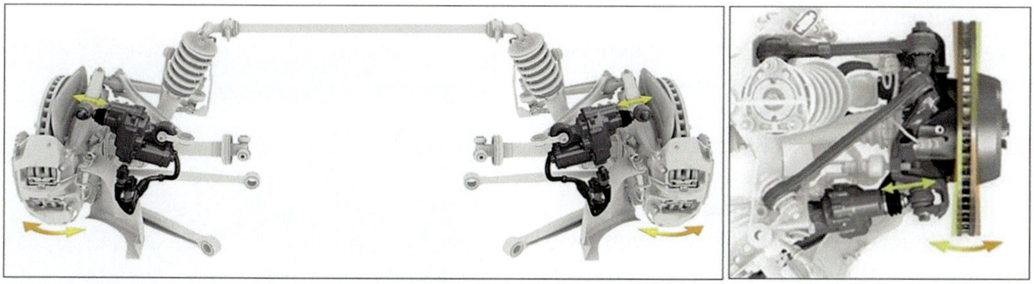

Abb. 8.109 AKC-Steller in Porsche 911 [38]

- **Active Rear Axle Kinematics (ARK) Conti-Teves**

Ein ähnliches Konzept wie AKC bietet Conti-Teves unter den Namen „Active Rear Axle Kinematics“ (ARK).

Dieser Steller ist ähnlich aufgebaut (**Abb. 8.110**) [43] mit den Spezifikationen ±12,5 mm Hub, 120 mm/s Dynamik und 6,5 kN Verstellkraft. Die ARK ist modular aufgebaut und lässt sich auch als Zentralsteller einsetzen. Continental hat die ARK in ihre ESP-Steuerung integriert, um die Querstabilität des Fahrzeugs agiler und sicherer zu gestalten. Durch das Hinzufügen von EPS und Abstandsensoren kann das System zum autonomen Spurwechsel bei kritischen Situationen *(Emergency Steer Assist)* benutzt werden [43].

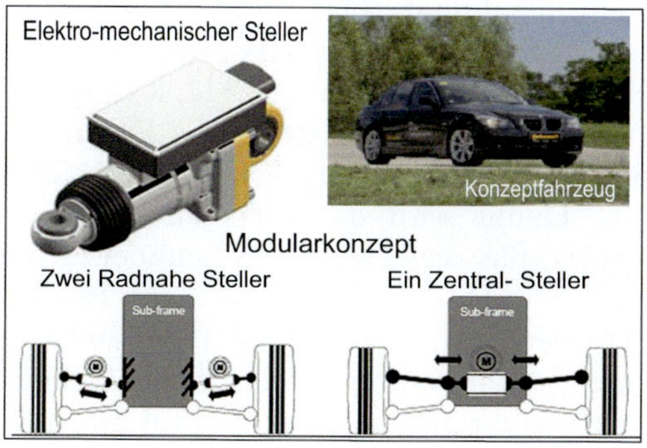

Abb. 8.110 Modularer Aufbau des ARK-Stellers [43]

8.8 Steer-by-Wire Lenksystem

Metin Ersoy, Roland Greuel und Wolfgang Rieger

Alle bis heute für den Pkw entwickelten Serienlenksysteme basieren letztlich auf einer zuverlässigen mechanischen Übertragungseinrichtung zwischen Lenkrad und Rad. Der Fahrer hat damit unter allen Betriebsbedingungen des Fahrzeugs den direkten mechanischen Durchgriff auf die lenkbaren Räder und kann so unmittelbar seine vorgesehene Fahrroute umsetzen.

Die bisherigen Weiterentwicklungen im Lenkungssektor beschränken sich weitgehend auf die Unterstützung der Lenkkraft. So bieten inzwischen hydraulische oder elektromechanische Servolenksysteme für alle möglichen Fahrzustände perfekt angepasste Lenkkräfte, vertrauen aber nach wie vor auf den mechanischen Übertragungsmechanismus. Besonders im Fehlerfall, d. h. wenn Servosysteme in den sogenannten Fail-Safe- bzw. Fail-Silent-Modus abgeschaltet werden, übernehmen mechanische Komponenten die Aufgabe, den Lenkbefehl des Fahrers auf die Räder zu übertragen.

Selbst bei der Aktiv- bzw. Überlagerungslenkung behält der mechanische Übertragungsmodus einen wichtigen Stellenwert. Zwar wird die mechanische Verbindung zwischen Lenkrad und Rad erstmals aufgetrennt, um einen begrenzten autonomen Lenkeingriff durch einen elektromechanischen Steller durchführen zu können, jedoch ist konstruktiv in der Differenzwinkeleinheit sichergestellt, dass im Fail-Safe-Modus die stetige mechanische Rückfallebene zur Verfügung steht.

Mit Steer-by-Wire-Lenksystemen wird erstmals ein neuer radikaler Ansatz versucht, durch eine rein elektronische Übertragung des Fahrerlenkwunsches d. h. eine voll Entkopplung der mechanischen Lenkbewegung des Fahrers von der Lenkung der Räder. Die herkömmlichen mechanischen Übertragungseinrichtungen entfallen.

Stattdessen wird der Fahrerlenkwunsch durch Sensoren erfasst und als Datenstrom an das elektromechanische Lenkgetriebe übermittelt. Dieses greif die Information auf und bewegt entsprechend der Räder. Der Gesamtlenkbereich kann dabei drastisch von $1^1/_2$ auf nur $^1/_2$ Lenkradumdrehung reduziert werden [44].

Steer-by-Wire-Technologien sind seit Jahren in der Entwicklung. Zu den Pionieren der Technik zählte der Nissan – Infiniti, in dem Steer-by-Wire in Q50 einsetzte, für Notfälle allerdings eine mechanische Verbindung vorgehalten war. Zuvor baute Daimler-Benz einen Prototyp eines Steer-by-Wire-Systems 1998 in einer E-Klasse. US-Lenkungssystemspezialist Nexteer entwickelte 2003 ein Prototypsystem für BMW. Seitdem setzen sich Steer-by-Wire-Systeme immer mehr durch.

In 2024 brachte Tesla im Cybertruck ein Steer-by-Wire System ohne Kupplung auf den nordamerikanischen Markt.

Auch Toyotas Premium-Marke Lexus setzt auf Steer-by-Wire. Im Lexus-SUV RZ 450e ist optional eine Steer-by-Wire-Lenkung mit dem neuen Yoke-Lenkrad ab Ende 2024 verfügbar (◘ Abb. 8.111).

Das System, bekannt unter der Bezeichnung *,One Motion Grip'*, wird die mechanische Verbindung zwischen Lenkrad und Rädern ersetzen und stattdessen eine erhöhte Übersetzung von 200 Grad bieten, die eine feinere und natürlichere Steuerung gewährleistet [45].

◘ Abb. 8.111 Yoko Lenkrad des Steer-by-wire Lenksystem von Lexus [45]

Die von ZF entwickelte Steer-by-Wire-Technologie wird ab 2025 Teil der neuen Nio-Fahrzeugplattform. Zudem soll die neue Ultium-Plattform von GM, Steer-by-Wire bereits ermöglichen.

Hella will indes ein Steer-by-Wire-System gemeinsam mit dem Lotus Tech Innovation Centre (LTIC) zur Serienreife bringen, dem Forschungs- und Entwicklungszentrum des Automobilherstellers Geely [46].

Im Wesentlichen besteht ein Steer-by-wire-Konzept aus zwei Baugruppen, einem Lenkradmodul (Lenkrad und Softwarefunktionen) und einem Lenkmodul (Zahnstangenlenkung). Die bisherige mechanische Verbindung über eine Zwischenwelle entfällt komplett (◘ Abb. 8.112, 8.113) [47].

Das Steuermodul wertet die Daten aus und setzt sie in entsprechende Lenkbefehle um. Damit wird das Lenkgetriebe angesteuert, das die gewünschte Lenkbewegung ausführt. Das Lenkradmodul im Bereich der oberen Lenksäule umfasst ein Lenkrad, eine Anzahl von Sensoren, die Lenkwinkel und Lenkkraft bzw. Lenkmoment erfassen, und einen trägheitsarmen Lenkradmotor, der dem Fahrer das entsprechende Lenkgefühl vermittelt. Zwischen den beiden Modulen ist eine mechanische Rückfallebene vorgesehen.

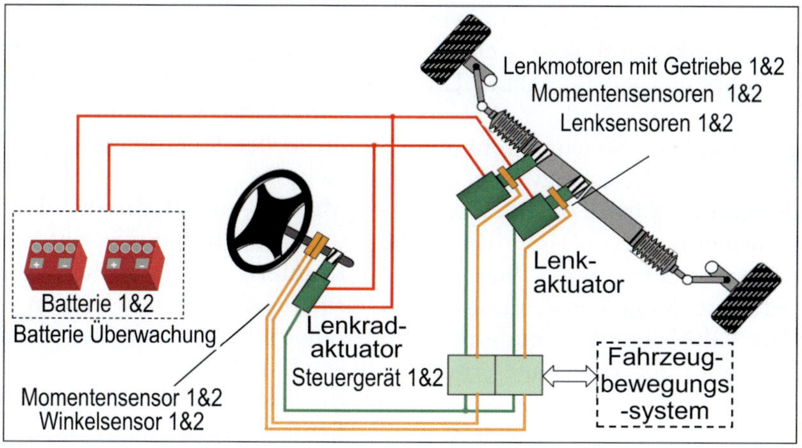

Abb. 8.112 Konzeptdarstellung des Steer-by-Wire-Lenksystems [3]

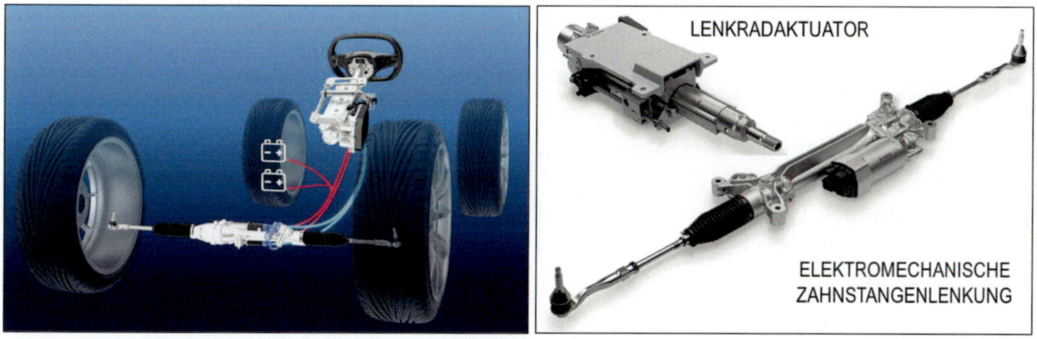

Abb. 8.113 Ersten Prototypen für Steer-by-Wire Konzept [47]

Der Lenkradaktuator erzeugt das Lenkgefühl und gibt das Lenksignal des Fahrers abhängig von Fahrgeschwindigkeit und Fahrbedingungen „by-Wire" schnell und präzise an den Zahnstangenaktuator weiter, der die Räder lenkt. Das Lenksystem wird höchsten Sicherheits- und Komfortansprüchen gerecht. Grundlage hierfür sind die ausgereifte, hochentwickelte Lenkungstechnologie sowie eine redundant ausgeführte fahrzeugseitige Daten- und Spannungsversorgung [48].

Steer-by-Wire bietet zahlreiche Vorteile [48]:

- Höhere Präzision: Die Elektronik setzt den vom Lenkrad vermittelten Fahrerrichtungswunsch viel schneller und direkter um als mechanische Systeme.
- Mehr Komfort: Der Komfort des Fahrers steigt, da durch die mechanische Entkoppelung von Lenkrad und Rädern Erschütterungen nicht mehr übertragen werden. Moderne Steer-by-Wire-Systeme können durch haptische Rückmeldungen ein realistisches Lenkgefühl vermitteln. Von sportlich direkt bis komfortabel entspannt ist jede Einstellung möglich, in demselben Pkw. Somit lassen sich unterschiedliche Lenkungsmodi für unterschiedliche Fahrbedingungen oder Fahrstile einrichten.

- Anpassungsfähigkeit: Der Lenkradwinkel zum Radlenkwinkel lässt sich dynamisch, kontinuierlich und ohne Unstetigkeiten an verschiedene Fahrsituationen anpassen. So eine Lenkung reduziert z. B. den Einschlagwinkel des Lenkrads beim Einparken oder bei langsamen Fahrmanövern.
- Mehr Fahrsicherheit: Durch Steer-by-Wire sind neue Sicherheitsfeatures im Bereich der Fahrdynamikregelung möglich, der Wegfall der Lenksäule erhöht die Crashsicherheit.
- Kompatibilität mit automatisiertem Fahren: Steer-by-Wire-Systeme können vollautonome Fahrzeugsteuerung für Shuttles und Robotaxis realisieren.
- Mehr Platz und Designoptionen: Freiheiten in der Gestaltung des Pkw-Fahrzeuginnenraums werden durch versenkbare Lenkräder für vollautomatisierte Fahrmodi möglich. Ebenso ließe sich der freiwerdende Platz für größere Armaturenbretter oder Head-up-Displays nutzen.
- Beruhigung des Lenkrades bis zu Modi ohne Lenkradbewegung im automatisierten Fahren.

Funktionale Sicherheit und Zuverlässigkeitsaspekte sowie Cybersecurity sind hingegen Knackpunkte bei Steer-by-Wire-Systemen: Es gilt, diese Anforderungen mit akzeptablem Aufwand zu realisieren. Grundsätzlich lässt sich zwischen zwei Redundanzkonzepten „fail-operational“ und „fail-safe“ unterscheiden.

Die Anforderungen an die Redundanz von Steer-by-Wire-Systemen steigern wiederum die Kosten, das Gewicht und Komplexität der Systeme.

Das wird im Zuge der Einführung des automatisierten Fahrens teilweise relativiert, da hierzu ohnehin ein ausfallsicheres Lenksystem im Fahrzeug benötigt wird.

Wertet man die Entwicklungshistorie der Pkw-Lenkung in den letzten 40 Jahren, so kann man stark vereinfacht von der „Evolution einer mechanischen Übertragungseinrichtung für den Lenkwunsch des Fahrers“ sprechen. Verglichen damit handelt es sich bei der Einführung der Steer-by-wire-Technologie um eine „Revolution in der Übertragung des Fahrerlenkwunsches“.

- Mithilfe von Hydraulik, Elektrik, Sensorik und Elektronik wurden viele neue Komfort- und Sicherheitsfunktionen entwickelt, die das Führen eines Fahrzeugs sehr komfortabler und sicherer gemacht haben.
- In mechatronischen und elektrischen Lenksystemen existiert im Fehlerfall immer eine mechanische Rückfallebene, über die der Fahrer auch bei ausgefallener Lenkunterstützung den Lenkwinkel der Räder kontrollieren kann.
- Steer-by-wire-Systeme unterscheiden sich stark im Sicherheitskonzept von herkömmlichen Lenksystemen. Im Fehlerfall genügt kein Abschalten des Systems in den Fail-Silent-Modus, sondern ein Fail-Operational-Modus, d. h. ein redundantes Ersatzsystem mit reduziertem Funktionsumfang ist erforderlich, weil im Fehlerfall dem Fahrer kein mechanischer Durchgriff mehr möglich ist.

Zur breiten Markteinführung des Steer-by-wire-Systems im Pkw wurde für die erste Phase der Vertrauensbildung eine mechanische Rückfallebene gebaut.

Bei den Fahrzeugen von Toyota, Lexus (Ende 2024), Nio und GM(2025), die demnächst in Serie gehen, wird diese Rückfalleben ohne Mechanik realisiert.

■ Direct Adaptive System „ADS“ Infiniti Q50

Das z.Z. in Serie gebaute „Direct Adaptive System: ADS“ von Infinity Q50 hat eine direkte mechanische Verbindung vom Lenkrad zum Lenkgetriebe als Rückfallebene [48]. Außerdem wird das System durch drei Steuergeräte ständig überwacht. Bei einem Fehler schließt die sonst elektrisch ab Start des Fahrzeugmotors geöffnete Kupplung automatisch zu. Äußerlich sieht das System wie eine konventionelle Lenkung mit Lenksäule, Lenkwelle, Lenkgetriebe und Spurstangen. In die Lenkwelle ist jedoch eine Kupplung integriert, die automatisch öffnet wenn by-wire gelenkt wird und schließt wenn von der Steuerung eine Störung detektiert wird.

Das System (◘ Abb. 8.114) hat 4 Hauptmodule [49]:

1) Lenkmomentsensor sensiert den Lenkmoment des Fahrers und steuert entsprechend das Lenkgetriebe. Er ist gleichzeitig Feed-Back Modul für den Fahrer, indem der Lenkwiederstand simuliert wird.
2) Fail-Safe Kupplung ist meist der Zeit offen, schließt aber sobald einer der Steuermodule einen Fehler melden zu und leitet die konventionelle Lenkung ein.
3) Dreifach redundante Control-Module steuern und überwachen Handlenkmoment und die Lenkmotoren.
4) Doppelte Lenkhilfsmotoren sind an den beiden Enden der Zahnstangenlenkungsgehäuse angeflanscht und führen wie bei einer EPS die Lenkbefehle aus.

8.8.1 Systemkonzept und Bauteile

Es könnte statt des Lenkrads auch ein anderes Steuerelement verwendet werden (s. ◘ Abb. 8.54). Studien von Verkehrspsychologen zeigen, dass das Lenkrad nach wie vor zu den besten Vermittlungsinstrumenten der für den Fahrer wichtigen haptischen Informationen zählt. Zudem vermindern dem Fahrer durch vertraute Bedienelemente Unfallrisiken, falls reflexgesteuerte Lenkkorrekturen bei kritischen Fahrzuständen erforderlich sind.

Das Lenkmodul besteht hauptsächlich aus einem elektromechanischen Zahnstangenservolenkgetriebe. Aus Sicherheitsgründen wird die Zahnstange von zwei redundant aufgebauten Elektromotoren über evolventverzahnte Ritzel angetrieben. Die Hochleistungselektromotoren sind üblicherweise als bürstenlose permanentmagneterregte Gleichstrommotoren ausgeführt. Damit sie besonders kompakt bauen, benutzt man Magnetwerkstoffe aus seltenen Erdmetallen, die jedoch Kosten in die Höhe treiben. Zur Erfassung von Lenkwinkel und Lenkkraft sind ebenfalls Sensoren im Lenkmodul installiert. Verschleißfreie, berührungslose magnetoresistive Sensorkonzepte werden dafür bevorzugt verwendet

Eine elektronische Steuereinheit verarbeitet alle von Lenkrad- und Lenkmodul registrierten Daten zusammen mit den aus anderen Fahrzeugsystemen zur Verfügung stehenden Informationen. Die technischen Anforderungen an die Leistungsfähigkeit des elektronischen Steuergerätes müssen höchsten Ansprüchen genügen. Dies hat mit der enormen Vielfalt von perma-

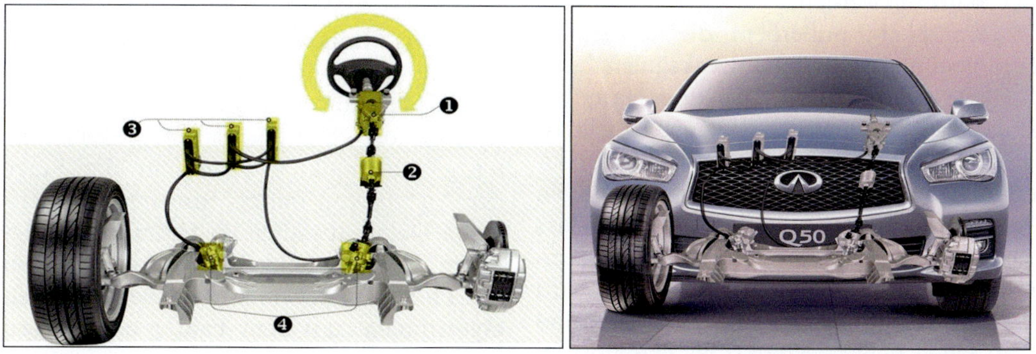

◘ **Abb. 8.114** Steer-by-Wire-System von Infiniti Q50 [48, 49]. 1) Integriertes Lenkmomenten- und Feedbacksensor, 2) Failsafe Kupplung, 3) 3 Elektronische Control Module, 4) 2 Elektrische Lenkmotoren

nent zu verarbeitenden Informationen zu tun ebenso wie mit der aus Sicherheitsgründen durchgängig redundanten Systemstruktur. Z. T. erfordert dies bis zu drei voneinander unabhängige Sensoren für ein einziges sicherheitsrelevantes Signal. Nur dann ist im Fehlerfall ein sicherer Fail-Operational-Modus des Systems bei jedem Fahrzustand garantiert.

Die Sicherstellung der Betriebsbereitschaft dieser jederzeit nutzbaren unabhängigen zweiten Funktionseinheit erhöht die Komplexität der Steuereinheit deutlich. Je nach Funktions- und Sicherheitsstruktur sind bis zu acht 32-Bit-Hochleistungsmikroprozessoren in der Steuereinheit konzentriert. Ihnen sind bestimmte Aufgaben zugeordnet, sie tauschen permanent untereinander Daten aus und überwachen sich gegenseitig auf Funktionstüchtigkeit und Plausibilität der ausgegebenen Sollwerte.

Aus Vereinfachungs- und Kostengründen sowie aus Sicht der Marktakzeptanz wird bei den ersten Steer-by-wire-Serienprojekten wohl noch – wie schon angesprochen – ein Sicherheitsbaustein als Fail-Safe-Rück-fallebene für den Fehlerfall eingebaut.

Eine mechanische Rückfallebene ist einfacher und kostengünstiger umzusetzen. Sie eignet sich jedoch nur für leichtere Fahrzeuge, bei denen im Fehlerfall die gesetzlichen Grenzwerte der Betätigungskraft unter manuellen Notlenkbedingungen nicht überschritten werden.

Hier bleibt außerdem die bisher bei Servolenkungen übliche Lenksäulen- und Lenkwellenkonstruktion in den Hauptbestandteilen erhalten. An geeigneter Stelle ist die Lenkwelle mit einer elektrisch angesteuerten Trennkupplung ausgerüstet, die im Normalfall bestromt und offen ist, sodass Lenkrad- und Lenkmodul keine mechanische Verbindung haben. Im Fehlerfall wird die Trennkupplung stromlos geschaltet und über einen Federmechanismus geschlossen. Damit steht für Notlenkmanöver wieder eine durchgängige mechanische Rückfallebene mit direktem Durchgriff vom Lenkrad zu den gelenkten Rädern zur Verfügung.

Allerdings geht bei dieser Lösung ein wesentlicher Vorteil der Steer-by-wire verloren. Weil die Lenksäule mit Lenkwelle als Bauteile für die Fail-Safe-Rückfallebene benötigt wird, sind der erweiterte Gestaltungsspielraum für Links- und Rechtslenker ebenso wie die bessere Crashsicherheit nicht mehr existent.

Zur Erfüllung der hohen Sicherheitsansprüche verfügen Steer-by-Wire-Lenkungen eine redundante Energieversorgung. Damit kann Steer-by-Wire auch im Energiebordnetz einen Technologieschub auslösen, da die Architektur dann auch hier Redundanzen vorhalten muss.

Diese hohen technischen Herausforderungen machen es schwierig, mit den heute bekannten Kostenzielen ein solches Konzept zu realisieren. Trotzdem arbeiten einige Hersteller daran. Ein Beispiel ist das Prototype einer Steer-by-wire Lenkung von Krupp Thyssen-Presta, eingebaut in einem Forschungsfahrzeug. Man will die Implantation und Test mehrerer unterschiedlicher Steer-by-wire Regelungsstrategien untersuchen [50].

■ Abb. 8.115 zeigt ein CAD Modell der Lenkung mit einer mechanischen Rückfallebene.

8.8.2 Technik, Funktionen, Chancen

Die völlige Entkopplung von Lenkrad- und Lenkmodul bietet technischen Freiraum zur Gestaltung von Lenkfunktionen unter Komfort-, Sicherheits- und Fahrerassistenzgesichtspunkten. Es ist nur eine Frage der Anzahl von mittels Sensoren abgegriffenen Daten aus allen im Fahrzeug verfügbaren Systemen und deren Kombinationen mit Hilfe im Steuergerät abgelegter Regelalgorithmen, um dem Fahrer das Führen des Fahrzeugs unter allen vorstellbaren Betriebsbedingungen so sicher und so einfach wie möglich zu machen.

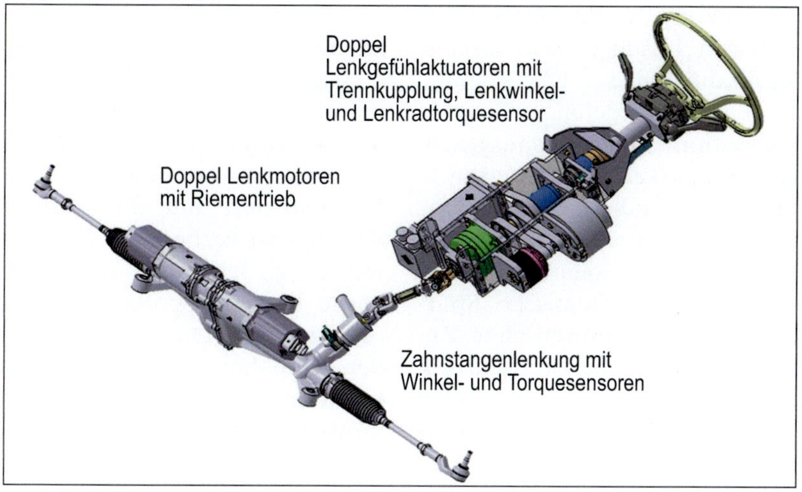

Abb. 8.115 Prototypendarstellung des Steer-by-Wire-Lenksystems mit mechanischer Rückfallebene zum Testen der Steer-by-wire Funktionalität in einem Versuchsfahrzeug [50]

Eine große Chance, aber auch eine große Herausforderung ist dabei die Generierung von authentischen Handkraftverläufen durch das Lenkradmodul. Das generierte Lenkgefühl soll dabei keinesfalls synthetisch wirken, sondern den Handkraftverlauf fahrphysikalisch sinnvoll und passend zur wahrgenommenen Querbeschleunigung bzw. den Seitenführungskräften am Reifen abbilden. Dazu muss auch das Lenkmodul einen wichtigen Beitrag leisten, denn dieses muss die wirkenden Achskräfte bzw. die daraus resultierenden Spurstangenkräfte korrekt erfassen und dem Lenkradmodul als Eingangsgröße zur Verfügung stellen. Diese Wirkkette ist durch die beteiligten Softwarefunktionen frei programmierbar und ermöglicht einen großen Variantenreichtum möglicher Lenkgefühlausprägungen. Da keine Fahrzustandsinformationen mehr über mechanische Übertragungsglieder übermittelt werden, sind diese Freiheitsgrade deutlich umfangreicher als mit elektromechanischen Lenksystemen. So können Störgrößen, z. B. aus unebenen Fahrbahnen gezielt eliminiert, abgeschwächt oder verstärkt werden.

Die Individualisierungsmöglichkeiten steigen bei Einsatz von Steer-by-Wire-Lenkungen nochmals, weil auch die Übersetzung zwischen Lenkradwinkel und Radlenkwinkel nicht mehr an mechanische Übertragungsketten gebunden ist. Vielmehr wird auch dieser Mechanismus durch SW-Funktionen und Datenübertragungen übernommen und damit ebenfalls frei programmierbar.

Auf dieselbe Art und Weise kann das Lenksystem über die parametrisierbare Software optimal an jedes Fahrzeug angepasst werden. Selbst das Eigenlenkverhalten wie Über- oder Untersteuern kann man damit beeinflussen, um jedem Fahrzeugtyp den gewünschten Markengene bei der Fahrdynamik aufzuprägen. Dem persönlichen Fahrstil des jeweiligen Fahrers ist dadurch Rechnung zu tragen, dass seine bevorzugten Lenkungsparameter individuell ermittelt, gespeichert und dann analog einer Sitz-Memory bei Fahrtantritt abgerufen werden.

Was die Fahrerassistenz- und Stabilisierungsfunktionen angeht, lassen sich natürlich alle bereits bei der elektromechanischen Servolenkung und der Aktiv- bzw.

Überlagerungslenkung praktizierten und dort beschriebenen Lösungen wie variable geschwindigkeitsabhängige Übersetzung, Lenkvorhalt, Gierratenregelung, Giermomentenkompensation, Seitenwindausgleich, automatisiertes Einparken usw. umsetzen.

Durch die vollständige mechanische Entkopplung von Lenkrad und Lenkgetriebe lassen sich noch visionärere Funktionen entwickeln. Vollautomatische Spurführung oder Ausweichmanöver ohne Zutun des Fahrers – wenn die Bordsensorik unmittelbar drohende Unfallgefahr durch ein vom Fahrer unerkanntes Hindernis feststellt – sowie in Verbindung mit anderen Fahrzeugsystemen des Brems- und Antriebsbereiches letztlich ein autonomes Fahren ist vorstellbar.

8.8.3 Neuartige Lenksysteme der Zukunft und Einzelradlenkung

Neben den Steer-by-wire-Lenksystemen sind in der nahen Zukunft weitere Lenksysteme zu erwarten. Innovationen können dabei in der Weiterentwicklung der Betätigungseinrichtung oder in dem Lenkaktoren der Achse erfolgen. Am Lenkaktor ist zukünftig der Ersatz des Lenkrades durch Joysticks oder andere alternative Betätigungseinrichtungen denkbar.

Bei den Radaktoren ist ein auflösen der mechanischen Verbindung beider Räder denkbar. Mithilfe einer Einzelradlenkung (jedes Vorderrad wird einzeln von einem elektrisch angesteuerten Aktuator eingelenkt, wodurch die starre Verbindung über eine Spurstange entfällt) kann der Radlenkwinkel allein über die in der Software des Steuergerätes hinterlegten Regelalgorithmen so individuell ausgeführt werden, dass die heutigen mechanischen Mehrlenkerachsen durch einfachere und kostengünstigere Radaufhängungen ersetzbar sind (s. ► Abschn. 16.7.2).

Durch die Tendenz zu den Elektrisch angetriebenen Stadtautos mit kleinen Abmessungen und Wendekreisen sind bereits die ersten Konzepte für die entsprechenden Lenksysteme vorgestellt. Bei diesen Fahrzeugen werden Radwinkeln weit über 50° realisiert um die Manövrierbarkeit deutlich zu verbessern. Dies ist machbar, weil durch fehlenden Verbrennungsmotor, vorne Platz für größeren Radkasten verfügbar bleibt. Diese Autos besitzen entweder Radnabenmotoren oder einzelne Hinterradantriebe, die das Auto trotz solch großen Radwinkeln ohne zu stolpern zu lenken. So wird es möglich statt den

üblichen 3–12 m. einen Wendekreis von nur noch 7–6 m. zu erreichen, vielleicht sogar seitlich in die Parklücken einzufahren (◘ Abb. 8.116) [51].

Eine weitere Möglichkeit ist die Anordnung der Lenkmotoren direkt auf der Lenkachse (◘ Abb. 8.117 links). RWTH-IKA Aachen hat in das Forschungsfahrzeug „SpeedE" ein Steer-by-wire System mit dieser Innovation Lenkungstopologie vorgestellt. Neben der individuellen Lenkbarkeit einzelner Räder bietet diesem Konzept folgende weitere Vorteile [52]:

- Erweiterung des Radlenkwinkels bis zu 90°
- aktiv regelbare Lenkwinkeln
- Reduzierung der Lenkmomente um kleinere Motoren zu verwenden

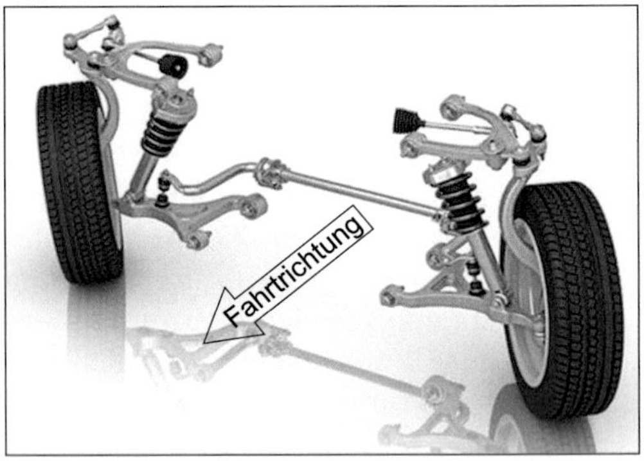

◘ **Abb. 8.116** Advanced Urban Vehicle (AUV) von ZF mit Heck-E-Antrieb und Radlenkwinkeln von 75° [51]

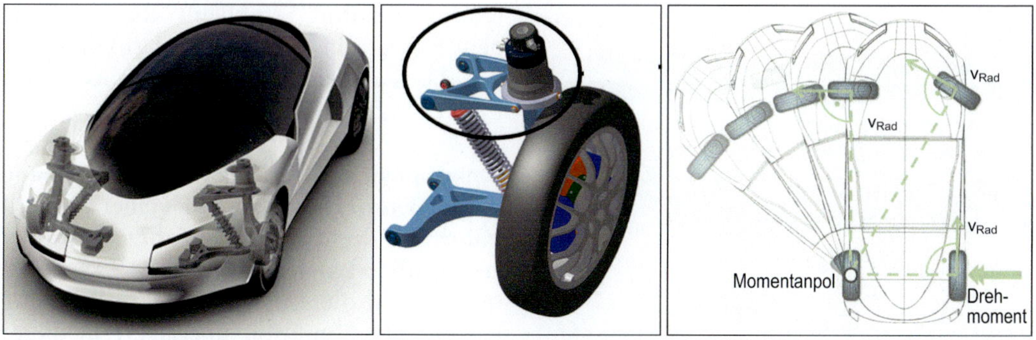

Abb. 8.117 Konzeptdarstellung des Einzelrad Steer-by-wire Lenksystems „SpeedE“ mit auf der Lenkachse eingebauten E-Motoren mit integriertem Harmonic Drive Getriebe. Rechts: Drehen um das Momentanpol [52]

Am E-Motor sitzt ein Harmonic Drive Wellgetriebe (s. Abb. 8.79) um eine große Übersetzung und Steifigkeit zu erreichen. Die Anbindung des Motors am oberen Kinematikpunkt ist kein Kugelgelenk, sondern ein Kardangelenk um die unerwünschte dritte Drehfreiheit zu unterbinden (Abb. 8.117 Mitte). Um die 90° Lenkbarkeit zu ermöglichen muss das Drehmoment der hinteren Räder Quer verschiebbar sein, dies wird durch zwei E-Motoren an der Achse realisiert (Abb. 8.117 rechts).

Inspiziert aus solchen Forschungsprojekten hat Hyundai Mobis, die Bauteilsparte des Automobilherstellers, eine neuartige Lenktechnologie, gebaut in Elektrofahrzeug Ionic 5, mit einem sehr empfehlenswerten Video vorgestellt [53] (▶ https://youtu.be/3Isz0XgBsIg?t=33).

Zu sehen ist, wie das *e-Corner* genannte System das Autofahrerleben in engen Innenstädten leichter macht. Grundsätzlich ist es die Integration von 4-Radlenkung, Elektrobremse, Federung und Antrieb (Radnabenmotor), in einem Drive By Wire Modul (Abb. 8.118).

Jedes Rad hat ein eigenes und voneinander unabhängig steuerbares, autonomes Modul und kann einen Radlenkwinkel von 90° realisieren. Dadurch können neben Normalfahrt folgende 4 Fahrmodi realisieren (Abb. 8.119):

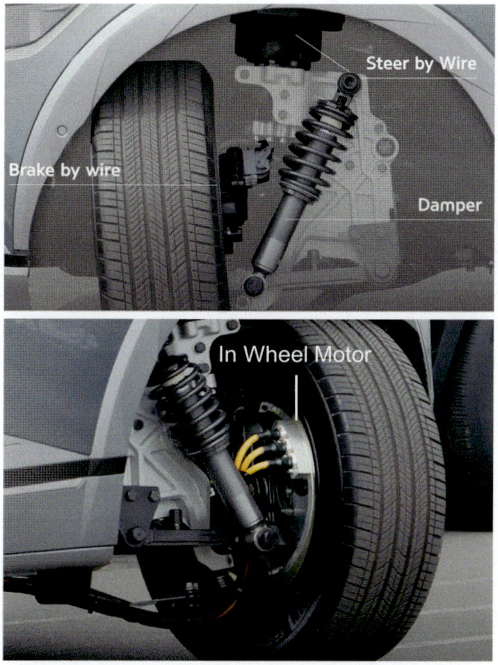

Abb. 8.118 e-Corner von Hyundai Mobis [53]

Dazu zählt auch die „Nulldrehung“, mit der man sich etwa aus engen Sackgassen befreien kann: Dabei werden die Vorderräder nach innen gedreht, während sich die Hinterräder nach außen drehen, womit ein 360-Grad-Turn möglich wird. Beim „Diagonalfahren“ werden alle vier Räder um 45

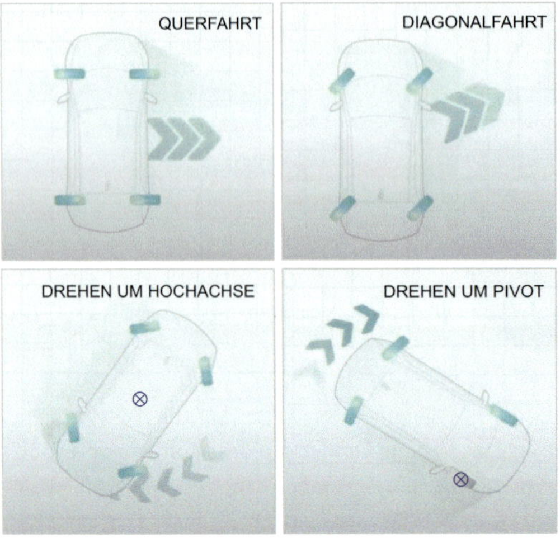

Abb. 8.119 Fahr- und Lenkmodi e-Corner [53] 1 Querfahren (zum Parken) 2 Pivot Lenken 3 Um Hochachse drehen (Zero turn) 4 Diagonal Fahren (zum Überholen)

Grad in die gleiche Richtung bewegt, sodass man auch knapp Hindernissen auf der Straße auszuweichen kann.

8.9 Lenkungsbasierte Assistenzsysteme

Metin Ersoy

Fahrerassistenzsysteme werden im ► Kap. 17 ausführlich beschrieben. Hier wird nur eine Liste von Systemen vorgestellt, die im Wesentlichen erst durch die Einführung der elektromechanischen-Lenkung und kamerabasierter Sensorik möglich geworden sind. Diese Systeme übernehmen die wichtigste Fahreraufgabe Lenken bzw. warnen ihn in kritischen Fahrsituationen.

Lenkempfehlung beim Gieren Bei einem Übersteuerenden Fahrzeug muss der Fahrer die Lenkung zurücknehmen, was ein normaler Fahrer nicht kann. Ist so eine Situation erkannt, empfiehlt die Lenkung dem Fahrer ein überlagertes Lenkmoment, der das Lenkrad leicht in die notwendige Lenkrichtung dreht.

Lenkempfehlung beim µ-Split-Bremsung Beim Bremsen auf einer µ-Split Fahrbahn dreht sich das Fahrzeug immer zur griffigeren Fahrbahnseite. Der Fahrer muss in die entgegengesetzte Richtung lenken. Die Funktion überlagert in dieser Fahrsituation ein zusätzliches Lenkmoment und zeigt dem Fahrer so, in welche Richtung er Lenken muss.

Spurverlassenswarnung/Spurhalteassistent Verlässt das Fahrzeug unbeabsichtigt die Fahrspur und dies wird durch eine Kamera erkannt, wird der Fahrer optisch, akustisch oder haptisch gewarnt und das Lenkrad wird mit einem korrektiven Lenkmoment überlagert. In erweiterter Form wird das Überlagern des Lenkmomentes für eine Rückführung in die Fahrspurmitte genutzt.

Spurwechselwarnung Beim Spurwechsel kann der Fahrer den Tot Winkel im Rückspiegel nicht sehen. Die Sensoren Überwachen den Raum rechts und links von Fahrzeug und durch ein Überlagerndes Lenkmoment warnen den Fahrer, falls der Hinterraum nicht frei ist. Dieses System kann den Fahrer auch beim Abbiegen unterstützen.

Autonome Spurwechsel Ein Spurwechsel ohne der Einwirkung vom Fahrer stattfinden kann, ist bei den Fahrzeugen mit Level 3 bereits bewiesen. Dazu muss natürlich zuerst sichergestellt sein, dass die Überholspur frei ist. Erst dann kommt die aktive Lenkung zur Geltung. Z. Z. ist diese Funktion nur auf den Autobahnen kein Fahrzeug, der entgegen kommt) möglich.

All diese Systeme können auch automatisch arbeiten und bei dem gewünschten Lenkvorgang den Fahrer auch assistieren, indem das überlagerte Lenkmoment über längere Zeiträume regelnd eingesetzt wird.

Dann heißen solche Systeme Fahrzeugstabilisierung, Spurhalteassistenz, Spurwechselassistenz und Abbiegeassistenz. Die Lenkbefehle kommen dann nicht mehr über das Lenkrad, sondern durch ein möglicherweise zentrales Steuergerät per Datenbus zur Lenkung.

Seitenwindkompensation Weicht das Fahrzeug beim Geradeausfahren aus der Spur ab, obwohl der Fahrer nicht gelenkt hat, wird diese Spurabweichung automatisch korrigiert. Die Ursache der Spurabweichung kann ein Seitenwind aber auch Straßenunebenheiten sein.

Anhängermanövrierassistenz Rückwärtsfahren mit Anhänger ist für ungeübten Fahrer sehr schwierig. Der Fahrer gibt das Lenkrad frei und lenkt den Anhänger über den Multimediaknopf. Das System misst den Knickwinkel und berechnet den notwendigen Lenkradwinkel, der dann automatisch impliziert wird.

Einparkassistenz Das System sucht die geeignete Parklücke und Fährt das Fahrzeug voll automatisch in einer Längs- oder Querparklücke. De Fahrer muss dabei in der Lage sein, den Vorgang jederzeit zu stoppen. Ein und Ausparken kann heute auch von Außerhalb des Autos gesteuert werden (z. B. mit Handy).

Baustellenassistenz Das Fahrzeug hält in den Baustellen die Geschwindigkeitsbegrenzung, bleibt innerhalb der gelben Fahrspuren und folgt dem Vorderfahrzeug.

Emergency Steerassist In kritischen Fällen, wenn ein Anhalten des Fahrzeugs ohne Kollision nicht mehr möglich ist, wird vollaktiv ein Spurwechsel durchgeführt.

Literatur

1. ► www.audi-mediacenter.com/de/pressemitteilungen/glossar-fachbegriffe-rund-um-das-thema-lenkung-13953
2. Pfeffer, P., Harrer, M.: Lenkungshandbuch. Springer Vieweg Verlag, Wiesbaden (2013)
3. N.N: Firmenprospekte Bosch Automotive Steering (ehemals LS-Lenksysteme) (2000–2006)
4. Poestgens, U.: Servolenksysteme für Pkw und Nutzfahrzeuge. Verlag Moderne Industrie, (2001)
5. Herkommer, K.: Der Sichere Weg zur Meisterprüfung im Kfz-Handwerk, 6. Aufl. Vogel Buchverlag, Würzburg (1995)
6. Reimpell, J., Betzler, J.W.: Fahrwerktechnik: Grundlagen. Vogel Verlag, Würzburg (2000)
7. *N.N.:* Firmenprospekt ZF Chassis Division in Lemförde (2005)
8. Fecht, N.: Komponenten für Fahrwerk und Lenkung. Bibliothek der Technik, Bd. 152. Landsberg/Lech: Verlag Moderne Industrie, (1997)
9. Regelungen der Economic Commission for Europe für Kraftfahrzeuge und ihre Anhänger, ECE-R 79, Einheitliche Bedingungen für die Genehmigung der Fahrzeuge hinsichtlich der Lenkanlage, (2005)
10. Firmen Home-Page ► http://www.zf-lenksysteme.com/produk-te/pkw-lenksaeulen/lenkwellenkreuzgelenke.html. Zugegriffen: Juli. 2013
11. Firmen Home-Page ► http://www.sgf.de/de/sgf-sueddeutsche-gelenkscheibenfabrik/produkte/fadenarmierte-gelenkschei-ben/gelenkscheiben-fuer-drehmomentuebertragung.html. Zugegriffen: Juli. 2013
12. *N.N.:* Firmenprospekte ZF TRW (2014–2016)
13. ► www.thyssenkrupp.com/de/stories/automotive-and-new-mobility/die-verstaubare-lenksaeule-von-thyssenkrupp-steering-innovatives-konzept-fuer-das-auto-der-zukunft
14. ► www.porsche-recklinghausen.de/service_pdk_lenkrad_schaltpaddles_de_rec,520452,360891.html
15. N.N.: Firmenprospekte VW (2017)
16. ► www.sae.org/news/2024/07/hitachi-astemo-steer-by-wire-and-stereo-vision. Zugegriffen: Dez. 2024
17. ► www.bosch-mobility.com/de/loesungen/lenkung/elektrische-lenksysteme/. Zugegriffen: Okt. 2024
18. Binder, A.: Elektrische Maschinen und Antriebe – Grundlagen, Betriebsverhalten, Berlin – Heidelberg, Springer Verlag, 2012
19. Winner, H., Hakuli, S., Wolf, G.: Handbuch Fahrerassistenzsysteme. Vieweg+Teubner Verlag, Wiesbaden (2012)

20. Schöpfel, A.; Stingl, H.; Schwarz, R.; Dick, W.; Biesalski, A.: Audi drive select. ATZ MTZ Extra. Der neue Audi A8. Vieweg Verlag. Sept (2007)
21. Hahn, W.: Leichtbaugetriebe für anspruchsvolle Anwendungen. Konstruktion **9**, 42–43 (2010)
22. *Grimm, R.:* Active Steering Wheel, a new solution to implement active steering functionality in to a vehicle. Chassis-Tech Plus. 5th International Munich Chassis Symposium. S. 522–548. 06.1014
23. Krüger, H.-P.; Neukum, A.; Schuller, J.: Bewertung von Fahrzeugeigenschaften – Vom Fahrgefühl zum Fahrergefühl. VDI-Fortschritt – Bericht, (1999)
24. Neukum, A.; Krüger, H.-P.: Fahrerreaktionen bei Lenksystemstörungen – Untersuchungsmethodik und Bewertungskriterien. VDI-Berichte, (2003)
25. *Nagai*: Active Four-Wheel-Steering by Model-Following-Control. 11th IAVSD Symposium on Dynamics of Vehicles on Roads and Tracks. (1989)
26. Pruckner, A.: Nichtlineare Fahrzustandsbeobachtung und – Regelung einer Pkw-Hinterradlenkung. Dissertation. (2001)
27. Mori, et al.: Super-HICAS – Verbesserung der Stabilität und Kontrollierbarkeit von Pkws durch Optimierung der Übergangslenkeigenschaften der 4-Radlenkung. In: JASE, Nr. 891068, (1989)
28. Stoll, H.: Fahrwerktechnik: Lenkanlagen und Hilfskraftlenkungen. Vogel Verlag, (1992)
29. Korbmacher, K.-H.: Honda Accord Forum: ► www.accordfo-rum.de. TechArea 4WS-Four Wheel Steering (2009)
30. N. N.: Kayaba, Unterlagen Kayaba Industry Co. Ltd. (2005)
31. Mizuno,A., Jones, M., Horiguchi, M., Suda, Y., Ogawa, D.; Nakano, K., Yamabe, S.: Development and Analysis of an Active Camber Control System for Stability Improvement, 22nd Aachen Colloquium 2013 S. 1405–1420, Aachen (2013)
32. Firmenprospekt Hyundai AGCS Active Geometry Control Suspension ► www.hyundai-forums.com. Zugegriffen: Apr. 2006
33. ► https://motorgiga.com/fotos-de-coches/fotos-diccionario-cuatro-ruedas-directrices/gmx-niv186-con416947.htm#photo69292
34. Kurz, G.: Fahrwerk des neuen BMW 5er. Chassis.tech Plus, S. 671–703. München, Mai (2010)
35. Scholz, R.: Aktive Fahrwerke in Beispiel einer Hinterradlenkung, 6. Tag des Fahrwerks, 6. Okt. 2008, S. 113–131, Aachen, (2007)
36. *Meitinger, Th.; Bebusmann, Ch.; Herold, P.*: Die elektronischen Lenksysteme im neuen BMW 5er. Chassis.tech Plus, S. 81–92. München, Mai (2010)
37. Fleck, R.: Das mechatronische Fahrwerk des neuen BMW 5er Grand Turismo. Tag des Fahrwerks, RWTH Aachen, Institut für Kraftfahrwesen. Aachen, Okt. 2010
38. Harrer, M.; Görich, H.-J.; Reuter, U.; Wahl, G.: 50 Jahre Porsche 98. Optimierung von Fahrwerkregelung und Bremssystemen
39. Wiesenthal, M.; Krimmel, H.; Collenberg, H.; Aktive Hinterachskinematik (AKC) – ein Beitrag zu Fahrdynamik, Sicherheit und Komfort, 17. Aachener Kolloquium, 6.6.3.2006. Aachen, (2008)
40. ZF-Friedrichshafen AG: Firmeninformationsmaterial. Friedrichshafen, (2008)
41. Schröder, W.; Knoop, M.; Liebemann, E.; Deiss, H.; Krimmel, H.: Zusammenwirken aktiver Fahrwerk- und Triebstrangsysteme zur Verbesserung der Fahrdynamik, S. 1671–1684. 16. Aachener Kolloquium. Aachen, (2006)
42. ► www.automobil-produktion.de/technologie/neue-aktive-hinterachslenkung-von-zf-geht-in-serie-114.html
43. Hartman, B.; Eckert, A.; Rieth, P.: Emergency Steer Assist. 12. VDI-Tagung Reifen-Fahrwerk-Fahrbahn. Hannover, Okt (2009)
44. Onoda, Y.: Onuma, Y.; Goto, T.; Sugitani, T.: Design Concept ans Advantages of Steer-by-Wire System. SAE Congress, (2008)
45. ► www.bolidenforum.de/portal/toyota-steer-by-wire-systeme-ab-2024/
46. ► www.springerprofessional.de/fahrwerk/automobilelektronik---software/wie-weit-ist-steer-by-wire-/6561378
47. ► www.zf.com/mobile/de/technologies/vehicle_motion_control/stories/sbw.html
48. ► http://www.springerprofessional.de -Fahrzeugtechnik. Infinity Q50: mit Steer-by-Wire in das Premiumsegment. 3.3.2013
49. ► www.designhmi.com/wp-content/uploads/2018/04/27.png
50. Sigilló, M.; Dold, M.; Delmarco, C.; Polmans, K.: Implementation and testing of different control strategies on a steer-by-wire research platform. ATZ-Chassis Tech Symposium. S. 522–532. Munich 06.1014
51. *Neemann, A.*: Intelligent in der Stadt unterwegs. Drive. Das ZF Magazin, S. 20–23, 02.2015
52. Hesse, B.; Schwarz, B,; Eckstein, L.: ika.rwth-aachen.de/images/projekte/speede/vortraege/Lars-Hesse-The-Wheel-Individually-Steerable-Front-Axle-of-the-Research-Vehicle-SpeedE.pdf Vortrag in 22th Aachen Colloquium 2013: The Wheel-Individually Steerable Front Axle of the Research Vehicle SpeedE
53. ► www.automobil-produktion.de/technologie/das-sind-die-fortschritte-bei-steer-by-wire-264.html

8

Federung

Andreas Carlitz, Jörg Neubrand, Metin Ersoy, Peter Causemann, Hans-Dieter Eulenbach, Carsten Hoffmann, Christo ph Elbers und Jens Vortmeyer

Inhaltsverzeichnis

M. Ersoy et al. (Hrsg.), *Fahrwerkhandbuch*,
ATZ/MTZ-Fachbuch, https://doi.org/10.1007/978-3-658-48104-9_9

Die Federung im Fahrwerk als Oberbegriff für das Zusammenwirken von Tragfedern, Stabilisatoren und Schwingungsdämpfern hat mehrere bedeutsame Aufgaben zu erfüllen, die sowohl zum Komfort als auch zur Fahrsicherheit eines Fahrzeuges beitragen.

9.1 Aufgabe der Federung

Andreas Carlitz und Jörg Neubrand

Die Federung soll den Fahrzeugaufbau und damit vor allem auch die Insassen vor unangenehmen Hub-, Nick- und Wankschwingungen sowie vor Stößen schützen und damit zum mechanischen Schwingungskomfort beitragen. Darüber hinaus soll sie für eine möglichst gleichmäßige Bodenhaftung der Räder sorgen, was die Voraussetzung für die zur Kurshaltung, zum Antreiben und Bremsen erforderliche Kraftübertragung zwischen Reifen und Fahrbahn ist. Dies ist ein wesentlicher Aspekt der Fahrsicherheit. Da die Federung ebenfalls Einfluss auf die Aufteilung der Wankabstützung zwischen den beiden Achsen hat, trägt sie auch maßgeblich zum Fahrverhalten eines Fahrzeuges bei.

In ◘ Abb. 9.1 sind Anforderungen an ein Federungssystem zusammengefasst. Für den Fahrkomfort liegt der Fokus dabei auf geringen Aufbaubeschleunigungen, geringen Nick- und Wankbewegungen und für die Fahrsicherheit auf geringen Radlastschwankungen.

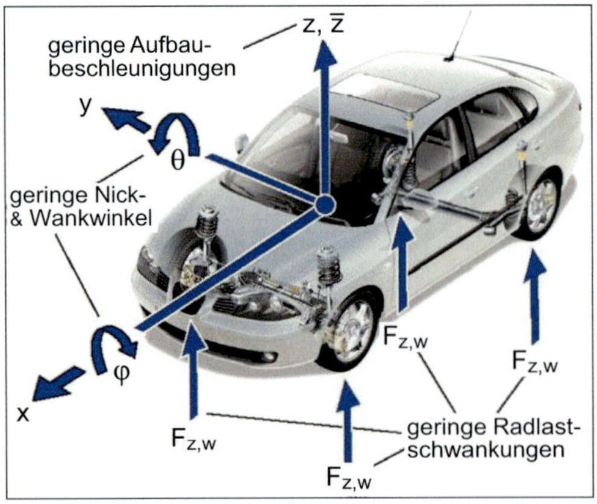

◘ Abb. 9.1 Anforderungen an ein Federungssystem

9.2 Systematik der Federarten

Metin Ersoy und Jörg Neubrand

Federn lassen sich nach der Art des Federstoffes in drei Hauptgruppen einteilen: Festkörperfedern, Hydrofedern und Gasfedern. Zu den Festkörperfedern zählen Metall- (z. B. aus Stahl oder Titan) oder Nichtmetallfedern (z. B. Faserverbundwerkstoffe mit Glasfasern).

Für die Anwendung im Pkw Fahrwerk eignet sich eher eine Aufteilung nach den Hauptbeanspruchungen. Wie in ◘ Abb. 9.2 dargestellt, können diese in Biegung (Blattfeder), Torsion (Schrauben- und Drehstabfeder), Druck/Schub (Elastomerfeder) und Gaskompression (mit und ohne Hydraulik) unterteilt werden.

Als Aufbaufedern werden heute fast ausschließlich Schraubendruckfedern aus Federstahl eingesetzt. In besonderen Fällen auch Blattfedern aus Stahl und in einigen Fahrzeugen auch Federn aus Faserverbundwerkstoffen. Reine Gasfedern finden wegen ihren höheren Kosten vermehrt in Mittel- und Oberklassefahrzeugen oder in den Fahrzeugen mit Niveauregelung Anwendung. Hydropneumatische Federungen werden seltener in Serie eingesetzt und sind eher in aktiven Fahrwerken zu finden.

Die Drehstabfeder aus Stahl wird heute ausschließlich als Stabilisator verwendet und Elastomerfedern aufgrund ihrer hohen und progressiven Federsteifigkeiten nur als Endanschlagsfederung.

9.3 Stahlfeder

Andreas Carlitz und Jörg Neubrand

Im Fahrwerk werden drei Arten von Stahlfedern eingesetzt: Blattfedern, Stabfedern und Schraubendruckfedern. Die Blattfeder

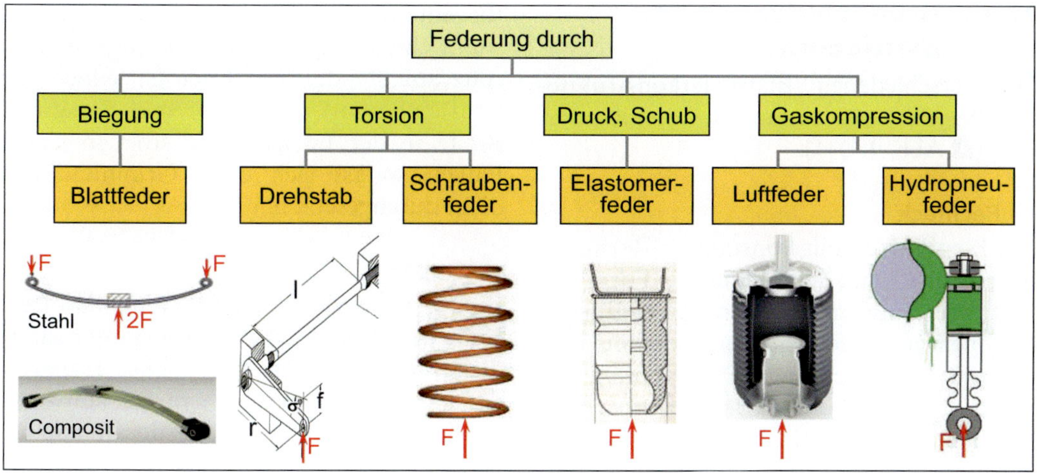

Abb. 9.2 Systematik für Pkw-Fahrwerkfedern

ist der älteste unter den Federn und bis zur Erfindung der Schraubenfeder das gängigste Federsystem für alle Fahrzeuge, von der Kutsche bis zum LKW. Im Jahr 1703 wurde als Aufhängung des Wagenkastens die erste Schraubendruckfeder aus Stahl die Blattfedern aufgelöst und ist spätestens seit der Einführung des McPherson-Federbeins aus den aktuellen Fahrwerken nicht mehr wegzudenken.

Für bestimmte Anforderungen an die Fahrdynamik wurden auch Drehstabfeder als Aufbaufeder bzw. Stabilisatorfeder eingesetzt.

Der wesentliche Vorteil der Blattfeder gegenüber anderen Federbauarten besteht darin, dass sie nicht nur als Federelement dient, sondern gleichzeitig als Lenker zur Verbindung von Aufbau und Achse eingesetzt wird und dabei die Achsführung übernehmen kann (Abb. 9.3).

Darüber hinaus besitzen Mehrblattfedern aufgrund der Reibkräfte zwischen den Federblättern noch gewisse Dämpfungseigenschaften. Daher können Blattfedern die Arbeit der Schwingungsdämpfer unterstützen.

9.3.1 Blattfedern

Blattfedern stellen eine klassische Federform dar, die schon bei Kutschen eingesetzt wurden. In Verbindung mit Starrachsen finden Blattfedern aber heute kaum noch bei Pkws Verwendung, jedoch bei reinen Geländewagen und leight Trucks. Bei Nkws hingegen sind Blattfedern nach wie vor an den beiden Achsen die Standardlösung.

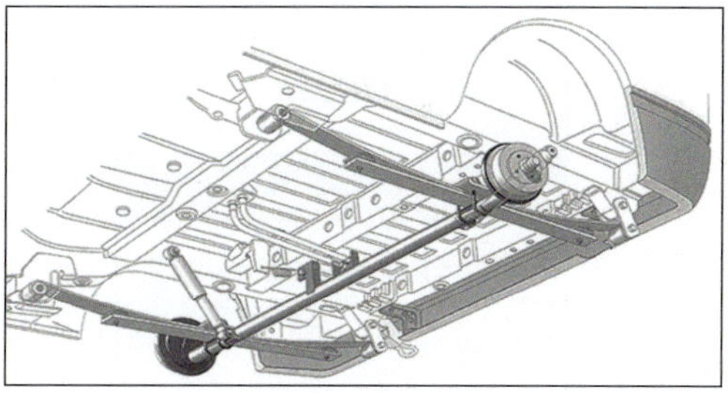

Abb. 9.3 Blattfeder geführte Hinterachse bei einem Lieferfahrzeug (VW-Caddy III 2 K)

9.3.1.1 Grundbauformen der Blattfedern

Die verschiedenen Blattfederkonstruktionen basieren auf einfachen Grundbauformen (◘ Abb. 9.4) [1]:

- **Rechteck**

Ein Biegebalken mit konstantem Rechteckquerschnitt kann als einfachste Form der Blattfeder angesehen werden. Aufgrund des linear ansteigenden Biegemoments vom freien Balkenende bis zur Einspannung sind jedoch große Teile des Federelementes nicht ausgenutzt, sodass ein hohes Federgewicht resultiert.

- **Dreieck**

Bei einer Blattfederkonstruktion mit konstanter Dicke und linear zunehmender Breite vom freien Ende bis zur Einspannung passt sich die Federform dem Biegemomentenverlauf ideal an und bildet somit einen Träger gleicher Festigkeit. Das spitz zulaufende, freie Ende ist jedoch zur Krafteinleitung ungeeignet und die große Breite in der Einspannung stört in vielen Fällen, sodass sich diese Grundbauform nicht durchgesetzt hat.

9

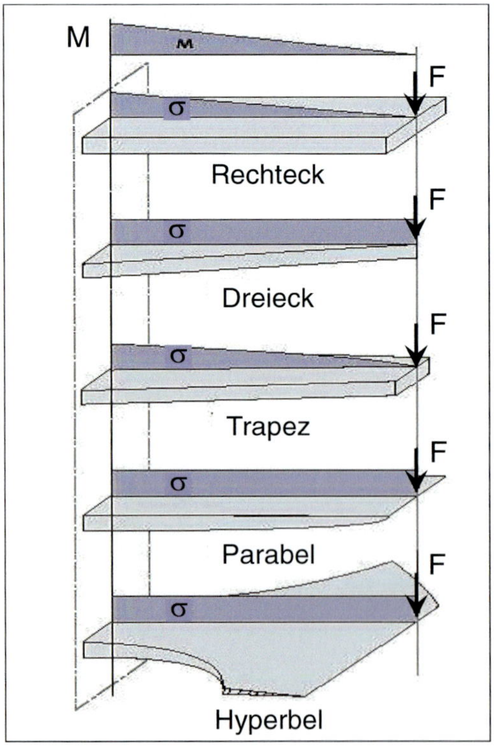

◘ **Abb. 9.4** Grundformen von Blattfedern

- **Trapez**

Eine Trapezfeder entsteht, wenn das freie Ende der Dreieckfeder bei konstanter Blattdicke abgeschnitten wird. Die Trapezfeder kann als Grundbauform der konventionellen, geschichteten Blattfeder angesehen werden.

- **Parabel**

Bei konstanter Breite und einem Dickenverlauf, der einer invers quadratischen Parabel folgt, ergibt sich die Grundform der Parabelfeder, die sehr häufig eingesetzt wird.

Ebenso wie die Dreieckfeder stellt sie einen Biegeträger gleicher Festigkeit dar. Da die Parabelfeder in idealer Ausführung wegen der dünnen Enddicken nicht zur Einleitung von Kräften geeignet ist, wird sie in der Praxis so ausgeführt, dass sie ab dem letzten Viertel ihrer freien Länge ihre Dicke beibehält. Die Parabelfeder ist leistungsfähiger als die Dreieckfeder, weil sie innerhalb gegebener Blattbreite und Federlänge ein größeres Materialvolumen und damit Energiespeicherung unterbringt.

- **Hyperbel**

Nimmt die Dicke von der Einspannung zum freien Ende linear auf Null ab und wird die Querschnittsfläche konstant gehalten, so ergibt sich für die Breite die Form einer Hyperbel. Mit dieser Form liegt ebenso wie bei der Dreieck- und der Parabelform ein Träger gleicher Biegefestigkeit vor. Um die kleine Enddicke bei großer Endbreite zu vermeiden, führt man den Träger ab einer bestimmten Länge mit konstanter Breite und Dicke bis zum Trägerende aus.

Die Realisierung einer Blattfeder auf Basis der genannten Grundformen, würde bei den meisten Anwendungsfällen zu einer zu großen Breite führen. Daher bestehen Blattfedern aus mehreren Blättern konstanter Breite, die zu einem Federpaket zusammengefasst werden.

9.3.1.2 Blattfedern mit linearer Kennlinie

Sind alle Federlagen einer Blattfeder über den gesamten Federweg an der Federung beteiligt, ergibt sich eine lineare Federkennlinie. Auf Basis der Grundformen unterscheidet man bei der linearen Blattfeder zwischen Trapez- und Parabelfeder (◘ Abb. 9.5) [1, 2].

▪ Trapezfeder

Die Trapezfeder entsteht aus einem doppelt trapezförmigen Einzelelement (◘ Abb. 9.6). Zusätzlich befindet sich in der Mitte ein rechteckiges Segment von der Länge der Mitteneinspannung. Indem dieses abgewandelte Doppeltrapez gedanklich in schmale Blattstreifen von halber Federbreite zerschnitten wird und die einzelnen Streifen aufeinander geschichtet werden, erhält man den Grundkörper der Trapezfeder.

Die in der Regel zahlreichen Einzelblätter der Trapezfeder berühren sich auf voller Länge untereinander und verschieben sich daher bei Federbewegungen gegeneinander. Je nach örtlicher Flächenpressung ergeben sich daraus Kräfte, die wegen des aus der Schichtung entstandenen vielfach unbestimmten Systems schwierig zu erfassen sind. Darüber hinaus sind diese Reibkräfte zustands- oder umweltabhängig, können zu einem Verschleiß der Beschichtung und dadurch zu starker Korrosion führen. Die Folge ist eine zeit- und zustandsabhängige Federkennlinie mit veränderlicher Hysterese. Um die Reibkräfte zu reduzieren, können die Gleitflächen der Federblätter gefettet, lackiert oder mit Korrosionsschutzwachs behandelt werden. Jedoch wirken diese Maßnahmen nur zeitlich begrenzt, sodass eine regelmäßige Wartung der Trapezfeder erforderlich ist. Eine Konsequenz aus dem negativen Einfluss der hohen, unkontrollierten Zwischenblattreibung ist die Reduzierung der Blattzahl von Trapezfedern.

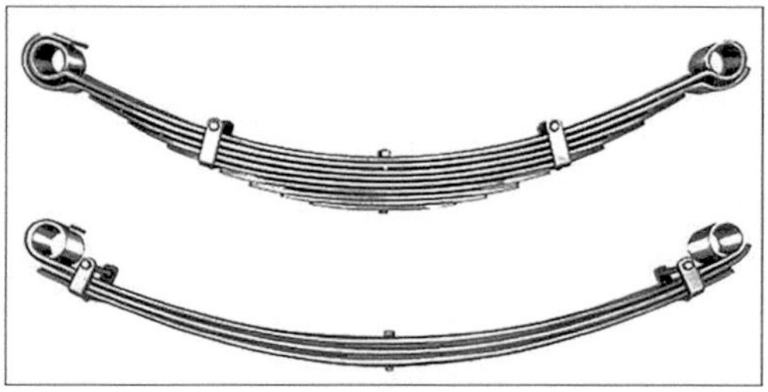

◘ **Abb. 9.5** Trapezfeder (oben) und Parabelfeder (unten)

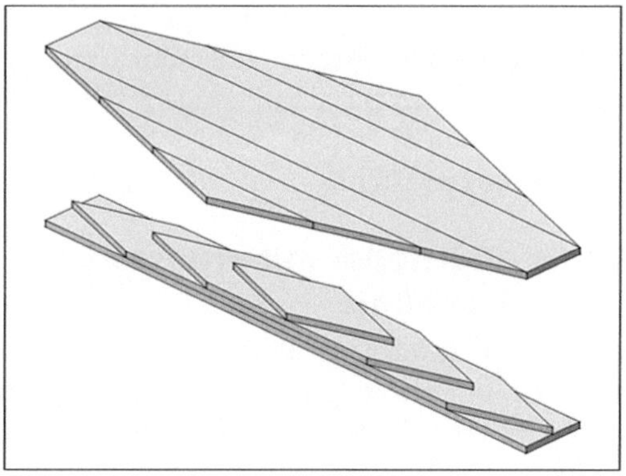

◘ **Abb. 9.6** Grundkörper einer Trapezfeder

▪ Parabelfeder

Die Grundbauform der Parabelfeder mit endlicher Dicke am Blattende stellt in sich schon eine praktisch verwendbare Blattfeder dar, sofern die erforderliche Blattbreite noch konstruktiv ausführbar ist. Mit einem gegenüber der idealen Parabel überhöhten und konstanten Dicke über die Länge der Mitteneinspannung wird sie als Einblatt-Parabelfeder in meist leichteren Fahrzeugen eingesetzt (s. ◘ Abb. 9.3).

Wird die vorgesehene Einbaubreite von der errechneten Breite überschritten, so werden mehrere parabelförmige Federblätter übereinander gelegt, sodass eine Parallelschaltung entsteht.

9.3.1.3 Blattfeder mit progressiver Kennlinie

Um ein möglichst großes Nutzlastverhältnis bei Nutzfahrzeugen zu erzielen, werden oft progressive Federn eingesetzt. Durch die in ▪ Abb. 9.7 dargestellten Möglichkeiten können Blattfedern mit progressiver Kennlinie erzeugt werden [1].

9.3.1.4 Blattfeder Berechnungen

Die Berechnung von Blattfedern erfolgt nach den Grundlagen der Festigkeitslehre. Den Zusammenhang zwischen den Verformungen und Spannungen liefert das Hook'sche Gesetz. Daraus ergibt sich die Beziehung zwischen der Durchbiegung f und der Last F am Ende eines einseitig eingespannten Biegebalkens abhängig vom Elastizitätsmodul E des Werkstoffes, Flächenträgheitsmoment I und Länge l (▪ Abb. 9.8):

$$f = \frac{F \cdot l^3}{3 \cdot E \cdot I} \tag{9.1}$$

Für das Flächenträgheitsmoment eines Rechteckquerschnittes gilt:

$$I = \frac{b \cdot h^3}{12} \tag{9.2}$$

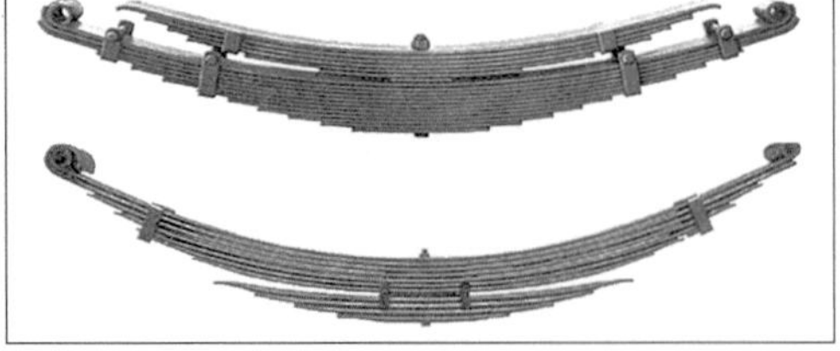

▪ **Abb. 9.7** Blattfeder mit Zusatzfeder (oben) bzw. Stützfeder (unten) zur Erzielung progressiver Kennlinien

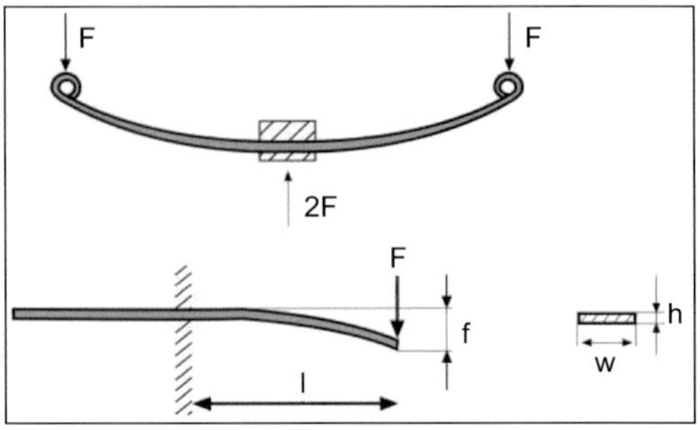

▪ **Abb. 9.8** Berechnungsgrundlagen für Blattfedern

Damit erhält man entsprechend für die Federsteifigkeit einer Blattfederhälfte:

$$c_f = \frac{F}{f} = \frac{1}{4} \cdot \frac{b \cdot h^3}{l^3} \cdot E \approx const \tag{9.3}$$

Die maximale Biegespannung ergibt sich aus:

$$\sigma_{\mathrm{b\,max}} = \frac{3 \cdot F \cdot l}{b \cdot h^2} \tag{9.4}$$

Die nachfolgend zusammengestellten Berechnungsgleichungen der verschiedenen Blattfederkonstruktionen gelten für die Berechnung bei vertikaler Belastung.

Für die symmetrische gleichdicken Trapezfeder (▪ Abb. 9.9) erhält man mit n als Anzahl der Einzelblattfedern:

$$f = \frac{2 \cdot K \cdot F \cdot l^3}{E \cdot n \cdot b \cdot h^3},\ c_{\mathrm{f}} = \frac{E \cdot n \cdot b \cdot h^3}{2 \cdot K \cdot l^3},\ \sigma_{\mathrm{b\,max}} = \frac{3 \cdot F \cdot l}{n \cdot b \cdot h^2} \tag{9.5}$$

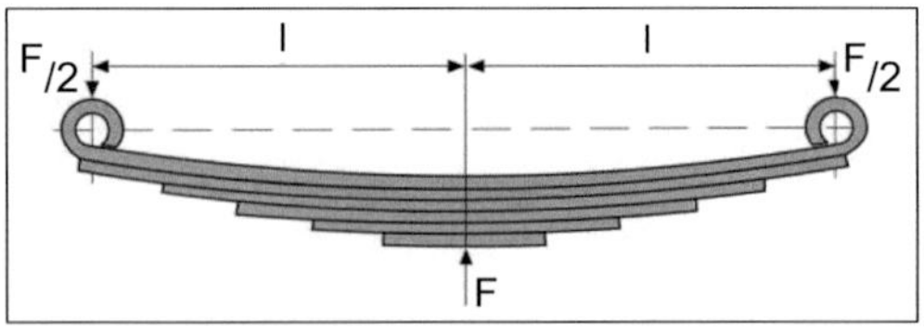

▪ **Abb. 9.9** Symmetrische Trapezfeder

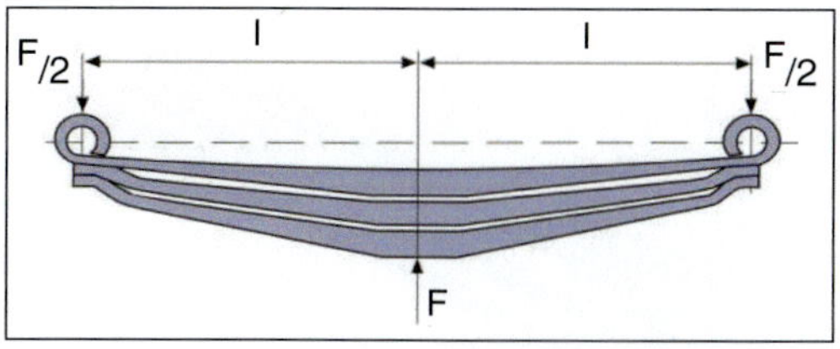

Abb. 9.10 Symmetrische Parabelfeder

Der angegebene Durchbiegungsfaktor K ergibt sich in Näherung aus der Gesamtanzahl der Einzelblattfedern n und der Anzahl der Federn an den Enden n':

$$K = \frac{3 \cdot n}{2 \cdot n + n'} \tag{9.6}$$

Für die ein- oder mehrlagige symmetrische Parabelfeder ergibt sich mit der Mittendicke h_0 und der Einspanndicke h_1 (**Abb.** 9.10):

$$f = \frac{2 \cdot F \cdot l^3}{E \cdot n \cdot b \cdot h_0^3} \cdot \left(2 - \frac{h_1^3}{h_0^3}\right) \tag{9.7}$$

$$c_f = \frac{E \cdot n \cdot b \cdot h_0^3}{2 \cdot l^3 \cdot \left(2 - \frac{h_1^3}{h_0^3}\right)} \tag{9.8}$$

$$\sigma_{\mathrm{b\,max}} = \frac{3 \cdot F \cdot l}{n \cdot b \cdot h_0^2} \tag{9.9}$$

9.3.2 Drehstabfedern

Als Drehstabfedern bezeichnet man gerade Federstäbe mit Kreis-, Kreisring- oder Rechteckquerschnitt, welche überwiegend durch ein Torsionsmoment beansprucht werden. Zur Aufnahme dieses Moments ist in der Regel eine Stabende fest eingespannt, während das andere Ende drehbar gelagert ist. Es sind auch Lösungen möglich, bei denen eine feste oder drehbare Lagerung in der Stabmitte mit entsprechenden Lagerungen der Stabenden erfolgt [1].

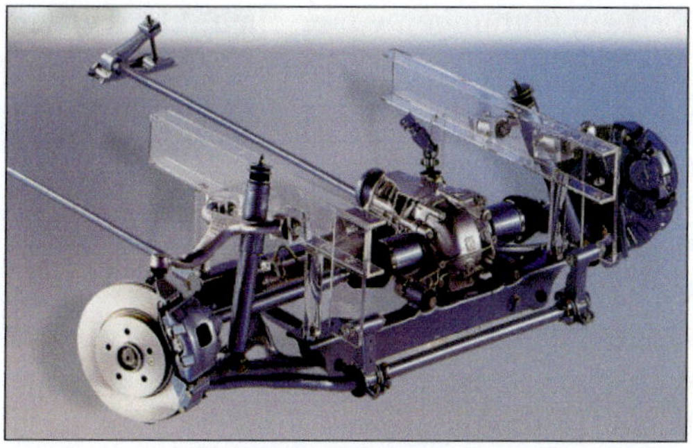

Abb. 9.11 Verstellbare Drehstabfedern, Vorderachse Mercedes M-Klasse W163 (Bj. 1997) [5]

Drehstab- oder Torsionsstabfedern werden hauptsächlich zur Federung von Pkw und Transportern eingesetzt. Sie werden sowohl mit Quer- als auch mit Längslenkern und vereinzelt sogar mit Schräglenkern kombiniert. Für Vorderradaufhängungen werden Drehstabfedern überwiegend in Verbindung mit Querlenkern verwendet und in Fahrzeuglängsrichtung angeordnet. In **Abb.** 9.11 ist die Vorderachse der ersten Mercedes M-Klasse (Geländewagen) mit Leiterrahmen und Drehstabfederung dargestellt.

9.3.2.1 Grundbauformen der Drehstabfedern

Die Grundform bei Drehstabfedern ist der Einzelstab mit Kreisquerschnitt. Andere Ausführungen in Querschnittsform, Parallel- oder Reihenschaltung werden nur verwendet, wenn dies durch Bauraumverhältnisse oder spezielle konstruktive Forderungen notwendig ist.

Bei der Dimensionierung von Drehstabfedern ist auch der Bereich der Krafteinleitung besonders zu beachten, da dort oft Zusatzbeanspruchungen wirksam sind, die die Lebensdauer der Feder beeinträchtigen können. Bei Stäben mit Kreisquerschnitt werden zur formschlüssigen Kraftübertragung meist am Stabende Köpfe angestaucht, die entweder als Vierkant oder Sechskant ausgebildet sind oder

Kerbverzahnungen vorgesehen. Der Einsatz von Drehstäben mit Kreisring-Querschnitt kann im Hinblick auf eine Gewichtsreduzierung sinnvoll sein.

- **Parallelschaltung**

Gebündelte Drehstäbe werden in der Hauptsache dort vorgesehen, wo die gewünschte Momentenkennlinie bei vorgegebener Einbaulänge mit Einzelstäben nicht verwirklicht werden kann, oder dort, wo kürzere Einbaulängen erzielt werden sollen.

Der Kennlinienverlauf eines Stabbündels kann nur für kleine Verdrehwinkel als linear angenommen werden und hängt von den Einspannverhältnissen und der Anordnung der Einzelstäbe im Bündel ab, welche dazu eine große Reibungshysterese erzeugen. Der Einzelstab in Stabbündeln wird außer auf Torsion auch auf Biegung beansprucht. Je weiter dieser von der Drehachse des Bündels entfernt liegt, umso größer wird die Biegungswirkung. Daher wird diese Form sehr selten eingesetzt.

- **Reihenschaltung**

Die Reihenschaltung von Drehstäben ist konstruktiv sehr aufwendig und wird daher meist nur in begrenzten Bauraumverhältnissen angewendet. Durch die Reihenschaltung von einem Drehstab und einem Drehrohr lässt sich ein größerer Federweg in begrenzten Bauraumverhältnissen integrieren (■ Abb. 9.12).

9.3.2.2 Drehstabfeder Berechnungen

Für die Verwendung von Drehstäben als Kraftfahrzeugtragfedern wird die elastische Verdrehung des Torsionsstabes mithilfe einer Kurbel, die auf dem drehbar gelagerten Stabende sitzt und das Torsionsmoment aufbringt, in eine Hubbewegung umgewandelt. ■ Abb. 9.13 zeigt das zugehörige

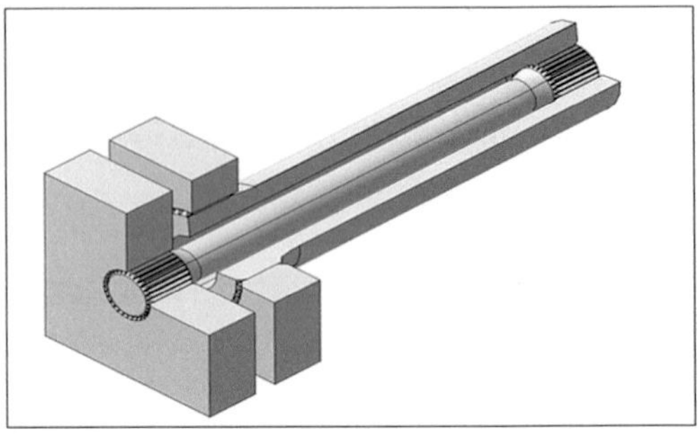

■ **Abb. 9.12** Reihenschaltung von Drehstab und Drehrohr

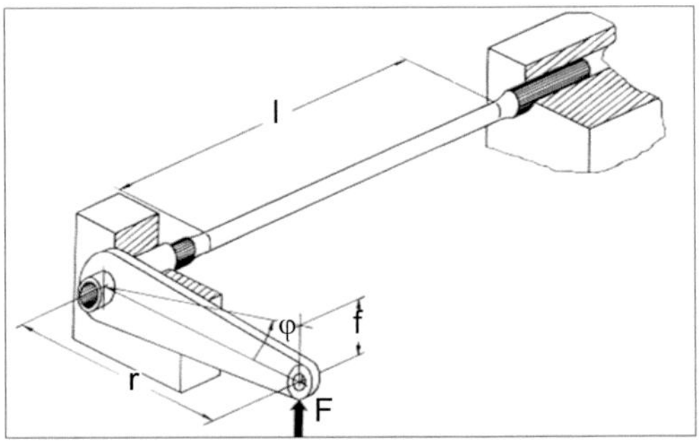

■ **Abb. 9.13** Kurbelmechanismus Drehstabfederung

Ersatzmodell. Als Kurbelarme dienen die Lenker der Radaufhängung. Die Drehstabfedern werden gewöhnlich in der aufbauseitigen Lenkerlagerung angeordnet, an deren gegenüberliegendem Ende die vertikale Radkraft als äußere Belastung angreift.

Zwischen dem Verdrehwinkel ϕ und dem Torsionsmoment M_t eines Drehstabes mit kreisförmigem Querschnitt besteht der Zusammenhang:

$$\varphi = \frac{M_t \cdot l}{G \cdot I_p} \tag{9.10}$$

Für das polare Flächenträgheitsmoment eines Vollstabes mit Kreisquerschnitt gilt:

$$I_p = \frac{\pi \cdot d^4}{32} \tag{9.11}$$

Damit folgt für die Verdrehsteifigkeit c_{tor} eines solchen Stabes:

$$c_{tor} = \frac{G}{l} \cdot \frac{\pi \cdot d^4}{32} \tag{9.12}$$

Bezogen auf das Kurbelende erhält man damit näherungsweise die Federsteifigkeit:

$$\Delta z \approx r \cdot \Delta\varphi,\ \Delta F \approx \frac{1}{r} \cdot \Delta M_t, = \frac{\Delta F}{\Delta z} = \frac{1}{r^2} \cdot c_{tor} \tag{9.13}$$

Während die Federkennlinie des Drehstabes linear ist, hängt die am Kurbelende wirksame Federsteifigkeit von der Kinematik der Lenkeranordung ab. Für genaue Berechnungen sind daher die entsprechenden trigonometrische Beziehungen einzusetzen.

An der Oberfläche eines Torsionsstabes mit Kreisquerschnitt beträgt die Schubspannung τ_t:

$$\tau_t = \frac{16 \cdot M_t}{\pi \cdot d^3} \tag{9.14}$$

Der Drehstabdurchmesser d kann also zur Erzielung einer geeigneten Torsionssteife c_{tor} nicht frei gewählt werden. Ein Mindestdurchmesser ist in Abhängigkeit vom maximal auftretenden Torsionsmoment und der zulässigen Schubspannung festzulegen. In der Praxis sind zur Erzielung geeigneter Federsteifigkeiten daher meist relativ große Stablängen erforderlich.

Die Berechnung von Drehstabfedern mit Kreisringquerschnitt basiert auf der gleichen Berechnungsgrundlage wie für Drehstabe mit Kreisquerschnitt. Für das polare Flächenträgheitsmoment der Kreisringfläche folgt:

$$I_p = \frac{\pi \cdot \left(d_a{}^4 - d_i{}^4\right)}{32} \tag{9.15}$$

9.3.3 Stabilisatoren

Die Wankfederung kann ohne Änderung der Vertikalfederung durch den Einbau einer Stabilisatorfeder versteift werden. Bei einer Wankbewegung des Aufbaus, d. h. einer gegensinnigen Einfederbewegung der Räder, wird der Stabilisator tordiert und liefert damit ein Rückstellmoment um die Wankachse, was die Aufbauneigung reduziert. Bei einer reinen Hubbewegung der Aufbaufederung bleibt der Stabilisator weitestgehend ohne Wirkung. Stabilisatoren gehören daher zu den nichttragenden Federelementen in Fahrzeugen. Im Gegensatz zu allen Tragfedern, die auch im Ruhezustand durch die statischen Kräfte beansprucht sind, werden Stabilisatoren normalerweise nur während der Fahrphasen belastet. Bei Anregung nur eines Rades durch eine Fahrbahnunebenheit tritt eine einseitige Verhärtung der Radfederung ein.

9.3.3.1 Grundbauformen der Stabilisatoren

Stabilisatoren stellen im Wesentlichen u-förmig gebogene Bauteile dar. Der sogenannte Stabilisatorrücken liegt in Fahrzeugquerrichtung, während die sogenannten beiden Stabilisatorschenkel mehr oder weniger in Fahrzeuglängsrichtung zeigen (◘ Abb. 9.14). Hinsichtlich deren Anordnung im Fahrzeug können mehrere Varianten unterschieden werden. Die Enden der Schenkel können einerseits über Stabilisatorlenker mit der Achse und der Rücken über die beiden Schulterlager mit dem Aufbau oder aber auch umgekehrt verbunden werden.

Stabilisatoren können auch Radführungsaufgaben übernehmen. In diesem Fall

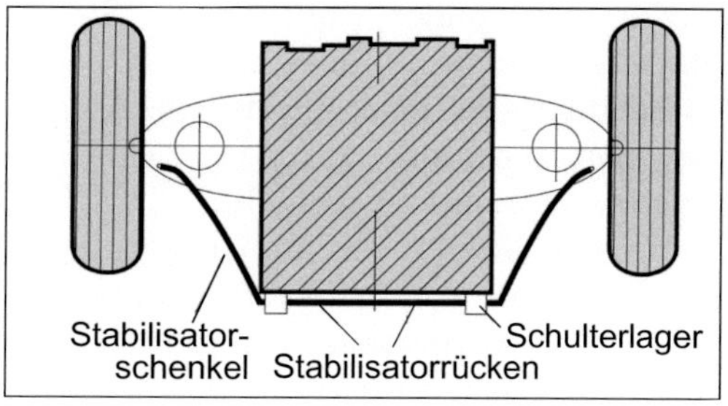

◘ **Abb. 9.14** Aufteilung eines Stabilisators [3]

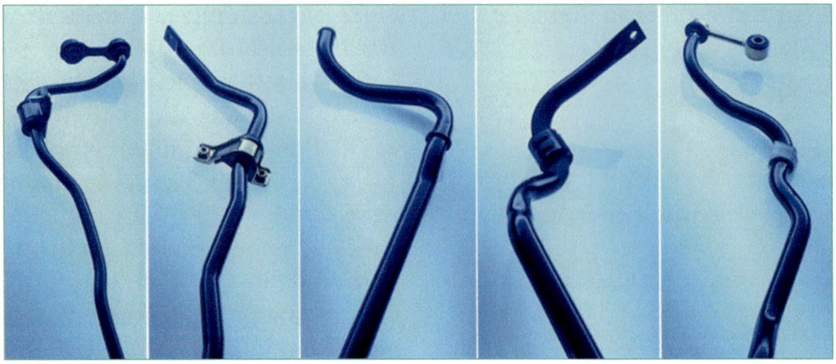

Abb. 9.15 Beispiele für Pkw-Stabilisatoren

sind wegen den damit verbundenen Sicherheitsrisiken noch höhere Anforderungen an die Qualität zustellen.

Der Stabilisator ist eines der letzten Bauteile, welches in innerhalb des Fahrwerk-Packages konstruiert wird.

Dadurch ergeben sich meist sehr enge Bauraumverhältnisse, die zu komplizierten Formen und einer nicht optimalen Materialausnutzung der Stabilisatoren führen. Ihre U-Form bleibt prinzipiell erhalten (Abb. 9.15).

Bei der Konstruktion von Stabilisatoren sollten wenig Abknickungen in möglichst nur einer Ebene vorgesehen werden. Dadurch wird die Materialausnutzung verbessert sowie die Fertigung erleichtert, was in einer Reduktion von Kosten und Gewicht resultiert. Biegeradien sollten möglichst groß gewählt werden und i. d. R. mindestens das 1,5-fache des Stabdurchmessers aufweisen.

Zur horizontalen Führung des Stabilisators werden beim Einsatz konventioneller Schulterlager im Allgemeinen Anlaufringe vorgesehen oder Flächen bzw. Wülste in den Querschnitt eingebracht.

Um das Gewicht des Stabilisators zu reduzieren, werden in den letzten Jahren vermehrt Rohrstabilisatoren eingesetzt. Mit einem Rohrstabilisator lässt sich bei gleicher Stabilisierungswirkung das Gewicht gegenüber dem formgleichen Vollstabilisator, um bis zu 40–50 % in Abhängigkeit der Wandstärke des Rohres reduzieren. Die Gewichtseinsparung resultiert aus der günstigeren Spannungsverteilung im Querschnitt des Rohres.

Schenkelenden

Die Schenkelenden werden zur Krafteinleitung und Führung unterschiedlich gestaltet (Abb. 9.16). Üblich ist eine Formgebung durch Plätten, Drehen, Schmieden oder Schweißen.

Schulterlager

Bei klassischen Schulterlagern gibt es das Gummielement in geschlossener oder geschlitzter Form. Die Fahrzeuganbindung erfolgt mit einer umschließenden Schelle (Abb. 9.17 und 9.18 crashoptimiert).

Die Gummilager benötigen eine minimale Torsions- aber eine maximale Radialsteifigkeit. Um eine Rotation des Stabilisators relativ zum Gummielement zu ermöglichen, werden Teflon-Inliner, selbstschmierende Gummimischungen oder Fette als Zwischenmedium eingesetzt. Dabei handelt es sich um kostengünstige Lagerungen, die jedoch durch die Relativbewegung zwischen Stab und Gummielement anfällig für Verschmutzung und Verschleiß sind. Die aus der Relativbewegung zwischen Stabilisator und Lager resultierenden Stick–Slip

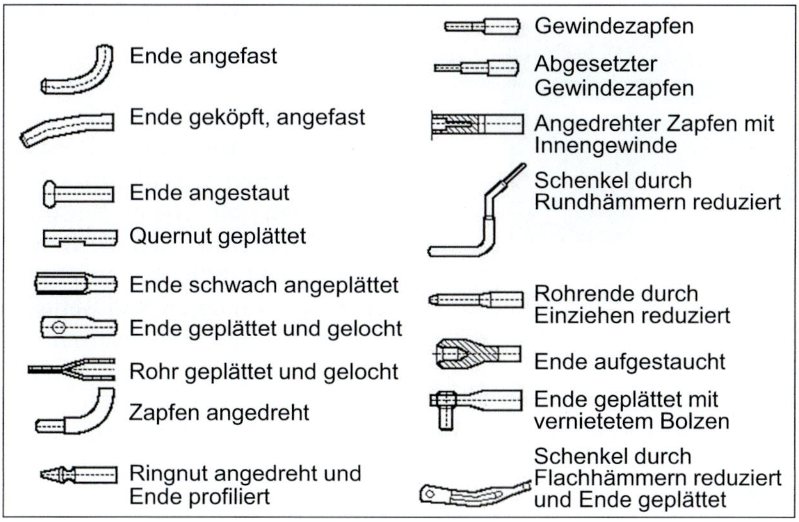

Abb. 9.16 Stabilisatorschenkelenden

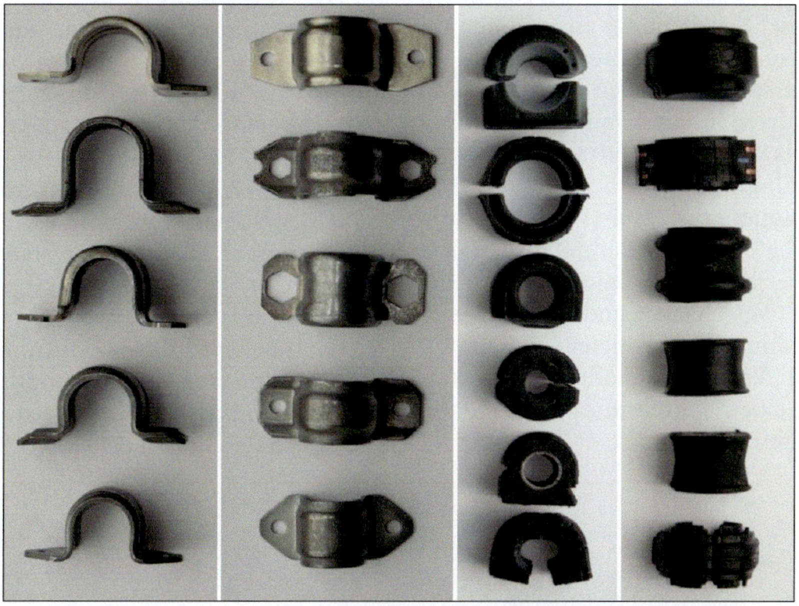

Abb. 9.17 Anbindungsschellen und Gummielemente konventioneller Schulterlager

Geräusche verursachen häufig zu Kundenbeschwerden.

Die beste Lagerlösung stellt ein postvulkanisiertes (PV) Gummilager dar, das sich durch einen festen Verbund auf dem lackierten Stabilisator auszeichnet. Da zwischen dem Gummilager und der Stabilisatoroberfläche beim Einfedern keine Relativbewegung entsteht, sind sie geräusch-, verschleiß- und wartungsfrei. Diese

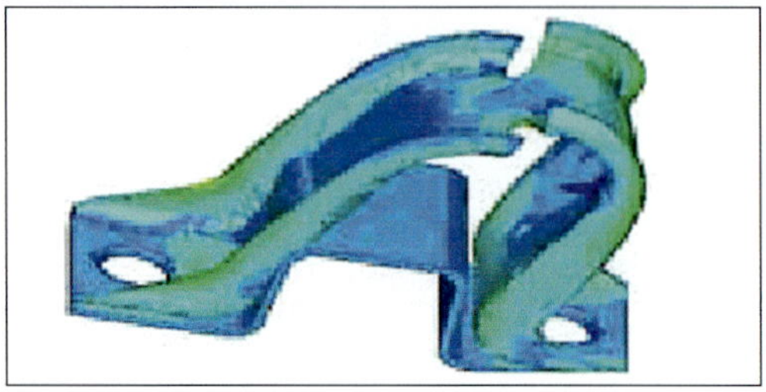

■ **Abb. 9.18** Crashoptimierte Anbindungsschelle

Eigenschaften führten in den letzten Jahren zu einem immer größer werdenden Marktanteil (■ Abb. 9.19).

Darüber hinaus werden auch die sogenannten gebauten Schulterlager eingesetzt (■ Abb. 9.20. Bei dieser Bauform sind im Gummi Stahl- oder Kunststoffeinlagen einvulkanisiert. Dieser Gummiverbundteil wird mit einer Schelle unter einer hohen radialen Vorspannung verpresst, sodass es nicht zu Relativbewegungen zwischen Stab und Gummiverbundteil kommen kann.

Gummilager (links) und Spannungsverteilung im Gummi.

Die Rotation des Stabes erfolgt dann nur innerhalb des Gummiteils. Diese Bauform zeichnet sich daher durch gute Geräusch-, Verschleiß- und Wartungsarmut aus, kann aber bei tiefen Temperaturen, großer Verformung oder Gummiverhärtung zu einem Durchrutschen des Stabilisators führen.

9

9.3.3.2 Stabilisatorlenker

Metin Ersoy

Die Stabilisatorschenkel werden durch 2-Punkt-Lenker (auch Pendelstützen genannt), deren Gelenke drei Drehfreiheiten aufweisen, mit dem Radträger verbunden. Dadurch werden die Bewegungen und Zug-Druckkräfte über den Stabilisator von einem zum anderen Rad weitergeleitet [4].

Lassen die Einbauverhältnisse es nicht zu, kann die Verbindung notfalls auch über die Lenker der Radführung geschehen, dann ist die Hebelarmübersetzung zu berücksichtigen (große Kraft→ kleiner Hub).

Die Stabilisatorlenker sind nur bei wechselseitigen Radbewegungen belastet. Die dabei entstehenden Zug-Druckkräfte können bis zu 6 kN betragen.

Die Verbindung beider Gelenke sollte möglichst gerade verlaufen, damit an der Stange keine Biegung entsteht. Nur so ist mit einem minimalen Stangenquerschnitt eine sehr steife Verbindung zu erreichen.

■ Abb. 9.21 und ■ Abb. 9.22 [5] zeigen Bauarten von Stabilisatorlenkern. Die Gelenke der Stabilisatorlenker können sowohl radial als auch axial mit der Stange verbunden werden, wobei die Radialgelenke vorzuziehen sind.

Es sind zwei Gelenkausführungen für Stabilisatorlenker möglich; mit Gummilager (Kippwinkel < 10°) oder Kugelgelenken (> 10°) an den Enden (■ Abb. 9.23).

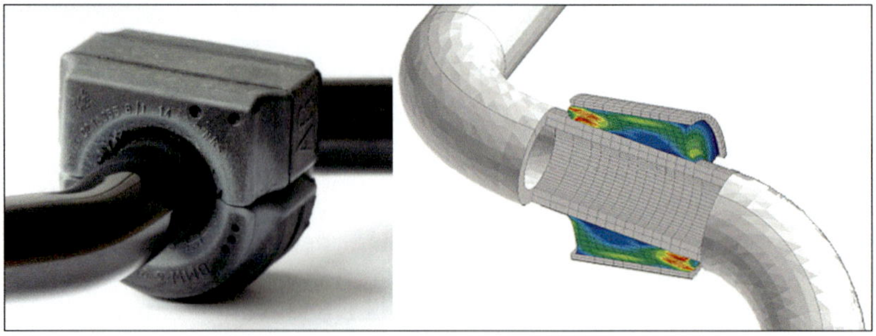

■ **Abb. 9.19** Lagerung mit anvulkanisiertem

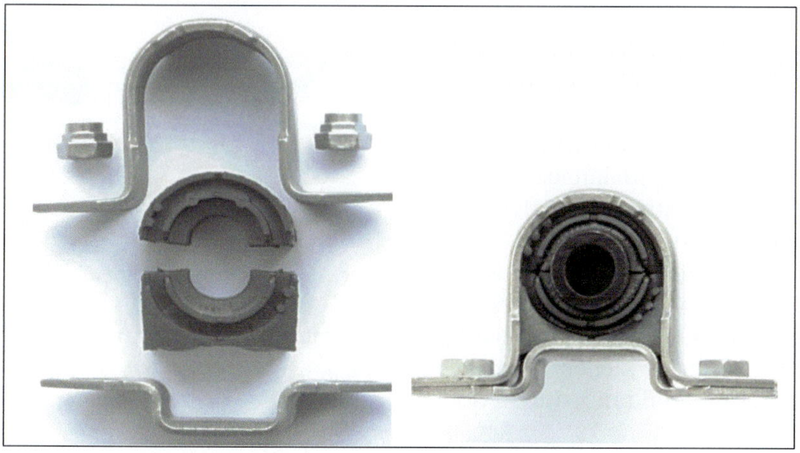

Abb. 9.20 Gebautes Schulterlager mit zweiteiliger Anbindungsschelle

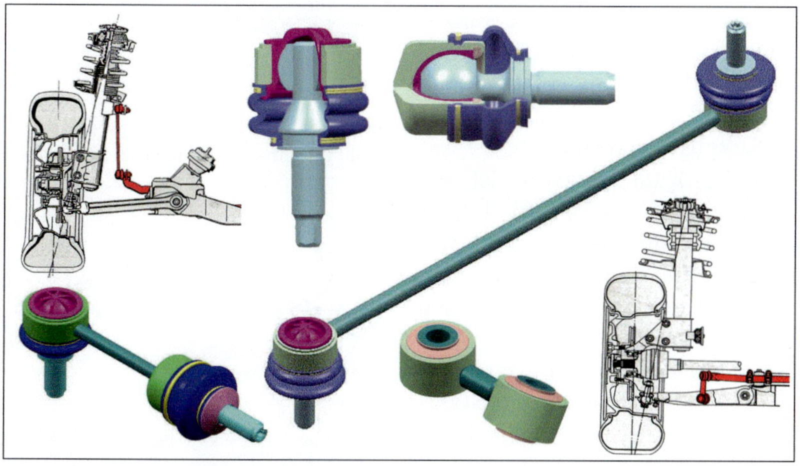

Abb. 9.21 Verschiedene Bauarten der Stabilisatorlenker [4]

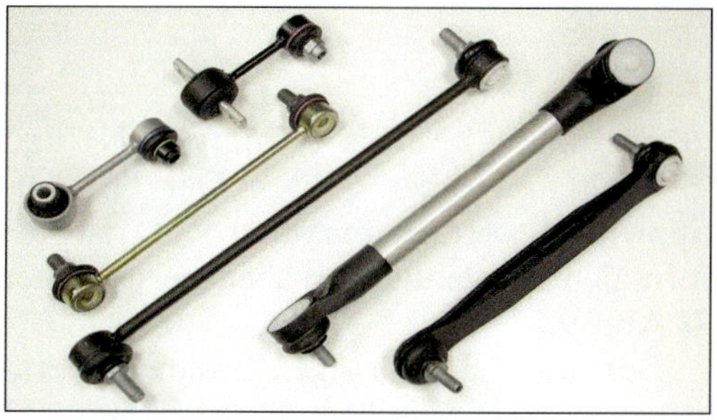

Abb. 9.22 Alternativ-Werkstoffe und Verfahren [5]

Abb. 9.23 Ausführungen der Stabilisatorlenker: mit Kugelgelenk gegossen, geschmiedet, mit Gummilager

Die häufigsten Stabilisatorlenker bestehen aus zwei Kugelgelenken, die an beiden Enden mit einer Stahlstange verbunden werden. Damit lassen sich für jeden Einsatzfall Stabilisatorlenker, mit notwendigen Stangendurchmesser und längen bzw. mit unterschiedlicher Relativstellung der Kugelgelenke zueinander, herstellen.

Aufgrund der auftretenden Relativbewegungen und damit möglichem Verschleiß, zählen die Stabilisatorlenker zu häufiger beanstandeten Fahrwerkteilen (besonders wegen der Geräuschbildung durch Stick–Slip-Effekt).

Die Gehäuse und die Verbindungsstange lassen sich um Kosten und Gewicht einzusparen, auch einteilig herstellen. Damit sind jedoch für jeden Einsatzfall neue teure Werkzeuge erforderlich. Die einteiligen Lösungen werden aus Kunststoff (Spritzguss), aus Aluminium (geschmiedet oder gegossen) und selten aus Zink- oder Magnesiumdruckguss hergestellt.

9

Die kostengünstigste Variante ist ein Stabilisatorlenker aus Kunststoff. Dieser ist jedoch großvolumiger als diejenigen mit einer Stahlstange, die üblicherweise einen Durchmesser von nur 7 bis 12 mm haben (◘ Abb. 9.24).

In Großserie eingesetzte Stabilisatorlenker bestehen aus einer galvanisierten Stahlstange, an deren Enden die Kugelgelenkgehäuse aus Kunststoff umspritzt werden. Dann werden die Kugelzapfen, die vorher mit Gummibalg vormontiert sind, eingeschnappt (◘ Abb. 9.25) [6].

Das Gewicht lässt sich mit einer Verbindungsstange aus einem Rohr anstatt Vollmaterial bzw. aus Aluminium anstatt Stahl reduzieren. Noch leichter, aber auch teurer, ist die Verwendung eines Compositwerkstoffs für das Rohr. Die Kunststoffgehäuse werden dann mit Reibschweißverfahren mit den Rohrenden verbunden (◘ Abb. 9.26).

Der Kugeldurchmesser wird entsprechend der Belastung ausgelegt und beträgt

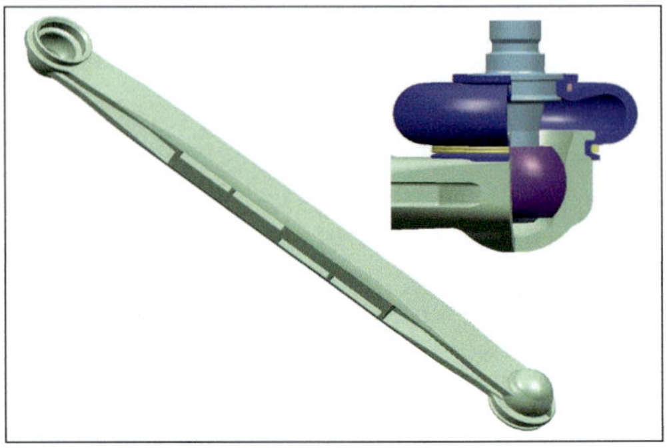

◘ **Abb. 9.24** Kostengünstige Vollkunststoffausführung [5]

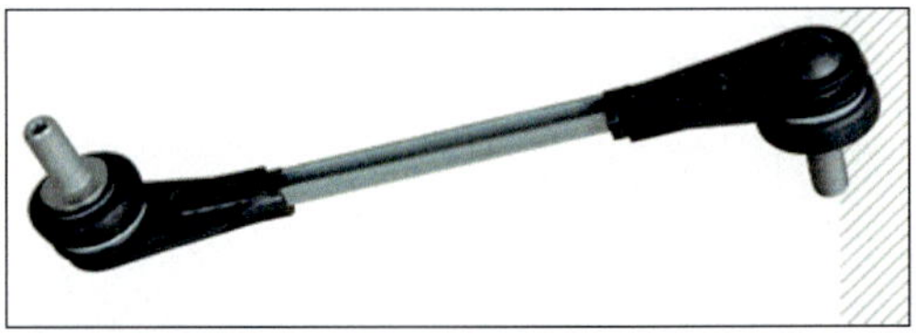

◘ **Abb. 9.25** Kostengünstige Großserienausführung: Stahl mit umspritzter Kunststoffgehäuse [6]

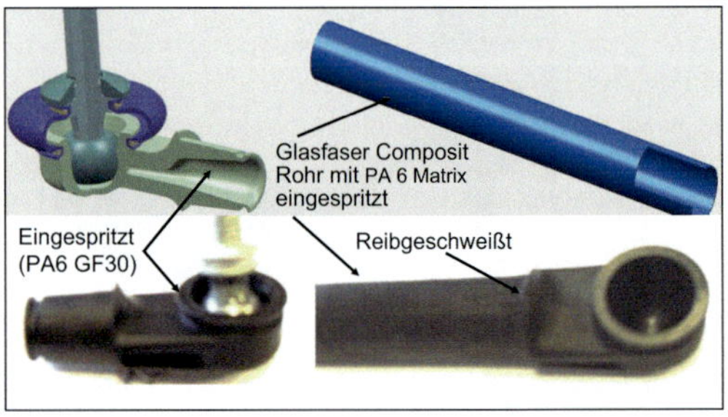

◘ **Abb. 9.26** Stabilisatorlenker aus GFK (Glasfaser) [5]

16 mm (bis 4 kN) bis 19 mm (6 kN) und selten 22 mm (über 6 kN). Der Gesamtkippwinkel beträgt maximal 56°, ist bei normalen Straßenfahrten aber meist kleiner (◘ Abb. 9.27).

Der übliche zulässige Einsatztemperaturbereich liegt zwischen –40 und + 80 °C.

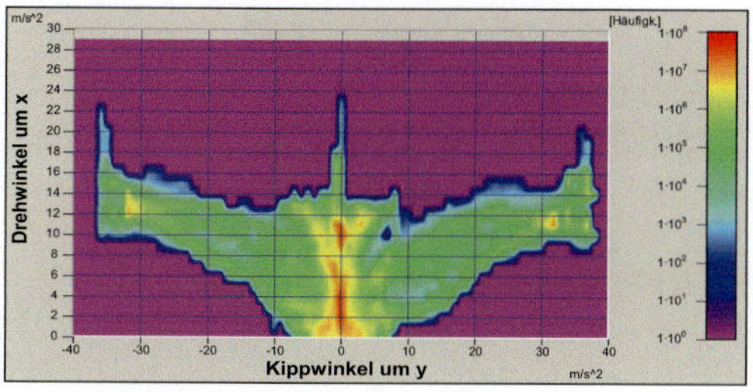

Abb. 9.27 Winkelhäufigkeit eines Stabilisatorlenkers

Abb. 9.28 zeigt die allgemeingültigen Spezifikationen der Standardstabilisatorlenker.

Die Stabilisatorlenker sind keine dokumentationspflichtigen Sicherheitsteile wie die Fahrwerklenker und Spurstangen. Die wichtigsten Anforderungen an Stabilisatorlenker sind die niedrigen Drehmomente und Elastizitäten für ein schnelles Ansprechen sowie die Vermeidung des Stick-Slip-Effektes zur Reduzierung des Kopiereffektes beim Geradeausfahren.

An nachgiebigen Stellen z. B. am Dämpferrohr befestigte Lenker mit Stangenlängen über 200 mm erzeugen Stick–Slip-Geräusche, die als Körperschall bis zum Fahrzeuginneren übertragen werden können. Dieser Effekt entsteht, wenn der statische Reibkoeffizient zwischen der Stahlkugel und der Kunststoffschale mehr als doppelt so groß ist wie der dynamische Reibkoeffizient. Durch Einsatz von geeigneten synthetischen Schmierfetten lässt sich Stick–Slip reduzieren, sogar beseitigen.

Es gelten die bekannten Anforderungen der Fahrwerkkugelgelenke, wie niedrige Elastizitäten, Spielfreiheit, Verschleißarmut, auch für die Stabilisatorlenker. Außerdem müssen sie sich kostengünstig herstellen lassen.

Obwohl einteilige Kunststofflenker (Abb. 9.24) billiger herzustellen sind, benötigen sie wegen der Amortisationsdauer der teuren mehrnestigen Spritzgusswerkzeuge, große Serienstückzahlen. Weitere Nachteile sind die voluminösen Verbindungen, größerer Bauraum sowie längere Entwicklungszeiten.

Statt Kunststoffspritzen setzt die Fa. THK Aluminiumdruckguss ein, wobei die Kugel und die Schale aus PEEK-Material in das Werkzeug eingelegt und umspritzt werden (Abb. 9.29). Für diese Konstruktion notwendige zusätzliche Schließdeckel, der auch umgebördelt werden muss, steigert wieder die Kosten [7].

Um die Herstellkosten so niedrig wie möglich zu halten, sind die Anzahl der Einzelteile und der Montageschritte zu minimieren. Ein Beispiel dazu ist die Kunststoffspritzguss Ausführung (Abb. 9.30): Die Schale und der Balg sind ineinander integriert und als 2-Komponenten Hart (PA)- und Weich (PUR)-Kunststoff ausgeführt.

Damit entfallen der sonst notwendige Spannring und dessen Montage. Der Kugelzapfen wird hingegen aus zwei Teilen hergestellt. Er besteht aus einer hinsichtlich Kosten und Formtoleranzen günstigen

D	α	K	E	G	T	L	Max. Dauerlast	Max. Last
mm	°	mm	mm	mm		mm	kN bei 20°C	kN bei 20°C
16	46	21	22, 25, oder 28	M10	T30	100 bis 380	F=2 bei 200T LW	
	56							
19	52	25		M10 M12x1,5	T30 T40		F=3 bei 200T LW	
	56							
20	52	25		M10 M12x1,5	T30 T40		F=3 bei 200T LW	
	56							
22	56	25		M12x1,5	T40		F=5 bei 400T LW	

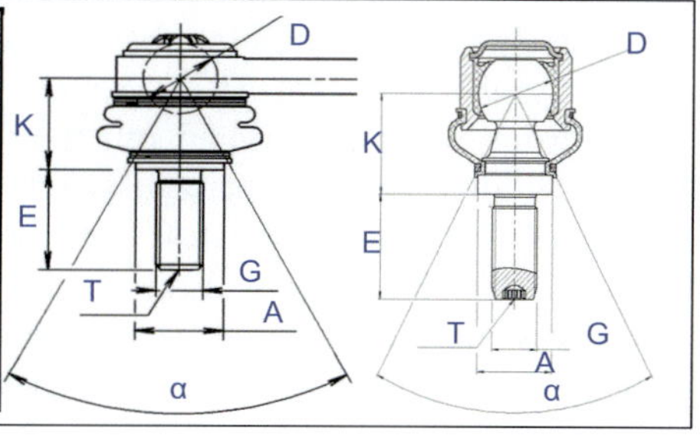

Abb. 9.28 Spezifikationen für Axialgelenk des Stabilisatorlenkers

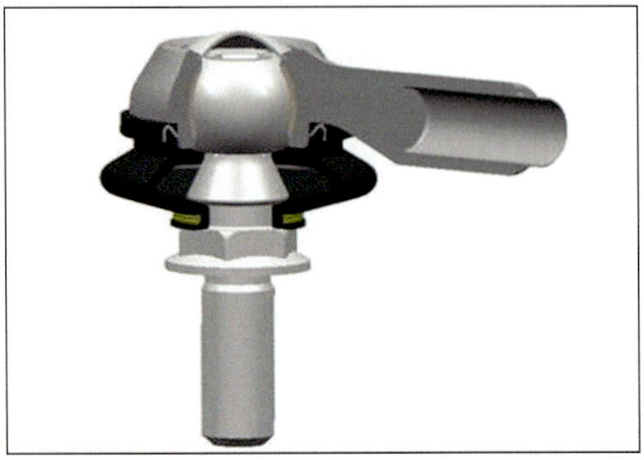

Abb. 9.29 Stabilisatorlenker mit eingespritztem Aluminiumdruckgussgehäuse [7]

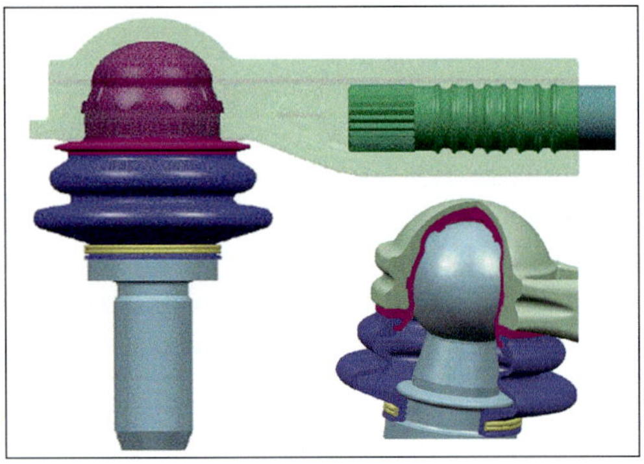

Abb. 9.30 Stabilisatorlenker mit Minimal-Teileanzahl durch Kunststoffeinspritzung des Gehäuses [5]

Kugel und einem fließgepressten Bolzen ohne mechanische Bearbeitung.

Die beiden Teile werden dann zusammen punktgeschweißt. Dadurch ist es möglich, vor dem Schweißen den Bolzen gegen Korrosion zu beschichten, wo hingegen die Kugel -wegen sonst hoher Reibung und Verschleiß- unbehandelt bleibt. Nach der Montage von Kugelzapfen, Schale und Balg werden diese zusammen mit der Verbindungsstange in ein Spritzgusswerkzeug eingelegt und mit Kunststoff umspritzt. Die perfekte Kugelform und geeignetes Fett sowie der „Tempereffekt" (s. ► Abschn. 11.3.4.3) beim Druckgießen sorgen für niedrige und gleich bleibende Momente. Da es nur eine Dichtstelle zwischen Zapfen

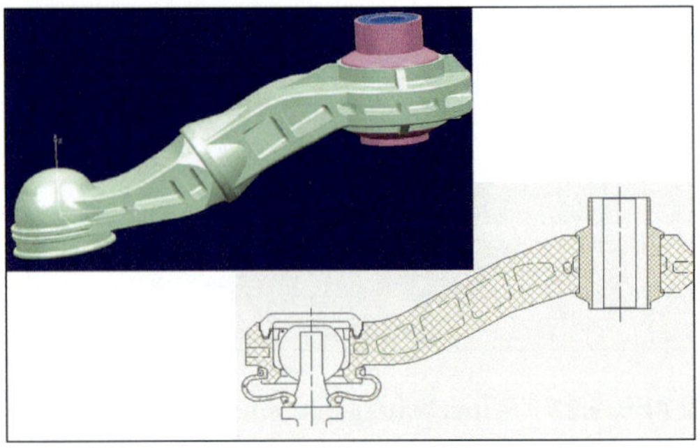

Abb. 9.31 Mit Kunststoff umspritztes Gummilager [5]

und Balg nach außen gibt, wird das Eindringen von Schmutz und Feuchtigkeit minimiert, sodass eine lange Lebensdauer gewährleistet ist.

Eine ähnliche Ausführung entsteht, wenn die Gummilager ohne Außengehäuse in Spritzgusswerkstoff eingelegt und mit Kunststoff umspritzt werden. Der Spritzdruck und die Schrumpfung des Kunststoffes beim Erstarren sichern die notwendige Vorspannung für lange Lebensdauer des Gummilagers (Abb. 9.31).

9.3.3.3 Stabilisator Berechnungen

Den wesentlichen Verformungsbeitrag liefert im Idealfall der Stabilisatorrücken. Die aktuellen Torsions- und Biegemomente können dabei hinreichend genau bezüglich der Skelettlinie des unbelasteten Stabilisators berechnet werden. Der Querkrafteinfluss ist meist vernachlässigbar. Die Verformung eines derartigen Systems lässt sich mit dem Arbeitssatz ermitteln. Für den in Abb. 9.32 gezeigte symmetrische, ebene Stabilisatoren gelten für die Formänderungsenergie:

$$W = 2\sum_{i=1}^{n}\left[\int_0^{l_i}\frac{M_{\mathrm{bi}}^2}{2EI}\cdot \mathrm{d}\lambda_\mathrm{i} + \int_0^{l_i}\frac{M_{\mathrm{ti}}^2}{2GI_\mathrm{P}}\cdot \mathrm{d}\lambda_\mathrm{i}\right] \tag{9.16}$$

Die Einfederung beider Stabilisatorenden gegeneinander erhält man nach dem 6. Satz von Castigliano zu:

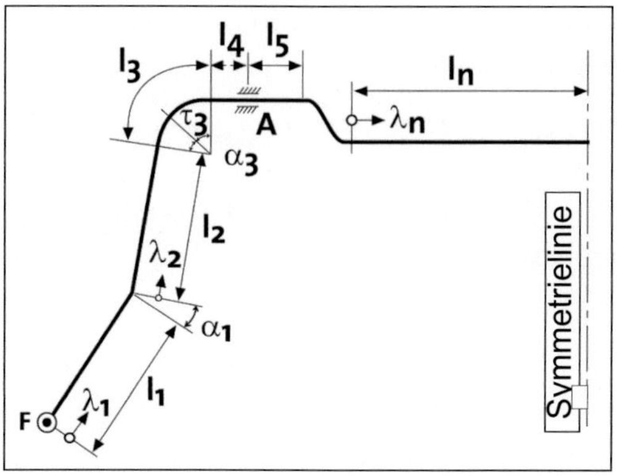

■ Abb. 9.32 Skizze zur Definition der einen Stabilisator beschreibenden Größen

$$s = \frac{\delta W}{\delta F} \tag{9.17}$$

$$s = 2\sum_{i=1}^{n}\left[\int_0^{l_i} \frac{M_{\mathrm{bi}}}{2EI}\cdot\frac{M_{\mathrm{bi}}}{\delta F}\cdot \mathrm{d}\lambda_{\mathrm{i}} + \int_0^{l_i} \frac{M_{\mathrm{ti}}}{2GI_{\mathrm{P}}}\cdot\frac{M_{\mathrm{ti}}}{\delta F}\cdot \mathrm{d}\lambda_{\mathrm{i}}\right] \tag{9.18}$$

Aus der allgemeinen Kennliniengleichung

$$F = c \cdot s \tag{9.19}$$

folgt nach Umstellung

$$s = \frac{F}{c} = \frac{\delta W}{\delta F} \tag{9.20}$$

Für die reziproke Federrate des Stabilisators erhält man durch nochmaliges Differenzieren:

$$\frac{1}{c} = \frac{\delta s}{\delta F} = \frac{\delta^2 W}{\delta F^2} = 2\sum_{i=1}^{n}\left[\int_0^{l_i} \frac{1}{EI}\cdot\left(\frac{\delta M_{\mathrm{bi}}}{\delta F}\right)^2\cdot \mathrm{d}\lambda_i + \int_0^{l_i} \frac{1}{GI_{\mathrm{P}}}\cdot\left(\frac{\delta M_{\mathrm{ti}}}{\delta F}\right)^2\cdot \mathrm{d}\lambda_{\mathrm{i}}\right] \tag{9.21}$$

Für einen Stabilisator mit durchgängig konstantem kreis- oder kreisringförmigem

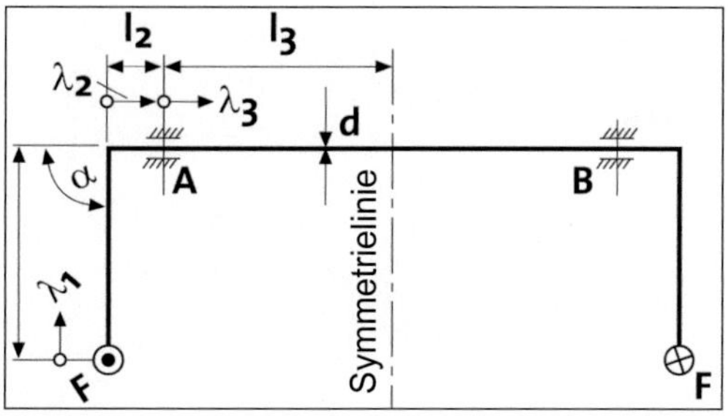

■ Abb. 9.33 Skizze zur Berechnung einfachen Stabilisators

Querschnitt gilt für die Flächenträgheitsmomente:

$$I = \frac{1}{2}\cdot I_{\mathrm{P}} \tag{9.22}$$

Für die Beziehung der Werkstoffmodule E und G untereinander gilt:

$$E = 2\cdot(1+\mu)\cdot G \tag{9.23}$$

Damit ergibt sich:

$$\frac{1}{c} = \frac{2}{G\cdot I_{\mathrm{P}}}\sum_{i=1}^{n}\left[\frac{1}{1+\mu}\cdot\int_0^{l_i}\left(\frac{\delta M_{\mathrm{bi}}}{\delta F}\right)^2\cdot \mathrm{d}\lambda_{\mathrm{i}} + \int_0^{l_i}\frac{1}{GI_{\mathrm{P}}}\cdot\left(\frac{\delta M_{\mathrm{ti}}}{\delta F}\right)^2\cdot \mathrm{d}\lambda_{\mathrm{i}}\right] \tag{9.24}$$

Die Vorgehensweise bei der Berechnung der Federrate c soll an dem in ■ Abb. 9.33 dargestelltem einfachem Beispiel gezeigt werden.

Aus Symmetriegründen gilt für die Lagerkräfte:

$$A = B \tag{9.25}$$

$$\sum M = 0 \tag{9.26}$$

$$A\cdot 2\cdot l_3 - F\cdot 2(l_2 + l_3) = 0 \tag{9.27}$$

$$A = F\left(\frac{l_2}{l_3} + 1\right) \tag{9.28}$$

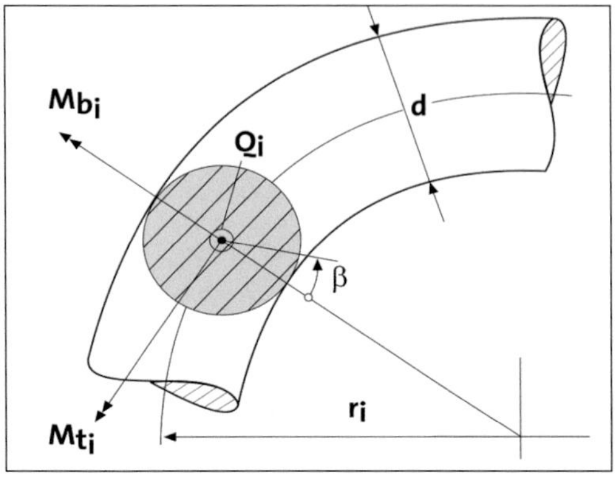

Abb. 9.34 Gekrümmter Vollstabilisator

Nach Integration erhält man:

$$\frac{1}{c} = \frac{2}{G \cdot I_P}\left[l_1^2 \cdot (l_2 + l_3)\right] \tag{9.29}$$

9

Bei den Berechnungen wird von starren Lagern bei A und B ausgegangen. Wegen der in Wirklichkeit vorhandenen elastischen Nachgiebig der Gummi- oder Kunststofflagerschalen ist die tatsächlich auftretende Federrate niedriger als die gerechnete (ca. 5 bis 10 %).

Die Schnittreaktionen rufen Schubspannungen infolge des Torsionsmomentes und der Querkraft sowie Biegespannungen infolge des Biegemomentes hervor.

Zur Herleitung der Normal- und Schubspannungen des gekrümmten Vollstabilisators dient ■ Abb. 9.34.

Für das Krümmungsverhältnis gilt:

$$w_i = 2\,\frac{r_i}{d} \tag{9.30}$$

Daraus ergibt sich für die relative Exzentrizität:

$$\nu_i = \frac{1}{2}\left[w_i - \sqrt{w_i^2 - 1}\right] \tag{9.31}$$

Die Schubspannung infolge des Torsionsmoments erhält man aus:

$$\tau(M_{ti}) = \frac{M_{ti}}{I_P} \cdot \frac{\sqrt{1 - 2\nu_i \cdot \cos\beta + \nu_i^2}}{1 - \frac{\cos\beta}{w_i}} \tag{9.32}$$

Die Schubspannung infolge Querkraft erhält man aus:

$$\tau(Q_i) = \frac{Q_i}{A} \cdot \frac{1 + 2\nu_i}{1 + \nu_i} \cdot \cos\beta \tag{9.33}$$

Die Biegespannung infolge Biegung erhält man aus:

$$\sigma(M_{bi}) = -\frac{M_{bi}}{I} \cdot \frac{\sin\beta}{1 - \frac{\cos\beta}{w_i}} \tag{9.34}$$

Aus diesen drei Spannungen lässt sich die Vergleichsspannung nach Mises berechnen:

$$\sigma_{VGi} = \sqrt{\sigma(M_{bi})^2 + 3[\tau(M_{ti}) + \tau(Q_i)]^2} \tag{9.35}$$

Die Schubspannung an einem Rohrstabilisator infolge der Querkraft kann mithilfe von ■ Abb. 9.35 abgeleitet werden. Es wird näherungsweise davon ausgegangen, dass der Rohrquerschnitt durch zwei konzentrische Kreise begrenzt wird. In diesem Fall gilt für die aus der Querkraft resultierende Schubspannung:

$$\tau(Q_i) = \frac{Q_i}{A} \cdot \frac{1 + 2\nu_i}{1 - \left(\frac{d_i}{d_e}\right)^2} \cdot \cos\beta \tag{9.36}$$

Um einen Stabilisator hinsichtlich seiner Betriebsfestigkeit optimal zu gestalten, verwendet man Finite-Elemente-Methoden

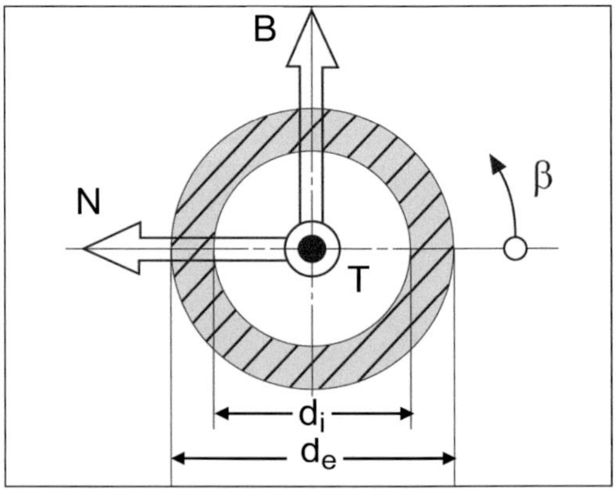

Abb. 9.35 Gekrümmter Rohrstabilisator

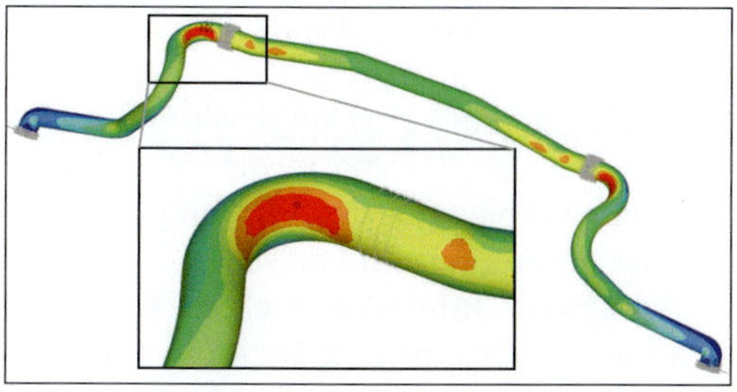

Abb. 9.36 FEM Ergebnis an einem Vollstabilisator

(FEM). Die FEM liefert detaillierte Informationen über die Verteilung der Beanspruchungsgrößen über die Skelettlinie und den Umfangswinkel des Stabilisators. Sie ist insbesondere unverzichtbar für die Betrachtung der Innenspannungen bei Rohrstabilisatoren. Auf Grundlage des Beanspruchungsniveaus kann die am besten geeignete Fertigungstechnologie für einen Stabilisator festgelegt werden.

Die größten Spannungen treten zumeist an den Lagerstellen oder an den Schulterbiegungen auf (Abb. 9.36) [8].

Die Lebensdauerberechnung von Stabilisatoren bei sich ändernden Lastamplituden kann mithilfe der Miner-Regel erfolgen. Sie geht von einer Teilschädigung durch die einzelnen Schwingamplituden aus, die zur Gesamtschädigung summiert werden. Zur Durchführung wird das reale Belastungsspektrum aufgenommen, ausgewertet und z. B. mittels Rainflow-Methode klassifiziert.

Basis für die rechnerische Bemessung der Lebensdauer bilden Wöhlerlinien, die experimentell im Einstufenversuch bei konstantem Spannungsverhältnis $R = -1$ für die festgelegte Fertigungstechnologie ermittelt sind.

Vor Serienbeginn erfolgt die abschließende Validierung der Betriebsfestigkeit mittels einer System- oder Achsprüfung unter dem im Fahrversuch gemessenen Betriebslastkollektiv oder einem schädigungsäquivalenten Blockprogramm.

9.3.4 Schraubenfedern

Die in Pkws heute bevorzugt eingesetzte Feder ist die Schraubenfeder. Sie kann als schraubenförmig gewickelter Drehstab aufgefasst werden. Im Gegensatz zur Blattfeder, beschränkt sich die Schraubendruckfeder allein auf die Federungsfunktion, während Radführung und Schwingungsdämpfung anderen Bauelementen überlassen werden.

9.3.4.1 Grundbauformen der Schraubenfedern

Im Laufe der Entwicklung von Schraubendruckfedern sind verschiedene Varianten entstanden, die sich durch ihre äußere Form, die Stabform, die Form der Endwindungen und damit auch in ihrer Kennlinie unterscheiden. Das Vormaterial für Schraubendruckfedern weist kreisförmige, rechteckige oder quadratische Querschnitte auf. Die Gestaltung einer schraubenförmigen Achsfeder hängt wesentlich von der Achskonstruktion ab. Sie wird unter andere von der Art der Lasteinleitung und von den vorhandenen Bewegungsfreiräumen bestimmt.

Im Prinzip unterscheidet man zwei verschiedene Lasteinleitungsarten. Bei der ersten Variante (Abb. 9.37) ist die Feder um den Dämpfer angeordnet. Das eine Ende wird auf das andere zugeführt, sodass eine praktisch biegemomenten- und querkraftfreie Einfederung mit ideal gleichmäßiger Windungsbeanspruchung vorliegt. Dies ist der Fall beim Federbein, bei dem Feder und Dämpfer eine Einheit bilden.

Bei der zweiten Lasteinleitungsart wird das auf einem Lenker sitzende Federende auf einer Raumkurve geführt (Abb. 9.38). Die durch diese räumliche Führung an beiden Federenden zusätzlich eingeleiteten Momente und Querkräfte lassen sich zusammen mit der Federkraft zu einer Kraftschraube vereinigen, deren

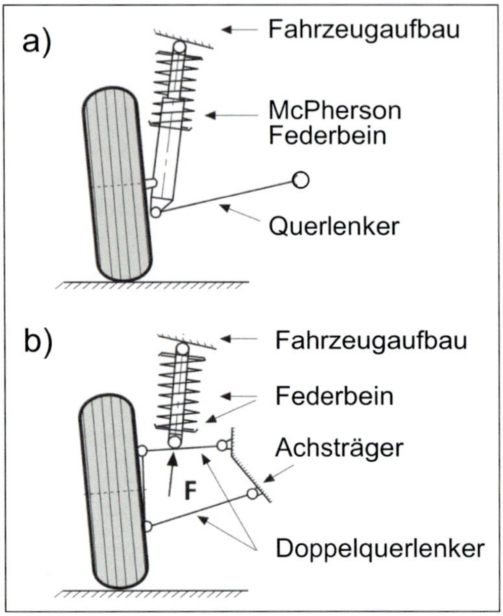

9

Abb. 9.37 Federanordnung um den Dämpfer [3]

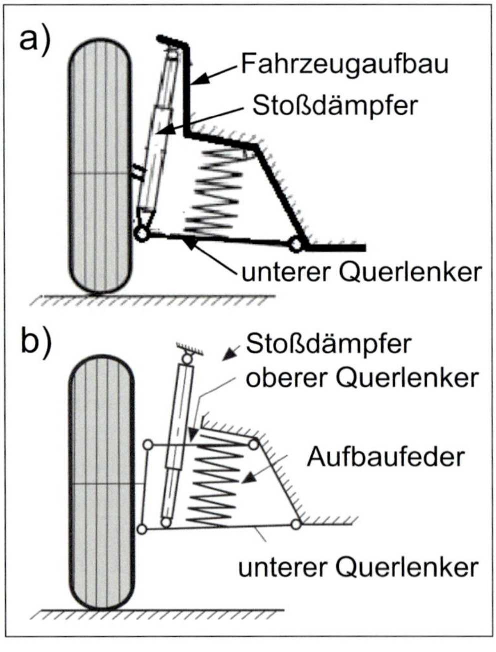

Abb. 9.38 Federsitz auf einem Querlenker [3]

Wirkungslinie schräg durch den Federkörper läuft.

Die Folge sind eine ungleichmäßige Beanspruchungsverteilung in den Windungen und eine Verbiegung des Windungskörpers. Dies ist im unteren Bild zu sehen.

Aufgrund fahrdynamischer Vorausberechnungen wird unter Beachtung aller Einbaubedingungen für die Achsfedern ein ganz bestimmtes Einfederungs-Kraft-Verhalten, d. h. die Einhaltung einer ganz bestimmten Kennlinie gefordert.

Hinsichtlich der Kennlinie unterscheidet man lineare und progressive Federn. Eine lineare Federkennlinie wird mit der zylindrischen Schraubendruckfeder mit etwa konstanten Windungsabständen erreicht.

Eine Möglichkeit zur Gestaltung von zylindrischen Schraubendruckfedern mit progressiven Kennlinien ist die parallele Anordnung z. B. durch Ineinanderstellen der Federn als Federnsatz. Die federn sind unterschiedlich lang und kommen bei Belastung nach und nach zur Wirkung (◘ Abb. 9.39, links). Bei dieser Lösung sind mehrere Federn zu fertigen und es ist ein großer Anteil an Gewicht für die toten Windungen erforderlich.

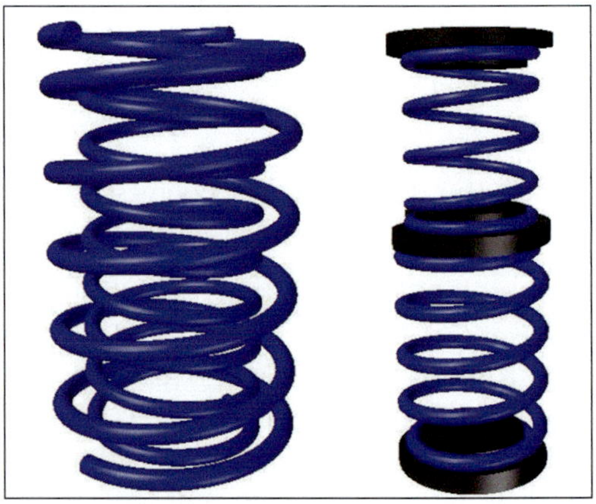

Abb. 9.39 Parallelschaltung (links) und Reihenschaltung (rechts) von Federn

Nachteilig ist außerdem, dass der Außendurchmesser eines solchen Federsatzes verhältnismäßig groß wird.

Darüber hinaus können zur Erzielung der Progressivität die Federn in Reihe angeordnet werden, z. B. als Federsatz aufeinander gestellt (◘ Abb. 9.39, rechts).

Bei kleinerem Außendurchmesser gegenüber der Parallelschaltung müssen mehrere Federn gefertigt werden. Die toten Windungen erfordern ein großer Anteil an Gewicht. Da es zu Berührung der Windungen kommt, die bei Belastung ausgeschaltet werden, können Korrosionsprobleme auftreten. Nachteilig ist auch die größeren Blocklänge – bzw. die ungespannte Länge der Federn.

Eine weitere Lösung bieten Federn mit unterschiedlichen Windungsabständen (◘ Abb. 9.40). Die Wirkungsweise entspricht dem Prinzip der Reihenschaltung. Es wird nur eine Feder mit konstantem Windungs- und Drahtdurchmesser gefertigt, deren Windungsabstände der federnden Windungen, entsprechend dem gewünschten Kennlinienverlauf, unterschiedlich sind.

Infolgedessen sind auch die Spannungen und damit die Werkstoffausnutzung in den einzelnen Windungen unterschiedlich. Der Vorteil dieser Lösung liegt darin, dass nur eine Feder gefertigt werden muss. Durch die teilweise schlechte Werkstoffausnutzung dieser Federform kommt es zu einem großen Aufwand an Raum und Gewicht.

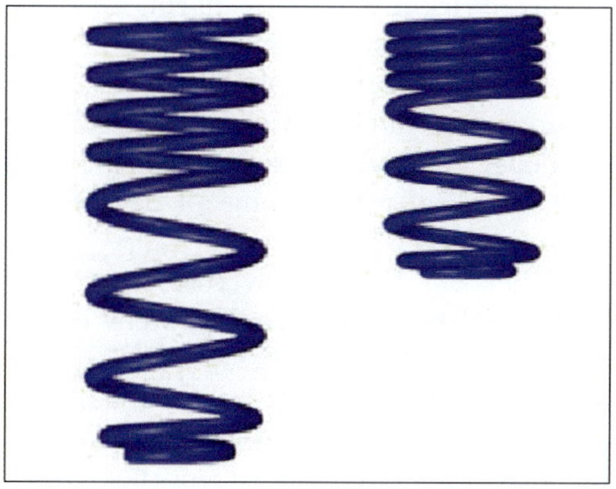

◘ **Abb. 9.40** Progressivität durch unterschiedliche Windungsabstände

Die Nachteile der Federn nach ◘ Abb. 9.40 lassen sich vermeiden, wenn man einen Draht verwendet, dessen Durchmesser variiert. Der Verlauf des Drahtdurchmessers wird derart gestaltet, dass die Windungsteile, die im Verlauf der fortschreitenden Belastung zur Erreichung des progressiven Kennlinienverlaufes ausgeschaltet werden müssen, maximal beansprucht werden und damit der Werkstoff auch optimal ausgenutzt wird [9].

Bei dieser Feder bleiben der Außendurchmesser, der mittlere Windungsdurchmesser oder der Innendurchmesser konstant. Die Windungen für den progressiven Kennlinienverlauf können an beiden Enden, in der Mitte oder an einem Ende vorgesehen werden (◘ Abb. 9.41).

Der Nachteil dieser Feder ist durch das Aufeinanderlegen der Windungen bedingt, die für den progressiven Kennlinienverlauf ausgeschaltet werden müssen. Hierbei entstehen Geräusche und der Korrosionsschutz wird mit der Zeit abgetragen, was unter Umständen zur Verminderung der Lebensdauer führen kann.

Der Wunsch zur Vermeidung dieser Nachteile einerseits und anderseits das Stre-

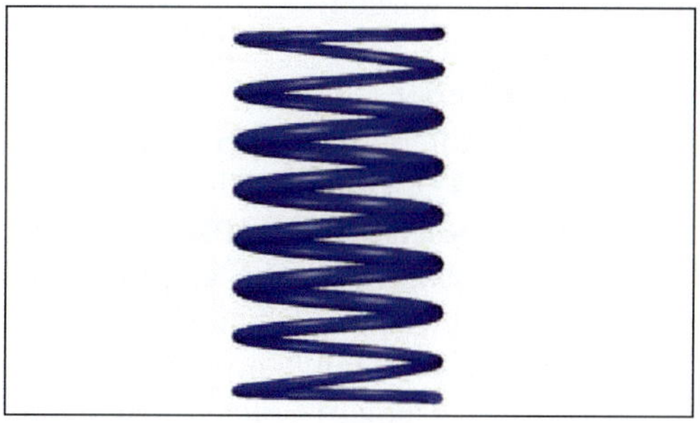

◘ **Abb. 9.41** Progressivität durch variablen Drahtdurchmesser

Abb. 9.42 Progressivität durch Miniblockfeder

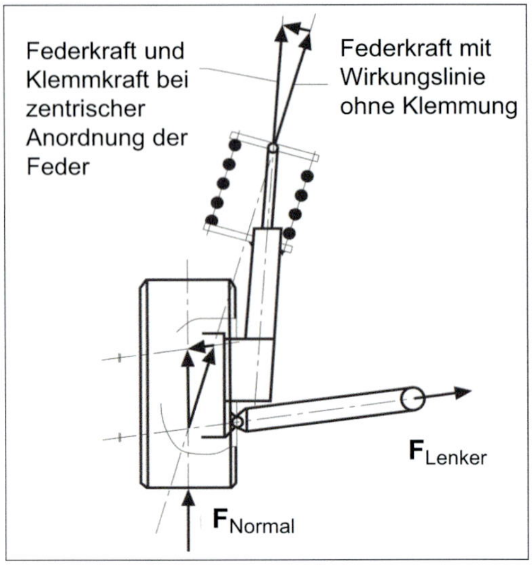

Abb. 9.43 Klemmkräfte an der Kolbenstange

ben nach Federn, die sich räumlich an erwünschte Konstruktionsabmessungen besser anpassen lassen, führte zur Schraubendruckfedern, die sowohl durch inkonstanten Draht als auch variablen Windungsdurchmesser gekennzeichnet sind. Auf diese Weise lässt sich eine ganze Reihe von Federn gestalten, die den jeweiligen Erfordernissen der Konstruktion hinsichtlich Federdurchmesser und Baulänge weitgehend angepasst ist. Wegen der kleinen Blocklänge erhielten diese Federn die Bezeichnung Miniblockfeder (Abb. 9.42). Das Merkmal dieser Federn ist, dass die erforderlichen Windungen für den progressiven Kennlinienverlauf spiralförmig gestaltet sind, und dass sich diese bei Belastung ohne gegenseitige Berührung ineinanderlegen. So werden Beschädigungen der Drahtoberfläche und Geräusche durch Windungsberührung vermieden. Allerdings muss bei dieser Federform auf die Gestaltung des Tellers besonders Wert gelegt werden.

9

- **Side-Load-Feder**

Einen Sonderfall bildet die Side-Load-Feder (Abb. 9.43), die bei McPherson-Federbeinen eingesetzt wird [10]. Bei einer zentrisch zum Dämpferrohr angeordneten Schraubendruckfeder üblicher Bauart können an der Dämpferstange hohe Querkräfte auftreten, die zu einem stuckerigen Einfedern und vorzeitigem Dämpferkolben- und Dichtungsverschleiß führen. Der zur Reibkraftreduzierung oft angewendeten Schrägstellung einer konventionellen zylindrischen Schraubendruckfeder sind jedoch häufig Bauraumgrenzen zum Reifen gesetzt. Dies hat zur Entwicklung eines Schraubendruckfedertyps geführt, dessen Federmittellinie im unbelasteten Zustand einen S-förmigen Verlauf hat [10, 11]. Diese ebenfalls über das Dämpferrohr geschobene SL-Feder nimmt dann im Arbeitsbereich wieder eine annähernd zylindrische Gestalt an (Abb. 9.44, rechts).

Ihre Wirkung besteht darin, dass sie eine schräg durch die Federachse hindurch laufende Kraftwirkungslinie aufweist und dadurch bei nur mäßiger Schrägstellung der Feder zur Dämpferachse für eine optimale Querkraftreduzierung an der Dämpferstange sorgt.

Neben der Funktionsverbesserung wird auch gleichzeitig das Federgewicht erheblich reduziert. Die Federgeometrie lässt wesentlich kleinere Federteller zu, sodass das Gesamtgewicht um ca. 2 kg reduziert wird.

Ebenso gibt es Schraubendruckfedern, die im unbelasteten Zustand einen C-förmigen Verlauf der Federmittellinie zeigen.

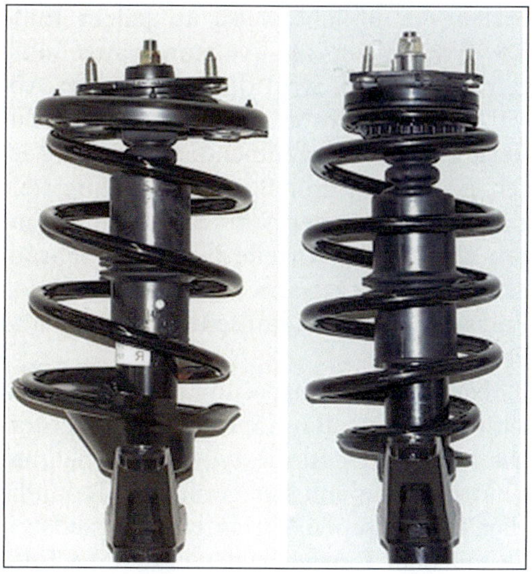

■ **Abb. 9.44** Konventionelles Federbein (links) und Federbein mit SL-Feder (rechts) mit gleichem Offset der Kraftwirkungslinie [10]

Ihre Wirkung besteht vorzugsweise darin, dass sie eine parallel zur Federachse liegende Kraftwirkungslinie haben. Die Möglichkeiten zur Platzierung der Kraftwirkungslinie einer Feder sind in ■ Abb. 9.45 dargestellt. Durch eine Kombination von SL- und C-Feder lässt sich die Kraftwirkungslinie beinahe beliebig im Raum platzieren, wobei deren Lage nicht außerhalb der Endwindungen der Feder liegen kann.

■ Endenformen

Eine andere Unterteilung von Schraubendruckfedern ist nach der Ausbildung der Endwindungen. Die Endwindungen muss ein einwandfreier Sitz der Feder gewährleistet sein. Sie ruhen deshalb auf Federtellern, welche die Schraubendruckfeder am Innen- oder Außendurchmesser führen. Die Endenformen sind (■ Abb. 9.46):

A geschliffene, angelegte, geschmiedete oder gewalzte Federenden,
B plan angelegte Federenden,
C angelegte Federenden nach Tellersteigung,
D abwälzende Federenden mit angelegten Windungen,

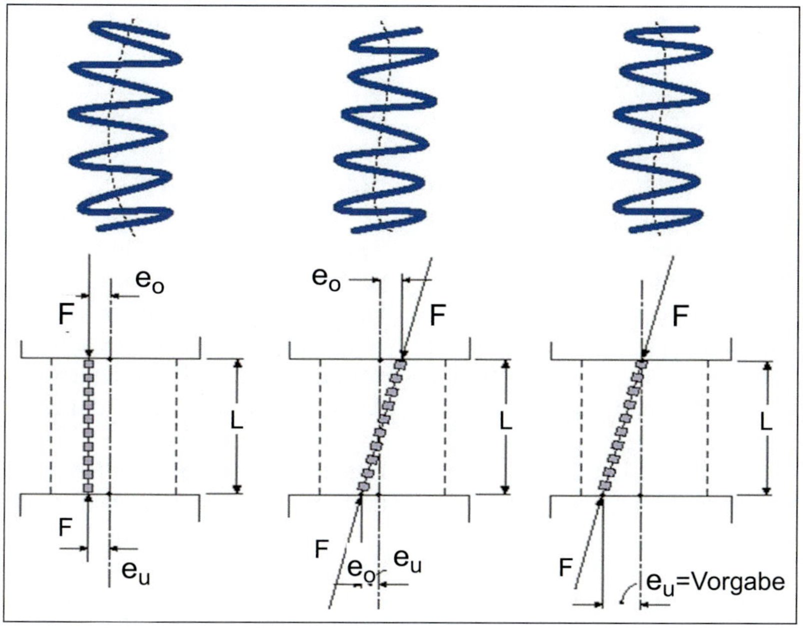

■ **Abb. 9.45** Platzierung der Kraftwirkungslinie [12]

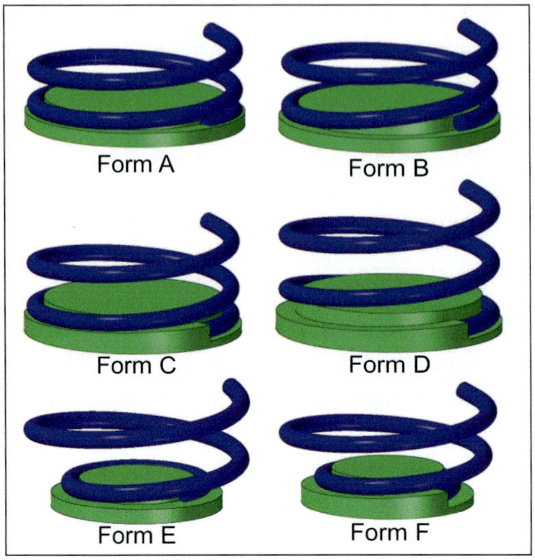

Abb. 9.46 Endenformen von Schraubendruckfeder

E plan angelegtes eingerolltes Federende,
F angelegtes eingerolltes Federende nach Tellersteigung.

Als Ursprungsform kann die zylindrische Schraubendruckfeder mit angelegten und geschliffenen Endwindungen (Abb. 9.46, Form A) angesehen werden. Beide Fertigungsmaßnahmen – Anlegen und Schleifen – bezwecken eine möglichst gleichmäßige Verteilung der Federkraft auf einem ebenen Federteller, auch schon im Bereich geringer Belastung. Bei schweren Schraubendruckfedern wendet man anstelle des Planschleifens meist ein keilförmiges Ausschmieden oder Auswalzen der Stabenden vor dem Wickeln an [1]. Aus Kostengründen werden heute bei nahezu allen Großserienfedern die Federenden ohne mechanische Bearbeitung ausgeführt und dabei plan- oder entsprechend der Tellersteigung angelegt (Form B und C).

Form D zeigt das Federende einer Abwälzfeder. Die Feder ist charakterisiert durch eine verminderte Länge der „toten" Endwindungen. Während bei den vorherigen üblicherweise an jedem Ende 0,5 Windungen als Aufstandslänge ausgeführt werden, wird diese Länge bei Abwälzfedern im unbelasteten Zustand reduziert. Erst mit zunehmender Belastung legen sich die anschließenden Windungsteile an die Federteller an; die Endwindungen wälzen ab. Vorteile bietet die Schraubendruckfedervariante mit eingezogenen Endwindungen (Pigtailfeder, Form E und Form F).

Neben der Einsparung von Federmaterial kann die Bauhöhe reduziert werden. Die Pigtailfeder ist die zylindrische Schraubendruckfeder mit der geringsten Bauhöhe aller zylindrischen Varianten. Da gleichzeitig mit dem Einziehen der Enden die Endsteigung Null werden kann, ist die Verwendung von ebenen und im Durchmesser relativ kleinen Federtellern möglich.

9.3.4.2 Federteller

Zur Sicherstellung der einwandfreien Funktion einer Feder im Fahrzeug ist das Federtellerdesign von entscheidender Bedeutung. Die Kontur des Federtellers richtet sich in erster Linie nach der Form des Federauges. Für Federn mit einer Steigung des Auges gibt es dementsprechend Steigungsteller. Bei Federn mit eingezogener Endwindung (*Pigtail*) werden ebenfalls angepasste Federteller verwendet.

Durch das Abwälzen der Feder im Auflagebereich kann es dort zu Schmutzablagerungen und zu Lackbeschädigungen der Feder kommen. Auf diese Weise besteht eine erhöhte Korrosionsgefahr. In Kombination mit den Spannungen der Feder im Auflagebereich können daher Federbrüche auftreten. Daher ist eine Schmutzwasserabführung am unteren Teller durch z. B. Ablaufbohrungen vorzusehen.

Die Beschichtung des Federtellers mit Zink kann eine Korrosionsausbreitung durch das Bilden einer aktiven Schutzschicht verhindern. Der Federteller

■ **Abb. 9.47** Federteller mit Außenzentrierung und Gummiauflage

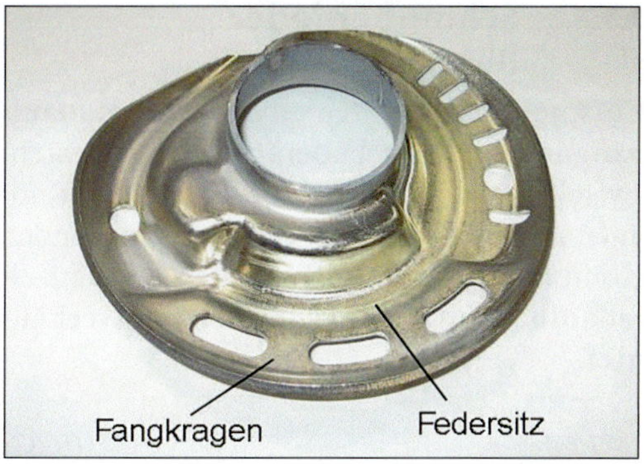

■ **Abb. 9.48** Federteller mit V-Nut

übernimmt in diesem Fall die Funktion einer Opferanode.

Besonders gut haben sich auch Gummiauflagen bewährt, die keine Relativbewegung zwischen Feder und Auflage zulassen (■ Abb. 9.47). Auf diese Weise lassen sich auch akustische Probleme minimieren.

Bei McPherson-Radaufhängungen muss der Federteller auch für eine Verdrehsicherung der Feder sorgen. Diese lässt sich durch Formschluss oder durch Kraftschluss zwischen Feder und Teller erreichen.

Zur Erhöhung des Kraftschlusses zwischen Feder und Teller ist der Einsatz von Gummiunterlagen sinnvoll (■ Abb. 9.47). Eine formschlüssige Auflage lässt sich durch ein elliptisches Federauge mit dementsprechender Kontur des Federtellers erreichen. Kraftschluss liegt bei einem V-förmigen Federsitz vor (■ Abb. 9.48).

Zusätzlich unterscheidet man zwischen Außen- und Innenzentrierung der Feder. In ■ Abb. 9.47 führt der Teller die Feder außen mit einem Kragensegment.

In ■ Abb. 9.49 ist der obere Federteller für eine zylindrische Feder bei einer McPherson-Aufhängung dargestellt. Bei diesem Teller liegt eine Innenführung der Feder ohne Gummiauflage vor.

■ **Abb. 9.49** Federteller mit Innenzentrierung

Häufig werden an Federtellern sogenannte Fangkragen integriert, um im Falle eines Federbruchs einen möglichen Kontakt von Bruchstücken der Feder mit dem Reifen zu verhindern. Ein solcher Fangkragen ist in 9–48 gezeigten unteren Federteller einer McPherson-Aufhängung dargestellt. Das eingezogene Federauge sitzt bei diesem Teller in einer V-Nut im inneren Bereich des Tellers in der Nähe des für die Durchführung des Federbeins vorgesehenen Lochs. Durch die V-Nut wird die Reibung zwischen Feder und Teller erhöht, sodass zur Realisierung einer Verdrehsicherung auf eine Gummiauflage verzichtet werden kann.

9.3.4.3 Schraubenfeder Berechnungen

Entsprechend der Kinematik der Radaufhängung und der Federanordnung besteht zwischen einer Einfederbewegung des Radaufstandspunktes und der entsprechenden Kompression der Aufbaufeder bei Einzelradaufhängungen ein Übersetzungsverhältnis i:

$$i = \frac{\Delta f}{\Delta z_R} \tag{9.37}$$

Das Federübersetzungsverhältnis i ist in der Regel kleiner als 1 und nicht konstant, sondern von der momentanen Lage der als Getriebeglieder anzunehmenden Radaufhängungsbauteile, also vom momentanen Einfederungszustand abhängig (◘ Abb. 9.50).

Zwischen der Radlast und der Federkraft besteht mit dieser Hebelübersetzung i folgendes Gleichgewicht:

$$F_F = \frac{F_R}{i} \tag{9.38}$$

Damit kann die sog. radbezogene Federsteifigkeit einer Einzelradaufhängung für einen bestimmten Einfederungszustand angegeben werden:

$$c_{\text{radbezogen}} = \frac{\mathrm{d}\,F_R}{\mathrm{d}\,z_R} = \frac{\mathrm{d}(F_F \cdot i)}{\mathrm{d}\,z_R} = c \cdot i^2 + \frac{\mathrm{d}\,i}{\mathrm{d}\,z_R} \cdot F \tag{9.39}$$

Eine progressive Kennlinie der Federung kann also u. U. auch durch entsprechende Auslegung der Radaufhängungskinematik erzielt werden. Zur Abschätzung der Federabmessungen sowie zur Berechnung einfacher zylindrischer Schraubendruckfedern mit konstantem Stabdurchmesser werden üblicherweise die in DIN 2089 angegebenen Gleichungen verwendet, die eine erste Näherung geben (◘ Abb. 9.51).

Die Federungsarbeit erhält man aus:

$$W = \frac{F \cdot s}{2} \tag{9.40}$$

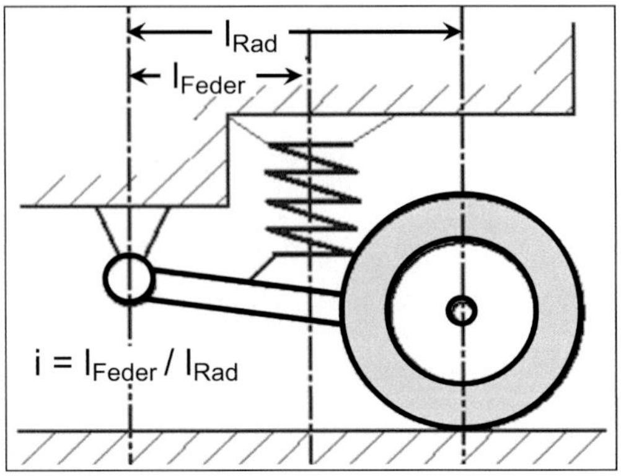

◘ Abb. 9.50 Hebelübersetzung i

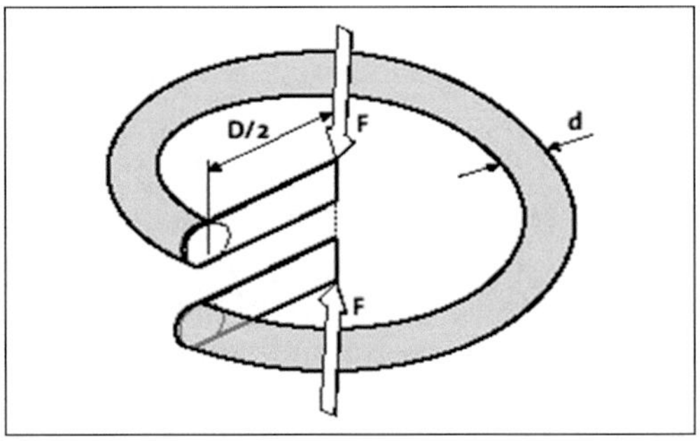

◘ Abb. 9.51 Berechnungsgrößen Schraubendruckfeder

Die Federkraft lässt sich mit folgender Gleichung bestimmen:

$$F = \frac{G \cdot d^4 \cdot s}{8 \cdot D^3 \cdot n} \tag{9.41}$$

Nach Umformung ergibt sich der Federweg:

$$s = \frac{8 \cdot F \cdot D^3 \cdot n}{G \cdot d^4} \tag{9.42}$$

Die Federrate erhält man aus:

$$c = \frac{F}{s} = \frac{G \cdot d^4}{8 \cdot D^3 \cdot n} \tag{9.43}$$

$$\tau = \frac{G \cdot d \cdot s}{\pi \cdot D^2 \cdot n} = \frac{8 \cdot F \cdot D}{\pi \cdot d^3} \tag{9.44}$$

Für den Stabdurchmesser ergibt sich somit:

$$d = \sqrt[3]{\frac{8 \cdot F \cdot D}{\pi \cdot \tau}} \quad (9.45)$$

Die Anzahl der federnden Windungen lässt sich mit folgender Gleichung bestimmen:

$$n = \frac{G \cdot d^4}{8 \cdot D^3 \cdot c} = \frac{G \cdot d \cdot s}{\pi \cdot D^2 \cdot \tau} \quad (9.46)$$

Bei der Berechnung des gekrümmten Schraubendruckfederdrahtes errechnet man zunächst die ideale Torsionsspannung auf Basis eines geraden Stabes.

Auf diese Weise ist die ideale Schubspannung rotationssymmetrisch. Die aus der Querkraft resultierende Querkraftschubspannung wird dabei zunächst vernachlässigt. In Wirklichkeit tritt am Windungsinnenrand eine größere und am Windungsaußenrand eine kleinere Beanspruchung auf, weil sich am Innenrand die Gleitwinkel aus Torsion und Querkraft addieren und der torsionsbedingte Gleitwinkel am Innenrand größer ist als am Außenrand (◘ Abb. 9.52).

In der Praxis wird die größte Schubspannung mithilfe eines Korrekturfaktors k ermittelt, der vom Wickelverhältnis w abhängt:

$$w = \frac{D}{d} \quad (9.47)$$

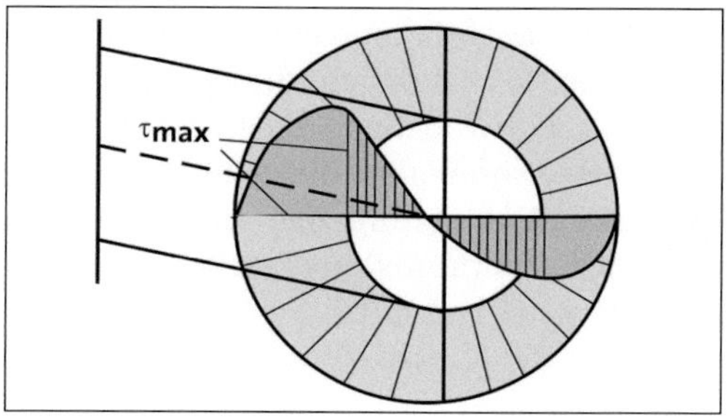

◘ Abb. 9.52 Spannungserhöhung am Windungsinnenrand

Für den k-Faktor ergibt sich:

$$k = \frac{w + 0{,}5}{w - 0{,}75} \quad (9.48)$$

Damit folgt für die korrigierte Spannung:

$$\tau_k = \tau \cdot k \quad (9.49)$$

Schraubendruckfedern können bei Überschreitung einer kritischen Kraft seitlich ausknicken. Für den elastischen Bereich lassen sich dafür folgende Bestimmungsgleichungen zur Berechnung der Knicksicherheit ableiten:

Die Knickkraft für die elastische Knickung ist abhängig vom Schlankheitsgrad λ sowie vom Lagerungsbeiwert ν (◘ Abb. 9.53).

$$\lambda = \frac{L_0}{D} \quad (9.50)$$

Hier ist L_0 die Federleerlänge und D der Durchmesser.

Zur Knickfederwegberechnung gilt die Gleichung:

$$s_k = L_0 \frac{0{,}5}{1 - \frac{G}{E}} \left[1 - \sqrt{\frac{1 - \frac{G}{E}}{0{,}5 + \frac{G}{E}} \left(\frac{\pi \cdot D}{\nu L_0} \right)^2} \right] \quad (9.51)$$

Die Knicksicherheit ist gegeben für:

$$\frac{s_k}{s} \geq 1 \quad (9.52)$$

In DIN EN 13906 kann die Knicksicherheit auch aus einem Diagramm entnommen werden. Bei der Berechnung der mechanischen Federeigenschaften bedient man sich in der Regel dieser einfachen Formeln, dessen Aussagekraft ist allerdings begrenzt, da die Modellbildung sehr vereinfacht erfolgt.

Zur genauen Beschreibung der Federbeanspruchung eignet sich die Darstellung durch eine Kraftschraube (F, MA). Hierbei liegt die Federzentralachse windschief zur geometrischen Längsachse und für fortschreitende Einfederung stets in einer

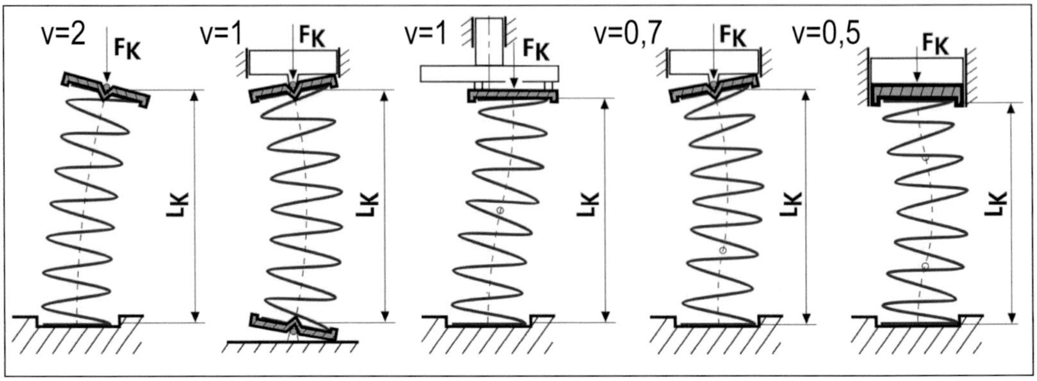

Abb. 9.53 Einfluss der Federendenlagerung durch den Lagerungsbeiwert

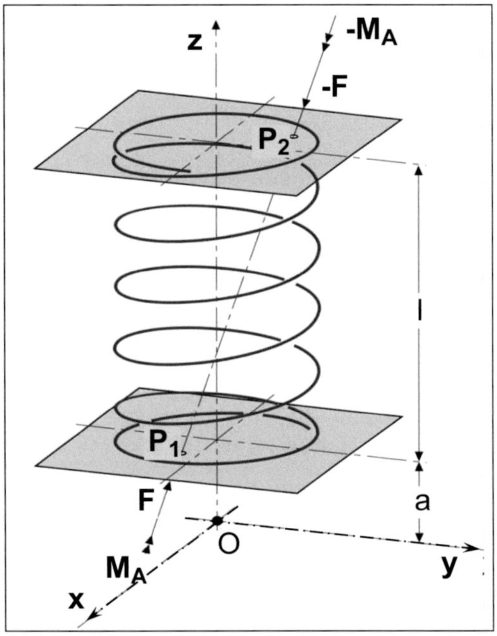

Abb. 9.54 Kraftschraube [13]

9

anderen Position (Abb. 9.54). Die Lage der mit der Wirkungslinienrichtung der Kraft F übereinstimmenden Zentralachse des Systems errechnet sich aus der Bedingung, dass das zugehörige Moment MA parallel zur Kraft F gerichtet sein muss [13].

$$\vec{M}_\mathrm{A} = \vec{M} - \vec{r}_\mathrm{A} \times \vec{F} \tag{9.53}$$

Für den Ortsvektor, der senkrecht auf die Zentralachse trifft, gilt:

$$\vec{r}_\mathrm{A} = \frac{\vec{F} \times \vec{M}}{\vec{F} \cdot \vec{F}} \tag{9.54}$$

Die Schnittpunkte der Kraftschraube mit den beiden zur x-, y-Ebene parallelen Ebenen an den Federenden nennt man Kraftdurchstoßpunkte einer Feder ($P1$, $P2$).

Um eine Feder hinsichtlich Betriebsfestigkeit, Prozessfähigkeit im Fertigungsprozess, Bauraum und Funktion optimal zu gestalten, verwendet man bei der modernen Vorauslegung einer Feder Finite-Elemente-Methoden.

Nur diese Methode gestattet auch eine Kontrolle der Kraftwirkungslinie [14]. Die FEM-Rechnung liefert neben den mechanischen Größen Kraft und Federrate auch detaillierte Zustandsfunktionen, z. B. die Verteilung der Spannungen im Federdraht. Außerdem ist es möglich, die komplette Berechnung des Zustands einer Feder während des Einfederns durchzuführen. Bei optimaler Ausnutzung des zur Verfügung stehenden Bauraums lässt sich so eine Federform generieren, bei der die Anforderungen an die Kraftwirkungslinie gezielt erreicht werden.

Fahrzeughersteller geben die Richtung und den Betrag der Federkraft, die Rate und den zur Verfügung stehenden Bauraum vor. Um auf Basis dieser Angaben zu einem aussagekräftigen Federmodell zu kommen, erfolgt erst eine Vorauslegung mithilfe analytischer Formeln.

Auf diese Weise entsteht ein sehr einfaches Modell der Feder. Die Feder in zylindrischer Form wird durch die Parameter d (Drahtdurchmesser), D (mittlerer Windungsdurchmesser) und n (Zahl der wirksamen Windungen) beschrieben. Kraft F, Rate c und die Mittelwerte der Spannungen, z. B. τ für die mittlere Schubspannung, können bestimmt werden.

Anschließend erfolgt die gezielte Formanpassung des Federkörpers mithilfe der FEM-Berechnung. Dabei wird beispielsweise die Kraftwirkungslinie relativ zur Dämpferachse in der gewünschten Richtung positioniert [11]. Auch die Steigung der einzelnen Windungen kann damit so optimiert werden, dass es bei der Einfederung nicht zu Windungsberührungen kommt.

Die Feder wird wegen ihrer komplexen Form durch einen sehr großen Satz von Parametern beschrieben.

Die Kraft F wird als vektorielle Größe bestimmt und dementsprechend die Spannung als tensorielle Größe, z. B. τ für die Schubspannung, welche eine Funktion des Ortes und des Verformungszustands ist.

In ◘ Abb. 9.55 ist ein Federmodell nach der analytischen und nach der FEM-Auslegung dargestellt. Das Resultat einer Windungsoptimierung zeigt ◘ Abb. 9.56.

Die Ermittlung der Federrate, der Federkraft, des Federmoments, der Kraftdurchstoßpunkte, die Federverformung bei unterschiedlichen Belastungszuständen werden auf Rahmenprüfwaagen durchgeführt (◘ Abb. 9.57).

Mit der Verwendung von 6 Kraftaufnehmern, die unter bekannten geometrischen Verhältnissen eingebaut sind, entsteht ein räumlich messendes Koordinatensystem, das die Ausgabe der beschriebenen Größen gestattet. Bei üblichen Rahmenprüfwaagen werden die 6 Kraftaufnehmer ausschließlich unterhalb der eingespannten Feder eingebaut [15]. Je weiter jedoch das obere Federende von der Messebene entfernt ist, desto größer ist der Berechnungsfehler für den oberen Kraftdurchstoßpunkt. Daher sind bei modernen

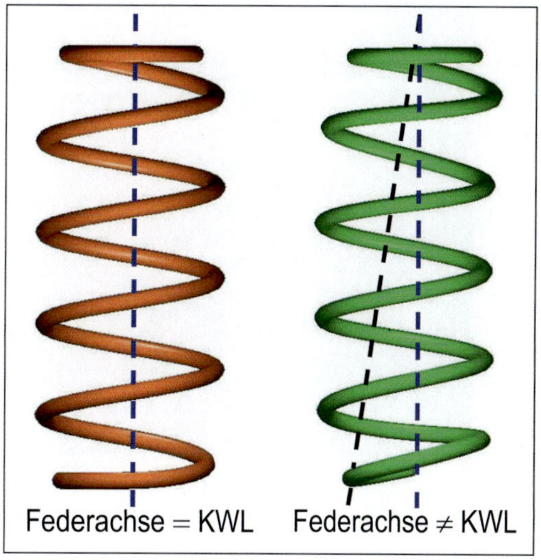

◘ **Abb. 9.55** SL-Federauslegung; Federmodell nach der analytischen (links) und der FEM-Auslegung (rechts)

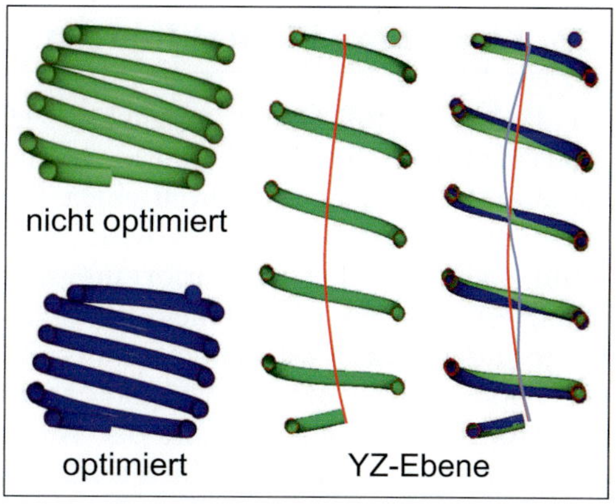

◘ **Abb. 9.56** Federmodell vor der Windungsoptimierung (links) und nach Windungsoptimierung (rechts)

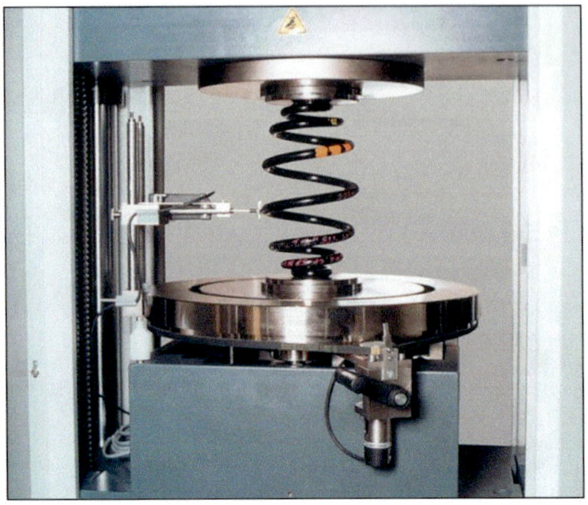

Abb. 9.57 Rahmenprüfwaage [15]

Rahmenprüfwaagen auch oberhalb der eingespannten Feder zusätzlich 3 Kraftaufnehmer integriert.

9.3.5 Werkstoffe für Stahlfedern

Ein Federwerkstoff muss möglichst viel elastische Energie speichern und auch wieder abgeben können, was durch einen hohen E- bzw. G-Modul erreicht wird. Weiterhin sollen die Federn verformungsfrei hohen Belastungen widerstehen, was wiederum durch hohe Festigkeiten und damit einer hohen Elastizitätsgrenze ermöglicht wird [16]. Darüber hinaus muss der Werkstoff kerb- und rissunempfindlich sein, was gleichbedeutend mit einer hohen Zähigkeit ist. Als Funktionseigenschaften gelten Korrosionsresistenz, Setz- und Schwingfestigkeit.

Federn werden in der Regel schwellend belastet, sodass der Werkstoff hohen Anforderungen an das Ermüdungsverhalten genügen muss. Da die Werkstoffermüdung im Mikrobereich des Gefüges ihren Anfang nimmt, ist die Duktilität des Werkstoffes von Bedeutung.

Als Faustregel gilt: Je höher die Festigkeit eines metallischen Werkstoffes, desto niedriger seine Duktilität. Da diese beiden Grundanforderungen an einen Federwerkstoff gegensätzlicher Natur sind, gilt es, einen optimalen Kompromiss zwischen Festigkeit und Duktilität zu finden. Stehen mehrere Werkstoffe mit gleicher Festigkeit und Streckgrenze zur Auswahl, so ist unter Berücksichtigung wirtschaftlicher Gesichtspunkte dem Werkstoff mit der höheren Duktilität der Vorzug zu geben.

Oberflächengüte und Reinheit sind weitere Kriterien bei der Beurteilung eines Federwerkstoffes. Bei Belastung treten Spannungsspitzen an allen Inhomogenitäten des Werkstoffes auf. Hier sind vor allem nichtmetallische Einschlüsse und alle Arten von Oberflächenfehlern zu nennen. Die Spannungsspitzen sind umso ausgeprägter, je schärfer der Kerbgrund des Oberflächenfehlers oder je größer bzw. härter der Einschluss ist. Dieser Formeinfluss wird als Kerbwirkung bezeichnet.

Fehler bei spröden Werkstoffen können sich viel schädlicher auswirken als bei duktilen Werkstoffen. Andererseits kann ein Werkstoff mit weniger Einschlüssen und Oberflächenfehlern auf gewisse Duktilitätsreserven verzichten und eine höhere Festigkeit aufweisen. Die Größe der Einschlüsse sowie die Tiefe und Ausprägung der Oberflächenfehler haben einen stärkeren negativen Einfluss als ihre Häufigkeit. Hier ist die „Super-Clean"-Technologie bei der Stahlherstellung zu nennen, die durch eine bestimmte chemische Zusammensetzung verformbare Einschlüsse, sogenannte „Wolastonite" erzeugt [16].

Risse durch eine dynamische Beanspruchung sind vorwiegend auf nichtmetallische Einschlüsse und Oberflächenfehler zurückzuführen. Grundsätzlich lässt sich davon ausgehen, dass jede Unvollkommenheit des Federwerkstoffes die dynamische Belastbarkeit herabsetzt.

Härte und Duktilität sind in metallischen Werkstoffen von Natur aus nicht hinreichend ausgeprägt vorhanden. Es bedarf besonderer Verfahren, um sie herzustellen oder zu verbessern. Die für Federwerkstoffe wichtigsten Verfahren sind Vergüten, Aushärten und Kaltverfestigen.

Eine unwillkommene Begleiterscheinung jeder Wärmebehandlung ist die Randentkohlung. Sie entsteht, weil der primäre festigkeitsbestimmende Kohlenstoff dazu neigt, sich an der Werkstoffoberfläche mit dem Sauerstoff der Luft zu Kohlenoxyd zu verbinden. In den Außenbereichen des Werkstoffes vermindert sich dadurch der Kohlenstoffgehalt (Abkohlung) mit der Folge, dass die Festigkeit in den Außenbereichen abfällt. Daher werden Werkstoffe beim Patentieren oder Vergüten unter einer Schutzgasatmosphäre wärmebehandelt.

Werkstoffeigenschaften lassen sich zudem durch Legieren verbessern. Über Veränderung der Gewichtsanteile bestimmter Elemente im Stahl lassen sich Festigkeit, Zähigkeit, Härtbarkeit und Korrosionsresistenz optimieren. Dadurch werden folgende Eigenschaften beeinflusst:

- **Festigkeit**

Sie lässt sich vor allem durch die Elemente C, Si, Mn und Cr erzielen. Positiv wirken sich auch Zusätze von Molybdän (Mo), Vanadium (V), Nickel (Ni), Wolfram (W) und Kobalt (Co) aus.

- **Dehnung/Duktilität**

Alle Elemente, die die Festigkeit steigern, vermindern in der Regel die Dehnung. Ausnahme sind solche Elemente, die zu einer Feinkornbildung führen, wie z. B. Vanadium.

- **Durchhärtung**

Eine größere Eindringtiefe bzw. Durchhärtung wird durch C, Si, Mn, Cr, Mo und V erzielt.

- **Korrosionswiderstand**

Cr, Mo und Ni erhöhen den Widerstand gegen Sauerstoffkorrosion. Auch Elemente wie Titan (Ti) oder V (Vanadium) werden gegen Säurekorrosion eingesetzt.

- **Kerbschlagzähigkeit**

Mit zunehmendem Kohlenstoffgehalt sinkt die Kerbschlagzähigkeit spürbar. Einen negativen Einfluss haben hierbei auch alle Verunreinigungen wie Phosphor (P), Schwefel (S), Aluminium (Al) und Kupfer (Cu). Der Anteil dieser Verunreinigungen kann durch einen geeigneten Herstellungsprozess gering gehalten werden.

Weiterhin kann die Oberflächenqualität durch Verfahrenstechniken wie Direktstrangguss, Walztechnologien und, wenn notwendig, durch Schleifen des Walzmaterials verbessert werden. Ebenso lässt sich durch eine Schmelzkontrolle der Reinheitsgrad des Stahles signifikant optimieren.

Werkstoffe werden nach den an das Endprodukt gestellten Anforderungen ausgewählt. Kriterien sind die Halbzeugformen (Draht, Band, Blech oder Rohr) und der Werkstoffzustand (vergütbar oder nicht vergütbar). Federwerkstoffe sind weitgehend durch folgende Normen festgelegt:

- warmgewalzte Stähle für vergütbare Federn: EN 10089 (Ersatz für DIN 17221),
- runder Federstahldraht – patentiert gezogene Drähte: DIN 17223, Teil 1 (aus Kostengründen für Fahr-werksfedern kaum noch von Bedeutung),
- kaltgewalzte Stahlbänder für Federn: EN 10132/4 (Ersatz für DIN 17222),
- AFP-Stähle: EN100267.

Die heute meistens eingesetzten Werkstoffe sind:

- Achsfedern: ca. 95 % SiCr-Vergütungsstähle (54SiCr6 und 60SiCrV7),
- kaltgeformte Stabilisatoren: AFP (38MnSiV7), Kohlenstoffstähle (Ck67), Vergütungsstähle (55Cr3), Mn-Stähle mit C bis 0,34 Massen- % für Rohrstabilisatoren,
- warmgeformte Stabilisatoren: Vergütungsstähle (Beispiel 50CrV4, 60SiCrV7).

Immer wichtiger werden die Anforderungen der Automobilhersteller an den

Korrosionsschutz. Dieser kann einerseits passiv durch Beschichtungen oder aktiv durch Werkstoffeigenschaften verbessert werden. Bei den aktiven Maßnahmen muss zunächst die Korrosion näher betrachtet werden. Grundsätzlich wird zwischen zwei Mechanismen der Korrosion unterschieden:

- Sauerstoffkorrosion (Rost): Ausbildung von Korrosionsnarben durch lokale Auflösung des Eisens,
- Säurekorrosion: Wasserstoffversprödung, bei der der Werkstoff unter Entstehung von kathodischem Wasserstoff entlang der Korngrenzen versprödet.

Diesen beiden Mechanismen kann durch folgende Maßnahmen entgegengewirkt werden:

- Man kann die Rostschicht als Deckschicht durch die Legierungselemente Ni, Mo oder Cu ausbilden und somit die Korrosionsgeschwindigkeit verringern.
- Man kann Wasserstofffallen durch V (Vanadium) oder Ti (Titan) bilden, an dem sich der Wasserstoff fängt und die Neigung zu Wasserstoffversprödung deutlich verringert wird.
- Durch V (Vanadium) wird die Feinkörnigkeit und damit die Bruchzähigkeit erhöht, sodass sich Spannungsspitzen an Korrosionsnarben infolge plastischer Verformung besser abbauen.

Auf Basis des klassischen Stahls 54SiCr6 entstand durch Änderung der chemischen Zusammensetzung dadurch beispielsweise der sogenannte HPM190.

Der nächste Verbesserungsschritt ist eine Optimierung der Werkstoffeigenschaften über eine thermomechanische Behandlung. Dabei werden durch eine Verformung im Austenitzustand bei der Vergütung sehr kleine Austenitkörner und damit exzellente Eigenschaften erzeugt.

Leichtbaumaßnahmen am Fahrwerk führen neben einer Reduzierung des Kraftstoffverbrauchs auch zu einer Verbesserung des Fahrverhaltens. Grundsätzlich sind für Achsfedern auch Leichtmetalle denkbar, scheiden heute aber meist durch ihren hohen Preis aus. Besonders empfehlen sich Titanlegierungen.

Titan und Titanlegierungen weisen allgemein hohe Festigkeitswerte auf, die denen hochfester Stähle entsprechen. In Verbindung mit der im Vergleich zu Stahl um 40 % geringeren Dichte resultiert hieraus eine sehr hohe spezifische Festigkeit und somit eine hervorragende Eignung als Werkstoff für konstruktiven Leichtbau [17]. In Kombination mit dem geringeren Elastizitätsmodul bieten Titanwerkstoffe daher besondere Vorteile beim Einsatz als Federwerkstoff, da das Gewicht einer Schraubendruckfeder näherungsweise durch folgenden Zusammenhang beschrieben wird:

$$m_{\text{Feder}} \approx \frac{G \cdot \mathrm{r}}{\tau^2} \tag{9.55}$$

Wie aus diesem Zusammenhang zwischen dem Federgewicht m, dem Schubmodul G, der Dichte r und der Dauerfestigkeit unter Schubbeanspruchung τ hervorgeht, können mit Titanlegierungen effektive Gewichtsreduzierungen von etwa 50 % realisiert werden. Ein weiteres herausragendes Kennzeichen von Titanwerkstoffen ist sehr gute Korrosionsbeständigkeit, die aus einer dünnen, festhaltenden Oxidschicht resultiert und die sich bei Oberflächenbeschädigungen sofort neu bildet. Titanbauteile behalten stets ihre Farbe, sie korrodieren nicht und sie laufen nicht an. Derzeit ist der Einsatz von Federn aus Titan noch auf den Rennsport beschränkt. Weiter zunehmende Forderungen nach gewichtsreduzierenden Maßnahmen im Fahrzeugbau könnten diese Situation in Zukunft jedoch ändern.

Thermomechanische Behandlung

Einige innovative Technologien zur Steigerung der Zähigkeit bei hochfesten Materialien wurden in den letzten Jahren erfolgreich in die Serienproduktion implementiert. Ein bekanntes Beispiel ist die thermo-mechanische Behandlung (TMB). Hier wird das Material im austenitischen Zustand umgeformt, wobei sich neue Keime bilden und die anschließende Umwandlung des Austenitgefüges zu Martensit zu einer Kornfeinung führt. Dieses feine Korn ist die Grundlage für sehr gute mechanische Eigenschaften des Materials. Aufgrund des relativ engen Prozessfensters ist die Prozessführung für Federwerkstoffe allerdings kritisch. Deshalb bieten Wärmebehandlungsverfahren wie die induktive Vergütung robuste Möglichkeiten, ein feineres und kleineres Korn im Gefüge einzustellen. Ein wichtiges Kriterium hierfür ist die Austenitisierungstemperatur, die einen wesentlichen Einfluss auf das Korngrößenwachstum besitzt.

Besonders effizient sind solche Methoden bei der Einstellung von Gradienteneigenschaften über den Querschnitt des Federdrahts, sodass die Funktionsanforderungen ideal genutzt werden können. Eine Methode zur Erzeugung einer feineren Mikrostruktur in der Drahtrandschicht ist die Durchhärtung des Drahtes gefolgt von einer zweiten Vergütung, welche nur in der Randschicht erfolgt. Dies führt zu einem feineren Korn in der doppelt austenitisierten Zone. [18]

- **Randschichtmodifikation**

Die Randschicht Modifikation SLM *(Surface Layer Modification)* ist ebenfalls ein doppeltes Vergütungsverfahren [19], welches eine duktile, geringer feste Randschicht an einem Draht mit hoher Kernhärte erzeugt (◘ Abb. 9.58). Ein Vorteil dieser Methode ist die hohe Wirtschaftlichkeit, da dieser Prozess relativ einfach in den induktiven Drahtvergütungsprozess integriert werden kann. Insbesondere bei Korrosionsbeanspruchung bieten solche Federdrähte exzellente Eigenschaften und können kostenintensive Maßnahmen durch teure Legierungselemente ersetzen.

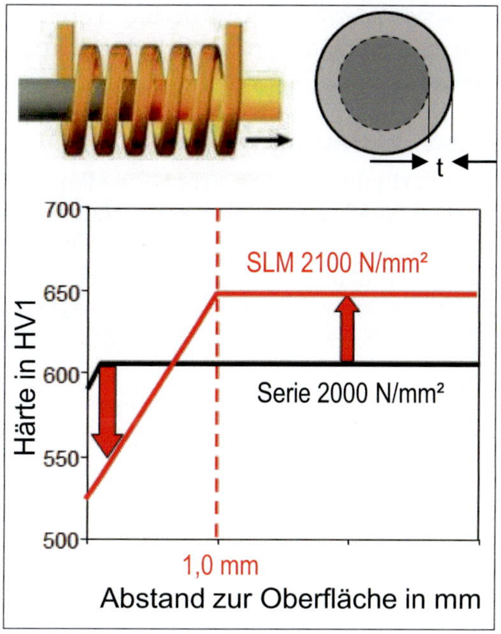

◘ **Abb. 9.58** Randschichtmodifikation von Federdrähten (SLM: *Surface Layer Modification*) [19]

Weitere Methoden zur Erzeugung einer Feinkornstruktur wie z. B. eine Kaltumformung mit hohen Umformgraden durch einen Mehrfachzug mit anschließender Einfach- oder Mehrfachwärmebehandlung wurden untersucht. Hierbei wird eine Vielzahl von Keimen (Versetzungen) erzeugt, welche für die Feinkornbildung notwendig sind. Bei der anschließenden Wärmebehandlung kommt es zur Bildung eines Feinkorngefüges durch Rekristallisation. Umform- und Wärmebehandlungsparameter müssen genau aufeinander abgestimmt werden.

9.3.6 Herstellung von Stahlfedern

Die Formgebung der Grundkörper von Metallfedern erfolgt ausschließlich spanlos. Sie werden durch Warm- und Kaltumformung hergestellt. Anschließend durchgeführte Wärme- und Oberflächenbehandlungen sowie spezielle Plastifizierungsvorgänge dienen der Optimierung der Federeigenschaften.

9.3.6.1 Warmumformung

Die Fertigung von warmgeformten Federelementen läuft für alle Federarten grundsätzlich gleichermaßen ab. Nach der spanabnehmenden Oberflächenbearbeitung und Konfektionierung des Vormaterials erfolgt die Formgebung durch Wickeln oder Biegen.

Die Art und die Konstruktion der Federn können jedoch spezielle Arbeitsgänge erfordern, sodass sich ein wesentlich differenzierteres Ablaufschema ergibt [1].

In ◘ Abb. 9.59 ist beispielhaft der Fertigungsablauf bei Blattfedern und Schraubendruckfedern gezeigt.

Die Warmformgebung von Federn erfolgt im Allgemeinen bei höheren Temperaturen. Dazu erfolgt eine Erwärmung des Vormaterials in neutraler oder leicht oxidierender Atmosphäre von 830°C bis 900°C.

Im weiteren Verlauf wird kurz auf den spezifischen Herstellungsprozess der verschiedenen Federarten bei der Warmumformung eingegangen.

- **Formgebung von Blattfedern**

Für die Herstellung von Parabelfedern wird Federstahl nach EN 10089 und EN 10092-1 verwendet, der als warmgewalzter Flachstahl vom Stahlhersteller geliefert wird. Der Lieferzustand der Flachstäbe ist „wie gewalzt“, damit entkohlt und mit Zunder behaftet.

Das geschnittene Vormaterial wird auf jeder Lagenseite getrennt erwärmt und zum Auswalzen des parabolischen Verlaufes zwischen einem Walzenpaar in Längsrichtung in einem oder mehreren Stichen hindurch

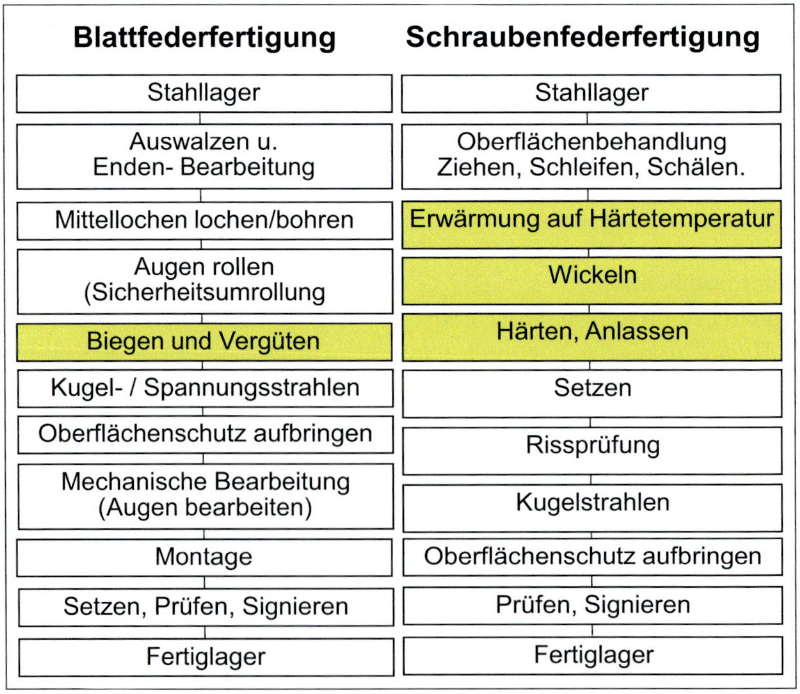

◘ **Abb. 9.59** Ablaufschema für die Fertigung von Blatt- und Schraubendruckfedern durch Warmumformung

gezogen. Der erforderliche Blattdickenverlauf wird durch die Veränderung des Walzenabstandes eingestellt, welcher rechnergesteuert geregelt wird. Die Blattdicke bleibt im Bereich der Mitteneinspannung konstant, um eine parallele Schichtung der Lagen untereinander zu gewährleisten. In nachgeschalteten Pressen können verschiedene Bearbeitungsoperationen durchgeführt werden wie Abschneiden auf Länge und Breite (Formschnitt), Stanzen von Löchern, Einprägen von Warzen, Rippen oder Kröpfen.

Federn mit mehreren Lagen werden in der Mitte durch Federschrauben fixiert, deren Durchgangslöcher mittels Warmlochen (von der auf Zug beanspruchten Seite) oder Bohren erzeugt werden. Bei Parabelfedern wird ein Radius an dem Bohrungsübergang zur Zugseite angebracht.

Wenn die Blattfedern neben den Federungs- auch Führungsaufgaben der Achse übernehmen, werden am ersten Blatt sogenannte Federaugen angerollt. Das Federblatt wird einseitig erwärmt und um einen Dorn mit entsprechendem Durchmesser gerollt. Die zweiten Lagen werden häufig mit einer Sicherheitsumrollung versehen, die das Auge der ersten Lage vollständig oder teilweise umschließt. Die Formgebung der Sicherheitsumrollung erfolgt analog zur Augenfertigung.

Nach der Erwärmung auf Härtetemperatur (Austenitisierung) werden die Blätter hochkantgerichtet und in ein Biegewerkzeug eingeführt. Das Biegewerkzeug besteht aus zwei zueinander beweglichen Hälften, die aus einem starren Mittenbereich und im Randbereich befindlichen Biegefingern aufgebaut sind. Die Einstellung der Biegeelemente wird mithilfe einer Ofenfeder vorgenommen, die alle Vorgaben, wie z. B. den Setzzuschlag, beinhaltet. Durch das Zusammenfahren der Werkzeughälften werden die Blätter in die vorgegebene Form gebracht.

- **Formgebung von Drehstabfedern**

Als Vormaterial für die Drehstabfertigung wird geschliffenes oder geschältes Stabmaterial verwendet. Die Stabenden erhalten zur formschlüssigen Kraftübertragung Vierkante, Sechskante oder eine Kerbverzahnung [1].

Die Erwärmung der Stabenden zum Anstauchen der Köpfe wird induktiv, konduktiv oder durch Gasbrenner vorgenommen. Die geforderten Toleranzen bei Vier- oder Sechskantköpfen werden im Allgemeinen ohne zusätzliche mechanische Bearbeitung erreicht. Stäbe mit Verzahnung werden nach dem Stauchen geglüht, um eine problemlose mechanische Bearbeitung sicher zu stellen. Nach dem Drehen der Köpfe auf das erforderliche Maß wird die Verzahnung durch die Verfahren Räumen, Fräsen oder durch spanloses Rollen erzeugt.

- **Formgebung von Stabilisatoren**

Als Vormaterial für die Stabilisatorenfertigung wird Rundmaterial mit gewalzter, gezogener, geschliffener oder geschälter Oberfläche verwendet. Um die besonderen Anforderungen an die Lebensdauer zu erfüllen, ist der Einsatz von bearbeiteten Oberflächen üblich. Bei Stabilisatoren, die zusätzlich Radführungsaufgaben übernehmen, wird immer geschliffenes oder geschältes Vormaterial eingesetzt. Die Stabilisatorenden sind je nach Kraftübertragung verschieden gestaltet. Je nach Endenform sind unterschiedliche Fertigungsgänge erforderlich. Stabilisatoren mit Augen werden nach dem Erwärmen der Enden auf Stauchmaschinen im Gesenk automatisch angeschmiedet, entgratet, gelocht und kalibriert. Die mechanische Bearbeitung der Schenkelenden kann sowohl vor als auch nach der Formgebung vorgenommen werden. Nach der Erwärmung wird der Stab in speziellen Biegevorrichtungen formschlüssig in eine durch das Werkzeug vorgegebene Form gebogen. Dazu werden hydraulisch arbeitende Zylinder eingesetzt, wobei für jede Stabilisatorform ein gesondertes Werkzeug angefertigt werden muss. Nach dem Biegevorgang werden die Stabilisatoren automatisch aus der Biegeform entnommen und ins Härteöl weitergeleitet.

- **Formgebung von Schraubendruckfedern**

Zur Fertigung der konfektionierten Stäbe werden in Abhängigkeit von der Wirtschaftlichkeit Ziehen, Schleifen, Hämmern, Drehen, Schälen eingesetzt. Zur halbautomatischen oder automatischen Warmformgebung von Schraubendruckfedern wird der erwärmte Stab über einen Wickeldorn gewickelt (◘ Abb. 9.60). Dabei wird der Stab von einem Mitnehmer am Dorn gehalten.

Die Drehung des Wickeldornes sorgt für eine formschlüssige Wicklung des Stabs auf dem Dorn. Bei der halbautomatischen Fertigung wird die Federsteigung durch eine axiale Verschiebung des Dorns erreicht.

Bei automatischer Fertigung erfolgt die für die jeweilige Steigung erforderliche axiale Verschiebung des Stabes durch eine über dem Dorn angebrachte Leitrolle. Nach dem Wickelvorgang fährt der Dorn aus der Feder heraus, wobei die Feder von einem Greifer gehalten und anschließend automatisch ins Härteöl weitergeleitet wird.

Für Federn, deren Endwindungsdurchmesser (Augendurchmesser) kleiner ist als der Windungsdurchmesser im Mittelteil (Körperdurchmesser), wird ein zweiteiliges Herstellungsverfahren angewendet. Die Feder erhält zuerst einen eingerollten und einen zylindrischen Abschnitt. Danach wird die Feder automatisch in eine zweite Vorrichtung eingelegt und der zylindrische Abschnitt wird durch Einziehen auf bewegliche Dornscheiben eingerollt. Danach fahren die Dornscheiben aus der Feder heraus und die Feder wird ins Öl transportiert.

◘ Abb. 9.60 Warmformung von Schraubendruckfedern

9

9.3.6.2 Vergütung warmgeformter Federn

Die Vergütung warmgeformter Federn erfolgt über die Martensitstufe: Erwärmen auf Austenittemperatur, Abschrecken in Öl und Anlassen auf die gewünschte Festigkeit. Härtetemperatur und Durchlaufzeit im Härteofen sind abhängig vom jeweiligen Querschnitt. Beim Härten aus der Formgebungswärme darf die vorgeschriebene untere Temperaturgrenze zum Abschrecken nicht unterschritten werden. Das Abschrecken der Federn erfolgt üblicherweise in Öl, dessen Temperatur thermostatisch geregelt wird, um den zum Abschrecken notwendigen Temperaturgradienten einzuhalten. Um Härterisse zu vermeiden, geschieht das Anlassen der Federn direkt im Anschluss an das Härten; je nach gewünschter Festigkeit der Feder wird die entsprechende Anlasstemperatur und Anlassdauer festgelegt.

9.3.6.3 Kaltumformung

Beim Kaltformen werden Drähte vom Coil bis etwa 18 mm Durchmesser (für Schraubenfedern), Stäbe bis etwa 28 mm Durchmesser (für Stabilisatoren) und Rohre bis etwa 40 mm Außendurchmesser (für Stabilisatoren) verwendet. Ausgangsmaterial ist meist ein bereits im Anlieferungszustand vergüteter Werkstoff, der im ersten Produktionsschritt kaltgeformt wird. Einer der Vorteile der Kaltformgebung besteht darin, dass Materialvergütung und Formgebung getrennte Vorgänge sind, die sehr gut kontrolliert werden können. Zudem hat sich die Kaltformgebung aufgrund ihrer Formgebungsflexibilität und Produktqualität durchgesetzt. Für diese Technologie wurden Verfahren entwickelt, die eine direkte Übergabe des Designs aus der FEM-Rechnung an die Formgebungsfertigungsanlagen ermöglicht. Durch das Spannungsarmglühen werden die durch den Kaltformgebungsprozess entstandenen Eigenspannungen weitgehend beseitigt. Da Blattfedern und Drehstabfedern ausschließlich warmumgeformt werden, wird im Weiteren nur auf den spezifischen Herstellungsprozess von Stabilisatoren und Schraubendruckfedern eingegangen.

■ Kaltumformung von Schraubendruckfedern

Die Kaltformgebung als Arbeitsgang ist das Wickeln. Dieser wird auf CNC-gesteuerten Windeautomaten für Achsfedern durchgeführt. Der Ablauf ist so organisiert, dass Oberflächenfehler des Drahtes durch eine kontinuierliche Prüfung vor dem Windeautomaten erkannt und fehlerhafte Drähte aussortiert werden. Auf diese Weise können keine Oberflächenfehler während des Windeprozesses entstehen. Der Windeprozess beinhaltet die gesamte Formgebung inkl. der Federenden.

Die Gestalt, in der die Feder den Automaten verlässt, ist so ausgelegt, dass diese nach den anschließenden Arbeitsgängen den Zeichnungsmaßen entspricht. ◘ Abb. 9.61, links zeigt den Kaltformprozess von Achsfedern.

■ Kaltumformung von Stabilisatoren

Die Formgebung erfolgt kalt in vollautomatisch arbeitenden Werkzeugen, wobei auch partielle Erwärmungen für Stauchungen und Plättungen an den niedrig beanspruchten Schenkelenden mit durchgeführt werden. Durch geeignete Maßnahmen bei der Formgebung wird das Entstehen von Oberflächenbeschädigungen vermieden. Den Prozess von Vollstabilisatoren zeigt ◘ Abb. 9.61, mittig. Die Vollstabilisatoren werden mit Pressenwerkzeugen hergestellt (◘ Abb. 9.62).

Die Fertigung der Stabilisatorenden wird ebenso wie das Aufpressen von Fixierungsringen rationell in den Formgebungsprozess integriert. Notwendige zerspanende

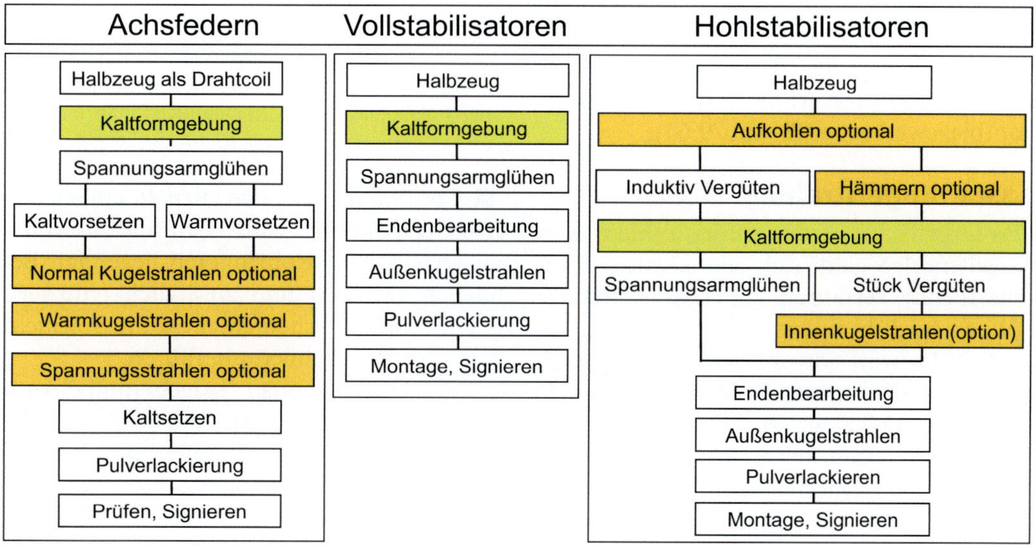

◘ **Abb. 9.61** Herstellungsprozess von Achsfedern, Voll- und Hohlstabilisatoren durch Kaltumformung

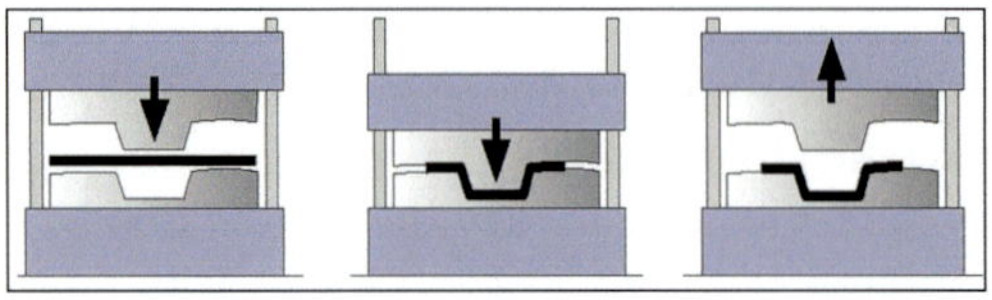

Abb. 9.62 Herstellungsprozess von Vollstabilisatoren in Pressen durch Kaltumformung

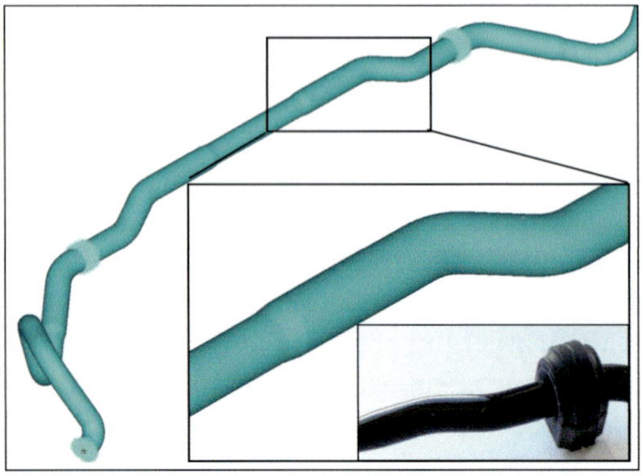

Abb. 9.63 Gehämmerter Stabilisator zur Spannungshomogenisierung; in der Mitte und an den Enden ist der Querschnitt deutlich verjüngt

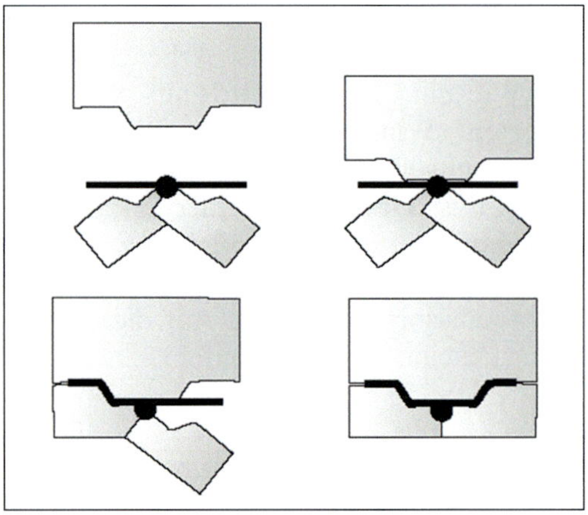

Abb. 9.64 Herstellungsprozess von Rohrstabilisatoren in Doppelkopfbiegern durch Kaltumformung

Arbeitsgänge werden auf meist vollautomatisch arbeitenden Maschinen durchgeführt, die z. T. direkt mit dem Formgebungsprozess verkettet sind. Die oft für ein schonendes Aufbringen von Gummilagern an den Stabilisatorenden notwendigen Fasen werden vor dem Formen am geraden Stab durch Schleifen angebracht.

Aufgrund notwendiger Gewichteinsparungen sind Rohrstabilisatoren in den letzten Jahren sehr erfolgreich und werden vermehrt eingesetzt. Je nach Beanspruchungsniveau stehen hier unterschiedliche Fertigungsverfahren zur Verfügung (Abb. 9.61, rechts). Beispielsweise kann durch eine Reduzierung des Querschnittes durch Hämmern in niedrig beanspruchten Bereichen eine Spannungshomogenisierung erreicht werden. D. h. das Verformungsarbeit von den hoch beanspruchten Bereichen in niedrig beanspruchte verlagert wird (Abb. 9.63).

Die Erzeugung der Geometrie von Rohrstabilisatoren erfolgt mit dem Doppelkopfbiegewerkzeug (Abb. 9.64).

9.3.6.4 Kugelstrahlen

Das Oberflächenverfestigungsstrahlen, oder Kugelstrahlen, hat sich als ideales, wirtschaftliches Verfahren zur Lebensdauererhöhung hoch beanspruchter Federn durchgesetzt. Es wird sowohl bei kalt- als auch bei warmumgeformten Federn angewendet.

Durch das Kugelstrahlen werden eine Verdichtung und eine Druckeigenspannungszone im Oberflächenbereich erzeugt. Diese Druckeigenspannungen überlagern die auftretenden Lastzugspannungen (Abb. 9.65). Die den Bruch einleitende Lastzugspannung wird dadurch zu weiter im Draht- bzw. Rohrinneren liegenden Bereichen verlagert und zusätzlich reduziert. Kleine Oberflächenfehler können nicht mehr zur Brucheinleitung führen.

Die Qualität einer Kugelstrahlbehandlung ist außer von den werkstofflichen Eigenschaften des Strahlgutes im Wesentlichen von den Einstellparametern der Strahlanlage und vom eingesetzten Strahlmittel abhängig.

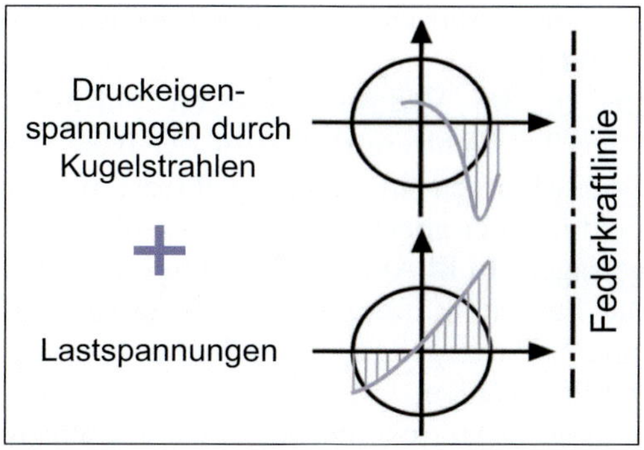

Abb. 9.65 Reduzierung der Lastspannungen durch Kugelstrahlen

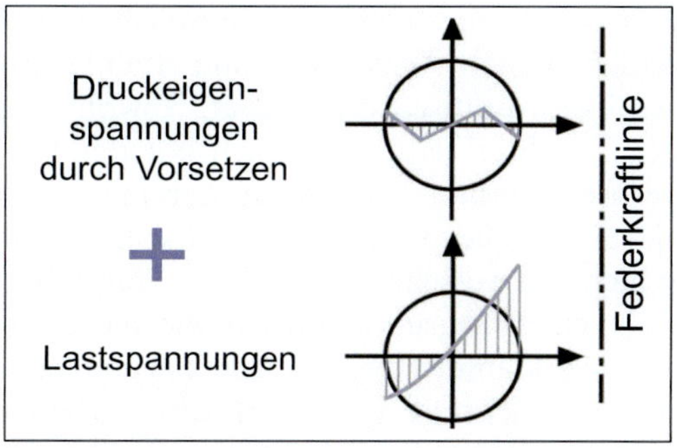

Abb. 9.66 Reduzierung der Lastspannungen durch Vorsetzen

Für einen hinsichtlich Schwingfestigkeitserhöhung optimalen Strahlerfolg sind dabei die Wahl der richtigen Abwurfgeschwindigkeit, der Strahlmitteldurchsatz, die Schleuderradeinstellung und die Strahlzeit von besonderer Wichtigkeit. Die Strahlintensität und der Überdeckungsgrad werden ständig überwacht, um eine gleich-bleibend hohe Qualität zu gewährleisten. Dazu sind neben einer Abstimmung aller Einflussgrößen umfangreiche Kontroll- und Wartungsmaßnahmen erforderlich.

9.3.6.5 Plastifizieren

Wird ein auf Biegung oder Torsion beanspruchtes Federelement über seine Fließgrenze hinaus beansprucht, so spricht man von Setzen oder Plastifizieren. Durch das Vorsetzen werden ebenfalls Druckeigenspannungen erzeugt, die die Lastspannungen reduzieren und die Betriebsfestigkeit erhöhen. Während dieser Vorgang bei Federn im Einsatz unbedingt vermieden werden muss, lassen sich durch ein Vorsetzen während der Fertigung folgende Vorteile erzielen:

- Erhöhung der zulässigen Beanspruchung,
- Erzeugung des günstigsten Eigenspannungszustandes,
- verbesserte Relaxations- und Kriechverhalten.

In der Praxis wird so vorgegangen, dass der Konstrukteur einen bestimmten Plastifizierungsgrad, abhängig von Federart, Vergütefestigkeit und Arbeitsbeanspruchung festlegt. Der sich daraus ergebende Setzverlust muss bei der Fertigung als Setzzuschlag berücksichtigt werden (Abb. 9.66).

Im Gegensatz zu Drehstäben und Blattfedern wird der Plastifizierungsgrad bei Schraubendruckfedern durch den bis zur Blocklänge vorhandenen Federweg begrenzt. Eine Vergrößerung des Plastifizierungsgrades ist in diesem Fall nur durch Setzen bei erhöhten Temperaturen möglich. Derart vorgesetzte Achsfedern erweisen sich als kriechresistenter als kaltvorgesetzte Federn.

Stabilisatoren lassen sich nicht vorsetzen, weil sie im Gegensatz zu Blatt-, Drehstab- und Schraubendruckfedern einer dynamischen Wechselbeanspruchung ausgesetzt sind.

9.3.6.6 Korrosionsschutz

Stahlfedern sind je nach Einsatz mehr oder weniger stark den verschiedenen Korrosionsarten ausgesetzt. Ein auf den jeweiligen Verwendungszweck abgestimmter Korrosionsschutz ist deshalb unerlässlich.

■ Lackieren

Achsfedern und Stabilisatoren wurden früher überwiegend tauchlackiert, um sie vor

Korrosion zu schützen. Inzwischen beschichtet man Achsfedern und Stabilisatoren elektrostatisch mit Pulver. Sowohl vor der Tauchlackierung als auch vor der Pulverbeschichtung werden sie gereinigt, um sie anschließend mit einer Zinkphosphatschicht zu versehen. Auf diese Weise entsteht ein Haftgrund, mit der die mechanische Verklammerung der Lackierung bzw. der Beschichtung verbessert wird. Bei der weiteren Behandlung kommen die bereits genannten Beschichtungsprozesse zum Einsatz:

Tauchlackierung Auf die Zinkphosphatschicht wird ein Primer aufgetragen, der häufig aus einem Zweikomponentenmaterial besteht. Anschließend erfolgt der Lackauftrag im Tauchbad. Die auf Epoxid-Ester-Basis hergestellten Einbrenntauchlacke sind oft lösungsmittelhaltig. Der Vorteil der Tauchlackierung ist der im Vergleich zur ungeschützten Oberfläche verbesserte Korrosionsschutz. Als Nachteile sind die begrenzte und ungleichmäßige Schichtdicke, der geringe Schutz gegen mechanische Beschädigungen und die ökologische Bedenklichkeit zu nennen.

Elektrotauchlackierung Bei der Elektrotauchlackierung werden mit Wasser verdünnbare Beschichtungsstoffe mithilfe einer angelegten Spannung auf den Stabilisatoren bzw. Federn abgeschieden. Es gibt die Kathodentauchlackierung und Anodentauchlackierung. Als Vorteile der anodischen Tauchlackierung sind der geringe anlagentechnische Aufwand und der günstige Preis zu nennen. Dem gegenüberstehen als Nachteile der geringe Umgriff der Beschichtungsschicht und der begrenzte Korrosionsschutz. Die Vorteile der Kathodentauchlackierung sind der bessere Umgriff sowie höhere und gleichmäßigere Schichtdicken. Dem gegenüber steht der hohe anlagentechnische Aufwand.

- **Elektrostatische Pulverbeschichtung (EPS)**

Bei diesem Verfahren werden pulverförmige Beschichtungsstoffe auf der Basis von Epoxydharzen in einem elektrostatischen Feld in einer abgeschlossenen Kammer aufgetragen. In ◘ Abb. 9.67 ist dargestellt, wie die Federn während dieses Vorganges auf einem Pulvergehänge durch die Kammer geführt werden.

Die elektrostatische Pulverbeschichtung ermöglicht das Auftragen von höheren Schichtdicken als bei den bereits genannten Verfahren, sodass u. a. eine größere.

Beständigkeit der Beschichtung gegenüber mechanischen Beschädigungen besteht. Da das an den Werkstücken vorbei gesprühte Pulver zurückgewonnen werden kann, liegt die Materialausnutzung nahezu bei 100 %, sodass von diesem Verfahren eine geringe Umweltbelastung ausgeht. Als Nachteil der elektrostatischen Pulverbeschichtung ist die, insbesondere bei sehr eng gewickelten Achsfedern auftretende Schichtdickenschwankung zwischen Außen- und Innenseite des Bauteils zu nennen.

Als noch besseren Schutz gegen Steinschlagbeanspruchungen kommen auch

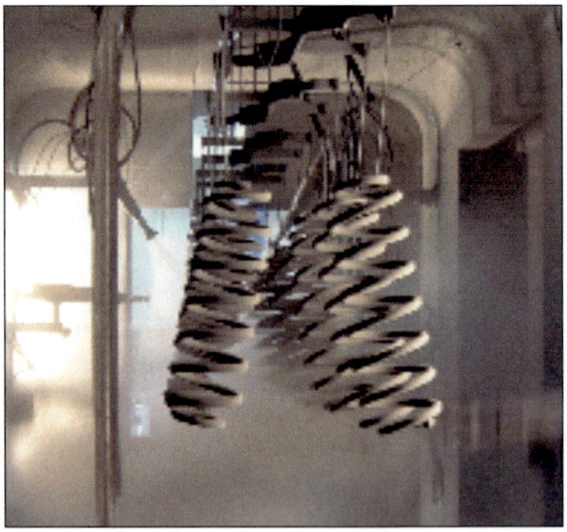

◘ **Abb. 9.67** Federn auf Pulvergehänge

Doppelbeschichtungen zum Einsatz, die aus einem meist Zink-haltigen Primer als Basis-Schicht und einer verstärkten äußeren Schicht bestehen.

9.3.6.7 Endkontrolle und Markierung

Federelemente erhalten zu ihrer Identifizierung eine Kennzeichnung, in der Daten wie Hersteller, Fertigungsdatum, Charge und Typ enthalten sein können. Dazu werden Aufkleber, Lasersignierungen oder im Tamponprint aufgebrachte Markierungen benutzt. Außerdem ist es üblich, bei Blatt- und Schraubendruckfedern Lastgruppen zu sortieren und diese durch eine zusätzliche Farbsignierung oder Aufkleber zu vermerken. Die Sortierung in Lastgruppen erfolgt durch eine 100 % Lastprüfung und erlaubt eine entsprechende Reduzierung der Toleranzbreite.

9.4 Compositfedern

Metin Ersoy

Federn sind bislang fast immer aus Stahl hergestellt. Doch im Bereich SUV, Pickup und Transporter setzen sich immer mehr Blattfedern und Schraubfedern aus glasfaserverstärktem Kunststoff GFK durch. Die allgemeine Bezeichnung ist Faserverbundkunststoffe FKV (Faser-Kunststoff-Verbund) oder Compositfeder. Wird statt Glasfaser, Kohlefaser verwendet, nennt man den Verbund CFK (Carbon-Faserversträkter-Kunststoff).

GFK oder CFK besteht aus Armierung und Matrix. Die Armierung sind Faserstoffe (Glas- oder Kohlefaser), die dem Verbund seine Festigkeit insbesondere in Längsrichtung gibt. Die Matrix ist ein Kunststoff (Polyester, Epoxidharz) der die Fasern zusammenhält und dem Verbund seine Steifigkeit verleiht.

Die kostengünstigste und gängigste Kombination besteht aus Langglassfasern mit Polyesterharz. Für High-Performance-Fahrzeuge werden Federungsteile wie Stabilisatoren aus CFK verwendet, die zwar sehr leicht sind, aber auch sehr viel teurer als Stahlfedern. Sinnvoll erscheint hingegen die Verwendung solcher GFK-Federn in Elektroautos. So könnte das hohe Gewicht etwas reduziert, somit die Zuladung verbessert werden.

Noch sind die GFK-Federn allerdings exotische Bauteile, weil trotz der zahlreichen Vorteile bei einer Feder vor allem der Preis im Vordergrund steht.

Faserverbundkunststoffe haben viele Vorteile:
- Gewichtsreduzierung gegenüber Stahl 40–60 % (spezifische Dichte 1,6 bis 2,0 g/cm^3),
- sehr gute Ermüdungsfestigkeit (bruchfest),
- niedriger Elastizitätsmodul (20 000 MPa),
- Korrosionsfrei auch beim Steinschlag,
- keine Hysterese/Reibung,
- unempfindlich gegenüber Chemikalien
- beliebige Formgebung.

Die Nachteile sind jedoch:
- umständliche und teure Herstellung,
- richtungsabhängige (anisotropische) Festigkeit,
- komplizierte Anbringung von Anbauformen (Bohrungen) und Verbindung zu Anbauteilen.

Compositwerkstoffe (Endlosglasfaser in Polyestermatrix) unterliegen dem Hook'schen Gesetz. Deren Festigkeit ist vergleichbar mit der von Stahl (◘ Abb. 9.68). Die Bruchdehnung liegt jedoch deutlich höher, bei ca. 12 %.

Bei der Entwicklung von Komponenten aus Faserverbundwerkstoffen ist neben dem werkstoffgerechten Design, das jeweilige

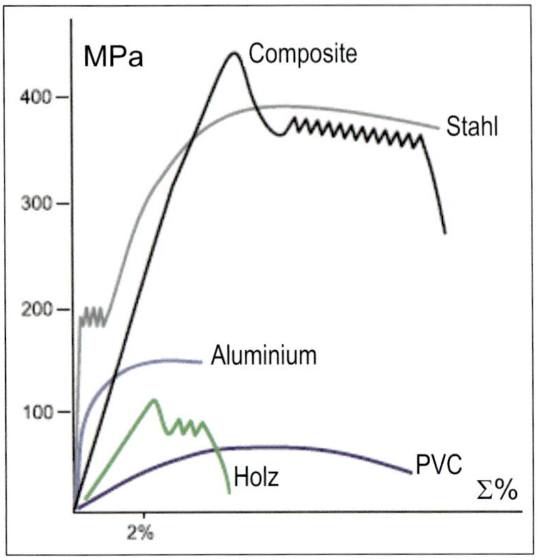

Abb. 9.68 Vergleich Kraft-Dehnungsverhalten verschiedener Werkstoffe gegenüber Glasfaser/Polyester Compositwerkstoff [20]

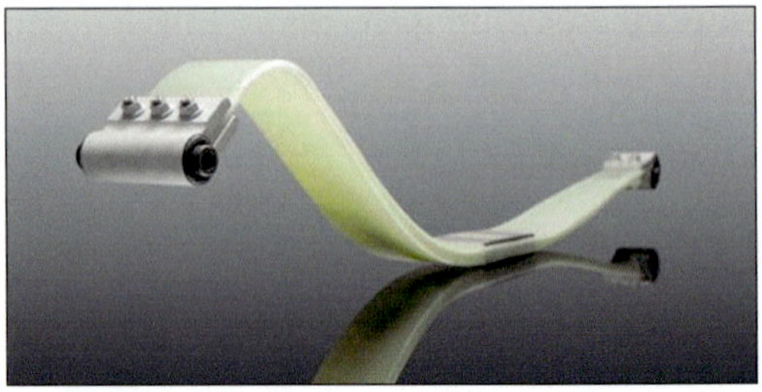

Abb. 9.70 Faserverbundblattfeder in Sonderform [21]

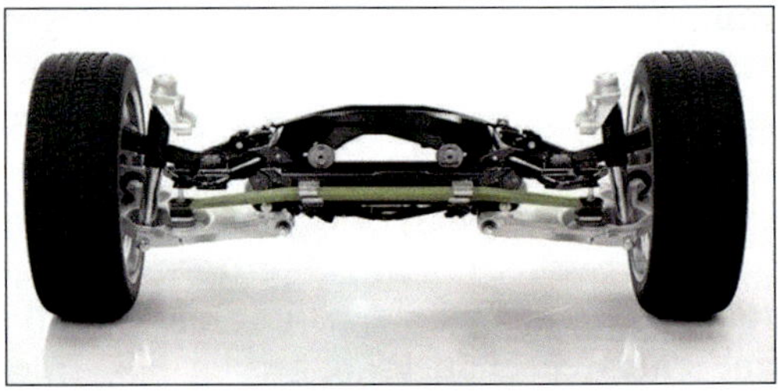

Abb. 9.71 Faserverbundfeder in Volvo XC60 HA [24]

Fertigungsverfahren zu berücksichtigen, da dieses einen signifikanten Einfluss auf Machbarkeit, Kosten und Funktion hat.

Im Fahrwerk ist GKV besonders geeignet für den Einsatz als Blattfedern (▪ Abb. 9.69 und 9.70), weil diese rein auf Biegung beansprucht werden, d. h. der Werkstoff wird beanspruchungsoptimal genutzt und eine sehr hohe Gewichtseinsparung gegenüber einer Stahlfeder zu realisieren sind [22]. Einlagige FKV-Blattfedern können mehrlagige Stahlblattfederpakete ersetzen, mit Vorteilen in Kosten und Gewicht. Auch die Korrosionsfestigkeit ist für Fahrwerksanwendungen von großem Vorteil.

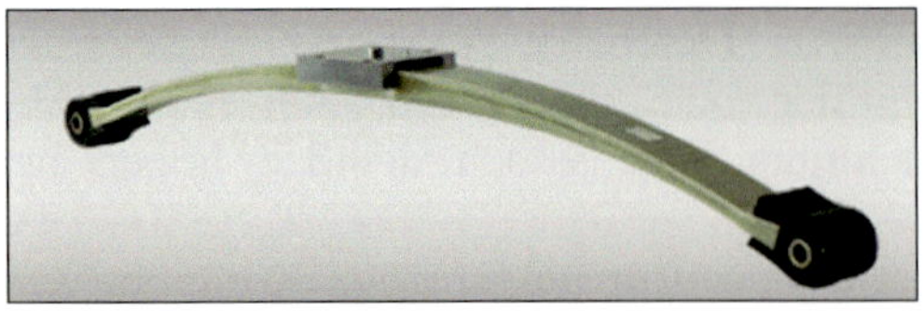

Abb. 9.69 Faserverbundblattfeder mit Anbauteilen [5]

In der Vergangenheit gab es vereinzelte Anwendungen von FKV-Blattfedern in geringen Stückzahlen (z. B. in der Corvette als Querblattfeder). Seit 2006 läuft die erste Großserienanwendung in den Transportern Mercedes Sprinter in der Praxis [23] (▪ Abb. 9.71 und 9.72). Der letzte Serieneinsatz ist in Volvo CX90 zu finden [24].

Es gibt zahlreiche Herstellungsvarianten für Bauteile aus FKV. Für die genannte Blattfeder hat aufgrund der erzielbaren mechanischen Eigenschaften und der guten Schwingfestigkeit sowie der Großserienfähigkeit das sogenannte Prepregverfahren (▪ Abb. 9.73) durchgesetzt.

Dabei wird im ersten Schritt ein imprägniertes Halbzeug hergestellt, das sogenannte Prepreg (preimpregnated fibers). Die Tränkung der Fasern mit dem Harz wird der Bauteilherstellung vorangestellt, sodass nachfolgende Prozessschritte

■ **Abb. 9.72** Qualitätsprüfung GFK-Blattfeder [23]

mit den relativ gut bearbeitbaren, flächigen Streifen durchgeführt werden können. Die Prepregstreifen werden zugeschnitten und zu einem Rohling drapiert. Dann wird der Rohling in eine Pressform eingelegt und unter hohem Druck und Temperatur (100°C – 180°C) ausgehärtet. Zum Schluss erfolgen eine mechanische Nachbearbeitung der Federn und die Montage der Anbauteile zum Einbau in das Fahrzeug.

Auch Schraubenfedern aus FKV sind möglich. Die Premiere in einem Serienfahrzeug feierten die neuen GFK-Federn ab Herbst 2014 im Audi A6 (■ Abb. 9.74) [25].

Eine interessante Neuentwicklung als Druckfeder aus GFK zeigt ■ Abb. 9.75, die in einem Mercedes-Versuchsfahrzeug (EQXX genannt) eingebaut ist [21]. Die Form vereinfacht die Herstellung und senkt die Kosten, ist aber nicht in allen Richtungen belastbar (z. B. nicht in Torsion).

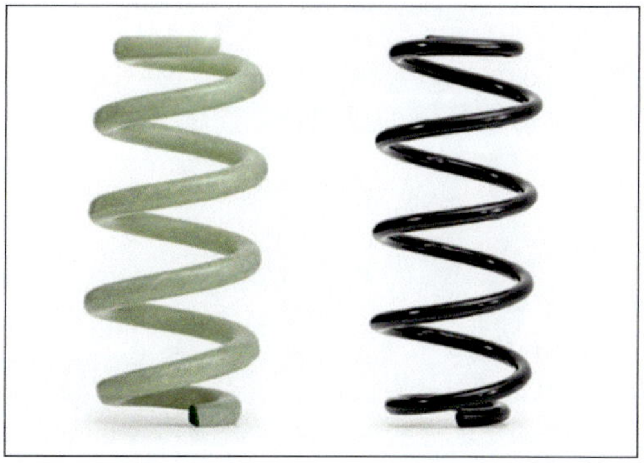

■ **Abb. 9.74** Faserverbund- und Stahlschraubenfeder [25] (Audi A6 Avant TDI, 40 % leichter als Stahlfeder)

■ **Abb. 9.75** Faserverbund- und Stahlschraubenfeder [21]

Die GFK-Feder ist hellgrün, ihr Faserstrang ist dicker als der Stahldraht, die Windungsanzahl geringer und der Außendurchmesser größer. Insgesamt spart die GFK-Feder rund 40 % Gewicht gegenüber

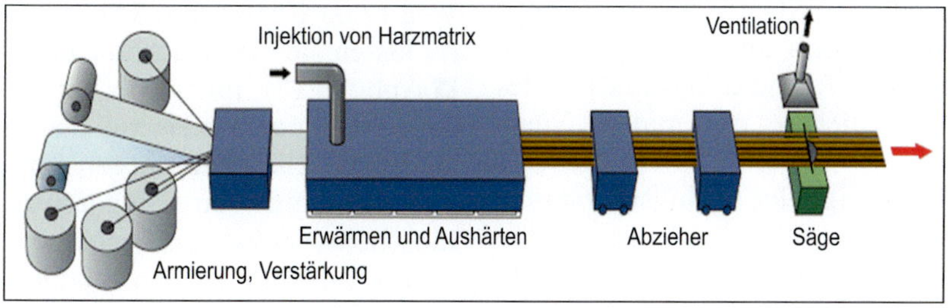

■ **Abb. 9.73** Herstellung von Prepreg für Blattfederanwendungen [20]

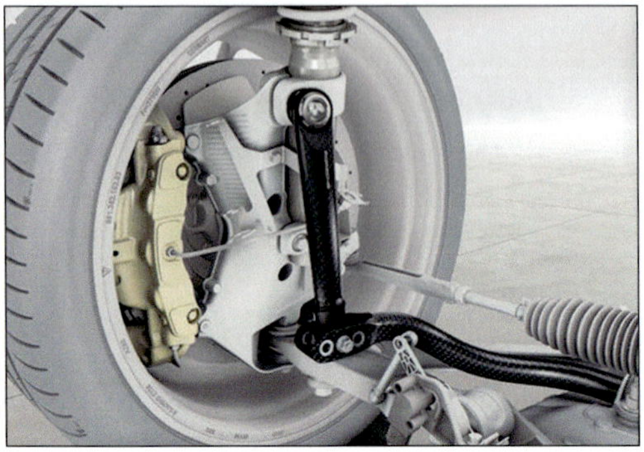

■ **Abb. 9.76** Stabilisator und Stabilisatorlenker aus CFK in Porsche 911 GT3 RS [21]

■ **Abb. 9.77** CFK Stabilisator [26]

konventionellen Stahlfedern ein. Als Kern der Feder dienen lange, miteinander verdrillte Glasfasern, die mit Epoxidharz durchtränkt werden. Um diese wenige Millimeter dicke "Seele", wickelt man weitere Fasern, abwechselnd in $\pm 45°$ Winkel zur Längsrichtung. Diese Zug- und Drucklagen stützen sich gegenseitig; so können sie die auf das Bauteil einwirkenden Torsionspannungen aufnehmen. Dann härtet der Rohling in einem Ofen bei Temperaturen von über 100 C° aus.

Um Gewicht weiter zu reduzieren und die Festigkeit zu erhöhen setzt man statt Glasfaser (GFK) Kohlefaser (CFK) als Matrix ein. Obwohl die Eigenschaften deutlich verbessert werden, steigen die Kosten unverhältnismäßig. Deshalb ist CFK zurzeit nur in Sportfahrzeugen im Einsatz.

Ein Beispiel dazu ist im ■ Abb. 9.76 zu sehen: Einstellbarer Stabilisator und Koppelstange aus Carbon an der Vorderachse des Porsche GT2 RS sind Bestandteil des besonders sportlichen optionalen Weissach-Pakets.

■ Abb. 9.77 zeigt eine Stabilisatorstange aus CFK, die besonders geeignet ist für hohe Torsionsbelastungen mit nur halben Gewicht gegenüber Stahlrohr [26].

9.5 Federung durch Elastomerwerkstoff

Metin Ersoy

Elastomerfedern werden im Fahrwerk nur als Zusatzfedern, Zug- oder Druckendanschläge eingesetzt. Diese haben deutlich kürzere Längen und treten nur an den Radhubenden in Funktion. Deshalb werden sie im Gegensatz zur Aufbaufeder nicht vorgespannt. Sie müssen aber deutlich höhere Energien in kürzeren Wegen absorbieren. Als Werkstoffe werden Elastomerwerkstoffe (Gummi oder zelliger Polyurethan-Elastomer) eingesetzt.

Die Zuganschläge begrenzen bei weichen und mittelharten Federungen den Radausfederweg. Diese sind flach und hart und werden kostengünstig aus Kunststoff hergestellt (s. ■ Abb. 10.13, 10.14, 10.15).

Druckanschläge begrenzen den Einfederweg und nehmen über einen kurzen Weg hohe Kräfte auf. Die elastischen Puffer lassen sich im Dämpfer unterbringen (s. ■ Abb. 10.17), innerhalb der Schraubenfeder positionieren oder auf dem Achskörper befestigen. Sie setzen gegen Ende des Radhubes ein, um den Einfederweg ohne Geräuschentwicklung zu begrenzen.

Im Vergleich zu den relativ flachen und harten Druckanschlägen bauen die Zusatz-

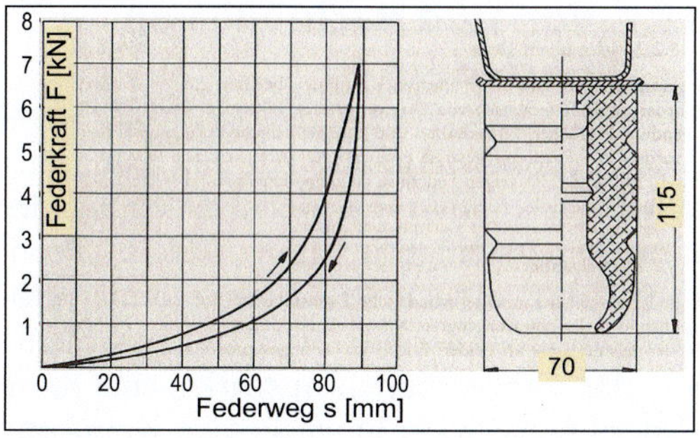

Abb. 9.78 Zusatzfeder aus Polyurethan mit der Federkennlinie [27]

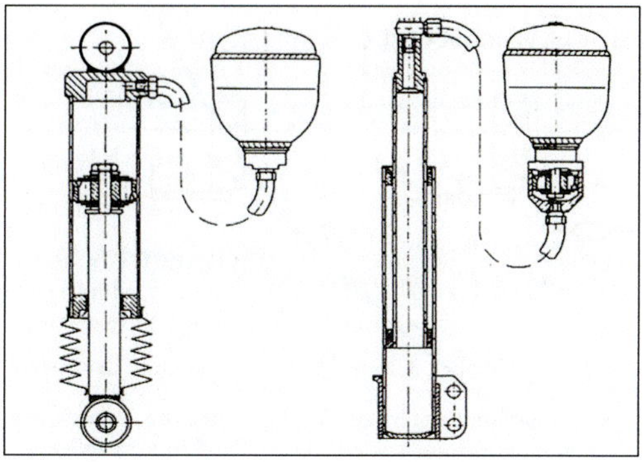

Abb. 9.79 Varianten hydropneumatischer Federn [28]

federn wesentlich höher und haben deutlich größere Hübe, setzen dafür aber weicher ein. Sie haben eine weniger progressive Federkennlinie und können zusammengedrückt sehr große Kräfte aufnehmen (Abb. 9.78).

Zusatzfedern bestehen vorzugsweise aus zelligem Polyurethan. Dieses Elastomer ist im Gegensatz zu Gummi kompressibel, weil Gas in den Bläschen des Elastomers eingeschlossen ist. Deshalb weist es bei Kompression geringere Durchmesservergrößerungen als Gummi auf und benötigt daher einen kleineren Einbauraum.

9.6 Federung durch Gaskompression

Peter Causemann und Hans-Dieter Eulenbach

Neben der weit verbreiteten Aufbaufederung aus Stahl, lassen sich Federungen auch durch Gaskompression realisieren. Wie im vorigen Abschnitt erläutert, wird ein Luftvolumen zwischen dem Rad und Aufbau angeordnet, welches durch Federbewegungen komprimiert und expandiert wird. Die Laständerungen werden im eingeschlossenen Luftvolumen als Potentialenergie gespeichert und abgegeben.

Die Kraftübertragung zwischen den Gasvolumen und der Radführung kann mechanisch mit einem Dorn oder Stempel (*Luftfederung*), oder aber auch hydraulisch mittels eines Kolbens oder Tauchkolben (*hydropneumatische Federung*) geschehen (Abb. 9.79 [28]).

Das physikalische Verhalten einer Gasfeder lässt sich mit dem thermodynamischen Grundsatz der polytropen Zustandsänderung beschreiben (Abb. 9.80):

$$p \cdot V^n = const \quad \text{mit} \tag{9.56}$$

p – Systemdruck

V – Systemvolumen

n – Polytropenexponent ($1 < n < 1{,}4$); $n = 1$ beim statischen Federungsvorgang (isotherm) $n = 1{,}4$ beim dynamischen Federungsvorgang (adiabat) (Abb. 9.81)

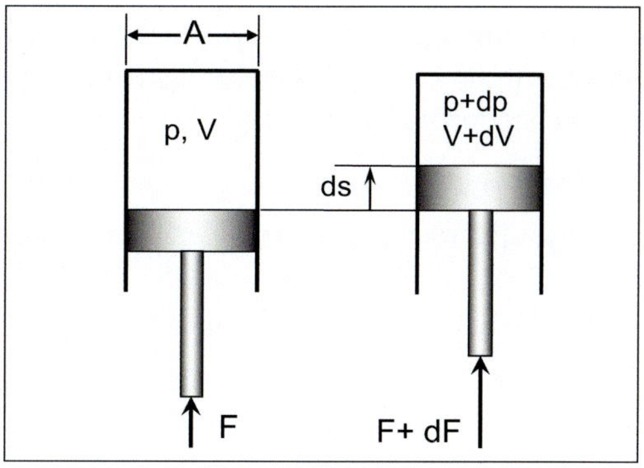

Abb. 9.80 Gasfeder, schematisch

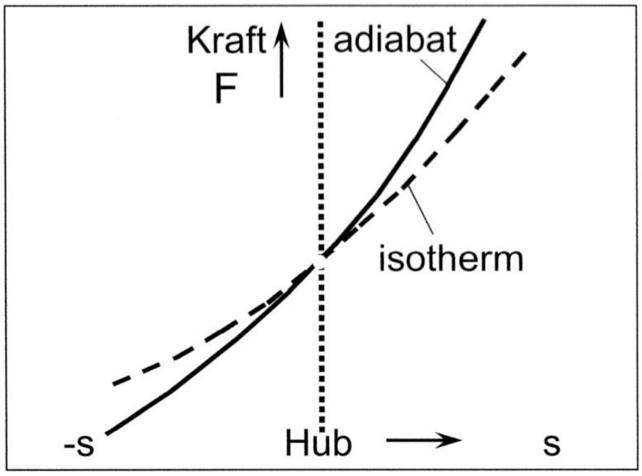

Abb. 9.81 Gasfeder schematisch mit Federkennlinie

Der Gradient dieser Kennung stellt die Federsteifigkeit der Gasfeder dar, und lässt sich durch Differentiation von Gl. (9.56) ermitteln.

9

$$V^n \cdot \mathrm{d}p + n \cdot p \cdot V^{n-1} \cdot \mathrm{d}V = 0 \qquad (9.57)$$

$$\frac{\mathrm{d}p}{\mathrm{d}V} = -\frac{n \cdot p \cdot V^{n-1}}{V^n} = -\frac{n \cdot p}{V} \qquad (9.58)$$

mit A: Kolbenfläche, $\mathrm{d}p = \mathrm{d}F/A$, $\mathrm{d}V = -A \cdot \mathrm{d}s$, $\mathrm{d}F = c \cdot \mathrm{d}s$ (Abb. 9.75) ergibt sich hieraus die Federsteifigkeit bei polytroper Zustandsänderung c_{pol}:

$$\frac{\mathrm{d}F}{\mathrm{d}s} = c_{\text{pol}} = \frac{n \cdot A^2 \cdot p}{V} \qquad (9.59)$$

Für den absoluten Druck p gilt unter Berücksichtigung des Umgebungsdrucks p_{a} und Gasfederinnendrucks p_{i}

$$p = p_{\text{i}} + p_{\text{a}} \qquad (9.60)$$

und für die Federkraft $F = (p - p_{\text{a}}) \cdot A = p_{\text{i}} A$.

Für Überdrücke $\geq$ 10 bar gilt angenähert $p \approx p_{\text{i}}$.

9.6.1 Vor- und Nachteile von Gasfedern

Jeder Federabstimmung hat ein grundsätzlicher Zielkonflikt bei der Festlegung der Grundfedersteifigkeit. Eine weiche Federung führt je nach Beladung zu einer großen Niveauänderung, was sich nachteilig auf das Fahrverhalten auswirkt; eine harte Federung reduziert hingegen den Komfort.

Die Gasfederung hat eine vorwählbare bzw. elektronischaufbau einstellbare Vorspannung: Dadurch kann die Höhe des Fahrzeugaufbaus eingestellt, bzw. unabhängig von der Zuladung gehalten werden. D. h. die Gasfederung ermöglicht eine einfache Niveauregelung und lässt eine weiche Federung ohne Fahrverhaltenseinbußen zu.

Die Nachteile der Gasfederung sind die hohen Kosten des Gesamtsystems durch zu viele Komponenten (Abb. 9.82) und zudem eine unvermeidbare Hysterese, die bedingt durch den Gummirollbalg den Abrollkomfort beeinträchtigt.

Die Aufbaueigenfrequenz einer Gasfederung kann unabhängig vom Beladungszustand gehalten werden. Außerdem hat die Gasfederung ein feinfühliges Ansprechen, da sie fast keine Eigendämpfung besitzt. Hieraus ist ersichtlich, dass die Domäne der Gasfederung bevorzugt bei komfortbetonten Premiumfahrzeugen oder Fahrzeugen mit hoher Zuladung liegt (Abb. 9.83).

9.6.2 Luftfederung

Die Luftfederung ist ein Federungssystem, das die Kompressibilität von Gasen, insbesondere von Luft ausnutzt. Wenn eine Achse nur durch Gaskompression gefedert wird, spricht man von Luftfederung (Abb. 9.83).

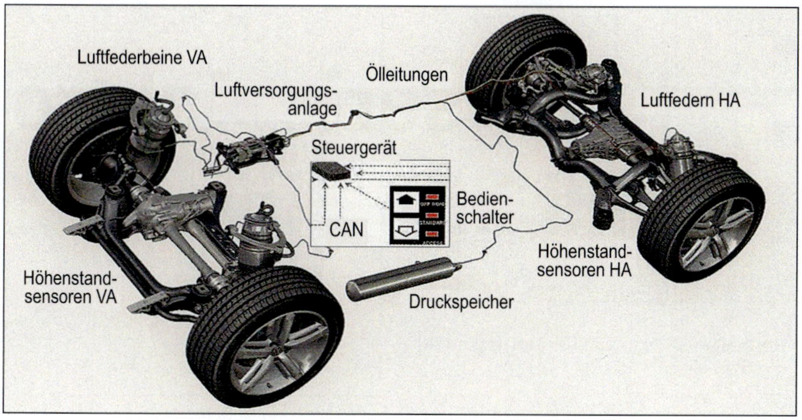

Abb. 9.82 Komponenten der geregelten Luftfederung VW Touareg [29]

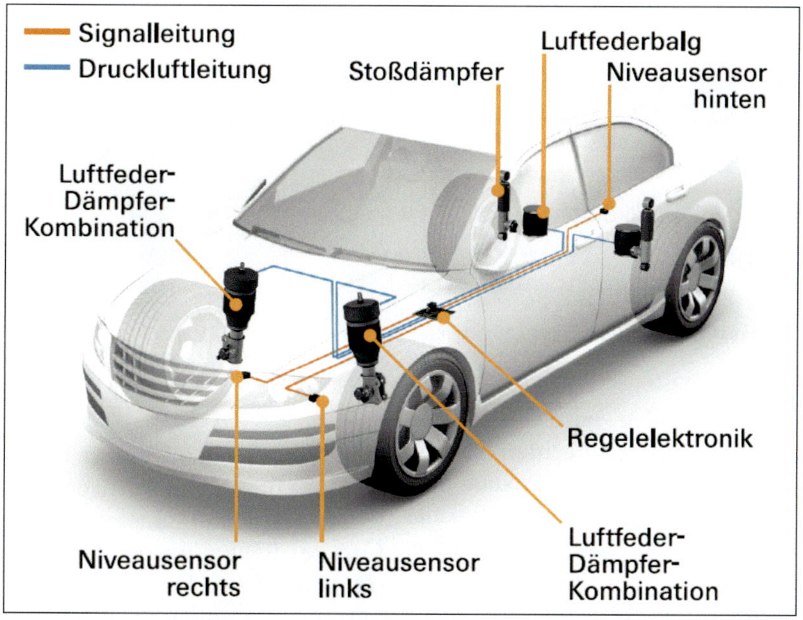

Abb. 9.83 Komponenten der geregelten Luftfederung

Der Druckraum wird durch eine starre Konstruktion gebildet, z. B. einen Federbehälter mit einer Gummimembran, die als bewegliche Dichtung fungiert. Man unterscheidet bei dieser zwischen einem offenen Rollbalg (Abb. 9.84) links und einem Membranrollbalg (Abb. 9.84) rechts.

Abb. 9.85 zeigt schematisch einen Luftfederbalg, der mit je einem Spannring (gelb) oben an einer Luftfederkappe und unten an einem Abrollkolben befestigt ist.

Der Balg besteht aus einer hochwertigen Gummimischung, die mit einem Gewebe durch Vulkanisation verstärkt ist. Die Dicke des Balgs und des Gewebefadens richtet sich nach der geforderten Festigkeit und Beanspruchung. Für Bälge, die eine geringe innere Reibung und damit einen hohen

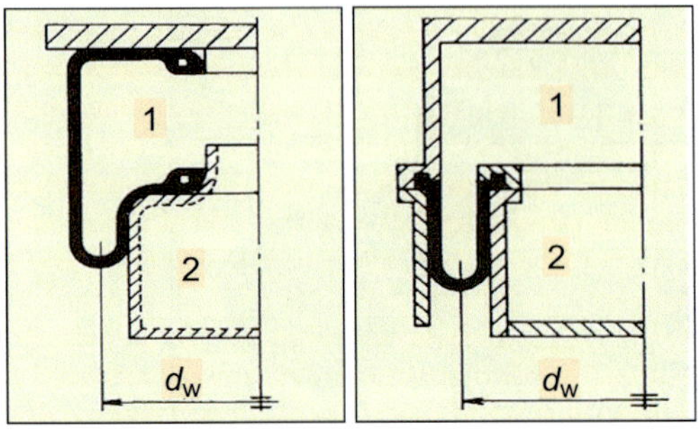

■ **Abb. 9.84** Rollbalgausführungen für Luftfeder [28]

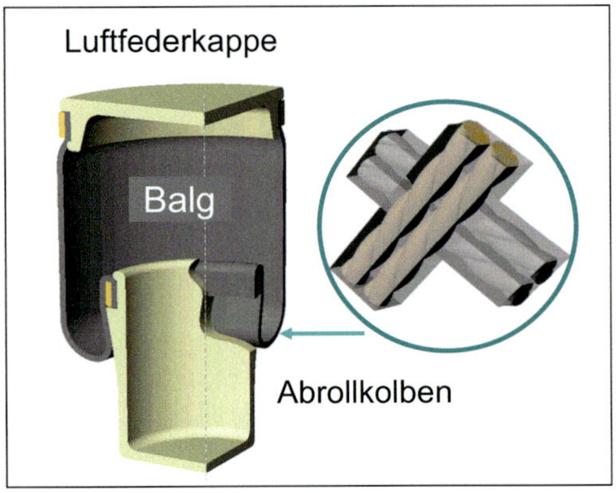

■ **Abb. 9.85** Schematischer Aufbau einer Luftfeder

■ **Abb. 9.86** Luftfederaufbau (Fa. Vibracoustic) [30]

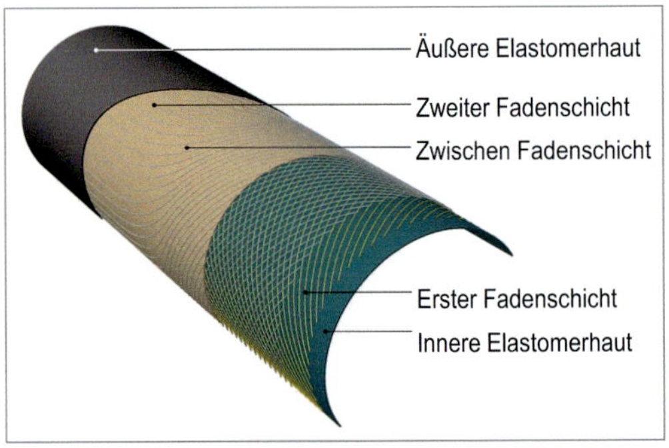

■ **Abb. 9.87** Kreuzlagenbalg ZAX (Fa. Vibracoustic) [30]

Komfort realisieren sollen, wird eine einlagige Fadenstruktur mit senkrechten Fäden oder Kreuzlagen mit spitzen Winkeln benutzt. Diese haben eine geringere Festigkeit und sind daher durch ein außen angebrachtes Rohr zu führen.

Für schwere Einsatzfälle werden Kreuzlagenbälge, deren Fadenstruktur im 90° Winkel angeordnet ist, verwendet. ■ Abb. 9.86 zeigt den Kreuzlagenbalg ZAX von Vibracoustic [30], der die Vorteile der Kreuz- und Axialbälge durch Multiwicklungen kombiniert (■ Abb. 9.87).

Bei Luftfedersystemen wird weiterhin zwischen geschlossenen und offenen Systemen unterschieden (■ Abb. 9.88).

Das geschlossene Luftfedersystem (z. B. im VW Touareg eingesetzt, ■ Abb. 9.82 [31]) besitzt einen Vorratsbehälter mit einem spezifischen Überdruck, aus dem ein Kompressor Luft ansaugt und in den die Luft bei Bedarf wieder zurückgeführt wird (■ Abb. 9.88a). Dadurch kann das System mit einem kleineren Gasvolumen auskommen. Die Druckluftdifferenz zwischen Behälter und Rollbalg ist geringer als beim offenen System, sodass der Kompressor kleiner sein kann.

Da der Gaskreislauf geschlossen ist, kann keine verunreinigte oder feuchte Luft angesaugt werden. Dies verlängert die Wartungsintervalle. Wegen der zusätzlichen Kosten des geschlossenen Systems setzt man bei Pkws jedoch vorwiegend offene Luftfedersysteme ein.

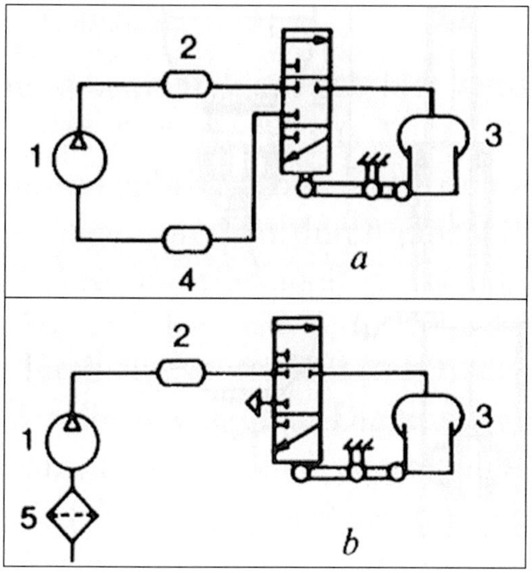

■ **Abb. 9.88** Prinzipbild geschlossener (a) und offener (b) Luftfedersysteme [28]; Kompressor (1), Druckspeicher (2), Luftfeder (3), Niederdruckbehälter (4), Druckablass (5)

Bei einem offenen Luftfedersystem wird Außenluft angesaugt und bei Druckminderung wieder nach außen abgelassen (■ Abb. 9.88b). Das System arbeitet mit einem niedrigen Druck bis max. 10 bar und braucht eine Luftversorgungsanlage (Kompressor mit E-Motor, Luftentfeuchter, Luftfilter), einen Druckspeicher mit Ventilblock, Steuergerät, Höhenstandssensoren und Luftfederbälge sowie ggf. einen Bedienschalter (s. ■ Abb. 9.82).

9.6.3 Hydropneumatische Federung

Bei hydropneumatischen Federsystemen befindet sich das Gasvolumen unter sehr hohem Druck (bis 160 bar) in einer geschlossenen Federzylinder, die innen durch eine Gummimembran in eine Gaskammer und eine Flüssigkeitskammer getrennt ist. Als Gas wird, wegen seiner größeren Moleküle statt Luft, Stickstoff benutzt, damit es nicht so leicht durch die Membran in die Flüssigkeitskammer diffundiert.

Bei allen hydropneumatischen Federn werden die Flüssigkeitsströme dazu verwendet, am Einlass in das Federelement auch eine Dämpfungsfunktion zu integrieren, sodass diese Bauart als hydropneumatische Feder-Dämpfer-Einheit ausgeführt wird.

Die Federungshärte der Hydropneumatik wird durch Druck und Volumen der Kugeldruckspeicher bestimmt. Die Größe der Bypassbohrung in den Ventilen beeinflusst die Dämpfung. Daher lässt sich durch Hinzufügen der Zusatzkugeldruckspeicher, eine Veränderung dieser Federungs- und Dämpfungsabstimmung erzielen.

Das erste in Serie hergestellte Fahrzeug mit hydropneumatischer Federung, Citroen ID, kam Anfang der 50er Jahre auf den Markt mit den Namen *Hydractive* und wurde bis 2017 angeboten. Ähnliche Lösungen wurden lange in Premiumfahrzeugen eingebaut, aber heute häufiger durch den Nivomaten oder die Luftfeder abgelöst.

9.6.3.1 Betrachtung am Fahrzeug

Für die Betrachtung am Fahrzeug müssen die Federkräfte auf das Rad umgerechnet werden, um den Zusammenhang zur Radlast und den Federwegen des Rades herzustellen. Bei einem teiltragenden System (■ Abb. 9.89), bei dem der Aufbau von einer Gasfeder und einer zusätzlichen mechanischen Feder gemeinsam getragen wird, sind sowohl die Gasfederkraft F_G als auch die Kraft der mechanischen Feder F_F auf das Rad umzurechnen. Hierbei sind die jeweiligen Übersetzungsverhältnisse i_G und i_F zu berücksichtigen, die durch die Lage dieser Federelemente zum Rad definiert werden. Die Übersetzung $i = 1$ ergibt sich, wenn das Federelement direkt über dem Rad angeordnet wird (z. B. beim Federbein). Ist das Federelement zwischen Drehpunkt und Rad angeordnet, wird die Übersetzung i kleiner als 1; bei einer Anordnung „hinter“ dem Rad größer als 1.

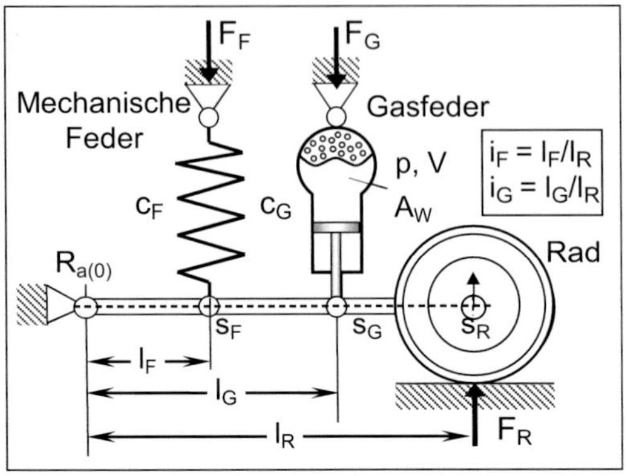

Abb. 9.89 Übersetzungsverhältnisse

In der Übersetzung wird zudem eine von der Senkrechten abweichende Einbaulage der Federelemente berücksichtigt. Eine Schrägstellung in Fahrtrichtung um den Winkel α zur Hochachse und eine Neigung in Querrichtung um den Winkel β zur Hochachse wird in der Übersetzung wie folgt berücksichtigt.

9

$$i_{\alpha\beta} = \frac{i}{\cos\alpha \cdot \cos\beta} \quad (9.61)$$

Aus der Momentenbeziehung um den Drehpunkt (0) und unter Berücksichtigung der Übersetzungsverhältnisse ergibt sich für die Radaufstandskraft (Radlast) F_R:

$$\sum M_{(0)} = F_R \cdot l_R - F_G \cdot l_G - F_F \cdot l_F \quad (9.62)$$

$$F_R = F_G.i_G + F_F.i_F \quad (9.63)$$

Zwischen den Hüben s_G und s_F der Federelemente und dem Radhub s_R lässt sich mit den Übersetzungen folgender Zusammenhang darstellen:

$$F_G = c_G \cdot s_G = c_G.s_R.i_G \quad (9.64)$$

$$F_F = c_F \cdot s_F = c_F.s_R.i_F \quad (9.65)$$

Hieraus kann die Gleichung für die Gesamtfederrate c_R am Rad abgeleitet werden:

$$F_R = c_R \cdot s_R = \left(c_G.i_G^2 + c_F.i_F^2\right) \cdot s_R \quad (9.66)$$

$$c_R = c_G.i_G^2 + c_F.i_F^2 \quad (9.67)$$

- **Volltragende Gasfeder**

Bei der volltragenden Gasfeder (der Fahrzeugaufbau wird alleine von der Gasfeder getragen) entfällt der Anteil der mechanischen Feder und es ergibt sich ein vereinfachter Zusammenhang zwischen Radlast, Systemdruck und wirksamer Kolbenfläche A_W:

$$F_R = F_G.i_G = A_w \cdot p_1.i_G \quad (9.68)$$

Berücksichtigt man die Beziehungen für die Federraten von Gasfeder und hydropneumatischer Feder, lässt sich für volltragende Gasfedersysteme die Gesamtfederrate in Abhängigkeit der Vertikalradlast darstellen. Für die gasseitig geregelte Luftfeder bleibt V konstant und die Gesamtfederrate am Rad ergibt sich für $n=1$

$$c_R = \frac{A_w^2 \cdot p_1}{V_0}.i_G^2 \quad (9.69)$$

$$c_R = \frac{A_w \cdot F_R}{V_0}.i_G = const \cdot F_R \quad (9.70)$$

Die Federrate ist also proportional zur Radlast.

- **Volltragende hydropneumatische Feder**

Für die ölseitig geregelte hydropneumatische Feder gilt, dass das Verhältnis $p \cdot V$ konstant bleibt.

Damit ergibt sich für $n=1$

$$c_R = \frac{A_w^2 \cdot p_1^2}{p_0.V_0}.i_G^2 \quad (9.71)$$

$$c_R = \frac{F_R^2}{p_0 \cdot V_0} = const \cdot F_R^2 \quad (9.72)$$

Die Federrate ist proportional zum Quadrat der Radlast.

Beeinflussung der Aufbaueigenfrequenz

Mit einer Änderung der Aufbaueigenfrequenzω_e ist stets eine Änderung des Komfortverhaltens des Fahrzeugs verbunden. Es ist daher wünschenswert, dass sich die Aufbaueigenfrequenz mit zunehmender Beladung möglichst wenig ändert. Ausgehend von der Eigenfrequenz eines Einmassenschwingers:

$$\omega_e = \sqrt{\frac{c}{m}} \tag{9.73}$$

ergibt sich mit der radbezogenen Federrate des Fahrzeugs c_R und der Beziehung zwischen der radbezogenen gefederten Fahrzeugmasse m_R, der Erdbeschleunigung g und der Radlast $m_R = F_R/g$ die Aufbaueigenkreisfrequenz:

$$\omega_e = \sqrt{\frac{g \cdot c_R}{F_R}}, \ (\omega_e \text{ in } 1/\text{min}) \tag{9.74}$$

oder die Aufbaufrequenz

$$f = \frac{1}{2\pi}\sqrt{\frac{g \cdot c_R}{F_R}}, \ (f \text{ in Hz}) \tag{9.75}$$

Lineare und progressive Stahlfeder

Beim alleinigen Einsatz einer linearen Stahlfeder ($c = const.$) nimmt die Aufbaueigenfrequenz mit zunehmender Beladung ab (Abb. 9.90d):

$$\omega_e = const \cdot \sqrt{\frac{1}{F_R}} \tag{9.76}$$

Eine Verdoppelung der Beladung führt hiernach zu einer Verringerung der Eigenfrequenz um ca. 30 %.

Durch eine progressive Stahlfeder mit weicher Anfangskennung lässt dieser Einfluss zwar vermindern, dies führt aber generell zu stark statischen Einfederungen.

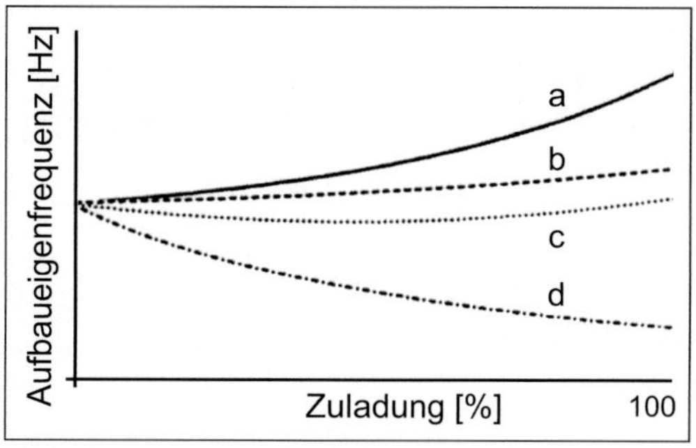

Abb. 9.90 Schwingungsverhalten Federungen: a) volltragende Hydropneumatik, b) volltragende Luftfeder, c) teiltragende Hydropneumatik + Stahlfeder, d) Stahlfeder

Volltragende Luftfeder

Für die volltragende Luftfeder (Federrate proportional zur Radlast) ergibt sich für $n = 1$ eine weitgehend belastungsunabhängige Aufbaueigenfrequenz (Abb. 9.90b):

$$\omega_e = \sqrt{\frac{g \cdot A_W}{V_0}.i_G} = const \tag{9.77}$$

Volltragende hydropneumatische Feder

Bei Verwendung einer volltragenden hydropneumatischen Feder resultiert für $n = 1$

$$\omega_e = \sqrt{\frac{g \cdot F_R}{p_0 \cdot V_0}.i_G^2 \cdot} = const \cdot \sqrt{F_R} \tag{9.78}$$

D. h., die Aufbaueigenfrequenz steigt mit zunehmender Beladung an (Abb. 9.90a).

Teiltragende hydropneumatische Feder

Bei der teiltragenden hydropneumatischen Feder überlagern sich die gegenläufigen Tendenzen von Stahlfeder und hydropneumatischer Feder. Dies führt zu einem annähernd konstanten Schwingverhalten des Aufbaus (Abb. 9.90c). Dies entspricht einer quadratischen, lastabhängigen Federrateänderung.

Eine aus Komfortgründen von der Zuladung unabhängige Aufbaueigenfrequenz

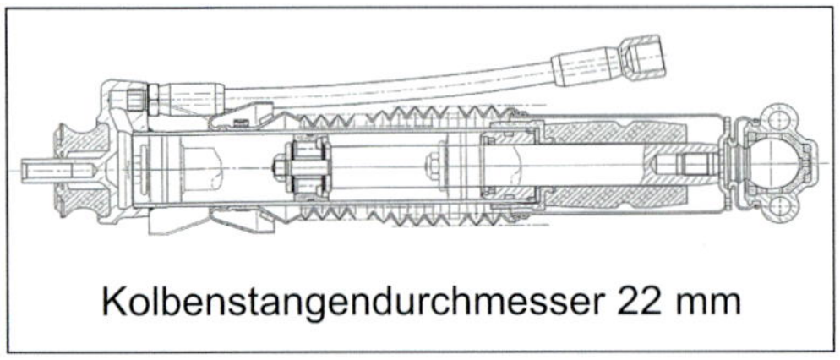

Abb. 9.91 Federzylinder der alten Mercedes S-Klasse

kann also nur durch eine teiltragende Hydropneumatik oder eine Luftfederung erreicht werden.

9.6.3.2 Hydropneumatischer Federzylinder

Abb. 13.91 zeigt ein Schnittbild des Hinterachsfederzylinders für die Mercedes S-Klasse (S. 124 und S. 210), ein Hydraulikzylinder wie beim Einrohrdämpfer im Kolben Dampfventile für die Zug- und Druckrichtung eingebaut sind. Die Gasfeder ist in Form eines Membranspeichers (Abb. 13.92) über eine Verrohrung mit dem Federzylinder verbunden. Die Schlauch- und Rohrverbindungen über längere Distanzen bedingen nicht nur höheren Montageaufwand, wirken auch federnd über druckabhängige Volumenänderung und unterschiedlich dämp-fend über Viskositätsänderung des Öles bei Temperaturwechsel. Daher sind auch Federzylinder mit direkt angebautem Membranspeicher angeboten (Abb. 9.92 und 9.93).

9.7 Niveauregelung

Metin Ersoy, Peter Causemann und Hans-Dieter Eulenbach

Die Niveauregelung hat die Aufgabe, den Abstand zwischen Fahrbahn und Aufbau des Fahrzeugs konstant zu halten oder auf Wunsch zu verändern. Die Einfederung unter Last, die man von der Stahlfeder her

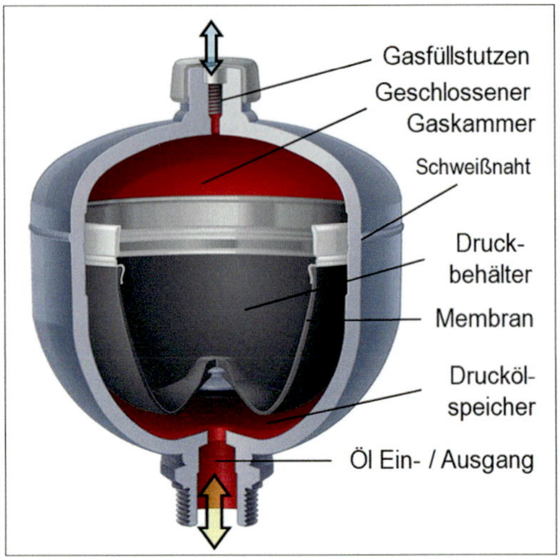

Abb. 9.92 Membrandruckspeicher

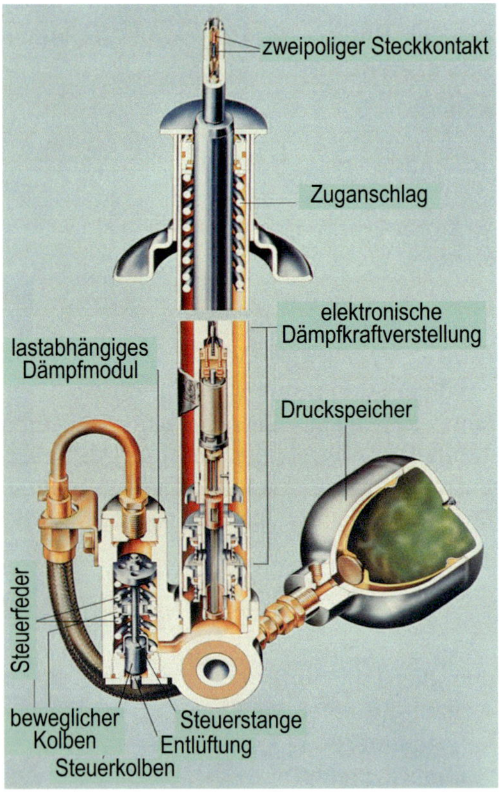

Abb. 9.93 Federzylinder mit Membrandruckspeicher

gewohnt ist, wird somit kompensiert. Die Federung und Dämpfung können mit solchem System komfortabel gestaltet werden. Über die Höhenstandssensoren wird die Aufbauhöhe achsweise erfasst und durch Zu- und Ablassen der Luft immer in gleicher Höhe gehalten (Niveauregelung). Somit bleiben die Radstellung und Fahrbahnbeleuchtung unabhängig vom Beladungszustand.

Die Reduzierung der Bodenfreiheit auf der Autobahnfahrten senkt den Fahrwiderstand und den Kraftstoffverbrauch um bis zu 0,2 l/100 km.

9.7.1 Niveauregelung Bauarten

Generell gibt es zwei unterschiedliche physikalische Lösungen zur Niveauregelung mithilfe von Fluiden:

Entweder durch Zu- bzw. Abfuhr von Luft (Luftfeder) oder Öl statt Luft (Hydropneumatik), s. ◘ Abb. 9.95. In beiden Fällen wird eine separate Energieversorgung benötigt. Die prinzipiellen Ausführungen von Luftfederung und hydropneumatischer Federung sind in ◘ Abb. 9.94 gezeigt [32].

Luftfedern werden oft auch als Baueinheit mit dem hydraulischen Stoßdämpfer

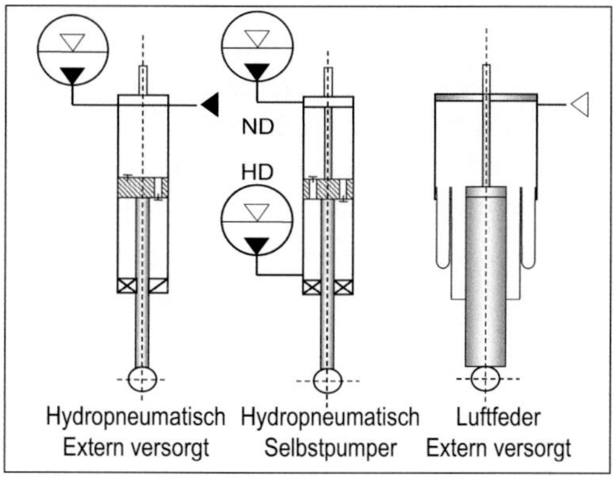

◘ **Abb. 9.94** Niveauregelung mit Luft- und Hydropneumatischer Federung [32]

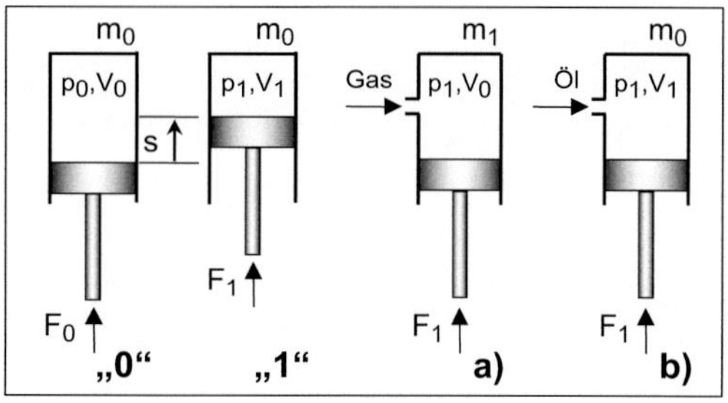

◘ **Abb. 9.95** Niveauausgleich durch Gas- oder Ölzufuhr

ausgeführt. Bei der Hydropneumatik bildet der hydraulische Verstellzylinder mit dem Dämpfer eine Einheit. Diese unterscheide sich extern versorgten (s. ► Abschn. 9.7.4) und nach selbstpumpenden Federelementen (s. ► Abschn. 10.8.2).

9.7.2 Berechnung von Gasfedern zur Niveauregelung

Die Niveauänderung mittels einer Gasfeder erfolgt durch Zu- oder Abführen von Gas (Luftfeder), oder von Öl (hydropneumatische Feder) (◘ Abb. 9.95).

Im Auslegungspunkt „0“ der Gasfeder gilt jeweils

$$c_{\mathrm{pol},0} = \frac{n \cdot A^2 \cdot p_0}{V_0} \tag{9.79}$$

Bei Erhöhung der Kraft von F_0 nach F_1 wird bei einer Luftfeder solange Gas nachgefördert bis das Ausgangsniveau wiederhergestellt ist. Hierdurch erhöht sich die Gasmasse auf m_1, das federnde Gasvolumen des Ausgangszustandes muss wieder erreicht werden ($V_1 = V_0$).

Der zur Laststeigerung notwendige Druck p_1 liegt auf der Polytropen m_1 (◘ Abb. 9.96, Punkt 1). Die Federsteifigkeit der Luftfeder ergibt sich somit zu:

$$c_1 = \frac{n \cdot A^2 \cdot p_1}{V_0} \tag{9.80}$$

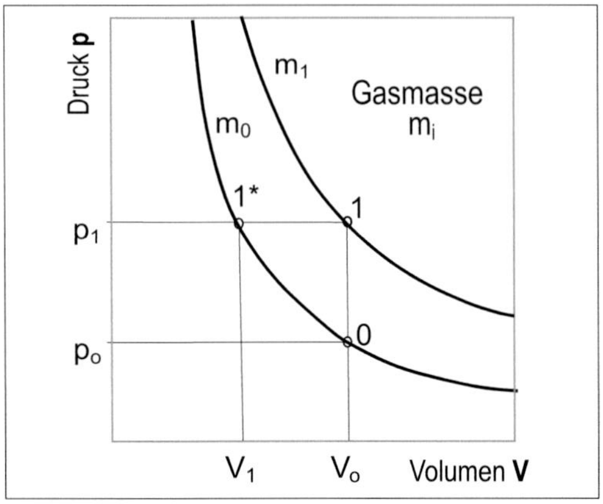

Abb. 9.96 Niveauverstellung bei Luftfeder und hydropneumatischer Feder

Das bedeutet, dass die Federratenänderung ist linear aber lastabhängig ist.

9

9.7.3 Niveauregelung mit Luftfederung

Für jede Luftfederung benötigt man eine Druckluftversorgung um den mit der Zeit auftretenden Luftverlust auszugleichen. Die Druckversorgung wird in der Regel auch für die Niveauregelung gebraucht. Dann wird eine zusätzliche Sensorik benötigt, um die Aufbauhöhe zu erkennen sowie eine elektronische Steuerung der Luft-zu- oder -abfuhr. Es ist also mit geringen Mehrkosten möglich, jede Luftfederung mit einer Niveauregelung zu erweitern.

9.7.4 Hydropneumatische Niveauregelung

Bei der hydropneumatischen Feder erfolgt der Niveauausgleich durch Nachfördern von inkompressibler Hydraulikflüssigkeit, dabei bleibt die Gasmasse m_0 konstant; die Druckänderung zu p_1 erfolgt entlang der Ausgangspolytropen m_0 (Abb. 9.96 Punkt 1*). Die Steifigkeit der hydropneumatischen Feder ergibt sich aus

$$c_{\text{pol},1} = \frac{n \cdot A^2 \cdot p_1}{V_1} \tag{9.81}$$

mit Beziehung (9.56) für V_1

$$V_1 = \left(\frac{p_0}{p_1}\right)^{\frac{1}{n}} \cdot V_0 \tag{9.82}$$

$$c_{\text{pol},1} = \frac{n \cdot A^2 \cdot p_1^{\frac{n+1}{n}}}{p_0^{\frac{1}{n}} \cdot V_0} \tag{9.83}$$

Für vergleichende Darstellungen genügt es, den isothermen Federungsvorgang ($n=1$) zugrunde zu legen, dies entspricht einer quadratischen, lastabhängigen Federratenänderung.

$$c_1 = \frac{A^2 \cdot p_1^2}{p_0 \cdot V_0} \tag{9.84}$$

Bei der Hydropneumatik bildet der hydraulische Verstellzylinder mit dem Dämpfer eine Einheit. Diese unterscheidet man nach extern versorgten Federelementen.

(Federzylinder s. Abb. 9.91) und nach selbstpumpenden Federelementen (Nivomat – s. ► Abschn. 10.8.2).

Wenn neben Hinterachse auch die Vorderachse luftgefedert ist, dann hat man auch die Möglichkeit, die Niveaulage des Aufbaus höher (im Gelände) oder tiefer (Autobahnfahrt) zu stellen [32].

Luftfedern werden einzeln (an der Hinterachse) oder als Luftfederbein (Abb. 9.97) zusammen mit dem Dämpfer verbaut.

Hydractive III von Citroen

Das System *Hydractive* basiert auf der Hydropneumatik des Citroen und wurde 1989 mit dem Citroen XM eingeführt (Hydractive I). In 1993 kam im Citroën Xantia

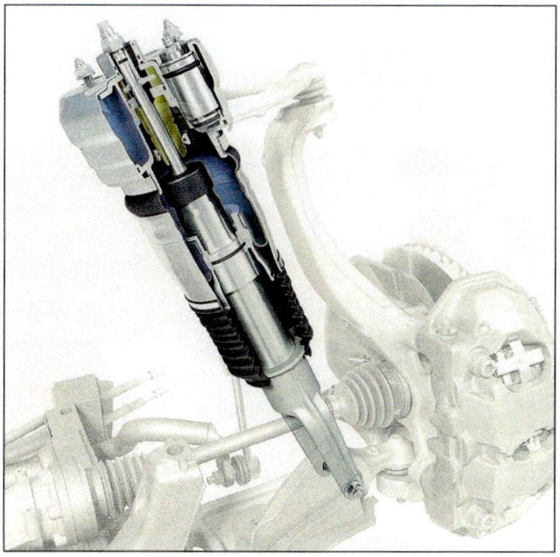

Abb. 9.97 Luftfederbein der Porsche Panamera

(Hydractive II) mit dreifacher Rechenleistung, die ab 1994 auch im neuen XM eingesetzt wurde [33]. Das Hydractive III wurde dann 2001 im Citroen C5 eingeführt (Abb. 9.98) [34]. Im Vergleich zum Hydractive II wurde statt einem aktiven Stabilisatorsystem eine variable Niveauregulierung implementiert.

Dazu wurde in jede Achse, zwischen den beiden Hydro-pneumatischen Zylindern zusätzlich noch einen hydraulischen Druckspeicher hinzugefügt. Das Fahrzeugniveau lässt sich bei höheren Fahrzeuggeschwindigkeiten durch Hinzufügen von Fluid absenken, um den Luftwiderstand zu reduzieren und die Fahrstabilität zu erhöhen. Bei unteren Geschwindigkeiten durch Entnehmen von Fluid den Aufbau anheben, um einen größeren Federweg für eine bessere Aufbaufederung z. B. auf Gelände, zu realisieren.

Ein Wahlschalter bietet zwischen 4 Aufbauhöhen zu schalten: H: Max. Höhe z. B. zum Reifenwechsel, P: Hoch bei Schlechtweg, N: Referenz Höhe, S: Min. Höhe z. B. zum Beladen, Abschleppen, Anhänger ankoppeln.

Sensoren erfassen unter Berücksichtigung von Lenkradwinkel, Bremsdruck, Motordrehzahl und anderen Größen den Fahrerwunsch und passen Feder- und Dämpfereinstellung adaptiv an das Fahrverhalten des Fahrers an.

Über das elektrisch angesteuerte Hydraulikventil wird das Zusatzvolumen in den Federungskreis mit einbezogen. Durch

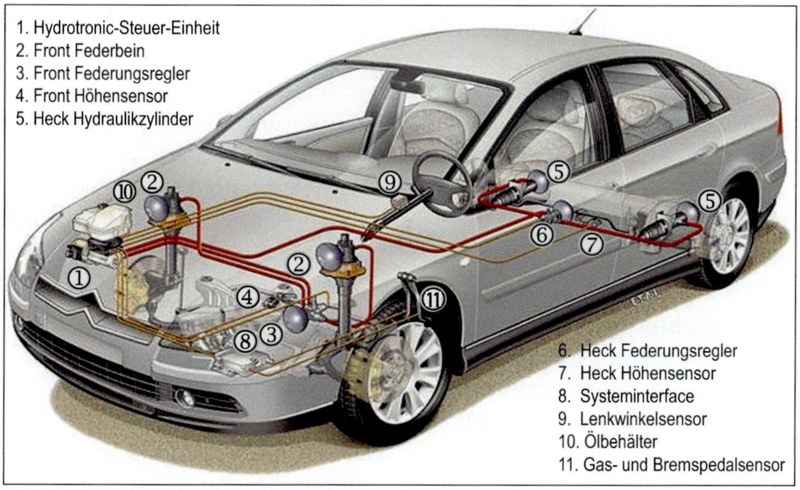

Abb. 9.98 Hydractive III Fahrwerksystem (Citroen C5) [34]

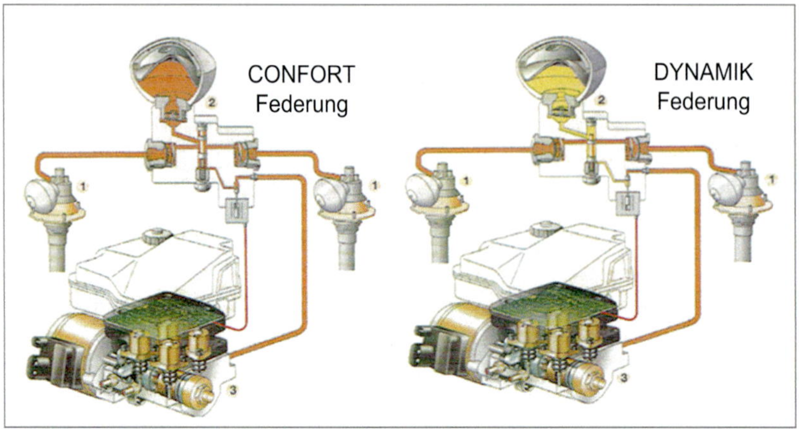

■ **Abb. 9.99** Hydractive III Fahrwerksystem (Citroen C5) [35]

das vergrößerte Gasvolumen ergibt sich eine weichere Federungsabstimmung. Eine Reduzierung der Dämpfung wird durch die größere Bypassbohrung im Dämpfungsventil der dritten Kugel erzielt.

Hydractive III ermöglicht neben der Niveauregelung auch die Fahrdynamikeinstellungen Komfortable und Dynamisch, je nach dem Fahrer Fahrstil oder durch direkt Fahrereingabe über Schalter oder automatisch je nach der Situation. Dazu wird der dritte Druckspeicher der Achse ein oder ausgeschaltet (■ Abb. 9.99), d. h. die Federungshärte gesenkt oder erhöht [35]. Jede Minute wird der Fahrstil des Fahrers analysiert und je nach der Straßenlage, Fahrgeschwindigkeit und Fahrzustand für Komfort oder Dynamik umgeschaltet.

9.7.5 Elektrohydraulische Niveauregelung

Das Konzept „Leveling-by-wire" von ZF/Sachs ist eine konsequente Weiterentwicklung des Nivomat mit Standregelung. Es entfallen hierbei die mechanische Pumpe, sowie die mechanischen Regel- und Steuerelemente im Inneren des Nivomats. Diese werden durch eine außenliegende elektrische Pumpe mit zusätzlichem Ablassventil, die bedarfsgesteuert ist, ersetzt. Der erforderliche Höhensensor kann integriert oder auch extern angeordnet werden. Eine lokale Elektronik wertet die Höhensignale aus und steuert den Einsatz von Pumpe und Ablassventil. Im Gerät verbleiben Ölreservoir und Hochdruckspeicher, die ggf. aber auch extern angeordnet werden können.

Grundlage des Konzepts bleibt weiterhin ein geschlossenes hydraulisches System, das teiltragend ausgelegt ist. Grundsätzlich sind mehrere Anordnungen für ein Leveling-by-wire-System denkbar [36] (■ Abb. 9.100).

Der erzielbare Niveauunterschied ist durch die bereitgestellten Gas- und Ölvolumina und die Regelgeschwindigkeit begrenzt. Durch den Wegfall der mechanischen Pumpe bietet der Nivomat-LbW hier die Möglichkeit, auch ICD Funktion zu realisieren (s. ► Abschn. 16.7.3).

9.7.6 Elektromechanische Niveauregelung

Eine elektromechanische Lösung zur Niveauregulierung wird u. a. von Schaeffler vorgestellt. Der zur Niveauregulierung

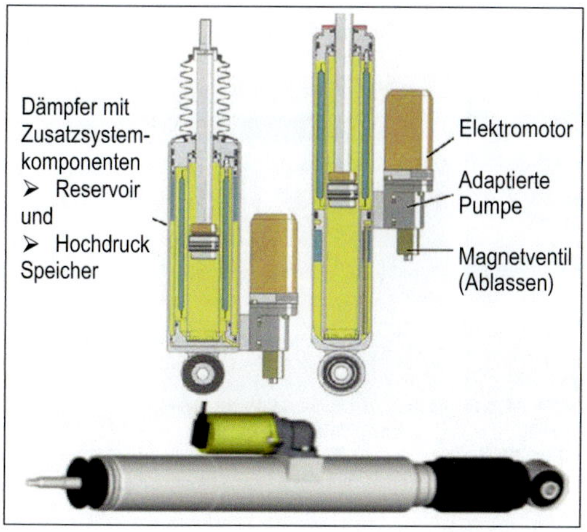

Abb. 9.100 Mögliche Anordnungen für Leveling-by-wire (ZF Sachs) [36]

eingesetzte Aktuator besteht im Wesentlichen aus einem Kugelgewindetrieb, einem Riementrieb, einem E-Motor sowie einer rein mechanisch wirkenden Verriegelungseinheit. Dieses System ist als Leveling by Wire in ▶ Abschn. 16.5.2 ausführlich beschrieben [37].

9.8 Elektronische Federungssysteme

Metin Ersoy, Carsten Hoffmann und Christian Angrick

Die klassische Möglichkeit der Beeinflussung des Federungsverhaltens eines Fahrwerkes ist die Abstimmung der Federn und Dämpfer über eine entsprechende Auslegung ihrer Kennlinien. Neben diesen konventionellen Systemen mit konstanten Eigenschaften, gibt es ebenfalls Systeme, welche diese Einschränkung nicht aufweisen. Sie benötigen aber zusätzlich eine Aktuatorik, eine Sensorik und eine Steuerung und werden elektronische Federungssysteme genannt.

Solche Systeme arbeiten adaptiv, semiaktiv, langsam-aktiv oder voll-aktiv. Die in [38] vorgestellte Definition unterscheidet die Systeme nach ihrem Arbeitsbereich im Kraft-Weg- bzw. Kraft-Geschwindigkeits-Diagramm, ihrer Stellzeit sowie ihrem Energiebedarf (s. Bild 16–12) [39]. In folgenden Abschnitten werden die bekannten adaptiven und aktiven Federungssysteme beschrieben. Deren Funktionen sind weiterhin in ▶ Abschn. 16.3 erläutert.

9.8.1 Aktuelle Luftfederungssysteme

Luftfederungssysteme haben nur Luftzylinder als Tragende Feder die adaptiv arbeiten. ◘ Abb. 9.101 stellt die üblichen Anwendungen der Luftfederung und die Zielsetzung für deren Einsatz zusammen.

Bei den neueren Luftfederungssystemen (z. B. Porsche Cayenne, Panamera) wird ein geschlossener Luftkreis eingesetzt (s. ▶ Abschn. 9.6.2), um die Schaltzeiten und den Energieverbrauch zu senken (◘ Abb. 9.102). Die integrierte Niveauregelung kann den Aufbau um 25 mm anheben (Gelände) oder absenken (Autobahn), um den Luftwiderstand zu reduzieren und die Fahrstabilität zu erhöhen. Über einem Schalter lassen sich drei Fahrcharakteristiken (Sport Plus–Sport–Komfort) einstellen.

Für den Panamera hat Porsche eine neue Dreikammer-Luftfederung entwickelt. Vor allem im Hinblick auf das realisierte Komfortniveau setzt die adaptive Luftfederung mit dieser neuen Technologie Maßstäbe.

Das System besitzt im Gegensatz zum System des Panamera-Vorgängers drei statt zwei Luftkammern pro Federbein und ein rund 60 % höheres Luftvolumen. Dies ermöglicht eine deutlich größere Spreizung der Federraten. So kann das Fahrwerk auf eine niedrige Grundfederrate und damit komfortabler eingestellt werden, da die Federrate im Bruchteil einer Sekunde elektronisch angepasst wird, sobald das

Abb. 9.101 Anwendungsfälle der Luftfederung und Gründe für den Einsatz [40]

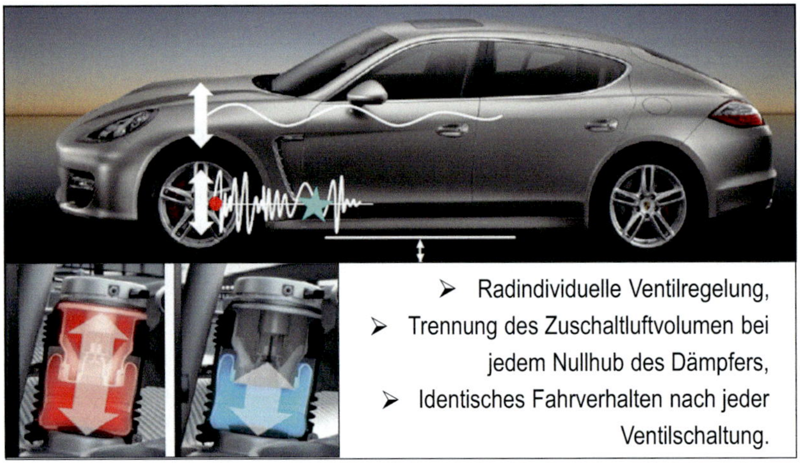

Abb. 9.102 Adaptive Luftfederung Porsche Cheyenne, Panamera) [40]

erforderlich ist, etwa beim Beschleunigen und Bremsen oder um Wankbewegungen zu reduzieren.

Darüber hinaus bietet die Luftfederung die Vorteile der Niveauregulierung mit wählbaren oder aktiv einstellbaren Bodenfreiheiten (Abb. 9.103).

Mehr Vorteile werden erreicht, wenn die variable Dämpfung in die Luftfederung integriert wird. Dann lässt sich der Kompromiss zwischen Komfort und Fahrstabilität für alle Fahrsituationen auf einem höheren Niveau optimal einstellen (Abb. 9.104).

Abb. 9.105 zeigt die neueste geregelte Luftfederung im Audi A8 (D5) als Gesamtsystem, welche auch baugleich in VW Touareg zu finden ist [43].

Vergleichbare Vorteile, jedoch mit einer alternativen Dämpfungscharakteristik lassen sich mit einer LFD (Luftfederdämpfer-Einheit) erzielen, bei der auch die Dämpfung mit Luft statt mit einer Flüssigkeit erzeugt wird (Abb. 9.106). Auch hier lässt sich der Luftdurchfluss durch mehrere Ventile adaptiv [42] und stufenlos verstellen. Das System ist nicht im Serieneinsatz.

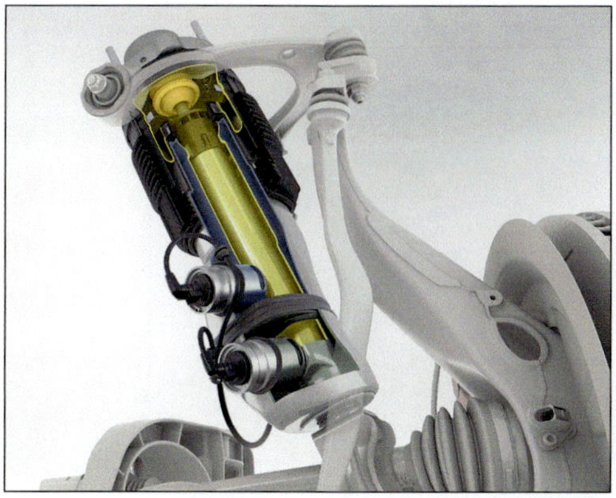

Abb. 9.103 3-Kammer Luftfederdämpfer mit Doppelventilen von Porsche [41]

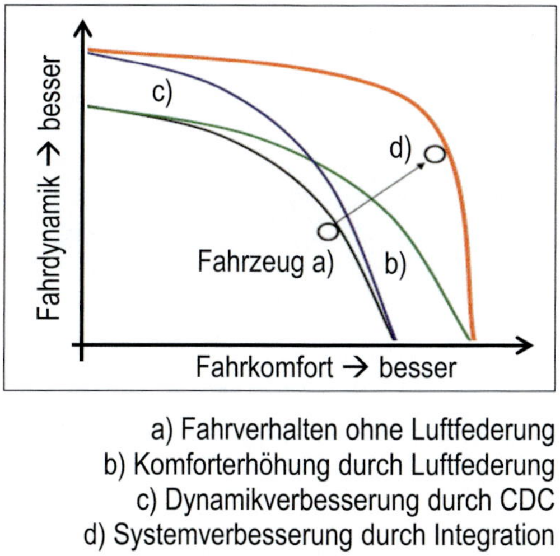

Abb. 9.104 Systemvernetzung: a) konventionelles Fahrzeug ohne Luftfederung, b) nur mit Luftfederung, c) nur mit CDC, d) mit Luftfederung und CDC [41]

9.8.2 Aktuelle aktive Federungssysteme

Eine aktive Federung ermöglicht gegenüber passiven Systemen sowohl im Federungskomfort als auch in der Bodenhaftung der Räder erhebliche Vorteile in einem weiten Frequenzbereich [44] (s. ► Abschn. 16.3.5), Hauptnachteil solcher Systeme ist der hohe Energieverbrauch, der im Bereich von ca. 7 kW (aktive hydropneumatische Systeme) beziehungsweise 20 kW (vollaktive Federung) liegt [45, 46].

Aktive Federungssysteme lassen sich in Langsamaktive und Vollaktive Systeme unterteilen (s. ▪ Tab. 16.2). Langsamaktive Systeme können max. bis zu 5 Hz und damit nur die Aufbauschwingungen regeln. Die Vollaktive dagegen bis zu 20 Hz und damit auch die Radfrequenzen voll regeln.

9.8.2.1 Langsam-aktive Federungssysteme

Aktuell befinden sich nur langsam-aktive Federungssysteme im Serieneinsatz. Vollaktive Systeme sind für Straßenfahrzeuge aufgrund der hohen Kosten, Gewichte sowie des deutlich erhöhten Energieverbrauchs noch nicht im Einsatz.

- **Active Body Control (ABC)**

Das langsam aktive Federungs- und Dämpfungssystem *Active Body Control* (ABC) wurde von Mercedes im 1999 mit CL500/600 vorgestellt. Dieses System beeinflusst den Fahrzeugaufbau an vier Ecken nur in seinem Eigenfrequenzbereich von 1 bis 2 Hz. Die Räder werden hingegen weiterhin mit passiven Elementen gefedert und semi-aktiv bedämpft.

Die Einschränkung des Regelbereichs auf 5 Hz resultiert in einer Erhöhung von Fahrkomfort und -sicherheit bei relativ niedrigem Energieverbrauch. Zu diesen niederfrequenten Bewegungen gehören Bewegungen in Richtung der Fahrzeughochachse (Huben), die vor allem durch Fahrbahneinflüsse angeregt werden.

Auch Nickbewegungen um die Fahrzeugquerachse, die durch Bremsen, Beschleunigen und auf welliger Fahrbahn angeregt werden sowie Bewegungen um die Fahrzeuglängsachse (Wanken), die bei Kurvenfahrt oder durch eine links und rechts

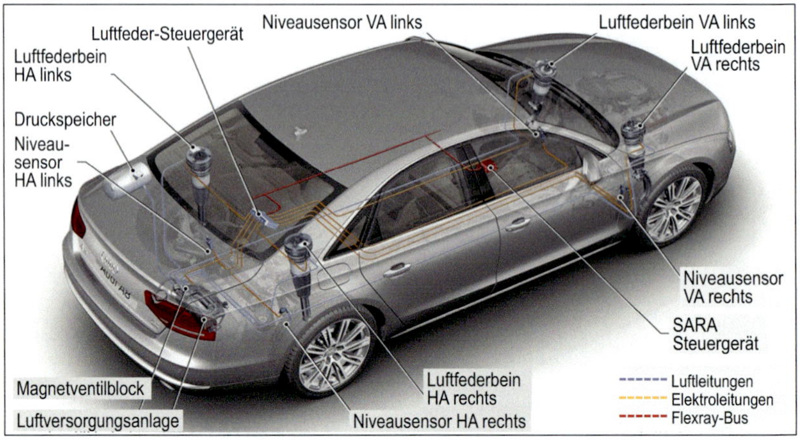

Abb. 9.105 Gesamtsystem der geregelten Luftfederung in Audi A8 [43]

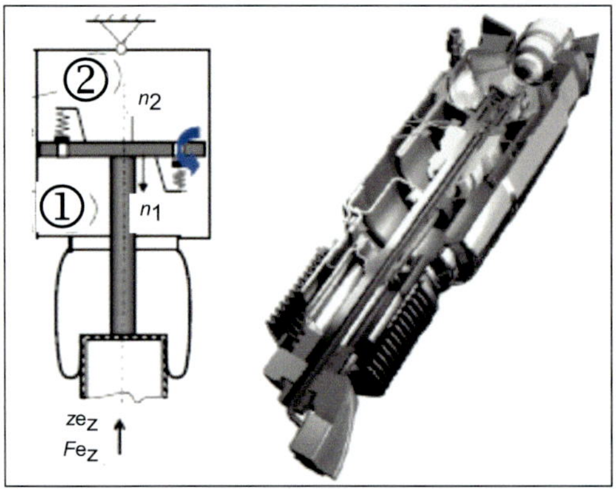

a) Fahrverhalten ohne Luftfederung
b) Komforterhöhung durch Luftfederung
c) Dynamikverbesserung durch CCD
d) Systemverbesserung durch Integration

Abb. 9.106 2- und 3-Kammer Luftfederdämpfer [42]

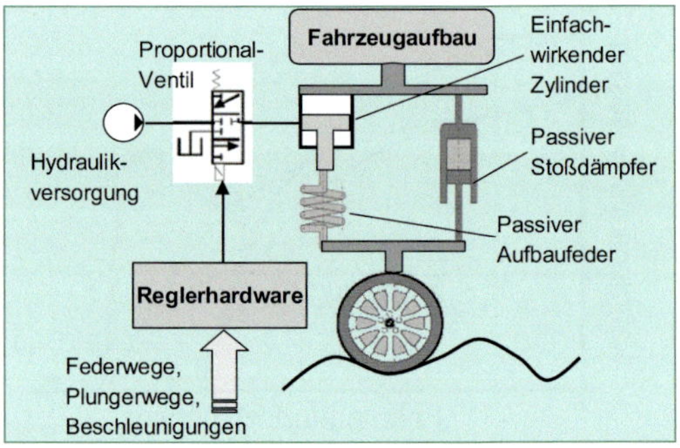

Abb. 9.107 Prinzipbild ABC-System [48]

unterschiedlich unebene Fahrbahn auftreten, gehören dazu [47].

Das ABC-System kennzeichnet die in Abb. 9.107 dargestellte Anordnung von passiven und aktiven Federungs- und Dämpfungselementen. In der Abbildung sind eine Reihenschaltung einer Stahlfeder und eines Hydraulikzylinders sowie ein dazu parallel angeordneter Stoßdämpfer zu sehen. Durch die Reihenschaltung von Zylinder und Stahlfeder handelt es sich um ein volltragendes System [48]. Die Schraubenfeder stützt sich über einen Plungerzylinder gegen den Aufbau ab. So kann der geregelte Hydraulikzylinder eine Federeindrückung ausgleichen, die durch zusätzliche statische oder niederfrequente dynamische Lasten hervorgerufen wird. Die Feder in der Reihenschaltung funktioniert als Filter und die begrenzte Dynamik des aktiven Krafteingriffs wirkt sich nicht komfortmindernd auf den Aufbau aus [49].

Durch die aktive Federung können passive Stabilisatoren entfallen, da die Funktion des Wankausgleichs durch das ABC-System realisiert werden kann. Kombiniert mit einer adäquaten Systemabstimmung lässt sich dadurch der Abrollkomfort erhöhen und sowohl das straßeninduzierte Wanken als auch die Stößigkeit reduzieren.

Hinsichtlich der Auslegung der passiven Feder- und Dämpferelemente wird grundsätzlich eine Feder mit einer hohen Federsteifigkeit und ein relativ weicher Dämpfer verwendet. Die hohe Stahlfedersteifigkeit ergibt sich aus den Anforderungen nach ausreichender passiver Raddämpfung, den Belangen des aktiven Stell-eingriffs sowie dem verfügbaren Bauraum.

Da nur noch die niederenergetischen Radschwingungen zu bedämpfen sind, kann durch den aktiven Eingriff trotz der hohen Federsteifigkeit ein guter Fahrkomfort realisiert werden (◘ Abb. 9.108). Deswegen lässt sich auch die Dämpferkennlinie deutlich schwächer auslegen.

Eine weitere Randbedingung bei der Auslegung der aktiven Federungs- und Dämpfungselemente ergibt sich durch die Forderung, dass auch bei einem Ausfall des Systems, ein für den Fahrer beherrschbarer Fahrzustand erzeugt werden muss [49].

Zur Bereitstellung der Energie wird ein Hochdruckhydrauliksystem eingesetzt. Ein Speicher pro Achse stellt die zusätzliche Energie bei Spitzenbelastungen (etwa starken Fahrbahnanregungen, Slalomfahrten) zur Verfügung. Der Systemdruck liegt bei 200 bar. Der Ölstrom gelangt von der Pumpe zum „K-Block“. K-Block umfasst einen Pulsationsdämpfer zur Geräuschreduzierung, ein Druckbegrenzungsventil und einen Drucksensor für die Systemüberwachung und Druckregelung. Über Hochdruckleitungen fließt das Öl zu den Ventilblöcken an Vorder- und Hinterachse. Jeder Ventilblock beinhaltet ein 3/3-Proportional-Wegeventil pro Rad zum Befüllen und Entleeren des Plungers sowie je ein Sperrventil zur Zylinderarretierung bei Fahrzeugstillstand. Die Sperrventile sichern das System auch bei einem Ausfall.

Das ABC-Steuergerät verarbeitet die folgenden 13 Sensorsignale zur Überwachung und Regelung aller Bewegungen von Karosserie und Plunger:

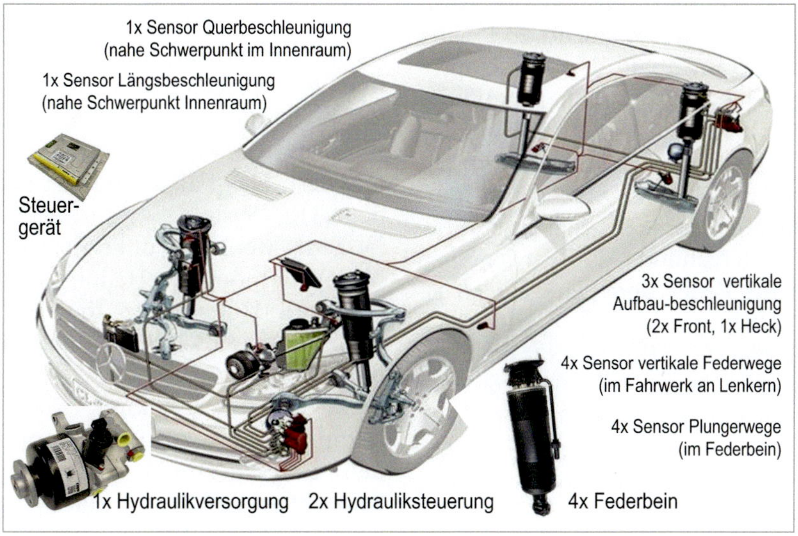

◘ **Abb. 9.108** Die Komponenten des Active-Body-Control-Systems (ABC) von Mercedes [49]

- Längs- und Querbeschleunigungssensor,
- drei Vertikalbeschleunigungssensoren zur Ermittlung von Huben, Nicken und Wanken,
- ein Niveausensor je Rad zur Ermittlung des momentanen Fahrzeugniveaus (Relativwege Rad – Aufbau),
- ein Plungerwegsensor je Rad,
- Druck und Temperatur des Hydrauliksystems.

Durch die hydraulische Ansteuerung wird der Verstellzylinder bewegt und damit die Vorspannung der Feder vergrößert oder verkleinert. Durch die Größe und Geschwindigkeit der Federkraftänderung wird die Federung und Dämpfung des Fahrzeugaufbaus im Frequenzbereich bis 5 Hz beeinflusst.

9

Der Zweirohr-Stoßdämpfer im ABC-Federbein (◘ Abb. 9.109) ist in erster Linie zur Dämpfung der höherfrequenten Radschwingungen eingesetzt.

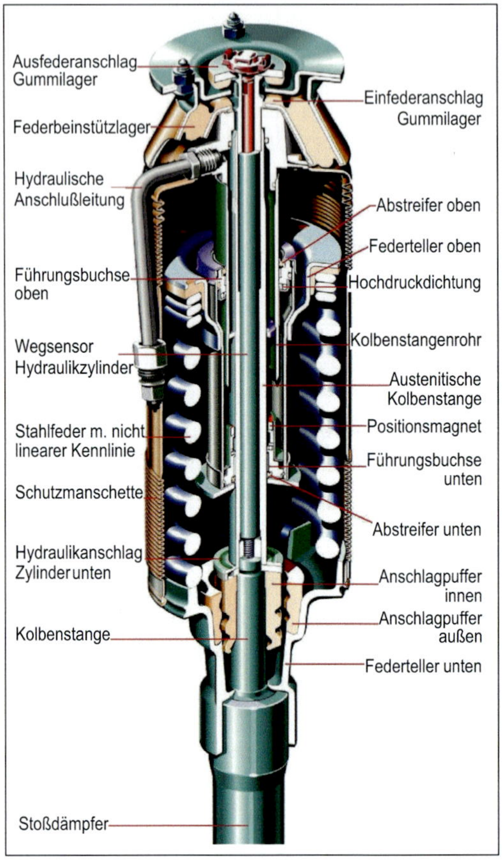

◘ **Abb. 9.109** Schnittdarstellung ABC-Federbein

▪ **Magic Body Control (MBC)**

Im Mercedes W222 kommt das System *„Road Surface pre Scan"* zum Einsatz und erweitert das ABC Fahrwerk zum Magic Body Control (MBC) System [50, 51]. Pre Scan erkennt und vermisst die Fahrbahnoberfläche vorausschauend mit einer 3D Stereokamera. Sobald der Kameraprozessor das genaue Profil von mindestens 15 Meter der Fahrspur vor dem Fahrzeug errechnet hat, schickt er die Daten per FlexRay an das Fahrwerk-Steuergerät. Parallel dazu beginnt das ABC-Steuergerät bereits mit der Berechnung der notwendigen Stellsignale für Feder und Dämpfer an jedem Rad [52, 53].

Das verbesserte ABC gleicht die Aufbaubewegungen beim Überfahren von Fahrbahnunebenheiten weitestgehend aus (◘ Abb. 9.110) [54]. Neben einer erhöhten Rechenleistung sind nun auch adaptive Dämpfer installiert.

Bei unzureichenden Sichtbedingungen und auf spiegelnden Untergründen sowie bei hoher Quer- und Längsdynamik wird die MBC-Funktion eingeschränkt oder deaktiviert. Das Fahrzeug fährt dann nur mit dem ABC-System.

Eine weitere Funktion ist die variable Wankmomentverteilung zwischen Vorder- und Hinterachse, die das System je nach Fahrgeschwindigkeit automatisch vornimmt.

Ab 65 bis 140 km/h wird das Fahrzeugniveau bis zu 15 mm abgesenkt, um den Luftwiderstand zu verringern. Auf Schlechtwegstrecken, auf denen mehr

Abb. 9.110 MBC Magic Body Control–System mit Pre Scan Sensorik (Stereokamera an der Frontscheibe) von Mercedes in der S-Klasse W222 [54]

Bodenfreiheit benötigt wird, wird das Karosserie um 40 mm angehoben.

Zuletzt wurde das MBC-System erweitert, um die Querstabilität bei Kurvenfahrt zu erhöhen: wie bei aktiven Stabilisatoren werden in der Kurve gezielt Stützkräfte auf die inneren und äußeren Räder aufgebracht, um die Querneigung des Aufbaus auszugleichen.

- **Electrical Active Body Control (eABC) von ZF**

Da elektrische Systeme gegenüber den hydraulischen mehrere Vorteile bieten, wurde eine elektrische ABC entwickelt. Das teiltragende System des *Electrical Active Body Control* (eABC), hat einen Elektromotor mit Kugelumlaufspindel statt eines Hydraulikzylinders, der durch die Federfußpunktverstellung den Aufbau nach Bedarf nach oben oder unten bewegt. Abb. 9.111 zeigt eABC Stelleraufbau, Blockschaltbild und Federkräfte.

Das eABC basiert auf bewährten Komponenten, die wegen ihres kompakten Aufbaus auch Packageanforderungen erfüllen (Abb. 9.112). An jedem Rad sind zwei Druckfedern in Serie verbaut, um den Energiebedarf für den E-Motor nur auf die Verstellung zu begrenzen. Eine dieser Federn trägt das statische Gewicht des Aufbaus.

Der Mehrverbrauch auf Schlechtwegstrecken ist ca. 0,6 l/km (36 A) und auf der Autobahn nur noch 0,15 l/ km (2,5 A). Diese Werte stellen etwa die Hälfte des Mehrverbrauchs vom hydraulischen ABC dar.

Abb. 9.112 links unterstreicht die Modularität und Einfachheit des elektromechanischen Systems. Rechts ist das Schnittbild des eABC-Stellers dargestellt [55].

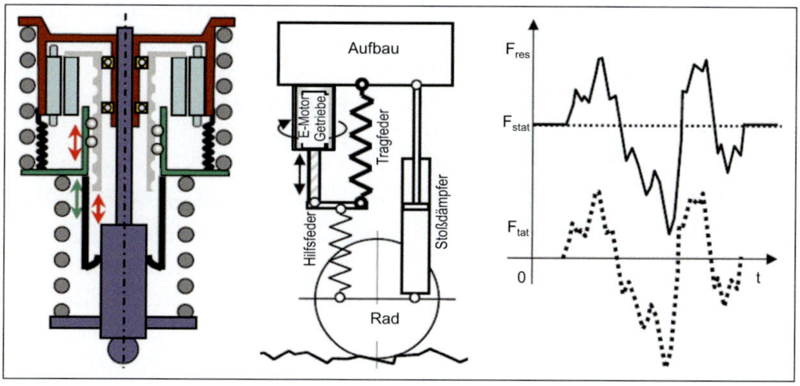

Abb. 9.111 eABC Stelleraufbau, Blockschaltbild und Federkräfte [55]

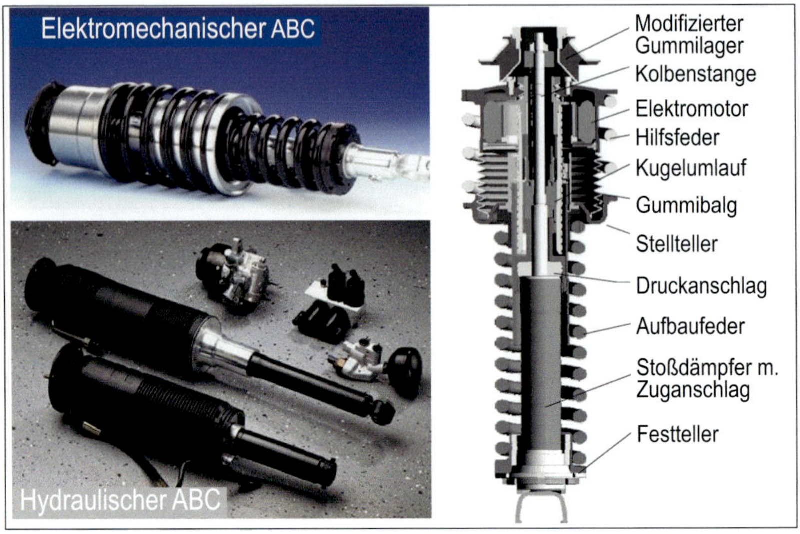

Abb. 9.112 Die Komponenten des hydraulischen und elektromechanischen Active-Body-Control-Systems (ABC) [55]

- **Audi AI Aktivfahrwerk (Baugleich VW Touareg)**

Die Alternative zum MBC von Mercedes hat Audi in A8 (D5) vorgestellt. Hier wird die Stabilisatorstange in zwei Enden geteilt. Wobei jedes Ende wird mit einem 48 V Elektromotor und Getriebe einzeln geregelt.

Wie auch beim MBC können dadurch alle vier Ecken des Aufbaus einzeln geregelt werden, um den Aufbau nicht nur dem Fahrbahnverlauf entsprechend vertikal anzusteuern, sondern auch das Wanken in der Kurve und das Nicken beim Beschleunigen und Bremsen auszugleichen. Zudem lässt sich der Aufbau auf dem Gelände heben und auf der Autobahn senken. Neu ist auch, dass bei einer drohenden Seitenkollusion der Fahrzeugaufbau 80 mm einseitig angehoben wird, um die Unfallfolgen zu reduzieren. Mithilfe von Frontkamera kann das System frühzeitig Fahrbahnunebenheiten erkennen und das Aktivfahrwerk vorausschauend steuern.

Die Anordnung vor dem Achsträger wirkt sich positiv auf das Packaging aus und erlaubt eine modulare Bauweise des Systems. So kann das Konzept auch ohne große Änderung als elektrische Wankstabilisierung genutzt werden. In dem Fall ist an der Stabilisatorstange nur einer statt zwei E-Motoren in deren Mitte angebracht [56] (Abb. 9.113).

9.8.2.2 Voll-aktive integrierte Fahrwerksysteme

Voll-aktive Fahrwerksysteme bei denen ein Elektromechanischer Aktor als Federbein das Aufbauniveau durch eine Federfußpunktverstellung regelt, sind bisher wegen der hohen Kosten und ihres hohen Gewichts nicht im Serieneinsatz.

- **Elektromagnetisches Bose Suspension System**

Die vier Federbeine werden beim Bose Suspension System durch elektromagnetische Linearmotoren ersetzt, die sämtliche Fahrbahnunebenheiten aktiv ausgleichen.

Der Aufbau gleitet über Schlaglöcher und Bodenwellen, ohne dass er sich bewegt. Auch Wank- und Nickbewegungen lassen sich mit dem System kompensieren.

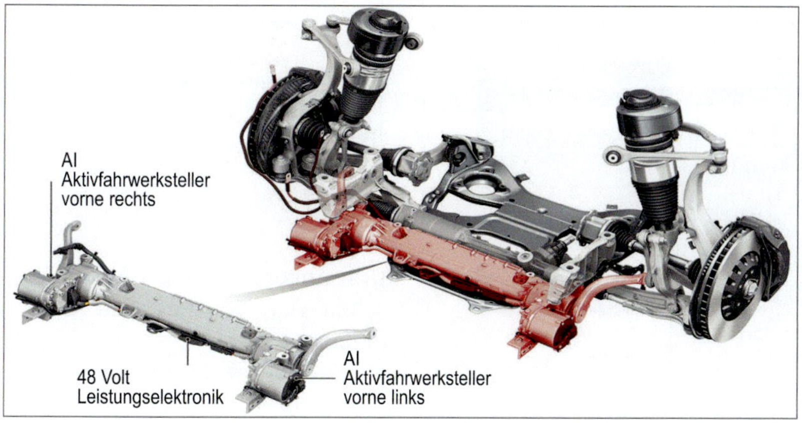

Abb. 9.113 Die Komponenten des AI Aktivfahrwerks von Audi A8 an der Vorderachse. Der rot gefärbte Teil ist der AI Modul [56]

Der wesentliche Vorteil des elektromagnetischen Ansatzes ist die Stellgeschwindigkeit. Der Linearmotor ist besitzt eine ausreichend hohe Dynamik, um allen Fahrbahnunebenheiten entgegenzuwirken. Leistungsverstärker liefern die dazu notwendige elektrische Energie und stellen sie den Linearmotoren zur Verfügung stellen. Die Verstärker sind regenerativ konzipiert, sodass sie ebenfalls Energie durch die Linearmotoren rekuperieren können. Überfährt das Fahrzeug z. B. ein Schlagloch, so wird die Energie genutzt, um den Linearmotor auszufahren und die Insassen von der Vertikalstörung zu entkoppeln.

Sobald das Rad wieder einfedert, wirkt der Linearmotor als Generator und liefert Energie zurück an den Leistungsverstärker. Zusätzlich bedämpft der Linearmotor im Generatorbetrieb die Radbewegung. Der Leistungsbedarf des Bose-Systems bleibt auf Normalbahn unter 1 kW.

Zusätzlich zum Linearmotor weist das Bose-Suspension-System eine Torsionsfeder an jedem Rad auf, welche die statische Radlast abstützt [57] (Abb. 9.114).

Das System ist voraussichtlich wegen den sehr hohen Kosten und des hohen Gewichts nicht in die Serienanwendung gekommen. Durch die zunehmende

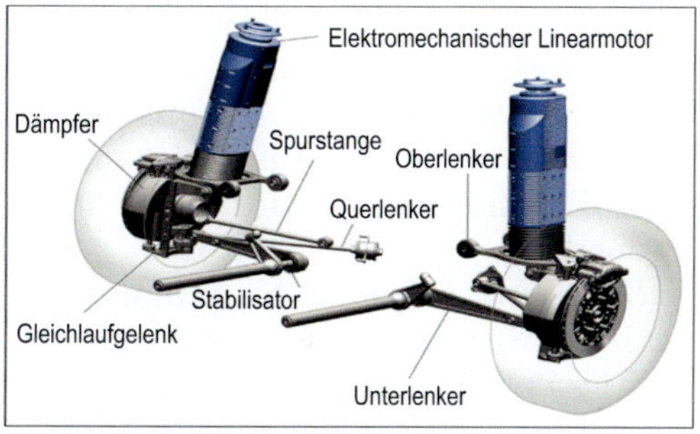

Abb. 9.114 Bose Suspension System mit e-Federbein [57]

Elektrifizierung und die dadurch verfügbaren höhere Bordnetzspannungen könnten sich die Randbedingungen für einen zukünftigen Einsatz ändern.

9.9 Wankstabilisierungssysteme

Metin Ersoy, Christoph Elbers und Jens Vortmeyer

Federungssysteme zur Wankregelung bieten gegenüber konventionellen Stabilisatoren mehrere funktionale Vorteile (Abb. 9.115):

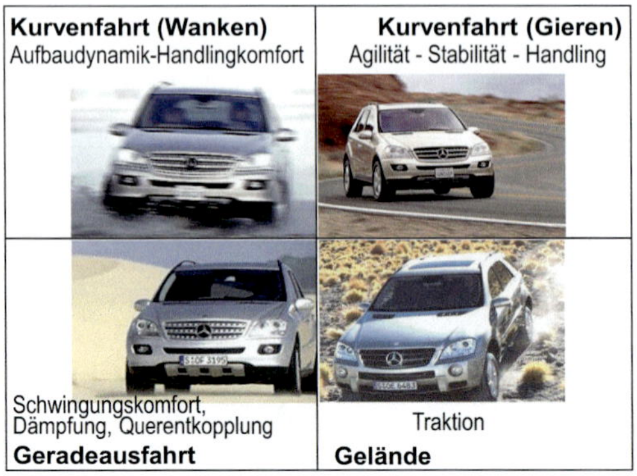

Abb. 9.115 Fahrdynamische Domänen der Stabilisator

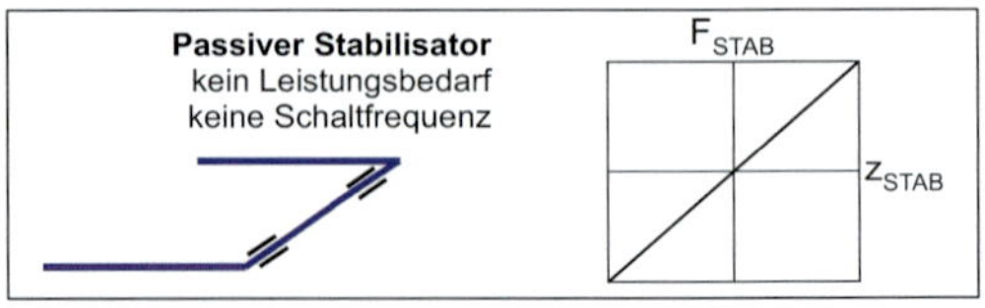

Abb. 9.116 Passiver Stabilisator

Die Karosserieneigung lässt sich bei Kurvenfahrt durch ein angepasstes Wankverhalten verringern. Sportliches Handling, verbessertes Anlenkverhalten und höhere Agilität werden durch die Abkopplung des Fahrverhaltens von der Aufbaudynamik erreicht. Eine hohe Stabilisatorrate ist hierbei erwünscht.

Das Gierverhalten bei Kurvenfahrt wird durch die Steuerung des Eigenlenkverhaltens positiv beeinflusst und Eigenschaften wie die Einstellbarkeit zwischen Agilität und Stabilität sind realisierbar. Durch die Verteilung der Abstützmomente zwischen Vorder- und Hinterachse wird ein gutes Handling erreicht.

Das dynamische Wankverhalten kann mithilfe eines Wankstabilisierungssystems ebenfalls optimiert werden. Insbesondere bei Geradeausfahrt ist es das Ziel, den Aufbau möglichst ruhig zu halten, indem die Übertragung dynamischer Schwingungen in die Karosserie minimiert wird. Die Systeme sollen dabei bei gegensinniger Fahrbahnanregung das Kopierverhalten reduzieren und die Querkopplung der Räder verringern. Eine sehr geringe Stabilisatorrate ist hierbei erforderlich.

Der Aufbau wird für den Freiheitsgrad Wanken vorzugsweise mit einem Skyhook-Algorithmus geregelt, um nur situationsangepasst eine höhere Kopplung zwischen den Rädern und dem Aufbau zu erzeugen.

Die Wankstabilisierungssysteme lassen sich grob in passiv, adaptiv, semi-aktiv und aktiv einteilen.

9.9.1 Passiver Stabilisator

Ein passives Federsystem (Abb. 9.116) kann eine aufgenommene kinetische Energie nur zeitweise speichern und gibt diese dann wieder ab. Die entstehenden Gegenkräfte können nicht geregelt werden, sondern resultieren aus den Relativbewegungen, die sich je nach Fahrmanöver einstellen. Durch eine sehr steife Feder würde der Aufbau zwar weniger wanken, jedoch hätte man eine harte und unkomfortable Fahrzeugabstimmung.

9.9.2 Schaltbare Off-Road-Stabilisator

Kennzeichnend für den Off-Road-Stabilisator ist die Fähigkeit, zwischen mindestens zwei Kennlinien schaltbar zu sein (Abb. 9.117). Die Umschaltfrequenz ist niedrig.

Es ist nur eine langsame Anpassung an bestimmte Zustände möglich. Der Betriebspunkt wird quasi stationär verändert. Für eine Wankregulierung während der Fahrt sind diese Systeme ungeeignet, weil die Schaltfrequenz kleiner ist als die Aufbaueigenfrequenz. Eine geringe Menge Energie

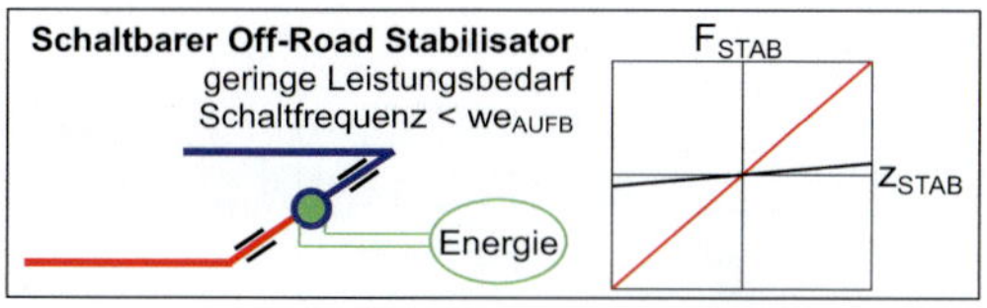

Abb. 9.117 Schaltbarer Off-Road-Stabilisator

wird zum Entkoppeln, bzw. Koppeln und entkoppelt Halten benötigt.

Off-Road-Stabilisatoren werden an Vorder- und Hinterachsen von Geländewagen und SUVs eingesetzt. Im Straßenbetrieb bleibt der Stabilisator immer gekoppelt.

Der Stabilisator ist zwei geteilt und kann bei Bedarf, entkoppelt werden. Im entkoppelten Zustand wird die maximale Achsverschränkung ermöglicht (Abb. 9.115, rechts unten). Ein Ausführungsbeispiel [58] ist der AOS *(adaptive Off-Road-Stabilizer)* von ZF (Abb. 9.118).

Das System wird elektrohydraulisch entkoppelt und schaltet über einen definierten Drehwinkel die Stabisatorwirkung ab. Dieses kann unter voller Last und voller Verschränkung erfolgen. Das Koppeln der getrennten Stabilisatorhälften erfolgt durch Federkraft spielfrei beim Durchwanken mit geringen Schaltzeiten. Gleiches gilt unter Fail Safe Bedingungen. Das System ist als kompakte Plug-and-Play-Anordnung in den Stabilisator integriert. Der AOS ist ein einbaufertiges Modul mit einer elektrischen Systemschnittstelle.

Der Koppelmechanismus ist eine Klauenkupplung und besteht aus drei Hauptelementen. Jede Stabilisatorhälfte ist mit einem Klauenelement mittelbar verbunden. Im entkoppelten Zustand haben die Klauenelemente immer Flankenüberdeckung, damit eine Zentrierwirkung beim Koppeln und somit ein sicheres Schließen erzielt wird.

Das HECU-Modul *(Hydraulic Elektronic Control Unit)* besteht aus einer e-motorisch angetriebenen Pumpe, einem Ventilblock, einem Ventil, einem Drucksensor, einem Aufbauverbindungsträger und einer elektronischen Platine mit der Steuerungseinheit. Die Kommunikation wird über ein Bussystem sichergestellt.

9.9.3 Schaltbare On-Road-Stabilisatoren

Diese Systeme besitzen mindestens zwei Kennlinien, die je nach Fahrzustand geschaltet werden (Abb. 9.119). In der Regel wird ein Teilbereich frei oder weich geschaltet. Daher ist die Wirkung frequenzselektiv und abhängig von der Fahrsituation. Die weiche Stabilisatorkennung dient der Steigerung des Fahrkomforts. Bei Kurvenfahrt muss aus Sicherheitsgründen ab einer mittleren Querbeschleunigung der Stabilisator auf hart geschaltet werden. Energie wird zum Entkoppeln, wahlweise Koppeln und zum entkoppelt Halten benötigt und ist daher gering.

Die Funktionen des On-Road-Stabilisators können auf der Off-Road-Stabilisatoren-Technologie basieren. Eine Funktionsintegration von Off-Road und On-Road ist

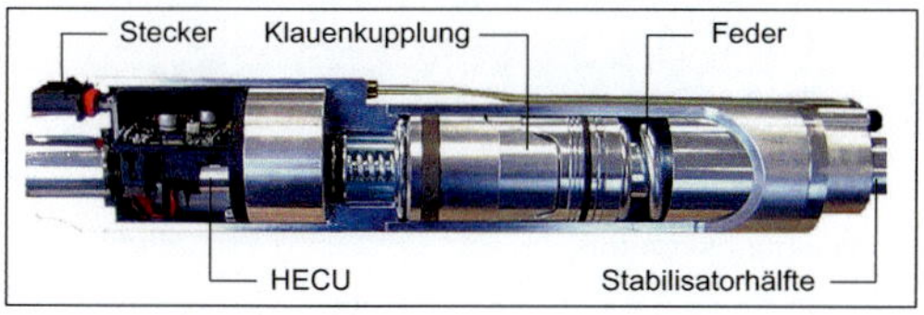

Abb. 9.118 Schaltbarer Off-Road-Stabilisator (AOS) [58]

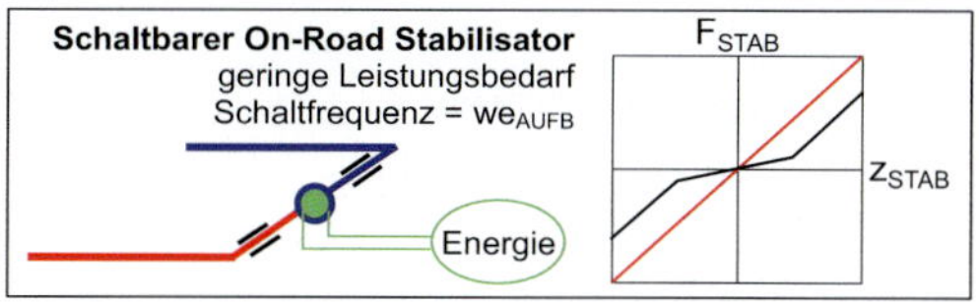

Abb. 9.119 Schaltbarer On-Road-Stabilisator

je nach Konzept möglich. Die Anforderungen bezüglich der Fahrsicherheit und Failsafe sind besonders zu beachten. Serienapplikationen des On-Road-Stabilisators sind jedoch nicht bekannt. Die Domäne für den On-Road-Stabilisator ist in ◘ Abb. 9.115 unten links gezeigt.

9.9.4 Semi-aktive Stabilisatoren

Semi-aktive Systeme sind in der Lage, hohe Schaltfrequenzen zu realisieren. Die kurzen Stellzeiten erlauben das dynamische Einstellen aller Punkte der einzelnen Kennlinien. Der Betriebspunkt ist praktisch beliebig veränderbar. Die Kraftrichtung wird in jedem Fall vom Vorzeichen des Wankwinkels und der Wankwinkelgeschwindigkeit bestimmt. Es wird Energie nur für die Schaltvorgänge benötigt (◘ Abb. 9.120). Ein semi-aktives Stabilisatorsystem ist als ein System mit umschaltbarer Federrate und semi-aktiver Wankdämpfung bekannt.

9

Die Zusatzdämpfung reduziert die dynamischen Aufbauwankbewegungen in Abhängigkeit von der Anregung oder frequenzselektiv, wobei das charakteristische Schwingungsverhalten des Aufbaus berücksichtigt wird. Durch die Verminderung der Aufbau-Wankbeschleunigung ergibt sich ein höherer Fahrkomfort. Die Fahrsicherheit wird durch die Vermeidung von Resonanzüberhöhungen und Aufschaukelvorgängen erhöht (◘ Abb. 9.121). Die Umschaltung in die weiche Stabilisatorrate bewirkt ein geringes Maß an Querkopplung der Räder an einer Achse und erlaubt somit im Gelände eine hohe Achsverschränkung verbunden mit Traktionsgewinn. Bei Straßenfahrt ist der Insassenfahrkomfort höher als bei konventionellen Systemen. Bei Umschaltung in die harte Stabilisatorrate steht die Fahrsicherheit bei querdynamischen Grenzsituationen im Vordergrund, indem die stationäre Abstützung des Aufbaus erhöht wird (◘ Abb. 9.122).

Anhand von ◘ Abb. 9.123 wird der Aufbau eines solchen Systems in zwei verschiedenen Ausführungen mithilfe rheologischer Modelle beschrieben. Hierbei wird zwischen einer Variante in Parallel- (links im Bild) und Reihenschaltung (rechts im Bild) unterschieden.

Das erste Federelement ist ständig im Eingriff und stellt die weiche (c_{weich}) Stabilisatorstufe dar. Das zweite Federelement wird durch ein regelbares Koppelglied dazu geschaltet. Die Kopplung und Entkopplung wird durch eine hydraulische Sperrung des Kraftstellers realisiert.

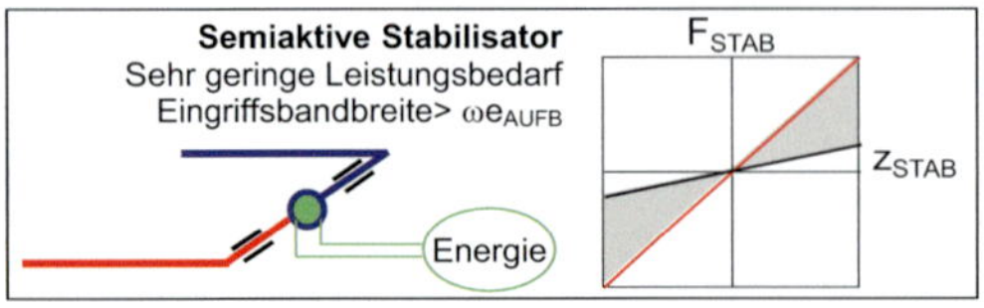

◘ **Abb. 9.120** Semi-aktiver Stabilisator

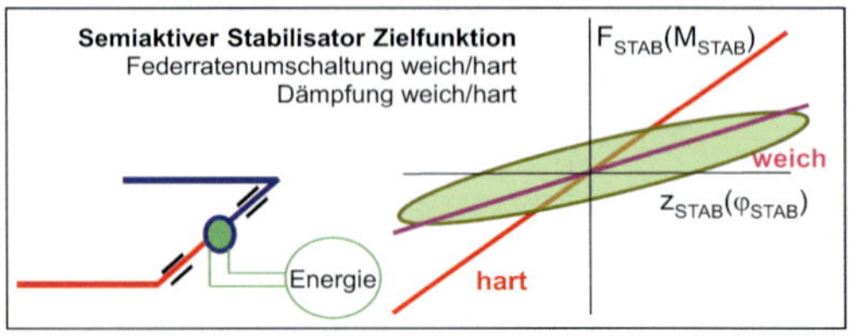

◘ **Abb. 9.121** Zielfunktion des semi-aktiven Stabilisators

◘ **Abb. 9.122** Domänen der semi-aktiven Stabilisatoren

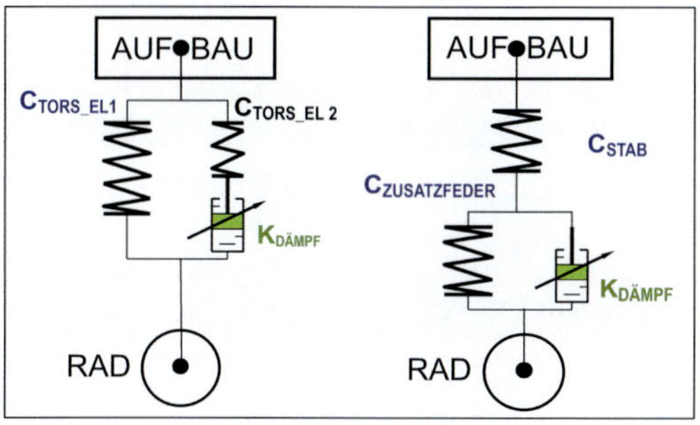

Abb. 9.123 Federelemente und Kraftsteller in Parallelschaltung (links) und Reihenschaltung (rechts)

$$c_{\text{ges}} = \sum_{i=1}^{n} c_{\text{i}} \qquad \frac{1}{c_{\text{ges}}} = \sum_{i=1}^{n} \frac{1}{c_{\text{i}}} \tag{9.85}$$

So wird zwischen zwei wirksamen Stabilisator-Federraten c_{weich} und c_{hart} umgeschaltet (Abb. 9.123). Auf diese Art wird über die Grundauslegung ein Basis Eigenlenk- und Wankverhalten realisiert. Die semiaktive Zusatzdämpfung wird erzeugt durch eine Relativbewegung zwischen den beiden Federelementen. Der Volumenstrom von der Ventilansteuerung variabel gedämpft. Abb. 9.124 [59] zeigt dazu eine Ausführung von der Firma ZF.

9.9.5 Hydraulisch aktive Stabilisatoren

Mit aktiven Systemen können zwischen dem Aufbau und dem Fahrwerk je nach Bedarf Kräfte und Momente eingeleitet und gewünschte Stellwege erzeugt werden (Abb. 9.125). Diese Kräfte sind nicht mehr die Folge von Aufbaubewegungen, sondern sind Funktionen beliebiger Variablen z. B. Querbeschleunigung, Wankwinkel.

Aktive Systeme sind auf eine Fremdenergie angewiesen. Sie haben aber dafür den Vorteil, dass man keine Kompromissabstimmung finden muss, sondern die Abstimmung den Anforderungen anpassen kann.

Beim aktiven Stabilisator können gezielt Gegenwankmomente aufgebracht werden. Passive Stabilisatoren können in diesem Fall entfallen, da die aktiven Ausführungen deren Funktionalitäten übernehmen. Durch das aktive Verdrehen des Stabilisa-

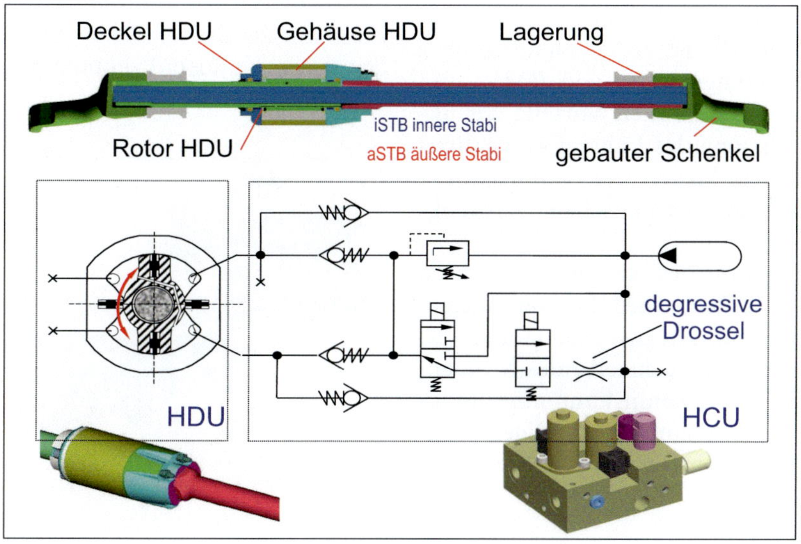

Abb. 9.124 Adaptiver Stabilisator mit Wankdämpfung [59]

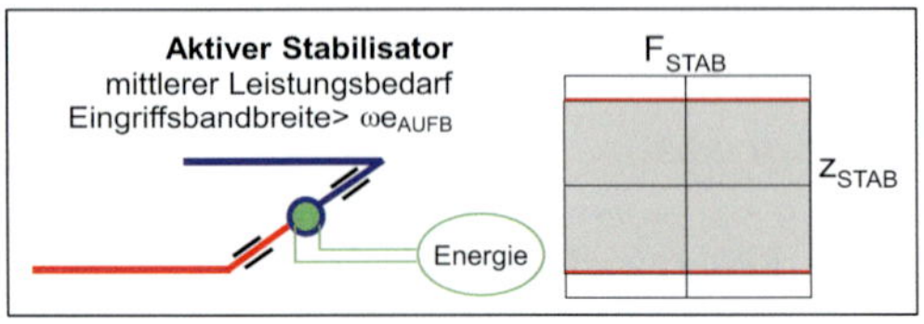

Abb. 9.125 Aktiver Stabilisator

tors bei Kurvenfahrt wird der Wankwinkel reduziert. Die Wankreduktion geht dabei in der Regel über das Potenzial eines konventionellen passiven Stabilisators hinaus. Weiterhin kann durch die achsweise Aufteilung der Momente gezielt das Eigenlenkverhalten beeinflusst und die Agilität des Fahrzeugs gesteigert werden. Die Entkopplung bei Geradeausfahrt reduziert darüber hinaus Kopiereffekte, weil keine Wankmomente wie bei einem passiven Stabilisator gestellt werden, die verstärkt Fahrbahnanregungen in den Aufbau übertragen würden. Der Fahrkomfort wird dadurch wesentlich erhöht.

Aktive Stabilisatorsysteme befinden sich zurzeit in diversen Fahrzeugen im Serieneinsatz, wobei unterschiedliche konstruktive Konzepte vertreten sind.

Dynamic Drive von BMW

„Dynamic Drive" ist ein mechatronisches Wankstabilisierungssystem von BMW und weist die zuvor genannten Vorteile zur aktiven Beeinflussung des Fahrzeugverhaltens auf. Das System basiert auf Stabilisatoren mit integriertem hydraulischen Schwenkmotor [60].

Bei Aktivierung des Stabilisators werden die beiden Hälften eines herkömmlichen Torsionsstabilisators relativ zueinander verdreht und leiten ein rückstellendes Moment in den Aufbau ein. Somit kann eine Reduzierung – bis hin zur vollständigen Ausgleich- des Wankwinkels dargestellt werden (Abb. 9.126) [61].

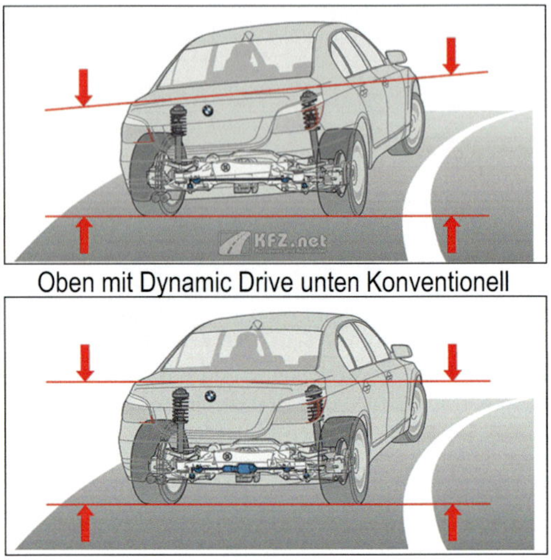

Abb. 9.126 Beeinflussung des Wankverhaltens durch Aktive Stabilisator [61]

Außerdem kann durch die fahrzustandsabhängige Verteilung des Stützmomentes zwischen Vorder- und Hinterachse das Eigenlenkverhalten des Fahrzeugs innerhalb gewisser Grenzen geregelt werden. Abb. 9.127 zeigt den Steller an der Hinterachse des BMW GT [62].

Der Nachteil der Dynamic-Drive-Bauweise war die fehlende Modularität und die aufwendige Integration in das Fahrzeug am Band durch die vernetzte Struktur. Nach der guten Kundenakzeptanz wurde jedoch

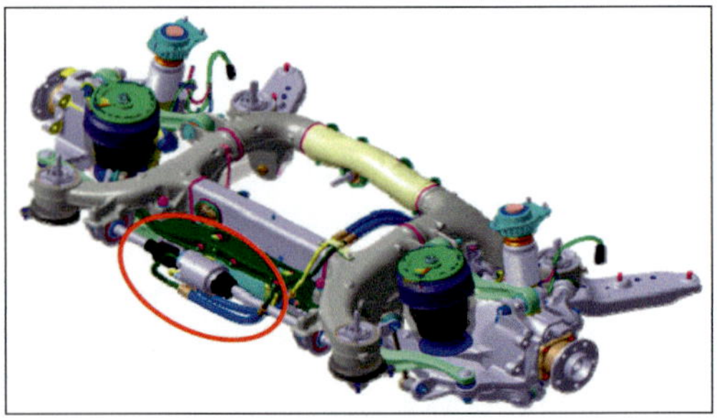

Abb. 9.127 Dynamic Drive (HA des BMW GT) [62]

weiter verfeinerte und elektrifizierte Dynamic Drive in allen Nachfolgemodellen der 5er bis 7er Serie übernommen.

- **Active Cornering Enhancement (ACE)**

„Active Cornering Enhancement“ (ACE) von Delphi war eine Zusatzausstattung im Land Rover Discovery II [63]. Die aktiven Stabilisatortorsionsmomente werden durch einen Hydraulikzylinder erzeugt, der parallel zum Stabilisatorarm angeordnet ist (◘ Abb. 9.128).

Der Stabilisator ist dabei an der Verbindungsstelle zum aktiven Hebelarm aufgetrennt. Die Versorgung des Hydrozylinders mit 135 bar erfolgt über eine am Verbrennungsmotor angeflanschter Radialkolbenpumpe.

- **Active Suspension Control System (ASCS)**

Das „Active Suspension Control System“ (ASCS) der ZF TRW besteht aus einem aktiven Stabilisator, der hydraulisch über einen in einer Pendelstütze angeordneten Linearzylinder betätigt wird. Der konventionelle passive Stabilisator bleibt dabei unangetastet. ◘ Abb. 9.129 zeigt die umfangreiche Hydraulikausrüstung bestehend aus Pumpe, Ventilen, Leitungen, hydraulischem Linearzylinder, Hydraulikölkühler und Drucksensoren. Die Weiterentwicklung dieses Systems heißt „Active Dynamic Control“ (ADC) (◘ Abb. 9.130) [64].

◘ **Abb. 9.128** ACE von Delphi, in Land Rover [63]

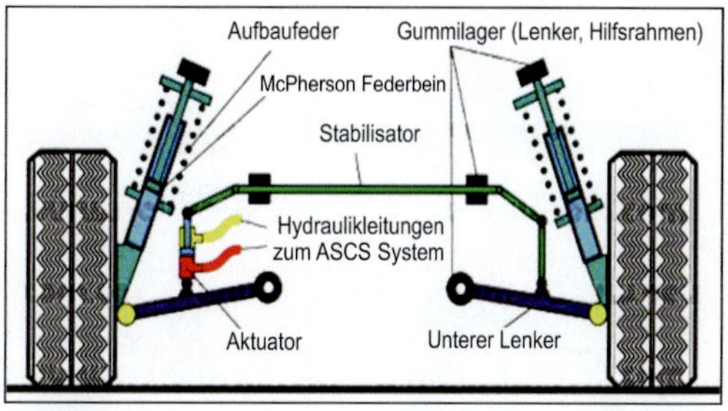

◘ **Abb. 9.129** Active Suspension Control System ASCS

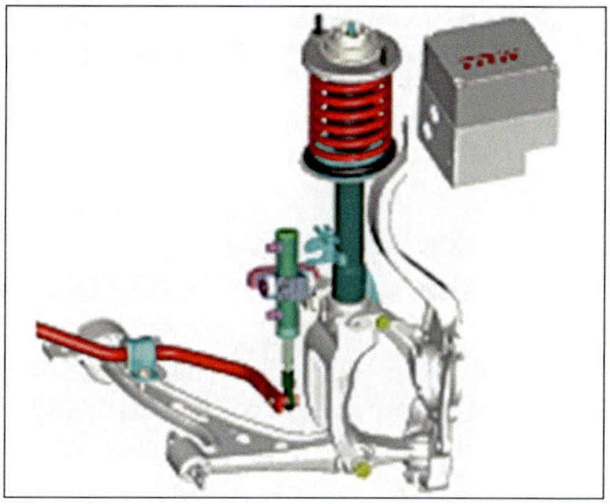

◘ **Abb. 9.130** Active Dynamic Control ADC TRW [64]

- **Aktive Fahrwerkstabilisierung (AFS)**

Die „aktive Fahrwerkstabilisierung“ (AFS) von Citroen wurde im Xantia Activa 1995 in Serie gegangen (◘ Abb. 9.131). Das System baut auf der umfangreichen Hydraulikausstattung (Pumpe, Ventile, Leitungen, hydraulischer Linearzylinder, Hydraulikölkühler, Drucksensoren) des bestehenden Hydropneumatiksystems Hydractive II auf. Bei Kurveneinfahrt wird die Federkugel, die zur Einstellung der Federhärte dient, aus dem Hydraulikkreislauf genommen so wird die Seitenneigung ähnlich wie ASCS aktiv durch die als Hydraulikzylinder gestalteten Pendelstützen der Stabilisatoren unterdrückt.

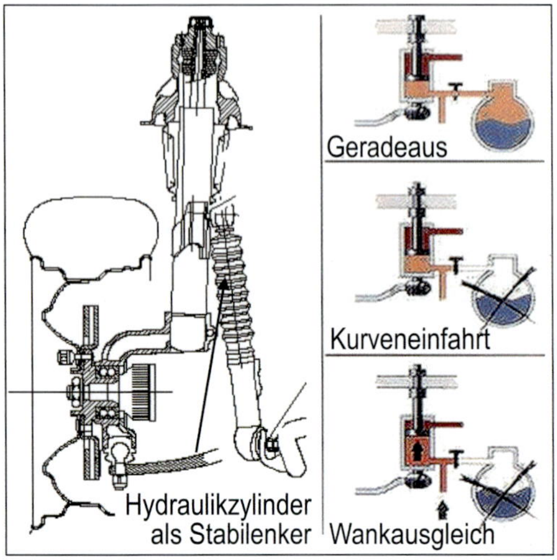

■ **Abb. 9.131** Active Fahrwerk Stabilisierung (AFS)

9

9.9.6 Elektrisch aktive Stabilisatoren

Auf dem Weg der Elektrifizierung der Fahrzeuge konnten auch die Hydraulikzylinder der aktiven Wanksysteme durch Elektromotoren ersetzt werden. Elektrische Systeme sind nicht nur deutlich sparsamer als die hydraulischen, sind auch kostengünstiger und leichter.

In folgenden werden nun diese Systeme der Fahrzeughersteller und -zulieferer, die aktuell in allen neuen Fahrzeugmodellen im Einsatz kommen beschrieben.

- **Elektromechanical Roll Control (ERC)**

In diesem System hat ZF/Sachs die vom Dynamic Drive bekannten hydraulischen Schwenkmotoren durch Elektromotoren ersetzt. Der E-Motor hat eine Hohlwelle und eine integriertes 3-Stufen Planetgetriebe (■ Abb. 9.132) zur Untersetzung der Motordrehzahl. Das Ziel ist die Senkung des Energieverbrauchs um 80 % und Kostenreduzierung durch geringeren Systemaufwand sowie eine Vereinfachung des Systems um 25 % [65]. Um die Dynamik des Systems zu erreichen, benötigt man eine

■ **Abb. 9.132** 3-stufiges Planetgetriebe [65]

Bordspannung von 20–24 Volt, was heute verfügbar ist. ■ Abb. 9.133 zeigt den Systemumfang der ERC.

- **Aktive Wankstabilisierung PDCC von Porsche**

Im Porsche Panamera optimiert das neue Porsche Dynamic Chassis Control Sport (PDCC Sport) unter Verwendung des ERC von ZF die Fahrdynamik durch die Integration elektromechanischer Stabilisatoren [41]. Dabei verbindet je einen elektromechanischen Aktuator – bestehend aus Gleichstrommotor und dreistufigem Planetengetriebe – je Achse die beiden Hälften der in der Mitte geteilten Stabilisatoren. Je nach Querbeschleunigung verdreht der Aktuator die beiden Stabilisatorhälften so gegeneinander, dass die Seitenneigung der Karosserie fast vollständig kompensiert wird.

Das elektromechanische System regelt deutlich schneller als Systeme mit hydraulischen Aktuatoren, benötigt aufgrund der hohen Stelldynamik und Kräfte aber eine Energieversorgung mit 48 Volt (■ Abb. 9.134).

- **Electric Active Stabilizer Suspension System**

Das von Toyota und Aisin entwickelte „Electric Active Stabilizer Suspension System“ (■ Abb. 9.135) reduziert den Energiebedarf durch den Einsatz eines Harmonic Drive Getriebes (s. ■ Abb. 8.79). Dieses Getriebe hat eine sehr hohe Untersetzung

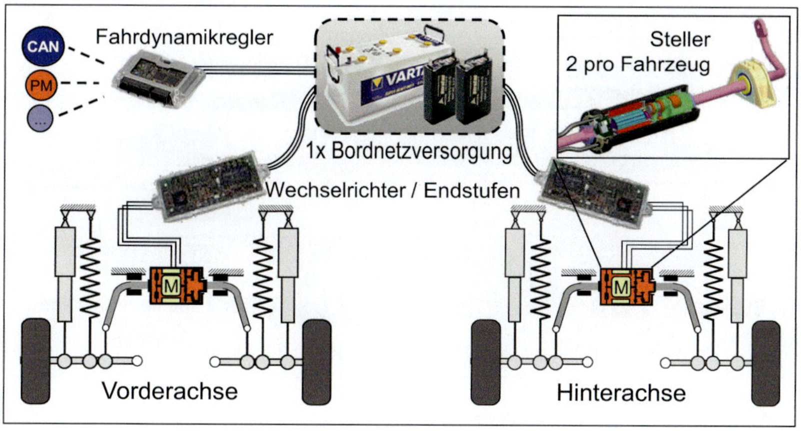

Abb. 9.133 Systemaufbau Electromechanical Roll Control ERC [65]

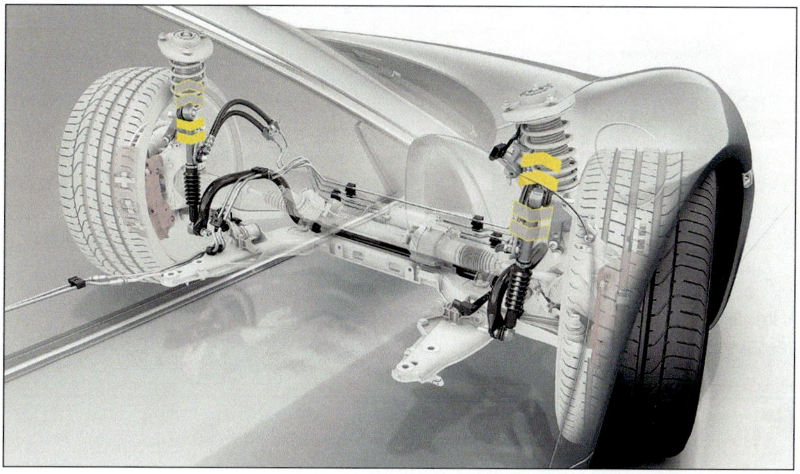

Abb. 9.134 Porsche active Wankstabilisierung PDCC mit Electromechanical Roll Control ERC [41]

(1:200) in nur einer Getriebestufe und durch die unterschiedlichen Wirkungsgrade beim Antreiben ($\eta = 0{,}73$) und Bremsen ($\eta = 0{,}51$). Dadurch wird zum Halten des Drehmomentes ca. 30 % weniger Energie benötigt als zur Erzeugung eines Drehmoments. Der Einsatz des Harmonic Drive Getriebes reduziert außerdem die Motorabmessungen. So genügt ein Bauraum von 103 mm Durchmesser und 290 mm Länge.

Der E-Motor arbeitet mit max. 17,5 Volt und max. Moment bei 40 A ist 665 Nm. [66].

Abb. 9.136 zeigt den Systemumfang mit Stellern, Sensoren und Regelgeräten und Abb. 9.137 eine Detailansicht des Stellers.

Mit Hilfe des Systems ist es möglich, bei einer Querbeschleunigung von 5 m/s^2 den Aufbau so zu stabilisieren, dass maximal Wankwinkel von 1° auftritt. Ab 5 m/s^2 wird, wie auch beim Dynamic Drive, die Wankausgleichswirkung nicht mehr erhöht, damit der Fahrer die sich annähernde Fahrgrenze wahrnimmt.

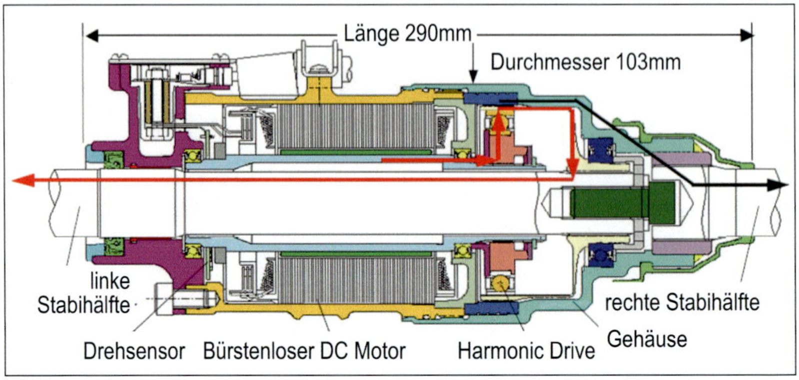

Abb. 9.135 Aisin Steller mit Harmonic-Drive-Getriebe [66]

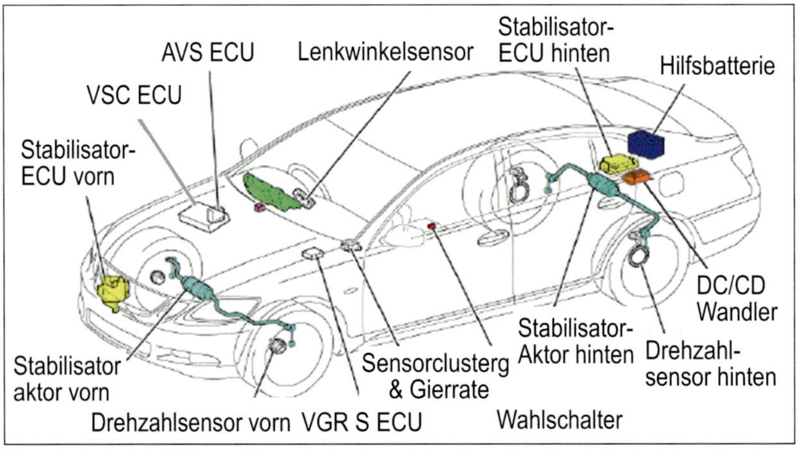

Abb. 9.136 Systemumfang des *Electric Active Stabilizer Suspension Systems EASS* [66]

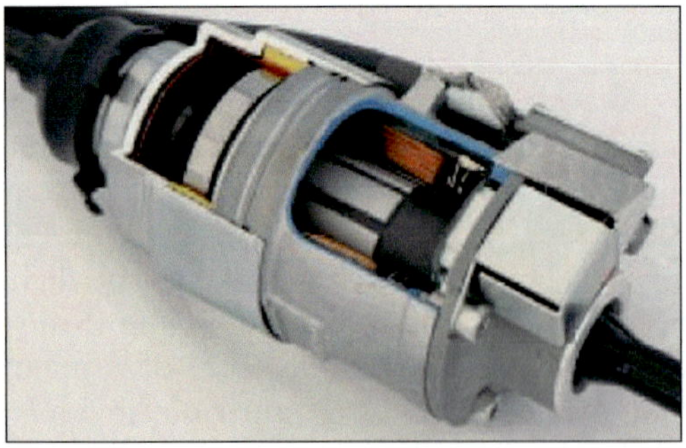

Abb. 9.137 Aufgeschnittener Steller des EASS [66]

Das Gesamtsystem braucht im Durchschnitt nur 8,8 W gegenüber den Hydrauliksystemen, welche ca. 190 W benötigen (d. h. etwa 5 %). Der Spitzenenergieverbrauch liegt bei 20 W.

- **Elektromechanischer Wankstabilisator von Schaeffler**

Von Schaeffler wurde 2015 beim Serienanlauf des BMW 7er GTI eine elektromechanische Wankstabilisierung integriert [67].

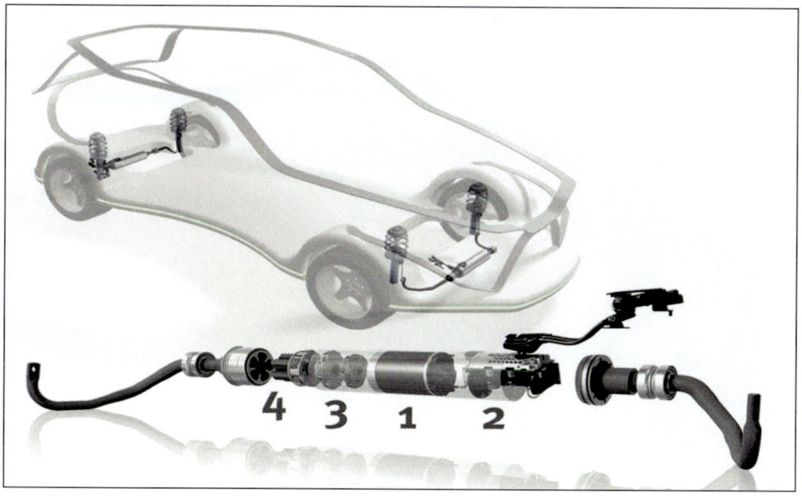

Abb. 9.138 Elektromechanischer Wankstabilisator Schaeffler [67]

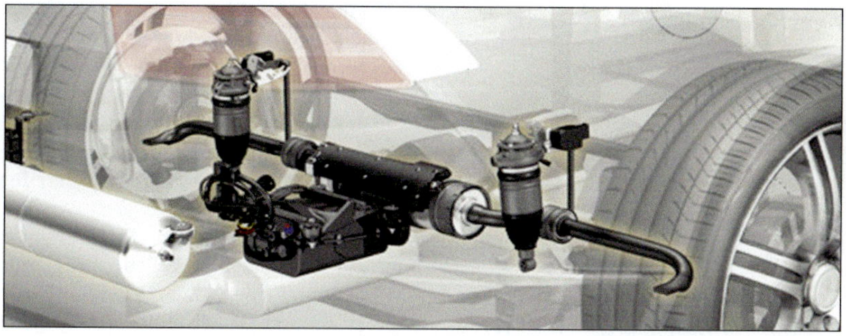

Abb. 9.139 Einbaudarstellung elektromechanischen Wankstabilisator Schaeffler [67]

Die elektromechanischen Aktuatoren für 12 V und 48 V Bordnetze besteht aus E-Motor (1), Steuergerät (2), Mehrstufen-Planetengetriebe (3) und einer Elastomerentkopplung (4) (Abb. 9.138 und Abb. 9.139). Als Ergänzung zu einem reinen rotatorischen Aktuator und zur Steigerung des Komforts verfügt diese Lösung über ein Entkopplungselement, um einseitig auftretende Fahrbahnstörungen zu absorbieren (Abb. 9.140, links). Die Übertragung von Impulsen auf die Karosserie wird dadurch ebenso verringert wie eine zu starke Vertikalbewegung infolge einseitiger Störanregungen.

Vor allem bei kleinen Störanregungen mit einer Amplitude von bis zu 5 mm zeigt sich die hohe Wirksamkeit der Entkopplungseinheit. Größere Störanregungen bis zu einer Frequenz von 8 Hz können durch den Störgrößenregler ausgeregelt werden. Als Eingangsgrößen benötigt dieser u. a. das Moment im Stabilisator und die vertikale Auslenkung der Räder.

Wenn als Eingangssignal die von einer Stereokamera erfassten Informationen über die Straßenoberfläche zur Verfügung stehen und Informationen vom Navigationsystem über den Straßenverlauf genutzt werden können, könnte sich die

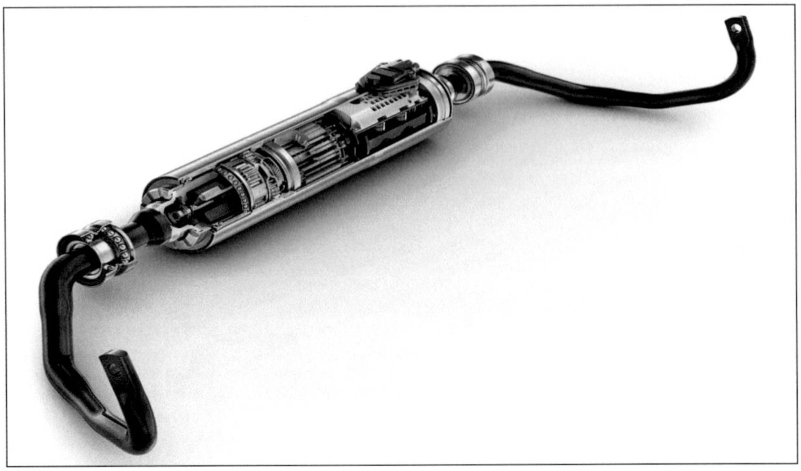

Abb. 9.140 Schnittbild der elektromechanischen Wankstabilisator der Fa. Schaeffler [67]

9

Störgrößenregelung durch Antizipation noch weiter verbessern lassen.

Literatur

1. Fischer, F.; Vondracek, H.: Warm geformte Federn-Konstruktion und Fertigung. Höesch Werke, Hoesch Hohenlimburg W. Stumpf KG. Bochum (1987)
2. Wallentowitz, H.: Vertikal-/Querdynamik von Kraftfahrzeugen. Vorlesungsscript. RWTH Aachen (2000)
3. N.N.: Federelemente aus Stahl für die Automobilindustrie. Bibliothek der Technik, Band 140, Verlag Moderne Industrie, Landsberg/Lech (1997)
4. Fecht, N.: Komponenten für Fahrwerk und Lenkung. Bibliothek der Technik, Bd. 152. Verlag Moderne Industrie, Landsberg/Lech: (1997)
5. N.N.: ZF Friedrichshafen AG/Lemförde. Firmeninformationsmaterial
6. Raulf, M.: Wirtschaftlich und Technisch gelungen. ZF Magazin we>move (04. 2015)
7. N.N: THK- Kugelgelenke. ▶ www.thk.com. Zugegriffen: Dez. 2016
8. Kobelev, V.; Neubrand, J.; Brandt, R.: CAD-Modellbildung und FE-Simulation der Schraubenfedern und Stabilisatoren. Seminar Fahrzeugfedern. Technische Akademie Esslingen (2005)
9. Borlinghaus, A.: Schraubendruckfedern mit progressiven und linearen Kennlinien aus Drähten mit inkonstantem Durchmesser und Schraubendruckfedern angepasst an besondere konstruktive Bedingungen. Lindlar (2005)
10. Muhr, K.-H.; Schnaubelt, L.: Patentschrift DE3734450
11. Kobelev, V.; Neubrand, J.; Brandt, R.; Libioda, M.: Patentschrift DE10125503
12. Brandt, R.: Kaltformtechnik für Pkw-Tragfedern – Kontrolle der Kraftwirkungslinie und ihr Einfluss auf die Dämpferreibung unterschiedlicher Achssysteme. Vortrag Haus der Technik, Essen, (14.02.2001)
13. Niephage, P.; Müller, H.: Ein hybrides Verfahren zur Untersuchung beliebig beanspruchter Schraubendruckfedern ohne Windungsberührung. Siegen
14. Hoffmann, E., Brandt, R., Osterhage, K., Neubrand, J.: Vom Konzept zum validierten Bauteil. Verkürzung der Validierungszeit am Beispiel einer kaltgeformten Vorderachsschraubenfeder. DVM-Tag, Berlin 2002
15. Schraubenfederprüfung in allen Lagen: Informationsbroschüre der Fa. Zwick GmbH & Co. KG, Ulm (2005)
16. Neubrand, J.: Entwicklungstendenzen bei Werkstoffen für Fahrwerksfedern. Tagung „Federung und Dämpfung im Fahrwerk". Car Training Institute, Düsseldorf (2004)
17. Schauerte, O., Metzner, D., Krafzig, R., Bennewitz, K., Kleeman, A.: Fahrzeugfedern federleicht. ATZ **103**, 654–660 (2001)
18. Liu, Y.: The analysis of the influence in grain refinement through increased dislocation density by cold drawing and heat treatment of Si-Cr spring steel, depending on the degree of deformation. Universität Siegen/Muhr und Bender, Masterarbeit (2011)
19. Neubrand, J., Hartwig, M.: Gehärteter Federstahl, Federelement und Verfahren zur Herstel-

lung eines Federelements. Patent EP 2 192 201 A1, Muhr und Bender (23.11.2009)
20. N.N.: Composites. Firmenprospekt der Maagtechnic, Dübendorf–Schweiz ► www.maagtechnic.ch. Zugegriffen. Jan 2011
21. Weitbrecht, G.: Fahrwerktechnik-federleicht Fahrzeugtechnik: leichtbaufedern im PKW, AMS Professional 26.06.2023 ► www.auto-motor-und-sport.de/fahrwerk/leichtbaufedern-im-pkw/#!
22. mubea.com/de/faserverbundkomponeneten. Zugegriffen: Dez. 2023
23. ► www.ifc-composite.de. Zugegriffen Nov. 2016
24. ► www.rubbernews.com/article/20170316/NEWS/170319955/henkel-benteler-making-composite-leaf-springs-for-volvo. Zugegriffen: Dez. 2023)
25. N. N.:Audi setzt auf Leichtbau. GFK Feder geht in die Serie. Auto-Motor-und-Sport.de/news. (2014)
26. ► www.mubea.com/stabilisatorsysteme. Zugegriffen: Dez. 2023
27. Reimpell, J., Betzler, J.W.: Fahrwerktechnik: Grundlagen. Vogel Verlag, Würzburg (2000)
28. Arkenbosch, M., Mom, G., Neuwied, J.: Das Auto und sein Fahrwerk, Band 2, Motorbuch, Stuttgart (1992)
29. ► www.volkswagen-newsroom.com/de/luftfederung-3946. Zugegriffen: Dez. 2023
30. ► www.vibracoustic.com/de/press-release/trelleborgvibracoustic-entwickelt-neue-balgtechnologie-fur-luftfedern/. Zugegriffen: Dez. 2023
31. Albrecht, S.: Das Fahrwerk. ATZ Extra. Der VW Touareg. S. 36–37 Stuttgart, Motorverlag (Mai 2010)
32. Causemann, P.: Kraftfahrzeugstoßdämpfer. Verlag Moderne Industrie, (1999)
33. N.N.: Hydropneumatisches Federungssystem – Citroen Hydeoactive III. ► www.kfztech.de – Fahrwerk – Technik-
34. ► http://devel.bxclub.cz/articles/c5-technical-info/hydractive/citroen-c5-hydractive-3. Zugegriffen: Dez. 2023
35. ► www.citroenet.org.uk/miscellaneous/hydraulics/hydraulics-13.html. Zugegriffen: Dez. 2023
36. Eulenbach, H.D.: Kraftfahrzeugtechnisches Seminar. Aachen (2004)
37. Krehmer, H.: Niveauverstellung, Schaeffler Technologies, 9. Tag des Fahrwerks, Institut für Kraftfahrzeuge der RWTH Aachen University, (6. Oktober 2014)
38. Braess, H.-H., Seiffert, U.: Vieweg Handbuch Kraftfahrzeugtechnik. Springer Vieweg Verlag, Wiesbaden (2014)
39. Breuer, B., Bill, K.H.: Bremsenhandbuch. Springer Vieweg Verlag, ATZ/MTZ Fachbuch. Wiesbaden (2013)
40. Hilgers, Ch.: The air suspension system and the system engineering for the new Panamera. Reifen, Fahrwerk, Fahrbahn. Hannover (Okt. 2009)
41. ► https://presskit.porsche.de/specials/de/porsche-fahrwerkentwicklung/topic/drei-spezifische-varianten-aktive-wankstabilisierung-pdcc.html. Zugegriffen: Dez. 2023)
42. Puff, M., Pelz, P.: Optimization of the Vehicle Dynamics by means of Controlled Air Spring Dampers. ChassisTech-Plus, S. 235–252. München, (Mai 2010)
43. ► www.audi-technology-portal.de/de/fahrwerk/fahrwerksregelsysteme/adaptive-air-suspension. Zugegriffen: Dez. 2023
44. Frühauf, F.: Aktive Fahrzeugfederung. In: Mettner, M. (Hrsg.) Elektronik im Kraftfahrzeugwesen, 3. Aufl., S. 304–315. expert Verlag, Renningen (2002)
45. Wallentowitz, H.: Schrüllkamp, T,: Geregelte Fahrwerke. In: Mettner, M. (Hrsg.) Elektronik im Kraftfahrzeugwesen, 3. Aufl., S. 103–134. expert Verlag, Renningen (2002)
46. Wallentowitz, H.: Krafträder. Umdruck zur Vorlesung. RWTH Aachen (2005)
47. Merker, T., Wirtz, J., Hill, M., Jeglitzka, M.: Das SL-Fahrwerk – Dynamik und Komfort vereint, Sonderausgabe der ATZ, Der neue Mercedes SL. (2001)
48. Wolfried, S., Schiffer, W.: Active Body Control (ABC) – Das neue aktive Federungs- und Dämpfungssystem des CL-Coupés von Daimler. VDI-Berichte, Nr. 1494. (1999)
49. abcteile24.de/funktion-und-wirkungsweise-des-abc-sytems-bei-mercedes-benz/
50. Christiansen, M: Magic Body Control- das erste sehende Fahrwerk der Welt in der neuen S-Klasse W222. FünfkommaSechs. (23 Mai 2014)
51. Weist, U.: ATZ Extra – Mercedes Benz S-Klasse. (Juli 2013)
52. Jürgen Goroncy, J., Günnel, T.: ► www.automobil-industrie.vogel.de/magic-body-control-das-fahrwerk-a-428335/. Zugegriffen: 2. Jan. 2014
53. Frühauf, F.: Aktive Fahrzeugfederung. VDI-Berichte, Nr. 1533. (2000)
54. 500sec.com/abc-active-body-control-mbc-magic-body-control/
55. Thomä, A., Gilsdorf, H. J., Münster, M., Mair, U., Müller, Ch., Hippo, M., Hoffman, J.: Electromechanical Semi-Active Body control. FISITA Congress. (March 2008)
56. Köllner, C.: Audis Aktivfahrwerk hebt Karosserie beim Seitencrash an. Springer Professional. (22.06.2017)
57. N.N.: Innovative Denkweise – BOSE Suspension System. ► www.bose.de/DE/de/learning-centre/suspension-problem/. Zugegriffen: Dez. 2023)
58. Ersoy, M., Vortmeyer, J., Grannemann, B.: Schaltbare Stabilisatorsysteme. 5. Grazer Allradkongress. Graz. (2004)
59. Ersoy, M., Gärtner, A., Vortmeyer, J.: AOS plus Adaptive Stabilisatorsysteme mit semiaktiver Zusatzdämpfung. 7. Grazer Allradkongress. Graz. (2006)

60. ► www.kfz.net/autolexikon/dynamic-drive/. Zugegriffen: Dez. 2023)
61. Konik, D., Bartz, R., Bärnthol, F., Bruns, H., Wimmer, M.: Dynamic Drive – Das neue aktive Wankstabilisierungssystem der BMW Group. 12. Aachener Kolloquium. Aachen (2000)
62. Fleck, R.: Das mechatronische Fahrwerk des neuen BMW 5er Grand Turismo. Tag des Fahrwerks, RWTH Aachen, Institut für Kraftfahrwesen. Aachen (Okt. 2010)
63. Parsons, K., Pask, M., Burdock, W.: The Development of ACE for Discovery II. SAE-Paper, 2000-01-0091, (2000)
64. Nissing, D.: Einfluss mechatronischer Systeme in der Fahrzeugtechnik. Ingenieurwissenschaftliches Kolloquium der Uni. Siegen (2006)
65. N. N: ► https://www.zf.com/corporate/de_de/products/product_range/cars/cars_erc_electromechanical_roll_control.shtml Zugegriffen: 2018
66. Buma, S., Taneda, A.: Design und Entwicklung des Electric Active Stabilizer Suspension System, S. 1581–1602. 112. Aachener Kolloquium, Aachen (2010)
67. Kraus, M.: Schaeffler Kolloquium (2014). Zugegriffen: 2016

Dämpfung

Peter Causemann, Hans-Joachim Gilsdorf, Alexander Gross, Anja Stretz, Metin Ersoy, Reinhard Sonnenburg, Carsten Hoffmann, Christian Angrick, Hans-Dieter Eulenbach und Henning Gold

Inhaltsverzeichnis

M. Ersoy et al. (Hrsg.), *Fahrwerkhandbuch*,
ATZ/MTZ-Fachbuch, https://doi.org/10.1007/978-3-658-48104-9_10

Die Fahrsicherheit wird stark durch die Bodenhaftung der Räder beeinflusst. Die Radmassen zusammen mit den anteiligen Massen der Radaufhängung werden als ungefederte Massen bezeichnet, da sie nur über die Reifenfeder und nicht über die Aufbaufedern abgefedert sind. Die Schwingungen der ungefederten Massen sind daher zu minimieren, d. h. stark zu bedämpfen.

Der Fahrkomfort wird stark durch die Aufbauvertikalbeschleunigungen beeinflusst, die hauptsächlich durch die Radschwingungen hervorgerufen werden.

Die Dämpfer unterscheiden sich durch die Art der Dämpferkrafterzeugung, welche die Umwandlung von Schwingungsenergie in Wärme bewirkt (◘ Abb. 10.1).

Bodenerhebungen verursachen Stöße an Rädern, die wiederum zu den Schwingungen des Aufbaus und der Räder führen. Genau genommen handelt es sich bei Fahrzeugstoßdämpfern um Schwingungsdämpfer, jedoch hat sich in Fahrwerken insbesondere in der Umgangssprache die Bezeichnung „Stoßdämpfer" durchgesetzt.

Schwingungsdämpfer findet man in Fahrzeugen neben Fahrwerken, auch in Fahrerhausdämpfungen, Sitzdämpfungen, Lenkungsdämpfungen und als Pralldämpfer für Stoßstangen. Dieser Kapitel bezieht sich ausschließlich auf die Dämpfung von Fahrwerken, da hier die größte und bedeutendste Anwendung liegt.

Schwingungsdämpfer zwischen Rad und Aufbau sind notwendig, da die Aufbau- und die Reifenfeder zusammen mit den zugehörigen Massen ein schwingfähiges System mit zwei Eigenfrequenzen für die Aufbau- und die Radmasse bilden (◘ Abb. 10.2). Diese werden als gefederte (Aufbau) und ungefederte (Rad- bzw. Achs-) Masse bezeichnet. Da die typische Straßenanregung breitbandig ist, sind all diese Eigenfrequenzen zu bedämpfen.

Schwingungsdämpfer, die auf viskoser Reibung beruhen, wirken jedoch nicht

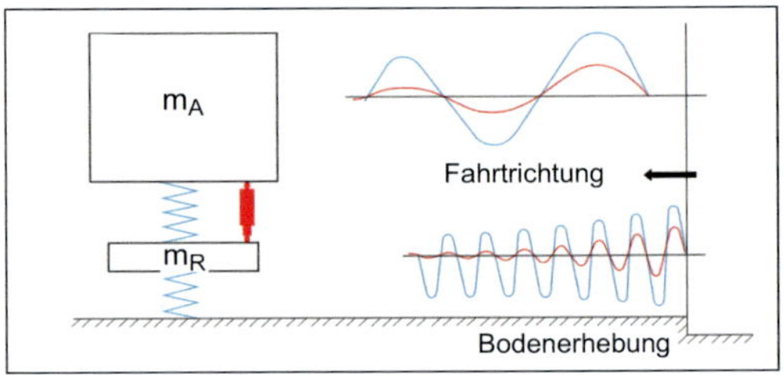

◘ **Abb. 10.2** Gekoppelte Schwingungen der Rad- und Aufbaumassen [1]

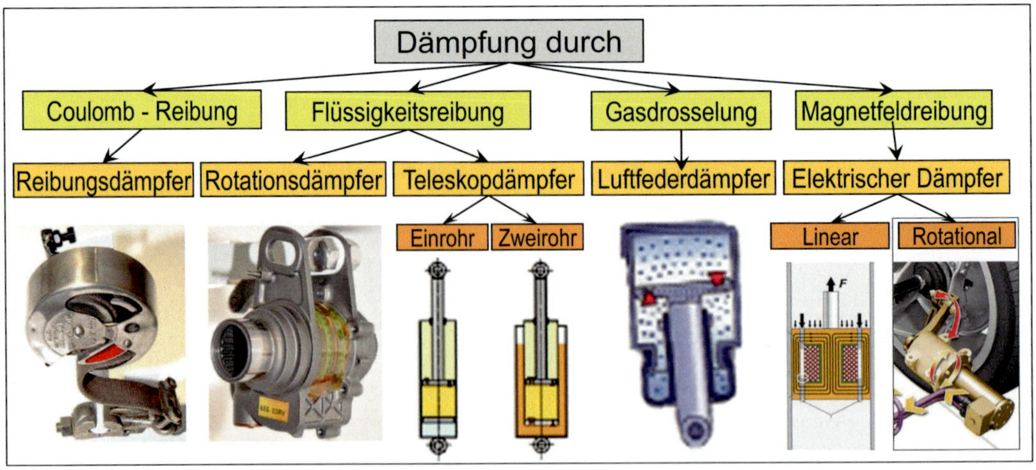

◘ **Abb. 10.1** Verschiedene physikalische Dämpfungsmöglichkeiten

frequenzselektiv. Sie dämpfen Schwingungen ausschließlich in den Eigenfrequenzen, außerhalb dieser Frequenzen führen sie Energie aus der Fahrbahnanregung dem Schwingungssystem zu, was unerwünscht ist, da es zu Komforteinbußen führt.

◘ Abb. 10.3 zeigt dies durch die grünen Bereiche in den Eigenfrequenzen bei 1 Hz bzw. 10 Hz und den roten Bereich zwischen diesen Frequenzen. Um diesen Umstand zu verdeutlichen, denke man sich eine Anregung, die ausschließlich Frequenzbestandteile in den beiden Eigenfrequenzen hat. In diesem Fall läge das optimale Dämpfungsmaß in Höhe der asymptotischen Dämpfung. Wenn aber die Anregung keinerlei Anteile in den Eigenfrequenzen besitzt, dürfte der optimale Dämpfer keine Kraft aufbringen, da sonst dem System Schwingungsenergie durch diese Kraft zugefügt werden würde.

Reale Straßen verfügen über sehr unterschiedliche Frequenzanteile und folglich müssen die auf viskoser Reibung beruhenden Dämpfer einerseits genügend Dämpfung für die Fahrsicherheit bereitstellt, andererseits aber auch wenig Energie in den Aufbau einleiten um als komfortabel empfunden zu werden. D. h. bei der Dämpferauslegung ist stets ein Kompromiss zu suchen.

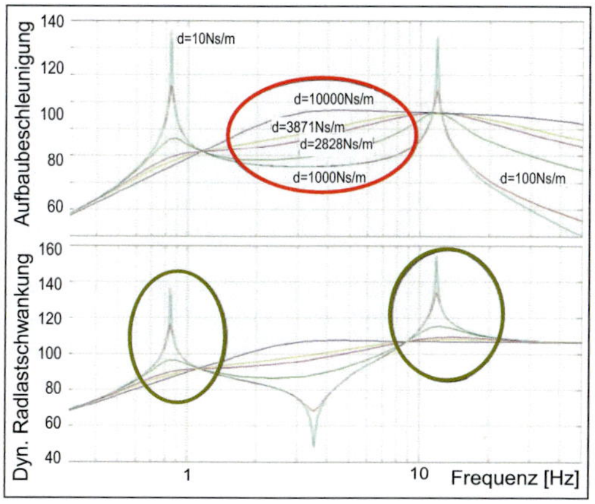

◘ **Abb. 10.3** Einfluss der Dämpfungskonstante

10.1 Aufgaben der Dämpfung

Peter Causemann , Hans-Joachim Gilsdorf und Alexander Gross

Schwingungsdämpfer übernehmen folgende Aufgaben:

- das Aufschaukeln und Nachschwingen des Aufbaus bei entsprechender Anregung durch Unebenheiten der Straße oder durch Fahrzustände zu verhindern,
- die von der Fahrbahn angeregte Schwingung des Rades und der Achse rasch zum Abklingen zu bringen, um für Bodenhaftung der Räder d. h. für gute Spurführung und Bremswirkung zu sorgen.

Beim Überfahren einer Bodenerhebung werden Federn und Dämpfer zusammengedrückt. Der auf das Fahrzeug einwirkende Stoß wird von der Federung aufgenommen und verhindert, dass die gefederte Masse (Aufbau) mit der ungefederten Masse (Räder incl. Hälfte der Aufhängung) in Berührung kommt.

Die Federung strebt aber danach, die gespeicherte Energie wieder abzugeben, indem sie sich entspannt. Um das in dieser Weise angeregte Wechselspiel einer Schwingung zwischen Achse und Aufbau möglichst rasch zum Abklingen zu bringen, verfügt das Fahrwerk über die Schwingungsdämpfer.

Dämpfer und Federung eines Fahrwerks dürfen nicht isoliert betrachtet werden. Im Fahrbetrieb beeinflussen sich die verschiedenen Fahrwerksparameter gegenseitig. ◘ Abb. 10.4 veranschaulicht die unterschiedlichen Einflüsse auf das Schwingungsverhalten des Fahrwerks. Neben Federn, Federanschlägen, Dämpfern, Stabilisatoren kommt der Kinematik der Radaufhängung, sowie der Wechselwirkung zwischen Kinematik und Elastizität eine große Bedeutung zu. Diese Elastokinematik wird dabei hauptsächlich bei Längsbewegungen eingesetzt.

Neben der Lenkung haben auch Reifen und Motorlagerung großen Einfluss auf die Fahrwerkdynamik. Sie stellen, jeweils für sich genommen, vertikal schwingende Systeme dar.

Die Aggregatelagerung von Motor – Getriebe werden heute, insbesondere bei Dieselmotoren mit hydraulischer Dämpfung auf den Resonanzbereich der Antriebsschwingungen optimiert (s. ► Abschn. 4.3.1).

Die Anforderungen an die Dämpfung sind vielseitig. Sie hängen von den absoluten Werten der Rad- und Aufbaumasse, aber auch vom Verhältnis beider Massen zueinander sowie vom Verhältnis der Reifen- und der Aufbaufederkonstante ab. Nicht zu vernachlässigen sind auch die in ◘ Abb. 10.4 genannten Einflussgrößen.

Hinzu kommen einige dämpferspezifische Einflüsse:

- die Übersetzung zwischen Dämpfer- und Radbewegung (konstant oder hubabhängig veränderlich),
- die Nutzung von Dämpfungseigenschaften über rein parallele Einfederungsvorgänge hinaus, also im Zusammenhang mit Wank- und Nickbewegungen des Fahrzeugs,
- die Anpassung der Dämpfung an die Anforderungen, die sich aus der Nutzung des Fahrzeugs im Hinblick auf die Fahrsicherheit ergeben (Komfort- oder spezielle Sporteinstellung des Dämpfers).

Das Aufbaudämpfungsmaß.

► Abschn. 10.3.1) sollte man für ein guten Komfort, aber auch für eine hohe Sicherheit nicht zu groß wählen. Überschreitet das Dämpfungsmaß kritische Werte ($D=0{,}5$), wird der Dämpfer bei bestimmten Anregungen so steif, dass das Fahrzeug auf den Reifen federt und sich die Aufbaueigenfrequenz zu höheren, vom Menschen als unangenehm empfundenen Werten verschiebt. Guter Kompromiss ist ein Aufbaudämpfungsmaß zwischen 0,25 und 0,35 anzusehen.

◘ Abb. 10.5 zeigt die Beurteilungsmaßstäbe des Dämpfers für unterschiedliche Straßenunebenheiten und Funktionsanforderungen.

Der Abrollkomfort wird durch sehr niedrige Unebenheiten im gesamten Frequenzbereich des Dämpfers beeinflusst (Bereich 1). Achs- und Aufbaubewegungen sind den Eigenfrequenzen beider Systeme zuzuordnen (Bereiche 2, 4).

Gegenphasiges Schwingen (Bereich 3) entsteht meist aus der Wechselwirkung mit anderen schwingungsfähigen Systemen im Fahrzeug und kann sinnvoll, d. h. ohne

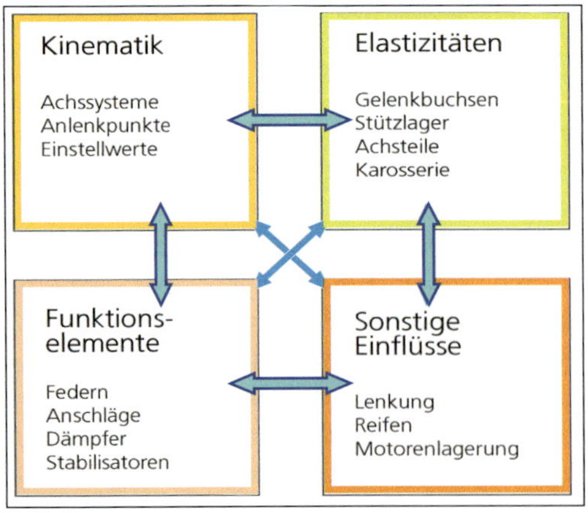

◘ **Abb. 10.4** Gegenseitige Beeinflussung der Parameter

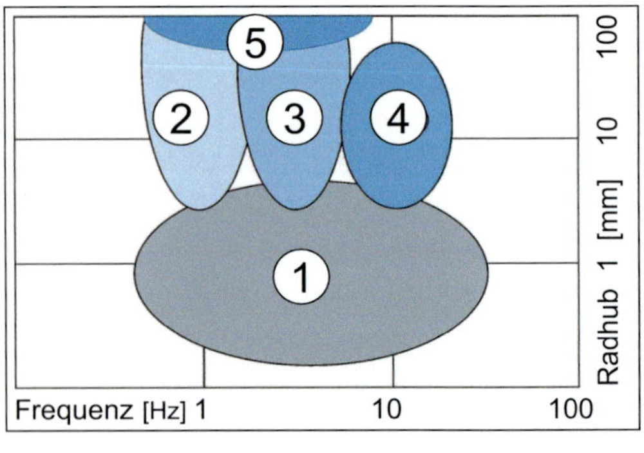

◘ **Abb. 10.5** Beurteilungsmaßstäbe für kritische Erregungen: 1) Abrollkomfort, 2) Aufbaubewegungen, 3) gegenphasiges Schwingen (Stuckern), 4) Radbewegungen, 5) Dämpferanschlag [1]

Nachteile für die Optimierung der eigentlichen Funktionen des Schwingungsdämpfers, nur unwesentlich von dessen Auslegung beeinflusst werden.

Bei niedriger Dämpfung und Dämpfern mit kurzem Hub versucht man, die im Betrieb auftretende Anschlagwirkung (mechanische Hubbegrenzung, Bereich 5), die sich vornehmlich negativ durch Geräusche bemerkbar macht, durch höhere oder hubabhängige Dämpfung oder spezielle elastische Anschläge zu vermeiden.

Im Pkw hat sich heute die hydraulisch-mechanische Dämpfung durchgesetzt, besonders in der Bauform des Teleskopschwingungsdämpfers, da dieser wegen seiner kleinen Abmessungen, geringen Reibung, präzisen Dämpfung und einfachen Bauart das Optimum darstellt.

In den ► Abschn. 10.2 und 10.6 wird das Wirkungsprinzip der hydraulisch-mechanischen Dämpfung mit fester und variabler bzw. geregelter Einstellung näher erläutert. Auf die zukunftsweisenden Prinzipien der rheologischen Dämpfung oder anderer Alternativen geht der Abschn. 10.7 näher ein.

Die Dämpfung hydraulisch wirkender Schwingungsdämpfer wird in Form von Druckdifferenzen an Ventilen (hydraulische Widerstände) erzeugt, die über die Verdrängerflächen des Teleskopstoßdämpfers (Kolbenstangenquerschnitt und Kolbenringfläche) in Kräfte umgewandelt werden (■ Abb. 10.6).

In einem Dämpfer ist die Druckdifferenz (Δp) direkt proportional der Dämpfungskraft (F) und die Durchflussmenge (Q) direkt proportional der Ein- und Ausfedergeschwindigkeit (ν) mit A als Kolbenfläche.

$$F = A\ \Delta p \qquad (10.1)$$

$$\nu = Q/\ A \qquad (10.2)$$

■ Abb. 10.7 zeigt drei hydraulische Widerstände, die in den üblichen Teleskopdämpfern bei entsprechender Ventilgestaltung einzeln oder als Mischform möglich sind. Geplottet ist jeweils der Differenzdruck am Ventil über dem hydraulischen Durchfluss. Reine Blendenquerschnitte (linkes Bild unten) treten allerdings in der Praxis nicht auf, da sie in dieser Form im Dämpfer konstruktiv nicht umgesetzt werden können.

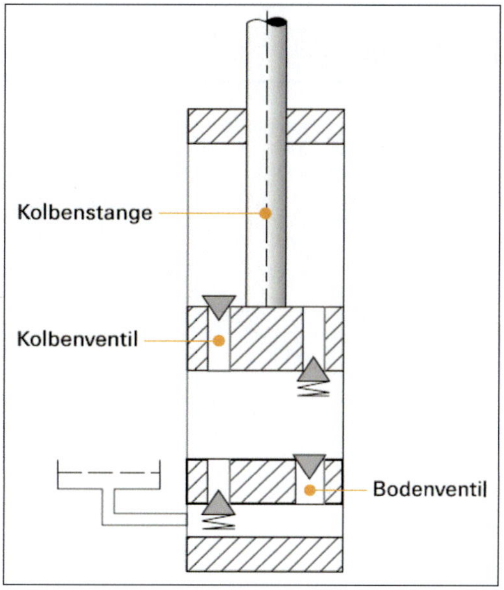

■ **Abb. 10.6** Dämpferprinzip [1]

Meist hängt die Druckdifferenz quadratisch vom Durchfluss ab mit einem linearen Anteil (linkes Bild oben), der dem Einfluss der Viskosität des Druckübertragungsmediums entspricht.

In ■ Abb. 10.7 rechts ist die Funktion eines Druckbegrenzungsventils stark vereinfacht dargestellt. Solange die Federkraft größer ist als das Produkt aus dem hydraulischen Druck und der wirksamen Fläche, bleibt das Ventil geschlossen; der Durchfluss ist dann gleich Null.

Bei steigendem Druck öffnet sich das Ventil, sobald die hydraulische Kraft größer ist als die Federkraft. Die physikalischen Zusammenhänge sind wesentlich komple-

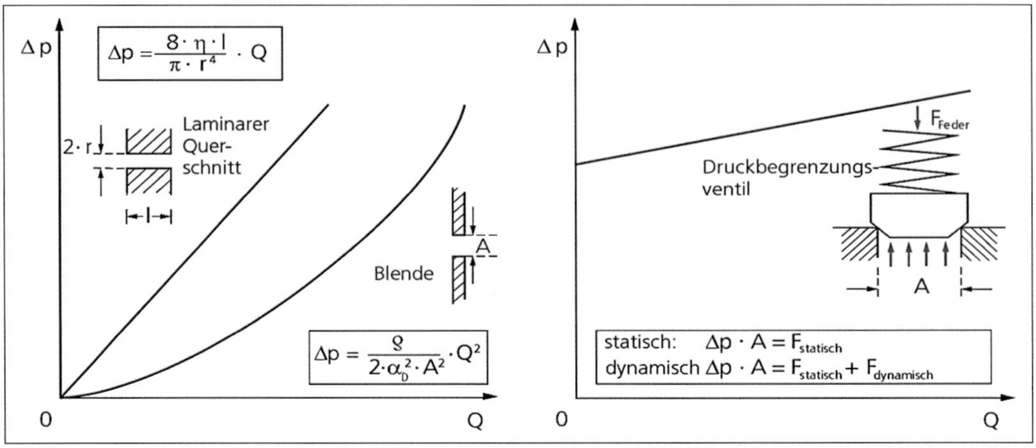

Abb. 10.7 Hydraulische Widerstände [1]

xer, da auch die beim Öffnen und Schließen wirkenden Strömungskräfte zu berücksichtigen sind.

10

Durch Kombination verschiedener Widerstände ist es möglich, Kennlinien mit degressivem, linearem und progressivem Anteil zu erreichen. Gemessen werden diese Dämpferkennlinien mithilfe einer mechanischen oder servohydraulischen Prüfmaschine: Bei konstanter Drehzahl erzeugt diese Maschine unterschiedliche Hübe in Zug- und Druckrichtung und damit unterschiedliche Ein- und Ausfedergeschwindigkeiten des Dämpfers.

Diese Kraft-Hub-Diagramme (Abb. 10.8, linke Ellipse) lassen sich in Kraft-Geschwindigkeits-(F-ν) Diagramme umsetzen (Abb. 10.8, rechte Kurven). Diese sind die übliche Darstellungsweise für Dämpferkennlinien. Sie zeigen jedoch nur die Maximalwerte der Dämpfungskräfte in Zug und Druckrichtung bei unterschiedlichen Hüben bzw. Ein- und Ausfedergeschwindigkeiten auf. Deshalb ist es Vorteilhaft, zusätzlich auch die Dämpfungskraft-Hub-Diagramme zu betrachten, die den dynamischen Kraftverlauf des Dämpfers unmittelbar aufzeigen.

Bereits an den Linienabständen dieser Diagramme lassen sich degressive, lineare oder progressive Kennlinienverläufe ablesen (Abb. 10.8).

Anders als oben beschrieben, werden Dämpfercharakteristiken auch bei konstantem Hub mit unterschiedlicher Drehzahl als VDA-Kennungen ermittelt. Übliche konstante Hübe sind dabei 25 und 50 mm. Die maximale Ein- und Ausfedergeschwindigkeit beträgt dabei 1,5 m/s. Bei diesen Prüfverfahren handelt es sich um eine Zwangssteuerung, die nicht exakt die tatsächliche Bewegung in einer Achse wiedergibt, bei der die Dämpfergeschwindigkeit von der Aufbaufederrate, der anteiligen Achs- und Aufbaumasse, der Fahrgeschwindigkeit sowie den Bodenunebenheiten bestimmt wird.

Als Druckübertragungsmedium in einem hydraulischen Dämpfer verwendet man Mineralöl mit speziellen, für Schwingungsdämpfer geeigneten Eigenschaften und Additiven. Aufgrund der ständigen Drosselwirkung des Dämpfers muss das Öl eine sehr gute Scherstabilität aufweisen, wie sie nur Mineralöle besitzen. Auch gute Schmiereigenschaften für die inneren Bauteile sind notwendig.

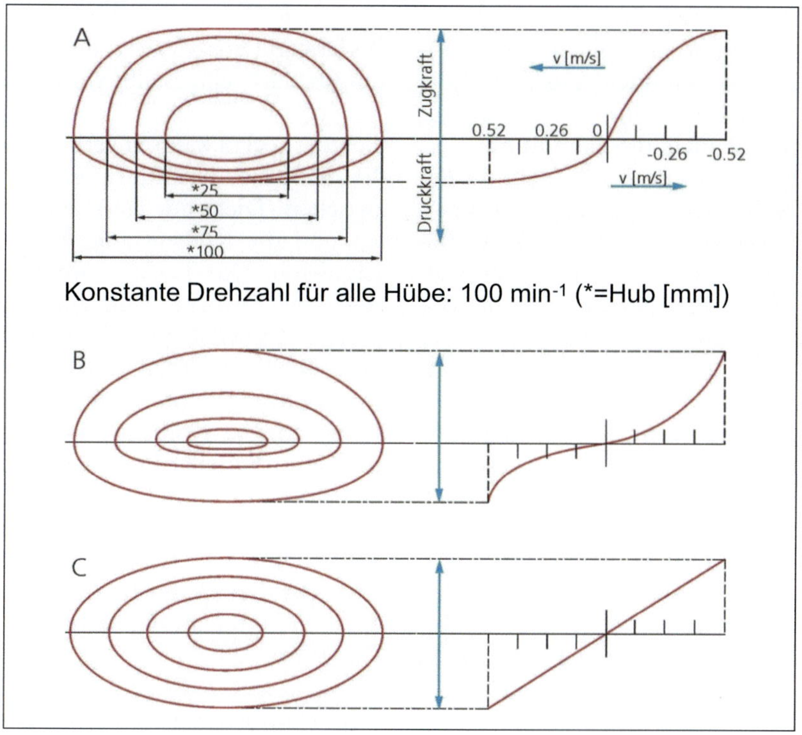

Abb. 10.8 Kennlinienverläufe: A)degressiv, B)progressiv, C)linear

Außerdem ist eine geringe Kavitationsneigung über den gesamten Temperaturbereich im Fahrzeugbetrieb wichtig, damit das Geräuschniveau und die Neigung zur Schaumbildung, insbesondere bei hohen Dämpfergeschwindigkeiten, gering bleiben. Andere Druckübertragungsmedien wie z. B. Silikonöl wurden untersucht, haben sich jedoch nicht bewährt. Sogenannte Bioöle wurden bis zur Marktreife entwickelt, kamen aber wegen mangelnder Nachfrage bis heute auch nicht zum Einsatz.

10.2 Teleskopdämpfer-Bauarten

Peter Causemann und Alexander Gross

Teleskopdämpfer werden in zwei Ausführungen angeboten: Zweirohr- und Einrohrdämpfer, die in den folgenden Abschnitten ausführlich beschrieben werden.

10.2.1 Zweirohrdämpfer

Beim Zweirohrdämpfer bilden der Arbeitszylinder und das Behälterrohr zwei Räume: den Arbeitsraum im Arbeitszylinder, in dem sich der Kolben und die Kolbenstange bewegen und den ringförmigen Ölvorratsraum zwischen Arbeitszylinder und Behälterrohr, der zum Volumenausgleich der durch die Bewegungen der Kolbenstange verursachten Ölvolumenänderungen dient (Abb. 10.9).

Der Ölvorratsraum ist zu einem Teil mit Mineralöl und zum anderen mit Luft gefüllt, die unter einem Druck von 6 bis 8 bar (0,6–0,8 MPa) steht.

Bei Ein- und Ausfahren der Kolbenstange erhöht bzw. vermindert sich der Gasdruck im Ölvorratsraum entsprechend dem ausgetauschten Ölvolumen.

Zur Dämpfung werden zwei Dämpfungsventile eingesetzt: das Kolben- und das Bodenventil. Sie bestehen aus einem

System von Federscheiben, Schraubenfedern und Ventilkörpern mit Drosselbohrungen. Federt das Fahrzeug aus (Zugstufe, ◻ Abb. 10.9, rechts oben), so übernimmt das Kolbenventil allein die Dämpfung.

Das Ventil setzt dem aus dem Raum oberhalb des Kolbens nach unten strömenden Öl Widerstand entgegen. Die Aufwärtsbewegung des Kolbens wird abgebremst. Über das offene Rückschlagventil im Bodenventil kann das im Arbeitsraum benötigte Öl ungehindert aus dem Vorratsraum zufließen.

Federt das Fahrzeug ein (Druckstufe, ◻ Abb. 10.9, rechts unten), so wird die Dämpfung vom Bodenventil und zu einem Teil auch von den Durchflusswiderständen des Kolbens in Druckrichtung bestimmt. Das durch die einfahrende Kolbenstange verdrängte Öl strömt in den Vorratsraum. Das Bodenventil setzt der Strömung Widerstand entgegen, bremst somit die Bewegung ab.

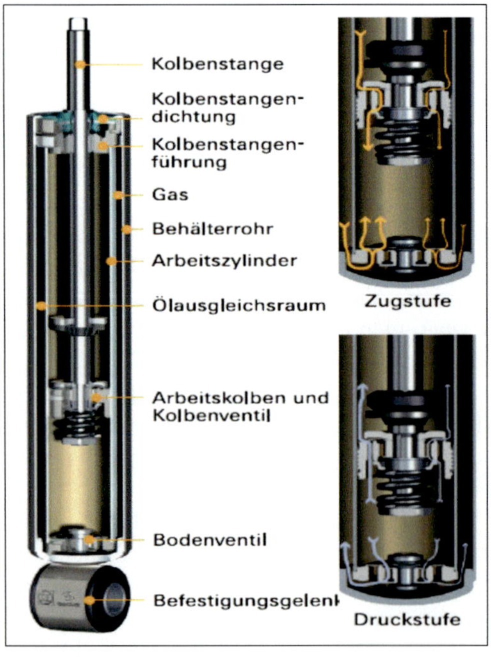

◻ **Abb. 10.9** Aufbau und Funktion des Zweirohrdämpfers

Das Kolbenventil ist mit einem geringen Widerstand ausgestattet, der je nach Dämpfungsbedarf eingestellt wird. Die Kolbenstange ist im oberen Teil des Dämpfers abgedichtet. Lecköl kann in geringer Menge über die Kolbenstangenführung in den Raum zwischen Dichtung und Führung austreten und die Kolbenstange und Dichtkante schmieren. Das Lecköl wird über Bohrungen in den Ölvorratsraum zurückgeführt.

Die Kolbenstangendichtung besteht aus zwei Dichtelementen. Die untere eigentliche Dichtungskante wird mit einer Wurmfeder auf die Kolbenstange gepresst. Um eine gute Schmierung zu ermöglichen, ist sie mit zwei kleinen Dichtkanten ausgestattet, die etwa 0,5 mm auseinander liegen. Dieses Konstruktionsmerkmal erhöht auch die Lebensdauer der Dichtung. Für die obere Abdichtung sorgt die sogenannte Staublippe.

Sie schirmt Fremdpartikel und Staub vom Dämpfer und von der Dichtung ab. Beide Dichtungselemente sind elastisch ausgeführt, sodass Querverschiebungen aufgrund von Toleranzen oder einer Durchbiegung des gesamten Bauteils aufgefangen werden können. Neben der Staublippe hat auch das Schutzrohr die Aufgabe, Schmutzpartikel aus dem Inneren des Dämpfers fernzuhalten.

Pkw-Dämpfer haben Zylinderdurchmesser von ca. 22 mm bis maximal 36 mm. In Nkw werden im Prinzip die gleichen Dämpfer verwendet. Der Durchmesserbereich erweitert sich jedoch nach oben bis auf 70 mm. Nkw-Dämpfer sind im Allgemeinen robuster ausgeführt, da sie höhere Kräfte aufnehmen müssen und auch mit höheren Betriebsdrücken betrieben werden. Bis zu etwa 100°C kann als Dichtungsmaterial Perbunan eingesetzt werden. Bei höheren Temperaturen wird als Werkstoff überwiegend Viton verwendet.

Sowohl im Pkw- als auch im Nkw-Bereich werden unterschiedliche Anforderungen an den Dämpfungskraftverlauf gestellt. Die bereits erwähnte Kraft-Geschwindig-

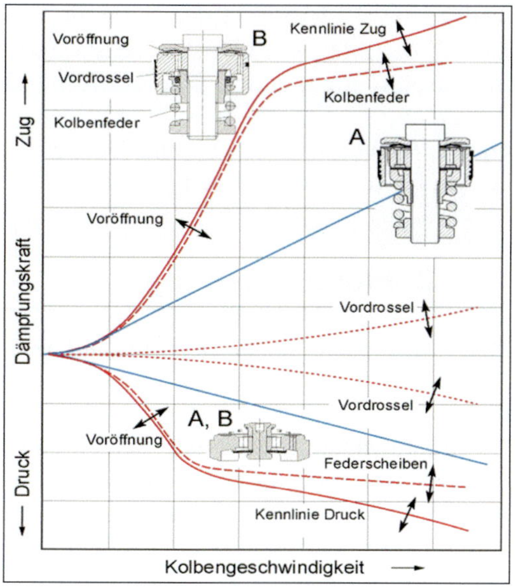

Abb. 10.10 Kennlinien von Zweirohrdämpfern [1]

keits-Charakteristik kann linear sein, heutzutage werden aber verschiedentlich degressive Charakteristika gewünscht.

Abb. 10.10 zeigt einige Dämpfungskraftkennungen für Pkw-Dämpfer. Ihnen zugeordnet sind zwei unterschiedliche Ventilbauarten.

Die Bauart A arbeitet mit eingespannten Federscheiben, die eine annähernd lineare Charakteristik (blau) aufweisen. Die Bauart B besitzt eine dem Druckbegrenzungsventil angelehnte Charakteristik (rot). Wegen der heutigen Leichtbauweise der Achse wird in vielen Fällen eine degressive Kennung bevorzugt.

10.2.2 Einrohrdämpfer

Beim Einrohrdämpfer befinden sich der Arbeitsraum und der Ölvorratsraum in einem einzigen Zylinderrohr (Abb. 10.11). Öl und Gas werden durch einen beweglichen Trennkolben mit O-Ring-Abdichtung separiert.

Die Dämpfungsventile für die Zug- und Druckstufe sind am Kolben angeordnet. Beim Ausfedern des Fahrzeugs (Zugstufe, Abb. 10.11, rechts oben) setzt das Kolbenventil, das an der unteren Seite des Kolbens angeordnet ist, dem nach unten strömenden Öl Widerstand entgegen.

Das Gaspolster entspannt sich um den Betrag des austauchenden Kolbenstangenvolumens. Beim Einfedern des Fahrzeugs (Druckstufe, Abb. 10.11, rechts unten) wird das Öl aus dem unteren Raum durch den Kolben, gegen das Gaspolster und gegen das an der Oberseite des Kolbens angeordnete Ventil gedrückt.

Das Gaspolster verdichtet sich dabei um den Betrag des eintauchenden Kolbenstangenvolumens. Das Druckniveau beträgt im Regelfall 25 bis 30 bar (2,5 bis 3 MPa) und muss die Dämpfkräfte beim Einfedern ab-

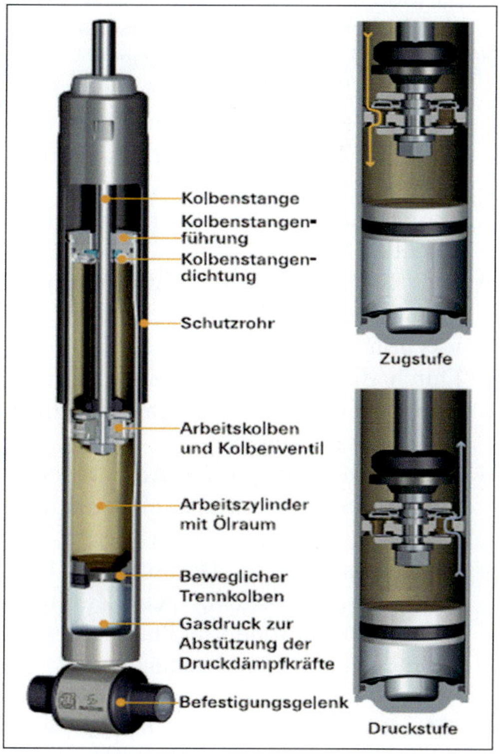

Abb. 10.11 Einrohrdämpfer: Aufbau und Funktion

stützen. Aufgrund des hohen Druckniveaus wird eine andere Dichtungsart eingesetzt als im Zweirohrdämpfer. Eine durch den Innendruck vorgespannte Gummischeibe spannt eine Viton-Dichtung vor.

Durch diese Vorspannung sowie eine glatte und verchromte Oberfläche der Kolbenstange gelingt es, diesen Dämpfer auch unter extremen Betriebsbedingungen bei Arbeitsdrücken bis über 110 bar (11 MPa) abzudichten.

10.2.3 Vergleich beider Dämpferarten

Die Eigenschaften des Einrohr- und Zweirohrdämpfers lassen sich wie folgt zusammenfassen:

- Durch den höheren Gasdruck des Einrohrdämpfers hat das Ventil geringere Kavitationsneigung: Die Dämpfung spricht bei kurzen Hüben besser an.
- Die Kennliniengestaltung beim Zweirohrdämpfer ist flexibler durch getrennte Ventile in Zug- und Druckrichtung. Die Druckdämpfung des Einrohrdämpfers ist eingeschränkt durch den Gasdruck, der die Druckdämpfkräfte abstützen muss.
- Die Reibung ist beim Einrohrdämpfer durch die druckbelastete Dichtung etwas höher.
- Durch die Anordnung des Ausgleichsraums baut der Einrohrdämpfer schlanker aber auch länger.
- Das Gewicht des Einrohrdämpfers ist aufgrund seiner Teileanzahl etwas niedriger.
- Die Einbaulage des Dämpfers ist beim Einrohrprinzip beliebig, beim Zweirohrdämpfer ohne Sondermaßnahmen senkrecht bis maximal 45° geneigt.

Der Zweirohrdämpfer hat sich heute weltweit als Standarddämpfer durchgesetzt, weil er im Federbein Einsatz findet. Der Einrohrdämpfer wurde bisher überwiegend in Europa angewendet. Für radführende Aufgaben, als Federbein ist er weniger geeignet. Aktuell wird es aber um Gewicht zu sparen für die Hinterachsen gefragt.

10.3 Dämpferauslegung

Peter Causemann , Alexander Gross und Anja Stretz

Dämpferauslegung wird per Berechnungsprogramme mit anschließenden empirischen Fahrversuchen vorgenommen. Dabei sind sowohl statische als auch dynamische Dämpfereigenschaften zu berücksichtigen.

10.3.1 Auslegung der Dämpfkraft

Grundsätzlich ist es möglich, über komplexe Fahrwerkberechnungsprogramme die Baugröße eines Dämpfers zu ermitteln. Da aber die endgültige Festlegung immer noch empirisch in Fahrversuchen an Serienprototypen erfolgt, ist es sinnvoll, die Baugröße des Dämpfers (Kolbendurchmesser) mit einfachen Berechnungsprogrammen durchzuführen, um Entwicklungszeit im Prozess zu sparen. Die Baugröße wird dabei hauptsächlich durch die benötigte Dämpferleistung bestimmt. Liegen keine Anhaltswerte vor, z. B. von Vorgängermodellen, ist eine Berechnung des Dämpfkraftbedarfes notwendig. Für eine überschlägige Festlegung des Dämpferdurchmessers genügt es, die max. Dämpfkräfte bei $v = 0{,}52$ m/s auszurechnen. Mit diesem Ergebnis kann über entsprechende Datenblätter der Stoßdämpferhersteller der Durchmesser bestimmt werden.

Zur Erfassung der für die Berechnungen notwendigen Daten werden Fragebögen wie von ZF angeboten [2].

- **Formelzeichen für die Dämpfkraftberechnung**

F – Dämpfkraft in N

F_m – mittlere Dämpfkraft in N

F_a – Dämpfkraft-Zugstufe in N

F_e – Dämpfkraft-Druckstufe in N

v_D – Kolbengeschwindigkeit in m/s, für die Rechnung

v_D – = 0,52 m/s, (Hub = 100 mm, Drehzahl = 100 min^{-1})

k – Dämpfungsfaktor in N s/m oder kg/s

D – Aufbaudämpfungsmaß, bei reibungsarmer Federung $D \approx 0{,}25$, bei großer Federreibung $D = 0{,}1$–$0{,}2$

c – Federkonstante auf das Rad bezogen in N/m m anteilige Aufbaumasse pro Rad in kg, für die Rechnung von 80 % der zulässigen Radlast ausgehen!

m – anteilige Aufbaumasse pro Rad in kg, für die Rechnung von 80 % der zulässigen Radlast ausgehen!

i – Übersetzung: Radweg zu Dämpferhub, Neigung des Dämpfers eingeschlossen.

q – Verhältnis von Zugkraft zu Druckkraft für Pkw: $q = 3$ bis 5; für Nkw: $q = 10$ bis 8.

- **Dämpfkräfteberechnung**

Der Durchmesser eines Dämpfers richtet sich, wie bereits erwähnt, nach den maximal wirkenden Dämpfkräften. Diese hängen ab vom Gewicht der zu dämpfenden Bauteile, von der Federkennung, Übersetzung und Neigung des Stoßdämpfers aus der Senkrechten. Bei der überschlägigen Berechnung des Dämpfkraftbedarfes geht man von einem vereinfachten Ersatzsystem und einer geschwindigkeitsproportionalen Dämpfung aus.

$$F = k \cdot v \quad [\mathrm{N}] \; D = \frac{k}{2 \cdot \sqrt{c \cdot m}} \tag{10.3}$$

Unter Berücksichtigung der Übersetzung i, in der die Schrägstellung des Dämpfers enthalten ist, ergibt sich die Dämpfkraft F_m bei gleicher Verteilung der Zug- und Druckwirkung.

$$F_\mathrm{m} = v_\mathrm{D} \cdot 2 \cdot D \cdot i^2 \sqrt{c \cdot m} \tag{10.4}$$

Im Allgemeinen wird der Dämpfer jedoch unterschiedlich eingestellt

$$\text{Druckstufe: } F_\mathrm{e} = F_\mathrm{m} \cdot \tfrac{2}{1+q} \; [\mathrm{N}] \tag{10.5}$$

$$\text{Zugstufe: } F_\mathrm{a} = F_\mathrm{m} \cdot \tfrac{2 \cdot q}{1+q} \; [\mathrm{N}] \tag{10.6}$$

- **Berechnungsbeispiel**

Vorgaben für eine Limousinen-Hinterachse:

- zul. Achslast: $m' = 800$ kg
- anteilige Aufbaumasse pro Rad (80 % der zul. Radlast): $m = 800/2 \times ,8 = 320$ kg,
- Rad bezogene Federkonstante: $c = 20.000$ N/m, Dämpfungsmaß Aufbau (Federreibungsanteil): $D = 0{,}25$
- Übersetzung (Radweg zu Dämpferhub): $i = 1{,}33$
- Verhältnis Zugkraft zu Druckkraft: $q = 4$

Berechnung (bei $v = 0{,}52$ m/s):

$$F_\mathrm{m} \approx 0{,}52 \cdot 2 \cdot 0{,}25 \cdot 1{,}33^2 \sqrt{20000 \cdot 320}$$

$$F_\mathrm{m} \approx 1160 \; [\mathrm{N}]$$

$$F_\mathrm{e} = 1160 \cdot \tfrac{2}{1+4} \approx 465 \; [\mathrm{N}]$$

$$F_\mathrm{a} = 1160 \cdot \tfrac{2 \cdot 4}{1+4} \approx 1860 \; [\mathrm{N}]$$

Die Zugdämpfung liegt mit 1860 N bei $\upsilon = 0{,}52$ m/s unter dem zulässigen Wert von 3000 N bei 0,52 m/s für die Dämpfergröße S27. Der Dämpfer S27 ist damit für diese Anwendung ausreichend bemessen.

Mit dieser vereinfachten Rechnung lässt sich die Dämpfereinstellung nicht optimal bestimmen. Dazu bedarf es umfangreicher Abstimmversuche am Fahrzeug. Das Rechnungsergebnis lässt sich aber gut zur Ermittlung der Dämpfergröße verwenden.

10.3.2 Dynamische Dämpfereigenschaften

Wie in ► Abschn. 10.2 gezeigt, besteht ein Schwingungsdämpfer aus einem mit Öl gefüllten Zylinderrohr und einer Kolbenstange mit Kolben. Während des Betriebes entstehen im Dämpfer große Druckunterschiede an den Ventilen, sodass die Elastizität von Arbeitsmedium und Zylinderrohr nicht mehr vernachlässigbar sind.

Diese Elastizitäten bewirken, dass der Dämpfer physikalisch nicht mehr nur ein dissipatives Kraftelement ist, sondern einer Reihenschaltung aus einem dissipativen (charakterisiert durch den Dämpfungsfaktor k) und einem konservativen (charakterisiert durch die Federkonstante c) Kraftelement entspricht [3].

Diese Reihenschaltung wird als Maxwell Kraftelement bezeichnet. Das bedeutet, dass die resultierende Dämpfkraft nicht mehr nur von der Geschwindigkeit abhängt, sondern auch noch von der Anregungsfrequenz. Bei sehr kleinen Frequenzen überwiegt die Dämpfkraft, bei sehr großen Frequenzen die Federkraft. Mathematisch wird das Maxwell-Element durch die dynamische Steifigkeit beschrieben. Dies ist eine komplexe Größe, bei der sowohl der Real- als auch der Imaginärteil von der Anregungsfrequenz, der Federsteifigkeit und der Dämpfung abhängen [4].

Damit ist erkennbar, dass sich der Stoßdämpfer je nach Betriebszustand und Anregung sehr unterschiedlich verhalten kann. Um dies zu erfassen, sind in der Regel nichtlineare Simulationen an semiphysikalischen Modellen im Zeitbereich für die gewünschte Anregung erforderlich.

Die Bauform des Dämpfers entscheidet maßgeblich über die Größe der Elastizitäten. So haben kurze Dämpfer mit großem Querschnitt eine kleinere Nachgiebigkeit als lange Dämpfer mit kleinem Querschnitt.

Behälterrohre mit großer Wandstärke sind weniger elastisch als solche mit dünner Wandstärke [3].

10.3.3 Dynamische Dämpfermoduleigenschaften

Behälterrohr und Kolbenstange werden immer über ein elastisches Kraftelement an den Aufbau bzw. Fahrwerk angebunden. Im Fall einer starren unteren Anbindung besteht ein Dämpfermodul, aus einem Maxwell-Element (Dämpferkraft), einem Trägheitkraft-Element (Kolbenstangenmasse), einem konservativen Kraftelement (Federbeinlager Steifigkeit) (◘ Abb. 10.12). Daraus ergeben sich zwei Schlussfolgerungen für das dynamische Verhalten des Moduls:

Erstens kann die Kolbenstange Schwingungen der Steifigkeit der Federbeinlager hervorrufen, die als Dämpferpoltern bekannt sind und zu komfortbeeinträchtigen Geräuschen führen können.

Zweitens für gegebene Aufbau- und Radmassen sowie deren Eigenfrequenzen in einem Drei Massenschwinger (Viertelfahrzeugmodell) genau eine optimale Parameterkombination von Dämpfungskonstante des Dämpfers und Federkonstante des Federbeinlagers (linearer Fall) gibt, bei der die Radlastschwankung des Systems für eine gegebene Anregung minimal ist. Wie in ► Abschn. 10.1 angemerkt wurde, beste-

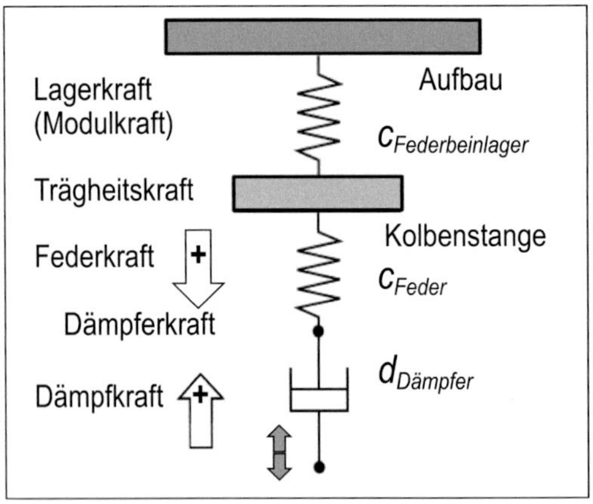

◘ **Abb. 10.12** Schwingungssystem aus Dämpfer und elastischer Anbindung hen reale Anregungen aus einem Frequenzgemisch, in dem Frequenzanteile sowohl innerhalb als auch außerhalb der Resonanzen enthalten sind. Die richtige Kombination von Dämpfungs- und Federkonstante führt dann zu einer minimalen Radlastschwankung. Sind Anteile mit großen Amplituden der Resonanzfrequenz von Rad oder Aufbau im Anregungsspektrum vorhanden, muss der Federbeinlager Steifigkeit im Modul groß sein. Dann wirkt hauptsächlich die Dämpfkraft. Sind kaum Resonanzfrequenzanteile vorhanden, muss die Dämpfkraftssteifigkeit groß sein, denn dann wirkt wesentlich die Federkraft des Federbeinlagers.

Die Federbeinlagersteifigkeit ermöglicht dem Rad ein leichteres vertikales Folgen der Anregungsunebenheiten außerhalb der Resonanzfrequenzen. Die Dämpfungssteifigkeit bedämpft hingegen Schwingungen im Resonanzbereich von Rad- und Aufbaumasse.

Für lineare Systeme kann die optimale Parameterkombination bei bekanntem Anregungsspektrum leicht mit Mitteln der linearen Systemtheorie gefunden werden. Für nichtlineare Systeme gelingt dies durch Systemsimulationen für die gewünschte Anregung [3, 5].

Die Abstimmung der vertikaldynamisch relevanten Fahrwerkparameter (auch Vertikal- oder Fahrwerkabstimmung genannt) hängt von den gewünschten Eigenschaften auf Gesamtfahrzeugebene für Fahrkomfort sowie Quer- und Längsdynamik ab. Die Ermittlung der damit verbundenen Komponenteneigenschaften erfolgt einerseits mittels aufwendiger Abstimmfahrten, andererseits kommen verstärkt immer mehr Simulationsmethoden zum Einsatz, welche die Werte objektiver Gesamtfahrzeuggrößen prognostizieren. Die Festlegung der Zielwerte für diese Größen erfolgt individuell entsprechend den gewünschten Eigenschaften und sollten dabei auch maximal die subjektiven Zielvorstellungen abbilden.

Da das Fahrwerk auch wesentlich für die Geräuschentwicklung im Fahrgastraum verantwortlich ist, muss die Abstimmung der Fahrwerksparameter auch in dieser Hinsicht sehr sorgfältig erfolgen [6].

10.4 Zusatzfunktionen im Dämpfer

Metin Ersoy und Hans-Joachim Gilsdorf

Dämpfer in Kraftfahrzeugen haben eine Reihe von Funktionen zu erfüllen. Fahrzeughersteller verlangen daher in der Regel für jeden einzelnen Anwendungsfall eine mehr oder weniger maßgeschneiderte Lösung.

Um die Variantenvielfalt zu begrenzen, versuchen die Dämpferhersteller diese Wünsche auf der Grundlage eines Baukastensystems zu realisieren, d. h. Dämpfer werden nicht mit jedem beliebigen Durchmesser entwickelt und hergestellt, sondern es gibt eine begrenzte Anzahl von Durchmessern für Kolbenstangen, Arbeitszylinder, Behälterrohre und Schutzrohre. Diese Auswahl legt zugleich die Bandbreite der Dämpfung fest. Innerhalb dieses Durchmesserbereichs liegen die Dichtungsführungseinheit der Kolbenstange, das Kolben- und das Bodenventil, der Zuganschlag sowie die äußeren Gelenke ebenfalls als Standardbauelemente vor.

Auch Zusatzfunktionen wie Zug- und Druckanschläge, hubabhängige Dämpfung, amplitudenselektive Dämpfung und andere müssen aus diesen Gründen in einem Baukastensystem dargestellt werden. Nicht zuletzt sind fertigungstechnische Standards zu beachten.

10.4.1 Zug- und Druckanschläge

Durch Zug- und Druckanschläge wird der Hub eines Dämpfers eingeschränkt. Der Dämpfer begrenzt damit in vielen Fällen auch die Bewegung der Räder und hat oft erhebliche Lasten aufzunehmen, die bei seiner Auslegung zu berücksichtigen sind. Zug und Druckanschläge werden einerseits benötigt, um bei ungewöhnlich starken Anregungen (Durchfahren eines Schlaglochs, Überfahren einer Bordsteinkante) ein weiches Anschlagen des Dämpfers zu ermöglichen. Dies schont die Komponenten des Fahrzeugs und reduziert auch die bei diesen Fahrvorgängen entstehenden Geräusche.

Anderseits sollte das Fahrwerk über ausreichenden Hub verfügen und bezüglich der Federrate und des Dämpfungsmaßes so ausgeführt sein, dass die Anschläge nur in Ausnahmefällen zum Einsatz kommen.

In den meisten Fällen bestehen die Anschläge aus einer harten, meist progressiven Feder, die mit unterschiedlicher Werkstoffdämpfung ausgeführt werden. In einigen wenigen Fällen greift man insbesondere bei Zuganschlägen auf eine hydraulische Dämpfung zurück [7].

Der elastische Zuganschlag (◘ Abb. 10.13, links) ist an der Kolbenstange angebracht und wird meist über eine entsprechende Nutbefestigung an der Kolbenstange abgestützt. Bei entsprechender Zuganschlagwirkung drückt der Anschlag direkt auf die Kolbenstangenführung und belastet den gesamten Dämpfer auf Zug. Der Anschlagring wird elastisch verformt, die dabei aufgebrachte Energie gespeichert.

Beim hydraulischen Endanschlag in ◘ Abb. 10.13 rechts, wird die Energie in Wärme umgewandelt und somit dem System entzogen. Störende Schwingungen werden gedämpft und die angrenzenden Bauteile werden geringer belastet (keine Kraftspitzen). Hierbei fährt ein auf der Kolbenstange befestigter Steuerring bei Erreichen der Endlage in einen ringförmigen Arbeitsraum.

Das dadurch eingekammerte Ölvolumen wird über entsprechende Dosselquerschnitte aus dem Arbeitsraum verdrängt. Dadurch wird die Ausfederbewegung definiert im Anschlagbereich gedämpft.

◘ Abb. 10.14 zeigt einige elastische Zuganschläge in verschiedenen Ausführungen. Weiche Anschläge aus Polyurethan haben meistens sehr große Abmessungen. Kurze Anschläge bestehen vorwiegend aus relativ zähen und verschleißfesten Kunststoffen und erhalten die gewünschte Kennung durch entsprechende Formgebung. Alle verwendeten Werkstoffe zeigen eine geringe Hysterese, die dämpfend wirkt.

Eine Weiterentwicklung eines hydraulischen Zuganschlages zeigt ◘ Abb. 10.15 links. Diese Anordnung ermöglicht einen längeren Arbeitsweg, womit eine deutlich

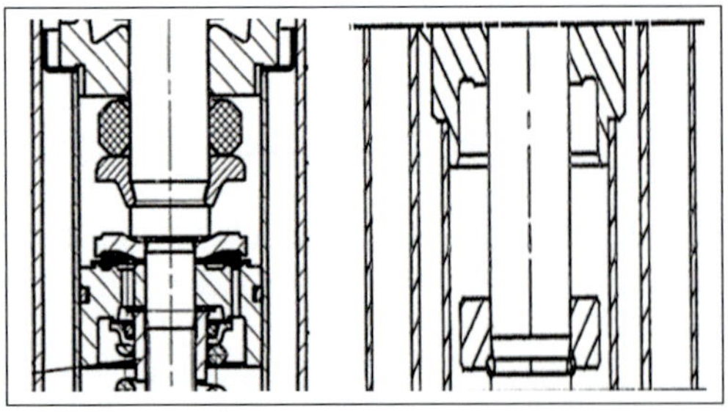

◘ **Abb. 10.13** Einfache und kurzbauende Zuganschläge, elastisch und hydraulisch

◘ **Abb. 10.14** Elastische Zuganschläge

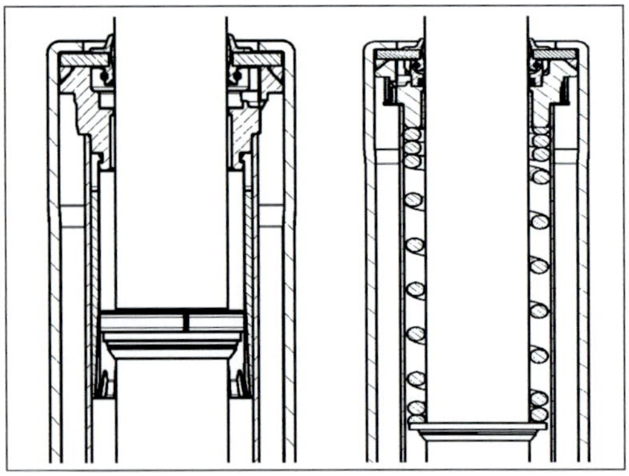

◘ **Abb. 10.15** Hydraulische und elastische Zuganschläge mit größerem Wirkhub

größere Energieaufnahme möglich ist. Um einen weichen Einsatz des hydraulischen Endanschlages zu erreichen, wird der Drosselquerschnitt wegabhängig kontinuierlich verringert. Die Wirkung des hydraulischen Endanschlages ist im Gegensatz zu federnden Anschlägen geschwindigkeitsabhängig. Wird der Zuganschlag zur Wankabstützung eingesetzt, so sind größere Federwege und höhere Federraten erforderlich. Daher werden Druckfedern eingesetzt. Diese stützen sich ebenfalls über eine Scheibe an der Kolbenstange ab (◘ Abb. 10.15, rechts). Beim Ausfedern des Rades wird durch die Anschlagfeder eine wegabhängige Kraft erzeugt, die der Tragfeder entgegen wirkt (Gegenfeder). Sie ermöglichen niedrige Stabilisator- und Federraten und so steigern den Fahrkomfort. Die Schraubenfedern werden aus hochfesten Federstählen gefertigt und sind manchmal als Rechteckfedern ausgeführt, um sie dem Bauraum bzw. der Beanspruchung optimal anzupassen.

Alle federelastischen Anschläge haben einen Nachteil; sie haben nur ein begrenztes Dämpfungsvermögen. D. h., die eingeleitete Energie wird beim Entlasten des Anschlages wieder abgegeben, was im Fahrzeug zu unerwünschten Nickbewegungen des Aufbaus führen kann.

Um jedoch die Vorteile beider Systeme zu verbinden, wurde der hydraulisch-mechanische Anschlag entwickelt. Hierbei wird eine Schraubenfeder mit einem hydraulischen Endanschlag kombiniert (◘ Abb. 10.16).

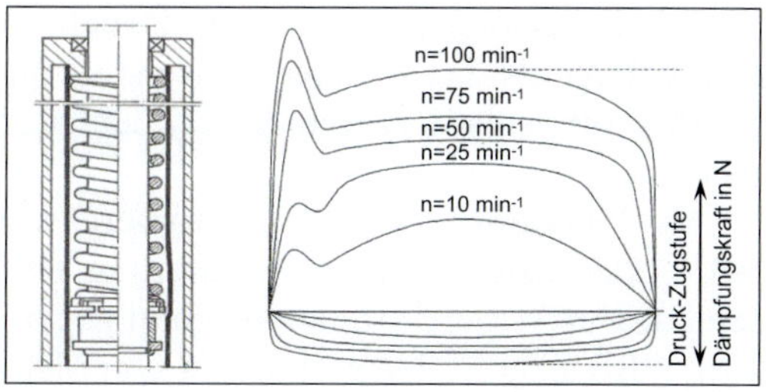

◘ **Abb. 10.16** Hydraulisch-mechanischer Anschlag

Druckanschläge erfüllen in der Regel zwei Funktionen: Zum einen begrenzen sie die Einfederung des Rades bei extremen Anregungen (Endanschlag). Zum anderen realisieren sie im Zusammenwirken mit der Aufbaufeder eine progressive Gesamtfederkennlinie (Zusatzfeder).

Darüber hinaus kann durch Einsatz der Druckanschläge die Wankabstützung verstärkt und die Nickbewegung des Fahrzeuges reduziert werden.

Der elastische Druckanschlag Gummi oder Elastomerkunststoff ist direkt unterhalb der Kolbenstangenbefestigung (Dämpfergelenk) auf die Kolbenstange aufgesteckt. ◘ Abb. 10.17 zeigt einen Druckanschlag und die zugehörige Federkennlinie.

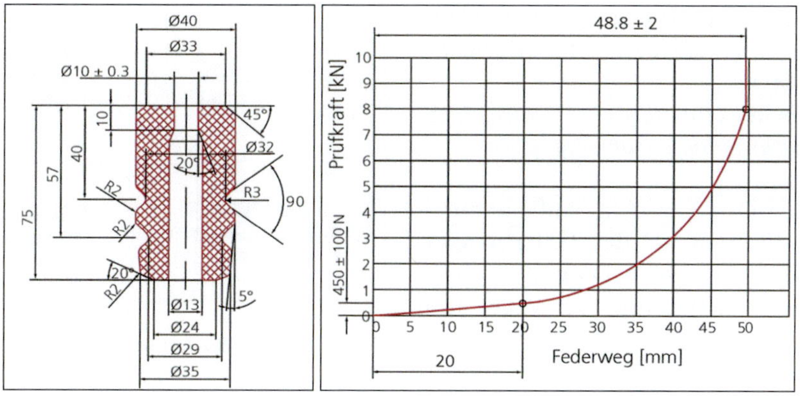

◘ **Abb. 10.17** Elastischer Druckanschlag

Bei Federträgern wird der Druckanschlag auch als Zusatzfeder verwendet, die parallel zur meist linearen Schraubenfeder arbeitet.

Als Werkstoff werden Elastomere wie NBR oder Mikrozelliges Polyurethan eingesetzt. Der Vorteil von Polyurethan gegenüber NBR liegt in der geringeren Querdehnung aufgrund der hohen Volumenkompressibilität des Materials. Dies ermöglicht deutlich kleinere Blockmaße im Vergleich zu NBR. Für einen guten Fahrkomfort ist ein sanfter Einsatz der Zusatzfeder ohne große Kraftsprünge entscheidend, sodass hieraus definierte Ansprüche an die Auslegung der Bauteileigenschaften entstehen.

Das Einlaufverhalten und die Federkennlinie lassen sich beeinflussen durch eine geeignete Formgebung und Materialauswahl. Aufgrund des geringen Dämpfungsvermögens von NBR oder Polyurethan-Elastomeren wird die beim Einfedern eingeleitete Energie bei Entlastung größtenteils wieder abgegeben. Dabei wird der Fahrzeugaufbau durch den Druckanschlag beschleunigt zurückbewegt. Dieser Effekt führt zu unerwünschten Aufbaubeschleunigungen (Fahrkomfort) und verursacht hohe Radlastschwankungen, die das Fahrverhalten des Fahrzeuges negativ beeinflussen können. Ziel ist es daher, ein Material mit einem verbesserten Dämpfungsvermögen zu entwickeln.

Alternativ ist die Kombination mit einem hydraulischen Druckanschlag möglich:
- *federnde Anschläge → Anschlagskraft wegabhängig*
- *hydraulische Anschläge → Anschlagskraft geschwindigkeitsabhängig*

Die über den Druckanschlag aufgenommenen Kräfte werden bei der Federbeinaufhängung über das obere Dämpferlager in den Aufbau weitergeleitet. Bei voller Einfederung in den Druckanschlag können extreme Kraftspitzen auftreten. Um Deformationen der Struktur zu vermeiden ist die Karosserie im Radhausbereich zu versteifen. Der Einsatz eines hydraulisch wirkenden Anschlages reduziert diese Kraftspitzen deutlich.

Eine kostengünstige Lösung für einen in den Stoßdämpfer integrierten hydraulischen Druckanschlag ist in ◘ Abb. 10.18 links dargestellt. Hierbei wird der Ölstrom zum Bodenventil bei Erreichen eines definierten Einfederweges gesperrt. Ein zusätzliches Druckbegrenzungsventil ermöglicht eine definierte Anschlagdämpfung.

Eine Weiterentwicklung des wegabhängigen Druckanschlages stellt der geschwindigkeitsabhängige hydraulische Anschlag in ◘ Abb. 10.18 rechts dar. Bei Einfedergeschwindigkeiten, wie sie im normalen Fahrbetrieb auftreten, wirken nur die konventionellen Ventile, was Vorteile im Fahrkomfort hat. Bei Überschreiten einer definierten Einfedergeschwindigkeit sorgen zusätzliche Einheiten an Kolben- und Bodenventil für einen sprunghaften Anstieg der Dämpfungskraft, sodass die Krafteinleitung in die Karosserie reduziert wird. Damit entsteht ein wirksamer Überlastschutz bei ex-

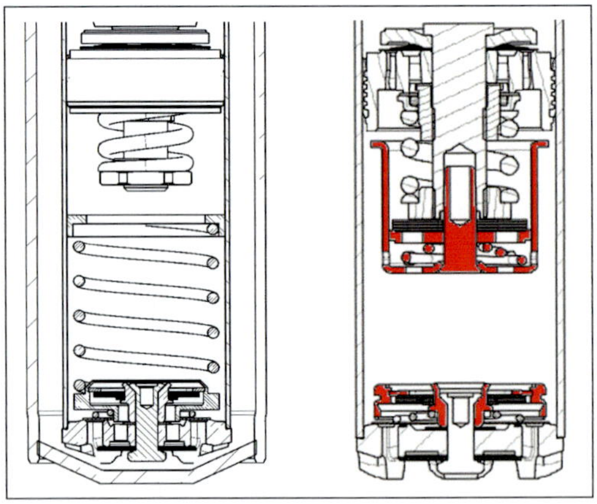

◘ **Abb. 10.18** Druckanschläge eingebaut in Dämpfer [1]

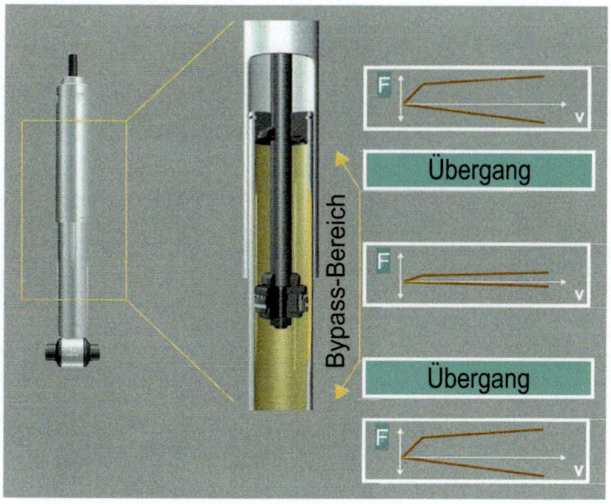

Abb. 10.19 Hubabhängiger Dämpfer (Vario Dämpfer) durch Nuten im Zylinderrohr [8]

tremen Fahrbahnanregungen (Schwellen, Schlaglöcher, Missbrauch).

10.4.2 Hubabhängige (Vario) Dämpfung

Die hubabhängige Dämpfung wird mithilfe einer Steuernut realisiert. Es handelt sich um einen Bypass in der Hydraulik (Abb. 10.19), der auf mechanischem Wege in den Zylinder des Stoßdämpfers eingeformt wird [8].

Diese Lösung ist einfach, funktionssicher sowie wirkungsvoll und weist ein gutes Preis – Leistungsverhältnis auf. Abhängig von Lage und Hub des Dämpfers überfährt der Kolben die Steuernut. Das über die Nut strömende Öl reduziert den hydraulischen Widerstand und dadurch die Dämpfung. Eine weiche hydraulische Übergangsfunktion lässt sich erzielen, indem die Übergangszonen zwischen vollem Nutquerschnitt und glattem Rohrteil als stetige Querschnittsveränderung ausgeführt sind. Dadurch werden Kraftsprünge und Stöße vermieden.

In Abb. 10.20 sind Dämpfungskraft-Hub-Kennlinien für verschiedene Hubabschnitte dargestellt. Im Übergangsbereich sind die Dämpfungskraft-Hub-Kennlinien nicht mehr symmetrisch, zeigen aber einen stetigen Verlauf, sodass der Übergang in der Praxis nicht spürbar ist. Eine stufenlose Veränderung der Dämpfung ist durch die Staffelung von zwei bis drei Nuten in Längsrichtung möglich. Diese hier beschriebene Lösung zeichnet sich durch folgende Merkmale aus:

- Sie lässt sich in vorhandene Dämpferbauarten integrieren oder gegen bereits vorhandene Dämpfer ohne bauliche Einschränkungen austauschen.
- Komplexe Steuerungselemente entfallen.

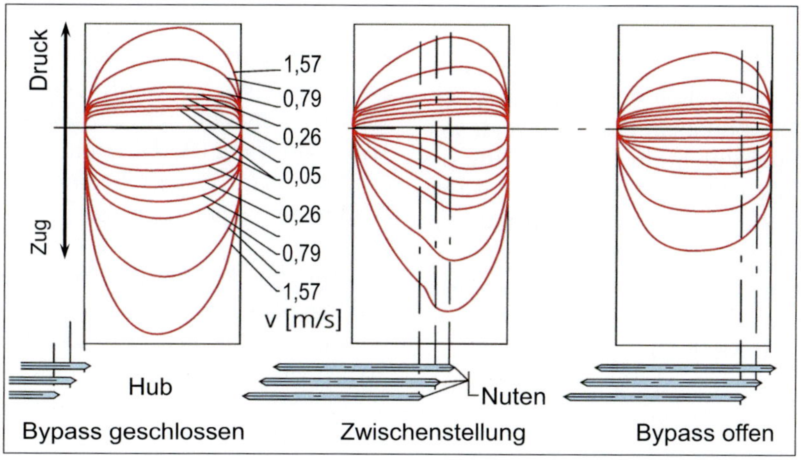

Abb. 10.20 Beeinflussung der Kennlinien durch Steuernut

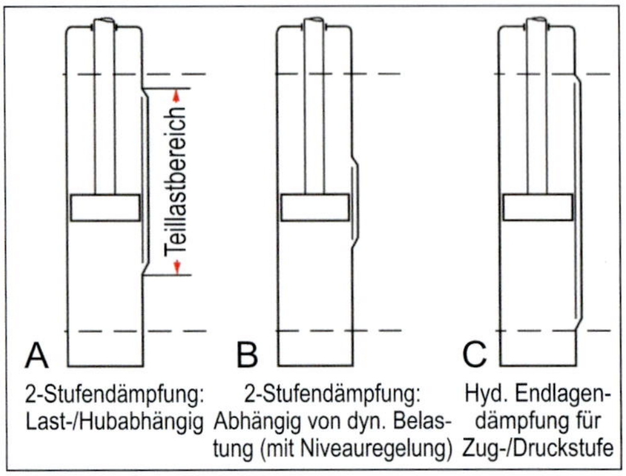

Abb. 10.21 Bypassgestaltung durch Steuernutlänge

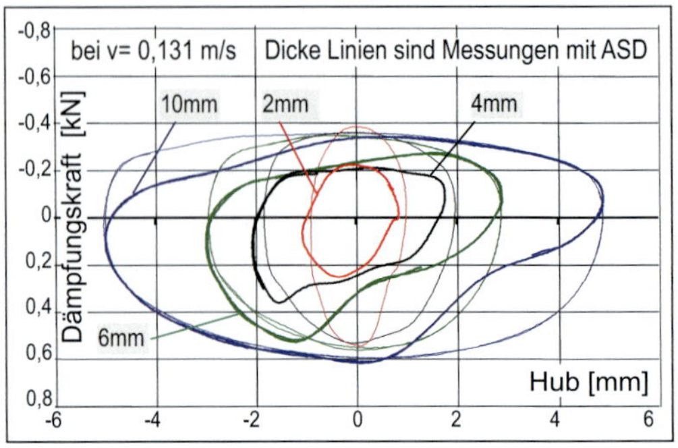

Abb. 10.22 Arbeitsdiagramm mit und ohne ASD

- Eine Verstellung an bewegten Teilen entfällt.

Der Vario-Dämpfer erfüllt verschiedene Anforderungen. Abb. 10.21 zeigt einige Beispiele: Befindet sich die Steuernut im oberen Arbeitsbereich des Kolbens (Ausführung A), so kann lastabhängige Dämpfung erzeugt werden. Der Dämpfer arbeitet mit zwei Kennlinien. Vom Leerzustand bis zum Teillastbereich bewegt sich der Kolben bei entspannter Stahlfeder innerhalb der Steuernut, bei voller Zuladung, d. h. bei zusammengedrückter Feder, im Bereich ohne Steuernut. Angewendet wird dieses Bauprinzip bei Zweirohrstoßdämpfern für parabelgefederte leichte Nutzfahrzeuge und an der Hinterachse verschiedener Pkw-Kombis.

Bei niveaugeregelten Fahrzeugen erreicht man eine bei optimalem Aufbauniveau weiche Dämpfung durch eine in der Mitte des Dämpfers angeordnete kurze Nut (Ausführung B für Busse und Fahrerhausfederungen).

Bei relativ langen Nuten kann dieses Prinzip als Zug-Druckanschlag verwendet werden (Ausführung C).

Im Nutbereich wird die normale Dämpfung eingestellt. Außerhalb der Nut liegt eine erhöhte Dämpfung vor.

Ein Vario-Dämpfer kann auch aufgrund von kinematischen Einflüssen von Vorteil sein. Die hubabhängige Dämpfung ist hierbei besonders wirksam bei Einrohrstoßdämpfern, da die Dämpfung in beiden Richtungen allein vom Kolbenventil beeinflusst wird. Bei Zweirohrstoßdämpfern wird sie dagegen in Druckrichtung im Wesentlichen vom Bodenventil beeinflusst. Eine hubabhängige Dämpfung mit Steuernut ist deshalb nur eingeschränkt in Druckrichtung möglich.

10.4.3 Amplitudenselektive Dämpfung

Die Dämpfung muss auf sehr unterschiedlichen Straßenunebenheiten angepasst werden. Höherfrequente Anteile der Schwingungen treten bei Radhüben bis ca. 5 mm auf. Dies macht sich die amplitudenselektive Dämpfung (ASD) zunutze.

Das Ventilsystem bedämpft die ersten Millimeter einer Bewegung geringer, um dann bei Überschreitung einer Grenze auf das für den Aufbau benötigte Dämpfungsmaß anzusteigen [9].

Zur Erläuterung zeigt Abb. 10.22 das Arbeitsdiagramm eines amplitudenselektiven Dämpfers bei einer sinusförmigen Anregung. In Hubmitte wird jeweils die glei-

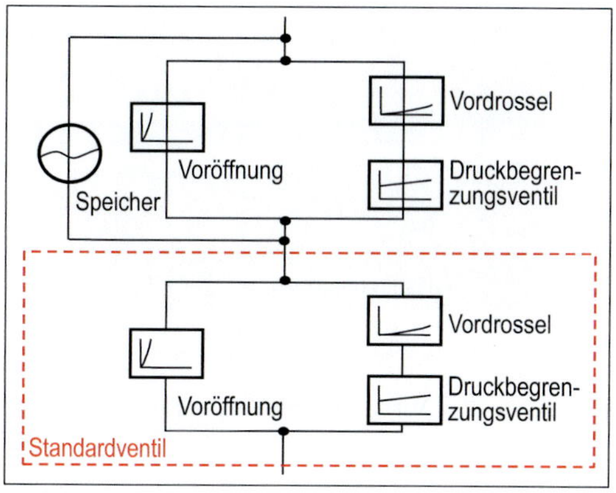

Abb. 10.23 Funktionsprinzip einer amplitudenselektiven Dämpfung (ASD)

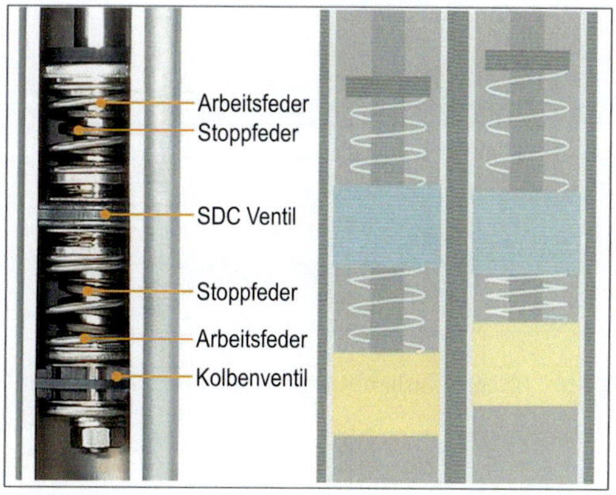

Abb. 10.24 Konstruktive Ausführung eines ASD-Ventils

che Dämpfergeschwindigkeit, hier 0,131 m/s, erreicht.

Bei Hüben von weniger als 5 mm ist die Dämpfung erheblich reduziert, erkennbar am Vergleich mit den Kennlinien eines herkömmlichen Dämpfers ohne ASD (dünne Linien). Das Prinzip wurde in der Mercedes A-Klasse realisiert [10].

Nicht in allen Fällen genügt jedoch diese konstruktive Lösung, weil sie die im Stoßdämpferbau übliche mehrteilige Ventilfunktion mit Ihren vielfältigen Gestaltungsmöglichkeiten unberücksichtigt lässt.

Abb. 10.23 zeigt das Blockschaltdiagramm des Systems, und Abb. 10.24 einen Einrohrdämpfer mit einem Ventilaufbau nach diesem Funktionsprinzip. Diese Technik ist auch für Zweirohrdämpfer einsetzbar, allerdings mit gewissen Abstrichen bei der Druckdämpfung.

Das Basisventil ist wie bisher fest mit der Kolbenstange verbunden und bedämpft somit kontinuierlich die Bewegung (wie bei einem konventionellen Einrohrdämpfer). Das ASD-Ventil ist zwischen zwei Federn aufgehängt, die dem Dämpfer je nach Achsübersetzungsverhältnis und Abstimmphilosophie einen Freiweg einräumen. Nach Aufbrauch dieses Tothubes trägt das bewegliche Ventil mit den Funktionen Voröffnung, Vordrossel und Druckbegrenzungsventil zur Gesamtkennung des Dämpfers bei und erhöht somit das Dämpfmaß für Aufbau und ggf. Achse.

Ob die ASD-Funktion immer diese Vorteile für den Fahrzeugnutzer bietet, hängt von der Zielsetzung der Fahrzeugabstimmung sowie von den konstruktiven Gegebenheiten der Achse und den Eigenschaften ihrer Bauteile ab. Besonders bei der Abrollkomfort und Unterdrückung der Kopierbewegung sind jedoch eindeutig Vorteile zu erreichen (Abb. 10.25).

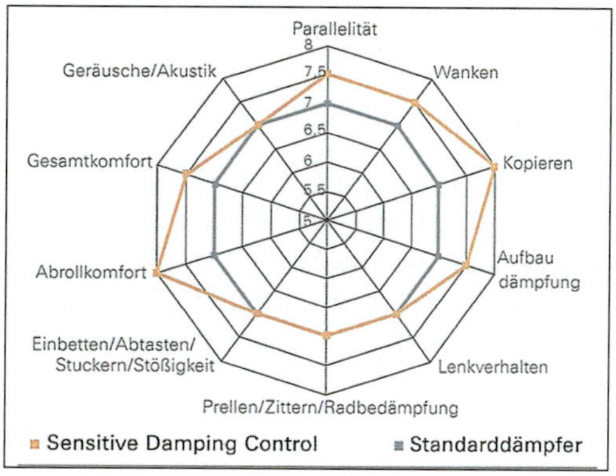

Abb. 10.25 Gegenüberstellung der ASD und Standarddämpfer [9]

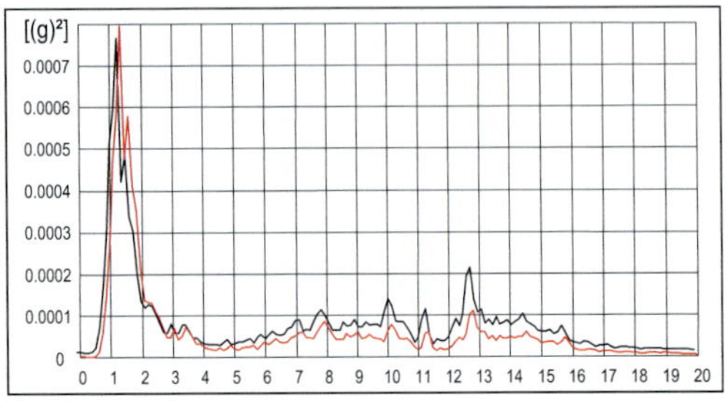

Abb. 10.26 Aufbaubeschleunigung bei ASD-Ventil

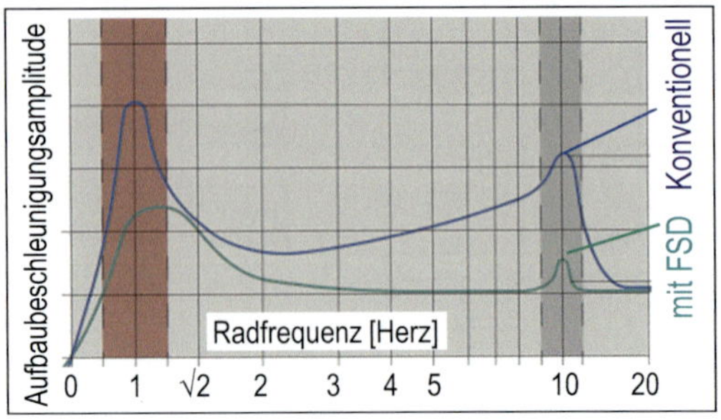

Abb. 10.27 Aufbaubeschleunigung bei FSD-Ventil

Abb. 10.26 zeigt im Pkw gemessene Aufbaubeschleunigungen, die aufzeigen, dass das ASD-Ventil (rote Kennlinie) in Bezug auf den Komfort hier eindeutig Vorteile bietet, ohne bei der Radlastschwankung Unterschiede zum konventionellen System zu zeigen.

10

10.4.4 Frequenzselektive Dämpfung

Bei diesem Prinzip ist unter dem Kolben eines konventionellen Dämpfers ein Zusatzventil angeschraubt, das während der Zugstufe ein frequenzabhängiges Bypass-Volumen durchlässt und dadurch die Dämpfungskonstante beeinflusst.

Während der Zugstufe und in niedrigen Frequenzen kann das Öl durch den Kanal in der Kolbenstange zur Zusatzkammer fließen und den Druck erhöhen. Als Folge werden die Steuerventile am Kolben zugedrückt und dadurch erhöht sich die Dämpfungskraft.

In hohen Frequenzen bleibt für das Öl zu wenig Zeit um den Druck in der Zusatzkammer zu erhöhen. Als Folge bleibt das Hauptventil unbeeinflusst. Die Dämpfungskraft sinkt. Da die Zugstufe eher zur Bedämpfung der Aufbaubewegungen im Eigenfrequenzbereich verwendet wird, verbessert sich dadurch der Fahrkomfort. Die Druckstufe wird dagegen vom Ventil gar nicht beeinflusst, sodass die Fahrsicherheit durchgehend unverändert bleibt.

Das Ventil ist so eingestellt, dass bis zu 3–5 Herz kein Bypass entsteht und erst dann immer mehr Öl ungedämpft durch das Ventil fließt. Ab 12–15 Herz ist das Zusatzventil keinen Einfluss mehr. Dadurch wird der Aufbau bei hohen Frequenzen ca. ab 80 km/h nicht durch die Dämpfungskräfte gestört.

Ein Nachteil des Prinzips ist jedoch, dass die Raddämpfung der Zugstufe auch im Bereich der Radeigenfrequenz kleiner wird. Da das System aber nur während der Zugstufe arbeitet, wird die Raddämpfung beim Einfahren des Rades nicht beeinflusst [11]. Abb. 10.27 zeigt die Aufbaufrequenzen mit und ohne FSD-Ventil. Der steigende Komfort, welcher hier durch eine verringerte Aufbaubeschleunigungsamplitude über der Frequenz quantifiziert wird, ist klar zu erkennen.

Das FSD-Ventil hat eine in Axialrichtung frei bewegliche und durch einen Tellerfeder vorgespannte Masse. Darunter befindet sich eine mit einer Zusatzöffnung mit der Kolbenstangenseite verbundene Zusatzkammer. Erhöht sich der Druck in der Zusatzkammer, wird der Bypass-Kanal geschlossen (Abb. 10.28).

Ein Vorteil des Konzepts liegt darin, dass keine Elektronik, Steuerungen oder Aktuatoren notwendig sind, sodass Kosten und Integrationsaufwand deutlich geringer als bei geregelten Systemen sind. In

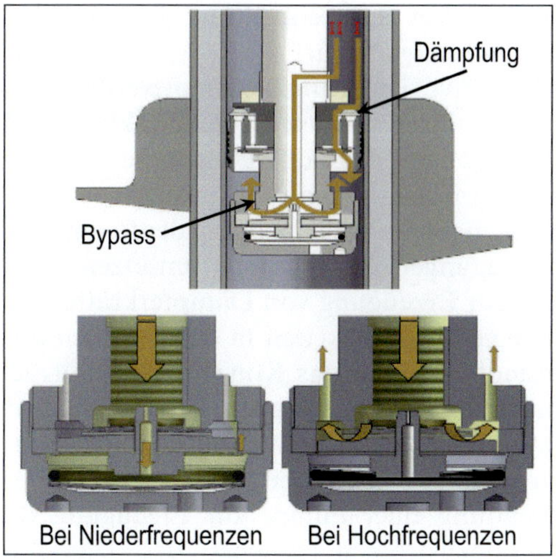

Abb. 10.28 FSD-Ventil Funktionsprinzip [11]

Verbindung mit den Vorteilen gegenüber konventionellen Dämpfer bietet der frequenzselektive Dämpfer somit ein sehr gutes Preis-Leistungs-Verhältnis.

10.5 Dämpferlager

Reinhard Sonnenburg und Anja Stretz

Dämpfergelenke dienen zur Befestigung des Dämpfers oben am Hilfsrahmen oder Aufbau bzw. unten am Achskörper oder Lenker. Sie haben folgende Aufgaben und Eigenschaften:

- Ausgleich der Herstellungstoleranz der Achse,
- kardanische Winkelnachgiebigkeit bei möglichst geringem Gegenmoment, um kinematische Bewegungen aufzufangen,
- elastokinematische Eigenschaften im Rahmen der kompletten Radkinematik,
- Geräuschisolierung bei Schwingungen > 30 Hz.

Grundsätzlich unterscheidet man Ring- und Stiftgelenke (Abb. 10.29). Beim Ringgelenk werden alle drei Bestandteile

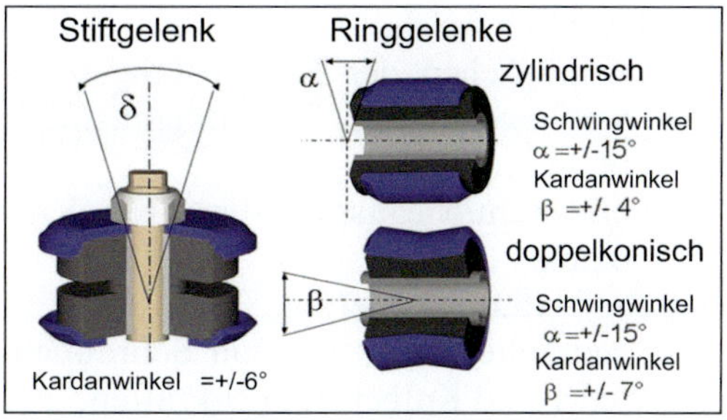

Abb. 10.29 Gelenke für Stoßdämpfer [8]

durch hohe statische Vorspannung miteinander verbunden. Für besonders hohe Beanspruchungen, die z. B. an Federträgern oder HD-Dämpfern (HD, *Heavy Duty*) auftreten können, wird der Gelenkgummi mit der Gelenkbuchse durch Vulkanisation verbunden.

Die beiden Gelenkarten können unterschiedliche Schwingwinkelauslenkungen ertragen. Als maximale Winkelausschläge gelten für das Ringgelenk $\alpha/2 = 15°$ und $\beta/2 = 4°$ und für das Stiftgelenk $\delta/2 = 6°$.

Um eine möglichst geringe Dämpferreibung und einen geringen Verschleiß zu gewährleisten, sind die Dämpfer bei normalem Niveau des Fahrzeugaufbaus möglichst unverspannt einzubauen.

Bei Federbeinstützlagern (Abb. 10.30) sehen die Anforderungen wie folgt aus [12]:

- unterschiedliche Steifigkeiten in *X*, *Y*, *Z*,
  - einfacheres Tunen bei Fahrzeugabstimmung,
  - Komfortgewinn bei gleichbleibendem Handlingverhalten,

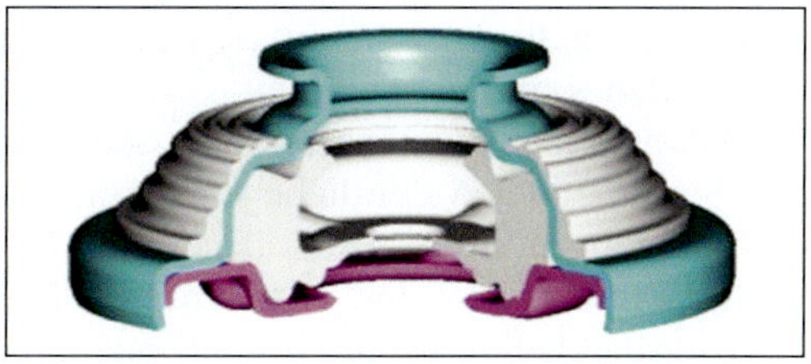

Abb. 10.30 Gelenke für Federbeinstützlager [12]

- kardanisch weich,
  - Ermöglichen der Kolbenstangenauslenkung für alle Federungszustände und Lenkwinkel,
  - nur Schubbeanspruchung bei Kardanik,
- gute Geräuschisolierung,
  - getrennte Einleitung von Schraubenfeder und Kolbenstangenkräften,
  - Vermeidung von Dröhn und Poltergeräuschen,
- variable, axiale Anschlagcharakteristik, ausreichender Korrosionsschutz der Blechteile (Lackierung; Gummierung),
- hohe mechanische Beanspruchbarkeit,
  - Aufnehmen der Dämpfkräfte (innerer Pfad),
  - Aufnehmen der Federkräfte (äußerer Pfad),
  - Aufnehmen der Pufferkräfte,
- Verwendung für unterschiedliche Fahrzeugvarianten durch Variation des Vulkanisationsteils mit der Kolbenstangenbefestigung (Baukasten).

10.6 Ausführungen von Dämpfungssystemen

Metin Ersoy , Carsten Hoffmann und Peter Causemann

Dämpfer arbeiten grundsätzlich passiv, adaptiv oder semi-aktiv. (s. ► Abschn. 16.3.2). Passive Ausführungen haben nur eine Kennlinie, adaptive dagegen haben meistens 3 Kennlinien. Semi-aktive Systeme können durch die kontinuierliche Stromverstellung theoretisch unendlich viele Kennlinien innerhalb einer minimalen und einer maximalen Kennlinie abbilden.

Adaptive und insbesondere semi-aktive Systeme bieten deutliche Fahrkomfortverbesserungen ohne große Energie-, Gewicht-, Bauraum- und Kostenzuschläge. Hier werden lediglich die Drossel- oder Viskositätseigenschaften geändert. Da dabei keine Massen bewegt werden müssen, geschieht dies sehr schnell und mit sehr niedrigem Energiebedarf.

Aktive Federungssysteme werden konzipiert durch hinzugefügen ein aktives Stellelement zur Aufbaufeder, welche aufgrund ihres mechanischen Wirkprinzips, die statischen Stellkräfte in äquivalente statische Bewegungen des Aufbaus umsetzen kann. Da zur Erzeugung von Dämpferkräften Relativgeschwindigkeiten in den Ventilen notwendig sind, ist das Konzept grundsätzlich nicht in der Lage, wegen äußerer Stellwirkungen statische Bewegungen in den Fahrzeugaufbau zu übertragen. Durch Verwendung einer Pumpe zur Erzeugung von Volumenströmen zwischen den Dämpferkammern/-ventilen, kann dadurch jedoch indirekt eine aktive Wirkung erzeugt werden, die auch bei statischen Fahrzuständen eine Bewegung des Aufbaus ermöglicht, vergleichbar zur oben genannten aktiven Federungssystemen. Diese Systeme werden als aktive Dämpfungssysteme bezeichnet.

10.6.1 Adaptive Dämpfungsausführungen

Für adaptive Ausführungen werden üblicherweise nur die Weg- oder Beschleunigungssignale des Aufbaus ausgewertet und über eine Schwellwertregelung die Stellgröße ermittelt. Die Dämpferkennung lässt sich zwischen mehreren Kennlinien stufenweise einstellen.

Die durch eine adaptive Dämpfung erzielbaren Vorteile gegenüber einer passiven Dämpfung zeigt ◘ Abb. 10.31 [13] anhand von Simulationsergebnissen mit einem Viertelfahrzeugmodell. Die weichen, mittleren und harten Kennungen zeigen jeweils in unterschiedlichen Frequenzbereichen der Anregung Vorteile bezüglich der Aufbaubeschleunigung und Radlastschwankung. Die adaptive Strategie kann diese Vorteile in sich vereinen, indem situationsgerecht zwischen den jeweiligen Kennungen zur Erreichung des optimalen Verhaltens umgeschaltet wird.

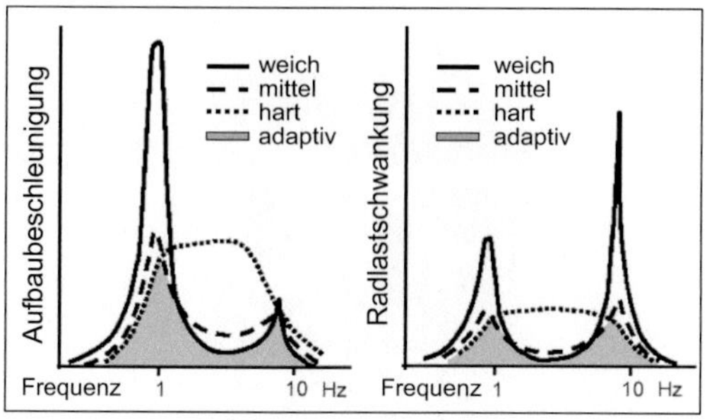

Abb. 10.31 Vorteile der adaptiven Dämpfung [13]

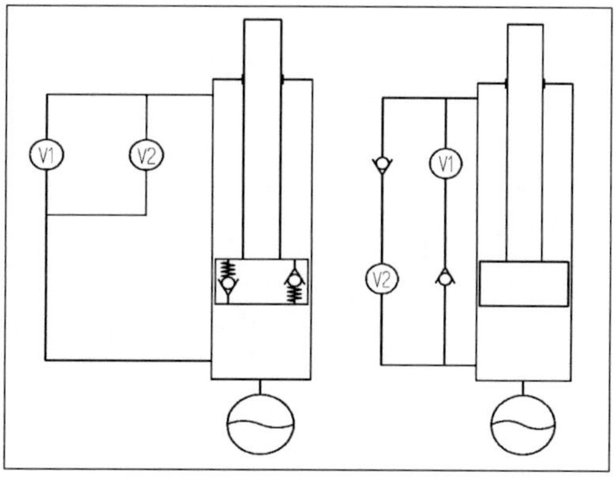

Abb. 10.32 Prinzip Sky-Hook-Ventile „Einrohr"

Adaptive Fahrwerke benötigen deutlich mehr Bauraum als Standardfahrwerke. Neben den Federn und den Dämpfern muss auch noch die Sensorik untergebracht werden. Auch sind die Verstellfahrwerke meist etwas schwerer. Der Hauptnachteil liegt jedoch in den hohen Kosten. Ein gewisses Risiko bestehe auch darin, dass durch die komplexe Technik häufiger technische Defekte auftreten können. Durch die Sensorik und die Steuerungsventile gibt es schlicht mehr Fehlerquellen [14].

Eine frühe Ausführungsform war das EDC-System *(Electronic Damper Control)* von BMW, welches in Zusammenarbeit mit Boge und VDO entwickelt wurde. Die Dämpferkennlinien werden hier adaptiv in drei Stufen mittels einer Steuerelektronik verstellt. Die Identifizierung der Fahrbahnanregung erfolgt mithilfe des Aufbaubeschleunigungssensors.

10.6.1.1 Verstellbare Dämpfung mit zwei Ventilen

Neben den regelbaren Dämpfern mit nur einem Ventil gibt es auch solche mit zwei Ventilen. Ursprünglich wurden diese in den 80er Jahren benutzt, um bei Verwendung von Schaltventilen mit fester Bestromung die Bandbreite der Dämpfung zu erhöhen [15].

Diese Technologie wurde aus Kostengründen durch Proportionaldämpfer ersetzt. Heute werden „Mehrventildämpfer" nur noch als Sky-Hook-Dämpfer eingesetzt. Man verspricht sich davon eine schnellere Reaktion bei der Sky-Hook-Strategie (s. ▶ Abschn. 16.3.3.3).

Sky-Hook-Dämpfer erzeugen die Dämpfung in Ein- und Ausfederrichtung jeweils in getrennten Ventilen [8]. Dabei erfolgt die Anpassung an die Dämpfkrafthöhe schneller. Bei den hohen Sensorkosten vor einigen Jahren waren sie auch kostenmäßig nicht wesentlich teurer.

Das ▪ Abb. 10.32 und ▪ Abb. 10.33 zeigen Darstellung von je zwei Ausführungen dieser Dämpfer. Mit V1 und V2 werden die Dämpfventile in Druck- und Zugstufen bezeichnet. Rückschlagventile zur schnellen Umschaltung der Dämpfung sind an Dämpfventilen oder im hydraulischen Energiefluss angeordnet. Das Ausgleichsvolumen wird schematisch als hydraulischer Speicher bzw. Tank dargestellt. Die Prinzipschaltbilder sollen ohne Anspruch auf Vollständigkeit lediglich Möglichkeiten der Ausführung solcher Dämpfer zeigen.

Abb. 10.34 zeigt zwei Ausführungen von Mercedes, die viele Jahre in der S-Klasse zum Einsatz kamen [16].

10.6.1.2 Adaptives Dämpfungssystem (ADSII)

Das von ThyssenKrupp Bilstein entwickelte System ADS (*Adaptives Dämpfungssystem*) ermöglicht eine Beruhigung der Fahrzeugaufbaubewegung durch die an-

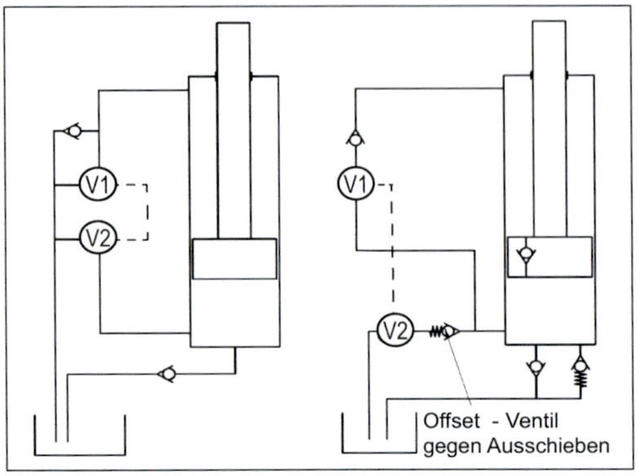

Abb. 10.33 Prinzip Sky-Hook-Ventile „Zweirohr"

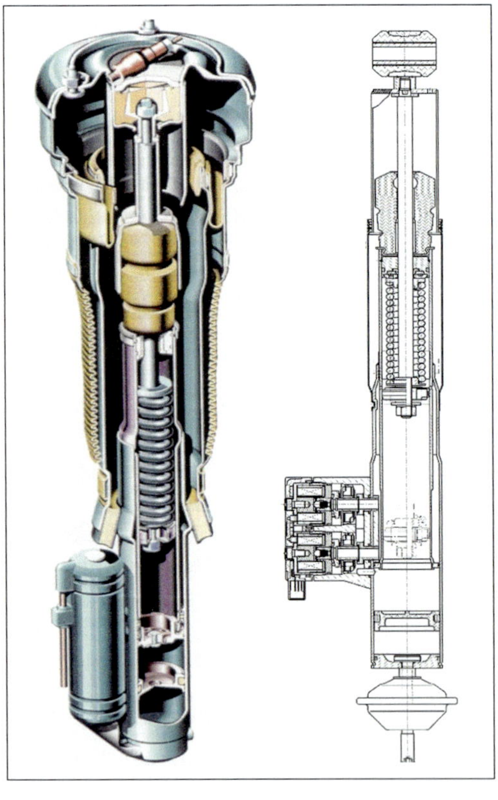

Abb. 10.34 Sky-Hook- Einrohrdämpfer Mercedes W220 (links) von TKA und W140 (rechts) von ZF

gepasste Verstellung von Zug- und Druckstufe, wobei beide Stufen getrennt eingestellt werden. Hierzu sind 2 Bypass-Ventile notwendig, wodurch sich insgesamt 4

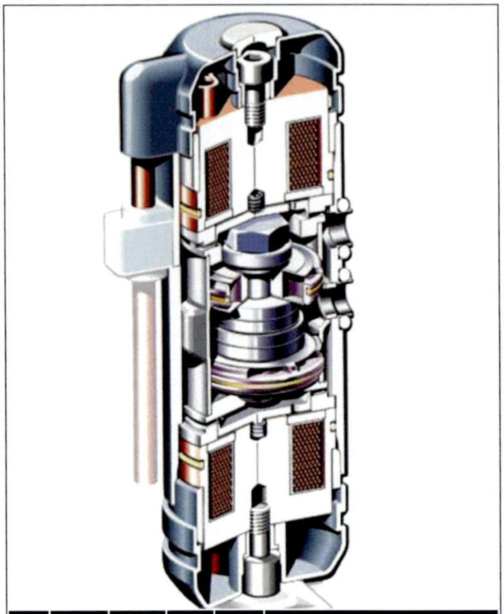

Stufe	Ventil 1	Ventil 2	Zug	Druck	Einsatz
1	an	an	weich	weich	Bei geringer dynamischer Anregung
2	an	aus	weich	hart	Skyhook-Modus
3	aus	an	hart	weich	Skyhook-Modus
4	aus	aus	hart	hart	Bei starker dynamischer Anregung

Abb. 10.35 Schnittdarstellung der Arbeitsventile (Thyssen-Krupp, Bilstein)

Kennlinien (Stufe 1–4) darstellen lassen. In **Abb. 10.35** ist eine Schnittdarstellung der Arbeitsventile zu sehen. Liegt nur eine geringe Vertikal- und Horizontaldynamik an, wird die Kennlinie 1 "Ausgangsbetriebsart" aktiviert. Das Fahrzeug soll maximalen Komfort bereitstellen. Bei Überschreitung der Vertikaldynamikschwelle wird die *Sky-Hook* Regelung aktiviert (**Tab. 10.1**).

Die Vertikaldynamikschwellwerte der Betriebsart Sky-Hook sind abhängig von Fahrerwunsch (Komfort/Sport), Straßenzustand, Fahrzeuggeschwindigkeit und Querbeschleunigung.

Tab. 10.1 Sky-Hook-Regelung mit ADS

Aufbaubewegung	Nach oben	Nach unten
Rad federt ein (Druck)	Druck weich	Druck hart
Rad federt aus (Zug)	Zug hart Stufe 3	Zug weich Stufe 2

Für eine Sky-Hook-Regelung werden lediglich die Stufen 2 und 3 je nach Einfederrichtung des Rades verwendet. Die Steuerung erkennt, ob der Aufbau sich nach oben hebt oder nach unten senkt, und beruhigt durch die entsprechende Kombination aus Zug- und Druckstufe die Aufbaubewegung in Vertikalrichtung.

Bei auftretender Horizontaldynamik wird eine zweistufige Strategie aktiviert. Bei Überschreitung von mittelstarker Horizontaldynamik wird zunächst ausgehend von Kennlinie 1 radweise nur die Zug- oder Druckstufe hart gestellt. Bei weiter ansteigender Horizontalbewegung wird dann bei Überschreiten einer zweiten Schwellwertgrenze an allen vier Rädern die Zug- und die Druckstufe hart geschaltet (Kennlinie 4). Die beschriebenen Betriebsarten können sich ungestört überlagern (zum Beispiel beim gleichzeitigen Auftreten von Vertikal- und Querdynamik) [17].

Da sich die Regelung nur an der Bewegungsrichtung des Aufbaus orientiert, ist eine Umschaltung der Ventile im Bereich der Aufbaueigenfrequenz (~ 1 Hz) ausreichend (im Vergleich dazu arbeitet ein CDC-System im Bereich der Radeigenfrequenz von ~ 10 Hz).

Es wird nur die Aufbaubewegung ausgewertet, daher reicht ein Aufbauvertikalbeschleunigungssensor aus.

Die Bypass-Ventile der Dämpfungsmodule sind so gestaltet, dass sie im stromlosen Zustand geschlossen sind. Somit ist im Falle eines Systemausfalls sichergestellt, dass die größtmögliche Dämpfungskraft bereitsteht und somit die Fahrsicherheit gewährleistet ist.

Nachteilig des Systems sind die hohen Herstellkosten und die Komplexität in der Handhabung.

10.6.2 Semi-aktive Dämpfung

Um den Kompromisszwang bei der Auslegung von passiven Dämpfern hinsichtlich Fahrkomforts und Fahrsicherheit zu umgehen, ist eine automatischen Anpassung der Dämpfung an verschiedene Achslasten (konstantes Dämpfungsmaß), sowie die Einstellung auf unterschiedliche Fahrzustände und Strecken notwendig [18].

Die Abgrenzung der als semi-aktiv bezeichneten automatischen Dämpfungskraftregelung gegenüber vollständig aktiv wirkenden Systemen (ARS *Active Roll Stabilisation*, Aktive Wankstabilisierung und ABC *Active Body Control*, Aktive Federung/Dämpfung) lässt sich wie folgt beschreiben: mit einer verstellbaren Dämpfung lassen sich zwar alle Aufbaubewegungen und die Radlastschwankungen begrenzend oder verzögernd beeinflussen, aber nicht eliminieren. Das gestatten erst aktive Systeme, d. h. Systeme mit Energiezufuhr.

10.6.2.1 Lastabhängige Dämpfung (PDC) von ZF

Lastabhängige Dämpfer (z. B. PDC *Pneumatic Dämping Control*) sind konstruktiv ähnlich wie ein elektrisch verstellbarer Dämpfer aufgebaut. Ihre Dämpfungscharakteristik ist stufenlos verstellbar. Der Dämpfer eignet sich für Achsen mit einer Luftfederung, da unmittelbar die Druckluft in der Luftfederbeläge zur Ansteuerung des pneumatischen Ventils genutzt werden kann (■ Abb. 10.36). Abhängig von der Beladung (Luftdruck) wird die Dämpfung kontinuierlich proportional angepasst.

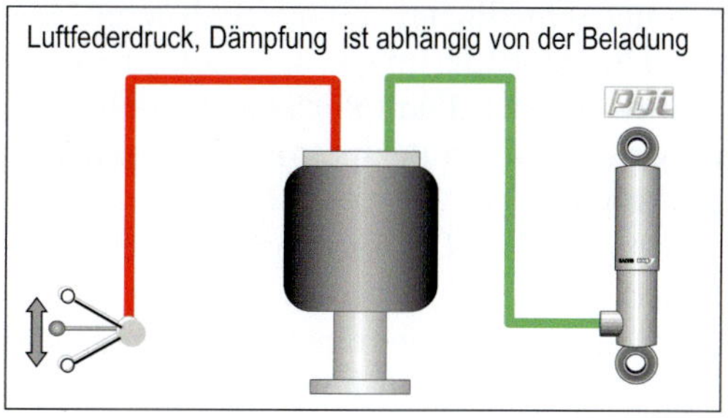

■ Abb. 10.36 Pneumatic Damping Control (PDC) [1]

Es gab zwar einige wenige Anwendungen im Pkw (z. B.: Audi Allroad) und bei den Nutzfahrzeugen, da dort der Gewichtsunterschied des Fahrzeugs beladen/leer deutlich höher ist und damit eine größere positive Wirkung in Richtung einer Erhöhung von Komfort und Sicherheit zu erreichen ist. Durch den aktuellen Trend zu elektrisch-verstellbare Dämpfung hat dieses Produkt den Bereich der Nische nie verlassen.

10.6.2.2 Elektrisch verstellbare Dämpfung mit einem Proportionalventil (CDC) von ZF

Seit 1980 werden elektronisch geregelte Dämpfungssysteme bekannt, von einfachen, handgeschalteten elektromotorischen Verstellungen über elektromagnetische Systeme mit adaptiven Dämpfungsstufen, bis zu den stufenlosen Systemen mit proportional wirkenden Dämpfventilen (CDC *Continous Damping Control*), die seit 1997 auf dem Markt sind. Diese nutzen die Fortschritte einer raschen Weiterentwicklung der Fahrzeugsensorik und -elektronik [1, 15].

Ein stufenlos regelbarer Dämpfer sollte für alle der drei folgenden Kriterien optimal anzupassen sein:

- gute Aufbaudämpfung,
- niedrige Radlastschwankung,
- gute Isolierung bei kleinen Anregungen,

Mit dem regelbaren Dämpfer müssen sich deshalb weitgehend degressive Kennlinien in unterschiedlicher Höhe realisieren lassen. Die Anforderungen an einen proportional wirkenden Dämpfer sind jedoch noch aus einer anderen Perspektive zu betrachten (■ Abb. 10.37).

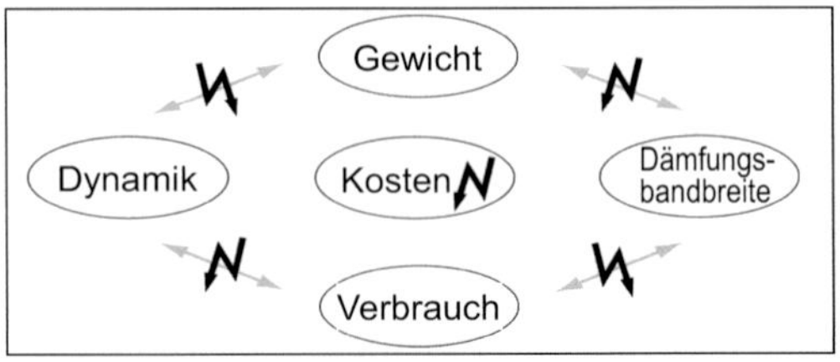

■ **Abb. 10.37** Anforderungen an einen CDC-Dämpfer, (CDC *Continous Damping Control*)

Eine hohe Dämpfungsbandbreite erfordert aufgrund der notwendigen großen Querschnitte bei niedriger Dämpfung relativ große Bauteile mit hohem Gewicht.

Der Stromverbrauch ist von der Ventilgröße abhängig. Ein geringerer Stromverbrauch könnte durch eine hohe Windungszahl ausgeglichen werden, diese würde jedoch zu einer unakzeptierbar geringen Dynamik des Ventils führen. Andererseits beeinflusst das Gewicht des Ventils seine Dynamik in negativer Weise. Man muss deshalb den bestmöglichen Kompromiss erzielen.

Innerhalb einer Fahrzeugbaureihe werden heute sowohl konventionelle als auch regelbare Dämpfer angeboten.

Bei heutigen Fahrwerken werden bevorzugt Teleskopstoßdämpfer eingesetzt. Daher stellt man sich auf die Integration des proportional wirkenden Dämpfventils in diesen Dämpfertyp ein.

Aufgrund der unterschiedlichen Anforderungen an den Bauraum bei Teleskopdämpferbauarten wie dem Federbein, Federträger in stahl- und luftgefederter Ausführung sowie bei konventionellen Zwei- und Einrohrdämpfern sind zwei Bauweisen entwickelt worden.

Abb. 10.38 links zeigt einen Dämpfer mit integriertem Proportionalventil, das als integraler Bestandteil des Verdrängerkolbens ist. Dieser Dämpfer arbeitet wie ein normaler Zwei- oder Einrohrdämpfer, bei dem der Kolbenanteil variiert werden kann. ■ Abb. 10.38 rechts zeigt den Aufbau eines Dämpfers mit extern angeordnetem Proportionalventil im Bypass der Verdrängereinheit.

Abb. 10.39 stellt die beiden Variationen bildlich dar. Die Funktionen des Dämpfers sind der Übersichtlichkeitshalber ver-

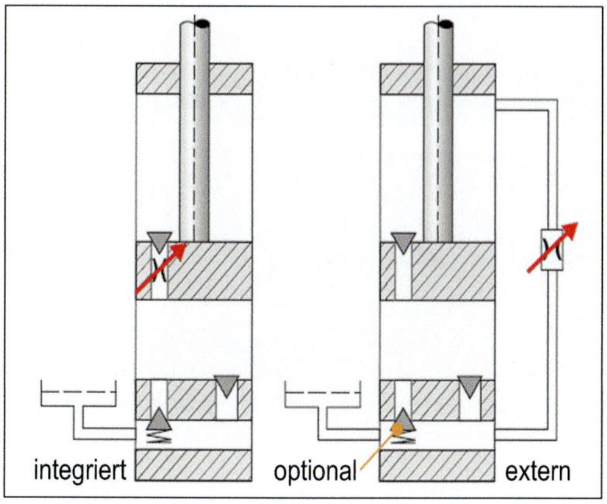

Abb. 10.38 Prinzipdarstellung CDC-Dämpfer

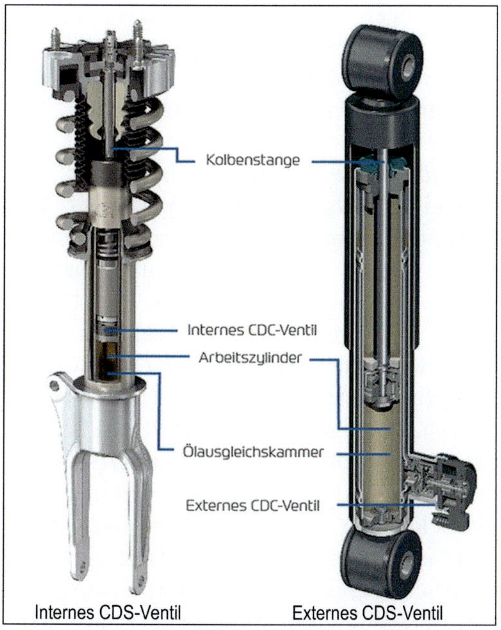

Abb. 10.39 Prinzipdarstellung CDC-Dämpfervarianten

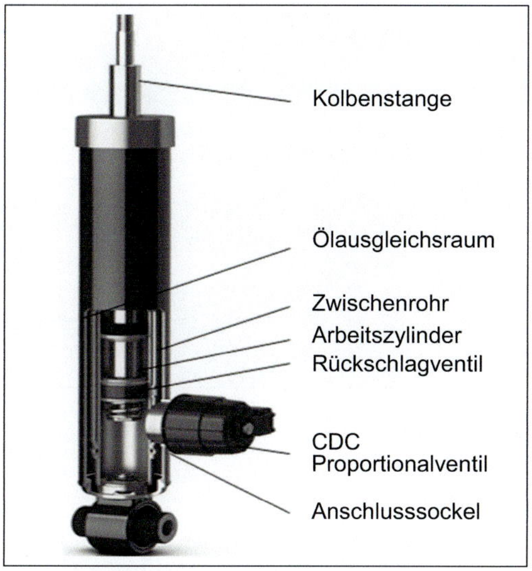

Abb. 10.40 CDC-Dämpfer mit externem Ventil

einfacht wiedergegeben. Das Kolben- und das Bodenventil sind im Allgemeinen jeweils mit einem Rückschlagventil versehen, sodass sowohl in Zug- als auch in Druckrichtung ein Ölstrom durch das Dämpfventil – hier als verstellbare Drossel dargestellt – fließt. Optional kann in Druckrichtung ein zusätzliches Druckbegrenzungsventil im Boden eingesetzt werden.

Abb. 10.40 zeigt die praktische Ausführung eines Dämpfers mit externem Proportionalventil. Der Bypass wird durch ein Ölführungsrohr realisiert, das schwimmend auf dem Zylinderrohr gelagert ist. Die Dämpfungsfunktionen werden vom außen liegenden Proportionalventil übernommen. Außer den Rohrsockel, das Ölführungsrohr und das Proportionalventil sind alle Komponenten des Dämpfers ähnlich denen konventioneller Dämpfer, um Kosten zu senken und dessen Integration in vorhandene Fertigungsstrukturen zu vereinfachen. Das Proportionalventil kann im unteren Bereich des Dämpfers in fast beliebiger Position am Außenumfang angebracht werden. Das erleichtert die Bauraumsuche in bereits vorhandenen Fahrwerkkonzepten.

Abb. 10.41 zeigt die Kennlinien eines Dämpfers mit Proportionaldämpfventil heutiger Bauart. Aufgrund der guten Kraft-/Strom-Linearität der Ventile mit variabler Druckbegrenzung und der daraus sich ergebende leichteren Regelbarkeit (Abb. 10.41 rechts) haben sich diese Bauarten gegenüber

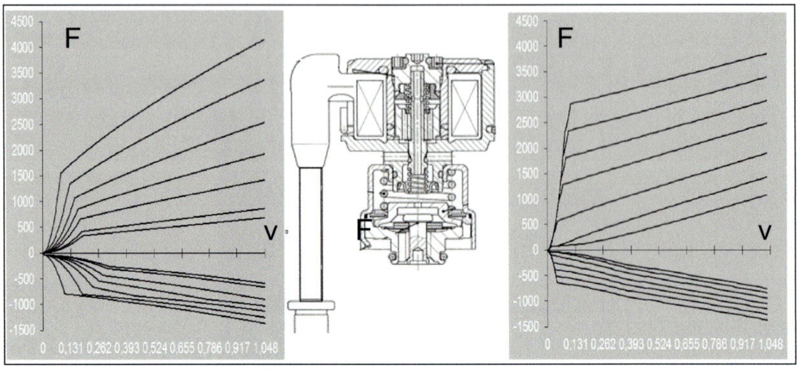

Abb. 10.41 Kennlinienjustierung des Proportionalventils: links Voröffnungsverstellung und rechts Druckbegrenzungsverstellung

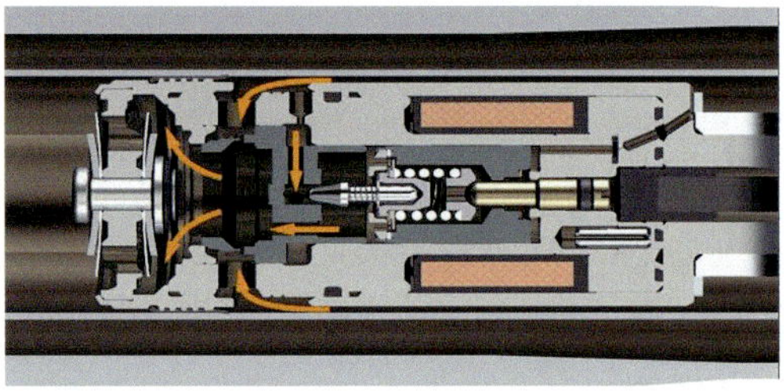

Abb. 10.42 Integriertes CDC-Proportionalventil [15]

einer Voröffnungsverstellung (Abb. 10.41 links) im Markt durchgesetzt.

Dargestellt sind Dämpfungskennlinien bei gleichem Ankerstrom, die Bandbreite des Kennfeldes Abhängig von der Ausfedergeschwindigkeit des Dämpfers.

Bei ungünstigen Abmessungen der Federbeinkolbenstange ist es möglich, die Dämpfung in Zug- und Druckrichtung unterschiedlich zu verteilen. Möglich wird dies durch den Einbau eines zusätzlichen Dämpfventils im Boden des Dämpfers.

Damit können sowohl in Zug- und Druckrichtung symmetrische als auch unsymmetrische Kennlinienfelder erreicht werden. Ähnliche Einflüsse erzielt man durch Veränderung des Kolbenstangendurchmessers bei gegebenem Zylinderdurchmesser.

Abb. 10.42 zeigt ein integriertes CDC-Proportionalmagnetventil. Diese Ausführung kommt dann zum Tragen, wenn wegen außen angeordneter Federn oder eines kritischen Freigangs ein externes Ventil nicht möglich ist, z. B. bei in Leichtbaudämpfern aus Aluminium oder Einrohrdämpfern.

Beide Konzepte haben sehr kurzes Antwortzeitverhalten im Bereich weniger Millisekunden. Um die Ergebnisse von Schaltzeitmessungen besser miteinander vergleichen zu können, wurde der Startpunkt durch die Signaländerung und das Ende durch Erreichen von 90 % der maximalen Dämpfungskraft definiert.

Abb. 10.43 zeigt die Schaltzeiten bei beiden Schaltrichtungen und unterschiedlichen Ein- und Ausfedergeschwindigkeiten. Die Schaltung von weicher auf harte Kennung ist etwas langsamer als umgekehrt, entspricht dennoch den Sicherheitsanforderungen. Abweichungen ergeben sich außerdem bei unterschiedlicher Ein- und Ausfedergeschwindigkeit des Dämpfers.

Da der Druck im Dämpfer selbst erzeugt wird, ist die Schaltzeit für den Druckaufbau, d. h. die Schaltung von weicher nach harter Kennung, bei höheren Aus- und Einfedergeschwindigkeiten kürzer als bei niedrigen Geschwindigkeiten.

Der Einfluss der unterschiedlichen Elastizitäten des Dämpfers auf dieses Verhalten ist groß. Neben den Rohr- und Ölelastizitä-

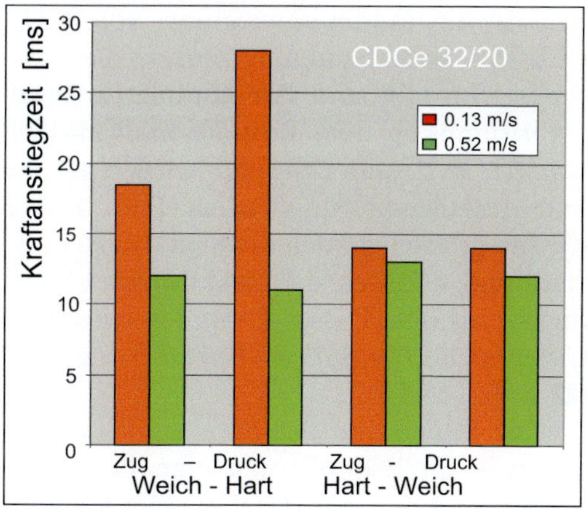

Abb. 10.43 Schaltzeiten bei verschiedenen Ein- und Ausfedergeschwindigkeiten

ten übt insbesondere die Lagerelastizität einen nicht unerheblichen Einfluss aus, sodass die Verzögerungen durch Ventilschaltzeiten oder induktive Vorgänge im Dämpfer deutlich in ihrer Bedeutung zurückgedrängt werden. Ein hochdynamischer Dämpfer muss deshalb eine geringe Elastizität aufweisen.

Es ist auch zu berücksichtigen, dass aus Komfortgründen für die Beseitigung der vom Rad erzeugten und über den Dämpfer übertragenen hochfrequenten Geräuschen bestimmte Dämpfungseigenschaften an die Lager gestellt werden. Schaltgeräusche werden vermeiden, wenn bei der Schaltzeit ein bestimmter Druckgradient nicht überschritten wird.

Die Dynamik des CDC-Dämpfers wird stark durch die im Dämpfer wirksamen Elastizitäten beeinflusst.

Um den Stromverbrauch von CDC-Systemen zu minimieren, werden die Ventile so ausgeführt, dass sie die weiche Kennlinie mit dem geringsten Strom (z. B. 0.4 A) und die selten notwendige harte Kennlinie mit dem maximalen Strom (z. B. 1.6 A) dargestellt wird.

Man unterscheidet zwischen „failsoft" „failadjust" und „failfirm" Ventilen. Die „failsoft" Variante aktiviert im stromlosen Zustand die weiche Charakteristik, die „failadjust" bzw. „failfirm" aktiviert über ein zusätzliches Ventil eine mittlere bzw. harte Charakteristik.

Das CDC-System erfasst über zwei Aufbaubeschleunigungssensoren im Bereich der Vorderachse und einen an der Hinterachse die Aufbaubewegung. Hierzu werden die drei Sensorwerte auf die vier Beschleunigungswerte, die an den Dämpferbefestigungspunkten wirken, umgerechnet. Zur Erfassung der Radbewegungen sind an den beiden Vorderrädern jeweils ein Beschleunigungssensor montiert. Die Signale der Vorderachse können unter Berücksichtigung der Fahrzeuggeschwindigkeit auf die Hinterachse umgerechnet werden. Aus diesen acht Beschleunigungswerten werden in dem CDC-Steuergerät die Relativgeschwindigkeiten der vier Räder in Vertikalrichtung berechnet.

Eine andere Möglichkeit ist die Erfassung der Relativgeschwindigkeiten über Höhenstandssensoren, die bei aktiven Federungssystemen vorhanden sind. Weitere Informationen, die den Fahrerwunsch bzw. Fahrzustand erfassen, werden über den CAN-Bus übermittelt.

10.6.2.3 Elektrisch verstellbare Dämpfung nur für die Hinterachse (CDC 1XL)

Wegen der aufwendigen Elektronik und Sensorik sowie vierfacher Kostenaufwendung durch den Einbau an jedem Rad ist das bisher gezeigte geregelte Dämpferkonzept für viele Kleinwagen nicht wirtschaftlich. Die Gesamtkosten lassen sich aber stark reduzieren, wenn alle Systemkomponenten weiter in einem Ort integriert und nur die Hinterachse (mit entsprechendem Regelalgorithmus) mit verstellbaren Dämpfern bestückt werden. Besonders für kleinere VANs und SUVs, die immer mehr Verbreitung finden, ist diese reduzierte Lösung ein guter Kompromiss aus Kosten und Nutzen.

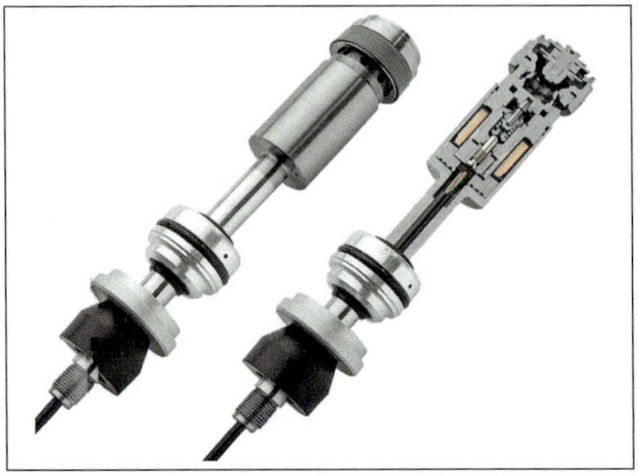

Abb. 10.44 Elektronisch verstellbare Dämpfer für nur die Hinterachse (CDC 1XL) [19]

Die Technik gleicht dem des CDC für vier Räder. Die Sensoren sind im Steuergerät integriert, das wieder direkt am Dämpfer angebaut ist (Abb. 10.44). Diese können alle notwendigen Informationen ohne komplexe Anbindung an die übrige Fahrzeugelektronik ermitteln und für die Errechnung der für den Fahrzustand idealen Dämpfungskonstante nutzen [19]. Das System ging in 2014 in Honda Civic Tourer in den Serieneinsatz.

10.6.2.4 Elektrisch verstellbare Dämpfung mit integrierter lokaler Intelligenz (ICD)

In der letzten Zeit hat eine deutliche Weiterentwicklung der Systemintegration stattgefunden, die über den Austausch von Signalen, wie z. B. der Fahrgeschwindigkeit, hinausgehen. Eine Dämpferregelung könnte dann beispielsweise so ausgeführt sein, dass sie ein Brems- oder Lenkungssystem durch die Optimierung der Radaufstandskraft in kritischen Fahrsituationen unterstützt und dabei die Komfortorientierung außer Acht gelassen wird. Deshalb ist eine Aufteilung der Regelungsaufgaben sinnvoll. Die zentrale Intelligenz einer Fahrwerksregelung wird auf einem zentralen Steuergerät zusammengefasst. Dabei könnte ein ESP-Steuergerät die übergeordnete Steuerung der Dämpfungsfunktion mit übernehmen.

Für die Weiterentwicklung von CDC wird der Beschleunigungssensor, die Leistungselektronik und der komplette Regelalgorithmus in dem Proportionalventil integriert, d. h. am Dämpfer wird eine „lokale Intelligenz" angeordnet [19]. Durch die Integration werden die Signalwege reduziert und dadurch die Reaktionsgeschwindigkeit erhöht. Dieser Dämpfer wird ICD (*Integrated Controlled Damper*) genannt (Abb. 10.45).

Die Integration der Elektronik und der Sensorik im Dämpfer hat eine Reihe von Vorteilen: Die Ventilregelung wird so abgestimmt, dass eine exakte Zuordnung von Ist-Dämpfkraft zu Soll-Ventilstrom erreicht wird.

Dies geschieht auf den Serienabnahmeprüfständen des Dämpfers, bei denen Dämpfkräfte ohnehin in verschiedenen Kontrollpunkten gemessen werden.

Die erreichten Istwerte der Dämpfkraft lassen sich in der Ventilreglerelektronik speichern. Bei einer zentralen Elektronik ist eine Abstimmung nur zwischen der Nenndämpfkraft und dem Sollstrom möglich. Durch diese Maßnahme können die Toleranzen der Systeme minimiert werden. Das zentrale Steuergerät für die Dämpfer

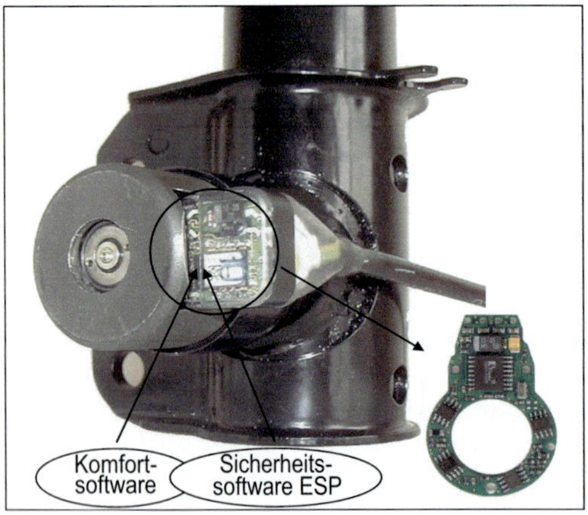

Abb. 10.45 Integrierte Dämpferregelung (ICD) [20]

kann entfallen, da alle Regelaufgaben in die dämpferintegrierte Elektronik verlagert werden.

Die Integration von Beschleunigungssensoren bringt Kostenvorteile, weil der Sensor kein eigenes Gehäuse, keinen eigenen Stecker sowie gesonderte Kabel und auch keine zusätzliche Montage in der Achse benötigt.

Die Regelung von Federung und Dämpfung wird so gestaltet, dass in kritischen Fahrsituationen (Bremsen, Spurwechsel etc.) das Dämpfersystem von der Sicherheits-, ESP- oder VSC-Software (VSC *Vehicle Stability Control*) beeinflusst wird in Richtung einer Steigerung der Radaufstandskraft und einer gezielten Optimierung des Eigenlenkverhaltens und so die Fahrsicherheit erhöht. In allen anderen unkritischen Fahrsituationen wird ICD von der sogenannten „Komfortsoftware" angesteuert, die dafür sorgt, dass im Fahrzeug stets ein größtmögliches Maß an Komfort geboten wird.

10.6.2.5 Continuously Variable Semi Active Suspension (CVSA) von Monreo/Tenneco

Das Continuously Variable Semi Active Suspension (CVSA) System von Tenneco, ist ähnlich aufgebaut wie ein CDC von ZF. Das elektrohydraulisch stufenlos geregelte Ventil wird von Öhlins-Racing geliefert. Die Verstellzeiten betragen um 10 ms. CVSA verändert das Fahrverhalten, indem es die Dämpfungswirkung kontinuierlich an die Straßenverhältnisse, Fahrgeschwindigkeit, Bremsdruck und Lenkwinkel anpasst [21].

Der Dämpfungsbereich (min. zu max. Dämpfkraft) erreicht 1:20 bei niedrigen und 1:1,5 bei hohen Dämpfergeschwindigkeiten. Zum Systemumfang gehören neben den Dämpfern, 4 integrierte Wegeventile, 3 Aufbaubeschleunigungssensoren und das Steuergerät.

Die 1. Generation ging 2003 für Volvo in Serie, 2. Generation im Ford C-Max und Galaxy. Die 3. Generation wurde für den Audi Allroad entwickelt und ist auch im luftgefederten Audi A6, Mercedes S/C-Klasse Modellen und im VW Passat CC zu finden [22] (■ Abb. 10.46).

■ **Abb. 10.46** CVSA1 von Monreo/Tenneco [22]

Tenneco hat seine neue Stoßdämpfer-Technik CVSA2 um einen zweiten Proportionalventil (eins für Ein- und andere für Ausfedern) und einen Druckspeicher (■ Abb. 10.47) erweitert. Vorgestellt wurde es chassis.tech 2018.

Die semiaktiven Stoßdämpfer arbeiten mit einer Wank- und Nickregelung (Kinetic H2 und X2). Für eine variable Höhen- und Niveauregulierung ist das Sys-

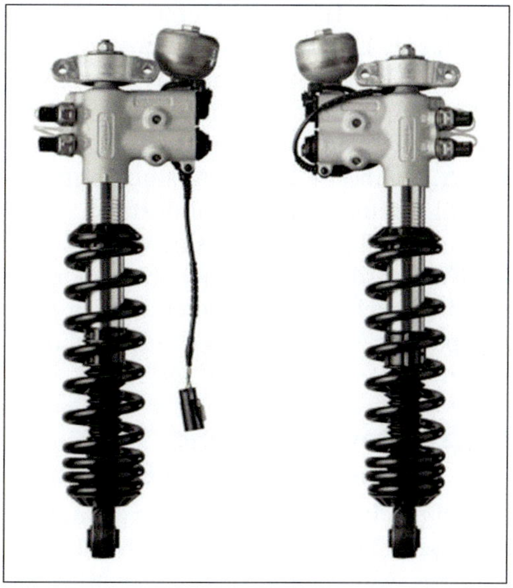

■ **Abb. 10.47** CVSA2 von Monreo/Tenneco [23]

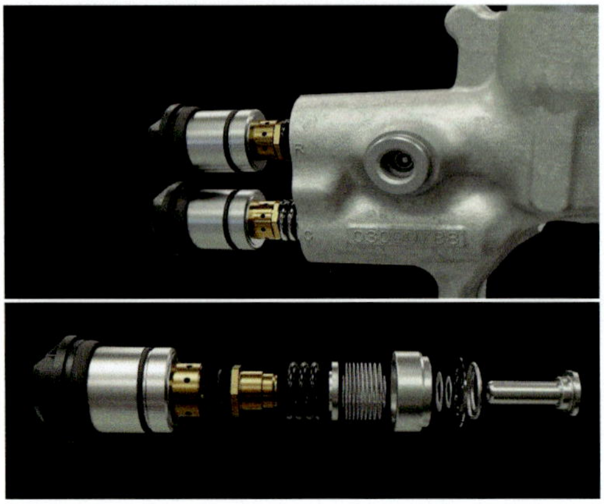

■ **Abb. 10.48** CVSA2 mit unabhängigen hydraulischen Federsitzen von Monreo/Tenneco [23]

tem mit neuen hydraulischen Hublösungen mit unabhängigen hydraulischen Federsitzen ausgestattet. Der Fahrkomfort soll sich dadurch auf der Straße insbesondere in schnellen Kurven oder beim Bremsen verbessern. ■ Abb. 10.48 zeigt die Doppelventile (oben) und die Ventilkartusche [23].

Im Gelände wird die Lastverteilung auf die einzelnen Räder vom System gesteuert und vergrößert den Radfederweg und damit auch die Traktion. Durch die Anpassung dieser Lösung an SUV-Anwendungen und die Hinzunahme von Erweiterungen, z. B. durch Tenneco- Kinetic-Technologien für Wank- und Nickregelung, bietet die CVSA2 die bestmögliche Abstimmung zwischen Leistung und Fahrkomfort.

Das intelligente Fahrwerk von Monreo CVSA2 wurde ursprünglich für Sportwagen entwickelt, steht nun aber auch in einer angepassten Version für SUV und Geländewagen zur Verfügung.

10.6.2.6 DampMatic und DampTronic von Bilstein

Im Vergleich zu konventionellen Dämpfern verbessert DampMatic (Adaptive Dämpfer) den Abrollkomfort bei gleichbleibender Aufbaustabilisierung. Dabei kommt diese einfache und kostengünstige Weiter-

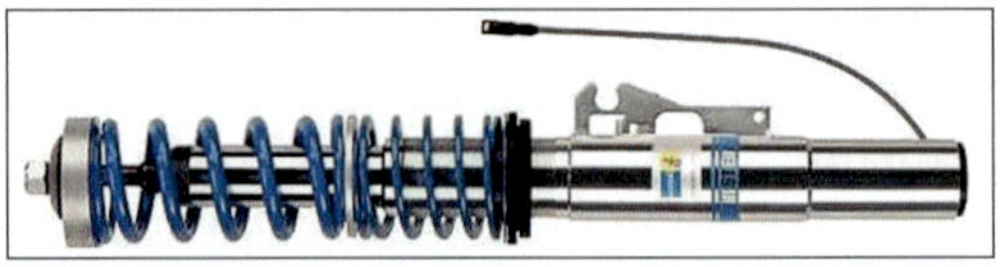

■ **Abb. 10.49** DampMatic-Einrohr – Adaptivdämpfer mit einem Ventil von Bilstein

entwicklung ohne zusätzliche Sensorik und elektronische Steuerung (■ Abb. 10.49).

Die Weiterentwicklung DampMatic II bietet aufgrund eines zusätzlich integrierten Komfortventils eine bessere Gestaltbarkeit der Weichkennung.

Bei kleinen Anregungsamplituden (Amplitudenselective s. ► Abschn. 10.4.3) ermöglicht die DampMatic®-Baugruppe einen Bypass zum Hauptkolben d. h. abgesenkte Kennung, geringe Dämpfkräfte. Bei großen Anregungsamplituden erreicht der DampMatic®-Kolben eine Endlage und verschließt den Bypass d. h. hohe Dämpfkräfte (■ Abb. 10.50) [24]. Die vier möglichen Verstellkennlinien sind (Zug/Druck): weich/weich; weich/hart; hart/weich; hart/hart.

DampTronic® ist dagegen ein elektronisch stufenlos verstellbares (Aktives) Dämpfungssystem von Bilstein (18). Es ist aufgebaut ähnlich wie das CDC-System. Das Verstellventil kann dabei in den Dämpfer integriert (Einrohr DampTronic® I) (■ Abb. 10.51) oder an dem Dämpfer an-

■ **Abb. 10.50** DampMatic-Einrohr – Adaptivdämpfer mit zwei Ventilen von Bilstein [24]

gebracht werden (Zweirohr DampTronic® II). Zeitgemäß gibt es auch DampTronic als verstellbarer Dämpfer mit zwei Ventilen (◘ Abb. 10.52).

Die neuen DampTronic® Sky-Dämpfer bieten einen besonders guten Kompromiss zwischen Fahrsicherheit und Agilität. Je Dämpfer verstellen bei der neuen Generation zwei stufenlose Verstellventile die Dämpfkraft.

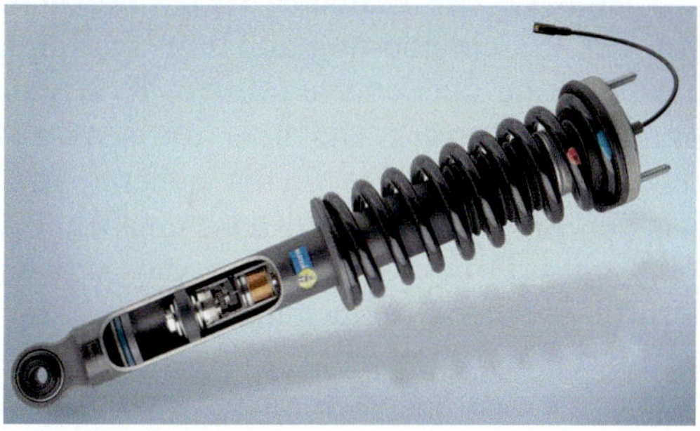

◘ **Abb. 10.51** DampTronic I-Einrohr – Aktivdämpfer mit einem Ventil von Bilstein [24]

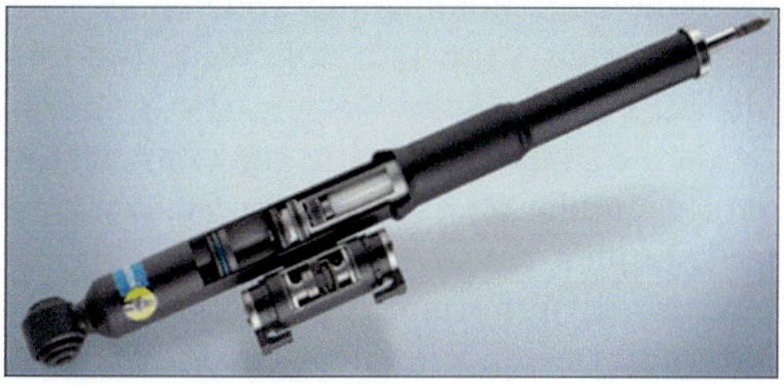

◘ **Abb. 10.52** DampTronic II-Einrohr – Aktivdämpfer mit zwei Ventilen von Bilstein [24]

Ein Ventil steuert dabei die Zugstufe also die Kraft beim Ausfedern des Rades und das andere die Kraft in der Druckstufe. Es ist das High-End-System der semiaktiven Dämpfungsverstellung. Das Steuergerät passt für jedes Rad die Dämpfkräfte in wenigen Millisekunden individuell an. So wird der Komfort für die Insassen erhöht und die Karosserie bestmöglich stabilisiert.

10.6.2.7 Elektrisch verstellbare Dämpfung mit zwei Proportionalventilen

Abb. 10.53 zeigt die erweiterte ICD Anwendung in 5'er und 7'er BMW. Zur weiteren Verbesserung von Fahrverhalten und Fahrkomfort wird die Dämpferrate in der Zug- und Druckstufe unabhängig voneinander gesteuert, um die gute Regelbarkeit auch bei niedrigen Dämpfergeschwindigkeiten zu erreichen [25]. In diesem System kam zum ersten Mal *Flex Ray* zum Einsatz.

10.6.3 Voll-aktive Dämpfung

Christian Angrick

Bei passiven und semi-aktiven Dämpfungssystemen basiert das Wirkprinzip auf den von außen eingebrachten

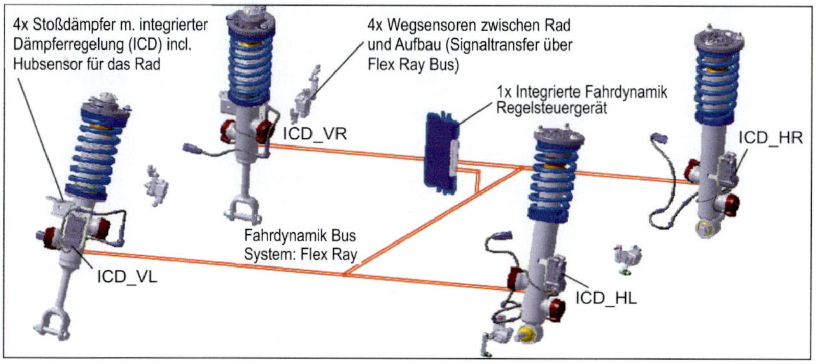

◘ **Abb. 10.53** ICD-Variable Dämpferregelung Systemaufbau bei 5'er und 7'er BMW [26]

Differenzgeschwindigkeiten zwischen Rad und Aufbau, sodass die resultierenden Kräfte ebenfalls proportional zu den damit verbundenen Dämpfergeschwindigkeiten wirken. Bei der aktiven Dämpfung wird dem System wiederum zusätzliche Energie zugeführt, sodass die resultierenden Kräfte einen Anteil aufweisen können, der unabhängig von der aktuellen Rad- und Aufbaubewegung ist.

10.6.3.1 Systemkonzept

Üblicherweise wird der aktive Funktionsteil über eine Hydraulikpumpe realisiert, welche in der Lage ist, Öl zwischen den Arbeitsräumen des zugehörigen Dämpfers zu befördern [27–29]. Der Betrieb der Pumpe erfolgt über einen Elektromotor, der seine Energie bei batterieelektrisch betriebenen Fahrzeugen in der Regel direkt aus der Hochvolt-Batterie erhält [28].

■ Abb. 10.54 zeigt den funktionellen Aufbau des Konzepts. Das Prinzipschaltbild erläutert ohne Anspruch auf Vollständigkeit das Grundkonzept des Systemverhaltens. Der in der Darstellung markierte Punkt DU (Dämpfer unten) ist über eine Übersetzung an die Bewegung des Radträgers gekoppelt, während DO (Dämpfer oben) mit dem Fahrzeugaufbau (i. d. R. über ein Dämpferlager) verbunden ist.

Unter Einwirkung einer Differenzbewegung zwischen Aufbau und Rad, die über DO und DU in den Dämpfer eingebracht wird, verhält sich dieser zunächst grundsätzlich wie ein semi-aktiver Dämpfer, indem der durch eine Einfederung resultierende Volumenstrom über steuerbare Ventile in eine Dämpfungskraft umgesetzt wird.

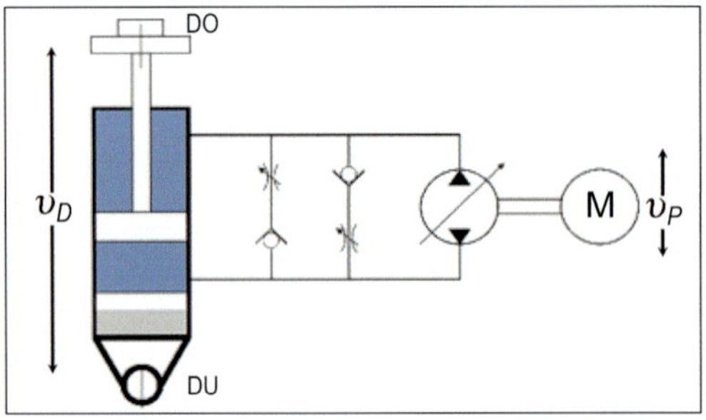

■ **Abb. 10.54** Funktionsschema eines aktiven Dämpfers mit Hydraulikpumpe

Die beim aktiven Dämpfer zusätzlich integrierte Hydraulikpumpe ist darüber hinaus in der Lage einen Volumenstrom zwischen den Arbeitskammern zu generieren, der nach Bedarf gesteuert wird und nicht von der Radeinfederung abhängt. Dadurch entsteht eine überlagerte (aktive) Kraftwirkung im Fahrwerk, die über die semi-aktiv erzeugten Kräfte hinaus gehen. Analog der getrennten Ventilsteuerung für die Zug- und Druckstufe wirken die aktiven Kräfte ebenfalls unterschiedlich in Zug- und Druckrichtung [29].

Damit eine beliebige Stellung von Kräften in Hub-/Nick – und Wankrichtung des Aufbaus ermöglicht wird, ist separat an jedem Dämpfer eines Rades jeweils eine Hydraulikpumpe angebracht, sodass jede Ecke des Fahrzeugs unabhängig voneinander geregelt werden kann [29, 30]. Weiterhin entfällt bei Einsatz dieses Systems der Stabilisator, da die statischen Kräfte zur Wankabstützung ebenfalls über die aktive Stellwirkung der Dämpfer realisiert wird [28].

Die Erweiterung des bestehenden Dämpfersystems um die aktiven Wirkmechanismen hat auf dessen konstruktive Auslegung einen entscheidenden Einfluss.

Der Dämpfer sowie alle zugehörigen Anschlussteile, die im Kraftwirkungspfad liegen (z. B. das Domlager, das untere Dämpferlager, die Karosserieanbindung) müssen dabei einerseits höhere statische Kräfte übertragen können, andererseits resultieren aus der Nutzung zusätzlicher dynamischer Regelpotenziale ebenfalls höhere Anforderungen an die dynamische Festigkeit der Bauteile.

10.6.3.2 Funktionsweise

Die Funktionsweise des Systems kann anschaulich anhand eines Kraft-Geschwindigkeit-Diagramms des Dämpfers erläutert werden (■ Abb. 10.55). Das Basis-Kennfeld ist hierbei analog zum semi-aktiven Dämpfer durch ein Kraft-Geschwindigkeit-Strom-Kennfeld vorgegeben, welches sich in der Ebene durch mehrere Kraft-Geschwindigkeits-Kennlinien bei verschiedenen Strömen darstellen lässt. Für die folgende Erläuterung werden dabei lediglich eine Weich- (Minimal-), Mittel-(Durchschnitts-) und Hart- (Maximal-) Kennung des Ventilstroms dargestellt, wobei insbesondere die Weich- und Hartkennung den Bereich der stellbaren Kräfte für den vorgegebenen Dämpfer aufspannen.

Die auf der x-Achse angegebene Dämpfer geschwindigkeit v_D ist bei der vorliegenden aktiven Regelung die Summe aus übersetzter Einfederungsgeschwindigkeit zwischen Rad und Aufbau v_R und der aus der Pumpe resultierenden Geschwindigkeit v_P: i_D ist hier die Übersetzung zwischen Rad

$$V_D = i_D V_R + V_P \tag{10.7}$$

und Dämpfer.
Wie zuvor bereits erläutert, ist bei fehlender Pumpenaktivität (v_P = U) die Dämpfergeschwindigkeit analog zum passiven und semi-aktiven Fall identisch zur übersetzten Einfederungsgeschwindigkeit und damit nur von der von außen aufgeprägter Bewegung abhängig. Die resultierenden Kräfte können gemäß des physikalischen Wirkprinzips der idealisierten Dämpfung damit nur im ersten und dritten Quadranten des Kennfelds wirken. Eine Adaption der Dämpferkräfte auf die geforderten Amplituden und Phasen erfolgt durch Verstellung des Stroms innerhalb des vorgegebenen Bereiches.

Da die im aktiven Regelfall durch die Hydraulikpumpe erzeugte Geschwindigkeit v_P die übersetzte Einfederungsgeschwindigkeit $v_D v_R$ überlagert, kann dieser Effekt anschaulich durch eine Verschiebung der resultierenden Dämpfergeschwindigkeit v_D gegenüber $i_D v_R$ dargestellt werden (◘ Abb. 10.56).

Unter statischen Bedingungen, d. h. ohne von außen eingebrachte Radeinfederung (v_R=0), wird infolge der Pumpenwirkung somit die Stellung einer Kraft am Dämpfer ermöglicht, die unter passiven oder semi-aktiven Bedingungen nicht erzeugt werden kann. Darüber hinaus erlaubt die aktive Komponente auch bei vorhandener Einfederungsbewegung ($v_R \neq 0$) die Verschiebung des Dämpferbetriebspunktes im Kennfeld, sodass bei Referenzierung der Betrachtung auf die Einfederungsgeschwindigkeit und Berücksichtigung der damit verbundenen Systemgrenzen auch Kräfte im zweiten und vierten Quadranten generiert werden können. Die statisch und dynamisch maximal erreichbare Geschwindigkeit v_P

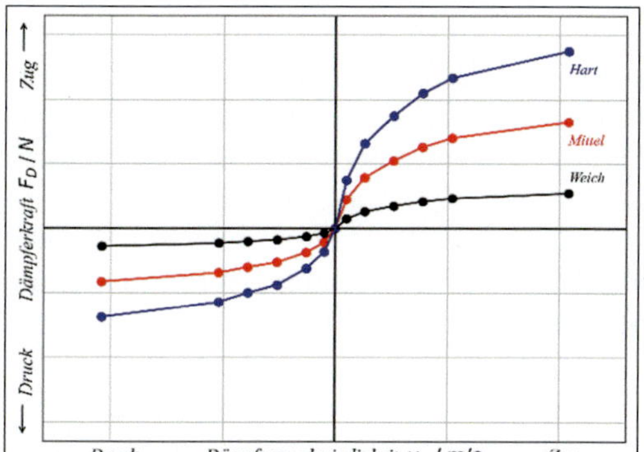

◘ **Abb. 10.55** Kraft-Geschwindigkeits-Diagramm des aktiven Dämpfers mit verschiedenen Strömen

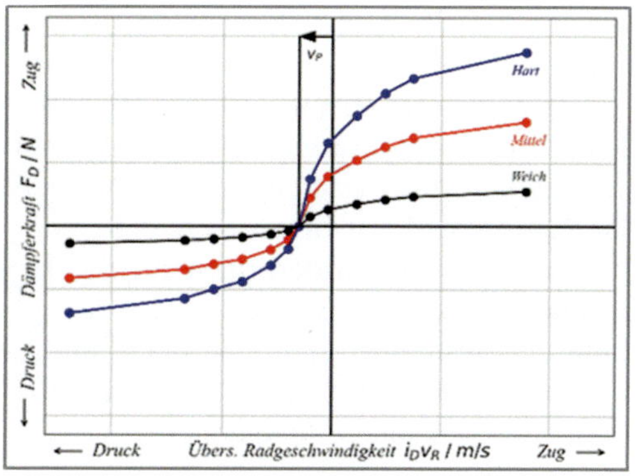

◘ **Abb. 10.56** Kraft-Geschwindigkeit-Diagramm des aktiven Dämpfers bei Aufprägung eines Pumpenvolumenstroms und Hartkennung den Bereich der stellbaren Kräfte für den vorgegebenen Dämpfer aufspannen

hängt wiederum vom maximalen Volumenstrom sowie den dynamischen Übertragungseigenschaften der Hydraulikpumpe ab.

10.6.3.3 Auslegung der Komponenten

Unter Berücksichtigung der neuen Funktionsaspekte des aktiven Dämpfersystems ist neben der zuvor bereits erläuterten Betrachtung von Auswirkungen auf die Bauteilfestigkeiten auch eine funktionelle bzw. eigenschaftsbasierte Auslegung der Komponenten erforderlich. Dazu gehört in einem statischen Kontext der maximale Volumenstrom Q_{Pmax}, den die Hydraulikpumpe realisieren kann. Dieser definiert den maximal möglichen Wert der Geschwindigkeit v_p in ▶ Gleichung 10.7 und unter Berücksichtigung des aktuellen Betriebszustandes innerhalb des in ◘ Abb. 10.56 gezeigten Kennfelds damit auch indirekt die durch die Hydraulikpumpe maximal realisierbare Differenzkraft zur passiven/semi-aktiven Systemwirkung.

Neben dieser statischen Dimensionierungsanforderung müssen weiterhin die dynamischen Eigenschaften der Pumpe so ausgelegt sein, dass auch hochfrequent Änderungen in den Volumenstromanforderungen schnell umgesetzt werden können. Dabei sind auch häufige Richtungswechsel der Pumpendrehung zu berücksichtigen.

Da alle Eigenschaften des Dämpfersystems bei der Dimensionierung bekannt sind, können die optimalen Volumenströme sowie die damit zusammenhängenden Druckanforderungen für jeden Fahrzustand berechnet und eine genaue Vorgabe der Pumpenstellgrößen erfolgen [28].

Neben den Anforderungen an die Hydraulikpumpe ergeben sich infolge der geänderten Systembedingungen ebenfalls geänderte Anforderungen an das Dämpferkennfeld sowie die Domlagersteifigkeit.

10.6.3.4 Eingangsgrößen für die Regelung

Für eine optimale Regelung der aktiven Kräfte muss der aktuelle Zustand des Fahrzeugsystems möglichst präzise erfasst und in den Steuergeräten verarbeitet und ausgewertet werden. Für die Optimierung von längs- und querdynamischen sowie fahrkomfortrelevanten Fahrzuständen sind daher verschiedene Sensoren in Aufbau und Fahrwerk integriert. An der Fahrzeugkarosserie werden dazu vorwiegend Längs-, Quer und Vertikalbeschleunigungen sowie Absolutbewegungen ermittelt [28]. Im Fahrwerk bzw. den Reifen werden wiederum die Radfederbewegungen, die Radbeschleunigungen sowie Reibwert- und Schlupfzustände bestimmt [28–30].

Die Sensordaten werden anschließend in Steuergeräten verarbeitet, in denen weitere Systemzustände errechnet und letztendlich die notwendigen Kraftwirkungen auf Dämpferebene abgeleitet werden. Damit die Erfassung und Verarbeitung dieser Größen die Leistungsfähigkeit des aktiven Dämpfungssystems nicht beeinträchtigen ist auch hier eine schnelle Übertragungsgeschwindigkeit in der Kette von Sensor bis zur berechneten Kraftanforderung notwendig.

10.6.3.5 Regelfunktionen

Um das Längsdynamik-, Querdynamik- und Fahrkomfort Potenzial des aktiven Dämpfersystems maximal auszunutzen, werden Funktionen in der Reglersoftware definiert, die für verschiedene Fahrzustände die optimalen Kraftanforderungen ableiten.

Durch die Fähigkeit aktiver Vertikaldynamiksysteme auch ohne äußere Einfederungsgeschwindigkeit Kräfte stellen zu können, erlaubt auch das aktive Dämpfungssystem bei stationären Längsbeschleunigungen (Antreiben und Bremsen) sowie stationären Querbeschleunigungen (Kurvenfahrt) die Stellung statischer Kräfte, welche die resultierenden Aufbaubewegungen beeinflusst [28–30].

Bei Kurvenfahrt kann der aktive Dämpfer zwischen den linken und rechten Rädern des Fahrzeugs jeweils unterschiedliche Kräfte in Druck- und Zugrichtung stellen, um die Wankwirkung zu reduzieren, (◘ Abb. 10.57 unten).

Er übernimmt damit eine ähnliche Funktion wie die eines Stabilisators, geht in seinem Stellpotenzial jedoch darüber hinaus. Daher kann der aus der Kurvenfahrt resultierende Aufbauwankwinkel je nach Abstimmphilosophie gegenüber einer vergleichbaren Stabilisatorwirkung noch weiter reduziert, vollständig ausgeglichen (horizontierte Kurvenfahrt) oder sogar negiert werden, sodass sich das Fahrzeug in die Kurve neigt statt nach außen zu kippen. Die Ausprägung des Systems kann dabei auf den Fahrzustand sowie den aktuellen Fahrwerkmodus adaptiert werden. Der Audi S8, welcher ein federbasiertes vollaktives Fahrwerkssystem verwendet, setzt z. B. im „Comfort-Plus-Modus" die Kurvenneigetechnik ein [28–31].

Bei Längsbeschleunigungen können aktive Vertikaldynamiksysteme eine vergleichbare Wirkung in Nickrichtung erzielen, (◘ Abb. 10.57 oben). Da Kraftfahrzeuge jedoch üblicherweise nicht mit Stabilisatoren zum Ausgleich der Aufbaunickbewegungen ausgestattet sind, sondern die Nickwinkel vorwiegend durch Fahrzeugmasseneigenschaften inkl. Schwerpunkthöhe und Eigenschaften der Achskinematik geprägt sind (s, ► Abschn. 2.3.1) ersetzt der aktive Dämpfer jedoch kein bestehendes passives oder semi-aktives System. Durch die separate Kraftstellung an Vorder- und Hinterachse kann in Analogie zum Wanken bei Kurvenfahrt der resultierende Nickwinkel unter Längsbeschleunigung reduziert, eliminiert oder ebenfalls negiert werden („Helikopter") [28]. Bei Negierung der passiven Kipprichtung des Fahrzeugs neigt sich dieses beim Beschleunigen nach vorne und beim Bremsen nach hinten. Die Ausprägung der Verhaltensweise kann auch in Nickrichtung wieder in Abhängigkeit des Fahrzustands adaptiert werden [28] bis [30].

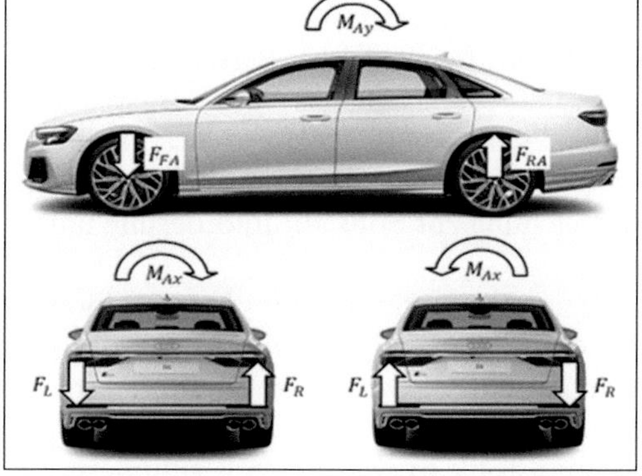

◘ Abb. 10.57 Aktive Stellkräfte bei Beschleunigung und Kurvenfahrt (Darstellung basierend auf Audi. DE) [32]

Aufgrund der radindividuellen Regelbarkeit des aktiven Dämpfersystems ist bei Kurvenfahrt nicht nur eine Stellung zwischen den linken und rechten Rädern, sondern ebenfalls eine separate Aufteilung dieser Kraftdifferenz.

Kraftdifferenz für Vorder- und Hinterachse möglich. Dadurch lässt sich die Wankmomentenverteilung zwischen Vorder- und Hinterachse für jede Fahrsituation gezielt einstellen, um die Querdynamik des Kraftfahrzeugs analog markentypischer Vorgaben situationsgerecht anzupassen. Bei passiven und semi-aktiven Fahrwerken ist die Wankmomentenverteilung hingegen näherungsweise konstant oder nur transient in einem begrenzten Zeitraum variierbar [28–30].Durch die dynamische Regelbarkeit des Dämpfersystems beziehen sich die erläuterten Funktionen nicht allein auf die resultierenden statischen Zustände bei konstanter Kraft- und Momentenwirkung, in denen die Hydraulikpumpe vorwiegend als Energiequelle dient, sondern ebenfalls auf die transienten Übergangsbereiche, die zu diesen statischen Zuständen führen. Infolgedessen gehört zur Applikation des aktiven Dämpfersystems nicht nur die Definition einer virtuellen Steifigkeit bzw. eines Zielwinkels für die Wank- und Nickrichtung, sondern auch das dynamische Übertragungsverhalten, welches z. B. durch die Berücksichtigung von Dämpfungstermen in den Regelfunktionen geprägt wird. Die Parameter der Übertragungseigenschaften können wiederum vom aktuellen Winkel oder der vorherrschenden Längs- bzw. Querbeschleunigung abhängig sein.

Neben den erläuterten Systemfunktionen, die vorwiegend zum statischen und zeitweise transienten Ausgleich von niederfrequenten Wank- und Nickbewegungen dienen, ist das aktive Dämpfungssystem insbesondere darauf ausgelegt, durch Regelungsmechanismen die dynamischen Schwingungen des Aufbaus zu beeinflussen bzw. beruhigen [28, 29].

Zur Reduktion der Aufbaubewegung für das Huben, Nicken und Wanken im Bereich der Aufbaueigenfrequenzen (s. Abschn. 2.4.4 und 2.4.5), die in Abhängigkeit der Fahrzeugkonfiguration und Bewegungsrichtung tendenziell unterhalb 3 Hz liegen, wird bei semi-aktiven und aktiven Systemen üblicherweise der Sky-Hook-Funktionsansatz gewählt (s. auch ▶ Abschn. 16.3.3.3): Gegenüber einem passiven System ist ersichtlich, dass sowohl das semi-aktive als auch das aktive Dämpferkonzept aufgrund der Sky-Hook-Regelung die maximal auftretende Amplitude im Bereich der Aufbaueigenfrequenzbereich deutlich reduzieren können. Weiterhin wird auch das optimierte Stellpotenzial des aktiven Dämpersystems ersichtlich, da dieses bei gleicher

$$F_{z\_Sky} = K_{Sky} V_A \tag{10.8}$$

$$M_{x/y\_Sky} = k_{rx/ry\_Sky}\ \omega_A \tag{10.9}$$

Dieser definiert modale Kräfte in Hub-Richtung F_{Zsky} sowie modale Wank- und Nickmomente M_{x/y_Sky}, die proportional zu den jeweiligen absoluten translatorischen und rotatorischen Geschwindigkeiten des Aufbaus sind. Bei Aufbringung von adäquaten radindividuellen Kräften im Fahrwerk, die in entgegengesetzter Richtung zu diesen Bewegungen wirken, wird somit der Aufbau gebremst und infolgedessen die auftretenden Beschleunigungen reduziert. Die Parameter k_{Sky} und $krx_{/ry\_Sky}$, welche die Ausprägung der Kraftanforderungen definieren, sind dabei nicht zwangsläufig konstant, sondern können vom jeweiligen Fahrzustand, wie den modalen Aufbaugeschwindigkeiten oder der Fahrgeschwindigkeit, abhängen. Damit die radbezogen aufgebrachten Kräfte in Summe den oben definieren modalen Kräften entsprechen, müssen die Sollkräfte an den Rädern anhand von Radstand und Spurweiten vorzeichenrichtig entsprechend der modalen Gesamtkräfte und -Momente aufgeteilt werden.

Grundsätzlich kann der Sky-Hook als eine konzeptunabhängige Regelfunktion genutzt werden, die sowohl bei semi-aktiven als auch aktiven Vertikaldynamiksystemen Anwendung findet. Durch das größere Funktions- und Leistungsspektrum des aktiven Dämpfersystems können die durch die Funktion definierten Kräfte jedoch präziser umgesetzt werden. Während der semi-aktive Dämpfer nur im ersten und dritten Quadranten des Kraft-Geschwindigkeit-Diagramms wirkt (s. ▶ Abschn. 10.1) und damit die Phase der resultierenden Kräfte (Ist-Kraft) nur im begrenzten Maße durch dynamische Variation der Ventilströme beeinflusst wird, kann die Phase der beechneten Sky-Hook-Kraftanforderung (Soll-Kraft) größeren Variationen unterliegen und auch eine Anforderung im zweiten und vierten Quadranten des Kraft-Geschwindigkeit-Diagramms definieren. Da das aktive Dämpfersystem aufgrund der Wirkung der Hydraulikpumpe Kräfte in diesen Bereichen erzeugen kann und einen höheren Variationsspielraum in der Phase der Ist-Kräfte zulässt, kann das System die Kraftanforderung mit weniger Abweichung zur Sollkraftanforderung umsetzen.

Zur Darstellung der konzeptionellen Unterschiede im Einfluss auf das dynamische Aufbauschwingungsverhalten wird ein Zwei-Massen-Schwinger passiv, semi-aktiv und aktiv im Zeitbereich simuliert. Die semi-aktive Dämpfung ist dabei durch das Dämpferkennfeld im ersten und dritten Quadranten eingeschränkt, während die

Wirkung des aktiven Systems durch vollständige Umsetzbarkeit der Sollkraftanforderung idealisiert wird.

Es wird dadurch angenommen, dass die Einschränkungen der semi-aktiven Funktionsweise innerhalb des Dämpferkennfelds durch die aktive Wirkung der Hydraulikpumpe ausgeglichen werden können. Das durch den Ansatz identifizierte Systemverhalten im Frequenzbereich wird in ◘ Abb. 10.58 dargestellt.

In der Abbildung wird auf der x-Achse die Frequenz und auf der y-Achse die Übertragungsfunktion zwischen Anregung und Aufbau dargestellt (s. ► Abschn. 2.4.4). Sky-Hook-Kraftanforderung die Aufbaubewegung mehr als das semi-aktive Dämpfersystem reduzieren kann. In der vorliegenden konzeptionellen Betrachtung ist beim aktiven System absolut nur eine verhältnismäßig geringe Überhöhung sichtbar.

Da bei den geregelten Konzepten zusätzlich der Zielkonflikt aus Aufbaudämpfung und -isolation nicht innerhalb einer einzelnen konstanten Kraft-Geschwindigkeits-Kennung optimiert werden muss, können die geregelten Systeme im überkritischen Bereich eine weichere Dämpfungskennlinie verwenden, sodass auch die Isolation gegenüber dem passiven Konzept verbessert und die Übertragungsamplitude im kompletten betrachteten Bereich reduziert wird.

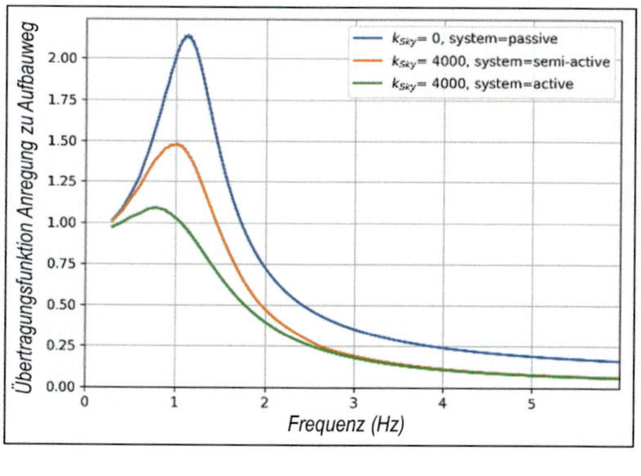

◘ **Abb. 10.58** Wirkung der Sky-Hook-Regelung im Frequenzbereich für semi-aktive und aktive Vertikaldynamiksysteme anhand eines Zwei-Massen-Schwingers

Bei dieser Betrachtung ist anzumerken, dass sich die Unterschiede in den Systemauswirkungen in Abhängigkeit der Regelstrategie und der real vorliegenden Systemgrenzen noch stärker oder schwächer ausprägen können.

Da die Sky-Hook-Regelung üblicherweise im Bereich der niederfrequenten Aufbaueigenfrequenzen wirken soll, werden die Eingangssignale zur Berechnung der Sollkräfte in diesem Bereich gefiltert. Einerseits vermeidet dies Regelungen nahe der Statik, die versuchen würde, absolute Verschiebungen in der Höhe des Fahrbahnprofils bzw. der Einfederung auszugleichen, andererseits werden höherfrequente Signalanteile vermieden, die nicht im Fokus des Moduls liegen und je nach Leistungsfähigkeit der Regelkette potenziell unerwünschte Effekte verstärkt.

Da das aktive Dämpfersystem jedoch in der Lage ist, auch höherfrequent Kräfte ausreichend amplituden- und phasengenau zu stellen, können zusätzlich Funktionen zum Einsatz kommen, die in diesen Bereichen die Aufbaubewegungen reduzieren und damit den Fahrkomfort verbessern.

Eine Möglichkeit zur Nutzung des höherfrequenten Stellpotenzials des aktiven Dämpfers ist, das Frequenzband des zuvor erläuterten Sky-Hook-Filters zu vergrößern und eine Regelung im Isolationsfrequenzbereich zuzulassen, bevor Eigenfrequenzen von weiteren Subsystemen des Fahrzeugs (Motoren, Räder, …) auftreten.

Ein weiterer Fokus liegt auf dem Secondary Ride, in welchem insbesondere die Radeigenfrequenz das Systemverhalten übergeordnet prägt (s. ► Abschn. 2.4.4). Eine Möglichkeit, die dadurch erzeugten Schwingungen bereits auf Radebene zu reduzieren, ist die Definition einer Groundhook-Funktion (s. auch ► Abschn. 16.3.3.3), welche analog dem Sky-Hook auf Aufbauebene (vgl. ► Gleichung 10.8. und 10.9), eine Sollkraft proportional zur Radgeschwindigkeit erzeugt [33].

Die Leistungsfähigkeit der zuvor erläuterten dynamischen Regelfunktionen aktiver Systeme wird in heutigen Fahrzeugen darüber hinaus noch erhöht, indem Kamerasysteme zum Einsatz kommen, welche das Straßenprofil vorausschauend vor dessen Überfahrt in die Regelstrategie einbinden und so prädiktiv die Systemreaktion optimieren [34].

Neben den erläuterten statischen und dynamischen Regelalgorithmen während der Fahrt besitzen aktive Systeme bei Stillstand des Fahrzeugs zusätzlich die Möglichkeit das Fahrzeug auf der Einstiegsseite des Fahrgastes abzusenken [28–30]. In einem geringen Geschwindigkeitsbereich kann das System darüber hinaus genutzt werden, um eine „Freifahrfunktion" umzusetzen, die in unebenem Gelände die Traktion verbessert oder wiederherstellt [34]. Analog zum Audi AI Aktivfahrwerk besteht mit dem aktiven Dämpfersystem ebenfalls die Möglichkeit bei einer bevorstehenden Seitenkollision den Fahrzeugaufbau einseitig anzuheben, um die Unfallfolgen zu reduzieren (s. Abb. 9.113).

10.6.3.6 Grenzen der Regelung im Frequenzbereich

Die Bandbreite der Frequenzregelung, die insbesondere die maximale (zielführend) regelbare Frequenz definiert, hängt von den dynamischen Eigenschaften der kompletten Regelkette ab. Wenn ein Glied der Regelkette (Sensoren, Datenverarbeitung, Aktuatoren) die Amplituden- und Phasentreue der Übertragung infolge zu hoher Frequenzen, Amplituden oder weiterer Faktoren einschränkt und diese Effekte bei der Regelstrategie nicht adäquat berücksichtigt werden, dann reduziert sich entweder die Wirksamkeit der Regelung oder es werden sogar potenziell unerwünschte Effekte verstärkt, sodass die Regelung Nachteile gegenüber dem ungeregelten Verhalten erzeugt.

Da das Übertragungsverhalten der Aktuatoren ebenfalls maßgeblichen Einfluss auf die Verzüge und Amplituden in der Stellung der Kräfte hat, weist der aktive Dämpfer hierbei gegenüber anderen Systemen Vorteile auf. Einerseits ist die dynamische Regelung der Hydraulikpumpe und des zugehörigen Ölflusses verhältnismäßig hochfrequent möglich, andererseits kommt der aktive Regelungsteil nur zum Einsatz, wenn er gezielt angesteuert wird. Bei äußeren Einwirkungen auf das aktive Dämpfersystem ist daher keine Regelung der Hydraulikpumpe notwendig, die die maximal erreichbare Dynamik einschränken würde.

Wie zuvor bereits erläutert, wird jedoch selbst unter der Annahme eines idealen Systemverhaltens die Geamtdynamik der Regelkette weiterhin durch Verzüge in den Sensoren sowie der softwareseitigen Datenverarbeitung begrenzt, sodass das aktive Dämpfersystem nicht allein für die auftretenden höherfrequenten Grenzen der Regelkette verantwortlich ist.

10.6.3.7 Vor- und Nachteile des aktiven Dämpfersystems

Gegenüber anderen Konzepten von Aktivsystemen (z. B. feder- oder drehstabbasiert Vgl. Abschn. 9.8.2) weist das aktive Dämpfersystem ebenfalls systemspezifische Vor- und Nachteile auf.

Ein wesentlicher Vorteil des Systems ist seine Eigenschaft, dass die aktive Kraftkomponente weitestgehend nur Auswirkungen auf das Systemverhalten hat, wenn dies explizit durch die Regelstrategie vorgegeben wird. Wenn die Pumpe nicht angesteuert wird, ist es möglich, das System wie einen semi-aktiven Dämpfer zu betreiben, sodass durch die Integration des aktiven Grundkonzepts zunächst keine Eigenschaftsnachteile entstehen. Die aktive Kraftwirkung wird anschließend der semi-aktiven Kraftwirkung überlagert, ohne nennenswerte ungewollte Sekundäreffekte hervorzurufen.

Bei drehstabbasierten Systemen ist dies beispielsweise nicht der Fall, da die zusätzlich integrierte mechanische Feder einen weiteren Übertragungspfad zwischen Fahrwerk und Aufbau definiert, welcher bei der aktiven Stellung von Kräften kontinuierlich mitwirkt und dabei insbesondere hochfrequent nicht vollständig ausgeregelt werden kann.

Wie bereits erläutert, ist der aktive Dämpfer Konzeptbedingt auch in der Lage hochfrequent amplituden- und phasentreuer zu regeln als andere Systeme und somit auch über den Aufbaueigenfrequenzbereich hinaus einen positiven Effekt auf die Aufbauberuhigung zu erzeugen, den Fahrkomfort für die Insassen zu verbessern.

Weitere Vorteile ergeben sich aus der Integration des Systems im Package des Fahrwerks sowie in einem konzeptionellen als auch monetären Kontext.

Da die Umsetzung des Aktivsystems auf einen Fahrwerkdämpfer setzt, welcher in den passiven und semi-aktiven Versionen desselben Fahrzeugtyps in der Regel bereits im Package integriert ist, reduziert sich damit der Integrationsaufwand, um in den begrenzten Platzverhältnissen das System zu positionieren. Die Hydraulikpumpe, welche die aktive Funktion des Systems ergänzt, kann wiederum flexibler im Fahrwerk positioniert werden, da lediglich hydraulische Leitungen zur Verbindung von Pumpe und Dämpfer benötigt werden. Andere Systeme benötigen wiederum teilweise eine bestimmte Positionierung in Relation zum Radträger, wie es beispielsweise bei drehstabbasierten Systemen der Fall ist, bei welchen der Weg zwischen Rad und Elektromotor zur Übertragung von Kräften mit ausreichend dimensionierten Bauteilen überbrückt werden muss und der translatorische Abstand auch gleichzeitig den Hebelarm des Übertragungspfades definiert.

Da das aktive Dämpfersystem grundsätzlich auf einen semi-aktiven Dämpfer aufsetzt, kann bei entsprechender Auslegung das Grundkonzept auch so gestaltet werden, dass sich der semi-aktive Dämpfer mit dem aktiven Dämpfer möglichst viele Aspekte teilt. So können in beiden Fällen zum Beispiel einzelne Gleichteile genutzt werden oder sich beide Konzepte den gleichen semi-aktiven Dämpfertyp teilen. Dies hat wiederum Vorteile in Kosten, Komplexität, Variantensteuerung und Abstimmungsaufwand. In dem Kontext wird die Pumpe mit minimalem Aufwand einem bestehenden semi-aktiven Konzept hinzugefügt.

In Zusammenhang mit den vorher erläuterten Eigenschaften des Systems weist das aktive Dämpferkonzept in Summe insbesondere in Relation zu dessen Leistungsfähigkeit auch geringere Kosten als vergleichbare aktive Vertikaldynamiksysteme auf. Dieser Vorteil im Preis-Leistungs-Verhältnis erhöht wiederum die Wettbewerbsfähigkeit.

Neben den aufgezeigten Vorteilen hat das aktive Dämpfersystem auch konzeptbedingte Nachteile. Der bereits erläuterte Eigenschaftsvorteil, dass die aktive Kraftwirkung nur durch einen Volumenstrom der Pumpe erzeugt wird und somit zielgerichtet der semi-aktiven Dämpfungswirkung überlagert werden kann, hat gleichzeitig den Nachteil, dass zur Stellung statischer Kräfte ein kontinuierlicher Volumenstrom und damit eine dauerhafte Förderleistung der Hydraulikpumpe erforderlich ist. In Abhängigkeit des Fahrprofils ergibt sich damit ein höherer Verbrauch als bei anderen Aktivsystemen, die statisch die Stellelemente sperren können und dadurch keinen nennenswerten Energieverbrauch aufweisen.

Im Kontext der Integration hat das hydraulische Grundkonzept weiterhin den Nachteil, dass die Sicherstellung einer optimalen Betriebsfähigkeit (Dichtigkeit/Leckage, Haltbarkeit, gleichbleibende Eigenschaften) aufwendiger ist, als bei Systemen die lediglich auf Festkörper und Elektronik zur Übertragung von Kräften setzen.

Zusätzlich wirken sich die Eigenschaften des Dämpfers sowie der zusätzlichen Aktivelemente auch auf die Regelbarkeit des Systems aus. Dazu zählen insbesondere die Dämpferreibung und die Nachgiebigkeiten in den Wirkungspfaden (z. B. Dämpferkomponenten, Domlager und weitere Achslager, Ölsäulen sowie Hydraulikschläuche). Darüber hinaus müssen bei der Auslegung des Kraft-Geschwindigkeit-Strom-Kennfelds gleichzeitig die Anforderungen aus der semi-aktiven und aktiven Funktionsweise des Dämpfers berücksichtigen. Insbesondere die letztgenannten konzeptionellen Herausforderungen können durch eine geeignete Auslegung des mechanischen Systems sowie durch adaptierte Softwarefunktionen, welche die oben genannten Einflüsse in der Regelstrategie berücksichtigen, teilweise oder vollständig kompensieren.

10.6.3.8 Umsetzung in Serienfahrzeugen

10

Das aktive Dämpferkonzept kommt derzeit vereinzelt in Premiumfahrzeugen zum Einsatz. Es ist jedoch davon auszugehen, dass dieses System sowie aktive Systeme generell immer breiter im Angebot der Fahrzeuge eingesetzt werden, so wie es bei Luftfedern und semi-aktiven Systemen in der Vergangenheit ebenfalls der Fall war. Heutige konkrete Beispiele sind der Porsche Taycan und der Audi e-tron GT, welche auf derselben Plattform aufsetzen und ein geregeltes aktives Dämpfungssystem in Kombination mit einer Einkammer-Luftfeder besitzen (◘ Abb. 10.59). Als reine Elektrofahrzeuge setzen diese auf eine 800-Volt-Elektronik zum Betrieb der Dämpfer [29, 30]. Darüber hinaus gibt es ebenfalls in den Modellen GLE und GLS von Mercedes-Benz aktive Dämpfungssysteme, die unter dem Namen „E-ACTIVE BODY CONTROL" vertrieben werden. Diese werden mit der hauseigenen AIRMATIC-Luftfederung kombiniert während die Motor-Pumpen-Einheiten zum Betrieb des Dämpfers auf ein 48-Volt-Bordnetzes setzen. [34, 35].

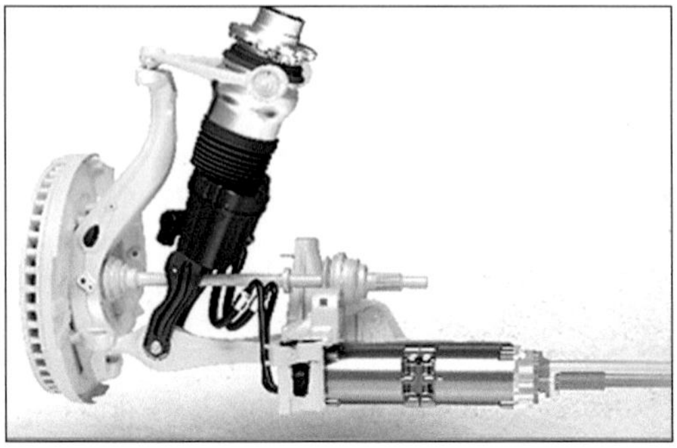

◘ Abb. 10.59 Active Ride-Feder-Dämpfer-System des Taycan Turbo S [28]

10.7 Alternative Dämpfungsprinzipien

Peter Causemann und Metin Ersoy

Hydraulische Teleskopstoßdämpfer haben sich seit 30er Jahren bewährt. Jedoch werden immer wieder Ansätze nach Alternativen zu suchen. Selbst früher in Serie produzierte hydraulische Flügel- und Hebeldämpfer aus Bauraumgründen wieder erwogen.

10.7.1 Hydraulische Rotationsdämpfer

Obwohl der Teleskopdämpfer viele Vorteile hat, dessen systembedingte große Länge bringt besonders an der Hinterachse einen Nachteil. Aber auch an der Vorderachsen der Sportfahrzeugen lässt eine aerodynamisch optimierte Karosserie Einbau von Teleskopdämpfer nicht zu.

Der Rotationsdämpfer ist ein Drehzylinder (Hydromotor), bei dem die Dämpfungsflüssigkeit durch hin und her rotierende Flügel von einer Kammer zur anderen gedrückt wird. Die an den Flügeln integrierten Ventile dämpfen dann analog zu denen eines Teleskopdämpfers. Da es im Rotationsdämpfer keine Kolbenstange gibt, wird keine Ausgleichkammer benötigt. Die Länge baut sich sehr kurz.

Solche Dämpfer waren bis in die 30er im Einsatz, wurden jedoch mit der Erfindung von Teleskopdämpfern aus Kostengründen vom Markt verdrängt. Auch die vollständige Abdichtung der Kammer nach außen hin war ungelöst.

Das Rotationsprinzip gewinnt wieder an Aktualität, setzt dabei jedoch auf verbesserte Technik und einen kostengünstigeren Aufbau.

■ Abb. 10.60 zeigt ein Rotationsdämpfer für ein Seriensportfahrzeug (Ferrari 655, Bj. 2012). Ähnliche Dämpfer werden bevorzugt in den Formelboliden eingebaut [36]. Für Volumenmodellen bleibt diese Ausführung aus Kostengründen weiterhin als eine Nieschenlösung.

10.7.2 Dämpfer mit rheologischen Flüssigkeiten

Dämpfer mit elektrorheologischen (ERF) und magnetorheologischen Flüssigkeiten (MRF) arbeiten nach neuen Funktionsprinzipien. Beim Einsatz von ERF wird durch elektrische Spannung ein Feld erzeugt, das durch Ausrichtung von elektrisch geladenen Teilen die Grenzschubspannung der Flüssigkeit und infolgedessen die Dämpfkraft erhöht. Die Viskosität bleibt unverändert.

Bei MRF (magnetorheologische Flüssigkeiten) wird die gleiche Wirkung durch ein Magnetfeld erzeugt (■ Abb. 10.61 links). Seit 2002 werden solche semi-aktive Dämpfersysteme der Fa. Delphi (2009 verkauft an BWI Beijing West Industries) in Serie verbaut, zuerst in Cadilac-CTS Escalade und Corvette ZR, dann in Ferrari 458 und 599 GTB, Audi TT, R8 und RS, Honda Acura MDX, Range Rover Evoque, Ford Mustang ab 2018. (■ Abb. 10.62).

■ Abb. 10.61 rechts zeigt die MRF-Dämpfer des AUDI TT (2006) [37]. Audi verwendet die magneto-rheologische Dämpfung gleichermaßen zur Darstellung von Komfort und Sportlichkeit. Im Basismodus ein komfortableres Fahrzeuggefühl ermöglicht. Durch Auswahl einer anderen Konfiguration mittels einer Taste im Innenraum bietet das Fahrzeug im Sportmodus mehr Fahrbahnkontakt.

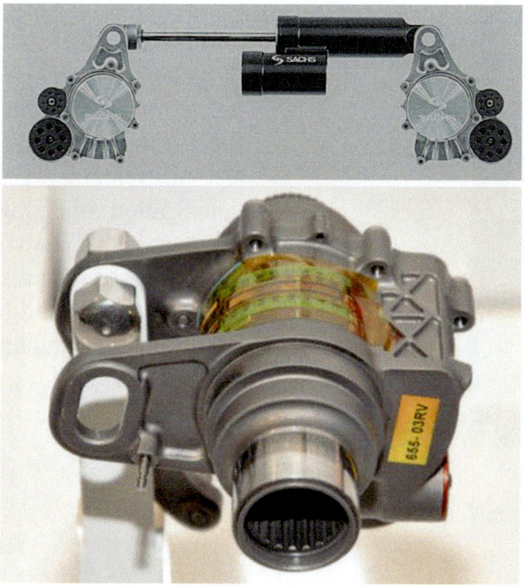

■ **Abb. 10.60** Rotationsdämpfer für Ferrari 655 (unten), Einbau im Formula-Boliden (oben) [36]

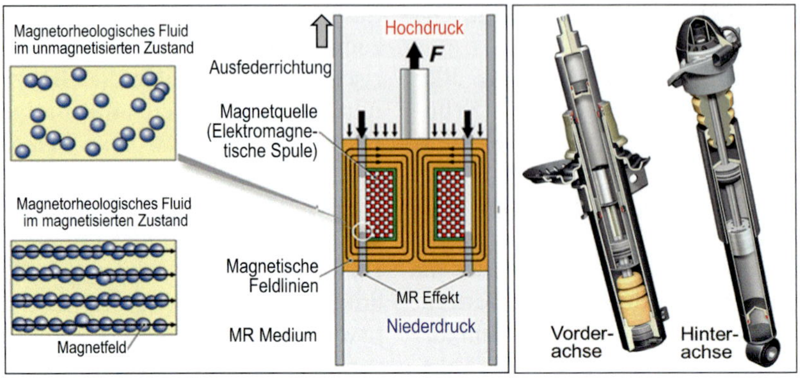

Abb. 10.61 Magnetorheologische Dämpfung. Links Arbeitsprinzip, rechts Dämpfer für Audi TT [37]

Abb. 10.62 MagneRide-Dämpfer [37]

Fa. BWI entwarf die ECU von Grund auf neu. Das neue und verbesserte Steuergerät verfügt über die dreifache Rechenkapazität der Vorgängerversion sowie über zehnmal mehr Speicher. Es hat auch eine größere Abstimmbarkeit.

Die aktuelle dritte Generation führte eine zweite elektromagnetische Spule in den Kolben jedes Dämpfers ein, um das Ansprechverhalten beim Ausschalten zu verbessern. Bei der einzelnen elektromagnetischen Spule gab es eine kleine Verzögerung vom Abschalten des Stroms durch die ECU bis zum Verlust des Magnetfelds des Dämpfers. Dies wurde durch einen vorübergehenden elektrischen Strom oder Wirbelstrom im Elektromagneten verursacht. BWI hat diese Verzögerung mit seinem Dual-Coil-System stark reduziert. Die beiden Spulen sind gegenläufig gewickelt, wodurch die Wirbelströme aufgehoben werden. Das Doppelspulensystem beseitigte effektiv die Verzögerung und verursachte ein schneller reagierendes Federungssystem (Abb. 10.63) [38].

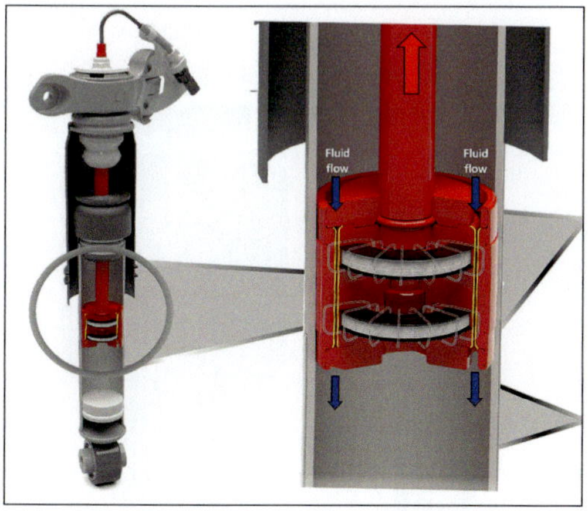

Abb. 10.63 MagneRide-Dämpfer von BW mit Doppel Elektromagneten Dual Coil [38]

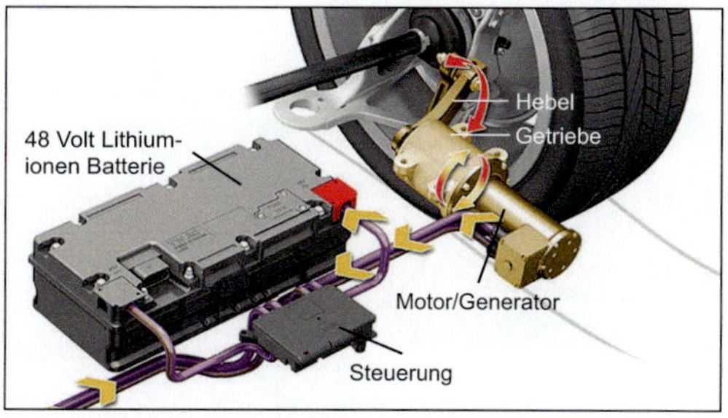

Abb. 10.64 eROT-elektrische Rotationsdämpfer [39]

10.7.3 Elektrischer Dämpfer

Es gibt auch die Möglichkeit der Dämpfungserzeugung in einem Elektromagnetfeld. Basierend auf Wirbelstromverlusten, wenn eine Induktionsspule in einem Magnetfeld bewegt wird, entstehen Energieverluste, die als Dämpfung benutzt werden können. Neuste Entwicklung eines elektromechanischen Dämpfers stammt von Audi [39]. Hier wird ein konventioneller Motor-Generator als Aktor eingesetzt und damit gleichzeitig die Vorteile eines Rotationsdämpfers mitbenutzt. Das System besteht aus einem E-Motor mit integriertem Getriebe, einem Hebel, der die Hubbewegungen des Rades zur Drehbewegung umsetzt und aus der elektrischen Steuerungseinheit (Abb. 10.64).

Das System benötigt 48 Volt-Spannungsversorgung, welche bedarfsweise in konventionellen Verbrennern integriert wird sowie bei Plug-In-Hybriden (PHEV) und Elektrofahrzeugen aus dem Hochvolt-Bordnetz generiert werden kann.

Die elektronische Regelung ermöglicht semi-aktive Dämpfungsfunktionen und reagiert wegen den geringen beweglichen Massen dynamischer als konventionelle Teleskopdämpfer. Ein weiterer Vorteil ist die Rekuperation: die kinetische Energie des Rades wird über den Generator in elektrische Energie umgewandelt. So wird durchschnittlich 100–150 Watt in die Batterie eingespeist, sodass der Kraftstoffverbrauch 0,3–0,5 l/100 km reduziert wird. Schließlich gibt auch einen Packagevorteil, da wegen der fehlenden Teleskopdämpferdome die volle Kofferraumbreite ausgenutzt werden kann.

10.8 Kombinierte Feder-/Dämpfereinheit

Peter Causemann und Alexander Gross

Die physikalischen Prinzipien und die Auslegung der Eigenschaften der Feder- und Dämpfereinheiten wurden bereits für die Federung in dem ► Abschn. 9.3.4, sowie für die Dämpfung in den Abschnitten 10.2 beschrieben. Neben der baulichen Einheit gibt es auch noch einen zweiten Grund, beide Funktionen gemeinsam zu betrachten, denn diese bestimmen zusammen das Schwingungsverhalten des Aufbaus und der Räder.

Ein weiterer Einflussfaktor ist die Zuladung. Abb. 10.65 zeigt die unterschiedlichen Systemverhalten bei Verdoppelung der Aufbaumasse mit Zuladung.

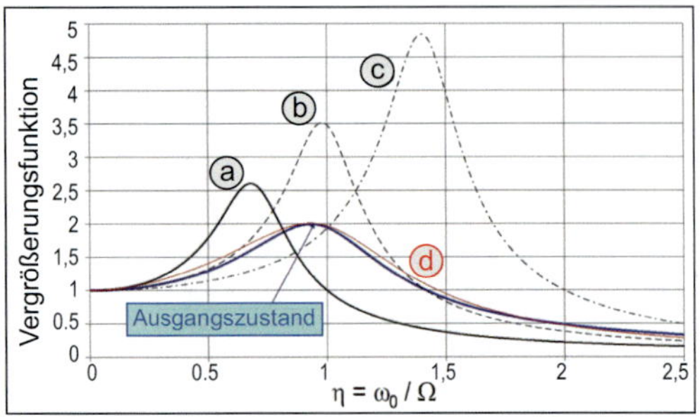

Abb. 10.65 Einfluss Feder-/Dämpfer-System auf das Schwingungsverhalten: a) Konventioneller Federbein, b) volltragende Luftfeder mit hydraulischem Dämpfer, c) volltragende Hydropneumatik mit hydraulischer Dämpfung, d) Gasfeder-Dämpfer-Einheit (GFD)

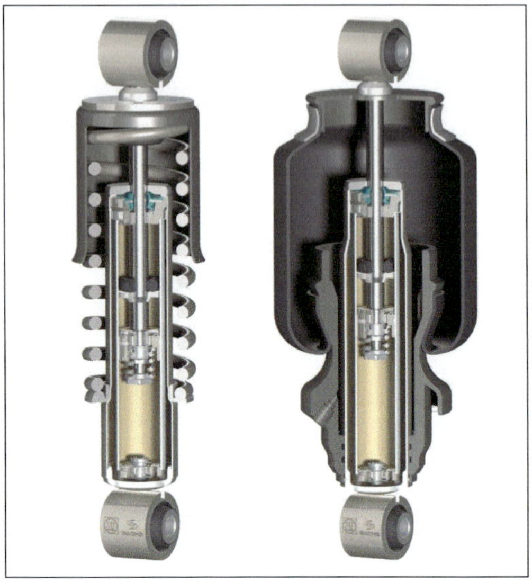

Abb. 10.66 Nkw-Fahrerhaus-Federträger [8]

10.8.1 Federträger und Federbein

Federträger sind Dämpfer, die neben ihrer Hauptfunktion Schwingungsdämpfung, Federkräfte übertragen. Sie können sowohl in Zweirohr- als auch in Einrohrbauweise ausgeführt sein. Die Aufbaufeder stützt sich in einem auf dem Behälter befestigten Federteller ab. Der Vorteil des Federträgers ist seine kompakte Bauweise. Das untere Gelenk des Dämpfers muss jedoch zur Aufnahme der Federkräfte verstärkt werden. Dies gilt wegen der aus der Federkraft und der Radkinematik resultierenden Momente ggf. auch für die Kolbenstange.

Die Momentenbeanspruchung wirkt reibungserhöhend und damit komfortmindernd. Dies sollte möglichst durch eine entsprechende Anordnung und Gestaltung der Feder vermieden werden (s. Abb. 9.44). Der Einfluss der Reibung kann durch eine reibungsarme, kunststoffbeschichtete Buchse am unteren Befestigungsgelenk bzw. entsprechende reibungsreduzierende Maßnahmen im Federträger, wie sie auch beim Federbein umgesetzt werden, weitgehend verringert werden (Abb. 10.66).

Im Nkw-Anwendungsbereich finden Varianten des Federträgers mit Stahlfederung oder Luftfederung zahlreich Verwendung in der Fahrerhauslagerung.

Das Zweirohrfederbein Abb. 10.67 ist in wesentlichen Teilen identisch mit dem Zweirohrdämpfer. Es hat jedoch folgende zusätzliche Aufgaben zu erfüllen:

- Radführung im Zusammen mit den Querlenkern,
- Aufnahme der Federkräfte der Schraubenfeder über einen Federteller (McPherson-Lösung),
- Abstützen der Bremsmomente,
- Übertragung der Lenkbewegungen des Rades,
- Aufnahme von Stabilisatorhaltern,
- Aufnahme von Kabelhaltern für Bremsleitungen, ABS-Sensoren etc. (am Bügel).

Am Unterteil des Behälterrohrs stellen Befestigungslaschen die Verbindung zur Radträger her. Die Lenkbewegungen werden in den Radträgern eingeleitet. Dabei dreht sich das Behälterrohr zentrisch um die Kolbenstange. Auf dem Federteller stützt sich die Schraubenfeder ab, die ihrerseits die

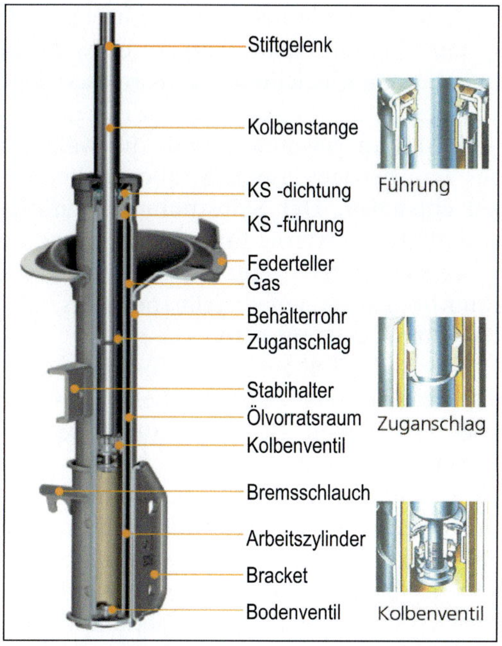

Abb. 10.67 Zweirohrfederbein

entsprechenden Tragkräfte über einen Federteller in den Fahrzeugaufbau einleitet.

Die Kolbenstange ist über das Stiftgelenk in einem Gummilager am Aufbau befestigt, um Erregerfrequenzen >50 Hz zu filtern, die vom Federbein nicht gedämpft werden können.

Das Dämpfungsprinzip ist das gleiche wie beim Zweirohrdämpfer. Zu berücksichtigen sind jedoch die anderen hydraulischen Verdrängungsquerschnitte wegen der größeren Kolbenstange.

Das Federbein muss alle Beanspruchungen (Biegung, Zug, Druck) aufnehmen, die sich aus der Radkinematik, der Federbeanspruchung oder auch aus der Zusatzlast eines Stabilisators am Stabilisatorhalter ergeben. Dazu sind alle durch den Fahrbetrieb verursachten Beanspruchungen, besonders Biegebeanspruchungen durch Brems-, Beschleunigungs- und Seitenkräfte, zu berücksichtigen.

Kolbenstangendurchmesser und -führung sowie der Kolben selbst sind für diese hohen Belastungen besonders dimensioniert. Die Kolbenstange besteht aus hochwertigem C35- oder C45-Stahl, der gehärtet und angelassen ist. Ihre Oberfläche ist gegen Schutz vor Korrosion und Reibung verchromt. Kolben und Kolbenstangenführung sind mit Teflon bzw. Teflon-Compound-Material beschichtet oder mit Gleitbuchsen mit einer reibungsarmen Beschichtung versehen. Dadurch wird die durch Seitenkräfte verursachte Reibung minimiert.

Bei der Auslegung der Radkinematik sind die Seitenkräfte für alle auftretenden Beanspruchungen möglichst klein zu halten. Dies erreicht man wie folgt:

- Versetzen des Federtellers gegen die Mittelachse der Kolbenstange (Desachsierung des Federtellers),
- Versetzen der Wirklinie der Federkraft gegen die Mittelachse der Kolbenstange, S-förmiger Verlauf der Federwirklinie (Desachsierung der Schraubfeder),
- Veränderung des Winkels zwischen der Wirklinie der Federkraft und der Mittelachse der Kolbenstange.

Das Radmodul mit Federbein, Radlager und Bremse ist das schwerste Modul jeder McPherson Aufhängung und bietet das meiste Potential das Gewicht zu sparen z. B. durch Integration der Einzelteile, Einsatz leichter Werkstoffe und Spannungsoptimierte Teilauslegung.

Abb. 10.68 zeigt so ein Konzept um das Gewicht fast zu halbieren. Dämpferaufnahme, Federteller und Radträger ist einteilig aus Kohlefaser Verbundstoff hergestellt. Die Feder ist aus Glasfaser. Dämpfer ist eine Einrohrdämpferpatrone. Nur der Radlager, Bremsscheibe und Bremssattel bleibt aus Stahl [40].

Abb. 10.68 Extrem-Leichtbau Radträgermodul [40]

10

10.8.2 Selbstpumpendes, hydropneumatisches Feder- und Dämpferelement

Peter Causemann und Hans-Dieter Eulenbach

Das selbstpumpende, hydropneumatische Feder- und Dämpferelement vereinigt drei integrierte Module:

- Gasfeder und Zusatzfeder parallel zur Tragfeder für die Leerlast des Fahrzeugs,
- lastabhängiger Dämpfer,
- Pumpe, Vorratsspeicher und Regler.

Dieses Konzepts wird anstelle eines konventionellen Dämpfers, Federdämpfers oder Federbeins meist an der Hinterachse eingebaut und stellt automatisch das optimale Aufbauniveau her. Er beansprucht nur einen geringfügig größeren Bauraum als ein Dämpfer.

Eine Besonderheit dieses Niveauregelsystems besteht darin, dass die notwendige Energie zur Einstellung der Karosserielage aus den Relativbewegungen zwischen Rad und Aufbau gewonnen wird, die während des Fahrbetriebs durch Straßenunebenheiten entstehen. Der Selbstpumper benötigt deshalb keine externe Energieversorgung.

Abb. 10.69 zeigt schematisch die Funktionsweise eines Selbstpumpers, der „Nivomat" genannt wird.

Der linke Teil zeigt den Zustand, nachdem das stehende Fahrzeug beladen wurde und der Aufbau an der Hinterachse entsprechend absinkt.

Sobald das Fahrzeug fährt, führen Relativbewegungen zwischen Rad und Aufbau dazu, dass Öl aus dem Niederdruckreservoir gegen das Gaspolster im Hochdruckspeicher (teiltragende Feder) gepumpt wird.

Bei der Ausfahrbewegung der Kolbenstange wird das Öl durch das Einlassventil in die Pumpe gesaugt und bei der Einfahrbewegung durch das Auslassventil in den Hochdruckspeicher gepresst. Der rechte Teil der Abbildung zeigt den Zustand, nachdem der Selbstpumper das optimale Karosserieniveau hergestellt hat.

Der angestiegene Druck im Hochdruckspeicher, der zugleich auf das Tragelement wirkt, hat die auf die Kolbenstange wirkende Ausfahrkraft erhöht und den Fahrzeugaufbau angehoben. In diesem Zustand gibt der Höhenregler einen Bypass frei, der verhindert, dass der Druck weiter erhöht wird. Öl wird über die Ablaufbohrung in das Niederdruckreservoir zurückgefördert [41].

Abb. 10.70 zeigt den Aufbau eines Selbstpumpers. Die Niveauregelung mit Nivomat findet während des Fahrbetriebs statt, da die Pumpe durch die Straßenunebenheiten hervorgerufenen Relativbewegungen zwischen Aufbau und Rad, betätigt wird. Das Fahrzeugniveau sinkt dagegen nicht ab, sobald das Fahrzeug steht, sondern der Nivomat ist aufgrund seiner inneren Dichtigkeit in der Lage das einmal erreichte Druckniveau über einen längeren Zeitraum aufrecht zu erhalten.

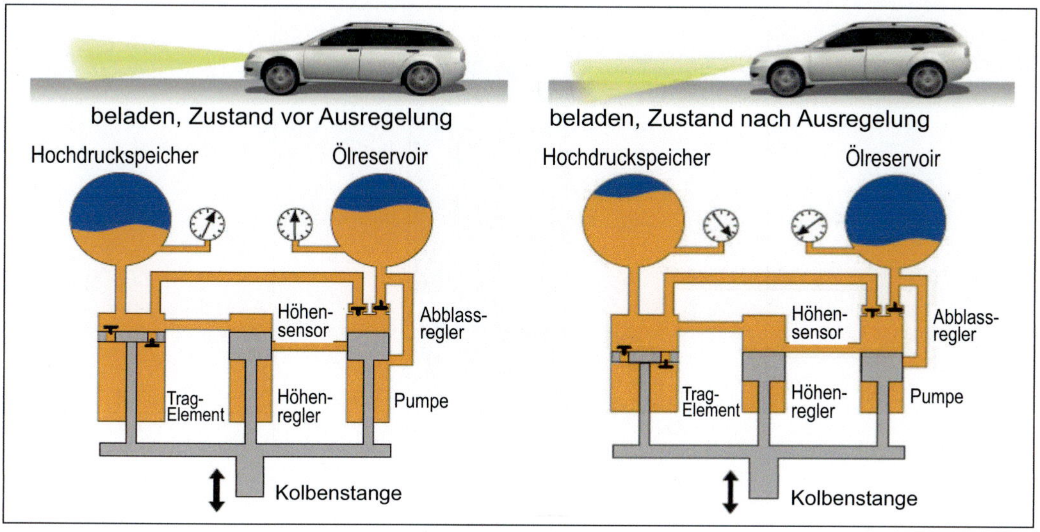

Abb. 10.69 Funktionsweise eines Selbstpumpers [41]

Die Nivomatpumpe (10) wird durch die Bewegungen der Kolbenstange betrieben. Beim Ausfahren der Kolbenstange (Zugbewegung) wird der Pumpraum (11) vergrößert. Öl wird aus dem Ölreservoir (2) durch das Saugrohr (1), die hohle Pumpenstange (3) und das offene Einlassventil (9) in den Pumpraum gesaugt.

Beim Einfahren der Kolbenstange (Druckbewegung) wird der Pumpraum verkleinert, das Einlassventil schließt und das Auslassventil (12) öffnet. Öl wird zwischen Steuerhülsenaußenseite und Kolbenstangeninnenseite in den Arbeitsraum gedrückt. Aus dem Arbeitsraum wird gleichzeitig Öl durch die offene Seite des Zylinderrohrs in den Hochdruckspeicher verdrängt. Das Hochdruckgaspolster (7) wird beim Pumpen zunehmend gespannt. Der Druck im Ölreservoir nimmt kontinuierlich ab und der Druck in Hochdruckspeicher und Arbeitsraum nimmt kontinuierlich zu. Der Druckanstieg im Arbeitsraum bewirkt eine Zunahme der Kolbenstangenausfahrkraft, sodass das Fahrzeugheck angehoben wird. Bei Annäherung an das vorgesehene Fahrzeugniveau wird eine sich auf der Pumpenstange befindliche Wendelnut (4) freigegeben, die bis dahin von der Steuerhülse verdeckt wurde. Diese Wendelnut sorgt für eine Höhenregulation auf die gewünschte Niveaulage. Die geöffnete Nut bildet einen Bypass zwischen Pumpraum und Hochdruckspeicher, sodass kein Öl aus dem Niederdruckreservoir angesaugt wird, sondern nur noch Öl zwischen Pumpraum und Arbeitsraum verschoben wird.

Wird das Fahrzeug im Stand entladen, fährt die Kolbenstange zunächst weiter aus, da das Gleichgewicht zwischen Nivomat-Ausfahrkraft und Nivomat-Belastung gestört wird. Dadurch wird an der Pumpenstange eine Ablassbohrung (6) freigegeben, die in Niveaulage durch die Steuerhülse verdeckt wird. Die Ablassbohrung ermöglicht einen Ölabfluss aus dem Hochdruckspeicher in das Niederdruckreservoir und führt zu einer entsprechenden Druckminderung. Das Fahrzeugheck sinkt auf die Niveaulage ab.

Bei Fahrten auf Schlechtwegstrecken wird die Pumpe im Nivomat stärker angeregt als normal. Der Nivomat regelt in diesem Fall auf ein höheres Niveau (15 bis

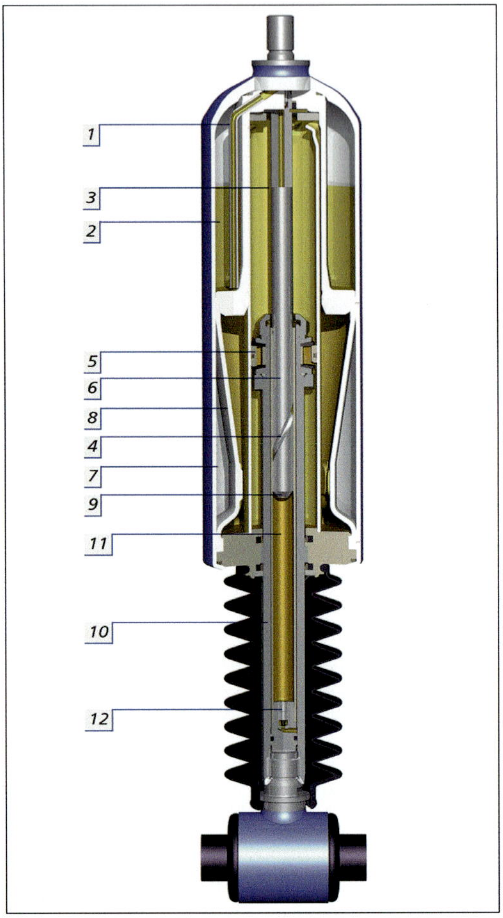

Abb. 10.70 Nivomat: 1) Ölansaugleitung, 2) Reservoir, 3) Pumpenstange, 4/6), Steueröffnung, 5) Dämpfungskolben, 7) Druckspeicher, 8) Trennmembran, 9) Einlass-12) Auslassventil, 10) Steuerhülse, 11) Pumpraum

20 mm). Dies führt dazu, dass das Fahrzeug, in Abhängigkeit des Übersetzungsverhältnisses Nivomat zu Rad, an der geregelten Achse mehr Bodenfreiheit gewinnt. Der Nivomat wird im Allgemeinen als teiltragendes Element an der Fahrzeug-Hinterachse eingesetzt. In diesem Fall wird der überwiegende Teil des Fahrzeugleergewichts (hinten) von einer parallel zum Nivomat eingebauten mechanischen Feder getragen. Der Nivomat trägt den überwiegenden Teil der Zuladung.

Bei der volltragenden Lösung trägt und federt der Nivomat das Fahrzeuggesamtgewicht und Zuladung an der Hinterachse. Dieser Anwendung ist aber sehr selten.

Bei der teiltragenden Lösung sind 3 Federanteile von Bedeutung (Abb. 10.71): die mechanische Tragfeder, die Gasfeder (eingeschlossenes Gasvolumen im Hochdruckspeicher des Nivomaten) und die Hilfsfeder (Druckanschlagpuffer). Die mechanische Feder ist im Vergleich zur konventionellen Dämpferanwendung in Traglast und Federrate abzusenken, da der Nivomat einen Teil der Federkraft übernimmt. Die Hilfsfeder wird bei zunehmender Einfederung wirksam und begrenzt den Einfederweg.

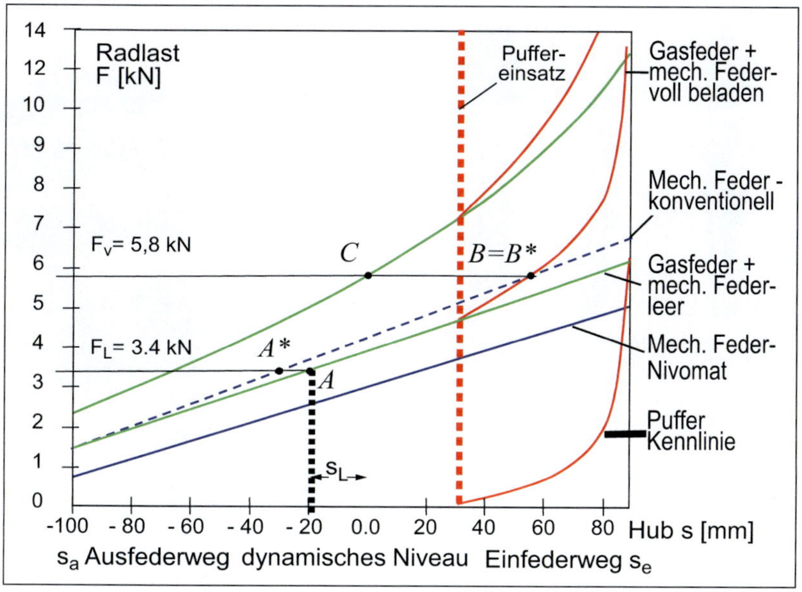

Abb. 10.71 Federkennlinien am Rad

Die Federkennlinie des Nivomaten ergibt sich durch die Überlagerung der drei Federanteile. Die lineare Kennlinie der mechanischen Feder geht bei Fahrzeugleergewicht durch den **Punkt A*** und bei max. Zuladung und statischer Einfederung durch den **Punkt B***. Die Leerstandshöhe beim Nivomat-Einsatz **(Punkt A)** kann im Vergleich mit der konventionellen Federung gleich oder niedriger angesetzt werden. Die statische Einfederung bei maximaler Zuladung **(Punkt B)** sollte aber unbedingt mit der konventionellen Einfederung bei Volllast **(Punkt B*)** übereinstimmen, damit das Fahrzeug in diesem Fall dieselbe Bodenfreiheit auf-weist. Mit dem Fahrzeughersteller wird bei der Fahrabstimmung eine dynamische Niveaulage festgelegt. Während des Fahrbetriebs wird dann das Fahrzeug auf das vordefinierte „dynamische" Niveau **(Punkt C)** angehoben. Hierfür wird eine Fahrstrecke 500 bis 1500 m benötigt.

Das Kennliniendiagramm im Abb. 10.72 zeigt deutlich, dass die Aufbaueigenfrequenz bei Verwendung des Nivomaten geringere Gradienten gegenüber einer Beladungsänderung aufweist. Das hängt mit einem Anstieg der Federraten bei wachsender Zuladung zusammen, welcher durch die zunehmende Anspannung des Gaspolsters im Nivomat erreicht wird. Aus Komfort- und Sicherheitsgründen ist mit der Zuladung eine möglichst konstante Eigenfrequenz des Aufbaus zu erzielen.

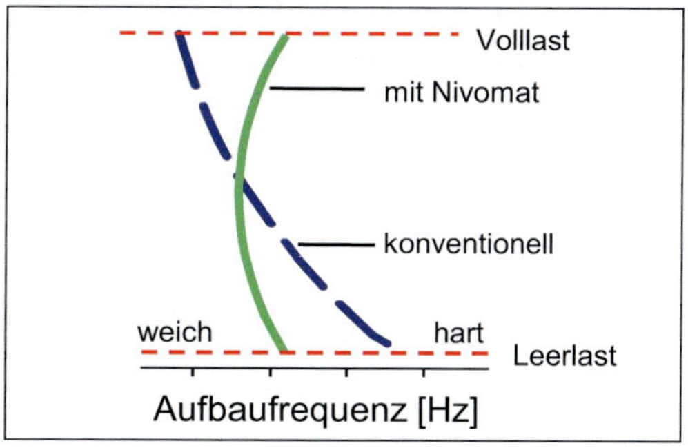

Abb. 10.72 Positive Einfluss des Nivomaten auf die Aufbaueigenfrequenz

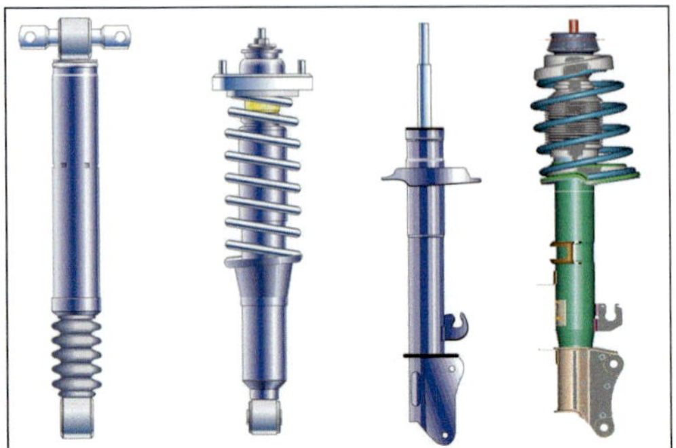

■ **Abb. 10.73** Anwendungsbeispiele für Nivomaten

Bei der Stahlfederung senkt sich die Aufbaueigenfrequenz mit der Zuladung deutlich, während sie bei einer teiltragenden Nivomat fast konstant bleibt. Nivomat ist daher weniger hart im Leerzustand (Komfortverbesserung) und weniger weich im voll beladenen Zustand.

Der Nivomat ist als Dämpfer-, Federdämpfer- oder Federbein-Ausführung realisierbar (■ Abb. 10.73). Der Einbau mit Kolbenstange in beliebiger Lage ist möglich.

10.8.3 Luftfeder-Dämpferbein

■ Abb. 10.74 zeigt ein Luftfeder-Dämpferbein für Pkw, in der Feder und Dämpfer konzentrisch angeordnet sind. Diese Bauart ist immer dann sinnvoll, wenn die Dämpfung und Federung auf der gleichen Wirklinie liegen sollen. Ferner entfallen zusätzliche Bauelemente, die zur Befestigung zweier getrennter Komponenten nötig wären. Das Behälterrohr des Dämpfers kann zugleich als Stütze für das Abrollrohr der Luftfeder verwendet werden, während der obere Teil der Luftfeder am Ring- oder Stiftgelenk der Kolbenstange befestigt werden kann. Eine zusätzliche Führung der Luftfeder entfällt.

■ **Abb. 10.74** Luftfeder-Dämpferbein (ZF-Sachs) [8]

10.9 Federung und Dämpfung mit Gas

Henning Gold

Luftfederhersteller versuchen die hydraulische Dämpfung durch eine Luftdämpfung zu ersetzen und diese in die Luftfeder zu integrieren um damit das Öl in den konventionellen Dämpfern komplett zu eliminieren. ■ Abb. 10.75 zeigt eine Prinzipskizze einer pneumatischen Dämpfung innerhalb einer

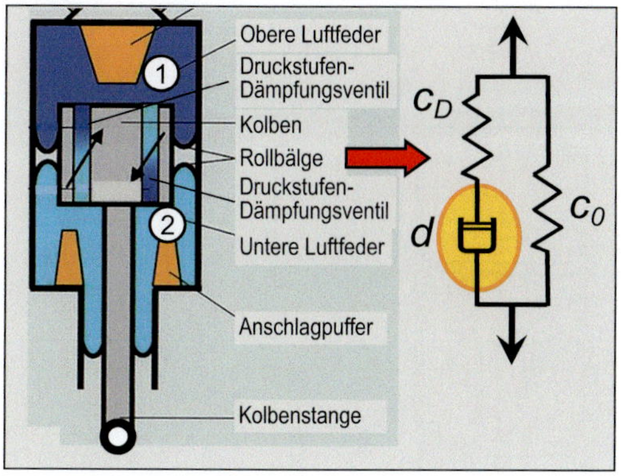

Abb. 10.75 Schema Gas-Feder-Dämpfer Einheit [42]

Luftfeder. Das Konzept wird als Gas-Feder-Dämpfer-Einheit (GFD) bezeichnet.

Die Dämpfung erfolgt durch Drosselung des Luftaustausches zwischen den Kammern 1 und 2. Bei komplett geöffneter Verbindung beider Druckräume verhält sich das System wie eine Feder mit der Steifigkeit C_0.

Bei voll geschlossener Verbindung entsteht die Federwirkung aus zwei parallel geschalteten Federn mit der Steifigkeit C_∞.

Bei allen Zwischenschaltungen wird Dämpfung erzeugt, die von der Einstellung des Drosselelementes sowie von der Auslegung der Luftfedern abhängig ist. Mit dem Drosselelement kann man das Maximum der Dämpfkraft über der Anregungsfrequenz verschieben, aber nicht verändern. Die Steifigkeit der Feder verändert die Höhe der Dämpfkraft sowie von der Auslegung der Luftfedern abhängig ist [42].

Größter Vorteil der Gas Feder Dämpfer Einheit ist einfache elektromagnetische Verstellung der Drosselung und damit Erzielung einer aktiv geregelten Dämpfung.

Abb. 10.76 zeigt den Aufbau solcher nahezu laminaren Drossel für die GFD. Durch das übliche Drosselscheibenpaket (5–10 Scheiben ca. 0,15 mm dick) fließt ein Magnetfeld (0,2–0,3 A bei 12 V) diagonal

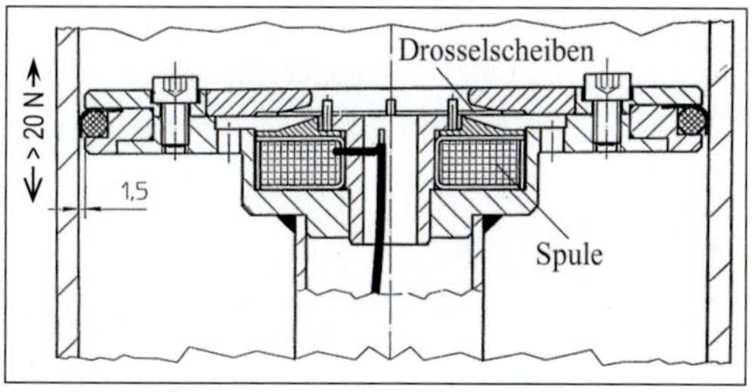

Abb. 10.76 Kolben mit aktiv verstellbarer Drossel [43]

von der Innenauflage zur Außenauflage und verhärtet dadurch das Scheibenpaket. Weil dabei keine Ventilmasse bewegt wird, ergibt sich ein sehr schnelles Ansprechverhalten.

Mit dieser verstellbaren Drossel ist es möglich, die Resonanzamplitude sowohl vor als auch hinter den Auslegungspunkt der Aufbauresonanzfrequenz zu legen [42].

Abb. 10.77 zeigt eine geregelte GFD. In der weichen Drosselabstimmung verbindet sie eine hohe Aufbaudämpfung mit gutem Komfort. In der harten Drosselabstimmung erhöht die GFD die Resonanzfrequenz um den Faktor 2 und damit die Steifigkeit um den Faktor 4 bei etwa gleichbleibender Dämpfung. Damit ergibt sich ein virtueller gedämpfter Stabilisator, dessen elektrische Regelung bei den niedrigen Aufbaueigenfrequenzen erfolgt und damit auch

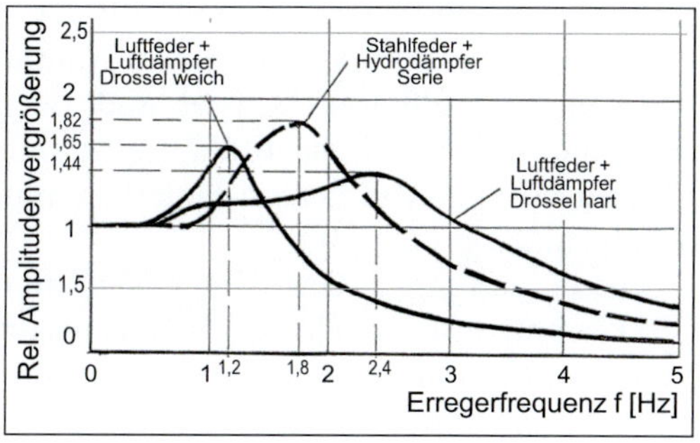

Abb. 10.77 Übertragungsverhalten einer GFD mit verstellbarer Drossel zur Fahrdynamikoptimierung [44]

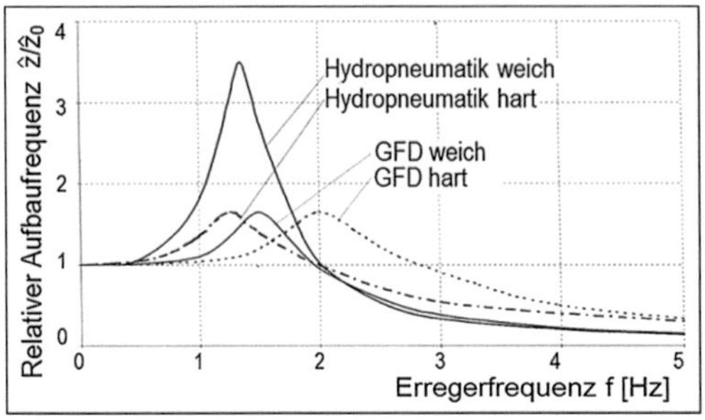

■ **Abb. 10.78** Vergleich einer geregelten GFD mit einer geregelten Hydropneumatik [45]

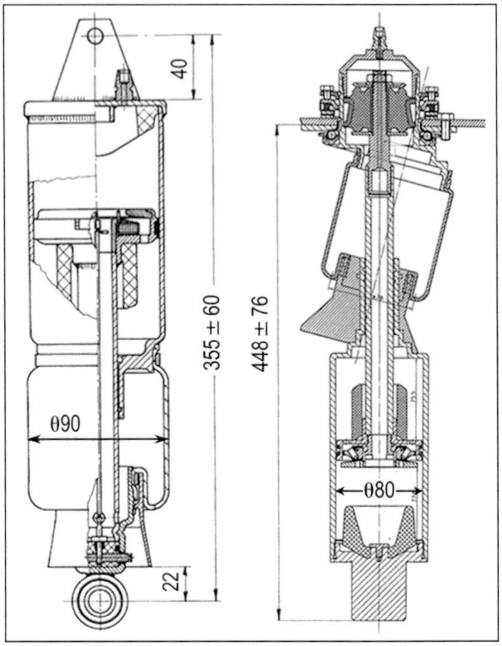

■ **Abb. 10.79** Zwei 3-Raum-GFDs für verschiedene Einsatzbereiche [46]

einen schnellen Spurwechsel bei sehr hohen Geschwindigkeiten ermöglicht. Im überkritischen Bereich bleibt auch hier der Komfort gut, weil C_∞ nicht geändert wird [43].

■ Abb. 10.78 zeigt, dass die GFD im Gegensatz zur Hydropneumatik in der weichen Drosselabstimmung eine hohe Aufbaudämpfung und damit gutes Handling mit gutem Komfort verbindet. Mit der auf hart verstellte Drossel erhöht sich die Steifigkeit, was das Handling für hohe Geschwindigkeiten weiter verbessert.

Die hochfrequente Isolierung oberhalb der Achsresonanzfrequenz und damit der Komfort bleiben unverändert gegenüber der weichen Abstimmung [45].

■ Abb. 10.79 zeigt der serienerprobten 3-Raum-GFD in zwei Ausführungen, die wegen ihrer Abmessungen gut in jetzige Fahrzeuge integrierbar sind und für die durch weg positive Erfahrungen vorliegen.

In der linken Bildhälfte ist eine 3-Raum-GFD mit verstellbarer Drossel und Balg unten und in der rechten Bildhälfte ist eine 3-Raum-GFD in McPherson-Federbein mit Balg oben dargestellt [46].

Dieser geregelter Gas Feder Dämpfer GFD konnte bisher nicht den Serieneinsatz erreichen, obwohl es heutigen Hydropneumatischen Dämpfer überlegen ist.

Für ausführliche Beschreibung der Gas-Feder-Dämpfer Einheit wird auf die früheren Auflagen dieses Buches hingewiesen [47].

Literatur

1. Causemann, P.: Kraftfahrzeugdämpfer, Verlag Moderne Industrie Band 185 Landsberg/Lech (1999)
2. ZF Friedrichshafen AG/Sachs: Technisches Handbuch für den Konstrukteur (Kraftfahrzeugstoßdämpfer) (1998)
3. Sonnenburg, R., Stretz, A.: Dynamics of Hydraulic Dam-per Modules. Nova Science Publishers Inc, NY (2014)
4. Stretz, A.: Komfortrelevante Wechselwirkung von Fahrzeugschwingungsdämpfern und den elastischen Dämpferlagern. Fortschritt Berichte VDI Reihe 12
5. Sonnenburg, R.: Optimized parameter combinations of hydraulic damper modules. Journal of Transportation Technologies **4**, 277–288 (2014)
6. Sonnenburg, R.; Stretz, A.: (2010) Damper Modules with Adapted Stiffness Ratio. Arch. Appl. Mech. **81**, 853–862. 6.1007/s00419-010-0455
7. Baalmann, H.: Endanschläge für Stoßdämpfer. Tagung Kraftfahrzeugstoßdämpfer, Haus der Technik, (2003)
8. N.N.: ZF Friedrichshafen AG/Sachs: Interne Präsentationen (1992)

9. Gilsdorf, H.-J.; Heyn, St.; Gundermann, F.: Amplitudenselektive Dämpfung (ASD). Aachener Kolloquium Fahrzeug und Motorentechnik (2004)
10. Wilhelm, R.: Das Dämpfungssystem der neuen A-Klasse. IIR-Tagung „Federung u. Dämpfung im Fahrwerk", Düsseldorf 9./10.11.2004
11. ► www.koni.de/pkw/technologie/fsd-frequency.selective-damping. Zugegriffen: Mai 2016
12. Stretz, K.: Baukasten für Dämpfer und Federbeinmodulkomponenten. Tagung Kraftfahrzeugstoßdämpfer, Haus der Technik, (2003)
13. Wallentowitz, H., Schrüllkamp, T.: Geregelte Fahrwerke. In: Mettner, M. (Hrsg.) Elektronik im Kraftfahrzeugwesen, 3. Aufl., S. 103–134. expert Verlag, Renningen (2002)
14. ► www.autozeitung.de/adaptives-fahrwerk-funktion-89629.html. Zugegriffen: Mai 2016
15. Causemann, P.: Schwerpunkte der Entwicklung semiaktiver und aktiver Fahrwerke. Technische Konferenz, Fichtel und Sachs AG. Sitev (1990)
16. Causemann, P.: Semiaktive Schwingungsdämpfung TAE Tech. Akademie Essen, Weiterbildung (Oktober 2002)
17. N.N.: Die neue S-Klasse von Mercedes Benz. ATZ Sonderheft (2005)
18. ► https://www.thyssenkrupp-components-technology.com/de/produkte/daempfer/elektronisch-geregelte-daempfer/. Zugegriffen: Febr. 2018
19. N.N.: Dämpfer denkt mit. Das ZF Magazin Drive s: 50–51 (Jan. 2014)
20. Causemann, P.: Moderne Schwingungsdämpfer. ATZ (2003)
21. ► http://www.tenneco.com/assets/1/7/5946-Monroe_Intelligent_Susp._Brochure.pdf Zugegriffen: Febr. 2018
22. rei.: Stufenlos geregelte Stoßdämpfer für VW Passat CC. ATZ **110**, 620 (Juli 2010)
23. ► www.monroeintelligentsuspension.com/wp-content/uploads/2023/05/CVSA2_two_valves_technology.mp4. Zugegriffen: Dez. 2023
24. ► www.thyssenkrupp-automotive-technology.com/de/produkte-und-services/daempfer/elektronisch-geregelte-daempfer. Zugegriffen: Dez. 2023
25. Jantze, M., Bogner, A., Eggendinger, J., Fröhlich, M. et al.: An innovative variable Damper System for further improvement of ride comfort und handling. FISITA Congres March 2008
26. N.N.: Das ZF Magazin Drive Jan. 2014
27. Westerhoff M.: „Dämpfen mit System." ZF. ► https://www.zf.com/products/de/cars/stories/systematic_damping.html. Zugegriffen: Nov. 2024
28. Porsche Medienportal. „Weniger Wanken und Nicken für mehr Performance". ► https://newsroom.porsche.com/de/pressemappen/taycan/Porsche-Active-Ride.html. Zugegriffen: Nov. 2024
29. Gomoll W.: „Audi e-tron GT rückt näher an den Taycan heran." Edison. ► https://edison.media/verkehr/audi-e-tron-gt-rueckt-an-den-porsche-taycan-heran/25246182/. Zugegriffen: Nov. 2024
30. Gomoll W., press-inform, Egeling M.: „Besseres Fahrwerk und Reichweite: Das ist das Facelift zum Audi e-tron GT 2024." EFAHRER.com. ► https://efahrer.chip.de/news/audi-e-tron-gt-facelift-2024-besseres-fahrwerk-und-reichweite-im-prototyp_1019196. Zugegriffen: Nov. 2024
31. Gebhardt M., SP-X; Scheiner J.: „Audi S8: komfortabel, clever und schnell." Automobil Industrie Vogel. ► https://www.automobil-industrie.vogel.de/audi-s8-komfortabel-clever-und-schnell-a-883392/. Zugegriffen: Nov. 2024
32. Audi Fahrzeug Konfigurator Modell S8. ► https://www.audi.de/de/brand/de/neuwagen/a8/s8.html. Zugegriffen: Nov. 2024
33. Díaz-Choque, C.S., Félix-Herrán, L.C., Ramírez-Mendoza, R.A.: Optimal sky-hook and groundhook control for semiactive suspension: A comprehensive methodology. Shock. Vib. (2021). ► https://doi.org/10.1155/2021/8084343
34. Kunzmann. "E-Active Body Control, Das intelligente Komfortfahrwerk. ► https://www.kunzmann.de/de/services/lexikon/e-active-body-control/. Zugegriffen: Nov. 2024
35. Jordan M.: „Blick auf das E-ACTIVE BODY CONTROL Fahrwerk von Mercedes-Benz." mbpassionblog. ► https://mbpassion.de/2019/12/blick-auf-das-e-active-body-control-fahrwerk/. Zugegriffen: Nov. 2024
36. N.N.: Firmen Broschüre- ZF Sachs. Fahrwerkkomponenten für besseres Fahren. Rotationsdämpfer S. 23. (2010)
37. N.N.: Magdrive Dämpfer. ATZ Extra. Der neue Audi TT. Stuttgart, Motorverlag (Januar 2007)
38. ► www.magneride.com/more-about-magneride-dampers-and-mr-fluid/. Zugegriffen: Dez. 2023
39. Söllner, T.: Das neuartige Stoßdämpfersystem von Audi: Neue Technologie spart Kraftstoff und steigert Komfort. Audi-mediacenter.com, Ingolstadt (6.08.2016)
40. Rosenow, J.: IAAA 2009 Stoßdämpfer aus Kohlefaser. Kfz-betrieb. (11.013.2009)
41. Eulenbach, D.: Hydropneumatische Niveauregelelemente. Weiterbildung TA Esslingen (Oktober 2002)
42. Behmenburg C.: Alternative Dämpfungssysteme mit geschlossenem Luftversorgungssystem für Luftfederfahrzeuge. IIR-Tagung „Federung und Dämpfung im Fahrwerk" 9./10.11.2004. Düsseldorf (2004)
43. Gold, H.: Designing air spring dampers in special consideration of active role control and brake

dive. IQPC 2. Advanced Suspension Systems. Frankfurt (17.10.2007)
44. Dieckman, H.: Ein Dämpfer für den Luftikus. Auto Bild, **19**, 66 (November 1994)
45. Gold, H.: Physical basics of the BMW HP 2 Enduro Air Damping System. Vehicle Dynamics Conference 9.5.2006. Messe Stuttgart
46. Gold. H.: Gas-Feder-Dämpfereinheit: Interessant für hochwertige Kompaktfahrzeuge auch mit Radnabenmotor. 6. CTI Konferenz Federung & Dämpfung im Kfz Stuttgart den 26. u (27.01 2012)
47. Ersoy, M., Gies, S.: Fahrwerkhandbuch, 5. Aufl. Springer Vieweg, Wiesbaden (2017)

Radführung

Metin Ersoy, Klaus Schüller und Ernst-Günter Jördens

Inhaltsverzeichnis

M. Ersoy et al. (Hrsg.), *Fahrwerkhandbuch*,
ATZ/MTZ-Fachbuch, https://doi.org/10.1007/978-3-658-48104-9_11

Die Radführung bezieht sich auf die Führung und Verbindung des Rades mit dem Aufbau. Der Schwerpunkt des Kapitels liegt bei den Einzelradaufhängungen. Die Radführung mit starren Achsen wird hier nur kurz behandelt, weil deren Einsatz für Pkws und SUVs ständig an Bedeutung verliert. Die Systematik, Entwicklung und Auslegung von Radaufhängungen werden in den Kap. 1, 5 und 14 ausführlich erläutert. In diesem Kapitel werden die einzelnen Bestandteile der Radführung wie Lenker, Kugelgelenke und Gummilager, aber auch als Strukturteil der Achsträger, an dem die Lenker aufbauseitig angebunden werden, detailliert beschrieben.

11.1 Aufgaben, Struktur und Systematik

Metin Ersoy

Die Bauteile für die Radführung stellen nur einen Teil der gesamten Radaufhängung dar. Zur Radaufhängung gehören außerdem Radträger, Radlager sowie Feder, Zusatzfeder und Dämpfer.

Die Radführung überträgt in allen Fahrzuständen die Radaufstands-, Brems-, Antriebs- und Seitenkräften auf den Aufbau und stützt die Wank- und Nickmomente ab.

Die Radführung übernimmt die folgenden Aufgaben:

- Übertragung von Kräften und Bewegungen vom Radträger zum Aufbau ohne Versagen (dauerfest), ohne Verzögerung (steif, reibungsarm), und niedriger Trägheit (geringe ungefederte Massen),
- Aufrechterhaltung der Radposition relativ zum Aufbau und zur Straße bei allen Fahrzuständen ohne Beeinträchtigung der Fahrtrichtung,
- Lenkbare Lagerung der Vorderräder (Lenken, Lenkkinematik),
- Entlastung des Aufbaus von Stößen und Schwingungen des Rades durch angemessene Gummilagerung, Federung und Dämpfung,
- Entlastung des Lenkungsstranges von am Rad angreifenden Kräften (z. B. Antriebs-, Brems-, Seitenkräfte oder Kräften, die bei einer vorliegenden Unwucht entstehen),
- die Gewährleistung der gewünschten elastokinematischen Bewegung des Rades zur Sicherstellung des angestrebten Eigenlenkverhaltens.

Die Struktur der Radführung wird durch die kinematische Kette der Radaufhängung festgelegt: der Radträger. bildet das Koppelglied und der Aufbau (bzw. Achsträger) das ortsfeste Glied der Kette. Diese beiden Glieder werden durch Lenker und Gelenke miteinander verbunden und die Gesamtkette gewährleistet die Führung des Rades.

Die Lenker sind die starren Verbindungen der Gelenke miteinander. Sie übernehmen aber nicht nur eine radführende, sondern häufig auch eine aufbautragende Aufgabe, indem sie Feder- und Stabilisator- bzw. Dämpferkräfte übertragen. Darüber hinaus gibt es Hilfslenker, die einen Lenker mit einem anderen Lenker oder mit dem Radträger verbinden. Daraus ergeben sich drei grundsätzlich unterschiedliche Radführungslenker:

- Führungslenker (► Abschn. 11.2.2),
- Traglenker (► Abschn. 11.2.3,
- Hilfslenker (► Abschn. 11.2.4).

Neben der Radführung unterstützen Lenker auch die Funktionen Lenkung und Wankfederung. Diese Lenker sind nicht am Aufbau, sondern am Lenkgetriebe bzw. am Stabilisator gelagert:

- Spurstangen/Spurlenker (► Abschn. 11.2.3),
- Stabilisatorlenker (► Abschn. 12.3.3.2).

Nach kinematischen Gesichtspunkten sind Lenker starre Körper und haben 2, 3 oder 4 Gelenkpunkte (◘ Abb. 11.1). Außerdem werden sie, wenn auch sehr selten, als flexi-

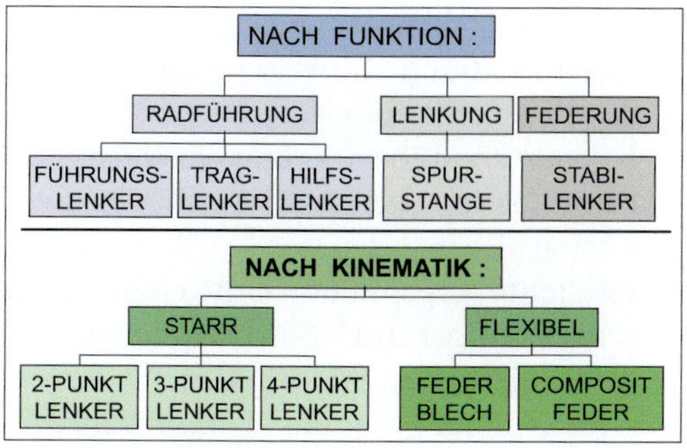

Abb. 11.1 Systematik der Lenker

ble Lenker eingesetzt [1] z. B. radführende Blattfeder aus Compositwerkstoffen.

Da in einer kinematischen Kette die Lenker relativ zueinander beweglich sind, muss jeder Lenker mindestens zwei Gelenke besitzen (Abb. 11.2), die ihn mit den benachbarten Lenkern verbinden [2].

Die Freiheitsgrade „f" der vier Gelenkarten einer Radführung (die fünfte Art das Kugelflächengelenk in Abb. 11.2, wird nur vollständigkeitshalber erwähnt), sind im Folgenden mit der Legende (D: Dreh-, S: Schub-, d: bzw. s: elastokinematische Freiheitsgrade [3]) aufgelistet:

- Kugelgelenk $f=3$ (DDD),
- Drehgelenk $f=1$ (D),
- Gummi(lager)gelenk $f=1$ (D + ddsss),

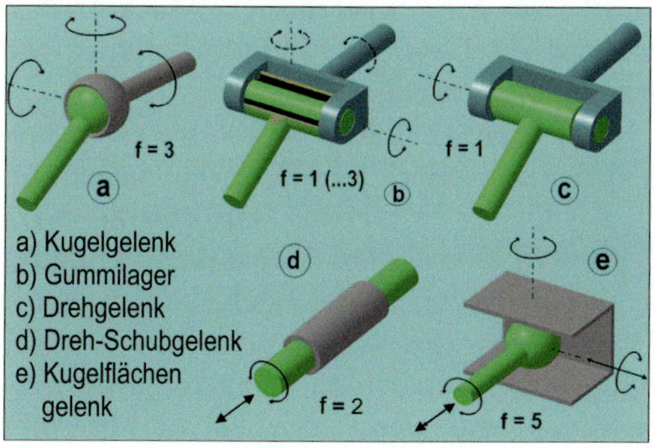

Abb. 11.2 Systematik der Gelenke [3]

- Drehschubgelenk $f=2$ (DS) (meist als Dämpfer),
- Kugelflächengelenk $f=5$ DDDSS (theoretisch).

Manchmal werden die Lenker einer Achse flexibel (elastisch) gestaltet, um die räumliche Beweglichkeit eines Rades nicht zu beeinträchtigen z. B. die Schwertlenker der Mehrlenkeraufhängungen, die Querverbindungen in den Verbundlenkerachsen oder der Querlenker der Weissachachse (s. Abb. 14.46).

Die Kinematik wird festgelegt durch die Mittelpunkte „pole" der Gelenke, die als *„Hardpoints"* oder als Kinematikpunkte benannt sind. Diese Punkte bilden den Ursprung der Gelenkkoordinaten, dessen Achsen die Richtung der Dreh- bzw. Schubfreiheiten eines jeweiligen Gelenkes zeigen. Der Verlauf der Gelenkverbindung, d. h. die Geometrie des Lenkers, beeinflusst nicht die kinematischen Eigenschaften.

Die Lenker werden mit dem Aufbau bzw. Achsträger fast ausschließlich mit Gummilagern verbunden, um die Geräusche zu isolieren und Schwingungen zu dämpfen. Durch die Position und die Kennungen dieser Gummilager können gleichzeitig die gewünschten elastokinematischen Eigenschaften realisiert werden.

Ein Lenker darf nur eine oder zwei Lagerstellen zum Fahrzeugaufbau bzw. Radträger besitzen, da bei drei Lagerstellen, die nicht auf einer Gerade liegen, keine Relativbewegung mehr möglich ist.

Die Verbindung der Lenker mit dem gelenkten vorderen Radträger wird immer mit Kugelgelenken realisiert (nie Gummilager), weil nur diese Gelenkart den zweiten Freiheitsgrad (zum Lenken) des Rades zulässt. Man benötigt hier für die Radführung mindestens drei Lenker (unterer und oberer Lenker sowie die bewegliche Spurstange), alle mit radträgerseitigen Kugelgelenken. Bei einer Federbeinaufhängung sind es zwei Lenker und ein Dämpfer. Die Anzahl der

Lenker kann durch die Auflösung der einzelnen Lenker bis auf 5 ansteigen.

Am vorderen Radträger sind die Lenker jeweils nur mit einem Gelenk angebunden, um Lenkbewegungen zuzulassen. Am hinteren können es auch zwei sein, weil die hinteren Räder nicht gelenkt werden. Die Verbindungen zum hinteren Radträger können mit Gummilagern, Drehgelenken oder Kugelgelenken bzw. Hülsengelenken realisiert werden. Da das Hinterrad nur einen Freiheitsgrad hat, ist der Einsatz der Kugelgelenke nicht zwingend notwendig. Das Kugelgelenk ist jedoch dann zu empfehlen, wenn durch die Elastokinematik bedingte räumliche Bewegungen des Radträgers sonst zu inneren Verspannungen führen würden.

Maximal zehn Gelenke und fünf 2-Punkt-Lenker werden zur Führung eines Hinterrades benötigt (Raum- oder Fünflenkeraufhängung). Durch den Einbau von Mehrpunktlenker statt 2-Punkt-Lenker, lässt sich die Lenkeranzahl bis auf einen reduzieren (z. B. Verbundlenkerachse, bei der, der Längslenker fest mit dem Radträger verbunden ist). Am hinteren Radträger sind auch Trapezlenker mit zwei Drehgelenken einsetzbar, sonst haben auch hier die Lenker nur eine Gelenkverbindung zum Radträger.

Detaillierte Erläuterungen und Beispiele hierzu sind im ► Abschn. 14.4 „Einzelradaufhängungen“ zu finden.

Die Anforderungen an die Radführung sind:

- als Sicherheitsteile die geforderte Dauerfestigkeit und Steifigkeit garantieren,
- bei Überlastung sich verbiegen aber nicht brechen (voraussehbares Ausfallverhalten),
- Crashverhalten des Autos unterstützen,
- während der Lebensdauer kein freies Spiel haben,
- im gesamten Bewegungsraum nicht mit anderen Bauteilen kollidieren,
- möglichst kleine und gleichbleibende Gelenkreibung aufweisen, die sich mit der Zeit nicht ändert,
- Körperschallübertragung dämpfen,
- keine Geräusche (durch *Stick–Slip*) verursachen,
- resistent gegenüber Umwelteinflüssen sein (Temperatur, Schmutz, Feuchtigkeit, Salzwasser, Steinschlag),
- Lebensdauer wie das Gesamtfahrzeug haben,
- wenig Platz beanspruchen, um andere Module und Laderäume nicht zu beeinträchtigen,
- möglichst robust sein, möglichst geringe Anzahl von Einzelteilen aufweisen,
- Altautoverordnung (Recycling) erfüllen und
- möglichst wenig kosten und wenig wiegen.

11.2 Fahrwerklenker

Metin Ersoy

Die Lenker erfüllen die Aufgabe, die Gelenke miteinander zu verbinden und dadurch die Kräfte und Bewegungen von einem Gelenk zum anderen zu übertragen. Sie sind im Allgemeinen aus Stahl oder Aluminium hergestellt. Die Lenker bewegen sich im Fahrzustand bei unebenen Straßenoberflächen ständig und gehören ca. zur Hälfte zu den ungefederten Massen, deshalb ist ihr Gewicht für Fahrdynamik von größter Bedeutung.

Ein Lenker hat mindestens zwei Kugelgelenke oder gleichwertige Gummilager. Diese einfachste Ausführung wird 2-Punkt-Lenker (oder Stablenker) genannt.

Im Falle von zwei Kugelgelenken ist die Drehfreiheit des Lenkers um die Verbindungsachse der beiden Gelenke zu berücksichtigen und wenn möglich zu unterbinden. Diese beeinflusst zwar die Bewegung der kinematischen Kette nicht, beeinträchtigt aber den Winkelausschlagbereich der Kugelgelenke und übt bei gekröpftem Lenker unangenehme Taumelbewegungen aus. Besitzt eine Seite ein Gummilager, dann entsteht dieses Problem nicht.

Ein idealer 2-Punkt-Lenker ist gerade und wird daher nur mit Zug- und Druckkräften beaufschlagt. Er kann schlank und leicht gebaut werden. Wenn die Länge 200 mm übersteigt, ist er auch auf Knicksicherheit auszulegen.

Ist eine gerade Verbindung wegen Bauraumeinschränkung nicht realisierbar, dann entstehen im Lenker Biegespannungen, die einen deutlich größeren Querschnitt und damit mehr Materialeinsatz erfordern. Der Versatz wird außerdem die Knickgefahr vergrößern.

11.2.1 Systematik der Fahrwerkslenker

Die Anzahl der Gelenke ist das erste Unterscheidungsmerkmal einer Lenkersystematik (◘ Abb. 11.3).

Neben den 2-Punkt-Lenkern, gibt es 3-Punkt (Dreieck)-Lenker mit einem Kugel- und zwei Drehgelenken und 4-Punkt (Trapez)-Lenker mit vier Drehgelenken.

Des Weiteren sind auch Lenker mit einem Kugelgelenk (oder Gummilager) und einem Drehschubgelenk möglich, die als Teleskopdämpfer besonders in McPherson-Aufhängungen zum Einsatz kommen [3].

Abb. 11.4 zeigt die Ausführungsformen dieser Lenker.

Als zweites Klassifizierungsmerkmal gelten die Verbindungslinien der Gelenke miteinander. Beim 2-Punkt-Lenker sind sie gerade oder gekröpft (I-, C- oder S-Form). Bei 3-Punkt-Lenkern spricht man von Y-, U-, A-, L- und bei 4-Punkt-Lenkern von X- oder H-Lenkern (Abb.11.5). Der Teleskopdämpfer hat nur das gerade Zylinderrohr und die Kolbenstange.

Welche Bauform die richtige Wahl ist, kann nicht pauschal beantwortet werden. Es ist aber günstiger den Kraftfluss über den kürzesten Weg, d. h. auf einer gerade Linie zu leiten. Je kleiner Biege- und Torsionsspannungen sind, desto geringer ist die Lenkerbeanspruchung. Die Lenker sind dann leichter und steifer. Die Lenkerauslegung um die günstigste Bauform zu finden wird empfohlen, diese mit einer Topologieoptimierungssoftware durchzuführen.

Neben der Anzahl ihrer Gelenke werden die Lenker auch nach ihrer Einbaurichtung

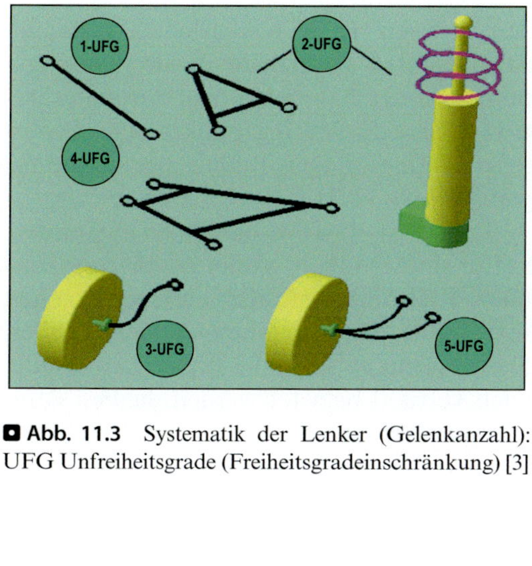

◘ **Abb. 11.3** Systematik der Lenker (Gelenkanzahl): UFG Unfreiheitsgrade (Freiheitsgradeinschränkung) [3]

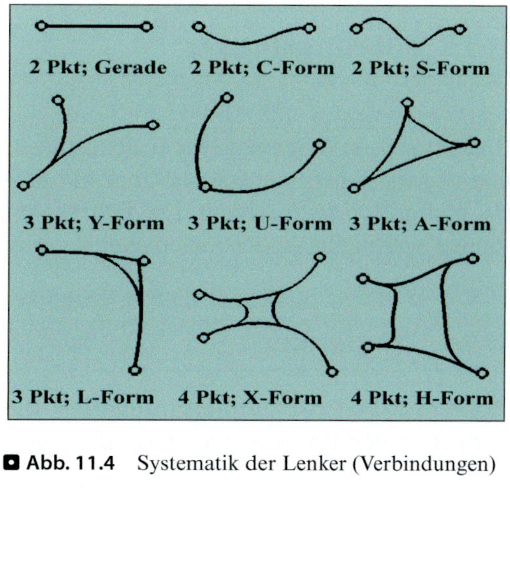

◘ **Abb. 11.4** Systematik der Lenker (Verbindungen)

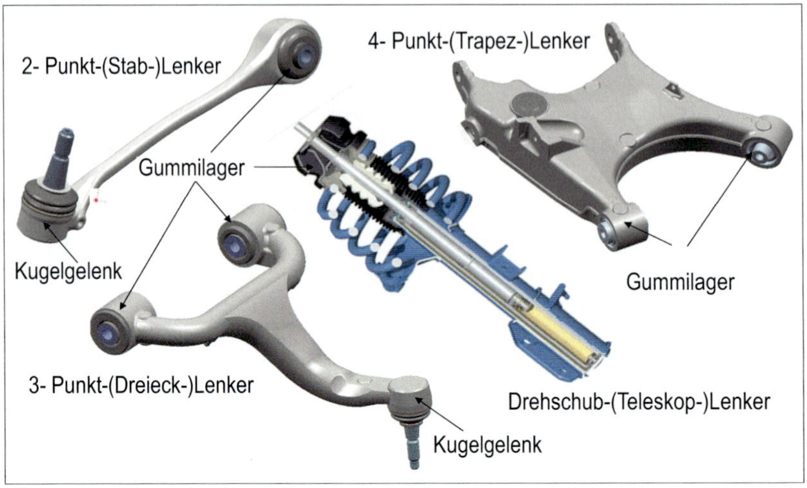

Abb. 11.5 Ausführungsformen üblicher Lenkerarten

bezeichnet, die jedoch als Klassifizierungsmerkmal ungeeignet ist:
- Querlenker: Lenker liegt quer zur Radebene,
- Längslenker: Lenker liegt in der Fahrtrichtung,
- Schräglenker: Lenkerdrehachse liegt schräg in der Draufsicht (x–y-Fahrzeugebene),
- Verbundlenker: zwei Längslenker, fest verbunden mit einer torsionsweichen Quertraverse.

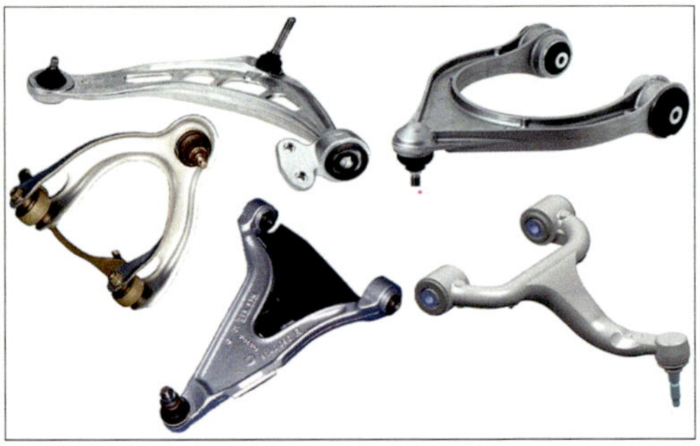

Abb. 11.6 Beispiele für Führungslenker [4]

11.2.2 Führungslenker

Radführungslenker (Abb. 11.6) führen das Rad ohne das Fahrzeuggewicht abzustützen und werden daher hauptsächlich nur mit Horizontalkräften beaufschlagt. Die Krafteinleitungen wirken nur an den Gelenken.

11.2.3 Traglenker

Wenn die Feder-/Dämpferkräfte über die Lenker an den Radträger weitergeleitet werden, müssen die Führungslenker zwischen den Gelenken zusätzliche Krafteinleitungspunkte in der Fahrzeughochrichtung erhalten. Solche Einleitungspunkte sind Federteller, Dämpferlager, Stabilisatoranbindungen (Abb. 11.7).

Die vertikal wirkenden Feder-/Dämpferkräfte sind deutlich größer als die horizontalen Radführungskräfte und verursachen sehr hohe Biegespannungen im Lenker. Die radseitigen Gelenke dieser Lenker, die auch vertikal belastet werden, heißen dann „*Traglenker*“.

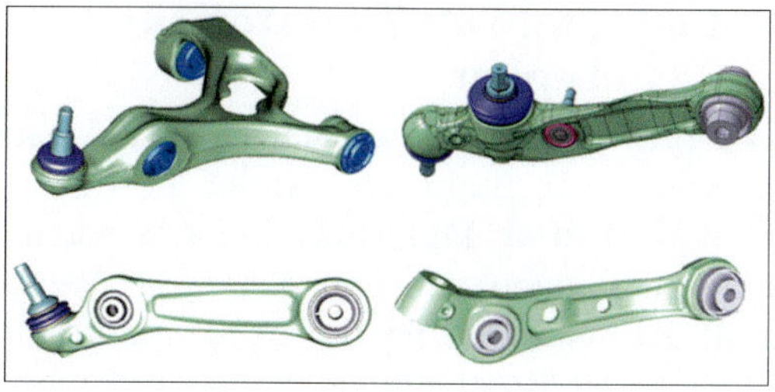

Abb. 11.7 Beispiele für Traglenker [4]

Die Traggelenke sind schwerer und großvolumiger als Führungsgelenke.

Theoretisch lässt sich jeder Führungslenker durch Hinzufügen eines Vertikalkrafteinleitungspunkts und entsprechender Verstärkung der Querschnitte sowie der Gelenke als Traggelenk einsetzen. Es ist jedoch empfehlenswert, nur die versatzfreien 2-Punkt-Lenker in dieser Art zu belasten, damit außer den Biegespannungen keine Torsionsspannungen entstehen. Wenn aber die Kraftabstützung an einem 3- oder 4-Punkt-Lenker stattfinden muss, sollte der Krafteinleitungspunkt so ausgelegt werden, dass er möglichst nah zum Radträger ist und die Torsionsmomente durch am Achsträger möglichst weit voneinander liegende Gummilager abgefangen werden.

11.2.4 Hilfslenker

Hilfslenker verbinden die Führungs- bzw. Traglenker miteinander oder mit dem Radträger. Bekannteste sind die *Integrallenker,* die an der Integrallenkerhinterachse der BMW, Ford-Mondeo oder spurstabilisierenden Hinterachsen der AUDI-Modellen zu finden sind. Der Integrallenker stützt beim Bremsen und Beschleunigen entstehendes Drehmoment am Radträger ab (Abb. 11.8). Es sind kurze, versatzfreie 2-Punkt-Lenker mit zwei steifen Gummilagern. Ist er am Radträger befestigt, sind die Gummilager durch Kugelgelenke zu ersetzen.

Die Schraublenkerhinterachse der BMW 528/535 (Bj. 1981), die eine räumliche Schräglenkeraufhängung hat, besitzt einen kurzen Integrallenker zwischen dem Schräglenker und Achsträger [3, 5] (s. Abb. 14.43). Dieser Zusatzlenker mit zwei Hülsengelenken lässt eine optimale Auslegung des Nickpols zu und reduziert die Sturz- und Spurweitenänderungen. Der Schräglenker kann dadurch eine räumliche Schraubbewegung durchführen, die die Räder beim Ein- und Ausfedern nach innen zieht und so das Untersteuerverhalten verstärkt. Ein anderes Beispiel ist Porsche Weissachachse (s. Abb. 14.46).

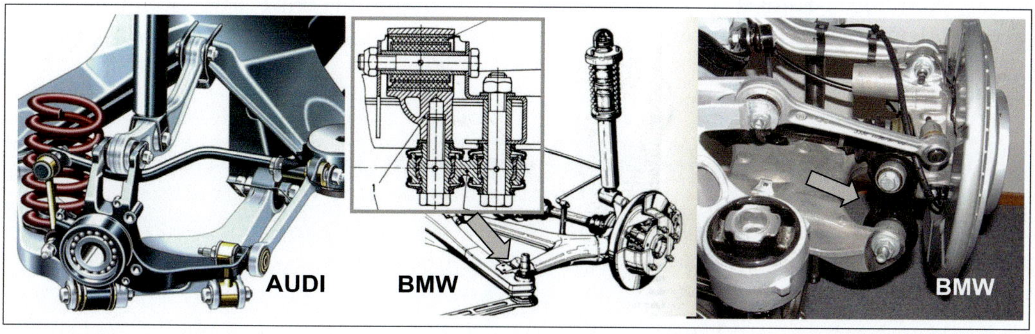

Abb. 11.8 Drei Beispiele für Hilfslenker (Audi-Trapezlenker, BMW- Schraublenker, BMW-Integrallenker)

11.2.5 Anforderungen an Fahrwerklenker

Die Anforderungen an die Fahrwerklenker sind:

- Eignung für Großserienproduktion,
- niedrige Herstellkosten,
- geringer mechanischer Bearbeitungsaufwand,
- langfristige Verfügbarkeit und Preisstabilität,
- hohe Streckgrenze, dynamische Belastbarkeit,
- niedriges Gewicht, geringer Raumbedarf,
- hohe Dehnung (>10 %), kein Gewaltbruch,
- Steinschlag-, Salzwasser-, Korrosionsbeständigkeit,
- möglichst viele Serienreferenzen.

11.2.6 Werkstoffe für Fahrwerklenker

11

Die Werkstoffe, welche die genannten Anforderungen erfüllen sind Gusseisen, Stahl und Aluminium. Titan und Magnesium sind ebenfalls als Lenkerwerkstoff denkbar, aber nicht im Serieneinsatz [6]. In der Zukunft könnten auch Faserverbundkunststoffe (Composites) oder eine Hybridbauweise (Stahlblech-Kunststoff) interessant werden [7] (◘ Tab. 11.1).

11.2.6.1 Stahl als Werkstoff für Lenker

Die meisten Lenker werden aus Stahl hergestellt, weil Stahl eine hohe Festigkeit, Steifigkeit und Duktilität in sich vereint und noch dazu der preisgünstigste Werkstoff ist. Nachteil ist die hohe spezifische Dichte und Rostneigung. Stahl wird meist als Blech eingesetzt, gefolgt von Stangen- und Blockmaterial zum Schmieden oder zum Gießen, seltener als Rohr und kaum als Profil.

- meistbenutzte Stahlblechsorten für Blechlenker: S355MC, S420MC, S500MC
- meistbenutzte Stahllegierungen zum Schmieden: 30MnVS6+P, 38MnVS6+P, C35E
- meistbenutzte Stahlsorten als Rohr oder Profil: St 52, S355J2G3
- meistbenutzte Stahllegierungen zum Gießen: EN-GJS-400, G17CrMo5-5

11.2.6.2 Aluminium als Werkstoff für Lenker

Aluminium ist der Leichtbauwerkstoff und als solcher bestens bekannt. Aluminium ist vorrangig dann zu empfehlen, wenn Leichtbau im Vordergrund steht, weil dessen Kilopreis 3- bis 4-mal höher ist als Stahl und in den Börsennotierungen stark schwankt.

Aluminium wird aus Stangen-/Blockmaterial geschmiedet, als Massel gegossen

◘ **Tab. 11.1** Tepräsentativer Eigenschaften der 6 wichtigsten Werkstoffgruppen im Grobvergleich

	Stahl	GGG	Titan	Al	Mg	Kunststoff
Streckgrenze in N/mm^2	580	400	750	320	180	50–800
Dehnung in %	10–20	2–6	6–12	6–12	4–10	1–4
E-Modul in N/mm^2	210 000	150 000	120 000	70 000	45 00.010	000–100 000
Dichte in g/cm^3	7,8	7,3	5,3	2,7	1,8	1–2,5
Temperatur in °C	1000	700	750	350	200	80–120
Preis in €/kg (zum Stahl)	1	0,8	40	2,2	2,5	2–10
Preis/Nutzen in %	100	90	2000	250	500	80–200

oder als stranggezogenes Rohmaterial und als Blech eingesetzt. Typische Beispiele für eine Gewichtsreduzierung durch den Einsatz von Aluminium sind die mehr als 30 % Gewichtseinsparung der 5er, 7er BMW-Hinterachse oder der Audi-Vorderachse durch konsequente Substitution von Stahl durch Aluminium.

Aluminium lässt sich sehr gut gießen, schmieden, exzellent strangpressen und durch Walzen in jeder Blechform herstellen. Es ist schweißbar, aushärtbar, stanz- und tiefziehbar, d. h. für alle Blechbearbeitungsverfahren sehr gut geeignet. Alle bekannten Fertigungsverfahren sind bei Aluminium uneingeschränkt nutzbar. Aluminium ist leicht, korrosionsbeständig und gut spanabhebend bearbeitbar.

Die im Fahrwerk eingesetzten Al-Si-Legierungen haben ausschließlich zusätzliche Anteile an Mg und Mn um die Werkstofffestigkeit zu steigern, andere wie Cu, Zn und Fe sind jedoch auch in kleinen Mengen wegen Korrosionsgefahr unerwünscht. Durch Wärmebehandlung (T6, T5, T4) lassen sich die Dehnung und Festigkeit der Aluminiumlegierungen deutlich steigern [8].

- Meistbenutzte Aluminiumschmiedelegierungen: AlMgSi1 (6061)
- meistbenutzte Aluminiumgusslegierungen: GD-AlSi12Mg, AlSi9Cu/Mg, AlSi7Mg
- meistbenutzte Aluminiumdruckgusslegierungen: AlSi10Mg (A239), Al-Si7Mg90,3 (A356), Al-Si7Mg0,6 (A357)
- meistbenutzte Aluminiumrohrlegierungen: AlMgSi1, AlMgSi0,5

11.2.6.3 Magnesium als Werkstoff für Lenker

Das Einsatzpotenzial von Magnesium wurde durch Entwicklung von korrosionsbeständigen *High-Purity*-Legierungen und durch sehr gute Gießbarkeit deutlich erweitert. Der Einsatz im Fahrwerk war bisher aufgrund der Korrosionsrissgefahr und höheren Kosten verhindert. Es gibt aber neue Legierungen mit besseren Antikorrosions- und Verformungsmöglichkeiten.

Auch das Kriechverhalten bei Temperaturen von über 100 °C ist problematisch. Die meistbenutzte Mg-Legierung AZ91-HP ist mit 3 bis 5 % Dehnung nicht fahrwerktauglich. Besser sind AM50, AM60, AE42 von Hydro Magnesium, AJ62 von Magnesium Elektron mit höherer Dehnung.

Bisher gibt es keine Magnesiumlenker im Großserieneinsatz, jedoch einige Vorentwicklungsprototypen, die erfolgreich getestet und freigegeben worden sind. ◘ Abb. 11.9 zeigt einen oberen 3-Punktlenker aus Magnesiumdruckguss.

11.2.7 Herstellverfahren für Fahrwerklenker

Zur Herstellung der Lenker werden derzeit im Wesentlichen folgende Verfahren eingesetzt:

- Gießen (Kokille),
- Schmieden (Stahl oder Aluminium),
- Gießen und Schmieden (Cobapress),
- aus Blech umformen (ziehen, biegen, stanzen) und ggf. schweißen (Stahl oder selten Aluminium),
- aus Rohr biegen, Innenhochdruck umformen, ggf. schweißen (IHU, s. ◘ Abb. 11.29), (Stahl oder Aluminium),

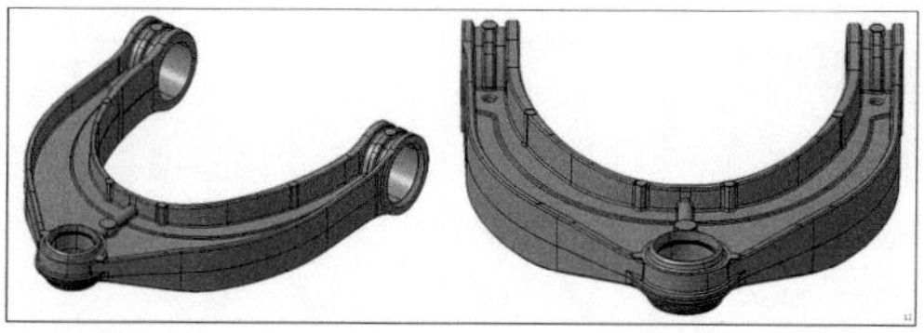

◘ **Abb. 11.9** Oberer Lenker aus Magnesiumdruckguss [4]

Tab. 11.2 Repräsentative Eigenschaften der 6 wichtigsten Herstellverfahren im Grobvergleich

	Gießen	Thixo-Rheo	Schmieden	Strangguss	Stanzbiegen	Innenhochdruck
Designfreiheit	++	++	–	—	+	–
Maßhaltigkeit	+	++	–	++	+	+
Festigkeit	–	+	++	+	+	+
Zuverlässigkeit	–	+	++	++	+	+
Werkzeugkosten	+	++	–	+	++	+
Kosten	+	–	–	–	++	+
Nacharbeit	–	++	–	–	+	++

- aus Stangenmaterial kaltfließpressen und biegen (Stahl oder Aluminium),
- aus stranggepresstem Metall mit mechanischer Nachbearbeitung (nur Aluminium, s. Abb. 11.34),
- sinnvolle Kombinationen einzelner Verfahren.

Einen Grobvergleich der sechs wichtigsten Herstellverfahren zeigt Tab. 11.2.

Ein Benchmark zur Auswahl des Fertigungsverfahrens aus der Praxis gibt das Abb. 11.10 und deren Realisierungen das Abb. 11.11 wieder.

Abb. 11.12 zeigt, welche Werkstoffe für welche Herstellverfahren geeignet sind.

Im Allgemeinen gilt: Sind die Kosten das wichtigste Auswahlkriterium und lässt die Belastung es zu, kommt nur der einschalige Stahlblechlenker in Frage (niedrige Werkstoff- und Fertigungskosten, kein Schweißen und keine mechanische Bearbeitung). Die Nachteile bestehen in der eingeschränkten Designfreiheit, Gewicht und Belastbarkeit (Abb. 11.13).

	Stahlblech	Grauguss	Stahl-schmiede	Stahl-Rohr IHU	Aluminium schmiede	Aluminium Cobapress	Aluminium Squeezecast	Aluminium Kokillenguss
Vorn oben	✓	✓	✓		✓	✓		✓
Vorn unten	✓	✓	✓		✓	✓		
Hinten oben		✓	✓	✓	✓	✓	✓	
Hinten unten	✓	✓	✓		✓	✓	✓	

Abb. 11.10 Lenker-Machbarkeitsuntersuchung [4]

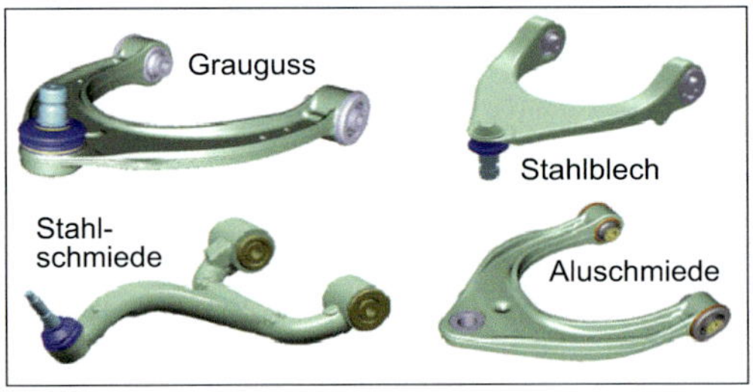

Abb. 11.11 Vier Ausführungen für oberen Lenker [4]

Große und komplizierte Lenker werden aus mehreren Blechteilen zusammengeschweißt, wodurch sich jedoch die Wirtschaftlichkeit und Zuverlässigkeit reduzieren (Abb. 11.14).

Das Stahlblech bietet außerdem die Möglichkeit, sehr kostengünstige Blechwerkstoffe wie QSTE 380 über Feinkornstähle bis zu Ultrahochfesten Triple-Stahlsorten (Abb. 11.15) einzusetzen. Auch vorbeschichtete (verzinkte) oder nichtrostende Bleche stehen als Ausgangswerkstoff zur Verfügung.

Aluminium wird gewählt, wenn Gewicht zu sparen das Ziel ist, was wegen

VERFAHREN VERSUS WERKSTOFF MATRIX	URFORMEN													UMFORMEN								
	SAND GUSS	KOKILLENGUSS						DRUCKGUSS						SCHMIEDEN				EXTRU DIEREN	STANZEN / ZIEHEN		BIEGEN/ STANZEN	
	SCHWERKRAFT	SCHWERKRAFT	POREFREE	NIEDERDRUCK	GEGENDRUCK	VACUUM-VACURAL	VRC/ PRC	SPRITZGUSS	DRUCKGUSS	PORALGUSS	SQUEEZE CAST	THIXO aus BILLET	THIXO on DEMAND	aus KNÜPPEL	aus STRANGPROFIL	aus GUSSTEIL	THIXO aus BILLET	SÄGEN	EINTEILIG	MEHRTEILIG	MECHANISCH	INNENHOCHDRUCK
GUSSEISEN	* Gut geeignet	* Stand der Technik		* Gut geeignet	* Gut geeignet													* möglich				
STAHL	* ungeeignet	* ungeeignet											* ungeeignet	* Stand der Technik			* ungeeignet	* Gut geeignet	* Stand der Technik	* Stand der Technik	* Stand der Technik	* Gut geeignet
EDELSTAHL																			* Gut geeignet	* Gut geeignet	* Gut geeignet	* Gut geeignet
ALUMINIUM	* möglich	* Stand der Technik	* möglich	* Stand der Technik	* Stand der Technik	* Stand der Technik	* Gut geeignet		* ungeeignet	* Gut geeignet	* Stand der Technik	* Gut geeignet	* Gut geeignet	* Stand der Technik	* Stand der Technik	* Stand der Technik	* möglich	* Stand der Technik	* Gut geeignet	* Gut geeignet	* Gut geeignet	* Gut geeignet
MAGNESIUM	* ungeeignet	* möglich		* ungeeignet	* ungeeignet		* ungeeignet	* möglich	* Gut geeignet		* ungeeignet	* möglich	* möglich									
KUNSTSTOFF		* möglich						* Stand der Technik										* möglich	* möglich	* möglich		

LEGENDE: (leer) nicht möglich | * ungeeignet | * möglich | * Gut geeignet | * Stand der Technik

Abb. 11.12 Eignung der Werkstoffe für verschiedene Herstellverfahren

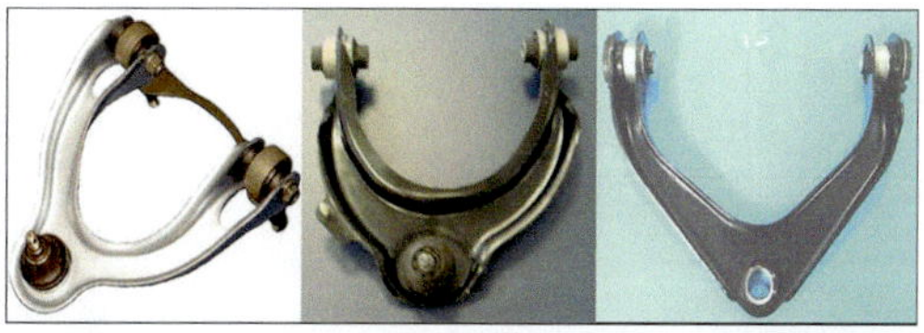

Abb. 11.13 Kostengünstigster Lenker, einschalig aus Stahlblech mit integriertem Kugelgelenkgehäuse

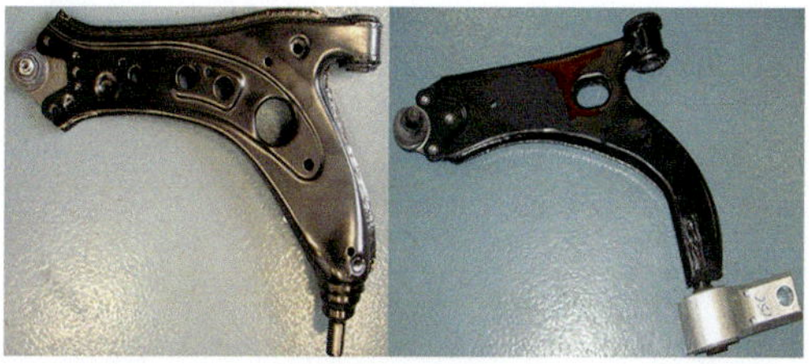

Abb. 11.14 Lenker aus Stahl, mehrteilig geschweißt

der ungefederten Massen von besonderer Bedeutung ist. Aufgrund der Lunkerfreiheit, Faserverlauf und Kristallaufbau ist das Schmieden das zuverlässigste und beste Verfahren: Der Kristallaufbau der geschmiedeten Bauteile ist besonders gut und lunkerfrei, verleiht deshalb hohe Festigkeiten sowie Dehnungswerte. Außerdem lassen sich die Schmiedeteile durch die nachträgliche Wärmebehandlung in ihren Eigenschaften deutlich verbessern. Für das Schmieden sind Stahl und Aluminium sehr gut geeignet. Nachteilig ist die wegen der größeren Herstelltoleranzen und eingeschränkten Designfreiheit notwendige teurere mechanische Bearbeitung der Rohteile (Abb. 11.16).

11.2.8 Herstellverfahren für 2-Punkt-Lenker

Für die einfachen 2-Punkt-Lenker (Abb. 11.17) ohne Versatz, die nur auf Zug bzw. Druck belastet werden, ist ein einteiliges Blech die kostengünstigste Alternative. In die eingezogenen Krägen an beiden Enden werden das Kugelgelenk bzw. das Gummilager eingepresst.

Die hochfesten Stahlblechsorten mit geringerer Blechstärke reduzieren Gewicht einfacher 2-Punkt-Lenker aus Stahl. Für Längen über 200 mm wächst jedoch die Knickgefahr. Dann kann man zur Hybridbauweise übergehen; die Schale aus dünnem Blech wird mit einem Kunststoffgitter

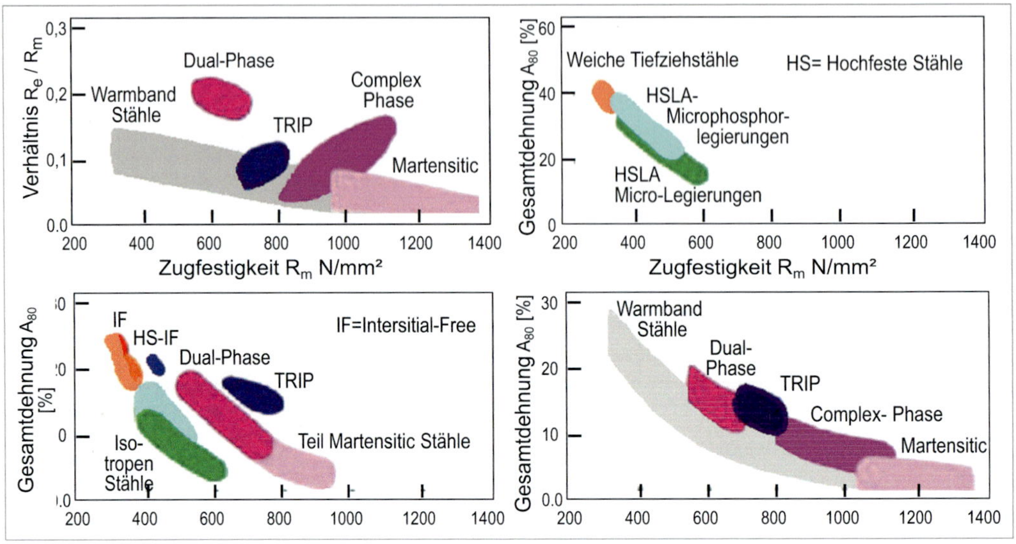

Abb. 11.15 Vielfalt der Stahlsorten

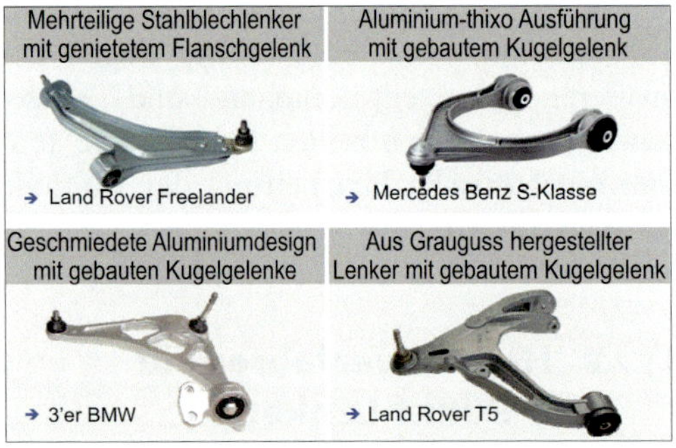

Abb. 11.16 Lenker aus Stahlblech und Aluminium, die nach verschiedenen Verfahren hergestellt wurden

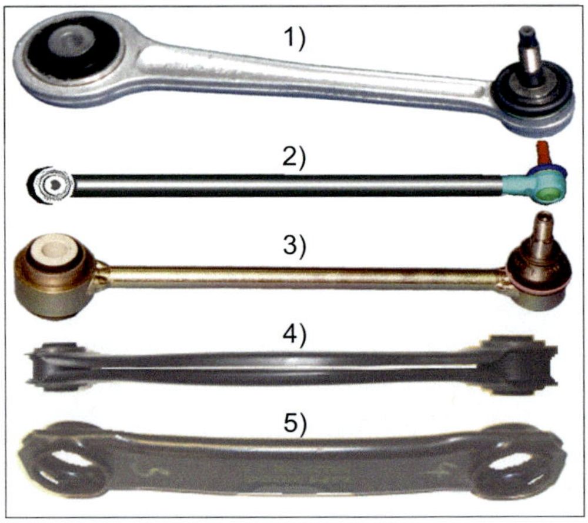

Abb. 11.17 Gerade 2-Punkt-Lenkervarianten: 1) Alu-geschmiedet, 2) Stahlrohr, Enden geschweißt, 3) Stange, Enden geschweißt, 4) 2-Blechteile, ineinander gepresst, 5) 4-kt-Rohr, mit IHU hergestellt.

umspritzt. Dieses Gitter bringt nicht nur die notwendige Steifigkeit, es lässt auch die Integration von Kugelgelenk Gummilager zu, ohne den Lenker teurer und schwerer zu machen (Abb. 11.18).

Die Integration der Gelenke lässt sich auch an einem einteiligen Lenker aus Stahlblech realisieren (Abb. 11.19). Das Kugelgelenkgehäuse ist dann integrales Teil des Lenkers. Um Gewicht zu sparen, sind an den wenig belasteten Stellen des Lenkers Löcher gestanzt.

Profile aus Aluminium statt Stahl bringen, bei ausschließlichen Zug- und Druckbelastungen, keinen Gewichtsvorteil, weil die 1/3 niedrigere Dichte des Aluminiums

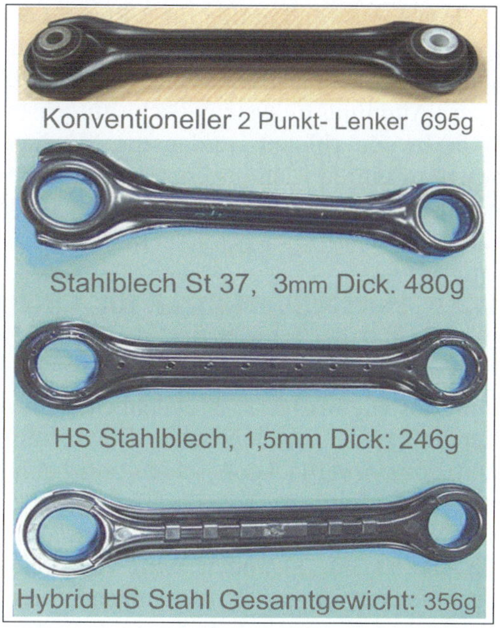

Abb. 11.18 Gerade 2-Punkt-Lenker aus einteiligem Stahlblech und in der Hybrid-Bauweise 4]

durch die 1/3 niedrigere Belastbarkeit ausgeglichen wird.

Abb. 11.20 zeigt einen Lenker aus zwei mit Laser verschweißten Aluminiumblechhälften mit integriertem Hülsengelenk und Abb. 11.21 ein Lenker aus Aluminiumblech mit integriertem Kugelgehäuse.

Hat der 2-Punkt-Lenker einen Versatz, wie es bei oberen Querlenkern von Hinterachsen der Fall sein kann, dann entstehen zusätzlich Biegekräfte (Abb. 11.22). Dann ist ein T-Profil aus dicken Stahlblechen und mit zwei Rohrstücken zur Aufnahme der Gummilager die kostengünstigste aber die schwerste Alternative. Die leichtere Bauweise ist zwei tiefgezogenen Bleche, die statt Schweißen durch Clinchen verbunden sind.

Wenn die Biegelinie räumlich kompliziert ist, lässt sich diese Geometrie (Abb. 11.23) besser durch Schmieden realisieren, weil bei Gussverfahren sich Entformungsprobleme und Lunkergefahr an Stellen mit Materialanhäufung ergeben können.

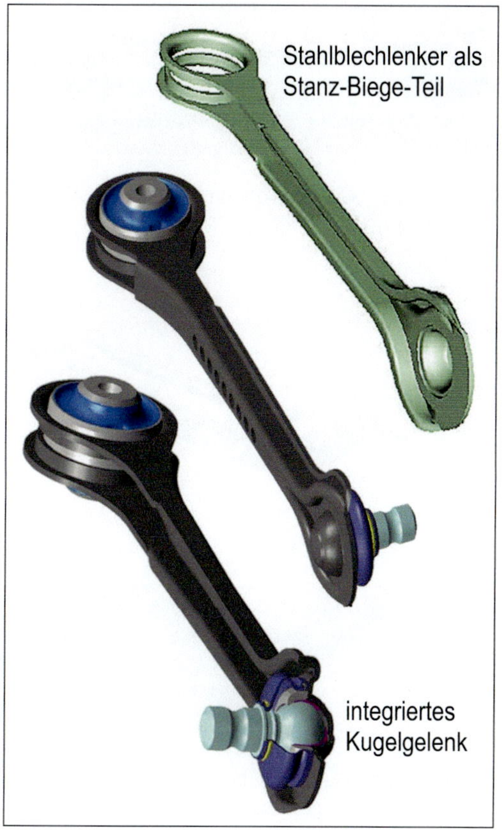

Abb. 11.19 Gerader 2-Punkt-Lenker mit Integralgelenken [4]

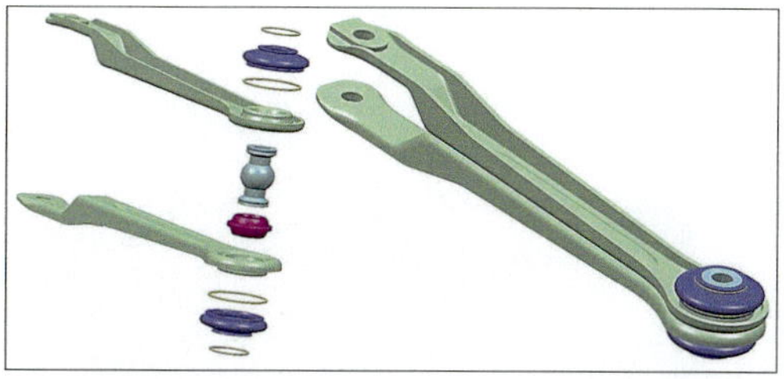

Abb. 11.20 Gerader 2-Punkt-Lenker mit Integralgelenken [4]

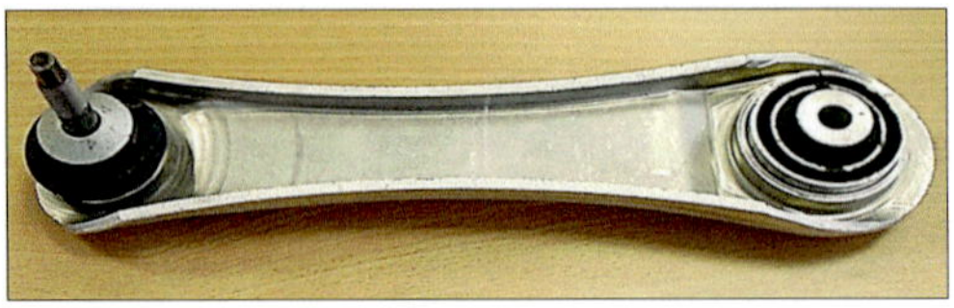

■ **Abb. 11.21** Gerade 2-Punkt-Lenker aus Aluminiumblech [4]

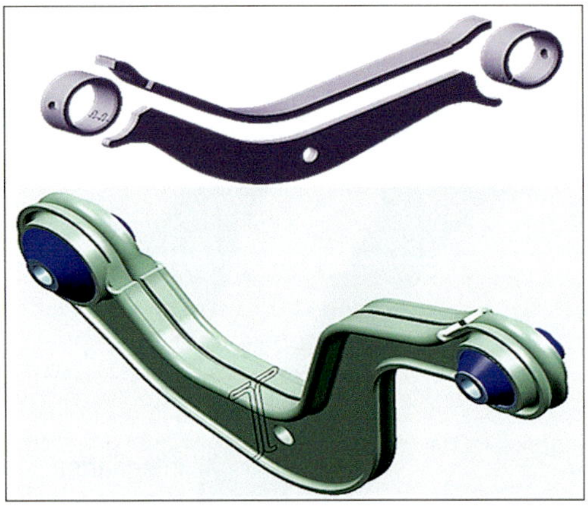

■ **Abb. 11.22** Gebogene 2-Punkt-Stahllenker: konventionell vierteilig geschweißt und zweiteilig getoxt [4]

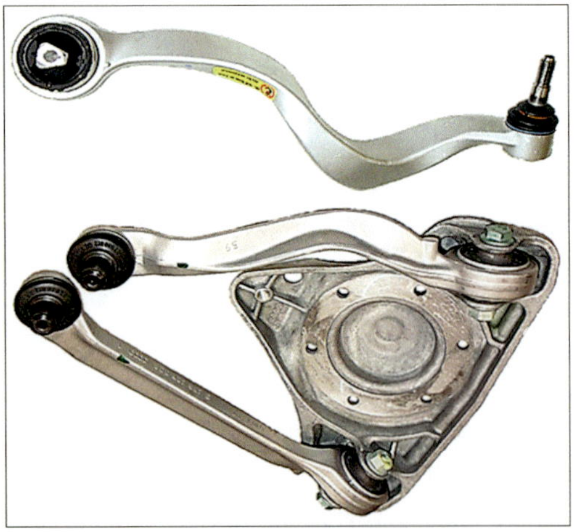

■ **Abb. 11.23** 2-Punkt-Aluminium-Schmiede-Lenker räumlich gebogen (von BMW oben und AUDI unten) [4]

Einen Auswahlkatalog für 2-Punkt-Lenker zeigt ■ Abb. 11.24 [9], in dem alle Herstellmöglichkeiten der Lenker aus Stahl oder Aluminium systematisch aufgelistet sind. Im Zugriffsteil werden die Möglichkeiten mit ihren wichtigsten Merkmalen gegenübergestellt.

11.2.9 Herstellverfahren für 3-Punkt-Lenker

Die kostengünstigste Möglichkeit, einen Lenker ohne mechanische Bearbeitung und ohne Oberflächenbeschichtung herzustellen, besteht im Kunststoffspritzgießen aus Werkstoff PA mit langen Glasfasern (■ Abb. 11.25). Dennoch wird ein derartiger Lenker wegen der ungenügenden mechanischen Eigenschaften der z. Z. verfügbaren Kunststoffe nie in Serie gehen: Sie haben eine sehr niedrige Dehngrenze (2 bis 4 %) und eine starke Abhängigkeit von der Temperatur (über 80°C fangen sie an, auch ohne Überlastung zu kriechen).

Diese Nachteile des Kunststoffs lassen sich mit einem Hybrid-Lenker beseitigen (■ Abb. 11.26): Ein dünnes Blechträgerteil übernimmt die Zug-/Druckkräfte und sorgt bei Überlastung für die notwendige plastische Deformation ohne gleich zu brechen. Der umspritzte Kunststoff sorgt für die nötige Steifigkeit und Aufnahmen für das Kugelgelenk und Gummilager.

Neuerdings wird auch Organoblech (thermoplastische Platte mit Glasfasergewebe) statt Stahlblech eingesetzt, um das Gewicht weiter zu senken [4] und um eine bessere Haftung zum Spritzteil zu erreichen.

Es gibt Prototypen aus CFK hergestellten Lenker, mit 40–50 % Gewichtsersparnis gegenüber dem aus Aluminium. Diese Lösungen sind jedoch z. Z. unwirtschaftlich.

Die wirtschaftlichste Lösung ist und bleibt immer noch das einschalige Stahlblech mit eingeschweißter Kugelgelenkpatrone

GLIEDERUNGSTEIL					HAUPTTEIL	ZUGRIFFSTEIL												
WERKSTOFF	HAUPT VERFAHREN	HERSTELLPROZESS	EINZELTEILEZAHL	LF. NUMMER		RELATIV-GEWICHT	FESTIGKEIT	DAUERFESTIGKEIT	DEHNUNG	OBERFLÄCHENGÜTE	PLATZBEDARF	DESIGN FLEXIBILITÄT	TOLERANZEN	PROZEßSICHERHEIT	ROHTEILKOSTEN	FERTIGTEILKOSTEN	WERKZEUGKOSTEN	SERIENEINSATZ
STAHL	Verbinden	Schweis.	Mehr	1	3-teilig geschweißt	100	4	3	3	2	groß	mittel	2	mittel	80	90	180	5
	UMFORMEN	Schmieden	Ein	2	Stahlschmiede	100	5	5	5	1	gering	gering	2	sehr hoch	100	100	100	2
		S/Z	Ein	3	Einteilig Blech	80	4	4	4	3	groß	mittel	3	hoch	40	40	300	2
			Mehr	4	Mehrteilig Blech	75	4	3	3	2	mittel	mittel	2	hoch	60	60	400	2
		Biegen	Ein	5	Biege Lenker	90	3	3	4	3	mittel	gering	3	hoch	50	60	150	2
		IHD	Ein	6	Hydroformed Rohr	70	4	5	4	3	mittel	gering	3	hoch	85	85	500	1
ALUMINIUM	Urform	Druckguß	Ein	7	Alu Druckguß	75	3	3	2	4	mittel	sehr groß	5	hoch	50	50	300	4
	UMFORMEN	Schmieden	Ein	8	Alu-schmiede	70	4	4	4	3	mittel	gering	3	sehr hoch	140	130	150	3
		Extrudieren	Ein	9	Extr Profil	70	4	4	4	4	mittel	sehr gering	3	hoch	85	80	60	2
		S/Z	Ein	10	Einteilig Blech	65	3	3	3	3	sehr groß	mittel	3	mittel	60	60	300	1
			Mehr	11	Mehrteilig Blech	65	3	2	2	3	groß	mittel	2	mittel	70	75	400	1
		IHU	Ein	12	Hydroformed Rohr	60	3	4	3	3	mittel	sehr gering	3	hoch	80	90	500	1

Abb. 11.24 Auswahlkatalog für einen 2-Punkt-Lenker [9]

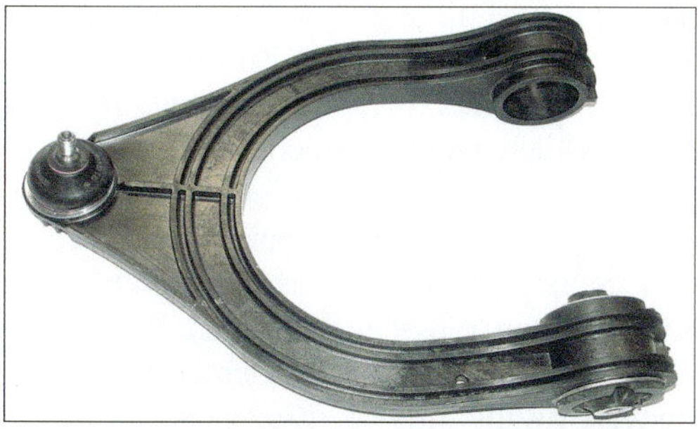

Abb. 11.25 3-Punkt-Lenker aus Kunststoff [4]

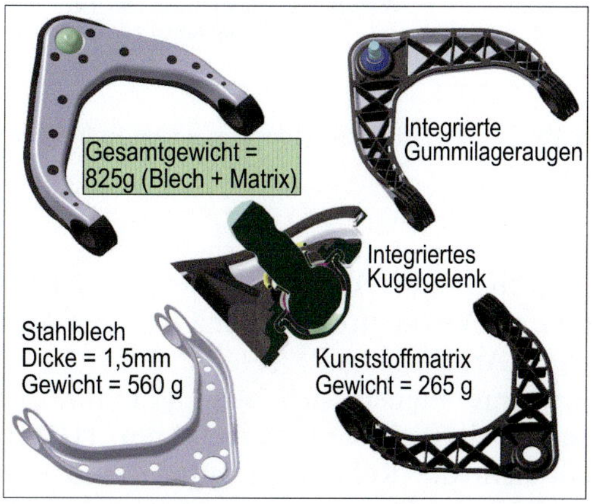

Abb. 11.26 3-Punkt-Lenker aus Kunststoff [4]

(Abb. 11.27). Dabei lassen sich die Aufnahmeringe für die Gummilager ins Blech integrieren, um die Kosten weiter zu reduzieren.

Für einfache Biegegeometrien kann auch ein Rohrprofil aus Stahl, gebogen in Biegeautomaten, eine kostenneutrale aber gewichtsreduzierte Alternative bilden.

Die Rohrenden müssen flachgedrückt werden, um die Gummilager bzw. Kugelgelenkpatronen einpressen zu können

Abb. 11.27 3-Punkt-Lenker aus einschaligem Blech mit integriertem, lasergeschweißtem Kugelgelenk [4]

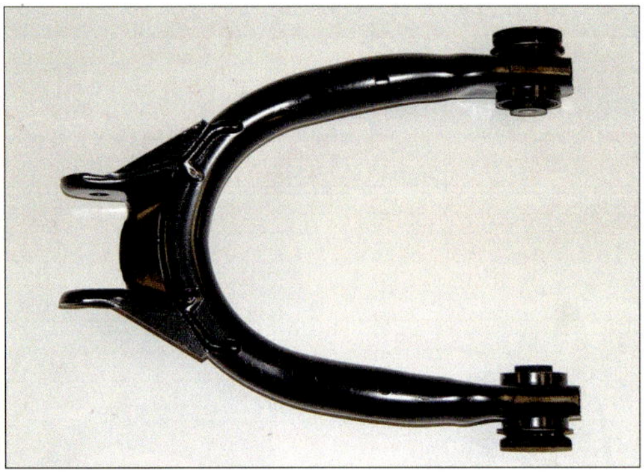

Abb. 11.28 3-Punkt-Lenker aus einem Rohr gebogen

(Abb. 11.28). Wenn statt einem Rundrohr ein Vierkantrohr benutzt wird, entfällt dieser Arbeitsgang.

Rohre eignen sich sehr gut für Innen-Hochdruck-Umformverfahren (IHU), mit dem die Rohrquerschnitte durch den hohen Innendruck beliebig geformt, Wanddicken geändert und die Augenöffnungen von innen gestanzt werden (Abb. 11.29).

Wenn der Lenker über 300 mm lang ist und die Kräfte steigen, bleibt eine einteilige Blechlösung jedoch nicht mehr wirtschaftlich. Bei solchen Längen steigt die notwen-

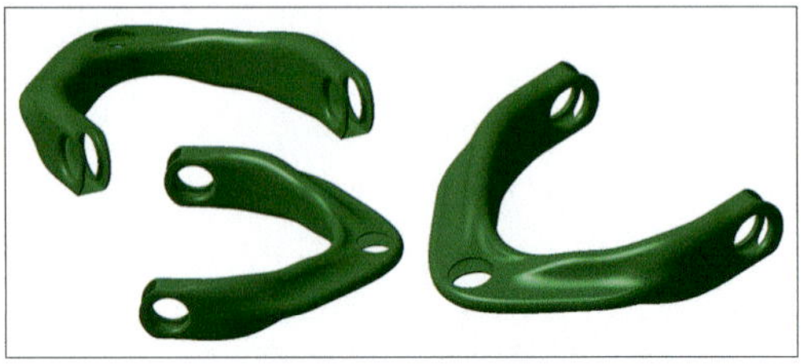

Abb. 11.29 3-Punkt-Lenker aus Rohr mit Innenhochdruck Umformverfahren (IHU) geformt und gestanzt

dige Blechdicke über 4 mm (schwierige Umformung, hohes Gewicht) und muss auch an den Stellen, an denen die Spannungen nicht so groß sind, eingesetzt werden. In solchen Fällen werden die Lenker aus mehreren Einzelblechen zusammengeschweißt, die in unterschiedlichen Blechdicken vorher tiefgezogen und gestanzt werden. Bei diesem Verfahren hat man außerdem den Vorteil, geschlossene Querschnitte realisieren zu können.

Als zusätzlicher Aufwand kommen hier außerdem die Schweißkosten (ca. 3-4 € pro laufende Meter) und die hohen Werkzeugkosten hinzu, weil für jedes einzelne Teil ein Werkzeug benötigt wird und das Zusammenschweißen ohne Sondervorrichtungen und Roboter wirtschaftlich nicht möglich ist. So sind Gesamtwerkzeugkosten bis zu einer halben Million € für einen komplizierten Blechlenker keine Seltenheit, die über den Teilepreis amortisiert werden müssen. Abb. 11.30 zeigt einen Blechlenker einer Vorderachse, zusammengeschweißt aus 7 Einzelteilen (Toyota Corolla). Durch Teilintegration lässt sich die Anzahl der Einzelteile bis auf 4 reduzieren, wie Abb. 11.31 und 11.32 zeigen.

Einen Auswahlkatalog für einen 3-Punkt-Lenker zeigt Abb. 11.33.

11.2.9.1 Herstellverfahren für Traglenker

Traglenker stützen zusätzlich Feder- und Dämpferkräfte ab, die senkrecht zu den ra-

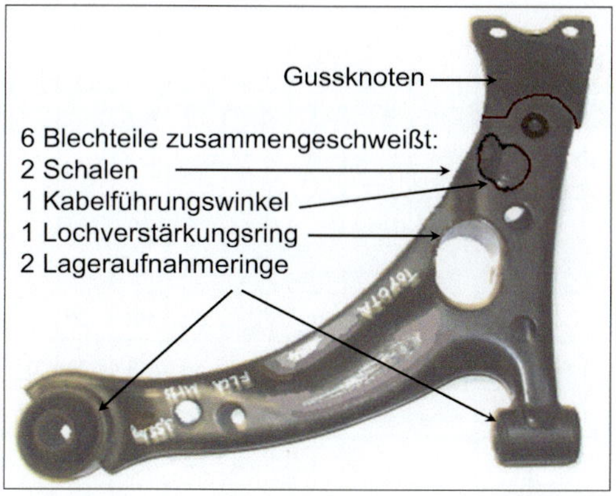

Abb. 11.30 3-Punkt-Lenker aus 6 Blechteilen und einem Gussknoten zusammengeschweißt -Toyota/Corolla

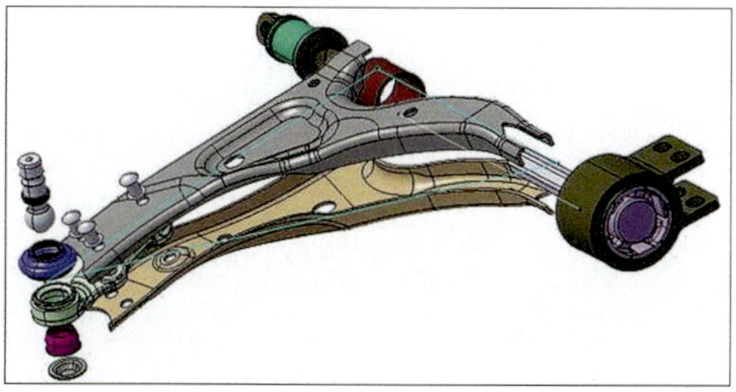

Abb. 11.31 3-Punkt-Lenker mit weniger Blechteilen

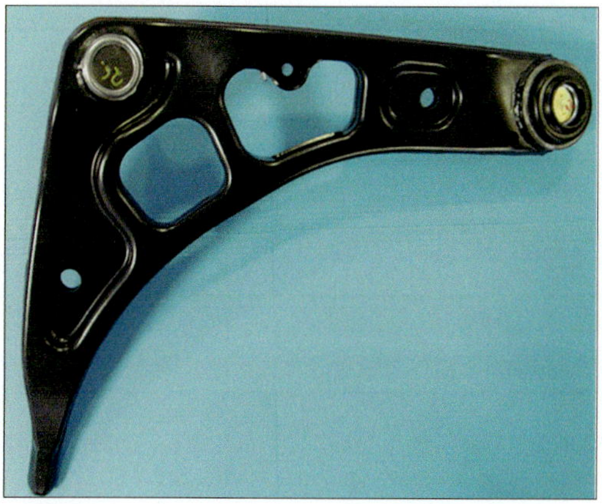

Abb. 11.32 3-Punkt-Lenker mit integrierten Gelenken

dialen Gelenkkräften wirken und höher sind als Radialkräfte. Es entstehen im Lenker hohe Biege- und Torsionsbelastungen.

Die Traglenker werden meist als Stahlschmiedeteil hergestellt, weil Blechlösungen sehr große Wandstärken benötigen und die Schweißnähte für die Biegefestigkeit eine Schwachstelle darstellen.

Ein neues Herstellungsverfahren ist das „Extruform" (Abb. 11.34). Hier wird ein stranggepresstes Aluminiumprofil als Rohteil eingesetzt. Nach einigen Schnitt- und Biegeoperationen wird es in seine Endform gebracht. Dieses Verfahren könnte für bestimmte Geometrien kosten und gewichtsmäßig wettbewerbsfähig sein.

Einen Kosten- und Gewichtsvergleich dieses Verfahrens des Herstellers zeigt Abb. 11.35 [10].

11.2.9.2 Herstellverfahren für großflächige Lenker

Wenn der Lenker größer und komplizierter wird, wird das Schmieden unrentabel und das Gießen, das große Freiheiten in der Formgebung zulässt, interessant. Gusseisen als Werkstoff hat sich für Pkw-Lenker nicht bewährt, weil er zu schwer wird und mit Lunkergefahr behaftet ist: Für die Pick-Ups wird diese Verfahren aus Kostengründen immer noch bevorzugt (Abb. 11.36).

Aluminium dagegen kann hier für Premiumfahrzeuge interessant werden, weil es sich gut gießen und dann durch Wärmebehandlung seine Festigkeitswerte deutlich steigern lässt. Der Lunker- und Rissgefahr ist jedoch nur durch eine 100 % Kontrolle vorzubeugen.

Für solche Teile ist das Cobapress-Verfahren zu empfehlen (Abb. 11.37). Hier wird das Teil zuerst in der Kokille zur Vorform gegossen und dann geschmiedet.

Das Schmieden verbessert die Gefügestruktur, und die inneren Lunker werden durch Pressen soweit verkleinert, dass sie nicht mehr kritisch sind [11].

GLIEDERUNGSTEIL					HAUPTTEIL	ZUGRIFFSTEIL													
WERKSTOFF	VERFAHREN	HERSTELL PROZESS	EINZEL TEILEZAHL	LF.- NUMMER		RELATIV-GEWICHT	FESTIGKEIT	DAUER FESTIGKEIT	DEHNUNG	OBERFLÄ-CHENGÜTE	PLATZ BEDARF	DESIGN FLEXIBILITÄT	TOLE RANZEN	PROZESS SICHERHEIT	ROHTEIL KOSTEN	FERTIGTEIL KOSTEN	WERKZEUG KOSTEN	SERIEN EINSATZ
STAHL	Urformen	Sandguss	Ein	1	Grauguss	125	2	2	2	1	groß	mittel	1	gering	80	80	100	2
		Kokillenguss	Ein	2	Stahlguss	110	4	3	3	2	groß	mittel	2	mittel	90	90	180	1
	UMFORMEN	Schmieden	Ein	3	Stahlschmiede	100	5	5	5	2	gering	gering	1	sehr hoch	100	100	100	4
		Stanzen und Ziehen	Ein	4	Einteilig Blech	90	4	4	4	4	groß	mittel	4	hoch	55	50	300	2
			Mehr	5	Mehrteilig Blech	80	4	3	4	3	mittel	mittel	3	hoch	65	60	400	5
		Biegen	Ein	6	Biege Lenker	100	4	4	4	3	mittel	gering	3	hoch	50	60	150	2
		IHD	E/M	7	Hydroformed Rohr	75	4	4	4	4	mittel	gering	4	hoch	100	90	500	1
EDELSTAHL	Umformen	Stanzen und Ziehen	Ein	8	Einteilig Niro-Blech	80	4	5	4	4	groß	mittel	4	hoch	75	70	300	1
			Mehr	9	Mehrteil.Niro-Blech	70	4	4	4	3	mittel	mittel	3	hoch	85	80	400	1
ALUMINIUM	URFORMEN	Sandguss	Ein	10	Alu Sandguss	70	1	1	1	2	sehr groß	mittel	1	sehr gering	150	140	100	2
		Kokillenguss	Ein	11	Alu Kokillenguss	65	2	1	3	3	sehr groß	mittel	3	mittel	150	140	180	2
		Druckguss	Ein	12	Alu Druckguss	60	3	2	4	4	mittel	sehr groß	5	hoch	130	120	300	3
	Ur.+ Um.	Kokillenguß	Ein	13	Coba-Press	65	3	2	4	4	mittel	gering	4	sehr hoch	140	130	250	2
	UMFORMEN	Schmieden	Ein	14	Alu-Schmiede	65	4	3	4	5	mittel	gering	3	sehr hoch	200	180	150	4
		Extrudieren	Ein	15	Extrudiertes Profil	65	4	3	4	5	mittel	sehr gering	4	hoch	140	120	100	1
		Stanzen und Ziehen	Ein	16	Einteilig Blech	75	3	2	3	4	sehr groß	mittel	4	mittel	120	110	300	1
			Mehr	17	Mehrteilig Blech	70	3	2	3	3	groß	mittel	3	mittel	140	130	400	1
		IHU	E/M	18	Hydroformed Rohr	60	4	3	3	4	mittel	sehr gering	4	hoch	160	150	500	1

Abb. 11.33 Auswahlkatalog für einen 3-Punkt-Lenker [9]

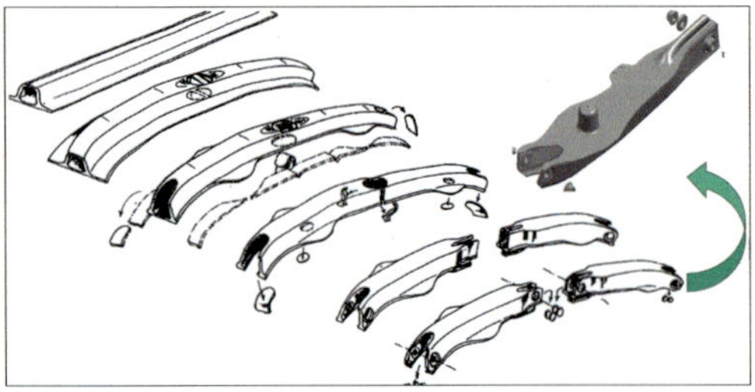

Abb. 11.34 2-Punkt-Traglenker, aus stranggepresstem Aluminiumprofil (Extruform) [10]

Lenker-Ausführung	Raufoss Extruform		Stahl- Mehrteilig	
	Alu [kg]	Preis[€]	Stahl [kg]	Preis[€]
	1,4	9,5	2,6	6,5
	1,6	10	2,3	6
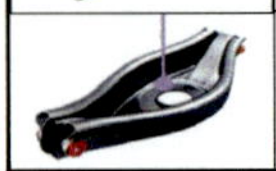	1,6	10	3.0	6,5

Abb. 11.35 Benchmark 2-Punkt-Traglenker, Richtpreise auf der Basis von 2002, 1 Mio. Stück/Jahr [10]

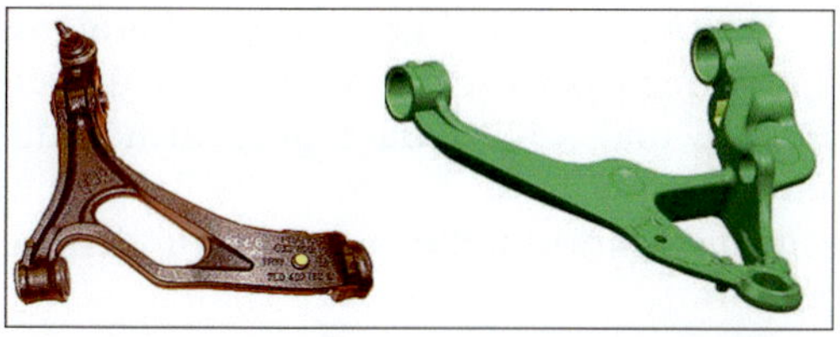

■ **Abb. 11.36** Große Pick-Up Lenker aus Gusseisen

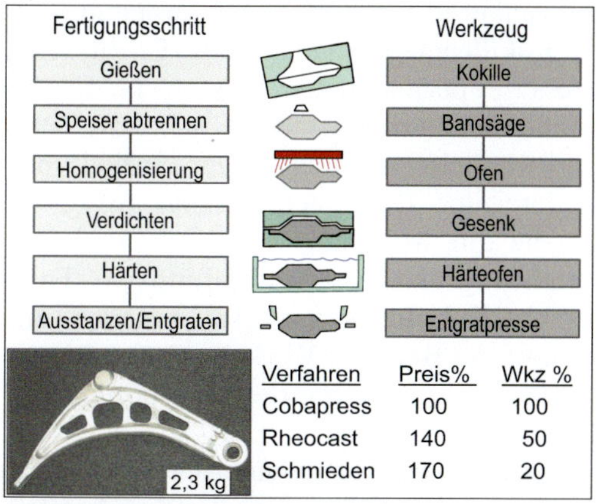

■ **Abb. 11.37** Cobapress-Verfahren und dessen Vergleich mit Rheocast und Schmieden [11]

11.2.9.3 Herstellverfahren für mehrpunkt-Lenker mit Torsionsbelastung

Wenn ein Lenker auf Torsion belastet wird (wie es z. B. bei den Trapezlenkern der Fall ist), sollte er einen geschlossenen Hohlquerschnitt aufweisen. Dies kann durch mehrteilige Bleche, die zusammengeschweißt werden, kostengünstig zu erreichen, jedoch mit den bekannten Gewichtsnachteilen.

Hierzu bietet das Innen-Hochdruck-Umformverfahren (IHU) eine Alternative: Das Rohr Abb.et das Halbzeug, das geschnitten, gebogen, gedrückt und in ein Formwerkzeug eingelegt wird. Das Werkzeug wird geschlossen und mit sehr hohen Schließkräften zusammen gehalten, bevor das Rohr von innen mit Wasser bis auf 2000 bar gefüllt wird. Der hohe Druck dehnt das Rohr, bis es zum Anliegen an die Innenkontur des Formwerkzeugs kommt und nimmt dessen Form an. Das IHU kann eine kostengünstige Alternative für größere, komplizierte Lenkergeometrien oder Achsträger sein, wenn diese mit nur wenigen Rohrschnitten darstellbar sind (■ Abb. 11.38).

11.2.9.4 Herstellverfahren für Aluminiumlenker

Fertigungsverfahren für Lenker aus Aluminium sind Schmieden, Kokillen- und Druckgießen, Strangpressen, Stanzen/Ziehen und IHU-Biegen.

Schmieden ist das sicherste Verfahren mit den höchsten Festigkeits- und Dehnungswerten. Solange die Nachteile wie hohe Kosten, große Toleranzen, große Entformungsschrägen, Formgebungseinschränkungen, mechanische Nacharbeit und Trenngrat vertretbar sind, ist es anderen Verfahren vorzuziehen (■ Abb. 11.39).

Cobapress (Schwerkraft-, Kipp-, Kokillengießen mit anschließendem Schmieden) kombiniert die einfache Gießbarkeit von komplizierten Formen mit der Zuverlässigkeit des Schmiedens. Wegen der Nutzung der Gusslegierungen liegen die Festigkeitswerte ca. 10 % unter denen von Schmiedeteilen [11]. Cobapress ist bei großen, komplizierten Teilen dem Schmieden vorzuziehen (s. ■ Abb. 11.37).

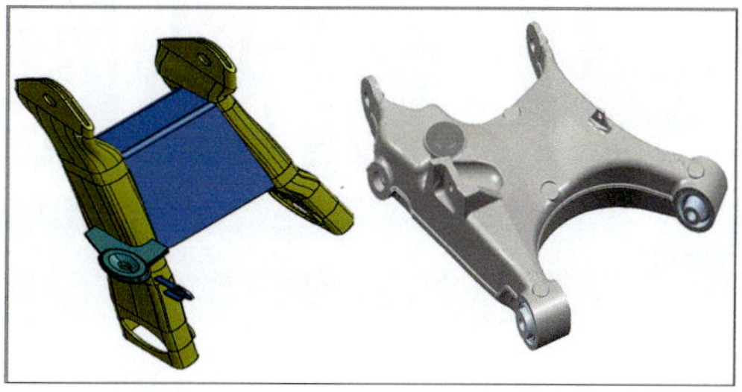

■ **Abb.11.38** IHU und Aluminiumniederdruckguss mit Kernen für großflächige Trapezlenker

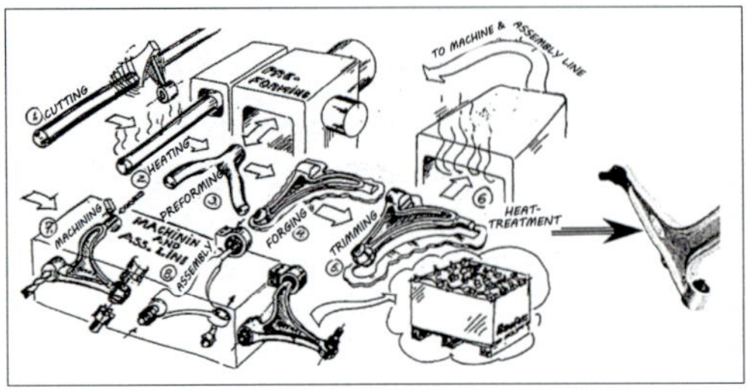

Abb. 11.39 Schmiedeprozess für 3-Punkt-Lenker [10]

Druckguss in Thixo-/Rheo-Zustand ist das optimale Verfahren wegen des homogenen Kristallaufbaus, seiner Legierungsvielfalt sowie der guten Festigkeits- und Dehnungswerte. Die Verfahren sind jedoch immer noch nicht voll prozesssicher und Serienanwendungen nicht weit verbreitet [13,14] (Abb. 11.40).

Squeezecast ist das alt bekannte Aluminiumdruckgussverfahren für Fahrwerk mit vielen Serienanwendungen. Lunkerfreiheit und gute Gefüge werden durch Nachdrücken beim Erstarren erreicht. Hohe Kosten, niedrige Prozesssicherheit und geringe Dehnung verhindern jedoch den universellen Einsatz wie beim Schmieden. Bei großflächigen Bauteilen steigt zudem die Schließkraft.

Druckguss als Vacuralguss, Poralguss sind firmenspezifischen Verfahren für vergütbare und schweißbare porenarme Aluminiumdruckgussverfahren, die keine allgemeine Marktdurchdringung gefunden haben.

Sandguss ist wegen der Lunkergefahr, der geringen Werkstoffkennwerte und den langen Zykluszeiten (hohe Gießkosten) zu vermeiden. Zu empfehlen ist es nur für Hohlgusslenker in entsprechender Auslegung.

Kokillenguss, sogenannter LPPM (low pressure permanent mold) sowie die besonderen Verfahren wie CPC, VRC/PRC und ähnliche, die meist sehr spezielle herstellereigene Detailtechnologien aufweisen, ist die am weitesten verbreitete und kostengünstigste Guss-Anwendung im Fahrwerkbereich. Besonderes Augenmerk ist dabei auf die Bauteil-, Werkzeug- und Prozessauslegung zur Gewährleistung porenarmer Bauteile zu legen.

Lenker aus Aluminiumblech sind nur in wenigen Sonderfällen wirtschaftlich herstellbar. Sie bedingen zudem hohe Anforderungen an die Prozesstechnik, da schon leichte Oberflächenbeschädigungen im μ-Bereich zu Rissen im Umformprozess führen können.

Stranggepresste Lenker sind nur dann zu empfehlen, wenn die Lenkergeometrie eine

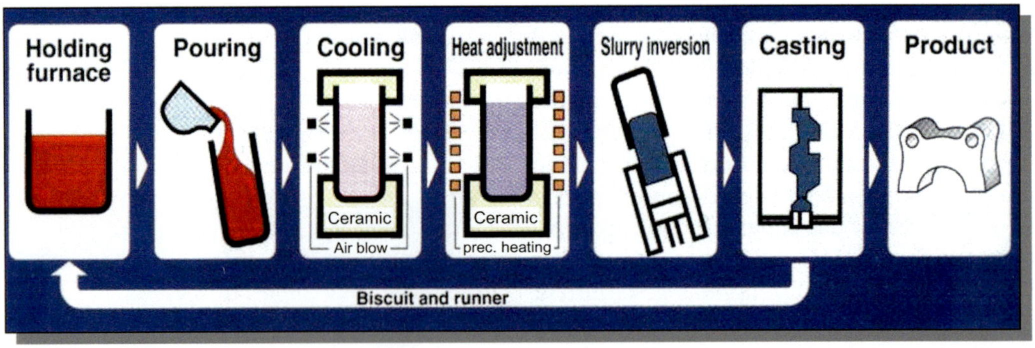

Abb. 11.40 Aluminium Rheocast Prozessschritte [12]

Herstellung ohne Nacharbeit außer Sägen und Lochen zulässt (s. ◘ Abb. 11.34).

Da die Kosten fast immer das wichtigste Entscheidungskriterium sind, sind sie im Voraus überschlägig zu berechnen. Die Gesamtkosten bestehen aus Materialkosten (Einsatz- und Ausschussgewicht mal Kilopreis), Fertigungskosten, Kosten für die mechanische Nachbearbeitung und die Oberflächenbehandlung.

Dazu sind die Gemeinkosten, Logistikkosten sowie Sonderkosten und Gewinn zu addieren. Es ist üblich, diese bei den Zulieferern anzufragen, wenn die optimierten Bauteilzeichnungen zur Verfügung stehen und bei bestimmten Herstellverfahren notwendige zusätzliche Bearbeitungs- und Oberflächenbehandlungskosten berücksichtigt sind. Es ist immer damit zu rechnen, dass während der Entwicklung oft unvermeidliche Änderungen auftreten, die dann mit Mehrkosten verbunden sind.

In den ◘ Abb. 11.41, 11.42 und 11.43 sind unter schiedliche Fertigungsverfahren für Aluminiumlenker mit ihren typischen Merkmalen gegenübergestellt.

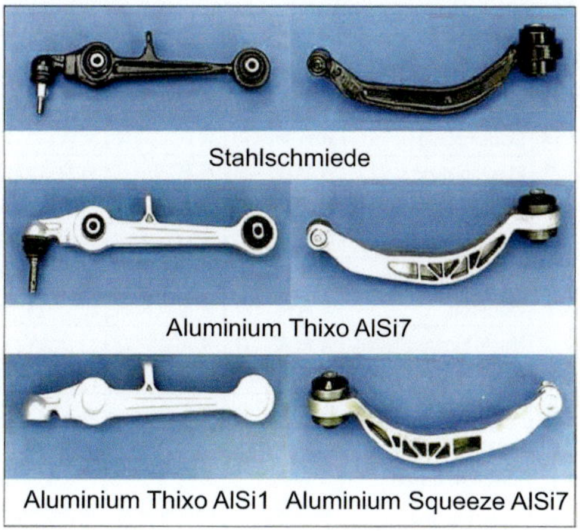

◘ **Abb. 11.41** Schmiede und Aluminiumdruckguss [4]

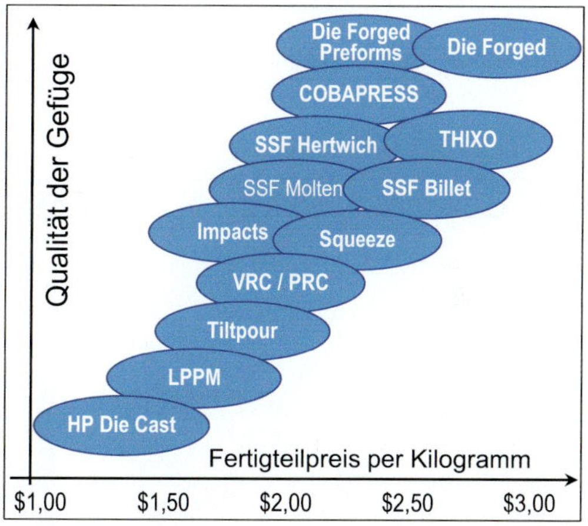

◘ **Abb. 11.42** Vergleich der Herstellverfahren für Aluminiumlenker (Preise von 2010) [10]

11.2.10 Auslegung und Optimierung der Lenker

Klaus Schüller

Zur Lenkerauslegung werden zuerst das CAD-Modell des Freiraums und die Krafteinleitungspunkte übernommen, mit den wirkenden Kräften ergänzt und Werkstoffwerte eingegeben. Die FEM-Topologieoptimierungssoftware ermittelt die optimale Materialverteilung (◘ Abb. 11.44), damit überall die gleichen Steifigkeiten herrschen. Dieses Modell wird an die Besonderheiten des gewählten Herstellverfahrens angepasst, nach Spannungsverteilung berechnet, shapeoptimiert und nach Betriebsfestigkeit überprüft. Nach dieser durchgängig mit dem Rechner unterstützten Auslegung kann man davon ausgehen, dass das Teil sein minimales Gewicht erreicht hat, vorausgesetzt die Eingaben waren richtig.

Da sich der Lenker mit dieser Methode sehr schnell auslegen lässt, kann man das Verfahren für mehrere Werkstoffe und Herstellungsvarianten wiederholen, um die beste Auswahl zu treffen.

GLIEDERUNG / MERKMALE		FLÜSSIG				HALBFEST		FEST
		Squezee casting	Vakuum guß	Druck-guss	Kokillen-guß	Rheo-casting	Thixo casting	Schmie-den
QUALITÄT	Kristallstruktur	Dendrit	Petal	Petal	Dendrit	Globular	Globular	Länglich
	Schrumpfung	★★★☆☆	★★☆☆☆	★★☆☆☆	★★★☆☆	★★★★★	★★★★★	★★★★★
	Blasenbildung	★★★☆☆	★★★☆☆	★☆☆☆☆	★★★☆☆	★★★★☆	★★★★☆	★★★★★
	Segration	★★☆☆☆	★★★☆☆	★★★☆☆	★★★☆☆	★★★★☆	★★★★☆	★★★★★
	Wärme Rißbildung	★★☆☆☆	★☆☆☆☆	★☆☆☆☆	★★★☆☆	★★★★★	★★★★★	★★★★★
	Fließbarkeit	★★★★★	★★★★★	★★★★★	★★★☆☆	★★★☆☆	★★☆☆☆	☆☆☆☆☆
	Oxidation	★★☆☆☆	★★★☆☆	☆☆☆☆☆	★★☆☆☆	★★★★★	★☆☆☆☆	★★★★★
	Mech. Eigenschaften	★★★☆☆	★★☆☆☆	☆☆☆☆☆	★★☆☆☆	★★★★☆	★★★☆☆	★★★★★
TEILE	Dünne Wände	★★★☆☆	★★★★★	★★★★★	★★☆☆☆	★★★★☆	★★☆☆☆	☆☆☆☆☆
	Dicke Wände	★★★☆☆	★☆☆☆☆	☆☆☆☆☆	★★★☆☆	★★★★★	★★★★★	★★★★★
	Wärmebehandlung	ja	ja	nein	ja	ja	ja	ja
	Knetlegierungen	☆☆☆☆☆	☆☆☆☆☆	☆☆☆☆☆	☆☆☆☆☆	★★★☆☆	★★★★☆	★★★★★
KOSTEN	Materialkosten	★★★★★	★★★★★	★★★★★	★★★★★	★★★★★	★★☆☆☆	★★★☆☆
	Gießzyklus	★★☆☆☆	★★☆☆☆	★★★★★	★★☆☆☆	★★★★☆	★★★★☆	★☆☆☆☆
	Wkz. Lebensdauer	★★☆☆☆	★★★☆☆	★★★☆☆	★★★☆☆	★★★★★	★★★★★	☆☆☆☆☆
	Maßgenauigkeit	★★★★☆	★★★★☆	★★★★☆	★★☆☆☆	★★★★★	★★★★★	☆☆☆☆☆
	Prozessstabilität	★★★★★	★★★☆☆	★★★★★	★★★★★	★★★★☆	★★☆☆☆	★★★★★
	Gesamtteilekosten	★★★☆☆	★★★★☆	★★★★★	★★★★☆	★★★★★	★☆☆☆☆	☆☆☆☆☆

LEGENDE

- Exzellent ★★★★★
- Sehrgut ★★★★☆
- Gut ★★★☆☆
- Mittel ★★☆☆☆
- Schlecht ★☆☆☆☆
- Nicht möglich ☆☆☆☆☆

Abb. 11.43 Auswahlkatalog für die Herstellverfahren für Aluminiumlenker [13]

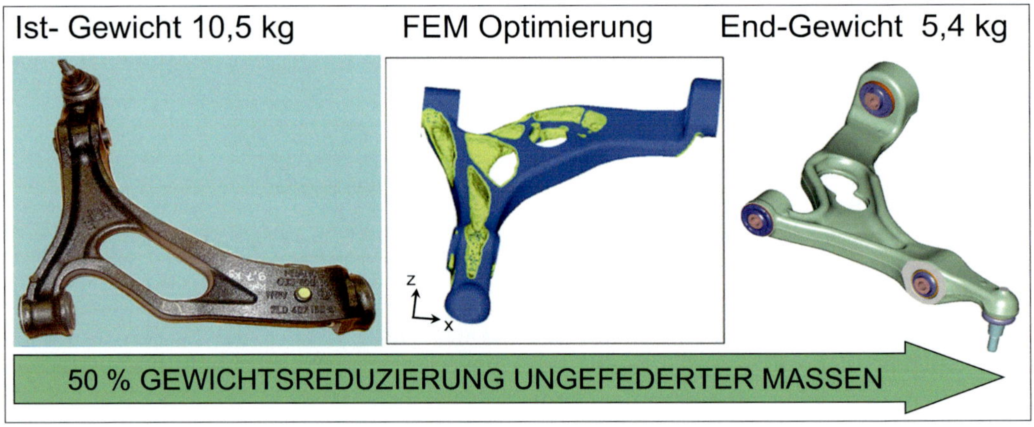

Abb. 11.44 Optimierung des Lenkergewichts [4]

11.2.10.1 Knicken und Schadenskette

Kompakte und leichte Achssysteme führen zu immer anspruchsvolleren Auslegungsrestriktionen um mehrere Lastanforderungen in verschiedenen Belastungsrichtungen abzudecken. In aktuellen Fahrwerken ist eine sogenannte Schadenskette etabliert, welche die Kaskade von Missbrauchslasten in einer Kette von lastübertragenen, miteinander verbundenen Bauteilen beschreibt. In dieser Kette wird ein Bauteil ausgewählt unter einer spezifischen Missbrauchslast zu versagen, das sogenannte Opferbauteil. Ziel ist zum einen benachbarte Bauteile gegen Überlast zu schützen und so die Reparaturkosten im Fall eines Missbrauchs (z. B. Bordstein oder Schlaglochüberfahr bei zu hoher Geschwindigkeit) gering zu halten.

Zum anderen soll dem Fahrer über eine Fehlstellung der Achsgeometrie eine Rückmeldung gegeben werden, damit der Schaden repariert werden kann.

Aus technischen aber auch wirtschaftlichen Gründen bietet sich im Fahrwerk an, den Lenker als günstige und leicht austauschbare Komponente dem Opferbauteilcharakter zuzuordnen.

Nicht zuletzt aufgrund der Material- und Fertigungstoleranzen, ist die sogenannte Knickkraft (große Druckkraft bei Missbrauch) toleranzbehaftet.

Darüber hinaus darf, zum Schutz der benachbarten Bauteile, die max. übertragbare Last einen gewissen Wert nicht über- bzw. unterschreiten. Ferner muss ein Mindestabstand als Lastniveau sichergestellt sein, um den dynamischen Betrieb zu gewährleisten.

Diese Randbedingungen definieren ein Knickkraftfenster, welches in der Bauteilauslegung berücksichtigt werden muss. In diesem Zusammenhang ist die wohl wichtigste geometrische Einflussgröße die Exzentrizität (◘ Abb. 11.45). Diese bestimmt in ihrem Nominalwert welcher Versagensmechanismus dominant vorliegt. Eine kleine Exzentrizität begünstigt elastisches Knicken (Euler-Knicken),große Exzentrizität das plastische Knicken (Biegeknicken).

Dominiert das sogenannte „Euler-Knicken“, so sinkt der Einfluss der zul. Festigkeit auf die max. übertragbare Druckkraft, kleine geometrische Varianzen führen jedoch zu großen Knickkaftabweichungen.

Liegt ein Biegeknicken dominant vor steigt der Materialeinfluss und der Geometrieeinfluss sinkt (◘ Abb. 11.45). In ◘ Abb. 11.46 und 11.47 ist eine Beitragsleisteranalyse auf Basis der real auftretenden Rohteiltoleranzen eines Aluminium-Schmiede Strukturteils (Zugstrebe) zu sehen.

In Summe ist für kleine Knickkraftfenster und ein gutmütiges Knickverhalten (Knickrichtung vorhersehbar) das Bauteil als plastischer „Knicker“ auszulegen, sollte das z. B. aus Bauraum-, Konzept- oder Gewichtsgründen nicht möglich sein, ist das zulässige Knickkraftfenster zu vergrößern und dies entsprechend in der der Schadenskette zu berücksichtigen.

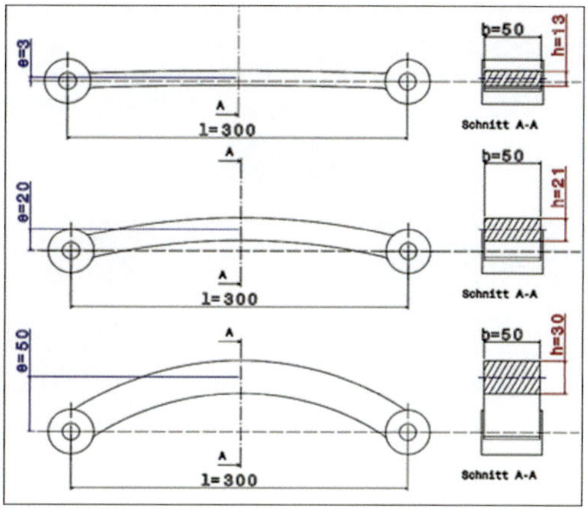

◘ **Abb. 11.45** Bauteilexzentrizität am Beispiel 2-Punkt Strebe [4]

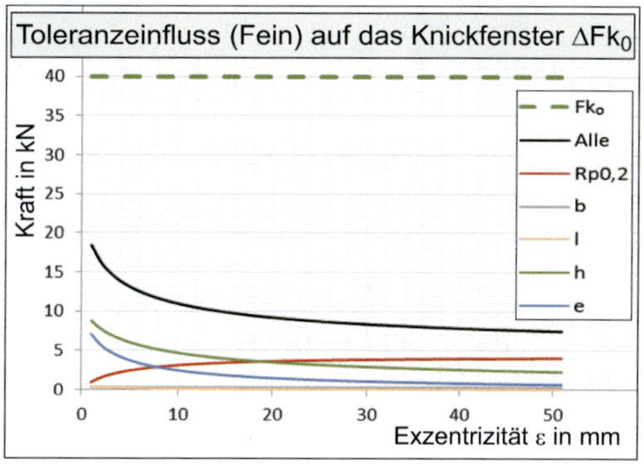

◘ **Abb. 11.46** Einfluss der Werkstoff- und Fertigungstoleranzen auf die Knickkraft über Bauteilexzentrizität [4]

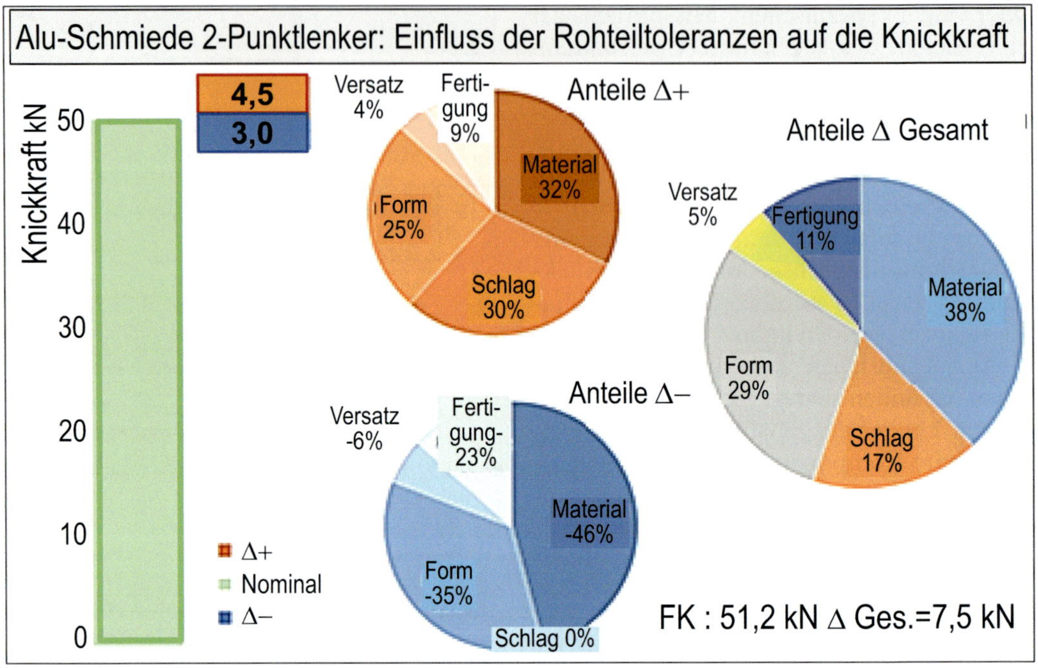

Abb. 11.47 Beitragsleisteranalyse der Werkstoff- und Fertigungstoleranzen und ihr Einfluss auf das Knickkraftfenster [4]

11

11.2.11 Integration der Gelenke an den Lenker

Die Gummilager mit Metallaußenring werden immer in die Bohrungen der Lenkergehäuse eingepresst. Bei den Blechlenkern handelt es sich entweder um Stahlhülsen, die am Lenker angeschweißt sind oder um konzentrische Ausstanzungen mit Kragen, die die Hülse ersetzen.

Wichtig ist, dafür zu sorgen, dass beim Schweißen die Hülsen nicht oval werden, indem die durch Aufwärmung bedingte Formänderung der Hülse vorgehalten wird, d. h. diese leicht vorher oval geformt werden.

Die Funktion des Gummilagers ist nur dann gesichert, wenn die Drehbewegungen im Gummi stattfinden. D. h., die Innenhülse darf sich in ihrer Aufnahme nicht drehen. Da die Verbindung zwischen Innenhülse und Befestigungsaugen eine Reibverbindung ist, muss die Schraubenanziehkraft hoch genug und die Klemmfläche groß genug sein und sich parallel an die Stirnflächen der Innenhülse anlegen (Lagetoleranzen).

Eine wichtige konstruktive Entscheidung ist, ob das Gummilager, wie oben beschrieben, in den Lenker eingepresst oder zwischen zwei Laschen des Achsträgers geschraubt wird (Abb. 11.48). Hinsichtlich ihrer Funktion sind beide Ausführungen gleichwertig. Da aber die Aufspannflächen plan sein müssen und mit kleiner Toleranz (±0,1 mm) parallel zueinander laufen müssen, ist bei gegossenen oder geschmiedeten Teilen eine aufwendige mechanische Bearbeitung unerlässlich [3]. Außerdem wirkt die Steifigkeit der Aufnahmeaugen beim Zusammenziehen von steifen Wangen als funktionsstörend. Diese Nachteile haben die Blechteile nicht.

Deshalb sind die Gummilager stets in die gegossenen oder geschmiedeten Bauteile einzupressen und dagegen die Befestigungslaschen an den Bauteilen aus Blech

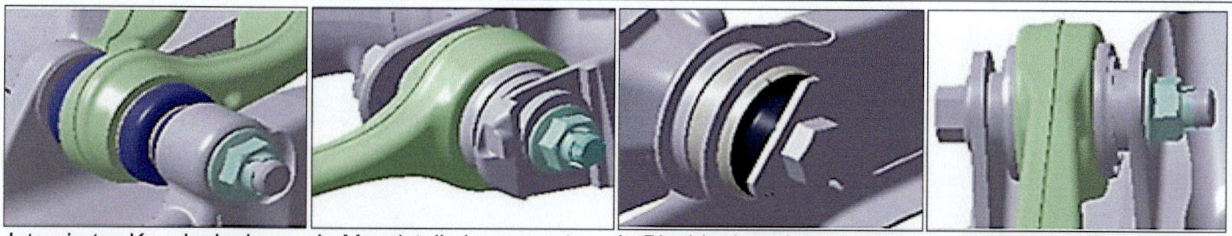

Abb. 11.48 Gummilageranbindungen [4]

oder parallellaufenden Profilen vorzusehen (Abb. 11.48).

Für die Kugelgelenke gibt es die Möglichkeit, das Gelenk mit seinem Flanschgehäuse am Lenker anzuschrauben oder zu vernieten oder das Gelenk mit einem Topfgehäuse einzupressen (s. Abb. 11.57).

Inzwischen ist es auch möglich, das Kugelgelenk durch Laserschweißen mit dem Lenker zu verbinden; die entstehende Wärme ist nur lokal und so niedrig, dass die Funktion des Kugelgelenkes dadurch nicht beeinträchtigt wird (s. Abb. 11.27).

Die Demontierbarkeit des Kugelgelenkes vom Lenker ermöglicht einen Austausch des Gelenkes, weil in der Regel das Gelenk schneller verschleißt als der Lenker. Für die kostengünstigen Fahrzeuge, die auch in den Entwicklungsländern vertrieben werden, ist die Austauschbarkeit des Gelenkes ein wichtiges Argument, um die Reparaturkosten einzuschränken.

In seltenen Fällen wird das Kugelgelenk mit Zapfen am Lenker befestigt. Das Gelenk selbst muss dann in den Radträgern integriert werden. Die andere Möglichkeit ist der Einbau des Kugelzapfens, der Kugelschale und des Balges in den Lenker, wobei der Lenker die Gehäusefunktion übernimmt (Abb.11.49). Hier spricht man vom „integrierten oder angebauten Kugelgelenk".

Abgesehen von der Nichtaustauschbarkeit hat diese Lösung mehrere Vorteile: günstige Kosten durch Wegfall der Schraubverbindung, Gewichtsersparnis durch Wegfall des Gelenkgehäuses und Platzersparnis, um näher an die Radmittelebene zu rücken sowie Funktionssicherheit durch Wegfall der Schnittstellen. Außerdem werden auch Probleme umgangen, die durch Wärmedehnung und Materialpaarungskorrosion (Stahl/Aluminium) auftreten. Besonders bei Aluminiumlenkern wird diese gebaute Lösung bevorzugt angewandt.

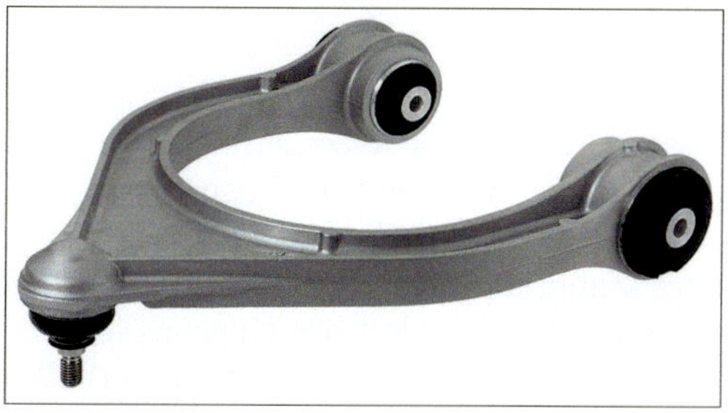

Abb. 11.49 In einem Thixo-Lenker Integriertes Kugelgelenk [4]

11.3 Kugelgelenk

Metin Ersoy

Die Lenker sind so miteinander verbunden, dass sie dauernd in gegenseitiger Berührung gehalten werden und dabei relativ zueinander beweglich bleiben. Diese beweglichen Verbindungsstellen werden als Gelenke bezeichnet (Abb. 11.50). Zu jedem Gelenk gehören stets zwei Gelenkelemente, die eine zueinander

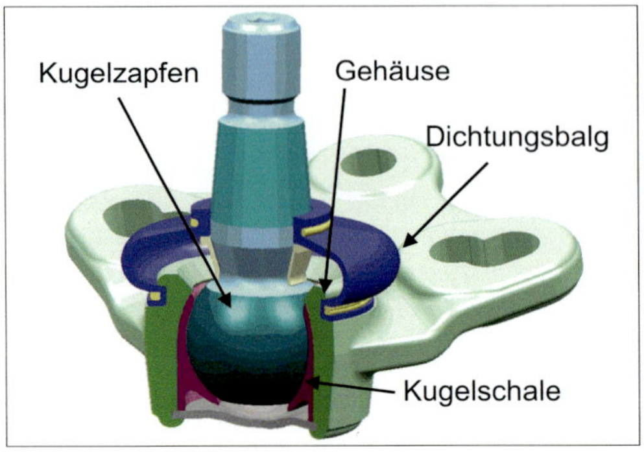

Abb. 11.50 Kugelgelenk, Kugelzapfen und Schale [4]

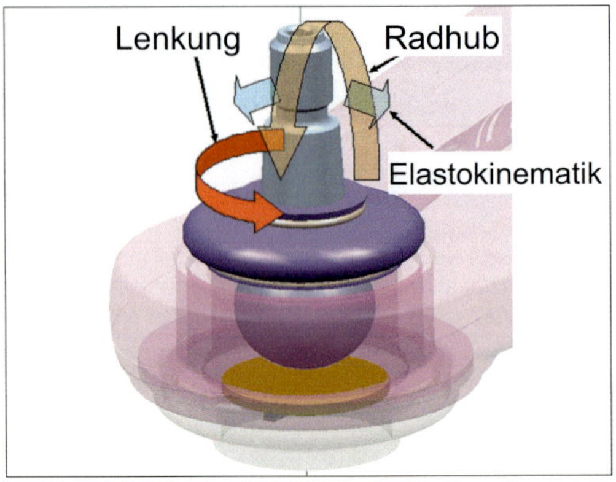

Abb. 11.51 Drei Drehfreiheiten des Kugelgelenks

passende zweckvolle Geometrie haben müssen, z. B. die Welle und die Lagerschale eines Gleitlagers oder im Eingriff stehende Zähne eines Zahnradpaares. Die Kontaktpaare eines Kugelgelenkes sind der Kugelzapfen und die Kugelschale. Für das Betriebsverhalten der Gelenke sind noch weitere Merkmale wie Werkstoff, Abmessungen, Oberflächen, Tragfähigkeit, Schmierung wichtig.

11.3.1 Aufgabe und Anforderungen

Die Kugelgelenke erfüllen die Aufgabe, die Lenker mit dem Radträger mit drei Drehfreiheitsgraden zu verbinden, um damit die Kräfte und Bewegungen des Rades vom Radträger zum Lenker zu übertragen.

Abgesehen von den inneren Reibmomenten sind Kugelgelenkverbindungen frei von Momenten. Die Verbindung des Lenkers zum Radträger der Vorderachse wird immer als Kugelgelenk realisiert, weil es das einzige Gelenk mit drei Drehfreiheitsgraden ist (Abb. 11.51.

Zwei Freiheitsgrade sind für den Radhub und zum Lenken des Rades notwendig und der dritte lässt elastokinematische Änderungen zu.

Wird an einem Kugelgelenk nur eine Rotationsachse genutzt und die beiden anderen Drehbewegungen sind sehr klein, so kann auch ein Gummilager eingesetzt werden. Diese sind unempfindlich gegen kurzzeitige Überlastungen sowie gegen Feuchtigkeit und Korrosion und weisen eine bessere Geräuschisolation und Wartungsfreiheit auf, außerdem sind sie kostengünstiger.

Dagegen rufen beim Gummilager die Drehungen und Verschränkungen (kardanische Bewegungen) Rückstellkräfte hervor, die oft unerwünscht sind.

Die Aufgabe des Kugelgelenkes ist die Weiterleitung aller Radkräfte ohne Radmomente zum Lenker. Wegen der drei Freiheitsgrade können über ein Kugelgelenk nur Zug-, Druck- und Radialkräfte weitergeleitet werden. Dabei ist es sehr wichtig, dass das Gelenk kein freies Spiel hat (sonst kommt es zum unerwünschten Klappern) und möglichst geringe Elastizitäten zulässt, damit die Fahrdynamik des Fahrzeugs nicht beeinträchtigt wird (direktes Fahrgefühl). Außerdem darf die Reibung (Drehmomente) im Gelenk nicht die zulässigen Werte übersteigen (nur minimale Hysterese der Radfederkennung) und während der Lebensdauer nicht unter einen vorgegebenen Wert sinken.

Die Aufgaben des Kugelgelenks sind also:

- Radträger mit den Lenkern zu verbinden,
- die Zug- und Druckkräfte weiterleiten,
- drei Rotationsfreiheiten gewährleisten.

Die wichtigsten Anforderungen an die Gelenke sind:

- niedrige Reibverluste, kein Stick-Slip-Verhalten,
- gleichbleibende Drehmomente, kein freies Spiel,
- wartungsfrei, sehr robust (möglichst ein Fahrzeugleben lang halten),
- hohe Kräfte übertragen (Flächenberührung),
- Zug-, Druckkräfte formschlüssig weiterleiten,
- möglichst kompakt und klein,
- kostengünstig herstellbar,
- Sicherheitsvorschriften (Doku.-pflicht) erfüllen,
- Umwelteinflüssen widerstehen (Temperatur −40 bis +80° C, Feuchtigkeit, Salz, Schmutz, Steinschlag, Korrosion).

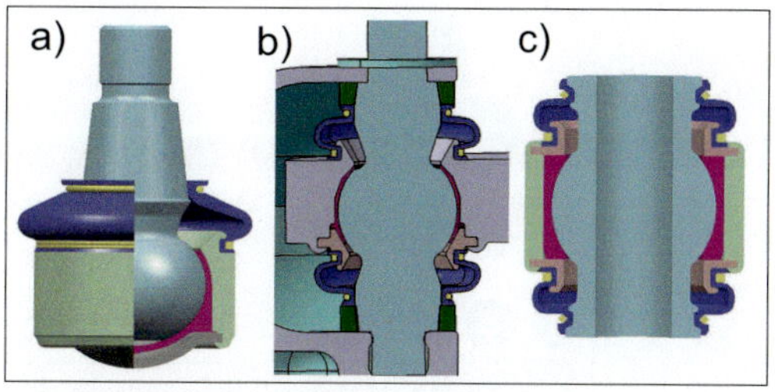

Abb. 11.52 Kugelgelenkzapfenarten [4]: a) Einzelzapfen, b) Doppelzapfen, c) ohne Zapfen (Hohlkugel)

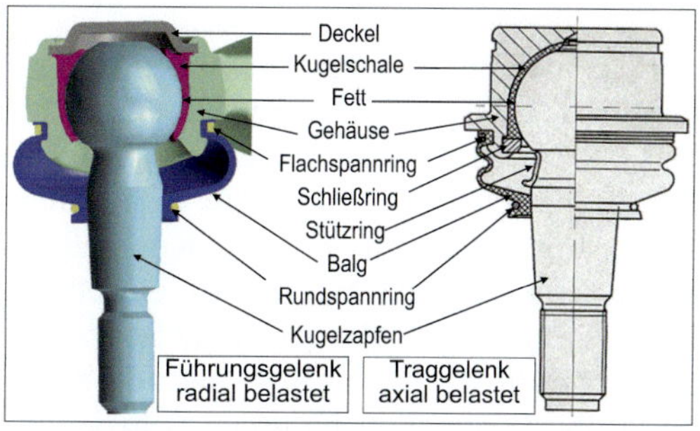

Abb. 11.53 Aufbau radial und axial Kugelgelenk [4]

11.3.2 Systematik für Kugelgelenke

Für die Radführung sind wegen der großen Tragflächen räumliche Gleitgelenke von Bedeutung. Zur Übertragung hoher Kräfte in beiden Richtungen kommt nur ein Kugelgelenk mit Flächenberührung infrage. Es ist formschlüssig, d. h., die Kugelpfanne umschließt die Kugel. Obwohl der Drehwinkel um die Kugelzapfenachse unbegrenzt bleibt, ist er um die beiden Kippachsen auf maximal ±30° begrenzt.

Die Kugelanbindung nach außen wird durch drei mögliche Ausführungen realisiert: a) Einzelzapfen, b) Doppelzapfen, c) ohne Zapfen (Abb. 11.52).

Je nach der Hauptbelastungsrichtung werden sie unterteilt in radial- oder axial Kugelgelenk (Abb. 11.53):

- radialbelastetes Kugelgelenk (Führungsgelenk),
- axialbelastetes Kugelgelenk (Traggelenk).

Je nach dem Einsatzort werden sie dagegen unterteilt in:

- Radgelenke (Führen, Tragen: ► Abschn. 11.3),
- Spurstangengelenke (Lenken: ► Abschn. 8.2.3),
- Stabilisatorgelenke (Wanken: ► Abschn. 9.3.3.2).

Betrachtet man Kugelgelenk und Lenker zusammen, dann kann das Kugelgelenk mit eigenem Gehäuse mit dem Lenker fest verbunden sein (geschraubt, genietet, verschweißt, eingepresst) oder der Lenker bildet das Gelenkgehäuse. Dem entsprechend heißen die Kugelgelenke Flanschgelenlenk, Einpressgelenk, Schraubgelenk (s. Abb. 11.76) oder integriertes Gelenk (s. Abb. 11.49).

Die Fertigungsart des Gelenkgehäuses ist auch von Bedeutung. Es kann gegossen, geschmiedet, kaltfließgepresst, gedreht, aus Blech gestanzt bzw. gezogen sein.

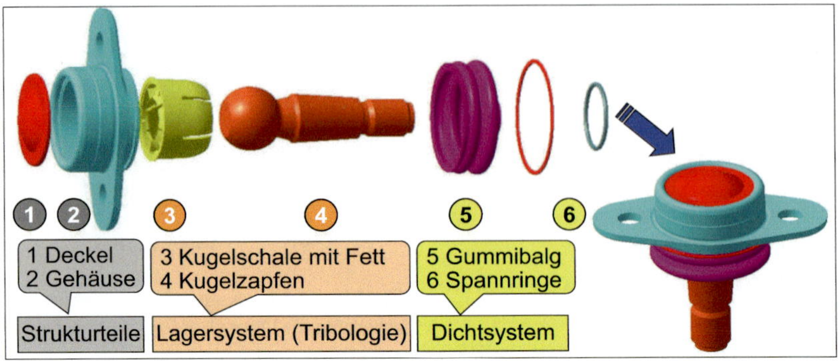

Abb. 11.54 Einzelteile des Kugelgelenkes mit den zugehörigen physikalischen Systemen.

Das gedrehte Gehäuse wird aus Kostengründen nur bei Prototypen eingesetzt. Das Gießen ist immer mit Fertigungsfehlern (Lunkern) behaftet und nur mit Überdimensionierung oder mit hohem Kontrollaufwand (Röntgenlunkerkontrolle) einsetzbar. Das Schmieden ist das sicherste aber auch teuerste Verfahren, das wie beim gegossenen Rohling ohne mechanische Bearbeitung nicht einsetzbar ist. Durch Feinschmieden lässt sich das Gehäuse ohne Nachbearbeitung einsetzen und kann damit kostensparend sein. Kostengünstiger sind kaltfließgepresste Rohlinge. Ein aus Blech gezogenes Gehäuse ist am günstigsten, ist aber in der Festigkeit nicht so gut wie das geschmiedete oder kaltfließgepresste Gehäuse.

Ein gebautes (integriertes) Kugelgelenk ist bei engen Platzverhältnissen zu empfehlen (s. Abb. 11.49). Dieses hat aber den Nachteil der hohen Ersatzteilkosten, wenn ein Kugelgelenk ausgeschlagen ist. Außerdem benötigt es hohe Investitionen für die Fertigung und ist nur bei sehr großem Volumen wirtschaftlich vertretbar.

11.3.3 Aufbau der Kugelgelenke

Jedes radführende Kugelgelenk (Abb. 11.50) im Fahrwerk hat ein Stahl- oder Aluminiumgehäuse und einen Stahlkugelzapfen, welche die Kräfte übertragen und die Drehbewegungen zulassen. Dazu kommen eine wartungsfreie Kugelschale aus Kunststoff und ein Schmiermittel, um den Verschleiß zu minimieren, die Reibung zu reduzieren und die Fertigungstoleranzen auszugleichen. Des Weiteren einen Gummi- oder Elastomer-Dichtungsbalg, der das Eindringen von Schmutz und Feuchtigkeit in die Lagerstelle verhindert.

Abb. 11.54 zeigt die Einzelteile des Kugelgelenkes mit den zugehörigen physikalischen Systemen.

11.3.3.1 Strukturelemente

Das Gehäuse und der Kugelzapfen leiten die Gelenkkräfte zu den benachbarten Teilen und werden als Strukturelemente bezeichnet. Wegen der hohen Kräfte werden diese Elemente vorwiegend aus hochwertigem Stahl hergestellt, obwohl als Leichtbauversion auch wärmebehandeltes Aluminium als Gehäuse eingesetzt werden kann. Kugelzapfen als Leichtbaukegelzapfen aus Titan sind möglich, aber wegen hoher Materialkosten des Titans nicht in Serienfahrzeugen zu finden.

Da Kugelgelenke sicherheitsrelevante Teile sind, sind sie besonders sorgfältig und mit großen Sicherheitsfaktoren auszulegen. Die auftretenden Wechsellasten erfordern, dass sie dauerfest sind, d. h. 10 Mio. Lastwechsel aushalten (Wöhlerkurven).Es ist eine wichtige Anforderung, dass sich bei einer Überlastung (Missbrauch, Unfall) diese Teile plastisch deformieren (Biegen) aber nicht brechen. Daher muss der Werkstoff, besonders für den Kugelzapfen, eine Dehnung von mindestens 20 % aufweisen. Bei Schadensfällen sollte in der Regel zuerst immer das Strukturteil versagen.

11.3.3.2 Kugelgelenkgehäuse

Das Kugelgelenkgehäuse ist ein eigenständiges Bauteil, kann aber auch in den Lenker (seltener in den Radträger) integriert werden (sog. eingebautes Kugelgelenk). Der Rohteil ist geschmiedet, kaltfließgepresst oder aus Blech tiefgezogen (◘ Abb. 11.55 und ◘ Abb. 11.56). Der übliche Werkstoff für das Gehäuse ist 30MnVS6.

Innenkontur, Balgnut, Gehäuseöffnung des Rohteils werden mechanisch bearbeitet. Die Bearbeitungstoleranzen liegen unter 0,1 mm.

Die mechanische Bearbeitung und Beschichtung können dabei deutlich mehr kosten als den Rohteil selbst.

Eine Wärmebehandlung des Gehäuses aus Stahl ist nicht notwendig (AFP Stahl – aus der Schmiedehitze vergütet). Jedoch ist die Wärmebehandlung bei einem Gehäuse aus Aluminium unerlässlich (T5/T6 je nach Anforderung).

Die Bearbeitungskosten werden gespart, wenn das Gehäuse aus Blech tiefgezogen wird. Insbesondere die sogenannte „Gelenkkartusche“ bietet sich als kostengünstigstes Kugelgelenk an (◘ Abb. 11.56).

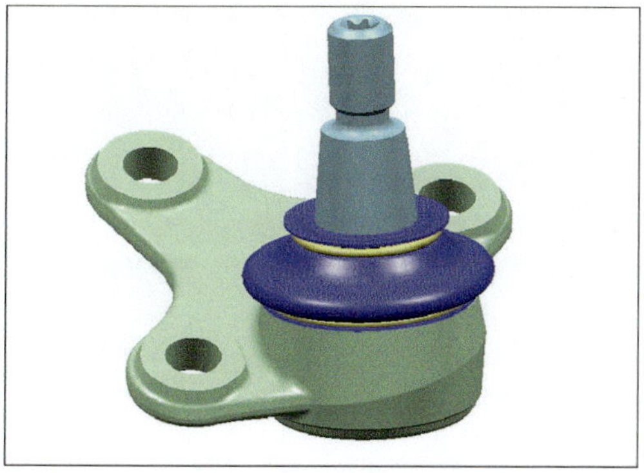

◘ Abb. 11.55 Kugelgelenkgehäuse, kaltfließgepresst [4]

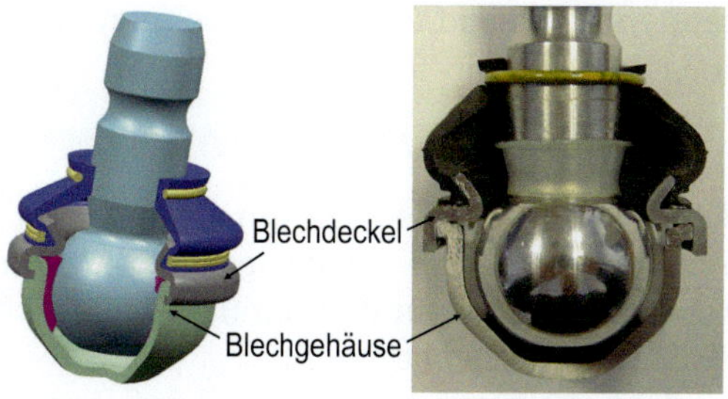

◘ Abb. 11.56 Kugelgelenkkartusche mit tiefgezogenem Blechgehäuse [4]

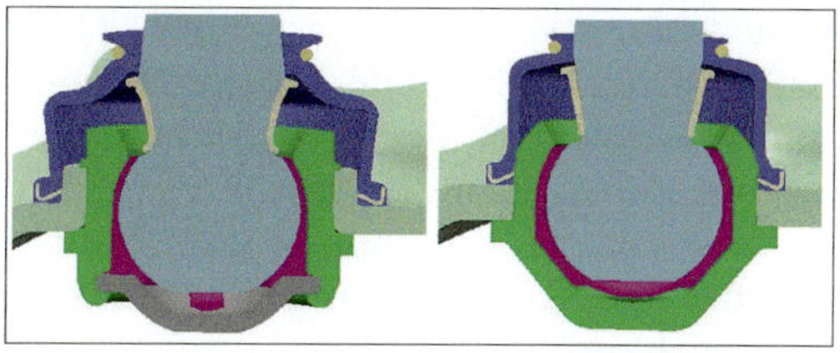

◘ Abb. 11.57 Kugelgelenkkartusche mit aus Stahlblech gestanztem Flansch [4]

Um die mechanische Bearbeitung zu meiden, wird eine zweiteilige Kartusche eingesetzt, wobei ein kaltfließgepresstes Gehäuse und ein aus Stahlblech Flansch durch Einpressen verbunden werden (◘ Abb. 11.57).

Die Außenfläche des Gehäuses ist gegen Korrosion zu schützen. Die einfachste und billigste Methode ist die Phosphatierung, die jedoch nicht mehr zeitgemäß ist.

Kostengünstige Beschichtungen sind die Kathodische Tauchlackierung (KTL) (bis 720h Salz-Sprühtest), bzw. 10 Zyklen Klimawechseltest plus Steinschlag-Beschusstest (je nach Kundenanforderung) oder die Zink-Eisen-Beschichtung (bis zu 720 h Salz-Sprühtest).Eine Zink-Eisen-Beschichtung ist ca. 50 % teurer als eine KTL-Beschichtung. Ein besserer Korrosionsschutz ist durch Zink-Nickel (ZnNi) oder durch organische Beschichtungen wie „Geomet“ erreichbar, kostet aber das Zweieinhalbfache (ZnNi) bis Dreifache (Geomet) der KTL. Alle diese Beschichtungen beinhalten, entsprechend der Umweltschutzrichtlinien, kein Chrom-6.

11.3.3.3 Kugelzapfen

Der Kugelzapfen ist das am höchsten belasteten Bauteil jedes Kugelgelenkes, daher wird aus dem hochfesten Stahl 41Cr4 durch Kaltfließpressen hergestellt.

Er besteht aus einem Kugelkopf und einem Zapfen, beide sind über einem Hals miteinander verbunden. Die Verjüngung ist notwendig, um den gewünschten Winkelausschlag bis ±30° zu erreichen. Dabei bleibt die entsprechende Gehäuseöffnung immer noch kleiner als der Kugeldurchmesser, um die sogenannte metallische Überdeckung zu gewährleisten; je größer diese Überdeckung ist, desto größer ist die Zapfenausziehkraft.

Der Kugelzapfen wird hauptsächlich auf Biegung beansprucht. Da das Biegemoment in der Kugelmitte Null und am Hebelaugenbereich ein Maximum ist, wird die Kugelhalskontur entsprechend einer parabolischen Linie ausgelegt (◘ Abb. 11.58). Ist der Konturverlauf außerhalb dieser Linie, ist eine Dauerfestigkeit bei minimalen Materialeinsatz sichergestellt. Dann liegt für den gesamten Halsbereich die gleiche Spannung vor. Durch die Induktivhärtung des Zapfens lassen sich die Dauerfestigkeit des Halses deutlich erhöhen bzw. der Halsdurchmesser reduzieren: Dies steigert jedoch die Kosten, weil der Zapfen nach der Wärmebehandlung 100 % nach RissAbb. ung geprüft wird.

Das Kugelherstellverfahren ist in der letzten Zeit so verfeinert, dass für die Massengelenke auf eine mechanische Bearbeitung ganz verzichtet werden kann. Die Kugeloberfläche muss jedoch weiterhin durch Rollieren auf die notwendige Toleranz und Oberflächengüte gebracht werden. Es kann auch an Gewicht gespart, indem die Kugel halbhohl gestaltet wird (◘ Abb. 11.59).

Die Kugel ist für die Funktion der wichtigste und von den Fertigungstoleranzen her (±0,05 mm) das genaueste Teil. Auch muss ihre Kugelform gleichmäßig sein (Formtoleranz), um das gleichmäßige Gleiten in alle Richtungen zu ermöglichen.

Die Oberflächenrauigkeit hat eine hohe Bedeutung. Ist sie zu glatt oder zu rau, dann steigen die Reibungswerte (hohe Dreh- bzw. Kippmomente), deshalb wird die Kugelfläche nach dem Drehen zusätzlich rolliert.

Die Kugeloberfläche ist nicht hoch belastet, weil die weiche Kunststoffschale die Belastungshöhe bestimmt.

Die Kugel hat auf ihrer Stirnseite eine Polfläche, die bei bestimmten Kugelherstellungsverfahren notwendig sein kann. Eine volle Kugel ist nur für axial belastete Ge-

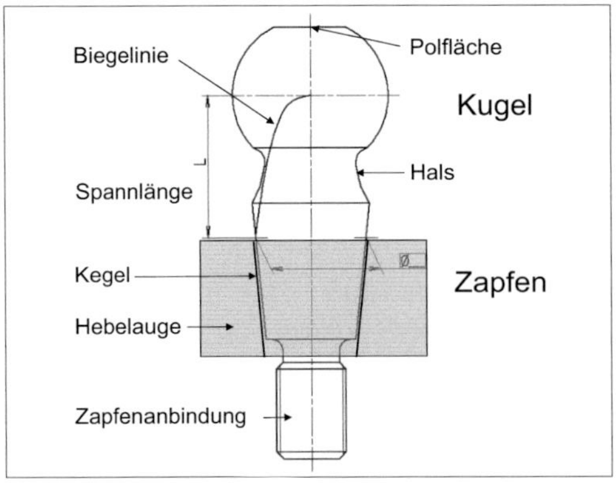

◘ Abb. 11.58 Kugelzapfenauslegung [4]

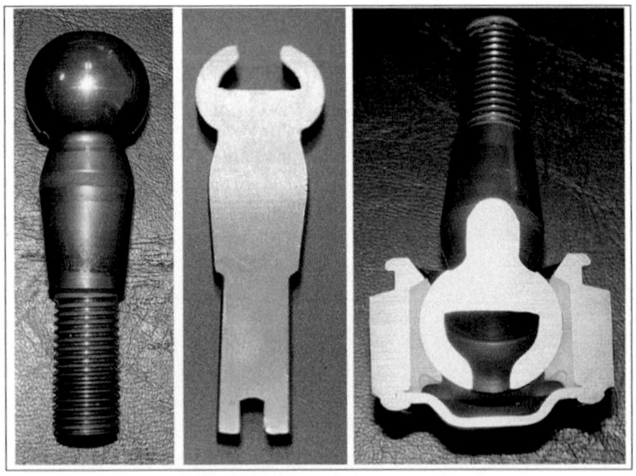

◘ Abb. 11.59 Kaltfließgepresster Hohlkugelzapfen [4]

lenke von Bedeutung (Trag-, Axialgelenk); aber auch hier ist eine kleine Polfläche mit weniger als 10 % des Kugeldurchmessers zulässig.

Für die besten Gleit- und Verschleißeigenschaften muss die Kugeloberfläche blank bleiben. Wenn der Zapfen beschichtet wird, ist die Beschichtung an der Kugel wieder abzutragen bzw. zu polieren, oder bei der Beschichtung die Kugel abzudecken. Eine Beschichtung der Kugel wird manchmal gegen Korrosion trotzdem gefordert.

11.3.3.4 Zapfen und Scheibenverbindungen

Kegelzapfen werden mit kleinen Kegelwinkeln gefertigt, um eine Selbsthemmung der Verbindung, aber auch eine Kraftübertragung auf großer Länge zu erreichen. Die Länge des Kegelzapfens ist durch die Mindestlänge des Kegels und das erforderliche Gewinde prinzipbedingt größer als die eines Zylinderzapfens.

Ein Innensechskant am Zapfenende oder eine Schlüsselfläche zur Aufbringung der Haltekraft bei der Verschraubung lassen sich neutral oder mit Längenaufmaß ergänzen. Nachteilig sind die erhöhten Fertigungstoleranzen am Kegel und am Hebelauge, welche einerseits eine Anlage und damit Kraftübertragung über die komplette Länge sicherstellen müssen, andererseits auch maßgeblich Einfluss auf die Abstandstoleranz zum Hebelauge haben.

Als Ergänzung für die Übertragung von Betriebs- und Missbrauchslasten neben der Abstützung auch die Vorspannung eingestellt. Erhöhte Vorspannungen steigern die übertragbaren Kräfte bzw. beeinflussen die Verformung an der Schnittstelle Zapfen/Hebelauge positiv.

Eine Steilkegelverbindung ist jedoch hinsichtlich maximaler Vorspannungen infolge der Gefahr des Durchzuges, der nachfolgend genannten Lösung mit aufgepresstem Scheibenelement unterlegen. Dieser Nachteil kann mit größerer Kegellänge ausgeglichen werden.

Der Kugelzapfen ist die Verbindungsstelle zum Hebelauge am Radträger. Es gibt drei Zapfenformen: Kegel-, Zylinder- und Bundzapfen (◘ Abb. 11.60). Der zylindrische Zapfen hat eine 1/3 Nut in Mitte der Hebelaugenhöhe. Das Hebelauge hat einen Schnitt mit einer Querbohrung. Nachdem der Zapfen in das Auge geführt wird, wird eine Klemmschraube durch diese Querbohrung eingesteckt. Die Schraube führt durch die Nut und fixiert den Kugelzapfen in dieser genau definierten Position. Das Zudrehen der Klemmschraube klemmt der Zylinderzapfen im Hebelauge fest (◘ Abb. 11.61).

Ein zylindrischer Zapfen mit Klemmschraube benötigt weniger Höhe und Durchmesser, da die Kugelmitte immer in genauem Abstand zum Hebelauge steht.

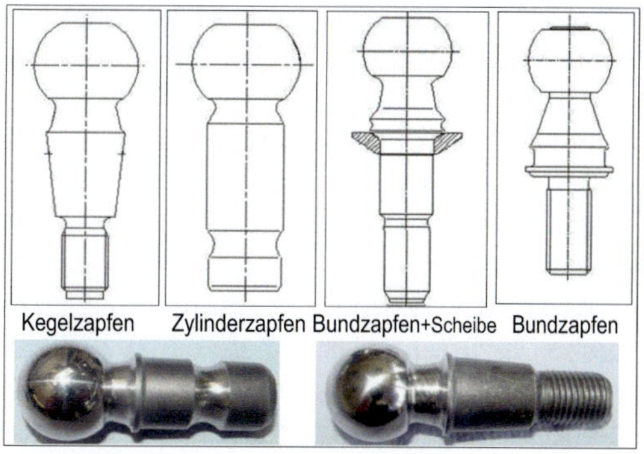

◘ **Abb. 11.60** Kugelzapfenarten [4]

◘ **Abb. 11.61** Kegel-, Zylinder- und Bundzapfen [4]

Der Nachteil ist Eindringen der Feuchtigkeit durch den Schlitz, die zur Korrosion und dann zur Beschädigung der Abdichtung und des Gelenkes führt. Ein Gelenk mit dem Zapfen nach oben ist dabei besonders gefährdet.

Beim Kegelzapfen ist die Augenbohrung größer und besitzt eine Kegelform. Der Zapfen hat an seinem Ende ein Gewinde und eine Schlüsselfläche zum Festhalten beim Schrauben und ist deshalb länger als der Zylinderzapfen. Ein Nachteil besteht allerdings in der größeren Abstandstoleranz, weil jeder Millimeter Toleranz der Kegelbohrung die mehrfache Toleranz im Abstand zum Hebelauge bedeutet. Der Kegelzapfen ist dem Zylinderzapfen vorzuziehen, weil hier die Gefahr der Korrosion mit anschließender Undichtigkeit geringer ist.

Wenn das Hebelauge aus einem weichen Werkstoff (z. B. Aluminium) besteht, braucht man eine größere Kontaktfläche, damit die Flächenpressung (Schraubenanziehkraft, Betriebs- und Missbrauchlasten an der Kontaktfläche) möglichst niedrig ist. In solchen Fällen gibt es mehrere Herangehensweisen. Kegelzapfen können auf großer Länge direkt, oder mit reduzierter Länge mit eingepressten Stahlbuchsen verwendet werden.

Alternativ werden Zapfen eingesetzt, welche kerbfrei, z. B. über einen kurzen zapfenseitigen Kegel, zusätzlich eine kegel- oder auch kugelförmige Scheibe aufnehmen können. Das Scheibenelement bewirkt eine Vergrößerung der Abstützfläche für auftretende Lasten. Die Winkelverhältnisse an der Scheibe bestimmen deren Dimension und können z. B. mit 60° innen und 90° außen sowie auch 90°/120° betragen. Eine äußere Kugelkalotte ist ebenfalls möglich und hinsichtlich der Bearbeitung des Kontaktpartners sehr flexibel einzubringen.

Überall da, wo zwei unterschiedliche Werkstoffe in Kontakt sind, muss die Kontaktkorrosion verhindert werden, indem mindestens ein Teil beschichtet wird. Daher sind alle Stahlteile, die mit Aluminium in Kontakt sind, z. B. mit Geomet zu beschichten. Die Zapfenoberfläche wird sehr häufig gegen Korrosion beschichtet. Bei Radialgelenk- und Traggelenkzapfen sowie Kugelhülsen werden Nitrierschichten (QP, QPQ) eingesetzt.

11.3.3.5 Deckel und Schließring

Neben Gehäuse und Kugelzapfen hat das Kugelgelenk einen Deckel auf dem Gehäuseboden (radial belastete Gelenke) oder einen Schließring an der Zapfenöffnung (axial belastete Gelenke) um das Gelenk nach der Montage zu schließen (s. ◘ Abb. 11.53). Diese übernehmen die Zug- bzw. Druckkräfte, die am Zapfen wirken.

Der Deckel ist ein rundes Stanzteil aus Stahlblech mit einer Wölbung, um die Stabilität zu erhöhen. Der Deckel wird nach der Montage des Zapfens mit der Schale in eine Stufenbohrung im Gehäuse eingelegt und eingerollt. Beim Einrollen wird die Kugelschale in Axialrichtung zwischen Deckel und Gehäuse geklemmt, damit sie sich nicht drehen kann.

Der Schließring ist ein Drehteil (ggf. auch gepresst) und wird bei axialbelasteten Gelenken in umgekehrter Richtung eingelegt und ebenfalls eingerollt.

11.3.4 Lagersystem (Schale, Fett)

Zwei Bauteile, die sich berühren und relativ zueinander beweglich sind, haben eine gemeinsame Kontaktfläche (ggf. nur Linie oder Punkt) und Abb.en damit ein Lagersystem. Bedingt durch die Relativbewegung entsteht in jeder Lagerung Reibung und Verschleiß. Die Lehre von Reibung und Verschleiß heißt „Tribologie". Ziel der Tribologie ist, die Reduzierung von Reibung und Verschleiß und damit Minimierung der Energieverluste, Verbesserung der Funktion und Verlängerung der Lebensdauer zu erreichen.

Frühere Kugelgelenke hatten eine gehärtete Stahlkugel und Stahlpfanne als Lagerpaarung, die geschmiert werden musste. Um 1940 wurde das wartungsfreie Kugelgelenk eingeführt, indem die Stahlpfanne durch eine Kunststoffschale ersetzt wurde. Diese Lagerung hatte zwar eine niedrigere Belastbarkeit, brauchte aber keine Nachschmierung (wartungsfrei), war ohne Zusatzteile spielfrei herstellbar und deutlich kostengünstiger. Außerdem lässt sich durch Tempern die Kunststoffschale die Fertigungstoleranzen von Kugel und Gehäuse ausgleichen.

Heute werden alle Kugelgelenke im Pkw-Fahrwerk danach hergestellt und sind wartungsfrei. Es ist aber darauf zu achten, dass weder Schmutz noch Feuchtigkeit in das Gelenkinnere eindringen können. Dies sicherzustellen ist wiederum die Aufgabe des Dichtsystems.

11.3.4.1 Grundlagen der Tribologie

Sind zwei Festkörper in Berührung, existiert auch eine Normalkraft zwischen gen beiden. Da die Flächen nie absolut glatt sind, stützen sie sich auf den höchsten Punkten aufeinander ab. Wird die Normalkraft größer, werden die Spitzen soweit deformiert, bis die sinkende Flächenpressung den zulässigen Wert erreicht hat. Bewegen sich nun die Berührungsflächen relativ zueinander, hakeln sie sich in neuen Spitzen ein und es entsteht eine Widerstandskraft gegen die Relativbewegung, die als Reibkraft bekannt ist.

Das Beanspruchungskollektiv wird bestimmt durch Kinematik, Normalkraft, Geschwindigkeit, Temperatur und Beanspruchungsdauer. Die Bewegung unter Normalkraft verursacht Reibung und Verschleiß.

Als Reibungsmechanismen werden die im Kontaktbereich auftretenden bewegungshemmenden und energieverbrauchenden Elementarprozesse der Reibung bezeichnet. Die Einteilung der unterschiedlichen Reibungsmechanismen zeigt das ◘ Abb. 11.62.

Die wichtigsten Kenngrößen der Reibung sind Kontaktgeometrie, Flächenpressung, Werkstoffpaarungen,

Eingriffsverhältnis der Kontaktparameter und natürlich Schmierdicke/Rauheits-Verhältnis.

Für das Entstehen von Verschleiß in Form loser Partikel oder plastischer Deformation der Oberfläche, muss die Materialbeanspruchung die materialabhängigen zulässigen Grenzen überschreiten. ◘ Abb. 11.63 zeigt die grundlegenden Verschleißmechanismen.

Die Schmierung ist zur Reduzierung der Reibung und den Verschleiß das wirksamste Mittel. Solange Überbeanspruchung ver-

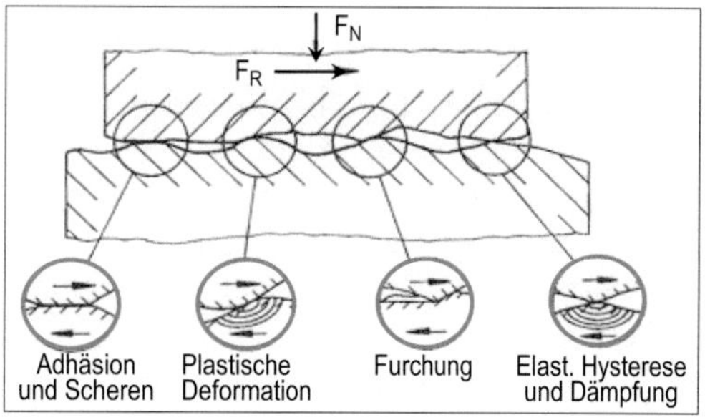

◘ **Abb. 11.62** Tribologie: Reibmechanismen [15]

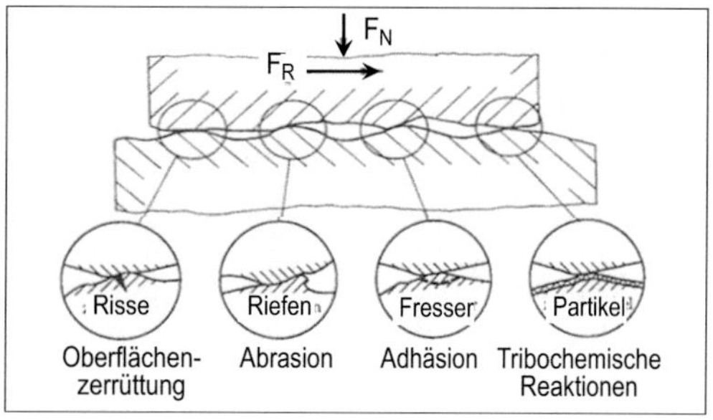

◘ **Abb. 11.63** Tribologie: Verschleißmechanismen [15]

mieden wird, bleibt ein Schmierfilm zwischen den Festkörperflächen bestehen und verhindert die Adhäsion.

Auch die Vermeidung von Metall/Metall-Paarungen, stattdessen die Anwendung von Kunststoff/Metall oder Keramik/Metall vermindert die negativen Einflüsse der Reibung und des Verschleißes. Nicht zuletzt deshalb haben Kugelgelenke bevorzugt einen Stahl/Kunststoff-Paarung.

Aus einer Vielzahl von Kunststoffsorten ist POM (Poly-oxymetylen) der gängigste und bestgeeignete Werkstoff, weil er einen sehr niedrigen Reibkoeffizienten und eine niedrige Verschleißrate hat.

Der Reibwert mal Normalkraft ergibt die Reibkraft. Die Reibkraft ist dann die maßgebende Größe für die Drehmomente im Kugelgelenk.

Der Reibwert und der Verschleiß sind von mehreren Parametern abhängig.

Der Reibwert „*f*" ist eine Funktion von:

- Geschwindigkeit (υ): 0,01 bis 60 mm/s,
- Rauheit (R_z) und Glanz (Rd),
- Last (F) bzw. Flächenpressung (p): 10 bis 500 N/ 20 is 90 MPa,
- Material: POM, PA, PEEK, PPA, PEI,
- Fett: mineralisch oder synthetisch,
- Oberfläche, Oberflächenchemie: Stahl, Fe(NC),
- Kugelschalen-Rauheit (R_z): Kugelschale,
- Temperatur (T): –40 bis +90 °C.
- Der Verschleiß „*s*" ist eine Funktion von:
- Rauheit (R_z) und Glanz (Rd).
- Herstellparametern z. B. Glättdruck ($p_{\text{glätt}}$), Formabweichung usw.

Die Reibung nimmt mit steigender Geschwindigkeit ab. Für die Rauigkeit der Kugeloberfläche gibt es ein Optimum: ist sie niedrig, so dominieren adhäsive Reibungs- und Verschleißprozesse, bei großer Rauigkeit herrschen deformative und abrasive Prozesse vor.

Der R_{dq} Wert der Oberflächenrauigkeit ist ein besserer Indikator für die Reibung als R_z. R_{dq} gibt die Steigung der Rauigkeitskurve in % an. Eine niedrige %-Zahl bedeutet eine glänzende Oberfläche und eine hohe Zahl eine matte Oberfläche (◘ Abb. 11.64). Je kleiner R_z ist desto glatter ist die Oberfläche und je höher R_z ist, desto rauer wird sie.

11.3.4.2 Schmierstoffe (Fette)

Schmierstoffe dienen zur Reibungs- und Verschleißminderung. Sie werden als Schmieröle (flüssig), Schmierfette (zäh) oder als Festschmierstoffe (Graphit, MoS2, PTFE) eingesetzt. Für die Kugelgelenke werden ausschließlich Schmierfette verwendet, weil diese für die wartungsfreien Anwendungen besser geeignet sind als die flüssigen Öle. Schmierstoffe zeigen bei mittleren Belastungen und hohen Geschwindigkeiten eine bessere Wirkung als Festschmierstoffe.

Schmierfette bestehen aus einem Schmieröl mit Additiven oder einer Seife als eindickendem Stoff. Die Seife liegt in der Regel faserförmig als Gerüst vor, in dem das Schmieröl festgehalten wird. Nach Art der Seife unterscheidet man Natrium-, Lithium-, Calcium-, Aluminium- und Bariumfette. Die im Kugelgelenk eingesetzten Fette haben Lithium als Seife, weil dies den Temperaturbereich –40 bis 140 °C abdeckt und wasserbeständig ist. Die schlechten Korrosionsschutzeigenschaften lassen sich durch Zusatz von bestimmten Wirkstoffen (Additive) verbessern.

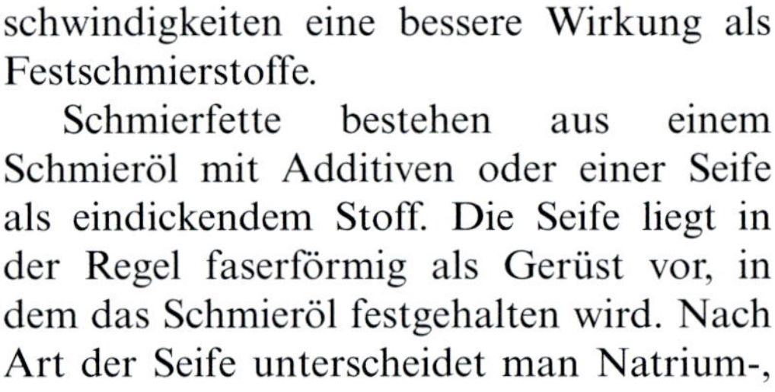

◘ **Abb. 11.64** Rauigkeit und Glanz der Oberfläche [4]

Das flüssige Öl ist entweder mineralisch oder synthetisch. Das synthetische Öl ist gegen Temperaturschwankungen resistenter, hat niedrigere Reibkoeffizienten, eine längere Lebensdauer und zeigt vor allem eine deutlich geringe Stick–Slip-Neigung.

Eine wichtige Aufgabe des Fettes ist die Reduzierung des Stick–Slip-Effektes. Es gibt zwei unterschiedliche Reibwerte: der statische, der vorliegt solange keine Relativbewegung stattfindet und der dynamische Reibwert, der einsetzt sobald die Relativbewegung anfängt. Der statische Reibwert ist immer höher als der dynamische. Wenn am Kugelzapfen ein externes Drehmoment wirkt, herrscht zuerst der höhere statische Reibwert und solange das Drehmoment nicht höher ist als das Reibmoment, bewegt sich der Kugelzapfen nicht.

Erst wenn das Drehmoment größer wird, wird der Zapfen losgedreht und es wirkt der niedrigere, dynamische Reibwert und das zum Bewegen notwendige Drehmoment wird kleiner. Wird es so gering, dass die Bewegung nicht aufrechterhalten werden kann, steht der Kugelzapfen und es herrscht wieder der statische Reibwert. D. h., dass der Kugelzapfen eine ständig unterbrochene Bewegung ausübt. Dabei entstehen innere Spannungen, die bei jedem Losdrehen frei werden und sich als unangenehme Knurrgeräusche bemerkbar machen. Dieses Phänomen wird als „Stick Slip" beschrieben.

Je größer der Unterschied zwischen den statischen und dynamischen Reibwerten ist (etwa ab zweifach), desto deutlicher wird dieser Effekt.

11.3.4.3 Kugelschale

Polymere Werkstoffe (thermoplastische Kunststoffe) besitzen einige Eigenschaften, die für die tribologische Beanspruchung günstig sind, wie z. B.:

- niedrige zwischenmolekulare Bindungskräfte, dadurch niedrige Adhäsions- und Reibungskräfte,
- hohe Korrosionsbeständigkeit, dadurch Einschränkung von tribologischen Reaktionen,
- hohe Schwingungsdämpfung.

Dem stehen folgende Nachteile gegenüber:

- geringe Härte, dadurch niedriger Widerstand gegen Abrasion,
- starke Zunahme von Verschleiß und Kriechen bei steigenden Temperaturen,
- geringe thermische Leitfähigkeit, dadurch schlechte Ableitung der Reibungswärme.

Aus den oben genannten Vorteilen, die die Nachteile überwiegen, wird zwischen Kugel und Gehäuse eine dünne Schicht von thermoplastischen Polymeren eingesetzt: die Kugelschale.

Folgende Eigenschaften der Kugelschale bestimmen die Gelenkqualität:

- Werkstoffsorte und dessen Hersteller,
- Additive im Granulat,
- Design, Schalenkonzept,
- Wandstärke, Maß-, Form-, Lagetoleranzen,
- Schlitz- und Fetttaschengestaltung,
- Verdrehsicherung,
- Einspritzpunkt des Kunststoffs,
- Einfallstellen beim Abkühlen,
- Kristallstruktur, Entformbarkeit,
- Lagerung bis zum Einbau im Gelenk.

Als Kugelschalenwerkstoff werden POM (Polyoxymetylen),PA (Polyamid) oder selten PEEK (Polyether-keton) verwendet. POM-A ist der Standardwerkstoff wegen seiner niedrigen Reibungs- und Verschleißwerte, sehr hohen Belastbarkeit und Formbeständigkeit sowie geringer Wasseraufnahme. Die Kugelschale wird mit einer Vorspannung in das Gelenk eingebaut, die Falls notwendig nach der Montage durch Tempern (halten des Gelenkes bei 100 °C ca. 1 h), d. h. durch Fließen (Kriechen) des Kunststoffes wieder abgebaut wird. Somit können die Fertigungstoleranzen ausgeglichen werden. Die getemperten Kugelgelenke haben ein niedriges, in einem engen Toleranzband gehaltenes Drehmoment.

Damit das Material fließen kann, muss die Wandstärke unter 1,5 mm sein und mindestens einen Schlitz aufweisen. Die zulässigen Drehmomente sind vom Kugeldurchmesser abhängig (größere Durchmesser haben höhere Drehmomente). Für den 27er Durchmesser darf z. B. das Losdrehmoment „M_{dl}" 9 Nm nicht überschritten und die Drehmomente „M_d" sollten zwischen 1 und 4 Nm liegen.

Die Eigenschaft von POM, bei höheren Temperaturen zu kriechen, ist auch sein Nachteil; es ist nicht über 80–85 °C belastbar. Wenn das Gelenk unter Last steht und die Umgebungstemperatur länger als eine Stunde über 90 °C bleibt, fließt der Kunststoff plastisch, dadurch entsteht eine unzulässige Elastizität sowie freies Spiel. Diese Gefahr ist bei den Mehrschlitzschalen größer als bei den Bügelschalen (◘ Abb. 11.65), die nur zwei Schlitze haben.

Bei diesem Schalendesign wird, zusammen mit gezieltem Tempern, eine Temperatur bis zu 100 °C zugelassen. Bei noch höheren Temperaturen (bis 140 °C) werden PEEK-Schalen eingesetzt, die jedoch deutlichteurer sind und noch engere Fertigungstoleranzen an Kugel und Gehäuseinnenkontur erfordern.

PA 66 mit 30 % Glasfaseranteil wird trotz etwas höherer Belastbarkeit selten als Schalenwerkstoff eingesetzt, weil es schlechtere Reibungs- bzw. Verschleißeigenschaften und höhere Wasseraufnahmewerte hat.

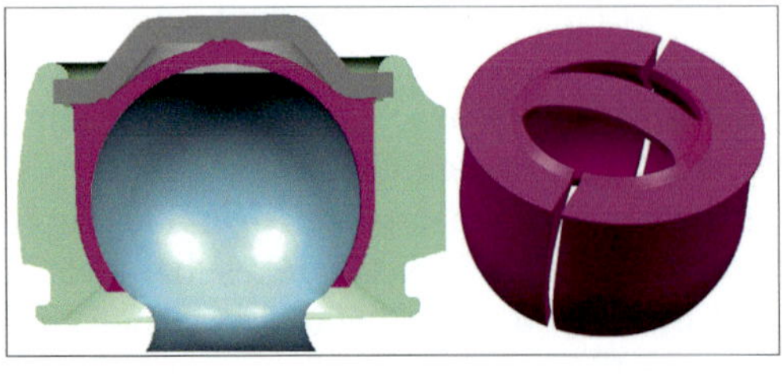

◘ **Abb. 11.65** Bügelschale mit zwei Schlitzen [4]

Die Kugelschale ist das schwächste Glied unter der Belastung, besonders bei hohen Temperaturen, weil die zulässige Flächenpressung rapide absinkt, wenn der Werkstoff zu fließen anfängt. Deshalb ist es sehr wichtig, die richtigen Betriebstemperaturen zu kennen.

Bei der Auslegung des Kugeldurchmessers wird die vom Fahrzeughersteller angegebene Last durch die tragende Projektionsfläche der Schale dividiert, um die Flächenpressung berechnen zu können. Die von der Einsatztemperatur abhängige maximal zulässige Flächenpressung muss höher sein als die berechnete. Bei der Ermittlung der Tragfläche ist nur der tragende Anteil der Schale in der Kraftrichtung zu berücksichtigen (ohne Schlitze, Fetttaschen usw.). Das spielfreie Kugelgelenk wird durch ein gezieltes Vorspannen erreicht. Die Vorspannung wird erzeugt, indem der Spalt zwischen Kugel und Gehäuseinnenkontur etwas kleiner ist als die Dicke der Kugelschale. D. h., die Kugelschale hat auch ohne Gelenkbelastung, eine definierte innere Spannung. Da das Drehmoment der Kugel proportional mit der Normalspannung steigt, darf sie eine enge Bandbreite nicht verlassen. Dies wird durch engere Toleranzen an Kugel/Schale/Gehäuse (enge Toleranz → hohe Fertigungskosten) und der axialen Schließkraft beim Einrollen des Deckels sichergestellt. Tempern ist dann die letzte Möglichkeit, die Vorspannung zu korrigieren.

Die Kugelschale muss demnach folgendes aufweisen:

- ein thermoplastischer Kunststoff mit guten Gleit- und Verschleißeigenschaften, geeignet für Betriebstemperaturen −40 bis +80 °C,
- eine genaue kugelige Innenkontur, damit die Belastung voll getragen wird,
- gleichbleibende Schalendicke 1,5 ± 0,5 mm,

- Freimachung im Äquatorbereich, um unnötig hohe Drehmomente zu vermeiden,
- geringe Anzahl von Schlitzen (notwendig für Entformung aus dem Spritzgusswerkzeug),
- einen idealen Einspritzpunkt, festgelegt nach Moldflow-Simulation,
- Schmiernuten, wo das Fett sich sammeln und verteilen kann,
- Verdrehsicherung im Gehäuse,
- enge Toleranzen (<0,1 mm),
- Vorhaltungen an Werkstoffanhäufungen,
- Unabhängigkeit von unterschiedlichen Nestern und Werkzeugen,
- Einschnappen der Kugel ohne RissAbb. ung,
- Warmauslagerung gleich nach dem Spritzen.

Da jedes Kugelgelenk versagt, sobald Schmutzpartikeln und Feuchtigkeit in das Lagersystem eindringen (Korrosion der Kugelfläche und dadurch entstehende Rostpartikel verursachen Verschleiß), kann man die Notlaufeigenschaften beachtlich verbessern, indem an die Schalenöffnung eine Abstreiflippe aus Gummi integriert wird. Sie streift die Schmutzpartikel und den Wasserfilm ab und verhindert deren Eindringen in die Reibungszone zwischen Kugelschale und Kugel (Abb. 11.66). Außerdem benötigt die Schale keine Schlitze mehr, was die Belastbarkeit verbessern. Sie muss jedoch für die Montierbarkeit zweiteilig gestaltet werden. Die Mehrkosten durch die zusätzliche Ringhälfte mit Gummilippe verteuern jedoch das Kugelgelenk.

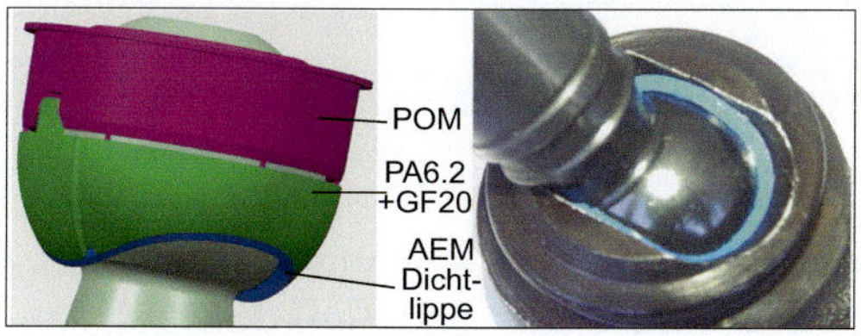

Abb. 11.66 Kugelgelenk mit Dichtlippe [4]

11.3.5 Dichtsystem (Balg, Spannring)

Zwei Teile, die eine durchgehende flächenförmige gemeinsame Kontaktfläche haben und dadurch zwei Medien hermetisch voneinander trennen, können als ein Dichtsystem bezeichnet werden. Dichten ist das Verhindern von Stoffwechsel von einer Seite zur anderen Seite der Dichtstelle. Eine Trennung ist immer dann erforderlich, wenn die Stoffe an einer Seite die Funktion und die Eigenschaften an der anderen Seite beeinträchtigen.

Das Lagersystem jedes Kugelgelenkes benötigt eine Abdichtung nach außen, weil Schmutzpartikel, Staub, Flüssigkeiten, Feuchtigkeit, die sich in der Umgebung der Achse befinden, zwischen Kugel und Schale eindringen und zuerst die Reibmomente erhöhen können. Mit der Zeit trägt das zum Verschleiß der Schale bei und verursacht eine Korrosion der Kugel. Dadurch entsteht ein freies Spiel und das Kugelgelenk beginnt unter der einwirkenden Wechselbelastung zu klappern. Wird das Spiel größer, so besteht die Gefahr, dass die Kugel aus dem Gehäuse herausspringt. Auch kann die Korrosion am Kugelzapfen den Halsquerschnitt soweit schwächen, dass der Zapfen an dieser Schwachstelle bricht. Diese 3nerwünschten Wirkungen werden durch einen elastischen Balg vermieden, der die Öffnung zwischen Gehäuse und Zapfen abdichtet.

11.3.5.1 Grundlagen der Abdichtung

Es gibt statische und dynamische Abdichtungen:

- Die *statische Abdichtung* liegt vor, wenn in der Ab-dichtstelle keine Relativbewegung auftritt. Diese Abdichtung ist ein-

facher zu realisieren, weil eine große Vorspannung vorgesehen werden kann (keine Reibung, Verschleiß und Temperaturentwicklung), die dann die Dichtwirkung unterstützt.
- Die *dynamische Abdichtung* ist vorhanden, wenn die Dichtung auf dem abzudichtenden Körper gleitet. Hier verursacht eine zu hohe Vorspannung unzulässige Reibung, Verschleiß und Zerstörung der Dichtlippe.

Für das Kugelgelenk braucht man an einer Seite eine statische und an der anderen Seite eine dynamische Abdichtung. Die beiden Dichtstellen werden mit einem Balg verbunden, damit die sphärische Bewegung des Kugelzapfens relativ zum Gelenkgehäuse nicht beeinträchtigt wird.

Da gehäuseseitig der Reibradius und damit der potenzielle Verschleißweg größer ist, wird die statische Abdichtung immer dort und die dynamische Abdichtung immer zapfenseitig angeordnet.

Der wichtigste Funktionsbereich des Balges sind die mit der Oberfläche der rotierenden Zapfen in Kontakt stehenden Dichtlippen. Über das Zusammenspiel zwischen radialer Vorspannung des Spannringes und des Balgmaterials, zusammen mit der radialen und axialen Vorspannung aus der Mantelfläche heraus, ergeben sich die Flächenpressungen zwischen Dichtlippe und Kugelzapfen. Deren Konstanz unter Einfluss der Gelenkbewegungen und Umwelteinflüsse ist entscheidend für die Dichtwirkung des Balges:
- Die Anpresskraft der Dichtlippen darf nie unter einen Minimalwert absinken, darf aber auch nicht zu hoch sein, damit Reibung und Verschleiß nicht unnötig vergrößert werden.
- Schmiermittel erhöhen die Lebensdauer und die Dichtwirkung der Dichtlippe.
- Die Balgkontur ist so auszulegen, dass beim max. Ausschlag an der Dichtlippe auf der Zugseite die minimal erforderliche Flächenpressung nicht unterschritten wird und kein axiales Abheben des Balges vom Hebelauge erfolgt. Keine große Zugspannung in der Mantelfläche darf entstehen, ein lockerer Faltenwurf sollte unter Druckspannung verbleiben.
- Die Flächenpressung über der Berührungsfläche der Dichtlippe muss ein Druckmaximum mit steilem Abstieg auf der Fettseite aufweisen und zur Luftsseite hin wesentlich flacher verlaufen [16].
- Die Kontaktfläche muss immer einen Schmierfilm haben und darf nie trocken laufen, sonst wird die Lippe zu heiß und zerstört.
- Die Oberflächenrauhigkeit des Zapfens darf weder zu rau (um die Reibung und den Verschleiß klein zuhalten) noch zu glatt sein (um eine Dauerschmierung sicher zu stellen).
- Die Zapfenoberfläche muss immer rostfrei bleiben, die Rostpartikel wirken wie ein Schmirgelpapier und zerstören die Dichtlippen sehr schnell.

Die Anforderungen an die statische Dichtung sind andere. Wichtig ist hier, eine möglichst große Vorspannung auf den Dichtbereich zu erzeugen und aufrechtzuerhalten. Es muss eine statische Dichtheit gewährleistet werden und zusätzlich sichergestellt werden, dass sich der Balg nicht durch die aus der Zapfenseite in den Balg eingeleiteten Kräfte und Momente auf dem Gehäuse dreht oder öffnet.

Der dritte Bereich des Balges ist die Mantelfläche, die die beiden Dichtstellen miteinander verbindet und die Gehäuseöffnung hermetisch abdichtet. Die Anforderungen hier sind:
- ausreichende gestreckte Länge, damit auch beim vollen Ausschlag keine Zugkräfte entstehen,
- geeignete FaltenAbb.ung, um die Montierbarkeit und Balgfunktion bei Aus-

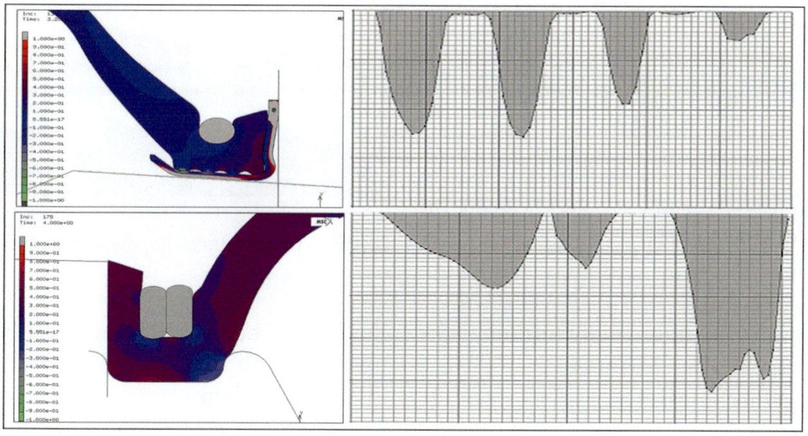

Abb. 11.67 FEM-Simulationen der Druckverteilung unter den Dichtlippen [4]

winkelung zu gewährleisten und um eine Kollision mit angrenzenden Bauteilen und Scheuerstellen zu vermeiden,
- Gummi-, oder PUR-Werkstoff, der gegen Außenwirkungen beständig ist (Temperaturbereich −40 bis 100 °C, beständig gegen Öl, Kraftstoff, Ozon),
- beständig gegen Steinschlag,
- undurchlässig gegenüber Feuchtigkeit.

Abb. 11.67 zeigt die 2D-FEM-Simulation für die Zapfenseitige (dynamische) und gehäuseseitige (statische) Druckverteilung unter der Dichtlippe. Abb. 11.68 zeigt dieses Dichtsystem im Schnitt.

Es gibt drei unterschiedliche Balgtypen: Zwiebelbalg, Tonnenbalg und Doppelfaltenbalg (Abb. 11.69). Der Zwiebel- oder Tonnenbalg ist kostengünstiger. Ein Doppelfaltenbalg ist bei großen Ausschlagwinkeln notwendig. Als dynamische Abdichtlippe wird ein 3-faches Labyrinth empfohlen (Abb. 11.70).

Vielseitige Faktoren beeinflussen die Balgfunktion:
- Werkstoff (Gummisorte, Shorehärte …),
- maximal notwendiger Ausschlagwinkel,
- Bauraum (max. Durchmesser und Höhe),

Abb. 11.68 Schnittbild. des Dichtsystems mit L-Ring

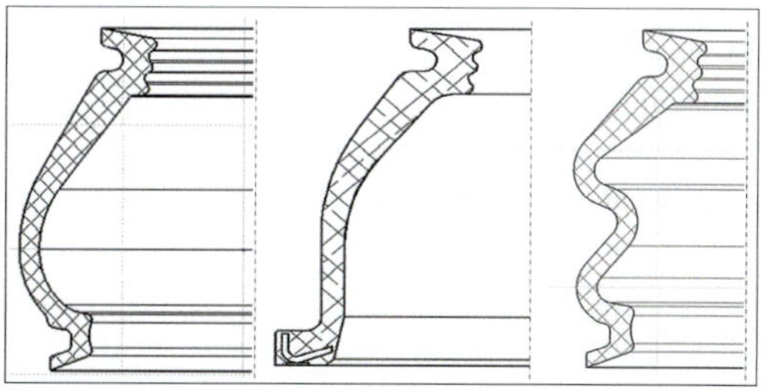

Abb. 11.69 Mantelflächengeometrien für Dichtungsbalg (Zwiebelbalg, Tonnenbalg und Doppelfaltenbalg) [4]

- Mantelform; einfache Falte (Zwiebelform) oder Doppelfalte,
- Wandstärke,

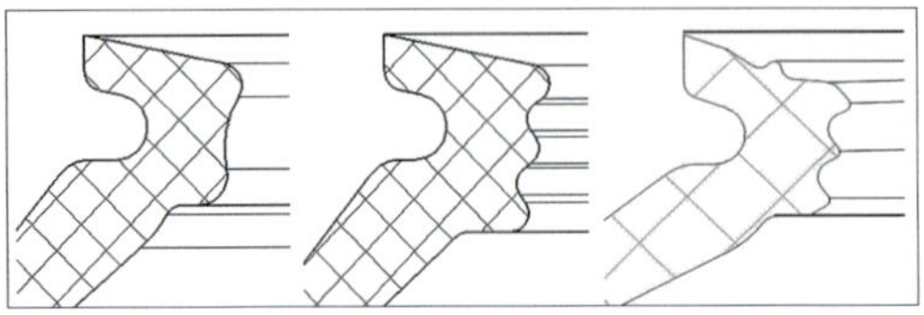

Abb. 11.70 Ausführungsformen der Dichtlippe für die dynamische Abdichtung [4]

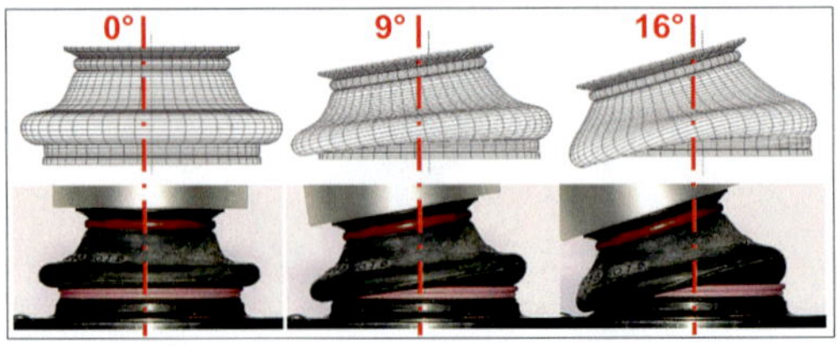

Abb. 11.72 Validierung der FEM Simulation [4]

- Vorspannung und Aufweitung der Spannringe bei der Montage,
- Öffnungsdurchmesser (zapfen-, gehäuseseitig),
- Temperaturbereich,
- Faltengeometrie,
- Entformbarkeit aus dem Formwerkzeug.

Die manuelle Berücksichtigung und Optimierung aller Faktoren sind sehr komplex. Daher wird der Konstrukteur bei der Auslegung des Dichtungsbalges durch eine Entwicklungssoftware unterstützt, bei der die Anzahl der Einflussgrößen auf ein Minimum begrenzt ist.

In einem iterativen Auslegungsprozess, in dem die ausgelegten Dichtsysteme durch 2D- und 3D-FEM-Rechnungen kontrolliert und danach ggf. optimiert werden (Abb. 11.71 und 11.72), werden Dichtungsbalg, Spannringe und Montageparameter festgelegt. Wenn diese Entwicklungsschritte durchlaufen sind, wird mit großer Sicherheit bei nachfolgender Bemusterung und Prüfung des Dichtsystems keine Ausfälle mehr geben.

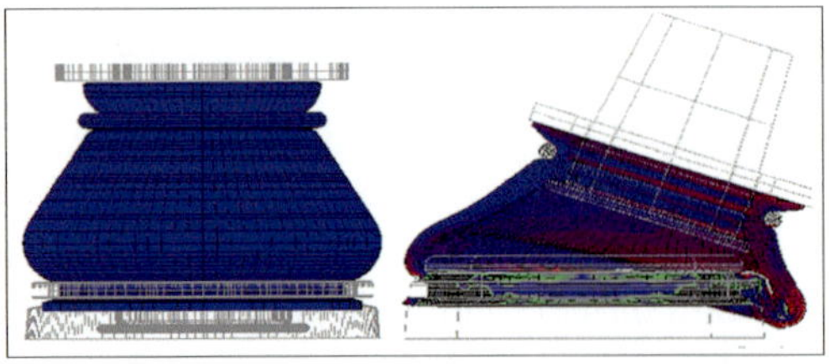

Abb. 11.71 3D-FEM-Simulation des Dichtsystems [4]

11

11.3.5.2 Spannring und Flachring

Um eine ausreichende Spannkraft über den Umfang der Dichtfläche und die Lebensdauer des Lagers hinweg zu gewährleisten, werden Spannringe eingesetzt, die die Kontaktstellen des Balges zum Zapfen und Gehäuse hin verspannen.

Gehäuseseitig kommen zum Großteil Flachdrahtringe zum Einsatz. Diese bringen ausreichend Vorspannung, wenn sie über bestimmte maximale Durchmesser hinweg montiert werden. Alternativ dazu können einvulkanisierte Ringe benutzt werden, was jedoch Einschränkungen in der Formgebung des Balges mit sich bringt. Diese führen dazu, dass kleine Zapfendurchmesser nicht möglich sind, oder die Mantelfläche als Tonnenform ausgeführt werden muss, mit den die damit verbunden sind Einschränkungen des Faltenwurfes. Der Vorteil des einvulkanisierten Ringes gehäuseseitig ist jedoch die robustere Montierbarkeit, die seltener als beim Flachdrahtspannring zu Problemen führt.

Zapfenseitig kommen je nach Anwendung die unterschiedlichsten Spannringtypen zum Einsatz. Runddrahtringe erlauben eine zuverlässige Vorspannung für Standardfälle. Wenn über einen größeren Durchmesser hinweg montiert werden muss, dann kommen dafür nur Flachdraht-, PUR- oder Elastomer-Ringe in Frage. Der

	Formstabilität	Vorspannungs verlust	Temperatur- und Langzeiteinfluß	Nachstelleffekt	Toleranz empfindlichkeit	Vorspannungs verteilung	Gefahr der Balg-beschädigung	Vorspannkraft abhängig von Montageart	Über große D montierbar	Kosten
Runddrahtring	+	+	+	o	-	o	-	o	-	+
Flachdrahtring	++	+	+	o	-	o	-	-	o	+
Vulkanisierter Ring	++	+	+	-	o	++	++	++	--	-
PUR-Spannring	-	-	--	+	+	+	-	+	++	+
Elastomerspannring	-	-	-	++	+	+	+	+	++	+
Kein Spannring	--	-	-	+	++	-	++	++	+	++

■ **Abb. 11.73** Gegenüberstellung der verschiedenen Spannringausführungen für den Dichtungsbalg [4]

Vorteil des Flachdrahtringes ist die bessere Konstanz der Vorspannung im Langzeiteinsatz, da dieser durch Temperaturbeanspruchung und Alterung geringere Vorspannkraftverluste erfährt. Für untergeordnete Gelenke wie z. B. Stabilisatorlenker werden auch O-Ringe aus Gummi oder aus PUR eingesetzt.

Die Spannringmontage bringt häufig Qualitätsprobleme mit sich. Deshalb ist es Vorteilhaft, wenn der Spannring in Form von Federstahl- oder Kunststoffringen in das Gummi eingelegt und mit vulkanisiert wird (■ Abb. 11.73). Dabei lässt sich auch die Balgnut am Gehäuse eliminieren. Es bringt deutliche Vorteile, weil das Gehäuse ohne mechanische Bearbeitung (aus Blech oder als fertigfließgepresstes Teil) hergestellt werden kann.

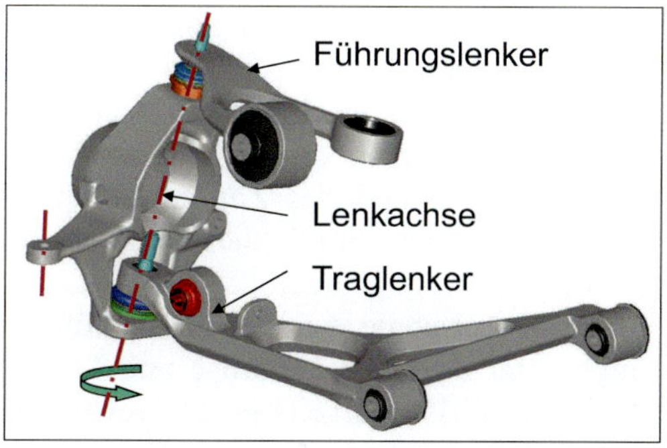

■ **Abb. 11.74** Führungs- und Traggelenke an der DQL-Vorderradaufhängung an der Lenkachse

11.3.6 Führungsgelenke

Die *Radführungsgelenke* sind hauptsächlich in Radialrichtung belastete Kugelgelenke. Sie haben die Aufgabe, den Radträger zu führen und an der Vorderachse dessen Drehung um die Lenkachse zu ermöglichen. Die Achsschenkelzapfen der früheren Zeiten mit zwei Drehlagerungen wurden vor ca. 100 Jahren durch zwei Kugelgelenke ersetzt, weil diese kostengünstiger, wartungsfreier und genauer die Aufgabe erfüllen. Jeder Radträger muss mit mindestens zwei Kugelgelenken, von denen eines unterhalb der Radmitte und das andere oberhalb angeordnet sind, geführt werden.

Die Verbindungslinie der beiden Kugelmitten Abb.et die Lenkachse (■ Abb. 11.74).

Ein drittes Kugelgelenk, Spurstangenaußengelenk, benötigt man, um den Radträger mittels der Spurstange um die Lenkachse zu drehen. Für die Hinterachse wird die Spurstange fest am Achsträger gelagert und lässt die Spureinstellung des Rades zu.

Für McPherson-Aufhängung gilt dies auch, wenn man das obere Kugelgelenk durch das Federbeinlager ersetzt, weil zwei der drei Drehbewegungen sehr klein sind und durch die großvolumigen Gummilager die unmittelbar vom Radträger kommenden Vertikalschwingungen gedämpft werden. Die in den Führungsgelenken auftretenden Radialkräfte (4 bis 8kN) sind deutlich kleiner als die axialen Tragkräfte in den Traggelenken.

Deswegen kommen Führungsgelenke mit kleinen Kugeldurchmessern aus (Größen 22, 25 und 27 mm, decken alle Pkw-Klassen ab).

Das ◘ Abb. 11.75 zeigt den Aufbau eines Führungsgelenks: es besteht aus Kugelzapfen, Kugelschale, Dichtungsbalg, Spannringen, Gehäuse und Deckel. Der Deckel gegenüber dem Zapfen ermöglicht die Montage der Schale und des Zapfens. Er wird nach der Montage durch die Rollkante an der Gehäuseöffnung zugerollt (geschlossen).

Die Kugelschale besitzt einen dünnen Kragen, der zwischen Gehäuse und Deckel geklemmt wird; einerseits gegen Verdrehen der Schale, anderseits als eine Dichtkante gegen Eindringen der Feuchtigkeit. Die Rollkante der Gehäuseöffnung wird nach der Montage fest auf dem Deckel zugerollt.

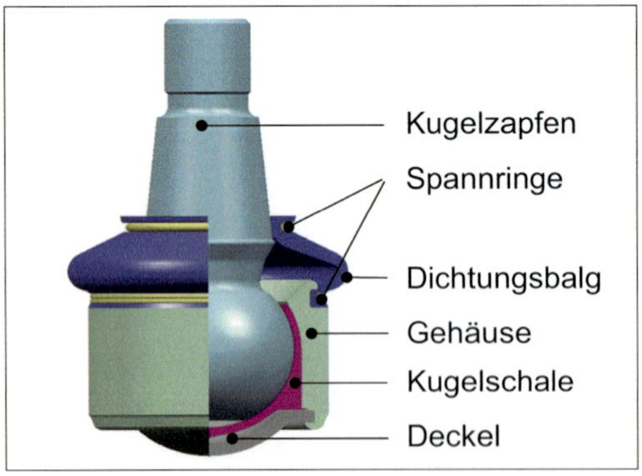

◘ Abb. 11.75 Aufbau Führungsgelenk [4]

Die Ausführungsvarianten beziehen sich auf die Zapfenform (Zylinder-, Kegel-, Bundzapfen, s. ◘ Abb. 11.60) und Gelenkgehäuse (Flansch-, Einpress-, Einschraubgehäuse oder eingebaut im Lenker, ◘ Abb. 11.76).

Wichtig für die unteren Führungsgelenke sind kompakte Einbaumaße und eine hohe Temperaturbeständigkeit, weil diese oft sehr nahe zur Bremsscheibe stehen. Bei über 100°C empfiehlt sich ein am Gehäuse integriertes Hitzeschutzblech, um eine direkte Wärmestrahlung zum Balg zu verhindern (◘ Abb. 11.77).

◘ Tab. 11.3 zeigt die gängigen Eigenschaften der Führungsgelenke.

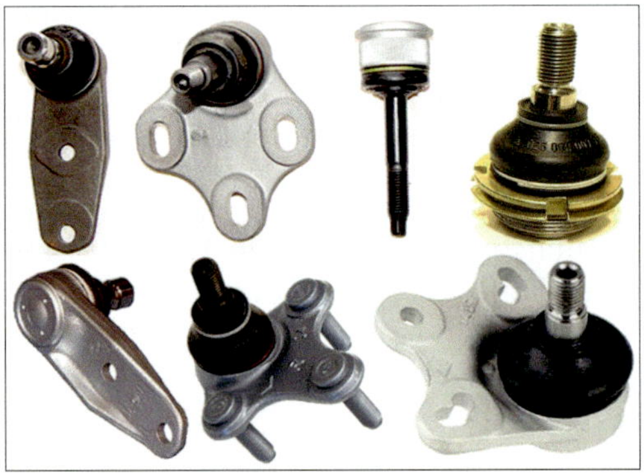

◘ Abb. 11.76 Führungsgelenke, Gehäusevarianten [4]

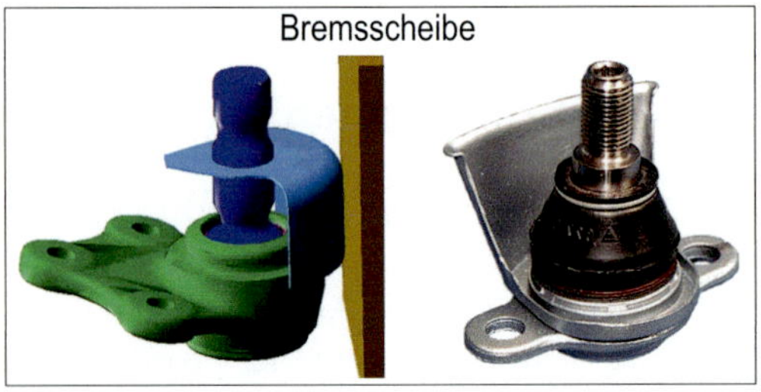

◘ Abb. 11.77 Führungsgelenke mit Hitzeschutzblech [4]

■ Tab. 11.3 Spezifikationen für Führungsgelenke

Kugelnennmaß	mm	22	25	27
Winkelausschlag	±°		25	
Außendurchmesser	mm	37	41	43
Gehäusehöhe	mm	20	21,5	23
Bauraumradius	mm	21	23	24,5
Hebelaugenhöhe	mm	14	14	16
Stat. Radialkraft	kN	6,5	8,5	10
Dyn. Radialkraft	kN	3,3	4,5	6
Losbrechmoment	Nm	6	9	10
Drehmoment	Nm		3,5 max	
Radialelastizität	mm		0,3 max	
Axialelastizität	mm		0,15 max	
Temperaturbereich	°C		–40 bis 80	

11.3.7 Traggelenke

Die *Traggelenke* übertragen zusätzlich zu den radialen Führungskräften auch die axialen Feder- und Dämpferkräfte. Da die Axialkräfte wesentlich höher sind bauen sich die Traggelenke größer als die Führungsgelenke.

Bedingt durch die Gehäuseöffnung am Zapfenhalsbereich ist die metallische Überdeckung in Zugrichtung kleiner als die in Druckrichtung (■ Abb. 11.78). Deshalb sind sie so einzubauen, dass die größten Kräfte den Kugelzapfen immer in Druckrichtung belasten.

Der Kugelzapfen der Traggelenke hat eine Polfläche und eine Kegelanbindung. Der Gehäuseboden besitzt einen kegeligen Bereich, um die Reibmomente während der ganzen Betriebsdauer konstant zu halten. Die Kugelschale weist entweder keinen Schlitz auf und wird bei der Verschlussringmontage nach innen gedrückt, oder sie weist nur einen Schlitz auf, um die Tragfläche nicht zu verkleinern, damit der Kunststoff der Schale unter Last und bei hohen Temperaturen nicht wegfließt.

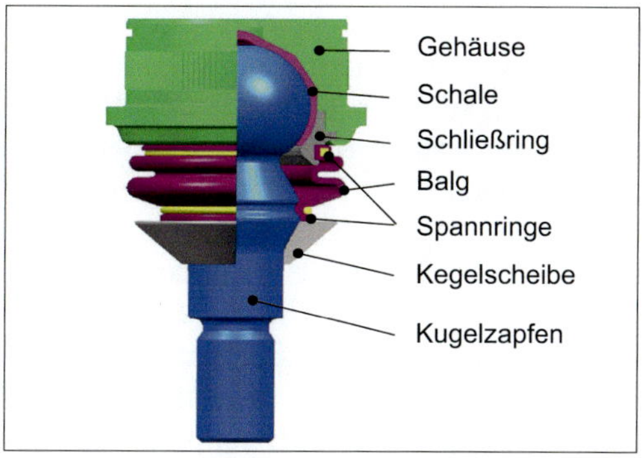

■ Abb. 11.1.78 Aufbau eines Traggelenks [4]

Der Schließring hat eine Nut zur Befestigung des Balges und wird nach der Montage durch die Rollkante des Gehäuses fest mit diesem verbunden.

Die zwei Ausführungen beziehen sich auf die Kugelschalen- und Verschlussvarianten (■ Abb. 11.79). Ausführung „S“ ist für höhere Ansprüche und „L“ für

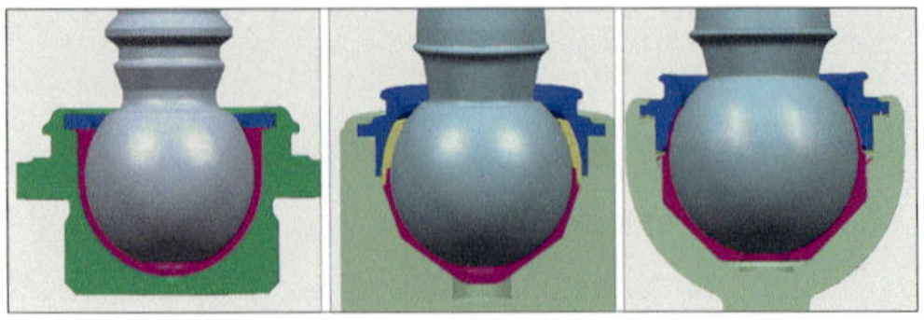

Abb. 11.79 Traggelenkausführungen, links: Ausführung „L“, Mitte und rechts: Ausführung „S“ [4]

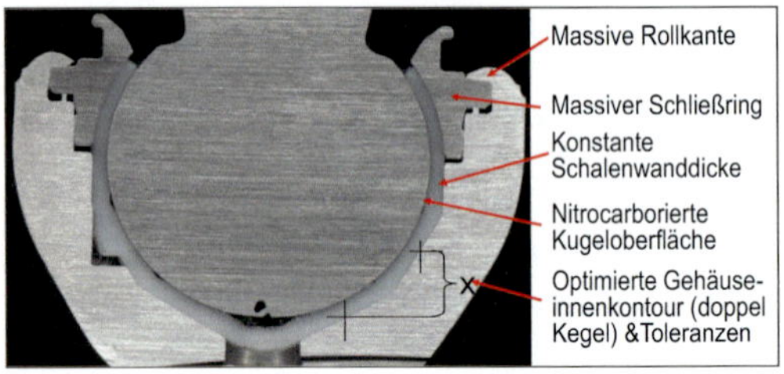

Abb. 11.80 Schnittbild Traggelenks S-Ausführung [4]

kostengünstigen Einsätze zugeschnitten. Die Schale für die L-Reihe hat nur einen Schlitz und wird wie bei den Führungsgelenken, am Kragen zwischen dem Schließring und dem Gehäuse festgeklemmt. Die Balgnut für ist im

Gehäuse integriert. So lässt sich der Verschlussring als kostengünstiges Stanzteil herzustellen.

Ein SchnittAbb. der „S“ Ausführung zeigt Abb. 11.80.

Wichtig bei einem Traggelenk ist die Dauerfestigkeit der Kugelschale, die auch unter den hohen Kräften, Temperaturen und Schlägen nicht abfließt und kein freies Spiel zulässt. Sonst schlägt die Kugel gegen das Gehäuse, erzeugt Klappergeräusche und ein Beschädigt den Schließring.

Für sehr hohe Belastungen bzw. Temperaturen ist die Kugelschale aus PEEK-Kunststoff zu spritzen, der eine höhere Fließgrenze (200 °C) hat als POM. Die Gelenke mit PEEK-Schalen sind 20 bis 30 % teurer, weil nicht nur der Kunststoff deutlich teurer ist, sondern auch die Toleranzen der Gehäuseinnenbearbeitung halbiert werden müssen.

Tab. 11.4 zeigt die üblichen Spezifikationen der Traggelenke.

11.3.8 Hülsengelenke

Hülsengelenke besitzen eine Kugel mit beidseitigen Zylinderzapfen und eine durchgehende Mittenbohrung (Abb. 11.81). Obwohl deren Funktion und Aufbau die Kugelgelenke ähneln, entspricht ihre Befestigung der von Gummilagern. Hülsengelenke werden in einer Bohrung des Lenkers oder des Radträgers eingepresst (Gehäuseaußendurchmesser mit Toleranz n7). Sie sind mit einer durchgehenden Schraube von beiden Seiten (zweischnittig) befestigt. Die Drehung um die Längsachse ist unbegrenzt (beim Gummilager < als ±25°), die beiden Kippwinkel sind jedoch begrenzt auf ±10°. Sie sind trotzdem deutlich höher als beim Gummilager, aber kleiner als die der Kugelgelenke mit Zapfen.

Die Hülsengelenke können sehr hohe dynamische Radialkräfte übertragen (10 bis 20 kN), höher als die der

Kugelgelenke mit gleichem Kugeldurchmesser, jedoch geringe Axialkräfte. Sie zeigen, wie die Kugelgelenke, sehr geringe Elastizitäten unter Last und haben eine niedrige Kippmomentreibung.

Ein Hülsengelenk besteht aus einer Hohlkugel, einer Einschlitzkugelschale, einem zylindrischen Gehäuse und zwei Dichtungsbälgen. Verschlussringen aus Blech auf die Kugelschale zugerollt werden. Das Blech hat außerdem eine Nut für die Balgbefestigung.

Die Ausführung „L“ besitzt ein Rohrgehäuse, das von beiden Seiten nach der Montage der Schale und den Verschlussringen aus Blech auf die Kugelschale zugerollt

Tab. 11.4 Spezifikationen für Traggelenke

Kugelnennmaß	**mm**	**30**		**32**		**35**	
Ausführung		**L**	**S**	**L**	**S**	**L**	**S**
Winkelausschlag	± °	21	18	23	26	21	19
Außendurchmesser	mm	49		51		53	
Gehäusehöhe	mm	30		31		32	
Bauraumradius	mm	20		30		30	
Hebelaugenhöhe	mm	22	25	25	29	25	29
Stat. Axialkraft	kN	25		30		39	
Dyn. Axialkraft	kN	6,5	7	8,5		11	
Losbrechmoment	Nm	13	12	14	13	16	14
Drehmoment	Nm	5	3,5	6	4	6	4
Radialelastizität	mm	0,35	0,25	0,35	0,25	0,4	0,3
Axialelastizität	mm	0,2	0,15	0,2	0,15	0,2	0,2
Temperaturbereich	°C	–40 bis 80					

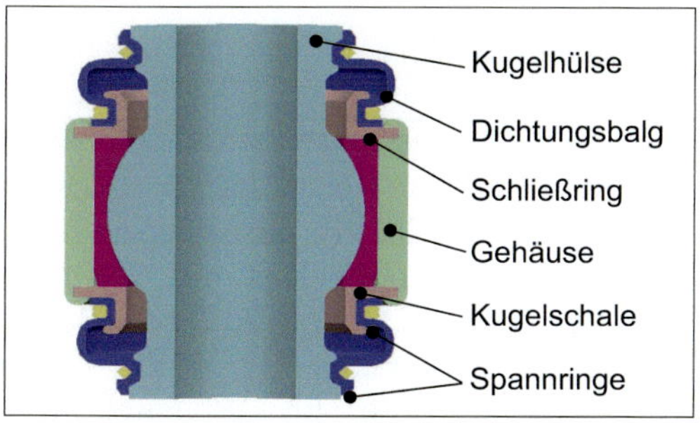

Abb. 11.81 Aufbau eines Hülsengelenks [4]

werden. Das Blech hat außerdem eine Nut für die Balgbefestigung.

Die Ausführung „S“ weist an einer Seite eine metallische Überdeckung der Gehäuse auf. Sie entspricht damit einerseits anderen Kugelgelenken, wird jedoch andererseits, ähnlich wie bei der „L“-Ausführung, zugerollt. Dadurch sind in dieser Richtung höhere Axialkräfte zulässig. Um diese hohen Axialkräfte weiterzuleiten, kann die Mantelfläche des Gehäuses zusätzlich einen Anschlagbund erhalten (Abb. 11.82).

Die Hülsengelenke werden hauptsächlich an Mehrlenkerhinterachsen als Verbindungsgelenk zum Radträger eingesetzt, falls ein Gummilager die Anforderungen (Kräfte, Steifigkeit, Temperatur, Rückstellung usw.) nicht erfüllen kann. Sie weisen im Gegensatz zu den Gummilagern kein Setzverhalten auf, auch wenn sie sehr lange Zeit unter hohen statischen Radialkräften stehen. Da die in den Hülsengelenken

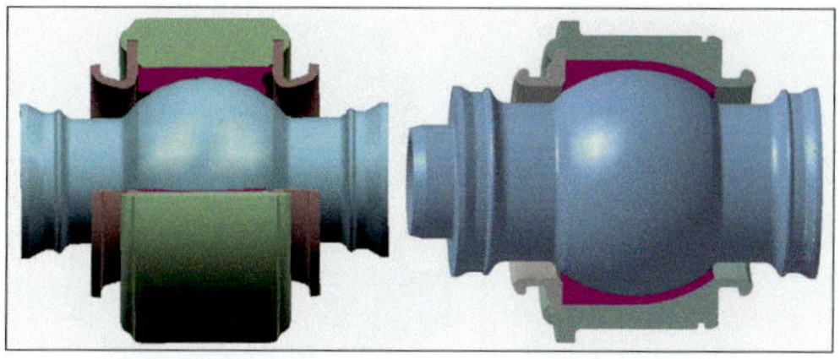

Abb. 11.82 Hülsengelenke, links: Ausführung „L“, rechts: Ausführung „S“ [4]

Tab. 11.5 Spezifikationen für Hülsengelenke

Kugelnennmaß	**mm**	**30**		**35**		**40**	
Ausführung		L	S	L	S	L	S
Winkelausschlag	±°	10					
Außendurchmes	mm	40		47		52	
Gehäusehöhe	mm	24		25		26	
Bauraumradius	mm	27		33		35	
Stat. Radialkraft	kN	4,5	5	5,5	6	8	9
Dyn. Radialkraft	kN	9	10	11	12	16	18
Losbrechmoment	Nm	9 max		12 max		14 max	
Drehmoment	Nm	5 max		7 max		9 max	
Radialelastizität	mm	0,15 max					
Axialelastizität	mm	0,2 max		0,2 max		0,3 max	
Temperaturreich	°C	–40 bis 80					

auftretenden Radialkräfte größer sind als die der Führungs-gelenke, haben die Hülsengelenke einen wesentlich größeren Kugeldurchmesser (standardmäßig 30, 35, 40 mm). Tab. 11.5 zeigt die Spezifikationen der Hülsengelenke.

Eine kostengünstige Ausführung zeigt Abb. 11.83. Die Schale und der Balg sind als 2 K (Hart/Weich) einteilig aus Kunststoff gespritzt. Das Gehäuse ist ein Rohr und wird an den verjüngten Enden auf die Schale zugerollt. Weder Verschlussringe noch gehäuseseitigen Spannringe sind notwendig.

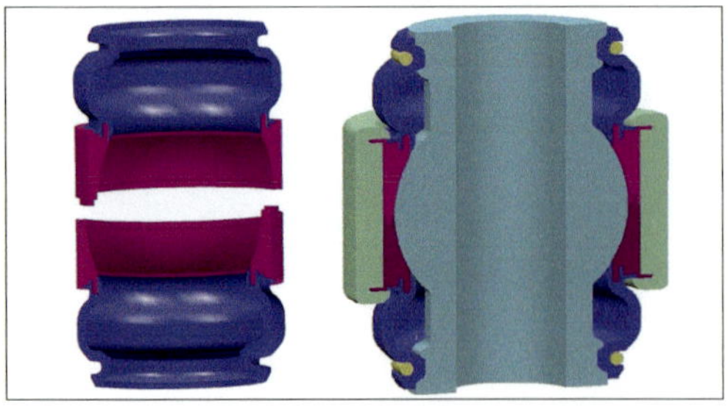

Abb. 11.83 Kostengünstiges Hülsengelenk [4]

11.4 Gummilager

Ernst-Günter Jördens

Nach den Kugelgelenken ist das *Gummilager* die wichtigste Gelenkart für die Radführung (Abb. 11.84). Es ist kinematisch ein Kugel- und Drehgelenk mit Freiheitsgraden um Längs-, Quer- und Hochachse.

Die Drehbewegungen sind auf einen Winkel von ca. ±20° bis 25° beschränkt, die kardanische Auslenkung auf ±5° und

Abb. 11.84 Verschiedene Gummilagerausführungen

die Axial- bzw. Radialverschiebung auf ±1 bis 3 mm, abhängig von ihrer Konstruktion und Einsatz.

▫ Abb. 11.85 zeigt eine Gegenüberstellung der Eigenschaften von Kugelgelenken und Gummilagern.

In kleinen Bewegungsbereichen hat das Gummilager als einziges Gelenk alle 6 Freiheitsgrade, jedoch in großen Bewegungsbereichen nur einen Drehfreiheitsgrad.

Die Vorteile des Gummilagers beruhen vor allem auf den schwingungs- und schalldämpfenden Eigenschaften des Gummiwerkstoffes, der zwischen zwei Metallhülsen einvulkanisiert ist. Zudem können die Verformungen unter Last gezielt zur Entwicklung der Elastokinematik der Achse ausgelegt werden.

11.4.1 Aufgabe, Anforderungen, Funktion

Die Gummilager verbinden die Lenker mit dem Aufbau mit einer Drehfreiheit. Bei dynamischen Belastungen dämpfen sie gleichzeitig die Schwingungen, und Geräusche. Gummilager verbessern das NVH-Verhalten des Fahrzeugs deutlich (s. ► Abschn. 4.2).

Die Dämpffunktion ist in allen Richtungen wirksam, jedoch mit unterschiedlichen Auswirkungen. Die Elastizitäten der Gummilager können außerdem die Radstellung beeinflussen und zur Spurstabilisierung unter Einfluss der einwirkenden Kräfte beitragen.

Wird an einem Kugelgelenk im Wesentlichen nur eine Rotationsachse ausgenutzt und die beiden anderen Drehbewegungen sind sehr klein, so kann es durch ein Gummilager ersetzt werden. Da die Relativbewegung der Gelenkhälften nicht durch Gleiten, sondern durch die elastische Deformation des Gummis erfolgt, sind sie wartungsfrei. Sie sind unempfindlich gegen kurzzeitige Überlastungen, Feuchtigkeit und Korrosion und haben eine gute Isolationsfunktion. Für viele Anwendungen sind sie eine kostengünstigere Lösung als Kugelgelenke. Dagegen rufen Drehungen und Verschränkungen (kardanische Bewegungen) beim Gummilager Rückstellkräfte hervor, die oft unerwünscht sind [3].

Die wichtigste Aufgabe des Gummilagers ist die Realisierung der gewünschten elastokinematischen Eigenschaften der Radführung. Durch Toleranzausgleich und die kraftabhängige Nachgiebigkeit des Lagers in allen drei Belastungsrichtungen ergeben sich zahlreiche Einsatzmöglichkeiten. Diese

Eigenschaften des Kugelgelenks	Eigenschaften des Gummilagers
1. 3 Rotationsfreiheiten mit großen Winkeln +/- 30 und +/-180°	1. Eine Drehfreiheit mit großem Winkel +/- 30, andere sind sehr klein (+/- 3-5°)
2. Sehr hohe Tragfähigkeit	2. Mittlere Tragfähigkeit
3. Hohe Steifigkeit	3. Hohe Elastizität
4. Keine Schwingungsdämpfung	4. Sehr gute Schwingungsdämpfung
5. Keine bleibende Kräfte	5. Bleibende Rückstellkräfte
6. Hohe Temperaturbeständigkeit	6. Temperaturabhängigkeit
7. Präzises Positionieren	7. Elastizitäten in allen Richtungen
8. Kleine Abmessungen	8. Benötigt großen Bauraum
9. Keine Erwärmung unter Schwinglast	9. Wärmedissipation
10. Keine Alterung	10. Alterung der Gummi
11. Kein Kriechen	11. Gummi kriecht unter hohen Lasten
12. Teurer als die Gummilager	12. Sehr Kostengünstig
13. Dichtungsprobleme beim defekten Balg.	13. Sehr robust gegen Wasser und Schmutz.

▫ **Abb. 11.85** Gegenüberstellung der Eigenschaften von Kugelgelenk und Gummilage.

kraftabhängige Nachgiebigkeit des Lagers lässt sich in allen drei Achsen in weiten Teilen unabhängig voneinander auslegen. Obwohl das Gummi sich unter Last elastisch verformt (niedriger E-Modul),bleibt sein Volumen konstant. Deshalb benötigt es freie Räume, in die es sich ausdehnen kann [18].

Durch Änderung der Gummimischung (Werkstoffeigenschaften ◘ Abb. 11.86) aber auch durch die geometrische Auslegung der Hülsenabmessungen, Gummihöhe und Gummilänge können sehr unterschiedliche Gummilagerkennlinien erreicht werden (◘ Abb. 11.87).

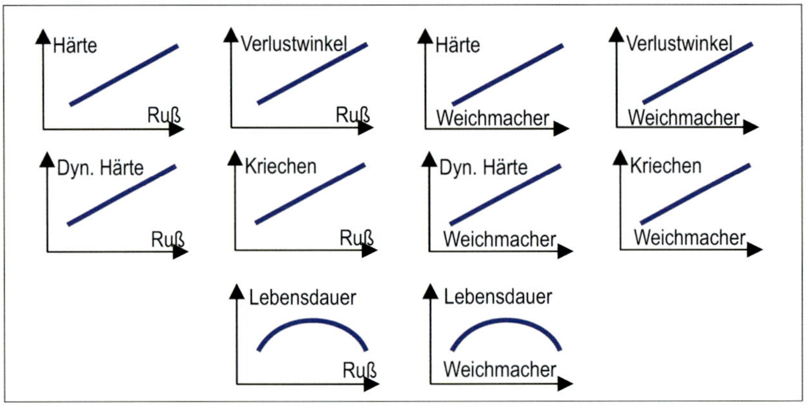

◘ Abb. 11.86 Einfluss der Ruß- und Weichmachermenge auf die Gummieigenschaften [17]

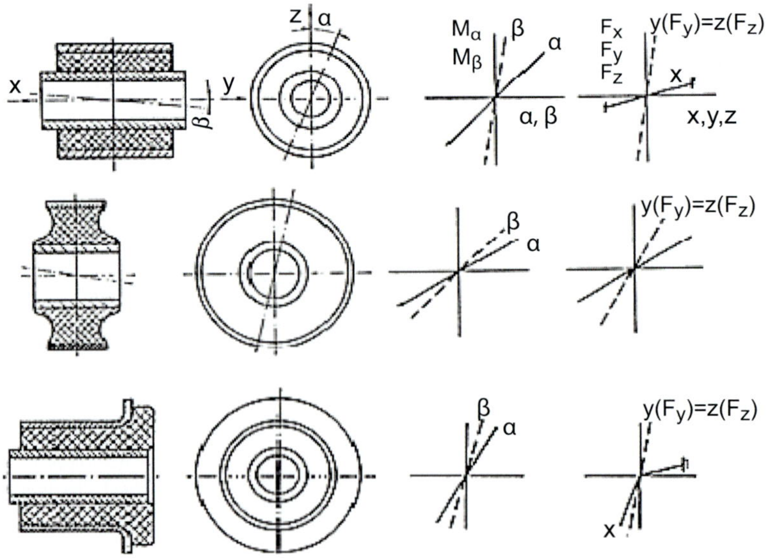

◘ Abb. 11.87 Gummilagerauslegungen [18]

Hinsichtlich der Bewegungsfreiheit bei kardanischer Verformung und axialen Bewegungen muss die Innenhülse länger sein als die Außenhülse.

Die maximale Belastbarkeit wird bestimmt durch die Gummimischung, die sich ergebenden Verformungen sowie die projizierte Fläche der Innenhülse und die daraus resultierenden spezifischen Belastungswerte.

Als Werkstoffkennwert ist das Schubmodul zu nennen, der von der Shorehärte der Gummimischung abhängig ist. Der E-Modul ergibt sich aus dem Schubmodul und dem Formfaktor „*k*" (belastete/freie Oberfläche). Weil sich dieser Faktor mit steigender Belastung ändert, hat Gummi eine nichtlineare, progressive Kraft-Weg-Kennlinie [19] (◘ Abb. 11.88).

Die allgemeinen Gummilagergleichungen lauten wie folgt (Index d für Druck, s für Schub):

$$c_\mathrm{d} = E' \cdot \frac{A}{h} \qquad (11.1)$$

$$c_\mathrm{s} = G' \cdot \frac{A}{h} \qquad (11.2)$$

$$E' = 3 \cdot G\left(1 + k + k^2\right) \qquad (11.3)$$

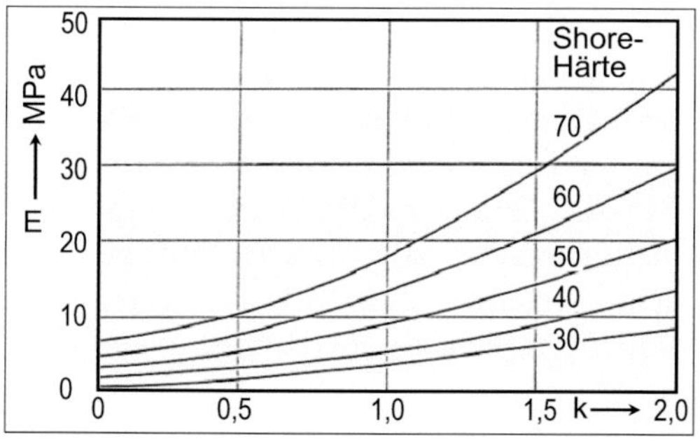

◘ Abb. 11.88 Formfaktor, Shorehärte, E-Modul [19]

$$G' = G \cdot f(X) \qquad (11.4)$$

$$\sigma = \frac{f_\mathrm{d}}{h} + E \qquad (11.5)$$

c – Federsteifigkeit [N/mm]

G – Schubmodul [N/mm²], Funktion der Shorehärte

E – *Elastizitätsmodul* [N/mm²], Funktion der Shorehärte und des Formfaktors,

X – Formfaktor der Geometrie und der Doppelbiegung bei Schubverformung [–]

A – Querschnittsfläche [mm²]

σ – Spannung [N/mm²]

k – belastete/freie Oberfläche [–]

f_d – Federweg in Druckrichtung [mm]

f_s – Federweg in Schubrichtung [mm]

h – Gummihöhe in Druckrichtung [mm].

Bei gleichbleibender Shorehärte wird mit größerem Formfaktor (Veränderung der Fläche zur Umfangsfläche) und damit steigendem E-Modul das Gummilager steifer, d. h. es weist eine höhere Federrate auf.

Der Formfaktor wird verkleinert, indem im Gummi Aussparungen (Nieren) vorgesehen werden (hinzufügen von freien Oberflächen).

Er wird vergrößert durch zusätzlich eingebrachte Begrenzungen der freien Verformbarkeit (hinzufügen von belasteten Oberflächen), ◘ Abb. 11.89.

Mit einer Vergrößerung des Formfaktors lässt sich das Arbeitsaufnahmevermögen (Belastbarkeit) des Gummilagers erhöhen. Durch unterschiedliche Auslegung des Formfaktors in den unterschiedlichen Richtungen erreicht man unterschiedliche Gummikennlinien.

Durch Einfügung einer Vorspannung in das Gummiteil, lässt sich einer höhe-

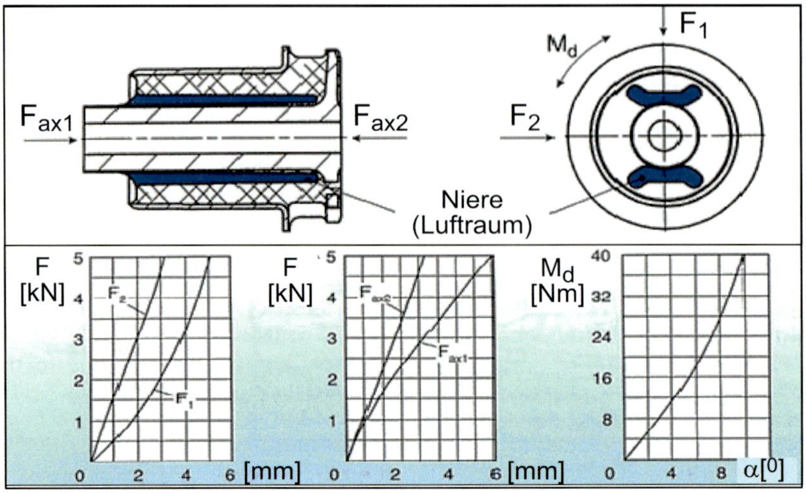

Abb. 11.89 Beeinflussung des Formfaktors [19]

ren Druckspannung erzeugen. Dies wird erreicht, indem die Außenhülse nicht geschlossen ist, sondern einen oder mehrere Schlitze aufweist. Sie wird bei der Montage unter radialer Verformung in die Lenkeraufnahmebohrung gepresst, Abb. 11.90.

Eine weitere Möglichkeit ist, bei entsprechender Werkstoffauswahl einen Kalibriervorgang der Außenhülse vorzunehmen, wodurch bei der Durchmesserreduzierung durch Pressen ebenfalls eine Vorspannung erzeugt wird. Durch weitere Verfahrenstechniken kann die Außenhülse als Kunststoffteil auf das Gummi gespritzt und durch Spritzdruck und Schrumpfspannungen die notwendige Vorspannung erzeugt werden (s. Abb. 9.32).

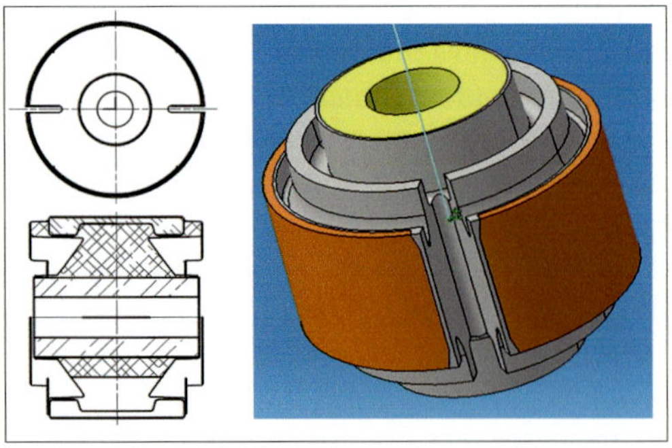

Abb. 11.90 Gummilager, geschlitzte Außenhülse [17]

11.4.2 Gummilager Ausführungen

Die Innenhülse wird durch zweischnittiges Klemmen einer durchgehenden Schraube befestigt. Die Stirnfläche muss so groß sein, dass auch unter maximalem Winkelausschlag entstehende Rückstellmomente kein Gleiten der Innenhülse in der Aufnahme verursachen (hohes Schraubenvorspannung und hoher Reibfaktor). Abb. 11.91 zeigt die unterschiedlichsten Gummilagerausführungen. Mit dem Hinzufügen von Nieren in einer Belastungsrichtung, kann die Federrate in dieser Richtung reduziert werden.

Die Nieren reduzieren außerdem die Rückstellmomente deutlich. Durch Hinzufügen von Zwischenhülsen kann ein deutlich höherer Drehwinkel erzielt werden (Reihenschaltung der Verformung). Dagegen ergibt die Zwischenhülse für die radiale

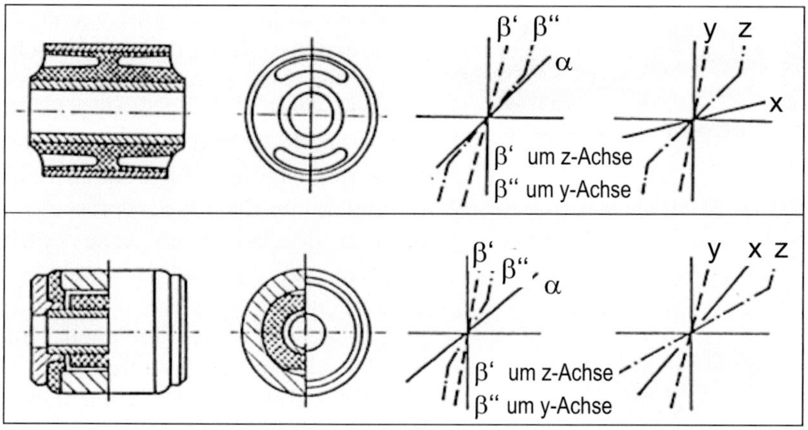

Abb. 11.91 Gummilagerausführungen [19]

Belastung eine höhere Federrate (Parallelschaltung der Steifigkeit). Treten größere Axialkräfte auf, können diese durch axiale Gummianschläge aufgefangen werden. Diese Anschläge werden entweder auf den Bund an der Außenhülse oder unter den Bund der Innenhülse aufvulkanisiert (Abb. 11.92).

Werden die Buchsen doppelt und spiegelseitig eingebaut, wirkt das Gummilager wie ein Festlager. Dabei ist nur eine Belastungsrichtung definiert begrenzt.

Die Hülsen von Gummilagern sind aus Stahl, Aluminium oder Kunststoff. Die Innenhülse hat eine Bohrung oder Doppelzapfen zum Befestigen (Abb. 11.93).

Die Gummilagerausführungen unterscheiden sich nach:

- der Art der Innenhülsenform: zylindrisch, oval, konisch oder kugelig,
- der Art der Axialanschläge: Los- oder Festlager,
- dem Einsatzort: am Führungslenker (Führen, Tragen) am Stabilisatorlenker und als Stabilisatorlagerung,
- der konstruktiven Gestaltung [18, 20]: Gummiformartikel (reine Gummielemente, die in eine Hülse eingepresst

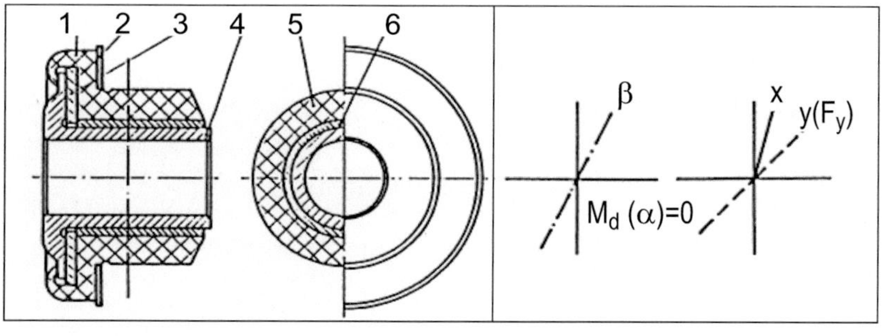

Abb. 11.92 Axial abgestütztes Gummilager [19]

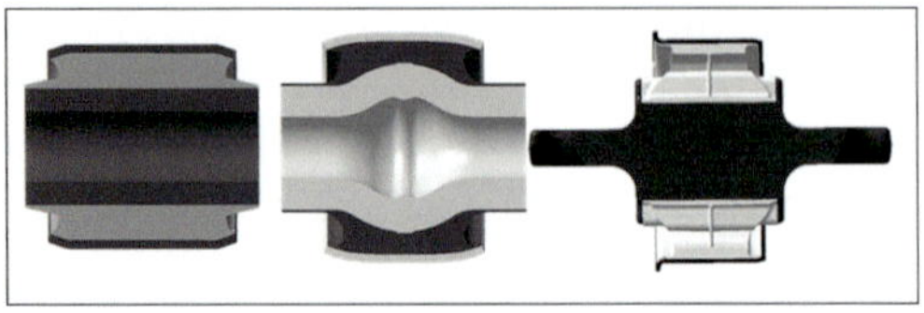

Abb. 11.93 Gummilager mit unterschiedlichen Innen-hülsenformen

Abb. 11.94 Gummilager mit Gleitlagerung [17]

sind), Gummimetallteile mit fester Haftung des Gummis an beiden Metallteilen, Gummimetallteile mit zusätzlich integrierter Gleitlagerung (Abb. 11.94), Gummimetallelemente mit integrierter hydraulischer Dämpfung (s. ▶ Abschn. 4.4.3).

Lagerhülsen können gezogen, stranggepresst, geschmiedet, kaltfließgepresst, gedreht, aus Blech tiefgezogen oder gerollt sein. Die Stahlhülsen werden gegen Korrosion geschützt oder einfach mit einer dünnen Gummihaut versehen, die in die Vulkanisationsform mit eingearbeitet werden kann.

11.5 Drehgelenk

Metin Ersoy

Das *Drehgelenk* ist eine typische Gelenkart mit nur einem Rotationsfreiheitsgrad ($f = 1$; D) und besteht aus einem zylindrischen Zapfen und einem Gehäuse mit zylindrischer Bohrung. Die Verschiebung der Zapfen wird durch seitliche Anschläge unterbunden.

Die Relativbewegung ist das Gleiten der beiden sich umschließenden Flächen zueinander. Da die Flächenpressung nur gegenüber der belasteten Seite stattfindet, entsteht auf der anderen, unbelasteten Seite ein Spiel.

Die Berührungsflächen müssen aus gleitfähigen Werkstoffen sein, die niedrige Reibungskoeffizienten haben und Verschleißfest sind. Die bekannten Lagerwerkstoffe sind Bronze, Messing, Grauguss oder Kunststoff (POM).

Die Gleitflächen werden außerdem durch ein Schmiermittel in ihrer tribologischen Eigenschaft verbessert (s. ▶ Abschn. 11.3.4.1). Trotzdem ist ein Verschleiß und damit ein freies Spiel in Laufe der Lebensdauer nicht auszuschließen, deshalb sind solche Gelenke nicht wartungsfrei. Das ist auch der Grund, warum sie im Fahrwerk kaum eingesetzt werden.

Wenn sie aus kinematischen Gründen notwendig sind (z. B. bei 3- bzw. 4-Punkt-Lenkern) werden sie aus zwei Gummilagern ausgeführt (Abb. 11.95); bei hoher Gummisteifigkeit verhalten sie sich wie ein wartungsfreies Drehgelenk [3].

Ein Hülsengelenk mit zwei Kugelhälften (Doppelhülsengelenk) und einer zylindrischen Verbindung dazwischen kann auch

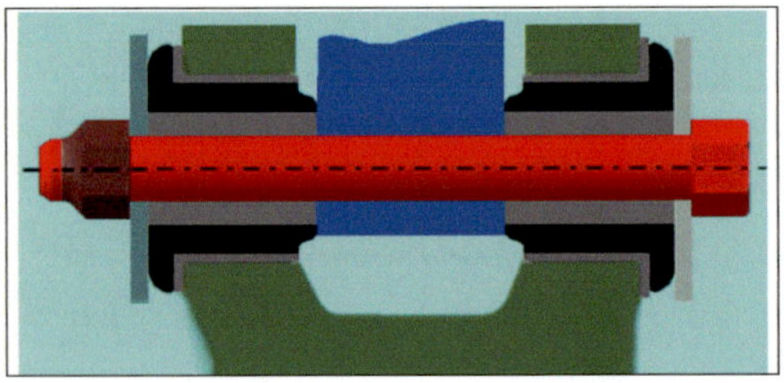

Abb. 11.95 Drehgelenk als Kombination aus zwei Gummilagern mit gemeinsamer Drehachse [3]

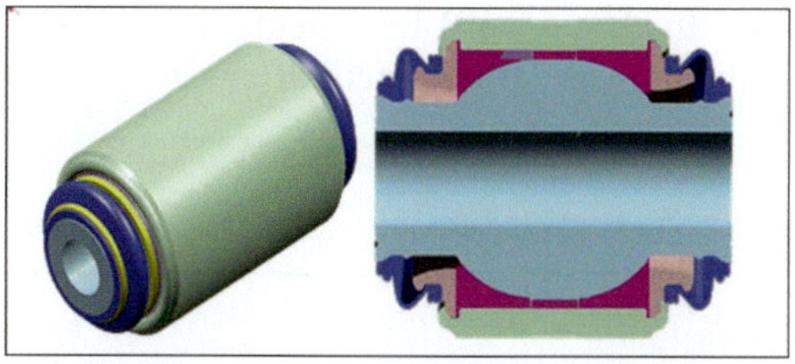

■ **Abb. 11.96** Doppelhülsengelenk als Drehgelenk [4]

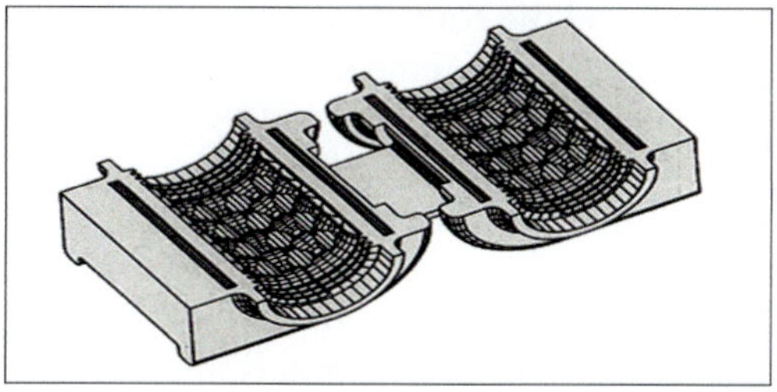

■ **Abb. 11.97** Drehgelenke mit Kunststoffgleitfläche und Gummiummantelung [17]

als wartungs- und spielfreies Drehlager eingesetzt werden (■ Abb. 11.96).

Eine Ausführung mit Kunststoffgleitflächen ist das sogenannte „*slippery bushing*“, das als Stabilisatorlager eingesetzt wird (■ Abb 11.97).

11.6 Drehschubgelenk

Metin Ersoy

Das *Drehschubgelenk* ist ein Drehgelenk mit axialer Bewegungsfreiheit nicht begrenzt ist. Es kann sich um eine Achse unabhängig voneinander drehen und verschieben ($f=2$; DS). Der Zylinderzapfen und das Gehäuse sind ähnlich aufgebaut wie beim Drehgelenk.

Das Gehäuse ist rohrförmig und um den Axialweg länger als der Zylinderzapfen. Der Zapfen ist mit einer Stange verbunden, die aus dem Gehäuse heraus ragt.

Das Gehäuse ist rohrförmig und um den Axialweg länger als der Zylinderzapfen. Der Zapfen ist mit einer Stange verbunden, die aus dem Gehäuse herausragt. Der Lagerabstand wird vergrößert, indem die Stange an der Gehäuseöffnung nochmals gleitend geführt wird. Diese Beschreibung entspricht genau dem Aufbau eines Hydraulikzylinders (■ Abb. 11.98).

Ein Drehschubgelenk ist ein hydraulischer Dämpfer, der neben der Funktion „Dämpfen“ auch den Radträger führt. Das Gehäuse ist fest mit dem Radträger, und die Kolbenstange über ein Gummilager (Stütz-, Federbein- oder Dämpferbeinlager) mit dem Aufbau verbunden. Es ist fast senkrecht angeordnet (Dämpferbein), sehr oft mit der Aufbaufeder umhüllt (Federbein).

Somit dämpft und führt es nicht nur, sondern überträgt auch die Radkräfte auf den Aufbau. Die Kolben und Kolbenstangenführungen haben nichtmetallische, gleitfreudige Führungsbänder, um das Gleiten von Stahl auf Stahl (Verschleiß) zu vermeiden.

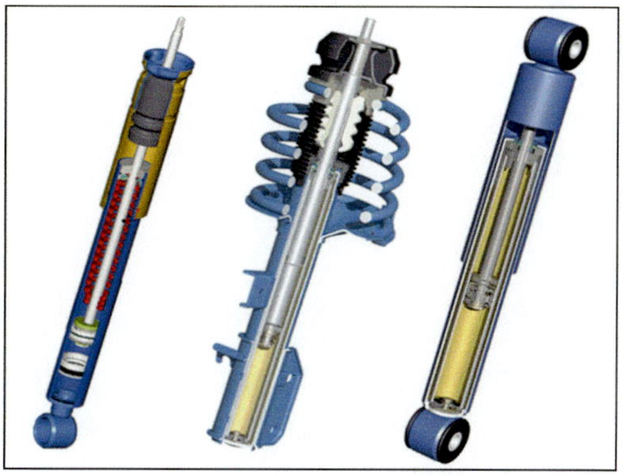

■ **Abb. 11.98** Hydraulische Dämpferausführungen als Drehschubgelenk (Einrohr, Federbein, Zweirohr) [21]

Die Rohrinnenfläche ist ständig mit Öl gefüllt, das auch als Schmiermittel dient. Die Kolbenstange, die durch.

Nitrocarburieren gehärtet ist, wird besonders fein geschliffen und poliert, um die Reibung zu minimieren und Dichtheit an dem Stangenaustritt zu gewährleisten.

Dämpfer sind im ► Kap. 10 ausführlich beschrieben, hier wird nur deren Funktion als Radführungselement hervorgehoben. Von den zwei Dämpferarten wird ausschließlich der Zweirohr-Ausführung als Radführung benutzt, weil durch die Klemmkräfte erzeugte Deformationen im Außenrohr die Dämpferfunktion im Innenrohr nicht beeinträchtigt wird (die als Federbein eingesetzten Einrohrdämpfer, werden in einem Außenrohr als Patrone eingeschoben).

Als Verbindung zum Radträger gibt es vier Möglichkeiten (◘ Abb. 11.99):

- amit dem Radträger zusammenschweißen,
- banschrauben zum Radträger durch die am Rohr angeschweißten Laschen,
- cdurch drei Schrauben befestigen,
- din eine geschlitzte, zylindrische Aufnahme einstecken und mit Quer-Schrauben einklemmen.

11

Ausführung a ist nur bei Radträgern aus Blech denkbar. Ausführung b ist kostengünstiger als Ausführung d, die wiederum eine bessere Aufnahme gewährleistet. Ausführung c wird selten angewandt. Abhängig von Firmenphilosophie Art der Montage am Band wird festgelegt, welche Ausführung insgesamt vorteilhafter ist.

11.7 Achsträger

Metin Ersoy

Obwohl der *Achsträger* mit der Radführung nicht unmittelbar zu tun hat, wird er in diesem Abschnitt behandelt, weil an ihm in der Regel die Radführungslenker der unteren Ebene mit einem Gummilager befestigt werden (◘ Abb. 11.100). Der Achsträger ist ein Strukturteil und dient zur Aufnahme der Radkräfte. Somit ersetzt er mehr oder weniger den Achskörper (s. ◘ Abb. 11.8) der starren Achsen, welcher sich jedoch nicht mit den Rädern mitbewegt. Er ermöglicht die Vormontage und die Voreinstellung vieler Fahrwerkkomponenten in einem Modul.

Von den Bezeichnungen Hilfsrahmen, Integralrahmen, Achs- oder Fahrschemel wird hier die allgemeine Benennung „Achsträger" bevorzugt. Dies gilt gleichermaßen für Vorder- oder Hinterachse und unabhängig davon, ob die Aufbauanbindung mit oder ohne Gummilager erfolgt.

Der Achsträger verursacht relevante Kosten (25 bis 100 €) und ist mit einem Gewicht von 10 bis 20kg relativ schwer. Dennoch ist er in modernen PKW wegen der Erfüllung von Komfortansprüchen und we-

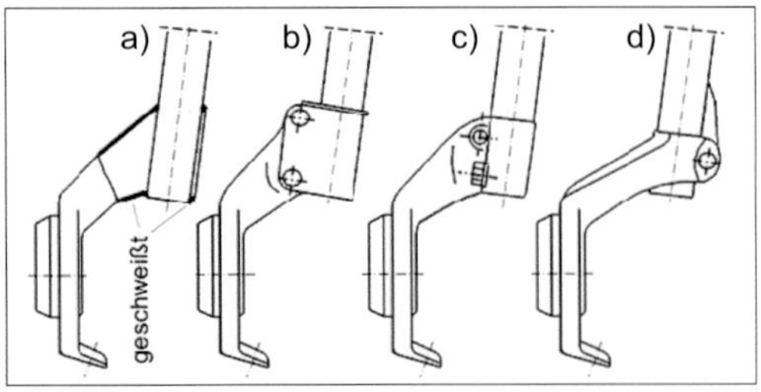

◘ **Abb. 11.99** Verbindung Dämpferrohr an Radträger

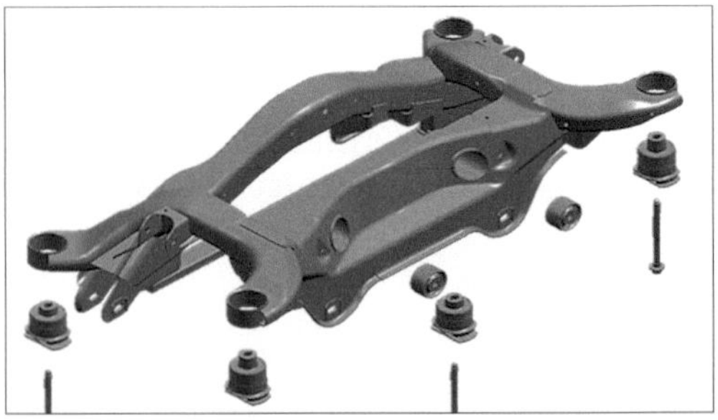

◘ **Abb. 11.100** Hinterachsträger mit Gummilager

gen der Modulvormontage fester Bestandteil von Fahrwerken.

11.7.1 Aufgabe und Anforderungen

Am Achsträger werden alle Lenker, Lenkung, Stabilisatoren, Ausgleichsgetriebe angebunden, d. h. alles was zum Fahrwerk und Antrieb zugehört und aus Montage-, Karosseriebelastungs-, Komfort- und Steifigkeitsanforderungen her nicht unmittelbar am Aufbau befestigt werden sollten. Es ist so viele Fahrwerkkomponenten wie möglich auf den Achsträger zu montieren und vorzujustieren, um damit eine komplettvormontierte Achse als Modul mit 2 bis 6 Schrauben am Aufbau zu befestigen.

Die Aufgaben der Achsträger sind:
- Lenker aufnehmen, Radkräfte abfangen,
- Lenkgetriebe und Stabilisatoren aufnehmen,
- Feder- bzw. Dämpferkräfte, Zug- und Druckschläge abfangen,
- Antriebsaggregat lagern,
- in Querrichtung hohe Steifigkeit gewährleisten,
- in Längsrichtung die Längselastizität erhöhen,
- Elastokinematik der Radaufhängung unterstützen,
- Montage und Wartung/Reparatur erleichtern,
- kostengünstige Herstellung der kinematischen An-bindungspunkte mit enger Toleranz ermöglichen.

Die Anforderungen an die Achsträger sind:
- ausreichende Festigkeit an den Anschlussstellen aufweisen, Dauerbelastungen aushalten, geforderte Anforderungen an Steifigkeiten, Eigenfrequenzen und Crashverhalten erfüllen,
- möglichst leicht sein,
- mit möglichst wenigen Einzelteilen sowie Schweißnähten kostengünstig herstellbar sein,
- möglichst viele Fahrwerkkomponenten erfassen, deren Einstellungen ermöglichen,
- möglichst wenig Bauraum in Anspruch nehmen,
- durch elastische Lagerungen an der Karosserie die Weiterleitung der (Fahrbahn-)Geräusche und (Rad-) Schwingungen dämpfen,
- Leichten Ein- und Ausbau der gesamten Achse ermöglichen.

11.7.2 Systematik und Bauarten

Es gibt unterschiedliche Achsträgerausführungen, von einfachen Querträgern, die nur die größten Kräfte aufnehmen (Halbträger) (■ Abb. 11.101) bis zu Achsträgern,

■ **Abb. 11.101** Teilachsträger, Vorderachse des 3er BMW Bj. 1999

die alle Fahrwerkkomponenten der Vorder- oder Hinterachse aufnehmen (Vollträger) (◘ Abb. 11.102).

Besonders die Mehrlenkerachsen mit nur Quer- und Schräglenkern benötigen Achsträger, um den Aufbau durch die hohen Lenkerkräfte lokal nicht zu belasten sowie um die Längselastizität der Aufhängung durch die weiche Lagerung des Achsträgers zu verbessern.

Für Hecktriebler, muss das Verteilergetriebe ohnehin an einem separaten Träger gelagert sein, der gleich als Achsträger dient.

◘ Abb. 11.103 verdeutlicht den komplexen Aufbau von Achsträgern für Premiumfahrzeuge, die mit Doppelquerlenker- oder Mehrlenkeraufhängungen ausgestattet sind, um die Komfort-, Steifigkeit- und Einbauraumanforderungen zu erfüllen. Dabei ist aus fahrdynamischen gründen die Quersteifigkeit viel wichtiger als die Torsions- bzw. Biegesteifigkeit.

◘ Abb. 11.102 Vollachsträger, Hinterachse des BMW X5 Bj. 1998 aus Aluminiumrohren

Als Achsträgerwerkstoff wird Stahl oder Aluminium eingesetzt. Wegen des großen Volumens ist die Gewichtsersparnis durch Aluminium beachtlich (◘ Abb. 11.102).

Die Achsträger lassen sich vielseitig herstellen:

- mehrteilig zusammengeschweißtes Blech,
- mit Innenhochdruck (IHU) umgeformte Rohrstruktur,
- Rohr- und Blechkombination,
- Alu-Niederdruck-, Kokillen- oder Druckguss,
- Blech oder Rohr mit Gussknoten.

Bei allen mehrteiligen Ausführungen ist die Dauerfestigkeit der Schweißnähte von Bedeutung, weil insbesondere auf Schlechtwegstrecken sehr hohe lokale Kräfte entstehen. Hier hat das IHU-Verfahren Vorteile (◘ Abb. 11.104), weil die Anzahl der Einzelteile und damit auch die Schweißnahtlängen gering sind.

Vorteilhaft sind einteilige Achsträger (nur möglich mit Aluminiumguss, ◘ Abb. 11.105)) oder maximal dreiteilige Achsträger, die zusammen verschraubt wer-

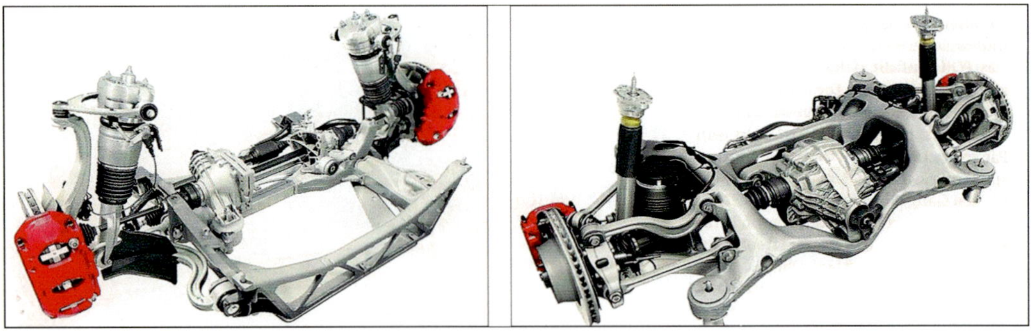

◘ Abb. 11.103 Vorder- und Hinterachsträger des Porsche Panamera [22]

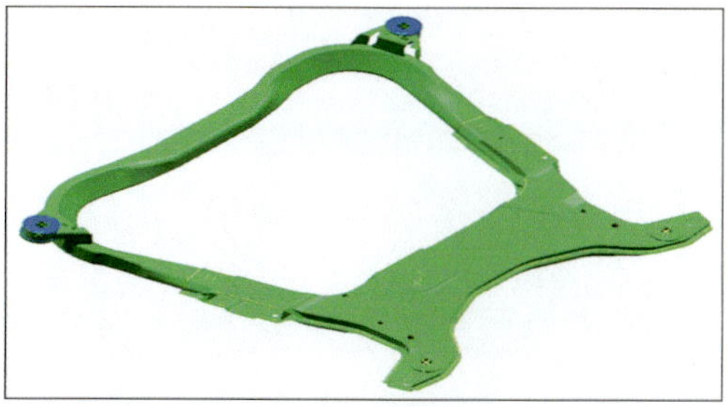

■ Abb. 11.104 Achsträger aus Rohr mit IHU hergestellt

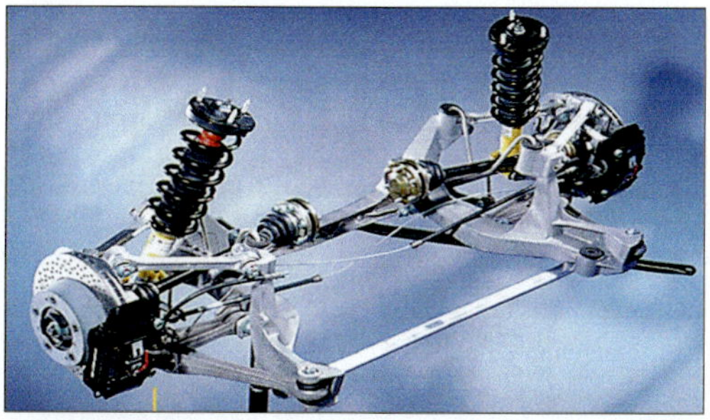

■ Abb. 11.105 Einteilig aus Aluminium gegossener Achsträger der Hinterachse des Porsche 911

den, um durch Austausch der Außenteile unterschiedliche Spurbreiten zu überbrücken (VW PQ 35, s. ■ Abb. 14.93).

Obwohl der Achsträger sich für zusätzliche elastokinematische Effekte und für eine erweiterte Schwingungsdämpfung anbietet, indem er über Gummilager am Aufbau befestigt wird, es gibt vereinzelt auch Achsträger, die direkt am Aufbau fest verschraubt sind.

Achsträger werden ausschließlich mithilfe des FEM ausgelegt, weil es ohne FEM unmöglich ist, alle Spezifikationen zur Festigkeit, Steifigkeit, Schweißnahthaltbarkeit, zu den Eigenfrequenzen (NVH), zum Crash-verhalten zu erreichen (■ Abb. 11.106 und 11.107).

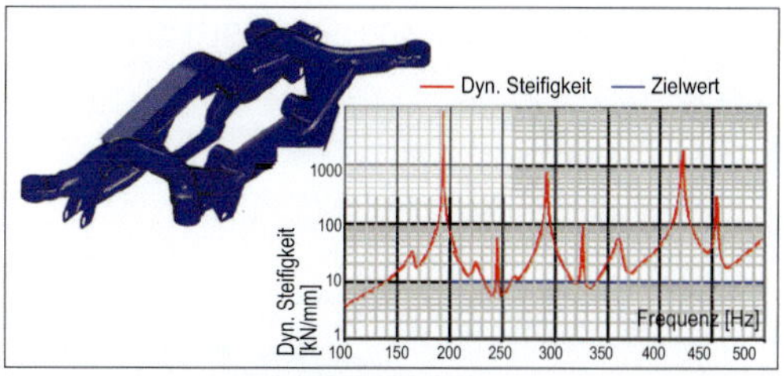

■ Abb. 11.106 Spektralanalyse mittels FEM [4]

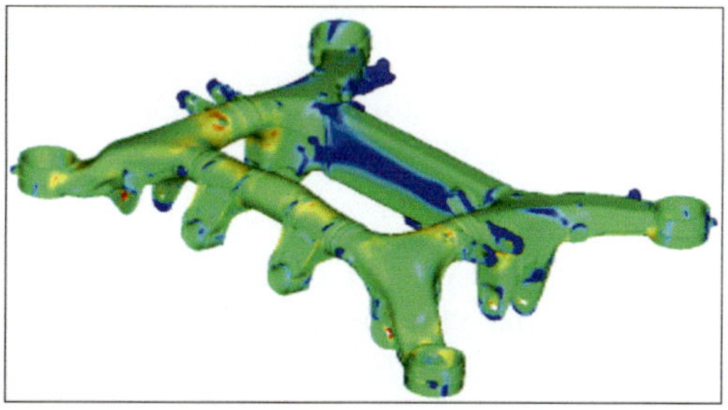

■ Abb. 11.107 Spannungsanalyse des im ■ Abb. 11.102 dargestellten Achsträgers von BMW X5 mittels FEM

Dabei ist die Auswahl eines an die Auslegung des Achsträgers angepassten Werkstoffs von Bedeutung.

So kann bei Erfüllung der geforderten Knickfestigkeit z. B. 30 % des Gewichts durch den Ersatz des Standardstahlblechs St1403 durch die hochfeste Stahlsorte H400 eingespart werden (■ Abb. 11.108).

Da der Achsträger das schwerste Einzelteil einer Achse ist, bietet es viel Potential zum Gewichtssparen. Aluminium hat sich im Serieneinsatz etabliert. Als nächstes wären Magnesium und Kohlefaser als Werkstoff naheliegend. In einem Entwicklungsprojekt mit Ford hat der Automobilzulieferer Magna einen Hilfsrahmen aus CFK entwickelt ■ Abb. 11.109. Verglichen mit einem Rahmen aus Stahl soll der Karbonrahmen 34 % leichter sein. Darüber hinaus wurden 45 Stahlteile durch zwei

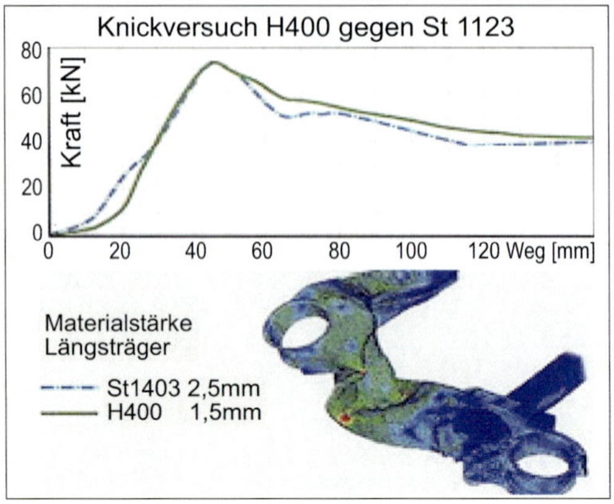

Abb. 11.108 Gewichtsoptimierung mittels FEM durch Einsatz von H400 Stahl [4]

Abb. 11.109 Gewichtsoptimierung durch CFK [23]

Spritzguss- und vier Metallteile ersetzt, was die Anzahl der verarbeiteten Teile um 87 % reduziert. Die Spritzgussteile werden durch Klebstoffe und strukturelle Nieten zusammengefügt [23].

Abb. 11.110 zeigt einen Konstruktionskatalog zur Auswahl der optimalen Achsträgerausführung [9]. Im Gliederungsteil werden die Achsträger nach Teilezahl, Werk-

GLIEDERUNGSTEIL					HAUPTTEIL	ZUGRIFFSTEIL								
TEILEANZAHL	WERKSTOFF	HALBZEUG FORM	FERTIGUNGS VERFAHREN	Lf.-NUMMER		RELATIV GEWICHT	STEFIGKEIT	DAUER FESTIGKEIT	ENERGIE AUFNAHME	PLATZBEDARF	FORM FLEXIBILITÄT	TEILEKOSTEN	WERKZEUG KOSTEN	SERIEN EINSÄTZE
MEHRTEILIG	ST	Blech	Ziehen	1	Stahlblech-Mehrteil.	100	mittel	gut	gut	mittel	groß	100	100	100
		Rohr	Biegen	2	Stahlrohr gebogen	85	groß	gut	gut	mittel	gering	80	70	90
			IHU	3	Stahlrohr IHU	75	groß	sehr gu	sehr gu	gering	mittel	90	60	70
	Al	Blech	Ziehen	4	Alublech-mehrteilig	70	mittel	mittel	gut	groß	groß	200	120	90
		Rohr	Biegen	5	Alulrohr gebogen	65	groß	mittel	mittel	mittel	gering	150	75	80
			Strang-press	6	Spaceframe	70	groß	gut	mittel	ehr gro	hr gerin	180	50	50
			IHU	7	Alurohr IHU	60	groß	mittel	mittel	mittel	mittel	160	70	60
EINTEILIG	St	Blech	Ziehen	8	St-blech-einschalig	125	hr geri	sehr gu	gering	groß	mittel	60	50	100
	Al	Keine	Sandguß	9	Alu-Sandguß	75	gering	gut	gering	gering	ehr gro	250	40	60
			Kokille	9	Alu-Kokillenguß	65	gering	gut	mittel	gering	ehr gro	200	50	70
			Druck-guß	11	Alu-Druckguß	55	gering	gut	mittel	gering	ehr gro	140	60	60

Abb. 11.110 Konstruktionskatalog zur Bewertung von alternativen Achsträgerausführungen [9]

stoff, Halbzeug und Herstellverfahren aufgeführt. Der Zugriffsteil kennzeichnet die vergleichenden Merkmale einzelner Lösungen.

11.7.3 Achsträger für Elektrofahrzeuge

Bei den Elektrofahrzeugen hat der Achsträger noch höhere Bedeutung, weil hier darauf auch der Elektroantrieb inclusive Getriebe mitbefestigt wird.

Bei der Anordnung der Komponenten hat sich die sogenannte *„Skateboard"*- Architektur durchgesetzt (◘ Abb. 11.111). Der vorderer und hinterer Achsträger sind befestigt auf dem beiden Enden einem Leiterrahmen. Die Batterie liegt zwischen den Achsen im Unterboden des Leiterrahmens, der Elektromotor und die Leistungselektronik an Vorder- und/oder Hinterachse. Die Karosserie wird dann über dieses Skateboard "gestülpt".

Diese Unterflur-Architektur garantiert einen niedrigen Schwerpunkt und ermöglicht eine bessere Raumnutzung als bei Fahrzeugen mit Verbrennungsmotor [24].

Als Beispiel zeigt ◘ Abb. 11.112 die Hinterachse des Audi e-tron-S mit dem Achsträger und an den verbundenen Komponenten (Elektroantrieb mit Getriebe und

◘ **Abb. 11.111** Skateboard Architecture (VW) [24]

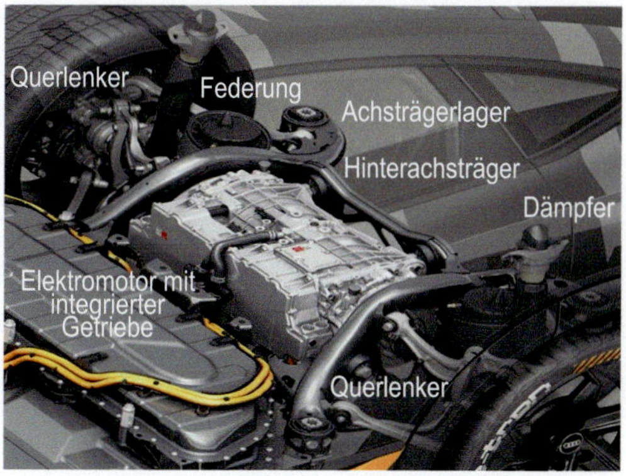

◘ **Abb. 11.112** Hinterachse von Audi e-tron-S [25]

Seitenwellen, alle Lenker, Dämpfer und Federung).

Literatur

1. Spina, M.: Fullrange rear architecture suspension using flex arm. Vehicle Dynamics Expo, Stuttgart (2004)
2. Volmer, J.: Getriebetechnik, Leitfaden. VEB Verlag Technik, Berlin (1974)
3. Matchinsky, B.: Radführungen der Straßenfahrzeuge, 2. Springer, Auflage, Berlin/Heidelberg (1998)
4. N.N.: ZF Friedrichshafen AG / Lemförde. Firmeninformationsmaterial (2006)
5. Reimpell, J.: Fahrwerktechnik: Radaufhängungen. Vogel Verlag, Würzburg (1986)
6. Seewald, A.; Kostyra, H.: Gewichtsreduzierung im Fahrwerk, Chancen und Aussichten. HdT Tagung Fahrwerktechnik in München, 6.–7. Juni 2000
7. Dyckhoff, J., Haldenwanger, H.-G., Reim, H..: Lenker aus Faserverbundwerkstoff mit Thermoplastmatrix. Sonderausgabe ATZ/MTZ 1999. Wiesbaden: Vieweg Verlag (1999)
8. Brungs, D.; *Fuchs, H.*: Leichtmetalle im Automobilbau, Trends und zukünftige Anwendungen. Sonderausgabe ATZ/MTZ 1999. Wiesbaden: Vieweg Verlag (1999)
9. Ersoy, M.: Konstruktionskataloge für Pkw Leichtbauachsen. HdT Tagung Fahrwerktechnik in München 6.–7. Juni (2000)
10. Fa. Raufoss, Norwegen 2006. ► http://www.raufossneuman.com/
11. Fa. St. Jean Industries, Frankreich 2000 ► http://www.sjchassis.com/en/technologies-chassis-automobile-aluminum-2/#cobapress

12. Ube Industries Ltd, Thixoforming Technical Information Bulletin: Japan
13. Govender, G., Ivanche, L.: Near Net Shape Forming Using Near Net Shape Forming Using Semi Semi-Solid Metal Forming, RAPDASA 2005, ► http://researchspace.csir.co.za/dspace/bitstream/handle/10204/3171/Govender_2005.pdf;sequence=1
14. N.N.: Fa Stampal Milano- Italien (2006)
15. N.N.: Tribology Handbuch. Wiesbaden: Vieweg Verlag (2000)
16. Simrit, Firmenkatalog Freudenberg. Technische Grundlagen, 5. Auflage. Weinheim (1997)
17. N. N.: ZF Friedrichshafen AG, (Elastmetall) Firmeninformationsmaterial (2006)
18. Henker, E.: Fahrwerktechnik. Vieweg Verlag, Wiesbaden (1993)
19. Göbel: Berechnung und Gestaltung von Gummifedern. Berlin/Heidelberg: Springer Verlag (1955)
20. Battermann, K.: Elastomere Federung – Elastische Lagerung. Berlin/München: Ernst & Sohn (1982)
21. ZF Friedrichshafen AG/Sachs: Firmenprospekt. Schweinfurt (2004)
22. Danisch, R.: Der Porsche Panamera. ATZ Extra Heft 10, S. 726,736 Stuttgart, Motorverlag Oktober (2009)
23. Sievernich, W.: Magna und Ford entwickeln Karbon-Hilfsrahmen Automobil Industrie Zugriff 8.03.17
24. ► www.adac.de/verkehr/tanken-kraftstoff-antrieb/alternative-antriebe/elektroantrieb/
25. ► www.audi-mediacenter.com/de/fotos/detail/audi-e-tron-s-90161

Bestandteile des Radmoduls

Robert Plank, Peter Parteymüller, Werner Schlereth
und Metin Ersoy

Inhaltsverzeichnis

M. Ersoy et al. (Hrsg.), *Fahrwerkhandbuch*,
ATZ/MTZ-Fachbuch, https://doi.org/10.1007/978-3-658-48104-9_12

12.1 Aufgaben und Struktur

Robert Plank, Peter Parteymüller und Werner Schlereth

Wichtige Einzelkomponenten im Fahrzeug, die auf die Fahrsicherheit und den Fahrkomfort Einfluss haben, können bei den aktuellen Serienfahrzeugen und ihrer laufenden Weiterentwicklung nicht mehr von ihren unmittelbaren Umgebungsbauteilen separiert und allein für sich ausgelegt und beurteilt werden. Im Bereich der Radaufhängung ist eine Fokussierung auf Radträger und Radlager erst dann sinnvoll, wenn vorher das Radmodul bestehend aus Rad, Bremssattel, Bremsscheibe, Radlager mit Nabe (Radlagereinheit), Radträger, und ggf. Verbindung zur Antriebswelle (Gelenkglocke mit Zapfen) ganzheitlich betrachtet wird (◘ Abb. 12.1).

Die Aufgaben des Radmoduls lassen sich wie folgt zusammenfassen:

- Aufnehmen und Übertragen von Kräften und Momenten zwischen Fahrwerk und Straße,
- Lagern, Führen, Lenken, Antreiben, Bremsen und Sichern des Rades.

12

Da das Rad, die Bremsscheibe, die Radlagereinheit sowie die Antriebswelle, ebenso wie der Bremssattel mit dem Radträger verbunden werden, entstehen Schnittstellen, die auf die Kernfunktion des Radmoduls (genaues Führen von Rad und Bremsscheibe) einen erheblichen Einfluss haben. Diese Schnittstellen sind bei der Fahrwerksauslegung genau zu analysiert und aufeinander abzustimmen, wobei der Radlagerung sowie deren Einbau in den Radträger eine besondere Bedeutung zukommt.

Radlager und Radträger werden im Fahrbetrieb dynamisch belastet und können in Missbrauchsfällen auch überlastet werden, sodass extreme Verformungen oder Anrisse entstehen können. Ein Funktionsausfall darf nicht zum Verlust des Rades führen und der Fahrer eine Überbeanspruchung am Fahrverhalten des Fahrzeugs eindeutig erkennen können muss (z. B. durch „Geräusch vor Bruch“).

Die Radlager befinden sich im Zentrum des Rades und trennen die drehenden Komponenten von den stationären Komponenten des Radmoduls. Alle Kräfte und Momente werden von der Straße und dem Fahrwerk über die hochbelasteten gehärteten Wälzelemente (Wälzkörper und Wälzkörperlaufbahnen) geleitet.

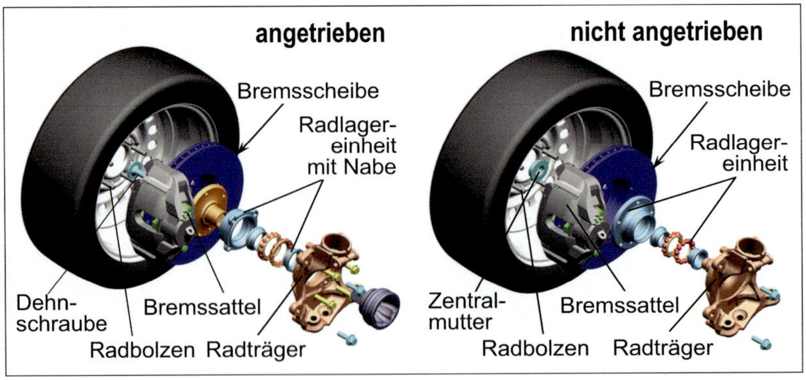

◘ **Abb. 12.1** Radmodul bestehend aus Rad, Bremssattel, Bremsscheibe, Radlagereinheit, Radträger sowie Antriebswelle

12.2 Radträger

Metin Ersoy

Der Teil der Radaufhängung, der das Radlager aufnimmt, wird als Radträger bezeichnet. Befindet sich der Radträger an einer gelenkten Achse, nennt man den Radträger auch „Schwenklager“ oder „Achsschenkel“.

Entsprechend der Anzahl an Achskonzepten für Pkw (McPherson, Vierlenker, Verbundlenker, Mehrlenker, Doppelquerlenker usw.) ist auch die geometrische Ausprägung von Radträgern vielfältig (◘ Abb. 12.2 bis 12.5). Den konstruktiven Lösungen für angetriebene und nicht angetriebene Vorder- und Hinterachsen ist gemein, dass sie

- alle Radkräfte und -momente betriebssicher aufnehmen und weiterleiten,
- den Bauraum zwischen Kinematikpunkten und Radlagerung überbrücken sowie
- das Radlager, den Bremssattel und ggf. das Federbein aufnehmen müssen.

Darüber hinaus werden an Radträgern Aufnahmen für Sensoren, Wärmeschutzbleche, oder Schlauch- und Kabelführungen integriert.

12.2.1 Bauarten für Radträger

◘ Abb. 12.2 zeigt eine Auswahl von heute in Serie befindlichen Radträgern in angetriebenen Vorderachsen aus Aluminium und Stahl. Die Bandbreite reicht von relativ kompakten Bauarten mit unterschiedlichen Federbeinanbindungen für McPherson-Achsen bis hin zu Radträgern für vordere Doppelquerlenker mit langer Lenkachsenanbindung an die obere Lenkerebene.

Oben rechts ist ein sogenannter „Revo-Knuckle“ gezeigt, bei dem, ebenso wie bei Doppelquer- oder Mehrlenkervorderachsen, die Schwenkbewegung von der Einfederung durch zwei Drehpunkte kinematisch getrennt ist (s. auch Abb. 14-101). Aufgrund der geringeren Neigung der Lenkachse verkürzt sich bei diesem Konzept der Störkrafthebelarm, sodass vor allem bei frontgetriebenen Fahrzeugen mit hohem Antriebsmoment Lenkstörmomente reduziert werden [1].

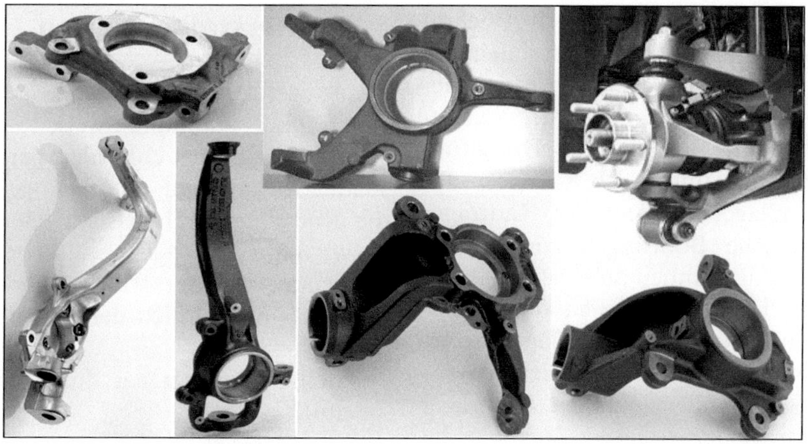

◘ **Abb. 12.2** Radträger an angetriebenen Vorderachsen

■ **Abb. 12.3** Radträger an angetriebenen Hinterachsen

Der Bremssattelhalter kann, wie im ■ Abb. 12.2 oben Mitte gezeigt, in den Radträger integriert sein. Die höhere Steifigkeit des integrierten Halters am Radträger geht hierbei zulasten eines standardisierbaren Lochabstandes für die Verwendung mehrerer Bremssättel an einem Radträger.

In dem ■ Abb. 12.3 sind verschiedene Lösungen von Radträgern an angetriebenen Hinterachsen gezeigt.

Auch hier ist die geometrische Vielfalt je nach Achskonzept und Materialeinsatz sehr groß. Allen Radträgern angetriebener Achsen gemein ist die Bohrung für die Aufnahme des Radlagers und die Durchführung des Gelenkzapfens der Antriebswelle. Je nach Radlagerart kann der Radträger noch zusätzliche Bohrungen zur Befestigung der Radlagereinheit aufweisen.

Während bei angetriebenen Achsen immer die Innenringe der Radlager rotieren, können es bei nicht angetrieben Achsen Innen- oder Außenringe sein. Radträger nicht angetriebener Achsen (■ Abb. 12.4 und 12.5) haben daher oft einen Zapfen zur Aufnahme des Radlagers enthalten. Dieser kann entweder bei einem geschmiedeten Träger direkt angeschmiedet oder als extra Bauteil mit einem Grundträger verschraubt bzw. verpresst sein.

In den Radträgern, die gleichzeitig Längs- oder Schräglenker sind, werden die Radlager direkt eingepresst.

12.2.2 Werkstoffe und Herstellverfahren

Heute werden Radträger in Großserie aus Stahl- oder Aluminiumwerkstoffen hergestellt. Sie werden entweder gegossen, geschmiedet oder aus Blechen geformt. Da die Radträger in höchstem Maße für die aktive Fahrsicherheit verantwortlich sind, werden an den Werkstoff besondere Anforderungen hinsichtlich der folgenden Kriterien gestellt:

- Steifigkeit (begrenzt durch den E-Modul),
- Streckgrenze (Reduzierung ungefederter Massen),

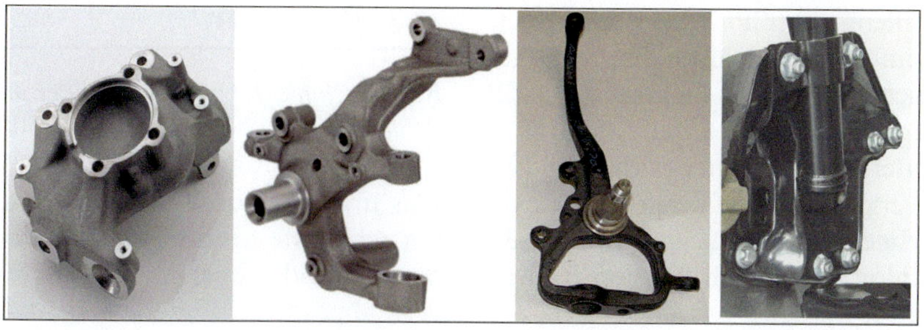

Abb. 12.4 Radträger an nicht angetriebenen Vorderachsen

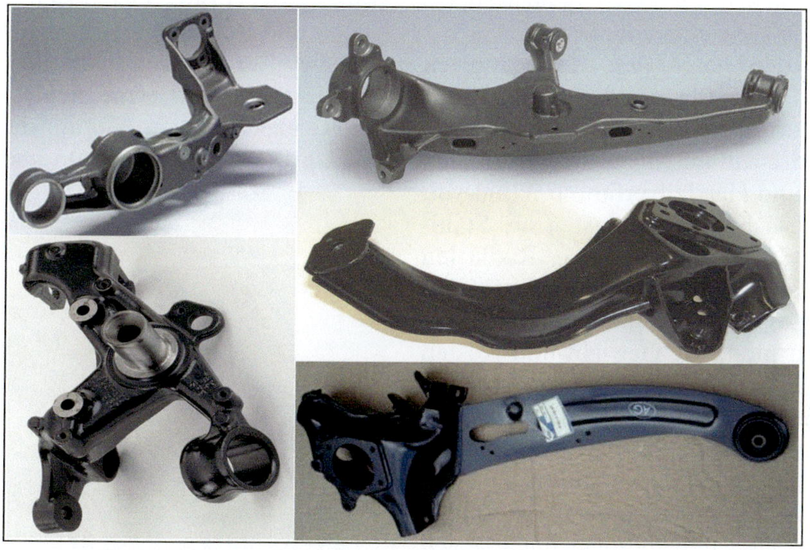

Abb. 12.5 Radträger an nicht angetriebenen Hinterachsen

- Duktilität (ausreichende Verformung vor Versagen),
- dynamische Festigkeit (Verhalten unter Betriebslasten und Missbrauch),
- Korrosionsunempfindlichkeit (insbesondere galvanische Korrosion bei Kombination von Leichtmetall- und Eisenwerkstoffen),
- gute Verarbeitbarkeit, Erreichen der geforderten mechanischen Eigenschaften,
- Eignung zur spanenden Bearbeitung,
- Wirtschaftlichkeit.

Am häufigsten werden an der Vorderachse Radträger aus Sphäroguss und an der Hinterachse aus Stahlschmiede, Stahlguß oder sehr selten Stahlblech eingesetzt. Radträger aus Aluminiumlegierungen wie z. B. AlSi7Mg0,3 werden verwendet, wenn die Reduzierung ungefederter Massen im Vordergrund steht.

Zusätzlich zu den bereits gängigen Verfahren, wie Druckguss und Schwerkraft-Kokillenguss, etablieren sich neue Verfahren wie Squeeze-Casting und Gegendruck-Kokillenguss (CPC).Letzterer zeichnet sich durch schmiedeähnliche Festigkeiten bei gleichzeitig hoher Dehnung aus [2]. Eine bewertete Übersicht der wichtigsten Auswahlkriterien für Fahrwerklenker hinsichtlich Werkstoffe, Verfahren und physikalischer Eigenschaften zeigt Abb. 11–33. Dieser Katalog kann auch für den Radträger angewandt werden.

Die Aluminiumdruckgussverfahren Thixo-, Rheo- und Niederdruck-Sandguss finden noch nicht in der Großserie Verwendung, bieten aber gegenüber den derzeit in Serie befindlichen Verfahren noch weiteres Potenzial zur Gewichtsreduzierung.

◘ Abb. 12.6 zeigt drei der gängigen Herstellverfahren für einen vorderen Radträger mit langer Lenkachse.

Die Entscheidung über den optimalen Werkstoff und Herstellverfahren hängt von Kosten, Gewicht und Radlasten ab. Stahlschmiede (links) ist für hohe Radlasten und niedrige Kosten, Aluschmiede (Mitte) für niedriges Gewicht und Kokillenguss (Rechts) für moderate Gewicht und Kosten die bessere Wahl. Radträger aus kohlefaserverstärkten Kunststoffen (◘ Abb. 12.7) sind aufgrund ihrer komplexen Geometrie, der aufwendigen Anbindung an die metallischen Komponenten wie Radlager oder Bremssattel und hauptsächlich wegen der deutlich höheren Kosten trotz ihrem Leichtbaupotential ebenfalls noch nicht in Großserie im Einsatz.

12

12.3 Radlager

Robert Plank, Peter Parteymüller und Werner Schlereth

Das ursprünglich von Menschen oder Tieren gezogene antike Rad war in stark reibungs- und verschleißbehafteten Gleitlagern abgestützt. Ende des 19. Jahrhunderts mit der Verbreitung des Fahrrades merkte der Mensch die kräftezehrende Gleitreibung und trieb die Entwicklung von Fertigungs- und Anwendungstechniken von Wälzlagern voran. Der rasch wachsende Kugel- und Rollenlagerbedarf für die Fahrradnaben führte zur industriellen Fertigung der Wälzlager und ermöglichte die deutliche Reduzierung der Gesamtreibung. Die seit Jahrtausenden genutzte niedrige Roll-

◘ **Abb. 12.7** Radträger aus Kohlefaser [3].

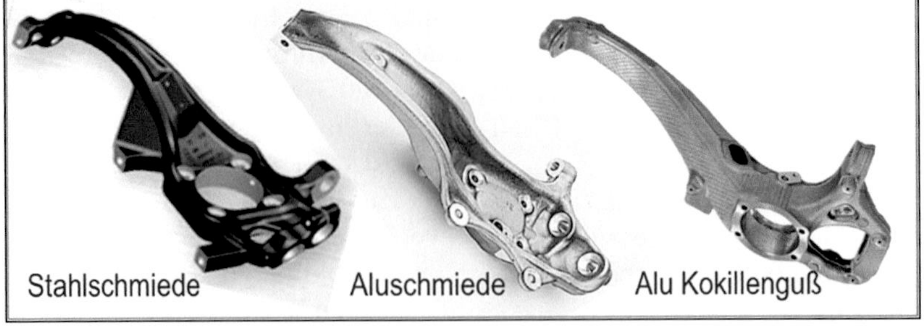

◘ **Abb. 12.6** Herstellverfahren in Großserie produzierte vordere Radträger mit langer Lenkachse reibung zwischen Rad und Straße konnte nun auch in der Nabe des Rades genutzt werden. Viele kleine Kugeln oder Rollen wirken reibungsarm wie kleine Räder im Radzentrum.

12.3.1 Bauarten von Radlagern

Wurden zu Beginn für Pkw-Radlagerungen noch angestellte einreihige Kegelrollenlager oder Schrägkugellager verwendet, kommen seit den 60er Jahren hauptsächlich zweireihige Schrägkugellagereinheiten, mit einem ungeteilten Außenring und einem oder zwei getrennt angeordneten Innenringen, zum Einsatz.

Je nach Integrationsgrad von Funktionen in den Innen- oder Außenring spricht man von Radlagern der 1., 2. und 3. Generation. Alle Bauformen sind in O-Anordnung ausgeführt, um eine möglichst große Stützbasis und damit hohe Steifigkeit gegen Seitenkräfte zu erzielen.

In ◘ Abb. 12.8 und 12.9 sind die z.Z. in Serie befindlichen Arten von Pkw-Radlagerungen und damit die Entwicklung der Radlagereinheiten während der letzten 50 Jahre von links nach rechts dargestellt [4].

Den Vorteilen einer einfachen und bezüglich der reinen Lagerkosten preiswerten Standard-Einzellagerung mit Kegelrollenlagern (◘ Abb. 12.8 ganz links) stehen eine Reihe von Nachteilen gegenüber:

- Beschaffung, Bevorratung und schwer automatisierbare Montage vieler Einzelteile (Dichtung, zwei Kegelrollensätze mit Innenring und Käfig, zwei Außenringe, Fett, Stützscheibe, Sicherungsmutter, Sicherungskappe, Splint),
- Befettung und Abdichtung bei der Montage am Fahrzeug,
- Anstellung der Lagerung und Sicherung der Anstellelemente in der richtigen Position,
- kleinere Stützbasis und Momententragfähigkeit der Kegelrollen (s. ◘ Abb. 12.12).

Mit der Einführung Radlagern der 1. Generation im 1960 wurde daher der Schritt vom Einzellager mit Einzelkomponenten, deren Axialspiel nach dem Verbau in das

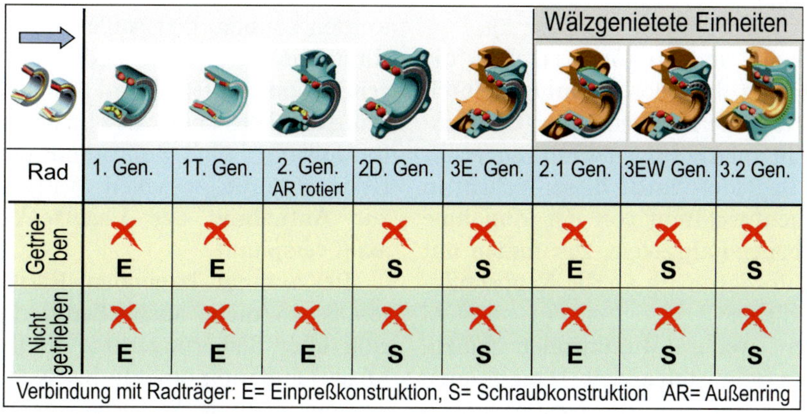

◘ **Abb. 12.8** Bauformen in Großserie produzierter Radlagereinheiten

Abb. 12.9 Fotos einiger in Großserie produzierter Radlagereinheiten

Fahrzeug eingestellt werden muss, zu einer integrierten, einbaufertigen Einheit vollzogen. Zwei Schrägkugellager oder Kegelrollenlager werden zu einer Einheit mit einem gemeinsamen Außenring zusammengefasst und ermöglichen die Integration weiterer Funktionen:

12

- Abdichtung inkl. Encoder für ABS Sensorik,
- Life-time Schmierung,
- Anstellung.

Die Einzelteile sind so toleriert, dass die Lageranstellung bei der Montage durch ein definiertes Drehmoment über die Zentralmutter in relativ engen Grenzen erfolgen kann. Begleitet wurde dieser Schritt in der Achsenentwicklung von der Zunahme frontgetriebener Fahrzeuge, zusammen mit höheren Anforderungen an die Kippsteifigkeit des Radlagers.

Kommen weitere Funktionen hinzu, spricht man von steigenden Integrationsstufen oder Generationen, was gleichzeitig weniger Einzelteile und damit weniger Montageaufwand bedeutet.

Insbesondere im Großserienbau ist dies wichtig, wobei eine hohe Integration auch immer eine stärkere Spezialisierung auf nur wenige Anwendungsfälle zur Folge hat. Diese Anwendungen müssen aber dennoch eine rentable Fertigungsstückzahl sicherstellen [4].

Radlagereinheiten der ersten Generation stellen eine einfache und kompakte Radlagerung dar, die sowohl für angetriebene als auch nicht angetriebene Räder eingesetzt werden können. Der Außenring wird in den Radträger eingepresst und mit zwei Sprengringen oder einem Bund und einem Sprengring axial gesichert. Die beiden Innenringe werden über eine Zentralmutter oder eine Dehnschraube zwischen Nabe und Welle zur Aufnahme der Lagerreaktionskräfte axial verspannt.

Bei schmal bauenden Radlagereinheiten ist es nicht ausreichend, den Außenring über Sicherungsringe zu fixieren. Infolge der Kippmomente bei Kurvenfahrten kommt es zu Mikrobewegungen zwischen Radträgerbohrung und Außenring. Die daraus resultierenden Folgen wie Geräuschbildung und Lockern des Ringes, können dann durch ein axiales Vorspannen des Außenringes vermieden werden.

In Radlagern der 2. Generation, die sich ca. seit 1970 im Serieneinsatz befinden, ist der drehende Flansch zur Aufnahme von Bremsscheibe und Felge in den gemeinsamen Außenring integriert. Dies spart ein zusätzliches Bauteil ein und führt zu Gewichtsreduzierung in der Radführung. Während die klassischen Radlager der 2. Generation nur für nicht angetriebene Achsen verwendet werden können, sind Radlager der 2D-Generation mit einem integrierten, stationären Flansch zur Verschraubung mit dem Radträger auch in angetriebenen Achsen einsetzbar.

Radlager der 3. Generation sind seit 1980 in Serie. Sie besitzen je einen integrierten Flansch am Außen- und Innenring zur Aufnahme von Bremsscheibe und Rad bzw. zur Verbindung mit dem Radträger.

Ist die radseitige Innenringlaufbahn in den Flansch integriert, so spricht man von einer 3E-Generation, die im Gegensatz zur 3.2- bzw. 2.1-Generation nur einen separaten Innenring aufweist. Beide Varianten eignen sich sowohl für den Einsatz in angetriebenen als auch nicht angetriebenen Achsen.

Vergleicht man die Einheiten 3.2 und 3E bezüglich ihrer technischen Merkmale, so sind sie hinsichtlich Ermüdungslebensdauer, Planlaufgenauigkeit und Dichtheit gleichwertig. Im Hinblick auf Bauteilfestigkeit, Steifigkeit und Gewicht pro Bauraum besitzt die 3E-Generation Vorteile, wohingegen die 3.2-Einheit bei der Materialauswahl für den Radflansch im Vorteil ist.

Dritte Generationen mit zwei in den Flansch integrierten Innenringlaufbahnen konnten sich aufgrund des montagebedingten geringeren Kugelfüllungsgrades und der damit schlechteren Überrollfestigkeit nicht durchsetzen.

Wird in die Radlagereinheit zusätzlich das Außenprofil des Gleichlaufgelenkes als Laufbahn integriert, so bezeichnet man dies als 4. Generation. Diese sind bisher nicht im Großserieneinsatz (s. ◘ Abb. 12.36).

Der weltweite Marktanteil von Radlagereinheiten der 3. Generation wuchs in den letzten Jahren stets zulasten der Einheiten der 1. und 2. Generation. Die Gründe hierfür sind vielfältig und reichen von technischen Vorteilen bis hin zu strategischen Entscheidungen [5]:

- keine Mikrobewegungen zwischen Außenring und Radträger und damit Vermeidung des sogenannten „Radlagerknackens“,
- höhere Flanschfestigkeit bei 3E,
- einfachere Montage an den Radträger,
- höhere Rundlaufgenauigkeit durch Verschraubung statt Presssitz des Außenrings,
- höhere Präzision (Vorspannung),
- Outsourcing-Strategie der OEM wird entsprochen, weniger Invest bei neuen Plattformen,
- Systemverantwortung liegt in einer Hand beim Wälzlagerhersteller.

Um die Lagerlebensdauer und die Führungsgenauigkeit zu erhöhen, werden Radlager der 1. bis 3. Generation inzwischen so ausgelegt, dass sie unter leichter Vorspannung laufen (ca. 0 bis 40 µm). Die Einstellung der Vorspannung erfolgt entweder lösbar über die Gelenkwellenverschraubung während der Gelenkwellenmontage im Fahrzeug oder unlösbar „for life“ während des Herstellprozesses der Radlagereinheit (Generationen 2.1, 3EW und 3.2 in ◘ Abb. 12.8).

◘ Abb. 12.10 verdeutlicht den prinzipiellen Unterschied zwischen einer 3E- und einer 3EW-Radlagereinheit im Einbaufall. Im Falle der vorgespannten 3EW-Einheit dient die Mutter auf dem Gelenkwellenzapfen nur noch der axialen Sicherung der Gelenkwelle, die korrekte Vorspannung für die Radlagereinheit ist durch einen sogenannten Wälznietprozess sichergestellt. Hierbei zur Entlastung der Zentralmutter plastisch angeformt und wird bereits während der

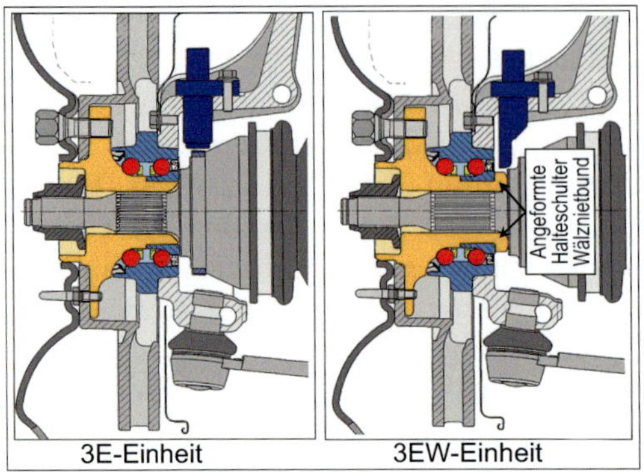

Abb. 12.10 Gelenkwellenverschraubung einer 3E- und einer 3EW-Radlagereinheit

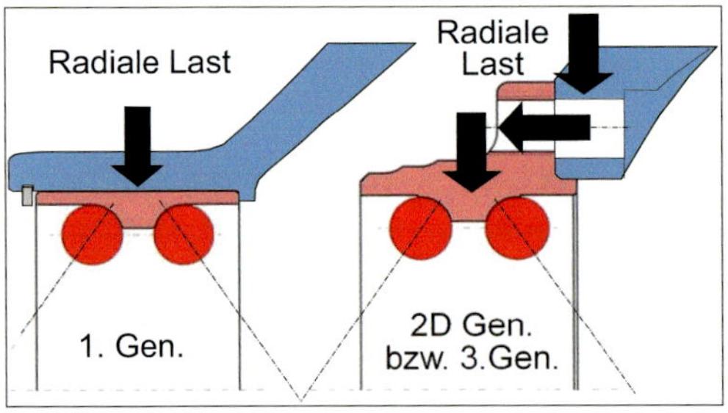

Abb. 12.11 Eingepresste Radlagereinheiten vs. verschraubte Radlagereinheiten

12

Lagermontage eine Halteschulter gleichzeitig die Vorspannung im Lager eingestellt (Abb. 12.10, rechts).

Prinzipiell muss zwischen Konstruktionen unterschieden werden, bei denen die Radlagereinheit mit dem Außenring in den Radträger eingepresst (1., 1 T-oder 2.1-Gen.) oder über den integrierten Flansch mit dem Radträger verschraubt wird (2D-, 3E-, 3EW- oder 3.2-Gen.).

Bei Radlagern mit Außenringflansch werden die Kräfte über die Schraubverbindung in den Radträger geleitet und die Radlagereinheit gleichzeitig axial fixiert (Abb. 12.11).

Dies erweist sich insbesondere bei der Verwendung von Aluminiumradträgern als Vorteil, da damit das Problem unterschiedlicher Wärmeausdehnungskoeffizienten und die damit verbundene Gefahr von Mikrobewegungen und Spielveränderungen an der Schnittstelle Radträger-Außenring umgangen wird.

Werden Einpresslösungen in Verbindung mit Aluminiumradträgern verwendet, so muss zusätzlich zum Sicherungsring auf konstruktive Lösungen zurückgegriffen werden, die eine ausreichende axiale Fixierung auch bei erhöhten Temperaturen garantieren. Dies kann durch einen höheren Presssitz (ggf. Montage mit angewärmten Radträgern) in Verbindung mit einem Sicherungsring erfolgen, der den Lageraußenring axial vorspannt.

Alle Ausführungen existieren prinzipiell sowohl mit Kegelrollen als auch mit Kugeln als Wälzkörper, wobei die Verwendung von Schrägkugellagereinheiten für Pkw die gängigere ist. Kegelrollenlagereinheiten kommen hauptsächlich dann zum Einsatz, wenn eine höhere Traglast, wie z. B. für SUV oder Light-Truck-Anwendungen, gefordert wird. Dies geht aber zulasten einer geringeren Momententragfähigkeit und damit Kurvenbelastbarkeit, wie Abb. 12.12 anhand der Lagerkenndaten veranschaulicht.

Grundsätzlich ist die Funktion aller gezeigten Radlagergenerationen sichergestellt. Sie sind daher weltweit im Serieneinsatz. Bei kleinen Fahrzeugen dominieren aus Kostengründen die 1. und die 1 T-Generation. 1 T-Einheiten kommen in kleinen Fahrzeugen speziell dann zum Einsatz, wenn an nicht angetriebenen Hinterachsen insbesondere bei Trommelbremsen radial klein gebaut werden soll.

In den mittleren und schweren Fahrzeugklassen ist ein eindeutiger Trend für eine bestimmte Lagereinheit nicht erkennbar. Werden aus Gewichtsgründen Aluminiumradträger eingesetzt, so werden die Generationen 2D, 3E, 3EW und 3.2 verwendet, die z. T. mit erheblichen Produktionsinvestitionen bei der Wälzlagerherstellung verbunden sind. Daher werden auch

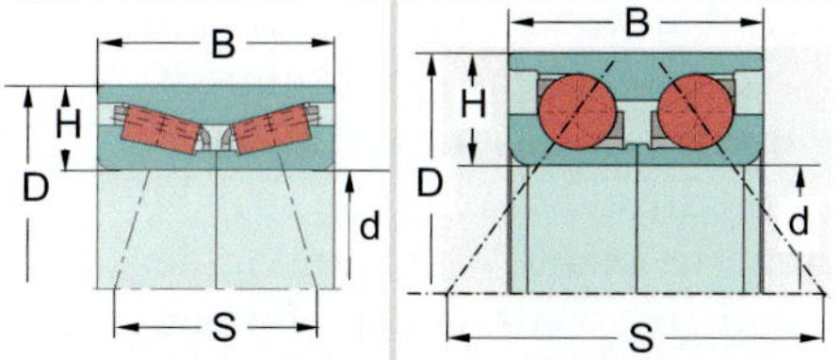

		Kegelrollenlager	Schrägkugellager
Tragzahl C	[kN]	groß	mittel
Stützbasis S	[mm]	klein (S < B)	groß (S > B)
Momententragfähigkeit CxS	[kNmm]	mittel	groß
Außendurchmesser D	[mm]	klein	mittel
Gesamtbreite B	[mm]	mittel	mittel
Verhältnis B/H		> 2,5	< 2,5

Abb. 12.12 Vergleich von Schrägkugellagereinheiten mit Kegelrollenlagereinheiten hinsichtlich Tragzahl und Stützbasis

bei schweren Fahrzeugen mit kleineren Losgrößen Radlager der 1. Gen. verbaut. Oft entscheidet auch die Fertigungstiefe des Automobilherstellers über die Auswahl der Radlagergenerationen.

12.3.2 Dichtung

Bei allen Radlagereinheiten spielt die Abdichtung sehr wichtige Rolle. Das Dichtsystem verhindert das Eindringen von Festkörperpartikeln oder Korrosion erzeugenden Medien (z. B. Flüssigkeiten, Straßensalz) in die Lagerlaufbahnen und den Austritt des Schmierfettes.

Die in Radlager eingesetzten Dichtungssysteme müssen für den Fahrbetrieb so ausgelegt sein, dass auch bei hohen Beanspruchungen durch Verkippungen des Radlagers/Radträgers bei Querbeschleunigung kein Abheben zwischen der rotierenden Radnabe und dem stehenden Radlagerring entsteht und hierbei kein Umgebungsmedium in den Wälzkontakt gelangen.

Heute werden hauptsächlich zwei Dichtkonzepte in Radlagereinheiten eingesetzt: Dicht- und Schleuderscheibe oder Dichtungskassetten (Abb. 12.13).

Herkömmliche schleifende Dichtungen und mit dem Innenring umlaufende Schleuderscheiben müssen in Nuten im Außen- bzw. Innenring fixiert werden (Abb. 12.13a). Die Schleuderscheibe dreht sich mit dem Innenring und besteht aus einer Blecheinlage zur Versteifung sowie einer allseitigen Gummiummantelung als Korrosionsschutz. Dichtungskassetten enthalten die Funktion beider

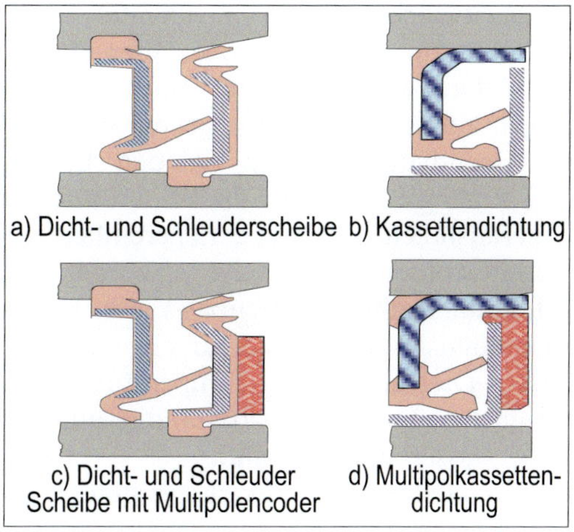

Abb. 12.13 Dichtscheibe und Dichtungskassetten in Integralbauweise mit und ohne Encoder

Teile in Integralbauweise und werden auf den dafür vorgesehenen Dichtungssitz (min. 5 mm Breite) in das Lager montiert (◘ Abb. 12.13b). Ihre Verwendung ermöglicht eine definierte axiale Vorspannung der Dichtlippen und den Entfall der Haltenuten. In die Dichtungen kann zusätzlich die Funktion des Encoders für die ABS-Sensorik integriert werden. Ist dieser magnetisiert, spricht man von Multipoldichtungen (◘ Abb. 12.13c und d sowie ◘ Abb. 12.16).

Die Gestaltung von Dichtungen, Schleuderscheiben und Kassetten variiert von Hersteller zu Hersteller und es existieren zahlreiche Konstruktionen zur geometrischen Anordnung und Ausprägung von Dichtungen, sodass der Unterschied der Prinzipien nur beispielhaft veranschaulicht wird. Beide Konzepte schützen das Lager wirksam gegen das Eindringen von Schmutz und Spritzwasser bzw. Fettaustritt.

Für höhere Anforderungen, wie z. B. bei Geländefahrzeugen, kann der Anpressdruck der Dichtlippe über eine ringförmige Feder erhöht werden.

12.3.3 Schmierung

Radlagerungen werden in der Regel mit Langzeitwälzlagerfetten „for-life" geschmiert, für die sich lange, über die gesamte Fahrzeuglebensdauer reichende Lagergebrauchsdauerwerte ergeben. Sie sind die Grundvoraussetzung für den Einsatz von Radlagereinheiten, da bei vorzeitigen Lagerausfällen die ganze Lagereinheit getauscht werden muss. Meist verwendet man Fette auf Lithium-Seifenbasis mit hohen Grundölviskosität da sie für einen breiten Last-, Drehzahl- und Temperaturbereich geeignet, sehr alterungsbeständig und bis 90 °C wasserbeständig sind.

Zur Schmierung der Lagerstellen genügt es, die Freiräume innerhalb des Lagers zu füllen. Zur Erfüllung der „for-life"-Forderung ist eine wirksame Trennung aller im Wälzlager in Kontakt tretenden Funktionsflächen durch einen ausreichenden Schmierfilm (◘ Abb. 12.14) notwendig.

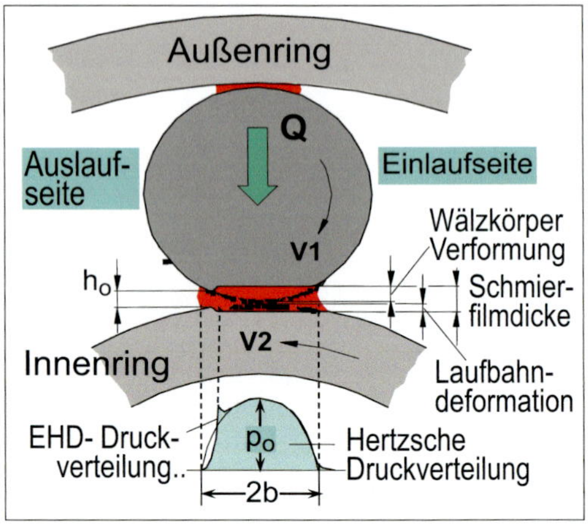

◘ **Abb. 12.14** Elastohydrodynamischer Schmierfilm und Druckverteilung

Eine optimale Schmierung ist danach gewährleistet, wenn die Schmierfilmdicke so aufrechterhalten werden kann, dass eine Mischreibung oder metallischer Kontakt zwischen den Kontaktpartnern verhindert wird. Die üblichen Umfeldbedingungen, wie Winterbetrieb, Schlechtwegstrecken, Witterungseinflüsse usw. müssen von den eingesetzten Schmierstoffen ertragen werden.

Radlagerfette sind in der Regel für einen Temperaturbereich von –40 °C bis kurzzeitig über 100 °C ausgelegt. Für höhere Anforderungen hinsichtlich Lagerbeanspruchung (Last, Drehzahl), Laufeigenschaften (Geräusch, Reibung) oder Umwelteinflüssen (Feuchtigkeit, Fremderwärmung) kann auch auf Sonderfette mit höherwertigeren Verdickern, Grundölen oder Additiven (z. B. EP-Zusätze) zurückgegriffen werden [6].

12.3.4 ABS-Sensoren

Heute sind alle Pkws mit ABS und ESP ausgestattet, zu deren Funktion die Raddrehzahl ermittelt werden muss. Dies geschieht in der Regel über einen Impulsgeber (Encoder) und einen Sensor, die in die Umgebung von Radlager, Radträger und Gelenkglocke integriert werden.

ABS Sensoren werden in zwei Gruppen unterteilt:

- Wird ein Sensor erst durch das Anlegen einer Versorgungsspannung „aktiviert", und generiert dann ein Ausgangssignal, wird dieser Sensor als „aktiv" bezeichnet.
- Arbeitet ein Sensor ohne eine zusätzliche Versorgungsspannung, wird dieser Sensor als „passiv" bezeichnet.

Die prinzipielle Funktionsweise ist in ◘ Abb. 12.15 dargestellt (s. auch ▶ Abschn. 7.7.2.4). Ein Impuls- oder Encoderring, der mit der Raddrehzahl umläuft, moduliert ein Magnetfeld, das von einem Sensor an der sensitiven Fläche (sogenannter Leseort) aufgenommen und intern in eine Wechselspannung umgewandelt wird.

Bei „passiven", induktiven Sensoren ist die Amplitude des Sinussignals störempfindlich und von der Geschwindigkeit abhängig, weshalb sich diese Sensoren nicht für eine sichere Signalumformung bis zum Stillstand des Fahrzeugs eignen.

Erst mit der Verwendung sogenannter „aktiver" Sensoren, die mit Hall-Differenz-IC's oder magnetoresistiv arbeiten, steht ein stabiles Ausgangssignal mit drehzahlunabhängiger Signalhöhe bis zu Geschwindigkeit Null zur Verfügung. Es wird als Rechtecksignal an die Fahrzeug-ECU weitergegeben und kann zusätzlich zur ABS-Regelung auch für ASR oder ESP eingesetzt werden.

Neue Sensoren besitzen zusätzliche Intelligenz in Form von Drehrichtungserkennung und sogenannter „Luftspaltreserven", d. h. die Sensoren liefern eine Information,

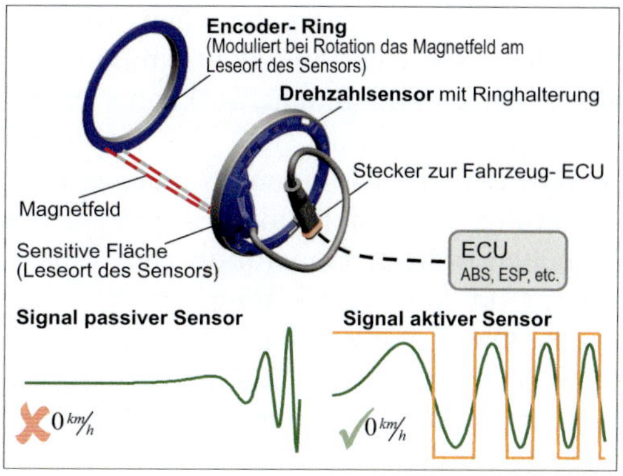

◘ **Abb. 12.15** Encoder-Sensor-System mit aktivem oder passivem Sensor

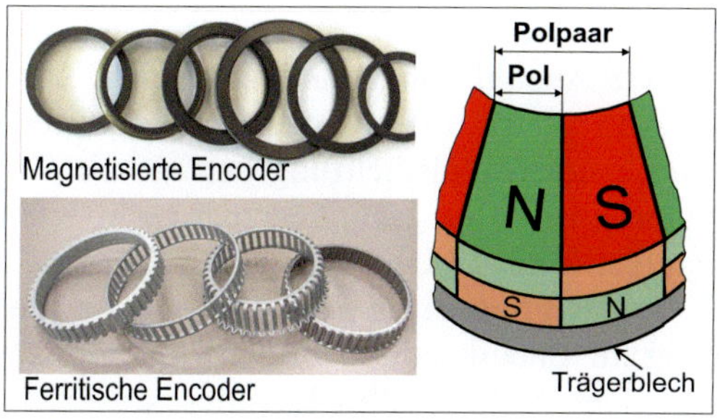

◘ **Abb. 12.16** Encodervarianten

ob sich der Abstand zwischen Sensor und Encoder im Sollbereich, im kritischen Bereich oder außerhalb des zulässigen Bereichs befindet.

Ein möglicher Ausfall des Sensors wird so frühzeitig erkannt, die Funktion des Sensors damit sicherer und robuster gegen Luftspalttoleranzen.

Encoder können als Impulsräder in Form von Zahnrädern oder Lochkränzen ausgebildet sein und sind in dieser Form für jede Radlagergeneration geeignet. Sie werden entweder aus Blech oder Sintermaterial gefertigt und auf die Radnabe, die Gelenkglocke oder den drehenden Außenring aufgepresst (◘ Abb. 12.16, unten). Ein stationärer aktiver oder passiver Sensor tastet die Zähne oder Löcher des Impulsrades ab. Anforderungen bestehen hinsichtlich Korrosionsbeständigkeit, minimalem Radialschlag und möglichst kleiner Spaltbreite. Eine Variante stellt der Impulskäfig dar, der ähnlich einem Nadellagerkäfig ausgeführt ist und in nicht angetriebenen Einheiten höherer Generation zum Einsatz kommt (◘ Abb. 12.16, unten, zweiter von links). Ohne axiale Bauraumvergrößerung ist er im Lagerinneren auf der Radaußenseite angeordnet und wird vom Sensor radial nach außen abgetastet.

Da Hall-Sensoren deutlich geringere Magnetflußänderungen benötigen als induktive Sensoren, ist auch die Integration des Impulsringes in die Schleuderscheibe oder die Dichtung möglich, wenn vor der Vulkanisierung in die Blecheinlage eine definierte Anzahl von Fenstern gestanzt wird (◘ Abb. 12.16, oben links). Bei Verwendung einer Impulsdichtung beträgt die Gewichtseinsparung gegenüber der gesinterten Impulsrad ca. 150 g.

Je nach Sensortyp kann die Magnetisierung im Encoder oder im Sensor integriert sein. Geschieht dies im Encoder, so spricht man von Multipolencodern, in denen sich Süd- und Nordpol des Magneten auf einem Trägerblech abwechseln (◘ Abb. 12.16, rechts). Die Polpaaranzahl legt die Anzahl der Inkremente pro Umdrehung fest, die anschließend vom Sensor erkannt werden.

12

Der Sensor kann je nach Sensorkonzept im Radträger, über einen ringförmigen Halter oder im stehenden Außenringflansch montiert werden (◘ Abb. 12.17). Vorteile von gekapselten Lösungen, wie der Ringhalterung (◘ Abb. 12.17, rechts oben), sind der elektromagnetisch abgeschirmte Raum, die gekapselte, korrosionsgeschützte Ausführung und bei entsprechender Steckerausführung die Möglichkeit der Komplettmontage [7]. Insbesondere in Nordamerika stellt der durch den Außenring zwischen die Rollen- oder Kugelreihen geführte Stecksensor eine weit verbreitete Lösung dar (◘ Abb. 12.17, rechts unten).

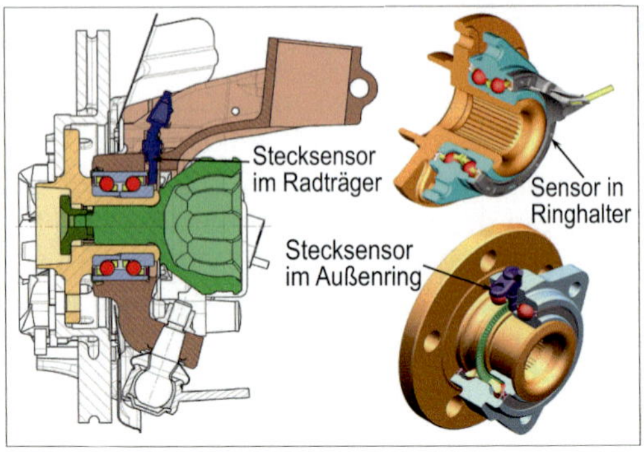

◘ **Abb. 12.17** Möglichkeiten der Sensormontage

	Metall- Encoder	Multipol- Encoder
Passiver Sensor mit Magnet	✓	○
Passiver Sensor ohne Magnet	–	○
Aktiver Sensor mit Magnet	✓	○
Aktiver Sensor ohne Magnet	–	✓
✓ Stand der Technik; – ohne Funktion; ○ keine gängige Praxis		

◘ **Abb. 12.18** Sensor- und Encoder-Kombinationen

◘ Abb. 12.18 zeigt eine Zusammenfassung der möglichen Kombinationen von Sensoren und Encodern. Es bewertet diese Lösungen hinsichtlich ihres Einsatzes in der Praxis. Um den Sensor sicher schalten zu lassen, ist ein ausreichend starkes Magnetfeld (magnetische Flussdichte) und eine hohe Teilungsgenauigkeit der einzelnen Pole bzw. Polpaare notwendig (◘ Abb. 12.19).

Zwei Kenngrößen, die die Genauigkeit eines Encoders beschreiben, sind der Einzelteilungsfehler (ETF) und der Summenteilungsfehler (STF).Der Einzelteilungsfehler ergibt sich aus der Abweichung zwischen Ist- und Sollbreite eines Polpaares, wohingegen der Summenteilungsfehler die Verteilung der Einzelteilungsfehler auf dem Umfang widerspiegelt.

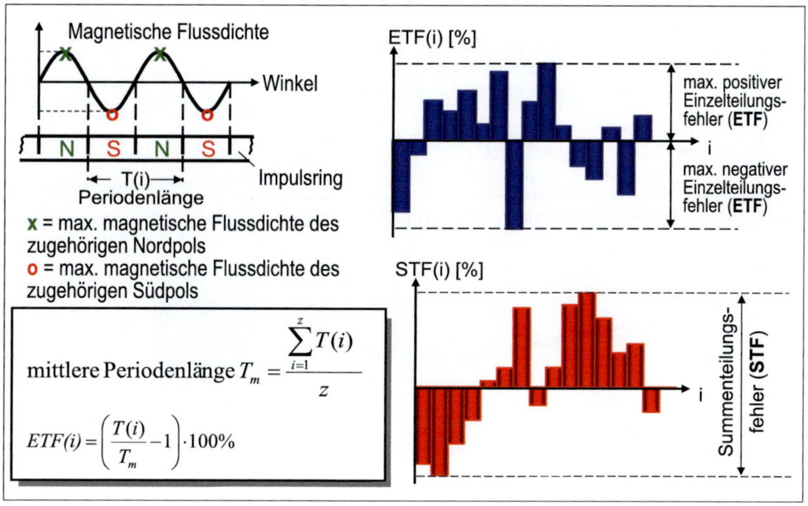

Abb. 12.19 Teilungsfehler am Encoder, Begriffsdefinitionen

Viele aufeinander folgende Einzelteilungsfehler mit gleichem Vorzeichen haben einen hohen Summenteilungsfehler zur Folge. Beide Größen werden sowohl während der Entwicklung als auch in der Serienfertigung zu 100 % geprüft und als Referenz für die Güte des ABS-Systems verwendet.

Der Teilungsfehler wird durch

- die Genauigkeit des Encoders,
- den Luftspalt zwischen Sensor und Encoder und
- den verwendeten Sensor

festgelegt. Während die Genauigkeit des Encoders im Wesentlichen von der Homogenität der verwendeten Materialien, der Genauigkeit der Magnetisiervorrichtung sowie der mechanischen Güte bei der Encoder-Herstellung abhängt, nehmen die Teilungsfehler mit steigendem Luftspalt progressiv zu (Abb. 12.20a).

Die Flussdichte, und damit das für die einwandfreie Funktion des Encoder-Sensor-Systems notwendige Magnetfeld, nehmen mit zunehmendem Luftspalt exponentiell ab (Abb. 12.20b). Daher ist bei der Auslegung der Sensor-Encoder-Schnittstelle der Luftspalt während des Betriebs so klein wie möglich zu halten. Die magnetische Flussdichte nimmt mit zunehmender Temperatur annähernd linear ab (Abb. 12.20c). Der Effekt ist reversibel, jedoch ist die maximale Einsatztemperatur bei der Auslegung zu berücksichtigen. Für Barium-Ferrit (Temperaturkoeffizient $Tk = 0{,}2\ \%/\mathrm{K}$ bezogen auf 20 °C) ergibt sich bei einer max. Einsatztemperatur von 150 °C ein Flussdichteverlust von 26 %. Der Lesedurchmesser des Sensors hängt von der Flussdichte ab, sodass sich für die Mindestflussdichte ein Soll-Lesedurchmesser mit entsprechendem Toleranzfeld ergibt (Abb. 12.20d).

12.4 Herstellung von Radlagern

Robert Plank, Peter Parteymüller und Werner Schlereth

Um die für die permanente Leistungssteigerung notwendige hohe Präzision zu erreichen, sind Radlagereinheiten vom Schmieden bis zur Montage das Ergebnis eines hochmodernen, ganz auf die Groß-

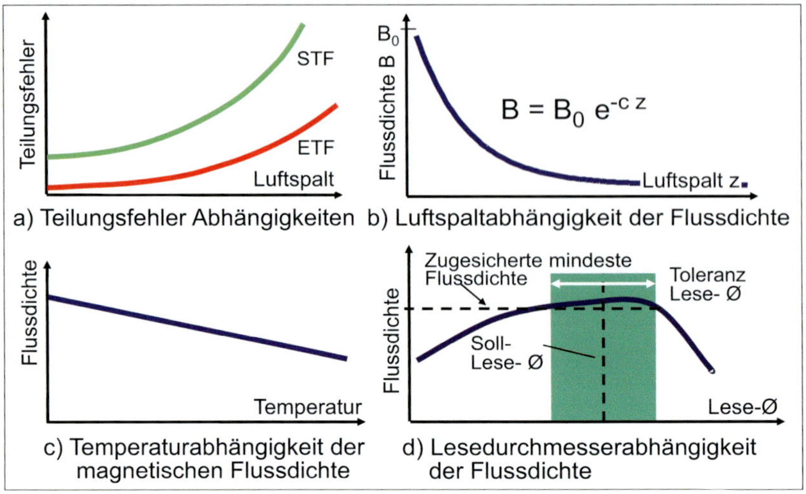

Abb. 12.20 Auslegung Encoder-Sensor-Schnittstellen

serie abgestimmten Fertigungsprozesses (Abb. 12.21).

12.4.1 Ringe und Flansche

Schmieden In Schmieden Schnellschmiedepressen werden Ringe und Flansche formgenau gepresst. Pressenart sowie die Taktzeit werden durch die Ring- bzw. Flanschgeometrie bestimmt. Im Anschluss an die Operationen Abscheren, Stauchen, Vorformen, Fertigformen und Stanzen werden die Presslinge für eine optimale spanabhebende Bearbeitung spannungsfrei geglüht.

Drehen AufDrehen leistungsstarken Mehr-Spindel-Automaten werden die Roh-

Abb. 12.21 Fertigung von Radlagern in Großserie

linge außen und innen gedreht. Alle Ringe liegen bereits sehr nahe am Endmaß, das Profil der Laufbahnen sowie die Geometrie für die Aufnahme der Dichtung sind nach diesem Arbeitsgang fertig bearbeitet. Flansche werden ebenfalls an den Funktionsflächen bis nahe ans Endmaß gedreht.

Härten Innenringe Härten und Außenringe der 1. Generation werden durchgehärtet, wohingegen in Naben und Außenringen höherer Generationen nur partiell die Laufbahnen induktiv gehärtet werden. Dabei sind eine ausreichende Oberflächenhärte (Mindesthärte 58HRC), die richtig Einhärtetiefe sowie ein gleichmäßiger Übergang in das ungehärtete Material besonders wichtig.

Schleifen Außendurchmesser Schleifen, Seiten, Bohrungen und Laufbahnen werden bis auf das notwendige Endmaß geschliffen, wobei die Maße ständig gemessen und kontrolliert werden. Für höchste Oberflächengüten werden Laufbahnen bzw. Borde gehont.

12.4.2 Käfige und Wälzkörper

Die Fensterkäfige für Radlagereinheiten sind meist aus glasfaserverstärktem Polyamid und werden spritzgegossen. Die Wälzkörper werden kalt gepresst, gehärtet und anschließend auf die Endform geschliffen. Bei Kugeln geschieht das in sogenannten Kugelmühlen.

12.4.3 Montage

Nach dem Sortieren und Reinigen der Bauteile erfolgt der Zusammenbau der Einzelkomponenten zur Radlagereinheit in hochautomatisierten Fertigungszellen.

Die Polyamidkäfige werden mit Kugeln gefüllt und mittels Mess- und Sortiereinrichtungen so mit den fertigbearbeiteten Innen- und Außenringen gepaart, dass die Lagerung im eingebauten Zustand mit leichter Vorspannung angestellt ist.

Die nicht lösbare, vorgespannte Verbindung in Radlagereinheiten höherer Generationen wird nach Dichtungsmontage und Befettung über einen Wälznietprozess realisiert. Über die Wälznietkraft lässt sich die Vorspannkraft auf das Lager kontrollieren und gezielt einstellen. Den Abschluss des Montagevorgangs bilden weitere Messvorgänge (Planschlaggenauigkeit, Geräusch etc.) und Funktionsprüfungen (ABS-Sensorik, Gängigkeit der Gewinde etc.).

Als Radlagerwerkstoff für Wälzkörper, Innen- und Außenringe kommt in der Regel der klassische, durchhärtbare Wälzlagerstahl 100Cr6 (DIN 17230) zum Einsatz.

Bei integrierten Radlagereinheiten eignet sich dieser auch für eine induktive Randschichthärtung. Aufgrund der besseren Festigkeitseigenschaften werden für Flansche auch Stähle wie z. B. Cf54 oder C56 verwendet. Für eine ausführlichere Darstellung des Themas der Werkstoffauswahl sei an dieser Stelle auf die Literatur zur Gestaltung von Wälzlagern verwiesen [6].

12.5 Anforderung, Auslegung und Erprobung

Robert Plank, Peter Parteymüller und Werner Schlereth

Radträger und Radlager heutiger Großserienfahrzeuge müssen einer Reihe von Anforderungen entsprechend das vom Fahrzeughersteller vorgegebene Lastenheft erfüllen, bevor sie die Baumusterfreigabe erlangen. Im Einzelnen sind dies Vorgaben für die gesamte Fahrzeuglebensdauer bezüglich

- Laufleistung und Funktion,
- Geometrie und Befestigung,
- Werkstoff (Korrosion, Cadmium- und Cr-6-Freiheit),

- physikalischer Eigenschaften (Akustik, Festigkeit, Steifigkeit, Wärmebeständigkeit, Gewicht),
- Design, Ergonomie, Montage und Demontage,
- Umweltverträglichkeit, Recycling, Entsorgung,
- gesetzlicher Auflagen.

Die Anforderungen an die radführenden Bauteile werden vom Fahrzeughersteller experimentell und numerisch ermittelt, in Fahrversuchen verifiziert und achslastbezogen vorgegeben. Da die Belastungen im Kundenbetrieb noch nicht direkt ermittelt werden können, müssen die zu entwickelnden Bauteile in den hinsichtlich Gewichts und Motorisierung kritischen Fahrzeugen Mindestlaufstrecken auf Dauerlaufkursen nachweisen. Je nach Fahrzeughersteller unterscheiden sich die Auslegungsphilosophien und -strecken.

Sicherheitsrelevante Teile müssen so gestaltet sein, dass bei einer vorgegeben Laufleistung die Qualitätsanforderung des Fahrzeugherstellers sichergestellt ist. Eine Laufleistungsforderung bei 1 % vor Kunde und 0,1 % Ausfallwahrscheinlichkeit bedeutet z. B., dass der härteste von 100 Fahrern mit dem schlechtesten von 1000 Bauteilen die geforderte Kilometerleistung ohne Ausfall zurücklegen können muss.

12

Der Korrosionsschutz an Fahrwerksbauteilen ist so auszuführen, dass keine Beanstandungen von Kunden durch Korrosionserscheinungen innerhalb mehrerer Jahre zu erwarten sind. Die Vorgaben sind Fahrzeugherstellerabhängig. Als grober Mittelwert kann hier ein Zeitraum von 3 Jahren angesetzt werden. Für massive Stahlteile ist in der Regel ein einschichtiger Lackaufbau mit schichtbildender Vorbehandlung (z. B. Phosphatierung) und einer Schichtdicke von 20 µm ausreichend. An den Anlageflächen für Schraubverbindungen muss aufgrund des mechanischen Setzverhaltens der Beschichtung die Schicht-dicke begrenzt werden. Hohlraumbildende Fahrwerksteile müssen gesondert versiegelt und gegen kondensierende Feuchtigkeit geschützt werden.

Da eine vollständige Aufarbeitung sämtlich eingangs genannter Aspekte den Rahmen dieses Kapitels sprengen würde, sei an dieser Stelle auch auf ▶ Kap. 5 „Fahrwerkentwicklung“ verwiesen. Im Folgenden wird nur auf die Auslegungsmerkmale eingegangen, die nicht vom Fahrzeughersteller allein festgelegt werden.

Die Radlagerungen müssen die Führungsaufgaben für das Rad, die Bremsscheibe und den Impulsgeber des ABS-Sensors übernehmen (◘ Abb. 12.22).

Die Anforderungen an die Führungsgenauigkeit sind seit 1950 kontinuierlich gestiegen und liegen heute bei einer Planschlaggenauigkeit der Nabe mit aufgesetzter Bremsscheibe von kleiner 40 µm. Für die Radnabe heißt dies Planschlaggenauigkeiten von kleiner 15 µm bei Flanschdurchmessern von 150 mm und größer, was eine hohe Anforderung an die Genauigkeit des Fertigungsprozesses bedeutet. Anforderungen an die Planlaufgenauigkeit des ABS-Impulsgebers liegen heutzutage bei 100 bis 150 µm.

Die Forderung der Automobilhersteller zur Leichtbauweise der Fahrwerkskomponenten bei steigenden Achslasten bzw. Rad- und Antriebskräften bedeuten, dass der Radlager und seine unmittelbaren Umgebungsbauteile hinsichtlich der Lastübertragung vom Radaufstandspunkt in das Fahr-

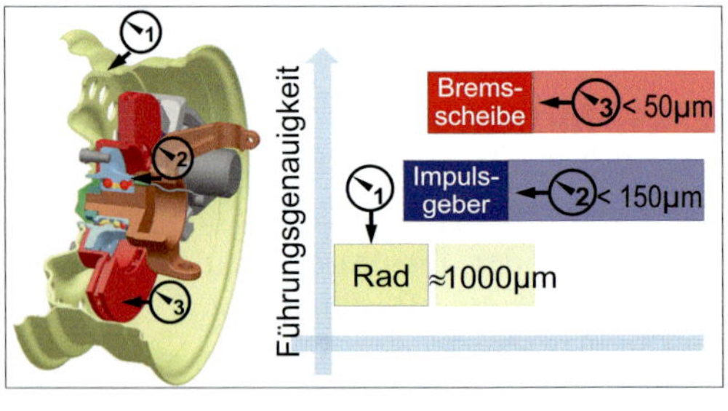

◘ **Abb. 12.22** Dreifache Führung im Radsystem

werk einen wachsenden Einfluss bei der Fahrwerksauslegung haben.

Im ◘ Abb. 12.23 sind die Reaktionskräfte in den beiden Radlagern einer Achse dargestellt, wie sie sich bei einer Kurvenfahrt rechts einstellen. Entsprechend den unterschiedlichen radialen und axialen Kräften im Radaufstandspunkt bilden sich die belasteten Zonen (Druckverteilungen) im Rollkontakt jeder Wälzkörperreihe aus.

Die Zusammenhänge bei der Übertragung der Radlasten machen es notwendig, bei der Bewertung der Bauteil- und Betriebsfestigkeit die beteiligten Komponenten in Berechnung und Versuch mit zu berücksichtigen. Das ◘ Abb. 12.24 zeigt den Kraftfluss vom Radaufstand über den Radlager und den Radträger in die Radaufhängung.

Die Aktionskräfte am Radaufstandspunkt werden über das Rad in die Radnabe übertragen. Im Wälzkontakt zwischen den Radlagerinnenringen, den Wälzkörpern und dem Lageraußenring entstehen Reaktionskräfte in radialer Richtung F_{R1} und F_{R2}, in axialer Richtung F_{A1} und F_{A2} sowie das Kippmoment $M_{Rdyn} = F_y\ R_{dyn}$ das durch die Seitenkraft F_y am dynamischen Reifenradius $R_{dyn,}$ erzeugt wird. Diese Kräfte und Momente werden in den Radträger weitergeleitet und in den Kinematikpunkten abgestützt. Im dargestellten Fall (◘ Abb. 12.24) sind dies die Querlenkeranbindung und das Federbein.

Wie schon zu Beginn des Kapitels erwähnt, ist bei den Anforderungen an die Funktion der Komponenten das Radmodul gesamthaft zu betrachten. Hierbei sind hinsichtlich der Betriebsfestigkeit zwei grundsätzliche Auslegungsziele zu beachten: Entsprechend den Beanspruchungsarten die statische und dynamische Bauteilfestigkeit der beteiligten Komponenten sowie die Überrollfestigkeit des Radlagers. Für die Auslegung der Bauteilfestigkeit werden die Anforderungen hinsichtlich Betriebsfestigkeit (lineares Bauteilverhalten) und Bauteilstabilität (nichtlineares Verhalten von Geometrie und Werkstoff) definiert. Die Beanspruchung des Bauteils bei normalen Betriebszuständen darf nicht zu einer Überschreitung der Materialstreckgrenze ($R_{p0,2}$) führen. Die Bauteilbeanspruchungen bei Sonderereignissen (Hindernisüber-

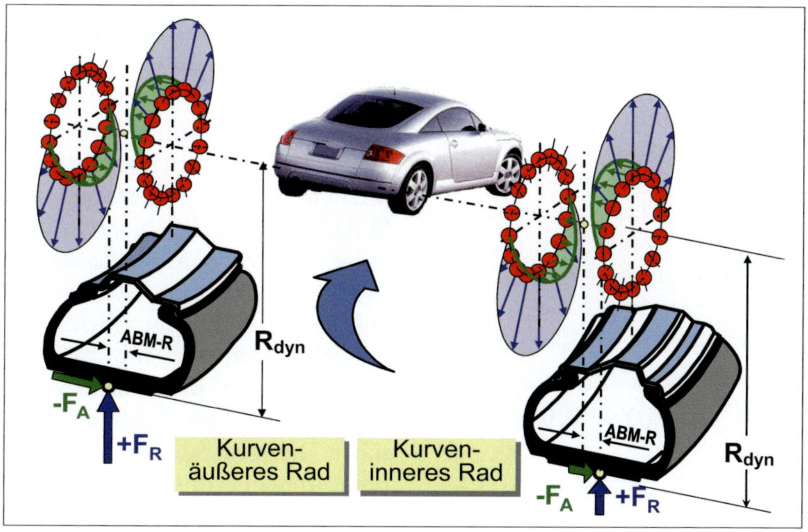

◘ **Abb. 12.23** Reaktionskräfte im Wälzkontakt bei Kurvenfahrt.

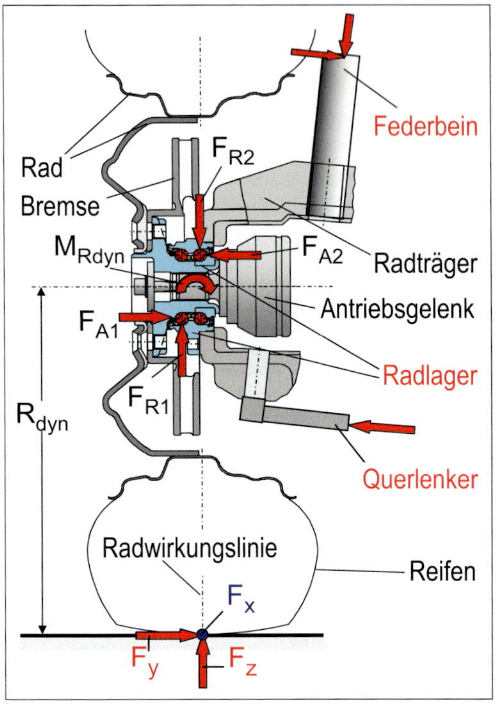

Abb. 12.24 Lastübertragung vom Radaufstandspunkt in die Radaufhängung

12

fahrt, Bordsteinanlauf etc.) dürfen zu leichten bleibenden Verformungen führen, ein Anriss ist nicht zulässig.

Die rechnerische Lebensdauervorhersage wird für die Bauteilfestigkeit der Komponenten Radnabe und Radflansch mit Bauteilwöhlerlinien abgesichert. Die Überrollfestigkeit (Ermüdungslebensdauer) des Radlagers im Wälzkontakt zwischen den Laufbahnen und den Rollkörpern (Kugeln/Rollen) wird nach einer 2-parametrigen Weibullverteilung berechnet, die folgende allgemeine Form hat:

$$F(t) = 1 - e^{-(t/T)^K} \text{für}\, F(t) = 0{,}05 \ldots 0{,}80 \tag{12.1}$$

F(*t* – Wahrscheinlichkeit dafür, dass ein Lager bis zum Zeitpunkt *t* ausgefallen ist,

T – Zeitpunkt für den Ausfall 63,2 % aller Versuchs- lager, d. h. $t = T$,

t – Ausfallzeitpunkt,

K – Maß für die Streuung der Ausfallzeiten (Weibull-neigung).

Nach der Ausfallverteilung lässt sich das Ermüdungsverhalten größerer Lagermengen gut beurteilen.

Das Radlager muss die Antriebskräfte in Drehbewegungen des Rades und damit in Bewegung des Fahrzeuges übertragen. Danach muss die Überrollfestigkeit im Wälzkontakt des Radlagers ermittelt werden. Darunter versteht man die Anzahl der Umdrehungen oder Laufkilometer, die das Radlager im Betrieb erreichen muss.

Für die Betriebs- oder Überrollfestigkeit des Radlagers sind nur die fahrdynamischen Radkräfte von Bedeutung. Spitzenwerte aus Sonder- oder Missbrauchsereignissen werden nicht als normale Betriebslasten bei der Ermittlung der Überrollfestigkeit der Radlager, jedoch bei der statischen Auslegung berücksichtigt.

12.5.1 Ermüdungslebensdauer (Überrollfestigkeit) des Radlagers

Bei der Dimensionierung der Wälzlagerungen der Räder unterscheidet man grundsätzlich zwei Berechnungsmethoden, ◘ Abb. 12.25 zeigt hierzu die Vorgehensweise. Die konventionelle Berechnungsmethode ist unter dem Zweig A dargestellt. Hierbei wird die Betriebsfestigkeit (Ermüdungslebensdauer) im Wälzkontakt als Grundlage für die Vorausberechnung der Lebensdauer des Radlagers mit analytischen herstellerspezifischen Berechnungsprogrammen ermittelt. Die DIN/ISO Norm 281 dient als Basis für die Auslegungsberechnung.

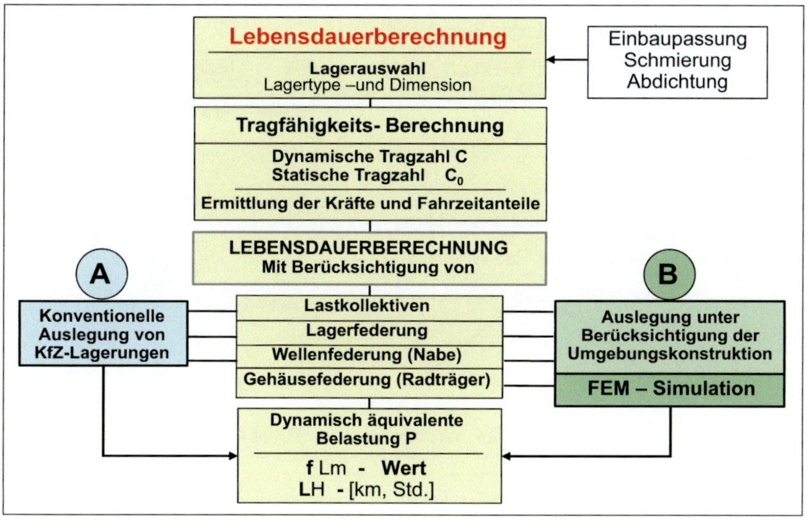

Abb. 12.25 Lebensdauerberechnung von Wälzlagern in Kraftfahrzeugen

Aus jahrzehntelangen Erprobungen wurde eine Basisgleichung für die Ermüdungslebensdauer entwickelt.Aus jahrzehntelangen Erprobungen wurde eine Basisgleichung für die Ermüdungslebensdauer entwickelt.

$$L = \left(\frac{C}{P}\right)^p \quad \text{in } 10^6 \text{ Umdrehungen}$$

$$L = \pi \cdot D_R \cdot \left(\frac{C}{P}\right)^p \quad \text{in km} \qquad (12.2)$$

L – nominelle Lebensdauer,

C – dynamische Tragzahl [kN],

P – dynamisch äquivalente Belastung [kN],

p – Lebensdauerexponent mit $p = 3{,}0$ für Kugellager und $p = 10/3$ für Rollenlager,

D_R – Raddurchmesser mit $DR = 2 \cdot R_{dyn}$ [mm].

Die erweiterte Lebensdauergleichung enthält Faktoren, die auch die Einflüsse aus Umfeldbedingungen, Schmierung, Materialien usw. berücksichtigen.

Für die Wälzfestigkeit (Anzahl der Überrollungen im Wälzkontakt) ist ein entscheidender Einflussfaktor die maximale Kontaktpressung unter den äußeren Kräften. Hier gelten für Kugellager (Punktberührung) die Gleichungen nach Hertz, für die maximale Flächenpressung p_0 mit.

$$p_0 = \frac{1,5}{\pi \cdot \mu \cdot \nu} \cdot \sqrt[3]{\left[\frac{E \cdot \sum \rho}{3\left(1 - \frac{1}{m^2}\right)}\right]^2} \cdot Q \quad \text{in N/mm}^2 \qquad (12.3)$$

E – Elastizitätsmodul des Wälzlagerstahles,

Q – Wälzkörperbelastung,

μ – Querkontraktionszahl der Kontaktkörper,

$\sum \rho$ – Krümmungsradien der Kontaktkörper in den Hauptkrümmungsebenen,

μ, ν – Hertzsche Beiwerte [6].

Neben den Radkräften selbst, die vom Radaufstandspunkt in das Radlager eingeleitet werden, bestimmen das Lagerbetriebsspiel, das die Lastverteilung im Lager beeinflusst, und der Kraftfluss der Radkräfte die Betriebslebensdauer des Radlagers. Entscheidend ist der Abstand der Radwirkungslinie zur geometrischen Lagermitte (ABM-R).

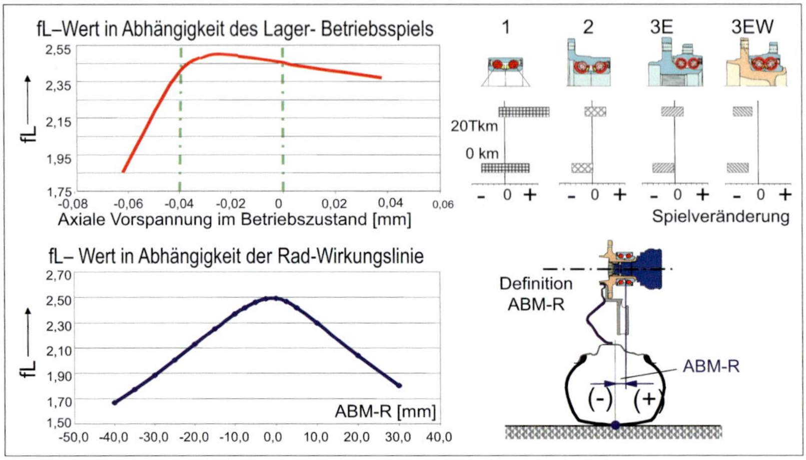

■ **Abb. 12.26** Zusammenhang zwischen Lagerbetriebsspiel, Radwirkungslinie und Lagerlebensdauer

12

Im ■ Abb. 12.26 rechts sind die beiden Einflussfaktoren und ihre Wirkung auf die Lebensdauer dargestellt. Als Lebensdauerkennwert ist die dimensionslose Kennzahl f_L über dem Lagerbetriebsspiel und dem ABM-R-Wert aufgetragen. Die Toleranzbereiche, die die optimale theoretische Ermüdungslaufzeit erwarten lassen, können abgelesen werden. Eine zu hohe Vorspannung führt zu einem starken Abfall der Lagerlebensdauer, wohingegen zu großes Betriebsspiel eine eher geringe Reduzierung der Lebensdauer, dafür aber Steifigkeitsverlust und Geräuschbildung erwarten lässt.

Oben rechts im Bild ist für die verschiedenen Lagergenerationen das Betriebsspiel im Neuzustand und nach ca. 20.000 km Laufleistung aufgetragen. Das Betriebspiel der wälzgenieteten Einheiten hat sich am wenigsten verändert und befindet sich auch nach dem Setzen aller Bauteile noch im günstigen Vorspannungsbereich. Für eine ausführliche Beschreibung der analytischen Berechnungsmethoden wird z. B. auf das Fachbuch eines Wälzlagerherstellers [7] verwiesen.

Für die Auslegung von Radlagern der aktuellen, gewichtsoptimierten Fahrzeuge genügt es nicht mehr, das Wälzlager als ein separates Bauteil mit starrer Umgebungskonstruktion zu betrachten und danach die Betriebslebensdauer zu berechnen.

Das bedeutet für die Berechnungs- und Entwicklungsabteilungen der Wälzlagerhersteller auch unter den Gesichtspunkten der Produkthaftung, dass die Konstruktion und die Auslegung auch den Zweig B im ■ Abb. 12.25 beinhalten muss. Hierbei wird die unmittelbare Umgebungskonstruktion (s. ■ Abb. 12.1) berücksichtigt, welche die Komponenten Schwenklager/Radträger, Federbein, Wälzlager, Bremsscheibe, Felge beinhaltet.

Mit der Übernahme der Verantwortung nicht nur für die Wälzfestigkeit des Radlagers bei der zweiten und dritten Generation (s. ■ Abb. 12.8), sondern auch für die Bauteilfestigkeit der Radnaben, die wie Radträger Sicherheitsbauteile sind, wurden numerische Simulationen (z. B. Spannungs- und Verformungsanalysen mit der FEM) zum Auslegungsstandard.

Aufgrund der kurzen Entwicklungszeiten sind diese in Kombination mit einer zuverlässigen Festigkeitsbewertung unverzichtbar [8].

Bei der Entwicklung von neuen Fahrzeugplattformen mit Leichtbaufahrwerken oder gewichtsoptimierten Gussradträgern werden die ungefederten Massen reduziert und es ist notwendig, die Umgebungsbauteile in die Berechnungsmodelle für die optimale Auslegung von Radlagern zu integrieren. Im ◘ Abb. 12.27 ist hierzu ein Berechnungsmodell dargestellt.

12.5.2 Bauteilfestigkeit und Kippsteifigkeit

Die Abb. 12.27 zeigt ein Radlager der 3. Generation integriert in die Umgebungsbauteile Radträger (Schwenklager) mit aufgesetzter Bremsscheibe und Bremse. Die Aktionskräfte der entsprechenden Fahrzustände werden hier an den Kinematikpunkten (s. auch ◘ Abb. 12.24) der Radaufhängung in das Radmodul eingeleitet. Die Gesamtstruktur wird über die Wälzlagerkugelreihen in der Rotationsachse der Radnabe abgestützt. Das Ziel dieser Systemanalyse ist die Ermittlung der Bauteilspannungen, des Deformationsverhaltens und der Kippsteifigkeit des Gesamtsystems sowie der Anteile der einzelnen Komponenten.

Der Einfluss der Fahrdynamik (Längs-, Quer- und Vertikaldynamik) auf die Betriebsfestigkeit des Radmoduls wird über Lastkollektive des Fahrzeugherstellers berücksichtigt. Zusammen mit den Werkstoffkennwerten und den zugehörigen Beanspruchungen wird eine Bauteilschädigung ermittelt, aus der sich die Betriebsfestigkeit ableitet. Hierfür existieren bereits kommerzielle Programme als Postprocessing einer gängigen FE-Spannungsanalyse.

In der Fahrzeughochrichtung (Vertikaldynamik) wirken vertikale Kräfte, die vorwiegend aus den Reifennormalkräften und den Brems- bzw. Beschleunigungskräften entstehen. Die Beeinflussungsgrößen des Radmoduls für Verbesserung der Vertikaldynamik liegen hier in der Massenreduzierung der Komponenten, z. B. der Radnabe und des Radlageraußenringflansches, oder in der Verwendung von Leichtbauwerkstoffen für den Radträger.

Das größere Potenzial für Verbesserungen liegt in der Querdynamik, wo hauptsächlich die Reifenseitenkräfte von der Fahrbahn auf die Radaufhängung übertragen werden. Für die Komponenten des Radmoduls bedeutet das, dass eine hohe Formänderungsenergie aufgenommen und an das Lenksystem und die Radführung weitergegeben werden muss. Für die Entwicklung und Optimierung neuer Radmodule ist es deshalb von großer Bedeutung, die Größenordnung der Anteile der Komponenten an der Aufnahme der Formänderungsenergie zu kennen um den Verkippungswiderstand in Fahrzeugquerrichtung bestimmen zu können.

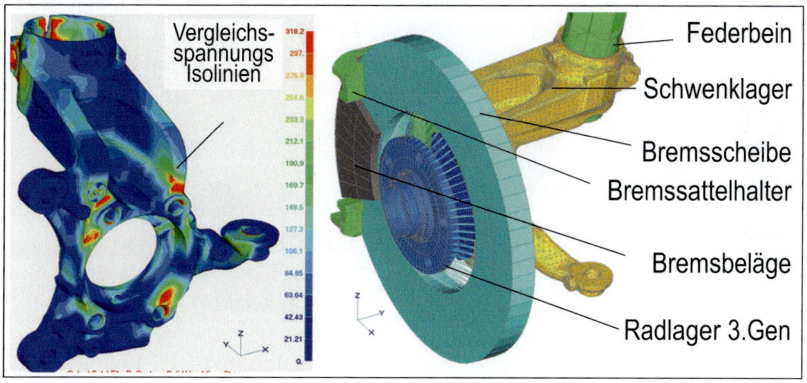

◘ **Abb. 12.27** FEM-Berechnungsmodell Radmodul (Radlager mit Umgebungsbauteilen)

Die Abb. 12.28 zeigt ein Balkendiagramm, in dem die Einzelkomponenten eines Radmoduls mit dem jeweiligen Anteil an der Kippsteifigkeit aufgetragen sind. Dargestellt sind die Werte aus der Kugel/Laufbahn-Kontakt, der Innenringradnabe, dem Außenringflansch und dem Radträger bei einer Kurvenfahrt mit einer Seitenbeschleunigung von $a/g = 0{,}6$. Um die Kippsteifigkeitsanteile separieren zu können, wurde in FEM-Analysen jeweils nur die zu beurteilende Komponente als elastisch mit den jeweiligen Elastizitätskonstanten wie E-Modul und Querdehnzahl definiert, alle anderen Komponenten waren als biegesteif angenommen.

Aus dem ◘ Abb. 12.28 ist ersichtlich, dass der größte Anteil von 40 % an der Gesamtkippsteifigkeit im Wälzkontakt aufgenommen wird. Hier werden die Radkräfte rotatorisch abgestützt und weitergeleitet.

Die Radnabe hat einen Anteil an der Kippsteifigkeit von 29 %, der Außenringflansch von 10 %, und der Radträger von 21 %.

Aufgrund der Interaktion zwischen den einzelnen Komponenten entspricht die Summe der Einzelanteile an der Kippsteifigkeit nicht der Gesamtsteifigkeit der Lagereinheit mit Radträger.

Mit diesen Ergebnissen sind die Ansatzpunkte für eine Optimierung des Systems bestimmt. Der Wälzkontakt ist z. B. auf Reduzierung der elastischen Verformung zu untersuchen, die durch bessere Nutzung des zur Verfügung stehenden Bauraums möglich ist. Dabei sind auch Kollisionsbetrachtungen zu den anderen Fahrwerkskomponenten durchzuführen.

Die inneren Konstruktionsparameter des Radlagers sind bei der Auslegung entsprechend zu optimieren.

Die Radnabe kann bei möglichst gleichem Gewicht in ihrer Form modifiziert werden. Der Außenring-Flansch ist ebenfalls durch entsprechende Formgebung und angepassten Herstellprozessen optimierbar.

In der ◘ Abb. 12.29 ist die Kippsteifigkeit der Komponenten als Funktion der Querdynamik (Seitenbeschleunigung bei Kurvenfahrt) bis $a/g = 1{,}2$ aufgetragen. Die Kurven für die Komponenten Radlagereinheit, Wälzkontakt und die Summenkippsteifigkeit (Radlager und Radträger) zeigen über dem allgemein üblichen Bereich der Querbeschleunigung, dass die Kippsteifigkeit in dem untersuchten Beispiel geringfügig nichtlinear verläuft. Man unterscheidet deshalb die Tangentensteifigkeit (nichtlinear) zur Sekantensteifigkeit (linear). Die

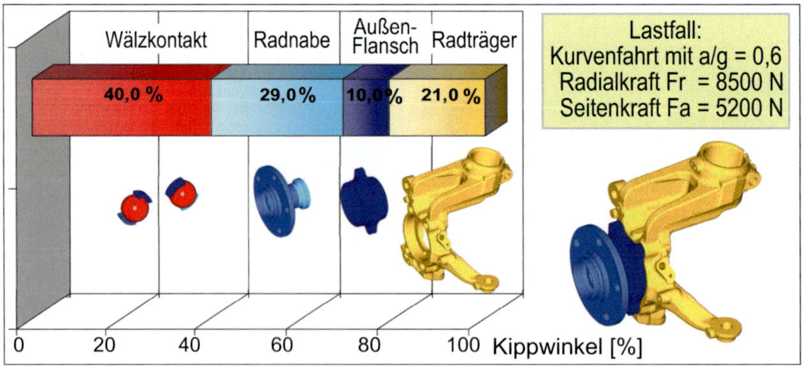

◘ **Abb. 12.28** Die Kippsteifigkeitsanteile von Radmodul-Bauteilen als Basis für die Komponentenoptimierung

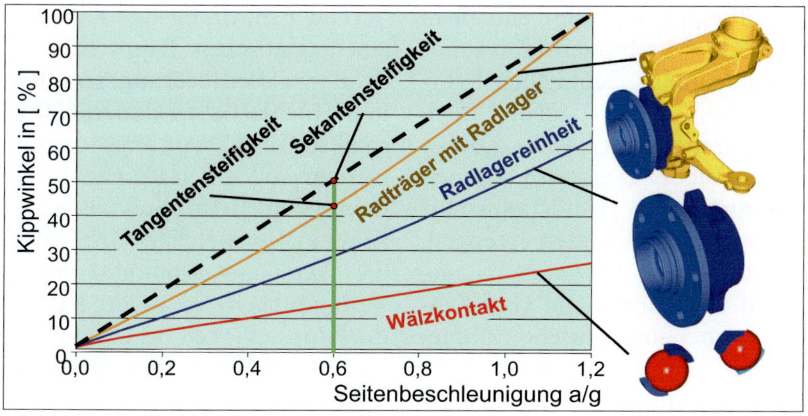

Abb. 12.29 Einfluss der Querdynamik auf die Kippfestigkeit der Komponenten des Rad-Moduls

Differenz bei einer Seitenbeschleunigung $a/g = 0{,}6$ beträgt ca. 10 %.

Die Radträger/Schwenklager sind seit vielen Jahren Gegenstand von Optimierungsanalysen, die vorrangig eine Gewichtsreduzierung als Ziel haben. Dies wird hauptsächlich durch Form- und Materialänderungen, z. B. hochfeste Aluminiumlegierungen, erreicht, wobei stets auch eine Kosten/Nutzen-Analyse durchzuführen ist. Wird das Radmodul bei Neuentwicklungen von Radträgern, insbesondere bei neuen Fahrwerkkonzepten, gesamthaft betrachtet, kann durch neuere Herstellprozesse und optimierte Geometrien die Systemsteifigkeit erhöht und damit die Radführung weiter verbessert werden.

12.5.3 Verifizierung durch Prüfmethoden

Radträger werden hinsichtlich Bauteilfestigkeit statisch und dynamisch auf servohydraulischen Prüfständen erprobt. Je nach Entwicklungsstufe erfolgt die dynamische Bauteilprüfung ein- oder mehrachsig, d. h., unter einer oder mehreren unabhängigen Belastungen. Die Last-Zeitverläufe für eine mehrachsige Bauteilerprobung werden mit dem Ziel der größtmöglichen Zeitraffung aus den am Prototypfahrzeug gemessenen Echtzeitsignalen abgeleitet, dabei werden unter Beibehaltung des Phasenbezugs die relevanten Lastkombinationen herausgeschnitten und schädigungsäquivalent wiederholt.

Die Lastfolge kann dann entweder als Echtzeitsignal (Frequenz und Phasenbezug originär), Kollektiv (ohne Frequenzinhalt) oder einfach als Lastfolgensimulation (Blockprogramm) oder Einstufenlast aufgebracht werden. Zur besseren Abbildung des Lastpfades erfolgt der Aufbau mit benachbarten Bauteilen. Da insbesondere bei Bauteilen aus Leichtbauwerkstoffen die Lebensdauer durch Schwingungsrisskorrosion herabgesetzt wird, empfiehlt sich die Erprobung bei schwingender Beanspruchung und gleichzeitigem Korrosionsangriff.

Der Umwelteinfluss kann durch Beregnung mit korrosiven Medien oder durch Klimakammern abgebildet werden, wobei auf ausreichende Trocknungsphasen zu achten ist. Bei Stahlwerkstoffen ist eine statische Korrosionsprüfung in einer Sprühnebelkammer zur Überprüfung der Beschichtung ausreichend. Während die einfachen Bauteilprüfungen noch mit Einzelzylindern auf einer Spannplatte mit Berechnung realisiert werden können, müssen die komplexeren Prüfungen auf mehrachsigen Achsprüfständen in Klimakammern erfolgen.

Vorzeitige Radlagerausfälle entstehen vorwiegend durch Missbrauchsfahrmanöver, wie Bordsteinanlauf, Schlagloch-Fahrten, Schwellenfahrten, bei nicht angepassten Geschwindigkeiten, oder Kollisionsereignissen. Solche Ereignisse können bleibende Verformungen (Stillstandsmarkierungen) in den Wälzkontakten erzeugen, die dann der Beginn der vorzeitigen Lagerermüdung sind. Das kann dann vom Fahrer akustisch durch Laufgeräusche wahrgenommen werden.

Eine Verminderung der Lagerbetriebslebensdauer kann auch durch anhaltend zu hohe Betriebstemperaturen im Lagerinnenraum (> 100 °C) entstehen. Defekte Bremsen oder extreme Bremsmanöver unter Volllast können hierfür die Ursache sein. Dabei kann der Schmierfilm im Wälzkontakt so beeinflusst werden, dass sich keine ausreichende Schmierfilmdicke ausbilden kann. Das führt zu Mischreibung (Schmierstoffmangel) und zu Verschleiß der Laufbahnen oder Wälzkörper, die letztendlich den Lagerausfall beschleunigen können.

Die Wälzfestigkeit und die Bauteilfestigkeit für die Wälzlagerungen im Fahrzeug werden im Versuchsfeld bei den Lagerherstellern an Muster- oder Serienteilen geprüft. Auch im Versuchsfeld sind die Prüfeinrichtungen so konzipiert, dass die Schnittstellenfunktion der Radlager im Fahrzeug durch die unmittelbar mitmontierten Original-Umgebungsbauteile und deren Umfeldbedingungen, (z. B. Aufheizen des Lagers durch Bremsvorgänge) der Realität nachgebildet wird.

In ◘ Abb. 12.30 ist eine Übersicht von wichtigen Radlagerprüfeinrichtungen dargestellt. Die Dichtheitsprüfungen werden mit äußeren Radlasten unter geschlossenem Gehäuse und direkter Beaufschlagung mit Schmutzwasser vorgenommen. Die hierbei entstehende Korrosion kann dann das Radlager in seiner Funktion beeinflussen (Verschleißbildung). Der Prüfling muss trotzdem eine Mindestlaufzeit bis zum Ausfall absolvieren.

Die Ermittlung der Kippsteifigkeit auf einem statischen Kippsteifigkeitsprüfstand dient zur Verifizierung von Berechnungen und Hochlastlebensdauerprüfungen (Überrollfestigkeit).Dazu werden Verkippungsmessungen vor und nach dem Prüflauf durchgeführt. Im direkten Vergleich ist erkennbar, in welcher Größenordnung sich die Verspannverhältnisse (kraftschlüssige Verbindungen) verändert haben und damit die Kippsteifigkeit beeinflusst wurde.

Die Flansch-Bauteilfestigkeitsprüfung erfolgt in Einstufenschwingversuchen auf Umlaufbiegeprüfständen. Bei hohen Biegemomenten muss im Zeitfestigkeitsbereich (LCF) eine vorgegebene Mindestschwingspielzahl erreicht werden. Das Grenzkriterium ist ein beginnender Riss im in der Anwendung rotierenden Teil.

Die Ermüdungslebensdauer oder Überrollfestigkeit im Wälzkontakt der Radlagerlaufbahnen wird auf Prüfeinrichtungen getestet, die mit Lastkollektiven nach Wälzlagerherstellervorschriften oder Vorgaben der Automobilhersteller betrieben werden können.

Axial- und Radiallasten können entsprechend den Fahrzuständen wechselnd und in richtiger Phasenlage zueinander aufgebracht werden. Hierbei ist es üblich die theoretische Ermüdungslebensdauer bei 10 % Ausfallwahrscheinlichkeit nach Weibull (L_{10}) rechnerisch zu ermitteln und eine Überrollfestigkeit in Stunden anzugeben. Diese wird der experimentell ermittelten Lebensdauer für 10 % Ausfallwahrscheinlichkeit ($B10$) gegenübergestellt. Abschaltkriterien werden je nach Kollektivart als Vielfaches der L_{10} angegeben.

Für Neuentwicklungen von Radmodulen kann eine Prüfeinrichtung genutzt werden, die neben den Radkräften auch Bremskräfte berücksichtigt. Es ist möglich, Fahrmanöver zu simulieren, die das Radmodul unter hohen Temperaturen, ausgelöst durch Extrem-Bremsungen (Einzelstopps, Doppelstopps), und gleichzeitig wirkenden Radkräften beanspruchen.

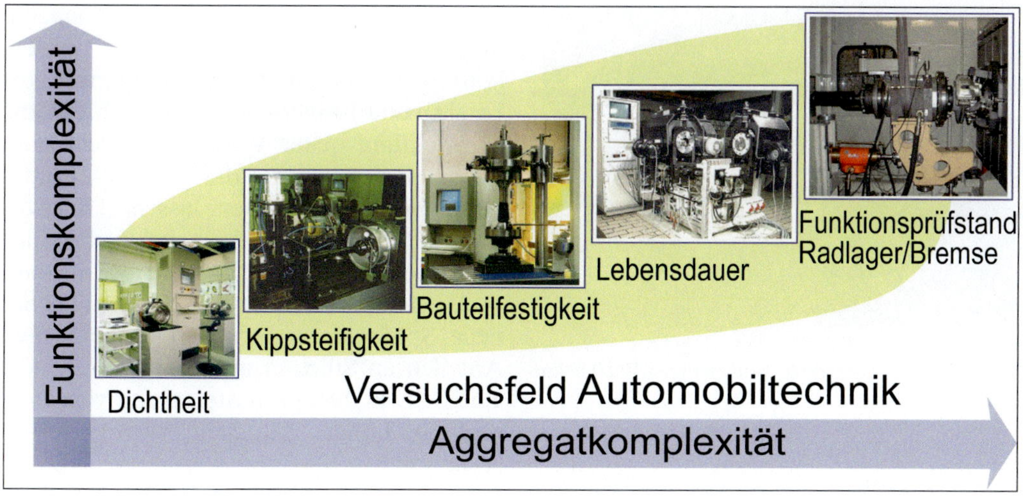

Abb. 12.30 Prüfeinrichtungen für Radlager im Fahrzeug

Auf dieser Prüfeinrichtung können auch Entwicklungsprüfungen von Radmodulen durchgeführt werden, die erweiterte mechanische und elektronische Funktionen integrieren z. B. ABS/ESP oder Messelemente für die Messung von Radkräften.

12.5.4 Symptome des defekten Radlagers

Metin Ersoy

Die Radlager sind echte Arbeitstiere. Obwohl im Fahrbetrieb sehr große Kräfte auf die Radlager wirken, halten sie durchaus einer Laufleistung von 180.000 km stand. Über diese Distanz rotiert so ein Lager etwa knapp 100 Mio. Mal [9].

Nun wie erkennt man, dass ein Radlager bevor er, wie In der Abb. 12.31 gezeigt, defekt ist [10]:

Geräusche In erster Linie sind es die schleifenden oder klackenden Geräusche bei Kurvenfahrten, die auf einen defekten Radlager hinweisen. Lenkt man das Auto in eine Kurve, nimmt man auf einer Seite des Fahrzeugs ein ungewohntes Geräusch wahr. Je älter und abgenutzter die Radlager sind, desto lauter wird das Geräusch. Auch bei geradeaus Fahrten sind irgendwann Geräusche festzustellen, wenn das Lager verschlissen ist.

Um festzustellen auf welcher Seite das Lager defekt ist, wird vor einer Kurvenfahrt in den Leerlauf geschaltet, um das Motorgeräusch zu reduzieren. Nimmt das brummende Geräusch der Radlager bei einer Rechtskurve zu, deutet dies auf ein defektes linkes Lager hin, da das linke Radlager bei einer Rechtskurve stärker belastet wird. Nimmt das Geräusch ab, ist vermutlich die rechte Seite defekt. Bei einer Linkskurve verhält sich die Geräuschentwicklung entgegengesetzt.

Ruckeln Ein weiteres Anzeichen ist eine ruckelnde Fahrweise. Dabei merkt man besonders im Lenkrad einige Erschütterungen, die von den Radlagern an das Fahrgestell weitergegeben werden. Wenn das Lenkrad ruckelt, sollte man eine Werkstatt aufsuchen. Je länger man wartet, desto größer ist die Gefahr, dass das Auto nicht mehr befahrbar ist.

Erhöhter **Kraftstoffverbrauch** ist ein weiteres mögliches Symptom eines Radlager-

Abb. 12.31 Ein defektes Radlager nach100.000 km Laufleistung [10]

schadens, bedingt durch den gestiegenen Widerstand eines defekten Lagers.

12.6 Ausblick

Robert Plank und Peter Parteymüller

Wie die Beschreibung des Stands der Technik in den vorhergehenden Abschnitten zeigt, können folgende Entwicklungstrends der letzten Jahre bzgl. Radlager und Radträger als abgeschlossen bezeichnet werden:

- vom Einzellager zur einbaufertigen integrierten Radlagereinheit → „for life“,
- vom Spiel zur Vorspannung → Führungsgenauigkeit,
- insbesondere bei geschleppten Achsen: von der lösbaren zur unlösbaren Verbindung → Wälznieten.

Wohingegen folgende Entwicklungstrends noch andauern und der zukünftige Stand der Technik noch nicht abzusehen ist:

- vom „schweren“ Radmodul zum „leichten und robusten“ Radmodul → Leichtbauradlagereinheit und Leichtbauradträger,
- vom „weichen“ Radmodul zum „steifen“ Radmodul → kurz und hochbauende Radlagereinheit,
- von der „Mechanik“ zur „Mechatronik“ → Kraftmessende Radlagereinheit.

Um der Forderung nach immer geringeren ungefederten Massen gerecht zu werden, konzentrieren sich die Anstrengungen bei Leichtbauradträgern hauptsächlich auf die Entwicklung neuer Werkstoffe oder neuer Fertigungsverfahren, die höhere Festigkeitskennwerte erwarten lassen. Hinsichtlich Werkstoffentwicklung seien hier als Beispiele einfach zu bearbeitende, austenitisch getemperte Gusseisen (ADI) [11] oder neue Sphärogusslegierungen mit erhöhten Anteilen an Silizium und Bor genannt, die eine Schwingfestigkeitssteigerung von 25 % und eine höhere Zähigkeit erwarten lassen [12].

Um Magnesiumlegierungen für Radträger in Großserie einsetzen zu können, sind noch weitere Anstrengungen bezüglich geeignetem Korrosionsschutz und ausreichender Festigkeit notwendig. Die in ► Abschn. 12.2 bereits erwähnten Verfahren Squeeze-Casting, Thixo-Casting, Rheo-Casting und Niederdruck-Sandguss sind allesamt Druckgussverfahren und lassen in Verbindung mit Aluminiumlegierungen einen weiteren Beitrag zum Leichtbau erwarten. Aufgrund der im Vergleich zu Standardverfahren heute noch höheren Fertigteilkosten, wird ein Serieneinsatz auf Sonderlösungen beschränkt bleiben.

Ein neues Verfahren kann sich nur dann auf dem Markt durchsetzen, wenn es den Gewichtsvorteil bei nahezu gleichen Kosten bieten kann. Zielführend erscheinen hier ein- oder mehrteilige Stahlblechkonstruktionen, wie z. B. ein in Abb. 12.32 gezeigter Radträger für eine McPherson-Achse [13].

Die Innen- und Außenschale werden zu einem Radträger verschweißt. 1. Generation Radlager in einem eingeschweißten Stahlring aufgenommen. Die Anbindung an das Federbein erfolgt über zwei Schrauben. Die Spurstange wird über eingeschweißte massive Anbindungsstücke befestigt. Federbein und Bremssattelanbindung sind durch Distanzstücke versteift. Als

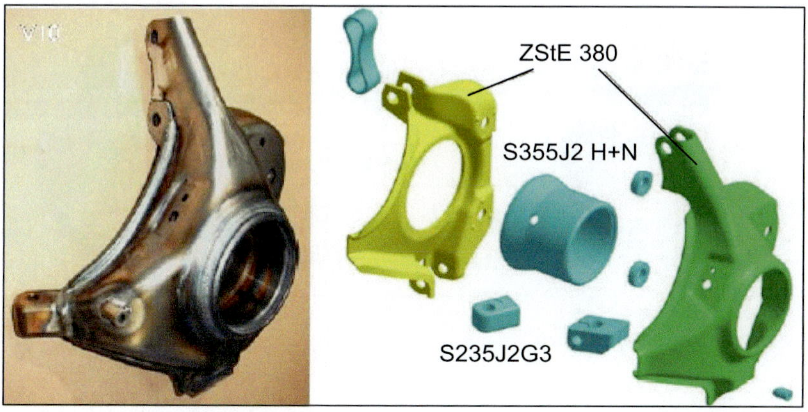

Abb. 12.32 Leichtbauradträger aus Stahlblechteilen [13]

Werkstoff für die Schalen wurde ZstE380 verwendet.

Die Gewichtseinsparung am gewählten Fahrzeug der Kompaktklasse beträgt lt. Hersteller ca. 0,7 kg pro Radseite. Verglichen mit einem Eisenguss-Radträger ist der Stahlblech-Radträger ca. 20 % leichter [13]. Es lässt sich noch weiter Gewicht einsparen, wenn in den Schalenradträger der Außenring der Radlagereinheit unlösbar integriert wird. Die zylindrische Radlageraufnahme könnte dann entfallen.

Eine deutliche Gewichtsreduzierung kann auch durch den Einsatz einer Leichtbauradlagereinheit, wie sie in Abb. 12.33 dargestellt ist, erreicht werden. Der massive, geschmiedete Außenring einer Radlagereinheit der 3. Generation wird durch einen Leichtbau-Außenring ersetzt. Dieser wird sowohl in den Radträger eingepresst als auch am Bund mit Schrauben fixiert, was einer Kombination der bekannten Montagemöglichkeiten entspricht. Die Verschraubung des Lagers erfolgt durch zusätzliche Bohrungen im Flansch. Mikrobewegungen des Außenrings werden so wirksam verhindert und der Haltebord in der Radträgerbohrung kann entfallen. Diese Lösung kann sowohl in Stahl- als auch Aluminiumradträgern angewendet werden und bringt an einer Radlagerung für ein Fahrzeug der unteren Mittelklasse (Vorderachslast 1250 kg) eine Gewichtseinsparung von 0,45 kg, d. h., ca. 15 % bezogen auf die Radlagereinheit.

Da durch den Presssitz der Kraftfluss im Radträger günstiger ist, kann der Serienradträger optimiert und seine Masse um weitere 0,23 kg reduziert werden. In Verbindung mit dem Leichtbau-Außenring ergibt sich so in Summe eine Massenreduzierung an der Einheit Radträger – Radlager um ca. 10 % bzw. fast 0,7 kg.

Weiteres Potenzial zur Gewichtsreduzierung bietet der massive Flansch durch sternförmige oder verrippte Radnabenkonstruktionen. Die Herausforderung liegt jedoch darin, eine, verglichen mit dem Vollflansch, gleiche oder höhere Verwölbungssteifigkeit zu erreichen, um den dynamischen Planschlag der Bremsscheibe oder das Risiko von Radschraubenlösen zu minimieren.

Der Einsatz der Leichtbauradlagereinheit ermöglicht die Verwendung neuer ABS-Sensorkonzepte (Abb. 12.34). Das Konzept mit radialem Abgriff (links) lässt eine robustere Sensorfunktion, da Einflüsse aus der Positionierung des Sensors im Radträger minimiert sind und somit die Luftspalttoleranzen sich weiter einschränken lassen.

Abb. 12.33 Leichtbau-Radlagereinheit

Ein weiteres Konzept ist im Abb. 12.34 rechts dargestellt und erst durch den Entfall des Haltebordes im Radträger umsetzbar. Das ringförmige Gehäuse kann als Vordichtung für das Lager genutzt und das Sensorkabel einfacher geführt werden. Zusätzlich lässt sich eine bessere Kontrolle des Luftspalts realisieren, wenn der Sensor über den Ringträger direkt mit dem Lager verbunden ist. Allgemein geht der Trend bei den ABS-Sensoren hin zu intelligenteren Sensoren (s. ► Abschn. 12.34). Potenziale zur weiteren Gewichtsreduzierung liegen in der Gestaltung der Schnittstelle Radnabe-Bremsscheibe.

12

Abb. 12.35 zeigt eine „Mäandernabe", die in Kombination mit einem geänderten Bremsscheibentopf eine Gewichtsreduzierung von ca. 0,7 kg ermöglicht. Die modifizierte Nabe leistet einen Beitrag von 0,2 kg, wohingegen 0,5 kg aus der Bremsscheibenmodifikation resultieren. Durch rechnerische und experimentelle Analysen lässt sich nachweisen, dass sich bei entsprechender Gestaltung des Bremsscheibentopfes die Schirmung der Bremsscheibe wegen der Montage um ca. 1/3 reduziert.

Der auf 50 % reduzierte Planschlag zeigt, dass sich die Schnittstelle robuster gegen ungleichmäßiges Anziehen der Radschrauben verhält. Eine der fünf Radschrauben wurde nur mit der Hälfte des vorgeschriebenen Momentes angezogen (Abb. 12.35, unten).

Radlagereinheiten, bei denen das homokinetische Gelenk mit in die Lagerung einbezogen wird, können ebenfalls einen Beitrag zur Gewichtsreduzierung und der Fahrdynamikverbesserung leisten.

Seit langem wird an dieser „4. Generation" gearbeitet und es wurden integrierte sowie gebaute Lösungen erprobt (Abb. 12.36) [14].

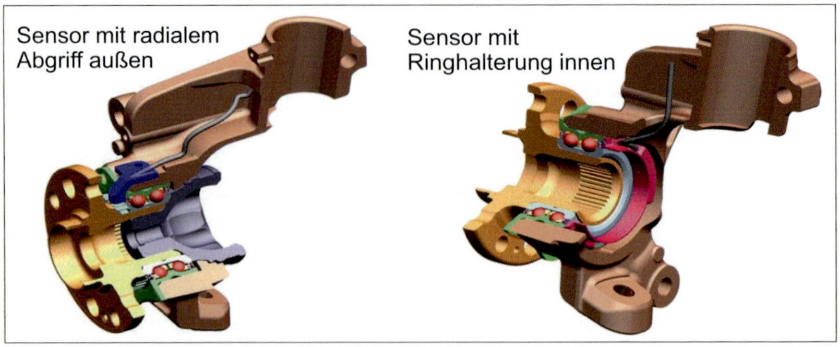

Abb. 12.34 Neue ABS-Sensorkonzepte

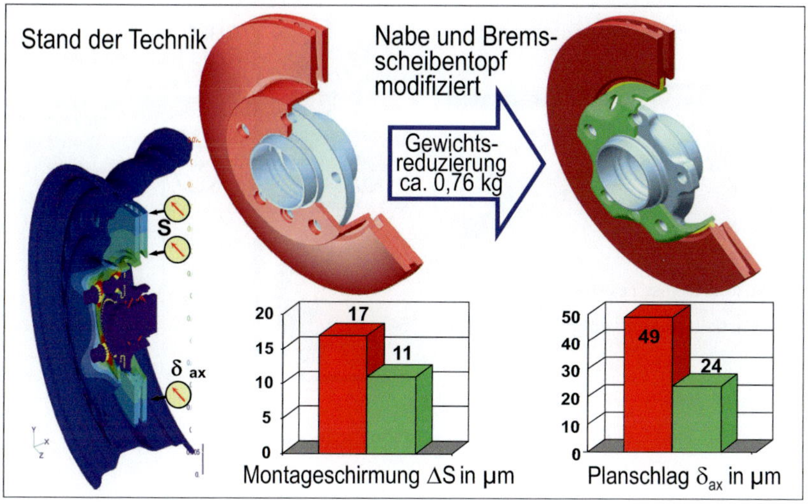

Abb. 12.35 Modifikation der Schnittstelle Radnabe-Bremsscheibe

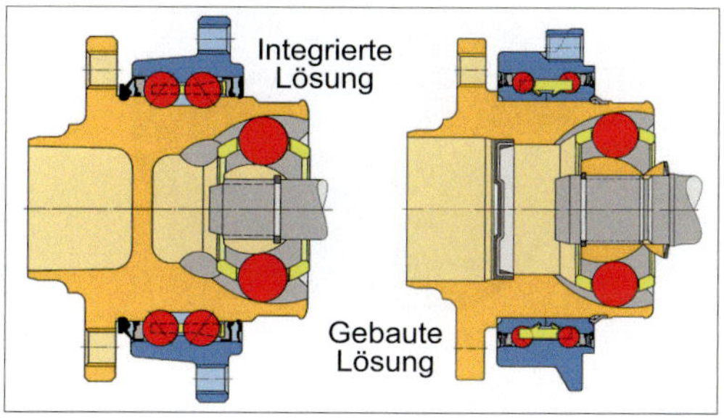

Abb. 12.36 Radlagereinheit der 4. Generation

Die unterschiedlichen Arten der Integration der Gelenkaußenkontur in die Radlagereinheit haben jedoch alle den Nachteil, dass sie für die Montage einen Radträger benötigen, der entweder eine ausreichend große Bohrung zum Durchschieben des Gelenkes oder eine Teilung für die Montage von unten vorsieht. Dem Gewichts- und Bauraumvorteil steht daher der Nachteil einer aufwendigeren Montage am Fahrzeug gegenüber. Ein Durchbruch der 4.Generation ist z.Z. nicht in Sicht.

Um das Bremsenverhalten hinsichtlich NVH und Verschleiß zu verbessern, muss die Kippsteifigkeit des Systems erhöht werden. Eine Möglichkeit hierzu stellen kurze und hochbauende Radlagereinheiten (RHM, *Rigid Hub Module*) dar, mit denen die Bremsscheibenauslenkung deutlich reduziert werden kann.

Für die Ausführung in Abb. 12.37 ergibt sich bei einem Bremsscheibendurchmesser von 200 mm eine Reduzierung der maximalen Bremsscheibenauslenkung um etwa 40 %. Neben dem zu erwartenden besseren Bremsverhalten erlaubt die Kurzbau-Radlagereinheit die Verwendung von Kurzzapfengelenken. Dadurch wird der Gelenkmittelpunkt zur Fahrzeugaußenseite verschoben, sodass sich Störmomente reduzieren und ein größerer Lenkeinschlag umsetzen lässt. Die Steifigkeit des Lagers kann auch erhöht werden, indem bei gleichem Reihenabstand der Teilkreis der äußeren Wälzlagerreihe vergrößert und so die Anzahl der Wälzkörper erhöht wird.

Zur Reibungsminimierung kann das vierreihige Schrägkugellager beitragen (Abb. 12.38), wenn man die Kegelrollenlagerreihen durch zwei Kugellagerreihen ersetzt. Aufgrund des Punktkontaktes und der entfallenden Bordreibung weist es ein geringeres Reibmoment als Kegelrollenlager auf. Zusätzlich wird eine höhere Kur-

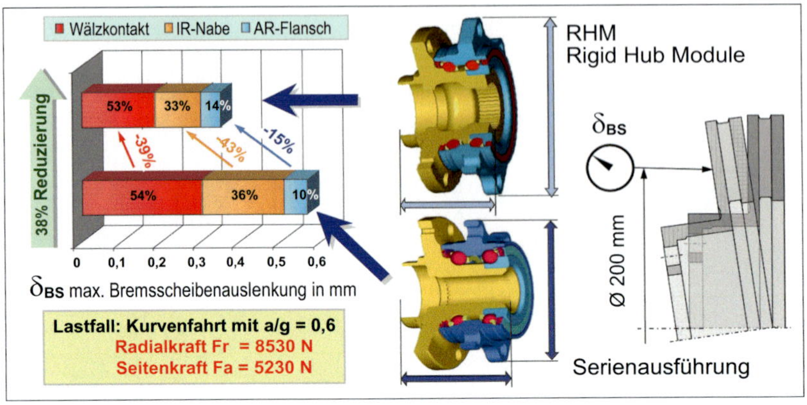

Abb. 12.37 Bremsscheibenauslenkung der kurz- und hochbauenden Radlagereinheit

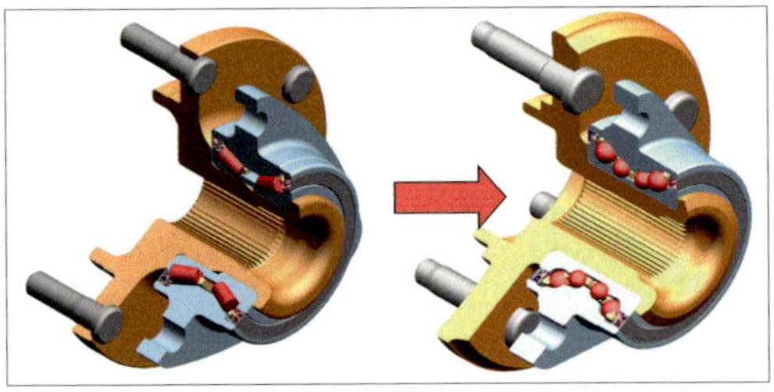

Abb. 12.38 Vierreihiges Schrägkugellager

Abb. 12.39 Verbindung der Seitenwellen mit der Radlagereinheit über eine Stirnverzahnung [15]

vensteifigkeit erreicht. Wegen seiner hohen Tragfähigkeit ist es für den Einsatz im SUVs geeignet. Wegen den Mehrkosten schaffte sie noch nicht den Serieneinsatz.

Eine weitere Innovation ist die Verbindung der Seitenwellen mit der Radlagereinheit über eine Stirnverzahnung (Abb. 12.39) an Stelle einer Radialverzahnung. Vorteile dieser Bauform, die mittlerweile im Serieneinsatz ist, sind im wesentlichen Gewichtsersparnis und eine vereinfachte Montage [15].

Einen Beitrag zum „Global Chassis Management" kann das kraftmessende Radlager leisten (Abb. 12.40). Alle Kräfte werden im Radaufstandspunkt betragen und durch das Radlager in das Fahrwerk geleitet. Die sich einstellenden Druckverteilungen im Rollkontakt der Wälzkörperreihen sind charakteristisch für jeden Fahr-zustand und lassen auf die zugehörigen Radkräfte und -momente zurückschließen (Abb. 12.40, oben). Die geometrische Gestaltung des Außenringes erlaubt es, dass der Bremssattelhalter direkt mit dem Radlager verbunden wird und die Bremskräfte der Betriebsbremse sich so ebenfalls korrekt messen lassen (Abb. 12.40, links). Dehnungsempfindliche Sensoren und ASIC mit Signalaufbereitung, sowie speziellem Auswertealgorithmus auf dem Außenring, sorgen für die Weitergabe der gemessenen Kräfte an den Datenbus des Fahrzeugs (Abb. 12.40, rechts).

Erste Prototypen wurden bereits erfolgreich erprobt, ein Einsatz in Großserie dürfte jedoch erst nach 2030 realistisch sein. Gegenüber anderen Systemen (Kraft-

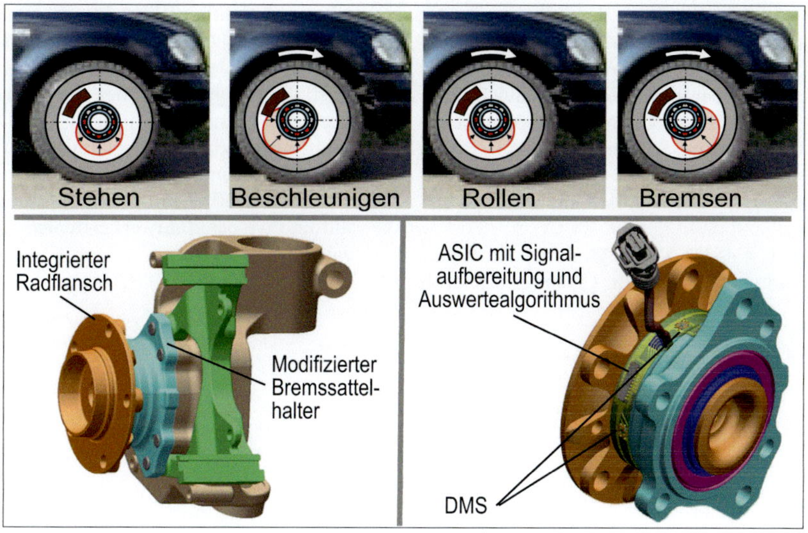

Abb. 12.40 Rad- und Bremskraftmessende Radlager

messfelge, Side Wall Torsion Sensor) besitzt die Radkraftmessung im Radlager mehrere Vorteile: Die Kräfte werden am ersten stehenden Teil zwischen der Kontaktstelle Fahrbahn–Reifen und Fahrwerk gemessen, Radlager sind für die Fahrzeuglebensdauer ausgelegt und Ungenauigkeiten durch das Übertragungsverhalten von Bauteilen oder die Integration indirekter Größen, wie z. B. Beschleunigungen, entfallen.

Radkraftbasierte Fahrdynamik-Regelsysteme lassen eine erhöhte Fahrsicherheit und verbesserte Fahrdynamik bei gleichzeitig niedrigerem Verbrauch erwarten, wenn die funktionale Systemintegration von Antrieb, Fahrwerk, Lenkung und Bremse gelingt.

Die individuelle Regelung von Antriebsmoment, Radstellung und Radlast ermöglicht die optimale Ausnutzung des Reifenkraftpotenzials.

Als möglicher Nutzen für Automobilhersteller und Endkunden zeichnen sich ab:

- Bremswegverkürzung,
- Antriebs-/Bremsmomentenverteilung,
- verbesserte Kurvendynamik,
- Schwimmwinkelregelung,
- Reifenzustandserkennung,
- Reibbeiwertmessung,
- Redundanzinformation für X-by-wire, Fatigue/Misuse-Monitoring.

Literatur

1. Frantzen, M., David, W., Simon, M., Ohraaho, L.: Reduktion störender Lenkmomente. ATZ **106,** 434–440 (2004)
2. Menge, M., Rath, D., Zeuner, T.: Neue Fahrwerksteile aus Aluminiumguss. ATZ **107,** 195–197 (2005)
3. Neuwirth, H.: Die Kunst der leichten Bauteile. Das ZF- Magazin, S. 45–49 Drive 1–2014
4. Hofmann, H., Tröster, M.: Kraftfahrzeug-Radlagerungen: Aktuelles für die Großserie. In: Wälzlagertechnik 1983–2 und 1984–1, S. 20–27
5. Hofmann, H., Feser, W.: Kraftfahrzeug-Radlagerungen: Tendenz zu Lagerungseinheiten auch bei nichtgetriebenen Rädern. In: Wälzlagertechnik 1985, S. 12–18
6. Brändlein, J., Eschmann, P., Hasbargen, L., Weigand, K.: Die Wälzlagerpraxis. Vereinigte Fachverlage, Mainz (1998)
7. Hofmann, H., Bayer, O.: ABS-fähige Radlager. In: Wälzlagertechnik Industrietechnik (1990)
8. Partheymüller, P., Krautkrämer, B.: Effiziente Betriebsfestigkeitsauslegung von Radlagereinheiten höherer Generation. In MP Materials Testing **52**(7–8), 452–456 (2010)

9. ► https://praxistipps.focus.de/radlager-ist-defekt-das-kann-passieren_51760
10. ► https://www.autobild.de/artikel/radlager-wechseln-symptome-reparatur-kosten-10686899.html
11. Stauber, R. C., Cecco, C.: Moderne Werkstoffe im Automobilbau. In: Sonderausgabe ATZ/MTZ (2005)
12. Menk, W.: Eisen sticht Alu. Automob. Ind. **3,** 78–79 (2004)
13. Bender, H. J., Cussler, K. H., Hummel, R., Reintgen, P., Lindtner, E., Soproni, I.., Jung, U.: Innovatives Leichtbauschwenklager aus geschweißten Stahlblechen. Darmstadt: DVM-Bericht 132 (2005)
14. Pösl, W.: Lagerungen der Vorderräder frontgetriebener Personenkraftwagen. In: Das moderne Kraftfahrzeug – eine Herausforderung an die Wälzlagertechnik S. 24–29 (1983)
15. ► www.schaeffler.de/de/produkte-und-loesungen/automotive-oem/fahrwerksysteme/. Zugegriffen: Jan 2024

Reifen und Räder

Reinhard Mundl, Burkhard Wies, Heiner Volk, Carsten Schröder, Metin Ersoy, Carla Recker, Thomas Becherer und Bernhard Schick

Inhaltsverzeichnis

M. Ersoy et al. (Hrsg.), *Fahrwerkhandbuch*,
ATZ/MTZ-Fachbuch, https://doi.org/10.1007/978-3-658-48104-9_13

In der System Fahrzeug-Straße nimmt der Reifen eine hervorgehobene Rolle ein. Als Bindeglied Fahrbahn-Fahrzeug überträgt er alle Kräfte und Momente. Sein Übertragungsverhalten geht voll in Sicherheit, Fahrverhalten und Komfort des Gesamtfahrzeugs ein.

Reifen ist sicherlich das wichtigste Fahrwerkkomponente. Die dynamischen Eigenschaften eines Fahrzeuges werden maßgeblich durch das Reifenverhalten beeinflusst. Radlast, Federung, Dämpfung, Achskinematik und Fahrwerkselastizitäten, Fahrwerkregelsysteme, Motorleistung und Fahrzeuggeschwindigkeit sowie die Einsatzart haben dagegen einen großen Einfluss auf die Auslegung von Reifen (◘ Abb. 13.1).

13.1 Anforderungen an den Reifen

Reinhard Mundl, Burkhard Wies, Heiner Volk und Carsten Schröder

Beim pneumatischen Reifen ist das unter Überdruck eingeschlossene Gas oder Gasgemisch das tragende Element. Die Hülle bestimmt nach Form, konstruktiver Auslegung und Material weitgehend die Gebrauchseigenschaften des Reifens. An diese Eigenschaften werden von der Kfz-Industrie, dem Endverbraucher und zunehmend auch von Verbraucherverbänden und vom Gesetzgeber Anforderungen gestellt, die nicht immer miteinander in idealer Weise vereinbar sind. Gegensätzliche Anforderungen wie Fahrbahnhaftung und Rollwiederstandführen zu Zielkonflikten, die zu lösen sind.

Reifen werden im harten Wettbewerb nach den Pflichtenheften der Fahrzeugindustrie und den Vorgaben der Reifenhersteller stetig weiterentwickelt. So stellen die heutigen im Markt befindlichen Serienreifen einen weitgehend ausgewogenen Kompromiss dar, der allen Belangen der Fahrsicherheit, des Fahrkomforts, des Lenkverhaltens, der Fahrstabilität und der Wirtschaftlichkeit, aber auch den verstärkten Forderungen des Umweltschutzes in einer für den Verbraucher vernünftigen Weise Rechnung trägt.

13.1.1 Gebrauchseigenschaften

Reinhard Mundl, Burkhard Wies und Metin Ersoy

Die Entwicklung von Reifen wird entscheidend durch die sich ständig ändernden und darüber hinauswachsenden Anforderungen

13

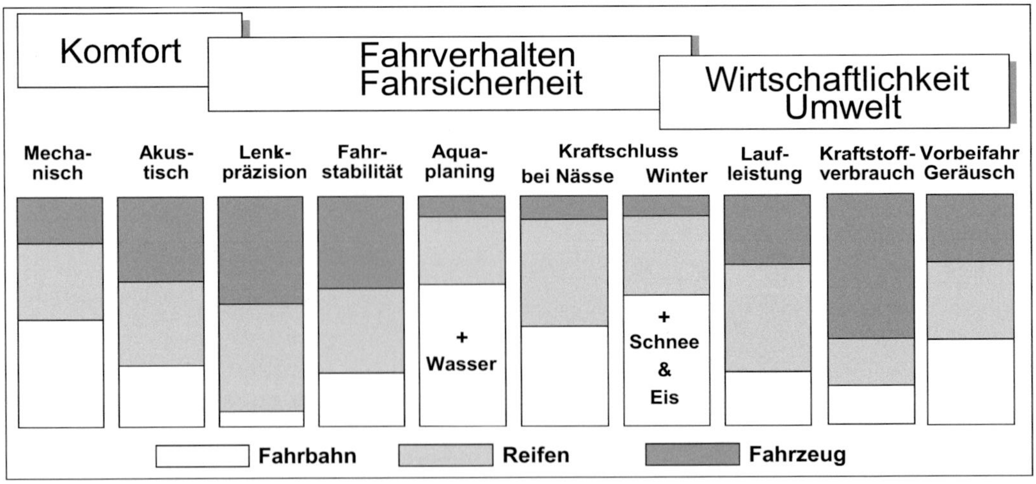

◘ Abb. 13.1 Einfluss von Fahrbahn, Reifen und Fahrzeug auf die Gebrauchseigenschaften

der Hersteller an die Kraftfahrzeuge beeinflusst.

Die ◘ Tab. 13.1 zeigt die typischen Abhängigkeiten von Einflussgrößen der Reifenauslegung auf die Gebrauchseigenschaften. Diese beschreiben für den Verbraucher die einzelnen Eigenschaften der Reifen und sind immer in Verbindung mit Fahrzeug, Straße und Fahrer zu sehen. Zur Ermittlung dieser Eigenschaften werden Versuche durchgeführt, die nach subjektiven und objektiven Kriterien bewertet werden. Gebrauchseigenschaften dienen zur Bewertung in Hinblick auf die jeweilige Kundenerwartung.

Da sich die Rahmenbedingungen im Laufe der Zeit ändern, unterliegen auch die Anforderungen an die Gebrauchseigenschaften einem zeitlichen Wandel.

Die Entwicklung im Automobilbau hat in Verbindung mit dem Ausbau des Straßennetzes dazu geführt, dass die Anforderungen an Reifen gestiegen sind. Dieser Anstieg wird auch deutlich an der Zahl der Gebrauchseigenschaften, die heute im Rahmen technischer Reifenfreigaben geprüft werden müssen.

1960 gab es für Pkw-Reifen im Wesentlichen 10 Kriterien, die am Fahrzeug oder auf dem Prüfstand untersucht und bewertet wurden. Es waren z. T. sehr spezielle Einzelmerkmale, wie z. B. Schienenführigkeit (die Fähigkeit des Reifens, das Fahrzeug ohne Seitenversatz aus den Straßenbahnschienen hinauszuleiten, ein bei den damaligen Diagonalreifen wichtiges Kriterium), z. T. aber auch sehr pauschale Merkmale wie Kurvenfahrt.

In den Jahren danach erwies sich eine feinere Aufteilung des Beurteilungsgitters als sinnvoll, um seitens der Reifenhersteller eine gezielte Optimierung der Reifen im Hinblick auf besondere fahrzeugspezifische Probleme durchführen zu können. Parallel dazu führte der Übergang vom Diagonal- zum Radialreifen zum Wegfall einiger Beurteilungskriterien, die für Radialreifen nicht relevant waren.

Heute hat sich ein Beurteilungskatalog mit fast 50 einzelnen Beurteilungskriterien als sinnvoll herausgestellt (◘ Tab. 13.2). Die darin aufgeführten fahrdynamischen Beurteilungskriterien werden dabei unter rein Reifenspezifischen Gesichtspunkten betrachtet, d. h. es wird nur der Einfluss des Reifens auf das Verhalten des Gesamtfahrzeugs untersucht.

Die subjektive Bewertung eines Kraftfahrzeugs stellt auch heute immer noch den Maßstab dar, ob ein Reifen für ein bestimmtes Fahrzeug geeignet ist. Trotzdem werden große Anstrengungen unternommen, die Bewertung mehr objektiv vorzunehmen. Der Vorteil der objektiven Bewertung ist die größere Reproduzierbarkeit und

◘ **Tab. 13.1** Einfluss der Reifenparameter auf die Gebrauchseigenschaften

Einfluss \ Eigenschaft	Naßgriff	Geräusch	Laufleistung	Rollwidertand	Aquaplaning	Qualität
Form, Kontur	◉	◉	◉	●	●	◉
Profil	●	●	◉	◉	●	◉
Material	●	◉	●	●	◉	◉
Konstruktion	◉	◉	●	◉	◉	◉
Herstellprozess	○	○	○	◉	○	●

Tab. 13.2 Übersicht über Bewertungskriterien

Fahrkomfort	Lenkverhalten	Fahrstabilität
Federungskomfort	... im 0°-Bereich	Geradeausstabilität
Geräuschkomfort	... im Proportionalbereich	Kurvenstabilität
Laufruhe	... im Grenzbereich	Bremsen in Kurven
	Lenkpräzision	
Kraftschluß	**Haltbarkeit**	**Wirtschaftlichkeit/Umwelt**
Traktion	Strukturelle Dauerhaltbarkeit	Lebenserwartung
Bremsweg	Hochgeschwindigkeitstüchtigkeit	Rollwiderstand
Rundenzeiten	Platzdruck	Runderneuerungsfähigkeit
Aquaplaning	Durchschlagsfestigkeit	Vorbeifahrgeräusch

die bessere Erklärbarkeit der Ergebnisse durch eine physikalische Beschreibung.

Kennt man die Physik hinter einer Reifeneigenschaft, kann eine Optimierung bezüglich der gewünschten Eigenschaft gezielt erfolgen.

Für den Bereich Fahrkomfort z. B. wurde durch Messung der Beschleunigungen an der Hinterachse eines Pkw bei der Überfahrt einer Schlagleiste ein Zusammenhang zwischen der subjektiven Beurteilung und den Spitzenwerten der Beschleunigung im Frequenzbereich bis 100 Hz gefunden (Abb. 13.2).

Der Winterreifen regt bei der vertikalen Beschleunigung die Achse mit seiner Vertikalmode (ca. 75 Hz) wesentlich stärker an als der Sommerreifen, dessen Frequenz um ca. 10 Hz höher liegt. Diese fahrzeugspezifische Anregung wird im Fahrzeug als Dröhnen wahrgenommen. Beim Sommerreifen ergibt sich eine stärkere Anregung der zweiten Vor- und Rückmode bei ca. 55 Hz.

Durch Identifikation der Eigenmoden der Reifen aus den gemessenen Beschleunigungsfrequenzspektren am Fahrzeug lassen sich die vorhandenen Frequenzspitzen erklären und die notwendigen konstruktiven Änderungen vornehmen. Auch beim Reifenfahrbahngeräusch ist die Wechselwirkung mit der Fahrbahn entscheidend. Abb. 13.3 zeigt, dass die Bandbreite der Geräuschentwicklung infolge unterschiedlicher Fahrbahnoberflächen größer ist als die Bandbreite durch Reifengrößen und Profilausführungen.

Zur Beurteilung des Fahrverhaltens im Proportionalbereich, d. h. bei Querbeschleunigungen bis zu 0,4 g, lassen sich zusätzlich zur subjektiven Beurteilung die

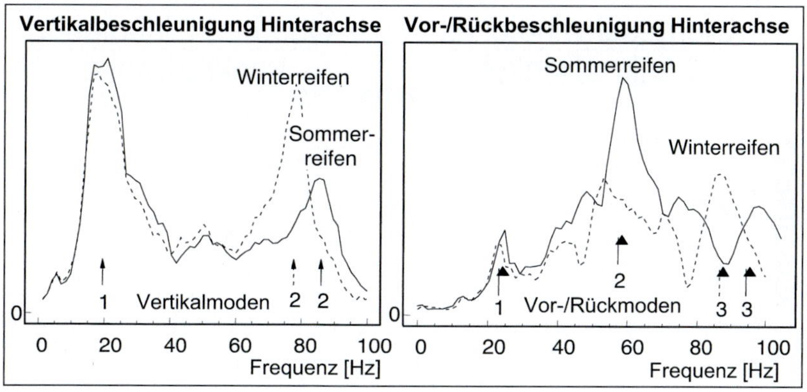

Abb. 13.2 Komfort-Vergleich von Winter- und Sommerreifen bei Überfahrt einer Schlagleiste (Zahlen im Bild geben die Ordnung der Eigenfrequenzen wieder)

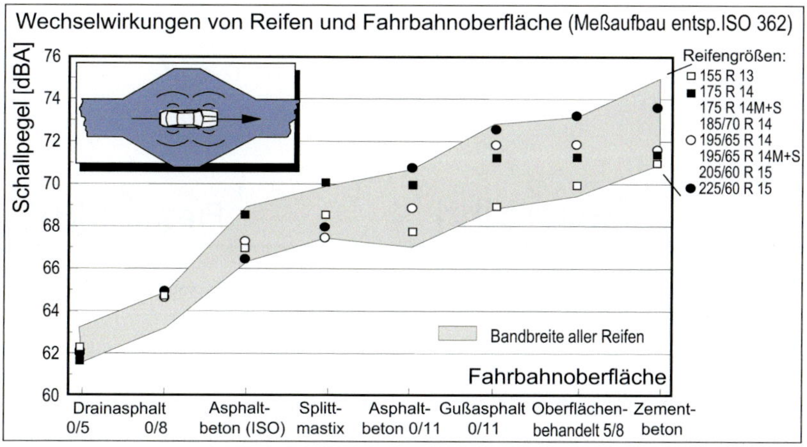

Abb. 13.3 Schallpegel auf unterschiedlichen Fahrbahnoberflächen

Übertragungsfunktionen eines Fahrzeugs heranziehen, wobei die Übertragungsfunktionen durch unterschiedliche Fahrmanöver ermittelt werden können (Abb. 13.4).

Günstig ist für eine gute subjektive Beurteilung:

- ein großer Frequenzbereich hoher Verstärkung der Querbeschleunigung,
- eine große Gierdämpfung und
- eine kleine Phasenverschiebung.

Auf dem heutigen Entwicklungsstand haben Qualitätsreifen hohe Haltbarkeits- und Festigkeitsreserven und damit auch eine zunehmende Missbrauchsresistenz.

Eine eindeutige Analyse der „Schadensgeschichte“ von zerstörten Reifen ist problematisch. Reifen haben ein integrierendes Gedächtnis für die Folgen von Fehlbehandlungen. Dem Reifenfachmann gelingt z. B. ein Nachweis für einen längeren Einsatz mit Minderluftdruck anhand von Kriterien wie Wulstanscheuerungen und Innenseelenverfärbungen.

Der Energieaufwand für ein Reifenleben betrifft weniger die Herstellung oder

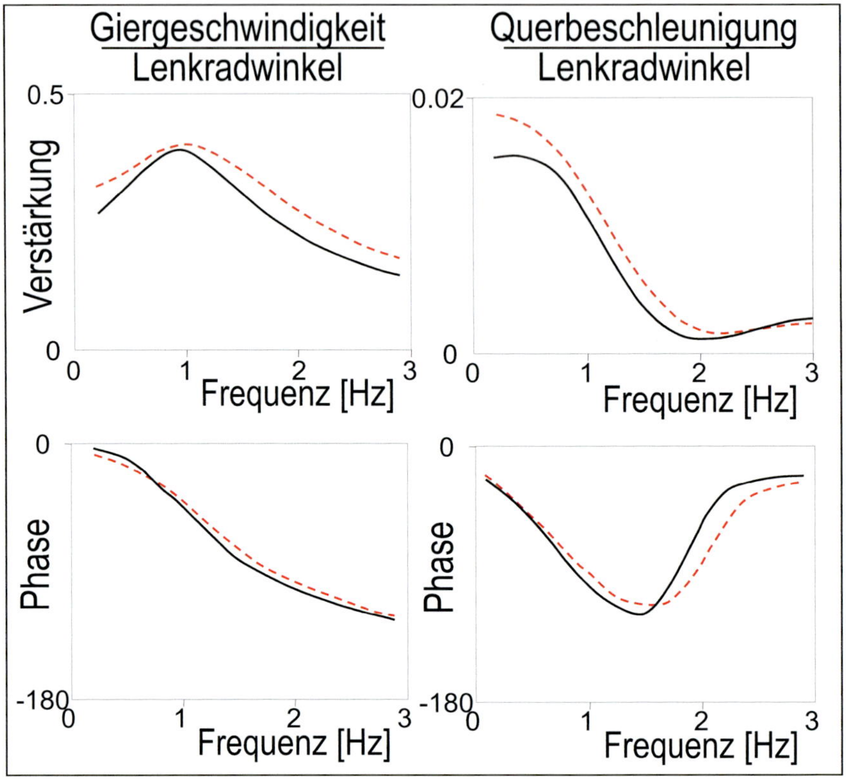

■ **Abb. 13.4** Übertragungsfunktionen für einen typischen Pkw mit subjektiv sehr gutem (gestrichelte) und mäßig gutem (durchgezogene Linie) Reifensatz

13

die Verwertung als vielmehr den Betrieb am Fahrzeug. Durch den Rollwiderstand der Reifen muss ständig vom Antriebsmotor Arbeit zur Überwindung aufgebracht werden. Je weniger Rollwiderstand die Reifen besitzen, desto geringer ist der Kraftstoffverbrauch.

In ■ Abb. 13.5 ist dieser Zusammenhang mit der Auswirkung auf die Volkswirtschaft der Deutschland dargestellt. Durch eine Reduzierung des Reifenrollwiderstandes um 30 % lässt sich der Kraftstoffverbrauch um ca. 4,8 % senken, was einer Einsparung von ca. 60 Liter pro Reifen während des Reifenlebens entspricht. Volkswirtschaftlich gesehen könnte diese Rollwiderstandsreduzierung eine Kraftstoffmenge von 2,5 Mrd. Liter Kraftstoff einsparen.

Runderneuerte Reifen haben gegenüber Neureifen einen Nachteil im Rollwiderstand bis zu 10 %. Daher ist die Runderneuerung aus Energiebilanzgründen fraglich, da eine größere Menge an Kraftstoff im Betrieb verbraucht wird als durch die Wiederverwendung der Karkasse eingespart wird. Mit dem aus Synthesekautschuk hergestellten Kernprofil lassen sich die vertikale Federsteifigkeit und damit der Komfort beeinflussen. Außerdem sorgt das Kernprofil, ebenso wie der Wulstverstärker, für Lenkpräzision und Fahrstabilität [1].

Mit den steigenden Anforderungen an die Reifen sind auch deren unter Performance zusammengefassten Leistungsmerkmale verbessert worden. ■ Abb. 13.6 zeigt die Entwicklung der Reifenqualität in den

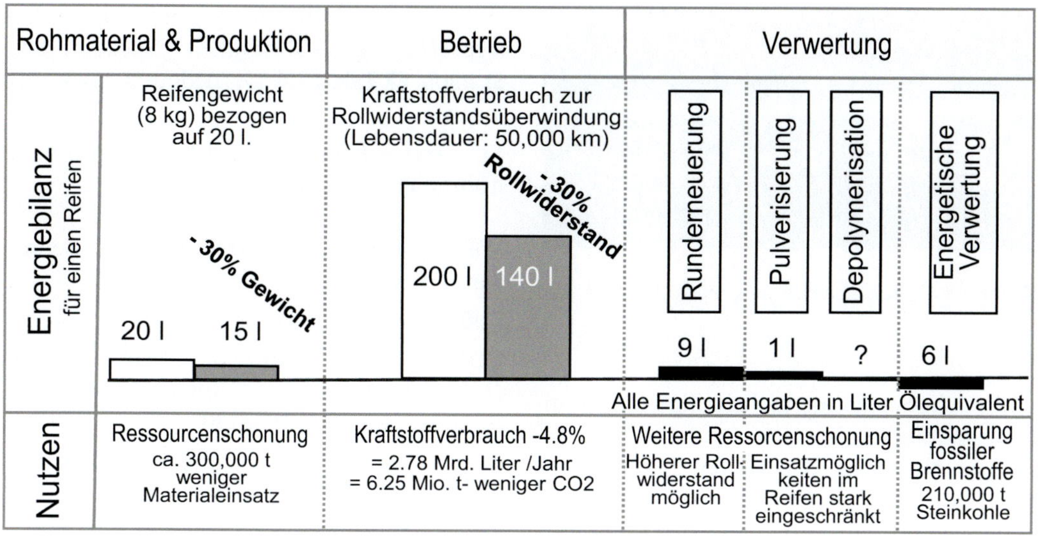

Abb. 13.5 Energiebilanz von der Produktion über Betrieb bis zur Verwertung von Reifen (BRD 1997)

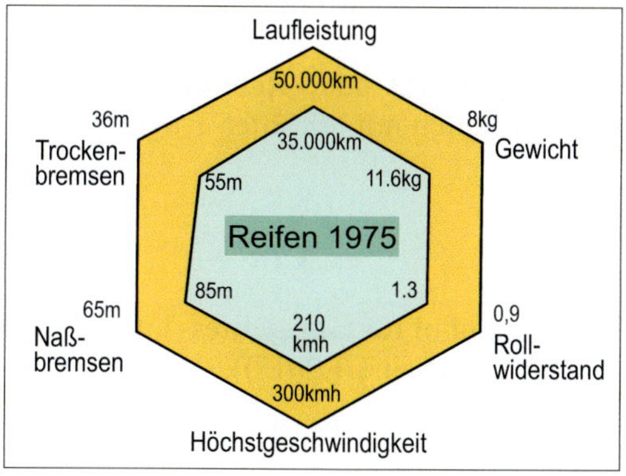

Abb. 13.6 Performanceentwicklung Pkw-Reifen in den letzten 40 Jahren [2]

letzten 35 Jahren. Alle Reifeneigenschaften, nämlich Laufleistung, Rollwiderstand, Gewicht, Trocken- und Nassbremsen sowie Höchstgeschwindigkeit haben sich ca. um 50 % verbessert [2].

Die Entwicklung der Reifenabmessungen für das gleiche Modell (Mercedes S Klasse) in den letzten 40 Jahren verdeutlicht die Tendenz zu größeren und breiteren Reifen mit abnehmenden Flankenhöhen (Abb. 13.7) [1].

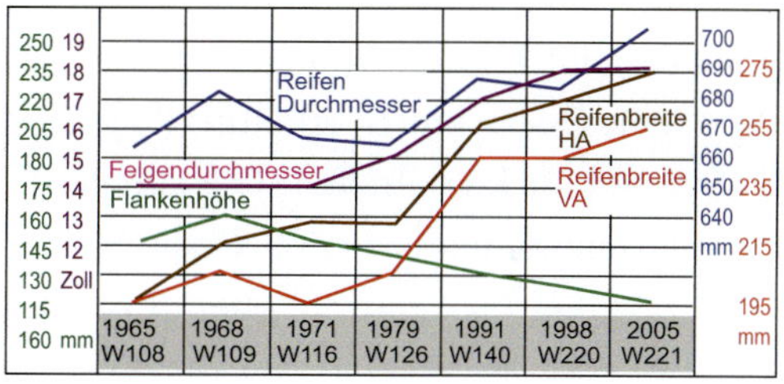

Abb. 13.7 Entwicklung der Reifenabmessungen [1]

13.1.2 Gesetzliche Anforderungen

Reinhard Mundl

Die gesetzlichen Anforderungen an Reifen sind in den UN-Regelungen 30 (bzw. 54 für Leicht-Lkw- und Nkw- Reifen) und 117 [3] niedergelegt. In dieser UN-Regelung werden zum einen die Mindestanforderungen an die Geschwindigkeits- und Tragfähigkeit der Reifen und zum anderen die Anforderungen an die Reifenbeschriftung mit den entsprechenden Kennzeichnungen sowie dem Genehmigungszeichen und der -Nummer festgelegt. Die Reifen tragen in einem Kreis ein E und die Nummer des Genehmigungslandes

Abb. 13.8 Reifenbeschriftung nach ETRTO und DIN

und nachgestellt eine mehrstellige Genehmigungsnummer.

Die Normung von Reifen und Rädern ist in der ETRTO (European Tire and Rim Technical Organization) und der DIN festgeschrieben.

Als Beispiel enthält die Bezeichnung der Reifengröße **205/55 R 15 91 H** folgende Informationen (Abb. 13.8):

205 – Reifennennbreite (mm)

55 – Nenn-Querschnittsverhältnis (%)

R – Symbol für Radialreifen (Gürtelreifen)

15 – Felgendurchmesser (Zoll-Code)

91 – Tragfähigkeitskennzahl oder „Load Index" **Li** nach Tab. 13.3 („91" bedeutet, dass der Reifen mit maximal 615 kg belastet werden darf)

H – Geschwindigkeitssymbol für zulässige Höchstgeschwindigkeit „Speed Index" **Si** nach Tab. 13.4 (H bedeutet max. 210 km/h)

XL – Extra Load, verstärkte Reifen mit erhöhter Tragfähigkeit.

Weitere Kennzeichnungen auf der Seitenwand sind:

TUBELESS – schlauchlos

DOT – Department of Transportation (US-Verkehrsministerium)+Zulassungsnummer gemäß ECE R 30

0415 – verschlüsseltes Produktionsdatum (04 = 4. Woche, 15 = Jahr 2015)

TWI – Kennzeichnung des Profilabnutzungsanzeigers (TWI *Tread Wear Indicator*).Über den Umfang gleichmäßig verteilte Querstege in den Längsprofilrillen, die bei 1,6mm Restprofil auftauchen.

EXTRA LOAD oder Reinforced bei verstärkten Reifen mit erhöhter Tragfähigkeit

Alpine-Symbol für Ganzjahres- und Winterreifen (Pflicht seit 1.1.2018)).

Tab. 13.3 Load Index (Li) nach ECE R 30

Li	kg	Li	kg	Li	kg	Li	kg	Li	Kg
80	450	88	560	96	710	104	900 925	112	1120
81	462	89	580	97	730	105	925	113	1150
82	475	90	600	98	750	106	950	114	1180
83	487	91	615	99	775	107	975	115	1215
84	500	92	630	100	800	108	1000	116	1250
85	515	93	650	101	825	109	1030	117	1285
86	530	94	670	102	850	110	1060	118	1320
87	545	95	690	103	875	111	1090	119	1360

Tab. 13.4 Speed Index (Si, Geschwindigkeitsindex, Geschwindigkeitssymbol) nach ECE R 30

SI	km/h	Sikm/h	Si	km/h
G	90	P150	H	210
J	100	Q160	V	240
K	110	R170	VR	>210
L	120	S180	W	270
M	130	T190	Y	300
N	140	U200	ZR	>240

Runflat-Symbol (Reifen mit Notlaufeigenschaften)

Markenspezifische Kennzeichnung z. B. * BMW, M0 Mercedes, N0 Porsche, R0 Audi, S1 Peugeot, F Ford, G Opel, T0 Tesla VOL Volvo usw.

Den Megatrends Sicherheit und Umwelteinfluss folgend, sind in der UN-Regelung 117 Obergrenzen für das Vorbeifahrgeräusch, den Rollwiderstand und Untergrenzen für die Bremsfähigkeit auf nasser Bahn festgelegt.

Die Obergrenzen für das Vorbeifahrgeräusch hängen vom Reifentyp, der Breite oder der Anwendung ab. Beispielhaft darf das Reifen/Fahrbahngeräusch von Pkw-Sommerreifen der Massengröße 205/55 R16 keinen höheren Schallpegel als 71 dBA bei Vorbeifahrt mit 80 km/h im Abstand von 7,5 m erzeugen.

Die Obergrenze für den Rollwiderstand hängt vom Reifentyp ab und beträgt für Pkw-Reifen 12 N/kN (120 NRollwiderstandskraft je Tonne Fahrzeuggewicht).

Die Bremsfähigkeit auf nasser Fahrbahn, die im Zielkonflikt zum Rollwiderstand steht (s. Abb. 13.80), wird durch eine Messung der maximalen Verzögerung des Reifens in Relation zu einem genormten Referenzreifen dargestellt. Für Pkw-Sommerreifen muss sie mindestens 10 % besser als die des Referenzreifens sein.

Da der Rollwiderstand der Reifen etwa 1/4 der C02-Gesamtemissionen im Betrieb eines Pkws verursacht, haben die laufenden Bestrebungen zum Klimaschutz zu einer Kennzeichnungspflicht der Reifen geführt [4], die seit dem 01.05.2021 verbindlich ist (Abb. 13.9).

Die Ergänzungen gegenüber 2012 sind:

1. QR-Code der EU-Produktdatenbank
2. Handelsname/Marke des Lieferanten
3. Reifentypenerkennung (Artikel-Nummer)
4. Reifengröße, Last- and Speed-Index, Reifenklasse
5. Schneegriffigkeit-Piktogramm: 3PMSF
6. Eisgriffigkeit-Piktogramm.

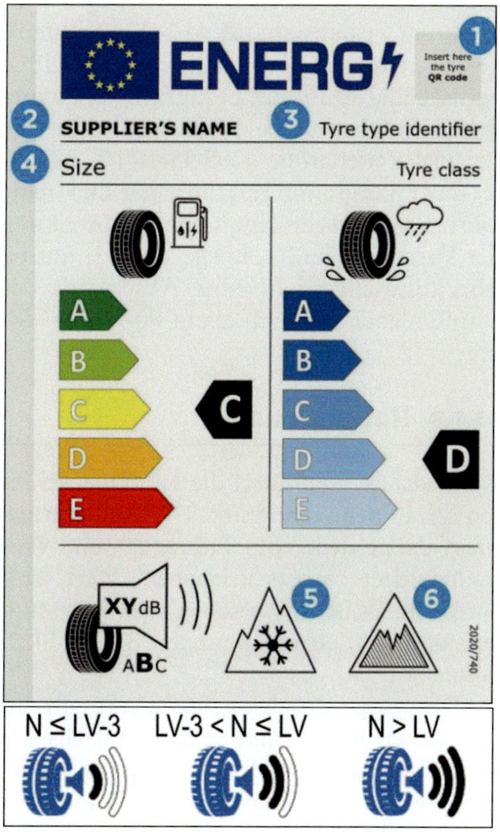

Abb. 13.9 Umwelt- und Sicherheitsrelevante Reifenkennzeichnung. N Ist-, LV Sollgeräuschwert [dBA]

Diese Kennzeichnungspflicht entspricht die EU-Verordnung 740/2020. Statt der Reifenentwicklung üblichen technischen Kenngrößen werden darin Qualitätsklassen der Buchstaben A-G verwendet, um den Konsumenten die Produkteinordnung im Wettbewerb zu erleichtern.

Z. B. bedeutet die Klasse A für Pkw im Verbrauch/Rollwiderstand einen Rollwiderstandsbeiwert kleiner oder höchstens gleich 6,5 N/kN, ein Wert der von heutigen Pkw-Reifen nur sehr selten unterboten wird.

Eine Abstufung der Bremsfähigkeit auf nasser Fahrbahn von A zu C bedeutet einer Bremswegverlängerung wenigstens um ca. 10 %.

Das Rollgeräusch der Reifen wird neben der Angabe des Vorbeifahrgeräuschpegels in dBA durch ein dreistufiges Piktogramm visualisiert (◘ Abb. 13.9, unten), dessen „Anzahl" der Schallwellen die Höhe der Schallabstrahlung bezüglich des gesetzlichen Höchstwertes signalisiert. Für die Beispiel-Reifengröße 205/55 R16 bedeutet das Piktogramm mit nur einer dick markierten Schallwelle eine weitere Absenkung der Vorbeifahrgeräuschpegels von 71 auf 68 dBA (dies entspricht einer Absenkung der empfundenen Lautstärke auf 80 %).

13.1.3 Reifendruck

Reifendruck beeinflusst die Fahreigenschaften des Reifens sehr stark. Der Reifendruck muss daher dem vom Fahrzeug- und Reifenhersteller vorgeschriebenen Wert entsprechen. Er ist für verschiedene Auslastungen und Betriebsbedingungen unterschiedlich.

Der vorgeschriebene Luftdruck gilt für den kalten Reifen und darf keinesfalls unterschritten werden. Im – z. B. durch Fahren – erwärmten Reifen ist der Luftdruck erhöht. Deshalb nie vom warmen Reifen Luft ablassen. Dadurch kann der Luftdruck bei Abkühlung des Reifens unter den vorgeschriebenen Mindestluftdruck sinken.

Die meisten Reifenschäden werden durch falschen Luftdruck verursacht. Ein Luftdruckanstieg durch betriebsbedingte Erwärmung ist normal und soll auf keinen Fall korrigiert werden. Der Luftdruck muss daher regelmäßig alle 14 Tage am kalten Reifen sorgfältig überprüft und eingestellt werden [5].

Bei abweichendem Reifenluftdruck ist ein erhöhter, ungleichmäßiger Laufflächenabrieb unvermeidbar. Bei Minderdruck erhöht sich der Rollwiderstand und damit auch der Kraftstoffverbrauch. In extremen Fällen kann Minderdruck zum Reifenausfall führen.

Die in ◘ Tab. 13.5 ausgewiesenen Luftdrücke für Pkw-Reifen sind Mindestluftdrücke für eine maximale Fahrgeschwindigkeit bis 160 km/h. Sie können z. B. aus Gründen der Fahrstabilität erhöht werden.

Der maximale Luftdruck von Pkw-Reifen in normaler Ausführung bis einschließlich Geschwindigkeits-Symbol T beträgt 3,2 bar. Für H-, V-, W-, Y- sowie XL-/Reinforced-Reifen beträgt der maximale Luftdruck 3,5 bar. Diese Werte dürfen nicht überschritten werden.

13.1.4 Reifenposition am Fahrzeug

Um einen gleichmäßigen Abrieb und eine maximale Laufleistung zu erzielen, sollten Reifen regelmäßig in ihrer Position am Fahrzeug gewechselt werden. Dabei sollte alle 10.000 bis 12.000 Kilometer ein Positionswechsel erfolgen – oder früher, sofern sich ein ungleichmäßiges Abriebsbild der Lauffläche zeigt. In diesem Fall sollten die Achswinkeleinstellungen oder andere mechanische Komponenten am Fahrzeug überprüft und ggf. korrigiert werden. Der Fülldruck muss entsprechend der Betriebsanleitung des Fahrzeugs für die jeweilige

Tab. 13.5 Tragfähigkeits-Luftdrucktabelle für Pkw-Reifen mit Standard-Tragfähigkeit bis 160 km/h [5]

	Tragfähigkeit (kg) bei Luftdruck (bar)					
	2,0	2,1	2,2	2,3	2,4	2,5
62	220	230	240	250	255	265
63	230	235	245	255	265	272
64	235	245	255	260	270	280
65	245	250	260	270	280	290
66	250	260	270	280	290	300
67	255	265	275	285	295	307
68	265	275	285	295	305	315
69	270	285	295	305	315	325
70	280	290	300	315	325	335
71	290	300	310	325	335	345
72	295	310	320	330	345	355
73	305	315	330	340	355	365
74	315	325	340	350	365	375
75	325	335	350	360	375	387
76	335	350	360	375	385	400
77	345	360	370	385	400	412
78	355	370	385	400	410	425
79	365	380	395	410	425	437
80	375	390	405	420	435	450
81	385	400	415	430	445	462
82	395	415	430	445	460	475
83	405	425	440	455	470	487
84	420	435	450	470	485	500
85	430	450	465	480	500	515
86	445	460	480	495	515	530
87	455	475	490	510	525	545
88	470	485	505	525	540	560
89	485	505	525	545	560	580

Reifenposition eingestellt werden (unterschiedliche Fülldrücke für Vorder- und Hinterachsreifen).

Die Rotationsrichtung von Reifen mit laufrichtungsgebundenen Profilen sollte beim Positionswechsel nicht geändert werden.

Es wird empfohlen, alle im Fahrbetrieb befindlichen Reifen gleichzeitig zu erneuern. Sofern dies nicht geschieht, sollten wenigstens alle Reifen an einer Achse gleichzeitig erneuert werden. Werden alle Reifen einer Achse erneuert, ist es empfehlenswert, die neueren Reifen an der Hinterachse zu montieren.

Bei Fahrzeugen mit Allradantrieb sollten die speziellen Hinweise zur Reifenmontage in der Betriebsanleitung beachtet werden – insbesondere bei einer Ausstattung mit elektronischen Assistenzsystemen wie Antiblockiersystem, Traktionskontrolle oder Stabilitätskontrolle. Werden diese Hinweise in der Betriebsanleitung nicht befolgt, kann dies zu Schäden am Fahrzeug bzw. am Getriebe führen.

Winterreifen sind an allen Rädern zu montieren, also nicht gemischt mit Ganzjahres- oder Sommerreifen.

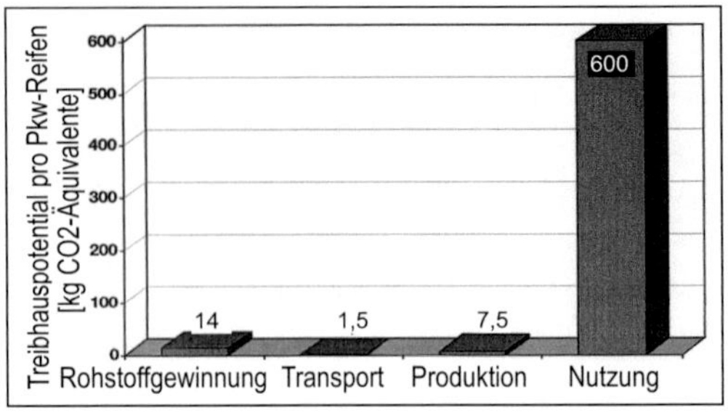

Abb. 13.10 Treibhauspotential eines Pkw-Reifens 175/70 R13 nach Produktlebensphasen [6]

13.1.5 Umweltaspekte

Reinhard Mundl, Burkhard Wies, Heiner Volk und Carsten Schröder

Umweltschonung spielt auch in Bezug auf Reifen eine Große Rolle. Wichtig sind die Materialien, die beim Reifenherstellung eingesetzt werden, Reifenherstellung selbst und Umwelteinflüsse des Reifens beim Fahren.

13.1.5.1 Treibhauspotential

Die Beeinträchtigung der Umwelt durch das Produkt „Reifen" ist über eine Betrachtung des gesamten Lebenszyklus des Produktes durchzuführen, der die Gewinnung der Rohstoffe (Naturkautschuk, Erdöl und Stahl),die Produktion und den Betrieb einschließlich der notwendigen Transporte zwischen diesen „Lebensphasen" des Produktes einschließt.

13

Nachfolgend wird das Ergebnis einer solchen sogenannten „Produkt-Ökobilanz" nach DIN EN ISO 14040 ff., erstellt von der Fa. Continental AG für einen Pkw-Reifen 175/70 R13, zu Grunde gelegt [6].

Auszugsweise ist in Abb. 13.10 das Treibhauspotential für einen Reifen der Größe 175/70 R13 in kg CO_2-Äquivalent, aufgeteilt nach den oben beschriebenen Lebensphasen, dargestellt. Darin fällt auf, dass der dominierende Anteil der Emissionen in der Nutzungsphase (96 %), verursacht durch den Rollwiderstand, anfällt.

Somit wird die oben beschriebene Initiative des Europäischen Rates verständlich, durch die Einführung eines Reifenlabels dem Endverbraucher eine Entscheidungshilfe an die Hand zu geben, seinen persönlichen Beitrag zum Klimaschutz beim Kauf eines Reifens zu leisten. Legt man wiederum die Faustformel zu Grunde, dass die Reifen 1/5 des Treibstoffverbrauchs eines Pkws verursachen, können bei Verwendung eines Pkws mit einer CO_2-Emission von 150 g/km und einer durchschnittlichen Fahrleistung von 15 000 km/Jahr durch den Kauf von Reifen der Rollwiderstandsklasse A anstatt von C (wenigstens 20 % geringerer Rollwiderstand) 90 kg CO_2/Jahr eingespart werden. Anders betrachtet, bedeutet dies, im Jahresverbrauch eines solchen durchschnittlichen Fahrzeuges etwa 35 Liter Treibstoff einzusparen.

13.1.5.2 Feinstaubemission

Der gesundheitlichen Schädlichkeit von Feinstäuben Rechnung tragend, hat auch hier die EU- Kommission verbindliche Richtlinien herausgegeben [7], die insbesondere in städtischen Ballungsräumen die maximalen Konzentrationen von PM10 (particulate matter, Teilchendurchmesser <10 μ) mit 50 μg/m³, die an höchstens 35 Tagen im Jahr überschritten werden dürfen, begrenzen. Feinstäube dieser Größenordnung können über die Luftröhre und die Bronchien tief in die Lunge eindringen, sich an die Lungenbläschen festsetzen und dort Entzündungen hervorrufen mit der Konsequenz von Herzrhythmusstörungen und eines möglicherweise erhöhten Herzinfarktrisikos.

Für die Reifenindustrie ist von Interesse, in wie weit der Abrieb von Reifen bei starker Verkehrsbelastung zu der Fraktion von PM10 beiträgt. In [8] wurde mithilfe der durch Gaschromatografie identifizierten Leitsubstanzen Isopren (für Naturkautschuk NR),4-Vinylcyclohexen (für Butadienkautschuk BR) und 4-Phenylcyclohexen (für Styrolbutadienkautschuk SBR) nachgewiesen, dass nur 3 % des Gesamtfeinstaubanteils (TSP *Total Suspended Particulates,* < 30 µ) dem Reifenabrieb zu zuordnen sind (für die Details siehe ◻ Abb. 13.10).

Die Feinstaubproben wurden an verkehrsreichen innerstädtischen Messstellen in Wiesbaden und Darmstadt gesammelt. Der Feinstaubanteil des Reifenabriebs vorwiegend in Form größerer Partikel, also unbedenklicher Partikelgrößen entsteht, da der PM10 Anteil nur etwa 1/15 des TSP-Anteils ausmacht (◻ Abb. 13.11.

Vergleichbare Ergebnisse finden sich auch im weltweit durchgeführten Tire Industry Project (TIP) des World Business Councils for Sustainable Development in [9].

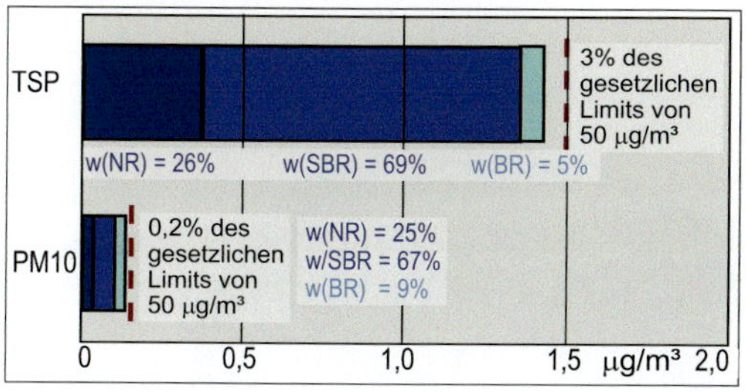

◻ **Abb. 13.11** Anteil des Reifenabriebs am Feinstaub (nach NR, BR, SBR) in Relation zum EU-Grenzwert

Andere Untersuchungsergebnisse [10] zeigen, dass selbst unter zukünftigen Bedingungen stark reduzierter Diesel-Rußemissionen, wie sie durch EURO V vorgegeben werden, die gesamte Feinstaubbelastung durch Reifen in etwa die gleiche Größenordnung wie die des Dieselrußes erreicht. Es zeigt sich in qualitativer Übereinstimmung mit dem bisher Beschriebenen, dass die Gesundheit schädlichen Anteile PM10 in Relation zum Dieselruß und selbst zum Bremsen- und Straßenabrieb verschwindend klein bleiben (◻ Abb. 13.12).

13.1.5.3 Nachhaltigkeit

Es wird immer stärker angestrebt nachwachsende oder recycelte Materialien zu verwenden. Dies gilt auch für Reifen. Mehr als Hälfte der zur Reifenherstellung benötigten Materialien zu dieser Kategorie gehören [11].

Continental hat die Produktion seines nach Unternehmensangaben „bislang nachhaltigsten Serienreifens" begonnen. Der Reifen kombiniert demnach bis zu 65 % nachwachsende, wiederverwertete und Massenbilanzzertifizierte Materialien. Alle Dimensionen des Reifens haben im EU-Reifenlabel bei Rollwiderstand, Nassbremsen und Außengeräusch die Bestnote „A".

Bis zu 32 % des Reifens bestehen laut Continental aus nachwachsenden Rohstoffen. Diese sind Harze, die auf Reststoffen aus der Papier- und Holzindustrie basieren. Außerdem Silika aus der Asche von Reishülsen. Recycelte Materialien sind bis zu fünf Prozent im „UltraContact NXT" vorhanden. Dazu gehört wiederverwertetes Gummi, das aus mechanisch aufbereiteten Altreifen stammt. Zusätzlich setzt Continental recycelten Stahl ein. Polyesterfasern, die die Reifenkarkasse verstärken stellt Continental ohne jegliche chemische Zwischenschritte aus gebrauchten PET-Flaschen" her. Je nach Reifengröße lassen sich zwischen neun und fünfzehn PET-Flaschen pro Reifen wiederverwenden.

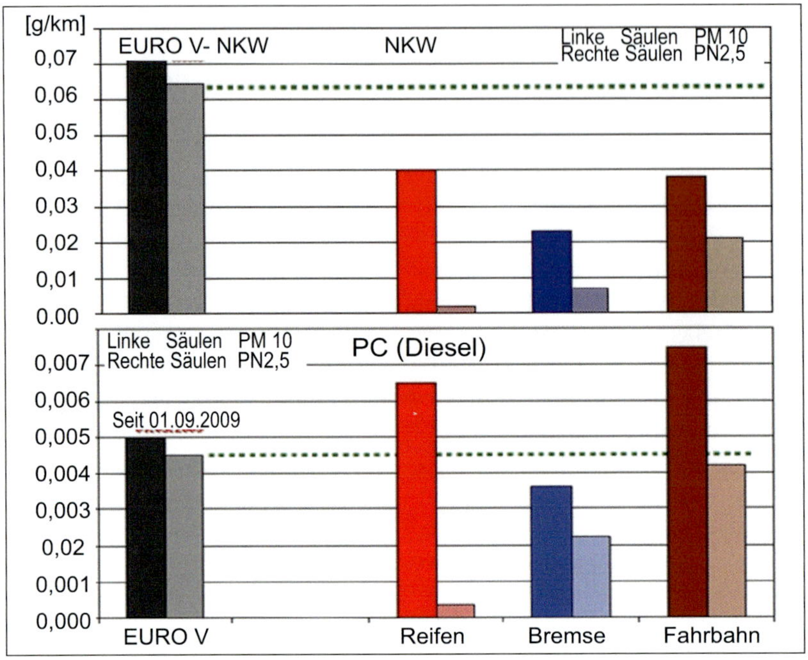

Abb. 13.12 Anteile im Feinstaub verursacht durch Diesel-Ruß, Reifen-, Bremsen- und Straßenabrieb unter Berücksichtigung von EURO V

13.2 Bauarten, Aufbau und Material

Reinhard Mundl, Burkhard Wies, Heiner Volk und Carsten Schröder

Bauarten, Aufbau und Materialien der Reifen haben sich in laufe der Reifen Entwicklung sehr stark geändert wie es in folgenden Abschnitten beschrieben wird.

13.2.1 Reifenbauarten

Bei den Bauarten des Reifens unterscheidet man zwischen Radial- und Diagonalreifen. Diagonalreifen findet man heute nur noch im landwirtschaftlichen Bereich oder bei Motorradreifen, während sich Radialreifen als Standard für Pkw und Lkw durchgesetzt haben. Der prinzipielle Unterschied beider Bauarten ist in Abb. 13.13 dargestellt.

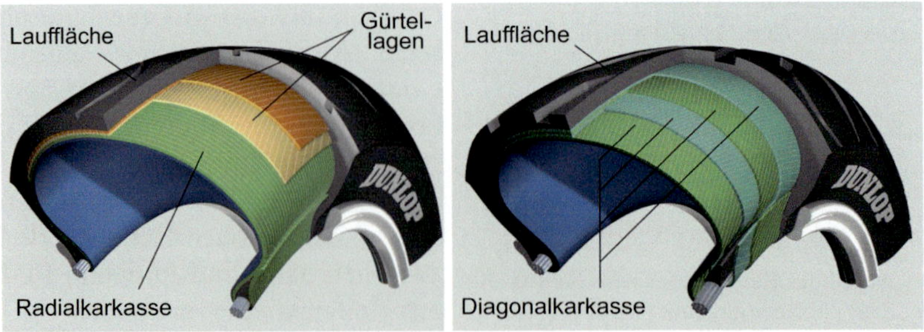

Abb. 13.13 Bauarten von Riefen nach Cordwickelwinkel [12]

Beim *Diagonalreifen* verlaufen die Cordfäden der Karkasse, die den tragenden Unterbau des Reifens bildet, unter wechselnden spitzen Winkeln, also kreuzweise, von Wulst zu Wulst gelegt und dort um den Wulstkern umgeschlagen. Der Fadenwinkel beträgt bei Normalreifen ca. 35 bis 40° bei Sportreifen ca. 25 bis 35°.

Kleiner Fadenwinkel verleiht bessere Seitenführungseigenschaften, geringeren Rollwiderstand und kleinere Ausdehnung des Reifens in radialer Richtung durch die Fliehkraft. Der Reifen wird aber dadurch härter und somit seine Federungseigenschaft schlechter. Die Cordgewebe werden aus Rayon-, Nylon- oder Polyesterfäden hergestellt. Die Gewebelagen sind bei Diagonalreifen von Wulst zu Wulst gelegt und dort um den Wulstkern umgeschlagen.

Steigende Anforderungen an Reifen, wie gute Dämpfungseigenschaften, hohe Laufleistung, bessere Haftung und Hochgeschwindigkeitsfestigkeit führten zur Entwicklung des Radialreifens.

Bei *Radialreifen*, auch *Gürtelreifen* genannt, sind die Cordfäden der Karkasse radial im Winkel von 88 bis 90° zur Reifenlängsrichtung angeordnet, wodurch die Flanken flexibler werden. Zwischen der Karkasse, die auch aus zwei Lagen bestehen kann, und der Lauffläche wird ein zusätzlicher Gürtel aus wenigstens zwei Lagen von Stahlcorden eingebaut. Der steife Gürtel ergibt einen kleinen Rollwiderstand und vermindert Bewegungen in der Aufstandsfläche. Dies ergibt eine geringere Wärmeentwicklung und weniger Reifenverschleiß. Der Gürtel ermöglicht eine bessere Formstabilität auch bei höheren Geschwindigkeiten. Ferner bleibt das Profil in der Aufstandsfläche offen, was eine bessere Ableitung des Wassers bei nasser Fahrbahn zur Folge hat.

Radialreifen, die auch im Hochgeschwindigkeitsbereich formstabil bleiben, haben im PKW-Segment den Diagonalreifen nahezu vollständig abgelöst. In anderen Bereichen aber, wie bei Zweirädern, Off-Road-Fahrzeugen und in der Landwirtschaft ist die diagonale Bauart noch zu finden. Also vor allem dort, wo ein Einsatz in schwierigem Gelände – wie z. B. auf unebenen Untergründen, im Wald und am Hang – gefordert ist. Hier ist die seitliche Stabilität ein Vorteil für das Fahren sowie auch ein Schutz vor Verletzungen.

13.2.2 Reifenaufbau

Zwischen der Karkasse, die auch aus zwei Lagen bestehen kann, und der Lauffläche wird ein zusätzlicher Gürtel (1) aus wenigstens zwei Lagen von Stahlcorden eingebaut. Der steife Gürtel ergibt einen kleinen Rollwiderstand und vermindert Bewegungen in der Aufstandsfläche. Dies ergibt eine geringere Wärmeentwicklung und weniger Reifenverschleiß. Ferner bleibt das Profil in der Aufstandsfläche offen, was eine bessere Ableitung des Wassers bei nasser Fahrbahn zur Folge hat.

Der Reifen ist also ein komplexer Verbundkörper aus Materialien unterschiedlichster physikalischer Eigenschaften (■ Abb. 13.14). Der Radialreifen besteht aus Reifenwulst, Karkasse, Gürtel und Laufstreifen [13].

Der Reifenwulst gewährleistet den festen Sitz des Reifens auf der Felge. Dafür sind in den Reifenwulst ein oder mehrere zugfeste Drahtkerne eingebettet. Beim schlauchlosen Reifen übernimmt der Reifenwulst außerdem

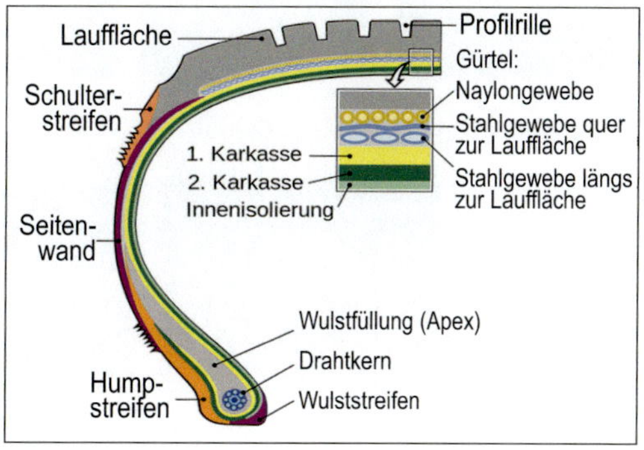

■ **Abb. 13.14** Radialreifenaufbau [13]

die Abdichtung des eingeschlossenen Luftvolumens gegenüber der Umgebung.

Der eigentliche Festigkeitsträger eines Reifens ist aus gummiertem Polyester oder Rayon bestehender Gewebeunterbau oder die Karkasse. Die Karkasse hat einen oder mehreren Gewebelagen, die am Kern verankert sind. Der Kernreiter über dem Kern hat maßgeblichen Einfluss auf Reifenverformung, Lenkreaktion und Einfederungskomfort. Die ebenfalls aus gummiertem Stahlcord bestehenden Gürteleinlagen sorgen für Fahrstabilität, verbessern den Rollwiderstand und erhöhen die Laufleistung. Die Bandage aus Nylon verbessert die Höchstgeschwindigkeitstauglichkeit.

Der Laufstreifen umgibt die Karkasse an ihrem äußeren Umfang und muss die zwischen Kraftfahrzeug und Fahrbahn auftretenden Kräfte übertragen. Die Gummimischung und die Profilierung des Laufstreifens werden nach den geforderten Eigenschaften ausgelegt.

Ein hoher Anteil an Naturkautschuk bewirkt eine reduzierte Wärmebildung. Synthetischer Kautschuk bewirkt dagegen verbesserte Abrieb- und Rutschfähigkeit.

Die Füllstoffe Ruß und Kieselsäure dienen dazu, das Abriebverhalten zu verbessern, bewirken aber auch eine Versteifung der Lauffläche. Alterungsschutzmittel beugen Schädigungen durch Ozoneinwirkung vor. Vulkanisationsmittel Schwefel, Stearinsäure und Zinkoxid fördern die Vernetzung bei der Vulkanisation.

Die Profilierung der Lauffläche bestimmt wesentlich das Geräuschverhalten, das Aquaplaning- und Nassrutsch-verhalten sowie das Winterverhalten [1]. Das Profil kann sehr unterschiedlich gestaltet werden und hängt stark vom vorgesehenen Einsatz ab. Für Winterreifen z. B. hat sich in den letzten Jahrzehnten eine deutliche Wandlung vom grobstolligen Klotzprofil hin zum weichen Hochlamellenprofil vollzogen (◘ Abb. 13.15).

◘ **Abb. 13.15** Entwicklung der Profile für die Winterreifen

Die abriebfeste Seitenwand dient als Schutz gegen Beschädigungen der Karkassfäden, z. B. bei Bordsteinüberfahrten. Sie hat aber auch wesentlichen Einfluss auf die Fahreigenschaften und den Komfort.

13.2.3 Sommer-, Winter-, Allwetterreifen

Metin Ersoy

Sommer-, Winter- und Allwetterreifen müssen sehr unterschiedliche Anforderungen erfüllen. Die Zielwerte für diese Reifenarten sind im ◘ Abb. 13.16 zusammengestellt [1]. So sind bei Allwetterreifen die Komforteigenschaften von besonderer Bedeutung, dagegen bei Winterreifen die Traktionseigenschaften unter winterlichen Bedingungen. Die Hochgeschwindigkeitseigenschaften für die Winterreifen spielen keine besondere Rolle, da auch Reifen mit einer niedrigeren Höchstgeschwindigkeit als im KFZ Brief vorgegeben, eingesetzt werden dürfen. Dies ist zusätzlich durch einen vom Gesetzgeber geforderten Alpin-Aufkleber zu kennzeichnen. Moderne sportliche Winterreifen werden allerdings bis zum Speed Index V bis W (270 km/h) angeboten.

Mit viel High-Tech kann der Ganzjahresreifen also einen ausgewogenen Mix an sommerlichen und winterlichen Eigenschaften erreichen. Mit dieser Balance kommt er nicht an das Leistungsspektrum der Winter- und Sommerreifen heran, was in der Regel aber auch nicht erforderlich ist, solange er adäquat eingesetzt wird.

Der Ganzjahresreifen findet seinen optimalen Einsatz:

- Bei Fahrzeugen der Kompakt- und Mittelklasse sowie SUV.
- Bei Fahrern mit einer relativ geringen Kilometerleistung.
- In Gegenden, die keinen extremen Wetter- und Straßenbedingungen ausgesetzt sind.
- Bei Kunden, die im Winter nicht in Extrembereichen fahren wie es z. B. während des Skiurlaubs vorkommen kann.

Wer die entsprechenden Einsatzbedingungen für Allwetterreifen hat, Zeit und Kosten zu sparen für die Anschaffung des zweiten, saisonalen Reifensatzes und ggf. auch eines zweiten Satzes RDKS-Sensoren. Außerdem entfallen die Aufwendungen für die halbjährliche Umrüstung und Einlagerung der Reifen [14].

◘ Abb. 13.17 von 2016 zeigt Vergleichergebnisse vier repräsentativen Sommer-, Winter- und Allwetterreifen [15]. Die Stärken und Schwächen der Reifenarten beim Bremsen auf trockener, nasser und Schneebedeckter Fahrbahnen. Die neueren Testberichte zeigen jedoch, dass sich die aktuellen Allwetterreifen durchaus zu den Eigenschaften von sowohl Winter- als auch Sommerreifen annähern können Inzwischen kommen immer mehr Hersteller mit Produkten für das ganze Jahr auf dem

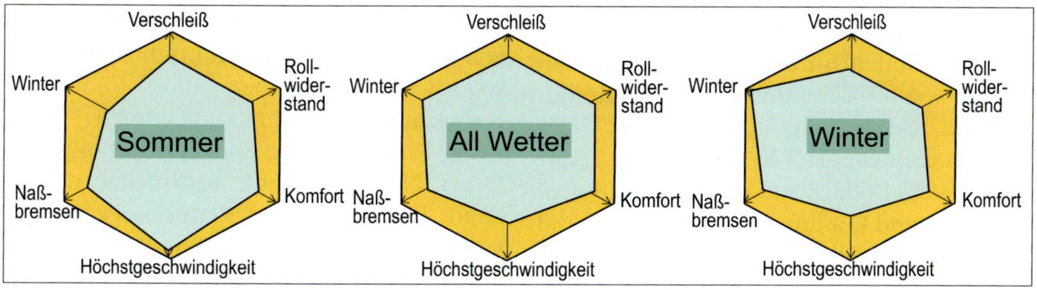

◘ **Abb. 13.16** Zielwerte für Sommer-, Winter- und Allwetterreifen [1]

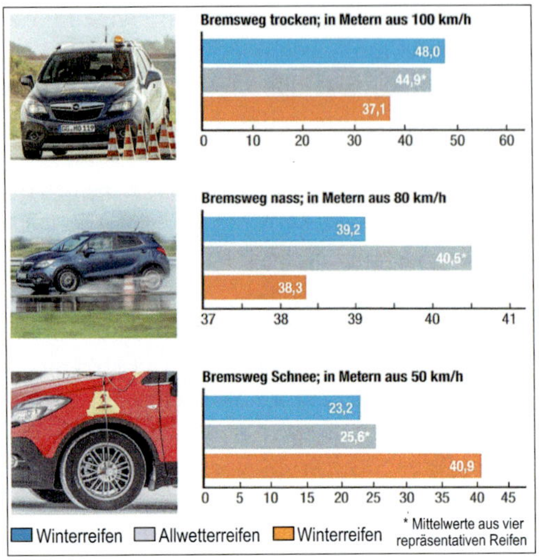

Abb. 13.17 Bremsvergleich vier repräsentativen Sommer-, Winter- und Allwetterreifen [15]

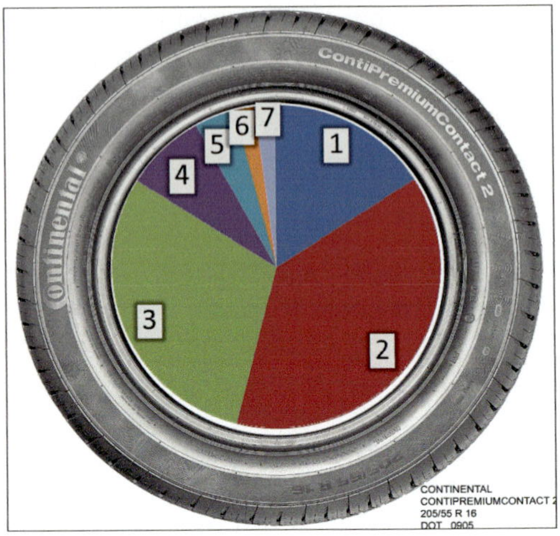

Abb. 13.18 Gewichtsanteile Materialien im Reifen: 1) Festigkeitsträger (Stahl, Rayon/Polyester, Nylon) 16 %, 2) Kautschuk (Natur-,Synthesekautschuk) 38 %, 3) Füllstoffe (Ruß, Silica, Kreide) 30 %, 4) Weichmacheröle 8 % 5) Vulkanisationschemikalien (Schwefel, Beschleuniger, Zinkoxid) 4 %, 6) Alterungsschutzmittel (Licht-, Ozon- und Hitzeschutz) 2 %, 7) Sonstiges 2 %

Markt. Denn die Nachfrage nach Ganzjahresreifen steigt kontinuierlich: Im Jahr 2019 ist der Anteil der Allwetterreifen unter allen verkauften Pkw-Reifen auf 20 % gestiegen.

Da die Gummieigenschaften temperaturabhängig sind, wird unter 7°C ein Wechsel von Sommer- auf Winterreifen (und umgekehrt) dringend empfohlen. Außerdem steigt über 7 °C steigt der Verschleiß der Winterreifen deutlich und verkürzt damit die Reifenlebensdauer.

13

13.2.4 Reifenmaterialien

Metin Ersoy und Reinhard Mundl

Die beschriebenen Funktionalitäten der einzelnen Reifenbauteile werden durch den Einsatz von im Wesentlichen drei Materialgruppen sichergestellt:

Textilien, Stahlcorde/Drähte zur Aufnahme des Fülldrucks und der externen Radlasten und Gummi zur Lufthaltung und Kraftübertragung des Reifens zur Straße. Abb. 13.18 zeigt die prozentuale Verteilung der Festigkeitsträger sowie der wesentlichen einzelnen chemischen Bestandteile von Gummi.

Das Ausgangsprodukt zur Gummiherstellung ist der Kautschuk, ein zugleich plastisches und elastisches polymeres Material, das sich aus langen Molekülketten mit hoher Beweglichkeit zusammensetzt.

Der Naturkautschuk war lange Zeit der alleinige Basisrohstoff der Gummiindustrie. Er wird aus dem Saft, genannt Latex, des Gummibaumes (‚Hevea Brasiliensis‘) in den Kautschukplantagen in Asien gewonnen.

Durch Anritzen der Rinde tritt der Latex mit einem Kautchukgehalt von etwa 35 % aus und wird gesammelt. Nach Zugabe von Säure trennen sich Kautschuk und wässrige Bestandteile (Koagulation), sodass der Kautschuk abgetrennt und durch Trocknung, Konservierung und Formgebung zum festen Naturkautschuk verarbeitet werden kann. Der Anteil von Naturkautschuk bei heutigen Pkw-Reifen liegt bei ca.15 bis 20 %.

Seit Mitte des 20 Jahrhunderts ist auch Synthesekautschuk wesentlicher Bestandteil von Reifenelastomeren. Basierend auf Erdöl werden die Monomere aus verschiedenen Fraktionen des Crack-prozesses in der Rohölraffinerie gewonnen. Durch Polymerisation der Monomere, d. h. durch Aufbau von langen Molekülketten aus kleinen Bausteinen, kann heute eine Vielzahl von Synthesekautschuken hergestellt werden. Dabei werden die Polymerisationsreaktionen sowohl in Emulsion als auch in Lösung durchgeführt, die Produkte weisen unterschiedliche Eigenschaftsprofile auf. Der Anteil von Synthesekautschuk bei heutigen Pkw-Reifen liegt ebenfalls bei etwa 15 bis 20 % des Reifengewichtes.

Als weiterer wesentlicher Bestandteil der Kautschukmischung werden Füllstoffe eingesetzt. Ihre Verwendung verbessert wichtige Materialcharakteristika wie z. B. Steifigkeit, Festigkeit, Reißdehnung, Abriebwiderstand, die für die Erzielung wesentlicher Reifeneigenschaften erforderlich sind. Je nach Reifenbauteil kommen bevorzugt Ruß und/oder gefällte Kieselsäure zum Einsatz.

Der verwendete Ruß (*carbon black) wird* großtechnisch durch unvollständige Verbrennung von Erdöl erzeugt. Industrieruß besteht nahezu ausschließlich aus Kohlenstoff, durch geeignete Prozessparameter können die Rußeigenschaften kontrolliert eingestellt werden. Ruß ist aufgebaut aus zusammengewachsenen Primärteilchen, den Aggregaten. Wesentliches Merkmal für die verstärkende Wirkung in der Kautschukmischung ist die spezifische Oberfläche des Rußes, sie liegt im Bereich von 80–150 m^2/g und wird durch die Primärteilchengröße im η m-Bereich bestimmt. Nach der Einarbeitung in die Kautschukmatrix verursachen hohe physikalische Wechselwirkungen zwischen Rußoberfläche und Kautschukmolekülen die Verstärkung des Werkstoffes als Grundlage der inneren Festigkeit des Gummis.

Seit ca. 35 Jahren löst zunehmend gefällte Kieselsäure (*silica* oder *white carbon black*) Ruß als Füllstoff in Laufstreifenmischungen, ab. Speziell in Verbindung mit ABS-Fahrzeug-Regelsystemen ist mithilfe von Kieselsäuremischungen der Eigenschaftskonflikt zwischen optimaler Haftung und Rollwiderstand auf höherem Niveau lösbar (*Silica-Reifen*).

Ähnlich wie Ruß besteht auch Kieselsäure aus kleinen Teilchen mit hoher Oberfläche, eine erfolgreiche Anwendung in Kautschukmischungen gelingt allerdings nur in Verbindung mit Kopplungsagenzien (*Silanen*), die einerseits eine optimale Füllstoffeinarbeitung und andererseits eine chemische Anbindung des Kautschuks an die Füllstoffoberfläche als Basis für die Verstärkungswirkung ermöglichen.

Mithilfe von Chemikalien (Schwefel, Beschleuniger) und unter Einwirkung von Druck und Wärme werden im Prozessschritt der Vulkanisation, die langen Kautschukketten durch langlebige Schwefelbrücken verknüpft. Gleichzeitig findet die endgültige Formgebung des Reifens statt. Durch diese Vernetzung verliert die Kautschukmischung nahezu all ihre plastischen Eigenschaften, es entsteht das viskoelastischen Elastomer Gummi.

13.2.5 Viskoelastische Eigenschaften von Gummi

Reinhard Mundl

Die mathematische Beschreibung des Verhaltens von Gummi ist wegen des stark nichtlinearen und über der Zeit veränderlichen Verhaltens sehr anspruchsvoll.

▪ Abb. 13.19 zeigt einen Zugversuch, bei dem in 5 Stufen die Dehnung um jeweils 10 % erhöht und in jeder Stufe 10-mal hoch und heruntergefahren wurde. Der erste Zyklus einer Laststufe zeigt immer die höchsten Kraftwerte, die dann während der nächsten Zyklen immer weiter abnehmen, bis ein stationärer Zustand erreicht ist.

Dieses Materialverhalten zu modellieren erfordert einen hohen Simulationsaufwand.

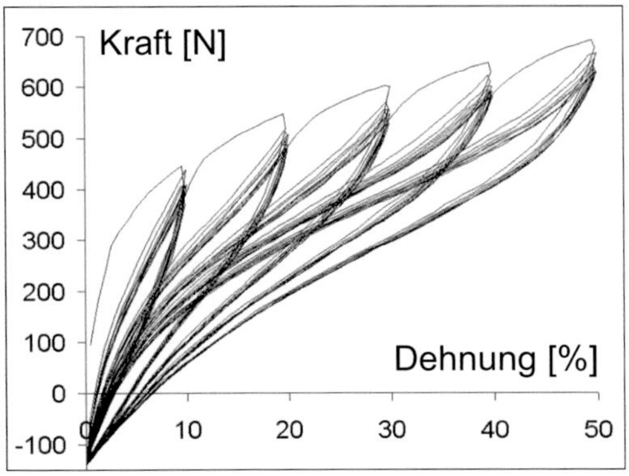

Abb. 13.19 Experimentelle Untersuchung des Dehnungsverhaltens einer rußgefüllten Gummiprobe

Die Nachbildung kann z. B. durch eine Anordnung von Federn, Dämpfern und Reibelementen erfolgen, die für verschiedene Dehngeschwindigkeiten das elastische, viskose und plastische Gummiverhalten beschreiben (**Abb.** 13.20).

Das elastische Verhalten beschreibt das Gummiverhalten. Es wird durch eine meist nichtlineare Feder beschrieben, die sowohl die Nichtlinearität der Spannungs-Dehnungs-Kurve als auch die Inkompressibilität berücksichtigt. Der viskose Anteil entsteht aus der frequenzabhängigen Steifigkeit des Gummis und beschreibt über das Temperatur-Frequenz Äquivalenzprinzip auch das Temperaturverhalten. Je höher die Frequenz oder je tiefer die Temperatur desto höher verhärtet sich Gummi.

Generell wird das viskoelastische Verhalten von Gummi durch den sogenannten komplexen Elastizitätsmodul E^* beschrieben, der aus Speichermodul E' und Verlustmodul E'' besteht (in komplexer Zahlen: $E^* = E' + \mathrm{i}\,E''$).

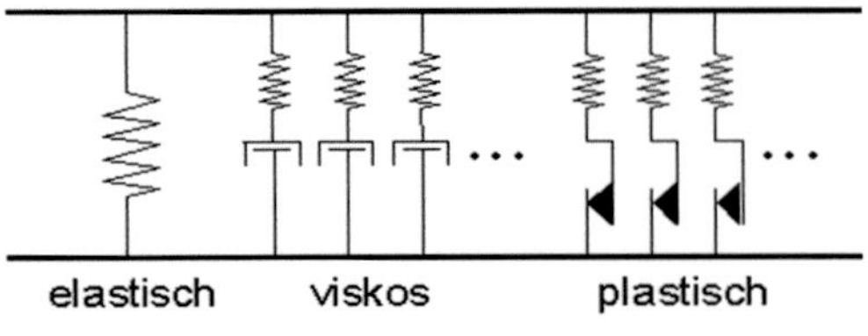

Abb. 13.20 Ersatzmodell für Gummiverhalten

Der Verlustbeiwert tan δ als Verhältnis Verlust- zu Speichermodul ist ein Maß für die Energieverluste bei der Deformation des Gummis. Die Anpassung des Speicher- und Verlustmoduls über einen Frequenzbereich von ca. 5 Dekaden (**Abb.** 13.21) ist mit 10 Maxwell-Elementen bestehend aus je einer Feder und einem Dämpfer möglich.

Mit dem plastischen Anteil kann der inneren Materialstruktur Rechnung getragen werden. Laut einer Hypothese, gleiten unter Deformation die Polymerketten auf den Füllstoffoberflächen, und eine Reibungshysterese hervorgerufen wird. Sichtbar wird dieses in **Abb.** 13.22 dadurch, dass die Kraft auch bei niedrigen Dehngeschwindigkeiten

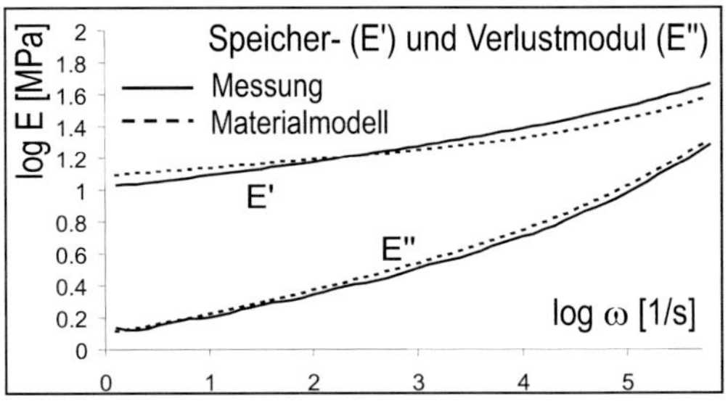

Abb. 13.21 Materialgesetzanpassung an die Messwerte

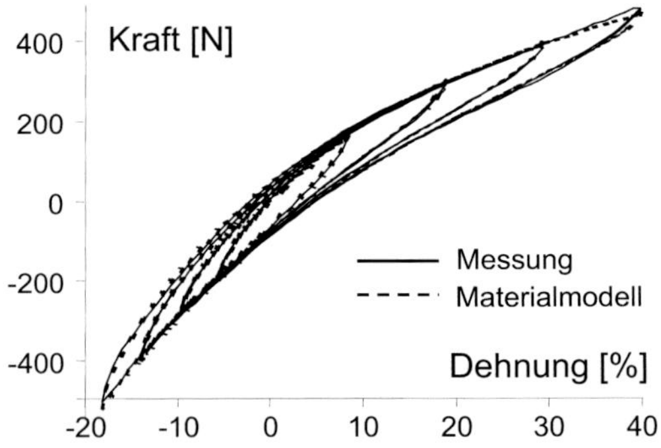

Abb. 13.22 Materialgesetzanpassung an die Hysterese im stationären Zustand bei diversen Dehnamplituden

bei Dehnungszunahme (Belastung) größer ist als bei Dehnungsabnahme (Entlastung).

Die Anpassung erfolgt über die Prandtl-Elemente (Feder und Reibelemente), die den plastischen Materialanteil beschreiben (s. ◘ Abb. 13.20). Sowohl die Kurvenform als auch die typische Gummihysterese für gefüllte Netzwerke wird richtig wiedergegeben.

13.3 Kraftübertragung Reifen-Fahrbahn

Reinhard Mundl

Der Reifen muss bei den unterschiedlichsten Fahrbahnbelägen (Asphalt, Beton, Pflaster), aber auch bei allen Witterungsbedingungen und Geschwindigkeiten des Fahrzeugs die Kraftübertragung zur Straße sicherstellen. Damit bedeutet das Kraftschlussverhalten einen Schwerpunkt für den Reifenentwickler. Als Einflussgrößen auf das Kraftschlussverhalten werden vor allem Reifenart und Reifenzustand, Fahrbahnart und Fahrbahnzustand, Betriebsbedingungen und Betriebsfehler berücksichtigt.

13.3.1 Tragverhalten

Das Tragverhalten (F_z) einer idealen Membran ist beschrieben durch $p_i \cdot A$ (Innendruck · Kontaktfläche) (◘ Abb. 13.23).

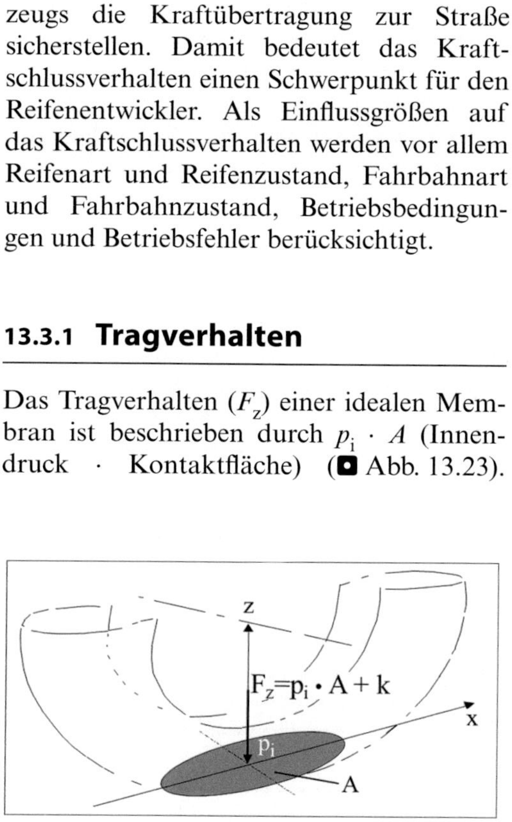

◘ **Abb. 13.23** Tragverhalten eines Luftreifens

Beim Reifen kommt durch die steife Schalenstruktur des Reifens noch ein zusätzlicher Strukturtraganteil (k) von ca. 10 bis 15 % hinzu. Bei Reifen mit Notlaufeigenschaften ist k deutlich größer.

13.3.2 Kraftschlussverhalten, Aufbau von Horizontalkräften

Das Kraftschlussverhalten von Reifen wird im Wesentlichen von den Reibpartnern Gummi und Fahrbahnoberfläche bestimmt. Der Kraftschlussbeiwert hängt vom Material und der geometrischen Struktur der Lauffläche des Reifens und der Straßenoberfläche, dem Kontaktdruck, der Gleitgeschwindigkeit sowie der Temperatur ab.

Es gilt: Je niedriger der Kontaktdruck gehalten werden kann und je homogener die Druckverteilung innerhalb der Bodenaufstandsfläche ist, desto höher sind die übertragbaren Seiten- und Umfangskräfte.

Bei höheren Schlupf- oder Gleitgeschwindigkeiten nehmen die Kraftschlussbeiwerte ab (◘ Abb. 13.24).

Je nach Einsatzgebiet entwickeln Gummimischungen in unterschiedlichen Temperaturbereichen ihre höchsten Kraftschlusswerte. Bei einem Betrieb außerhalb dieses Temperaturbereichs sind die Werte deutlich

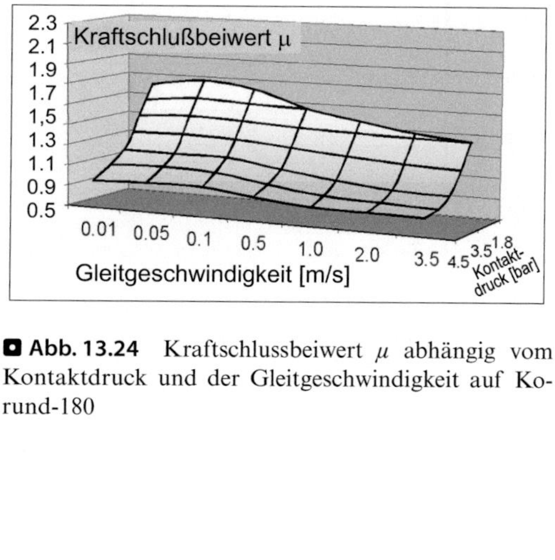

◘ **Abb. 13.24** Kraftschlussbeiwert μ abhängig vom Kontaktdruck und der Gleitgeschwindigkeit auf Korund-180

kleiner. So werden häufig Winterreifen für einen Temperaturbereich von –20 bis 10 °C, Sommerreifen von 5 bis 40 °C ausgelegt. In diesen Temperaturbereichen haben sie den höchsten Kraftschluss.

Der Kraftschluss von Gummi auf rauer Oberfläche wird durch die Modellvorstellung der Hysteresereibung erklärt. Die beim Gleiten eines Gummiklotzes entstehenden höheren Kompressionskräfte auf der auflaufenden Seite einer Unebenheit und die niedrigeren sich langsam entspannenden Kontaktkräfte auf der ablaufenden Seite führen zu einer asymmetrischen Druckverteilung mit einer entgegen der Gleitrichtung wirkenden Komponente, d. h. der Reibkraft. Als stark verkürzte Erklärung mag hier genügen, dass der Entwickler verschiedenen Temperaturbereichen der Kurve für den Verlustbeiwert tan δ auf Basis eines Temperatur-Frequenz-Äquivalentprinzips (WLF-Transformation) einige typische Reifeneigenschaften zuordnen kann.

Physikalisch unterscheiden sich die in ◘ Abb. 13.25 gekennzeichneten 3 Bereiche der tan δ Kurve:

Bereiche 1 und 2 sind relevant für das Bremsen auf nasser Fahrbahn, Bereich 1 vor allem für den quasi Haftbereich mit sehr kleinen Gleitgeschwindigkeiten im vorderen Bereich der Bodenaufstandsfläche, Bereich 2 für die höheren Gleitgeschwindigkeiten im hinteren Teil der Aufstandsfläche oder beim Blockierbremsen.

Bereich 3 ist relevant für den Rollwiderstand mit der zyklischen Gummideformation beim Rollen.

Dem Bereich 1 kann physikalisch eine adhäsionsunterstützte nanoskalige Hysteresereibung, Bereich 2 eine mesoskalige Hysteresereibung und Bereich 3 eine impulsförmige Gummideformation zugeordnet werden. Je kleiner die Rauigkeitsskala im Kontakt Reifen–Fahrbahn wird, desto höher ist die zugeordnete Frequenz.

Der Kompromiss niedriger Kraftstoffverbrauch durch niedrigen Rollwiderstand

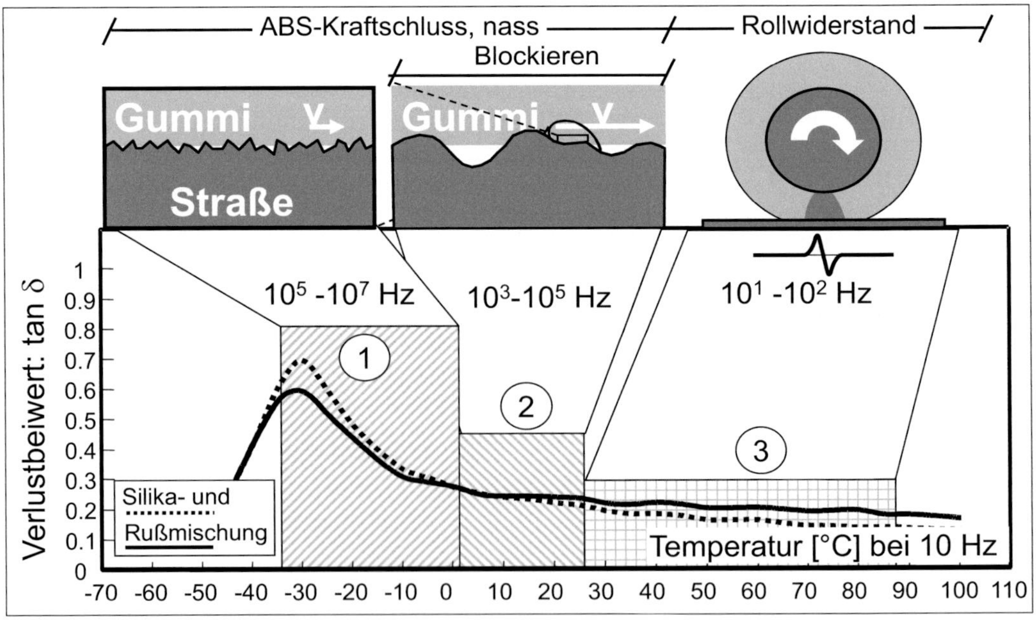

◘ **Abb. 13.25** Verlauf desS Verlustbeiwerts tan δ über der Temperatur mit den relevanten Bereichen für Kraftschluss auf nasser Straße und Rollwiderstand für zwei Reifenmischungen (Ruß- und Silikamischung)

(tan δ klein im Bereich 3 bei 60 °C) bei kurzen Bremswegen (tan δ groß in den Bereichen 2 und 3, d. h. kleiner 20 °C) soll auf ein möglichst hohes Niveau gebracht werden. Wie aus ◼ Abb. 13.25 zu entnehmen, ist dies bei Silikamischungen gelungen.

13.3.3 Antreiben und Bremsen, Umfangskräfte

Im ◼ Abb. 13.26 wird beispielhaft ein Bremsvorgang ohne ABS dargestellt. Hier soll nicht auf Bremssysteme, sondern auf den Beitrag der Reifen eingegangen werden. Dargestellt ist der Kraftschlussbeiwert μ, definiert als Quotient aus Umfangskraft und Normalkraft, aufgetragen gegenüber dem Radschlupf beim Bremsen. Allgemein wird der Schlupf λ, bei seitenkraftfrei rollendem Rad definiert als:

$$\lambda = \frac{R_{\mathrm{dyn}} \cdot \omega - v}{v} \tag{13.1}$$

mit R_{dyn} dynamischer Rollradius, ω Raddrehzahl und v Fahrzeuggeschwindigkeit. Der dynamische Rollradius ist der wirksame Abrollradius des Rades. Er wird indirekt aus der zurückgelegten Strecke und der Anzahl der Radumdrehungen bestimmt.

Um beim Antreiben bei durchdrehendem Rad nicht auf Werte über 100 % zu kommen, wird der Schlupf häufig statt auf die Fahrzeug- auf die Radumfangsgeschwindigkeit R_{dyn} ω bezogen. ◼ Abb. 13.26 zeigt, dass Reifen bis zum Schlupf 100 % gefordert werden können.

Die Reifen müssen beim Bremsen mit blockierten Rädern die gesamte kinetische Energie umwandeln, beim ABS-Bremsen dagegen wird der größte Anteil von der Bremsanlage „übernommen". Mit Erhöhen des Bremsschlupfs bilden sich zunehmende Gleitbereiche in der Aufstandsfläche aus (◼ Abb. 13.27).

Vom Auslauf, jeweils auf der rechten Seite dargestellt, vergrößert sich die Gleitzone Richtung Einlauf. Kurz vor dem Erreichen des Schlupfmaximums befindet sich fast die gesamte Kontaktzone im Gleitzustand. Der im vorderen Teil der Bodenaufstandsfläche als Haftbereich gekennzeichnete Teil charakterisiert einen Bereich, in dem nur sehr kleine Gleitgeschwindigkeiten auftreten, also makroskopisch Quasihaften vorliegt.

Neben der Abhängigkeit von der Fahrzeugauslegung und der Fahrgeschwindigkeit haben Reifenart und Fahrbahnrauigkeit einen bestimmenden Einfluss.

Die Darstellungen in den ◼ Abb. 13.26, 13.27 und 13.28 zeigen den erreichbaren

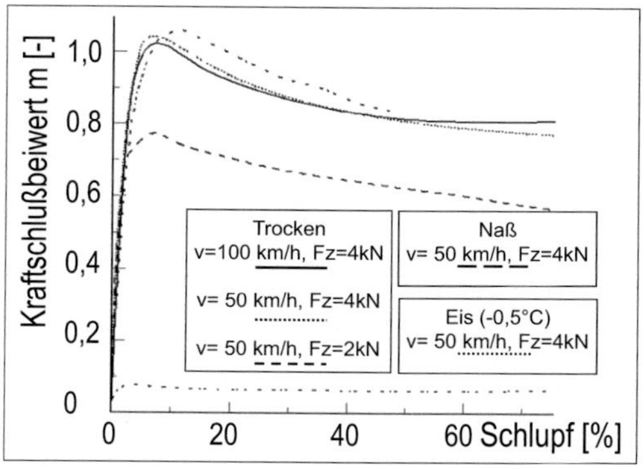

◼ **Abb. 13.26** Kraftschlussbeiwert μ bei unterschiedlichen Fahrbahnzuständen und Einsatzbedingungen

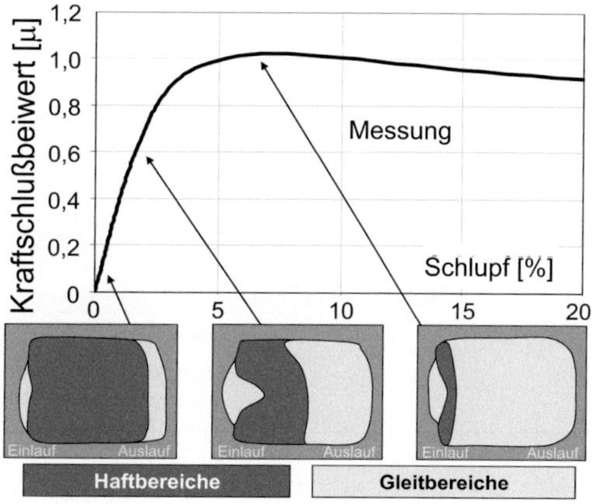

◼ **Abb. 13.27** Haft- und Gleitzonen in der Bodenaufstandsfläche eines Reifens beim Bremsen

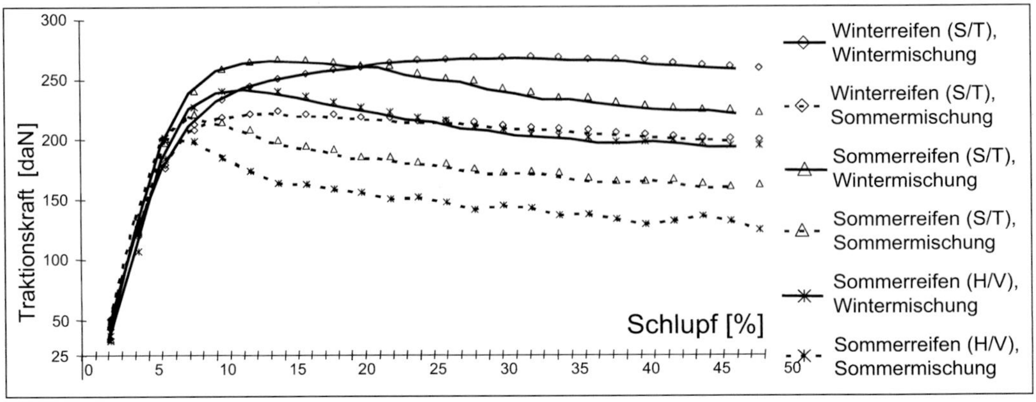

Abb. 13.28 Beeinflussung des Kraftschlusspotentials durch Reifen und Laufflächenmischungen bei Traktion auf Schnee

Kraftschluss abhängig von den Einflussfaktoren Fahrbahn, Reifen und Betriebsbedingungen und damit Kenngrößen für erreichbare Antriebsbeschleunigungen und Bremswege. Verschiedene Kombinationen von Reifenprofilen und Laufflächenmischungen können sehr unterschiedliche Traktion auf Schnee erzeugen (Abb. 13.28). Diese Kombination zeigt, dass für die Wintereigenschaften vor allem die Laufflächengummimischung mit Wintereigenschaften entscheidend sind, die bei tiefen Temperaturen gegenüber Sommermischungen elastischer bleibt.

13

13.3.4 Schräglauf, Seitenkräfte, Rückstellmomente

Für die Fahrzeugfahrdynamik sind die Größe und Charakteristik der zu übertragenden Seitenkräfte von entscheidender Wichtigkeit für ein angenehmes und sicheres Fahren. Mit zunehmendem Reifenschräglaufwinkel wird die Seitenkraft radlastabhängig Maximal 5 bis 15° Schräglaufwinkel aufgebaut (Abb. 13.29).

Durch die bei Schräglauf linear ansteigende Querverformung der Profilklötze von Latscheinlauf zu Auslauf zwischen

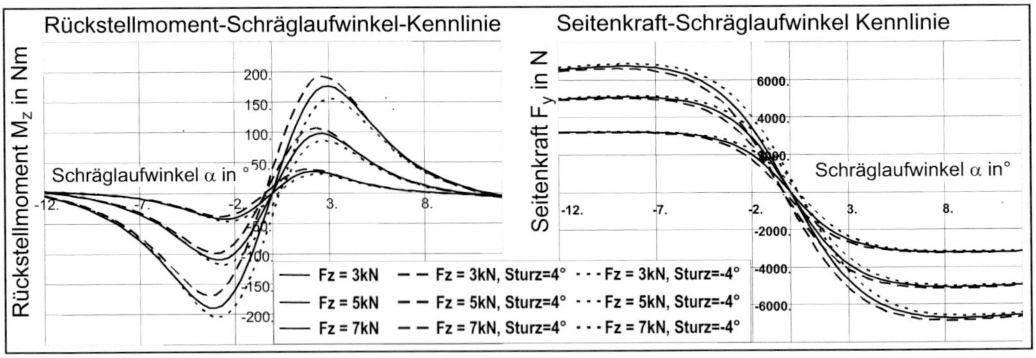

Abb. 13.29 Rückstellmoment M_z und Seitenkraft F_y als Funktion von Schräglaufwinkels, Radlast und des Sturzes

Gürtel und Fahrbahn rutscht der Angriffspunkt der Seitenkraft, der sogenannte pneumatische Nachlauf, auf etwa 1/6 der Latschlänge hinter die Reifenmitte und bildet ein Rückstellmoment.

Dieses Rückstellmoment versucht das Rad und damit auch das Lenkrad wieder in die Ausgangsstellung zurückzudrehen. Es erreicht ein Maximum, wenn die Schräglaufkennlinie beginnt den linearen Anstieg deutlich zu verlassen und kann bei weiter zunehmendem Schräglaufwinkel negativ werden.

Zusätzlich dargestellt ist der Sturzeinfluss des Rades. So erhöht ein negativer Sturz die Seitenkraft bei Kurvenfahrt, vermindert aber gleichzeitig das Rückstellmoment. Ein positiver Sturz wirkt umgekehrt.

13.3.5 Schräglaufsteifigkeit

Eine wichtige Kenngröße für die Fahrdynamik von Kraftfahrzeugen ist die Anfangssteigung der Seitenkraft-Schräglaufwinkel-Kennlinie aus dem Ursprung. Diese Anfangssteigung ist die Schräglaufsteifigkeit oder *Cornering-Stiffness*. ◘ Abb. 13.30 zeigt ein Beispiel für die Schräglaufsteifigkeit und den Einfluss des Fülldruckes.

Für kleine Radlasten ist die Schräglaufsteifigkeit bei niedrigem Fülldruck am größten, wogegen sich dieses Verhalten bei größeren Radlasten umkehrt.

Neben konstruktiven Änderungen am Reifen hat die Felgenmaulweite einen großen Einfluss auf den Aufbau der Seitenkräfte des Reifens. Eine um 1 Zoll größere Felgenmaulweite ermöglicht eine um ca. 10 % vergrößerte Schräglaufsteifigkeit (◘ Abb. 13.31).

Eine Kompaktdarstellung der Reifenkräfte ermöglicht das sogenannte Gough-Diagramm (◘ Abb. 13.32) in den Koordinaten Seitenkraft über Rückstellmoment für die Parameter Radlast, Schräglaufwinkel, Reifennachlauf.

Der Nachlauf ist der Abstand des Angriffspunkts der resultierenden Seitenkraft im Latsch zur Reifenmitte.

Dieses Rückstellmoment versucht das Rad und damit das Lenkrad wieder in die Geradeausstellung zurückzudrehen. Es erreicht ein Maximum, wenn die Schräglaufkennlinie den linearen Anstieg deutlich verlässt und kann bei weiter steigendem Schräglaufwinkel sogar negativ werden.

Zusätzlich dargestellt ist der Sturzeinfluss des Rades. So erhöht ein negativer Sturz die Seitenkraft bei Kurvenfahrt, vermindert aber gleichzeitig das Rückstellmoment. Ein positiver Sturz wirkt umgekehrt.

Das Gough-Diagramm ermöglicht die quasistatische Bestimmung der Seitenkräfte und Rückstellmomente an beiden Rädern einer Achse bei Kurvenfahrt.

Alle bisher betrachteten Kräfte und Momente gelten für den stationär rollenden

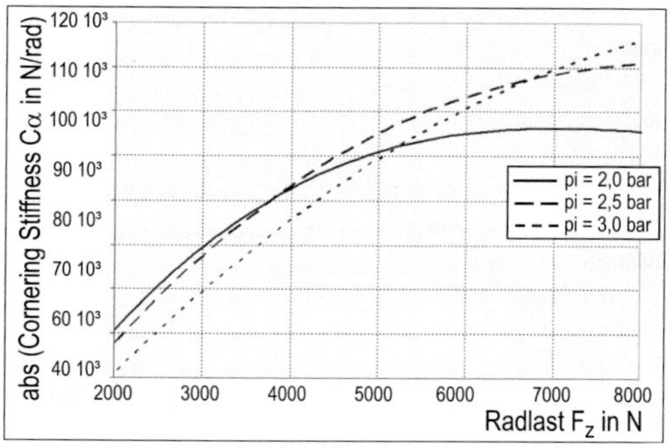

◘ **Abb. 13.30** Schräglaufsteifigkeit, Radlast, Luftdruck

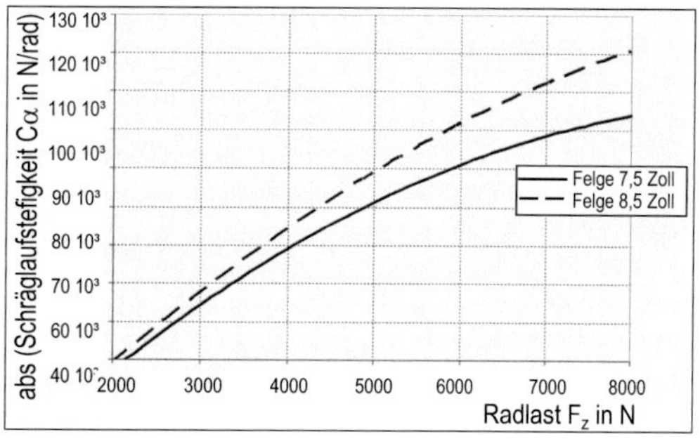

◘ **Abb. 13.31** Einfluss der Felgenmaulweite auf die Schräglaufsteifigkeit

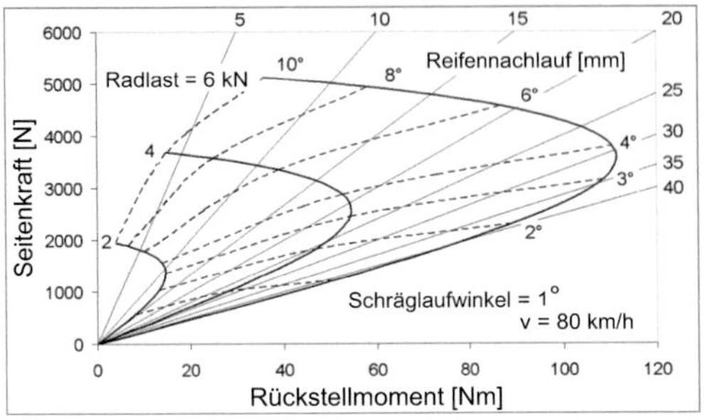

Abb. 13.32 Gough-Diagramm für einen Pkw-Reifen

Reifen. Bei einer Änderung der Betriebsbedingung des Reifens wie Schräglaufwinkel, Last, Sturz und Felgenquerverschiebung relativ zum Latsch dauert es eine gewisse Zeit, bis sich der neue Zustand eingestellt hat. Dies soll an zwei Beispielen für die Seiten- und Umfangskraft verdeutlicht werden:

Die Änderung der Seitenkräfte wird über das Einlaufverhalten des Reifens beschrieben und ist besonders für die Querdynamik des Fahrzeugs von Bedeutung.

Der Reifen baut die Reaktionskräfte über eine bestimmte Wegstrecke auf, deren Länge im Wesentlichen von den Reifenparametern Masse, Dämpfung, Reibung im Latsch und den Betriebszuständen abhängt. Die entsprechende Kenngröße ist die Relaxations- oder Einlauflänge; sie ist die Abrollstrecke, bei der die Seitenkraft $F_y = F_y0 \cdot (1-1/e) = 0{,}63 \cdot F_y0$ erreicht (Abb. 13.33). Für Pkw-Reifen liegen typische Einlauflängen zwischen 0,2 und 0,7 Meter. Die Einlauflänge l kann auch über $l = C_\alpha / C_y$ mit der Schräglaufsteife $C\alpha$ und der Quersteifigkeit C_y abgeschätzt werden.

Grundsätzlich gibt es Einlauflängen für alle Kraftrichtungen. Bei periodischen Änderungen der Betriebsbedingungen ergibt sich ein Phasengang. Dazu kommt die dynamische Antwort des schwingungsfähigen Systems im Zeitbereich.

In Abb. 13.34 ist eine Kennlinie für den Umfangskraft-Bremsschlupf dargestellt. Beim Aufbringen eines Bremsimpulses nimmt zunächst der Schlupf zu, bevor die Kraft aufgebaut wird. Es bildet sich eine Reihe von Konvergenzpunkten, die den stationären Kurvenverlauf kennzeichnen. Das Reifenantwortverhalten auf die Bremsmomentänderung wird bestimmt von der Reifendynamik und Einlauflänge in Umfangsrichtung.

13.3.6 Reifen unter Quer- und Längsschlupf

Hier ist neben der Frage des Kraftschlusses insbesondere auch die Reifencharakteristik für die Beherrschbarkeit eines Fahrzeuges im Grenzbereich interessant. Sportlich geübte Fahrer nutzen einen höheren, schmalen Grenzbereich für höhere Kurvengeschwindigkeiten, für den Normalfahrer ist ein breiter Grenzbereich anzustreben.

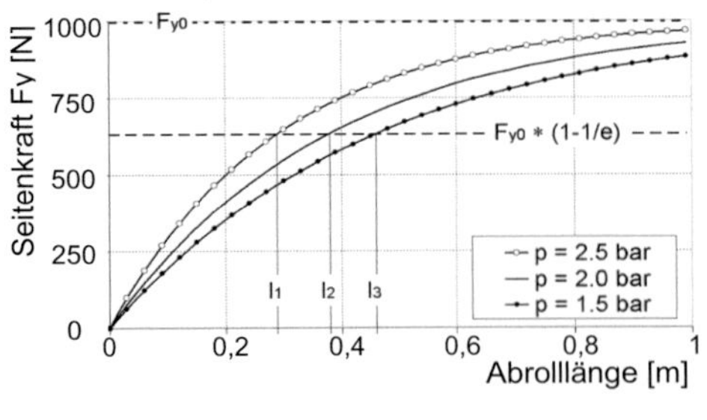

Abb. 13.33 Seitenkraftaufbau und Einlauflängen $l_{1,2,3}$ in Abhängigkeit vom Fülldruck p bei einer stufenförmigen Schräglaufwinkeländerung von 0 auf 1°

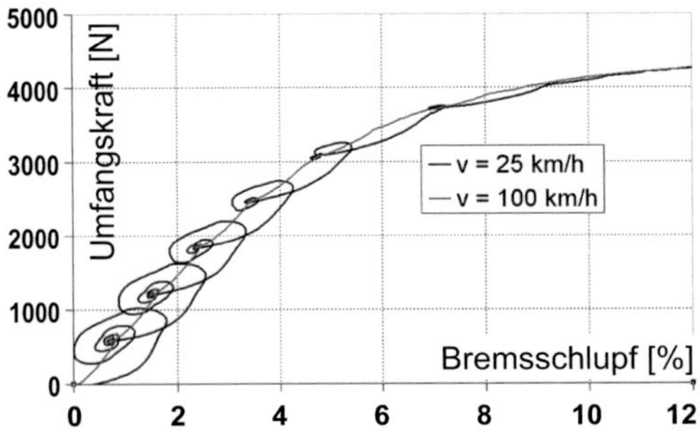

Abb. 13.34 Dynamische Reifenantwort auf eine stufenweise Erhöhung der Bremskraft

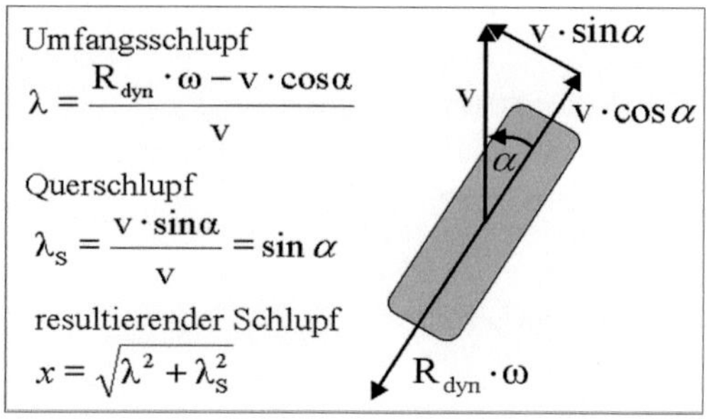

■ **Abb. 13.35** Geschwindigkeits- und Schlupfverhältnisse am rollenden Rad unter Schräglauf

Zunächst soll ■ Abb. 13.35 die Geschwindigkeits- und Schlupfverhältnisse am rollenden Rad unter Schräglauf verdeutlichen (s. ► Abschn. 2.2).

Der Reifen kann sein max. Kraftschlusspotenzial jeweils nur in einer Richtung anbieten (■ Abb. 13.36). Da die

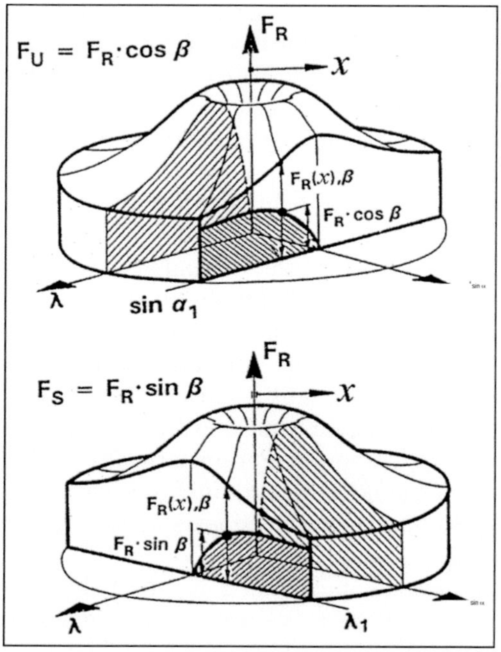

■ **Abb. 13.36** „Reibungskuchen“ nach Prof. Weber als Darstellung der resultierenden Führungskräfte am Reifen: *F*u Umfangskraft, F_S Seitenkraft, F_R Reibkraft, χ Schlupf, α Schräglaufwinkel, λ Längsschlupf, β Reibkraftrichtungswinkel im Kamm'schen Kreis

Kraftschlussmaxima in Umfangsrichtung und Querrichtung bis zu einer bestimmten Grade unterschiedlich sind, wird der allgemein angesetzte (Kamm'sche) Kraftschlusskreis zu einer Ellipse. Für verschiedene Schräglaufwinkel ist das Verhältnis Seiten- zu Umfangskraft in ■ Abb. 13.37 dargestellt (s. ► Abschn. 2.2.1.2).

13.3.7 Reifengleichförmigkeit

13.3.7.1 Strukturseitenkraft und Konizität

Reifen laufen ohne Führung durch die Radaufhängung aufgrund ihres Schichtaufbaus der Festigkeitsträger nicht geradeaus. Jeder Reifen besitzt bei Schräglaufwinkel Null konstante Seitenkräfte, die ein Abweichen von der idealen Gerade bewirken. Diese Kräfte setzen sich zusammen aus der drehrichtungsabhängigen Strukturseitenkraft F_{SS} und der drehrichtungsunabhängigen Konizitätskraft *F*K. Die Strukturseitenkraft ergibt sich aus der inneren Struktur des Reifens, die Konizitätskraft aus der Reifengeometrie.

Durch Wenden der Reifen auf der Felge lassen sich in der Praxis Reklamationen wegen „einseitigen Ziehens“ vielfach beseitigen (■ Abb. 13.38).

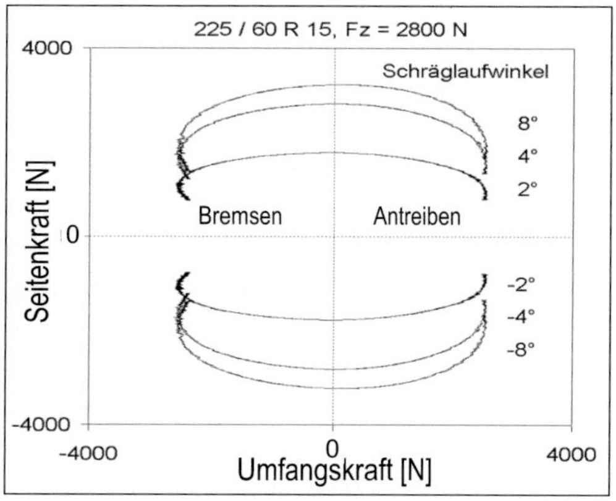

■ **Abb. 13.37** Kraftschlusspotenzial bei kombinierter Reibkraft durch Seiten- und Umfangskraft

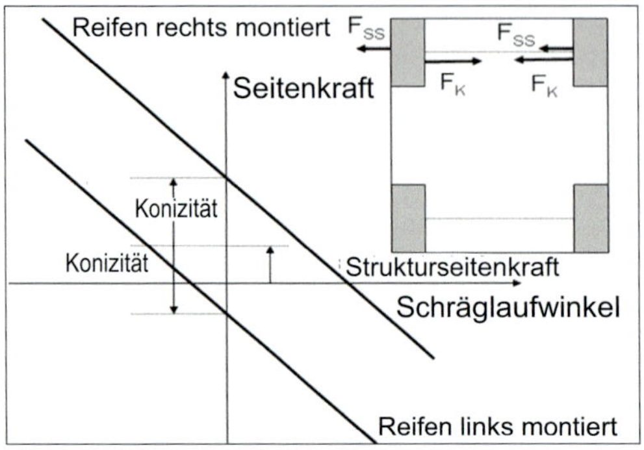

Abb. 13.38 Einfluss der Drehrichtung auf die Resultie¬renden aus Strukturseitenkraft FSS und Konizität FK

13.3.7.2 Reifenrundlauf

Eine Reifenungleichförmigkeit beschreibt die Abweichung des Reifens von einem idealen Rotationskörper. Die geometrischen Abweichungen werden durch Höhen- und Seitenschläge dargestellt. Wichtiger sind die Kraftschwankungen des eingefedert rollenden Rades in radialer, lateraler und tangentialer Richtung. Sie stellen die Summenwirkung aus der Variation von Geometrie und Steifigkeit über dem Umfang dar. In der Praxis sind für diese Größen Grenzwerte festgelegt, die nicht überschritten werden dürfen, damit im Fahrzeug diese Störungen ungespürt bleiben.

13

13.4 Reifenmodelle für die Simulation

Reinhard Mundl und Burkhard Wies

Reifenmodelle dienen dazu, Reifeneigenschaften qualitativ oder quantitativ darzustellen und vorherzusagen. Sie besitzen je nach Anforderung unterschiedliche Komplexität, beginnend bei einfachen mathematischen bis hin zu detaillierten dynamischen FEM-Modellen. Für die Auslegung von Reifen werden in der Reifenindustrie vorwiegend FEM-Modelle eingesetzt, die sich zur Kopplung mit Fahrzeugmodellen aufgrund der sich ergebenen Rechenzeiten nicht eignen (Abb. 13.39).

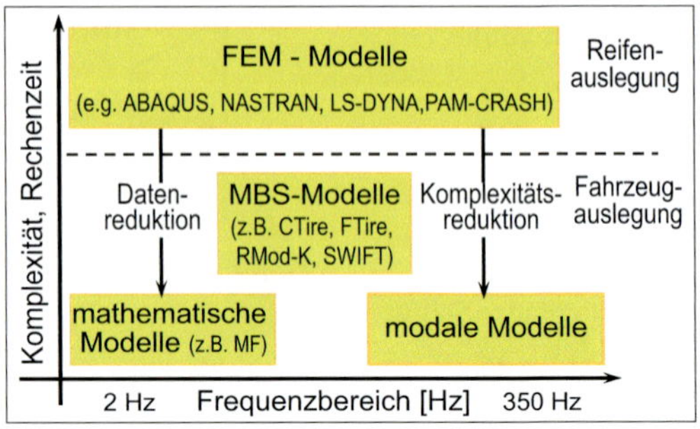

Abb. 13.39 Darstellung unterschiedlicher Einsatzfelder für Reifenmodelle

13.4.1 Reifenmodelle für die Horizontaldynamik

Da der Kern der Prozeduren für die Fahrsimulation Zeitschrittverfahren sind, müssen in jedem Zeitschritt die Reifenmodelle rasch in der Lage sein, die entsprechenden Reifenkräfte und -momente aus den Radlasten und kinematischen Randbedingungen wie Schlupf, Schräglauf- und Sturzwinkel zu berechnen.

Die in der Mitte stehenden MKS-Modelle bilden die Reifenphysik in ihrer Beschreibung des Gesamtverhaltens ab, erfassen aber meist keine Strukturdetails. Dafür wurden mathematisch-empirische Modelle mit analytische Formeln entwickelt, die mit möglichst wenigen Parametern das gemessene Charakteristikverhalten des eingesetzten Reifens ausreichend genau beschreiben.

Die Magic Formula [16] ist heute am häufigsten eingesetzt. Für die Fahrdynamiksimulation ist es notwendig,realistische Reifencharakteristiken zur Verfügung zu haben. Diesen Anforderungen wurde die europäische Automobil- und Reifenindustrie durch die Entwicklung der TIME-Prozedur (*Tire Measurement*) im 1999 gerecht.

Basierend auf Untersuchungen an typischen Fahrzeugen ergeben sich realistische Belastungskorridore für Reifenmessungen an Prüfständen. Ein Beispiel für hauptsächlich vorkommende Radlast-Schräglaufwinkelkombinationen zeigt ◻ Abb. 13.40. Das Diagramm deckt vier unterschiedliche Achstypen ab: eine Vorderachse mit Front- und Standardantrieb, eine Hinterachse mit Standardantrieb und eine Hinterachse mit Starrachse. Im Gegensatz zu konventionellen Messprozeduren, bei denen für eine konstante Radlast und einen konstanten Sturzwinkel der Schräglaufwinkel kontinuierlich verstellt wird, basiert die TIME-Prozedur auf realistischen Belastungen, denen der Reifen auch im Fahrversuch ausgesetzt wird.

Die Belastungen für den Reifen ergeben sich aus stationären Kurvenfahrten auf wechselnden, unterschiedlichen Radien mit verschiedenen Querbeschleunigungen. Die Auswertung der Änderungen von Schräglaufwinkel-, Sturzwinkel- und Radlastbedingungen an einem Reifen bei diesen Fahrten ergibt einen festen Zusammenhang zwischen Schräglauf, Sturz und Radlast, der hauptsächlich von der statischen Radlastverteilung eines Fahrzeuges und den Achscharakteristiken abhängt. Das

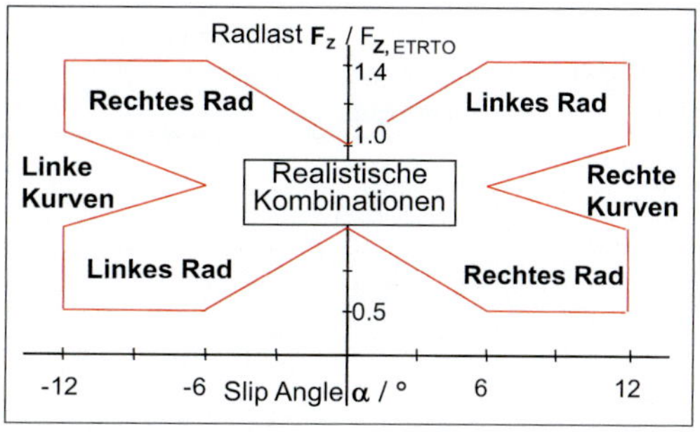

◻ **Abb. 13.40** Qualitative Zuordnung der Radlasten an den vier Radpositionen in Abhängigkeit vom Schräglaufwinkel für front- und heckgetriebene Fahrzeuge

◻ Abb. 13.41 zeigt Ergebnisse aus Fahrversuchen, die im Rahmen des TIME-Projektes [17] durchgeführt wurden.

Während der Reifenmessung nach der TIME-Prozedur werden Schräglaufwinkel, Sturz und Radlast gleichzeitig verstellt, als würde der Reifen am Fahrzeug montiert belastet. Weitere Messpunkte werden im linearen Bereich zur Schräglauf- und Sturzsteifigkeitsermittlung aufgenommen. Vor der Messung durchläuft der Reifen eine Warmlaufphase. ◻ Abb. 13.42 zeigt den Ablauf der gesamten Messprozedur für einen Reifen.

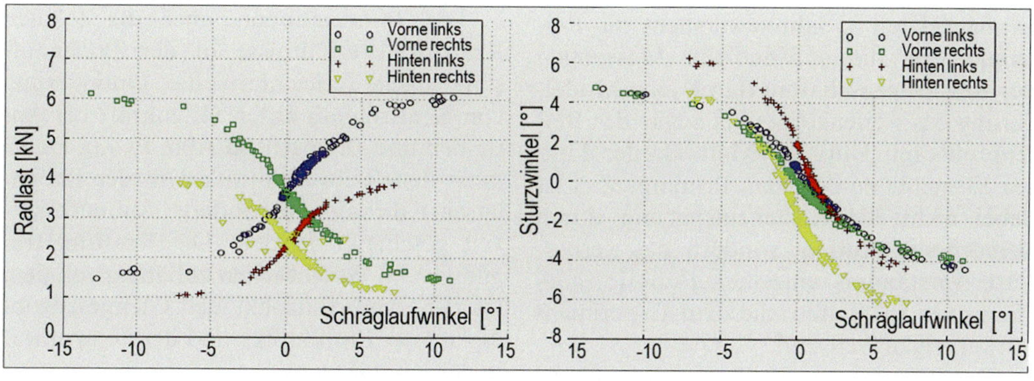

◻ **Abb. 13.41** Gemessene Abhängigkeiten der Radlasten und des Sturzes an den vier Radpositionen in Abhängigkeit vom Schräglaufwinkel

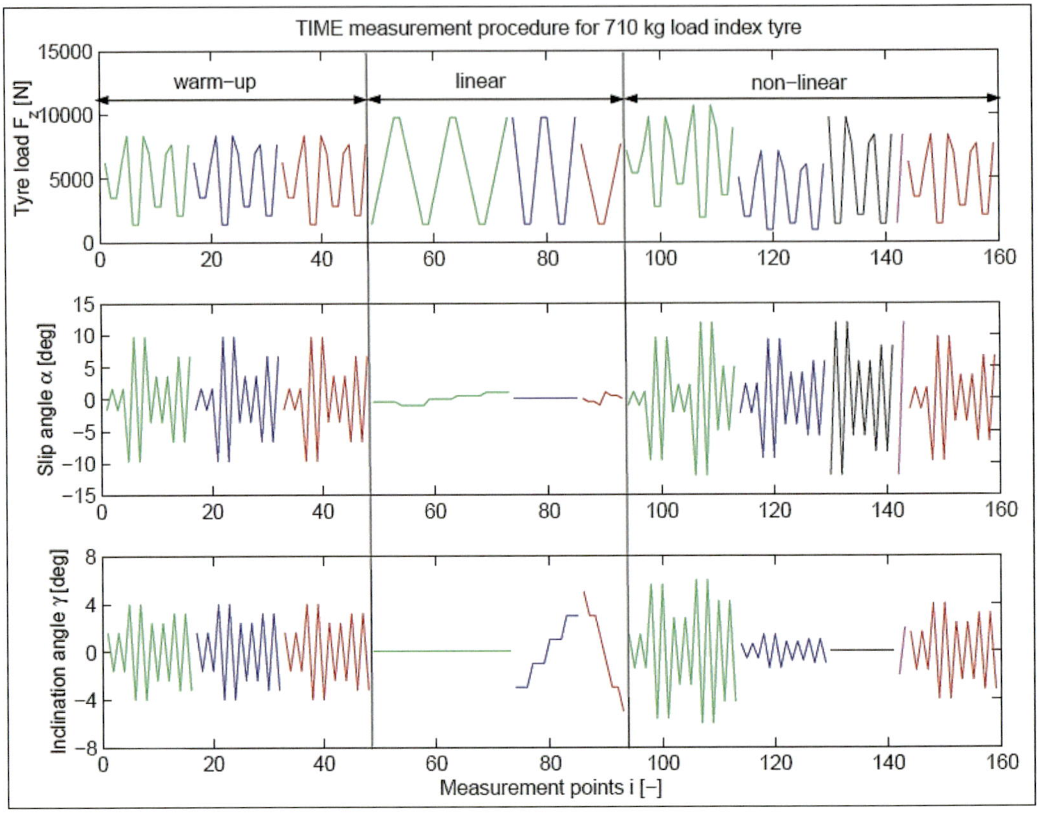

Abb. 13.42 Ablauf der Reifenmessprozedur TIME [17]

13

13.4.2 Reifenmodelle mit Finiten Elementen (FEM-Modelle)

In den letzten 35 Jahren versucht die Reifenindustrie die aufwendigen Messungen der Reifeneigenschaften durch eine Modellierung des Reifenkörpers ja sogar des Reifenprofils mit Hilfe der Methode der Finiten Elemente zu ersetzen. Primäres Ziel ist dabei nicht die Kosteneinsparung durch Versuchssubstitution, sondern das verbesserte Verständnis einzelner Funktionsmechanismen im Reifen, die dem Experiment schwer zugänglich sind.

Das Einbringen der komplexen Gummibeschreibung in Form von Materialgesetzen in die Reifenberechnung ermöglicht eine Vielfalt an Vorhersagen von Reifeneigenschaften. Ein Beispiel ist die Reifenverformung unter Schräglauf im stationär rollenden Zustand.

Die Informationen über die lokalen Kraft-/Reibverhältnisse in der Bodenaufstandsfläche erleichtern die Optimierung von Kraftschluss unter Seitenkraft bei Antreiben und Bremsen (Abb. 13.43). Dabei muss den Reibverhältnissen in der Reifenlatsch-Fahrbahn besondere Aufmerksamkeit geschenkt werden. Die Kraftübertragung ist im Wesentlichen abhängig von dem lokalen Anpressdruck, der Gleitgeschwindigkeit der Profilklötze und der Temperatur in der Kontaktzone.

Unter Berücksichtigung dieser Kontaktphänomene lassen sich mit FEM-Analysen stationäre Kennlinien für Seitenkraft,

Abb. 13.43 FEM Reifenberechnung für stationär rollenden Reifen unter Schräglauf (Kontaktdruck berechnet)

Rückstellmoment und Umfangskraft schon recht genau berechnen.

Einen Vergleich der gemessenen und berechneten Seitenkraft-Schräglaufkennlinien zeigt **Abb. 13.44**. Weitere Anwendung findet die FEM bei der Vorhersage von Haltbarkeit, Rollwiderstand, Temperaturverteilung, Abrieb, Aquaplaning, usw.

Die Parameter der in die FEM Berechnungen eingehenden Materialgesetze müssen durch separate Tests von Materialproben mit der Fahrbahnoberfläche ermittelt werden. Das kann im Labor oder mit mobilen Prüfeinrichtungen auf der Teststrecke durchgeführt werden. Die in **Abb. 13.24** gezeigte Abhängigkeit des Reibkoeffizienten μ vom Kontaktdruck und der Schlupfgeschwindigkeit muss für eine erfolgreiche Berechnung berücksichtigt werden.

Um einen hohen Kraftschluss zu erhalten, ist bei Optimierungsrechnungen anzustreben, den Kontaktdruck niedrig und die Druckverteilung in der Bodenaufstandsfläche homogen, ohne Kontaktspitzen zu halten.

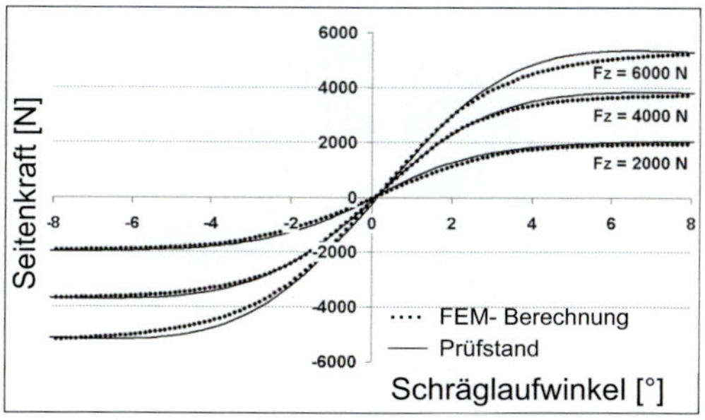

Abb. 13.44 Vergleich von Prüfstandswerten mit FEM berechneten Seitenkraft-Schräglaufkennlinien

13.4.3 Reifenmodelle für die Vertikaldynamik

Als Beispiel für ein einfaches MKS-Reifenmodell (MKS, Mehrkörpersystem), bestehend aus Federn, Massen und Dämpfern, kann das Modell aus **Abb. 13.45** angesehen werden. Sichtbar sind die Felge und das deformierte Gürtelband sowie die Kräfte an der Achse und in der Reifenaufstandsfläche.

Die zur Berechnung notwendigen Reifenparameter können über spezielle Messungen oder Berechnungen aus komplexeren Reifenmodellen (z. B. FEM, Finite Elemente Methode) bestimmt werden. Das Modell ist damit in der Lage, eine unebene Straße zu überfahren und die entstehenden Kräfte an die Achse und damit an ein angekoppeltes Fahrzeugmodell weiterzugeben.

Der Bodenkontakt wird über sogenannte Bürsten abgetastet und die entstehenden Kontaktkräfte berechnet. Eine Möglichkeit den Rechenaufwand von Komfortmodellen zu verringern ist die Reduktion der Freiheitsgrade der mechanischen

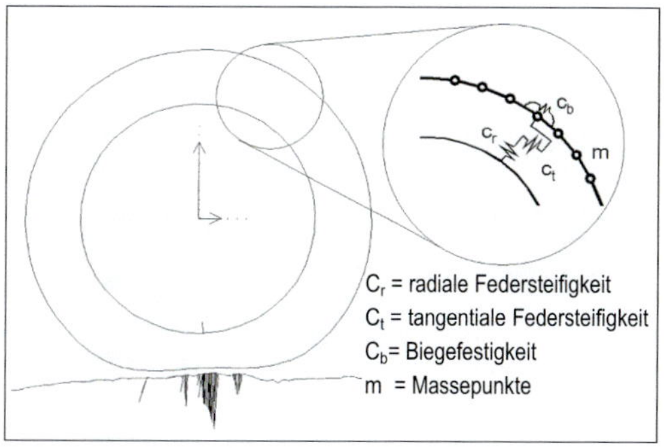

Abb. 13.45 Einfaches MKS-Reifenmodell zur Fahrt über eine raue Straßenoberfläche, Darstellung der Achs- und Kontaktkräfte nach Größe und Richtung

Struktur des Reifens auf sogenannten Reifenmoden, die experimentell oder simulativ mit der FE-Methode bestimmt werden.

13.4.4 Reifenmoden

Die Eigenschwingungen von frei schwingenden Reifen unter Innendruck können unterschiedliche Bewegungsformen annehmen (◻ Abb. 13.46). Jede Mode kann dabei in ihrer Grundschwingung oder in ihren höheren Harmonischen schwingen. Experimentell kann man einzelne Moden ca. bis 350 Hz auflösen. Bei noch höheren Frequenzen wird die Modendichte immer höher, sodass keine eindeutige Identifizierung mehr möglich wird.

Wird ein Reifen durch den Fahrbahnkontakt zum Schwingen angeregt, so überträgt er diese Bewegungen auf die Felge und damit auf das Fahrzeug.

In der Übertragungsfunktion (◻ Abb. 13.47) findet man die einzelnen Reifenmoden durch Überhöhungen z. B. im Beschleunigungsspektrum wieder. Im Bereich der Reifen Eigenfrequenzen, kann eine Störfrequenz besonders intensiv an das Fahrzeug weitergeleitet werden. Bei der Auslegung von Fahrzeugen sollte daher darauf geachtet werden, dass dominante Reifen- und Fahrzeugeigenfrequenzen nicht zusammenfallen.

13

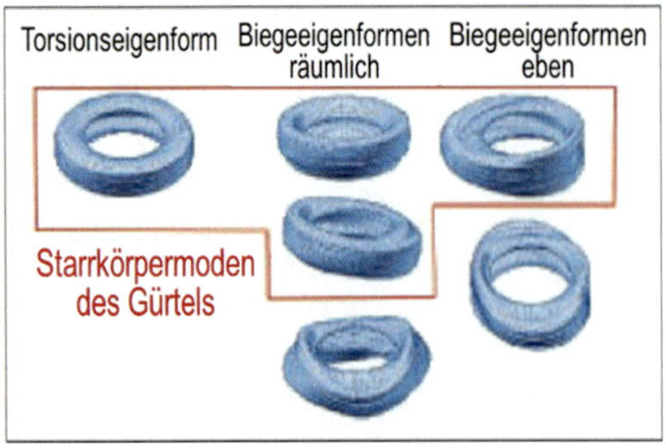

◻ **Abb. 13.46** Niederfrequente Reifenmoden, frei schwingend unter Innendruck

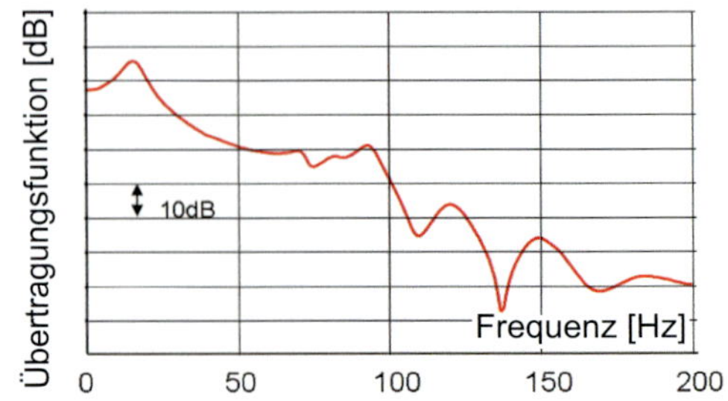

◻ **Abb. 13.47** Übertragungsfunktion von der Reifenaufstandsfläche zur Felge

13.4.5 Eigenschwingung der Kavität

Eine besonders intensive Anregung erfolgt durch die Schwingung der Luftsäule im Reifen (◻ Abb. 13.48). Deren Frequenz hängt im Wesentlichen von der Größe des Luftraumes ab (zwischen 200 und 250 Hz.). Diese Frequenz kann bei vielen Reifen deutlich im Innenraum eines Fahrzeugs wahrgenommen werden, wenn sie zum Beispiel beim Überfahren von rauen Straßen intensiv angeregt wird. Unbedingt zu vermeiden ist, dass die erste Eigenmode der Felge ebenfalls in diesen Frequenzbereich fällt.

13.4.6 Gesamtmodelle

Der Austausch der Modelle zwischen Reifen- und Fahrzeugindustrie verbreitert die

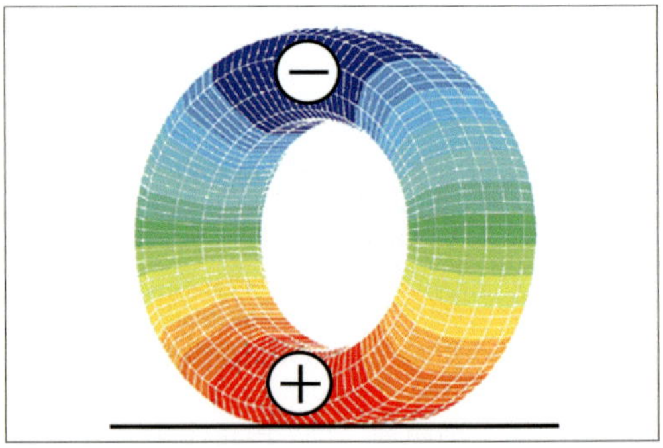

◻ **Abb. 13.48** Schwingung des Reifeninnendrucks

Fahrzeugkompetenz beider Entwicklungspartner in Verbindung mit einer Ausweitung der automotiven Produktpalette. Zur Simulation des komplexen Zusammenspiels von Fahrzeugkomponenten und Reifen kommen bevorzugt Mehrkörpersystem-Programme (MKS) zum Einsatz.

Reifenmodelle für die Horizontaldynamik, die mit den Fahrzeugmodellen gekoppelt werden, geben in der Simulation auf ebenen Fahrbahnen mit konstantem Reibwert das Reifenverhalten mit hoher Genauigkeit wieder. Um Aussagen zur Längs- und Vertikaldynamik machen zu können, kommen komplexere Reifenmodelle zum Einsatz, die die Reifenkräfte und -momente auch auf unebenen Fahrbahnen mit wechselnden μ-Werten liefern.

13.5 Auswahl von Reifen und Rädern

Metin Ersoy und Reinhard Mundl

13.5.1 Reifen

Für die Dimensionierung des Reifens für neue Modelle müssen Außendurchmesser, Breite, Mindestfelgengröße, Tragfähigkeit, Höchstgeschwindigkeit festgelegt werden. Die dazu notwendigen Daten lassen sich aus den Fahrzeugspezifikationen ableiten. Anschließend werden in einem Lastenheft alle weiteren Anforderungen spezifiziert. Im Wesentlichen sind dies Spezifikationen zur Sicherheit (Bremsen, Aquaplaning, Nassverhalten, Wintereigenschaften, Schnelllauf), Handling (Fahrverhalten), Komfort (mechanisch und akustisch) und Wirtschaftlichkeit (Verschleiß, Rollwiderstand, Gewicht, Kosten).

Da heute für jedes Modell mindestens 3 Felgengrößen angeboten werden, sind die Reifen so auszuwählen, dass der Außendurchmesser immer – nahezu – gleichbleibt, damit die Tachometeranzeige für alle Größen genau genug arbeitet und die Radhäuser optimal ausgelegt werden können. Die Unterschiede in den Felgengrößen werden durch die unterschiedlichen Reifenflankenhöhen und -breiten ausgeglichen. Außerdem muss gewährleistet sein, dass alle Reifen, obwohl sie unterschiedliche Breite haben, außenbündig sind. Das wird durch angepasste Einpresstiefen der Felge erreicht. ◘ Tab. 13.6 zeigt eine Auflistung von 4 unterschiedlichen Normreifen mit gleichem Außendurchmesser.

Fahrzeugdesign erfordert immer wieder große Felgen und relativ kleine Flankenhöhen. Bei komfortorientierten Fahrzeugen sollte die Flankenhöhe jedoch stets über 130 und bei Sportfahrzeugen über 95 mm betragen. Große Flankenhöhen reduzieren die Reifendurchschläge auf Schlechtwegstrecken. Große Durchmesser stehen für guten Komfort, niedrigen Rollwiderstand, geringes Abrollgeräusch und hohe Laufleistung.

Die Reifenbreite beeinflusst Fahreigenschaften, Laufleistung und Latschfläche. Sie ist auf die Motorleistung abzustimmen. Bei Frontantrieb gilt z. B. bei 100 kW eine empfohlene Mindestbreite von 185 mm [1].

◘ Tab. 13.6 4 Normreifen mit gleichem Außendurchmesser (als Beispiel) für ein Fahrzeugmodell

Reifen	ϕ	Felge	B	Last	ET
195/65 R15	645	6,0 J 15	209	290	39
205/55 R16	642	7,5 J 16	233	291	47
225/50 R16	642	7,5 J 16	248	291	53
225/45 R17	642	7,5 J 17	234	295	47

Die Mindestfelgengröße wird meist bestimmt durch die notwendige Bremsleistung, d. h. durch die Außendurchmesser von Bremsscheibe und Bremssattel, die im Felgeninnenraum angeordnet sind.

Die Tragfähigkeit wird nicht nur durch den Reifenaufbau, sondern auch durch Außendurchmesser, Breite und Flankenhöhe bestimmt. Wichtigste Einschränkung bei Auslegungen ist jedoch der Bauraum. Besonders für die Vorderräder muss die für die Reifengröße notwendige Hüllkurve unter Berücksichtigung von Einfederhub, Lenkanschlägen, Elastokinematik, Toleranzen, Schneekette und Fliehkrafteinflüssen ermittelt werden.

Die Lasten- und Geschwindigkeitsindizes werden immer mit großen Reserven ausgewählt. Ein Fahrzeug mit typischer Maximalbeladung darf nicht mehr als 88 % der Tragfähigkeit ausnutzen. Der Anteil sollte bei der statistisch häufigsten Beladung sogar nur 65 % sein.

13.5.2 Rad

Autoräder bestehen aus Radscheibe und Felge, die ringförmige Teil des Rades, auf dem sich die Reifenwulste abstützen. Radscheibe mit 3–5 Befestigungslöchern ist Überbrückungselement zwischen Felge und Nabe.

Es gibt viele Felgenausführungen, allgemein werden aber in Pkw Tiefbettfelgen (J-Hornfelgen) mit beidseitigem Sicherheitshump eingesetzt (◼ Abb. 13.49).

Die Funktion des Rades ist an erster Stelle das Abstützen und Übertragen von Kräften zwischen Nabe und Reifen. Die Felge ist so zu formen, dass die Reifenwulste unter allen Fahrbedingungen und Reifendrücken auf den Felgenschultern gehalten werden. Montage und Demontage des Reifens muss unkompliziert möglich sein [18].

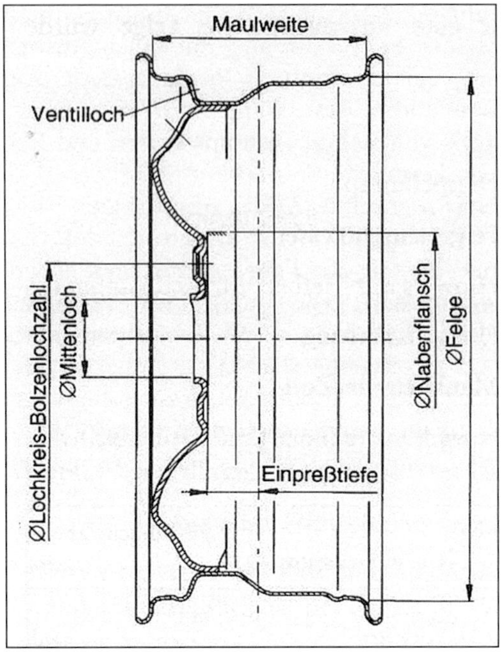

◼ **Abb. 13.49** Bezeichnungen des Rades

Die Felge besteht aus Tiefbett, Schulter, Hump, Horn und Ventilloch. Die Felgenbezeichnung ist genormt, z. B. 8J× 17 H2 ET 20, LK 5×120 MZ60. Die erste Zahl der Bezeichnung gibt die Maulweite in Zoll an, dann folgt die Angabe für die Hornausführung (z. B. J) und den Felgendurchmesser, ebenfalls in Zoll (◼ Abb. 13.50).

Nach ETRTO Standards sind für jeden Felgendurchmesser 4 Maulbreiten möglich. Nach einer Überschlagsregel sollte die Reifenbreite in mm ca. das 33,55-fache der Maulbreite in Zoll betragen (z. B. für eine 7“ Felge sollte die Reifenbreite 7×33,55=234,9 – genormt als 235 mm sein).

Ein sehr wichtiges Maß des Rades ist die *Einpresstiefe* (weltweit abgekürzt als ET). Sie bezeichnet den Abstand zwischen der Radmitte und der Anlagefläche zur Radnabe. Die Einpresstiefe kann posi-

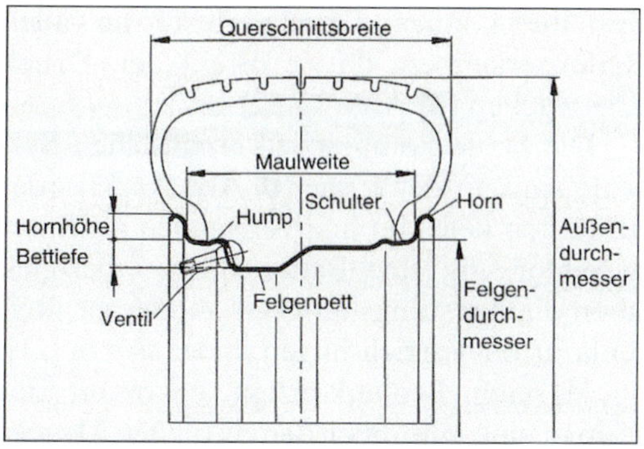

Abb. 13.50 Bezeichnung und Kennzeichnung der Felge

Abb. 13.51 Felge aus CFK

tiv (Offset nach außen) oder negativ sein, wobei sie, um mehr Platz in der Radschüssel zu erhalten, meist positiv ausgelegt wird. Vorteilhaft für die Lagerbelastung ist ein negativer Offset, was, bedingt durch die unterschiedlichen Reifenbreiten eines Fahrzeugmodells, nicht durchgehend eingehalten werden kann.

Die Räder werden aus Stahl (Tiefgezogenes Stahlblech), Aluminium, selten auch Magnesium, durch Schmieden oder Gießen (beides nur für Al und Mg) hergestellt.

Zweiteilige Stahlblechräder sind als Massenware kostengünstig und robust herstellbar. Aluminium Räder bringen jedoch Gewichtsersparnisse und können im Design attraktiver gestaltet werden. Obwohl die Alufelgen zwei bis dreimal teurer sind als die Stahlfelgen, werden sie bevorzugt eingesetzt um das Mehrgewicht durch größere Felgendurchmesser auszugleichen.

Felgen aus Kohlefaser (CFK) bieten weitere 40 % Gewichtssenkung gegenüber Aluminium. Diese sind zwar deutlich teurer aber im Rennsport seit langen üblich. Nun auch Serien Sportwagen, wie Audi RS oder BMW i8 haben solche Felgen. Abb. 13.51 zeigt eine CFK Felge von BMW (Gewicht vorne 6,9, hinten 8.1 kg) mit einem Gewichtsersparnis von 20 kg pro Fahrzeug.

13.6 Moderne Reifentechnologien

Metin Ersoy und Reinhard Mundl

13.6.1 Reifensensorik

Der für die Fahrsicherheit bedeutendste Teil des Gebiets der Reifensensorik bezieht sich auf die Ermittlung des Reifeninnendrucks. Daneben wurden und werden eine Reihe von Systemen untersucht, die weitergehende Informationen über den Reifen ermitteln sollen [19].

13.6.1.1 Reifendruckkontrolle

Reifendruckkontrollsysteme (RDKS) oder tire pressure monitoring systems (TPMS))-dienen der Überwachung des Reifendrucks bei Kraftfahrzeugen, um Unfälle durch fehlerhaften Reifendruck zu verhindern. Stoßbrüche, die z. B. beim Auffahren auf Bordsteinkanten entstehen, werden nicht erkannt. Mit dem optimalen Reifendruck lässt sich Kraftstoff sparen und unnötiger Reifenverschleiß vermeiden. Als Erweiterung zur reinen Überwachung haben Geländewagen und LKW gelegentlich eine Reifendruckregelanlage.

Besonders seit in den USA alle Neuwagen (außer Lkw und Bussen) mit einer Reifendruckkontroll-Vorrichtung ausgerüstet werden müssen [20], haben Systeme, die den Luftdruck im Reifen direkt messen, wirtschaftlich an Bedeutung gewonnen. In Europa sind Reifendruckkontroll-Vorrichtungen seit November 2012 für neu homologierte Fahrzeuge verpflichtend (EU-Verordnung 661; UN-ECE-Regelung 64). Damit will der Gesetzgeber für eine bessere Einstellung des Reifendrucks und damit einer Verringerung des Rollwiderstands sorgen, um die CO2-Emissionen zu reduzieren.

Es ist zwischen direkten und indirekten Systemen zu unterscheiden. Bei direkt messenden Systemen erfasst ein Drucksensor aktiv den Innendruck und die Lufttemperatur eines Reifens. Diese Informationen werden zusammen mit einem Identifikator in bestimmten Intervallen per Funk an ein Steuergerät im Fahrzeug übertragen. Diese Systeme können Druckverluste an allen Reifen erkennen, da sie direkt den Druck überwachen (◘ Abb. 13.52).

Die heute kommerziell erhältlichen Systeme sind an der Felge (◘ Abb. 13.53) oder im Reifen befestigt und verwenden als Energieversorgung eine Batterie. Ein Überblick über die Leistungsfähigkeit moderner Reifenkontroll-Vorrichtungen findet sich in [21].

Je nach Bedienkonzept bekommt der Fahrer eine Info über den aktuellen Druckwert im Klartext, die er entweder ständig in der Anzeige sieht, oder abfragen kann aber auch nur eine Warnung bei zu geringem Reifendruck.

Für die Anbringung der Sensoren gibt es zurzeit folgende Systeme:

Für die Befestigung innen am Ventil werden die Funksensoren am Fußpunkt von speziell dafür vorgesehenen Metallventilen angeschraubt; dafür muss der Reifen demontiert werden; am einfachsten geschieht dies deswegen beim Montieren von neuen Reifen. Die Unwucht, die durch das Sensorgewicht (ca. 40 g) entsteht, wird beim Auswuchten des Rads kompensiert.

Um eine Drucküberwachung auch bei stehendem Fahrzeug beziehungsweise eine automatische Zuordnung der Mo-

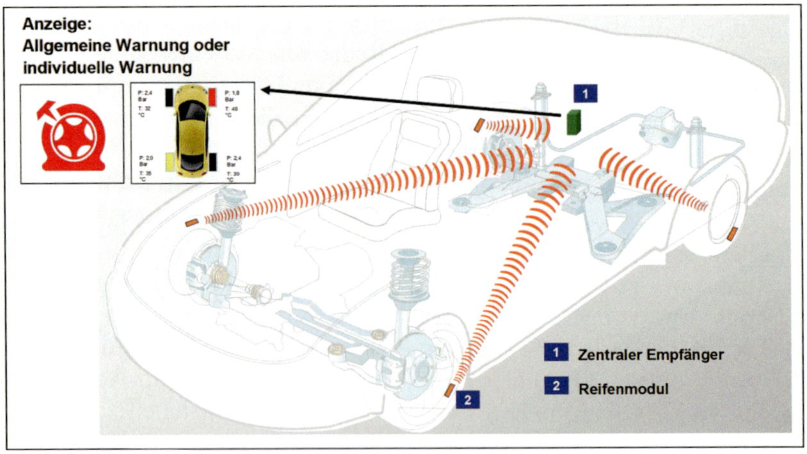

◘ **Abb. 13.52** Signalübertragung und Auswertung der Reifenluftdruckmessung am Fahrzeug dulpositionen zu gewährleisten, können die TPMS-Module mit einem Niederfrequenz-Signal angetriggert werden. Hierzu sind in den Radkästen Niederfrequenz-Antennen verbaut. Die Lithiumzellen Sensorbatterien haben eine Lebensdauer von etwa sieben bis zehn Jahren; danach muss der Sensor ersetzt werden, da die Batterien nicht gewechselt werden können.

Ventilkappen-Funksensoren werden auf Gummiventile anstatt der normalen Ventilkappen aufgeschraubt. Sie wiegen inkl. Batterie nur 10 g und die Batterie kann einfach ausgewechselt werden. Beim Aufschrauben ist zu beachten, dass die Sensoren nicht aus der Felgenkontur herausragen dürfen; oft muss dazu einfach ein kürzeres Gummiventil montiert werden. Auch hier sollten die Räder mit den Sensoren ausgewuchtet werden. Die Ventilkappen-Sensoren kann man einfach von Sommer- auf Winterräder und umgekehrt wechseln. Vorteilig bei diesen Systemen ist die einfache Anwendung. Nachteilig ist, dass bei höheren Geschwindigkeiten das Ventil durch die auftretenden Zentrifugalkräften stark belastet wird. Daher sind diese Systeme nur bei langsameren Fahrzeugen empfehlenswert.

Für zukünftige Systeme werden Module entwickelt, die direkt in den Reifen eingeklebt sind. Hierdurch werden Schwierigkeiten vermieden, die bei der Montage von Felgenmodulen auftreten können (z. B. Undichtigkeiten am Ventil oder Zerstörung bei der Montage). Weiterhin ergibt sich mit einer Modulposition am Reifen die Möglichkeit, Reifendaten an das Fahrzeug zu übertragen (z. B. DOT-Nummer oder Geschwindigkeitsindex).

Mit Hilfe dieser Reifeninformationen können zum einen Regelsysteme wie Fahrdynamikregelung oder Antiblockiersystem angepasst werden, zum anderen erhält der Fahrer komfortabel Informationen über seine Reifen. Grundsätzlich können auch diese Reifenmodule wie herkömmliche Module über Batterien mit Spannung versorgt werden. Es wird jedoch auch an Generatoren auf Piezobasis gearbeitet, die im Reifen

Abb. 13.53 Reifedrucksensor von Fa. Conti VDO [21]

die notwendige Betriebsspannung zum Betrieb der Module zur Verfügung stellen.

Die heute kommerziell erhältlichen aktiven Systeme sind an der Felge (Abb. 13.53) oder im Reifen befestigt und haben als Energieversorgung eine Batterie. Ein Überblick über die Leistungsfähigkeit moderner Reifenkontroll-Vorrichtungen findet sich in [21].

Indirekte Systeme ermitteln passiv aus der Drehzahl der Räder auf einen Druckverlust. Zur Gewinnung der erforderlichen Daten wird auf die in Fahrzeugen vorhandenen Sensoren zurückgegriffen. Da die Raddrehzahlen für ABS, ESP und ASR mit einer Zahnscheibe und einem Hallgeber abgetastet werden, sin indirekte Systeme in der Regel im ABS-/ESP-Steuergerät integriert [22].

Indirekte Systeme nutzen zur Drucküberwachung zwei physikalische Effekte:

Abrollumfang: Fällt der Druck in einem Reifen ab, verringert sich dessen Außendurchmesser, wodurch die Drehzahl dieses Rades in Relation zu den anderen ansteigt. Es wird also festgestellt, wenn ein Rad sich durch Luftverlust eines Reifens schneller dreht. Dieser Drehzahlanstieg wird als Druckabfall interpretiert. Da dieser Effekt nur auf dem Vergleich der Raddrehzahlen unter einander basiert, wird ein gleichzeitiger Druckverlust in allen Reifen (z. B. durch vernachlässigte Reifendruckkontrolle durch Fahrer) nicht erkannt (Abb. 13.54) [22].

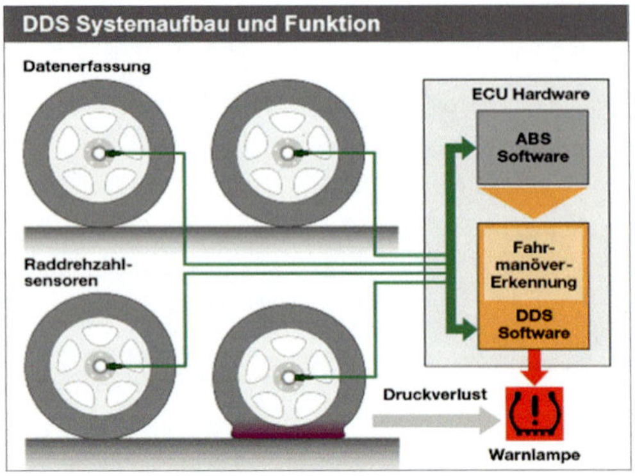

Abb. 13.54 DDS (*Deflection Detection System*): Luftdruckkontrolle durch Analyse der ABS-Sensorsignale [22]

Frequenzeffekt: Die Räder weisen einen charakteristischen Schwingungsmodus auf, der als Schwingung zwischen Reifengürtel und Felge interpretiert werden kann. Da diese Schwingung druckabhängig ist, kann bei einer Verschiebung dieser Schwingung auf einen Druckverlust geschlossen werden. Da dieser Effekt radindividuell ist, können hier auch Druckverluste an allen vier Reifen gleichzeitig erkannt werden. Die Schwingungen werden durch den Hallgeber erfasst, der dafür deutlich hochfrequenter als für die Reifendrehzahl abgefragt werden muss [24].

Bei allen indirekten Systemen muss bei einer Anpassung des Luftdruckes oder der Montage anderer Reifen ein Reset durch den Fahrer durchgeführt werden. Das System lernt dann das aktuelle Systemverhalten als Referenz. Während der ersten Phase nach dem Reset misst es die Raddrehzahlen und Frequenzen und speichert diese. Im weiteren Fahrbetrieb werden dann die auftretenden Werte mit den gelernten Werten verglichen. Sobald eine bestimmte Veränderung auftritt, wird der Fahrer gewarnt. Somit werden an beiden Effekten (Abrollumfang, Frequenzeffekt) Änderungen zum Soll betrachtet – eine Messung des Drucks ist nicht möglich.

13.6.1.2 Andere Sensorsysteme

Wie oben erwähnt, werden Reifendruckkontroll-Vorrichtungen, deren Sensormodul nicht mehr an der Felge, sondern an der Innenseite des Reifens befestigt ist [25, 26], seit Anfang 2013 für Nutzfahrzeuge angeboten. Für PKWs gibt es Sensormodule seit der Wintersaison 2014 (Abb. 13.55). Im ersten Schritt bieten diese Module die gleiche Funktionalität wie felgenbasierte Module, sie sind aber unabhängig von der Felge und beeinflussen die Reifenmontage nicht. Beides ist gerade für Nutzfahrzeuge bedeutend, da diese eine Vielzahl unterschiedlichster Felgen aufweisen. Außerdem sind die bei der Montage der Reifen auf die Felge auftretenden Kräfte im Vergleich zum Pkw sehr viel höher.

In einem nächsten Schritt sollen weitere reifenspezifische Informationen an die zentrale Steuereinheit weiter gegeben werden. Dadurch kann der Fahrer über mögliche Einschränkungen (z. B. Geschwindigkeitslimits bei Winterreifen) informiert werden. Zusätzlich sind in den Reifendrucksensoren Beschleunigungsaufnehmer eingebaut, mit denen ein Stillstand des Fahrzeuges erkannt wird. Dadurch können die energieaufwendigen Sendevorgänge der Sensordaten mini-

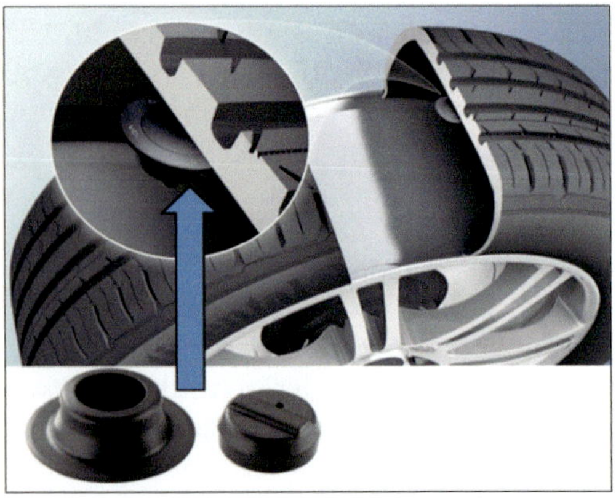

Abb. 13.55 Auswechselbarer Reifendrucksensor mit an Innenplatte angeklebtem Container (VDO/Continental)

miert werden, um so die eingebaute Batterielebensdauer zu verlängern. Die Lage eines Beschleunigungssensors in der Reifenmitte bietet prinzipiell die Möglichkeit, die Länge der Bodenaufstandsfläche L zu ermitteln und mithilfe der bekannten Reifenbreite W und der ebenfalls bekannten Fülldruckinformation P die auf die Bodenaufstandsfläche F*P wirkende Radlast F abzuschätzen. Die Machbarkeit solcher Systeme wurde bereits in Prototypen nachgewiesen (◘ Abb. 13.56).

Sensorsysteme, die andere Größen am Reifen ermitteln, befinden sich noch im Forschungsstadium. Im Wesentlichen wird an der Ermittlung des Kraftschlusspotentials zwischen Reifen und Fahrbahn, der Ermittlung der aktuell vom Reifen übertragenen Kräfte, der aktuellen Profiltiefe (◘ Abb. 13.57) und der Sensierung der strukturellen Integrität des Reifens gearbeitet.

Von der TU Karlsruhe wurde ein Verfahren entwickelt, bei dem das Kraftschlusspotential aus einer größeren Zahl von Informationen vor allem zur Fahrbahn (z. B. Akustik, Temperatur, Regen) durch ein Schrankenverfahren indirekt abgeschätzt und vorgegebenen Wertebereichen zugeordnet wird [27].

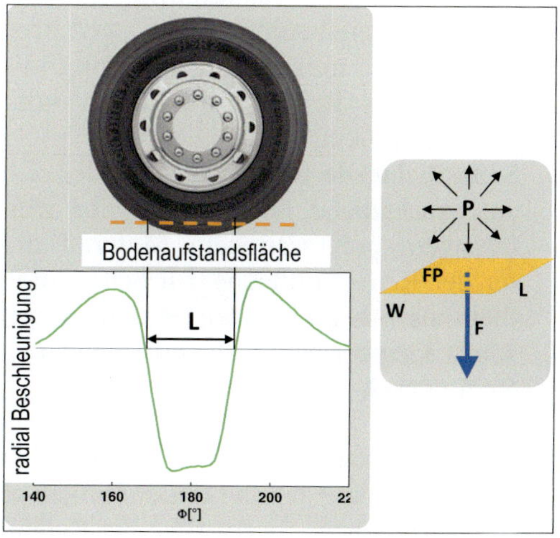

◘ **Abb. 13.56** Messprinzip zur Abschätzung der aktuellen Radlast mithilfe vorhandener Sensorik.

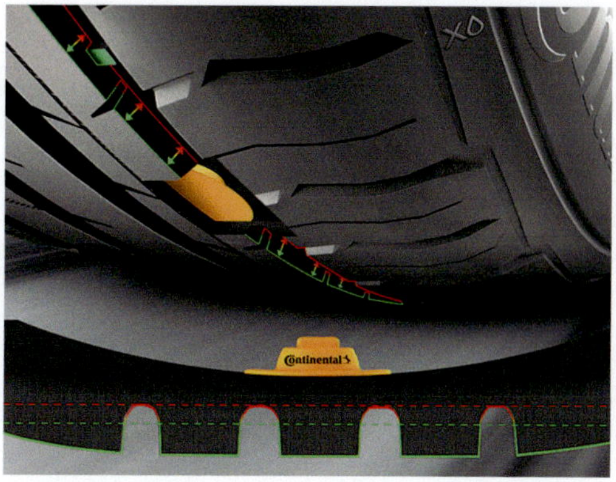

◘ **Abb. 13.57** Messprinzip zur Abschätzung der aktuellen Profiltiefe

Am Fachgebiet für Kraftfahrzeuge der TU Berlin wird ebenfalls ein Verfahren entwickelt, dass das aktuelle Reibwertpotential basierend auf im Fahrzeug bereits vorhandenen Sensorsignalen (Außentemperatur, Regenintensität, Fahrgeschwindigkeit) und Wetterinformationen aus dem Internet (Luftfeuchtigkeit, Taupunkttemperatur) mithilfe der logistischen Regression vorhersagt [28].

Bridgestone [29] untersucht die Verformung von Reifen mithilfe von zwei nebeneinander auf der Innenseele (Inliner) angebrachten Dehnungsmessstreifen (CAIS I) oder mit einem auf der Innenseele angebrachten Beschleunigungssensor (CAIS II). Aus dem zeitlichen Verlauf der Sensorsignale kann mit dem CAIS-I-System die Länge der Bodenaufstandsfläche ermittelt und daraus Querkraft und Radlast abgeschätzt werden. Aus dem CAIS-II-Signal wird der Reibwert in vier Klassen abgeleitet [29].

Im APOLLO-Projekt [30], an dem u. a. Pirelli, VTT-Finnland und die RWTH Aachen beteiligt waren, wurden drei Sensor-Prinzipien untersucht:

1. Optischer Sensor: Mittels einer IR-Diode auf der Reifeninnenseele und eines positionsempfindlichen IR Sensors, kann die relative Verschiebung der beiden Sensoren in drei Dimensionen ermittelt werden.

Tab. 13.7 Ergebnis der Sensoruntersuchungen APOLLO-Projekt [31]

	Radlast Fz	Querkraft Fy	Längskraft Fx	
Optischer Sensor	c	c	c	+hohe Genauigkeit, Kräfte in 3 Richtungen detektierbar – hoher Energieverbrauch
Beschleunigungssensor	c	b	b	+hohes Potential für Serienanwendung −nur Radlast detektierbar
Dehnungssensor	c	c/b	b	+niedriger Energieverbrauch −geringe Haltbarkeit

Einsatzpotential **a**: kein, **b**: beschränkt, **c**: hoch.

2. G-Sensor: Ein 3-Achsen-Beschleunigungssensor ist auf der Innenseele des Reifens aufgeklebt.
3. Piezo-Sensor: Piezo-Sensoren, die auf die Innenseele des Reifens geklebt werden, ermitteln die Dehnung des Reifens in Umfangs- und in Querrichtung.

Der optische Sensor liefert Informationen über die genaue Reifenverformung, während dem Beschleunigungssensor wegen seiner Robustheit das größte Potential für die Serienanwendung hat (Tab. 13.7).

Das Projekt stellte fest, dass kein Sensor allein den Reibwert ermitteln kann. Daher wurde in einem Nachfolge-Projekt [31] unter Einbeziehung des optischen Sensors aus dem APOLLO-Projekt ein System entwickelt, das durch Auswertung der verschiedenen Sensorinformationen im Fahrzeug einen Reibwert schätzt.

13

13.6.2 Reifennotlaufsysteme

Die Forderung nach Reifen mit Notlaufeigenschaften wird zunehmend von der Automobilindustrie erhoben.

Grund ist der Anspruch der Verbraucher nach mehr Sicherheit und Komfort sowie der Wunsch der Fahrzeughersteller, auf das Reserverad zukünftig zu verzichten. Es gibt mehrere unterschiedliche Systemansätze.

Mit heutigen Rad-Reifen kompatibel sind folgende drei Arten in Einsatz:

1. **Reifen mit verstärkten Seitenwänden**: Steife und beständige Seitenwände stützen das Gewicht des Fahrzeugs und verhindern, dass der Reifencord der Felge in Berührt. Die Entfernung, die ein beschädigter Reifen zurücklegen kann, beträgt 50–90 km. Die Höchstgeschwindigkeit beträgt 50–80 km/h.
2. **Reifen mit Stützring**: Ein besonderer Ring stellt steife Stützung entlang des gesamten Umfangs des Reifens sicher. Diese Reifen können schweren Lasten widerstehen. Mit ihnen kann auch nach der Beschädigung ohne Geschwindigkeitsbegrenzung gefahren werden. Die maximale Entfernung, die beschädigte Reifen zurücklegen können, ist 320 km.
3. **Selbstdichtende Reifen**: Es befindet sich eine zusätzliche Dichtschicht aus zähflüssigem polymerischem Material unter der Reifenlauffläche. Im Schadenfall fließt sie aus und verhärtet und dichtet somit kleine Löcher ab und erhält den Reifendruck.

Bei **selbsttragenden Seitenwand** (Abb. 13.58) werden die Reifenflanken so verstärkt, dass beim Luftverlust die Reifenstruktur die Trageigenschaften übernehmen kann.

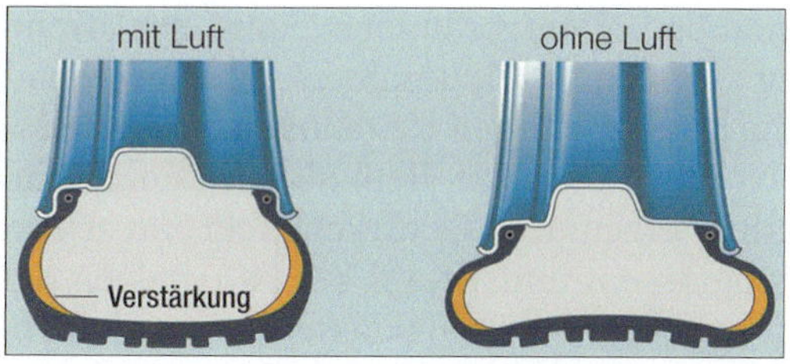

Abb. 13.58 Reifen mit selbsttragender Karkasse

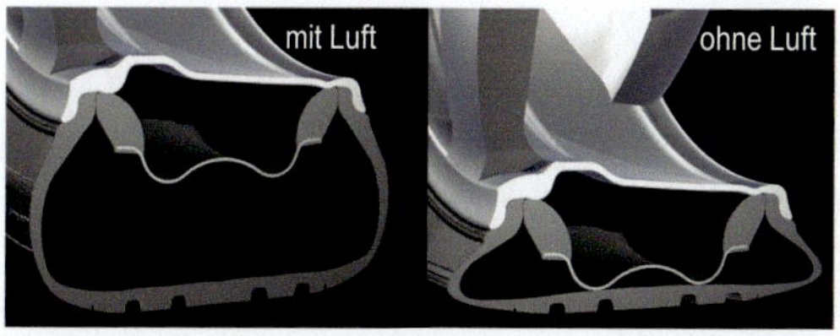

Abb. 13.59 Metallring mit Gummilagerung im Standard-Reifen als Stützelement beim Pannenlauf

Die Reifenkonstruktion erfordert dafür spezielle Gummimischungen und Verstärkungen, die trotz der hohen Deformation in der Seitenwand nicht überhitzen und damit unnötig hohen Rollwiderstand erzeugen sowie noch akzeptablen Abrollkomfort liefern [32].

Da im Pannenfall der Luftverlust vom Fahrer nicht bemerkt wird und das Tragverhalten nur mehr bei reduzierter Geschwindigkeit (bis 80 km/h) gewährleistet ist, sind für solche Systeme zwingend Luftdrucküberwachungsanlagen vorgeschrieben.

Hatte früher der Run-Flat immer den Ruf, etwas unkomfortabler zu sein, stimmt das heute nicht mehr. ADAC-Tests mit Notlaufreifen der neueren Generation beweisen, dass heute von diesem Nachteil beim Fahren kaum noch etwas zu spüren ist. Ähnlich gut sieht es beim Rollwiderstand aus: Run-Flat-Reifen der neuesten Generation erhöhen den Kraftstoffverbrauch in der Regel nicht.

Dass sie trotzdem in der Praxis nicht vergleichbar gut wie die konventionellen Reifen abschneiden, liegt insbesondere am etwa 0,3 kg Mehrgewicht der Run-Flats, So wird für jeden Beschleunigungsvorgang etwas mehr Energie benötigt, um in Schwung zu kommen [33].

Im Rad integrierte **Stützring** kann auf herkömmlichen Felgen zusammen mit üblichen Reifen montiert werden. Im Pannenfall rollt der Reifen auf dem Stützring ab. Dieses verhindert auch das Abrutschen der Reifenwülste ins Tiefbett (Abb. 13.59). Das Tragelement besteht aus einem profilierten Metallring mit Gummifüßen. Im Pannenfall erfolgt eine Schmierung der Kontaktfläche zum Reifen, da hier große Relativbewegungen auftreten.

Untersuchungen zeigen, dass etwa 85 % der Reifenpannen aus Beschädigungen der Lauffläche resultieren. Der Luftverlust wird dabei durch Eindringen von Gegenständen verursacht, die zu 95 % kleiner als 5 mm ausgedehnt sind. Da bei Penetrationen der Lauffläche in dieser Größenordnung die Festigkeit der Reifenkonstruktion nicht gefährdet ist, ist es möglich, durch geeignete hoch klebrige und zähe Substanzen im Bereich der Innenplatte eine Selbstdichtungsfähigkeit dieser sicher zu stellen. In 80 % der Reifenpannen kann somit eine uneingeschränkte Mobilität erhalten werden.

Abb. 13.60 zeigt die Prinzipwirkung eines solchen Systems. Dieses Notlaufsystem erhöht zwar die Reifenmasse um etwa 1,5 kg, hat aber im Gegensatz zu Pannenlaufreifen mit selbsttragender Karkasse

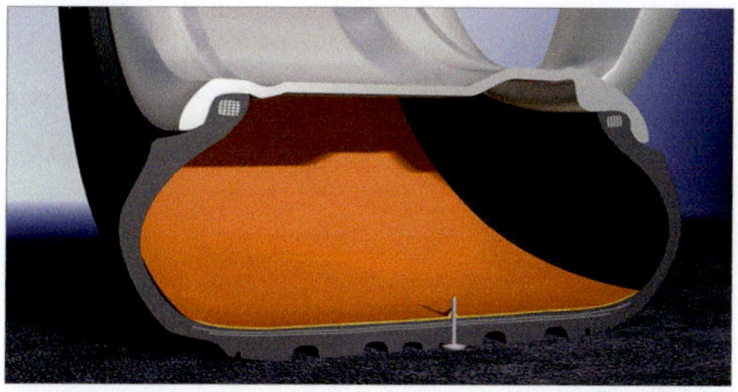

Abb. 13.60 Selbstdichtendes Material gegen Luftverlust wenn ein Fremdkörper durch die Lauffläche einsticht

nicht den Nachteil reduzierten Federungskomforts und erhöhten Rollwiderstands, sondern bietet auch den Vorteil geringerer Abrollgeräusche um etwa 3 dBA.

Ähnlich wirkende Pannennotlaufsysteme bestehen aus einer Zusatzausrüstung, die unter Verwendung eines Minikompressors mithilfe einer Dichtflüssigkeit den defekten Reifen wieder lufthaltig aufpumpt (◘ Abb. 13.61). In Europa wird mittlerweile jedes dritte Neufahrzeug mit solch einem Kit ausgestattet.

13.6.3 Reifen zur Reduktion von Fahrzeuginnengeräuschen

In ► Abschn. 13.4.5 „Eigenschwingung der Kavität" ist erwähnt, dass unter bestimmten Bedingungen die Schwingung der Luftsäule im Reifen zu einer zusätzlichen Lärmbelästigung im Fahrzeuginnenraum führen kann. Dabei erzeugt die Luftdruckschwankung im Reifen Kräfte, die durch die Felge, Radnabe, Radführung und über die Fahrzeugstruktur bis zum Fahrzeuginnenraum übertragen werden. Entscheidend dafür ist eine geeignete d. h. ungünstige Kombination aus Fahrbahnoberfläche, Fahrgeschwindigkeit, Reifeninnendendruck, Beladungszustand des Fahrzeugs, Steifigkeit der Reifen, Felgen- und Radführungskomponenten.

Leisere Motoren, Elektroantriebe, bessere Geräuschdämmungsmaßnahmen gegenüber Windgeräuschen und der Trend zu großen Raddurchmessern in Verbindung mit niedrigen Reifenquerschnitten lassen den durch die Reifenhohlraumschwingung erzeugten Geräuscheffekt im Fahrzeuginnenraum speziell bei Fahrzeugen der gehobenen Fahrzeugklassen oder Elektrofahrzeugen vermehrt in Erscheinung treten. Eine Optimierung der Fahrwerks- und Karosseriekomponenten zur Verbesserung des Geräuschverhaltens ist oft nur zulasten anderer Eigenschaften wie z. B. Steifigkeitsänderungen oder Gewichtserhöhung möglich.

Eine geeignete Maßnahme zur Vermeidung der kavitätsbedingten Lärmbelästigung im Fahrzeuginnenraum ist, die Schwingung der Luftsäule im Reifen bereits an ihrem Entstehungsort zu unterbinden. Dazu kann die Ausbreitung der Druckschwankung im Reifen unterbrochen und/oder gedämpft werden. Realisiert wird dieses z. B. durch das Einbringen eines offenzelligen Schaumes in den Reifenhohlraum. Das ◘ Abb. 13.62 zeigt ein schematisches Ausführungsbeispiel für einen an der Reifeninnenschicht angebrachten Geräuschabsorber. Maßgeblich für eine effiziente Reduzierung ist eine effektive Kombination aus Schaummaterial und damit Absorptionseigenschaften und Schaumvolumen. Die große Herausforderung dieser Technologie ist u. a. die Auswahl der geeigneten Klebetechnologie, die sowohl hohe als auch niedrige Temperaturen und eine Vielzahl an Lastwechsel in Form von Überrollungen ertragen kann.

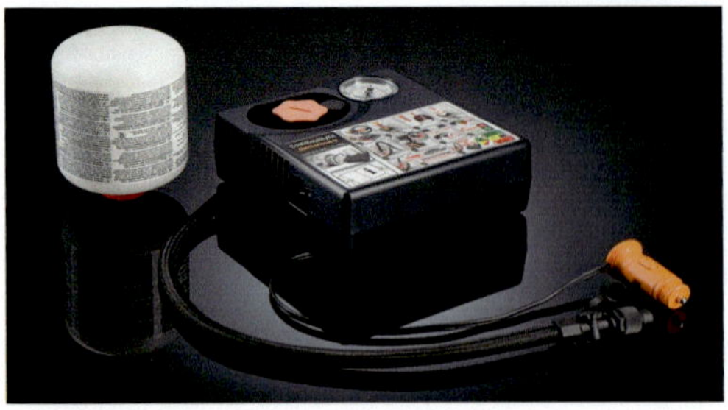

◘ Abb. 13.61 Continental Mobility Kit

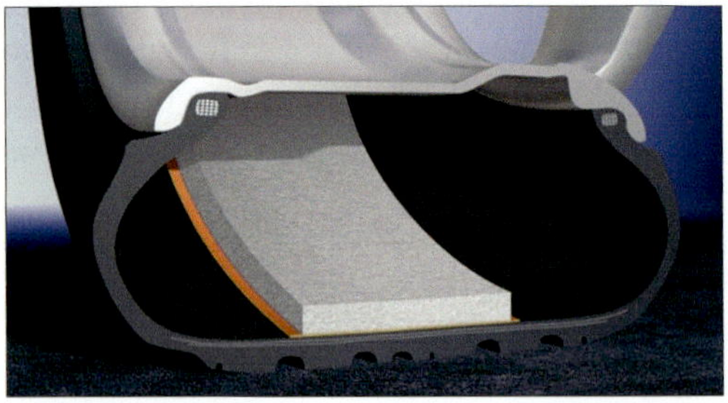

◘ Abb. 13.62 Reifen mit Absorptionsmaterial auf der Innenfläche

13.6.4 Reifen und Regelsysteme für Wintereigenschaften

Eine konsequente Abstimmung zwischen der Charakteristik von Winterreifen und dem ABS-Regler ermöglicht eine deutliche Verbesserung des Bremsens auf Schnee ohne die Einschränkung anderer Eigenschaften. Die detaillierte Kenntnis der Fahrzeugregelalgorithmen in Verbindung mit dem Know-how zur Kraftschlussphysik des Reifens ermöglicht es, beide Komponenten gezielt auf-einander abzustimmen. Der Reifenentwickler kann durch die Wahl von Laufflächenmischung und Profildesign gezielt Einfluss auf die Form der *st*-Schlupf-Kurve nehmen. Die μ-Schlupfcharakteristik beeinflusst entscheidend das Regelverhalten. Speziell für Winterreifen ergeben sich Ansätze, den Zielkonflikt zwischen dem Bremsen auf trockener und schneebedeckter Fahrbahn auf höherem Niveau zu lösen [34].

◘ Abb. 13.63 stellt der Verlauf des Kraftschlussbeiwertes μ für Längs- und Seitenkräfte (bei einem Schräglaufwinkel von 1°) über dem Bremsschlupf des Reifens bei unterschiedlichen Fahrbahnzuständen dar. Auf trockenen und nassen Oberflächen fällt der Bremskraft nach dem Maximum im Bereich von 10 % Schlupf ab.

Eis zeigt ein nahezu konstantes Verhalten auf sehr niedrigem Niveau, wohingegen auf Schnee ein nahezu kontinuierliches Ansteigen beobachtet wird. Standard-Regelalgorithmen regeln auf das Maximum dieser Kurven für trockene und nasse Oberflächen hin und begrenzen den maximal auftretenden Schlupf, um ein ausreichendes Potenzial an Seitenführung zu gewährleisten.

Ein etwaiges Bremspotenzial auf Schnee bei höheren Schlupfwerten bleibt daher völlig ungenutzt.

Die Kenntnis der Charakteristik der Schlupfkurven ermöglicht eine detaillierte Anpassung der ABS-Regelstrategie an deren Form. Der zunehmend breitere Einsatz von Fahrdynamikregelsystemen, wie zum Beispiel ESP, stellt die notwendige Sensorik zur Erkennung des Seitenführungsbedarfs (Lenkwinkel- und Querbeschleunigungssensor) zur Verfügung.

Dadurch kann im Fall des Geradeausbremsens ein ABS-Hochschlupfregler dargestellt werden, der bei Seitenkraftbedarf automatisch auf den Standardregler zurückgeschaltet wird. Der adaptive Hochschlupfregler gibt den erweiterten

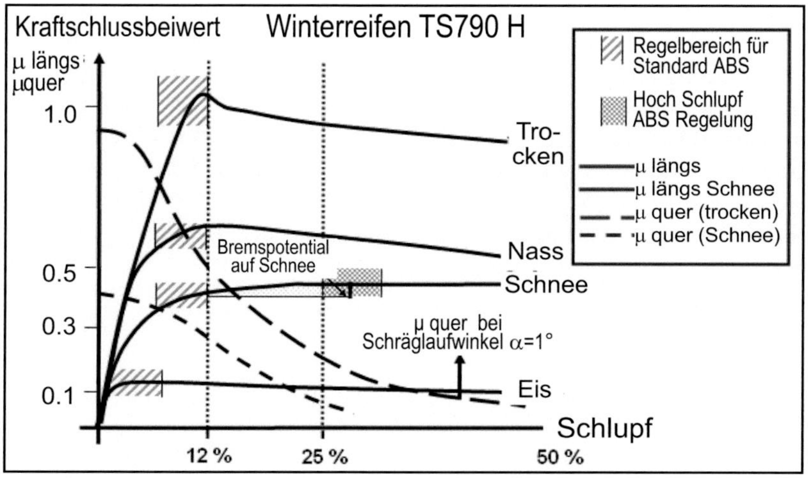

◘ **Abb. 13.63** -Schlupf-Verlauf von Winterreifen bei unterschiedlichen Fahrbahnzuständen

Schlupfbereich dann frei, wenn die Beobachtung der Räder ergibt, dass der Gradient des μ-Wertes über den üblichen Regelbereich hinaus positiv bleibt. Das ist speziell auf Schnee der Fall. Nach dem Regelkonzept können die Vorderräder auf einen beliebigen Punkt der *st*-Schlupfkurve geregelt werden. Die erzielbare Bremswegverkürzung liegt auf Schnee für Winterreifen im Mittel bei 10 %.

13.7 Test und Messmethoden im Fahrversuch

Bernhard Schick

In aufwendigen Tests untersuchen die Reifen- und Fahrzeughersteller, ob Konstruktion, Laufflächenprofil und Gummimischung eines Reifens den Kundenerwartungen im Hinblick auf Sicherheit, Fahrcharakter, Komfort, Verbrauch und Verschleiß genügen [35]. Auch wenn objektive Versuchs- und Bewertungsmethoden immer weiter ausgebaut werden, haben die subjektiven Bewertungsverfahren im nichtlinearen und komplexen Interaktionsverhältnis Fahrzeug–Reifen–Fahrer–Umgebung nach wie vor eine zentrale Bedeutung. Die Entwickler bedienen sich daher einer Reihe spezieller, komplementärer Testverfahren zur objektiven und subjektiven Bewertung, die ein möglichst breites Spektrum der Kundenwünsche abdecken sollen.

Von zentraler Bedeutung ist, dass die Tests reproduzierbar und aussagekräftig sind, was bei teilweise inkonstanten Versuchsbedingungen über der Dauer der Tests hohe Anforderungen an den Testablauf stellt. So müssen z. B. Sonnenschein, Regen und Bodentemperatur leider so hingenommen werden, wie sie am Testtag auftreten. Verfahren wie die Referenzierung (■ Tab. 13.8) [36], Referenzkollektivbildung [37] und statistische Auswertungen von Versuchsreihen sind in einem robusten Versuchs- und Bewertungsprozess zu integrieren. Nur in Relation zu einem, in seinen Eigenschaften, bereits gut bekannten Reifen oder Reifenkollektiv lassen sich die übrigen Testreifen sicher einordnen und bewerten.

13.7.1 Subjektive Testverfahren

Die Bestimmung der Reifeneigenschaften in dynamischen Fahrzuständen erfolgt in der Regel auf dem Handlingkurs, Kreisbahn, Hochgeschwindigkeitskurs oder auf der Fahrdynamikplattform. Das Fahrzeug wird hier für bei deaktivierten elektronischen Stabilitätssystemen (z. B. ESP), jedoch mit ABS in verschiedenen Fahrmanövern, vom Ansprechen bis hin zum Grenzbereich der Reifen gefahren [35]. Die Fahrmanöver sind dabei im Versuchsablauf, den Teststrecken, den Geschwindigkeiten und Lenkeingaben klar definiert. Auf dem Handlingkurs z. B. orientiert man sich üblicherweise an einer markierten Mittellinie, um das Fahrzeugverhalten besser bewerten zu können (■ Abb. 13.64).

Die Versuchsdurchführung erfolgt immer in definierter Weise: 1. Warmlaufrunde, 2. Runde im linearen Fahrbereich, 3. Runde im Grenzbereich, 4. Runde mit Provokation des Untersteuerverhaltens (z. B. Nachlenken), 5. Runde mit Provokation des Übersteuerverhaltens (z. B. Lastwechsel, Bremsen in Kurve, Beschleunigen in Kurve), 10. nächster Reifensatz bzw. Einstellung.

■ Tab. 13.8 Beispiel für eine Testreihe mit 3 verschiedenen Reifensätzen (A, B, C)

1	2	3	4	5
Reifen Referenz	Reifen A	Reifen B	Reifen C	Reifen Referenz

13

Abb. 13.64 Fahrtest auf dem Handlingkurs

Die subjektive Bewertung des Fahr- und Lenkverhaltens erfolgt durch den Fahrer. Als Kriterien werden folgende Parameter beurteilt:
- Lenkansprechverhalten,
- Lenkwinkelbedarf,
- Rückmeldung,
- Seitenführung VA/HA,
- Seitenkraftaufbau,
- Bremsansprechen,
- Lastwechselverhalten,
- Eigenlenkverhalten,
- Balance VA/HA,
- Traktion,
- Spurhaltung/Zielgenauigkeit.

Für jedes Kriterium werden Plus und Minus nach der Tab. 13.9 oder Punkte von 10 bis 1 nach dem Bewertungsschema aus ► Kap. 3 (Tab. 3.7) vergeben.

Während die Punkteskala bei Fahrzeugherstellern üblich ist, benutzen die Reifenhersteller zumeist der Referenzskala. Beide Verfahren haben gewisse Vor- und Nachteile.

13.7.2 Objektive Testverfahren für die Längshaftung

13.7.2.1 Bremsen/Traktion trocken/nass/Schnee/Eis

Zur Bestimmung der Verzögerungsleistung wird das Fahrzeug mittels ABS-Vollbremsung, aus einer Geschwindigkeit von 90 km/h (auf nasser und trockener Fahrbahn) bzw. 60 km/h (Schnee und Eis), bis zum Stillstand abgebremst.

Die Aufzeichnung des Bremswegs erfolgt 80–20 km/h auf trockener/nasser Fahrbahn bzw. 50–10 km/h auf Schnee/Eis [37]. Aus mindestens 6 gültigen Werten pro Reifen wird der Mittelwert gebildet. Als Ergebnis wird über den Mittelwert des Bremswegs und der Start- und Endgeschwindigkeit die mittlere Verzögerung a_{long} ermittelt. Die Unterschiede können dabei selbst im Reifen-Premiumsegment markant sein und können mit „Low Cost"-Reifen sehr starke Abweichungen vom „Stand der Technik" erreichen (Abb. 13.65). Zur Vollständigkeit sei erwähnt, dass als Erweiterung hierzu für Winterreifen unter Winterbedingungen (Eis und Schnee) Zugkraftmessungen durchgeführt werden.

13.7.2.2 Aquaplaning in Längsrichtung

Zur Bestimmung der Leistungsfähigkeit bei Aquaplaning in Längsrichtung wird mit konstanter Geschwindigkeit mit einer Fahrzeugseite in ein Wasserbecken mit 6 bis 8 mm Wassertiefe eingefahren und im Wasserbecken beschleunigt (Abb. 13.66).

Während der Beschleunigungsvorgang wird die Geschwindigkeit aufgezeichnet, wenn der im Wasserbecken laufende Vorderreifen aufschwimmt bzw. durchdreht. Der Eintritt des Aufschwimmens ist durch das Überschreiten eines Schlupfunterschieds von 15 % zwischen den Drehzahlen der beiden Vorderräder definiert. Für bessere Aussagesicherheit wird dieser Versuch meist mit einem Testfahrzeug mit Vorderradantrieb gefahren. Aus mindestens 6 gültigen Werten pro Reifen wird der Mittelwert für die Aufschwimmgeschwindigkeit v_{aqua} gebildet.

Tab. 13.9 Referenzskala

+++	++	+	0	–	—	——

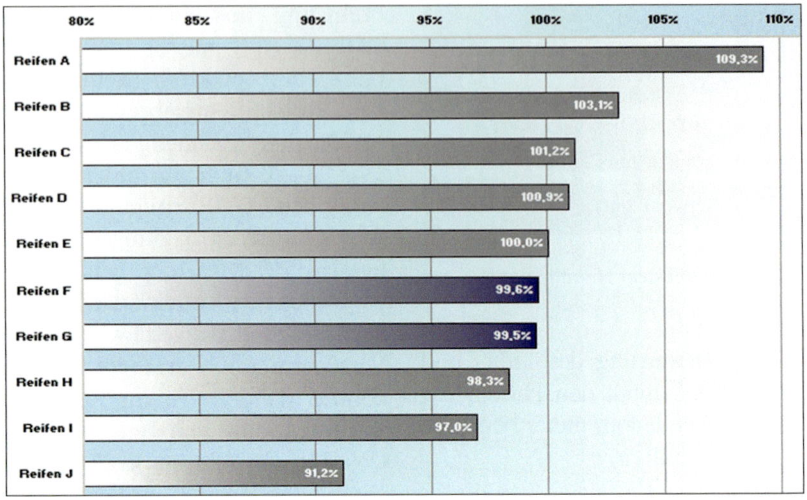

Abb. 13.65 Streuung der Längshaftungseigenschaften auf nasser Bahn von Premium-Winterreifen (100 % = 6,06 m/s^2)

Abb. 13.66 Fahrtest Aquaplaning in Längsrichtung

13

13.7.3 Objektive Testverfahren für Seitenhaftung

Die Bestimmung der Seitenfhaftung erfolgt u. a. bei der stationären Kreisfahrt (trocken, nass, Schnee, Eis) [38]. Das Fahrzeug wird dabei mit deaktivierten elektronischen Fahrzeugregelsystemen (z. B. ESP) auf einer Kreisfahrbahn an der Haftgrenze der Reifen mit der maximal möglichen Geschwindigkeit gefahren, bei der das Einhalten des Kurvenradius ohne Lenkkorrekturen und bei möglichst neutral liegendem Fahrzeug (d. h. kein ausgeprägtes Eigenlenken) möglich ist. Sobald ein stationärer Zustand erreicht ist, wird die Zeit pro Runde genommen. Aus mindestens 5 gültigen Zeiten pro Reifen wird der Mittelwert für die Rundenzeit gebildet. Als Ergebnis wird über den Mittelwert der Rundenzeiten und des Kreisradius die Querbeschleunigung a_y ermittelt.

Alternativ dazu können auch aufwendigere Messmethoden wie bei der Fahrdynamikmessung mittels IMU (*Inertial Measurement Unit*) eingesetzt werden. Als Erweiterung zur stationären Kreisfahrt dient die Rundenzeitmessung auf dem Handlingkurs, um die Bewertung auf die Abfolge verschiedener Kurvenradien und Richtungen zu stützen. Aus mindestens 3 gültigen Zeiten pro Reifen wird der Mittelwert gebildet und als Ergebnis die Durchschnittsgeschwindigkeit $V_{Handling}$ermittelt.

13.7.3.1 Aquaplaning in Querrichtung

Zur Bestimmung der Leistungsfähigkeit bei Aquaplaning in Querrichtung wird durch die Spurstabilität auf der Kreisbahn bestimmt. Hierbei wird stationär (konstante Geschwindigkeit/Querbeschleunigung) mit schrittweise erhöhter Geschwindigkeit in ein Wasserbecken mit 6–8 mm Wassertiefe innerhalb der Kreisbahn eingefahren. Die Auswertung des Seitenhaftungspotenzials der Reifen erfolgt durch den Querbeschleunigungsabriss (■ Abb. 13.67). Bewertet werden das Querbeschleunigungsmaximum sowie die Grenzbereichsbreite durch die Degression [36].

13.7.4 Akustik

Zur Bestimmung des Abrollgeräuschs werden Reifen im Standardverfahren, wie in der Richtlinie 92/23/EWG (mit Erweiterung 2001/43/EG) beschrieben, gemessen. Das Fahrzeug wird hierfür durch die Messstrecke mit abgeschaltetem Motor und Getriebe in Leerlaufposition gerollt. Der maximale Schalldruckpegel in dB(A) für die rechte und linke Fahrzeugseite wird zusammen mit der Geschwindigkeit aufgezeichnet. Diese Messungen werden mehrmalig bei verschiedenen Geschwindigkeiten aufgezeichnet und die Ergebnisse mittels Regressionsanalyse auf die Referenzgeschwindigkeit bezogen. Seit 2012 ist die Kennzeichnung des gemessenen Rollgeräuschpegels in der EU vorgeschrieben (s. ■ Abb. 13.9).

Um die Reifenakustik von der Fahrzeugakustik besser zu trennen, werden mittels erweiterten Methoden in Motor, Antriebsstrang, Ansauganlage und Abgasanlage speziell gekapselte Fahrzeuge, wie im ■ Abb. 13.68 dargestellt, oder mittels Akustikanhänger eingesetzt.

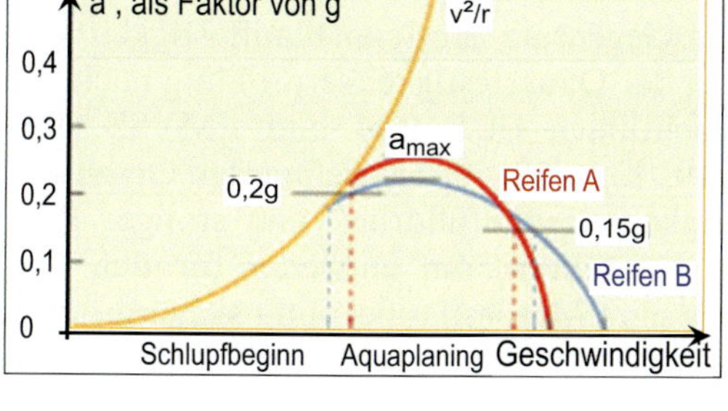

■ **Abb. 13.67** Auswertung Aquaplaning quer [34]

■ **Abb. 13.68** Reifengeräuschmessfahrzeug

Die Akustikmessungen lassen sich neben dem Schalldruckpegel auch in seine Frequenzspektren zerlegen. Damit ergeben sich für die Fahrzeug- und Reifenentwicklung wichtige Informationen für die Optimierung des Transferpfades von der Geräuschquelle Reifen–Fahrbahn zum Innengeräusch. Weitere Tests umfassen spezielle Verfahren wie die Vermessung von Streckenprofilen, Verlustleistungsanalysen und Messungen der Reifentemperatur.

13.8 Test und Messmethoden im Labor

Bernhard Schick

Während es bei den Test- und Messmethoden im Fahrversuch darum geht, die vom Kunden erlebbaren Eigenschaften möglichst gut nachzubilden, geht es im Labor um die Reifeneigenschaften vom Fahrzeug zu separieren, erhöhte Reproduzierbarkeit zu schaffen. Zudem lassen sich gerade die Festigkeitsprüfungen aus Sicherheitsgründen nicht im Fahrversuch darstellen.

13.8.1 Grundkonzepte für Reifenprüfstände

Das Ziel von Prüfstandstests ist es, im Laborversuch die Bedingungen des Fahrgeschehens so realistisch wie möglich nachzubilden. Dass dies aufgrund zahlreicher Zielkonflikte keine triviale Aufgabe darstellt, leuchtet schnell ein. Heute haben sich im Allgemeinen vier Grundkonzepte für Reifenprüfstände durchgesetzt, welche allesamt von der Anwendung abhängige, individuelle Stärken und Schwächen bieten (◘ Abb. 13.69).

Auf Grund der Haft- und Verlustleistungsmechanismen ist man grundsätzlich bestrebt, den Reifenlatsch wie auf ebener Fahrbahn möglichst realistisch darzustellen. Während man sich bei Reifenmessfahrzeugen mit instabilen Randbedingungen auseinandersetzen muss, sind Flachbandkonzepte in Bezug auf Leistungsfähigkeit, Trägheiten bzw. Steifigkeiten und Kosten mit gewissen Einschränkungen behaftet. Außentrommelprüfstände sind aufgrund des Kosten-Nutzenverhältnisses für nahezu alle Anwendungen am meisten verbreitet. Innentrommelprüfstände hingegen sind weitgehend Unikate, bieten aber Möglichkeiten der Applikation verschiedener Streckenbelagsvarianten, welche mittels Kassetten ausgetauscht werden können. Damit lassen sich die Reifeneigenschaften sogar bei Nässe, Eis und Schnee darstellen. Bei der Universität Karlsruhe steht so ein Prüfstandskonzept mit Beschneiungs- und Vereisungsanlage.

13

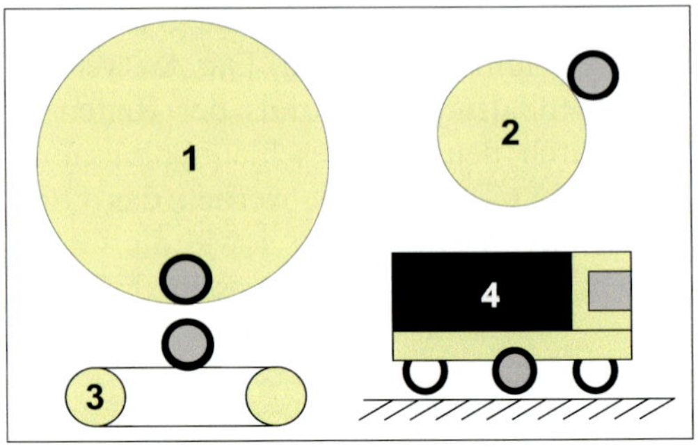

◘ **Abb. 13.69** Grundkonzepte für Reifenprüfstände: 1) Innentrommel, 2) Außentrommel, 3) Flachband, 4) Reifenmessfahrzeug

13.8.2 Festigkeitsprüfung

Die Feststellung der Festigkeitseigenschaften und der Betriebssicherheit erfolgt am Prüfstand. Für die Festigkeit des Reifens sind als signifikanter Einflussparameter die Temperatur (s. ► Abschn. 13.8.9), Verweildauer und Fliehkräfte zu nennen.

13.8.2.1 Schnelllauffestigkeit

Zum Bestehen des Tests muss der Prüfreifen das Prüfprogramm nach Richtlinien der ECE R30 (PKW), R54 (leichte Lkw) und FMVSS (104, 109, 139) [38, 39, 40] durchlaufen und die darin beschriebenen Anforderungen im Hinblick auf die Schnelllauffestigkeit erfüllen. Dabei wird stufig die Geschwindigkeit in definierten Plateaus hochgefahren und der Reifen bis zum Versagen getestet.

Abweichend von den Richtlinien werden die Tests von Reifen- und Fahrzeughersteller für verschiedene Zwecke (Entwicklungstest, Baumusterfreigaben, Qualitätsprüfung) meist unter verschärften Bedingungen wie hohe Sturzwerte, Radlasten, Umgebungstemperatur oder niedrige Reifenfülldrücke durchgeführt [37]. Häufig werden die Versuche auch nach absolviertem Fahrzeugdauerlauf wiederholt, um ggf. einen Abfall der Schnelllauffestigkeit durch Vorschädigungen und Alterung zu erkennen.

13.8.2.2 Dauerfestigkeit

Im Gegensatz zur Schnelllauffestigkeit wird bei der Dauerfestigkeitserprobung nach den Richtlinien ECE R54 und FMVSS (109, 119, 139) [38–40] bei definierter Geschwindigkeit, Reifenfülldruck und stufiger Radlast gefahren, um entweder für den Reifen eine Mindestlaufleistung sicherzustellen oder die Maximallaufleistung zu ermitteln (◘ Abb. 13.70).

13.8.3 Charakteristikmessungen am Prüfstand

Von großer Bedeutung in der Reifen- und Fahrzeugentwicklung sind Charakteristikmessungen von Reifen, um die Reifeneigenschaften (► Abschn. 13.3) im Hinblick auf ihren Einfluss auf das Fahrverhalten zu bewerten, parallel dazu auch Simulationsmodelle wie in ► Abschn. 13.4 beschrieben, entsprechend zu parametrieren.

Auch hier kommen verschiedene Prüfstandskonzepte (s. ► Abschn. 13.8.1) zum Einsatz (z. B. ◘ Abb. 13.71). Bei den Prüfstandskonzepten lassen sich die Reifenbetriebszustände (Radposition, Kräfte, Momente, Schlupf, Geschwindigkeit, Luftdruck, Radlast) der Längs- und Seitenhaftung stationär und teilweise dynamisch variieren, um den Verlauf des Reibungskoeffizienten oder der Rückstellmomente als Funktion der Parameter Radlast, Schräglaufwinkel, Schlupfraten, Geschwindigkeit und Reifentemperatur (s. 13.3 und 13.8.9) darzustellen.

◘ **Abb. 13.71** Hochleistungsprüfstand von TÜV-Süd für Charakteristikmessungen, Verlustleistungs- und Temperaturanalysen (2 × 400 kW Antrieb, 350 km/h)

13.8.4 Charakteristikmessungen mit dem Laborfahrzeug

Zum besseren Verständnis für die Reibmechanismen auf realer Straße werden Laborfahrzeuge (fahrende Reifenprüfstände) eingesetzten (◘ Abb. 13.72). An einem Lkw wird, ein Zusatzrad mit den notwendigen Betriebsparametern beaufschlagt und mittels Messrades werden die Messparameter gemessen. Obwohl die Reproduziergenauigkeit wegen der unkonstanten Umgebungsbedingungen leidet, bieten sich Vorteile bei der Untersuchung verschiedener Streckenzustände (trocken, nass, Eis, Schnee) und dies ermöglicht Korrelationen zu Reifen-Charakteristikmessungen auf dem Prüfstand.

◘ **Abb. 13.70** Prüfstandsaufbau für Dauerfestigkeitstest

13.8.5 Rollwiderstandsmessung

Reifengummi verhält sich viskoelastisch. Dieses Verhalten verursacht in seinen Haftmechanismen sowie bei jeder Verformung physikalisch bedingte Energieumsetzun-

◘ **Abb. 13.72** Reifenlaborfahrzeug der TNO

gen in Wärme. Das Maß dieser Energieumsetzung bestimmt die Höhe des Rollwiderstandes. Damit ergibt sich durch den Roll widerstand ein signifikanter Beitrag zur Energiegesamtbilanz des Reifens (s. ◘ Abb. 13.5) sowie zum Betrieb des Fahrzeuges. Die Hintergründe dazu wurden in ► Abschn. 13.1 und ► Abschn. 13.2 dargestellt. Seit 2012 ist die Kennzeichnung des Rollwiderstandes in der EU vorgeschrieben (◘ Abb. 13.9).

Die Methoden und Bedingungen zur Rollwiderstandsmessung sind in ISO 8767 für Pkw sowie ISO 9948 für Leicht- und Schwer-Lkw-Reifen, definiert [37]. Dabei stehen wahlweise 4 Messoptionen zur Auswahl:

- Messung der Verzögerung (Ausrollversuch),
- Messung der an der Radnabe einwirkenden Rollwiderstandskraft,
- Messung des an der Prüftrommel angreifenden Brems- bzw. Drehmoments,
- Messung der vom Trommelmotor abgegebenen elektrischen Leistungen zur Aufrechterhaltung der konstanten Messgeschwindigkeit.

◘ Abb. 13.73 zeigt einen Rollwiderstandsprüfstand, bei dem der Versuchsreifen mittels Hydraulikeinheit an eine 2 m Trommel gedrückt wird. Um die Anteile der Reibungsverluste und aerodynamischen Widerstände zu separieren, erfolgt die Messung in 3 Schritten:

- Bestimmung des Gesamtwiderstandes,
- Bestimmung der Reibungskräfte und der Luftwiderstandskräfte,
- Bestimmung des Rollwiderstandskoeffizienten:

$$F_{\mathrm{RR}} = F_{\mathrm{Gesamt}} - F_{\mathrm{Reifen,frei}} - F_{\mathrm{Trommel,frei}} \tag{13.2}$$

$$C_{\mathrm{RR}} = \frac{F_{\mathrm{RR}}}{F_{\mathrm{z}}} \tag{13.3}$$

Die Umrechnung von der Trommelkrümmung auf die ebene Fahrbahn erfolgt mittels Korrekturgleichung:

◘ **Abb. 13.73** Prüfstand für Rollwiderstandsmessungen

$$F_{\mathrm{RR,\,Ebene}} = F_{\mathrm{mess}} \cdot \sqrt{\frac{R_{\mathrm{Trommel}}}{R_{\mathrm{Trommel}} + R_{\mathrm{Reifen}}}} \tag{13.4}$$

◘ Abb. 13.74 zeigt eindrucksvoll die große Streuung des Rollwiderstands bei unterschiedlichen Reifentypen und ◘ Abb. 13.75 zeigt, wie stark sich der Rollwiderstand bei verschiedenen Reifenkonstruktionen über der Geschwindigkeit verändern kann. Man erkennt deutlich, dass der Rollwiderstand über der Geschwindigkeit keine konstante Größe darstellt. Bei der Rollwiderstandsmessung erfolgt die Messung ohne Längs- und Querschlupf und daher als eindimensionale Bewertungsgröße zu sehen ist. Unter realen Betriebssituationen kann die Rollwiderstandsbilanz je nach Fahrprofil teilweise sehr unterschiedlich ausfallen, wozu allerdings der komplexere und mehrdimensionalere Ansatz der Verlustleistungsanalyse, wie in ► Abschn. 13.8.8 beschrieben, zur Anwendung kommen muss.

13.8.6 Uniformity- und Geometrie-Messung

De große Herausforderung für das Komfortverhalten von Fahrzeugen ist ein hohes Maß an Gleichförmigkeit für die Rollbewegung der Reifen unter allen Betriebsbedingungen sicherzustellen. Nicht nur die Reifen- und Fahrzeugkonzepte regie-

13

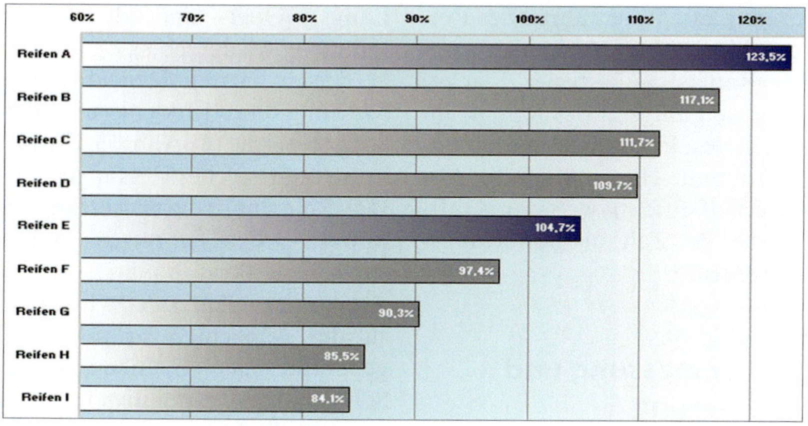

Abb. 13.74 Streuung Rollwiderstandbeiwerte bei Premium Winterreifen bei 80 km/h, 80% Nennlast

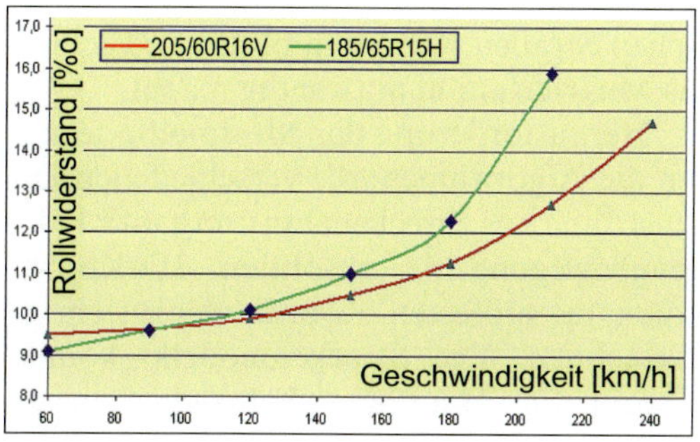

Abb. 13.75 Verlauf Rollwiderstandbeiwerte über der Geschwindigkeit zweier Reifen gleichen Herstellers

ren sensitiv auf Ungleichförmigkeiten, sondern vielmehr zeigen die Kundenreklamationen, in Bezug auf unangenehme Vibrationen, die Wichtigkeit dieser Eigenschaften. Dabei unterscheidet man grundsätzlich zwischen geometrischen Ungleichförmigkeiten (Höhen-/Seitenschlag) und Steifigkeitsschwankungen (vertikal, lateral, längs). Geometrische Effekte werden in der Regel mittels optischer Systeme (Laser, Lichtschnittverfahren) bei verschiedenen Geschwindigkeiten auf dem Prüfstand gemessen (▫ Abb. 13.76). Steifigkeitsschwankungen werden hingegen am gefesselten Prüfstandsreifen über die Kraftschwankungen ermittelt.

Um die Uniformity-Eigenschaften bei hohen Geschwindigkeiten (*High Speed Uniformity*) darzustellen, müssen in der Eigenfrequenz optimierte Prüfstände zum Einsatz kommen, welche es erlauben, die Reifenfrequenzspektren in der 10. bis 10. Ordnung auch bei hohen Raddrehzahlen (Geschwindigkeit) zu bewerten.

Besonders zu erwähnen ist die Untersuchung des „Flat Spot"-Verhalten von Reifen. Dieses Phänomen tritt auf, wenn ein aufgeheizter Reifen nach Ende der Fahrt in der Abkühlphase durch die natürliche Radlast eine Standplatte aufbaut, welcher bei neuerlichem Betrieb Vibrationen verursachen kann. In einer der Praxis entsprechen-

Abb. 13.76 Uniformity-Prüfstand

den Testprozedur, mit Warmfahren des Reifens und anschließendem Abkühlen (unter statischer Radlast auf ebener Fläche) wird die reversible Fähigkeit des Reifens im Hinblick auf dieses Phänomen bei erneutem Betrieb ermittelt. Hierzu wird die Abklingkurve (Verlauf Effektivwert der Kraftschwankung über der Zeit) als Bewertungsgröße herangezogen.

13.8.7 Streckenmessung und Modellierung

Durch Unebenheiten der Straße werden im Reifen u. a. Hub- und Längsschwingungen angeregt und über Reifen, Rad, Achse und Karosserieelemente bis zum Passagier geleitet. Die Anregungsfrequenzen und Amplituden hängen direkt vom Straßenprofil und der Fahrzeuggeschwindigkeit ab. Interessiert man sich zusätzlich für alle Freiheitsgrade der Anregung, benötigt man die 3D-Geometrie der Straßenoberfläche sowohl unter den vier Rädern als auch aufgelöst innerhalb der Reifenaufstandsfläche (*Footprint*). Eine vollständige Simulation kann dann sowohl die Drehmomente und Kräfte für jeden Reifen erzeugen und damit Nick-, Wank-, Giermomente als auch Längs-, Quer- und Hochkräfte auf das Fahrzeug wiedergeben.

Voraussetzung dazu ist eine zuverlässige Messung und Modellierung der 3D-Straßengeometrie (◘ Abb. 13.77) [41]. Idealerweise sind solche Messungen und Modelle von Referenz bzw. Bewertungsstrecken gefordert. Jeder Fahrzeug- und Systemhersteller ein Portfolio an solchen Strecken, welche sich nicht zuletzt historisch auf Basis der gemachten Erfahrungen oder aus geographischen Gründen als selektiv für Schwingungsbeurteilungen erwiesen haben. Obwohl die Motivation nach wie vor ungebrochen ist, Basisstrecken auf Prüfgeländen abzubilden, befindet sich ein Großteil dieser Beurteilungsstrecken auf realen und öffentlichen Straßen, was ein mobiles und schnelles Messverfahren notwendig macht.

Herausforderung der Messmethode stellen die Algorithmen, die verschiedenen Datenströme aus Streckenabtastung und Fahrzeugbewegung zu absoluten 3D-Koordinaten im erdfesten Koordinatensystem zu verrechnen. Die Streckenmodelle können sowohl für Handling, Fahrsicherheit als auch Komfort- und Betriebsfestigkeitsuntersuchungen zum Einsatz kommen, wobei die Potenziale in der Komfort- und Betriebsfestigkeitssimulation zur Zeit noch am besten genutzt werden können.

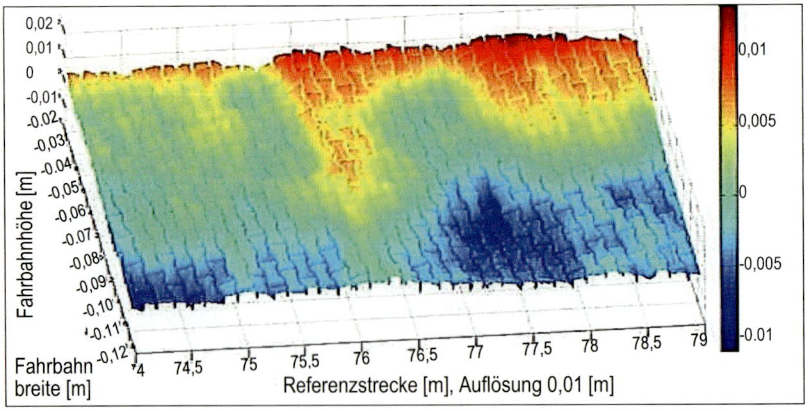

◘ **Abb. 13.77** 3D-Track Streckenmodellierung

Modelle der Vertikaldynamik, wie in ► Abschn. 13.4.3 beschrieben, besitzen üblicherweise integral 3D-Straßenmodelle, welche mit entsprechenden 3D-Streckendaten parametriert werden müssen. Auch bei der Prüfstandsimulation von Komponenten und Systemen lassen sich die 3D-Streckenprofile zuspielen. Großes Potenzial wird aber auch in der Hardware in the Loop Simulation (HIL-Simulation) und in der Reglerabstimmung, beispielsweise von Fahrwerksregelsystemen, gesehen.

13.8.8 Verlustleistungsanalyse

Wie bereits in ► Abschn. 13.8.5 dargestellt, ist der Rollwiderstand aufgrund der Versuchsspezifikationen nicht hinreichend erfasst, um eine ganzheitliche Bewertung im Hinblick auf die Energiebilanz zuzulassen [42]. Die Betriebsparameter eines Reifens sind in der Realität doch wesentlich komplexer, als sie auf einem Prüfstand darzustellen sind. So wird der Reifen aufgrund der kinematischen und elastokinematischen Einflüsse des Fahrzeuges sowie durch den Fahrzustand mit kombiniertem Umfangs- und Seitenschlupfverhalten Abhängig der dynamischen Radlast und der sich einstellenden Luftdrücke anders als unter den vereinfachten Prüfstandsbedingungen betrieben.

Diese zur Rollwiderstandsmessung erweiterten Parameter können die Energiebilanz des Reifens und den Kraftstoffverbrauch des Fahrzeuges signifikant beeinflussen. Abhilfe kann hier ein komplexerer Ansatz der Verlustleistungsanalyse des Reifens bringen [42, 43]. Bilanziert wird dabei, welche Leistung in den Reifen eingespeist wird und welche Leistung von ihm abgegeben wird.

$$P_{\text{loss}} = P_{\text{in}} - P_{\text{out}} \tag{13.5}$$

Dabei sind alle Bewegungsgrößen aus Geschwindigkeiten, Drehgeschwindigkeiten sowie entsprechende Momente, Kräfte von Bedeutung, um die Verlustleistung in seine entsprechenden Bestandteile aufzulösen.

$$\begin{aligned} P_{\text{loss}} = {} & \underbrace{P_{\text{loss,roll}}}_{\text{roll.res.}} + \underbrace{P_{\text{loss},v_x}}_{\text{slipx}} + \underbrace{P_{\text{loss},v_y}}_{\text{slipy}} \\ & + \underbrace{P_{\text{loss},v_z}}_{\text{vert.defl.}} + \underbrace{P_{\text{loss},w_x}}_{\text{camber}\cong 0} + \underbrace{P_{\text{loss},w_z}}_{\text{sliptoe}} \end{aligned} \tag{13.6}$$

Die Verlustleistungsmoden sind dabei:

- Rollverlustleistung (äquivalent zur klassischen Rollwiderstandmessung),
- Verlustleistung durch Längsschlupf,
- Verlustleistung durch Schräglauf,
- Verlustleistung durch vertikale Reifenverformung,
- Verlustleistung durch Sturzänderung,
- Verlustleistung durch Kurswinkeländerung und Rückstellmoment.

Die notwendigen Parameter bezogen aufs Rad sind:

Fx, Fy, Fz, M_x, M_y, M_z, v_x, v_y, v_z, ω_x,, ωy,,ω z.

Die Verlustleistungsanalyse kann auf geeignet applizierten Charakteristikprüfständen erfolgen, bei denen auch die Rollwiderstandsmessungen darstellbar sind. Je nach Betriebszustand sind Verlustleistungswerte von >10 kW pro Reifen möglich. Das Verlustleistungsverhalten des Reifens kann dann über definierten Zyklen bzw. Betriebsparametern zur integralen Verlustleistung [42] auf integriert werden und bietet bessere Aussagen über die Energiebilanz als der reine Rollwiderstandskoeffizient. Bei dieser Betrachtung ist zu erkennen, dass auch die Fahrwerksentwicklung bei Achsauslegungen einen Betrag zur Reduzierung der Energiebilanz leisten kann.

13.8.9 Reifentemperaturverfahren

Die hohe Temperaturabhängigkeit des Reifens, als einer viskoelastischen

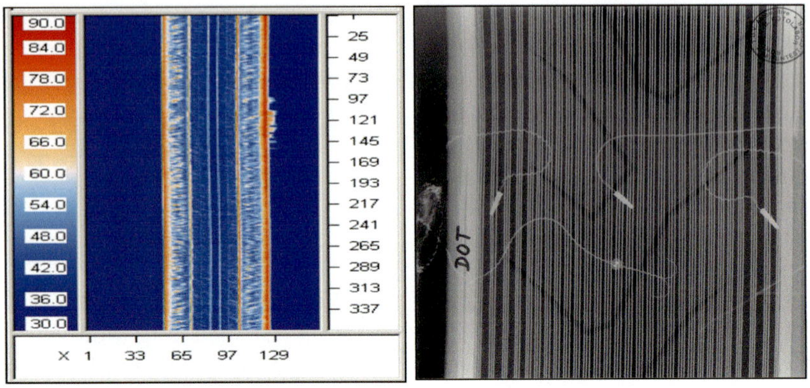

Abb. 13.78 Links: IR-Temperaturbild des Laufstreifens, rechts: T3M-Sensoren einvulkanisiert (X-ray)

Komponente, in Bezug auf Haftung (s. ► Abschn. 13.3.2), Haltbarkeit, Komfort, Verschleiß und Rollwiderstand zeigt die Wichtigkeit, diesen Parameter bei den Reifenbetriebsbedingungen zu erfassen und in den Simulationsmodellen abzubilden.

Weiterhin besteht ein direkter Zusammenhang zwischen der im Reifen umgesetzten Verlustleistung und dessen Temperaturantwort. Zur Bewertung dieser Zusammenhänge ist die Gummitemperatur von entscheidender Bedeutung, besonders im Laufstreifengummi.

Zur Erfassung der Temperaturen werden Verfahren von der einfachen Einstichtemperatur nach beendeter Fahrt bis hin zu aufwendigen Infrarot-Hochgeschwindigkeitskameras (■ Abb. 13.78, links) verwendet.

Sowohl die IR-Temperaturtechnik, bedingt durch hohe Beeinflussung der Grenzschicht mittels Anströmung der Umgebungsluft und der Geschwindigkeit, als auch die Momentanaufnahme der Einstichmethode (■ Abb. 13.79) bringen deutliche Einschränkungen der Aussagequalität.

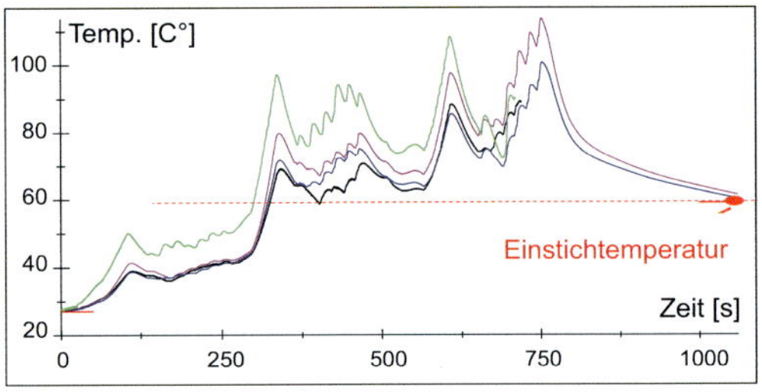

Abb. 13.79 Temperaturmessung eines Rennreifens mit T^3M-Sensoren (einvulkanisiert)

Bei der TÜV-Süd Automotive wurde ein Temperaturmessverfahren (T^3M) entwickelt, bei dem ein Mikrosensor in den Laufstreifengummi eingebracht wird (■ Abb. 13.78, rechts), um damit die Temperaturen bei verschiedenen Betriebsbedingungen im Hinblick auf die Haftungs-, Lebensdauer- und Verschleißeigenschaften zu bewerten und zu modellieren [44]. Die Applikationen sind heute u. a. auch in den wichtigsten Rennsportklassen im Einsatz. Simulationsmethoden auf Basis dieser Technologie runden die Toolkette ab.

13.9 Zukünftige Reifentechnologien

Metin Ersoy, Thomas Becherer und Reinhard Mundl

Der über 130 Jahre alte Luftreifen – jünger als das Automobil – hat erhebliches Potenzial für die Zukunft. Insbesondere die Wechselwirkung mit Fahrzeugregelsystemen hat und wird zu neuen Technologieansätzen führen.

Weiter werden globale Trends wie z. B. Nachhaltigkeit zukünftige Entwicklungen prägen. Bei den klassischen Gebrauchseigenschaften werden daher besonders der Rollwiderstand, die Fahrsicherheit und der Komfort im Vordergrund stehen, allerdings wird auch die Nachhaltigkeit der Rohstoffgewinnung zunehmend Gewicht bekommen.

13.9.1 Materialentwicklung

Einen wesentlichen Beitrag für die Ausprägung der oben genannten Gebrauchseigenschaften des Reifens wird durch die verwendeten Materialien geleistet. Als jüngster Meilenstein darf hier sicherlich die Einführung der Silica-Technologie für Reifenlaufstreifen bezeichnet werden. Triebfeder für die Weiterentwicklung sind neben den Kundenanforderungen auch globale Trends (Stichwort Nachhaltigkeit) und gesetzliche Rahmenbedingungen, z. B. aktuell die EU-Verordnung 1907/2006 „REACH" oder das von der EU-Kommission für alle 27 EU-Länder als verbindliche Verordnung Reifenlabel (s. ◘ Abb. 13.9) [45, 46].

Als ein Ergebnis ist hier beispielsweise der ausschließliche Einsatz von Weichmacherölen ohne kennzeichnungspflichtige polyzyklisch-aromatische Kohlenwasserstoffe (sog. PAK) in Reifen zu nennen.

Durch aktuelle Weiterentwicklung der beteiligten Rohmaterialien Polymer, Silan und Kieselsäure wird der Eigenschaftskonflikt Rollwiderstand ↔ Bremseigenschaften kontinuierlich verbessert (◘ Abb. 13.80).

So ist z. B. durch eine maßgeschneiderte Funktionalisierung von Polymeren der Rollwiderstandsbeitrag des Laufstreifens deutlich reduziert worden, ohne dass die Bremseigenschaften oder die Laufleistung des Reifens beeinträchtigt wurden. Neue Kopplungsreagenzien mit positivem Einfluss auf den Rollwiderstand sind ebenfalls Gegenstand aktueller Entwicklungen [47, 48].

13.9.2 Nachhaltigkeit von Reifenrohstoffen

Als zusätzlicher Aspekt des globalen Trends „Nachhaltigkeit" wird zunehmend auf die Nachhaltigkeit der eingesetzten Rohstoffe fokussiert.

Ziel der Forschungsarbeiten ist die Reduktion von heute technologisch notwendigen Rohstoffen mit umweltrelevanten Eigenschaften, ohne jedoch die Produkteigenschaften zu beeinträchtigen. Als ein weiteres Beispiel sei hier die Erniedrigung des Zinkgehaltes genannt, die seit einigen Jahren mit verschiedenen Ansätzen verfolgt wird [49, 50].

Bei einer ganzheitlichen Sichtweise gewinnen weitere Aspekte von Nachhaltigkeit

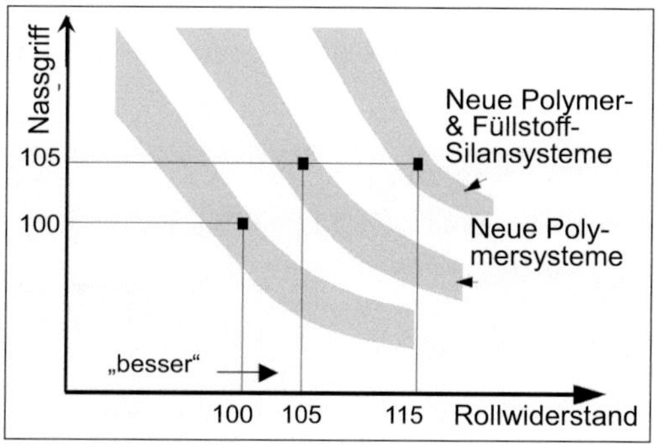

◘ **Abb. 13.80** Potenzial neuer Mischungskonzepte zur Minderung der Kompromisslage Nassgriff zu Rollwiderstand (Rollwiderstand >100 %: Energiedissipation)

mit ökonomischen und sozialen Ausprägungen zunehmend an Bedeutung.

Für Reifen sind in ◘ Abb. 13.81 mögliche Kriterien zusammengestellt [51].

Es wird zunehmend der Einsatz „grüner" Rohstoffe wichtig, z. B. [52, 53]. Kriterium ist hier, z. B. bei der Rohstoffgewinnung die Nutzung fossiler Kohlenstoffquellen zu vermeiden [54, 55]. Alle Aspekte hin gegen vereinen verschiedene aktuelle Aktivitäten um das Bemühen, eine nachhaltigere Erzeugung von Naturkautschuk durch die Entwicklung alternativer Pflanzen wie *Taraxacum koksaghyz* (kaukasischer Löwenzahn) [56] und *Parthenium argentatum* (Guayule) voranzutreiben [57]. In verschiedenen Forschungskonsortien EU-PEARLS [58], PENRA [59], Drive4EU [60], TARULIN [61] werden die Grundlagen mithilfe moderner Züchtungs- Anbau- und Extraktionsmethoden gelegt, um mittel- bis langfristig ökonomisch tragfähige industrielle Verfahren zur Bereitstellung von Naturkautschuk aus alternativen Quellen bereitzustellen.

In jüngster Zeit wurde für den Naturkautschuk aus beiden alternativen Quellen die technische Qualifikation für Anwendungen in Reifen berichtet [62–64].

13

13.9.3 Rollwiderstandsenkung (Sparreifen)

Der Reifenrollwiderstand verursacht ca. 25 % des Kraftstoffverbrauchs und hat damit ein großes Potential zur Energieeinsparung. Zu diesem Zweck dienen die in den letzten Jahren kontinuierlich verbesserten Energiesparreifen. Diese Reifen haben eine spezielle Gummimischung, ein besonderes Laufflächenprofil, schmaleren Querschnitt, eine besondere Reifenkontur und auf Rollwiderstand optimierte Konstruktionen. Bei richtigem Fülldruck ergeben sich Kraftstoffeinsparungen von 3–4 % gegenüber einem vergleichbaren Normalreifen. Einige Reifenhersteller prognostizierten durch die Weiterentwicklung der Sparreifen eine Halbierung des Rollwiderstandes bis zum 2030.

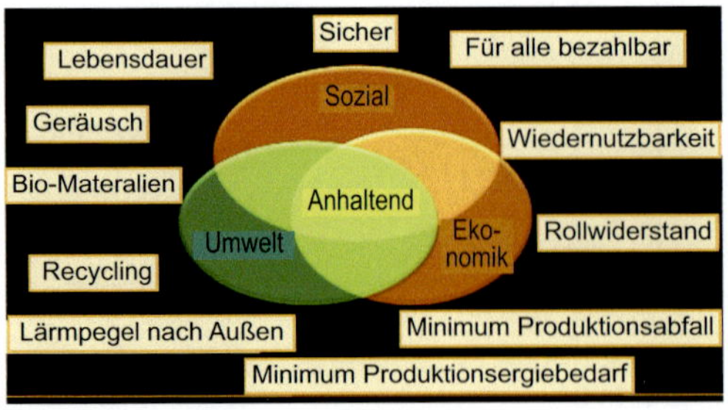

◘ **Abb. 13.81** Mögliche Kriterien für Nachhaltige Gewinnung von Reifenrohstoffen

Die Herausforderung für die Reifenentwicklung in Hinblick auf die Kraftstoffeinsparung besteht in den zahlreichen Zielkonflikten, die auf einem höheren Niveau gelöst werden müssen. Ein wichtiger Zielkonflikt ist der Kraftstoffverbrauch im Verhältnis zur Bremseigenschaft auf nasser Fahrbahn, was auch in dem Reifenlabel deutlich wird. In diesem wichtigen Zielkonflikt der Laufstreifenmischung gab es in den vergangenen Jahren große Fortschritte, sodass diese beiden wichtigen Reifeneigenschaften signifikant verbessert werden konnten.

Weitere Möglichkeiten ergeben sich durch eine aktive Reifendruckregelung.

Da die EU Kommission bei allen Reifen ein Reifenlabel mit Rollwiderstand, Nassbremen und Außengeräusch vorschreibt, wird die Reifenindustrie die Weiterentwicklung der Energiesparreifen verstärkt fortsetzen.

13.9.4 Reifen ohne Luftfüllung

Andersartige Reifenkonzepte, wie z. B. „Tweel-Räder" ohne Luftfüllung von Michelin (◘ Abb. 13.82) [65], oder Bridgestone „Air Free Concept Tire" (◘ Abb. 13.83) [66] werden in absehbare Zukunft die heutige Technologie nicht verdrängen können. Das Tweel-Rad bildet eine

Abb. 13.82 Tweel-Rad von Michelin ohne Luft [65]

Abb. 13.83 Bridgestone Reifen ohne Luft [66]

Kombination von Reifen und Rad ohne Luftfüllung.

Die Feder-Dämpferwirkung ergibt sich aus dem aus PUR hergestellten hoch flexiblen Speichen. Sie verbinden die Lauffläche aus Gummi mit dem integrierten Leichtmetall-Rad. Die Vorteile sind deutlich niedrigeres Gewicht, Wartungsfreiheit, sehr gute Notlaufeigenschaften und hohe Quersteifigkeit, damit bessere Seitenführung. Nachteile ergeben sich durch stärkere Vibrationen und die ab 80 km/h erhöhte Geräusch- und Wärmebildung [67].

Die Weiterentwicklung von Tweel hat Michelin den *Uptis* (Unique Puncture-proof Tire System) in 2017 vorgestellt, damit wird Michelin Vision Concept ein weiteres Stück Realität. Die extrem leichte Rad-Reifen-Kombination besteht aus einer fest verbundenen Einheit aus Aluminium, Kompositmaterialien und Gummiablauffläche (Abb. 13.84).

Die leichte Aluminiumfelge ist über flexible, hochresistente Kunststoffspeichen untrennbar mit der profilierten Lauffläche verbunden. Die widerstandsfähigen Speichen aus Polyesterharz und Glasfaser sorgen für sehr gute Tragfähigkeit und wirken schwingungsdämpfend im Fahrbetrieb. Michelin schätzt, dass die Reifen bis zu dreimal so lange halten wie ein herkömmlicher Reifen. Das Profil bietet die markentypisch exzellenten Fahreigenschaften der Michelin Pkw-Premiumreifen [68].

GM bietet den Uptis ab 2024 als Option für bestimmte Fahrzeuge an. Er eignet sich

Abb. 13.84 Uptis Rad Reifen Kombination ohne Luft von Michelin [68]

für E-Autos, autonom gesteuerte Pkw oder gemeinschaftlich genutzte Fahrzeuge.

Mit dem Michelin UPTIS will DHL Express die Produktivität und Einsatzbereitschaft seiner Flotte optimieren, da Reifendruckprobleme und –pannen ausgeschlossen sind. Das bedeutet weniger Reifenwechsel sowie Reifenaustausch und somit sehr hohe Wirtschaftlichkeit und auch ein geringeres Abfallaufkommen. Rund 50 Fahrzeuge von DHL Express sind seit Ende 2023 mit Uptis in Singapur unterwegs für die Auslieferungsfahrten auf der letzten Meile mit dem pannensicheren Reifen. Michelin selbst rechnet nicht vor 2030 mit der Großserien Einsatz.

Ein ganz anderes Konzept von Michelin zeigt das ◘ Abb. 13.85. Hier wird der Kunststofflamellen und die Felge einteilig mit einer geschlossener Außenflache ausgeführt [69].

Dass in den nächsten Jahren mit solchen Reifenarten keine großen, in die Praxis umsetzbaren Umbrüche zu erwarten sind, liegt aber daran, dass der gesamte Entwicklungsprozess für Fahrzeuge und Reifen einen extrem hohe Komplexitätsgrad erreicht hat und eine Konzeptänderung eines Teilsystems nur mit einem extrem hohen Aufwand überhaupt vorstellbar ist [1].

13

Ein weiteres Hindernis wäre der notwendige ganz andere Herstellprozess für diese Räder, was die Weiternutzung von vorhandenen Produktionsanlagen nicht zulassen würde.

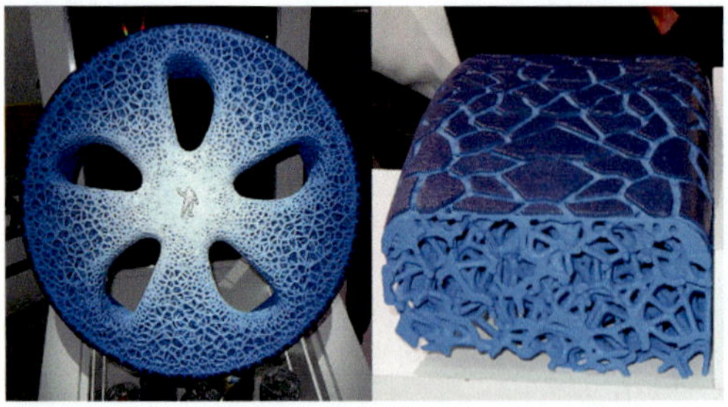

◘ **Abb. 13.85** Einteiliges Rad/Felge aus Elastomer – Kunststoff – Michelin Visionary Concept [69]

13.9.5 Reifen mit integrierter Schneekette

Hyundai zeigt ein Konzept neuartiger Reifen, bei denen die Schneekette bereits integriert ist und auf Knopfdruck ausgefahren werden kann [70].

Hyundai stellt sich die Winterreifen-Revolution so vor: Jeder Reifen hat sechs Rillen, die parallel zu den Speichen des Rades angeordnet sind. In den Speichen befinden sich dicke, schneekettenartige Drähte, die bei normaler Fahrt im Profil zurückgezogen sind und nicht mit dem Asphalt in Berührung kommen.

Die eingelassenen Drähte bestehen teilweise aus speziellen Metallen, die sich durch die Zufuhr von Strom in unterschiedliche Formen bringen lassen. Sobald sich also die Straßenverhältnisse verschlechtern oder aufgrund der Beschilderung eine Weiterfahrt ohne Ketten untersagt wäre, drückt man einfach einen Knopf im Auto und ist auf der sicheren Seite. Die sogenannte Formgedächtnislegierung drückt dann die Drahtschlaufe über das Profil und macht daraus eine Art Schneekette. Bessern sich die Verhältnisse, kappt man die Stromzufuhr zu den Drähten und sie ziehen sich in das Profil zurück (◘ Abb. 13.86).

Aktuell ist die Technologie zum Patent angemeldet. Hyundai Motor und Kia planen, die Reifen zunächst intern weiterzuentwickeln, die unterschiedlichen Prototypen zu testen und dann eine behördliche Überprüfung durchführen zu lassen. Bis der Schneekettenwechsel also der Vergangenheit angehört, dürfte es noch eine Weile dauern.

13.9.6 Reifenkonzepte für Elektrofahrzeuge

Elektroautos sollen eine möglichst hohe Reichweite erzielen. Ein geringer Rollwiderstand ist daher wichtig. Die optimier-

Abb. 13.86 Reifen mit integrierter Schneekette [70]

ten Reifen haben oft große Durchmesser mit schmalen Laufflächen. Der Rollwiderstand kann auch über die Gummimischung oder den Unterbau reduziert werden. Ein normales Sommerreifen hat einen Rollwiderstand zwischen 7 und 9 kg/t. Leichtlaufreifen kommen auf Werte von 6,5 kg/t und weniger [71].

Bei einer Reduzierung des Rollwiderstandswerts um 1 kg/t bringt einem Reichweiten-Gewinn von drei bis vier Prozent. Bei einem Renault Zoe mit einer Reichweite von etwa 240 km wären das rund zehn Kilometer zusätzlich, ein Tesla Model S mit ca. 500 Kilometer Reichweite würde rund 20 Kilometer mehr schaffen.

Elektroautos bringen ordentlich Gewicht auf die Waage und besitzen vom Start weg ein hohes Drehmoment. Beides kann dazu führen, dass Reifen am E-Auto schneller verschleißen als beim Verbrenner.

Dabei muss man jedoch differenzieren: "Der schnellere Reifenverschleiß spielt bei einem Auto mit mehr als zwei Tonnen Gewicht und hoher Motorleistung eine größere Rolle als etwa bei einem Renault Zoe. Wie widerstandsfähig ein Reifen gegen Abrieb ist, hängt hochgradig von der verwendeten Gummimischung ab.

Elektroautos bringen rund 200 bis 300 kg mehr auf die Waage als vergleichbare Verbrenner. Ihre Reifen benötigen deshalb eine höhere Tragfähigkeit.

Auch der vorgegebene Reifendruck muss eingehalten und regelmäßig kontrolliert werden, da er die Tragfähigkeit des Reifens beeinflusst. Ein nur geringfügig zu niedrigem Druck erhöht zudem den Rollwiderstand und den Verschleiß!

Weil der Elektromotor leiser als ein Verbrenner ist, werden Reifengeräusche im Fahrzeuginneren beim E-Auto stärker wahrgenommen. Geräuscharme Laufflächen sind daher ein wichtiger Faktor für den Fahrkomfort.

Bei der Geräuschentwicklung spielen vor allem Schwingungen im Hohlraum des Reifens eine Rolle, die sich in den Fahrzeuginnenraum übertragen.

Schaumstoffeinlagen auf der Innenseite der Reifenlauffläche können diese Schwingungen absorbieren. Solche Polyurethanschwämme werden inzwischen von manchen Reifenherstellern verwendet. Pirelli nennt diese Lösung zum Beispiel "Noise Cancelling System", bei Continental heißt sie "ContiSilent".

Kann ein auf Rollwiderstand optimierter Reifen gleichzeitig top bei der Sicherheit sein? Aus technischer Sicht besteht zwischen einem geringen Rollwiderstand und optimalem Grip ein Zielkonflikt. Bei der Reifenentwicklung muss zwischen beiden Eigenschaften ein guter Kompromiss erzielt werden, was dank Fortschritten bei den Gummimischungen sehr gut gelingt.

In den letzten zwei Jahrzehnten hat sich bei den Gummimischungen enorm viel getan. Dadurch ist es heute möglich, einen energieeffizienten Reifen herzustellen, der gleichzeitig sehr guten Grip gewährleistet.

Beim Elektroauto steht für viele der Umweltfaktor im Fokus. Ein geringer Rollwiderstand ist daher ein wichtiger Punkt. Gleichzeitig müssen Reifen aber guten Grip und kurze Bremswege sicherstellen – auch beim E-Auto! Diesen Spagat bekommen allerdings nicht alle Reifenhersteller gleich gut hin.

Je leichter ein Elektrofahrzeug, desto größer darf der Akku sein. Und wo spart man besser Gewicht ein als am Autoreifen? Das dachte sich auch Bridgestone mit einer neuen, patentierten Gummimischung, die Reifen etwa zehn Prozent leichter macht und den Rollwiderstand verringert – was sich positiv auf die Reichweite von E-Autos auswirkt. Darüber hinaus. Pneus von Bridgestone sind mit der „B-Seal"-Technologie ausgestattet: Durch eine klebrige Schicht aus Dichtmittel werden Schäden von bis zu fünf Millimetern Tiefe ausgeglichen und die beschädigte Stelle versiegelt (◘ Abb. 13.87) [71].

13.9.7 Reifenkonzepte für Autonomfahrzeuge

Vorwärts, rückwärts, seitwärts, diagonal – der Kugelreifen „Eagle 360 Urban" von Goodyear gibt autonomen Fahrzeugen eine neue Flexibilität. Ohne mechanische Verbindung zum Fahrzeug und stattdessen mit Magnetschwebetechnik soll der Reifen sich flexibel durch den Verkehr bewegen können. Wie auch der luftlose Reifen von Michelin entsteht das Reifenprofil per 3D-Druck und imitiert zudem die Struktur der menschlichen Haut, um sich an Fahrbahn- und Witterungsbedingungen anzupassen. Durch künstliche Intelligenz optimiert sich der Pneu ständig und lokalisiert und „heilt" Schäden, sammelt Daten anderer Fahrzeuge und verändert das Profil entsprechend (◘ Abb. 13.88) [72].

13.9.8 Fazit

Die Einführung derartiger neuer Technologien für Pkws wäre nur in Verbindung von vollständig neuen Fahrzeugen, wie z. B. Cityfahrzeugen mit Elektroantrieb denkbar,

◘ Abb. 13.87 Sparreifen für Elektrofahrzeuge [71]

◘ Abb. 13.88 Reifen für autonome Stadtfahrzeuge [72]

weil hier die Anforderungen an Reifen geringer sind als ein Fahrzeug, das überall fahren können muss.

Außerdem erlaubt ein deutsches Gesetz (36 Abs. III StVZO) nur Reifen, deren Arbeitsvermögen über den Überdruck des eingeschlossenen Luftinhalt bestimmt wird [73].

Michelin hat die Entwicklung von luftlosen Pkw-Reifen bis zur Serienreife vorangetrieben, ohne damit ein Trend auszulösen. Priorität bei der Reifen Entwicklung hat z.Z. die Erfüllung der Abgasnorm Euro 7. Die ersten Euro 7 Regelungen gelten ab Ende November 2026, ab 1. Juli 2028 greifen dann schrittweise spezielle Vorschriften für nicht abgasbezogene Partikel aus Reifenabrieb.

Literatur

1. Leister, G.: Fahrzeugreifen und Fahrwerkentwicklung. Vieweg Verlag Wiesbaden, 2009
2. N.N.: Continental Firmeninformationsschriften, April 2008
3. UN-Regelung 30, Ergänzung 16 zur Änderungsserie 02, UN-Regelung 54, Ergänzung 17, UN-Regelung 75, Ergänzung 13,UN-Regelung 117, Änderungsserie 02, Mai 2013
4. Verordnung Nr. 1222/2009 des Europäischen Parlaments und des Europäischen Rates: Über die Kennzeichnung von Reifen in Bezug auf die Kraftstoffeffizienz und andere wesentlichen Parameter. Brüssel, 25.11.2009
5. ► www.continental-tires.com/content/dam/conti-tires-cms/continental/market-content/de/b2b/händlerbereich/CO_Reifenratgeber2021_PDF_DE_PLT.pdf.coredownload.pdf
6. Continental AG: „Produkt-Ökobilanz“ eines Pkw-Reifens nach DIN EN ISO 14040 ff., für gültig erklärt durch den TÜV Nord, Hannover, 23.7.1999
7. Richtlinie 99/30/EG des Europäischen Rates: Über Grenzwerte für Schwefeldioxid, Partikel und Blei in der Luft. Brüssel, 22.4.1999
8. Stein, G. et al.: Reifenabrieb in Feinstaub – Bewertung auf Basis einer neu entwickelten Methode. VDI-Berichte 2086, S. 305 ff (2009)
9. ► http://www.wbcsd.org/tires.aspx. Zugegriffen: Mai 2013
10. Luekewille, A. et al.: A Framework to Estimate the Potential and Costs of Fine Particulate Emissions in Europe. IIASA, Interim Report IR-01–023 (2001)
11. Günnel, T.: ► https://www.automobil-industrie.vogel.de/continental-reifen-nachhaltig-recycling-ultra-contact-nxt-a-bd88974182471203a8f40a8f7858a245/ Continental produziert seinen bislang nachhaltigsten Reifen 31.07.2023
12. ► https://rundumwissen.com/lexikon/reifenbauarten/
13. autorevue.at/ratgeber/reifenbauarten-diagonal-radial
14. ► https://rundumwissen.com/lexikon/ganzjahres-reifen/
15. ► www.auto-motor-und-sport.de/verkehr/was-koennen-ganz-jahres-reifen/
16. Pacejka, H. B.: The tyre as a vehicle component. In: Apetaur, M. (ed). Proceeding of XXVI FISITA Congress, Prague (1996)
17. Van Oosten, J. J. M., Savi, C., Augustin, M., Bouhet, O., Sommer, J., Colonot, J. P.: TIME, TIre MEasurements force and moment, a new standard for steady state cornering tyre testing. In: EAEC Conference, Barcelona (1999)
18. Arkenbosch, M., Mom, G,, Neuwied, J.: Das Auto und sein Fahrwerk, Band 2, Stuttgart: Motorbuch (1992)
19. Intelligent Tyre Systems – State of the Art and Potential Technologies. Report of Project Number IST-2001–34372, APOLLO – Intelligent Tyre for Accidentfree Traffic, 22.05.2003
20. FMVSS Standard No. 138 (Final Rule). Entnommen aus: Docket No. NHTSA 2005–20586
21. Bochmann, H. et al.: Stand und aktuelle Entwicklungen bei Reifendruck Kontrollsystemen. ATZ Automobiltech. Zeitschrift **107**(2), S. 110–117(2005)
22. Fennel, H. et al.: Reifenluftdrucküberwachung – Eine sinnvolle Erweiterung für elektronische Bremssysteme von Continental Teves. System Partners 2002. Sonderausgabe von ATZ und MTZ, S. 24–31 (2002)
23. Reifendruckkontrollsystem – Wikipedia
24. Patent EP1272365: Reifendruckschätzung
25. Mancosu, F., Spinetto, M.: Standardization and regulation for TPMS: prospective and tendencies seen by a tire manufacturer. Tire Technology Expo 2008, Köln 19.–21.02.2008
26. Kuchler, G., Säger, P.: Intelligent Tire System: high performance at low cost. Tire Technology Expo 2010, Köln 9.–11.02.2010
27. Gnadler, R.; Marwitz, H.: Neues System zur Ermittlung des Kraftschlusspotenzials im Fahrbetrieb. ATZ Automobiltechnische Zeitschrift **106**(5), S. 458–467 (2004)
28. Müller, G.; Müller, S.: Messung von Reibwerten unter Realbedingungen der Fahrzeugsicherheit.

Berichte 10. VDI-Tagung Fahrzeugsicherheit, Berlin 25.-26.11 (2008)
29. Morinaga, H. et al.: The possibility of intelligent tire (tech-nology of contact area information sensing). In: Proceedings of 31st Fisita World Automotive Congress, Yokohama, Japan, October, 2006 (SAE paper F2006V104T)
30. APOLLO – Intelligent Tyre for Accident-free Traffic, (Project FP5-IST-2001–34372) Final Report, ► http://virtual.vtt.fi/apollo/deliverables/apollo_final%20report.pdf. Zugegriffen: März 2006
31. FRICTION – On-board Measurement of Friction and Road Slipperiness to Enhance the Performance of Integrated and Cooperative Safety Systems, (Projekt FP6-IST-2004-4-027006) Final Report, ► http://friction.vtt.fi/FRICTION_Final-Report_D9.pdf. Zugegriffen: Okt. 2010
32. Ahrens, B.: Herausforderungen in der Entwicklung von RunOnFlat Reifen. IKA. 6.Tag des Fahrwerks; Aachen 6.10.2008
33. ► http://www.adac.de/rund-ums-fahrzeug/ausstattung-technik-zubehoer/reifen/sicherheit/run-flat-notlaufreifen/
34. Wies, B., Lauer, P., Mundl, R.: Kraftschluss-Verbesserung durch Synergien aus Winterreifen-Entwicklung und ABS-Regelsystemen. Reifen, Fahrwerk, Fahrbahn. VDI-Bericht Nr. 1632, S. 319–338. Düsseldorf: VDI-Verlag (2001)
35. *Backfisch, K.-P., Heinz, D. S.*: Das neue Reifenbuch. Motorbuch Verlag (2000)
36. Michelin, N.N.: Der Reifenhaftung (2005)
37. TÜV-Süd Automotive: TÜV SÜD Mark – Reifenprüfzeichen Testverfahren (2006)
38. ISO-Normen, ISO 8767 (PKW), ISO 9948 (Leicht- und Schwer-LKW-Reifen) zu Rollwiderstandsmessung
39. Richtlinie 92/23/EWG (1992) mit Erweiterung 2001/43/EG (2001)
40. US Rule FMVSS 109, 119, 139 (Federal Motor Vehicle Safety Standards – Department of Transportation, DOT)
41. Schick, B., Gimmler, H., Rauh, J., Witschass, S.: 3D-TRACK – Give the simulation the chance for a better work! Mobile, highresolution topology and roughness measurement of road surface to create 3D Track models.In: Fisita World Congress (2006)
42. Frey, M., Gnadler, R., Günter, F.: Untersuchung der Verlustleistung an Pkw-Reifen. VDI-Berichte 1224. Düsseldorf: VDI-Verlag (1995)
43. Reithmaier, W., Staude, M.: Energie- und Kosteneffiziente Reifen. tire.wheel.tech (2006)
44. Netsch, L., Ito, Y., Schick, B., Kraus, A., Berkmüller, M.: T^{3}M – TÜV tire temperature method. A breakthrough methodology for evaluating tire robustness, performance and wear. In: Fisita World Congress (2006)
45. Neubauer, J., Freitag, D.: Fortschreitende Reifenentwicklung im Zeichen nachhaltiger Mobilität. KGK **63**, 182–186 (2010)
46. Lange, H.: Safety, Ecology and Tire Design: The Virtue of Balance. IRC 2009, Nürnberg
47. Klockmann, O.; Hasse, A.: A new rubber silane for future requirements – Lower rolling resistance; Lower VOCs. KGK **60**, S. 82–84 (2007)
48. Momentive Performance Materials: NXT Silane – Coup-ling Agent for Silica-Reinforced Tire Tread Compounds, Product Description
49. Wustrack, K.: Innovatives Zufallsprodukt – Gummiherstellung wird umweltverträglicher. KGK **63**(3), S. 54 (2010)
50. Heidemann, G., Noordermeer, J. W. M.: A Novel Approach to Reduce Zink Oxide Levels in Rubber Compounds. IRC 2003, Nürnberg
51. Pruss, N., et al.: Sustainable tire materials "Tire Techology Conference Cologne (2015)
52. Mergell, B.: 'Green' tyre compounds from the magic kit-chen, Continental Pressemitteilung (2010)
53. *Recker, C., Reese, T., Schoening, J.*: Rubber mixture comprising environmentally friendly softeners. DE102008037714 (A1) (2008)
54. Goodyear: Bio-based Tires Edge Closer to Reality, News from 06.03.2012, ► http://www.goodyear.com
55. LanXess: Die Partnerschaft von LANXESS und Gevo, Juni 2011, ► http://webmagazin.lanxess.de/gruene-chemie/
56. Müller, M.: Pastures new. In: Tire technology international. October 2012
57. Niaura, W. S.: „Building a sustainable economy with Guayule", Tire Technology Conference Cologne (2014)
58. EU-PEARLS final report summary, 2013, ► http://cordis.europa.eu/result/rcn/59268_en.html
59. PENRA-Projektpartner Ohio State University, 2015, ► http://u.osu.edu/penra/
60. DRIVE4EU-Projekt, 2015, ► http://www.drive4eu.eu/
61. ► http://www.pflanzenforschung.de/de/plant-2030/fachinformationen/projektdatenbank/taraxacum-koksaghyz-als-nachhaltige-quelle-fuuml-r-die-l-183. Zugegriffen: Dez. 2015
62. ► http://www.taraxagum.de. Zugegriffen: Dez.2015
63. ► http://www.reifenpresse.de/2015/08/31/prototypen-auf-guayule-basis-von-cooper/
64. ► http://www.reifenpresse.de/215/10/06/bridgestones-guayule
65. ► http://www.spiegel.de/auto/werkstatt/reifen-michelin-tweel-die-neue-luftlosigkeit-a-347597.html 23.03.2005. Zugegriffen: März 2018

66. Baumann, U.: Bridgestone mit neuer Reifentechnik. Konzept-Reifen ohne Luft. Auto Motor und Sport. 9. Dezember 2011
67. Kuwayama, I., Hiroyuki, M., Hisashi, H.: Development of next-generation – size fire for ecofriendly vehicles. Chassis.tech, München, S. 623–644 (2013)
68. Of, A.: Autoreifen der Zukunft Michelin Visionary Concept. Auto Motor und Sport. ► http://www.auto-motor-und-sport.de/news/michelin-visionary-concept-reifen-studie-luftlos-abbaubar-1218569.html. Zugegriffen: 21. Juni 2017
69. ► http://www.michelin.at/michelin-uptis-prototyp
70. Hensen, Ch.: ► http://www.stern.de/auto/winterreifen--hyundai-praesentiert-autoreifen-mit-integrierten-schneeketten-34276004.htm. Stern 11.12.2023
71. Even, D.: http://www.autobild.de/artikel/reifen-fuer-elektroautos-rollwiderstand-grip-tragfaehigkeit-abrollgeraeusch-19455719.html. Welche besondere Eigenschaften muß ein Reifen fürs E-Auto haben 07.02.2023
72. http://www.rsu-group.de/neuigkeiten/2023/nachhaltig-wiederaufladbar-selbstheilend-und-innovativRSUe-Commerce.24.01.2022. Zugegriffen: 24. Jan.2022
73. Hebermehl, G.: ► http://www.auto-motor-und-sport.de/tech-zukunft/gesetz-verhindert-luftlose-reifen/. Zugegriffen: 3.Dez.2024

Achsen und Radaufhängungen

Metin Ersoy, Bernd Heißing und Stefan Gies

Inhaltsverzeichnis

M. Ersoy et al. (Hrsg.), *Fahrwerkhandbuch*,
ATZ/MTZ-Fachbuch, https://doi.org/10.1007/978-3-658-48104-9_14

14.1 Aufgabe, Struktur, Systematik

Metin Ersoy

Die ursprüngliche Definition der Achse war die starre Querverbindung der beiden miteinander drehbar gelagerten Räder, um die Fahrstabilität sicherzustellen und die Montage zu vereinfachen. Über die Achse werden dann die beiden Räder mit Aufbau verbunden.

Diese Definition gilt für alle Starr- und Halbstarrachsen, weil hier die Räder unmittelbar auf der Achse gelagert sind und sich mit ihr mitbewegen. Mit der Einführung der Einzelradaufhängung wurde diese starre Verbindung beider Räder miteinander aufgegeben; das Rad wird auf einem Radträger drehbar gelagert und der Radträger, als Koppelglied einer kinematischen Kette, durch ein bis fünf Lenker mit dem Aufbau verbunden.

Es ist nun schwer zu sagen, ob die Achse auch die Aufhängung und den Radträger beinhaltet oder diese Komponenten eine neue Baugruppe bilden (englisch *corner*). In diesem Buch wird der Begriff „Achse" für die gesamte Verbindung beider Räder und „Radaufhängung" für die Räder samt ihrer Anbindung an den Aufbau verwendet. Damit hat ein Pkw 2 Achsen mit 4 Aufhängungen.

Laut Definition im ► Kap. 1 (s. ◘ Abb. 1.2) beinhaltet die Baugruppe Achse den Achsträger mit an ihm fest verbundenen Modulen wie die Lenkung, der Stabilisator und das Achsantrieb (*gefederte Massen*). Die anderen Fahrwerkmodule wie Radaufhängung samt Federung, Dämpfung, und Radträger, Radlagerung sowie Bremse werden dem Rad, bzw. einer „Ecke" des Fahrzeugs (Corner) zugeordnet (*ungefederte Massen*).

Für die Beschreibung der Achskonzepte ist es jedoch zweckmäßig, die Achse und den Corner als eine Einheit zu sehen und als Achsmodul zu betrachten (◘ Abb. 14.1).

Aggregate- und Achsträgerlagerungen gehören ebenfalls zur Achse, werden jedoch im ► Kap. 4 Fahrkomfort NVH ausführlich beschrieben. Reifen und Felgen (s. ► Kap. 13), die erst am Bandende montiert werden, sind hier in Verbindung mit Achsen nicht berücksichtigt.

Jeder Pkw besitzt zwei Achsen, um den Radträger über die Radaufhängung mit dem Aufbau zu verbinden. Jede Achse hat in der Regel eine Stabilisatorstange, welche die beiden Räder miteinander koppelt, um das Wanken des Aufbaus während der Kurvenfahrt zu reduzieren.

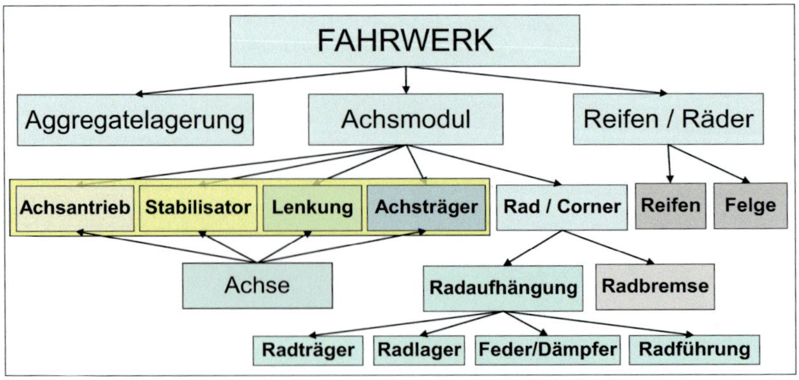

◘ **Abb. 14.1** Achsen und Radaufhängungen

Die Stabilisatorstange (s. ► Abschn. 9.3.3) wird mit zwei Gummilagern am Aufbau (oder Achsträger) befestigt. An den Enden verbinden die Stabilisatorlenker, die auch Koppelstangen heißen, den Stabilisator räumlich-gelenkig mit dem Radträger (oder Radlenker / Stoßdämpfer).

Die modernen Pkw-Achsen werden vorab auf einem Achsträger (auch „Hilfsrahmen" oder „Fahrschemel" genannt), montiert und bei der Endmontage mit zwei bis vier Schrauben am Aufbau befestigt (s. ► Abschn. 11.7). Diese Befestigung erfolgt meist indirekt über großvolumige Achsträgerlager.

Die Gummilager reduzieren die Übertragung der von der Fahrbahn kommenden Schwingungen und des Körperschalls auf den Fahrgastraum. Gleichzeitig ermöglichen sie durch größere Längselastizitäten eine zusätzliche Längsfederung der Achse, um die Abrollhärte abzuschwächen.

Lenkgetriebe und Spurstangen (s. ► Abschn. 8.2.4) sind Bestandteile der Vorderachse, weil diese die Vorderradführung mitbestimmen. Je nach Bauraumsituation, vor allem bedingt durch die Motor-/Getriebelage, wird das Lenkgetriebe auf dem Achsträger vor oder hinter der Radmitte befestigt. Auch gab es Lenkgetriebebefestigungen oberhalb von Motor/Getriebe mit Verschraubung an der Karosserie-Spritzwand) (z. B. Alfa-Romeo, Audi).

Die Anbindung der Lenkung an die Achse bzw. den Radträger sollte im Sinne einer exakten Radführung möglichst steif sein. Die Befestigung der Lenkgetriebe an dem Achsträger statt dem Aufbau ist diesbezüglich und auch bezüglich der kürzeren Fertigungstoleranzkette zwischen Lenkung und Achsteilen einfacher zu empfehlen.

Der Achsträger der Vorderachse dient außerdem als Träger für Motor und Getriebe, d. h., die Motor-/Getriebelagerung befinden sich auf dem Achsträger. Weitere Lagerpunkte können auf zusätzlichen Karosseriequerverbindungen oder Karosserielängsträgern angeordnet sein.

Die Lageranordnung ist eng mit dem Fahrzeugkonzept verknüpft und prägt den Schwingungs- und Geräuschkomfort entscheidend. Stuckern und Brummfrequenzen des Motors lassen sich jedoch durch die Achsträgergummilager unterdrücken (s. ► Abschn. 4.4.5).

Die Gewichte von Motor und Getriebe werden direkt über das Motorlager zum Achsträger und von da aus über Radaufhängung und Räder auf die Straße übertragen

Die Laufunruhe und Schwingungen werden dagegen über Achsträger und Karosserie zum Fahrzeuginnenraum weitergeleitet. Ein ohne Gummilager direkt am Aufbau befestigtes Antriebsaggregat könnte heute kaum den Komfortansprüchen der Insassen genügen.

Der an die Karosserie verschraubte Achsträger bietet eine erhebliche Erleichterung der Montage des Fahrzeugs. Die Achse mit Corner-Modulen kann vormontiert und vorjustiert ans Band geliefert werden; für die Vorderachse gegebenenfalls sogar mit komplettem Antrieb.

Opel hat bereits 1934 die Vorteile dieser Vormontagefähigkeit genutzt. Das Antriebsaggregat wurde auf die vormontierte Vorderachse geschraubt („Verlobung").Anschließend wurde die Achse mit dem Aggregat im Montageband in die Karosserie gehoben und mit dieser verbunden („Hochzeit").Damit war eine effiziente Montagefolge gefunden, die dann bald von allen anderen Automobilherstellern übernommen wurde.

Bei den Fahrzeugkonzepten mit Heck- und Mittelmotor wirkt die Hinterachse gleichzeitig als Aggregateträger für den Antrieb. Auch das Hinterachsgetriebe wird, wie die Motor-/Getriebeeinheit der Vorderachse, über großvolumige Gummilager zur Achse montiert um das NVH Verhalten zu verbessern.

Der bewegliche Radträger wird durch die Radführungsteile (Lenker, Spurstangen, Federbein) mit dem Aufbau, meist über einen Achsträger verbunden.

Die Verbindungspunkte, die die Achskinematik bestimmen, werden als Gelenkpunkte *„Hardpoints"* definiert und bilden die Grundlage für jede Radaufhängung.

Die Radaufhängung sollte an jeder Seite der Achse genau symmetrisch zur Fahrzeugmittellinie angeordnet sein. Bei Asymmetrien kann der Geradeauslauf sich verschlechtern und das Fahrverhalten bei Links- und Rechtskurven unterschiedlich sein. Bauraumbedingt kann es allerdings, wenn auch sehr selten, Zwänge geben, eine kleine Asymmetrie zuzulassen.

Das Rad einer hinteren Einzelradaufhängung hat relativ zum Aufbau (in z-Richtung) nur einen Freiheitsgrad zum Federn. Das Rad einer vorderen Einzelradaufhängung besitzt, zum Lenken der Räder einen zweiten Freiheitsgrad um die Lenkachse.

Die Starrachsen haben als eine Einheit immer zwei Freiheitsgrade: einen translatorischen und einen rotatorischen, weil das rechte und linke Rad fest miteinander über die Achse verbunden sind. Deshalb beeinflussen die beiden Räder einer Starrachse sich gegenseitig, was bei der nicht starren Achse nicht der Fall ist.

Weil die Starrachsen und Einzelradaufhängungen sich grundsätzlich voneinander unterscheiden, fehlt eine klare Begriffsbestimmung zwischen Achse und Radaufhängung. Eine eindeutige, logische Systematik aller Achskonzepte ist ebenfalls schwierig, weil viele Unterscheidungsmerkmale sich überschneiden. Trotzdem wird hier versucht, durch die übergeordneten Unterscheidungsmerkmale einzelnen Konzepte, eine Systematik aufzubauen, die in fünf Ebenen gegliedert sind, eine Systematik aufzubauen.

Die oberste Ebene der Systematik lässt sich durch die grundsätzliche Unterscheidung zweier Achskonzepte eindeutig festlegen:

- Starrachsen; abhängige Radführung,
- Einzelradaufhängungen; unabhängige Radführung.

Zwischen den beiden Grundtypen liegt eine dritte:

- Halbstarrachsen (Verbundlenkerachsen).

Tab. 14.1 zeigt die übergeordneten Merkmale dieser drei Konzepte und deren Gegenüberstellung.

14

Tab. 14.1 Übergeordnete Auswahlkriterien für Achskonzepte [1]

ACHSTYPEN	ACHSE		RADAUFHÄNGUNG		
MERKMALE	Starr	Halbstarr	eben	sphärisch	räumlich
Auslegungspotential	-	0	0	+	++
Längsfederung	-	-	0	+	++
Herstellkosten	+	+	0	-	--
Raumausnutzung	--	+	0	0	+
Gesamtgewicht	-	++	0	+	+
Robustheit	++	0	0	-	-
Fahrverhalten	-	0	0	+	++
Fahrkomfort	--	0	0	+	++

Als nächste Unterscheidungsebene nach Starrachse, Halbstarrachse und Einzelradführung können – wie Matschinsky vorschlägt [2] – die kinematischen Merkmale berücksichtigt werden wie ebene, sphärische, räumliche Getriebe (s. ◘ Abb. 14.34) [1]. Dieses Merkmal ist aber nicht für alle Achskonzepte anwendbar.

Als weiteres Unterscheidungsmerkmal eignen sich die Lenker- und Gelenkarten (2-Punkt, 3-Punkt, 4-Punkt, Drehschub nach ◘ Abb. 14.31).

Bei den Starrachsen lässt sich dieses durch Blattfedern erweitern, weil die Blattfedern auch als Lenker arbeiten.

Damit wären die zwei wichtigsten Unterscheidungsebenen festgelegt (Tab, 14.2).

Als dritte Unterscheidungsebene empfiehlt sich die Anzahl der Lenker; bei starren Achsen die Gesamtlenkerzahl der Achsführung, bei Einzelradaufhängungen nur die Lenkeranzahl einer Radführung.

Die vierte Ebene beschreibt die Orientierung der Lenker (längs, quer bzw. pendelnd, schräg, sphärisch, räumlich).

Schließlich lassen sich in einer fünften Ebene die weiteren Ausführungsvarianten als unterstes Unterscheidungsmerkmal berücksichtigen.

Damit ergeben sich die in der ◘ Tab. 14.2 dargestellten 23 unterschiedlichen Achs- und Aufhängungsarten.

In den ► Abschn. 14.1, 14.2 und 14.3 werden alle gängigen Achsen und Aufhängungen gemäß dieser Aufteilung näher erläutert und deren Vor- und Nachteile sowie mehrere aktuelle Einsatzfälle beschrieben. Außerdem wird für jede Gattung ein Eigenschaftsprofil in Form eines Spider-Diagramms (wie im ◘ Abb. 14.4) dargestellt, welches alle wichtigen Anforderungen an die Achsen mit deren Bewertungen beinhaltet [3].

In den ► Abschn. 14.4 und 14.5 werden die Einzelradaufhängungen, die sich als Vorder- oder Hinterachse besonders eignen, beschrieben. Hier werden die Anteile der einzelnen Achs- und Aufhängungsarten im Serieneinsatz gezeigt und eine Prognose für die wichtigsten zukünftigen Arten für Hinter- und Vorderachse jeweils für Volumen- und Premium Automodelle gegeben.

Die restlichen Abschnitte behandeln das Gesamtfahrwerk (14.6) und einen Konstruktionskatalog (14.7.3), der eine systematische Gegenüberstellung aller Achskonzepte zeigt und zum Schluss einen Ausblick für die zukünftigen Achsen und Radaufhängungen gibt (14.8).

◘ Tab. 14.2 Systematische Aufteilung der Achs- und Aufhängungskonzepte

MERKMALE	STARRACHSEN										HALBSTARR			EINZELRADAUFHÄNGUNGEN									
Gelenkart	Blattfeder	Drehgelenk									Drehgelenk			Drehgelenk							Drehschub+ Drehgelenk		
Lenkeranzahl	1	1		2			3		4		1			1			2	3	4	5	3	4	
Lenkerlage	Längs	Schräg / Deichsel		Längs			Längs		Längs		Längs			Längs	Schräg	Quer	Schräg	Quer	Raum	Raum	Quer	Quer	Raum
Zusatzmerkmal	Federverband	Panhard	Wattgestänge	Dreieck	Panhard	Wattgestänge	Panhard	Wattgestänge	Panhard	Wattgestänge	Torsion	Koppel	Verbund	Gerade	Dreieck	Gerade	Trapez	DQ-Lenker	DQ Aufgelöst	Raum	3-Punkt	Federbein	Dämpferbein
Lf.-Nr	1	2	3	4	5	6	7	8	9	10	11	12	13	14	15	16	17	18	19	20	21	22	23

14.2 Starrachsen

Metin Ersoy

Wenn die beiden Räder über einen quer liegenden Achskörper fest miteinander verbunden sind spricht man von Starrachsen (*Solid Axle*) oder von abhängiger Radführung. Dieses Konzept wurde ursprünglich von den Kutschen übernommen. Heute werden Starrachsen bei Pkws und SUVs als Vorderachse nur dann eingesetzt, wenn die beste Geländegängigkeit im Vordergrund steht (z. B. Jeep Rubicon, Baujahr 2007, (■ Abb. 14.2) und (■ Abb. 14.3). Sie werden jedoch häufig als angetriebene Hinterachse bei schweren Fahrzeugen (SUVs, Transporter, Trucks) mit geringem Komfortanspruch verwendet.

Die Eigenschaften der Starrachsen sind im ■ Abb. 14.4 zusammengestellt. ■ Abb. 14.5 verdeutlicht den wesentlichen Unterschied zwischen Starrachsen und Einzelradaufhängungen beim Überfahren von

■ Abb. 14.2 Jeep Rubicon Bj.2007 auf dem Gelände

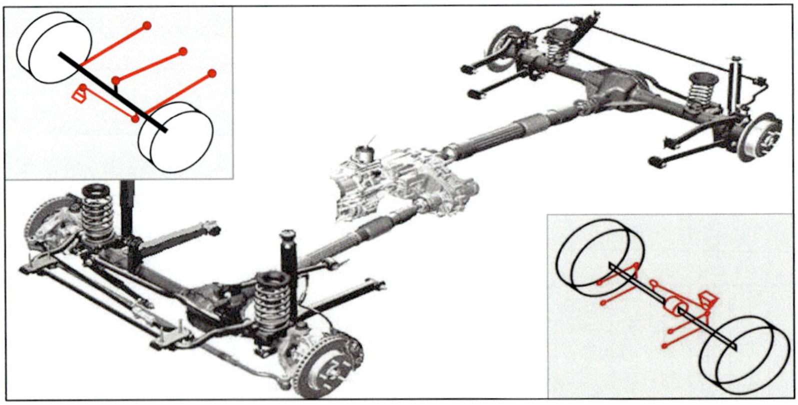

■ Abb. 14.3 Fahrwerk eines allradgetriebenen Geländefahrzeugs mit Starrachsen vorne und hinten mit Stabilisator, Panhardstab, Schraubenfeder, Dämpfern und Längslenkern (VA&HA: Chrysler Jeep Rubicon, Bj. 2007)

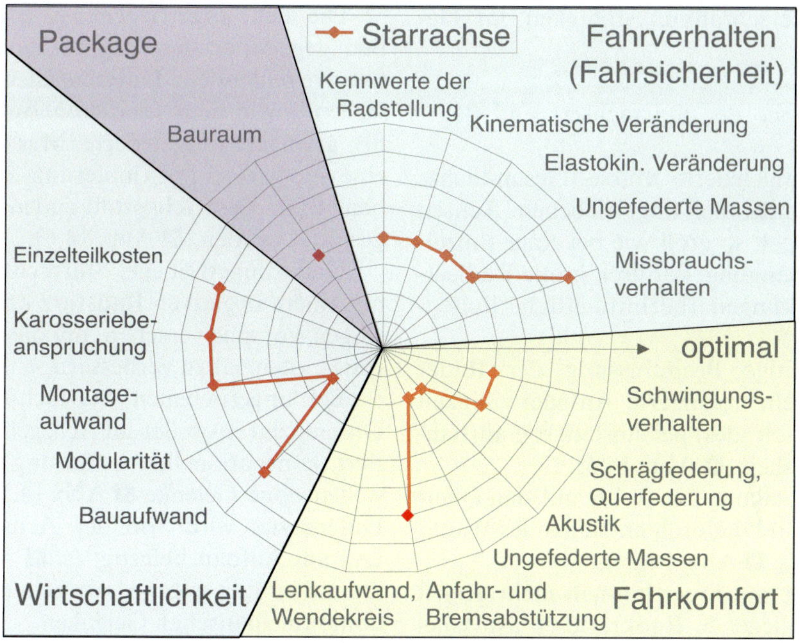

Abb. 14.4 Eigenschaftsprofil für die Starrachsen [3]

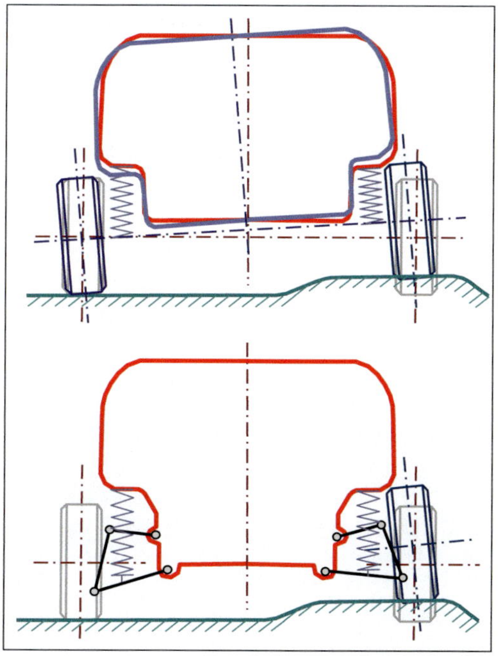

Abb. 14.5 Überfahren von einseitigen Fahrbahnunebenheiten mit Starrachse und Einzelradaufhängung

einer einseitigen Fahrbahnunebenheit. Die Starrachse verschränkt sich insgesamt und nimmt dabei auch das linke Rad mit und wankt den Aufbau. Bei der Einzelradaufhängung federt dagegen nur das rechte Rad ein, ohne das linke Rad und den Aufbau zu beeinflussen.

Die wichtigsten Vorteile der Starrachsen sind:

- Einfachheit, Wirtschaftlichkeit,
- Robustheit, hohe Belastbarkeit,
- bei angetriebener Achse kostengünstige Integration der Hinterachsdifferenziale (Seitenwellen ohne Gelenk) im Achskörper,
- bei nicht angetriebener Achse flache Bauweise, breite Ladefläche,
- hohes Wankzentrum (ca. auf der Radmittelhöhe)
- identische Radstellung an beiden Rädern beim Federn (beide Räder haben stets dieselbe Spur und Sturz und daher keine Spur-, Spurweiten- und Sturzänderung),

- hohe Verschränkungsfähigkeit im Gelände.

Die Nachteile der Starrachsen sind dagegen:
- große ungefederte Masse (Gesamtachse federt mit), bei angetriebenen Achsen ca. doppelt so groß wie bei einer Einzelradaufhängung, dadurch große Radlastschwankungen (beeinträchtigte Bodenhaftung),
- gegenseitige Beeinflussung der Räder (Trampeln, reduzierte Anfederwilligkeit des Einzelrades) bei einseitiger Fahrbahnunebenheit (◘ Abb. 14.5),
- Versetzneigung der Achse auf den Querwellen und dadurch entstehendes Wanklenken (s. ◘ Abb. 14.14),
- Vorspur und Sturz können nicht gezielt über anliegende Radkräfte (Elastokinematik) oder Einfederwege fahrsituationsabhängig beeinflusst werden,
- nur geringe Möglichkeiten zur Nutzung elastokinematische Effekte,
- schlechtere Wankdämpfung durch die Dämpfer,
- eingeschränkte Möglichkeit des Brems- und Anfahrnickausgleichs,
- erhöhter Platzbedarf zwischen Achse und Unterboden entsprechend dem Federweg,
- notwendige massive, bewegliche Querverbindung (Achsträger), mit viel Raumanspruch.

Wegen der vielen Nachteile werden Starrachsen heute – bis auf sehr wenige Ausnahmen (nur 1,4 % aller Fahrzeuge unter 3,5 t) – nicht mehr als Vorderachse eingesetzt. Als Hinterachse haben sie jedoch mit unter 20% noch einen bestimmten Anteil und daher werden in diesem Buch starre Vorderachsen nicht berücksichtigt.

Die Starrachsen lassen sich in vier Hauptkategorien unterteilen; angetrieben, nicht angetrieben, mit Blattfederführung und mit Lenkerführung.

Die nicht angetriebenen Starrachsen haben gegenüber den angetriebenen Achsen (wegen fehlendem Differenzial und Seitenwellen sowie dem leichteren Achsquerprofil) geringere ungefederte Massen. Durch eine niedrigere Positionierung zur Kraftebene kann das Achsprofil zudem schlanker gestaltet werden (◘ Abb. 14.6).

Nicht angetriebene, Starrachsen werden mit einem negativen Radsturz und einer geringen Vorspur versehen, um das Seitenführungspotenzial zu verbessern.

Bei angetriebenen Starrachsen ist das Differenzial entweder im Achsgehäuse integriert (konventionelle Ausführung mit Seitenwellen ohne Gelenke ◘ Abb. 14.7) oder das Differenzial wird von der Achse getrennt und am Aufbau befestigt (s. ◘ Abb. 14.15). Dann benötigt man jedoch Seitenwellen mit homokinematischen Gelenken.

Die erste Variante ist für schwere MPVs, SUVs, Pick-ups und Light Trucks geeignet. Die zweite, die De-Dion-Achse, die eine deutlich geringere ungefederte Masse hat, wurde früher für sportliche Pkws eingesetzt.

14.2.1 Starrachsen mit Längsblattfeder

Die Federung bei Starrachsen kann mit Längsblattfedern realisiert werden. Je nach Ausführung übernimmt die Blattfeder da-

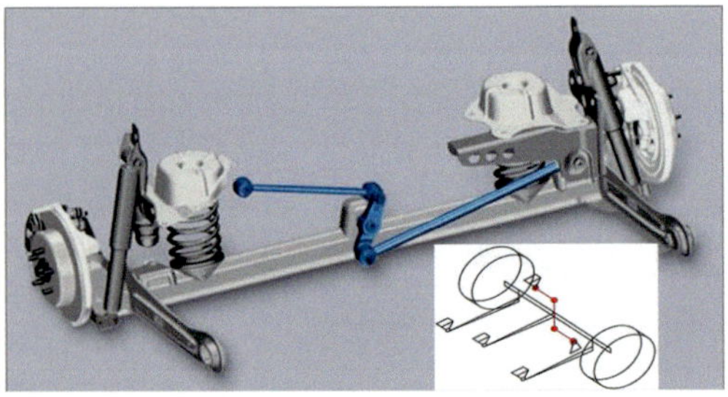

◘ **Abb. 14.6** Nicht angetriebener Starrachse mit Wattgestänge (HA: Chrysler PT Cruiser, Bj. 1997)

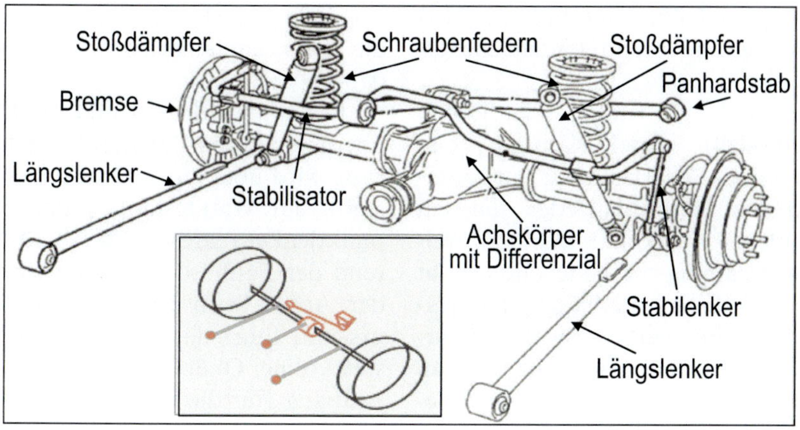

Abb. 14.7 Angetriebene Starrachsen mit Panhardstab und drei Längslenkern (HA: Opel Frontera, Bj. 1995)

bei die Führung der Achse vollständig oder teilweise. Häufig werden auch Lenker zur Aufnahme von Quer- oder Längskräften hinzugefügt. Die Blattfedern haben zwar Vorteile bezüglich Bauraums durch die flache Anordnung und bezüglich Karosseriebelastung (niedrige Punktbelastung durch zwei voneinander weit entfernte Abstützpunkte). Sie sind aber schwer, haben hohe Reibung, zeigen S-Schlagneigung und den sogenannten „Trampeleffekt" beim Lastwechsel (**Abb. 14.8**), weisen geringe Längselastizität, größere Radhübe und kleine Wanksteifigkeit auf. Sie können daher die heutigen Komfortanforderungen nicht erfüllen.

Auch einteilig hergestellte moderne Hightech-Blattfedern aus Kompositwerkstoffen, die deutlich leichter sind und sehr geringe Reibung haben, konnten sich nicht durchsetzen, weil nach wie vor die Radführung über eine Blattfeder kinematische Defizite aufweist. Es gibt auch Versuche, die Blattfeder quer einzusetzen, um die Stabilisatorwirkung in die Blattfeder zu integrieren.

Eine sehr alte und immer noch in den USA bei SUVs und Light Trucks eingesetzte angetriebene Hinterachse mit elliptischen Blattfedern [4], ist die „Hotchkiss-Achse" (**Abb. 14.9**). Sie besitzt keinen Lenker; Blattfedern übernehmen auch die Längs- und Querführung.

Obwohl diese Ausführung bei Pkws immer seltener vorkommt, hat sie bei Lkws seinen festen Platz.

Moderne Kleintransporter, die aus wirtschaftlichen Gründen die Plattform der Serien-Pkws teilen, haben häufig hinten Starrachsen mit Blattfederführung, weil diese

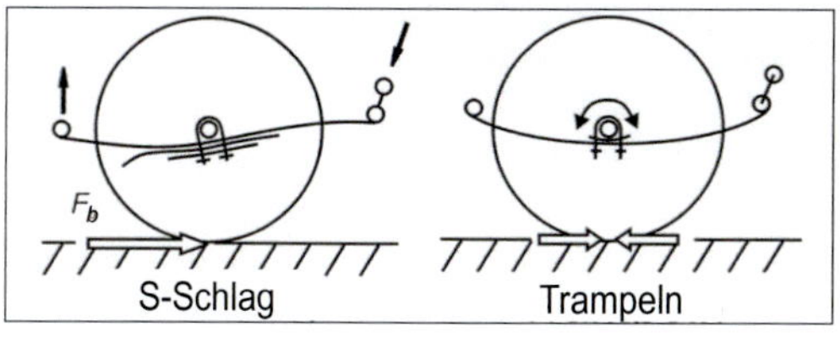

Abb. 14.8 Die Nachteile der Blattfederführung

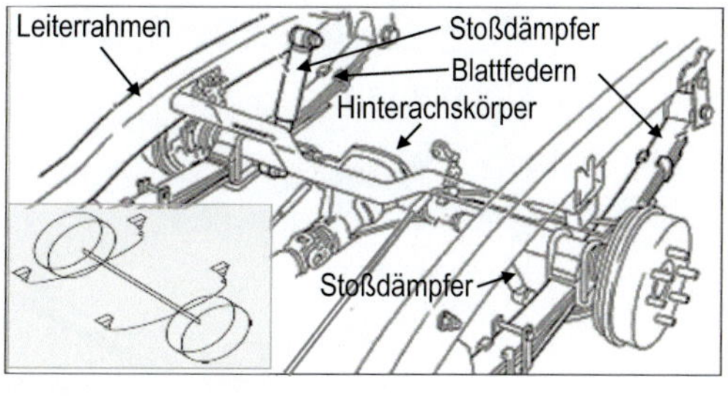

Abb. 14.9 Angetriebene Hotchkiss-Starrachsen mit elliptischen Blattfedern (HA: Opel Campo, Bj. 1995)

kostengünstig herstellbar und höher belastbar sind sowie eine breite Ladefläche ermöglichen.

Beispiele sind VW Caddy, Fiat Doblo (Vorgängermodell), Opel Campo. Um eine progressive Federkennung zu erreichen, wird die Hauptblattfeder um ein zweites kürzeres Federblatt ergänzt, welches bei Vollbeladung die Federrate erhöht (◼ Abb. 14.10). Diese lastabhängig progressive Federkennlinie verbessert den Fahrkomfort (die Aufbaueigenfrequenz wird an die Zuladung angepasst) und die Durchbiegung des Federpakets trägt zu einem untersteuernden Eigenlenkverhalten bei.

Die Starrachse mit Längsblattfeder ist sicherlich ein einfaches und kostengünstiges Achskonzept für nicht angetriebene Achsen, weil es keine Lenker benötigt. Trotzdem bietet es kaum Spielraum für weitere Optimierungen, denn mehr Komfort durch weichere und damit längere Blattfedern führt zur Verschlechterung der Seitenführung und erhöht die S-Schlagneigung.

14.2.2 Starrachsen mit Längs- und Querlenker

Entfällt die Achsführung durch die Blattfeder, so ist die Achse durch Lenker zu führen. Dabei müssen zwei Freiheitsgrade (eine vertikale Translation und eine Rotation um die Fahrzeuglängsachse) zugelassen werden.

Die Längsführung und die Längskräfte übernehmen die Längslenker. Die Querführung wird über einen Querlenker (Panhardstab), ein Wattgestänge oder einen Dreipunktlenker realisiert (◼ Abb. 14.11). Während der Panhardstab eine Querversetzung der Achse beim Ein- und Ausfedern verursacht, führt das Wattgestänge die Achse stets ohne Querversatz in der Mitte des Aufbaus. Für die Führung des Achskörpers über Lenker steht auch die Kombination eines Dreieckslenkers, der auch die Querkräfte aufnimmt, mit zwei Längslenkern zur Verfügung. Die geometrische Anordnung der Lenker erlaubt eine gezielte Optimierung kinematischen Eigenschaften.

Eine bis Kurzen noch aktuelle starre Hinterachse mit Schraubenfedern und drei Längslenkern ist die vom Ford-Mustang (◼ Abb. 14.12). Obwohl Mustang ein Sportwagen ist, ist man aus Kostengründen lange Zeit bei der Starrachse geblieben. Erst ab 2015 wurde die für Ford Mondeo entwickelte Integrallenker-Einzelradaufhängung auch dem Mustang übernommen (s. ◼ Abb. 14.66).

Bis ca. 1982 war bei Ford die Vierlenker-Starrachse als angetriebene Hinterachse mit Schraubenfedern [4] weit verbreitet

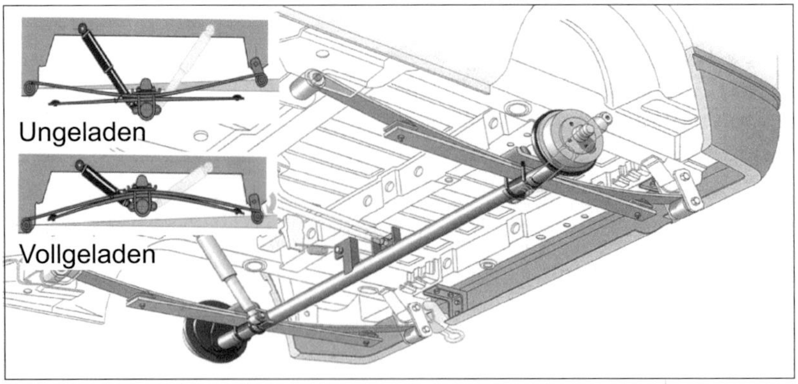

◼ **Abb. 14.10** Starre Hinterachse eines Kleintransporters mit Blattfedern (VW Caddy 2, Bj. 1994)

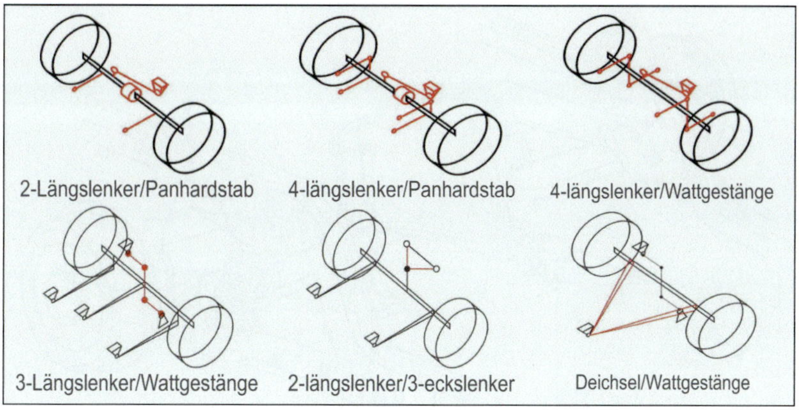

Abb. 14.11 Ausführungsvarianten der Starrachsen

Abb. 14.12 Starre HA mit Schraubenfedern, 3 Längslenkern, Panhardstab (Ford Mustang, bis Bj. 2015)

(Abb. 14.13). Der Achskörper mit integriertem Differenzial wird durch zwei Längslenker unten und zwei Schräglenker oben am Aufbau befestigt. Die Brems- und Antriebsmomente werden über das Kräftepaar im oberen und unteren Lenker aufgenommen.

Die Schräglenker übernehmen die Querführung der Achse. Die sich auf den unteren Längslenkern abstützenden Schraubenfedern verbessern den Fahrkomfort. Die geometrische Anordnung der Lenker erlaubt eine gezielte Optimierung kinematischen Eigenschaften. Durch Festlegung der Lage der Anbindungspunkte der Vierlenker lassen sich deutliche Verbesserungen in der Wankpolfestlegung, Wanklenkeigenschaften sowie im Brems- und Anfahrnickverhalten erreichen. Da die Längslenker durch Gummilager zum Aufbau verbunden werden, sind (wenn auch eingeschränkt) elastokinematische Optimierungen möglich, um Fahrverhalten und Fahrkomfort zu verbessern.

Als Vereinfachung können die beiden oberen Stablenker durch einen Dreipunktlenker in A-Form ersetzt werden. Die Seitenführung wird häufig auch durch einen Panhardstab oder Wattgestänge übernommen.

Bei Starrachsen mit Längslenkerführung erfolgt bei einseitigem Einfedern eine Eigenlenkbewegung der Achse, je näher der Längspol an der Achse liegt desto stärker, und bewirkt einen unruhigen Geradeauslauf beim Befahren unebener Fahrbahnen (Abb. 14.14).

14.2.3 De-Dion-Achse: angetriebene Starrachse mit Zentralgelenk

Schon in den 1930er Jahren hat der französische Autobauer De-Dion die Nachteile der hohen ungefederten Massen bei Fahrdynamik erkannt und versucht, ihr entgegenzuwirken, indem er das Hinterachsgetriebe nicht an der Achse, sondern am Aufbau befestigt hat (Abb. 14.15). Diese, bei den Rennwagen und sportlichen Fahrzeugen

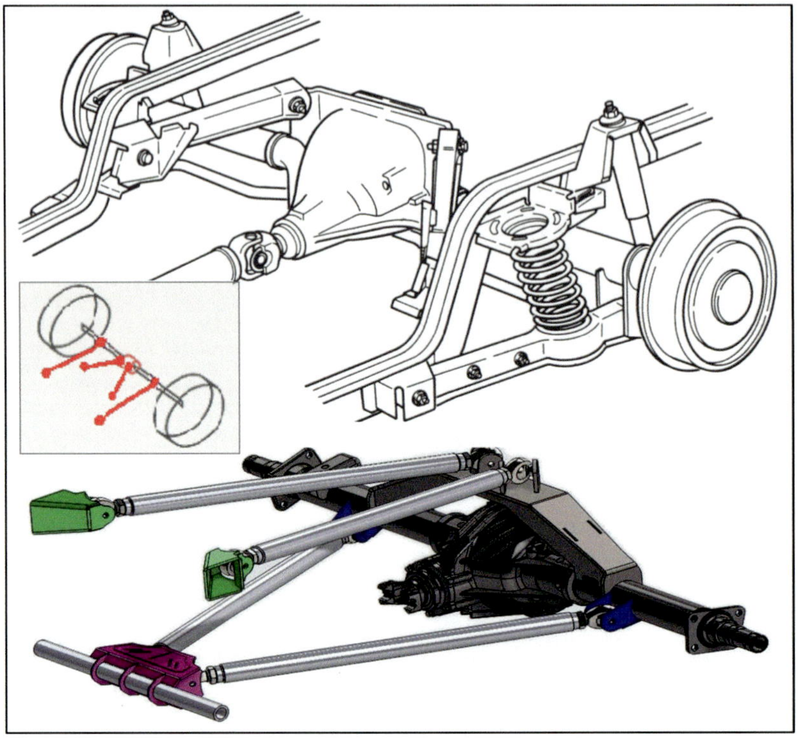

Abb. 14.13 4-Lenker Starrachse (HA: Ford Taunus, Bj. 1970)

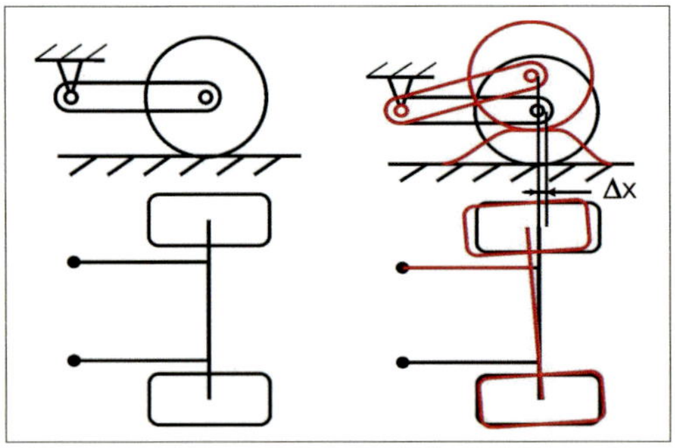

Abb. 14.14 Lenkverhalten der Starrachsen bei einseitigen Bodenunebenheiten

lange Zeit bevorzugte angetriebene Starrachsenart, wurde erst mit dem Aufkommen der Einzelradaufhängung aufgegeben.

Im Jahre 1996, als Smart für den Stadtverkehr mit sehr schmaler Breite und kleinem Wendekreis (nur 8,6 m.) kam, war es nicht möglich das Antriebsaggregat vorne unterzubringen. So wurde der kompakte Antriebsblock in Querrichtung und geneigt auf die Hinterachse gesetzt [5].

Dadurch hatte man über dem Antriebsblock einen sehr kleinen Kofferraum. Damit war die De-Dion-Ausführung in Verbindung mit einer Deichselachse wieder interessant, weil hier nicht nur das Getriebe, sondern das ganze Antriebsaggregat montiert werden konnte (Abb. 14.16). Auch in der dritten Generation werden Schwestermodelle Smart ForFour und Renault Twingo mit demselben, jedoch verlängertem Radstand gebaut.

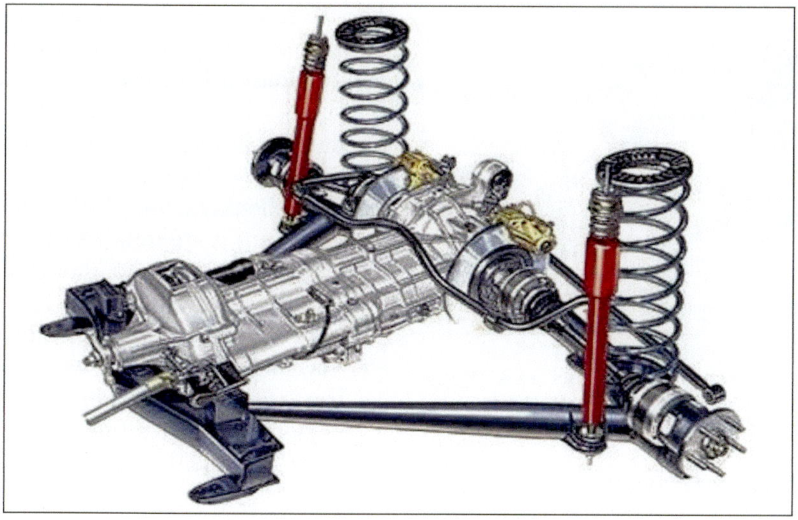

Abb. 14.15 De-Dion-Achse in Verbindung mit einem Transaxle Antriebsstrang (Alfa Romeo-Alfetta, Bj. 1972)

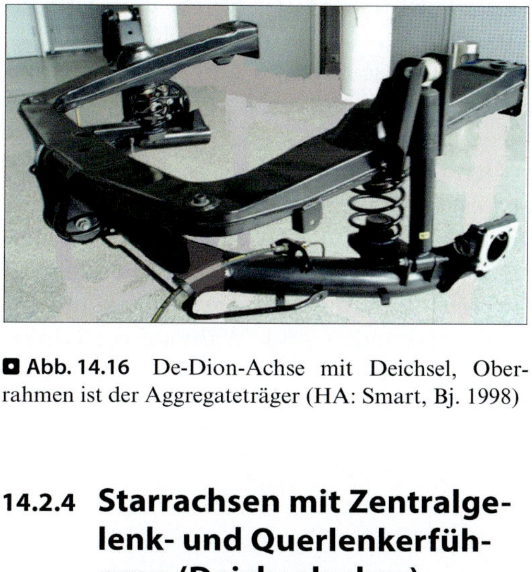

Abb. 14.16 De-Dion-Achse mit Deichsel, Oberrahmen ist der Aggregateträger (HA: Smart, Bj. 1998)

14.2.4 Starrachsen mit Zentralgelenk- und Querlenkerführung (Deichselachse)

Eine effiziente Art der Anbindung einer Starrachse an den Aufbau ist die Deichselachse, die auch Zentralgelenkachse genannt. Hierbei wird die Achse ähnlich einer Deichsel eines Anhängers vorne über ein Kugelgelenk oder ein Gummilager mit dem Aufbau verbunden. Eine möglichst hohe Anordnung des Lagers ergibt dabei einen verbesserten Brems- und Anfahrnickausgleich. Die Querführung übernimmt ein zusätzliches Quergestänge. Um Eigenlenkbewegungen beim Einfedern zu vermeiden, ist eine vertikale gerade Führung des Achskörpers bei dieser Achse wichtig. Deshalb kommt ein Scherenlenkerprinzip bzw. Wattgestänge zum Einsatz. Auch dann treten beim einseitigen Einfedern leichte Lenkbewegungen auf, wie sie auch bei den Starrachsen mit Längslenker vorkommen.

Die Räder bewegen sich immer parallel zueinander, mit sehr geringer Sturzänderung – solange beide Räder symmetrisch federn. Federt nur ein Rad, verschieben sich beide Räder seitlich um ca. 2,5 % des Federwegs und verursachen eine Lenkwirkung, die zur Stabilisierung des Fahrzeugs beiträgt.

Die ersten Modelle der Mercedes A- und B-Klasse wurden mit dem Modellwechsel ab 2004 an der Hinterachse mit einer Deichselachse ausgestattet. Ein zusätzliches Wattgestänge stützt die Querkräfte und reduziert so die Übersteuertendenz der starren Achse. Das Wattgestänge zur Querführung ist liegend angeordnet, in der Fahrzeugmitte am Aufbau gelagert und verbindet beide Enden der Radträger miteinander (Abb. 14.17).

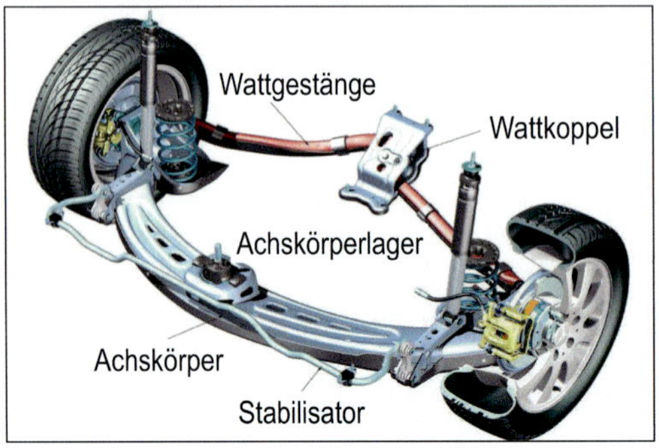

Abb. 14.17 De-Dion mit Deichsel und Wattgestänge (HA: Mercedes A-und B-lasse, Bj. 2004)

14.3 Halbstarrachsen

Metin Ersoy

Halbstarrachsen (*Semi Solid Axle*) haben wie die Starrachsen eine mechanische Kopplung der beiden Räder. Während bei Starrachsen jegliche Relativbewegung zwischen den Rädern durch den Achskörper unterbunden wird, sind bei den Halbstarrachsen durch eine gezielte elastische Torsionsverformung des Verbindungselements begrenzte Relativbewegungen der Räder zueinander möglich.

Die Halbstarrachsen lassen sich, je nach der Lage der Quertraverse als Koppellenker, Torsionskurbel, Verbundlenkerachse in 3 Gruppen teilen (Abb. 14.18):

- **Torsionskurbelachse:** wenn die Quertraverse sehr nah zur Radmitte liegt und damit ähnliche Eigenschaften einer Starrachse aufweist,
- **Koppellenkerachse:** wenn sich die Traverse am vorderen Drittel der Längslenker befindet und damit Vorteile der Längslenkeraufhängung mit denen der Verbundlenkerachsen vereint,
- **Verbundlenkerachse:** wenn die Quertraverse nahe zur Längslenkerlagerung liegt und damit ähnliche Eigenschaften einer Längslenkeraufhängung aufweist.

Die Halbstarrachse (*Twist Beam*) vereinigt einige Eigenschaften von Starrachse und Einzelradführung.

Sie hat einerseits von der Starrachse bekannte geringe Spur-, Sturz- und Vorspuränderungen bei symmetrischer Radfederung, anderseits einen günstigen Radsturz und merkliche Wankzentrumhöhe sowie ein ausgeprägtes kinematisches Eigenlenkverhalten bei asymmetrischer Radfederung [2], wie es die Einzelradführung ermöglicht.

Die beiden Radträger sind auf den steifen Längslenkern befestigt, die wiederum in Querrichtung mit einer Traverse fest miteinander verbunden sind. Während die Längs-

14

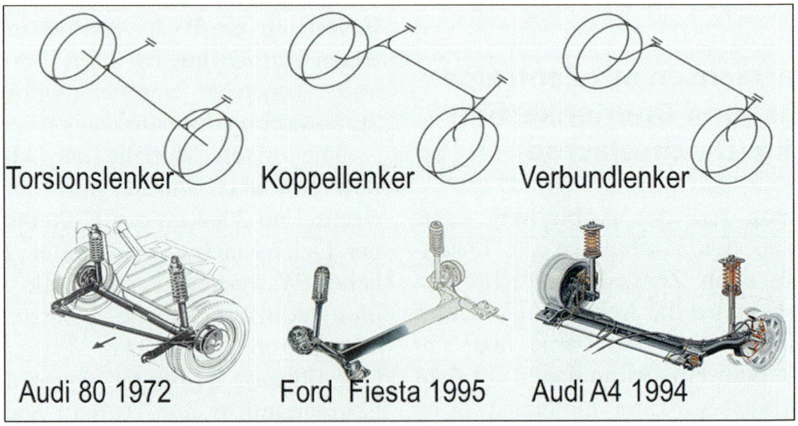

Abb. 14.18 Ausführungsformen der Halbstarrachsen

kräfte allein von den steifen Längslenkern aufgenommen werden, sind Querkräfte und Sturzmomente durch die versteifende Wirkung der Quertraverse abzufangen. Hierzu ist das Profil biegesteif auszuführen.

Gleichzeitig muss die Quertraverse aber torsionsweich sein, um neben der Funktion einer Stabilisatorstange auch das eingeschränkte unabhängige Einfedern der beiden Räder zu ermöglichen.

Wenn die Quertraverse, wie bei Torsionskurbelachse nahe zur Radmitte liegt, dominieren die Eigenschaften der Starrachse und wenn sie, wie bei Verbundlenker nach vorne, nahe zu den Lenkerlagerungen verlagert wird, dominieren die Eigenschaften der Einzelradaufhängung.

Als Quertraverse werden neben T-Profilen heute bevorzugt V- oder U-Profile eingesetzt, weil diese in der Betriebsfestigkeit der Schweißnähte zu den Längslenkern dem T-Profil überlegen sind. Eine günstige Querverbindung ergibt sich mit einem Rohrprofil, dessen Enden rund bleiben, welches aber dazwischen in eine C-Form zugedrückt ist. Damit sinkt die Torsionsrate und es lassen sich trotzdem ausreichend lange Schweißnähte an den runden Enden anbringen, die für eine lange Betriebsdauer unerlässlich sind (s. ◘ Abb. 14.23).

Die Halbstarrachse wurde zuerst in 1974 beim VW Golf/ Scirocco als Verbundlenker (◘ Abb. 14.19) und danach beim Audi 50 und VW Polo I als Koppellenker in Serie eingeführt.

Mit dieser Anordnung der Lenker entstand ein sehr einfaches, wartungsfreies, kostengünstiges und Raum sparendes Achskonzept, das keinen Achsträger benötigt. Dieses Konzept wurde bald bei vielen Fahrzeugmodellen der unteren Klassen übernommen. Die Halbstarrachsen sind für angetriebene Hinterachsen wenig geeignet, denn u. a. ist eine Kröpfung des Verbindungsprofils aufwendig darstellbar. Beispiele für angetriebene Verbundlenkerachsen sind: Opel Mokka, Suzuki SX4, Fiat Sedici.

◘ Abb. 14.20 zeigt die Eigenschaften der Halbstarrachsen.

Die Vorteile dieser Achsen sind [7]:

- Sehr einfache Konzeption: die komplette Achse besteht aus einer Schweißbaugruppe und zwei Gummilagern, daher ist sie die kostengünstigste nicht angetriebene Hinterachse überhaupt,
- Achse erfordert keinen Achsträger,
- geringer Raumbedarf, flacher Aufbau, aber: die Quertraverse erfordert Freiraum in Hochrichtung,
- leichte Montage und Demontage der Achse,
- nahezu wartungsfrei,
- Stabilisatorwirkung durch den Querträger,
- kleine ungefederte Masse,
- günstige Übersetzung Rad zu Feder und Dämpfer,
- Gummilager sind in Längsrichtung belastet, dadurch entsteht geringe Karosseriebeanspruchung bei guter Längselastizität (Fahrkomfort),
- beladungsunabhängiges Wankuntersteuern,
- guter Bremsnickausgleich,
- geringe Spurweitenänderung.

Diesen gegenüber stehen die folgenden Nachteile:

- ungünstige Seitenkraftabstützung (eingeschränkte Quersteifigkeit),
- Spannungsspitzen in der Schweißnaht an den Über-gangstellen von den verdrehsteifen Längslenkern zum Verbundprofil,
- ohne spurkorrigierende Lager übersteuerndes Seitenkraftverhalten (◘ Abb. 14.21),
- Spurwinkel empfindlich gegenüber Zuladung,
- ungeeignet als angetriebene Achse,
- eingeschränktes Optimierungspotenzial für anspruchsvolle Komfort- und Akustikeigenschaften

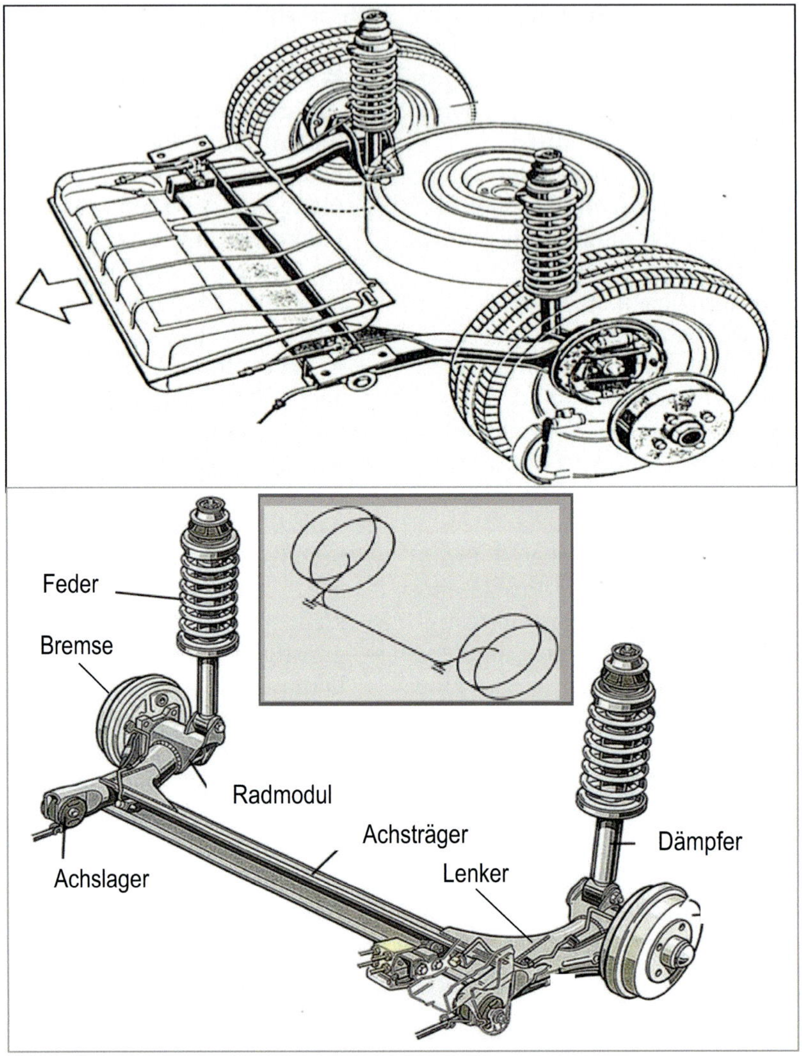

Abb. 14.19 Erste und optimierte Serienhalbstarachsen (HA: VW Golf I, Bj.1974 und Polo IV Bj. 2002)

14.3.1 Torsionskurbelachse

Die Torsionslenkerachsen sind die ältesten halbstarren Achsen (Audi 100 aus 1976) und sind im Prinzip die Mischachsen zwischen Längslenkeraufhängungen und torsionsweichen Starrachsen.

Wenn das Auto rollt oder einseitig federt, drehen sich die Längslenker, die als Kurbel auf der Achse sitzen, relativ zueinander. Um dies zu ermöglichen muss die Quertraverse torsionsweich sein.

In Abb. 14.22 fallen besonders der einfache, einteilige Blechlenker mit Federaufnahme und die nahe dem Radmittelpunkt angeschweißte, dunkelgrüne Quertraverse auf. Das untere dunkelgrüne Teil ist der Achsträger.

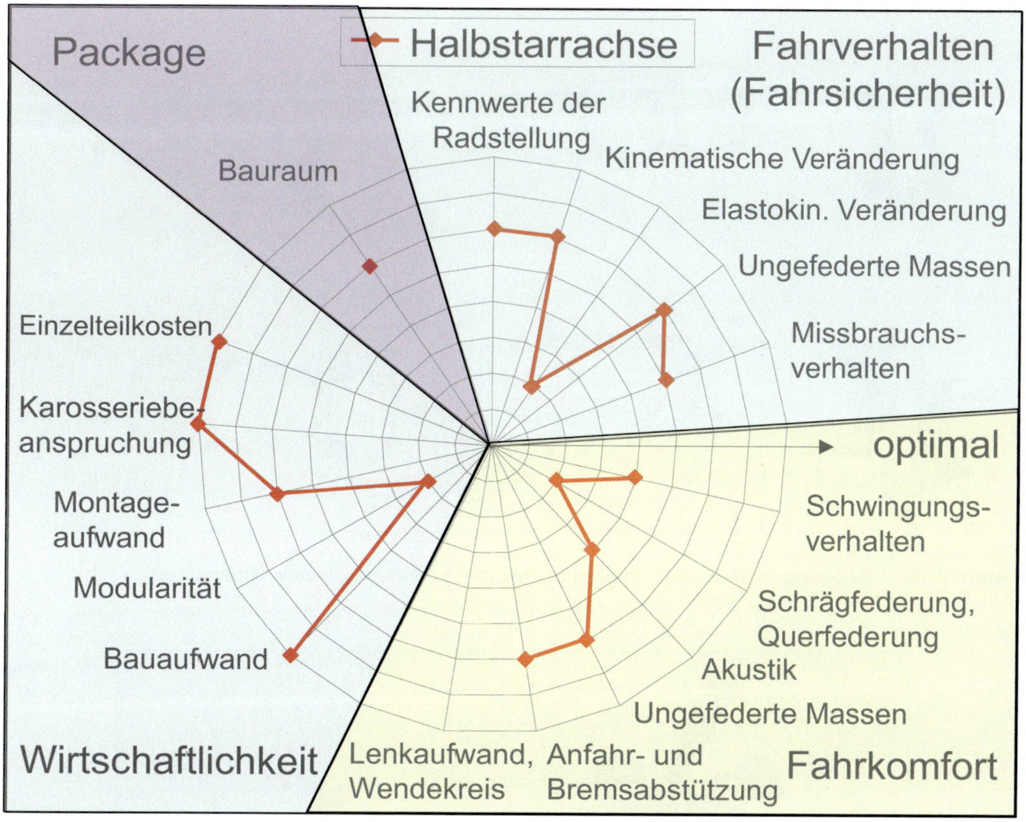

Abb. 14.20 Eigenschaftsprofil für Halbstarrachsen [3]

14.3.2 Koppellenkerachse

Bei den Koppellenkerachsen ist die Querverbindung mittig zwischen Lagerstellen und Radmitte angeordnet, um die Seitenkraftabstützung zu verbessern. Außerdem wird durch die Anordnung beim wechselseitigen Federn eine geringe Sturzänderung erzielt.

14.3.3 Verbundlenkerachse

Verbundlenkerachsen haben die Quertraverse nahe den Lenkerlagern. Ausgewogene technisch-wirtschaftliche Eigenschaften begünstigen den Einsatz bei Kleinwagen.

Abb. 14.23 zeigt die Verbundlenkerachse der Opel Astra (Bj. 2004). Die Quertraverse ist sehr nah an den hinteren Lagern angeordnet, um die Verschränkung der Räder möglichst groß zu halten.

Die kinematischen Eigenschaften der Achse werden durch die Lage des Schubmittelpunkts des Profils festgelegt, denn hierüber definiert sich zusammen mit der Geometrie die Vorspurkurve bei wechselseitigem Einfedern und somit bei Kurvenfahrt (Abb. 14.24).

Ein Nachteil der Verbundlenkerachse, wie Abb. 14.25 zeigt, besteht in der seitlichen Nachgiebigkeit unter Querkraft, weil eine direkte Querunterstützung fehlt und damit immer eine Nachspurvergrößerung (Übersteuertendenz) entsteht. Die Übersteuertendenz der Verbundlenkerachse in der Kurve kann durch ca. 25° Anstellung der Lager und die gezielte Auslegung des Schub-

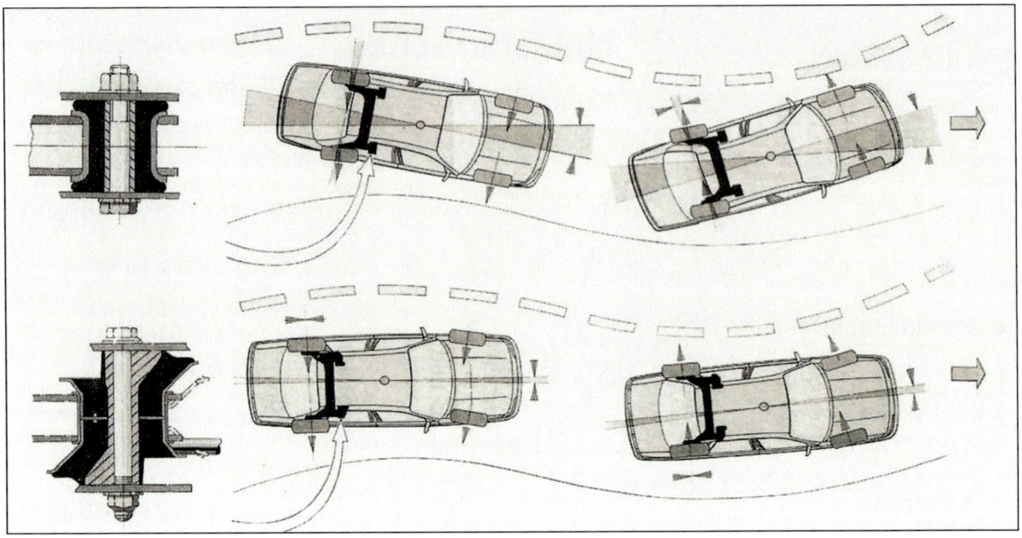

■ **Abb. 14.21** Verbessertes Verhalten der Halbstarrachse durch spurkorrigierende Hinterachslager [6]

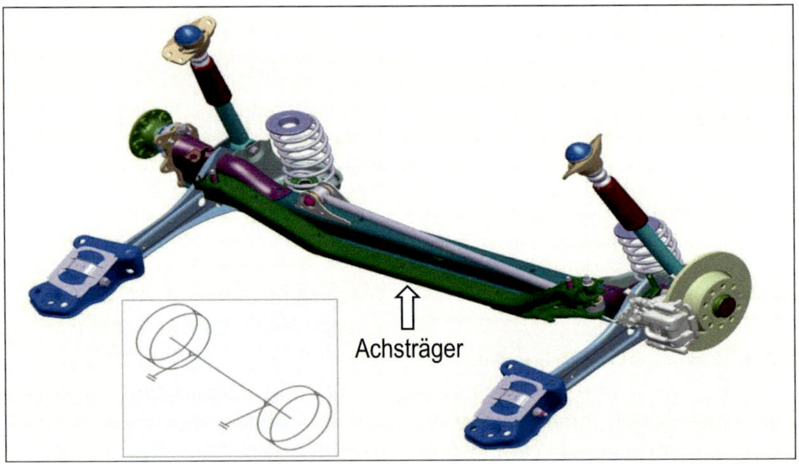

■ **Abb. 14.22** Aktuelle Ausführung einer Koppellenkerachse (HA: VW Jetta, Bj. 2013)

mittelpunktes vermindert werden. Diese sorgen durch die speziell geformten konischen und asymmetrischen Lager bei Seitenverschiebung durch Querkraft für eine entgegengesetzte Bewegung, wodurch bei Kurvenfahrt die Selbstlenkung zu Übersteuern verringert wird. Eine einfachere und kostenneutrale Entschärfung der Übersteuerung ist durch die Optimierung der Führungslagerdachwinkel möglich [8] (■ Abb. 14.26), und entspricht heute dem Stand der Technik bei allen Verbundlenkerachsen.

Mit der „Focus“ in Jahr 1999 hat Ford das Verbundlenkerkonzept in diesem Segment als erster verlassen, um die kinematischen und elastokinematischen Eigen-

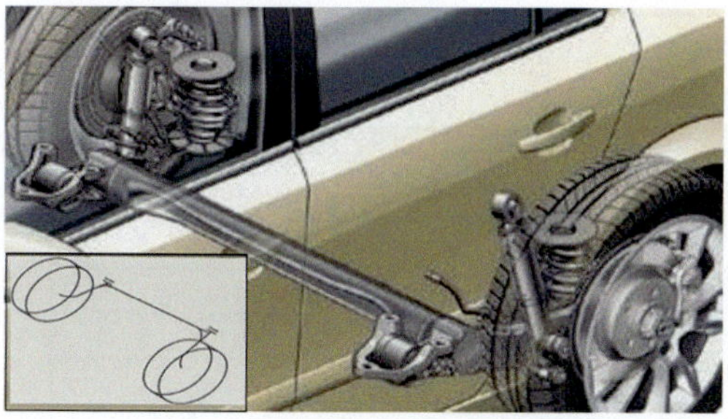

■ **Abb. 14.23** Verbundlenker-Hinterachse (HA: Opel Astra, Bj. 2004)

schaften der Hinterachse durch eine Einzelradschwertlenkeraufhängung weiter zu verbessern (s. ■ Abb. 14.69).

Bald folgten ihm VW (■ Abb. 14.27) [9], Peugeot und Hyundai und auch Mercedes mit der A- und B-Klasse, wegen den hohen Mehrkosten und dem ca. 12 kg Mehrgewicht gegenüber dem Verbundlenker wurde neuerdings bei den Einstiegsmodellen des VW Golf VII und ab 2017 auch bei Mercedes mit Motoren unter 90 kW wieder die Verbundlenkerachse eingeführt.

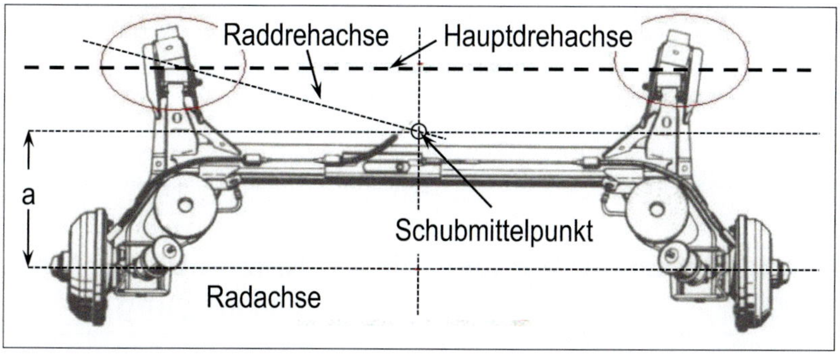

■ **Abb. 14.24** Kinematik der Verbundlenkerachsen

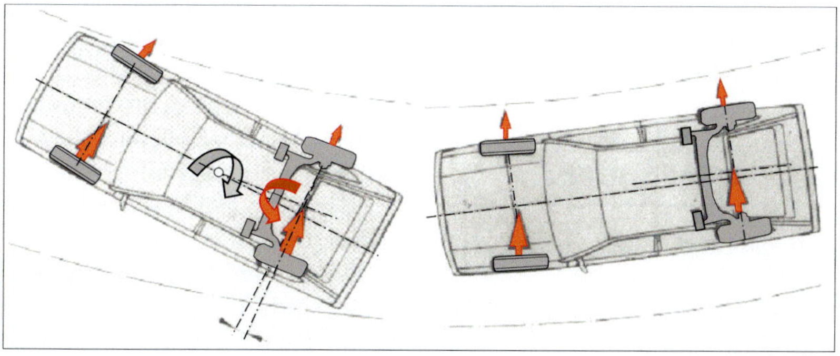

■ **Abb. 14.25** Übersteuertendenz unter Querkraft

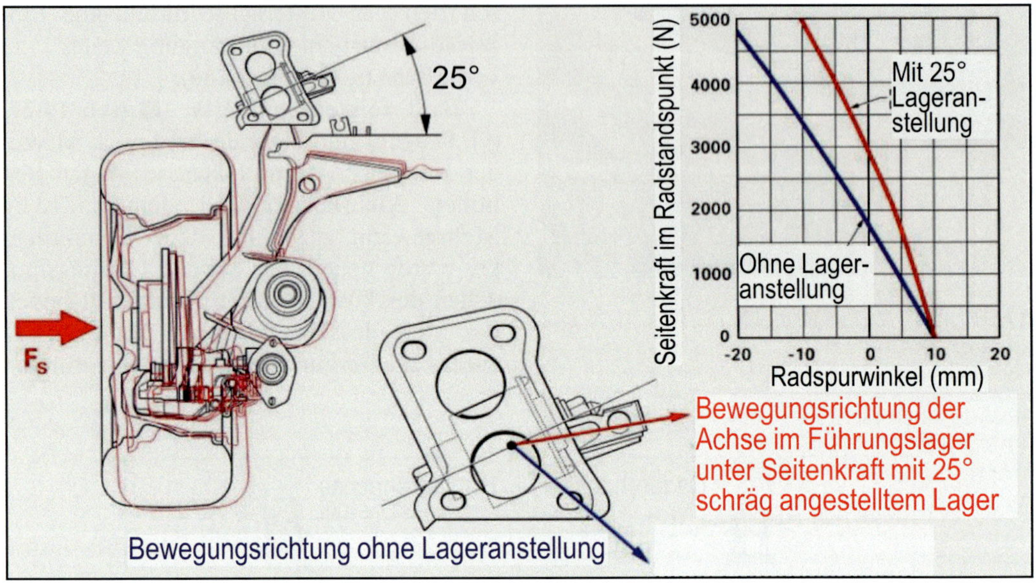

Abb. 14.26 Verbessertes elastisches Verhalten der Verbundlenker durch Schräglegung der Gummilager.

14.3.3.1 Verbundlenker mit Wattgestänge

Der konstruktionsbedingte Nachteil der Verbundlenkerachse, nämlich erhöhte Nachgiebigkeit unter Querkräften (z. B. bei Kurvenfahrt), kann auch durch eine zusätzliche Querabstützung über ein Wattgestänge, wie im Abb. 14.28 dargestellt, entgegengewirkt werden [10].

14.4 Einzelradaufhängungen

Metin Ersoy , Bernd Heißing und Stefan Gies

Mit Einzelradaufhängung (*Independent Suspension*) wird ein Achskonzept bezeichnet, bei dem die beiden Räder keine Verbindung zueinander haben und sich deshalb unabhängig voneinander bewegen können (Abb. 14.29). Dies erhöht den Fahrkomfort und verbessert die Straßenlage. Deshalb bildet heute die Einzelradaufhängung in Pkws die Standardradführung.

14.4.1 Kinematik der Einzelradaufhängung

Jede Einzelradaufhängung besteht aus einer kinematischen Kette (ein Gebilde aus starren Gliedern und beweglichen Gelenken), die den Aufbau (Grundglied) mit dem Radträger (Koppelglied) durch Zwischenglieder verbindet. Die einzelnen Glieder sind an deren Enden mit Gelenken miteinander verbunden.

Die Art des Gelenkes bestimmt die relative Bewegungsfreiheit der zugehörigen Glieder. Der Freiheitsgrad der Kette kann dadurch von 1 bis 5 variieren.

Die Hinterräder, die am Radträger befestigt sind, dürfen nur einen Freiheitsgrad haben. Das Vorderrad ist mit einer zusätzlichen Bewegungsfreiheit drehbar gelagert, um die Lenkbarkeit zu gewährleisten. Dieser zweite Drehfreiheitsgrad ist Bestandteil jeder Vorderradaufhängung und wird in folgenden nicht mehr erwähnt.

Der Radträger der Einzelradaufhängung muss deswegen einen Freiheitsgrad

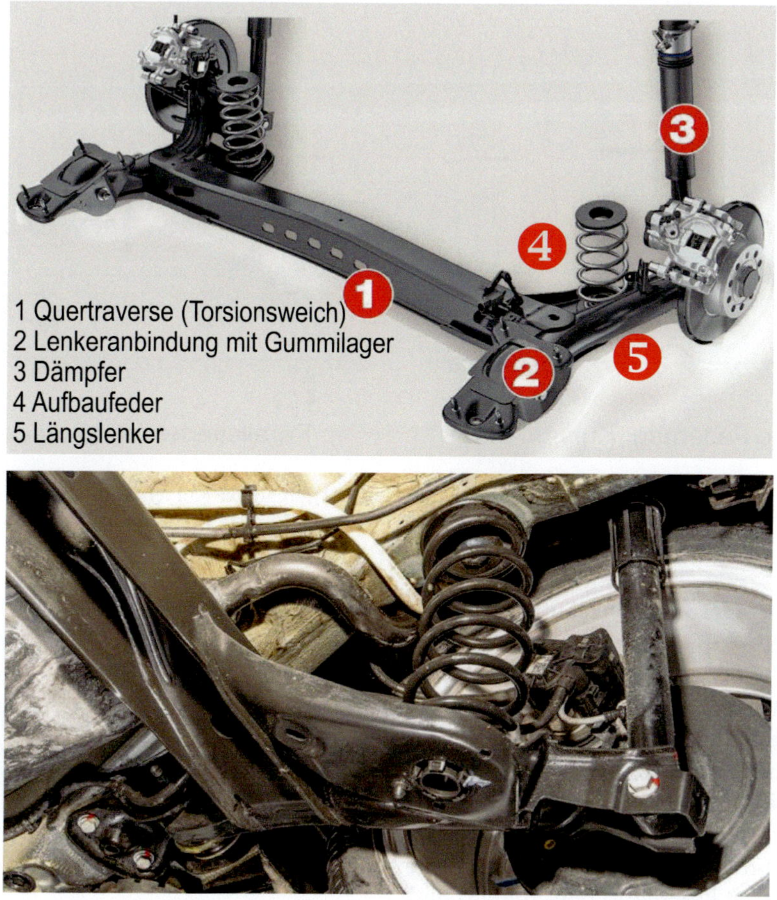

Abb. 14.27 Verbundlenkerachse (HA: VW Golf VII, für Motorisierungen unter 90 kW, Bj. 2012) [9]

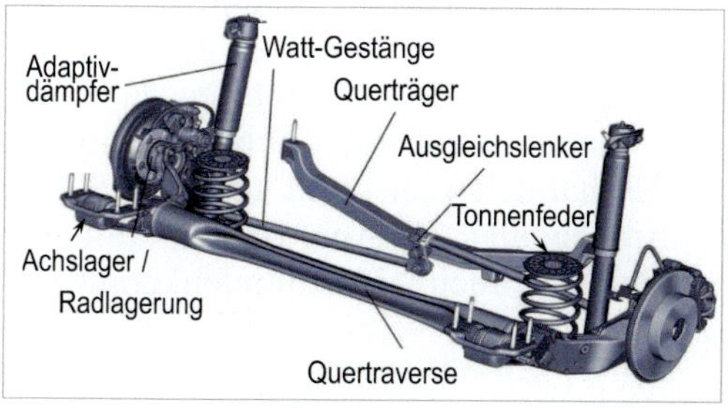

Abb. 14.28 Verbundlenkerachse mit Wattgestänge zur Querkraftabstützung (HA Opel Astra Bj. 2010) [10]

um die z-Achse besitzen, damit die Radbahnkurve Fahrbahnunebenheiten folgend, die Radbewegung entlang der z-Richtung zulässt (Radfederung).

Diese Federbewegung sorgt für eine Aufbauschwingungsisolierung gegenüber den Fahrbahnunebenheiten und wird durch Feder/ Dämpfer abgestützt.

Für die Lenkbarkeit wird ein zweiter Freiheitsgrad benötigt, der durch Verschieben eines Lenkers (Spurstange) mittels des Lenkgetriebes in y-Richtung erreicht wird. Für weitere Betrachtungen wird dieser Lenker zuerst in seiner K0-Lage festgehalten; somit haben auch die vorderen Radträger nur einen Freiheitsgrad. Das heißt, die Lenker müssen die maximal sechs Freiheitsgrade des Radträgers bis auf einen reduzieren.

Die starren Lenker mit den Gelenken an den Enden bilden eine kinematische Kette,

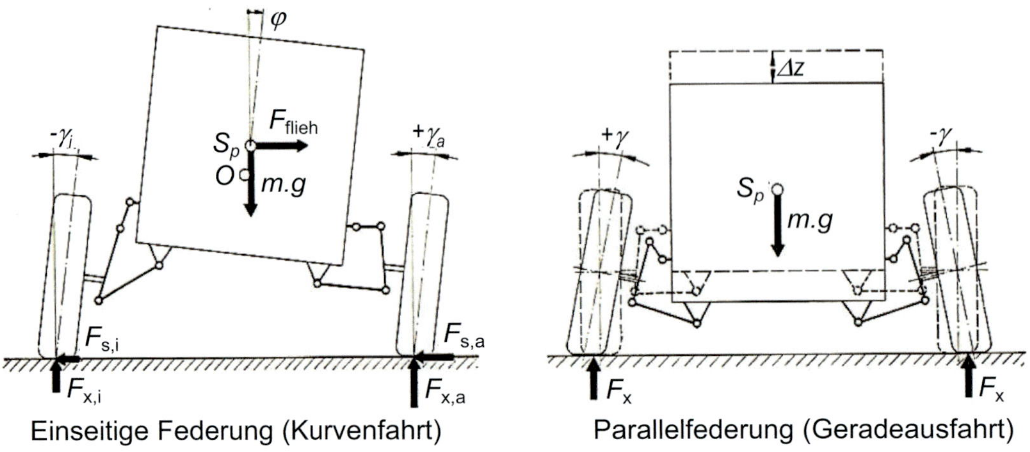

Abb. 14.29 Radbewegungen bei der Einzelradaufhängung während der Kurvenfahrt und bei der Geradeausfahrt [11]

die den Radträger mit dem Aufbau verbindet (Abb. 14.30). Dazu kommen Feder und Dämpfer. Diese begrenzen den sechsten Freiheitsgrad als elastische Glieder, in die Kinematik greifen sie aber nicht ein. Ausnahme ist die Verwendung des Dämpfers als Dreh-Schubgelenk.

Die erforderliche Anzahl der Lenker (Abb. 14.31) für eine Radführung hängt von den kinematischen Eigenschaften der Lenkertypen ab. Die einfachsten Lenker sind die **2-Punkt-Lenker** (Stablenker) (Abb. 14.31a) mit zwei Kugel- bzw. Gummilagern als Gelenke. Jeder dieser

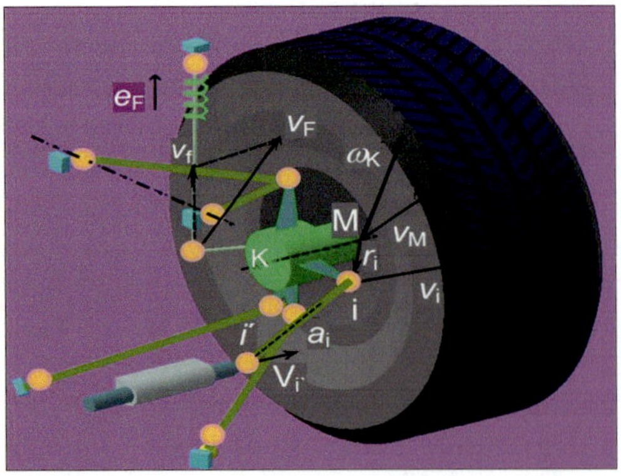

Abb. 14.30 Einzelradaufhängung [2]

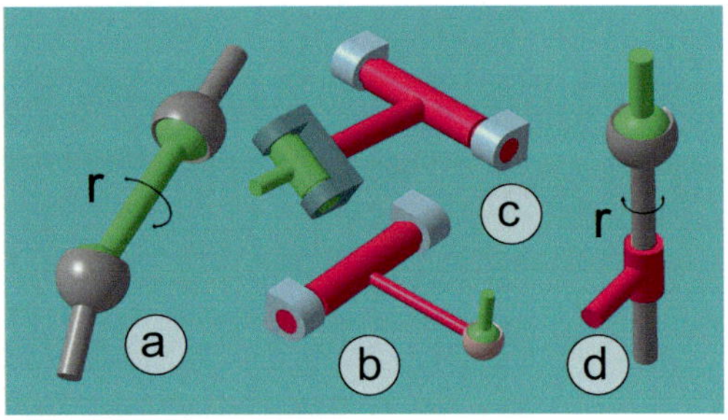

Abb. 14.31 Lenkerarten im Fahrwerk [2]

Lenker reduziert einen Freiheitsgrad des Radträgers. Ist der Radträger mit fünf solcher Lenker geführt, bleibt nur noch ein Freiheitsgrad für die Radhubbewegung übrig. Es handelt sich dann um eine **5-Lenker-Aufhängung** (Abb. 14.32a) (an der Hinterachse auch als Raumlenkeraufhängung bekannt).

Der **3-Punkt-Lenker** (Dreieckslenker) (Abb. 14.31b), hat ein Gelenk zum Rad und zwei Gelenke zum Aufbau und eliminiert zwei Freiheitsgrade. Mit einem 3-Punkt-Lenker lassen sich zwei 2-Punkt-Lenker ersetzen.

Zusammen mit zusätzlich drei 2-Punkt-Lenkern entsteht eine **4-Lenker-Aufhängung** (Abb. 14.32b). Bei Verwendung

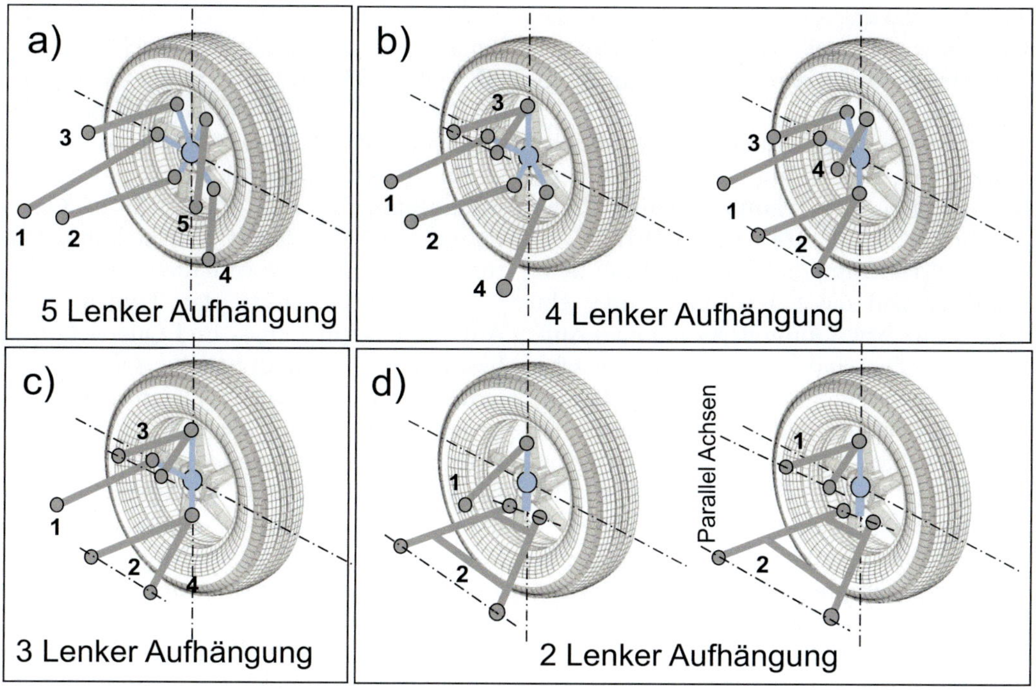

Abb. 14.32 Einzelradaufhängungen mit 5-, 4-, 3- und 2-Lenkern

von zweiten 3-Punkt-Lenker ist nur noch ein zusätzlicher 2-Punkt-Lenker erforderlich; es entsteht eine **3-Lenker-Aufhängung** (14.32c). Sie ist bekannt als Doppel-Querlenker-Aufhängung, wenn die beiden Lenker quer zum Fahrzeug angeordnet sind.

Setzt man nun einen **4-Punkt-Lenker** (Trapezlenker) (Abb. 14.31c) ein, dann wird der Radfreiheitsgrad um 4 reduziert. Zusammen mit noch einem 2-Punkt-Lenker hat der Radträger jetzt nur noch einen Freiheitsgrad. Es handelt sich so um eine **2-Lenker-Aufhängung** (Abb. 14.32d). Diese Aufhängung kann nur als Hinterachse anwendet werden, weil hier kein Lenken des Rades möglich ist.

Schließlich gibt es noch als Hinterachse die **1-Lenker-Aufhängung**, bei der der Radträger über ein Drehgelenk direkt mit dem Aufbau verbunden wird (Abb. 14.33a).

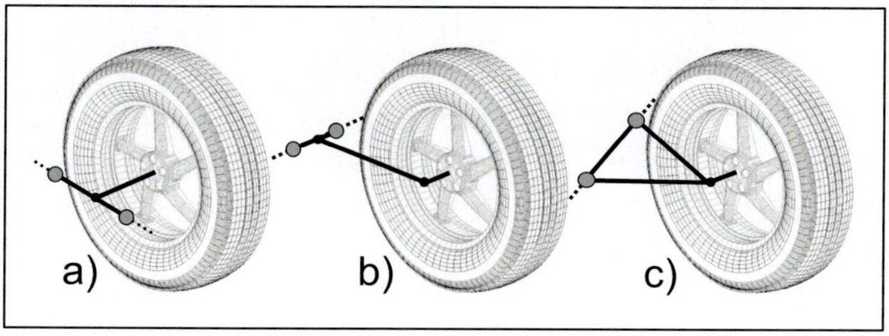

Abb. 14.33 Quer-, Längs- und Schräganordnung der Lenker (Varianten a, b und c)

Die Orientierung des Drehlagers gibt die Bahnkurve des mit einem rotatorischen Freiheitsgrad belassenen Radträgers beim Einfedern vor.

Eine weitere Gelenklagerart ist Drehschubgelenk, z. B. Dämpfer, deren Kolbenstange relativ zum Dämpfergehäuse dreh- und verschiebbar ist (◘ Abb. 14.31d).

Wenn das Dämpfergehäuse fest mit dem Radträger und die Kolbenstange über ein Kugelgelenk bzw. Gummilager mit dem Aufbau verbunden sind, werden 2 rotatorische Freiheitsgrade eliminiert. Dieses als **Dämpferbein-Aufhängung** bezeichnete Konzept benötigt 3 weitere 2-Punkt-Lenker, oder einen 3-Punkt und einen 2-Punkt-Lenker, um auf den einen Freiheitsgrad zu kommen.

Sind die Aufbaufeder platzsparend um den Dämpfer angeordnet, spricht man von **Federbein-Aufhängung** mit zwei 2-Punkt-Lenkern oder nur einem 3-Punkt-Lenker auf der unteren Ebene zuzüglich der Spurstangenlenker (s. ◘ Abb. 14.88, 14.90, und 14.91).

Es gibt auch andere Lenker- und Gelenkarten (z. B. Kugelflächengelenk). Diese ermöglichen weitere Aufhängungsvarianten ohne praktische Anwendungen [2].

Die Systematik für die Einzelradaufhängung wird neben Lenkerart und -anzahl um zwei weitere Aspekte erweitert und damit abgeschlossen: Orientierung bzw. Schnittpunkt der Lenker und die Lage der Lenker.

Die Orientierung der Lenker kann quer, längs oder schräg zur Fahrtrichtung sein (◘ Abb. 14.33). Dementsprechend können sie dann die Kräfte in Quer-, Längs- oder in beiden Richtungen übertragen. Dieses ist für die Kinematik sehr wichtig, weil eine Radaufhängung sich prinzipiell in Querrichtung möglichst steif und in Längsrichtung möglichst weich verhalten soll.

Die Schnittpunkte der Lenker einer Aufhängung (in Längs- und Querrichtung) bestimmen die grundsätzliche Art der kinematischen Kette. Danach lassen sich die kinematischen Ketten als ebene, sphärische oder räumliche kinematische Kette bezeichnen (◘ Abb. 14.34) [2]. Eine ebene Anordnung liegt vor, wenn die Drehachsen (Verbindungslinie der Gummilager) parallel zueinander laufen und dadurch auch die Momentanachse der Radträger parallel zu den Achsen verläuft. Das Rad bewegt sich um diese Achse und führt eine ausschließlich *„ebene Bewegung“* aus. Die Momentanachse verschiebt sich immer parallel zu der Linie *m*.

Wenn die Drehachsen der unteren Lenker nicht parallel sind, sondern sich in einem Punkt schneiden, dann bleibt dieser Punkt beim Ein- und Ausfedern immer ortsfest. Alle Punkte des Radträgers üben eine *„sphärische Bewegung“* um diesen Zentralpunkt aus. Im Gegensatz zur ebenen Bewegung verschiebt sich hier die Momentanachse

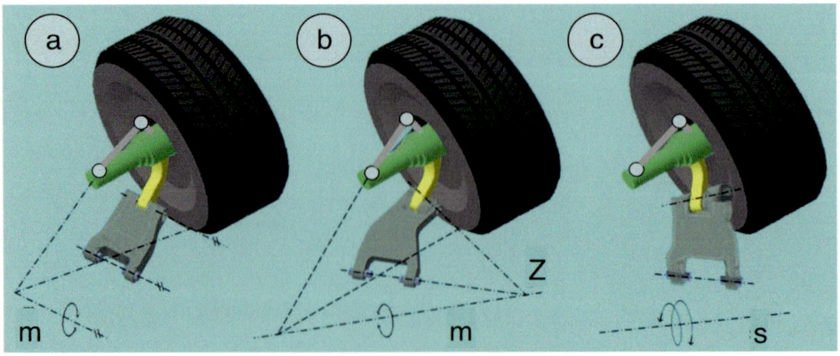

◘ **Abb. 14.34** Ebene, sphärische, räumliche Einzelradaufhängungen an einer Hinterachse mit Trapezlenker [2]

nicht parallel, sondern pendelt um diesen Punkt.

Schneiden sich die Drehachsen nicht, dann führt der Radträger im Raum eine Bewegung aus, die durch überlagerte Momentandrehungen um beide Drehachsen bei gleichzeitiger Kugelbewegung um den fahrzeugseitigen Anlenkpunkt des Stablenkers gekennzeichnet ist.

Diese Bewegung lässt sich auf eine Momentanschraubung um die Schraubachse s zurückführen. Der Radträger vollzieht eine *„räumliche Bewegung"*.

Die kinematische Optimierungsfreiheit ist bei der ebenen Aufhängung eingeschränkt, weil die Raderhebung durch Bestimmung der Momentanachse mit drei Parametern eindeutig festliegt. Bei der sphärischen Aufhängung hat man einen vierten frei wählbaren Paramcter. Erst bei einer räumlichen Aufhängung kommt der fünfte Parameter hinzu. So lässt sich bei der Auslegung der Kinematik die fünf wichtigsten Kenngrößen (Wankpol, Stützwinkel, Schrägfederungswinkel, Vorspuränderung und Sturzänderung) unabhängig voneinander frei bestimmen.

Schließlich unterscheidet man als Klassifizierungsmerkmal auch noch zwischen den unteren und oberen Lenkerebenen (◘ Abb. 14.35).

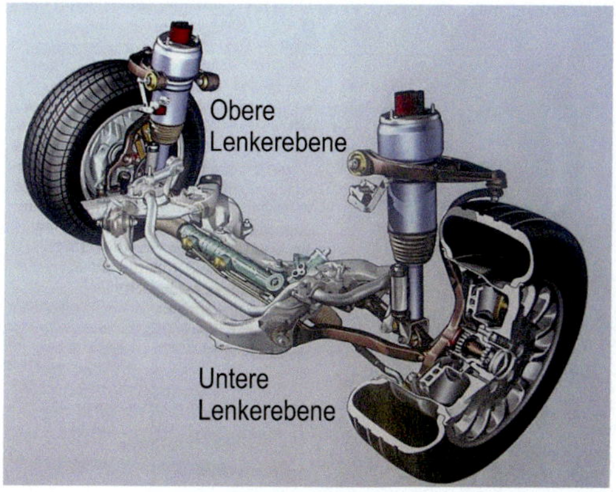

◘ **Abb. 14.35** Obere und untere Lenkerebenen

14.4.2 Eigenschaften der Einzelradaufhängungen

Der Anteil der Einzelradaufhängung an den neuen Pkw-Modellen erreicht weit über 90 %. Der Grund liegt in dessen folgenden wesentlichen Vorteilen:

- geringe ungefederte Masse,
- keine gegenseitige Beeinflussung der Räder bei Wechselbelastungen,
- große kinematische und elastokinematische Auslegungsfreiheiten,
- besseres Lenkgefühl, Kurs- und Kurvenstabilität,
- gleiche Stoßdämpferwirkung sowohl beim parallelen als auch einseitigen bzw. gegenseitigen Federn
- einfache Isolierung der Fahrbahnschwingungen von dem Aufbau,
- deutlich bessere Fahrverhalten und Fahrkomfort, besonders bei hohen Geschwindigkeiten.

Sie haben jedoch auch einige Nachteile wie z. B.:

- geringe Verschränkung, niedrige Bodenfreiheit,
- Sturz-, Spur-, Spurweitenänderungen beim Federn,
- Belastungsausgleichswirkung der Räder in Kurvenfahrt nur über Stabilisator möglich,
- nicht so robust wie die Starrachsen,
- und sind in der Regel teurer als die Starrachsen.

14.4.3 Einzelradaufhängungen mit einem Lenker

Die einfachste Einzelradaufhängung entsteht, wenn der Radträger nur mittels eines einzigen Lenkers mit dem Aufbau verbunden wird. Der Lenker ist dann gleichseitig auch der Radträger. Er muss außerdem zum Aufbau hin eine stabile Drehlagerung in Form eines Gummilagers aufweisen.

Je nach der Ausrichtung der Lenkerdrehachse heißen sie dann a) Längslenker-, b) Schräglenker- oder c) Quer-bzw. Pendellenker-Einzelradaufhängung (◘ Abb. 14.36).

Da sowohl Längs- als auch Querkräfte von diesem Lenker aufgenommen werden müssen, muss er möglichst groß und steif gestaltet sein. Zusätzlich sind zwei weit genug voneinander entfernte Gummilager mit gleicher Drehachse notwendig, um die im Lenker entstehenden Drehmomente mit möglichst kleinen Kräften in den Aufbau einzuleiten. In dieser Hinsicht ist die Schräglenkerachse den Längs- oder Querlenkerachsen überlegen.

Einzelradaufhängungen mit einem Lenker kommen heute vereinzelt nur an den Hinterachsen zum Einsatz.

Die Pendellenkeraufhängung mit nur einem Querlenker (◘ Abb. 14.36c) hat gar keine Bedeutung mehr, weil die Spur-/Sturzänderungen beim Ein- und Ausfedern zu groß sind. Die ständigen Spurweitenänderungen beim Ein- und Ausfedern des Rads führen zu dynamischen Schräglauf und damit unerwünschten Seitenkräften. Außerdem lässt sich der Nickpol nicht frei festlegen.

14.4.3.1 Längslenker-Einzelradaufhängungen

Die Längslenkeraufhängungen (Trailing Arm Suspension) haben nur einen Längslenker, der sowohl Längs- als auch Querkräfte aufnimmt und den Radträger um die quer liegende Drehachse schwingen lässt. Die Drehachse liegt genau quer unter dem Aufbaubodenblech. Die Lenker sind in Längsrichtung mit dem Aufbau elastisch gelagert, um der Achse gute Längsfederungs- und damit gute Komforteigenschaften zu verleihen. An der Hinterachse ist es ein ziehender und sehr selten an der Vorderachse ein schiebender Lenker. Der Name Trailing Arm bezieht sich auf den ziehenden Lenker der Hinterachse.

Der Längslenker der Hinterachse wird beim Bremsen auf Zug und beim Beschleunigen auf Druck sowie beim Auftreten der Querkräfte auch auf Biegung bzw. Torsion belastet. Um die Änderungen an Spur, Sturz usw. gering zu halten, muss der Längslenker möglichst parallel zur Fahrbahn liegen und steif gestaltet sein. Dadurch wird er aber schwer und teuer.

Ein Vorteil der Längslenkeraufhängung ist der schmale Aufbau, der einen tiefen und breiten Kofferraum ermöglicht und viel Freiraum für Tank, Reserverad übrig lässt.

Durch Variation des Lagerpunktes der Längslenker im Abstand und in der Höhe wird die Kinematik optimiert. Dieser Punkt ist der Nickpol der Achse. Mit der Lenkerlänge und der Anordnung der Feder auf dem Lenker lässt sich die Progressivität der Federung beeinflussen.

Nachteilig sind der auf Fahrbahnhöhe liegende Momentanpol und die größeren Sturzwinkel der Räder während der Kurvenfahrt.

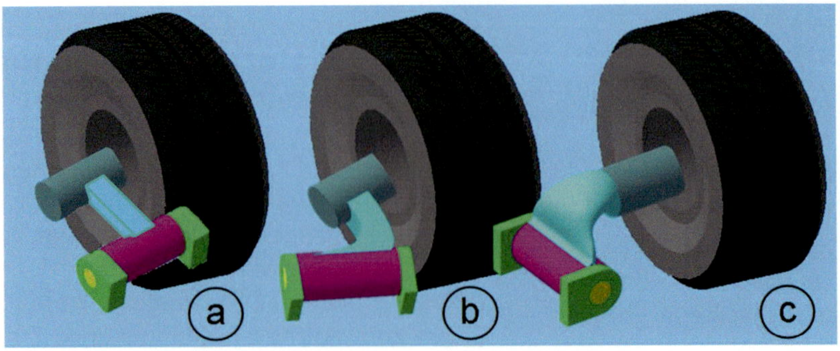

◘ **Abb. 14.36** Einzelradaufhängung mit einem Lenker a)Längslenker, b)Schräglenker, c) Querlenker

Bei der Ein- und Ausfederung beanspruchen die sich ändernden Hochkräfte die Längslenker unterschiedlich stark auf Torsion und entsprechend ändern sich die Sturzwinkel.

Aufgrund der Elastizitäten in der Lagerung geht das kurvenäußere Rad unter der Einwirkung der Querkraft in Nachspur und das Fahrzeug tendiert zum Übersteuern, was unerwünscht ist.

Der Längslenker kann mit Gummilager am Radträger befestigt werden oder aber über ein Scharniergelenk drehbar gelagert sein.

Es ist auch häufig der Fall, dass die beiden Längslenker mit einem Torsionsstab miteinander verbunden werden, um eine Stabilisatorwirkung zu erzielen.

Ein Beispiel dafür ist die Hinterachse der ersten Mercedes A-Klasse, Bj. 1997 (Abb. 14.37), die bei der Neuauflage in 2004 durch eine Deichselachse (s. Abb. 14.17) ersetzt wurde. Die neue A-Klasse hat wiederum, wie bei seinem Segment üblich, eine Verbundlenkerachse.

Die Vorteile der Längslenkeraufhängung sind:

- einfacher Aufbau, nur zwei Lenker,
- geringer Raumbedarf, viel Platz für Kofferraum,
- günstige Auswirkung auf den Nickpol,
- voneinander unabhängige Radmassen.

Die Nachteile dagegen sind (Abb. 14.38):

- geringe Quersteifigkeit,
- ohne Maßnahmen übersteuernd bei Seitenkraft,
- geringe Rollsteifigkeit ohne Stabilisator (wegen den auf der Fahrbahnhöhe liegenden Wankpol),
- eingeschränkte Schwingungsisolation zum Aufbau,
- große Sturzänderungen währen der Kurvenfahrt.

14.4.3.2 Schräglenker-Einzelradaufhängungen

Die Längs- und Querkräfte können durch einen einzigen Lenker am besten aufgefangen werden, wenn der Lenker schräg angeordnet ist (*Semi Trailing Arm Suspension*) und aufbauseitig zwei Lagerstellen mit großem Abstand aufweist. Damit wird ein guter Kompromiss zwischen Längslenker- und Pendellenkeraufhängungen erreicht, der die technischen Vorteile der beiden Konzepte besitzt, ohne große Nachteile zu haben. Die Schräglenkeraufhängungen wurden meist ab der Mittelklasse vorgesehen; Abb. 14.39 zeigt die Opel Omega Schräglenker Hinterachse mit je einem zusätzlichen querliegender Hilfslenker (gelb) zur besseren Seitenkraftabstützung der Querkräfte.

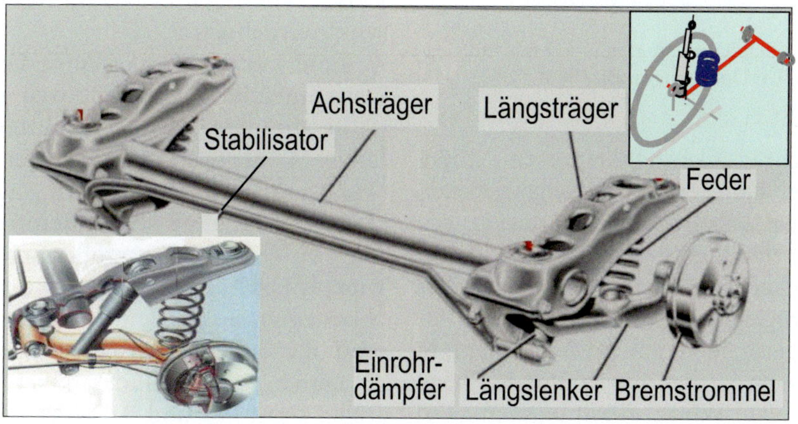

Abb. 14.37 Längslenkeraufhängung (*Trailing Arm Suspension*) (HA: MB A-Klasse, Bj. 1997)

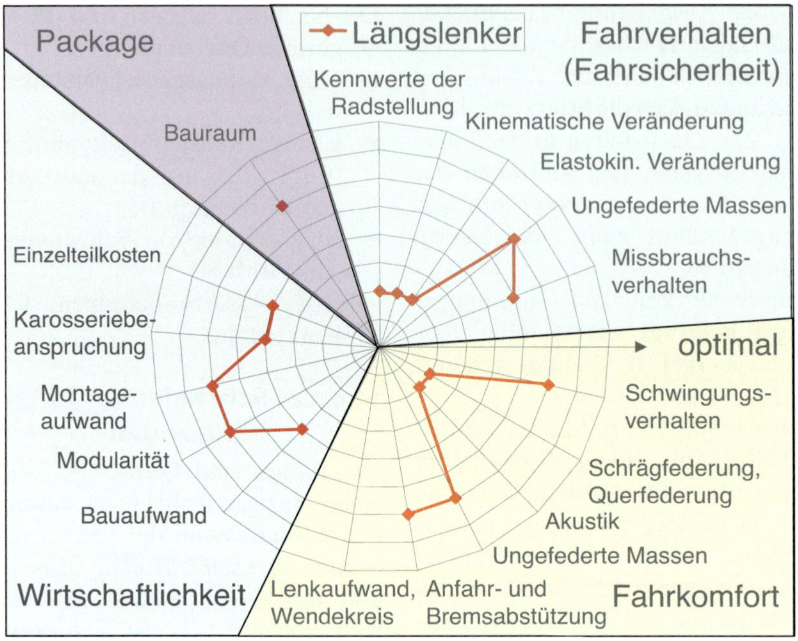

Abb. 14.38 Eigenschaftsprofil der Längslenkeraufhängung [3]

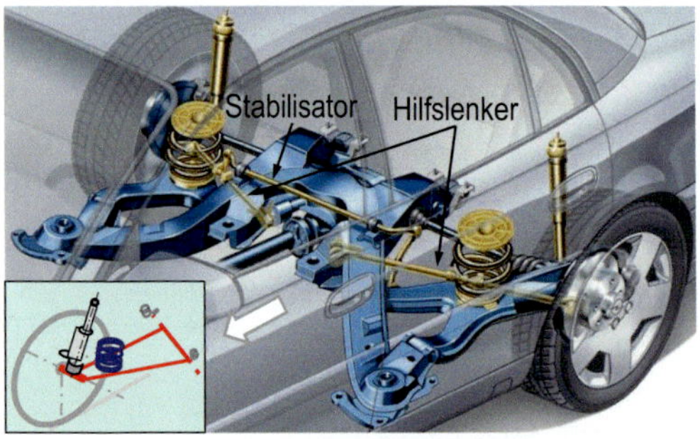

Abb. 14.39 Schräglenkeraufhängung mit Stützlenkern in Gelb (HA: Opel Omega, Bj. 1986)

Die Schräglenkeraufhängungen findet man oft bei Fahrzeugen mit angetriebenen Hinterachsen und größeren Achslasten, wie z. B. beim ersten VW Sharan (Abb. 14.40).

Die Drehachse des am Radträger befestigten Schräglenkers (Verbindungslinie der beiden Lagerungen zum Aufbau) liegt in der Draufsicht in der horizontalen Ebene in einem großen Winkel (Pfeilungswinkel α) von 10–25° und in der Quersicht in einem deutlich kleinerem Winkel (Dachwinkel β) von weniger als 5° zur Fahrzeugquerachse (Abb. 14.41).

Durch Anpassung von Pfeilungswinkel α und Dachwinkel β lassen sich die gewünschten kinematischen Eigenschaften einstellen [7].

Ein Vergrößern des Pfeilungswinkels bewirkt ein Ansteigen des Wankzentrums, das jedoch durch den Dachwinkel wieder abgesenkt werden kann.

Eine kürzere Lenkerlänge lässt nur einen eingeschränkten Federweg zu, erlaubt dafür aber ein höheres Wankzentrum. Ein langer Lenker ergibt ein tiefer liegendes Wankzentrum und eine geringere Spurweitenänderung. Eine Verkleinerung des Pfeilungswinkels oder Vergrößerung des Dachwinkels bewirkt eine günstigere Bremsnickabstützung. Je größer der Pfeilungswinkel wird, umso kleiner wird die Sturzänderung.

Durch den Pfeilungswinkel gehen die Räder beim Ein und Ausfedern geringfügig in Vorspur. Der Dachwinkel wird negativ

14

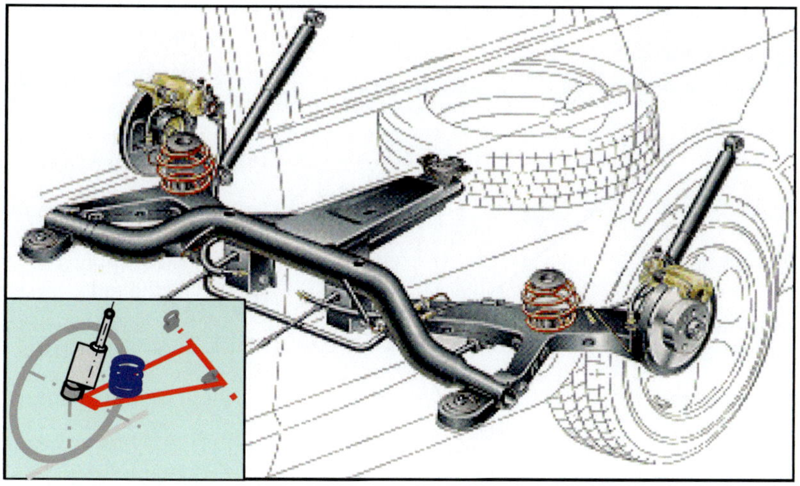

Abb. 14.40 Schräglenkeraufhängung (HA: VW Sharan, Bj. 1995)

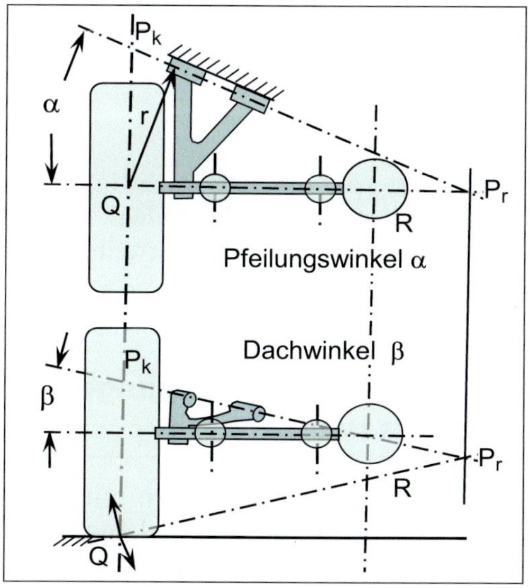

Abb. 14.41 Kinematik der Schräglenkeraufhängung

ausgelegt, um ein Wankuntersteuern durch eine Zunahme der Vorspur am kurvenäußeren Rad zu erreichen. Abb. 14.42 zeigt das Eigenschaftsprofil.

Die Vorteile der Schräglenkeraufhängung sind:

- guter Kompromiss aus Längslenker- und Pendelachsen, einfache Konstruktion,
- Optimierungspotenzial durch freie Auslegung des Pfeilungs- und Dachwinkels,
- Optimierungspotential durch Variation der Steifigkeiten der vier Gummilager,
- Flache Bauweise, raumsparend, großer Freiraum zwischen den Rädern.

Die Nachteile dagegen sind:

- Kurvenäußere Rad geht in der Kurve in Nachspur,
- Sturzänderungen bei der Einfederung,
- unabhängige Auslegung der Sturz- und Vorspurkinematik nicht möglich,
- steife Lenker und Anlenkpunkte notwendig,
- großer Abstand der Lenkerlager notwendig,
- guter Komfort nur mit Achsträger erreichbar.

14.4.3.3 Schraublenker-Einzelradaufhängungen

Der Schräglenker ist eine ebene Aufhängung und die kinematische Auslegungsfrei-

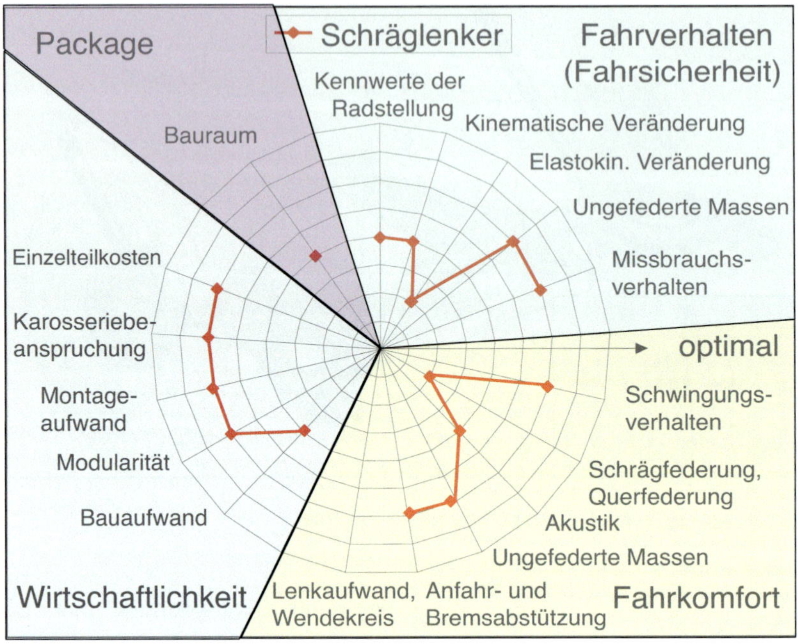

Abb. 14.42 Eigenschaftsprofil der Schräglenkeraufhängung [3]

heit noch eingeschränkt. Wird er nun entlang der Drehachse vom Radhub abhängig verschiebbar gestaltet, indem ein Zusatzgelenk als Hilfslenker unter dem äußeren Arm angebracht wird, entsteht ein räumlicher Mechanismus (Abb. 14.43). Durch die Festlegung der Länge und des Winkels des Hilfslenkers können weitere Parameter beeinflusst werden (wie beim 5er BMW, Bj. 1981).Diese Aufhängung mit einem Pfeilungswinkel von 20° und Dachwinkel von 13° hat einen günstig liegenden Nickpol und geringe Sturz- und Spurweitenänderungen.

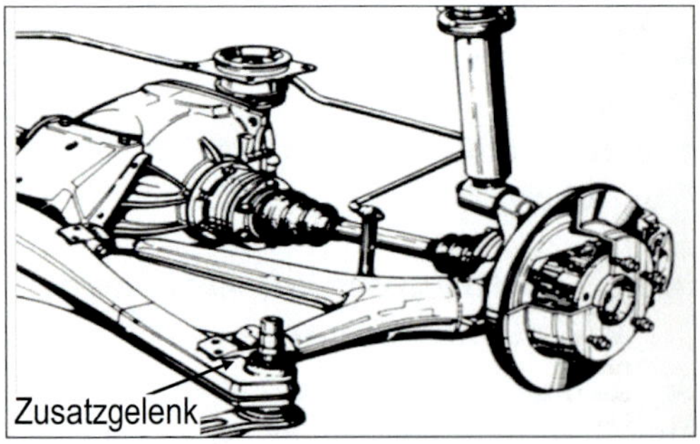

Abb. 14.43 Schraublenkerachse (HA 5er BMW, Bj.1981)

14

14.4.4 Einzelradaufhängungen mit zwei Lenkern

Im Vergleich zu Aufhängungen mit einem Lenker ist es günstiger, die Längs- und Querkräfte mit zwei Lenkern, die winkelig zueinander angeordnet sind, aufzunehmen. Bestes Beispiel dafür sind die Pendelachsen, die dann durch einen zusätzlichen Längslenker abgestützt werden, welche alle Längskräfte aufnehmen.

14.4.4.1 Quer-Längs-Pendelachsen

Pendelachsen (Swing Axle) können auch als in der Mitte durchgesägte Starrachsen beschrieben werden [2]. Die beiden Querlenker sind fast in der Achsmitte pendelnd (am Hinterachsgetriebe) gelagert und

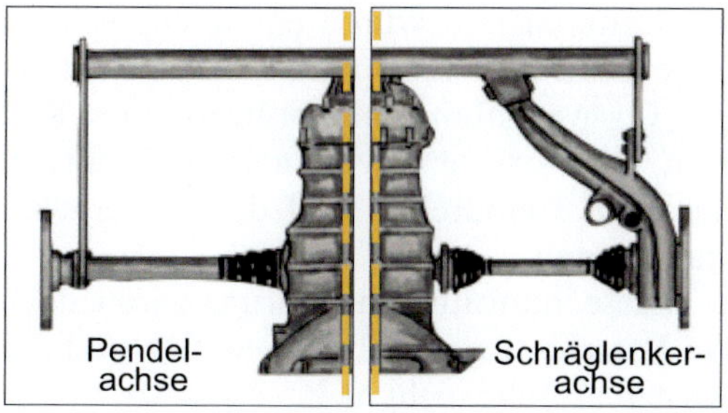

Abb. 14.44 Pendelachse VW Käfer (links), Bj. 1948, Schräglenkerachse VW Transporter (rechts), Bj. 1979

führen die Seitenwellen mit dem Vorteil, dass diese nicht verschiebbar gestaltet werden müssen und daher mit einfachen Kardangelenken statt mit aufwendigen, homokinetischen Gelenken ausgestattet werden können (Abb. 14.44). Zwei Längslenker übernehmen die Längsführung (Mercedes 220, Bj. 1959, VW Käfer, Rover 2000, Bj. 1963).

Obwohl es ein einfaches und kostengünstiges Konzept für angetriebene Hinterachsen ist, setzt man Pendelachsen heute nicht mehr ein. Die sehr starken Sturzänderungen beim Ein- und Ausfedern lassen kein akzeptables Kurven- und Komfortverhalten zu und führen durch große Spurweitenänderungen zu erhöhtem Reifenverschleiß. Ein weiterer Nachteil entsteht durch die in der Kurve entstehende Seitenführungskraft am kurvenäußeren Rad. Sie versucht den Aufbau anzuheben und reduziert durch großen positiven Sturz die maximal übertragbare Seitenkraft am Reifenlatsch [4]. Bei hohen Querkräften kann dabei durch Aushebeln des Hinterwagens das kurvenäußere Rad einklappen (Jacking Force).

Das rechte Bild im Abb. 14.44 verdeutlicht den gezwungenen Übergang von Pendel- zur Schräglenkeraufhängung, die deutlich besseren Eigenschaften aufweist.

14.4.4.2 Trapezlenker mit einem Querlenker

Eine Radaufhängung mit einem Trapezlenker und einem in der oberen Ebene angebrachten Querlenker bildet die Hinterachse des Audi 100 Quattro (Abb. 14.45). Der 2-Punkt-Querlenker kontrolliert den Sturzwinkel. Der sehr breit gelagerte Trapezlenker nimmt das beim Bremsen bzw. beim Anfahren entstehende Drehmoment als auch alle Längskräfte auf. Die Spuränderungen werden durch die sehr langen Lagerabstände am Radträger (295 mm) und Aufbau (750 mm) minimiert.

Abb. 14.45 Trapezlenkeraufhängung (HA: Audi 100 Quattro, Bj. 1984)

Diese Anordnung bietet einen sehr flachen, raumsparenden Einbau, die für die Hinterachsen sehr wichtig ist [8].

14.4.4.3 Trapezlenker mit einem flexiblen Querlenker (Porsche Weissachachse)

Eine Radaufhängung mit einem Trapezlenker und einem Querlenker, dessen Drehachsen sich am Aufbau an einem Punkt schneiden, gehört zur sphärischen Aufhängung (◘ Abb. 14.46).

Der biegsame 2-Punkt-Querlenker (2) kontrolliert den Sturzwinkel. Die Elastokinematik wird durch einen als Viergelenkgetriebe gestalteten Trapezlenker (L) bestritten. Sein vorderes, der Längsfederung dienendes Lager ist eine Steuerschwinge (1), die durch ein Gummilager (g1) am Fahrgestell und ein Lager mit harten Federraten (g3) am Trapezlenker befestigt ist, und dafür sorgt, dass das Rad beim Bremsen oder Lastwechsel in Vorspur geht [12]

Anders ausgedrückt sind Gummilager am vorderen Aufhängungspunkt weicher und lassen sich stärker komprimieren als am hinteren und würde eine entsprechend angepasste Achskinematik diesen Effekt bei der Gaswegnahme unterstützen: Das Rad geht in „Vorspur", wird also in Richtung der Kurve eindrehen und die Hinterachse stabilisieren.

Diese innovative Ausführung wird jedoch bei Porsche wegen hohen Gewichts und der Kosten ab 1995 nicht mehr eingesetzt.

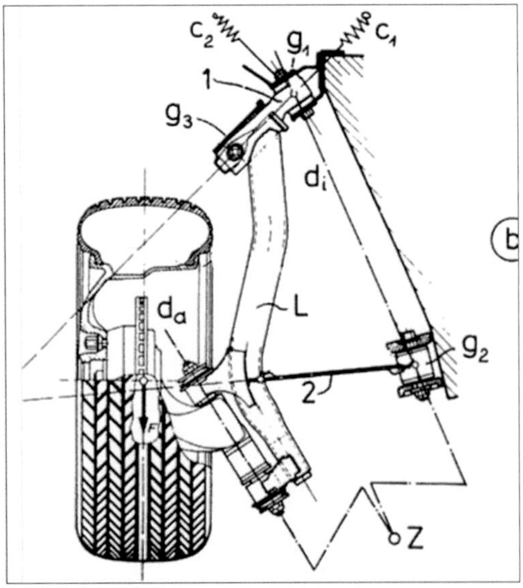

◘ **Abb. 14.46** Trapezlenkeraufhängung (Weissach – HA: Porsche 928, Bj. 1977) [8]

14.4.5 Einzelradaufhängungen mit drei Lenkern

Je mehr Lenker eine Aufhängung hat, desto mehr kinematisches Auslegungspotenzial bietet sie an. Wenn jedoch mehrere Lenker den Radträger führen, können sie nicht mehr starr, sondern nur über Dreh- oder Kugelgelenke mit ihm verbunden werden. Sonst wird die Kinematik überbestimmt. Auch die Drehachse des Einzellenkers am Aufbau muss drei Drehfreiheiten erhalten (meist durch Gummilager). Der Radträger bildet das Koppelglied und Aufbau bzw. Achsträger können als das Festglied der kinematischen Kette betrachtet werden.

14.4.5.1 Längslenker mit zwei Querlenkern

Die Nachteile der Längslenker in Bezug auf die Quersteifigkeit und Elastokinematik lassen sich vermeiden, wenn zwei zusätzliche Querlenker hinzugefügt werden (Dreilenkeraufhängung). Durch die fehlender Radträger entstehende Überbestimmung der kinematischen Kette zu verhindern, werden die Lenker mit entsprechenden Gummilagersteifigkeiten versehen [6].

Die beiden oben und unten angeordneten Querlenker übernehmen die Querkräfte und gleichzeitig ermöglichen sie die freie Auslegung der Sturzänderung. Die wegen des Querlenkereinsatzes sehr weich auslegbaren Gummilager der Längslenker ermöglichen gute Längselastizität und Schwingungsisolation und verbessern den

Fahrkomfort. Das Federbein als Feder/Dämpfer wird direkt am Radträger angelenkt (■ Abb. 14.47).

Die Nachteile dieser Anordnung sind die erhöhten Kosten, eingeschränkter Bauraum zwischen den Rädern wegen den Querlenker und die notwendigen vier (3 Lenker und Federbein) Anbindungspunkte zum Aufbau (Achsträger ist notwendig).

14.4.5.2 Längslenker mit zwei Schräglenkern (Zentrallenker-Einzelradaufhängung)

Eine spezielle Form der Längslenker mit zwei Querlenkern ist die „Zentrallenkerachse" (■ Abb. 14.48). Die zwei Querlenker, die die Querkräfte aufnehmen, haben Drehachsen, die durch den Anlenkpunkt des Zentrallenkers am Aufbau laufen. Es ergibt sich eine sphärische Einzelradaufhängung (3er BMW, Bj. 1990). Das Verhältnis der Lenkerlängen zum Querpolabstand bestimmt die Relativbewegung zwischen der Radachse und der Momentanachse, welche für das Eigenlenkverhalten maßgebend ist.

Die elastokinematische Auslegung des elastischen Verhaltens unter Seiten- und Längskräften, wird über die räumliche Anstellung der Hauptachsen und der Hauptfederraten des großvolumigen Gummilagers im Längslenker unter Berücksichtigung der Grundrisspfeilung bestimmt [2].

Die Zentrallenker-Hinterachse mit zwei 2-Punkt-Querlenkern und einem Längslenker (■ Abb. 14.49) wurde auch für die BMW Mini Hinterachse und von Fiat für die Doblo Modelle (ab Bj. 2002) übernommen.

14.4.5.3 Doppelquerlenkeraufhängungen

Wenn der Radträger nur mit quer liegenden Lenkern aufgehängt wird, muss ein Lenker oberhalb und der andere unterhalb der Radmitte angeordnet sein, um alle Kräfte und Momente abstützen zu können (■ Abb. 14.50). Zusätzlich wird ein Spurlenker benötigt, um die Spur des Rades zu justieren bzw. das Rad zu lenken.

Diese Aufhängung heißt *„DQL"* Doppelquerlenkeraufhängung *(in England als Double Wishbone Suspension oder in der USA als SLA Short Long Arm)* bezeichnet.

Sie wird bevorzugt bei Oberklassen Limousinen, SUVs und Sportfahrzeugen vorne und hinten verwendet.

Durch die doppelte Anbindung der 3-Punkt-Lenker am Aufbau, können die Querlenker neben den Querkräften auch die Längskräfte weiterleiten. Die Lenker haben radträgerseitig Kugelgelenke und aufbauseitig Gummilager, die relativ steif

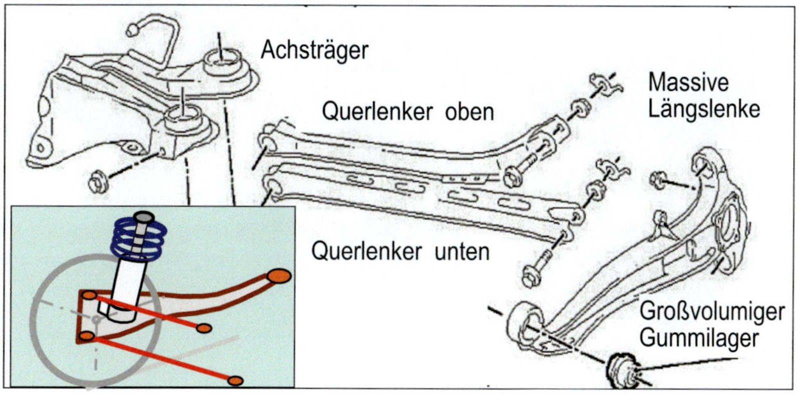

■ **Abb. 14.47** Längslenkeraufhängung mit großvolumigen und weichem Gummilager geführt durch zwei zusätzlichen Querlenker (HA, Vectra B, Bj. 1999)

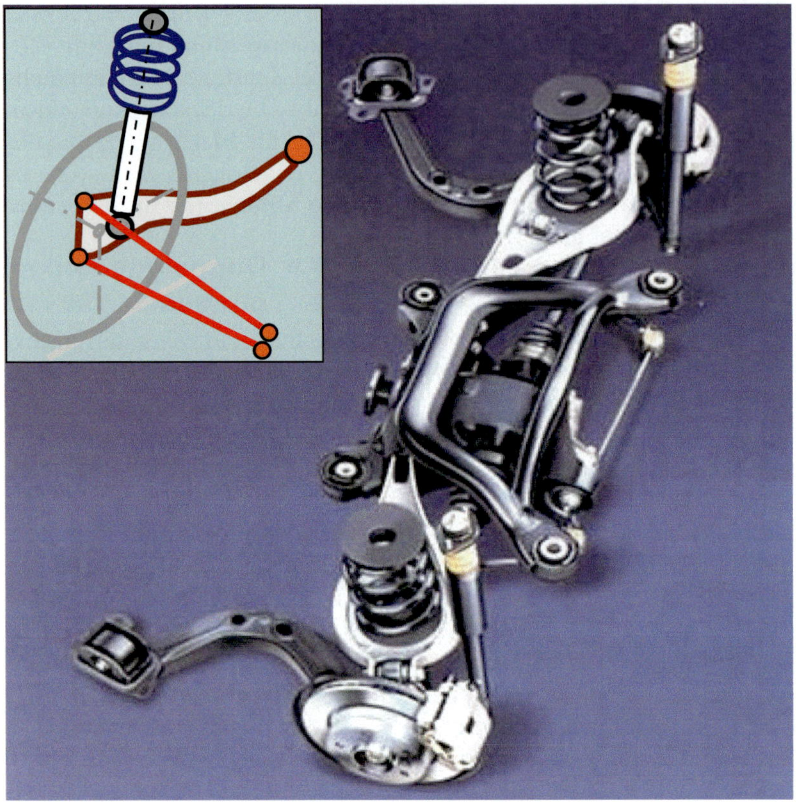

Abb. 14.48 Zentrallenkeraufhängung (HA: 3er BMW, Bj. 1990 und Bj. 1998)

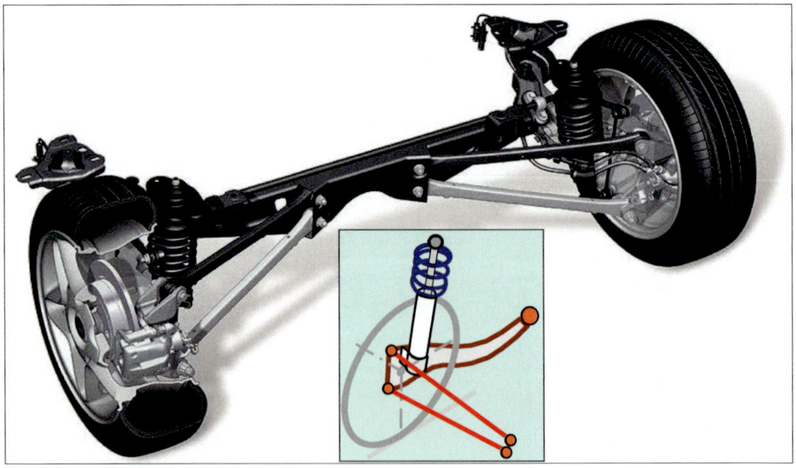

Abb. 14.49 Zentrallenkeraufhängung (HA: BMW Mini, Bj. 2000)

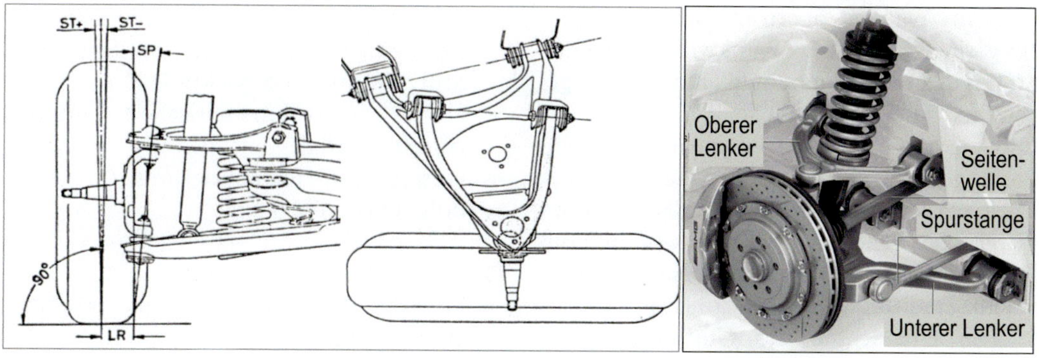

Abb. 14.50 Doppelquerlenkeraufhängung (DQL)

sind, um die Kräfte aufnehmen zu können. Der Fahrkomfort wird häufig durch einen zwischen Aufhängung und Aufbau angeordneten Achsträger verbessert, der mit großvolumigen und weichen Gummilagern am Aufbau befestigt wird. Zudem verringern sich die Aufbaubelastungen und die Toleranzen der Kinematik können gering gehalten werden.

Die Doppelquerlenker-Kinematik lässt sich durch Änderung der acht frei wählbaren Anbindungspunkte (Hardpoints) beider Querlenker und des Spurlenkers großzügig optimieren. Die Verbindung der Mittelpunkte der beiden Kugelgelenke am Radträger bildet die Lenkachse. Der Schnittpunkt der Verbindung Kugelgelenk–Gummilager beider Arme auf der Querebene bildet den Querpol (Wankpol). Der Schnittpunkt (wenn diese sich nicht schneiden, der Punkt des kürzesten Abstands) der Gummilagerdrehachsen beider Arme in der Längsebene bestimmt den Längspol (Nickpol). Die Lage der Lenkachse, des Wank- und Nickpols lassen sich in einem großen Bereich variieren (Abb. 14.51).

Zweckmäßig ist es, wenn die oberen Lenker kürzer sind als die unteren (daher stammt auch die amerikanische Bezeichnung SLA, *Short Long Arm*).

In diesem Fall sind die Änderungen an Spur und Spurweite geringer. Der kurze obere Lenker zieht außerdem in der Kurve

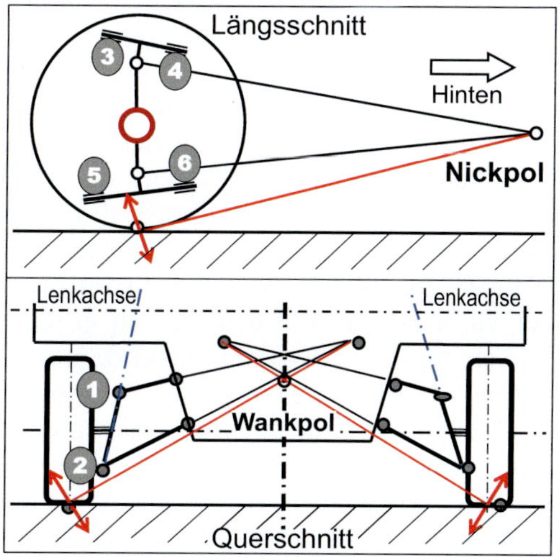

Abb. 14.51 Kinematikpunkte der Doppelquerlenkeraufhängung mit Wank- und Nickpol

das einfedernde kurvenäußere Rad zu negativem Sturz und vergrößert damit die Reifenlatschfläche und erhöht die Querkraftabstützung. Außerdem ist es räumlich günstiger, wenn die oberen Lenker nicht zu sehr in den Motor- oder Kofferraum eindringen.

Die Lage des Wankzentrums wird durch die Stellung der Querlenker bestimmt und liegt meistens unter der Achsmittellinie, um die Änderungen der Spurbreite klein zu halten. Der untere Lenker liegt fast horizontal, der obere, kürzere Lenker wird etwas schräg nach unten gestellt.

Beim Wanken überträgt sich damit nur ein geringer Anteil des Wankwinkels auf den Sturzwinkel des kurvenäußeren Rades gegenüber der Fahrbahn. So bleibt die Querführung der Achse weitgehend unbeeinflusst von Wankbewegungen des Aufbaus. Die Lenkachsenquerneigung ändert sich auf die gleiche Weise wie der Sturz, wodurch das Rückstellmoment des stärker belasteten kurvenäußeren Rades größer wird [13]

Die Drehachsen der Gummilager beider Arme werden schräg angeordnet, um die Brems- und Anfahrnickkräfte besser abzustützen. Da der Nickpol sich im Schnittpunkt der Verlängerung der Lagerachsen befindet, wird er durch deren Winkellage optimiert.

Werden die Drehachsen des oberen Lenkers nach hinten und die des unteren Lenkers nach vorne gekippt, liegt der Nickpol dicht hinter der Achse. Während des Einfederns vergrößert sich dadurch die Lenkachsenlängsneigung und es entsteht ein größerer Nachlauf, der den Geradeauslauf verbessert und in den Kurven größere Rückstellkräfte in der Lenkung aufbaut.

Die Feder- und Dämpferkräfte werden meist direkt auf die unteren Lenker oder sehr selten auf die oberen Lenker übertragen und verursachen große Biegemomente, die Gewicht und Kosten des Lenkers deutlich erhöhen.

14

Der Abstützpunkt sollte daher möglichst nahe am Radträger gewählt werden, um die Biegung und Feder-Dämpferkräfte klein und die Übersetzung groß zu halten. Statt einer Schraubenfeder kann auch eine Drehstabfeder eingesetzte werden (Mercedes GLE-Klasse W163 Bj, 1997. s. ◘ Abb. 9.11), was jedoch ebenfalls die Kosten erhöht und nur in Ausnahmefällen, z. B. bei Einbaueinschränkungen, infrage kommt.

Eine weitere Möglichkeit ist die Anwendung einer Querblattfeder (dann aber zeitgemäß aus Compositwerkstoffen wie in ◘ Abb. 9.69 und 9.71), die gleichzeitig die Funktion des Stabilisators übernimmt.

Die Vorteile der Doppelquerlenker sind:

- großes kinematisches Auslegungspotenzial; günstige Auswahl von Spur und Sturz, Wank- und Nickpolen,
- großes elastokinematische Optimierungspotential,
- geringe Spurweitenänderung,
- hohe Quersteifigkeit.

Die Nachteile dagegen sind:

- höhere Herstellungskosten, größerer Bauaufwand,
- großer Raumbedarf,
- hohe Längssteifigkeit (geringer Abrollkomfort),
- erhöhte Nebenfederraten durch die Querlager,
- resultierende hohe Kräfte an den Lagerpunkten machen einen Achsträger unverzichtbar.

◘ Abb. 14.52 zeigt das Eigenschaftsprofil der Doppelquerlenkeraufhängung.

Die Doppelquerlenkeraufhängungen lassen sich in zwei Varianten auslegen (◘ Abb. 14.53):

- **Kurze Lenkachse** (*Short Spindle*): Beide Kugelgelenke sind in der Felge, nahe zur Radmitte angeordnet. Der Abstand zwischen den Kugelgelenken ist kurz
- **Lange Lenkachse** (*Long Spindle*): Das obere Kugelgelenk befindet sich oberhalb des Reifens. Der Abstand zwischen den Kugelgelenken ist lang.

Die zweite Ausführung ist zwar aufwendiger, bietet aber zusätzliche Möglichkeiten, die Radkinematik weiter zu verbessern. Damit kann die Lenkachse ohne Kollisionsgefahr des Kugelgelenkes mit der Felge fast frei gewählt werden (geringe Störkrafthebelarm, Rollwinkel usw.). Außerdem werden durch deutlich erweiterte Wirkabstände zwischen den beiden äußeren Gelenken die Kräfte an den oberen 3-Punkt-Lenkern geringer. Zugleich können die oberen Querlenker weiter außen angeordnet werden, um mehr Platz für das Antriebsaggregat frei-

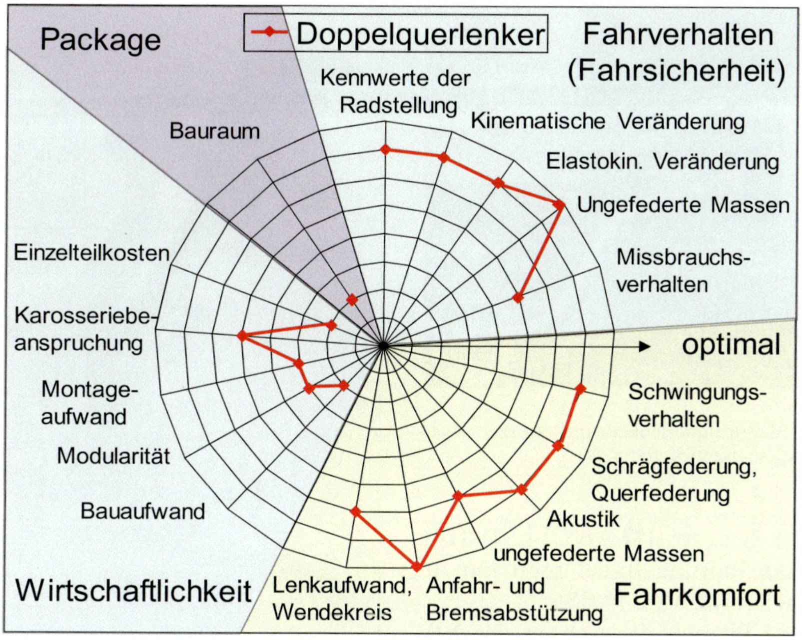

Abb. 14.52 Eigenschaftsprofil der Doppelquerlenkeraufhängung [3]

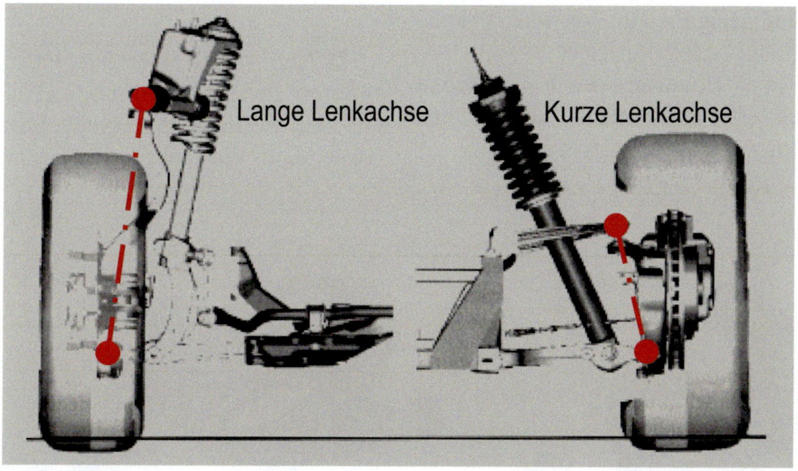

Abb. 14.53 Ausführungsvarianten der Doppelquerlenker (links lange Lenkachse, rechts kurze Lenkachse)

zumachen. Der große Wirkabstand erhöht auch die Radführungsgenauigkeit.

Die Nachteile sind jedoch mehr Gewicht, höhere Kosten des Radträgers und die Lagerung der oberen Lenker in der Karosserie statt auf dem Achsträger.

Die kurze Ausführung wird vorrangig für die Hinterachsen bevorzugt, weil hier die Lage der Lenkachse zweitrangig ist. An der Vorderachse ist diese Ausführung eher für die Pkws mit Front-Längs-Motoren (Platzbedarf) sowie für Sportautos (flache

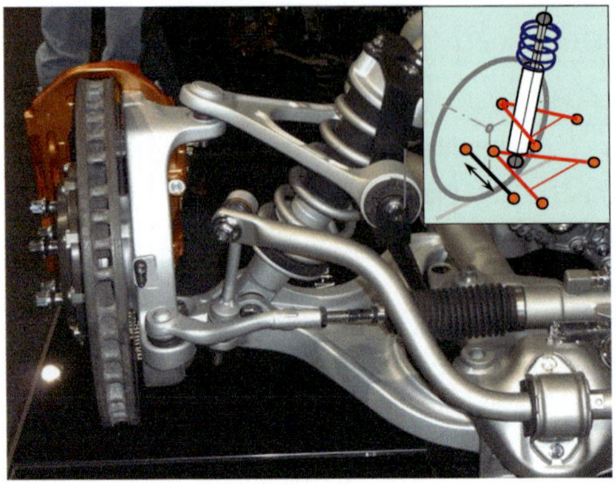

■ Abb. 14.54 Doppelquerlenker mit kurzer Lenkachse, (VA: Mercedes SLS, Bj. 2002)

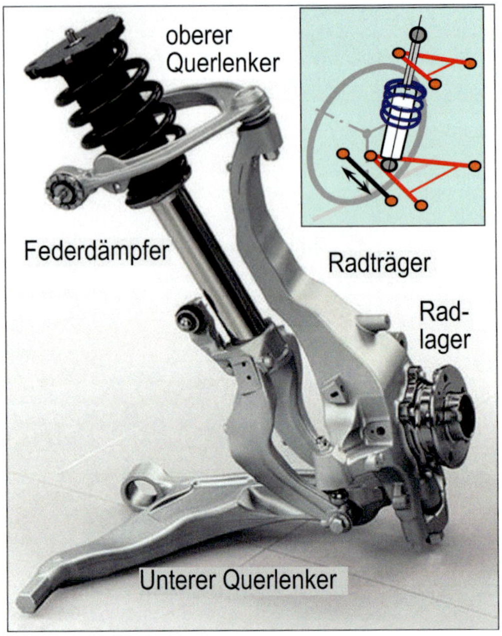

■ Abb. 14.55 Doppelquerlenkeraufhängung mit langer Lenkachse, Long Spindle (VA: VW Touareg, Bj. 2002)

Fronthaube) geeignet (■ Abb. 14.54) [14]. Die lange Ausführung findet man nur an der Vorderachse (■ Abb. 14.55).

■ Abb. 14.56 zeigt die Achsen des VW Touareg: Vorne Doppelquerlenker mit langer Lenkachse, hinten eine Mehrlenkeraufhängung. Diese Aufhängungskombination ist besonders geeignet für schwere Premiumfahrzeuge mit Allradantrieb.

■ Abb. 14.57 illustriert die Vorderachse von Citroen C5. Interessant hier ist der Radträgeraus Aluminium Guss.

■ Abb. 14.58 zeigt das Fahrwerk eines anderen Premiumfahrzeugs [15]. Die Achsen des Bentley Bentayga: Standesgemäß vorne eine Vierlenkeraufhängung mit lan-

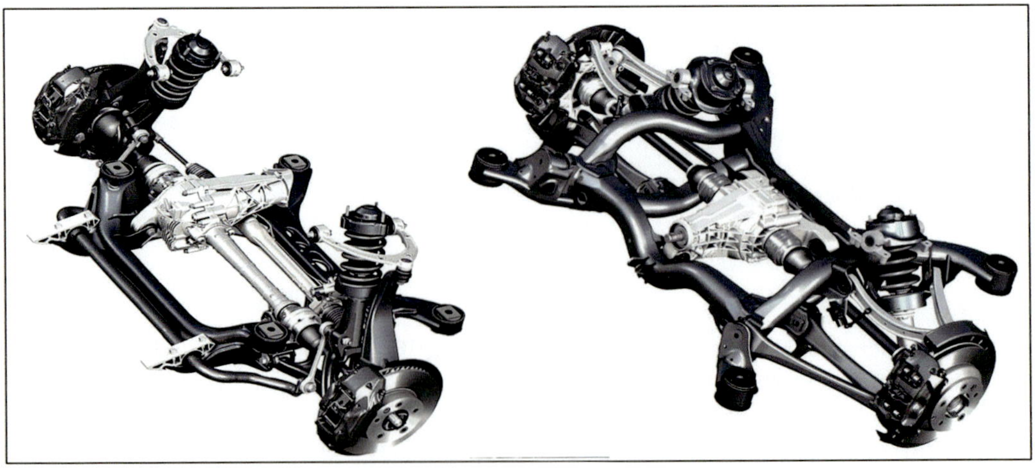

■ Abb. 14.56 Achsen der VW Touareg Links: DQL mit langer Lenkachse. Rechts: Vierlenkeraufhängung (VA& HA: VW Touareg, Bj. 2010)

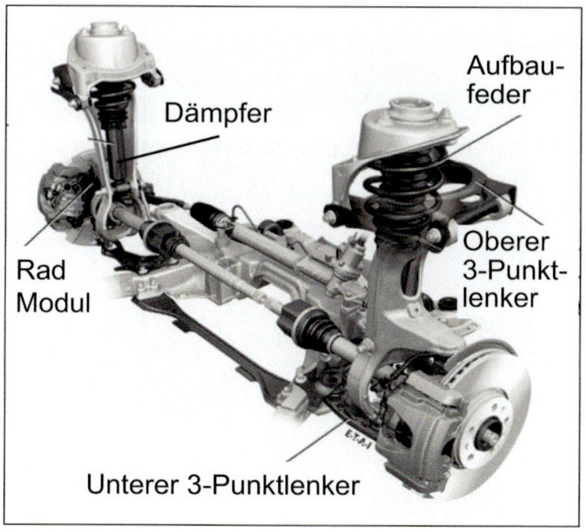

Abb. 14.57 DQL Vorderachse Citroen C5 Bj. 2008

ger Lenkachse, hinten eine Mehrlenkeraufhängung. Das Bild verdeutlicht die sehr kompakte Packaging des Antriebsaggregats und Fahrwerks.

14.4.6 Vierlenker – Einzelradaufhängungen der Hinterachse (Mehrlenker)

Die Aufhängung des Rades mit vier Lenkern ist möglich, wenn keine von diesen Lenkern fest (unmittelbar) am Radträger befestigt sind, d. h., jeder Lenker muss bewegliche Gelenkpunkte haben. Zweckmäßig ist es, wenn einer der Lenker längs angeordnet wird.

Die Längskräfte werden durch einen Längs- oder Schräglenker elastisch abgefangen (Längsnachgiebigkeit).Da die Längslenker der Hinterachse sehr geringe Querkräfte und Querwinkeländerungen haben, reicht es aus, wenn der Längslenker aus Blech zwar fest am Radträger befestigt ist, selbst jedoch eine gewisse Elastizität besitzt oder mit Gummilager am Aufbau gelagert wird.

Drei Querlenker dagegen fangen die Seitenkräfte vollständig ab und sorgen für eine hohe Quersteifigkeit.

Die Auflösung des oberen oder unteren Dreiecklenkers einer Doppelquerlenkerachse durch zwei Stablenker erzeugt am einfachsten eine Vierlenkeraufhängung.

Für die Mehrlenkerachsen ist es wegen vieler unterschiedlicher Ausführungen schwierig, ein eindeutiges Eigenschaftsprofil zu zeichnen. Dennoch wird versucht ein allgemeines Profil zu erstellen (**Abb. 14.59**) [3].

Die Vorteile der Mehrlenkeraufhängungen sind:

- großer Gestaltungsspielraum für die Auslegung der Raderhebungskurven und der Elastokinematik,

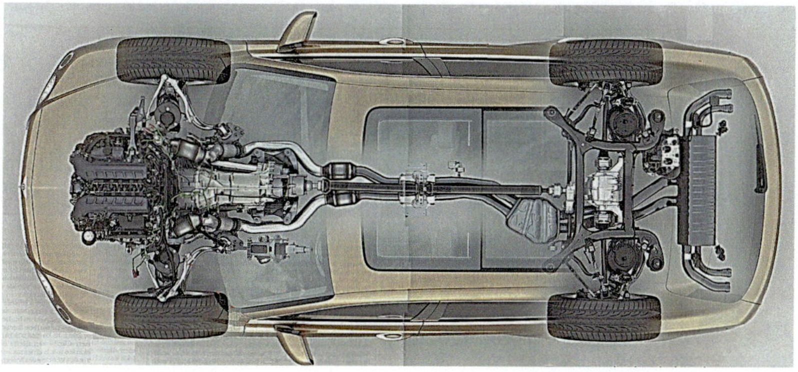

Abb. 14.58 VA: Vierlenker mit langer Lenkachse, HA: Fünflenkeraufhängung (Bentley Bentayga Bj. 2015) [15]

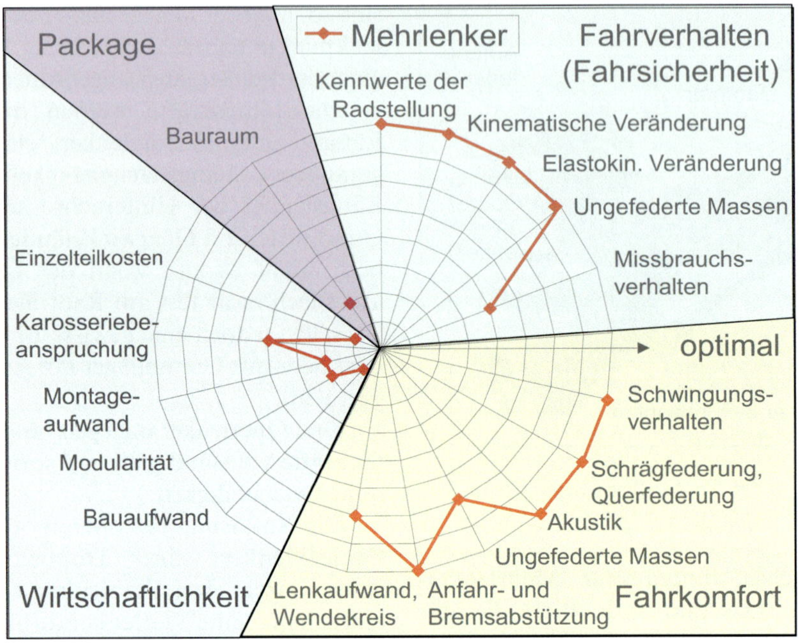

Abb. 14.59 Allgemeines Eigenschaftsprofil der Mehrlenkeraufhängungen [3]

- Erhöhung der Vorspur beim Bremsen und Kurvenfahrt wirkt stabilisierend (untersteuernd),
- gute Längselastizität (Fahrkomfort),
- an der Vorderachse optimale Auslegung der Lenkachse möglich,
- an der Hinterachse lassen sich sehr hohe Quersteifigkeiten erzielen.

Die Nachteile dagegen sind:
- viele Lenker; hohe Kosten und weniger Robustheit,
- viele Kinematikpunkte, die genau ausgelegt, hergestellt und justiert werden müssen (Toleranzen)
- hohe Nebenfederraten, viele Gummilager
- empfindlich gegen Misbrauchkräften.

Da die Hinterräder nicht gelenkt werden, erfordert dies keine Kugelgelenke an den Befestigungen zum Radträger. Die 3-Punkt-Lenker sind daher im Falle der Hinterräder oft aufgelöst oder über eine gemeinsame Achse am Radträger befestigt. Hierdurch wird es ermöglicht, Spur und Sturz während des Radhubes durch unterschiedliche Lenker und somit mit mehr Freiheiten auszulegen und einzustellen. Dies nennt man Mehrpunktlenkung und diese Art der Radaufhängung Mehrlenkeraufhängung (*Multi-link Suspension*).

Diese Aufhängungsart entsteht durch Auflösung der 3-Punkt-Lenker. Oft positioniert man einen der aufgelösten Lenker in der Längsrichtung und mit weicher Gummilagerung, um die Längskräfte elastisch aufzunehmen (verbesserten Abrollkomfort), und die anderen in der Querrichtung, um die Querkräfte gut abzustützen. In diesem Fall spricht man von Längs – Quer Mehrlenkeraufhängung.

Eine weitere Charakteristik der Mehrlenkeraufhängung ist, dass die radführenden Lenker nicht auf Biegung beansprucht werden [4] und daher lediglich nach Zug-, und Druckkräften dimensioniert werden.

Durch die unterschiedlichen Lagersteifigkeiten der oberen und unteren Lenker kann man die Nachgiebigkeit des Rades bestimmen; sind die unteren Lenker elastischer aufgehängt, dann liegt der Momentanpol oben und das Rad dreht sich unter der Längskraft gegen den Uhrzeigersinn. Die Lenkernachgiebigkeit wird begrenzt um exzessive Sturz- und Spurelastizitäten zu verhindern.

Bei den Mehrlenkeraufhängungen mit einem 3-Punkt-Lenker und drei 2-Punkt-Lenker kann der Dreieckslenker oben oder unten positioniert sein.

In Serien-Pkws trifft man beide Ausführungen (3-Punkt-Lenker oben: Volvo S. 80, Cadillac CTS, Holden Caprice, Nissan 350Z, Honda Accura; oder unten: Audi Q7, Porsche Cayenne, Panamera, Mercedes GLE-Klasse).

Bei der Auslegung von Mehrlenkeraufhängungen sind folgendes zu berücksichtigen (◘ Abb. 14.60) [17]:

- Möglichst kleiner Versatz zwischen Trag (Feder)-lenker und Radmitte, um eine Verspannung der Achse zu vermeiden,
- vorn liegender Spurlenker erzeugt kleinere Vorspur als hinten liegender Spurlenker, Verlauf der Vorspurkurve wird durch die innere Spurlenkeranbindungshöhe eingestellt,
- Spuränderung beim Bremsen wird durch die Steifigkeiten der Spurlenker-Gummilager und die Vor-spurkurve bestimmt,
- der 3-Punktquerlenker ist L-förmig zu gestalten; ein Schenkel quer und der andere möglichst schräg,
- hoher Anfahrnickausgleich durch höhere Positionierung der Innenlenkeranbindung vorne unten.

14.4.6.1 Mehrlenkerhinterachsen durch Auflösung des unteren 3-Punkt-Lenkers

Kinematisch gesehen lässt sich jeder 3-Punkt-Lenker durch zwei 2-Punkt-Lenker ersetzen. Damit entstehen.

Aufhängungen mit vier oder fünf Lenkern. Da die steigende Anzahl der festzulegenden Parameter eine bessere Auslegung der Aufhängung ermöglicht (jede Auflösung bringt einen zusätzlichen Hardpoint oder drei neue Koordinaten, die frei festgelegt werden können) lassen sich die Kennwerte besser an die Anforderungen anpassen, d. h., Fahrsicherheit- bzw. Fahrkomfort verbessern. Die Kosten jedoch erhöhen sich, weil man nun vier statt drei Gelenkpaare benötigt.

▪ Ein Schräg- und drei Querlenker

Ein Nachteil bei den Mehrlenkerachsen mit Längslenker ist die Anbindung des Längslenkers liegt direkt an der Karosserie, wodurch Geräuschprobleme entstehen können und eine volle Vormontage aller Lenker an den Achsträger nicht möglich wird.

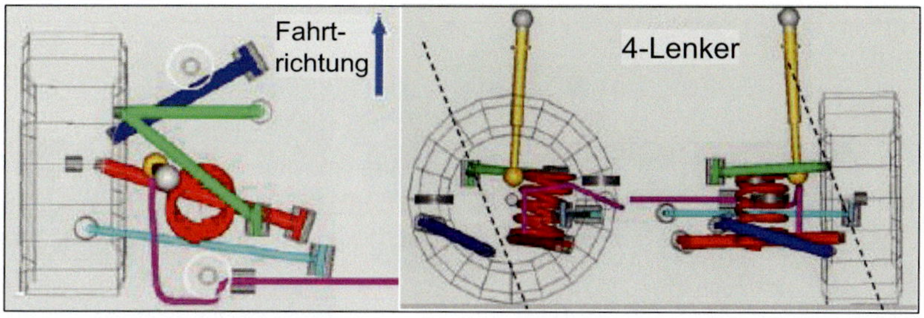

◘ **Abb. 14.60** Kinematik der Mehrlenkeraufhängungen [17]

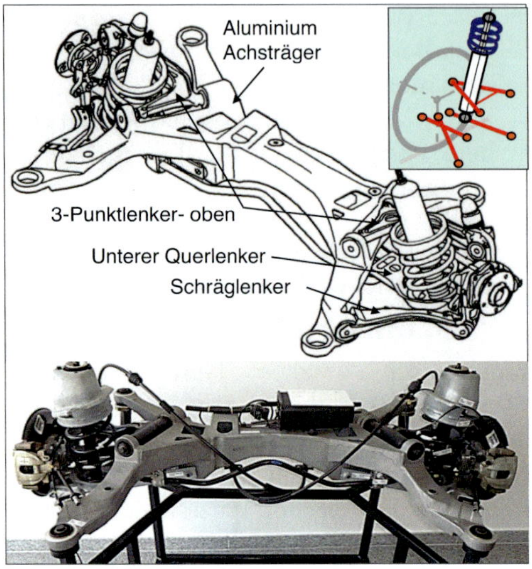

■ **Abb. 14.61** Mehrlenkeraufhängung mit aufgelösten unteren Lenkern (HA: Volvo S. 80, Bj. 1998)

Deshalb positionieren einige Hersteller den Längslenker schräg statt längs und lagern ihn direkt auf dem Achsträger. Volvo und GM Cadillac ziehen diese Anordnung bei allen ihren Hinterachsen vor, die einen großen Achsträger aus Aluminium besitzen.

An dem Achsträger wird auch das Hinterachsgetriebe befestigt. Oberer Querlenker ist weiterhin ein 3-Punkt-Lenker und die drei restlichen sind 2-Punkt-Lenker. Der Federdämpfer stützt sich auf den unteren Querlenker.

Der vordere obere Lenker ist schräg angeordnet und weich gelagert, um die notwendige Längselastizität zu ermöglichen (■ Abb. 14.61). ■ Abb. 14.62 zeigt eine ähnlich aufwendige Hinterachse des Holden VE-Car, Baujahr 2008, bei der alle Lenker am Achsträger gelagert sind.

14.4.6.2 Mehrlenkerhinterachsen durch Auflösung der oberen 3-Punkt-Lenker

Kinematisch gesehen ist es gleichwertig, statt des unteren den oberen Dreieckslenker aufzulösen. Beispiele zu dieser, von den deutschen Herstellern bevorzugten Ausführung, zeigt das ■ Abb. 14.63 mit der Hinterachse des Porsche Panamera.

14.4.6.3 Trapezlenkeraufhängung – (Integrallenkeraufhängung)

Wenn die untere Lenkerebene ein Trapezlenker hat, verbleiben noch zwei Freiheitsgrade, die durch zwei 2-Punkt-Querlenker abgedeckt werden können. Die Bremsmomentabstützung erfolgt durch einen kurzen Zusatzlenker (Zwischenkoppel) zwischen dem Trapezlenker und dem Radträger, wie an der Integralachse des 7er BMW in ■ Abb. 14.64 [18] oder an der Trapezlenker-Hinterachse von Audi A4 (■ Abb. 14.65) zu finden sind.

14

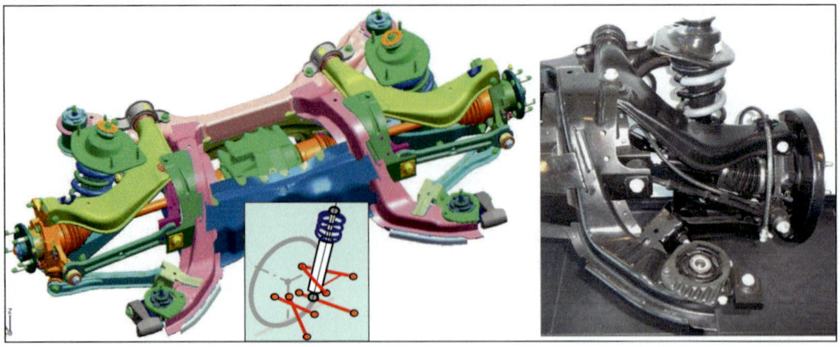

■ **Abb. 14.62** Mehrlenkeraufhängung mit einem 3-Punkt-Lenker oben und drei 2-Punkt-Lenker unten (HA: Holden VE Car Bj. 2008).

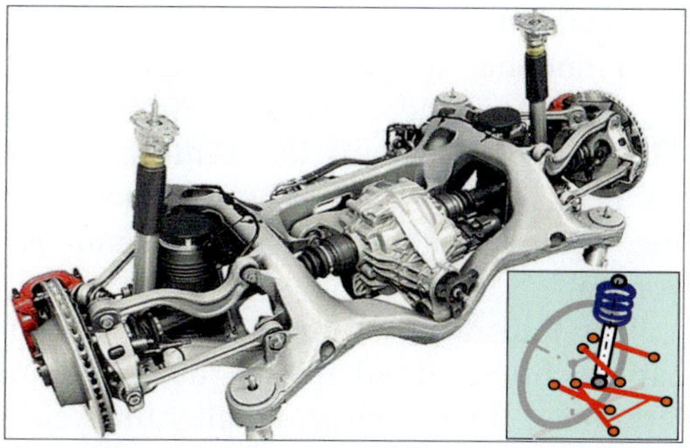

■ **Abb. 14.63** Mehrlenkeraufhängung mit aufgelösten oberen Lenkern (HA: Porsche Panamera, Bj. 2009)

Da jetzt dieser Zusatzlenker eine drehsteife Kette zwischen den Querlenkern bildet, kann das Gummilager des Trapezlenkers am Achsträger bzw. Aufbau zum Zwecke der Längsfederung sehr weich gestaltet werden.

Der Trapezlenker ist ein relativ aufwendiges Bauteil und kann verhältnismäßig komplex werden. Deswegen ersetzt BMW dieses technisch beste Hinterachskonzept bei den neusten 5er und 7er durch Fünflenkeraufhängung, die deutlich kostengünstiger zu bauen ist (s. ■ Abb. 14.88).

Auf der anderen Seite hat Ford für den neuen Mondeo eine Trapezlenkeraufhängung entwickelt (■ Abb. 14.66), die seit 2014 in vielen Ford Premiumfahrzeugen (z. B. auch Mustang) serienmäßig eingebaut wird.

Der neue Volvo XC90 hat ebenfalls eine Trapezlenkeraufhängung. Die Federung übernimmt hier eine GFK Querblattfeder, die auch den Stabilisator ersetzt und damit Gewicht spart (■ Abb. 14.67).

Trapezlenkeraufhängungen haben sehr kleines Radträgerkippen beim Bremsen und Beschleunigen aus. Durch den elastokinematischen Drehpol außen, hinter der Radmitte ergibt sich ein günstiges Vorspurverhalten beim Bremsen und bei Kurvenfahrt (■ Abb. 14.68).

Die Einstellmöglichkeiten sind [19]:

- Brems- und Anfahrnickausgleich lassen sich unabhängig voneinander auslegen,
- Vorspuränderungseinstellung durch die Höhe der Spurlenker-Innenanbindung,
- Quersteifigkeitseinstellung durch Trapezlenkergummilagersteifigkeit,
- Bremslenkungseinstellung durch Spurstangenpfeilung,
- Längsnachgiebigkeitseinstellung durch Steifigkeit des vorderen unteren Gummilagers,
- Sturz- und Nachlaufwinkeleinstellungen durch oberen Lenker.

14.4.6.4 Mehrlenkerhinterachsen mit Längslenker

- **Ein Längs- und drei Querlenker**

Eine gängige Ausführung der Mehrlenkerachse besteht aus einem Längs- und drei

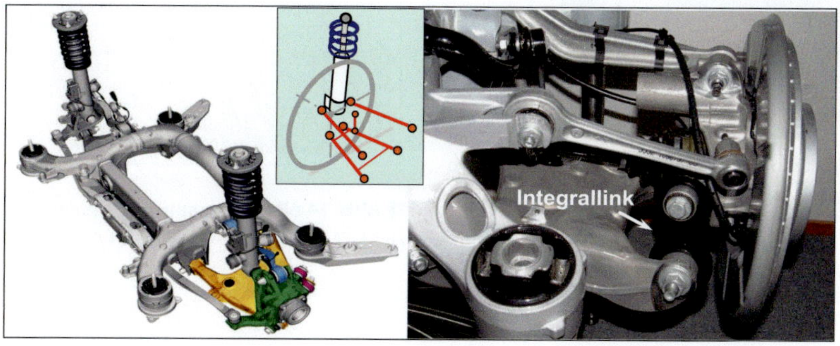

■ **Abb. 14.64** Trapezlenkeraufhängung mit Integrallenker (HA: 7er und 5er BMW, Bj. 2009/2010)

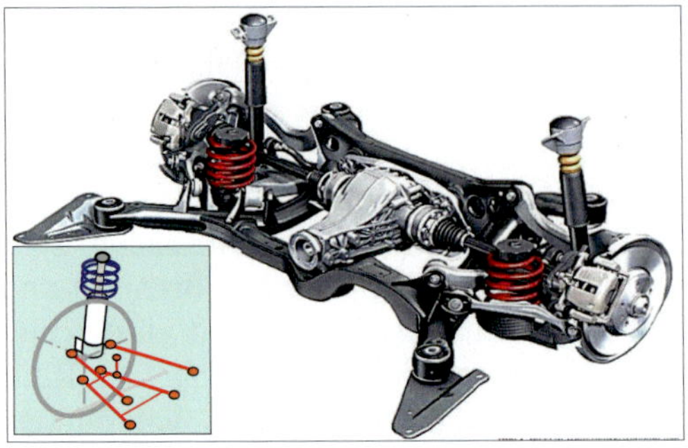

■ **Abb. 14.65** Trapezlenker (HA: Audi A4, Bj. 2007)

Querlenkern, von denen zwei in der unteren und der dritte in der oberen Ebene angeordnet sind. Diese Aufhängung (■ Abb. 14.69) ist mit der Einführung an der Focus Hinterachse 1999 mit dem Namen *Schwertlenkeraufhängung* bekannt geworden.

Der Radträger ist mit einem Schwert in Längsrichtung drehbar mit dem Aufbau verbunden. Das Schwert ist allerdings elastisch (gehärtetes Blech) und besitzt ein weiches Gummilager, um die Spur- und Stur-

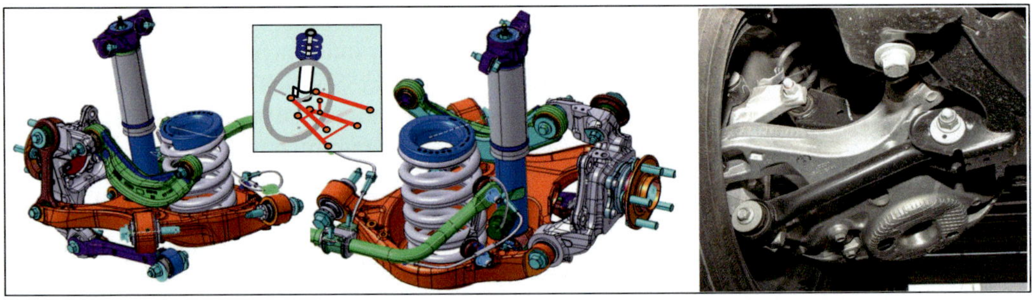

■ **Abb. 14.66** Trapezlenkeraufhängung mit Integrallenker (HA: Ford Mondeo CD4 von unten, Bj. 2013)

■ **Abb. 14.67** Trapezlenkeraufhängung mit Kompositquerblattfeder (HA: Volvo XC 90, Bj. 2016)

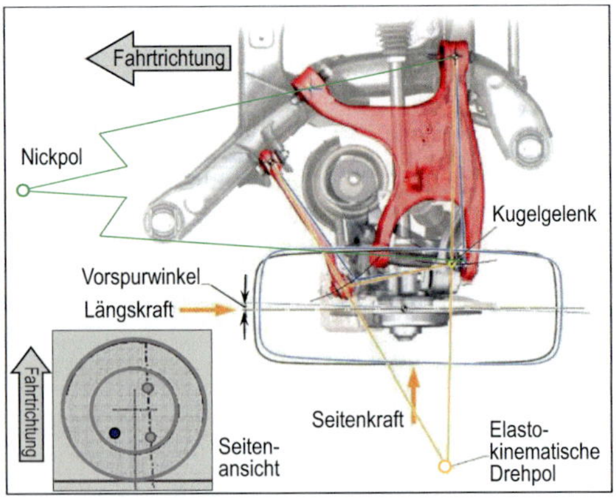

■ **Abb. 14.68** Kinematische Einstellungen der Trapezlenkeraufhängung (HA: Audi A4 Bj. 2007) [18]

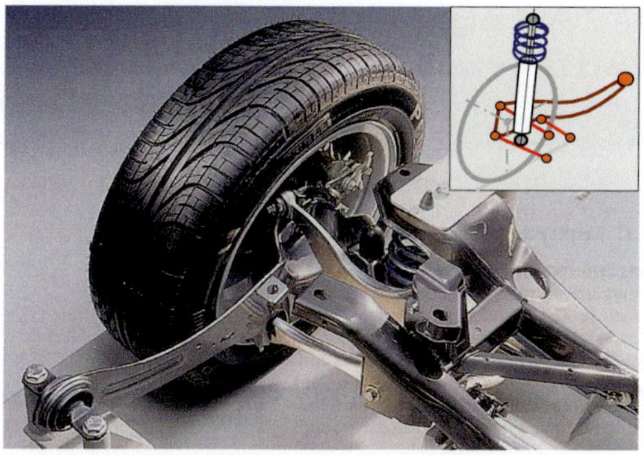

■ **Abb. 14.69** Schwertlenker-Aufhängung: ein Längs- und drei Querlenker (HA: Ford Focus, Bj. 1999)

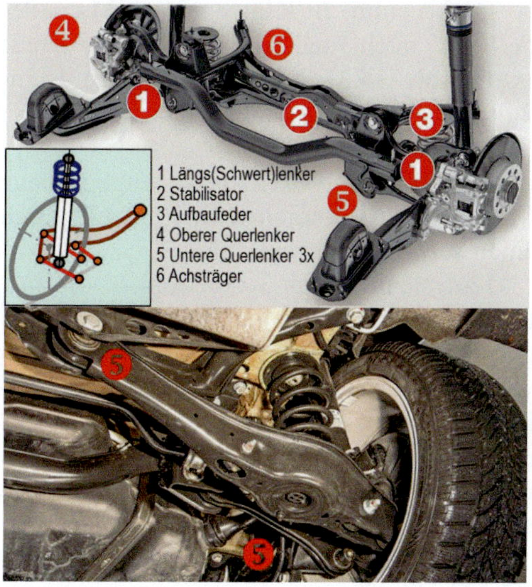

■ **Abb. 14.70** Mehrlenkeraufhängung: ein Längs- und drei Querlenker (HA: VW Golf VII, Bj. 2012) [9]

zänderungen, bedingt durch die anderen Lenker, zuzulassen. Die drei Querlenker dagegen nehmen nur die Querkräfte auf.

Der elastisch weich gelagerte Längslenker nimmt dagegen die Brems- und. Anfahrkräfte auf, und sorgt für einen sehr guten Abrollkomfort.

■ Abb. 14.70 zeigt eine ähnliche Ausführung des VW Golf VII. In ■ Abb. 14.71 wird die Kinematik und Elastokinematik der Mehrlenkeraufhängung dargestellt.

Den Nickpol bildet das elastisch angebrachte Lager. Die unteren, fast parallel angeordneten Querlenker bestimmen die Spurkurve und sind ungleich lang; bei einer Längskraft wird die Nachspur, die durch die Gummilagerelastizitäten entsteht, kompensiert, weil der kürzere Lenker das Rad nach innen zieht [20]. Auch beim Einwirken der Querkräfte und beim Einfedern zieht dieser Lenker das Rad in Richtung mehr Vorspur.

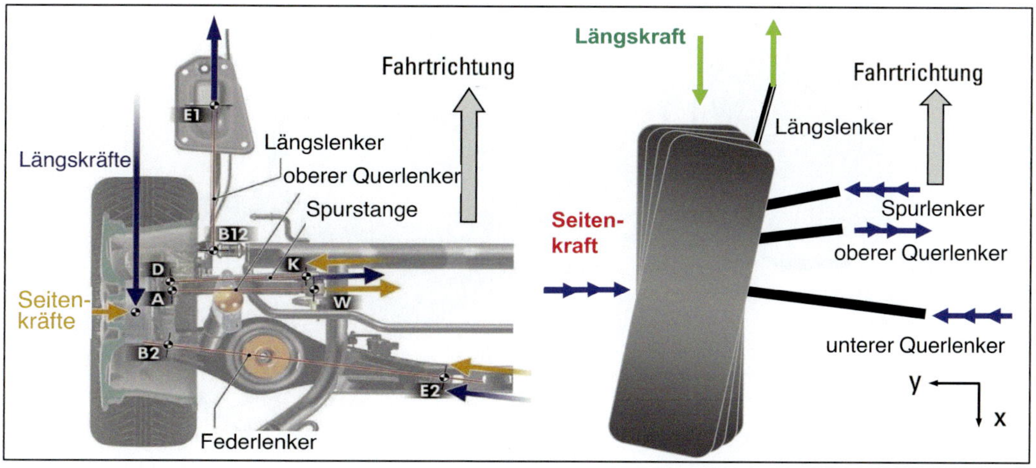

■ **Abb. 14.71** Kinematik der Mehrlenkeraufhängung [20]. (HA: VW Golf V. Bj. 2002).

Die A und B Klassen von Mercedes besitzen nach mehreren Konzeptwechsel (s. ◘ Abb. 14.37und ◘ Abb. 14.16) ebenfalls diese Art von Mehrlenkeraufhängung (◘ Abb. 14.72).

Als E-Link bezeichnete angetriebene Mazda 929 Hinterachse Bj.1988 hat auch einen solchen Radträger als.

Längslenker plus 3 Querlenker, die fast parallel zu einander verlaufen und Kugelgelenke als Verbindung zum Radträger aufweisen. Die Gummilager zum Aufbau haben asymmetrische Kennlinien. Das vordere reagiert elastisch bei Kräften nach innen und steif bei Kräften nach außen, das hintere genau umgekehrt. Hierdurch ergibt sich bei Querkräften eine Vorspur (◘ Abb. 14.73).

◘ Abb. 14.74 zeigt die nicht angetriebene Hinterachse vom Honda Accord, bei der der obere Querlenker über dem Reifen liegt und damit eine lange Lenkachse bildet. Die Längskräfte und die Bremsmomente werden von einem weich gelagerten Längslenker aufgenommen. Die unteren Lenker sind parallel zueinander und der Vordere ist kürzer als der Hintere. Dadurch geht das Rad beim Einfedern in eine gute Sturzabstützung.

- **Zwei Längs- und zwei Querlenker**

Zwei fast parallellaufende Längslenker nehmen die Längskräfte und das Antriebs- und Bremsmoment auf und die zwei Querlenker sowie die Seitenwelle stützen das Rad gegen Querkräfte und kontrollieren den Sturz -und Spurwinkel (◘ Abb. 14.75).

Die Federung übernimmt die quer angeordnete, nicht radführende Blattfeder aus Compositwerkstoff über Pendelstützen (Chevrolet Corvette, Bj. 1960).

14.4.7 Vierlenker – Einzelradaufhängungen der Vorderachse

Auch an der Vorderachse lässt sich aus einer Doppelquerlenkerachse durch Auflösen eines Dreieckslenkers eine Vierlenker-Aufhängung ableiten. Hier wird vorzugsweise der untere Dreieckslenker aufgelöst, um durch weich – hart Lagerung der beiden Gummilager die Längsnachgiebigkeit zu verbessern. Zudem wird durch Erzeugung einer virtuellen Lenkachse ein neutraler bzw. negativer Lenkrollradius erzielt und der Störkrafthebelarm reduziert.

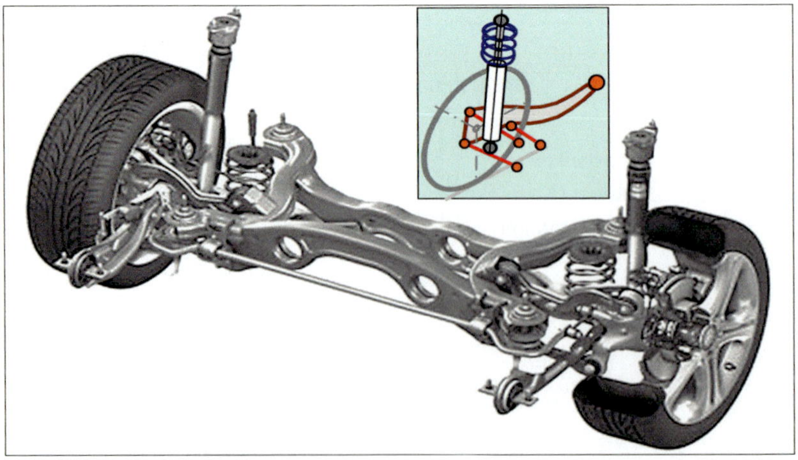

◘ **Abb. 14.72** Mehrlenkeraufhängung: ein Längs- und drei Querlenker [20] (HA: Mercedes A- und B-Klasse. Bj. 2012)

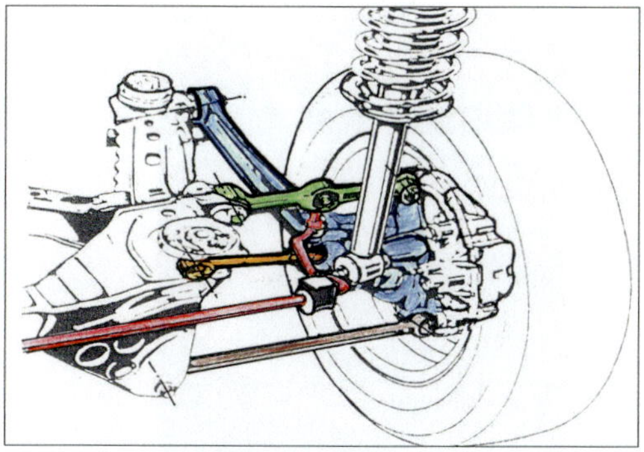

■ **Abb. 14.73** Mehrlenkeraufhängung: ein Längs- und drei Querlenkern (HA: Mazda 929 E-Link, Bj. 1988)

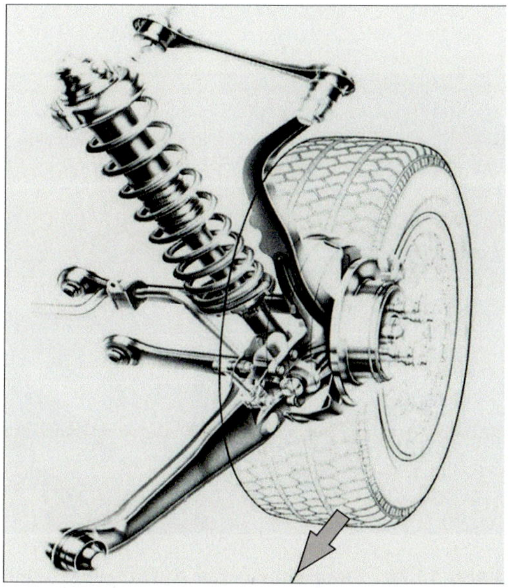

■ **Abb. 14.74** Anordnung mit einem Längs- und drei Querlenkern (HA: Honda Accord, Bj. 1986)

Durch Auflösung des unteren 3-Punkt-Lenkers können die beiden neuen Lenker so ausgerichtet werden, dass der quer liegende Lenker allein die Seitenkräfte aufnimmt und steif ausgelegt wird und der schrägliegende den Abrollkomfort erhöht, indem er weich gelagert wird; die beiden Lenker würden sich nicht mehr gegenseitig negativ beeinflussen. Zudem hat man auch die Möglichkeit, durch unabhängige Auswahl der Gummilagersteifigkeiten, die Elastokinematik zu optimieren.

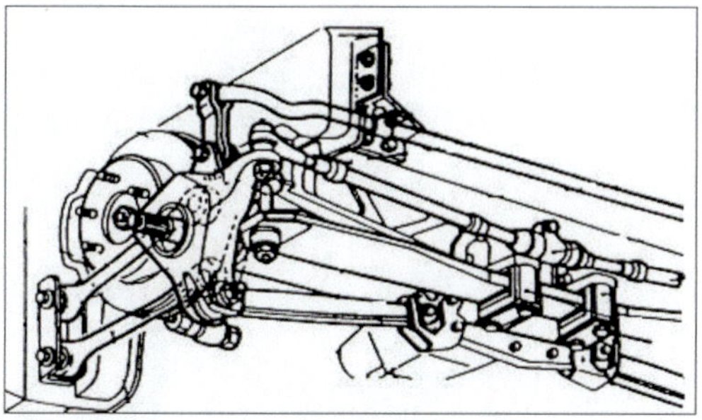

■ **Abb. 14.75** Mehrlenkeraufhängung: zwei Längs- und zwei Querlenker (HA: Chevrolet Corvette, Bj. 1960)

Die erste Möglichkeit der Auflösung ist die Lagerung des zweiten Lenkers nicht am Radträger, sondern am ersten Lenker. Die Kinematikpunkte bleiben unverändert; die weiche Lagerung der zusätzlichen Verbindung verbessert den Abrollkomfort. Ein Beispiel dazu ist die Ausführung des Jaguar S-Type (■ Abb. 14.76). Eine ähnliche 4-Lenkeranordnung weist die Vorderachse des Honda Accord auf (■ Abb. 14.77).

Die aufgelösten Lenker lassen sich um die Lenkachse beliebig verschieben, weil die Lenkachse durch den fiktiven Schnittpunkt beider Stablenker verläuft.

Als Beispiele sind die aufgelösten unteren Ebenen des Ford Falcon (■ Abb. 14.78), BMW 7er (■ Abb. 14.79) oder auch Mercedes C450 4-Matic (Abb. 14.80) zu nennen.

Die durch die Auflösung verdoppelten Kugelgelenke benötigen jedoch viel Platz in der Felge und erschweren die freie Auslegung. ■ Abb. 14.78 rechts unten zeigt das Packageproblem mit zwei extrem dicht nebeneinander liegenden Kugelgelenken.

Eine Lösung dazu ist das, in ein gemeinsames Gehäuse eingebautes „Doppelgelenk", bei dem die Kugelmittelpunkte höhenversetzt und die Kugelzapfen entgegengesetzt orientiert sind, entschärft (■ Abb. 14.81). Das Doppelgelenkgehäuse wird dann direkt an den Radträger befestigt [22]

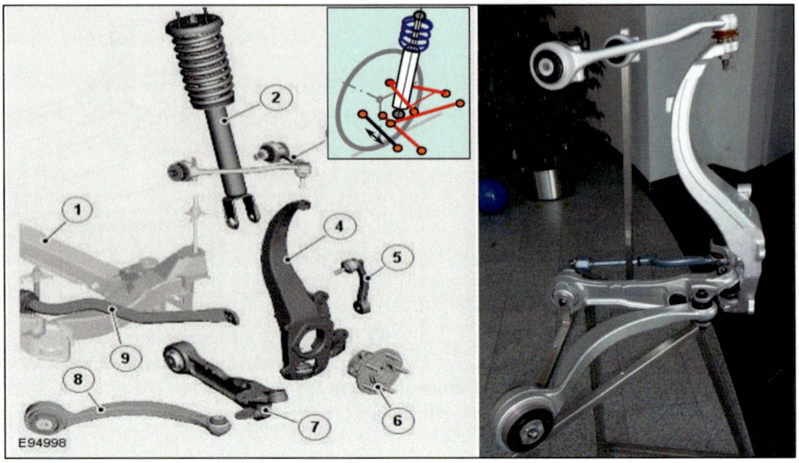

■ **Abb. 14.76** Aufhängung mit 2-teiligem unterem Lenker (VA: Jaguar S-Type, Bj. 2000)

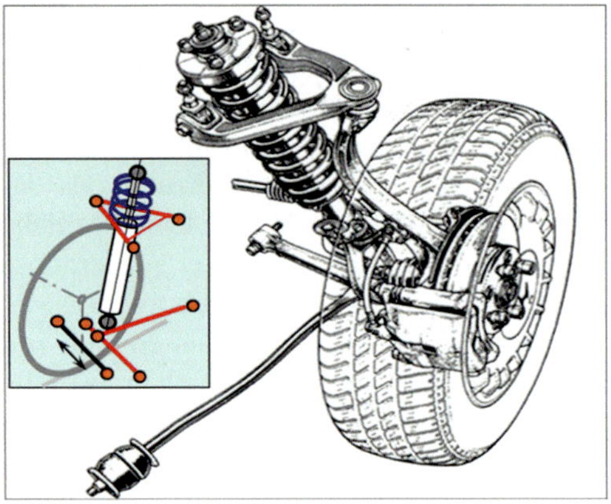

■ **Abb. 14.77** Honda Accord Vorderachse Bj. 1986

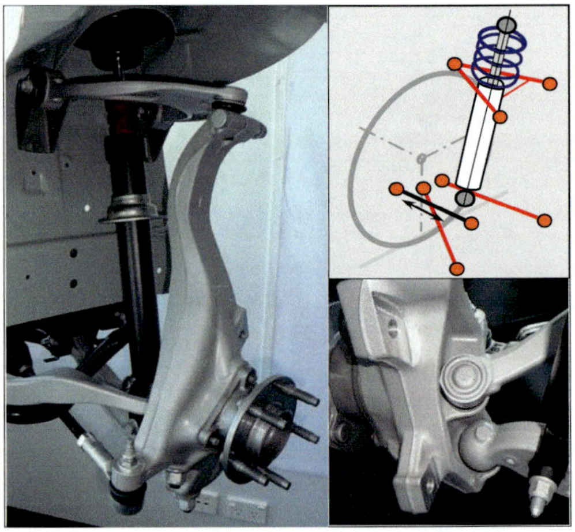

■ **Abb. 14.78** Doppelquerlenker-Aufhängung mit aufgelöstem unterem Lenker (VA: Ford Falcon, Bj. 2008)

14.4.8 Einzelradaufhängungen mit fünf Lenkern

Die maximal mögliche Anzahl der Lenker einer Radaufhängung ist fünf. Alle diese fünf Lenker müssen 2-Punkt-Lenker sein und am Radträger befestigt werden, hat das Rad dann nur noch einen Freiheitsgrad.

Die Fünflenkeraufhängungen lassen sich als Hinter oder Vorderachse einsetzen. In der Vorderachse ist die Spurstange der fünfte Lenker. Da die fünf Lenker räumlich angeordnet sind, bezeichnet man diese Aufhängung auch als „*Raumlenkeraufhängung*“. Dies ist jedoch ein Begriff, der nur für die Hinterachse benutzt wird.

Die Vorteile der Fünflenker-Radaufhängungen sind:

- gezielte Auslegung der kinematischen und elastokinematischen Eigenschaften ohne Kompromisse,
- geringe, ungefederte Massen (keine Biegekräfte an den Lenkern),

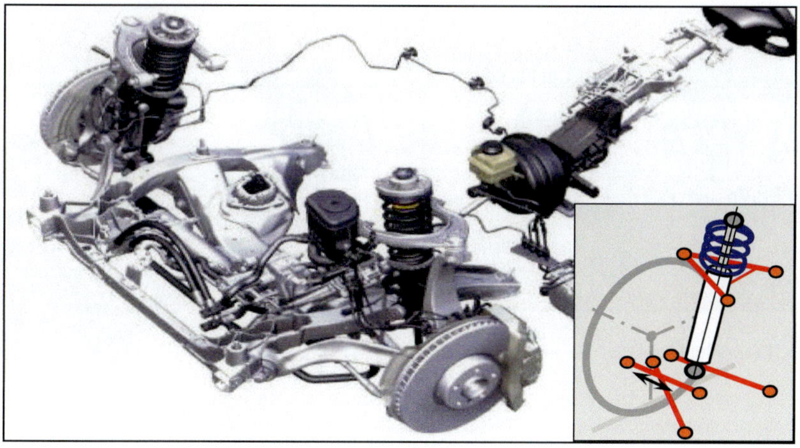

Abb. 14.79 Doppelquerlenker-Aufhängung mit aufgelöstem unterem Lenker (VA: BMW 7er, Bj. 2009)

Abb. 14.80 Doppelquerlenker-Aufhängung mit aufgelöstem unterem Lenker (VA: Mercedes, C450 AMG, Bj. 2015)

- geringe Anbindungskräfte zum Aufbau hin,
- Freiraum in der Radmitte für die Seitenwellen.

Die Nachteile dagegen sind:
- großer Raumbedarf,
- aufwendige Konstruktion und Abstimmung,
- hohe Nebenfederraten, viele Gummilager
- empfindlich gegen Misbrauchkräften,
- ein Achsträger notwendig.

14.4.8.1 Fünflenker Einzelradaufhängung – Vorderachse

Löst man den unteren und den oberen 3-Punkt-Lenker einer Doppelquer-

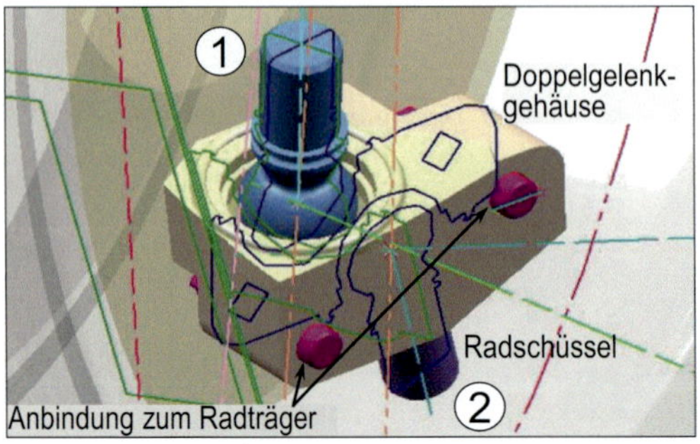

Abb. 14.81 Doppelgelenk für die unteren Lenker [22]

Abb. 14.82 Mehrlenkeraufhängung mit fünf Querlenkern (einer ist die Spurstange) (VA: Audi A6-C7, Bj. 2011)

lenkeraufhängung auf, so hat man fünf 2-Punkt-Lenker; sogenannte Raumlenker (Mercedes Benz Bezeichnung) für die Hinterachse oder Fünflenker (Audi Bezeichnung) für die Vorderachse. An gelenkten Achsen wird dadurch eine frei im Raum liegende, virtuelle Lenkachse realisiert, die von Fritz Oswald in 1958 patentiert wurde. Die „virtuelle Lenkachse" fand zuerst 1977 beim 7er BMW, jedoch in einer Federbeinaufhängung, und 1994 an einer Mehrlenkeraufhängung im Audi A8 Serienanwendung und wurde dann auch auf die Modelle A4 und A6 übertragen. Er ist gegenwärtig immer noch im Serieneinsatz, allerdings nur bei den Audi-Modellen.

Die virtuelle Lenkachse des A6 (Abb. 14.82 und 14.83) wird durch die zwei Schnittpunkte der Querlenkerrichtungen festgelegt. Dadurch verläuft die Lenkachse nah zur Radmitte und es ergibt sich ein geringer Lenkrollradius und Störkrafthebelarm. So werden die Einflüsse der Antriebs-, Brems- und Unwuchtkräfte auf die Lenkung minimiert.

Bei einer kompletten Auflösung beider 3-Punkt-Lenker müssen diese drehbar zueinander gelagert sein, radträgerseitig mit Kugelgelenken und aufbauseitig mit Gummilagern, die dann größere kardanische Bewegungen zulassen müssen, ohne dabei ihre

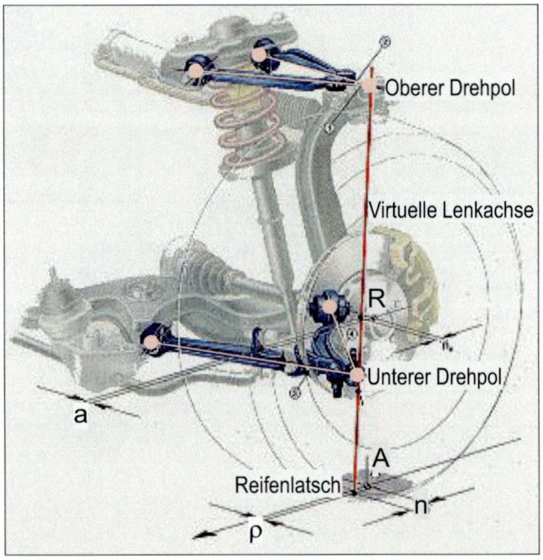

Abb. 14.83 Fünflenkeraufhängung mit virtueller Lenkachse (VA: AUDI A4 und A8, Bj. bis 2011)

Steifigkeit in der Hauptbelastungsrichtung zu verlieren. Deshalb sind solche Auslegungen aufwendiger. Die Drehbarkeit der einzelnen Lenker um ihre Längsachsen muss zudem bei der Raumaufteilung der Aufhängung in allen Radpositionen berücksichtigt werden.

14

14.4.8.2 Fünflenker Einzelradaufhängung – Hinterachse (Raumlenker)

Für die Hinterachse setzt man fünf voneinander unabhängige, räumlich zwischen Radträger und Achsträger verteilte 2-Punkt-Lenker ein, wenn man das ganze kinematische Auslegungspotenzial ausnutzen will. Zwei obere und zwei untere, jeweils in Draufsicht gegeneinander angestellte Querlenker, übernehmen die Seiten-und Längskräfte. Der fünfte (Spur-)Lenker, etwa in der Höhe der Radachse, bestimmt im Wesentlichen den Spurwinkel und dürfte in der neutralen Achse der elastischen Sturzänderungen bei Seitenkraft liegen.

Die erste und bekannteste Raumlenkeraufhängung ist die vom Mercedes C190 aus 1985 (◘ Abb. 14.84 zeigt diese Achse in der GLE-Klasse Bj 2005). In den aktuellen 1er- und 3er-Modellen des BMW sind ebenfalls Fünflenker-Hinterachsaufhängungen eingebaut. Damit hat BMW das Konzept der bis dahin eingebauten Zentrallenkeraufhängung verlassen, um das größere Optimierungspotenzial des Raumlenkers auszunutzen (◘ Abb. 14.85).

Auch VW hat für die Allrad ID Modelle zum Raumlenkeraufhängung übergegangen, weil der Raumlenker größere Designfreiheiten bietet als der Schwertlenker, den VW bei Verbrennermodellen immer eingesetzt hat.

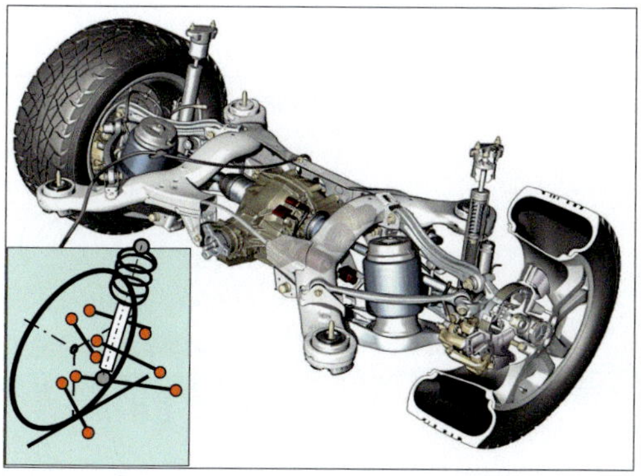

◘ **Abb. 14.84** Fünflenkeraufhängung (Raumlenker HA: Mercedes GLE-Klasse, Bj. 2005)

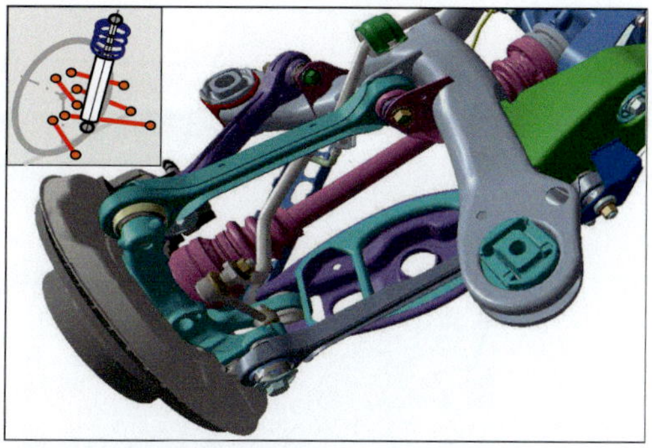

◘ **Abb. 14.85** Fünflenkeraufhängung (HA: 3er BMW E90, Bj. 2005)

◘ Abb. 14.86 zeigt die Hinterachse der ID.7 Allradversion. Der freie Raum zwischen den Lenkern wurde für den kompletten Elektroantrieb der Hinterachse ausgenutzt.

In der Mercedes S-Klasse (W220, Bj. 1997) kreuzten sich die beiden oberen Querlenker. So entstand eine Spreizung der virtuellen Lenkachse, geneigt zur Fahrzeuginnenseite. Dadurch lässt sich eine gezielte Abstimmung der elastischen Lenkwinkel beim Bremsen und Anfahren realisieren und die achsinternen Kräfte sich um 10 % senken (◘ Abb. 14.87) [23].

In einer Patentanmeldung [24] von BMW wird die optimale Lage der fünf Lenker beschrieben (◘ Abb. 14.88):

» *„Es sollten zwei Lenker oben, zwei unten und die fünfte als „Spurstange" auf der Radmittelpunktebene, hinter der Radmitte mit einer Peilung von 3° bis 10° angestellt angeordnet sein. Diese Spurstangenanordnung erlaubt einen lang bauenden Lenker, der toleranzunempfindlich ist und geringe Kardanik bzw. Torsion verursacht.*
Dies lässt den Einsatz kostengünstiger Gummilager statt Kugelgelenke zu. Die kurzbauenden oberen beiden Lenker lie-

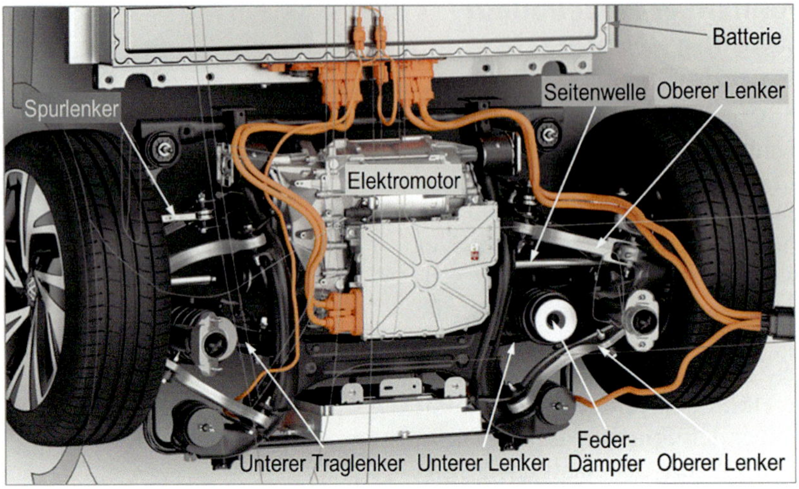

Abb. 14.86 Fünflenkeraufhängung (HA: VW ID.7, Bj. 2024).

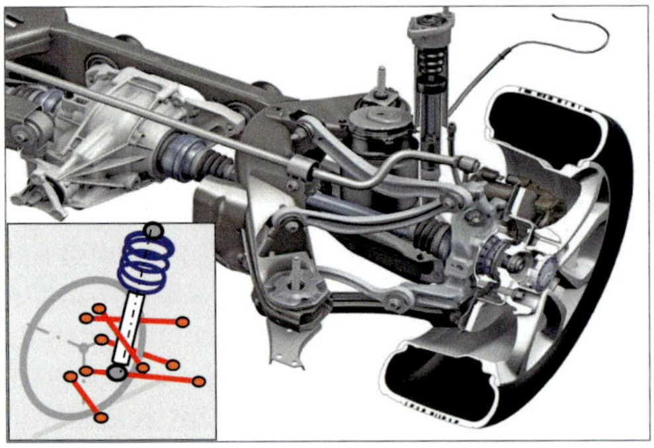

Abb. 14.87 Fünflenkeraufhängung mit gekreuzten oberen Lenkern (HA: Mercedes E-Klasse W212, Bj. 2009)

gen in Fahrtrichtung vor dem Feder-/Dämpferelement, um den Bauraum optimal zu nutzen. Die radträgerseitigen Anlenkpunkte der oberen und unteren Lenker werden höhenversetzt angeordnet. Weder die beiden oberen noch die unteren Lenker dürfen jeweils eine gemeinsame Ebene beschreiben. Die höhenversetzte Anbindung ermöglicht, die Lenker besonders nahe zueinander am Radträger anzulenken, um eine günstige Lage der Lenkachse zu ermöglichen.“ [24].

14

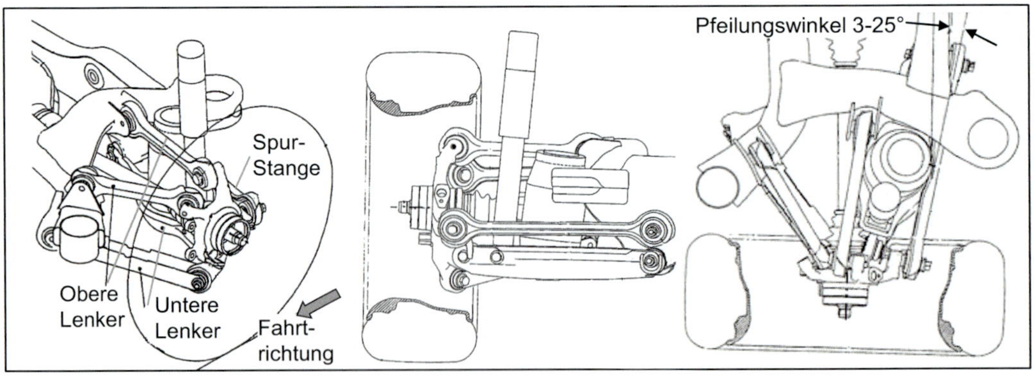

Abb. 14.88 Räumliche Anordnung der fünf Lenker, um den Bauraum voll auszunutzen und optimale kinematische sowie elastokinematische Auslegung zu sichern [24]

14.4.9 Federbein-Einzelradaufhängungen

Feder- und Dämpferbeinaufhängungen (*Strut and Links Suspension*) gelten als eigenständige Aufhängungsart, weil hier im Gegensatz zu den bisherigen Arten ein anderer Gelenktyp zum Einsatz kommt, nämlich ein Drehschubgelenk (s. ◻ Abb. 14.31d).

Das Drehschubgelenk lässt sowohl die translatorische als auch die rotatorische Bewegung des Rades zu und wird gleichzeitig als stehender (Zweirohr)-Dämpfer benutzt.

Er ersetzt zwei 2-Punkt-Querlenker. Das Dämpferrohr wird fest mit dem Radträger verbunden und die Kolbenstange drehbar am Aufbau befestigt. Damit gehen die Aufbaukräfte über Kolbenstange-Kolben-Dämpferrohr-Radträger direkt an die Räder.

Wegen der einfachen und Platz sparenden Bauweise und der großen Abstützbasis am Aufbau, d. h., des niedrigen Niveaus der Reaktionskräfte, ist diese Aufhängungsart sehr verbreitet. Sie behauptet sich nicht nur bei Pkws, sondern auch bei Lkws.

Wenn der Dämpfer den Freiraum in der Schraubenfeder ausnutzt und gleichzeitig die beiden Enden der Feder abstützt (unten am Federteller, oben am Federbeinlager), spricht man von einem *Federbein*, wenn die Feder separat montiert ist, von einem *Dämpferbein* (◻ Abb. 14.89).

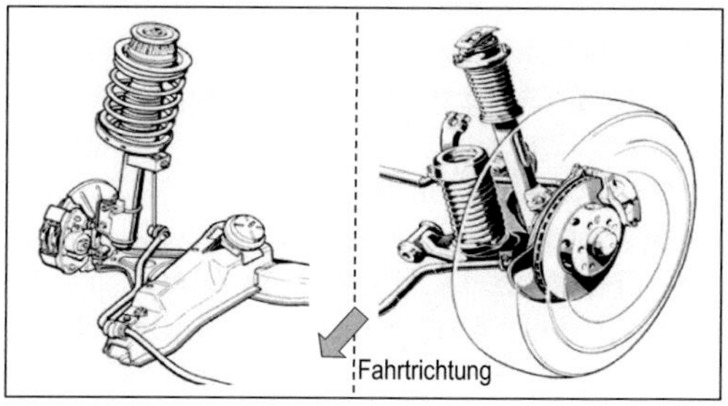

◻ Abb. 14.89 Federbein-Radführung (links) und Dämpferbein-Radführung (rechts, Feder und Dämpfer getrennt)

Das Dämpferbein ist teurer als das Federbein und benötigt größeren Einbauraum, bietet aber mehr Packagefreiheit, weil Dämpfer und Feder unabhängig voneinander platziert werden können. Bei den neuen Modellen trifft man die Dämpferbeinausführung nur noch selten.

Durch die Federkräfte entstehen im Federbein Querkräfte. Diese belasten die Kolbenstange auf Biegung und verursachen damit eine höhere Reibung. Sie lassen sich reduzieren, indem seitenkraftausgleichende Federgeometrien (s. ◻ Abb. 9.44) und reibungsarme Kolbenbeschichtungen eingesetzt werden. Damit zeigt das Ansprechverhalten der Federung, gegenüber anderer Arten der Radführung, keinen großen Nachteil mehr.

Obwohl diese Aufhängungsart bereits 1924 von Fiat als Patent angemeldet und erst 1948 bei Ford Angila als „McPherson" in die Serie eingeführt wurde, hat seine Verbreitung als wirtschaftlichste Vorderachskonstruktionen erst nach den siebziger Jahren eingesetzt.

Zur Vervollständigung der Kinematik braucht diese Aufhängung noch drei 2-Punkt-Lenker; einen als Spurlenker und zwei in der unteren Ebene zur Radführung (Führungslenker). Die beiden unteren 2-Punkt-Lenker werden meist zu einem 3-Punkt-Lenker zusammengefasst, um Kosten zu sparen. Daher kann man von Zweilenker oder Dreilenker Federbeinausführungen sprechen.

◻ Abb. 14.90 zeigt das Eigenschaftsprofil für die Federbeinaufhängung. Die Vorteile der Feder-/Dämpferbeinaufhängung sind:

- alle Federungs- und Führungsteile können in einem Bauteil zusammengefasst werden,
- benötig wenig Platz in der Breite (ausreichend Freiraum für quer angeordnete Antriebsaggregate),
- hohe Feder und Dämpferübersetzung (1:1),

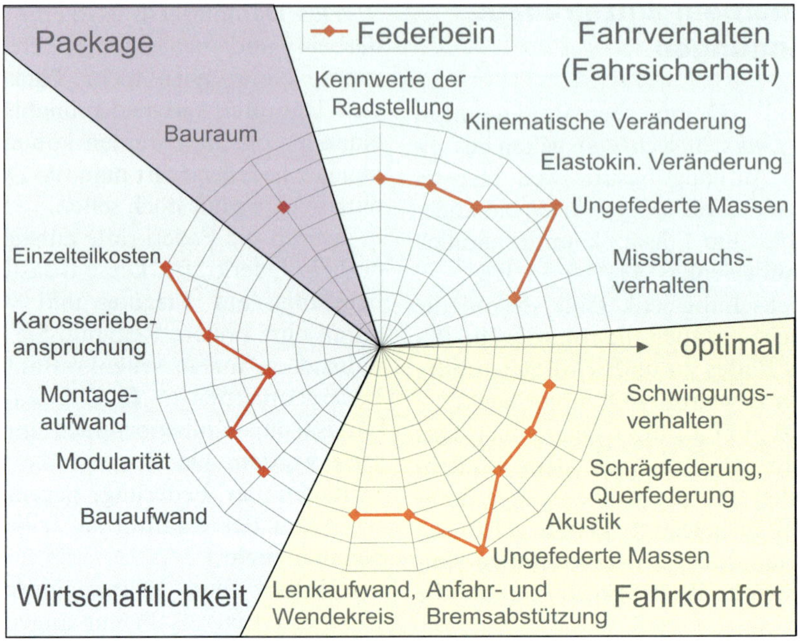

Abb. 14.90 Eigenschaftsprofil für die Federbeinaufhängungen [3]

- niedrige Karosseriebelastung (gegenüber DQL),
- sehr kosten- und gewichtsparend,
- lange Federwege leicht realisierbar,
- große Längselastizitäten erreichbar.

Die Nachteile dagegen sind:

- an den Vorderachsen ungünstigere kinematische Eigenschaften (insbesondere der steile Sturzwinkelverlauf), niedriger Wankpol (kleine Wanksteifigkeit),
- die hohe Position der oberen Lagerung verursacht eine hohe Fronthaube mit Auswirkungen auf Design, Aerodynamik und Fußgängerschutz,
- schwierige Isolation der Fahrbahngeräusche,
- Hochkräfte werden direkt am Radkasten eingeleitet, welcher entsprechend verstärkt werden muss,
- geringe Bremsnickabstützung,
- Störkrafthebelarm nur eingeschränkt reduzierbar,
- beim Dämpferbein werden Federkräfte über den unteren Lenker an den Radträger geleitet; Lenker und Kugelgelenk sind höher belastet als beim Federbein.

14.4.9.1 Federbeinaufhängung mit zwei unteren Lenkern

Diese Ausführung verfügt in der unteren Ebene über einen 3-Punkt-Lenker und zur Lenkung bzw. Spurführung über eine Spurstange.

Sieht man vom radführenden Stabilisator ab, ist dies die kostengünstigste Vorderachsradführung und wird als Standardvorderachse bis zu den mittleren Großserienfahrzeugen eingebaut.

Bei moderner McPherson-Aufhängungen (Abb. 14.91) und (Abb. 14.92) wird die Feder oberhalb des Rades räumlich schräg und exzentrisch zum Dämpfer angestellt.

Der sichelförmige 3-Punkt-Lenker ist mit einem Kugelgelenk am Radträger be-

Abb. 14.91 Federbein-Vorderradführung McPherson

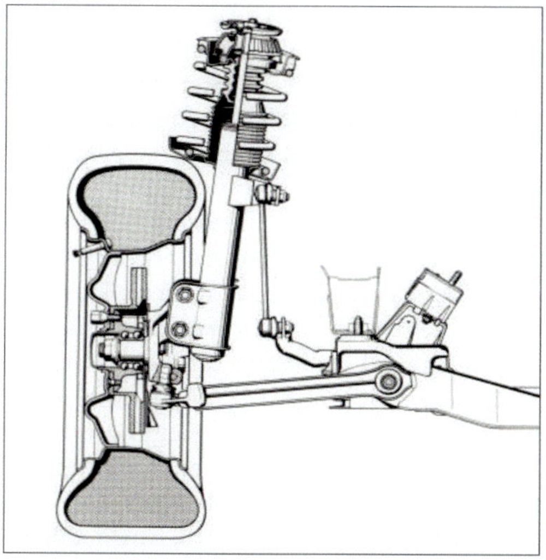

Abb. 14.92 Zeichnung einer McPherson-Radführung

festigt, welches ihm in der Draufsicht eine definierte Drehbewegung erlaubt.

In der Verlängerung der Radmittelachse ist der Lenker mit einem steifen kardanischen Gummilager, am Aufbau oder Achsträger befestigt, der die Querkräfte aufnimmt.

Am langen Arm des 3-Punkt-Lenkers, der nach hinten oder vorne zeigt, ist dagegen ein weiches, großvolumiges Gummilager, vorteilhaft sogar als Hydrolager, angeordnet. Das lässt die Längsfederung des Rades zu und wirkt der Abrollhärte entgegen.

Die richtig gewählte Peilung der Spurstange gegenüber dem Querlenkerarm des Lenkers für das gewünschte Eigenlenkverhalten sorgt.

Die Zahnstangenlenkung sollte in etwa der Höhe des Querlenkers vor der Achse liegen, um ein untersteuernder Anlenkverhalten zu erzielen.

Der Stabilisator wird durch eine lange Stabilenker am Außenrohr des Dämpfers angebunden, damit er ohne Übersetzung wirkt (große Wege, geringe Kräfte d. h. kleinerer Stabilisatorstangendurchmesser).

Abb. 14.93 zeigt die Zweilenker-Federbeinaufhängung des VW Golf V. Der Achsträger der Vorderachse ist dreiteilig gestaltet. Die beiden Außenteile sind austauschbar, um unterschiedliche Spurweiten zu realisieren, ohne die restlichen Teile zu ändern.

Abb. 14.94 zeigt die MQB (Modularer Querbaukasten) Frontachse von VW eingebaut in Audi TT.

Abb. 14.95 zeigt den Schnitt der Vorderachspackaging des VW Golf VII, mit McPherson-Aufhängung.

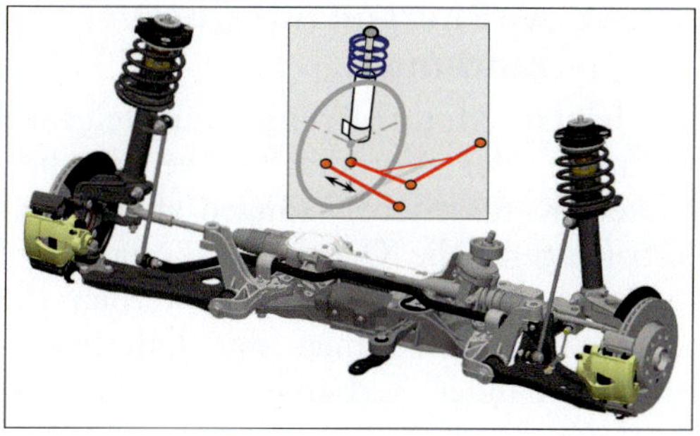

Abb. 14.93 Federbein-Radführung McPherson (VA: VW PQ35 – Golf V, Bj. 2005)

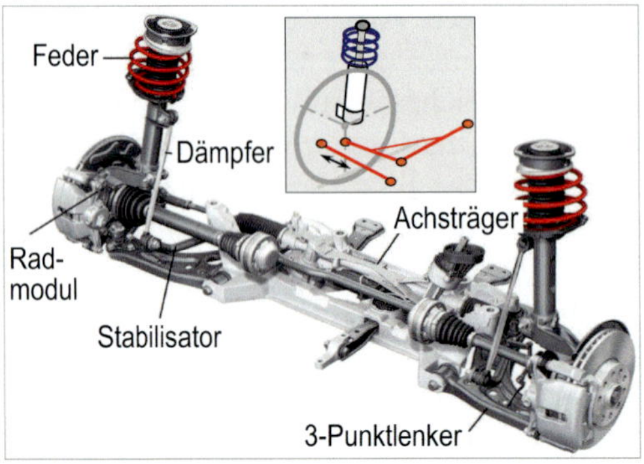

Abb. 14.94 Federbein-Radführung McPherson (VA: Audi TT, Bj. 2014)

Abb. 14.95 Schnitt McPherson-Radführung (VA: VW Golf VII. Bj.2012)

14.4.9.2 McPherson mit Querverbindung

Die höhere Motorisierung und steigende Radlasten der Vorderachse verursachen stärkere Karosseriebelastungen an den Federbeinlagern, die Quer- und Längskräfte abstützen. In solchen Fällen werden die beiden Lageraufnahmen mit Quertraversen miteinander verbunden um eine erhöhte Quersteifigkeit zu erzielen. Die Traverse lässt sich auch als zusätzlicher Motorabstützpunkt benutzen. Im (Abb. 14.96)

Abb. 14.96 Versteifungsstäbe zwischen Federbeintöpfe und Karosserie (VA: 7 er BMW, Bj. 2019)

wird eine Doppelstabversion zu sehen, um die Motorabdeckung frei zu halten.

14.4.9.3 McPherson mit optimiertem Lenker

Die elastokinematischen Eigenschaften und damit Fahrdynamik und Abrollkomfort werden stark von der Auslegung der unteren 3-Punkt-Lenker beeinflusst. Je nach Geometrie wird der Lenker als A- oder L-Lenker bezeichnet. Während der A-Lenker Quer und Längskräfte über beide inneren Gummilagerpunkte aufnimmt, verteilt der L-Lenker die Kraftaufnahme weitestgehend: Querkräfte über das vordere Lager und Längskräfte über das hintere. Dadurch wird gleichzeitig eine hohe Quersteifigkeit und Längsnachgiebigkeit für Kurvenstabilität und Abrollkomfort erreicht. Eine kinematisch optimale Lenkerauslegung erreicht man, wenn das Lager in Längsrichtung 10 bis 15 mm hinter oder vor dem Kugelgelenk liegt, um bei kleinen Längsfederungen Seitenkraftstöreffekte zu vermeiden (Abb. 14.97).

14.4.9.4 McPherson mit aufgelöstem unterem Lenker (Dreilenker-Federbein)

Die Forderung nach einem kleinen oder gar negativen Lenkrollradius ergibt Einbauprobleme zwischen der Bremse und den radseitigen Führungsgelenken. Deshalb kann es zweckmäßig sein, durch die Auflösung

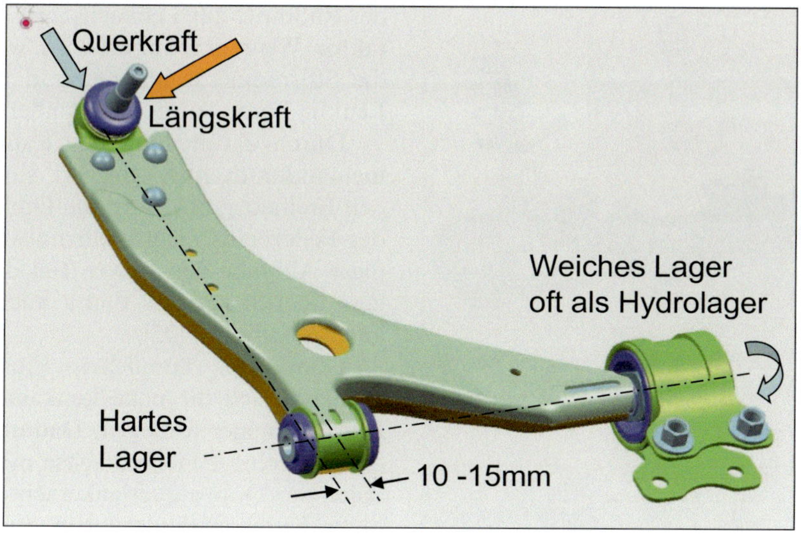

Abb. 14.97 Optimierte Auslegung des unteren 3-Punkt- Lenkers der McPherson Aufhängung

des unteren 3-Punkt-Lenkers eine virtuelle Lenkachse zu schaffen. Wird der untere 3-Punkt-Lenker durch zwei 2-Punkt-Lenker, einer quer und anderer schräg angeordnet, ersetzt, hat man die beiden Funktionen (Quersteifigkeit und Längselastizität) bei dieser Geometrieauslegung durch reine Zug-/ Druckkraftübertragung voneinander getrennt. Außerdem kann der untere Drehpunkt der Lenkachse beliebig ausgelegt werden, weil er auf dem Schnittpunkt beider Lenker liegt. Dies ermöglicht eine große kinematische Auslegungsfreiheit, um die Störeinflusse auf die Lenkung zu minimieren (Abb. 14.98). Dadurch werden auch die Bauraumprobleme gelöst.

Die Spurstange des vorne liegenden Lenkgetriebes verläuft fast parallel zum Querlenker, um eine hohe Spurtreue bei Längsfederung des Rades zu gewährleisten. Die aufgelösten unteren Lenker der Vorderachse wurden beim 5er und 7er BMW eingeführt. BMW konnte mit dieser Auflösung lange Zeit dem kosten- und platzsparenden Federbein treu bleiben (Abb. 14.99), wurden jedoch am Ende doch durch DQL ersetzt.

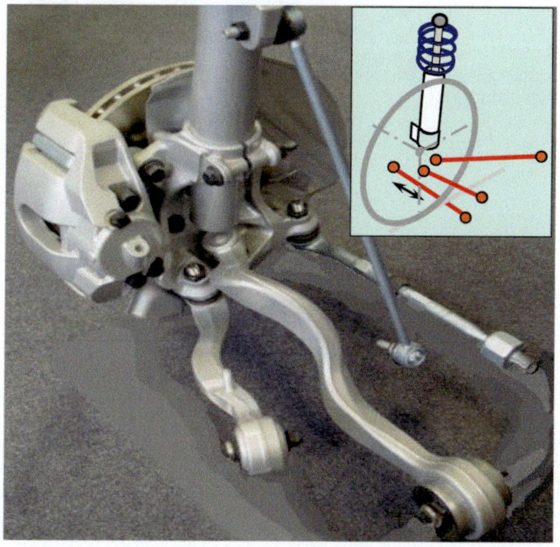

Abb. 14.98 Federbein-Radführung mit aufgelösten unteren Lenkern (VA: BMW 5er, Bj. 1988)

Obwohl Mercedes bei der vorletzten E-Klasse (W222) ebenfalls diese Lösung (Abb. 14.100) übernommen hat, hat bei der neuen E-Klasse (W223) wieder zur besseren DQL-Vierlenkeraufhängung zurückgekehrt (s. Abb. 14.128). Damals wurde zur Optimierung des Fahrkomforts das

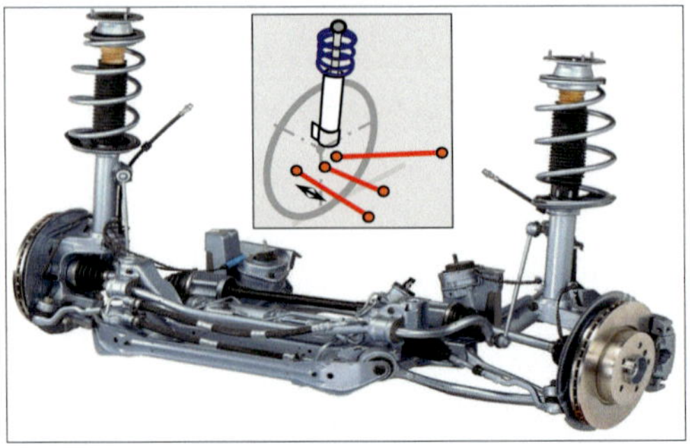

Abb. 14.99 McPherson-Aufhängung mit aufgelösten Lenkern (VA: BMW 3er, Bj. 2005)

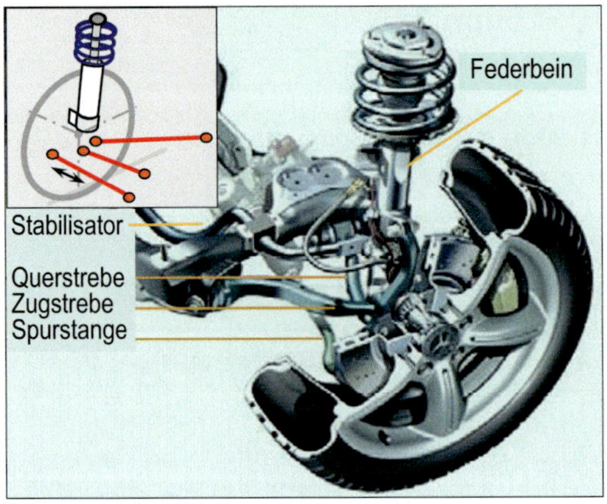

Abb. 14.100 Federbein-Radführung mit aufgelösten unteren Lenkern (VA: Mercedes E-Klasse, Bj. 2009)

Federbein stark aufgerichtet, um die Vorlast auf dem unteren vorderen Lenker zu verringern. Ein weiteres Argument war die Reduzierung der relativen Radlast (Achslast/Achsgewicht) von 42 % auf 55 % [22].

14.4.9.5 McPherson mit Doppelradträger

Bei den frontangetriebenen Fahrzeugen mit starken Motoren können u. a. durch Verwendung eines Sperrdifferentials große Drehmomentunterschiede zwischen den beiden Rädern entstehen. Diese stören die Lenkung und das Lenkgefühl. Die Größe des Störkrafthebelarms (senkrechter Abstand der Radmitte zur Lenkachse) ist der Hauptfaktor. Wenn er reduziert wird, werden auch die Störmomente am Lenkrad und in der Lenkung proportional vermindert.

Durch Zweiteilung des Radträges, die ineinander drehbar gelagert sind (nur einen Freiheitsgrad), wird die Drehbewegung des Federbeins nicht mehr notwendig, weil diese Aufgabe der äußere Teil des Radträgers übernimmt und damit auch die Lenkachse bestimmt [25].

Ohne die räumlichen Einschränkungen lässt sich die neue Lenkachse wesentlich freizügiger festlegen. Dadurch entsteht dadurch eine Federbeinachse mit den Vorteilen der Doppelquerlenkerachse, die dann ohne Karosserieänderungen auch als Variante für die Hochmotorisierungen eingesetzt werden kann (**Abb. 14.101**).

Mit der Einführung der Elektrolenkung, werden solche Lenkstörungen aktiv entgegengewirkt, die deutlich kostengünstiger ist als ein zweiteiliger Radträger.

14.4.9.6 Federbeinaufhängung für die Hinterachse

Die Anordnung der radführenden Feder-/Dämpferbeinaufhängungen für die Hinterachse ist ähnlich, mit dem Unterschied, dass hier nicht gelenkt wird und deshalb das Kugelgelenk und die Drehbewegung im Dämpfer entfallen können. Außerdem lassen sich die unteren Querlenker sehr lang

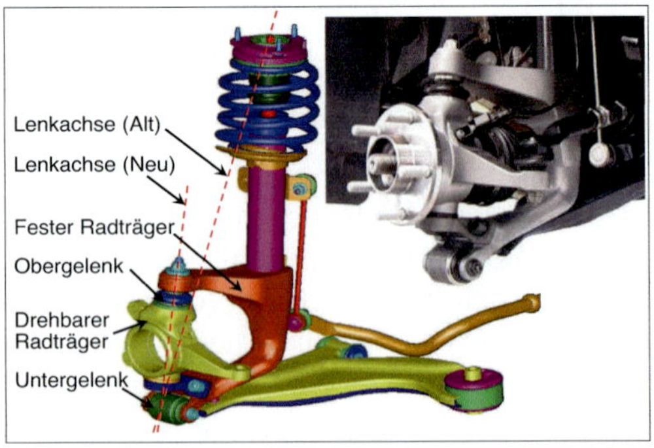

Abb. 14.101 McPherson-Vorderachse mit Doppelradträger (VA: Ford Focus RS, Bj. 2008) [25]

bis zur Fahrzeugmitte gestalten, um die Spurweiten- und Sturzänderungen zu optimieren. Dies hat bei Beladung ein weniger stark absinkendes Wankzentrum zur Folge.

Die einfachste Ausführung besteht aus einem Feder- oder Dämpferbein, einem 2-Punkt-Längslenker und einem 4-Punktquerlenker, wie es bei Ford Escort angewandt wurde (Abb. 14.102). Technisch besser ist es jedoch den 4-Punktquerlenker durch zwei 2-Punkt-Querlenker zu ersetzen. Wegen des Abrollkomforts ist der Längslenker mit einem weichen Gummilager am Aufbau befestigt. Diese als *„Camuffo-Hinterachse"* genannte Einzelradaufhängung wurde in 1972 in Lancia Beta eingeführt, und bei vielen weiteren Fiat Modellen eingebaut. Später wurde dieses Konzept auch von japanischen (Mazda 626, Toyota Celica) und amerikanischen (Ford Mondeo) Autoherstellern übernommen (Abb. 14.103) [26]. Diese im Englischen *„Strut and Links"* genannte Aufhängung war in den USA und Japan sehr populär und wurde bis zu der Jahrhundertwende als Gegenstück zur in Europa gängigen Verbundlenkerachse eingesetzt.

Um die Vorteile der Elastokinematik ausnutzen und die durch die weiche Lagerung der Längsachse entstehende Längsverschiebung des Rades ohne Spuränderungen

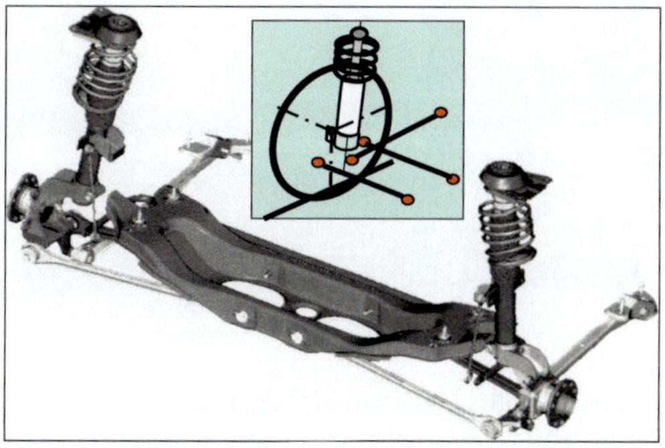

Abb. 14.103 Federbein mit 2 quer, 1 längs angeordneten 2-Punkt-Lenkern (HA: Ford Mondeo, Bj. 2000)

zu erreichen, bilden Doppel-2-Punkt-Querlenker parallel nebeneinander angeordnet ein Viergelenkgetriebe. So ermöglichen die gegenseitig ausgelegten Gummilagersteifigkeiten beider aufbauseitigen Verbindungen das Rad bei der Längsbewegung gezielt in Vor- bzw. Nachspur zu gehen (*Twin Trapezoidal Link,* Mazda 323, 626 Abb. 14.104). Die beiden 2-Punkt-Lenker in der unteren Ebene können radseitig auch als Längs- und Querlenker aneinandergekoppelt gelagert sein (Abb. 14.105).

Das radführende Feder- oder Dämpferbein mit 2 einfachen 2-Punktlenkern gehört neben den Verbundlenkerachsen zu den kostengünstigsten Radaufhängungsarten.

Eine gewicht- und kostenoptimierte Dämpferbeinachse mit radführendem

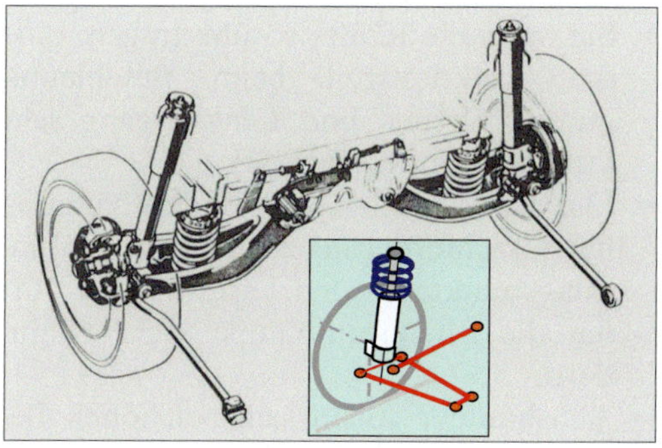

Abb. 14.102 Federbeinaufhängung mit einem Längs- und ein 4-Punktlenker (HA: Ford Escort, Bj. 1981)

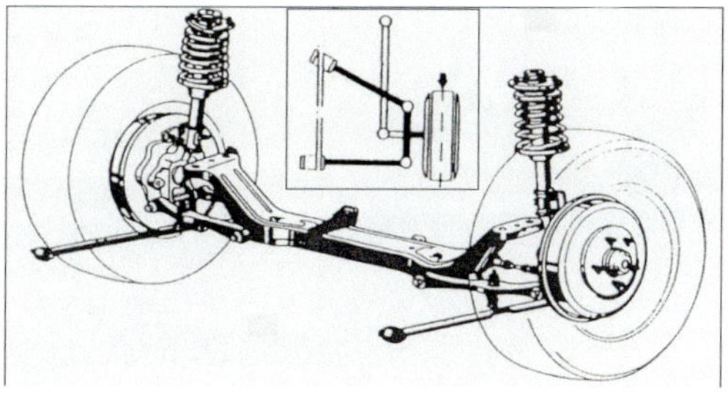

Abb. 14.104 Twin Trapezoidal Link (HA: Mazda 626, Bj. 1987)

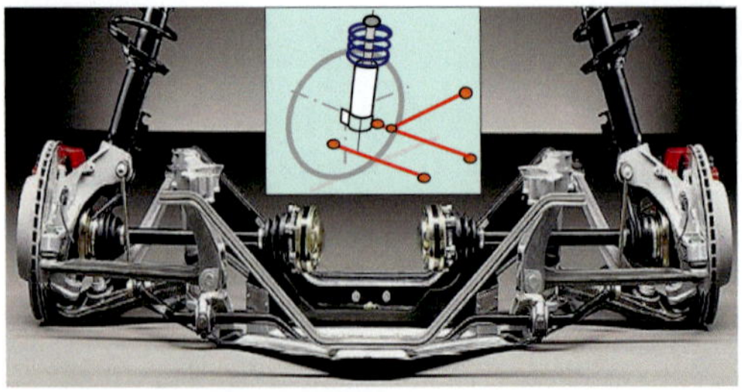

Abb. 14.105 Federbeinaufhängung mit einem Längs- und zwei Querlenkern (HA: Porsche Boxter S, Bj.2002)

Querlenker aus Compositwerkstoff wurde von ZF vorgestellt (Abb. 14.106) [27].

Die einteilige Querblattfeder erfüllt drei Funktionen gleichzeitig: Federung, Radführung, Stabilisierung. Diese neue Aufhängung bietet viel Platz zwischen den Längslenkern (für Gepäck, Reserverad, Batterie) und kann auch als angetriebene Achse ausgeführt werden.

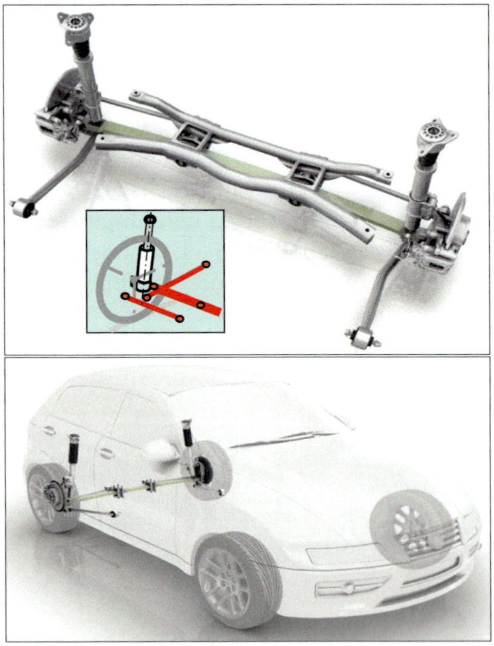

Abb. 14.106 Dämpferbeinaufhängung mit Radführender GFK – Querblattfeder [27] (HA: ZF, IAA 2009)

14.5 Einzelradaufhängungen der Vorderachse

Metin Ersoy

Da die Anforderungen und Gegebenheiten für die Vorder- und Hinterachse sehr unterschiedlich sind, weichen deren Aufhängungskonzepte voneinander ab. Die Eignung der hier beschriebenen Konzepte für die Vorder- und Hinterachsen wird als nächstes behandelt.

14.5.1 Anforderungen an die Vorderachsaufhängungen

Die Radaufhängung sorgt für die Übertragung der Brems-, Antriebs- und Seitenkräfte sowie die präzise Führung des Rades gegenüber dem Aufbau mit einer Doppelfunktion von Kraft-/Bewegungsübertragung:

- Die Radaufhängung muss die Stellung des Rades zum Aufbau und zur Straße bei allen Fahrsituationen so halten, dass die Fahrzeugführung nicht gestört wird.
- Sie muss einen hohen Nickpol haben, um einen ausreichenden Bremsnickausgleich zu ermöglichen.
- Sie muss die unerwünschten (Hub-, Wank- und Roll) Bewegungen des Aufbaues minimieren.
- Sie muss die Kräfte so übertragen, dass die Reaktionszeit beim Beschleunigungs-, Brems- und Lenkvorgang sehr kurz ist (hohe Steifigkeit).
- Die Konstruktion der Radaufhängung hat Crashforderungen erfüllen. Anbindungspunkte an den Längsträgern dürfen die Energieaufnahme nicht behindern.
- Achsbauteile sollen sich bei hohen Belastungen plastisch verformen aber nicht brechen. Die Radführung und Lenkbarkeit bleibt so auch bei Missbrauch oder Unfallsituation möglichst erhalten.

- Sie muss die Weiterleitung der Schwingungen und Stöße, die vom Rad kommen verhindern.
- Die erforderlichen Radkastenräume unter Berücksichtigung größter Lenkeinschläge (kleiner Wendekreis) sind im Rahmen des Packages minimal zu halten.
- Sie muss bei angetriebenen Achsen um die Achsmitte genügend freien Platz für die Seitenwellen und das Differential anbieten.
- Störungen durch Drehmomentschwankungen, Bremsscheibentoleranzen, Unwuchten, ESP-Wirkung Fahrbahnunebenheiten sind von der Lenkung fernzuhalten.
- Die Lenkkinematik muss Lenkradrückstellung sicherstellen.
- Sie muss in den Kurven ein untersteuerndes bis neutrales Eigenlenkverhalten aufweisen.
- Ungleiche Reibwerte am linken und rechten Rad dürfen das Lenkmoment nicht stören sondern den Fahrer beim Ausregeln möglichst unterstützen.
- Sie muss in allen Fahrsituationen ein direktes Gefühl zur Straße vermitteln.

Ein Großteil dieser Anforderungen gilt auch für die Hinterachse. Für die Vorderachse sind jedoch folgende Besonderheiten zusätzlich zu berücksichtigen:

- **Lenkbarkeit**

Die Einzelradaufhängungen der Vorderachse müssen lenkbar sein. Die Zahnstangenlenkungen haben eine parallel zur Radmitte angeordnete Achse, in der die Zahnstange rechts/links bewegt wird. Die Lenkungslenker, die auch „Spurstangen“ genannt sind, verbinden die Zahnstange mit den beiden Radträgern; nach innen zur Zahnstange mit einem Axialkugelgelenk und nach außen zum Radträger mit einem Radialkugelgelenk. Die Gelenkmittelpunkte bestimmen zusammen mit der Lenkachse der Radaufhängung die Lenkkinematik.

Die Lenkfunktion dominiert die Auslegung jeder Vorderachse. Wichtig dabei ist die Anordnung der genannten Gelenkpunkte derart, dass die Ackermanngesetze berücksichtigt werden, die Spur und Spurweite sich innerhalb des gesamten Bewegungsraums des Rades nicht unzulässig ändern, die Toleranzen die Lenkeigenschaften nur geringfügig beeinflussen und der Lenkstrang zwischen Rad und Zahnstange möglichst steif bleibt.

Das Lenkgetriebe kann vor oder hinter der Achse und jeweils oberhalb oder unterhalb der Achsmittellinie angeordnet sein. Eine günstige Anordnung ist aus elastokinematischen Gründen vor der Achse und aus Steifigkeits- und Packageaspekten höher als der unteren Lenkerebene. Die Montagetoleranzen, die die Höhe der Zahnstangenmittelachse beeinflussen, sind sehr eng zu wählen.

- **Motor-Getriebe-Antriebsart**

Die Auswahl des Aufhängungskonzepts für die Vorderachsen wird bestimmt durch folgende Faktoren:

- Anordnung des Antriebsaggregates (Front/Heck, Längs/Quer, Motor/Getriebe, Hybridantrieb),
- Antriebsart (angetrieben, nicht angetrieben),
- Motorgröße (Zylinderzahl, Reihen- oder V-Anordnung, 4. 6, 8 oder 12 Zylinder),
- Fahrzeugklasse (z. B.: Kleinst, Klein, Kompakt, Mittel- und Luxusklasse, SUV, Sportwagen, Van, etc.).

- **Antrieb**

Wenn die Vorderachse gleichzeitig die Antriebsachse ist, ist bei der Auslegung darauf zu achten, dass die Antriebskräfte und -momente die Lenkung nicht negativ beeinflussen. Dies wird in erste Linie durch eine möglichst nahe zur Radmitte verlaufende

Lenkachse erreicht, weil dadurch die Störkrafthebelarme klein sind. Wichtig ist auch, dass die Antriebsmomente an beiden Rädern gleichgroß sind (Seitenwellen sollten gleich lang sein), sonst besteht die Gefahr des Selbstlenkens.

- **Achslast**

Die Vorderachslast ist wegen des meist vorn liegenden Antriebsaggregates höher als die Hinterachslast. Die Zuladung aber beeinflusst die Vorderachse weit geringer als die Hinterachse.

- **Bremskräfte**

Die Bremskräfte sind an den vorderen Rädern immer höher als an den Hinteren (60–70 % der Gesamtbremskraft), weil beim Bremsen wegen der Trägheitskräfte die Vorderachse mehr belastet und die Hinterachse entsprechend entlastet wird. Die Bremsanlage muss demnach an der Vorderachse größer dimensioniert sein.

- **Crash**

Beim Frontalcrash muss die Vorderachse einen Anteil der Crashenergie aufnehmen. Das bedeutet, dass Aufhängungsteile und Achsträger mit dem Verformungs-verhalten des Vorderwagens abgestimmt sein müssen.

- **Fußgängerschutz**

Die neuen Regelungen des Fußgängerschutzes erfordern einen Freiraum zwischen der Motorhaube und darunter liegenden harten Teil. Diese Regelung kann die Lage des höchsten Kinematikpunktes (z. B. die obere Dämpferanbindung) beeinflussen.

14.5.2 Komponenten der Vorderachse

Neben Radführung gehören Lenkung, Federung, Dämpfung, Radlagerung, Radbremse und in der Regel ein Stabilisator sowie ein Achsträger, zu Komponenten der Vorderachse. Häufig werden auch die Lenksäule und das Lenkrad hinzugezählt. Das Antriebsaggregat wird gerne auf dem Hilfsrahmen mit 2 bis 3 Gummilagern (meist Hydrolager, zum Teil sogar regelbar) befestigt. Diese Lagerung gehört ebenfalls zu den Komponenten der Vorderachse. ◘ Abb. 14.107 zeigt eine angetriebene Vorderachse, die in einzelne Komponenten zerlegt ist.

14.5.3 Einsatzgebiete der Vorderachstypen

Breite Verbreitung hat die McPherson-Aufhängung als Vorderachse gefunden (in 2005 weltweit 78 %), gefolgt von der Doppelquerlenkerachse (20 %). Alle restlichen Aufhängungsarten machen gerade 2 % der in 2012 weltweit 63 Mio. gebauten Fahrzeuge aus.

75 % dieser Fahrzeuge haben einen Frontantrieb. Hier liegt die Einsatzquote der McPherson-Aufhängung sogar bei 90 % (◘ Abb. 14.108).

Bei den nicht angetriebenen Vorderachsen dagegen ist der Doppelquerlenker mit 53 % häufiger als McPherson mit 39 %. Die Mehrlenkerachsen findet man mit 15 % ausschließlich (Ausnahme Audi A4/6/8) bei nicht angetriebenen Vorderachsen, jedoch insgesamt nur bei 1 % aller Vorderachsen.

Die Starrachse wird nur noch zu 1,4 % an den Vorderachsen bevorzugt, davon 0,8 % bei den Allradfahrzeugen (Die starre Vorderachse ist immer noch in 12 % der Allradfahrzeuge verbaut, wobei die Allradfahrzeuge lediglich 13 % der Gesamtfahrzeuge ausmachen).

◘ Abb. 14.109 zeigt eine Aufstellung für die bekannten Volumenmodelle der unteren Fahrzeugklassen. Hier werden fast ohne Ausnahme McPherson-Federbeinaufhängungen verwendet.

◘ Abb. 14.110 zeigt im Vergleich dazu eine Aufstellung der Premiummodelle der

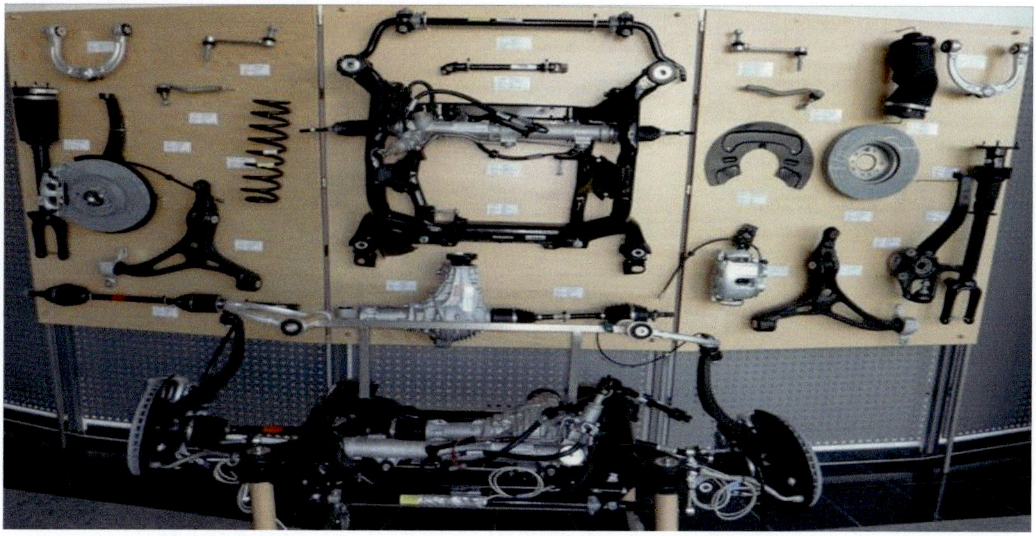

Abb. 14.107 Komponenten einer Vorderachse (VA: Mercedes GLE-Klasse, Bj. 2007)

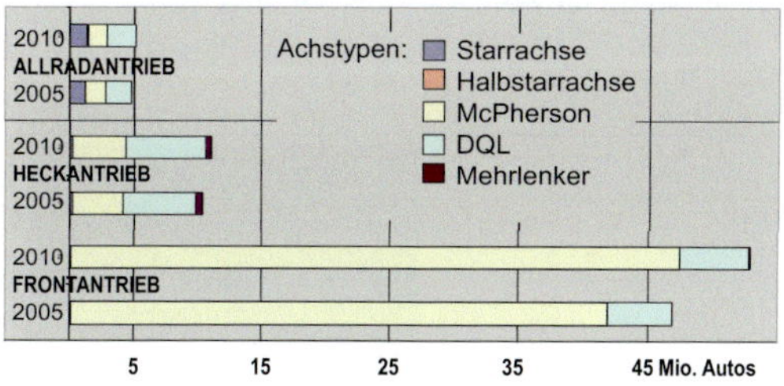

Abb. 14.108 Anteile der Vorderachstypen weltweit in den Jahren 2005 und 2010

oberen Klassen. Hier sind überwiegend Vier- und Fünflenker Einzelradaufhängungen bevorzugt. Vereinzelt sind aber noch McPherson Aufhängungen mit aufgelösten unteren Lenkern zu finden. Reine Doppelquerlenker mit kurzer Lenkachse sind heute kaum noch anzutreffen.

14.5.4 Besonderheiten der Vorderachsen

Wie diese Auswertung zeigt, sind zwei Bauarten für die Vorderachse von Bedeutung: Federbein- (McPherson) und Doppelquerlenker. Das Auflösen der Dreiecksquerlenker zu Einzellenkern in beiden Konfigurationen eliminiert Nachteile und führt zu weiteren Derivaten dieser Konzepte, wie 4- und 5-Lenker-Vorderachsen.

Doppelquerlenker- bzw. Mehrlenkervorderradaufhängungen sind in oberer Mittelklasse an Fahrzeugen mit großen Längsmotoren eingebaut, wegen hoher Achslasten und Antriebskräfte sowie der Kombinationsfähigkeit mit Luftfederung. Federbeinaufhängungen hingegen werden für die kleineren Fahrzeuge hauptsächlich wegen des sehr guten Kostens/ Nutzen-Verhältnisses, des geringen Platzbedarfes und Gewichts verwendet.

14.6 Einzelradaufhängungen der Hinterachse

Metin Ersoy

Eine Hinterachse ohne Hinterradlenkung benötigt keine Lenkbarkeit. Sie ist insofern Lenkkinematisch einfacher auszulegen als die Vorderachse. Der Fahrer hat dagegen keine Möglichkeit das Verhalten der Achse

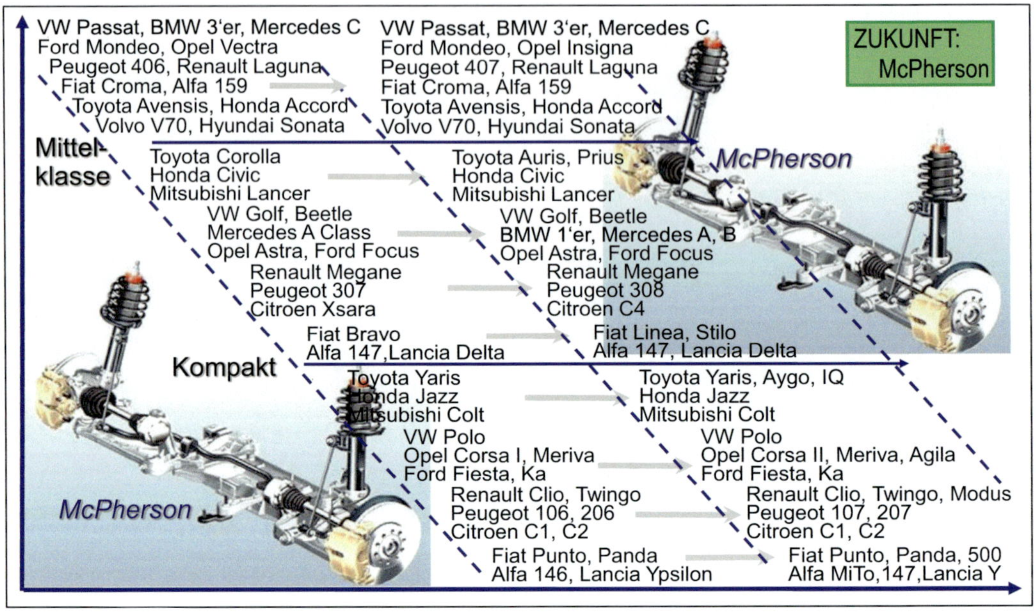

Abb. 14.109 Zukunftstendenzen der Vorderachsen für die unteren Fahrzeugsegmente (Stand 2016)

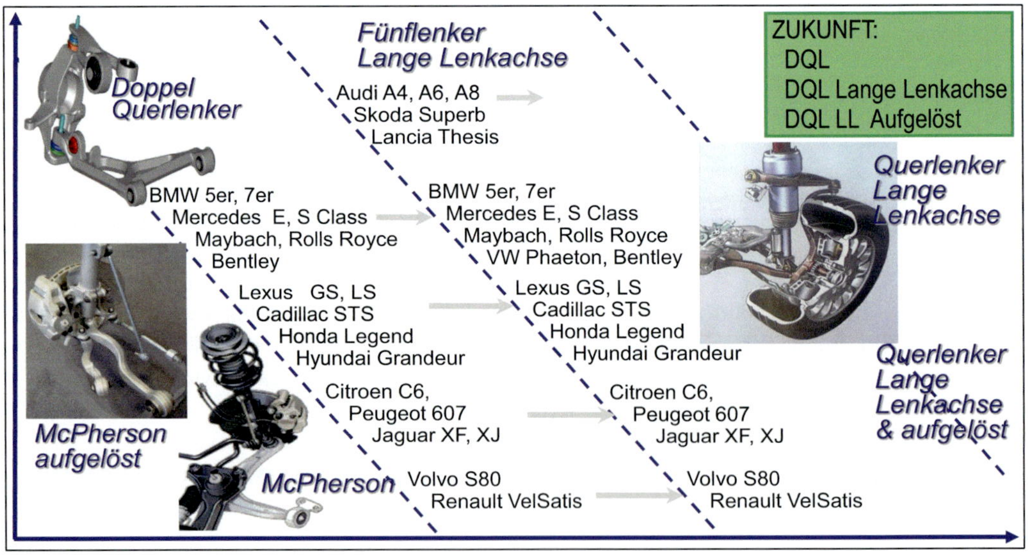

Abb. 14.110 Zukunftstendenzen der Vorderachsen für die oberen Fahrzeugsegmente (Stand 2016)

durch Lenken zu beeinflussen. Dagegen ist der Einfluss der Hinterachse beim Wanken, Nicken, Geradeausfahrt und Eigenlenkverhalten sehr groß und bedarf sorgfältig abgestimmte Kinematik. Besondere Bedeutung hat die Hinterachsaufhängung wegen der Antriebsmomenten bei den Fahrzeugen mit Heckantrieb.

14.6.1 Anforderungen an die Hinterachsen

Die folgende Liste fasst die Anforderungen an die fahrdynamischen Eigenschaften der Hinterachse:
- Geringe Spur-, Sturzänderungen wegen Reifenverschleiß.
- Das Wankzentrum sollte nicht zu hoch liegen, um die Geradeausfahrtstabilität zu sichern.
- Die Räder müssen sich beim Einfedern und unter Längsstößen nach hinten verschieben können (Längsnachgiebigkeit, Schrägfederung).
- Hohe Steifigkeit um die Radhochachse, um Vorlauf bei pneumatischem Nachlauf zu sichern.
- Konstante Vorspur oder geringe Zunahme der Vorspur bei Kurvenfahrt (Seitenkraft- und Wanklenken), insbesondere am kurvenäußeren Rad.
- Moderate Zunahme der Vorspur beim Bremsen in der Kurve.
- Guter Nickausgleich beim Beschleunigen, Bremsen.
- Hohe Sturzsteifigkeit unter Querkraft für gute Kurvenstabilität, gutes Lenkgefühl und hohe Agilität.
- Geringe Nachlaufänderungen unter Quer- und Bremskräften, um die Empfindlichkeit gegenüber Bremsrubbeln und Achsschütteln klein zu halten.
- Keine Antriebsmomentabstützung über das Rad und keine damit zusammenhängende Radlastschwankungen bei Antriebsmomentänderungen.

Im Wesentlichen sind drei Horizontalkräfte, die am Rad wirken, von Bedeutung:
- Längskräfte an der Radmitte, die als Stöße durch die Unebenheiten auf der Fahrbahn entstehen,
- Längskräfte am Reifenlatsch, die beim Bremsen oder Beschleunigen entstehen,
- Querkräfte am Reifenlatsch, die bei der Kurvenfahrt entstehen.

Für einen guten Fahrkomfort sind die Längsstöße abzumindern, wenn die Radmitte möglichst große Längsnachgiebigkeit aufweist (ca. 10 % der Vertikalfederung).

Die Kräfte am Reifenlatsch sollten das Hinterrad in Richtung Vorspur bewegen (gutes Eigenlenkverhalten).

Die Aufhängung muss dagegen eine sehr hohe Quersteifigkeit aufweisen, damit sich unter Einfluss von Seitenkräften Sturz und Nachlauf nicht bzw. minimal ändern.

Die Hinterachse zeigt die folgenden Besonderheiten:

■ Abhängigkeit von der Zuladung

Die beladungsabhängigen Achslaständerungen sind an der Hinterachse deutlich ausgeprägter, weil das Gewicht des Gepäcks und der Fahrzeuginsassen sowie die Kupplungsstützlast für die Anhänger in erster Linie die Hinterachse belasten. Bei passiven Stahlfedern ändern sich mit der Zuladung Federweg, Radstellung, die Auslenkung der Gummilager und der Aufbaueigenfrequenz. Die Lösung ist der Einsatz von Niveauregelung durch Luftfederung, Nivomat, Elektromotor oder auch durch CDC Dämpfer (s. ► Abschn. 10.6.2 und 10.8.2).

■ Antriebsmomentenabstützung

Die Oberklassenfahrzeuge und SUVs haben sehr oft eine angetriebene Hinterachse, die hohe Drehmomente überträgt. Diese sind in der Aufhängung gut abzustützen um Fahrsicherheit und Komfort nicht zu beeinträchtigen.

■ Fahrkomfort, Schluckvermögen der Stöße

Die Stöße und Schwingungen aus der Hinterachse, die von der Fahrbahn in den Aufbau übertragen werden, sind für die hinten sitzenden Insassen besonders wahrnehmbar. Deshalb muss eine Hinterachsaufhängung diese gut isolieren können. In dieser Hinsicht ist das wichtigste Merkmal die Parallelbewegung (Längselastizität) des Rades, wenn ein Längsstoß auftritt. Das Merkmal ist nur durch die Radaufhängung und deren Elastokinematik zu optimieren. Die Anbindungspunkte der Radaufhängung an der Karosserie sind ebenfalls komfortrelevant. Diese müssen Besonders in der Längsrichtung immer durch großvolumige Gummilager bestückt sein. Besser ist jedoch der Einsatz eines Achsträgers.

- **Einbauraumverhältnisse**

Im Package muss die hintere Aufhängung möglichst schmal und flach bauen, um größten Freiraum, mit großer Durchladebreite und tiefer Ladekante zu erreichen.

- **Einfluss auf die Agilität, Torque Vectoring**

Heute werden Allradfahrzeuge mit aktiver Quermomentenverteilung an der Hinterachse angeboten.

Dieses Achsgetriebe verteilt das Drehmoment zwischen dem rechten und linken Rad derart, dass das Fahrzeug im Kurveneingang aktiv in die Kurve gedreht wird.

- **Modularität der Hinterachsen**

Ein sehr wichtiger Gesichtspunkt bei der Auslegung von Plattformhinterachsen ist die Vorgabe, dass die Achse sowohl für das Frontantriebsfahrzeug aber auch für Allradversionen geeignet ist. Die in größeren Stückzahlen gebauten Frontantriebfahrzeuge dürfen keine unnötigen Mehrkosten wegen der Allradversionen aufweisen. Zwei unterschiedliche Versionen bedeuten dagegen zu viele zusätzliche Einzelteile, Werkzeug- und Entwicklungskosten. Der beste Weg ist die nicht angetriebene Achse so zu optimieren, dass sie mit möglichst wenigen Änderungen und möglichst vielen Gleichteilen von der angetriebenen Achse abgeleitet werden kann. Ein Beispiel zeigt Abb. 14.111 anhand der VW Golf VII Hinterachse.

- **Einfluss der Modellvarianten**

Eine weitere Herausforderung bei den Hinterradaufhängungen ist die Sicherstellung, dass viele unterschiedliche Modellvarianten (Limousine, Kombi, Coupé, Cabriolet usw.) und Antriebsvarianten (Front-, Heck-, Allradantrieb) mit möglichst wenigen Änderungen an der Achse zu realisieren sind.

14.6.2 Komponenten der Hinterachse

Neben den Radführungskomponenten Federung, Dämpfung, Radträger, Radlagerung, Radbremse, gehören auch Achsträger samt Lagerung (Starr- und Halbstarrachsen sowie einigen nicht angetriebenen Einzelradaufhängungen benötigen keinen

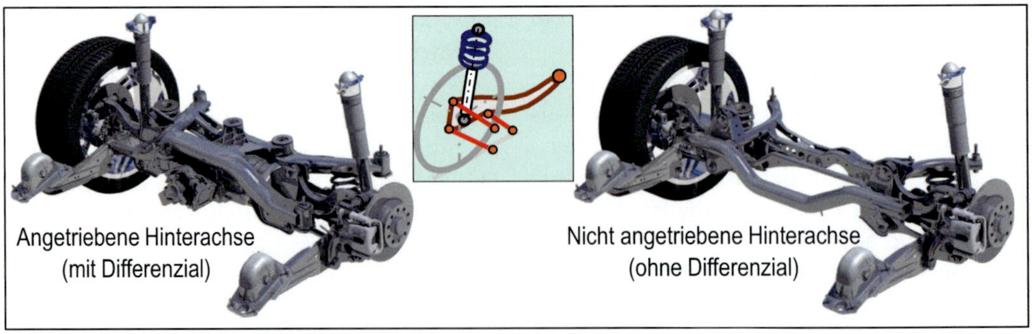

Abb. 14.111 Mehrlenker-Hinterachsen des Golf VII, Bj. 2012, die sich nur beim Achsträger unterscheiden [20]

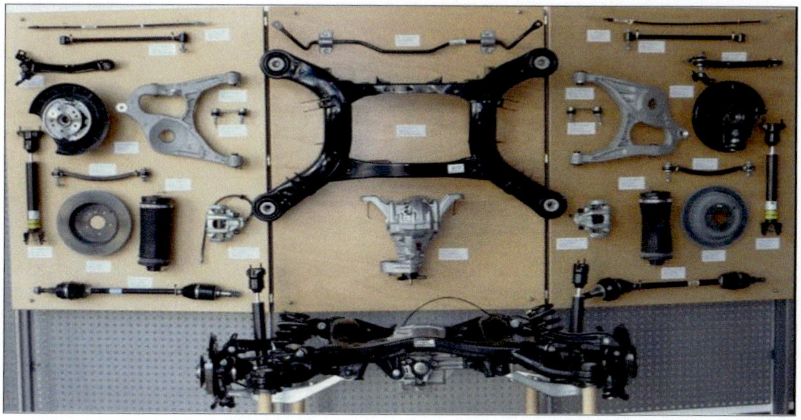

Abb. 14.112 Komponenten einer Hinterachse (HA: Mercedes GLE-Klasse Bj. 2007)

Achsträger), Stabilisatorstange, sowie bei angetriebenen Achsen ein Ausgleichgetriebe und Seitenwellen samt ihrer Aufhängung zu den Komponenten der Hinterachse (Abb. 14.112).

14.6.3 Einsatzgebiete der Hinterachstypen

Wie die Auswertung für die Jahre 2005 und 2010 zeigt, ist die Variantenvielfalt bei den Hinterachsen deutlich größer als bei den Vorderachsen. Es sind 5 Achskonzepte, die häufig zu finden sind: Mit 26 % führen die Verbundlenkerachsen gefolgt von Starr- bzw. Mehrlenkerachsen mit jeweils 23 %. Weitere drei Konzepte sind noch von Bedeutung: Doppelquerlenker, Längslenker (jeweils8 %) und Torsionskurbelachsen (6 %). Schräglenker (2,3 %) und Raumlenker (1,8 %) haben von ihrer Verbreitung her kaum eine Bedeutung (Abb. 14.113).

Abb. 14.114 zeigt die Zukunftstendenzen der Hinterachsen für die unteren Fahrzeugsegmente. Hier werden mehrheitlich Verbundlenkerachsen verwendet. Bei einigen Modellen werden auch Mehrlenkerachsen (1 Längs- und 3 Querlenker) eingebaut.

Abb. 14.115 zeigt die Aufstellung der bekannten Premiummodelle der oberen Klassen. Hier konkurrieren drei unterschiedliche hochwertige Aufhängungstypen: Integrallenker, Vierlenker und Fünflenkeraufhängungen.

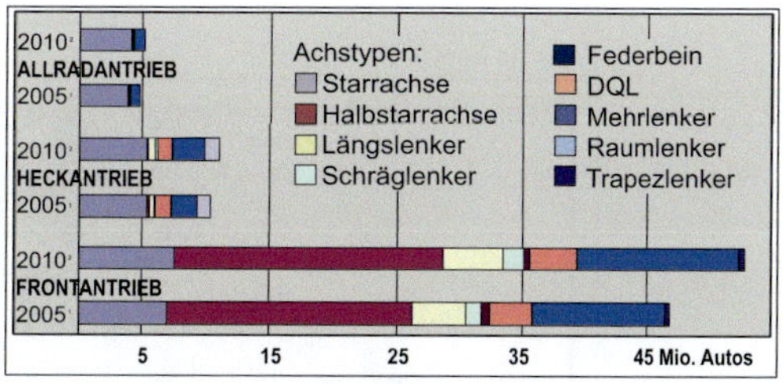

Abb. 14.113 Anteil der HA-Typen in 2005 und 2010

14.6.4 Besonderheiten der Hinterachsen

14.6.4.1 Nicht angetriebene Hinterachsen

Bei den nicht angetriebenen Hinterachsen führen die halbstarren Bauarten mit 42 % (Verbundlenker 34 %, Torsionslenker 8 %,).

Für nicht angetriebene Kleinwagen-Hinterachsen sind die Verbundlenkerachsen aus Nutzen/Kosten Betrachtungen her die günstigste Auswahl (Abb. 14.114 rechts). Auch bei der unteren Mittelklasse

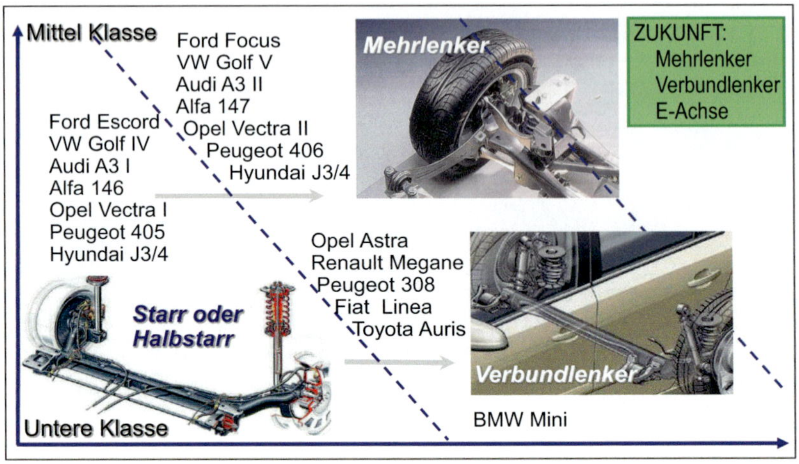

■ **Abb. 14.114** Zukunftstendenzen der Hinterachsen für die unteren Fahrzeugsegmente (Stand 2016)

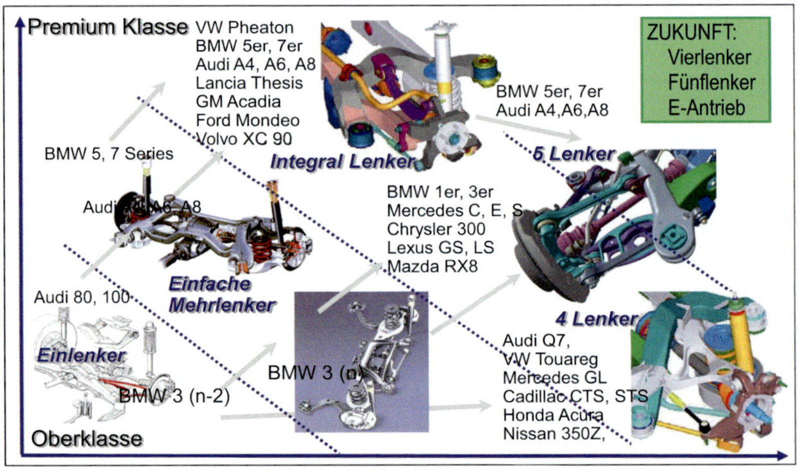

■ **Abb. 14.115** Zukunftstendenzen der Hinterachsen für die oberen Fahrzeugsegmente (Stand 2016)

werden Verbundlenkerachsen häufig verwendet (Opel Astra, Fiat Punto, Peugeot 207, Renault Clio, Toyota Auris), weil die Mehrkosten der Mehrlenkeraufhängungen trotz ihrer fahrdynamischen Vorteile im Markt kaum akzeptiert werden.

In der unteren Mittelklasse setzt sich die Mehrlenkeraufhängung immer mehr durch (23,5 %). Sie wird gefolgt von Starrachsen mit 12,2 % (ausschließlich bei SUVs und Light Trucks).

Die aufwendigen Mehrlenkeraufhängungen finden erst ab der Mittelklasse Verwendung, weil hier die Mehrkosten in Kauf genommen werden. Die Starrachsen sind nur bei einigen allradangetriebenen großen Pkw und Transportern sowie Light Trucks wegen der deutlich höheren Belastbarkeit zu finden.

14.6.4.2 Angetriebene Hinterachsen

Die Starrachsen werden bei den angetriebenen Hinterachsen mit 57 % deutlich bevorzugt (◘ Abb. 14.113). Es ist absolut gesehen jedoch ein kleiner Anteil von 14 % aller Hinterachsen und beschränkt sich auf SUVs und Light Trucks. Mehrlenker- (21 %) und Raumlenkerradaufhängungen (8 %) folgen die Starrachsen. In Europa werden bei Mittel- und Obereklassenfahrzeugen fast ausschließlich diese Bauarten bevorzugt. Schließlich haben bei den angetriebenen Hinterachsen die Doppelquerlenkeraufhängungen einen Anteil von 9 %.

Die bei Premiumfahrzeugen häufig verwendete Integrallenkeraufhängung ist zuletzt auch bei Marken wie Ford und Volvo eingeführt worden.

Gleichzeitig sind die Marken BMW und AUDI von der Integrallenker- zur Raumlenkeraufhängung gewechselt, die je nach Anwendungsfall Package- und Gewichtsvorteile hat.

14.6.4.3 Verbundlenker Hinterachsen

Die Verbundlenkerachse ist führend bei allen frontangetriebenen kleinen bis mittelgroße Fahrzeuge mit Frontmotor; in erster Linie wegen der unschlagbar günstigen Kosten und der kompakten Abmessungen. Deshalb werden die limitierten kinematischen Eigenschaften in der Kurvenfahrt und beim Bremsen für Volumenmodelle in Kauf genommen. Es wird aber ständig versucht, die fahrdynamischen Eigenschaften zu verbessern ohne das Verbundlenkerkonzept zu ändern.

Eine sehr aktuelle Lösung ist im neuen Opel Astra zu finden. Die Verbundlenkerhinterachse wird mit einem in der Achsmittellinie befestigten Watt-Gestänge erweitert, um die Querkräfte besser abzustützen, die Quersteifigkeit zu erhöhen und die Übersteuertendenz zu reduzieren (s. ► Abschn. 14.3.3.1 ◘ Abb. 14.28).

Die Koppelstangen der Watt-Gestänge sind an den Radträgern gelagert. Das drehbar am Aufbau gelagerte kurze Mittelglied stützt die beiden Koppelstangen ab und leitet deren Querkräfte zum Aufbau weiter.

14.6.4.4 Mehrlenker Hinterachsen

Für die mittleren und oberen Klassen, besonders wenn diese angetriebenen Hinterachsen haben, kommen die günstigen Verbundlenkerachsen nicht infrage. In diesen Klassen finden in erster Linie Mehrlenkerachsen Anwendung. Durch die 4 bis 5 Lenker sind hier die Auslegungsfreiheiten so groß, dass man alle an eine Hinterachse gestellten Anforderungen erfüllen kann. Dabei werden die höheren Kosten und Gewicht in Kauf genommen.

14.6.4.5 Hinterachsen für Elektrofahrzeuge

Mit der Einführung des Elektroantriebs wurden neue Randbedingungen für die Auslegung der Hinterachse geschaffen, sofern ein Heck- oder Allradantrieb realisiert wird. In diesem Fall ist ein Elektromotor mit Differential oder alternativ zwei Elektromotoren in die Hinterachse zu integrieren. Die Kardanwelle kann dann entfallen.

Am einfachsten ist die Umwandlung bei den Starrachsen wie im ◘ Abb. 14.116 zu sehen ist [28].

Komplizierter wird die Anpassung bei den Mehrlenkerachsen. ◘ Abb. 14.117 zeigt als Beispiel ZF mSTARS Hinterachse mit E-Motor, Motorsteuerung zusätzlich mit Hinterachslenkung [29].

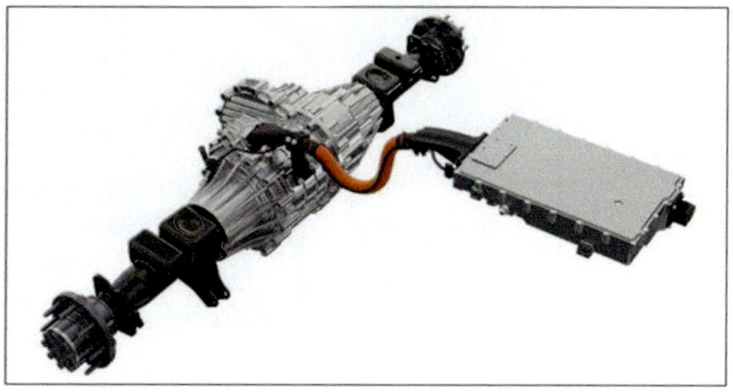

◘ **Abb. 14.116** Magna eBeam Starachse [28]

■ Abb. 14.117 ZF mSTARS Hinterachse mit Elektroantrieb und Hinterachslenkung [29]

■ Abb. 14.118 zeigt die Mercedes EQS (ein Elektro SUV) Hinterachse von unten. Hier bleibt die Aufhängungsart (5- bzw. Raumlenkeraufhängung) unverändert bestehen.

Der E-Motor ist in der Mitte des Hilfsrahmens positioniert, Differenzial und Seitenwellen bleiben erhalten. Auch hier wurde eine elektrische Hinterachslenkung eingebaut. Die Seitenansicht dieser Achse zeigt das ■ Abb. 14.119.

■ Abb. 14.120 zeigt die MEB Plattform von Volkswagen, hier als Allradantrieb. Vorder- und Hinterachse wurden so konzi-

■ Abb. 14.119 Mercedes EQS HA (Seitenansicht)

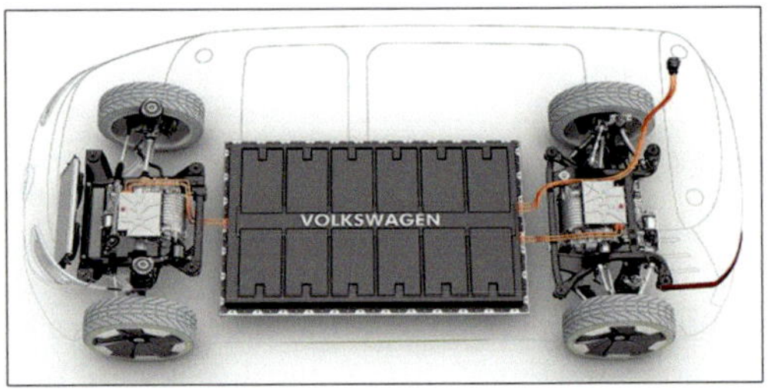

■ Abb. 14.120 VW MEB Plattform als Allradantrieb mit e-Motoren vorn und hinten

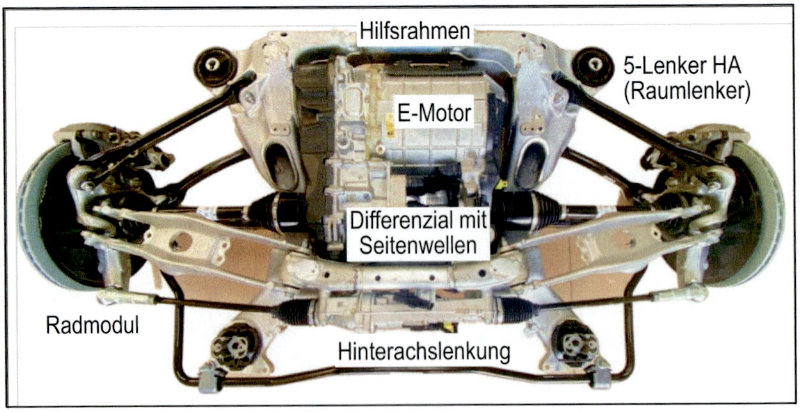

■ Abb. 14.118 Mercedes EQS SUV – HA mit E-Motor Bj. 2022 (Ansicht von unten)

piert, dass die Batterie einen großen, rechteckigen und damit kostengünstigen Bauraum erhält. Hierzu wurde die Hinterachse als 5-Lenker-Variante realisiert, da die 4-Lenker-Variante des MQB (Verbrennerbaukasten) mit ihren zwei Längslenkern in den Bauraum der Batterie hineinragt-

14.7 Gesamtahrwerk

Metin Ersoy

Das Zusammenwirken beider Achsen und deren Anpassung zueinander bestimmt, wie gut die Eigenschaften des Gesamtfahrwerks sind. Mit einer guten Vorderachse und einer ebenfalls guten Hinterachse, die jedoch nicht zueinander und zum Rest des Fahrzeugs passen, kann kein gutes, optimales Fahrverhalten erreicht werden. Insofern lassen sich die beiden Achsen nie unabhängig voneinander auswählen, auslegen und abstimmen.

14.7.1 Zusammenspiel von Vorder- und Hinterachse

Die kinematischen Eigenschaften der Vorder- und Hinterachse sind aufeinander abzustimmen, um ein harmonisches Gesamtfahrzeugverhalten zu erhalten. Wichtig sind die Wankpole, durch die die Wankachse des Aufbaus verläuft. Allgemein wird eine leicht nach vorne geneigte Wankachse als stabilisierend beurteilt, die absolute Höhe muss sich an der Lage des Fahrzeugschwerpunkts orientieren. Auch der Nickausgleich ist zwischen den Achsen so abzustimmen, dass der Fahrer beim Bremsen neben einem geringen Nickwinkel möglichst kein Anheben erfährt.

Vertikaldynamisch sind die Eigenfrequenzen beider Achsen leicht unterschiedlich zu wählen, um ausgeprägte Nickeigenschwingungen auszuschließen.

14.7.2 Eigenlenkverhalten des Fahrzeugs

Die gegenseitige Beeinflussung der Achsen macht sich hauptsächlich beim Eigenlenkverhalten des Gesamtfahrzeugs bemerkbar (s. ► Abschn. 2.5.3.2). Aufgrund der Lage des Antriebs und der Gewichtsverteilung zeigen Fahrzeuge mit Vorderradantrieb im Prinzip ein Untersteuerverhalten, dagegen diejenigen mit Hinterradantrieb und mit einem hinten liegenden Schwerpunkt eine Tendenz zum Übersteuern. Dies kann durch Auswahl und Auslegung geeigneter Aufhängungstypen ausgeglichen werden.

Ziel für die Auslegung ist in der Regel ein neutrales bis untersteuerndes Eigenlenkverhalten. Erreicht wird dies durch entsprechende Kinematik und Elastokinematik und Stabilisatoren der Achsen. Während sich die Vorspur an der Vorderachse unter Seitenkraft oder/und beim Einfedern am kurvenäusseren Rad verringern soll, sollte sie sich an der Hinterachse vergrößern. So wird ein stabilisierendes Kurvenverhalten erreicht. Zudem sind die Feder- und Stabilisatorsteifigkeiten als auch die Wankpole so zueinander abzustimmen, dass die Kraftschlussgrenze der Reifen zunächst an der Vorderachse erreicht wird. Breitere Reifen an der Hinterachse können zur weiteren Stabilisierung beitragen.

Das dynamische Eigenlenkverhalten kann gegenüber dem quasistationären Verhalten auch über die Auslegung der Schwingungsdämpfer beeinflusst werden, denn die Radlastverteilung wird beim dynamischen Anlenken und damit Aufbauwanken auch durch die Kräfte der Schwingungsdämpfer mitbestimmt.

14.7.3 Konstruktionskatalog als Auswahlhilfe für die Achstypen

Obwohl es viele vergleichende Untersuchungen zu den verschiedenen Aufhängungsvarianten gibt, entscheiden sich die Automobilhersteller für die neuen Modelle sehr oft aus ihrer Firmentradition und langfristigen Achsstrategien für das Altbewährte. Es sind einerseits die umfangreichen Erfahrungen, die sie mit ihrer eigenen Lösung gesammelt haben, andererseits die Pflege des Markenmage, die eine bestimmte Lösung als Markenzeichen mit der Firma verbindet und vom Kunden wahrgenommen wird. Ein Beispiel dazu sind die Vorderachstypen der japanischen Hersteller, die sich sehr stark voneinander unterscheiden (◘ Abb. 14.121) [30].

Insofern ist es selten der Fall, die Aufhängungsart eines neuen Modells anhand objektiver Kriterien, die in einem Konstruktionskatalog zusammengefasst werden können, zu entscheiden.

Die Konstruktionskataloge beinhalten alle bekannten Lösungen für die technischen Aufgaben mit deren für die Auswahl relevanten Eigenschaften. Die Lösungssammlung ist systematisch gegliedert. Die Eigenschaften sind für die einzelnen Lösungen unmittelbar miteinander vergleichbar, um eine möglichst objektive Auswahl zu ermöglichen [31].

Ein Katalog für die Achsen und Aufhängungen wird gewiss nie für die Entscheidung des Achskonzepts neuer Modelle benutzt. Er bietet aber eine sehr übersichtliche und komprimierte Sammlung aller Ausführungsmöglichkeiten samt deren Merkmalen für die Vorder- und Hinterachsen (◘ Tab. 14.3) [31].

14.8 Radaufhängungen der Zukunft

Metin Ersoy und Stefan Gies

14.8.1 Achstypen der letzten 40 Jahre

Vergleicht man die Porsche Studie aus 1985 und 1995 (nur in der BRD) [32] mit den Zulassungszahlen von 2000 [33] und 2005 [34] stellt man folgende Änderungen und Tendenzen fest:

- das Federbein vorn ist mit Abstand führend (78 %),
- der Anteil der Doppelquerlenker vorn mit Antrieb sinkt leicht auf 7,5 % im Jahr 2005, nach starken Steigerungen in den Jahren 1985 bis 1995,
- der Anteil der Doppelquerlenker vorn ohne Antrieb sinkt stark auf 9,2 % im Jahr 2005, nach starkem Anstieg in den Jahren 1985 bis 1995, der Anteil der

14

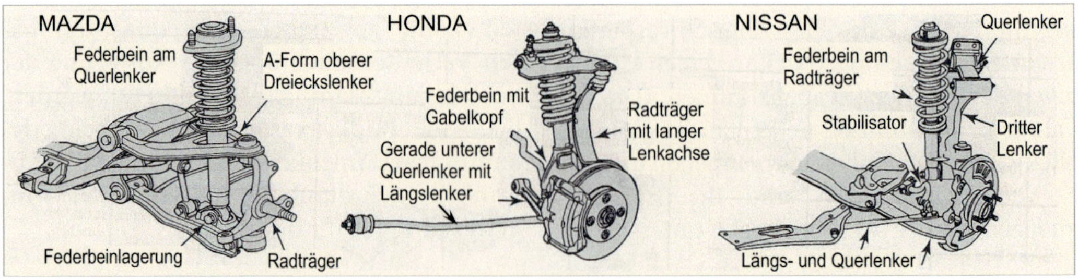

◘ **Abb. 14.121** VA-Aufhängungsarten der drei japanischen Automobilhersteller [30]

Tab. 14.3 Konstruktionskatalog für die Achsen und Radaufhängungen [31]

CLASSIFICATION SECTION											MAIN SECTION			ASSESEMENT SECTION																										
														General					Kinematics					HANDLING					Ride Comfort						Economics					
Axle (Front / Rear)	Suspension Type (R,SR,I)	Link Connection Type (D,I)	Number of Links (1-5)	Link Orientation (L, T, D)	Two-Point Links	Three-Point Links	Four-Point Links	Rotational Sliding Joints	Stationary Links	Steering Toe Links	Standard Designation	Other Names or Types	Configuration number	Modernity	Suitability as a driven axle	Suitability as a non-driven axle	Suitability as off-road/heavy duty	Total axle module weight	Scrub radius	Disturbance force lever arm	Wheel Load Lever Arm Length	Braking Support Angle	Wheel to spring/damper ratio	Wheel orientation parameters	Kinematic changes during drive	Elastokinematic changes d. drive	Unsprung mass	Resistance to misuse	Vibration response behavior	Diagonal / longitudinal springing	Acceleration / Braking behavior	Required steering effort	Unsprung mass	Acoustic properties	Chassis loading	Modularity	Space optimization	Assembly costs	Component costs	Manufacturing costs
Front Axle	Rigid	Direct	1	T	-	-	-	-	-	1	Rigid Axle	Dependent Suspension	F1	1	3	3	5	1	3	2	2	1	5	2	2	2	1	4	1	2	3	3	1	1	4	4	2	3	4	3
	Independent	Direct	3	L	-	1	-	1	-	1	McPherson Suspension	Spring- / Damper Strut, Coilover	F2	5	5	5	3	4	4	3	3	3	5	4	5	4	5	3	3	4	3	3	5	5	3	4	4	3	5	5
			4	L/D	2	-	-	1	-	1	Strut with 2 Two-Point Links	Double-Joint McPherson	F3	3	5	5	3	4	5	4	4	3	5	5	4	4	5	2	4	4	4	4	5	5	3	4	4	2	4	4
		Indirect	2	L	-	1	-	-	-	1	Lateral Arms with T-Leaf Spring	Leaf Spring Link Suspension	F4	1	2	5	4	3	3	3	4	2	3	2	3	2	2	2	2	2	2	3	2	2	4	4	5	2	4	5
			3	L	-	2	-	-	-	1	Double Wishbone	Short/Long Arms (SLA)	F5	3	5	3	4	2	4	4	4	5	3	4	5	5	5	2	5	5	5	3	4	5	2	1	1	2	1	2
			4	L/D	2	1	-	-	-	1	Decomposed SLA	Multi-Link with Three-Point Link	F6	3	5	3	3	2	5	5	5	4	3	5	5	5	5	2	5	5	5	4	4	5	2	1	2	2	1	2
			5	L/D	4	-	-	-	-	1	Four-Link Suspension	Multi-Link with 4 Two-Point Links	F7	2	5	3	3	2	5	5	5	5	3	5	5	5	5	3	5	5	5	5	4	5	2	1	2	1	1	1
Rear Axle	Rigid	Direct	1	T	-	-	-	-	1	-	Rigid Axle with Leaf Springs	Dependent Leaf Spring Susp.	R1	1	4	4	5	2	-	-	-	3	5	1	2	1	1	4	1	1	1	-	1	1	4	4	3	3	4	4
			2	T/D	2	-	-	-	-	-	Rigid Axle with Coil Springs	Dependent Coil-Spring Susp.	R2	3	4	4	5	3	-	-	-	3	5	2	2	2	2	3	1	1	1	-	1	1	4	4	3	2	4	4
			3	D	2	-	-	-	1	-	De Dion Axle	Yoke or Parabolic Axle	R3	1	4	2	2	2	-	-	-	3	5	2	2	3	2	3	1	1	2	-	2	2	4	3	3	2	3	3
	Semi-Rigid	Direct	1	T	-	-	-	-	1	-	Twist Beam Axle (TBA)	Standard, Coupling-type TBA	R4	5	1	5	1	5	-	-	-	3	5	4	4	1	4	2	2	1	4	-	4	2	5	1	4	4	5	5
					-	-	-	-	1	-	Torsion-type Twist Beam Axle	Torsion Arm Axle	R5	2	1	4	1	4	-	-	-	3	5	4	3	1	3	2	2	1	3	-	3	2	4	3	3	4	4	4
	Independent	Direct	1	T	-	-	-	-	1	-	Trailing Arm Suspension	Swing Axle Suspension	R6	2	1	3	2	3	-	-	-	3	5	1	1	1	4	2	4	1	4	-	4	1	2	4	4	4	1	3
				D	-	-	-	-	1	-	Semi-Trailing Arm Suspension	Diagonal-, Screw- or Central Link	R7	2	3	3	3	3	-	-	-	5	5	2	2	1	4	2	4	1	3	-	4	2	4	4	2	4	4	4
			2	L	-	1	-	1	-	-	Rear McPherson, Chapman	Coilover Strut Suspension	R8	2	3	3	2	3	-	-	-	4	5	5	4	4	5	2	3	4	3	-	5	3	3	4	4	1	5	4
			3	L/D	2	-	-	1	-	-	Strut with 2 Two-Point Links	D-J Chapman, Strut & Links	R9	3	3	3	2	3	-	-	-	5	5	5	5	4	5	2	4	4	4	-	5	3	3	4	4	1	4	4
		Indirect	3	D	1	2	-	-	-	-	Double Wishbone	Short/Long Arms (SLA)	R10	4	5	3	4	3	-	-	-	5	3	4	5	5	5	2	5	5	5	-		5	2	1	1	2	1	2
			4	L/D	3	1	-	-	-	-	Decomposed SLA	Multi-Link with Three-Point Link	R11	3	4	3	3	3	-	-	-	5	4	5	5	5	5	2	5	5	5	-	4	5	2	1	2	2	1	2
					3		1	-	-	-	Integral Link Suspension	Multi-Link with Trapezoidal Link	R12	2	5	1	2	1	-	-	-	5	3	4	4	4	4	3	4	4	5	-	4	4	2	1	2	1	1	1
				T/L	3	-	-	-	1	-	Multi-Link with Trailing Arm	Trailing Blade, Trailing SLA, E-Link	R13	4	3	3	2	3	-	-	-	4	4	4	4	5	4	3	4	5	5	-	4	4	2	1	2	1	2	2
			5	L/D	5	-	-	-	-	-	Five-Link, (Full) Multi-Link	Three-Dimensional Multi-Link	R14	4	5	2	1	1	-	-	-	5	3	5	5	5	5	2	5	5	5	-	5	5	2	1	1	1	2	2

Legend: T= Trailing arm, longitidunal arm, L= Lateral arm, D= diagonal arm, semi-trailing arm

SLA: Short Long Arm; Double Wishbone, TBA= twist Beam Axle, Susp.= Suspension, D-J= Duble Joint

Starrachsen sinkt sowohl als Vorderachse (1,4 %) als auch als Hinterachse (22,5 %),

- der Anteil der Halbstarrachsen hinten gehen auf 31 % zurück im Jahr 2005, nach 35 % im Jahr 1995,
- auch Längs- und Schräglenker hinten werden seltener (von 12,6 % im Jahr 2003 auf 10,2 % in 2005),
- der Doppelquerlenkeranteil hinten steigt von 6,1 % auf 8 %, insbesondere bei nicht angetriebenen Achsen,
- der Anteil der Mehrlenkeraufhängungen hinten bleibt stabil bei 25 %,
- der Anteil des Feder-/Dämpferbeins hinten hat keine Bedeutung mehr (1,2 %),
- der Allrad-Anteil ist von 4,5 auf 6,5 % gestiegen,
- der Frontantrieb dominiert deutlich (76,5 %).

14.8.2 Häufigkeit der aktuellen Achstypen

Die Vielfalt der Achstypen der 70 Mio. in 2010 und 90 Mio. in 2015 produzierten Fahrzeugen ist überschaubarer geworden. ◘ Abb. 14.122 zeigt die Anteile für die Vorder- und ◘ Abb. 14.123 für die Hinterachsen. Hier sieht man, dass vorne nur vier und hinten nur neun Typen über 99 % des Marktes abdecken. In der Zukunft wird die Typenvielfalt weiter abnehmen und sich auf jeweils 2 bis 3 Typen für Vorder- und Hinterachse einschränken.

Die ◘ Abb. 14.110 und 14.111 sowie ◘ Abb. 14.114 und 14.115 zeigen deren Bedeutung für die Fahrzeugsegmente.

Für die Entscheidung des Aufhängungskonzepts ist Fahrzeugklasse maßgebend; entweder kostengünstige Volumenmodelle

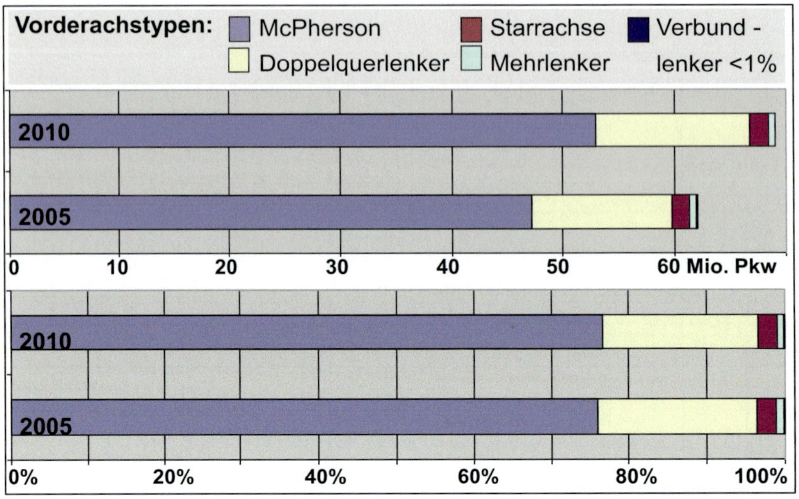

Abb. 14.122 Anteile der Vorderachstypen weltweit in den Jahren 2005 und 2010: nur noch vier Typen werden gebaut

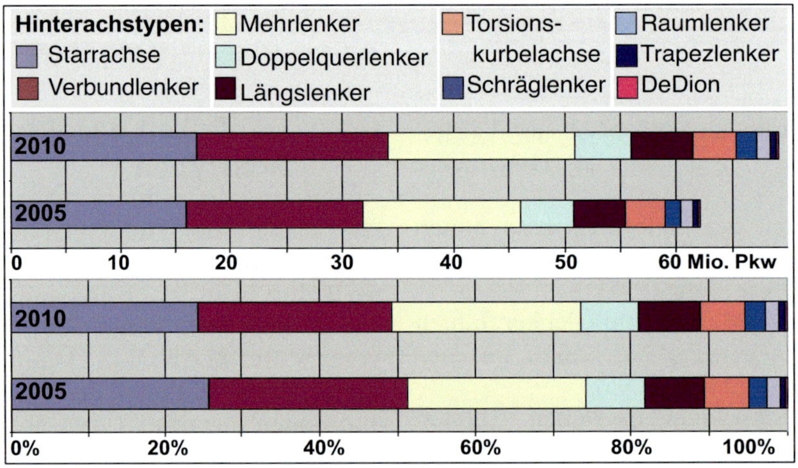

Abb. 14.123 Anteile der Hinterachstypen weltweit in den Jahren 2005 und 2010: neun Typen werden gebaut

oder teure Premiumklassen. Die Mittelklasse bedient sich dann, je nach der Positionierung des Modells und dessen Käuferschicht, der Konzepte der unteren oder oberen Klasse.

Für jedes Fahrzeugsegment kristallisiert sich eine optimale Kombination von Vorder- und Hinterachstypen heraus. Für die frontangetriebenen Fahrzeuge der unteren Klassen vorne McPherson, hinten Verbundlenker (Abb. 14.124), für die frontangetriebenen Fahrzeuge der Kompakt- und Mittelklassen vorne McPherson, hinten Verbund- oder Mehrlenker (Abb. 14.125).

Für die Allradfahrzeuge der Kompakt- und Mittelklassen vorne McPherson, hinten Mehrlenker (Abb. 14.126).

◘ **Abb. 14.124** Achsen für die Frontantriebler der Unterklasse Vorne: McPherson, Hinten: Verbundlenker (Audi A1 Bj. 2009)

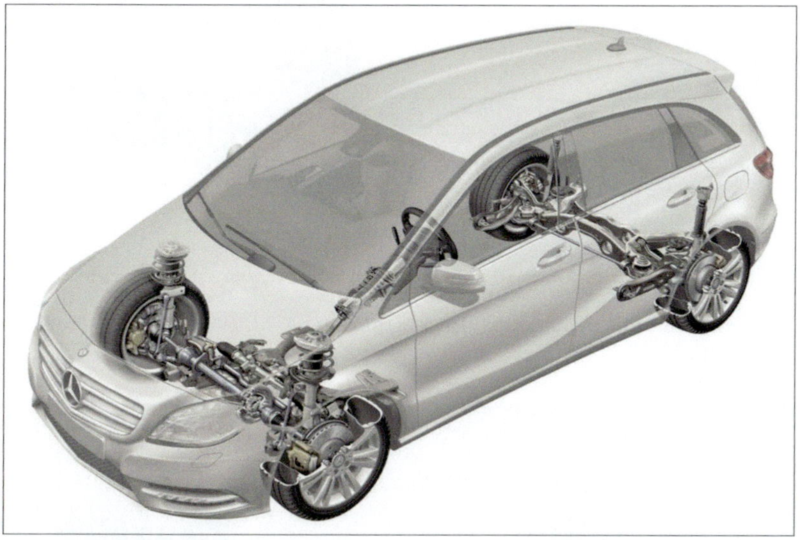

◘ **Abb. 14.125** Achsen für die Vorne: McPherson Frontantriebler der Kompakt- und Mittelklasse:, Hinten: Mehrlenker (Mercedes B-Klasse Bj. 2011)

Für Elektrofahrzeuge der Kompakt- und Mittelklasse (◘ Abb. 14.127) vorne McPherson, hinten Mehrlenker.

Für alle Oberklassen Fahrzeuge mit Front, Heck- oder Allradantrieb vorne Vierlenker-, hinten Vier- oder Fünflenkeraufhängungen (◘ Abb. 14.128, ◘ Abb. 14.129 und für Elektroversionen ◘ Abb. 14.130).

Starrachsen beschränken sich auf die Hinterachsen von Light-Trucks, vorne mit DQL (◘ Abb. 14.131), Elektro-Transporter werden vorne mit McPherson, hinten

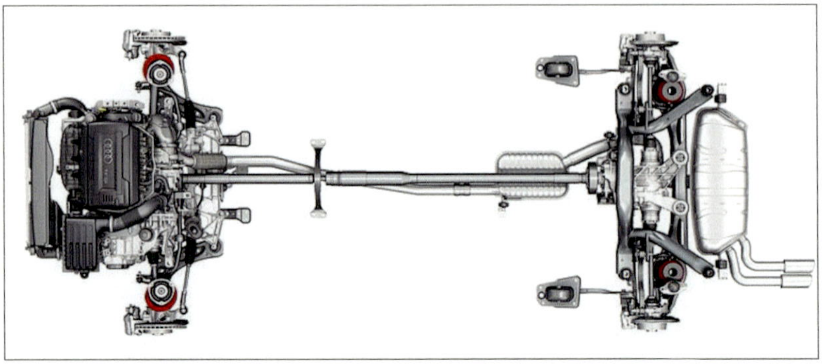

Abb. 14.126 Achsen für die Allradler der Kompakt- und Mittelklasse:Vorne: McPherson, Hinten: Mehrlenker (Audi A3 -Quattro Bj.2013)

Abb. 14.127 Achsen für Elektrofahrzeuge der Kompakt- und Mittelklasse: Vorne: McPherson, Hinten: Mehrlenker (VW ID4 Bj. 2021)

Abb. 14.128 Achsen für die Heckantriebler der Oberklasse: Vorne: DQL mit langer Lenkachse, Hinten: Vier- oder Fünflenker. (Mercedes E Klasse W223 Bj. 2016)

■ **Abb. 14.129** Achsen für die Oberklasse Allradler: Vorne: DQL mit langer Lenkachse, Hinten: Vier- oder Fünflenker (Mercedes GLE Bj. 2011)

■ **Abb. 14.130** Achsen für Allrad-Elektrofahrzeuge der Oberklasse: Vorne: DQL mit langer Lenkachse, Hinten: Vier oder Fünflenker (Mercedes EQS Bj. 2022)

mit Doppelquerlenkeraufhängung bestückt (■ Abb. 14.132).

14.8.3 Die zukünftigen Vorderachstypen

Für die Vorderachse wird die McPherson-Aufhängung die Volumenmodelle der unteren und mittleren Klassen voll beherrschen. Sie wird gefolgt von Doppelquerlenkeraufhängung (zum Teil mit aufgelösten unteren Lenkern) mit langer Lenkachse für Oberklasse und SUVs.

Da die Fahrzeuge nicht deutlich breiter werden, wird die McPherson-Radaufhängung auch in Zukunft aus Bauraum- und Kostengründen führend bleiben. Ebenfalls

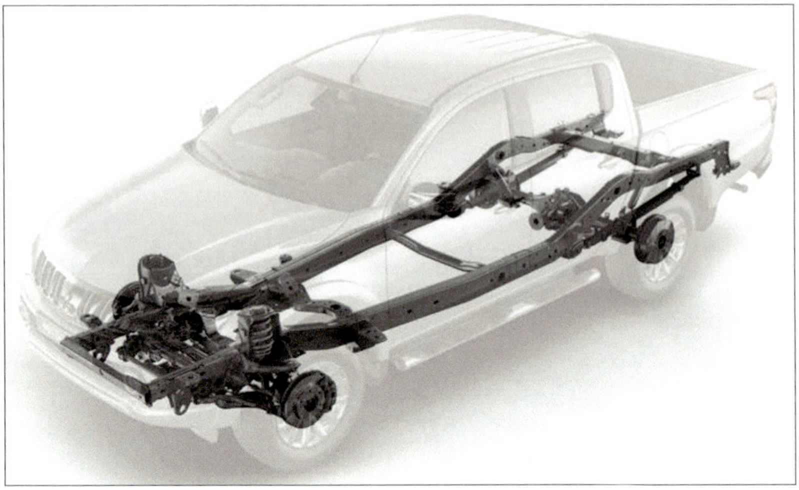

Abb. 14.131 Achsen für Light Trucks. Vorne: DQL, Hinten: Starre Achse mit Antrieb. (Mitsubishi L200 Bj. 2010)

Abb. 14.132 Achsen für Elektro-Transporter. Vorne: McPherson, Hinten: Mehrlenker (VW ID5 Buzz Bj. 2023)

für die Elektrofahrzeuge bietet sich aus oben genannten Gründen diese Aufhängungsart für die Vorderachsen als optimale Lösung an. Alle anderen Ausführungen werden nur Nischenlösungen bleiben.

Wenn der Verbrennungsmotor durch Elektromotor ersetzt wird, wird sich an der Vorderachse nicht viel ändern aber nur solange, bis die Radnabenmotoren so weit entwickelt sind und sich im Serieneinsatz durchsetzen.

14.8.4 Die zukünftigen Hinterachstypen

Als Hinterachse wird sich die Verbundlenkerachse für nicht heckangetriebene Fahrzeuge bis zur Mittelklasse weiterhin behaupten.

Nachteilig ist der Verbundlenkerachse für die kleinen Elektrofahrzeuge, weil die vorn liegende Quertraverse den sowieso kurzen Einbauraum für Batterien weiter einschränkt.

Deshalb sind Entwicklungen bekannt, die mehr Einbauraum schaffen, indem die komplette Verbundlenkerachse 180° umzudrehen (Quertraverse nach hinten). Damit wird zwar die Reichweite 35 % gesteigert, aber werden die kinematischen Eigenschaften verschlechtert. Lösungen gegen diese Nachteile sind noch nicht bekannt, sollen jedoch so gering sein, dass man sie durch weitere Abstimmungen kompensieren kann [35].

Für die Mittel- und Oberklasse sowie SUVs werden die Mehrlenkeraufhängungen dominieren. Die teureren Integrallenkeraufhängungen von BMW und Audi werden durch günstigeren Fünflenkeraufhängungen abgelöst.

Die Starrachsen sind für einige Transporter und Light Trucks (Fahrzeuge mit höheren Achslasten) als angetriebene Hinterachse weiterhin sinnvoll.

Alle sonstigen Arten (Schräglenker, Längslenker, Federbein usw.) werden weiter an Bedeutung verlieren.

Weil die Anzahl der Lenker sich nicht über fünf erhöhen lässt, ist ein Ende der kinematischen Weiterentwicklung der Hinterachse damit die Erfindung neuer Aufhängungsarten vorauszusehen.

Den größten Einfluss an die Hinterachse wird jedoch die Elektrifizierung des Antriebs ausüben, wenn der Elektrofahrzeuganteil wie prognostiziert weiter steigt.

Die Zulieferer bieten bereits viele kompakte (Hinter-) Achsen mit integriertem Antrieb an, die den Achsumfang um den Antrieb erweitern. Dann wird Antrieb und Fahrwerk zu einer Einheit zusammenwachsen, wie im Abschn. 14.6.4.5 anhand in Serie gebauten Fahrzeugmodellen erläutert.

14.8.5 Die zukünftigen Radnabenantriebe

Interessanter wird es, wenn der Anteil der Elektrofahrzeuge mit Radnabenmotoren (◘ Abb. 14.133) steigt. Dann ist mit ganz neuen, nur den Erfordernissen des Elektroantriebs entsprechenden Aufhängungen zu rechnen [36].

Radnabenmotoren erübrigen das Getriebe, Differenzial, und Antriebswellen, beanspruchen deutlich wenigen Bauraum. Hinzu kommen die Vorteile bei der Montage, Wartung und Verkabelung, weil die Leistungselektronik im Motorgehäuse untergebracht ist.

◘ Abb. 14.133 Radnabenmotoren: Links Hyundai-Mobis, Mitte Bridgestone und Rechts Proton (Proteon Drive) [36, 37]

Die Verwendung Radnamenmotoren lässt außerdem beide Räder ohne mehr Aufwand unabhängig voneinander steuern. Z.B. lassen sich alle Fahrzeugquerlenkung und -stabilisierung und Torque Vectoring Funktionen ermöglichen oder Wendekreisradius verkleinern.

Die im ◘ Abb. 14.134 gezeigte Vision „eCorner“ von VDO (jetzt Conti) fasst den Radnabenmotor die Federung, Dämpfung, Bremse und sogar die Lenkung in einem sehr engen Raum zusammen [38]

In Citroen Studie C-Matisse wurde diese Konfiguration auf der Straße getestet [39]. Sie kann allerdings nur als Ausblick auf zukünftige Achskonzepte zumindest für elektrisch angetriebene Stadtfahrzeuge gelten.

Nicht so radikale, aber moderate Konzepte hierzu wurden bereits von den Zulieferer Schaeffler und ZF Friedrichshafen vorgestellt (s. ◘ Abb. 18.27, ◘ Abb. 18.28), die jedoch noch nicht zur Serienfertigung geschafft haben.

Ein neuer Einsatz um ein Fahrzeug mit Radnaben Motoren in Serie zu bringen versucht Fa. Schaeffler für Kommunalfahrzeuge, die eine überschaubare Leistungsbedarf bis zu 30 kW pro Rad haben [42]. Die Verlagerung des Antriebs in die Felge macht auf geringer Verkehrsfläche eine Niederflurkonstruktion möglich und das Fahrzeug wendiger. ◘ Abb. 14.135 zeigt ein Kehr- und Reinigungsfahrzeug bestückt mit Radnaben Motoren und daneben ein Schnittbild vom Radmodul.

All diese Lösungen fanden bisher keinen Großserien Einsatz, weil sie folgende Nachteile haben [39]:

Größe und Gewicht Die bisherigen Radnabenmotoren sind groß und schwer, was den Einbau kompliziert macht, die ungefederte Masse erhöht und die Fahreigenschaften beeinträchtigt.

Komplexität und Kosten Die Herstellung ist aufwendig, erfordert teure Vorrichtungen, Spezialteile und hochpräzise Fertigungsverfahren.

Kühlprobleme Die Kühlung der Motoren ist eine Herausforderung, insbesondere bei hohen Leistungen und führt meist zu zerklüfteten Oberflächen, die Wärme gut abstrahlen können, jedoch Schmutzfänger sind.

Ein ganz neuer Anlauf wurde mit einem innovativen Motorkonzept von der Firma *Deep Drive* realisiert. Dieser Motor mit Doppelrotor ist extrem Kompakt, hocheffizient, verzichtet auf seltenen Erden und lässt bis zu 30 % kostengünstiger produzieren ◘ Abb. 14.136 [40]. Er passt in 14, 19, 20 Zoll Felgen. Außerdem dank sei-

14

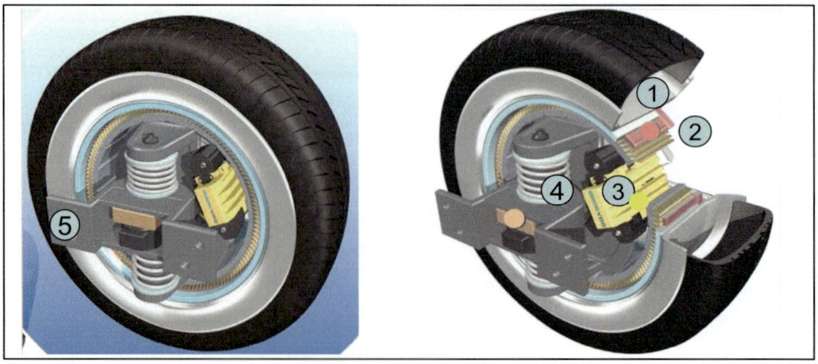

◘ **Abb. 14.134** eCorner-Modulkonzept von Siemens VDO (heute Conti): 1) Reifen und Felge, 2) Radnabenmotor, 3) Keilbremse 4) aktive Feder/Dämpfer, 5) Lenkung [38]

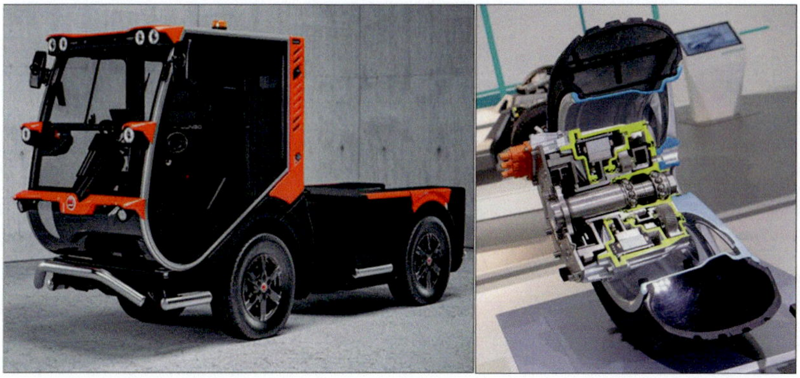

Abb. 14.135 Kommunalfahrzeug mit dem Radnaben Motor von Schaeffler (links) und der Radmodulschnitt (rechts) [42]

Abb. 14.136 Radnabenantrieb von Conti und Deep Drive mit Doppelrotor-Radialfluss-Motor integrierten Hydraulikbremse [40]

ner sehr großen Drehmomentdichte 300 bis 2400 Nm benötigt er kein Getriebe mehr. Der kleinste der 3 Motorgrößen hat ein Drehmoment von 300 Nm, leistet 18 kW. wiegt 13 kg. und somit geeignet für Kleinstfahrzeuge.

Der 19 Zoll Motor leistet 150 Nm. hat 1500 kW und wiegt 32 kg. Der größte mit 20 Zoll leistet 250 kW, hat einen Drehmoment von 2400 Nm und wiegt 37 kg. Mit diesen 3 Größen lässt sich die ganze Pkw Palette abdecken.

Da Doppelrotor-Radialfluss-Motor in der Felgenmitte viel Platz frei gibt, kann hier eine hydraulische Bremse eingebaut werden. Auch der Platz zwischen beiden Rädern, der sonst von dem E-Motor, Getriebe und Seitenwellen beleg ist, steht frei zur Verfügung.

Damit sind die Nachteile bisherigen Lösungen, die einer Serieneinführung verhinderten, weitestgehend beseitigt.

Fa. Continental, als strategischer Partner, will die Bremskomponenten beisteuern und sich bei Industrialisierung und Serienentwicklung einbringen (Abb. 14.137).

Die zweite Lösung um Radnabenmotoren Serientauglich zu machen heißt *Z-Drive*. Sie könnte durch seine kompakte und einfache Bauweise, hohe Effizienz und

Abb. 14.137 Radnabenantrieb von Conti und Deep Drive [40]

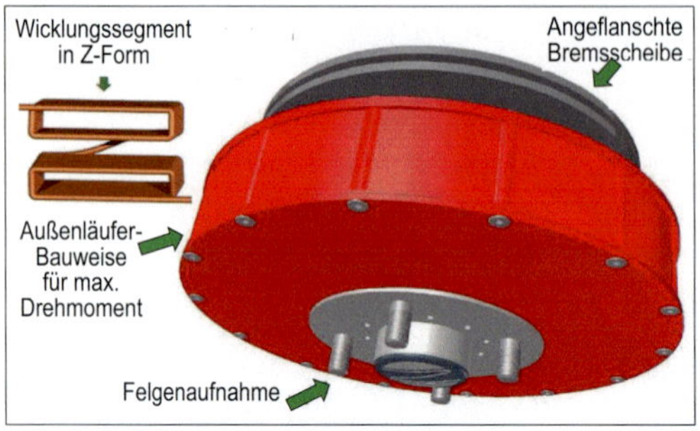

Abb. 14.138 Z-Drive Radnabenantrieb von Esch [41]

Skalierbarkeit neue Maßstäbe in der Elektromobilität setzen. Die Konstruktion ermöglicht eine deutliche Gewichtsreduzierung, eine schmalere Bauform mit verbesserter Kühlung und vereinfachte Fertigung (Abb. 14.138) [41].

Kompakte Bauweise Durch ein schwingfähiges 2D-System, ein neuartiges Kühlkonzept und die namensgebende Z-Wicklung ist der Z-Drive deutlich schmaler und leichter als herkömmliche Motoren und nutzt das Kupfer im Stator besser aus.

Effizienz Das optimal ausgerichtete Magnetsystem, die auf vier Scheiben basierende filigrane Struktur und ein neuartiges innenliegendes und thermisch entkoppeltes Stator-System mit effizienter Druckluft- oder Flüssigkeitskühlung führen zu hohen Wirkungsgraden und maximaler Leistungsdichte.

Skalierbarkeit Der *Z-Drive* kann für viele Fahrzeug angepasst werden, von elektrisch betriebenen Rollern und Motorrädern über PKWs bis hin zu Nutzfahrzeugen. Der Leistungsbereich beginnt im einstelligen kW-Bereich. Die Systemleistung beim Einsatz in allen Rädern reicht bis zu mehreren 100 kW. Kleine Varianten des Z-Drives lassen sich problemlos in 10"-Rollerfelgen einbauen, die Entfaltung höherer Drehmomente erfordert Felgen ab 14" Durchmesser.

Kostengünstige Fertigung Die stark vereinfachte Konstruktion nutzt die Möglichkeit des Rapid Prototyping aus und führt zu einer kostengünstigen Herstellung bereits bei kleinen Serien. Dazu tragen auch eine neuartige Bewicklung und Verdrahtung des Stators bei.

Das Herzstück des Z-Drive bildet ein sich selbst zentrierendes Magnetsystem. Dieses Design macht aufwendige Versteifungen überflüssig und ermöglicht so eine deutlich flachere Bauweise. Das Ergebnis: ein leichter Motor, der sich in nahezu jedes Rad integrieren lässt. Ein weiterer Vorteil der neuen Bauweise liegt in einer effizienten Wärmeabfuhr, die im Winterbetrieb die Innenraumheizung unterstützen kann.

Richtet sich das Magnetsystem automatisch aus, sind Stator und Rotor immer exakt positioniert. Das System muss dann axial nicht besonders versteift werden. Es sind nur noch Drehmomente zu übertragen. Statt komplexer 3D-Geometrien kommen im Z-Drive flache und leichte Scheiben zum Einsatz. (Abb. 14.139) [43]: Esch Projekt System- und Projektentwicklung).

Innovativ ist das Wicklungsschema des Z-Drive, das symmetrisch aufgebaut ist und mit einer halbierten Anzahl der Ver-

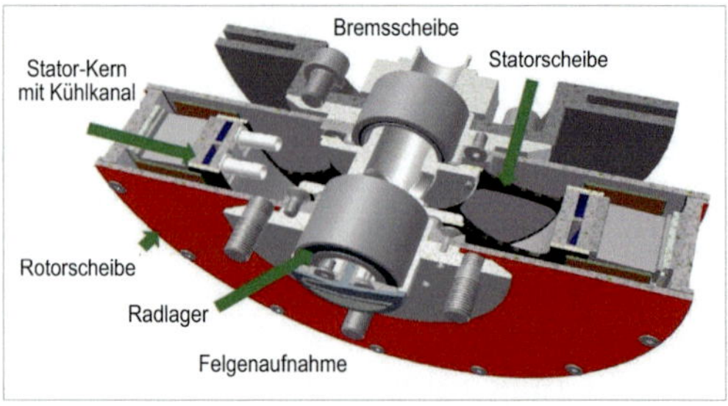

Abb. 14.139 Z-Drive Radnabenantrieb [41]

bindungspunkte auskommt. Die Verdrahtung erfolgt über Hochstrom-Brückensegmente, die Ähnlichkeiten mit Leiterplatten haben und sich unter Verwendung von lasergeschnitten Leitersegmenten einfach herstellen lassen. In den Bereich der Hochstrom-Verbindungen können auch vorteilhaft Komponenten der Leistungselektronik integriert werden, zum Beispiel Siliziumkarbidhalbleiter nebst Treibern oder weiteren Komponenten der Motorsteuerung. Die Verlustwärme der Leistungshalbleiter erfolgt dann durch den besonderen Aufbau der Kühlung aufwandsarm und direkt.

Eine radikale Veränderung des Achskonzepts, z. B. durch vollständige Integration aller Fahrwerk- und Antriebselemente wie im Rad (◘ Abb. 14.140) [44] muss vor der Nutzung sorgfältig anhand der umfangreichen Lastenheftvorgaben aktueller Achsen überprüft werden. Sofern ist mit einer Serieneinführung so eine radikale Zusammenfassung aller Antriebs- und Fahrwerkfunktionen (bis auf die Radaufhängung) in die Felge in absehbarer Zeit nicht zu rechnen.

14.8.6 Zusammenfassung

Metin Ersoy und Stefan Gies

In Zukunft wird sicherlich die Stellung der Achse als Kernkompetenz der OEMs (außer sportlichen Fahrzeugen) nachlassen und der Kostenanteil der mechanischen Achse (ohne Elektronik) am Gesamtfahrzeug zurückgehen. Der zukünftige Mehrwert an den Achsen wird nicht mehr durch mechanische, sondern durch elektronische Systeme erzielt, die das Verhalten der Achse aktiv an die jeweilige Fahrsituation anpassen können, z. B. durch aktive Hinterachskinematik oder aktive Wankstabilisierung. In jedem Fall wird sich der Umfang der elektronischen Fahrwerkfunktionen weiter ausdehnen.

Bedingt durch das verstärkte Ziel aller Hersteller nur noch wenige Plattformbaukästen für die gesamte Modellpalette zu verwenden, bleibt eine weitere Konzentration auf nur wenige Achstypen die eindeutige Tendenz für die Zukunft [45]. Darüber

◘ **Abb. 14.140** Radnabenmotor „Active Wheel“ von Michelin [44]

hinaus wird der steigende Kostendruck, eine potentiell große Käuferschicht mit wenig Kaufkraft, aber auch die Konsolidierung der Anzahl der Automobilhersteller, den Zwang zur „Achse aus der Stange" erhöhen.

So ist durchaus denkbar, dass ein und dieselbe Achse nicht nur in den unterschiedlichen Marken und Modellen eines Herstellers, sondern vielleicht auch in den Fahrzeugen anderer Herstellern zu finden sein werden.

Eines ist jedoch sicher: Die Achsen werden sich in den nächsten 20 Jahren nicht wesentlich von den heutigen unterscheiden. Schließlich sind die aktuellen Achsen während der über 100-jährigen Entwicklungsgeschichte des Fahrwerks bestmöglich an die Verwendung im Automobil angepasst.

Eine Evaluation bei den Achsen ist dann zu erwarten, wenn Radnabenmotoren und eCorners verbreitet in Serieneinsatz kommen. In diesem Fall kann auch bei den Achsen vieles sich verändern (s. ► Abschn. 8.8.3).

Literatur

1. Braess, H.-H., Seifert, V.: Vieweg Handbuch Kraftfahrzeugtechnik. Springer Vieweg Verlag, Wiesbaden (2013)
2. Matschinsky, W.: Radführungen der Straßenfahrzeuge: Kinematik, Elasto-Kinematik und Konstruktion. 2. Aufl. Springer (1998). ISBN 978-3-662-09653-6
3. Heißing, B.: Vorlesungsmanuskript. TU München, München (2005)
4. Gillespie, T. D.: Fundamentals of Vehicle Dynamics. Warrendale: SAE International (1999)
5. Gersthofer, M., Scheiner, J.: Antrieb – Der Heckmotor meldet sich zurück. Automobil Industrie – Online. 18.11.14
6. Reimpell, J; Betzler, J,: Fahrwerktechnik. Grundlagen. Würzburg 2005, ISBN 3834330310, S. 72
7. Henker, E.: Fahrwerktechnik. Wiesbaden: Vieweg Verlag
8. Reimpell, J.: Fahrwerktechnik: Radaufhängungen. Vogel Buchverlag, Würzburg (1986)
9. Übler, J.: Technik – VW-Golf 7 Hinterachsen. Auto Motor Sport, Heft 01, 2013
10. Harder, M., Ohlschläger, S.: The new Opel Astra rear axle Chassis-Tech. S. 281–297, München, 8.–9. Juni (2010)
11. Herkommer, K., Pieiert, H., Sponagel, P.: Der sichere Weg zur Meisterprüfung im Kfz-Handwerk.: Fahrwerk, Lenkung, Räder. Vogel Buchverlag Würzburg, 1. Auf. (1995)
12. Fritschi, S.: ► https://www.zwischengas.com/de/FT/fahrzeugberichte/Porsche-928-von-1977-Meilenstein-auf-dem-Weg-zur-Porsche-Vielfalt.html, 6 Januar 2012
13. Bastow, D., Howard, G., Wheitehead, J.: Car Suspension and Handling, 4th edn. Warrendale: SAE International (1993)
14. Spina, M.: Full-Range rear architecture suspension using flexible arm. Vehicle Dynamic Expo Stuttgart, May (2004)
15. Dralle, J.: Die technik des Bentayga. Fasination Bentley. Auto Motor und Sport-Extra. Heft 25, S. 8–9. Motor Presse Stuttgart (2015)
16. Arkenbosch, M., Mom, G., Neuwied, J.: Das Auto und sein Fahrwerk, Bd. 2. Motorbuch, Stuttgart (1992)
17. Zandbergen, P.: Design Guidelines for Advanced Automotive Rear Suspension. 14. Tag des Fahrwerks-Institut für Kraftfahrzeuge RWTH, S. 17–112, Aachen, Okt. 2008
18. *Lischka, J.*: The Integrallink Rear Axle of the new BMW 7 Series. Chassis-tech, März 2009, München
19. Hudler, R., Leitner, W., Krome, H., Steigerwald, A., Fischer, S.: Die Achsen der neuen Audi A4. AZT Extra, S. 104–113, Stuttgart: Motor Presse, September (2007)
20. Schebstad, K: Fahrdynamik des neuen VW Golf. Vortrag in VDI Bezirksverein Hannover in Hannover (2006)
21. Jordan, M.: Das Fahrwerk der neuen A-Klasse. mbpassionblog, August (2013)
22. Walgreen, N.: Doppelkugelgelenk. ZF Friedrichshafen AG, interne Informationsschriften Dielingen (2008)
23. Früh, Ch. et al.: Die neue E-Klasse von Mercedes Benz. AZT Extra, S. 128–142, Stuttgart: Motor Presse, Januar (2009)
24. Eppelin, R.: Offenlegungsschrift DE 101 33 424 A1. Hinterachse eines Pkws mit fünf einzelnen Lenkern. Bundesdruckerei 11.02 102 640/565 (2003)
25. Frantzen, M., Bouma, J., David, W., Simon, M., Ohraaho, L.: The simple answer to torque steer "Revo" *Suspension.* ► www.not2fast.com/chassis/revoKnuckle.pdf. Ford Motor Company (2004)
26. ► www.de.wikipedia.org/wiki/Camuffo-Hinterachse. Zugegriffen: 2016
27. Fruhmann, G., Stretz, K., Elbers, Ch.: Leichtbau im Fahrwerk. ATZ, Heft 6, S. 394–399, Stuttgart: Motor Presse, Juni (2010)
28. MAGNA Ebeam

14

29. ► https://press.zf.com/press/de/media/media_1347.html
30. Halderman, J.D.: Automotive Chassis Systems, 4. Aufl. Pearson Prentice Hall, New Jersey (2008)
31. Ersoy, M.: Konstruktionskataloge für Pkw Leichtbauachsen. Haus der Technik, Tagung Fahrwerktechnik in München, 14./7. Juni 2000
32. Berkefeld, V., Göhrich, H. J., Söffge, F.: Analyse der Achskonzepte für kompakte und leichte Fahrzeuge. ATZ **98,** Heft 7/8, S. 415–425 (1996)
33. Fecht, N.: Fahrwerktechnik für Pkw. Verlag Moderne Industrie, Landberg am Lech (2004)
34. ZF Friedrichshafen AG /Lemförde: Marktuntersuchung. Interner Bericht, 2008
35. Hoffmann, T.: Neue Achse schafft mehr Reichweite für E-Autos. 7.11.2022. ► www.uni-siegen.de/start/news/forschungsnews/987952.html
36. Masaki, N.; Tashiro, K.; Iwano, H.; Nagaya, G.: Entwicklung eines Radnabenantriebssystems. 15. Aachener Kolloquium, 9./11. Oktober 2006, S. 1699–1710
37. Gies, S.: Zukünftige Herausforderungen der Fahrwerkentwicklung. IKA 7. Tag des Fahrwerks, 4.10.2010, Aachen
38. Gombert, B.: X-by-wire im Automobil: Von der Electronic Wedge Brake zum eCorner. Chassistech, 1./2. März 2007, München
39. N.N.: Radnabenantrieb- Wird das Rad elektrifiziert? ► https://www.automobil-industrie.vogel.de/wird-das-rad-elektrifiziert-a-80056/. 31. Mai. 2007
40. Günnel, T.: Conti und Deep Drive entwickeln Antriebs und Bremseinheit für die Radnabe. ► www.automobil-industrie.vogel.de/conti-und-deep-drive-entwickeln-antriebs-und-bremseinheit-fuer-die-radnabe-gal-af5125012e309b69fb3. Zugegriffen: 05.Okt.2023
41. ► www.next-mobility.de/z-drive-revolutionaerer-radnabenmotor-fuer-die-elektromobilitaet-a-e1da8a802c0ddf7e61f5fe8e15cc05b9/. Zugriffen: 20. Dez. 2024
42. *Sp-x.*: Rad wird zum Motorraum. Zugriff 01.12.2023 ► https://www.automobil-industrie.vogel.de/antrieb-wandert-ins-rad-a-f7501b6efd6333ae59c8a40caefa5e94/?cflt=rel
43. ► https://esch-pro.com/. Zugegriffen: 20.Dez.2024
44. ► https://newsroom.kues.de/2008/10/07/michelin-active-wheel-treibt-mit-radnabenmotoren-zwei-elektroautos-an/
45. Gott, G. P.: Segment Trends in All Wheel Drives. 7. Grazer Allradkongress, 2. /3. Februar (2006)

Fahrwerkelektronik

Horst Krimmel, Carsten Hoffmann und Metin Ersoy

Inhaltsverzeichnis

M. Ersoy et al. (Hrsg.), *Fahrwerkhandbuch*,
ATZ/MTZ-Fachbuch, https://doi.org/10.1007/978-3-658-48104-9_15

Elektronik und Elektrik haben einen erheblichen Anteil an der Wertschöpfung heutiger und zukünftiger Fahrzeuge. In Mittelklassefahrzeugen werden über 40 und in Oberklassefahrzeugen werden teilweise über 100 Steuergeräte verbaut. Die Fahrzeughersteller betrachten die Fahrzeugelektronik als Schlüsseltechnologie und Kernkompetenz. Der Wandel zur Elektromobilität und die stetig weiterentwickelte Fahrerassistenz werden die Bedeutung der Elektrik und Elektronik im Fahrzeug weiter stärken [1, 2].

Mit dem Eindringen der Elektrofahrzeuge wird der Elektroanteil (inklusive Batterie) weit über 50 % steigen.

Die starke Zunahme der Elektrik/Elektronik im Fahrzeug seit den 90er Jahren spiegelt sich auch im Fahrwerk wider. Die ersten Anwendungen der Elektronik im Fahrwerk betrafen die Bremse. 1987 waren der Serienstart des Antiblockiersystems ABS und die adaptive Dämpferkontrolle. Weitere Meilensteine waren 1995 die Einführung des ESP und 2004 der Serienstart der Elektrolenkung bei der VW Golf-Plattform. Heute, durch volle eindringen der Elektrifizierung, spricht man sogar von Software-driven Autos.

(◘ Abb. 15.1) zeigt die Serienstarts wichtiger elektronisch gesteuerter Fahrwerksysteme. Mit elektronisch geregelter Bremse und der Elektrolenkung (ABS, ESP, …) werden heute zentrale Fahrzeugfunktionen durch die Fahrwerkelektronik realisiert. Das Antiblockiersystem und die elektronische Fahrzeugstabilisierung steigert wesentlich die Sicherheit der Fahrzeuginsassen.

Dieses Kapitel fängt an mit der Erläuterung von Motivation und Nutzen der Fahrwerkelektronik (► Abschn. 15.1). Die ► Abschn. 15.2 bis 15.5 beschreiben typische Fahrwerkelektronikfunktionen geordnet nach Längs-, Vertikal- und Querdynamik. In ► Abschn. 15.6 werden Vernetzungsaspekte und in ► Abschn. 15.7 Elektronik Soft- und Hardware erläutert. Der abschließende ► Abschn. 15.8 zeigt auf, was bei der Entwicklung von Fahrwerkregelsystemen beachtet werden muss.

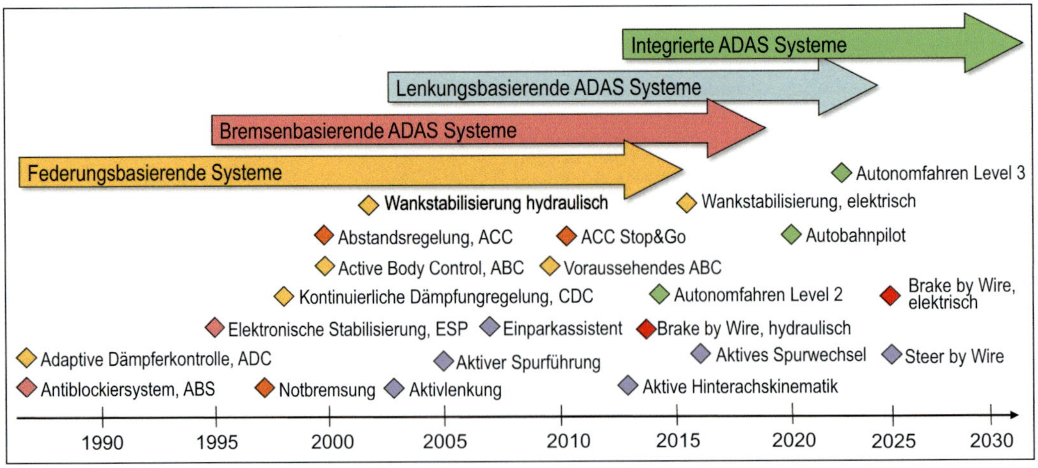

◘ **Abb. 15.1** Serienstart typischer Fahrwerksysteme [3–8]

15

15.1 Motivation und Nutzen

Carsten Hoffmann

15.1.1 Grenzen passiver Fahrwerke

Bei der Entwicklung passiver Fahrwerke steht man häufig vor einem Zielkonflikt, der sich im Rahmen passiver Fahrwerke nicht auflösen lässt. Elektronische Fahrwerksysteme können solche Zielkonflikte dagegen oft auflösen, weil eine fahrsituationsabhängige Adaption, Steuerung oder Regelung möglich wird. Beispielhaft werden in diesem Abschnitt drei solche Zielkonflikte und deren Auflösung mittels elektronischer Systeme dargestellt.

15.1.1.1 Zielkonflikt Dämpfungsauslegung

Bei der Auslegung eines mechanischen Fahrwerks mit Lenkern, Buchsen, Federn und Dämpfern muss immer ein Kompromiss zwischen Komfort, Handling und Fahrstabilität eingegangen werden. Möglichst hoher Komfort wird durch eine weitgehende Entkopplung des Fahrzeugaufbaus von der Straße erreicht. Dies führt zu stark schwankenden Radaufstandskräften und verringerter Bodenhaftung, was die Möglichkeiten einschränkt, ein Fahrzeug in kritischen Situationen in der Spur zu halten. Dagegen führt eine „sportliche“ Auslegung für gleich bleibende Radaufstandskräfte und gutes Spurhalten zu stärkeren Aufbaubeschleunigungen mit eingeschränktem Komfort.

Bei der Dämpferauslegung zum Beispiel ist daher ein optimaler Kompromiss zwischen harter Sicherheitsdämpfung und weicher Komfortdämpfung anzustreben [9]. Die Auslegung wird dadurch erschwert, dass die jeweils günstigste Abstimmung sowohl von der Fahrbahnoberfläche als auch von den vom Fahrer eingeleiteten Fahrmanövern abhängt.

Den Kompromiss, der bei der Abstimmung konventioneller Federn und Dämpfer eingegangen werden muss zeigt ◘ Abb. 15.2. Dabei ist auf der x-Achse der Effektivwert der Radlastschwankungen bezogen auf die statische Radlast aufgetragen und die y-Achse stellt die bewertete Schwingungstärke dar. Das Komfortmaß wird aus einer gewichteten Summe bestehend aus Sitz-, Hand-, und Fußbeschleunigung des Fahrers gebildet und gibt die menschliche Wahrnehmungsstärke von unterschiedlichen Schwingungsanregungen wieder. Aufgrund der Hakenform der Kurven gleicher Dämpfung führt eine stetige Erhöhung der Aufbaufedersteifigkeit nicht nur zu einem schlechteren Komfortempfinden, sondern ab einem gewissen Punkt auch wieder zu erhöhten Radlastschwankungen (◘ Abb. 15.2).

Analog dazu führt auch eine stetige Erhöhung der Aufbaudämpfung, die oberhalb des Wertes für minimale Radlastschwankungen liegt, wieder zu einer Verschlechterung.

Zur Auflösung dieser Zielkonflikte können verstellbare Dämpfersysteme beitragen. Eine konventionelle Feder-/Dämpfer-

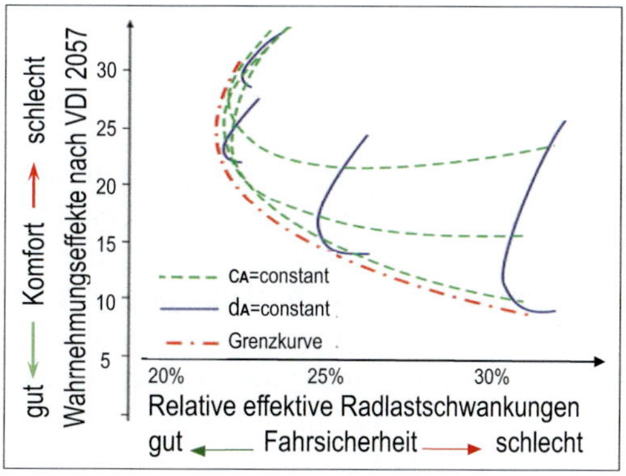

◘ **Abb. 15.2** Zielkonflikt zwischen Komfort und Fahrsicherheit bei der Feder-/Dämpferabstimmung; Grenzkurven nach [10]

abstimmung stellt den Schnittpunkt zwischen einer Linie konstanter Dämpfung und einer Linie konstanter Federsteifigkeit im Konfliktschaubild dar. Im Gegensatz dazu sind Verstellsysteme, bezogen auf das Konfliktschaubild in der Lage, eine Linie konstanter Federsteifigkeit abzubilden. Entlang dieser Linie kann, durch Anpassung der Dämpfung, die Fahrsicherheit bzw. der Komfort gesteigert werden. In komfortrelevanten Fahrsituationen können die Amplituden der Aufbaubeschleunigung im Bereich zwischen den Resonanzfrequenzen durch Absenken der Dämpfung verringert werden. In kritischen Fahrsituationen werden die dynamischen Radlastschwankungen im Bereich der Eigenfrequenzen durch Anheben der Dämpfung minimiert.

15.1.1.2 Zielkonflikt Federungsauslegung

Die Auslegung eines Fahrwerks erfolgt unter Berücksichtigung aller möglichen Beladungszustände. Hierzu zählen neben der Zuladung im Fahrzeuginnenraum auch eine mögliche Anhängerstützlast oder eine Dachlast. Zum einen muss die Federung entsprechend hart ausgelegt werden, um ein übermäßiges Einfedern des Fahrzeugs zu verhindern. Ein solches dauerhaftes Einfedern würde beispielsweise die verbleibenden Einfederwege für die Kompensation der Straßenanregung reduzieren und das Fahrzeug würde bei starker Anregung durch ein Schlagloch sehr schnell in den Dämpferanschlag gehen. Da je nach Achsauslegung auch die Vorspur und der Sturz von der Einfederung abhängig sind, können sich auch diesbezüglich nachteilige Effekte bei hoher Zuladung einstellen. Zum anderen wird eine auf maximale Beladung ausgelegte harte Federung tendenziell als unkomfortabel empfunden. Der Einsatz einer Niveauregulierung kann diesen Zielkonflikt aufheben. Das Einfedern bei Beladung wird durch die Niveauregulierung kompensiert und die vollen Federwege werden wiederhergestellt.

15

15.1.1.3 Zielkonflikt Lenkübersetzung

Die heute üblicherweise durch das Lenkgetriebe und die Vorderachskinematik festgelegte Lenkübersetzung stellt immer einen Kompromiss zwischen ausreichender Agilität bei geringen Fahrzeuggeschwindigkeiten und nicht zu nervösem Lenkverhalten bei hohen Geschwindigkeiten dar. Speziell für die großen Lenkeinschläge beim Parkieren kann zwar in beschränktem Rahmen mittels nichtlinearer Zahnstangenteilung und Radaufhängungskinematik eine variable Kennung realisiert werden [11]. Die Notwendigkeit eines Kompromisses bleibt jedoch bestehen, speziell bei kleinen Lenkradbewegungen.

Der Zielkonflikt kann mit einer Hinterachslenkung, einer Überlagerungslenkung oder einer Steer-by-Wire-Lenkung aufgelöst werden. In Abhängigkeit von Fahrzeuggeschwindigkeit und Lenkradwinkel kann der Vorderradlenkwinkel oder der Hinterradlenkwinkel in einem weiten Bereich flexibel eingestellt werden. Damit ist beim Parkieren eine direkte Lenkübersetzung realisierbar. Das reduziert beim Einparken den Lenkaufwand. Bei hohen Fahrzeuggeschwindigkeiten ist eine indirekte Lenkübersetzung darstellbar, um das Fahrzeug im Hinblick auf kleine Lenkbewegungen ruhiger zu machen. Zudem kann die Hinterradlenkung die Fahrstabilität bei Hochgeschwindigkeit verbessern.

15.1.1.4 Forderung nach aktiven Systemen

An den oben beschriebenen Zielkonflikten ist zu ersehen, dass das Fahrwerk eine komplexe Aufgabe zu erfüllen hat, insbesondere dann, wenn es auch in die Bewertung das subjektive Empfinden des Menschen eingeht. Die genannte Aufgabenvielfalt sollte das Fahrwerk mit geringem Aufwand an Gewicht, Bauraum und Kosten erfüllen, und dies möglichst unbeeinflusst von Umweltbedingungen und konstant über die gesamte Lebensdauer des Fahrzeugs. Bei dieser komplexen Aufgabenstellung kann die Fahrwerkelektronik einen wichtigen Beitrag leisten sowohl zur Entschärfung der genannten funktionellen Zielkonflikte als auch zur Erzielung einer neuen Qualität der Fahrdynamik und des Fahrkomforts. Die Fähigkeiten mechatronischer Fahrwerkssysteme übersteigen damit die Leistungsfähigkeit passiver Fahrwerke bei weitem.

15.1.2 Fahrzeugführung

Bisher hat sich mit jeder neuen Fahrzeuggeneration die Fahrzeugführung vereinfacht. Elektronische Steuergeräte im Fahrzeug tragen heute wesentlich dazu bei, dass für diesen Trend noch kein Ende abzusehen ist. Und umgekehrt trägt dieser Trend zur weiteren Verbreitung der Elektronik im Fahrwerk bei. Elektronische Steuerungen und Regelungen im Fahrwerk greifen auf verschiedene Weisen in den Regelkreis Fahrer-Fahrzeug ein.

15.1.2.1 Regelkreis Fahrer–Fahrzeug

Die Fahreraufgabe unterteilt sich in Navigation, Fahrzeugführung und Fahrzeugstabilisierung. Die Wechselwirkungen zwischen Fahrerhandlungen und Fahrzeugreaktionen können als Vorgänge in einem geschlossenen Regelkreis aufgefasst werden, ◘ Abb. 15.3 [9, 10]. In diesem Regelkreis übernimmt der Fahrer die Aufgabe des Reglers und das Fahrzeug die Rolle der Regelstrecke.

In diesem Regelkreis wirken Störgrößen auf Fahrer (z. B. Sichtbehinderung) und Fahrzeug (z. B. Seitenwind, Fahrbahnunebenheiten). Stellgrößen sind der Lenkradwinkel, die Gaspedalstellung und die Bremskraft/Bremspedalstellung, welche an die Regelstrecke Fahrzeug weitergeleitet werden. Vorhandene Regelabweichungen werden vom Fahrer als Differenz zwischen Soll- und Ist-Kurs wahrgenommen.

Der geschlossene Regelkreis ist ein dynamisch arbeitendes System. Die Stabilität des geschlossenen Regelkreises in Bezug auf die Kurshaltung hängt vom Fahrer (z. B. Angemessenheit der Fahrzeuggeschwindigkeit), dem Fahrzeug (z. B. Fahrzeugstabilität bei schnellen oder peri-

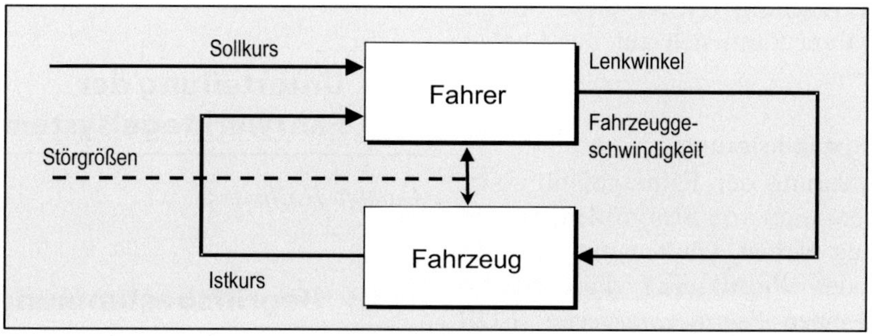

◘ **Abb. 15.3** Regelkreis Fahrer–Fahrzeug [11]

odischen Lenkbewegungen) und den Störgrößen (z. B. Fahrt auf Eis) ab.

15.1.2.2 Vereinfachte Fahrzeugführung

Zahlreiche elektronische Steuerungen und Regelungen unterstützen den Fahrer in seiner Aufgabe der Fahrzeugführung. Die Unterstützung kann ganz unterschiedlichen Charakter haben:

- **Physische Entlastung des Fahrers**

Beispielsweise entlastet die Elektrolenkung den Fahrer von Lenkarbeit. Im erweiterten Sinne fallen unter diese Kategorie auch Komfortfunktionen, die den Fahrer vor vorzeitiger Ermüdung schützen.

- **Entlastung von unterlagerten Regelaufgaben**

Ohne die elektronischen Fahrwerksysteme muss der Fahrer je nach Fahrsituation auch unterlagerten Regelaufgaben bewältigen. Beispielsweise muss er bei Vollbremsungen hinsichtlich Bremsweges und Lenkbarkeit ein Blockieren der Räder vermieden, oder bei Anfahren auf Schnee und Eis ein Durchdrehen der Räder durch maßvolles Gasgeben verhindern. Heute übernehmen das Antiblockiersystem (ABS) und die Antriebsschlupfregelung (ASR) diese Aufgaben. Der Fahrer kann sich auf das Lenken konzentrieren.

15

- **Fahrzeugstabilisierung**

Eine Verbesserung der Fahrstabilität sowie eine Kompensation von Störgrößen, die auf das Fahrzeug wirken, können mit einer Erweiterung des Regelkreises Fahrer-Fahrzeug durch einen *Fahrdynamikregler* (FDR oder ESP) erfolgen (◘ Abb. 15.4). Hierbei vergleicht der Fahrdynamikregler Ist- und Soll-Kurs des Fahrzeuges, der aus den Größen Lenkradwinkel und Fahrzeuggeschwindigkeit berechnet wird. In einer kritischen Fahrsituation kann der Fahrdynamikregler durch unterschiedliche Stelleingriffe das Fahrzeug stabilisieren, (s. ► Abschn. 15.6.1).

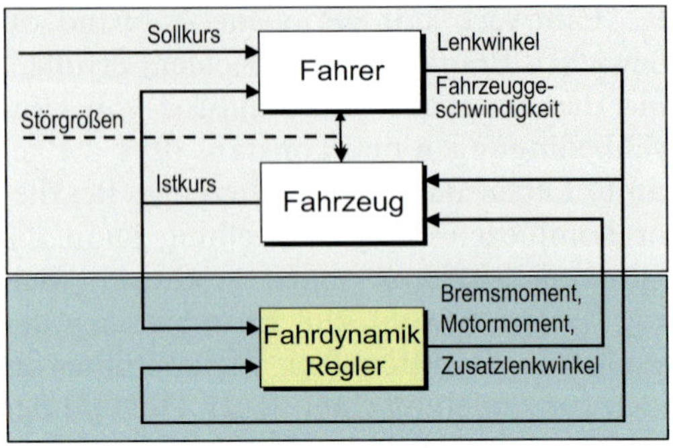

◘ **Abb. 15.4** Erweiterte Regelkreis Fahrer-Fahrzeug [11]

- **Fahrerassistenz**

Fahrerassistenzfunktionen sind ein wesentliches Element einer vereinfachten Fahrzeugführung. Darunter fallen im Zusammenhang mit Fahrwerksystemen und Lenkung beispielsweise Abstandsregelung, Staufolgefahren, Spurhalteassistent, Spurführungs- und Einparkassistent etc. (s. ► Abschn. 17.4).

Neuerdings wurde mithilfe von weiterentwickelten Fahrerassiszsystemen auch ein autonomes Fahren bis zum Level 4 ermöglicht (s. ► Abschn. 18.5).

15.2 Unterteilung der Fahrwerkregelsysteme

Carsten Hoffmann

15.2.1 Begriffsbestimmungen

In der Literatur sind häufig die Begriffe „Fahrwerkregelsysteme"und „Fahrdynamikregelsysteme" zu finden, wobei die verwendeten Definitionen für diese Begriffe nicht eindeutig sind. Daher soll im Folgenden eine geeignete Definition für die weiteren Betrachtungen eingeführt werden:

- **Fahrwerkregelsysteme**

Unter dem Begriff „Fahrwerkregelsystem“ werden alle Fahrwerksysteme zusammengefasst, die einen Regelkreis beinhalten. Der Regelkreis kann dabei eine Elektronik als Regler umfassen, das ist aber keine Voraussetzung. Ein Beispiel für ein (wenn auch seltenes) Fahrwerkregelsystem ohne Elektronik ist die hydraulische Niveauregulierung Nivomat.

Die Fahrwerkregelsysteme lassen sich weiterhin in die Fahrdynamikregelsysteme, Fahrkomfortregelsysteme und Fahrerassistenzsysteme unterteilen.

- **Fahrdynamikregelsysteme**

Der Begriff „Fahrdynamikregelsysteme“ beschreibt diejenigen Fahrwerkregelsysteme, welche das Ziel haben, die Fahrstabilität des Fahrzeugs zu erhöhen bzw. zu erhalten. Fahrdynamikregelsysteme unterstützen somit den Fahrer bei seiner Aufgabe der Fahrzeugstabilisierung (s. ▶ Abschn. 15.6.1). Ein bekanntes und verbreitetes Beispiel für ein Fahrdynamikregelsystem ist die Fahrzeugstabilisierung mittels Bremseingriff (ESP).

- **Fahrkomfortregelsysteme**

Der Begriff „Fahrkomfortregelsysteme“ beschreibt diejenigen Fahrwerkregelsysteme, welche das Ziel verfolgen, den Fahrkomfort zu erhöhen. Beispielsweise gehören elektronisch geregelte Stoßdämpfer in diese Klasse (s. ▶ Abschn. 15.4.1). Active Body Control (ABC), Active Roll Stabilization (ARS), Luft Feder Dämpfer (LFD) gehören ebenfalls dazu.

- **Fahrerassistenzsysteme**

Unter dem Begriff „Fahrerassistenzsysteme“ werden diejenigen Regelsysteme zusammengefasst, welche den Fahrer bei seiner Aufgabe der Fahrzeugführung unterstützen [12]. Einparkassistent, Spurhalte- und Spurführungsfunktion gehören in diese Kategorie. In Abhängigkeit der hinterlegten Funktionen im Fahrwerkregelsystem kann ein aktives Fahrwerksystem sowohl in die Gruppe der Fahrdynamik-, der Fahrkomfortregelsysteme oder der Fahrerassistenzsysteme eingeordnet werden. So bietet die Elektrolenkung sowohl Fahrkomfort- als auch Fahrerassistenzfunktionalität.

15.2.2 Unterteilung der Fahrwerkregelsysteme in Domänen

Zur Klassifizierung der Fahrwerkregelsysteme ist eine Einteilung in die Domänen Längs-, Quer- und Vertikaldynamik üblich. Beeinflusst ein System nur eine Domäne, so ist die Zuordnung des Systems zu einer Domäne eindeutig. Insbesondere im fahrdynamischen Grenzbereich des Reifens ist die Wirkung einzelner Systeme oft domänenübergreifend ◘ Abb. 15.5.

Beispiel Bremse: ein aktiver Bremseneingriff (ESP) zur Fahrzeugstabilisierung erzeugt durch die Änderung des Längsschlupfs an einem Rad als Primäreffekt eine Längskraft, die ein querdynamisch relevantes Giermoment um den Fahrzeugschwerpunkt hervorruft. Als Sekundäreffekt wird durch die Änderung des Längsschlupfs an dem gebremsten Rad gleichzeitig eine Änderung der Seitenkraft erzeugt, was ebenfalls ein Giermoment um den Fahrzeugschwerpunkt generiert. Da die Bremse neben der Längsdynamik auch wesentlich die Querdynamik beeinflusst, ist eine eindeutige Zuordnung der Bremse zu einer Domäne nicht möglich, (◘ Tab. 15.1).

Die folgenden Abschnitte geben einen Querschnitt typischer Fahrwerkfunktionen [13]. Zur Darstellung der Funktionen wird teilweise eine spezielle Aggregatbauart vorausgesetzt, auch wenn das System noch in anderen Bauarten realisiert wurde.

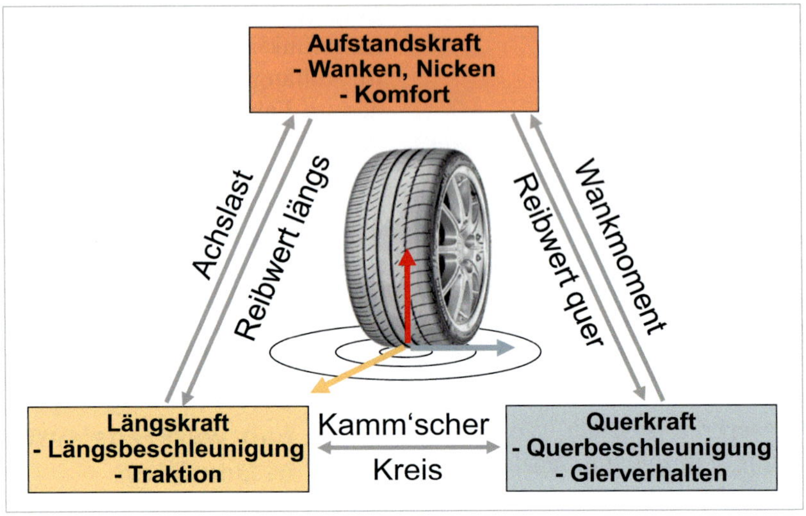

Abb. 15.5 Kopplung der Längs-, Quer- und Vertikaldynamik über die Reifen (Kamm'scher Kreis)

Tab. 15.1 Einteilung der Fahrwerkregelsysteme

Einteilung der Fahrwerkregelsysteme in Domänen (nach ihrer primären Funktion)			
	Domäne		
	Längsdynamik	Vertikaldynamik	Querdynamik
Systeme	Bremse	Stabilisator	Vorderradlenkung
	Mittelsperre	Federung	Hinterradlenkung
	Quersperre VA	Dämpfung	
	Quersperre HA		

15.3 Längsdynamikfunktionen

Carsten Hoffmann und Horst Krimmel

Fahrwerksysteme tragen vor allem aus zwei Gesichtspunkten zur Längsdynamik bei. Zum einen wird die Längsdynamik des Fahrzeugs wesentlich durch das Fahrwerksystem Bremse geprägt. Die Bremse kann dabei mit anderen Fahrwerksystemen vernetzt sein. Beispielsweise kann bei Vollbremsungen auf μ-Split ein automatisches Gegenlenken mit einer Hinterachslenkung oder Überlagerungslenkung den Bremsweg deutlich reduzieren [14]. Zum anderen beeinflussen Vertikal- und Querdynamikfunktionen im fahrdynamischen Grenzbereich über den Reifen (Kamm'scher Kreis) in gewissem Maße auch die Längsdynamik. Ein Beispiel ist hier der Einfluss der dynamischen Radlasten, die durch elektronisch regelbare Dämpfer beeinflusst werden können.

Tab. 15.2 gibt einen exemplarischen Überblick über Längsdynamikfunktionen mit Fahrwerkregelsystemen. Funktionen, die im Wesentlichen die Bremse nutzen, wurden bereits im ► Abschn. 7.7.4 vorgestellt. Dieser Abschnitt zeigt mit Beispielen aus Traktionsregelung (auch Schlupfregelung genannt) und variabler Antriebsmomentverteilung (Torque Vectoring) einige typische Längsdynamikfunktionen mit Achs- und Allradverteilergetrieben.

Entsprechend dem Verbreitungsgrad der Systeme werden nachfolgend die Allradverteilergetriebe (hoch motorisierte Pkw und Sportwagen, SUV, Geländewagen), anschließend die weniger verbreiteten Hinterachsdifferenzialsperren (Geländewagen, hoch motorisierte Sportwagen) und schließlich die Funktion des Torque Vectoring Hinterachsgetriebe beschrieben.

Tab. 15.2 Funktionen in der Längsdynamik-Domäne

Funktionen in der Kategorie Längsdynamik		Domäne						
		Längs		Vertikal			Quer	
		Bremse	Differential	Federung	Dämpfung	Stabilisator	VA-Lenkun	HA-Lenkun
Aufgabe	Fahrzeugverzögerung	x						
	Halten den Fahrzeuggeschwindigkeit	x						
Vorsteuer-funktionen	Übertragung Fahrervorgabe M_{Bremse}	x						
	Rückmeldung (Pedalgefühl)	x						
Assistenz-funktionen	Automatic Cruise Control (ACC)	x						
	Situationsadaptives ACC	x						
Komfort-funktionen	Hillholder	x						
	Hill Descent Control (HDC)	x						
	Soft-Stop Bremsung	x						
	Regenassistent	x						
	Fadingassistent	x						
Stabili-sierungs-funktionen	Bremsschlupfregelung (ABS)	x						
	Antriebsschlupfregelung (ASR) *(durch Motormanagement)*							
	Differentialsperrenfunktion (EDS)	x	x					
	Schleppmomentregelung (MSR) *(durch Motormanagement)*							
	Bremsassistent (BA)	x						

15.3.1 Traktionsregelung mit dem Allradverteilergetriebe

Die Art der Traktionsregelung hängt von der Bauart des Allradverteilergetriebes ab. Entsprechend dem Einsatzzweck der Fahrzeuge sind heute verschiedene Bauarten für Allradverteilergetriebe im Einsatz [15].

- **Offenes Längsdifferenzial**

Ein Allradverteilergetriebe auf Basis eines Differenzials verteilt das Antriebsmoment in einem festen Verhältnis auf Vorder- und Hinterachse. Verliert eine Achse Traktion, dann kann auch an der anderen Achse nur begrenzt Antriebsmoment abgesetzt werden. Um einen Traktionsverlust zu vermeiden, wird mittels Motor- und Bremseingriff das Durchdrehen eines Rades verhindert. Diese Funktion ist eine Ausprägung der Antriebsschlupfregelung (ASR) für Allradfahrzeuge. In Analogie zum Achsdifferenzial wird diese Funktion auch elektronische Differenzialsperre (EDS) genannt.

Regelziel Die Aufgabe der elektronischen Differenzialsperre ist es, den Radschlupf zu begrenzen. Stellgrößen sind das Antriebsmoment und die Bremsmomente der vier Räder.

Systemvernetzung Die Funktion Differenzialsperre wird durch die Vernetzung von Motor und Bremse möglich. Ein zusätzlicher Steller (z. B. eine Sperrkupplung) wird in diesem Fall nicht benötigt. Dies ist ein gutes Beispiel für Systemvernetzung, die über die Summe der Einzelsysteme hinaus Zusatzfunktionen generiert.

■ **Sperrbares Längsdifferenzial**

Die im letzten Absatz erwähnte elektronische Differenzialsperre reduziert wegen des Motor- und des Bremseingriffs das Antriebsmoment und mindert damit die Fahrleistung. Um das zu vermeiden, kommen in Geländewagen häufig Längsdifferenziale zum Einsatz, die mittels einer Kupplung gesperrt werden können. Eine solche Kupplung wird auch Differenzialsperre genannt. Die Sperrung des Längsdifferenzials kann mittels einer schaltbaren Klauenkupplung oder mittels einer elektronisch regelbaren Lamellenkupplung erfolgen [16].

Regelziel Bei regelbaren Längsdifferenzialen ist die Begrenzung der Differenzdrehzahl zwischen Vorder- und Hinterachse, um damit die Traktion zu optimieren.

Systemvernetzung Sperrbare Längsdifferenziale verfügen über eine eigene Regelung, sind aber im Rahmen der Traktionsregelung mit Motorsteuerung und Bremsregelung vernetzt.

Torque-On-Demand/Hang-On-Kupplung Ein Torque-on-Demand-Verteilergetriebe erlaubt eine achsindividuelle und fahrsituationsabhängige Verteilung des Antriebsmoments auf eine primär und eine sekundär angetriebene Achse. Die sekundär angetriebene Achse greift ihr Moment im Verteilergetriebe über eine regelbare Lamellenkupplung vom Hauptmomentfluss der primär angetriebenen Achse ab. Für diesen Verteilergetriebetyp hat die Kupplungsregelung zwei Ziele:

Erstes Regelziel Längsmomentverteilung Um Moment an die sekundär angetriebene Achse zu übertragen, muss die Kupplung im Eingriff bzw. geschlossen sein. Als Basisverteilung wird typischerweise ein Wert zwischen 100 % und 60 % des Antriebsmoments an die primär angetriebene Achse geleitet. Der Rest des Antriebsmoments wird an die sekundär angetriebene Achse geleitet. Auf der Basis des Motormoments und der Fahrsituation wird das an die sekundär angetriebene Achse zu übertragende Antriebsmoment berechnet.

Aus diesem zu übertragenden Moment wird wiederum die Ansteuerung der Lamellenkupplung berechnet.

Zweites Regelziel Traktionsoptimierung Ein Schlupfregler regelt die Differenzdrehzahl von Vorder- und Hinterachse, um das Durchdrehen der Räder einer Achse zu verhindern. Regelgröße ist die Differenzdrehzahl an der Lamellenkupplung. Stellgröße ist das Sperrmoment der Lamellenkupplung. Wird im Rahmen der Regelung die Kupplung vollständig geschlossen, dann wird sie nach einer gewissen Zeit gesteuert wieder geöffnet, um die Traktionsverhältnisse neu beurteilen zu können (■ Abb. 15.6).

■ **Systemvernetzung**

Torque-On-Demand Allradverteilergetriebe erlauben über die variable Verteilung des Antriebsmoments auf die Vorder- oder Hinterachse eine Beeinflussung des Eigenlenkverhaltens. Das ermöglicht die Einbindung des Verteilergetriebes in die Fahrdynamikregelung. In Übersteuersituationen kann das Antriebsmoment mehr an die Vorderachse geleitet werden, um über die geänderten Reifenlängsschlupfverhältnisse das Seitenkraftpotenzial der Hinterachse (Vorderachse) zu erhöhen (schwächen). In Untersteuersituationen wird hingegen das Moment bevorzugt über die Hinterachse abgesetzt, um das Seitenkraftpotenzial der Vorderachse (Hinterachse) zu stärken (zu schwächen).

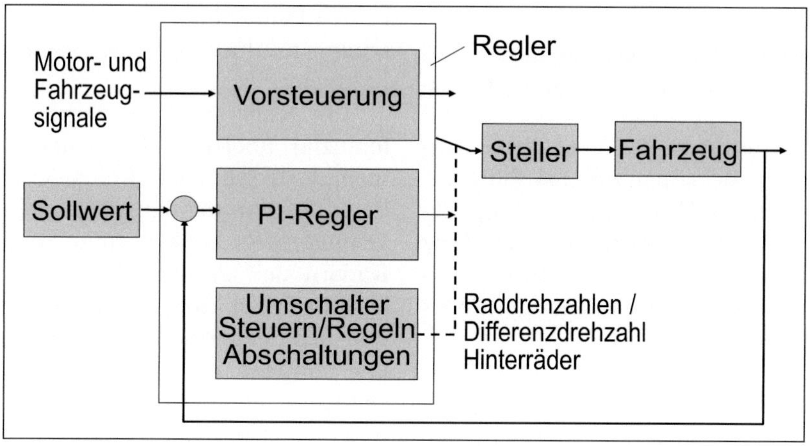

Abb. 15.6 Regelkreis Differenzial mit Vorsteuerung und Betriebsartenumschaltung

15.3.2 Traktionsregelung Achsgetriebe

Sperrbare Achsdifferentiale kommen typischerweise an der Hinterachse zum Einsatz. Die Sperrung des Achsdifferenzials kann mittels einer schaltbaren Klauenkupplung oder mittels einer elektronisch regelbaren Lamellenkupplung erfolgen. Nur in ausgewiesenen Geländefahrzeugen kommen Achsdifferenzialsperren zusätzlich auch an der Vorderachse zum Einsatz. An der Vorderachse verbaute sperrbare Achsdifferentiale sind meist nicht als regelbare, sondern als schaltbare Achsdifferenziale für ein permanentes Schließen in besonders schwerem Gelände realisiert.

Das Wirkprinzip eines geregelten Achsdifferenzials ist analog zum geregelten Längsdifferenzial [17], statt der Begrenzung des Schlupfes zwischen Vorder- und Hinterachse geht es beim elektronisch geregelten Achsdifferenzial um die Begrenzung des Schlupfes zwischen den beiden Hinterrädern.

- **Traktionsoptimierung**

Eine typische Situation für einen Sperreneingriff ist das Anfahren oder Beschleunigen auf einer Fahrbahn mit unterschiedlichen Reibwerten an den Hinterrädern (μ-Split). Ohne Sperreneingriff könnte das Rad mit dem kleineren Reibwert nur ein geringes Moment absetzen und würde über das Differenzial auch das absetzbare Moment an dem Rad mit dem höheren Reibwert beschränken. Das hätte drei negative Konsequenzen. Ein Rad würde durchdrehen, das Beschleunigungsvermögen wäre reduziert und wegen des großen Längsschlupfes wären auch die Seitenführungskraft und damit die Fahrsicherheit beeinträchtigt.

Um das Durchdrehen eines einzelnen Rades zu vermeiden, überwacht ein Schlupfregler die Differenzdrehzahl des linken und des rechten Hinterrades.

Die Regelgröße ist die Differenzdrehzahl. Die Stellgröße ist das kontinuierlich einstellbare Sperrmoment an der Lamellenkupplung.

In die Sollwertberechnung für die Differenzdrehzahl fließt z. B. die Lenkradstellung ein, um unerwünschte Eingriffe aufgrund unterschiedlicher Raddrehzahlen bei Kurvenfahrt zu vermeiden. Wird im Rahmen der Regelung die Kupplung vollständig geschlossen, dann wird sie nach einer gewissen Zeit gesteuert wieder geöffnet, um die Traktionsverhältnisse neu zu beurteilen.

- **Agilität**

Bei Kurvenfahrt mit hoher Querbeschleunigung wird die Radlast am kurveninneren Rad deutlich reduziert. Dadurch wird das am kurveninneren Rad absetzbare Moment reduziert. Bei einem offenen Differenzial wird so ungewollt das am kurvenäußeren Rad absetzbare Moment begrenzt. Eine Differenzialsperre kann diesem Effekt entgegenwirken und das Beschleunigungsverhalten in Kurven verbessern.

- **Systemvernetzung**

Der Eingriff am Achsdifferenzial lässt sich mit dem Eingriff am Längsdifferenzial koppeln. Erkennt z. B. das Längsdifferenzial ein Schlupfereignis oder wird verstärkt Moment an die Hinterachse geführt, dann wird dies bei der Ansteuerung des Achsdifferenzials berücksichtigt. Eine weitere Vernetzung des Achsdifferenzials besteht zum ESP. Damit die Regeleingriffe an Achsdifferenzial und Bremse sich nicht beeinträchtigen, wird das Achsdifferenzial während ESP-Eingriffs öffnen.

15.3.3 Torque Vectoring

Unter *Torque Vectoring* versteht man eine variable Antriebsmomentverteilung, bei der das Antriebsmoment an jedem Rad variabel, fahrsituationsabhängig eingeregelt werden kann. Für das Weitere wird einen zentralen Antriebsmotor, ein regelbares Allradverteilergetriebe und ein Achsgetriebe mit variabler Momentverteilung vorausgesetzt. Achse greift ihr Moment im Verteilergetriebe über eine regelbare Lamellenkupplung vom Hauptmomentfluss der primär angetriebenen Achse ab. Für diesen Verteilergetriebetyp hat die Kupplungsregelung zwei Ziele:

Ein offenes Achsdifferenzial, d. h. ein Achsdifferenzial ohne Sperrung, verteilt das Antriebsmoment zu gleichen Teilen auf die beiden Hinterräder. Aus dieser Momentverteilung resultiert kein Giermoment auf das Fahrzeug.

Ein gesperrtes bzw. gesperrtes Achsdifferenzial überträgt bei Kurvenfahrt Moment vom schneller drehenden, kurvenäußeren Rad an das langsame drehende, kurveninnere Rad. Setzt man an den beiden Rädern den gleichen Reibwert und einen ähnlichen Schlupf voraus, dann führt dies um den Fahrzeugschwerpunkt zu einem Giermoment, welches der Gierbewegung in der Kurve entgegenwirkt und das Fahrzeug untersteuernder macht.

Bei einem Achsgetriebe, welches das Antriebsmoment individuell auf die Hinterräder verteilen kann, spricht man von einem *lateralen Torque Vectoring*.

Es gibt verschiedene Realisierungen von Achsgetrieben zur Quermomentverteilung [15]. Eine mögliche Realisierung basiert auf einem Differenzial (s. ► Abschn. 6.2.5). Zusätzlich zum Momentfluss durch das Differenzial verbindet je eine Lamellenkupplung die ins Schnelle untersetzte Eingangswelle mit linker und rechter Seitenwelle. Durch die Untersetzung ist es auch möglich, ein größeres Moment an das langsamer drehende Rad zu übertragen. Die Quermomentverteilung ermöglicht sowohl längs- als auch querdynamische Funktionen (◘ Abb. 15.7).

- **Agilitätssteigerung**

Die ungleiche Antriebsmomentverteilung auf die beiden Räder der Hinterachse erzeugt bzgl. des Fahrzeugschwerpunkts ein zusätzliches Giermoment.

Bei normalen Geschwindigkeiten kann dies zur Verbesserung des Einlenkverhaltens genutzt werden, indem an das kurvenäußere Hinterrad verstärkt Moment geleitet wird. Ist die Fahrzeuggrundabstimmung untersteuernd, so lässt sich auch bei höheren Geschwindigkeiten ein neutraleres oder agileres Fahrverhalten realisieren.

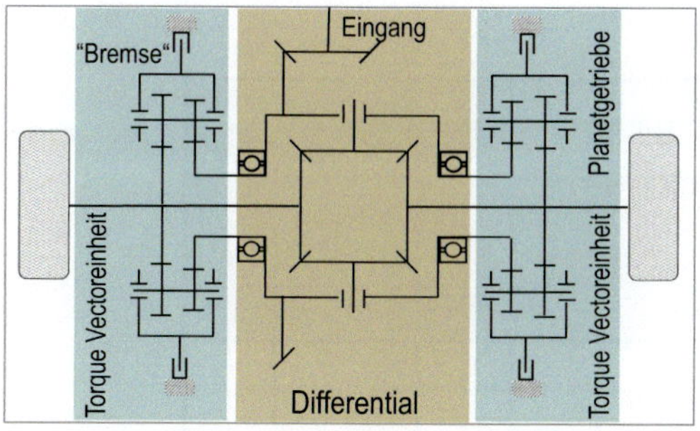

Abb. 15.7 Torque Vectoring Getriebe, radindividuelle Momentverteilung als Querbeschleunigungsfunktion

- **Gierdämpfung**

Bei hohen Geschwindigkeiten kann die Gierdämpfung erhöht werden, indem bei Kurvenfahrt das Antriebsmoment bevorzugt an das kurveninnere Hinterrad geleitet. Dadurch ergibt sich ein der Gierrate entgegengesetztes Giermoment. Die höhere Gierdämpfung wirkt sich stabilisierend aus, z. B. bei Fahrmanövern wie dem doppelten Spurwechsel.

- **Systemvernetzung**

Die Vernetzung eines Torque-Vectoring-Achsgetriebes betrifft primär die Fahrdynamikregelung. Die Integration des Torque-Vectoring-Achsgetriebes in die Fahrdynamikregelung nutzt die Möglichkeit, über die radindividuelle Antriebsmomentverteilung ein definiertes, zusätzliches Giermoment zu erzeugen.

15.4 Vertikaldynamikfunktionen

Carsten Hoffmann und Horst Krimmel

Vertikaldynamikregelsysteme bieten 3 Hauptvorteile:

Erstens steigern Vertikaldynamiksysteme den Fahrkomfort und können auf den Fahrzustand bzw. die Straßenqualität reagieren. So lassen sich beispielsweise variable Dämpfer in ihrem Dämpfungsverhalten auf Schlechtwegstrecken anpassen.

Zweitens optimieren Vertikaldynamikregelsysteme über die Beeinflussung der Radaufstandskräfte die Längs- und Querdynamik, speziell Fahrdynamik und Fahrsicherheit. Dies geschieht aber nur indirekt über den Kamm'schen Kreis des Reifens.

- **Drittens**

reduzieren die Vertikaldynamikregelsysteme, wie beispielsweise die Niveauregulierung, die Abhängigkeit des Fahrverhaltens vom Beladungszustand. Verbreitete Vertikaldynamikregelsysteme sind neben variablen Dämpfern und der Niveauregulierung auch aktive Stabilisatoren und aktive Fahrwerke wie Active Body Control (ABC). Tab. 15.3 zeigt beispielhaft einige Vertikaldynamikfunktionen und die jeweils beteiligten Vertikaldynamiksysteme.

15.4.1 Variable Dämpfer

Bei der Auslegung passiver Dämpfer ist immer ein Kompromiss zwischen Komfort und Fahrsicherheit zu treffen (s. Abb. 15.2). Durch elektronisch verstellbare Dämpfer wird dieser Zielkonflikt aufgehoben, da die Dämpfung kontinuierlich dem jeweiligen Fahrzustand angepasst werden kann [4, 18].

- **Komfort**

Die wesentliche Einzelsystemfunktion ist eine Komfortregelung der Dämpfung. Diese verfolgt das Ziel, den.

Fahrzeugaufbau optimal zu dämpfen und Fahrbahnanregungen so weit wie möglich nicht auf den Fahrzeugaufbau zu übertragen. Dies umfasst als Teilaspekte auch eine optimale Wank- und Nickbedämpfung. Für variable Dämpfer wurden verschiedene Regelstrategien entwickelt. Zwei

Tab. 15.3 Funktionen der Vertikaldynamikdomäne

Funktionen in der Kategorie Vertikaldynamik		Domäne: Längs – Bremse	Längs – Differential	Vertikal – Federung	Vertikal – Dämpfung	Vertikal – Stabilisator	Quer – VA-Lenkung	Quer – HA-Lenkung
Aufgabe	Abstützung des Aufbaues			x				
	Dosierung der Rückstellkräfte			x	x	x		
Vorsteuer-funktionen								
Assistenz-funktionen								
Komfort-funktionen	Niveauanpassung			x				
	Eigenlenkverhalten			x	x	x		
	Senken der Aufbaubeschleunigungen (Sky-Hook)				x			
	Nickausgleich			x				
	Wankausgleich			x		x		
Stabili-sierungs-funktionen	Senken der Radlastschwankungen (Ground-Hook)			x	x	x		
	Bedarfsgerechte Einstellung von Radaufstandskräften für Stabilisierungsfunktionen			x	x	x		

Beispiele sind die Schwellwertstrategie und die sogenannte Sky-Hook-Regelung [4, 18].

■ **Schwellwertstrategie**

Abb. 15.8zeigt die relativ einfache Sensorik für die sogenannte „Schwellwertstrategie". Ein bis zwei Vertikalbeschleunigungssensoren messen die Bewegungen des Fahrzeugaufbaus. Die von den Beschleunigungssensoren ermittelten Signale werden laufend mit Schwellwerten verglichen und führen aufgrund des errechneten Verhältnisses zu einer Adaption der Dämpferkennung an die Fahrsituation, speziell die Fahrbahnbeschaffenheit. Je nach Systemkonfiguration wird die Querbeschleunigung mit einem Beschleunigungssensor gemessen oder aus dem Lenkradwinkelsignal berechnet. Anhand dieser Signale wird neben der Querbeschleunigung auch die Änderung der Querbeschleunigung ausgewertet. Auf diese Weise kann auch das dynamische Wanken effizient reduziert werden.

■ **Sky-Hook-Regelung**

Dieser Ansatz geht von der Idee aus, dass der Federungskomfort dann optimal ist, wenn man den schwingenden Aufbau nicht gegenüber der unebenen Straße, sondern gegenüber dem Himmel (bzw. Horizont) dämpft. In einem Gedankenexperiment wird der Schwingungsdämpfer dazu nicht zwischen Aufbau und Rad, sondern zwischen Aufbau und einem hypothetisch mitgeführten Haken am Himmel angeordnet.

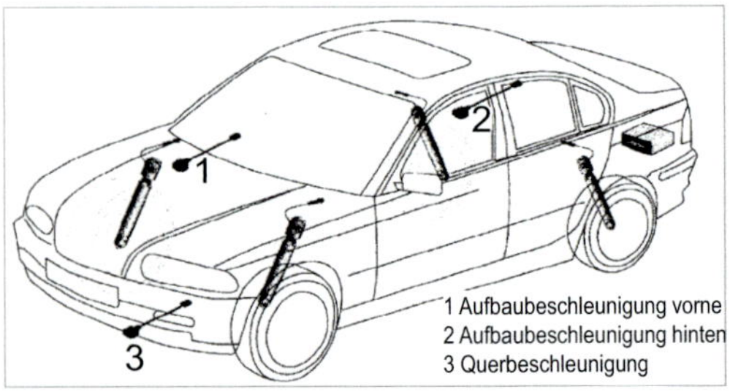

Abb. 15.8 Systemaufbau und Sensorkonfiguration für die Schwellwert-Strategie [4]

Unabhängig von Fahr- und Straßenzustand wird so ein ruhiges, harmonisches Aufbauverhalten erreicht.

Im Rahmen des Gedankenexperiments soll dann der reale Dämpfer die gleiche Kraft aufbringen, wie der Sky-Hook-Dämpfer. Folglich gilt:

$$F = k_{\text{sky}} \cdot v_{\text{Aufbau}} = k_{\text{Dämpfer}} \cdot v_{\text{relativ}}$$
$$\Rightarrow k_{\text{Dämpfer}} = k_{\text{sky}} \cdot \frac{v_{\text{Aufbau}}}{v_{\text{relativ}}} \tag{15.1}$$

Hieraus ergeben sich die in ◘ Abb. 15.9 dargestellten Betriebszustände. Um die Anforderungen an die „Sky-Hook-Strategie“ zu erfüllen, sind Informationen über die Rad- und Aufbaubewegung notwendig.

Deshalb steigt die Anzahl der Sensoren im Vergleich zu rein adaptiven Regelungen. ◘ Abb. 15.10 zeigt eine typische Sensorkonfiguration der Sky-Hook-Regelung.

Allerdings betrachtet ein reines Sky-Hook-Konzept nur die Aufbaudämpfung.

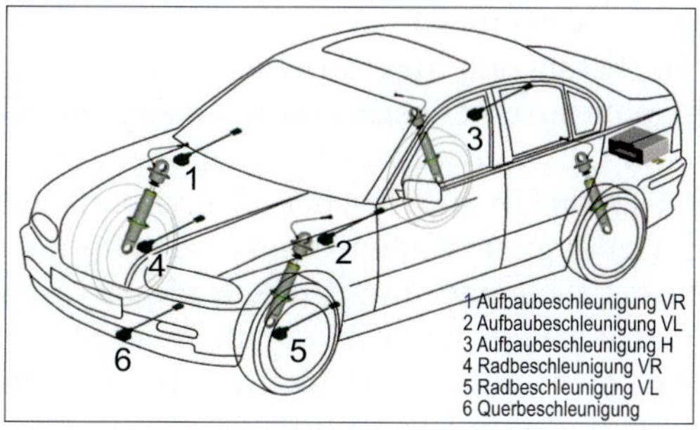

◘ **Abb. 15.10** Sky-Hook-Strategie für variable Dämpfer

In der Praxis wird aus Gründen der Fahrdynamik bzw. der Fahrsicherheit (Fahrbahnkontakt der Räder) auch eine ausreichende Raddämpfung benötigt. Deshalb überlagern und korrigieren im Fahrbetrieb eine Vielzahl von fahrsituationsabhängigen Reglermodulen den reinen Sky-Hook-Ansatz. So umfasst die Betriebsstrategie z. B. die dynamisch Nick- und Wankdämpfung.

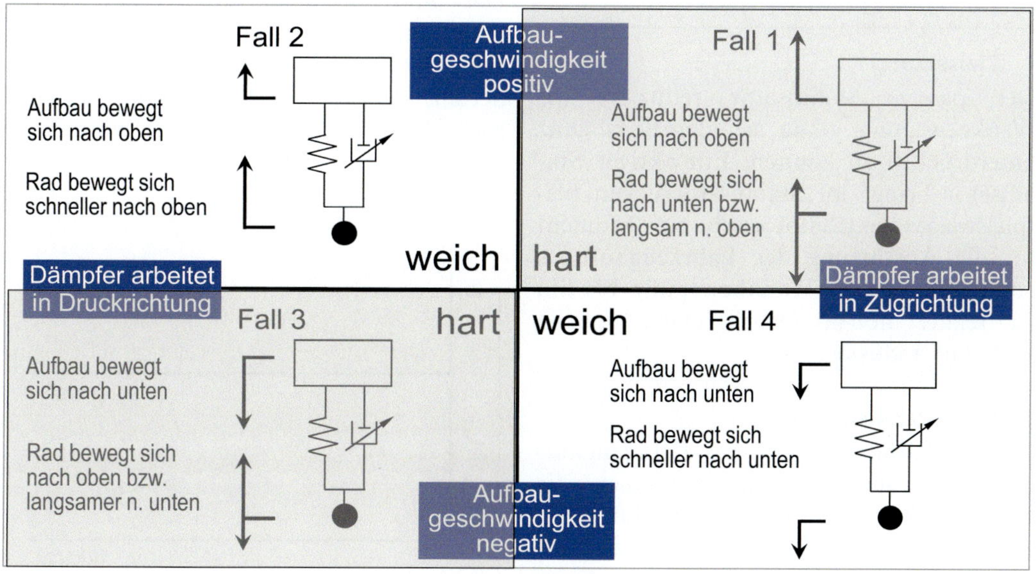

◘ **Abb. 15.9** Systemaufbau und Sensorkonfiguration für die Sky-Hook-Regelung

- **Systemvernetzung**

Die Vernetzung der variablen Dämpfer ist in mehrfacher Hinsicht sinnvoll: Zum einen kann die Fahrdynamikregelung die variablen Dämpfer in kritischen Fahrsituationen nutzen, um die Radaufstandskräfte optimal einzustellen und damit das Radquer- und Radlängskraftpotenzial möglichst groß halten. Zum anderen ist die variable Dämpfung für optimalen Komfort mit anderen dämpfenden Systemen wie beispielsweise einer Wankstabilisierung zu vernetzen. So ist bei der Berechnung der Dämpfung für die variablen Dämpfer in Gleichung (15.1) der Anteil anderer Systeme wie aktiver Stabilisatoren zu berücksichtigen.

Die Vernetzung der variablen Dämpfer mit der Bremse ermöglicht eine Reduzierung des Bremswegs, insbesondere auf schlechten Fahrbahnoberflächen, da Radlastschwankungen durch eine entsprechende Dämpferregelung reduziert werden können [19].

15.4.2 Aktiver Stabilisator

- **Zielsetzung**

Der passive Stabilisator reduziert die Wankbewegung, ohne sie allerdings ganz unterdrücken zu können. Ein aktiver Stabilisator bringt im Stabilisatorrücken beispielsweise elektromotorisch ein Moment für die Abstützung des Fahrzeugaufbaus auf und kann die Wankbewegung bis hin zu relativ hohen Querbeschleunigungen sehr stark reduzieren [6].

15

- **Wankstabilisierung**

Um die Wankbewegung des Fahrzeugaufbaus zu unterdrücken, berechnet die Wankstabilisierungsfunktion das über den aktiven Stabilisator zusätzlich auf den Aufbau aufzubringende Abstützmoment im Wesentlichen als Funktion der Querbeschleunigung. Die Aufteilung des Abstützmoments auf Vorder- und Hinterachse wird dann primär als Funktion der Geschwindigkeit bestimmt (◘ Abb. 15.11).

Bei hohen Geschwindigkeiten erfolgt beispielsweise die Abstützung stärker über die Vorderachse, um die Seitenführungsfähigkeit der Hinterachse hinsichtlich der Fahrstabilität möglichst groß zu halten. Bei hohen Querbeschleunigungen wird der Wankausgleich nicht mehr vollständig vorgenommen, um den Fahrer über das Erreichen des fahrdynamischen Grenzbereichs zu informieren.

- **Komfortfunktion**

Ein passiver Stabilisator leitet bauartbedingt Radanregungen von einer Fahrzeugseite auf die andere Fahrzeugseite weiter. Dieses sogenannte Kopieren kann mit einem aktiven Stabilisator reduziert werden. Beim elektromechanischen Stabilisator wird die weitgehende Entkopplung von linkem und rechtem Rad über eine Regelung erreicht.

- **Systemvernetzung**

Der fahrdynamische Einfluss des aktiven Stabilisators resultiert aus der Beeinflussung der Radaufstandskräfte und der Änderung der Radquerkräfte. Eine Verlagerung der Wankabstützung von Vorder- zu

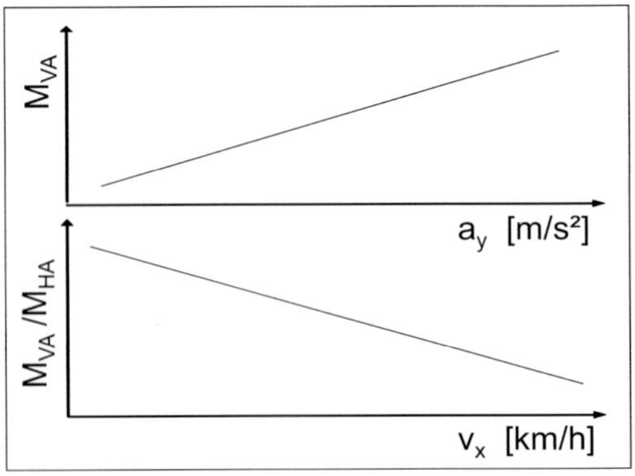

◘ **Abb. 15.11** Wankabstützung als Funktion der Querbeschleunigung. Eingriffsverhältnis Vorder-/Hinterachse als Funktion der Geschwindigkeitdie

Hinterachse oder umgekehrt ändert das Eigenlenkverhalten. Beispielsweise ändert eine Verlagerung der Wankabstützung an die Vorderachse das Fahrverhalten Richtung Untersteuern, reduziert die zunehmende Radlastdifferenz an der Vorderachse wegen des nichtlinearen (degressiven) Reifenkennfelds die Seitentragfähigkeit der Vorderachse. An der Hinterachse stellt sich gleichzeitig der gegenläufige Effekt ein (s. Abb. 2–135).

▪ Bordnetzanforderung

Im Zuge der Reduktion der CO_2-Emission und der Verbreitung von Elektrofahrzeugen haben inzwischen elektromechanische Wankstabilisierungssysteme hydraulische Wankstabilisierungssysteme abgelöst. Mit einer elektromechanischen Betätigung mittels Motors und hochübersetzendem Getriebe im Stabilisatorrücken wird ein energieoptimales Torque-on-Demand möglich. Die elektromechanische Wankstabilisierung stellt je nach Leistungsanforderung (Abstützmomente, Dynamik) eine Herausforderung für 12 Volt Bordnetze dar. Da die Wankstabilisierung aus je einem Aktuator an Vorderachse und Hinterachse besteht, sind gleich zwei Aktuatoren mit Leistung zu versorgen. Deshalb kommen für elektromechanische Wankstabilisierungen auch 48 Volt Bordnetze zum Einsatz. Die 48 Volt Versorgung reduziert auch die ohmschen Verluste in Zuleitungen und bringt Vorteile hinsichtlich der Leistungsdichte der Elektromotoren.

15.4.3 Niveauregulierung

▪ Zielsetzung

Bei der Auslegung einer Stahlfederung besteht ein Zielkonflikt zwischen Härte der Grundfederung und Einfederung bei Beladung. Wird die Federung komfortabel und weich ausgelegt, so federt das Fahrzeug bei starker Beladung weit ein. Das reduziert den zur Verfügung stehenden Weg für dynamische Einfederungen und über die Achskinematik ändern sich je nach Aufhängungsauslegung auch Spur und Sturz. Eine Niveauregulierung stellt das Fahrzeugniveau unabhängig vom Beladungszustand ein und kann so diese Effekte kompensieren. Die Niveauregulierung kann hydropneumatisch (s. ► Abschn. 9.6.3) oder per Luftfeder (s. ► Abschn. 9.6.2) realisiert sein. Für die Systemvarianten s. ◘ Abb. 9.94.

▪ Niveauausgleich

Zu unterscheiden sind Ein- und Zweiachsniveauregulierungen. Einachsniveauregulierungen an der Hinterachse dienen primär zum Ausgleich von Beladungsunterschieden, indem das Niveau auf die Solllage eingeregelt wird. Das Niveau wird mit einem relativ langsamen Filter beobachtet. Wird eine dauerhafte Niveauabweichung festgestellt, dann beginnt der Regelvorgang. Zum Anfahren des gewünschten Niveaus kommen Vorsteueranteile zum Tragen. Bei starken Beschleunigungen und Kurvenfahrten wird der Beginn des Regelvorganges unterdrückt, um nicht auf Nicken und Wanken zu reagieren.

▪ Niveauwahl

Zweiachsniveauregulierungen erlauben dem Fahrer auch zwischen verschiedenen Niveaus zu wählen.

So kann z. B. ein hohes Niveau für Gelände- oder ein niedriges Niveau für schnelle Autobahnfahrt eingestellt werden. Ist das vom Fahrer gewählte Niveau für die Fahrzeuggeschwindigkeit zu hoch, dann wird das Niveau aus Sicherheitsgründen automatisch abgesenkt.

▪ Systemvernetzung

Die Niveauregulierung hat eine langsamere Regeldynamik als die anderen hier diskutierten Fahrwerksysteme und kann deshalb weitgehend als Einzelsystemfunktion realisiert werden. Die Vernetzung mit anderen Systemen erfolgt typischerweise hinsichtlich des Austauschs von Sensorsignalen, z. B.

werden Höhenstandsdaten und deren zeitliche Ableitung anderen Systemen zur Verfügung gestellt.

15.5 Querdynamikfunktionen

Horst Krimmel

Die Querdynamikfunktionen sind durch die verschiedenen Lenkfunktionen und die Fahrzeugstabilisierung mittels Bremse geprägt. ◘ Tab. 15.4 zeigt exemplarisch einige typische Querdynamikfunktionen. Zwar sind über den Reifen (Kamm'scher Kreis) zahlreiche Aggregate der Längsdynamik (Schlupf) und Vertikaldynamik (Radaufstandskraft) mittelbar auch für die Querdynamik relevant, aber eben nur indirekt über den Kamm'schen Kreis des Reifens. Dieser Abschnitt diskutiert verschiedene Lenksysteme und die jeweils darstellbaren Querdynamikfunktionen.

15.5.1 Elektrolenkung

Die Elektrolenkung dient primär der Lenkunterstützung [17]. Für die Beschreibung der elektromechanischen Lenkung siehe ► Abschn. 8.4. Für die Querdynamikdomäne hat die Elektrolenkung besondere Bedeutung. Zum einen, weil sie in den Fahrzeugen 100 % Serienausstattung ist,

◘ **Tab. 15.4** Funktionen der Querdynamikdomäne

Funktionen in der Kategorie Querdynamik		Domäne						
		Längs		Vertikal			Quer	
		Bremse	Differential	Federung	Dämpfung	Stabilisator	VA-Lenkung	HA-Lenkung
Aufgabe	Spurführung						x	x
	Fahrzeugstabilisierung						x	x
Vorsteuer-funktionen	Übertragung der Fahrervorgabe						x	
	Rückmeldung der Seitenkraft						x	
Assistenz-funktionen	Parkassistent						x	x
	Rangierassistent für Pkw-Gespanne						x	
	Spurführungsassistent						x	x
	Spurwechselassistent						x	x
Komfort-funktionen	Vorhaltelenkung (SLD)						x	
	Künstliches Lenkgefühl						x	
	Veränderung des Eigenlenkverhaltens			x	x	x	x	x
	Varaiable Lenkübersetzung (VSR)						x	x
Stabili-sierungs-funktionen	Fahrzeugstabilisierung	x	x	x	x	x	x	x
	µ-split Kompensation	x					x	
	Seitenwindkompensation	x					x	
	Roll-Over Prevention	x		x	x	x	x	x
	Anhängerstabilisierung	x					x	x
	Kurvenbremskontrolle	x						

15

während zahlreiche querdynamisch relevante Systeme Sonderausstattungen sind.

- **Lenkunterstützung**

Die Lenkunterstützung wird in Abhängigkeit der Fahrzeuggeschwindigkeit berechnet. Beim Lenken im Stand, z. B. während des Parkierens, ist die Lenkunterstützung maximal. Mit zunehmender Fahrzeuggeschwindigkeit nimmt die Lenkunterstützung ab, damit das Fahrzeug auch bei schneller Lenkbewegung im Bereich hoher Fahrzeuggeschwindigkeiten gut beherrschbar bleibt. Zentrale Bedeutung für den Fahrer hat das Lenkgefühl. Wesentliche Eingangsgrößen der Regelstrategie sind das Lenkmoment des Fahrers, das über einen Lenkmomentsensor gemessen wird, und der Lenkradwinkel.

Abb. 15.12 zeigt einen Regelansatz, der als Regelgröße das Handmoment verwendet. Der Sollwert für das Handmoment wird Abhängigkeit von Geschwindigkeit und Zahnstangenkraft berechnet, Abb. 15.13. Die Zahnstangenkraft wird dabei mittels eines Beobachters berechnet. Stellgröße ist das Motormoment.

- **Optimiertes Lenkgefühl**

Der Fahrer wird durch die haptische Rückwirkung am Lenkrad über den Fahrbahnzustand informiert. Um die Fahrbahnbeschaffenheit über die Elektrolenkung möglichst realistisch und zeitnah an den Fahrer weiterzuleiten, können z. B. Informationen bzgl. der aktuellen Zahnstangenkraft oder bzgl. des Rauschens von Gierrate und Querbeschleunigung ausgewertet werden.

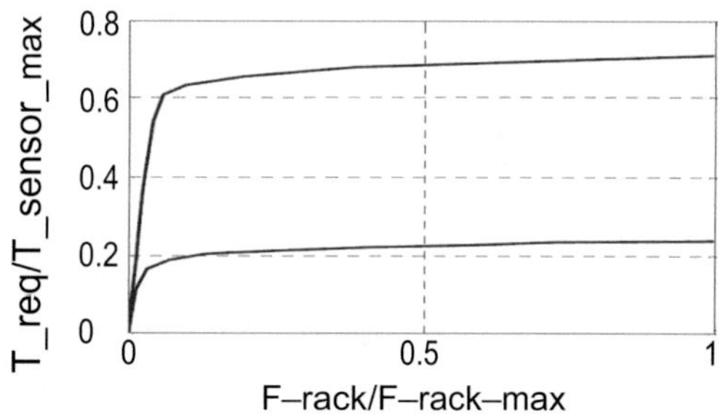

Abb. 15.13 Kennfeld für die Lenkunterstützung: dargestellt ist das einzuregelnde Handmoment für den Fahrer in Abhängigkeit der Zahnstangenkraft und der Geschwindigkeit (untere Kurve: Parkieren, obere Kurve: hohe Geschwindigkeit) [17]

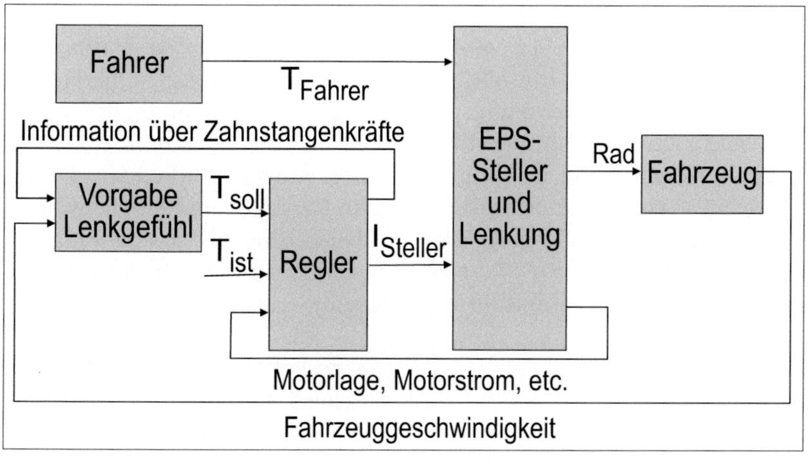

Abb. 15.12 Regelkreis Elektrolenkung; Regelgröße: Fahrerhandmoment, Stellgröße: Motormoment

Steigerung der Verfügbarkeit

Da große Fahrzeuge ohne elektrische Lenkunterstützung nur schwer lenkbar sind, wurden die Anforderungen hinsichtlich Verfügbarkeit der Elektrolenkung kontinuierlich gesteigert und die tolerierten Ausfallraten stetig gesenkt. Fällt beispielsweise eine von drei Motorphasen aus, kann durch eine Zweiphasenansteuerung eine Restunterstützung realisiert werden. Die Verfügbarkeit der Elektrolenkung lässt sich auch durch eine redundante Ansteuerung des Elektromotors steigern.

Systemvernetzung

In der Vergangenheit war die Elektrolenkung mit einem separaten Lenkwinkelsensor vernetzt. Dieser Lenkwinkelsensor versorgte z. B. auch das ESP mit dem Lenkwinkelsignal. Inzwischen können die internen Sensoren der Elektrolenkung verwendet werden, um das Lenkwinkelsignal zu berechnen. Die Elektrolenkung stellt das Lenkwinkelsignal anderen Steuergeräten wie z. B. dem ESP über Bus zur Verfügung. Dafür muss sichergestellt werden, dass die Elektrolenkung auch ein Lenken bei ausgeschalteter Zündung (im Stand) sensiert und den Lenkwinkel in dieser Situation korrekt erfasst.

Die Elektrolenkung erlaubt die Realisierung der Einparkassistenten (s. ► Abschn. 17.7.6). Sie bietet auch hinsichtlich der Fahrdynamikregelung Vernetzungspotenzial. Droht eine kritische Fahrsituation, so kann die Lenkunterstützung in geeigneter Art und Weise verstärkt oder vermindert werden, um dem Fahrer die Stabilisierung des Fahrzeugs zu erleichtern und eine weitere Verschärfung der Fahrsituation abzuwenden.

Fahrerassistenz

Der Ersatz der Hydraulik-Lenkung durch die Elektrolenkung war eine wichtige Voraussetzung für die Realisierbarkeit zahlreicher Fahrerassistenzfunktionen.

Beim Spurhalteassistenten kann beispielsweise über das Lenkrad eine haptische Warnung an den Fahrer gegeben werden. Beim Spurführungsassistenten wird dem Fahrer über die Lenkmomentunterstützung eine Lenkmomentempfehlung gegeben und beim Einparkassistent wird die Querführung für Längs- und Querparken komplett über die Elektrolenkung automatisiert, ohne Lenkaktivität des Fahrers.

Schließlich kann beim Ausweichassistent die Elektrolenkung den Fahrer beim Umfahren eines plötzlich auftauchenden Hindernisses unterstützen, um eine sonst unausweichliche Kollision zu vermeiden.

15.5.2 Überlagerungslenkung

Eine konventionelle Lenkung zeichnet sich durch eine feste Zuordnung von Lenkradstellung und Radlenkwinkel aus. Die Überlagerungslenkung erlaubt diesen Zusammenhang aufzubrechen, indem ein Elektromotor unabhängig vom Fahrer einen zusätzlichen Lenkwinkel aufbringen kann. Einige Fahrzeughersteller hatten eine Aktivlenkung für Mittel- und Oberklassefahrzeuge sowie SUVs angeboten [7, 20].

Variable Lenkübersetzung

Grundfunktion der Überlagerungslenkung ist die variable Lenkübersetzung. Der in Abschn. 15.1.1.3 genannte Zielkonflikt zwischen möglichst direkter Lenkübersetzung beim Parkieren und möglichst indirekter Lenkübersetzung bei hohen Fahrzeuggeschwindigkeiten wird durch die variable Lenkübersetzung aufgehoben. Die Lenkübersetzung wird dazu abhängig von der Fahrzeuggeschwindigkeit eingestellt (◘ Abb. 15.14). Bei niedrigen Geschwindigkeiten wird die Lenkübersetzung direkt gewählt, um ein einfaches Parkieren zu erreichen. Bei hohen Geschwindigkeiten ist die Lenkübersetzung indirekter, um die Gierfreudigkeit des Fahrzeugs

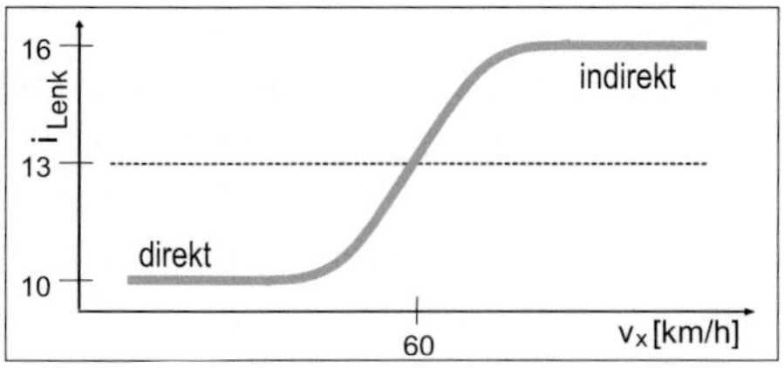

Abb. 15.14 Überlagerungslenkung: Lenkübersetzung als Funktion der Fahrzeuggeschwindigkeit

auf kleine evtl. ungewollte Lenkeingaben zu reduzieren.

Fahrdynamikregelung

Ferner bietet die Überlagerungslenkung die Möglichkeit stabilisierende Fahrdynamikeingriffe durchzuführen, z. B. im Rahmen einer Gierratenregelung [21].

Die Überlagerungslenkung eignet sich insbesondere für Eingriffe in Situationen, in denen das Fahrzeug übersteuert. Eine Reduzierung des Lenkwinkels kann hier die Gierrate vermindern und ein ungewünschtes Eindrehen des Fahrzeugs verhindern. Fahrdynamische Eingriffe in Untersteuersituationen sind hingegen weniger effektiv, da das Querkraftpotential der Vorderräder hier ohnehin schon weitgehend ausgeschöpft ist und ein weiteres Einlenken sich nur degressiv auswirkt.

Systemvernetzung

Die Vernetzung der Überlagerungslenkung ist insbesondere im Rahmen einer Gesamtfahrdynamikregelung sinnvoll, (s. ► Abschn. 15.6.1). Eine weitere Vernetzungsfunktion ist die Giermomentkompensation beim Anfahren und Bremsen auf einer Fahrbahn mit unterschiedlichen Reibwerten für linke und rechte Räder. Diese Funktion verhindert durch automatisches Gegenlenken bei Anfahren und Bremsen auf μ-Split ein Schrägziehen des Fahrzeugs.

15.5.3 Hinterachslenkung

Hinterachslenkungen haben in Nutzfahrzeugen wie Bussen und schweren Lkws seit vielen Jahren ein stabiles Marktsegment. Auch viele Mittel- und Oberklassefahrzeuge sowie SUVs und Sportwagen verfügen über eine Hinterachslenkung.

Hinterachslenkungen für Pkw bieten fahrdynamisch drei wesentliche Vorteile [22]:

- Erstens optimiert eine Hinterachslenkung die Agilität im Sinne von Gierfreudigkeit des Fahrzeugs.
- Zweitens verkleinert eine Hinterachslenkung den Wendekreis und verbessert das Fahrzeughandling.
- Drittens kann eine Hinterachslenkung für fahrdynamische Eingriffe zur Fahrzeugstabilisierung verwendet werden (s. ► Abschn. 8.7).

Bei niedriger Geschwindigkeit wird der volle Lenkwinkel (< 5° … 10°) eingesetzt um die Manövrierfähigkeit zu verbessern (Wendekreis reduziert sich ca. 15 %). Bei höheren Geschwindigkeiten (ab ca. 60 km/h) ist dagegen ein Lenkwinkel < 4° völlig ausreichend.

Heutige Systeme sind elektromotorisch realisiert [8]. Für die Spurverstellung an der Hinterachse sind zwei Systemvarianten möglich.

- Die erste Variante besteht aus einem Zentralsteller, bei dem ein Elektromotor über einen Spindeltrieb synchron die Spur von beiden Räder verstellt.
- Die zweite Variante besteht aus je einer längenveränderlichen Spurstange für rechtes und linkes Rad. Grundsätzlich könnte man mit diesem System die Spur des rechten und linken Rades unabhängig voneinander einstellen.

Die zweite Variante stellt zusätzliche Anforderungen hinsichtlich Synchronisierung der

Spur von linkem und rechtem Rad, um eine fahrdynamisch problematische Nachlaufsituation zu vermeiden.

Bei beiden Varianten hat der Fahrer keinen mechanischen Zugriff auf die Hinterräder, was spezielle Anforderungen an die Systemzuverlässigkeit stellt.

- **Gesteigerte Gierfreudigkeit**

Bis zu einer Geschwindigkeit von etwa 50 km/h lenken die Hinterräder typischerweise gegensinnig zur Vorderachse. Dadurch dreht das Fahrzeug schneller ein und wird gierfreudiger. Diese gesteigerte Agilität kann man auf zwei Weisen erzeugen: entweder als geschwindigkeitsanhängige Lenkübersetzung (◘ Abb. 15.15) oder als fahrsituationsabhängig modellbasiert berechnetes Fahrzeugsollverhalten. Der zweite Ansatz vermeidet die Notwendigkeit, bei gebremster Kurvendurchfahrt wegen der „variablen Lenkübersetzung" nachzulenken.

- **Erhöhte Gierdämpfung**

Ab einer Geschwindigkeit von ca. 50 km/h lenken die Hinterräder gleichsinnig zur Vorderachse. Dadurch wird eine Gierdämpfung erreicht. Dies hat vor allem bei Manövern wie dem doppelten Spurwechsel Vorteile hinsichtlich Fahrzeugstabilität und maximaler Geschwindigkeit, mit der das Fahrmanöver erfolgreich gefahren werden kann.

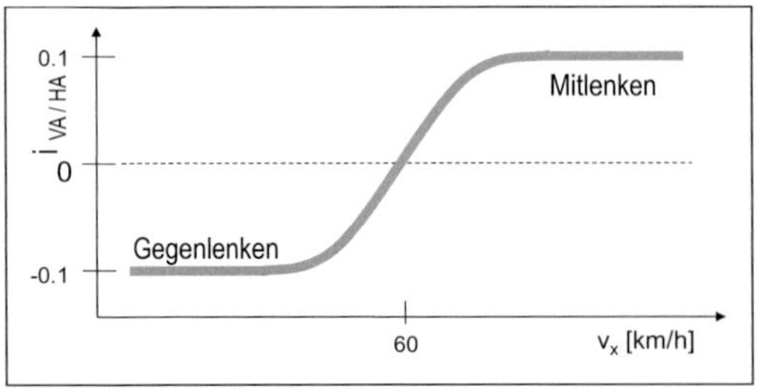

◘ **Abb. 15.15** Übersetzungsverhältnis von Vorderachsradlenkwinkel zu Hinterachsradlenkwinkel als Funktion der Fahrzeuggeschwindigkeit

- **Reduzierung des Wendekreises**

Durch die mitlenkenden Hinterräder wird der Wendekreis reduziert. Dies ist vor allem bei Fahrzeugen mit langem Radstand und damit tendenziell großem Wendekreis von Vorteil.

- **Lastwechselkompensation**

Bei Kurvenfahrt im fahrdynamischen Grenzbereich kann die Lastwechselreaktion des Fahrzeugs durch eine Hinterachslenkung abgeschwächt werden, insbesondere das sogenannte Eindrehen des Fahrzeugs beim Übergang von Zug auf Schub.

- **Systemvernetzung**

Das Vernetzungspotenzial der Hinterachslenkung ist ähnlich dem Vernetzungspotenzial der Überlagerungslenkung, d. h. insbesondere die Integration in die Fahrdynamikregelung, die Giermomentkompensation beim Anfahren und Bremsen und die Integration in Fahrerassistenzfunktionen wie Spurführung etc.

Besonders erwähnenswert ist die Systemvernetzung von Überlagerungslenkung an der Vorderachse und Hinterachslenkung (s. ◘ Abb. 16.44). Im Rahmen dieser Vernetzung lassen sich Querbescheunigung, Gierrate und Schwimmwinkel gezielt und in gewissen Grenzen unabhängig voneinander einstellen. Damit wird der Zielkonflikt zwischen Agilität (Gierfreudigkeit) und souveränem Fahrgefühl (geringer Schwimmwinkel) zu einem gewissen Grad aufgehoben.

- **Fahrerassistenz**

Fahrerassistenzfunktionen, die dem Fahrer erlauben, die Hände vom Lenkrad zu nehmen, erfordern eine „fail operational" Lenkung. Das heißt auch bei Ausfall der Vorderachslenkung muss das Fahrzeug zumindest für einige Sekunden bis der Fahrer die Querführung wieder übernommen hat, automatisiert lenken können. In diesem Zusammenhang kann die Hinterachslenkung als Redundanz zur Vorderachslenkung genutzt werden. Bei einem Vorderachslenkungsausfall kann die Frontlenkung dann komplett blockiert werden, damit die Vorderradstellung fixiert ist und die Hinterachslenkung die Querführung komplett übernimmt.

15.5.4 Steer-by-Wire

Im Sonderfahrzeugbau kommen Steer-by-Wire-Lenkungen schon viele Jahre zum Einsatz. Bei Personenkraftwagen kamen Steer-by-Wire-Lenkungen aber zunächst nur in wenigen Fahrzeugen zur Serienanwendung. Wesentliche Gründe waren dabei die zur Erfüllung der Sicherheitsanforderung anfallende Komplexität und die damit verbundenen Kosten.

Dabei bietet die Steer-by-Wire-Lenkung auch wesentliche Vorteile und Zusatzfunktionen:

- je nach Bauart auch Entfall Lenksäule und höhere Flexibilität hinsichtlich Bauraumnutzung und Fahrzeugproduktion.
- Der Radlenkwinkel kann unabhängig von einer Lenkradstellung gewählt werden und an die fahrdynamischen Notwendigkeiten angepasst werden.
- Variable Lenkübersetzung, z. B. „direkte“ Lenkungübersetzung beim Parkieren und „indirekte“ Lenkübersetzung bei hohen Geschwindigkeiten
- Kein störend mitdrehendes Lenkrad beim automatisierten Parkieren und Fahren.

Störungen der Lenkung dürfen nicht zum Ausfall der Lenkfähigkeit des Fahrzeugs führen („fail operational“).Dafür wird die Lenkung mindestens explizit zweikanalig ausgelegt („dual lane“). Zahlreiche Redundanzen und Überwachungen innerhalb der Elektronik ermöglichen die Erreichung der hinsichtlich funktionaler Sicherheit geforderten maximalen Ausfallraten.

15.6 E/E-Architektur

Horst Krimmel

Zunächst war die E/E-Architektur der Fahrzeuge durch einzelne, wenig vernetzte Steuergeräte geprägt. Inzwischen verfügen die Fahrzeuge über eine stark domänengeprägte E/E-Architektur. Die zunehmende Vernetzung über verschiedene Domänen wie Antrieb, Fahrwerk, Fahrerassistenz, Body, Infotainment hinweg, begünstigt die weitere Reduktion der hohen Anzahl an Steuergeräten zugunsten weniger, rechenstarker Fahrzeugzentralrechner. Fahrwerk-Steuergeräte sind dieser Entwicklung ebenfalls unterworfen.

Gründe für diese Entwicklung sind u. a.

- Einsparungen in den Kabelbäumen und Steuergerätekosten,
- fahrzeugübergreifende Nutzung von Sensorsignalen,
- effiziente Verarbeitung großer Datenmengen ohne lange Übertragungswege,
- Zusammenfassung und Optimierung bisher verteilter Algorithmen und Funktionen auf einem Steuergerät mit dem Ziel funktionale Vorteile und Zusatzfunktionalität zu erzielen.
- Einfachere Möglichkeiten, dem Fahrzeugnutzer während des Fahrzeuglebens zusätzliche Funktionen freizuschalten oder Software-Updates mit zusätzlichen Funktionen bereitzustellen.

Der Trend zu Domänensteuergeräten und Fahrzeugzentralrechnern wird aber gerade im Fahrwerk und Antriebsstrang nicht die lokalen Elektriken ablösen, die direkt an Aktuatoren wie z. B. Stellmotoren angebaut sind, um hohe Ströme zu regeln. Zwar wird die Berechnung der Stellbefehle häufig in Domänen- und Zentralrechnern erfolgen. Die Steuerung und Regelung der Aktuatoren mit hohen Echtzeitanforderungen wird aber meist lokal am Aggregat verbleiben.

15.6.1 Vernetzte Fahrdynamikregelung

Eine Aufgabe der *Fahrdynamikregelung* (FDR) ist die Stabilisierung des Fahrzeugs in fahrdynamisch schwierigen Situationen (Übersteuern, Untersteuern), die sich durch ein weitgehend ausgeschöpftes Seitenkraftpotenzial auszeichnen. Wenn das Fahrzeug auch mit den Stabilisierungseingriffen nicht auf der vom Fahrer gewünschten Spur gehalten werden kann, dann soll zumindest ein Schleudern verhindert werden.

Durch eine Schwimmwinkelregelung soll ein Seitenaufprall vermieden werden, der meist schwerwiegendere Unfallfolgen als ein Frontalaufprall hat.

▣ Abb. 15.16 zeigt den Fahrdynamikregler in Regelkreis Fahrer-Fahrzeug. Der ▶ Abschn. 7.7.3.5, Funktionen des elektronischen Bremssystems, gibt eine Beschreibung der Fahrzeugstabilisierung mit dem ESP [23].

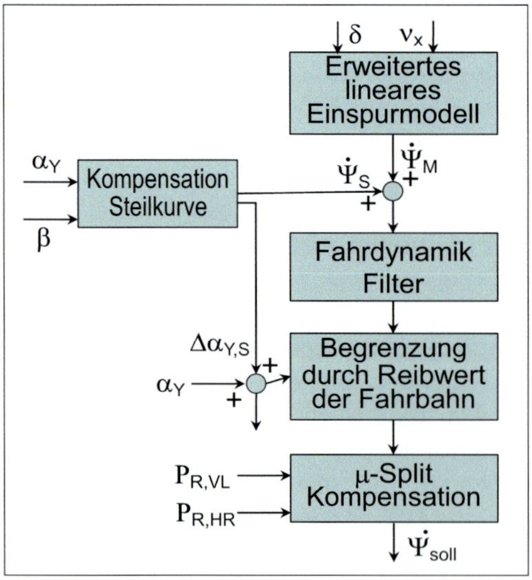

▣ **Abb. 15.16** Blockschaltbild der Sollwertbestimmung für die Gierrate [24]

▪ Gierratenregelung

Für die Gierratenregelung wird die Ist-Gierrate mit einer Soll-Gierrate verglichen. Die Soll-Gierrate wird dabei über ein Einspurmodell berechnet (▶ Abschn. 2.5.3). Das einfachste quasistatische Einspurmodell lautet:

$$\dot{\psi} = \frac{\delta_v}{l\left(1 + \frac{v^2}{v_{\mathrm{char}}^2}\right)} \tag{15.2}$$

Der Parameter v_{Char} ist die sogenannte Charakteristische Geschwindigkeit und beschreibt das Eigenlenkverhalten des Fahrzeugs. Das Einspurmodell stimmt mit dem Fahrzeugverhalten im linearen Bereich des Reifens und damit auf Hochreibwert etwa bis zu einer Querbeschleunigung von 4 m/s^2 sehr gut überein. Im normalen Fahrbetrieb treten höhere Querbeschleunigungen nur mit einem sehr geringen Anteil auf (< 5 %).

Dreht das Fahrzeug schneller oder langsamer als über das Einspurmodell berechnet, dann ist das Fahrzeug übersteuernder/untersteuernder als das Einspurmodell. Für Definitionen der Begriffe Übersteuern und Untersteuern siehe ▶ Abschn. 2.5.3.2.

▣ Abb. 15.16 zeigt vereinfacht die Berechnung der Sollgierrate beim ESP [24]. Die Berechnung der Sollgierrate mit einem erweiterten linearen Einspurmodell wird ergänzt durch Module zur Berücksichtigung der Steilkurvenfahrt, des Fahrbahnreibwertes und zur Erkennung des Gegenlenkens bei µ-Split-Bremsen.

▪ Schwimmwinkelregelung

Ergänzend zur Gierratenregelung kann auch die Regelung der Schwimmwinkelgeschwindigkeit (β) verwendet werden. Diese kann näherungsweise aus Gierrate (($\dot{\Psi}$)) und Querbeschleunigung (a_y) berechnet werden.

$$\dot{\beta} = \frac{a_y}{v} - \dot{\psi} \tag{15.3}$$

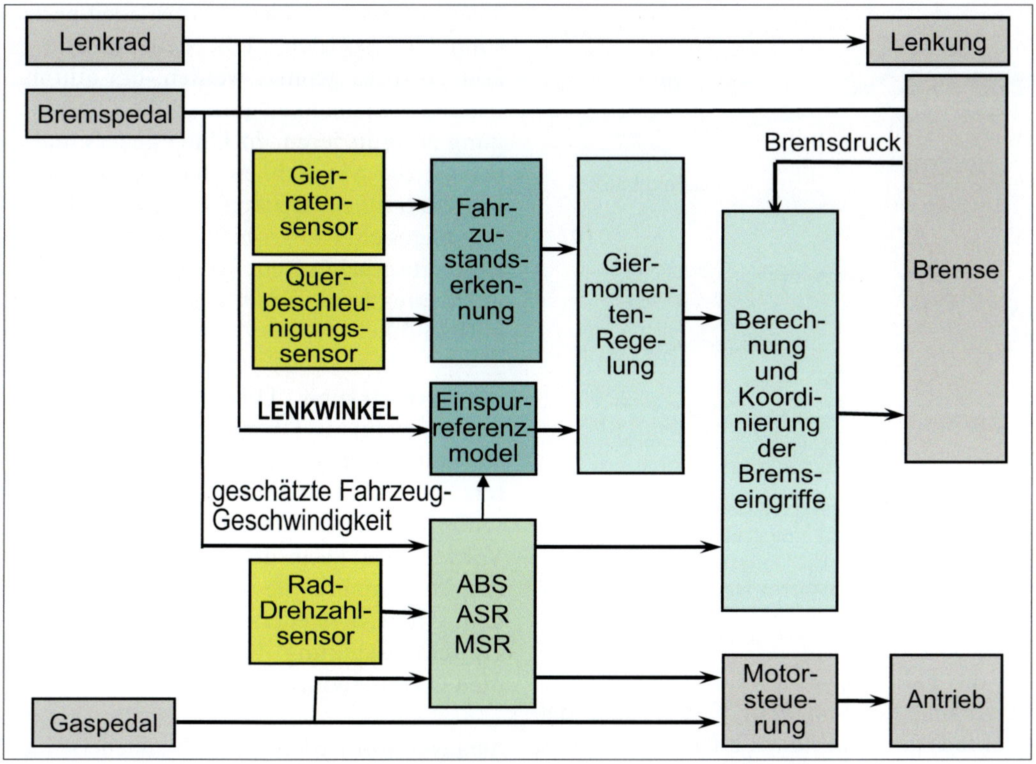

Abb. 15.17 Vereinfachtes Blockschaltbild des ESP-Reglers mit Ein- und Ausgangsgrößen [1]

Auch die Regelung des Schwimmwinkels kommt zur Anwendung. Aber die Schwimmwinkelregelung wird dadurch erschwert, dass der Schwimmwinkel mangels geeigneter, kostengünstiger Sensoren in Serienanwendungen heute nicht direkt gemessen werden kann.

Schwimmwinkelberechnung z. B. aus der Schwimmwinkelgeschwindigkeit, impliziert eine Integration. Diese hat den Nachteil, dass sich auch kleine Fehler in der Schwimmwinkelgeschwindigkeit auf integrieren.

Typischerweise wird für die Fahrdynamikregelung eine Kombination aus Gierraten- und Schwimmwinkelregelung verwendet. Je höher der Schwimmwinkel ist und je zuverlässiger er in der aktuellen Fahrsituation geschätzt werden kann, desto höher wird er in der Regelung gewichtet. Ergebnis der Regelung ist ein stabilisierendes Giermoment.

Abb. 15.17 zeigt ein vereinfachtes Blockschaltbild des ESP-Reglers mit Ein- und Ausgangsgrößen.

Brems- und Motoreingriff

Die bremsenbasierte Fahrdynamikregelung nutzt den radindividuellen Bremseingriff, um dem Fahrzeug ein zusätzliches Giermoment aufzuprägen und so die Gierrate und den Schwimmwinkel des Fahrzeugs zu beeinflussen. In Untersteuersituationen wird das kurveninnere Hinterrad abgebremst (Abb. 15.18). In Übersteuersituationen wird das kurvenäußere Vorderrad abgebremst. Zusätzlich wird sowohl in beiden Situationen das Motormoment reduziert,

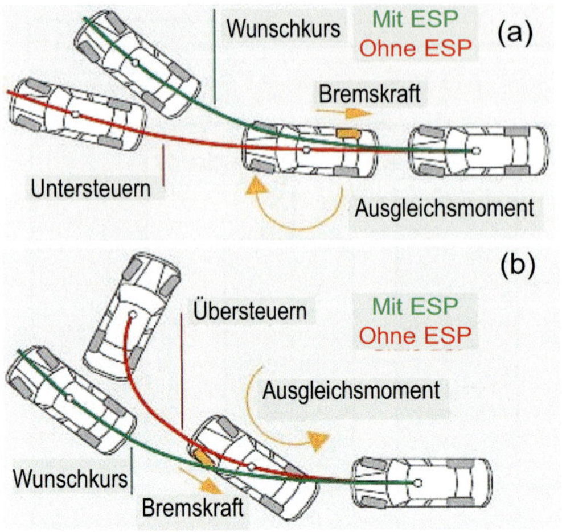

Abb. 15.18 Fahrzeugstabilisierung durch Bremseingriffe in Über- und Untersteuersituationen [1]; vereinfachte Darstellung: Bei Untersteuern (Übersteuern) Abbremsen des kurveninneren Hinterrades (kurvenäußeren Vorderrades)

um die Fahrzeuggeschwindigkeit zu reduzieren und der von dem Fahrer über das Lenkrad gewünschten Fahrzeugbewegung anzupassen. Während mit Bremseingriff an jeweils einem Rad befriedigende Stabilisierungseingriffe erzielt werden können, sind heute aus Komfortgründen gleichzeitige Bremseingriffe an mehreren Rädern üblich.

▪ Systemvernetzung

Die Fahrzeugstabilisierung über den Bremseingriff ist bereits eine vernetzte Funktion, weil der Bremseingriff mit einem Motoreingriff kombiniert wird. Die Verbreitung aktiver Systeme im Antriebsstrang und Fahrwerk eröffnet ganz neue Möglichkeiten einer vernetzten Fahrdynamikregelung [25–29]. Stehen mehrere Fahrwerksysteme zur Umsetzung des Stelleingriffs zur Verfügung, dann wird die Umsetzung dieses Giermoments mittels eines Arbitrierers auf die verschiedenen Antriebsstrang- und Fahrwerksysteme aufgeteilt.

Die im Folgenden dargestellten Fahrdynamikeingriffe sind unterschiedlich effektiv.

Steer-by-Wire- oder Überlagerungslenkung In leichten Übersteuersituationen können diese genutzt werden, um automatisch Gegenzulenken und so die Gierbewegung zu reduzieren. In Untersteuersituationen ist die Möglichkeit der Einflussnahme begrenzt, da ein weiteres Einlenken des Rades angesichts des ohnehin schon weitgehend ausgeschöpften Seitenkraftpotenzials nur degressiv zu einem weiteren Gierratenaufbau führt.

Hinterachslenkung Die Hinterachslenkung kann sowohl in Über- als auch in Untersteuersituationen das Fahrzeug stabilisieren. In Untersteuersituationen mit ausgeschöpftem Seitenführungspotenzial an der Vorderachse, kann durch ein Mitlenken an der Hinterachse die Gierrate erhöht werden. In Übersteuersituationen kann die Hinterachslenkung durch ein Gegenlenken die Gierrate reduzieren.

Allradverteilergetriebe In Übersteuersituationen (Untersteuersituationen) kann das Antriebsmoment vermehrt an die Vorderachse (Hinterachse) geleitet werden. Der Antriebsschlupf an der Vorderachse (Hinterachse) steigt, damit sinkt die Seitenführungskraft der Achse. Der Antriebsschlupf an der Hinterachse (Vorderachse) sinkt, damit steigt die Seitenführungskraft der Achse. Beide Effekte wirken einer Übersteuertendenz (Untersteuertendenz) entgegen.

Torque Vectoring Durch die Möglichkeit das Antriebsmoment asymmetrisch auf die beiden Hinterräder zu verteilen, kann dem Fahrzeug ein zusätzliches Giermoment aufgeprägt werden. Dies erlaubt sowohl Über- als auch Untersteuerverhalten zu mindern.

Folgende Eingriffe sind an der Hinterachse sinnvoll: In Übersteuersituationen (Untersteuersituationen) wird mehr Antriebsmoment an das kurveninnere (kurvenäußere) Hinterrad geleitet.

15

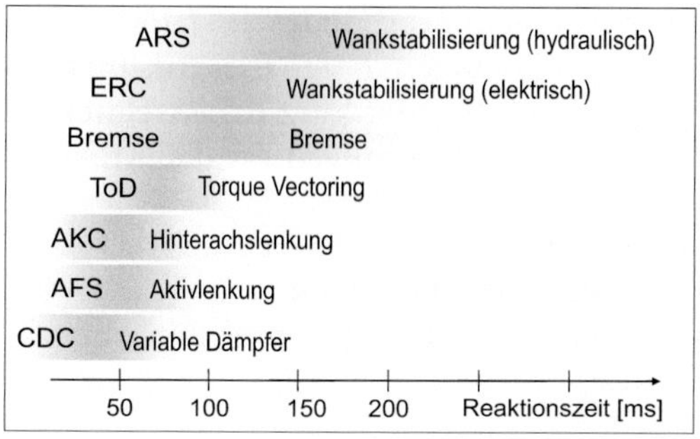

Abb. 15.19 Typische Zeitkonstanten für die Eingriffsdynamik von Fahrwerksystemen

Variable Dämpfer Durch die Beeinflussung der Radaufstandskräfte kann das Seitenführungsverhalten des Reifens je nach Bedarf erhöht oder reduziert werden. Eine Erhöhung (Verringerung) der Radaufstandskraft führt zu größerer (kleinerer) Seitenführungskraft.

Ferner können variable Dämpfer genutzt werden, um ein „Eintauchen" des Fahrzeugs im Sinne einer starken Wankbewegung zu vermeiden und dadurch ein auch subjektiv stabileres Fahrgefühl zu erzeugen.

Aktive Stabilisatoren Das Aufteilungsverhältnis der Wankabstützung auf Vorder- und Hinterachse kann theoretisch genutzt werden, um einer Untersteuer- bzw. Übersteuertendenz entgegenzuwirken. Erfolgt die Wankabstützung primär über die Vorderachse (Hinterachse), dann wird wegen der degressiven Reifenkennlinie das Seitenführungspotenzial der Vorderachse (Hinterachse) reduziert, das wirkt einer Übersteuertendenz (Untersteuertendenz) entgegen.

Durch die voranstehenden Eingriffe können die Kraftvektoren an den Rädern noch flexibler und individueller vorgegeben und eingeregelt werden als mit Brems- und Antriebsmoment-Eingriff alleine. Eine vernetzte Art von Fahrdynamikregelung wird so möglich. Durch die fahrsituationsabhängige Verteilung des Eingriffs auf die verschiedenen Systeme kann der Eingriff effizienter, schneller und komfortabler sein:

1. Der Eingriff ist schneller, da mit einem elektromechanischen Lenksystem sehr dynamisch korrigiert werden kann.
2. Der Eingriff kann komfortabler sein, da ein Eingriff mittels Lenkung, Antriebsmomentverteilung oder Fahrwerksysteme im Vergleich zum Bremseneingriff meist weniger spürbar ist.
3. Der Eingriff kann effizienter sein, da durch die Erhöhung der Radaufstandskraft an dem abzubremsenden Rad der Bremseingriff noch stärker sein kann. Auch lässt sich der Bremseingriff stärker applizieren, weil die Überlagerungslenkung bei μ-Split-Bremsungen den Fahrer vom notwendigen Gegenlenken entlastet.

Die Verteilung des Fahrdynamikeingriffs auf die verschiedenen Fahrwerk- und Antriebssysteme hängt insbesondere von der Dynamik der jeweiligen Systeme ab.

Die Dynamik ist wiederum stark abhängig von der genauen hydraulischen oder elektromechanischen Realisierung des Aggregats. Abb. 15.19 zeigt einige typische Eingriffszeiten (Vgl. auch Abb. 10.43 zu Schaltzeiten der variablen Dämpfer). Die weniger dynamischen Systeme werden benutzt, um das Fahrzeug entsprechend der Fahrsituation, den Straßenverhältnissen (z. B. Reibwert) und dem Fahrertyp hinsichtlich Über- und Untersteuertendenz zu „trimmen". Die dynamischeren Systeme werden genutzt, um das Fahrzeug schnell zu stabilisieren, sobald ein überraschendes über- oder untersteuerndes Verhalten erkannt wird.

15.7 Funktionsintegration

Horst Krimmel

Die Integration der verschiedenen Fahrdynamikregelsysteme zu einem stimmigen und leistungsfähigen Systemverbund ist aus mindestens drei Gesichtspunkten eine Herausforderung:

1. Die Wirkungen der verschiedenen Fahrwerksysteme überlappen sich häufig. So müssen beispielsweise die Eingriffe von Bremse und Hinterachslenkung zur Fahrzeugstabilisierung aufeinander abgestimmt sein, um eine unerwünschte Wechselwirkung der verschiedenen Regler auszuschließen.
2. Die meisten Aggregate sind für mehrere übergreifende Funktionen wirksam. So ist die Hinterachslenkung sowohl in die Lenkfunktion wie auch in die Funktion Fahrzeugstabilisierung eingebunden. Der Zugriff der verschiedenen Funktionen auf den Steller muss koordiniert werden.
3. Die Entwicklung und Absicherung des gesamten funktionalen Systemverbundes ist aufgrund der Vielzahl an beteiligten Zulieferern, Abteilungen und Entwicklern sehr komplex.

15.7.1 Funktionsarchitektur

In den Anfängen der Fahrzeugelektronik waren die einzelnen Systeme weitgehend autark und autonom. Das heißt, für die Systemfunktion notwendige Sensoren waren im Systemumfang enthalten und Funktionen waren auf die einzelnen Systeme beschränkt.

Heute indessen werden die einzelnen Sensoren von vielen Systemen genutzt und Funktionen sind über mehrere Aggregate verteilt. Der Schlüssel zur Beherrschung der damit verbundenen Komplexitätssteigerung ist eine leistungsfähige Architektur des Steuergeräteverbundes und der Funktionen, die sogenannte Elektrik-Elektronik-Architektur oder kurz E/E-Architektur. Generelle Anforderungen an die Architektur sind:

- Erweiterbarkeit/Skalierbarkeit,
- Modularität/Offenheit,
- Überschaubare Komplexität/Wartbarkeit.

Im Folgenden wird zuerst die Trennung von Betriebsstrategie und Stellfunktion vorgestellt. Diese Trennung haben alle leistungsfähigen Architekturen gemeinsam. Anschließend werden exemplarisch drei Architekturansätze vorgestellt, die alle in der Praxis realisiert sind.

■ Trennung von Betriebsstrategie und Stellfunktion

Die reine Stellfunktion, die im Aggregat einen Druck, einen Weg oder ein Moment einregelt, kann meist von der Betriebsstrategie, die das Fahrzeug- oder zumindest das Aggregatverhalten in Abhängigkeit der Fahrsituation definiert, getrennt werden. Diese Trennung ist heute in den meisten Fahrwerksteuerungen zu finden und ist deshalb ein wesentliches Architekturmerkmal. Dadurch wird z. B. ermöglicht, dass Betriebsstrategie und Stellfunktion von unterschiedlichen Entwicklungsteams oder Hersteller erstellt werden. Häufig ist auch die Betriebsstrategie auf einem anderen Steuergerät als die Stellfunktion untergebracht. Wird das Wirkprinzip eines Stellers geändert (z. B. elektromechanisch statt hydraulisch), dann bleibt im Idealfall die Schnittstelle gleich und die höheren Funktionsebenen müssen nicht aufwendig angepasst.

■ Friedliche Koexistenz

Die ersten Vernetzungen im Fahrwerk basierten primär auf dem Austausch von Systemzuständen und Sensordaten. Die Funktionen waren im Wesentlichen den einzelnen Aggregaten zugeordnet. Es gab wenige übergreifende Funktionen. Durch die Abstimmung der Funktionen mittels Parametern wie Eingriffsschwellen wurde sichergestellt, dass die Funktionen sich nicht gegenseitig beeinflussen (◘ Abb. 15.20). So konnten z. B. variable Dämpfung und aktive Wankstabilisierung als autonome Systeme ohne funktionale Kopplung implementiert werden, obwohl beide an der Dämpfung beteiligt sind.

Der Vorteil des Ansatzes „friedliche Koexistenz" ist, dass die Entwicklung der Funktionen bis zu einem gewissen Grade unabhängig voneinander durchgeführt werden kann. Die Nachteile sind, dass die Applikation der Funktionen wegen der zahlreichen Fahrzeugvarianten und Kombinationen von Sonderausstattungen aufwendig ist und dass die Synergien der Systeme nicht optimal genutzt werden.

▪ Kooperative Koexistenz

Auch bei der kooperativen Koexistenz sind die Systeme noch weitgehend autonom. Funktionale Synergien der Systeme werden dadurch genutzt, dass diese die Kommunikationsbusse gegenseitig Unterstützung anfordern und gewähren können. So kann z. B. das ESP bei den variablen Dämpfern eine Unterstützung in Form von optimierten Radaufstandskräften anfordern, die die Stabilisierung in speziellen Fahrsituationen begünstigen.

Die Kooperation hat den Nachteil, dass die Abstimmung der Funktionsparameter relativ aufwendig ist. Das wird dadurch verschärft, dass Motor-, Fahrzeug- und Fahrwerkvarianten zusammen mit den möglichen Kombinationen an Sonderausstattungen zu einer kaum handhabbaren Gesamtvariantenzahl aufsummieren. Die Parametrisierung jeder Variante muss letztendlich überprüft und freigegeben werden. Ändert sich die Parametrisierung eines Aggregates, dann muss der Freigabeprozess ggf. für den gesamten Systemverbund neu durchlaufen werden. Ferner ist die Übertragung der Parametrisierung auf andere Baureihen oder neue Fahrzeuge ebenfalls aufwendig, weil die Fahrzeugparameter an vielen Stellen im Systemverbund abgelegt sind.

▪ Zentralregler

Der Zentralregler hat zwei wesentliche Vorteile. Zum einen verspricht man sich von einem Zentralregler eine vereinfachte Abstimmung der zahlreichen Varianten, da der Zentralregler modellbasiert arbeitet und daher weniger Applikationsparameter notwendig sind und die Applikationsparame-

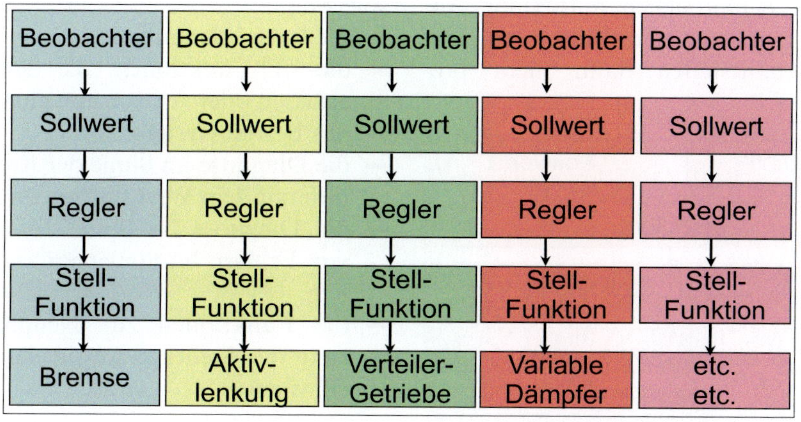

◘ **Abb. 15.20** Architekturansatz „friedliche Koexistenz"

ter zentral und nicht über viele Steuergeräte verteilt abgelegt sind.

Zum anderen sind die Synergien der verschieden Antriebs- und Fahrwerksysteme von einem zentralen Fahrdynamikregler noch besser realisierbar, denn die Eingriffe aller Aggregate aus einer Zustandserkennung heraus synchronisiert stattfinden, die Regeleingriffe nicht gegeneinander arbeiten und die Regler sich nicht aufschwingen. Der Vorteil eines Zentralreglers ist, dass der Regeleingriff in Abhängigkeit der Fahrsituation, der Stellreserven und der Stelldynamik der verschiedenen Aggregate verteilt werden kann (◘ Abb. 15.21).

Die Verteilung des Regeleingriffs kann z. B. das Ziel verfolgen, den Leistungsbedarf zu minimieren oder für das Fahrzeug in Summe eine möglichst große Haftreserve an den Rädern zu behalten. Die Randbedingung für die Optimierung sind die Stellgrenzen und die Stelldynamik. Ergebnis der Optimierung ist die Höhe der verschiedenen Stelleingriffe.

15.7.2 Software Architektur

Neben der Standardisierung der Architektur ist für die effiziente Wiederverwendbarkeit der Funktionsmodule die Standardisierung der Schnittstellen notwendig. Auf diese Weise müssen die Funktions- und Software-Schnittstellen dann nicht projektspezifisch zwischen Fahrzeughersteller und Lieferant neu definiert werden. Ferner ist es dann einfacher, bereits betriebsbewährte Module einzubinden und damit eine Verbesserung der Qualität zu erreichen. Für die Fahrzeughersteller ist es damit leichter, eigenentwickelte Softwaremodule auf Steuergeräten der Zulieferer integrieren zu lassen.

15

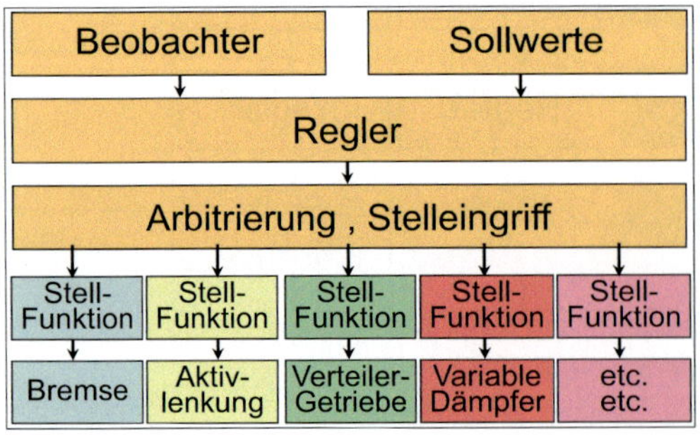

◘ **Abb. 15.21** Architekturansatz „Zentralregler“

Speziell zur Integration der Antriebs- und Fahrwerksaggregate wurden in der Vergangenheit verschiedene Ansätze veröffentlicht: Integrated Chassis Management (ICM) [30], Global Chassis Control (GCC) [31], Integrated Chassis Control (ICC). Über das Fahrwerk hinaus betrachtet Cartronic und AUTOSAR [32] das Gesamtfahrzeug (◘ Abb. 15.22).

Im AUTOSAR Konsortium haben sich die wichtigsten Fahrzeughersteller und Zulieferer zusammengeschlossen, um Software-Module und deren Schnittstellen zu standardisieren. Das Fahrwerk betrifft dabei nur ein Teil der Standardisierungsbemühungen.

Es wird zwischen zwei Sofwarearten unterschieden:

- **Basissoftware**

Die Basissoftware umfasst die nicht aggregatespezifischen Funktionen. Dies sind beispielsweise:
- die Buskommunikation,
- die I/O-Funktionen, die Sensorsignale erfassen oder Aktuatoren ansteuern,
- das Betriebssystem,
- die Diagnose im Sinne der Kommunikation mit dem Werkstatttestgerät,
- die Diagnose im Sinne des Erkennens von Fehlern im Steuergerät und im System,
- die Funktionen zur Neuprogrammierung des Steuergerätes in der Werkstatt (Flashen).

Der Fahrer erlebt die Basissoftware nur indirekt, deshalb ist sie für die Fahrzeugher-

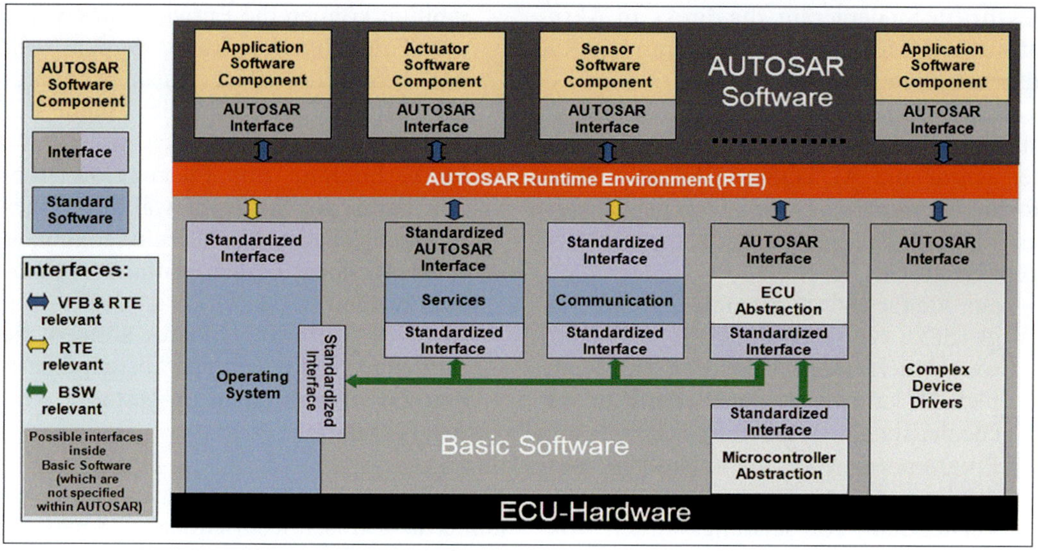

Abb. 15.22 Architektur nach Autosar [34]

steller nicht wettbewerbsdifferenzierend. Deshalb sind Standardisierung und Nutzung von Autosar-Basissoftware weit vorangeschritten.

- **Applikationssoftware**

Im Gegensatz zur Basissoftware ist die Applikation durchaus für den Fahrer erlebbar und die Fahrzeughersteller differenzieren sich über spezielle Funktionen und Funktionsausprägungen. Evaluierungen der Fahrwerkschnittstellen nach Autosar liegen vor [33].

Beispiele solcher standardisierter Schnittstellengrößen sind Raddrehzahlen, Lenkwinkel, Beschleunigungen, Gierrate, Schwimmwinkelgeschwindigkeit usw. Zwar konnte sich im Nfz-bereich eine Standardisierung solcher Schnittstellengrößen durchsetzen. Für automotive Anwendungen konnten sich solche ganz konkreten Schnittstellenspezifikationen von Ein- und Ausgangsgrößen der Applikationsmodule bisher nicht etablieren.

- **Signalflussbasierte versus serviceorientierte Software-Architektur**

Mit der zunehmenden Zentralisierung der E/E-Architektur weg von Einzelsteuergeräten hin zu komplexeren Domänensteuergeräten und Fahrzeugzentralcomputern stößt die in der Fahrzeugelektronik lange Zeit etablierte signalflussbasierte Software-Architektur an Grenzen.

Für regelungstechnisch geprägte Steuerungssoftware hat sich die sogenannte AUTOSAR Classic Plattform etabliert. Typische Anwendungen sind Steuergeräte, die geprägt sind durch

- signalflussbasierte Berechnungen,
- viele zyklisch wiederkehrende Berechnungen,
- sehr strenge Echtzeitanforderungen,
- Verwendung von Mikrcontrollern, die auf automotive Anwendungen spezialisiert sind.

Die signalflussbasierte Software-Architektur ist auch die zukünftig bevorzugte Architektur für Steuergeräte, die direkt an Aktuatoren wie Motoren oder Sensoren wie Radare angebaut sind.

Für Domänen- und Fahrerassistenzsteuergeräte sowie Fahrzeugzentralcomputer wurde die AUTOSAR Adaptiv Plattform entwickelt. Diese Domänensteuergeräte und Fahrzeugzentralcomputer sind geprägt durch:

- ein Vielfaches an Komplexität im Vergleich zu typischen Antriebs- und Fahrwerksteuergeräten. Als Maß für Komplexität kann z. B. der Bedarf an Rechenleistung, Arbeitsspeicher und Programmspeicher herangezogen werden,
- Verwendung von leistungsstarken Mikroprozessoren, z. B. ARM Cortex-A-basierte SoC-Mikroprozessoren (System on Chip),
- Nutzung von POSIX-Betriebssystemen,
- zahlreiche situativ auszuführende Services/Dienste.

Die AUTOSAR Adaptive Plattform ist dabei nicht eine evolutionäre Weiterentwicklung der AUTOSAR Classic Plattform, sondern ein zusätzlicher AUTOSAR-Standard speziell für service-orientierte Software-Architektur.

Für die komplexeren Domänensteuergeräte und Fahrzeugzentralcomputer hat die serviceorientierte Softwarearchitektur im Vergleich zur signalflussbasierten Softwarearchitektur Vorteile. Die im folgenden genannten Beispiele haben keinen Anspruch auf Vollständigkeit und können teilweise auch mit Classic AUTOSAR nachgebildet werden.

- Für leistungsfähige Mikroprozessoren sind POSIX-Betriebssysteme erforderlich, die eine serviceorientierte Software-Architektur begünstigen.
- Die Kommunikation zwischen verschiedenen Software-Modulen kann während des Fahrzeuglebens verändert und erweitert werden, um zusätzliche Funktionalität zu realisieren. Durch diese Flexibilität können die Entwicklungszyklen von Fahrzeugen verkürzt werden, weil der Produktionsstart eines Fahrzeugs die Softwarefunktionen nicht mehr statisch fixiert.
- In Verbindung mit Flashing-over-the-Air kann die Software während eines Fahrzeuglebens beim Fahrzeugnutzer ohne Werkstattbesuch einfach aktualisiert werden (Update).
- Mit den Software Updates können die Fahrzeuge mit neuen ggf. kostenpflichtigen Zusatzfunktionen ausgestattet werden (Upgrade).

Der Übergang von signalflussbasierter Architektur zur serviceorientierten Architektur bringt häufig aber auch Herausforderungen mit sich:

- Automotive Microcontroller unterstützen inzwischen viele Sicherheitsanforderungen der ISO26262 mittels direkt in Hardware umgesetzter Funktionen ab. So lässt sich sicherheitsrelevante Software für Systeme mit Sicherheitseinstufen bis zu ASIL D vergleichsweise einfach implementieren. Für SoC-Prozessoren sind Safety-Maßnahmen wie Redundanzen und Überwachungen häufig nur aufwendiger und mit weniger Hardwareunterstützung zu implementieren.
- Microprozessoren beispielsweise mit ARM Cortex-A Architektur benötigen teilweise noch aufwendigere Schutzmaßnahmen im Bereich Cyber Security. Ein Grund liegt darin, dass bei Mikrocontrollern die Programmausführung aus dem ROM erfolgt während bei Mikroprozessoren die Programmausführung aus dem RAM erfolgt.
- Auch wenn echtzeitfähige POSIX-Betriebssysteme für Muliticore-Prozessoren angewandt werden, sind die Herausforderungen hinsichtlich Ausführens verschiedener Programmteile ohne unerwünschte Wechselwirkungen wegen der Vielzahl verschiedener, gleich-

zeitig ablaufender Prozesse ungleich höher. Der Nachweis, dass ein gegenseitiges Blockieren der verschiedenen Programmteile ausgeschlossen werden kann, ist aufwendiger bzw. erfordert zusätzliche Architekturmaßnahmen.

15.8 Elektronik-Hardware, Sensorik und Aktuatorik

Horst Krimmel

Nachdem in den voranstehenden Abschnitten die funktionalen Aspekte der Fahrwerkelektronik im Mittelpunkt standen, beschreibt dieser Abschnitt die Besonderheiten der Elektronik-Hardware, der Sensoren und der Aktuatoren im Fahrwerk.

An die Fahrwerkelektronik mit ihren Sensoren und Aktuatoren werden in Anbetracht des Einbauorts in der Achse spezielle Forderungen hinsichtlich Dichtigkeit,

Schwingungsfestigkeit und Temperatur gestellt. Hinsichtlich der elektronischen Steuergeräte muss unterschieden werden, ob die Steuergeräte im Fahrwerk/Motorraum (typische Beispiele Lenkungs- und Bremsensteuergerät) oder im Fahrzeuginnenraum mit deutlich geringeren Anforderungen verbaut sind.

15.8.1 Technologiebeispiele

Horst Krimmel

Für die Elektronik kommen je nach Anforderungen verschiedenste Technologien zur Anwendung. Bei der Auswahl der für die spezielle Anwendung geeignetsten Technologie sind insbesondere zu berücksichtigen:

- Temperaturbereich,
- Schwingungsbelastung,
- Bauraumvorgabe,
- Erforderliche Stromtragfähigkeit,
- Stückzahl.

◘ Abb. 15.23 zeigt einen Vergleich der Technologien unter den genannten Randbedingungen. Da aber eine komplette Übersicht der alle angewandten Technologien den Rahmen sprengen würde, wird hier lediglich mit der PCB (*Printed Circuit Board*)- Technologie auf die im Fahrwerkbereich verbreiteste Technologie konzentriert.

Die PCB-Technologie kann eingesetzt werden sofern die Temperaturen ca. 125 °C und die Ströme ca. 80 A nicht übersteigen. Das Steuergerät kann entweder als vom Aktuator räumlich getrennte Elektronik mit separatem Gehäuse („Wegbausteuergerät“) oder als Anbausteuergerät direkt am Aktuator realisiert werden.

Ein Wegbausteuergerät (◘ Abb. 15.24) kann z. B. im Kofferraum oder im Innenraum verbaut werden.

Ist eine Elektronik als Anbausteuergerät direkt im Fahrwerk oder Motorraum ausgeführt (◘ Abb. 15.25), dann muss das Gehäuse inkl. Stecker hohen Anforderungen bzgl. Dichtigkeit genügen (s. ► Abschn. 15.8.2). Beim Fahrwerkanbau sind auch herausfordernde Schwingungs- und Beschleunigungsanforderungen zu erfüllen.

Größere und somit schwingungsanfälligere Elektronikbauteile wie Kondensatoren oder Spulen, die zur Einhaltung der EMV-Vorgaben erforderlich sind, sind oft in speziellen Spritzgusshalterungen fixiert (◘ Abb. 15.26).

Da sowohl für Wegbausteuergeräte als auch für Anbausteuergeräte die Eigenerwärmung nicht vernachlässigt werden kann, ist eine hinreichende Kühlung bzw. Entwärmung der Elektronik sicherzustellen.

Die Entwärmung kann beispielsweise über Kühlrippen des Gehäuses oder bei Anbausteuergeräten über einen Wärmefluss in das verbundene Aggregat stattfinden. Für Zentralrechner mit besonders hoher Verlustleistung ist auch Wasserkühlung möglich.

	Separates Steuergerät	Anbau-Steuergerät	Integriertes Steuergerät
Aggregat	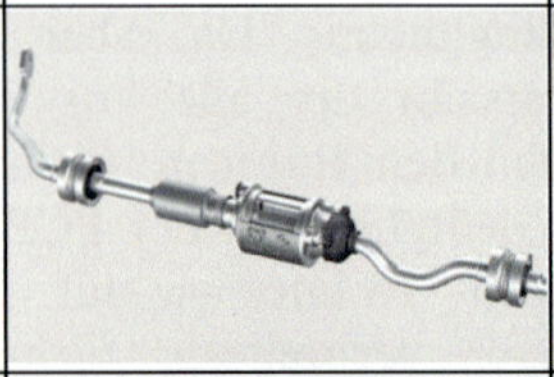		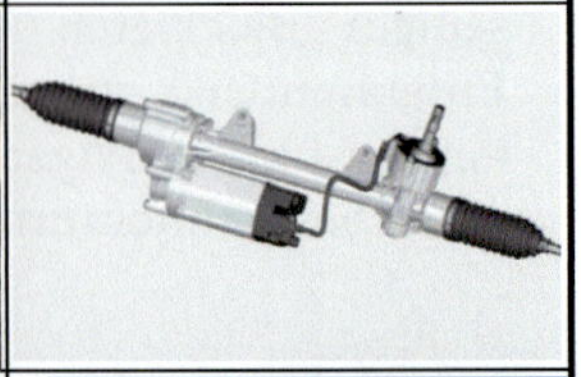
Steuergerät			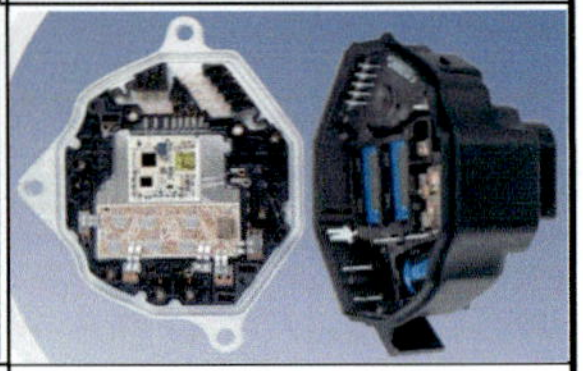
Einbauort	Innen- oder Motorraum	Im Fahrwerk am Aggregat	Im Fahrwerk am Aggregat
Technologie	PCB	PCB	Microhybrid
Temperatur	Bis ca. 125 °C	Bis ca. 125 °C	Bis ca. 140 °C
Werkzeugkosten	++	-	--
Beispiel	Aktive Wankstabilisierung	Variable Dämpfer	Elektrolenkung

Abb. 15.23 Typische Elektronik-Technologien im Fahrwerk

Abb. 15.24 Dämpferelektronik, Wegbausteuergerät

Abb. 15.25 Dämpferelektronik, Anbausteuergerät

15.8.2 Umweltanforderungen

Horst Krimmel

Elektronische Steuergeräte, die direkt im Fahrwerk verbaut sind, sind auf Anforderungen hinsichtlich Dichtigkeit, Temperatur- und Schwingungsfestigkeit ausgesetzt.

Die Betriebsfestigkeit der Elektroniken ist dabei typischerweise in einer Größenordnung von 12 Jahren, 3000 Betriebsstunden und 150 000 km sicherzustellen.

- **Dichtigkeit**

Bezüglich ihrer Eignung für verschiedene Umgebungsbedingungen werden die Systeme in entsprechende Schutzarten, sogenannte IP-Codes eingeteilt. Die Abkürzung IP steht laut DIN für International Protection, wird aber im englischen Sprachraum als Ingress Protection (Eindringschutz) verwendet. Die Nomenklatur ist folgendermaßen aufgebaut: Die Schutzartbezeichnung beginnt immer mit den beiden Buchstaben IP.

Daran angehängt werden zwei Ziffern. Die erste Ziffer beschreibt den Schutzumfang bezüglich Berührung bzw.

Fremdkörper. Die zweite Ziffer beschreibt den Schutzumfang gegen Feuchtigkeit bzw. Wasser.

Wenn eine der beiden Kennziffern nicht angegeben werden muss oder soll, wird diese durch den Buchstaben X ersetzt (zum Beispiel „IPX1“). Bei Bedarf können an die Ziffernkombination noch definierte Buchstaben zur genaueren Beschreibung der Schutzart angehängt werden. So sieht DIN 40050 Teil 9 den Buchstaben K für die Kennzeichnung der Ausrüstung von Straßenfahrzeugen bei einzelnen Kennziffern vor.

◘ Tab. 15.5 zeigt eine Übersicht der Schutzklassen. Typische Schutzklassen im Fahrwerk sind:

- IP 6K9K, d. h. Staubdicht und Wasserdicht (Dampfstrahler) z. B.: für Anbausteuergeräte am Dämpfer oder an der Lenkung,
- IP 54, d. h. staubgeschützt und Schutz gegen allseitiges Spritzwasser, z. B. für ein Wegbausteuergerät im Innenraum.

Eine wesentliche Herausforderung ist auch die Entlüftung der Elektroniken oder Steller unter Berücksichtigung der hohen Dichtigkeitsanforderungen.

▪ Temperatur

Der im Fahrzeug ohnehin geforderte Temperaturbereich von –40 °C bis +85 °C wird im Fahrwerk je nach Einbausituation oftmals auf +120 °C und mehr erweitert. Dies gilt insbesondere dann, wenn die elektrischen oder elektronischen Bauteile in Nähe einer Abgasanlage eingebaut sind oder an aktive Bauteile hoher Temperatur (z. B. Elektromotor) angebaut sind.

▪ Schwingungsfestigkeit

Die Anforderungen an die Schwingfestigkeit werden meist als Lastkollektiv gestellt. Das Lastkollektiv umfasst jeweils Frequenz,

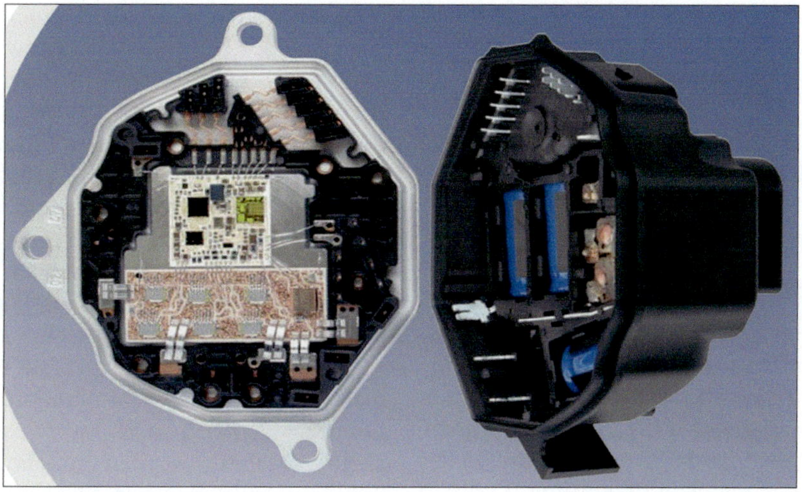

◘ **Abb. 15.26** Lenkungssteuergerät

Tab. 15.5 Übersicht der Schutzklassen

DIN 40 050	DIN EN 60529	Schutz gegen Berührung	Schutz gegen Fremdkörper
0	0	kein Schutz	kein Schutz
1	1	Geschützt gegen den Zugang mit dem Handrücken	Geschützt gegen feste Fremdkörper (Durchmesser ab 50 mm)
2	2	Geschützt gegen den Zugang mit einem Finger	Geschützt gegen feste Fremdkörper (Durchmesser ab 12,5 mm)
3	3	Geschützt gegen den Zugang mit einem Werkzeug	Geschützt gegen feste Fremdkörper (Durchmesser ab 2,5 mm)
4	4	Geschützt gegen den Zugang mit einem Draht	Geschützt gegen feste Fremdkörper (Durchmesser ab 1,0 mm)
5K	5	Geschützt gegen den Zugang mit einem Draht	Staubgeschützt
6K	6	Geschützt gegen den Zugang mit einem Draht	Staubdicht

DIN 40 050	DIN EN 60529	Schutz gegen Wasser
0	0	kein Schutz
1	1	Schutz gegen senkrecht fallendes Tropfwasser
2	2	Schutz gegen fallendes Tropfwasser, wenn das Gehäuse bis zu 15° geneigt ist
3	3	Schutz gegen fallendes Sprühwasser bis 60° gegen die Senkrechte
4	4	Schutz gegen allseitiges Spritzwasser
5	5	Schutz gegen Strahlwasser (Düse) aus beliebigem Winkel
6	6	Schutz gegen starkes Strahlwasser
6K		Schutz gegen starkes Strahlwasser unter erhöhtem Druck, spezifisch für Straßenfahrzeuge
7	7	Schutz gegen zeitweiliges Untertauchen
8	8	Schutz gegen dauerndes Untertauchen
9K		Schutz gegen Wasser bei Hochdruck- /Dampfstrahlreinigung, spezifisch für Straßenfahrzeuge

Amplitude und Dauer der Belastungen. Darüber hinaus werden Anforderungen an die Maximalbelastungen wie beispielsweise maximale Beschleunigung (z. B. 30 g) gegeben.

Die Anforderungen an die Schwingungsfestigkeit unterscheiden sich je nachdem, ob die Elektronik an gefederte oder ungefederte Massen angebaut ist.

15.8.3 Bussysteme im Fahrwerk

Horst Krimmel

Die Kommunikation der Fahrwerksysteme erfolgt über die Kommunikationsbusse. Während im Fahrzeug etwa eine Handvoll verschiedener Bustypen zu finden sind (CAN, LIN, MOST, FlexRay, Ethernet etc.), haben im Fahrwerk besonders der CAN und der FlexRay Bedeutung. Deshalb gehen wir hier auf diese zwei Busse ein. Für eine erweiterte Darstellung siehe [1].

15.8.3.1 CAN-Bus

Im Fahrwerk vieler Fahrzeugplattformen übernimmt der CAN-Bus einen wesentlichen Teil der Kommunikation zwischen den Fahrwerksteuergeräten. Im Bereich Antrieb und Fahrwerk werden bis zu 100 Botschaften mit etwa 800 Einzelinformationen über den Bus ausgetauscht. Jede Botschaft kann bis zu 64 Bit Nutzdaten übertragen (Tab. 15.6).

Dabei sind im Pkw-Bereich Übertragungsraten von 500 kBit/s bis 1 MBit/s üblich. Diese Bandbreite reicht aber heute in Oberklassefahrzeugen häufig nicht mehr aus, um die Kommunikation in der Domäne Antrieb und Fahrwerk abzuwickeln. Deshalb werden zunehmend Subdomänen mit separatem Bus eingeführt.

Tab. 15.6 Aufbau einer Nachricht nach CAN 2 A

Name	Bit-länge	Bedeutung
Startbit	1	
Identifier	11	Information für den Empfänger und Prioritätsinformation für die Busarbitrierung
RTR	1	unterscheidet zwischen Daten- (dominant) und Datenanforderungstelegramm (rezessiv)
IDE	1	Identifier Extension
r 0	1	reserviert
DLC	4	enthält die Längeninformation der nachfolgenden Daten
DATA	0…6 4	enthält die Daten des Telegramms
CRC	15	kennzeichnet den Fehlercode für die vorangegangenen Informationen. Die Prüfsumme DCL wird zur Fehlererkennung verwendet
ACK	2	enthält Rückmeldung von anderen Teilnehmern bei korrektem Empfang der Nachricht
EOF	3	kennzeichnet das Ende des Datentelegramms (7 rezessive Bits)
IFS		kennzeichnet den Zeitraum für das Übertragen einer korrekt empfangenen Nachricht

Heute besitzen Oberklassefahrzeuge über neun CAN-Busse, die durch Gateways miteinander verbunden sind.

Zur Erhöhung der Bandbreite wurde der CAN-FD entwickelt. Zum einen kann die Übertragungsrate flexibel angepasst werden. Zum anderen wurde die Nutzlast pro Nachricht von 8 Byte beim CAN auf 64 Byte beim CAN-FD erhöht.

Der CAN-Bus ist ein nicht deterministischer Bus, bei dem der Buszugriff durch die einzelnen Busteilnehmer in einem sogenannten Wettkampfverfahren entschieden wird. Ein Vorteil ist, dass neue Busteilnehmer zu dem Verbund einfach hinzugefügt werden können. Der Nachteil ist, dass die Übertragung einer bestimmten Information über den Bus innerhalb einer definierten Zeit nicht garantiert werden kann. Wenn hoch priorisierte Nachrichten den Bus belegen, dann werden niedriger priorisierte Botschaften zurückgestellt. Um diesen Nachteil des CAN zu umgehen wurde mit dem TTCAN eine Erweiterung des CAN mit zeitgesteuerter Nachrichtenübertragung entwickelt.

15.8.3.2 FlexRay

Die dynamische Busallokation im Hinblick auf die Übertragung zeitsensibler, sicherheitskritischer Daten und die beschränkte Bandbreite des CAN führten zur Forderung eines zeitlich deterministischen Busses mit höherer Bandbreite. Gegen mehrere Alternativen hat sich dafür der Bus FlexRay durchgesetzt [1, 35].

Für die folgenden Anwendungen, kommt inzwischen statt CAN zunehmend FlexRay zu Einsatz. Es sind Systeme, die

- eine zeitdeterministische Übertragung benötigen, um Steuergeräte zu synchronisieren oder sicherheitskritische Signale zu übertragen,
- aus Sicherheitsgründen eine redundante Datenübertragung benötigen (FlexRay kann als Zweikanal-System realisiert werden).

FlexRay bietet dabei die Möglichkeit deterministische Busallokation in einem Zeitfenster („statisches Segment") mit nicht-deterministischer, prioritätsgesteuerter Busallokation in einem anderen Zeitfenster („dynamisches Segment") zu kombinieren (◘ Abb. 15.27). Voraussetzung für die deterministische Datenübertragung ist eine im gesamten Netzwerk einheitliche Zeitbasis. Dazu gibt es zwei Korrekturverfahren, die die Zeitbasis in den Busteilnehmern permanent abgleichen. Die Topologie eines FlexRay-Netzwerks kann als Bus- oder Stern-Topologie oder Mischungen dieser beiden Topologien realisiert (hybride Topologie) sein.

Die erste Serienanwendung fand der FlexRay im Fahrwerk bei variablen Dämpfern [36]. Einige Oberklassefahrzeuge wurden in der Domäne Antriebsstrang/Fahrwerk praktisch komplett auf Flexray umgestellt.

15.8.3.3 Ethernet

Der steigende Datenaustausch zwischen Steuergeräten und Zentralrechnern führt zu höheren Bandbreiten. Dazu kommen höhere Anforderungen an die Fahrzeugdiagnose und die Reduzierung von Flashzeiten in den Werkstätten. Aus diesen Gründen ergänzt und bzw. substituiert Ethernet andere Bussysteme im Fahrzeug.

Um den Anforderungen im Fahrzeug gerecht zu werden, wird im Automobilbereich ein spezielles Physical Layer verwendet. Mit dem 100BASE-T1 bzw. 1000BASE-T1 Standard sind 100 Mbit/s bzw. 1 Gbit/s realisierbar.

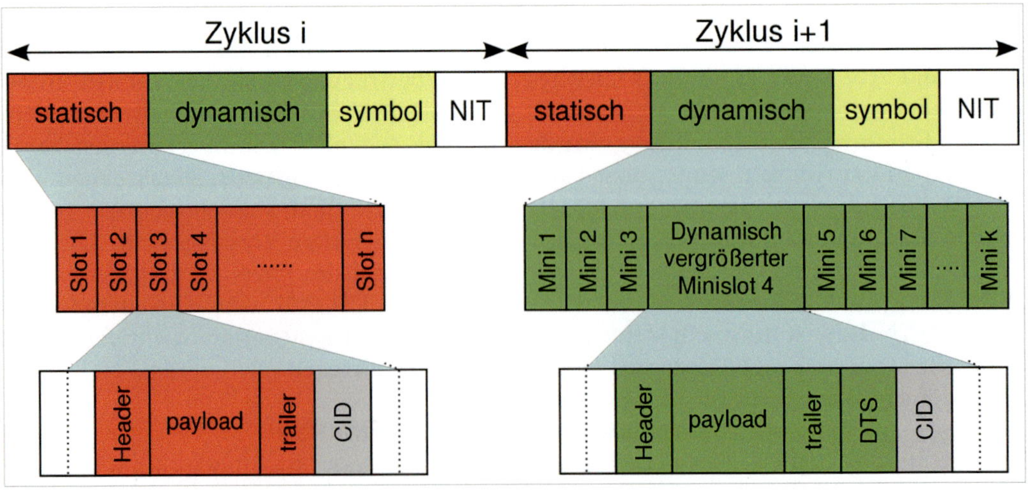

◘ **Abb. 15.27** Nachrichtenaufbau FlexRay

Ethernetverbindungen werden in der Regel als Punkt zu Punkt Verbindungen realisiert, was Kollisionen vermeidet. In Netzwerken werden die Daten über sogenannte Switches vom Sender zum Empfänger transportiert.

Unbeteiligte Busteilnehmer erhalten die Daten nicht. Lediglich Broadcast bzw. Multicast Nachrichten werden an alle Busteilnehmer bzw. einen definierten Empfängerkreis verteilt.

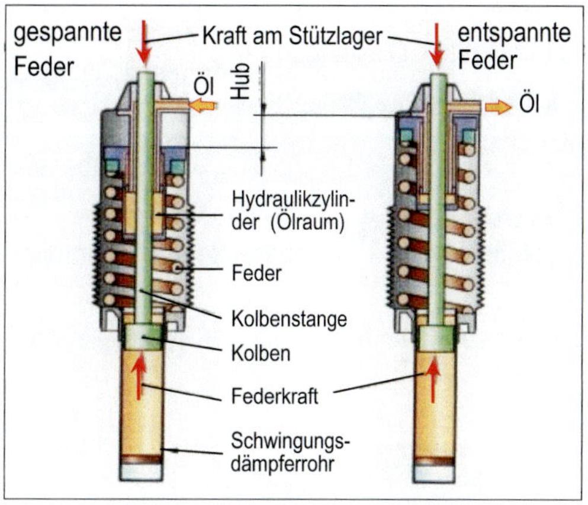

Abb. 15.29 Hydraulische Aktuator (Plungerzylinder) des Mercedes ABC System Federbeins [37]

15.8.4 Aktuatoren im Fahrwerk

Metin Ersoy

In Abhängigkeit des erforderlichen Leistungsbedarfs ist im Fahrwerk eine Vielzahl von Aktuatorprinzipien zu finden. Diese sind elektromotorische, hydraulische, und pneumatische Steller. Durch die Elektrifizierung des Antriebs und nun verfügbaren höheren elektrischen Leistungen durch höhere Bordspannungen werden die hydraulischen und pneumatischen Aktuatoren immer mehr durch elektrischen ersetzt.

■ Hydraulische Steller

Hydraulische Steller sind konventionelle Hydraulikzylinder. Diese können doppelwirkend (Abb. 15.28) oder einfachwirkend arbeiten. ABC System von Mercedes (Abb. 15.29) hat z. B. einfachwirkende Plungerzylinder, die Rückstellung des Kolbens geschieht durch Gewicht des Fahrzeugs.

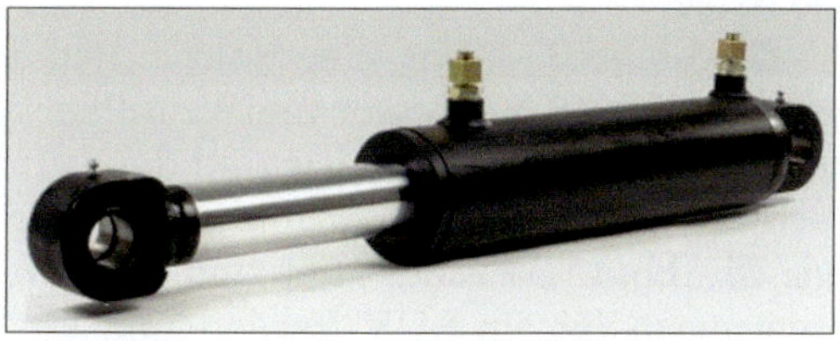

Abb. 15.28 Doppelwirkender Hydraulische Aktuator

Auch alle Bremskolben sind einfachwirkende Plungerzylinder. Doppelwirkende Zylinder mit durchgehender Kolbenstange bilden dagegen den Aktuator aller hydraulischen Servolenkungen (Abb. 15.30).

Hydraulische Steller eignen sich besonders für Systeme mit hohem Leistungsbedarf wie Bremsen, Lenkungen, und aktive Fahrwerke (z. B. aktive Federung oder Wankstabilisierung). Brems- und Lenksysteme in Pkws sind heute immer noch weitestgehend hydraulisch realisiert. Bei den neueren, modernen Pkws wird jedoch die Hydraulik vollständig durch Elektrik ersetzt (s. ► Abschn. 16.7).

Dies trifft jedoch, wenn der Bordspannung 12 V ist. Durch die Elektrifizierung ist aber heute bei vielen Modellen 48 V verfügbar und dadurch ist es möglich auch mit Elektromotoren in vergleichbaren Bauraum deutlich hohe Leistungen zu erreichen und Hydrauliksteller zu ersetzen. Zukunftziel ist ein öl freies (trockenes) Fahrzeug ohne Hydraulik.

Als hydraulische Druckversorgung dient eine Hydraulikpumpe. Bei elektronisch geregelten Systemen wird der Hydraulikdruck

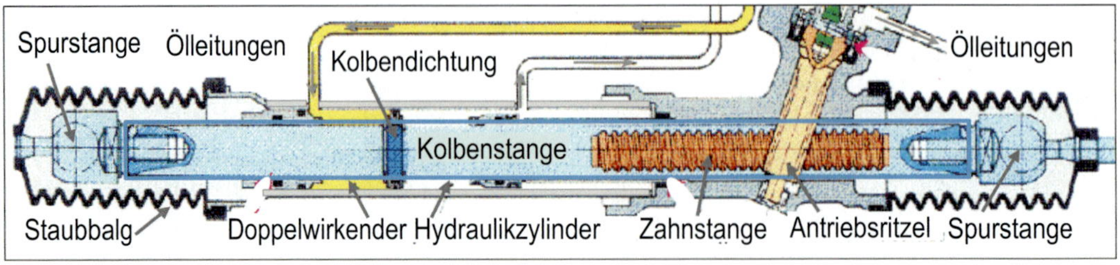

◘ **Abb. 15.30** Doppelwirkender Hydraulische Aktuator mit durchgehender Kolbenstange (Lenkzylinder)

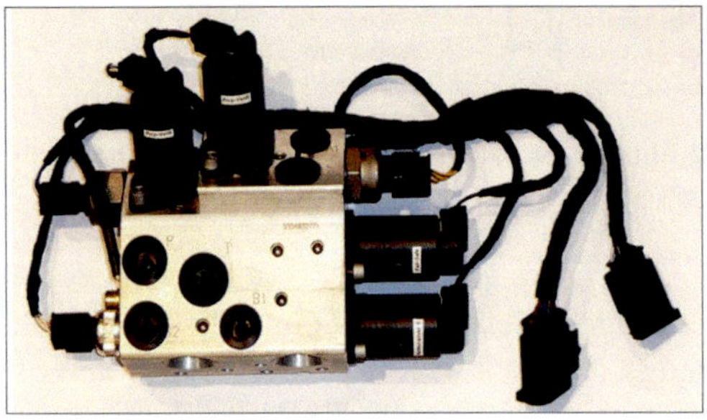

◘ **Abb. 15.31** Hydraulikventilblock für einen aktiven Stabilisator

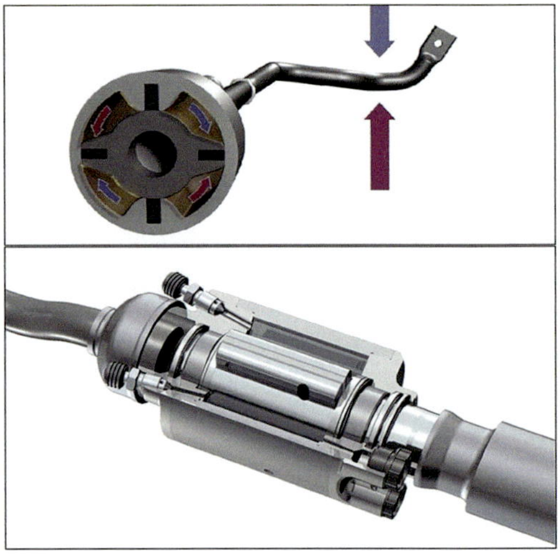

◘ **Abb. 15.32** Hydraulischer Schwenkmotor für einen Stabilisator. Oben Schnittbild des Schwenkmotors mit den Druckkammern, unten ein Längsschnitt

dann mittels eines schalt- und regelbaren Ventilblocks (◘ Abb. 15.31) auf die Steller verteilt. Dieser Ventilblock enthält elektromagnetische Schaltventile (Richtungsventil, Fail-Safe-Ventil) und Regelventile (zur Regelung des Drucks im Steller).

Auch eine Drehbewegung mit einem Drehmoment lässt sich hydraulisch erzeugen. Ein Beispiel ist der Steller von hydraulischer Wankstabilisierung. Der Schwenkmotor erzeugt die gewünschte Torsionsmomente in rechts bzw. linksdrehend je nach Druckbeaufschlagung rechte oder linke Kammer (◘ Abb. 15.32).

Soweit möglich wird im Zuge der CO2-Diskussion inzwischen immer mehr Hydraulik durch elektromotorische Betätigung abgelöst um Gewicht, Kosten und Verbrauch zu reduzieren.

15

- **Pneumatische Steller**

Während in Nutzfahrzeugen die Pneumatik sehr verbreitet ist und sogar die Bremse pneumatisch arbeitet, kommt die Pneumatik in Personenfahrzeugen nur bei der Luftfederung zur Anwendung. Der Kompressor zur Druckluft Erzeugung ist elektromotorisch betrieben und ein elektromagnetisch betätigter Ventilblock schaltet die Luft auf die Bälge.

◘ Abb. 15.33 zeigt eine solche Betätigungseinheit (Kompressor und Ventilblock) für die Luftfeder. Die Steller sind dann einfachwirkende Luftzylinder mit einem Balg, wie ◘ Abb. 15.34 zeigt. Hier sind die Luftfederungen für ein SUV Vorder- und Hinterachse dargestellt. Rechts im Bild ist auch der Dämpfer zu einem Federbein integriert [38].

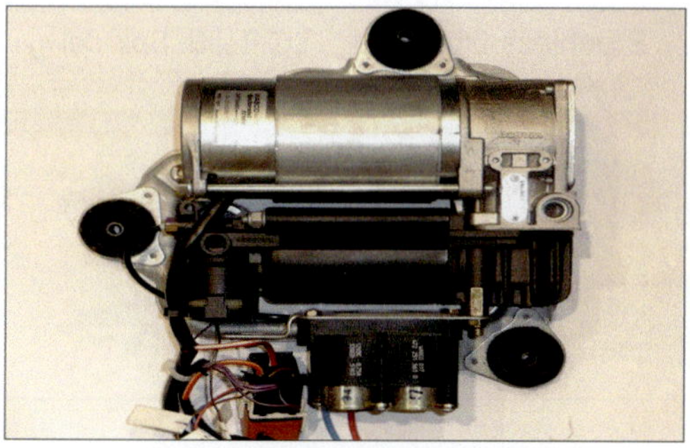

Abb. 15.33 Powerpack für die Luftfederung

Da die Drücke mit ca. 6 bis 16 bar gegenüber der Hydraulik deutlich niedriger sind, bietet sich die Anwendung von flexiblen, leichten und kostengünstigen Gummibalg statt Zylinder aus Stahl oder Aluminium an. Die Gummibälge müssen jedoch gegen äußere Beschädigungen zusätzlich geschützt werden.

Elektromotorische Steller

Elektromotorische Steller haben im Vergleich zu den hydraulischen Stellern den Vorteil, dass nennenswerte Listung nur zu den Zeitpunkten benötigt wird, in denen der Aktuator auch tatsächlich einen Stellvorgang durchführt.

Im Hinblick auf Ölleckage Gefahr in Betrieb durch Undichtigkeiten und die Entsorgung der Altfahrzeuge wird ferner angestrebt, die Menge an Hydraulikflüssigkeit zu reduzieren und stattdessen „trockene" Steller zu verbauen. Als Nebeneffekt entfällt bei der Fahrzeugproduktion die Befüllung mit Hydraulikflüssigkeit.

Zu den elektromechanisch betätigten Fahrwerksystemen gehören z. B. Elektrolenkung und Hinterachslenkung. Aus Betriebsfestigkeitsgründen kommen im Fahrwerk häufig bürstenlose Elektromotoren zur Anwendung. Die Auslegung des elektromotorischen Stellantriebs umfasst die Wahl des Elektromotortyps (Synchronmaschine oder Asynchronmaschine) und die Wahl der Übersetzungsstufe.

Typischerweise wird der Elektromotor noch mit einer Übersetzungsstufe kombiniert (z. B. Riementrieb, Spindeltrieb), um die Anforderungen an Leistung, Dynamik und Bordnetzbelastung gerecht zu werden. Aus Akustikgründen sollte das Drehzahlniveau des Elektromotors aber nicht zu hoch liegen (ca. ≤ 3500 U/min).

Abb. 15.35 zeigt den elektromotorischen Steller der BMW Hinterachslenkung Bj. 2009 mit einem Hohlmotor und Trapez-

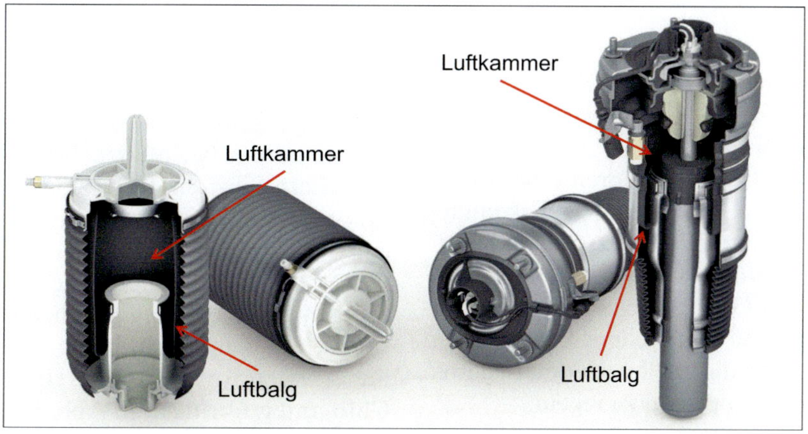

Abb. 15.34 Balgzylinder der Luftfederung für SUVs [38]

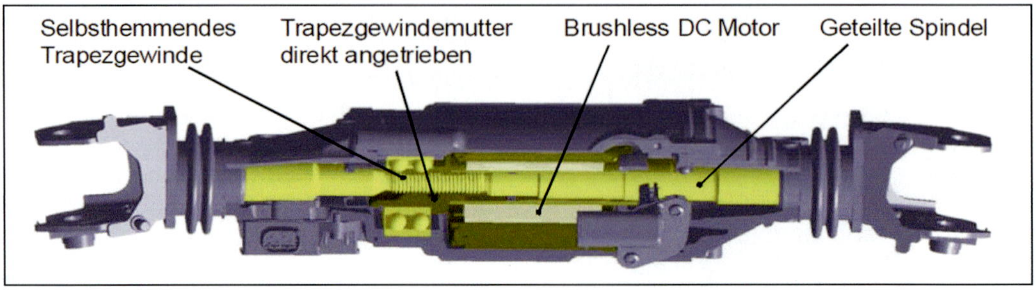

Abb. 15.35 Elektromechanischer Steller für eine Hinterachslenkung [39]

gewinde, der die Drehbewegung des Motors zu einer linearen Bewegung umsetzt [39].

Bordnetzaspekte elektromotorischer Steller

Die Zunahme der Steuergeräteanzahl im Fahrzeug im Allgemeinen und der Anstieg elektromotorischer Steller im Speziellen stellen hohe Anforderungen an das elektrische Leistungsbordnetz. Kombiniert man mehrere Hochstromverbraucher, die in den gleichen Fahrsituationen, zu den gleichen Zeitpunkten ihren Spitzenleistungsbedarf haben, dann ist ein übergreifendes Energiemanagement erforderlich.

15.8.5 Sensoren im Fahrwerk

Metin Ersoy

15

Die im Zusammenhang mit Fahrwerksystemen verwendeten Sensoren gehören zu folgenden drei Gruppen an:

- Die erste Gruppe Sensoren erfasst fahrdynamische Größen, die zur Erkennung und Regelung des Fahrzustands herangezogen werden.
- Die zweite Gruppe Sensoren erfasst innere Zustände des Stellers. Diese werden genutzt, um die Steller in unterlagerten Regelkreisen optimal zu regeln.
- Schließlich die Sensoren, die dem Umfeld erfassen um die Fahrerassistenzsysteme zu ermöglichen.

15.8.5.1 Sensoren zur Fahrzustandserkennung

Gierraten- und Beschleunigungssensor

Die Sensoren für Gierrate, Längs- und Querbeschleunigung sind heute typischerweise in einen Sensorcluster integriert (s. Abb. 7.67). Dieser Sensorcluster wird idealerweise in Nähe des Fahrzeugschwerpunkts verbaut. Teilweise ist diese sogenannte Inertialsensorik auch in das ESP-Steuergerät integriert.

Die Gierrate wird durch die Messung der Corioliskraft gemessen. Das Messprinzip ist, ähnlich wie bei der Beschleunigungsmessung: extrem dünne kammartige Stimmgabeln erfahren unter Einfluss einer Gierbewegung eine Modulation ihrer Schwingungsform die das elektrische Feld um sie herum beeinflusst. Das Ganze wird mit Micro-Silizium-Technologie wie ein Mikroprozessor gefertigt. Abb. 15.36 zeigt einen 0,23 mm großen Ausschnitt.

Da die Messung der Gierrate und Beschleunigung auf dem gleichen Prinzip basieren, ist es möglich, beide Sensoren und die Auswertesoftware auf einem einzigen Chip unterzubringen Abb. 15.37) [40].

▪ Abb. 15.36 Micromechanische Strukturen des Sensors, bestehend aus polykristallinem Silizium [40]

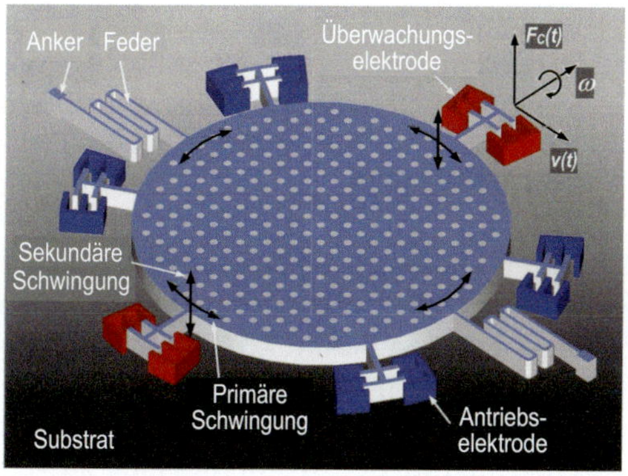

▪ Abb. 15.37 Prinzipieller Aufbau des Sensorchips: FC ist die Corioliskraft, die durch die Drehung ω und Plattenbewegung v verursacht wird [40]

Dieser in einem Gehäuse integrierte Sensor hat hohe Genauigkeit, Robustheit und eine extrem geringe Erholzeit von nur 5 ms nach einem Shock von 50 g. Auch die geringe Bauhöhe und niedrige Kosten sind wesentliche Merkmale. Er arbeitet von –40 °C bis + 150 °C, hat einen kalibrierten Messbereich von + /– 100°/s bzw. 2 oder 5 g.

Der erste Sensorcluster von Conti mit diesem Chip [41] ging in 2010 in die Serie (▪ Abb. 15.38).

▪ Lenkradwinkelsensor

Verbreitet sind in der Lenksäule verbaute Lenkradwinkelsensoren (s. ▪ Abb. 7.68). Heute können die internen Sensoren der Elektrolenkung verwendet werden, um das Lenkwinkelsignal zu berechnen. Dazu wird das Signal der Motorlagesensoren aufintegriert. Besondere Maßnahmen müssen auf Seite des elektronischen Steuergerätes umgesetzt sein, um ein Drehen am Lenkrad auch bei ausgeschalteter Zündung erfassen zu können.

▪ Vertikalbeschleunigungssensoren

Für die Regelung der variablen Dämpfer kommen Vertikaldynamiksensoren zum Einsatz. Je nach Regelkonzept werden auch Vertikalbeschleunigungssensoren benötigt, die direkt im Fahrwerk an der ungefederten Masse verbaut sind. Diese Beschleunigungssensoren sind entsprechend ihrem

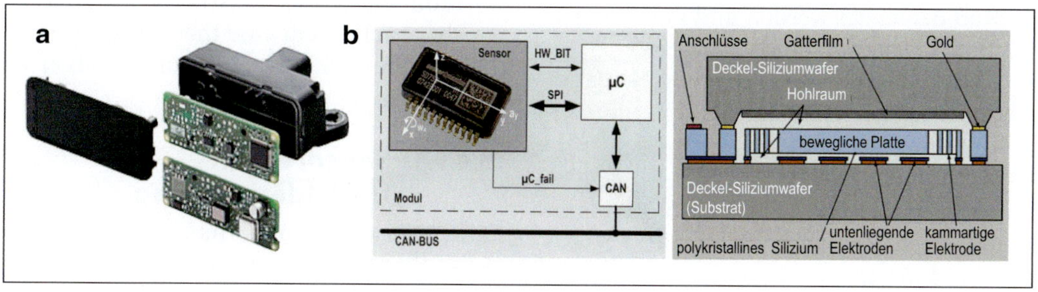

▪ Abb. 15.38 Sensorcluster von Conti (a) mit Single-Sensor-Chip SD755 von Sensor Dynamics (b) [41]

Einbauort dicht und schwingungsfest ausgelegt. Der innere Aufbau der Vertikalbeschleunigungssensoren ist vergleichbar dem Aufbau der Längs- und Querbeschleunigungssensoren (s. ◘ Abb. 7.66).

15.8.5.2 Sensoren zur Stellerzustandserkennung

■ Höhenstandssensoren

Für die Niveauregulierung werden Höhenstandssensoren benötigt. Stand der Technik sind als Potentiometer arbeitende Sensoren, die mittels eines Gestänges die Einfederung des Fahrzeugs messen. Als neuer Lösungsansatz ist die Integration der Höhenstandssensoren in Kugelgelenke dargestellt (s. ◘ Abb. 16.32).

■ Raddrehzahlsensoren

Zur Messung der Radgeschwindigkeiten kommen Raddrehzahlsensoren zum Einsatz. Es gibt verschiedene Messprinzipien, für eine ausführliche Beschreibung siehe dazu ► Abschn. 7.7.2.4 und 12.3.4.

■ Drucksensoren

Drucksensoren werden im Fahrwerk beispielsweise benutzt, um:

- im ESP-Ventilblock Bremsdrücke zu messen. Die Anzahl der Drucksensoren wirkt sich auf die Regelgüte aus. Je mehr Drucksensoren verbaut sind, desto genauer können die Kräfte am Rad berechnet werden und müssen nicht modelbasiert geschätzt werden.
- Drücke in der Luftfederung/Niveauregulierung zu erfassen.

■ Motorlagesensoren

Zur Ansteuerung der Elektromotoren kommen je nach Regelziel verschiedene Sensoren zum Einsatz.

- Elektromotoren, die auf Lage geregelt werden, haben typischerweise Hallsensoren, die die Position der Motorwelle messen. Je nach Anwendung kann der Winkel der Motorwelle (Rotor) nach einer Kalibrierung auf ± 0.2° genau aufgelöst werden. Mittels der Übersetzung des Stellantriebs kann damit meist eine hinreichend genaue Positionierung erfolgen.
- Um die oben genannte inkrementelle Messung der Rotorposition zu Initialisieren, können zusätzliche absolute Positionssensoren zum Einsatz kommen.

■ Temperatursensoren

Auch im Fahrwerk kommen an verschiedensten Stellen Temperatursensoren zum Einsatz.

- In den hydraulischen Systemen ist die Erfassung der Öltemperatur nicht nur notwendig, um eine Überhitzung des Systems zu vermeiden, sondern auch um bei tiefen Temperaturen seitens des elektronischen Steuergerätes ungewünschte Effekte aufgrund geringer Ölviskosität soweit wie möglich zu kompensieren.
- In den elektromotorischen Systemen wird ein Temperatursensor in der Motorwicklung platziert. Die Erfassung der Motortemperatur wird genutzt, um eine Überhitzung der Motorwicklung zu vermeiden.
- Ferner dient die Information über die Wicklungstemperatur dazu, den Wicklungswiderstand in der Motorregelung zu berücksichtigen.
- In allen Fahrwerksteuergeräten kommen diese Sensoren zum Einsatz, um die Temperatur der Leistungsendstufen zu überwachen um eine thermische Zerstörung des Steuergerätes ausschließen zu können.

15.8.5.3 Sensoren zur Umfelderkennung

Fahrerassistenzsysteme nutzen vorhandene aktive Steller der Brems- oder Lenksysteme. Diese Steller brauchen jedoch spezielle Sensorik um das Umfeld des Fahrzeugs und Fahrers zu erkennen [43].

Es gibt zwei Verfahren, entweder Laufzeitmessung gesendeter Wellen in unterschiedlichen Frequenzbereich (Radar, Lidar, Laser, Ultraschall Infrarot) oder pixelweise Grautonerkennung (Mono-, Farb-. Weitwinkel-, Stereokameras). Neuerdings gibt es Sensoren, die die beiden Verfahren ineinander integrieren.

Abb. 15.39 zeigt die Vielfalt dieser Sensoren in einem Fahrzeug [42].

Derzeit verwenden Hersteller für autonome Fahrzeuge im Level 4 zwischen 15 und 30 Kameras, 5 bis 20 Radare und 5 bis 7 Lidar-Sensoren, wodurch die Technik weit über die Kapazitäten des menschlichen Auges hinausgeht [44].

Weitgehend durchgesetzt und etabliert haben sich Kamera, Radar, Ultraschall- und Laser-/Lidarsensoren. Einzeln und im Verbund erkennen sie problematische Fahrsituationen, warnen vor plötzlich auftauchenden Hindernissen und erleichtern alltägliche Vorgänge wie das Einparken [45].

Kameras liefern mit ihren optischen Informationen eine wertvolle Unterstützung für Fahrer. Durch die Zusammenführung der Bilder mehrerer Kameras lässt sich eine dreidimensionale Darstellung erzeugen. Frontkameras haben eine Reichweite von 100 bis 240 m und liefern die vielfältigsten Informationen von der Markierung der Fahrspur bis zur Verkehrszeichenerkennung.

Sie können auch sich bewegende Objekte wie Fußgänger oder Radfahrer erkennen, um Abstände einzuhalten und im Gefahrenfall eine Notbremsung einzuleiten. Kameras im Innenraum können beispielsweise erkennen, ob der Fahrer müde oder abgelenkt ist.

Simple **Monokameras,** und mit besserer Auflösung als **Stereokameras,** können im Zusammenwirken mit Radar und Software auch dreidimensionale und 360-Grad-Bilder liefern. Kameras liefern schwächere Resultate bei Dunkelheit oder schlechten Wetterbedingungen, etwa bei Nebel, sie bieten jedoch hohe Erkennungsraten und eine hohe Winkelauflösung. Mit steigender Rechenleistung und verbesserter Bildverarbeitung werden in Kameras auch höher auflösende Sensoren eingesetzt.

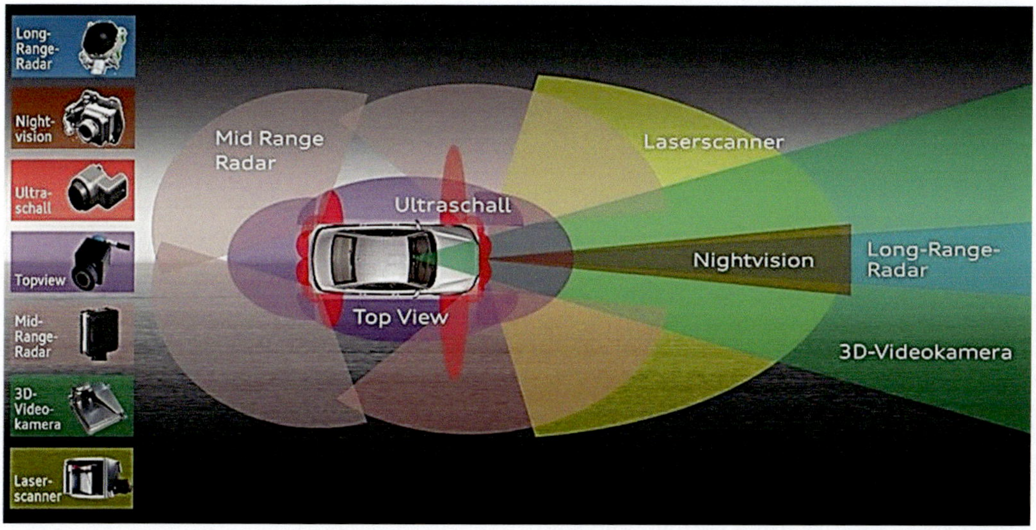

Abb. 15.39 Sensorik für Fahrerassistenzsystemen und für autonomes Fahren [42]

Radarsysteme, heute meist mit 77 GHz, erlauben genaue Geschwindigkeits- und Entfernungsmessungen – auch bei hoher Geschwindigkeit des Fahrzeugs, aber keine hohe Winkelauflösung. Sie dienen beispielsweise zur Kollisionsvermeidung. Zu ihren Stärken gehört die Wetterunabhängigkeit. Sie sind kostengünstig, robust und haben eine kompakte Bauform. Neben dem Nahbereichsradar zur Erkennung von Objekten bis 30 m Entfernung gibt es mid-range- und long-range-Systeme mit maximal 250 m Reichweite.

Lidar „Light Detection and Ranging" hat sich noch nicht durchgesetzt, gewinnt aber an Bedeutung für Fahrassistenzsysteme. Lidar basiert ebenfalls auf einem Laser. Es misst Entfernungen zu ruhenden und bewegten Objekten und liefert dreidimensionale Bilder von erkannten Objekten. Dabei werden Laser mit rotierenden Spiegeln zunehmend durch „Solid State"-Lidar ersetzt. Ein Dioden-Array, digital gesteuert, ersetzt die beweglichen Teile. Anders als ‚normale' Laser arbeiten Lidar-Systeme nicht mit Mikrowellen, sondern mit Lichtpulsen aus den Bereichen des nicht sichtbaren Lichts (nahes Infrarot, typisch sind 905 Nanometer Wellenlänge). Sie haben unter guten Witterungsbedingungen eine Reichweite von bis zu 200 m, bieten eine hohe Winkelauflösung und können 360 Grad abdecken. Radar und Lidar ergänzen einander gut.

15

Ultraschallsensoren sind weit verbreitet und dienen als Einparkhilfe. Als Spezialisten für den Nahbereich sind sie für die Automatisierung des Fahrens nicht an erster Stelle von Belang. Ultraschallsensoren messen die Entfernung zum nächsten Objekt, indem sie die Laufzeit reflektierter Schallimpulse messen, die sie ausgesandt haben. Als Park- und Totwinkelassistent haben sie sich seit langem bewährt. Ihre Vorteile: Sie sind kompakt und robust und zudem sehr günstig. Sie arbeiten auch bei Nacht und ohne Beeinträchtigung etwa bei Nebel, allerdings nicht sehr zuverlässig bei Schnee und sind unbrauchbar für größere Distanzen.

Im Trend liegen **Multisensoren** d. h. baulich vereinigte Kombination mehrerer Sensoren in einem Gerät, und die Sensordatenfusion. Beide Ansätze bieten Lösungen für spezielle Funktionen, wobei die zweite variabler und lernfähiger sein dürfte.

Sensoren zur Umfeld-Erkennung haben in den vergangenen Jahren deutlich an Leistung zugelegt und gleichzeitig sind sie kostengünstiger geworden [44].

Die Herausforderung für die Zukunft ist mit leistungsstarken Steuergeräten alle Daten zentral zu erfassen und zu interpretieren, wofür man die gigantische Rechnerleistung von mehreren Teraflops sowie eine Erkennungs-Software braucht [43]. Sensordatenfusion und Multisensor-Lösungen beschleunigen diese Entwicklung. Sie werden günstiger, kompakter, energieeffizienter und erzielen eine hohe Genauigkeit der Detektion. Entstehende Redundanzen, also die teilweise Überlagerung von Ergebnissen der Umfeld-Erkennung sind ausdrücklich erwünscht. Es wird für die Zukunft einen je nach Automatisierungsgrad und Fahrzeugklasse spezialisierten Sensor-Mix aus Radar, Kamera und Lidar vorausgesagt [44].

15.9 Entwicklung der Fahrwerkregelsysteme

Horst Krimmel

15.9.1 Entwicklung gemäß Automotive SPICE

Elektronische Steuergeräte im Fahrwerk gehören zu den komplexesten Steuergeräten im Fahrzeug. Zur Beherrschung der Komplexität wird die Software nach vorgegebenen Prozessmodellen entwickelt. Die Software-Entwicklung in der Automobilindustrie orientiert sich stark am sogenannten V-Modell nach bb. 15.40.

Die „Qualität" von Software ist vielseitig. So sind nicht nur Anzahl oder Schwere von Softwarefehlern relevant. Weitere Kriterien sind Wartbarkeit oder Ressourcenverbrauch (RAM, ROM, Laufzeit) der Software.

Um eine gute Qualität der Software zu erreichen, ist es üblich, hohe Anforderungen an die Qualität der Entwicklungsprozesse zu stellen. Auf diese Weise möchte man ausschließen, dass mangelhafte Prozesse einer guten Softwarequalität entgegenstehen.

Die Verfahren zur Beurteilung der Prozessgüte wurden weiter verfeinert und aussagefähiger. In der europäischen Automobilindustrie wurde zunächst versucht, allgemeine Qualitätsstandards wie die ISO 9001 auf die Software-Prozesse zu übertragen. Später erlangte CMM und CMMI Bedeutung. Aktuell verbreitet ist SPICE und die spezielle Ausprägung Automotive SPICE [46].

■ Automotive SPICE

SPICE (Software Process Improvement and Capability Determination) oder ISO/IEC 15.504 ist ein internationaler Standard zur Bewertung von Prozessen der Softwareentwicklung. Automotive SPICE ist die Anpassung von SPICE auf die Gegebenheiten und Belange der Automobilindustrie.

Mit SPICE werden zwei Ziele verfolgt. Zum einen soll die Leistungsfähigkeit der Softwareentwicklungsprozesse eines Unternehmensverbessert werden (*Process Improvement*).Zum anderen bietet SPICE einen Maßstab zur Bewertung der Leistungsfähigkeit von Software erstellenden Organisationseinheiten (*Capability Determination*). Dies wird insbesondere auch zur Bewertung von Lieferanten genutzt. Dabei bewerten Fahrzeughersteller ihre direkten Lieferanten (1st tier), oder Lieferanten bewerten Sublieferanten (2nd tier).

SPICE betrachtet über 50 Prozesse, in sechs Kategorien. ◘ Tab. 15.7 zeigt die von

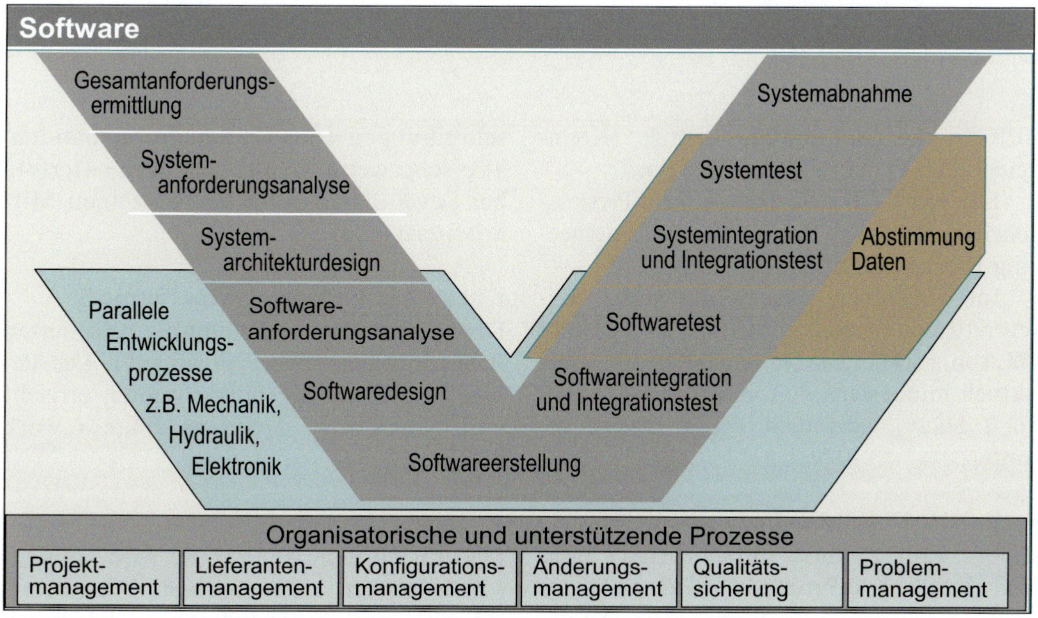

◘ **Abb. 15.40** V-Modell der Elektronikentwicklung

Tab. 15.7 Spice Prozesse [47]

Management Process Group (MAN)	Engineering Process Group (ENG)	Supporting Process Group (SUP)
MAN.1 Organizational alignment MAN.2 Organization management A MAN.3 Project management MAN.4 Quality management A MAN.5 Risk management A MAN.6 Measurement	A ENG.1 Requirements elicitation A ENG.2 System requirements analysis A ENG.3 System architectural design A ENG.4 Software requirements analysis A ENG.5 Software design A ENG.6 Software construction A ENG.7 Software integration A ENG.8 Software testing A ENG.9 System integration A ENG.10 System testing ENG.11 Software installation A ENG.12 Software &System maintenance	A SUB.1 Quality assurance A SUB.2 Verification SUB.3 Validation A SUB.4 Joint review SUB.5 Audit SUB.6 Product evaluation A SUB.7 Documentation A SUB.8 Configuration management A SUB.9 Problem resolution management A SUB.10 Change request management
Acquisition Process Group (ACQ)	**Resource & Infrastructure Pro.Gr. (RIN)**	**Operation Process Group (OPE)**
ACQ.1 Acquisition preparation ACQ.2 Supplier selection A ACQ.3 Contract agreement A ACQ.4 Supplier monitoring ACQ.5 Customer acceptance A ACQ.11 Technical requirements A ACQ.12 Legal & administrative req. A ACQ.13 Project requirements A ACQ.14 Request for proposals A ACQ.15 Supplier qualification	RIN.1 Human resource management RIN.2 Training RIN.3 Knowledge management RIN.4 Infrastructure	OPE.1 Operational use OPE.2 Customer support
Supply Process Group (SPL)	**Process improvement Pro. Group (PIM)**	**Reuse Process Group (REU)**
A SPL.1 Supplier tendering A SPL.2 Product release SPL.3 Product acceptance support	PIM.1 Process establishment PIM.2 Process assesment A PIM.3 Process improvement	REU.1 Asset management A REU.2 Reuse program management REU.3 Domain engineering
"A" more specific in Automotive SPICE	new (Herstellerinitiative) HIS – Scope	not included in IS

SPICE und Automotive SPICE (Kennzeichnung A) betrachteten Prozesse.

Die im V-Modell enthaltenen Prozessschritte sind die Basis für die Engineering-Prozesse (ENG).

Im Folgenden werden die sechs Reifegradstufen nach SPICE vorgestellt (◘ Abb. 15.41). Fahrzeughersteller fordern aktuell mindestens Automotive SPICE Level 2. Häufig wird auch SPICE Level 3 gefordert.

- **Level 0: Unvollständig (incomplete)**

Es ist kein Prozess implementiert oder der Zweck des Prozesses wird nicht erfüllt. Wichtige Arbeitsprodukte (Spezifikationen, Designdokumente, Testbeschreibungen etc.) sind nicht vorhanden. Typischerweise hängt der Projekterfolg bei Level 0 sehr stark von einzelnen Mitarbeitern ab.

- **Level 1: Durchgeführt (performed)**

Der gelebte Prozess befolgt die geforderten Basispraktiken („base practises"). Die definierten Prozessergebnisse werden erreicht und wesentliche Arbeitsprodukte („work products") sind vorhanden.

- **Level 2: Managed**

Die Ausführung der Prozesse wird kontinuierlich geplant und gesteuert. Verantwortlichkeiten und Zuständigkeiten sind definiert. Die Arbeitsprodukte der Prozesse unterlie-

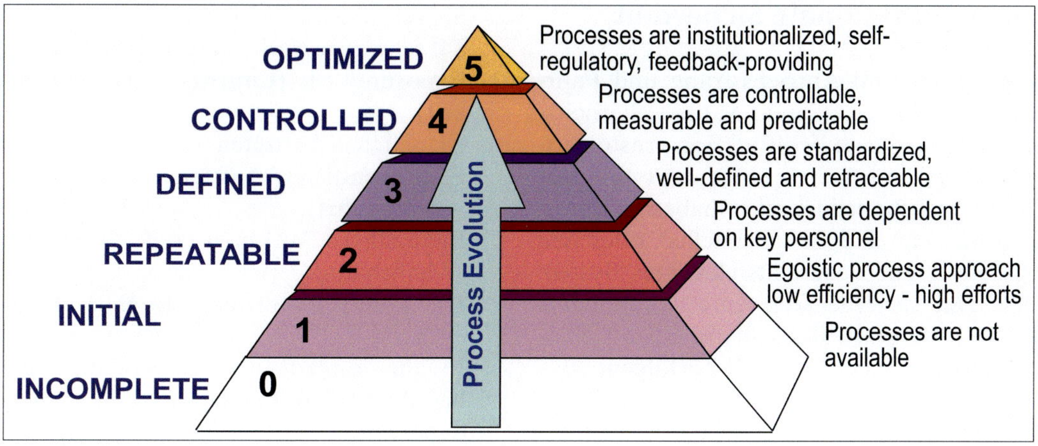

Abb. 15.41 Reifegradstufen nach SPICE

gen dem Konfigurationsmanagement und der Qualitätssicherung.

- **Level 3: Etabliert (established)**

Es gibt organisationsweit einheitliche Vorgaben hinsichtlich eines Standardprozesses. Dieser Standardprozess wird „definierter Prozess genannt“. Der definierte Prozess kann im Rahmen eines sogenannten „Tailoring“ auf einzelne Projekte angepasst werden.

- **Level 4: Vorhersagbar (predictable)**

Die Prozessdurchführung wird mittel sogenannter Metriken kontinuierlich gemessen und analysiert. Die quantitative Prozessanalyse erlaubt eine Prozesssteuerung. Die Qualität von Arbeitsprodukten wird quantitativ bewertet um Prozessverlauf und Ergebnisse hinsichtlich Zeit- und Ressourcenbedarf besser vorherzusagen.

Die Prozessdurchführung wird mittel sogenannter Metriken kontinuierlich gemessen und analysiert. Die quantitative Prozessanalyse erlaubt eine Prozesssteuerung. Die Qualität von Arbeitsprodukten wird quantitativ bewertet um Prozessverlauf und Ergebnisse hinsichtlich Zeit- und Ressourcenbedarf besser vorherzusagen.

- **Level 5: Optimiert (optimized)**

Orientiert an den Geschäftszielen des Unternehmens werden quantitative Prozessziele definiert. Die Erreichung der Prozessziele wird fortlaufend verfolgt. Die Prozesse werden kontinuierlich optimiert. Innovative Methoden werden getestet und substituieren weniger effektive Prozesse.

- **Berechnung der Prozessreifegrads (Level 0–5)**

Im ersten Schritt werden die Prozessattribute nach einer vierstufigen Skala bewertet:
N Not achieved (nicht erfüllt).
P Partially achieved (teilweise erfüllt).
L Largely achieved (überwiegend erfüllt).
F Fully achieved (vollständig erfüllt).

Im zweiten Schritt kann dann der Prozessreifegrad (SPICE Level 0–5) auf Basis der Prozessattributebewertung berechnet werden [46]. Es müssen zur Erreichung eines bestimmten Reifegradlevels die Prozessattribute des betreffenden Reifegrads mindestens mit „L“ bewertet sein. Und alle Prozessattribute der darunter liegenden Reifegradstufen müssen mit „F“ bewertet sein.

15.9.2 Funktionale Sicherheit

Die Systeme im Antriebsstrang und Fahrwerk sind in besonderem Maße sicherheitsrelevant, weil eine Fehlfunktion ernste Auswirkungen auf Fahrer, Mitfahrer und andere Verkehrsteilnehmer haben könnte. Möchte ein Fahrzeughersteller oder ein Zulieferer ein sicherheitsrelevantes System bzw. eine sicherheitsrelevante Komponente entwickeln, muss dies anhand einer Sicherheitsnorm wie der ISO 26262 erfolgen.

ISO 26262

Aufbauend auf der IEC 61.508 [48] werden die besonderen Belange der funktionalen Sicherheit im Automobilbereich in der ISO 26262 [49] berücksichtigt.

Die ISO 26262 sieht vor, mögliche Gefährdungen einer von fünf Sicherheitsanforderungsstufen zuzuordnen. Dafür werden die möglichen Fehlfunktionen des Systems in verschiedenen Fahrsituationen bewertet. Die Zuordnung der Gefährdungen zu den Sicherheitsanforderungsstufen QM, A, B, C oder D berücksichtigt drei Faktoren:

1. Severity – S (Fehlerschwere)
   S1: S0: keine Verletzungen
   S2: leichte bis mittelschwere Verletzungen
   S3: schwere Verletzungen
   S4: schwerste Verletzungen/Todesfolge
2. Exposure – E (Eintrittswahrscheinlichkeit)
   E1: seltenes Auftreten
   E2: elegentliches Auftreten (z. B. Rückwärtsfahrt)
   E3: häufiges Auftreten (z. B. regennasse Fahrbahn)
   E4: ständiges Auftreten (z. B. Kurvenfahrt)
   In die Eintrittswahrscheinlichkeit gehen die Fehlerhäufigkeit und die Fehlerdauer ein.
3. Controllability – C (Fehlerbeherrschbarkeit)
   C0: sichere Beherrschung (durch 100 % aller Fahrer)
   C1: einfache Beherrschbarkeit (> 99 % aller Fahrer)
   C2: normale Beherrschbarkeit (> 90 % aller Fahrer)
   C3: schwierige Beherrschbarkeit (< 90 % aller Fahrer)

Die Zuordnung einer Gefährdung zu einer der Sicherheitsanforderungsstufen erfolgt anhand Tab. 15.8 in Abhängigkeit von „Severity", „Exposure" und „Controllability" [49]. Wird eine Gefährdung als nicht

Tab. 15.8 Funktionalen Sicherheit in Abhängigkeit von Severity, Exposure, Controllability" ISO 26262 [49]

		Controllability		
Severity S	Exposure E	C1	C2	C3
S1	E1	QM	QM	QM
	E2	QM	QM	QM
	E3	QM	QM	ASIL A
	E4	QM	ASIL A	ASIL B
S2	E1	QM	QM	QM
	E2	QM	QM	ASIL A
	E3	QM	ASIL A	ASIL B
	E4	ASIL A	ASIL B	ASIL C
S3	E1	QM	QM	ASIL A
	E2	QM	ASIL A	ASIL B
	E3	ASIL A	ASIL B	ASIL C
	E4	ASIL B	ASIL C	ASIL D

sicherheitsrelevant eingestuft, so erfolgt die Zuordnung zur Stufe „QM" (Quality Management). D. h. Maßnahmen im Rahmen des üblichen Qualitätsmanagements werden als hinreichende Sicherheitsmaßnahmen angesehen. ◘ Tab. 15.9 zeigt die empfohlenen maximalen Ausfallraten für die vier ASIL Stufen A bis D [48].

Im Rahmen des Sicherheitsprozesses sind unter anderem folgende Tätigkeiten durchzuführen:

- **Gefahren- und Risikoanalyse**

Im Rahmen der Gefahren- und Risikoanalyse (G&R) werden Gefährdungen, die vom System ausgehen, ermittelt, beschrieben und klassifiziert. Dazu wird der gesamte Anwendungsbereich betrachtet. Aufbauend auf den einzelnen Anwendungen werden die jeweiligen Gefährdungen und Risiken aufgelistet. Dazu können ein Risikograph oder eine Risikomatrix zur Klassifizierung erstellt werden. Für jede Anwendung bzw. Funktion wird dann die geltende Stufe der Sicherheitsintegrität (ASIL = *Automotive Safety Integrity Level*) zugeordnet. Der höchste in dieser Gefahren- und Risikoanalyse auftretende ASIL-Level ist gleichzeitig der ASIL-Level des Systems.

- **Funktionales Sicherheitskonzept**

Auf Basis des Systemkonzepts, der Gefährdungs- und Risikoanalyse und der Kausalanalyse werden die Sicherheitsziele definiert. Das System wird in Subsysteme und -funktionen unterteilt und die funktionalen Sicherheitsanforderungen den Subsystemen und -funktionen zugeordnet.

- **Kausalanalyse**

Ziel der Kausalanalyse ist es, systematisch Fehler zu erfassen und Auswirkungen von Komponentenfehlern bzw. -ausfällen auf das Gesamtsystem zu analysieren und das System ggf. zu optimieren. Dazu wird eine detaillierte hierarchische Auflistung aller Systemkomponenten erstellt (auf funktionaler Basis). Für alle möglichen Komponentenausfälle/-fehler wird die höchste Gefährdung auf Systemebene gesucht und somit die Integrität der Systemsicherheitsfunktionen auf Komponenten abgebildet. Dies dient unmittelbar zur Auslegung des technischen Sicherheitskonzeptes und zur Spezifikation der Sicherheitsanforderungen.

- **Technisches Sicherheitskonzept**

Das technische Sicherheitskonzept legt fest, durch welche Maßnahmen, bzw. Kombination

◘ **Tab. 15.9** Einteilung der Systeme nach Schadenswirkung und daraus resultierende Anforderung an die Ausfallwahrscheinlichkeit [48]

ASIL Level	Empfohlene Ausfallwahrscheinlichkeit	Ausfallrate entspricht	Beispiel
ASIL A	$<10^{-6}$ / Std.	1000 FIT	Keine Beschleunigung bei Fahreranforderung
ASIL B	$<10^{-7}$ / Std.	100 FIT	
ASIL C	$<10^{-7}$ / Std.	100 FIT	Selbstbeschleuniger
ASIL D	$<10^{-8}$ / Std.	10 FIT	Bremsversagen, Selbstlenker

von Maßnahmen, das funktionale Sicherheitskonzept umgesetzt wird.

Dazu werden der sichere Zustand oder die sicheren Zustände des Systems definiert. Die Übergänge mit Reaktionszeit in den sicheren Zustand werden beschrieben. Die Aufrechterhaltung des sicheren Zustands (auch ohne Energieversorgung) wird sichergestellt.

Als Maßnahmen kann das technische Sicherheitskonzept beispielsweise enthalten, dass das elektronische Steuergerät permanent seine korrekte Funktionsfähigkeit prüft hinsichtlich

- Rechenkern (ALU) des Microcontrollers,
- flüchtiger und nichtflüchtiger Speicher,
- Sensoreingänge, Stromausgänge,
- Programmausführung.

15.9.3 Simulation der Fahrwerkelektronik

Die Simulation ist ein wichtiger Baustein bei der Entwicklung der Betriebs- und Regelstrategien von Fahrwerksystemen und beim Test der vernetzen Funktionen. Die Simulation hat dabei mehrere Vorteile:

- Die Simulation kann schon in sehr frühen Projektphasen genutzt werden, wenn noch keine Versuchsfahrzeuge zur Verfügung stehen.
- Simulationen sind reproduzierbar. Im Fahrversuch ist es dagegen schwerer, immer wieder die identischen Randbedingungen zu gewährleisten.
- Die Simulation kommt ohne die kostenintensiven Versuchsträger und Fahrversuche aus.
- In der Simulation können sicherheitskritische Fahrmanöver beliebig oft wiederholt werden, ohne dass sich Testfahrer einer Gefahr aussetzen müssen.

Die Simulation der Fahrwerkregelsysteme erfordert meist eine Abbildung der Gesamtfahrzeugdynamik. Voraussetzung für eine aussagefähige Simulation ist ein hinreichend detailliertes Fahrzeugmodell, das die zu untersuchenden Effekte genau genug abbildet. Die Modellierung des Gesamtfahrzeugs wird je nach den zu untersuchenden Effekten oft sehr komplex. Deshalb gilt auch für die Simulation der Fahrwerkregelsysteme die Prämisse „so einfach wie möglich, so detailliert wie nötig“. Es ist es gut möglich, einfache Gesamtfahrzeugmodelle mit einem einzigen Modellierungswerkzeug zu erstellen. Für die detaillierte Abbildung von Fahrwerk, Antriebsstrang und Regelung kommen aber verschiedene, jeweils spezialisierte Modellierungswerkzeuge zum Einsatz. Die verschiedenen Teilmodelle werden dann zu einem Gesamtfahrzeugmodell integriert (◘ Abb. 15.42).

▪ Fahrwerk

Für Fahrdynamiksimulationen wird das Fahrwerk je nach Genauigkeitsanforderung entweder als detailliertes Mehrkörpermodell oder als vereinfachtes Kennfeldmodell abgebildet. Die Abbildung der Achse als Mehrkörpermodell ist in dem ► Abschn. 5.3.1.3, Virtuelle Simulation, beschrieben. Die einfacheren Kennfeldmodelle bilden z. B. die Spur und den Sturz als Funktion der Einfederung etc. ab. Der Vorteil der Kennfeldmodelle ist unter anderem, dass die Kennfelder auch im Versuch ermittelt werden können.

▪ Antriebsstrang

Die Fahrdynamiksimulation erfordert häufig auch die Antriebsstrangsmodellierung. Denn die Fahrdynamik ist wesentlich durch die Radkräfte definiert, die über den Schlupf auch essentiell von den Antriebmomenten abhängen. Zur Antriebsstrangsmodellierung sind Werkzeuge notwendig, die insbesondere die Haft-/Gleitübergänge im Antriebsstrang numerisch abbilden können.

▪ Steuerung und Regelung

Zur Modellierung der Steuerung und Regelung kommen MBSE-Tools (*Model Based System Engineering*) zum Einsatz. Es werden

15

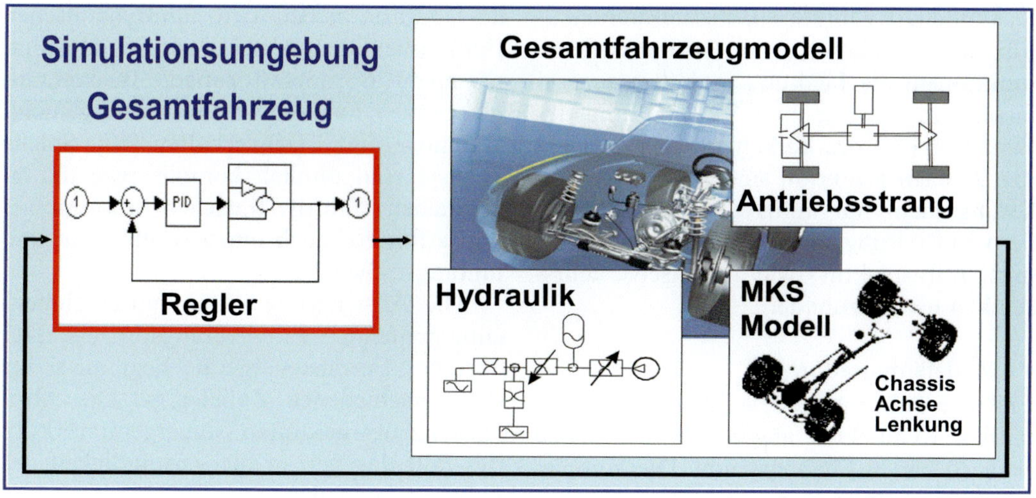

Abb. 15.42 Fahrzeugmodell integriert aus Teilmodellen

die Regelalgorithmen typischerweise mittels Blockschaltbildern und Zustandsautomaten graphisch programmiert. Aber auch bestehender Programmcode kann in das MBSE-Modell integriert werden.

Die MBSE-Tools decken mehrere Schritte der Entwicklungskette ab. Damit wird für die Funktions- und Reglerentwicklung eine durchgängige Prozesskette von der Simulation über das Rapid Prototyping bis hin zur Implementierung der Funktion auf einem Seriensteuergerät möglich:

Im ersten Schritt wird das MBSE-Modell „offline", ohne Echtzeitanforderung, auf einem Computer simuliert. Programmpakete wie Matlab/Simulink erlauben, die modellierte Funktion im Zusammenspiel mit dem Fahrzeugmodell zu testen, regelungstechnisch zu analysieren und Parameteroptimierungen durchzuführen.

Im zweiten Schritt wird das Reglermodell mittels Codegenerierung für das sogenannte „Rapid Prototyping" genutzt. Dazu wird aus dem MBSE-Modell automatisiert Programmcode für leistungsstarke Echtzeit-Prototypenrechner erzeugt. Dies erlaubt die in der Simulation optimierten Regler schnell und einfach im Fahrzeug zu testen und weiter zu entwickeln. Denn die zeitaufwendige Programmierung für einen speziellen Mikrocontroller mit begrenztem Speicher und geringer Rechenkapazität entfällt.

Im dritten Schritt ist es möglich, aus den MBSE-Modellen automatisiert Programmcode für den Serieneinsatz zu generieren. Der automatisch generierte Programmcode für Mikrocontroller ist ressourcenoptimiert (RAM, ROM, Laufzeit).

- **Fahrer**

Der Nutzen von Fahrwerkregelsystemen kommt oft erst im fahrdynamischen Grenzbereich zum Tragen. Ein typisches Beispiel dafür ist die Fahrzeugstabilisierung mit Fahrwerkregelsystemen. Zur Optimierung der Regelstrategien muss das Fahrverhalten bei komplexen Fahrmanövern wie dem doppelten Spurwechsel untersucht werden. Ein anderes Beispiel ist die Verbesserung von Rundenzeiten auf virtuellen Rennstrecken durch aktive Fahrwerksysteme. In beiden Fällen sind leistungsfähige, virtuelle Fahrer notwendig, die das Fahrzeug auch in kritischen Fahrmanövern realistisch lenken und sich an die Fahrsituation und den Systemeingriff adaptieren.

- **Umfeld für Fahrerassistenzfunktionen**

Für die Simulation von Fahrerassistenzfunktionen, die Lenkung und Bremse umfassen, ist teilweise eine Modellierung des Umfeldes und des Verkehrsflusses notwendig. Je nach Funktion sind bei der Modellierung nicht nur andere Fahrzeuge, sondern auch Fußgänger, Satellitennavigation und Infrastruktur wie Wechselverkehrsschilder usw. abzubilden.

- **Modellintegration**

Einfache Fahrzeugmodelle, deren Fahrwerk mittels Kennfelder abgebildet ist, haben etwa 20 bis 30 Freiheitsgrade. Die komplexen Fahrzeugmodelle mit detailliert abgebildetem Fahrwerk und Antriebsstrang haben typischerweise zwischen 100 und 200 mechanische Freiheitsgrade. Werden bei den komplexen Modellen Fahrwerk, Antriebsstrang und Regelung mit verschieden Modellierungswerkzeugen abgebildet, dann müssen die verschiedenen Teilmodelle noch zu einem Gesamtfahrzeugmodell integriert werden.

Für die Integration der Teilmodelle gibt es verschiedene Alternativen: Eine Möglichkeit für die Integration der Teilmodelle besteht darin, eines der Modellierungswerkzeuge als Integrationsplattform zu verwenden und die Teilmodelle der anderen Werkzeuge dort (z. B. als C-Code) zu integrieren. Eine weitere Möglichkeit zur Gesamtfahrzeugsimulation ist die Co-Simulation, bei der verschiedene Simulationsprogramme gleichzeitig abgearbeitet werden und über eine Schnittstelle Daten austauschen. In beiden Fällen ist besonderes auf die numerische Stabilität der Gesamtsimulation zu achten.

15.9.4 Hardware-in-the-Loop-Simulation

Die zunehmende Vernetzung stellt spezielle Anforderungen an die Absicherung der auf viele Steuergeräte verteilten Funktionen. Die Absicherung eines Steuergeräteverbundes umfasst neben den fahrdynamischen Funktionen auch Aspekte wie Bordnetzmanagement, Bordnetzstörungen, Buskommunikation, Fahrzeugzustandsmanagement, Diagnose und Flashverhalten [50]. Solche Dienste sind ähnlich komplex wie die eigentlichen fahrdynamischen Funktionen und erfordern auch einen sorgfältigen und umfangreichen Test.

Die Absicherung ist ein unternehmensübergreifender Entwicklungsprozess. Der Test der Einzelsteuergeräte liegt meist bei den verschiedenen Zulieferern. Die Absicherung des gesamten Steuergeräteverbundes fällt dagegen in die Zuständigkeit des Fahrzeugherstellers.

Hier eine vollständige Absicherung zu erreichen, ist eine Herausforderung für Fahrzeughersteller und Zulieferer gleichermaßen. Dies gilt insbesondere für Antriebsstrang und Fahrwerk mit den besonders hohen Anforderungen an die Sicherheit der Steuergeräte und des Steuergeräteverbundes.

Zur Absicherung werden neben dem Fahrversuch sogenannte Hardware-in-the-Loop-Prüfstände genutzt. Man unterscheidet Komponentenprüfstände, bei denen nur ein einzelnes Steuergerät getestet wird, und Verbundprüfstände, bei denen ein ganzer Steuergeräteverbund getestet wird. Die unterschiedlichen Testziele von Komponenten- und Verbundprüfstand sind in ◻ Abb. 15.43 dargestellt (s. auch ► Abschn. 5.3.2.2).

Bei diesen Tests sind die Steuergeräte real vorhanden, das Gesamtfahrzeug ist simuliert. Die Ansteuerung der Aktuatoren durch die Steuergeräte wird vom Simulator erfasst, ausgewertet und als Input für das Fahrzeugmodell verwendet. Die daraus resultierende Fahrzeugreaktion wird mittels emulierter Sensorsignale an die Steuergeräteeingänge weitergegeben und die Wirkkette, „the Loop", vom Steuergeräteausgang über das Fahrzeugmodell wieder hin zum Steuergeräteeingang geschlossen.

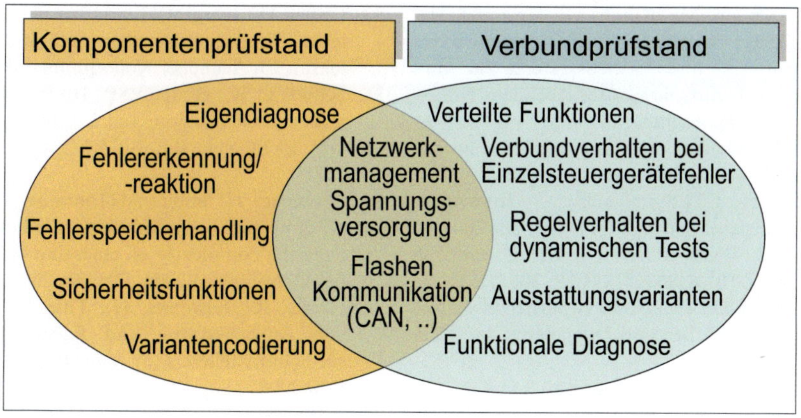

Abb. 15.43 Hardware-in-the-Loop-Steuergerätetest: Schwerpunkte an Komponenten und Verbundprüfstand

- **Echtzeitfahrzeugmodell**

Zur Optimierung der Regelalgorithmen wird die Forderung nach möglichst hoher Modellgenauigkeit meist stärker gewichtet als der Wunsch nach kurzen Simulationsonszeiten. Im Gegensatz dazu ist Echtzeitfähigkeit notwendige Voraussetzung für die Verwendung eines Modells am Hardware-in-the-Loop-Prüfstand (HiL).

Sogenannte elastokinematische Kennfeldmodelle sind für die HiL-Anwendungen meist ausreichend. Im linearen Bereich werden fahrdynamische Größen exakt wiedergegeben. Im fahrdynamischen Grenzbereich werden Größen wie die Querbeschleunigung mit einer Genauigkeit von etwa 1 m/s^2 berechnet: Bei einer Vollbremsung aus 100 km/h mit Schlupfregeleingriffen kann der Bremsweg auf etwa 1 m genau simuliert werden. Diese Genauigkeit ist für die meisten Testziele ausreichend.

Literatur

1. Reif, K.: Automobilelektronik, 4. Aufl. Vieweg+-Teubner Verlag, Wiesbaden (2012)
2. Wallentowitz, H., Reif, K.: Handbuch Kraftfahrzeugelektronik. Vieweg+Teubner Verlag, Wiesbaden (2011)
3. van Zanten, A.; Erhardt, R.; Pfaff, G.: FDR – Die Fahrdynamikregelung von Bosch. In: ATZ (1994) 11, S. 674–689
4. Kutsche, Th.; Raulf, M.: Optimierte Fahrwerksdämpfung für Pkw und Nkw. 15. Aachener Kolloquium 5.–15.10.1998, S. 433–442
5. Wolfsried, St.; Schiffler, W.: Active Body Control (ABC) – das neue aktive Federungs- und Dämpfungssystem des CL-Coupés von Daimler. VDI Tagung „Reifen Fahrwerk Fahrbahn", Hannover, 1999, VDI-Bericht Nr. 1494
6. Jurr, R.: Das aktive Wankstabilisierungssystem Dynamik Drive. Sonderausgabe ATZ und MTZ zum BMW 7er. 2001
7. Köhn, Ph. et al.: Die Aktivlenkung – Das neue Fahrdynamische Lenksystem von BMW. 11. Aachener Kolloquium Aachen, 2002
8. Wallbrecher, M.; Schuster, M.; Herold, P.: Das neue Lenksystem von BMW – Die Integral Aktivlenkung. Eine Synthese aus Agilität und Souveränität. 115. Aachener Kolloquium, 6.-8.10.2008, Aachen
9. Hiemens, Klein: Interaktionen von Fahrwerkregelsystemen im Integrated Chassis Control (ICC). Tag des Fahrwerk, Aachen, 2002
10. Kramer, U.: Kraftfahrzeugführung. Hanser, München (2008)
11. Wallentowitz, H: Fahrzeugtechnik III. Aktive Fahrzeugsicherheit, Umdruck zur Vorlesung, RWTH Aachen, 2005
12. Winner, H.: Handbuch Fahrassistenzsysteme. Vieweg+Teubner Verlag, Wiesbaden (2012)
13. Schnabel, M. et al.: Elektronisches Chassis Management: Fahrwerkregelsysteme in den Fahrzeugen der BMW Group. Tagung „Elektronik im Kraftfahrzeug", Baden-Baden, 2003

14. Deiss, H.; Knoop, M.; Karch, G.; Krimmel, H.; Liebemann, E.; Schröder, W.: Zusammenwirken aktiver Fahrwerk- und Antriebssysteme zur Verbesserung der Fahrdynamik. 15. Aachener Kolloquium 11.10.2006, Aachen
15. Kassler, H.; Bichler, M.: Ausgeführte Triebstrangsysteme zur Fahrdynamikbeeinflussung. 4. Internationales CTI-Symposium – Innovative Fahrzeug-Getriebe, Berlin, 5./8. Dezember 2005
16. Pfau, W. et al.: BMW xDrive – in der 3er und 5er Reihe. In: ATZ 107 S. 862–871 (Okt. 2005)
17. Granzow, C. et al.: Elektronisch vernetzte Funktion mit Längsverteiler und Quersperre. In: ATZ 107 (2005), Heft 9
18. Causemann, P.: Kraftfahrzeugstoßdämpfer. Bibliothek der Technik, Bd. 185. Landsberg/Lech: Verlag Moderne Industrie, 1999
19. Niemz, T.; Kutsche, Th.; Schürr, H.: Verbesserung des Bremsverhaltens von Pkw durch Einsatz variabler Dämpfer. Tagung chassis.tec, 1.-2.03.2007, München
20. Schwarz, R., Dick, W.: Die neue Audi Dynamiklenkung. Tagung Reifen, Fahrwerk, Fahrbahn. 11. Internationale Tagung Hannover,23./24.10.2007, Hannover
21. Baumgarten, G.; Hofmann, M.; Lohninger, R.; Odenthal, D.: Die Entwicklung der Stabilisierungsfunktion für die Aktivlenkung. In: ATZ, 106(9) S. 792–799 (2004)
22. Wiesenthal, M.; Krimmel, H.; Collenberg, H.: Aktive Hinterachskinematik (AKC) – ein Beitrag zu Fahrdynamik, Sicherheit und Komfort. 115. Aachener Kolloquium, 6.–8.10.2008, Aachen
23. Rieth, P.; Drumm, S.; Harnischfeger, M.: Elektronisches Stabilitätsprogramm. Die Bibliothek der Technik, Bd. 223. Landsberg/Lech: Verlag Moderne Industrie, 2001
24. Isermann, R.: Fahrdynamikregelung. Vieweg Verlag, Wiesbaden (2006)
25. Trächtler, A.: Integrierte Fahrdynamikregelung mit ESP, aktiver Lenkung und aktivem Fahrwerk. In: at – Automatisierungstechnik, 53, 2005, S. 11–19
26. Krimmel, H.; Deiss, H.; Runge, W.; Schürr, H.: Elektronische Vernetzung von Antriebsstrang und Fahrwerk. In: ATZ, Seite 368, Mai 2006
27. Knoop, M.; Flehmig, F., Hauler, F.: Improvement of Vehicle Dynamics by Networking of ESP® with Active Steering and Torque Vectoring. 8th Stuttgart International Symposium, 11./12. 03. 2008, Stuttgart
28. Smakman, H. et al.: Integrated Chassis Management – ein Ansatz zur Strukturierung der Fahrdynamikregelsysteme. 115. Aachener Kolloquium, 6.–8.10.2008, Aachen
29. Thies, A.; Pollmeyer, S.; Krimmel, H.: Funktionales Zusammenspiel von Fahrwerk und Antrieb. Automobiltechnisches Kolloquium 16/17.04.2009, München
30. Leffler, H.: Integration fahrdynamischer Regelsysteme – Eine Herausforderung für die Systemarchitektur. 13. Aachener Kolloquium, Okt. 2004
31. Schwarz, R. et al.: ESP II, Fahrdynamik der nächsten Generation. Teil 2: Funktionsintegration und Elektronik. In: ATZ(12) 105 S. 1062–1069 (2003)
32. Heinecke, H. et al.: AUTomotive Open System ARchitecture – An industry-wide initiative to manage the complexity of emerging E/E-Architectures. Convergence 2004, Detroit, 2004
33. Geiger, R.; Krimmel, H.; Thies, A.: Vernetzung von Antriebsstrang und Fahrwerk mit Autosar-Schnittstellen. 115. Aachener Kolloquium, 6.–8.10.2008
34. ► www.autosar.com
35. Heinecke, H. et al.: FlexRay – ein Kommunikationssystem für das Automobil der Zukunft. In: Elektronik Automotive S. 36–45 (9/2002)
36. Nyenhuis, M.; Steiner, F.; Fröhlich, M.: Das semiaktive Verstelldämpfersystem des BMW X5 mit verteilter Systemarchitektur. Tagung chassis.tec, 1.–2.03.2007, München
37. Wieseinger J.: kfz-tech 19.02.2015 Stabilisierung des Fahrwerks bei Mercedes: Aktive Body Control (ABC)
38. N.N.: Trelleborg Vibracoustic bringt erste Luftfederung für kompakte SUV in Serie. ► www.tbvc.com Darmstadt, 13. März 2014
39. Scholz, R.: Aktive Fahrwerke in Beispiel einer Hinterachslenkung. 6. Tag des Fahrwerks, 6.10.2008, S. 113–131, Aachen, 2007
40. Hilleringmann, U.: Microsystemtechnik: Prozessschritte, Technologien. Springer, Anwendungen (2008)
41. Otterbach, B.: Sensorcluster Drehraten und Beschleunigung in einem SMD Chip. In: Auto Industrie 24.07.2009
42. N.N: Firmenpressefoto der Audi (Mai 2016). ► www.audi.de
43. Rudschieß, W.: Der Traum von intelligentem Auto. ADAC- Motorwelt, Heft 10, S: 26–27, Okt.2015
44. ► www.autonomes-fahren.net/welche-sensoren-braucht-autonome-fahren
45. ► www.vdi.de/news/detail/automatisiertes-fahren-sensortechniken-im-check 17.05.2019
46. Müller, M.; Hörmann, K.; Dittmann, L.; Zimmer, J.: Automotive SPICE in der Praxis. dpunkt Verlag, Heidelberg, 2007
47. ► www.automotivespice.com
48. IEC 61508: Funktionale Sicherheit sicherheitsbezogener elektrischer/elektronischer/programmierbar elektronischer Systeme
49. ► www.iso.org
50. Krimmel, H.; Maschmann, O.; Seidt, S.; Vogt, D.: Hard-ware-in-the-Loop-Tests – Chancen und Grenzen. In: ATZ Elektronik, (04/2006), S. 19

Elektronische Systeme im Fahrwerk

Christoph Elbers, Carsten Hoffmann, Metin Ersoy, Hans-Dieter Eulenbach, Daniel Wegener, Jens Vortmeyer, James Remfrey und Daniel Wegener

Inhaltsverzeichnis

M. Ersoy et al. (Hrsg.), *Fahrwerkhandbuch*,
ATZ/MTZ-Fachbuch, https://doi.org/10.1007/978-3-658-48104-9_16

16.1 Elektronische Struktur des Fahrwerks

Christoph Elbers und Carsten Hoffmann

Durch die elektronische Fahrwerkregelsysteme und Fahrerassistenzsysteme ist eine Vielzahl an neuen Funktionen darstellbar, welche das Fahrzeug stabilisieren und den Fahrer bei der Fahrzeugführung unterstützen.

In ◘ Abb. 16.1 sind bekannte Funktionen dargestellt und gemäß ihrer Domänenzugehörigkeit und dem Zeitpunkt der Markteinführung platziert [1]. Die Funktionen sind außerdem nach ihrem Einsatzbereich farblich markiert.

Im aktuellen Zeitraum sind vor allem Funktionen zu finden, welche durch ein aktives Brems- bzw. Lenkungssystem die aktive Fahrsicherheit erhöhen. Des Weiteren wird ersichtlich, dass die unterschiedlichen Fahrwerksysteme hochgradig miteinander vernetzt eingesetzt werden können um neue Funktionen z. B. für autonomes fahren zu generieren. D. h. für zukünftige Entwicklungen die Systemarchitektur und die Systemintegration eine bedeutende Rolle zugeschrieben werden muss.

Im Folgenden werden elektronische Fahrwerksysteme vorgestellt, die in die drei Domänen Längs-, Quer- und Vertikaldynamik sowie die Drive-by-wire Systeme aufgeteilt werden. Mechanischer Aufbau und die Ausführungen der Systeme sind bereits

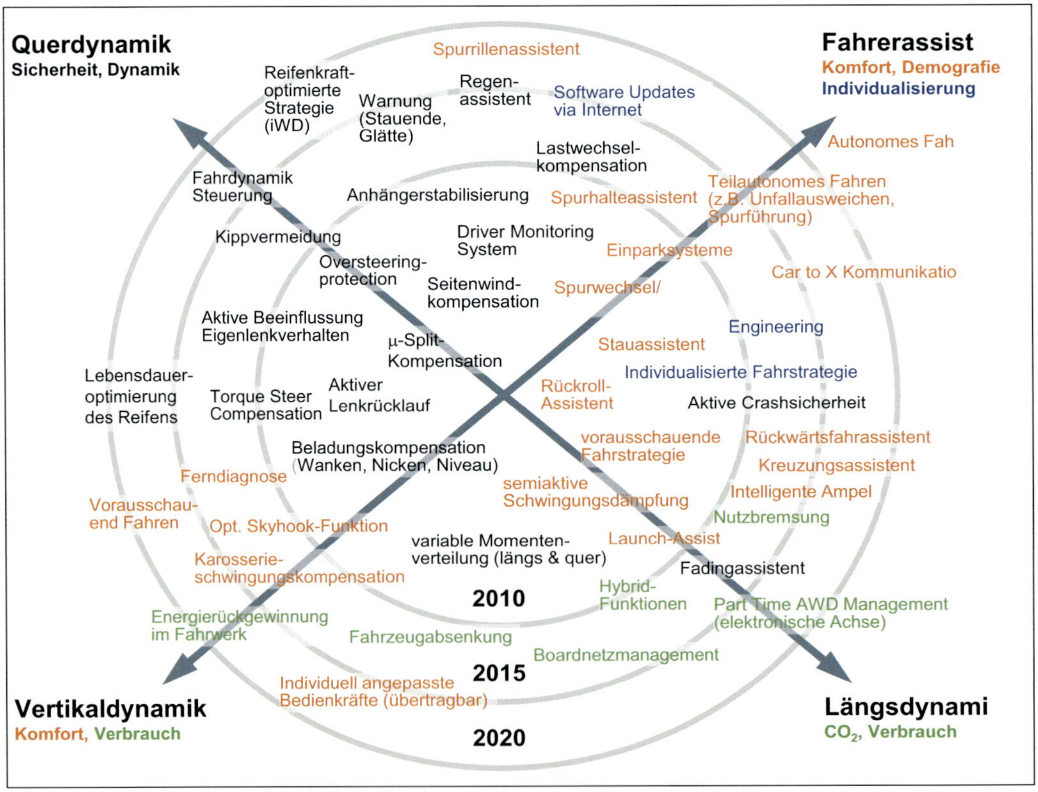

◘ **Abb. 16.1** Durch elektronische Fahrwerkregelsysteme darstellbare Funktionen nach Domänen und Zeiträumen [1]

16

in den ▶ Kap. 6, 7, 8, 9, 10, 11, 12 und 13 beschrieben.

16.2 Elektronische Längsdynamiksysteme

Metin Ersoy, Christoph Elbers und Carsten Hoffmann

Im Bereich der Längsdynamik werden neben den weit verbreiteten aktiven Bremssystemen (s. ▶ Abschn. 7.7.3) auch durch den Einsatz von aktiven Antriebssystemen die Fahrstabilität und Agilität gesteigert. Funktionen beispielhafte Brems- und Antriebssysteme werden nachfolgend vorgestellt.

16.2.1 Antriebssysteme

Die aktiven A ntriebssysteme verteilen das Antriebsdrehmoment zwischen den Achsen bzw. Rädern. Die einfachsten sind Allradsysteme mit aktiven Längsverteilung des Drehmoments. Dann kommen die aktiven Querverteilersysteme, die das Drehmoment zwischen den beiden Rädern bedarfsgerecht variabel verteilen; das sogenannte *„Torque Vectoring"*. Am aufwendigsten sind die Systeme, welche beide Funktionen ineinander integrieren.

In diesem Abschnitt werden stellvertretend zwei Systeme mit unterschiedlicher Ausstattung erläutert: das BMW System *xDrive* [2] und das System Audi *Quattro* im RS5 [3]. Weitere Systeme ist in ▶ Abschn. 6.3 zu lesen.

16.2.1.1 xDrive von BMW

xDrive ist das permanente Allradsystem von BMW, das unter normalen Fahrbedingungen mit einer Grundverteilung der Antriebsmomente von 40 zu 60 % zwischen Vorder- und Hinterachse arbeitet. Ändern sich die Anforderungen aufgrund unterschiedlicher Fahrbahnreibwerte oder Fahrsituationen, wird die Kraftverteilung variabel, bis zu 100 % auf eine einzelne Achse verteilt.

Dadurch kann der Fahrer zum Beispiel auch bei Glätte auf steiler Strecke sicher und zügig anfahren, wenn eine Achse auf Eis steht. xDrive lenkt dann die gesamte Antriebskraft auf die Achse mit der besseren Traktion (mit dem höheren Fahrbahnreibwert).

Andererseits wird beim Rangieren zur Vermeidung von Verspannungen im Antriebsstrang die xDrive Kupplung total geöffnet. Diese Fahrsituation wird anhand der niedrigen Fahrgeschwindigkeit bei gleichzeitig hohem Lenkwinkelbedarf erkannt [4].

Beim xDrive-Konzept ist auf die Hauptwelle eine regelbare, nasse Lamellenkupplung (3) integriert, der ein Teil des Antriebsmoments stufenlos variabel zur Vorderachse abzweigt. Das Verteilergetriebe (1) leitet Drehmoment von der Hauptwelle an die Hinterachse (2) weiter (◘ Abb. 16.2). Die elektronisch gesteuerte Lamellenkupplung (3) zweigt bei Bedarf bis zu 100 % der Antriebsmomente ab und leitet sie über eine Nebenwelle (4) an das Vorderachsgetriebe der Vorderachse [6]. Auf der Hauptwelle des Verteilergetriebes ist eine effiziente Zahnradpumpe angeordnet, welche die Kühl- und Schmierölversorgung der Lamellenkupplung und der restlichen Komponenten sicherstellt.

Der Drehmomenttransfer zur Vorderachse erfolgt über eine Zahnlaschen-Wiegegelenkkette (◘ Abb. 16.3). Das Antriebsmoment wird im Verteilergetriebe von der Getriebeeingangswelle (1) im starren Durchtrieb zur Hinterachse geleitet (2) und im Verzweigungspfad über die regelbare Kupplung zur Vorderachse (3). Das Aktuatormodul bedient über die Steuerscheibe den Spreizmechanismus mit Scherenhebel und Kugelrampensystem. Die erzeugte Axi-

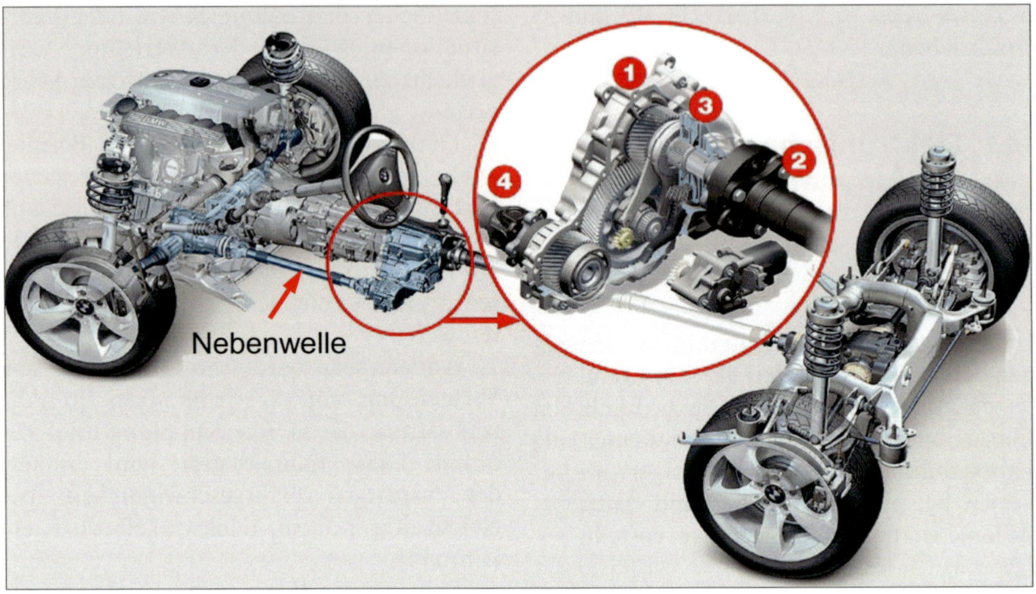

Abb. 16.2 Antriebsarchitektur des xDrive-Systems am Beispiel des BMW 3er [7]

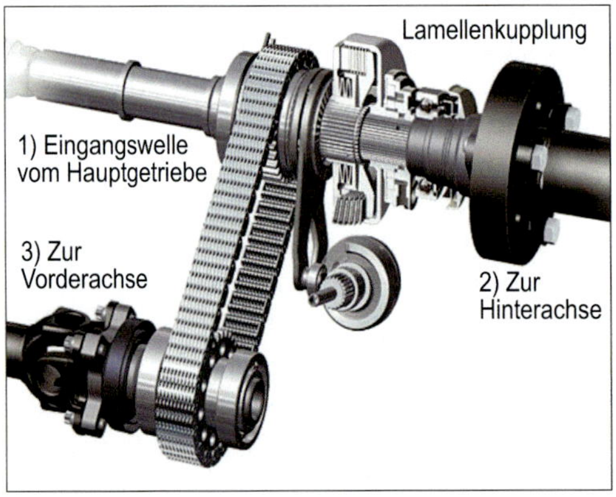

Abb. 16.3 BMW Xer, 5er 7er-Verteilergetriebe mit Kette [5]

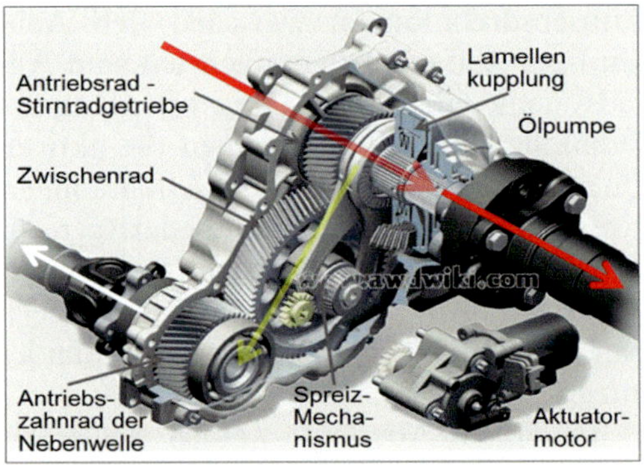

Abb. 16.4 Aufbau Verteilergetriebe mit Zahnrädern der 3er, 4er und 6er [6]

alkraft auf die Lamellenkupplung liefert das gewünschte Vorderachsmoment.

Während im Verteilergetriebe von X3, X5 ein Kettentrieb den Abtrieb zur Vorderachse übernimmt, kommt im 3er, 4er und 6er ein kompakteres Stirnradgetriebe mit Schrägverzahnung zum Einsatz [5] (Abb. 16.4).

Kernstück von xDrive ist elektronisch geregelte Lamellenkupplung im Verteilergetriebe, die für die besonderen Fähigkeiten von xDrive verantwortlich ist.

Sie regelt je nach Bedarf den Kraftfluss zur Vorderachse in Millisekunden. In Extremfällen können Vorder- und Hinterachse dadurch völlig entkoppelt oder starr miteinander verbunden werden. Die starre Verbindung entspricht dabei der Funktion einer 100 % Längssperre bei konventionellen Allradantrieben.

■ Funktionsweise

Sobald das System ein Untersteuern erkennt, wird der Anteil der Motorleistung, der an die Vorderachse geleitet wird, zurückgenommen. Beim Übersteuern hingegen wird dieser Anteil erhöht. Durch diese dynamischen Eingriffe wird das Fahrzeug stabilisiert noch bevor der Fahrer die neue Fahrsituation bemerkt.

Ein Teil der Performance von xDrive liegt darin, dass das System auf alle Informationen zurückgreift, die das Fahrwerksregelsystem ESP anbietet. D. h. xDrive kooperiert ständig mit ESP. Vor allem bei zügigen Kurvenfahrten oder auf Serpentinenstraßen lässt sich die Agilität von xDrive eindrucksvoll spüren. BMW xDrive wird permanent von der DSC (Dynamischen Stabilität Control entspricht ESP) gesteuert und greift somit auch auf die systemintegrierte feinfühlige Sensorik und Fahrzustandserkennung zu. So wird z. B. über den Gierratensensor die Drehbewegung des Fahrzeugs und über einen Lenkwinkelsensor der Einschlag des Lenkrads ermittelt. Zusammen mit den Informationen über Geschwindigkeit aus den Radsensoren, der Fahrzeugquerbeschleunigung sowie den Motordaten kann xDrive daraus frühzeitig erkennen, in welcher Fahrsituation sich das Auto gerade befindet und kann die Antriebskraft entsprechend zwischen Vorder- und Hinterachse optimal verteilen.

Eine ergänzende Funktion zur Längssperre zwischen Vorder- und Hinterachse ist der einseitige Sperrmomentaufbau. Diese Funktion einer Quersperre, also neben der zwangsweise Kraftverteilung an beide Vorder- bzw. Hinterräder, stellt das DSC mithilfe des radindividuellen elektronischen Bremseneingriffs dar: Dreht ein Rad bei µ-Split-Situationen durch, ohne Kraft zu übertragen, wird es abgebremst (intelligente Sperre). So verteilt das Differenzial im Achsgetriebe automatisch mehr Kraft an das Rad auf der anderen Seite der Achse.

■ Regelungskonzept

Durch die variable Längsmomentenverteilung zwischen Vorder- und Hinterachse kann das xDrive System Einfluss auf das Eigenlenkverhalten und die Fahrdynamik des Fahrzeugs nehmen. In einer untersteuernden Fahrsituation wird zuerst an der Vorderachse die Kraftschlussgrenze überschritten, d. h., der Schräglaufwinkel steigt an der Vorderachse an. Hieraus resultiert eine Abnahme des Schwimmwinkels und damit eine relative Verringerung des Schräglaufwinkels an der Hinterachse.

Die zugehörige Seitenkraftabnahme an der Hinterachse führt zu einer Stabilisierung des Fahrzeuges auf einem größeren Bahnradius mit geringerer Querbeschleunigung. In dieser Situation kann durch eine Reduzierung des Antriebsmoments an der Vorderachse eine Steigerung des Seitenkraftpotenzials der Vorderachse erzielt werden. Daher überträgt das System xDrive in einer untersteuernden Fahrsituation bis zu 100 % des Antriebsmoments über die Hinterachse [5].

Bei Erreichen der maximalen Querbeschleunigung wird beim übersteuernden Fahrzeug zuerst an der Hinterachse die Kraftschlussgrenze überschritten, d. h., der Schräglaufwinkel an der Hinterachse steigt unkontrolliert an. Wird in dieser Situation die Längskraft an der Hinterachse reduziert, das Fahrzeug kann stabilisiert werden.

Neben der Beeinflussung der Querdynamik wird xDrive auch zur aktiven Traktionsregelung genutzt. Die regelbare Kupplung im Verteilergetriebe wird hierzu als Mitten- d. h. Längssperre genutzt. Im Bedarfsfall können somit beide Achsen starr verkoppelt werden.

Seit 2010 ist xDrive an allen BMW Modellen verfügbar, wobei heute fast jeder zweite BMW mit diesen System ausgeliefert wird (bei X3, X4, X5 und X6 serienmäßig).

Beim X6 wurde das System durch ein Überlagerungsgetriebe (◘ Abb. 16.5) an der Hinterachse erweitert und als „Dynamic Performance Control" bezeichnet. Hinter diesem Begriff verbirgt sich ein mechatronisches System, das unabhängig von der Motorleistung die stufenlose Verteilung der Antriebsmomente auf die Hinterräder übernimmt. Dazu wird das Hinterachsgetriebe mit zwei Überlagerungsgetrieben und zwei elektronisch geregelten Lamellenbremsen kombiniert, um die sonst bei Geradeausfahrt symmetrische Aufteilung des Antriebsmoments stufenlos variieren zu können. Der dabei entstehende Momentenunterschied, der bis zu 1800 Nm betragen kann, hat zur Folge, dass das Einlenkverhalten, die Lenkpräzision und Spurstabilität sowie die Traktion erheblich gesteigert werden. Gleichzeitig spricht die Lenkung direkter an und es sind wesentlich weniger Lenkkorrekturen sowie stabilisierende Eingriffe der elektronischen Regelsysteme erforderlich. Die Momentenverteilung funktioniert auch ohne Antriebsmoment im Schubbetrieb (Torque Vectoring) [6].

◘ **Abb. 16.5** Torque Vectoring Querverteiler [8]

16.2.1.2 Audi Quattro Sport Differenzial (S. 4)

Wie bei allen Audi-Modellen mit Längsmotor (s. ► Abschn. 6.3.5.2) basiert der Quattro-Antrieb im S4 auf einem selbstsperrenden Mittendifferenzial. Auf fester Fahrbahn ist die Kraftverteilung mit 40:60 % hecklastig ausgelegt. Lässt der Grip an einer Achse nach, kommt es zu unterschiedlichen Drehzahlen im Inneren des Differenzials und durch dessen Konstruktion zu einer Sperrwirkung führt. Ohne elektronische Eingriffe werden die Antriebskräfte automatisch an die Achse mit besserer Traktion geleitet. Im Gegensatz zu den RS-Modellen kommt im S. 4 noch kein Kronenrad-Differenzial, sondern die Torsen-C Variante (s. ◘ Abb. 6.12) zum Einsatz, deren Sperrwirkung auf 15:85 % nach hinten bzw. deren 70:30 % nach vorn angehoben wurde.

In der neusten Evolutionsstufe des Quattro-Antriebs setzt Audi auf ein Längsverteilergetriebe mit lastabhängiger Sperrwirkung. Im Audi RS5 wird hierbei erstmalig das bisherige Mittendifferenzial in Planetenbauweise (in anderen Modellen weiter im Einsatz) durch eine Lamellensperrdifferenzial ersetzt.

Durch Einsatz von zwei Lamellenkupplungen im Audi Quattro *„SportDifferenzial"* an der Hinterachse lässt sich das Motordrehmoment stufenlos zwischen linkem und rechtem Rad aufteilen (Torque-Vectoring), um einen Mitlenkeffekt der Hinterachse zu erzielen (◘ Abb. 16.6). So bekommt beim Beschleunigen aus engen Kurven das kurvenäußere Rad mehr Antriebsmoment zugeteilt, die Gierbewegung wird verstärkt und wirkt somit der Untersteuertendenz des Allradantriebs entgegen. Das Fahrzeug fährt agiler (◘ Abb. 16.7).

„Sport Differenzial" ist ein Überlagerungsdifferenzial in nicht verstärkender Welle-Korb-Bauweise. Die Betätigung erfolgt über eine elektrisch angetriebene Hydraulikpumpe mit Richtungsumkehr mit

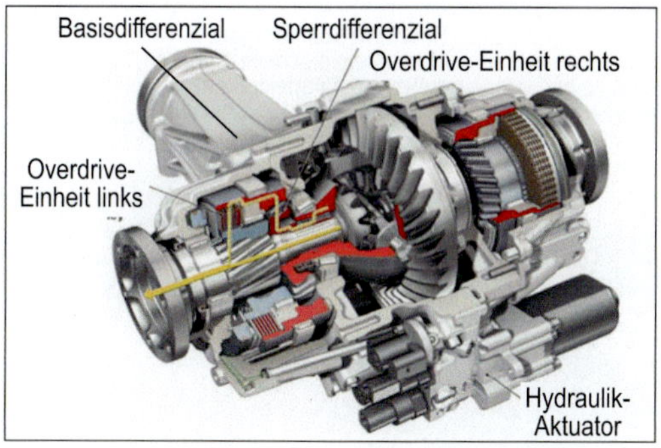

Abb. 16.6 Modulares Lamellensperrdifferenzial [4]

dem Vorteil, dass nur ein Aktuator zur Ansteuerung beider Kupplungen ausreicht [4]. Die symmetrisch rechts und links vom Verteilergetriebe angeordneten Overdrive-Einheiten (Abb. 16.7) mit Lamellenkupplungen steuern die Drehmomentenverteilung (s. dazu Abb. 16.5). Sehr innovativ ist die letzte Getriebestufe, die als Planetenzahnsatz mit einem Mittenversatz von 7,5 mm gebaut ist.

Das Hinterachsdifferenzial benötigt eine elektronische Steuerung. Für die Zuteilung der passenden Drehmomentanteile werden Lenkwinkel, Raddrehzahlen und Querbeschleunigung vom Steuergerät ausgewertet und die Infos an die Lamellenkupplungen weitergegeben.

Das „Sport Differenzial" funktioniert auch im Schubbetrieb, weswegen das Fahrzeug beim Einlenken einen Kick in die richtige Richtung bekommt. Mit dem „Sport Differenzial" ist es möglich, asymmetrische Raddrehmomente in allen Fahrgeschwindigkeiten und -situationen zu erzeugen. Es verhindert das Untersteuern in Kurvenfahrten mit hohen Geschwindigkeiten, ermöglicht eine direkte und präzise Lenkreaktion und stabilisiert das Fahrzeug auch wenn kein Drehmoment verfügbar ist (Abb. 16.8).

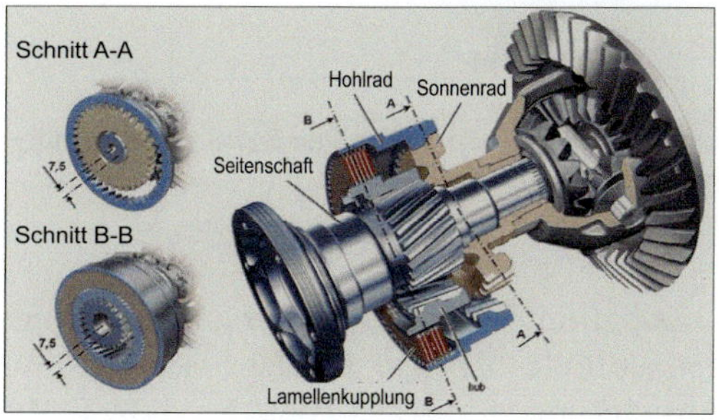

Abb. 16.7 Aufbau der Overdrive Einheit [4]

16.2.1.3 Weitere aktive Allradantriebssysteme

Es gibt viele weitere ähnliche Allradantriebssysteme (s. ▶ Abschn. 6.3 und Abb. 6.42). Diese sind z. B. Mercedes 4Matic, Golf 4Motion, Mitsubishi SAWC, Honda SH-AWD, Nissan Attesa E-TS. Sie sind in [10] und [11] sehr ausführlich und systematisch zusammengestellt und beschrieben.

16.2.1.4 Allrad und Torque Vectoring bei Elektrofahrzeugen

Neben der Möglichkeit der mechanischen Momentenverteilung bietet sich die zunehmende Elektrifizierung von Fahrzeugen an, die Antriebsmomente durch den Einsatz mehrerer E-Motoren zu verteilen. Beispielsweise besitzt der Audi e-tron Quattro drei E-Maschinen, eine an der Vorderachse und je eine an jedem Hinterrad.

Somit lassen sich die Antriebsmomente unabhängig voneinander und vollvariable einerseits zwischen Vorder- und Hinterachse und andererseits zwischen dem rechten und linken Hinterrad verteilen (Abb. 16.9) [12].

Ebenso sind die Verwendung von 4 individuellen E-Motoren (z. B. Mercedes SLS, AMG e-drive) oder die variable Längsmomentverteilungen bei der Kombination von E-Motoren und konventionellem Verbrennungsmotoren (z. B. BMW i8, Porsche 918 Spyder) möglich.

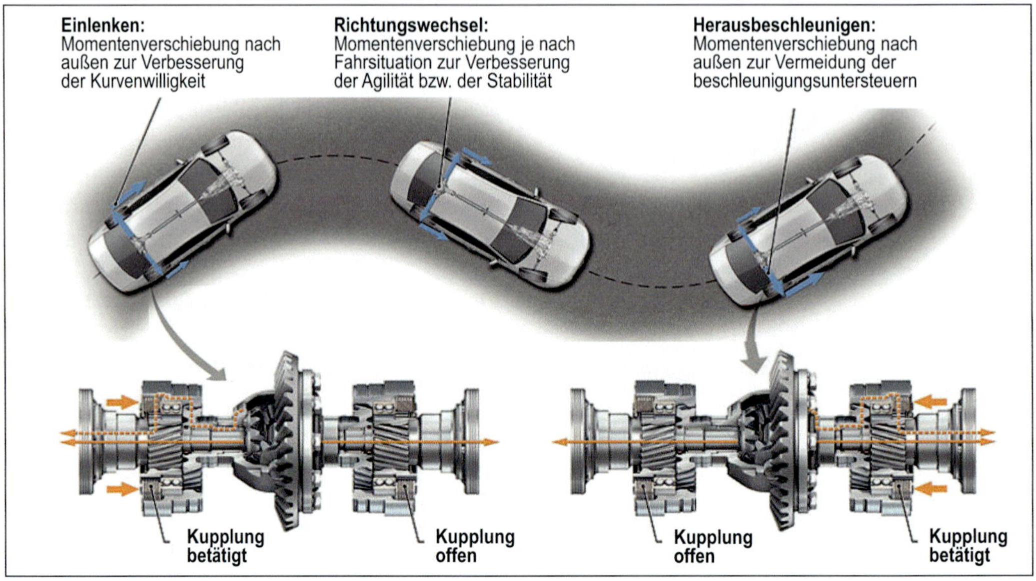

Abb. 16.8 Audi S. 4 quattro mit Sportdifferenzial – Funktionsprinzip [9]

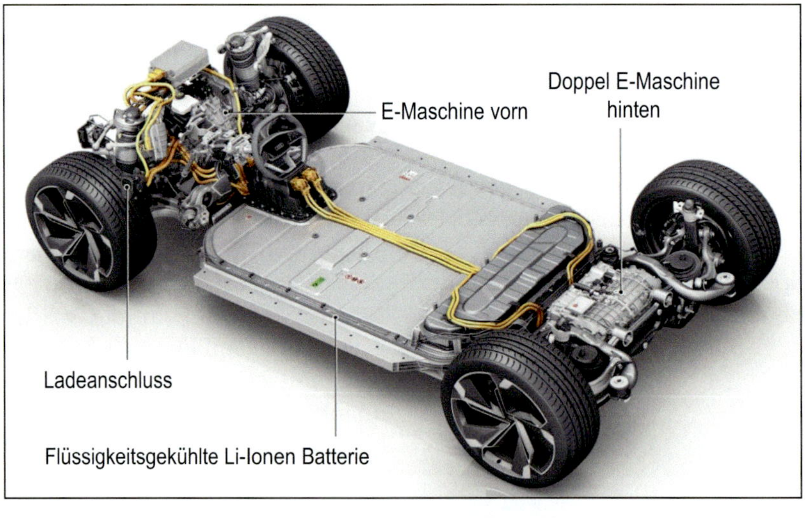

Abb. 16.9 Allradantrieb von Audi e-tron Quattro mit ein E-Motor für die Vorder- und zwei für die Hinterachse [12]

Anwendung der E-Motoren führen zu einer Steigerung der Dynamik und Stabilität und zu einer Verbesserung der Wirkungsgrade bei der Momentenverteilung, da die Dissipation durch die Reibung in Kupplungen entfällt. Ebenso ergeben sich positive Auswirkungen auf das Package, da z. B. die Kardanwelle entfällt. Außerdem ist das Ansprechverhalten der E-Maschinen deutlich schneller als das der konventionellen Systeme.

Nachteilig sind allerdings bei diesen Systemen der erhöhte Funktions- und Regelungsaufwand, die höheren Anforderungen an die funktionale Sicherheit und die steigenden Kosten.

Noch einfacher wird der Antriebsstrang, wenn die Radnabenmotoren soweit entwickelt sind und in größeren Stückzahlen eingesetzt werden. Dann verlagern sich der Antrieb (E-Motor) mit Getriebe in die Radfelge und benötigt außer Strom- und Steuerleitungen keine Verbindungen mehr zum anderen Komponenten: damit entfällt der gesamte Antriebseinheit inklusive Antriebsstrang samt dazugehörigen Getrieben (s. ▶ Abschn. 14.7.4).

Da die E-Motoren in jedem Rad sich stufenlos steuern lassen wird auch Fahrzeugstabilisieung deutlich vereinfacht und verbessert (ohne Torque-Vectoring Getriebe).

16.2.2 Bremssysteme

Mit den Bremssystemen wird in erster Linie die Längsdynamik beeinflusst, sie übernehmen jedoch auch viele wichtige Querstabilisierungsfunktionen.

Die Fahrdynamikregelung für Bremssysteme geht in ihren Möglichkeiten weit über ABS und die Kombination von ABS und ASR hinaus. Sie baut auf deren weiterentwickelten Komponenten auf und ermöglicht ein aktives Bremsen aller Räder mit hoher Dynamik.

Die Brems- und Antriebsschlupfregler (ABS + ASR) sind dem Fahrdynamikregler meist untergeordnet.

Bremsen-Fahrdynamikregler werden häufig auch als FDR (Fahrdynamikregler), oder als ESP (Elektronisches Stabilitätsprogramm), DSC bezeichnet.

16.2.2.1 Grundlagen des Fahrdynamikreglers

Die Bezeichnung FDR ist allgemeingültig. Jeder Hersteller hat dem System seinem eigenen Namen gegeben. Die Abkürzung ESP ist eine Marke des Mercedes, BMW nennt es DSC (Dynamic Stability Control), Toyota VSC (Vehicle Stability Control), Alfa Romeo und Nissan VDC (Vehicle Dynamics Control), Ferrari CST (Controllo Stabilità e Trazione), General Motors StabiliTrak, Honda VSA (Vehicle Stability Assist), Jaguar und Mazda DSC (Dynamic Stability Control), Porsche PSM (Porsche Stability Management) und Volvo DSTC (Dynamic Stability and Traction Control).

Der Aufbau eines aktiven Bremssystems zur Fahrdynamikregelung lässt sich grundsätzlich in drei Module unterteilen: Fahrzustandsbeobachtung, Fahrzustanderkennung und Fahrzustandsregelung [13] (◼ Abb. 16.10).

Zur Beurteilung des momentanen Fahrzustandes besitzt das Fahrdynamikregelsystem verschiedene Sensoren (s. ◼ Abb. 7.50). Neben der Erfassung der Raddrehzahlen und des Lenkradwinkels werden auch die

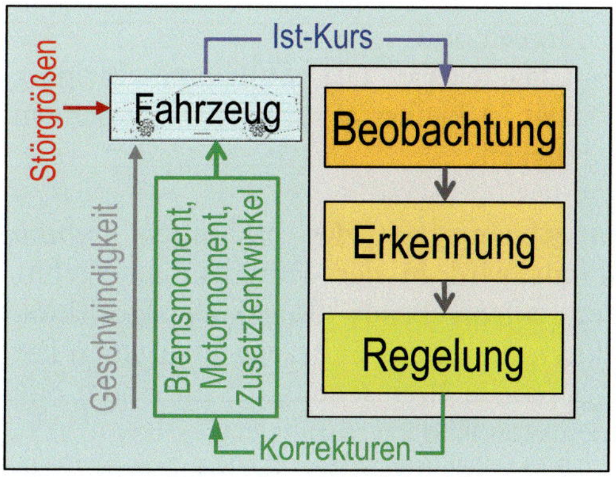

◼ **Abb. 16.10** Struktur Fahrdynamikregler für Bremssysteme [13]

Gierwinkelgeschwindigkeit (Drehgeschwindigkeit des Fahrzeugs um seine Hochachse) und die Querbeschleunigung des Fahrzeugs gemessen [13]. Eine Beschreibung zur Funktionsweise der einzelnen Sensoren, sowie des Systemaufbaus ist in den ► Abschn 7.7.6 und 12.2.4 zu finden.

Die Sollbewegung des Fahrzeugs wird im Steuergerät aus Lenkradwinkel und Fahrzeuggeschwindigkeit über das lineare Einspurmodell (s. ► Abschn. 2.5.3.1) berechnet:

$$\dot{\psi}_{\mathrm{Soll}} = \frac{v_{\mathrm{Fzg}}}{l \cdot \left(1 + \frac{v_{\mathrm{Fzg}}^2}{v_{\mathrm{char}}^2}\right)} \cdot \delta_{\mathrm{Fahrer}} \tag{16.1}$$

Im normalen Fahrbetrieb treten zu 95 % Querbeschleunigungen mit weniger als 3,5 m/s² auf [14, 15]. Damit kann vorausgesetzt werden, dass der Normalfahrer im Wesentlichen ein Fahrverhalten entsprechend dem des linearen Einspurmodell erfährt, da dieses im genannten Betriebsbereich gültig ist.

Durch einen Vergleich zwischen der Ist- und der Sollgiergeschwindigkeit können kritische Fahrzustände anhand von ◘ Abb. 16.11 für die Fahrzustände „Untersteuern" und „Übersteuern" klassifiziert werden.

- **Untersteuern:** Die Sollgiergeschwindigkeit ist größer als die Ist-Giergeschwindigkeit und
- **Übersteuern:** Die Sollgiergeschwindigkeit ist kleiner als die Ist-Giergeschwindigkeit.

In Abhängigkeit des erkannten Fahrzustands wird in der Fahrzustandsregelung der entsprechende Regelungsalgorithmus aktiviert und das Fahrzeug über einen korrigierenden Bremseneingriff an einem oder mehreren Rädern stabilisiert.

Zur Einleitung der Bremseingriffe wird ein Hydrauliksystem benötigt, das selbständig Druck aufbauen kann.

Hierzu wird eine Vorladepumpe in den Hydraulikkreislauf integriert, die innerhalb eine kurzen Ansprechzeit eine hohe Druckversorgung realisieren kann, um radindividuelle Bremseingriffe vornehmen zu können. Die restlichen Komponenten des Hydrauliksystems entsprechen denen eines individual geregelten ABS, da für jedes Rad eine separate Bremsdruckregelung vorhanden sein muss [16] (für detaillierte Beschreibung des Systems s. ► Abschn. 7.7.3.5)

Die FDR verfügt über eine Verbindung zur Motorelektronik des Fahrzeuges. So kann FDR auch die Motorleistung drosseln, um die Fahrzeuggeschwindigkeit zu verringern und ein Durchdrehen der Antriebsräder zu verhindern. Ähnlich wie für das Hydrauliksystem verwendet die FDR für die Motormomentregelung Komponenten des ASR.

Es gibt nur wenige Spezialfälle, bei denen FDR gelegentlich „stört". z. B. das Fahren mit Schneeketten, auf steilen, verschneiten Steigungen, in Steilkurven, gewolltes Driften in Kurven, schnelles Beschleunigen und das absichtliche Fahren im Grenzbereich. Hier bemerkt der Fahrer eine Drosselung der Motorleistung.

Aus diesen Gründen ist die Aktivierungsschwelle abhängig von der Marken- und Produktphilosophie des Herstellers, beispielsweise eine etwas spätere Aktivierung bei Porsche. Daneben lässt sich FDR bei vielen Herstellern ganz abschalten. Außerdem eignet sich FDR auch dazu, Schwächen in der Fahrwerksauslegung und -abstimmung zu korrigieren.

16.2.2.2 Überblick über die Bremssysteme

Aktuelle und zukünftigen Bremssysteme und deren Aufbau sowie Funktionen werden in ► Kap. 7 Bremsen sehr ausführlich beschrieben. Hier wird deshalb nur einen Überblick gegeben ohne ins Detail zu gehen.

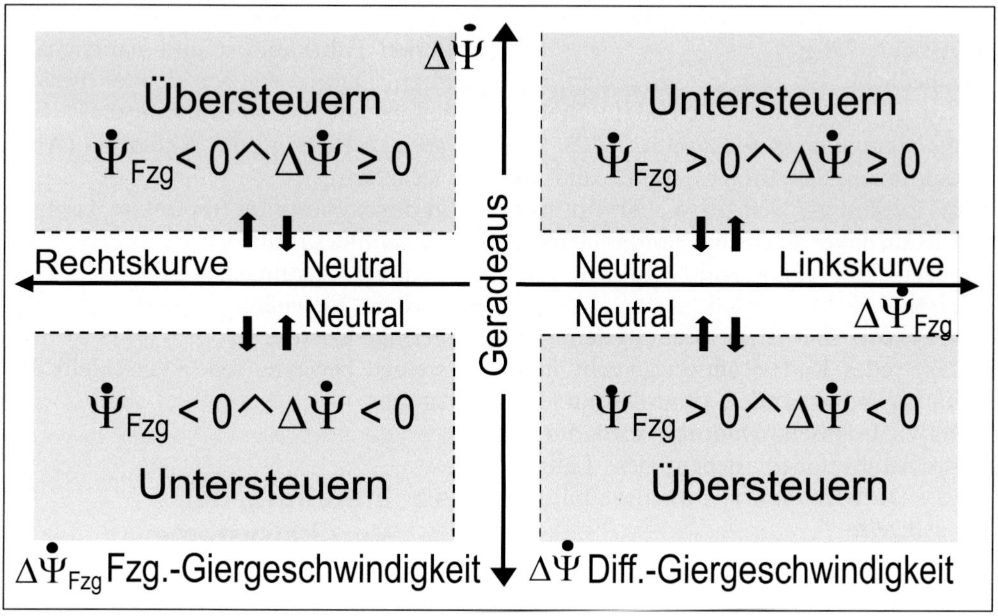

Abb. 16.11 Einteilung der Fahrzustände [15]

Bis zur 90 er gab es nur die hydraulische Bremse, die auch heute bei unteren Fahrzeugklassen, aus Kostengründen, Stand der Technik ist.

Erste Entwicklungsstufe war entkoppelte Bremssysteme, d. h. das Bremspedal von Rest der Bremse zu trennen damit die Bremsfunktionen durch Fahrdynamik Regelung Situationsgerecht elektronisch auch ohne den Fahrer Beteiligung einleiten zu können. Diese Stufe heißt auch *„Brake by Wire"* (BbW).

Als erstes hat Mercedes zusammen mit Bosch entwickeltes System SBC (Sensoric Brake Control) in 2001 in Serie eingeführt (s. ► Abschn. 7.8.1.1). Es war im Kern eine *„Elektro Hydraulische Bremse"* (EHB), weil der Bremsdruck statt bei Fahrer über Bremspedal, sondern über eine elektrische Ölpumpe erzeugt wurde.

Zweite Entwicklungsstufe war *„integrierte Bremssysteme"*, bei denen alle hydraulischen Bremskomponenten in einem einzigen Bremsmodul zusammengefasst wurde (s. ► Abschn. 7.8.1.2). Diese Systeme haben viele Funktion-, Kosten- und Packagevorteile, deshalb werden heute in Großteil der Fahrzeuge eingebaut.

Dritte Entwicklungsstufe war von Öl wegzukommen und Bremskräfte direkt am Bremssattel mittels Elektromotoren zu erzeugen. Diese Systeme werden *„Elektromechanische Bremse"* (EMB) genannt (s. ► Abschn. 7.8.1.3). Da aber bei einer Vollbremsung erforderliche sehr hohe Leistung nicht mit 12 Volt Bordspannung erreichbar war, hat man diese Art zuerst nur an der Hinterachse, wo die Bremskräfte niedriger als an der Vorderachse sind, vorgesehen und Vorne die Hydraulic beibehalten. Diese Systeme heißen *„Elektrohydraulische Kombibremsen"* (EHCB) (s. ► Abschn. 7.8.1.4). Diese Notlösung hat sich aber nicht durchgesetzt.

Aktuell arbeitet man an voll elektrischen BbW Bremsen mit 48 V Spannung, die erst in 2–3 Jahren in Serie gehen würden (s. ► Abschn. 7.8.1.5).

Schließlich ist auch *„Regeneratives Bremssystem"* zu nennen, welche die Bremsenergie rekupieren (s. ► Abschn. 7.8.2).

Funktionen der Bremssysteme sind in ► Kap. 7 erläutert, weil diese sehr eng mit den Ausführungen der Bremskomponenten, die Gegenstand des ► Kap. 7 bilden, verbunden sind.

Im Prinzip sind diese Bremssysteme in der Lage jedes Rad situationsgerecht und unabhängig voneinander, ohne Zutun des Fahrers zu bremsen. Dadurch wird durch die Bremsfunktionen neben der Längs- auch die Querdynamik (Fahrzeugstabilisierung) geregelt.

16.3 Elektronische Vertikaldynamiksysteme

Metin Ersoy, Christoph Elbers, Hans-Dieter Eulenbach, Carsten Hoffmann und Daniel Wegener

Die Vertikaldynamik wird hauptsächlich durch Federung und Dämpfung beeinflusst. Die Federung kann pneumatisch, hydraulisch, mechanisch oder durch Kombination dieser Energiequellen geschehen.

Neben diesen werden in diesem Abschnitt auch aktive Lagerungssysteme vorgestellt, die den Aufbau Vertikal beeinflussen.

16

16.3.1 Anforderungen an Vertikalsysteme

Die Aufgaben des Federungs- und Dämpfungssystems lauten [17]:

- Abstützen des Aufbaus,
- Isolieren des Aufbaus gegenüber der Störgröße *Fahrbahnunebenheiten,*
- Aufrechterhalten des Kontaktes zwischen Rad und Fahrbahn.

Es handelt sich um Aufgaben, die zu den Kriterien Fahrkomfort und Fahrsicherheit gehören. Daraus ergeben sich an diese Systeme folgende die Anforderungen:

- geringe Reibung des Aktuators (Abrollverhalten),
- geringer Bauraum (modulare, kompakte Systemintegration),
- geringer Leistungsbedarf,
- geringes Gewicht,
- geringe Kosten,
- wenige bewegte Teile (Verschleiß, Wartung).

16.3.2 Einteilung der Vertikalsysteme

Die klassische Möglichkeit der Beeinflussung des Federungsverhaltens eines Fahrwerkes ist die Abstimmung der Federn und Dämpfer über eine entsprechende Auslegung ihrer Kennlinien. Neben einer einmaligen, festgelegten Parametrisierung der Feder- und Dämpferelemente existieren aber noch weitere Lösungen, bei denen die am Aufbau wirkende Kraft F nicht mehr über eine einzige Kennlinie vom Einfederweg z und der Einfedergeschwindigkeit $\dot{z}$ abhängt. In solcher Weise geregelte Fahrwerke werden in der Literatur oft als „aktive Fahrwerke" bezeichnet [18].

Da sich diese Fahrwerke aber häufig in ihrer Wirkungsweise unterscheiden, sollten sie entsprechend klassifiziert werden. Die in [19] vorgestellte Einteilung unterscheidet die Systeme nach ihrem Arbeitsbereich im Kraft-Weg- bzw. Kraft-Geschwindigkeits-Diagramm, ihrer Stellzeit sowie ihrem Energiebedarf (■ Abb. 16.12).

Weithin bekannt sind FDR-Systeme, die in unterschiedlicher Form auf die Dämpfungscharakteristik Einfluss nehmen. Veränderbare Komponente in Bezug auf die Federrate ist beispielsweise bei der Luftfederung die Steuerung von Zusatzvolumina zur

Bezeichnung	Arbeitsbereich	Stellzeit	Energiebedarf	Prinzip	Beispiele
passiv	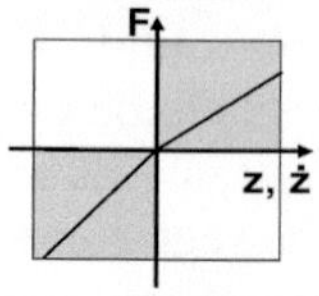	-	-	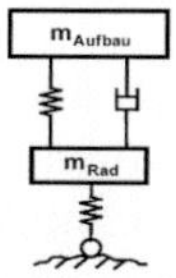	herkömmliche Fahrwerke
adaptiv	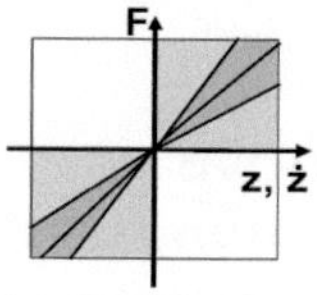	1s bis herab zu 25 ms (schnelle adaptive Systeme)	gering	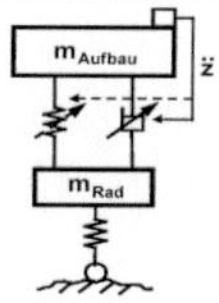	- Jaguar X350 ACD2 - DC ADS / ADS II - Citroën Hydractiv - BMW EDC-K - Audi CDC
semi-aktiv	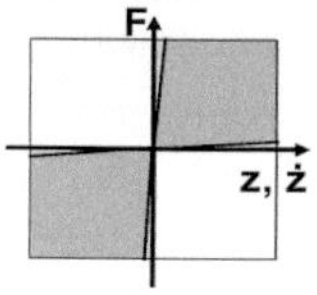	< 10 ms	gering	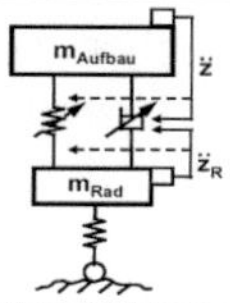	- CDC mit "Skyhook"-Regelung (Lancia Thesis, VW Phaeton / Touareg) - Volvo S60R
langsam-aktiv	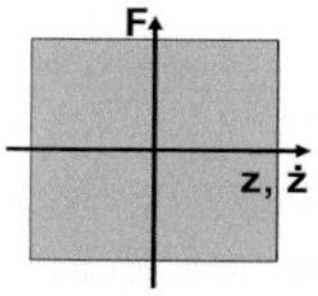	> ca. 0,3 s	mittel	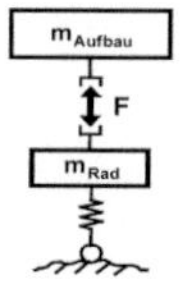	Wankstabilisierung: - Mercedes ABC, MBC - BMW Dynamic Drive - Citroën Activa AFS
aktiv		< 10 ms	hoch		- Lotus Active Suspension

Abb. 16.12 Einteilung der Vertikalsysteme [19]

schnellen Änderung der Federkonstante. Die Art und Weise der Einflussnahme ermöglicht die weitere Klassifizierung der Systeme [20].

- **Passive Systeme**

Passive, „konventionelle" Fahrwerke sind dadurch gekennzeichnet, dass ihnen während des Betriebs keinerlei Hilfsenergie zugeteilt wird. Ihre Federungs- und Dämpfungseigenschaften sind unveränderlich und durch gleichbleibende Kennlinien beschrieben.

- **Adaptive Systeme**

Adaptive Systeme können zusätzlich zwischen verschiedenen Kennlinien der Bauelemente schalten. Die Kraftrichtung wird jedoch weiterhin durch das Vorzeichen des Einfederweges und der Einfedergeschwindigkeit bestimmt [17]. Hierdurch ist eine Anpassung an unterschiedliche Zustände wie Fahrzeugmasse, Fahrgeschwindigkeit, Fahrbahnzustand sowie teilweise der Fahrsituation möglich.

Es wird im Stoßdämpfer ein (Proportional) Ventil elektronisch angesteuert, das den Ölfluss regelt. Indem mal mehr oder mal weniger Öl vom einem Dämpferrohr ins andere fließen kann, wird die Härte, also die sogenannte Kennlinie des Dämpfers, verstellt.

Zur Ansteuerung ist lediglich ein geringer Energieaufwand erforderlich, wobei die Anpassung an einen neuen Zustand relativ lange dauert [21].

- **Semiaktive (halbaktive) Systeme**

Im Semiaktiven Fall sind die Schaltfrequenzen größer als die charakteristische Schwingungsdauer von Rad und Aufbau. Es kann so schnell von einer zur anderen Kennlinie geschaltet werden, dass auch jeder dazwischen liegende Punkt dynamisch zu erreichen ist [17].

- **Langsamaktive Systeme**

Langsamaktive Systeme ergänzen die herkömmlichen Feder- und Dämpferelemente durch ein aktives Stellglied, dass pneumatisch, hydraulisch oder aber elektromechanisch betätigt wird. Der Energiebedarf liegt unter dem Niveau eines aktiven, aber deutlich über dem der adaptiven und Semiaktiven Konzepte. Wegen der noch zu hohen Stellzeiten werden diese Elemente in der Regel zum Ausgleich niederfrequenter Wank, Nick- und Hubbewegungen des Aufbaus eingesetzt und parallel zu einer passiven Federung und Dämpfung angeordnet [21].

- **Voll-Aktive Systeme**

Erst bei den aktiven Systemen wird die Kraft zwischen Aufbau und Rad unabhängig von der Einfederbewegung des Rades: es können alle Quadranten des Kraft-Geschwindigkeit Diagramms genutzt werden.

Zur Erzeugung der Stellkraft, wenn die große Rad- oder Aufbaumassen zu regeln sind, wird hohe externe Energiezufuhr erforderlich und machen sie unwirtschaftlich.

16

16.3.3 Dämpfungssysteme

Adaptive Dämpfungssysteme arbeiten meistens mit 3-Kennlinien. Semi-aktive theoretisch mit unendlich vielen Kennlinien. Aktive Dämpfungssysteme sind aktuell in der Entwicklungsphase (s. ► Abschn. 10.6.3) dafür aber aktive Federungssysteme in der Serieneinsatz: Sobald ein aktives Stellelement hinzugefügt wird, spricht man von aktiven Federungssystemen (s. ► Abschn. 16.3.5).

Adaptive und insbesondere Semiaktive Systeme bieten deutliche Fahrkomfortverbesserungen ohne große Energie-, Gewicht-, Bauraum- und Kostenzuschläge. Hier werden lediglich die Drossel- oder Viskositätseigenschaften geändert. Da dabei keine Massen bewegt werden müssen, geschieht dies sehr schnell und mit sehr niedrigem Energiebedarf.

16.3.3.1 Adaptive Dämpfungssysteme

Für adaptive Systeme werden generell nur die Weg- oder Beschleunigungssignale des Aufbaus ausgewertet und über eine Schwellwertregelung die Stellgröße ermittelt. Die Dämpferkennung kann dabei innerhalb einer gewissen Bandbreite kontinuierlich oder zwischen einer Anzahl von Kennlinien stufenweise einstellbar sein.

Die durch eine adaptive Dämpfung erzielbaren Vorteile gegenüber einer passiven Dämpfung zeigt ◘ Abb. 16.13. Die weichen, mittleren und harten Kennungen zeigen jeweils in unterschiedlichen Frequenzbereichen der Anregung deutliche Vorteile in Bezug auf die Aufbaubeschleunigung und die Radlastschwankungen. Die adaptive Strategie kann diese Vorteile in sich vereinen.

- **Adaptives Dämpfungssystem (ADSII)**

Das von Thyssen und Bilstein entwickelte System ermöglicht eine Beruhigung der Fahrzeugaufbaubewegung durch eine angepasste Verstellung von Zug- und

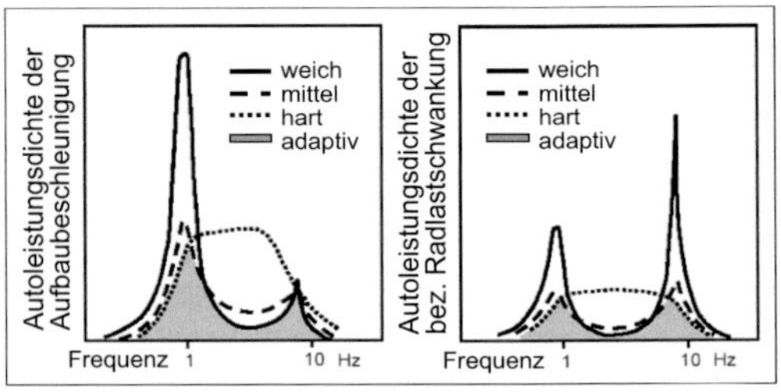

◘ **Abb. 16.13** Vorteile der adaptiven Dämpfung [22]

Druckstufe, wobei beide Stufen durch 2 Bypass-Ventile getrennt eingestellt werden können, Dadurch sind 4 Kennlinienstufen darstellbar (◘ Tab. 16.1).

Liegt nur eine geringe Vertikal- und Horizontaldynamik an, wird die Kennlinie 1 aktiviert (beide Ventile an), die auch Ausgangsbetriebsart ist. Das Fahrzeug soll maximalen Komfort bereitstellen. Bei Überschreitung der Vertikaldynamikschwelle wird die *Sky-Hook* Modus aktiviert (◘ Tab. 16.2). Dafür werden die Stufen 2 und 3 je nach Einfederrichtung des Rades verwendet. Die Steuerung erkennt, ob der Aufbau sich nach oben hebt oder nach unten senkt, und beruhigt durch die entsprechende Kombination aus Zug- und Druckstufe die Aufbaubewegung in Vertikalrichtung. Bei weiter ansteigender Horizontalbewegung wird bei Überschreiten einer zweiten Schwellwertgrenze an allen vier Rädern die Zug- und die Druckstufe hart geschaltet (Ventile aus).

16.3.3.2 Semiaktive Dämpfungssysteme

Semiaktive Systeme arbeiten weiterhin mit passiven Feder- und Dämpferkomponenten, unterscheiden sich aber von den adaptiven Systemen durch eine schnellere Stellzeit sowie eine Berücksichtigung der Achsbewegungen zusätzlich zu den Aufbaubewegungen [20]. Die Umschaltung erfolgt nicht über eine Haltedauer, sondern die Wirkung der Fahrwerkselemente richtet sich nach der Reaktion des Schwingungssystems.

◘ Tab. 16.1 Vierstufen des ADS mit zwei Ventilen

Stufe	Ventil 1	Ventil 2	Zug	Druck	Einsatz
1	an	an	weich	weich	Bei geringer dynamischer Anregung
2	an	aus	weich	hart	Skyhook-Modus
3	aus	an	hart	weich	Skyhook-Modus
4	aus	aus	hart	hart	Bei starker dynamischer Anregung

◘ Tab. 16.2 Sky-Hook-Regelung mit ADS

Aufbaubewegung:	Nach oben	Nach unten
Rad federt ein (Druck)	Druck weich	Druck hart
Rad federt aus (Zug)	Zug hart Stufe 3	Zug weich Stufe 2

- **Continuous Damping Control (CDC)**

Als erstes von ZF entwickelte Aktuator für Continuous Damping Control ist ein Proportionalventil [23], welches die Dämpfungskräfte zwischen einer minimalen und einer maximalen Dämpferkraftcharakteristik stufenlos verstellt. Die CDC Dämpfer wurden auf folgende Anforderungen hin optimiert:

Die Anforderungen lauten:

- Für eine gute Stabilisierung des Aufbaus benötigt man bereits bei niedrigen Ein- und Ausfedergeschwindigkeiten eine relativ hohe Dämpfung.
- Für eine geringe Radlastschwankung ist eine Dämpfung etwa in gleicher Höhe erforderlich, jedoch bei höherer Ein- und Ausfederungsgeschwindigkeit.
- Für eine gute Isolierung des Aufbaus bei kurzhubigen, hochfrequenten Anregungen, bei denen eine Dämpfung des Aufbaus bzw. der Radmassen kaum notwendig ist, sind nur geringe Dämpfungskräfte erforderlich.

Die regelbaren Dämpfer müssen deshalb weitgehend degressive Kennlinien realisieren können. Die geforderte hohe Bandbreite der Dämpfung bedarf großer Ventilquerschnitte, was zu relativ großen Bauteilen mit hohem Gewicht führt. Auch der Stromverbrauch ist von der Größe der Ventile abhängig. Zudem beeinträchtigt diese Kenngröße die Schaltdynamik [24].

Aufgrund der kontinuierlichen Arbeitsweise der Ventile werden Schaltgeräusche gegenüber adaptiven Systemen minimiert (s. ► Abschn. 10.6.2.2). Die Dämpfung in einem CDC-Ventil erfolgt über einen Bypass, der in geöffnetem Zustand das Öl voll durchlässt (◘ Abb. 16.14).

Über zwei Aufbaubeschleunigungssensoren im Bereich der Vorderachse und einen über der Hinterachse erfasst das CDC-System die Aufbaubewegung. Hierzu werden die drei Sensorwerte auf die vier Aufbaubeschleunigungswerte, die an den Stoßdämpferbefestigungspunkten wirken, umgerechnet. Um die Radbewegung zu erfassen ist an den beiden Vorderrädern jeweils ein Beschleunigungssensor montiert. Die Signale der Vorderachse können unter Berücksichtigung der Fahrzeug-geschwindigkeit auf die Hinterachse umgerechnet werden. Aus diesen acht Beschleunigungswerten werden die Relativgeschwindigkeiten der vier Räder in Vertikalrichtung berechnet.

Die Weiterentwicklung von CDC integriert den Beschleunigungssensor, die Leistungselektronik und der komplette Regelalgorithmus in dem Proportionalventil, d. h. am Dämpfer wird eine „lokale Intelligenz" angeordnet (s. ◘ Abb. 10.45) [23]. Dadurch werden die Signalwege reduziert und so die Reaktionsgeschwindigkeit erhöht.

Dieser Dämpfer wird ICD *(Integrated Controlled Damper)* genannt. Die ICD wird zur weiteren Verbesserung von Fahrverhalten und Fahrkomfort bei 5'er und 7'er BMW die Dämpferrate in der Zug- und Druckstufe unabhängig voneinander gesteuert. Dadurch erreicht man eine gute Regelbarkeit auch bei niedrigen Dämpfergeschwindigkeiten (s. ◘ Abb. 10.53) [25].

16.3.3.3 Regelstrategien für Semiaktive Dämpfer

Für die Ansteuerung von Semiaktiven Dämpfungssystemen wird zwischen der Schwellwert- und der Sky-Hook-Strategie unterschieden (s. ► Abschn. 15.4.1), wobei die Schwellwertregelung auch für adaptive Dämpfer verwendet werden kann (◘ Abb. 16.15).

Der *Schwellwertregler* adaptiert die Dämpfungsraten über einen oder zwei Vertikalbeschleunigungssensoren, die den Fahr- und Fahrbahnzustand erkennen. Das Hauptaugenmerk ist die Erhöhung des Fahrkomforts. Je nach Systemkonfiguration ist zusätzlich eine querbeschleunigungs- oder lenkwinkelgeschwindigkeitsabhängige Dämpferverhärtung und somit eine Verringerung des dynamischen Wankens sowie eine Erhöhung der Agilität möglich. Durch Einlesen des Bremslicht-

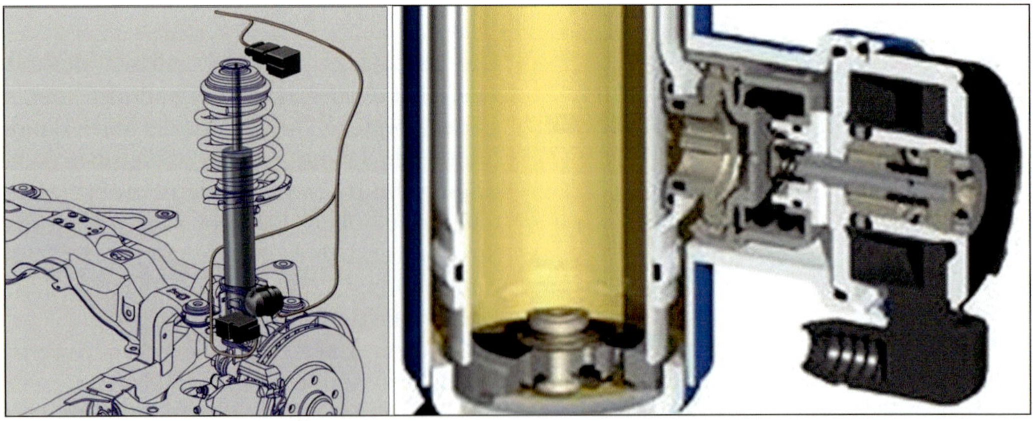

◘ Abb. 16.14 CDC mit Proportionalmagnetventil

16

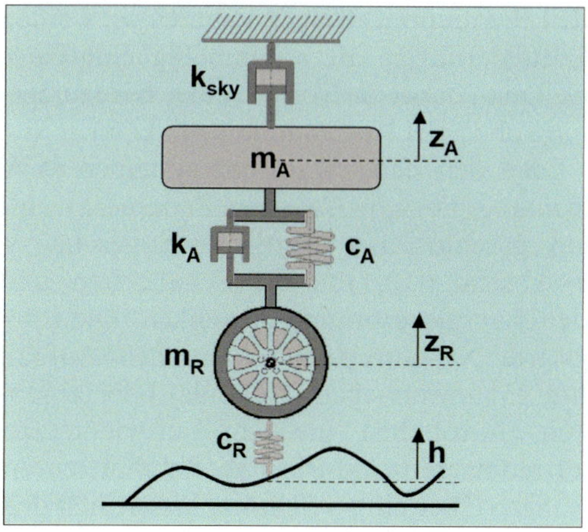

■ **Abb. 16.15** Sky-Hook-Viertelfahrzeugmodell

schalters bzw. des Bremsdrucks lässt sich außerdem die Nickbewegung beim Bremsvorgang bedämpfen.

Mit der *Sky-Hook-Regelung* können die Aufbauschwingungen anregenden Störungen ausblenden. Für das Prinzip der Sky-Hook-Regelung s. ► Abschn. 15.4.1.

Die Verstelldämpfer müssen in der Lage sein, im Bewegungsumkehrpunkt schnell (Radeigenfrequenzbereich) zwischen verschiedenen Dämpfungsraten hin und her zu schalten. Hierzu sind Vertikalbeschleunigungssensoren an den Rädern und am Aufbau notwendig.

Die notwendige Dämpfrate kann nachfolgender Gleichung über den virtuellen Sky-Hook-Ansatz berechnet:

$$F_{\text{sky}} = k_{\text{sky}} \cdot v_{\text{Aufbau}} = k_{\text{Dämpfer}} \cdot v_{\text{relativ}}$$
$$\Rightarrow k_{\text{Dämpfer}} = k_{\text{sky}} \cdot \frac{v_{\text{Aufbau}}}{v_{\text{relativ}}} \tag{16.2}$$

Hieraus ergeben sich die in ■ Abb. 16.16, rechts dargestellten Dämpfungsraten für eine Sky-Hook-Regelung. Die Vorteile gegenüber der Schwellwertlogik liegen in der zu erzielenden Aufbaustabilität und der gleichzeitigen Möglichkeit der Radbedämpfung.

Ähnlich zum Sky-Hook-Ansatz wird bei der *Ground-Hook-Regelung* der Schwingungsdämpfer nicht zwischen Aufbau

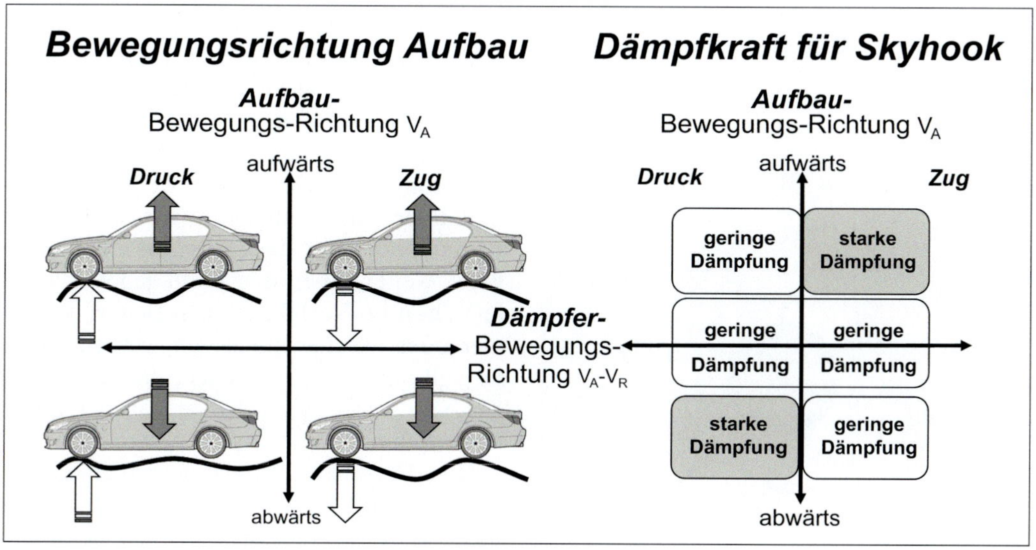

■ **Abb. 16.16** Dämpfungsraten für Sky-Hook-Regelung

und „Himmel" sondern zwischen Boden (Ground) und Rad befestigt (■ Abb. 16.17).

Während beim Sky-Hook sich eine Dämpfungskraft ergibt, die von der Aufbaubewegung abhängig ist, hängt dagegen die Radbedämpfung des Ground-Hook-Algorithmus von der Anregungsfunktion der Fahrbahnoberfläche ab und kann nachfolgender Gleichung berechnet werden:

$$F_{\mathrm{ground}} = k_{\mathrm{ground}}(\dot{z}_{\mathrm{R}} - \dot{h}) \qquad (16.3)$$

$$F_{\mathrm{D}} = k_{\mathrm{A}}(\dot{z}_{\mathrm{R}} - \dot{z}_{\mathrm{A}}) \qquad (16.4)$$

Analog zum Sky-Hook-Ansatz muss auch hier der reale Dämpfer die Ground-Hook-Kraft aufbringen. Ein Gleichsetzten der Dämpfungskräfte führt zu:

$$k_{\mathrm{A}} = k_{\mathrm{ground}} \frac{\dot{z}_{\mathrm{R}} - \dot{h}}{\dot{z}_{\mathrm{R}} - \dot{z}_{\mathrm{A}}} \qquad (16.5)$$

16.3.4 Adaptive Luftfederungssysteme

Mit der Luftfederung kann ein sehr hoher Fahrkomfort und ein gutes Fahrverhalten erreicht werden (s. ■ Abb. 9.103). Besonders in den Premium- und SUV-Fahrzeugen werden Luftfederungen oft serienmäßig eingebaut, weil man dabei die Vorteile einer Niveauregelung ohne viel Kosten mitnutzen kann.

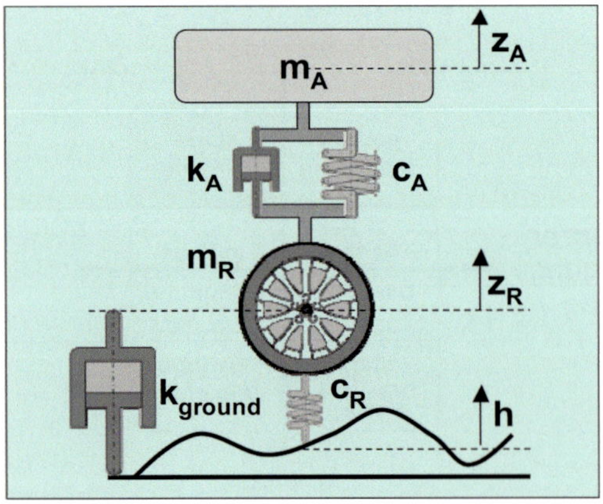

■ **Abb. 16.17** Ground-Hook – Viertelfahrzeugmodell

Bei den neuen Luftfedersystemen (VW Touareg, Porsche Cayenne, Panamera) wird ein geschlossener Luftkreis eingesetzt (s. ► Abschn. 9.8), um die Schaltzeiten und den Energieverbrauch zu senken. Die integrierte Niveauregelung kann den Aufbau um 25 mm anheben (Gelände) oder absenken (Autobahn), um den Luftwiderstand zu reduzieren und die Fahrstabilität zu erhöhen. Über einem Schalter lassen sich drei Fahrcharakteristiken (Sport Plus – Sport – Komfort) einstellen.

Mehr Vorteile werden erreicht, wenn die variable Dämpfung (CDC) in die Luftfederung integriert wird. Dann kann der Kompromiss zwischen Komfort und Fahrstabilität für die alle Fahrsituationen auf einem höheren Niveau optimal eingestellt werden (s. ■ Abb. 9.106).

Neben dem Sicherheitsaspekt liegt der Vorteil adaptiven Dämpfungssysteme vor allem darin, dass es die Möglichkeit gibt, das Auto in gewissen Grenzen an die jeweiligen Bedürfnisse anzupassen. Auf welche Charakteristik –ob sportlich straff oder eher komfortorientiert- das größere Gewicht gelegt wird, hängt von der Fahrzeugklasse und dem Hersteller ab. So hebt Mercedes bei seiner Magic Body Control den Komfortaspekt hervor, wobei eine Stereokamera die Fahrbahn vor dem Auto scannt und leitet die Daten an ein Steuergerät weiter, über das dann jeder Dämpfer schon im Vorfeld je nach Bedarf strammer oder weicher eingestellt werden kann. So will man es ermöglichen, dass die Fahrgäste so wenig wie möglich von der Fahrbahn spüren.

Bei Porsche steht die Sportlichkeit im Vordergrund. Das PASM (Porsche Active Suspension Management) regelt abhängig von der Fahrweise und dem Fahrbahnzustand kontinuierlich die Dämpferkraft. Zusätzlich lässt sich die Voreinstellung zwischen sportlich-komfortabel und sportlich-straff variieren [26]. Die Spreizung adaptiver Fahrwerke zwischen komfortabel und sportlich ist allerdings begrenzt. Die grundsätzliche Auslegung der Feder hängt primär von der Achs- und der Radlast ab und davon, wie stark diese Kräfte variieren. Auch der Federweg ist mehr oder weniger vorgegeben und bewegt sich meist in einem engen Rahmen. Lediglich bei einer Luftfederung hat man mehr Möglichkeiten. Herkömmliche Fahrwerke mit Stahlfeder sind in ihrem Verstellbereich dadurch limitiert, dass der Dämpfer immer noch auf die Feder abgestimmt werden muss.

16.3.5 Aktuelle aktive Federungssysteme

Aktive Federung erzielt die folgenden Vorteile hinsichtlich Fahrkomforts, Fahrsicherheit und Agilität [27]:

Hoher Fahrkomfort ist gegeben durch:

- aktive Stabilisierung aller Aufbaubewegungen (Wanken, Nicken, Huben),
- Reduzierung der Dämpfereinstellung und Wegfall des Stabilisators (Abrollkomfort),
- Kurvenneiger.

Hoher Fahrsicherheitsgewinn ist gegeben durch:

- aktive Stabilisierung des Fahrzeugs in der Kurve sowie bei Notmanövern,
- gutmütiges, berechenbares Fahrverhalten,
- Reduzierung der dynamischen Radlastschwankungen,
- Einstellung eines neutralen bis untersteuernden Eigenlenkverhaltens.

Sportlichkeit und Fahrspaß sind gegeben durch:

- Einstellung eines „agilen" Eigenlenkverhaltens.

Es lassen sich gegenüber passiven Systemen sowohl im Federungskomfort als auch in der Bodenhaftung der Räder Vorteile in einem weiten Frequenzbereich erzielen.

Als Steller bietet sich aufgrund des niedrigen Leistungsgewichtes und der hohen Leistungsdichte ein Hydraulikzylinder oder die Kombination mit einer hydropneumatischen Federung an. Allerdings wird auch hier versucht, diese durch rein elektrischen Steller zu ersetzen.

Hauptnachteil solcher Systeme ist der hohe Energieverbrauch (ca. 7 kW aktive hydropneumatische Systeme) beziehungsweise (ca. 20 kW Vollaktive Federung) [22].

Aktive Federungssysteme lassen sich in Langsamaktive und Vollaktive Systeme unterteilen (s. Abschn. 9.8.2).

Vollaktive Systeme sind z.Z. nicht in Serie, weil sie aufgrund der hohen Kosten sowie des deutlich erhöhten Energieverbrauchs noch nicht rentabel sind.

◘ Tab. 16.3 zeigt die Hauptmerkmale von voll- und Langsamaktiven Systemen.

16.3.5.1 Langsam-aktive Federungssysteme

Langsam-aktive Systeme können die Aufbauschwingungen max. bis 5 Hz. vollaktiv regeln aber die Radschwingungen nur semiaktiv beeinflussen.

■ Active Body Control (ABC)

Das aktive Federungs- und Dämpfungssystem *Active Body Control* (ABC) wurde von Mercedes 1999 vorgestellt (◘ Abb. 16.18). Dieses System ist ein aktives Federungssystem, wobei der Fahrzeugaufbau nur in seinem Eigenfrequenzbereich von 1 bis 2 Hz aktiv beeinflusst wird. Die Räder werden hingegen weiterhin mit passiven Dämpfern gefedert, bedämpft.

Durch eine Einschränkung des Regelbereichs auf 5 Hz wird neben einer Erhöhung von Fahrkomfort und Sicherheit ein relativ niedrigerer Energieverbrauch realisiert. Zu

Tab. 16.3 Hauptmerkmale Vollaktiver und Langsamaktiver hydraulischer Systeme [17]

Vollaktiv	Langsamaktiv
Fahrzeug steht auf einer	Serienschaltung Hydraulik
Ölsäule	mit passiver Feder
Keine passive Federung	Z.T passive Federung
Regelung bis über 20 Hz	Regelung bis ca. 5 Hz
Sehr hoher Energiebedarf	Reduzierter Energiebedarf
Schwächen im Abrollkomfort und Akustik	

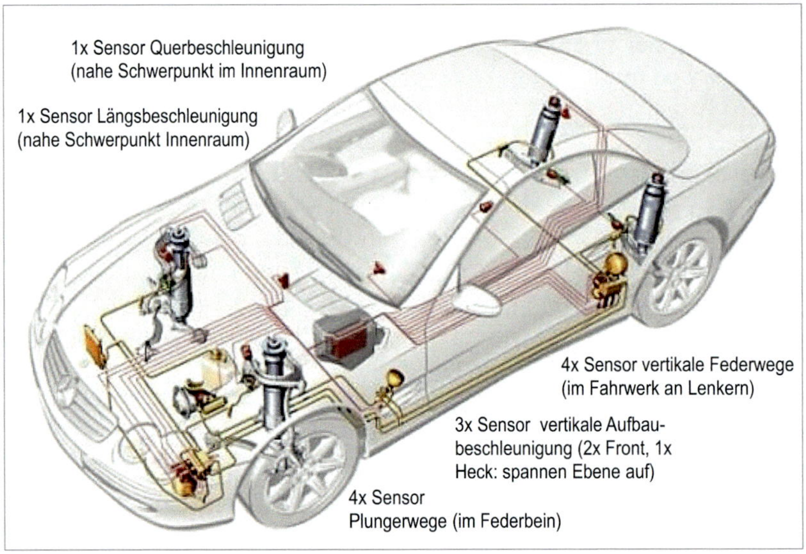

Abb. 16.18 Die Sensorkomponenten des Active-Body-Control-Systems (ABC) von Mercedes

den niederfrequenten Bewegungen gehören Bewegungen in der Fahrzeughochachse (Huben), die vor allem durch Fahrbahneinflüsse angeregt werden.

Auch Bewegungen um die Fahrzeugquerachse (Nicken), die durch Bremsen, Beschleunigen sowie auf welliger Fahrbahn angeregt werden, und Bewegungen um die Fahrzeuglängsachse (Wanken), die bei Kurvenfahrt oder durch eine links und rechts unterschiedlich unebene Fahrbahn auftreten, gehören dazu [28].

Das ABC-System kennzeichnet die in **Abb.** 16.19 dargestellte Anordnung von passiven und aktiven Federungs- und Dämpfungselementen. Hier sind eine Reihenschaltung einer Stahlfeder und eines Hydraulikzylinders sowie ein dazu parallel angeordneter Stoßdämpfer zu sehen. Durch die Hintereinanderschaltung von Zylinder und Stahlfeder handelt es sich um ein volltragendes System [29]. Die Schraubenfeder stützt sich über einen Plungerzylinder gegen den Aufbau ab. Die Feder in der Rei-

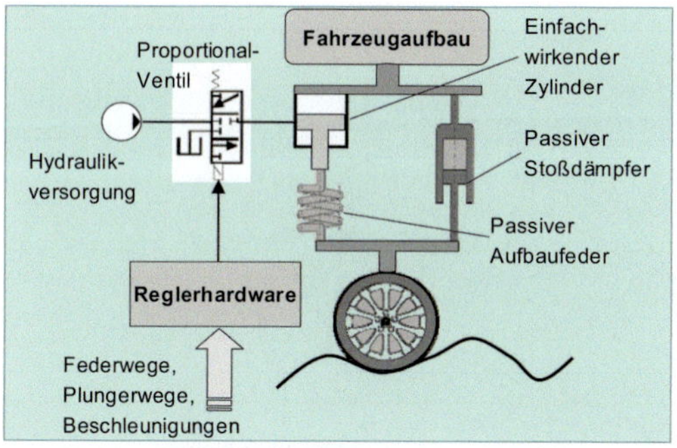

Abb. 16.19 Prinzipbild ABC-System [29]

henschaltung funktioniert als Filter und die begrenzte Dynamik des aktiven Krafteingriffs wirkt sich nicht komfortmindernd auf den Aufbau aus [30].

Das ABC-Steuergerät verarbeitet die folgenden Sensorsignale zur Überwachung und Regelung aller Bewegungen von Karosserie und Plunger:

- Längs- und Querbeschleunigungssensor,
- drei Vertikalbeschleunigungssensoren zur Ermittlung von Huben, Nicken und Wanken,
- ein Niveausensor je Rad zur Ermittlung des momentanen Fahrzeugniveaus durch Messung des Relativwegs zwischen Rad und Aufbau,
- ein Plungerwegsensor je Rad,
- Druck und Temperatur des Hydrauliksystems.

Durch die hydraulische Ansteuerung wird der Verstellzylinder bewegt und damit die Vorspannung der Feder vergrößert oder verkleinert. Durch die Größe und Geschwindigkeit der Federkraftänderung wird die Federung und Dämpfung des Fahrzeugaufbaus im Frequenzbereich bis 5 Hz beeinflusst.

Der Zweirohr-Stoßdämpfer im ABC-Federbein sind in erster Linie zur Dämpfung der höherfrequenten Radschwingungen eingesetzt (s. Abb. 9.109).

Algorithmen

Im ABC-Steuergerät werden die folgenden Algorithmen verarbeitet [27].

- Sky-Hook-Algorithmus (s. Abb. 16.16),
- Aktakon-Algorithmus (Algorithmus zur aktiven Aufbaukontrolle),
- Querbeschleunigungsaufschaltung,
- Längsbeschleunigungsaufschaltung.

Der Aktakon-Algorithmus verarbeitet die Relativwege zwischen Fahrzeugaufbau und einzelnen Rädern. Ein Ist-Soll-Vergleich des Relativwegs ermöglicht, das Fahrzeug auf ein bestimmtes Niveau zu bringen und es dort zu halten (Niveauregulierung). Gleichzeitig wird das Federungsverhalten und damit der Fahrkomforteindruck beeinflusst [28]. Quer- und Längsbeschleunigungsaufschaltung dienen zur Reduktion von Aufbaubewegungen bei dynamischen Fahrmanövern wie z. B. Brems- und Beschleunigungsvorgängen.

Magic Body Control (MBC)

Bisher konnte das ABC Fahrwerk auf Fahrbahnanregungen, wie z. B. Bodenwellen, immer nur reagieren, nachdem zumindest schon die Vorderachse darüber gerollt ist. Damit erfolgt der aktive Eingriff verzögert und die Aufbaubewegung kann nur bedämpft, nicht aber gänzlich verhindert werden.

Im Mercedes W222 kommt erstmals das System *„Road Surface pre Scan"* zum Einsatz und erweitert das ABC Fahrwerk zum sogenannten Magic Body Control (MBC) System [31]. Dieses erkennt und vermisst die Fahrbahnoberfläche vorausschauend. Ein verbessertes ABC gleicht die Aufbaubewegungen beim Überfahren von Fahrbahnunebenheiten aus. Neben einer erhöhten Rechenleistung sind nun auch adaptive Dämpfer installiert.

Abb. 16.20 zeigt die Komponenten des MBC Fahrwerk.

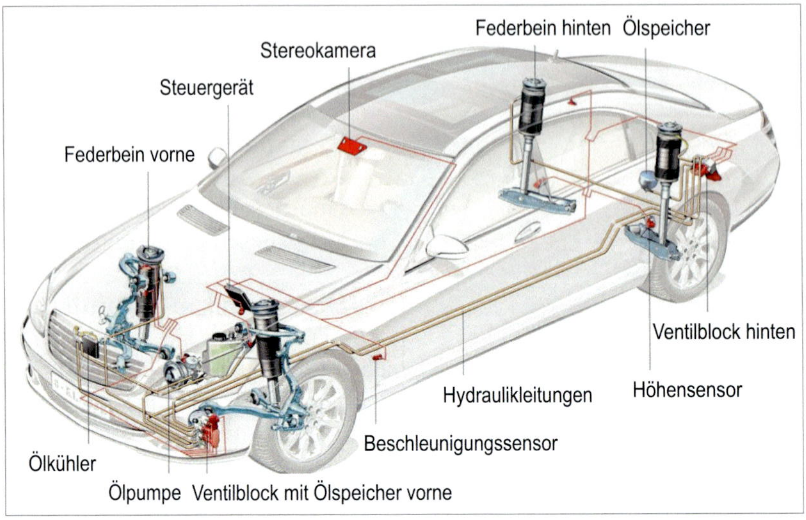

Abb. 16.20 Komponenten des MBC Magic Body Control–Systems von Mercedes [32]

Für eine weitergehende Kompensation muss das Fahrwerk die Bodenwelle bereits kennen, bevor die Räder diese erreichen. In dem Forschungsfahrzeug F700 stellte Mercedes-Benz mit *„prescan"* erstmals ein aktives Fahrwerk vor, welches mit Lasersensoren ausgerüstet war, um die Fahrbahnoberfläche vor dem Fahrzeug zu vermessen. Darauf basierend wurde dieses neue System weiterentwickelt. Am oberen Rand der Windschutzscheibe ist eine Stereo Multi Purpose Kamera befestigt, die über zwei mit einigem Abstand zueinander angeordnete Bildsensoren verfügt (Abb. 16.21) [32].

Das System berechnet in der Kamera ein dreidimensionales Profil der Straßenoberfläche in bis zu 15 m Entfernung vor dem Fahrzeug und sendet das Straßenprofil vor dem Fahrzeug in komprimierter Form über den Flex-Ray an das ABC-Steuergerät. Die Stelldynamik erstreckt sich analog zu dem verwendeten ABC-System auf einen Bereich zwischen 0,5 und 5 Hz. Die Kurven in Abb. 16.22 zeigen die Vorteile des MBC.

Bei unzureichenden Sichtbedingungen und auf spiegelnden Untergründen, sowie bei hoher Quer- und Längsdynamik wird die Funktion eingeschränkt oder deaktiviert. Das Fahrzeug fährt mit dem ABC-System.

Für all dieses benötigt das System 125 Millisekunden: 55 für die Bildverarbeitung, 50 Datentransfer und nur 10 für die Stelleingriff am Federbein. Die Stelldynamik erstreckt sich analog zu dem verwendeten ABC-System auf einen Bereich zwischen 0,5 und 5 Hz.

Somit können bis zu 130 km/h. Mit voller Systemperformance gefahren werden. Ab 130 km/h wird das Pre-Scan automatisch deaktiviert, und das Fahrzeug fährt nur noch mit ABC-System [33].

Weitere Funktionen sind die variable Wankmomentverteilung zwischen Vorder- und Hinterachse, die das System je nach Fahrgeschwindigkeit automatisch vornimmt, und die Beladungsadaption (Nivellierung).

Ab 65 bis 140 km/h wird die Karosserie bis zu 15 mm abgesenkt, um den Luftwiderstand zu verringern. Wird auf Schlechtwegstrecken eine größere Bodenfreiheit benötigt, kann das Fahrzeugniveau um 40 mm angehoben werden. Zuletzt wurde MBC erweitert auf Querstabilität beim Kurvenfahrt: wie bei aktiven Stabilisatoren werden in der Kurve die beiden Kurvenäußeren Räder höher gestellt um die Querneigung des Aufbaues auszugleichen (◘ Abb. 16.21).

■ **E-Active-Body-Control (E-ABC)**

Mercedes hat im Jahr 2019 MBC weiter verfeinert, indem die Hydraulikpumpen nicht mehr von Verbrenner, sondern durch einer E-Motor angetrieben werden, E-ABC ergänzt die Luftfederung um eine teiltragende Hydraulik. Dabei trägt die Luftfeder die Grundlast des Fahrzeugaufbaus und regelt langsam das Niveau ein. Die Hydraulik erzeugt dynamische Kräfte, die den Kräften der Luftfeder überlagert sind und den Fahrzeugaufbau aktiv abstützen und dämpfen. Erreicht werden bis zu 6 kN an den Rädern der Vorderachse und 5 kN an der Hinterachse. Die Stelldynamik beträgt bis zu 20 kN/s. Damit ist auch ein Anheben der Karosserie für den Fall möglich, dass ein drohender Seitenaufprall erkannt wird [34].

An jedem Rad ist ein Dämpfer verbaut, der an beiden Arbeitskammern über ein verstellbares Dämpfungsventil sowie einen Hydraulikspeicher verfügt. Der Dämpfer ist über Hydraulikleitungen mit einer intelligenten Motor-Pumpen-Einheit im 48-Volt-Netz verbunden.

Durch eine Ansteuerung der Motor-Pumpen-Einheit kann das Öl derart verschoben werden, dass eine Druckdifferenz innerhalb des Dämpfers entsteht,

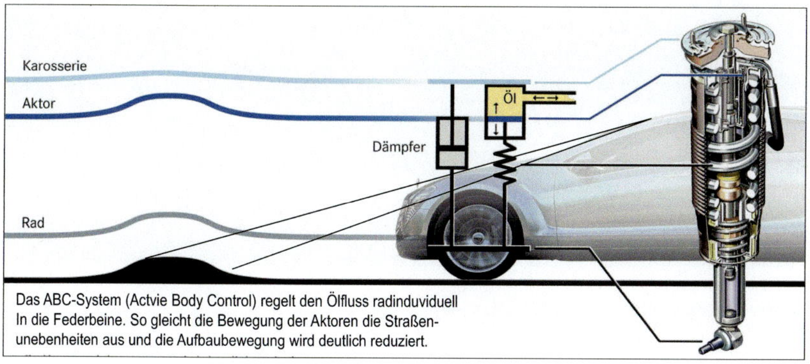

◘ **Abb. 16.21** MBC Magic Body Control–System mit Pre Scan [32]

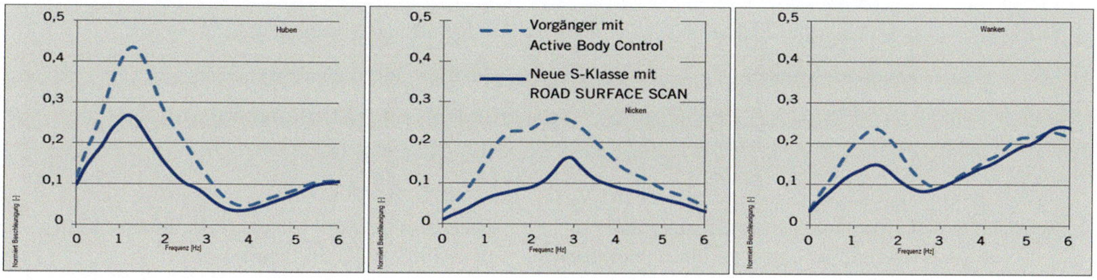

◘ **Abb. 16.22** Komfortgewinn durch Pre Scan in Magic Body Control gegenüber Active Body Control [32]

dadurch die schnell eine aktive Kraft aufgebaut wird (◘ Abb. 16.23).

Die Koordination der alle vier Motor-Pumpen-Einheiten erfolgt über ein zentrales Steuergerät, das auch die Ventile und den Kompressor für die Luftfeder ansteuert und somit immer das gesamte Fahrwerk kontrolliert.

Der Übergang von einer riemengetriebenen hydraulischen Pumpe zu einer elektrischen 48-Volt-Pumpe berücksichtigt auch die zunehmende Elektrifizierung des Antriebsstrangs, daher der Name *„E-ABC"*

- **Electrical Langsam-Active Body Control (eABC)**

Da elektrische Systeme gegenüber den hydraulischen mehrere Vorteile bieten (◘ Tab. 16.4) und von Automobilherstellern zunehmend bevorzugt werden, wurde von ZF eine elektromechanische ABC entwickelt. Basierend auf dem bekannten ABC-System kann der Hydraulikzylinder durch einen Elektromotor ersetzt werden, der durch die Federfußpunktverstellung den Aufbau nach Bedarf nach oben oder nach unten bewegt.

◘ **Abb. 16.23** E-Active Body Control von Mercedes [34]

◘ **Tab. 16.4** Vergleich Hydraulisch/Mechanisch

	Hydraulisch	Elektromechanisch
Stärken	hohe Leistungsdichte	Wenige Einzelkomponenten
	Serienerfahrungen	Geringer Montageaufwand
		Lastabhängiger Leistungsbedarf
		Trockenes System, Geringerer Systempreis
Schwächen	Leistungsdimensionierung muss für Leerlauf erfolgen => überdimensioniert	Geringere Leistungsdichte, z. B. höherer Energieverbrauch bei Spitzenlast
	Verrohrungsaufwand, Kühlung	Geringerer Wirkungsgrad bei bestimmten Fällen
	Umweltbelastung	Umweltfreundlich

Das teiltragende System des *Electrical Active Body Control* (eABC), hat einen Elektromotor mit Kugelumlaufspindel statt eines Hydraulikzylinders, der durch die Federfußpunktverstellung den Aufbau nach Bedarf nach oben oder unten bewegt (■ Abb. 16.24). Das eABC basiert auf bewährten Komponenten, die wegen ihres kompakten Aufbaus auch alle Packageanforderungen erfüllen. An jedem Rad sind 2 Druckfedern in Serie verbaut, um den Energiebedarf für den E-Motor nur auf die Verstellung zu begrenzen. Das Aufbaugewicht wird durch eine dieser Federn getragen [35].

Der Mehrverbrauch auf Schlechtwegstrecken ist ca. 0,6 l/km (36 A) und auf der Autobahn nur noch 0,15 l/ km (2,5 A). Diese Werte stellen etwa die Hälfte des Mehrverbrauchs vom hydraulischen ABC dar.

16.3.5.2 Vollaktive integrierte Federungssysteme

Vollaktive Fahrwerksysteme befinden sich zurzeit noch im Einführungsstadium. Eine Übersicht über bereits vorgestellte Konzepte gibt ■ Abb. 16.25.

- **Audi AI Aktivfahrwerk (Baugleich VW Touareg)**

Audi hat in A8 auch ein Aktivfahrwerk vorgestellt (■ Abb. 16.26) [36]. Hier wird die Stabilisatorstange in zwei Enden geteilt. Jedes Ende wird mit einem 48 V Elektromotor und Getriebe einzeln geregelt. So ist es möglich, wie beim E-ABC alle vier Corner des Aufbaus einzeln zu regeln (■ Abb. 16.27) [37].

Der Aufbau lässt sich nicht nur Fahrbahnverlauf entsprechend vertikal ansteuern, sondern auch das Wanken in der Kurvenfahrt und Nicken beim Beschleunigen und Bremsen ausgleichen. Zudem lässt sich der Aufbau auf dem Gelände heben und auf der Autobahn senken.

Neu ist es außerdem, um 80 mm einseitiges Kippen der Aufbau bei einer drohenden Seitenkollusion, um die Unfallfolgen zu reduzieren.

Ähnlich wie Mercedes MBC kann das System mit einer Frontkamera, frühzeitig Fahrbahnunebenheiten erkennen und das Aktivfahrwerk vorausschauend steuern.

Audi System arbeitet jedoch anders als Mercedes System voll mechanisch, ohne Hydraulik (voll trocken).

- **Elektromagnetisches Suspension-System**

Statt der herkömmlichen Federbeine besitzt das *Bose-Suspension-System* vier elektromagnetische Linearmotoren, die sämtliche Fahrbahnunebenheiten aktiv kompensieren. Das Fahrzeug gleitet über Schlaglöcher und Bodenwellen hinweg, ohne dass der

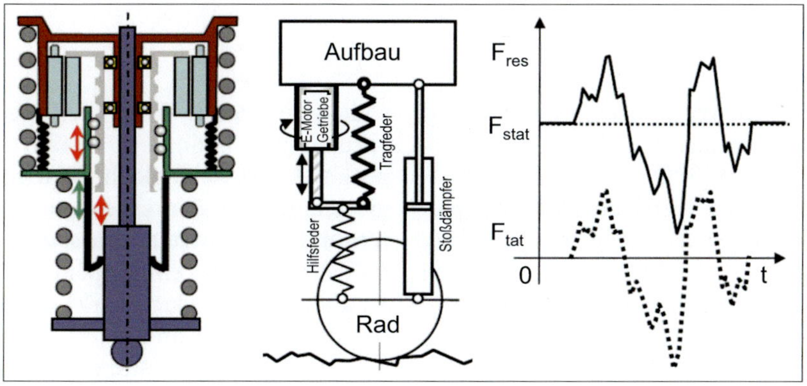

■ **Abb. 16.24** eABC Stelleraufbau, Blockschaltbild und Federkräfte [35]

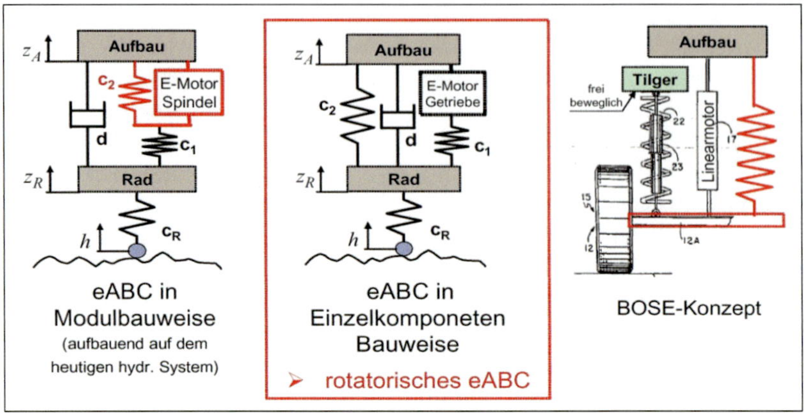

Abb. 16.25 Konzepte für aktive Fahrwerksysteme [35]

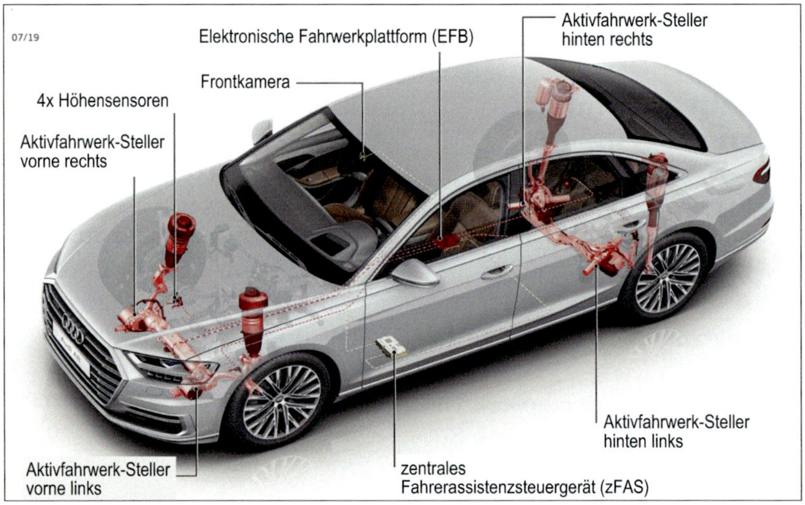

Abb. 16.26 Vorausschauendes Aktiv-Fahrwerk mit Autobahnpilot Audi A8 [36]

Aufbau sich bewegt. Auch Wank- und Nickbewegungen lassen sich mit dem System kompensieren [38].

Ein wesentlicher Vorteil des elektromagnetischen Ansatzes ist die Stellgeschwindigkeit. Der Linearmotor ist schnell genug, um allen Fahrbahnunebenheiten entgegen zu wirken.

Das System besitzt Leistungsverstärker, welche die elektrische Energie den Linearmotoren zur Verfügung stellen. Die Leistungsverstärker sind regenerativ konzipiert, sodass sie Energie durch die Linearmotoren rekuperieren können. Überfährt das Fahrzeug z. B. ein Schlagloch, so wird die Energie genutzt, um den Linearmotor auszufahren und die Fahrzeuginsassen von der Vertikalstörung zu entkoppeln. Sobald das Rad wieder einfedert, wirkt der Linearmotor als Generator und liefert Energie zurück an den Leistungsverstärker. Zusätzlich bedämpft der Linearmotor im Generatorbetrieb die Radbewegungen.

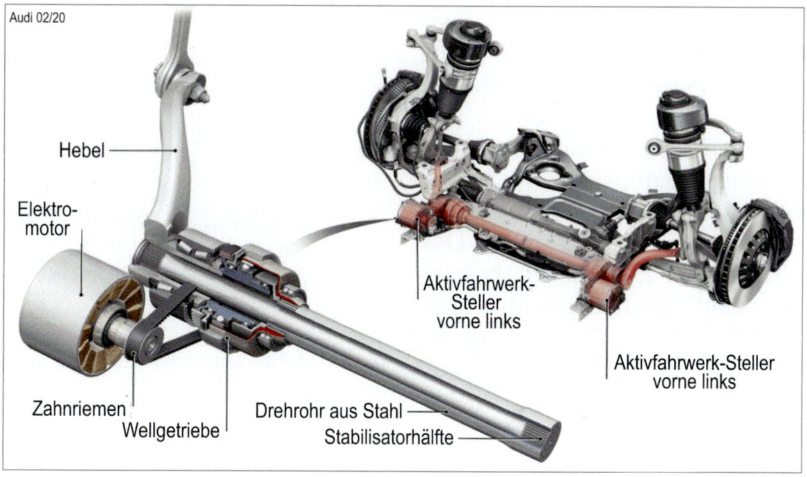

Abb. 16.27 Aktiv-Fahrwerk mit geteiltem Stabilisator und elektromotorischem Steller Audi A8 [37]

Der Leistungsbedarf des Bose-Systems wird mit weniger als 1 kW auf einer normalen Fahrbahn angegeben.

Zusätzlich zum Linearmotor weist das Bose-Suspension-System eine Torsionsfeder an jedem Rad auf, welche die statische Radlast abstützt (Abb. 16.28).

16.3.6 Lagersysteme

Im Rahmen der aktiven Kinematik werden im Weiteren auch Fahrwerklagerungen behandelt, wobei hierfür folgende Einteilung verwendet wird:

- **Adaptive Lager:** Lager mit veränderbaren Eigenschaften (z. B. Steifigkeit, Dämpfung),
- **Aktive Lager:** Lager mit einer integrierten Aktorik (z. B. Motor, Steller, etc.),
- **Intelligente Lager:** Lager mit integrierter Sensorik (z. B. Kraft, Weg, Winkel).

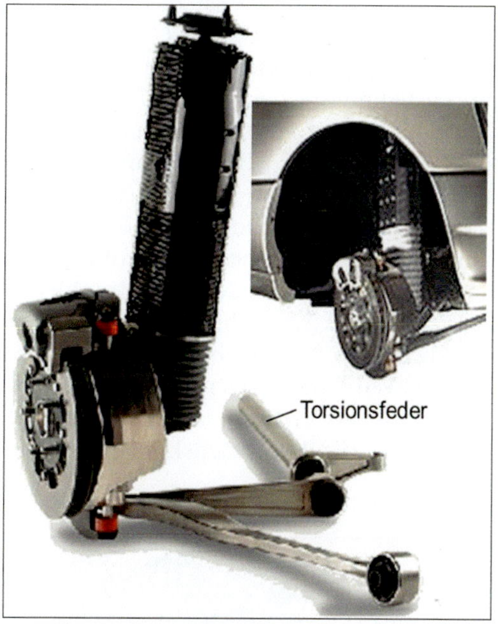

Abb. 16.28 Bose-Suspension-System mit der Torsionsfeder am Rad [38]

In Hinblick auf guter fahrdynamischer Eigenschaften sollte ein Fahrwerklager möglichst steif ausgelegt werden, damit sich die Radstellungsparameter nicht negativ auf das Fahrverhalten auswirken [39].

Andererseits sollte ein Fahrwerklager für einen guten Fahrkomfort weich ausgelegt sein. Dies kann bei einer Krafteinwirkung allerdings wiederum zu einer unerwünschten Radstellungsänderung führen.

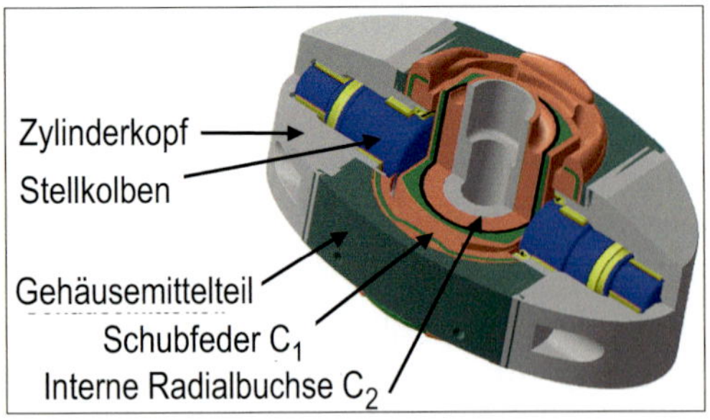

Abb. 16.29 Konstruktiver Aufbau eines aktiven Fahrwerklagers [42]

Diese Anforderungen zeigen den Zielkonflikt bei der Entwicklung von Fahrwerklagern auf. Einen Ausweg aus diesem Zielkonflikt bieten adaptive oder aktive Fahrwerklager, die ihre Eigenschaften an die jeweilige Fahrsituation anpassen [40, 41].

Fa. Conti hat hierzu ein aktives Fahrwerklager entwickelt (Abb. 16.29).Das steifigkeitsschaltbare Gummilager besteht aus zwei in Serie geschalteten Buchsen und einem Gehäuse. Die äußere Buchse im Gummilager ist als weiche Schubfeder C_1 ausgeführt und die innere als harte Buchse mit der Federsteifigkeit C_2 (Abb. 16.30).

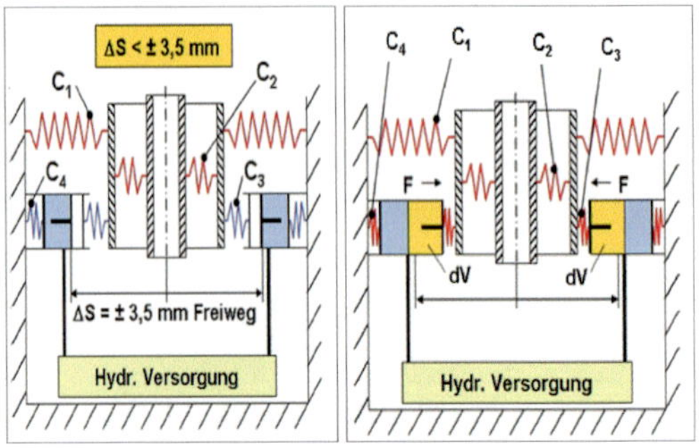

Abb. 16.30 Ungeschalteter und geschalteter Zustand des Lagers [43]

Das Gehäuse besteht aus drei Bauteilen: Dem Mittelteil, in dem das Gummilager eingepresst ist, und zwei Zylinderköpfen mit integrierten Stellkolben [42]. Im ungeschalteten Zustand weist das Lager eine weiche Steifigkeit mit C_1 und C_2 auf.

Die Steifigkeitsschaltung erfolgt über die Zustellung beider Stellkolben an die Anschläge C_3 mit Parallelschaltung der äußeren Schubfeder C_1. Die im Eingriff wirksamen Federn ergeben sich aus der SchubfederC_1, der Radialbuchse C_2, den Gummianschlägen C_3 zwischen Stellkolben und Innenmetallteil und dem Hydrauliksystem C_4. Das aktive Fahrwerklager erlaubt zusätzlich eine Verschiebung des Arbeitspunktes. Wird das Lager um eine Positionsregelung ergänzt, so können definierte Eingriffe in die Hinterachskinematik vorgenommen werden, um eine Lenkfunktion darzustellen.

Weitergehende Möglichkeiten bieten aktive Spurstangenlager. Konzepte zur Lenkunterstützung für Integral- oder Mehrlenkhinterachsen werden derzeit entwickelt (Abb. 16.31) [43].

- **Intelligente Lager**

Durch Integration von Winkelsensoren in den Lagerstellen kann die Positionsänderungen zwischen Rad und Aufbau gemessen werden. Die Sensorintegration Kugelgelenken erlaubt prinzipiell die Erfassung von Lenk- und Federbewegungen, während die Integration von Wegsensoren in Gummilagern theoretisch die Bestimmung der Lenkkräfte erlaubt und die Messung des Winkels

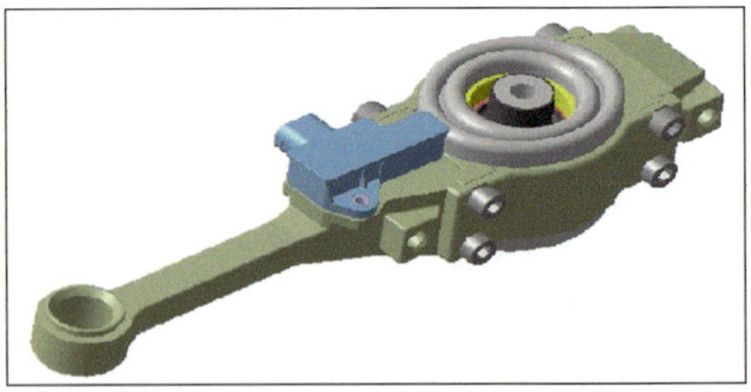

Abb. 16.31 Aktives Spurstangenlager [43]

16

zur Bestimmung des Federwegs herangezogen werden kann.

Grundsätzlich sind zwei Varianten zu unterscheiden: Die Messung von Deformationen zur Kraftbestimmung und die Messung von Winkeln zur Einfederwegbestimmung. Im Bereich der Sensor-Kugelgelenke wurden in den letzten Jahren mehrere Lösungen patentiert [44].

Als Messprinzip kommen Hall- oder magnetoresistive Sensorsysteme zum Einsatz. ◘ Abb. 16.32 zeigt ein intelligentes Lager (hier ein Kugelgelenk) mit integriertem Winkelmesssystem der beiden Kippbewegungen. Die neuen Sensorchips haben einen integrierten ASIC, mit dessen Hilfe aus den gemessenen Winkelwerten auch die Geschwindigkeiten berechnet werden können.

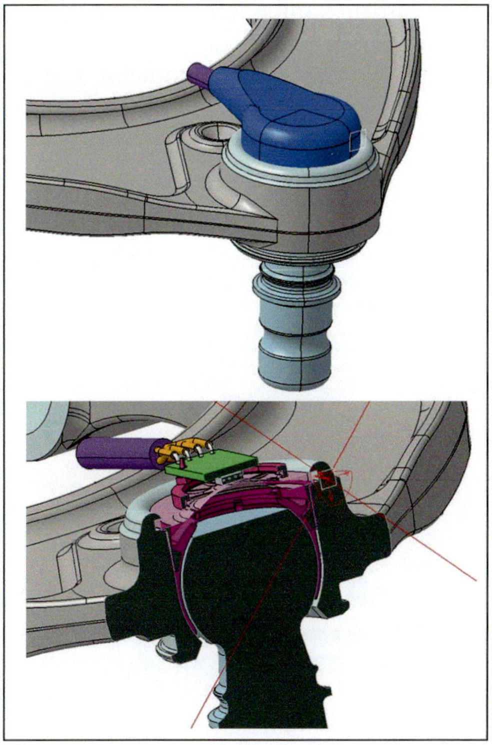

◘ **Abb. 16.32** Kugelgelenk mit Sensor: Sensor und Auswerteelektronik sind in einem ASIC untergebracht [44]

So lässt sich mit einem Sensor sowohl der Radhub als auch die Einfedergeschwindigkeit messen, die man zum Beispiel für Sky-Hook-Algorithmen braucht.

16.4 Elektronische Querdynamiksysteme

Metin Ersoy, Carsten Hoffmann und Jens Vortmeyer

Querdynamik ist die Domäne für die Fahrzeugstabilisierung. Die Fahrwerkmodule Stabilisatoren, Lenkung und Bremse sind die für diese Aufgabe zuständig. Zu den Querdynamiksystemen zählen daher Stabilisatoren (s. ► Kap. 9.3.3), Vorder- und Hinterradlenkungen (s. ► Kap. 8) sowie Bremseingriffe (s. ► Kap. 7). Auch durch verstellbare Kinematik der Aufhängung (wie z. B. Sturzänderung) wird die Querdynamik beeinflusst.

Diese unterschiedlichen Systeme werden in folgenden beschrieben. Indirekte Beeinflussung der Querdynamik ist aber auch durch Verlagerung der vertikalen Radlasten möglich. Sie wurden bereits in Längs- und Vertikaldynamik (► Abschn. 16.2 und 16.3) diskutiert.

16.4.1 Wankstabilisierungssysteme

Wankstabilisierungssysteme erfüllen gegenüber konventionellen Stabilisatoren aktiv mehrere Funktionen:

der ***Karosserieneigung*** besonders bei Kurvenfahrten.

des ***Gierverhaltens*** durch Eigenlenkverhaltens

guter ***Aufbaustabilisierung*** bei Geradeausfahrten.

Wie bei den anderen Systemen können auch die Stabilisatoren passiv, adap-

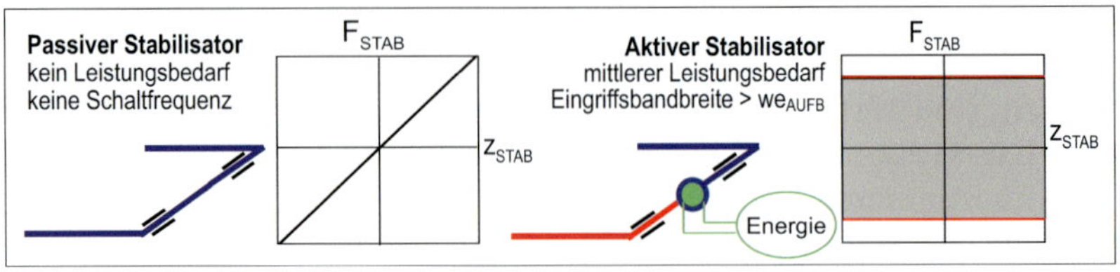

Abb. 16.33 Morphologie Stabilisatorsysteme: passiver (links) und aktiver (rechts) Stabilisator

tiv, semiaktiv oder vollaktiv arbeiten, die in ► Abschn. 9.9 ausführlich beschrieben sind.

Ein passives Federsystem (Abb. 16.33 links) kann eine aufgenommene kinetische Energie zeitweise speichern und dann wieder abgeben. Die von dem System aufgebrachten Gegenkräfte können nicht geregelt werden, sondern resultieren aus den Relativbewegungen, die sich je nach Fahrmanöver einstellen. Durch eine steife Feder würde der Aufbau zwar weniger wanken, jedoch hätte man eine harte, unkomfortable Fahrzeugabstimmung. Mit aktiven Systemen lassen sich zwischen dem Aufbau und dem Fahrwerk je nach Bedarf Kräfte und Momente einleiten und gewünschte Stellwege erzeugen (Abb. 16.33 rechts). Diese Kräfte sind nicht mehr die Folge von Aufbaubewegungen, sondern sind Funktionen beliebiger Variablen wie z. B. Querbeschleunigung oder Wankwinkel.

Aktive Systeme sind auf Fremdenergie angewiesen. Sie haben dafür den Vorteil, dass man keine Kompromissabstimmung finden muss, sondern die Abstimmung den Anforderungen anpassen kann.

16

In diesem Abschnitt wird lediglich als Beispiel der Funktionsweise hydraulisch aktiver Stabilisatoren *Dynamic Drive* von BMW erläutert.

16.4.1.1 Dynamic Drive von BMW

„Dynamic Drive" ist ein elektronisches Wankstabilisierungssystem zur aktiven Beeinflussung der Aufbauwankneigung sowie des Fahrzeug-Eigenlenkverhaltens. Neben der Verbesserung der Fahrsicherheit trägt das System, zur Komfortsteigerung bei.

Bei Aktivierung des Stabilisators werden die beiden Hälften eines herkömmlichen Torsionsstabilisators relativ zueinander verdreht und leiten ein rückstellendes Moment in den Aufbau ein. Somit kann eine Reduzierung – bis hin zur vollständigen Ausgleich- des Wankwinkels dargestellt werden (Abb. 16.34).

Außerdem kann durch die fahrzustandsabhängige Verteilung des Stützmomentes zwischen Vorder- und Hinterachse das Ei-

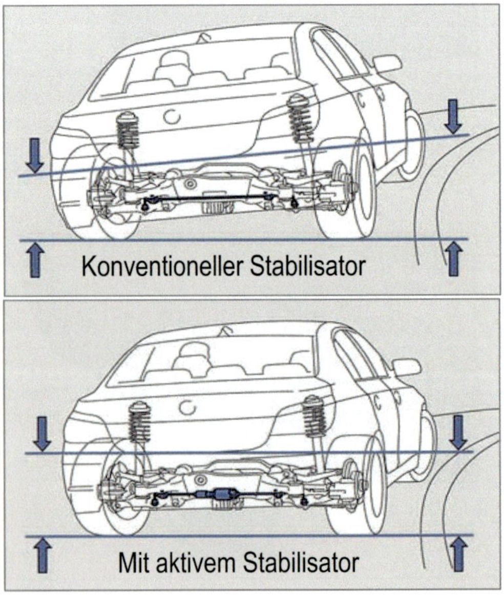

Abb. 16.34 Beeinflussung des Wankverhaltens durch Aktive Stabilisator [46]

genlenkverhalten des Fahrzeugs innerhalb gewisser Grenzen geregelt werden.

Ziele des Systems sind im Einzelnen [45]:

- Reduktion/Kompensation Aufbauwankbewegung,
- Verbesserung des Geradeauslaufs (wenig Wanken),
- Verminderung von Lastwechselreaktionen bei Kurvenfahrt, Verbesserung der Lenkwilligkeit (Geardynamik), Reduktion der Kopierbewegung,
- Beibehaltung des vollen Federwegs in der Kurve,
- Traktionsgewinn der Antriebsachse(n).

Die Diagramme in ◘ Abb. 16.35 zeigen der Wankwinkel mit und ohne Dynamic Drive bei einer stationären Kreisfahrt ($R=40$ m links, $R=105$ m rechts) dargestellt. In einem Querbeschleunigungsbereich bis 4 m/s2 wird der Wankwinkel bis auf null Grad reduziert.

Bei höheren Querbeschleunigungen wird ein geringer Wankwinkel zugelassen, um den Fahrer über die Annäherung an den Grenzbereich zu warnen.

Zu Erfüllung dieser Aufgaben wird ein Drehmoment bedarfsgerecht über die Schwenkmotoren in die Stabilisatorhälften eingeleitet. Der dafür notwendige Ölvolumen wird mit Vorzug des Vorderachs-Schwenkmotors von einem zentralen Ventilblock zugeteilt.

Bei Fahrbahnanregungen und Geradeausfahrt sollen nur geringe Kräfte in den Aufbau eingeleitet werden, dazu wird der Schwenkmotor freigeschaltet, d. h., die beiden Stabilisatorhälften sind (hydraulisch) entkoppelt.

Das System (◘ Abb. 16.36) besteht aus einer hydraulischen Energieversorgung durch eine motorgetriebene Tandempumpe und einem zentralen Ventilblock mit integrierter Sensorik (Druck und Schaltstellung).

Der Ventilblock (◘ Abb. 16.37) beinhaltet eine unterlagerte hydromechanische Druckregelung. Die überlagerte Regelung

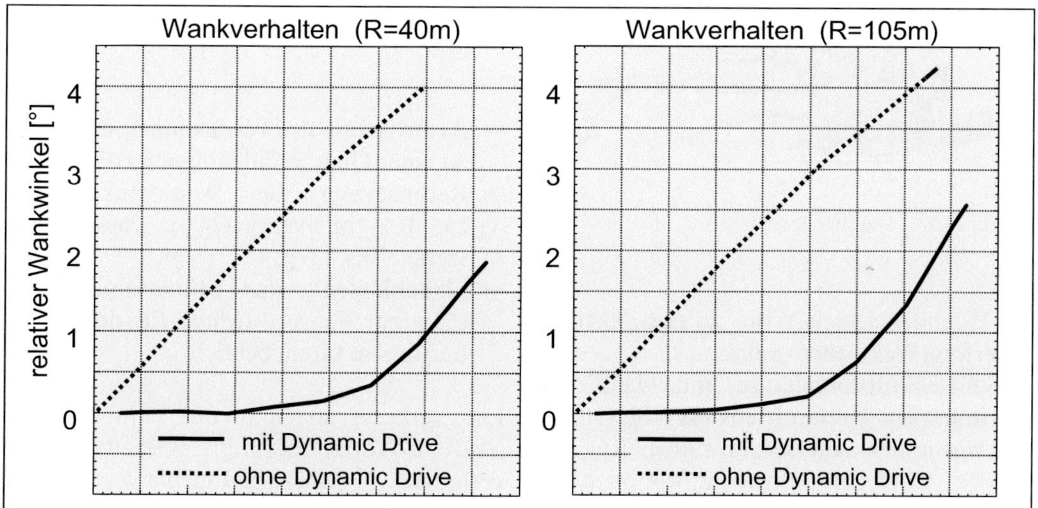

◘ **Abb. 16.35** Beeinflussung des Wankverhaltens [45]

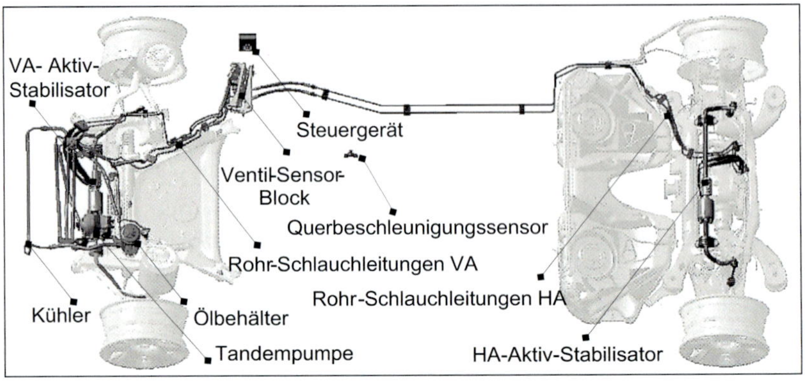

Abb. 16.36 Systemaufbau Dynamic Drive [45]

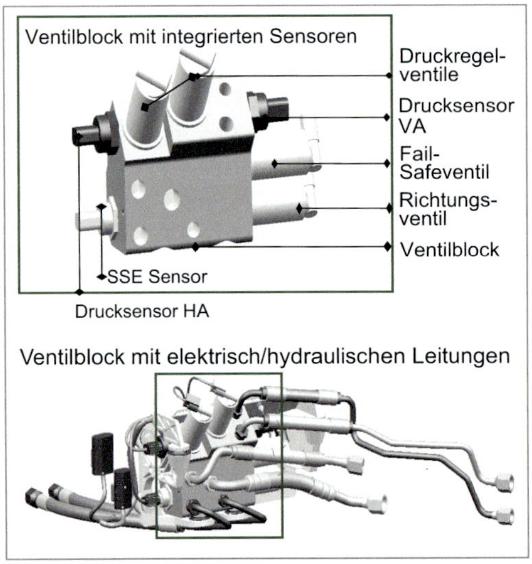

Abb. 16.37 Ventilblock [45]

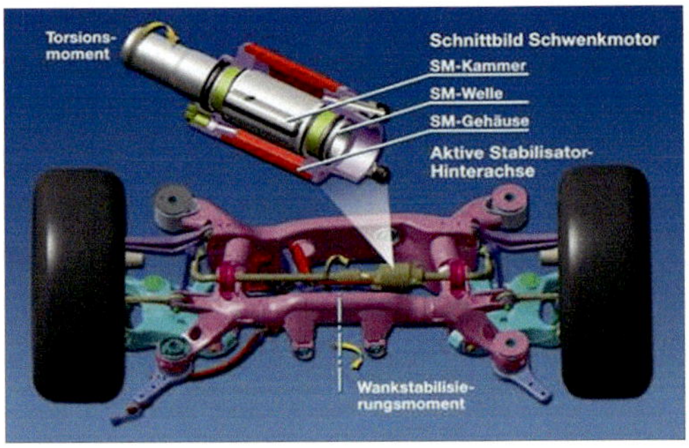

Abb. 16.38 Schwenkmotor [45]

des Hochdruckkreises hin zu den Aktutoren erfolgt elektrohydraulisch.

Schwenkmotorgehäuse und -welle des hydraulischen Drehantriebs (Abb. 16.38) sind mit jeweils einer Stabilisatorhälfte verbunden. Über den Schwenkmotor wird die notwendige Torsionsmoment eingeleitet.

Die Regelstrategie baut sich auf folgenden Grundsätzen:

- Reduzierung des Wankwinkels auf 0° bis zu einer Querbeschleunigung von 0,3 g,
- Reduzierung des Wankwinkels um ca. 80 % im Vergleich zu Passiv-Fahrwerken bis 0,6 g,
- „Nachlassen" der Stützmomente ab 0,6 g zur Fahrerwarnung für der Annäherung an Grenzbereich.

Die Verbesserungen in der Fahrsicherheit (Aufbau-Horizontierung, Geradeauslaufverhalten, Fahrzeug-Eigenlenkverhalten) und Komfortsteigerung erfolgt im Vergleich zu anderen Vollaktiv-Fahrwerkkonzepten mit:

- relativ geringem Energieeinsatz,

- günstigem Fail-Safe-Verhalten,
- als Option für passives Serienfahrwerk.

Bei Fahrbahnanregungen und Geradeausfahrt sollen nur geringe Kräfte in den Aufbau eingeleitet werden, dazu wird der Schwenkmotor freigeschaltet, d. h., die beiden Stabilisatorhälften sind (hydraulisch) entkoppelt.

Ab 2015 hat BMW den Hydraulische Aktuator durch Elektrische ersetzt, zuerst von Schaeffler und dann von ZF.

16.4.2 Lenkstabilisierungssysteme

Wirkungsvollste Querdynamikbeeinflussung lässt sich durch die Lenkung erzielen. Die Lenkung lässt sich außerdem bei Elektrolenkungen relativ einfach aktiv steuern und somit zahlreiche Funktionen zulassen.

Da es neben die Vorderräder auch die Hinterräder aktiv gelenk werden können, werden in den nächsten Abschnitten die beiden elektronische Systeme betrachtet.

16.4.2.1 Vorderradlenkung

Die Aufgaben eines Vorderrad-Lenksystems können in notwendige und zusätzliche unterteilt werden.

Die notwendigen Aufgaben sind:

- die Kursregelung und
- die Rückmeldung des Fahrzustands bzw. des Fahrbahnzustands über das Lenkmoment.

Die Lenkung ist direkt in den Regelkreis Fahrer-Fahrzeug integriert und stellt somit einen zentralen und wichtigen Bestandteil des Regelkreises dar. Die notwendigen Aufgaben werden bereits durch passive bzw. Semiaktive Vorderradlenkungen erfüllt.

Aktiv-Lenkungen können außerdem die folgenden zusätzlichen Aufgaben erfüllen:

- Fahrerwarnung durch Lenkradvibrationen bei kritischen Situationen (z. B. beim Spurverlassen),
- Fahrerunterstützung bei der Fahrzeugführung, Fahrerwarnung durch Lenkradvibrationen bei kritischen Situationen (z. B. beim Spurverlassen),
- Fahrerunterstützung bei der Fahrzeugführung,
- Fahrerunterstützung bei der Fahrzeugstabilisierung,
- autonomes Fahren.

■ Elektrolenkung

Heute haben fast alle Fahrzeuge eine elektromechanische Lenkung (*Electric Power Steering,* EPS), bei der das Unterstützungsmoment durch einen Elektromotor zur Verfügung gestellt wird. Bei schweren Luxusfahrzeugen ist ein 48 V Bordnetz erforderlich, der bei Hybrid- und Elektroantrieben verfügbar ist [47].

Elektrolenkung lässt sich aktiv steuern und ermöglicht vielseitige elektronische Funktionen (s. ► Abschn. 8.4).

■ Überlagerungslenkung

Eine aktive Beeinflussung des Vorderradwinkels und damit eine realisierbare Funktionserweiterung stellt die Überlagerungslenkung dar, welche bereits bei Premiummodellen in Serie eingesetzt wird (s. ► Abschn. 8.5).

Dabei wird abhängig vom Fahrerlenkwinkel und den fahrdynamischen Größen des Fahrzeugs aktiv über einen Stellmotor ein Zusatzlenkwinkel gestellt.

Die drei in Serie laufenden Ausführungen sind das System von Audi (◘ Abb. 16.39) [48] „Dynamiklenkung", von BMW (◘ Abb. 16.40) [49] „Aktivlenkung" und von Lexus „Variable Gear Ratio Steering" (VGRS) [33]. Diese sind in ► Abschn. 8.5.3 ausführlich beschrieben.

Der Einsatz dieser Lenkungsart lässt in Kombination mit weiteren mechatronischen Fahrwerksystemen unterschiedliche und vielfaltige komfort- und sicherheitsrelevante Funktionen zu realisieren (◘ Tab. 16.5 [50]).

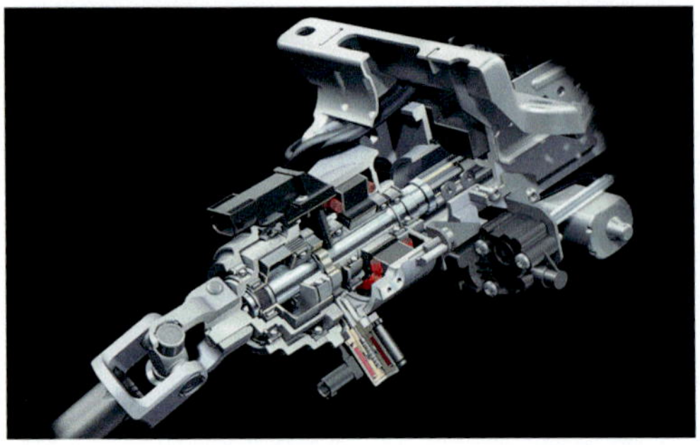

■ Abb. 16.39 Überlagerungslenkung (Dynamic Steering) von AUDI [48]

■ Tab. 16.5 Komfort- und sicherheitsrelevante Funktionen von Überlagerungslenkungen

Komfort	Sicherheit
Vorhaltelenkung	Gierratenregelung
Einparkhilfe	Schwimmwinkelregelung
Variable Lenkübersetzung	Giermomentkompensation
	Anhängerstabilisierung

16.4.2.2 Hinterradlenkung

Bei den ersten aktiven Hinterradlenkungen stand die Erhöhung der Wendigkeit im Vordergrund. Die Ergebnisse wiesen auf geringe erforderliche Radlenkwinkel an der Hinterachse zur Stabilitätserhöhung hin. Während diese zunächst als reine Steuerung zur Verbesserung des querdynamischen Fahrverhaltens ausgeführt waren, sind in den letzten Jahren auch Lösungen zu finden, die um eine Regelung erweitert sind und so auch Störungen wie z. B. Seitenwind kompensieren können [51–53].

Bei den aktiven Hinterradlenkungen ist zwischen gleich- und gegensinnigem Lenkeinschlag zu differenzieren [54]. Während der gegensinnige Lenkeinschlag zu einer erhöhten Manövrierbarkeit des Fahrzeuges führt, wird durch die gleichsinnige Lenkung, die Fahrstabilität verbessert. Durch das gleichsinnige Mitlenken der Hinterachse wandert der momentane Drehpol des Gesamtfahrzeugs nach hinten, was dem gleichen Drehpol eines Standardfahrzeugs mit einem längeren Radstand entspricht [55] (■ Abb. 16.41).

Die Maximallenkwinkel liegen zwischen 0,5° und 6°. Größere Lenkwinkel über 5° werden dabei besonders beim Langlimousinen zur Minimierung des Wendekreisdurchmessers vorgesehen [56].

Im Wesentlichen gibt es drei Grundtypen der Hinterradlenkungsregelungen [57]:

- lenkwinkelproportionale Hinterradlenkung,

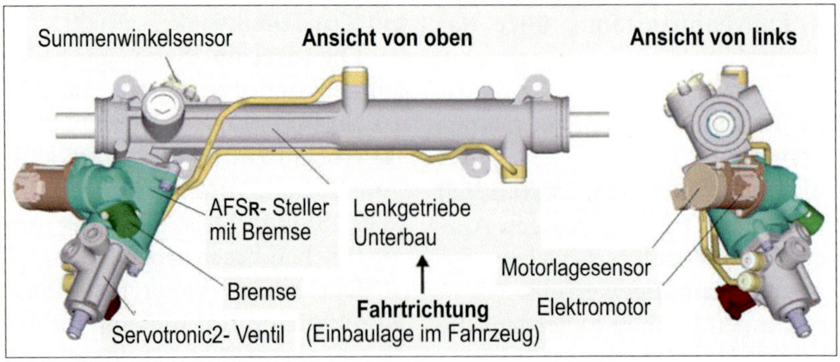

■ Abb. 16.40 Überlagerungslenkung (Dynamik Lenkung) von BMW [49]

16

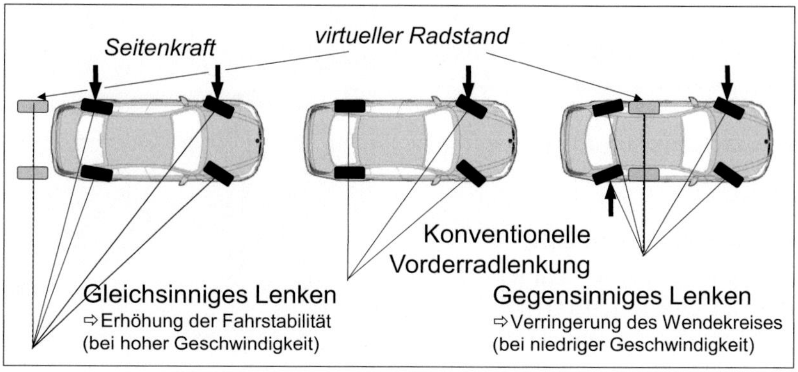

Abb. 16.41 Gleich- und gegensinniger Lenkeinschlag [55]

- Schwimmwinkel kompensierende Hinterradlenkung,
- Geregelte Hinterradlenkung.

▪ Lenkwinkelproportionale Hinterradlenkung

Diese Steuerungsart ist dadurch gekennzeichnet, dass sich der Lenkwinkel an der Hinterachse stets in Phase mit dem Lenkwinkel an der Vorderachse befindet:

$$\delta_H = k_P \cdot \delta_V \qquad (16.6)$$

Hierbei ergibt sich die folgende Vorzeichendefinition für den Koeffizienten k_p:

$k_p > 0$ – gleichsinniges Lenken der Hinterräder,

$k_p = 0$ – kein Lenken der Hinterräder,

$k_p < 0$ – gegensinniges Lenken der Hinterräder.

Ein fester Wert für $k_p$ist nicht akzeptabel, da für eine Erhöhung der Fahrstabilität und eine Verbesserung der Manövrierbarkeit jeweils unterschiedliche Werte notwendig sind. Daher wird eine Veränderbarkeit des Faktors k_p entweder über der Fahrgeschwindigkeit oder über der Größe des Lenkradwinkels vorgesehen.

▪ Schwimmwinkelkompensation

Eine weitere Möglichkeit zur Beeinflussung des Fahrverhaltens ist die Kompensation des Schwimmwinkels [58, 59]. Hierbei wird der Wert für k_P so gewählt, dass sich ein Schwimmwinkel von Null einstellt.

▪ Geregelte Hinterradlenkung

Die Güte des Ergebnisses bei der Schwimmwinkelkompensation hängt von der Übereinstimmung der angenommenen Parameter mit den tatsächlich existierenden Parametern ab. Störungen auf das Fahrzeug werden hierbei ebenfalls nicht berücksichtigt. Derartige Nachteile können durch eine Regelung vermieden werden. Eine Regelung des Schwimmwinkels ist allerdings aufgrund der Schwierigkeiten bei der Messung des Schwimmwinkels nicht ohne weiteres zu realisieren.

Nach [56] leistet eine Regelung der Gierwinkelgeschwindigkeit (Gierrate) ähnlich gute Ergebnisse. Hierzu wird aus dem Fahrerlenkwinkel und der Fahrzeuggeschwindigkeit eine Soll-Gierwinkelgeschwindigkeit berechnet und mit der gemessenen Ist-Gierwinkelgeschwindigkeit verglichen. Proportional zur Abweichung zwischen Soll- und Ist-Gierwinkelgeschwindigkeit wird an der Hinterachse ein Winkel gestellt.

Viele in Serie geführte Systeme wurden m ► Abschn. 8.7 vorgestellt, die hier nicht erneut erläutert werden, Hier wird nur am Beispiel BMW Integral Aktivlenkung die Funktionen der Hinterradlenkung beschrieben.

■ **Integral Aktivlenkung von BMW**

BMWs elektromechanische Hinterradlenkung arbeitet mit einem zentralen Elektroaktuator, welcher die beiden Hinterräder bis zu 3° aktiv lenkt (◘ Abb. 16.42) [60]. Sie dient zur Verbesserung der aktiven Fahrsicherheit im gesamten Bereich möglicher Lenkmanöver. Der kleine Lenkwinkel der Hinterräder reduziert den Wendekreisradius um 6 % (33 cm) [61] und damit die Manövrierbarkeit beim Parken (◘ Abb. 16.43).

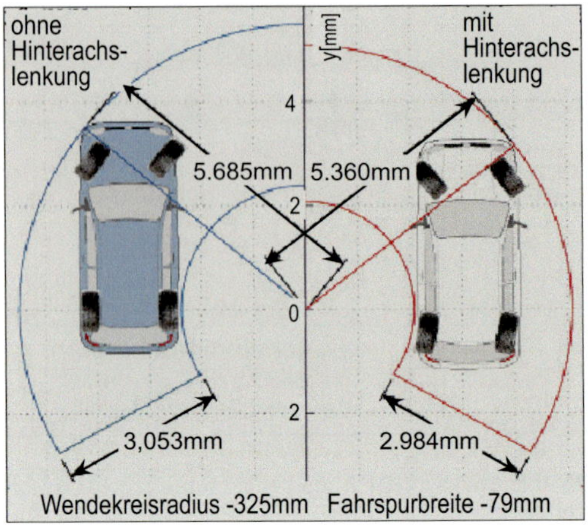

◘ **Abb. 16.43** Wendekreisreduzierung um 6 % [61]

Integral Aktivlenkung vernetzt die Überlagerungs- und Hinterradlenkung miteinander, um das Fahrdynamikpotential weiter zu erhöhen (◘ Abb. 16.44). So kann z. B. die Durchfahrtgeschwindigkeit im ISO-Spurwechsel um 11 % auf Sportwagenniveau gesteigert werden.

Die Kurven in ◘ Abb. 16.45 stellen die stationäre Gierwinkelverstärkung über der Geschwindigkeit für fünf unterschiedliche Systeme gegenüber. Drei Kurven repräsentieren konventionelle Fahrzeuge mit sportlicher, normaler und gutmutiger Abstimmung.

Die vierte Kurve zeigt das Fahrzeug nur mit der Hinterradlenkung und die fünfte das Verhalten der Integral Aktivlenkung. Das Fahrzeug mit Hinterradlenkung (Kurve 4) verhält sich bei niedrigen Geschwindigkeiten wie ein sportlich abgestimmtes, bei hohen Geschwindigkeiten jedoch wie ein gutmütig abgestimmtes Fahrzeug, was allerdings als träge empfunden werden kann

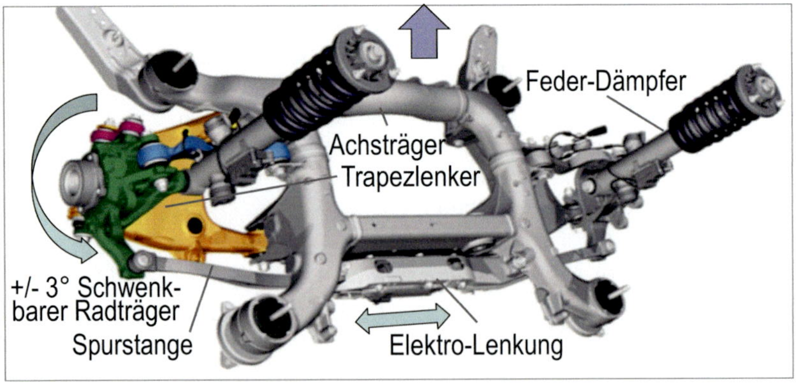

◘ **Abb. 16.42** Hinterradlenkung der 5er BMWs (Bj.2009)

16

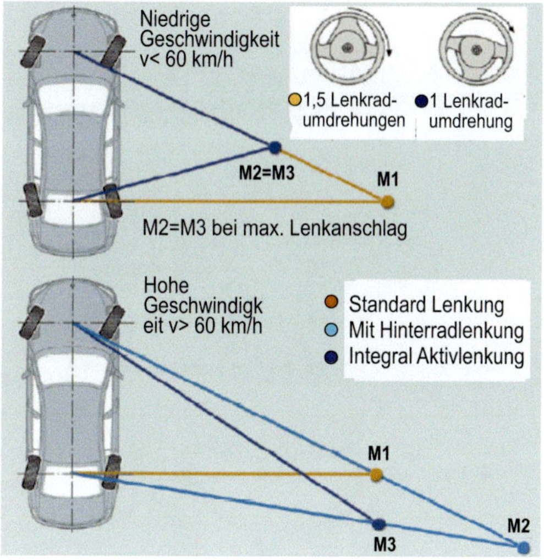

Abb. 16.44 Verlagerung des Momentanpols bei langsamer und schneller Fahrzeuggeschwindigkeit [61]

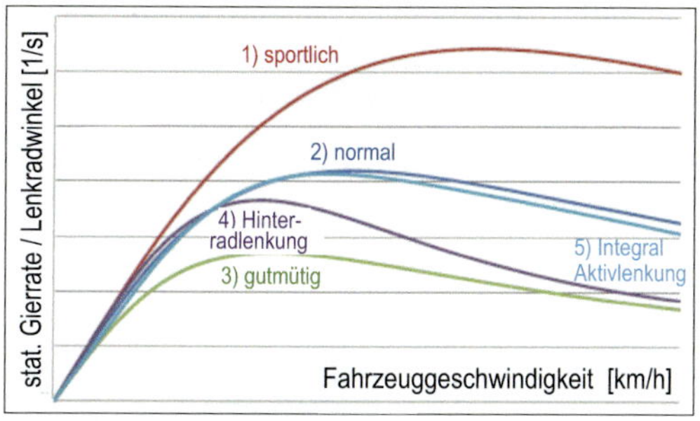

Abb. 16.45 Gierratenverstärkung unterschiedlicher Fahrzeuge im Vergleich zu Integral Aktivlenkung [49]

[50]. Die Integral Aktivlenkung verbessert das Fahrdynamikverhalten auch bei hohen Geschwindigkeiten ohne Beeinträchtigung der Fahrsicherheit (Kurve 5).

Die Integral Aktivlenkung bietet folgende Funktionen:

- Variable Lenkübersetzung: für jede Fahrgeschwindigkeit die jeweils optimale Lenkübersetzung,
- Variable Lenkkraft: optimale Anpassung der Lenkkraft an die Geschwindigkeit und Lenkübersetzung,
- Wendekreisreduzierung,
- Fahrzeugstabilisierung: Fahrdynamikverhalten verbessert, Häufigkeit und Dauer der ESP Eingriffe reduziert,
- Kompensation von Störungen: z. B. Bremsmanöver auf µ-split verbunden mit einer Bremswegverkürzung, da die Giermomentenabschwächung des Bremssystems reduziert werden kann [62].

Wenn eine Elektrolenkung vorhanden ist, kann dieser natürlich ohne Mehrkosten auch die Funktionen der Überlagerungslenkung übernehmen.

Aktive Kinematik

Auch durch die aktive Verstellung der Radkinematik lässt sich die Querdynamik beeinflussen. Im Folgenden werden beispielhafte Konzepte vorgestellt, die sich jedoch nicht in Serieneinsatz geschaffen konnten.

F300 Life-Jet

F300 Life-Jet als Konzeptfahrzeug entstand in Zusammenarbeit der RTWH Aachen und Mercedes in1997.

Der Wankfreiheitsgrad des Aufbaus wird durch entgegengesetzt gleiches Anheben und Absenken der Vorderräder erzielt. Der Kurvenneiger ist mit einer Achskinematik versehen, die es ermöglicht, den kompletten Fahrzeugaufbau bei Kurvenfahrt zur Innenseite hin zu neigen. Somit werden die Räder der Vorderachse ständig etwa parallel zum Fahrzeugaufbau gehalten.

Das Fahrzeug nutzt Motorradreifen, da an allen drei Rädern absolute Sturzwinkel auftreten, die ca. dem Fahrzeugwankwinkel von bis 30° entsprechen [63].

Der Grundgedanke ist, die Federbeine nicht direkt am Aufbau zu befestigen, sondern über je einen „Federlenker“ gelenkig am Aufbau anzulenken. Diese Federlenker stützen sich über eine Pendelstütze gegenseitig ab, um die statischen Radlasten links und rechts als innere Kräfte abzuleiten. Daher kann der gesamte Verbund aus Federlenkern und Federbeinen mit vergleichsweise geringem Kraftaufwand geschwenkt werden.

Die Folge ist, dass je nach Betätigungsrichtung ein Rad abgesenkt und das andere angehoben wird; dadurch neigt sich das Fahrzeug zur Seite (◘ Abb. 16.46) [63].

Die aktive Wanksteuerung ATC *(Active Tilt Control)* legt den F300 durch einen hydraulischen Steller in die Kurve und stabilisiert somit das Fahrzeug bei Kurvenfahrt durch eine Schwerpunktverlagerung zur Kurveninnenseite, d. h., es wird ein Moment aufgebaut, das dem aus der Fliehkraft resultierenden Kippmoment entgegenwirkt (◘ Abb. 16.47). Der Hydraulikzylinder wird in Abhängigkeit der Querbeschleunigung gesteuert.

◘ Abb. 16.47 Prototyp eines Fahrzeugs mit selbsttätiger Kurvenneigung (F300 Life-Jet von Daimler) [63]

- **F400 Carving**

Das in 2001 vorgestellte Konzeptfahrzeug F400 Carving von Mercedes war mit einer aktiven Sturzverstellung ausgerüstet, welche die Räder bis zu einem Sturzwinkel von 20° neigen kann. Der F400 verfügt über Spezialreifen, die eine asymmetrische Lauffläche haben (◘ Abb. 16.48). Hierdurch können bei Geradeausfahrt das Laufgeräusch und der Rollwiderstand verringert werden, da in diesem Fall lediglich die äußere, härtere Reifenlauffläche Kontakt zur Fahrbahn hat. Befährt das Fahrzeug eine

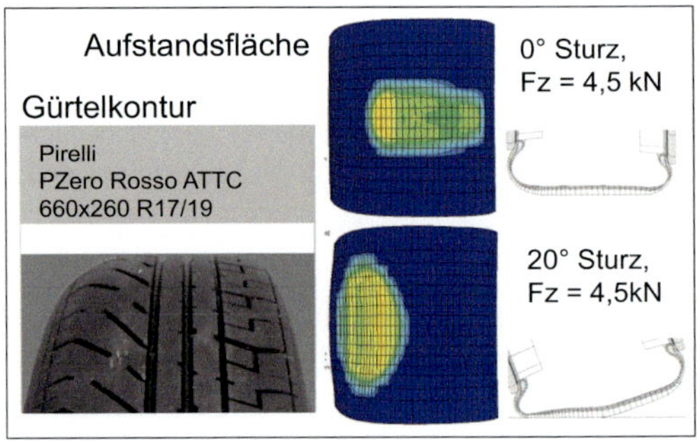

◘ Abb. 16.48 Asymmetrischer Reifen und FE-Berechnung der Latschdruckverteilung [64]

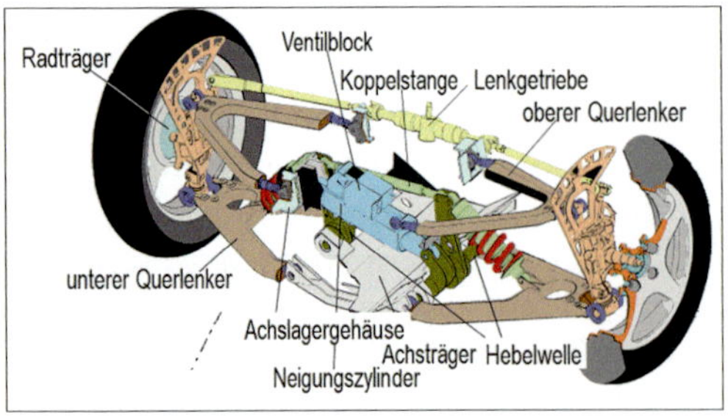

◘ Abb. 16.46 Achskonzeption: Doppelquerlenkeraufhängung mit überlagerter Neigungskinematik [63]

Kurve, so kommt eine innere, leicht gewölbte und weichere Lauffläche durch die Sturzverstellung zum Einsatz [64].

Beim ATTC *(Active Tire Tilt Control)* ist der Radträger zweiteilig. Ein Teil besteht aus dem Systemträger, der mit den Radführungslenkern und der Spurstange verbunden ist und der andere trägt die Radnabe mit der Bremse. Ein Hydraulikzylinder schwenkt den Radträger gegenüber dem Systemträger um den vom Fahrdynamiksteuergerät vorgegeben Sturzwinkel (◘ Abb. 16.49).

Durch das ATTC-Konzept am F400 können die folgenden Funktionen dargestellt werden [64]:

- **Erhöhung der möglichen Querbeschleunigung:** Durch die unterschiedlichen Reifenmischungen erreicht der F400 eine Querbeschleunigung 1,28 g.
- **Verbesserte ESP-Funktion:** Unterstützung des Bremseneingriffs durch gezielte Einstellung des Radsturzes. So wird in einem übersteuernden Fahrzustand die Seitenkraft an der Hinterachse durch ein gestürztes Rad erhöht und das Fahrzeug stabilisiert.
- **Fahrdynamische Hinterradlenkung:** Da Seitenkräfte nicht nur durch Schräglaufwinkel, sondern auch durch Sturzwinkel erzeugt werden können, bietet sich die Möglichkeit, durch die Stürzung der Hinterräder zusätzlich das Fahrzeugverhalten zu beeinflussen.
- **Bremswegreduktion:** Zusätzlich lassen sich bei einer Notbremsung alle vier Räder schräg stellen und somit durch die weichere Gummimischung der inneren Lauffläche einen höheren Kraftschluss erreichen. Damit ist eine Bremswegverkürzung bei einer Ausgangsgeschwindigkeit von 100 kmh um bis zu 5 m möglich.

■ Optimised Contact Patch (OCP)

Bei einer Kurvenfahrt erfährt das kurvenäußere Rad bei konventionellen Fahrwerken einen positiven und das kurveninnere Rad einen negativen Sturz, wodurch das Seitenkraftpotenzial der Räder nicht voll ausgenutzt und mehr Verschleiß produziert wird.

Der Auslegung herkömmlicher Fahrwerke sind hier jedoch Grenzen gesetzt. Wird für ein eingefedertes Rad durch die Radkinematik ein zu großer Sturzwinkel vorgegeben, so entsteht für ein vollbeladenes Fahrzeug ein zu großer Reifenverschleiß, eine erhöhte Sensitivität auf unebene Straßen und schlechte Bedingungen für die Dauerfestigkeit des Reifens (◘ Abb. 16.50).

Neben der Möglichkeit, den Sturzwinkel aktiv zu beeinflussen, hat Michelin unter der Bezeichnung „Optimised Contact Patch System“ (OCP-System) ein Radaufhängungssystem entwickelt, wodurch die gleichzeitige Neigung der Reifen an der Kurveninnenseite unter Einwirkung der Sei-

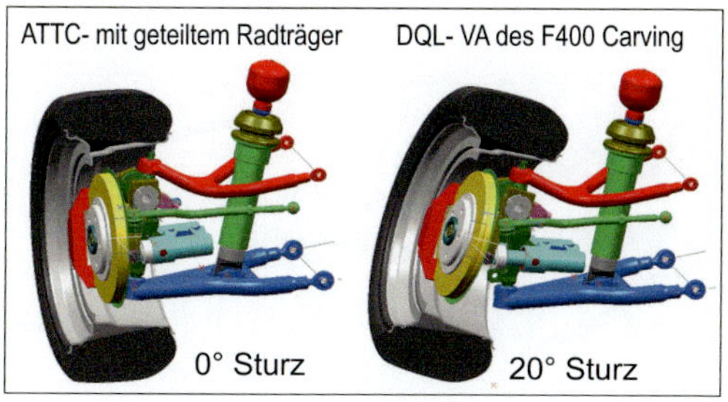

◘ **Abb. 16.49** Radführung der F400-Vorderachse mit aktiver Sturzverstellung [64]

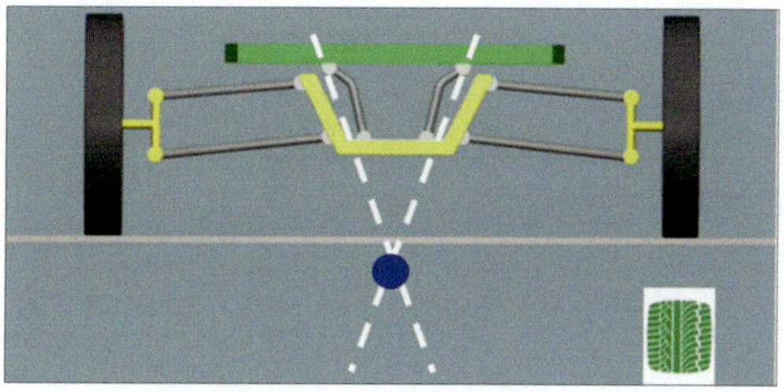

◘ **Abb. 16.50** OCP-Konzept Drehpol unter Fahrbahn [65]

◘ Abb. 16.51 OCP-Konzept bei einer 4-Lenker-Achse [65]

tenkraft möglich ist. Diese Funktion wurde durch das Hinzufügen eines zusätzlichen Freiheitsgrades an der Achse ermöglicht (◘ Abb. 16.51). Das OCP-System beruht auf einer Kinematik, die einen virtuellen Drehpunkt unterhalb der Fahrbahn schafft. Das mechanische System selbst wird an einer herkömmlichen Aufhängung befestigt [65, 66].

Dieses Prinzip (Drehpol unter der Fahrbahn) ist unabhängig von der Achsentechnologie und kann somit bei einer Vorderachse (z. B. Mc-Pherson, ◘ Abb. 16.52 links) sowie bei einer Hinterachse (z. B. Doppelquerlenker-Achse, ◘ Abb. 16.52 rechts) und bei angetriebenen oder nicht angetriebenen Achsen eingesetzt werden. Dies hilft das Potenzial des Reifens bezüglich Haftung, Rollwiderstand und Verschleiß optimal auszunutzen.

- **Aktive elektrische Sturzverstellung mit Exzenter**

Mit der Tendenz zur Schmalen Spritsparreifen wird es wichtiger Fahrzeugs Querstabilität zu verbessern. Eine Sturzverstellung in der Kurve wäre eine Lösung dazu.

Eine von mehreren Universitäten in Japan entwickelte Lösung sieht einen Exzenter vor, der mit einem Elektromotor und Planetgetriebe (Untersetzung 49:1) für den Sturz verantwortlichen oberen Lenker bis zu -4° Sturzwinkel nach innen zieht.

◘ Abb. 16.53 illustriert CAD Bild des Systems integriert in einer Mehrlenker-Hinterachsaufhängung. Innere Lagerauge des

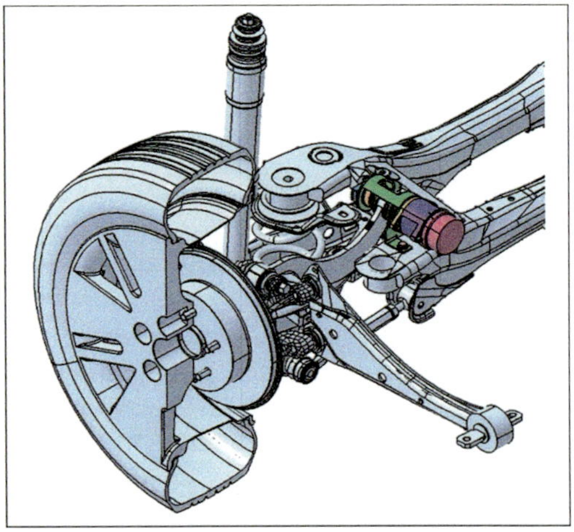

◘ Abb. 16.53 Elektromechanische Aktive Sturzverstellung mit einem Exzenter [67]

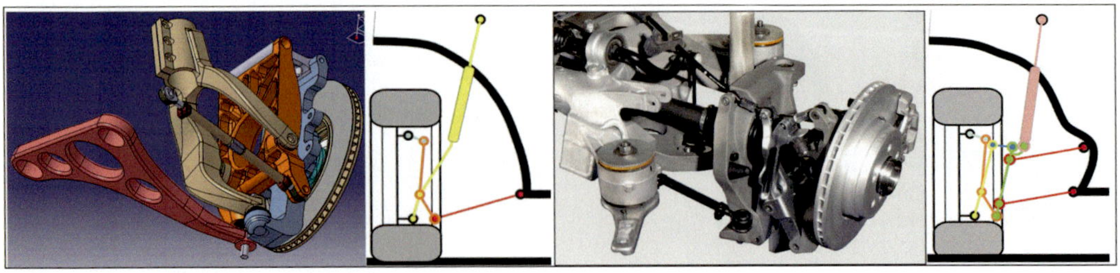

◘ Abb. 16.52 OCP-Konzept in McPherson- (links) und Doppelquerlenkeraufhängung (rechts) integriert [66]

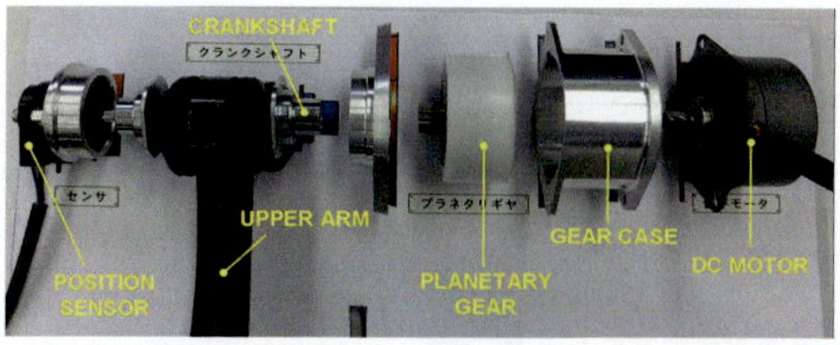

Abb. 16.54 Elektromechanische Stellereinheit zur Sturzverstellung mit einem Exzenter [67]

Lenkers wird in dem Exzenter geführt und der gesamte Steller in dem Achsträger befestigt. **Abb.** 16.54 zeigt den zerlegten Aufbau des Stellers [67].

16.5 Gegenüberstellung der Fahrdynamiksysteme

Metin Ersoy

Wie aus diesem Kapitel hervorgeht, gibt es eine sehr große Vielzahl von Fahrdynamiksystemen. Jedes System hat seine Stärken und Schwächen.

Abgesehen von fahrsicherheitsrelevanten bremsenbasierten Systemen (ABS, ESP usw.), die ineinander integriert kostengünstig herstellbar sind, werden einige der anderen Systeme wegen den hohen Kosten nur in oberen Fahrzeugklassen serienmäßig eingebaut. Jedoch auch bei Premium-Fahrzeugen lassen sich nicht alle Systeme gleichzeitig

● Vollwirksam ◑ Teilwirksam	Semiaktiv Dämpfer	Aktiv Wank-stabilisator	Luft-federung	Aktiv Motor-dämpfer	Torque Vektoring
NVH	◑		◑	◑	
Wanken	◑	●	◑		
Nicken	◑		◑		
Radlast-schwankunge n	◑	◑	◑	◑	
Traktion	◑	◑	◑	◑	◑
Stabilität		◑		◑	◑
Lenkverhalten	◑	◑	◑		◑
A_{max} Potential		◑			◑

Abb. 16.55 Gegenüberstellung der Querdynamikregelsysteme [68]

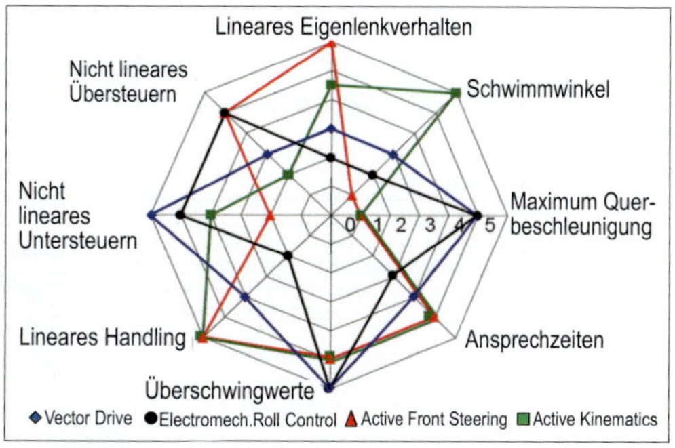

Abb. 16.56 Gegenüberstellung der Querdynamikregelsysteme [69]

	Brems-funktion	Traktion	Agilität	Stabili-sierung	Fahrer-komfort	Fahr-komfort
ESP Premium	🙂	😐	😐	🙂	😐	⊗
Active Front Steering	⊗	⊗	🙂	😐	🙂	⊗
Elektrische Lenkung	⊗	⊗	☹	☹	😐	⊗
Hinterachs-lenkung	⊗	⊗	🙂	😐	😐	⊗
Torque Vectoring	⊗	🙂	😐	☹	⊗	⊗
Active Roll Control	☹	☹	😐	☹	⊗	🙂
CDC	☹	☹	☹	☹	⊗	😐

Einfluss
🙂
viel
😐
mittel
☹
gering
⊗
keine

Abb. 16.57 Beurteilung fahrdynamischer Wirksamkeit ausgewählter Fahrwerk- und Antriebsstrangsysteme [70]

einbauen, vielmehr werden einige von ihnen nur als Option oder gar nicht angeboten.

Es gibt keinen umfassenden objektiven Vergleich dieser Systeme. Es fehlt aber auch eine Systematik, die alle bekannten Systeme umfasst. In den folgenden 3 Bildern (**Abb.** 16.55, 16.56 und 16.57) werden beispielhaft einige der veröffentlichten Gegenüberstellungen bekannter Systeme dargestellt, ohne diese zu kommentieren.

Effect Plane	Active System	Normal Driving Range				Friction Limit Range		
		Ride Comfort (z,θ,φ)	Agility (y,ψ)	Operational Comfort	Ride Safety (y,ψ)	Stability (x,y,ψ,φ)	Stopping Distance	Traction
horizontal	ESC Electronic Stability Control		+	+	+	o	o	o
	ATV Active Torque Vectoring		o	o	+	+		o
	ARK Active Rear Axle Kinematics		o	o	+	+	+	
	AFS Active Front Steering		o	o	+	+	+	
	EPS Electric Power Steering			o	+	+	+	
vertical	EAS Electronic Air Suspension	o		o		+		
	ARS Active Roll Stabilizer	o	o			+		
	EAD Electronic Adjustable Damper	o	o			+	+	+
	ABC Active Body Control	o	o		+	+	+	+

Wirkung - alleine

o Hauptwirkung

Keine Wirkung

Wirkung - vernetzt

+ Vernetzt mit anderen aktiven Systemen

Abb. 16.58 Wirkungssteigerung durch Vernetzung der Systeme [71]

16.6 Vernetzung der Fahrwerksysteme

Metin Ersoy und James Remfrey

Wenn in einem Fahrzeug mehrere Fahrwerkregelsysteme eingebaut sind, macht es Sinn diese untereinander zu vernetzen. Dadurch werden nicht nur die Kosten gesenkt, sondern auch der Nutzen gesteigert. Abb. 16.58 zeigt die Wirkung der Systeme alleine und die Wirkung, die sich erst durch die Vernetzung entfalten. Es ist jedoch nicht so, dass die Vernetzung mehrerer Systeme immer einen Mehrwert erzeugen muss.

Die kostengünstigsten Lösungen entstehen, wenn mit den vorhandenen Stellern durch Vernetzung und Softwareerweiterung, ggf. mit Zusatzsensorik neue Funktionen dargestellt werden. Es gibt aber auch

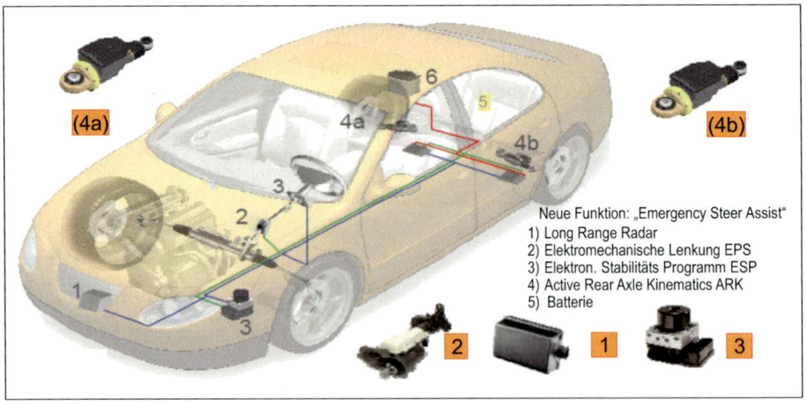

Abb. 16.59 Neue Funktionen durch Vernetzung der Systeme [71]

16

Kombinationen, deren Vernetzung kein Sinn ergibt oder die Nutzung durch hohe Zusatzkosten unattraktiv macht [71].

Abb. 16.59 zeigt ein Beispiel, in dem eine neue Fahrerassistenzfunktion durch Vernetzung der Systeme möglich wird. Wenn z. B. eine Kollision durch eine Notbremsung nicht mehr zu bewältigen ist, wird das System „Emergency Steer Assist“ aktiviert und so weicht das Fahrzeug einem Hindernis aus [72].

Ausführliche Information über vernetzte Systeme sind im ► Abschn. 15.6.1 zusammengestellt.

Neben den herkömmlichen Randbedingungen wie:

- Komplexitätsbegrenzung,
- Verkürzung der Entwicklungszeiten,
- Kostenreduzierung,

ergeben sich neue Randbedingungen für den Entwicklungsprozess eines Drive-by-Wire-Systems:

- Regelungssoftware prägt verstärkt die Funktionalität (Fahrerverhalten und -sicherheit),
- Module verschiedener Hersteller vernetzbar bzw. austauschbar,
- Software wird zum Wirtschaftsgut,
- sicheres Gesamtsystem Drive-by-Wire.

Aus den Anforderungen und den Randbedingungen für den Entwicklungsprozess ergeben sich die folgenden Herausforderungen in der Entwicklung:

- Erkennung und Nutzung von Synergiepotenzialen der Fahrwerksysteme,
- Definition und Standardisierung von Schnittstellen zwischen Aktuator, Bus, Sensor und Steuergerät,
- Entwicklung von Smart Aktuators,
- lokale Regelung, Plug and Play (Daten und Energieanschluss),
- Entwicklung von Smart Sensors,
- Reduzierung der ECUs und Gateways durch verteilte Regelungen und Redundanzstrukturen,
- Selbstüberwachung,
- Begrenzung der Bussysteme im Fahrzeug, Standardisierung eines leistungsfähigen, echtzeitfähigen und fehlertoleranten Bussystems,
- Einigung auf Standardentwicklungstools.

16.6.1 Lösungen der Zulieferer

Bei der Vernetzung spielt natürlich die Software die Hauptrolle. Dazu entwickeln alle namhaften Zulieferer notwendige Software-

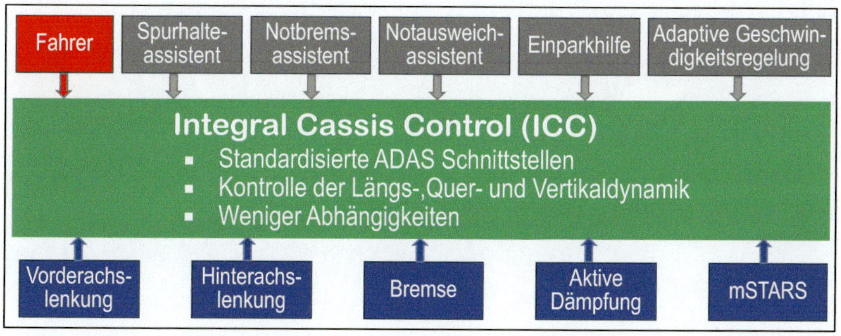

Abb. 16.60 Vernetzung der Fahrwerksysteme durch Integral Chassis Control (ICC) Software [74]

pakete. ZF z. B. feiert Serienpremiere ihre Software **„cubiX“** im Lotus Eletre. Es steuert alle Fahrwerkfunktionen wie Bremse, Vorder- und Hinterachslenkung, die semiaktive Dämpfung, die aktive Wankstabilisierung sowie den Elektroantrieb [73, 74].

CubiX (◘ Abb. 16.60) kann die gesamte Längs-, Quer- und Vertikaldynamik eines Fahrzeugs harmonisch und individuell nach Fahrzeugherstellervorgaben steuern.

Das Besondere an dem ersten, ZF Softwareprodukt: Es ist kompatibel mit verschiedenen Aktuatoren wie Dämpfer, Bremse oder Hinterachslenkung – unabhängig vom Hersteller oder der konkreten Auslegung. Falls Automobilhersteller die Fahrwerkabstimmung nachträglich ändern wollen, lässt sich das cubiX-Datenpaket auch „Over-the-air“ aktualisieren.

Diese übergreifende Steuerung erspart den Fahrzeugherstellern Aufwand sowie Kompromisse in der Feinabstimmung und der Fahrdynamik in Bezug auf Performanz, Komfort und Effizienz des Fahrzeugs. Sie haben einen deutlich geringeren Aufwand mit der Applikationsentwicklung und beim Zusammenbringen der Einzelkomponenten. CubiX sorgt mit ihren standardisierten Schnittstellen auch dafür, dass ebenfalls jeder Zulieferer seine Komponenten vorab anhand eines virtuellen Fahrwerks einstellen und abstimmen kann (◘ Abb. 16.61).

„Space Drive II“ heißt das ähnliche System bei Schaeffler und ist ein aufeinander abgestimmtes digitales Gas, Brems- und Lenksystem aus Hard- und Software-Komponenten. Individuell anpassbar auf unterschiedlichste sicherheitsrelevante Anwendungen in der Industrie, beispielsweise in der autonomen/teilautonomen Steuerung von Fahrzeugen. Space Drive ist ein dreistufiges mehrfachredundantes Motortreiber- und Steuerungssystem für alle gängigen Elektromotoren (60 A/DC 12–24 V) in Anwendungsbereichen mit höchsten Sicherheitsanforderungen. Das System ist je nach Anwendungsbereich mit Teilkomponenten und speziell angepassten Softwaremodulen lieferbar [75].

16.6.2 Lösungen der Automobilhersteller

Auch die Automobilhersteller arbeiten an der Vernetzung der Fahrwerksysteme sogar mit der Erweiterung auf Antrieb, Fahrerassistenz, autonomes Fahren usw.

16

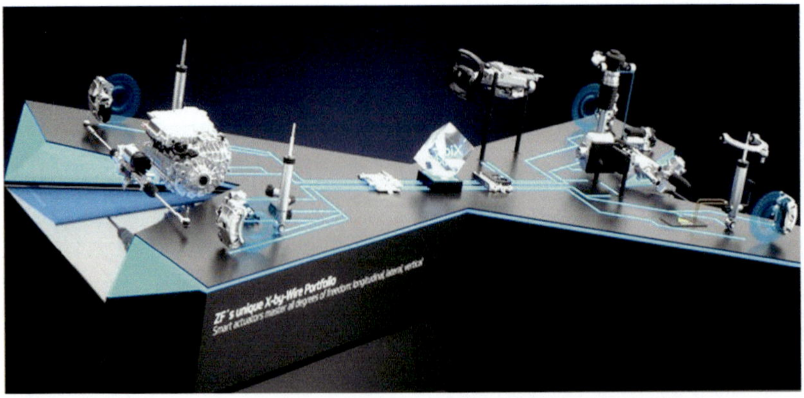

◘ **Abb. 16.61** Integration der im vorigen Bild dargestellten ZF Fahrwerksysteme [74]

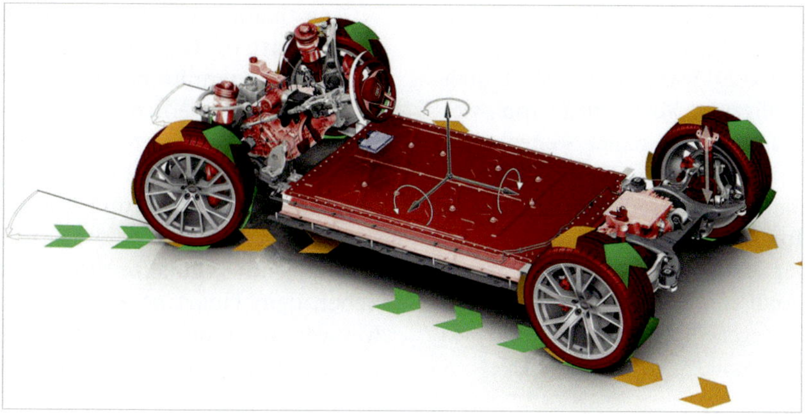

Abb. 16.62 Vision Zentraler Fahrdynamik-Steuerumfang von Audi [76]

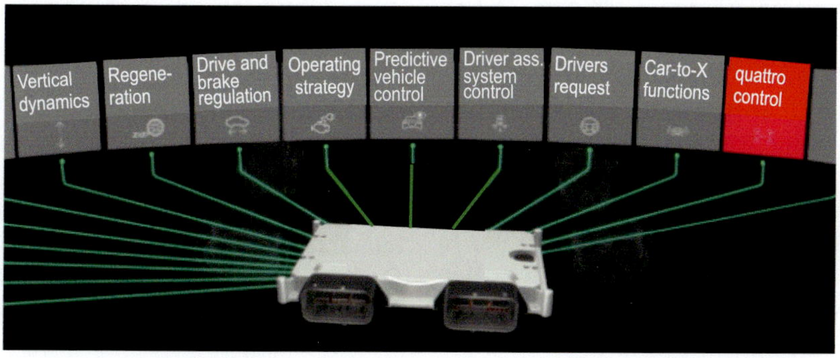

Abb. 16.63 Vision Zentraler Fahrdynamik-Rechner von Audi [76]. (Quelle: AUDI)

Als Beispiel wird hier das Fahrdynamikprozessor von Audi zitiert (Abb. 16.62 und 16.63) [76]:

> „Der künftige Fahrdynamik-Prozessor wird nahezu alle Funktionen in der Längs-, Quer- und Vertikaldynamik zentral steuern: Fahrwerks-, Antriebs- und Rekuperation-Funktionen. Dabei wird er deutlich leistungsfähiger sein als etwa die heutige EFP. Er arbeitet rund zehnmal so schnell wie aktuelle Systeme und kann bis zu 90 Systemteilnehmer steuern – bei der aktuellen EFP sind es rund 20. Neu ist zudem seine modulare Einsetzbarkeit für verschiedene Antriebsarten, also sowohl für Verbrenner, Hybrid- oder Elektrofahrzeug als auch für Vorder-, Allrad- oder Heckantrieb bei Elektromodellen. Damit ermöglicht der zentrale Fahrdynamik-Rechner neben Car-to-X-Funktionen auch Function-on-Demand-Umfänge. Seine genaue Datenberechnung setzt auch die Vorgaben der Fahrerassistenzfunktionen um.
> Die Entwicklung in der Fahrwerkstechnologie bei Audi setzt auf eine stärkere Vernetzung einzelner mechatronischer Fahrwerkskomponenten und Fahrzeugfunktionen durch eine intelligente elek-

> tronische Steuerung. Ihren Ersteinsatz feierte die Elektronische Fahrwerkplattform (EFP) 2015 im Audi Q7. Durch diese intelligente Vernetzung von vielen über Jahrzehnte immer weiterentwickelten Fahrwerkstechnologien wie etwa des permanenten Allradantriebs quattro, der Luftfederung adaptive air suspension oder der Dynamik-Allradlenkung schlägt Audi eine gelungene Brücke zwischen überlegenem Fahrkomfort und hoher Fahrdynamik."

BMWs Lösung für die Vernetzung der Antrieb und Fahrwerksysteme heißt *„Heart of Joy"* und wird schon nächstes Jahr mit BMW iX3 (NA5) eine ganze Serie von Neue Klasse-Premieren prämieren (◘ Abb. 16.64).

Das Heart of Joy arbeitet laut BMW zehn mal schneller als heutige Systeme, die verschiedene fahrdynamische Herausforderungen mithilfe von mehreren verschiedenen Steuergeräten lösen. Die Konzentration auf ein einziges Steuergerät erlaubt erheblich schnellere Reaktionen, was nicht nur in kritischen Situationen wie DSC-Eingriffen ein enormer Vorteil sein kann [78].

Aus ehemals vier Steuergeräten wird mit dem „Heart of Joy" die gesamte Antriebs- und Fahrdynamikregelung auf nur noch ein Steuergerät reduziert. Insgesamt übernimmt das zentrale Steuergerät die Steuerung von Antrieb, Bremsen, Laden, Rekuperation und Lenkung zusammen. Das System kann so auch die Fahrzeug-Stabilisierung samt Lenkeingriffen unterstützen. Neben dem Heart of Joy gibt es nur noch drei weitere Steuergeräte: Von ihnen werden die Assistenzsysteme für das teilautonome Fahren, das Infotainment und Basis-Funktionen wie die Klimatisierung des Innenraums oder die Lichtsteuerung gesteuert.

Vorteile sollen sich in Bereichen wie Traktion, einem konsistenten und reproduzierbaren Kurvenverhalten oder weniger erforderlichen Regeleingriffen zeigen. Bei niedrigen Geschwindigkeiten wie etwa beim Stop-and-Go-Fahren oder Parken sollen die direkten Signalübertragungen und schnellere Informationsverarbeitung ebenso für Verbesserungen sorgen. Das Anhalten und Wiederanfahren in den Fahrmodi D oder B, die Nutzung der Active Cruise Control, Parkbremse oder Parksperre sol-

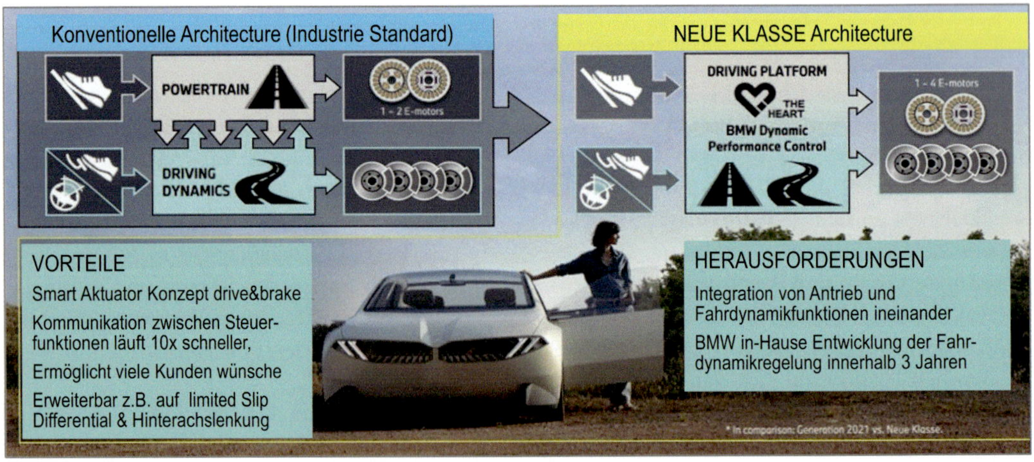

◘ **Abb. 16.64** Gegenüberstellung BMW Heart of Joy System zur konventionelle Architecture [77]. (Quelle: BMW)

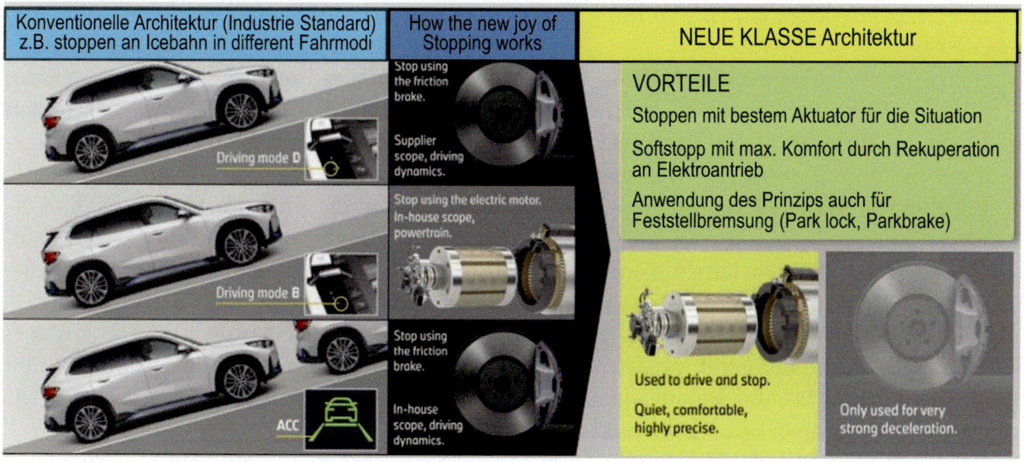

Abb. 16.65 Dynamic Performance Control mit BMW Heart of Joy System [77]. (Quelle: BMW)

len nahtlos ineinander übergehen (Abb. 16.65) [79].

BMW prognostiziert, dass mit dem neuen Steuergerät 98 % der Fahrer keine Eingriffe der klassischen Bremse mehr benötigen werden. Die Bremsleistung der Rekuperationsbremse reiche BMW zufolge für normales, alltägliches Fahren aus. Nur bei starken Bremsvorgängen wie Gefahrenbremsungen müsse die klassische Reibbremse noch zupacken. Insgesamt führe das System zu einer Effizienzsteigerung von bis zu 25 %.

16.6.3 KI Unterstützte Vernetzung

Durch diesen Höchstgrad an Integration, werden die Softwareprogramm immer umfangreicher. Sie benötigen größere Rechner und Programme werden Langsamer. In diesem Problem kann KI (Künstliche Intelligent) unterstützte Programmalgorithmen eine Lösung sein.

ZF und Infineon haben im Rahmen des Projektes „EEmotion" gemeinsam KI-Algorithmen für die Entwicklung sowie Steuerung von Fahrzeugsoftware entwickelt. Diese wurde dann an einem Versuchsfahrzeug implementiert und getestet. Diese Software mit einem ganz neuen Ansatz steuert beim automatisierten Fahren alle Aktuatoren entsprechend der vorgegebenen Fahrtrajektorie und verbessert das Fahrverhalten.

Dazu hat ZF seine Softwarelösung CubiX und Eco Control 4 ACC erweitert, die auf Infineons Microcomputer (MCU) Aurix TC4X mit integrierter Parallel Processing Unit (PPU) implementiert wurden, mit dem Ergebnis, die Algorithmen des KI werden effizienter und Rechenleistung wird besser genutzt. Das Wiederum führt zu einer besseren Fahrleistung und höhere Fahrsicherheit [80].

16.7 Drive-by-Wire

Metin Ersoy und Daniel Wegener

Man spricht vom Drive-by-wire, wenn ein Fahrzeug ohne Einwirkung vom Fahrer selbst fahren kann. Alle Fahrbefehle werden statt mechanischen Verbindungen mittels elektronischer Signale zu den Aktuatoren weitergeleitet.

Der Drive-by-Wire (DbW) ist ein Überbegriff für:

- elektronisches Gaspedal → Antrieb
- Shift-by-Wire (Schaltung) → Antrieb
- Brake-by-Wire (Bremse) → Fahrwerk
- Steer-by-Wire (Lenkung) → Fahrwerk
- Leveling-by-Wire → Fahrwerk.

Die Stellung der Bedienelemente, wie Gaspedal oder Lenkrad, wird elektrisch abgefragt und elektronisch an ein Steuergerät übermittelt. Das Steuergerät prüft die Befehle auf Plausibilität und steuert einen Aktor (z. B. Servomotor oder Drosselklappe. Aus Sicherheitsgründen sind Sensor, Leitung und teils auch Aktor redundant [81].

Drive-by-Wire öffnet die Tür für eine neue Ära der Fahrzeugsteuerung auf. Vernetzte Fahrwerksysteme für die Längs-, Quer- und Vertikaldynamik können die Fahrdynamik deutlich verbessern. Rein elektronisch gesteuerte und vernetzte Drive-by-Wire Systeme bieten eine bessere Fahrzeugkontrolle, kürzere Bremswege, mehr Lenkflexibilität, eine höhere Fahrstabilität bei hohen Geschwindigkeiten sowie eine größere Reichweite und Effizienz. Die Kombination dieser Technologien führt zu vernetzten Fahrwerksystemen, die mit der Integrated Chassis Control „ICC“ Software ganzheitlich koordiniert werden.

16.7.1 Brake-by-Wire (BbW)

Im Jahr 2013 erschien erstmals eine sogenannte 3-Box Lösung, bestehend aus einem elektrohydraulischen Bremskraftverstärker, einem Smart Aktuator und einer ESP Einheit. In einem ersten Schritt wurde die Bremskraftverstärkung elektrifiziert um auf den Vakuumverstärker und die Vakuumpumpe zu verzichten. Bei Bremspedalbestätigung wird der Fahrerwunsch erfasst und mittels des Bremskraftverstärkers verstärkt, man spricht von einem Folgeverstärkersystem ohne Pedalsimulator.

Im Jahre 2017 folgten eine zweite Generation des elektrohydraulischen Bremskraftverstärkers sowie eines angepassten ESP Systems (ESPhev). Es wurde auf den Smart Aktuator verzichtet, indem die Rekuperationssteuerung als Funktion in die ESPhev-Einheit integriert und die Aufrechterhaltung der Pedalcharakteristik durch Rücknahme der Bremskraftverstärkung realisiert wurde.

Ziel der Bremsenentwicklung war, sämtliche Funktionalitäten der Bremse durch Sensorik und elektrische Aktuatorik mittels Programmierung darzustellen.

Das Ergebnis war sog. „trockene“ Bremssysteme, die zur Signalübertragung und Bremskrafterzeugung nur über Verkabelung und elektromechanische Aktuatoren verfügen. Sie können dabei vollständig auf die konventionelle Übertragungseinheit, bestehend aus Hydraulikflüssigkeit, Hydraulikleitungen, Hydraulikzylindern und Bremskraftverstärker, verzichten. Die elektrischen Bremsen werden deshalb auch als „Brake-by-wire“ bezeichnet. Das Bremspedal ist bei ihnen rückwirkungsfrei mechanisch von den Radbremsen entkoppelt. Diese Entkopplung spielt vor allem bei ABS-Bremsungen eine Rolle, da viele Fahrer das Vibrieren im Pedal als Fehlfunktion deuten, als Folge daraus den Pedaldruck reduzieren und somit Bremsweg verschenken [82].

Darüber hinaus lassen sich in elektrischen Bremsen Zusatzfunktionen implementieren, wie z. B. ein radselektiver Bremseneingriff, Voranlegen der Beläge bei Erkennung einer Gefahrensituation oder aber eine Verlängerung der Belaglebensdauer durch eine optimierte Bremskraftverteilung. Der Verschleißzustand kann dabei über den Wegsensor in der Bremse erkannt werden. Deutlich werden Verstärker-(Boost-) Funktionen und Bremseingriffe bei Objekterkennung vereinfacht.

Bei elektrischen Bremssystemen, unabhängig davon ob sie als elektrohydraulisches oder rein elektrisches Systemkonzipiert wurden, handelt es sich ausschließlich um Fremdkraft-Bremsanlagen. Im Gegensatz zu konventionellen Systemen, wird hier die Pedalkraft lediglich als Sensorsignal verwendet. Sie trägt nicht direkt zur Bremskrafterzeugung bei. Hydraulische Systeme nutzen die um eine Hilfskraft F_H erweiterte Fußkraft F_F zum Druckaufbau im Hydrauliksystem. Bei elektrischen Bremssystemen muss daher zusätzlich Energie zugeführt werden, um den erforderlichen Bremsdruck aufzubauen.

Im Folgenden werden die elektromechanischen Bremssysteme (EMB), welche die Basis für BbW bilden, kurz erläutert. Eine detaillierte Systembeschreibung und weitere in Serie laufenden Alternativlösungen sind in ► Abschn. 7.8.1 beschrieben.

16.7.1.1 Elektromechanische Bremsen (EMB)

Das System der elektromechanischen Bremse EMB stellt die vollständige Elektrifizierung der Betriebsbremse dar. In diesem System entfallen sämtliche hydraulische Komponenten, deshalb heißen sie auch „Trocken System".

Der Fahrer ist mechanisch rückwirkungsfrei von den Radbremsen entkoppelt [81]. Auch die EMB ist eine reine Fremdkraftbremsanlage. Die Energie zur Betätigung der Radbremse muss von der elektrischen Energieversorgung des Fahrzeugs zur Verfügung gestellt werden. Hierfür wird aller Voraussicht nach das 48-V-Bordnetz erforderlich sein. Zusätzlich benötigt die EMB ein redundantes Signal- und Energienetz [84, 85].

Mit EMB können Elektroautos bis zu 17 % mehr Reichweite durch Rekuperation erreichen. Speziell bei trockenen Brake-by-Wire-Systemen können die Restschleifmomente, die bei konventionellen Bremssystemen durch ein minimales Anliegen der Bremsklötze auf den Bremsscheiben entstehen, auf nahezu Null verringert werden. Somit entstehen weniger Feinstaub-Emissionen durch Bremsabrieb und durch den noch geringeren Widerstand beim Fahren wird auch Energie gespart.

Tab. 16.6 Vor- und Nachteile elektrischer Bremssysteme [83]

Vorteile der elektrischen Bremssysteme	Nachteile der elektrischen Bremssysteme
Verzicht auf Hydraulikleitungen und Flüssigkeiten (EMB)	
Einsatz eines Bremskraftverstärkers nicht erforderlich	48-V-Bordnetz notwendig
Radselektiver Bremseneingriff möglich	Erhöhter Energieverbrauch
Rückwirkungsfreie, mechanische Entkopplung der Radbremsen vom Bremspedal (ABS-Pedal-Pulsieren)	Redundanz und Sicherheitskonzept (Fail-Safe) sind erst in letzten Jahren eindeutig geklärt (EMB)
Körperschallbrücke über Pedalsystem und Bremskraftverstärker entfällt	50 kN Spannkraft bei entsprechender Dynamik der Bremse ist mit 12 V Bordspannung nicht realisierbar
Optimiertes Pedalgefühl (Kraft-Weg-Kennlinie) unbeeinflusst von Störgrößen wie Beladung oder Gefälle	Eventuell höhere Radmassen durch Aktuatorik in den Bremssätteln (EMB)
Umweltverträglich und wartungs- und geräuscharm (EMB) Parkbremse lässt sich einfacher integrieren Verbessertes Crashverhalten, hohe Systemdynamik Bessere Ergonomie durch verstellbare Pedalerie Verbessertes Package vor allem im Motorraum	

Tab. 16.6 listet die Vor- und Nachteile elektrischer Systeme gegenüber den hydraulischen [83].

- **Elektromechanische Bremse von Conti**

Conti-Teves präsentierte 1997 die 4. Generation ihres elektromechanischen Aktuators [86]. Einen wesentlichen Bestandteil bildet die im FN-Schwimmsattelprinzip ausgeführte Radbremse selbst. An die Faust des Schwimmsattels ist der eigentliche Aktuator der Bremse angeflanscht. Er überwindet das Lüftspiel zwischen den Belägen und der Bremsscheibe und erzeugt den Bremsdruck durch einen elektrischen Motor mit einem Rollengewinde mit einer sehr großen Untersetzung bei hohem Wirkungsgrad. Der Motor muss in der Lage sein, im Fading-Fall Spannkräfte bis 50 kN innerhalb von 200 Millisekunden aufzubauen. Dies erfordert eine kurzzeitige elektrische Leistung von rund 500 W pro Rad, welche nur mit einer Bordspannung von 48 V zu bewältigen ist.

Die Feststellbremse ist mittels einer in den Aktor integrierten Arretiervorrichtung realisiert. Das System benötigt, ähnlich wie EHB eine autarke Betätigungseinheit, bestehend aus einem Pedalgefühlsimulator und Sensoren zur Fahrerwunscherfassung, und eine zweite Backup-Batterie als Redundanz [87, 88].

- **Elektromechanische Bremse von ZF**

Software Technisch basiert die ZF-Bremsregelung auf einer Kombination von elektronischem Bremskraftverstärker EBB und elektronischer Stabilitätskontrolle ESC. Das System ist Teil eines Netzwerks, das in der Stabilitätskontrolleinheit untergebracht ist (Abb. 16.66) [89].

16.7.2 Steer-by-Wire (SbW)

Steer-by-Wire gilt als Einstiegstechnologie für autonomes Fahren: Das System arbeitet mit einer mechatronischen Aktuatorik und vereinfacht die Integration in bestehende Fahrzeugarchitekturen und Assistenzsysteme.

Die Lenkbefehle kommen von einem Lenkradaktuator im Cockpit. Er verfügt über Sensoren, die die Drehung erfassen, hat aber auch einen eigenen Antrieb.

Über diesen reproduziert das System das natürliche Lenkgefühl und die Rückmeldung von der Straße. „Bei Steer-by-Wire handelt es sich im Prinzip um die konsequente Weiterentwicklung elektrischen Servolenkung. Im Vergleich zu der Überlagerungs- und Aktivlenkung (s. ► Abschn. 8.5.3) ergeben sich für ein Steer-by-wire-System die folgenden Merkmale (Abb. 16.67):

16

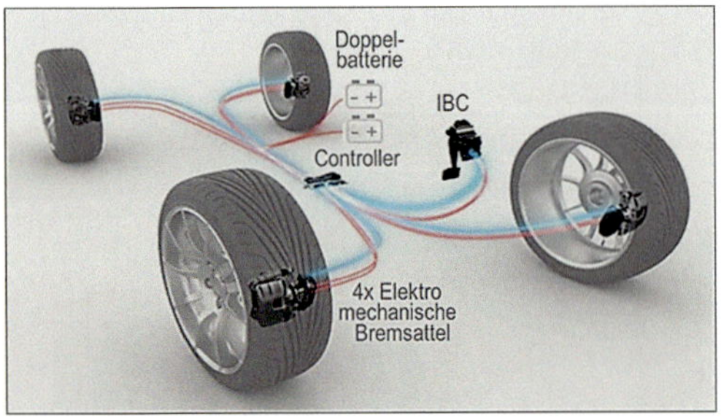

Abb. 16.66 Elektromechanische Brake-by-Wire Konzept von ZF [89]

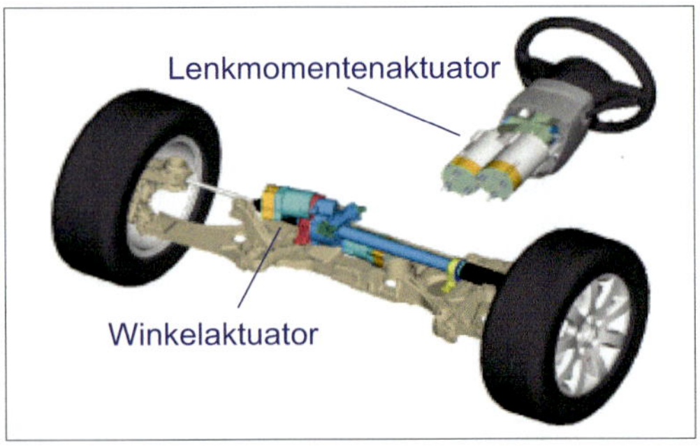

Abb. 16.67 Prinzipaufbau eines Steer-by-Wire Systems mit zwei Aktuatormodulen

- der Lenkstrang ist konzeptbedingt aufgetrennt,
- der Winkelaktuator setzt den Fahrerwunsch in Lenkbewegung der Vorderräder um,
- der Lenkmomentenaktuator erzeugt ein frei definierbares Betätigungsmoment.

Durch Trennung des Lenkstrangs ergeben sich zahlreiche neue Möglichkeiten für ein Steer-by-Wire-System:
- neue konstruktive Freiheiten für Motorraum Komponenten,
- keine große Lenkradumdrehungen mehr notwendig,
- keine konstruktiven Unterschiede zwischen Links-/ Rechtslenkern,
- Verletzungsrisiko durch die Lenksäule bei einem Unfall reduziert,
- Lenkeingriffe im Bereich FDR und Spurführung möglich,
- Lenkverhalten durch Software applizierbar,
- Verbesserung des Lenkkomforts (Entkopplung von Fahrbahnstörungen),
- Betätigungsmoment per Software applizierbar,
- ideale Lösung für zukünftiges autonomes Fahren.

Abb. 16.68 zeigt ZF System für Steer-by-Wire, das in 2025 bei NIO ET9 in Serie gegangen ist [91].

Im Vergleich zur Überlagerungslenkung ergeben sich Vorteile im Bereich des Packaging und der passiven Sicherheit. Eine Überlagerungslenkung, welche um einen aktiven Lenkmomentensteller ergänzt wird, erzielt jedoch vergleichbare Funktionalität.

Aufgrund des sicherheitskritischen Systems „Lenkung" ergeben sich neue Anforderungen und Herausforderungen bei der Entwicklung in Bezug auf Zuverlässigkeit, Überwachbarkeit und Fail-Safe-Konzept. Diese müssen durch entsprechende systemtechnische konstruktive Gestaltung gewährleistet werden.

Hieraus ergeben sich folgende Ziele für die Entwicklung:
- Erhöhung der aktiven und passiven Sicherheit,
- Realisierung UvA (unfallvermeidendes Auto, autonomes Fahren),
- neue Freiheiten für Package und Design,
- Differenzierung zum Wettbewerb durch spezifische Funktionalitäten (Fahrverhalten),
- modularer Aufbau (plug and play),

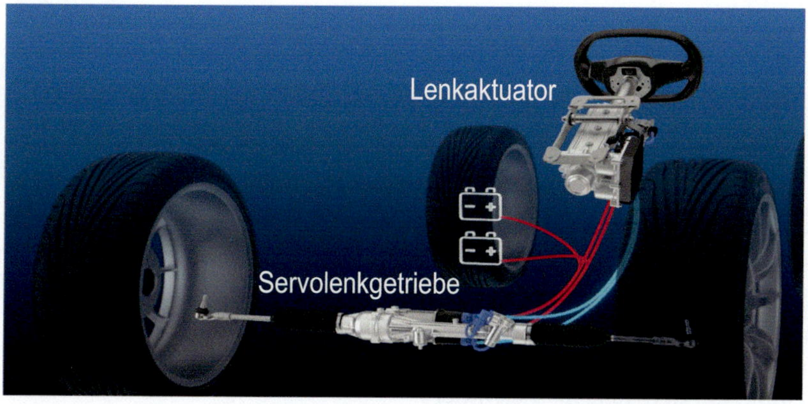

Abb. 16.68 Elektromechanische Steer-by-Wire System von ZF [90]

- On-line-Einstellung der Fahrzeugkonfiguration,
- On-line-Diagnose und Download neue Features.

Damit die aktiven Lenksysteme zukünftig eine immer stärkere Verbreitung erfahren, ist eine verstärkte Berücksichtigung des Kundennutzens im Entwicklungsprozess neuer Funktionalitäten notwendig. Steer-by-wire bietet eine flexible Anordnung der Bedienelemente und deutliche Reduzierung des Lenkradwinkelbedarfs. Diesem stehen die Probleme mit der Zuverlässigkeit und den Mehrkosten entgegen [90].

Ein vollständiger Ersatz der hydraulischen Hilfskraftlenkung durch EPS-Systeme ist absehbar. Steer-by-wire wird daher nicht revolutionär einsetzen, sondern aus einer evolutionären Weiterentwicklung der aktuellen Systeme entstehen (z. B. Steer-by-wire-Funktionen darstellbar durch Kombination lagegeregelter EPS/HPS und Überlagerungslenkung). Vor allem bei Steer-by-wire-Systemen steht die Klärung der Sicherheitsfragen bezüglich *Fault Tolerant* und *Fail Operational* sowie *Fail Safe* und *Fail Silent* noch aus.

Z.Z. (2023) gibt es nur einen Serieneinsatz für Steer -by- Wire nämlich Direct Adaptive System „ADS“ von Infiniti Q50 (s. ► Abschn. 8.8). Es sind jedoch mehrere sehr interessante Systeme, die in den nächsten 5 Jahren in die Serie gehen würden (NIO in 2025, Mercedes in 2026).

Für weitere, detaillierte Erläuterungen zum Steer-by-wire Systeme sind im ► Abschn. 8.8 zu finden.

16.7.3 Leveling-by-Wire (LbW)

Die Leveling-by-Wire Systeme zielen aktive Nivellierung des Fahrzeugaufbaus im Stand und währen der Fahrt. Als Synonym die Niveauregelung ist der Begriff besonders beim Luftfederung immer vorkommt, weil man mit der Luftfederung an Jedem Rad die Aufbauhöhe einzeln beeinflussen kann.

Für eine LbW System benötigt man an jedem Rad eine hydraulische oder mechatronische Regelungsmöglichkeit der Aufbauhöhe ohne mechanische Verbindung.

LbW verbessert Fahrkomfort und Fahrsicherheit unabhängig voneinander. Mit der Luft- und Hydropneumatische Federungen können auch die Aufbauhöhe regulieren, diese wurden in ► Abschn. 9.7 erläutert. Hier werden zwei besondere LbW Systeme erklärt.

■ Elektrohydraulische Niveauregelung ZF eLEVEL

Das Konzept „Leveling-by-wire“ von ZF/Sachs ist eine konsequente Weiterentwicklung des Nivomat mit Standregelung. Es entfallen hierbei die mechanische Pumpe, sowie die mechanischen Regel- und Steuerelemente im Inneren des Nivomats. Diese werden durch eine außenliegende elektrische Pumpe mit zusätzlichem Ablass-

Abb. 16.69 Elektro-Hydraulische Leveling-by-wire integriert am Federbeinteller (eLEVEL von ZF) [92]

ventil, die bedarfsgesteuert ist, ersetzt (s. ◘ Abb. 9.100).

Der Höhensensor kann integriert oder extern arbeiten. Eine lokale Elektronik steuert den Einsatz von Pumpe und Ablassventil nach der Auswertung der Höhensignale aus. Im Gerät verbleiben Ölreservoir und Hochdruckspeicher, die aber auch extern angeordnet werden können. Grundlage des Konzepts bleibt weiterhin ein geschlossenes hydraulisches System, das teiltragend ausgelegt ist.

Grundsätzlich sind mehrere Anordnungen für ein Leveling-by-wire-System denkbar [92] (◘ Abb. 16.69).

Der Nivomat-LbW kann sowohl für eine reine Hinterachs-Niveauregelung als auch für eine 2-Achsregelung eingesetzt werden.

Im ersten Fall wird weiterhin ein gleichbleibendes Grundniveau eingeregelt. Im zweiten Fall können verschiedene Höhenniveaus eingestellt werden. Dies wird im teiltragenden System durch eine Verschiebung der Traganteile zwischen Standart- und Gasfeder erreicht.

Der erzielbare Niveauunterschied ist durch die bereitgestellten Gas- und Ölvolumina und die Regelgeschwindigkeit begrenzt. Durch den Wegfall der mechanischen Pumpe bietet der Nivomat-LbW hier auch die Möglichkeit, ICD zu realisieren (s. ▶ Abschn. 10.6.2.4).

Bei der ZF Electro Hydraulic Leveling (eLEVEL) verstellen vier Aktuatoren den vier Federteller des Fahrzeugs und können so die Höhe des Pkw-Aufbaus stufenlos justieren. Die Vorzüge sind vielfältig:

Mehr Komfort beim Ein- und Ausstieg ins Fahrzeug, effizientere Überquerung von Hindernissen und Steigungen, Ausgleichung der Fahrzeughöhe bei Beladung, optimierte Fahrzeugbodenfeiheit beim kontaktlosen Laden von Elektrofahrzeugen sowie Verbesserung der Aerodynamik und damit Einsparung der CO2-Emissionen.

eLEVEL hilft Sprit- und CO2 sparen durch geschwindigkeitsabhängige Niveauabsenkung (Reduzierung der Bodenfreiheit) bei schnellen Autobahnfahrten. Damit ist ein Einspareffekt bis zu 0,2 l/100 km zu erzielen.

- **Elektromechanische Niveauregelung von Schaeffler**

Eine elektromechanische Lösung zur Niveauregulierung wird u. a. von Schaeffler

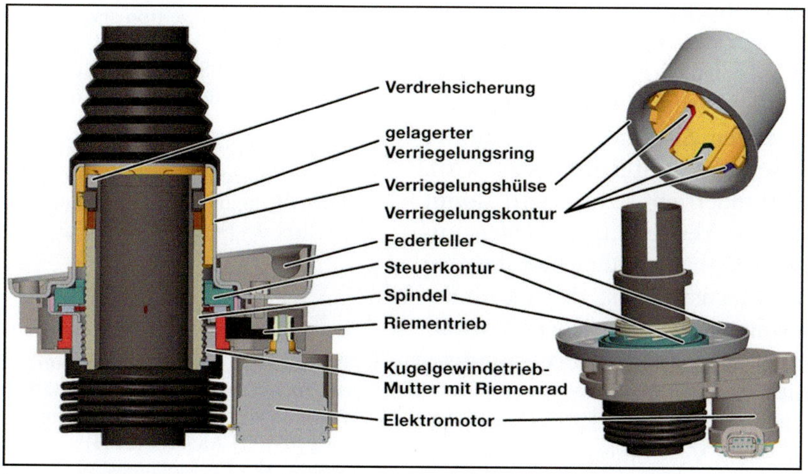

◘ **Abb. 16.70** Aktuator zur Niveauverstellung an der Vorderachse von Schaeffler [93]

vorgestellt. Der zur Niveauregulierung eingesetzte Aktuator besteht im Wesentlichen aus einem Kugelgewindetrieb, einem Riementrieb, einem E-Motor sowie einer rein mechanisch wirkenden Verriegelungseinheit (◘ Abb. 16.70) [93].

Die Spindel des Gewindetriebs steht dabei dämpferfest. Zum Heben und Senken des Fahrzeugs wird die Mutter des Gewindetriebs über einen Riemen angetrieben. Die Drehbewegung der Mutter führt zu einer axialen Verschiebung der Einheit aus Mutter, Gehäuse, Motor, Verriegelungshülse, Verriegelungskontur und unterem Federteller. Über die daraus resultierende Anhebung/ Absenkung des unteren Federtellers wird so das gesamte Fahrzeugniveau verändert.

Die Verriegelungseinheit basiert auf einem rein mechanisch arbeitenden, formschlüssig wirkenden Prinzip. Zum Sperren greift der Verriegelungsring je nach Stellung in unterschiedliche Nuten der Verriegelungskontur ein. Da jede Nuten-Tiefe mit einem bestimmten Höhenstand des Fahrzeugs korrespondiert, kann das Fahrzeug über die unterschiedlich tief ausgeführten Nuten im jeweils gewünschten Niveau gehalten bzw. formschlüssig auf der Verriegelungseinheit abgelegt werden. Dies bedeutet, dass sich das Fahrzeuggewicht bei konstantem Höhenstand nicht auf dem Kugelgewindetrieb abstützt, sondern dass die Last im gesperrten Zustand alleine von der Verriegelungseinheit aufgenommen wird. Der Kugelgewindetrieb selbst wird somit nur während der Verstellung zwischen unterschiedlichen Höhenständen belastet; bei konstantem Höhenstand ist der Gewindetrieb somit vollständig lastfrei, was Vorteile hinsichtlich Lebensdauer und Fertigungsaufwand mit sich bringt.

Mit dem derzeitigen Konstruktionsstand lassen sich Verstellwege von bis zu 40 mm realisieren, wobei diese in Abhängigkeit vom zur Verfügung stehenden Bauraum auch erhöht werden können.

16

Literatur

1. Wallentowitz, H., Schrüllkamp, T.: Fahrwerkentwicklungen am IKA. Tag des Fahrwerks 2004. Aachen (2004)
2. Dirndörfer, T.: The new generation of BMW All-Wheel Drives. 9. European All-Wheel Congress Graz (April 2009)
3. de.wikipedia.org/wiki/XDrive
4. Meissner, T., Pinschmidt, U., Martin, F., Schwarz, R.: The new Sport Differential in the Audi RS5. 9. European All-Wheel Congress. Graz (April 2009)
5. Fischer, G., Pfau, W., Braun, H.S., Billig, Ch.: xDrive – Der neue Allradantrieb im BMW X3 und BMW X5. ATZ (2004)
6. Pfau, W., Rastel, H., Nistler, G., Billig, Ch., Straub, M.: BMW xDrive in der 3er- und 5er-Reihe – Der BMW-Allradantrieb für Limousine und Touring. In ATZ (2005)
7. ► www.auto-motor-und-sport.de/technik/allrad-systeme-im-vergleich-allrad-technik-von-audi-s4-und-bmw-3er/
8. ► www.leisurewheels.co.za/blogs/jake-venter-power-and-torque/
9. ► www.audiworld.com/articles/the-audi-s4-quattro-drive-and-sport-differential/
10. Frömmig, L., Pawallek, T., Kücükay, F.: Systematische Analyse quer und längsverteilender Antriebssysteme, S. 705–731. 19. Aachener Kolloquium, Aachen (Okt. 2010)
11. Frömmig, L., Pawallek, T., Henze, R., Kücükay, F.: Vergleich unterschiedlicher Systeme zur aktiven Antriebsmomentenquerverteilung. In: ATZ, 2010, Heft 06, S. 468–473
12. arstechnica.com/cars/2017/04/310-mile-range-and-320kw-2019s-audi-e-tron-sportback/Gitlin, J. M.: 4.21.2017
13. Fennel, H.: ABSplus und ESP – Ein Konzept zur Beherrschung der Fahrdynamik. ATZ Z. **100**, 302 (1998)
14. Mitschke, M., Schwartz E., Wallentowitz, H.: Vermeiden querdynamisch kritischer Fahrzustände durch Fahrzustandsüberwachung. VDI-Berichte Nr. 916, S.509–529. Reifen, Fahrwerk, Fahrbahn. (1991)
15. Risse, H.J.: Das Fahrverhalten bei normaler Fahrzeugführung. VDI Fortschrittberichte Reihe 12, Nr. 160. (1991)
16. Wallentowitz, H.: Fahrzeugtechnik III. Umdruck zur Vorlesung. RWTH Aachen, (2005)
17. Wallentowitz, H.: Krafträder. Umdruck zur Vorlesung. RWTH Aachen, (2005)
18. Becher, H.: Entwicklungskriterien für gesteuerte Fahrwerke von Nutzfahrzeugen. Dissertation, Universität Hannover. Hannover, (1991)

19. Kallenbach, R., Schramm, Kunz: Optimieren des Fahrzeugverhaltens mit semiaktiven Fahrwerkregelungen. VDI-Berichte 699. (1988)
20. Becher, H.: Fahrwerkregelung in Nutzfahrzeugen. Internet Bericht der Firma WABCO Fahrzeugbremsen. (2003)
21. Hahne, S.: Konstruktion einer gewichtsoptimierten Hochleistungs-Luftfeder für Personenkraftwagen. Diplomarbeit RWTH Aachen, IKA. Aachen, (2003)
22. Wallentowitz, H., Schrüllkamp, T.: Geregelte Fahrwerke. In: Mettner, M. (Hrsg.) Elektronik im Kraftfahrzeugwesen, 3. Aufl., S. 103–134 expert Verlag, Renningen (2002)
23. Isermann, R.: Fahrdynamikregelung. Vieweg Verlag, ATZ/MTZ-Fachbuch. Wiesbaden (2006)
24. Causemann, P.: Moderne Schwingungsdämpfer. ATZ (2003)
25. Jantze, M., Bogner, A., Eggendinger, J., Fröhlich, M. et al.: An innovative variable Damper System for further improvement of ride comfort und handling. FISITA Congres (March 2008)
26. presskit.porsche.de/specials/de/porsche-fahrwerkentwicklung/topic/kraft-mal-vier-allradantrieb-ptm.html
27. Frühauf, F.: Aktive Fahrzeugfederung. In: Mettner, M. (Hrsg.) Elektronik im Kraftfahrzeugwesen, 3. Aufl., S. 304–315. expert Verlag, Renningen (2002)
28. Merker, T., Wirtz, J., Hill, M., Jeglitzka, M.: Das SL-Fahrwerk – Dynamik und Komfort vereint, Sonderausgabe der ATZ, Der neue Mercedes SL, (2001)
29. Wolfried, S., Schiffer, W.: Active Body Control (ABC) – Das neue aktive Federungs- und Dämpfungssystem des CL-Coupés von Daimler. VDI-Berichte, Nr. 1494. (1999)
30. Frühauf, F.: Aktive Fahrzeugfederung. VDI-Berichte, Nr. 1533. (2000)
31. Weist, U.:ATZ Extra – Mercedes Benz S-Klasse. (July 2013)
32. Christiansen, M: Magic Body Control- das erste sehende Fahrwerk der Welt in der neuen S-Klasse W222. FünfkommaSechs. (23 Mai 2014)
33. Goroncy, J., Günnel, T.: ► www.automobil-industrie.vogel.de/magic-body-control-das-fahrwerk-a-428335/. (Zugegriffen: 02. Jan. 2014)
34. ► https://jesmb.de/3863/
35. Thomä, A., Gilsdorf, H. J., Münster, M., Mair, U., Müller, Ch., Hippo, M., Hoffman, J.: Electromechanical Semi-Active Body control. FISITA Congress (March 2008)
36. ► www.audi-mediacenter.com/de/pressemitteilungen/vielseitige-persoenlichkeit-das-vorausschauende-aktivfahrwerk-im-flaggschiff-a8-11905
37. ► www.vau-max.de/fotostrecke/fahrwerk-alles-in-einem-audi-arbeitet-an-einem-automobilen-supercomputer.3422.7.html
38. N.N.: Innovative Denkweise – BOSE Suspension System. ► www.bose.de/DE/de/learning-centre/suspension-problem/
39. Barz, M.: Untersuchungen zum Einsatz adaptiver und aktiver Fahrwerklager in Pkw. VDI-Fortschrittbericht Reihe 12, Nr. 452. (2001)
40. Beller, H. A., Rieth, P.: Mit Total Chassis Management auf dem Weg zum intelligenten Fahrwerk. XX. μ-Symposium Bad Neuenahr, VDI Fortschrittberichte Reihe 12 Nr. 393 (2000)
41. Gruber, S., Winner, H., Härtel, V., Holst, M.: Beeinflussung des Fahrzeugverhaltens durch adaptive Fahrwerklager. VDI-Tagung Reifen-Fahrwerk-Fahrbahn, Hannover (2003)
42. Presseseite der Firma ContiTech: ► www.contitech.de/ct/contitech/themen/kommunikation/presse/050811_iaa_08/de.html
43. Holst, M., Eberhard, G., Karkosch, H.J., Marienfeld, P., Rieth, P., Linkenbach, St., Jungbecker, J.: Adaptive und aktive Fahrwerklager zur Optimierung von Fahrdynamik und -komfort. In: Fahrwerk. tech, München (2005)
44. Gärtner, A., Klank, M., Spratte, J.: Intelligent Suspension Sensor for Vertical Dynamics Measurements in Passenger Cars. 8th Stuttgart International Symposium Automotive and Engine Technology, 11./12. 03. 20016. Stuttgart (2008)
45. Konik, D., Bartz, R., Bärnthol, F., Bruns, H., Wimmer, M.: Dynamic Drive – Das neue aktive Wankstabilisierungssystem der BMW Group. 9. Aachener Kolloquium. Aachen (2000)
46. imgur.com/AubA5sN
47. Gaedke, A., Häger, M., Vehring, A.: Electric Powersteering in all Vehicle classes- State of the Art. Chassis.techPlus, S. 61–79. München (Mai 2010)
48. Pfeffer, P., Harrer, M.: Lenkungshandbuch, 2. Aufl. Springer Vieweg Verlag, Wiesbaden (2013)
49. Meitinger, Th., Bebusmann, Ch., Herold, P.: Die elektronischen Lenksysteme im neuen BMW 5er. Chassis.techPlus, S. 81–99. München (Mai 2010)
50. Hoffmann, C., Dick, W.: Funktionsentwicklung einer Überlagerungslenkung – Von der Idee zum fertigen C-Code. Autoreg, Wiesloch (2004)
51. Donges, E.: Die Vierradlenkung – Fortschritt oder Mode? In: Automobil Revue Katalog (1988)
52. Hirano: Development of an Integrated System of 4WS and 4WD by Infitiy Control. SAE 930267
53. Kawakami: Development of Integrated System between Active Control Suspension, Active4WS, TRC and ABS. SAE 920271
54. Nagai: Active Four-Wheel-Steering by Model-Following-Control. 11th IAVSD Symposium on Dynamics of Vehicles on Roads and Tracks (1989)
55. Pruckner, A.: Nichtlineare Fahrzustandsbeobachtung und -regelung einer Pkw-Hinterradlenkung. Dissertation. (2001)

56. Mori, et al.: Super-HICAS – Verbesserung der Stabilität und Kontrollierbarkeit von Pkws durch Optimierung der Übergangslenkeigenschaften der 4-Radlenkung. JASE (891068) (1989)
57. Richter, B.: Entwicklungstrends bei aktiven Fahrwerkssystemen. VDI-Berichte (816) (1990)
58. Berkefeld, V.: Theoretische Untersuchungen zur Vierradlenkung, Tagung „Allradlenkung bei Personenwagen". Haus der Technik Essen (1989)
59. Donges, E.: Funktion und Sicherheitskonzept der Aktiven Hinterachskinematik von BMW. Tagung „Allradlenkung bei Personenwagen". Haus der Technik, Essen (1989)
60. Kurz, G.: Fahrwerk des neuen BMW 5er. Chassis. tech Plus, S. 671–703. München (Mai 2010)
61. Scholz, R.: Aktive Fahrwerke in Beispiel einer Hinterradlenkung, 6. Tag des Fahrwerks, 6. Okt. 2008, S. 113–131, Aachen (2007)
62. Fleck, R.: Das mechatronische Fahrwerk des neuen BMW 5er Grand Turismo. Tag des Fahrwerks, RWTH Aachen, Institut für Kraftfahrwesen. Aachen, (Okt. 2010)
63. Neerpasch, U., Klander, P., Braun, D., Köhn, P., Holdmann, P.: Ein Konzeptfahrzeug mit aktiven Fahrwerkkomponenten. 7. Aachener Kolloquium. Aachen (1998)
64. Mäckle, G., Schirle, T.: Active Tire Tilt Control (ATTC) – Das neue Fahrwerkkonzept des F400 Carving. 11. Aachener Kolloquium. Aachen (2002)
65. Serra, R. M.: Michelins Optimised Contact Patch (OCP)-System angewendet auf ein F3000-Fahrzeug. 13. Aachener Kolloquium. Aachen (2004)
66. Andre, F.: OCP Michelin Fahrwerksystem, 11. Aachener Kolloquium. Aachen (2002)
67. Mizuno,A., Jones, M., Horiguchi, M.,Suda, Y., Ogawa, D., Nakano, K., Yamabe, S.: Development and Analysis of an Active Camber Control System for Stability Improvement, 22nd Aachen Colloquium 2013 S. 1405–1420, Aachen (2013)
68. Schäfer, P., Harrer. P., Höll, M.: Use of Mechatronical Chassis Systems to achieve a Synthesis of driving and Comfort ChassisTech-Plus, S. 705–724. München (Mai 2010)
69. Schröder, W., Knoop, M., Liebemann, E., Deiss, H., Krimmel, H.: Zusammenwirken aktiver Fahrwerk- und Triebstrangsysteme zur Verbesserung der Fahrdynamik, S. 1671–1684. 16. Aachener Kolloquium, Aachen (2006)
70. ZF-Friedrichshafen AG: Firmeninformationsmaterial. Friedrichshafen (2008)
71. Raste, T., Bauer, R., Rieth, P.: Global Chassis Control: Challenges and Benefits within the Networked Chassis. FISITA Congress March (2008)
72. Hartman Eckart
73. ► www.automobil-industrie.vogel.de/am-herzschlag-der-e-mobilitaet-und-vernetzten-fahrwerktechnik-a-f3e45eff9538d185302771180dff0d14/
74. press.zf.com/press/de/releases/release_2784.html
75. ► www.schaeffler.de/de/produkte-und-loesungen/automotive-oem/fahrwerksysteme/
76. ► www.vau-max.de/magazin/news/alles-in-einem-audi-arbeitet-an-einem-automobilen-supercomputer.7476
77. ► https://www.bmwblog.com/2025/02/16/bmw-heart-of-joy-dynamic-performance-control/. (Zugegriffen: Febr. 2025)
78. ► www.bimmertoday.de/2025/02/17/bmw-vision-driving-experience-alle-infos-zum-heart-of-joy. (Zugegriffen: Febr. 2025)
79. ► www.computerbase.de/news/mobilitaet/bmw-heart-of-joy-neues-steuergeraet-macht-bremse-zu-98-prozent-ueberfluessig.91442/. (Zugegriffen: Feb. 2025)
80. ► www.next-mobility.de › projekt-eemotion-zf-und-infineon. (Zugegriffen: Sept. 2024)
81. de.wikipedia.org/wiki/Drive-by-Wire
82. Achenbach, W., Stoll, U.: Bremssysteme der Zukunft. Tag des Fahrwerks, RWTH Aachen, Institut für Kraftfahrwesen. Aachen (2000)
83. Balz, J., Bill, K., Böhm, J., Scheerer, P., Semsch, M.: Konzept für eine elektromechanische Fahrzeugbremse. In: ATZ 98. Jahrgang, Nr.6. S. 328–333, (1996)
84. Braess, H.-H., Seiffert, V.: Vieweg Handbuch Kraftfahrzeugtechnik. ATZ/MTZ Fachbuch. Vieweg+Teubner Verlag, Wiesbaden (2012)
85. Bosch: Kraftfahrtechnisches Taschenbuch. Vieweg+Teubner Verlag, Wiesbaden, (2011)
86. Schwarz, R., Isermann, R., Böhm, J., Nell, J., Reith, P.: Modelling and Control of an Electromechanical Disc Brake. SAE paper 980600 (1998)
87. Breuer, B., Bill, K.H.: Bremsenhandbuch. Springer Vieweg Verlag, ATZ/MTZ Fachbuch. Wiesbaden (2013)
88. ► www.elektroniknet.de/automotive/continental-staerkt-entwicklung-elektromechanischer-bremsen.13921.html (Zugegriffen: Nov. 2024)
89. ZF-Bremssystem „Dry Brake-by-Wire" – ZF (Zugegriffen: Nov. 2024)
90. ► https://www.next-mobility.de/serieneinsatz-neue-steer-by-wire-lenkung-von-zf-im-nio-et9-a-39f6af2c71757855a427780916497b13/?cmp=nl-1caa9b88-cfb7-4322-8693-63b1335ebdc2&uuid=4510FB7F-8275-4791-8B481AC4B2B63ACB (Zugegriffen: Febr. 2025)
91. ► www.zf.com/mobile/de/technologies/vehicle_motion_control/stories/sbw.html (Zugegriffen: Nov. 2024)
92. ► www.zf.com/products/de/cars/products_64181.html (Zugegriffen: Nov. 2024)
93. Krehmer, H.: Niveauverstellung, Schaeffler Technologies, 9. Tag des Fahrwerks, Institut für Kraftfahrzeuge der RWTH Aachen Universität, 6. (Oktober 2014)

Fahrwerkrelevante Fahrerassistenzsysteme

Markus Brändle, Volker Buchmann, Metin Ersoy, Stefan Gies, Bernd Heißing, Ralph Mayer, Karl-Heinz Meitinger, Christian Schimmel und Harry Siebendritt

Inhaltsverzeichnis

M. Ersoy et al. (Hrsg.), *Fahrwerkhandbuch*,
ATZ/MTZ-Fachbuch, https://doi.org/10.1007/978-3-658-48104-9_17

„Fahrerassistenzsysteme“ (FAS) oder *„Advanced Driver Assistent Systems“* (ADAS) sind neben der Elektrifizierung und dem automatisierten Fahren, die sich aktuell am schnellsten weiterentwickelnde Technologie im Fahrzeug. Die drei Technologiefelder haben die Zielsetzung Komfort, Sicherheit und Umweltschutz weiter zu erhöhen. Die Umsetzungs- und Kundenakzeptanzquote ist je-doch bei Fahrerassistenzsystemen deutlich höher wie bei den beiden anderen Systemen.

Fahrerassistenzsysteme sind Systeme, die geeignet sind, den Fahrer in seiner Fahraufgabe hinsichtlich Wahrnehmung, Fahrplanung und Bedienung zu unterstützen. Sie wirken damit bei der Navigation, der Fahrzeugführung und der Fahrzeugstabilisierung und tragen wesentlich zur Unfallvermeidung und Unfallfolgeminderung bei [1].

Die Fahrerassistenzsystemen lassen sich nach ihrer Wirkungsweise in drei Hauptkategorien einteilen [2]:

- **Informierende Funktionen,** um den Fahrer über Geschehnisse im Umfeld des Fahrzeugs zu benachrichtigen,
- **Ständig wirkende automatisierende Funktionen,** die über einen längeren Zeitraum wirken und unmittelbar in die Führung des Fahrzeugs eingreifen können,
- **Eingreifende Notfallsysteme,** die in Notsituationen deutlich schneller als der Mensch die Fahrzeugsteuerung übernehmen um der Gefahr entgegenwirken.

Zum besseren Überblick kann man alle Assistenzsysteme in fünf Wirkungsebenen einteilen [3]:

- Licht- und Sichtsysteme,
- Insassen- und Fahrerinformation,
- Bremsassistenten und Längsführung,
- Spurhalteassistenten und Querführung,
- Automatisiertes und assistiertes Fahren.

In diesem Buch werden Licht- und Sichtsysteme nicht betrachtet und Fahrerinformations- und -warnsysteme nur kurz beschrieben. Hauptsächlich werden fahrwerksrelevante Systeme, die zur Fahrzeuglängs- bzw. Fahrzeugquerführung und dadurch zur Fahrzeugstabilisierung beitragen sowie die Automatisierungsfunktionen detailliert behandelt.

▪ Insassen- und Fahrerinformation

Müdigkeitsassistent, Insassenzustandserkennung, Car2X-Kommunikation, Verkehrszeichenerkennung, Notbremslicht, Alkoholempfindliche Wegfahrsperre.

▪ Bremsassistenten und Längsführung

Antiblockiersystem, Elektronische Bremsverteilung, Bremsassistent, Kollisionswarner, Abbiegeassistent, Automatisches Notbremssystem, Ausweichassistent, Multikollisionsbremse, Rückfahrassistent, Kreuzungsassistent, Abstandsassistent, Intelligenter Geschwindigkeitsassistent, Geschwindigkeitsbegrenzer, Berganfahrhilfe, Bergabfahrhilfe, Park Distance Control.

▪ Spurhalteassistenten und Querführung

Antriebsschlupfregelung, Elektronisches Stabilitätsprogramm, Anhänger-Stabilitätsprogramm, Totwinkelassistent, Spurwechselassistent, Spurverlassenswarner, Spurhalteassistent.

▪ Automatisierungsfunktionen

Adaptiver Geschwindigkeitsassistent, Spurführungsassistent, Stauassistent, Überholassistent, Parkassistent, Ferngesteuertes Parken, Anhängerassistent.

Um den Fahrer bei seiner Fahraufgaben zu unterstützen, müssen diese Systeme Fahrzeugumgebung und Fahrsituation erkennen (d. h. geeignete Sensoren besitzen), interpretieren und sich für notwendige Interventionen entscheiden (d. h. eine Software für Erarbeitung der Aktionsstrategien aufweisen) sowie Aktionen einleiten (d. h. geeignete Aktuatoren aktiv beeinflussen).

Die wesentlichen Sensoren funktionieren entweder signal- (Ultraschall, Radar,

Laser. Lidar) oder bildbasiert (Mono-, Stereo, Weitwinkel-, Infrarotkamera).

Die Aktuatoren Motor, Bremse und Lenkung sind ja in jedem Auto verfügbar. Heute kann man diese auch parallel zum Fahrer aktiv betätigen um die notwendigen Aktionen ohne Fahreraktivität durchzuführen. So z. B. benötigen alle Spurführungsfunktionen zusätzlich nur noch eine Kamera und ein Auswertesoftware.

Zahlreiche neue Funktionen von Fahrerassistenzsystemen basieren auf einer erweiterten Informationsverarbeitung, bei der aus Signalen bestehender Steuergeräte ein Mehrwert generiert wird. Eine derartige neue Funktion ist z. B. die Müdigkeitserkennung, die aus vorhandener Sensorik und vorhandenen Anzeigegeräten mit einer Zusatzsoftware ermöglicht wird [4].

Viele Sensoren bedienen zunehmend mehrere Fahrerassistenzsystemen, sodaß die Kosten durch Sensorcluster oder Sensorfusion ständig reduziert werden können.

Für den Kunden wird der Nutzen eines Fahrerassistenzsystems sofort erkennbar, die Fahrdynamiksysteme dagegen bleiben nur bei einer kritischen Fahrsituation wahrnehmbar. Daher ist der Kunde eher bereit, hierfür Geld zu investieren.

Die schon heute zu beobachtende Vielfalt an Assistenzsysteme und deren rasante Zunahme zeigen, daß ein Ende noch nicht erreicht ist. Das Fernziel „autonomes Fahren" ist dann eine logische Weiterentwicklung der Fahrerassistenzsysteme [5].

Auch die gesetzlichen Verordnungen unterstützen die Verbreitung von Fahrerassistenzsystemen in neu zugelassenen Fahrzeugen. Beispiele hierfür sind [6]:

- ABS, ESP, ASR, Reifendruckkontrolle
- Intelligenter Geschwindigkeitsassistent,
- Automatischer Notbremsassistent,
- Kopfaufprallschutz für Fußgänger,
- Notfall-Spurhalteassistent,
- Müdigkeitswarner,
- Rückfahrassistent,
- Notbremslicht,
- Unfalldatenspeicher (Black Box),
- Alkoholempfindliche Wegfahrsperre.

Nach dieser Einführung behandelt das Kapitel ausführlich die jenigen heute bekannten Fahrerassistenzsysteme, deren Realisierung hauptsächlich in Zusammenhang mit Fahrwerkfunktionen stehen.

17.1 Mensch als Fahrzeugführer

Bernd Heißing, Stefan Gies, Ralph Mayer, Karl-Heinz Meitinger und Harry Siebendritt

Der Mensch ist im Regelkreis Fahrer-Fahrzeug-Umgebung das leistungsfähigste Element. Trotz seiner Stärken ist er sehr oft in seiner Wahrnehmung, Verarbeitung von Informationen und seiner Reaktion bestimmten physischen wie psychischen Grenzen unterworfen (◘ Abb. 17.1) [7]. Theoretisch wird die Entstehung eines Unfalls wahrscheinlicher, wenn die Anforderung der Verkehrssituation Leistungsgrenzen des Fahrers übersteigen.

Fahrerassistenzsysteme zielen daher auf die Entlastung des Fahrers in kritischen Fahrsituationen.

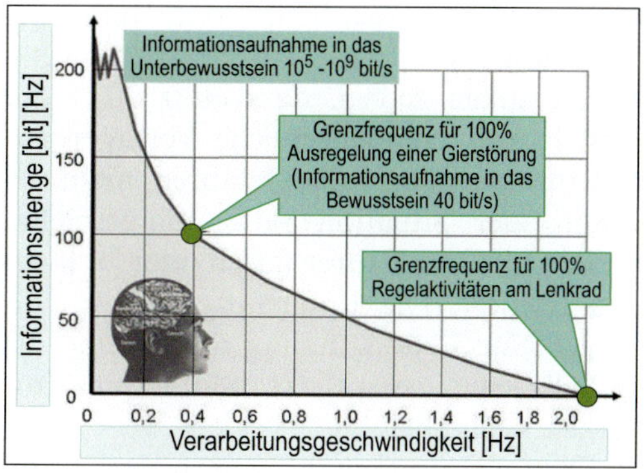

◘ **Abb. 17.1** Informationsverarbeitung durch den Menschen bei der Fahrzeugführung [7]

Abb. 17.2 Menschliche und technische Stärken [8]

Das Abb. 17.2 vergleicht die Fähigkeiten des Menschen gegenüber einem elektronischen System und untermauert, dass wenn die Stärken der Beiden kombiniert würden, sich ein deutlicher Mehrwert ergeben würde [8].

Statistiken zeigen, dass etwa 90 % der Unfälle auf das menschliche Versagen zurückzuführen sind, da Gefahren nicht erkannt oder Situation falsch eingeschätzt werden bzw. der Fahrer falsch oder zu langsam reagiert. Die Entlastung und situationsgerechte Unterstützung des Fahrers ist deshalb eine wesentliche Maßnahme zur Verkehrssicherheit [5].

Die elektronischen Zusatzeinrichtungen warnen vor einer Gefahrensituation oder greifen auch aktiv in die Fahrzeugbedienung ein. In beiden Fällen kann eine Gefahr minimiert oder sogar abgewendet werden [9].

Die Wirksamkeit dieser Systeme ist seit dem serienmäßigen Einsatz von ABS oder ESP durch rückläufige Unfallzahlen dokumentiert. Ferner kann eine reduzierte Unfallfolgenschwere beobachtet werden, dadurch daß die Fahrzeuge vermehrt frontal statt seitlich mit dem Unfallgegner oder Hindernis kollidieren [10].

Die positive Wirkung aktiver Notbremssysteme auf das Unfallgeschehen lässt sich dank ihrer steigenden Verbreitung belegen und schlägt sich positiv auch in Fallzahlen der KFZ-Versicherungen nieder [11].

Es gibt eine große Anzahl von Assistenzsystemen, welche die Aufgaben des

Fahrers unterstützen. Diese beeinflussen den Fahrkomfort bzw. die Fahrsicherheit, indem sie den Fahrer informieren, das Fahrzeug führen helfen oder aber für die Fahrstabilität sorgen.

▣ Abb. 17.3 gibt eine Übersicht über diese Funktionen, über deren Wirkungsbereiche und über die Fahreraufgaben, die von diesen Systemen unterstützt oder übernommen werden.

Im Folgenden werden Fahrerassistenzsysteme in vier Hauptgruppen behandelt: Systeme die Fahrer Informieren, Warnen, Unterstützen oder ihn ersetzen.

Bislang war der Einsatz autonomer Assistenzsysteme laut der Wiener Straßenverkehrskonvention von 1968, wonach jeder Fahrer dauernd sein Fahrzeug beherrschen können muss, eingeschränkt.

Im Mai 2021 haben Bundestag und Bundesrat einem Gesetz zugestimmt, nach dem autonome Fahrzeuge in Deutschland ohne physisch anwesende Fahrer oder Fahrerinnen am öffentlichen Straßenverkehr

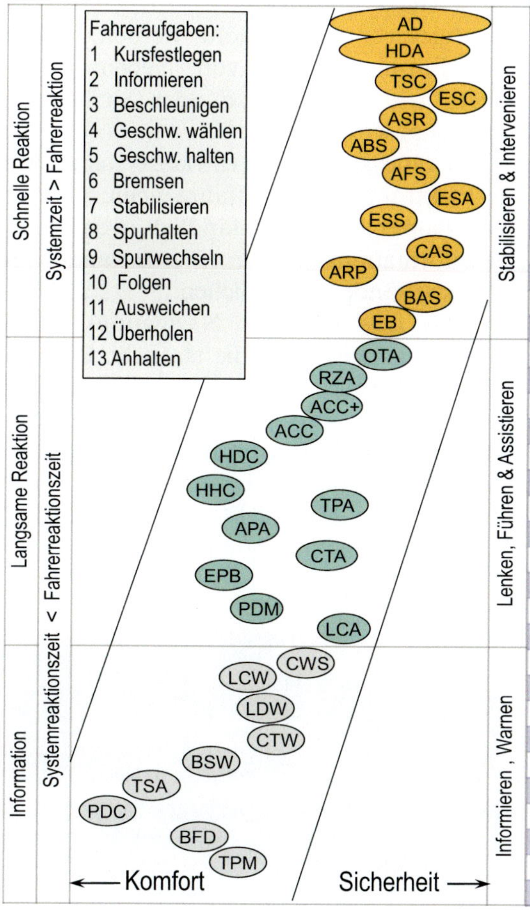

SYSTEME\FAHRERAUFGABEN	1	2	3	4	5	6	7	8	9	10	11	12	13
AD Autonomous Driving	X	X	X	X	X	X	X	X	X	X	X	X	X
HDA High Way Driving Assist	X		X	X	X	X	X	X	X	X	X	X	X
TSC Trailer Stability Control			X			X	X	X	X	X	X		
ESC Electrical Stability Control						X	X	X					
ASR Anti Slip Regulation						X	X						
ABS Antilock Braking System						X	X						
AFS Active Front Steering							X						
ESA Emergency Steer Assist		X				X	X	X	X		X		X
ESS Emergency Stop System		X				X	X	X	X				X
CAS Collision Avoidance System		X				X	X				X		X
ARP Active Roll Over Prevention						X	X						
BAS Braking Assistant System						X	X						X
EB Emergency Braking		X				X							X
OTA Overtake Assist		X	X					X	X			X	X
RZA Roadwork Zone Assist		X	X	X	X	X		X		X			X
ACC+ ACC with Stop & Go			X		X	X		X		X			X
ACC Adaptive Cruise Control			X		X	X							
HDC Hill Descent Control		X			X	X							
HHC Hill Hold Control		X				X							X
TPA Trailer Parking Assist	X	X				X							X
APA Active Parking Assistant	X	X				X							X
CTA Cross Traffic Assist		X				X							X
EPB Electrical Park Brake		X				X							X
PDM Pull Drift Migration							X						
LCA Lane Change Assist	X	X							X			X	X
CWS Collusion Warning System		X											
LCW Lane Change Warning		X											
LDW Lane Departure Warning		X											
CTW Cross Traffic Warning		X				X							X
BSW Blind Spot Warning		X											
TSA Traffic Sign / Light Assist		X											
PDC Park Distance Control		X											
BFD Brake Force Display		X											
TPM Tire Pressure Monitoring		X											

▣ **Abb. 17.3** Übersicht über die Fahrerinformations- und Assistenzsysteme [12]

teilnehmen können – bis auf Weiteres aber nur in festgelegten und vorab genehmigten Betriebsbereichen.

Auf europäischer Ebene wurde im Juli 2022 ein Rechtsrahmen für vollautomatisierte Fahrzeuge mit autonomen Fahrfunktionen durch eine Anpassung der bestehenden Typgenehmigungsverordnung fertiggestellt, die um vollautomatisierte Fahrzeuge erweitert wurde.

17.2 Fahrerinformationssysteme

Markus Brändle, Bernd Heißing, Ralph Mayer und Karl-Heinz Meitinger

Systeme zur Darstellung relevanter Informationen für den Fahrer sind ein Grundbestandteil von Kraftfahrzeugen. Heute werden in Pkws nicht mehr nur elementare Daten wie Motortemperatur und -drehzahl, Fahrgeschwindigkeit oder Tankfüllstand angezeigt.

Die Anzeigeinstrumente sind in ihrer Zahl und Vielseitigkeit Bestandteil des komplexen Systems aus Fahrer, Fahrzeug und Umwelt. Fahrerinformationssysteme dienen zur Unterstützung des Fahrers bei der Einschätzung von Umgebungs- und Fahrzeugzuständen. In Ergänzung zur Anzeige im Kombiinstrument wird hinter dem Lenkrad das „Head-Up-Display" angeboten. Es ermöglicht die Anzeige von Informationen auf der Windschutzscheibe im natürlichen Sichtfeld des Fahrers.

Komplexe Anzeigeelemente sind bei Fahrerinformations-, Fahrerwarn- und Fahrerassistenzsystemen not-wendig. Hilfen durch Rückfahrkameras und Nachtsichtgeräte werden meist im mittigen Display dargestellt. Deren primärer Einsatzzweck ist die Unterstützung des Fahrers beim Parkieren und bei Nachtfahrten.

Ein weiteres Anwendungsszenario ist die Unterstützung bei der Erkennung von Verkehrsschildern, die ebenfalls im Display dargestellt werden. Eine Weiterentwicklung dieser Funktion kann den Fahrer zusätzlich warnen, wenn er ein solches Schild ignoriert.

Fahrzeuge können auch mit weiteren Kamerasystemen ausgerüstet werden, eine Rundum- oder 360°- Sicht (Surround View) in unübersichtliche Kreuzungen ermöglichen, auch wenn die Sicht des Fahrers z. B. durch geparkte Fahrzeuge, eingeschränkt ist (◘ Abb. 17.4).

Steigende Relevanz erhalten Informationssysteme auch durch die CO_2-Diskussion. Für den Kunden kann neben Gesamtverbrauch und Fahrwerkeinstellung mit geeigneten Systemen die Transparenz des Energieverbrauchs erhöht werden, indem der Einzelverbrauch von Nebenverbrauchern wie Klimaanlage oder Sitzheizung angezeigt wird.

Gerade komplexe Antriebssysteme, wie in Elektro- und Hybridfahrzeugen, sind für den Fahrer besser verständlich, wenn Fahrerinformationssysteme momentane Betriebszustände verdeutlichen.

Die Leistung von Navigationsgeräten geht inzwischen über die statische Routenführung hinaus. Aktuelle Verkehrsinformationen werden zur Streckenwahl herangezogen. Routenänderungen und deren Gründe der Umleitungen sind dem Fahrer nur durch hochauflösende Displays als Bestandteil des Informationssystems darstellbar.

◘ Abb. 17.4 Rundum Sicht mithilfe von Kameras

17

Ebenfalls indirekt zu Informationssystemen zugehörig sind moderne Lichtsysteme einzuordnen, da diese die Wahrnehmungssicherheit des Fahrers steigern. Situationsangepasste Lichtverteilungen lösen den Konflikt zwischen optimaler Ausleuchtung und geringer Blendwirkung für den Gegenverkehr bestmöglich auf. Zudem wird durch adaptives Kurvenlicht eine bessere Sicht in Kurven bei Nachtfahrt ermöglicht. Mit den neuen Matrix-LED und Lasertechniken läßt sich der Nutzen dieser Systeme weiter ausbauen.

17.3 Fahrerwarnsysteme

Metin Ersoy, Stefan Gies und Christian Schimmel

Wie bereits erwähnt geschieht der überwiegende Anteil der Verkehrsunfälle wegen Unachtsamkeit des Fahrers. Die Schwächen von Menschen liegen u. a. in seiner begrenzten Aufmerksamkeitsfähigkeit. Ist er ermüdet oder z. B. durch das Navigationssystem oder Handy abgelenkt, kann er in Notsituationen falsche, zu späte sogar gar keine Entscheidungen treffen.

Informationssysteme werden deshalb zunehmend auch zur Warnung des Fahrers eingesetzt. Die einfachste Art ist das Lesen der Verkehrsschilder mittels einer Kamera und deren Anzeige auf dem Display (◘ Abb. 17.5) [13]. Sie detektieren auch Gefahrsituationen und implizieren durch Signale eine Fahrerhandlung [14].

Im Gegensatz zu Assistenzsystemen erfolgt hier lediglich eine Warnung und noch kein aktiver Eingriff. Die Zuordnung von Informationssystemen ist jedoch nicht immer eindeutig. Beispielsweise ist die Abstandswarnung *(Park Distance Control)* beim Parkieren ein System, das über die Distanz zu Hindernissen informiert. Durch die steigende Intensität von akustischen Signalen wird aber gleichzeitig eine Warnung an den Fahrer übermittelt. Analoges gilt für die Anzeige der Außentemperatur. Bei Annäherung an niedrige Temperaturen wird durch ein optisches oder akustisches Signal vor potentiell niedrigem Reibwert gewarnt.

Die moderne Sensorik in heutigen Pkws ermöglicht immer komplexere Warnsysteme. Das Nachtsichtsystem wird heute zusätzlich zur Warnung vor in der Dunkelheit optisch schlecht erkennbaren Fußgängern oder Tieren eingesetzt. Als Informationsquelle dienen Daten der Wärmebildkamera.

Menschen nehmen Informationen oder Reize über ihre sensorischen Organe

◘ **Abb. 17.5** Erkennen von Verkehrsschildern mithilfe von Kamera [13]

auf. Die für die Anwendungen im Pkw infrage kommenden Sinneskanäle sind in ◘ Tab. 17.1 aufgelistet [15, 16].

Haptische statt akustische oder optische Informationen am Lenkrad erweisen sich als besonders zielführend, da die Warnung an dem Stellelement erfolgt, das auch zur Kurskorrektur genutzt wird. Radarsysteme der automatisierten Längsführung können auch bei deaktivierter Längsregelung zur Warnung vor Kollisionen benutzt werden.

Optische Warnanzeigen werden eingesetzt, wenn eine Fehlfunktion bzw. niedriges Füllmittelniveau detektiert wird, Sicherheitsgurte nicht geschlossen sind, oder die Außentemperatur unter 3°C sinkt.

Ein niedriger Reifendruck kann einen Unfall verursachen. Deshalb wird der Reifendruck kontinuierlich durch ein *Reifendruckkontrollsystem* überwacht, um bei Druckverlust eine akustische bzw. optische Warnung auszulösen (s. ► Abschn. 13.6.1.1). Dies ist zur Unfallvermeidung effektiv, da sich viele Reifendefekte bereits frühzeitig durch Druckverlust ankündigen. In den USA und seit 2015 auch in der EU ist ein solches System verpflichtend.

17.3.1 Fahrerwarnung zur Längsführung

Diese Systeme warnen den Fahrer bei einem Stoppschild oder vor einer drohenden Auffahr- oder Frontalkollision (◘ Abb. 17.6) [17]. Ein Fern- oder Mittelbereich Radarsensor warnt den Fahrer zuerst akustisch und optisch vor einer drohenden Kollision. Besteht die Gefahr weiterhin, wird eine haptische Warnung durch einen Bremsruck ggf. inklusive mehrmaligem Straffen der Sicherheitsgurte veranlasst [18].

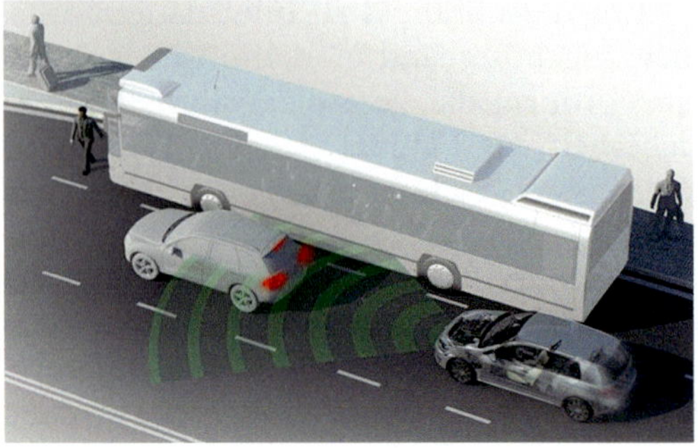

◘ **Abb. 17.6** Kollisionswarnung [17]

Wegen der hohen Bedeutung gehören sie bei vielen neuen Modellen zur serienmäßigen Ausstattung. Die neueren Systeme können durch Fusion von Daten aus Stereokameras und Radarsensoren nicht nur Fahrzeuge sondern auch Fußgänger, Radfahrer und Tiere im Bereich vor dem Fahrzeug erkennen und den Fahrer warnen [17, 19].

17.3.2 Fahrerwarnung zur Querführung

Vor allem für Fahrsituationen mit hoher Ermüdungswahrscheinlichkeit, wie beispielsweise lange Autobahnfahrten, wurden

17

◘ **Tab. 17.1** Qualitative Bewertung der Sinneskanäle

Eigenschaften			
Sinnesreiz	**Sinnesmodalität**	**Informationsgehalt**	**Wahrnehmungsverzugszeit**
Visuell	Sehsinn	Sehr hoch	Gering
Auditiv	Hörsinn	Mittel	Mittel
Haptisch	Tastsinn	Niedrig	Sehr gering
	Stellungs- und Bewegungssinn	Niedrig	Sehr gering

weitere Warnsysteme eingeführt. Solche Systeme geben dem Fahrer Warnungen bei nicht korrekter Einhaltung der Fahrspur.

Das Müdigkeitswarnsystem berechnet den Aufmerksamkeitspegel anhand der Fahrer Reaktionen auf Fahrbahnmarkierungen sowie anhand weiterer Faktoren und empfiehlt entsprechend eine Pause.

Die Spurverlassenswarnung *(Lane Departure Warning)*, die mithilfe einer Kamera die Fahrspur erkennt (◘ Abb. 17.7) [20], warnt z. B. durch akustische oder haptische Rückmeldung vor Verlassen der eigenen Fahrspur (◘ Abb. 17.8) [17].

Die Analyse der Eigentrajektorie erfolgt kamerabasiert. Als Warnung werden Vibrationen im Lenkrad (Volkswagen, Audi, BMW…) oder im Fahrzeugsitz (Peugeot, Citroen) eingesetzt [21].

Bei einem beabsichtigten Spurwechsel wird die Totwinkelwarnung aktiviert. Deutet der Fahrer durch Blinken einen geplanten Fahrspurwechsel an und die Radar- oder Kamerasensorik detektiert ein Fahrzeug auf der Nebenspur, wird eine Warnung angezeigt (◘ Abb. 17.9).

Häufig erfolgt dies mit optischen Signalen in der Nähe der Außenspiegel. Kennzeichnend ist auch bei diesem System die harmonische Integration in das übliche Fahrerverhalten. Dies wird durch die Anzeige der Warnung im Außenspiegel erreicht, da der Fahrer normalerweise dort auch den Blick beim Spurwechsel hinwendet.

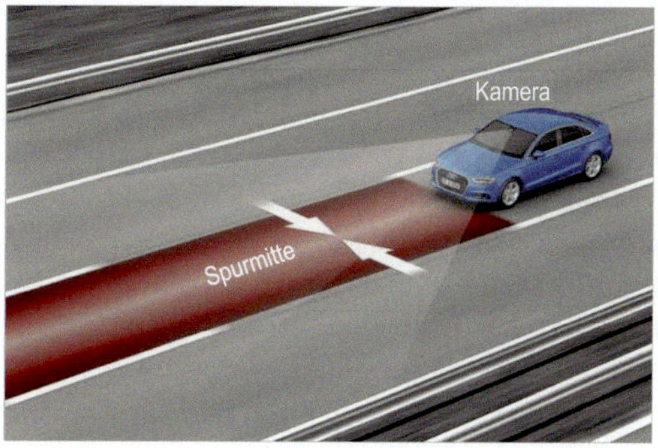

◘ **Abb. 17.7** Erkennung der Fahrspur mit Kamera [20]

◘ **Abb. 17.8** Spurverlassenswarnung [17]

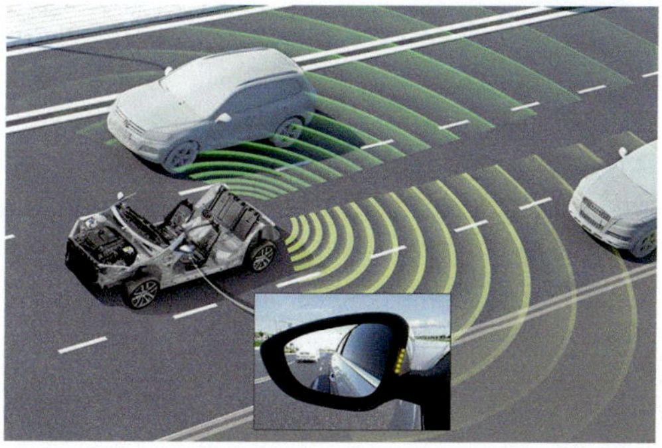

◘ **Abb. 17.9** Totwinkelwarnung im Außenspiegel (VW Golf VII) [17]

Heutige Systeme arbeiten oftmals zweistufig: Befindet sich ein Fahrzeug im toten Winkel, leuchten LEDs im Seitenspiegel (Information). Wenn der Fahrer dann durch Blinken einen Fahrspurwechsel andeutet,

■ Abb. 17.10 Querverkehrswarnung [5]

wird aus der Information eine Warnung (z. B. blinkende LED). Meist wird darüber hinaus als haptische Information eine Lenkradvibration und ein sanftes Gegenmoment im Lenkrad erzeugt (Lenkempfehlung) [17] (s. ■ Abb. 17.8).

Die Querverkehrswarnung überwacht beim Rückwärtsausparken die Fahrbahn nach rechts und links. Droht eine Kollision mit einem herannahenden Fahrzeug, wird der Fahrer gewarnt und gegebenenfalls auch automatisch gebremst (■ Abb. 17.10). Ähnlich ist es auch bei der Linksabbiege- oder Kreuzungswarnung. Hier wird neben dem Totwinkel auch der Verkehr auf der Querstraße überwacht.

17.4 Aktive Fahrerassistenzsysteme

17

Metin Ersoy

Aktive Fahrerassistenzsysteme bauen auf den Informations- oder Warnsysteme auf. Sie greifen aber zusätzlich in die Fahrzeugführung ein, d. h. sie aktivieren die Motorsteuerung, Bremse oder Lenkung parallel zum Fahrer. Damit unterstützen sie den Fahrer aktiv in kritischen Fahrsituationen

In einer Befragung von Bosch aus dem Jahr 2012 in Deutschland unter 2261 Neuwagenkäufer zur Fahrerassistenzsystemen lautete einer der Fragen „Welche der 15 Systeme ist aus Ihrer Sicht am wichtigsten?" (■ Abb. 17.11). Ganz oben liegen die automatischen Notbremsungen (fast 30 %), dann Totwinkelwarnung und Ausweichassistent. Diese Angaben korrelieren sehr gut mit den in den letzten 12 Monaten erlebten kritischen Fahrsituationen und scheinen damit den Bedürfnissen der Fahrer, d. h. Sicherheit vor Komfort, am nächsten zu kommen [5].

Die aktiven Fahrerassistenzsysteme haben also eine deutlich höhere Akzeptanz als reine Informations- oder Warnsysteme.

Nach den wissenschaftlichen Untersuchungen zur Bewertung des Sicherheitspotentials von Fahrerassistenzsystemen für Pkw hat der Notbremsassistenz mit 17,8 % das größte Potential. Es folgen Fahrspurverlassensassistenz (4,4 %) und Totwinkelwarnung (1,7 %) [22].

Die aktiven Fahrerassistenzsysteme lassen sich unterteilen in bremsenbasierten-,

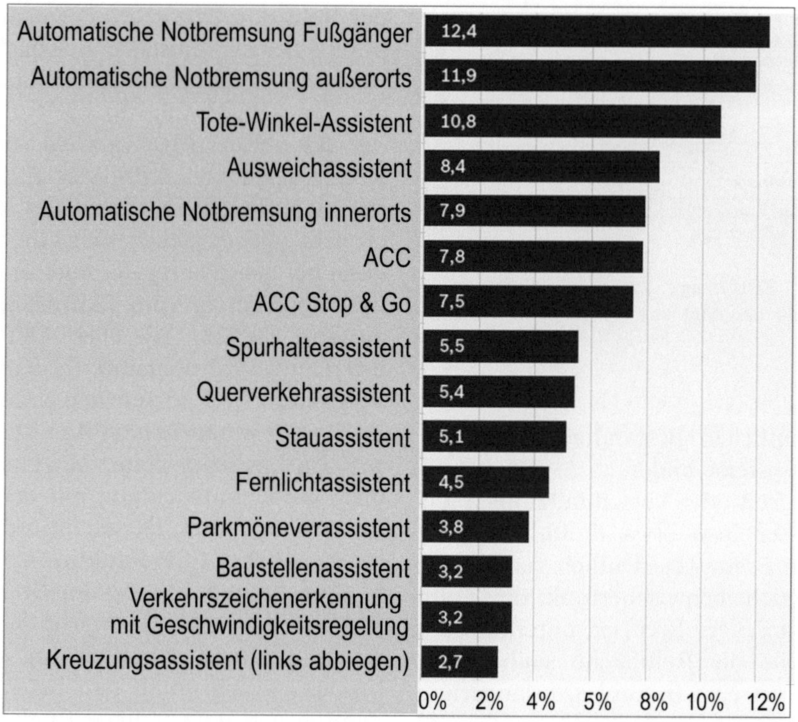

Abb. 17.11 Bevorzugte Fahrerassistenzsysteme [5]

lenkungsbasierten- sowie bremsen- und lenkungsbasierten Systemen.

In den folgenden Abschnitten werden alle aktiven Fahrerassistenzsysteme in dieser Reihenfolge beschrieben.

17.5 Bremsenbasierte Systeme

Christian Buchmann, Metin Ersoy, Stefan Gies und Christian Schimmel

Bremsassistenzsysteme unterstützen den Fahrer in kritischen Situationen und bewirken nachweislich ein reduziertes Unfallaufkommen oder eine hinsichtlich der Unfallfolgen verminderte Unfallschwere. Die Erkennung der Umfeldszenarien wird sukzessive weiter verbessert, um möglichst viele Gefahrensituationen frühzeitig erkennen und so optimal eingreifen zu können. Die Bremsassistenz sorgt für entsprechende Bremskraftunterstützung zur Vermeidung einer Kollision, sobald der Fahrer eine Bremsung einleitet und damit die Gefahrensituation bestätigt. Dabei gilt es auch, technisch bedingte Ansprechzeiten des Bremssystems zu reduzieren bzw. zu kompensieren. So erfolgt der Aufbau eines wirksamen Bremsmomentes normalerweise an der Radbremse erst mit einem zeitlichen Verzug im Bereich einiger Zehntelsekunden (Abb. 17.12).

Ursachen hierfür sind u. a.

- Elastizitäten in Bremsleitungen,
- Kompressibilität der Bremsbeläge und
- Sattelsteifigkeit.

Um den Zeitverzug zwischen Betätigung und Bremsmomentaufbau im erkannten Gefahrenfall zu reduzieren, wird u. a. das Vorfüllen *(„Pre-fill")* realisiert, welches

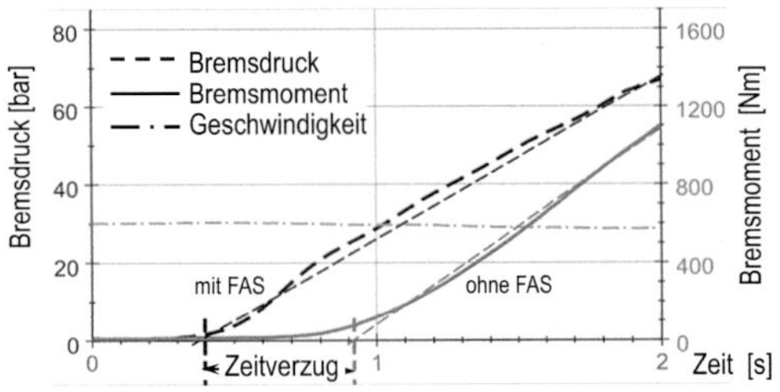

Abb. 17.12 Zeitverzug zwischen Bremsdruckaufbau (Pedalbetätigung) und wirksamen Bremsmomentaufbau

einen wesentlichen Bestandteil vieler Pre-Safe Bremssysteme bildet.

Feuchtigkeit oder Verschmutzungen auf den Bremsscheiben etwa durch Streusalz können den Bremsweg deutlich verlängern. Die Bremsscheibenwischerfunktion kann durch regelmäßiges Bremsen unterhalb der Merkschwelle die Reibfläche sauber halten und somit eine Bremswegverlängerung durch reduzierte Bremsscheibenreibwerte verhindern. Die Informationen hierfür werden aus den Signalen von Außentemperatur- und Regensensor gewonnen.

Zusätzlich kann der Zeitverzug durch eine automatische Lüftspielreduzierung verkleinert werden. Dabei werden nach Auswertung der Fahrbedingungen und des detektierten Fahrerwunsches die Kolben der Radzylinder mit einem bestimmten Basisdruck beaufschlagt (s. ► Abschn. 7.5.2).

Die Aspekte der Bremsassistenz lassen sich in einen sicherheitsrelevanten und einen den Fahrer entlastenden sowie warnenden d. h. komfortorientierten Bereich unterteilen.

17

17.5.1 Sicherheitsrelevante Bremsassistenz

Bestandteil eines modernen Kraftfahrzeuges ist die elektronische Bremskraftverteilung, in der Regel als Funktionsblock im ABS integriert. Dabei folgt die Verteilung der Bremskraft bzw. des Bremsdruckes den infolge der dynamischen Achslastverteilung wechselnden Begebenheiten durch Ansteuern der ABS-Ventile für die einzelnen Räder (▪ Abb. 17.13). So wird durch einen Regeleingriff von ABS oder ESP die optimalen Reibwertausnutzung an jedem Rad erreicht und es stellen sich kürzere Bremswege bei gleichzeitig optimierter Fahrstabilität unabhängig vom Fahrzeugbeladungszustand ein [23, 24]. Diese fahrzeugstabilisierenden Fahrdynamik-Systeme sind in ► Abschn. 7.7.3 ausführlich erläutert.

Der *Bremsassistent* (BAS) ist ein wichtiges Glied in einer Kette von Assistenzsystemen, deren Entwicklung mit dem ABS ihren Anfang nahm. Der Bremsassistent baut direkt auf dem ESP-Funktionsumfang auf.

Aus ihm wurde dann der Bremsassistent PLUS (BAS PLUS).Er warnt den Autofahrer optisch und akustisch vor einem drohenden Auffahrunfall und berechnet automatisch den notwendigen Bremsdruck, um den Crash zu verhindern. Im Zusammenspiel aller Komponenten stellt eine auf vorausschauenden Sensoren basierende adaptive Vorsteuerung der Bremsanlage eine weitere Innovation zur optimalen Verzögerung des Autos in Gefahrensituationen dar [25].

Diese Systeme werden je nach Fahrzeughersteller bzw. Automobil-Zulieferer unterschiedlich bezeichnet:

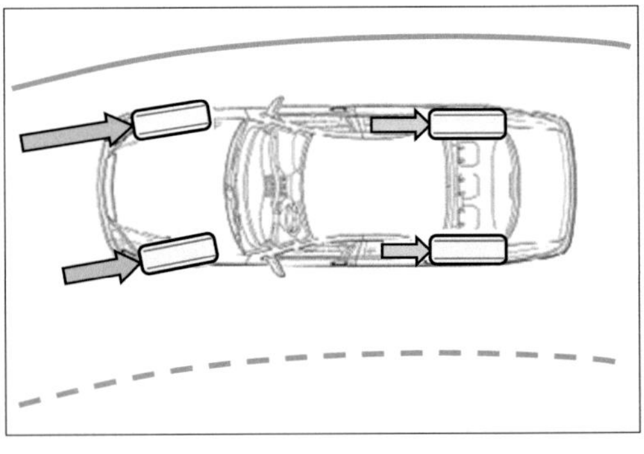

Abb. 17.13 Radindividuelle Bremskraftregelung

- BMW: intelligent brake (iBrake)
- Daimler AG: Pre-Safe-Bremse
- Ford Motor Company: Active City Stop
- Robert Bosch: Predictive Safety System (PSS)
- Volvo: City Safety

Charakteristisch für ineffizient eingeleitete Notbremsungen sind insbesondere Bremsmanöver, die mit hoher Bremspedalgeschwindigkeit beginnen, dann aber noch vor Erreichen des notwendigen Bremsdruckes an Intensität nachlassen (negative Bremspedalbeschleunigung). Der BAS im integrierten ABS/ESP System erkennt dies und baut dann den für die Notbremsung erforderlichen hohen Bremsdruck im Hauptbremszylinder auf. Da die während einer ABS-Bremsung wichtigste Zeit der Bremsbeginn mit möglichst hohem Bremsdruck ist, kann der BAS hier bei einem zu behutsam bremsenden Fahrer den Bremsweg verkürzen [25].

Die Gefahr des Schleuderns beim Bremsen auf unterschiedlichen Straßenoberflächen (μ-Split) ist bei kleineren Fahrzeugen mit geringem Massenträgheitsmoment und kurzem Radstand besonders hoch. Mittels einer Giermomentaufbauverzögerung kann bei einer Gefahrenbremsung neben dem Einfluss durch die Achskinematik (negativer Lenkrollradius) dem Gieren des Fahrzeugs entgegengewirkt werden, indem der Bremsdruck im Radzylinder auf der Seite mit dem höheren Fahrbahnreibbeiwert (μ_{high}) mit Verzögerung aufgebaut wird.

Das Potenzial dieser Fahrzeugstabilisierung kann durch Einbeziehen der Lenkung erweitert werden. Durch das Aufbringen eines merklichen Moments am Lenkrad über eine aktive elektrohydraulische oder elektromotorische Hilfskraftlenkung kann der Fahrer zu einer richtigen Gegenlenkbewegung aufgefordert werden um somit das Fahrzeug aktiv zu stabilisieren. Bietet das Lenksysteme darüber hinaus die Überlagerung von Radlenkwinkeln (z.B Überlagerungslenkung) an (s. ► Abschn. 8.5.2), können Lenkkorrekturen schneller und unter Umständen auch unterhalb der Wahrnehmungsschwelle des Fahrers ablaufen [26].

Derartige Systemvernetzung wird in modernen Fahrzeugen immer wichtiger. Die Vielzahl aktiver Fahrwerksysteme bedingt eine ausreichende Koordination. Häufig wird eine zentrale Organisation (z. B. Integrated Chassis Management) angestrebt, um ungewollte Wechselwirkungen der Einzelsysteme auszuschließen. Im Falle von sicherheitskritischen Eingriffen (ESP, ABS) werden Systeme (z. B. Torque Vectoring) momentan teilweise deaktiviert, obwohl deren koordinierter Einsatz Potential für harmonischere und wirkungsvollere Stabilisierungseingriffe bietet.

Mittels der Bremsassistenz kann in einer Gefahrensituation, die durch den schnellen Wechsel von Fahrpedal auf das Bremspedal detektiert wird, der Bremsweg verkürzt werden. Da in dieser Situation der Fahrer u. U. zu wenig Pedalkraft aufbringt, wird dennoch maximaler Bremsdruck an den Radzylindern bis zur Blockiergrenze der Räder aufgebracht.

Eine Erweiterung hierzu stellt das automatische Notbremssystem dar, das auf Basis des Abstandsradars funktioniert (s. ► Abschn. 17.5.4) und selbständig bremst. Mit der Markteinführung im Jahr 2006 konnte deshalb eine signifikante Reduzierung von Auffahrunfällen erzielt werden.

Die in den letzten Jahren entwickelten aktiven Bremssysteme können ohne Einwirkung des Fahrers alle Bremsfunktionen situationsgerecht selbstständig durchführen. Diese Systeme benötigen entsprechende Sensorik und Softwareunterstützung, um die Situation rechtzeitig zu erkennen, benötigte Maßnahmen zu berechnen und das Bremssystem schnell zu aktivieren.

17.5.2 Komfortorientierte Bremsassistenz

Eine Berg-Anfahrhilfe *(Hill-Hold-Assist)* und Bergabfahrhilfe *(Hill-Descent Control)* entlasten den Fahrer durch das verhinderte Losrollen des Fahrzeuges bei Steigungen bzw. durch das Geschwindigkeitshalten bei Bergabfahrten. Diese Aufgabe kann entweder über eine elektromechanische Parkbremse, die erst bei Betätigung des Fahrpedals gelöst wird, oder durch eine Fremdkrafteinrichtung (ESP) realisiert werden.

Der *Soft-Stop* oder *Ruckverhinderer* gehört ebenfalls zur komfortorientierten Bremsassistenz. Diese bei Hybrid-Bremssystemen zu findende Funktion berücksichtigt die Beladung und den Straßenzustand bei normalem Bremsen und sorgt durch eine situationsangepasste Bremskraftverteilung für einen weichen Stopp ohne Nicken und Aufbaulängsschwingungen [15].

Eine einfache Stauassistenz als integraler Bestandteil einen Tempomaten ermöglicht ein automatisches Abbremsen mit konstanter Verzögerung bis zum Stillstand, wenn das Gaspedal nicht mehr bedient wird. Die Bremspedalbetätigung ist dabei nicht erforderlich; die Aktivierung des Systems erfolgt im Stand oder bei langsamer Fahrt durch das Einschalten des ACC-Systems [27].

Bremsassistenz bei höheren Geschwindigkeiten bietet die adaptive Geschwindigkeitsregelung (*Adaptive Cruise Control*, ACC) (s. ► Abschn. 17.5.5).

17.5.3 Anforderungen an die Bremsassistenz

Für die komfort- und sicherheitsrelevante Bremsassistenz müssen bestimmte Informationen zum Fahrzustand und zu den Umweltbedingungen vorliegen und widerspruchsfrei in einem Steuergerät ausgewertet werden, bevor Eingriffe in den hydraulischen oder elektromechanischen Komponenten der Radbremsen erfolgen. Ein Teil dieser Informationen kann durch die vorhandene Sensorik, die auch wegen vermehrter Komfortausstattungen im Fahrzeug verbaut ist, genutzt werden. Zu nennen sind z. B. Meßfühler für Druck im Hauptbremszylinder, Raddrehzahlen, Umgebungstemperatur und Regenerkennung sowie Informationen durch die Schalterstellung für Bremslicht und Außenbeleuchtung. Für die erweiterte Bremsassistenz an Steigungen muss zudem der Zustand von Fahrpedal, Parkbremse, Motor (Drehzahl und Moment) und ggf. Getriebestufe, Neigung und Querbeschleunigung bekannt sein. Diese elektronischen Bremsfunktionen sind im ESP-Steuergerät implementiert.

Die Wirksamkeit eines Notbremsassistenzsystems ist bei niedrigen Geschwindigkeiten deutlich höher als bei hohen Geschwindigkeiten. Der Grund ist, dass einerseits das Fahrzeug bei niedriger Geschwindigkeit schneller und erfolgreicher zum Stillstand gebracht werden kann, andererseits sind die Fahrer bei hohem Tempo aufmerksamer und reagieren selbst so schnell wie die Notbremssysteme [24]. Die deutlich höheren Auffahrunfallzahlen bei unteren Geschwindigkeiten (bis 60 km/h) beweisen diese Tatsache.

17.5.4 Notbremsung zur Kollosionsschutz

Jeder zweite Unfall ist eine Frontkollusion mit einem vorfahrenden-, stehenden oder entgegenkommenden Auto, anderen Hindernis oder Lebewesen (Mensch oder Tier) [22]. Solche Unfälle lassen sich vermeiden, wenn das Fahrzeug rechtzeitig die Gefahr automatisch erkennen und bremsen kann. Die wichtigste Assistenzfunktion ist deshalb eine Notbremsassistenz, wie es auch von Autokäufern bestätigt wird (s. ◘ Abb. 17.11).

Lange waren diese Assistenzfunktion wegen der hohen Sensorikkosten und aufwendigen Auswertung der Situation nur für Premiumfahrzeugen angeboten. Nun sind die Kosten und Aufwand bei stark steigenden Stückzahlen soweit gesunken, dass alle Automobilhersteller für (fast) alle Modelle einen Notbremsassistenten serienmäßig anbieten, weil dies ein EU Vorschrift ist und weil dadurch die Schadensklasse des Modells sinkt.

Ein Notbremsassistent erkennt Gefahren und ist damit ein vorausschauendes Assistenzsystem. Er unterstützt eine Notbremsung vorbeugend oder leitet sie automatisch ein, wenn der Fahrer nicht reagiert. Grundsätzlich soll es das eigenständige Bremsen des Fahrers nicht ersetzen, sondern wurde für den Notfall entwickelt. Die Verantwortung liegt deshalb weiterhin beim Fahrer.

Zur Verhinderung von Zusammenstößen im Stadtverkehr oder auf der Landstraße sowie Autobahn kommen unterschiedliche Algorithmen zum Zuge. Während Außerorts vor allem höhere Geschwindigkeiten und größere Sicherheitsabstände maßgeblich sind, werden die Algorithmen Innerorts in erster Linie auf Kolonnenfahrten, häufiges Abbremsen und Anfahren programmiert.

Systeme für die Stadt funktionieren in einem Geschwindigkeitsspektrum von bis zu 60 km/h. Sie benötigen nur eine einfache Kamera und Umfeldsensoren, z. B. sogenannte Short-Range-Lidar-Sensoren, die kostengünstig auch in Kleinwagen eingesetzt werden [28].

Moderne und teurere Lösungen erkennen mittlerweile nicht nur große Hindernisse wie Fahrzeuge, sondern auch Fahrradfahrer und Fußgänger. Für höhere Geschwindigkeiten größer als 60 km/h müssen Notbremsassistenten auf Daten aus einer Stereokamera und einem leistungsfähigen Radarsystem zurückgreifen, das zum Beispiel vorausfahrende Fahrzeuge in einer Entfernung von bis zu 250 m erkennt (◘ Abb. 17.14) [29].

Erkennt der Notbremsassistent eine Gefahrensituation, die ein Bremsmanöver erfordert, warnt es den Fahrer zunächst akustisch oder optisch. Oft sind Warngeräusche und rot blinkende Symbole in der Cockpitanzeige oder dem Head-up-Display aneinandergekoppelt, um den Fahrer zum schnellen Bremsen zu bewegen [28].

Vernetzte Sensoren oder Kameras melden, wenn sich der Abstand zu einem stehenden oder bewegten Hindernis verringert. Auch Geschwindigkeit, Beschleunigung, Pedalstellungen und Lenkwinkel fließen in die Bewertung der Verkehrssituation mit ein.

Der Bordcomputer registriert aus diesen Informationen, wann der Fahrer sein Fahrverhalten ändern müsste, um einen Aufprall zu verhindern. Nimmt der Mensch Gas weg oder bremst eigenständig, kann das dem System je nach Situation Entwarnung geben. Reagiert der Fahrer nicht, bremst das System selbstständig mit dem erforderlichen Bremsdruck und kappt die Kraftstoffzufuhr.

Eine autonome Vollbremsung, die ohne Zutun des Fahrers als letzte Maßnahme eingeleitet werden kann, setzt allerdings weitere hochpräzise Technik voraus. Die Sensoren müssen genau arbeiten und die Videotechnik über einen hohen Kontrastumfang verfügen. So kann sichergestellt werden, dass Gegenstände wie Fahrzeuge, aber auch Fußgänger oder Fahrradfahrer exakt in ihrer Bewegungsrichtung und Geschwindigkeit erkannt und unterschieden werden.

Wird die Verkehrssituation zu kritisch, leitet das System zunächst eine Teilbremsung ein. Reagiert der Fahrer dann immer noch nicht und der Aufprall droht, macht das autonome Notbremssystem eine Vollbremsung.

Abb. 17.14 Notbremsassistenten [29]

Wird der Aufprall auf ein Hindernis jedoch unvermeidbar, leiten vor allem Systeme in Ober- und Mittelklasseautos weitere Schutzmaßnahmen ein, um das Verletzungsrisiko der Insassen zu senken: In Sekundenbruchteilen werden die Sicherheitsgurte vorgespannt, Rückenlehnen aufgerichtet und umgeklappte Kopfstützen aufgestellt. Manche Systeme schließen auch die Fenster und das Schiebedach.

ADAC hat 40 Fahrzeugmodelle mit Notbremsassistenten geprüft. Die Sonderauswertung der Euro-NCAP-Sicherheitstests der Jahrgänge 2020/2021 zeigt, dass gut funktionierende Notbremsassistenten keine exklusive Domäne der hochpreisigen Fahrzeuge sein muss, sondern auch Autos der unteren Mittelklasse und günstige Kleinwagen gut abschneiden können.

Gute Systeme verhindern nicht nur drohende Kollisionen zwischen Fahrzeugen in unterschiedlichen Situationen, sie bremsen auch wenn Fußgänger oder Radfahrer die Straße queren oder sich dem Fahrzeug von hinten nähern. Und sie reagieren zunehmend auch besser bei schlechten Lichtverhältnissen [30].

Als Beispiel für viele Systeme wird hier nur Front Assist mit City Notbremsung von VW, BAS Plus von Mercedes und City Safety von Volvo ausführlich erläutert.

17.5.4.1 Front Assist mit City Notbremsung VW

Das Umfeldbeobachtungsystem *„Front Assist“* hilft die Verkehrssituation vor dem Fahrzeug wahrzunehmen und Gefahren früh zu erkennen. Besonders auf Autobahn und Landstraße, wenn Geschwindigkeit und Abstand anderer Verkehrsteilnehmer schwer einzuschätzen sind, hilft das Assistenzsystem die Verkehrssituation umfassend wahrzunehmen. Dazu überwacht das Frontradar permanent die Verkehrssituation, meldet dem Fahrer kritische Situationen und greift im Notfall unterstützend ein (◘ Abb. 17.15) [31].

◘ **Abb. 17.15** Frontassist mit City Notbremsung von VW [31]

Zum einen meldet Front Assist dem Fahrer optisch, wenn er sich durch Unterschreiten des Sicherheitsabstands in Folgefahrt einer Gefahr aussetzt. Zum anderen unterstützt die Funktion den Fahrer, während sich eine Auffahrsituation auf ein vorausfahrendes Fahrzeug kritisch entwickelt. Um die Reaktion des Bremssystems bei einer eventuellen Fahrer-Not-bremsung vorzubereiten, werden die Bremsbeläge angelegt und der Bremsassistent wird sensibilisiert. Hierdurch kann der Bremsweg verkürzt werden.

Um den Fahrer auf eine notwendige Deeskalation hinzuweisen, wird eine optische und akustische sowie im weiteren Verlauf eine haptische Warnung in Form eines Bremsrucks initiiert. Front Assist unterstützt somit den Fahrer, drohende Kollisionen durch selbstständiges Eingreifen zu vermeiden. Reagiert der Fahrer nach erfolgtem Bremsruck nicht, verzögert das Fahrzeug selbsttätig.

Front Assist kann im Falle eines Aufpralls die Geschwindigkeit und die Folgen der Kollision vermindern.

Reagiert der Fahrer in einer Auffahrsituation durch zu schwachen Bremsen, erhöht das Fahrzeug automatisch den

Bremsdruck und löst die sogenannte „Zielbremsung“ aus. Ist eine Kollision vermeidbar, kann Front Assist das Verzögerungsniveau einstellen, das zur Vermeidung einer Kollision notwendig ist. Bei unausweichlicher Kollision bremst das System bis zur Vollverzögerung, um durch maximale Geschwindigkeitsreduktion die Folgen der Kollision abzuschwächen.

Die City-Notbremsfunktion, die unter 30 km/h aktiv ist, leitet im Bedarfsfall eine automatische Bremsung ein und kann im Idealfall helfen, einen drohenden Auffahrunfall zu vermeiden oder die Unfallschäden zu vermindern (◘ Abb. 17.16).

In der aktuellsten Ausprägung reagiert der Front Assist nicht mehr nur auf vorausfahrende Fahrzeuge, sondern zusätzlich mit der Erweiterung um den vorausschauenden Fußgängerschutz auch auf querende Fußgänger.

17.5.4.2 Bremsassistent Plus von Mercedes Benz

Der *„Bremsassistent Plus“* (BAS PLUS) ist ein erweiterter Bremsassistent von Mercedes, der zusätzlich zu den konventionellen Bremsassistent Sensorik die Radarsignale des Abstandsregeltempomat mit einbezieht, um Zielbremsungen auszuführen. Wird in einer Kolonnenfahrt eine starke Bremsung nötig, stellt BAS PLUS die benötigte Bremskraft zur Verfügung, um einen Unfall mit dem vorausfahrenden Fahrzeug zu verhindern. Eine unnötig überhöhte Bremswegverkürzung wird vermieden. Somit steht für den nachfolgenden Verkehr eine ausreichende Anhaltestrecke, um

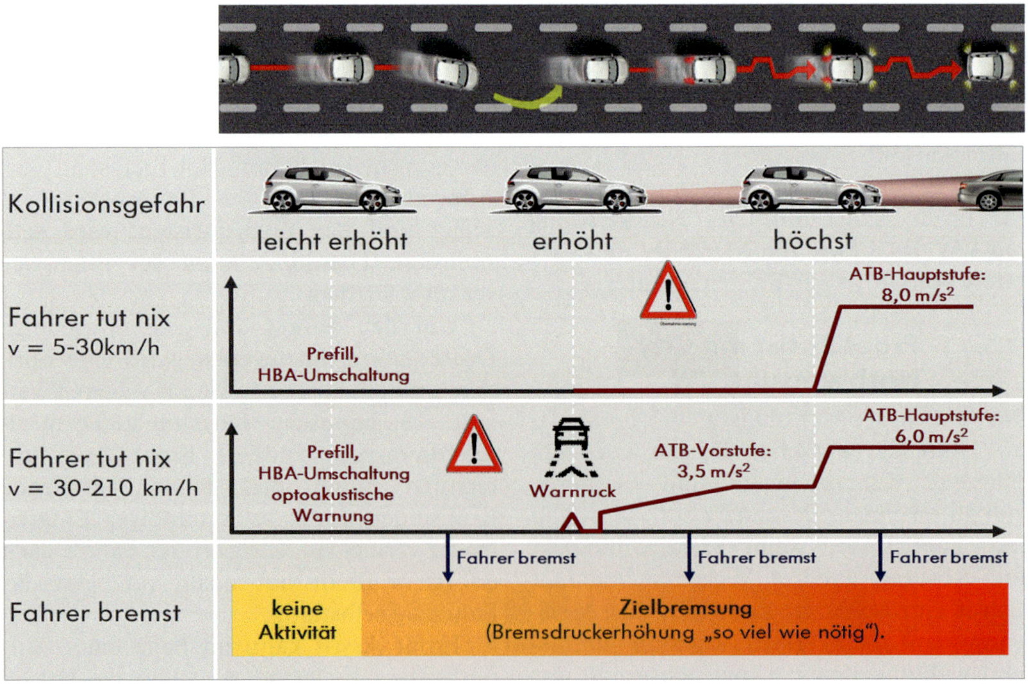

◘ **Abb. 17.16** Warnkaskade beim Front Assist. HBA: Hydraulischer Bremsassistent, ATB Automatische Teilbremsung [17]

Auffahrunfälle des Nahverkehrs zu vermeiden. Wenn kein Fahrzeug vorausfährt oder das Radar inaktiv oder gestört ist, dann funktioniert BAS PLUS wie ein gewöhnlicher Bremsassistent. BAS PLUS kann zudem jederzeit vom Fahrer überstimmt werden.

Die neuste Weiterentwicklung des BAS Plus von Mercedes ist auch beim Stand, z. B. am Stauende aktiv: Die von hinten ankommenden Fahrzeugen werden erkannt und durch Warnblinken aufmerksam gemacht. Ist eine Kollision unausweichlich, wird das eigene Fahrzeug festgebremst, um zu verhindern, dass es in den vorderen Verkehr geschoben wird (■ Abb. 17.17) [32].

Mercedes hat BAS PLUS auf ein vorausschauendes Sicherheitssystem weiterentwickelt, das mehr auf die passive Sicherheit hin abzielt, also die Unfallfolgen vermindern will und nennt ihn *„PRE-SAFE“* [33].

PRE-SAFE® erkennt unfallträchtige Situationen bereits im Ansatz: Übersteigt die Bremsverzögerung ein bestimmtes Niveau oder droht Schleudergefahr, strafft das System vorsorglich die vorderen Gurte und pumpt Luftpolster in den Multikontursitzen auf, die Fahrer, Beifahrer und Fondpassagiere umschließen und abstützen.

Das System aktiviert vor dem Aufprall neuartige, mehrfach einsetzbare Gurtstraffer. Sie verhindern, dass sich die Insassen bei einer Notbremsung zu weit nach vorne verlagern oder dass ihre Oberkörper beim Schleudern des Wagens zu stark seitwärts pendeln.

Zudem integriert Mercedes erstmals auch die Seitenscheiben in das präventive Schutzkonzept; sie werden vor einem drohenden Unfall automatisch geschlossen.

Auch die Sitzverstellung ist in das PRE-SAFE-Konzept integriert und bringt die Passagiere vor einem möglichen Unfall automatisch in eine sicherheitstechnisch günstige Sitzposition. Bewegliche Polsterelemente in den Türverkleidungen, der Instrumententafel und den Dachsäulen, die sich bei einem möglichen Crash auf die Insassen zu bewegen und sie abstützen.

17.5.4.3 City Safety von Volvo

Im Jahre 2006 bot **Volvo** erstmals im Topmodell S. 80 einen Abstandsregeltempomat an. Das System führt die bekannte Abstandsregelung aus und verfügt darüber hinaus über den Bremsassistent Pro. Dieser erweiterte Bremsassistent bereitet in Notsituationen die Bremsanlage auf eine Notbremsung vor, zudem wird der Fahrer über ein Head-Up-Display optisch sowie durch Warntöne akustisch auf die Gefahrensituation hingewiesen.

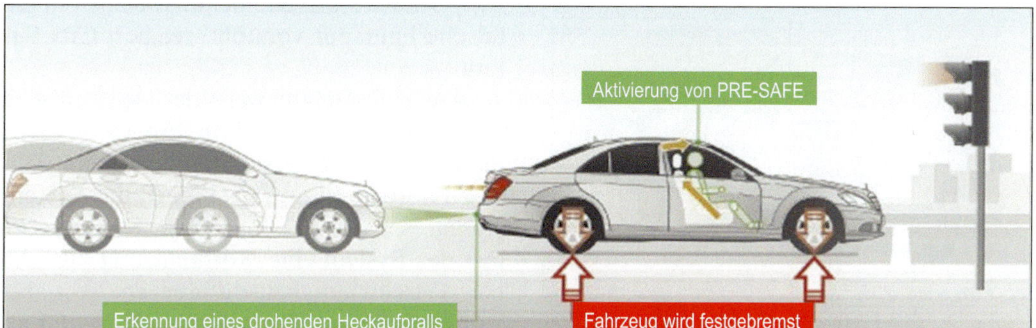

■ **Abb. 17.17** Insassenschutz bei drohendem Heckunfall [32]

Im Jahr 2008 wurde die ACC Funktion erweitert, welche eine automatische Teilbremsfunktion mit 50 % der Maximalbremskraft umfasst. Hierbei wird ergänzend zum Radarsystem eine Kamera eingesetzt, welche auch stehende Hindernisse wie Tiere, ein Stauende, etc. sicher erkennt. Stimmen die Messwerte von Kamera und Radarsystem überein, so wird der Fahrer gewarnt. Reagiert der Fahrer dennoch nicht, wird bei aktiver Folgefahrt die o.g. Teilbremsung ausgeführt – jedoch erst, wenn eine Kollision mit dem Hindernis gerade noch vermieden werden kann. Dies ist ein Kompromiss aus hohem Schutz bei gleichzeitig längstmöglicher Erhaltung der Handlungsfreiheit des Fahrers.

Volvo hat das sogenannte „City Safety-System" in 2008 bei XC60 vorgestellt (◘ Abb. 17.18). Mit einer Kamera-Radar-Einheit, neuerdings mit einem, an der Oberkante der Windschutzscheibe montierten Lasersensor, sensiert City-Safety weitwinklig bis zu 120 Meter weit auf den Bereich vor dem Fahrzeug und erkennt dort mit seiner Analyse-Software andere Verkehrsteilnehmer samt Position und Bewegungsrichtung zum Auto.

Bei Aufprallgefahr bremst City Safety automatisch das Fahrzeug ab, was als sehr kräftig aufgefasst werden kann.

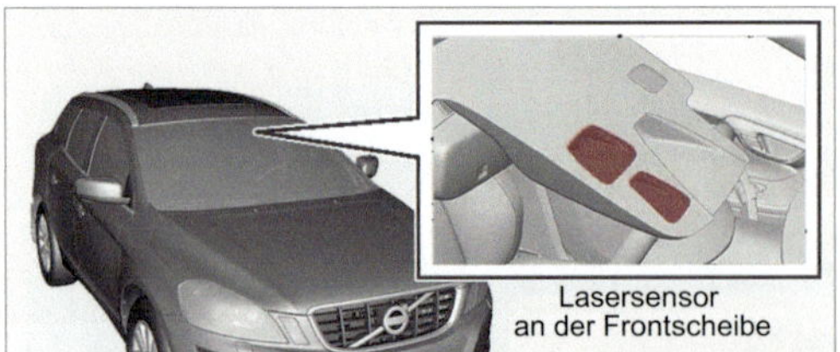

◘ **Abb. 17.18** City Safety System von Volvo [34]

Wenn der Geschwindigkeitsunterschied in Bezug auf das vorausfahrende Fahrzeug 4–15 km/h beträgt, kann City Safety einen Aufprall verhindern. City Safety aktiviert eine kurze, starke Bremsung und hält genau hinter dem vorausfahrenden Fahrzeug an. Dies entspricht nicht der normalen Fahrweise der meisten Fahrer und kann aus diesem Grund als unangenehm erlebt werden [34].

Beträgt der Geschwindigkeitsunterschied zwischen den Fahrzeugen mehr als 15 km/h, kann City Safety den Aufprall nicht selbsttätig verhindern – um die volle Bremskraft zu erhalten, muss der Fahrer das Bremspedal durchtreten. Nur dann wird einen Aufprall auch bei Geschwindigkeitsunterschieden von über 15 km/h verhindert.

Weil die Fahrradfahrer im Straßenverkehr besonders gefährdet sind, macht es Sinn diese selektiert zu erkennen und entsprechend der Geschwindigkeit anzupassen. Die Volvo Notbremsassistenten mit automatischer Fußgängererkennung erhalten ab dem Modelljahr 2014 auch die Radfahrer-Erkennung. Erkannt werden nicht nur Radfahrer, sondern auch Motorräder und Fußgänger, wobei die Gefahrensituation sogar verzwickt sein darf. Denn selbst wenn ein Kind zwischen parkenden Autos über die Straße läuft, ein Radfahrer plötzlich ins Wackeln gerät, ein Motorrad kurz vor dem Auto scharf einschert oder ein entgegenkommendes Fahrzeug beim Abbiegen in die falsche Fahrspur vorstößt, reagiert City Safety.

Auf eine Gefahr weist der elektronische Helfer in drei Stufen hin: Ein rotes Licht blinkt in der Windschutzscheibe, ein Ton ist zu hören und notfalls bremst das System einmal scharf an. In letzter Konsequenz löst das System eine Notbremsung aus, die bei Geschwindigkeitsdifferenzen von bis zu 60 km/h einen Unfall vermeiden und ab 60 km/h die Unfallfolgen stark reduzieren kann [35].

In der S. 90 in 2015 wurde ACC so weit erweitert, dass es mit der City-Safety Bremsfunktion nun auch die großen Tiere erkennt [36].

Bei der Auswertung der Verkehrsdaten differenzierten die US-Forscher auch zwischen Verletzten im Auto und außerhalb des Autos: Dadurch, dass City Safety die Zahl von Auffahrunfällen um 41 % senkt, kamen auch 47 % weniger Fahrzeug-Insassen zu Schaden, die Zahl bei Personen außerhalb des Autos sank sogar um 48 % [37].

17.5.5 Distanzhalteassistenz (ACC)

Einfache Fahrgeschwindigkeitsregler *(Tempomat)* erfassen den vorausfahrenden Verkehr nicht. Zwar können Steigungen und Gefälle durch Einfluss auf das Fahrpedal bzw. auf den Bremsdruck bei Hilfskrafteinrichtung kompensiert werden, aber der Fahrer muss im Kolonnenverkehr auf seiner Fahrspur aktiv auf die Bremse eingreifen.

Die adaptive Geschwindigkeitsregelung (ACC) kontrolliert und verändert die Geschwindigkeit unter Berücksichtigung des vorausfahrenden Verkehrs automatisch und entlastet somit den Fahrer. Dabei erfasst ein Radar (Frequenzbereich 77 GHz) die Geschwindigkeit der vorausfahrenden Fahrzeuge mit einem Öffnungswinkel von bis zu 20° bei einer Länge bis zu 250 m (◘ Abb. 17.19) [38]. Das System ist in der Lage, einen breiteren Fahrbahnbereich zu erfassen und infolgedessen bei einem Kurvenverlauf durch die Zusatzinformation des Lenkradwinkelsensors ein Fahrzeug auf der benachbarten Fahrspur von einem auf der eigenen Fahrspur zu unterscheiden. Unnötiges Bremsen wird dadurch vermieden.

Voraussetzung für ACC ist eine elektronische Motorsteuerung (z. B. E-Gas bzw. Electronic Diesel Control) sowie eine aktive, elektronische Bremsmodulation, wie sie durch ESP ermöglicht wird. Bremsungen erfolgen je nach Relativgeschwindigkeit der beiden Fahrzeuge mit einer Verzögerung von 0,2 bis zu max. 4 m/s^{2}abhängig vom Komfort- bis zum oberen Geschwindigkeitsbereich. Diese Regelung funktioniert in einem Eigengeschwindigkeitsbereich zwischen 30 bis 250 km/h.

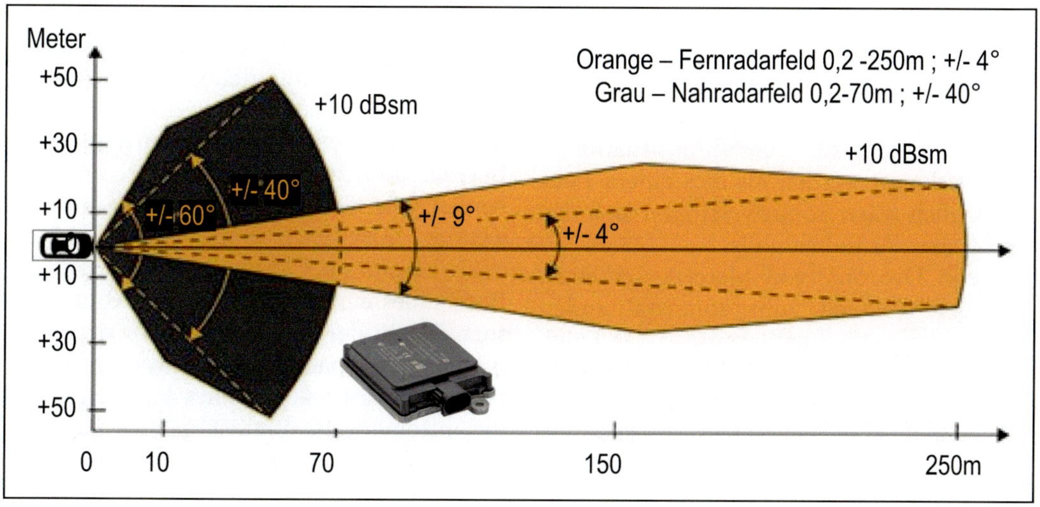

◘ **Abb. 17.19** ARS408 77 GHz Radar der Gen. 4 mit integriertem Fern (orange)- und Nahbereich (Schwarz) [38]

17.5.5.1 Distronic Plus von Mercedes-Benz

1998 brachte Mercedes-Benz unter dem Namen *Distronic* in der S-Klasse (W220) erstmals einen Abstandsregeltempomat auf den Markt. Die Distronic regelt im Bereich von 30 bis 160 km/h den Abstand zum Vorausfahrenden. Seit der Modellpflege der Baureihe 220 kam ein Radar mit einem Aktivbereich von 30 bis 180 km/h zum Einsatz. Ab 2005 ist mit *„ACC Stop&Go"* ein erweiterter Funktionsumfang lieferbar, der den Geschwindigkeitsbereich vom Stillstand bis 250 km/h bei maximaler Verzögerung bis zu 4,5 m/s^2. Bei einer starken Bremsung wird der Fahrer optisch und akustisch gewarnt.

Distronic von Mercedes-Benz ist Radar geschützt. Das System nutzt drei Radarsysteme, die den Abstand zu einem vorausfahrenden Fahrzeug kontinuierlich messen. Ein Radarsystem ist für den Nahbereich, eines für mittlere Entfernungen und ein drittes Radarsystem für größere Entfernungen.

Die Radarsensoren für den Nahbereich befinden sich beim Distronic System hinter der vorderen Stoßfängerverkleidung. Dieses System hat eine Reichweite von 20 cm bis 30 m. Das Fernradar ist hinter der Kühlermaske des Mercedes eingebaut. Es hat eine Reichweite von 60 m im Mittelbereich. Die maximale Reichweite beträgt im Fernbereich 250 m. Durch diese Radarsysteme können potenzielle Gefahrensituationen früher erkannt werden als dies einem Fahrer möglich wäre. Somit verringert sich das Risiko eines Auffahrunfalls.

Wenn Distronic von Mercedes erkennt, dass der Abstand zum vorausfahrenden Fahrzeug zu gering ist, bremst es das Fahrzeug automatisch ab. Sobald der voreingestellte Abstand wieder erreicht ist, beschleunigt das Fahrzeug automatisch wieder.

Das System reagiert beispielsweise auch, wenn sich ein anderes Fahrzeug in die Lücke zwischen Ihrem und dem vorausfahrenden Fahrzeug setzt, sodass der Abstand deutlich zu gering ist. Falls das System erkennt, dass eine stärkere Bremsung oder Gefahrenbremsung erforderlich ist, wird der Fahrer visuell und akustisch gewarnt. Er kann dann eingreifen und das Fahrzeug abbremsen. Besteht die Gefahr einer Kollision, greift zusätzlich der aktive Bremsassistent ein.

In den aktiven Abstands-Assistenten Distronic Plus ist der Bremsassistent BAS Plus integriert. Der Unterschied zwischen Distronic und Distronic Plus ist, dass Distronic Plus mithilfe des BAS Plus Bremsassistenten das Fahrzeug bei stockendem Verkehr automatisch gegebenenfalls bis zum Stillstand abgebremst. Die automatische Bremsleistung ist auf eine Verzögerung von bis zu 4 m/sec^2 begrenzt. Auch bei Distronic Plus beschleunigt das System, sobald es die Verkehrslage wieder zulässt, auf die voreingestellte Geschwindigkeit. Dadurch werden Sie als Fahrer von oft ermüdendem Anfahren und Abbremsen im Stop-and-Go Verkehr in der Innenstadt oder im Kolonnenverkehr auf der Autobahn entlastet. Nach der Bremsung genügt das Antippen des Fahrpedals, damit das Fahrzeug wieder beschleunigt.

Nach einem Stopp wird automatisch angefahren, wenn das Vorderfahrzeug innerhalb einer bestimmten Haltezeit wieder losfährt. Dazu werden z. B. zwei Nahbereichsradarsensoren mit einer Mittenfrequenz im Bereich von 24 GHz bei einem Summenwinkel von 80° und 30 m Reichweite verwendet. Inzwischen findet man im Markt auch bereits ACC Stop&Go Systeme auf Basis eines einzelnen 76/77 GHz Radarsensors. Reicht der Abstand zum Vorderwagen (Gefahrenbremsung des Vordermanns oder plötzliches Einscheren eines Fahrzeugs) für die automatische Bremsung nicht aus, da eine höhere Bremsleistung erforderlich ist, wird der Fahrer optisch und akustisch zum Bremsen aufgefordert.

2005 kam in der neuen S-Klasse (W221) die Distronic Plus auf den Markt. Ein zusätzliches Millimeterwellenradar für den Nahbereich erhöht die Messsicherheit und den Funktionsumfang. Die Distronic Plus ist im Bereich von 0 bis 200 km/h aktiv und somit als Stauassistent nutzbar. Zugleich wird das Nahbereichsradar als Einparkhilfe genutzt und funktioniert ohne Ultraschall. In einer Gefahrensituation wird der Fahrer optisch sowie akustisch gewarnt und – wenn er nicht reagiert – durch BAS Plus bis zum Stillstand mit der optimalen Bremskraft unterstützt. Bei dieser sogenannten Zielbremsung wird nur so viel Bremskraft wie nötig aufgebracht, um einen Unfall zu verhindern. Somit verlängert sich für den nachfolgenden Verkehr die zur Verfügung stehende Anhaltestrecke, um Auffahrunfälle zu vermeiden. BAS Plus kann jederzeit vom Fahrer übersteuert werden.

2006 wurde die Distronic Plus um einen Spurwechselassistenten und PRE-SAFE-Bremse ergänzt.

2009 wurde die Leistungsfähigkeit der PRE-SAFE-Bremse erweitert: In der E-Klasse (W/S. 212) reagiert das Fahrzeug bei drohender Auffahrunfallgefahr zunächst mit einer optischen und akustischen Warnung, anschließend mit einer Teilbremsung. Sollte der Fahrer nicht reagieren und der Unfall ist unvermeidbar, wird eine zeitlich begrenzte autonome Vollbremsung angefordert. Dadurch kann die Schwere des Aufpralls nochmals deutlich reduziert werden.

2011 ist die Distronic Plus sogar in der neuen B-Klasse bzw. 2012 in der neuen A-Klasse angekommen und regelt hier bis zum vollständigen Stopp.

Die nächste Fortentwicklung, erweitert um den Lenkassistenten, ist ab 2013 in der S-Klasse (W222) zu finden. Neben den bekannten Längsführungsfunktionen wird der Fahrer nun auch bei der Querführung unterstützt. Indem er auf geraden Strecken, sogar in leichten Kurven ein Lenkmoment erzeugt, hilft er dem Fahrer, in der Spurmitte zu bleiben. Eine Stereokamera erkennt Fahrbahnmarkierungen sowie ein vorausfahrendes Fahrzeug und gibt diese Informationen an die Elektrische Lenkunterstützung weiter. Bei langsamer Fahrt, z. B. beim Stau, kann sich der Lenkassistent am Vorderfahrzeug orientieren, selbst wenn keine oder uneindeutige Fahrbahnmarkierungen sichtbar sind. Dabei muss allerdings der Fahrer immer die Hände am Lenkrad haben, damit er jederzeit das System übersteuern kann. Das System ist bis 200 km/h aktivierbar (◘ Abb. 17.20), und hat natürlich auch die *„Follow to Stop"* Funktion, die automatisches Anfahren nach einem Stopp im Stau ermöglicht [32].

Durch den Radar und Kamera Integration kann Distronic Plus jetzt auch einscherende Fahrzeuge, Vorausfahrzeuge und deren Vorausfahrzeuge auf der Eigen- und Nebenspuren erkennen und frühzeitig darauf reagieren.

Damit kann zum Beispiel unerlaubtes Rechtsüberholen auf Autobahnen und autobahnähnlichen Bundesstraßen vermieden werden, indem oberhalb von 85 km/h die Geschwindigkeit auf Fahrzeuge auf der linken Fahrspur moderat eingeregelt wird, insbesondere bei sich auflösenden Staus und Kolonnenverkehr. Bei niedrigeren Geschwindigkeiten ist erlaubtes Rechtsüberholen mit einer maximalen Differenzgeschwindigkeit von 20 km/h möglich.

17.5.5.2 ACC Systeme anderer Autohersteller

BMW bezeichnet das ACC-System als *Aktive Geschwindigkeitsregelung*. Die erste Generation wurde im 2000 in der 7er-Reihe (E38) eingeführt. Drei Radarkeulen messen einen Fahrwinkel von 8° auf eine Distanz von max. 150 m aus. Radarkeulen und Auswerteelektronik inklusive Längsregelung sind im ACC-Sensor der Firma Bosch integriert.

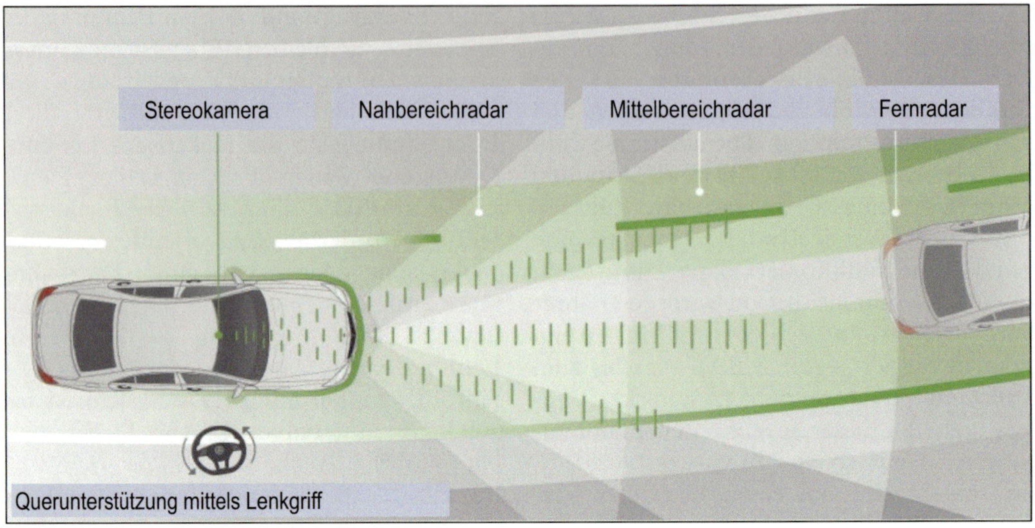

Abb. 17.20 ACC Stop&Go MB Distronic Plus [13]

Die zweite Generation wurde mit der 6er-Reihe (E63/E64) im Jahre 2004 eingeführt. Ein weiterentwickelter Radarsensor von Bosch misst mit nun vier Radarkeulen einen Fahrwinkel von 16° aus. Zusätzlich fließen Informationen des Navigationssystems über Straßenart und -verlauf mit ein. Dadurch verhält sich die ACC-Regelung vorausschauender und somit komfortabler.

Im 2007 wurde in der 5er-Reihe (E60/E61) die Aktive Geschwindigkeitsregelung um die Stop-&-Go-Funktion ergänzt. Das System ist von 30 bis 180 km/h aktiv, in Stausituationen kann es automatisch dem Verkehr folgen und ggf. bis zum Stillstand bremsen. Innerhalb drei Sekunden nach Anhalten automatisch oder danach mittels Fahrerbestätigung fährt das Fahrzeug wieder an.

Erstmals bei BMW wird die Sicherheitsfunktion *„iBrake "* (intelligente Bremse) eingesetzt (s. ► Abschn. 7.8.1.2). In Gefahrensituationen werden die Aktivierungsschwellen des Bremsassistenten situationsabhängig abgesenkt, die Bremskreise vorbefüllt sowie die Bremsbeläge unmerklich an die Bremsscheiben angelegt und das Bremssystem somit für eine ggf. folgende Notbremsung durch den Fahrer vorbereitet. Die maximal mögliche Verzögerung beim Bremseingriff beträgt 40 % der Maximalbremskraft. Ist dieser Bremskraft nichtausreichend wird der Fahrer mit einem schrillen Warnton zum Handeln aufgefordert.

In neueren Modellen integriert BMW den Notbremsassistenten mit unterschiedlichen Funktionen in seinem *„Driving Assistant"*, das in allen BMW Modellen erhältlich ist. Als Sonderausstattung ist der Notbremsassistent *„Active Guard"* z. B. im aktuellen BMW 3er oder BMW 5er serienmäßig.

Ansonsten hat BMW folgende Notbremsvarianten im Programm [40]:

Active Guard Plus: Hier kombiniert BMW einen manuellen Geschwindigkeitslimit-Assistenten mit Spurhalte- und Frontkollisionswarner. Integriert ist die City-Notbremsfunktion mit Auffahr- und Personenwarnung.

Active Protection: Das System umfasst Gurtstraffer vorn und schließt in Gefahrensituationen automatisch Fenster und Schiebedach. Nach einem Aufprall wird der BMW zudem automatisch abgebremst.

Driving Assistant: Kamera und Sensoren überwachen Abstand, Spur und Tempolimit. Außerdem ist eine Front-, Heck- und Querverkehrswarnung in das System integriert. Bei einem drohenden Frontalaufprall warnt der BMW vor Fahrzeugen oder Personen und leitet gegebenenfalls eine automatische Vollbremsung ein.

Driving Assistant Professional: Hier arbeiten aktive Geschwindigkeitsregelung, Stauassistent, Speed Limit Assist, Lenk- und Spurhalteassistent, Ausweichassistent, Verkehrszeichenerkennung und Querverkehrswarner mit City-Bremsfunktion in einem System zusammen. Der Notbremsassistent arbeitet bis zu einer Geschwindigkeit von 85 km/h und erkennt auch Querverkehr, zum Beispiel in Kreuzungsbereichen.

Die Technologie für autonome Bremssysteme heißt bei **Audi** *„pre sense"* und ist je nach Modellreihe, Baujahr und Ausstattungsoption mit unterschiedlichem Funktionsumfang erhältlich. Bereits seit 2010/2011 ist das Sicherheitsfeature für die meisten größeren Audi-Baureihen im Programm. Seit 2015 ist Audi pre sense serienmäßig mit einem Fußgängererkennungssystem ausgestattet. Vom A1 über den Audi Q3 bis zum Elektro-SUV Audi e-tron bieten die Ingolstädter diese Technologien für ihre Notbremssysteme an [41]:

Audi pre sense basic: Die Einstiegsversion leitet beispielsweise bei einer Notbremsung automatisch Sicherheitsmaßnahmen ein. Dazu gehören das Aktivieren der Warnblinkanlage, das Schließen geöffneter Fenster und das Straffen der Sicherheitsgurte.

Audi pre sense front: Ab 2011 kann der Audi Bremsassistent den Abstand zum vorausfahrenden Verkehr messen. Bei zu geringem Sicherheitsabstand warnt das System zunächst akustisch, dann mit einem kurzen Bremsruck, bevor es aktiv bremst.

Audi pre sense rear: Über Hecksensoren wird zusätzlich der Abstand zu Hindernissen im Heckbereich gemessen. Bei einer Kollision werden automatisch die Gurte gestrafft und die Fenster geschlossen, um die Unfallfolgen bei einem Heckaufprall zu mindern.

Audi pre sense plus: Die Vollversion greift vor einer Kollision aktiv mit einer Teil- oder Vollbremsung ein und kann so die Geschwindigkeit bis zum Aufprall um maximal 40 km/h reduzieren, um den Schaden zu begrenzen.

Audi pre sense city: Ab 2015 ist der Notbremsassistent mit Frontkamera im Audi A4 serienmäßig. Er erkennt Fußgänger bis 85 km/h und andere Fahrzeuge bis zu einer Entfernung von gut 100 m, um bei Kollisionsgefahr zu warnen und automatisch zu bremsen. Bis zu einer Geschwindigkeit von 40 km/h kann so ein Unfall noch verhindert werden.

Ford bezeichnet seine Systeme als *„Notbremsassistent"*. Der Notbremsassistent (Emergency Brake Assist, EBA) erkennt am Gaspedaldruck, ob eine Notbremsung eingeleitet wird und hilft, den vollen Bremsdruck schneller aufzubauen. So werden Bremswege verkürzt und Auffahrunfälle vermieden oder deren Folgen minimiert.

Seit 2006 haben Ford S-Max und Galaxy eine adaptive Geschwindigkeitsregelung. Für den Mondeo ist das seit 2007 und für den Focus seit 2011 möglich. Aktiv ist ACC zwischen 30 und 180 km/h und enthält mit dem Auffahrwarnsystem *Forward Alert* (FA) eine Funktion, die per akustischer und optischer Anzeige vor einem drohenden Auffahrunfall warnt. FA spannt im Falle einer Erkennung die Bremse vor und erhöht damit die Bremskraft / verkürzt den Bremsweg. Der Abstand kann dabei in fünf

Stufen (dicht bis weit) durch den Fahrer gewählt werden.

Der 2011 eingeführte *Active City Stop* arbeitet mit Lasersensoren zur Abstandsmessung und funktioniert in der ersten Generation bis zu einer Geschwindigkeit von 30 km/h. Bei zu geringem Sicherheitsabstand nach vorne sollen Auffahrunfälle durch Eingriffe in die Motorkraft und automatisches Bremsen verhindert werden.

Aktive City Stop (ab 2015): Bei neueren Modellen wie dem Ford Kuga oder dem Ford Focus ab Baujahr 2015 funktioniert der City-Notbremsassistent auch bei höheren Geschwindigkeiten bis 50 km/h.

Pre-Collision-Assist: Das fortschrittliche Notbremssystem ist im Ford Kuga oder Ford Fiesta optional oder in höheren Ausstattungslinien serienmäßig erhältlich. Es funktioniert je nach Baureihe bis zu unterschiedlichen Geschwindigkeitsbereichen. Der Ford *Pre-Collision-Assist* kombiniert je nach Ausstattung ein Auffahrwarnsystem, eine Abstandsanzeige mit Warner und einen aktiven Notbremsassistenten, der den Ford vor einer drohenden Kollision durch eine Vollbremsung zum Stehen bringen kann.

Cadillac bot seit 2005 im Cadillac STS unter der Bezeichnung *Adaptive Cruise Control* einen Abstandsregeltempomaten an, der ebenso bereits im Roadster XLR verfügbar war und auch wiederum in den neueren Modellen SRX, ATS und XTS, neben anderen Fahrassistenzsystemen, zur optionalen Ausstattung gehört.

Lexus bot bereits seit dem Jahr 2000 im LS ein Laserbasiertes adaptives Geschwindigkeitsregelsystem an. Seit 2004 ist das Modell LS in Europa mit einem Radarbasierten adaptiven Geschwindigkeitsregelsystem erhältlich, das mit dem PCS-Sicherheitssystem (*Pre Crash Safety System*) zusammenarbeitet. Seit 2006 ist das System auch für die restlichen Lexus-Modelle erhältlich.

„Safety Sense" heißt das Konzept, in dem **Toyota** verschiedene Sicherheitssysteme einschließlich des Notbremsassistenten kombiniert. Diese sind für neuere Modelle z. B. in Baureihen wie Toyota Yaris, Corolla, RAV4 oder Land Cruiser verfügbar und umfassen folgende Elemente [42]:

Pre-Collision System (PCS): Das System koordiniert Lasersensoren zur Abstandsmessung mit einer Frontkamera zur Erkennung von Hindernissen vor dem Fahrzeug. Der Toyota *Front Collision Alert* wird aktiv, wenn der Sicherheitsabstand nach vorne zu gering wird. Dann erfolgt eine akustische und optische Warnung, bevor der Toyota selbstständig abbremst oder im Gefahrenfall automatisch eine Notbremsung einleitet.

Pre-Collision System mit Fußgängererkennung: Die Erweiterung des Toyota PCS ermöglicht es, nicht nur vorausfahrende Autos, sondern auch Personen auf der Fahrbahn zu erkennen. Licht- und Tonsignale warnen vor einer drohenden Kollision, bevor das Auto selbstständig abbremst oder eine Notbremsung einleitet.

Im Rahmen seiner *„i-Activsense"* Assistenzsysteme bündelt **Mazda** eine ganze Reihe von Notfallhelfern, die automatisch eingreifen und Unfälle verhindern oder Schäden mindern können. Die Notbremsassistenten sind in unterschiedlichen Funktionsumfängen in allen Baureihen erhältlich [42]:

Abstands- und Geschwindigkeitsalarm (DSA): Bei zu schneller Annäherung an vorausfahrende Fahrzeuge reduziert das System automatisch die Geschwindigkeit, um den erforderlichen Abstand zu halten.

City-Notbremsassistent (SCBS): Das System arbeitet mit Sensoren zur Abstandsmessung und kann in neueren Generationen mit seiner Frontkamera bis zu einer Geschwindigkeit von 30 km/h auch Fußgänger erkennen. Die Sensoren messen bis 80 km/h und geben bei zu geringem Abstand das Signal, die Bremsanlage vorzubereiten und im Notfall automatisch zu bremsen.

City-Notbremsassistent Plus (SCBS-R): Zusätzlich eingebaute Hecksensoren messen den Abstand zu Hindernissen im rückwärtigen Bereich. Bei Gefahr warnt das System akustisch und optisch und leitet gegebenenfalls selbstständig den Bremsvorgang ein.

Intelligenter Geschwindigkeitsassistent (ISA):Die Technik erkennt Verkehrsschilder und bremst das Auto bei Tempolimits auf die erlaubte Geschwindigkeit ab.

Notbremsassistent mit Fußgänger- und Radfahrererkennung (SB): Kamera und Sensoren arbeiten zusammen, um vor herannahenden Fußgängern oder Radfahrern zu warnen. Dies geschieht akustisch und mit dem Befehl "Bremsen" im Display. Im Notfall bremst der Mazda mit dieser Sicherheitsausstattung automatisch.

Pre-Crash Safety System (SBS): Bis zu einer Geschwindigkeit von 160 km/h warnt das System vor zu geringem Abstand und gibt bei Gefahr den Bremsbefehl.

1998 brachte **Nissan** einen Abstandsregeltempomaten auf Radarbasis auf den japanischen Markt. Ab dem Jahr 2000 kamen weitere Plattformen mit Abstandsregeltempomaten auf Infrarotbasis auf den europäischen und nordamerikanischen Markt. Ab Mitte 2002 gab es den Abstandsregeltempomaten beim Primera, jedoch nur bei der Version „Tekna". Er war zu seiner Zeit der einzige Mittelklassewagen in Deutschland, der mit dieser Technik ausgerüstet werden konnte. Seit 2005 bietet Nissan die Erweiterung zum Stauassistenten an. Mit über 17 Plattformen weltweit ist das Nissan-ACC-System mit Abstand das meistverkaufte.

Kia und **Hyundai** verbauen folgende Systeme [42]:

Autonomer Notbremsassistent (AEB/ FCA): Das System arbeitet mit vorn montierten Radarsensoren, die Fahrzeuge oder Personen vor dem Fahrzeug erkennen. Um eine drohende Kollision zu verhindern, leitet das System eine automatische Notbremsung ein. Für Elektroautos beider Marken oder Modelle wie Hyundai i30 und Hyundai Tucson sind darüber hinaus Funktionserweiterungen mit Fußgänger- und/oder Radfahrererkennung erhältlich.

Frontkollisionswarner (FCW): Als Ergänzung zum AEB sind neuere Kia- und Hyundai-Modelle mit einem Frontkollisionswarner ausgestattet, der akustisch und optisch warnt, wenn ein vorausfahrendes Fahrzeug bremst oder der Sicherheitsabstand zu gering wird. In Gefahrensituationen übernimmt die AEB-Technik und bremst automatisch.

Opel führte den „Adaptiven Geschwindigkeitsregler mit automatischer Gefahrenbremsung" 2011 im Zafira ein, seit 2012 sind auch die Modelle Astra, Insignia mit diesem Assistenzsystem erhältlich.

17.5.6 Weitere bremsenbasierte Systeme

Aktiv Bremsassistent mit Kreuzungsfunktion In der neuen E-Klasse (2016) kommt der Aktive Brems-Assistent mit Kreuzungsfunktion. Das System erkennt Kollisionsgefahren durch Gegen- und auch Querverkehr sowie Fußgänger, und leitet automatisch eine autonome Bremsung ein. Der Aktive Brems-Assistent ist in einem Geschwindigkeitsbereich von 7 bis 250 km/h für auffahrende Objekte aktiv und kann von 7 bis 70 km/h auf stehende Objekte reagieren (◘ Abb. 17.21) [13].

Querverkehrassistenten Kreuzungsassistentfunktion kann auch Kollisionen mit dem Querverkehr situationsabhängig im Geschwindigkeitsbereich bis etwa 50 km/h vermeiden. In Stauende-Szenarien ohne Ausweichmöglichkeit soll der Aktive Brems-Assistent automatisch sogar bis zu 90 km/h abbauen können.

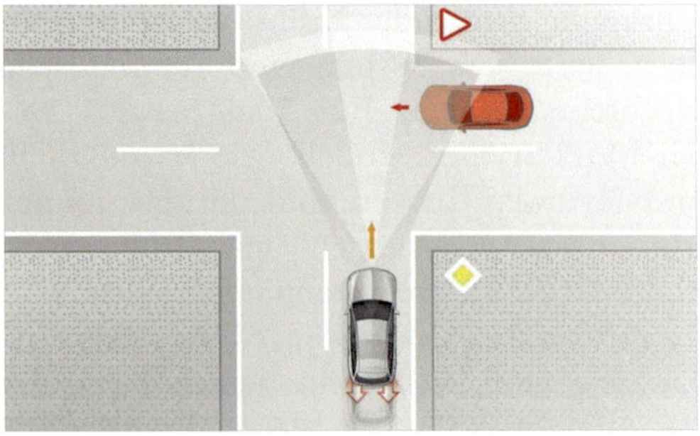

Abb. 17.21 Aktiv Bremsassistent mit Kreuzungsfunktion in neuer E-Klasse [13]

Aktive Verkehrszeichenassistenz Das System baut sich auch die Verkehrszeichenerkennungssystem. Die erkannten Geschwindigkeitsbegrenzungen werden aber auch aktiv eingehalten. Wenn ein Stoppschild erkannt wird oder vor einer roten Ampel, wird das Fahrzeug automatisch angehalten.

Nothaltesystem Bei gesundheitlichen Problemen des Fahrers während der Fahrt, fährt das Auto automatisch zu dem Straßenrande und hält an. Gleichzeitig wird ein Notsignal gesendet.

17.5.7 ACC Erweiterungen durch prädiktive Regelung auf Infrastruktur

Für eine weitere Steigerung des Komforts von ACC Systemen sorgen aktuell in der Einführung befindliche Erweiterungen zur Reaktion auf Geschwindigkeitsbegrenzungen und Straßenverläufe.

Durch Nutzung von prädiktiven Streckendaten und Kamerainformationen werden Bereiche und Werte von Geschwindigkeitsbegrenzungen ermittelt und die Geschwindigkeit des Fahrzeugs wird auf Basis der Vorgaben automatisch angepasst. Prädiktive Streckendaten beinhalten auch Information über die Kurvencharakteristik. Aus dem Krümmungsverlauf und der Steigung wird eine komfortable Geschwindigkeit für jede Streckenposition ermittelt und vorausschauend geregelt.

Die prädiktive Regelung kann künftig mit Car2X – Informationen weitere Ereignisse bei der vorausschauenden Längsregelung berücksichtigen. Da diese nicht Fahrwerkrelevant ist, wird hier lediglich erwähnt.

17.6 Lenkungsbasierte Systeme

Markus Brändle, Volker Buchmann, Metin Ersoy und Stefan Gies

Fortschritte bei der Entwicklung von Sensoren zur Fahrzeugumfeld- bzw. Fahrzustandserkennung haben in den letzten Jahren zahlreiche Möglichkeiten für die Unterstützung des Fahrers bei der Fahrzeugführung eröffnet. Wie in ▶ Abschn. 17.5 beschrieben, wurde dieses Potenzial zunächst im Bereich der Bremsassistenz genutzt; durch den Einsatz moderner Aktoren und die Bereitstellung elektronischer Schnittstellen zur Ansteuerung dieser Aktoren haben auch im Lenkungssektor zahlreicher Möglichkeiten für die Fahrerunterstützung ermöglicht.

Nachdem die elektrische Lenkung sich etabliert hat, waren auch lenkungsbasierte Assistenzsysteme möglich. Zur Fahrbahnerkennung wird hauptsächlich Kameras für Spurhaltung und Ultraschallsensorik für Parkassistenten eingesetzt. Seit einigen Jahren werden Kamera und Radarsensorinformation fusioniert, um eine bessere und sichere Erkennung zu erreichen.

Im Folgenden werden durch die Lenkung ermöglichte Assistenzfunktionen beschrieben, wobei eine Strukturierung hinsichtlich der Lenkeingriffsmöglichkeiten erfolgt, die von den verschiedenen elektrischen Lenkungstypen (s. ▶ Abschn. 8.4) zur Verfügung gestellt werden.

17.6.1 Lenkassistenz durch Anpassung der Unterstützungskraft

Erste Servolenksysteme, welche die Reduzierung des Lenkmoments durch Erzeugung einer hydraulischen Lenkunterstützung bieten, wurden bei Pkws erstmals im Jahr 1951 von der Firma Chrysler eingeführt. Anfang der sechziger Jahre erfolgte die Verbreitung auf dem deutschen Markt durch Mercedes Benz und ZF Lenksysteme.

Durch die Verringerung der erforderlichen Lenkmomente trugen bereits diese Lenksysteme zu einer deutlichen Komfortsteigerung vor allem bei niedrigen Geschwindigkeiten und hohen Spurstangenkräften (zum Beispiel bei Parkiervorgängen) bei.

Durch eine situative Anpassung der hydraulischen Unterstützungskraft, die durch funktionale und konstruktive Erweiterungen des konventionellen hydraulischen Servolenkungsprinzips möglich wurde, konnten dem Fahrer weitergehende Assistenzfunktionen zur Verfügung gestellt werden. Die Höhe des Fahrerhandmoments, welches der Fahrer als Rückmeldung beim Lenkvorgang erhält, wird geschwindigkeitsabhängig variiert. Ziel ist eine beim Parkieren sehr leichtgängige Lenkung, die dann mit steigender Geschwindigkeit einen höheren Lenkwiderstand bietet, um so die Fahrstabilität des Fahrzeugs zu erhöhen.

Mit der Einführung der Elektrolenkung EPS lassen sich diese Funktionen wesentlich einfacher und präziser ausführen, weil der Elektrosteller sich aktiv steuern lässt. Darüber hinaus können weitere Funktionen realisiert werden, wenn z. B. bei einer Übersteuertendenz das Lenkmoment erhöht wird, damit der Fahrer einen Hinweis zum Gegensteuern erhält.

17.6.2 Lenkassistenz durch Überlagerung des Fahrerhandlenkmoments

Die bisher beschriebenen Lenkungen sind dadurch gekennzeichnet, dass sie nur die Höhe des vom Fahrer aufzubringenden Lenkmoments beeinflussen können.

Die aktive Erzeugung einer in der Stärke und Richtung regelbaren Unterstützungskraft wird erst durch die Verwendung einer elektromechanischen Servolenkung (s. EPS, ► Abschn. 8.4) mit elektronischer Regelung möglich. Natürlich kann dabei die schon bekannte Servo-Lenkunterstützung weiterhin gewährleistet werden.

Darüber hinaus können auch Zusatzfunktionen realisiert werden, die ein aktives Überlagern des Fahrerhandmoments erfordern [43]. Beispiele sind die aktive Lenkvibrationskompensation (Lenkungszittern), aktive Lenkungsrückstellung, Trägheits- bzw. Reibungskompensation und die Geradeauslaufkorrektur.

Geradeausfahrtkorrektur erzeugt aktiv ein Unterstützungsmoment, welches es ermöglicht, Seitenkräfte, die ein permanentes Gegenlenken erfordern würden (z. B. wegen Seitenwind, ungleichen Reifendruck oder eine seitlich geneigte Fahrbahn) durch den Servoaktor zu kompensieren und so dem Fahrer eine lenkmomentenfreie Geradeausfahrt zu gestatten (■ Abb. 17.22) [44].

Lenkmomentkontrolle (STC = Steer Torque Control), auch integrierte Fahrzeugstabilität genannt, wird durch die Integration von elektronischer Servolenkung (EPS) und der elektronischen Stabilitätskontrolle (ESP) unter Einsatz von Integrationsalgorithmen ermöglicht. STC unterstützt den Fahrer in verschiedenen Situationen [45]. Lenkmomentkontrolle bietet weitere Vorteile wie Anhängerstabilitätskontrolle und Zug-Drift-

Abb. 17.22 Pull Drift Compensation beim Seitenwind, Überholung von Lkws, Straßenquerneigung [44]

kompensation zum Ausgleich von einseitigen Fahrbahnkuppen.

Übersteuerungskontrolle STC [45] bietet Korrekturhilfe beim Übersteuern, wie z. B. in scharfen Kurven oder bei schnellen Spurwechselmanövern. Das EPS-System generiert ein Lenkmoment, das dem Fahrer beim Finden des erforderlichen Lenkwinkels hilft.

Unterstützung bei μ-Split Während μ-Split Bremssituationen arbeiten das Brems- und Lenksystem zusammen, um die Fahrzeugstabilität zu maximieren, während das Fahrzeug zum Stillstand gebracht wird. Wenn das Fahrzeug vom Kurs abweicht, generiert das EPS-System ein Lenkmoment und hilft damit dem Fahrer, auf kontrollierte Weise gegenzusteuern, um das Fahrzeug im Griff zu behalten. Als Folge kann höherer Bremsdruck am oberen μ-Ende eingesetzt werden, die kürzeren Bremswege ermöglicht.

Torque Steer Compensation gleicht bei stark motorisierten Frontantriebfahrzeugen beim Gasgeben durch rechte und linke Drehmomentunterschiede entstehendes Selbstlenken aus (**Abb. 17.23**).

Fahrdynamische Assistenzfunktionen die den Fahrer bei der Querführung des Fahrzeugs unterstützen, sind ebenfalls bereits in Serie eingesetzt. So ist es zum Beispiel möglich, dem Fahrer mit Lenkempfehlungen zu helfen, ein instabiles Fahrzeug wieder zu stabilisieren, indem über den aktiven Servoaktor dem Fahrerhandmoment ein Zusatzmoment überlagert wird, das dem Fahrer die sinnvolle Lenkrichtung anzeigt. Ausführliche Erläuterungen sind in ► Abschn. 8.5 zu finden.

Abb. 17.23 Torque Steer Compensation [44]

17

17.6.3 Spurführung durch aktive Beeinflussung des Lenkmomentes

Während der Fahrt muss das Fahrzeug immer in Spur gehalten werden. Wichtigste lenkungsbasierte Assistenzfunktion ist daher die Spurführung des Fahrzeugs, wobei hier zwischen Spurhalten und Spurwechseln unterschieden werden muss. Für die *Spurhalteassistenz* werden die Fahrspur und ihre Begrenzung mittels Umfeldsensorik (meist eine Kamera) überwacht.

Besteht die Gefahr, dass der Fahrer die Fahrstreifen verlässt, so kann er über ein zum Abstand von den Fahrstreifen indirekt proportionales Zusatzlenkmoment in der Fahrspur geführt werden, was auch durch Bremseingriffe möglich ist. Dieses virtuelle Potenzialfeld entspricht in seiner Wirkung einer Fahrrinne, die beim Überschreiten durch die entsprechende Lenkhilfe korrigiert wird (◘ Abb. 17.24 links).

Die Weiterentwicklung dieser Funktion ist die *Spurführungsassistenz*, bei der das Fahrzeug durch aktive Lenkunterstützung immer entlang der Spurmitte geführt wird. Dieses virtuelle Potenzialfeld entspricht in seiner Wirkung einem zur Mitte der Fahrspur quergeneigten Straßenbelag und erzeugt somit einen in der Fahrspurmitte gelegenen Fahrkorridor zur Fahrzeugführung (◘ Abb. 17.24 rechts). In beiden Fällen muss der Fahrer seine Hände am Lenkrad halten, damit er in einer fehlerhaften Situation sofort selbst eingreifen kann [15].

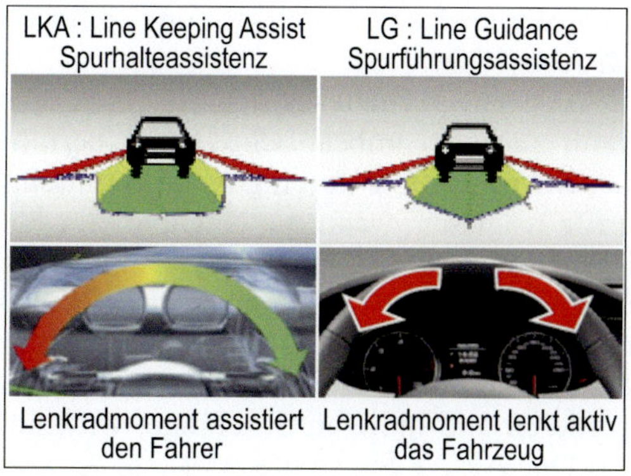

◘ **Abb. 17.24** Spurhalte- und -Spurführungsassistenz [46]

In ◘ Abb. 17.25 zeigt die Spureinteilung bei VW [17], wobei das System in der adaptiven Spurführung (rechts) die Wunschposition des Fahrers in der Fahrspur erlernt.

Bislang waren für den Spurhalteassistenten eindeutig erkennbare Spurlinien erforderlich. Kurze Unterbrechungen können durch Interpolationsalgorithmen oder durch Orientierung an vorausfahrendem Fahrzeug überbrückt werden. Neuere Systeme wie in Mercedes E-Klasse, das „aktiver Spurhalte Assistent" genannt wird, benutzen Stereo-3D statt Monokameras, die dann auch die Parallelstrukturen wie Bordsteine, Leitplanken, Leitpfosten erkennen können. So ist eine weitestgehend un-

◘ **Abb. 17.25** Anzeige des Spurhaltesystems für ein Fahrzeug (VW Golf VII) [17]

terbrechungsfreie Spurerkennung möglich (◘ Abb. 17.26) [13].

Aktiver Spurhalteassistent der Mercedes kann auch bei unbeabsichtigtem Überfahren einer Spurlinie durch gezielte Bremseingriffe reagieren, wenn die Nachbarspur belegt ist (◘ Abb. 17.27). Das System erkennt dies anhand der Stereokamera und des Radarsystems vorne und hinten, welches in Kombination mit den weiteren Sensoren im vorderen und hinteren Stoßfänger wirksam ist. Der Aktive Spurhalte-Assistent ist von 60 bis 200 km/h wirksam.

Kritische Situationen, die vom Aktiven Spurhalteasistenten erkannt werden können, sind z. B. überholende oder zu überholende Fahrzeuge oder Parallel- oder aber auch Gegenverkehr.

Wird Fahreraktivität erkannt, z. B. durch aktives Lenken, Bremsen oder Beschleunigen sowie bei betätigtem Blinker, werden die Warnung und der spurkorrigierende Bremseingriff unterdrückt.

17.6.4 Spurwechsel durch aktive Beeinflussung des Lenkwinkels

Auch ein „assistierter“ Spurwechsel, bei dem das Fahrzeug allein über den aktiven Servosteller gelenkt wird, ist aufgrund der Aktorfunktionalität möglich, wobei es hier noch zu unterscheiden gilt, ob das Fahrzeug auf Grundlage der bekannten Informationen selbstständig über die Einleitung des Spurwechsels entscheiden darf, oder ob der Spurwechsel vom Fahrer eingeleitet oder mindestens überwacht werden muss.

Für die Spurwechselfunktion wird die Zielspur nicht nur auf Vorhandensein eines Fahrzeugs vorn oder hinter dem eigenen Fahrzeug geprüft, sondern auch dessen Geschwindigkeit gemessen. Deshalb braucht man Radarsensoren (oder Kameras) nicht nur nach vorne, sondern auch nach hinten (◘ Abb. 17.28) [47]. Außer-

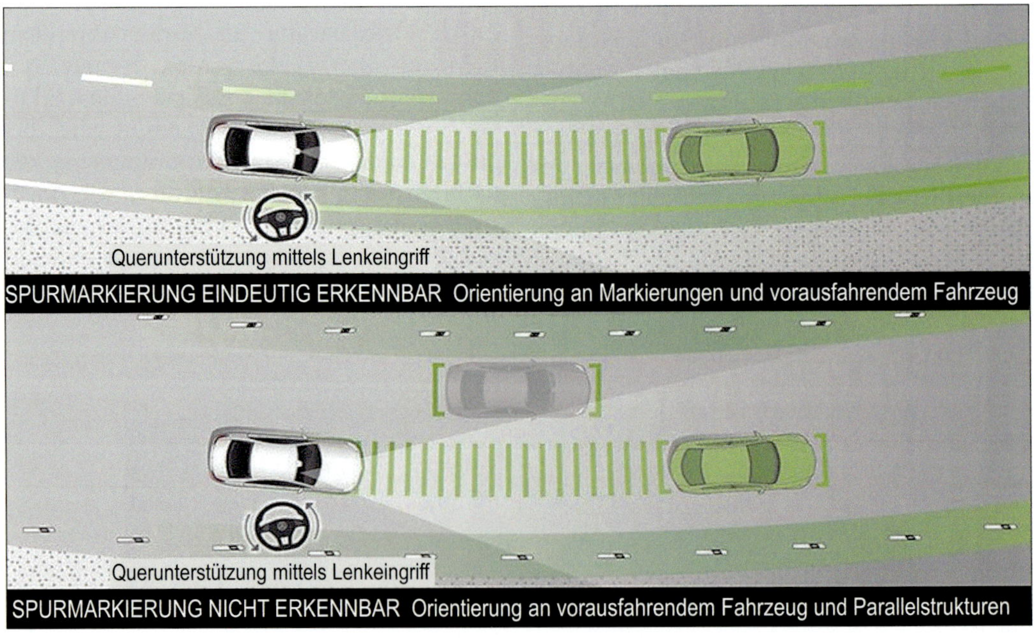

◘ **Abb. 17.26** Fahrspurerkennung bei fehlenden Markierungen [13]

17

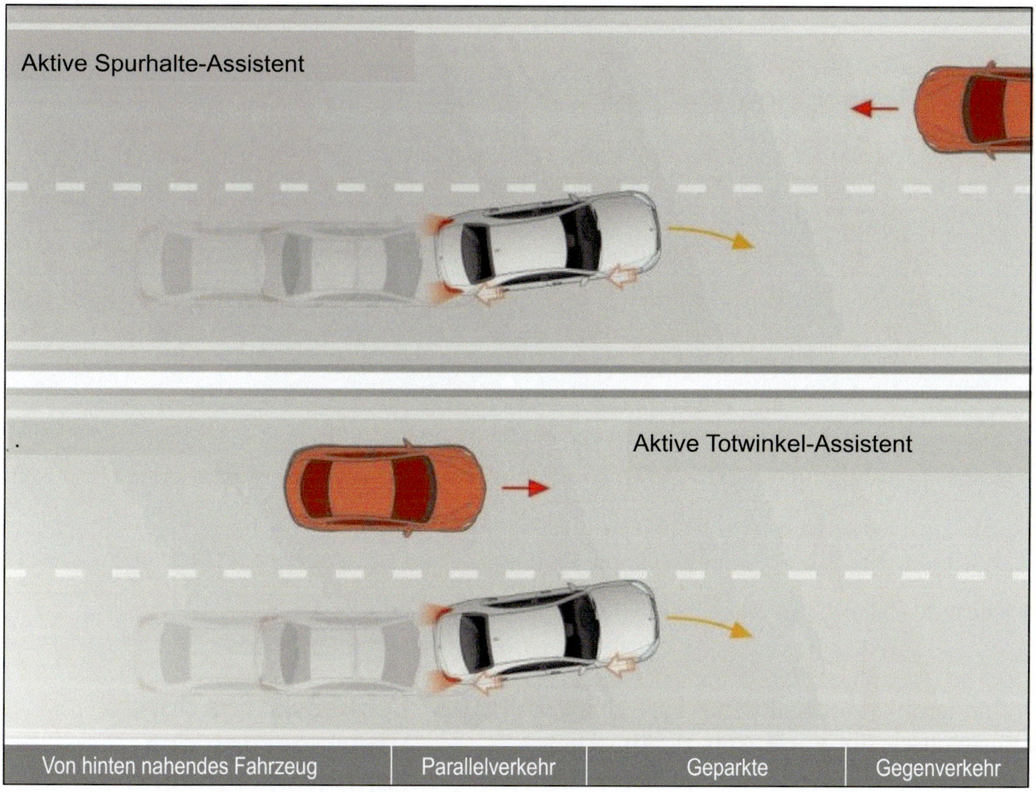

Abb. 17.27 Aktive Spurhalte- und Totwinkel Assistent von Mercedes E-Klasse W213 [13]

Abb. 17.28 Heckradar [47]

dem beinhaltet der Spurwechselalgorithmus auch ein Abbruchszenario, damit bei einer fehlgeschlagenen Überholung, diese ohne Gefahr abgebrochen werden kann (Abb. 17.29).

Bei erkannter belegter Nachbarspur warnt das System den Fahrer beim Überfahren der Fahrbahnmarkierung nicht nur durch Lenkradvibrationen, sondern korrigiert mit einem einseitigen Bremseingriff über ESP die Spur.

Es ergänzt somit optimal den Aktiven Totwinkel-Assistenten und ermöglicht erstmals auch die Vermeidung der oft folgenschweren Kollisionen im Gegenverkehr.

Wenn beim Spurwechsel plötzlich ein Hindernis auf der Fahrbahn springt und eine Bremsung die Kollusion nicht mehr

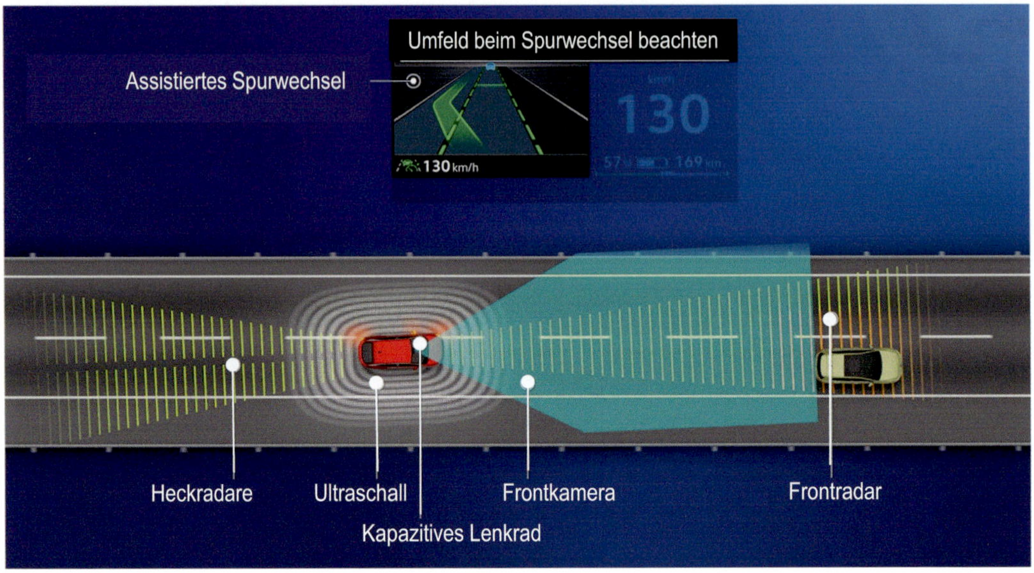

Abb. 17.29 Aktive Spurwechselassistenz [13]

verhindern kann, bleibt nur ein schneller Spurwechsel übrig (Abb. 17.30). Diese Systeme von Bosch und ZF-TRW detektieren ein vorfahrendes oder haltendes Auto aber auch die Tiere und Fußgänger [48, 49].

Abb. 17.30 Ausweichassistenz [3]

17.6.5 Lenkassistenz durch Überlagerung des Fahrerlenkwinkels

Die erste Lenkung zur Überlagerung des Fahrerlenkwinkel mit einem Zusatzlenkwinkel wurde in Europa in 2004 von BMW unter dem Namen *„Active Steering"* in Serie eingeführt (s. ► Abschn. 8.5). Winkelüberlagerungslenkung hat zahlreiche Anwendungsfälle.

Durch fahrgeschwindigkeitsabhängige Betriebskennlinien können zum Beispiel unterschiedliche Lenkübersetzungen realisiert werden. Dies kann ausgenutzt werden, um beim Parkieren schon bei verhältnismäßig kleinen Lenkbewegungen Volleinschlag zu erreichen bzw. um bei Autobahnfahrt die Übersetzung zu vergrößern und damit die Empfindlichkeit bei kleinen, abrupten Lenkmanövern zu verringern. Auch das Lenkungsverhärten bei schnellen Lenkbewegungen und hohen Zahnstangenkräften (z. B. im Parkierbetrieb) kann vermieden werden, indem mit dem Winkelüberlagerungsaktor eine Stellbewegung entgegen der Lenkrichtung des Fahrers erzeugt wird. Auf diese Weise kann die effektive Radlenkgeschwindigkeit so reduziert werden, dass ein verhärtungsfreies Lenken möglich wird [50].

Aufwendig stellt sich bei diesen Systemen die Abstimmung des Mittengefühls dar, welches aus den Zusatzlenkwinkeln am Rad resultieren Lenkmomente durch das Abstützen der Drehbewegung entsteht. Dies kann vor allem bei Übersetzung ins Indirekte, störende Effekte bewirken.

Darüber hinaus kann durch eine zeitlich begrenzte Überhöhung des Fahrerlenkwinkels (Vorhaltelenkung) ein schnellerer Aufbau der Reifenquerkräfte beim Einlenken in der Kurve erzielt werden. Dies hat zur Folge, dass die gefühlte Agilität des Fahrzeugs spürbar steigt.

Neben diesen komfort- bzw. fahrdynamikrelevanten Aspekten unterstützt die Winkelüberlagerungslenkung den Fahrer in stabilitätskritischen Grenzsituationen. Beispiele hierfür sind die Unterstützung beim Über- bzw. Untersteuern eines Fahrzeugs oder die Giermomentenkompensation bei einer μ-Split-Bremsung (◘ Abb. 17.31).

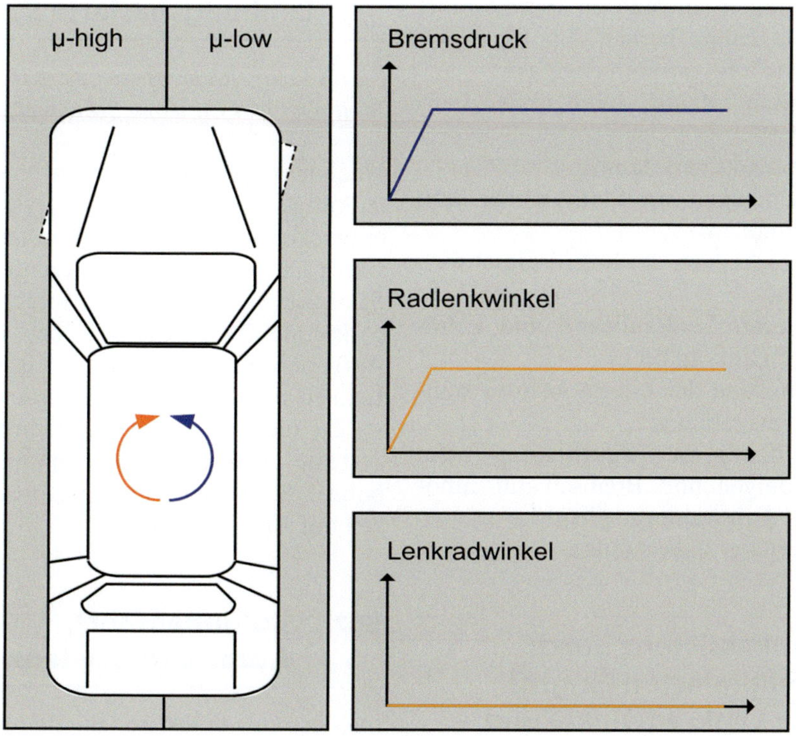

◘ Abb. 17.31 Giermomentenkompensation bei μ-Split-Bremsung mit Winkelüberlagerungslenkung

Während das System ohne Winkelüberlagerungslenkung der Giermomentenanstieg durch verzögerten Bremsdruckaufbau so abschwächen muss, dass der Fahrer das Giermoment durch Gegenlenken ausregeln kann, ist dies bei einem Fahrzeug mit aktiver Winkelüberlagerungslenkung nicht nötig. Der Bremsdruckaufbau kann verzögerungsfrei erfolgen, da das entstehende Giermoment nicht mehr durch den Fahrer, sondern durch den wesentlich schneller arbeitenden Lenkungsaktuator kompensiert wird. Das Resultat ist ein verkürzter Bremsweg, wobei durch den Fahrer zusätzlich nur noch geringe Lenkeingriffe erfolgen müssen.

Solche Systeme, die im Lenkstrang angeordnet sind und durch einen Elektromotor die Winkelüberlagerung einleiten. Diese Systeme erhöhen sowohl den Fahrkomfort als auch die Fahrsicherheit. Im Einzelnen sind diese wie folgt zusammengefasst:

- Fahrerunterstützung durch aktive Lenkeingriffe,
- variable Lenkübersetzung,
- direktes Lenken im Stadtverkehr und beim Manövern,
- indirektes Lenken bei hohen Geschwindigkeiten,
- verminderter Lenkaufwand und Erhöhung der Lenk-agilität,
- Kompensation des Giermomentes während Bremsvorgängen,
- Unterstützung der Spurhaltung beim Beschleunigen und Bremsen auf inhomogener Fahrbahn (μ-split),
- Erhöhung der Fahrstabilität.

17.6.6 Lenkassistenz durch kombinierten Eingriff aus Lenkradwinkel und -moment

Weiteres Potential bietet die Kombination von Momenten- und Winkelüberlagerung. Durch die Koordination beider Systeme ist es möglich, beispielsweise das Anfahren auf μ-Split so zu gestalten, dass am Lenkrad weder ein Korrekturwinkel des Fahrers erforderlich ist, noch ein zusätzliches Lenkmoment. Sicherheit und Komfort sind somit optimal auslegbar und sämtliche mit Steer-by-wire darstellbaren Funktionen möglich.

BMW nutzt diese Kombination in Verbindung mit der Hinterradlenkung unter den Namen „Integral Aktivlenkung“ (s. ◘ Abb. 16.44). Durch gleichzeitige Erhöhung der Hinterradlenkmoment und Vorderradlenkwinkel bei Kurvenfahrten erhöht sich Dynamik von Fahrzeug.

17.7 Brems- und Lenkungsbasierte Systeme

Metin Ersoy, Ralph Mayer, Karl-Heinz Meitinger und Christian Schimmel

Nachdem zuerst die bremsen- und dann die lenkungsbasierten Assistenzsysteme fortentwickelt wurden und sich in der Serie bewährt haben, war es naheliegend die beiden Funktionen ineinander zu integrieren. Erst so könnte der Fahrer in seinen wichtigsten Aufgaben nämlich bremsen, Gasgeben und Lenken simultan assistiert werden.

Zu dieser Gruppe der Fahrerassistenzsysteme gehören Kolonnenfahrt, Autobahn-, Baustellen- und Notbremsassistenzen mit Ausweichoption.

17.7.1 Kolonnenfahrt, Autobahnassistenz

In Mercedes E Klasse (Bj. 2016) wurde ein System vorgestellt, das den Fahrer bei den Kolonnenfahrten unterstützt. Herzstück dieser Entwicklung ist eine Technologie, die Mercedes *„Intelligent Drive“* nennt. Sie ist in der Lage, nicht nur den Abstand zum vorausfahrenden Auto konstant zu halten, sondern bei einem Tempo von bis zu 200 km/h auch dessen Spur zu folgen. Es hält alleine die Spur und in leichten Kurven lenkt es selbständig. Bis zu Tempo 130 benötigt es dafür keine Fahrbahnmarkierungen, kann auch an Bordsteinen oder Graskanten entlang lenken [13].

Ähnliches hat Volvo in die S. 90 (Bj. 2015) eingebaut, indem ACC soweit erweitert wurde, dass es nun einen halbautomatischen Pilot Assist ermöglicht, der das Auto bis 130 km/h mit dezenten Lenkeingriffen in der Spur hält auch ohne sich dabei an einem vorausfahrenden Fahrzeug orientieren muss [36].

ZF TRW stellt ein *„Autobahnassistenten"* vor, der bei Geschwindigkeiten ab 0 km/h automatisch lenkt, bremst und beschleunigt. Bei der Anwendung auf einer Fahrspur hält die Kombination aus ACC und Spurführungsassistenz das Fahrzeug in Spur und in einem geschwindigkeitsabhängig festgelegten Sicherheitsabstand zum vorausfahrenden Fahrzeug [51].

Der nächste Schritt liegt sehr nah, nämlich eine mehrspurigen Autobahnassistenz [52]. Dafür muss auch die Spurwechselassistenz hinzu integriert werden und die Autobahn mehrspurig überwacht sein, wie es in 2016 von ZF TRW präsentiert wurde (◘ Abb. 17.32) [53].

Aktuell bietet ZF folgende Weiterentwicklungen an [54]:

ZF coDRIVE Dieses System erweitert die Funktionen der Stau- und Autobahnassistenten. Die Erfassung über die 360-Grad-Rundumkamera und die Datenverarbeitungskapazitäten der EyeQ-Technologie von Mobileye ermöglichen automatisierte Spurwechsel und automatisches Überholen.

ZF coPILOT Das System ist auf die erweiterte Rechenleistung und Skalierbarkeit der Datenverarbeitung von Level 2 + bis Level 4 ausgelegt. Es bietet Funktionen wie die Steuerung ohne Zuhilfenahme von Füßen oder Händen. Darüber hinaus sind automatisierte Spurwechsel und Überholvorgänge, automatisiertes Einparken sowie Routenlernen möglich. Das System nutzt den ProAI-Controller von ZF.

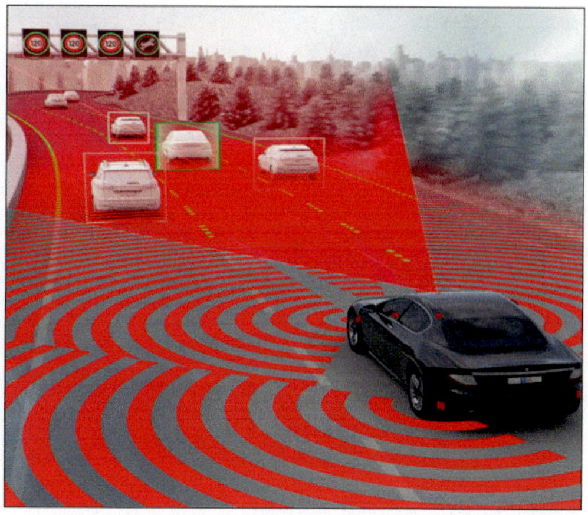

◘ Abb. 17.32 ZF TRW Mehrspur-Autobahnassistenz [53]

17.7.2 Baustellenassistenz

Die *Baustellenassistenz* (◘ Abb. 17.33) führt das Fahrzeug in einer Baustelle wie ein Lotse [55]. Es handelt sich also eine Erweiterung der ACC und Spurhalte-Assistenz mit dem Unterschied, zusätzlich zu den Linien auch Linienfarben und erhabene Spurbegrenzungen wie Schrammborde sowie Baken zu erkennen, und dem Fahrer somit helfen, in herausfordernden Situationen die eigene Fahrspur zu halten (Baustellen sind meistens eng). Das System funktioniert bis 60 km/h.

Wie bei den Stauassistenzen stoppt das Fahrzeug, wenn vorausfahrendes Fahrzeug anhält und fährt automatisch wieder fort, wenn es weiterfährt.

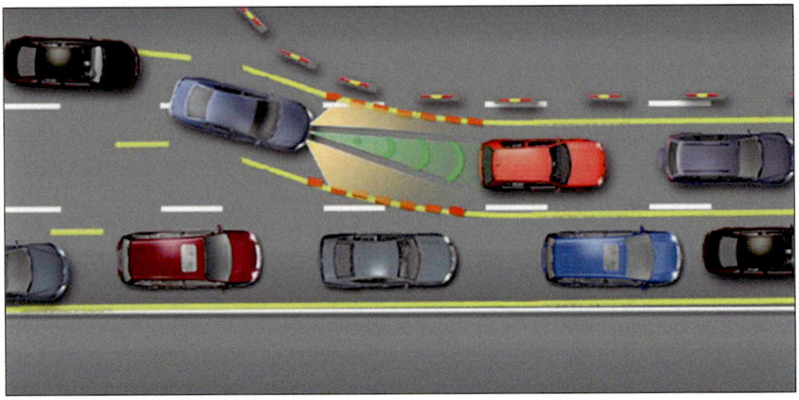

Abb. 17.33 Baustellenassistenz von VW [55]

17.7.3 Notbremsassistenz mit Ausweichoption

Neben den Einschränkungen bei Glätte, haben Notbremsassistenten auch auf trockener Straße ein Problem: Vor allem bei höheren Geschwindigkeiten können sie nicht jeden Unfall vermeiden. Hintergrund: Notbremsassistenten sind so programmiert, dass die automatische Bremsung möglichst spät ausgelöst wird – und zwar, um Falschauslösungen zu vermeiden. Denn diese erschrecken nicht nur den Fahrer, sie können auch für den nachfolgenden Verkehr gefährlich werden.

Als Folge der Programmierung auf Spätauslösung kann Notbremsassistenten, besonders bei höheren Geschwindigkeiten nicht mehr jede Kollision vermeiden. Dabei könnte in solchen Situationen eine knappe Vorbeifahrt am Hindernis möglich sein. Dazu müsste das Auto allerdings am Hindernis vorbeilenken, wenn es möglich ist.

Eine typische Situation wäre ein Rechtsabbieger, der beim Abbiegen plötzlich stehen bleibt und dessen Heck in die Straße hineinragt. Da der Vordermann nach rechts versetzt steht, könnte eine Lenkbewegung nach links den Unfall aber noch verhindern. Vorausgesetzt, da ist Platz und es kommt kein Gegenverkehr.

Bereits in Serie befindet sich eine Notbremsassistenz mit Ausweichoption (*Emergency Steer Assist*. Dieser ermöglicht bei einem drohenden Auffahren, dem Hindernis durch ein aktives Spurwechseln auszuweichen. Dazu wird zuerst berechnet, ob durch eine Notbremsung die Kollision vermeidbar ist. Ist dies nicht der Fall, wird erneut berechnet, ob ausreichend Zeit und Distanz für ein Ausweichmanöver verfügbar ist und ob rechts oder links vom Hindernis die Spur frei ist (Abb. 17.34).

Wenn auch diese Option nicht möglich ist, werden die Maßnahmen zur passiven Sicherheit aktiviert.

Durch ein unkontrolliert fahrendes Fahrzeug können besondere Gefahren für andere Verkehrsteilnehmer entstehen, wie etwa durch Abkommen von der Fahrbahn oder durch Auffahrunfälle. Um bei einem z. B. medizinisch fahruntüchtigen Fahrer Unfälle zu verhindern oder zumindest die Unfallschwere verringern zu helfen, wurde für den VW Passat bereits in 2014 der Emergency Assist als *Notfallassistent* entwickelt.

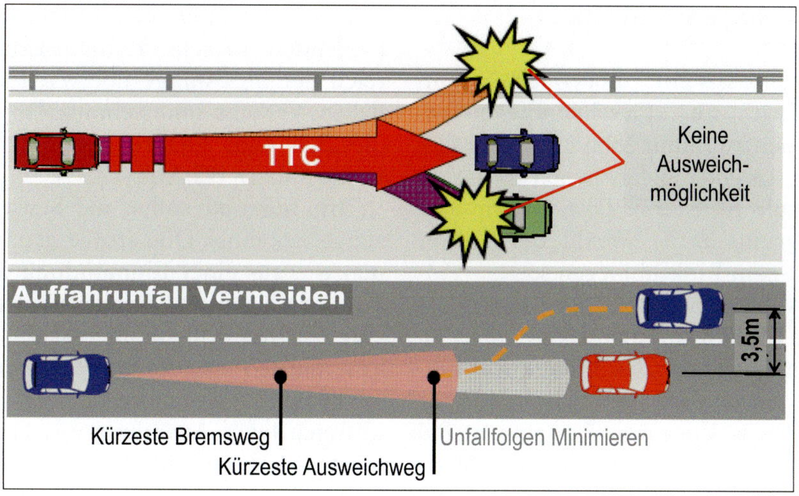

Abb. 17.34 Emergency Steer Assist von VW [39, 46]

Er stellt eine Weiterentwicklung des Spurhalteassistenten Lane Assist dar und übernimmt im Bedarfsfall die Führung des Fahrzeugs bis zum Stillstand.

Bei ausbleibender Lenkaktivität durch den Fahrer, auch nach erfolgter Übernahmeaufforderung (optische und akustische Meldung, Bremsruck) wird der Emergency Assist aktiviert. In diesem Fall wird das Fahrzeug durch Lenkeingriffe in der Spur gehalten, um ein Abkommen von der Fahrbahn zu vermeiden. Während des Eingriffs wird die Aufmerksamkeit anderer Verkehrsteilnehmer durch das automatische Zuschalten der Warnblinkanlage geschärft. Sollte der Fahrer die Fahrzeugführung weiterhin nicht übernehmen, erfolgt eine leichte Verzögerung bis in den Stillstand. Dabei wird die automatische Distanzregelung ACC aktiviert, um die Regelung auf den vorausfahrenden Verkehr sicherzustellen.

Sollte es das Fahrzeugumfeld zulassen, wird das Fahrzeug je nach Modell auf den äußersten Fahrstreifen manövriert und dort angehalten. Während des gesamten Vorgangs kann durch einen Lenkeingriff oder eine Fahrpedalbetätigung jederzeit wieder die Kontrolle über das Fahrzeug übernommen werden [56].

So kann der Notfallassistent Emergency Assist im Idealfall das Fahrzeug trotz absoluter Fahruntüchtigkeit des Fahrers innerhalb von Systemgrenzen zum Stehen bringen oder die Schwere eines unvermeidlichen Unfalls deutlich mindern.

Eine erste Ausbaustufe dieser Notausweichfunktionen befindet sich auch im Audi Q7 mit dem Ausweichassistenten bereist in Serie. Dieser unterstützt den Fahrer mittels Lenkmoment während eines kritischen Ausweichvorgangs. Der Ausweichassistent wird auch aktiviert, sobald das System eine drohende Kollision erkennt und der Fahrer das Ausweichmanöver initiiert. Wenn der Fahrer während der Fahrt kollabiert, ohnmächtig wird oder gar einen Herzinfarkt erleidet, können aktuelle Spurhalteassistenten noch nicht helfen, die ausbleibenden Fahrerreaktionen zumindest partiell auszugleichen.

17.7.4 Abbiegeassistenz

Der Abbiegeassistent überwacht beim Linksabbiegen im Geschwindigkeitsbereich zwischen zwei und zehn km/h den Gegenverkehr. In einer gefährlichen Situation bremst er zum Stillstand. Das System wird im Hintergrund aktiv, sobald der Fahrer den Blinker zum Linksabbiegen setzt.

Der Abbiegeassistent ist besonders wichtig für LKW. Für einen Lkw-Fahrer ist es fast unmöglich, die Gesamtlage vollständig zu überblicken. weil der Fahrer, aus seiner hohen Sitzposition, die Fußgänger und Radfahrer, die von rechts kommen nicht sehen kann. Der Abbiegeassistent warnt den Fahrer, über eine gelb aufleuchtende LED in der A-Säule auf der Beifahrerseite, wenn sich ein Objekt in der Gefahrenzone befindet. Bei Kollisionsgefahr blinkt die LED-Leuchte rot und es ertönt ein Warnton.

17.7.5 Kreuzungsassistenz

Kreuzungen sind Knotenpunkte, die aufgrund der Überschneidung der Fahrwege ein erhöhtes Unfallrisiko bergen. Sie kommen vor allem im innerstädtischen Bereich vor und verlangen von den Autofahrern aufgrund der komplexen Informationsfülle ein hohes Maß an Aufmerksamkeit. Dennoch lassen sich Zusammenstöße mit Fahrzeugen oder Radfahrern nicht immer vermeiden. Fast ein Viertel der innerörtlichen Unfälle (47.031 von 207.562) ereignete sich 2017 an Kreuzungen. Dabei starben 161 Menschen. In Kombination mit dem Notbrems-Assistenten soll der Kreuzungsassistent diese Kollisionen mit dem Querverkehr verhindern helfen. Technisch notwendig dafür ist die permanente Zusammenarbeit von Sensoren, Kameras und Radarsystemen [57].

Der Kreuzungsassistent ist die System-Erweiterung des Ausparkassistenten und unterstützt den Fahrer beim Einfahren in eine Kreuzung oder Eingliedern in den fließenden Verkehr. Radarsensoren im Bereich der Stoßstange überwachen den seitlichen Verkehr und nehmen Objekte wahr, die sich dem Fahrzeug seitlich oder von vorne nähern (◘ Abb. 17.35).

Im Idealfall sollen die Sensoren Fahrzeuge aus einer Querstraße genauso erkennen wie aus einer Einmündung oder Autos auf der Gegenspur. Reagiert der Fahrer auf eine Warnung nicht, bremst das Fahrzeug automatisch bis zum Stillstand ab.

Dieses Assistenzsystem ist besonders hilfreich beim Ausfahren aus Hauseinfahrten und beim Kreuzen von Gehsteigen und Fahrradwegen. Denn bereits bevor das Objekt im Sichtfeld des Fahrers ist, kann der Kreuzungsassistent ein Warnsignal abgeben. Nehmen die Sensoren eine potenzielle Gefahr wahr, werden bei einer Geschwindigkeit von bis zu 30 km/h optische und akustische Warnsignale an den Fahrer abgegeben. Bei bis zu 10 km/h Eigentempo kann das Assistenzsystem sogar eine Notbremsung einleiten [56].

Sehr schwierig ist es jedoch, dem Fahrer voll in einer Kreuzung zu assistieren. Eine Herausforderung besteht in der großen Anzahl von möglichen kritischen Situationen, die zu Unfällen führen können (◘ Abb. 17.36). Um eine solche Technik zu

◘ **Abb. 17.35** Kreuzungsassistenz Volvo [57]

Abb. 17.36 Situation in den Kreuzungen

entwickeln, sind riesige Datenmengen aus den Testfahrten nötig. Deshalb setzt z. B. Volvo unzählige Forschungsfahrzeuge ein, die überall in den unterschiedlichsten Verkehrssituationen mit Hilfe von Kameras, Radar und Sensoren Daten zu sammeln [58]. Daher besteht ein Kreuzungsassistent aus vielen anderen Assistenzfunktionen wie Stop-Schild-Assistenz, Ampelassistenz, Einbiegeassistenz, Linksabbiegeassistenz, Überquerungsassistenz. Das System bewertet diese Informationen und schätzt die Kollisionsgefahren mit anderen Fahrzeugen und Fußgängern, die mittels Sensorik detektiert werden, um den Fahrer zu warnen bzw. einzugreifen [15, 16]. Abb. 17.37 zeigt die Lösungskonzept.

Abb. 17.37 Kreuzungsassistenz von Conti [59]

von Conti [59] durch car2car Kommunikation der Zukunft. Dabei behalten nicht nur Sensoren am Wagen einen Kreuzungsbereich im Blick, sondern auch Kameras und Scanner, die zum Beispiel an Ampeln montiert werden können. Per drahtlosem Internet funken sie zusätzliche Verkehrsinformationen ans Auto.

Ähnlich funktioniert die Kreuzungsassistenz von Volvo, die den Autofahrer warnt und das Fahrzeug, wenn nötig, selbsttätig abbremst. Mithilfe von Sensoren wird die gesamte Verkehrssituation erfasst, um so in kritischen Momenten blitzschnell einzugreifen (◘ Abb. 17.35).

Die erste Serienanwendung eines Kreuzungsassistenten hat Mercedes mit dem S-Klasse (W222) eingeleitet. Das System basiert auf dem Bremsassistenten BAS PLUS und hilft drohende Kollisionen mit dem Querverkehr an Kreuzungen zu vermeiden (◘ Abb. 17.38).

Erkennt das vorausschauende System, das Daten aus der Stereokamera und der Radarsensor erfasste Daten fusioniert, solch eine Gefahrensituation, fordert er den Fahrer durch optisch und akustisch zur Notbremsung auf. Betätigt der Fahrer die Bremse – in vielen Fällen zu zaghaft – erhöht BAS PLUS automatisch den Bremsdruck für eine wirksame Gefahrenbremsung, notfalls bis zur Vollbremsung. Das System ist bis zu 72 km/h aktiv [32].

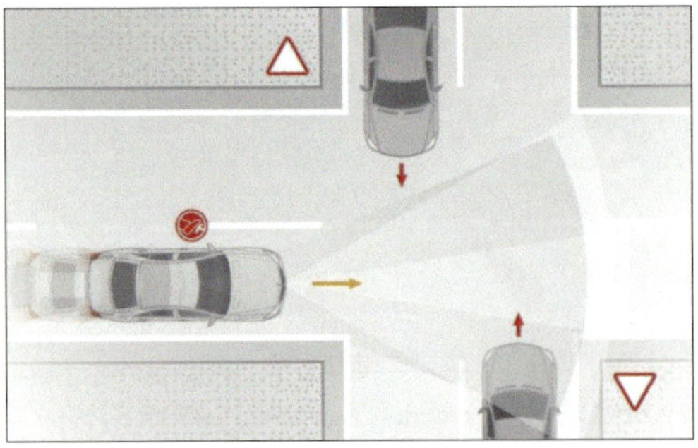

◘ **Abb. 17.38** Einfache Kreuzungsassistenz Mercedes S-Klasse W222 [60]

17

17.7.6 Einparkassistenz

Einparkvorgänge sind komplexe Fahraufgaben. Der Fahrer muss Abstände und Entfernungen schätzen, Trajektorien mit gekoppelter Längs- und Querführung planen und fahren und dabei das Fahrzeug oft nach mehreren Seiten absichern. Einparksysteme verringern die Komplexität des Einparkvorgangs, indem sie eine oder mehrere der Teilaufgaben automatisieren oder zumindest erleichtern. Die Breite der Systeme reicht dabei von der einfachen Entfernungsmessung zur unmittelbaren Anzeige der Entfernung von Hindernissen (*Park Distance Control*, PDC) bis zu autonomen Parkassistenten.

Man unterscheidet teilautonome Einparkassistenten und vollautonome Einparkassistenten [61].

Beim teilautonomer Einparkassistent scannt ein spezieller, seitlich im vorderen Stoßfänger sitzender Sensor im Vorbeifahren den Fahrbahnrand. Erkennt das System eine passende Längs- oder Querparklücke, erhält der Fahrer eine entsprechende Information.

Wird der Einparkassistent aktiviert, berechnet das System den optimalen Weg in die Lücke, die erforderlichen Lenkmanöver und die Anzahl der Züge. Während der Einparkassistent das Fahrzeug in die Parklücke lenkt, übernimmt der Fahrer nur noch die Kontrolle über die Längsführung. Das heißt: Er kontrolliert den Einparkvorgang durch behutsames Gas geben und Bremsen. Mit Unterstützung der elektrischen Servolenkung führt der Einparkassistent alle erforderlichen Lenkbewegungen aus. Der Fahrer kann das Manöver jederzeit abbrechen. Darüber hinaus unterstützt der teilautonome Assistent auch beim Ausparken: er lenkt das Fahrzeug in die richtige Ausgangsposition, damit der Fahrer sicher und zügig aus der Parklücke herausfahren.

Vollautonome Parkassistenten übernehmen zusätzlich zu Lenkmanövern auch die Längsführung (Beschleunigen, Bremsen). Das System durchführt also das vollautomatische Ein- und Ausparken für die ausgewählte Parklücke. Bei fortschrittlichen Systemen kann der Fahrer entscheiden, ob er beim Parkvorgang im Auto sitzen bleiben oder vorher aussteigen möchte (◘ Abb. 17.39) [61]. Vollautonome oder Teilautonome Einparksysteme bestehen im Wesentlichen aus zwei Untersystemen, die die beiden wichtigsten Aufgaben des Parkvorgangs erfüllen: Parklückenerkennung und -vermessung, sowie Trajektorienplanung und Ausführen des Einparkvorgangs.

Es sind zwei grundlegende Einparkarten zu unterscheiden: A) Längs- und B) Quereinparken (◘ Abb. 17.40).

Das Quereinparken stellt sowohl für den Fahrer als auch für ein Einparksystem eine weniger komplexe Aufgabe dar. Trotzdem bieten die neuen Einparkassistenzsysteme von VW Golf VII und Mercedes S-Klasse (W222) auch diese Möglichkeit an (◘ Abb. 17.41).

17.7.6.1 Parklückenerkennungen

Um ein Fahrzeug automatisch in eine Parklücke zu fahren, muss die Größe und Lage der Parklücke dem System bekannt sein.

◘ **Abb. 17.39** Einparken in einer Querlücke [61]

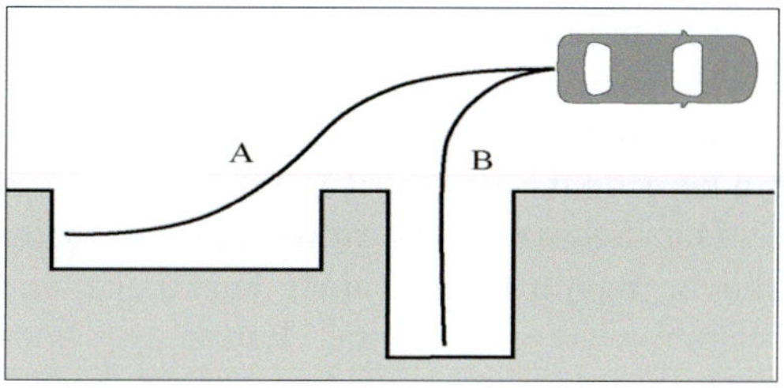

◘ **Abb. 17.40** Längseinparken (A), Quereinparken (B)

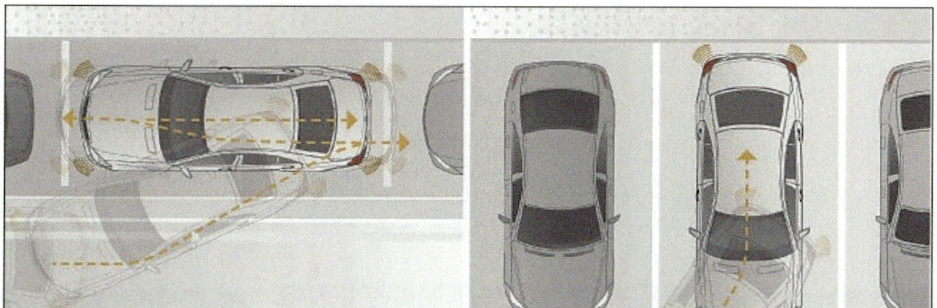

◘ **Abb. 17.41** Automatisches Ein- und Ausparken in Längs- und Querlücken [60]

Für die Planung der Einparktrajektorie sind nur der Längs- und Seitwärtsabstand x und y und der Winkel zur gewünschten Endposition α nötig (◘ Abb. 17.42). Die Parklücke muss eine Mindestlänge aufweisen (0,8–1,0 m größer als Fahrzeuglänge), damit der Einparkvorgang erfolgreich sein kann.

Autonome Systeme zur Parklückenerkennung benötigen eine geeignete Sensorik sowie einen Auswertealgorithmus, der die zur Trajektorienplanung nötigen Parameter aus den Sensordaten bestimmt. Eine häufig gewählte Sensorkonfiguration beinhaltet einen Sensor an der Fahrzeugseite zu der eingeparkt werden soll, der senkrecht zur Fahrtrichtung Entfernungen misst.

Durch die Vorwärtsbewegung des Fahrzeugs und wiederholte Messung wird der Raum neben dem Fahrzeug abgetastet. Die Einparkparameter werden durch den Auswertealgorithmus aus den Sensormesswerten und den Werten der Raddrehzahlsensoren berechnet.

Das Sensorsystem muss geeignet sein, übliche Begrenzungen einer Parklücke, wie beispielsweise Bordsteine, Fahrzeuge oder Metallbügel zu erfassen. Der Erfassungsbereich (die Sensorkeule) muss dabei hoch genug.

sein, um flache Hindernisse und den die Parklücke seitlich begrenzenden Bordsteines zu erfassen, als auch nicht unter hohen Hindernissen hindurch zu messen, beispielsweise unter der Ladefläche eines Lkw-Anhängers (◘ Abb. 17.43). Die Empfindlichkeit des Sensorsystems ist so einzustellen, dass Bodenunebenheiten oder in der Parklücke liegende Kiesel nicht das Signal des begrenzenden Bordsteins überdecken.

Die Auflösung der Parklückenerfassung ist von der Messrate und der Vorbeifahrgeschwindigkeit abhängig. Bei Ultraschallsensoren [62] wird die Messrate aufgrund der geringen Schallausbreitungsgeschwindigkeit durch die Anforderungen an die Mindestreichweite begrenzt.

Die Genauigkeit der Längenmessung wird auch durch Messfehler bei ungünstigen Lückenbegrenzungen wie abgerundeten Fahrzeugkanten und die Breite der Sensorkeule beeinträchtigt. Auch mit sehr guter Abtastsensorik muss der Fahrer selbst die Entscheidung treffen, ob die Parklücke prinzipiell geeignet ist, bzw. das Parken in der Lücke legal ist.

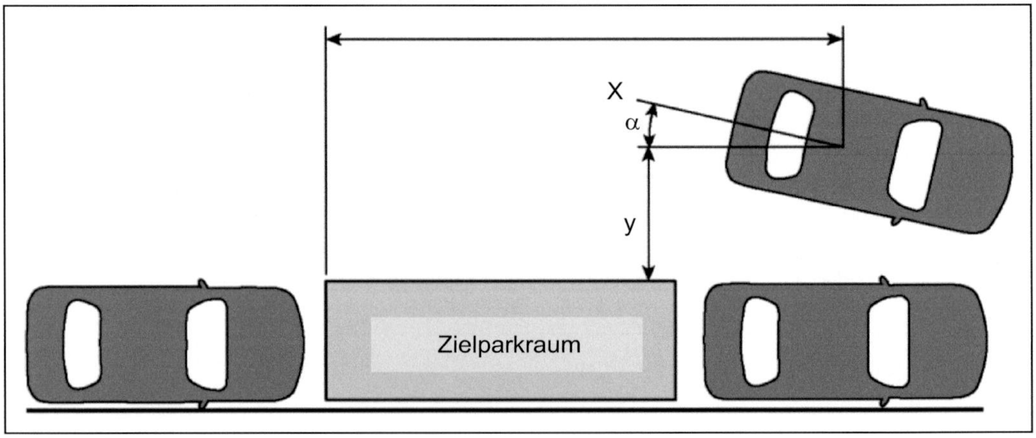

◘ **Abb. 17.42** Parameter für die Trajektorienplanung

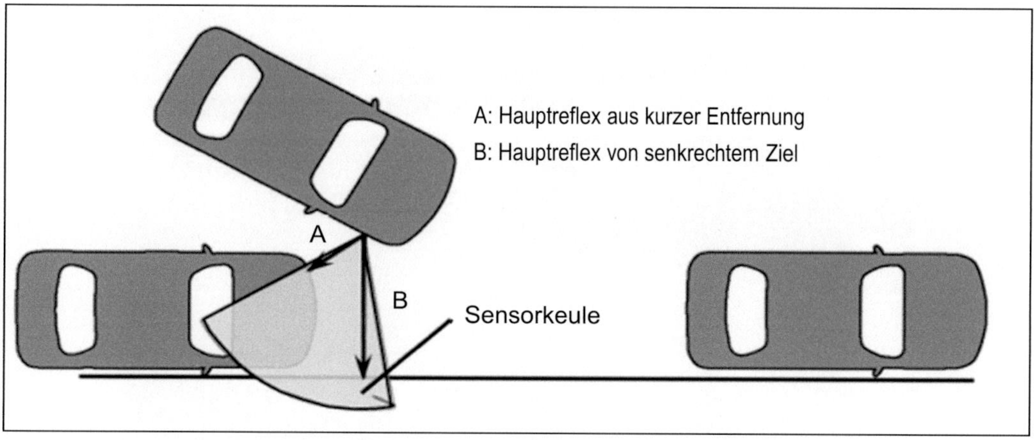

Abb. 17.43 Unterschiedliche Sensoreigenschaften bei schräger Vorbeifahrt an der Parklücke

Um die Anzahl der vom System angebotenen, nicht benutzbaren Parkmöglichkeiten zu reduzieren, ist eine Vorselektierung aufgrund von erweiterten digitalen Karten möglich. So kann die Parklückensuche bei Seitenstraßen oder in der Karte verzeichneten Parkverbotsflächen automatisch deaktiviert werden.

Passiert das Fahrzeug die Parklücke nicht gerade und parallel, muss dies in der Auswertung der Sensordaten mit einbezogen werden. Dabei muss die Veränderung der Sensorlage zum Fahrzeugbezugspunkt durch die Fahrzeugdrehung berücksichtigt werden, die Änderung der gemessenen Entfernung durch die Bewegung des Fahrzeugs in y-Richtung und die Änderung des vom Fahrzeug zurückgelegten Wegs in Relation zur tatsächlichen Bewegung in x-Richtung. Die Basis für die entsprechenden Korrekturen ist ein Fahrzeugmodell, welches aus den Fahrzeugsensoren die Fahrzeugbewegungen genau berechnen kann.

Des Weiteren sind bei der Korrektur von Winkelabweichungen zwischen Fahrzeug und Parklücke die Eigenschaften des Sensors zu berücksichtigen (s. Abb. 17.43). So kann ein Sensor bei der gezeigten Konfiguration dazu tendieren, die Entfernung A oder B zu messen, je nachdem, ob die Sensorik eher auf Reflexionen aus kurzer Entfernung (Fall A), oder auf Reflexionen von senkrechten Hindernissen (Fall B) anspricht.

17.7.6.2 Einparkvorgang

Ist die Position der Parklücke zum eigenen Fahrzeug bestimmt, wird das Fahrzeug bei einem automatischen Einparksystem autonom in die Lücke bewegt. Dafür muss das Fahrzeug mit einem aktiven Lenksystem ausgestattet sein. Dazu müssen sowohl Lenkwinkel als auch Lenkmoment frei vom System wählbar sein. Die Aufgabe ist, eine eindeutige Lösung zu finden, wie das Fahrzeug unter den gegebenen Zwangsbedingungen (Lenken der Vorderachse mit begrenztem Lenkwinkel, Parkendposition nur von einer Seite aus erreichbar) in die Parkendposition gebracht werden kann.

Der prinzipielle Aufbau des Einparkvorgangs gleicht dem beim manuellen Einparken (Abb. 17.44). Während der Rückwärtsfahrt wird zuerst in Richtung der Parklücke eingelenkt und dann in die entgegengesetzte Richtung. Das Auto legt dabei eine S-förmige Trajektorie zurück. Die Komplexität der Zusammenstellung der

Abb. 17.44 Einparkvorgang: Suchen, Vermessen, Trajektorie berechnen, Rückwärtsfahren und Lenken [17]

Grundtrajektorie bestimmt die Möglichkeiten, die der Parkalgorithmus besitzt. In der einfachsten Form legt der Fahrzeugbezugspunkt annähernd zwei Kreisbogenstücke zurück. Dabei liegt jeweils ein fester Lenkwinkel an. In diesem Fall ist ein erfolgreiches Einparken nur von Startpositionen aus möglich, die bestimmte Kombinationen von x, y und α aufweisen. Auch die nötige Länge der Parklücke l_{min} ist von den Startparametern abhängig.

Durch Einfügen zweier gerader Strecken vor und nach dem ersten Kreisbogenstück werden diese Abhängigkeiten weitestgehend aufgelöst. So ist für eine gültige Startposition nur noch eine Minimumsbedingung für y/x zu erfüllen. Die minimale Parklückenlänge ist nur noch abhängig von Fahrzeugparametern wie Länge, Breite, Radstand und maximaler Lenkwinkel.

Für autonome Einparksysteme ist eine kontinuierliche Lenkregelung während der Fahrt besser geeignet. Der Lenkwinkelverlauf muss über dem Weg stetig sein. Zur Verbindung von Kreisbögen und Geradestücken in der Fahrzeugtrajektorie eignen sich Kurvenstücke mit sich stetig ändernder Krümmung [63].

Die Fahrzeuggeschwindigkeit beim Einparkvorgang ist durch die maximale Lenkwinkelgeschwindigkeit und -beschleunigung begrenzt [64].

Bei einer Steuerung ist der Lenkwinkelverlauf über dem Weg während des Einparkvorgangs zum Startzeitpunkt bekannt. Somit ist ebenfalls bekannt, ob der Parkvorgang von der aktuellen Startposition erfolgreich abgeschlossen werden kann.

Bei einer Steuerung können während des Parkvorgangs auftrete Abweichungen nicht ausgeglichen werden. Ausgangsposition und Kurswinkel müssen deshalb zu Beginn des Einparkmanövers genau bekannt sein.

Einflussfaktoren wie seitlich hängende Fahrbahn, Bodenunebenheiten oder erhöhter Schlupf durch glatte Fahrbahnen können auch bei genau bekannter Startposition zu Abweichungen in der Endposition führen.

Eine Trajektorienregelung kann eine Abweichung während des Parkvorgangs ausgleichen. Es muss eine Messgröße zur Verfügung stehen, aus der die Abweichung ermittelt werden kann. Die Korrektur kann eingeschränkt über Veränderung der Längen der einzelnen Teilabschnitte erfolgen, oder über Lenkwinkelanpassung. Um Spielraum für eine Korrektur zu lassen, darf in diesem Fall die Trajektorie nicht mit maximalen Lenkwinkeln gefahren werden [65].

Die neuen Parkassistenzsysteme können längs aber auch quer rückwärts oder quer vorwärts eingeparkten (◘ Abb. 17.45) [66].

Hat das System die Parklücke beim Einparken vermessen, kann das Fahrzeug auch selbsttätig ausparken [60].

Die aktuellste Ergänzung dazu ist die Möglichkeit beim Ein- bzw. Ausparken nicht im Auto sitzen zu müssen, sondern mithilfe eines Apps das Fahrzeug ferngesteuert Ein- bzw. Auszuparken (◘ Abb. 17.46) [67]. Dies ist besonders dann Vorteilhaft, wenn die Parklücke zu schmal ist und das Ein- und Aussteigen verhindert.

17.7.6.3 Lenkaktuator

Für die Übernahme der Lenkaufgabe durch das Einparksystem muss das Fahrzeug einen Lenkaktuator haben, der erlaubt, ohne Fahrereingriff beliebige Lenkwinkel einzustellen. Dazu müssen vom System sowohl Winkel, als auch Lenkmoment frei wählbar sein.

Herkömmliche hydraulische Lenkunterstützungssysteme oder Überlagerungslenkungen bieten diese Funktionalität nicht. Geeignet sind elektrische Servolenkungen, oder ein Lenkmotor, der Moment und Winkel an der Lenksäule einstellen kann. Da heute fast alle Pkws eine Elektrolenkung (EPAS) besitzen, ist diese Voraussetzung immer erfüllt. Das Maximalmoment des Motors muss groß genug sein, um die Einstellung des benötigten Lenkwinkels auch unter ungünstigen Umständen (stehendes Fahrzeug, hoher Reibwert) sicher zu stellen.

Entwicklungsbedarf besteht noch daran, dass die Hindernisse, wie zum Beispiel Randsteine, zuverlässig zu erkennen, um den Autofahrern teure Reparaturen zu ersparen (Felgen, Front- und Heckspoiler).

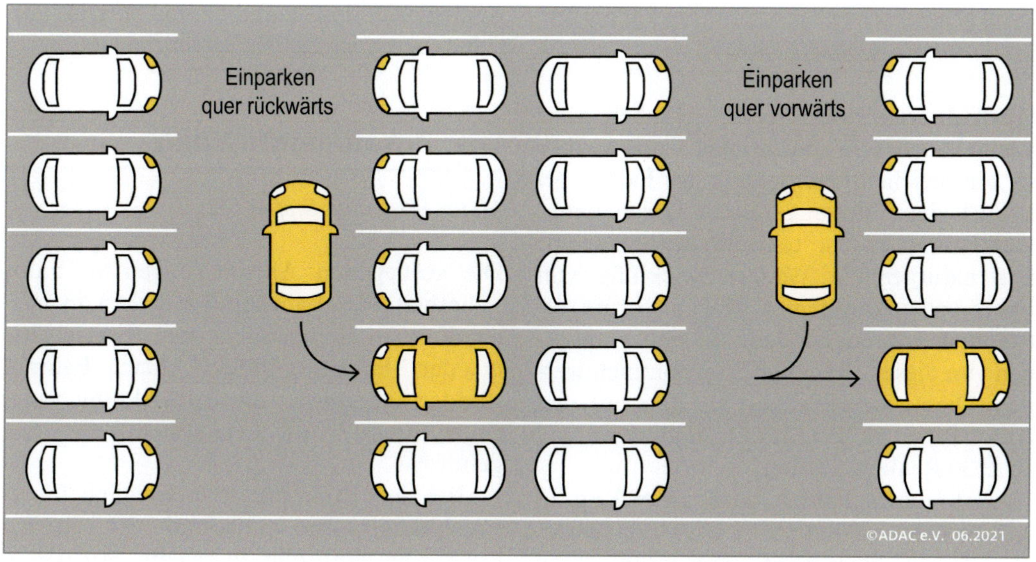

◘ **Abb. 17.45** Autonomes Ein- und Ausparken quer rückwärts und quer vorwärts [66]

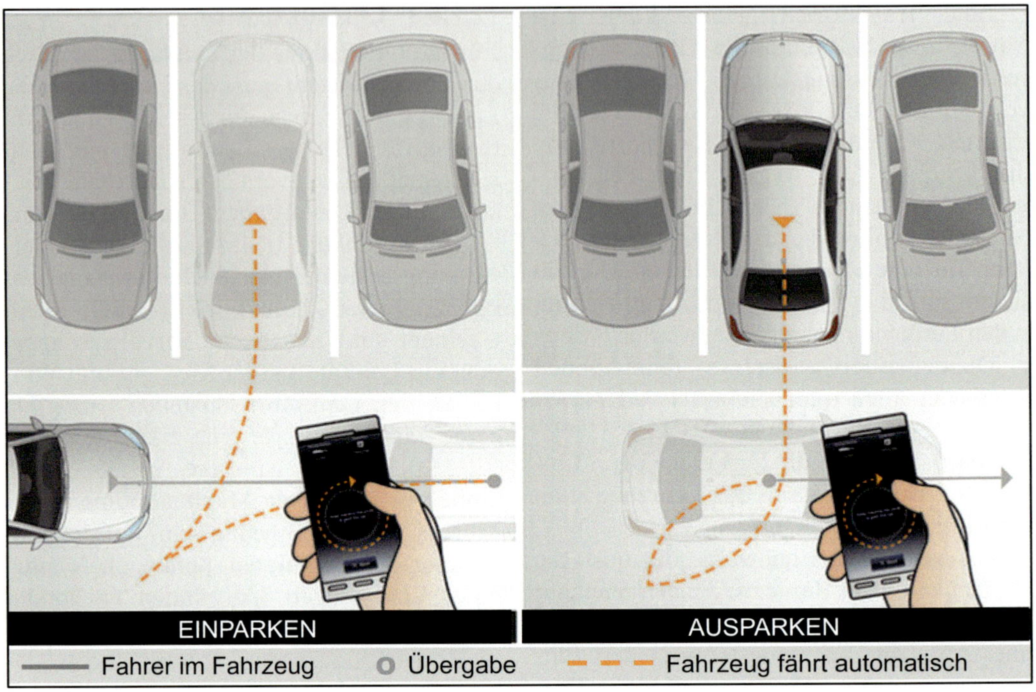

Abb. 17.46 Ferngesteuertes Ein- und Ausparken [67]

17.8 Fahrerassistenzsysteme für autonomes Fahren

Metin Ersoy und Stefan Gies

Die Fahrerassistenzsysteme erlauben zwar alleine noch kein autonomes Fahren, aber sie ermöglichen bereits, dass der Fahrer bei Bedarf das Fahrzeug fahren lassen kann. Das Fahren ist also teilweise automatisiert. Die naturgemäße Weiterentwicklung von Fahrerassistenzsystemen führt also zum autonomen Fahren, bei dem alle Fahreraufgaben von diesen Systemen übernommen werden. Dieses Szenario, das ab 2023 auf den Autobahnen eingeschränkt möglich ist, soll ab 2030 Realität werden.

17

Autonomes Fahren wird im ▶ Kap. 18 ausführlich diskutiert. Die Technologie wäre heute dazu mit Einschränkungen in der Lage, wie viele Versuchsfahrten beweisen. Die Probleme liegen jedoch an den Kosten, Kundenakzeptanz und gesellschaftlichen bzw. rechtlichen Bestimmungen.

17.9 Zusammenfassung

Metin Ersoy und Stefan Gies

Die gestiegenen Anforderungen an Fahrsicherheit und Fahrkomfort haben in letzter Zeit – begünstigt durch Fortschritte in der Fahrzeugumfeld- bzw. Fahrzustandserkennung – zur Entwicklung vieler neuer Brems- und Lenksystemfunktionen geführt.

Bei den Bremsen ist es möglich fahrerunabhängig und radselektiv die Bremskraft sehr feinfühlig zu regeln. Mit diesen

Systemen lässt sich ein breites Funktionsspektrum im Bereich der Längsführung abdecken.

Bei der Lenkung wurden die konventionelle Hilfskraftlenkung um zahlreiche Zusatzfunktionen erweitert. Grundsätzlich lassen sie sich in zwei Gruppen unterteilen – die Momenten- und die Winkelüberlagerungslenkung. Die Momentenüberlagerung ermöglicht die aktive Beeinflussung des Fahrerhandmoments, während durch die Winkelüberlagerung der Radlenkwinkel unabhängig von der Fahrervorgabe eingestellt wird.

Diese Systeme decken ein breites Funktionsspektrum im Bereich der Längsführung ab. Hierzu zählen Komfortfunktionen wie Geradeauslaufkorrektur, Parkassistenz oder auch Spurhalte- bzw. Spurwechselassistenz. Auch Sicherheitsfunktionen wie Giermomentenkompensation bei µ-Split-Bremsungen, Spurwechsel, Ausweichassistenten oder die Vermeidung von Über- bzw. Untersteuer, können durch moderne Lenksysteme erfüllt werden.

Erfreulich ist es, dass diese Assistenzsysteme nicht mehr nur in Premiumfahrzeugen zu finden sind, sondern auch in der Mittel- und Kompaktklassen. ◘ Abb. 17.47 zeigt eine repräsentative Auflistung einiger Systeme in Ober-, Mittel- und Kompaktklassen, jedoch nur bei 444 untersuchten Neuwagenkäufen [68].

Wie sehr die Assistenzsysteme inzwischen in der Kompaktklasse angekommen sind, zeigt beispielhaft die Ausstattung Ford Fiesta (Bj. 2018), [69]: zwei Kameras, drei Radar- und zwölf Ultraschallsensoren überwachen das Umfeld. Die Verkehrsschildüberwachung erkennt sogar auf Schilderbrücken angezeigte Tempolimits unterschiedlicher Fahrspuren. Der Pre-Collision-Assistent des Ford Fiesta erkennt mithilfe des Scheinwerferlichts Fußgänger auch bei Nacht.

Bewegungen von Fußgängern kann die Kamera mit ihrem erweiterten Winkel besser erfassen. Sensoren schauen bis zu 130 Meter nach vorne. Der Parkassistent lenkt nicht nur in die Lücke, sondern sein aktiver Bremsassistent verzögert nun auch, kurz vor der möglichen Kollision.

Mithilfe der Kamera kann das Fahrzeug automatisch auf- und abblenden. Ein Radar im Heckstoßfänger überwacht den Verkehr hinter dem Auto und warnt z. B. beim rückwärts Ausparken vor einer Kollision. Inklusive Totwinkel-Assistent, Müdigkeitswarner, Geschwindigkeitsbegrenzer sowie Abstands- und Spurhaltewarner zählt Ford beim Fiesta bis zu 15 Assistenzsysteme.

Die wichtigsten Aufgaben für die Weiterentwicklung der Assistenzfunktionen in der Zukunft sind [70]:

- Systemkosten durch z. B. Sensorfusionen senken,
- Konflikte zwischen vielen vorhandenen Regelungsalgorithmen vermeiden,
- die Anzahl der unterschiedlichen Algorithmen reduzieren,
- Applikationsaufwand an unterschiedlichen Fahrzeugmodellen begrenzen,
- System Performance erhöhen,
- vorhandene Funktionen weiter ausbauen,
- dabei den Energieverbrauch niedrig halten.

Ebenso wird es bei zunehmender Komplexität wichtig sein, die vielen Funktion zu bündeln und dem Kunden transparente und verständliche Funktionspakete anzubieten.

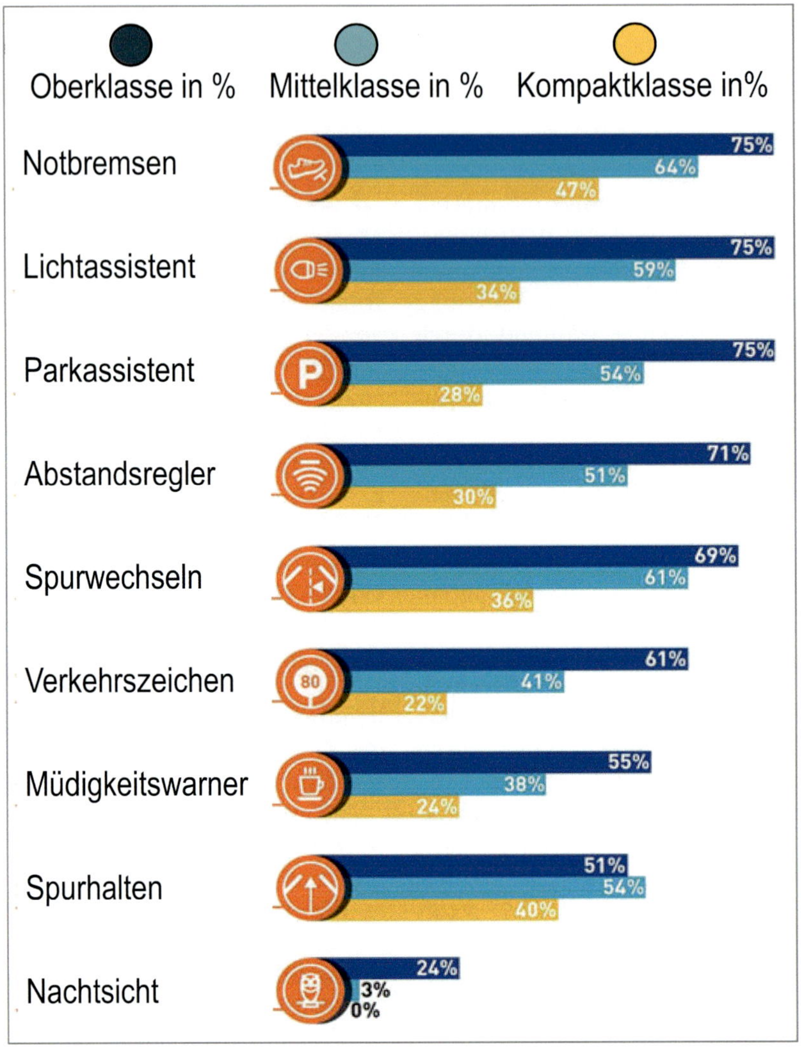

Abb. 17.47 Verfügbarkeit von Assistenzsystemen in Neuwagen (Basis 444 Fahrzeuge) [68]

Literatur

17

1. Bandmann, M.: Fahrerassistenzsysteme, Beschluss des Gesamtvorstandes vom 3. Nov. 2006 aus der Basis der Empfehlung des Ausschusses für Fahrzeugtechnik. Deutscher Verkehrssicherheitsrat e. V. (2016)
2. Prawitz, S.: Was sind Fahrerassistenzsysteme. Automobil Industrie- Vogel Verlag. Zugegriffen: 14. Jan. 2022
3. ► www.adac.de/rund-ums-fahrzeug/ausstattung-technik-zubehoer/assistenzsysteme/fahrerassistenzsysteme/
4. Tanneberger, V.: Fahrerassistenzsysteme – Innovation und Demokratisierung. 16. Fachkongress „Fortschritte in der Automobilelektronik" Ludwigsburg, (2012)
5. N.N.: Fahrerassistenzsysteme-Wie viel Unterstützung wünschen deutsche Autofahrer? Chassis Systems Control, Bosch Studie zu Fahrerassistenzsystemen. ► www.bosch-kraftfahrzeugtechnik.de (2012)
6. ► www.autozeitung.de/automatische-bremssysteme-181544.html
7. Heißing, B.: Vorlesungsumdruck. TU München, Lehrstuhl für Fahrzeugtechnik, (2004)

8. N.N.: BMW Group Fahrerassistenzsysteme. Mehr Komfort, mehr Souveränität, mehr Sicherheit. ► www.bmwgroup.com, (08.2008)
9. Bismis, E.: Identifikation dynamischer Eigenschaften des Systems Fahrer-Fahrzeug. Konferenz-Einzelbericht. Braunschweig, (1976)
10. N.N.: Statistisches Bundesamt: diverse Statistiken zum Straßenverkehr bis 2006, Wiesbaden (2007)
11. N.N.: Volkswagen AG, Fahrerassistenzsystem, Technik Lexikon, Zugriff Apr. (2015)
12. Kramer, U.: Kraftfahrzeugführung. Hanser, München (2008)
13. Köth, C.P., Scheiner, J.: Neue E-Klasse: Der Assistent. Automobil Industrie. Zugegriffen: 08. Juli. 2015
14. ► www.carwow.de/ratgeber/rund-ums-auto/welche-fahrassistenzsysteme-gibt-es
15. Winner, H.;.Hakuli, S.; Wolf, G.: Handbuch Fahrassistenzsysteme. 3. Auflage, Wiesbaden: Springer Verlag, (2012)
16. Schimmel, C.: Entwicklung eines fahrerbasierten Werkzeugs zur Objektivierung subjektiver Fahreindrücke, Technische Universität München, (2010)
17. N. N: Volkswagen AG, Presseinformationsmappe (2012)
18. Kodaka, K.; Otabe,M.; Urai, Y.; Koike, H.: Rear-End Collosion Velocity Reduction System. SAE World Congress, Detroit Michigan, (03.2003)
19. STG: Neue Mercedes S-Klasse – Luxus Limousine soll sicherstes Auto der Welt werden, ► www.sueddeutsche.de. Zugegriffen: 15. Nov. 2012
20. ► www.audi-mediacenter.com/de/audi-technik-lexikon-7180/fahrerassistenzsysteme-7184
21. Jungmann, T.: Citroen C4, all4engineers Nachrichten. Zugegriffen: 22. Nov. 2004
22. Hummel, T., Kühn, M., Bende, J., Lang, A.: Fahrerassistenzsysteme- Ermittlung des Sicherheitspotentials auf Basis des Schadensgeschehens des deutschen Versicherers Forschungsbericht FS Bd.03. Gesamtverband der deutschen Versicherungswirtschaft E. V. Berlin, (2011)
23. Gies,S..: Fahrzeugtechnik III. Umdruck zur Vorlesung. RWTH Aachen, (2010)
24. Wallentowitz, H., Schrüllkamp, T.: Geregelte Fahrwerke. In: Mettner, M. (Hrsg.): Elektronik im Kraftfahrzeugwesen, 3. Auflage. Renningen: expert Verlag, (2002)
25. ► www.de.wikipedia.org/wiki/bremsassistenz. Zugegriffen Okt. 2014
26. Baumgarten, G. et al.: Die Entwicklung der Stabilisierungsfunktion für die Aktivlenkung. In: ATZ 106 Nr. 9, S. 792–799 (2004)
27. Baun, R.: Das neue E-Klasse T-Modell von Mercedes-Benz. In: ATZ 105 (2003)
28. ► www.mobile.de/magazin/artikel/so-funktioniert-der-notbremsassistent-9774-Mobile.de Luft, M: 28.04. 2019
29. Eckardt, S.: Volvo S90 feiert Weltpremiere auf NAIAS in Detroid. Motoreport.de. Zugegriffen: 03. Dez. 2015
30. ► www.adac.de/rund-ums-fahrzeug/ausstattung-technik-zubehoer/assistenzsysteme/notbremsassistenten-vergleich/. Zugegriffen: 24. Jan. 2022.
31. ► www.news.cision.com/se/volkswagen-personbilar/i/front-assist,c1924930
32. Tolksdorf, B.: 7x Mehr Sicherheit für die S-Klasse. ► www.motor-talk.de/news/Technik/Mercedes/S-Klasse. (11. 2012)
33. ► https://www.kfztech.de/kfztechnik/sicherheit/pre-safe.htm
34. ► www.volvocars.com/de/support/car/v40/article/981aefa30d3c87d1c0a801e800aa42f9. Zugegriffen: 08. Juni. 2023
35. Wiesinger, J.: Fahrerassistenzsysteme am Beispiel von Volvo. kfztech.de. Zugegriffen: 19. Okt. 2014
36. Luft, M.: Hochklassige Schweden-Limo: Der neue Volvo 90. ► www.motoreport.de. Zugegriffen: 03. Dez. 2015
37. MID: US-Studio: Volvo City Safety verhindert vier von zehn Auffahrunfällen. Auto.de. Zugegriffen: 24. Febr. 2016
38. ► conti-engineering.com/components/ars-408/ (03.2024)
39. Hartman, B.; Eckert, A.; Rieth, P.: Emergency Steer Assist. 12. VDI-Tagung Reifen-Fahrwerk-Fahrbahn. (10.2009)
40. ► www.motointegrator.de/blog/distronic-von-mercedes-benz-so-funktioniert-der-aktive-abstands-assistent/. Zugegriffen: 30. Marz. 2022
41. ► de.wikipedia.org/wiki/Abstandsautomat, Zugegriffen: Nov. 2014
42. ► www.autoscout24.de/inormieren/ratgeber/auto-sicherheit/autos-mit-notbremsassistent/. Zugegriffen: 14. Aug. 2023
43. Gies S., Schachner, M.: Neue Funktionalitäten durch elektronifizierte Lenksysteme. 13. Aachener Kolloquium Fahrzeug- und Motorentechnik. Aachen, (2004)
44. Bongarth, W.: Das elektrische Lenksystem der neuen Ford Focus Plattform. IKA 7. Tag des Fahrwerks, S: 778–792. Aachen, (09. 2010)
45. N.N.: Integrierte Aktive/passive Sicherheitssysteme. Lenkmomentkontrolle STC. TRW.de/integrated systems
46. Nissing, D.: Future Functionality of Electric Power Steer-ing Systems. ChassisTech-Plus, S. 299–309. München, (05.2010)
47. Krau, S.: Mittelbereichsradar von Bosch für Heckanwendungen. Bosch Pressemitteilung: ► http://www.bosch-presse.de/pressportal/de/mittelbereichsradar-von-bosch-fuer-heckanwendungen-41825.html. Zugegriffen: 29. Okt. 2012(
48. Sievernich, W.: Bosch stellt Fußgänger-Ausweich-assistenten vor. Automobil Industrie. Zugegriffen: 14. Okt. 2015

49. Günnel, T.: TRW zeigt Notausweichassistenten Automobil Industrie. Zugegriffen: 16. Juni. 2014
50. Schutzrecht WO 2005/047079 Veröffentlichte Internationale Anmeldung (2005–05–26). Bayerische Motoren Werke AG. Pr.: DE 10353083 2003–11–13, DE 10353084 (13–11–2003)
51. Fleck R., Glanzer M., Meister T.: Power Assisted Steering System Pertaining to a Motor Vehicle
52. N.N.: How Automakers will develop automated Autobahn assist functions. Auto Safety. ► www.safety.trw.com. Zugegriffen: 02. Dez. 2015
53. Otto, Ch.: ZF TRW entwickelt mehrspurigen Autobahnassistenten. Automobil Industrie – Assistenzsysteme. Zugegriffen: 23. Sept. 2015
54. ► www.presse-control.de/2021/02/23/automatisiertes-fahren-zf-bringt-coassist-mit-dongfeng-motor-auf-den-markt/ 3.02.202113
55. Hackenberg, U.: Trends in dem Fahrwerk und Elektronik Entwicklung, S. 1–10. 17. Aachener Kolloquium. Aachen, (2008)
56. ► www.volkswagen.at/modelle/technologie/assistenzsysteme#Front%20Assist
57. ► www.arcd.de/magazin/fahrerassistenzsysteme/kreuzungsassistent/. Zugegriffen: 04. Marz. 2019
58. Vollmer, A.: E/E Made in Schweden, Interview mit E/E Leiter Dr. Thomas Müller. Auto Elektronik, S:17–19. Zugegriffen: 5. Juni. 2015
59. ► www.mediacenter.continental-corparation.com, Continental Strategie zielt auf automatisiertes Fahren. Continental Pressemitteilung, Hannover (Dezember 2012)
60. www.mercedes–fans.de Sternstunde – Erste Infos zur neuen S-Klasse (W222) – Keiner ist sicherer. Zugegriffen: 20. Nov. 2012
61. ► www.mein-autolexikon.de/fahrerassistenzsysteme/einparassistent.html
62. Schutzrecht DE 10251558 Offenlegungsschift (11-6-2002). Bayerische Motoren Werke AG – Pruckner, Alfred, Gensler, Frank et al.: Verfahren zur Ermittlung von Geometriedaten für Einparkvorgänge von Fahrzeugen
63. Schutzrecht DE 10256770 Offenlegungsschrift (12.5.2002). Bayerische Motoren Werke AG – Pruckner, Alfred, Meitinger, Karl-Heinz et al.: Verfahren zum Lenken eines rückwärts in eine Parklücke einzuparkenden Fahrzeugs
64. Pruckner, A.; Gensler, F. et al.: Park Assistance, Another Innovative BMW ConnectedDrive Project. 10th Word Congress ITS, Madrid, (2003)
65. Müller, B.; Deutscher, J.: Zweistufige Trajektorienplanung für das automatisches Einparken. VDI Berichte Nr. 1981, S. 378–387. Düsseldorf: VDI Verlag, (2005)
66. ► www.adac.de/rund-ums-fahrzeug/ausstattung-technik-zubehoer/assistenzsysteme/autonome-parkassistenten-vergleich/ Zugegriffen: 06. 2021
67. Meiners; J., Scheiner, J.: Mercedes Benz E-Klasse: Das Aushängeschild. Automobil Industrie – Neue Modelle. Zugegriffen: 24. Nov. 2004
68. ► www.greengear.de/fahrerassistenzsysteme-ueberblick-uebersicht-erklaerung-definition/
69. Wittich, H.: Neuer Ford Fiesta (2017) 7 Zentimeter länger, 15 Assistenzsysteme. Auto Motor und Sport. Zugegriffen: 30. Nov. 2016
70. Kashi, K., Marx, A.: Integration concept of advanced chassis systems. IPQC Vehicle Dynamic Congress (11–12.06.2007)

Zukunftsaspekte des Fahrwerks

Metin Ersoy, Bernd Heißing, Christian Schimmel, Harry Siebendritt, Hans-Jürgen Negele und Stefan Gies

Inhaltsverzeichnis

M. Ersoy et al. (Hrsg.), *Fahrwerkhandbuch*,
ATZ/MTZ-Fachbuch, https://doi.org/10.1007/978-3-658-48104-9_18

Die in ◘ Abb. 18.1 dargestellten Megatrends der Gesellschaft bestimmen auch die Zukunftsaspekte des Fahrwerks. Diese, zusammengefasst in drei Überschriften: Effizienz, Sicherheit und autonomes Fahren, sind die Treiber für die Anforderungen der Kunden an die Automobilhersteller (◘ Abb. 18.1 und 18.2) [1–3].

Früher definierten die PS-Zahlen und niedrige Verbrauchswerte die Attraktivität eines Automodells, und folgend, welche Assistenzsysteme das Fahrzeug anbietet, wie gut und wie einfach sich das Fahrzeug vernetzen lasst. Heute richtet sich die Aufmerksamkeit mehr und mehr auf Elektroautos und autonomes Fahren.

Für die fahrwerkrelevanten Anforderungen stehen neben dem Umweltschutz, Vernetzung, autonomes Fahren, die Themen Kosten, Gewicht, Komfort, Sicherheit, Elektrifizierung, x-by-wire und Fahrerassistenzsysteme im Vordergrund [1].

Mit steigender Urbanisierung, größerem Wohlstand und verbessertem Lebensstandard in unserer Gesellschaft wächst auch der Anspruch nach mehr Komfort und Lebensfreude auf der einen sowie das Bedürfnis nach mehr Schutz und Sicherheit auf der anderen Seite.

Dies erstreckt sich auf alle Gebiete unseres täglichen Lebens. Bezogen auf das Automobil als unverzichtbarem Bestandteil unserer individuellen Mobilität, haben diese Bedürfnisse die Fahrzeugentwicklung auch in den Bereichen Fahrwerk und Fahrzeugregelsysteme geprägt. Ziel der Fahrzeugregelsysteme ist es, für den Fahrer schwer zu kontrollierenden, nichtlinearen und verkoppelten Vorgängen beherrschbar zu machen und so die Sicherheit zu erhöhen. Die Fahrwerke selbst sollen den Kundenwunsch durch ihre Eigenschaften Agilität, Fahrdynamik, Komfort und Sicherheit erfüllen helfen aber die Bedienung nicht komplizierter machen.

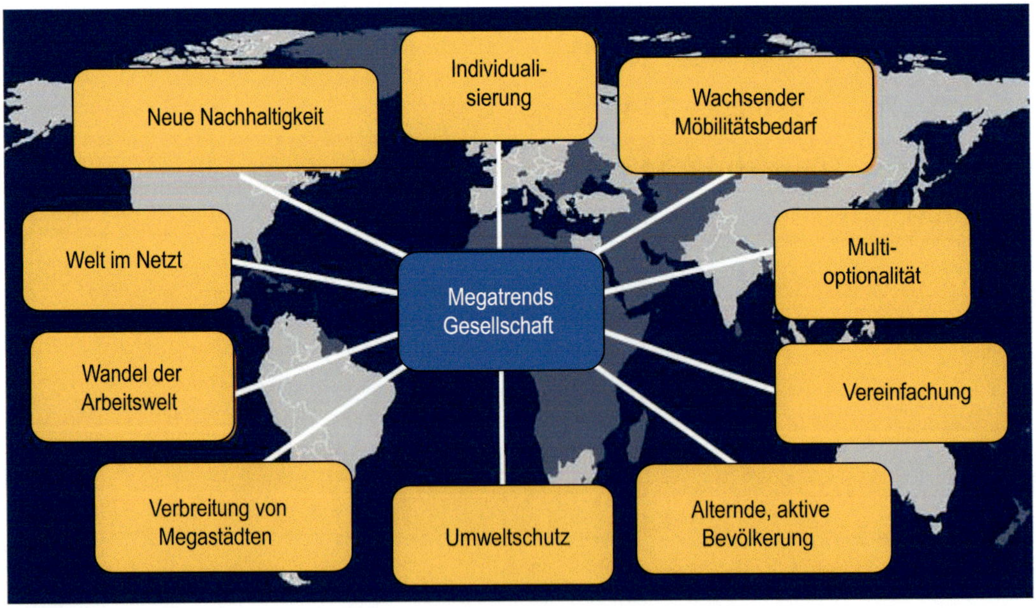

◘ **Abb. 18.1** Megatrends der Gesellschaft [1]

Abb. 18.2 Megatrends bestimmen die Fahrzeug- und Fahrwerkentwicklungen [3]

Durch die Weiterentwicklung der Fahrwerkselemente und durch ein immer besseres und tieferes Verständnis der Fahrzeugentwicklers für das komplexe Zusammenwirken dieser Komponenten konnten gerade in den letzten zwei Jahrzehnten große Fortschritte in der Qualität und den Eigenschaften von Fahrwerken erzielt werden. Dazu trugen aber auch immer leistungsfähigere Entwicklungswerkzeuge, Materialien und Herstellverfahren bei.

Obwohl aus Kostengründen auch heute noch die meisten Fahrwerke aus passiven Komponenten, zusätzlich nur gesetzlich vorgeschriebene Assistenzsystemen aufgebaut sind, darf von einem hohen erreichten Niveau „mechanischer Intelligenz" gesprochen werden.

Eine der großen Herausforderungen ist es, diesen system-übergreifenden Kenntnisstand über kausale Zusammenhänge zusammen mit leistungsfähigen Rechnern und Programmen zur Optimierung des virtuellen Entwicklungsprozesses zu nutzen. Auch die intensive Einbeziehung anderer Wissenschaftszweige wie der Psychologie oder Informatik in den Prozess bietet Möglichkeiten zur Verbesserung des Kundennutzens.

Eine technische Revolution auf dem Fahrwerkssektor ist durch den Einsatz leistungsfähiger, vernetzter Fahrwerkregelsysteme abzusehen. Dabei spielt das Thema der zeitlichen und räumlichen Vorausschau für Fahrspurführung und Fahrbahnunebenheiten eine große Rolle. Das hohe mechanische Ausgangsniveau bleibt dennoch die Basis der Fahrwerksabstimmung, auch wenn unter den neuen technischen Randbedingungen der Kompromisszwang für die passiven Teile des Fahrwerks gegenüber heute reduziert sein wird.

In Forschung und Vorentwicklung fließen ca. 40 % der Investitionen in die Neuentwicklungen, die es nie zum Serieneinsatz schaffen. Dieses Risiko steigt mit der Größe des Investitionsschritts. Zum Beispiel weist Steer-by-wire im Vergleich zu anderen Lenkungskonzepten den höchsten Innovationsgrad auf. Doch der starke Eingriff in das Fahrkonzept und die hohen Kosten ergeben ein derzeit sehr niedriges Marktpotential [2].

Die aktuellen Themen CO_2, Elektrifizierung, Vernetzung und autonomes Fahren werden, wenn auch nicht revolutionär, das Fahrwerk der künftigen Modelle beeinflussen.

18.1 Fahrwerkkonzepte – Fokussierung auf den Kundenwert

Metin Ersoy, Bernd Heißing und Christian Schimmel

18.1.1 Fahrzeug Diversifizierung und Stabilisierung der Fahrwerkkonzepte

Bernd Heißing und Christian Schimmel

Der Trend zur Individualisierung betrifft neben der Gestaltung des Innenraums auch die Konzipierung des Gesamtfahrzeugs. Der Nachfrage nach neuen, den individuellen Bedürfnissen der Endkunden angepassten Fahrzeugkonzepten wird zuerst von einzelnen OEM entsprochen und veranlasst andere Hersteller dazu, diese Nischen ebenfalls zu bedienen.

Der Diversifizierung der Fahrzeugkonzepte steht eine Stabilisierung der verwendeten Fahrwerkkonzepte gegenüber. Dies kann darauf zurückgeführt werden, dass die Bedeutung des mechanischen Anteils des Fahrwerks als Differenzierungsmerkmal auf Grund der hohen Ausreifung und der resultierenden Performance bereits eine Sättigung erreicht hat. Ein Großteil der Differenzierung im Bereich zukünftiger Fahrwerke wird besonders im Bereich kleiner und mittlerer Pkws über die Verwendung elektronischer Assistenzsysteme erfolgen. Die Anzahl der unterschiedlichen Aufhängungskonzepte wird sich stark verringern.

Schon in den letzten Jahren wurde bei fast allen Fahrzeugen der Klein-, Kompakt- und Van-Klasse eine McPherson-Federbein-Vorderachse verbaut. Bei den Hinterachsen werden zum gleichen Zeitpunkt bereits ca. 75 % der Klein- und 40 % der Kompaktklasse mit Verbundlenkerachsen bestückt. Hier ist eine weitere Verbreitung abzusehen. Davon abweichende Lösungen wurden zumeist nur aus Gründen der Markenidentität (z. B. Luftfederung Citroen) oder des Bauraumes (Deichselachse Smart) beibehalten.

Die Schwierigkeiten, eine Differenzierung vom Wettbewerb durch aufwendigere Lösungen, z. B. in der Kompaktklasse zu erreichen, zeigen den hohen Reifegrad der Verbundlenkerlösungen. Die Standardlösung aus McPherson vorn und Verbundlenker hinten ist mit den korrespondierenden Fahrzeuggewichten und –abmessungen in der Lage, für fast den gesamten fahrdynamischen Bereich ein ausreichend gutes Fahrverhalten zu gewährleisten.

Von der Mittelklasse an aufwärts scheint die Verwendung von Vier- und Fünflenkerhinterachsen zum Standard zu werden (ca. 70 bis 90 % der Fahrzeuge). Für die Vorderachse werden vorrangig Doppel-Querlenker- und Vierlenkeraufhängungen verbaut.

Differenzierungsfähige Innovationen mit teuren elektromechanischen Komponenten, wie z. B. aktive Stabilisatoren oder Überlagerungslenkungen, etablieren sich in der Regel zunächst im Premiumsegment und werden erst bei entsprechender Marktdurchdringung und damit verbundener möglicher Kostensenkung in die niedrigeren Klassen eingeführt. Voraussetzung dafür ist die Generierung eines für diese Klassen relevanten Kundennutzens. Obwohl entwicklungsintensive Innovationen vielfach vorrangig der Stärkung des Markenprofils dienen, kann dies nicht immer Erfolg garantieren.

Ausnahmen hiervon bilden mechanisch-elektrisch-elektronische Innovationen in den kostensensitiven Marktsegmenten, die auf eine Reduktion der Herstellkosten oder der Betriebskosten durch Verbrauchsverringerung abzielen z. B. elektromechanische Lenkung.

Auf Sportwagen und SUV sowie Geländewagen können aufgrund des speziellen Anforderungsprofils diese Trends nicht ohne weiteres transferiert werden.

In den letzten Jahren gewinnen Fahrerassistenzsysteme zunehmend an Bedeutung. Diese greifen auf vorhandene Brems- bzw. Lenksysteme zurück und werten diese durch Hinzufügen von Sensorik und Regelung mit relativ geringen Mehrkosten auf.

Bei den bisher verbauten Achssystemen der Vorderachse zeigt sich eine deutliche Konzentration auf die drei Achskonzepte Vierlenker, Doppel-Querlenker und McPherson-Aufhängungen, wobei letztere eine klar beherrschende Stellung, vor allem in den leichteren und preissensitiveren Marktsegmenten einnimmt. Mit Ausnahme der Oberklasse und bei Sport- und Geländewagen ist die McPherson-Aufhängung das vorwiegend verwendete Vorderachskonzept.

In der oberen Mittelklasse werden zu 50 % Vierlenkerachsen und vor allem im niedrigeren Preissegment bis zu 80 % McPherson verbaut. Das große Potential der McPherson-Aufhängung an der Vorderachse zeigt sich in der partiellen Verwendung auch in Fahrzeugen der oberen Mittelklasse und sogar der Oberklasse bei nicht angetriebenen Achsen.

Es ist in den nächsten Jahren nicht mit einer Verschiebung der beschriebenen Verhältnisse zu rechnen. Die McPherson-Aufhängungen können wegen der gestiegenen Anforderungen an den Fahrkomfort ggf. mit einer aufgelösten unteren Lenkerebene aufgewertet werden (s. ► Abschn. 14.3.9.4).

Differenzierter stellt sich die Technologielandkarte bei den aktuell verbauten Hinterachskonzepten dar. Während in den kostengünstigen Modellen halbstarre Verbundlenkerachsen und in geringem Umfang noch Längslenkerfederbeinaufhängungen zum Einsatz kommen, ist bei den schweren bzw. teureren Fahrzeugklassen eine breite Fächerung abzusehen (s. ► Abschn. 14.5.3).

Starrachsen kommen nur noch bei Geländewagen und vor allem in Pickups zum Einsatz, wohingegen in der Ober- und Mittelklasse aufwendige Doppelquerlenker- oder Mehrlenkeraufhängungen eingesetzt werden, um trotz des höheren Fahrzeuggewichts die klassenspezifisch hohen Anforderungen an Fahrkomfort und Fahrdynamik erfüllen zu können. Generell zeigt sich eine Abnahme von Schräg- und Längslenkeraufhängungen sowie von nicht angetriebenen Doppelquerlenkeraufhängungen. An Bedeutung werden dagegen die Mehrlenkeraufhängungen gewinnen.

Aus Kostengründen ersetzen Fünflenkeraufhängungen die sehr aufwendigen Integrallenkerversionen.

18.1.2 Fahrwerkbestandteile der Zukunft

Metin Ersoy

Die Fahrwerkbestandteile und Systeme der Zukunft werden in den folgenden Abschnitten kurz beschrieben. Eine umfassende Befragung unter den Chefentwicklern der Automobilindustrie findet man in [4].

18.1.2.1 Antriebskonzepte der Zukunft

Bei den Volumenmodellen werden querliegende Frontantriebe und an das Getriebe angeflanschte Seitenwellen als Standard gelten. Bei den Premium-Fahrzeugen werden längsliegender Frontmotor mit Getriebe, Kardanwelle, Hinterachsantrieb und Seitenwellen auch in Zukunft verwendet. Allradantriebe steigen weiter in der Beliebtheit.

Die eigentliche Umstellung erfolgt jedoch mit der Einführung von Hybrid- bzw. Elektroantrieben, die dann den ganzen Antriebsstrang revolutionieren. Dies gilt insbesondere bei den Elektrofahrzeugen, bei denen keine oder nur einfache Ein- bis Zweiganggetriebe benötigt werden. Motor und Antrieb können aufgrund der kompakten Bauweise auch im Heck platziert werden. Vorteile ergeben sich dabei durch bessere Beschleunigungstraktion und mögliche größere Lenkeinschlagwinkel an der Vorderachse.

Hier bieten viele Zulieferer komplette E-Achsen mit integriertem E-Motor incl. dessen Steuerung und Differential an (s. ► Abschn. 14.5.4.5).

18.1.2.2 Bremse der Zukunft

Für die Bremse der Zukunft zeigt sich, zumindest für die Hinterachse, eine Tendenz zur Einführung elektrischer Bremsen mit Brake-by-wire-Funktionalität, wenn das elektrische Bordnetz des Fahrzeuges z. B. aus Gründen der Einführung des Elektro- oder Hybridantriebs zweikanalig ausgeführt ist. An der Vorderachse wird die hydraulische Bremse weiterhin die Basistechnologie bilden. Die Bremsen mit ESP und BKV wird in einem Modul als Funktionseinheit zusammengefasst (s. ► Abschn. 7.8.1.2).

Die Bremse wird weiterhin für viele fahrdynamische Systeme als wesentlicher Aktuator dienen und im Verbund mit anderen Fahrwerksystemen die Längs- und Querstabilisierung des Fahrzeugs sichern.

Die Rekuperation der Bremsenergie gewinnt an Bedeutung, weil der Elektroantrieb einen Teil der Bremsaufgabe übernehmen kann. Dadurch wird die Belastung der hydraulischen Bremse vorne stark reduziert, wenn die beiden Systeme gut miteinander kooperieren.

Wichtigste Revolution wird das voll elektrisch arbeitend Brake-by-Wire System sein. (s. ► Abschn. 7.8.1.6).

18.1.2.3 Lenkung der Zukunft

Die Lenkung der Zukunft wird ebenfalls bei allen Fahrzeugklassen rein elektrisch arbeiten und alle Funktionalitäten des Steer-by-wire erfüllen. Erste reine Steer-by-wire Fahrzeuge sind bereits auf dem Markt.

Viele neue Fahrerassistenzsysteme werden mithilfe der Elektrolenkung realisiert. Die Integration der Lenkung in den Achsträger ist durchführbar. Zusätzlich zur Vorderachslenkung, wird bei Premium- und Sportfahrzeugen zunehmend die Hinterachslenkung verwendet.

Als Vision gilt dagegen noch die Vierradlenkung (*Four Wheel Steering*) mit vier individuell gelenkten Rädern. Auch Lenkungen mit Lenkwinkeln weit über 30° (s. ► Abschn. 8.8.3) sind in der Entwicklung bzw. bei Sonderfahrzeugen im Einsatz.

18.1.2.4 Federung der Zukunft

Luftfederung oder Aktivfederung werden wegen der hohen Mehrkosten auf Premiumfahrzeuge beschränkt bleiben. Die Volumenautos werden weiterhin mit passiven Stahlschraubenfedern ausgestattet. Für die Leichtbaufahrzeuge sind die Compositblattfedern interessant, wenn deren Herstellkosten weiter gesenkt werden können. Die ersten Schraubenfedern aus GFK zur Gewichtssenkung und Lebensdauersteigerung sind schon in Serieneinsatz [5, 5].

18.1.2.5 Dämpfung der Zukunft

Die hydraulischen Dämpfer in linearer Kolbenausführung werden wegen der günstigen Herstellungskosten und optimalen Adaptierbarkeit weiter Bestand haben.

Geregelte Dämpfer mittels verstellbarer Ventile finden zunehmende Verbreitung durch spürbaren Komfortgewinn. Magnetorheologische Flüssigkeiten zur schnellen Veränderung der Dämpfkraft finden nur eingeschränkten Einsatz.

Es gibt auch voll elektrische (s. ► Abschn. 10.7.3) und sogar vollaktive Dämpfungen. Die Letztere ist jedoch noch nicht in Serieneinsatz (s. ► Abschn. 10.6.3).

18.1.2.6 Radführung der Zukunft

Die Herstellkosten des mechanischen Teils der Achse werden primär die Art der Aufhängung bestimmen. Die Elektronik wird immer mehr Anteil an den Gesamtkosten ausmachen und die Achse dominieren.

McPherson, Verbundlenker und Mehrlenkeraufhängungen werden alle anderen Arten verdrängen.

Wenn die Compositwerkstoffe kostengünstig herstellbar sind, ist es denkbar, völlig neue Aufhängungsarten zu realisieren, um die Anzahl der Lenker zu reduzieren und die Aufgaben der Radführung, Federung (vielleicht auch Dämpfung) mit zu übernehmen.

Sobald die Elektroantriebe unmittelbar im Rad positioniert werden, benötigen diese eine neue, noch nicht geklärte Art der Radführung (s. ► Abschnitt 18.3.2). Es gibt dazu die ersten Vorschläge mithilfe der Zahnradgetriebe die Bewegung des Rades vom Aufbau entkoppeln, die jedoch zu aufwendig und nicht serientauglich sind (s. ■ Abb. 18.20, 18.21 und 18.22).

18.1.2.7 Radmodul der Zukunft

Die Radlagerung wird als Wälzlager bestehen bleiben. Um die Reibung weiter zu senken, wird an Verbesserungen der Wälzkörper der Werkstoffe und der Tragzahl gearbeitet.

Die Sensorik und die Radnabe werden voll integriert sein und auch bei Volumenmodellen mit dem Radträger als Radmodul zum Einsatz kommen.

18.1.2.8 Reifen und Räder der Zukunft

Die Reifen der Zukunft werden durch einen niedrigeren Rollwiderstand Energie sparen helfen (z. B. Gummi mit Organosilan-Additiven [7]), auch bei Luftverlust weiter benutzbar (Notlaufreifen z. B. *Run Flat*) und Allwetter tauglich sein. In die Reifen wird mehr Intelligenz in Form von Identifikationschips und Sensoren eingebaut werden. Die Flüsterreifen der Zukunft werden die Rollgeräusche deutlich senken. Zudem kommt der Reifenabrieb zur Reduzierung der Umweltbelastung in den Fokus.

Die Luftbereifung wird noch lange Zeit als einzige Lösung bestehen bleiben. Als Gummiersatz werden Reifen der Zukunft auch kaukasischer Löwenzahn und Guayule enthalten, um sie vom teuren Kautschuk unabhängiger zu machen [8].

Sensoren, die in Reifen eingebaut sind lassen sich den Straßenzustand erkennen und in die Fahrdynamikregelung integrieren. Damit lässt sich z. B. eine Aquaplaning-Gefahr frühzeitig erkennen [9].

18.1.3 Elektronische Fahrwerksysteme der Zukunft

Harry Siebendritt

Im Bereich der Ausrüstung mit Fahrwerksregelsystemen sind zwei Schwerpunkte festzustellen:

- Zum einen ESP, welches bereits in vielen Ländern zur serienmäßigen Ausstattung bis in das Niedrigpreissegment gehört und zunehmend gesetzlich vorgeschrieben wird.
- Zum anderen ANB (automatische Notbremse), welche eine vorausschauende Sensorik und eine hohe Bremskraftaufbaudynamik erfordert.

Ein modernes ESP-System umfasst eine ganze Reihe von Funktionen. Zu nennen sind, neben der allgemeinen Fahrzeugstabilisierung, die Traktionsregelung durch EDS und ASR, die elektronische Bremskraftverteilung EBV und Cornering Brake Control (CBC) zur Erhöhung der Fahrzeugstabilität bei Kurvenfahrt. Durch diese Funktionen kann das Potential, das Bremseingriffe und die Schnittstelle zum Antriebsstrangmanagement bieten, vollständig ausgeschöpft werden.

Die ANB wird sukzessive weiterentwickelt, um bei möglichst viele Unfallszenarien vom Auffahrunfall bis zum Fußgängerunfall und komplexeren Verkehrssituationen die richtige Notbremsung einzuleiten.

Der Einbau weiterer aktiver Fahrwerkelemente schafft dann größeren Spielraum für zusätzliche Funktionen. Auch die Elektrolenkung wird in den Assistenzsystemen eine sehr große Rolle übernehmen. So werden alle Fahreraufgaben, die mit Spurhaltung und Spurwechsel zusammenhängen von diesen Systemen übernommen.

Die aktiven Lenksysteme wirken ebenfalls bei der Fahrzeugstabilisierung mit und unterstützen die Bremseingriffe. Sie können auch ein Ausweichmanöver dort einleiten, wo eine Bremsung zu spät käme.

Grundsätzlich gilt, dass Zusatzaktorik, Sensorik und damit auch neue Funktionalitäten zunächst bei Premiumfahrzeugen bzw. bei Sportfahrzeugen eingeführt werden.

Was die weitere Entwicklung kundenrelevanter Funktionen anbelangt, lässt sich feststellen, dass die Stabilitätsregelung an den fahrdynamischen Grenzen bereits einen sehr hohen Reifegrad erreicht hat.

Im Komfortbereich finden sich Systeme zur Beeinflussung der Aufbaubewegung, allen voran Luftfederung, semi-aktive Dämpfer oder Active Body Control (ABC). Gearbeitet wird an größeren Spreizungen der Verstellbarkeit. So entwickelt sich das System der Luftfeder von Einkammersystem zum schaltbaren Mehrkammersystem. Die Regelung kann durch Kenntnis der vorliegenden Straßenführung und Straßenqualität weiter verbessert werden.

Großes Potential bietet so die Vernetzung aktiver Komponenten mit vorausschausende Sensorik, die sogenannten Preview-Funktionen. So kann z. B. die Anpassung der Dämpfungskonstante an die vorausliegenden Fahrbahnzustände, wie Schlaglöcher erfolgen, bevor das Fahrzeug darüber fährt [10].

Im Bereich der Agilität wird durch eine entsprechende Ansteuerung von aktiven Lenksystemen, Dämpfern und Stabilisatoren das Fahrzeugansprechverhalten verbessert und das Fahrverhalten meist in Richtung Sportlichkeit getrimmt. Mit der Einführung von aktiven Allradsystemen wird hier allerdings noch ein deutlicher Fortschritt zu beobachten sein, von dem vor allen Dingen der besonders sportliche Fahrer profitiert.

Alle geregelten Systeme benötigen Informationen über den Ist-Zustand des Fahrzeugs. Diese werden durch einzelne Sensoren aufgenommen, die in einem Chip integriert dem jeweiligen Einzelsystem zugeordnet sind. Künftig werden Sensorcluster, unabhängig von Einzelsystemen, eigenständig die den Ist-Zustand beschreibende physikalischen Größen aufnehmen und allen Systemen zur Verfügung stellen. Dadurch lassen sich nicht nur die Kosten senken, sondern es werden auch widersprüchliche Informationen verschiedener Sensoren vermieden. Dasselbe gilt auch für die Umwelterkennungssensorik, die für das autonome Fahren feste Voraussetzung ist. Das aktuell wichtigste Thema „Connectivity“ berührt das Fahrwerk noch nicht so stark.

18.1.3.1 Systemvernetzung

In der Fahrwerksentwicklung wird eine weitere deutliche Funktionssteigerung durch die Ausweitung von Regelsystemen erwartet. Die seit 2010 zunehmende Zahl an Fahrwerkegelsystemen macht es erforderlich, das Zusammenspiel so zu gestalten, dass funktionale Synergien ausgenutzt werden können (s. auch ▣ Abb. 3.26). Möglich wird dies erst durch einen intensiven Informationsaustausch zwischen den einzelnen Systemen.

Die Kommunikation zwischen Regelsystemen ist bisher allerdings nur für einige Kombinationen, beispielsweise für die kombinierte Ansteuerung von Lenkung und Bremse im ESP2 etabliert. Mit der steigenden Anzahl von aktiven Fahrwerkelementen, insbesondere in Premiumfahrzeugen, wächst auch die Notwendigkeit, Regelsystemarchitekturen einzuführen, die den Umgang mit der resultierenden umfangreichen Variantenvielfalt erleichtern und gleichzeitig die gezielte Nutzung von Synergieeffekten erlauben [11].

18.1.3.2 Leistungsfähigkeit

Wie bereits angesprochen lassen sich durch eine integrierte Regelung Synergieeffekte deutlich effizienter nutzen als bei „friedlicher Koexistenz“ (s. ► Abschn. 15.7.1).

Um darzustellen, in welchen Bereichen Verbesserungen erzielt werden könnten, wurde von Tanaka [12] ein „G-G-Diagramm“ der Fahrzeugaufbaubeschleunigungen vorgeschlagen (▣ Abb. 18.3). Aufgetragen wurde dort die Fahrleistung mit und ohne Schlupf- und Lenkregelsystemen. Durch die reine Kombination, also bei friedlicher Koexistenz, sind besonders im längsdynamischen Bereich deutliche Verbesserungen zu verzeichnen, während bei großer Querbeschleunigung beide Systeme passiv bleiben.

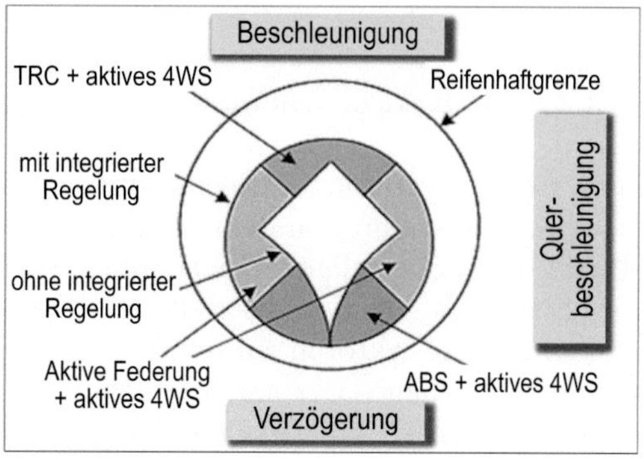

▣ **Abb. 18.3** Verbesserungspotenzial durch integrierte Regelung [12]

Erst bei einer integrierten Regelung von Lenkwinkel und Längsschlupf wird dort eine signifikante Verbesserung prognostiziert. Die Einführung einer vernetzten Regelung wird zwar Zugewinne auch im querdynamischen Bereich erlauben, jedoch das Niveau der integrierten Regelung ohne erheblichen Aufwand nicht erreichen.

18.1.3.3 Systemsicherheit

Die Architektur der „friedlichen Koexistenz“ ist aus Sicht der Systemsicherheit aufgrund der großen Redundanz an Sensorik und Software als sehr vorteilhaft einzustufen. Die Fehlfunktion eines Systems kann durch die entsprechende Fehlererkennung schnell fest-gestellt und das System abgeschaltet werden. Die während der Fehlerlatenzzeit, also des Zeitintervalls zwischen Auftreten des Fehlers und Abschaltung des Systems, eintretenden Fehleingriffe können durch die übrigen Systeme aufgefangen werden.

Um die Betriebssicherheit zu gewährleisten, sind bei einer integralen Regelung deutlich erhöhte Anforderungen an die Fehlererkennung und sichere Systemabschaltung zu stellen. Unerkannte Sensorfehler z. B. würden zu falschen Stellgrößen für alle Aktoren führen, sodass das Fahrzeug im Gegensatz zur friedlichen Koexistenz unter Umständen nicht mehr beherrschbar wäre.

Die vernetzte Regelung ist im Havariefall mit der friedlichen Koexistenz zu vergleichen, da die Redundanz von Sicherheitsalgorithmen nach wie vor erhalten bleibt. Allerdings ist sicherzustellen, dass sich bei Ausfall eines Systems der Fehler durch den Austausch von möglicherweise falscher Information mit anderen Reglern nicht im Netzwerk ausbreitet. Die Abschaltung des ausgefallenen Reglers muss deshalb sehr schnell erfolgen und durch eine entsprechende Statusmeldung im Netzwerk also auch gegenüber der Reglerüberwachung und -koordination kommuniziert werden.

18.1.3.4 Elektronik Entwicklungsprozess

Bei „friedlicher Koexistenz" können die einzelnen Regelsysteme als abgeschlossene Komponenten durch unterschiedliche Zulieferer unabhängig voneinander entwickelt und vorappliziert werden. Dies räumt dem OEM nach Erstellung eines Lastenheftes große Freiheit bei Vergabe von Entwicklungsaufträgen ein. Die Vorapplikation ist in der Regel Bestandteil des Auftrags und wird vom Zulieferer für sein stand-alone-System vorgenommen. Erst beim OEM werden erstmals die Systeme in einem Fahrzeug zusammengeführt und in ihrer Kombination getestet. Treten hier funktionelle Konflikte zwischen den Einzelsystemen auf, werden sie zu diesem späten Zeitpunkt im Entwicklungsprozess meist durch eine Reglerumparametrierung und entsprechend erhöhtem Versuchsaufwand abgestellt.

Bei einer integralen Fahrzeugregelung wird der Funktionsumfang der Einzelsysteme zunächst einmal auf die Ebene von „*Smart Actuators*" reduziert.

Die Aufgaben der Systemzulieferer beschränken sich damit auf die Entwicklung der reinen Aktor Hardware und hardwarenaher Regelungsfunktionen.

Die Entwicklung des zentralen fahrdynamischen Reglers hingegen wird, da es sich hier um die vom Kunden letztendlich wahrnehmbaren Funktionen handelt, vom OEM übernommen. Das bedeutet, dass sich dort im ersten Schritt der Entwicklungsaufwand deutlich vergrößert. Im Gegenzug jedoch wird der Applikationsaufwand deutlich sinken, da zum einen fahrdynamische Wechselwirkungen zwischen den verschiedenen Systemen bereits bei der Reglerentwicklung berücksichtigt werden. Zum anderen kann durch die intime Kenntnis des Reglers die Applikation deutlich effizienter abgewickelt werden. Die vernetzte Regelung nimmt auch hier eine Zwischenstellung ein. Der Tätigkeitsumfang für den Lieferanten bleibt zunächst einmal unverändert. Er entwickelt nach wie vor ein komplettes Systempaket von Aktorhardware und Reglersoftware. Allerdings muss er die prinzipielle Funktionsweise gegenüber seinem Auftraggeber offenlegen, sofern diese nicht im Lastenheft spezifiziert wurde. Dies ermöglicht dem OEM, bei zentraler Koordination der Einzelsystementwicklung, eventuelle Funktionskonflikte noch während relativ früher Phasen der Reglerentwicklung festzustellen. Werden derartige Probleme festgestellt, können diese effizient durch entsprechende Anpassung der Reglersoftware (durch den Zulieferer) beseitigt werden.

18.1.3.5 Anforderungen an die Datenübertragung

Bei der „friedlichen Koexistenz" sind die Systeme von vorne herein als autarke Einheiten ausgelegt. Falls es die Umweltbedingungen und das Package erlauben, laufen alle Regelfunktionen, angefangen bei der reinen Aktorregelung bis hin zu Fahrdynamikfunktionen, auf einem Anbausteuergerät. Die Verbindung zur ausgelagerten Sensorik wird entweder durch harte Verdrahtung oder aber durch systemeigene Bussysteme hergestellt. Der Fahrzeugdatenbus wird dann nur zum Abgreifen globaler Fahrzeuggrößen bzw. zum Senden von Statusinformationen verwendet. Sensorikdaten und Stellgrößen werden ausschließlich über systeminterne Wege übertragen. Die zusätzliche Belastung des Fahrzeug-CANs ist relativ gering.

Oft ist diese Lösung aufgrund der widrigen Bedingung am Aktoreinbauort nicht möglich. Dann kommt ein Wegbausteuergerät zum Einsatz, das wie auch der Aktor über eine Schnittstelle zum Vernetzungsbussystem verfügt. Der Datenaustausch zwischen intelligentem Aktor und Steuergerät lässt die Busauslastung stärker als bei der Lösung mit Anbausteuergerät aber linear zur Anzahl der Einzelsysteme ansteigen. Bei den heute gebräuchlichen ereignisgesteuerten Busarchitekturen kann dies dazu führen, dass die zeitliche Determiniertheit der Kommunikation nicht mehr sichergestellt werden kann.

Bei einer vernetzten Regelung erhöht sich die Buslast, wie im letzten Abschnitt geschildert, zunächst einmal linear mit den verbauten Systemen. Zusätzlich dazu tauschen jedoch auch die Regler untereinander (quadratischer Anstieg mit der Systemanzahl) als auch mit einem über geordneten Systemkoordinator (linearer Einfluss) Information aus. Die Kapazität des Fahrzeugbusses ist je nach Intensität der Vernetzung deutlich früher erreicht als bei friedlicher Koexistenz.

Bei einem integrierten Fahrwerksregler ist die Buslast geringer. Bei der Umsetzung eines zentralen Fahrwerksreglers wird, um die Einsparungsmöglichkeiten bei der Hardware optimal nutzen zu können, auch ein zentrales Sensorcluster eingeführt. Das Kommunikationsaufkommen für die Übermittlung von Sensorrohdaten verringert sich. Ebenso entfällt gegenüber der vernetzten Regelung der Informationsaustausch zwischen den Einzelsystemen, deren Intelligenz jetzt zentral zusammengefasst ist. Insgesamt verringert sich die Buslast gegenüber der vernetzten Regelung. Gleichzeitig sind an die Bussysteme jedoch erhöhte Anforderungen bezüglich Determiniertheit und Echtzeitfähigkeit zu stellen, die die Einführung von zeitgesteuerten Busarchitekturen, z. B. FlexRay (s. ► Abschn. 15.8.3.2) erforderlich machen.

Die Systemarchitektur der „friedlichen Koexistenz“ verliert mit der zunehmenden Anzahl von Regelfunktionen und aktiven Fahrwerkselementen und den damit auftretenden Problemen zunehmend an Boden und wird auf lange Sicht von einer integrierten Regelung mit hierarchisch organisierten, zentralisierten Reglerstrukturen weichen. Diese wird jedoch neben der Einführung zeitgesteuerter Busarchitekturen, dem erheblichen Aufwand in Bereichen des Reglerentwurfs und der Sicherheitskonzepte auch große Veränderungen in den Entwicklungsprozessen erfordern, sodass sich als mittelfristige Übergangslösung die Vernetzung einzelner auch autark funktionsfähiger Regelsysteme fortsetzen wird.

18.2 Umweltschutz und CO_2

Metin Ersoy

18.2.1 Bedeutung der CO_2-Senkung

Metin Ersoy

Die wichtigste Kundenanforderung „Umweltschutz“ schlägt sich bei Pkws als Reduzierung des CO_2-Ausstoßes nieder. Der Treibhauseffekt, der durch CO_2 in der Atmosphäre entsteht und das Weltklima stark beeinflusst, ist zu ca. 12 % von den Verbrennungsmotoren der Pkws und 8 % von übrigem Verkehr zu verantworten. Die Anordnung der europäischen Gemeinschaft für die Automobilfirmen, in den Jahren 2012 bis 2015 den Flotten-CO_2-Ausstoß auf 130 g/km zu reduzieren und diesen in 2020 auf 95 g/km zu senken [13], bedeutet einen Flottenverbrauch von nur 5 und ab 2020 gar weniger als 4 l/100 km.

Dieses Ziel wird erreicht durch Verbrauchssenkung und aber auch durch neue Antriebskonzepte wie Hybrid-, oder Reinelektrofahrzeugen sowie mit Brennstoffzellen, die weniger oder gar keinen CO_2-Ausstoß haben.

Eine weitere wichtige Motivation zur Verbrauchssenkung ist die begrenzte Verfügbarkeit der Mineralkraftstoffe und deren stetig steigende Kosten. Auf der anderen Seite wird der stark steigende Bedarf der aufstrebenden Länder den Kraftstoff verknappen. Steigende Nachfrage und sinkendes Angebot werden zu einer Preisspirale führen, obwohl diese Entwicklung z.Z. vorübergehend gestoppt zu sein scheint.

18.2.2 Beitrag des Fahrwerks zur CO_2-Senkung

Metin Ersoy

Nach ◘ Abb. 2.32 ist 31 % des Kraftstoffverbrauchs, bedingt durch den Verbrennungsprozess, nicht beeinflussbar. Mit weiteren 19 % liegt das größte Ersparnispotenzial am Verbrennungsmotor selbst. Die übrigen sind mit 12 % das Fahrzeuggewicht, mit 11 % die Reifen und Lenkung, mit 11 % der Luftwiderstand, mit 8 % der Antriebsstrang und schließlich mit 8 % Klima, Kühlung und Nebenaggregate. Das Fahrwerk verursacht nur 12–15 % des Kraftstoffverbrauchs.

18

Das Fahrwerk kann durch rollwiderstandsarme Reifen, wirkungsgradoptimierte Elektrolenkungen und Achsgetriebe, reibungsarme Gelenke, reduzierten Luftwiderstand (Aufbauabsenkung, Unterbodenverkleidung) und Gewichtsreduzierung an Fahrwerkteilen Kraftstoff sparen helfen. Da das anteilige Gewicht des Fahrwerks bei max. 20 % des Fahrzeuggesamtgewichtes liegt, ist es mit 5–6 % jedoch relativ gering, trotzdem muss auch das Gewicht der Fahrwerkskomponenten reduziert werden.

◘ Abb. 18.4 zeigt die vom Fahrzeuggewicht abhängigen Kraftstoffverbrauchsanteile an einem Pkw der Kompaktklasse [14].

18.2.2.1 Reifen und Bremse

Das größte Sparpotenzial am Fahrwerk liegt in der Reduzierung des Reifenrollwiderstandes. Wenn der Rollwiderstand von derzeit 0,008 auf 0,004 gesenkt werden kann, ist eine Kraftstoffersparnis von 10 % erzielbar (s. ◘ Abb. 2.11). Auch die Reifendrucküberwachung kann zur Kraftstoffeinsparung beitragen, wenn dadurch der Fahrer angehalten wird, den Reifenluftdruck nicht unter den Solldruck abfallen zu lassen (Rollwiderstand erhöht sich mit zu geringem Reifenfülldruck).

Die Bremsenergie, die bei jedem Bremsvorgang als Wärme abgeführt wird, lässt sich durch einen Generator in elektrische Energie umwandeln und dann in die Batterie zurückspeisen. Physikalisch lässt sich jedoch nur bis max. 40 % dieser Energie rekuperieren. Die starken Bremsungen über 0,3 g würden solch hohe Spannungsspitzen hervorrufen (s. ◘ Abb. 7.9), die mit heutiger Generator- und Batterietechnologie nicht regeneriert werden können. Es muss deshalb die Rekuperation nicht als *„stand alone"* sondern integriert in die klassische Bremse betrachtet werden.

Durch die Bremsenergierückgewinnung ist eine Kraftstoffersparnis von bis zu 20 % möglich [15]. Darüber hinaus kann die Re-

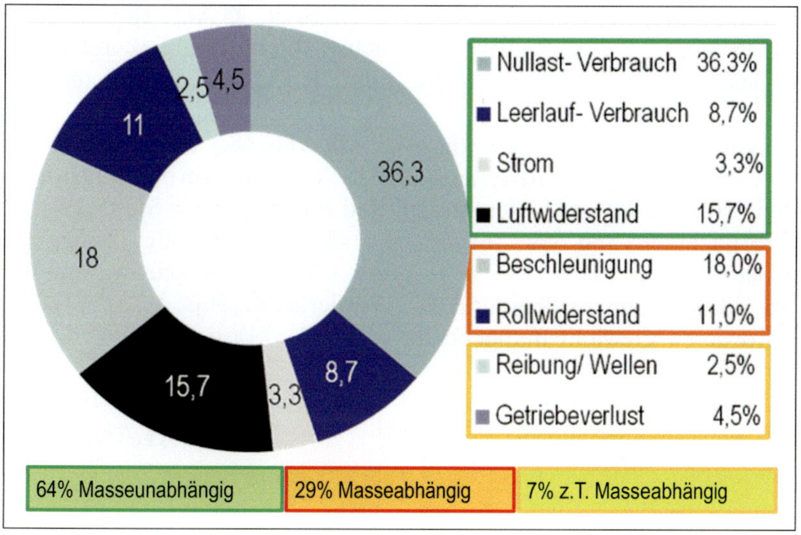

Abb. 18.4 Verbrauchsaufteilung am Golf VI 1,4 TSI 90 kW [14]

duzierung der Restbremsmomente weitere Potenziale erschliessen.

18.2.2.2 Nebenaggregate mit Elektroantrieb

Die Nebenaggregate mit hydraulischem Antrieb haben auch im Leerlauf eine hohe Leistungsaufnahme. Der Grund liegt daran, dass die Hydraulikpumpe meist direkt am Motor angeflanscht ist und immer mit dem Motor mitläuft. Wenn solche Systeme elektrisch angetrieben werden, ziehen sie die Energie nur dann ab, wenn sie benötigt wird (*Power on Demand*).

So benötigt eine Elektrolenkung EPS im Durchschnitt nur 10 Watt, eine konventionelle Hydrolenkung HPS dagegen 500 Watt (jede 100 Watt verbraucht bis zu 0,1 l/100 km). Die Verbrauchersparnis der Elektrolenkung liegt bei ca. 0,4 l/100 km [16].

Ähnlich ist es auch beim Wankstabilisierungssystem (ein elektrisches System verbraucht nur 20 % des hydraulischen Systems, s. ► Abschn. 8.4.3) oder Aktivfahrwerk ABC (ein elektrisches System verbraucht ca. Hälfte des hydraulischen Systems, s. ► Abschn. 8.4.3). Deshalb strebt man die Elektrifizierung aller Nebenaggregate an. Alle diese elektrischen Aktuatoren zusammen würden bei einem Premiumfahrzeug bis zu 1 Liter Kraftstoffersparnis pro 100 km bringen.

18.2.2.3 Fahrwerkgewicht

Jede 100 kg Gewichtsersparnis senkt den Kraftstoffverbrauch bis zu 0,2 l/100 km (■ Abb. 18.5).

Es gibt viele Wege zur Gewichtsersparnis [18]:

- Systemleichtbau,
- repräsentative, realistische Lastkollektive,
- Belastungsreduzierung

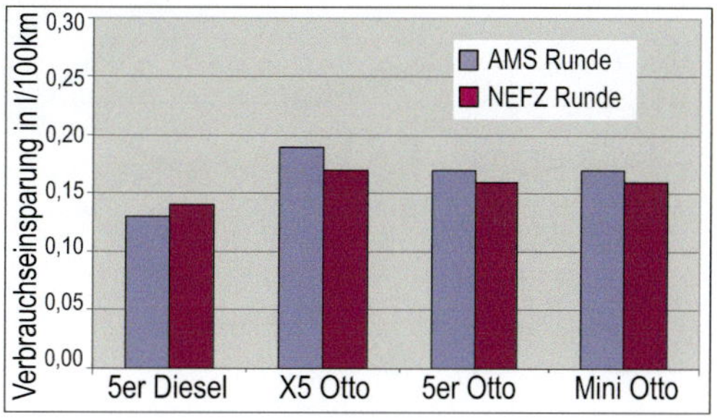

Abb. 18.5 Verbrauchseinfluss von 100 kg Mindergewicht [Quelle: BMW]

- Konzeptoptimierung,
- Materialleichtbau,
- Fertigungsleichtbau.

Zusammenfassend lässt sich sagen, dass das Fahrwerk ein Gewichtsreduzierungspotential von 20 bis 40 kg bietet, was zu einer Verbrauchssenkung von 0,3 bis 0,6 l/100 km beiträgt.

Bereits mit der Konzeptentscheidung einer Achse wird deren Gewicht maßgeblich beeinflusst. ◘ Abb. 18.6 zeigt eine Hinterachse, die im Hinblick auf Gewicht (43 kg) und Kosten (Verbundlenkerkostenniveau) Vorteile aufweist [17].

◘ Abb. 18.7 zeigt eine Leichtbau Hinterachse mit Verbindungsrohr aus GFK und Endstücke aus Stahl [19].

◘ Abb. 18.8 zeigt einige Maßnahmen zur Gewichtseinsparung am Beispiel einer Vorderachse [16].

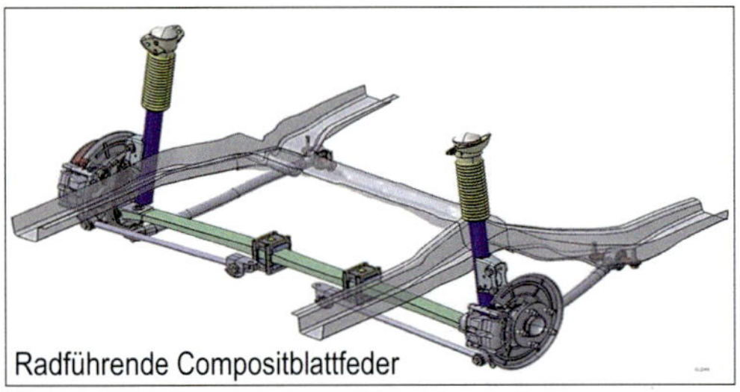

◘ Abb. 18.6 Gewichts-/Kostenoptimierte Hinterachse [17]

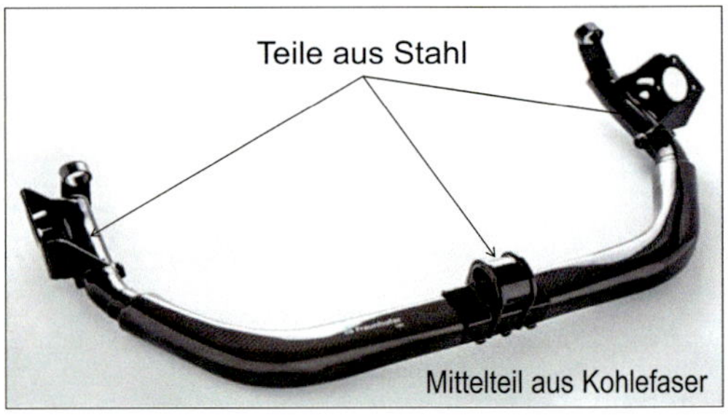

◘ Abb. 18.7 Leichtbau Deichselhinterachse von Frauenhofer Institut (Mittelteil aus GFK, Enden aus Stahl) [19]

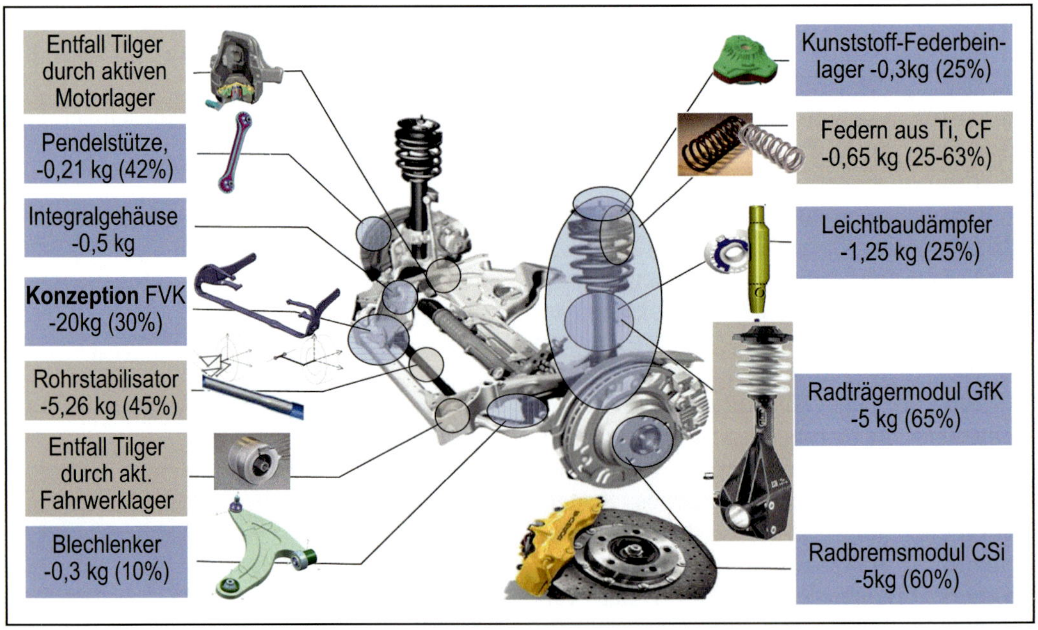

◘ Abb. 18.8 Leichtbaumaßnahmen an einer Vorderachse [16]

18.2.2.4 Luftwiderstand

Wenn ein Fahrzeug eine 4-Rad Luftfederung oder Niveauregelung hat, lässt sich durch Absenken des Aufbaus bei schnellen Fahrten der C_w-Wert und damit der Luftwiderstand um 0,002 verbessern. Dies ergibt bei einer Fahrt im gemischten Straßenverkehr auf Stadt-/ Bundesstraßen/Autobahnen eine Verbrauchreduzierung von 0,1 bis 0,2 l/100 km.

Bei ausschließlicher Autobahnfahrt ist die Verbrauchsreduzierung deutlich höher. Diese Maßnahme ist damit eher bei schnellen Langstreckenfahrten von Bedeutung und setzt das Vorhandensein einer Niveauregelungssystem voraus [16].

Aktuelle Verbesserungen am C_w-Wert sind in ► Abschn. 2.1.1.2 ausführlich beschrieben.

18.2.2.5 Energierückgewinnung an Stoßdämpfern

Wie die Bremse in Längsrichtung wandeln die Stoßdämpfer in Vertikalrichtung die kinetische Energie in Wärme. Demnach ist auch diese Energie rekuperierbar. Die Menge ist abhängig von der Fahrbahn, dem Fahrzeug und der Geschwindigkeit (◘ Abb. 18.9). Im Durchschnitt kann man von maximal 200 W pro Fahrzeug bei Fahrt auf Straßen mit normaler Oberflächenbeschaffenheit ausgehen [20]. Das entspricht einer Kraftstoffersparnis von bis zu 0,2 l/100 km. Um diese Energie zu rekuperieren, ist jedoch entweder ein elektromagnetischer Dämpfer oder ein Induktionsfeld um den Dämpfer mit entsprechender Leistungselektronik notwendig, wodurch das Gesamtsystem im Hinblick auf die geringe Energierückgewinnung unwirtschaftlich wird (s. ► Abschn. 10.7.3).

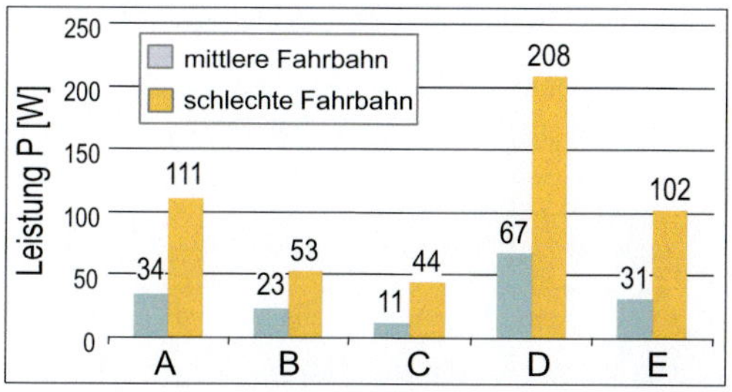

◘ **Abb. 18.9** Leichtbaumaßnahmen Energiedissipation durch Dämpfer auf der A: Autobahn 120 km/h, B: Bundesstraße außerorts 80 km/h, C: Innerorts 60 km/h, D:Snstige Straßen außerorts 60 km/h, E: Innerorts 30 km/h [20]

18.2.2.6 Zusammenfassung

Der Beitrag des Fahrwerks zur Kraftstoffverbrauchssenkung- und damit CO_2-Reduzierung lässt sich wie folgt zusammenfassen:

- Das Leichtbaupotenzial im Fahrwerk beträgt bis zu 20–40 kg/Fahrzeug und kann zu einer Kraftstoffersparnis von bis zu 0,6 l/100 km beitragen.
- Leichtlaufreifen bringen heute schon eine Kraftstoffersparnis von bis zu 0,4 l/100 km.
- „Power-On-Demand"-Technologien für Nebenaggregate ermöglichen eine Kraftstoffersparnis von 0,6 bis 0,9 l/100 km (inkl. EPS).
- Rekuperative Dämpfer stellen weiteres Potenzial von ca. 0,2 l/100 km in Aussicht.
- Eine aktive 4-Rad-Niveauabsenkung bietet ein Einsparpotenzial von bis zu 0,2 l/100 km und ein glatter Unterboden 0,1 l/100 km.
- Das Fahrwerk ist „Enabler"-Technologie für z. B.: Rekuperation bei Hybrid-/Elektrofahrzeugen oder Antriebsstrangoptimierung (Downsizing, Übersetzungsänderung) durch Leichtbaufahrwerk.

18.2.3 Beitrag des Hybridantriebs zur CO_2

Metin Ersoy und Hans-Jürgen Negele

Obwohl die Verbrennungsmotoren für Fahrzeuge den Hauptantrieb bilden, ist dies in ähnlicher Weise auch mit Elektromotoren möglich. ◘ Tab. 18.1 gibt eine vollständige Übersicht über die Antriebskonzepte zum Fortbewegen eines Fahrzeugs: Verbrennungsmotor oder Elektromotor als Antrieb oder die Kombination von beidem, nämlich Hybridantrieb. Nachdem die fossilen Kraftstoffe langsam zur Neige gehen und immer teurer werden und zudem durch den CO2-Ausstoß die Umwelt beschädigen, gewinnen auch die anderen Antriebskonzepte als Alternative zum Verbrennungsmotor an Bedeutung [21].

Die Antriebsklassen A, B, C werden mit konventionellen Verbrennungsmotoren angetrieben, D, E, F und G sind Hybride. Das Konzept H wird nur durch einen von Batterie gespeisten Elektromotor angetrieben. Bei den Konzepten I und J werden die Brennstoffzellen (Fuel Cell) zur Stromerzeugung für die Batterie genutzt.

In ◘ Abb. 18.10 sind die CO_2Einsparpotenziale für die varianten der Hybrid- und Elektrofahrzeuge für unterschiedliche Fahrzeugsegmente aufgelistet [22].

Der Verbrennungsmotor spielt seine Stärken aus, wenn Kraft, Geschwindigkeit und hohe Reichweiten gefordert sind, allerdings arbeitet er mit schädlichen Abgas und Lärmemissionen und verbraucht wertvolle Ölressourcen. Seine Energiebilanz ist ungünstig, denn über 60 % der erzeugten Energie wird nicht zum Antrieb des Fahrzeugs genutzt, sondern als Wärme abgegeben.

Der Elektromotor fährt abgasfrei, hoch effizient (>96 % Wirkungsgrad) und nahezu lautlos, allerdings mit einer geringeren Reichweite und hohem Batteriegewicht.

Wegen rasanter Entwicklungen an Kosten, Gewicht und Reichweite der Batterien werden immer mehr rein Batterie betriebene Elektrofahrzeuge angeboten, die bis auf die Kosten mit den Verbrenner schritthalten können.

◘ Tab. 18.1 Aufteilung der Antriebsmöglichkeiten [21] H: Hybrid, P: Plug-in, EV: Electrovehicle, VM: Verbrennungsmotor, EM: Elektromotor, RE: Range extender, FC: Fuel Cell, F-Kst: Fossile Kraftstoffe

	Verbrennungsmotor			Hybridantrieb				Elektromotor			
Antrieb	Diesel, Otto, F-Kst und alternative Kst. Konzepte A,B,C			Immer ein VM und EM / Generator mit großer Batterie zusammen am Board Konzepte D,E				Rein Elektrisch VM oder FC als RE Konzepte F, G, H			
Klasse	A		B	C	D	E	F	G	H	I	J
Antrieb struktur	OTTO Motor		DIESEL Motor	HEV Micro-hybrid	HEV Mild-hybrid	HEV Voll hybrid	PHEV Voll-hybrid	PHEV VM als RE	EV Elektro-antrieb	PHEV FC als RE	FC hybrid
Primär energie	F-Kst.	F- und Bio- Kst.	F-Kst.	F-Kst	F-Kst	F-Kst	F-Kst	Elektro strom	Elekto strom	Elektro strom	Strom aus FC
Erläuterungen	Konven-tioneller Otto	CNG, LPG etc.	Konven-tioneller Diesel	A , B + Start-stop	C + Rekupe. Boosten	D+ elekt. Fahren	E+ Batterie Plug-in	VM zum Laden	Nur Batterie Plug-in	Kleine FC zum Laden	FC als strom-erzeuger

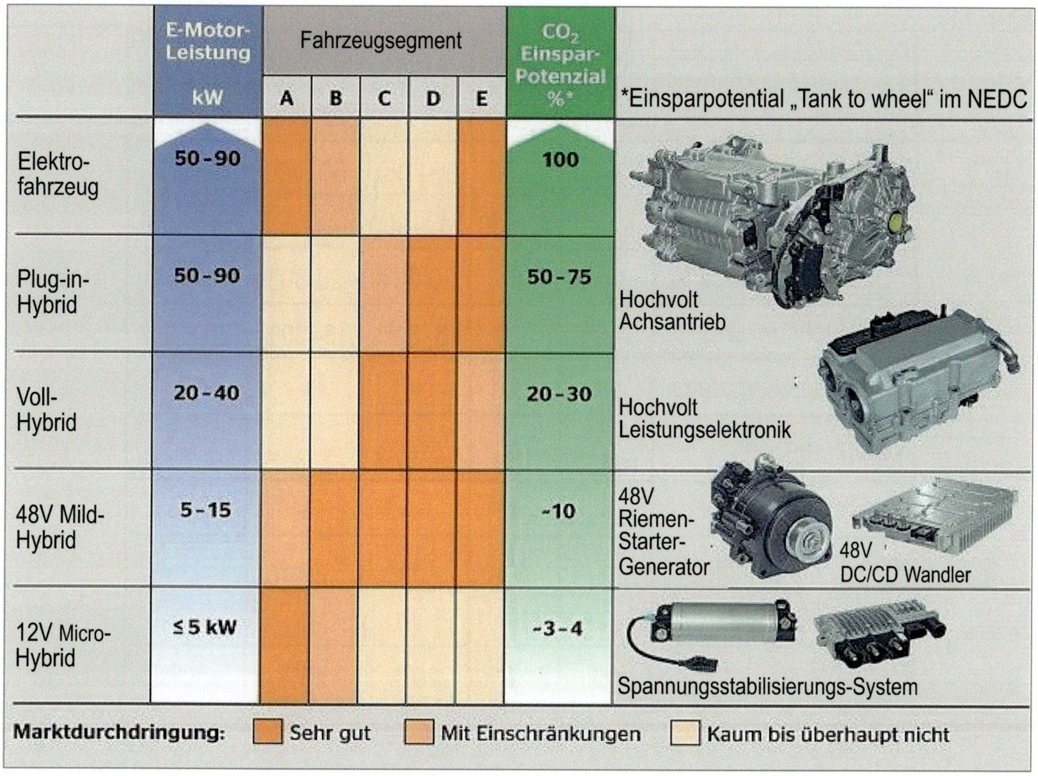

Abb. 18.10 CO_2 Einsparpotential in % für die Varianten der Hybrid- und Elektroantriebe [22]

Hybridlösungen mit vielen Varianten machen eher Sinn für schwere Fahrzeuge z. B. SUVs.

Tab. 18.2 zeigt diese Varianten mit ihrer elektrischen Leistung, Motorspannung, Verbrauchreduzierung und Zusatzfunktionen. Vollhybridsysteme bieten ein größeres Einsparpotenzial als Micro- oder Mildhybridsysteme. Gemessen an den geringeren Anschaffungskosten rechnen sich aber auch die Einsparungen von Mikro- und Mildhybriden (Boost- & Start-Stopp-Funktionalität) für Fahrer oder Flottenhalter rechnen [23].

Bei der Norm NEFZ Tests startet man mit der vollen Batterie, sodass erhebliche Verbrauchsreduzierungen erreicht werden können [24]. Fahrwerkstechnisch entsprechen Hybride den konventionellen Fahrzeugen, es muss jedoch bei der Abstimmung auf die geänderte Gewichtsverteilung durch die Batterie geachtet werden.

Außerdem muss die Bremsanlage "blendfähig" (s. ► Abschn. 7.8.2) sein, wenn über das Bremspedal rekuperiert werden soll.

18.3 Elektrofahrzeuge

Metin Ersoy und Stefan Gies

18.3.1 Antriebskonzepte für das E-Fahrzeug

Metin Ersoy

Treibt ein Elektromotor die Räder direkt an, werden grundsätzlich kein Getriebe, keine Kupplung und keine Übertragungselemente benötigt. Wenn jedoch, um

Tab. 18.2 Varianten des Hybrid-Antriebs

	Mikro-hybrid	Mild-hybrid 48 V	Vollhybrid		
			parallel	seriell	Plug-in
Elektr. Leistung kW	3–5	5–15	30–120	50–400	50-200
Spannung Volt	14	42-150	144–600	144–600	144–400
CO_2 Einsparpotential %	3-4%	10%	20-30%	20-30%	50-75%
Verbrauchsenkung	3–5%	10-20%	15–30%	15–30%	20–50%
Start-Stopp/Generator	+	+	+	+	+
Rekupieren	teil-weise	+	+	+	+
Boosten	-	+	+	+	+
Rein elektr. Anfahren	-	+/-	+	+	+
Rein elektr. Fahren	-	-	+	+	+
Mehrkosten	4%	8-12%	20%	25%	30%

Motorgröße, -gewicht und -wirkungsgrad zu verbessern schnell laufende E-Motoren (> 6000 UPM) eingesetzt, muss ein 1- oder 2-Gang-Getriebe hinzu geschaltet werden. In [25] wurde ein Vergleich gezeigt, bei dem ein 2-Gang-High-Speed-Antrieb eine Gewichtsersparnis von 53 kg bzw. 37 % gegenüber einem High-Torque-Antrieb ohne nennenswerte Mehrkosten bringt.

Da Batterie und Elektronik die kostenintensivsten Module eines E-Antriebs sind, können mit vertretbaren Mehrkosten statt einem zwei kleinere Motoren an einer Achse verwendet werden. Dadurch entfällt das Achsgetriebe und man kann so bei Antrieb beider Achsen die Vorteile eines Allradantriebs/Torque-Vectoring nutzen.

Als Antriebsachse bei Elektrofahrzeugen ist prinzipiell sowohl die Hinter- als auch Vorderachse geeignet.

Je nach Fahrzeugkonzept sind verschiedene Konfigurationen des Elektroantriebs zu finden:

18.3.2 Fahrwerkkonzepte für Elektro-Autos

Metin Ersoy

Elektrofahrzeuge sind bereits mit der heute verfügbaren Technik geeignet als Stadt- oder Zweitwagen für kürzere Strecken.

Die einfachste Variante für den Elektroantrieb ist ein zentraler Elektromotor mit integriertem Achsgetriebe an der Vorder- oder Hinterachse. Man kann aber diese Anordnung durch zwei Elektromotoren ersetzen, um das Achsgetriebe zu sparen und Torque-Vectoring-Funktionen zu nutzen. Schließlich kann zur Darstellung von allradgetriebenen Fahrzeugen an oder in jedem Rad ein Elektromotor angeordnet werden. Abb. 18.11 stellt diese vier Anordnungsvarianten schematisch dar.

18.3.2.1 Fahrwerkkonzepte mit zentralem Elektromotor

Die Mehrheit der bekannten Elektrofahrzeuge hat einen zentralen Elektromotor an der Hinterachse mit integriertem Hinterachsgetriebe.

Dafür lassen sich fast alle Hinterachskonzepte anwenden, wie z. B. eine starre Hinterachse bei Peugeot iON (◘ Abb. 18.12), De-Dion-Achse bei Smart For Two (◘ Abb. 18.13), Verbundlenker Hinterachse bei Dacia (◘ Abb. 18.14), die Zentrallenker Hinterachse bei BMW Mini (◘ Abb. 18.15), oder die Vierlenker Hinterachse des Golf VII (Modulare Elektrifizierungsbaukasten „MEB“ von VW), (◘ Abb. 18.16) [26].

Alle diese Beispiele sind aus den Serienmodellen mit Verbrennungsmotoren übernommene Hinterachsen der ersten Generationen entnommen.

Bei den heutigen Elektrofahrzeugen haben sich jedoch von diesen vielen Möglichkeiten nur wenige wie z. B. Mehrlenkerachsen bewährt, weil diese einen Hilfsrahmen haben, der sich zur Aufnahme des Elektromotors anbietet und dort nochmal separat gelagert werden kann.

18.3.2.2 Fahrwerkkonzepte für zwei Elektromotoren

Ein zentraler Elektromotor als Achsantrieb braucht immer ein Achsgetriebe, um die Motordrehzahl zu reduzieren, das Drehmoment an die beiden Räder zu verteilen und die Drehzahldifferenzen in den Kurven zu zulassen. Diese Aufgaben kann man aber auch durch zwei eigenständige Elektromotoren erfüllen, von denen jeder ein Rad antreibt. Je nach Elektromotor müssen sie ge-

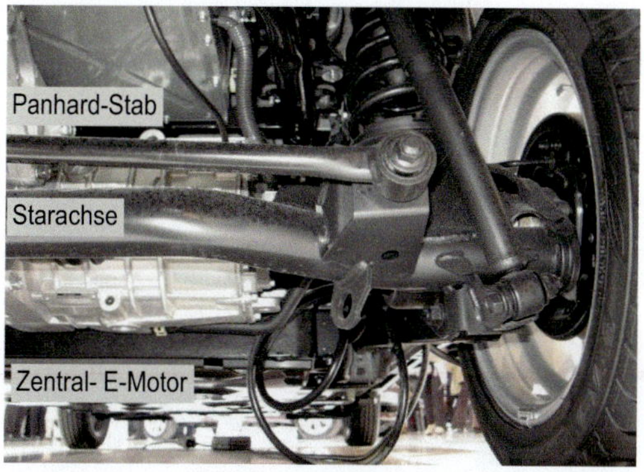

◘ **Abb. 18.12** Zentraler Elektromotor auf einer Starrachse mit Panhard-Stab (Peugeot iON/Citroen C-Zero)

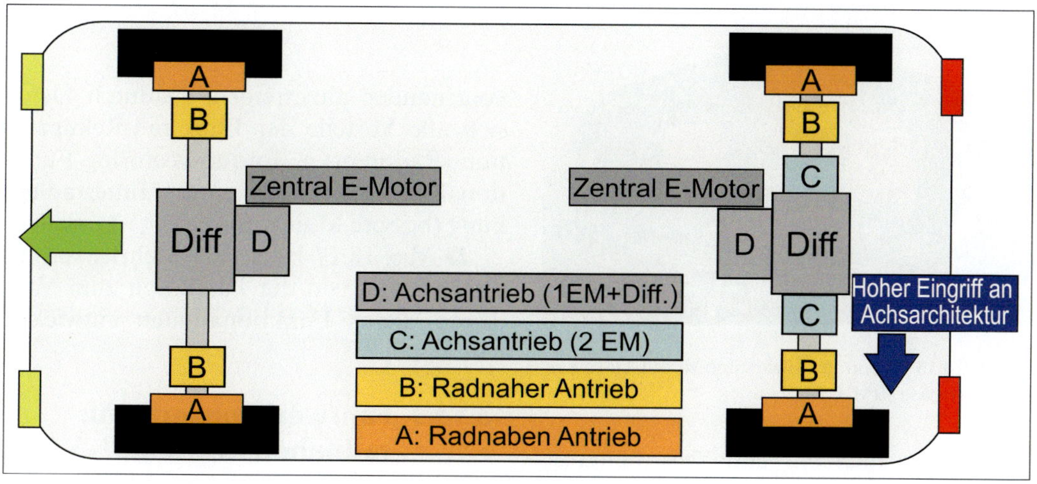

◘ **Abb. 18.11** Anordnungsvarianten der Elektrofahrzeuge

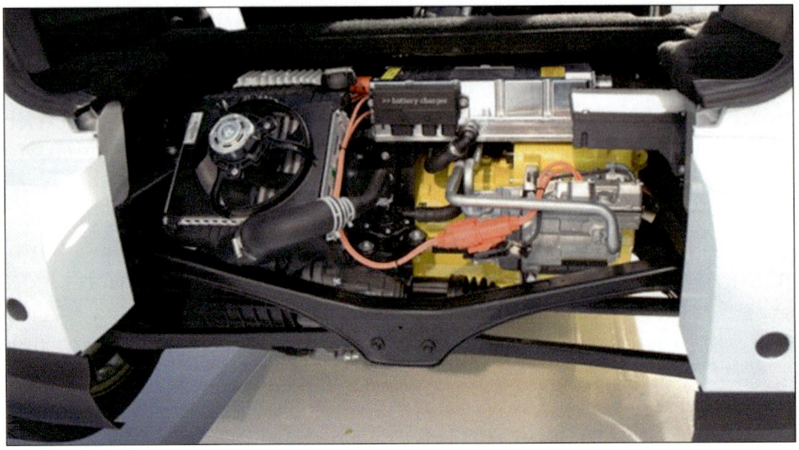

Abb. 18.13 Zentral-E-Motor auf einer De-Dion Starrachse von Fa. Getra (Smart ED)

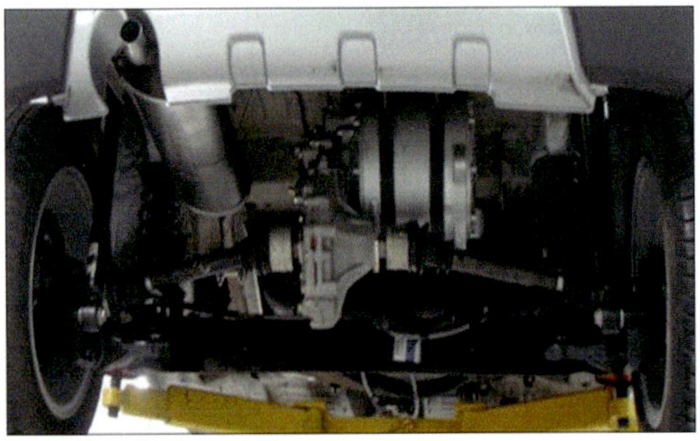

Abb. 18.14 Zentraler Elektromotor auf einer Verbundlenkerachse (Dacia Hamster)

Abb. 18.15 Zentraler Elektromotor auf einer Zentrallenkerachse (BMW Mini)

Abb. 18.16 Zentral-E-Motor auf Mehrlenker Hinterachse des Golf VII (VW Modularer Elektrifizierungsbaukasten mit dem Kürzel „MEB") [26]

geben falls auch ein einfaches Untersetzungsgetriebe haben. Obwohl diese zwei Motoren Lösung mehr kostet, bietet sie die Möglichkeit, jedes Rad völlig unabhängig voneinander anzutreiben. Dadurch lassen sich alle Vorteile der Einzelrad-Rekuperation (Radbremse), Torque-Vectoring-Funktionalität, aber auch einer Hinterradlenkung (bessere Manövrierbarkeit) darstellen.

Abb. 18.17 zeigt eine Mehrlenkerhinterachse, die von der Fa. Bosch zum Validieren dieser Funktionalitäten entwickelt wurde [27].

18.3.2.3 Fahrwerkkonzepte für radnahen Antrieb

Interessante und innovative Radaufhängungen sind zu erwarten, wenn der Elektromotor radnah oder in der Radfelge an-

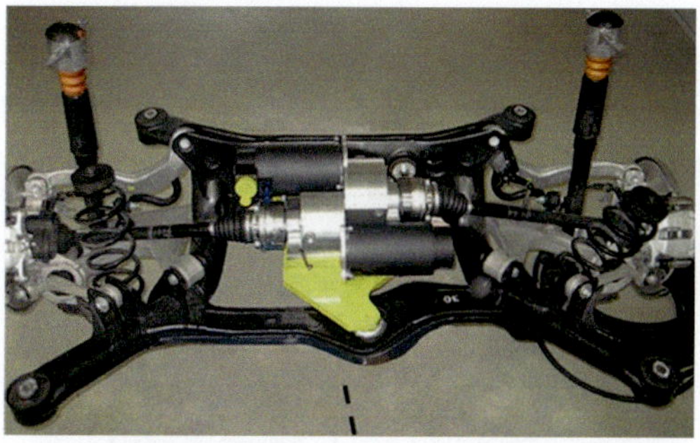

Abb. 18.17 Doppelte Elektromotoren mit Getriebe an einer Mehrlenker-Hinterachse (Bosch) [27]

Abb. 18.18 Am Radträger angeflanschter Elektromotor

geordnet wird. Nur bei diesen beiden Anordnungen sind vollständig neue, bisher unbekannte Fahrwerkkonzepte vorstellbar.

Die Darstellung eines radnahen Antriebs benötigt für jedes Rad einen Elektromotor. Dies ist bei Starr- und Halbstarrachsen oder Einlenker-Radaufhängungen (Längslenker, Schräglenker, s. ► Abschn. 14.5.4.5) sehr einfach zu realisieren, weil der Elektromotor direkt am Radträger befestigt werden kann. Das hat zwar den Nachteil der erhöhten ungefederten Massen, jedoch lässt sich dieser Nachteil bei niedrigen Geschwindigkeiten noch in Kauf nehmen.

Der Elektromotor muss allerdings zentrisch zur Radmitte an der Fahrzeuginnenseite angeflanscht sein, welches enge Bauraumverhältnisse mit sich bringt (Abb. 18.18). Aus diesen Gründen ist dieses Konzept nur für kleinere Elektromotoren mit geringer Leistung geeignet.

Wenn der Elektromotor zu groß und schwer wird, muss er am Aufbau bzw. Achsträger befestigt werden. Bedingt durch den kurzen Abstand von Motorwelle zur Radnabe ist der Einbau einer Seitenwelle nicht möglich, weil die notwendigen Beugewinkel zu groß wären.

Hier gibt es drei Möglichkeiten das Problem zu lösen:

- Durch einen Hohlwellenmotor, durch den die Seitenwelle durchgeht und an die Motorinnenseite angeflanscht wird, um die Wellenlänge zu erhöhen bzw. den Beugewinkel zu verkleinern (Abb. 18.19),
- oder durch ein, in der Felge angeordnetes Sonder-Planetengetriebe, mit dem jeder beliebige Vertikalversatz zwischen Radmitte und Elektromotorantriebswelle ausgeglichen wird. Das Planetgetriebe
- ermöglicht außerdem die meist notwendige Drehzahlabsenkung des Elektromotors bis zu 6:1 (Abb. 18.20) [28],
- oder durch Anbringung der Motoren an den Längslenkern der Verbundlenkerachse. Der Abstand zwischen Motorwelle und Radmitte wird durch ein einstufiges Getriebe überwunden, das auch für die notwendige Untersetzung sorgt (Abb. 18.21) [29].

Bei aktiven Lösungen bietet sich es an, das Motorgehäuse so zu gestalten, dass die Radaufhängungslenker direkt an diesem gelagert werden, um ein integriertes und kompaktes Antriebsmodul mit Radaufhängung zu bilden. Durch eine Verbindung mit großvolumigen Gummilagern am Aufbau erfüllt das Motorgehäuse gleichseitig die Funktion eines Achsträgers.

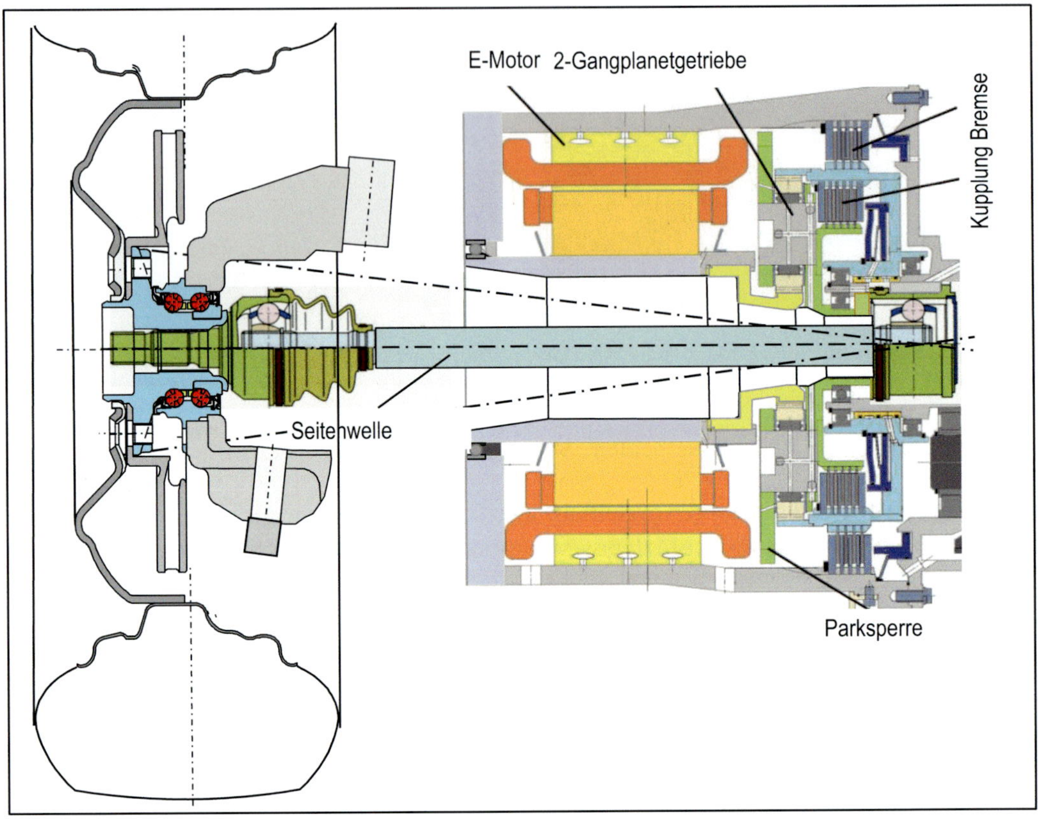

Abb. 18.19 Seitenwelle durch Hohlwelle des Elektromotors

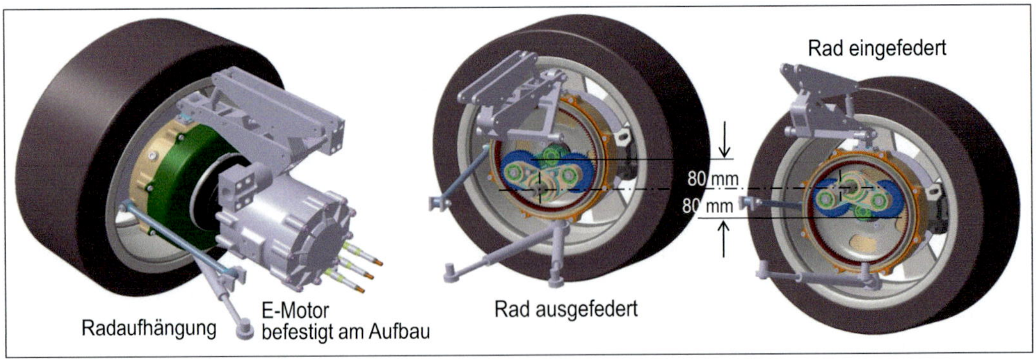

Abb. 18.20 Radnaher Elektromotor mit Sonder-Planetengetriebe in der Felge [28]

Abb. 18.21 Verbundlenkerachse mit 2 Motoren an den Längslenkern (ZF Electric Twist Beam Hinterachse) [29]

18.3.2.4 Fahrwerkkonzepte für Radnaben-Antrieb

Die Ausrüstung von Fahrzeugen mit Radnabenmotoren würde je nach Ausführung zu einer Erhöhung der ungefederten Massen und damit zu einer Verschlechterung des Fahrkomforts führen. Dem kann durch eine intelligente (z. B. semi-aktive) Dämpfung und Federung entgegengewirkt werden. Zugleich muss das Radgewicht so gering wie möglich gehalten werden.

Grundsätzlich bieten Radnabenantriebe viele Vorteile (Tab. 18.3). So ist eine relativ einfache Realisierung von Allrad-Funktionen möglich, mit den damit verbundenen Vorteilen hinsichtlich Handling und Traktion. Zur Verbesserung der Handlichkeit und der Manövrierbarkeit trägt die Möglichkeit dazu bei, die Antriebsmomente frei auf die einzelnen Rädern zu verteilen (Torque Vectoring) und die möglichen Radeinschlagswinkel durch den Wegfall der Antriebswellen zu erweitern, wie es bei der Toyota-Studie Fine-X realisiert ist (Abb. 8.27).

Ein weiteres Argument für den Einsatz von Radnabenantrieben ist der Wegfall von Achsgetriebe und Antriebswellen. Dies bedeutet in erster Linie einen erheblichen Bauraumvorteil, verbunden mit der Entzerrung und Flexibilisierung des Packages, aber auch eine Senkung der Verlustleistung im Antriebsstrang.

Es gibt zwei mögliche Varianten für Radnabenmotoren: mit Innen- oder mit Außenrotor (Abb. 18.23) [30].

Beim Innenläufer dreht sich die Motorwelle, die dann an der Radnabe befestigt wird (Abb. 18.24).

Beim Außenläufer dreht sich das Motorgehäuse, das an der Felge befestigt werden muss. Vom Einbau her bietet der Au-

Tab. 18.3 Vor- und Nachteile der Radnabenantriebe

Vorteile	Nachteile
Höherer Designfreiheitsgrad	Höheres Gewicht
Individuelle Radsteuerung	Temperatur, Motorkühlung
Entfall V-Motor, Getriebe,	Starke Witterungseinflüsse Antriebswellen
Hohe Energieeffizienz	Lebensdauer
Systemintegration möglich	Fail-Safe
Freiraum zwischen Rädern	Hohe Kosten
Große Manövrierbarkeit	Aufwändige Regelung

ßenläufer mehr freien Innenraum an und erzeugt höhere Drehmomente, obwohl er den Einsatz von Sonderfelgen benötigt (◘ Abb. 18.25).

Der Einsatz von Radnabenmotoren wäre in Fahrzeugen sinnvoll, deren Einsatzspektrum von den herkömmlichen Fahrzeugen abweicht. Denkbar wären kleinere Fahrzeuge, die im Bereich geringer Längs- und Querdynamik eingesetzt werden, was den Nachteil der höheren ungefederten Massen relativiert. Zugleich ist davon auszugehen, dass Transport- und Innenraumvolumen bei diesen Fahrzeugen eine übergeordnete Rolle spielt, da hier der Radnabenmotor seinen Bauraumvorteil ausspielen kann.

Die Fahrdynamik wäre zugunsten eines erhöhten Transportvolumens und der Flexibilität im Innenraum eingeschränkt. Extreme Handlichkeit und Emissionsfreiheit prädestinieren ein solches Fahrzeug für den Einsatz besonders in Ballungsräumen [32].

Die Nachteile der Radnabenmotoren wurden bei einer Neuentwicklung, sog. „Doppelrotor-Radialfluss-Motor" weitestgehend beseitigt, indem Innen- und Außenseite des Stators zwei statt nur einen Rotor angeordnet wurde [33] (◘ Abb. 18.26). Dadurch hat sich die Leistung in selben Volumen fast verdoppelt. Dadurch ist der von der Fa. Deep Drive entwickelter Motor hocheffizient, sehr extrem Kompakt, hat hohe Drehmomentdichte und Kostengünstig herzustellen. Dieser Motor lässt sich dadurch problemlos ab 14 Zoll Felge einbauen und 300 Nm erzeugen. Dieser Radnabenantrieb wird durch Continental und BMW in Serieneinsatz gebracht (s. auch ► Abschn. 14.7.4).

Mit diesem innovativen Konzept sind in der nahen Zukunft auch Elektroautos mit Radnabenantrieben mit ihren zahlreichen Vorteilen in der Serie zu finden sein.

Die ◘ Tab. 18.4 zeigt eine Gegenüberstellung der Vor- und Nachteile von Radnahen- und Radnaben- und Doppelrotor-Radialfluss-Motoren.

18

18.3.3 Elektro-Stadtautos

Metin Ersoy

Reine Elektrofahrzeuge sind als Stadtauto sehr geeignet. Ein Heckantrieb ermöglicht zudem extrem große Lenkwinkel für exzellente Wendigkeit. Neben den Toyota Fine-X (s. ◘ Abb. 18.22) gibt es in Deutschland zwei weitere Konzeptfahrzeuge, die ausschließlich für die urbane Nutzung entwickelt wurden.

Autozulieferer Schaeffler's „eWheel Drive", hier an einem Ford Fiesta, wird mittels zweier in den hinteren Rädern verbauten Radnabenantriebe angetrieben [34].

In diesen Radnaben finden sämtliche für Antrieb, Verzögerung und Fahrsicherheit notwendigen Bauelemente (40 kW Elektromotor, Leistungselektronik und Controller, Bremse sowie Kühlung) innerhalb der 16 Zoll-Felge Platz. Das Gewicht einer Radnabenantriebseinheit laut Schaeffler mit 53 kg. Rund 45 kg. mehr als bei einer Radeinheit mit herkömmlichem Radeinheit.

◘ Abb. 18.27 zeigt alle Vorteile und mögliche Varianten dieses Konzeptes ausführlich [34].

Das Gewicht einer Radnabenantriebseinheit beziffert Schaeffler mit 53 kg. Rund 45 kg. mehr als bei einer Radeinheit mit herkömmlichem Verbrennungsmotor.

Auch ZF hat ein AUV „Advanced Urban Vehicle" vorgestellt, welches neben den Antrieb auch die Lenkung, Achse und Connectivity für ein Stadtauto optimal ineinander integriert [35]. Hier sind die Elektromotoren radnah in einer Verbundlenkerachse integriert. Die innovative Vorderradaufhängung lässt Lenkwinkel von 75° zu und ermöglicht das 3,70 m lange Auto mit nur einem Zugvollautomatisch in einer 4,30 m großen Parklücke zuparken. Fahren mit 75° Lenkwinkel ist nur in Verbindung mit der Torque-Vectoring-Funktion beider Elektromotoren möglich. Der Wendekreisdurchmesser von 6,5 m ist halb

Tab. 18.4 Vergleich von radnahen und Radnabenantrieben gegenüber Doppelrotor (Deep Drive)

	Radnabe	Radnahe
zentral freiwerdender Bauraum	++	++
Bauraum Achszentrum	++	+
Package in der Achse	--	-
Hohe Temperaturen	--	0
Möglichkeit Torque Vectoring	+	+
Rekuperationspotenzial	++	++
erhöhte ungefederte Massen	-	0
komplexe Radführung	-	-
permante Differential-Funktion	-	-
Verkabelung	-	0
LE motornah anbringen	-	0
Einfluss auf ABS/ASR/ESP	-	-
Getriebeintegration	-	+
Manövrierfähigkeit	++	0

Abb. 18.22 Große Lenkwinkel des Toyota Fine-X

so groß wie sonst üblich. Die Elektromotoren haben je 40 kW Leistung und bringen das Auto auf 150 km/h. **Abb. 18.28** zeigt das ZF AUV, für die urbane Mobilität von Morgen.

18.3.4 Elektro-Fahrzeuge mit Wasserstoffantrieb (Hydrogen Fuel Cell Vehicle)

Metin Ersoy

Als Wasserstoffantrieb wird eine Antriebsart bezeichnet, welches Wasserstoff als Treibstoff oder Kraftstoff nutzt. Entweder wird der Wasserstoff in einem Verbrennungsmotor genutzt oder der Wasserstoff wird in einer Brennstoffzelle in elektrische Energie zum Versorgen eines Elektromotors gewandelt [36]. Der als Treibstoff dienende Wasserstoff ist keine Primärenergie, sondern muss analog zur Stromerzeugung, aus Primärenergie hergestellt werden. Zu seiner Herstellung ist Energie erforderlich.

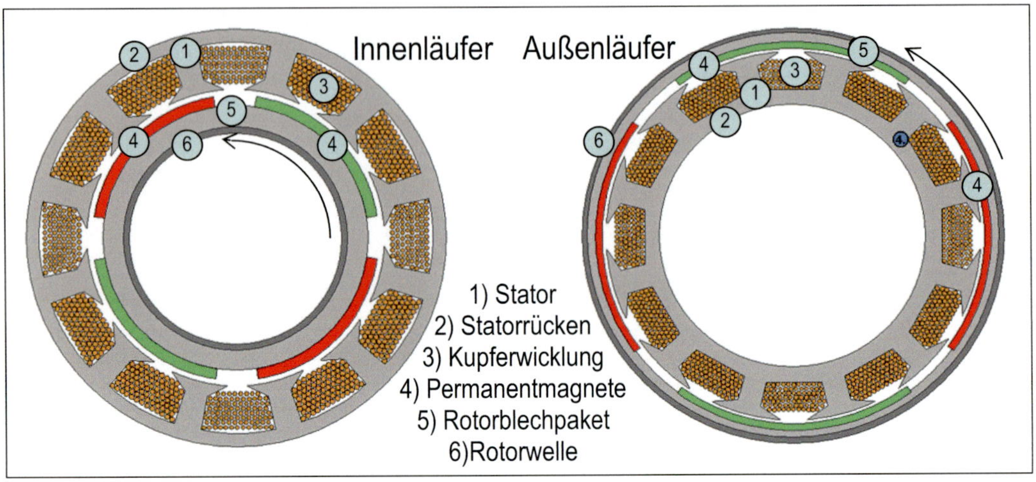

Abb. 18.23 Innen- und Außenläufer eines Permanentmagnet-Synchronmotors [30]

Abb. 18.24 Innenläufer von Elektromotoren (Protean Drive [12] und Mitsubishi Colt MIEV [31]

Diese wird bei der chemischen Reaktion in der Brennstoffzelle wieder freigesetzt. Wasserstoffgas enthält aufgrund seiner geringen Dichte massebezogen mehr Energie pro Gewichtseinheit als jeder andere chemische Brennstoff. Allerdings ist die Energiedichte volumenbezogen sehr gering. Daher muss Wasserstoff als Treibstoff stark komprimiert (bis 700 bar) werden. So reichen 120 Liter Wasserstoff mit einem Gewicht von nur 6 kg für eine Reichweite von 600 km [37].

18

Die Abgase einer Brennstoffzelle bestehen aus reinem Wasserdampf, d. h. ein echte Null-Emissionen.

Wasserstoffantriebe werden mit anderen Antriebsarten konkurrieren, im motorisierten Individualverkehr vorwiegend mit Elektroautos. Aus Sicht der Energieeffizienz sind Elektrofahrzeuge demnach sinnvoller als Wasserstofffahrzeuge, da sie deutlich weniger Strom benötigen als beim Umweg über Wasserstoff. Allerdings ist Wasserstoff für Anwendungen sinnvoll, in denen batte-

Abb. 18.25 Außenläufer von Elektromotoren (E-Wheel Drive und Lancer EVO-MIEV) [31]

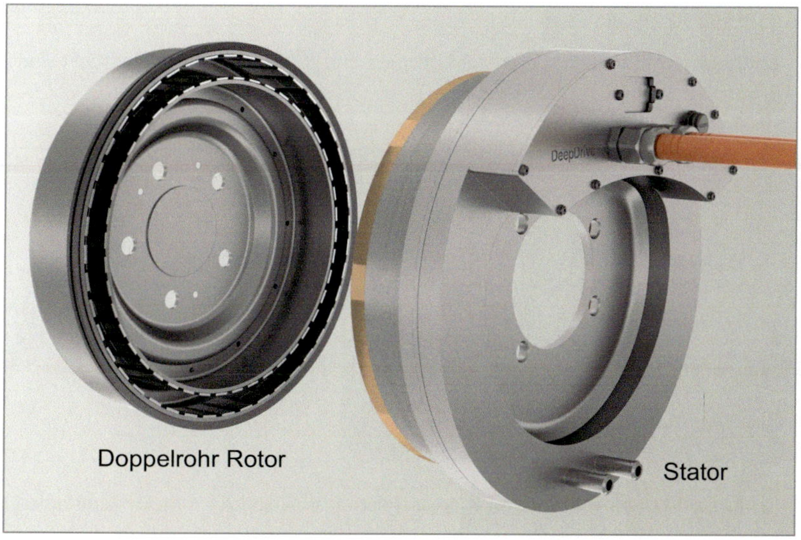

Abb. 18.26 Radnaben Doppelrotor Motor der Fa. Deep Drive (Innen- und Außenläufer in einem integriert) [33]

riebetriebene Fahrzeuge nicht sinnvoll eingesetzt werden können, beispielsweise im Langstreckenfahrzeuge oder Schwerlastverkehr [38].

Schon um 1995 stellte Daimler-Benz mit dem „Necar II" und in 2008 die Schweizerfirma ESORO unter dem Namen „HyCar" Konzeptfahrzeuge vor [39]. Hyundai baut Brennstoffzellen-Fahrzeuge seit 2013. Die 4. Generation Nexo (seit 2018 als Nachfolger der ix35), hat eine Reichweite mit einer Tankfüllung von bis zu 594 km. Das Volltanken dauert nur 3 min. In 2015 brachte Toyota weltweit den ersten seriell gefertig-

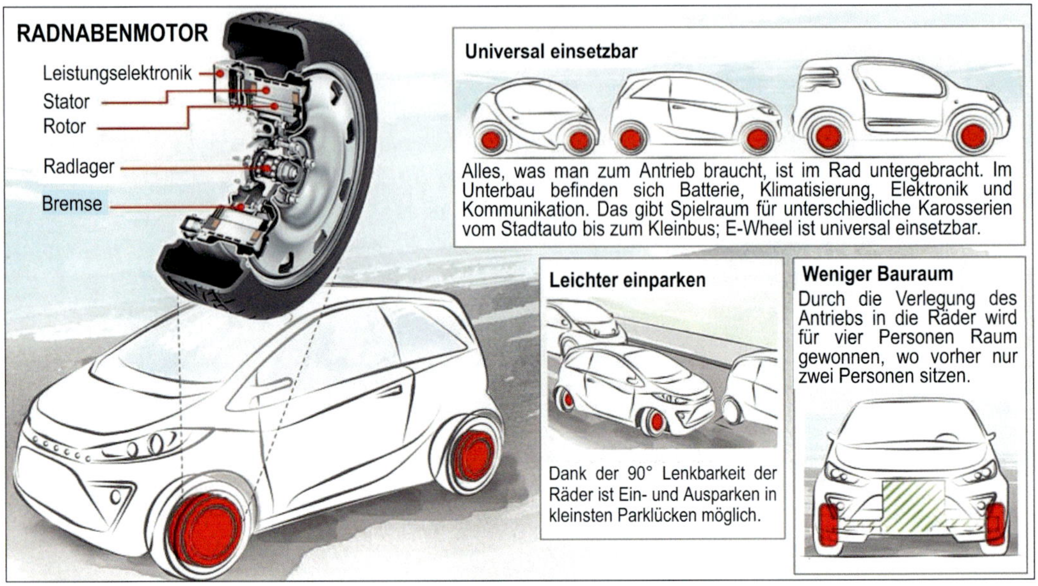

Abb. 18.27 Stadtauto „eWheel Drive“ von Schaeffler, das mit Radnabenmotoren bestückt sind [34]

Abb. 18.28 “Advanced Urban Vehicle” von ZF, konzipiert ausschließlich als Elektrostadtauto [35]

ten Brennstoffzellen-Pkw unter dem Namen „Mirai“ auf den Markt [40]. In 2016 folgte Honda FX als nächster seriell gefertigten Brennstoffzellen-Pkw mit den Namen „Clarity“.

In 2017 startet der Mercedes GLC in einer Kombination von Brennstoffzelle und extern nachladbarer Batterie – als sogenannter GLC F-Cell. Mit einer Reichweite von rund 500 Kilometer. Der Wasserstoff kann in rund drei Minuten getankt werden. Die Antriebseinheit wurde so kompakt entwickelt, dass sie unter die konventionelle Motorhaube des GLC passt. Als Energiequelle für den E-Motor dient eine 9-kWh-Lithiumionen-Batterie [41]. Dank des E-Motors kann der GLC auch Rekuperieren, also Energie beim Bremsen zurückgewinnen. Die Batterie kann zu Hause oder am Arbeitsplatz geladen werden.

18

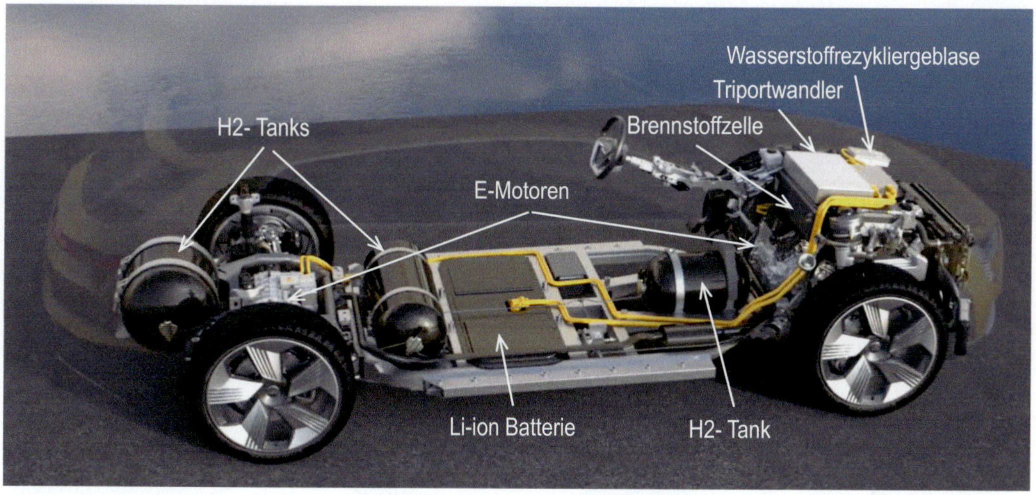

Abb. 18.29 Fuel-Cell Antrieb mit E-Motor, Wasserstofftanks und Zusatzbatterie (Audi h-tron Quattro 2016) [42])

Abb. 18.29 zeigt ein ähnliches Konzept von Audi mit den Namen „H-tron quattro" [42]. H-tron sollte 2017 in Serie gehen, wurde aber zurückgestellt. Nach Planungen der Fa. Linde sollte das Wasserstofftankstellennetz in Deutschland bis 2023 auf 400 steigen [43]. Tatsächlich stagniert der Ausbau seit 2022 und hat in 2024 lediglich ca. 87 Zapfstationen erreicht.

18.3.5 Low Budget Autos

Renault preschte mit Dacia vor, General Motors, Hyundai, Nissan, Suzuki und Tata, Maruti zogen nach. Diese Autos sind in erster Linie für die Länder mit niedrigem Einkommen gedacht. Dieser Markt soll auf mehr als zehn Millionen Stück wachsen [44]. Für diese Käuferschicht sind große Familien Autos mit einfacher Ausstattung gedacht, die jedoch nicht über 8.000 € kosten dürfen [45, 46]. Kostengünstige Lösungen für dieses Segment bilden McPherson Vorderachse und Verbundlenker Hinterachse.

18.3.6 E-Radnabenfahrwerk „eCorner"

Als nächster Evolutionsschritt nach der Entwicklung von Radnabenmotoren ist die Elektrifizierung aller Fahrwerksfunktionen und deren Integration in ein Radmodul vorstellbar. Damit hätte jedes Rad seine eigenen Brems-, Antrieb-, Federungs-, Dämpfung- und aller Fahrwerksfunktionen und deren Integration in ein Radmodul denkbar. Damit hätte jedes Rad seine eigenen Brems-, Antrieb-, Federungs-, Dämpfung- und Lenkungsfunktionen. In den letzten Jahren sind einige Vorschläge und Prototypen in dieser Richtung bekannt geworden. In den Radnabenantrieb der Fa. Bridgestone sind die Dämpfung und Radführungsfunktionen integriert (Abb. 18.30) [47].

Michelin hat in ihrem „Active Wheel" alle Fahrwerkfunktionen bis auf die Lenkung integriert. Sogar eine aktive Federung ist vorgesehen (Abb. 18.31) [48]. Von diesen beiden Beispielen gibt es mehrere

Abb. 18.30 Radnabenmotor von Bridgestone [47]

Abb. 18.31 Michelin „Active Wheel" mit in die Felge integrierten Fahrwerkfunktionen [48]

Prototypen, die auch an Fahrzeugen getestet wurden.

Für den Serieneinsatz solcher Konzepte ist noch eine lange Entwicklungs- und Validierungsarbeit erforderlich. Mit einer Markteinführung ist nicht zu rechnen.

18.4 X-by-wire-Systeme der Zukunft

Metin Ersoy und Stefan Gies

Die Vision künftiger Fahrwerkkonzepte könnte wie in Abb. 18.32 [49] dargestellt aussehen: Jedes einzelne Rad hätte seine individuellen Funktionsmodule, die Längs-, Vertikal- und Querdynamik bestimmen. D. h., jedes Rad besitzt einen eigenen Antrieb, Bremse, Lenkung, Federung, Dämpfung und Führung. Damit hätte man die maximale Flexibilität und die Steuerungsmöglichkeiten jedes Rades erreicht, unabhängig von den anderen Rädern.

Dies setzt jedoch voraus, dass alle Systeme aktiv funktionieren, miteinander vernetzt sowie ineinander integriert und als X-by-Wire steuerbar sind. Das Unterbringen aller Funktionen in einer Einheit erfordert ein hohes Maß an Modulintegration,

18

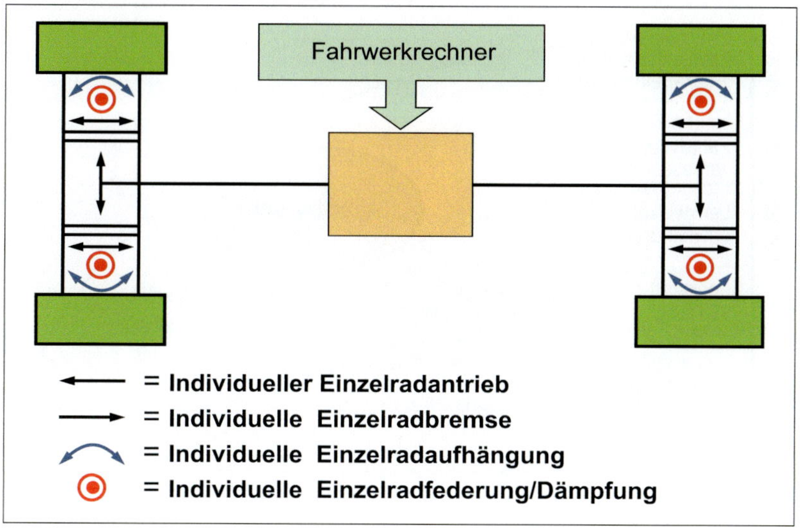

Abb. 18.32 Vision vom Fahrwerk der Zukunft mit rad-individuellen Systemen aus dem Jahr 1992 [49]

das sich nur durch Einbeziehung einer intelligenten Mechatronik realisieren lässt (s. auch ▶ Abschn. 14.7.4).

Ein sehr wichtiger Vorteil dieser Vision ist die völlige räumliche Abkopplung des Fahrwerks vom Rest des Fahrzeugs und damit größtmögliche Designflexibilität.

Teile der Vision sind jetzt schon Realität: Allradantrieb, Radbremse, Einzelradaufhängung, Allradlenkung, aktive Fahrwerksysteme, X-by-wire, Global Chassis System. Dies beweist die Machbarkeit der Vision. Mit dem Einsatz von Elektrofahrzeugen liegt es nahe, dass jedes Rad einen eigenen Antrieb als E-Motor hat.

Die ersten Projekte sind bereits bekannt: Radantrieb von Bridgestone und Michelin (s. ◘ Abb. 18.30, ◘ Abb. 18.31) mit Radnabenmotoren. Die Integration des E-Motors könnte die Bremsen, zumindest an der Hinterachse, durch Energierekuperation ersetzen. Die Federung und Dämpfung lassen sich in einer 18- oder 19-Zoll-Felge unterbringen, solange der Gesamtradhub 150 mm nicht überschreitet. Brake-by-wire als Feststellbremse anstelle der handbetätigten Feststellbremse ist heute in vielen Fahrzeugen der Serienstand. Eine Umstellung der gesamten Bremsanlage auf eine elektro-mechanische Brake-by-Wire-Technologie würde hohe Kosten für die Bereitstellung der Energieversorgung und die Absicherung der Funktion durch Redundanzen verursachen, ohne dass sich wesentliche Verbesserungen in der Funktion ergeben.

Das Elektrofahrzeug weist allerdings hier den Vorteil auf, dass die elektrische Leistung am Bord deutlich höher ist und das Bordnetz sehr sicher ausgelegt wird. Damit öffnen sich Möglichkeiten für neue Technologien auf Basis von Elektroaktoren. Eine voll elektro-mechanische, trockene Bremse wird sich sicherlich erst nach der Einführung der Hybridbremssysteme und insbesondere bei Elektrofahrzeugen durchsetzen [50].

Steer-by-wire Systeme sind dagegen bereits vereinzelt in Serienfahrzeugen zu finden bzw. befinden sich in der Einführungsphase zum Serienstandard. Infinitiy hat bereits seit 2013 ein Fahrzeug im Einsatz, Toyota und Lexus haben den Einsatz in einem Serienfahrzeug für 2025 angekündigt. In (◘ Abb. 18.33) sind die Treiber für den Einsatz eines Steer-by-wire Systems gezeigt [51].

Gas-by-wire, Clutch-by-wire, Shift-by-wire bilden heute den Stand der Technik

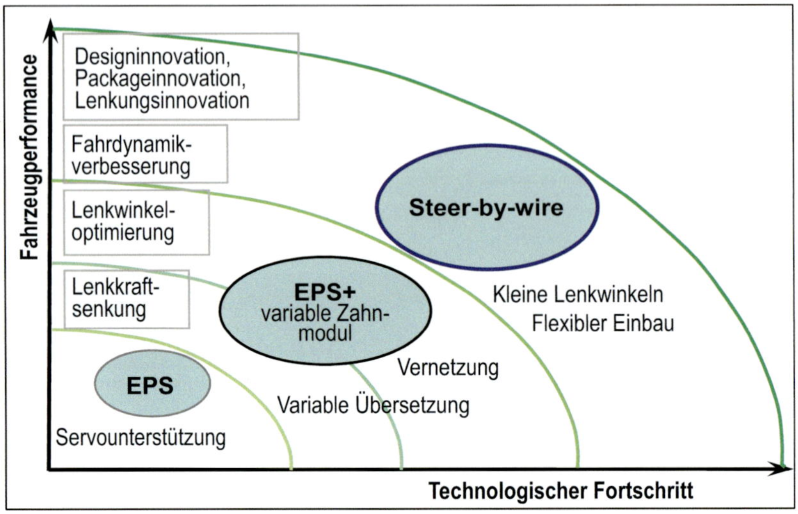

Abb. 18.33 Positionierung des Steer-by-wire-Systems [51]

und Leveling-by-wire ist relativ einfach realisierbar.

Weitere Voraussetzungen für die umfassende Einführung der X-by-wire-Technologie sind kompakte elektrische Dreh- und Linearaktuatoren, 42-Volt-Bord-spannung, aktive Regelungsprogramme und -geräte.

Diese Voraussetzungen werden sicher in den nächsten 10–20 Jahren erfüllt sein. Die wichtigste Hürde ist aber eine 100 % Sicherheit solcher Systeme, die durch zahlreiche Redundanzen und damit erhöhte Kosten zu gewährleisten ist. X-by-wire ist die Voraussetzung für das autonome Fahren, welches erst nach der völligen Drive-by-wire-Steuerung des Fahrzeugs realisiert werden kann. Daher werden die Anstrengungen zum autonomen Fahren die Entwicklungen an den X-by-wire-Technologien vorantreiben.

18.5 Fahrerassistenz-Systeme der Zukunft

Metin Ersoy und Christian Schimmel

Fahrerassistenz-Systeme unterstützen den Fahrer bereits heute in vielen für ihn unangenehmen oder unkomfortablen Szenarien. Mit steigender Leistungsfähigkeit von Sensorik und Aktorik werden neuartige Informations-, Warn- und Assistenzsysteme zur Serienreife entwickelt. Nach [52] ist aber davon auszugehen, dass deren Einsatzszenarien noch auf Verkehrssituationen mit geringer Fahrgeschwindigkeit oder kleiner Komplexität (Autobahnfahrten) beschränkt bleiben. Abb. 18.34 stellt dies in einem Kennfeld der Fahrgeschwindigkeit über der Situationskomplexität dar. In Bereichen hoher Komplexität und großer Fahrgeschwindigkeit ist der Mensch als Fahrzeugführer

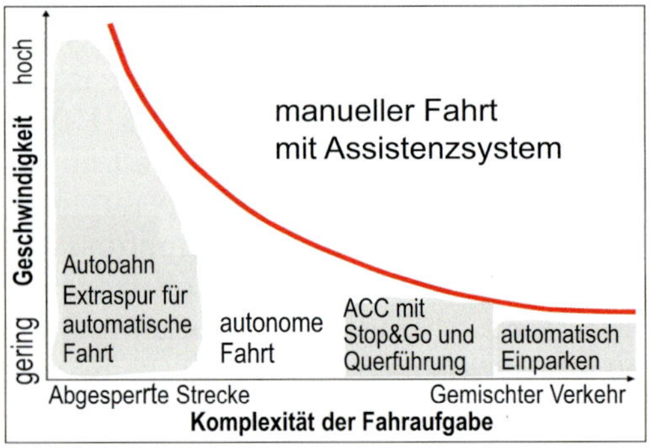

Abb. 18.34 Einsatzfelder von Assistenzsystemen [52]

bisher noch nicht zu ersetzen, sondern lediglich zu unterstützen.

Nach [53] können hochautomatisierte Fahrerassistenzsysteme nur zugelassen werden, wenn ein deutlicher Sicherheitsgewinn gegenüber menschlichen Fahrern mit anerkannten Methoden nachgewiesen wurde. Durch die geringe Anzahl von Unfällen pro gefahrene Strecke entsteht so ein Testdilemma [53]. Allein der Nachweis eines Sicherheitsgewinns für ein Assistenzsystem kann enormen Testumfang bedingen. Die Kosten hierfür steigen zusätzlich, da dieser Nachweis für jede Weiterentwicklung zu wiederholen wäre. Auswege aus dieser Problematik setzen voraus, dass als Gütekriterium für Assistenzsysteme neue Metriken etabliert werden.

Ein weiteres Forschungsfeld stellt die Fragestellung dar, wie bei Erreichen der Grenzen eines Systems verfahren wird. Bisher etablierte Funktionen beinhalten eine kontinuierliche Überwachung durch den Fahrer. Dadurch kann angenommen werden, dass der Fahrer die Fahrzeugführung schnell genug wieder übernehmen kann. Das Fernziel von Assistenzsystemen ist jedoch gerade die Möglichkeit, dass der Fahrer anderen Tätigkeiten nachgehen und sich von der Fahraufgabe abwenden kann. Neben gesetzlichen Fragestellungen der Verantwortlichkeit für die Fahrt ist es folglich notwendig, eine zuverlässige Übernahme der Fahrt durch den Fahrer sicherzustellen.

Bisherige Untersuchungen behandeln überwiegend Reaktionszeiten des Fahrers in Abhängigkeit von der Abwendung vom Fahrgeschehen. Viele Tests belegen die Tendenz, dass bei intensiver Nebentätigkeit eine stärkere Verzögerung bis zur Wiederaufnahme der Fahraufgabe eintritt. Durch den momentanen Funktionsumfang erfolgen Übernahmeaufforderungen jedoch in Zuständen, die den Fahrer nicht überfordern.

Er findet zum Zeitpunkt der Funktionsgrenze ein ihm bekanntes, vorhersehbares und im Verhalten möglichst lineares System vor.

Die Forschung mit Autopiloten in Flugzeugen zeigt, dass dieses Bewusstsein eines bekannten Systemverhaltens von essentieller Bedeutung für eine erfolgreiche Übernahme ist. Wird bei engagierter Fahrweise beispielsweise bei einer Kurvenfahrt eine Gegenlenkbewegung aufgrund dynamischer Effekte notwendig, sind erfahrene Fahrer in der Lage, die richtige Handlung abzurufen. Dafür ist allerdings das Wissen über die eingegangene dynamische Kurvenfahrt erforderlich. Derselbe Fahrer kann, wenn die Kurvenfahrt mit einem Assistenzsystem erfolgt und er einer Nebenbeschäftigung nachgeht, das Fahrzeug unter Umständen nicht stabilisieren. Daher ist ein verstärkter Fokus auf die Gestaltung von Übernahmeaufforderungen zu erwarten.

Darüber hinaus bestimmen die folgenden Themen die zukünftige Entwicklung von Assistenzsystemen [53]:

Integrierte Bediensysteme sind erforderlich, um die Funktionalität der Systeme intuitiv zugänglich zu machen. Die Relevanz einer schlüssigen Bedienlogik steigt mit der Komplexität der Assistenzfunktionen. Vor dem Hintergrund der aktuellen Diskussionen um CO_2-Einsparungen wird es notwendig, eine Verbesserung der Umweltbilanz durch Fahrerunterstützung zu erreichen. Fahrerassistenzsysteme bieten zudem das Potential, größere Verkehrsleistungen in dichtem Verkehr zu erzielen.

Die aktive Sicherheit kann durch weiterentwickelte Systeme, beispielsweise aktive Kollisionsvermeidung, einen erheblichen Beitrag zur Sicherheit im Straßenverkehr leisten. Es ist denkbar, dass Umfänge der passiven Sicherheit in einzelnen Domänen durch aktive Systeme nicht nur ergänzend unterstützt werden, sondern diese sogar ersetzen. Die autonome Fahrt als maximale Ausbaustufe der Fahrerassistenz wird weiterhin Bestandteil von Forschungs- und Entwicklungsthemen sein. Ziel dieser Aktivitäten ist die eigenständige Fahrt im gemischten Verkehr aus autonom fahrenden und konventionellen Fahrzeugen.

Die Fahrerassistenzsysteme der Zukunft werden einen wichtigen Beitrag zur Verbesserung des Verkehrs in Bezug auf Sicherheit, Komfort und Umweltschonung leisten [54]. „Smart & intelligent", „erweiterte Energiemanagement" und „Kommunikation mit anderen Verkehrsteilnehmern" bilden die Schlüsselwörter der Zukunft. Eine wichtige Tendenz ist jedoch, dass neue Assistenzsysteme nicht nur bei den Oberklassenfahrzeugen vorgehalten werden, sondern auch für die unteren Klassen angeboten werden. Darüber hinaus werden diese Systeme immer häufiger als Serienausstattung eingebaut.

18.6 Vorausschauende und intelligente Fahrwerke der Zukunft

Metin Ersoy und Hans-Jürgen Negele

Die Zielsetzung der Aktivitäten hinsichtlich intelligenter und vorausschauender Fahrwerke ist die Optimierung des Kompromisses zwischen Komfort und Fahrsicherheit. Für konventionelle, passive Fahrwerke existiert eine Grenzkurve hinsichtlich möglicher Kombinationen aus Sicherheit und Komfort (s. ◘ Abb. 15.2). Diese Kurve zu überschreiten ist nur möglich, indem Fahrwerke aktiv reagieren oder – noch besser – agieren können. Dies kann einerseits durch verbesserte Sensorik und Aktuatorik im Fahrzeug und andererseits durch die Verwendung von Informationen von außerhalb des Fahrzeugsensierungsbereichs auf der Ebene der Navigation und der Antizipation erreicht werden. Beide Ansätze haben großes Potenzial hinsichtlich den Sicherheits-, Komfort- und Fahrdynamikeigenschaften eines Fahrzeugs, stellen aber unterschiedliche Anforderungen an die Sensorik, Aktuatorik und Informationsverarbeitung. Im Folgenden sind die zu erwartenden Entwicklungen auf diesen Gebieten ausgeführt.

18.6.1 Fahrzeugsensorik

Großes Potenzial hinsichtlich des Fahrkomforts bieten vorausschauende Fahrwerke, die mittels Sensorik Informationen über Fahrbahnunebenheiten vor dem Fahrzeug für die aktive Regelung von Federn und Dämpfern gewinnen können. Solche Systeme sind seit kurzem bei Mercedes in Serieneinsatz. Diese Systeme tasten die vorausliegende Fahrbahnoberfläche im Nahbereich mit Hilfe von an der Frontscheibe angebrachter Stereokamera ab [55]. Dadurch kann z. B. die ABC-Systemregelung vorausschauend agieren und so den Fahrkomfort wesentlich verbessern (◘ Abb. 18.35). Das System ist in der Mercedes S-Klasse (W222) als *„Magic Body Control"* im Serieneinsatz [56].

Die für die Erfassung der Verkehrs- und Umfeldsituation relevante Fahrzeugsensorik ist technisch realisiert und grundsätzlich verfügbar (◘ Abb. 18.36) [57].

Eine eigene Klasse bilden Nah-, Mittel- und Fernbereichsradare, die umgebenden Fahrzeuge detektieren und vor allem für ACC-Funktionalitäten (Active Cruise Control) genutzt werden (s. ◘ Abb. 17.19).

Die Mercedes S-Klasse spielt hier eine Vorreiterrolle mit 6 Radarsensoren, 5 Stereo- und Infrarotkameras und 16 Ultraschallsensoren (◘ Abb. 18.37), mit zahlreichen Assistenzfunktionen u. a. ACC mit Lenkassistent, Aktive Spurführungsassistent, BAS Plus mit Kreuzungsassistent, Pre-Safe Bremsen mit Fußgängererkennung, 360° Kamera [58].

Eine vergleichbare Funktionalität bei stark erhöhten Sensorfähigkeiten hinsichtlich Reichweite, Öffnungswinkel und der Erkennung von stehenden Gegenständen haben die Laserscanner (◘ Abb. 18.38).

Abb. 18.35 Vorausschauendes Fahren der neuen Mercedes S-Klasse W222 mit einer Stereo Kamera [56]

Abb. 18.36 Fahrzeugsensorübersicht für die „piloted driving concept". Audi RS 7 Bj. 2017 [57]

Diese können ein besonders präzises Bild von der Umgebung erstellen. Sie vermessen Konturen sehr genau. Sie erkennen Objekte, identifizieren Hindernisse und ausdrücklich auch Freiräume, in denen sich das Auto gefahrlos bewegen kann. Im Vergleich zu Radar, dessen Stärke in der Abstandhaltung bei hohen Geschwindigkeiten liegt, sind bei den Laserscanner das Sichtfeld und die Winkelauflösung deutlich größer. Um die Umgebung genau zu erkennen ist jedoch eine Fusion der Informationen von mehreren Sensorsystemen (Radar, Laserscanner, Kamera) notwendig.

Die Laserscanner sind z.Z. sehr teuer und daher deren Serieneinsatz erst nach starker Senkung deren Herstellkosten in den nächsten Jahren möglich wird (Abb. 18.39).

Ein Technologiesprung hinsichtlich der Qualität von Sensorinformationen für die Fahrdynamikregelung ist die Verwendung von Videobildern. Voraussetzung dafür ist die Zuverlässigkeit der Bilderkennung unter allen Umweltbedingungen. Neben der Erkennung anderer sich bewegender und stehender Fahrzeuge kann auch die Erkennung von Verkehrsschildern und auch nicht

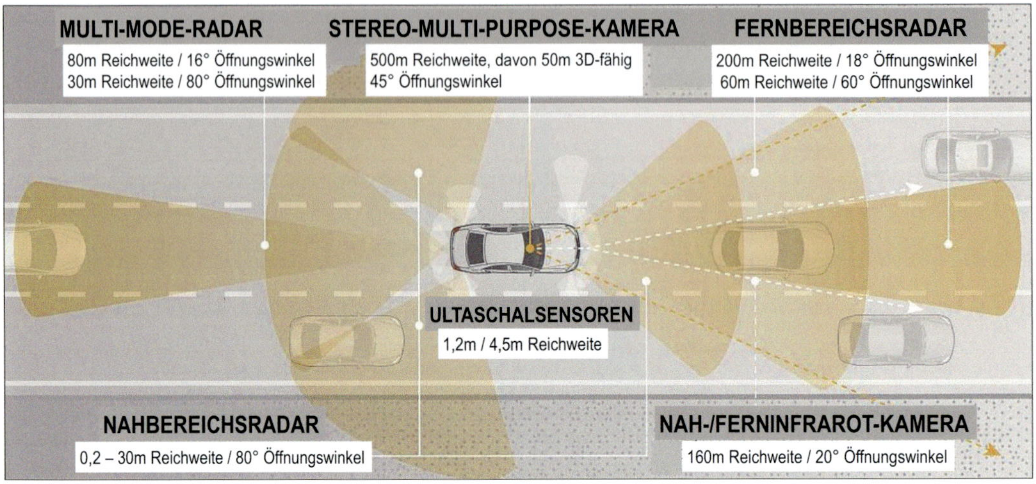

Abb. 18.37 Sensorausstattung der Mercedes S-Klasse W222 (6 Radarsensoren, 5 Kamerasensoren, 12 Ultraschallsensoren) [58]

Abb. 18.38 Rundum Laserscanner der Fa. Ibeo [62]

metallischen Objekten (z. B. Fußgänger) realisiert werden.

Durch die Weiterentwicklung der Technologie als Stereo Kamera können nun auch die Entfernungen einzelner Pixel ermittelt werden. Was die Bedeutung der Kamerasysteme deutlich steigert [59]. In Abb. 17.32 ist so eine Kamera in Einsatz [60].

Die Erkennung bzw. Voraussage über die Reibverhältnisse zwischen Reifen und Fahrbahn bietet Potenzial zur Erhöhung der Fahrsicherheit. In Entwicklung sind berührungslose Straßenzustandssensoren auf der Basis von breitbandigem Infrarotlicht, die über die Analyse des reflektierten Lichts Eis, Schnee und ggf. die Wasserstandshöhe auf der Straße detektieren können [61]. Ein anderer Ansatz ist die Verwendung von Sensoren zur Erfassung der Griffigkeit im Reifen selbst. Beide Systeme tragen zu einer Beeinflussung der Fahrdynamik durch Motor-/Bremseingriff bei.

- **Sensorik außerhalb des Fahrzeugs**

Informationen über Kurvenradien und Streckenverlauf aus GPS-Daten können zur Anpassung der Getriebe-Gangstufen und Fahrgeschwindigkeit herangezogen werden. Es ist vorstellbar, dass diese Daten auch Informationen über den Straßenzustand in Form spektraler Unebenheitsdichten enthalten und somit zur Anpassung des Fahrwerks an die Strecke benutzt werden können. Die Daten liegen aber derzeit noch nicht in einem zuverlässigen und für die Fahrdynamikregelung ausreichenden Detaillierungsgrad vor. Telematikinformationen über Verkehrssituation und Straßenzustand können dem Fahrer bereits heute zugänglich gemacht werden, sind aber hinsichtlich Detaillierungsgrad und Aktualität für die Fahrdynamik-Regelung noch nicht ausreichend.

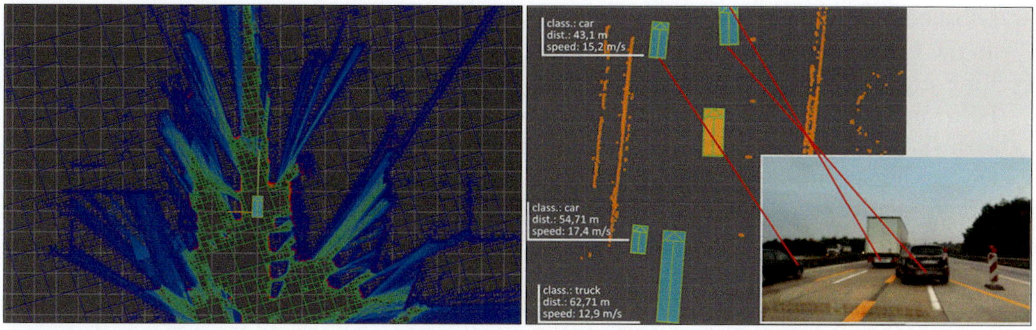

Abb. 18.39 Aufnahmen des Laserscanners und davon berechnete Umgebungsbild [62]

Die kontinuierliche Positionsbestimmung über GPS und die Weitergabe von relevanten Informationen über Fahrbahnzustand und Verkehrssituation (Verschmutzung, Nebel, etc.) am in der Nähe befindlichen Fahrzeuge (*Car-to-car* oder *C2C*) wird in Pilotprojekten praktiziert und bietet ein großes Potenzial (Abb. 18.40) [63].

Neben der Weitergabe von Informationen für die Fahrwerksregelung ist auch die Verwendung der Positions- und Bewegungsinformationen zur Vermeidung von Kollisionen oder dem Abkommen von der Fahrbahn über den Eingriff in die Fahrzeuglängsregelung angedacht.

Zu diesem Zweck werden zuerst auf den Autobahnen Sender- und Empfänger-Baken installiert. Erste Strecke, die, das zukünftige autonome Fahren ermöglichen und es testen soll, wurde in 2015 auf der Autobahn A9 freigegeben [64]. Abb. 18.41 zeigt eine Darstellung der digitalen Autobahn wie auf der BAB A9 [65].

18.6.2 Aktuatorik

Im Bereich der nicht passiven Fahrwerke können drei Varianten unterschieden werden (s. ► Abschn. 16.3.2).

- Die adaptiven Fahrwerke ermöglichen, eine stufenweise Einstellung der Dämpferkennlinie durch den Fahrer.
- Semi-aktive Systeme passen die Dämpferkennlinien in Stufen oder stufenlos

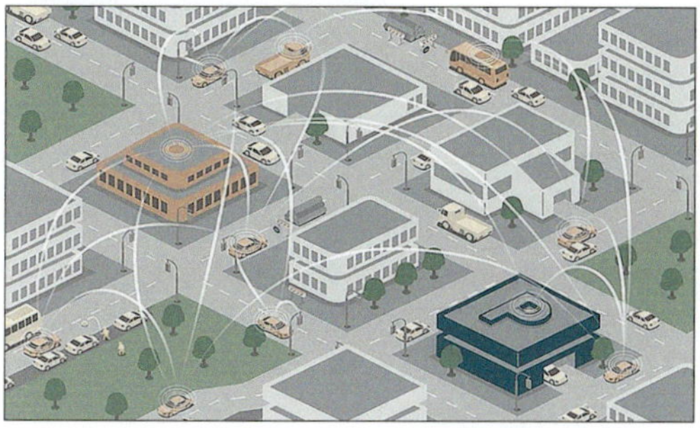

Abb. 18.40 Car2Car Vernetzung [63]

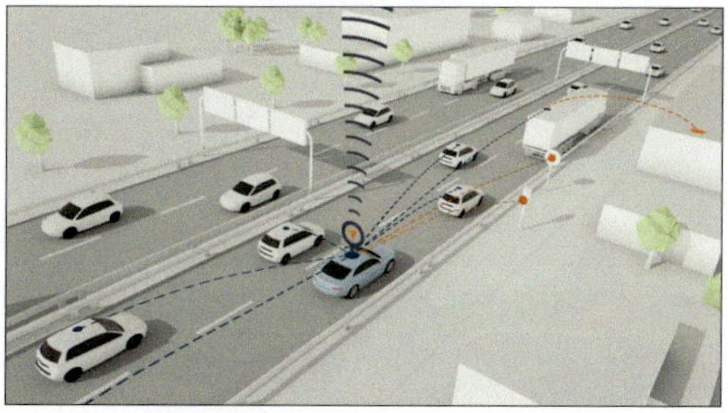

Abb. 18.41 Digitale Autobahn (BAB A9 – Bild BMDV) [65]

selbstständig und ohne Fahrereingriff an die Erfordernisse der Fahrbahn an.
- Eine eigene Klasse bilden die aktiven Fahrwerke, wobei hier zwischen langsamen (Stellfrequenz < 3 Hz) und schnellen Systemen unterschieden wird. Bei diesen Fahrwerken sind Feder- und Dämpferkennlinien stufenlos verstellbar. Insbesondere mit schnell regelnden aktiven Fahrwerken sind große Verbesserungen hinsichtlich Fahrsicherheit bei gleichzeitigem Komfortgewinn möglich.

Der Ansatz der aktiven Fahrwerke bedeutet letztendlich, die Normalkräfte in der Reifenaufstandsfläche aktiv einstellen zu können.

18.6.3 Vorausschauendes Fahren

Unter „*vorausschauendem Fahren*" versteht man, dass die Fahrbahn, Vorausverkehr, Umweltbedingungen, Verkehrseinschränkungen im Voraus bekannt sind damit der Fahrer und das Fahrzeug rechtzeitig für diese Situation optimal vorbereitet und angepasst werden können (◘ Abb. 18.42) [66]. Beim vorausschauenden Fahrwerk wird der übergeordnete Fahrdynamikregler mit den Systemen für passive Sicherheit bzw. für intelligente Umwelterfassung vernetzt. Hier geht es vor allem um das Erfassen von Fahrbahnverlauf, -steigung, -beschaffenheit aber auch um frühzeitiges Erkennen der Verkehrssituation. Sind diese Daten bekannt, kann die Elektronik die Fahrwerkeinstellungen bereits im Voraus anpassen, Motordrehzahl, Getriebegangstufe, Fahrzeuggeschwindigkeit rechtzeitig beeinflussen.

Dann kann, z. B. kurz vor einer Kurve, die Federung und Dämpfung straffer eingestellt, der Sturzwinkel der Räder verändert und, wenn nötig, die Geschwindigkeit reduziert und der Getriebegang heruntergeschaltet werden (◘ Abb. 18.43).

Damit hätten alle aktiven Fahrwerksysteme ausreichend Zeit, ohne großen Leistungsbedarf die notwendigen Voreinstellungen vorzunehmen. Eine Vorstufe dieses

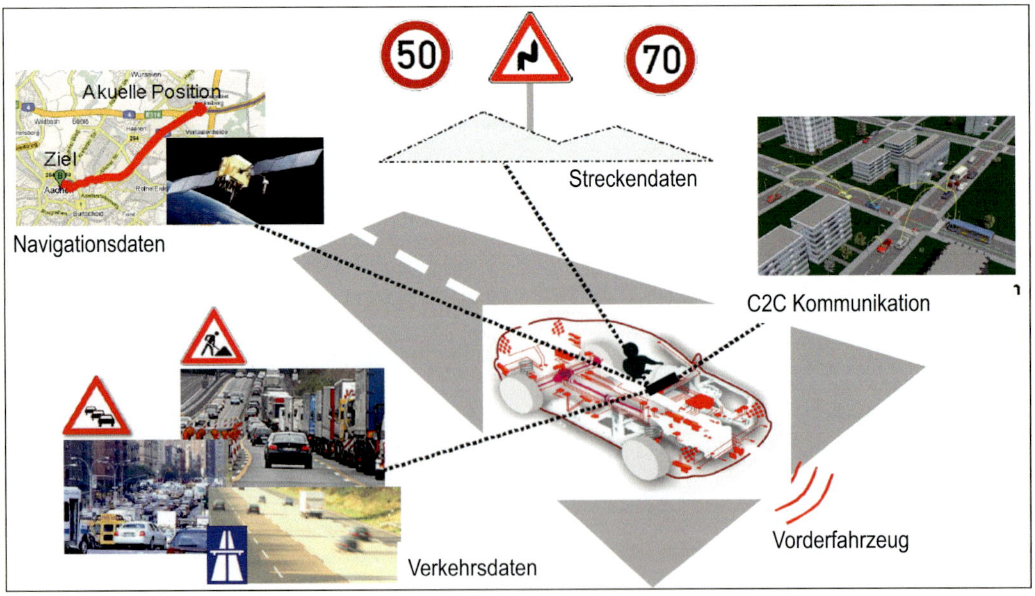

◘ **Abb. 18.42** Mögliche Vorausschautechnologien [66]

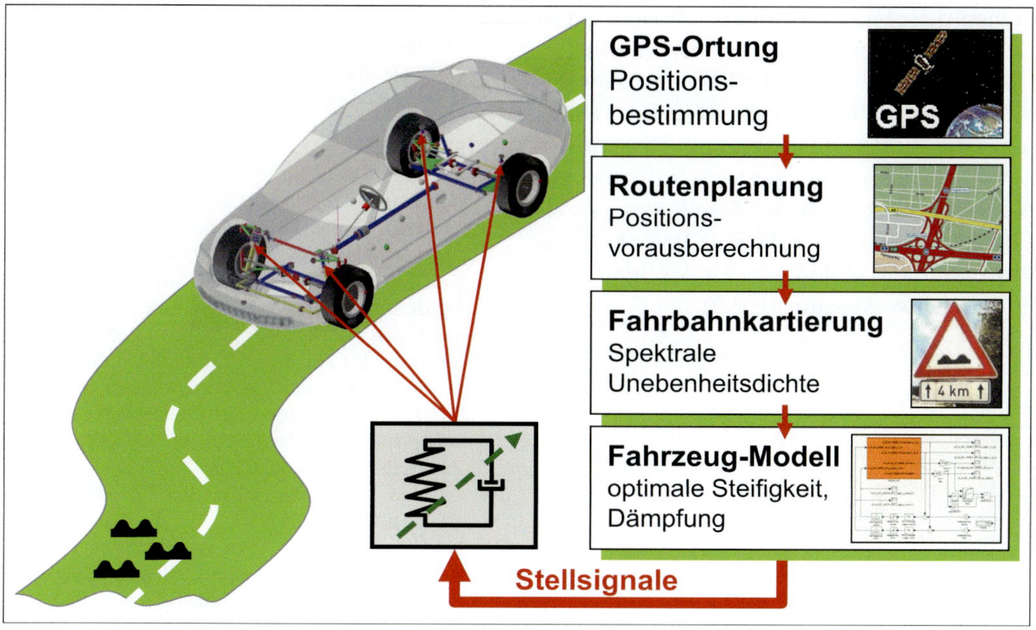

Abb. 18.43 Vorausschauendes Fahrwerk [66]

Konzepts ist als „Crash Prediction“ (Pre-Safe) in einem „Active Safety System“ im Serieneinsatz.

18.7 Ausblick

Metin Ersoy, Stefan Gies und Bernd Heißing

Ein wesentlicher Teil der individuellen Mobilität wird auch in der absehbaren Zukunft wesentlich über nicht schienengebundene 4-Rad-Fahrzeuge erfolgen. Insofern wird das Fahrwerk, welches die Verbindung von Fahrzeugaufbau und Fahrbahn darstellt, weiterhin eine wichtige Rolle in der Entwicklung spielen. Unabhängig von der Antriebsart müssen die Kräfte zur Fahrzeugführung, also Längs-, Quer- und Vertikalkräfte, durch die Radführung umgesetzt werden. Auch bei autonom betriebenen Fahrzeugen wird diese Aufgabe bestehen bleiben, selbst wenn sich die Anforderung, z. B. bzgl. Rückmeldung an den Fahrer oder Insassen, ändern.

Die zunehmende Elektrifizierung des Antriebs und des Fahrwerks bietet neue Möglichkeiten an neuen Funktionen und technischen Lösungen. Elektrische Energie steht inzwischen ausreichend zur Verfügung, um viele Unterstützungs- und Stellaufgaben elektromotorisch zu realisieren. Die Sicherheit der elektrischen Versorgung ist inzwischen auf einem Niveau, das X-by-wire mit überschaubarem Aufwand ermöglicht.

Visionäre Radführungskonzepte wie das Active Wheel von Michelin (Abb. 18.31), nutzen diesen neuen Spielraum. In den letzten Jahren sind weitere, seriennähere Studien bekannt geworden (siehe Abb. 18.22, 18.27, 18.28). Die Lösung der Fa. Deep Drive mit „Doppelrotor-Radialfluss-Motor“ (Abb. 18.26) bietet hier einen sehr interessanten Ansatz, Radnabenmotoren mit all ihren Vorteilen zu realisieren.

Weitere neue Entwicklungsfelder im Fahrwerk ergeben sich durch die immer besser werdende Umfeld- und Umwelterkennung mittels Sensorik und Vernetzung.

Stehen dem Fahrwerk diese Information in Echtzeit zur Verfügung, können direkt Betriebsstrategien und Reaktionen abgeleitet und eingeleitet werden. Wichtig wird es sein, die Logik im Fahrzeug strukturiert unterzubringen. Eine zentrale Software mit Nutzung von künstlicher Intelligenz gilt als Lösungsansatz, um z. B. den Berechnungsprozeß um das Zehnfache zu beschleunigen [9] (s. auch ► Abschn. 16.6.3).

Literatur

1. Hackenberg, U.: Trends in der Fahrwerk- und Elektronikentwicklung. 17. Aachener Kolloquium, S. 1–9 (Okt. 2008)
2. Burgard, J.; Wyman, O.: Wo führt die Zukunft hin. In: Automobil Produktion, S. 20–28 (Mai 2008)
3. N.N.: Gemeinsam Fahrtaufnehmen. DRIVE: Das ZF-Magazin 2.2015, S. 27–29, Friedrichshafen, (2015)
4. N.N.: A handle on dynamics, Chassis engineers from OEM and suppliers tell how they expect vehicle dynamics to develop in the coming years. In: Automotive Engineers, S. 31–44 (June 2008)
5. Gilsdorf, H. J.: Effizienter Leichtbau bei Federbeinen und Achsdämpfern. 7. IKA Tag des Fahrwerks, Aachen S. 43–52 (Oktober 2010)
6. Steiler, G.: Leichtbaufedern von Audi: Grün und leicht. ► www.kfz-betrieb.vogel.de/technic/articles/451051/?dia= 02.07.14. Zugegriffen: Mai 2015
7. N.N.: Geringerer Rollwiderstand senkt CO_2-Ausstoß. In: Automotiv Materials, S. 24–25, 04-2007
8. Chowanetz, K.: Warten auf den Löwenzahn-Pneu. Rhein-main-Presse, Motor Journal, 24.10.2015
9. N.N.: Technik. Neuheiten von Zulieferer ZF. Auto Zeitung S. 66–69, Heft17/24
10. Bähnisch, S.: Neue S-Klasse sieht alles. ► www.autobild.de/ artikel/mercedes-s-klasse-w222-erlkoenig-update-3724651. 29.04.2014 (Zugegriffen: Jan 2016)
11. Gordon, T.; Howell, M.; Brandao, Fl.: integrated control methodologies for road vehicles. Vehicle Sys. Dyn. **40**(1–3), 157–190 (2003)
12. Tanaka, H.; Inoue, H.; Iwata, H.: Development of a Vehicle Integrated Control System. Proceedings of the XXIV FISITA Congress, S. 63–72. London (1992)
13. Bernhard, W.: Elektromobilität – Der einzige Weg in die Zukunft. 19. Aachener Kolloquium, S. 619–633 (Okt. 2010)
14. Krinke, S.; Koffler, Ch.; Deinzer, G.; Heil, U.: Automobiler Leichtbau unter Einbezug des gesamten Lebenszyklus. ATZ **112**, S. 483–445 (2010)
15. Gies, S.: Zukünftige Herausforderungen der Fahrwerkentwicklung. 7. IKA Tag des Fahrwerks, S. 23. Aachen (Okt. 2010)
16. ZF Friedrichshafen: Interne Präsentation (2008)
17. Fuhrmann, G.; Elbers, Ch.; Stretz, K.: Achskinematikstudie mit radführender Querblattfeder. 19. Aachener Kolloquium, S. 1603–1615 (Okt. 2010)
18. Kücükay, F.: Leichtbau im Antriebsstrang. IFA Symposium, S. 17–60. Haldesleben (Juni 2007)
19. Sievernich, W.: Neue hybride Leichtbauhinterachse für E-Fahrzeuge. Automobil Industrie, Vogel Verlag Würzburg, ► http://www.automobil-industrie.vogel.de/neue-hybride-leichtbauhinterachse-fuer-e-fahrzeuge-a-545787/?cmp=nl-99. Zugegriffen: 16. August 2016
20. Ammon, D.: Rekuperation der Dämpfungsenergie. ATZ-Online (2009)
21. Naunin, D.; Bader, J.; Biermann, J.-W.: Hybrid-, Batterie- und Brennstoffzellenelektrofahrzeuge. Expert-Verlag, 4. Auflage (2007)
22. Klein, B.: Niedervolt-Hybridisierung vor dem Serienstart. Continental-Pressemitteilung, Co2-Potenzial verhilft 48 Volt zum Durchbruch. Zugegriffen: 07. Mai 2015
23. Bielefeld, M.; Bieler, N.: Modulare Hybrid-Antriebssysteme. ATZ **107**(9), 738–745 (2005)
24. Schwarzer, C. M.: Elektromobilität: Mogelpackung Plug-in-Hybrid. ► www.zeit.de/auto/2013-04/plug-in-hybrid, 23. April 2013 (Zugegriffen: Jan. 2016)
25. Knödel; U., Strube, A., Blessing, U., Klostermann, S.: Auslegung und Implementierung bedarfsgerechter elektrischer Antriebe. ATZ **112**, 462–473 (2010)
26. Sievernich; W.: Volkswagen bringt 2020 erstes E-Fahrzeug. Automobil Industrie, Vogel Verlag Würzburg 30.09.16 ► www.automobil-industrie.vogel.de/ volkswagen- bringt-2020-erstes-e-fahrzeug-a-552060
27. König, L.; Böcker, R.; Folke, R.: Bosch Torque Vectoring foe EV – A new approach to design lateral dynamics. In: Chassis-Tech, S. 99–109. München (Mai 2010)
28. Häusler, F.: Deutsche Patentschrift DE2010050013 sowie: ► http://www.ecs.hs-osnabrueck.de/2721+M5ed73dc06a4.html
29. N.N.: Electric Twist beam Achse- (ausgestellt auf der IAA,: ZF Mitarbeiter Zeitung. Friedrichshafen **03**, 2015 (2013)
30. ► http://www.hybrid-autos.info/Technik/PMSM
31. ► http://www.elektroautosweb.cz/Mitsubishi
32. Advancements in electric and hybrid electric vehicle tech-nology: SAE SP-1023. Society of Automotive Engineers, Warrendale (1994)

33. C.C. Weiss: newatlas.com/deepdrive-dual-rotor-e-motor/ July 19. 2024
34. Nolte, M.: Schaeffler zeigt zweite Generation seines Radnabenmotors „E-Wheel Drive". Automotive Technologie. 11.04.2013
35. Goroncy, J., Günnel, T.: ZF zeigt Konzeptauto für die Stadt. Mobility, AI-Online ► www.automobil-industrie.vogel.de/zf-zeigt-konzeptauto-fuer-die-stadt-a-496714. 06.07.15
36. ► https://de.wikipedia.org/wiki/Wasserstoffantrieb. Zugegriffen: Okt. 2016
37. Debus, T.: Brennstoffzellen-Antrieb-Wasserstoff ist der neue Spritz 17.11.2015. ► http://www.faz.net/aktuell/technik-motor/auto-verkehr/wasserstoff-autos-von-toyota-honda-mit-brennstoffzellen-13912571.html
38. Mark Z. Jacobson et al.: A 100% wind, water, sunlight (WWS) all-sector energy plan for Washington State. Renew. Energy **86**(75–88), 76 (2016). 10.1016/ j.renene.03.08.2015
39. HyCar – Wasserstoffahrzeug in der Schweiz ► www.esoro.ch/deutsch/content/kernk/nhanst/hycar/hycar-1
40. N.N.: Die Zukunft kostet 80.000 €: So fährt Toyotas Serienauto mit Brennstoffzelle, Focus.de
41. Priemwe, B.: Mercedes GLC F-Cell – Ab,: Als Brennstoffzellen-Plug-in. Auto Motor und Sport **11**(06), 2016 (2017)
42. ► www.audi-technology-portal.de/de/mobilitaet-der-zukunft/hybridfahrzeuge/audi-h-tron-quattro-concept
43. Benny, 4.: Fahrbericht, BMW Wasserstoff Brennstoffzelle in 5er GT. Bimmertoday.de, 10.07.21015
44. Meiners, J.; Köth, C.P.: Low-Budget-Cars: Weniger wird mehr. Fahrzeugentwicklung. AI Online, 28.02.13 ► www.automobil-industrie.vogel.de/low-budget-cars- weniger-wird-mehr-a-396270
45. Scheiner, J.: GM Plant globale Billigauto-Familie. Neue Modelle AI Online. ► www.automobil-industrie.vogel.de/ gm-plant-globalebilligauto-familie-a-499840 05.08.2015
46. Otto, Ch.: Billigauto von VW: später und teurer. Neue Modelle AI Online. 30.06.2015
47. Kabushiki Kaisha: EP 2003079412, EP 1547844/ A1. Bridgestone Nagoya 29.06.2005
48. ► http://www.reifenfachhandel.eu/michelin-active-wheel-treibt-mit-radnabenmotoren-zwei-elektroautos-an. Okt 6, 2008
49. ZF Friedrichshafen: Interne Präsentation von Prof. Christ. Friedrichshafen (1994)
50. Winterhagen, J.: Die Regelaufgabe nicht unterschätzen – Interview mit Prof. Stefan Gies. ATZ **112**, 400–402 (2010)
51. Onoda, Y.; Onuma, Y.; Goto, T.; Sugitani, T.: Design Concept and Advantages of Steer-by-wire System. SAE World Congress Detroit, Michigan (2008)
52. Heißing, B.: Wer fährt unsere Fahrzeuge in der Zukunft – Mensch oder Computer. TU München (2005)
53. Winner, H.: Handbuch Fahrerassistenzsysteme. Vieweg+Teubner Verlag, Wiesbaden (2012)
54. Inoue, H.: Next step of Driver Assistance – Toyota`s point of view. S. 29–46. ChassisTech, München (Mai 2010)
55. Krämer, M.: Die neue Generation der Fahrerassistenzsystem bei Mercedes. 17. Aachener Kolloquium, S. 753–762 (Okt. 2008)
56. N.N.: ► www.kfztech.de/kfztechnik/fahrwerk/federung/abc_aktive_body_control.htm. Zugegriffen: Mär 2013
57. N.N.: Fahrzeugsensorübersicht für die piloted driving concept. Audi RS7. 21.12.2017 ► www.autoland-sachsen.com/amz-studie-wachstumsfeld-fahrzeugsensorik/
58. N.N.: Neue Mercedes S-Klasse, ► www.sueddeutsche.de/auto November 2012
59. Konrad, M., Nuss, D., Dietmayer, K.: Localisation in digital maps for road course estimation. IEE Intelligent Vehicle Symposiom Bd IV, S. 72–92 (2012)
60. Otto, Ch.: ZF TRW entwickelt mehrspurigen Autobahnassistenzen. Assistenzsysteme- AI Online ► www.automobil-industrie.vogel.de/zf-trw-entwickelt-mehrspurigen-autobahnassistenzen-a-505342. 23.09.15
61. Hlubek, B.; Hobein, D.: Intelligente Sensorik – Basis für perfekte Performance. ATZ **102**(12), 1118–1123 (2000)
62. Schwarzer, Ch.: Laserscanner vor Serienstart. 16.11.2016. ► www.heise.de/auto/artikel/laserscanner-vor-serienstart
63. N.N.: VDA Magazin-Elektromobilität Eine Alternative zum Öl VDA Berlin (Mai 2011)
64. N.N.: Startschuss für den Ausbau der A9 zum digitalen Testfeld. Auto Motor und Sport, Heft 20/2015 S. 155
65. bmdv.bund.de/DE/Themen/Digitales/Digitale-Testfelder/Digitale-Testfelder.html 15.10.24 DT
66. ZF Friedrichshafen: Interner Studie für vorausschauendes Fahrwerk. Friedrichshafen (2004)

Erratum zu: Fahrwerkentwicklung

Metin Ersoy, Günther Prokop, Christian Schimmel,
Bernhard Schick und Dominik Reif

Die korrigierten Versionen der Kapitel sind verfügbar unter
► https://doi.org/10.1007/978-3-658-48104-9_5

M. Ersoy et al. (Hrsg.), *Fahrwerkhandbuch*,
ATZ/MTZ-Fachbuch, https://doi.org/10.1007/978-3-658-48104-9_19

Erratum zu:

Kapitel 5 in: M. Ersoy et al. (Hrsg.), *Fahrwerkhandbuch*, ATZ/MTZ-Fachbuch
► https://doi.org/10.1007/978-3-658-48104-9_5

Die Autorenschaft wurde fälschlicherweise zugeschrieben. **Günther Prokop** wurde als Urheber aufgeführt; dieses Kapitel wurde jedoch von **Dominik Reif** verfasst.

Dies wurde nun korrigiert. Wir bitten die Unannehmlichkeiten zu entschuldigen.

Serviceteil

M. Ersoy et al. (Hrsg *Fahrwerkhandbuch*, ATZ/MTZ-Fachbuch,
https://doi.org/10.1007/978-3-658-48104-9

In der Reihe ATZ/MTZ-Fachbuch vermitteln Fachleute, Forscher und Entwickler aus Hochschule und Industrie Grundlagen, Theorien und Anwendungen der Fahrzeug- und Verkehrstechnik. Die komplexe Technik, die moderner Mobilität zugrunde liegt, bedarf eines immer größer werdenden Fundus an Informationen, um die Funktion und Arbeitsweise von Komponenten sowie Systemen zu verstehen. Fahrzeuge aller Verkehrsträger sind ebenso Teil der Reihe, wie Fragen zu Energieversorgung und Infrastruktur.

Das ATZ/MTZ-Fachbuch wendet sich an Ingenieure aller Mobilitätsfelder, an Studierende, Dozenten und Professoren. Die Reihe wendet sich auch an Praktiker aus der Fahrzeug- und Zulieferindustrie, an Gutachter und Sachverständige, aber auch an interessierte Laien, die anhand fundierter Informationen einen tiefen Einblick in die Fachgebiete der Mobilität bekommen wollen.

Sachwortverzeichnis

0-9

A

B

E

F

G

H

I

J

K

L

N

O

P

Q

R

S

T

U

V

W

X

Z

GPSR Compliance

The European Union's (EU) General Product Safety Regulation (GPSR) is a set of rules that requires consumer products to be safe and our obligations to ensure this.

If you have any concerns about our products, you can contact us on ProductSafety@springernature.com

In case Publisher is established outside the EU, the EU authorized representative is:

Springer Nature Customer Service Center GmbH
Europaplatz 3
69115 Heidelberg, Germany

Batch number: 10829679

Printed by Printforce, the Netherlands